"十三五"国家重点出版物
出版规划项目

化学工程手册

袁渭康　王静康　费维扬　欧阳平凯　主编

第三版

化学工业出版社

·北京·

作为化学工程领域标志性的工具书，本次修订秉承"继承与创新相结合"的编写宗旨，分5卷共30篇全面阐述了当前化学工程学科领域的基础理论、单元操作、反应器与反应工程以及相关交叉学科及其所体现的发展与研究新成果、新技术。在前版的基础上，各篇在内容上均有较大幅度的更新，特别是加强了信息技术、多尺度理论、微化工技术、离子液体、新材料、催化工程、新能源等方面的介绍。本手册立足学科基础，着眼学术前沿，紧密关联工程应用，全面反映了化工领域在新世纪以来的理论创新与技术应用成果。

本手册可供化学工程、石油化工等领域的工程技术人员使用，也可供相关高等院校的师生参考。

图书在版编目（CIP）数据

化学工程手册．第3卷/袁渭康等主编．—3版．—北京：化学工业出版社，2019.6（2024.1重印）
ISBN 978-7-122-34806-7

Ⅰ.①化… Ⅱ.①袁… Ⅲ.①化学工程-手册 Ⅳ.①TQ02-62

中国版本图书馆CIP数据核字（2019）第136453号

责任编辑：张　艳　傅聪智　刘　军　陈　丽　　　文字编辑：孙凤英　李　玥
责任校对：王　静　宋　夏　　　　　　　　　　　装帧设计：尹琳琳
责任印制：朱希振

出版发行：化学工业出版社（北京市东城区青年湖南街13号　邮政编码100011）
印　　装：北京建宏印刷有限公司
787mm×1092mm　1/16　印张88¾　字数2272千字　2024年1月北京第3版第2次印刷

购书咨询：010-64518888　　　　　　　　　　　　售后服务：010-64518899
网　　址：http://www.cip.com.cn
凡购买本书，如有缺损质量问题，本社销售中心负责调换。

定　　价：388.00元　　　　　　　　　　　　　　　　　　　　　版权所有　违者必究

《化学工程手册》（第三版）
编写指导委员会

顾　　问	余国琮	中国科学院院士，天津大学教授
	陈学俊	中国科学院院士，西安交通大学教授
	陈家镛	中国科学院院士，中国科学院过程工程研究所研究员
	胡　英	中国科学院院士，华东理工大学教授
	袁　权	中国科学院院士，中国科学院大连化学物理研究所研究员
	陈俊武	中国科学院院士，中国石油化工集团公司教授级高级工程师
	陈丙珍	中国工程院院士，清华大学教授
	金　涌	中国工程院院士，清华大学教授
	陈敏恒	华东理工大学教授
	朱自强	浙江大学教授
	李成岳	北京化工大学教授
名誉主任	王江平	工业和信息化部副部长
主　　任	李静海	中国科学院院士，中国科学院过程工程研究所研究员
副 主 任	袁渭康	中国工程院院士，华东理工大学教授
	王静康	中国工程院院士，天津大学教授
	费维扬	中国科学院院士，清华大学教授
	欧阳平凯	中国工程院院士，南京工业大学教授
	戴猷元	清华大学教授
秘 书 长	戴猷元	清华大学教授
委　　员	（按姓氏笔画排序）	
	于才渊	大连理工大学教授
	马沛生	天津大学教授
	王静康	中国工程院院士，天津大学教授
	邓麦村	中国科学院大连化学物理研究所研究员
	田　禾	中国科学院院士，华东理工大学教授
	史晓平	河北工业大学副教授
	冯　霄	西安交通大学教授
	邢子文	西安交通大学教授
	朱企新	天津大学教授
	朱庆山	中国科学院过程工程研究所研究员
	任其龙	浙江大学教授
	刘会洲	中国科学院过程工程研究所研究员

刘洪来　华东理工大学教授
孙国刚　中国石油大学（北京）教授
孙宝国　中国工程院院士，北京工商大学教授
杜文莉　华东理工大学教授
李　忠　华南理工大学教授
李伯耿　浙江大学教授
李洪钟　中国科学院院士，中国科学院过程工程研究所研究员
李静海　中国科学院院士，中国科学院过程工程研究所研究员
何鸣元　中国科学院院士，华东师范大学教授
邹志毅　飞翼股份有限公司高级工程师
张锁江　中国科学院院士，中国科学院过程工程研究所研究员
陈建峰　中国工程院院士，北京化工大学教授
欧阳平凯　中国工程院院士，南京工业大学教授
岳国君　中国工程院院士，国家开发投资集团有限公司教授级高级工程师
周兴贵　华东理工大学教授
周伟斌　化学工业出版社社长，编审
周芳德　西安交通大学教授
周国庆　化学工业出版社副总编辑，编审
赵劲松　清华大学教授
段　雪　中国科学院院士，北京化工大学教授
侯　予　西安交通大学教授
费维扬　中国科学院院士，清华大学教授
骆广生　清华大学教授
袁希钢　天津大学教授
袁晴棠　中国工程院院士，中国石油化工集团公司教授级高级工程师
袁渭康　中国工程院院士，华东理工大学教授
都　健　大连理工大学教授
都丽红　上海化工研究院教授级高级工程师
钱　锋　中国工程院院士，华东理工大学教授
钱旭红　中国工程院院士，华东师范大学教授
徐炎华　南京工业大学教授
徐南平　中国工程院院士，南京工业大学教授
高正明　北京化工大学教授
郭烈锦　中国科学院院士，西安交通大学教授
席　光　西安交通大学教授
曹义鸣　中国科学院大连化学物理研究所研究员
曹湘洪　中国工程院院士，中国石油化工集团公司教授级高级工程师
龚俊波　天津大学教授
蒋军成　常州大学教授

鲁习文　华东理工大学教授
谢在库　中国科学院院士，中国石油化工集团公司教授级高级工程师
管国锋　南京工业大学教授
谭天伟　中国工程院院士，北京化工大学教授
潘爱华　工业和信息化部高级工程师
戴干策　华东理工大学教授
戴猷元　清华大学教授

本版编写人员名单

（按姓氏笔画排序）

主稿人

于才渊	马沛生	王静康	邓麦村	史晓平	冯　霄
邢子文	朱企新	朱庆山	任其龙	刘会洲	刘洪来
江佳佳	孙国刚	杜文莉	李　忠	李伯耿	李洪钟
余国琮	邹志毅	周兴贵	周芳德	侯　予	骆广生
袁希钢	都　健	都丽红	钱　锋	徐炎华	高正明
席　光	曹义鸣	蒋军成	鲁习文	谢　闯	管国锋
谭天伟	戴干策				

编写人员

马友光	马光辉	马沛生	王　志	王　维	王　睿
王文俊	王玉军	王正宝	王宇新	王军武	王如君
王运东	王志荣	王志恒	王利民	王宝和	王彦富
王炳武	王振雷	王彧斐	王海军	王辅臣	王勤辉
王靖岱	王静康	王慧锋	元英进	邓　利	邓　春
邓麦村	邓淑芳	卢春喜	史晓平	白博峰	包雨云
冯　霄	冯连芳	邢子文	邢华斌	邢志祥	尧超群
吕永琴	朱　焱	朱卡克	朱永平	朱企新	朱贻安
朱慧铭	任其龙	华蕾娜	庄英萍	刘　珞	刘　磊
刘会洲	刘良宏	刘春江	刘洪来	刘晓星	刘琳琳
刘新华	江志松	江佳佳	许　莉	许建良	许春建
许鹏凯	孙东亮	孙自强	孙国刚	孙京诰	孙津生
阳永荣	苏志国	苏宏业	苏纯洁	李　云	李　军
李　忠	李伟锋	李志鹏	李伯耿	李建明	李建奎
李春忠	李秋萍	李炳志	李继定	李鑫钢	杨立荣
杨良嵘	杨勤民	肖文海	肖文德	肖泽仪	肖静华
吴文平	吴绵斌	邹志毅	邹海魁	宋恭华	初广文
张　栩	张　楠	张　鹏	张永军	张早校	张香平
张新发	张新胜	陈　健	陈飞国	陈光文	陈国华
陈标华	罗英武	罗祎青	侍洪波	岳国君	金万勤

周　俊	周光正	周兴贵	周芳德	周迟骏	宗　原
赵　亮	赵贤广	赵建丛	赵雪娥	胡彦杰	钟伟民
侯　予	施从南	姜海波	骆广生	秦　炜	秦　衍
秦培勇	袁希钢	袁佩青	都　健	都丽红	贾红华
夏宁茂	夏良志	夏启斌	夏建业	顾幸生	钱夕元
徐　虹	徐　骥	徐炎华	徐建鸿	徐铜文	奚红霞
高士秋	高正明	高秀峰	郭烈锦	郭锦标	唐忠利
姬　超	姬忠礼	黄　昆	黄雄斌	黄德先	曹义鸣
曹子栋	龚俊波	崔现宝	康　勇	彭延庆	葛　蔚
蒋军成	韩振为	喻健良	程振民	鲁习文	鲁波娜
曾爱武	谢　闯	谢福海	鲍　亮	解惠青	骞伟中
蔡子琦	管国锋	廖　杰	谭天伟	颜学峰	潘　勇
潘旭海	戴干策	戴义平	魏　飞	魏　峰	魏无际

审稿人

马兴华	王世昌	王尚锦	王树楹	王喜忠	朱企新
朱家骅	任其龙	许　莉	苏海佳	李　希	李佑楚
杨志才	张跃军	陈光明	欧阳平凯	罗保林	赵劲松
胡　英	胡修慈	俞金寿	施力田	姚平经	姚虎卿
姚建中	袁孝竞	都丽红	夏国栋	夏淑倩	姬忠礼
黄　洁	鲍晓军	潘勤敏	戴猷元		

参加编辑工作人员名单
（按姓氏笔画排序）

王金生	仇志刚	冉海滢	向　东	孙凤英	刘　军
李　玥	张　艳	陈　丽	周国庆	周伟斌	赵　怡
昝景岩	袁海燕	郭乃铎	傅聪智	戴燕红	

第一版编写人员名单
（按姓氏笔画排序）

编写人员

于鸿寿　于静芬　马兴华　马克承　马继舜　王　楚
王世昌　王永安　王抚华　王明星　王迪生　王彩凤
王喜忠　尤大铖　邓冠云　叶振华　朱才铨　朱长乐
朱企新　朱守一　任德树　刘茉娥　刘隽人　刘淑娟
刘静芳　孙志发　孙启才　麦本熙　劳家仁　李　洲
李　儒　李以圭　李佑楚　李昌文　李金钊　李洪钟
杨守诚　杨志才　时　钧　时铭显　吴乙申　吴志泉
吴锦元　吴鹤峰　邱宣振　余国琮　应燮堂　汪云瑛
沃德邦　沈　复　沈忠耀　沈祖钧　宋　彬　宋　清
张有衡　张茂文　张建初　张迺卿　陈书鑫　陈甘棠
陈彦荸　陈朝瑜　邵惠鹤　林纪方　岳得隆　金鼎五
周肇义　赵士杭　赵纪堂　胡秀华　胡金榜　胡荣泽
侯虞钧　俞电儿　俞金寿　施力才　施从南　费维扬
姚虎卿　夏宁茂　夏诚意　钱家麟　徐功仁　徐自新
徐明善　徐家鼎　郭宜祐　黄长雄　黄延章　黄祖祺
黄鸿鼎　萧成基　盛展武　崔秉懿　章寿华　章思规
梁玉衡　蒋慰孙　傅焌街　蔡振业　谭盈科　樊丽秋
潘积远　戴家幸

审校人

区灿棋　卢焕章　朱自强　苏元复　时　钧　时铭显
余国琮　汪家鼎　沈　复　张剑秋　张洪沅　陈树功
陈家镛　陈敏恒　林纪方　金鼎五　周春晖　郑　炽
施亚钧　洪国宝　郭宜祐　郭慕孙　萧成基　蔡振业
魏立藩

第二版编写人员名单

(按姓氏笔画排序)

主稿人

王绍堂	王喜忠	王静康	叶振华	朱有庭	任德树
许晋源	麦本熙	时　钧	时铭显	余国琮	沈忠耀
张祉祐	陆德民	陈学俊	陈家镛	金鼎五	胡　英
胡修慈	施力田	姚虎卿	袁　一	袁　权	袁渭康
郭慕孙	麻德贤	谢国瑞	戴干策	魏立藩	

编写人员

马兴华	王　凯	王宇新	王英琛	王凯军	王学松
王树楹	王喜忠	王静康	方图南	邓　忠	叶振华
申立贤	戎顺熙	吕德伟	朱开宏	朱有庭	朱慧铭
刘会洲	刘淑娟	许晋源	孙启才	麦本熙	李佑楚
李金钊	李洪钟	李静海	李鑫钢	杨守志	杨志才
杨忠高	肖人卓	时　钧	时铭显	吴锦元	吴德钧
沈忠耀	宋海华	张成芳	张祉祐	陆德民	陈丙辰
陈听宽	林猛流	欧阳平凯	欧阳藩	罗北辰	罗保林
金鼎五	金彰礼	周　瑾	周芳德	郑领英	胡　英
胡金榜	胡修慈	柯家骏	俞金寿	俞俊棠	俞裕国
施力田	施从南	姚平经	姚虎卿	贺世群	袁　一
袁　权	袁渭康	耿孝正	徐国光	郭　铨	郭烈锦
黄　洁	麻德贤	董伟志	韩振为	谢国瑞	虞星矩
鲍晓军	蔡志武	阚丹峰	樊丽秋	戴干策	

审稿人

万学达	马沛生	王　楚	冯朴荪	朱自强	劳家仁
李　桢	李绍芬	杨友麒	时　钧	余国琮	汪家鼎
沈　复	张有衡	陈家镛	俞芷青	姚公弼	秦裕珩
萧成基	蒋维钧	潘新章	戴干策	戴猷元	

前　言

化学工业是一类重要的基础工业，在资源、能源、环保、国防、新材料、生物制药等领域都有着广泛的应用，对我国可持续发展具有重要意义。改革开放以来，我国化学工业得到长足的发展，作为国民经济的支柱性产业，总量已达世界第一，但产品结构有待改善，质量和效益有待提高，环保和安全有待加强。面对产业转型升级和节能减排的严峻挑战，人们在努力思考和探索化学工业绿色低碳发展的途径，加强化学工程研究和应用成为一个重要的选项。作为一门重要的工程科学，化学工程内容非常丰富，从学科基础（如化工热力学、反应动力学、传递过程原理和化工数学等）到工程内涵（如反应工程、分离工程、系统工程、安全工程、环境工程等）再到学科前沿（如产品工程、过程强化、多尺度和介尺度理论、微化工、离子液体、超临界流体等）对化学工业和国民经济相关领域起着重要的作用。由于化学工程的重要性和浩瀚艰深的内容，手册就成为教学、科研、设计和生产运行的必备工具书。

《化学工程手册》（第一版）在冯伯华、苏元复和张洪沅等先生的指导下，从1978年开始组稿到1980年开始分册出版，共26篇1000余万字。《化学工程手册》（第二版）在时钧、汪家鼎、余国琮、陈敏恒等先生主持下，对各个篇章都有不同程度的增补，并增列了生物化工和污染治理等篇章，全书共计29篇，于1996年出版。前两版手册都充分展现了当时我国化学工程学科的基础理论水平和技术应用进展情况。出版后，在石油化工及其相关的过程工程行业得到了普遍的使用，为广大工程技术人员、设计工作者和科技工作者提供了很大的帮助，对我国化学工程学科的发展和进步起到了积极的推动作用。《化学工程手册》（第二版）出版至今已历经20余年，随着科学技术和化工产业的飞速发展，作为一本基础性的工具书，内容亟待更新。基础理论的进展和工业应用的实践也都为手册的修订提出了新的要求和增添了新的内容。

《化学工程手册》（第三版）的编写秉承继承与创新相结合的理念，立足学科基础，着眼学术前沿，紧密关联工程应用，致力于促进我国化学工程学科的发展，推动石油化工及其相关的过程工业的提质增效，以及新技术、新产品、新业态的发展。《化学工程手册》（第三版）共分30篇，总篇幅在第二版基础上进行了适度扩充。"化工数学"由第二版中的附录转为第二篇；新增了过程安全篇，树立本质更安全的化工过程设计理念，突出体现以事故预防为主的化工过程风险管控的思想。同时，根据行业发展情况，调整了个别篇章，例如，将工业炉篇并入传热及传热设备篇。另外，各篇均有较大幅度的内容更新，相关篇章加强了信息技术、多尺度理论、微化工技术、离子液体、新材料、催化工程、新能源等新技术的介绍，以全面反映化工领域在新世纪的发展成果。

《化学工程手册》（第三版）的编写得到了工业和信息化部、中国石油和化学工业联合会及化学工业出版社等相关单位的大力支持，在此表示衷心的感谢！同时，对参与本手册组织、编写、审稿等工作的高校、研究院、设计院和企事业单位的所有专家和学者表达我们最诚挚的谢意！尽管我们已尽全力，但限于时间和水平，手册中难免有疏漏及不当之处，恳请读者批评指正！

袁渭康　王静康
费维扬　欧阳平凯
2019 年 5 月

第一版序言

化学工程是以物理、化学、数学的原理为基础，研究化学工业和其他化学类型工业生产中物质的转化，改变物质的组成、性质和状态的一门工程学科。它出现于19世纪下半叶，至本世纪二十年代，从理论上分析和归纳了化学类型（化工、冶金、轻工、医药、核能……）工业生产的物理和化学变化过程，把复杂的工业生产过程归纳成为数不多的若干个单元操作，从而奠定了其科学基础。在以后的发展历程中，进而相继出现了化工热力学、化学反应工程、传递过程、化工系统工程、化工过程动态学和过程控制等新的分支，使化学工程这门工程学科具备更完整的系统性、统一性，成为化学类型工业生产发展的理论基础，是本世纪化学工业持续进展的重要因素。

工业的发展，只有建立在技术进步的基础上，才能有速度、有质量和水平。四十年代初，流态化技术应用于石油催化裂化过程，促使石油工业的面貌发生了划时代的变化。用气体扩散法提取铀235，从核燃料中提取钚，用精密蒸馏方法从普通水中提取重水；用发酵罐深层培养法大规模生产青霉素；建立在现代化工技术基础上的石油化学工业的兴起等等，——这些使人类生活面貌发生了重大变化。六十年代以来，化工系统工程的形成，系统优化数学模型的建立和电子计算机的应用，为化工装置实现大型化和高度自动化，最合理地利用原料和能源创造了条件，使化学工业的科研、设计、设备制造、生产发展踏上了一个技术上的新台阶。化学工程在发展过程中，既不断丰富本学科的内容，又开发了相关的交叉学科。近年来，生物化学工程分支的发展，为重要的高科技部门生物工程的兴起创造了必要的条件。可见，化学工程学科对于化学类型工业和应用化工技术的部门的技术进步与发展，有着至为重要的作用。

由于化学工程学科对于化工类型生产、科研、设计和教育的普遍重要性，在案头备有一部这一领域得心应手的工具书，是广大化工技术人员众望所趋。1901年，世界上第一部《化学工程手册》在英国问世，引起了人们普遍关注。1934年，美国出版了《化学工程师手册》，此后屡次修订，至1984年已出版第六版，这是一部化学工程学科最有代表性的手册。我国从事化学工程的科技、教育专家们，在五十年代，就曾共商组织编纂我国化学工程手册大计，但由于种种原因，迁延至七十年代末中国化工学会重新恢复活动后方始着手。值得庆幸的是，荟集我国化学工程界专家共同编纂的这部重要巨著终于问世了。手册共分26篇，先分篇陆续印行，为方便读者使用，现合订成六卷出版。这部手册总结了我国化学工程学科在科研、设计和生产领域的成果，向读者提供理论知识、实用方法和数据，也介绍了国外先进技术和发展趋势。希望这部手册对广大化学工程界科技人员的工作和学习有所裨益，能成为读者的良师益友。我相信，该书在配合当前化学工业尽快克服工艺和工程放大设计方面的薄弱环节，尽快消化引进的先进技术，缩短科研成果转化为生产力的时间等方面将会起积极作用，促进化工的发展。

我作为这部手册编纂工作的主要支持者和组织者，谨向《手册》编委会的编委、承担编写和审校任务的专家、化学工程设计技术中心站、出版社工作人员以及对《手册》编审、出版工作做出贡献的所有同志，致以衷心的感谢，并欢迎广大读者对《手册》的内容和编排提出意见和建议，供将来再版时参考。

冯伯华
1989年5月

第二版前言

《化学工程手册》(第一版)于 1978 年开始组稿,1980 年出版第一册(气液传质设备),以后分册出版,不按篇次,至 1989 年最后一册出版发行,共 26 篇,合计 1000 余万字,卷帙浩繁,堪称巨著。出版之后,因系国内第一次有此手册,深受各方读者欢迎。特别是在装订成六个分册后,传播较广。

手册是一种参考用书,内容须不断更新,方能满足读者需要。最近十几年来,化学工程学科在过程理论和设备设计两方面,都有不少重要进展。计算机的广泛应用,新颖材料的不断出现,能量的有效利用,以及环境治理的严峻形势,对化工工艺设计提出更为严格的和创新的要求。化工实践的成功与否,取决于理论和实际两个方面。也就在这两方面,在第一版出版之后,有了许多充实和发展。手册的第二版是在这种形势下进行修订的。

第二版对于各个篇章都有不同程度的增补,不少篇章还是完全重写的。除此而外,还有几个主要的变动:①增列了生物化工和污染治理两篇,这是适应化学工程学科的发展需要的。②将冷冻内容单独列篇。③将化工应用数学改为化工应用数学方法,编入附录,便于查阅。④增加化工用材料的内容,用列表的方式,排在附录内。

这次再版的总字数,经过反复斟酌,压缩到不超过 600 万字,仅为第一版的二分之一左右,分订两册,便于查阅。

本手册的每一篇都是由高等院校和研究单位的有关专家编写而成,重点在于化工过程的基本理论及其应用。有关化工设备及机器的设计计算,化工出版社正在酝酿另外编写一部专用手册。

本手册的编委会成员、撰稿人及审稿人,对于本书的写成,在全过程中都给予了极大的关怀、具体的指导和积极的参与,在此谨致谢忱。化工出版社领导的关心,有关编辑同志的辛勤劳动,对于本书的出版起了重要的作用。

化学工业部科技司、清华大学化工系、天津大学化学工程研究所、华东理工大学(原华东化工学院),在这本手册编写过程中从各个方面包括经费上给予大力的支持,使本书得以较快的速度出版,特向他们表示深深的谢意。

本手册的第一版得到了冯伯华、苏元复、张洪沅三位同志的关心和指导,冯伯华同志和张洪沅同志还参加了第二版的组织工作,可惜他们未能看到第二版的出版,在此我们谨表示深深的悼念。

时　钧　汪家鼎
余国琮　陈敏恒

目录

第 15 篇　萃取及浸取

1　概论 ·· 15-2
　1.1　液-液萃取过程 ·· 15-2
　1.2　液-液萃取应用于有机物的分离 ·· 15-2
　1.3　液-液萃取应用于无机物的分离 ·· 15-3
　1.4　萃取的常用术语 ·· 15-5
　　1.4.1　分配比 ·· 15-5
　　1.4.2　相比 ·· 15-5
　　1.4.3　分配常数 ·· 15-5
　　1.4.4　分离系数 ·· 15-5
　　1.4.5　萃合常数 ·· 15-5
　　1.4.6　萃取率 ·· 15-6
　　1.4.7　饱和度 ·· 15-6
　1.5　萃取剂的选择 ·· 15-6
　参考文献 ·· 15-16

2　萃取相平衡 ··· 15-18
　2.1　三元及多元体系液-液系统的相平衡 ··· 15-18
　　2.1.1　表示方法 ·· 15-18
　　2.1.2　测定方法 ·· 15-23
　　2.1.3　相平衡数据的检索 ·· 15-23
　2.2　非电解质溶液的活度系数 ·· 15-23
　　2.2.1　常用的关联方法 ·· 15-24
　　2.2.2　参数估值方法 ·· 15-36
　　2.2.3　三元体系平衡数据的预测 ·· 15-37
　2.3　电解质溶液的活度系数 ·· 15-38
　　2.3.1　单一电解质溶液的活度系数 ·· 15-38
　　2.3.2　混合电解质溶液的活度系数 ·· 15-39
　2.4　伴有化学反应的萃取热力学平衡 ·· 15-39
　　2.4.1　萃取反应平衡模型 ·· 15-40
　　2.4.2　活度系数模型 ·· 15-40

  2.4.3　萃取反应热力学平衡算法 ·· 15-41
  2.4.4　化学反应萃取平衡的预测 ·· 15-42
 参考文献 ··· 15-42
 符号说明 ··· 15-44

3　伴有化学反应的萃取 ·· 15-46
 3.1　化学萃取的分类及相平衡 ··· 15-46
  3.1.1　金属离子萃取的分类及相平衡 ·· 15-46
  3.1.2　极性有机物稀溶液萃取机理及平衡 ·· 15-57
 3.2　反应速率对过程速率的影响 ··· 15-60
 3.3　金属萃取的速率 ··· 15-62
 参考文献 ··· 15-65
 符号说明 ··· 15-66

4　相间传质及相间接触模型 ·· 15-68
 4.1　相间传质模型及界面现象 ··· 15-68
  4.1.1　传质系数 ··· 15-68
  4.1.2　相间传质模型 ··· 15-69
  4.1.3　界面现象及其对相间传质过程的影响 ·· 15-69
 4.2　液-液接触的流体力学 ··· 15-73
  4.2.1　分散相、连续相、分散相的滞存率 ·· 15-73
  4.2.2　通量与液泛 ··· 15-74
  4.2.3　液滴和液滴群运动 ·· 15-75
 4.3　液滴的分散和聚并 ·· 15-79
  4.3.1　液滴的分散和聚并现象 ·· 15-79
  4.3.2　液-液分散动力学及其对传质的影响 ·· 15-81
 4.4　单液滴及液滴群传质 ·· 15-82
  4.4.1　液滴形成阶段的传质 ·· 15-82
  4.4.2　液滴自由运动阶段的传质 ·· 15-83
  4.4.3　液滴聚并阶段的传质 ·· 15-85
 参考文献 ··· 15-85
 符号说明 ··· 15-87

5　逐级萃取过程及计算 ·· 15-91
 5.1　逐级萃取过程分析 ·· 15-91
  5.1.1　平衡级萃取 ··· 15-91
  5.1.2　单级萃取过程分析——逐级萃取计算方法简介 ·· 15-91
 5.2　多级错流萃取 ··· 15-94
  5.2.1　多级错流萃取流程 ·· 15-94
  5.2.2　溶剂部分互溶体系的矩阵解法 ··· 15-95

  5.2.3 溶剂互不相溶的萃取体系 ………………………………………………………… 15-96
 5.3 多级逆流萃取 ……………………………………………………………………………… 15-97
  5.3.1 多级逆流萃取流程 ………………………………………………………………… 15-97
  5.3.2 溶剂部分互溶体系的矩阵解法 …………………………………………………… 15-98
  5.3.3 溶剂互不相溶的萃取体系 ………………………………………………………… 15-98
 5.4 分馏萃取 …………………………………………………………………………………… 15-102
  5.4.1 分馏萃取流程 ……………………………………………………………………… 15-102
  5.4.2 溶剂部分互溶体系的矩阵解法 …………………………………………………… 15-102
  5.4.3 溶剂互不相溶的萃取体系 ………………………………………………………… 15-103
 5.5 带有回流的分馏萃取 ……………………………………………………………………… 15-110
  5.5.1 带有回流的分馏萃取流程 ………………………………………………………… 15-110
  5.5.2 溶剂部分互溶体系的矩阵解法 …………………………………………………… 15-110
  5.5.3 溶剂互不相溶的萃取体系 ………………………………………………………… 15-112
 参考文献 ………………………………………………………………………………………… 15-114
 符号说明 ………………………………………………………………………………………… 15-115

6 微分逆流萃取及其计算 ……………………………………………………………… 15-116

 6.1 理想的微分逆流萃取：活塞流模型 ……………………………………………………… 15-116
  6.1.1 活塞流模型 ………………………………………………………………………… 15-117
  6.1.2 传质单元数和传质单元高度 ……………………………………………………… 15-117
  6.1.3 单分子单向扩散时 NTU 的近似表达式 ………………………………………… 15-118
 6.2 微分逆流接触中两相流动的非理想性 …………………………………………………… 15-119
 6.3 微分逆流接触萃取过程的计算：非相互作用模型 ……………………………………… 15-120
  6.3.1 返流模型 …………………………………………………………………………… 15-120
  6.3.2 轴向扩散模型 ……………………………………………………………………… 15-121
  6.3.3 组合模型 …………………………………………………………………………… 15-129
  6.3.4 返流模型和扩散模型的一致性 …………………………………………………… 15-130
 6.4 相互作用模型 ……………………………………………………………………………… 15-130
  6.4.1 相互作用模型概述 ………………………………………………………………… 15-130
  6.4.2 相互作用模型 ……………………………………………………………………… 15-131
 参考文献 ………………………………………………………………………………………… 15-134
 符号说明 ………………………………………………………………………………………… 15-134

7 萃取设备及其设计计算方法 ………………………………………………………… 15-137

 7.1 概论 ………………………………………………………………………………………… 15-137
  7.1.1 液-液萃取设备的分类 …………………………………………………………… 15-137
  7.1.2 液-液萃取设备的评价与选择 …………………………………………………… 15-137
 7.2 混合澄清器 ………………………………………………………………………………… 15-138
  7.2.1 混合澄清器的特点 ………………………………………………………………… 15-138
  7.2.2 几种典型的混合澄清器 …………………………………………………………… 15-139

7.2.3 混合澄清器的放大和设计 ·· 15-141
7.3 无机械搅拌的萃取柱 ··· 15-146
7.3.1 喷淋柱 ·· 15-146
7.3.2 填料柱 ·· 15-147
7.3.3 筛板柱 ·· 15-149
7.4 脉冲筛板萃取柱 ··· 15-151
7.4.1 脉冲筛板萃取柱的结构及特点 ·· 15-151
7.4.2 脉冲筛板萃取柱的设计计算 ·· 15-152
7.5 带有机械搅拌的萃取柱 ··· 15-154
7.5.1 往复振动筛板萃取柱（RPC） ··· 15-154
7.5.2 转盘萃取柱（RDC） ·· 15-158
7.6 离心萃取器 ··· 15-160
7.6.1 离心萃取器的特点和分类 ·· 15-160
7.6.2 几种典型的离心萃取器 ·· 15-160
7.7 静态混合器 ··· 15-163
7.8 微通道和微结构萃取器 ··· 15-164
参考文献 ·· 15-167
符号说明 ·· 15-168

8 其他萃取技术 ·· 15-171

8.1 液膜萃取 ··· 15-171
8.1.1 乳状液型液膜 ·· 15-171
8.1.2 支承体型液膜 ·· 15-173
8.1.3 液膜分离技术的应用 ·· 15-174
8.2 超临界流体萃取 ··· 15-176
8.3 反向胶团萃取 ··· 15-179
8.4 双水相萃取 ··· 15-180
8.4.1 双水相体系 ·· 15-181
8.4.2 双水相萃取在生物技术中的应用 ·· 15-182
8.5 外场强化萃取技术 ··· 15-182
8.5.1 萃取过程中附加外场的几种型式 ·· 15-183
8.5.2 电萃取设备内的传质规律 ·· 15-183
8.5.3 超声场对分离过程的强化 ·· 15-184
8.5.4 外场强化萃取技术的发展前景 ·· 15-184
8.6 微尺度萃取技术 ··· 15-185
8.6.1 微尺度混合技术 ·· 15-185
8.6.2 微尺度分散萃取技术 ·· 15-188
参考文献 ·· 15-191

9 固-液浸取 ··· 15-195

9.1 概论 ··· 15-195

9.2 浸取前固体的预处理 …… 15-196
　9.2.1 物理预处理 …… 15-196
　9.2.2 化学预处理 …… 15-197
　9.2.3 机械活化预处理 …… 15-197
9.3 特殊浸取方式 …… 15-198
　9.3.1 热压浸取 …… 15-198
　9.3.2 强化浸取 …… 15-198
　9.3.3 生物浸取 …… 15-200
参考文献 …… 15-202

10 浸取过程物理化学 …… 15-203

10.1 总论 …… 15-203
10.2 浸取过程热力学 …… 15-203
　10.2.1 溶液活度和活度系数 …… 15-203
　10.2.2 浸取反应平衡常数和表观平衡常数 …… 15-207
　10.2.3 优势区图与组分图 …… 15-210
10.3 浸取过程动力学 …… 15-216
　10.3.1 颗粒外的液膜边界层及传质系数 …… 15-216
　10.3.2 溶质在颗粒内的有效扩散系数 …… 15-217
　10.3.3 化学反应对过程速率的影响 …… 15-217
　10.3.4 浸取速度控制步骤的判别 …… 15-224
10.4 浸取过程表面化学 …… 15-225
　10.4.1 溶质在颗粒表面上的吸附 …… 15-225
　10.4.2 液-固界面化学反应的分数维模型 …… 15-225
参考文献 …… 15-229

11 固-液浸取设备 …… 15-230

11.1 浸取器分类 …… 15-230
11.2 大颗粒固体渗滤浸取器 …… 15-230
　11.2.1 固定床层渗滤浸取器 …… 15-230
　11.2.2 逆流多级间歇串联浸取器 …… 15-234
11.3 机械搅拌浸取器 …… 15-236
11.4 气体提升式浸取器（Pachuca槽） …… 15-238
11.5 射流搅拌浸取器 …… 15-242
11.6 液-固流态化浸取器 …… 15-244
11.7 管道式浸取器 …… 15-246
11.8 其他类型浸取器 …… 15-246
参考文献 …… 15-248

12 浸取过程的设计及工艺计算 …… 15-250

12.1 浸取溶剂的选择 …… 15-250

12.2	浸取温度的选择	15-250
12.3	浸取反应器的设计	15-250
12.3.1	浸取反应器的型式及操作状况	15-251
12.3.2	液-固浸取反应器的设计模型	15-251
12.4	浸取级数及工艺计算	15-254
12.4.1	工艺计算原理	15-254
12.4.2	多级连续逆流浸取、分离及洗涤	15-255
12.4.3	代数法工艺计算	15-256
12.4.4	解析工艺计算	15-257
12.4.5	图解法工艺计算	15-267
参考文献		15-273
符号说明		15-273

第16篇 增湿、减湿及水冷却

1 绪论 ········ 16-2
1.1 气体增湿与减湿的方法 ········ 16-2
1.2 气体增湿与减湿过程的应用 ········ 16-2
1.2.1 循环水的冷却 ········ 16-2
1.2.2 气体的降温与除尘 ········ 16-2
1.2.3 可凝蒸气冷凝潜热的回收和利用 ········ 16-3
1.2.4 溶剂回收 ········ 16-3
1.2.5 空气调湿 ········ 16-4
参考文献 ········ 16-4

2 湿气体的性质及湿度图表 ········ 16-5
2.1 湿气体的性质 ········ 16-5
2.1.1 湿气体的基本状态参数 ········ 16-5
2.1.2 绝热饱和温度与湿球温度 ········ 16-10
2.1.3 湿度的测定方法 ········ 16-13
2.2 湿气体的湿度图及其应用 ········ 16-14
2.2.1 湿空气的 t-H 图 ········ 16-14
2.2.2 高温下湿气体的 t-H 图 ········ 16-15
2.2.3 湿空气的 I-H 图 ········ 16-18
2.2.4 总压对湿气体性质的影响 ········ 16-18
参考文献 ········ 16-20

3 增湿与减湿过程的计算基础 ········ 16-22
3.1 气体与液体间的传热与传质关系 ········ 16-22

3.1.1　增湿过程中的传热与传质关系 …………………………………………………………… 16-22
　　3.1.2　减湿过程中的传热与传质关系 …………………………………………………………… 16-22
　　3.1.3　传热与传质速率方程 ………………………………………………………………………… 16-23
　3.2　气液平衡线与操作线 ……………………………………………………………………………… 16-24
　3.3　气液相界面参数及气体参数在塔内的分布 …………………………………………………… 16-26
　　3.3.1　气液相界面参数 ……………………………………………………………………………… 16-26
　　3.3.2　气液相界面及气体参数在塔内的分布 …………………………………………………… 16-27
　　3.3.3　气液相界面参数及气温在塔内分布的图解法 …………………………………………… 16-29
　3.4　有效塔高的计算 …………………………………………………………………………………… 16-30
　3.5　横流式增湿与减湿过程 …………………………………………………………………………… 16-33
　3.6　增湿与减湿过程的设计 …………………………………………………………………………… 16-36
　　3.6.1　工艺参数的选择 ……………………………………………………………………………… 16-36
　　3.6.2　增减湿设备的设计 …………………………………………………………………………… 16-37
　　3.6.3　辅助设备的设计与选型 ……………………………………………………………………… 16-37
　参考文献 …………………………………………………………………………………………………… 16-38

4　循环水冷却塔 …………………………………………………………………………………… 16-39

　4.1　工业循环水冷却的方法 …………………………………………………………………………… 16-39
　4.2　冷却塔的类型 ……………………………………………………………………………………… 16-40
　4.3　冷却塔的组成与结构 ……………………………………………………………………………… 16-43
　　4.3.1　填料 …………………………………………………………………………………………… 16-43
　　4.3.2　通风装置 ……………………………………………………………………………………… 16-46
　　4.3.3　配水装置 ……………………………………………………………………………………… 16-47
　　4.3.4　其他 …………………………………………………………………………………………… 16-49
　4.4　机械通风式冷却塔结构参数 ……………………………………………………………………… 16-49
　　4.4.1　机械通风式冷却塔结构及操作参数的选择 ……………………………………………… 16-49
　　4.4.2　气象参数的选择 ……………………………………………………………………………… 16-50
　4.5　冷却塔的热力计算及热力特性 …………………………………………………………………… 16-52
　　4.5.1　逆流式冷却塔的热力计算 ………………………………………………………………… 16-52
　　4.5.2　横流式冷却塔的热力计算 ………………………………………………………………… 16-59
　　4.5.3　冷却塔的热力特性 ………………………………………………………………………… 16-62
　　4.5.4　冷却塔热力与动力的综合计算方法 ……………………………………………………… 16-66
　4.6　冷却塔的通风阻力及阻力特性 …………………………………………………………………… 16-68
　　4.6.1　填料层的通风阻力及阻力特性 …………………………………………………………… 16-68
　　4.6.2　冷却塔的局部通风阻力 …………………………………………………………………… 16-71
　4.7　循环冷却水的补充水量 …………………………………………………………………………… 16-75
　　4.7.1　蒸发损失的水量 ……………………………………………………………………………… 16-75
　　4.7.2　通风损失的水量 ……………………………………………………………………………… 16-76
　　4.7.3　渗透损失的水量 ……………………………………………………………………………… 16-77
　　4.7.4　排污损失的水量 ……………………………………………………………………………… 16-77

| 参考文献 | 16-78 |

5 传热与传质速率数据 ... 16-79

5.1 填料塔传热与传质系数的实验关联式和实测数据 ... 16-79
5.1.1 逆流塔传热与传质的关联式和实测数据 ... 16-79
5.1.2 横流塔的传质关联式和实测数据 ... 16-84
5.2 喷雾塔传热与传质系数的实验关联式和实测数据 ... 16-88
参考文献 ... 16-92

符号说明 ... 16-94

第17篇 干燥

1 概述 ... 17-2
1.1 物料干燥的目的 ... 17-2
1.2 除湿方法 ... 17-2
1.3 干燥操作的流程 ... 17-3

2 湿物料和湿空气的性质 ... 17-4
2.1 湿物料的性质 ... 17-4
2.1.1 物料内所含水分的种类 ... 17-4
2.1.2 物料的湿含量表示法 ... 17-6
2.2 湿空气的性质 ... 17-7
2.2.1 湿空气的基本性质 ... 17-7
2.2.2 湿度图 ... 17-9
2.2.3 I-H 图的用法 ... 17-10
参考文献 ... 17-21

3 干燥动力学 ... 17-22
3.1 干燥曲线 ... 17-22
3.2 干燥速率曲线 ... 17-22
3.3 物料内水分的移动机理 ... 17-24
参考文献 ... 17-26

4 干燥过程的计算、干燥器的分类与选择 ... 17-27
4.1 一般干燥过程的基本计算 ... 17-27
4.2 特殊干燥过程的计算简介 ... 17-30
4.3 干燥器的分类与选择 ... 17-32

	4.3.1	干燥器分类的目的	17-32
	4.3.2	按照操作方法和热量供给方法进行干燥器分类	17-33
	4.3.3	按照物料进入干燥器的形状进行干燥器分类	17-33
	4.3.4	按照附加特征的适应性进行干燥器分类	17-33
4.4		干燥器选择的原则	17-34
4.5		干燥器工业应用经验数据	17-35
4.6		干燥器选型计算示例	17-36
参考文献			17-38

5 各种干燥方法及干燥器设计 ········ 17-39

5.1 厢式干燥器 ········ 17-39
- 5.1.1 厢式干燥器的结构和分类 ········ 17-39
- 5.1.2 平行流厢式干燥器 ········ 17-39
- 5.1.3 穿流厢式干燥器 ········ 17-40

5.2 洞道式干燥器 ········ 17-41
- 5.2.1 洞道式干燥器的分类及特点 ········ 17-41
- 5.2.2 洞道式干燥器的设计 ········ 17-42

5.3 带式干燥器 ········ 17-43
- 5.3.1 平流带式干燥器 ········ 17-43
- 5.3.2 穿流带式干燥器 ········ 17-43
- 5.3.3 应用实例 ········ 17-44

5.4 气流干燥器 ········ 17-45
- 5.4.1 气流干燥的工作原理及特点 ········ 17-45
- 5.4.2 气流干燥器的类型 ········ 17-46
- 5.4.3 气流干燥器的设计 ········ 17-56
- 5.4.4 气流干燥器设计示例 ········ 17-63

5.5 流化床干燥器 ········ 17-71
- 5.5.1 流化床干燥的工作原理及特点 ········ 17-71
- 5.5.2 流化床干燥器的类型 ········ 17-72
- 5.5.3 流化床干燥器的设计 ········ 17-88
- 5.5.4 流化床干燥器的设计示例 ········ 17-103

5.6 喷动床干燥器 ········ 17-106
- 5.6.1 喷动床干燥器的工作原理及特点 ········ 17-106
- 5.6.2 喷动床干燥器的类型 ········ 17-107
- 5.6.3 喷动床干燥器的设计 ········ 17-111

5.7 喷雾干燥器 ········ 17-117
- 5.7.1 喷雾干燥的流程和过程阶段 ········ 17-117
- 5.7.2 雾化器的结构和计算 ········ 17-120
- 5.7.3 喷雾干燥塔的结构设计和尺寸估算 ········ 17-131
- 5.7.4 喷雾干燥器的设计示例 ········ 17-141

5.7.5 喷雾干燥技术在工业上的应用实例 …………………………………………………… 17-144
5.8 转筒干燥器 …………………………………………………………………………… 17-147
  5.8.1 转筒干燥器的工作原理及特点 …………………………………………………… 17-147
  5.8.2 转筒干燥器的型式 ………………………………………………………………… 17-147
  5.8.3 操作参数的确定 …………………………………………………………………… 17-149
  5.8.4 转筒干燥器的应用实例 …………………………………………………………… 17-152
  5.8.5 转筒干燥器的设计示例 …………………………………………………………… 17-154
5.9 移动床干燥器 ………………………………………………………………………… 17-156
  5.9.1 移动床干燥的工作原理及特点 …………………………………………………… 17-156
  5.9.2 移动床干燥器的类型 ……………………………………………………………… 17-156
  5.9.3 移动床干燥器的设计 ……………………………………………………………… 17-159
  5.9.4 移动床干燥器的设计示例 ………………………………………………………… 17-163
5.10 真空耙式干燥器 ……………………………………………………………………… 17-166
  5.10.1 真空耙式干燥器的工作原理及特点 …………………………………………… 17-166
  5.10.2 耙齿的结构 ……………………………………………………………………… 17-166
  5.10.3 真空耙式干燥器操作参数的确定 ……………………………………………… 17-166
  5.10.4 真空耙式干燥器的应用实例 …………………………………………………… 17-167
5.11 转鼓干燥器 …………………………………………………………………………… 17-167
  5.11.1 转鼓干燥器的工作原理及特点 ………………………………………………… 17-167
  5.11.2 转鼓干燥器的类型 ……………………………………………………………… 17-169
  5.11.3 转鼓干燥器的设计 ……………………………………………………………… 17-173
  5.11.4 转鼓干燥器的设计示例 ………………………………………………………… 17-175
5.12 桨叶式干燥器 ………………………………………………………………………… 17-176
  5.12.1 低速搅拌型桨叶式干燥器 ……………………………………………………… 17-176
  5.12.2 高速搅拌型桨叶式干燥器 ……………………………………………………… 17-178
  5.12.3 桨叶式干燥器的应用实例 ……………………………………………………… 17-179
  5.12.4 桨叶式干燥器的设计示例 ……………………………………………………… 17-180
5.13 双锥回转真空干燥器 ………………………………………………………………… 17-181
  5.13.1 双锥回转真空干燥器的工作原理及特点 ……………………………………… 17-181
  5.13.2 双锥回转真空干燥器的应用实例 ……………………………………………… 17-182
5.14 圆盘干燥器 …………………………………………………………………………… 17-183
  5.14.1 圆盘干燥器的工作原理及特点 ………………………………………………… 17-183
  5.14.2 圆盘干燥器的应用实例 ………………………………………………………… 17-184
5.15 真空冷冻干燥器 ……………………………………………………………………… 17-184
  5.15.1 真空冷冻干燥器的工作原理及特点 …………………………………………… 17-184
  5.15.2 真空冷冻干燥的流程 …………………………………………………………… 17-185
  5.15.3 真空冷冻干燥设备 ……………………………………………………………… 17-185
  5.15.4 真空冷冻干燥器的应用实例 …………………………………………………… 17-186
5.16 振动流动干燥器 ……………………………………………………………………… 17-187
  5.16.1 振动流动干燥器的工作原理及特点 …………………………………………… 17-187

  5.16.2 振动流动干燥器的应用实例 17-187
 5.17 红外线干燥器 17-188
  5.17.1 红外线干燥的工作原理及特点 17-188
  5.17.2 红外线干燥器的类型 17-189
 5.18 微波干燥器 17-190
  5.18.1 微波干燥器的工作原理及特点 17-190
  5.18.2 微波干燥器的类型 17-191
  5.18.3 微波干燥的阶段 17-192
 参考文献 17-192

6 组合干燥技术 17-194

 6.1 两级组合干燥 17-194
  6.1.1 喷雾干燥和流化床干燥的组合 17-194
  6.1.2 气流干燥和流化床干燥的组合 17-194
  6.1.3 粉碎气流干燥和流化床干燥的组合 17-195
 6.2 三级组合干燥 17-196
 参考文献 17-197

7 干燥过程的节能 17-198

 7.1 干燥过程的能源消耗 17-198
 7.2 干燥装置的能量利用率及干燥器的热效率 17-198
  7.2.1 干燥装置的能量利用率 17-199
  7.2.2 干燥器的热效率 17-200
 7.3 干燥操作的节能途径 17-201
 参考文献 17-203

符号说明 17-204

第18篇 吸附及离子交换

1 吸附剂的种类及其应用 18-2

 1.1 吸附过程及其分类 18-2
 1.2 吸附剂的种类 18-3
  1.2.1 天然吸附剂 18-3
  1.2.2 氧化铝 18-4
  1.2.3 硅胶 18-4
  1.2.4 分子筛 18-4
  1.2.5 碳基吸附剂 18-11

1.2.6 气凝胶 ·· 18-16
1.2.7 聚合物 ·· 18-16
1.2.8 生物质基材料 ·· 18-17
1.2.9 金属有机骨架材料 ··· 18-17
1.3 无机吸附剂的解吸再生 ·· 18-19
1.4 吸附剂的物理性质 ·· 18-19
1.4.1 吸附剂的孔道结构性质 ·· 18-19
1.4.2 吸附剂的选择性 ··· 18-23
1.4.3 吸附剂的再生性及使用寿命 ·· 18-23
参考文献 ··· 18-23

2 吸附相平衡 ··· 18-27
2.1 气固吸附相平衡 ··· 18-27
2.1.1 单组分吸附相平衡 ··· 18-28
2.1.2 多组分吸附相平衡 ··· 18-30
2.1.3 吸附等温线的测定 ··· 18-36
2.1.4 吸附选择性估算 ··· 18-36
2.1.5 吸附热 ·· 18-38
2.2 液固吸附相平衡 ··· 18-39
2.2.1 液相吸附等温线 ··· 18-39
2.2.2 组成等温线方程 ··· 18-40
参考文献 ··· 18-41

3 物质传递与传质速率 ·· 18-43
3.1 传质速率 ··· 18-43
3.1.1 传质推动力的表示方法 ·· 18-44
3.1.2 吸附剂颗粒内的扩散系数 ·· 18-45
3.2 传质系数 ··· 18-46
3.2.1 总传质系数 ·· 18-46
3.2.2 流体-固体颗粒间液膜传质系数 ··· 18-46
3.3 颗粒相侧传质系数 ··· 18-48
3.3.1 大孔扩散 ··· 18-49
3.3.2 细孔扩散（Knudsen 扩散） ··· 18-50
3.3.3 表面扩散 ··· 18-50
3.3.4 晶体内的扩散 ··· 18-50
3.3.5 并联扩散 ··· 18-51
3.3.6 双元细孔结构吸附剂的扩散 ··· 18-51
3.4 晶体颗粒扩散系数的求取 ·· 18-52
3.5 传质系数或传质速率的测定 ·· 18-55
3.5.1 直接测定法 ··· 18-55

  3.5.2 刺激-应答法 ··· 18-57
 3.6 固定填充床床层压降计算 ··· 18-60
 参考文献 ··· 18-60

4 吸附分离过程及设计计算 ·· 18-62

 4.1 吸附搅拌槽及多级段吸附 ··· 18-62
 4.2 恒温下固定床吸附 ·· 18-63
  4.2.1 透过曲线及其影响因素 ·· 18-64
  4.2.2 传质区的应用和计算 ·· 18-65
  4.2.3 分离因数、透入比和扩散控制区 ··································· 18-67
 4.3 固定床吸附操作计算 ·· 18-73
  4.3.1 恒温下微量单组分吸附 ·· 18-73
  4.3.2 恒温下复杂组分吸附 ·· 18-89
  4.3.3 绝热吸附分离 ·· 18-96
  4.3.4 色谱分离 ··· 18-100
  4.3.5 吸附剂的再生 ·· 18-105
 参考文献 ··· 18-107

5 工业吸附过程和设备 ·· 18-109

 5.1 固定床 ··· 18-109
  5.1.1 脱湿干燥 ··· 18-109
  5.1.2 溶剂回收 ··· 18-115
  5.1.3 气体污染物净化 ··· 18-118
  5.1.4 水体污染物净化 ··· 18-119
  5.1.5 吸附剂的再生 ·· 18-121
 5.2 变压吸附 ·· 18-125
  5.2.1 变压吸附的应用和发展 ·· 18-125
  5.2.2 变压吸附循环操作原理 ·· 18-130
  5.2.3 工业四床层变压吸附 ·· 18-135
  5.2.4 变压吸附的工艺计算 ·· 18-136
 5.3 工业色谱 ·· 18-143
  5.3.1 色谱分离类型 ·· 18-143
  5.3.2 工业色谱操作方法 ··· 18-145
 5.4 模拟移动床 ·· 18-154
  5.4.1 模拟移动床原理和设备 ·· 18-154
  5.4.2 模拟移动床工艺 ··· 18-156
  5.4.3 模型与计算 ··· 18-162
 参考文献 ··· 18-166

6 离子交换 ··· 18-168

 6.1 离子交换过程的特点 ·· 18-168

6.1.1　离子交换过程的基本原理	18-168
6.1.2　离子交换循环操作和应用	18-169
6.2　离子交换剂的种类和选用	18-171
6.2.1　离子交换剂的种类	18-171
6.2.2　离子交换剂的选用	18-179
参考文献	18-179

7　离子交换平衡 18-181

7.1　离子交换等温线	18-181
7.2　离子交换选择性系数	18-183
参考文献	18-187

8　离子交换动力学 18-188

8.1　离子交换扩散	18-188
8.2　离子交换速率	18-189
8.2.1　同位素离子交换中颗粒相扩散控制交换速率	18-189
8.2.2　同位素离子交换中液膜扩散控制交换速率	18-192
8.2.3　离子交换中颗粒相扩散控制交换速率	18-193
8.2.4　离子交换中液膜扩散控制交换速率	18-193
参考文献	18-196

9　离子交换过程设计原理 18-197

9.1　间歇式离子交换	18-197
9.2　恒温下固定床离子交换	18-197
9.2.1　经验的近似计算法	18-197
9.2.2　连续性方程数学模型	18-201
9.3　离子交换色谱分离	18-202
9.4　移动床离子交换	18-206
9.5　离子交换循环	18-207
9.5.1　离子交换循环	18-207
9.5.2　再生剂的用量	18-208
9.5.3　再生曲线和再生效率	18-209
参考文献	18-212

10　工业离子交换过程和设备 18-213

10.1　间歇式离子交换过程和设备	18-213
10.2　固定床离子交换过程和设备	18-213
10.2.1　固定床的类型	18-213
10.2.2　固定床的再生	18-214
10.3　连续式和半连续式离子交换过程和设备	18-218

10.3.1 复合床固定床离子交换器	18-218
10.3.2 移动床离子交换器	18-219
10.3.3 流化床离子交换器	18-220
10.3.4 树脂浆液（RIP）接触器	18-224
10.3.5 Davy Mckee 高物料通过量连续逆流树脂-矿浆接触器	18-225
10.3.6 磁树脂连续离子交换流化床	18-226
10.4 离子交换膜	18-227
10.4.1 离子交换膜的性能及其制备	18-227
10.4.2 离子交换膜分离过程和应用	18-228
10.5 离子交换过程在工业上的应用	18-230
10.5.1 水处理	18-230
10.5.2 食品工业	18-231
10.5.3 湿法冶金	18-232
10.5.4 合成化学和石油化学工业	18-232
10.5.5 医药工业	18-233
参考文献	18-233
符号说明	18-235

第19篇 膜过程

1 概论 ... 19-2

1.1 膜过程基本概述 ... 19-2
1.1.1 膜的分离作用 ... 19-2
1.1.2 各种膜分离过程 ... 19-2
1.1.3 膜分离主要应用现状 ... 19-3

1.2 膜过程发展历史 ... 19-6

1.3 膜过程展望 ... 19-6
1.3.1 膜材料及工艺 ... 19-6
1.3.2 膜过程 ... 19-9

参考文献 ... 19-10

2 分离膜 ... 19-13

2.1 聚合物膜 ... 19-13
2.1.1 聚合物膜材料 ... 19-13
2.1.2 聚合物膜的制备工艺 ... 19-14
2.1.3 膜结构与表征 ... 19-17
2.1.4 膜性能与测定 ... 19-18

- 2.2 无机膜 ……………………………………………………………………………………… 19-20
  - 2.2.1 无机膜材料 ………………………………………………………………………… 19-20
  - 2.2.2 无机膜的制备工艺 …………………………………………………………………… 19-21
  - 2.2.3 膜结构与表征 ………………………………………………………………………… 19-23
  - 2.2.4 膜性能与测定 ………………………………………………………………………… 19-24
- 2.3 有机-无机杂化膜 ……………………………………………………………………… 19-24
  - 2.3.1 杂化膜材料选择 ……………………………………………………………………… 19-24
  - 2.3.2 杂化膜的制备工艺 …………………………………………………………………… 19-25
  - 2.3.3 膜结构与表征 ………………………………………………………………………… 19-26
  - 2.3.4 膜性能与测定 ………………………………………………………………………… 19-26
- 参考文献 ………………………………………………………………………………………… 19-27

3 膜组件 …………………………………………………………………………………………… 19-29
- 3.1 膜组件分类 ……………………………………………………………………………… 19-29
- 3.2 板框式 …………………………………………………………………………………… 19-29
  - 3.2.1 板框式膜组件的特点 ………………………………………………………………… 19-29
  - 3.2.2 系紧螺栓式 …………………………………………………………………………… 19-29
  - 3.2.3 耐压容器式 …………………………………………………………………………… 19-30
  - 3.2.4 板框式膜组件的应用 ………………………………………………………………… 19-30
- 3.3 管式 ……………………………………………………………………………………… 19-31
  - 3.3.1 管式膜组件的特点 …………………………………………………………………… 19-31
  - 3.3.2 内压型单管式 ………………………………………………………………………… 19-31
  - 3.3.3 内压型管束式 ………………………………………………………………………… 19-32
  - 3.3.4 外压型管式 …………………………………………………………………………… 19-32
- 3.4 螺旋卷式 ………………………………………………………………………………… 19-33
  - 3.4.1 螺旋卷式膜组件的特点 ……………………………………………………………… 19-35
  - 3.4.2 膜组件的部件和材料 ………………………………………………………………… 19-35
  - 3.4.3 在制造中应注意的问题 ……………………………………………………………… 19-36
- 3.5 中空纤维式 ……………………………………………………………………………… 19-36
  - 3.5.1 中空纤维膜组件的特点 ……………………………………………………………… 19-37
  - 3.5.2 中空纤维膜组件制造中应注意的问题 ……………………………………………… 19-37
- 3.6 帘式 ……………………………………………………………………………………… 19-38
  - 3.6.1 帘式膜组件的特点 …………………………………………………………………… 19-38
  - 3.6.2 膜组件的部件与材料 ………………………………………………………………… 19-38
  - 3.6.3 在制造中应注意的问题 ……………………………………………………………… 19-39
- 3.7 碟管式 …………………………………………………………………………………… 19-39
  - 3.7.1 碟管式膜组件的特点 ………………………………………………………………… 19-39
  - 3.7.2 碟管式膜组件的部件与材料 ………………………………………………………… 19-40
  - 3.7.3 在制造中需注意的问题 ……………………………………………………………… 19-41
- 3.8 各种型式膜组件的优缺点 ……………………………………………………………… 19-41

参考文献 ····· 19-42

4 膜过程 ····· 19-44

4.1 微滤 ····· 19-44
4.1.1 概述 ····· 19-44
4.1.2 微滤膜的传递机理 ····· 19-44
4.1.3 微滤膜的流程与工艺 ····· 19-44
4.1.4 微滤膜的应用 ····· 19-45

4.2 超滤 ····· 19-46
4.2.1 基本原理 ····· 19-46
4.2.2 超滤膜和组件 ····· 19-46
4.2.3 流程和过程设计 ····· 19-47
4.2.4 超滤的应用 ····· 19-47

4.3 反渗透 ····· 19-49
4.3.1 基本原理 ····· 19-49
4.3.2 分离原理 ····· 19-50
4.3.3 传递方程 ····· 19-51
4.3.4 膜材料的选择准则 ····· 19-52
4.3.5 反渗透膜及组件 ····· 19-53
4.3.6 浓差极化及流程、过程设计 ····· 19-55
4.3.7 反渗透技术的应用 ····· 19-57

4.4 气体膜分离 ····· 19-59
4.4.1 膜材质及其分类 ····· 19-60
4.4.2 新型气体分离膜材料开发 ····· 19-61
4.4.3 气体膜分离的机制 ····· 19-62
4.4.4 气体分离膜的主要特性参数 ····· 19-67
4.4.5 气体分离膜的制备工艺 ····· 19-69
4.4.6 气体膜分离过程 ····· 19-71
4.4.7 气体膜分离应用 ····· 19-73

4.5 渗透汽化 ····· 19-76
4.5.1 引言 ····· 19-76
4.5.2 渗透汽化的基本原理 ····· 19-77
4.5.3 渗透汽化过程的特点 ····· 19-79
4.5.4 渗透汽化膜及膜材质的选择 ····· 19-79
4.5.5 渗透汽化膜的制备方法和组件结构 ····· 19-80
4.5.6 渗透汽化膜的性能测试 ····· 19-82
4.5.7 渗透汽化的应用 ····· 19-82
4.5.8 无机膜渗透汽化 ····· 19-86

4.6 渗析与电渗析 ····· 19-91
4.6.1 原理 ····· 19-91

4.6.2 传递机理	19-94
4.6.3 流程与工艺设计	19-97
4.6.4 渗析与电渗析的应用	19-98
4.7 膜生物反应器	19-104
4.7.1 原理	19-104
4.7.2 膜生物反应的传质机理	19-104
4.7.3 流程与工艺优势	19-107
4.7.4 典型应用	19-109
4.8 膜反应	19-111
4.8.1 原理	19-111
4.8.2 膜反应器的分类	19-113
4.8.3 流程与反应器设计	19-114
4.8.4 典型应用	19-118
4.9 膜集成过程	19-120
4.9.1 膜集成过程特点	19-120
4.9.2 膜集成过程分类	19-120
4.9.3 典型应用	19-121
4.10 其他膜过程	19-125
4.10.1 正渗透	19-125
4.10.2 膜蒸馏	19-128
4.10.3 膜结晶	19-130
4.10.4 膜吸收	19-131
参考文献	19-133
符号说明	19-143

第20篇 颗粒及颗粒系统

1 颗粒的粒度、粒径 ………… 20-2

1.1 粒度、粒径的定义 ………… 20-2
1.1.1 三轴径 ………… 20-2
1.1.2 投影径 ………… 20-3
1.1.3 球当量直径 ………… 20-3
1.1.4 筛分径 ………… 20-4
1.1.5 颗粒投影的其他直径 ………… 20-4

1.2 粒径的物理意义 ………… 20-4
1.2.1 Feret 径、Martin 径、等投影面积直径 ………… 20-4
1.2.2 Caucy 定理 ………… 20-5

1.3 粒径分布 ··· 20-5
　1.3.1 频率分布和累积分布 ··· 20-5
　1.3.2 粒径分布的函数表示 ··· 20-6
1.4 平均粒径 ··· 20-9
　1.4.1 平均粒径的定义 ··· 20-9
　1.4.2 主要的平均粒径 ·· 20-10
参考文献 ··· 20-12
符号说明 ··· 20-12

2 颗粒的形状 ··· 20-14

2.1 概述 ··· 20-14
　2.1.1 研究意义 ··· 20-14
　2.1.2 颗粒形状术语 ·· 20-14
　2.1.3 颗粒形状的几何表示 ··· 20-15
2.2 形状指数和形状系数 ··· 20-15
　2.2.1 单一颗粒的形状表示 ··· 20-15
　2.2.2 均齐度 ·· 20-16
　2.2.3 充满度 ·· 20-17
　2.2.4 球形度 ·· 20-17
　2.2.5 圆形度 ·· 20-17
　2.2.6 圆角度 ·· 20-17
　2.2.7 表面指数 ··· 20-18
　2.2.8 形状系数 ··· 20-18
　2.2.9 基于轮廓曲线的形状指数 ·· 20-18
2.3 颗粒形状的数学分析 ··· 20-19
　2.3.1 Fourier 方法 ·· 20-19
　2.3.2 方波函数法 ··· 20-22
　2.3.3 分数维方法 ··· 20-23
2.4 动力学形状系数 ··· 20-24
　2.4.1 阻力形状系数 ·· 20-24
　2.4.2 动力学形状系数 ··· 20-25
参考文献 ··· 20-26
符号说明 ··· 20-26

3 颗粒测定 ··· 20-28

3.1 粒径的测定 ··· 20-28
　3.1.1 筛分法 ·· 20-29
　3.1.2 显微镜法 ··· 20-31
　3.1.3 沉降法 ·· 20-32
　3.1.4 电传感法 ··· 20-34

3.1.5	光散射与衍射法	20-35
3.1.6	X射线小角散射法	20-36
3.1.7	全息照相法	20-37
3.1.8	流体分选	20-37
3.1.9	其他	20-39
3.2	颗粒密度的测定	20-39
3.2.1	颗粒密度的定义	20-39
3.2.2	测定方法	20-40
3.3	颗粒比表面积的测定	20-42
3.3.1	气体透过法	20-43
3.3.2	气体吸附法	20-44
3.3.3	压汞法	20-47
3.3.4	湿润热法	20-48
3.3.5	计算法	20-48
3.4	颗粒细孔分布的测定	20-49
3.4.1	气体吸附法	20-49
3.4.2	压汞法	20-50
3.5	取样	20-50
3.5.1	取样原则	20-50
3.5.2	缩分	20-51
3.5.3	制样	20-52
参考文献		20-52
符号说明		20-52

4 散料物理

4.1	黏附与团聚	20-55
4.1.1	颗粒间的黏附力	20-55
4.1.2	黏附力的影响因素	20-56
4.1.3	黏附力的测定方法	20-57
4.1.4	颗粒在空气中的团聚	20-58
4.2	颗粒的扩散现象	20-60
4.2.1	布朗扩散	20-60
4.2.2	布朗团聚	20-65
4.2.3	湍流扩散	20-65
4.3	颗粒的传热特性	20-66
4.3.1	单颗粒的传热	20-66
4.3.2	颗粒层的传热	20-68
4.4	颗粒的传质特性	20-71
4.4.1	单颗粒的传质	20-71
4.4.2	颗粒填充层的传质	20-71

- 4.5 颗粒的电特性 …… 20-72
  - 4.5.1 比电阻 …… 20-72
  - 4.5.2 介电常数 …… 20-74
  - 4.5.3 颗粒的荷电率（带电量） …… 20-75
  - 4.5.4 颗粒的带电 …… 20-76
  - 4.5.5 电泳 …… 20-77
- 4.6 颗粒的声学特性 …… 20-79
  - 4.6.1 颗粒系统的发声 …… 20-79
  - 4.6.2 颗粒在声场中的共振运动 …… 20-80
  - 4.6.3 声波通过颗粒群的衰减 …… 20-81
- 4.7 颗粒的光学现象 …… 20-82
  - 4.7.1 光散射 …… 20-82
  - 4.7.2 光的衍射 …… 20-83
  - 4.7.3 光压 …… 20-83
  - 4.7.4 光泳 …… 20-83
- 参考文献 …… 20-85
- 符号说明 …… 20-87

5 散料力学 …… 20-90

- 5.1 散料力学的基础方程 …… 20-90
  - 5.1.1 弹性平衡微分方程式 …… 20-90
  - 5.1.2 极限平衡方程式 …… 20-91
- 5.2 散料的填充特性 …… 20-96
  - 5.2.1 填充方式 …… 20-96
  - 5.2.2 空隙率的测量方法 …… 20-100
- 5.3 散料的流动特性 …… 20-101
  - 5.3.1 Jenike 的流动因数 FF …… 20-101
  - 5.3.2 Carr 的流动性指数 …… 20-102
  - 5.3.3 休止角 …… 20-102
  - 5.3.4 有效内摩擦角 …… 20-103
- 5.4 散料颗粒间的相互作用力 …… 20-105
  - 5.4.1 散料颗粒间相互作用力的种类 …… 20-105
  - 5.4.2 颗粒间力的测量方法 …… 20-105
  - 5.4.3 散料抗拉强度的测量方法 …… 20-105
- 参考文献 …… 20-105
- 符号说明 …… 20-106

6 渗流 …… 20-108

- 6.1 流体通过颗粒层的流动 …… 20-108
  - 6.1.1 Darcy 定律 …… 20-108

6.1.2 渗滤理论 ··· 20-109
6.2 颗粒层的压力降 ·· 20-110
6.2.1 从流路模型计算压力降 ··· 20-110
6.2.2 阻力模型 ··· 20-111
6.2.3 纤维填充层的压力降 ··· 20-112
6.3 两相互不相溶流体的渗流 ··· 20-113
6.3.1 多孔介质中流体的饱和度 ·· 20-113
6.3.2 液体在颗粒层中的毛细管压力和上升高度 ························· 20-114
6.3.3 液液两相渗流 ··· 20-116
6.3.4 液固两相渗流 ··· 20-117
6.4 两相互溶渗流 ··· 20-118
6.4.1 互溶液体的传质扩散渗流 ·· 20-118
6.4.2 不同黏度的互溶液体传质扩散渗流 ··································· 20-118
6.4.3 带有吸附作用的互溶液体传质扩散渗流 ···························· 20-118
6.5 液气两相渗流 ··· 20-119
参考文献 ·· 20-120
符号说明 ·· 20-120

7 颗粒流及装备 ·· 20-122

7.1 颗粒流的基本概念与特征 ··· 20-122
7.1.1 颗粒流的分类 ··· 20-122
7.1.2 颗粒流的特征 ··· 20-123
7.1.3 颗粒流本构方程 ·· 20-125
7.2 颗粒流的理论与模型 ··· 20-126
7.2.1 基于连续介质的方法 ··· 20-126
7.2.2 基于离散的方法 ·· 20-126
7.2.3 大规模离散模拟 ·· 20-130
7.3 颗粒流实验及测量 ··· 20-131
7.3.1 休止角的测量 ··· 20-132
7.3.2 颗粒间接触作用力的测量 ··· 20-133
7.3.3 颗粒物料宏观应力的测量 ··· 20-134
7.3.4 颗粒速度的测量 ·· 20-134
7.4 颗粒流的操作与应用 ··· 20-136
7.4.1 混合及设备 ·· 20-136
7.4.2 分级及设备 ·· 20-140
7.4.3 造粒及设备 ·· 20-142
参考文献 ·· 20-144

8 超细粉体的制备与应用 ·· 20-148

8.1 气相法制备纳米材料 ··· 20-148

- 8.1.1 气相燃烧法 ... 20-148
- 8.1.2 气相物理法 ... 20-150

8.2 液相法制备纳米材料 ... 20-152
- 8.2.1 水热法 ... 20-152
- 8.2.2 沉淀法 ... 20-155
- 8.2.3 溶胶凝胶法 ... 20-155
- 8.2.4 膜乳化法 ... 20-156
- 8.2.5 微流控技术 ... 20-158

8.3 固相法（球磨法）制备超细颗粒 ... 20-161
- 8.3.1 纳米金属单质的制备 ... 20-161
- 8.3.2 不互溶体系超细粉体的制备 ... 20-162
- 8.3.3 金属间化合物超细粉体的制备 ... 20-162
- 8.3.4 纳米级的金属或金属氧化物-陶瓷粉复合超细颗粒的制备 ... 20-162

8.4 纳米颗粒的性能及应用 ... 20-163
- 8.4.1 气相二氧化硅的性能及其在硅橡胶中的应用 ... 20-163
- 8.4.2 沉淀纳米二氧化硅在轮胎橡胶中的应用 ... 20-164
- 8.4.3 纳米碳酸钙的性能及应用 ... 20-165

参考文献 ... 20-167

第21篇 流态化

1 流态化流体力学特性 ... 21-2

1.1 流态化现象 ... 21-2
- 1.1.1 基本现象与特点 ... 21-2
- 1.1.2 流态化状态谱系相图 ... 21-2
- 1.1.3 流态化类型 ... 21-4
- 1.1.4 流态化体系的分类 ... 21-5

1.2 经典散式流态化 ... 21-6
- 1.2.1 流体通过固定床的压降 ... 21-6
- 1.2.2 临界流态化速度 ... 21-7
- 1.2.3 颗粒床层的膨胀 ... 21-8
- 1.2.4 颗粒终端速度 ... 21-11

1.3 经典聚式流态化 ... 21-13
- 1.3.1 气泡特性 ... 21-13
- 1.3.2 最小鼓泡速度 ... 21-18
- 1.3.3 床层的膨胀 ... 21-18
- 1.3.4 颗粒的扬析与夹带 ... 21-20

1.4 湍动流态化 ... 21-24

- 1.5 广义流态化 ... 21-26
  - 1.5.1 广义流态化概念和郭慕孙操作状态图 ... 21-26
  - 1.5.2 并流逆重力向上流动 ... 21-26
  - 1.5.3 并流顺重力向下流动 ... 21-30
  - 1.5.4 逆流顺重力向下流动 ... 21-30
- 1.6 气力输送 ... 21-31
  - 1.6.1 气力输送状态的分类及特性 ... 21-31
  - 1.6.2 气力输送装置的分类与选择 ... 21-33
  - 1.6.3 稀相气力输送 ... 21-35
  - 1.6.4 密相动压气力输送 ... 21-38
  - 1.6.5 密相静压气力输送 ... 21-41
- 1.7 喷动床 ... 21-46
  - 1.7.1 喷动床的结构型式 ... 21-47
  - 1.7.2 喷动床的流体力学 ... 21-48
- 1.8 三相流态化 ... 21-50
  - 1.8.1 特点及分类 ... 21-50
  - 1.8.2 气液固流动规律 ... 21-51
- 参考文献 ... 21-53
- 符号说明 ... 21-56

2 流化床分级和混合 ... 21-60

- 2.1 分级和混合的机理 ... 21-60
- 2.2 分级 ... 21-61
  - 2.2.1 颗粒分级模式 ... 21-61
  - 2.2.2 颗粒分离程度 ... 21-64
  - 2.2.3 颗粒分级模型 ... 21-68
  - 2.2.4 颗粒分级的应用 ... 21-68
- 2.3 混合 ... 21-69
  - 2.3.1 混合和扩散系数 ... 21-69
  - 2.3.2 混合和停留时间分布的测量 ... 21-70
  - 2.3.3 颗粒混合 ... 21-70
- 参考文献 ... 21-72
- 符号说明 ... 21-73

3 颗粒与流体间的传热和传质 ... 21-75

- 3.1 颗粒与流体间的传热 ... 21-75
  - 3.1.1 颗粒-流体传热机理 ... 21-75
  - 3.1.2 传热系数的实验测定方法 ... 21-78
  - 3.1.3 流化系统中的表观传热系数 ... 21-80
  - 3.1.4 颗粒-流体系统的传热模型 ... 21-80

    3.1.5　各种流化系统中的传热关联式 ·· 21-81
  3.2　颗粒与流体间的传质 ·· 21-83
    3.2.1　传质系数与传质分析 ·· 21-83
    3.2.2　传质系数的实验测定方法 ·· 21-84
    3.2.3　流化系统中的表观传质系数 ·· 21-85
  3.3　颗粒-流体传热与传质的关联 ·· 21-88
  3.4　颗粒-流体传热/传质和流动结构的关系 ·· 21-88
  参考文献 ·· 21-90
  符号说明 ·· 21-92

4　流化床与壁面的传热 ·· 21-95
  4.1　流化床换热器结构 ·· 21-95
    4.1.1　夹套式换热器 ·· 21-95
    4.1.2　管式换热器 ·· 21-95
    4.1.3　外取热器 ·· 21-96
  4.2　传热方程 ·· 21-98
    4.2.1　温差 ·· 21-98
    4.2.2　传热面积 ·· 21-99
    4.2.3　传热膜系数 ·· 21-99
  4.3　影响传热的因素 ·· 21-100
    4.3.1　流体流速与床层空隙率的影响 ·· 21-100
    4.3.2　流体与颗粒物性的影响 ·· 21-101
    4.3.3　床层高度与传热面高度的影响 ·· 21-101
    4.3.4　颗粒粒度对传热的影响 ·· 21-101
    4.3.5　床内构件对传热的影响 ·· 21-103
    4.3.6　辐射换热的影响 ·· 21-104
  4.4　传热机理 ·· 21-105
    4.4.1　膜控制机理 ·· 21-105
    4.4.2　颗粒团不稳定传热机理 ·· 21-105
    4.4.3　颗粒控制机理 ·· 21-105
  4.5　流化床与器壁传热的传热膜系数 ·· 21-105
    4.5.1　经典流化床 ·· 21-106
    4.5.2　稀相流化床 ·· 21-108
    4.5.3　喷动床 ·· 21-108
  4.6　流化床与床内浸没物体壁面传热的传热膜系数 ·· 21-109
    4.6.1　流化床与床内浸没固体的传热 ·· 21-109
    4.6.2　流化床层与浸没管的传热 ·· 21-110
  4.7　流化床传热强化 ·· 21-114
  参考文献 ·· 21-115
  符号说明 ·· 21-117

5 流态化装置设计 ……… 21-120

5.1 流态化装置的选型 ……… 21-120
5.1.1 流化床类型 ……… 21-120
5.1.2 选型的一般原则 ……… 21-120
5.1.3 影响流态化质量的因素 ……… 21-120

5.2 流化床操作速度 ……… 21-122

5.3 装置直径与高度的确定 ……… 21-123
5.3.1 非催化气固反应 ……… 21-123
5.3.2 催化反应 ……… 21-124

5.4 气体分布器与预分布器 ……… 21-125
5.4.1 气体分布器的结构型式 ……… 21-125
5.4.2 气体预分布器的结构型式 ……… 21-127
5.4.3 分布板设计计算 ……… 21-127

5.5 内部构件 ……… 21-133
5.5.1 内部构件的作用 ……… 21-133
5.5.2 内部构件的结构与型式 ……… 21-133
5.5.3 内部构件的设计 ……… 21-136

5.6 颗粒分离回收系统 ……… 21-139
5.6.1 输送分离高度 ……… 21-139
5.6.2 内过滤器 ……… 21-142
5.6.3 内旋风分离器 ……… 21-143

5.7 颗粒的加料和卸料装置 ……… 21-146
5.7.1 加料和卸料装置的分类 ……… 21-146
5.7.2 装置结构型式 ……… 21-146

5.8 流化床的测量技术 ……… 21-148
5.8.1 压力与压降测量 ……… 21-148
5.8.2 温度测量 ……… 21-148
5.8.3 空隙度测量 ……… 21-149
5.8.4 气速（流量）测量 ……… 21-149
5.8.5 气泡测量 ……… 21-149
5.8.6 颗粒粒度的控制与测量 ……… 21-150
5.8.7 其他测量 ……… 21-151

参考文献 ……… 21-151

符号说明 ……… 21-154

6 流态化过程强化 ……… 21-157

6.1 颗粒设计强化 ……… 21-157
6.1.1 颗粒结构设计 ……… 21-158
6.1.2 添加组分设计 ……… 21-159

6.1.3	颗粒表面性质设计	21-160
6.2	外力场强化	21-160
6.2.1	磁场强化	21-160
6.2.2	声场强化	21-163
6.2.3	振动场强化	21-165
6.3	内构件强化	21-167
6.4	床型强化	21-169
6.4.1	快速流化床	21-169
6.4.2	锥形（喷动）流化床	21-170
参考文献		21-172

7 流态化模拟放大 ... 21-177

- 7.1 原理与概述 ... 21-177
- 7.2 基于双流体模型的模拟 ... 21-178
  - 7.2.1 双流体模型 ... 21-178
  - 7.2.2 模拟实例 ... 21-182
- 7.3 基于颗粒轨道模型的模拟 ... 21-185
  - 7.3.1 基本概念及特点 ... 21-185
  - 7.3.2 控制方程和作用模型 ... 21-185
  - 7.3.3 数值求解 ... 21-187
  - 7.3.4 实现及应用 ... 21-189
- 7.4 直接模拟 ... 21-189
  - 7.4.1 基于传统 N-S 方程的 DNS 方法 ... 21-190
  - 7.4.2 基于格子的 DNS 方法 ... 21-191
  - 7.4.3 基于粒子的 DNS 方法 ... 21-192
  - 7.4.4 颗粒间碰撞处理 ... 21-192
- 7.5 工业应用与模拟放大 ... 21-193
  - 7.5.1 连续介质方法的工业应用 ... 21-193
  - 7.5.2 颗粒轨道方法的工业应用 ... 21-195
- 7.6 虚拟流态化 ... 21-196
  - 7.6.1 宏观与稳态模型 ... 21-196
  - 7.6.2 多尺度耦合模拟 ... 21-201
  - 7.6.3 基于虚拟过程的流态化模拟放大 ... 21-201
- 参考文献 ... 21-205
- 符号说明 ... 21-208

8 流态化技术的工业应用 ... 21-210

- 8.1 矿物加工 ... 21-210
  - 8.1.1 硫铁矿氧化焙烧 ... 21-210
  - 8.1.2 锌精矿氧化焙烧 ... 21-211

8.1.3 铁矿还原焙烧 ·· 21-212
8.1.4 钛铁矿焙烧 ·· 21-216
8.2 无机化工产品生产 ·· 21-217
8.2.1 氯化法钛白 ·· 21-217
8.2.2 氢氧化铝焙烧制氧化铝 ·· 21-218
8.3 化石能源利用 ·· 21-220
8.3.1 煤的流化床燃烧 ·· 21-220
8.3.2 煤的流化床气化 ·· 21-222
8.3.3 煤液化技术 ·· 21-225
8.4 石油炼制与化工 ·· 21-228
8.4.1 流化催化裂化 ·· 21-228
8.4.2 萘氧化制苯酐 ·· 21-230
8.4.3 丁烯氧化脱氢制丁二烯 ·· 21-230
8.4.4 丙烯氨氧化制丙烯腈 ·· 21-231
8.4.5 乙烯氧氯化制二氯乙烯 ·· 21-231
8.4.6 甲醇制烯烃 ·· 21-232
8.5 包覆和制粒 ·· 21-232
参考文献 ·· 21-234

本卷索引 ·· 本卷索引 1

第15篇
萃取及浸取

主 稿 人： 骆广生　清华大学教授
　　　　　 刘会洲　中国科学院过程工程研究所研究员
编写人员： 骆广生　清华大学教授
　　　　　 刘会洲　中国科学院过程工程研究所研究员
　　　　　 秦　炜　清华大学教授
　　　　　 王运东　清华大学教授
　　　　　 陈　健　清华大学教授
　　　　　 徐建鸿　清华大学教授
　　　　　 黄　昆　中国科学院过程工程研究所副研究员
　　　　　 杨良嵘　中国科学院过程工程研究所副研究员
审 稿 人： 戴猷元　清华大学教授
　　　　　 鲍晓军　福州大学教授

第一版编写人员名单
编写人员： 李以圭　崔秉懿　于静芬　李　洲　沈忠耀
　　　　　 费维扬　尤大钺　吴志泉　章寿华　沈祖钧
审 校 人： 苏元复　汪家鼎　陈家镛

第二版编写人员名单
主 稿 人： 陈家镛
编写人员： 杨守志　柯家骏　刘会洲　鲍晓军

1 概论

1.1 液-液萃取过程

液-液萃取,也称溶剂萃取(solvent extraction),简称萃取(extraction),是指两个完全或部分不相溶的液相或溶液接触后,一个液相中的溶质经过物理或化学作用转移到另一个液相中或在两相中重新分配的过程,属于分离和提纯物质的重要单元操作之一。也就是说,萃取过程是利用溶液中各组分在两个液相之间的不同分配关系,通过相间传递达到分离、富集及提纯的目的[1,2]。萃取按性质分类,有物理萃取和化学萃取。物理萃取是不涉及化学反应的物理传递过程,在石油化工中获得广泛应用。化学萃取主要应用于金属的提取与分离。如按萃取的对象分类,又可分为有机物萃取和无机物萃取[3~6]。近年来,随着生物化工技术的不断发展,生物大分子萃取成为萃取分离的一个新方向,如蛋白质和酶的萃取分离。

液-液萃取具有处理能力大、选择性好、操作方便、能耗较低和回收率高等优点,并易于连续操作和自动控制。随着一些高新技术发展的需要以及新型萃取剂的不断出现,液-液萃取在湿法冶金、石油化工、原子能工业、医药和食品工业等领域的应用日益广泛[7~13]。

由于萃取技术的推广应用,推动了萃取化学的形成与发展。萃取化学是以无机化学、有机化学、物理化学、放射化学、分析与环境化学等学科为基础的学科,主要研究萃取过程的反应机理及有关规律,包括萃取剂的结构与萃取性能的关系,利用紫外-可见光谱、红外光谱、核磁共振谱等现代分析技术研究、确定萃合物的结构及萃取特性,以及对萃取过程的热力学、各种因素对萃取平衡的影响,动力学和相间传递过程等[14~16]。

当前,萃取技术得到广泛应用,但其远未达到成熟的程度,其应用与理论研究仍在不断发展。国际上已有专业性的溶剂萃取期刊定期出版,而且每3年有一次世界性的溶剂萃取国际学术会议在不同国家轮流举行,发表论文的数量和所涉及的应用领域不断扩展,一些新型萃取剂的合成、新萃取工艺的建立、萃取机理和萃取规律性等的研究日益丰富与完善[17~24]。

1.2 液-液萃取应用于有机物的分离

液-液萃取过程在分离与提纯有机物方面获得了广泛应用。早在1883年就开始用乙酸乙酯之类的溶剂萃取分离水溶液中的乙酸。1908年,开始将溶剂萃取用于石油工业,采用液态二氧化硫作为溶剂从煤油中除去芳香烃,并逐步推广到许多精制及分离过程中[2]。今天,溶剂萃取在石油化工方面的应用已很广泛,处理量不断增加。其中,芳香烃与非芳香烃的分离最先是用Udex流程,以二甘醇或聚乙二醇和水的混合物为溶剂。随后又开发了用溶剂从石油轻馏分中提取苯-甲苯-二甲苯混合物的分离方法。先后有 Shell 流程、UOP 公司的 Udex 法、IFP 法、Arosolvan 法、Formex 法等；使用的溶剂分别为环丁砜、二甘醇（或四甘醇）、二甲基亚砜（DMSO）、N-甲基吡咯烷酮（N-methyl pyrrolidone）、N-甲酰吗啉（N-formylmorpholine）等[25]。溶剂萃取还应用于以下方面：在己内酰胺生产中从粗己内酰胺溶液中萃取己内酰胺[12]，在烯烃氧化制乙酸中，从水溶液中萃取乙酸[26]，从 C_9 芳烃异构体混合物中萃取间二甲苯[27]，在丙烯氧化制丙烯酸生产中从水溶液中萃取丙烯酸[28]，从废水中脱酚，从造纸废水氧化液中萃取香兰素，从分离丁二烯后的 C_4 馏分中萃取异丁烯等[2]。此外，在医药工业中，以乙酸丁酯为溶剂分三步萃取加工制得青霉素产品[25]。在食品工业中，用磷酸三丁酯从发酵液中萃取柠檬酸[29]。

液-液萃取过程在有机化学工业中的应用实例，如表 15-1-1 所示。

表 15-1-1　液-液萃取在有机化学工业中的应用实例

料液	溶剂	萃取物	方法	参考文献
石油工业：煤油至润滑油沸程范围的石油馏分	液体 SO_2	芳香族和含硫化合物	Edeleanu 法	[30]
石油原料（宽馏分）	二甘醇和水的混合物	苯、甲苯和二甲苯	Udex 法	[31]
汽油和煤油馏分	环丁砜	芳香烃		[32]
催化重整物、直馏汽油或煤油	二甲亚砜	芳香烃		[33]
润滑油	糠醛、N-甲基吡咯烷酮	芳香烃		[34]
含重渣油的石蜡	丙烷	石蜡及沥青质		[30]
低黏锭子油和高黏机器油	二氯乙烷、二氯甲烷	石蜡	Di-Me 溶剂法	[35]
炼焦工业：焦炉油	二甘醇-水	芳香烃	Udex 法	[36]
粗焦馏物	甲醇、水和己烷	焦油酸	分级萃取	[37]
商品焦油酸馏分	NaOH 溶液和甲苯	2,4-二甲苯酚和 2,5-二甲苯酚	解离萃取	[38]
煤气水洗液	重苯、溶剂油、N503	酚		[39]
油脂工业：植物油和动物脂	丙烷	不饱和甘油酯和维生素	Solexol 法	[40]
植物油	糠醛	不饱和甘油酯		[41]
医药工业：麻黄草浸渍液	苯、二甲苯	麻黄素		[42]
含青霉素发酵液	乙酸丁酯	青霉素		[43]
其他：乙酸稀溶液	乙酸乙酯	乙酸		[44]
造纸厂黑液	甲基乙基酮	甲酸和乙酸		[45]
催化裂化石油厂废水	轻催化油	酚	Phenex 法	[46]

1.3　液-液萃取应用于无机物的分离

早在 19 世纪就已开始利用溶剂来萃取某些无机化合物，例如，1842 年首先用二乙醚萃取硝酸铀酰，1892年采用乙醚萃取盐酸中的铁。第二次世界大战期间，由于原子能工业对提取核燃料及分离核裂变产物的迫切需要，从而推动了萃取法的发展，期间合成了许多性能好的萃取剂，如磷酸三丁酯和各种胺类萃取剂等，主要集中于铀、钍、钚及有关金属的萃取[2,9]。

在工业上，最先成功地利用萃取法提取及纯化的金属是铀，所用的萃取剂起初是磷酸三丁酯，随后开发出使用磷酸二-(2-乙基己基)酯作为萃取剂和以煤油为稀释剂的 Dapex 流程，以及使用胺类（如三辛胺）为萃取剂的 Amex 流程[7,8]。

随后，液-液萃取法广泛应用于稀有金属的分离与富集过程，例如，分离稀土以及回收铟、锗、镓、铊、钪、铌、钽、锆、铪等。在锆、铪的萃取分离中首先成功研究了用甲基异丁基酮（MIBK）从含有硫氰酸盐的盐酸溶液中萃取铪，并在工业上加以应用。使用磷酸三丁酯在硝酸及硝酸盐溶液中进行锆、铪的萃取分离，也获得了工业应用。

进入20世纪60年代，液-液萃取法逐渐扩展应用于有色金属领域，主要由于对铜具有高选择性的羟基肟类萃取剂（如 LIX 系列）和其他新型螯合萃取剂（如 Kelex 系列）等的出现与应用，使萃取成为有色金属湿法冶金中的一个重要的分离与富集方法[9]。只要价格与铜相当或超过铜价格的有色金属，都有可能采用液-液萃取法。

萃取法在湿法冶金中的另一应用，是开发出一种矿浆直接萃取法，即不用将浸取液与浸取渣分离，而用有机溶剂直接从矿浆中萃取有价金属的工艺[47]。萃取法也应用于提取无机酸，例如使用 $C_4 \sim C_5$ 醇或其他溶剂从磷矿石浸取液中萃取磷酸[48]，以及使用2-乙基己醇、二元醇或多元醇从硼矿石浸取液中萃取硼[49]。

液-液萃取过程在无机化学工业中的应用实例，如表15-1-2所示。

表15-1-2　液-液萃取在无机化学工业中的应用实例

料液	萃取剂	萃取物	方法	参考文献
低品位铀矿硫酸浸取液	仲胺和叔胺	铀盐	Amex 法	[9,50]
铀矿石浸取液	磷酸二(2-乙基己基)酯及磷酸三丁酯-煤油液	铀盐	Dapex 法	[9,50]
铀的硝酸溶液	20%磷酸三丁酯	$UO_2(NO_3)_2$	提纯铀	[9,50]
独居石矿浸取液	TBP-煤油液 TBP-二甲苯液 二(十三烷基)胺	$UO_2(NO_3)_3$ $Th(NO_3)_4$ 稀土		[51]
锆铪溶液	TBP、MIBK、D2EHPA、N235	铪		[9,50]
钽铌混合氟化物	TBP、MIBK、三辛胺	钽		[9,50]
氧化铝生产中含镓的碱性溶液	Kelex-100	镓		[52]
铜矿石浸取液	LIX-64N、Kelex-100 等	铜		[9,25]
其他：磷矿石分解后的粗磷酸液	$C_4 \sim C_5$ 醇、二丁基亚砜(DBSO)	磷酸		[53,48]
硼镁矿的盐酸浸取液	2-乙基己醇	硼酸		[49]
盐水中的溴盐	四溴代乙烷	溴		[48]

1.4 萃取的常用术语

1.4.1 分配比

当萃取体系达到平衡时,被萃取物在含萃取剂相中的总浓度与在原料液相中的总浓度之比称为分配比(distribution ratio),又称分配系数(distribution coefficient),用 D 表示:

$$D = \frac{[\sum A_1]}{[\sum A_2]} \tag{15-1-1}$$

分配比表示萃取体系达到平衡后被萃取物在两相的实际分配情况,也表示在一定条件下萃取剂的萃取能力。D 值越大,萃取能力越强,即被萃取物越容易进入萃取剂相中。分配比由实验测定,它不是常数,是随被萃取物、萃取剂及盐析剂等的浓度,原料液相的酸度,稀释剂的性质和萃取温度等条件的改变而改变的。

1.4.2 相比

在一个萃取体系中,一个液相和另一个液相的体积之比称为相比(phase ratio),用 R 表示:

$$R = \frac{V_1}{V_2} \tag{15-1-2}$$

1.4.3 分配常数

在原料液与萃取剂两者之间物质的重新分配服从能斯特(Nernst)分配定律,即同一物质在两相之间的能斯特分配平衡常数称为分配常数(partition equilibrium constant 或 Nernst partition constant)。例如,螯合萃取剂 HA 和萃合物 MA_n 的分配常数分别用 λ_1 和 λ_2 表示:

$$\lambda_1 = [HA]_1/[HA]_2 ;\quad \lambda_2 = [MA_n]_1/[MA_n]_2 \tag{15-1-3}$$

1.4.4 分离系数

为了定量表示某种萃取剂分离原料液中两种物质的难易程度,两种被分离物质在同一萃取体系内和同一条件下分配比的比值,称为分离系数(separation coefficient),也称为分离因子(separation factor),常用 β 表示。令 A 和 B 分别表示两种物质,则:

$$\beta = \frac{D_A}{D_B} = \frac{[\sum A]_1 [\sum B]_2}{[\sum A]_2 [\sum B]_1} \tag{15-1-4}$$

β 值的大小表示 A、B 两物质分离效果的好坏。β 值越大,分离效果越好,即萃取剂对某物质的选择性越高。若 $D_A = D_B$,即 $\beta = 1$,表明用该萃取剂不能把 A、B 两物质分离开。

1.4.5 萃合常数

将萃取化学反应的平衡常数称为萃合常数(extraction equilibrium constant),常以 K_{ex}

表示，是两相反应的平衡常数。例如，对下面的萃取反应：

$$Pd^{2+}_{(a)} + 2HPMBP_{(o)} \rightleftharpoons Pd(PMBP)_{2(o)} + 2H^+_{(a)}$$

$$K_{ex} = \frac{[Pd(PMBP)_{2(o)}][H^+_{(a)}]^2}{[Pd^{2+}_{(a)}][HPMBP_{(o)}]^2} \tag{15-1-5}$$

式中，[ ] 表示平衡浓度。

1.4.6 萃取率

萃取的完全程度用萃取率 E（%）来表示，即被萃取物质在萃取剂相中的量与在原料液相中的总量的百分比，其计算公式为：

$$E = \frac{[\Sigma W]_1}{[\Sigma W]_1 + [\Sigma W]_2} \times 100\% \tag{15-1-6}$$

当相比 $R=1$ 时，

$$E = \frac{D}{D+1} \times 100\% \tag{15-1-7}$$

1.4.7 饱和度

在确定的萃取条件下，单位体积含一定浓度萃取剂的有机相所能萃取某物质的极限量，称为实际饱和容量（practical saturation capacity），单位用 $g \cdot L^{-1}$ 表示。根据萃取化学反应式计算得到或从萃取平衡曲线求得的容量，称为理论饱和容量（theoretical saturation capacity）。实际饱和容量与理论饱和容量的比值，就称为饱和度（saturability），用% 表示。

萃取时，希望饱和度尽可能大，使萃取剂得到充分利用，以减少萃取剂的消耗。一般来说，萃取剂越饱和，萃取时进入萃取剂相的杂质越少，分离效果越好。所以，饱和度也表示萃取剂获得充分利用的程度。

1.5 萃取剂的选择[54]

萃取剂通常是有机试剂，品种繁多，而且不断出现新的品种。作为萃取剂的有机试剂必须具备两个条件：

① 萃取剂分子中至少有一个萃取功能基，通过它与被萃取物结合形成萃合物。常见的萃取功能基是 O、N、P、S 等原子，它们一般都有孤对电子，是电子对给体，为配位原子。以氧原子为功能基的萃取剂最多，可分为磷氧萃取剂（—P̈=Ö:）、碳氧萃取剂（>C=Ö:和—C̈—Ö:—）、硫氧萃取剂（>S=Ö:）等。以氮原子为功能基的萃取剂主要是胺类萃取剂，如伯胺（R—N̈:）、仲胺（R—N̈—R）、叔胺（R—N̈—R）和季铵盐（R—N$^+$—R'X$^-$）。以硫为功

能基的萃取剂，如乙基黄原酸钾（$C_2H_5-O-C\overset{S}{\underset{S}{\parallel}}K^+$）等。酸性萃取剂通常是有机弱酸，具有能与金属离子发生交换的 H^+，例如二-(2-乙基己基)磷酸、环烷酸、三壬基萘磺酸、8-羟基喹啉及其衍生物等，其萃取过程是阳离子交换过程。此外，还有不少含有两个或两个以上功能基的萃取剂，如噻吩甲酰三氟丙酮 （噻吩环—C(O)—CH₂—C(O)—CF₃）和 2-甲基-8-羟基喹啉（8-羟基-2-甲基喹啉结构），其中 O 和 S(N) 都是萃取功能基。

② 萃取剂分子中必须有相当长的烃链或芳环，其目的是使萃取剂及萃合物易溶于有机相，而难溶于水相。萃取剂的碳链增长，油溶性增强，易与被萃取物形成难溶于水而易溶于有机相的萃合物。但如果碳链过长、碳原子数过多、分子量太大，则也不宜用作萃取剂，这是因为它们可能是固体，使用不便，同时萃取容量降低。因此，一般萃取剂的分子量以 350~500 为宜。

工业上选择较理想的萃取剂，除具备上述两个必要条件外，还应该满足以下要求：

① 选择性好。对要分离的一对或几种物质，分离系数 $\beta_{A/B}$ 或 $\beta_{C/B}$ 要大。

② 萃取容量大。单位体积或单位质量的萃取剂所能萃取物质的饱和容量要大，这就要求萃取剂具有较多的功能基和适宜的分子量，否则萃取容量就会降低，试剂单耗和成本就会增加。

③ 化学稳定性强。要求萃取剂不易水解，加热时不易分解，能耐酸、碱、盐、氧化剂或还原剂的作用，对设备的腐蚀性要小，在原子能工业中还要求萃取剂具有较高的抗辐射能力。

④ 易与原料液相分层，不产生第三相和不发生乳化现象。要求萃取剂在原料液相的溶解度要小，与原料液相的密度差别要大，黏度小和表面张力要大，以容易分相和能保证萃取过程正常运行。

⑤ 易于反萃取或分离。要求萃取时对被萃取物的结合能力适当，当改变萃取条件时能较容易地将被萃取物从萃取剂相中反萃取到另一液相内，或易于用蒸馏或蒸发等方法将萃取剂相与被萃取物分开。

⑥ 操作安全。要求萃取剂无毒性或毒性小，无刺激性，不易燃（闪点要高），难挥发（沸点要高和蒸气压要小）。

⑦ 经济性。要求萃取剂的原料来源丰富，最好利用本国原料，合成制备方法简单，价格便宜，在循环使用中损耗要尽量少。

在具体选择萃取剂时，应根据实际情况，综合考虑以上因素。

萃取剂按其组成和结构特征，可以分为中性配合萃取剂、酸性萃取剂、离子对（如胺类）萃取剂和螯合萃取剂。表 15-1-3 列出各类常用萃取剂，更详细的汇总表可参阅文献[54]。

表 15-1-3　常用萃取剂汇总表

类型		名称	商品名或缩写	结构式	应用实例
中性含氧萃取剂	醇类	异戊醇[①]	iAmA	$\mathrm{H_3C\!\!>\!\!CH\!-\!(CH_2)_2\!-\!OH}$（$H_3C$）	萃取 Re(Ⅶ)
		仲辛醇[①]	octanol-2	$CH_3(CH_2)_5\!-\!\underset{H}{\overset{CH_3}{C}}\!-\!OH$	分离 Ta(Ⅴ)、萃取 Nb(Ⅴ)、Au(Ⅲ)
		β-取代伯醇[①]	A1416	$H_{11}C_5\!-\!\underset{C_{7\sim8}H_{15\sim17}}{CH}\!-\!CH_2\!-\!OH$	萃取 Tl(Ⅲ)、Fe(Ⅲ)
	醚类	二异丙醚	DiPE	$\mathrm{H_3C\!\!>\!\!CH\!-\!O\!-\!CH\!\!<\!\!CH_3}$	分离 Fe(Ⅲ)、Ga(Ⅲ)，萃取 UO_2^{2+}
		(2-乙基己基)(乙基)醚	2EHEE	$H_3C(CH_2)_3\!-\!\underset{C_2H_5}{CH}\!-\!CH_2\!-\!O\!-\!C_2H_5$	萃取 Au、Pt
	酮类	甲基异丁基酮[①]	MIBK	$CH_3\!-\!\underset{O}{\overset{}{C}}\!-\!CH_2\!-\!CH\!\!<\!\!\underset{CH_3}{CH_3}$	分离 Zr、Hf(Ⅳ)
		环己酮	CHD	$\underset{CH_2-CH_2}{\overset{CH_2-CH_2}{H_2C}}\!\!>\!\!C\!=\!O$	分离 Ta(Ⅴ)、Nb(Ⅴ)
	酯类	乙酸乙酯		$H_3C\!-\!\underset{O}{\overset{}{C}}\!-\!O\!-\!C_2H_5$	分离 Ce(Ⅳ)、Zr(Ⅳ)
		乙酸戊酯		$H_3C\!-\!\underset{O}{\overset{}{C}}\!-\!O\!-\!(CH_2)_4\!-\!CH_3$	分离 Ti(Ⅳ)、Zr(Ⅳ)
中性含磷萃取剂	磷酸酯类	甲基膦酸二异戊酯	DAMP	$\underset{H_3C}{\overset{H_3C}{>}}\!CH(CH_2)_2\!-\!O\!\!>\!\!\underset{O}{\overset{}{P}}\!\!<\!\!\underset{CH_3}{}$ （两个异戊基）	萃取分离稀土(Ⅲ)
		甲基膦酸二甲庚酯	P350	$H_3C(CH_2)_5\!-\!\underset{CH_3}{CH}\!-\!O\!\!>\!\!\underset{O}{\overset{}{P}}\!\!<\!\!\underset{CH_3}{}$ （两个甲庚基）	分离锕(Ⅲ)
		甲基膦酸二(2-乙基己基)酯	MDEP	$H_3C\!-\!(CH_2)_3\!-\!\underset{C_2H_5}{CH}\!-\!CH_2\!-\!O\!\!>\!\!\underset{O}{\overset{}{P}}\!\!<\!\!\underset{CH_3}{}$ （两个2-乙基己基）	分离稀土(Ⅲ)
		二辛基膦酸辛酯	ODO′P	$\underset{H_{17}C_8}{\overset{H_{17}C_8\!-\!O}{>}}\!\underset{O}{\overset{}{P}}\!\!<\!\!C_8H_{17}$	萃取 UO_2^{2+} [9]

续表

类型		名称	商品名或缩写	结构式	应用实例
中性含磷萃取剂	磷酸酯类	磷酸三丁酯①	TBP	$\begin{array}{c}H_9C_4-O\\H_9C_4-O\end{array}\!\!\!P\!\!\!\begin{array}{c}O\\O-C_4H_9\end{array}$	分离 Th^{4+}、Re^{3+}、Ta^{5+}、Nb^{5+}、Zr^{4+}、Hf^{4+}
		磷酸三辛酯	TOP	$\begin{array}{c}H_{17}C_8-O\\H_{17}C_8-O\end{array}\!\!\!P\!\!\!\begin{array}{c}O\\O-C_8H_{17}\end{array}$	萃取 UO_2^{2+} [11]
	膦氧化物	氧化三丁膦	TBPO	$\begin{array}{c}H_9C_4\\H_9C_4\end{array}\!\!\!P\!\!\!\begin{array}{c}O\\C_4H_9\end{array}$	萃取 Re^{3+}、ReO_4^-
		氧化三辛膦	TOPO	$\begin{array}{c}H_{17}C_8\\H_{17}C_8\end{array}\!\!\!P\!\!\!\begin{array}{c}O\\C_8H_{17}\end{array}$	萃取 Re^{3+}、Th^{4+}、Hf^{4+}
		氧化三烷基膦	P6602	$[CH_3(CH_2)_{7\sim9}]_3P=O$	萃取 Re^{3+}
	双膦氧化物	亚甲基双氧化二己膦	THMDPO	$\begin{array}{c}H_{13}C_6\\H_{13}C_6\end{array}\!\!\!P\!\!\!\begin{array}{c}CH_2\\O\end{array}\!\!\!P\!\!\!\begin{array}{c}C_6H_{13}\\O\end{array}\!\!\!C_6H_{13}$	萃取 Th^{4+}、UO_2^{2+}
		亚乙基双氧化二辛膦	TOEDPO	$\begin{array}{c}H_{17}C_8\\H_{17}C_8\end{array}\!\!\!P\!\!\!\begin{array}{c}C_2H_4\\O\end{array}\!\!\!P\!\!\!\begin{array}{c}C_8H_{17}\\O\end{array}\!\!\!C_8H_{17}$	萃取 La^{3+}、Pt^{3+}、Y^{3+}
中性含氮萃取剂	取代酰胺类	二辛基乙酰胺	DOAA	$CH_3-C(=O)-N(C_8H_{17})_2$	萃取 Pd^{2+}
		N,N-二正烷基乙酰胺	A101	$CH_3-C(=O)-N(C_{7\sim9}H_{15\sim19})_2$	分离 Ta^{5+}、Nb^{5+}
		N-苯基-N-辛基乙酰胺	A404	$CH_3-C(=O)-N(C_6H_5)(C_8H_{17})$	萃取 Ga^{3+}、In^{3+}、Tl^{3+}
		N,N-二(甲庚基)乙酰胺	N503	$CH_3-C(=O)-N[CH(CH_3)(CH_2)_4CH_3]_2$	分离 Ta^{5+}、Nb^{5+}，萃取 Li^+、Pd^{2+}、Ga^{3+}、In^{3+}

续表

类型		名称	商品名或缩写	结构式	应用实例
中性含硫萃取剂	硫醚类	二辛基硫醚	DOS	$H_{17}C_8-S-C_8H_{17}$	萃取 UO_2^{2+}
	亚砜类	二辛基亚砜	DOSO	$(H_{17}C_8)_2S=O$	萃取 Y^{3+}、Re^{3+}
		二苯基亚砜	DPhSO	$(C_6H_5)_2S=O$	萃取 Re^{3+}
		烃基亚砜①	PSO	$R_2S=O$	萃取 Pd^{2+}
酸性萃取剂	羧酸类	肉桂酸	HSt	$C_6H_5-CH=CH-COOH$	萃取 Y^{3+}
		合成脂肪酸		$H_{15}C_7 \sim H_{33}C_{16}-COOH$	萃取 Re^{3+}
		α-溴代月桂酸	α-BrHLau	$CH_3(CH_2)_5-CH(Br)-COOH$	分离 Co^{2+}、Ni^{2+}
		环烷酸	HNaph	R-取代环戊基-$(CH_2)_{7\sim9}-COOH$	萃取 Re^{3+}、Y^{3+}
	磺酸类	十二烷基苯磺酸		$C_6H_4(SO_3H)(C_{12}H_{25})$	分离 Re^{3+}
		二壬基萘磺酸	HDNNSul	萘-SO_3H,二C_9H_{19}取代	萃取 Rh^{2+}、Ni^{2+}
	酸性含磷类	磷酸单(2-乙基己基)酯	H2MEHP	$H_9C_4-CH(C_2H_5)-CH_2-O-PO(OH)_2$	萃取 Sc^{3+}、La^{3+}、Y^{3+}
		磷酸单(2-己基辛基)酯	P538	$H_{13}C_6-CH(C_6H_{13})-CH_2-O-PO(OH)_2$	萃取 Ga^{3+}

续表

类型		名称	商品名或缩写	结构式	应用实例
酸性萃取剂	酸性含磷类	磷酸二(2-乙基己基)酯	P204 或 D2EHPA	$\begin{array}{l}H_9C_4-\underset{C_2H_5}{\overset{C_2H_5}{CH}}-CH_2-O\\H_9C_4-\underset{C_2H_5}{\overset{}{CH}}-CH_2-O\end{array}\!\!\!\!\!P\!\!\begin{array}{l}\nwarrow O\\ \searrow OH\end{array}$	分离 Re^{3+}、Co^{3+}、Ni^{2+}、Ge^{4+}、Ga^{3+}、In^{3+}
		磷酸二辛酯	HDOP	$\begin{array}{l}H_{17}C_8-O\\H_{17}C_8-O\end{array}\!\!\!\!P\!\!\begin{array}{l}\nwarrow O\\ \searrow OH\end{array}$	萃取 Re^{3+}、UO_2^{2+}
		苯基膦酸(2-乙基己基)酯	P509 或 HEHPP	$CH_3(CH_2)_3\underset{C_2H_5}{\overset{C_2H_5}{CH}}-CH_2-O-P(C_6H_5)\!\!\begin{array}{l}\nwarrow O\\ \searrow OH\end{array}$	萃取 Co^{2+}、Ni^{2+}
		2-乙基己基膦酸单(2-乙基己基)酯	P507	$\begin{array}{l}H_9C_4-\underset{C_2H_5}{\overset{C_2H_5}{CH}}-CH_2\\H_9C_4-\underset{C_2H_5}{\overset{}{CH}}-CH_2-O\end{array}\!\!\!\!P\!\!\begin{array}{l}\nwarrow O\\ \searrow OH\end{array}$	分离轻重 Re^{3+}、Co^{2+}、Ni^{2+}、Ga^{3+}、In^{3+}
		焦磷酸二(2-乙基己基)酯	P2EHPA	$H_9C_4\underset{C_2H_5}{\overset{C_2H_5}{CH}}-CH_2-O-\underset{\underset{OH}{\overset{\shortparallel}{P}}}{\overset{O}{\shortparallel}}-O-\underset{\underset{OH}{\overset{\shortparallel}{P}}}{\overset{O}{\shortparallel}}-O-CH_2-\underset{C_4H_9}{\overset{C_2H_5}{CH}}$	萃取 Ga^{3+}
		亚甲基辛膦酸	MODPA	$H_{17}C_8O-\underset{\underset{OH}{\overset{\shortparallel}{P}}}{\overset{O}{\shortparallel}}-CH_2-\underset{\underset{HO}{\overset{\shortparallel}{P}}}{\overset{O}{\shortparallel}}-OC_8H_{17}$	萃取 Ge^{4+}
胺类萃取剂	伯胺类	1-(3-乙基戊基)-4-乙基辛胺	Amine 21F811	$H_2N-\underset{\underset{\underset{C_2H_5}{\overset{\shortmid}{HC-C_2H_5}}}{\overset{\shortmid}{(CH_2)_2}}}{\overset{\shortmid}{CH}}(CH_2)_2-\underset{C_2H_5}{\overset{\shortmid}{CH}}(CH_2)_3-CH_3$	萃取 UO_2^{2+}、Th^{4+}、Gd^{3+}
		多支链二十烷基伯胺	Primene JMT	$H_2N-\underset{CH_3}{\overset{CH_3}{\overset{\shortmid}{\underset{\shortmid}{C}}}}-(CH_2)_4-\underset{CH_3}{\overset{CH_3}{\overset{\shortmid}{\underset{\shortmid}{C}}}}-CH_3$	萃取 UO_2^{2+}、Th^{4+}、Be^{2+}
		三烷基甲胺	Primene 81-R	$H_2N-\underset{CH_3}{\overset{CH_3}{\overset{\shortmid}{\underset{\shortmid}{C}}}}-(CH_2)_{3\sim 5}-CH_3$	萃取 Th^{4+}

续表

类型		名称	商品名或缩写	结构式	应用实例
胺类萃取剂	伯胺类	仲碳伯胺①	N1923	$H_2N-CH \genfrac{}{}{0pt}{}{C_9H_{19}\sim C_{11}H_{23}}{C_9H_{19}\sim C_{11}H_{23}}$	萃取 ReO_4^-、Th^{4+}、Ga^{3+}、In^{3+}、Tl^{3+}
	仲胺类	N-十二烯(三烷基甲基)胺①	Amberite LA-1	$HN \genfrac{}{}{0pt}{}{CH_2-CH=CH-(CH_2-C)_2-CH_3 \;\; CH_3}{C{-}R,R',R''}$ (R+R'+R''=11~14 个碳原子)	萃取 UO_2^{2+}
		N-月桂(三烷基甲基)胺①	Amberite LA-2	$HN \genfrac{}{}{0pt}{}{C_{12}H_{25}}{C{-}R,R',R''}$ (R+R'+R''=12 个碳原子)	萃取 UO_2^{2+}、Pt^{4+}
		二混合烷基胺①	7201	$HN\left[CH\genfrac{}{}{0pt}{}{R}{R}\right]_2 (R=C_6\sim C_9)$	萃取 UO_2^{2+}、Nb^{5+}、Pd^{2+}、Pt^{4+}
			7203	$HN\genfrac{}{}{0pt}{}{CH{-}R^1,R^2}{CH{-}R^3,R^4}$ ($R^1\neq R^2\neq R^3\neq R^4$)	Pt^{4+}
		二癸胺	DDA	$HN\genfrac{}{}{0pt}{}{C_{10}H_{21}}{C_{10}H_{21}}$	萃取 UO_2^{2+}、Pd^{4+}
	叔胺类	三辛胺	TOA 或 N204	$N-[CH_2(CH_2)_6CH_3]_3$	萃取 UO_2^{2+}、ReO_4^-
		三异辛胺	TiOA	$N-[CH_2(CH_2-CH)_2-CH_3]_3$，$CH_3$	萃取 UO_2^{2+}、Co^{2+}，分离 Co^{2+}、Ni^{2+}
		三壬胺	TNA	$N-[CH_2(CH_2)_7CH_3]_3$	萃取 Fe^{3+}、ReO_4^-
		三癸胺	TDA	$N-[CH_2(CH_2)_8CH_3]_3$	萃取 UO_2^{2+}、Pu^{3+}
		三烷基胺	Alamine 336, N235 或 7301	$N(C_nH_{2n+1})_3$ ($n=8\sim10$)	萃取 ReO_4^-、UO_2^{2+}、Pd^{2+}、Mo^{2+}
		三苄胺	TBzA	$N-[CH_2-C_6H_5]_3$	萃取 Nb^{5+}、Cd^{2+}、Ta^{3+}

续表

类型		名称	商品名或缩写	结构式	应用实例
胺类萃取剂	叔胺类	二(甲基庚基)乙醇胺	TAB-182	$HO(CH_2)_2\!-\!N\!\begin{array}{c}CH_3\\|\\CH\!-\!C_6H_{13}\\CH\!-\!C_6H_{13}\\|\\CH_3\end{array}$	萃取 Tl^{3+}
		N-(1-乙基辛基)二乙醇胺	TAB-194	$H_{15}C_7\!-\!\underset{C_2H_5}{\underset{|}{CH}}\!-\!N\!\begin{array}{c}(CH_2)_2OH\\(CH_2)_2OH\end{array}$	萃取 Ga^{3+}
	季铵盐类	氯化三烷基甲基铵①	Aliquat 336 或 N263	$[CH_3\!-\!N\!-\!(C_{8\sim10}H_{17\sim21})_3]^+Cl^-$	分离 Re^{3+} 与 Y^{3+}、ReO_4^- 与 MoO_4^{2-}
		氯化三烷基苄基铵	7407	$[C_6H_5\!-\!CH_2\!-\!N(C_{8\sim10}H_{17\sim21})_3]^+Cl^-$	萃取 Pt^{4+}、Pd^{2+}
		氯化三(十二烷基)甲基铵	TLMA	$[CH_3\!-\!N(C_{12}H_{23})_3]^+Cl^-$	萃取 ReO_4^-
		氯化十六烷基二甲基苄基铵	CMMBA	$\left[\begin{array}{c}H_3C\\ \\H_3C\end{array}\!\!N\!\!\begin{array}{c}CH_2(CH_2)_{14}CH_3\\ \\CH_2C_6H_5\end{array}\right]^+Cl^-$	萃取 ReO_4^-、Pd^{2+}
		硝酸二(十六烷基)二甲铵	B104	$\left(\begin{array}{c}H_3C\\ \\H_3C\end{array}\!\!N\!\!\begin{array}{c}C_{16}H_{33}\\ \\C_{16}H_{33}\end{array}\right)^+NO_3^-$	萃取 UO_2^{2+}
螯合萃取剂	β-二酮类	三氟乙酰丙酮	TFA	$F_3C\!-\!\underset{O}{\overset{\|}{C}}\!-\!CH_2\!-\!\underset{O}{\overset{\|}{C}}\!-\!CH_3$	萃取 UO_2^{2+}、Th^{4+},分离 Zr^{4+}、Hf^{4+}
		苯甲酰丙酮	HBA	$C_6H_5\!-\!\underset{O}{\overset{\|}{C}}\!-\!CH_2\!-\!\underset{O}{\overset{\|}{C}}\!-\!CH_3$	萃取 Cd^{2+}、Ga^{3+}、In^{3+}、Ti^{4+}、Y^{3+}、La^{3+}
		苯甲酰三氟丙酮	BFA	$C_6H_5\!-\!\underset{O}{\overset{\|}{C}}\!-\!CH_2\!-\!\underset{O}{\overset{\|}{C}}\!-\!CF_3$	萃取 Nb^{5+}、Th^{4+}
		亚甲基双苯甲酰	HDM	$C_6H_5\!-\!\underset{O}{\overset{\|}{C}}\!-\!CH_2\!-\!\underset{O}{\overset{\|}{C}}\!-\!C_6H_5$	萃取 La^{3+}、Sc^{3+}、Ti^{4+}、Zn^{2+}
		呋喃甲酰三氟丙酮	HFTA	$\text{furyl}\!-\!\underset{O}{\overset{\|}{C}}\!-\!CH_2\!-\!\underset{O}{\overset{\|}{C}}\!-\!CF_3$	萃取 Zr^{4+}、Y^{3+}
		单硫代噻吩甲酰三氟丙酮	HSTTA	$\text{thienyl}\!-\!\underset{SH}{\overset{H}{C}}\!-\!CH_2\!-\!\underset{O}{\overset{\|}{C}}\!-\!CF_3$	萃取 Co^{2+}
		单硫代双苯甲酰	HSDBM	$C_6H_5\!-\!\underset{SH}{\overset{H}{C}}\!-\!CH_2\!-\!\underset{O}{\overset{\|}{C}}\!-\!C_6H_5$	萃取 Co^{2+}

续表

类型	名称	商品名或缩写	结构式	应用实例
吡唑酮类	1-苯基-3-甲基-4-苯甲酰基吡唑酮-5	PMBP	(结构式图)	萃取 Re^{3+}、Cu^{2+}、Ni^{2+}、Co^{2+}、MoO_4^{2-}、V^{5+}、Ti^{4+}、Pu^{4+}、Pd^{2+} 等
吡唑酮类	1-苯基-3-甲基-4-七氟丁酰基吡唑酮-5	PMSFP	(结构式图)	萃取 Re^{3+}
螯合萃取剂 8-羟基喹啉类	8-羟基喹啉	HOx	(结构式图)	萃取 Pd^{2+}、MoO_4^{2-}、W(Ⅵ)、VO_2^{2+}、Tl^{3+}、Fe^{3+}、ZrO^{2+}、Ga^{3+}
螯合萃取剂 8-羟基喹啉类	2-甲基-8-羟基喹啉	HMOx	(结构式图)	萃取 Be^{2+}、Co^{2+}、Ti^{4+}
螯合萃取剂 8-羟基喹啉衍生物类	2-甲基-8-巯基喹啉	HMTOx	(结构式图)	萃取 Cd^{2+}、Co^{2+}
螯合萃取剂 8-羟基喹啉衍生物类	5-氯-8-巯基喹啉	HFCTOx	(结构式图)	萃取 Pd^{2+}、Pt^{2+}、Rh^{4+}、In^{3+}
肟类	α-苯偶酰二肟	H2DBDx	(结构式图)	萃取 Pd^{2+}、Ni^{2+}
肟类	2-羟基-5-辛基二苯甲酮肟	N510	(结构式图)	萃取 Cu^{2+}
肟类	5,8-二乙基-6-羟基十二烷基酮肟	LIX63 (N509)	(结构式图)	萃取 Cu^{2+}、Co^{2+}、Ni^{2+}
肟类	2-羟基-5-十二烷基二苯甲酮肟①	LIX64 (N513)	(结构式图)	萃取 Cu^{2+}

续表

类型		名称	商品名或缩写	结构式	应用实例
螯合萃取剂	肟类	2-羟基-5-仲辛基-3-氯二苯甲酮肟	LIX70	(结构式：2-羟基-5-仲辛基-3-氯二苯甲酮肟)	萃取 Cu^{2+}
		2-羟基-4-仲辛氧基二苯甲酮肟	N530	(结构式：2-羟基-4-仲辛氧基二苯甲酮肟)	萃取 Cu^{2+}
	氧肟酸类	苄基氧肟酸		(结构式：苄基氧肟酸)	萃取 Pd^{4+}、W^{6+}
		水杨基氧肟酸		(结构式：水杨基氧肟酸)	萃取 V^{5+}、Ti^{4+}
	胺类	N-苯甲酰苯胺	BPH	(结构式：N-苯甲酰苯胺)	萃取 La^{3+}、Ti^{4+}、UO_2^{2+}、Zr^{4+}
		N-2-噻吩甲酰苯胺	TBHA	(结构式：N-2-噻吩甲酰苯胺)	萃取 V^{5+}
	酚类	4-仲丁基-2-(α-甲苄基)酚	BAMBP (6101)	(结构式：4-仲丁基-2-(α-甲苄基)酚)	萃取 Cs^+
		1-(2-吡啶偶氮)-2-萘酚	PAN	(结构式：1-(2-吡啶偶氮)-2-萘酚)	萃取 Co^{3+}、Pd^{2+}、Gd^{3+}、Ni^{2+} 等
	双硫腙	二苯硫卡巴腙(双硫腙)	H_2Dz	(结构式：二苯硫卡巴腙)	萃取 Pd^{2+}、Au^+、Hg^{2+}、Ag^+、Cu^{2+}

续表

类型		名称	商品名或缩写	结构式	应用实例
螯合萃取剂	氨荒酸类	二乙基氨荒酸钠	NaDDC	$\begin{matrix}H_5C_2\\H_5C_2\end{matrix}\!\!>\!\!N\!-\!\!\underset{\underset{S}{\parallel}}{C}\!-\!SNa$	萃取 Pd^{2+}、Hg^{2+}、Bi^{3+}、Cu^{2+}、Ag^+
		二乙基氨荒酸二乙基季铵盐	DDDC	$\begin{matrix}H_5C_2\\H_5C_2\end{matrix}\!\!>\!\!N\!-\!\!\underset{\underset{S}{\parallel}}{C}\!-\!S^-\!NH_2^+\!\!<\!\!\begin{matrix}C_2H_5\\C_2H_5\end{matrix}$	萃取 Ag^+、Bi^{3+}、Cd^{2+}、Co^{2+} 等
		二苄基氨荒酸	DBzDC	$\begin{matrix}\text{PhCH}_2\\\text{PhCH}_2\end{matrix}\!\!>\!\!N\!-\!\!\underset{\underset{S}{\parallel}}{C}\!-\!SH$	萃取 Tl^{3+}、Pt^{2+}、Pd^{2+}
		S,S'-联二乙基氨荒酸	TETDS	$(H_5C_2)_2N\!-\!\!\underset{\underset{S}{\parallel}}{C}\!-\!S\!-\!S\!-\!\!\underset{\underset{S}{\parallel}}{C}\!-\!N(C_2H_5)_2$	萃取 Te^{4+}、Cu^{2+}
		S,S'-联二甲基氨荒酸	TMTDS	$(H_3C)_2N\!-\!\!\underset{\underset{S}{\parallel}}{C}\!-\!S\!-\!S\!-\!\!\underset{\underset{S}{\parallel}}{C}\!-\!N(CH_3)_2$	分离 Te^{4+}、Se^{4+}
	黄原酸盐类	乙基黄原酸钾		$\left(H_5C_2\!-\!O\!-\!\!\underset{\underset{S^-}{\parallel}}{C}\!\!=\!\!S\right)K^+$	萃取 Co^{2+}、Cu^{2+}、UO_2^{2+}、V^{5+}
		苄基黄原酸钾		$\left(\text{Ph}\!-\!CH_2\!-\!O\!-\!\!\underset{\underset{S^-}{\parallel}}{C}\!\!=\!\!S\right)K^+$	萃取 Co^{2+}、Zn^{2+}、Cd^{3+}

① 已在工业生产中应用的萃取剂。

参考文献

[1] 李以圭，李洲，费维扬．液-液萃取过程和设备：上册．北京：原子能出版社，1931.
[2] Treybal R E. Liquid extraction. 2nd. New York: McGraw-Hill, 1963.
[3] 徐光宪，王文清，吴瑾光，等．萃取化学原理．上海：上海科学技术出版社，1963.
[4] 徐光宪，袁承业，等．稀土的溶剂萃取．北京：科学出版社，1987.
[5] 关根达也，长谷川佑子．溶剂萃取化学．腾藤，等，译．北京：原子能出版社，1987.

[6] Dyrssen D, et al. Solvent Extraction Chemistry, 1967.
[7] 阿尔德斯. 液-液萃取: 液-液萃取的理论和实践. 卢鸿业, 译. 北京: 化学工业出版社, 1959.
[8] 罗津. 萃取手册: 一卷, 二卷. 袁承业, 等译. 北京: 原子能出版社, 1981, 1982.
[9] 马荣骏. 溶剂萃取在湿法冶金中的应用. 北京: 冶金工业出版社, 1979.
[10] 陈家镛, 于淑秋, 伍志春. 湿法冶金中铁的分离与利用. 北京: 冶金工业出版社, 1991.
[11] 陈家镛. 全国第一届溶剂萃取会议论文摘要. 北京, 1985.
[12] Hanson C. Recent advances in liquid-liquid extraction. Oxford: Pergamon Press, 1977.
[13] Ritcey G M, Ashbrook A W. Process metallurgy//solvent extraction: Part I. Elsevier, 1984, 1979.
[14] Warner B F. In solvent extraction chemistry. Dryssen D, et al. Amsterdam: North-Holland, 1967.
[15] 覃诚真, 杨子超. 萃取化学. 桂林: 广西师范大学出版社, 1991.
[16] 福明. 萃取过程的化学. 柳毓谟, 译. 上海: 上海科技出版社, 1963.
[17] Proceedings of ISEC'74. Lyon, France, 1974.
[18] Proceedings of ISEC'77. Toronto, Canada, 1977.
[19] Proceedings of ISEC'80. Liege, Beigium, 1980.
[20] Proceedings of ISEC'83. Denver, USA, 1983.
[21] Proceedings of ISEC'86. Munich, Germany, 1986.
[22] Proceedings of ISEC'88. Moscow, Russia, 1988.
[23] Proceedings of ISEC'90. Kyoto, Japan, 1990.
[24] Proceedings of ISEC'93. York, UK, 1993.
[25] Bailes P J, Hanson C, Hughs M A. Chem Eng, 1976, 19: 86; 1976, 10: 115; 1976, 30: 86.
[26] Lloyd-Jones E, Chem Ind, 1967, 1590.
[27] Herrin G R, Martel E H. Chem Engr, 1971, 253: 319.
[28] BP, 995471; 995472; 997888; 1055532.
[29] 田恒水, 霍文军, 苏元复. 华东化工学院学报, 1991, 17(2): 123.
[30] Springer H, Scholten G. Petro Refiner, 1959, 38(6): 239.
[31] Fenske E R, Broughton D B. Ind Eng Chem, 1955, 47: 714.
[32] Broughton D B, Asselin G F. Proceedings of the 7th World Petroleum Congress, 1967: 65.
[33] Choff B, et al. Hydrocarb Process, 1996, 49(5): 188.
[34] 倪信娣, 章寿华, 苏元复. 石油炼制, 1981, (2): 30.
[35] Adams G F, et al. Hydrocarb Process, 1961, 40(9): 189.
[36] Bennett R E, et al. Ind End Chem, 1951, 43: 1488.
[37] Neu Worth M B, et al. Ind Eng Chem, 1951, 43: 1689.
[38] Colbey J. Symposium on solvent extraction. Newcastle-upon-Type, 1967.
[39] 无锡焦化厂, 等. 江苏化工, 1978, (1): 58.
[40] Passiono H J. Ind Eng Chem, 1949, 41: 28.
[41] Gloyer S W. Ind Eng Chem, 1948, 40: 228.
[42] 苏元复, 等. 化工学报, 1958, (1): 24.
[43] Hanson C. Basic Slovent Extraction Technology. Austranian Mineral Foundation, 1981.
[44] Othmer D F. Chem Eng Prog, 1958, 54(7): 48.
[45] Weaver D G, Brigs W A. Ind Eng Chem, 1961, 53: 773.
[46] Low A J. Chem Eng, 1968, 76(18): 64.
[47] 幸良佐. 钽铌冶金. 北京: 冶金工业出版社, 1982.
[48] Ingham J. Chem and Ind, 1967: 1863.
[49] Su Y F, Yu D Y. ISEC'80, 1980: 57.
[50] Jamrack W D. Rare metal extraction by chemical engineering technique. New York: Pergamon Press, 1963.
[51] Zang Baozang, et al. Hydrometallurgy, 1982, 9(2): 205.
[52] Chen Mingwang, et al. ACS 182nd National Meeting, New York: 1981.
[53] 江玉明, 李道纯, 苏元复. 化工学报, 1982, (4): 310.
[54] 《稀土》编写组. 稀土: 上册. 北京: 冶金工业出版社, 1982.

2 萃取相平衡

液-液萃取过程往往涉及由多种组分构成的三元及多元体系。一般来说，多元体系的相平衡是比较复杂的。液-液萃取过程的相平衡属于萃取热力学研究范畴，包括三元及多元体系液-液系统的相平衡，非电解质溶液（有机相）和电解质溶液（水相）的活度系数等，为萃取工艺和设备的设计与计算提供必要的热力学数据，在理论上和工程应用方面都是十分重要的。

金属溶剂萃取热力学在文献 [1] 中有较系统的总结与阐述。

2.1 三元及多元体系液-液系统的相平衡

2.1.1 表示方法

描绘三元体系相图的方法有三角坐标法和直角坐标法两种。

(1) 三角坐标法 通常用等边三角形表示，如图 15-2-1(a) 所示。其组成可以用质量分数、体积分数或摩尔分数表示。三角形的三个顶点 A、B、C 分别表示"纯"组分。将三角形各边分为 100 等份，在各边上的点表示二元组分，例如图中 D 点表示一种仅含 B 和 C 的混合物，其中含 B 80%、C 20%。在三角形内的任一点代表一个三元组分，例如图中的 E 点，当用三角形边长表示时，从 E 点分别作三条平行于各边的线段 EF、EG 和 EH，与各边分别相交于 F、G 和 H 点，则各条线的长度分别表示混合物中各组分的百分含量，其中 EF、EG 和 EH 的长度分别表示 B、A 和 C 的百分含量，即：

$$\overline{EF}+\overline{EH}+\overline{EG}=30\%+50\%+20\%=100\%$$

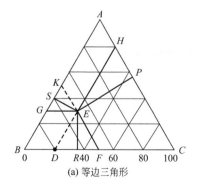
(a) 等边三角形

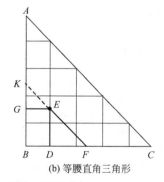
(b) 等腰直角三角形

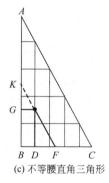
(c) 不等腰直角三角形

图 15-2-1 三元相图

当用三角形的高来表示时，从 E 点分别作三条边的垂线 ER、EP 和 ES 与各边分别相交于 R、P 和 S 点，如三角形的高为 100，则每条垂线的长度分别表示混合物中各组分的百分含量，其中 ER、EP 和 ES 的长度分别为 A、B 和 C 的百分含量。

三元相图也可以用直角三角形表示，直角边可以是等边的，如图 15-2-1(b)；也可以是不等边的，如图 15-2-1(c)。这种标绘方法使用方便，能使所标绘的曲线展开，所以被广泛采用。

对于由溶质和溶剂组成的混合物，当加入另一种溶剂时，如果这三种组分混合形成一种相溶液，则这种情况在萃取中没有意义。要使萃取过程得以实现，必须至少形成互不相溶的两相，通常有以下几种型式：

型式 1：形成一对部分互溶的液相；
型式 2：形成两对部分互溶的液相；
型式 3：形成三对部分互溶的液相；
型式 4：形成固相。

比较典型的情况是型式 1，即在一定温度下形成一对部分互溶的液相，如乙醇(A)-苯(B)-水(C)，见图 15-2-2。在该图中曲线 $DNPLE$ 的区域以外，表示该组分混合物是均相，在该曲线以内和 DE 线上的任意点则表示可以形成两个不同组成的相。因此，该曲线表示饱和溶液，称为双结点曲线或溶解度曲线。在该曲线之内总组成为 M 的混合物，将形成两个互不相溶的液相，其组成分别为 L 和 N。在分相区内任一物系都将分为两个液相，在一定温度下两相处于平衡状态，这两个液相称为共存相（或共轭相）。两共存相的组成分别以双结点曲线上的点来表示，将分别代表两个共存相组成的点连接起来，得一直线称为结线，如图 15-2-2 中 LN 线。

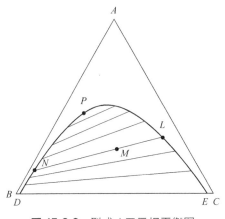 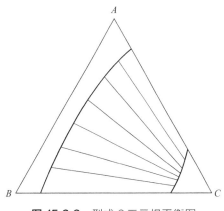

图 15-2-2　型式 1 三元相平衡图　　　　图 15-2-3　型式 2 三元相平衡图

型式 2 是形成两对部分互溶的液相，例如甲基环己烷(A)-正庚烷(B)-苯胺(C)和甲基乙基酮(A)-氯苯(B)-水(C)等，见图 15-2-3。

在三元相图中位于溶解度曲线上的褶点，又称为临界混溶点，见图 15-2-2 中的 P 点。在此点上，两共存相组成相同，因而两相消失成为均相，这样三元混合物在褶点处就不能用萃取法进行分离了。褶点的位置，可用两种图解法来确定，详见萃取或化工原理教科书，例如可参见文献 [30]。

分配系数 m 是液-液萃取的重要参数之一。分配系数的数值大小，对萃取操作影响很大。分配系数越大，表示被萃取组分在萃取所用溶剂相中的浓度越大，也就是组分越容易被萃取。极端的情况是：$m=0$ 表示完全不被萃取，$m=\infty$ 表示完全被萃取，这两种情况在实际萃取时是不存在的。

温度对液-液萃取过程有一定的影响。随着温度改变，三元相图中双结点曲线的形状和分相区的大小将随之改变。如图 15-2-4 所示，当温度由 t_1 升高到 t_5 时，通常是组分间的溶解度增大，分相区缩小。如果温度继续升高，分相区甚至可以消失。有时，改变温度还会使萃取体系发生多种型式的演变。

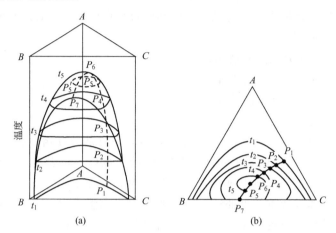

图 15-2-4　温度对于分相区域大小的影响

在三元体系中，如果有固相存在时，情况比较复杂。常见的含有固相的三元相图如图 15-2-5 所示。当温度为 t_1 时，BC 组分为液相，且为部分互溶，A 为固相。A 在纯组分 B 和 C 中的溶解度分别由点 D 和 E 表示，A 在 BC 混合物中的溶解度则由 DE 曲线表示。因此，当一个三元混合物为 F 时，将形成饱和溶液 G 和固体 A。在两个液相平衡的范围内，其溶解度曲线为 IPH，类似于型式 1 的体系。这样，含有一个液相的区域将分成两个非均相区域。当温度降低到 t_2 时，三元体系的互溶度变小，非均相区扩展，并接近相遇。在更低温度 t_3 时，双结点液相曲线被固体溶解度曲线所中断，在三角形 AKL 内的三元混合物形成三相，即固体 A 和饱和液相 K、L。

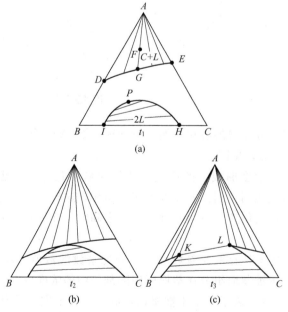

图 15-2-5　含有固相的三元相平衡图

盐析出固体的三元相平衡图如图15-2-6所示，两个液相区域并不扩展到BC边，温度降低将增加两个液相区，直至B、C两组分在临界溶解温度下，褶点P与BC边相接触，如果温度进一步降低，其三元相图外形就变成类似于图15-2-5(c) t_3时的图形。

有水合物或类似溶剂化合物形成时的碳酸钾-乙醇-水三元相图如图15-2-7所示，N点表示碳酸钾与水平衡，而盐在醇中的溶解度是非常小的（如P点）。如果有足够量的无水碳酸盐加入乙醇-水溶液（M点）中，那么就产生混合物（D点），该体系在平衡时形成两个液相。如果加入更多的无水碳酸盐至E点，平衡相是溶液F、G和固体水合物。若继续加入碳酸盐至H点，平衡相是固体无水碳酸盐、固体水合物和饱和溶液J。在J点的溶液蒸发，则溶液的蒸气冷凝后为K点。

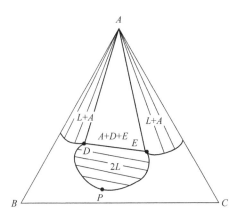

图 15-2-6　盐析出固体的三元相平衡图

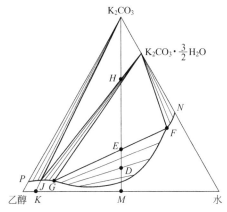

图 15-2-7　碳酸钾-乙醇-水三元相图

(2) 直角坐标法　三元体系的相图还可用直角坐标来表示，通常有下述两种表示方法：

① Janecke直角坐标相图。如图15-2-8所示的型式1和2体系的Janecke图，是以横坐标为$\dfrac{[A]}{[A]+[B]}$、纵坐标为$\dfrac{[C]}{[A]+[B]}$来表示。在该直角相图中也可使用杠杆定律。应用这种直角坐标相图的优点是两个坐标轴刻度不必相等，其中任一坐标可以放大刻度，而使所标绘的曲线展开。

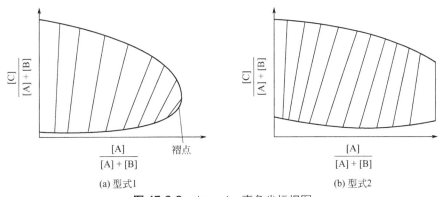

图 15-2-8　Janecke直角坐标相图

② 一般直角坐标相图。如图15-2-9所示两相平衡关系也可用一般直角坐标表示，横坐标为被萃取组分在原溶剂中的平衡浓度，纵坐标为被萃取组分在萃取剂中的平衡浓度，浓度单位可采用质量分数或分子分数。在两相互不相溶的情况下，也可采用其他浓度表示方法。

由三角相图中的两平衡液相的组成便可确定其在直角坐标图中相应的纵坐标和横坐标的数值，由此确定的点就是用直角坐标图表示的平衡点。在三元体系中，如果溶剂 C 与原溶剂 B 不互溶或互溶量甚少，则体系的相平衡关系基本上是溶质 A 在溶剂 C 和原溶剂 B 中的平衡分配。这时，纵坐标表示溶质 A 在萃取相中的浓度，即为溶质 A/溶剂 C；横坐标表示溶质 A 在萃余相中的浓度，即为溶质 A/原溶剂 B。如果溶液中溶质 A 的浓度较小，平衡线接近于直线，其斜率即为分配系数的数值。

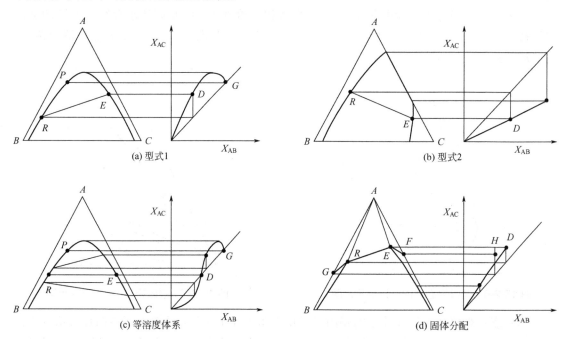

图 15-2-9　直角坐标分配图

由于直角坐标图使用方便，因此广泛用于萃取过程的化工计算中。其几种典型的直角坐标分配图如图 15-2-9 所示，包含 A 在 B 相中的浓度 X_{AB} 和平衡时 A 在 C 相中的浓度 X_{AC} 的直角坐标图。

对于四元体系，在恒温条件下，可用正三棱柱表示，正三棱柱的底是一个等边三角形，表示一个三元体系，高表示第四组分。四元体系也可用正四面体来表示，三角形面表示三元体系。

超过四元体系的相平衡关系，用相图来精确表示各组分的相平衡则相当复杂。为了进行图解计算，一般可采用简化方法来处理：①在所分离的混合物中，如果非萃取组分与溶剂之间基本上不互溶或仅部分互溶，且在操作条件下其互溶度不变化，则被萃取的组分在两相中的平衡分配可以用分配曲线（即直角坐标）来表达，其表示方式与上述三元体系基本上相同。②在被萃取的混合液中，如果能按其化学结构分成两类，并借助萃取分离其中的一类，则可把每一类组分作为一种物质看待，就能在三元相图上近似地表达其平衡关系了。③在被分离的多元混合物中，如果存在两个关键组分，而且这两个关键组分与溶剂间的相平衡能够基本代表萃取体系的平衡特征，则可以按三元体系来处理。例如，在芳烃萃取中可用苯和正庚烷作为关键组分，连同萃取剂作为"三元体系"，可以在三元相图或直角坐标上表达其平衡关系。但应该指出，在多元萃取体系中，各组分与溶剂间的溶解度互相有影响，上述简化方法实际上会带来一定偏差，但在不少情况下尚能满足工程上的要求。

2.1.2 测定方法

主要测定液-液萃取体系的互溶度和相平衡关系。

(1) 互溶度的测定 如图 15-2-10 所示，组成为 M 点的三元混合物，在恒温条件下静置分层，形成 N 和 D 两个液相，分别对 N 和 D 两个液相的组成进行分析，就能确定 N 和 D 两点在三元相图中的位置，连接得到 M 组成的一条结线，按此方法就能得出一系列结线，从而绘出三元体系的双结点曲线。如果两个液相的组成分析有困难，则可分别采用液相相对密度或折射率的变化来绘制双结点曲线，也可采用滴定法来绘制双结点曲线。例如，

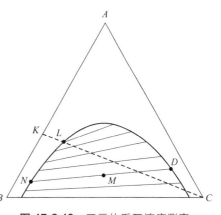

图 15-2-10 三元体系互溶度测定

混合物 K 的组成已知，在恒温条件下将该混合物用纯组分 C 来滴定，当滴入的纯组分 C 达到某一数值时，如组分恰好在溶解度曲线 L 上，则可以观察到溶液开始变混浊，由滴定的溶液量就可以计算 L 的组成，这样就可以计算双结点曲线 B 相一边的数值，直至曲线上 A 最大溶解度为止。同样，双结点曲线 C 相一边，则可用 B 来滴定 A 和 C 的混合物，图中 M 点所形成的两个共轭液相的量，可用杠杆定律来确定，即

$$\frac{N(相对质量)}{D(相对质量)} = \frac{\overline{MD}(线长)}{\overline{NM}(线长)}$$

(2) 相平衡的测定 测定相平衡通常是在分液漏斗或试管中进行的，测定时保持恒定温度，测定方式有相比变化和相比不变两种。

① 相比变化。即采用改变原始溶液和溶剂相比的方法来测定，相比变化范围通常在 1/10~10/1。测定时应大致估计原始溶液和溶剂相中的溶质浓度，按一定比例加入分液漏斗中，充分摇动混合达到平衡，然后将两相分开，分别取样分析，得到两相平衡浓度。再在另一相比时，按同样方法进行测定，上限可测至溶剂相中溶质浓度达到饱和时为止。将所测得的溶剂相的溶质浓度对原始溶液相的溶质浓度进行标绘，就可以得出平衡线。

② 相比不变。选定适当的相比，使溶剂相与原始溶液相进行充分混合，待达到平衡后，将原始液相从分液漏斗中分离出来，分别对原始液相和溶剂相进行取样分析。然后将新原始溶液加入分液漏斗中，与分液漏斗中的溶剂相重新混合，而加入的原始溶液量应保持溶剂相与原始溶液相的相比不变。当再次达到平衡后，按上述方法继续进行测定，上限可测至溶剂相中溶质浓度达到饱和时为止。在测定平衡数据时，应注意要保持相同条件。对于要取得大量平衡数据来说，上述测定方法是相当费时的。

2.1.3 相平衡数据的检索

液-液萃取体系的相平衡数据，迄今已发表了许多实测值数据，可以查阅有关手册和专著[46~53]。

2.2 非电解质溶液的活度系数

在液-液萃取过程的设计与计算中，通常需要某组分 A 在 B、C 两相达到平衡时的浓度

比，即液-液萃取的分配系数 m_A：

$$m_A = X_{AC}/X_{AB} \tag{15-2-1}$$

当两相达到平衡时，组分 A 在两相中的活度相等，即：

$$a_{AB} = a_{AC} \tag{15-2-2}$$

或

$$X_{AB}\gamma_{AB} = X_{AC}\gamma_{AC} \tag{15-2-3}$$

则

$$m_A = X_{AC}/X_{AB} = \gamma_{AB}/\gamma_{AC} \tag{15-2-4}$$

也就是说，分配系数 m_A 可从组分 A 在两相中的活度系数求得，但困难在于如何建立能精确而简便地计算非电解质溶液中组分活度系数的方法。因此，在实际应用中，将液-液平衡数据进行关联的方法之一则是采用针对特定体系的经验方法，其中 Hand[2]、Bachman[3]、Othmer 和 Tobias[4] 等是用图解法关联分配数据，Alders[5] 是将分配数据与分子结构相关联，但这些经验方法一般都回避引入活度系数。Pierotti、Deal 和 Derr[6] 是直接用经验公式将组分的活度系数与其浓度相关联。这类关联式由于缺乏溶液理论的指导，其应用范围受到一定限制，不能随意推广到其他萃取体系。以溶液理论为基础建立计算两相中活度系数的理论或半经验模型，取得了较有效的进展。最常用的计算非电解质溶液中活度系数的方法是应用过量热力学函数（特别是过量吉布斯自由能 ΔG^E）与组分浓度的关联[7]，这在物理萃取体系中已广泛应用，某些模型也在化学萃取体系中获得应用。

2.2.1 常用的关联方法

(1) Margules 方程 1895 年 Margules[8] 采用过量吉布斯自由能关联溶液中的组分浓度。过量吉布斯自由能 $\Delta G^E = \Delta G - \Delta G^I$，式中，上标 E 代表过量热力学函数；I 代表理想溶液。对二元体系，仅考虑两分子间相互作用的表达式为：

$$\Delta G^E = (n_A + n_B)A_{AB}X_A X_B \tag{15-2-5}$$

$$\left.\begin{array}{l}\ln\gamma_A = \dfrac{A_{AB}X_B^2}{RT} \\[6pt] \ln\gamma_B = \dfrac{A_{AB}X_A^2}{RT}\end{array}\right\} \tag{15-2-6}$$

式中，A_{AB} 为分子 A 和分子 B 之间的作用力常数，也称端值常数。式(15-2-6) 称为 Margules 二元二尾标方程式。

对于三元体系，Benedict 等[9] 提出以下公式：

$$\Delta G^E = (n_A + n_B + n_C)(A_{AB}X_A X_B + A_{AC}X_A X_C + A_{BC}X_B X_C) \tag{15-2-7}$$

$$\left.\begin{array}{l}\ln\gamma_A = \dfrac{1}{RT}[A_{AB}X_B^2 + A_{AC}X_C^2 + (A_{AB} + A_{AC} - A_{BC})X_B X_C] \\[6pt] \ln\gamma_B = \dfrac{1}{RT}[A_{AB}X_A^2 + A_{BC}X_C^2 + (A_{AB} + A_{BC} - A_{AC})X_A X_C] \\[6pt] \ln\gamma_C = \dfrac{1}{RT}[A_{AC}X_A^2 + A_{BC}X_B^2 + (A_{AC} + A_{BC} - A_{AB})X_A X_B]\end{array}\right\} \tag{15-2-8}$$

式(15-2-8) 也称为 Margules 三元二尾标方程式。

结果表明，式(15-2-6) 及式(15-2-8) 仅适用于分子大小相近及化学性质相似的溶液。对于大多数萃取体系的溶液，则需要考虑三分子间作用：

$$\Delta G^E = (n_A + n_B)(a_{AB}X_A X_B + a_{AAB}X_A^2 X_B + a_{ABB}X_A X_B^2) \tag{15-2-9}$$

式中，a_{AB} 表示两分子间的作用常数；a_{AAB} 表示两个 A 分子和一个 B 分子间的作用常数；a_{ABB} 表示一个 A 分子和两个 B 分子间的作用常数。

设 $A_{AB} = a_{AB} + a_{ABB}$ 和 $A_{BA} = a_{AB} + a_{AAB}$

则 $\Delta G^E = (n_A + n_B)(A_{BA} X_A + A_{AB} X_B) X_A X_B$

$$\left.\begin{array}{l} \ln\gamma_A = \dfrac{1}{RT}[A_{AB} + 2(A_{BA} - A_{AB})X_A]X_B^2 \\ \ln\gamma_B = \dfrac{1}{RT}[A_{BA} + 2(A_{AB} - A_{BA})X_B]X_A^2 \end{array}\right\} \quad (15\text{-}2\text{-}10)$$

式(15-2-10) 称为 Margules 二元三尾标方程式。在表 15-2-1 中列出一些二元体系的三尾标 Margules 常数。

表 15-2-1　一些二元体系的三尾标 Margules 常数[10]　（25℃）

体系 A	体系 B	$\dfrac{A_{AB}}{2.303RT}$	$\dfrac{A_{BA}}{2.303RT}$
$(CH_3)_2CO$	C_6H_6	0.2012	0.1533
	CCl_4	0.3874	0.3282
	$CHCl_3$	−0.3051	−0.2676
	C_2H_5OH	0.2569	0.2870
	$n\text{-}C_5H_{12}$	0.7386	0.6329
	H_2O	0.9709	0.5576
C_6H_6	CCl_4	0.0359	0.0488
	$CHCl_3$	−0.0824	−0.0532
	C_5H_{12}	0.1462	0.1640
	C_2H_5OH	0.5718	0.7883
	$n\text{-}C_6H_{14}$	0.1430	0.2010
	$n\text{-}C_7H_{16}$	0.0842	0.1899
C_5H_{12}	C_2H_5OH	0.7743	1.0699
	$C_6H_5CH_3$	0.0689	0.1563
C_2H_5OH	$n\text{-}C_6H_{14}$	1.1738	0.8337
	$n\text{-}C_7H_{16}$	1.0806	1.0226
	$C_6H_5CH_3$	0.7066	0.6933
	H_2O	0.6848	0.3781
CCl_4	TBP	−0.1997	−0.4147
	$UO_2(NO_3)_2 \cdot 2TBP$	−0.3474	−0.8250
C_6H_6	TBP	−0.1911	−0.4125
	$UO_2(NO_3)_2 \cdot 2TBP$	−0.5211	−1.2158
$CHCl_3$	TBP	−0.9553	−2.1711

(2) Van Laar 方程　1910 年 Van Laar[11] 提出假定：①二元混合溶液是由两种尺寸及分子间作用能相近的分子组成的，因而混合时两种分子完全均匀分布；②Van der Waals 状态方程不仅适用于纯液体，而且适用于混合溶液。推导得过量自由能表达式为：

$$\Delta G^E = \left(\frac{n_A n_B b_A b_B}{n_A b_A + n_B b_B}\right)\left(\frac{\sqrt{a_A}}{b_A} - \frac{\sqrt{a_B}}{b_B}\right)^2 \tag{15-2-11}$$

式中，a、b 为 Van der Waals 状态方程 $\left(p = \dfrac{RT}{V-b} - \dfrac{a}{V^2}\right)$ 中的常数，则：

$$\left.\begin{aligned}\ln\gamma_A &= \frac{A_{AB}}{\left(1+\dfrac{A_{AB}X_A}{A_{BA}X_B}\right)^2} \\ \ln\gamma_B &= \frac{A_{BA}}{\left(1+\dfrac{A_{BA}X_B}{A_{AB}X_A}\right)^2}\end{aligned}\right\} \tag{15-2-12}$$

表 15-2-2 中列出一些二元体系的 Van Laar 常数。

表 15-2-2　一些二元体系的 Van Laar 常数[11]（25℃）

体系		$\dfrac{A_{AB}}{2.303}$	$\dfrac{A_{BA}}{2.303}$
A	B		
$(CH_3)_2CO$	C_6H_6	0.2039	0.1563
	CCl_4	0.3889	0.3501
	$CHCl_3$	−0.3045	−0.2709
	C_2H_5OH	0.2574	0.2879
	$n\text{-}C_5H_{12}$	0.7403	0.4364
	H_2O	0.9972	0.6105
C_6H_6	CCl_4	0.0360	0.0509
	$CHCl_3$	−0.0858	−0.0556
	C_5H_{12}	0.1466	0.1646
	C_2H_5OH	0.5804	0.7969
	$n\text{-}C_6H_{14}$	0.1457	0.2063
	$n\text{-}C_7H_{16}$	0.0985	0.2135
C_5H_{12}	C_2H_5OH	0.7811	1.1031
	$C_6H_5CH_3$	0.0702	0.2578
C_2H_5OH	$n\text{-}C_6H_{14}$	1.2005	0.8422
	$n\text{-}C_7H_{16}$	1.0832	1.0208
	$C_6H_5CH_3$	0.7067	0.6932
	H_2O	0.7292	0.4104

以上三尾标 Margules 方程和 Van Laar 方程，都是较早期计算活度系数的方程式，虽然可用于关联二元和三元液-液萃取体系，但结果并不理想，它们不能从二元体系得到的信息预测三元体系的平衡，也不能外推到实验数据以外的浓度范围。

(3) Scatchard-Hildebrand (S-H) 方程　1929 年 Scatchard 和 Hildebrand[12] 提出了计算非电解质溶液活度系数的所谓"规则溶液"理论假设：①两组分混合时没有体积变化。②混合时熵变是理想的。③混合液中各种分子完全是无规则地混合。④分子间的作用力仅考虑色散力，并认为 A、B 两分子间作用能是两纯组分的分子间作用能的几何中项。从而推导出二元溶液的过量自由能表达式如下：

$$\Delta G^E = (n_A V_A + n_B V_B)\phi_A \phi_B (\delta_A - \delta_B)^2 \tag{15-2-13}$$

式中，V_A、V_B 为纯组分 A、B 在液态时的摩尔体积；ϕ_A、ϕ_B 为混合液中组分 A、B 的体积分数；δ_A、δ_B 为组分 A、B 的溶度参数，其定义为：

$$\delta_A = \left(\frac{\Delta E_A}{V_A}\right)^{1/2}; \quad \delta_B = \left(\frac{\Delta E_B}{V_B}\right)^{1/2} \tag{15-2-14}$$

式中，ΔE_A、ΔE_B 为组分 A、B 的摩尔汽化热。将式（15-2-13）对 n_A、n_B 求偏导得出：

$$\left.\begin{aligned}\ln\gamma_A &= \frac{V_A \phi_B^2 (\delta_A - \delta_B)^2}{RT} = \frac{A_{AB} V_A \phi_B^2}{RT} \\ \ln\gamma_B &= \frac{V_B \phi_A^2 (\delta_A - \delta_B)^2}{RT} = \frac{A_{AB} V_B \phi_A^2}{RT}\end{aligned}\right\} \tag{15-2-15}$$

式中，端值常数 $A_{AB} = (\delta_A - \delta_B)^2$。表 15-2-3 列出一些液体的摩尔体积 V 和溶度参数值 δ。由式（15-2-15）可见，$\delta_A > \delta_B$ 或 $\delta_A < \delta_B$，A_{AB} 均大于零，所以，$\gamma_A > 1$ 和 $\gamma_B > 1$，即上述"规则溶液"理论仅适用于正偏差溶液，而且此正偏差溶液还必须满足上述四个假设条件，因此式（15-2-15）长期以来仅用于非极性萃取体系的溶解度近似估算，不能用于精确定量计算，更不能用于极性物质。

表 15-2-3　一些液体的摩尔体积和溶度参数值[13]（25℃）

化合物	V/cm³·mol^{-1}	δ/(cal·cm^{-3})$^{\frac{1}{2}}$
CCl_4	97.1	8.65
$CHCl_3$	80.7	9.21
CH_3OH	40.7	14.28
CH_3CN	52.9	11.75
CH_3COOH	57.1	10.35
C_2H_5OH	58.5	12.92
$(CH_3)_2CO$	73.99	9.77
$n\text{-}C_2H_5OH$	75.0	11.97
$i\text{-}C_3H_7OH$	76.8	11.52
$n\text{-}C_4H_9OH$	91.8	11.30
C_6H_6	89.4	9.15
$C_6H_5NH_2$	91.1	11.04
C_5H_{12}	108.7	8.18
$CH_3COC_4H_9(i)$	125.8	8.57
$n\text{-}C_6H_{14}$	131.6	7.24
$C_6H_5CH_3$	106.4	8.91
$o\text{-}C_6H_4(CH_3)_2$	121.2	9.00
$m\text{-}C_6H_4(CH_3)_2$	123.5	8.80
$p\text{-}C_6H_4(CH_3)_2$	124.0	8.75
H_2O	18.0	23.5
$CH_2ClCHCl_2$	92.9	10.18
$(n\text{-}C_4H_9)_3PO_4$	274	9.2
$UO_2(NO_3)_2 \cdot 2TBP$	604	9.75

注：1cal=4.186J。

1962 年 Hildebrand 等[14]对上述公式中的端值常数 A_{AB} 进行了分子间作用力的修正如下：

$$A_{AB} = (\delta_A - \delta_B)^2 + 2I_{AB}\delta_A\delta_B \tag{15-2-16}$$

式中，I_{AB} 为分子 A、B 间的作用力修正系数，可以是正值，也可以是负值。对于三元体系：

$$\Delta G^E = (n_A V_A + n_B V_B + n_C V_C)(\phi_A \phi_B A_{AB} + \phi_B \phi_C A_{BC} + \phi_A \phi_C A_{AC}) \tag{15-2-17}$$

$$\left.\begin{aligned}\ln\gamma_A &= \frac{V_A}{RT}[A_{AB}\phi_B^2 + A_{AC}\phi_C^2 + (A_{AB} + A_{AC} - A_{BC})\phi_B\phi_C] \\ \ln\gamma_B &= \frac{V_B}{RT}[A_{AB}\phi_A^2 + A_{BC}\phi_C^2 + (A_{AB} + A_{BC} - A_{AC})\phi_A\phi_C] \\ \ln\gamma_C &= \frac{V_C}{RT}[A_{AC}\phi_A^2 + A_{BC}\phi_B^2 + (A_{AC} + A_{BC} - A_{AB})\phi_A\phi_B]\end{aligned}\right\} \tag{15-2-18}$$

式中

$$\left.\begin{aligned}\phi_A &= \frac{X_A V_A}{X_A V_A + X_B V_B + X_C V_C} \\ \phi_B &= \frac{X_B V_B}{X_A V_A + X_B V_B + X_C V_C} \\ \phi_C &= \frac{X_C V_C}{X_A V_A + X_B V_B + X_C V_C}\end{aligned}\right\} \tag{15-2-19}$$

1980 年，滕藤、李以圭等[15]将上述经分子间作用力修正的 S-H 方程用于金属溶剂萃取（化学萃取）体系的三元有机相，获得成功。表 15-2-4 列出了实验测得的修正的 S-H 方程中的端值常数。随后，他们又将此修正公式推广应用到一些四组分有机相的金属溶剂萃取体系，也得到了满意的结果[15]。在这些体系中，有些组分具有较强的极性，构成正负偏差的非理想溶液同时并存于一个平衡有机相中。

表 15-2-4　修正的 S-H 方程中的端值常数（三组分有机相）[15]　（25℃）

萃取类型	体系 A	体系 B	体系 C	$A_{AB}/\text{J}\cdot\text{cm}^{-3}$	$A_{BC}/\text{J}\cdot\text{cm}^{-3}$	$A_{AC}/\text{J}\cdot\text{cm}^{-3}$
化学萃取	H_2O	TBP	$UO_2Cl_2\cdot 2TBP$	112.1	−3.81	59.13
	H_2O	TBP	$UO_2(NO_3)_2\cdot 2TBP$	114.7	−4.34	174.7
物理萃取	C_6H_6	$n\text{-}C_7H_{16}$	$(CH_3)_2SO$	47.7	124.45	118.9

由此可见，经分子间作用力修正后的 S-H 方程是一线性方程，求解简便，且对各种萃取体系适应性大，它不仅适用于正偏差溶液，而且适用于负偏差溶液，并能对平衡有机相中四组分的浓度进行定量预测。因此，该方程是一个值得进一步研究和推广应用于液-液萃取体系的计算模型。

(4) Wilson 方程　上面这些模型的一个共同缺陷，就是没有考虑液体分子的排列是有序的，由于各种分子间作用力的差异，因而在某一种分子周围各组分的局部浓度与整体溶液中各组分的平均浓度是不相等的。1964 年 Wilson[16]应用局部浓度概念对二元体系推导出的过量自由能的表达式：

$$\Delta G^E = -RT[n_A\ln(X_A + A_{BA}X_B) + n_B\ln(X_B + A_{AB}X_A)] \tag{15-2-20}$$

式中

$$A_{BA} = \left(\frac{V_B}{V_A}\right) e^{-(g_{BA}-g_{AA})/(RT)}$$

$$A_{AB} = \left(\frac{V_A}{V_B}\right) e^{-(g_{AB}-g_{BB})/(RT)} \tag{15-2-21}$$

式中，g_{BB}、g_{AA} 分别为 B、A 分子间的作用能，且 $g_{AB}=g_{BA}$，但 $A_{BA} \neq A_{AB}$；V_A、V_B 分别为 A、B 分子的摩尔体积。从而得出：

$$\left. \begin{array}{l} \ln\gamma_A = 1 - \ln(X_A + A_{BA}X_B) - \dfrac{X_A}{X_A + A_{BA}X_B} - \dfrac{A_{AB}X_B}{X_B + A_{AB}X_A} \\ \ln\gamma_B = 1 - \ln(X_B + A_{AB}X_A) - \dfrac{X_B}{X_B + A_{AB}X_A} - \dfrac{A_{BA}X_A}{X_A + A_{BA}X_B} \end{array} \right\} \tag{15-2-22}$$

表 15-2-5 列出一些二元体系的 Wilson 常数。

表 15-2-5　一些二元体系的 Wilson 常数[16]（25℃）

体系		$g_{BA}-g_{AA}/\text{cal·mol}^{-1}$	$g_{AB}-g_{BB}/\text{cal·mol}^{-1}$
A	B		
$(CH_3)_2CO$	C_6H_6	494.92	−167.91
	CCl_4	651.76	−12.67
	$CHCl_3$	−72.20	−332.23
	C_2H_5OH	38.17	418.96
	$n\text{-}C_5H_{12}$	996.75	262.74
	H_2O	439.64	1405.19
C_6H_6	CCl_4	−103.41	204.82
	$CHCl_3$	141.62	−204.22
	C_5H_{12}	187.23	80.02
	C_2H_5OH	131.47	1297.90
	$n\text{-}C_6H_{14}$	173.93	169.92
	$n\text{-}C_7H_{16}$	99.35	292.94
C_5H_{12}	C_2H_5OH	303.42	2151.01
	$C_6H_5CH_3$	−414.68	909.36
C_2H_5OH	$n\text{-}C_6H_{14}$	2281.99	283.63
	$n\text{-}C_7H_{16}$	2096.50	617.57
	$C_6H_5CH_3$	1238.70	251.93
	H_2O	382.30	955.45

Wilson 方程的优点是很容易推广到多元体系，而不需要增加实验参数，其缺陷是在理论上尚不能满足液-液分层的热力学条件，即不能满足 $[\partial^2(\Delta G)/\partial X^2]_{T,p}=0$。因此，1975 年提出了修正的 Wilson 方程如下[17]：

$$\Delta G^E = -RT \sum_i n_i \left(\ln \sum_j X_i A_{ij} + \ln \sum_j X_j \frac{V_i}{V_j} \right) \tag{15-2-23}$$

式(15-2-23) 中的端值常数并不增加。还有一些其他的修正 Wilson 方程，其端值常数均比原始 Wilson 方程增多，且关联效果还不如式(15-2-23)。滕藤等的研究表明[15]，对于溶剂不互溶的金属溶剂萃取体系,只要有机相不分成两个液层,未修正的原始 Wilson 方程仍能适用于有机相。

(5) NRTL 方程 针对原始 Wilson 方程在理论上不能满足液-液分层的热力学条件,Renon 和 Prausnitz[18]随后于 1968 年对二元体系应用局部浓度概念提出了 NRTL(non-random two liquid)方程,即:

$$\Delta G^E = RT n_A n_B \left[\frac{\tau_{BA} \exp(-\alpha_{AB}\tau_{BA})}{n_A + n_B \exp(-\alpha_{AB}\tau_{BA})} + \frac{\tau_{AB} \exp(-\alpha_{AB}\tau_{AB})}{n_B + n_A \exp(-\alpha_{AB}\tau_{AB})} \right] \quad (15\text{-}2\text{-}24)$$

式中,$\tau_{AB} = \dfrac{g_{AB} - g_{BB}}{RT}$;$\tau_{BA} = \dfrac{g_{BA} - g_{AA}}{RT}$;$g_{AB} = g_{BA}$。

则

$$\ln\gamma_A = X_B^2 \left\{ \frac{\tau_{BA} \exp(-2\alpha_{AB}\tau_{BA})}{[X_A + X_B \exp(-\alpha_{AB}\tau_{BA})]^2} + \frac{\tau_{AB} \exp(-\alpha_{AB}\tau_{AB})}{[X_B + X_A \exp(-\alpha_{AB}\tau_{AB})]^2} \right\}$$

$$\ln\gamma_B = X_A^2 \left\{ \frac{\tau_{AB} \exp(-2\alpha_{AB}\tau_{AB})}{[X_B + X_A \exp(-\alpha_{AB}\tau_{AB})]^2} + \frac{\tau_{BA} \exp(-\alpha_{AB}\tau_{BA})}{[X_A + X_B \exp(-\alpha_{AB}\tau_{BA})]^2} \right\} \quad (15\text{-}2\text{-}25)$$

式中,α_{AB} 为二元体系中的有序特性常数,由实验得出 $\alpha_{AB} = 0.2 \sim 0.47$;在无实验数据时,则可从文献[18]中查得 α_{AB}。以上方程中的 α_{AB} 起着较大的调节作用,使该方程适应性增大,通常能定量关联二元和三元液-液萃取平衡体系,并能定性从二元体系数据预测三元体系。但由于增加了参数 α_{AB},从而使计算变得比较麻烦。

(6) UNIQUAC 方程 1975 年 Prausnitz 等[19]提出了 UNIQUAC(universal quasi-chemical equations)方程,提出每种液体分子有两个结构参数:液体摩尔体积 V($cm^3 \cdot mol^{-1}$)和液体摩尔接触表面积 A($cm^2 \cdot mol^{-1}$)。这两个参数并不取绝对值,而是分别用线性分子的摩尔体积及接触面积进行归一化:

$$r = \frac{V}{15.17};\quad q = \frac{A}{2.5 \times 10^9} \quad (15\text{-}2\text{-}26)$$

r 为归一化的体积参数;q 为归一化的面积参数。

表 15-2-6 列出一些纯液体分子的 r 和 q 值。

表 15-2-6 一些纯液体分子的 UNIQUAC 结构参数[20]

化合物	r	q
CCl_4	3.33	2.82
$CHCl_3$	2.70	2.34
CH_3OH	1.43	1.43
CH_3NO_2	2.01	1.87
CH_3CN	1.87	1.72
CH_3COOH	2.23	2.04
C_2H_5OH	2.11	1.97
$(CH_3)_2CO$	2.80	2.58
C_3H_7OH	2.78	2.51
C_4H_9OH	3.45	3.05
糠醛	3.17	2.48

续表

化合物	r	q
C_5H_{10}	3.30	2.47
C_6H_6	3.19	2.40
C_6H_5OH	3.55	2.70
$C_6H_5NH_2$	3.72	2.82
C_6H_{12}	3.97	3.01
$C_5H_9CH_3$	3.97	3.01
$CH_3COC_4H_9$	4.60	4.03
$n\text{-}C_6H_{14}$	4.50	3.86
$n\text{-}C_7H_{16}$	5.17	4.40
$C_6H_4(CH_3)_2$	4.66	3.54
$n\text{-}C_8H_{18}$	5.85	4.94
$(CH_3)_3CCH_2CH(CH_3)_2$	5.85	4.94
$n\text{-}C_{10}H_{22}$	7.20	6.02
$n\text{-}C_{16}H_{34}$	11.24	9.26
HCl	1.00	1.00
H_2O	0.92	1.40
H_2S	1.00	1.00
NH_3	1.00	1.00
SO_2	1.55	1.45
$CH_2=CHCN$	2.31	2.05
$CH_3COOCH=CH_2$	3.25	2.90

为了能够处理复杂的有机化合物，Prausnitz[21]提出将分子分解成各种官能团，由各官能团的体积参数 R 和接触表面积参数 Q 相加得到其相应的摩尔参数。一些常用的有机官能团的参数值见文献 [21] 和 [22]。

若混合溶液中有 A、B 两种分子，则体积分数 ϕ 及接触表面积分数 θ 分别表示如下：

$$\phi_A=\frac{X_A r_A}{X_A r_A + X_B r_B};\quad \phi_B=\frac{X_B r_B}{X_A r_A + X_B r_B} \tag{15-2-27}$$

$$\theta_A=\frac{X_A q_A}{X_A q_A + X_B q_B};\quad \theta_B=\frac{X_B q_B}{X_A q_A + X_B q_B} \tag{15-2-28}$$

由于分子间作用力不同，Prausnitz[21]提出局部接触表面积的概念，并用统计热力学方法导出二元体系的过量自由能的表达式如下：

$$\Delta G^E = RT\left(n_A\ln\frac{\phi_A}{X_A}+n_B\ln\frac{\phi_B}{X_B}\right)+\frac{Z}{2}\left(q_A n_A\ln\frac{\theta_A}{\phi_A}+q_B n_B\ln\frac{\theta_B}{\phi_B}\right)-q_A n_A\ln(\theta_A+\theta_B A_{BA})$$
$$-q_B n_B\ln(\theta_B+\theta_A A_{AB}) \tag{15-2-29}$$

式中，Z 为配位数，$Z=6\sim 12$，一般取 $Z=10$。

$$A_{AB} = \exp[-(g_{AB}-g_{BB})/(RT)] = \exp\left(-\frac{\alpha_{AB}}{T}\right) \\ A_{BA} = \exp[-(g_{BA}-g_{AA})/(RT)] = \exp\left(-\frac{\alpha_{BA}}{T}\right)$$

(15-2-30)

式中，$g_{AB}=g_{BA}$，$\alpha_{AB} \neq \alpha_{BA}$，$A_{AB} \neq A_{BA}$。

从而得出二元体系的活度系数方程如下：

$$\ln\gamma_A = \ln\frac{\phi_A}{X_A} + \left(\frac{Z}{2}\right)q_A\ln\frac{\theta_A}{\phi_A} + \phi_B\left(I_A - \frac{\gamma_A}{\gamma_B}I_B\right) - q_A\ln(\theta_A+\theta_B A_{BA}) + \\ \theta_B q_A\left(\frac{A_{BA}}{\theta_A+\theta_B A_{BA}} - \frac{A_{AB}}{\theta_B+\theta_A A_{AB}}\right)$$

(15-2-31)

式中，$I_A = \left(\frac{Z}{2}\right)(r_A-q_A) - (r_A-1)$；$I_B = \left(\frac{Z}{2}\right)(r_B-q_B) - (r_B-1)$。

表 15-2-7 列出一些二元体系的 UNIQUAC 常数。

表 15-2-7　一些二元体系的 UNIQUAC 常数[20]

组分		类型	α_{AB}/K	α_{BA}/K	T/K
A	B				
$(CH_3)_2CO$	C_6H_6	VL	−90.40	147.12	303
	CH_3Cl	VL	−171.71	93.95	323
	C_2H_5OH	VL	414.45	−119.36	305
	H_2O	VL	636.17	−128.35	298
$CH_2=CHCN$	CH_3CN	VL	80.53	−49.84	351~354
	H_2O	MS	575.58	141.17	298
CH_3COOH	$CH_3COOCH=CH_2$	VL	−140.18	360.56	348~386
	H_2O	VL	555.01	−258.51	293
$CH_3COOCH=CH_2$	C_6H_6	VL	−40.70	229.79	318
	$n\text{-}C_7H_{16}$	MS	23.71	545.79	318
	H_2O	VL	294.10	61.92	350~364
$C_6H_5NH_2$	$C_5H_9CH_3$	MS	54.36	228.71	298
	$n\text{-}C_6H_{14}$	MS	34.82	283.76	298
C_6H_6	C_6H_{12}	VL	4.33	65.28	283
	C_2H_5OH	VL	997.61	−128.85	318
	糠醛 (furfural)	VL	−85.70	192.72	355~427
	CH_3OH	VL	988.60	−56.05	308
	$n\text{-}C_7H_{16}$	VL	19.07	31.35	318
	CH_3NO_2	VL	134.43	29.71	298
	新戊烷 (CH_3)$_3C\text{-}CH_2\text{-}CH(CH_3)$	VL	−35.12	91.65	353~368
	H_2O	MS	2057.42	115.13	298

续表

组分		类型	α_{AB}/K	α_{BA}/K	T/K
A	B				
$CHCl_3$	C_2H_5OH	VL	1315.02	−235.47	328
C_6H_{12}	糠醛(furfural)	MS	354.83	41.17	298
	CH_3OH	VL	1364.12	6.02	328
	CH_3NO_2	MS	517.19	105.01	298
	2,2,4-三甲基戊烷	VL	−112.66	141.01	308
$CH_3COOC_2H_5$	H_2O	MS	569.86	80.91	323
C_2H_5OH	H_2O	VL	−27.38	284.81	313
糠醛(furfural)	C_6H_{12}	MS	41.17	354.83	298
	2,2,4-三甲基戊烷	MS	−4.98	410.08	298
CH_3COOCH_3	CH_3OH	VL	508.39	−83.96	308
CH_3OH	$n\text{-}C_7H_{16}$	MS	2.49	1419.33	306
	H_2O	VL	−50.82	148.27	338~368
$n\text{-}C_7H_{16}$	CH_3CN	MS	545.79	23.71	318
	$C_5H_9(CH_3)$	VL	−138.84	162.13	333
$n\text{-}C_8H_{16}$	$C_2H_5NO_2$	MS	308.14	−17.29	308
$C_2H_5NO_2$	H_2O	MS	920.08	138.44	298
$C_6H_5CH_3$	H_2O	MS	1371.36	305.71	323
$CH_3COOCH=CH_2$	H_2O	MS	1541.72	130.05	298

注：VL 来自气液平衡数据；MS 来自互溶度数据。

上述 UNIQUAC 方程对于二元体系只需两个调节参数，这比 NRTL 方程简便（因 NRTL 方程需三个调节参数），其关联效果也超过了 NRTL 方程，能够定量关联二元和三元液-液平衡体系，也能从二元数据预测三元体系，并可以进行内插及外推液-液平衡数据。

(7) UNIFAC 方程 1975 年 Fredenslund 和 Prausnitz 等[23]又提出了 UNIFAC（universal functional group activity coefficients）方程，此法将分子分解成各种官能团，再将局部接触表面积分数的概念用到各官能团上，用官能团间的作用能代替分子间作用能。这样，只需知道各官能团 k 的结构参数 R_k、Q_k 以及用实验测出官能团作用参数 χ_{mn}，就可以得出由这些官能团构成的各种分子混合液中各组分的活度系数。对多元体系的计算公式如下：

$$\ln\gamma_i = \ln\frac{\phi_i}{X_i} + \frac{Z}{2}q_i\ln\frac{\theta_i}{\phi_i} + l_i - \frac{\phi_i}{X_i}\sum_j X_j l_i + \sum_k V_k^{(i)}[\ln\Gamma_k - \ln\Gamma_k^{(i)}] \quad (15\text{-}2\text{-}32)$$

式中，j 为多元混合溶液中任一种分子；i 为需计算活度系数的某种分子；k 为多元混合溶液中分子 i 的任一官能团；$V_k^{(i)}$ 为一个分子 i 中官能团 k 的数目，其中：

$$l_i = \left(\frac{Z}{2}\right)(r_i - q_i) - (r_i - 1)$$

$$r_i = \sum_k V_k^{(i)} R_k ; \quad R_k = \frac{V_k}{15.17}$$

$$q_i = \sum_k V_k^{(i)} Q_k ; \quad Q_k = \frac{A_k}{2.5 \times 10^9}$$

式中，R_k 为官能团 k 的体积参数；Q_k 为官能团 k 的接触表面积参数。

$$\ln \Gamma_k = Q_k \left[1 - \ln\left(\sum_m \theta_m \psi_{mk}\right) - \sum_m \left(\frac{\theta_m \psi_{km}}{\sum_n \theta_n \psi_{nm}}\right) \right]$$

式中，θ_m 为官能团 m 在混合溶液中的接触表面积分数：

$$\theta_m = \frac{Q_m X_n}{\sum_n Q_n X_n}$$

式中，X_n 为混合溶液中官能团 m 的总分数。

$$\psi_{mn} = \exp[-ZN_n(g_{mn} - g_{nm})/(2RT)] = \exp[-(\alpha_{mn}/T)]$$

式中，g_{mn} 为官能团 m 和 n 间的作用能；g_{nm} 为官能团 n 和 m 间的作用能。

$$\ln \Gamma_k^{(i)} = Q_k \left[\left(1 - \ln \sum_m \theta_m^{(i)} \psi_{mk}\right) - \sum_m \left(\frac{\theta_m^{(i)} \psi_{km}}{\sum_n \theta_n^{(i)} \psi_{mn}}\right) \right]$$

其中，$\theta_m^{(i)}$ 为官能团 m 在纯液体分子 i 中的接触表面积分数：

$$\theta_m^{(i)} = \frac{\theta_m X_m^{(i)}}{\sum_n \theta_n X_n^{(i)}}$$

式中，$X_m^{(i)}$ 为纯液体分子 i 中官能团 m 的摩尔分数。

Fredenslund 等[23~25]已回归得出有机化合物中许多主要官能团的 α_{mn} 值，表 15-2-8 仅列出部分 α_{mn} 值，更全面的 α_{mn} 值、有机官能团的 R_k 和 Q_k 值以及有关 UNIFAC 方程的计算实例请参阅文献 [23~25]。目前，UNIFAC 法所采用的 α_{mn} 值大都来自气液平衡数据，用于预测二元和三元液-液萃取体系的平衡数据时，其计算值与实验值之间的误差要比 UNIQUAC 法大，为此 Magnussen 等[26]又专门从二元和三元液-液萃取体系的平衡数据进行回归，得出了一套供预测用的 α_{mn} 值。

表 15-2-8　UNIFAC 方程中一些官能团作用参数 α_{mn} [25]　　　单位：K

官能团	CH_2	$C=C$	AcH	OH	H_2O	CH_2CO
CH_2	0	−200.0	61.13	986.5	1318.0	476.4
$C=C$	2520.0	0	340.7	693.9	634.2	524.5
AcH	−11.12	−94.78	0	635.1	903.8	25.77
OH	156.4	8694.0	89.60	0	353.5	84.00
H_2O	300.0	692.7	362.3	−229.1	0	−195.4
CH_2CO	26.76	−82.92	140.1	164.5	472.5	0

续表

官能团	CH_2	$C=C$	AcH	OH	H_2O	CH_2CO
CHO	505.7	—	—	−404.8	232.7	128.0
CCOO	114.8	269.3	85.84	245.4	10000.0	372.2
CH_2O	83.36	76.44	52.13	237.7	−314.7	52.38
CNH_2	−30.48	79.40	−44.85	−164.0	−330.4	—
CNH	65.33	−41.32	−22.31	−150.0	−448.2	—
C_3N	−83.98	−188.0	−223.9	28.60	−598.8	—
COOH	315.3	349.2	62.32	−151.0	−66.17	−297.8
CCl	91.46	−24.36	4.680	562.2	698.2	286.3
CCl_2	34.01	−52.71	121.3	747.7	708.7	423.2
CCl_3	36.70	−185.1	288.5	742.1	826.7	552.1
CCl_4	−78.45	−293.7	−4.700	856.3	1201.0	372.0
$(CH_3)_2SO$	50.49	—	−2.504	−25.87	−240.0	110.4

官能团	CHO	CCOO	CH_2O	CNH_2	CNH	C_3N
CH_2	677.0	232.1	251.5	391.5	255.7	206.6
$C=C$	—	71.23	289.3	396.0	273.6	658.8
AcH	—	5.994	32.14	161.7	122.8	90.49
OH	441.8	101.1	28.06	83.02	42.70	−323.0
H_2O	−257.3	14.42	540.5	48.89	168.0	304.0
CH_2CO	−37.36	−213.7	5.202	—	—	—
CHO	0	—	304.1	—	—	—
CCOO	—	0	−235.7	—	−73.50	—
CH_2O	−7.838	461.3	0	—	141.7	—
CNH_2	—	—	—	0	63.72	−41.11
CNH	—	136.0	−49.30	108.8	0	−189.2
C_3N	—	—	—	38.89	865.9	0
COOH	—	−256.3	−338.5	—	—	—
CCl	−47.51	—	225.4	—	—	—
CCl_2	—	−132.9	−197.7	—	—	−141.4
CCl_3	—	176.5	−20.93	—	—	−293.7
CCl_4	—	129.5	113.9	261.1	91.13	−126.0
$(CH_3)_2SO$	—	41.57	−122.1	—	—	—

官能团	COOH	CCl	CCl_2	CCl_3	CCl_4	$(CH_3)_2SO$
CH_2	663.5	35.93	53.76	24.90	104.3	526.5
$C=C$	730.4	99.61	337.1	4584.0	5831.0	—
AcH	537.4	−18.81	−144.4	−231.9	3.000	169.9
OH	199.0	75.62	−112.1	−98.12	143.1	−202.1
H_2O	−14.09	325.4	370.4	353.7	497.5	−139.0

续表

官能团	COOH	CCl	CCl$_2$	CCl$_3$	CCl$_4$	(CH$_3$)$_2$SO
CH$_2$CO	669.4	−191.7	−284.0	−354.6	−39.20	−44.58
CHO	—	751.9	—	—	—	—
CCOO	660.2	—	108.9	−209.7	54.47	52.08
CH$_2$O	664.6	301.1	137.8	−154.3	47.67	172.1
CNH$_2$	—	—	—	—	99.81	—
CNH	—	—	—	—	71.23	—
C$_3$N	—	—	−73.85	−352.9	−8.283	—
COOH	0	44.42	−183.4	76.75	212.7	—
CCl	326.4	0	108.3	249.2	62.42	—
CCl$_2$	1821.0	−84.53	0	0	56.33	215.0
CCl$_3$	1346.0	−157.1	0	0	−30.10	363.7
CCl$_4$	689.0	11.80	17.97	51.90	0	337.7
(CH$_3$)$_2$SO	—	—	−215.0	−343.6	−58.43	0

注：AcH 为芳香烃，其中 Ac 表示苯环上一个碳原子。

多年来人们试图将气-液平衡和液-液平衡数据用一套 α_{mn} 值来关联，但未成功。后来，Fredenslund 等[27]又提出改进的 UNIFAC 方程，其主要修正之处有二，一是采用了 Kikic 等[28]提出的体积分数 ϕ_i 的表达式：

$$\phi_i = \frac{X_i r_i^{2/3}}{\sum_j X_j r_j^{2/3}} \tag{15-2-33}$$

二是提出了官能团作用参数 α_{mn} 的温度关系式：

$$\alpha_{mn} = \alpha_{mn,1} + \alpha_{mn,2}(T - T_0) + \alpha_{mn,3}\left(T\ln\frac{T_0}{T} + T - T_0\right) \tag{15-2-34}$$

式中，$T_0 = 298.15K$。

用此改进的 UNIFAC 方程将气-液平衡数据重新回归得出了 21 种主官能团的相互作用参数及其温度系数。用此改进的 UNIFAC 方程预测气-液平衡较原 UNIFAC 方程为好，对过量焓的预测大有改进，但同样仍不能定量预测液-液平衡数据。总之，UNIFAC 方程由于将分子划分为基团，较之 Wilson、NRTL 和 UNIQUAC 方程有更强的预测作用，在气-液平衡和液-液平衡（物理萃取）方面已获得较广泛应用，但在化学萃取（如金属溶剂萃取体系）方面的研究报道尚少，这是由于化学萃取的组分比较复杂、回归参数太多以及有关热力学数据（包括组分活度的实验数据）比较缺乏等原因，有待进一步研究和改进方法。

2.2.2 参数估值方法

应用上述各种计算活度系数的关联式，首先需取得这些公式中的端值常数。在一定温度和压力条件下，端值常数可用二元体系的液-液分配平衡实验数据来求出。在两液层（r 及 S）中两组分（A 及 B）的活度系数应满足下式：

$$X_A \gamma_{Ar} = Y_A \gamma_{AS}; \quad X_B \gamma_{Br} = Y_B \gamma_{BS} \tag{15-2-35}$$

若该体系遵循 Van Laar 方程，则平衡的两相应为：

$$\left.\begin{array}{l}\ln\gamma_{Ar}=\dfrac{A_{AB}}{\left(1+\dfrac{A_{AB}X_A}{A_{BA}X_B}\right)^2}; \quad \ln\gamma_{Br}=\dfrac{A_{BA}}{\left(1+\dfrac{A_{BA}X_B}{A_{AB}X_A}\right)^2}\\[2ex]\ln\gamma_{AS}=\dfrac{A_{AB}}{\left(1+\dfrac{A_{AB}Y_A}{A_{BA}Y_B}\right)^2}; \quad \ln\gamma_{BS}=\dfrac{A_{BA}}{\left(1+\dfrac{A_{BA}Y_B}{A_{AB}Y_A}\right)^2}\end{array}\right\} \quad (15\text{-}2\text{-}36)$$

通过萃取平衡实验，可以实测这两液层中组分的浓度 X_A、X_B、Y_A、Y_B。上述共包括 6 个方程式，共有 6 个未知数：γ_{Ar}、γ_{AS}、γ_{Br}、γ_{BS}、A_{AB}、A_{BA}，所以联立解此 6 个方程式，就可以得出计算 Van Laar 常数的公式如下：

$$\frac{A_{AB}}{A_{BA}}=\frac{\left(\dfrac{X_A}{X_B}+\dfrac{Y_A}{Y_B}\right)\left[\dfrac{\lg(Y_A/X_A)}{\lg(X_B/Y_B)}\right]-2}{\left(\dfrac{X_A}{X_B}+\dfrac{Y_B}{Y_B}\right)-\dfrac{X_AY_A\lg(Y_A/X_A)}{X_BY_B\lg(X_B/Y_B)}} \quad (15\text{-}2\text{-}37)$$

$$A_{AB}=\frac{\lg(Y_A/X_A)}{\dfrac{1}{\left(1+\dfrac{A_{AB}X_A}{A_{BA}X_B}\right)^2}-\dfrac{1}{\left(1+\dfrac{A_{AB}Y_A}{A_{BA}Y_B}\right)^2}} \quad (15\text{-}2\text{-}38)$$

由于二元体系中液-液分层时只有一对 X、Y 值即 (X_A、X_B、Y_A、Y_B)，即只有一条结线，所以凡是活度系数关联式中只有两个端值常数时，均可按上述方法将方程组联立求解。应指出的是，对于二元液-液平衡数据得出一组 A_{AB}、A_{BA} 值，即不能像气-液平衡那样，在一个温度下可从多组气-液平衡数据用统计处理法求得误差最小的一组 A 值。因此，由液-液平衡数据算出的 A 值一般准确性较差些，而且有时还与在同一条件下由气-液平衡算出的 A 值存在一定偏差。此时选用什么方程来计算以使 A 值偏差最小，则需事先用实验数据进行检验。

对于多元体系，可采用最小二乘法进行参数估值。文献 [17]、[20] 和 [29] 中详细介绍了有关参数估值的各种方法。在取得大量端值常数实验值的前提下，进一步将端值常数与液-液萃取体系中的分子结构相关联，则是一项十分有意义的工作。

2.2.3 三元体系平衡数据的预测

有了上述活度系数的计算公式和参数估值方法之后，就有可能从二元体系的参数值预测三元体系的平衡数据。

对于型式 1 的三元体系，若组分 B 和 C 基本上互不相溶，则组分 A 在两相中的活度应满足以下关系：

$$a_{AS}=\gamma_{AS}Y_A=a_{Ar}=\gamma_{Ar}X_A \quad (15\text{-}2\text{-}39)$$
$$m_A=Y_A/X_A=\gamma_{Ar}/\gamma_{AS} \quad (15\text{-}2\text{-}40)$$

当溶质 A 的浓度趋于零时，其分配系数可以按照式(15-2-41)进行估算：

$$m_A=\left(\frac{Y_A}{X_A}\right)_{A\to 0}=\frac{(\gamma_{Ar})_{A\to 0}}{(\gamma_{AS})_{A\to 0}} \quad (15\text{-}2\text{-}41)$$

式(15-2-41) 的右边 $(\gamma_{Ar})_{A\to 0}$ 及 $(\gamma_{AS})_{A\to 0}$ 值，均可以用前面各种活度系数计算公式取 $X_A\to 0$ 时的值代入。文献 [30] 中详细讨论了型式 1 的三元体系平衡数据的预测步骤。

对于型式 2 的三元体系，Pennington 和 Marwil[31] 对脂肪烃-环烃-糠醛（或苯胺）三元体系进行了研究,并假定在此体系中脂肪烃与环烃构成理想溶液,烃类-糠醛(或苯胺)二元体系的活度系数用 Van Laar 方程进行关联,从而对三元体系进行预测,得到了较满意的结果。Prausnitz 等[20]还用 NRTL 和 UNIQUAC 模型从二元气-液平衡数据来关联,并预测了三元液-液萃取平衡体系。

2.3 电解质溶液的活度系数

金属溶剂萃取平衡中的一相为电解质水溶液,因此要用电解质溶液理论来计算水相中各离子的活度。自 1923 年 Debye-Huckel 创立电解质溶液理论以来,许多学者先后提出了各种电解质溶液理论,但真正能广泛应用于计算金属溶剂萃取体系中高浓度多元混合电解质水溶液的理论并不多。只有 1973 年以后,Pitzer 等[32~44]提出的电解质溶液理论和计算公式,用于 280 多种电解质高浓度溶液,包括混合电解质溶液,得出的计算结果与实验值能够吻合,是目前应用最广泛的一种电解质溶液理论。有关 Pitzer 电解质溶液理论的基础及其应用,可参阅文献 [1] 中的详细阐述与介绍。

2.3.1 单一电解质溶液的活度系数

在统计力学的基础上,Pitzer[32]从过量吉布斯自由能 ΔG^E 出发,建立了一个普遍方程来计算单一电解质溶液的热力学性质。假定一种溶液含有 n_w 的溶剂(水)和 n_1、n_2、$\cdots$、n_i、n_j、n_k 的溶质 1、2、$\cdots$、i、j、k(对电解质水溶液应为离子),该体系的总过量吉布斯自由能表达式为:

$$\frac{G^E}{n_w RT} = f(I) + \sum_i \sum_j \lambda_{ii}(I) m_i m_j + \sum_i \sum_j \sum_k \mu_{ijk} m_i m_j m_k \quad (15\text{-}2\text{-}42)$$

式中,m_i 为溶质 i(即离子 i)的质量摩尔浓度,即 $m_i = n_i/n_w$;I 为离子强度,按定义 $I = \frac{1}{2}\sum m_i Z_i^2$。

式(15-2-42)中右边第一项 $f(I)$ 为长程静电项,是离子强度的函数;第二大项为两个离子间的短程作用项(包括离子间的硬球排斥力和离子间的色散吸引力),其中 λ_{ii} 为两粒子作用系数,也称第二维里系数,是离子强度的函数,用 $\lambda_{ii}(I)$ 表示;第三大项为三粒子间的作用项,u_{ijk} 为三粒子作用系数,也称第三维里系数,这里略去 μ_{ijk} 与 I 的依赖关系。

如果只保留式(15-2-42)中右边的第一项和第二项,则推导出的结果仅能应用于低浓度电解质溶液,因此第三项对高浓度电解质溶液十分重要。应指出的是,在电解质水溶液的热力学计算中,习惯上取纯水为溶剂的参考态,取无限稀释的溶液为溶质的参考态,因此在过量吉布斯自由能表达式中,不必考虑溶剂与溶剂之间和溶剂与溶质之间的作用力。

根据热力学,渗透系数 φ 与过量吉布斯自由能之间有如下关系:

$$\varphi - 1 = -\frac{\partial G^E/\partial n_w}{RT \sum_i m_i} \quad (15\text{-}2\text{-}43)$$

由式(15-2-42)得到:

$$\frac{G^E}{RT} = n_w f(I) + \frac{1}{n_w}\sum_i \sum_j \lambda_{ij}(I) n_i n_j + \frac{1}{n_w^2}\sum_i \sum_j \sum_k \mu_{ijk} n_i n_j n_k \quad (15\text{-}2\text{-}44)$$

式中，$\sum_i\sum_j\lambda_{ij}(I)n_in_j$ 为溶液中任意两粒子间的矩阵；$\sum_i\sum_j\sum_k\mu_{ijk}n_in_jn_k$ 为溶液中任意三粒子间的矩阵。将式(15-2-43)对 n_w 求导，即可求出 $(\varphi-1)$。

离子 i 的活度系数 γ_i 与过量吉布斯自由能之间有如下关系：

$$\ln\gamma_i = \frac{1}{RT} \times \frac{\partial G^E}{\partial n_i} \tag{15-2-45}$$

因此，将式(15-2-45)对 n_i 求导，即可求出离子 i 的活度系数。

不同价态的单一电解质溶液的渗透系数和离子的活度系数以及有关的 Pitzer 参数值的详细推导和计算，可以参阅文献 [1]。

2.3.2 混合电解质溶液的活度系数

上一节中的式(15-2-42)，不仅应用于计算单一电解质溶液的渗透系数和离子的活度系数，而且可推广应用于任何价态的多种电解质混合溶液。但由于 λ_{ii} 和 μ_{ijk} 不能独立给出，Pitzer[45]将式(15-2-42)中的各 λ 项和 μ 项重新归并如下：

$$\frac{G^E}{n_wRT} = f(I) + 2\sum_c\sum_a m_cm_a[B_{ca} + (\sum mZ)C_{ca}] + \sum_c\sum_{c'} m_cm'_c(\theta_{ac'} + \sum_a m_a\psi_{cc'a}/2) + \sum_a\sum_{a'} m_am'_a(\theta_{aa'} + \sum_c m_c\psi_{caa'}/2) \tag{15-2-46}$$

式中，右下标 c、c' 代表水溶液中的阳离子；a、a' 代表阴离子；$\sum mZ$ 为溶液中同号离子的摩尔总浓度。

$$\sum mZ = \sum m_a|Z_a| = \sum m_cZ_c \tag{15-2-47}$$

式(15-2-46)中引入一个新参数 B，定义为：

$$B_{ca}(I) = B_{ca}^r(I) - B_{ca}^b(I) \tag{15-2-48}$$

在上述混合电解质溶液的表达式(15-2-46)中有两个参数即 θ 和 ψ，是很重要的参数，可通过渗透系数或活度系数的实验值来确定 θ 和 ψ 值。例如，Pitzer 曾对 63 个具有同离子的二元电解质体系、11 个不存在同离子的二元电解质体系、6 个三元或多元电解质体系的实验数据（φ 或 $\ln\gamma$）测算出相应的 θ 和 ψ 值，分别在 $\theta=0$，$\psi=0$ 和 $\theta\neq0$，$\psi\neq0$ 的条件下对计算值与实验值之间的标准误差作了比较，并列出应用时的最大离子强度值。

有关上述表达式的详细推导与应用，混合电解质溶液的渗透系数、单个离子活度系数和平均离子活度系数的测算及数据表等，请参阅文献 [1]。可以看出，使用 Pitzer 半经验模型，从单一电解质溶液的一些参数值，便可以预测出多元混合电解质溶液的渗透系数和单个（或平均）离子活度系数。

2.4 伴有化学反应的萃取热力学平衡

和物理萃取平衡的预测不同，化学反应萃取平衡中含有多个化学反应，增加了计算和预测的难度。随着人们对萃取过程认识的深入，萃取平衡分配模型经历了从经验模型、化学模型到热力学模型的发展过程[54]，逐渐完整地描述了萃取过程的反应热力学平衡和分配，为实际计算提供了方便。

对于一种混合物，组分的活度系数会随浓度而变化。而对于任何一个化学反应，只有在考虑了组分活度以后，反应平衡常数在一定温度下才是一个真正的常数，而且不随浓度变化。所以为了建立一个化学反应萃取体系的平衡计算和预测方法，必须考虑各组分的活度和活度系数，获得化学反应的热力学平衡常数，才能预测在不同浓度下的萃取平衡和分配。

热力学模型考虑化学萃取体系中存在化学反应平衡，用现代溶液理论计算体系两相中各组分的非理想性，以获得只与温度有关而与浓度无关的平衡常数。下面以二（2-乙基己基）磷酸萃取二价铜离子为例，说明带化学反应的萃取平衡的热力学平衡计算模型的建立方法。

2.4.1 萃取反应平衡模型

二（2-乙基己基）磷酸即 P204（以 H_2R_2 表示）萃取二价铜 Cu^{2+} 的反应为[55]：

$$2H_2R_{2(org)} + Cu^{2+}_{(aq)} \rightleftharpoons Cu(HR_2)_{2(org)} + 2H^+_{(aq)} \tag{15-2-49}$$

在水相中存在三种主要离子：Cu^{2+}，H^+，Cl^-。水相中离子浓度用质量摩尔浓度 m [单位为 $mol \cdot (kgH_2O)^{-1}$]，相应的离子活度系数为 γ。在有机相中存在三种组分：稀释剂正己烷、萃取剂 H_2R_2 和萃合物 $Cu(HR_2)_2$，分别用 1、2、3 表示，有机相浓度用摩尔分数 x 表示，相应的活度系数为 f。

萃取反应的平衡常数表达式为：

$$K = \frac{x_3 f_3 (m_{H^+} \gamma_{H^+})^2}{(x_2 f_2)^2 m_{Cu^{2+}} \gamma_{Cu^{2+}}} \tag{15-2-50}$$

2.4.2 活度系数模型

已有的研究表明，Pitzer 的普遍方程[1]，形式简洁，已有大量模型参数，应用方便，精度也能满足萃取平衡分配计算的要求。特别是对于金属溶剂萃取过程中常见的混合电解质溶液以及在解离平衡或中性溶质的电解质溶液，经简化和改进后的 Pitzer 公式仍能使用。也可采用其他现代电解质溶液理论计算水相中各组分和离子的活度系数。

选择具有代表性的溶液活度方程作为有机相组分活度系数的计算公式，它们是正规溶液理论 Scatchard-Hildebrand（简写为 S-H）、非随机双液体模型 NRTL 及通用似化学局部组成模型 UNIQUAC。在运用 S-H 和 NRTL 方程时，为了考虑分子大小的影响，采用 Flory-Huggins 公式（简写为 F-H）进行熵修正[56]。

(1) F-H-S-H 方程

$$\ln f_i = \ln \frac{\phi_i}{x_i} + 1 - \frac{\phi_i}{x_i} + \frac{V_i}{RT} \sum_j \sum_k \left[\left(A_{ij} - \frac{1}{2} A_{jk} \right) \phi_j \phi_k \right] \tag{15-2-51}$$

式中，$\phi_i = x_i V_i / \sum_j x_j V_j$ 为组分体积分数；V_i 为组分摩尔体积；R 为气体常数；T 为热力学温度；A_{ij} 为 S-H 方程参数，其由体系的实验数据[55]回归得到，列于表 15-2-9。

表 15-2-9 F-H-S-H 方程参数（$K = 9.5 \times 10^{-4}$）

有机相 \ 有机相 A_{ij}	n-C_6H_{14}	H_2R_2	$Cu(HR_2)_2$
n-C_6H_{14}	0.0	4.048	−0.7255
H_2R_2	4.048	0.0	−1.922
$Cu(HR_2)_2$	−0.7255	−1.922	0.0

(2) F-H-NRTL 方程

$$\ln f_i = \ln\frac{\phi_i}{x_i} + 1 - \frac{\phi_i}{x_i} + \frac{\sum_j x_j \tau_{ji} G_{ji}}{\sum_m G_{mi} x_m} + \sum_j \frac{G_{ij} x_j}{\sum_m G_{mj} x_m}\left(\tau_{ij} - \frac{\sum_i x_i \tau_{ij} G_{ij}}{\sum_m G_{mj} x_m}\right)$$

(15-2-52)

式中，$G_{ij} = \exp(-\alpha_{ij}\tau_{ij})$，$\alpha_{ij} = \alpha_{ji}$，$\tau_{ij}$ 为 NRTL 方程参数，由体系的实验数据[55]回归得到，列于表 15-2-10。

表 15-2-10 F-H-NRTL 方程参数（$K = 9.6 \times 10^{-4}$）

有机相 τ_{ij} 有机相	n-C_6H_{14}	H_2R_2	$Cu(HR_2)_2$
n-C_6H_{14}	0.0	2.051	0.9092
H_2R_2	-0.9028	0.0	2.776
$Cu(HR_2)_2$	-0.7858	-1.6810	0.0

(3) UNIQUAC 方程　UNIQUAC 方程的公式同式(15-2-31)，由体系的实验数据[55]回归的 UNIQUAC 参数列于表 15-2-11。

表 15-2-11 UNIQUAC 方程参数（$K = 9.8 \times 10^{-4}$）

A_{ij}	n-C_6H_{14}	H_2R_2	$Cu(HR_2)_2$
n-C_6H_{14}	0.0	110.6	1.390
H_2R_2	-70.08	0.0	-10.41
$Cu(HR_2)_2$	8.436	10.47	0.0

2.4.3 萃取反应热力学平衡算法

在 2.4.1 萃取体系的热力学平衡常数的表达式中，如果不考虑各组分的活度系数，只以浓度表示的表观平衡常数为：

$$K' = \frac{x_3 m_{H^+}^2}{x_2^2 m_{Cu^{2+}}}$$

(15-2-53)

通过实验测定萃取平衡两相中的各组分浓度，就可以计算得到表观平衡常数 K'。但是该表观平衡常数 K' 是随浓度变化的，如果直接使用的话，需要将它表示为各组分浓度的经验关联式，理论意义不强，难以用于萃取平衡的精确计算和预测。

而式(15-2-50)中的萃取反应热力学平衡常数 K 才是不随浓度变化的常数，便于萃取平衡的计算和预测。为了获得热力学平衡常数 K，需要测定萃取平衡时的两相浓度及活度系数。两相浓度均可以测定，水相中的各组分活度系数均可以测定和计算，但是在有机相中只有水和萃取剂的活度系数可以测定，而有机相中的萃合物的活度系数是无法测定的。所以，无法从实验测得的各组分的浓度和活度系数数据计算得到平衡常数 K。

同时有机相的活度系数模型中的相互作用参数 A_{ij} 也是未知的。为了获得这些相互作用参数以及热力学平衡常数 K，采用实验测得的各组分浓度数据，对萃取反应平衡常数表达式(15-2-50)进行参数的拟合计算，同时拟合相互作用参数和热力学平衡常数 K 值。由于实验测定都在常温或 298.15K 下进行，所以 K 可以是一个固定的常数值。拟合结果见表 15-2-9～表 15-2-11。结果表明，采用不同的有机相活度系数模型，获得的萃取反应平衡参数基本一致，说明获得相互作用参数和热力学平衡常数的拟合算法是可信的，获得的参数可以用于萃取平衡的计算和预测。

2.4.4 化学反应萃取平衡的预测

萃取平衡的预测，特别是萃取剂和被萃取物在不同原料浓度下的平衡浓度的预测，是建立模型的最终目的。通过上述方法得到萃取反应平衡常数和溶液活度方程的相互作用参数以后，即可预测化学反应萃取平衡浓度。对于 P204-n-C_6H_{14} 萃取 Cu^{2+} 体系，在已知水相各组分浓度的基础上，解下列方程组即可求得有机相的各组分的平衡浓度 x_1，x_2，x_3。

$$x_1 + x_2 + x_3 = 1$$
$$(x_2 + 2x_3)/x_1 = x_2^{\circ}/x_1^{\circ}$$
$$K = \frac{x_3 f_3 (m_{H^+} \gamma_{H^+})^2}{(x_2 f_2)^2 m_{Cu^{2+}} \gamma_{Cu^{2+}}}$$

(15-2-54)

式中，x_1°、x_2° 是由萃取剂初始浓度确定的。各方程的平均预测误差均小于 0.002。由于各方程的计算结果类似，图 15-2-11 中只采用了 F-H-S-H 方程的具体结果。

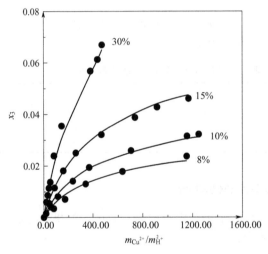

图 15-2-11　P204 萃取 Cu^{2+} 体系有机相萃合物浓度[点为实验值[55]，
线为 F-H-S-H 模型的预测值，图中百分数为萃取剂原始浓度（体积分数）]

对于带化学反应的萃取体系，其热力学平衡模型完全可在严格的化学平衡和热力学活度模型基础上建立起来。采用不同活度模型得到相近的反应平衡常数和预测结果，表明严格的热力学平衡模型可用于实际萃取体系，并且可为实际工业体系的工艺设计、流程改进和自动控制提供扎实的萃取平衡计算基础。

参考文献

[1] 李以圭. 金属溶剂萃取热力学. 北京：清华大学出版社，1988.
[2] Hand D B. J Phys Chem, 1930, 34: 1961.
[3] Bachman I. Ind End Chem, 1940, 12: 38.
[4] Othmer D F, Tobias P E. Ind Eng Chem, 1942, 34: 693.
[5] Alders I. Appl Sci Research, 1954, A4: 171.

[6] Pierotti G J, Deal G A, Derr E L. Ind Eng Chem, 1959, 51: 95.
[7] Prausnitz J M. Molecular thermodynamics of fluid-phase equilibria. New Jersey: Prentice-Hall, 1969.
[8] Margules M. Sitzber Acad Wiss Wien Math Naturw Kl 1895, 104: 1243.
[9] Benedict M, et al. Trans Am Inst Chem Engrs, 1945, 41: 371.
[10] Holmers M J, Whinkle M V. Ind Eng Chem, 1970, 2: 1.
[11] Van Laar J J. Z Physik Chem, 1910, 72: 723.
[12] Hildebrand J H. J Am Chem Soc, 1929, 51: 66.
[13] Hansen C M. J Paint Technology, 1967, 39.
[14] Hildebrand J H, Scott R L. Prentice-Hall, 1962.
[15] 腾藤,李以圭,张良华,等. Hydrometallurgy, 1982, 8: 261, 273, 289.
[16] Wilson G M. J Am Chem Soc, 1964, 86: 127.
[17] Sorenson J M, et al. Fluid Phase Equilibria, 1979, 3: 47.
[18] Renon H, Prausnitz J M. AIChE J, 1968, 14: 135.
[19] Abrams D S, Prausnitz J M. AIChE J, 1975, 21: 116.
[20] Prausnitz J M, et al. Computer calculations for multicomponent vapor-liquid and liquid-liquid equilibria. Prentice-Hall, 1980.
[21] Prausnitz J M. AIChE J, 1975, 21: 1086.
[22] Bondi A. Physical properties of molecular crystals Liquids and Glasses. John Wiley and Sons Inc, 1968.
[23] Fredenslund A A, Jones R L, Prausnitz J M. AIChE J, 1975, 21: 1086.
[24] Gmebhling J. Rasmussen P, Fredenslund A A. IEC Proc Des Deu, 1982, 21: 118.
[25] Fredenslund A A, Gmehling J, Rasmussen P. Vapor-Liquid Equilibria Using UNIFAC: Elsevier, 1977.
[26] Magnussen T, Rgsmussen P, Fredenslund A A. IEC Proc Des Deu, 1981, 20: 331.
[27] Fredenslund A A, Rasmussen P. Fluid Phase Equilibria, 1985, 24: 115.
[28] Kikic I, et al. Can J Chem Eng, 1980, 58: 253.
[29] Anderson T F, Abrams D S, Grens E A, AIChE J, 1978, 24: 20.
[30] Treybal R E. Liquid Extraction. 2nd ed. New York: McGraw-Hill, 1963.
[31] Pennington E N, Marwil S J. Ind Eng Chem, 1953, 45: 1371.
[32] Pitzer K S. J Phys Chem, 1973, 77: 268.
[33] Pitzer K S, Mayorga G. J Solu Chem, 1973, 77: 2300; 1974, 3: 539.
[34] Pitzer K S, Kim J J. J Am Chem Soc, 1974, 96: 5701.
[35] Pitzer K S. J Solu Chem, 1975, 4: 249; 1976, 5: 269.
[36] Pitzer K S, Roy R N, Silvester L F. J Am Chem Soc, 1977, 99: 4930.
[37] Silvester L F, Pitzer K S. J Phys Chem, 1977, 81: 1822.
[38] Pitzer K S, Peterson J R, Silvester L F. J Solu Chem, 1978, 7: 45.
[39] Pitzer K S, Silvester L F. J Phys Chem, 1978, 82: 1239.
[40] Bradley D J, Pitzer K S. J Phys Chem, 1979, 83: 1599.
[41] Pitzer K S, Peiper J C. J Phys Chem, 1980, 84: 2396.
[42] Peiper J C, Pitzer K S. J Chem Thermodynamics, 1982, 14: 613.
[43] Pitzer K S. J Phys Chem, 1983, 87: 2360.
[44] Roy R N, Gibbons J J, Peiper J C, et al. J Phys Chem, 1983, 87: 2365.
[45] Pitzer K S. Activity coefficients in electrolyte solution//Pytkowicz R M. Vol 1, Chap 7. 1979: 157-208.
[46] Perry J H. Chemical engineer's handbool. 4th. NY: McGraw-Hill, 1963; 5th 1973; 6th 1984.
[47] Francis A W. Liquid-liquid equilibrium. New York: Inter-Science, 1963.
[48] Sorenson J M, Arlt W. Liquid-liquid equilibrium data collection: tables, diagrams and model parameters: (1) Binary Systems, 1979; (2) Temary Systems, 1980; (3) Temary and Quatery Systems, 1980. Dechema, Frankfurt, Germany.
[49] Wisnink J, Tamir A. Liquid-liquid equilibrium and extraction: a literature source book. Amsterdam: Elsevier, Part A, 1980; Part B, 1981.
[50] Silcock H K. Solubilities of inorganic and organic compounds. Oxford: Pergamon Press, 1979, 1: Part 1-3.

[51] Seidell A, Linke W F. Solubilities of inorganic and metal organic compounds. 4th Vol 1, 1958; Vol 2, 1965.
[52] 平田光穂,城塚正. 抽出工学. 東京: 日刊工業新聞社, 1964.
[53] 化学工学協会. 化学工業便覧. 東京: 丸善株式会社, 第 3 版, 1968; 第 4 版: 1978; 第 5 版: 1988.
[54] 陈健. 金属溶剂萃取体系热力学模型建立新方法和基团贡献法的研究. 北京: 清华大学, 1990.
[55] 李总成, 等. 稀有金属. 1983, 2(1): 43.
[56] Flory P J. J Chem Phys, 1941, 9: 660; 1942, 10: 5.

符号说明

A	端值常数; 摩尔接触表面积, $cm^2 \cdot mol^{-1}$
a	组分活度; 分子间的作用常数; Van der Waals 常数
B	Pitzer 公式中的参数
b	Van der Waals 常数
D	分配比; 扩散系数
E	萃取率, %; 汽化热
G	吉布斯自由能
g	分子间作用能
H	热焓
I	作用力修正系数
m	分配系数; 系数
n	组分的物质的量; 系数
p	压力
Q	官能团的摩尔接触面积参数
q	归一化分子接触表面积参数
R	气体常数; 官能团的体积参数
r	归一化分子体积参数
S	熵
T	热力学温度, K
V	体积; 纯液体的摩尔体积, $cm^3 \cdot mol^{-1}$
X	组分的溶质浓度, 摩尔分数
x	萃余相的溶质浓度, 摩尔分数
Y	萃取相的溶质浓度, 摩尔分数
Z	分子的配位数

希腊字母

α	溶质的离解分率; NRTL 方程中的有序特性常数
α_{mn}	UNIFAC 方程中的官能团作用参数
β	分离系数
γ	组分的活度系数
λ	分配常数; 特性常数
δ	纯组分的溶度参数
μ	黏度; 被萃取组分的化学势
θ	接触表面积分数
ν	分子中官能团的数目
τ	NRTL 方程中的常数
ϕ	体积分数

| ψ | 官能团作用参数，渗透系数 |

上标

o	标准的
E	过量热力学函数
I	理想溶液

下标

A	组分 A
AB	B 相中组分 A
AC	C 相中组分 A
B	组分 B
BB	B 相中组分 B
C	组分 C
D	组分 D
i	组分 i
j	组分 j
k	组分 k；官能团 k
m	官能团 m
n	官能团 n

3 伴有化学反应的萃取

伴有化学反应的萃取过程是典型的萃取分离与反应过程的原位耦合过程，常简称为化学萃取。化学萃取对于极性稀溶液的分离具有高效性和高选择性，经过一个多世纪的研究和发展，特别是经历了几十年的工业实践，更加显示出其高效提取和精密分离的特点，并在核燃料前后处理，稀土、有色和稀贵金属的提取分离，废水处理及废弃物的回收和生物产品的提纯等多个领域获得日益广泛的应用[1]。

化学萃取是一种复杂的物理化学过程，其理论既源于化学热力学、溶液理论、配位化学、胶体化学、反应动力学和传质动力学等学科，而又自成体系。化学萃取的特性与选用的萃取剂有关，依赖于溶质与萃取剂之间的化学作用，如金属化合物通常参与的各种化学转化（如配合物形成、水解、解离及离子聚集等），因此，不同浓度溶质时，溶质的化学萃取平衡分配系数常常发生变化，所以，化学萃取的相平衡较物理萃取更为复杂。

化学萃取存在多种萃取机理，如中性溶剂配合、螯合、溶剂化、阳离子交换、阴离子交换、离子缔合和协同作用萃取等。被萃取溶质与萃取剂之间形成萃合物溶于有机相，是带有化学反应的传质过程[2~9]。由于萃取过程经常在非平衡条件下进行，需要根据宏观萃取速率的信息确定多相化学萃取过程的动力学特性，以便为其工业应用及过程强化提供理论依据和基础数据。

3.1 化学萃取的分类及相平衡

化学萃取是包含两相或两相以上的非均相过程，除相定律适用于这一过程外，萃取过程也可以描述为一般的化学反应。大部分萃取反应是可逆的，并均可应用质量作用定律。化学萃取的相平衡关系决定着萃取过程质量传递的方向与两相的宏观平衡状态，并与溶质和萃取剂的化学作用有关。

3.1.1 金属离子萃取的分类及相平衡

金属溶剂萃取技术始于19世纪40年代，1842年Peligot发现用乙醚可以从硝酸溶液中萃取硝酸铀酰，同时由于原子能工业的发展，溶剂萃取法在核燃料的富集提纯方面获得了广泛应用。1945年发展了磷酸三丁酯（TBP）高效萃取铀的技术，1956年第一座铀矿提取铀的工厂建成并投产，并且至1960年全世界已有二十多座类似工厂建成。同时，由于新技术的发展，对于高纯稀有金属化合物提出了更高的要求，为此推动了溶剂萃取在稀有金属冶金领域中的应用研究[1,8]。随着萃取技术的不断发展，20世纪60年代末，世界第一座铜萃取工厂投产，促进了萃取技术在有色金属领域的分离、提纯、富集和回收等各个方面的大规模应用。由于萃取技术在各领域的广泛应用，新型萃取剂的开发研究、萃取机理、萃取化学的规律性和协同效应的探索也日益受到研究工作者的重视。

对于金属离子液-液萃取体系，依据其萃取机理，主要可以划分为阳离子交换体系、阴离子交换体系、中性溶剂配合（溶剂化）萃取体系以及协同萃取体系四种类型。

（1）阳离子交换体系 反应通式可表示为：

$$M^{n+} + n\overline{HR} \rightleftharpoons \overline{MR_n} + nH^+ \tag{15-3-1}$$

式中，M、HR分别代表金属离子和萃取剂，上划线代表在萃取剂相中的组分。

这类体系的萃取剂也称为酸性萃取剂，主要包含羧酸、磺酸及酸性含磷萃取剂三类。

羧酸类萃取剂包括合成的Versatic酸、石油分馏的副产物环烷酸和脂肪酸，已获得应用的Versatic酸有Versatic 9和Versatic 911，它们的一般结构式如图15-3-1所示。Versatic 9萃取金属离子时，萃取率为50%的pH值（即$pH_{1/2}$）次序为：$Fe^{3+} < Cu^{2+} < Zn^{2+} < Cd^{2+} < Ni^{2+} < Co^{2+}$。烷基羧酸为萃取剂时需要注意的问题是它在水溶液中溶解度较大，尤其是在弱酸或弱碱的萃取体系中，例如，Versatic 9和Versatic 911在水中的溶解度分别为$0.25g \cdot L^{-1}$和$0.10g \cdot L^{-1}$。因此，需注意由于萃取剂水溶性损失带来的生产成本及环境污染问题。

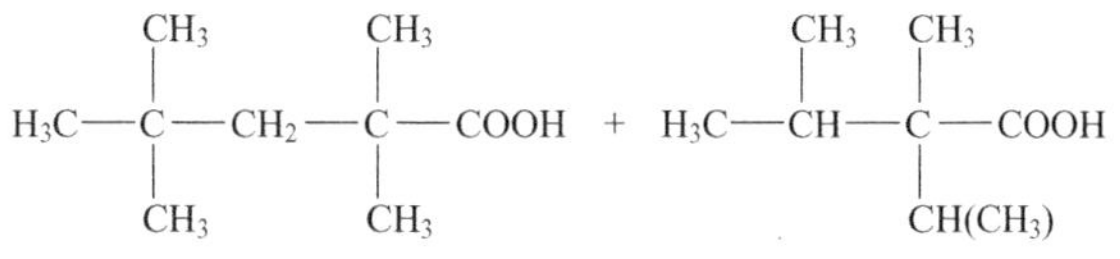

图 15-3-1 Versatic 结构式

磺酸类萃取剂的通式为RSO_2OH，属于强酸性萃取剂，主要有5,8-二壬基萘磺酸（DNNSA）。由于磺酸类萃取剂的分子结构中存在—SO_3H，有较大的吸湿性及水溶性，需要引入长链烷基苯或萘取代基，其中具有代表性的是十二烷基苯磺酸和双壬基萘磺酸。这类萃取剂能够从pH<1的酸性溶液中萃取金属阳离子，但其选择性不佳，易乳化，且稀释剂中的溶解度太小。

酸性含磷萃取剂属于酸性有机磷化合物，其种类很多，包括正磷酸酯、磷酸酯、偏磷酸酯和含有多官能团的同类化合物，是一类在工业上应用最广泛的萃取剂，主要有磷酸-(2-乙基己基)酯(M2EHPA)、磷酸二-(2-乙基己基)酯（D2EHPA，P204）、2-乙基己基磷酸-(2-乙基己基)酯（P507）、二-2-丁基-(4,4,4-三甲基丁基)次膦酸（Cyanex272）等[1]。酸性磷酸酯的结构通式可表示为$R^{1'}R^{2'}P(O)(OH)$，其中$R^{1'}$，$R^{2'}$是烷基、烷氧基、芳基、芳酰基及其他取代基，二者之一还可以是羟基。

酸性磷酸酯类萃取剂的基本特征是形成分子内氢键的倾向很小，而形成分子间氢键的倾向很大，一般在各种稀释剂中存在自缔合，即具有易形成二聚体的倾向，例如，$0.02 \sim 0.06 mol \cdot L^{-1}$的D2EHPA/正己烷的平均自缔合度为2.1，所以，反应式通常可表示为：

$$M^{n+} + n\overline{(HR)_2} \rightleftharpoons \overline{[M(HR_2)]_n} + nH^+ \tag{15-3-2}$$

由于=PO_2H基中存在电子给体和受体，因此，具有分子缔合、溶剂效应及与其他稀释剂形成分子配合物等特性。

虽然磷酸烷基酯的萃取作用机理主要是金属阳离子与氢的交换机理，但很多时候它又通过磷酰氧发生配位，从而形成多聚螯合产物。这样磷原子上的取代基就起主要作用，而这些作用往往与离子交换作用机理相矛盾。同样，萃取剂的结构会影响其水溶性，多数情况是烷基的碳链短时溶解度大。但长链烷基因空间效应又使其金属负荷能力下降。烷基磷酸的取代基数对水相中的溶解度同样有影响。例如，磷酸正丁酯的水溶性无限大，而磷酸二烷基酯在 25℃时的溶解度只有 $17g\cdot L^{-1}$。采用 D2EHPA 萃取 Co^{2+} 属于这一类型。

酸性含磷萃取剂萃取金属的性能与被萃取金属离子的性质有关（图 15-3-2）。一般而言，金属离子的萃取能力随电荷的增加而增大，具有相同电荷的金属离子，离子半径小的比离子半径大的更容易被萃取[10]。同时，水溶液中阴离子的类型和浓度也影响金属离子的萃取性能。一般而言，其影响次序为：$NO_3^- < Cl^- < CO_3^{2-} < SO_4^{2-}$。

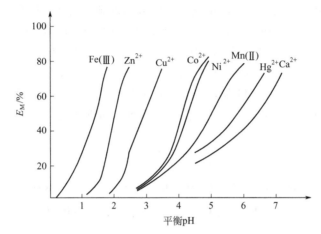

图 15-3-2 HDEHP 从硫酸介质萃取金属规律

螯合萃取剂是一类专一性较强的萃取剂，在萃取过程中能够生成具有螯环的萃合物——螯合物。由于螯合萃取剂价格昂贵，起初大量用于分析化学和无机化学中，而未能获得大规模的工业应用。自从 20 世纪 80 年代，第一代高选择性铜萃取剂（LIX64N 为代表）开发和工业应用以来，铜的螯合萃取剂发展得很快，包括以 AcorgaP5100 为代表的第二代铜萃取剂的开发和工业应用，原有萃取剂的改性使之适用于不同介质和其他金属的螯合萃取过程中。目前常用的几种代表性螯合萃取剂有 5,8-二乙基 6-羟基十二烷基酮肟（LIX63）、2-羟基-5-十二烷基二苯甲酮肟（LIX64）、5-壬基水杨醛肟（AcorgaP1，P50）、7-(4-乙基-1-甲辛基)-8-羟基喹啉（Kelex100）以及噻吩甲酰三氟丙酮（TTA）。

螯合萃取剂的萃取能力与配位基的碱性大小有关，也与成盐基团的酸性强弱有关，另外，螯合萃取剂分子中两个活性基团的相对位置、几何异构性（顺式、反式）及取代基的空间效应等因素，对萃取能力也都产生影响。螯合萃取剂的结构造成萃合物的疏水性与亲水性对其萃取能力具有明显的影响，一般而言，能形成疏水性萃合物时，萃取能力强，而形成亲水性萃合物时，则萃取能力弱。

需要注意的是螯合萃取剂的选择性通常比非螯合酸性萃取剂好，这是因为只有当金属离子大小合适时，才能螯合成环，而非螯合酸性萃取剂与金属离子的大小不存在这种作用。图 15-3-3 示出了 Kelex100 萃取金属离子与平衡 pH 的关系[11]。近年来，螯合萃取剂在工业上的应用发展得较快，例如，LIX63、LIX64 以及 Kelex100 已成功应用于铜的萃取，而烷基酮肟及 β-双酮也用于萃取稀土的研究工作中。

(2) 阴离子交换体系 反应通式可表示为：

$$MA_m^{n-} + n(R_3NH\cdot A) \Longleftrightarrow \overline{(R_3NH)_n MA_m} + nA^- \tag{15-3-3}$$

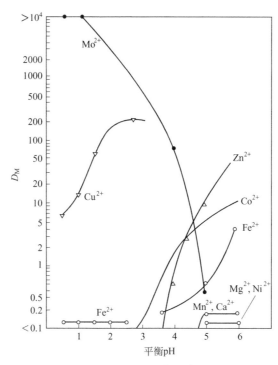

图 15-3-3 Kelex100 萃取金属规律

这类化学萃取的机理是阴离子交换及加成反应，主要有伯、仲、叔胺及季铵盐等，前三者属于中等强度的碱性萃取剂，它们必须与强酸作用生成胺盐阳离子后（如 RNH_3^+、$R_2NH_2^+$ 和 R_3NH^+），才能萃取金属配位阴离子，所以，一般认为，伯、仲、叔胺的萃取只在酸性溶液中才能进行，而季铵盐属于强碱性萃取剂，自身含有阳离子 R_4N^+，所以，能够直接与金属配位阴离子缔合，季铵盐在酸性、中性和碱性溶液中均可进行萃取。

有机胺（铵）类萃取剂的分子量通常在 250～600，分子量小于 250 的烷基胺在水中的溶解度较大，使用时易造成萃取剂在水相中的溶解损失，分子量大于 600 的烷基胺大部分为固体，在稀释剂中的溶解度小，而且易出现分相困难以及萃取容量较小等问题。

伯、仲及叔胺中，叔胺是最常用的萃取剂，主要是因为相同分子量条件下，伯胺和仲胺在水中的溶解度大；而且伯胺的萃取能力强，影响溶质的萃取效果，所以，一般采用带有多个支链的伯、仲胺作为萃取剂。常用的胺类萃取剂主要为：伯胺（N1923N）、三辛胺（TOA）和氯化甲基三烷基铵（Aliquat 336，N263）等，胺类萃取剂的萃取能力与水相中金属离子形成配位阴离子的能力有关，对金属配位阴离子的萃取过程是阴离子交换过程，如：

$$\mathrm{MX}_m^{n-} + n(\overline{\mathrm{R}_3\mathrm{N}^+\mathrm{HX}^-}) \Longrightarrow \overline{(\mathrm{R}_3\mathrm{N}^+\mathrm{H})_n \mathrm{MX}_m^{n-}} + n\mathrm{X}^- \qquad (15\text{-}3\text{-}4)$$

为了实现式(15-3-4)的交换反应，首先胺类萃取剂需转化为胺盐。

$$\overline{\mathrm{R}_3\mathrm{N}} + \mathrm{HX} \Longrightarrow \overline{\mathrm{R}_3\mathrm{N}^+\mathrm{HX}^-} \qquad (15\text{-}3\text{-}5)$$

含有胺盐的有机相与含有金属配位阴离子的水溶液相接触，发生如下离子交换反应：

$$\overline{\mathrm{R}_3\mathrm{N}^+\mathrm{HX}^-} + \mathrm{MY}^- \Longrightarrow \overline{\mathrm{R}_3\mathrm{N}^+\mathrm{HMY}} + \mathrm{X}^- \qquad (15\text{-}3\text{-}6)$$

传统认为，除季铵盐外，胺类萃取剂须与酸作用生成胺盐，才能按阴离子交换或加成历程萃取金属配位阴离子或中性分子，如在硫酸介质中萃取铀则表现为加成机理：

$$(R_3NH)_2SO_4 + UO_2SO_4 \rightleftharpoons (R_3NH)_2UO_2(SO_4)_2 \tag{15-3-7}$$

胺类萃取剂对各元素的萃取能力及选择性随胺的结构变化差异较大。图 15-3-4 为不同胺类萃取剂从硫酸铝溶液中萃取铁的能力的比较[12]。

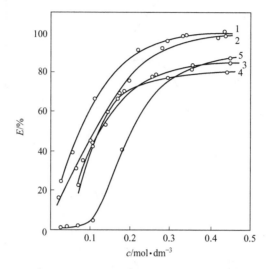

图 15-3-4 不同胺类从硫酸铝溶液中萃取铁能力比较

条件：$O/A=1$，$t=3min$，28℃；水相料液，$Fe(Ⅲ)=0.045mol·L^{-1}$，$Al(Ⅲ)=2mol·L^{-1}$。1～4—$pH=1.18$；1—叔胺；2—仲胺；3—TOA；4—三正癸胺；5—TOA，$pH=0.57$；稀释剂：正辛烷

一般认为，影响胺类萃取剂萃取性能的因素有盐效应、萃取剂的聚合作用及其碳链性质。

盐效应：阴离子的存在会降低胺类萃取剂对金属的萃取效率，其影响大小次序是 $ClO_4^- > NO_3^- > Cl^- > SO_4^{2-} > F^-$，这也是阴离子形成配合物能力大小的次序。图 15-3-5 为 N263-$LiNO_3$ 体系和 N263-NH_4SCN 体系萃取稀土钇的萃取率与原子序数 Z 的关系，可以看出，$LiNO_3$ 体系的变化趋势是倒序萃取，而体系 NH_4SCN 是正序萃取，这同样与配位阴离子的稳定性和水化作用有关，因 NO_3^- 是弱酸配位体，而 SCN^- 是强酸配位体，稀土离子是惰气型结构，故随镧系收缩配合物稳定性增加，同时水化半径也增加，在 SCN^- 中配合作用占优势，而 NO_3^- 体系中水化作用占优势，故分别出现正序与倒序现象，钇在两个体系中位置不同，正序萃取时钇在钕与钐之间，而倒序萃取时，钇与重稀土在一起，因此可利用此性质制取高纯氧化钇。

萃取剂的聚合作用：由于受稀释剂性质的影响，胺在有机相中具有聚合作用，其聚合过程是：

$$\underset{\text{单体}}{R_3N^+HX^-} \rightleftharpoons \underset{\text{二聚物}}{(R_3N^+HX^-)_2} \rightleftharpoons \underset{\text{多聚物(反微团)}}{(R_3N^+HX^-)_n} \tag{15-3-8}$$

萃取剂的碳链性质，即碳链的碳原子数与支链的影响。一般而言，烷基胺萃取剂萃取金属离子的性能最好，芳烃取代基，特别是接上氯原子后，萃取金属的性能下降，这是由芳烃的介电效应引起的，萃取剂分子的支链太多，同样也会降低其萃取金属的能力，这可能与位阻效应有关。

胺类萃取分离镍、钴、铁的流程如图 15-3-6 所示。从氯化生产的粗镍料中回收镍的过程采用仲胺除铁、叔胺除钴，富铁有机相用 $FeCl_3$ 洗涤以除去共萃的镍和钴，然后用水四级

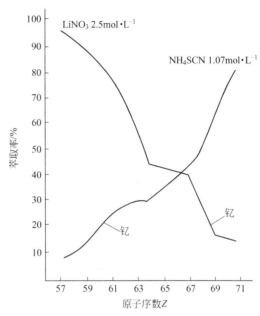

图 15-3-5 N263-LiNO$_3$ 和 N263-NH$_4$SCN 体系萃取稀土时的萃取率与原子序数的关系

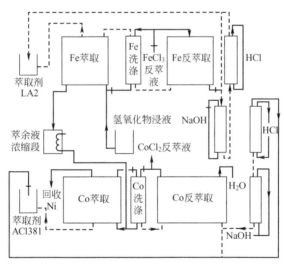

图 15-3-6 胺类萃取分离镍、钴、铁的流程示意图

反萃,从而获得较高纯度的钴、镍溶液[9]。

(3) 中性溶剂配合(溶剂化)萃取体系 反应通式可表示为:

$$M^{n+} + nA^- + qS \Longleftrightarrow \overline{MA_nqS} \tag{15-3-9}$$

式中,A^-、S 分别代表溶液中的阴离子和萃取剂。

这类萃取剂有时称为中性配合萃取剂,又可分为含氧萃取剂、含硫萃取剂、中性含磷萃取剂及酰胺类萃取剂等。在这类化学萃取中,被萃取溶质及萃取剂都是中性分子,二者通过配合反应结合成为中性配合物而进入有机相。如磷酸三丁酯(TBP)萃取硝酸铀酰即是典型的配合反应。

含氧萃取剂主要指醚(R_2O)、酯(RCOOR)、酮(RCOR)、醛(RCHO)、醇(ROH)等有机化合物,也是使用最早的一类萃取剂。官能团的碱性、分子的极性及空间效应等是影响分子结构变化的主要因素。这类萃取剂的萃取能力一般随形成鎓盐能力的增大而增大,其次序为:$R_2O<ROH<RCOOR<RCOR<RCHO$。除醇之外含氧的中性萃取剂都属于给电子体,而醇既可给予电子,又可接受电子,与水的性质十分相似。具有工业应用价值的含氧萃取剂主要是醇和酮类,而醇类主要作为稀释剂或助溶剂参与萃取。

中性含磷萃取剂主要有磷酸三正丁酯(TBP)、磷酸三(2-乙基己基)酯、正丁基膦酸二丁酯、2-乙基己基膦酸二-(2-乙基己基)酯、二正丁基膦酸正丁酯、二-(2-乙基己基)膦酸-2-乙基己基酯、氧化三正辛基膦、氧化三-(2-乙基己基)膦等,其中 TBP 是最具代表性、研究最多、应用最广的一种中性含磷萃取剂。这类萃取剂中均具有—P═O 官能团,由于磷酰基极性的增加,它们的黏度、在非极性溶剂中的溶解度按以下次序增加:$(RO)_3PO \to R(RO)_2PO \to R_2(RO)PO \to R_3PO$。由于碱性也随分子中 C—P 键数目的增加而增加,因而萃取能力按以下顺序递增:$(RO)_3PO<R(RO)_2PO<R_2(RO)PO<R_3PO$。一般而言,这类萃取剂的化学稳定性较好,水解或酸分解通常发生在 C—O 键上,而 P—C 键比 P—O—C 键更强,因此,膦酸酯抗酸分解的能力比磷酸酯强一些。

由图 15-3-7 可以看出 TBP 的浓度对萃取效果的影响,并且 Fe^{3+} 萃取平衡分配系数随 TBP 浓度的增大而减小,与其他元素的萃取行为相反;而在盐酸介质中,中性磷酸酯类萃取各元素的次序与硝酸介质中相反,图 15-3-8 为 100%TBP 萃取各元素的萃取平衡分配系数,当盐酸浓度大于 $4mol·L^{-1}$ 时,Fe^{3+} 和铀几乎被定量萃取,但此时 U 与 Fe 分离困难,若用稀硝酸洗涤有机相,可除去铁[13]。

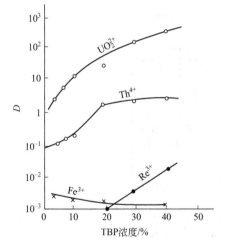

图 15-3-7 TBP 浓度与分配比 D 关系

水相:$3mol·dm^{-3}$ HNO_3

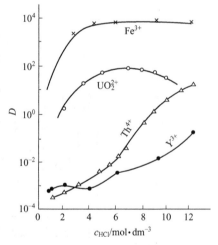

图 15-3-8 100%TBP 从不同浓度盐酸中萃取不同金属离子规律

中性含硫萃取剂,如石油亚砜(R_2SO)及石油硫醚(R_2S)是石油化工的副产物,便宜易得,是很有发展前景的工业用萃取剂,也称为贵金属的特效试剂。如我国合成的石油硫醚 PS501,它从盐酸介质中萃取金的能力远高于 TBP,在金生产的工业原料中常含有 Fe、Cu、Co 和 Ni 等金属以及铂、铑、钯等贵金属,采用 PS501 可选择适宜条件优先萃取金,而其他元素基本不被萃取。亚砜是硫醚的氧化产物,亚砜继续氧化得到砜,在此系列中,其萃取能力是递减的,即硫醚的萃取能力最强,亚砜次之,砜已不具有萃取能力,但硫醚的化学性质不稳定,故不如亚砜重要。亚砜的萃取机理与 TBP 类似,大多数情况下,在有机相内生成单核中性配合物,对大量金属的亚砜配合物的红外光谱研究确定,除钯外,亚砜与被萃取金属离子都是通过氧原子进行配合的,同时,除中性配合萃取机理外,离子缔合机理更为重要,如石油亚砜萃取金的机理[14]。

$$\overline{H^+3R_2SO} + nH_2O \Longrightarrow \overline{(R_2SO)_3 \cdot nH_2O \cdot H^+} \tag{15-3-10}$$

$$Au^{3+} + 4Cl^- \Longrightarrow AuCl_4^- \tag{15-3-11}$$

$$\overline{(R_2SO)_3 \cdot nH_2O \cdot H^+} + AuCl_4^- \Longrightarrow \overline{[(R_2SO)_3 \cdot nH_2O \cdot H^+][AuCl_4^-]} \tag{15-3-12}$$

典型的取代酰胺类萃取剂为我国合成的 N,N-混合基乙酰胺,并首先在冶金工业中应用。取代乙酰胺($R^1CONR^2R^3$),是含有羰基官能团的碱性萃取剂。这类萃取剂的碳氧给电子能力比酮类强,例如,A101($R^1=CH_3$,$R^2=R^3=C_{7\sim9}H_{15\sim19}$)的萃取能力稍大于甲基异丁基甲酮(MIBK)。由于取代酰胺中导入一个—NR_2基团,其水溶性及挥发性减小,而闪点及沸点升高,这类萃取剂的抗氧化能力较酮、醇类强。在实践中已证明 A101 等取代酰胺比 MIBK 更优良,纯取代酰胺虽然较酮、醇的黏度大,但加入煤油或二乙苯等稀释剂后物性即可改善。经多年的工业应用证明,这类弱碱性萃取剂具有稳定性高、水溶性小、挥发性低、选择性好等优点,可用于钽-铌分离以及铊、铼、镓、锂的提取,并有望用来提取一些其他金属。

近年来,关于金属萃取机理的研究日益深入,于淑秋、陈家镛等对胺类的萃取能力进行了广泛细致的研究[15~17],认为自由胺可在中性或弱碱性介质中按溶剂化历程萃取中性分子,改变了胺类萃取剂必须与酸作用才能萃取金属的传统看法,如伯胺可从近于中性的含五价钒和六价铬的水溶液中定量萃取钒。此时,萃取机理为:

$$\overline{xRNH_2} + yV_4O_{12}^{4-} + 2yCr_2O_7^{2-} + 2yH_2O \Longrightarrow \overline{(RNH_2)_x(H_4V_4O_{12})_y} + 4yCrO_4^{2-} \tag{15-3-13}$$

并且强调与氮原子相连的氢原子作为受体基团对胺类溶剂化萃取起着重要作用,伯、仲、叔三类胺中,伯胺的溶剂化萃取能力最强,它在许多萃取体系中表现出优良的性能和选择性。胺类按两种不同的历程萃取的规律有着显著差别。即按伯胺→仲胺→叔胺的顺序活性氢原子减少,则溶剂化萃取能力降低,而相应的阴离子交换或加成反应能力增强,这一发现实际上扩大了胺类萃取剂的使用范围,并进一步从表面化学的角度,使这类萃取剂本身的表面活性与萃取和反萃取相联系。从反向胶团的角度,对伯胺萃取除铁的过程进行了深入研究,指出萃取和反萃取铁的过程实质上是反向胶团内外水合铁离子与水合氢离子之间的交换过程,这对于理解萃取和反萃取的真实过程有积极意义[18]。

(4)协同萃取体系 协同萃取体系是指两种或两种以上混合萃取剂萃取某一溶质时,其分配系数显著大于相同条件下单一萃取剂萃取溶质时的分配系数之和的萃取体系,该特性又称为协同萃取效应。反之,若混合萃取剂的分配系数显著小于单一萃取剂的分配系数之和,称为反协同萃取体系。显然,协同萃取体系中生成了更稳定的协同萃取配合物,萃取能力显著提高[19]。1958 年 Blake 等[20] 在研究用 D2EHPA 从硫酸溶液中萃取铀时,发现有些中性磷氧类化合物(如 TBP)在硫酸溶液中对铀几乎不萃取,但添加到 D2EHPA/煤油溶液中,不但能防止反萃时第三相的生成,而且可使铀的分配系数增加若干倍。

近五十年来,关于金属离子协同萃取体系的研究发展迅速,新的协同萃取分离过程不断出现,研究工作者对协同萃取的机理进行了研究和讨论。对于金属离子萃取通常认为有加成、取代以及溶剂化三种机理,以 HDEHP 与 TBP 从硝酸体系中萃取 UO_2^{2+} 为例,加成机理反应:

$$UO_2^{2+} + \overline{4HR} \Longrightarrow \overline{UO_2R_2(HR)_2} + 2H^+ \tag{15-3-14}$$

$$\overline{UO_2R_2(HR)_2} + \overline{S} \rightleftharpoons \overline{UO_2R_2(HR)_2S} \tag{15-3-15}$$

此时，配合物 $UO_2R_2(HR)_2$ 比中性化合物 $UO_2(NO_3)_2$ 更容易被中性溶剂 S(TBP) 萃取。

取代反应机理：

$$UO_2^{2+} + \overline{4HR} \rightleftharpoons \overline{UO_2R_2(HR)_2} + 2H^+ \tag{15-3-16}$$

$$\overline{UO_2R_2(HR)_2} + \overline{2S} \rightleftharpoons \overline{UO_2R_2S_2} + \overline{2HR} \tag{15-3-17}$$

此时，被置换的酸性萃取剂 HR 可以从水溶液中萃取更多金属离子。

溶剂化反应机理为：

$$[UO_2(H_2O)_x]^{2+} + \overline{4HR} \rightleftharpoons \overline{UO_2(H_2O)_xR_2(HR)_2} + 2H^+ \tag{15-3-18}$$

$$\overline{UO_2(H_2O)_xR_2(HR)_2} + \overline{qS} \rightleftharpoons \overline{UO_2(H_2O)_xR_2(HR)_2qS} \tag{15-3-19}$$

协同萃取体系中，通常有一种或几种具有较大疏水性的新萃合物生成，其热力学稳定性高于单独萃取剂所形成的各种萃合物，在萃取过程中起主导作用。因此，在讨论和预测协同萃取机理、协同萃取配合物的组成和结构时常常从待萃溶质的配位需要及其是否饱和进行讨论，如在酸性磷酸酯萃取铁中的萃合物 FeA_3，因 A^- 含有两个给电子配体，已经满足八面体六配位的结构需求。

从加成或取代角度，一般外加溶剂不会产生协同效应，而实际上由于影响协同萃取的因素很多，如萃取剂的酸碱性及其溶剂化作用、金属离子的配位需求、稀释剂的溶剂化效应、水相及有机相的结构组成等，因此，协同萃取机理比较复杂。

从化学、溶剂间相互作用以及界面特性的角度出发，通过外加溶剂可以改变萃取剂活性基团的化学特性，常常可以产生预想不到的协同萃取效应。如于淑秋等发现在弱碱性溶液中伯胺与中性磷酸酯（或膦酸酯）类可以协同萃取高铼酸实现钼-铼分离[17,21]，这类协同萃取主要通过形成氢键实现，其协同萃取因子较一般的两个中性萃取剂协同萃取时的协同萃取因子高出几个数量级。为解决湿法冶金萃取除铁中"反萃取难"的问题，于淑秋、陈家镛等对 Fe(Ⅲ) 萃取中的协同和反协同效应进行了广泛研究，将有机合成中的相转移原理运用到酸性磷酸酯萃取铁工艺的反萃取过程中[9]。实践证明碱度高的三烷基氧化膦和某些结构的有机胺类都是良好的相转移剂，根据 TRPO 的加入量对 HDEHP(P204)-Fe(Ⅲ) 反萃取的影响结果得到，不加 TRPO，反萃取率为 0%，加入 20% TRPO 后反萃取率为 80%，该混合体系适合于从中等酸度工业浸出液中（如 $1\sim2\,mol \cdot L^{-1}$ 硫酸介质含有钴、镍、锌、铝、铜等多金属溶液）选择性萃取铁，图 15-3-9 示出了叔胺与不同酸性磷酸酯的相互作用对萃取平衡 pH 值的影响，表明叔胺与它产生协同效应的体系，平衡 pH 值先是随胺浓度的增加而降低，随后则随胺浓度的增加而升高；而叔胺与之产生反协同效应的体系，平衡 pH 值只随胺浓度的增加而单调升高。这些协同萃取体系不仅能有效解决铁"反萃取难"问题，而且可以进一步实现高酸萃取、低酸反萃取的目标。在无机盐工业及湿法冶金中，许多体系是高酸介质，如双氧水生产中，电解液本身是 $6\,mol \cdot L^{-1}\,H_2SO_4$，除铁的目的是将溶液重返主体工艺体系中；又如许多二次物料加工均是在极高酸体系，回收酸比回收金属更有价值，因而这类高酸体系（如单烷基膦酸与中性有机磷或伯胺的混合体系）除铁具有重要的实用价值。如用 P204 从硫酸介质中萃取铈时，加入 TBP 可以提高萃取容量，避免产生第三相，又能保持 P204 在较低酸度下萃取和高分离效率的优点。图 15-3-10 为用 P204-TBP 萃取四价铈的工艺流程图，按此流程所得氢氧化铈的纯度大于 99.9%，实际收率为 97%～98%。

对于金属萃取体系，除热力学平衡的协同萃取效应外，动力学过程的协同萃取也十分常

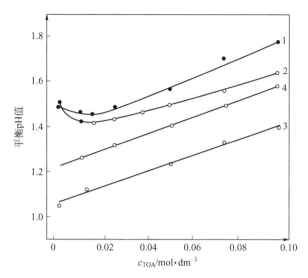

图 15-3-9 叔胺对酸性磷酸酯萃取 Fe(Ⅲ) 平衡 pH 值的影响

1—0.05mol·L^{-1} Cyanex272-TOA；2—0.05mol·L^{-1} HEHEHP-TOA；3—0.05mol·L^{-1} HDEHP-TOA；4—TOA

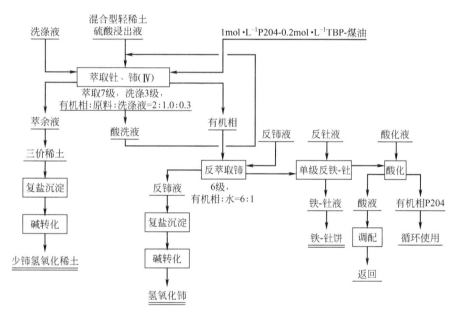

图 15-3-10 混合轻稀土碳酸钠焙烧稀硫酸浸出液中铈(Ⅳ)、铁、钍和三价稀土的萃取分离基本流程

见。所谓动力学协同萃取是指两种或两种以上萃取剂混合后，其萃取溶质的速率常数明显大于单一萃取剂在相同条件下的萃取速率常数之和。例如，在镍-钴-硫酸盐溶液中，Versatic911/LIX63 对二价金属离子具有显著协同萃取作用，但这种体系萃取镍的速度很小，需要 3h 才能达到平衡。采用 Versatic911 和 LIX63 加入二壬基萘磺酸（DNNSA）可使萃取平衡时间缩短到 5min，镍-钴的分离系数可达 125。上述 LIX63 和 DNNSA 就是动力协同萃取剂[22]。于静芬等发现有机磷酸混合萃取体系（P204-MEHPA）萃取 Al^{3+} 同时具有动力学和热力学两种协同萃取效应，既增加 Al^{3+} 的萃取速率，又提高 Al^{3+} 的分配系数，这种双重协同萃取作用的加速机理区别于其他有机磷混合体系[23,24]。

金属离子在两相中的萃取平衡关系可以根据萃取的反应式及质量作用定律进行表达,并可进一步转化为萃取平衡分配系数,分配系数不仅与相应物质的浓度有关,而且与相应物质的活度系数有关。平衡分配系数的表达式指有机相中的萃合物及水相中的溶质均只存在一种化学状态的情况。如果存在着不可忽视的其他化学状态,则应根据各种化学状态的溶质之间的平衡关系,对分配系数表达式加以修正。

以 TBP 萃取硝酸铀酰为例,进行金属离子萃取平衡过程的描述。

在 $UO_2(NO_3)_2$-HNO_3-TBP-煤油萃取体系中,包含铀和硝酸两个萃取过程,它们的萃取平衡方程式可以表示为:

$$UO_2^{2+} + 2NO_3^- + 2\overline{TBP} \underset{}{\overset{K_U}{\rightleftharpoons}} \overline{UO_2(NO_3)_2 \cdot 2TBP} \tag{15-3-20}$$

$$H^+ + NO_3^- + \overline{TBP} \underset{}{\overset{K_H}{\rightleftharpoons}} \overline{HNO_3 \cdot TBP} \tag{15-3-21}$$

依据质量作用定律,热力学平衡常数可以表示为:

$$K_U = \frac{\{\overline{UO_2(NO_3)_2 \cdot 2TBP}\}}{\{UO_2^{2+}\}\{NO_3^-\}^2\{\overline{TBP}\}^2} \tag{15-3-22}$$

$$K_H = \frac{\{\overline{HNO_3 \cdot TBP}\}}{\{H^+\}\{NO_3^-\}\{\overline{TBP}\}} \tag{15-3-23}$$

式中,{ } 代表活度,活度可以用浓度与活度系数(γ)的乘积表示。

于是式(15-3-22)、式(15-3-23)可以表示为:

$$K_U = \frac{y_U \gamma_o}{x_U [NO_3^-]^2 \gamma_\pm^3 T^2 \gamma_T^2} \tag{15-3-24}$$

$$K_H = \frac{y_H \gamma_o'}{x_H [NO_3^-] \gamma_\pm'^2 T \gamma_T} \tag{15-3-25}$$

式中,y_U、y_H 分别表示萃合物 $UO_2(NO_3)_2 \cdot 2TBP$ 和 $HNO_3 \cdot TBP$ 的浓度,mol·L^{-1};x_U、x_H 分别表示水相中 UO_2^{2+} 和 NO_3^- 的浓度,mol·L^{-1},T 表示萃取平衡时游离的 TBP 的浓度,mol·L^{-1};$\gamma_\pm$ 表示水溶液中 UO_2^{2+},NO_3^- 的平均活度系数;γ_o 表示 $\overline{UO_2(NO_3)_2 \cdot 2TBP}$ 在有机相中的活度系数;γ_T 表示 TBP 的活度系数;$\gamma_\pm'$ 表示水溶液中 H^+,NO_3^- 的平均活度系数;γ_o' 表示 $\overline{HNO_3 \cdot TBP}$ 在有机相中的活度系数。

由于萃取平衡的影响因素相当复杂,而相关的表征有机相非理想溶液中萃合物及萃取剂活度的研究尚不成熟,因此有人采用有效分配系数予以简化:

$$\overrightarrow{K_U} = K_U \frac{\gamma_\pm^3 \gamma_T^2}{\gamma_o} \tag{15-3-26}$$

$$\overrightarrow{K_H} = K_H \frac{\gamma_\pm'^2 \gamma_T}{\gamma_o'} \tag{15-3-27}$$

式中,$\overrightarrow{K_U}$,$\overrightarrow{K_H}$ 称为有效分配系数,则:

$$y_U = \overrightarrow{K_U} x_U [NO_3^-]^2 T^2 \tag{15-3-28}$$

$$y_H = \overrightarrow{K_H} x_H [NO_3^-] T \tag{15-3-29}$$

同时,各组分的浓度存在以下关系:

$$T = T_0 - 2y_U - y_H \tag{15-3-30}$$

$$[NO_3^-] = 2x_U + x_H \tag{15-3-31}$$

将式(15-3-30)、式(15-3-31)代入式(15-3-28)、式(15-3-29)，可以得到：

$$y_U = \overrightarrow{K_U} x_U (2x_U + x_H)^2 (T_0 - 2y_U - y_H)^2 \tag{15-3-32}$$

$$y_H = \overrightarrow{K_H} x_H (2x_U + x_H)(T_0 - 2y_U - y_H) \tag{15-3-33}$$

由于在 $\overrightarrow{K_U}$，$\overrightarrow{K_H}$ 中包含溶液中离子强度的函数，因此 $\overrightarrow{K_U}$，$\overrightarrow{K_H}$ 等有效分配系数可以表示为离子强度 μ 的函数，对于 $UO_2(NO_3)_2$-HNO_3-20%～30%TBP-煤油体系，在大量实验数据的基础上，获得以下关系式[25]：

$$\mu < 0.5, \overrightarrow{K_U} = 24.6 - 23.4\mu + 33.8\mu^2 \tag{15-3-34}$$
$$\overrightarrow{K_H} = 0.19$$

$$\mu \geqslant 0.5, \overrightarrow{K_U} = 7.1 e^{0.5\mu} \tag{15-3-35}$$
$$\overrightarrow{K_H} = 0.19$$

其中，$\mu = x_H + 3x_U$。

3.1.2 极性有机物稀溶液萃取机理及平衡

20世纪80年代初，King提出了一种基于可逆配位反应的极性有机物萃取分离过程（以下简称配位萃取过程）[26]。这是一种典型的化学萃取过程，对于极性有机物稀溶液的分离具有高效性和高选择性。

适用于配位萃取分离和回收的主要分离体系有：

① 一般是带有Lewis酸或Lewis碱官能团的极性有机物，如有机羧酸、有机磺酸、酚、有机胺、醇及其多官能团有机物，可以与配位剂发生反应。

② 有机物稀溶液，即一般待分离物质的浓度小于5%（质量分数），因为在溶质低浓度区具有更高的分配系数。

③ 待分离物质亲水性强，在水中活度系数较小，物理萃取方法分离困难。配位剂与溶质间的化学作用可使两相平衡分配系数达到相当大的数值，使分离过程得以实现。

④ 低挥发性溶质，采用蒸馏（精馏）的方法无法实现溶质的分离，如乙酸、二元酸（丁二酸、丙二酸等）、二元醇、乙二醇醚、乳酸及多羟基苯（邻苯二酚、1,2,3-苯三酚）稀溶液等。

一般配位萃取过程的萃取剂是混合溶剂，主要由配位萃取剂、助溶剂以及稀释剂组成。

(1) 配位萃取剂 配位萃取剂应当具有以下特征[26]：

① 具有特定的官能团。与待分离溶质所带有的Lewis酸或Lewis碱官能团相对应，能够参与和待分离溶质的反应，其化学作用键能应在10～60kJ·mol^{-1}，以便于形成萃合物，实现溶质的分离，同时也易于完成第二步逆向反应，即萃取剂的再生。图15-3-11列出了适宜的反应键能范围。中性含磷类萃取剂、叔胺类萃取剂经常选作分离带有Lewis酸性官能团极性有机物的配位剂。酸性含磷类萃取剂则经常选作分离带有Lewis碱性官能团极性有机物的配位剂。

② 具有良好的选择性。配位萃取剂在发生配位反应、有针对性地分离溶质的同时，必须要求其萃水量尽量减少或容易实现溶剂中水的去除。

③ 萃取过程中无其他副反应。配位剂不应在配位萃取过程中发生其他副反应，同时配位剂的热稳定性好，不易分解和降解，以避免不可逆损失。

④ 反应速率快。不同条件下，其正、逆方向的反应均应具有足够快的动力学速率，以

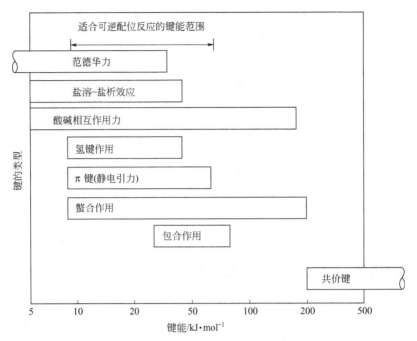

图 15-3-11　适合配位萃取分离的键能范围[27]

便在工业生产过程中对于料液的停留时间和设备尺寸没有过长和过大的要求。

(2) 助溶剂和稀释剂　在配位萃取过程中，助溶剂和稀释剂的作用是十分重要的。常用的助溶剂有辛醇、甲基异丁基酮、乙酸丁酯、二异丙醚、氯仿等。常用的稀释剂有脂肪烃类（正己烷、煤油等）、芳烃类（苯、甲苯、二甲苯等）。

助溶剂的主要作用为[28]：

① 配位剂的良好溶剂。一些配位剂本身很难形成液相直接使用，如三辛基氧膦（TOPO）为固体。

② 萃合物的良好溶剂。一些萃取体系中配位剂本身可能不是萃合物的良好溶解介质，此时助溶剂应作为萃合物的良好溶剂促进萃合物的形成和相间转移，提高萃取容量，并避免第三相的出现。如采用三辛胺萃取草酸的过程中，辛醇作为助溶剂可以消除纯三辛胺萃取草酸形成的第三相，并显著提高其萃取率[29]。因此，助溶剂也常常称为改性剂。

稀释剂的主要作用[28]是调节形成的混合萃取剂的黏度、密度及界面张力等物性参数，使液-液萃取过程易于在萃取设备中实施。对于配位剂或助溶剂的萃水问题成为配位萃取法使用的主要障碍，加入稀释剂可以降低萃水量，显然，稀释剂的加入是以降低萃取体系的分配系数为代价的。

(3) 有机物配位萃取过程的机理分析　一般而言，除特殊情况外，配位萃取过程并非是单一的萃取剂与溶质的反应机理。例如，胺类萃取剂（如 TOA）萃取有机羧酸以及酸性磷酸酯类萃取剂（如 D2EHPA）萃取有机胺的过程中都包含离子缔合和氢键缔合两种机理；而中性磷酸酯类萃取剂（如 TRPO）对有机羧酸的萃取则仅包含氢键缔合机理。事实上，反应机理也并不是总能清晰分类，这使得萃取过程模型的描述可能出现不同型式。

相对而言，胺类萃取剂对有机羧酸的配位萃取机理比较复杂。在大量工艺研究的基础上，许多研究者对于胺类配位剂萃取有机羧酸的机理进行了分析[27,30~34]。其中，Eyal 等比较全面地提出了胺类配位剂萃取有机羧酸的四种作用机制[34]：

① 阴离子交换萃取。反应通式可表示为：

$$\overline{R_{4-n}NH_n^+X^-}+HA \Longleftrightarrow \overline{R_{4-n}NH_n^+A^-}+HX \quad (n=1,2\text{ 或 }3) \quad (15\text{-}3\text{-}36)$$

其中，HA 表示待萃物质，上划线代表有机相中的组分。阴离子交换萃取取决于 HA 及 HX 的 pK_a、水相 pH 值及有机相的组成。如季铵盐萃取氨基苯磺酸[35]。

② 离子缔合萃取。络合剂首先与 H^+ 形成 $\overline{R_nNH_{4-n}^+}$，然后与待萃物阴离子形成一种离子缔合型萃合物 $\overline{R_nNH_{4-n}^+A^-}$。

$$\overline{R_nNH_{3-n}}+H^+ \Longleftrightarrow \overline{R_nNH_{4-n}^+} \quad (15\text{-}3\text{-}37)$$

$$\overline{R_nNH_{4-n}^+}+A^- \Longleftrightarrow \overline{R_nNH_{4-n}^+A^-} \quad (n=1,2\text{ 或 }3) \quad (15\text{-}3\text{-}38)$$

例如，在酸性条件下，三辛胺萃取苯酚稀溶液[36]。

③ 氢键缔合萃取。若配位剂的碱性较弱或溶质的酸性较弱，则配位剂与被萃物质之间可以形成氢键。

$$\overline{R_nNH_{3-n}}+HA \Longleftrightarrow \overline{R_nNH_{3-n}\cdots HA} \quad (n=1,2\text{ 或 }3) \quad (15\text{-}3\text{-}39)$$

在三辛胺萃取二元羧酸的体系中，部分二元羧酸的第二个羧基与三辛胺之间的缔合机制即为氢键缔合[37]。

④ 溶剂化萃取。待萃取物质或萃合物在萃取溶剂中溶剂化而转移至有机相中。

$$HA \Longleftrightarrow \overline{HA} \quad (15\text{-}3\text{-}40)$$

（4）影响有机物配位萃取的特征性参数　一般而言，配位萃取适用于分离和回收带有 Lewis 酸或 Lewis 碱官能团的极性有机物稀溶液体系。配位剂通过离子对缔合或氢键缔合机制与待萃取物质发生配位反应，形成疏水性更强的萃合物，实现由料液相向萃取相的转移。分离溶质的疏水性参数、电性参数以及萃取剂的碱（酸）度是影响有机物配位萃取平衡特性的重要特征参数[38]。

分离溶质的疏水性参数：疏水性是有机化合物的基本物性，其物性参数为疏水性参数（$\lg P$）。疏水性参数通常用有机化合物在两种互不相溶的液相中的分配系数表示，目前，采用 Hansch 推荐的有机化合物在正辛醇/水体系中的分配系数 P。由于不同有机物的 P 值相差很大，甚至相差十几个数量级，因此，一般采用它的对数形式 $\lg P$ 来表示。文献 [39] 报道了多种有机化合物的 $\lg P$ 值。

分离溶质的电性参数：在有机物配位萃取过程中，依据配位萃取机理，溶质的酸碱性是直接反映被萃溶质和配位剂缔合能力的电性参数，有机化合物解离常数的负对数值即 pK_a（pK_b）是溶质酸（碱）性强弱的标志。

萃取剂的碱（酸）度-表观碱（酸）度：配位萃取溶剂一般由配位剂、助溶剂以及稀释剂组成。配位萃取剂的萃取能力受配位萃取剂的组成，包括配位剂、助溶剂以及稀释剂的种类和配比影响。为此，1995 年 Eyal 等提出[34]同一种碱性配位剂在不同稀释剂体系中表现出的结合质子的能力不同，并将这种碱性配位剂结合质子的能力称为表观碱性，采用 $pK_{a,B}$ 表示。例如，三辛胺（TOA）的 $pK_{a,B}$ 可以表示为：

$$\overline{R_3NH^+} \underset{}{\overset{K_{a,B}}{\Longleftrightarrow}} \overline{R_3N}+H^+ \quad (15\text{-}3\text{-}41)$$

$$K_{a,B}=[\overline{R_3N}][H^+]/[\overline{R_3NH^+}] \quad (15\text{-}3\text{-}42)$$

$$pK_{a,B}=-\lg([\overline{R_3N}][H^+]/[\overline{R_3NH^+}]) \quad (15\text{-}3\text{-}43)$$

式中，R_3N 代表三辛胺，上划线表示在有机相中的组分。此时的表观碱度只与配位剂浓度、助溶剂及稀释剂的浓度和种类有关。

单欣昌等[40,41]进一步完善了碱性配位萃取剂相对于 HCl 的表观碱度 $pK_{a,B}$ 的定义和酸性配位萃取剂相对于 NaOH 的表观酸度 $pK_{a,A}$ 的定义及其测量方法。采用分离溶质的疏水性参数（$\lg P$）、电性参数（pK_a）以及萃取剂的表观碱度（$pK_{a,B}$），可以很好地预测 TOA 萃取有机羧酸的平衡特性[38]。

萃取剂的碱（酸）度-相对碱（酸）度：从酸碱基本理论出发，以被萃取溶质为对象描述配位萃取剂的成键特性，单欣昌等[42,43]提出了萃取剂相对于溶质的相对碱（酸）度参数。其定义为对于指定配位萃取体系，假设碱性配位剂与待萃取溶质生成 1:1 型萃合物，在体系的自由配位剂浓度与生成的萃合物浓度相等的条件下，配位萃取体系水相的 pH 值大小的 2 倍即为以该待萃取溶质为对象的碱性配位剂的相对碱度，记为 $pK_{a,BS}$。

对于碱性配位剂 E，如三辛胺（TOA）、三烷基氧膦（TRPO）及磷酸三丁酯（TBP）等：

$$\overline{E \cdot HA} \underset{}{\overset{K_{a,BS}}{\rightleftharpoons}} \overline{E} + H^+ + A^- \quad (15\text{-}3\text{-}44)$$

$$K_{a,BS} = [\overline{E}][H^+][A^-]/[\overline{E \cdot HA}] \quad (15\text{-}3\text{-}45)$$

$$pK_{a,BS} = -\lg([\overline{E}][H^+][A^-]/[\overline{E \cdot HA}]) \quad (15\text{-}3\text{-}46)$$

式中，E 表示碱性配位剂；HA 表示酸性被萃取溶质，上划线表示在有机相中的组分。可以看出，当体积比为 1:1，HA 浓度为配位剂浓度的 1/2 时，达到萃取平衡后，对于具有较大萃取平衡分配系数的萃取剂，可以将绝大部分 HA 萃入萃取相中。此时，能够满足 $[\overline{E}] \approx [\overline{E \cdot HA}] \gg [H^+]$，水相溶液的 pH 值的 2 倍即为配位剂的相对碱度。显然，$pK_{a,BS}$ 越大，配位剂的相对碱性越强，碱性配位萃取剂对被萃取溶质的萃取能力越强。

采用分离溶质的碱度（pK_a）以及萃取剂的相对碱度（$pK_{a,BS}$）两个参数的差值，即 $pK_a - pK_{a,BS}$，可以较好地预测 TOA 萃取有机羧酸的平衡特性[42,43]。

3.2 反应速率对过程速率的影响

原则上，化学萃取反应可以在两相中发生，要精确地列出化学萃取速率方程，不仅要研究化学反应速率，而且要考虑扩散速率、相界面积以及界面两侧的膜厚等，这是相当困难又复杂的工作。

这里仅考虑反应 A+ZB ——→产物，假定水相 A′ 中溶质（被萃取物）A 极难溶于有机相 B′，而萃取剂 B 和产物均不溶于水相，则反应发生在 B′ 相中。有机相 B′ 可以是单一 B 相或 B 是溶于非极性溶液的溶剂，溶质 A 的溶解反应级数为 m 级，对反应组分 B 为 n 级。根据双膜传质理论，在相界面两侧，每个相都有一层 δ 厚边界膜。这层膜对物质从一个相转入另一个相建立了传质阻力。在各相中的传质被看作是独立进行的，互不影响。现假设在 A′ 相一侧无传质阻力，只有在 B′ 相一侧存在传质阻力，如图 15-3-12 所示，反应为等温体系，则每单位体积 B′ 相中的单相反应速率为 $k_{mn}[A]^m[B]^n$。

依据萃取体系的扩散速率和化学反应的相对速率，可分为以下几类控制速率的方式。

(1) 极慢反应 当反应极慢时，溶质 A 在有机相 B′ 中基本是饱和的，扩散因素将是次

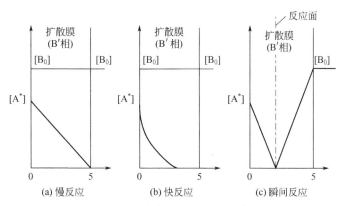

图 15-3-12 不同速率控制方式下的浓度变化图

要的，因此增加界面积或总传质系数对 B′ 相中每单位体积的反应速率基本无影响，过程速率主要由动力学控制。

此时：$k_L[A^*] \gg k_{mn}[A^*]^m[B_0]^n$

速率表达式：
$$R_A = k_{mn}[A^*]^m[B_0]^n \tag{15-3-47}$$

(2) 慢反应 当反应足够快，溶质 A 在 B′ 相中的浓度在扩散膜以外均为零 [图 15-3-12(a)]。这里动力学因素是次要的，因而速率与 B 的浓度无关。由于扩散因素控制反应速率，所以温度的影响相对于上一种极慢反应来讲要小一些。此时：

$$k_L[A^*] \ll k_{mn}[A^*]^m[B_0]^n$$

速率表达式：
$$R_A = k_L[A^*] \tag{15-3-48}$$

(3) 快反应 在扩散传质膜中的某处组分 A 的浓度将降至零，而 B 的浓度是恒定的 [图 15-3-12(b)]。在这类体系中，若 A 的反应级数是一级，R_A 正比于 $[A^*]$，若反应对 A 为零级，则 R_A 正比于 $[A^*]^{0.5}$，当选择对某一萃取适用的反应剂时，R_A 值可由选择反应最快的萃取剂而得到提高，各种表面更新理论推导的萃取反应速率表达式基本一致。

$$\sqrt{\frac{2/(m+1)(D_A k_{mn}[A^*]^{m-1}[B_0]^n)}{k_L}} = \sqrt{M} \gg 1$$

同时
$$\sqrt{M} \ll \frac{[B_0]}{Z[A^*]}\sqrt{\frac{D_B}{D_A}}$$

速率表达式：
$$R_A = [A^*]\sqrt{2k_{mn}D_A[A^*]^{m-1}[B_0]^n/(m+1)} \tag{15-3-49}$$

R_A 与 A 的浓度 $[A^*]$、扩散系数 D_A、反应级数 m 及 n 有关，并取决于反应常数 k_{mn}。

(4) 瞬间反应 当反应非常快，反应发生在扩散膜内一个无限小的区间内，即扩散膜中的某平面为反应进行的地方，并且两反应物在此平面的浓度都趋于零 [图 15-3-12(c)]。反应速率完全由扩散控制，动力学因素是次要的。此时：

$$\sqrt{M} \gg \frac{[B_0]}{Z[A^*]}\sqrt{\frac{D_B}{D_A}}$$

根据双膜理论，则速率表达式：
$$R_A = k_L[A^*]\left(1 + \frac{[B_0]}{Z[A^*]}\frac{D_B}{D_A}\right) \tag{15-3-50}$$

当 $[B_0]/(Z[A^*]) \gg 1$ 时，则上式变为：

$$R_A = k_L \frac{[B_0]}{Z} \times \frac{D_B}{D_A} \tag{15-3-51}$$

此时反应速率与组分 A 的浓度无关。

同样根据表面更新理论，则速率表达式为：

$$R_A \approx k_L [A^*] \left[\sqrt{\frac{D_A}{D_B}} + \frac{[B_0]}{Z[A^*]} \sqrt{\frac{D_B}{D_A}} \right] \tag{15-3-52}$$

当 $[B_0]/(Z[A^*]) \gg 1$ 时，则上式变为：

$$R_A = k_L \frac{[B_0]}{Z} \sqrt{\frac{D_B}{D_A}} \tag{15-3-53}$$

目前无论是双膜理论还是表面更新理论都尚不能精确地解释传质机理，因为它们都是以简化流体力学性质作为基础的。同时，处于非平衡态的过程速率表达式也与这几种极限情况有差别，更详细的情况及推导可参阅文献 [44]。

(5) 可逆反应 金属萃取涉及的反应主要是可逆反应，在许多情况下，可以假定在液相，主体中反应物处于平衡状态，当反应是瞬间反应时，则可以假定平衡存在于整个液相，包括相界面在内。而当反应是快反应时，则并非溶液中的每一点都能达到平衡。这是在考虑萃取反应过程时必须加以区分的两种情况，由于金属溶剂萃取过程是多相反应过程，实验比较困难，其误差常在 10% 以上。

3.3 金属萃取的速率

金属萃取的速率控制是属于伴有化学反应的传质过程，它不仅包括多相的传质过程，而且伴随有化学反应。如果萃取速率是由扩散控制，就与界面积和扩散慢的物质的浓度有关，如果萃取速率是由化学反应控制，重要的是确定化学反应的控制步骤，也就是首先判别萃取反应发生在相内（均相反应控制），还是在界面（多相反应控制）或在相内和相界面的吸附层（混合控制过程）。为得到不同类型的化学萃取速率方程，首先要判别萃取过程的控制步骤，通常可以有以下几种实验判别法。

(1) 搅拌强度判别法 若萃取过程是扩散控制过程，则通常萃取速率随搅拌强度的增加而有规律地上升，化学反应控制的萃取速率虽然也会随搅拌强度的增加而上升，但当搅拌强度增加到一定强度后，就会出现一段与搅拌无关的区域（称为坪区）。这种判别方法不一定准确，如在高搅拌强度时，萃取速率与搅拌强度无关的过程并不一定都是化学反应控制过程，有种种因素可以使得扩散控制过程的萃取速率对搅拌强度不敏感。

(2) 温度判别法 温度对化学反应控制过程的萃取速率影响很敏感，如表 15-3-1 列出的某些具有典型意义的化学反应速率控制过程，工业萃取剂 P204，P507 等萃取 Fe(Ⅲ)，Al(Ⅲ) 等的活化能 E 值均较大，而温度对扩散控制过程的萃取速率虽有影响，但不显著，所以活化能一般较小（不大于 21kJ·mol^{-1}），但低活化能值并不一定表明该过程就是扩散控制过程，有的虽是化学反应控制，但活化能也很小，因此这种判别方法也不十分严格。

表 15-3-1　某些金属萃取反应的活化能（E）值

金属离子	萃取体系	活化能/kJ·mol^{-1}	文献
Cu(Ⅱ)	N530-甲苯-H_2SO_4 （0.1mol·L^{-1}，pH 2.42，Na_2SO_4，0.5mol·L^{-1}）	43.05	[42]
Al(Ⅲ)	P204-煤油-H_2SO_4 （0.2mol·L^{-1}，0.05mol·L^{-1}）	79.50	[43]
Fe(Ⅲ)	P204-辛烷-$HClO_4$ （0.1mol·L^{-1}）	62.70	[44]
Fe(Ⅲ)	P204-煤油-H_2SO_4 （0.1mol·L^{-1}，0.25mol·L^{-1}）	58.31	[45]
Am(Ⅲ)	P204-正庚烷-$HClO_4$	51.01	[46]
Fe(Ⅱ)	P507-煤油-H_2SO_4 （0.25mol·L^{-1}）	83.14	[47]

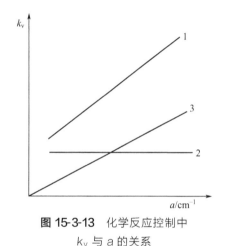

图 15-3-13　化学反应控制中 k_v 与 a 的关系

（3）界面积判别法　现在普遍采用恒界面池法和液滴法，结合萃取剂的界面活性、低水溶性以及萃取速率与比界面积之间的关系进行判别，如为扩散控制或混合控制过程，萃取速率与搅拌强度及界面积均有关，如为化学反应控制，被萃取金属的萃取反应若为1级反应，在其他组分大大过量的条件下，控制步骤的 $k_v = f(a)$ 的关系均为直线关系（U_v 为速率常数）。如图15-3-13所示，如为界面化学反应控制过程，直线通过原点，k_v 与 a 保持正比关系（直线3），如为相内反应过程，直线为一水平线（直线2），直线1的情况为混合过程，根据变更表面积 a 值对81种螯合萃取体系进行研究的结果表明，大多数萃取过程属于界面化学反应控制，只有极少数属于相内反应过程和混合控制过程。

恒界面池法和液滴法也都有自身的缺点，例如，在恒界面池法中，对两相的搅拌强度必须局限在避免涡流形成的范围内，即保持两相间有固定界面积，这种搅拌能否完全消除扩散的影响是值得怀疑的。在液滴法中，第一相的液滴在第二相的液柱中上升、下落或生长时，不能完全克服扩散传质对萃取速率的影响。

基于以上原因，这三类控制步骤的主要判别方法都是相对的，其中界面积判别法比较严格一些，所以在确定控制步骤时往往需要几种判别方法加以综合分析才能比较可靠，在较复杂的情况下，只有对萃取过程动力学机理做深入研究，才能比较准确地判断出其控制步骤。

近年来，界面在金属溶剂萃取动力学中的作用受到广泛重视，有关这方面的评述文章持续不断[48,49]。Freiser 在考查 $Ni^{2+}/NaClO_4$/8-羟基喹啉体系的萃取动力学时发现 $-d[Ni^{2+}]/dt = k_{obsd}[Ni^{2+}]$ 中 k_{obsd} 与比界面积 a_i（$=A/V$）有图 15-3-14 的关系[50]。低 pH 时，k_{obsd} 与 a_i 几乎无关，说明体系中8-羟基喹啉（HL）占优势，与Ni(Ⅱ)的反应发生在本体水相（通道Ⅰ）；pH上升时，曲线的斜率和截距都增大，说明在该pH条件下，即使 $a_i=0$ 时，水相中有 HL 与 L^- 同时与 Ni^{2+} 发生反应，且 a_i 增大时 k_{obsd} 增大，说明界面上 L^- 的参与构成了速率控制步骤的主要方面，于是设想有以下三通道反应。

通道Ⅰ：$M^{2+} + HL \xrightleftharpoons{k_{HL}} ML^+$ （水相内）

通道Ⅱ：$M^{2+} + L^- \xrightleftharpoons{k_L} ML^+$ （水相内）

通道Ⅲ：$M^{2+} + L^-_{(i)} \xrightleftharpoons{k_i} ML^+_{(i)}$ （界面）

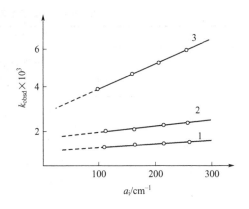

图 15-3-14 k_{obsd}-a_i 关系
pH值：1—7.27；2—7.70；3—8.45

界面和体相由于性质上的差别，使界面速率常数 k_i 往往高出 k_{HL} 与 k_L 许多，若界面的介电常数介于本体水相与本体有机相之间，对于涉及电荷中和的反应来说，界面区是一个有较好通透性的区域；另外，界面活性剂的极性基倾向于指向界面水相一边，增加了反应的机会，也会导致有大界面速率常数。因此，在研究涉及传质过程的化学体系时，最大的目的显然是想法获取化学反应动力学本身的数据，因此，进行萃取过程动力学研究时，一般遵循如下原则[51]：

① 创造合适的实验条件，使过程处于化学反应控制条件之下，从而可直接对反应动力学进行研究。

② 使体系中涉及的传质过程可以被定量描述，从而可以从总效应中扣除传质作用而获得化学反应动力学本身的信息。

目前绝大多数研究是按前一条途径进行的，如强搅拌体系萃取动力学研究，即在两相体系中，借助强烈搅拌或强烈振荡，使两相以微小液滴形式处于高度分散状态，该技术能有效消除扩散传质对萃取速率的影响，并能得到关于反应级数的信息，且特别适合于慢反应萃取体系的研究，但该技术若不能有效估算两相接触的总界面积，就不能得出动力学模式、速率控制步骤的确切位置等方面的结论，这将阻碍对萃取动力学过程的深入认识，所以发展和完善后一种途径的研究方法至少有两点益处：一是由于提供了考虑传质阻力的可靠手段，可以使控制区域的判断更为方便和可靠；二是有可能拓宽萃取动力学的研究范围，可研究测定快反应速率的方法，同时能确定萃取模式，如旋转圆盘扩散池方法，其特点就是使体系的传质阻力集中到传递膜和其两侧的扩散层内，而且这两个扩散层的厚度理论上可以用 Levich 方程定量描述，将此技术用于金属萃取动力学的研究显示出很大的发展潜力。

由于萃取过程有着巨大的工业应用背景，其过程动力学的研究仍是很活跃的研究领域，在研究单一萃取剂体系动力学过程的基础上，近几年来人们开始探讨如何加速萃取过程的问题，为使萃取传质过程加快，有效办法是往体系中加入加速剂，有的加速剂的浓度项虽进入萃取速率方程，但不进入萃合物组成，例如羟肟萃取 Cu(Ⅱ) 时加入 HDEHP(P204) 作加速剂；有的加速剂的浓度与速率方程无关，当然也不进入萃合物组成，如 HTTA（噻吩甲酰三氟丙酮）萃取 Eu(Ⅱ) 时 Ph_3PO（三苯基氧膦）的作用。加速剂也可称为催化剂，这些催化剂有时可以加到有机相，也可加到水相，还有的加速剂不仅浓度与萃取速率有关，而且进入萃合物的组成，如 P204 萃取 Al(Ⅲ) 时，其正、逆向萃取速率均与 H_2RPA（长碳链磷酸单烷基酯）的浓度有关，而且萃合物的组成比（摩尔比）P204：H_2RPA：Al^{3+} 为 2：1：1，此时加速剂的作用已非单一的催化性质，而是具有既加速反应，又参与反应形成 Al^{3+} 的协同萃取配合物的双重作用，只有在这种意义上，才可以称为双协同萃取体系，加速剂即可称为动力学协同萃取剂，它与被萃取物的反应较体系中主萃取剂快，形成一种不太稳定的中间配合物，出现了较小势垒的附加通道。

参考文献

[1] 汪家鼎，陈家镛. 溶剂萃取手册. 北京：化学工业出版社，2001.
[2] 徐光宪，袁承业. 稀土溶剂萃取. 北京：科学出版社，1987.
[3] 陈家镛，于淑秋，伍志春. 湿法冶金中铁的分离与利用. 北京：冶金工业出版社，1991.
[4] 李以圭. 金属溶剂萃取热力学. 北京：清华大学出版社，1988.
[5] 李以圭，李洲，费维扬，等. 液-液萃取过程和设备. 北京：原子能出版社，1993.
[6] 袁承业. 科学通报，1977，22(11)：465-479.
[7] 陈甘棠，梁玉衡. 化学反应技术基础. 北京：科学出版社，1983.
[8] Ritcey G M. CIM Bulletin, 1975, 63(758): 85-94.
[9] 时钧，汪家鼎，余国琮，等. 化学工程手册（上卷）：第15篇 萃取与浸取. 北京：化学工业出版社，1996.
[10] Ritcey G M. Iron control in hydrometallurgy//Dutrizac J E, Monhemius A J. London: Ellis Horwood, 1986: 250.
[11] Ritcey G M, Ashbrook A M. Solvent extraction, principles and application to process metallurgy. Amsterdam: Elsevier, 1979.
[12] Yu S, Wu Z, Chen J. Iron control in hydrometallugry//Dutrizac J E, Monhemius A J. London: Ellis Horwood, 1986: 334.
[13] 复旦大学放射化学专业三结合编写组. 铀钍工艺过程化学. 上海：上海人民出版社，1976：95.
[14] 李玲颖，孙元明，任洪吉，等. 高等学校化学学报，1985，6(12)：1097-1101.
[15] 于淑秋，孟祥胜，陈家镛. 中国科学 B，1982，(1)：11-18.
[16] 于淑秋，陈家镛. 金属学报，1984，20(6)：B342-B351.
[17] Yu S Q, Chen J Y. Hydrometallurgy, 1985, 14(1): 115-126.
[18] 刘会洲，于淑秋，陈家镛. 金属学报，1991，27(4)：B228.
[19] 徐光宪，王文清，吴瑾光，等. 萃取化学原理. 上海：上海科学技术出版社，1984.
[20] Blake C A, Coleman C F, Brown K B, et al. J Inorg Nucl Chem, 1958, 7(1-2): 175.
[21] 于淑秋. 稀有金属，1989，13(4)：289-296.
[22] Flett D S, Cox M, Heels J D. J Inorg Nucl Chem, 1975, 37(12): 2533-2537.
[23] 于静芬，熊毅刚. 有色金属，1990，42(2)：67-71.
[24] 于静芬，吉晨. 高等学校化学学报，1992，13(2)：224-226.
[25] 辐照核燃料后处理过程的数学模拟. 原子能译丛，1976，2：1.
[26] King C J. Separation process based upon reversible chemical complexation//Handbook of Separation Process Technology. New York: John Wiley & Sons, 1987.
[27] Tamada J A, Kertes A S, King C J. Ind Eng Chem Res, 1990, 29(7): 1319-1326.
[28] 戴猷元，杨义燕，徐丽莲，等. 化工进展，1991，(1)：30-34.
[29] Qin W, Cao Y Q, Luo X H, et al. Sep Purif Tech, 2001, 24(3): 419-426.
[30] Tamada J A, King C J. Ind Eng Chem Res, 1990, 29(7): 1327-1333.
[31] Yang S T, White S A, Hsu S T. Ind Eng Chem Res, 1991, 30(6): 1335-1342.
[32] Fahim M A, Qader A, Hughes M A. Sep Sci Tech, 1992, 27(13): 1809-1821.
[33] Yoshizawa H. J Chem Eng Data, 1994, 39: 777-780.

[34] Eyal A M, Canari R. Ind Eng Chem Res, 1995, 34(5): 1067-1075.
[35] Li Z Y, Qin W, Dai Y Y. Ind Eng Chem Res, 2002, 41(23): 5812-5818.
[36] Tanase D, Anieuta G S, Oetavian F. Chem Eng Sci, 1999, 54: 1559-1563.
[37] Zhou Z Y, Li Z Y, Qin W. Ind Eng Chem Eng, 2013, 52(31): 10795-10801.
[38] Qin W, Li Z Y, Dai Y Y. Ind Eng Chem Res, 2003, 42, 6196-6204.
[39] Leo A, Hansch C, Elkins D. Chem Rev, 1971, 71(6): 525-616.
[40] Shan X C, Qin W, Wang S, et al. Ind Eng Chem Res, 2006, 45(11): 9075-9079.
[41] 单欣昌, 秦炜, 戴猷元. 高等学校化学学报, 2007, 28(6): 1104-1106.
[42] Shan X C, Qin W, Dai Y Y. Chem Eng Sci, 2006, 61: 2574-2581.
[43] 单欣昌. 萃取剂碱（酸）性表征及有机物反应萃取机理研究. 北京: 清华大学, 2007.
[44] Astarita G. Mass Transfer with Chemical Reaction. Elsevier, 1967.
[45] Danesi P R, Chiarizia R. CRC Critical Reviews in Anal Chem, 1980, 10(1): 1-126.
[46] Yagodin G A, Tarasov V V. Solvent Extr Ion Exchange, 1984, 2(2): 139-178.
[47] Freiser H. Chem Rev, 1988, 88: 611-616.
[48] Hanna G J, Noble R D. Chem Rev, 1985, 85: 583-598.
[49] Albery W J, Choudhery R A, Fisk P R. Faraday Discussions, 1984, 77: 53-65.
[50] Dreisinger D B, Cooper W C. Solv Extr Ion Exchange, 1986, 4(2): 317-344.
[51] Dreisinger D B, Cooper W C. Solv Extr Ion Exchange, 1990, 8(6): 893-905.

符号说明

A	溶质（被萃取物）
A'	含 A 的连续相
A^-	金属离子的阴离子配位体
$[A_0]$	A 在反相中的溶解浓度，$mol \cdot mL^{-1}$
$[A^*]$	在液-液界面上 A 的浓度，$mol \cdot mL^{-1}$
a	某组分的活度
B	萃取剂
B'	含 B 的连续相
$[B_I]$	在界面上 B 的浓度，$mol \cdot mL^{-1}$
$[B_0]$	在 B' 相中 B 的溶解浓度，$mol \cdot mL^{-1}$
D	溶解物质的扩散系数，$cm^2 \cdot s^{-1}$
D	分配比（金属离子在两相中的分配系数）
E	萃取率
E_S	反萃取率
F	有机相溶液中某组分的活度系数
HR	酸性萃取剂
K_a	酸的电离常数
K_2	二聚常数
K_d	萃取剂在有机相和水相中的分配常数，$[HL]_o / [HL]$
K_e	萃取反应热力学平衡常数
k_L	A 对应于 B' 相中的真实传质系数，$cm \cdot s^{-1}$
K'_L	配体离子在界面相和水相中的分配常数，$[L^-]_{(i)} / [L^-]$
K'_M	金属离子在界面相和有机相中的分配常数，$[M^{2+}]_{(i)} / [M^{2+}]_{(o)}$

k_{mn}	$m+n$ 级反应的速率常数，$mL \cdot mol^{-(m+n-1)} \cdot s^{-1}$
k_{obsd}	表观萃取速率
k_v	萃取反应速率
l	B′相在反应器中的滞留量分数
M^{n+}	金属离子
m	对应于 A 的反应级数
n	对应于 B 的反应级数
R_A	溶质 A 的特有萃取速率
R_A'	在单位体积 B′相中单相反应速率，$mol \cdot s^{-1}$
S	中性萃取剂分子
Z	反应的化学计量系数（理想化合系数，即：1mol A 与 B 反应的物质的量比）
A	比界面积
β_t	配合物 MA_n 的稳定常数
Λ	分配平衡常数
γ	水相中某电解质的活度系数
$\gamma_\pm$	MA_n 在水相中的平均离子活度系数
[ ]	某组分的浓度

角标

a	渐近值
i	界面相
o	有机相
x	x 在有机相中的浓度

4

相间传质及相间接触模型

两相接触萃取过程可以在级式或连续微分接触设备内进行。除相平衡关系外,萃取设备设计还必须了解相间传质速率。相间传质速率取决于相间接触界面积、传质系数和传质推动力。在大多数液-液接触设备中,总是使两相中的一相分散成液滴与另一相充分接触,以提供较大的传质面积。两相之间、分散的液滴间以及两相流体与设备间均存在着十分复杂的相互作用,如液滴的破碎、液滴间的聚并、界面扰动、轴向混合等,这些都会影响萃取设备内的两相流动与传质行为。不能正确地把握萃取设备内的两相流动与传质行为,就不可能正确进行工业规模萃取装置的设计和放大。

本章概述了萃取设备内两相流动与传质过程的基本原理,作为工业设计计算的基础。应当指出,萃取设备内的两相流动现象极为复杂,完全从基础理论出发进行工业装置的设计和放大目前尚不可能,还必须依靠经验和半经验的方法。

4.1 相间传质模型及界面现象

4.1.1 传质系数

传质过程可用两种不同的方法加以描述:一种是采用唯象的费克(Fick)定律;另一种就是采用传质系数,它是工程上的处理方法,便于使用。用传质系数处理传质过程存在一个假设,即浓度变化只发生于系统在靠近边界或界面附近。例如,在液体吸收气体时,假设除了气-液相界面附近以外,气体和液体都是混合均匀的,不存在浓度梯度。

对液-液系统,考虑组元 A 在相互接触而又互不相溶的两种液体中的分配。在系统达到动力学平衡的条件下,假设在两相界面处的平衡组成为 Y_A^*,X_A^*。若 A 组元的传递方向是从萃余相到萃取相,则萃余相和萃取相的分传质系数 k_x,k_y 定义为:

$$N_A = k_x(X_A - X_A^*) = k_y(Y_A^* - Y_A) \tag{15-4-1}$$

式中,N_A 为传质通量,即单位时间单位传质面积上的传质量;X_A,Y_A 为组元 A 在萃余相和萃取相主体中的浓度。式(15-4-1)表明:

$$\frac{Y_A - Y_A^*}{X_A - X_A^*} = -\frac{k_x}{k_y} \tag{15-4-2}$$

在假设相界面平衡且平衡曲线为直线的前提下,式(15-4-1)可以图 15-4-1 的形式标绘出来。

由于界面浓度(X_A^*,Y_A^*)通常是未知的,用实验方法分析界面溶质浓度十分困难,为便于处理,一般根据总浓度差或总推动力,以总传质系数 K_X,K_Y 来描述传质过程,即:

$$N_A = K_X(X_A - X_{AR}) = K_Y(Y_{AS} - Y_A) \tag{15-4-3}$$

式中，X_{AR}是和萃取相主体浓度相平衡的萃余相浓度；Y_{AS}是和萃余相主体浓度相平衡的萃取相浓度。这样对于给定的平衡曲线，X_{AR}，Y_{AS}，X_A，Y_A都是已知的。根据图15-4-1不难导出：

$$\frac{1}{K_Y} = \frac{1}{k_y} + \frac{m}{k_x}, \quad \frac{1}{K_X} = \frac{1}{k_x} + \frac{1}{mk_y}, \quad \frac{1}{K_X} = \frac{1}{mK_Y} \tag{15-4-4}$$

式(15-4-4)中前两个关系式表明了相间传质过程中传质阻力的相加性，即总传质阻力等于两相分传质阻力之和。而式(15-4-4)中的最后一个关系式反映了两种形式的总传质阻力之间的关系。如果平衡曲线为曲线时，可分段近似为直线。

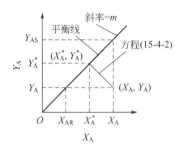

图 15-4-1 传质推动力关系

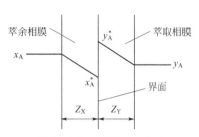

图 15-4-2 膜模型示意图

4.1.2 相间传质模型

对于相间传质过程，已提出了各种模型，如膜模型、渗透模型、表面更新模型、扩散边界层模型、膜-渗透模型等，对于这些模型，本手册的传质篇已做了详细介绍。

根据膜模型，对由图15-4-2所描述的相界面两侧的传质，可以分别写出：

$$N_A = k_x(x_A - x_A^*) = k_x \Delta x_A \tag{15-4-5}$$

$$N_A = k_y(y_A^* - y_A) = k_y \Delta y_A \tag{15-4-6}$$

对于只有溶质A从萃余相向萃取相做单分子传质的情况，根据扩散方程：

$$N_A = N_A \left(\frac{C_A}{C}\right) - D_{AB}\left(\frac{\partial C_A}{\partial Z}\right) \tag{15-4-7}$$

有：

$$N_A = \frac{D_{AX} C_X}{Z_X(1-x_A)_{lm}} \Delta x_A = \frac{D_{AX} C_X}{Z_X(1-x_A)_{lm}} \Delta x_A \tag{15-4-8}$$

$$N_A = \frac{D_{AY} C_Y}{Z_Y(1-y_A)_{lm}} \Delta y_A = \frac{D_{AY} C_Y}{Z_Y(1-y_A)_{lm}} \Delta y_A \tag{15-4-9}$$

比较式(15-4-5)，式(15-4-6)和式(15-4-8)，式(15-4-9)，可以看出：

$$k_x = \frac{D_{AX} C_X}{Z_X x_{A lm}} = \frac{D_{AX} C_X}{Z_X (1-x_A)_{lm}} \tag{15-4-10}$$

$$k_y = \frac{D_{AY} C_Y}{Z_Y y_{A lm}} = \frac{D_{AY} C_Y}{Z_Y (1-y_A)_{lm}} \tag{15-4-11}$$

从以上两式可以看出，膜理论预测的某一相内传质系数与扩散系数的一次方成正比。

4.1.3 界面现象及其对相间传质过程的影响

(1) 相界面阻力 在上面的讨论中假设了界面无阻力，即在相界面两相达到平衡，仅考虑了相内的物质传递。在相界面上出现物质传递阻力，其往往是由界面被污染，或分子是以有限速率而不是以无限大速率穿越界面或一些还不甚清楚的其他机理所造成。当界面存在阻力时，界面上不再维持平衡。此时的萃余相浓度 X_{IA} 和萃取相浓度 Y_{IA} 将和彼此相对应的萃取相平衡浓度 Y_{IA}^* 和萃余相平衡浓度 X_{IA}^* 相平衡，其传质速率式可写成：

$$N_A = k_{IX}(X_{IA} - X_{IA}^*) \tag{15-4-12}$$

式中，k_{IX} 为界面传质系数；$(X_{IA} - X_{IA}^*)$ 是以界面阻力表示的质量传递推动力。若取萃取相浓度差 $(Y_{IA}^* - Y_{IA})$ 为推动力时，此时相应的传质速率为：

$$N_A = k_{IY}(Y_{IA}^* - Y_{IA}) \tag{15-4-13}$$

因此，系统的总阻力将表达为：

$$\frac{1}{K_X} = \frac{1}{k_x} + \frac{1}{k_{IX}} + \frac{1}{mk_y} \tag{15-4-14}$$

$$\frac{1}{K_Y} = \frac{m}{k_x} + \frac{1}{k_{IY}} + \frac{1}{k_y} \tag{15-4-15}$$

上述阻力也可写成 $R = R_X + R_I + R_Y$。图 15-4-3 显示了存在界面阻力时的传质过程。此时，操作线和平衡线不再相交于一点。

界面阻力在整个相间传质过程中所起的作用将取决于其他两个阻力 R_X，R_Y 的大小。在一定工业设备中，界面阻力比膜阻力要小得多，几乎可以忽略不计。

(2) 界面现象与界面不稳定性 在膜理论中，假定界面是静止不动的，溶质靠分子扩散进行传递，实际上在传质时相界面往往是不平静的，除了主流体中的涡旋分量经常会影响界面外，有时因为流体力学的不稳定，界面附近本身也会产生扰动，强烈的界面扰动会使传质速率增加好多倍。

① 界面张力梯度导致的不稳定性。在相界面上浓度总不是完全均匀的，因此界面张力也有差异，这样界面附近的流体就开始从张力低的区域向张力较高的区域运动，这一现象称为 Marangoni 效应。根据系统物性和操作条件的不同，会出现多种型式的界面运动。大致可分为规则型和不规则型两种。前者又称规则的流体不稳定性或 Marangoni 不稳定性，它与静止的液体有关。后者又称为瞬时扰动，是与湍流或强制对流有关。但这种分法的界限不是很明确的。

规则型界面对流：图 15-4-4 中，静止的两层液体沿着水平界面相互接触，这种构思也可用于液滴。由于传质速率并不是处处相同。在界面上 a 点的浓度比 b 点高。考虑随溶质浓度增加界面张力减小的系统（即 $\frac{\partial \sigma}{\partial C} < 0$），根据 Marangoni 效应，界面附近的液体就从 a 点向 b 点运动，主流体就向 a 点补充，于是形成旋转的环流，产生了规则运动。

Sternling、Scriven[1] 用线性不稳定性数学理论研究了规则界面上由传质引起的 Marangoni 不稳定性，得出了表 15-4-1 的结论，这些结论有助于从定性观点去理解界面的不稳定问题。

根据渗透模型和表面更新模型可知，界面湍流的发生无疑加速了传质。由界面湍动时界面张力的增量 $|\Delta\sigma|$ 值可以预测相应传质系数的增加[2]。

不规则型界面对流：当主体相内湍动激烈或含溶质浓度较大时，有可能给予界面某一点十分强烈的起始扰动。这时，会造成不规则型界面对流，常称作界面，如图 15-4-5 所示。图中的液-液界面由相 1 和相 2 组成。若传质从相 2 到相 1，当一个涡旋从主体相 2 的内部将一微元带到界面 A 处，对于 $(\frac{\partial \sigma}{\partial C} < 0)$ 的物系，A 处的浓度突越造成界面张力局部降低，液

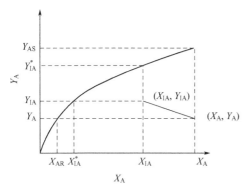

图 15-4-3 界面阻力存在时的传质过程

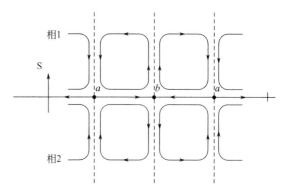

图 15-4-4 规则型界面对流

表 15-4-1 $\frac{\partial \sigma}{\partial C} < 0$ 系统的规则界面不稳定性的表观型式

传质方向					
1→2			2→1		
(D_{A1}/D_{A2})	$(v_1/v_2)^2$	结果	(D_{A1}/D_{A2})	$(v_1/v_2)^2$	结果
<1	1	对流环	>1	1	对流环
1	1	稳定	1	1	稳定
>1	1	对流环稳定或振荡	<1	1	对流环稳定或振荡
1	>1	对流环	1	<1	对流环
1	<1	稳定	1	>1	稳定
<1	>1	对流环	>1	<1	对流环
>1	<1	稳定或振荡	<1	>1	稳定或振荡

面在这里开始向两边扩展[图 15-4-5(a)]。此时处于主体液相 2 的次界面中的液相向表面 A 处填补，但由于它的表面张力值要比刚刚扩展出去的液体的高（此时溶质浓度较低），以致反而使刚刚扩展出去的液体微元产生逆转，围绕在 A 周围的液体都向 A 处聚集，终于形成了一个垂直于界面的类似于火山爆发的喷射流，这一现象称为迸发，如图 15-4-5(b)、(c) 所示。

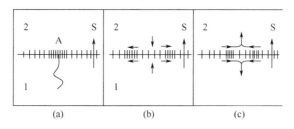

图 15-4-5 迸发机理

线的密度表示浓度的大小

由上述分析可知，迸发现象的特点首先是它的产生主要是由界面上溶质浓度的不连续性所致；其次湍动的位置、大小和频率等主要取决于两相主体的湍流程度；最后该现象可以发生在任何传质方向，但存在着发生该现象的最低溶质浓度。

② 密度梯度引起的不稳定性。除了界面张力梯度导致流体的不稳定性外，一定条件下由于密度梯度的存在，界面处的流体在重力场的作用下也会产生不稳定，即所谓泰勒（Taylor）不稳定性[3,4]。当乙酸由水相向甲苯相扩散时，就得到图 15-4-6(a) 中所示的密度分布。这时密度梯度自上而下递增，在重力场下流体是稳定的。但当乙酸从甲苯相向水相扩散，由于乙酸的密度比两种溶剂的都大，所以得到 15-4-6(b) 所示的密度分布。在界面处密度反而自上而下减小，在重力场作用下，显然是不稳定的，必然会造成对流，这就是所谓的泰勒（Taylor）不稳定。这种现象对界面张力导致的界面对流也有很大的影响。稳定的密度梯度会把界面对流限制在界面附近区域，而不稳定的密度梯度会产生离开界面的涡旋，并且使它渗入主体相中去。

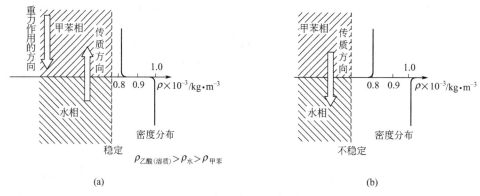

图 15-4-6 泰勒（Taylor）不稳定性

(3) 界面湍动对液-液萃取过程的影响 界面不稳定性对传质过程的影响包含两个方面：首先，界面的不稳定性将提高传质系数，加快传质速率。其次，界面湍动也将影响传质界面积，从而影响传质速率。

界面的不稳定性将强烈影响液-液接触萃取设备的性能。例如，从有机相液滴向水相的传质将增加液滴间的聚并速率，而反方向的传质则会阻碍液滴间的聚并，增加分散系统的稳定性。对于悬浮在第二相中的单液滴来说，多种溶质尤其是有机溶质传入或传出液滴都将引起猛烈的摆动和振荡[5]。这一现象起因于涡旋对液滴表面的撞击产生不规则的界面对流。当用细针头向悬浮在苯溶液中的水滴表面喷射丙酮时，在丙酮到达水滴表面的瞬间，将引起液滴向喷射方向的剧烈摆动。这种表面效应将增加通过界面处的质量通量。在多级混合-澄清槽中，从有机相液滴向水相的传质与反方向传质相比较，将引起液滴尺寸和传质系数的增加，但总体积传质速率可能会有所降低；在混合器中的聚并速率将较高，从而引起通量的增加，其操作性能可以通过提高搅拌速率得以改善，尤其是在高浓度的进料端。在萃取柱中，当从有机相液滴到水相传质时，液滴直径增大而分散相滞存率降低，因此虽然传质系数因界面现象增加，但总的效果却会减小传质界面积，从而降低传质速率。较低的滞存率会提高液泛速率，从而增加通量。萃取柱的操作性能一般可以通过提高机械搅拌速率得到改善，但必须注意不要引起低浓度端的液泛，因为在低浓度端界面湍动效应最小，甚至不存在界面效应。

(4) 表面活性剂的作用 表面活性剂即使浓度很低，也会积聚到相界面上，使界面张力下降，并降低该物系的界面张力和溶质浓度的关系，甚至降低到没有关系。所以，只要少量表面活性剂就可抑制界面不稳定性，制止界面湍动。另外，表面活性剂在界面处形成吸附层时，有时会增加附加传质阻力。当液滴在连续相中运动时，表面活性剂会抑制液滴内的流体循环，降低液滴内的传质速率。

4.2 液-液接触的流体力学

4.2.1 分散相、连续相、分散相的滞存率

在液-液萃取设备中，通常把分散成液滴或液膜的一相称为分散相，而另一相称为连续相。分散相可以取密度大或小的液相，也可以取萃取相或萃余相。分散相一般取体积流率大的一相。因为液滴是同样尺寸时，就可得到较大的接触界面积。但尚需考虑诸如传质方向、萃取体系的特殊物性、设备特点及其内构件的表面性能等因素。总之，要在通量、传质和操作稳定性等方面综合考虑优化选择分散相。

通常把在萃取设备稳定操作期间设备内分散相所占体积与整个设备中两相所占有效体积之比称为分散相的操作滞存率，用 Φ 表示。在任何液-液接触设备中，总是有一部分分散相保持静止，滞留在内构件的连接处和死角处，这部分分散相称为静态滞存率，对传质贡献很小。在本篇中，如果不特别指明，滞存率一词就指分散相的操作滞存率。

柱式萃取设备内的分散相滞存率可以根据 Lapidus 和 Elgin[6] 的滑动速度概念及 Pratt 等[7] 的相对速度概念与两相的流率关联起来。对于逆流萃取柱，滑动速度或相对速度 V_S 和两相流速及分散相滞存率的关系由式(15-4-16)给出：

$$V_S = \frac{V_c}{1-\Phi} + \frac{V_d}{\Phi} = V_K(1-\Phi) \tag{15-4-16}$$

式中，V_K 被定义为特征速度。滑动速度 V_S 不仅是分散相液滴尺寸和系统物理性质的函数，而且是分散相滞存率的函数。实验证明，在一定条件下，特征速度是系统物性、搅拌强度和设备几何尺寸的函数，与滞存率无关。Sterner 和 Hartland[8] 指出，特征速度可能并不等于液滴在设备内沉降的终端速度。

对于不同型式的萃取设备，也已提出了多种特征速度的关联式，为便于查阅，表 15-4-2 列出了若干较为重要的特征速度关联式。

表 15-4-2 若干较为重要的特征速度 V_K 关联式

序号	柱型及参考文献	关联式	备注
1	喷淋柱[9,10]	$\dfrac{V_K}{(\sigma\Delta\rho g/\rho_c^2)^{1/4}} = C_1\left(\dfrac{u_N^2}{2g^d N}\right)^{C_2}$	无传质和 c→d 传质： $C_1=1.088$，$C_2=-0.082$ d→c 传质： $C_1=1.42$，$C_2=0.125$
2	填料柱[11~14]	$V_K = C_3\left(\dfrac{ap}{e^3 g}\dfrac{\rho_c}{\Delta\rho}\right)^{-\frac{1}{2}}$	无传质：$C_3=0.683$ c→d 传质：$C_3=0.637$ d→c 传质：$C_3=0.82$
3	筛板柱[15]	$V_K = C_4\left(\dfrac{\sigma\Delta\rho g}{\rho_c^2}\right)^{\frac{1}{4}}$	C_4 随喷嘴孔直径 d_N 的变化 如图 15-4-7 所示，当 $d_N < d_{NC} = 0.25\text{cm}$ 时，C_4 随 d_N 变化较快，当 $d_N = d_{NC}$ 时，$C_4=1.59$

续表

序号	柱型及参考文献	关联式	备注
4	脉冲筛板柱[16]	$V_K = 9.63\varepsilon^{2.75}\left(\dfrac{\Delta\rho}{\rho_c}\right)^{\frac{2}{3}}\left(\dfrac{\rho_c}{\mu_c}\right)^{1/(3d_{32})}$ $\varepsilon = \dfrac{3\mu_d + 3\mu_c}{3\mu_d + 2\mu_c}$	
5	脉冲筛板柱[17]	$\dfrac{V_K\mu_c}{\sigma} = 0.60\left(\dfrac{\varepsilon_m\mu_c^3}{\rho_c\sigma^4}\right)^{-0.24}$ $\left(\dfrac{d_0\rho_c\sigma}{\mu_c^2}\right)^{-0.9}\left(\dfrac{\mu_c^4 g}{\Delta\rho\sigma^3}\right)^{1.01}\left(\dfrac{\Delta\rho}{\rho_c}\right)^{1.8}\left(\dfrac{\mu_d}{\mu_c}\right)^{0.3}$ $\varepsilon_m = \dfrac{\pi^2(1-\varepsilon^2)(fA)^3}{2\varepsilon^2 C_p^2 H_C}$ $C_p = 0.60$	$V_S = \dfrac{V_d}{\Phi} + \dfrac{V_c}{1-\Phi} = V_K(1-\Phi)^\alpha$ α 为参数
6	转盘柱[18]	$\dfrac{V_K}{(\sigma\Delta\rho g/\rho_c^2)^{\frac{1}{4}}}G_f = C_5(Fr\psi^{C_6})^{C_7}$ $G_f = \left(\dfrac{H_C}{D_R}\right)^{0.9}\left(\dfrac{D_S}{D_R}\right)^{2.1}\left(\dfrac{D_R}{D_T}\right)^{2.4}$ $\psi = \left(\dfrac{\sigma^3\rho c}{\mu_c^4 g}\right)^{\frac{1}{4}}\left(\dfrac{\Delta\rho}{\rho_c}\right)^{\frac{3}{5}}$ $Fr = \dfrac{g}{D_R N^2}$	无传质 $\quad C_5 \quad C_6 \quad C_7$ $Fr\psi^{1/2}\begin{cases}\geqslant 180 & 1.08 \quad 0.08 \quad 1.0 \\ <180 & 0.01 \quad 1.0 \quad 1.0\end{cases}$ c→d 传质 $Fr\psi^{1/2}\begin{cases}\geqslant 16 & 1.40 \quad 0.08 \quad 0.5 \\ <16 & 0.08 \quad 1.0 \quad 0.5\end{cases}$ d→c 传质 $Fr\psi^{1/2}\begin{cases}\geqslant 25 & 1.40 \quad 0.08 \quad 0.5 \\ <25 & 0.11 \quad 1.0 \quad 0.5\end{cases}$
7	转盘柱[19]	$\dfrac{V_K\mu_c}{\sigma} = C_8\left(\dfrac{\Delta\rho}{\rho_c}\right)^{0.9}\left(\dfrac{g}{D_R N^2}\right)^{1.0}$ $\left(\dfrac{D_S}{D_R}\right)^{2.3}\left(\dfrac{H_C}{D_R}\right)^{0.9}\left(\dfrac{D_R}{D_T}\right)^{2.6}$	$\dfrac{D_S - D_R}{D_T} < \dfrac{1}{24}, C_8 = 0.0225$ $\dfrac{D_S - D_R}{D_T} \geqslant \dfrac{1}{24}, C_8 = 0.012$
8	转盘柱[20]	$V_K = \left(\dfrac{V_S}{1-\Phi}\right)\exp\left[-\left(\dfrac{C_9}{\alpha} - 4.1\Phi\right)\right]$	$C_9 =$ 凝聚校正因子 $\alpha =$ 返混系数
9	往复振动筛板柱[21]	$V_K = \dfrac{d_{32}}{C_{10}^{2/3}\Phi^{1/3}}\left(\dfrac{g^2\Delta\rho^2}{\rho_c\mu_c}\right)^{1/3}$	对刚性液滴:$C_{10} = 30$ 对循环液滴:$C_{10} = 15$
10	往复振动筛板柱[22]	$\dfrac{d_{32}(1-\Phi)^3 g\Delta\rho}{\rho_c v_S^2} = \dfrac{150\Phi}{Re} + 1.75$ $v_S = V_S(1-\Phi)$ $Re = \dfrac{d_{32} V_S \rho_c}{\mu_c}$	

4.2.2 通量与液泛

单位时间流过设备单位截面的流量称为通量。萃取设备一般选用逆流操作。借助于两相的密度差,可以在重力或离心力的作用下实现两相的逆流运动。在利用重力进行分相的逆流萃取设备中,重相从设备上部加入,向下流动;轻相从底部加入,向上流动。在利用离心力使两相快速混合和快速分相的离心萃取器中,液体除了作轴向运动以外,还相对于旋转轴作径向运动。

在逆流柱式萃取设备中,如果液滴到达主相界面上的速率不超过主界面上液滴的聚并速率，就有可能维持柱的稳定操作。否则，液滴就会在相界面上逐渐积累以至扩展到全柱，这一现象称为液泛。

在理论上，达到液泛时，有：

$$\left(\frac{\partial V_c}{\partial \Phi}\right)_f = \left(\frac{\partial V_d}{\partial \Phi}\right)_f = 0 \tag{15-4-17}$$

由式(15-4-16)、式(15-4-17)可以解出液泛时的两相流速和滞存率，即：

$$V_{df} = 2V_K \Phi_f^2 (1-\Phi_f) \tag{15-4-18}$$

$$V_{cf} = V_K (1-\Phi_f)(1-2\Phi_f)^2 \tag{15-4-19}$$

$$\Phi_f = \frac{(R^2+8R)^{\frac{1}{2}}-3R}{4(1-R)} \tag{15-4-20}$$

只要具备合适的特征速度 V_K 的关联式，上述关系式可应用于任何类型的柱式萃取设备，见图 15-4-7。

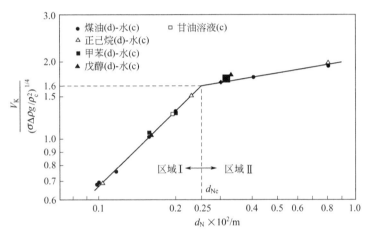

图 15-4-7 V_K 与孔径的关系[15]

液泛现象的存在决定了逆流柱式萃取设备的极限操作通量，因此，对于液泛速度的研究一直是柱内两相流体力学研究的一项重要内容。为了掌握柱内液泛的规律性、发展可靠的放大设计方法，已经进行了大量实验研究，并提出许多液泛速度的计算方法。柱式萃取设备的流体力学部分的计算通常采用以下步骤：首先根据工业要求和热力学条件确定流比 R，从式(15-4-20)求出液泛时的滞存率。再根据该设备的液泛特征速度关联式，求出液泛速度 V_{cf}、V_{df}。这样就可以求出柱的最小截面积。设备内的实际表观流速，应该取液泛速度的 50%~80% 为妥。

4.2.3 液滴和液滴群运动[23~37]

(1) 液滴形状和液滴直径 液滴与固体颗粒不同，运动时的形状和大小不是固定不变的，而是取决于运动中受到的各种力的影响。很小的液滴可以认为是球形，而大液滴则会变形，有时与球形差别很大，可以是椭球形，也可以是球帽形，即前部为球形的一部分，而后部则平坦或凹曲。

对于非球形液滴，其当量直径可表示为：

$$d_e = (d_1^2 d_2)^{\frac{1}{3}} \tag{15-4-21}$$

式中，d_1、d_2 分别为液滴长轴和短轴的长度。对于非球形液滴，即使具有相同的当量直径，其表面积并不一定相等。非振荡椭圆形液滴的表面积可由下式计算：

$$A = \frac{\pi}{2}\left\{d_1^2 + \frac{d_1 d_2}{[(d_1/d_2)^3 - 1]}\ln\left[\frac{d_1}{d_2} + \sqrt{\left(\frac{d_1}{d_2}\right)^2 - 1}\right]\right\} \tag{15-4-22}$$

萃取设备内的液-液分散体系很少是单一液滴直径的单分散系，而是存在较宽液滴直径分布的多分散系。对于多分散系，通常以 Sauter 平均液滴直径表示其平均直径，定义为：

$$d_{32} = \frac{\sum_{i=1}^{n}(d_{ei})^3}{\sum_{i=1}^{n}(d_{ei})^2} \tag{15-4-23}$$

d_{32} 是设计计算萃取设备时一个十分重要的参数，它和设备内的分散相滞存率及传质比表面积 a 存在下述关系：

$$a = \frac{6\Phi}{d_{32}} \tag{15-4-24}$$

(2) 液滴的形成　在非机械搅拌的萃取设备中，如在喷淋柱和筛板柱中，多孔的筛板或者其他带孔的元件起着分散液滴的作用，通过孔的流速不同，估算液滴大小的方法也不一样。根据液滴的终端速度，可以将液滴在喷嘴孔上的形成划分为两个流体动力学区域。随着喷嘴孔径的增加，所形成的液滴直径也随之增加，直至液滴的直径增加至其终端速度几乎与液滴的大小无关。存在着一个峰值终端速度，在大于峰值液滴直径时，液滴便会发生破裂；在小于峰值液滴直径时，液滴可以稳定存在或者聚并。峰值液滴直径和峰值终端速度可由下述简单的关联式进行预测：

$$d_{peak} = 1.38\left(\frac{\sigma}{\Delta\rho g}\right)^{\frac{1}{2}} \tag{15-4-25}$$

$$V_{peak} = 1.59\left(\frac{\sigma\Delta\rho g}{\Delta\rho_c^2}\right)^{\frac{1}{4}} \tag{15-4-26}$$

高于和低于此峰值条件时，液滴直径和液滴的终端速度之间的关系可由三个无量纲数，即重力数 $G(g\Delta\rho\rho_c d_e^3/\mu_c^2)$ 和物性数 $P[\sigma^3\rho_c^2/(\Delta\rho g\mu_c^4)]$ 以及雷诺数 $Re(d_e V_t \rho_c/\mu_c)$ 进行关联[38]：

$$\frac{G^{0.54}}{P^{0.25}} = C_{19}\left(\frac{Re}{P^{0.25}}\right)^{C_{20}} \tag{15-4-27}$$

参数 C_{19}、C_{20} 随操作区域的变化而变化，具体为：

对区域 1，即 $\dfrac{Re}{P^{0.25}} < 0.22$，$C_{19} = 1.225$，$C_{20} = 1.0$；

对区域 2，即 $\dfrac{Re}{P^{0.25}} > 0.22$，$C_{19} = 0.94$，$C_{20} = 1.33$。

在静止介质中，当流速很低时，从分散相不润湿的喷嘴上形成的液滴具有相同的大小，液滴的当量直径和喷嘴孔的直径之比 $\dfrac{d_e}{d_N}$ 在 1（对于较大喷嘴孔，如细管）和 3（对于较小喷嘴孔，如注射针头）之间。产生稳定液滴串的最大喷嘴孔径近似等于 $\pi[\sigma/(\Delta\rho g)]^{\frac{1}{2}}$，该值也同时代表了静止流体中可能的最大稳定液滴直径。

基于喷嘴孔端力平衡的分析，Hayworth 和 Treybal[39] 提出喷嘴上形成的液滴大小可由下式估算：

$$v_d + 8.855 \times 10^{-5} v_d^{2/3} \frac{\rho_d u_N^2}{\Delta \rho} = 0.21 \frac{\sigma d_N}{\Delta \rho} + 1.393 \left(\frac{d_N^{0.747} u_N^{0.365} \mu_c^{0.186}}{\Delta \rho} \right)^{\frac{3}{2}} \quad (15\text{-}4\text{-}28)$$

上式适用于流经喷嘴孔的分散相流速在 $0 \sim 0.30\text{m} \cdot \text{s}^{-1}$，Devotta[40] 提出，喷嘴上的液滴直径亦可由下式进行估算：

$$d_e \left(\frac{\sigma}{\Delta \rho g} \right)^{\frac{1}{2}} = 2.3 \left(\frac{d_N^2 \Delta \rho g}{\sigma} \right)^{0.235} \left(\frac{u_N^2}{2 g d_N} \right)^{0.022} \quad (15\text{-}4\text{-}29)$$

萃取设备内的 d_{32} 除与分布器上或喷嘴上形成的液滴大小有关外，主要取决于设备内的流体力学条件和系统的物性，有时甚至与初始引入的液滴大小无关。由于 d_{32} 在传质计算中的重要性，各种萃取设备中的液-液分散性质已经进行了广泛研究，并提出了各种不同型式的 d_{32} 关联式，表 15-4-3 给出了非机械搅拌的萃取设备中 d_{32} 的一些关联式。

表 15-4-3 非机械搅拌的萃取设备中 d_{32} 的关联式

序号	设备类型	作者及参考文献	关联式	备注
1	喷淋柱	Laddha 等[9,41]	$d_{32}/[\sigma/(\Delta \rho g)]^{\frac{1}{2}} = C_{21} \left(\frac{u_N^2}{a g d_N} \right)^{C_{22}}$	无传质和 c→d 传质：$C_{21}=1.592, C_{22}=-0.067$；d→c 传质：$C_{21}=2.1, C_{22}=0.1$
2	填料柱	Lewis, Johes 和 Pratt[42]	$d_{32} = 0.92 \left(\frac{\sigma}{\Delta \rho g} \right)^{\frac{1}{2}}$	使用填料尺寸 $d_p > 2.42 \left(\frac{\sigma}{\Delta \rho g} \right)^{\frac{1}{2}}$
3	填料柱	Gayler 和 Pratt[43]	$d_{32} = 0.92 \left(\frac{\sigma}{\Delta \rho g} \right)^{\frac{1}{2}} \left(\frac{V_K^e \Phi}{V_d} \right)$	V_K 的表达式如表 15-4-2 中序号 2 所示
4	筛板柱	Treybal[44]	$d_{32} = 2 d_J$	d_J 为射流直径
5	筛板柱	Zhu 等[45]	$d_{32} = 1.15 C_{23} \left(\frac{\sigma}{\Delta \rho g} \right)^{\frac{1}{2}}$	$C_{23} = 1.50 \sim 1.75$
6	筛板柱	Oloidi 等[46]	$\frac{d_{32}}{d_N} = 2.81 \left(\frac{\Delta \rho d_N u_N^2}{\sigma} \right)^{0.2}$ $\left(\frac{\Delta \rho d_N^2 g}{\sigma} \right)^{-0.33} \left(\frac{u_N}{V_c} \right)^{-0.19}$	
7	筛板柱	Oloidi 等[46]	$\frac{d_{32}}{d_N} = 1.45 \left(\frac{\Delta \rho d_N u_N^2}{\sigma} \right)^{0.12}$ $\left(\frac{\Delta \rho d_N^2 g}{\sigma} \right)^{-0.31}$	

(3) 单液滴运动 液滴的性质明显不同于固体颗粒。一方面，由于液滴本身的黏度，在运动过程中，界面摩擦力的作用可使运动液滴内部产生循环，导致液滴-流体界面速度梯度减小引起曳力减小；另一方面，液滴的几何形状与其运动时受到的阻力有着十分复杂的关系，连续相介质的作用有可能使液滴发生变形和振荡。因此，影响运动的物理性质不仅有液滴大小、密度、黏度，而且有界面张力，痕量表面活性物质的存在就能对液滴的运动产生很

大的影响。所以，即使对于相同的物系，在相同几何尺寸的设备和相同温度、压力等条件下进行实验，也很难保证得出相同的结果。一般认为，根据液滴运动的曳力系数和液滴直径的关系可将液滴运动分为三个区域（图 15-4-8）。

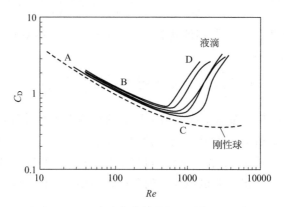

图 15-4-8 液滴曳力系数与雷诺数的关系

① 缓慢流动区域。$Re<1$，液滴基本上为球形，曳力系数 C_D 与固体球的值相同，液滴的运动服从 Stokes 定律，其终端速度可用下式表示：

$$V_t = \frac{\Delta\rho g d^2}{18\mu_c} \tag{15-4-30}$$

若内循环存在，则服从如下的 Hadamard-Rybczynski 公式：

$$V_t = \frac{\Delta\rho g d^2}{18\mu_c} \times \frac{3\mu_d + 3\mu_c}{3\mu_d + 2\mu_c} \tag{15-4-31}$$

经历一过渡区域（例如 $Re>80$）转入下面②区（图 15-4-8）。

② 在该区域内，液滴运动的曳力系数 C_D 与 Re 关系的曲线偏离固体球时的曲线，曳力系数明显高于相应的固体颗粒，随着 Re 的增大，曳力系数降至最低点。阻力的降低，不仅是由于表面摩擦减小，还在于边界层分离点的后移。在 $2 \leqslant Re \leqslant 500$ 时，曳力系数 C_D 与 Re 之间存在如下关系：

$$C_D = \frac{10}{Re^{\frac{3}{2}}} \tag{15-4-32}$$

③ 阻力上升区，经过 C_D 与 Re 关系曲线的最低点后，曳力系数随雷诺数的增大而升高，液滴开始变形，这时黏性剪切力所产生的阻力较小，阻力主要来自液滴振荡以及与尾流结构有关的压差阻力。当 Re 超过大约 1000 时，曳力系数会出现突然上升，此时便会发生液滴破碎。

在②和③区（图 15-4-8），随着液滴尺寸增大，雷诺数 Re 增大，运动情况的数学处理变得复杂，运动方程一般难以得出解析解。因此，一般将液滴终端速度的实验数据与系统的物性进行关联。Hu 和 Kinter[47]在对大量实验数据进行分析的基础上，提出了著名的 Hu-Kinter 关联式：

$$C_D W e P^{0.5} = \begin{cases} \dfrac{4}{3}\left(\dfrac{Re}{P^{0.15}} + 0.75\right)^{1.275}, \text{当} \\ 2 < C_D W e P^{0.5} \leqslant 70 \\ 0.043\left(\dfrac{Re}{P^{0.15}} + 0.75\right), \text{当} \\ C_D W e P^{0.5} > 70 \end{cases} \tag{15-4-33}$$

$$\begin{cases} P = \dfrac{\rho_c^2 \sigma^2}{\mu_c^2 \Delta \rho g} \\ We = \dfrac{V_t^2 d \rho_c}{\sigma} \end{cases}$$

式(15-4-33)是采用较多的关联式之一。

(4) 液滴群运动 萃取设备内液滴群的运动远比单液滴复杂。由于受周围液滴的影响,液滴群中任何一个液滴运动时所受到的阻力将不同于单个液滴在无限介质中自由运动时的阻力,而要估算作用于液滴群中单一液滴所受到的阻力是十分困难的。目前对于分散体系中液滴群和连续相流体之间的相对运动的描述一般是根据滑动速度概念进行的,即定义一平均液滴直径,并以具有相同大小的液滴运动速度表示设备内液滴群和连续相相对运动的速度。为此,提出了两种不同的表达方式来关联滑动速度。

一种表达方式就是通过特征速度 V_K 来关联,即将滑动速度分解为两项,一项为特征速度,一项为修正项。各种不同类型的萃取设备内特征速度 V_K 的关联式已在表 15-4-2 中给出。关于修正项的表达,也已提出了不同的关联形式。Thornton 和 Pratt[48]提出,修正项可用 $(1-\phi)$ 来表示,即式(15-4-16)。汪家鼎等[36]在研究脉冲筛板柱内两相流动特性时发现,式(15-4-16)在滞存率较高时明显不符,他们提出修正项为 $(1-\Phi)^n$ 或 $(1-\Phi)^{k\Phi}$,对于水-煤油体系,求得 $n=2.2\pm0.2$,k 约为 -1.64。Godfrey 与 Slater 也提出以 $(1-\Phi)^n$ 为修正项,而 Misek 则考虑聚并的影响,提出了另外的修正项形式。

另外一种对 V_S 的关联则采用 Steinour[49]的形式:

$$\frac{V_S}{V_t} = f(\Phi) \tag{15-4-34}$$

式中,$f(\Phi)$ 是分散相滞存率的函数。这种处理方式希望能够通过对单液滴运动方程的修正得到分散体系中两相的相对运动速度。许多研究者采用这一关联式的形式对萃取柱内的两相流动实验数据进行了关联,Kunmar 和 Hartland[50,51]对此做了较为全面的总结,并在对大量实验数据进行分析的基础上,提出了新的关联式。除此以外,已有一些理论性的探讨。Marucci[52]根据所谓的 Cell 模型从理论上推导出了液滴群中液滴的运动速度和单液滴运动速度的关系;Ishii 和 Zuber[53]提出了混合黏度模型,采用混合黏度代替单液滴运动方程中连续相的黏度,修正了单液滴的运动方程;Barnea 和 Mizrahi[54]也进行了类似工作。在上述工作的基础上,鲍晓军和陈家镛[55]考虑了液滴间的相互影响,提出拟流体模型,对式(15-4-30)~式(15-4-33)进行了修正。这些工作将分散体系中液滴的运动与单液滴的运动联系起来,简化了对液滴群运动的描述。若进一步完善这些结果,可能有助于液-液两相接触流体力学研究工作的进展。

4.3 液滴的分散和聚并

4.3.1 液滴的分散和聚并现象

在液-液萃取过程中,通常引入机械搅拌使一相以分散的液滴形式存在于另一相中以保证两相的密切接触。由于机械搅拌的作用,设备内的流场表现出不同程度的湍动特性。湍流运动十分复杂。对于工程上所涉及的湍流运动，人们往往采用湍流理论中的一个简化理论——各向同性均匀湍流理论进行研究。对于各向同性均匀湍流，Kolmogoroff[56]根据量纲分析得出了统计平衡区内湍流的特征长度 η 和特征速度 u 为：

$$\eta = (\nu^3/\varepsilon_m)^{\frac{1}{4}} \tag{15-4-35}$$

$$u = (\nu\varepsilon_m)^{\frac{1}{4}} \tag{15-4-36}$$

式中，ε_m 为单位质量流体的能量耗散速度。在各向同性的湍流场中，距离为 r 的两点间相对速度的均方值为：

$$\overline{u^2(r)} \propto \varepsilon_m^{\frac{2}{3}} r^{\frac{2}{3}} \quad (r \gg \eta) \tag{15-4-37}$$

$$\overline{u^2(r)} \propto \varepsilon_m r^2/\nu \quad (r < \eta) \tag{15-4-38}$$

在湍流场中，液滴表面既受到由于速度脉动和压力脉动引起的惯性力的作用，同时也受到黏性剪切力的作用。这些作用将导致液滴的变形，如果变形超过某一临界值，液滴便会破碎成为更小的液滴。同时液滴之间也会因相互碰撞而接触，如果接触时间足以使液滴间的液膜排出，直至最后破裂，碰撞后的液滴便会发生聚并。在萃取设备内，液滴的破碎和聚并过程同时发生，在经历一定时间之后整个分散体系可以达到动态平衡。分散体系中的液滴尺寸通常是不均匀的。一般认为，在分散体系中存在一个最大的稳定直径和最小的稳定直径。当液滴直径大于最大稳定液滴直径时，液滴将变得不稳定而发生破碎；当液滴直径小于最小液滴直径时，液滴也不能稳定存在。

(1) 最大稳定液滴直径 当液滴直径大于 η 时，由湍动涡旋传递给液滴的动能对液滴的破碎起主导作用，液滴的稳定与否取决于液滴的振动动能与表面能之比，亦即取决于液滴的 Weber 数。当 Weber 数大于某一临界值时，液滴将变得不稳定。假设液滴的振动能正比于 $\rho_c \overline{u^2(d)} d^3$，$\overline{u^2(d)}$ 为距离等于液滴直径的两点间相对速度的均方值，而使液滴发生破碎所必须克服的最小表面能正比于 σd^2，Kolmogoroff[57]和 Hinze[58]导出临界 Weber 数为：

$$(We)_{\text{crit}} = [C_{26}\rho_c \overline{u^2(d)} d^3]/(\sigma d^2) = C_{27}\rho_c \varepsilon_m^{\frac{2}{3}} d^{\frac{5}{3}}/\sigma = 常数 \tag{15-4-39}$$

$$d_{\max} = C_{28}(\sigma/\rho_c)^{\frac{3}{5}} \varepsilon_m^{-\frac{2}{5}} \tag{15-4-40}$$

对于搅拌槽中的液-液分散体系，Shirma 导出：

$$d_{\max} = C_{29}(\sigma/\rho_c)^{\frac{3}{5}} N^{-\frac{6}{5}} d_I^{-\frac{4}{5}} \tag{15-4-41}$$

当液滴直径 d 小于 η 时，黏性剪切应力的影响大于惯性力的作用。若仅考虑黏性剪切应力，临界韦伯（Weber）数为：

$$(We)_{\text{crit}} = \mu_c(\partial u/\partial r)(d/\sigma) = f(\mu_d/\mu_c) \tag{15-4-42}$$

对于局部各向同性湍流，$(\partial u/\partial r)^2 = 2\varepsilon_m/(15\nu)$，Shinnar[59]导出了如下最大液滴直径表达式：

$$d_{\max} = C_{30}(\sigma\nu_c^{\frac{1}{2}}/\mu_c)\varepsilon_m^{-\frac{1}{2}} f(\mu_d/\mu_c) = C_{31}\sigma\nu_c^{\frac{1}{2}}\mu_c^{-1} N^{-\frac{3}{2}} d_I^{-1} f(\mu_d/\mu_c) \quad (d \ll \eta) \tag{15-4-43}$$

(2) 最小液滴直径 湍流的速度脉动将引起液滴间的相互碰撞，碰撞后液滴如果保持足够长时间的接触，以致排出液滴间的液膜，则碰撞后的液滴就可能发生聚并。Shinnar 认为，液滴之间存在着一种试图保持其相互接触的黏附力，该力的大小是液滴直径的函数，同时存在着一个最小液滴直径 d_{min}，当 $d<d_{min}$ 时，湍流涡旋便不再能分开碰撞后的两个液滴，此时便会发生液滴间的聚并；液滴的动能与黏附能的比决定了液滴是否聚并，其临界值为：

$$[\rho_c \overline{u^2(d)} d^3/E_a][\rho_c \overline{u^2(d)}] d^2/[A(h_0)] = 常数 \quad (15\text{-}4\text{-}44)$$

式中，$E_a = A(h_0)d$ 为黏附能；$A(h_0)$ 为常数，h_0 是相互接触的两液滴间液膜的最小厚度。由方程（15-4-37）和搅拌槽中的能量耗散关系 $\varepsilon_m \propto N^3 d_I^2$，Shinnar 得出最小液滴直径表达式为：

$$d_{min} = C_{32} \rho_c^{-\frac{3}{8}} \varepsilon_m^{-\frac{1}{4}} A(h_0)^{-\frac{3}{8}} = C_{33} \rho_c^{-\frac{3}{8}} N^{-\frac{3}{4}} d_I^{-\frac{1}{2}} \quad (d>\eta) \quad (15\text{-}4\text{-}45)$$

当 $d \ll \eta$ 时，黏性剪切力将对液滴的聚并起主导作用，液滴碰撞后是否发生聚并则取决于剪切力与黏附力之比，其临界值为[60]：

$$(\mu_c \nabla u d^2)/F = 常数 \quad (15\text{-}4\text{-}46)$$

式中，∇u 是局部速度梯度；F 为黏附力。由搅拌槽中的能量耗散关系 $\varepsilon_m \propto N^3 d_I^2$ 和 $\nabla \mu \propto \varepsilon_m^{\frac{1}{2}} \nu_c^{-\frac{1}{2}}$，Sprow[60] 得出：

$$d_{min} = C_{34} F^{\frac{1}{2}} \mu_c^{-\frac{1}{2}} \nu_c^{\frac{1}{4}} \varepsilon_m^{-\frac{1}{4}} = C_{35} F^{\frac{1}{2}} \mu_c^{-\frac{1}{2}} \nu_c^{-\frac{1}{4}} N^{-\frac{3}{4}} d_I^{\frac{1}{2}} \quad (d>\eta) \quad (15\text{-}4\text{-}47)$$

4.3.2 液-液分散动力学及其对传质的影响

对于液-液分散过程的描述一般是采用所谓的群体衡算方程（population balance equation）和相应的破碎、聚并过程的唯象模型。

Hulbert 和 Katz[61] 以及 Randolph 和 Larson[62] 发现，许多有关颗粒体系的问题，不能用传统的连续性速率公式解决。他们认为，与颗粒有关的过程是独特的，其中颗粒群由若干可数的实体所组成，而这些实体具有典型的分布性质，建议对颗粒数目的连续性采用所谓的群体衡算方程作为描述这类行为的基础。若颗粒的分布特征可用一组三维空间坐标和一组描述颗粒内部性质（如液滴的质量、直径、液滴内的溶质浓度等）的坐标表征，则群体衡算方程可表示成如下形式：

$$\frac{\partial n(X,t)}{\partial t} + \nabla[\dot{X} n(X,t)] = n^+(X,t) - n^-(X,t) \quad (15\text{-}4\text{-}48)$$

式中，n 代表在时间 t 单位体积的分散体系中位于坐标区间 $X, X+dX$ 之间的颗粒数目；$\dot{X}$ 是描述颗粒分布特征坐标的速度，它既可以是颗粒沿某一空间坐标方向的运动速度，又可以是颗粒内部性质变化的速度；$n^+(X,t)$ 和 $n^-(X,t)$ 分别为在时刻 t 由于性质的突然变化而进入和离开性质坐标区间 $X, X+dX$ 的颗粒数目。上式表明，在设备内部处于指定坐标区间之间颗粒的累积速率由两个部分组成：①由于颗粒进入和离开坐标区间时发生突变（例如液滴的破碎和聚并）引起的不连续变化而产生的净生成 $[n^+(X,t) - n^-(X,t)]$；②由于颗粒进入和离开性质坐标区间时坐标发生系统偏移（例如由于萃取传质引起的组成偏移）引起的连续性变化而产生的净生成 $[-\nabla \dot{X} n(X,t)]$。对于空间均匀分布的液-液分散系统，如对一个混合良好的连续流动的搅拌式萃取器，在无传质、传热及等温条件下，液滴的群体衡算方程有下述表现形式：

$$\frac{d[nvP(v,t)]}{dt} = B_B(v,t) - D_B(v,t) + B_C(v,t) - D_C(v,t)$$
$$+ [Q_I n_{vI} P_I(v,t)]/V - [Q_O n_{vO} P_O(v,t)/V] \quad (15\text{-}4\text{-}49)$$

上式右边的前两项表示在单位体积的分散体系中由于液滴的破碎所引起的体积为 v 的液滴增殖和死亡的速率；中间两项分别表示由于聚并所导致的体积为 v 的液滴增殖和死亡的速率；最后两项则为体积为 v 的液滴流进和流出萃取器的体积流率，V 为萃取器的体积。定义一组描述液滴破碎、聚并过程的函数，则 $B_B(v,t), D_B(v,t), B_C(v,t), D_C(v,t)$ 可相应地写成如下形式：

$$B_B(v,t) = \int_0^{v_{max}} n_v v(v') \beta(v',v) g(v') dv' \tag{15-4-50}$$

$$D_B(v,t) = g(v) n_v P(v,t) \tag{15-4-51}$$

$$B_C(v,t) = \int_0^{\frac{v}{2}} \lambda(v-v',v') h(v-v',v) n_v P(v-v',t) n_v P(v',t) dv' \tag{15-4-52}$$

$$D_C(v,t) = n_v P(v,t) \int_0^{v_{max}-v} \lambda(v,v') h(v,v') n_v P(v',t) dv' \tag{15-4-53}$$

Valentsa 等[63,64]首次将群体衡算方程应用于搅拌槽式萃取器中液-液分散性质的研究。此后，液-液分散性质的研究一直是一个比较活跃的课题，最初用于描述破碎、聚并性质的经验关联式已被基于流体力学原理所导出的唯象模型所代替，并已广泛应用于液-液分散体系中两相传质和反应过程的研究。Rietema[65]、Tavlarides 及 Stamatoudis[66]对这方面的工作做了较详细的总结。

研究液-液分散体系的性质是为了从更基本的原理分析两相流动与传质过程。液滴现象和传质之间存在着十分复杂的相互影响，迄今为止尚不能对此给出合理的定量关系。但是，就问题的某个方面进行定量分析还是有可能的。就液滴的破碎和聚并对传质的影响而言，一方面，它将对萃取设备内的宏观流动发生影响，从而影响传质；另一方面，液滴过程将直接影响液滴的微观混合，通过界面的变形、扰动及浓度的不断分布影响传质过程。就传质对液滴过程的影响而言，传质会对界面的性质产生影响，而所有的液滴过程（无论破碎还是聚并）总是与界面性质有关的，这一点在前面已做了介绍。

对于上述问题的任何一个方面，均已进行过大量研究，尤其是对于搅拌槽中的液-液分散和传质的研究已取得相当进展[67,68]，对于萃取柱中的两相流动与传质，已取得了积极的结果，对此将在第 6 章中加以简单介绍。

4.4 单液滴及液滴群传质

液滴的传质存在着四个不同的阶段：①液滴形成阶段，原来在喷嘴或筛孔上的静止小液滴扩大成较大的液滴并释放出来。②液滴释放阶段，液滴离开喷嘴或筛孔作加速运动。③液滴自由运动阶段，在此阶段内液滴以其终端速度作自由运动。④液滴聚并阶段。这几个阶段的传质各有不同。由于液滴释放阶段是近年来才有所认识，研究工作刚刚开始，在此不做进一步讨论。这里简单介绍其余三个阶段的传质规律。

4.4.1 液滴形成阶段的传质

许多研究表明，液滴形成时的传质量约为达到平衡时的总传质量的 20%[69~73]。由于实验外加的影响因素很多，又很难找到适当的测试技术，所以，测得的传质系数的一致性较差。

一般来说，液滴形成的传质系数可以写成：

$$k_{df} = C_{24}\left(\frac{D_d}{\pi t_f}\right)^{\frac{1}{2}} \tag{15-4-54}$$

式中，k_{df}是基于液滴最后形成的面积和时间的平均传质系数，常数C_{24}与液滴形成时的状态和所假设的传质机理有关。各种模型导出的C_{24}值在 0.857 和 3.4 之间，大多数数据是在 1.3～1.8 的范围内。Slater 提出，液滴在形成期间的萃取率可表示成：

$$E_f = 16.8[(D_d t_f)^{0.5}/d][1 + (\pi D_d t_f)^{0.5}/d] \tag{15-4-55}$$

4.4.2 液滴自由运动阶段的传质

(1) 液滴内的传质系数 当液滴直径很小、流速很小时，液滴内部如刚性球处于停滞状态。此时，可以导出液滴内的传质系数为：

$$k_d = -\frac{d}{6t}\ln\left[\frac{6}{\pi^2}\sum_{n=1}^{\infty}\frac{1}{n^2}\exp\left(\frac{-4n^2\pi^2 D_d t}{d^2}\right)\right] \tag{15-4-56}$$

如果液滴的接触时间比较长，负指数项中$n \geqslant 2$，以后诸项影响就较小，可取第一项作为近似解，即：

$$k_d = \frac{2\pi^2 D_d}{3d} \tag{15-4-57}$$

液滴较大时（$Re > 10$），液滴运动中由于曳力的作用，滴内会产生循环。Kronig 和 Brink[74]运用 Hadamard 流线方程解出液滴内滞流循环的传质模型，得出传质系数为：

$$k_d = -\frac{d}{6t}\ln\left[\frac{3}{8}\sum_{n=1}^{\infty}A_n^2\exp\left(-\lambda_n\frac{64D_d t}{d^2}\right)\right] \tag{15-4-58}$$

式中，A_n和λ_n为特征值和特征根。用获得式(15-4-57)的简化方法可以得出k_d的近似值为：

$$k_d = \frac{17.9 D_d}{d} \tag{15-4-59}$$

该模型计算得的传质系数大约是刚性球的 2.5 倍。

当液滴更大时（有人建议当$Re > 80$时），除了液滴内循环加剧外，液滴还会变形，产生振动和摆动，使液滴内的传质系数提高更多。Handlos 和 Baron[75]提出了湍流液滴循环理论模型。他们假设液滴内是势流，流线简化成圆球形，并认为两流线循环一圈后达到径向混合，从而导出传质系数为：

$$k_d = -\frac{d}{6t}\ln\left\{2\sum_{n=1}^{\infty}A_n^2\left[\exp\left(-\frac{16\lambda_n V_t t}{2048 d(1+\mu_d/\mu_c)}\right)\right]\right\} \tag{15-4-60}$$

取第一项特征值，液滴内传质系数可近似地表示为：

$$k_d = \frac{0.00375 V_t}{1 + \mu_d/\mu_c} \tag{15-4-61}$$

Johnson 等[76]的实验数据表明，上式可以应用于$Re < 50$的场合，当$Re > 50$时，迅速增加。Brunson 和 Wellek[77]根据文献报道的实验数据，对 12 个用于液滴振荡范围（Re 150～200）的传质模型进行了考查，推荐了 Skelland 和 Wellek[78]提出的经验关联式：

$$(Sh)_d = 0.32 Re^{0.68}\left(\frac{\sigma^3 \rho_c^2}{g\mu_c^4 \Delta\rho}\right)^{0.1}\left(\frac{4D_d t_c}{d^2}\right)^{-0.14} \tag{15-4-62}$$

式中，t_c 是接触时间。式(15-4-62)的绝对平均偏差为 15.6%。对于中等尺寸的液滴（球形液滴）和大液滴（扁平形液滴），Rozen 和 Bezzubova[79]提出：

$$(Sh)_d = 0.32 Re^{0.68}(Sc)_d^{0.5}\left(1+\frac{\mu_d}{\mu_c}\right)^{-0.5}, \quad 当 Re=10\sim 10^3 \tag{15-4-63}$$

和

$$(Sh)_d = 7.5\times 10^{-5} Re^{2.0}(Sc)_d^{0.56}\left(1+\frac{\mu_d}{\mu_c}\right)^{-0.5}, \quad 当 Re=10^2\sim 1.5\times 10^3 \tag{15-4-64}$$

在有连续相传质阻力的情况下，以上模型也可以求解，但特征值不一样，不能得出工程上常用的简化式。

(2) 液滴外的传质系数　在 White 和 Churchill[80]工作的基础上，Kinard 等[81]根据径向扩散、自然对流、强制对流和尾流对传质贡献的线性加和原理，提出可用下式计算刚性液滴外侧的传质系数：

$$(Sh)_c = 2.0+(Sh)_n+0.45 Re^{0.5}(Sc)_c^{\frac{1}{3}}+0.0484(Re)(Sc)_c^{\frac{1}{3}} \tag{15-4-65}$$

式中，右侧第一项表示扩散对传质的贡献；第二项表示自然对流的贡献；第三、四项分别表示顶部和尾涡对传质的贡献，(Sh) 主要考虑 (Gr) 的影响，根据 (Gr) 与 (Sc) 的乘积是否大于 10^8 由下述关系进行计算：

$$(Sh)_n = \begin{cases} 0.569[(Re)(Sc)_c^{\frac{1}{4}}], & 当 Gr(Sc)_c < 10^8 \\ 0.0254[(Gr)(Sc)]^{1/3}(Sc)_c^{0.144}, & 当 Gr(Sc)_c > 10^8 \end{cases} \tag{15-4-66}$$

应该注意，Gr 中的 $\Delta\rho$ 是指在界面处的连续相和连续相主体之间的密度差。

Rowe 等[82]提出：

$$(Sh)_c = 2+0.76(Re)^{\frac{1}{3}}(Sc)^{\frac{1}{3}} \tag{15-4-67}$$

对于存在内循环的液滴，当 $\left(\dfrac{4\Delta\rho d^2 g}{3\sigma}\right)\left(\dfrac{\rho_c^2\sigma^2}{g\mu_c^2\Delta\rho}\right)^{0.15} < 70$ 时，可以采用 Hughmark[83]的经验关联式估计液滴外传质系数：

$$(Sh)_c = \left[2+0.463 Re^{0.484}(Sc)_c^{0.339}\left(\frac{dg^{\frac{1}{3}}}{D_c^{\frac{2}{3}}}\right)^{0.072}\right]F \tag{15-4-68}$$

式中，

$$F = 0.281-1.615\kappa+3.37\kappa^2-1.874\kappa^3 \tag{15-4-69}$$

$$\kappa = Re^{\frac{1}{2}}\left(\frac{\mu_c}{\mu_d}\right)^{\frac{1}{4}}\left(\frac{\mu_c v_c}{\sigma g_c}\right)^{\frac{1}{6}} \tag{15-4-70}$$

通常，亦可根据下述简单的关联式来估计循环液滴外传质系数：

$$(Sh)_c = C_{25}(Re)^{\frac{1}{2}}(Sc)_c^{\frac{3}{2}} \tag{15-4-71}$$

Boussinesq[84]认为 C_{25} 值为 1.13，而 Garner 和 Tayeban[85]建议 C_{25} 值为 0.6。Tayeban[85]建议 C_{25} 值为 0.6。

对于振荡液滴，Garner 和 Tayeban[85]根据实验结果导出：

$$(Sh)_c = 50+0.0085 Re(Sc)_c^{0.7} \tag{15-4-72}$$

对于扁平-拉长振荡的液滴，Garner 和 Skellknd[86]从渗透理论导出液滴外传质系数为：

$$k_c = 2\left(\frac{D_c}{\pi t}\right)^{\frac{1}{2}} \tag{15-4-73}$$

4.4.3 液滴聚并阶段的传质

分散相液滴的聚并速度对萃取设备的处理能力有很大的影响，分散相聚并时的传质对总传质也有一定的贡献。Treybal[44]推荐，在液滴的形成或聚并阶段，可用下式估计出基于分散相的总传质系数：

$$K_{cd} = \frac{0.805}{m}\left(\frac{D_c}{t_1}\right)^{\frac{1}{2}} \tag{15-4-74}$$

需要指出的是，目前对液滴聚并期间传质行为尚缺乏了解，对于液滴聚并阶段的传质速度尚无很好的计算方法。

参考文献

[1] Sternling C V, Scriven L E. AIChE J, 1959, 5: 514.
[2] 吴俊生，邓修，陈同芸. 分离工程. 上海：华东化工学院出版社, 1992.
[3] Aranow R H, Witter L. Phys Fluids, 1963, 6: 535.
[4] Berg J C, Morig C R. Chem Eng Sci, 1969, 24: 937.
[5] Lewis J B, Pratt H R C. Nature, 1953, 171: 1155.
[6] Lapidus L, Elgin J C. AIChE J, 1957, 3: 63.
[7] Gayler R, Pratt H R C. Trans Instn Chem Engr, 1951, 29: 89.
[8] Sterner L, Hartland S. handbook of fluids in motion. Michigan: Ann Arbor Science Publishers, 1983.
[9] Satish L, Degaleesan J E, Laddha G S. Indian Chem Eng, 1974, 16: 36.
[10] Vedaiyan S, Degaleesan T E, Laddha G S. Indian J Technol, 1974, 12: 135.
[11] Sitaramayya T, laddha G S. Chem Eng Sci, 1961, 13: 263.
[12] Chandrasekharan P, Laddha G S. Chemical Process Design//A Symposim, 1961. New Delhi: Council of Secientific and Industrial Research, 1963: 129.
[13] Degaleesan T E, Laddha G S. Indian J Technol, 1965, 3: 137.
[14] Krishman M R V, Degaleesan T E, Laddha G S. Paper No. HMT-9-71, First National Heat and Mass Transfer Conference, Madras: Indian Institute of Technology, 1971.
[15] Prabhu N, Agarwal A K, Degaleesan T E, Laddha G S. Indian J Technol, 1976, 14: 55.
[16] 朱慎林，张宝清，沈忠耀，汪家鼎. 化工学报, 1982, 33(1): 1-13.
[17] Thornton J D. Trans Instn Chem Engr, 1937, 35: 316.
[18] Laddha G S, Kannappan R, Degaleesan T E. Can J Chem Eng, 1978, 56: 137.
[19] Kung E Y, Beckmann R B. AIChE J, 1961, 7: 319.
[20] Misek T. Rotating Disc Extraction column and Their calculation, No. 13, Metody a Pockody Chemicke Technologies. Prague: State Publishing House of Technical Liturature, 1964.
[21] Baird M H I, Shen Z J. Can J Chem Eng, 1984, 62: 218.
[22] Baird M H I, Lane S J. Chem Eng Sci, 1973, 28: 947.
[23] Elgin J C, Browning F M. Trans Am Instn Chem Eng, 1935, 31: 639.
[24] Minard G W, Johnson A I. Chem Eng Prog, 1953, 48: 62.
[25] Sakiadis D C, Johnson A I. Ind Eng Chem, 1954, 46: 1229.
[26] Houlihan R, Landau J. Can J Chem Eng, 1974, 52: 758.
[27] Watson J S, McNeese L E, Day J, et al. AIChE J, 1975, 21: 1080.
[28] Crawford J W, Wilke C R. Chem Eng Prog, 1951, 47: 423.
[29] Breckenfeld D R, Wilke C R. Chem Eng Prog, 1950, 46: 187.
[30] Venkataman G, Laddha G S. AIChE J, 1960, 6: 355.

[31] Baird M H I, McGinnis R G, Tan G C. Prog Int Solvent Extraction Conf, The Hagnue, 1971, Vol. 1. London: Sociey of Chemical Industry, 1971: 251.
[32] Hafez M M, Baird M H I, Nirdoshi I. Can J Chem Eng, 1970, 57: 150.
[33] 苏立民, 娄贵昌, 黄安吉, et al. 化工学报, 1982, (3): 201.
[34] Slater M J, Can J. Chem Eng, 1985, 63: 1004.
[35] Smoot L D, Mar B W, Babb A L. Ind Chem Eng, 1959, 51: 1005.
[36] 汪家鼎, 沈忠耀, 汪晨藩. 化工学报, 1965, (4): 215.
[37] Lei X, Dai Y Y, Shen Z Y, et al. Proc CIESC/AIChE Joint Meeting of Chem Eng, 1982: 538.
[38] Krishnaswamy T R, Chandramouli S, Sunna Rau M G, Landdha G S. Indian Chem Eng, 1967, 9: T59.
[39] Hayworth C B, Treybal R E. Ind Eng Chem, 1950, 42: 1174.
[40] Devotta S. University of Madras, 1978; Chandrasekharan K, Devotta S. Paper No H2 21CHISA Conference 1978, Prague.
[41] Vedaiyan S, Degaleesan T E, Laddha G S, et al. AIChE J, 1972, 18: 161.
[42] Lewis J B, Johes I, Pratt H R C. Trans Instn Chem Eng, 1957, 35: 301.
[43] Gayler R, Pratt H R C. Trans Instn Chem Eng, 1957, 35: 267.
[44] Treybal R E. Liquid Extraction. 2nd. New York: McGraw Hill, 1963.
[45] Zhu S L, Ye G Q, Ke J X, et al. Hydrodynamics and mass transfer of a sieve plate column for liquid-liquid extracrion//Sekine T, Kusakate S. Solvent Extraction 1990; Proc Int Solvent Extraction Conf. Amsterdam: Elsevier, 1992: 1369.
[46] Oloidi J O, Jeffreys G V, Mumford C J. Proc Int Solvent Extraction Conf. Munich, 1986: 157.
[47] Hu S, Kinter R C. AIChE J, 1955, 1: 42.
[48] Thornton J D, Pratt H R C. Trans Instn Chem Eng, 1953, 31: 289.
[49] Steinour H H. Ind Eng Chem, 1944, 36: 618.
[50] Kunmar A, Vohra D K, Hartland S. Can J Chem Eng, 1980, 58: 54.
[51] Kunmar A, Vohra D K, Hartland S. Can J Chem Eng, 1985, 63: 368.
[52] Marucci G. Ind End Chem Fudam, 1965, 2: 224.
[53] Ishii M, Zuber N. AIChE J, 1979, 25: 843.
[54] Barnea E Mizrahi. Chem Eng, 1973, 5: 171; Can J Chem Eng, 1975, 53: 461.
[55] Bao X J, Chen J Y. Chinese J Chem Eng, 1994, 2: 8.
[56] Kolmogoroff A N. C R Acad Sci USSR, 1941, 30: 301; 1955, 32: 16.
[57] Kolmogoroff A N. Doke Akad Nauk SSSR, 1949, 66: 825.
[58] Hinze J O. AIChE J, 1955, 1: 289.
[59] Shinnar R. J Fluid Mech, 1961, 10: 259.
[60] Sprow F B. AIChE J, 1967, 13: 995.
[61] Hulbert H M, Katz S. Chem Eng Sci, 1964, 19: 555.
[62] Randolph A D, Larson M A. Theory of Particlate Prcoesses. New York: Academic Press, 1971.
[63] Valentsa K J, Amundson N R. Ind Eng Chem Fundam, 1966, 5: 533.
[64] Valentsa K J, Bilous D, Amundson N R. Ind Eng Chem Fundam, 1966, 5: 271.
[65] Rietema I, Adv Chem Eng, 1964, 5: 237.
[66] Tavlarides L L, Stamatoudis M. Adv Chem Eng, 1981, 11: 199.
[67] Bapat P M, Tavlarides L L. AIChE J, 1985, 31: 659.
[68] Tavarides L L, Bapat P M. AIChE Symposium Series, 1984, 80.
[69] Gregory C L. MIT, 1957.
[70] Heertjes P M, De Nie L H. Chem Eng Sci, 1966, 21: 755.
[71] Licht W Jr, Pansing W D. Ind Eng Chem, 1953, 45: 1885.
[72] Popovich A T, Jervis R E. Trans O Chem Eng Sci, 1964, 19: 357.
[73] Slater M J. Proc 2nd Int conf Separation Sci Technol, Paper No. s3-la. Ontario: Hamilton, 1989.
[74] Kronig R, Brink J C. Appl Sci Res, 1950, A2: 142.
[75] Handlos A E, Baron T. AIChE J, 1957, 3: 127.

[76] Johnson A I, Hamiclec A E. AIChE J, 1960, 6: 145.
[77] Brunson R J, Wellek R M. Can J Chem Eng, 1970, 48: 267.
[78] Skelland A H P, Wellek R M. AIChE J, 1964, 10: 491.
[79] Rozen A M, Bezzubova A I. Chem Eng, 1968, 2: 715; Osnouy Khim Tekh, 1968, 2: 850.
[80] White R R, Churchill S W. AIChE J, 1959, 5: 354.
[81] Kinard G E, Manning F S, Manning W P. Brit Chem Eng, 1963, 8: 326.
[82] Rowe P N, Claxton K T, Lewis J B. Trans instn Chem Eng, 1965, 43: 14.
[83] Hughmark G A. Ind Eng Chem Funda, 1967, 6: 408.
[84] Boussinesq J J J. Math Pure Appl, 1905, 60: 285.
[85] Garner F H, Tayeban M. An R Soc Esp Fis Quim, 1960, 56B: 479.
[86] Garner F H, Skelland A H P. Ind Eng Chem, 1955, 46: 1255.

符号说明

A	面积，m^2；振幅，m；常数，无量纲
A_n	特征值，无量纲
$A(h_0)$	凝聚常数
a	比表面积，$m^2 \cdot m^{-3}$
a_p	填料因子，m^{-1}
$B_B(v,t)$	单位体积内由于大液滴破碎所引起的体积为 v 的液滴的增殖速率
$B_C(v,t)$	单位体积内由于聚并所导致的体积为 v 的液滴的增殖速率
C	总浓度，$kg \cdot m^{-3}$ 或 $mol \cdot m^{-3}$
C_D	曳力系数，无量纲
C_i	模型参数，$i=1, 2, \cdots$
C_p	筛板收缩因子，无量纲
D	扩散系数，$m^2 \cdot s^{-1}$
$D_B(v,t)$	单位体积内由于破碎引起的体积为 v 的液滴的死亡速率
$D_C(v,t)$	单位体积内由于聚并引起的体积为 v 的液滴的死亡速率
D_d	分散相内的扩散系数
D_R	转盘直径，m
D_S	固定环直径，m
D_T	容器或萃取柱的直径，m
d	液滴直径，m
d_e	当量液滴直径，m
d_{pc}	临界填料尺寸，m
d_I	搅拌桨直径，m
d_J	射流直径，m
d_m	平均液滴直径，m
d_{max}	最大稳定液滴直径，m
d_{min}	最小液滴直径，m
d_0	孔径，m
d_N	喷嘴直径，m
d_{Nc}	临界喷嘴直径，m
d_p	填料尺寸，m
d_{32}	Sauter 平均液滴直径，m

E_a	黏附能,J	
E_f	液滴形成期间的萃取率,无量纲	
e	空隙率,无量纲	
F	黏附力,N	
Fr	Froude 数,$\left(\dfrac{\sigma}{D_R N^2}\right)$	
f	函数表达式	
G	重力数,$\left(\dfrac{g\Delta\rho\rho_c d_e^3}{\mu_c^2}\right)$,无量纲	
G_1	$\left(\dfrac{\mu_c}{D_R}\right)^{0.5}\left(\dfrac{D_S}{D_R}\right)^{2.1}\left(\dfrac{D_R}{D_T}\right)^{2.4}$,无量纲	
g	重力加速度,$9.81\ \text{m}\cdot\text{s}^{-2}$	
$g(d)$	直径为 d 的液滴的破碎频率,s^{-1}	
$g(v)$	体积为 v 的液滴的破碎频率,s^{-1}	
H_C	板间距或级高,m	
h_0	最小液膜厚度,m	
$h(v,v')$	液滴间的聚并频率,s^{-1}	
J	扩散通量,$\text{kg}\cdot\text{mol}\cdot\text{m}^{-3}\cdot\text{s}^{-1}$	
K	总传质系数,$\text{kg}\cdot\text{mol}\cdot\text{m}^{-2}\cdot\text{s}^{-1}\cdot\Delta X^{-1}$	
k_c,k_d	液滴外和液滴内传质系数	
k_{df}	液滴形成的传质系数	
K_I	界面分传质系数,$\text{kg}\cdot\text{mol}\cdot\text{m}^{-2}\cdot\text{s}^{-1}\cdot\Delta X^{-1}$ 或 ΔY^{-1}	
k_L	液相传质系数	
K_X	基于 ΔX 的传质系数,$\text{kg}\cdot\text{mol}\cdot\text{m}^{-2}\cdot\text{s}^{-1}\cdot\Delta X^{-1}$	
k_x	基于 Δx 的分传质系数,$\text{kg}\cdot\text{mol}\cdot\text{m}^{-2}\cdot\text{s}^{-1}$	
K_Y	基于 ΔY 的传质系数,$\text{kg}\cdot\text{mol}\cdot\text{m}^{-2}\cdot\text{s}^{-1}\cdot\Delta Y^{-1}$	
k_y	基于 Δy 的分传质系数,$\text{kg}\cdot\text{mol}\cdot\text{m}^{-2}\cdot\text{s}^{-1}$	
L	长度,m	
m	斜率,无量纲	
N	转速,s^{-1};相对于静止坐标的摩尔通量,$\text{kg}\cdot\text{mol}\cdot\text{m}^{-2}\cdot\text{s}^{-1}$	
Gr	Grashof 数,$\left(\dfrac{gd^3\Delta\rho}{\rho}\right)\left(\dfrac{\rho}{\mu}\right)^2$,无量纲	
Re	液滴雷诺数,无量纲	
$(Sc)_c$	基于连续相性质的 Schmidt 数,无量纲	
$(Sc)_d$	基于分散相性质的 Schmidt 数,无量纲	
$(Sh)_c$	连续相的 Sherwood 数,无量纲	
$(Sh)_d$	分散相的 Sherwood 数,无量纲	
$(Sh)_n$	自然对流的舍伍德(Sherwood)数,无量纲	
We	韦伯(Weber)数,无量纲	
$(We)_{crit}$	临界韦伯(Weber)数,无量纲	
$(We)_n$	液滴的(Weber)数	
$n(X,t)$	时刻 t 处于坐标区间 $X,X+dX$ 之间的颗粒个数,m^{-3}	
$n^+(X,t)$	t 时刻由于性质突然变化进入坐标区间 $X,X+dX$ 的颗粒数目,m^{-3}	
$n^-(X,t)$	t 时刻由于性质突然变化离开坐标区间 $X,X+dX$ 的颗粒数目,m^{-3}	

n_v	单位体积分散体系中液滴的个数，m^{-3}
n_{vI}	流进搅拌槽的每单位体积分散体系中的液滴个数，m^{-3}
n_{vO}	流出搅拌槽的每单位体积分散体系中的液滴个数，m^{-3}
P	物性数
Q_I	流进搅拌槽的分散体系的流量，$m^3 \cdot s^{-1}$
Q_O	流出搅拌槽的分散体系的流量，$m^3 \cdot s^{-1}$
q	指数，无量纲
R	流比，V_d/V_c，无量纲；传质阻力；$kg^{-1} \cdot mol^{-1} \cdot m^2 \cdot s \cdot (\Delta X \text{ 或 } \Delta Y)^{-1}$
r	湍流涡旋之间的距离，m
t_c	接触时间，s
t_1	液滴的形成时间，s
u	湍流的特征速度，$m \cdot s^{-1}$
∇u	局部速度梯度，s^{-1}
$\overline{u^2(r)}$	距离为 r 的两点间相对速度脉动的均方值，$m^2 \cdot s^{-2}$
u_N	流体通过喷嘴孔的速度，$m \cdot s^{-1}$
V	体积，m^3；表观流速，$m \cdot s^{-1}$
V_K	特征速度，$m \cdot s^{-1}$
V_S	滑动速度，$m \cdot s^{-1}$
V_1	终端速度，$m \cdot s^{-1}$
v	液滴体积，m^3
X	重相浓度，任意单位
X_{AR}	和轻相主体浓度相平衡的重相中溶质 A 的浓度，任意单位
x	重相中溶质的摩尔分数，无量纲
Δx	$x - x'$，无量纲
Y	轻相浓度，任意单位
Y_{AS}	和重相主体浓度相平衡的轻相中溶质 A 的浓度，任意单位
y	轻相中组元的摩尔分数，无量纲
Δy	$y^* - y^+$，无量纲
z	坐标，m

希腊字母

α	参数，无量纲
β	子液滴的概率分布密度函数；参数，无量纲
ε	开孔率，无量纲
ε_m	单位质量流体的能量耗散速度，$W \cdot kg^{-1}$
ε_V	单位体积流体的能量耗散速度，$W \cdot m^{-3}$
η	湍流特征长度，m
λ_n	特征值，无量纲
μ	黏度，$Pa \cdot s$
ν	运动黏度，$m^2 \cdot s^{-1}$；液滴破碎形成的子液滴数，无量纲
ρ	密度，$kg \cdot m^{-3}$
$\bar{\rho}$	平均密度，$kg \cdot m^{-3}$
$\Delta \rho$	密度差，$kg \cdot m^{-3}$
σ	界面张力，$N \cdot m^{-1}$
Φ	分散相的操作滞存率，无量纲

$$\psi = \left(\frac{\sigma^3 \rho_c}{\mu_c^4 g}\right)^{\frac{1}{4}} \left(\frac{\Delta \rho}{\rho_c}\right)^{\frac{3}{5}}$$

上标

*	界面平衡

下标

A	组元 A
B	组元 B
c	连续相
cf	连续相液泛的
d	分散相
df	分散相液泛的
f	液泛
I	界面
i	组元 i
j	组元 j
lm	对数平均
m	混合物；平均
N	喷嘴
n	自然对流
peak	峰值
R	萃余相
S	溶剂、萃取相
W	水
X	X 相
Y	Y 相

5 逐级萃取过程及计算

5.1 逐级萃取过程分析

5.1.1 平衡级萃取

逐级萃取过程是工业生产中广泛应用的一类萃取过程。对于这类逐级萃取过程的分析和设计通常是借助于平衡级的概念进行的。如图 15-5-1 所示的单级萃取过程，原始料液 F 和溶剂 S 以一定速率加入混合器，所得的混合液 M 再经一澄清分离器进行澄清分相，从而得到萃取液 E 和萃余液 R，这两液相以一定速率离开澄清分离器。该过程可以连续，也可以分批进行。设萃取体系为一三元体系，A 和 B 为欲分离的两种组分，C 为溶剂。如果两相有足够的接触时间，混合器内每个相内的浓度均匀，被萃取组分在两相间的分配满足热力学平衡条件，接触后再把两相分开，即可认为已达到了一个平衡级接触。平衡级概念广泛用于逐级

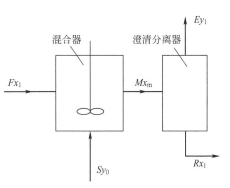

图 15-5-1 单级萃取过程示意图

萃取过程的设计，计算达到所要求的分离程度需要的平衡级数（或叫做理论级数）。当与基于质量传递速度有关的级效率联系起来时，由平衡级数可确定所需的实际级数。

5.1.2 单级萃取过程分析——逐级萃取计算方法简介

(1) 三角形图解法 两种三角形坐标（即正三角形和直角三角形）均可用于图解计算（图 15-5-2）。此时两相浓度一般采用质量分数或摩尔分数。对如图 15-5-1 所示的单级萃取过程做物料衡算如下。

对总物料 A+B+C：
$$F+S=M=R+E \tag{15-5-1}$$

对组分 A：
$$Fx_{fA}+Sy_{0A}=Mx_{mA}=Rx_{1A}+Ey_{1A} \tag{15-5-2}$$

对于组分 C（溶剂）：
$$Fx_{fC}+Sy_{0C}=Mx_{mC}=Rx_{1C}+Ey_{1C} \tag{15-5-3}$$

由上面的线性方程组，在三角形坐标上可以得到下列关系：

$$\frac{F}{S}=\frac{x_{mA}-y_{0A}}{x_{fA}-x_{mA}}=\frac{\overline{MS}}{\overline{MF}} \tag{15-5-4}$$

$$\frac{R}{E}=\frac{y_{1A}-x_{mA}}{x_{mA}-x_{1A}}=\frac{\overline{ME}}{\overline{MR}} \tag{15-5-5}$$

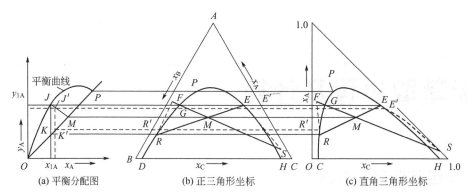

图 15-5-2 采用三角形坐标时的单级萃取图解

从而可以确定经过单级萃取后两相的流量及浓度 [图 15-5-2(a)、(b)]。

将三角形图中的结线两端的平衡组分投影到 y_A-x_A 图上,即得平衡曲线 [图 15-5-2(a) 中的 OJP 曲线],将三角形图中的 M 点投影到 y_A-x_A 图的对角线上,根据关系式(15-5-5),从 y_A-x_A 图上的 M 点作斜率为 $-\dfrac{R}{E}$ 的直线,使之交于平衡线,其交点为 J,此 J 点即为经过单级萃取达到平衡后两相中组分 A 的浓度坐标 [图 15-5-2(a) 中的 MJ 线],MJ 线称为操作线。从平衡分配图中的平衡曲线可以投影返回到三角形图上,以确定结线 $\overline{RE}$ 的位置,勿需反复试差。

(2) Janecke[1] 图解法 采用 Janecke 坐标时,在符号上方均加横线以示区别,单级萃取时的物料衡算式如下。

对组分 A+B+C:
$$\overline{F}+\overline{S}=\overline{M}=\overline{R}+\overline{E} \tag{15-5-6}$$

对组分 A:
$$\overline{F}x_{fA}+\overline{S}y_{0A}=\overline{M}x_{mA}=\overline{R}x_{1A}+\overline{E}y_{1A} \tag{15-5-7}$$

对于组分 C(溶剂):
$$\overline{F}x_{fC}+\overline{S}y_{0C}=\overline{M}x_{mC}=\overline{R}x_{1C}+\overline{E}y_{1C} \tag{15-5-8}$$

根据此线性方程组,在 Janecke 坐标上同样可以得出:①直线规则,即 F、M、S 在一直线上,R、M、E 也在一直线上;②杠杆规则,即

$$\dfrac{\overline{F}}{\overline{S}}=\dfrac{\overline{x}_{mA}-\overline{y}_{0A}}{\overline{x}_{fA}-\overline{x}_{mA}}=\dfrac{\overline{MS}}{\overline{MF}} \tag{15-5-9}$$

$$\dfrac{\overline{R}}{\overline{E}}=\dfrac{\overline{y}_{mA}-\overline{x}_{mA}}{\overline{x}_{mA}-\overline{x}_{1A}}=\dfrac{\overline{ME}}{\overline{MR}} \tag{15-5-10}$$

从而确定经过单级萃取后两相的流量及浓度 [图 15-5-3(a)]。

将 Janecke 坐标图中结线两端的平衡组分投影到 $\overline{y}_A$-$\overline{x}_A$ 图上,即得平衡曲线 [图 15-5-3(b) 中的 OJP 线],同样将 Janecke 图中的 M 点投影到 $\overline{y}_A$-$\overline{x}_A$ 图中的对角线上,根据关系式(15-5-10),从 $\overline{y}_A$-$\overline{x}_A$ 图上的 M 点作斜率为 $-\dfrac{\overline{R}}{\overline{E}}$ 的直线,使之交于平衡线上的 J 点,MJ 线为单级萃取操作线,J 点为经单级萃取达到平衡后的两相中组分 A 的浓度坐标。

(3) McCabe-Thiele[2] 图解法 对于两溶剂互不相溶的三元萃取体系,使用 McCabe-Thiele 图解法是极为有效的。此时,$R=F$,$E=S$。所以,对图 15-5-4 所示的单级萃取过程,有如下物料平衡方程:

$$Rx_{fA}+Ey_{0A}=Rx_{1A}+Ey_{1A} \tag{15-5-11}$$

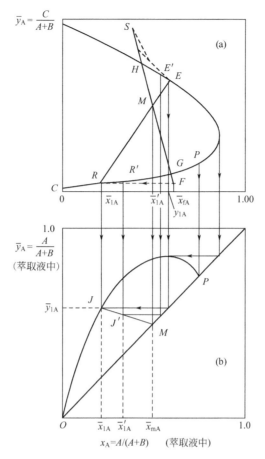

图 15-5-3 采用 Janecke 坐标单级萃取图解示意图
(a) Janecke 图；(b) 平衡分配图

或：
$$y_{1A} = y_{0A} - \frac{R}{E}(x_{1A} - x_{fA}) \qquad (15\text{-}5\text{-}12)$$

式(15-5-11)或式(15-5-12)即是通常所谓的操作线方程。在 y-x 坐标图上（图 15-5-4），平衡曲线为 OP，操作线即为通过 $M(x_f, y_0)$ 及 $J(x_1, y_1)$ 两点的直线，其斜率为 $-\frac{R}{E}$，因 x_1 与 y_1 达到平衡，所以 J 点落在平衡曲线上，J 点所表示的组成即为两相离开萃取器以后的组成。

(4) 代数公式法 对于两溶剂互不相溶、分配系数为常数的三元萃取体系，使用代数公式法计算是十分简单的。令组元 A 的分配系数为 m_A，即：

$$m_A = \frac{y_{1A}}{x_{1A}} \qquad (15\text{-}5\text{-}13)$$

又令萃取相与萃余相中组分 A 的总量之比

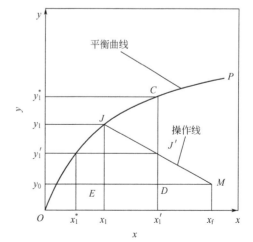

图 15-5-4 溶剂不互溶体系的 McCabe-Thiele 图解法示意图

为萃取因子 ε_A，即：

$$\varepsilon_A = \frac{Ey_{1A}}{Rx_{1A}} = \frac{E}{R}m_A \tag{15-5-14}$$

略去右下标 A，若两相达到平衡，则根据组分 A 的物料衡算式，可以得到：

$$y_1 = \frac{mx_f + \varepsilon y_0}{1+\varepsilon} \tag{15-5-15}$$

则单级萃取后 A 组元被萃取的分率，即萃取率为：

$$\rho = \frac{Ey_1}{Rx_f} = \frac{\varepsilon\left(1 + \frac{Ey_0}{Rx_f}\right)}{1+\varepsilon} \tag{15-5-16}$$

若原始有机溶剂内不含被萃组分，即 $y_0 = 0$，则得：

$$y_1 = \frac{mx_f}{1+\varepsilon} \tag{15-5-17}$$

$$\rho = \frac{\varepsilon}{1+\varepsilon} = \frac{1}{\frac{1}{\varepsilon}+1} \tag{15-5-18}$$

由上式可见，若萃取因子 ε 愈大即分配系数 m 愈大，以及流比 $\frac{E}{R}$（即有机溶剂与原始料液流比）愈大，则萃取率 ρ 愈高。

上述四种用于逐级萃取过程的计算方法，都可以较容易地推广运用于多级过程的计算。三角形图解法和 Janecke 图解法的确是相当直接的，尤其用于溶剂部分互溶的三元体系更有其优点。当有现成的三元相图可以利用时，对于溶剂互不相溶的三元体系，使用 McCabe-Thiele 图解法和代数公式法，就更为简便。这两种方法的区别在于：McCabe-Thiele 法可以用于平衡曲线不是直线的场合，而代数公式法则一般用于分配系数为常数的多级萃取过程的计算，且可以用较为简便的数学表达式表示计算结果，这对于考查萃取条件如两相的流率、级数等对萃取过程的影响是十分方便的。

需要指出的是，上述各种方法一般来说只适用于三元萃取体系。对于涉及三元以上体系的多级萃取过程，通常采用的是矩阵法[3]。它既可以用于溶剂不互溶的情况，又可用于溶剂互溶的情况，而且对于不相同的级数，其解法的程序是相同的，并可由计算机求解直接得到逐级浓度。

鉴于上述分析，本手册重点介绍三种多级萃取过程的计算方法，即用于一般情况的矩阵法、用于溶剂互不相溶体系的代数公式法和 McCabe-Thiele 图解法。

5.2 多级错流萃取

5.2.1 多级错流萃取流程

多级错流萃取流程如图 15-5-5 所示。原料液从第一级引入，每一级均加入新鲜溶剂 S，由第一级所得的萃余相 R_1 引入第二个萃取器与新鲜溶剂相遇再次萃取。由第二级萃取器所

得的萃余相 R_2 可再引入萃取器 3 继续萃取。由最后一级引出的萃余液中所含的溶质量已符合分离要求。将各级排出的萃取液汇集，一起成为混合萃取液，因其中含有大量溶剂，所含溶质浓度小，因此除分离所含溶质外，还需经溶剂回收设备回收溶剂。在多级错流萃取流程中，由于各级均加入新鲜溶剂，萃取的传质推动力大，因而效果较好，但是溶剂耗用量大，溶剂回收费用高。

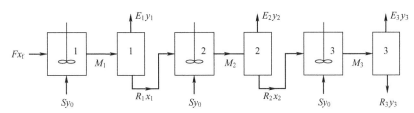

图 15-5-5 多级错流萃取过程流程图

5.2.2 溶剂部分互溶体系的矩阵解法

对于溶剂部分互溶的三元体系，使用三角形图解法和 Janecke 图解法是十分方便的。对于多组元体系，矩阵法是一种较通用的方法。参见图 15-5-5 所示的多级错流萃取过程，若萃取级数用右下标 i 表示，组分用右下标 j 表示，令每种组分的两相流量用 l、v 表示，则对任意一级必满足下述关系：

$$\left. \begin{array}{l} l_{ij}=R_i x_{ij}, R_i=\sum_j l_{ij}, \sum_j x_{ij}=1 \\ v_{ij}=E_i y_{ij}, E_i=\sum_j v_{ij}, \sum_j y_{ij}=1 \end{array} \right\} \quad (15\text{-}5\text{-}19)$$

分配系数
$$m_{ij}=\frac{y_{ij}}{x_{ij}} \quad (15\text{-}5\text{-}20)$$

萃取因子
$$\varepsilon_{ij}=\frac{E_i y_{ij}}{R_i x_{ij}}=\frac{v_{ij}}{l_{ij}} \quad (15\text{-}5\text{-}21)$$

根据图 15-5-5，对任意组分 j 逐级进行物料衡算，有：

$$\left. \begin{array}{l} Fx_1+S_1 y_0=E_1 y_1+R_1 x_1 \\ R_1 x_1+S_2 y_0=E_2 y_2+R_2 x_2 \\ \cdots \\ R_{N-1} x_{N-1}+S_{N-1} y_0=E_N y_N+R_N x_N \end{array} \right\} \quad (15\text{-}5\text{-}22)$$

在式(15-5-22) 中，省略了下标 j。应用式(15-5-19)～式(15-5-21)，对式(15-5-22) 经移项整理即可得到一个 N 阶线性方程组，可写成如下矩阵形式：

$$\begin{bmatrix} -(1+\varepsilon_1) & 0 & 0 & \cdots & 0 & 0 \\ 1 & -(1+\varepsilon_2) & 0 & \cdots & 0 & 0 \\ 0 & 1 & -(1+\varepsilon_3) & \cdots & 0 & 0 \\ & & & \cdots & & \\ 0 & 0 & 0 & \cdots & 1 & -(1+\varepsilon_N) \end{bmatrix}$$

$$\times \begin{bmatrix} l_1 \\ l_2 \\ l_3 \\ \vdots \\ l_N \end{bmatrix} = \begin{bmatrix} -Fx_f + S_1 y_0 \\ -S_2 y_0 \\ -S_3 y_0 \\ \vdots \\ -S_N y_0 \end{bmatrix} \tag{15-5-23}$$

由于式(15-5-23)的简单形式,容易得出 l_i 的递推公式如下:

$$\left. \begin{aligned} l_1 &= \frac{1}{1+\varepsilon_1}(Fx_f + S_1 y_0) \\ l_2 &= \frac{1}{1+\varepsilon_2}(l_1 + S_2 y_0) \\ &\cdots \\ l_N &= \frac{1}{1+\varepsilon_N}(l_{N-1} + S_N y_0) \end{aligned} \right\} \tag{15-5-24}$$

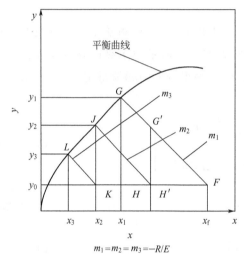

图 15-5-6 溶剂互不相溶时三级错流过程的 McCabe-Thiele 图解法

体系内若有 j 个组元,则可列出 j 个矩阵式,在解矩阵(15-5-23)前,必须预先假定一系列的 ε_{ij} 值,这样可以解出 N_j 个 l_{ij} 值,再算出 v_{ij} 值,从而得到各级的 x_{ij}、y_{ij} 值,再根据算出的 x_{ij}、y_{ij} 值,重新计算各级、各组分的 m_{ij} 及 ε_{ij} 值,经过反复迭代直到假定的 m_{ij} 值与解出的 x_{ij}、y_{ij} 相符为止。文献[4,5]中详细介绍了各种加速迭代的方法。

5.2.3 溶剂互不相溶的萃取体系

(1) McCabe-Thiele 图解法 图 15-5-6 示出了三级错流萃取时采用 McCabe-Thiele 图解法的过程。若错流各级所用的有机溶剂量不相等,则各操作线不平行,图解的其他步骤仍相同。

(2) 代数公式法 若各级的萃取因子相等,即 $\varepsilon_1 = \varepsilon_2 = \varepsilon_3 = \cdots = \varepsilon_N = \varepsilon$,且各级所用的有机溶剂量相等,则可用代数公式法计算。此时,$E = S$,$R = F$,故式(15-5-24)可以简化为:

$$\left. \begin{aligned} x_1 &= \frac{1}{1+\varepsilon}\left(x_f + \frac{E}{R} y_0\right) \\ x_2 &= \frac{1}{1+\varepsilon}\left(x_1 + \frac{E}{R} y_0\right) \\ &\cdots \\ x_N &= \frac{1}{1+\varepsilon}\left(x_{N-1} + \frac{E}{R} y_0\right) \end{aligned} \right\} \tag{15-5-25}$$

或者更一般地表示为:

$$x_N = \left(x_f - \frac{y_0}{m}\right)\left(\frac{1}{1+\varepsilon}\right)^N + \frac{y_0}{m} \tag{15-5-26}$$

将式(15-5-26)进行移项整理取对数后得

$$\lg \frac{x_N - \dfrac{y_0}{m}}{x_f - \dfrac{y_0}{m}} = -N\lg(1+\varepsilon) \tag{15-5-27}$$

由式(15-5-27)可见，若以 $\lg \dfrac{x_N - \dfrac{y_0}{m}}{x_f - \dfrac{y_0}{m}}$ 为纵坐标、级数 N 为横坐标作图，则对不同的萃取体系（即不同萃取因子 ε 的体系）可以得到不同的直线，这些直线的斜率分别为 $\lg(1+\varepsilon)$（图 15-5-7）。这样作成一系列图线，可通过直接读图求出理论级数 N。

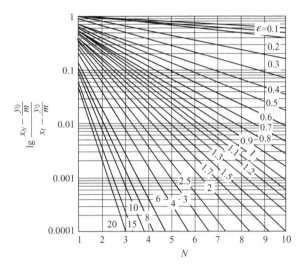

图 15-5-7　溶剂不互溶、萃取因子 ε 为常数、各级所用的有机溶剂量相等时，多级错流萃取流程中理论级数 N 与末级浓度 x_N 的关系图线

各级的萃取液混合后，在总萃取液中被萃取组分浓度的计算公式为：

$$y = \frac{\sum\limits_{n=1}^{N} y_n}{N} = \frac{R(x_f - x_N)}{NE} + y_0 \tag{15-5-28}$$

5.3　多级逆流萃取

5.3.1　多级逆流萃取流程

多级逆流萃取流程如图 15-5-8 所示。原料液从左侧加入，溶剂从右侧加入，两相呈逆流流动，两相的组成在各级之间呈阶梯式变化。在逆流萃取操作中，可能从左端获得最浓产品，使其浓度与进料溶液达到相平衡。与多级错流流程相比，溶剂用量减少，溶剂中溶质浓度增加。

5.3.2 溶剂部分互溶体系的矩阵解法

仿照式(15-5-23)，对于如图 15-5-8 所示的多级逆流萃取过程，可以对任一组分得出如下矩阵式：

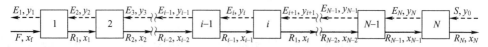

图 15-5-8 多级逆流萃取流程示意图

$$\begin{bmatrix} -(1+\varepsilon_1) & \varepsilon_2 & 0 & 0 & \cdots & 0 \\ 1 & -(1+\varepsilon_2) & \varepsilon_3 & 0 & \cdots & 0 \\ 0 & 1 & -(1+\varepsilon_3) & \varepsilon_4 & \cdots & 0 \\ & & & \cdots & & \\ 0 & 0 & 0 & 1 & \cdots & -(1+\varepsilon_N) \end{bmatrix} \begin{bmatrix} l_1 \\ l_2 \\ l_3 \\ \vdots \\ -l_N \end{bmatrix} = \begin{bmatrix} -l_0 \\ 0 \\ 0 \\ \vdots \\ -v_0 \end{bmatrix}$$

(15-5-29)

式(15-5-29)为一三对角矩阵，可用高斯消去法求解。任意一级中任意组分 j 的浓度 x_{ij}、y_{ij} 的迭代求解方法与前述的错流萃取的计算方法相同。

5.3.3 溶剂互不相溶的萃取体系

(1) McCabe-Thiele 图解法 对于溶剂不互溶的萃取体系，逆流的两种溶剂的流量可认为不随级数变化，即 $F=R_1=R_2=\cdots=R_N=R$，$S=E_1=E_2=\cdots=E_N=E$，此时物料衡算可大大简化，对第1级到第 i 级做物料衡算，得到：

$$y_{i+1} = \frac{R}{E}x_i + \left(y_1 - \frac{R}{E}x_i\right)$$

(15-5-30)

若对第 i 级到第 N 级做物料衡算，则得：

$$y_{i+1} = \frac{R}{E}x_i + \left(y_0 - \frac{R}{N}x_N\right)$$

(15-5-31)

由式(15-5-30)、式(15-5-31)可见，若以 y-x 为坐标作图，(x_i, y_{i+1})，(x_f, y_1)，(x_N, y_0) 诸组分点均在一直线上，其斜率为 $\frac{R}{E}$，相邻两级两相组分 (x_i, y_{i+1}) 均落在此直线上，此直线即为多级逆流萃取操作线（图15-5-9）。同样在平衡曲线与操作线之间画阶梯，即可求出理论级数（图中为四级）及逐级浓度分布。在图15-5-9中还示出了各级的操作线，按式(15-5-12)，这些级的操作线互相平行，其斜率均为 $-\frac{R}{E}$，它表示两股液流进入各级萃取设备时被萃取组分浓度变化的轨迹。

一般原始料液的处理量 R 及其浓度 x_i 以及 y_0，x_N 都是给定的，若溶剂用量 E 愈大，则操

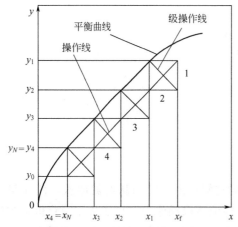

图 15-5-9 溶剂不互溶时多级逆流萃取流程图解

作线的斜率愈小，操作线与平衡曲线之间的距离就愈大，所画阶梯数（即所需理论级数）就愈少。但若操作线斜率 $\dfrac{R}{E}$ 增大到与平衡曲线相交时，则所画阶梯将为无限多，此时的流比称为极限流比（即最小流比），其值可以计算如下：

$$\frac{E^*}{R}=\frac{x_f-x_N}{y_1^*-y_0}=\frac{x_f-x_N}{mx_f-y_0} \tag{15-5-32}$$

若原始萃取剂中包含被萃组分，即 $y_0=0$，则在极限流比时的萃取率为：

$$\rho=\frac{E^* y_f^*}{Lx_f}=\frac{E^*}{R}m \tag{15-3-33}$$

所以，极限流量 E^* 亦可表示为：

$$E^*=\frac{\rho R}{m} \tag{15-5-34}$$

由于作图的精确性有限，用 McCabe-Thiele 所得数据的误差就要比代数公式法大。特别是在体系中有多种被萃取组分同时萃取时，多次近似试差产生的误差将会更大。早在 20 世纪 50 年代末，此法已用于 TBP-煤油萃取 $UO_2(NO_3)_2$-HNO_3-H_2O 体系[6~8]。

(2) 代数公式法 从式(15-5-30) 可以导出：

$$x_i=\frac{x_f+\dfrac{E}{R}y_{i+1}(1+\varepsilon_1+\varepsilon_1\varepsilon_2+\cdots+\varepsilon_1\varepsilon_2\cdots\varepsilon_{i-2}\varepsilon_{i-1})}{1+\varepsilon_1+\varepsilon_1\varepsilon_2+\cdots+\varepsilon_1\varepsilon_2\cdots\varepsilon_{i-1}\varepsilon_i} \tag{15-5-35}$$

对最末一级，有：

$$x_N=\frac{x_f+\dfrac{E}{R}y_0(1+\varepsilon_1+\varepsilon_1\varepsilon_2+\cdots+\varepsilon_1\varepsilon_2\cdots\varepsilon_{N-2}\varepsilon_{N-1})}{1+\varepsilon_1+\varepsilon_1\varepsilon_2+\cdots+\varepsilon_1\varepsilon_2\cdots\varepsilon_{N-1}\varepsilon_N} \tag{15-5-36}$$

令：

$$A=\varepsilon_1+\varepsilon_1\varepsilon_2+\cdots+\varepsilon_1\varepsilon_2\cdots\varepsilon_{N-1}\varepsilon_N \tag{15-5-37}$$

$$\Pi=\varepsilon_1\varepsilon_2\cdots\varepsilon_{N-1}\varepsilon_N \tag{15-5-38}$$

则得：

$$x_N=\frac{x_f+\dfrac{E}{R}y_0(1+A-\Pi)}{1+A} \tag{15-5-39}$$

再从全流程的总物料衡算得出：

$$y_1=\frac{\dfrac{R}{E}x_f A+y_0 \Pi}{1+A} \tag{15-5-40}$$

当 $y_0=0$ 时，萃取率：

$$\rho=\frac{Ey_1}{Rx_f}=\frac{A}{1+A} \tag{15-5-41}$$

在实际计算中，必须预先假定各级的 x_i 值，以确定各级 ε_i 值，经多次试算，直至计算值 x_i 与假定值相近为止。有关计算实例参见文献 [9]。

若各级的萃取因子相等，则上述计算可大大简化，式(15-5-36) 即变为：

$$x_N=x_f\frac{\varepsilon-1}{\varepsilon^{N+1}-1}+\frac{Ey_0}{R}\left(\frac{\varepsilon^N-1}{\varepsilon^{N+1}-1}\right) \tag{15-5-42}$$

对任意一级出口浓度，有[9]：

$$x_i = x_f \left(\frac{\varepsilon^{N+1-i} - 1}{\varepsilon^{N+1} - 1} \right) + \frac{E y_0}{R} \left[\frac{(\varepsilon^i - 1)\varepsilon^{N-i}}{\varepsilon^{N+1} - 1} \right] \tag{15-5-43}$$

式(15-5-42)可以进一步简化为：

$$\frac{x_f - x_N}{x_f - \dfrac{y_0}{m}} = \frac{\varepsilon^{N+1} - \varepsilon}{\varepsilon^{N+1} - 1} \tag{15-5-44}$$

或

$$\frac{x_N - \dfrac{y_0}{m}}{x_f - \dfrac{y_0}{m}} = \frac{\varepsilon - 1}{\varepsilon^{N+1} - 1} \tag{15-5-45}$$

对式(15-5-45)两边取对数即得：

$$\lg \left(\frac{x_N - \dfrac{y_0}{m}}{x_f - \dfrac{y_0}{m}} \right) = \lg(\varepsilon - 1) - \lg(\varepsilon^{N+1} - 1) \tag{15-5-46}$$

当 $\varepsilon^{N+1} \gg 1$ 时，上式可近似地写为：

$$\lg \left(\frac{x_N - \dfrac{y_0}{m}}{x_f - \dfrac{y_0}{m}} \right) = -(\lg \varepsilon) N + \lg \left(\frac{\varepsilon - 1}{\varepsilon} \right) \tag{15-5-47}$$

根据上式，可以作成一系列图线（图15-5-10），通过该图可以直接求出多级逆流萃取流程的理论级数 N。

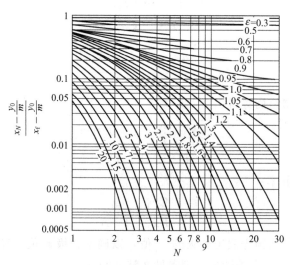

图 15-5-10 溶剂不互溶、萃取因子为常数时，多级逆流萃取流程中理论级数与末级浓度的计算

将式(15-5-47)移项整理，即可得理论级数的计算公式：

$$N = \frac{\lg\left[\left(\dfrac{x_f - \dfrac{y_0}{m}}{x_N - \dfrac{y_0}{m}}\right)\left(1 - \dfrac{1}{\varepsilon}\right) + \dfrac{1}{\varepsilon}\right]}{\lg\varepsilon} \tag{15-5-48}$$

式(15-5-44)及式(15-5-48)，即为著名的 Kremser-Brown-Souder 方程式[10]。

对于多级逆流萃取-多级逆流反萃取-溶剂闭合循环流程（图 15-5-11），可按下列关系式进行计算。

设萃取段共有 N 级，各级的萃取因子 ε 相等，即 $\varepsilon = Em/R$，而反萃取段共有 N' 级，各级的反萃取因子 ε' 也相等，即 $\varepsilon' = \dfrac{E'}{R'm'}$，但 $m \neq m'$，这时可以分段计算。

对于萃取段，可应用式(15-5-42)：

$$x_N = \frac{x_f(\varepsilon-1)}{\varepsilon^{N+1}-1} + \frac{Ey_0(\varepsilon^N-1)}{R(\varepsilon^{N+1}-1)} \tag{15-5-49}$$

对于反萃取段：

$$y_0 = \frac{y_1(\varepsilon'-1)}{\varepsilon'^{N'+1}-1} + \frac{R'x_0(\varepsilon'^{N'}-1)}{E'(\varepsilon'^{N'+1}-1)} \tag{15-5-50}$$

若反萃取液中不含被萃取组分（$x_0=0$），合并式(15-5-49)及式(15-5-50)，再应用萃取段的物料衡算式：

$$Rx_1 + Ey_0 = Rx_N + Ey_1 \tag{15-5-51}$$

即可得出下列关系式：

$$x_N = \frac{x_f(\varepsilon-1)}{\varepsilon^{N+1}-1} + \frac{(x_f - x_N)(\varepsilon'-1)+(\varepsilon^N-1)}{(\varepsilon'^{N'+1}-1-\varepsilon')(\varepsilon^{N+1}-1)} \tag{15-5-52}$$

$$1-\rho = \frac{x_N}{x_f} = \frac{(\varepsilon'-1)(\varepsilon^N-1)+(\varepsilon-1)\varepsilon'(\varepsilon'^N-1)}{(\varepsilon'-1)(\varepsilon^N-1)+(\varepsilon^{N+1}-1)\varepsilon'(\varepsilon'^{N'}-1)} \tag{15-5-53}$$

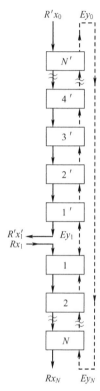

图 15-5-11 多级逆流萃取-多级逆流反萃取-溶剂闭合循环流程

若已知 N、N'、ε、ε'、x_f，即可用上式计算 x_N 及 ρ。由上式可见，对于多级逆流萃取-多级逆流反萃取-溶剂闭合循环流程，萃取率 ρ 不仅取决于萃取段的级数 N 和萃取因子 ε，还取决于反萃取段的级数 N' 和反萃取因子 ε'。

(3) 矩阵解法 由式(15-5-29)，因为溶剂互不相溶，所以有：

$$l_1 = Rx_1, \quad l_0 = Rx_f, \quad v_0 = Ey_0 \tag{15-5-54}$$

将式(15-5-54)代入式(15-5-29)可得：

$$\begin{bmatrix} -(1+\varepsilon_1) & \varepsilon_2 & 0 & 0 & \cdots & 0 \\ 1 & -(1+\varepsilon_2) & \varepsilon_3 & 0 & \cdots & 0 \\ 0 & 1 & -(1+\varepsilon_3) & \varepsilon_4 & \cdots & 0 \\ & & & \cdots & & \\ 0 & 0 & 0 & 1 & \cdots & -(1+\varepsilon_N) \end{bmatrix} \begin{bmatrix} x_1 \\ x_2 \\ x_3 \\ \vdots \\ x_N \end{bmatrix} = \begin{bmatrix} -x_f \\ 0 \\ 0 \\ \vdots \\ -\dfrac{E}{R}y_0 \end{bmatrix} \tag{15-5-55}$$

上式可直接应用迭代法求解，求解之前须假设一系列 ε_i 值或 x_i 值。

5.4 分馏萃取

5.4.1 分馏萃取流程

多级逆流萃取过程中，被萃取组分可以获得很高的萃取率，对萃取体系中两种或多种分配系数差别较大的组分也可能得到一定程度的分离效果。但是对于那些分配系数差别较小或差别较大但分离效果要求很高的体系，单纯采用多级逆流萃取则往往不能达到分离要求，例如核燃料的后处理过程中用萃取法分离铀和裂变元素时，一般都要求铀的回收率在 99.9% 以上，而且要求在一次萃取过程中进入萃取液的裂变元素不大于原料液中含量的 0.1%。对于这种分离效果要求较高的萃取过程，通常是在多级逆流萃取（萃取段）之后增加一个洗涤过程（洗涤段），用一定组成的洗涤液在洗涤段中与从萃取段出来的萃取液进行多级逆流接触（图15-5-12），将其中分配系数较小的组分反洗到洗涤液中，而分配系数较大的组分则基本不进入洗涤液或进入量很小。经洗涤后的萃取液中分配系数较大组分的纯度就有了进一步提高，这种流程通称为分馏萃取。

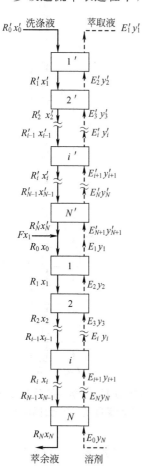

图 15-5-12 分馏萃取流程示意图

5.4.2 溶剂部分互溶体系的矩阵解法

对如图 15-5-12 所示的分馏萃取流程，若级数用右下标 i 表示，组分用右下标 j 表示，令每种组分在萃取段和洗涤段的两相中流量分别用 l、v 和 l'、v' 表示，两相的浓度分别用 x、y 和 x'、y' 表示，则对萃取段任意一级，有：

$$\left. \begin{array}{l} l_{ij} = R_i x_{ij}, R_i = \sum l_{ij}, \sum x_{ij} = 1 \\ v_{ij} = E_i y_{ij}, E_i = \sum v_{ij}, \sum y_{ij} = 1 \end{array} \right\} \quad (15\text{-}5\text{-}56)$$

分配系数
$$m_{ij} = \frac{y_{ij}}{x_{ij}} \quad (15\text{-}5\text{-}57)$$

萃取因子
$$\varepsilon_{ij} = \frac{E_i y_{ij}}{R_i x_{ij}} = \frac{v_{ij}}{l_{ij}} \quad (15\text{-}5\text{-}58)$$

对洗涤段中任意一级有：

$$\left. \begin{array}{l} l'_{ij} = R'_i x'_{ij}, R'_i = \sum l'_{ij}, \sum x'_{ij} = 1 \\ v'_{ij} = E'_i y'_{ij}, E'_i = \sum v'_{ij}, \sum y'_{ij} = 1 \end{array} \right\} \quad (15\text{-}5\text{-}59)$$

分配系数
$$m'_{ij} = \frac{y'_{ij}}{x'_{ij}} \quad (15\text{-}5\text{-}60)$$

萃取因子
$$\varepsilon'_{ij} = \frac{E'_i y'_{ij}}{R'_i x'_{ij}} = \frac{v'_{ij}}{l'_{ij}} \quad (15\text{-}5\text{-}61)$$

通过各级的物料衡算式，可以列出下列矩阵式：

$$\begin{bmatrix} -(1+\varepsilon_1') & \varepsilon_2' & 0 & 0 & 0 & \cdots & 0 & 0 & 0 \\ 1 & -(1+\varepsilon_2') & \varepsilon_3' & 0 & 0 & \cdots & 0 & 0 & 0 \\ 0 & 1 & -(1+\varepsilon_3') & \varepsilon_4' & 0 & \cdots & 0 & 0 & 0 \\ & & & \cdots & & & & & \\ 0 & 0 & 1 & -(1+\varepsilon_N') & \varepsilon_1 & \cdots & 0 & 0 & 0 \\ 0 & 0 & 0 & 1 & -(1+\varepsilon_1) & \varepsilon_2' & 0 & 0 & 0 \\ 0 & 0 & 0 & 0 & 1 & -(1+\varepsilon_2) & \varepsilon_3 \cdots & 0 & 0 \\ 0 & 0 & 0 & 0 & 0 & 0 & 0 & 1 & -(1+\varepsilon_N) \end{bmatrix}$$

$$\times \begin{bmatrix} l_1' \\ l_2' \\ l_3' \\ \vdots \\ l_N' \\ l_1 \\ l_2 \\ \vdots \\ l_N \end{bmatrix} = \begin{bmatrix} -l_0' \\ 0 \\ 0 \\ \vdots \\ 0 \\ Fx_i \\ 0 \\ \vdots \\ -v_0 \end{bmatrix} \tag{15-5-62}$$

式(15-5-62)的求解方法与式(15-5-29)的求解方法完全一样。

5.4.3 溶剂互不相溶的萃取体系

由于分馏萃取过程中的洗涤段和萃取段都属于多级逆流萃取过程，因此可以和多级逆流萃取过程一样，通过物料衡算导出它们的操作线方程。对于溶剂不互溶的萃取体系，萃取段和洗涤段两种溶剂的流量可认为不随级数变化，这就使问题的分析大大简化。

(1) McCabe-Thiele 图解法 将萃取段从第 i 级到第 N 级做物料衡算，得出萃取段操作线方程为：

$$y_i = \left(\frac{R}{E}\right)x_{i-1} + \left(y_0 - \frac{R}{E}x_N\right) \tag{15-5-63}$$

同样，将洗涤段从第 $1'$ 级到第 i' 级做物料衡算，可以推导出洗涤段的操作线方程：

$$y'_{i+1} = \left(\frac{R'}{E}\right)x'_{i-1} + \left(y_1' - \frac{R'}{E}x_0'\right) \tag{15-5-64}$$

联立求解式(15-5-63)、式(15-5-64)，可以求出萃取段操作线与洗涤段操作线在 y-x 图上的交点（图 15-5-13）：

$$x = \left(\frac{R}{F}\right)x_N - \left(\frac{R'}{F}\right)x_0' - \frac{E}{F}(y_i' - y_0) \tag{15-5-65}$$

若原始料液为水相（萃余相）加料，做全流程的总物料衡算并整理移项得：

$$x_f = \left(\frac{R}{E}\right)x_N - \left(\frac{R'}{F}\right)x_0' - \frac{E}{F}(y_i' - y_0) \tag{15-5-66}$$

即两段操作线的交点必须在 $x = x_f$ 直线上。若原始料液为有机相（萃余相）加料，同样可以证明，两段操作线的交点在直线 $y = y_f$ 上。以上关系适用于萃取体系中任一被萃组分。

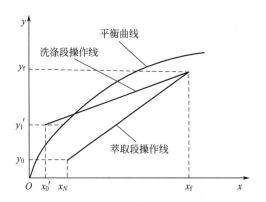

图 15-5-13 分馏萃取流程中两端的操作线

由于分馏萃取流程涉及至少两个被萃取组分的分离，所以采用 McCabe-Thiele 图解法求理论级数及逐级浓度分布时必须对每个被萃取组分作图，并在两个段的操作线及平衡曲线之间画阶梯。下面通过举例说明阶梯的画法及级数的求法。

【例 15-5-1】 采用不含铀-钍的 5.10%TBP 的煤油对铀-钍进行分馏萃取，其流程如图 15-5-14 所示。原始料液组分为：$x_{fU} = 0.163 \mathrm{g \cdot L^{-1}}$，$x_{fTh} = 179.5 \mathrm{g \cdot L^{-1}}$，$HNO_3$ 浓度为 $4.48 \mathrm{mol \cdot L^{-1}}$，洗涤液采用 $1 \mathrm{mol \cdot L^{-1}} HNO_3$，不含铀-钍。流比为 $E:F:R' = 0.75:1:0.15$，要求铀的萃取率为 $\rho_U = 99.84\%$，钍的净比系数 $D_{fTh} = \dfrac{y'_{iU}/y'_{iTh}}{x_{fU}/x_{fTh}} = 4 \times 10^4$，求所需萃取段和洗涤段的理论级数。

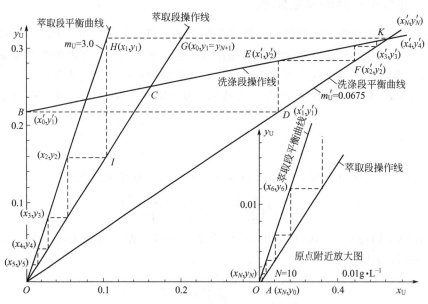

图 15-5-14 例 15-5-1 中铀的 McCabe-Thiele 法求解

已知铀、钍的分配系数如下。

萃取段的平均值：$m_U = 3.0$，$m_{Th} = 0.0387$。

洗涤段的平均值：$m'_U = 0.0675$，$m'_{Th} = 0.0666$。

解 先画出铀的 y-x 图（图 15-5-14），铀在萃取段的平衡线为 OH，铀在洗涤段的平衡

线为 OF，铀萃取段的操作线由 $\dfrac{R}{E}=\dfrac{R'+F}{E}=\dfrac{1+0.15}{0.75}=\dfrac{1.15}{0.75}$ 及通过 A 点的坐标 (x_N, y_0) 画出。因入口的有机相内不含铀，即 $y_0=0$，且 ρ_U 已知，则可从全流程物料衡算式算出 x_N，即：

$$Fx_{fU}=(F+R')x_{NU}+Ey'_{iU}$$

$$\rho_U=\dfrac{Ey'_{iU}}{Fx_{fU}}$$

所以 $\quad x_{NU}=\dfrac{(1-\rho_U)Fx_{fU}}{F+R'}=\dfrac{(1-0.9984)\times 0.163}{1.15}=0.00022\quad (\text{g}\cdot\text{L}^{-1})$

铀在洗涤段的操作线由斜率 $\dfrac{R'}{E}=\dfrac{0.15}{0.75}$ 及通过 B 点的坐标 (x'_0, y'_1) 画出，$x'_0=0$，y'_1 则由全流程物料衡算式求出：

$$y'_{1U}=\dfrac{Fx_{fU}-(F+R')x_{NU}}{E}=\dfrac{0.163-1.15\times 0.00022}{0.75}=0.218\quad (\text{g}\cdot\text{L}^{-1})$$

两段操作线的交点 C 的坐标在 $x=x_f$ 处。有了平衡曲线和操作线后，就可以在平衡曲线和操作线之间画阶梯。阶梯从洗涤段顶部（即洗涤液入口处）B 点 $(x'_{0'}=0, y'_{1'}=0.218)$，先画一水平线，与洗涤段平衡曲线交于 D。此交点 D 的坐标 $(x'_{1'}, y'_{1'})$ 即为离开洗涤段第 $1'$ 级的水相和有机相中铀的浓度。再从 D 点画垂直线与洗涤段操作线交于 $E(x'_{1'}, y'_{2'})$，使其与洗涤段平衡曲线交于 $F(x'_{1'}, y'_{2'})$。此时 F 点的坐标即为离开洗涤段 $2'$ 级的水相和有机相中铀的浓度。这样继续在洗涤段的平衡曲线与操作线之间交替作垂直线与水平线，即可将洗涤段逐级铀的浓度求出。但由于铀在洗涤段的平衡曲线和操作线交于 K 点，所以在 K 点附近（如在洗涤段第 4 级以后）铀的逐级浓度变化非常小。再增加级数 y'_i 也不会超过 K 点的坐标，即 $y'_{N'}=y'_{(N+1)'}=0.31$。此时 $y'_{(N+1)'}$ 应等于 y_1。往后画阶梯应从 K 点画水平线交萃取段平衡曲线于 H，然后在萃取段操作线和平衡曲线之间画阶梯，直到 $x_N=\dfrac{y_N}{m_U}\leqslant 0.00022\text{g}\cdot\text{L}^{-1}$ 为止，即得萃取段的级数及铀在萃取段的逐级浓度分布。用上述画阶梯方法所得的铀在洗涤段和萃取段的有机相逐级浓度列于表 15-5-1。

表 15-5-1 有机相中铀、钍逐级浓度分布表

洗涤段级号 i'	1'	2'	3'	4'	5'	6'	7'			
$y'_{i'U}/\text{g}\cdot\text{L}^{-1}$	0.218	0.284	0.302	0.308	0.309	0.31	0.31			
$y'_{i'Th}/\text{g}\cdot\text{L}^{-1}$	0.006	0.024	0.075	0.23	0.7	2.08	6.24			
萃取段级号 i	1	2	3	4	5	6	7	8	9	10
$y_{iU}/\text{g}\cdot\text{L}^{-1}$	0.0005	0.0013	0.003	0.0062	0.0122	0.022	0.042	0.082	0.16	0.31
$y_{iTh}/\text{g}\cdot\text{L}^{-1}$	6.04	6.2	6.2	6.2	6.2	6.2	6.2	6.2	6.2	6.2

下面再将萃取段和洗涤段钍的平衡曲线画在图 15-5-15 上，并画出两段的操作线。洗涤段钍的操作线为 AH，其斜率为 $\dfrac{R'}{E}=\dfrac{0.15}{0.75}$，且通过 (x'_0, y'_1)，因入口的新鲜洗涤液内不含钍，即 $x'_0=0$，通过物料衡算可以算得：

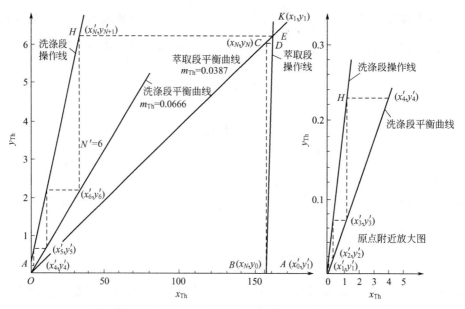

图 15-5-15 例 15-5-1 中钍的 McCabe-Thiele 法求解

$$D_{fTh} = \frac{y'_{iU}/y'_{iTh}}{x_{fU}/x_{fTh}} = \left(\frac{\rho_U F}{E}\right)\frac{x_{fTh}}{y'_{iTh}}$$

所以
$$y'_{iTh} = \frac{\rho_U F}{E} \times \frac{x_{fTh}}{D_{fTh}} = \frac{179.5 \times 0.9984}{0.75 \times 4 \times 10^4} = 0.006 \quad (g \cdot L^{-1})$$

即洗涤段操作线通过 A（0，0.006）点。萃取段钍的操作线为式(15-5-63)，其斜率为 $\left(\frac{R}{E} = \frac{1.15}{0.75}\right)$，通过 B 点 (x_N, y_0)。因入口的有机相不含钍，即 $y_0 = 0$，用钍的物料衡算式算出：

$$x_{NTh} = \frac{F}{E}x_{fTh} - \frac{E}{R}y'_{iTh} = \frac{1 \times 179.5}{0.75} - \frac{0.75 \times 0.006}{1.15} = 239.33 \quad (g \cdot L^{-1})$$

即萃取段钍的操作线通过 B（156.4，0）点。这样就可以画出两段的操作线。有了平衡线和操作线之后，就可以从萃取段萃余液出口处坐标 $B(x_N, y_0)$ 开始，在萃取段平衡曲线和操作线之间画阶梯。可以看出，两个阶梯之后就已经逼近萃取段平衡曲线与操作线的交点 K，此后无论再增加多少阶梯，y_{iTh} 也不会超过 K 点的坐标，即 $y_{iTh} = 6.2 \text{g} \cdot \text{L}^{-1}$。因此从 K 点画水平线与洗涤段操作线交于 H 点，即 $y'_{N+1} = y_1 = 6.2 \text{g} \cdot \text{L}^{-1}$。从 H 点开始再在洗涤段平衡曲线和操作线之间画阶梯，到 $y'_1 = 0.006 \text{g} \cdot \text{L}^{-1}$ 为止。钍在洗涤段和萃取段的有机相中的逐级浓度也一并列于表 15-5-1。

因原始料液为水相加料，则可以利用加料级（即萃取段第 1 级）的下列关系确定理论级数：

$$\begin{cases} y_{iU} = y'_{(N'+1)U} \\ y_{iTh} = y'_{(N'+1)Th} \end{cases} \quad (15\text{-}5\text{-}67)$$

以 y_{iU} 为纵坐标，以 y_{iTh} 为横坐标作图，将表 15-5-1 中逐级有机相的浓度点描绘在图 15-5-16 上，然后将萃取段各级的坐标点 $(y_{i'U}, y_{i'Th})$ 连成一曲线，将洗涤段各级的

$(y'_{i'U}, y'_{i'Th})$ 也连成一条曲线，两条曲线的交点即满足了式(15-5-67)的条件。从图 15-5-16 可见，两条曲线的交点坐标为 $y_{iU}=0.31\text{g} \cdot \text{L}^{-1}$，$y_{iTh}=6.2\text{g} \cdot \text{L}^{-1}$，与式(15-5-67) 相对照，得到：

$$y_1 = y'_{(N-9)} \quad \text{所以} \quad N-9=1, N=10$$
$$y'_{(N'+1)} = y'_{7'} \quad \text{所以} \quad N'+1=7, N'=6$$

从而确定理论级数，即萃取段为 10 级，洗涤段为 6 级。

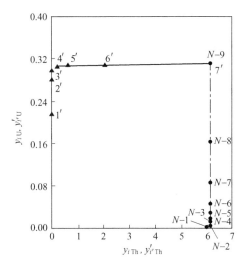

图 15-5-16 例 15-5-1 中理论级数的确定

从上述图解过程可以看出，当铀的洗涤段平衡曲线与操作线在近处相交，而钍的萃取段（即洗涤段）平衡曲线与操作线也在近处相交时，则无须借助于图 15-5-16 求理论级数。此时洗涤段的理论级数仅取决于洗涤钍的要求，从钍的 $y\text{-}x$ 图中即能读出：$N'=6$，而萃取段的理论级数仅取决于回收铀的要求，即从铀的图中读出：$N=10$。

从上述图解过程还可以看出，对于易萃取组分铀，我们希望在洗涤段平衡曲线与操作线之间有一个交点 K，而在萃取段则希望其平衡曲线与操作线之间有一定距离，这样易萃取组分就易于萃取，不易洗下。由图 15-5-14 可见，即使经过无限多级洗涤，被洗下的铀也不会超过 K 点所对应的水相浓度。对于难萃取组分则相反，即希望其在萃取段有一交点 K，而在洗涤段则保持一定距离，这样难萃取组分就易于洗下，不易萃取，由图 15-5-15 可见，即使经过无限多级萃取，被萃入有机相的钍也不会超过 K 点所对应的有机相浓度。因此采用分馏萃取可以得到较好的分离。

两段的极限流比应分别满足下述关系：

在萃取段：
$$m_U > \frac{R}{E} > m_{Th} \tag{15-5-68}$$

在洗涤段：
$$m'_U > \frac{R'}{E} > m'_{Th} \tag{15-5-69}$$

两相在两段的极限流比分别用以下两式计算：
在洗涤段：

$$\frac{E^*}{R'^*} = \frac{D_{fB}-1}{D_{fB}m_B - m_A} \tag{15-5-70}$$

在萃取段：

$$\frac{E^*}{R+R'^*} = \frac{\rho_A(D_{fB}-1)}{m_A(D_{fB}-\rho_A) - D_{fB}m_B(1-\rho_A)} \tag{15-5-71}$$

式(15-5-70) 和式(15-5-71) 中，D_{fB} 以如下方式定义：

$$D_{fB} = \frac{y'_{1A}/y'_{1B}}{x_{fA}/x_{fB}} \tag{15-5-72}$$

需要指出的是，用 McCabe-Thiele 图解法所得的逐级浓度分布数据是与实测值有差别的。这主要是由于在此图解过程中，假定 m 是一常数，这与实际一般是不相符的，若考虑了 m 是变数以后再作图，就可以得出比较符合实际的结果。但是实际的萃取体系是比较复杂的，几种被萃取组分（如 U，Th，H^+ 等）的分配系数的数值是相互影响的，采用图解法必须在图上画出多条平衡曲线，在画阶梯时必须进行多次试差，实际上这样作图是有一定困难的。

(2) 代数公式法 若两段的逐级分配系数分别为常数，则可将两段分别当作两个多级逆流萃取过程，应用 Kremser 方程式，然后利用加料级的特殊关系式联立求解而得。

如图 15-5-12 所示的水相进料分馏萃取流程，若 $y_0 = 0$，$x'_0 = 0$，对两段可分别应用式 (15-5-45)，得到：

$$\frac{x_N}{x_1} = \frac{\varepsilon - 1}{\varepsilon^{N+1} - 1} \tag{15-5-73}$$

$$\frac{y'_1}{y'_{N'+1}} = \frac{\left(\dfrac{1}{\varepsilon'}\right) - 1}{\left(\dfrac{1}{\varepsilon'^{N'+1}}\right) - 1} \tag{15-5-74}$$

再利用加料级的关系，即 $y'_{N+1} = y_1 = mx_1$，即得：

$$y'_1 \left[\frac{\left(\dfrac{1}{\varepsilon'^{N'+1}}\right) - 1}{\left(\dfrac{1}{\varepsilon'}\right) - 1} \right] = mx_N \left(\frac{\varepsilon^N - 1}{\varepsilon - 1} \right) \tag{15-5-75}$$

上式对被萃取组分 A、B 都适用，因此若 ε_A，ε_B，ε'_A，ε'_B，m_A，m_B，y'_{1A}，y'_{1B}，x_{NA}，x_{NB} 为已知，则将组分 A、B 分别代入上式，即可求解两个未知数 N 和 N'。但由于未知数 N 和 N' 均是幂指数，求解时需用试差法。若应用下列近似简化，即可直接求解。

设 A 为易萃取组分，B 为难萃取组分，按式(15-5-69) 的条件，若 $m'_A \gg \dfrac{R'}{E}$，则 $\dfrac{1}{\varepsilon_A} \ll 1$，将式(15-5-75) 用于组分 A 时可简化为：

$$N = \lg\left[\frac{y'_{1A}(\varepsilon_A - 1)}{m_A x_{NA}\left(1 - \dfrac{1}{\varepsilon'_A}\right)} + 1 \right] \Big/ \lg\varepsilon_A \tag{15-5-76}$$

同时，按式(15-5-68) 的条件，即 $m_B \ll \dfrac{R}{E}$，则 $\varepsilon_B \ll 1$，将式(15-5-75) 用于组分 B 时可

简化为:

$$N'+1=\lg\left[\frac{m_B x_{NB}\left(\frac{1}{\varepsilon'_B}-1\right)}{y'_{1B}(1-\varepsilon_B)}+1\right]\bigg/\lg\left(\frac{1}{\varepsilon'_B}\right) \tag{15-5-77}$$

若利用各组分的全流程物料衡算式以 ρ_A, D_{fB} 的表达式代入上式,则可得到下列计算公式:

$$N=\lg\left[\frac{\rho_A}{1-\rho_A}\frac{\left(1-\frac{1}{\varepsilon_A}\right)}{(1-\rho_A)\left(1-\frac{1}{\varepsilon'_A}\right)}+1\right]\bigg/\lg\varepsilon_A \tag{15-5-78}$$

$$N'+1=\lg\left[\frac{\left(\frac{D_{fB}}{\rho_A}-1\right)\left(\frac{1}{\varepsilon'_B}-1\right)}{\left(\frac{1}{\varepsilon_B}-1\right)}+1\right]\bigg/\lg\left(\frac{1}{\varepsilon'_B}\right) \tag{15-5-79}$$

Alders[11] 从式(15-5-75)推得萃余率 ϕ 与理论级数的关联式:

$$\phi=\frac{(\varepsilon-1)(\varepsilon'^{N'+1}-1)}{(\varepsilon^{N+1}-1)(\varepsilon'-1)\varepsilon'^{N'}+(\varepsilon-1)(\varepsilon'^{N'}-1)} \tag{15-5-80}$$

式中,萃余率 ϕ 定义为:

$$\phi=\frac{Rx_N}{Fx_f} \tag{15-5-81}$$

当级数已知,式(15-5-80)可用以计算萃取液和萃余液的组分。若 $\varepsilon=\varepsilon'$,则:

$$\phi=\frac{\varepsilon^{N'+1}-1}{\varepsilon^{N+N'+1}-1} \tag{15-5-82}$$

若两段各级的分配系数均为变数时,也可采用代数公式法进行计算,有关计算公式及其推导过程见文献 [12]。

(3) 矩阵解法 对于溶剂不互溶的体系,由于逐级流量近似相等,可将式(15-5-61)简化为下列矩阵:

$$\begin{bmatrix} -(1+\varepsilon'_1) & \varepsilon'_2 & 0 & 0 & 0 & \cdots & 0 & 0 & 0 \\ 1 & -(1+\varepsilon'_2) & \varepsilon'_3 & 0 & 0 & \cdots & 0 & 0 & 0 \\ 0 & 1 & -(1+\varepsilon'_3) & \varepsilon'_4 & 0 & \cdots & 0 & 0 & 0 \\ & & \cdots & & \cdots & & & & \\ 0 & 0 & 1 & -(1+\varepsilon'_N) & \frac{R}{R'}\varepsilon_1 & \cdots & 0 & 0 & 0 \\ 0 & 0 & 0 & \frac{R}{R'} & -(1+\varepsilon_1) & \varepsilon_2 & 0 & 0 & 0 \\ 0 & 0 & 0 & 0 & 1 & -(1+\varepsilon_2) & \varepsilon_3 & \cdots & 0 & 0 \\ & & & \cdots & & \cdots & & & \\ 0 & 0 & 0 & 0 & 0 & 0 & 0 & 1 & -(1+\varepsilon_N) \end{bmatrix}$$

$$\times \begin{bmatrix} x'_1 \\ x'_2 \\ x'_3 \\ \vdots \\ x'_N \\ x_1 \\ x_2 \\ \vdots \\ x_N \end{bmatrix} = \begin{bmatrix} -x'_0 \\ 0 \\ 0 \\ \vdots \\ -\dfrac{F}{R}x_f \\ 0 \\ 0 \\ \vdots \\ -\dfrac{E}{R}y_0 \end{bmatrix} \tag{15-5-83}$$

解此矩阵即可。

5.5 带有回流的分馏萃取

5.5.1 带有回流的分馏萃取流程

带有回流的分馏萃取流程如图 15-5-17 所示。这种萃取过程，可以在流程的一端或两端设置回流。在洗涤段的一端，离开第 i 级的萃取液（有机相）有时并不全部当作产品取出，而只取出一部分作为产品，其余部分或经过一个溶剂分离器，将有机相挥发逸出，在剩余的易萃取溶质中再加入新鲜水相，配成洗涤液，重新进入洗涤段第 $1'$ 级，如图 15-5-17(a) 所示；或经过反萃取，再将反萃取液中的一部分与新鲜水相混合，配成洗涤液，再返回清洗段第 $1'$ 级，如图 15-5-17(b) 所示。这样在进入第 $1'$ 级的洗涤液中就会有一定浓度（x'_0）的被萃取组分（主要是易萃取组分），这种分馏萃取流程称为带有洗涤段回流的流程。同样，对在萃取段一端离开第 N 级的萃余液（水相）也可做类似处理，形成带有萃取段回流的分馏萃取流程。图 15-5-17(a) 和 (b) 为两端都带有回流的流程。通过回流比的选择，可以使分馏萃取流程中一种被萃取组分的浓度在串级的一段或两段中保持恒定值，或者从串级的一端逐渐增加到另一端，或在加料级出现最大值（或最小值）。

5.5.2 溶剂部分互溶体系的矩阵解法

以仅有洗涤段回流的分馏萃取流程为例（图 15-5-18）。设溶剂分离器的分离因子为 s，其定义为：

$$s = \frac{(R' + R'_0)x'_0}{E'_0 y'_0} = \left(1 + \frac{R'_0}{R'}\right)\frac{l'}{v'_0} \tag{15-5-84}$$

对溶剂分离器做物料衡算：

$$\varepsilon'_1 l'_1 = v'_0 + \left(1 + \frac{R'_0}{R'}\right)l' \tag{15-5-85}$$

将式(15-5-85) 代入式(15-5-84)，即得：

$$-\left(1 + \frac{R'_0}{R'}\right)\left(1 + \frac{1}{s}\right)l' + \varepsilon'_1 l'_1 = 0$$

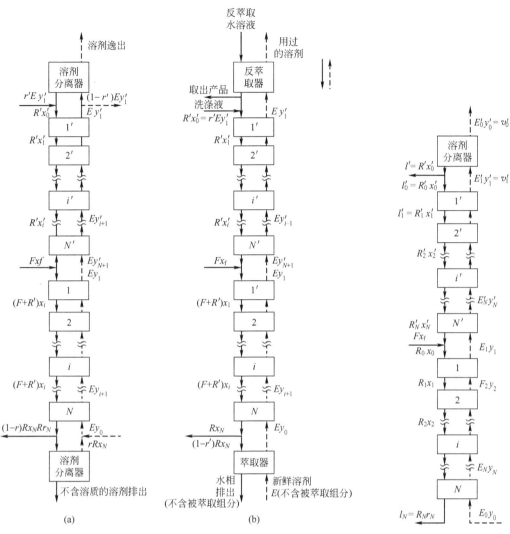

图 15-5-17 两端带有回流的分馏萃取流程

图 15-5-18 溶剂部分互溶时带有洗涤段回流的分馏萃取流程

再对洗涤段和萃取段逐级进行物料衡算,即得 $(N+N'+1)$ 阶线性方程组:

$$\begin{bmatrix} -\left(1+\dfrac{R'_0}{R'}\right)\left(1+\dfrac{1}{s}\right) & \varepsilon'_1 & 0 & 0 & 0 & 0 & \cdots & 0 & 0 & 0 \\ \dfrac{R'_0}{R'} & -(1+\varepsilon'_1) & \varepsilon'_2 & 0 & 0 & 0 & \cdots & 0 & 0 & 0 \\ 0 & 1 & -(1+\varepsilon'_2) & \varepsilon'_3 & 0 & 0 & \cdots & 0 & 0 & 0 \\ & & & \cdots & & & & & & \\ 0 & 0 & 1 & -(1+\varepsilon'_N) & \varepsilon_1 & 0 & \cdots & 0 & 0 & 0 \\ 0 & 0 & 0 & 1 & -(1+\varepsilon_1) & \varepsilon_2 & \cdots & 0 & 0 & 0 \\ 0 & 0 & 0 & 0 & 1 & -(1+\varepsilon_2) & \cdots & \varepsilon_3 & 0 & 0 \\ & & & & \cdots & & & & & \\ 0 & 0 & 0 & 0 & 0 & 0 & \cdots & 0 & 1 & -(1+\varepsilon_N) \end{bmatrix}$$

$$\times \begin{bmatrix} l'_1 \\ l'_2 \\ l'_3 \\ \vdots \\ l'_N \\ l_1 \\ l_2 \\ \vdots \\ l_N \end{bmatrix} = \begin{bmatrix} 0 \\ 0 \\ 0 \\ \vdots \\ -Fx_f \\ 0 \\ 0 \\ \vdots \\ -v_0 \end{bmatrix} \quad (15\text{-}5\text{-}86)$$

可以看出,带有一端回流的分馏萃取流程矩阵,仅比无回流时多一个方程式,带有两端回流的流程,则多两个方程式。这种矩阵解法还可以用于任何级有补充加料的流程。

5.5.3 溶剂互不相溶的萃取体系

(1) McCabe-Thiele 图解法 对于溶剂互不相溶的萃取体系,带回流的分馏萃取流程仍可用 McCabe-Thiele 图解法,用画阶梯求理论级数,但操作线位置不同。设流程如图 15-5-18 所示,定义 r' 为洗涤段的回流分数:

$$r' = \frac{\text{回流入洗涤段第 } 1' \text{ 级的某组分量}}{\text{出洗涤段第 } 1' \text{ 级的萃取液中某组分量}} = \frac{R'x'_0}{Ey'_1} \quad (15\text{-}5\text{-}87)$$

所以
$$y'_1 = \left(\frac{R'}{r'E}\right)x'_0 \quad (15\text{-}5\text{-}88)$$

式(15-5-88)称为洗涤段回流线方程,此方程为一直线,通过 $y\text{-}x$ 图的原点及 (x'_0, y'_1),其斜率为 $\left(\frac{R'}{r'E}\right)$。把从萃取液中取出单位量或从单位量的被萃取组分产品所回流的该组分量定义为洗涤段的回流比,即 $r'/(1-r')$。

定义 r 为萃取段的回流分数:

$$r = \frac{\text{回流入萃取段第 } N \text{ 级的某组分量}}{\text{出萃取段第 } N \text{ 级的萃余液中某组分量}} = \frac{Ey_0}{Rx_N} \quad (15\text{-}5\text{-}89)$$

所以
$$y_0 = \left(\frac{rR}{E}\right)x_N \quad (15\text{-}5\text{-}90)$$

式(15-5-90)称为萃取段回流线方程,在 $y\text{-}x$ 图上经原点及 (x_N, y_0),斜率为 $\left(\frac{rR}{E}\right)$,定义 $\frac{r}{1-r}$ 为萃取段的回流比。图 15-5-19 中的虚线即为回流线。

萃取段和洗涤段的操作线分别为式(15-5-63) 和式(15-5-64)。

因为 $r' < 1$ 所以 $\dfrac{R'}{E} < \dfrac{R'}{r'E}$

即洗涤段操作线的斜率小于洗涤段回流线的斜率。同样:

因为 $r < 1$ 所以 $\dfrac{R}{E} < \dfrac{R}{rE}$

即萃取段操作线的斜率大于萃取段回流线的斜率。

若给定 ρ、D_f 以及回流分数 r、r' 后,在 $y\text{-}x$ 图上就可以作回流线和操作线,这样和没

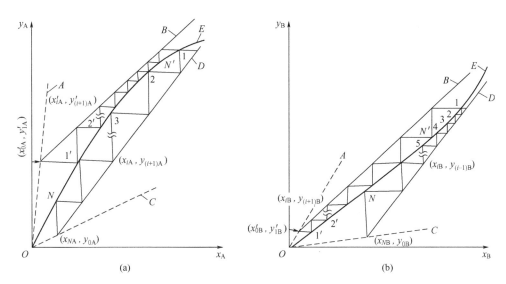

图 15-5-19 有回流时 McCabe-Thiele 方法求理论级数

A—洗涤段回流线 [斜率为 $R'/(r'E)$]；B—洗涤段操作线 (斜率为 R'/E)；
C—萃取段回流线 (斜率为 rR/E)；D—萃取段操作线 (斜率为 R/E)；E—平衡曲线

有回流的情况类似,在平衡曲线和操作线之间画阶梯,并通过图 15-5-17 的图解法即可求出理论级数。

由于回流分数 r' 和 r 是可以调节的,因而回流线也是可以调节的。回流线的斜率可以大于或小于平衡曲线的斜率。若回流线的斜率大于平衡曲线的斜率,这时起洗涤作用;若回流线的斜率小于平衡曲线的斜率,这时起萃取作用。

若回流分数 r' 和 r 为 1,即称为全回流,这时回流比为无穷大,回流线的斜率就等于操作线的斜率,回流线和操作线的位置重合,将操作线延长必通过原点,这时将不产出产品。

(2) 代数公式法 若假定两段的萃取因子分别为常数,流程如图 15-5-18 所示,对于萃取段从第 2 级到第 N 级,可看成一多级逆流过程：

$$x_1 = \frac{x_N[(\varepsilon^N - 1) - r(\varepsilon^{N+1} - 1)]}{\varepsilon - 1} \tag{15-5-91}$$

对于洗涤段从第 $1'$ 级到第 N' 级,仍应用式(15-5-45)：

$$\frac{y'_{N'+1} - y'_1}{y'_{N'+1} - m'x'_0} = \frac{\left(\frac{1}{\varepsilon'}\right)^{N'+1} - \left(\frac{1}{\varepsilon'}\right)}{\left(\frac{1}{\varepsilon'}\right)^{N'+1} - 1}$$

将式(15-5-88)代入上式即得：

$$y'_{N'+1} = \frac{y'_1[(1 - \varepsilon'^{N'+1}) - r'\varepsilon'(1 - \varepsilon'^{N'})]}{\varepsilon'^{N'} - \varepsilon'^{N'+1}} \tag{15-5-92}$$

将式(15-5-91)和式(15-5-92)代入加料级的关系式($y'_{N+1} = y_1 = mx_1$)即得：

$$\frac{y'_1[(1 - \varepsilon'^{N'+1}) - r'\varepsilon'(1 - \varepsilon'^{N'})]}{\varepsilon'^{N'} - \varepsilon'^{N'+1}} = \frac{mx_N[(\varepsilon^N - 1) - r(\varepsilon^{N-1} - 1)]}{\varepsilon - 1} \tag{15-5-93}$$

上式为考虑了两端回流以后的理论级数计算公式。此式对组分 A、B 均适用,因此将组分 A、B 代入上式，即可联立求出 N 及 N'。

令某组分在分馏萃取流程中的总萃取比为 Φ，其定义为：

$$\Phi = \frac{\rho}{\phi} = \frac{1-\phi}{\phi} \tag{15-5-94}$$

对于洗涤段有回流的流程：

$$\rho = \frac{E y'_1 (1-r')}{F x_f} \tag{15-5-95}$$

对于萃取段有回流的流程：

$$\phi = \frac{R x_N (1-r)}{F x_f} \tag{15-5-96}$$

$$\Phi = \frac{E y'_1 (1-r')}{R x_N (1-r)} \tag{15-5-97}$$

将式 (15-5-93) 代入式 (15-5-97) 即得：

$$\Phi = \frac{\varepsilon(1-r')[(\varepsilon^N-1)-r(\varepsilon^{N-1}-1)](\varepsilon'^{N'}\varepsilon'^{N'-1})}{(1-r)[(1-\varepsilon'^{N'+1})-r'\varepsilon'(1-\varepsilon'^{N'})](\varepsilon-1)}$$

$$N = \frac{\lg\dfrac{1-r}{\varepsilon-r}\left\{\dfrac{\Phi(\varepsilon-1)}{\varepsilon'-1}\left[\varepsilon' + \dfrac{(\varepsilon'r'-1)}{\varepsilon'^{N'}(1-r')}\right] + \varepsilon\right\}}{\lg \varepsilon} \tag{15-5-98}$$

上式为部分回流时 N，N'，ε，ε'，r，r' 6 个变数间的关系式，它对于选择优化条件颇为有用。若 $\varepsilon = \varepsilon'$，则上式可简化为：

$$N = \frac{\lg\dfrac{1-r}{\varepsilon-r}\left[\varepsilon(\Phi+1) + \dfrac{\Phi(\varepsilon r'-1)}{\varepsilon'^{N'}(1-r')}\right]}{\lg \varepsilon} \tag{15-5-99}$$

参考文献

[1] Janecke E Z. Anorg Chem, 1906, 51: 132.

[2] McCabe W L, Thiele E W. Ind Eng Chem, 1925, 17: 605.

[3] Tierney J W, Yanosik J L, Bruno J A, et al. Proc Int Solvent Extraction Conf, ISEC' 71, Vol. 2. London: Society of Chemical Industry, 1971: 1051.

[4] Holland C D. Fundamentals and modelling of separation processe absorption, Distillation, Evaporation and Extraction. New York: Prentice-Hall, 1975.

[5] Hutton A E, Holland C D. Chem Eng Sci, 1972, 27: 919.

[6] Wood J T, Williams J A. Trans Insn Chem Engrs, 1959, 36(5): 382.

[7] Rozen A M. Atomaya Enegiya, 1959, 7: 277.

[8] Treybal R E. Liquid Extraction. 2nd. New York: McGraw Hill, 1963.

[9] Mitskevich Yu G, Vogatova L S. 放射化工过程的自动控制, 北京: 原子能出版社, 1982.

[10] Souder M, Brown G G. Ind Eng Chem, 1932, 24: 519.

[11] Alders L. Liquid-Liquid Extraction. 2nd. Amsterdam: Elsevier Publishing Company, 1959.

[12] Rozen A M, et al. Proc of the 3th Int Conf Peaceful Uses of Atomic Energy. Geneva, 1965: 346.

符号说明

D_f	净比系数，无量纲
E	萃取相的流量
E^* ❶	极限溶剂流量
F	原始料液流量
i	第 i 级，无量纲
l	萃余相某组分的流量
M	两相混合物的总流量
m	分配系数，无量纲
N	理论级数
R	萃余相的流量
r	回流分数，无量纲
S	溶剂部分互溶体系中溶剂的原始流量
s	溶剂分离器的分离因子，无量纲
v	萃取相中某组分的流量
x	萃余相中某组分的浓度
y	萃取相中某组分的浓度

希腊字母

ε	萃取段萃取因子，无量纲
ρ	萃取率，无量纲
Φ	总萃取比，无量纲
ϕ	萃余率，无量纲

下标

A	组分 A
B	组分 B
C	组分 C
f	原始料液
i	级号
j	组分号
$1, 2, 3, \cdots, i, \cdots, N$	萃取段级号
$1', 2', 3', \cdots, I', \cdots, N'$	洗涤段级号

---

❶ 法定计量单位或任何相匹配的计量单位均适用。

6

微分逆流萃取及其计算

液-液萃取除使用级式萃取设备外，还广泛应用另一类设备——柱式萃取设备，如喷淋柱、填料柱、转盘柱等。在这类萃取设备中，分散相和连续相呈逆流流动，并在连续流动过程中进行质量传递。两相的分离是在柱的两端实现的。在柱式萃取设备中，两相的浓度沿柱长呈微分变化，因此，通常称为微分逆流萃取设备。微分逆流萃取设备中的流动状况与级式萃取设备中的流动状况有较大的差别，因此，设计计算方法也不相同。由于柱式萃取设备中两相流体力学情况的复杂性，计算方法尚欠完善，并在不断发展。本章拟从理想微分逆流接触过程——活塞流模型出发，介绍有关微分逆流接触过程计算的有关概念，在此基础上重点阐述柱式萃取设备计算中广泛采用的两个非相互作用模型——返流模型和轴向扩散模型，最后通过引入相互作用模型反映逆流萃取过程计算方法的最新发展。

6.1 理想的微分逆流萃取：活塞流模型

图 15-6-1(a) 是一个柱式萃取设备的示意图。重相（假设为萃余相）从柱顶加入，其流量为 R_1 (kg·s^{-1}或 mol·s^{-1})，轻相（假设为萃取相）从柱底进入，其流量为 E_2 (kg·s^{-1}或 mol·s^{-1})，两相的浓度用溶质的摩尔分数表示为 x_A，y_A。

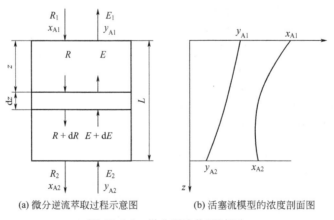

(a) 微分逆流萃取过程示意图　　(b) 活塞流模型的浓度剖面图

图 15-6-1　微分逆流传质过程

考虑一种理想的微分逆流萃取过程，即在柱内同一截面上的任何一点每一相的流速相等，流体均匀分布在整个横截面上平行地有规则地向前推进；对于溶质从萃余相向萃取相的传递来说，作为重相的萃余相在自上而下的流动过程中浓度不断减小，而作为轻相的萃取相在自下而上的流动过程中浓度不断增大 [图 15-6-1(b)]；两相的传质过程只在水平方向上发生，而在垂直方向上每一相内都不发生物质的传递。依据上述假定对微分逆流萃取过程所建立的数学描述就称为活塞流模型。

6.1.1 活塞流模型

考虑图 15-6-1(a) 所示的稳定传质过程，分析微分柱段 (z, $z+dz$) 内的传质情况。为简单起见，这里考虑只有单个溶质 A 的情况。设柱的横截面积为 S，单位柱体积内传质界面积为 a，基于萃余相的总传质系数和基于萃取相的总传质系数分别为 K_{ox}, K_{oy}。在微分柱段 (z, $z+dz$) 内对两相做 A 组元的物料衡算，有：

$$d(N_A A) = K_{ox} aS(x_A - x_A^*)dz = K_{oy} aS(y_A^* - y_A)dz \tag{15-6-1}$$

由于只有一个溶质 A 在两相之间传递，所以：

$$d(N_A A) = dR = d(Rx_A) = -dE = -d(Ey_A) \tag{15-6-2}$$

故有：

$$dR = \frac{R \, dx_A}{1-x_A} \tag{15-6-3}$$

$$dE = \frac{E \, dy_A}{1-y_A} \tag{15-6-4}$$

将式(15-6-2)～式(15-6-4) 代入式(15-6-1)，积分后给出柱长 L 为：

$$L = \int_0^L dz = \int_{x_{A1}}^{x_{A2}} \frac{R}{SK_{ox}a(1-x_A)} \frac{dx_A}{(x_A - x_A^*)} = \int_{y_{A1}}^{y_{A2}} \frac{E}{SK_{oy}a(1-y_A)} \frac{dy_A}{(y_A^* - y_A)} \tag{15-6-5}$$

6.1.2 传质单元数和传质单元高度

根据传质膜模型，由式(15-4-10)、式(15-4-11) 可以看出，传质系数与组元 A 的浓度有关，因为式(15-4-10)、式(15-4-11) 中包含了两个与组元 A 浓度有关的量 $(1-x_A)_{lm}$、$(1-y_A)_{lm}$。同时，从式(15-4-10)、式(15-4-11) 也可以推测，如果扩散系数不变，则 $(1-x_A)_{lm}$、$(1-y_A)_{lm}$ 也应与浓度无关。对于总传质系数 K_{ox}、K_{oy}，若假设分配系数 m 为常数，则 $K_{ox}(1-x_A)_{lm}$，$K_{oy}(1-y_A)_{lm}$ 也应与浓度无关，其中：

$$K_{ox}(1-x_A)_{lm} = \frac{K_{ox}(x_A - x_A^*)}{\ln[(1-x_A^*)/(1-x_A)]} \tag{15-6-6}$$

$$K_{oy}(1-y_A)_{lm} = \frac{K_{oy}(y_A^* - y_A)}{\ln[(1-y_A)/(1-y_A^*)]} \tag{15-6-7}$$

现在，用 $(1-x_A)_{lm}$ 或 $(1-y_A)_{lm}$ 同时与式(15-6-5) 中的分子与分母相乘得出：

$$L = \int_{x_{A1}}^{x_{A2}} \frac{R}{SK_{ox}a(1-x_A)_{lm}} \times \frac{(1-x_A)_{lm} dx_A}{(1-x_A)(x_A - x_A^*)} = \int_{y_{A1}}^{y_{A2}} \frac{E}{SK_{oy}a(1-y_A)_{lm}} \times \frac{(1-y_A)_{lm} dy_A}{(1-y_A)(y_A^* - y_A)} \tag{15-6-8}$$

许多研究表明[1,2]，分传质系数 k_x、k_y 与两相的流率 R 和 E 的 0.8 次方成正比，亦即 $k_x \propto R^{0.8}$，$k_y \propto E^{0.8}$。这一关系已推广到体积传质系数 $k_x a$，$k_y a$ 的关联式，至少当以质量流速表示两相流量时可以使用。因此，我们可以粗略地假设在柱段 1 和 2 之间，体积传质系数与流率成正比。这样，在柱段 1 和 2 之间可近似认为 $R/[K_{ox}a(1-x_A)_{lm}]$ 为常数，并以其在该柱段内的平均值表示。从式(15-6-8) 中的积分号内移出流量，就得出：

$$L = \left[\frac{R}{SK_{ox}a(1-x_A)_{lm}}\right]_{av} \int_{x_{A1}}^{x_{A2}} \frac{(1-x_A)_{lm} dx_A}{(1-x_A)(x_A - x_A^*)}$$

$$= \left[\frac{E}{SK_{oy}a(1-y_A)_{lm}}\right]_{av} \int_{y_{A1}}^{y_{A2}} \frac{(1-y_A)_{lm} dy_A}{(1-y_A)(y_A^* - y_A)} \tag{15-6-9}$$

如果不考虑式(15-6-9)中 $(1-x_A)_{lm}/(1-x_A)$，$(1-y_A)_{lm}/(1-y_A)$ 项，则式(15-6-9)中的积分项就代表了柱段 1 和 2 之间的浓度变化和引起浓度变化的总传质推动力之比，即表示了单位总传质推动力所引起的浓度变化。每一个积分项就综合表示了分离要求和分离难易程度两个方面的因素，Chilton 和 Colburn[3] 将其定义为总传质单元数（NTU），而把 L/NTU 之值称为总传质单元高度（HTU）。体积总传质系数 $K_{ox}a$、$K_{oy}a$ 越大，传质速率越大；流体表观流速 R 和 E 越大，完成一定分离任务所需的传质量也越大。采用总传质单元数和总传质单元高度的概念，柱长 L 就可以表示成：

$$L = (\text{HTU})_{ox}(\text{NTU})_{ox} = (\text{HTU})_{oy}(\text{NTU})_{oy} \tag{15-6-10}$$

从式(15-6-10)不难看出，当 NTU=1 时，总传质单元高度就相当于引起平均推动力大小的浓度变化所需要的柱高。

需要指出的是，虽然直接利用传质系数积分式(15-6-9)是可能的，但在实际中通常还是应用传质单元的概念。这是因为传质系数通常强烈地依赖于两相的流率与组成，因而会随柱高而发生变化。与之相反，HTU 则受流率和组成的变化影响较小，因而更适合于工程应用。

6.1.3 单分子单向扩散时 NTU 的近似表达式

在许多场合，式(15-6-9)中的积分项中的对数平均值可用算术平均值代替，所引起的误差不大于 1.5%，因此可大大简化 NTU 的估算。于是有：

$$\begin{cases} (1-x_A)_{lm} \doteq \dfrac{(1-x_A^*) + (1-x_A)}{2} \\ (1-y_A)_{lm} \doteq \dfrac{(1-y_A^*) + (1-y_A)}{2} \end{cases} \tag{15-6-11}$$

因此，式(15-6-9)中的积分项可以表示为：

$$(\text{NTU})_{ox} = \int_{x_{A1}}^{x_{A2}} \frac{dx_A}{x_A - x_A^*} + \frac{1}{2}\ln\frac{1-x_{A1}}{1-x_{A2}} \tag{15-6-12}$$

$$(\text{NTU})_{oy} = \int_{y_{A1}}^{y_{A2}} \frac{dy_A}{y_A^* - y_A} + \frac{1}{2}\ln\frac{1-y_{A2}}{1-y_{A1}} \tag{15-6-13}$$

对于互不相溶的稀溶液体系，且平衡曲线接近于直线时，传质单元数的计算公式可进一步简化为：

$$(\text{NTU})_{ox} = \frac{\ln\left[\left(\dfrac{x_{A1} - y_{A2}/m}{x_{A2} - y_{A2}/m}\right)\left(1 - \dfrac{1}{\varepsilon}\right) + \dfrac{1}{\varepsilon}\right]}{1 - \dfrac{1}{\varepsilon}} \tag{15-6-14}$$

$$(\text{NTU})_{oy} = \frac{\ln\left[\left(\dfrac{y_{A1} - mx_{A1}}{y_{A2} - mx_{A1}}\right)(1-\varepsilon) + \varepsilon\right]}{1 - \varepsilon} \tag{15-6-15}$$

在计算机广泛使用以前，图解法可以说是求解式(15-6-9)、式(15-6-12)、式(15-6-13)中积分项的唯一方法。图解积分法是一种十分严密的方法，但计算中所涉及的曲线标绘和面积计量都较繁杂。随着计算机的不断普及和广泛运用，这些繁杂的运算完全可由计算机进行，而且可以更迅速、更准确地得出计算结果。当平衡关系可用解析关系式表达时，通常可用简单的 Simpson 公式计算积分；当平衡曲线以离散点的形式给出，又难以用简单的解析表达式拟合时，可以考虑用三次样条函数进行拟合，相应的积分便可用三次样条积分公式求出。

6.2 微分逆流接触中两相流动的非理想性

活塞流模型为微分逆流萃取过程提供了一个最简单的算法。长期以来，活塞流模型在工程设计中得到了广泛应用，但这种模型只是一种粗略而又理想化的近似，其计算结果往往与实际情况偏差较大，尤其在工程设计中偏差更明显。通常将导致两相流动的非理想性，并使两相的停留时间分布偏离活塞流动的各种现象[4]，统一归于轴向混合或轴向扩散所致。萃取柱内的两相流动情况与理想的活塞流动有很大差别，存在着各个方向，尤其是轴向混合或扩散。萃取柱内的轴向扩散使流型偏离了理想活塞流，部分流体的停留时间偏离了平均停留时间，使得两相在进、出口处出现了浓度跃迁，减小了传质推动力，降低了传质效率。图15-6-2(a) 示出了理想活塞流动时及存在轴向混合时萃取柱内浓度分布曲线的不同。图15-6-2(b) 画出了这两种情况下的 y-x 图的差异。通常把活塞流动下的传质推动力称为表观推动力，存在轴向混合下的传质推动力称为真实推动力。由图 15-6-2(b) 可以看出，真实推动力比表观推动力要小得多。

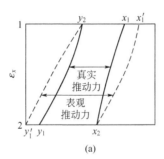 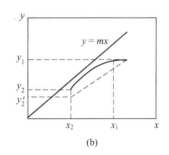

图 15-6-2　萃取柱内的轴向混合

实线表示轴向混合存在时的浓度剖面和操作线；虚线表示理想活塞流时的浓度剖面和操作线

近二十年来，人们对萃取柱内的轴向混合现象进行了大量研究工作，发展了各种考虑轴向混合的数学模型。每一种模型都对柱内的流动与传质过程做一些简化假设，然后推导出一套考虑轴向混合影响的描述流动与传质的方程组。这些模型可以按照对分散相行为处理方式的不同划分为如下两类[5]，即非相互作用模型（noninteractive models）和相互作用模型（interactive models）。

属于非相互作用模型的有级模型、返流模型、扩散模型以及组合模型等，这一类模型已发展得较为完善，并已用于工业柱式萃取设备的设计与放大。相互作用模型只是在 20 世纪 80 年代初期以后才开始研究，其基本框架已初步建立，但尚在发展，还未运用于工业柱设计。

6.3 微分逆流接触萃取过程的计算：非相互作用模型

如前所述，现已发展出多种描述萃取柱内非理想流动与传质过程的非相互作用模型。限于篇幅，这里只介绍几类较为重要的模型——返流模型和轴向扩散模型以及在轴向扩散模型的基础上发展起来的组合模型，最后讨论模型的关系与一致性。

6.3.1 返流模型

在级模型的基础上，Sleicher[6,7]，Miyauchi 和 Vermeulen[8]，Hartland 和 Mecklenburgh[9]等发展了返流模型。多级返流模型假设萃取柱可看作由若干个完全混合的级组成，但由于两相相互夹带，级间存在着返流。轴向混合的程度可用级数 N 和两相的返流比 α_x，α_y 表示。对于一些类似多级的萃取设备，如串联混合槽、转盘萃取柱、Scheibel 柱，返流模型可以给予较好的描述，尤其在液滴有强烈的聚并再分散的场合。当级数多、参数适当时，由返流模型算出的结果与扩散模型接近。

图 15-6-3 是返流模型的示意图。对第 i 级的物料衡算可以列出以下有限差分方程组：

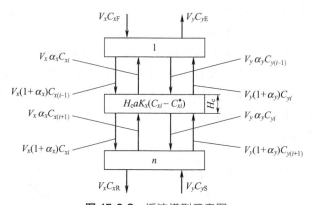

图 15-6-3 返流模型示意图

$$\begin{cases} (1+\alpha_x)V_xC_{x(i-1)} - (1+2\alpha_x)V_xC_{xi} + \alpha_xV_xC_{x(i+1)} - R_{ci}H_c = 0 \\ \alpha_yV_yC_{y(i-1)} - (1+2\alpha_y)V_yC_{yi} + (1+\alpha_y)V_yC_{y(i+1)} + R_{ci}H_c = 0 \end{cases} \tag{15-6-16}$$

式中，$R_{ci} = K_{ox}a(C_{xi} - C_{xi}^*)$，$i=1, 2, 3, \cdots, n-1$。

边界条件可由两端级的物料衡算求得：

第 1 级

$$\begin{cases} V_x(C_{xF} - C_{x1}) - \alpha_x(C_{x1} - C_{x2}) - R_{c1}H_c = 0 \\ (1+\alpha_y)V_y(C_{y2} - C_{y1}) + R_{c1}H_c = 0 \end{cases} \tag{15-6-17}$$

第 n 级

$$\begin{cases} (1+\alpha)V_x(C_{x(n-1)} - C_{xn}) - R_{cn}H_c = 0 \\ V_y(C_{y(n+1)} - C_{yn}) - \alpha_yV_y(C_{yn} - C_{y(n-1)}) + R_{cn}H_c = 0 \end{cases} \tag{15-6-18}$$

若已知两相流速 V_x，V_y 及进口浓度 C_{xF}，C_{yS} 以及柱高，则给定一组参数向量 $\vec{P} = \{K_{ox}a, K_{oy}a, \alpha_x, \alpha_y, N\}$，可由式(15-6-16)～式(15-6-18)联立得到 $2N$ 个非线性方程，将此方程组改写为矩阵形式：

$$A \times \vec{X} = \vec{B} \tag{15-6-19}$$

式中，A 为 $(2N \times 2N)$ 阶五对角矩阵。在一般情况下，A 不是常系数矩阵，需采用迭代法迭代求解，这样就可以获得两组的浓度剖面 $\vec{X} = \{C_{xi}, C_{yi} | i=1, \cdots, N\}^T$。

对于一组实测的浓度剖面 $\{C_{xj}^{\mathrm{mea}}, C_{yj}^{\mathrm{mea}} | j=1, \cdots, m_x, m_y\}$，建立最大似然目标函数：

$$F(\vec{P}) = \sum_{j=1}^{m_x} p_j (C_{xj}^{\mathrm{mea}} - C_{xj}^{\mathrm{cal}})^2 + \sum_{j=1}^{m_y} q_j (C_{yj}^{\mathrm{mea}} - C_{yj}^{\mathrm{cal}})^2 \tag{15-6-20}$$

式中，m_x，m_y 分别为两相浓度剖面的实测点数；q、p 为加权因子。选择合适的 N 值并代入实测的 a 值，通过采用适当的非线性规划方法求 $F(\vec{P})$ 的极小值，从而可以确定最优模型参数 $\{K_{ox}a, K_{oy}a, \alpha_x, \alpha_y\}$。

在平衡关系为线性的情况下，Hartland 和 Mecklenburg[9] 得出了差分方程组式 (15-6-16)～式 (15-6-18) 的解析解。

此外，Sleicher[6,7]、Hartlard 及 Mecklenburgh[9] 还导出了在一相或两相的返流系数为零或无穷大等特殊情况下的解。

6.3.2 轴向扩散模型

扩散模型是由 Danckwerts[10] 首先提出，而后为 Eguchi、Nagata[11,12]，Sieicher[6,7]，Miyauchi 和 Vermenlen[8,13] 等用于描述萃取柱内的液-液两相传质过程。轴向扩散模型假定的连续逆流传质过程中，除了相间传质以外，每一相中都存在着从高浓度到低浓度的传递过程。该模型把引起两相轴向混合的诸因素归结为两个参数，即连续相的轴向扩散系数和分散相的轴向扩散系数，每一相的扩散通量服从斐克（Fick）定律。实验证明，在萃取柱中连续相的轴向混合能由扩散模型得到较好的描述。然而，分散相的轴向混合却要复杂得多，只有当搅拌激烈、液滴较小时，扩散模型才接近于实际情况。

（1）方程 扩散模型可由图 15-6-4 表示。设 E_x、E_y 分别为两相的轴向扩散系数，分析微分柱段内 $(z, z+\mathrm{d}z)$ 的传质情况，可以从物料衡算出发列出如下稳态条件下的传质方程：

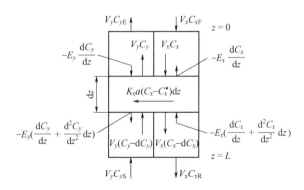

图 15-6-4　扩散模型示意图

$$\begin{cases} E_x \dfrac{\mathrm{d}^2 C_x}{\mathrm{d}z^2} - V_x \dfrac{\mathrm{d}C_x}{\mathrm{d}z} - K_{ox}a(C_x - C_x^*) = 0 \\ E_y \dfrac{\mathrm{d}^2 C_y}{\mathrm{d}z^2} + V_y \dfrac{\mathrm{d}C_y}{\mathrm{d}z_a} + K_{oy}a(C_y - C_y^*) = 0 \end{cases} \tag{15-6-21}$$

其边界条件为：

$$z=0: \begin{cases} V_x C_{xF} = V_x C_x - E_z \dfrac{dC_z}{dz} \\ \dfrac{dC_y}{dz} = 0 \end{cases} \tag{15-6-22}$$

$$z=L: \begin{cases} \dfrac{dC_x}{dz} = 0 \\ V_y C_{yS} = V_y C_y - E_y \dfrac{dC_y}{dz} \end{cases} \tag{15-6-23}$$

引入无量纲量，微分方程组式(15-6-21)和其边界条件式(15-6-22)、式(15-6-23)可以化为如下形式：

$$\begin{cases} \dfrac{d^2 C_x}{dz^2} - Pe_x B \dfrac{dC_x}{dz} - (\mathrm{NTU})_{ox} Pe_x B (C_x - C_x^*) = 0 \\ \dfrac{d^2 C_y}{dz^2} + Pe_y B \dfrac{dC_y}{dz} + (\mathrm{NTU})_{oy} Pe_y B (C_y - C_y^*) = 0 \end{cases} \tag{15-6-24}$$

和

$$z=0: \begin{cases} -\left(\dfrac{dC_x}{dz}\right) = Pe_x B (C_{xF} - C_x) \\ \dfrac{dC_y}{dz} = 0 \end{cases} \tag{15-6-25}$$

$$z=1: \begin{cases} \dfrac{dC_x}{dz} = 0 \\ -\left(\dfrac{dC_y}{dz}\right) = Pe_y B (C_{yS} - C_y) \end{cases} \tag{15-6-26}$$

引入广义浓度

$$X = \dfrac{C_x - C_{xR}^*}{C_{xF} - C_{xR}^*} \tag{15-6-27}$$

$$Y = \dfrac{C_y - C_{yS}}{C_{yE}^* - C_{yS}} \tag{15-6-28}$$

式(15-6-21)～式(15-6-23)亦可化为下述形式：

$$\begin{cases} \dfrac{d^2 x}{dz^2} - Pe_x B \dfrac{dx}{dz} - (\mathrm{NTU})_{ox} Pe_x B (X-Y) = 0 \\ \dfrac{d^2 y}{dz^2} + Pe_y B \dfrac{dy}{dz} + \dfrac{1}{\varepsilon}(\mathrm{NTU})_{oy} Pe_x B (X-Y) = 0 \end{cases} \tag{15-6-29}$$

$$z=0: \begin{cases} -\left(\dfrac{dX}{dz}\right) = Pe_x B (1-X) \\ \dfrac{dY}{dz} = 0 \end{cases} \tag{15-6-30}$$

$$z=1: \begin{cases} \dfrac{dX}{dz} = 0 \\ -\left(\dfrac{dY}{dz}\right) = Pe_y BY \end{cases} \tag{15-6-31}$$

需要指出的是，式(15-6-29)的导出假设了平衡关系为线性这一前提。在此情况下，消

去式(15-6-29)中的 Y 项,就可得到如下的一个四阶常微分方程:

$$\frac{d^4 X}{dz^4} - \alpha \frac{d^3 X}{dz^3} - \beta \frac{d^2 X}{dz^2} - \gamma \frac{dX}{dz} = 0 \quad (15\text{-}6\text{-}32)$$

式中
$$\alpha = B(Pe_x - Pe_y) \quad (15\text{-}6\text{-}33)$$

$$\beta = (\text{NTU})_{ox} B \left(Pe_x + \frac{1}{\varepsilon} Pe_y \right) + Pe_x Pe_y B^2 \quad (15\text{-}6\text{-}34)$$

$$\gamma = (\text{NTU})_{ox} Pe_x Pe_y \left(1 - \frac{1}{\varepsilon} \right) \quad (15\text{-}6\text{-}35)$$

(2) 扩散方程的近似解法 借助于计算机,可运用四阶 Runge-Kutta 法对方程式(15-6-21)~式(15-6-23)直接进行数值积分,求得两相的浓度剖面,计算完成一定分离任务所需的柱长,或由给定的实测浓度剖面通过非线性规划方法估算模型参数。根据扩散模型与返流模型的一致性,亦可用返流模型近似,采用对返流模型已发展起来的算法求解。此外,还可用边界迭代法 (boundary iteration method)、直接矩阵法 (direct matrix method)、动态模拟法 (unsteady-state method) 等计算两相的浓度剖面和从实测的浓度剖面对模型参数进行估算。在文献 [4] 中,已对这些方法做了较详尽的评述。若平衡关系为线性,可直接得到式(15-6-29)~式(15-6-31)的解析解,解的结果可参看文献 [4]。无论是解析求解还是数值求解,所涉及的计算都十分繁杂。为了利用扩散模型解决有关工程设计问题,发展了一些简便的近似解法,在实际中得到广泛应用。下面分别加以简单介绍。

① 近似解法之一[13,14]。Miyauchi 和 Vermeulen[13] 及柴田和中山[14]发展了一种扩散模型的近似解法。他们将按活塞流模型计算得到的传质单元高度称为表观传质单元高度,用 $(\text{HTU})_{oxapp}$ 和 $(\text{HTU})_{oyapp}$ 表示,把扣除轴向混合影响的传质单元高度称为真实传质单元高度,用 $(\text{HTU})_{oxtru}$ 和 $(\text{HTU})_{oytru}$ 表示,真实传质单元高度的值也可以根据传质系数计算,如 $(\text{HTU})_{oxtru} = V_x / (K_{ox} a)$。他们还把由于轴向混合所增加的传质单元高度称为分散单元高度,用 $(\text{HTU})_{oxdis}$ 和 $(\text{HTU})_{oydis}$ 表示。三者之间的关系可用下式表示:

$$(\text{HTU})_{oxapp} = (\text{HTU})_{oxtru} + (\text{HTU})_{oxdis} \quad (15\text{-}6\text{-}36)$$

这样就把萃取柱复杂的传质特性分解成两方面的问题来处理。a. 测定和计算扣除轴向混合影响的真实传质单元高度 $(\text{HTU})_{oxtru}$; b. 估计由于轴向混合影响所增加的分散单元高度 $(\text{HTU})_{oxdia}$; c. 将两者相加得到表观传质单元高度 $(\text{HTU})_{oxapp}$。这样就能较为可靠地解决萃取柱的设计和方法问题。

这种近似解的计算过程见图 15-6-5。有关步骤分别说明如下:

设计计算的原始数据。除了两相的进出口浓度 C_{xF}、C_{xR}、C_{yE}、C_{yS},两相流速 V_x、V_y 以及平衡关系 $C_y = mC_x$ 以外,还需有实验测定的或关联式计算的轴向扩散系数 E_x、E_y 以及真实传质单元高度 $(\text{HTU})_{oxtru}$ 和 $(\text{HTU})_{oytru}$。

两相按活塞流模型的假定,用式(15-6-9) 或式(15-6-12) 和式(15-6-13) 计算表观传质单元数 $(\text{NTU})_{oxapp}$ 和 $(\text{NTU})_{oyapp}$,即在活塞流模型中的 $(\text{NTU})_{ox}$ 和 $(\text{NTU})_{oy}$。

分析表明,当萃取因子 $\varepsilon = \dfrac{mE}{R} = 1$ 时,真实传质单元高度和表观传质单元高度之间存在以下简单关系:

$$(\text{HTU})_{oxapp} = (\text{HTU})_{oxtru} + \frac{E_x}{V_x} + \frac{E_y}{V_y} \quad (15\text{-}6\text{-}37)$$

这样用已知条件可以估算出当 $\varepsilon = 1$ 时的表观传质单元高度,以此作为计算的初值,则

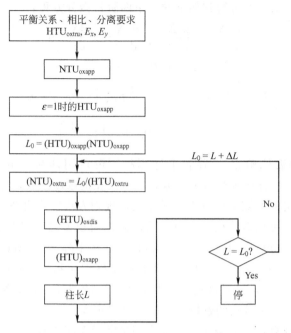

图 15-6-5 考虑有轴向混合的柱高计算框图

萃取柱柱长的初值为：

$$L_0 = (HTU)_{oxapp}(NTU)_{oxapp} \tag{15-6-38}$$

真实的传质单元数，根据已知的真实传质单元高度和柱长求得：

$$(NTU)_{oxtru} = L_0/(HTU)_{oxtru} \tag{15-6-39}$$

分散单元高度可用下式求得：

$$(HTU)_{oxdis} = L_0/(NTU)_{oxdis} \tag{15-6-40}$$

式中，分散单元数 $(NTU)_{oxdis}$ 可用下式计算：

$$(NTU)_{oxdis} = \frac{\ln\varepsilon}{1-\frac{1}{\varepsilon}}\psi + (Pe)_o \tag{15-6-41}$$

式中，$(Pe)_o$ 为综合考虑了两相轴向混合程度的 Peclet 数，它与各相的 Peclet 数的关系为：

$$(Pe)_o = \left(\frac{1}{f_x Pe_x \varepsilon} + \frac{1}{f_y Pe_y}\right)^{-1} \tag{15-6-42}$$

式(15-6-41) 和式(15-6-42) 中，ψ，f_x，f_y 可分别按下列经验公式计算：

$$\psi = 1 - \frac{0.05\varepsilon^{0.5}}{(NTU)_{oxtru}^{0.5}(Pe)_o^{0.25}} \tag{15-6-43}$$

$$f_x = \frac{(NTU)_{oxtru} + 6.8\varepsilon^{0.5}}{(NTU)_{oxtru} + 6.8\varepsilon^{1.5}} \tag{15-6-44}$$

$$f_y = \frac{(NTU)_{oxtru} + 6.8\varepsilon^{0.5}}{(NTU)_{oxtru} + 6.8\varepsilon^{-0.5}} \tag{15-6-45}$$

计算出 $(NTU)_{oxapp}$ 以后，根据式(15-6-36) 可以求出 $(HTU)_{oxapp}$ 的第一次试算值，则柱长 L 的第一次试算值为：

$$L=(\mathrm{HTU})_{\mathrm{oxapp}}(\mathrm{NTU})_{\mathrm{oxapp}} \tag{15-6-46}$$

与柱长的初值 L_0 比较，若两者相等，则计算结束，L 即为所求柱长；若两者相差较大，则令 $L_0=L+\Delta L$，再回到式(15-6-40)，重复以上计算，直到 L 的计算值与初值 L_0 的误差满足给定的误差要求为止。这一试差过程也可以通过计算机求解，文献[15]给出了一个用 BASIC 语言编制的算法程序，可以参考。

② 近似解法之二[16]。为了快速估计轴向混合对萃取柱性能的影响，Watson 等[16]发展了另一种简易计算方法，这种方法引进了柱效率 η 的概念来描述由轴向混合引起的传质推动力的下降和实际传质单元数增加的程度。柱效率 η 的定义如下：

$$\eta=\frac{(\mathrm{NTU})_{\mathrm{oxapp}}}{(\mathrm{NTU})_{\mathrm{oxtru}}}=\frac{(\mathrm{HTU})_{\mathrm{oxtru}}}{(\mathrm{HTU})_{\mathrm{oxapp}}} \tag{15-6-47}$$

实验和大量计算表明，柱效率为表观传质单元数 $(\mathrm{NTU})_{\mathrm{oxapp}}$、反映轴向混合综合影响的 Peclet 数以及萃取因子的函数，即 $\eta=f[Pe_\mathrm{i},(\mathrm{NTU})_{\mathrm{oxapp}},\varepsilon]$。当平衡关系为直线时，若 $\varepsilon\neq 1$，$(\mathrm{NTU})_{\mathrm{oxapp}}$ 可以用式(15-6-14)计算。当 $\varepsilon=1$ 时，

$$(\mathrm{NTU})_{\mathrm{oxapp}}=\frac{C_{x\mathrm{F}}-C_{x\mathrm{R}}}{C_{x\mathrm{R}}-C_{y\mathrm{S}}/m} \tag{15-6-48}$$

在这个方法中，Peclet 数不是根据柱高或填料直径来计算的，而是根据表观传质单元高度 $(\mathrm{HTU})_{\mathrm{oxapp}}$ 来计算的，即：

$$Pe_x=\frac{(\mathrm{HTU})_{\mathrm{oxapp}}V_x}{E_x} \tag{15-6-49}$$

对于单相返混的情况，柱效率可用下式计算（以仅有 x 相轴向返混的情况为例）：

$$\eta=1-\frac{1}{1+Pe_x+\dfrac{1}{(\mathrm{NTU})_{\mathrm{oxapp}}}-\dfrac{1}{\varepsilon}} \tag{15-6-50}$$

计算表明，当 $(\mathrm{NTU})_{\mathrm{oxapp}}\geqslant 2$，$\varepsilon\geqslant\dfrac{1}{3}$，$\eta\geqslant 0.20$ 时，此式的计算结果和准确值的偏差不大于 6%。对于柱效率接近于 1 而 Pe_x 较大的情况，此式能极准确地预测其效率。甚至当 $(\mathrm{NTU})_{\mathrm{oxapp}}=1$ 时，只要 $Pe_x\geqslant 1$，上述方程也能满意地使用。

从上式可以清楚地看出，Pe_x 减小时，柱效率 η 减小，也就是说柱效率随着轴向混合的加剧而减小。表观传质单元数 $(\mathrm{NTU})_{\mathrm{oxapp}}$ 和萃取因子 ε 也对柱效率有相当大的影响。

对于两相的轴向混合都必须考虑的情况，柱效率可以用下式近似计算：

$$\eta=1-\frac{1}{Pe_x+1+\dfrac{1}{(\mathrm{NTU})_{\mathrm{oxapp}}}-\dfrac{1}{\varepsilon}}-\frac{\dfrac{1}{\varepsilon}}{Pe_y-1+\dfrac{1}{(\mathrm{NTU})_{\mathrm{oxapp}}}+\dfrac{1}{\varepsilon}} \tag{15-6-51}$$

当 $(\mathrm{NTU})_{\mathrm{oxapp}}\geqslant 2$ 和 $\eta\geqslant 0.20$，且上式右端后两项分母为正值时，此式预测的效率偏离准确值不大于 7.0%。当 Pe_x 值很小（小于 1.5，也就是纵向混合比较严重时）以及 ε 大于 4 时，上述近似公式不太准确。这种情况下预测的柱效率太低。

在许多设计及实验研究工作中，都可以用这种方法估算轴向混合的影响。但该法只适用于分配系数 m 为常数以及两相轴向混合不太严重的情况。

③ 近似解法之三[17,18]。如前所述，在平衡关系为线性的情况下，式(15-6-21)及其边界条件式(15-6-22)和式(15-6-23)可以化为式(15-6-32)的形式。经过适当简化，Pratt[17]得出了计算两相浓度剖面和柱长的近似表达式。

在 $\varepsilon \neq 1$ 时:

$$X \doteq \frac{C_1 e^{\lambda_4} + \lambda_3 \lambda_4 a_3 e^{\lambda_4} e^{-\lambda_2(1-z)} + \lambda_2(\lambda_4 a_4 e^{\lambda_3 z} - \lambda_3 a_3 e^{\lambda_4 z})}{C_1 e^{\lambda_4} + C_2} \quad (15\text{-}6\text{-}52)$$

$$Y \doteq \frac{C_1 e^{\lambda_4} + \lambda_3 \lambda_4 a_2 a_3 e^{\lambda_4} e^{-\lambda_2(1-z)} + \lambda_2 a_3 a_4 (\lambda_4 a_4 e^{\lambda_3 z} - \lambda_3 e^{\lambda_4 z})}{C_1 e^{\lambda_4} + C_2} \quad (15\text{-}6\text{-}53)$$

$$C_1 = \lambda_3 a_3 \left[\lambda_2 a_4 \left(1 + \frac{\lambda_4}{Pe_y B}\right) - \lambda_4 a_2 \left(1 + \frac{\lambda_2}{Pe_y B}\right) \right]$$

$$= \frac{1}{\varepsilon} \lambda_3 a_3 (\lambda_2 - \lambda_4)$$

$$C_2 = \lambda_2 \left[\lambda_4 a_4 \left(1 + \frac{\lambda_3}{Pe_y B}\right) - \lambda_3 a_3 \left(1 - \frac{\lambda_4}{Pe_y B}\right) \right]$$

$$= \varepsilon \lambda_2 a_3 a_4 (\lambda_4 - \lambda_3)$$

式中，λ_i 是下列特征方程的三个实根:

$$\lambda^3 - \alpha \lambda^2 - \beta \lambda - \gamma = 0 \quad (15\text{-}6\text{-}54)$$

而 a_i 由下式给出:

$$a_i = \frac{\frac{1}{\varepsilon}(1 - \lambda_i / Pe_x B)}{1 + \lambda_i / Pe_y B} \quad (15\text{-}6\text{-}55)$$

$$L \doteq \frac{1}{\lambda_4'} \ln \left\{ \frac{\lambda_2' a_4 (\lambda_4' - \lambda_3') \left(\frac{1}{\varepsilon} - Y_E\right)}{\left(\frac{1}{\varepsilon}\right)^2 \lambda_3' (\lambda_4' - \lambda_2')(1 - Y_E)} \right\} \quad (15\text{-}6\text{-}56)$$

式中，λ_i' 是下列特征方程的三个实根:

$$\lambda'^3 - \alpha' \lambda'^2 - \beta' \lambda' - \gamma' = 0 \quad (15\text{-}6\text{-}57)$$

这里，方程的根 $\lambda_i' = \lambda_i / L$。其系数为:

$$\alpha' = (Pe_x - Pe_y)/d_p \quad (15\text{-}6\text{-}58)$$

$$\beta' = \frac{Pe_x + \frac{1}{\varepsilon} Pe_y}{(\text{HTU})_{\text{oxtru}} d_p} + \frac{Pe_x Pe_y}{d_p^2} \quad (15\text{-}6\text{-}59)$$

$$\gamma' = \frac{Pe_x Pe_y \left(1 - \frac{1}{\varepsilon}\right)}{(\text{HTU})_{\text{oxtru}} d_p^2} \quad (15\text{-}6\text{-}60)$$

特征方程(15-6-57)的三个实根可用下式求得:

$$\lambda_1' = \frac{\alpha'}{3} + 2\sqrt{p'} \cos\left(\frac{u}{3} + \theta\right) \quad (15\text{-}6\text{-}61)$$

对应于 λ_2'，λ_3'，λ_4' 的 θ 值分别为 $0°$，$120°$，$240°$。

$$p' = \left(\frac{\alpha'}{3}\right)^2 + \frac{\beta'}{3}$$

$$u = \cos^{-1}\left(\frac{q'}{p'^{\frac{3}{2}}}\right)$$

$$q' = \left(\frac{\alpha'}{3}\right)^2 + \frac{\alpha' \beta'}{6} + \frac{\gamma'}{2}$$

角度值取 0 到 π。此解只能在下述条件下使用：
$$q'^2 - p'^3 < 0$$

当 $\varepsilon = 1$ 时：

$$X \doteq \frac{\lambda_2\lambda_3 a_3 + C_3 + \lambda_3 a_3 e^{-\lambda_2(1-z)} + \lambda_2 e^{-\lambda_3 z} - \lambda_2\lambda_3 a_3 z}{\lambda_2\lambda_3 a_1 + C_3 + C_4} \quad (15\text{-}6\text{-}62)$$

$$Y \doteq \frac{\lambda_2\lambda_3 a_3 + C_3 + \lambda_3 a_2 a_3 e^{-\lambda_2(1-z)} + \lambda_2 a_3 e^{-\lambda_3 z} - \lambda_2\lambda_3 a_3\left(z + \dfrac{1}{(\text{NTU})_{\text{oxtru}}}\right)}{\lambda_2\lambda_3 + C_3 + C_4}$$

$$(15\text{-}6\text{-}63)$$

这里

$$C_3 = \lambda_3 a_3 \left[\lambda_2\left(\frac{1}{(\text{NTU})_{\text{oxtru}}} + \frac{1}{Pe_y B}\right) + \left(1 - \frac{\lambda_2}{Pe_x B}\right)\right] \quad (15\text{-}6\text{-}64)$$

$$C_4 = \lambda_2\left[\left(1 - \frac{\lambda_3}{Pe_x B}\right) + \frac{\lambda_3 a_3}{Pe_x B}\right] \quad (15\text{-}6\text{-}65)$$

当 $z = 0$，$Y = Y_E$ 时，求解 L 可得到：

$$L \doteq \frac{(1 - X_R)}{X_R}\left[(\text{HTU})_{\text{oxtru}} + d_p\left(\frac{1}{Pe_x} + \frac{1}{Pe_y}\right)\right] - \left[d_p\left(\frac{1}{Pe_x} + \frac{1}{Pe_y}\right) + \frac{\lambda_2' - \lambda_3'}{\lambda_2'\lambda_3'}\right]$$

$$(15\text{-}6\text{-}66)$$

Pratt[18]将上述方法推广应用于非线性平衡关系，发展了两种计算曲线平衡关系的方法，这两种方法都将萃取柱分为两段或三段，每一分段中的平衡关系均可近似地看作是一条直线。第一种解法是在各分段之间用适当近似边界条件计算每一分段的高度。在第二种方法中，先计算出整个浓度范围内的总高度，再计算出相应于平衡曲线每一分段的高度分数。

对返流模型也发展了类似的计算方法[19]。

【例 15-6-1】 在中间试验已经确定的操作条件下，某萃取柱的表观流速为 $V_x = 2.5 \times 10^{-3} \text{m} \cdot \text{s}^{-1}$，$V_y = 6.2 \times 10^{-3} \text{m} \cdot \text{s}^{-1}$。平衡关系为 $C_y = 0.58 C_x$。经测定，在此条件下真实传质单元高度 $(\text{HTU})_{\text{oxtru}} = 1.1\text{m}$，轴向扩散系数 $E_x = 1.52 \times 10^{-3} \text{m}^2 \cdot \text{s}^{-1}$，$E_y = 3.04 \times 10^{-3} \text{m}^2 \cdot \text{s}^{-1}$。根据分离要求和平衡关系计算出所需的表观传质单元数 $(\text{NTU})_{\text{oxapp}} = 6.80$。试求此萃取柱所需的有效高度。

解 按图 15-6-5 所示的程序进行计算，先假定 $\varepsilon = 1$，由式 (15-6-37) 得：

$$(\text{HTU})_{\text{oxapp}} = (\text{HTU})_{\text{oxtru}} + \frac{E_x}{V_x} + \frac{E_y}{V_y} = 1.1 + \frac{1.52 \times 10^{-3}}{2.5 \times 10^{-3}} + \frac{3.04 \times 10^{-3}}{6.2 \times 10^{-3}} = 2.198 \quad (\text{m})$$

则
$$L_0 = (\text{HTU})_{\text{oxapp}}(\text{NTU})_{\text{oxapp}}$$
$$= 2.198 \times 6.80 = 14.95 \quad (\text{m})$$

作为 L 的初值，继续计算。

$$(\text{NTU})_{\text{oxtru}} = \frac{L_0}{(\text{HTU})_{\text{oxtru}}} = \frac{14.95}{1.1} = 13.59$$

为了计算 $(\text{NTU})_{\text{oxdis}}$，先计算有关的中间变量：

$$\varepsilon = \frac{mV_y}{V_x} = \frac{0.58 \times 6.2}{2.5} = 1.438$$

$$\frac{L}{L_0} = 1$$

$$Pe_x = \frac{V_x L}{E_x} = 24.59$$

$$Pe_y = \frac{V_y L}{E_y} = 30.49$$

$$f_x = \frac{(\text{NTU})_{\text{oxtru}} + 6.8\varepsilon^{0.5}}{(\text{NTU})_{\text{oxtru}} + 6.8\varepsilon^{1.5}} = 0.8589$$

$$f_y = \frac{(\text{NTU})_{\text{oxtru}} + 6.8\varepsilon^{0.5}}{(\text{NTU})_{\text{oxtru}} + 6.8\varepsilon^{-0.5}} = 1.129$$

$$(Pe)_o = \left(\frac{1}{f_x Pe_{x\varepsilon}} + \frac{1}{f_y Pe_{y\varepsilon}}\right)^{-1} = 0.06198^{-1} = 16.135$$

$$\psi = 1 - \frac{0.05\varepsilon^{0.5}}{(\text{NTU})_{\text{oxtru}}^{0.5}(Pe)_o^{0.25}} = 0.9919$$

则

$$(\text{HTU})_{\text{oxdis}} = \frac{L_0}{\dfrac{\ln\varepsilon}{1-\dfrac{1}{\varepsilon}}\psi + (Pe)_o} = 0.8633\text{m}$$

$$(\text{HTU})_{\text{oxapp}} = (\text{HTU})_{\text{oxdis}} + (\text{HTU})_{\text{oxtru}} = 1.963\text{m}$$

$$L = (\text{HTU})_{\text{oxapp}}(\text{NTU})_{\text{oxapp}}$$
$$= 1.963 \times 6.80 = 13.35\text{m}$$

L 为柱长的第一次试算值，其与 $L_0 = 14.95$ 有较大的出入，需将 L_0 进行修改后重复迭代计算。如采用简单的迭代方法，将计算出的 L 作为下一次试算的 L_0，经三次迭代后得到的 $L = 13.31\text{m}$，此即萃取柱的柱长 13.31m。

【例 15-6-2】 计算下列情况下萃取柱的柱长：$C_{xF} = 120\text{kg}\cdot\text{m}^{-3}$，$C_{xR} = 34.43\text{kg}\cdot\text{m}^{-3}$，$C_{yS} = 8.00\text{kg}\cdot\text{m}^{-3}$，$V_x/V_y = 0.800$，$Pe_x = 0.025$，$Pe_y = 0.100$；$(\text{HTU})_{\text{oxtru}} = 0.6098\text{m}$，特征尺度 $d_p = 0.03048\text{m}$。平衡关系为 $C_x^* = 0.625C_y + 0.500$。

解 首先做物料衡算。由平衡关系可以求得：

$$C_{xR}^* = 0.625C_{yS} + 0.500 = 0.625 \times 8.00 + 0.500 = 5.50$$

$$X_R = X|_{z=1} = \frac{C_{xR} - C_{xR}^*}{C_{xF} - C_{xR}^*} = \frac{34.43 - 5.50}{120.0 - 5.50} = 0.2527$$

由于萃取因子 $\varepsilon = m\dfrac{V_y}{V_x} = \dfrac{1}{0.625} \times \dfrac{1}{0.800} = 2.00$，$Y_E$ 可由物料衡算方程算出：

$$Y_E = \frac{1}{\varepsilon}(1 - X_R) = \frac{1 - 0.2527}{2.00} = 0.3736$$

从式(15-6-58)~式(15-6-60)可以算出：

$$\alpha' = -2.4606, \beta' = 6.726, \gamma' = 2.206$$

上述结果代入式(15-6-61)可求得三个特征根为：

$$\lambda_2' = 1.8422, \lambda_3' = -4.0030, \lambda_4' = -0.2998$$

于是：$a_4 = 0.7514$。

柱长的近似值为：

$$L \doteq \frac{1}{\lambda_4'}\ln\left\{\frac{\lambda_2' a_4(\lambda_4' - \lambda_3')\left(\dfrac{1}{\varepsilon} - Y_E\right)\varepsilon^2}{\lambda_3'(\lambda_4' - \lambda_2')(1 - Y_E)}\right\} = 2.4306\text{m}$$

由于 $L(\lambda_2' - \lambda_3') = 14.2$，并且 $(NTU)_{oxtru} = 4.0$，所以计算结果是很精确的。

6.3.3 组合模型

上面介绍的扩散模型都是将分散相作为拟均相看待，或认为分散相液滴都具有相同大小，以相同的速度在柱内运动，但实际上分散相液滴具有一定大小分布，即实际的分散体系是一个多分散体系，因而存在着速度分布。因此，与单分散系统相比，多分散系统的传质性能将有所降低。Olney[19]首先描述了这一现象，将其称为前混 (forward mixing)。前混这一定义是极不准确的，因为对于多分散系统来说，不同大小的液滴即使具有相同的运动，其性能也会比单分散系统有所降低[20]。与返混不同的是，前混并不引起出、入口浓度的跃变，它只取决于系统的分散特征，因而前混不像返混一样随萃取柱的直径增大而增加。

通过对每一直径的液滴建立溶质物料平衡方程，可以将前混的影响引入扩散模型[21,22]或返流模型[23~25]，建立同时考虑返混和前混的组合模型。一些研究者认为，对某些萃取设备，连续相的返混可以按返流模型或扩散模型考虑，而认为分散相只有液滴大小分布造成的前混，其返混可以忽略；另外一些研究者则认为，分散相除了前混外，其返混影响也不可忽略。根据上述两种观点，建立了多种不同复杂程度的组合模型。限于篇幅，在此仅介绍Olney[19]在扩散模型的基础上发展起来的组合模型（图15-6-6），其数学表达式为：

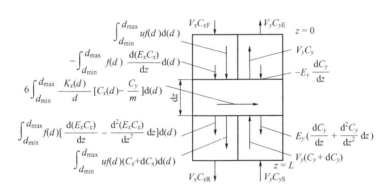

图 15-6-6 组合模型示意图

$$E_y \frac{d^2 C_y}{dz^2} + \frac{V_c}{1-\Phi} \frac{dC_y}{dz} = -\frac{6\Phi}{1-\Phi} \int_{d_{\min}}^{d_{\max}} \frac{K_{ox}(d)}{d} \left[C_x(d) - \frac{C_y}{m} \right] f(d) d(d) \quad (15\text{-}6\text{-}67)$$

$$\frac{d^2}{dz^2} \int_{d_{\min}}^{d_{\max}} C_x E_x f(d) d(d) - \int_{d_{\min}}^{d_{\max}} \frac{d[u(d) C_x]}{dz} f(d) d(d)$$
$$= 6 \int_{d_{\min}}^{d_{\max}} \frac{K_{ox}(d)}{d} \left(C_x - \frac{C_y}{m} \right) f(d) d(d) \quad (15\text{-}6\text{-}68)$$

式(15-6-67)、式(15-6-68)中，$u(d)$，$K_{ox}(d)$，$C_x(d)$，$E_x(d)$均为液滴直径 d 的函数，其边界条件为：

当 $z=0$ 时：

$$\begin{cases} \dfrac{dC_y}{dz} = 0 \\ -\dfrac{d}{dz} \int_{d_{\min}}^{d_{\max}} E_x(d) C_x(d) f(d) d(d) \\ + \int_{d_{\min}}^{d_{\max}} u(d) f(d) [C_x(d) - C_{xF}] d(d) = 0 \end{cases} \quad (15\text{-}6\text{-}69)$$

当 $z=L$ 时：

$$\begin{cases} E_y \dfrac{\mathrm{d}C_y}{\mathrm{d}z} + \dfrac{V_c}{1-\Phi}(C_y - C_{yS}) = 0 \\ \dfrac{\mathrm{d}}{\mathrm{d}z}\displaystyle\int_{d_{\min}}^{d_{\max}} C_x(d) f(d) \mathrm{d}(d) = 0 \end{cases} \tag{15-6-70}$$

Zhang[22]和朱家文[25]综合考虑了分散相液滴的前混及两相的返混，分别提出了更具普遍性的基于扩散模型的组合模型和基于返流模型的组合模型，并发展了相应的参数估算方法。与扩散模型和返流模型相比，组合型考虑了多分散性对传质性能的影响。Chartres 和 Korchinsky[21]在假设分散相无返混的情况下，运用基于轴向扩散模型的组合模型分析了具有相同平均液滴直径 d_{32} 的单分散系统和多分散系统的行为，发现轴向扩散系数并不足以描述系统的多分散性。此外，多分散性的影响会由于聚并作用而减小，因为聚并作用将会导致液滴浓度一定程度的均匀化。

6.3.4 返流模型和扩散模型的一致性

返流模型和扩散模型作为描述具有轴向混合的两相传质过程的两种最简单的数学模型，得到了广泛的重视和应用。对于这两种模型用于描述同一传质过程时的联系和差别，已进行过广泛的探讨[26~28]。结果表明，当级数 $N\to\infty$ 时，若模型参数间满足下述关系：

$$\frac{(1+2\alpha)}{N} = \frac{2}{Pe} \tag{15-6-71}$$

则两种模型在二阶精度上等价。钱宇[28]通过对模型的数学分析和流动与传质过程的宏观特征的等效性论证了返流模型和扩散模型的充分和必要条件：

① 充分条件：多级返流模型中的参数 N 若趋于无穷大，则返流比亦同阶趋于无穷大，从而与扩散模型完全趋于一致。

② 必要条件：多级返流模型用于描述多级逆流传质过程时，与扩散模型保持一致且与实际过程相符的条件是级数 $N \geqslant \{L/[\varepsilon(\mathrm{HTU})_{\mathrm{ox}}]\}$。

上述关于两种模型一致性的分析，为研究两相流动与传质过程时根据不同的特点选择适当的模型，进行模型参数的拟合、相互转换及比较，以及选择适当的模型计算级数等问题提供了一定的理论依据。从应用的观点来看这就为从一种模型参数出发获得另一种模型参数提供了方便。

现有的大多数关于模型参数的实验结果和关联式都是根据扩散模型对实验结果进行归纳得到的。常用的实验方法有稳态示踪法和脉冲示踪法。在实验室可以用电解质、染料等作为示踪物，在工业上还可采用放射性同位素作为示踪物。

6.4 相互作用模型

6.4.1 相互作用模型概述

虽然非相互作用模型在一定程度上指明了轴向混合对两相流动行为的影响，但同时也正如一些研究者所指出的，非相互作用模型的主要缺点是假设了柱内状态的均匀性，这和实际情况有时会有很大的差别。无论是扩散模型和返流模型，还是组合模型，都假设了分散相滞

存率 Φ 和液滴直径分布不随柱高而变化，因而可用平均混合参数（如返流系数、扩散系数）描述非理想流动行为。然而，大量实验结果表明，两相流状态（如 Φ，d_{32} 等）在柱内随条件的不同可以表现出强烈的非均匀性，在这种情况下能否仍然将有关的分散性质作为一个有代表性的平均性质代入模型进行计算就值得考虑。Schmidt 及其合作者[29]发现在脉冲柱内轴向扩散系数并非常数，而是随柱长变化。为了运用从小型实验装置获得的实验数据进行实际装置的设计放大，还必须加以修正和调整，典型的是有时还必须考虑经验方程的模型参数随柱直径的变化[4]。事实上，在实际过程中为获得较好的操作效果，有时也需要沿柱长改变某些结构参数，如 Mögle、Bülman 建议在不同级上应有不同的级高和搅拌器直径，Lo、Prochazka 认为往复振动筛板萃取柱在不同的柱段应有不同的板间距。现有的许多设计模型的另外一个缺点就是没有考虑分散相尺度变化的动力学，即未考虑液滴的破碎和聚并过程。许多研究表明，分散相液滴的行为是引起柱内非均匀性的重要原因之一，液滴现象和传质之间存在着十分复杂的相互作用。这方面的研究开始于20世纪70年代初期，但直到80年代后期才开始形成相互作用模型的基本框架，并开始运用于萃取柱内两相流动与传质过程的分析。

Jiricny 等[30,31]首先用离散形式的群体平衡方程描述了往复振动筛板萃取柱内的两相流动过程，分析了液滴的分散性质对柱内流动行为的影响。之后，Sovova[32]对往复振动筛板萃取柱和有降液管的振动多孔板柱进行了类似的研究工作。Cruz-Pinto 和 Korchinsky[33] 将群体平衡方程应用于转盘萃取柱，在只考虑破碎的情况下根据实验所测得的液滴尺寸分布计算了有关的模型参数，形成了相互作用的初步框架，但作者并未将分散相滞存率和液滴尺寸分布关联起来。为了计算，还必须借助于实验测得的滞存率分布。

上述各项工作仍然局限在萃取柱内两相流体动力学及液滴相互作用的分析，真正用于传质过程分析的相互作用模型直到 1985 年才由 Casamatta 和 Vogelpohl[34] 提出，之后又为 Dimitrova Al Khani[35,36] 所发展。鉴于 Casamatta 等所建立的群体衡算方程求解困难和其中所包含的某些不合理假设，Kirou 和 Tavlarides 等[5]又提出了多分散体系中传质过程的随机模拟方法——Monte-Carlo 模拟方法。这两种方法代表了当前相互作用模型发展的现状，反映了两种不同的思路，下面对此进行简要的介绍。

6.4.2 相互作用模型

(1) 群体衡算方程 群体衡算方程的建立虽然奠定了液-液分散体系流动和传质过程分析的基础，但由于两相流体动力学现象的复杂性，尤其是对于柱式萃取设备内宏观流型的认识还相当贫乏，严格的群体方程的运用仍然存在不少困难。为此，人们不得不借助于各种简化的群体衡算方程来考查液滴的相互作用对流动与传质的影响。正是在扩散模型关于萃取柱内宏观流型的基础上，文献[34～36]提出考虑相互作用的扩散模型，其数学表达式为：

$$\frac{\partial}{\partial t}[\overline{C}_x(z,d)P(z,d)]$$
$$= -\frac{\partial}{\partial z}[\overline{C}_x(z,d)P(z,d)u_d(z,d)] + \frac{\partial}{\partial z}\{E_x(d)\frac{\partial}{\partial t}[\overline{C}_x(z,d)P(z,d)]\} + Q'$$
$$+ \int_0^\infty T_x dC_x(z,d)d(d) \qquad (15\text{-}6\text{-}72)$$

$$\frac{\partial}{\partial t}\{[(1-\Phi(z)]C_y(z)\}$$
$$=-\frac{\partial}{\partial z}\left\{[1-\Phi(z)]C_y(z)\frac{V_c}{1-\Phi(z)}\right\}+\frac{\partial}{\partial z}E_y(z)\frac{\partial}{\partial z}[1-\Phi(z)]C_y(z)-Q' \tag{15-6-73}$$

式(15-6-72)和式(15-6-73)中 T_x 是由破碎和聚并所引起的质量产生项,它考虑了直径为 d 的液滴的平均浓度;Q' 是描述连续相和直径为 d 的液滴之间的传质速率;$\Phi(z)$ 是在柱高为 z 处分散相的滞存率;$P(z,d)$ 是在柱高 z 处、直径为 d 的液滴在分散体系中所占的体积分数。根据 Casamatta 等的研究,有:

$$\Phi(z)=\int_0^{d_{\max}}P(z,d)\mathrm{d}(d) \tag{15-6-74}$$

$$Q'=\left(\frac{6}{d}\right)K_{\mathrm{oy}}(d)P(z,d)[C_{y(z)}-mC_x^*(z,d)] \tag{15-6-75}$$

$$Q=\int_0^{d_{\max}}Q'\mathrm{d}(d) \tag{15-6-76}$$

$$u_d(z,d)=\frac{-V_c}{1-\Phi(z)}+u_r(d) \tag{15-6-77}$$

在分别考虑了液滴的破碎和聚并及由于液滴直径分布所引起的前混的情况下,两者的返混程度应大致相同,即 $E_x \doteq E_y$,因此可近似认为两者的大小与相同搅拌条件下仅有连续相运动时的返混系数相当。在假设 E_x、E_y 不随柱长变化的情况下,文献[36]运用有限差分方法求解了方程(15-6-72)、方程(15-6-73),模拟了脉冲筛板萃取柱内的流动与传质行为。

(2) Monte-Carlo 模拟方法 Bapat 等[37,38]提出的静止期法(interval of quiescence method),Kirou 和 Tavlarides[5]发展了用于多级萃取过程的计算方法,其模拟过程如图 15-6-7 所示。他们将萃取柱划分为若干级,将在任意一级内发生的液滴的破碎和聚并以及液滴的流出(包括向前和向后)看作是一个 Poisson 过程,而连续相和分散相液滴之间的传质过程则是一个确定性过程。因此,有关的液滴过程就可以运用随机的 Monte-Carlo 方法进行模拟,而对任意第 i 级中任意一个液滴和连续相之间的传质过程则可借助于确定性的传质模型加以分析。

如图 15-6-7 所示,整个模拟过程包括以下几个步骤:

① 输入物性参数(如 μ,ρ,σ,…)和操作参数(如 E,V_c,V_d,…)。

② 对每一级进行初始化,包括假设每一级中分散相的滞存率 Φ_0^i,液滴分布 $n_0^i(d, C_x)$。

③ 计算第 i 级的静止期(interval of quiescence),其计算公式为:

$$t'_{\mathrm{IQ}}=\frac{-\lg e(X^i)}{f'_E+f'_B+f'_C} \tag{15-6-78}$$

式中的频率 f_j^i(j=E,B,C)可以和操作参数及系统的物理化学性质相关联[37]。式(15-6-78)不适用于导入分散相的第 1 级,因为进入第 1 级的分散相的频率是一个确定性的量。

④ 选择全柱中 t_{IQ}^i 值最小的一级的 t_{IQ}^i 为全柱的 t_{IQ}^{i*},即:

$$t_{\mathrm{IQ}}^{i*}=\min\{t_{\mathrm{IQ}}^i\},i=1,2,\cdots,M \tag{15-6-79}$$

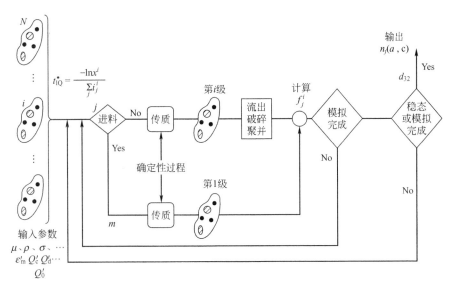

图 15-6-7 Monte-Carlo 法模拟示意图

事件将在最小的静止期末发生。在静止期 t_{IQ}^{i*} 内，相间传质过程持续进行，使液滴内溶质的浓度发生变化，相应地，连续相内溶质的浓度也发生变化。

在静止期末发生的事件可以从样本频率估计其概率值：

$$p_j^i = f_j^i / (f_E^i + f_B^i + f_C^i) \tag{15-6-80}$$

对于液滴破碎、聚并的处理方法与文献[37, 38]关于 CFSTR❶ 中液滴的处理方式完全一样，但对于液滴 M 级中某一级的频率则有所不同，需要考虑在柱式设备中液滴可能发生前混也可能发生后混。

⑤ 在进行完一次模拟之后，就可以由液滴样本的统计结果计算出每一次的流体力学状态，如 d^{32}，Φ，其计算公式为：

$$d_{32}^i = \sum_j n_j^i d_j^3 / \sum_j n_j^i d_j^2 \tag{15-6-81}$$

$$\Phi^i = (\pi/6V_s) \sum_j n_j d_j^3 \tag{15-6-82}$$

⑥ 静止期间传质的计算。在静止期 t_{IQ}^{i*} 内，由于相间传质过程，液滴的浓度与连续相的浓度都将产生连续变化。在一个静止期 t_{IQ}^{i*} 内第 i 级内相间传质的总量可由下式计算：

$$M^i = \sum_{j=1}^{n^i} \pi d_j^3 m_j^i \tag{15-6-83}$$

⑦ 如果规定的模拟时间已经用完或模拟已达到稳态，则终止模拟过程，打印计算结果。否则，重新设置模拟时间，从第 3 步开始循环。

与基于群体衡算方程的相互作用模型相比较，Monte-Carlo 模拟方法对液滴的破碎、聚并以及传质过程的处理更合乎实际情况，而且可以比较容易地推广到包含化学反应的复杂萃取体系，过程的建模也比较容易。但正如所预料的，Monte-Carlo 模拟方法需要花费较多的计算时间，另外，合理确定液滴的流出频率 f_E 尚需对柱内流场的性质进行更深入的研究。

---

❶ CFSTR（continuous flow stirred tank reactor，连续流动搅拌槽反应器）。

参考文献

[1] Brown G G, et al. Unit Operations. New York: John Wiley, 1950: 529-530.
[2] Badger W L, Banchero J T. Introduction to chemical engineering. New York: McGraw-Hill, 1955: 466-449.
[3] Chilton T H, Colburn A P. Ind Eng Chem, 1935, 27: 255.
[4] Lo T C, Baird M H I, Hanson C. Handbook of solvent extraction. New York: Wiley, 1983.
[5] Kirou V I, Tavlarides L L. Paper No. s3-2e//Proc 2nd Int Conf. Ontario, Hamilton: Separations Sci Technol, 1989.
[6] Sleicher C A. AIChE J, 1959, 5: 145.
[7] Sleicher C A. AIChE J, 1960, 6: 529.
[8] Miyauchi T, Vermeulen T. Ind Eng Chem Fundam, 1963, 2: 304.
[9] Hartland S, Mecklenburgh J C. Chem Eng Sci, 1966, 21: 129.
[10] Danckwerts P V. Chem End Sci, 1953, 2: 1; Trans Faraday Soc, 1950, 46: 300.
[11] Eguchi W, Nagata S. Chem Eng Tokyo, 1958, 22: 2181.
[12] Eguchi W, Nagata S. Mem Fac Eng Kyoto Univ, 1959, 21: 70.
[13] Miyauchi T, Vermeulen T. Ind Eng Chem Fundam, 1963, 2: 113.
[14] 柴田节夫, 中山乔. 化学装置, 1974: 19-28.
[15] 李以圭, 李洲, 费维扬. 液-液萃取过程和设备: 上册. 北京: 原子能出版社, 1981.
[16] Watson J S, Cochrane H D. Ind Eng Chem Proc Des Dev, 1971, 10 (1): 83.
[17] Pratt H R C. Ind Eng Chem Proc Des Dev, 1975, 14: 74.
[18] Pratt H R C. Ind Eng Chem Proc Des Dev, 1976, 15: 34.
[19] Olney R B. AIChE J, 1964, 10: 827.
[20] Rod V. Brit Chem Eng, 1966, 11: 483.
[21] Chartres R H, Korchinsky W J. Trans Instn Chem Engr, 1975, 53: 247.
[22] Zhang S H, Yu S C, Zhou Y C, et al. Can J Chem Eng, 1985, 63: 212.
[23] Rod V, Misck T. Proc Int Solvent Extraction Conference. ISEC' 71, 1971, 1: 738.
[24] Korchinsky W J, Azimzadeh-katyloo S. Chem Eng Sci, 1976, 31: 871.
[25] 朱家文. 华东化工学报, 1994 (03): 306-312.
[26] Miyauchi T, Vermeulen T. Ind Eng Chem Fundam, 1963, 2: 314.
[27] 陈敏恒, 袁谓康, 陈良恒. 科学通报, 1963, (11): 51.
[28] 钱宇. 脉冲筛板萃取塔内相际"真实"传质系数的研究. 北京: 清华大学, 1987.
[29] Schmidt H, Bastian P, Fiek H J. 6th Symposinm on Separation Science and Technology. Knoxville, Tennessee, 1989.
[30] Jiricny V, Kratky M, Prochazka J. Chem Eng Sci, 1979, 34: 1141; 1979, 34: 1151.
[31] Jiricny V, Prochazka J. Chem Eng Sci, 1979, 35: 2237.
[32] Sovova H. Chem Eng Sci, 1983, 38: 1868.
[33] Cruz-Pinto J J C, Korchinsky W J. Chem Eng Sci, 1981, 36: 687.
[34] Casamatta G, Vogelpohl A. Ger Chem Eng, 1985, 8: 96.
[35] Dimitrova Al Khani S, Gourdon C, Casamatta G. Ind Chem Eng Res, 1988, 27: 329.
[36] Dimitrova Al Khani S, Gourdon C, Casamatta G. Chem Eng Sci, 1989, 44: 1295.
[37] Bapat P M, Tavlarides L L, Smith G W. Chem Eng Sci, 1983, 38: 2003.
[38] Bapat P M, Tavlarides L L. AIChE J, 1985, 31: 659.

符号说明

A	相间传质界面积，m^2	
a	比表面积，$m^2 \cdot m^{-3}$	
B	L/d_p，无量纲	

C	浓度 $kg \cdot m^{-3}$ 或 $mol \cdot m^{-3}$；模型参数，无量纲
d	液滴直径，m
d_{max}	最大液滴直径，m
d_{min}	最小液滴直径，m
d_p	特征尺度，m
d_{32}	Sauter 平均液滴直径，m
E	萃取相流量，$kg \cdot s^{-1}$ 或 $mol \cdot s^{-1}$；轴向扩散系数，$m^2 \cdot s^{-1}$
$F(\vec{P})$	参数向量 $\vec{P}$ 的最大似然目标函数
f_j	液滴事件频率，$j=$ B，C，E，s^{-1}
$f(d)$	液滴直径分布密度函数
H_c	级高，m
HTU	传质单元高度，m
K	总传质系数
k	分传质系数
L	柱高，m
L_0	柱高的初值，m
M	相间传质总量，kmol
m	分配系数，无量纲；液滴的传质量，kmol
m_x, m_y	两相浓度剖面的实测点数，无量纲
N	传质通量，$kg \cdot m^{-2} \cdot s^{-1}$ 或 $mol \cdot m^{-2} \cdot s^{-1}$；级数，无量纲
NTU	传质单元数，无量纲
n	级号，无量纲
p	样本概率
$\vec{P}$	参数向量
$P(z,d)d(d)$	截面 z 处介于直径 $[d, d+\delta d]$ 之间液滴在分散体系中占的体积分数，无量纲
p_c	加权因子，无量纲
p'	中间变量，无量纲
Q'	连续相和液滴之间的传质速率
q	加权因子、无量纲
q'	中间变量，无量纲
R	萃余相流量，$kg \cdot s^{-1}$ 或 $mol \cdot s^{-1}$
$R_{c,i}$	第 i 级传质量，kmol
S	柱横截面积，m^2
T_x	破碎和聚并引起的质量产生项
$u_d(d)$	直径为 d 的液滴的运动速度，$m \cdot s^{-1}$
$u_r(d)$	直径为 d 的液滴的滑动速度，$m \cdot s^{-1}$
V	表观流速，$m \cdot s^{-1}$
V_s	样本级体积，m^3
X	广义浓度，无量纲
x	萃余相中组元摩尔分数，无量纲
Y	广义浓度，无量纲
y	萃取相中组元摩尔分数，无量纲
z	柱高，m

希腊字母

α		返流比,无量纲
ε		萃取因子,$m\dfrac{E}{R}$,无量纲
η		柱效率,无量纲
λ_i		特征根,$i=2,3,4$,无量纲
λ_i'		特征根,$i=2,3,4$,无量纲
ρ		密度,$kg·m^{-3}$
$\Delta\rho$		密度差,$kg·m^{-3}$
μ		黏度,Pa·s
σ		界面张力,$N·m^{-1}$
Φ		分散相滞存率,无量纲
χ		0~1之间均匀分布的随机数,无量纲

上标

*	平衡
i	第i级
j	液滴尺寸分割数
cal	计算值
mea	测量值

下标

app	表观
av	平均
B	破碎
C	聚并
dis	分散
E	逸出
F	进料
IQ	静止期
j	液滴直径分割数
lm	对数平均
n	级数
o	总的
R	萃余相
S	萃取相
tru	真实
x	萃余相
y	萃取相

7 萃取设备及其设计计算方法

7.1 概论

7.1.1 液-液萃取设备的分类

液-液萃取过程的进行需要两相充分接触后对两相进行较完全的分离，因此，萃取设备必须同时满足这两方面的要求。在液-液两相接触过程中，由于液-液两相间的密度差较小，界面张力也不大。为了提高萃取设备的效率，通常要补给能量，如搅拌、脉冲、振动等，而为了达到两相逆流和两相分离的目的，常需借助于重力或离心力。为此，发展了多种多样的萃取设备，可以分别用于不同的场合。

萃取设备可以按不同的方式来分类。如根据萃取设备的结构和操作特性可以分为两大类：逐级接触式和连续接触式。逐级接触式由一系列独立的接触级所组成，混合澄清槽就是较为典型的一种。两相在这类设备的混合室中充分混合，传质过程接近平衡，再进入另一个澄清区进行两相分离，然后两相分别进入邻近级，实现多级操作。在级式接触萃取设备中，由于接触的级数可以准确地估计，加之级效率较高，因而其设计和放大较为容易。由于在两相接触后需要进行两相分离，因而澄清室很大，这将使整个设备的体积十分庞大，尤其在两相分相较难时更是如此。相对于一定通量，微分逆流接触式萃取设备则较为紧凑，占地很小，这类设备通常为垂直柱式设备。在连续逆流接触设备中，两相的浓度连续发生变化，两相一般不能达到平衡，因而设计和放大也就较为复杂。萃取设备也可以根据产生两相混合或逆流的方法再细分为不搅拌和搅拌以及借重力或离心力产生逆流等类别。对于工业上已经广泛采用的 20 种萃取设备，Lo[1,2] 将其分为两大类，共有九小类（图 15-7-1）。

7.1.2 液-液萃取设备的评价与选择

萃取设备的种类很多，每种设备均有各自的特点。很多萃取设备是根据特定的工艺要求发展的，然后推广到其他领域。从技术和经济两方面来看，某一种设备不可能对所有的溶剂萃取过程都是适用的。应该根据萃取体系的物理化学性质、处理量、萃取要求及其在其他一些方面的适应能力来评价和选择萃取设备。

Morello 和 Pofferberger[3] 的早期工作为萃取设备的评价和选择奠定了初步基础。Pratt[4] 提供了一个萃取设备的选型表，在表中对萃取设备的性能用数值进行了评价，其优点在于综合考虑了多方面的设计要求，其主要缺点是对所有因素都给予了相同的权重因子。因为对一些特定场合，某些因素可能比较重要，而另外一些则不那么重要。

Oliver[5] 讨论了萃取设备选择的一般准则，并提供了设备选择的优先顺序。Hanson[6] 综合考虑了各种因素，提出了一个萃取设备的选型表，为设备的选择提供了一种快捷方法。

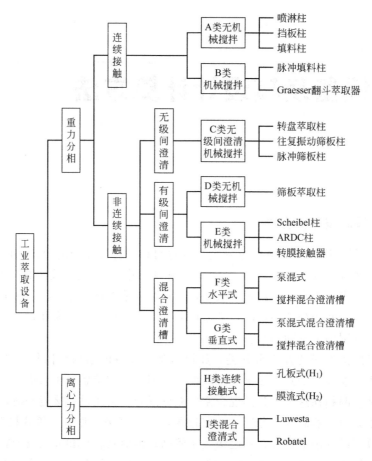

图 15-7-1 工业萃取设备的分类

在 Pratt[4] 工作的基础上，Lo[2] 提出了一个新的萃取设备的选型表，对图 15-7-1 中涉及的二十种工业萃取设备的十二个方面的性能进行了评价，并用数字定量表示出来，该表对于选择萃取设备十分有用。在应用该表选择设备之前，第一步必须获得有关系统的相平衡数据，选择合适的溶剂比和所需的理论级数。然后列出所要考虑的设计要求，逐个列出来。第二步是排除对实际要求指标值是零的各类萃取设备，然后将剩下的萃取设备连同其性能指标作成一张表。在比较这些萃取设备时，优先考虑指标值是 5 的萃取设备。对于指标值是 1 的一些萃取设备，并不一定表示其性能不合适，而是应该进行更细致的研究，如进行小型试验及仔细的经济技术评价等。

7.2 混合澄清器

7.2.1 混合澄清器的特点

混合澄清器是最早使用且目前仍广泛应用于工业生产的一种萃取设备。在萃取操作中，物料和溶剂在混合器中借搅拌作用而密切接触，进行传质，然后送入澄清器分离萃取相和萃余相。

混合澄清器的主要优、缺点如表 15-7-1 所示。一方面，它广泛应用于湿法冶金工业、原子能工业及石油化工等领域，特别在级数较少而处理量较大的场合，更能显示出其适用性和经济性。另一方面，若需要级数很多的分离过程（如稀土元素的分离提纯），混合澄清器也是较为合适的设备。

表 15-7-1 混合澄清槽的主要优点和缺点

主要优点	主要缺点
①可取得高强度的湍流而不发生液泛； ②两相均可作为分散相,具有较大的操作弹性,易于控制流比； ③各级相互独立,可以处理含悬浮固体的物料； ④水平式安装仅需较低的空间高度,每一级可以在需要的时候装上或卸下； ⑤易于开工和停工； ⑥较高的级效率	①在较高的混合强度下易形成乳化； ②一相或两相一般都需要级间泵或有一定泵吸能力的搅拌器； ③每级因需动力搅拌,设备费用和操作费用较高； ④水平安置会占用较大面积； ⑤溶剂存量大

7.2.2 几种典型的混合澄清器

(1) 水平式的混合澄清器

① 箱式混合澄清器[7,8]。随着原子能工业的发展，首先在英国的 Windscale 核燃料后处理工厂采用了水平放置的箱式混合澄清槽。它把混合槽和澄清槽连成了一个整体，从外观上看，就像一个长长的箱子，内部用隔板分隔成许多级，每一级有一个混合室和一个澄清室，图 15-7-2 描绘了其几何结构和两相在槽内的流动途径。

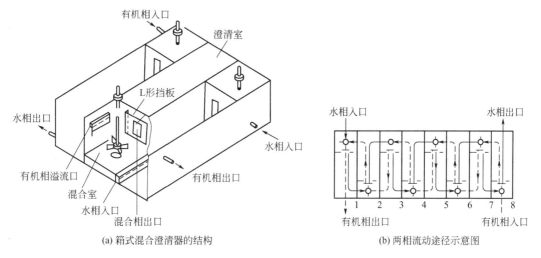

图 15-7-2 箱式混合澄清器

在混合室内，搅拌器不但要使两相充分接触，而且要使重相从次一级澄清室抽入混合室。人们研究了不同型式搅拌器的操作性能。目前一般采用的有泵式和桨叶式（又分为平桨和涡轮）两大类型。在核燃料后处理工厂中，为了便于远距离操作，也广泛使用空气抽压液柱脉冲进行搅拌。基于所采用的不同搅拌器类型，箱式混合澄清槽又可分为简单重力型和泵混型两种。前者输送液流的推动力主要来自级间密度差，因此，其推动力是有限的，流通的液流也较小。泵混合式与重力混合式在总体结构上区别并不大，主要的改变为用泵式搅拌器代替了搅拌叶,以加大抽吸能力,从而可加大液流的通量(图 15-7-3)。

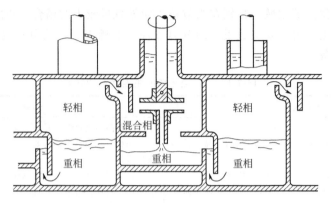

图 15-7-3 泵混式箱式萃取器的结构[9]

混合相的澄清一般是在简单的重力澄清室中进行。为了加速澄清过程,可以在澄清室内填充填料,安装挡板或装设其他促进分散相聚合的装置。

箱式混合澄清器结构简单,操作可靠,被英国原子能局广泛用于净化和分离钚。由于液体流动的推动力正比于设备的深度,因此,这一装置的主要缺点是笨重。

② IMI 混合澄清器[10,11]。Coplan 等[9]设计的泵混式混合澄清器虽然提高了设备的处理能力,但却降低了设备的操作弹性。鉴于此,以色列矿冶研究所设计了一种称为 IMI 的泵式混合澄清器,一种为轴流泵混式混合澄清单元,一种为涡轮泵混式混合澄清单元(图 15-7-4),它们已用于工业规模的生产过程。对轴流泵混式,在混合槽内除了搅拌叶轮外,在同一轴上还安装一个轴流泵能将混合液提升到借重力流入澄清槽的高度,由于搅拌和抽吸作用分别由两个同轴的叶轮完成,通过合理设计,可以分别使搅拌和抽吸作用效果达到最优。澄清槽也是圆柱形的,而且比较深。混合相进入澄清槽中心后沿径向向外流动,在流动过程中线速度减小,这样有助于聚并和分相。澄清槽内还安装了防湍流挡板,可以进一步加快澄清速度。分离以后的两相分别从槽周边的出口引出。

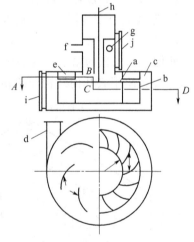

图 15-7-4 IMI 涡轮泵混式混合澄清器
a—涡轮;b—涡轮叶片;c—混合室;
d—切向分散体出口;e—固定桨片;
f—轻相入口;g—重相入口;
h—轴;i,j—视窗

据报道,这种萃取器的处理能力很大,已达到 500m³·h⁻¹。它能适应于两相的物理性质(如黏度、密度等)逐级发生显著变化的工艺过程,对工艺和操作条件的变化具有很好的适应性。

③ Kemira 混合澄清器[12]。这是一种芬兰研制并经改进的泵式混合澄清器,其结构如图 15-7-5 所示。其主要优点是:

a. 泵吸设备和搅拌器是分开的,但是安装在同一根转轴上。

b. 重相从底部流入混合器,而轻相在重力作用下自动由上一级澄清器流入混合器,两相逆流流动时,不需要外部的泵来输送。

c. 在每一级内均可控制有机相的循环。

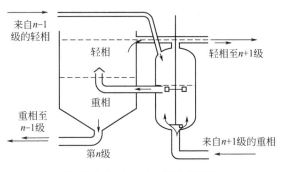

图 15-7-5 Kemira 混合澄清器

Kemira 混合澄清器主要是为生产硝酸-磷酸盐肥料的萃取过程而研制的。实践表明，这种设备操作弹性好，用于各级之间流量有显著变化的体系十分可靠。在从磷灰石中萃取分离稀土的过程中应用也很成功。

(2) 塔式混合澄清器 以上几种类型的混合澄清器虽然各适用于不同的场合，但都是水平放置的，占地面积较大是其共同的缺点。另外，对于大型槽而言，由于每级混合槽都需要各自安装一套搅拌装置，所以结构比较复杂，能量消耗也较大。为此，人们提出了将多级混合澄清器垂直放置的塔型结构。已发展了多种不同类型的垂直混合澄清器[13~15]，其中较为典型的是 Lurgi 塔型混合澄清器。塔内没有澄清室的级间通道，相的分散、混合和级间流动由安装在塔外的轴流泵和管线完成。图 15-7-6(a)、(b)、(c) 分别给出了轻相再循环、重相再循环和无两相循环时的三种 Lurgi 型萃取器的结构示意图。

如图 15-7-6(a) 所示，两相混合液由泵打入澄清室 A 进行分相，然后重相从隔板 B 下方流入相邻的排液室，轻相从隔板上方向上流经通道 D 到上一级排液室，然后经泵再循环至原来的级。其中的一部分轻相通过通道 E 流到更上一级的排液室。泵 G 通过孔 F 吸取两相进行混合并输送至下一级澄清室 A，这样即实现了两相的逆流运动。对于重相再循环有类似的情况，具体液流走向参考图 15-7-6(b)。

图 15-7-6(c) 所示的 Lurgi 萃取器用装设在泵的吸液端的节流板进行某一相节流，在泵的排液端装设蝶阀以控制排液，这种结构型式不要求某一相进行再循环。

Lurgi 萃取塔原来主要用于从碳氢化合物中分离芳香族化合物的 Arosolvan 过程，但现在它已被研究用于其他萃取过程，如从液体丙烷中提取硫化氢，从煤的气化工厂的废水中提取苯酚等过程。

目前 Lurgi 型萃取器的最大直径已达 8m，其处理容量可达 $1800 t \cdot h^{-1}$。

(3) 组合式混合澄清器[16] 组合式混合澄清器（combined mixer-settler）是由 Davy McKee 矿业和金属公司研制的。其设计原理如图 15-7-7 所示。组合式混合澄清器在单个容器中同时实现两相的混合和澄清，即一个容器中三个操作区同时存在，上分离区由分离后的轻相组成，下分离区由分离后的重相组成，中间为一混合区。在中心区内装设泵式搅拌器进行搅拌并起泵吸作用，在中心区上下两端装设挡板，以抑制湍流并促进澄清分相。中心区内的两相接触相比可通过调节有机相堰进行控制，进料流比的改变不会影响接触相比，这样，即使进料流比为1:10，在中心区内也可控制接触相比为 1:1。此外，组合式混合澄清器还具有占地面积小、溶剂滞流量小、要求输入能量低、易于操作控制以及可处理含固体量达 300×10^{-6} 的料液的特点。组合式混合澄清器的建设和操作费用比常规混合澄清器有较大节省。

7.2.3 混合澄清器的放大和设计

(1) 混合器的设计和放大 根据对搅拌槽的研究，混合器的放大可归纳为以下三点：

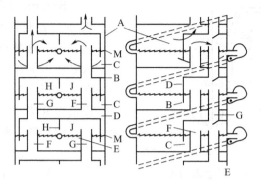

(a) 轻相再循环时的Lurgi型萃取器结构示意图

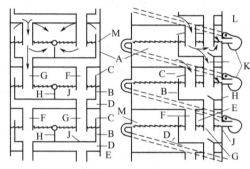

(b) 重相再循环时的Lurgi型萃取器结构示意图

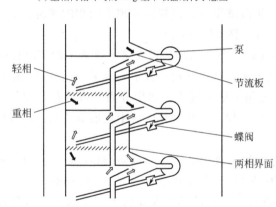

(c) 采用节流板控制的Lurgi型萃取器结构示意图

图 15-7-6 Lurgi 塔式萃取器

A—澄清室；B—隔板；C—排液管；D,E—通道；F—排液孔；
G,K—泵；M—两相通道；H—旁流制止器；L—蝶阀；J—循环通道

① 对于间歇或连续操作，萃取速率均为输入功率的函数。随着搅拌强度的增加，将使液体的内循环增加，从而使萃取速率加快。但不是在任何情况下，萃取速率都与输入功率成正比。

② 在单位分散体积输入功率恒定的情况下，混合器在相比及系统物性不变时，可以按几何相似进行放大。但是，根据几何相似进行的放大并不一定是经济上最优的放大。

③ 应用功率和雷诺数的 Rushton 关联式，可以计算出混合器的功率[17,18]：

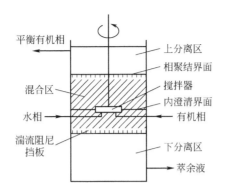

图 15-7-7 Davy McKee 组合式混合澄清器

$$P = N_p \rho_m N^3 d_I^5 \tag{15-7-1}$$

对于具有挡板的容器，不管是否有气-液界面，两相混合物的密度和黏度均可按下式计算：

$$\rho_m = \rho_c(1-\Phi) + \rho_d \Phi \tag{15-7-2}$$

$$\mu_m = \frac{\mu_c}{1-\Phi}\left(1 + \frac{1.5\mu_d \Phi}{\mu_d + \mu_c}\right) \tag{15-7-3}$$

在带挡板的混合器中，用 Rushton 涡轮搅拌器进行 Dapex 法萃取铀的结果表明，在单位分散体积输入功率恒定的情况下，根据几何相似可将混合器至少放大 200 倍，无论是间歇操作还是连续操作，铀的萃取速率均与输入功率的立方根成正比，如图 15-7-8 所示。

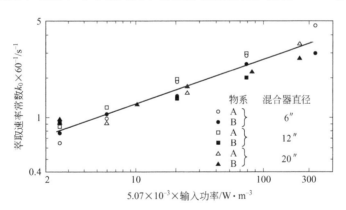

图 15-7-8 连续流动混合器中 Dapex 法萃取铀的速率

Warner[19]亦指出，这一方法已将通量成功地放大至 100～200 倍。

在采用中心安装的六叶透平搅拌器的径向挡板混合槽中，液滴的平均直径可用下式估算[20]：

$$\frac{d_{32}}{d_I} = 6.713\times10^{-4}\Phi^{0.188}\left(\frac{d_I}{D_T}\right)^{-1.034}(Re)_I^{-0.558}(Oh)^{-1.025} \tag{15-7-4}$$

Skelland 和 Lee[20] 推荐用下式估算连续相的传质系数：

$$\frac{k_c}{(ND)^{\frac{1}{2}}} = 2.932\times10^{-7}\Phi^{-0.508}\left(\frac{d_I}{D_T}\right)^{0.548}(Re)_I^{1.371} \tag{15-7-5}$$

分散相的传质系数可用第 4 章介绍的有关滴内传质系数的关联式计算。对于受连续相传质控制的液-液系统，其最佳搅拌速度、搅拌器直径、容器体积和功率消耗的表达式为：

$$N_{opt} = 0.894 \left(\frac{C_1}{C_5}\right)^{0.6469} \left(\frac{q_A}{C_2 \Delta m_A}\right) \lambda_1^{-1.7136} \tag{15-7-6}$$

$$d_{I,opt} = 1.109 \left(\frac{C_1}{C_5}\right)^{-0.294} \left(\frac{q_A}{C_2 \Delta m_A}\right)^{0.363} \lambda_1^{1.044} \tag{15-7-7}$$

$$V_{opt} = 1.0479 \left(\frac{C_1}{C_5}\right)^{-0.882} \left(\frac{q_A}{C_2 \Delta m_A}\right)^{1.0893} \lambda_1^{0.132} \tag{15-7-8}$$

$$P_{opt} = 1.1554 \frac{C_5}{C_3} \left(\frac{C_1}{C_5}\right)^{0.4707} \left(\frac{q_A}{C_2 \Delta m_A}\right)^{0.6536} \lambda_1^{0.0732} \tag{15-7-9}$$

式中，C_1，C_2，C_3，C_5 为与物理性质和成本因素有关的常数；Δm_A 为传质推动力；q_A 为溶质 A 的传质速率。假设搅拌容器中连续相的浓度均匀，并等于其出口浓度，分散相的浓度变化等于其进口浓度与出口浓度之差，则 Δm_A 为：

$$\Delta m_A = \frac{(m_{A,in}^* - m_{A,out}) - (m_{A,out}^* - m_{A,out})}{\ln \dfrac{m_{A,in}^* - m_{A,out}}{m_{A,out}^* - m_{A,out}}} \tag{15-7-10}$$

式中，$m_{A,in}^*$，$m_{A,out}^*$ 分别为与进口和出口分散相溶质浓度相平衡的连续相的浓度。在最佳条件下总费用最小。

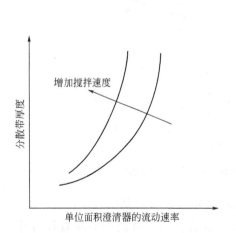

图 15-7-9 分散带厚度与比流速
（单位面积澄清器的流动速率）的关系

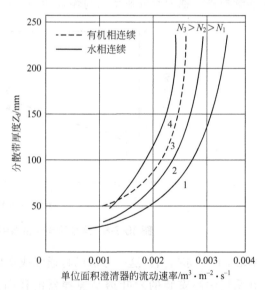

图 15-7-10 叶轮搅拌混合强度（$N^3 d_1^2$）
对澄清槽分散带厚度的影响

图注：水相：$0.05 kg \cdot m^{-3} Cu^{2+}$，pH=1.5；有机相：5%LIX64N；溶于 Shellsolt 煤油中，相比（O/A）=1:1；1—$N^3 d_1^2$=20，水相连续；2—$N^3 d_1^2$=30，水相连续；3—$N^3 d_1^2$=30，有机相连续；4—$N^3 d_1^2$=50，水相连续；N—叶轮转速，$60 r \cdot min^{-1}$；d_1—叶轮直径，ft，1ft=0.3048m

另外，文献［20］还报道了在不同规模搅拌槽中获得相等的体积传质速率的放大关系。

（2）澄清器的设计和放大 在澄清器中发生的过程是比较复杂的，到目前为止还不十分了解。澄清器的流量受界面上分散带厚度的制约，分散带越厚就越接近液泛。Pile 和 Wadhawan[21]研究了混合澄清器中乳化带的性质。Hanson 等[22]描绘了分散带厚度与单位面积流通量的关系，如图 15-7-9 所示。Warwick 等[23]也标绘了搅拌对分散相厚度的影响，如图 15-7-10。

在简单重力澄清器（直径为 0.15～1.8m）中，对油-水系统进行研究，发现分散带厚度以指数关系随流量的增加而增加，同时认为澄清器可在这个基础上放大至 200 倍。图 15-7-11 表示在油-水体系中，澄清器的分散带厚度与流量之间的关系。

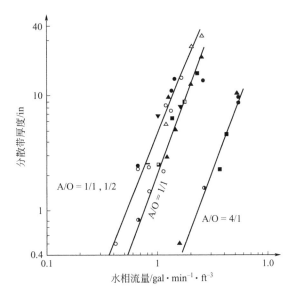

图 15-7-11　在油-水体系中，澄清器的分散带厚度与流量的关系

提高澄清器效率的方法有：

① 尽量减少澄清器中的湍动；

② 尽量减少在混合器中形成细小液滴；

③ 维持较小的线速度沿着澄清器流动，避免从分散带中夹带出细小液滴。

工业上使用的混合澄清器中，澄清器一般占总体积的 75%，因此，研究者应尽力找到提高通量、减少澄清器尺寸并降低溶剂贮存量的可行方法。一种方法是将整个分散带分成许多极薄的带，以促进分散相的聚并。Lurgi 多挡板澄清器[24]和 IMI 紧凑澄清器[25]就是用这种方法来提高设备通量的。另一种方法是在澄清器中放置能促使物料聚并的凝结器或添加外力场，以提高澄清器的分离效果。一般所用的凝结器有编织的玻璃网和塑料丝网、陶瓷填料、网孔填料、多孔隔膜或者采用静电场来消除细小的液滴等。简而言之，在一尽可能简单的设备中获得较高的分相效率，这样就可认为是一个设计良好的澄清器。

有关混合澄清器的设计和放大更为详尽的资料请参阅文献［26～29］。

7.3 无机械搅拌的萃取柱

7.3.1 喷淋柱

(1) 结构及特点 喷淋柱是最简单的柱式萃取设备，其结构如图 15-7-12 所示。喷淋柱的主要优点在于其结构简单且处理量较大。处理量随两相密度差的增加而增加，随连续相黏度的增加而减小。通过分布器形成的分散相液滴直径的大小对处理能力有很大的影响。喷淋柱的主要缺点是效率较低。这首先在于连续相返混较大，降低了传质的推动力；其次，液滴缺乏再分散的机会，不利于总传质速率。测量表明，喷淋柱的萃取效果通常不会超过 2~3 个理论级。

虽然喷淋柱的效率较低，但由于结构简单，所以，在不需要较多理论级的场合仍有应用，如简单的洗涤、中和，此外还可用于含有悬浮固体颗粒的情况。也有应用于液-液两相直接传热的报道。

(2) 设计方法 Jordan[30]提出了试验和放大方法的建议，其中主要提及用作放大试验的喷淋柱的直径至少应在 50mm 以上。同时在小试中应注意轴向混合，以便估计放大时轴向混合的影响。轴向混合可使喷淋柱 80% 的高度失效。

在进行喷淋柱中分散装置的设计时，应尽量减少连续相流动的阻力，防止造成局部液泛。分散装置可用孔板或喷嘴，为避免形成过大液滴或产生阻塞现象，一般孔板或喷嘴的孔径为 3.25~6.25mm，同时喷嘴应不被分散相所湿润。喷淋柱的设计计算主要包括：

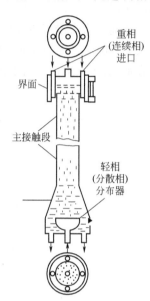

图 15-7-12 喷淋柱结构示意图

① 液滴平均直径和液泛速度。喷淋柱内分散相的平均液滴直径和液泛速度也已进行了较多的研究，文献 [31] 对这方面的工作做了详尽的概括，本手册的第 4 章已列了一些具有代表性的关联式。

② 传质速率。有关喷淋柱内的传质特性，Leibson、Beckman[31]，Johnson[32]等许多研究者已在直径为 75mm，100mm，150mm 的柱内测定了有关数据。Johnson 所采用的试验流速接近于液泛点，而 Leibson 和 Beckman 所用的试验流速较低。

在液滴间不发生聚并的情况下，不同大小液滴的滴内传质系数可用第 4 章所介绍的关联式计算；当 $\mu_c/\mu_d < 1$ 时，k_c 可根据 Ruby 和 Elgin[33]关联式计算：

$$k_c = 0.725 \left(\frac{d_m V_m \rho_c}{\mu_c}\right)^{-0.43} \left(\frac{\mu_c}{\rho_c D_c}\right)^{-0.58} V_s (1-\Phi) \qquad (15\text{-}7\text{-}11)$$

当 $\mu_c/\mu_d > 1$ 时，液滴群的 k_c 值可能比实际值小 3 倍。

文献 [39] 推荐以下关联式计算 $K_{oc}a$ 和 $K_{od}a$：

$$K_{oc}a = mK_{od}a = \frac{0.081\Phi(1-\Phi)\left(\frac{g^3 \Delta \rho^3}{\sigma \rho_c^2}\right)^{\frac{1}{4}}}{(Sc)_c^{\frac{1}{2}} + \frac{(Sc)_d^{\frac{1}{2}}}{m}} \qquad (15\text{-}7\text{-}12)$$

这样，就可从 $K_{oc}a$ 和 $K_{od}a$ 的值计算出相应的传质单元高度 $(HTU)_{oc}$ 和 $(HTU)_{od}$，即：

$$(HTU)_{oc}=\frac{V_c}{K_{oc}a}, (HTU)_{od}=\frac{V_d}{K_{od}a} \tag{15-7-13}$$

③ 轴向返混。当分散相滞存率较低且液滴间不发生聚并时，可认为分散相的轴向返混系数很小（$E_D=0$）。当 μ_c 较小时，Vermeulen 等[34]提出连续相的返混系数的关联式为：

$$E_c=0.12(V_d D_T)^{\frac{1}{2}} \tag{15-7-14}$$

Geankoplis 等[35]采用 KCl 溶液作为示踪剂，测量水（连续相）-MIBK（分散相）体系的分散系数，提出如下连续相分散系数的关联式：

$$E_c=3.43\times(10^{-4})\left(\frac{V_c}{1-\Phi}\times 10^3\right)^{0.42} \tag{15-7-15}$$

考虑轴向混合时，喷淋柱的柱高计算可参考有关资料[36]。

④ 柱径。为保险起见，一般按 40% 的液泛速度来设计柱径，即：

$$D_T=\sqrt{\frac{4Q_c}{0.4\pi V_{cf}}} \tag{15-7-16}$$

⑤ 分布器。在确定分布器的孔径之后，分布板的孔数和喷嘴的个数可由下式确定：

$$n_o=\frac{4Q_d}{v_{om}\pi d_o^2} \tag{15-7-17}$$

式中，v_{om} 可表示为：

$$v_{om}=2.69\left(\frac{d_j}{d_o}\right)\left(\frac{\sigma/d_j}{0.514\rho_d+0.472\rho_c}\right)^{0.5} \tag{15-7-18}$$

7.3.2 填料柱

(1) 结构及特点 填料萃取柱的结构与吸收和精馏使用的填料塔基本相同，如图 15-7-13 所示。使用的填料可分为两种类型：乱堆填料和规整填料。前者包括矩鞍形（Intalox）填料、鲍尔（Pall）环、拉西（Raschig）环等；后者有苏尔寿（Sulzer）波纹填料、Flexipac 填料、Glitsch 格栅填料等。填料的材质可以是金属、陶瓷或塑料。为避免液滴聚并，所用的填料应被连续相优先湿润。一般来说，柱径与填料尺寸之比至少为 8 时才能避免壁效应。为减小沟流，通常沿柱高一定间隔（一般为 1.52～3.05m）设置液体再分布器。填料床层的底部用支承筛板或格网来支承填料，在不致使填料落下的前提下，支承筛板或网格应具有最大流通面积。为防止过早液泛，进料喷嘴必须穿过支承筛板 25～50mm。

填料的存在虽然减少了柱内的流通面积，但同时也使连续相的轴向循环减小，因而其传质效率较喷淋柱有显著提高，从而降低了完成一定分离任务所需要的柱高。填料柱结构简单，操作方便，尽管其效率较低，工业上仍有不少应用，尤其是在工艺条件所需的理论级数不多和体系界面张力较小的情况下，如用于润滑油糠醛精制。值得注意的是，近年来有关填料萃取柱研究和应用的报道呈现

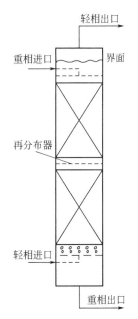

图 15-7-13 填料萃取柱

出增加的趋势。

(2) 设计计算

① 临界填料尺寸和液滴平均直径。对于标准的工业填料，在液-液萃取中存在一个临界填料尺寸：

$$d_{Fc} = 2.42 \left(\frac{\sigma}{\Delta \rho g} \right)^{0.5} \tag{15-7-19}$$

当填料尺寸大于 d_{Fc} 时液滴平均直径最小。工业上一般选用 15mm 或 25mm 直径的填料，以保证适当的传质效率和两相的流通能力。当填料的尺寸大于 d_{Fc} 时，柱内的液滴直径为：

$$d_m = 0.92 \left(\frac{\sigma}{\Delta \rho g} \right)^{0.5} \left(\frac{e V_K \Phi}{V_d} \right) \tag{15-7-20}$$

式中，V_K 的关联式已在表 15-4-2 中给出。

② 分散相滞存率和液泛速度。对尺寸大于 1.27cm 的标准工业填料，在较低的 V_d 值时，Φ 随 V_d 线性增加，直至 $\Phi = 0.10$，而后随着 V_d 的进一步增加，Φ 迅速增大至第一个转变点。在更高的 V_d 下，Φ 则迅速增大至第二个转变点，此时随着 V_d 的增加，分散相液滴趋向于聚并，Φ 没有显著增加，就发生液泛。在达到第一个转折点前，分散相滞存率可用下式计算：

$$V_K (1 - \Phi) = \frac{V_d}{e\Phi} + \frac{V_c}{e(1-\Phi)} \tag{15-7-21}$$

在设计中，求得液泛速度后，一般取 $V_c = (0.5 \sim 0.6) V_{cf}$，根据处理量就可求得相应的柱径。

③ 传质速率。对填料柱的液-液两相传质已进行了大量研究。现已发表的大量实验数据一般都是在直径较小的萃取柱中获得的，且大多都没有考虑轴向混合及终端效应的影响。Treybal[29] 指出，选择适当的滴内传质系数 k_d 和滴外传质系数 k_c 的表达式，计算出分传质单元高度 (HTU)$_c$ 和 (HTU)$_d$，就可以按以下两式估算总传质单元高度，即：

$$(HTU)_{oc} = (HTU)_c + \frac{V_c}{mV_d} (HTU)_d \tag{15-7-22}$$

$$(HTU)_{od} = (HTU)_d + \frac{mV_d}{V_c} (HTU)_c \tag{15-7-23}$$

许多研究结果表明，对一定填料、操作系统及操作方式，(HTU)$_d$ 几乎为常数，而 (HTU)$_c$ 则几乎与 (V_c/V_d) 成比例变化，即：

$$(HTU)_d = \frac{V_d}{k_c a} = \alpha \tag{15-7-24}$$

$$(HTU)_c = \frac{V_c}{k_d a} = \beta \left(\frac{V_c}{V_d} \right)^n \tag{15-7-25}$$

式(15-7-24)，式(15-7-25) 中，α、β、n 均为常数，文献 [39] 给出了若干实验用的系统 α，β，n 值。需要注意的是，运用式(15-7-24)、式(15-7-25) 进行填料柱的设计和放大时，一定要根据轴向混合的程度对 (HTU)$_c$ 和 (HTU)$_d$ 的值进行校正。文献 [39] 提出了如下形式的 $K_{oc}a$ 和 $K_{od}a$ 的计算公式：

$$K_{oc} a = m K_{od} a$$

$$=\frac{0.06\Phi(1-\Phi)}{\left(\dfrac{a_p}{e^3 g}\dfrac{\rho_c}{\Delta\rho}\right)^{\frac{1}{2}}\left(\dfrac{\sigma}{\Delta\rho g}\right)^{\frac{1}{2}}\left[(Sc)_c^{\frac{1}{2}}-\dfrac{1}{m}(Sc)_d^{\frac{1}{2}}\right]} \quad (15\text{-}7\text{-}26)$$

④ 轴向混合。关于填料柱中两相轴向混合的实验数据很少。Wen 和 Fan[37] 对 Vermeulen[34] 等及 Walson 和 McNeese[38] 的数据重新进行关联，认为采用不同大小和不同形状的填料时，填料柱内连续相的轴向返混系数 E_c 可由下式估计：

$$\frac{eV_c d_p}{E_c}=1.12\times 10^{-2}Y^{-0.5}+7.8\times 10^{-3}Y^{-0.7} \quad (15\text{-}7\text{-}27)$$

$$Y=\left(\frac{\mu_c}{d_p V_c \rho_c}\right)^{0.5}\left(\frac{V_d}{V_c}\right) \quad (15\text{-}7\text{-}28)$$

对分散相的轴向返混系数，Vermeulen[34] 等提出：

$$\lg\frac{E_d}{V_d d_p}=0.046\frac{V_c}{V_d}+0.301 \quad (15\text{-}7\text{-}29)$$

$$\lg\frac{E_d}{V_d d_D}=0.161\frac{V_c}{V_d}+0.347 \quad (15\text{-}7\text{-}30)$$

式(15-7-29)适用于非润湿的碳环和润湿的弧鞍形（Beri）填料，式(15-7-30)适用于润湿的陶瓷环。

(3) 填料柱的放大　Jordan[30] 详细介绍了填料柱的中试与放大过程中应该考虑的各个方面的问题。Treybal[29] 建议工业柱中所采用的填料应及试验柱所采用的填料类型及尺寸相同。这样，如果试验柱中的填料尺寸与柱径之比符合 1∶8 的要求，那么对工业柱这一要求也一定满足。但当工业柱需要采用较大的填料时（如大于 38mm），试验柱的直径至少应有 30cm。

如果试验柱的填料尺寸和工业柱所采用的填料尺寸相同，且两者的轴向返混程度相当，则放大以后的性能应保持不变，即萃取柱的高度相同。如果放大后所使用的填料尺寸比试验柱中的填料尺寸大，由于填料尺寸的增加可能引起传质速率的减小，但同时萃取柱的流速也可相应增加，两者的作用正好相反，程度大致相当。因此，无论填料尺寸是否增大，均可按相同的体积进行放大，只不过在流速较大时，放大以后的萃取柱应相对地直径小而高度高一些。遵循上述原则放大以后的萃取柱中轴向混合随柱径的增加将会很小。

7.3.3　筛板柱

(1) 结构及特点　筛板萃取柱（图 15-7-14）与筛板蒸馏塔的结构相似。在筛板柱内，如果轻相为分散相，轻相从底部进入，经筛板分散后以液滴形式上升通过连续相，在上一层筛板的下面分散聚并，然后借助压力的推动，再经筛板分散，最后由柱顶排出。重相（连续相）由上部进入，经降液管致重相成为分散相，则筛板上的降液管须改为升液管［图 15-7-14(a)］。筛板的存在使连续相的轴向混合限制在板与板之间，同时，分散相液滴在每一块筛板下聚并后通过筛板进行再分散，使液滴的表面得以更新，因此，筛板柱的萃取效率较填料柱有所提高。筛板萃取柱已广泛用于石油炼制及石油化学工业中，其直径通常为 3.66m。筛板萃取柱结构简单，当设计良好时，具有较大的处理能力，对于界面张力较小的体系亦可保证相当高的传质效率。据报道，一个直径为 2.1m、高为 20m 用于芳烃抽提过程的筛板柱，相当于 10 个理论级，使用效果良好。

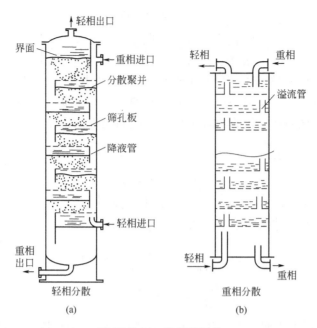

图 15-7-14 筛板萃取柱

除图 15-7-14 所示的筛板柱外，还有其他型式的筛板柱，详细情况参见文献 [1,28,39]。

(2) 筛板的设计 为了获得最佳传质效率，分散相液滴必须易于在筛孔中形成，为此，筛板材料须优先为连续相所湿润或者由伸入板面以上的喷嘴形成分散相，因此，有时需要采用塑料筛板或在筛板上涂以塑料，或者保留钻孔以后的毛刺，或者选择适当的流速形成射流。体积流率较大的一相应作为分散相。

筛板萃取柱的筛板孔径一般为 3~8mm，对于界面张力较大的物系，宜取较小的孔径以生成较小的液滴。孔间距一般取 12.7~18.1mm。液体通过孔口的流速 v_o 可按式(15-7-18)进行估算。Treybal[40]建议 $v_o > 0.1 \mathrm{m \cdot s^{-1}}$ 每块筛板上的开孔个数由下式计算：

$$n_o = \frac{4Q_d}{\pi d_o^2 v_o} \tag{15-7-31}$$

如筛孔以等边三角形形式排列，所需要的筛板面积为：

$$A_P = \frac{n_o \pi (\text{孔心距})^2}{3.62} \tag{15-7-32}$$

若筛孔以正方形排列，则有：

$$A_P = \frac{n_o \pi (\text{孔心距})^2}{3.14} \tag{15-7-33}$$

一般开孔区面积约占总板面积的 55%~60%，开孔率为 15%~25%。

降液管的面积 A_D 由连续相在降液管中的流速所决定。连续相在降液管内的流动速度通常取允许带走的最大液滴的终端速度，其最大直径一般取 1mm 左右。

在接近降液管处，为使上升的分散相液滴不进入降液管，在开孔区与降液管之间应留有一定空隙 l_1，一般可取 30mm 左右。为了支承和固定筛板，筛板周边需要有一定余度 l_2，一般取 $l_2 = 30$~50mm，或者取整个柱截面的 5%，因此柱的内径为：

$$D_T = \sqrt{\frac{4(A_P + A_D)}{\pi}} + l_1 + 2l_2 \tag{15-7-34}$$

板间距由分散相液层高度和连续相液层高度所组成，为了保证柱的正常操作，必须保证一定的分散相液层高度。分散相液层高度 Z_d 应等于：①轻相通过筛孔所需的压头；②液滴形成时克服界面张力所需的压头；③使连续相流经降液管所需的压头三者之和，可按式(15-7-35)计算，式中右边三项分别代表上述三项。

$$Z_d = \frac{v_o^2 \left[1 - \left(\frac{A_o}{A}\right)^2\right] \rho_d}{2g(0.67)^2 \Delta \rho} + \frac{6\sigma}{d_e g \Delta \rho} + \frac{4.5 V_{cD}^2 \rho_c}{2g \Delta \rho} \tag{15-7-35}$$

当孔速大于 $0.3 \mathrm{m \cdot s^{-1}}$ 时，式(15-7-35)中右边第一项可以略去。通常板间距为 $150 \sim 600\mathrm{mm}$，一般取 $300\mathrm{mm}$。

降液管的长度亦要适当，既要插入分散相液层以下，又不要离下一层板太近。

(3) 柱高计算 筛板萃取柱的高度可由下式计算：

$$L = \frac{N_T}{\eta_o} H_c \tag{15-7-36}$$

式中，η_o 为总塔效率。根据 Krishnamurty 和 Rao[41] 对 Treybal[29] 经验方程的修正，有：

$$\eta_o = 4.2025 \times 10^{-4} \left(\frac{H_c^{0.5}}{\sigma}\right) \left(\frac{V_d}{V_c}\right)^{0.42} \left(\frac{1}{d_o}\right)^{0.35} \tag{15-7-37}$$

(4) 筛板柱的放大 筛板萃取柱比较容易放大。随着筛板直径的增大，柱内连续相的流动逐渐趋近于活塞流，因而一般来说，大的筛板柱较小的筛板柱应有更高的效率。另外，在放大过程中，板间距也有所增加，从式(15-7-37)可以看出，效率也应有所增加。当然，在工业规模中，由于较高的表面活性剂浓度以及界面湍动等因素，实际效率并不一定像所预测的那样。

7.4 脉冲筛板萃取柱

7.4.1 脉冲筛板萃取柱的结构及特点

脉冲筛板萃取柱的结构如图 15-7-15 所示。柱的主体部分是高径比很大的圆柱形筒体，中间装有若干块带孔的不锈钢或其他材料制成的筛板。筛板可用支承柱和固定环按一定板间距固定。柱的上、下两端分别设有上澄清段和下澄清段。运行时，两相界面位置取决于连续相及分散相的选择。在主体的相应部位装有各液流的入口管、出口管、脉冲管等。为使进料均匀分布，进料管往往采用分配头或喷淋头的型式。脉冲筛板萃取柱的输入脉冲依靠脉冲发生器（脉冲泵）产生。

脉冲筛板萃取柱的筛板与普通筛板柱不同的是它们没有降液管。筛板孔径通常约为 $3\mathrm{mm}$。实验型小柱采用 $2\mathrm{mm}$ 孔径和 $25\mathrm{mm}$ 板间距，工业型大柱则常采用 $3 \sim 6\mathrm{mm}$ 孔径和 $50\mathrm{mm}$ 板间距，开孔率可达 $20\% \sim 25\%$。脉冲频率和振幅通常在 $100 \sim 260 \mathrm{min^{-1}}$ 和 $6.25 \sim 25\mathrm{mm}$ 之间。筛板的材料一般为金属，但也有研究者指出，对于某些系统，采用与水不湿润的材料可能更好。

脉冲筛板萃取柱的主要特点在于：①结构简单；②两相流动及传质性能良好；③两相在柱内停留时间短；④溶剂降解效应小；⑤界面污物易于去除，可以处理含有少量固体的物料；⑥对 γ 射线及气溶胶防护屏蔽性能良好；⑦没有传动部件、易于实现远距离控制，以保证临界安全；⑧与其他类型搅拌的萃取柱相比，其轴向混合程度低，且随柱径的变化较小，因而比较容易放大设计。上述各方面特点，使其应用相当广泛，直径为 0.9m 的脉冲筛板萃取柱已在核工业中广泛应用，并正在开发更大规模的脉冲筛板萃取柱。

脉冲筛板萃取柱的操作区通常用 Sege-Woodfield 图表示（图 15-7-16）[42]，此图给出了两相流速之和与脉冲运动的振幅 A 和频率 f 之乘积的函数关系，图中不同区域表示不同操作方式。但是在实践中，仅使用乳化区，而且一般测量工作也只限于此区。

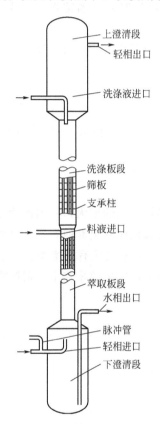

图 15-7-15 脉冲筛板萃取柱结构示意图

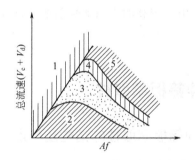

图 15-7-16 Sege-Woodfield 操作区域图
1,5—液泛区；2—混合澄清区；3—乳化区；4—不稳定区

7.4.2 脉冲筛板萃取柱的设计计算

(1) 分散相滞存率和液泛 分散相滞存率是影响脉冲筛板萃取柱生产能力的极为重要的参数，它取决于液滴在柱内的上升速度和液滴尺寸的大小。筛板结构、两相流速、体系物性以及脉冲条件等都会影响分散相滞存率。在筛板结构和体系已定的情况下，分散相滞存率取决于两相流速及脉冲条件。

在一定脉冲条件下，逐渐提高两相流速或在两相流速一定时，逐渐增大脉冲强度，分散相滞存率的增长都经过下述三个阶段：开始，缓慢地线性增大到 8%～12%，此为液滴自由运动区；然后，开始了液滴群的干扰运动，相应于乳化型操作区，Φ 增长得很快，达 25%～30%；最后，迅速增大，导致液泛。

如果有合适的特征速度关联式，就可由相关公式迭代求解出柱内分散相滞存率，并可根据液泛条件解出液泛时的两相流速和泛点滞存率。

在缺乏关联 V_K 与分散相液滴直径及分散相滞存率之间关系式的情况下，V_K 值可以在固定体系和设备结构及一定脉冲条件下通过实验测定。也可以采用量纲分析法，将 V_K 和 $(V_{cf}+V_{df})$ 与体系物性、筛板结构及脉冲条件诸因素关联成无量纲数群半经验式进行计算，第 4 章已列出了一些具有代表性的 V_K 和液泛速度的关联式，可以参考。

求出两相的液泛流速，萃取柱的直径可以按下式计算：

$$D_T = \left[\frac{4(Q_c+Q_d)}{\pi C_4(V_{cf}+V_{df})}\right]^{\frac{1}{2}} \tag{15-7-38}$$

C_4 的取值通常在 0.75～0.90 之间。需要指出的是，在分馏萃取中，由于萃取板段与洗涤板段中的两相流量及流比都不同，体系的物性也有所变化，因而有着不同的液泛特性。因此，萃取板段的直径与洗涤板段的直径也应不同，在设计时应加以考虑。

(2) 传质速率 影响脉冲筛板萃取柱内两相传质速率的因素很多，包括体系物性、筛板结构、柱直径及操作条件等。Φ 是决定传质速率的重要因素，它与分散相液滴直径一起决定着相界面积。实践表明，随着 Φ 的增长，传质效率显著提高。当 $\Phi = 18\% \sim 20\%$ [相当于 $(0.4 \sim 0.6)\Phi_f$] 时，传质效率最高。

由于影响因素很多，理论分析十分复杂。因而，对于脉冲筛板萃取柱内两相传质的研究大多仅限于理论级当量高度 HETS 和传质单元高度 HTU 的关联。Thornton[43]提出，基于连续相的传质单元高度可用下式进行关联：

$$\frac{(HTU)_{oc}}{[\mu_c^2/(g\rho_c^2)]^{\frac{1}{3}}} = C_6\left[\frac{\mu_c g}{V_K^3(1-\Phi)^3\rho_c}\right]^{\frac{2n}{3}}\left(\frac{\Delta\rho}{\rho_c}\right)^{\frac{2(n-1)}{3}}\left(\frac{V_d}{V_c}\right)^{\frac{1}{2}}\left(\frac{V_c\rho_c}{g\mu_c\Phi^3}\right)^{\frac{1}{3}} \tag{15-7-39}$$

式中，C_6 和 n 为常数，可以根据系统的物性从实验室小型装置上确定。在不考虑轴向混合的情况下，Smoot[44]等得出了如下 $(HTU)_{oc}$ 关联式。

$$\frac{(HTU)_{oc}}{H_c} = 0.20\left(\frac{Afd_o\rho_d}{\varepsilon\mu_d}\right)^{-0.434}\left(\frac{\Delta\rho}{\rho_d}\right)^{1.04}\left(\frac{\mu_d}{\rho_d D_d}\right)^{0.865}\left(\frac{\sigma}{\mu_c V_c}\right)^{0.096}\left(\frac{V_d}{V_c}\right)^{-0.636}\left(\frac{D_T}{H_c}\right)^{0.317}\left(\frac{\mu_c}{\mu_d}\right)^{4.57} \tag{15-7-40}$$

由于萃取柱直径对 HTU 值有一定影响，因而在用板段结构相同的小型模型实验柱测得的 HTU 值进行扩大设计时，必须加以修正，两者之间的关系为：

$$(HTU)'_{oc} = (HTU)_{oc}\exp[1.64(D'_T - D_T)] \tag{15-7-41}$$

式中，$(HTU)'_{oc}$ 和 D'_T 分别为放大以后的柱的传质单元高度和柱径。

(3) 轴向混合 对于脉冲柱中的轴向混合，文献 [47] 已做了较为详尽的综述，近年来亦发展了多种数学模型。一般认为，脉冲筛板萃取柱在湍流传质条件下，存在较为严重的轴向混合。当两相流速及脉冲强度较低时，分散相的轴向混合可以忽略，主要考虑连续相的轴向混合效应；当脉冲强度较大时，分散相的轴向混合效应也将不容忽视，此时两相的轴向混合均需考虑。

Smoot 和 Babb[48]在直径 50mm 的柱中，用三种不同的体系（水-苯，水-己烷，水-四氯化碳，水为连续相）研究了脉冲筛板萃取柱的轴向混合，得到了下列经验公式：

$$\frac{E_c}{V_c d_o} = 0.17 \left(\frac{\mu_c}{\rho_c V_c \delta}\right)^{1.45} \left(\frac{V_d \rho_c \delta}{\mu_c}\right)^{0.3} \left(\frac{\sigma \rho_c \delta}{\mu_c^2}\right)^{0.42}$$

$$\left(\frac{f \rho_c \delta^2}{\mu_c}\right)^{0.36} \left(\frac{\delta}{d_o}\right)^{0.7} \left(\frac{H_c}{\delta}\right)^{0.68} \left(\frac{A}{\delta}\right)^{0.07} \tag{15-7-42}$$

Vermeulen 等[34]分析了 Miyauchi 和 Oya[45]，Mar 和 Babb[46]，Burger 和 Swift[49]等的试验数据，提出用式(15-7-43)关联脉冲筛板萃取柱内的轴向混合系数 E_c：

$$E_c = 1.75 \left(\frac{H_c}{D_T}\right)^{\frac{2}{3}} \left(\frac{d_o}{\varepsilon}\right) \left(Af + \frac{V_c}{2}\right) \tag{15-7-43}$$

Miyauchi 和 Oya[45]对柱内两相的混合进行了广泛研究，认为在乳化操作区内的轴向混合系数可以用下式关联：

$$\frac{E_c}{(1-\Phi)fAH_c} = \frac{V_c/[(1-\Phi)fA]}{2\beta} + \frac{1}{\beta} \tag{15-7-44}$$

$$\beta = \frac{0.57(D_T^2 H_c)^{0.33} S}{d_o} \tag{15-7-45}$$

上式亦可用以定性考查柱径对轴向混合的影响。

7.5 带有机械搅拌的萃取柱

利用各种型式的机械搅拌可以改善两相的接触，增加单位设备体积内相界面面积。现已开发了带有各种不同类型机械搅拌的萃取柱，根据机械搅拌的型式，可以将其分为两种类型：往复振动搅拌的萃取柱和旋转搅拌的萃取柱。前者主要是指往复振动筛板萃取柱，后者则包括转盘柱、Scheibel 柱、非对称转盘萃取柱、Oldshue-Rushton 柱及 Kuhni 柱等。

7.5.1 往复振动筛板萃取柱（RPC）

(1) 结构和特点 图 15-7-17 是往复振动筛板萃取柱的结构示意图。在空心圆筒体内，一系列筛板和一些用于减少轴向混合的圆环形挡板安装在中心轴上，形成一个装配件。利用安装在柱顶的马达、减速箱和凸轮机构，推动中心轴和筛板作往复运动。振幅可以调节，通常为 3～50mm，振动频率可以从低频一直增加到 16.6Hz，一般为 2.5Hz。筛板的孔径一般为 14mm，开孔率通常在 55% 以上。板间距为 25～200mm，一般为 50mm。根据物系的密度差和界面张力，在柱的不同部位，可以考虑选择不同的板间距。当柱直径大于 75mm 时，为减小轴向返混，一般应设置挡板。挡板为空心圆环，内孔面积约等于筛板的开孔率，根据需要可每隔 4～5 块筛板安放一块挡板。

往复振动筛板萃取柱的特点在于：①通量高；②HETS 低；③可以处理易乳化或含有固体的物系；④结构简单，比较易于放大；⑤维修和运转费用低。因而，自 1959 年由 Karr 开发以来，现已广泛地应用于石油化工、食品、制药和湿法冶金工业，如提纯药物、废水脱酚、从水溶液中回收乙酸、从废水中提取有机物等。据报道，用于煤焦炉废水脱酚的往复振动筛板萃取柱的直径已达 1.52m，有效高度为 18.29m，相当于 11 个理论级。近年来，还发展了一些新型往复振动筛板萃取柱，如带溢流口的振动筛板柱、双轴逆向振动筛板柱、振动金属网填料萃取柱、多级振动盘柱等。

(2) 设计 近年来，关于往复振动筛板萃取柱内两相流动与传质的研究日益增多，其设计和放大方法亦日益成熟，从基本原理出发进行工业塔的设计也就成为可能。设计计算的主要目的是确定柱的直径 D_T 和板段高度 L。计算从能量耗散速率 ε_m 开始，具体包括以下几个步骤：

① 能量耗散速率和液滴平均直径的计算。d_{32} 计算根据 Hafez 和 Baird[50]，ε_m 可由下式计算：

$$\varepsilon_m = \frac{16\pi^2}{3}\rho_m\left(\frac{1-\varepsilon^2}{H_c C_v^2 \varepsilon^2}\right)(Af)^3 \quad (15\text{-}7\text{-}46)$$

基于 Kolmogoroff 的各向同性均匀湍流理论，Baird 和 Lane[51] 导出了柱内 d_{32} 和能量耗散速度 ε_m 及系统物性之间的关系式，即：

$$d_{32} = 0.36\frac{\sigma^{0.6}}{\rho_m^{0.2}\varepsilon_m^{0.4}} \quad (15\text{-}7\text{-}47)$$

② Φ 和 D_T 的计算。对往复振动筛板萃取柱，Baird 和 Shen[52] 应用 Ergun 方程对 Thornton 方程进行修正后提出：

$$\frac{V_d}{\Phi} + \frac{V_c}{1-\Phi} = \frac{1-\Phi}{a^{\frac{2}{3}}\Phi^{\frac{1}{3}}}d_{32}\left(\frac{g^2\Delta\rho^2}{\rho_c\mu_c}\right)^{\frac{1}{3}} \quad (15\text{-}7\text{-}48)$$

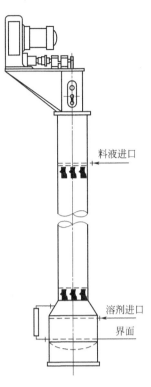

图 15-7-17 往复振动筛板萃取柱结构示意图

式中，参数 a 对刚性液滴取 30，对循环液滴取 15。根据液泛条件，由式(15-7-48) 可以导出液泛时的滞存率和泛点流速为：

$$\Phi_f = \frac{(9R^2+54R+1)^{\frac{1}{2}}-7R-1}{10(1-R)} \quad (15\text{-}7\text{-}49)$$

$$V_{cf} = \frac{d_{32}}{a^{\frac{2}{3}}}\left(\frac{g^2\Delta\rho^2}{\rho_c\mu_c}\right)^{\frac{1}{3}}\frac{(1-\Phi_f)^2}{\Phi_f^3(1-R)+R\Phi_f^{-\frac{2}{3}}} \quad (15\text{-}7\text{-}50)$$

$$V_{df} = RV_{cf} \quad (15\text{-}7\text{-}51)$$

于是有：

$$D_{Tf} = \left(\frac{4Q_c}{\pi V_{cf}}\right)^{\frac{1}{2}} = \left[\frac{4Q_c}{\pi V_{df}}\left(\frac{\Phi_f}{1-\Phi_f}+R\right)\right]^{\frac{1}{2}} \quad (15\text{-}7\text{-}52)$$

实际操作时的两相流速可以取液泛流速的 80%，则实际萃取柱的直径 $D_T = (0.8)^{-\frac{1}{2}}D_{Tf} = 1.118D_{Tf}$。根据 D_T 和处理量 Q_c、Q_d 就可以算出实际操作时的两相流速 V_c、V_d，并可由 V_c、V_d 的值代入式(15-7-48)迭代求解出操作时的分散相滞存率 Φ。

③ 传质相界面积和传质单元高度。由第一步算出的 d_{32} 和第二步算出的分散相滞存率 Φ，根据下式计算传质界面积：

$$a = \frac{6\Phi}{d_{32}} \quad (15\text{-}7\text{-}53)$$

真实传质单元高度 (HTU)$_{octru}$ 可以表示为：

$$(\text{HTU})_{\text{octru}} = \frac{V_c}{K_{oc} a} \tag{15-7-54}$$

$$K_{oc} = \left(\frac{1}{k_c} + \frac{1}{mk_d}\right)^{-1} \tag{15-7-55}$$

式中，k_c，k_d 的值可以通过选择合适的滴外和滴内传质系数表达式计算。

考虑轴向混合的影响时，有效柱高 L 可以通过轴向扩散模型求解得出，亦可采用第 6 章所介绍的简化计算方法确定。

在往复振动筛板萃取柱的设计计算中，还经常采用体积效率这一概念。体积效率定义为：

$$\eta = \frac{\text{总通量}}{\text{HETS}} \tag{15-7-56}$$

已经对不同直径的往复振动筛板萃取柱的性能进行了广泛研究（柱径分别为 25mm，75mm，300mm，900mm）。结果表明，在直径为 300mm 的柱中，用 MIBK-乙酸-水体系进行实验，最小 HETS 为 153mm，η 为 311h^{-1}；在直径为 900mm 的柱中，用难以分离的二甲苯-乙酸-水体系进行实验，得到的最小 HETS 为 500mm。图 15-7-18 表示了振动频率和理论级当量高度的关系，从图中可以看出，存在一个最优振动频率，此时 HETS 最小，其数值与柱径、体系、振幅有关。

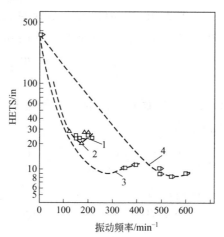

体系：二甲苯-乙酸-水
实验条件：

符号	曲线编号	柱径/mm	分散相	萃取相	振幅/mm	板间距/mm
□	1	900	水	水	25	25
△	2	900	水	二甲苯	25	25
◁	3	75	水	水	25	25
▷	4	75	水	水	12.5	25

图 15-7-18 振动频率和理论级当量高度的关系

④ 轴向混合。对往复振动筛板萃取柱内连续相的轴向混合已进行了一些研究，但对于分散相的轴向混合程度还不甚了解。Kim 和 Baird[53] 提出：

$$E_c = 6.45 \times 10^{-3} A^{1.41} f^{0.73} H_c^{-0.88} \tag{15-7-57}$$

继 Kim 和 Baird 之后，Parthasarathy 等[54] 综合考虑了振动频率、振幅、筛板的几何结构参数及流速的影响，提出：

$$\frac{E_c}{V_c L} = 1.792 \times 10^{-5} A^{0.457} f^{0.344} V_c^{-0.37} d_o^{0.274} S_o^{-0.68} H_c^{-0.687} \quad (15\text{-}7\text{-}58)$$

在设计计算中，当缺乏分散相的轴向混合系数时，可以近似认为 $E_d = E_c$。

(3) 小试 虽然已经建立了从基本原理进行往复振动筛板萃取柱设计和放大的理论框架，但有关实验数据还相对较少，因而实验室小试仍是设计放大必不可少的步骤。一般是在直径为 50mm 或 75mm 的试验柱中采用实际萃取物系进行系统研究，求得使体积效率最高的操作条件和柱结构参数，具体步骤如下：

① 估计通量、往复速度和试验柱萃取段高度。通量和往复速度可按照 Baird[55,56] 关联式计算或由实验数据估计其范围，而萃取柱段高度要由萃取分离要求和传质速率决定。

② 估计板间距 H_c。根据柱内两端的密度差与界面张力的变化，其板间距由下式估算：

$$H_c \propto \frac{1}{\Delta \rho^{5/3} \sigma^{3/2}} \quad (15\text{-}7\text{-}59)$$

一般最小板间距为 50mm，特殊情况下也可采用 25mm 的板间距。

③ 测定 HETS。试验至少应在三个不同通量的情况下测定 HETS 与往复速度之间的关系。因为最低 HETS 在小型试验柱中经常是在接近液泛点时发生。因此，在液泛时测定其往复速度，然后将其降低 5%～10%，这时所测定的 HETS 值将是接近于最低的 HETS。

④ 对通量进行描绘。将测定的最低通量进行描绘。一般 HETS 将随着通量的增加而增加。

⑤ 将体积效率对通量进行标绘。首先测定每一通量下的最大体积效率，然后对通量进行标绘。一般该曲线将有一个最大值，这一最大体积效率通常接近于放大时的最佳通量。

⑥ 萃取过程的示范考核。根据前面得出的最佳条件对过程进行示范考核，确定试验柱是否有足够的级数可以保证达到所希望的分离效果和产品质量。

(4) 放大方法

① 在不设置挡板，直径为 25mm、50mm、75mm 的柱内测定数据。如放大后的柱径超过 600mm，小试设备的柱径应选为 50mm 和 75mm。

② 在小试柱中，决定最佳操作条件。最佳操作条件的标准是在柱的最适宜板间距下可获得最大体积效率。

③ 从小试放大时，板间距、振幅、单位面积通量应保持不变。

④ 放大以后的 HETS 由下式计算：

$$\frac{(\text{HETS})_2}{(\text{HETS})_1} = \left(\frac{D_{T_2}}{D_{T_1}}\right)^{0.38} \quad (15\text{-}7\text{-}60)$$

式中的指数 0.38 是根据较难萃取的邻二甲苯-乙酸-水系统的测试结果求得的。对如 MIBK-乙酸-水较易萃取体系，平均指数值为 0.25。为设计安全起见，可用较难萃取物系的指数值。

⑤ 放大以后的往复速度（SPM）由下式计算：

$$\frac{(\text{SPM})_2}{(\text{SPM})_1} = \left(\frac{D_{T_1}}{D_{T_2}}\right)^{0.14} \quad (15\text{-}7\text{-}61)$$

⑥ 设计适当的挡板和间隙。在直径较小的柱中轴向混合较低，可以忽略不计。对于工

业规模的大萃取柱,通过筛板与壳体之间的间隙,可能会造成严重的轴向混合。因此,需根据加工的精度设计出合适的挡板与间隙。

Karr 等[57]运用上述方法已成功地将 52mm 直径的萃取柱放大至 1.525m。

7.5.2 转盘萃取柱(RDC)

(1) 结构及特点 转盘萃取柱的结构如图 15-7-19 所示。柱体内壁上按一定间距安装多个水平固定环,在旋转的中心轴上以相同的间距安装圆形转盘。转轴由柱顶的电机带动。在柱顶固定环的上方及底部固定环的下方分别有澄清区,在搅拌段与两澄清区间装有网孔栅板,以消除澄清区液体的环流运动。为了获得良好的接触效果,柱径、转盘和固定环尺寸应在下列范围内选取:

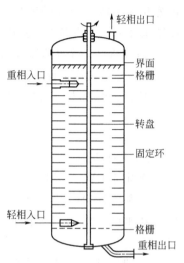

$$\begin{cases} 1.5 \leqslant \dfrac{D_T}{D_R} \leqslant 3 \\ 2 \leqslant \dfrac{D_T}{H_c} \leqslant 8 \\ D_R < D_S \\ \dfrac{2}{3} \leqslant \dfrac{D_S}{D_T} \leqslant \dfrac{3}{4} \end{cases}$$

以上几何尺寸的选取,应该考虑到物系性质、操作条件、机械强度和转盘转速的影响。

图 15-7-19 转盘萃取柱

在转盘萃取柱内,两相因快速旋转的圆盘的剪切力作用而获得良好的分散。固定环的作用在于减小液体的轴向混合,并使从转盘上甩向柱壁的液体返回,在每个萃取柱段内形成循环。相互接触的两种液体,可以间歇加入,也可连续加入;两相可以并流或逆流。为避免扰乱流型,当柱径在 0.6m 以上时,液体最好从转盘转动的切线方向加入。

转盘萃取柱由于结构简单,操作弹性大,处理量大及传质效率高而得到广泛应用。目前此类萃取柱的规模已发展到内径达 6~8m,在工业生产中得到广泛应用,如丙烷脱沥青,苯、甲苯、二甲苯萃取分离,糠醛精制润滑油,废水脱酚等。

(2) 设计放大 转盘萃取柱的结构已趋定型,相应的设计程序已建立[26]。这类方法称为按基本原理设计萃取柱方法。当中间试验数据比较充分,或已有足够的同一体系的工业转盘柱的运行经验时,可参照中间试验或生产装置的经验来确定转盘柱的结构和操作条件,再根据操作条件确定转盘柱的液泛流速和传质效率,最后根据处理能力和分离要求计算 D_T 和 L,这是一类半经验方法。

工业规模的萃取柱,在正常操作条件下,轴向混合有时相当严重,甚至 80% 的柱高是用来补偿轴向混合的,因此在放大和设计时,应考虑轴向混合的影响。

① 柱径的计算。可根据 V_K(V_K 的关联式见表 15-4-2)或功率因子 PI 计算转盘萃取柱的直径。

将适当的 V_K 表达式代入式(15-4-18)~式(15-4-20),便可求取液泛时的两相流速和泛点滞存率。通常操作的表观流速为液泛速度的 50%~70%,即取 $V_c = (0.5 \sim 0.7) V_{cf}$,所以柱的内径为:

$$D_T = \sqrt{\frac{Q_c}{\frac{\pi}{4}V_c}} \tag{15-7-62}$$

一些研究者指出，V_K的关联式(15-4-16)仅能适用于分散相滞存率较小（如$\Phi<0.02$）、液滴之间不发生聚并以及直到液泛时液滴的分布规律不随流速变化的情况。他们提出了一些改进方法。这些方法可用如下的一般化形式表示：

$$V_K = \frac{1}{f(\Phi)}\left(\frac{V_d}{\Phi} + \frac{V_c}{1-\Phi}\right) \tag{15-7-63}$$

文献[26]的表9-12列出了一些具有代表性的$f(\Phi)$的表达式。

柱内分散相滞存率除可用式(15-4-16)迭代求解外，还可用一些半经验公式计算。Murakami[58]用量纲分析法求得下列分散相滞存率的半经验公式：

$$\Phi = 1.2\left(\frac{D_R N}{V_c}\right)^{0.55}\left(\frac{V_d}{V_c}\right)^{0.8}\left(\frac{D_S^2 - D_R^2}{D_T^2}\right)^{-0.3}\left(\frac{H_c}{D_T}\right)^{-0.65}$$
$$\left(\frac{D_R}{D_T}\right)^{0.40}\left(\frac{\Delta\rho}{\rho_c}\right)^{-0.13}\left(\frac{\sigma}{\rho_c D_T V_c^2}\right)^{-0.18}\left(\frac{gH_c}{V_c^2}\right)^{-0.6} \tag{15-7-64}$$

据称，用上式求得的操作条件下的分散相滞存率与实验结果比较符合。

功率因子 PI 定义为：

$$\text{PI} = \frac{N^3 D_R^5}{H_c D_T^2} \tag{15-7-65}$$

转盘萃取柱中液泛时的总通量$(V_c + V_d)$与功率因子 PI 之间的关系如图 15-7-20 所示。设计时，先由实验室设备测定出该物系液泛总通量与 PI 关系图，然后根据放大时功率因子数据不变的原则即可求出柱径。

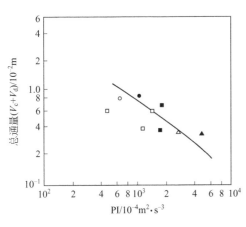

图 15-7-20 总通量与功率因子的关系

② 柱高 L 的计算。转盘萃取柱柱高一般按照扩散模型进行放大设计。当根据真实传质单元高度 $(HTU)_{oxtru}$ 和轴向扩散系数 E_c、E_d 计算出表示轴向混合影响的分散单元高度 $(HTU)_{oxdis}$ 后，表观传质单元高度 $(HTU)_{oxapp}$ 按下式计算：

$$(HTU)_{oxapp} = (HTU)_{oxtru} + (HTU)_{oxdis} \tag{15-7-66}$$

而完成指定分离任务所需要的柱高 L 为：

$$L = (HTU)_{oxapp}(NTU)_{oxapp} \tag{15-7-67}$$

轴向返混系数可由 Stemerding[59] 关联式计算：

$$E_c = 0.5V_c H_c + 0.012 D_R N H_c \left(\frac{D_S}{D_T}\right)^2 \tag{15-7-68}$$

上式是从直径为 64mm、300mm、640mm 转盘柱中求得的，在直径为 2180mm 的柱中也同样适用，分散相的轴向返混系数，根据经验可取为 E_c 值的 1～3 倍，或按下式计算：

$$E_d = E_c \left[\frac{4.2 \times 10^5}{D_T^2} \left(\frac{V_d}{\Phi} \right) \right]^{3.3} \tag{15-7-69}$$

当 E_d 计算式中的校正项<1 时，$E_d = E_c$。

转盘柱内真实传质系数的计算可采用文献[60]推荐的方法，即根据第 4 章列举的有关公式计算停滞液滴的滴内与滴外传质系数 k_d、k_c，然后按双阻力模型计算停滞液滴的总传质系数 $k_{od,s}$，再用下列半经验公式计算实际条件下的总传质系数 k_{od} 与 $k_{od,s}$ 的比值：

$$\frac{K_{od}}{K_{od,s}} = 0.941 + 0.231(Pe_{dr} \times 10^{-4}) + 0.0132(Pe_{dr} \times 10^{-4})^2 \tag{15-7-70}$$

此式表示 $(K_{od}/K_{od,s})$ 随液滴的 Peclet 数 $\left(Pe_{dr} = \dfrac{d_{32} Vs}{D_d} \right)$ 变化的趋势。随着 Pe_{dr} 的增加，液滴的传质系数由停滞液滴向循环液滴过渡。

在进行转盘柱的放大设计时，只要算出给定条件下的 $K_{od,s}$ 和 Pe_{dr}，就可由式(15-7-70)求出总传质系数 K_{od}；再结合柱内平均液滴直径的表达式和 Φ 的表达式求出真实传质单元高度；最后根据第 6 章介绍的简化计算方法确定分散单元高度，代入式（15-7-66）便可得出表观传质单元高度。

7.6 离心萃取器

7.6.1 离心萃取器的特点和分类

离心萃取器的操作就像有径向流动的筛板萃取柱一样，是利用离心力代替重力进行相分离的一种萃取设备。其固定投资费用和维修费用都高于其他类型萃取设备，但它有一些优点。例如，它可以处理密度差小于 $20 kg \cdot m^{-3}$ 的液体对、所占空间小、产物积存量小及接触时间短等，这后一点对于化学上不稳定系统尤为重要。由于离心萃取器的突出优点，从 20 世纪 30 年代问世至今，已被广泛应用于制药、石油、化工、冶金、核燃料生产和废水处理等各个领域。

离心萃取器可按两相的接触方式分为两类：级式接触的离心萃取器和微分接触的离心萃取器。一台逐级接触的离心萃取器相当于一个理论级或若干个独立的萃取级，两相接触方式和混合澄清槽中的两相接触方式类似，是逐级进行的。对于连续接触的离心萃取器来说，两相的接触方式和萃取柱中两相的接触方式类似，是连续进行的，一台萃取装置相当于若干个理论级的萃取效果。Podbielniak 型萃取器是一类较典型的微分接触式离心萃取器，其他一些类型微分接触式离心萃取器如 Quadronic 萃取器、Alfa-Laval 萃取器均是在 Podbielniak 萃取器的基础上开发的。在各种逐级接触的离心萃取器中，SRL 离心萃取器和 Luwesta 离心萃取器则具有一定代表性，前者是一个典型的单台单级式离心萃取器，后者是一个单台多级式离心萃取器。下面介绍 Podbielniak、SRL 及 Luwesta 离心萃取器。

7.6.2 几种典型的离心萃取器

（1）Podbielniak 离心萃取器 这是一种卧式逆流萃取设备。20 世纪 30 年代由 Podbielniak 发明并取得专利[61]，40 年代开始用于制药工业。

该种离心萃取器主要由一水平转轴、一绕其高速旋转的圆柱形转鼓以及固定外壳组成，其结构如图 15-7-21 和图 15-7-22 所示。

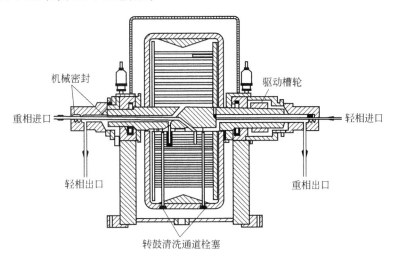

图 15-7-21　Podbielniak 萃取器示意图

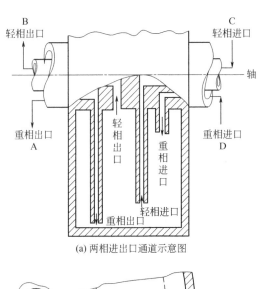

(a) 两相进出口通道示意图

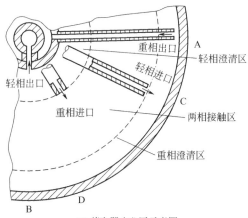

(b) 萃取器内分区示意图

图 15-7-22　Podbielniak 离心萃取器

转轴内有多层带筛孔的同心圆筒,其转速一般为 2000~5000min^{-1}(具体转速的大小可依据所处理的物系而定)。操作时两相在压力下通过具有特殊机械密封装置的旋转轴进入器内,轻相经一个穿过筛板筒圆柱体的通道被引到转鼓外缘,重相进到转鼓的中心部位,借助于转鼓转动时所产生的离心力作用,重相从里向外流动,轻相则从外部被挤到里面,两相沿径向逆流通过筛板筒并进行混合和传质,最后重相从转鼓的最外部进入出口通道而流出离心萃取器,轻相则由设备中心部位进入出口通道流出,其工作原理恰与筛板萃取柱相当,但是由于离心力作用大大减小了两相的接触时间,并使设备更为紧凑。

单台 Podbielniak 萃取器内的理论级数是随所处理的体系、通量和相比变化的,其范围为 3~12 个理论级。据报道,工业用的这类萃取器的处理量已达 98m$^3\cdot$h^{-1}。

(2) SRL 型单级离心萃取器 SRL 型单级离心萃取器的研制工作是由美国萨凡那河国家实验室进行的,设备尺寸从直径 2.54cm(容量为 300mL·min^{-1})到 25.4cm(容量达 378.5L·min^{-1}),试验规模从实验室直到工业规模。图 15-7-23 示出了其主要结构。

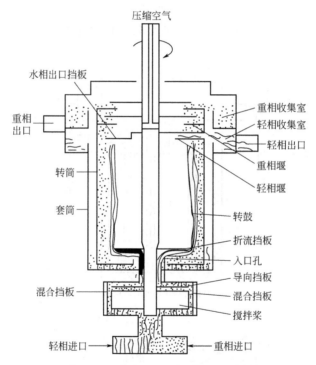

图 15-7-23 SRL 型单级离心萃取器

运行时,重相和轻相从下面"⊥"形管相向进入混合室,在搅拌桨的剧烈搅拌下,两相充分混合并产生相间传质,然后混合相进入转鼓,在强大的离心力作用下重相被甩向转鼓外缘,而轻相被挤至外鼓内部,它们再分别流经重、轻相堰,流向外径辐射状导管到重、轻相收集室并外流到出口排出。两相界面可采用压缩空气控制和重相堰控制两种型式。当用压缩空气控制时,要在轴上打一个中空的孔,并装设旋转密封装置和供气系统。这种类型的离心萃取器结构简单、效率高、易于操作控制、运行可靠,目前已分别在若干国家核燃料后处理工程的萃取工序中应用。

(3) Luwesta 离心萃取器 这是由德国研制的一种立式单台多级型离心萃取器,图 15-7-24 是其结构简图。

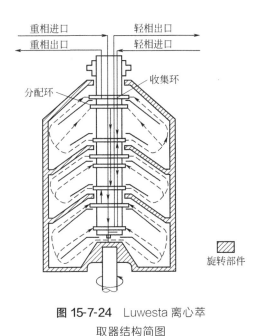

图 15-7-24 Luwesta 离心萃取器结构简图

该设备的主体是一个外壳和一根固定的空心轴,壳体内装有环形蝶盘,它们同壳体下部连接的转轴一起作高速转动。在空心轴上也相应装有环形盘。空心轴上有分配环和收集环。操作时两相均由空心轴顶部进入,重相进入设备下部,轻相进入设备上部,然后它们在筒体内分别沿图 15-7-24 中所示的实线(重相)和虚线(轻相)表示的路线流动。在空心轴内来自上一级的轻相与来自下一级的重相汇合,然后经由空心轴上的分配环进入壳体和空心轴上的两个环形盘之间的通道,在离心力作用下两相混合液甩到转筒外侧,并进行相分离,分离的两相分别进入各自的收集环,重相进入上一级,轻相流入下一级。这样反复混合澄清,最后分别由设于空心轴内的出口管线从顶部排出。可见,这种设备与混合澄清槽一样,在一级内两相并流,在整个设备内两相逆流。图中所示为一个包含三级的设备。

Luwesta 离心萃取器目前主要应用于制药工业,其转速较高,一般为 $3000 \sim 5000 \mathrm{min}^{-1}$,处理量为 $130 \sim 180 \mathrm{L \cdot min}^{-1}$,级效率可达 100%,两相不必在加压下引入。

7.7 静态混合器

静态混合器是一种在管道内放置了各种形状的混合元件,依靠流体本身的压降作为能源完成混合作用的装置。基于混合元件结构的不同,可有多种型式,并可用于混合、传热、萃取、干燥和制备乳状液等多种过程。用于萃取过程的有 Kenics 静态混合器[62]、Sulzer 静态混合器[63]以及 Koch 静态混合器等型式。它们适用于多种萃取体系,和其他类型的萃取设备相比有较高的通量,并且有窄的液滴直径分布。平均液滴直径取决于混合器的直径、构件的几何型式、连续相和分散相的线速度以及体系的物性。对于给定的构件尺寸和体系,液滴尺寸可以通过简单地改变流速进行控制,从而达到良好的相分离。另外,因无活动部件,所以维修和操作费用都很低。静态混合器的缺点是只能并流操作。若要逆流多级,则级间要泵输送,结构也相应地变得十分复杂起来。

静态混合器由美国 Kenics 公司研制成功,其元件结构如图 15-7-25 所示。对 Kenics 静态混合器,层流条件下混合器内对液流的切割可用下式表示:

$$S = 2^n \tag{15-7-71}$$

式中,S 是产生的液流切割数;n 是混合器内的元件数。液层的厚度可用下式确定:

$$d = \frac{D_T}{2^n} \tag{15-7-72}$$

液层厚度相当于分散相液滴的理论直径。实际的 d_{32} 可用下式估计:

$$\frac{d_{32}}{D_T} \propto We^{-n} Re^{-0.1} \qquad (15\text{-}7\text{-}73)$$

式中，n 在 0.5~0.72 之间。当 $Re<2500$，$We<12$ 时，混合器内的操作为聚并过程控制，最终 d_{32} 要大一些。而更大时 Re（We）也增大，操作为分散过程控制，Φ 的影响较小。混合器内的混合元件数增多，能将分散相分散成更小的液滴，当达到 8~10 个时，分散体内就可得到平衡的液滴分布。混合元件长度增加，所得的 d_{32} 更小一些，但压降增大。

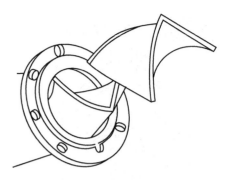

图 15-7-25　Kenics 静态混合器

静态混合器也可以串联组成多级混合澄清装置使用，如图 15-7-26 所示。

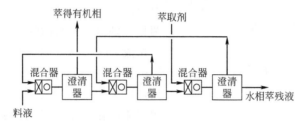

图 15-7-26　由静态混合器组成的多级混合澄清装置

7.8　微通道和微结构萃取器

近年来，随着液-液微分散技术的快速发展，研究者将微分散技术应用到萃取分析和萃取分离等领域，开发了新型微通道和微结构萃取器[64]。

微萃取器一般通过微通道和微结构阵列来实现，两股或多股流体分别在两个或多个通道内流动，然后汇合在一起，实现流体的混合和分散。微通道的大小一般为 10~500μm，微萃取器中可包括几个或几百个微型通道。由于微通道尺寸很小，微通道萃取器的加工技术与传统设备截然不同，多是采用微电子工业中常采用的一些技术。通常采用的方法有干法或湿法蚀刻、LIGA（lithographie galvanoformung abformung）技术、EDM（electron discharge machining）技术、激光微加工、微注射成型等。微萃取器所采用的材质主要有高分子材料、不锈钢、玻璃、陶瓷等。在微萃取器中，流体在微通道中流动，微通道对流体间的混合有两方面的作用：一方面，微小的通道使得流体的流型在绝大部分情况下属于层流流动，这种条件下流体的混合性能主要是通过扩散完成；另一方面，通道尺度的减小，在一定条件下，可以为两种流体的混合提供巨大的比表面积和极大地减小两流体间混合的扩散距离，这又是对混合十分有利的。因此，微萃取器中的混合方式和常规设备中的混合方式有很大的区别。在微结构萃取器中混合和分散可通过图 15-7-27 中的几种方式实现。

(1) T 形微通道萃取器　通过 T 形混合器两个进料口和一个出料口的设计方式，在微通道中进行液-液萃取。虽然设计简单，但是如果尺寸足够小，这种设备可以应用于多种场合。Engler 等[65]在 600μm×300μm×300μm 的 T 形微通道微混合器中研究了层流

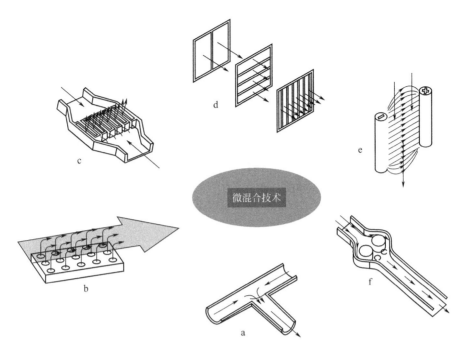

图 15-7-27　基于不同概念的流动混合方式示意图[64]

a—T 形混合装置中两股支流的混合；b—将一种待混合流体以多支流/微小液滴形式注入另一待
混合流体中；c—混合流体的多支流同时注入；d—分割-再成型-重新组合的混合；
e—利用外场强化传质和混合；f—利用特殊结构强化混合

（laminar flow）、涡流（vortex flow）和卷入流（engulfment flow）三种流型中的混合情况。实验表明，即使在低 Re 数的情况下，提高流速也有利于加强两相之间的混合。他们的 CFD 模拟结果也证明了这个结果。Wong 等[66]以 T 形微通道微混合器为研究对象，以蓝色染料/无色液体和二氯乙酰苯酚红水解反应两种体系为研究体系，通过光学显微照相方法，系统研究操作压力等对微混合器中两种流体间混合行为的影响。在大 Re 数时，两种流体被撕裂成条形，并在微通道中层叠排布；当 Re 在 400～500 之间时，条形流体就会混合成均匀浓度的流体。当微通道的水力直径为 67μm、操作压力在 5.5bar（550kPa）时，两种流体在几毫秒内就能达到完全混合。

（2）将一种待混合流体以多支流/微小液滴形式注入另一待混合流体中　在进行混合和分散过程中，一股流体由混合室的一个入口引入，而另一股待混合或分散的流体则通过平行加工的微孔注入混合室中实现混合或分散。因此，在混合过程中第二股待混合流体被分割成了许多小股流体，称为"微型羽毛"，这样的混合方式可使两股待混合流体的接触面积大大增加。筛孔或者裂缝状结构的分散装置就属于这种类型的微结构萃取装置。Miyake 等[67]开发了一种含筛孔状底板的微混合器，在这种底板上加工有许多平行排列的方形规则微孔，其结构如图 15-7-28 所示。由于加工技术的限制，微混合器底板上微孔的孔间距固定为 100μm，孔的深度及宽度在 10～30μm 之间，不等。

骆广生等[68]采用微孔膜或微滤膜为分散介质，利用与上一种混合方式相似的混合原理，发展了一种膜分散微结构萃取器。膜分散微结构萃取器中采用的膜分散技术是在膜法制乳的基础上发展起来的。膜分散的原理如图 15-7-29 所示。分散相流体（待分散流体）和连续相流体分别在膜两侧流动，分散相一侧的压力大于连续相一侧的压力，在压差作用下，分散相透过分散介质的微孔，以小液滴的形式分散到连续相流体中，实现与连续相流体的混合萃取。微孔膜或微滤膜的孔径范围可以在 $0.1 \sim 100 \mu m$，孔隙率较大，因此所需压力较小，一般在几十到几百千帕内，能耗小。同时形成的液滴直径均一，并能通过控制孔径来实现对液滴直径的控制，形成的分散相液滴直径可小于 $10 \mu m$。徐建鸿等[69,70]在膜分散微混合器的基础上设计了膜分散式混合澄清器，并选择正丁醇/丁二酸/水和正丁醇/磷酸/水两种实验体系，考查了该设备的传质及澄清性能。结果表明，膜分散式混合澄清器的传质效率高，单级萃取效率可达到 95% 以上；处理量大，处理能力最大可达 $225 m^3 \cdot m^{-2} \cdot h^{-1}$（以有效膜面积计算）；澄清性能好，两相完全分相时间低于 20s。

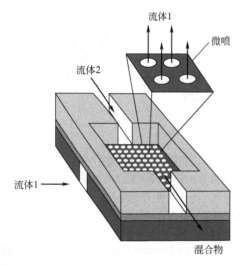

图 15-7-28　将一种待混合流体以多股流体形式进入另一种待混合流体的混合萃取方式示意图

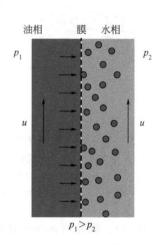

图 15-7-29　膜分散萃取方式示意图

(3) 混合或分散流体的多支流同时注入　这种混合和分散方法是将两种流体分割成许多层厚为数十微米的薄层流体后，交替排布，实现流体的均匀混合，其基本混合和分散方式如图 15-7-30 所示。许多研究者采用了这种方法，发展了交叉形微结构萃取器，结果证明在很多情况下都能获得良好的混合与萃取效果[71~74]。目前，对于这种混合方法的研究已经积累

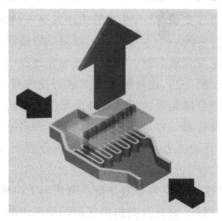

图 15-7-30　多支流同时注入混合萃取方式示意图

了很扎实的理论基础，德国微技术研究所（IMM）已经将采用该方法发展的微混合器（standard slit interdigital micromixing，SSIMM）实现了商业化，大批量生产的混合器中通道宽度为 $25\mu m$ 或 $40\mu m$。

参考文献

[1] Lo T C, Baird M H I, Hanson C. Handbook of solvent extraction. New York: John Wiley, 1983.
[2] Lo T C. Paper presented at engineering foudation conference on mixing research at rindge. New Hampshire, 1975.
[3] Morello V S, Pofferberger N. Ind Eng Chem, 1950, 42: 102.
[4] Pratt H R C. Ind Chemist, 1954, 30: 597.
[5] Oliver E D. Diffusion separation processes. New York: John Wiley, 1966.
[6] Hanson C. Chem Eng, 1968, 75: 76.
[7] Williams J A. Trans Instn Chem Engr, 1958, 36: 6.
[8] Warner B F. Proceedings of the 3rd UN Conference on Peaceful Uses of Atomic Energy. Vol 10. Geneva: IAEA, 1964: 224.
[9] Coplan B V, Davidson J W, Zebroski E L. Chem Eng Prog, 1954, 50: 403.
[10] IMI Staff Report, Proc: Eng Plant and Cont, 1967: 16-17.
[11] US, 3973759.
[12] Mattila T K. Proc of Int Solvent Extraction Conf, ISEC'74. Instn Chem Eng, 1974: 169.
[13] Treybal R E. Chem Eng Prog, 1964, 60: 77.
[14] Mehner W, Hoerfeld G, Mueller E. Proc Int Solvent Extraction Conf 1971. London: SCI, 1971.
[15] Buhlman V. Proc Int Solvent Extraction Conf 1980. Liege, Belgium: SCI, 1980: 80-213.
[16] Suffham J B. Chem Engrs, 1981, (370): 328.
[17] Rushton J H, Oldshue J Y. Chem Eng Prog, 1953, 49: 161.
[18] Bates R L, Fondy P L, Fenic J G. Chap. 3: 133//Uhl V W Gray J B. Mixing Theory and Practice, Vol. 1. New York: Academic Press, 1966.
[19] Warner B F. The Scaling-up of chemical plant and processes. London: Joint Symposium, 1957:44.
[20] Skelland A H P, Lee J M. AIChE J, 1981, 27: 99, 1982, 28: 1043.
[21] Pile F P, Wadhawan S C. Proc Int solvent Extraction Conf 1971. 1. 1971: 112.
[22] Bailes P J, Hanson C, Hughes M A. Chem Eng, 1976, 83(2): 86.
[23] Warwick G C I, Scuffham J B. The design of mixer settler for metallurgical duties//International Symposium on Solvent Extraction in Metallurgical Processes, Tech Instituut K VIV. Genootschap Metalkande, Antwerp, 1972: 36.
[24] Stonuer H M, Wohler F. Instn Chem Eng Symp Ser, 1975, 42: 14.
[25] Mizrahi J, Barnea E, Meyer D. Proc Int Solvent Extraction Conf 1974. Lyon: SCI, 1974, 1: 141-168.
[26] 李洲，费维扬，杨基础. 液-液萃取过程和设备: 下册. 北京: 原子能出版社, 1985.
[27] Nagata S. Mixing-principles and applications. New York: Wiley-Halsted, 1975.
[28] Perry R H, Green D W, Maloney J O. Perry's chemical engineers handbook. 6th. New York: MeGraw-Hill, 1984.
[29] Treybal R E. Liquid Extraction. 2nd. New York: McGraw-Hill, 1963.
[30] Jordan D G. Chemical process development, Part 2. New York: Interscience, 1968.
[31] Leibson I, Beckman R B. Chem Eng Prog, 1953, 49: 405.
[32] Johnson A I Minard G W, Huang C J, et al. AIChE J, 1957, 3: 101.
[33] Ruby C L, Elgin J C. Chem Eng Prog Symp Series, 1955, 51(16): 17.
[34] Vermeulen T, Moon J S, Hennico A, et al. Chem Eng Prog, 1966, 62: 95.
[35] Geankoplis C J, Sapp J B, Arnold F C, et al. Ind Eng Chem Fundam, 1982, 21: 306.
[36] Pratt H R C. Ind Eng Chem Process Des Devel, 1975, 14: 74.
[37] Wen C Y, Fan L T. Models for flow systems and chemical reactors. New York: Marcel Deckker, 1975.

[38] Watson J S, McNeese L E. Ind Eng Chem Process Des Dev, 1972, 11: 120.
[39] Laddha G S, Degaleesan T E. Transport phenomena in liquid extraction. New York: McGraw-Hill, 1978.
[40] Treybal R E. Mass Transfer Operations: 3rd. New York: McGraw-Hill, 1980.
[41] Krishnamurthy R, Rao C K. Ind Eng Chem Proc Dev Devel, 1968, 7: 166.
[42] Sege G, Woodfied F W. Chem Eng Prog, 1954, 50(8): 396.
[43] Thornton J D. Trans Instn Chem Engr, 1957, 35: 316.
[44] Smoot L D, Mar B W, Babb A L. Ind Eng Chem, 1959, 51: 1005.
[45] Miyauchi T, Oya H. AIChE J, 1965, 11: 395.
[46] Mar B W, Babb A L. Ind Eng Chem, 1959, 51: 1011.
[47] Hanson C. Recent advances in liquid-liquid extranction. Oxford: Pergamon Press, 1971.
[48] Smoot L D, Babb A L. Ind Eng Chem, 1959, 51: 1011.
[49] Burger L L, Swift W H. US Atom Energ Comm Rep, 1953: HW-29010.
[50] Hafez M M, Baird M H I. Trans Instn Chem Engr, 1978, 56: 229.
[51] Baird M H I, Lane S J. Chem Eng Sci, 1973, 28: 947.
[52] Baird M H I, Shen Z J. Can J Chem Eng, 1984, 62: 218.
[53] Kim S D, Baird M H I. Can J Chem Eng, 1976, 54: 81.
[54] Parthasarathy P. Madras: UT 1981.
[55] Baird M H I, McGinnis R G, Tan G C. Proc Int Solvent Extraction Conf 1971. London: SCI, 1971, 1: 251.
[56] Hafez M M, Baird M H I, Nirdosh I. Can J Chem Eng, 1979, 57: 150.
[57] Karr A E, Ramanujam S. Proc Int Solvent Extraction Conf 1986. München: DECHEMA, 1986, 3: 943.
[58] Murakami A, et al. Int Chem Eng, 1978, 18: 10.
[59] Stemerding S, Lumb E C, Lips J. Chem Ing Tech, 1963, 35: 844.
[60] 章寿华，苏元复，等. 化学工程学会论文报告，1981.
[61] Podbielniak W J. Chem Eng Prog, 1953, 49: 252.
[62] Kenics State Mixers. Kenics Corp Bull. KTEK 5. Danvers Mass: 1972.
[63] Mooris N P, Misson P. Ind Eng Chem Process Dev Devel, 1974, 13: 270.
[64] Ehrfeld W, Hessel V, Löwe H. 微反应器——现代化学中的新技术. 骆广生，王玉军，吕阳成，译. 北京: 化学工业出版社，2004: 36-74.
[65] Engler M, Kockmann N, Kiefer T, et al. Chem Eng J, 2004, 101: 315-322.
[66] Wong S H, Ward H C L, Wharton C W. Sensor Actuat B, 2004, 100: 359-379.
[67] Miyake R, Lammerink T S J, Elwenspoek M, et al. Micromixer with fast diffusion//Proceedings of the "IEEE-MEMS 93". Fort Lauderdale USA Washington: IEEE, 1993: 248-253.
[68] 孙永. 液液体系膜分散及其传质性能研究. 北京: 清华大学，2002.
[69] 徐建鸿. 微分散尺度调控与传质性能研究. 北京: 清华大学，2007.
[70] Xu J H, Luo G S, Chen G G, et al. Journal of Membrane Science, 2005, 249: 75-81.
[71] Haverkamp V, Ehrfeld W, Gebauer K. Fresenius J Anal Chem, 1999, 364: 617-624.
[72] Hessel V, Hardt S, Löwe H, et al. AIChE J, 2003, 49: 566-577.
[73] Löb P, Pennemann H, Hessel V. Chem Eng J, 2004, 101: 75-85.
[74] Bessoth F G, Mello A J, Manz A. Anal Commun, 1999, 36: 213-215.

符号说明

A　　　　　　振幅，m；扣除降液管以后的筛板横截面积，m^2

A_D　　　　　降液管面积，m^2

A_o　　　　　筛孔总面积，m^2

A_p　　　　　筛板面积，m^2

a　　　　　　比表面积，$m^2 \cdot m^{-3}$

a_p　　　　　填料因子，m^{-1}

C_i		参数，$i=1,2,3,4,5$
C_P		筛板收缩因子，无量纲
D		扩散系数，$m^2 \cdot s^{-1}$
D_R		转盘直径，m
D_S		固定环直径，m
D_T		容器或萃取柱直径，m
d		液滴直径，m
d_{Fc}		临界填料尺寸，m
d_I		搅拌桨直径，m
d_1		流过孔口的射流直径，m；射流破碎时的直径，m
d_m		平均液滴直径，m
d_o		孔径，m
d_p		填料尺寸，m
d_{32}		Sauter 平均液滴直径，m
E_D		轴向返混系数
e		床层空隙率，无量纲
f		频率，Hz
$f(\Phi)$		滞存率的函数
g		重力加速率，$9.8 m^2 \cdot s^{-1}$
H_c		级高度或板间距，m
HETS		理论级当量高度，m
HTU		基于任一相的传质单元高度，m
K		总传质系数，$kg \cdot s^{-1} \cdot m^{-2} \cdot \Delta C^{-1}$ 或 $mol \cdot s^{-1} \cdot m^{-2} \cdot \Delta C^{-1}$
$K_{od,s}$		停滞液滴的总传质系数，$kg \cdot s^{-1} \cdot m^{-2} \cdot \Delta C$ 或 $mol \cdot s^{-1} \cdot m^{-2} \cdot \Delta C^{-1}$
k		分传质系数，$kg \cdot s^{-1} \cdot m^{-2} \cdot \Delta C^{-1}$ 或 $mol \cdot s^{-1} \cdot m^{-2} \cdot \Delta C^{-1}$
L		柱高，m
l_1		开孔区与降液管间距，m
l_2		筛板周边余度，m
m		分配系数，无量纲；浓度，$kg \cdot m^{-3}$
N		转速，s^{-1}
oh		Ohnesorge 数，无量纲
N_p		功率数，无量纲
$(Re)_I$		搅拌雷诺数，无量纲
$(Re)_M$		静态混合器流动雷诺数，无量纲
Sc		施密特（Schmidt）数，无量纲
N_T		级数，无量纲
We		韦伯（Weber）数
NTS		理论级数，无量纲
NTU		传质单元数，无量纲
n		模型参数，无量纲；元件个数，无量纲
n_o		筛板开孔个数
P		功率，W
PI		功率因子，无量纲
Pe_{dr}		液滴的贝克来（Peclet）数，无量纲

Q	流量，$m^3 \cdot s^{-1}$	
q_A	溶质 A 的传质速率，$kg \cdot s^{-1}$	
R	相比 V_d/V_c，无量纲	
S	横截面积，m^2；液流切割数，无量纲	
S_o	筛板开孔面积，m^2	
$(SPM)_1$，$(SPM)_2$	柱 1 和柱 2 内，振动板每分钟的往复次数	
V	表观流速，$m \cdot s^{-1}$	
V_{cD}	连续相在降液管中的流速，$m \cdot s^{-1}$	
V_K	特征速度，$m \cdot s^{-1}$	
V_S	滑动速度，$m \cdot s^{-1}$	
v_o	流体通过孔口的流速，$m \cdot s^{-1}$	
v_{om}	流体通过孔口的最大流速，$m \cdot s^{-1}$	
Z_d	分散相液层高度，m	

希腊字母

α	参数，无量纲
β	参数，无量纲
δ	筛板厚度，m
ε	开孔率，无量纲
η	体积效率，h^{-1}
η_o	总柱效率，无量纲
μ	黏度，$Pa \cdot s$
π	圆周率，无量纲
ρ	密度，$kg \cdot m^{-3}$
$\Delta \rho$	密度差，$kg \cdot m^{-3}$
σ	界面张力，$N \cdot m^{-1}$
Φ	分散相滞存率，无量纲

上标

*	平衡

下标

app	表观
c	连续相
cf	连续相液泛的
D	降液管
d	分散相
df	分散相液泛的
f	液泛
in	入口
m	平均或混合的
o	总的
opt	最优的
out	出口
tru	真实

8 其他萃取技术

8.1 液膜萃取

液膜萃取是应用黎念之博士发现的液膜技术，从水溶液中分离和富集所需物质的一项单元操作[1,2]，它具有溶剂萃取和膜分离两项技术的一些特点。

液膜分离技术按其操作方式可分为乳状液型液膜和支承体型液膜。乳状液型液膜可以看成是一种双重乳状液体系。如将两个互不相溶的液相制成乳状液，然后把乳状液分散到第三相中形成乳状液型液膜体系。为了使乳状液具有一定稳定性，通常在膜相中加入表面活性剂，在迁移过程结束后，乳状液采用静电凝聚等方法破乳，膜相可以反复使用，膜内相经进一步处理后，回收所需物质。支承体型液膜是将液膜相溶液牢固地吸附在多孔支承体微孔中，在膜的两侧是与膜不相互溶的水溶液。它的操作方式较乳状液型液膜简单，乳状液型液膜的研究开展得较早，但是目前支承体型液膜的研究正在逐步增加。

8.1.1 乳状液型液膜[3~14]

如图 15-8-1 所示，首先将回收液（内相）与液膜溶液充分乳化制成 W/O（油包水）型乳液，然后将其分散于原液（外相）中形成 W/O/W（水包油包水）型多相乳液。通常内相的微滴直径为数微米，而 W/O 乳液的液滴直径约为 0.1～1mm，膜的有效厚度为 1～10μm，因而单位体积中膜的总面积非常大，传递速度极快。

乳状液的稳定性是液膜技术的关键之一。影响其稳定性的因素很多，其中表面活性剂最重要，最常用的表面活性剂主要有 Span-80 和聚胺（polyamine-ECA4360）等。液膜相中的溶剂对稳定性的影响较小，一般选用黏度较低的碳氢化合物（如煤油、柴油和 LOPS 等），黏度低有利于物质的迁移。载体通常是常用的萃取剂，载体浓度不宜过高，否则也会影响乳状液的稳定性，膜内相试剂同样也会对其稳定性产生一定影响。目前研究的一些乳状液型液膜的主要体系列于表 15-8-1 中。

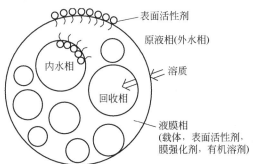

图 15-8-1 W/O/W 型乳化液膜

表 15-8-1 乳状液型液膜的研究体系

迁移离子	载体	溶剂	膜内相	表面活性剂
Li^+,Na^+,K^+,Rb^+,Ca^{2+},Tl^+,Ag^+,Pb^{2+}	二环己基-18-冠醚-6（DC18C6）	甲苯	$Li_4P_2O_7$	Span-80
Cu^{2+}	LIX64N HDEHP（P204）	S100N 煤油	H_2SO_4 H_2SO_4	ECA4360 Span-80
Zn^{2+}	HDEHP HDEHP	煤油 煤油	H_2SO_4 HCl	Span-80 S205
Hg^{2+}	二丁基苯酰硫脲 三辛胺（TOA）	癸烷和 己烷柴油	HCl 和$(NH_2)_2CS$ NaOH	Span-80 L113A
Eu^{3+}	HDEHP	煤油	HNO_3	Span-80
La^{3+}	HDEHP	煤油	HCl	S205
UO_2^{2+}	HDEHP 和 TOPO TOA	LOPS 煤油	Fe^{2+} H_3PO_4 Na_2CO_3	ECA4360 ECA4360

注：Span-80 为失水山梨糖醇单油酸酯；LOPS 为低臭味的烃类溶剂；ECA4360、S205、L113A 等为不同厂家的非离子聚胺产品。

为了使用过的乳液能重新再用，破乳过程至关重要，它是整个乳状液型液膜分离操作成败的关键步骤。破乳方法通常有化学法、静电法、离心法和加热法等。从迄今使用的效果看，以高压静电法最好。图 15-8-2 系一种间歇式 W/O 型乳液的破乳装置示意图。交流和脉冲直流电源均可采用，频率和波形对破乳速度有一定影响。提高频率可以加快破乳速度，波形以方波为好。为了防止短路，电极需要绝缘。介电常数大于 4 和表面自由能小于 $4 \times 10^{-4} N \cdot cm^{-1}$ 的绝缘材料性能较好。破乳后膜相虽能多次复用，但仍需定期补充表面活性剂。

影响液膜传质过程的因素很多，例如料液的 pH 值，配位离子浓度和迁移组分的初始浓度，膜相的各种组分及其浓度，膜内相试剂的种类和浓度等。很多因素可以根据溶剂萃取理论进行分析。任何一种膜的传质推动力都由位

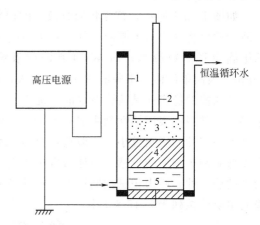

图 15-8-2 静电破乳装置
1—不锈钢筒；2—电极；
3—液膜相；4—乳化相；5—内水相

于膜两侧的溶质的化学位差所引起，一旦两侧的化学位趋于相等，传质就接近平衡，溶质的迁移就停止。目前主要有两种数学模型来描述这种传质过程。第一种模型把乳状液看成液膜厚度不变的空心球，膜内相试剂都包结在球内，物质通过恒定的膜厚向膜内扩散（图 15-8-3）。第二种模型认为膜内相的微乳滴不会产生内部对流。物质从乳状液滴的周围逐渐向液滴的球心扩散，在扩散过程中物质首先被外层膜内相试剂吸收，以后逐渐向球心伸展。这就是说膜厚

是不断变化的,进入乳状液滴中的物质越多,扩散的深度越大,阻力也越大,乳化液膜的透过膜型如图 15-8-4 所示。图中①外水相边界膜的扩散;②外水相-液膜油界面上的萃取反应;③油薄层的扩散;④乳化相的扩散;⑤在液膜油相-内水相界面上的反萃取反应。外水相的溶质 M^{2+} 首先按图中①→②→③各过程,再经④与⑤关联向内水相扩散。在此过程中,问题的关键是如何设定③油薄层厚度及④乳化相的扩散系数。目前主要采用 Ruddell[15],Jefferson[16]等的公式取得。第二种模型与实验结果吻合较好。

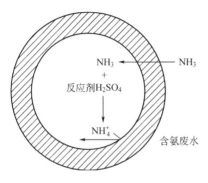

图 15-8-3 液膜除氨机理

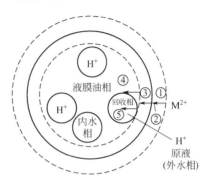

图 15-8-4 乳化液膜及透过机理

8.1.2 支承体型液膜[17~23]

一般用于水溶液处理的支承液膜如图 15-8-5 所示,支承体的性能对液膜功能的影响很大。为了减少扩散阻力,要求支承体既薄而又具有一定机械强度和亲油性。液膜溶液依靠表面张力和毛细管作用吸附在支承体微孔中。目前使用的支承体材料有聚四氟乙烯、聚乙烯、聚丙烯和聚砜等疏水性多孔膜,膜厚为 $25\sim50\mu m$,微孔直径为 $0.02\sim1\mu m$。通常孔径越小,液膜越稳定。但孔径过小将使空隙率减小,从而减小透过速度。为使支承液膜分离过程达到实用化,如何开发透过速度大而性能在较长操作期间稳定并不衰减的膜组件是技术的关键。

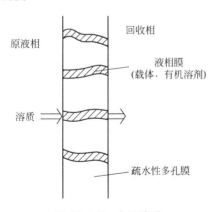

图 15-8-5 支承液膜

支承体液膜的传质机理类似于乳状液型液膜的第一种数学模型,传质过程是在固定膜厚的假设条件下进行的。一般来说,数学模型与实验结果吻合得较好。为了提高物质的迁移通量,在不改变各组分的条件下,应尽量减少水相边界层和支承体液膜本身的厚度。一定体系的迁移速率常数 p 可以根据下式求得:

$$\ln C/C_0 = -(A/V)\varepsilon pt \quad (15\text{-}8\text{-}1)$$

式中,C_0 和 C 分别为 $t=0$ 和 $t=t$ 时迁移物质在料液中的浓度;A 为膜面积;V 为料液体积;t 为迁移时间;ε 为支承体膜的空隙率。根据迁移速率常数就可以估计达到一定传质要求时需要的时间或膜面积等。迁移速率常数与载体浓度、产品液组分、液膜厚度、水相搅拌或流动状态有关。

支承液膜性能衰减的主要原因之一是微孔中的液膜所含溶液不断向水相中流失。为克服这一弊端,正在开展使液膜液不断向支承体中连续输送的研究。图 15-8-6 展示了一种两端装有贮存器的中空丝,其中一个贮存器提供液膜而另一个则被减压,从而使液膜不断地通过

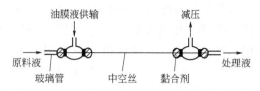

图 15-8-6　油膜液的连续供输原理示意图

丝壁得到连续补充。由于支承体液膜不需要表面活性剂，避免了制乳和破乳过程，使分离过程简化。目前研究的主要体系列于表 15-8-2。

表 15-8-2　支承体型液膜的研究体系

迁移离子	载体	溶剂	产品液	支承体
Cu^{2+}	LIX64N	煤油	HCl 或 H_2SO_4	聚四氟乙烯①
	LIX64N	煤油		聚丙烯
Ni^{2+}	HDEHP	煤油	H_2SO_4	聚丙烯
Co^{2+}	H(DTMPP)⑦	67%萘烷和33%对二异丙基苯	HCl	Celgard2500② Accared③
Fe^{3+}	三月桂酰	三乙基苯	$0.1mol \cdot L^{-1}$ HCl	Celgard2500
Eu^{3+}	HDEHP	十二烷	HCl	Celgard2500
La^{3+}	HDEHP	煤油	HCl	Celgiard2400④
UO_2^{2+}	Alamine 336⑤	Aromatic 150 或煤油	Na_2CO_3	Celgard2400
Pu^{4+}	TBAH⑥	二乙基萘和辛醇	$(COOH)_2$	Celgard2500

①膜厚 $125\mu m$，孔隙率 68%，孔径 $10\mu m$；②为聚丙烯微孔膜（Celgard2500），厚 $25\mu m$，孔隙率 45%，孔径 $0.04\mu m$；③为聚丙烯中空纤维管（Accared），壁厚 $430\mu m$，孔隙率 75%；④为聚丙烯微孔膜（Celgard2400），厚 $25\mu m$，孔隙率 38%，孔径 $0.02\mu m$；⑤为 $C_8 \sim C_{18}$ 的三烷基胺；⑥为三丁基乙酰基羟氯酸；⑦为二（2,4,4-三甲基戊基）次膦酸。

其他代号同表 15-8-1。

8.1.3　液膜分离技术的应用

石油化工产品中一些物理化学性质相似的碳氢化合物，用一般的物理化学方法很难分离，而用液膜法分离则十分有效。如苯与甲苯，甲苯与正庚烷，苯与环己烷，甲苯与氯苯等，都能用液膜法分离。主要是利用欲分离物质在液膜中的渗透速度不同而实现的。采用液膜法进行金属分离，最早主要用于湿法冶金和废水处理。近年来，随着液膜技术的提高，目前还逐步向稀土元素及金属的分离发展。从矿石浸取液中回收金属已取得良好的效果，如用 LIX64N 作载体由下列反应可以完成液膜萃取 Cu^{2+} 的过程。

萃取：$2HR + Cu^{2+} \rightleftharpoons CuR_2 + 2H^+$

反萃取：$2H^+ + CuR_2 \rightleftharpoons 2RH + Cu^{2+}$

这种工艺已有美国埃克森研究与工程公司提出中间工厂专利，英国已建立中间工厂。奥地利格拉兹大学在一家生产人造丝工厂中进行了乳状液型液膜法处理含锌废水的试验。该装置的处理能力为 $0.03m^3 \cdot h^{-1}$。膜相由 5% HDEHP、2.5% Span-80 和 92.5% Shell Solve 组成。乳状液的流量为 $0.00125 m^3 \cdot h^{-1}$ 或 $0.0025 m^3 \cdot h^{-1}$。锌浓度可从 $180 mg \cdot kg^{-1}$ 下降到 $45 mg \cdot kg^{-1}$ 或 $32 mg \cdot kg^{-1}$，并建立了生产用装置。

此外，不少学者正热心开发可达到更高分离度的液膜法，复合支承液膜就是其中的一种，所谓复合支承液膜（图15-8-7）是一种含浸着不同载体的两个支承液膜，介于水溶液之间交替排列的体系。只要载体和溶液组成选择恰当，将取得比一个支承液膜更好的分离效果。

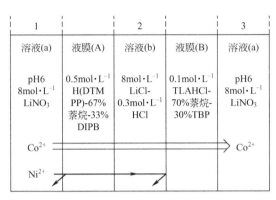

图 15-8-7　Co-Ni 分离用复合支承液膜的结构

H（DTMPP）—同表 15-8-2；TLAHCl—盐酸三月桂胺

利用液膜分离气体比固体膜效率高。如用 $Na_2CO_3/NaHCO_3$，液膜和溶液中进行的 $CO_2 + CO_3^{2-} + H_2O \Longrightarrow 2HCO_3^-$ 平衡反应，促使 CO_2 的传递，在 25℃ 下 CO_2/O_2 的分离系数达 4100。而最好的硅橡胶固体膜 CO_2/O_2 的分离系数仅为 5。此法已成功地用于除去载人宇宙飞船座舱中的 CO_2。用 Cu^{2+} 作载体可以从 CO 和 O_2 混合气体中分离 CO，首先 Cu^{2+} 与 CO 反应，$Cu^{2+} + CO \Longrightarrow CuCO^{2+}$，进入膜内后反应向左进行，CO 被富集在膜内。

在化学工业中利用液膜作为反应器，使氯化铜催化乙烯氧化合成乙醛得到成功。其反应过程如图 15-8-8 所示。该反应器的优点是萃取和反应合二为一，同时催化剂对容器的腐蚀可以大大减少，反应物与产物可以迅速分离，从而加速反应。液膜反应器是一种新型的反应-分离装置。

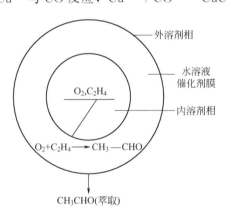

图 15-8-8　液膜反应器催化乙烯氧化示意图

液膜技术已被研究用于生物产品分离和酶固载化。一批学者从事乳化液膜分离氨基酸研究，采用乳化液膜回收对苯基丙氨酸已有中试报道。Dahuron[24] 等报道了中空纤维膜萃取分离各种蛋白质的研究。Christen[25] 等用支承液膜从发酵液中萃取醇的实验表明，由于抑制发酵反应的乙醇产品被萃取，使发酵体积产率提高 2.5 倍，转化率维持在 95% 以上，同时收集的渗透液中醇浓度提高了 4 倍。随着稳定性等技术问题进一步改善，液膜技术将成为一种高效分离技术，用于生物工程产品等的分离。将液膜分离技术用于处理城市污水和工业废水是十分有效的。在城市污水中存在着 NH_3，会造成富营养化问题，利用液膜法将有效去除 NH_3。用液膜法处理工业含酚废水，使酚量降至每升几毫克，可以替代溶剂萃取和生化法。含 NO_3^- 的废水用一种新型生物酶系统液膜可以有效得到处理。这是现行的其他处理方法不能达到的。

液膜技术目前尚未达到实用化大规模应用的地步，尚须进一步探索新的液膜技术，开发最佳成膜工艺条件，彻底解决液膜的稳定性及高效破乳等方面的课题。

8.2 超临界流体萃取

超临界流体（SCF）萃取是近十几年兴起的一种新型分离技术，不仅特别适用于提取和分离难挥发和热敏性的物质，而且对于进一步开发利用能源，治理环境，以及在医药和食品工业中都有广泛的应用前景[25～30]。

超临界流体萃取简称 SFE，是气体溶剂在接近或超过临界点的低温、高压条件下具有高密度时，萃取所需的有效成分，然后采取恒压升温或恒温降压等方法，可将溶剂与萃取到的有效成分分离。它利用蒸气压之间的差异和溶解度之间的差异，故又称 distraction，即具备精馏和萃取两者的分离作用。

常用超临界流体（SCF）为低分子量化合物，表 15-8-3 为一些超临界流体萃取剂的临界性质。

表 15-8-3　一些 SCF 的临界特性

流体名称 项目	C_2H_4	n-C_2H_6	NH_3	CO_2	N_2O	$CClF_3$
温度/K	282.65	308.15	305.4	304.15	309.5	301.95
压力/MPa	5.878	4.945	11.43	7.488	7.265	3.92
密度/kg·L^{-1}	0.227	0.203	0.236	0.460	0.541	0.578

图 15-8-9 表示 CO_2 在 50℃时密度 ρ 与介电常数 ε 随压力的变化关系。超临界流体的溶解能力与其密度有很大关系，图 15-8-10 为萘在 CO_2 中的溶解度。从图中可看出不同温度下溶解度随压力的变化趋势相同，溶解度随压力升高而增加，超过一定压力范围变化趋平缓。在特定压力（大于 100×10^5 Pa）下，萘的溶解度随温度升高而增加，这与溶质在液体溶剂中的溶解相同；而当小于该特定压力时，升高温度反使溶解度下降，此特定压力称为转变压力，从而可利用降压升温方法，使溶于 SCF 中的溶质脱溶析出而得到分离。

从以上两点可见，物质在临界点附近发生显著变化，利用此特性，人们可以设计出相应的装置对高沸点混合物进行分离和提取。一般根据分离方法不同，可将超临界萃取流程分为四类：①等温法，变化压力的分离法；②等压法，变化温度的分离法；③吸附吸收法，用吸附剂或吸收剂脱除萃取产物的分离法；④添加惰性气体的等压分离法，在超临界气体中加入 N_2、Ar 等惰性气体，可以使物质的溶解度发生变化而进行分离。

超临界萃取技术目前已在大规模生产装置上得到应用的至少有三项。

(1) 从石油残渣油中回收各种油品[31]　美国 Keir-McGee 炼制公司于 1954 年采用新型渣油脱沥青技术，建成日处理量为 120m^3 的工业装置，此技术称为渣油的超临界萃取 (residual oil supercritical extraction)，简称 ROSE 过程。这是超临界萃取技术在工业上获得较早应用的范例之一。ROSE 过程最初是为了从重油中多回收一些价值较高的油品，利用超

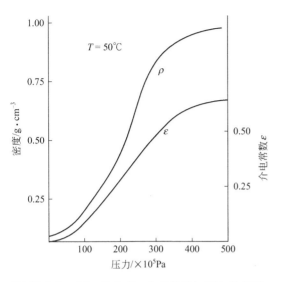
图 15-8-9　CO_2 的密度、介电常数与压力的关系

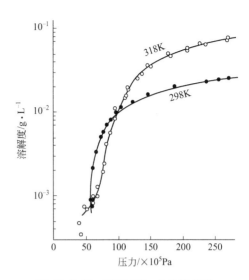
图 15-8-10　萘在 CO_2 中的溶解度

临界溶剂（轻烃液体溶剂）特性回收循环使用的溶剂，从而省略了常规的汽化和液化工序，降低能耗40%～50%。

20世纪70年代石油价格上涨，ROSE法日益受到重视。1979年以来，美国又有6家炼油厂采用，其中最大的一套日处理量达 1908m³ 渣油。作为ROSE过程的发展，Keir-McGee公司近年又开发成功超临界脱灰分过程（deashing process），从煤液化油中分离矿物质和未反应的煤以及从页岩油和油砂油中除去固体物质。

(2) 从咖啡豆中去除咖啡因[32]　咖啡因是一种含氮杂环化合物，对人体健康有害，应设法除去。以往工业上用二氯乙烷提取，有两个缺点：残存的二氯乙烷不易除尽，影响咖啡质量；二氯乙烷不仅提取咖啡因，也提取咖啡中的一些芳香化合物，使咖啡失去本来的香味。现在工业上已广泛采用超临界 CO_2 来提取，效果极佳。不仅工艺简单，而且选择性好，只除去咖啡因，不影响咖啡质量。提取的工艺条件是：90°C，20MPa，7h左右，可以除去98%的咖啡因，使咖啡质量符合食品法要求。

(3) 从啤酒花中提取有效成分[33]　啤酒花是季节性农作物，它的有效成分是葎草酮和蛇麻酮，可以使啤酒具有一种特有的香味。用超临界流体萃取出啤酒花中的有效成分，便于保存和使用，为饮料业提供了方便。1982年德国建成年处理5000t啤酒花的萃取装置，萃取剂是 CO_2。该生产装置的流程未见报道。图15-8-11为其中试装置简化流程。操作是半连续的，有若干台萃取器供切换使用。

虽然压缩气体对于固体物质的溶解现象早在1897年就有人发现，但直至最近一二十年，才真正认识到超临界流体可以作为一类具有较强溶解能力的萃取剂，用以萃取分离难挥发性物质。特别是自1978年在德国Essen举行第一次"超临界流体萃取"的专题讨论会后，人们的研究范围越来越广，对这一萃取过程的认识也越来越深入，近年来又出现了以下一些新的研究。

(1) 从水溶液中萃取有机物[34]　近年来，美国、欧洲和日本利用生物化学方法制取有机化学产品正在广泛开展。各种常用的化学产品，如乙醇、乙酸均可用发酵法生产，但多数生化工艺都有产品浓度低的缺点。采用蒸发或蒸馏方法除去其中的大量水，将耗费巨大的能量，同时又不经济。利用 CO_2 在超临界或近临界条件下对许多有机物都具有相当选择性的溶解能力，可将有机物从水中转入 CO_2 中，将分离有机相-水系统转变成分离有机物-CO_2 系统，可以达到节能目的。1980 年美国报道超临界萃取从发酵母液中分离乙醇，较蒸馏法要节约二分之一的能量。图 15-8-12 为其示意流程。

(2) 用超临界 CO_2 处理食品原料[35]　目前，白酒的质量受到原料米和面中脂质含量的影响，如果能用超临界 CO_2 将米和面中的脂质进行脱除，就会提高原料米和面的利用率，并且能得到高质量的白酒，各种精米和用超临界 CO_2 进行脱脂后的结果表明约 30% 的粗脂质可被除去。

(3) 活性炭的再生[36]　活性炭吸附是回收溶剂和处理废水的一种有效方法，其困难主要在于活性炭的再生。通常采用高温或化学再生，这是很不经济的方法，且会造成吸附剂的严重损失。美国就超临界萃取法再生吸附剂技术进行研发，图 15-8-13 为示意流程。

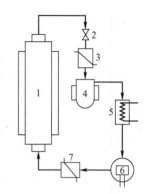

图 15-8-11　啤酒花萃取中试装置流程

1—萃取器；2—膨胀阀；3,7—换热器；4—分离器；5—冷却器；6—压缩泵

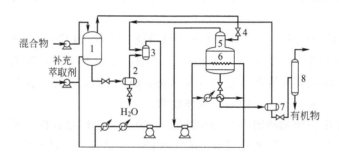

图 15-8-12　有机物超临界脱水工艺流程

1—萃取器；2,7—分离器；3—集气缸；4—减压阀；5—蒸馏塔；6—再沸器；8—净化器

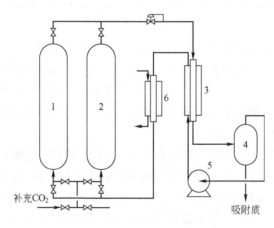

图 15-8-13　活性炭超临界再生系统

1,2—再生器；3—换热器；4—分离器；5—循环压缩机；6—冷却器

目前，这类生产装置技术比较成熟，但还没有生产装置。据报道，美国于 1983 年开始在化学、药物加工和废水处理过程中用树脂吸附剂和其他贵重吸附剂再生时使用超临界萃取

系统。

(4) 超临界流体在反应工程中的应用[37]　Shimishick 等首先提出了利用超临界 CO_2 既作反应剂又作萃取剂的新型乙酸生产工艺：

$$NaOCCH_3(aq) + CO_2 + H_2O \rightleftharpoons NaHCO_3 + HOCCH_3(aq) \rightleftharpoons HOC-CH_3(已被SCF萃取)$$

这样反应物与产物的分离纯化可以一步完成，既简化了流程也节约了能量。

(5) 超临界萃取在生化工程中的应用　由于超临界萃取具有毒性低、温度低、溶解性好等优点，因此，非常适合于生化产品的分离提取。Stahl[38]等和 Weder[39] 研究了超临界 CO_2 萃取氨基酸，1984 年 Hannelore[40] 申请了从单细胞蛋白游离物中提取脂类的专利。在生产硫酸链霉素时，可以利用超临界 CO_2 萃取去除甲醇等有机溶剂，不会降低抗生素的药效。

超临界流体萃取技术本身正在不断发展，其方向之一是探索一种在工程上适用、经济上合算及能耗较小的超临界流体分离和重复使用技术。其方向之二是利用其温度低、低毒等特点，开发其在食品工程、生化工程以及有机合成等方面的应用。我国近几年有许多单位开展了这方面的研究，发表了一些研究论文，但基本上都是小规模试验和一些基础性的研究，近期报道山西煤化所设计成功超临界萃取沙棘油的工业装置。随着研究的深入，超临界流体萃取技术可望在将来有更大的发展，并得到更多的应用。

8.3　反向胶团萃取

所谓反向胶团，是指当油相中表面活性剂的浓度超过临界胶团浓度后，表面活性剂分子在非极性溶液中的聚集体。这种胶团的内腔由表面活性剂分子的亲水头构成，外面被伸向连续油相的憎水尾部包围。反向胶团的结构使得水相中的极性分子可能"溶解"在油相中。如含有反向胶团的有机溶剂与蛋白质水溶液接触后，蛋白质就会溶于此"水池"中，由于周围水层和极性头的保护，蛋白质不易失活。蛋白质的溶解过程和溶解后的情况示意于图 15-8-14 中。

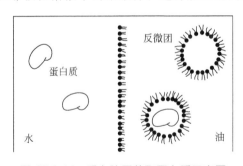

图 15-8-14　反向胶团萃取蛋白质示意图

首先提出"反微团中的酶"这一术语的是 Wells 等。早期对反向胶团中酶的研究集中在酶的反应动力学。瑞士的 Lusi[41]、美国的 Goklen 和 Hallon[42] 及荷兰的 Van't Riet 和 Dekker[43] 等学者，在 1983～1986 年首先开始用反向胶团萃取蛋白质的研究。Goklen[44] 等通过图 15-8-15 所示的实验，已成功地通过控制 pH 和 KCl 浓度，实现了核糖核酸酶-a、细胞色素-c 和溶菌酶的分离。现在已知的可以通过反向胶团溶于有机溶剂的蛋白质有：细胞色素-c,α-胰凝乳蛋白酶，胰蛋白酶，胃蛋白酶，磷酸酶 A_2，乙酸脱氢酶，核糖核酸酶，溶菌酶，过氧化氢酶，α-淀粉酶，羟类胆固醇酶等[45～50]。

用于反向胶团萃取的表面活性剂通常为阳离子表面活性剂和阴离子表面活性剂。早期研究得最多的是季铵盐，而目前研究最多的为 AOT。AOT 的学名为丁二酸双（2-乙基己基）酯磺酸钠。

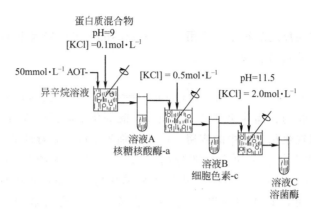

图 15-8-15 三种蛋白质的混合物分离过程示意图

$$\begin{array}{c} \text{CH}_3 \\ | \\ \text{CH}_2 \\ | \\ \text{CH}_2-\text{COOCH}_2-\text{CH}-\text{CH}_2-\text{CH}_2-\text{CH}_2-\text{CH}_3 \\ | \\ \text{CH}-\text{COOCH}_2-\text{CH}-\text{CH}_2-\text{CH}_2-\text{CH}_2-\text{CH}_3 \\ | \qquad\qquad\qquad | \\ \text{SO}_3^\ominus \qquad\qquad\quad \text{CH}_2 \\ | \qquad\qquad\qquad | \\ \text{Na}^\oplus \qquad\qquad\quad \text{CH}_3 \end{array}$$

使用 AOT 的原因有：一是 AOT 所形成的反胶团较大，有利于蛋白质大分子的进入；二是 AOT 在形成反胶团时不需要加其他助表面活性剂。但是作为生物分离的一个新方法，反向胶团萃取的研究可以认为是刚刚起步，该项技术的应用前景有待做更多的基础和应用开发研究。

同时，在湿法冶金中，人们越来越多地认识到萃取剂和表面活性剂之间的相似性和共性。指出在萃取和反萃取过程中经常发生的乳化、出现第三相和萃取剂的溶解损失等均与反向胶团现象有关[51~55]。吴瑾光[51]等首次提出并证明了皂化某些典型酸性萃取剂（如羧酸类、酸性磷类萃取剂等）是反微团的形成过程，而皂化后的萃取剂萃取稀土或二价金属离子，则是破乳过程。此外，利用反向胶团体系进行金属离子的萃取分离也逐步受到重视，并且正在与制备超微粒子等相结合，使分离和制备过程相联系，这将有可能发展新的湿法冶金方法[56~60]。

8.4 双水相萃取

液-液萃取法是过程工业中普遍采用的一种分离技术，在生物化工过程中也有着广泛应用前景。然而，通常的溶剂萃取方法在生物大分子分离提取领域中的应用是有困难的。这是因为蛋白质、核酸、各种细胞器和细胞在有机溶剂中容易失活变性，而且大部分蛋白质分子有很强的亲水性，不能溶于有机溶剂中。双水相萃取[61~66]就是针对生物活性物质的提取而开发的一种新型液-液萃取分离技术。

双水相萃取技术最先是由瑞典 Lund 大学的 Albertson 及其研究团队于 20 世纪 60 年代提出的[61]。他们在近 20 年的时间里做了大量工作。后来德国的 Kula 等进行了应用研究，主要从发酵液中提取各种酶。

8.4.1 双水相体系

当两种高聚物溶液互相混合时,是分层还是混合成一相,决定于混合时的熵增加和分子间作用力两个因素。两种物质混合时,熵的增加与分子数有关,而与分子的大小无关。但分子间作用力可看作是分子中各基团间相互作用力之和,分子越大,作用力也越大。对高聚物分子来讲,如以摩尔为单位,则分子间作用力与分子间混合的熵相比起主要作用。两种高聚物分子间如有斥力存在,即某种分子希望在它周围的分子是同种分子而非异种分子,则在达到平衡后就有可能分成两相,两种高聚物分别富集于不同的两相中,这种现象称为聚合物的不相容性。两种高聚物双水相萃取体系的形成就是依据这一特性。高聚物和一些高价无机盐也能形成双水相体系,如聚乙二醇与磷酸盐、硫酸铵或硫酸镁等,其成相机理尚不十分清楚,但一般认为是因为高价无机盐的盐析作用,使高聚物和无机盐分别富集于两相中。在双水相体系中,两相的水分都占 85%～95%,而且成相的高聚物和无机盐一般都是生物相容的,生物活性物质或细胞在这种环境中不仅不会失活,而且还会提高它们的稳定性。因此,双水相萃取体系正越来越多地被用于生物技术领域。

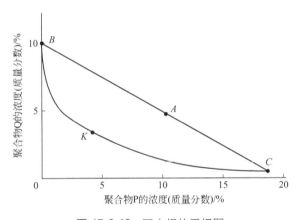

图 15-8-16 双水相体系相图

双水相形成的条件和定量关系可用相图来表示,图 15-8-16 是两种高聚物和水形成的双水相体系相图。图中以聚合物 Q 的浓度(质量分数)为纵坐标,以聚合物 P 的浓度(质量分数)为横坐标。图中把均匀区与两相区分开的曲线,称为双节线。如果体系总组成的配比取在双节线下面的区域,两种高聚物均匀溶于水中而不分相。如果体系总组成的配比取在双节线上方的区域,体系就会形成两相。上相富集了高聚物 Q,下相富集了高聚物 P。用 A 点代表体系总组成,B 点和 C 点分别代表互相平衡的上相和下相组成,称为节点。A、B、C 三点在一条直线上,称为系线。在同一系线上不同的点,总组成不同,而上、下两相组成相同,只是两相体积 V_T、V_B 不同,但它们均服从杠杆原理。由于高聚物溶液的密度通常和水相密度相近,两相的密度差很小,所以:

$$\frac{V_T}{V_B} = \frac{CA}{AB}$$

若 A 点向双节线移动,系线变短,B、C 两点接近,即两相组成差别减小,A 点在双节线 K 点时,体系变成一相,K 点称为临界点。双水相体系的相图及其系线和临界点均由实验测得。定量称取高聚物 P 的浓溶液若干克,盛于试管。另取已知浓度的高聚物 Q,滴加到盛有高聚物 P 的浓溶液的试管中,起初制得 P 和 Q 的单相混合物溶液。继续滴加至混合物开始浑浊,并开始形成两相,此时记下混合液中 P 和 Q 的百分含量。接着加蒸馏水 1g,使混合物变清,两相消失。继续加高聚物 Q,使溶液再次变混,形成两相,再次记下 P 和 Q 的百分含量。如此反复操作,求得一系列 P 和 Q 在形成两相时的百分含量组成。将 P 的含量对 Q 的含量作图,这样就得到由高聚物 P 和 Q 组成的双水相体系的双节线。两相形成后,分别分析上、下两相中高聚物 P 和 Q 的含量，并在相图上分别找到两个点（节点），连接这两点就得到系线。实验中，经多次反复可获得这样一个高聚物 P 和 Q 的百分含量，即稍多加高聚物 P 或 Q，就使溶液从单相变成两相，且两相的组分和体积相等，这一节点就是临界点。

8.4.2 双水相萃取在生物技术中的应用

由于双水相体系易于放大、传质速度快、节省能耗、工作条件温和、易于实现过程连续化，所以，双水相体系在生物技术中的应用越来越广泛。目前双水相体系主要用于细胞的回收、从发酵液中提取蛋白质产品和酶以及与产物的萃取分离相结合的生物转化。

将双水相溶液加入稀料液中，在合适的条件下，目的产物，如细胞、病毒或生物大分子物质会集中分布于体积较小的一相中，使其得到浓缩。仔细选择相体系是极其重要的。通常要选择的相体系应远离临界点，且距离其中的一个节点较近。一般对于颗粒的浓缩，体系应距下相节点较近，且分配系数越小越好。加入的双水相溶液应是浓溶液。

双水相提取主要用于胞内酶的提取。该方法可以从细胞液中直接提取酶，同时去除细胞碎片。要成功运用双水相提取，选择的体系应满足如下条件：

① 欲提取的酶和细胞或细胞碎片应分配于不同的相中。

② 酶的分配系数应足够大，使在一定相比下，一步萃取的收率就很高，对任何双水相萃取体系，从细胞匀浆液中提取蛋白质时，蛋白质均分配于上相，而细胞或细胞碎片分配于下相。大多数情况下，分配系数大于 3，很多杂蛋白也和细胞同时除去[62]。

双水相体系也已用于细胞和细胞器的回收和鉴定[61]，特别是 PEG-Dextran 体系，这两种高聚物的稀溶液可用作保护剂，通过加入用作缓冲剂的盐，并保持等渗，可为细胞和亚细胞提供一个稳定的环境。这些体系已被大量用于不同类型的细胞、细胞器的膜泡囊。例如，利用双水相体系可以制备高纯度（>95%）植物原生质泡囊。双水相体系萃取还可以将重组的 DNA 和非重组的 DNA 相互分离。

双水相体系能够用于生物小分子产物的萃取分离，如抗生素[67]、氨基酸[68]和二肽[69]。

8.5 外场强化萃取技术

为了提高化工分离过程的分离效率，可以利用外场来强化，如传统分离过程中多使用机械能或热能来强化传质。随着人们对电场、光能、超声场、磁场以及微波等外场性质的认识逐步深入，将这些外场应用到化工分离过程中已成为可能，并且这种方法已引起了许多学者的重视。1989 年和 1991 年美国 National Research Council 以及 National Science Foundation[70,71]分别在其讨论报告中强调指出未来分离技术发展的重点应是对外场强化分离技术的研究，报告认为将传统的分离技术与外场（如电场）结合可以产生一些适应现代分离要求的新型分离技术。其中电场对液-液萃取过程的强化作用即电萃取技术就是其中一例。

一般而言，强化液-液萃取的传质过程有两种途径：一种是通过某种外力作用产生较大的传质比表面；另一种是利用外力在液滴内部以及液滴周围产生高强度湍动，从而增大传质系数。在传统意义上，这两种作用同时出现是相当困难的，这是由于小液滴的运动速度较慢，要使其在连续相中高速运动不是很容易实现，而研究结果表明，外场的加入对于这两种情形都有相当的作用，因此，近年来外场强化萃取过程的研究受到了众多研究者的重视。

8.5.1 萃取过程中附加外场的几种型式

外场强化萃取传质过程的机理研究一直吸引着许多研究者的注意力,这是由于外场的加入在很大程度上改变了体系的传质过程,有的甚至影响体系的性质。这些研究由于受到仪器等实验手段的限制,有相当一部分工作还停留在实验室研究阶段,主要属于工艺性的研究,所以探索外场对萃取过程的强化机理,对于充分合理地利用外场来强化传质分离有着积极意义。

能强化萃取过程的外场有许多种类,主要有电场、超声场、磁场、微波和重力场等,其中研究得最多的是重力场、电场和超声场。在液-液萃取过程中最早被利用的外场是重力场,在生物和医药工业中有许多分离过程是为了保证产品的特性,需要液-液两相的传质过程在很短的时间内完成,这就需要特殊的萃取分离设备——离心萃取器。离心萃取器是借助于离心机产生的离心力场来实现液-液两相的接触分离的,该技术目前已被广泛应用。用于强化萃取过程的电场主要有静电场、交变电场和直流电场三种,将电能加到液-液萃取体系中,使传质分离过程得到强化,它能强化扩散系数,或强化两相的分散与澄清过程,从而达到提高分离效率的目的。超声场强化萃取过程是将超声场加到萃取或浸取体系中,利用声学的一些特殊性质来强化传质效果。由于外场强化萃取过程在近年来得到了很快的发展,尤其是电场和超声场的强化受到众多研究者的关注,在此,我们将着重讨论电场和超声场对液-液萃取的强化作用。

8.5.2 电萃取设备内的传质规律

电萃取设备内的传质特性是放大设计这一类设备的另一个重要性质,它是设计出满足分离要求的柱高的基础。众多研究者通过测定电萃取设备内两相进、出口浓度的变化对两相的传质系数进行了研究[72~78]。Yamaguchi 等[79,80]的研究结果表明,在液滴的形成阶段,滴内传质系数可用 Groothius 等[81]的表面更新渗透模型来预测,而在液滴自由下降或上升阶段则可用无电场作用下液滴传质系数的半经验式来进行预测。对于连续相的传质系数,即滴外的传质系数,Kowalski 等[75]用水-乙酸-有机溶剂为实验体系在喷淋式电萃取设备内进行了研究,他们得出了基于连续相的总传质系数。Thronton 等[72]以水-丙酮-甲苯为体系的研究结果表明只有当电场强度大于某一个阈值以后,传质系数才随电场强度的增加而增加。Agaiev 等[77]以及 Bailes 等[82]也分别在他们各自的电萃取设备内研究了电场强度对传质系数的影响,几乎所有的研究结果都认为随着电场强度的增加,两相的传质系数得到了明显的增大,这主要是由于电场的加入促进了液滴的不断分散和聚合,从而使液滴表面不断更新,大大强化了传质性能。这些传质性能的研究都是在不同体系、不同萃取设备内得到的,因此,设计此类设备还需要深入研究不同设备内传质性能的共同点,以便于找出放大设计的基础。

在柱式萃取设备内影响传质性能的另一个重要参数是轴向混合系数。有关轴向返混的研究只是在 20 世纪 80 年代末和 90 年代初由 Yamaguchi 等[76,83]以脉冲示踪法在喷淋式电萃取设备内对连续相的轴向返混进行了研究,他们指出在柱式电萃取设备内由于电场的加入强化了液滴的分散与聚合,使得在电场力作用下液滴在柱内的运动行为更为复杂,在电场力作用下虽然液滴的前混得到了有效抑制,而径向混合却增强了,随着电场强度的增加,连续相返混逐步减小。

8.5.3 超声场对分离过程的强化

超声场对化学化工过程强化的研究工作首先是从工艺性研究开始的，早在 1927 年 Richards 等[84]就发现了超声的化学效应，随着研究的深入，一门新型学科声化学应运而生。作为声化学的重要组成部分，超声场强化化工分离过程的研究相应得到较快的发展，但由于研究条件的限制，研究几乎都是属于工艺性的研究，停留在实验室阶段，而且这些研究中多数是围绕液-液萃取或液-固浸取体系开展的，例如有机物稀溶液的分离、天然产物的提取分离、有色金属萃取动力学的研究等。

根据超声能量的大小大致可以分为两类：一类是高频超声，其频率范围为 1～10Hz。高频超声已在医学成像等方面获得了应用。另一类是功率超声，其频率范围为 15～60Hz，在强化传质方面采用的都是功率超声。Pesic 等[85]研究了超声场对 Ni 萃取过程的强化，结果表明超声场的引入明显地提高了 Ni 的萃取速率。Slaczka[86]研究了超声场对锌矿浸取的影响，证实超声场的引入可以大大加快浸取速率，此外，他们还分析了超声场对浸取过程的影响机理，认为超声空化引起的声冲流及微射流等可以使传质边界层变薄，并可能使固体内的微孔扩散得以强化。Blanco 等[87]用苯等 8 种溶剂以提取油页岩中的沥青为对象，研究了超声场浸取法和索氏浸取法的浸出率，结果表明，两种浸取方法所获得的浸出物组成相同，超声场浸取法 2h 的浸取得率与索氏浸取法 48h 的相应得率相同。Guillen 等[88]发表了超声场下提取煤油中沥青的研究结果，他们认为得到同样的浸取数据用超声法可大大缩短操作时间。随后 Haunold 等[89]、Kolotzkin[90]、丘泰球等[91]、姚渭溪等[92]以及秦炜等[93]也研究了超声场对浸取的强化，同样得出了用超声场强化浸取过程，可以大大缩短萃取时间的结论，有的研究结果甚至认为可以提高浸取收率。

超声场强化传质的研究表明，超声能量与物质间具有一种独特的作用方式，即超声空化，这种作用方式与电能、热能及其他能量与物质的作用方式都有所不同。所谓超声空化是指存在于液体中的微气核（空化核）在超声场作用下振动、生长和崩溃闭合的过程。超声空化可以看成是聚集声能的作用方式，当气核聚集了足够高的能量崩溃闭合时，在气核周围产生局部高温高压。根据对声场的响应程度，超声空化分为稳态空化和瞬态空化两种类型。稳态空化是一种寿命较长的气泡振动，一般在较低声强（小于 $10W \cdot cm^{-1}$）时产生，气泡崩溃闭合时产生的局部高温高压，不如瞬态空化时高，但可引起声冲流。瞬态空化一般在较高声强（大于 $10W \cdot cm^{-1}$）时发生，在 1～2 个周期内完成，空化气泡内气体或蒸气可被压缩而产生 1000℃的高温和 50MPa 的局部高压，伴随着发光、冲击波，在水溶液中产生自由基 OH 等。有关超声空化的研究还表明，靠近液面界面的超声空化，其气泡崩溃时形成的微射流，或对固体表面产生损伤（凹蚀），或能使微小的固体颗粒间发生高速碰撞。正是由于超声能量与物质间的特殊作用方式，使得超声在某种程度上可以加快传质速率或化学反应速率，达到强化传质的目的。

目前有关超声场强化传质过程的机理性研究主要着眼于超声场强化分离过程的宏观效果的评价，局限于定性讨论，并且只是针对超声场本身的特性，而较少讨论所处理对象的特性，特别是对于化工分离过程的多组分、多相流体系的探索更为不足。

8.5.4 外场强化萃取技术的发展前景

外场强化液-液萃取的传质过程虽然起步较晚，但其研究近年来得到了迅速发展，有关的基础研究也广泛开展起来，预计随着对其传质机理的深入了解和对影响因素的全面研究，外场强化液-液萃取过程将在一些新型分离领域中，如生物、环境、材料和医药等得到应用。在传统的液-液萃取过程中有的设备也将会利用外场的加入来强化其传质行为，以提高萃取设备的效率。

目前，一方面由于所进行的研究大部分还只是停留在工艺性研究阶段，其中机理的研究还远未达到工业应用的程度；另一方面由于外场强化萃取传质过程，如电萃取等，对处理体系也有一定要求，这就使得它们的应用受到限制，而且在设备的设计方面，外场的加入方式也有待于进一步合理，另外，还有环境、安全和能耗等因素的影响，所以，外场强化传质的研究虽然得到了人们的广泛重视，但目前的研究离工业化应用还有相当长的距离。

8.6 微尺度萃取技术

设备的微型化、过程的集成化是未来科学技术的发展方向。微化工技术是20世纪末21世纪初兴起的科技前沿领域，包括微型单元操作设备（如微型构造的传质、传热、混合、分离和反应设备）、微型传感技术以及利用微型构造设备进行化学化工研究和生产的微化学工艺体系。其中，微尺度混合、微尺度反应、微尺度萃取技术代表了新的化学加工途径，为现代化工的发展注入了新的活力[94]。

由于设备特征尺度的微细化，微化工技术有着常规技术不可比拟的潜在优势。譬如，微尺度混合技术具有很强的传热、传质能力，可大幅度提高反应过程中资源和能量的利用效率，减小过程系统的体积或提高单位体积的生产能力，实现化工过程强化、微型化和绿色化。微尺度反应系统可以准确地进行短停留时间以及等温条件下的反应，还能为大型反应器性能的提高提供准确数据，节省巨大投资，而且研究可以在几周内完成。此外，微化工设备易于直接放大、设备安全性高、易于控制、适应面广，可实现过程连续和高度集成、分散与柔性生产，达到真正意义上的按时、按地、按需生产。这些都是现有实验设备不能实现的。

鉴于微化工技术特有的优势，世界著名高等学府以及跨国化工公司纷纷开展这方面的研究工作[95]。主要研究单位有美国的 Dupont、MIT，德国的 IMM、BASF、Merck、Bayer，英国的 Shell 等公司。国内许多大学和研究院所也开展了很多这方面的研究工作。

8.6.1 微尺度混合技术

微尺度混合技术着重研究时空特征尺度在数百微米和数百毫秒范围内的微型设备和并行分布系统中的过程特征和规律，其目标是大幅度减小过程系统的体积或大幅度提高单位体积的生产能力[96~98]。微通道是指特征时间在数百毫秒内，特征尺寸在微米级的容器，流体在这个微小区域有控流动或者进行化学反应。2003年4月召开的第一届"微通道和微小型通道"国际会议限定微通道的特征尺度在 $10\mu m \sim 3.00 mm$ 范围内[95]。在尺度上按机械习惯划分为：$1 \sim 10 mm$ 为微小型（mini），$1\mu m \sim 1 mm$ 为微型（micro），$1 nm \sim 1\mu m$ 为纳型（nano）。表15-8-4所示为微化工设备的基本尺度范围（单通道）。

表 15-8-4　微化工设备的基本尺度范围（单通道）[95]

一维尺寸	$0.05\sim1.0$ mm	
截面积	$0.002\sim1.0$ mm^2	
表面积	$2.0\sim200.0$ mm^2	
体积	$0.1\sim50.0$ mm^3	
流量	$1.0\mu L\cdot min^{-1}\sim10.0 mL\cdot min^{-1}$	液体
	$1.0 mL\cdot min^{-1}\sim1.0 L\cdot min^{-1}$	气体

微细加工技术[98,99]是微型技术领域的另一个重要而非常活跃的技术领域。微技术产品由于其功能各异，所需的原材料范围也很广，已经从最初的硅片发展到玻璃、石英、金属和有机高分子聚合物等，如环氧树脂、聚甲基丙烯酸甲酯（PMMA）、聚碳酸酯（PC）和聚二甲基硅氧烷（PDMS）等[100]。目前，微通道的加工通常是几种加工工艺的组合，因微反应器的性能和材料而异，主要有湿法蚀刻、干法蚀刻、电化学蚀刻、深层平版印刷、LIGA 过程、微电子流机械加工、激光切割以及精密度极高的先进粉碎、旋转、压花、冲压和钻孔技术等[98~101]。微尺度混合器通常与其他微设备耦合使用，很多微尺度混合器本身也是一个微尺度反应器。对于微通道，其长度是由化学反应的需要决定的。反应完成后，生成物需要迅速离开管道，以抑制副反应的发生。因此，混合通道的长度只需满足管道中流体的相互混合即可，一般不小于 1mm。为了忽略流体的入口效应，入口通道长度通常大于 $300\mu m$。微管道的形状对热量交换与传递也有很大影响，其相互间的关系较为复杂，综合微管道传质、传热的需要以及加工难度，微管道一般采用宽高比为 $1\sim10$ 的矩形截面结构。

传统混合过程依赖于层流混合和湍流混合。微化工系统中，由于通道特征尺度在微米级（一般为 $10\sim500\mu m$），雷诺数远小于 2000，流动多呈层流，因此，微尺度混合过程主要基于层流混合机制。其基本混合规则[102,103]如下：

① 层流混合。由于微尺度混合通道当量直径可低至几微米，雷诺数非常小，混合主要借助于流体瞬间的分子扩散。依据 Fick 定律 $t\propto d^2/D$，当待混合流体处于同一微通道内时，分子扩散路径大大缩短，仅依靠分子扩散就可在极短时间（毫秒至微秒级）内实现均匀混合。

② 对流混合。部分微尺度混合器依靠改变混合器中微型管道的几何形状等方法来增强微尺度下流体的分子扩散和对流，从而增加流体的有效接触面积，提高液体的混合效率[104~109]。此外，一些辅助扩散机理也用于强化扩散，如搅拌或者输入外加能量等，也可形成湍流[110~114]。

根据微尺度混合器的结构型式及混合方式不同，微尺度混合器主要分为以下几种[97,102,103]：

① T 形微尺度混合器（T-shaped micromixer）。T 形微尺度混合器结构简单，两流体成 T 形或 Y 形配置进入直线形或曲线形微通道进行混合。由于微通道特征尺度可达微米级，由 Fick 定律 $t\propto d^2/D$ 知，即使没有对流作用，仅通过分子扩散，也可在较短长度内实现良好的混合效果。

② 交叉指式微尺度混合器（interdigital micromixer）。T 形微尺度混合器提供的流体间界面有限。当混合通道宽度大于 $500\mu m$ 时，微通道不适于扩散混合，除非流速相当低。因此为促进混合，需要最大限度地缩减扩散路径，由式（15-8-2）知，通过微尺度混合器的物

理构造将待混合的两流体各自细分成 n 个薄层,并使其交互接触,扩散时间将缩减为:

$$t \propto d^2/(n^2D) \tag{15-8-2}$$

这种多交互薄层接触原则(multi-lamination)已被广泛用于加速层流下微尺度混合器内流体间的混合[21]。交叉指式微尺度混合器是典型代表,它将两种组分的多股支流同时注入混合,流层厚度维持在微米级,扩散路径大大缩短。通过调节狭缝与交叉指式微尺度通道的宽度可在大部分流量范围内获得良好的混合效果,同时其层流区的混合效果要远高于在湍流区操作的间歇式搅拌釜和T形混合器。

③ 静态微尺度混合器(passive micromixer)。静态微尺度混合器通过在微通道内集成静态微尺度混合元件对流体进行多次分割[104~109],促进流体分布混合,改善混合质量,其混合原则如图 15-8-17 所示。

图 15-8-17 静态微尺度混合器的混合原则[10]

可见,对于两股分层流动的液体,通过 n 个静态元件串联,理想情况下流层厚度将变为最初的 $1/(2n)$,扩散混合所需的时间呈指数性衰减,即:

$$t \propto d^2/(2^{2n}D) \tag{15-8-3}$$

④ 动态微尺度混合器(active micromixer)。动态微尺度混合器借助外力,如搅拌、超声波、电能和热能等来进一步促进流体间的混合,其加工方法复杂,与其他过程集成难度较大[110~112]。

液-液混合表征方法主要有粒子或染料示踪法、化学反应探针法和计算流体力学模拟(CFD)法等[112]。

示踪法是测量微尺度流动和混合性能的重要方法,主要分为染色剂示踪技术[115~117]、微尺度流体数字质点影像测速(micro-DPIV)技术[118~121]和激光诱导荧光示踪(LIF)技术[122,123]。添加染色剂(如墨水、各色染料)是最简单的表征混合性能的方法,但这种方法只能定性表征微尺度混合效果。

μ-LIF 技术是一种最主要的研究微尺度流体流动特性的实验方法。它采用粒径很小、表面涂有光敏化荧光染料的颗粒作为示踪物,在紫外光照射下,该染料从无荧光的束缚态释放出来,在可见光波长的激光照射下发出荧光。通过电荷耦合元件(CCD)成像技术便可得到微通道中流体流动的速度场和浓度场。该方法可定量研究不同微尺度混合器的混合性能,也可用于扩散过程的定量研究。μ-PIV 技术是在传统 PIV 技术的基础上发展起来的。该技术测量精度高,可三维立体显示混合图像,且可以实时测量与显示,它采用直径更小的示踪粒子(50~200nm),用轮廓荧光显示的显微镜辅助拍摄,是测量微尺度流动与混合性能的最具有潜力的显示技术之一。为了使测量结果更加精准,可结合不同的测量方法进行试验,如图 15-8-18 所示,可结合 μ-PIV 技术与 μ-LIF 技术对微尺度通道内流体的混合情况进行高质量监测。

化学反应探针法应用化学反应来表征混合性能。这种方法主要是通过对反应产物的分析,得到整个混合器中的整体混合性能[124~130]。化学反应可以看成是一种测量混合器内混合性能的分子探针,主要是测量混合器中的微尺度混合性能。作为一种具有优良测试性能的反应体系,必须满足以下几个条件:

① 反应过程简单,避免分析众多反应物。

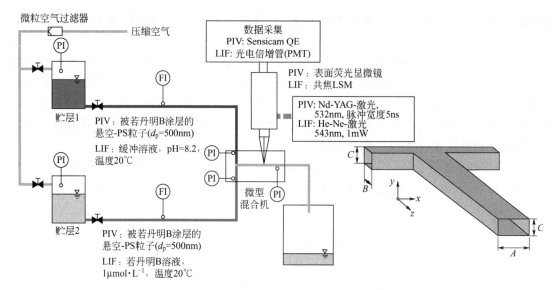

图 15-8-18 μ-PIV 与 μ-LIF 监测示意图[119]

② 反应产物易于分析。
③ 反应动力学明确,且反应速率要远大于混合速率。
④ 具有足够的灵敏度和稳定性,可重复性强。

由于微尺度混合器的微尺度混合速率远远大于传统混合器的速率,因此,表征微尺度混合器性能的要求就比表征传统混合器性能的要求相对要高。

"Villermaux/Dushman"反应体系具有良好的稳定性和重现性,同时具有反应体系简单、反应物易于分析、反应体系无毒等优点,是理想的探针反应体系,如图 15-8-19 所示,其反应原理见式(15-8-4)和式(15-8-5)。在 Villermaux 和 Fournier 等提出这种探针反应体系后的近十年来,这种方法获得了众多研究者的认可[125,128~130],是目前应用最多的探针反应体系。

$$H_2BO_3^- + H^+ \rightleftharpoons H_3BO_3 \tag{15-8-4}$$

$$\frac{5}{6}I^- + \frac{1}{6}IO_3^- + H^+ \rightleftharpoons \frac{1}{2}I_2 + \frac{1}{2}H_2O \tag{15-8-5}$$

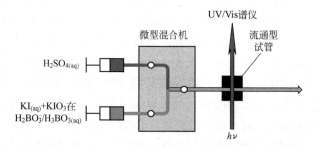

图 15-8-19 研究微尺度混合"Villermaux/Dushman"反应体系

8.6.2 微尺度分散萃取技术

膜分散过程可以实现液-液分散液滴直径的可控。由此可以推断,通过降低分散液滴的直径,就可以强化分散液滴的传质过程。毫无疑问,膜分散技术在相间传质领域将大有可为。萃取过程是相间传质过程的一种,微尺度分散萃取这一概念是膜分散的应用领域之一。

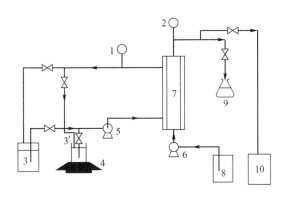

图 15-8-20 陶瓷膜分散萃取装置[131]

1,2—压力表；3,3'—有机相贮槽；4—天平；5,6—泵；7—陶瓷膜分散器；
8—水相贮槽；9—混合液取样口；10—混合液贮槽

孙永等[131]提出了膜分散萃取过程这一概念，并设计了柱形陶瓷膜分散装置，如图 15-8-20 所示。用 TBP-煤油体系为分散相，去离子水为连续相，硝酸为介质。实验结果表明，膜分散萃取可以形成单一分散，萃取效果理想，最优条件下，萃取率大于 95%。Chen 等[132]使用相同的膜分散装置研究了硝酸的传质行为，分析了连续相流量和膜分散介质两侧压差对分散相流量和传质效率的影响。通过在柱形陶瓷膜内部安装柱形器件组件强化了传质。Xu 等[133]提出了一种基于平板烧结膜的膜分散器，如图 15-8-21 所示。与陶瓷膜不同，该装置所用膜介质为不锈钢烧结膜，膜分散器也不再是圆柱形，体积大大缩小。使用正丁醇-丁二酸-水体系进行了传质实验。实验结果表明，单级萃取效率达到 95% 以上，单位膜面积处理量达到 225 $m^3 \cdot m^{-2} \cdot h^{-1}$，澄清时间小于 20s。Xu 等[134~136]提出了一种基于平板烧结膜的膜分散萃取器，采用了正丁醇-丁二酸-水为研究体系，研究了膜分散萃取器的传质性能。Xu 采用现有的传质模型，计算膜分散器内的传质效率，并与实验值进行比较。研究结果表明，在膜分散萃取过程中，应用现有模型计算传质系数和传质效率时，不能采用忽略停留时间影响的简化模型。液滴直径对传质系数和传质效率的影响非常明显。Wu 等[137]通过碘化物和碘酸盐之间的氧化还原反应，分析了陶瓷膜反应器中的微尺度混合性能。研究结果表明，两相流比接近，当表观雷诺数较大时，膜孔径对微尺度混合影响较大，当雷诺数较小时，膜孔径对混合性质不产生影响。增大分散相和连续相流率、降低膜孔径可以明显增大混合程度。Wu 等[138]又利用该装置萃取了青霉素 G，研究了雷诺数、两相流比、初始青霉素 G 浓度和

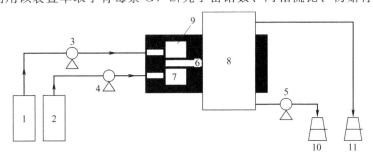

图 15-8-21 平板烧结膜分散装置[133]

1—连续相；2—分散相；3~5—平流泵；6—平板膜分散介质；7—分散相贮槽；
8—澄清贮槽；9—膜分散结构；10—萃余相；11—萃取相

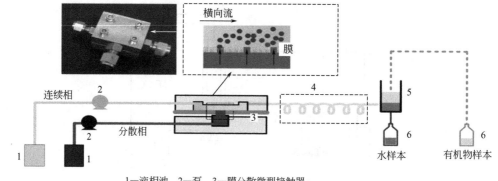

1—液相池;2—泵;3—膜分散微型接触器;
4—流道;5—相分离池;6—液体样品贮池

(a) 液-液萃取过程

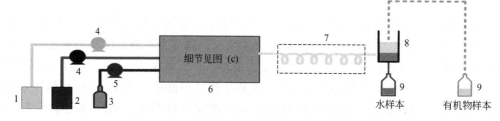

1—有机相池;2—水相池;3—气缸;4—泵;5—质量流量计;
6—分散模块;7—流道;8—相分离池;9—液体样品贮池

(b) 气-液萃取过程

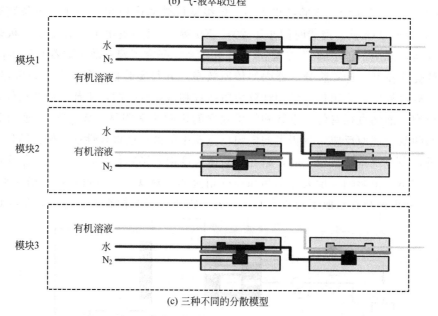

(c) 三种不同的分散模型

图 15-8-22 三相膜分散结构示意图

膜孔径对传质效率和青霉素 G 的降解率的影响。研究结果表明,当表观雷诺数大于 934、相比大于 0.08 时,青霉素 G 的萃取率大于 99%,降解率小于 0.5%。Tan 等[139]用加入气相的膜分散结构,研究了蒽醌法制备过氧化氢的实验过程。图 15-8-22 给出了这种三相膜分散结构示意图。研究了两个膜分散器的组合方式、两相流比等因素对萃取率的影响。考查了流比、连续相物性参数等对传质系数的影响，并关联了传质系数和韦伯数、两相流比的数学经验模型。2011年，Tan课题组[140]又采用加入气相的膜分散结构分析了蒽醌法制备过氧化氢的动力学过程。考查了温度和气相压力对传质速率的影响，建立了用于预测传质过程的数学模型，并计算了反应的活化能。

Zhang等[141]采用了膜分散方法萃取磷酸。研究了不锈钢烧结膜孔径、流量、煤油含量、两相流比、磷酸浓度等对萃取效率的影响。研究结果表明，分散相流量为1000mL·min^{-1}、膜孔径为10μm、煤油的体积分数为20%、流比为1∶1的条件下，单级效率可达96%。通过上述文献调研工作可以发现，在相间传质过程中膜分散具有三个优点：①液滴分散尺度小，两相接触面积大；②传质速率快，最快可以在数秒时间内，萃取率达到100%；③装置简单，易于制作。这些优点为膜分散技术解决稀土溶剂萃取中存在的问题提供了可能。

膜分散技术可以实现油-水两相的可控分散，明显增大油-水两相间接触面积，促进相间传质和反应过程的进行。平板膜分散装置占地面积小，传质速率快，结构简单，易于制作，而且设备封闭，为溶剂萃取过程提供了一种理想的微尺度萃取设备。

参考文献

[1] Li N N. US, 1968, 12.
[2] Li N N. AIChE J, 1971, 17: 459-463.
[3] 黎念之. 化工进展, 1983, (3) 1.
[4] Ruppert M, Draxler J, Marr R. Separ Sci Technol, 1988, 23: 1659.
[5] Izatt R M, et al. Scpar Sci Technol, 1982, 17(11): 1351.
[6] Christensen J J, et al. Separ Sci Technol, 1983, 18(4): 363.
[7] Frankenfeld J W, et al. Separ Sci Technol, 1981, 16(4): 385.
[8] Volel W. et al. J Mem Sci, 1980, 6: 19.
[9] Jiang Changyin, et al. Selected Papers of J Chem Ind and Eng (China), 1985, (4): 11.
[10] Zhu Yongjun, et al. Proc Int Solvent Extraction Conf, 1983: 58.
[11] Hayworth H C, et al. Separ Sci Technol , 1983, 18: 6493.
[12] Bock J, Volint P L. Ind Eng Chem Fundam, 1982, 21: 417.
[13] Terry R E, et al. J Mem Sci, 1982, 10: 305.
[14] 张颖. 膜分离科学与技术, 1982, 2(2): 10.
[15] Ruddell H W. J Am Ceram Soc, 1936, 18: 1.
[16] Jefferson T B, et al. Ind Eng Chem, 1958, 50: 1589.
[17] Cyssker E L. AIChE J, 1971, 17: 1300.
[18] Kataoka T. et al. Bull Chem Soc Japan, 1982, 55: 1360.
[19] Denesi P R. et al. Separ Sci Technol, 1983, 17: 1183.
[20] Babcocl W C, et al. J Mem Sci, 1980, 7: 71.
[21] Hardwick T J. Proc Int Solvenl Extraction Conf, 1983: 397.
[22] Gqsparini G M. Proc Int Solvent Extraction Conf, 1983: 365.
[23] Danesi P R. et al. Solvent extraction and ion exchange, 1985, 3: 111.
[24] Dahuron L, Cussler E I. AIChE J, 1988, 34: 130.
[25] Christen P, Minier M, Renon H. Biotech Bioeng, 1990, 36: 116.
[26] Schneider G M, Stahi E, Wilke G. Extraction with surpercritical gases. Weinheim: VCH, 1980.
[27] Angew Chem Int Ed Engl, 1978, 17: 701-754.

[28] Sep Sci Tech, 1982, 17: 1-287.
[29] 骆赞椿，韦一良，胡英. 化工学报，1990,（4）: 395.
[30] 朱美文，于恩平，方之蓉. 化工进展，1987,（1）: 27.
[31] Chem Week Apr, 1982, 21: 26.
[32] 高德霖. 化工进展，1983,（4）: 13.
[33] Chem Week Apr, 1982, 21: 28.
[34] Paulaitis M E, et al. Reviews in Chemical Engineering, 1983, 1: 181.
[35] 谷口正之，小林猛. 化学工业特集，1986, 5: 28.
[36] de Filippi R P. Chem Ind, 1982, 19: 390.
[37] Shimishick E J. Chem Tech J, 1983, 374.
[38] Stahl E, Schilz W. Chem Ing Tech, 1978, 50（7）: 534-536.
[39] Weder J, Wesgen K P. Food Chem, 1984, 15（3）: 175.
[40] Hannelore D. DD214, 059（Cl A 23Jl/18）03, oct. 1984.
[41] Lusi P L, Henniger F, et al. Biochem Biophys Research Commun, 1977, 74: 1384.
[42] Goklen K E, Hallon T A. AIChE Annual Meeting. San Francisco, 1984.
[43] Van't Riet K, Dekker M. Proc 3rd European Congress on Biotechnol. Weinheim: VCH, 1984: 541.
[44] Goklen K E, Hatton T A. Proc ISEC' 86. Munich: DECHEMA, 1986.
[45] Luisi P L, et al. Reverse micelles-technological and biological relevance. New York: Plenum, 1984.
[46] Goklen K E, Hatton T A. Biotechnol Prog, 1985, 1: 69.
[47] Luisi P L, Bonner F J, et al. Helv Chim Acta, 1979, 62: 740.
[48] Levashov A V, et al. J Colloid Interf Sci, 1982, 88: 444.
[49] Eicke H F, Rehak J. Helv Chim Acta, 1976, 59: 2883.
[50] Sheu E, Goklen K E, Hatton T A, et al. Biotechnol Progress, 1986, 2（4）: 175-186.
[51] Wu Jinguang, et al. Proc Int Solvent Extraction Conf 1980. Liege: Associationdes Ingenienrs, 1980: 8023.
[52] Osseo-Asare K, Keeney M E. Separ Sci Technol, 1980, 15: 999.
[53] Neuman R. D, et al. Separ Sci Technol, 1990, 25: 1655.
[54] Osseo-Asare K, Arriagada F J. Colloids and Surfaces, 1990, 50: 321.
[55] Boutonnct M, Kizling J, Stcnius P. Colloids and Surfaces, 1990, 5: 321.
[56] Nagy J. Colloids and Surfaces, 1989, 35: 201.
[57] Lianos P, Thomas J K. Mater Sci Forum, 1988,（25/26）: 369.
[58] Modes S, Lianos P. J Phys Chem, 1989, 93: 5954.
[59] Meyer M, Wallberg C, Kurihara K, et al. J Chem Soc Chem Commun, 1984, 2: 90-91.
[60] Petit C, Pileni M P. J Phys Chem, 1988, 92: 2282.
[61] Albertson P A. Partition of cell particles and macromolecules. 2nd ed. New York: Wiley-Interscience, 1971.
[62] Hustedt H, et al. Trends in Biotechnology, 1985, 3: 139.
[63] Kroner K H, et al. Biotech Bioeng, 1971, 20: 1967.
[64] 杨基础，沈忠耀，汪家鼎. 生物工程学报，1987,（3）: 173.
[65] Anderson E, Malliasson B, Hagerdal B H. Enzyme Microb Technol, 1984, 6: 301.
[66] Buckmann A F, Morr M, Kula M R. Biotech and Appl Biochem, 1987, 9: 258.
[67] 朱自强，关怡新，李勉. 化工进展，1996,（4）: 29-34.
[68] Chu L M, et al. Biotech Techniques, 1990, 4（2）: 143.
[69] Diamond A D, Lei X, Hsu J T. Biotech Techniques, 1989, 3（4）: 271.
[70] King C J. Separation and purification: critical needs and opportunities. Washington: National Academy Press, 1989.
[71] Ciric A, Lipscomb G, Greenberg D B. Future directions in dilute solution separation technology. NSF of USA, 1991.
[72] Thronton J D. Rev Pure and Appl, 1968, 18（197）.
[73] Bailes P J, Thronton J D. ISEC'74. Lyon: SCI, 1974: 1431.
[74] Martin L, Vignet P. Sep Sci and Technol, 1983, 18: 1455.
[75] Kowalski W, Ziolkowski Z. Ind Chem Eng, 1981, 21: 323.

[76] Yamaguchi M, et al. J Chem Eng Japan, 1989, 22: 25.
[77] Agaiev A A, et al. Neft I Gas, 1969, 3: 53.
[78] Bailes P J, Larkai S K L. Trans I Chem Eng, 1981, 59: 229.
[79] Yamaguchi M, et al. Int Heat and Mass Transfer, 1982, 25: 1631.
[80] Yamaguchi M, et al. J Chem Eng Japan, 1985, 18: 325.
[81] Groothius H, Kramers H. Chem Eng Sci, 1955, 4: 17.
[82] Bailes P J, Stitt E H. Chem Eng Res Des, 1987, 65: 514.
[83] Yamaguchi M, et al. ISEC'90: Kyoto: Elsevier, 1990: 1375.
[84] Richards W T, Loomis A L. J Am Chem Soc, 1927, 49: 3086.
[85] Pesic B, et al. Metallurgical Transaction B, 1992, 23B: 13.
[86] Slaczka A S. Ultrasonics, 1986, 24(1): 53.
[87] Blanco C G, et al. IEEE Ultrasonics Symposium Proc, 1989.
[88] Guillen M D, et al. Energy & Fuel, 1991, 5(1): 188.
[89] Haunold C, et al. IEEE Ultrasonics Symposium Proc, 1989.
[90] Kolotzkin A. Fuel, 1988, 67: 104.
[91] 丘泰球, 等. 声学技术, 1993, 12(1): 15.
[92] 姚渭溪, 等. 环境科学, 1982, 3(1): 18.
[93] 秦炜, 原永辉, 戴猷元. 化工进展, 1994, (1): 1.
[94] Zhang X N, Stefanick S, Villani F J. Organic Process Research & Development, 2004, 8(3): 455-460.
[95] 陈光文, 袁权. 化工学报, 2003, 54(4): 427-439.
[96] Brenchley D L, Wegeng R S. Status of microchemical systems development in the United States of America. New Orleans: AIChE Spring National Meeting, 1998.
[97] Nguyen N T, Wu Z G. Journal of Micromechanics and Microengineering, 2005, 15(2): 1-16.
[98] Löwe H, Ehrfeld W, Hessel V, et al. Micromixing technology. Proceedings of the 4th International Conference on Microreaction Technology (IMRET 4). Atlanta, USA: 2000: 31-47.
[99] 姚华堂, 于新海, 王正东. 微细加工技术, 2006, 24(2): 54-60.
[100] 刘刚, 田扬超, 张新夷. 微细加工技术, 2002, 18(2): 68-72
[101] Tracey M C, Johnston I D, Tan C K L, et al. Emerging Technology in Fluids, Structures, and Fluid-Structure Interactions, 2004, 485(1): 51-57.
[102] Hierlemann A, Brand O, Hagleitner C, et al. Proceedings of the IEEE, 2003, 91(6): 839-863.
[103] 乐军, 陈光文, 袁权. 化工进展, 2004, 23(12): 1271-1276.
[104] Hessel V, Löwe H, Schönfeld F. Chemical Engineering Science, 2005, 60(8-9): 2479-2501.
[105] Wang H Z, Iovenitti P, Harvey E, et al. Passive mixing in microchannels by applying geometric variations. Proceedings of SPIE-The International Society for Optical Engineering. San Jose, CA, 2003: 282-289.
[106] Lee S W, Kim D S, Lee S S, et al. Journal of Micromechanics and Microengineering, 2006, 16(5): 1067-1072.
[107] Wang Lilin, Yang Jingtang, Lyu Pingchiang. Chemical Engineering Science, 2007, 62(3): 711-720.
[108] Fu Xin, Liu Sufen, Ruan Xiaodong, et al. Sensors and Actuators B: Chemical, 2006, 114(2): 618-624.
[109] Wong S H, Bryant P, Ward M, et al. Sensors and Actuators B: Chemical, 2003, 95(1-3): 414-424.
[110] Wu Z G, Nguyen N T. Microfluidics and Nanofluidics, 2005, 1(3): 208-217.
[111] Haeberle S, Brenner T, Schlosser H P, et al. Chemical Engineering and Technology, 2005, 28(5): 613-616.
[112] Vivek V, Zeng V, Zeng Y, et al. Novel acoustic-wave micromixer. Proceedings of the IEEE Micro Electro Mechanical Systems (MEMS), 2000: 668-673.
[113] Lu L H, Ryu K S, Liu C. Journal of Microelectromechemical Systems, 2002, 11(5): 462-469.
[114] 沙菁契, 候丽雅, 章维一, 等. MEMS 器件与技术. 2006, 5(12): 586-591.
[115] Hessel V, Hardt S, Lowe H, et al. AIChE Journal, 2003, 49(3): 566-577.
[116] Koch M, Witt H, Evans A G R, et al. Journal of Micromechanics and Microengineering, 1999, 9(2): 156-158.
[117] Wong S H, Ward M C L, Wharton C W. Sensors and Actuators B: Chemical, 2004, 100(3): 359-379.
[118] Kang T G, Kwon T H. Journal of Micromechanics and Microengineering, 2004, 14(7): 891-899.
[119] Lindken R, Westerweel J. Investigation of the three-dimensional flow in a T-shaped micromixer by means of scan-

ning stereoscopic micro particle image velocimetry (stereo μ-PIV). Proceedings of the 4th International Conference on Nanochannels, Microchannels and Minichannels (ICNMM2006): Limerick, Ireland: American Society of Mechanical Engineers, 2006: 923-927.

[120] Devasenathipathy S, Santiago J G, Wereley S T, et al. Experiments in Fluids, 2003, 34(4): 504-514.

[121] Lindken R, Westerweel J, Wieneke B. Experiments in Fluids, 2006, 41(2): 161-171.

[122] Hoffmann M, Schlüter M, Räbiger N. Chem Eng Sci, 2006, 61(9): 2968-2976.

[123] Kling K, Mewes D. Measurements of macro-And microscale mixing by two-color laser induced fluorescence. AIChE Annual Meeting. Austin, TX, United States, 2004: 5939-5949.

[124] Heo H S, Suh Y K. Study on the mixing performance inside a micromixer by using rapid proto typing technology and micro-lif system. Proceedings of the Second International Conference on Microchannels and Minichannels, Rochester, NY, United States, 2004: 803-807.

[125] Chen G G, Luo G S, Li S W, et al. AIChE Journal, 2005, 51(11): 2923-2929.

[126] Guichardon P, Falk L. Chemical Engineering Science, 2000, 55(19): 4233-4243.

[127] Maki T, Omukai Y, Nagasawa H, et al. Evaluation of mixing efficiency of microdevices by preparation of polymer nano particles. 2005 AIChE Spring National Meeting, Atlanta, GA, United States. 2005: 2999-3007.

[128] Ehrfeld W, Golbig K, Hessel V, et al. Industrial & Engineering Chemistry Research, 1999, 38(3): 1075-1082.

[129] Villermaux J, Falk L, Fournier M C. AIChE Symposium Series, 1994, 299: 50-53.

[130] Villermaux J, Falk L, Fournier M C, et al. AIChE Symposium Series, 1992, 286: 6-10.

[131] 孙永,骆广生,蒲煜,等. 清华大学学报, 2000, 40(10): 40-42.

[132] Chen G G, Sun Y, Pu Y, et al. J Chem Ind Eng(China), 2002, 53(6): 644-647.

[133] Xu J H, Luo G S, Sun Y, et al. J Chem Eng Chin Univer, 2003, 17(4): 361-364.

[134] Xu J H, Luo G S, Chen G G, et al. Chem Eng(China), 2005, 33(4): 56-59.

[135] Xu J H, Luo G S, Chen G G, et al. J Chem Ind Eng(China), 2005, 56(3): 435-440.

[136] Xu J H, Luo G S, Chen G G, et al. J Mem Sci, 2005, 249(1-2): 75-81.

[137] Wu Y, Hua C, Li W L, et al. J Mem Sci, 2009, 328(1-2): 219-227.

[138] Wu Y, Li W L, Gao H S, et al. J Mem Sci, 2010, 347(1-2): 17-25.

[139] Tan J, Liu Z D, Lu Y C, et al. Sep Purif Technol, 2011, 80(2): 225-234.

[140] Tan J, Du L, Lu Y C, et al. Chem Eng J, 2011, 171(3): 1406-1414.

[141] Zhang Z G, Ma Y L, Ye S C, et al. Chem Ind Eng(China), 2011, 30(7): 1632-1636.

固-液浸取

9.1 概论

固-液浸取操作广泛用于湿法冶金，如金、银、铜、镍、钴、铝、锰、锌、铀、钒、钨、钼、铍及稀土元素等从矿石中的溶解提取工艺，还广泛用于油脂工业，如从各种天然油料、植物籽实中提取植物油，如豆油、花生油、棉籽油、菜籽油的提取以及从动物毛皮中提取油脂。此外还应用于食品工业、化学工业、制糖、中草药中有效成分的提取及香料的提取等。表 15-9-1 列举了一些工业浸取过程。

表 15-9-1 典型工业浸取过程举例[1]

产物	原料	溶剂
硫酸铜	氧化铜矿	硫酸、硫酸铁、细菌
铜、镍、钴盐	铜、镍、钴氧化矿	酸、氨及硫酸铵溶液
铜、镍、钴盐	铜、镍、钴氧化矿	氨及空气，升温加压
磷酸	磷灰石	硫酸、硝酸、盐酸
稀土金属盐	稀土精矿	热硫酸
金、银	金、银氧化矿	氰化物
氧化铝	铝矾土	氢氧化钠(拜耳法)
五氧化二钒	含钒钢渣	氢氧化钠
重铬酸钠	铬矿	热硫酸、三氯化铁
重金属①	重金属硫化精矿	硫酸及氧化剂、硝酸、氨水溶液
氧化铀	铀矿	氨、碳酸钠、硫酸溶液
钛白	钛铁矿	硫酸
咖啡	咖啡豆	热水
鱼油	鱼	酒精、己烷
香料	天然植物	己烷、苯、石油醚
胶	骨、皮	水溶液(pH=3~4)
啤酒香精	啤酒花	酿酒用麦芽汁
糖	甜菜、甘蔗	含石灰的水
松节油	树桩	萘
植物油	油菜籽、棉籽、花生、大豆	糠醛、丙烷、己烷

① Cu，Ni，Zn，Pb，Hg，Mo 等。

固-液浸取从操作方式上可大概分为两类：一类为固体呈固定状态的滴流式操作，即液体自上而下穿过固体料层，并不断循环，使有价成分溶入液相。这类作业在地面上浸取矿石为堆浸，在井下为就地浸取。若固体或矿粒较小，即可在固定容器内进行浸取，操作也称渗滤浸取。另一类为固-液悬浮浸取，用以处理细粒物料，常在带有搅拌的容器或流化床反应器内进行。表 15-9-2 列出了一些典型的浸取作业，由表可见，浸取操作方式以及矿石的粒度对浸取时间有极大的影响，但不同操作方式的投资、能量消耗将有很大的差异。固-液浸取操作可以连续进行，也可以间歇进行。连续浸取时又可采取并流、逆流或错流浸取。固-

液浸取的后续工序是固-液分离及洗涤,以便提高浸取的总回收率。浸取及其后续的液-固分离及洗涤等工序是紧密相连的,应将其作为一个整体进行考虑。

表 15-9-2 典型的浸取操作举例[1,2]

浸取方式	粒度/mm	矿物	浸取时间	浸取率/%	附注
悬浮搅拌	<0.5		24h	90～95	投资、操作费高
渗滤浸取	<10		1周	约80	投资高
堆浸	碎矿	金、银、铜矿	数个月～2年	约50	投资、操作费低
就地浸取	破碎矿体	铜矿、铀矿	不定	不定	投资、操作费低
加压悬浮搅拌	<0.3	硫化镍矿	2h	约98	加拿大 Sherritt Gordon 公司
悬浮搅拌	<0.85	铜矿	4～8h	约95	
悬浮搅拌	0.35	磷矿	<5h	约95	
堆浸	碎矿	铜矿	120d	约20	美国亚利桑那州 Inspiration 公司
就地浸取	100	铜矿		35	美国俄亥俄州铜矿
渗滤浸取	6	铜矿	5d		美国亚利桑那斑岩铜矿

浸取过程按原理不同可以分为物理浸取和化学浸取。物理浸取是单纯的溶质溶解过程,所用的溶剂有水、醇或其他有机溶剂。例如,用乙醇浸取大豆中的豆油,用水浸取甜菜中的糖分等。化学浸取主要用于处理矿物,常用酸、碱及一些盐类的水溶液,通过化学反应将某些组分溶出,例如,所有湿法冶金过程中的料液制备、天然碱矿和盐矿的提取。近年来,环境友好的化学浸取过程被研究者开发出来。如苹果酸被用于废旧电池中的锂、钴离子的浸出并获得较好的效果,其最优的操作条件为采用 $2.0 \text{mol} \cdot \text{L}^{-1}$ 有机酸在 90℃ 下浸取,反应效率超过 90% 且无有害副产物。柠檬酸也表现出相似的效果,最优条件为 $1.5 \text{mol} \cdot \text{L}^{-1}$ 的柠檬酸和 90℃ 的浸取温度。

浸取作为一个历史悠久的化工单元操作,根据不同的应用场合而有不同的名称。兹列举如下[1,3,4]。

浸取 (leaching):最初系指用液体喷淋由固体堆成的固定床;

渗滤 (percolation):指液体穿过固体床并循环;

浸滤 (lixiviation):最初系指自草木灰中浸取碱,已不常用;

浸渍 (infusion):指浸泡作业;

浸煮 (decoction):专指在沸点下煎煮浸取,如中草药煎制;

淋洗 (elutriation):常指用溶剂自固体表面洗脱吸附的溶质;

提取 (extraction):可指多种操作,但也常用以表示固-液浸取。

9.2 浸取前固体的预处理

被浸取的固体原料多数都不是纯物质,溶质含量常常都很低,其余为惰性物质。在浸取作业中,溶质的溶解速率除与推动力(即饱和浓度与主体浓度之差)有关外,还取决于固体颗粒的表面积、溶剂向颗粒内部的扩散速率以及溶质自颗粒内向外扩散的速率,在多数情况下,还伴有化学反应。为了提高浸取速率,提高浸取率,或改善浸取条件以及浸取后固-液分离及洗涤的性质,浸取前常需对原料进行预处理。

9.2.1 物理预处理

为了使溶剂与溶质能有效地接触,以提高浸取速率及浸取率,常需增加固-液接触面积。

常用的方法是粉碎、研磨、切片、切丝、压片等。粉碎的程度取决于多种因素，主要是成本以及后续工序的难易。对于矿石的堆浸，为保证良好的渗透及通风条件，通常可使用150mm的矿块。渗滤浸取若在容器内进行，为缩短浸取时间，一般需将粒度控制至10mm以下。对悬浮浸取通常使固体的粒度在1mm以下，某些浸取用的矿石系先经浮选获得的精矿（或中矿），此时粒度一般已在200目（0.074mm）以下，不需再进行磨细。

对于植物及动物原料，则需先经脱壳、去皮、切片、切丝等预处理。如甜菜榨糖前需先切丝，籽实在浸取提油前先经压榨，再用溶剂浸取压榨后残余的油料，此时一般不需再进行破碎。由于植物油均包裹在果皮或细胞壁内，一旦果皮破裂，油即易被浸出，但因油系包含于其他物质之间，当籽粒较大时浸取速度缓慢，溶质的浸取率也较低，因此尚需切片或压成薄片以增大其表面积。

9.2.2 化学预处理

自矿石提取金属，为了提高浸取率或改善固-液分离及洗涤作业的效率，对某些矿石，浸取前需经化学预处理，如焙烧或煅烧，其目的是使矿石中的有价金属成分转化成氧化物、氯化物、硫酸盐或还原成金属，以改变其赋存状态，便于用水、酸、碱或氨的水溶液进行浸取。同时由于矿石中的含碳类物质及胶体物质的分解，浸取后固-液分离性质也得到改善。铜、镍、钴、锰、锌、铝等金属的矿石多数需先经焙烧，以改变金属化合物的性质。某些矿石如南澳大利亚的柏拉铜矿的煅烧则仅仅是为了改善矿石的浸取及固-液分离和洗涤性质。

9.2.3 机械活化预处理

机械活化预处理是指在机械力的作用下，使矿物晶体内部产生各种缺陷，使之处于不稳定的高能位状态，从而增大其浸出化学反应活性的预处理方法。

机械活化过程使矿物浸出速率明显提高的原因不能单纯归于磨矿过程使矿物的粒度变细，比表面积增加。在机械活化过程中，机械力将对物质产生一系列作用：首先是在物质表面研磨介质将对物料产生强烈的摩擦和冲击作用，其次在物质内部也可能产生塑性变形或断裂。关于表面冲击和摩擦，其作用可用"摩擦等离子模型"概括，如图15-9-1所示。

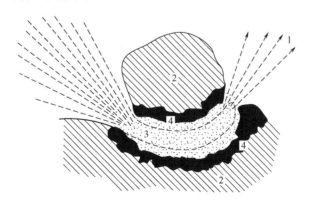

图 15-9-1　摩擦等离子模型

1—外激电子放出；2—正常结构；3—等离子区；4—结构不完全区

在研磨介质对物料发生高速冲击时，在极短的时间和极小的空间内，使固体结构破坏，同时局部产生高温，形成等离子区，这种状态仅维持 $10^{-8} \sim 10^{-7}$ s，然后体系的能量迅速降低,大部分以热能形式散出,少部分则贮存在固体晶格内,使之发生塑性变形或其他形式的缺陷。

由于冲击摩擦作用、局部高温等离子区的产生以及断裂时的热冲击,使晶体内部发生一系列变化:①晶格中应力增加、能量增加,一方面表现在矿物活化后其浸出反应的表观活化能降低,另一方面表现在许多矿物在机械活化后其差热曲线出现新放热峰,这些峰对于未活化的原矿是不存在的。②晶格中的缺陷(如位错、空位等)增加,晶格变形,且出现非晶化倾向。③对某些矿物,机械活化还可能导致其化学成分改变。

以上各种变化使得物料的浸出化学活性增加,浸出反应速率加快。

另外,机械活化也给反应的热力学条件带来有利影响。由于活化后物料处于自由能比标准状态更高的非标准状态,因此,反应的吉布斯自由能值将更负,有利于浸出反应的进行。

机械活化效果受以下因素影响。

① 磨机类型:各种磨机(行星式离心磨机、振动磨机等)在磨矿过程中对物料都有一定的活化作用,但效果各不相同。一般认为,行星式离心磨机效果较好,因其工作靠离心机作用,加速度可达重力加速度的 10 倍以上;而普通滚筒式球磨效果最差,它完全靠重力做功。

② 活化时间:一般来说,活化时间越长,则活化效果越好。

③ 活化介质:一般来说,在水中进行湿式活化(湿磨)与在空气中进行干式活化(干磨)效果不同。湿式活化时,矿浆对矿粒的缓冲作用使得矿粒的活化效果变差。但湿式磨矿的细磨效果一般比干式磨矿好,最终体现的浸出效果则往往是上述两种因素的综合结果。在许多场合下,矿物的干式活化后浸出率比湿式活化高。

④ 活化温度:一般来说,高温时同时存在去活化过程,故高温活化效果较低温活化差。另外,经机械活化后的物料,若长期存放,也将发生去活化过程。

9.3 特殊浸取方式

9.3.1 热压浸取

热压浸取是在密闭容器中加入浸出剂,在高温高压下进行搅拌浸出的矿物浸取工艺。热压浸取分热压无氧浸取和热压有氧浸取两类。

热压无氧浸取是在不用氧气或其他气体的条件下,仅提高浸出温度和压力的方法,提高被浸组分在浸出液中溶解度的浸出工艺。水溶液的沸点随体系蒸气压的增加而增加,因此,高压条件下可采用较高的浸出温度。当温度高于 300℃ 时,水的蒸气压大于 10.13MPa。热压浸取的温度常小于 300℃。工业上热压无氧浸取用于铝土矿的热压碱浸、钨矿的热压碱浸和钾钒铀矿的热压碱浸等工艺中。热压有氧浸取主要用于浸出金属硫化矿,这种矿若用热压无氧浸取,即使温度高达 400℃ 也不分解,但在有氧存在时,则易于氧化分解。

9.3.2 强化浸取

强化浸取主要包括超声波强化浸取、辐射强化浸取、电场强化浸取、磁场强化浸取、热强化浸取及催化强化浸取等。强化浸取技术不仅加快了溶剂浸取法的过程速率,提高了浸取效果和制剂质量,而且不污染环境,在天然产物活性成分提取过程中表现出特殊的重要作用。

超声波是一种频率在 20kHz～10MHz 间的声波。超声波强化浸取主要是由超声波产生的空化效应即超声空化所致。超声波在水中传播时，水相的每一个质点都发生强烈振荡，每个微区都反复经受压缩与拉伸作用，导致空腔的反复形成与破裂，在其破裂的瞬间，从微观看，局部温度升高，可高达 1000℃，压力亦升高许多（称为空腔效应）。超声波对浸出过程的作用一方面表现在"力学"上，使水相具有湍流的水力特征，外扩散阻力大幅降低，从而大幅加速固体表面以及其裂纹中的传质过程；另一方面，对反应的固体生成物膜产生剥离作用，从而对固体颗粒产生粉碎作用，产生裂纹和孔隙。超声波强化浸取技术具有浸取温度低、浸取时间短、浸取率高、浸取溶剂使用量少、不改变浸取物质的生物活性、适用范围广、操作方便、工艺流程简单等优点。

辐射强化浸取是在一定辐射线照射下，使矿物料在晶格中产生各种缺陷，同时也可使水溶液中的某些分子离解为活性较强的原子团或离子团，从而加速化学反应。在辐射线中最强的是γ射线。γ射线通过物质时，其一部分能量被吸收，所吸收的能量中约50%被消耗于使原子离子化，于是使物质的化学反应活性增强，浸出过程加速。此外，微波是一种频率在 300MHz～300GHz 间的电磁波，其强化浸取原理是微波作用可以产生热效应而使介质温度迅速升高，使扩散系数增大，并对固体表面的液膜产生一定微观扰动，使其变薄，减少了扩散阻力；微波能对细胞膜产生生物效应，使细胞内部温度突然升高，压力增大，从而使得细胞壁破裂，细胞内有效成分自由流出，在较低温度下被浸取介质溶解，通过进一步过滤和分离，便获得浸取物料。由于微波具有穿透能力，可以直接与样品中的有关物质分子或分子中的某个基团作用，被微波作用的分子或基团很快与整个样品基体或大分子上的周围环境分离，从而使分离速度加快并提高浸取率。这种微波与被分离物质的特殊作用，被称为微波的激活作用。微波场强化浸取技术具有加热迅速且均匀性好、浸取温度低、对浸取物具有选择性、减少浸取溶剂的使用量、缩短生产时间、降低能源消耗、控制方便、简化工艺、减少投资等优点。利用微波技术浸取植物细胞的有效成分时，因属选择性内加热，只适用于热稳定的产物，如寡糖、多糖、核酸、生物碱、黄酮等成分的浸取，不适用于热敏性物质的浸取；采用微波场强化浸取时要求被处理的物料具有良好的吸水性或待分离的产物容易吸水。

高电压脉冲电场浸取技术是通过高压电流产生电脉冲进行辅助浸取的方法。电流体力学以电场中的自由电荷和束缚电荷间的相互作用为主要研究对象，包括电场作用下的两相流界面湍动现象、电黏性等。电强化萃取过程用于液-液萃取的较多，电流体力学为电场强化液-液浸取提供了理论基础。电流体力学行为导致强化传质主要通过三种途径：产生小尺寸振荡液滴，增大传质比表面；促使小尺寸液滴内部产生内循环，强化分散相液滴内传质系数；分散相通过连续相时由于静电加速作用提高了界面剪应力，因此，增强了连续相的膜传质系数。目前已有用电压脉冲电场强化生物资源，如中药中有效成分的浸出。由于在脉冲电场作用下，细胞膜结构分子随电场变化而取向排列的行为与水分子间存在着显著不同。一定条件下，高压脉冲电场电能主要蓄积于细胞膜系统。生物膜结构的不均匀性，特别是膜蛋白的类似半导体特征使生物膜存在动态的"导通"点。在高压脉冲电场中，这种导通可使膜上蓄积的能量以瞬时高强度的方式释放而击穿膜系统。在高压脉冲放电时，由于气态等离子体剧烈膨胀爆炸而产生剧烈的冲击波，可摧毁各种亚细胞结构，使细胞器、细胞膜崩溃。因此，在细胞中有连续完整的水分子层时，高压脉冲电场可显著改善浸取溶剂与浸取物的互溶速率及通过胞壁物质的传质能力，从而提高萃取效率。高压脉冲电场浸取技术是一种常温快速的浸取技术，具有传递均匀、浸取率高、耗能少、处理时间短、操作简便、能耗低、污染小等优点，可以广泛应用于热敏性物质的浸取。

磁场具有一种特殊能量，该能量作用在物质上可改变物质的微观结构，从而影响其理化性质。经磁场处理后抗磁性物质分子势垒降低，分子内聚力减小，从而引起物质的宏观性质变化，比如表面张力减小、黏度变化（一般情况下黏度下降，但浓溶液的黏度可能会上升）、扩散系数增加、溶解度增大、渗透压增大等，从而强化了物质浸取过程。但是，迄今为止，关于磁场强化浸取的研究文献报道相对较少，而且涉及的浸取对象也很有限。加强这方面的应用研究，对于不同体系、不同磁场参数对磁场作用效果和作用机理的深入探讨将是磁场强化浸取技术的一个重要研究方向。

热强化浸取主要是将矿物原料预加热到高温，然后急冷，往往能提高其与浸出剂反应的活性，强化其浸出反应速率。热活化的原因主要是相变及物料本身的急冷急热，在矿物颗粒的晶格中产生热应力和缺陷，同时在颗粒中产生裂纹。

催化强化浸取主要指：当浸出过程受化学反应控制时，在某些情况下加入催化剂能加强浸出过程。目前，催化剂主要用于强化氧化还原反应的浸出过程。

9.3.3 生物浸取

生物浸取是通过微生物从矿石中提取有用金属的选矿方法。其分直接作用和间接作用两种。直接作用是利用微生物自身的氧化或还原特性，使矿物的某些组分氧化或还原，进而使有用组分以可溶态或沉淀的形式与原物质分离的过程；间接作用是靠微生物的代谢产物（有机酸、无机酸和 Fe^{3+}）与矿物进行反应，得到有用组分的过程。

生物浸取过程涉及众多二价铁和硫氧化细菌，包括氧化硫硫杆菌等。一般来说，Fe^{3+} 被用于氧化矿石，这一步是完全独立进行的，与微生物无关。细菌的作用是进一步氧化矿石，同时将 Fe^{2+} 变成氧化剂 Fe^{3+}。例如，细菌通过氧气氧化硫和金属（通常为二价铁 Fe^{2+}）来催化破碎和降解黄铁矿（FeS_2），产生可溶产品，可以进一步纯化和精制，得到所需金属。

目前，生物浸取方法已在工业上用于从废石、低品位原料中回收铜和铀，也适用于高品位硫化矿和精矿冶炼，此外，在金矿提取方面有很好的应用前景，同时也可用于煤的脱硫。

9.3.3.1 浸矿细菌

浸矿用微生物可分为两大类，一类为"自养微生物"，无有机物存在时也可存活；另一类为"异养微生物"，生长时需要有机物为营养物质。已报道的浸矿用细菌有 20 种，重要的有 6 种，如表 15-9-3 所示：

表 15-9-3 重要浸矿细菌列表

细菌种类	栖居地	氧化对象	适宜温度/K	适宜 pH
氧化亚铁硫杆菌	含硫温泉、硫和硫化矿矿床、煤和含金矿矿床、硫化矿矿床	几乎所有已知硫化物矿物、单质硫、其他还原性化合物及二价铁（辰砂矿 AsS 和辉铋矿 Bi_2S_3 除外）	278～313	1.2～6.0
氧化硫硫杆菌	硫和硫化矿矿床	单质硫与一系列硫的还原性化合物，不能氧化硫化物矿物	277～313	0.5～6.0
氧化铁杆菌	—	亚铁	293～298	2.0～4.5
氧化亚铁钩端螺旋菌		亚铁	278～313	1.5～4.0

9.3.3.2 生物浸取工业化实例

工业上生物浸取铜矿主要采用的是氧化铁硫杆菌,主要工业化实例见表15-9-4。

表15-9-4 细菌浸取铜矿工业应用列表

公司和矿山	浸出矿石的铜品位(质量分数)/%	日浸出矿量/万吨	年铜产量/万吨	浸取方法
美国玛格玛铜公司(Magma Copper Co.)的圣曼吾尔矿(San Manual Mine)	0.36~0.4	3.17	6.61	就地堆浸
美国玛格玛铜公司(Magma Copper Co.)的平托谷矿	0.2	9.96	0.82	新废石堆(梯田式)
美国塞浦路斯矿物公司(Cyprus Minerals)的西亚利塔矿(Sierrita)	0.04	8.15	0.41	废石堆浸
美国塞浦路斯矿物公司(Cyprus Minerals)的双峰矿(Twin Butte)	0.86	0.54	2.67	搅拌浸取
美国塞浦路斯矿物公司(Cyprus Minerals)的迈阿密矿(Miami)	0.06~0.08 尾矿0.2~0.6	4.08~5.4 1.09	5.34	废石堆浸 搅拌浸取
智利奎布瑞达布兰卡(Quebrade Blanca)	1.3	—	7.5	薄层堆浸
江西德兴铜矿	0.09	5.48	—	废石堆浸

工业上生物浸取金矿主要采用的是氧化铁硫杆菌,还有氧化硫硫杆菌及其他铁、硫杆菌,主要工业化实例见表15-9-5。

表15-9-5 生物浸取金矿工业应用列表

公司和矿山	含金量/g·t^{-1}	日处理矿量/t	金回收率/%	年产黄金量/kg	浸取方法
南非生物湿法冶金有限公司(BIOMET)	0.99	—	60	—	堆浸
南非Biox工厂的东德兰士瓦的Fairview矿山	11	20	95	—	细菌浸取槽
美国黄金公司内达华Tonkin Spring工厂	—	1500	—	1417.5	碳浆法
加拿大Giant Bay微生物技术公司的Samite金矿	—	10	95.6	—	搅拌槽生物反应
加拿大Giant Bay微生物技术公司的伊奎蒂(Equity)金矿	5.5~6	2	78.9	—	搅拌浸取槽
澳大利亚Harbour Lights提金工厂	—	40	—	—	
澳大利亚Youanmi提金工厂	—	120	—	—	
南非Gencor公司的巴西San Bento	—	150	—	—	
加纳阿山提(Ashanti)细菌氧化氰化提金厂	—	760	—	—	

工业上生物浸取铀矿主要采用的是硫细菌和铁细菌，主要工业化实例如表15-9-6。

表 15-9-6　细菌浸取铀矿工业应用列表

公司和矿山	铀品位/%	日处理矿量/t	铀浸出率/%	U_3O_8年产量/t	浸取方法
加拿大 Elliot Lake 铀矿	—	—	—	3600	—
加拿大 Dension 铀矿	—	—	—	250	原位浸取
中国某铀矿山贫铀矿	0.017	—	10mm 以下矿粒 67，30mm 以下矿粒 50	—	—

工业上生物浸取镍矿和钴矿主要采用的是氧化铁硫杆菌，主要工业化实例见表15-9-7。

表 15-9-7　生物浸取镍矿和钴矿工业应用列表

公司和矿山	品位	日处理矿量	浸取率	产量	浸取方法
英国比利顿（Billiton）公司与昆士南镍股份有限公司（QNL）合作处理澳大利亚西部 Maggic Hays 镍矿	含镍 12.4%	—	镍浸取率 92%	镍年产量 20kg	—
法国 BRGM 公司非洲乌干达回收钴工厂	含钴 —	3014t	—	阴极钴年产量 1000t	—

参考文献

[1] Lydersen A L. Mass transfer in engineering practice. New York: John Wiley & Sons, 1983.
[2] Jackson E. Hydrometallurgical Extraction and Reclamation. Chichester, West Sussex: Ellis Horwood Ltd, 1986: 50-57.
[3] Treybal R E. Mass Transfer Operation. New York: McGraw-Hill, 1980.
[4] 《化学工程手册》编委会. 化学工程手册, 第14篇, 萃取和浸取. 北京: 化学工业出版社, 1985: 298.

10 浸取过程物理化学

10.1 总论

浸取是借助特定溶剂分离提取固体物料中的目标物（有价成分）或脱除杂质的提纯固体产物的过程，通常有赖于化学反应的参与。浸取作业的目的因所处理的物料而各异，可以直接处理原矿，也可以处理各种废料或二次资源。目前，浸取领域值得注意的趋势是利用浸取技术处理固体废弃物甚至是被污染的土壤等，使之无害化和资源化。

浸取是化工过程的一项基本单元操作，它的特点在于：

① 浸取借助溶液介质，绝大多数情况下是在水溶液介质中进行的物理和化学过程。

② 浸取体系是一种涉及液相的多相反应体系，至少是固、液多相体系，在某些情况下还有气相参加，例如硫化矿氧压浸取等。实际上，固体本身也是一种多组分多相体系。

③ 浸取过程通常伴随有复杂多相化学反应，因此不仅要求一定浸取温度、压力和酸碱度，有时还涉及氧化还原反应等电化学过程。

10.2 浸取过程热力学

10.2.1 溶液活度和活度系数

浸取过程涉及各种溶液介质，这里只讨论电解质溶液体系。在电解质溶液体系中，各种离子和分子与水分子之间的相互作用对浸取过程影响甚大。由于各种发生相互作用的分子与离子的存在形态各异，相互作用的方式也多种多样。这些相互作用发生的程度及其引起的变化在溶液化学中极为重要。一般而言，描述这些相互作用主要有两种方法：

① 德拜-休克尔（Debye-Huckel）理论及其演变。德拜和休克尔最初建立的模型是将离子简单地视为点电荷，因而只能适用于极稀电解质溶液。其后的各种修正使其适用范围逐步扩展。

② 将相互作用作为化学平衡处理，并用实验测得的平衡常数来描述平衡程度。体系的超额自由能控制这些平衡常数的值。

化学平衡用参与反应的组分的热力学活度来描述。活度依赖于组分的浓度，但浓度较高时由于其行为偏离理想溶液，通常并不等于浓度。这种偏离即为超额吉布斯自由能的根源，可以用一个单一系数即活度系数来描述。

实际溶液对理想溶液的偏离源于溶液中离子与分子间的相互作用。非电解质溶液的偏离是由于短程力（如范德华力）的作用，而电解质溶液的偏离则主要是长程力作用的结果。

(1) 德拜-休克尔理论　德拜-休克尔理论亦称离子氛理论。该理论将离子视为一个点电荷,将溶液视为具有特定介电常数的连续介质。认为每个离子都被离子群所围绕,其离子分布为球形对称的电荷分布,称为离子氛。按照该理论,电解质溶液偏离理想溶液的长程力是离子间引力,选择经典统计力学的玻尔兹曼(Boltzmann)方程从能量观点描述粒子的电荷分布,用静电理论的泊松(Poisson)方程将空间某一点的电位与电荷密度关联起来。经过适当简化,同时引入离子强度 I 的概念:

$$I = \frac{1}{2}\sum m_i z_i^2 \tag{15-10-1}$$

由此,导出活度系数方程

$$\lg\gamma_i = -A z_i^2 \sqrt{I} \tag{15-10-2}$$

式中,

$$A = \left[\frac{N_A^2 e_0^3 \sqrt{(\pi/1000)}}{2.303 R^{3/2}}\right]\sqrt{2}\,(\varepsilon T)^{-3/2} \tag{15-10-3}$$

式中,N_A 为阿伏伽德罗常数;e_0 为电子电荷;ε 为液体的介电常数,对于稀溶液可以近似地取水的介电常数值;R 为理想气体常数,8.3143J·mol^{-1}·K^{-1}。对一种溶剂在确定的温度和压力下,A 为常数。对25℃的水,$\varepsilon=78.6$,$A=0.509$。

单个离子的活度和活度系数无法直接测量,但是可以将其与可测量的离子平均活度关联。如果二元电解质的一个分子离解成 ν 个离子,其中 ν_+ 个阳离子、ν_- 个阴离子,则平均活度系数与单个离子活度系数的关系为:

$$\gamma_\pm = \sqrt[\nu]{\gamma_+^{\nu_+} \gamma_-^{\nu_-}}$$
$$\lg\gamma_\pm = (\nu_+ \lg\gamma_+ + \nu_- \lg\gamma_-)/(\nu_+ + \nu_-) \tag{15-10-4}$$

设离子的价数分别为 z_+ 和 z_-,则:

$$\lg\gamma_\pm = (z_+ \lg\gamma_+ + z_- \lg\gamma_-)/(z_+ + z_-) \tag{15-10-5}$$

由此,

$$\lg\gamma_\pm = A z_+ z_- \sqrt{I} \tag{15-10-6}$$

德拜-休克尔理论及式(15-10-1)~式(15-10-6)通常称为德拜-休克尔极限定律,适用于极稀溶液。认为离子在某种溶剂中的行为偏离理想状态的程度由离子强度反映的溶液电荷密度所决定,与离子的化学本质无关。德拜-休克尔极限定律对离子强度为 0~0.005 的强电解质溶液可以精确地给出其 $\lg\gamma_\pm$ 值,而且它也被用作向离子强度更高或更复杂溶液扩展的半经验理论的基础。

(2) 德拜-休克尔理论向浓溶液的扩展 德拜-休克尔极限定律描述的是离子间引力占优势的电解质溶液的性质,只适用于极稀电解质溶液。当1∶1型强电解质溶液的浓度超过 10^{-3} mol·L^{-1} 时,该极限定律不适用。为了将德拜-休克尔极限公式扩展应用到浓溶液中,大多在方程中引入修正项。德拜-休克尔方程反映的是离子间的长程相互作用,修正项则反映短程相互作用。这些活度系数扩展项方程大多采用经验项来拟合实验观测得到的活度测量值。例如,Bjerreum 考虑离子缔合,即当离子间引力形成离子对时对德拜-休克尔方程修正,认为离子在成对状态下,没有因离子氛而对中心离子的电能作出贡献。离子对形成的程度随离子间距 r 的减小而迅速增加,缔合平衡常数可以计算。最后得到的扩展德拜-休克尔方程为:

$$-\lg\gamma_\pm = A z_+ z_- \sqrt{I}/(1 + B\alpha\sqrt{I}) \tag{15-10-7}$$

式中,B 是常数。如果溶液中含有一种以上电解质时,该方程不适用。此外,离子间最接近的距离也不知道。为了消除这种准基础参数,采用以下形式方程:

$$-\lg\gamma_{\pm}=\frac{Az^2\sqrt{I}}{1+\sqrt{I}}-\beta I \tag{15-10-8}$$

$z_+=z_-$；β是一个经验常数，对一个具体的体系可通过对数据的拟合确定。Davies 取 $\beta=0.2$，得到方程：

$$-\lg\gamma_{\pm}=\frac{Az^2\sqrt{I}}{1+\sqrt{I}}-0.2I \tag{15-10-9}$$

这与稀溶液平均活度系数的测定值相当吻合。例如，对 0.1mol·L^{-1} 溶液的平均偏差仅 2%左右。这是一个根据发表的数据得到的经验方程，只要有足够的关于盐的实验数据，使得可调参数 α 和 β 等可以准确计算，这类方程就可以用来计算较浓的溶液。对于低价的 1:1 型简单电解质溶液，可以计算的浓度大约为 1mol·L^{-1}。

(3) 德拜-休克尔理论向混合电解质溶液的扩展　大多数简单电解质溶液的活度系数均已在 25℃ 左右下被测量过，而混合电解质溶液的实验却很有限。因此，从含单一电解质溶液的数据推定多组分电解质溶液的活度很有价值。Pizer 提供了一种方法。

Pizer 方程是目前使用最广的方程。与其他对德拜-休克尔极限方程的修正一样，Pizer 方程也是在德拜-休克尔极限方程中引入代表短程作用的项。

对于含 n_w(kg) 溶剂和 n_i，n_j，…(i，j，…，为组分）的溶液，总的超额自由能方程通式为：

$$\frac{G^{ex}}{RT}=n_w f(I)+\frac{1}{n_w}\sum_{i,j}\lambda_{ij}(I)n_i n_j+\frac{1}{n_w^2}\sum_{i,j,k}\mu_{ijk}n_i n_j n_k \tag{15-10-10}$$

式中，G^{ex} 为溶液超额自由能，即实际吉布斯自由能与理想吉布斯自由能之差；$f(I)$ 是离子强度、溶剂性质和温度的函数，代表了长程静电力作用，与德拜-休克尔理论有关；$\lambda_{ij}(I)$ 代表组分 i 和 j 之间的短程力作用，因而与式(15-10-8)中的 βI 项有关。式(15-10-10)中包含了三离子作用项，但是假定 μ_{ijk} 与离子强度无关。

通过对 G^{ex} 做适当的推导，可以写出活度系数的方程为：

$$\ln\gamma_i=\frac{1}{RT}\frac{\partial G^{ex}}{\partial n_i}=\frac{z_i^2}{2}f'+2\sum_j\lambda_{ij}m_j+\frac{z_i^2}{2}\sum_{j,k}\lambda'_{jk}m_j m_k+3\sum_{j,k}\lambda_{ijk}m_j m_k \tag{15-10-11}$$

式中，$f'=df/dI$；$\lambda_{ij}=d\lambda_{ij}/dI$；$m_i=n_i/n_w$。

Pizer 提供了许多不发生缔合的单电解质的活度系数，这些电解质有一种或全部两种离子为一价。Pizer 计算活度系数方法的基础是德拜-休克尔方程式(15-10-2)，利用简单电解质的参数值计算了 52 种有共同离子的二元电解质混合物的 $\lg\gamma_{\pm}$，得到了 $\lg\gamma_{\pm}$ 计算值与 $\lg\gamma_{\pm}$ 实验值之差。从这些差值可求出 θ 和 ψ 值。于是，θ 和 ψ 值可用作混合电解质溶液的附加曲线拟合参数。对没有共同离子的二元混合电解质也进行了类似计算，确认所有的 θ 和 ψ 值均比较小。

Pizer 方程含有离子间的长程力项和短程力项，并假定离子中的电子间没有相互作用。因此，Pizer 方程的通常形式不能用于描述涉及非离子物质的体系行为。但是，它可以用来处理 NH_3-CO_2-H_2O、NH_3-SO_2-H_2O 和 NH_3-H_2S-H_2O 等弱电解质体系的蒸气-液体平衡。Edwards 等将 Pizer 方程扩展到校正浓度至 20mol·kg^{-1}、温度至 170℃。对于这些弱电解质，浓度相当于离子强度，约 6mol·L^{-1}。

对于浸取过程重要的还有 Bromley 及 Meissner 等提出的方程。Bromley 提出的方程为：

$$\ln\gamma_\pm = \frac{A(z_+z_-)I^{1/2}}{1+I^{1/2}} + \frac{(0.06+0.6B_m)(z_+z_-)I}{[1+(1.5I)(z_+z_-)^{-1}]^2} + B_m I \tag{15-10-12}$$

参数 B_m 的值由 Bromley 给出。

Meissner 的基本方程为：

$$\Gamma_{12} = [1+B(1+0.1I)^q - B]\Gamma^* \tag{15-10-13}$$

式中，Γ_{12} 定义为 $\gamma_{12}^{[1/(z_1z_2)]}$，其中 γ_{12} 是所要求的电解质活度系数。

$$B = 0.75 - 0.65q$$

$$\Gamma^* = \exp\{(2.303)(-A_\gamma)I^{\frac{1}{2}}(1+CI^{\frac{1}{2}})\} \tag{15-10-14}$$

$$C = 1 + 0.55q\exp(-0.023I^3)$$

$$A_\gamma = 0.5107 (25℃ 水溶液)$$

式中，q 为 Meissner 经验参数。只要盐的混合物不变，对所有离子强度 q 保持同一个值。

Meissner 提供了 121 种二元电解质溶液的 q 值和计算 q 值的方程：

$$q_{12}(\text{mixture}) = \sum_i^{\text{odd}}(I_i/I)q_{i2}^0 + \sum_j^{\text{even}}(I_j/I)q_{j1}^0 \tag{15-10-15}$$

式中，I_i、I_j 为只有离子 i 或 j 的离子强度；q_{i2}^0 为纯电解质 i_2 的 q 值；q_{j1}^0 为纯电解质 $j1$ 的 q 值；i、j 为阳离子和阴离子（i=odd，j=even）。

(4) 温度对活度与活度系数的影响 通常给出的活度系数是在 25℃（298K）时的值。对于其他温度下的活度系数，Meissner 提出了如下方程校正 q^0 值：

$$q_t^0 = q_{25}^0\left(1 + a\Delta t + b^*\frac{\Delta t}{q_{25}^0}\right) \tag{15-10-16}$$

式中，$\Delta t = t - 25$；a 和 b^* 值对硫酸盐分别为 -0.0079 和 -0.0029，对其他电解质为 -0.005 和 -0.0085。此外，式(15-10-13)中的 Γ^* 值必须改变，以修正含有依赖温度的变量 D 的德拜-休克尔参数。

(5) 配合物形成对活度与活度系数的影响 德拜-休克尔极限定律对浓度大于 10^{-3} mol·L^{-1} 的强电解质溶液发生偏差表明，在这些溶液中，离子间的静电引力不再是决定 G^{ex} 值的主要因素。在扩展德拜-休克尔极限定律的各种尝试中，虽然以不同方式考查了短程作用，但它们都假定没有因离子间的电子相互作用形成化学键，也没有新物质生成。目前尚无方法计算这类电子间作用对 G^{ex} 值的影响，只能做这种假定。对于溶液中各组分之间，不论是离子与离子之间还是离子与中性分子之间反应生成的新化合物，都无法计算其生成自由能。为解决此问题，一般将上述相互作用作为化学平衡来处理，用实验测得的平衡常数来定量描述。

配合物的形成改变了溶液的离子强度，从而也改变了离子的活度系数。设溶液中的游离金属离子浓度与金属总浓度之比为该金属的总活度系数 γ_M（global activity coefficient），则：

$$\gamma_M = [M]_{\text{free}}/[M]_{\text{total}}$$

$$= [M]_{\text{free}}/\sum_{n=0}^{N}[ML_n]$$

$$= [M]_{\text{free}}/\sum_{n=0}^{N}\beta[M_{\text{free}}(L)^n]$$

$$= \frac{1}{\sum_{n=0}^{N} \beta [L]^n} \tag{15-10-17}$$

β 是总的平衡常数（称为不稳定常数），β_n 是累计不稳定常数。通常报道的 β_n 是外推到零离子强度的值，因此所用的是零校正值。

对于荷负电的配位体，如 Cl^-，CN^-，SO_4^{2-}，配合物的形成降低了实际离子强度，有时候要大大低于假定完全离解所计算出的值。Meissner 考虑了二元电解质溶液中普通离子缔合的影响，通过其 q 值的选择加以校正。

10.2.2 浸取反应平衡常数和表观平衡常数

浸取过程的热力学主要研究一定条件下浸取反应进行的可能性、进行的限度及使之进行的热力学条件，并从热力学角度探索新的可能浸取方案。为解决这些问题，重要的方法是求出浸取反应的标准吉布斯自由能变化 $\Delta_r G_T^{\ominus}$、给定条件下反应的吉布斯自由能 $\Delta_r G_T$ 及反应的平衡常数 K。

浸取反应的标准吉布斯自由能 $\Delta_r G_T^{\ominus}$ 是判断标准状态下反应能否自动进行的标志，同时也是计算给定条件下反应的吉布斯自由能 $\Delta_r G_T$ 及浸取反应平衡常数 K 的重要数据，为求取任意温度下的 $\Delta_r G_T^{\ominus}$ 值，一般是根据反应物和生成物的热力学参数，运用热力学原理进行计算。设浸取反应是被浸物料中的 A 物质与溶解在水相中的浸出剂 B 反应生成 C 和 D，即：

$$a A(s) + b B(aq) \rightleftharpoons c C(s) + d D(aq) \tag{15-10-18}$$

式中，B、D 可为化合物或离子，对于此反应的值计算方法有：

① 当已知反应物及生成物的标准摩尔吉布斯自由能，或其标准摩尔生成吉布斯自由能，则：

$$\Delta_r G_T^{\ominus} = c G_{m(C)T}^{\ominus} + d \overline{G_{m(D)T}^{\ominus}} - a G_{m(A)T}^{\ominus} - b \overline{G_{m(B)T}^{\ominus}} \tag{15-10-19}$$

$$\Delta_r G_T^{\ominus} = c \Delta_f G_{m(C)T}^{\ominus} + d \Delta_f \overline{G_{m(D)T}^{\ominus}} - a \Delta_f G_{m(A)T}^{\ominus} - b \Delta_f \overline{G_{m(B)T}^{\ominus}} \tag{15-10-20}$$

对处于水溶液状态的物质而言，一般以假想的 $1 mol \cdot kg^{-1}$ 理想溶液为其标准状态，其 $\overline{G_m^{\ominus}}$、$\Delta_f \overline{G_m^{\ominus}}$ 值均采用该标准状态下的数值。$\overline{G_m^{\ominus}}$ 实际上是该标准状态下该物质的偏摩尔吉布斯自由能值。

② 当已知反应物及生成物在 298K 的标准摩尔生成焓 $\Delta_f H_{m298}^{\ominus}$ 或标准摩尔焓 $H_{m298}^{\ominus}$、标准摩尔熵 $S_{m298}^{\ominus}$ 以及标准摩尔热容 $C_{pm}^{\ominus}$ 与温度关系的热力学数据时，则可首先按照热力学方法计算出 298K 时反应的标准焓变化 $\Delta_r H_{298}^{\ominus}$、标准熵变化 $\Delta_r S_{298}^{\ominus}$、标准吉布斯自由能变化 $\Delta_r G_{298}^{\ominus}$ 以及反应的标准摩尔热容 $\Delta_r C_p^{\ominus}$ 与温度的关系，进而按下式求 $\Delta_r G_T^{\ominus}$。

$$\Delta_r G_T^{\ominus} = \Delta_r H_{298}^{\ominus} + \int_{298}^{T} \Delta_r C_p^{\ominus} dT - T \Delta_r S_{298}^{\ominus} - T \int_{298}^{T} (\Delta_r C_p^{\ominus}/T) dT$$

$$\Delta_r G_T^{\ominus} = \Delta_r G_{298}^{\ominus} - (T - 298) \Delta_r S_{298}^{\ominus} + \int_{298}^{T} \Delta_r C_p^{\ominus} dT - T \int_{298}^{T} (\Delta_r C_p^{\ominus}/T) dT$$

$$\tag{15-10-21}$$

应当指出，对处于溶液状态的反应物和生成物而言，其标准摩尔焓、标准摩尔熵和标准热容均应用其以水溶液为标准状态的值，或者说用其水溶液中的标准偏摩尔值。另外，上式仅适用于在 $298 \sim T K$ 的温度范围内，反应物和生成物均无相变的情况，否则应考虑相变的热效应及相变带来的 $\Delta_r C_p^{\ominus}$ 值的变化。

计算 $\Delta_r G_T^{\ominus}$ 所需的原始数据,如物质的 $\Delta_f H_{m298}^{\ominus}$ 等可从有关手册中查得,遗憾的是许多离子的 $\overline{C_{pm}^{\ominus}}$ 值与温度的关系数据不全。但是,在温度范围不太大的情况下,物质的标准摩尔热容可近似视为常数,且等于其在 $298 \sim TK$ 之间的标准摩尔热容的平均值 $\overline{C_{pm298}^{\ominus}}^T$,式 (15-10-21) 可简化为:

$$\Delta_r G_T^{\ominus} = \Delta_r G_{298}^{\ominus} - (T-298)\Delta_r S_{298}^{\ominus} + (T-298)\overline{\Delta_r C_{pm298}^{\ominus}}^T \tag{15-10-22}$$

式中,$\overline{\Delta_r C_{pm298}^{\ominus}}^T$ 为生成物在 $298 \sim TK$ 之间的平均摩尔热容与反应物在 $298 \sim TK$ 之间的平均摩尔热容差,$J \cdot mol^{-1} \cdot K^{-1}$。对离子而言,根据离子熵对应原理,可按下式计算:

$$\overline{\Delta_r C_{pm298}^{\ominus}}^T = \alpha_T + \beta_T \overline{S_{m(i)298(\text{绝对})}^{\ominus}} \tag{15-10-23}$$

式中,$\overline{\Delta_r C_{pm298}^{\ominus}}^T$ 为 i 离子在 $298 \sim TK$ 之间的标准偏摩尔热容的平均值,$J \cdot mol^{-1} \cdot K^{-1}$;$\overline{S_{m(i)298(\text{绝对})}^{\ominus}}$ 为 i 离子在 298K 时的标准偏摩尔绝对熵,简称 i 离子在 298K 的绝对熵,$J \cdot mol^{-1} \cdot K^{-1}$,其数值可按下式计算:

$$\overline{S_{m(i)298(\text{绝对})}^{\ominus}} = \overline{S_{m(i)298(\text{相对})}^{\ominus}} + \overline{S_{m(H^+)298(\text{绝对})}^{\ominus}} z_+ (\text{或 } z_-) \tag{15-10-24}$$

式中,$\overline{S_{m(i)298(\text{相对})}^{\ominus}}$ 为 i 离子在 298K 的相对熵;$\overline{S_{m(H^+)298(\text{绝对})}^{\ominus}}$ 为 H^+ 在 298K 的绝对熵,为 $-20.9 J \cdot mol^{-1} \cdot K^{-1}$;$z_+$、$z_-$ 为 i 离子的价数。

浸取反应的平衡常数 K 是指浸取反应达到平衡后,生成物与反应物的活度熵,例如对于反应:

$$aA(s) + bB(aq) \Longleftrightarrow cC(s) + dD(aq)$$

$$K = \frac{a_C^c a_D^d}{a_B^b} \tag{15-10-25}$$

式中,a_B,a_C,a_D 分别为反应平衡时 B、C、D 的活度;K 为平衡常数。

根据热力学原理可知,K 与温度有关,与系统中物质的浓度无关。K 值的大小反映了反应进行的可能性大小及限度,K 值越大,则反应进行的可能性越大,反应也越能进行彻底。

但在浸取实践中,由于体系的复杂性,难以求出有关组分的活度系数和活度,因此,难以用平衡常数 K 直接、定量地分析系统的热力学问题。实践中常用物质的浓度表示平衡状态,即测得在给定条件(温度、浓度)下,反应平衡后生成物和反应物的浓度商 K_C,亦即表观平衡常数,用以判断给定条件下反应进行的可能性和限度。对上述反应而言:

$$K_C = \frac{[C]^c[D]^d}{[B]^b} \tag{15-10-26}$$

式中,[C]、[D]、[B] 分别为平衡时 C、D、B 的浓度。

对非电解质溶液而言,K 与 K_C 的关系为:

$$K = \frac{a_C^c a_D^d}{a_B^b} = \frac{\gamma_C^c[C]^c \gamma_D^d[D]^d}{\gamma_B^b[B]^b} = K_C \frac{\gamma_C^c \gamma_D^d}{\gamma_B^b} \tag{15-10-27}$$

式中,γ_C、γ_D、γ_B 分别为反应系统中 C、D、B 的活度系数。对电解质溶液,亦可求出 K、γ、K_C 之间的类似关系式。

K_C 值除可以用来判断反应进行的可能性和限度外,亦可用以计算将浸取反应进行到底所需浸出剂的最小过量系数。如对以下反应:

$$aA(s) + bB(aq) = cC(s) + dD(aq)$$

浸出剂 B 的加入量至少为下列两者之和:

① 反应消耗量：$m_{B(耗)}=(b/a)m_A=(b/d)m_D$，式中，$m_{B(耗)}$ 为反应消耗的浸出剂的物质的量；m_A、m_D 分别为待浸取料 A 和生成物 D 的物质的量。

② 与溶液中 D 保持平衡所需的量为 $m_{B(剩)}$。

最小过剩系数：$\beta=m_{B(剩)}/m_{B(耗)}=m_{B(剩)}/[(b/d)m_D]$

已知溶液中物质浓度之比等于其物质的量之比，同时已知平衡时有：

$$[D]^d/[B]^b=K_C$$

$$[B]=([D]^d/K_C)^{1/b}$$

故：

$$\beta=m_{B(剩)}\left(\frac{b}{d}m_D\right)=[B]\Big/\left(\frac{b}{d}[D]\right)=([D]^d/K_C)^{\frac{1}{b}}\Big/\left(\frac{b}{d}[D]\right) \qquad (15\text{-}10\text{-}28)$$

金属配合物形成的平衡常数是简单水合金属离子与溶液中的配位体分子或离子结合的相对稳定程度的量度。金属与配位体间化学键的强度对决定配合物的稳定性起作用。

平衡常数 K 与反应的标准自由能变化 $\Delta G_T^{\ominus}$ 有关：

$$\Delta G_T^{\ominus}=-RT\ln K \qquad (15\text{-}10\text{-}29)$$

而标准自由能变化又是由标准焓及标准熵的变化 $\Delta H^{\ominus}$ 和 $\Delta S^{\ominus}$ 决定：

$$\Delta G^{\ominus}=\Delta H^{\ominus}-T\Delta S^{\ominus} \qquad (15\text{-}10\text{-}30)$$

标准焓变是配合物形成时反应物与产物的热程度的量度，是由金属离子与配位体间形成的化学键类型决定的。配合物生成的标准熵变与焓变不同，它与配合物环境密切相关。在电解质水溶液中标准熵变通常为正值，这是由于配合物周围的水的结构破坏，这种结构破坏引起的正熵变比单个金属离子和配位体的平动熵转变为配合物的振动及转动熵引起的负熵变大得多。如果配位体荷负电，则配合物形成时电荷的中和会减少体系中的离子数，影响熵变。这样就引起大的正熵变，造成更稳定的配合物。

金属离子与不荷电的单齿配位体缔合不会减少体系中存在的离子数，没有水分子的再定位。这种情况下配合物形成时只发生小正熵变，甚至发生负熵变。$\Delta S_T^{\ominus}$ 之值通常是控制配合物稳定性的最重要的单因素。温度越高，则溶液中阳离子生成的标准熵变一般会越正，而阴离子生成的标准熵变会更负。因此，一般而言，温度越高，配合物生成的熵变越正，配合物越稳定。

温度不是 25℃ 时反应的标准焓变 $\Delta H_T^{\ominus}$ 可写为：

$$\Delta H_T^{\ominus}=\Delta H_{298}^{\ominus}+\int_{298}^{T}\Delta C_p^{\ominus}\mathrm{d}T \qquad (15\text{-}10\text{-}31)$$

类似地，标准熵变可写为

$$\Delta S_T^{\ominus}=\Delta S_{298}^{\ominus}+\int_{298}^{T}\Delta C_p^{\ominus}\mathrm{d}T/T \qquad (15\text{-}10\text{-}32)$$

式中，$\Delta C_p^{\ominus}$ 是压力恒定时的标准热容。由此，

$$\Delta G_T^{\ominus}=\Delta H_{298}^{\ominus}+\int_{298}^{T}\Delta C_p^{\ominus}\mathrm{d}T-T\Delta S_{298}^{\ominus}-T\int_{298}^{T}\Delta C_p^{\ominus}\mathrm{d}T \qquad (15\text{-}10\text{-}33)$$

引入一个吉布斯自由能函数，

$$\Delta\mathrm{fef}_T^{\ominus}=\frac{1}{T}\int_{298}^{T}\Delta C_p^{\ominus}\mathrm{d}T-\int_{298}^{T}\Delta C_p^{\ominus}\mathrm{d}T-\Delta S_{298}^{\ominus} \qquad (15\text{-}10\text{-}34)$$

则有，

$$\Delta G_T^{\ominus}=\Delta H_{298}^{\ominus}+T\Delta\mathrm{fef}_T^{\ominus} \qquad (15\text{-}10\text{-}35)$$

及

$$\lg K_T = -\frac{\Delta H_{298}^\ominus}{2.303RT} - \frac{\Delta \text{fef}_T^\ominus}{2.303R}$$

(15-10-36)

只要知道反应的自由能，亦即知道恒压下热容的标准变化 $\Delta C_p^\ominus$，就可求出任意温度下反应的平衡常数 K_T。

10.2.3 优势区图与组分图

浸取过程的热力学计算主要是计算各组分之间的平衡条件。组分可以是固体、液体、气体或溶质。在不同情况下需要得到不同的热力学信息，最常用的方法主要有三种：①优势区图（predominance area diagrams）；②组分图（speciation diagrams）；③浓溶液的相平衡测定。

优势区图反映电解质水溶液体系中固、液、气及溶质组分占优势的条件，类似于腐蚀科学中常用的金属-水体系 Pourbaix 图，即 E_h-pH 图（E_h 代表相对于标准氢电极的电位）。E_h-pH 图用于浸取过程的热力学分析，主要用于描绘水溶液-金属体系中各物质成分存在的平衡条件。

组分图是描述溶液中某一特定组分的浓度或活度以及各组分所占比例随化学条件改变的相应变化。组分图最方便的形式是表示金属的一种特定组分占该金属总量的分数如何随某些条件，如 pH 值、电位及配位体浓度等的变化而变化。在含有多种金属和阴离子的多元溶液中，如果设定了它们每一种的活度分数，则所考虑的每一组分的活度就可以绘出。

浓溶液中的相平衡不作绘图处理，而是利用水溶液吉布斯自由能模型计算体系中的溶解度。

所有这些方法都提供了有关平衡的信息，达到热力学平衡时吉布斯自由能最小。在实际体系中，动力学因素可能阻碍平衡达到。

(1) 优势区图 在金属矿物浸出、分离过程中，电位 E_h 与 pH 是反映金属-水体系和矿物-水体系热力学性质的两个最重要的参数。因此，优势区图采用 pH 和 E_h 作为变量，描述在指定温度下某些电位和 pH 条件范围内体系的稳定物态或平衡物态。如果体系涉及气体如 CO_2 参与反应或溶解于水，也可将气体分压和 pH 值作为变量。

从与体系电位和 pH 的关系考虑，水溶液中发生的化学反应可以分为四种类型：①有电子、无氢离子参与的反应；②无电子、有氢离子参与的反应；③既有电子又有氢离子参与的反应；④既无电子又无氢离子参与的反应。前三类反应都能用优势区图形式表示出给定 E_h-pH 条件下该反应体系中热力学最稳定的化学组分。对应这三类反应，优势区图上有三种形式的平衡线。对应①类反应是一组平行于横坐标轴（pH 轴）的平衡线，每条线对应一个活度值。对于给定的离子活度而言，电位高于相应的平衡线时，电极反应将从还原体向氧化体的方向进行，即发生氧化反应，于是电极反应的氧化体一侧是稳定的；相反，电位低于相应的平衡线时，电极反应的还原体一侧是稳定的。对应②类反应是一组平行于纵坐标（E_h 轴）的平衡线，每条线对应一个 pH 值；溶液的 pH 值大于相应的平衡线时，反应将向产生 H^+ 或消耗 OH^- 的方向进行；溶液的 pH 值小于相应的平衡线时，反应将向消耗 H^+ 或产生 OH^- 的方向进行。对应③类反应则是一条斜线。

氧化还原反应的特点是电子参与反应。虽然水溶液中并不存在游离质子和电子，但仍旧可以确定相对的质子和电子活度。在平衡方程式中，对 e 和 H^+ 处理的方式相同，因此，类似于 pH＝－lg $[H^+]$，也可定义一个反应氧化还原强度的标度。

$$pe = -\lg[e] \tag{15-10-37}$$

pe 是平衡状态下（假想）的电子活度，它衡量溶液接受或迁移电子的相对趋势。在强还原性溶液中，假想的"电子压力"或电子活度很大，其趋势是给出电子。正如在 pH 值高时假想的质子活度很低一样，在高 pe 值下假想的电子活度也很低，表明有相对较高的氧化趋势。

考虑氧化还原平衡

$$Ox + ze \Longleftrightarrow Red$$

平衡常数可以写成包括电子活度在内

$$K = \frac{[Red]}{[Ox][e]^z} \tag{15-10-38}$$

于是

$$\ln[e] = \frac{1}{z}\left[-\ln K + \ln\frac{[Red]}{[Ox]}\right] \tag{15-10-39}$$

而电位 E 由还原态与氧化态两种离子的活度之比决定，即

$$E = E^{\ominus} - \frac{RT}{zF}\ln\frac{[Red]}{[Ox]} \tag{15-10-40}$$

式中，标准电位 $E^{\ominus}$ 相应于两离子活度相等时的值。

电位 E 值可从关系式 $-\Delta G = zEF$ 由反应发生的自由能变化计算，因此，

$$E = E^{\ominus} - \frac{RT}{zF}\ln\frac{[Red]}{[Ox]} = \frac{RT}{zF}\left[\ln K - \ln\frac{[Red]}{[Ox]}\right] \tag{15-10-41}$$

于是，

$$E = -\frac{RT}{F}\ln[e] = -\frac{2.303RT}{F}\lg[e] = \frac{2.303RT}{F}pe \tag{15-10-42}$$

式(15-10-42)反映了 E 与 pe 的关系，25℃时，$E = 0.05917pe$。

参数 pe 提供了一个无量纲标度，如同 pH。而 E 则习惯用伏特来计量。

绘制优势区图通常按以下步骤进行：①列出体系中存在的或需要考虑的组分及它们的生成自由能或标准化学位值；②根据各组分的特性和相互作用推断体系中可能发生的各种化学反应和电极反应，查出或算出电极反应的标准电位值；③计算出各反应的平衡条件；④根据各反应的平衡条件，在 E_h-pH 坐标系上作图。

以 Cu-Fe-S-H_2O 体系为例，说明优势区图在浸取过程中的应用。

图 15-10-1 给出了 298K 和总压为 1.01×10^5 Pa 下的 Cu-Fe-S-H_2O 体系的优势区图。该图有助于了解铜铁硫化物矿的氧化浸出过程。各种铜、铜-铁和铁-硫化物由一条 E_h-pH 线与铜和铁的氧化物分开。优势区图可以确定辉铜矿、铜蓝、斑铜矿和黄铜矿等铜矿物、磁黄铁矿、黄铁矿以及元素硫的稳定 pH 区和稳定电位区。该图可以用于判断导致矿物发生分解的水溶液的性质，还可以了解矿物分解时有何种新固体或气体生成。从图中可以看出，硫化矿物在下列几种不同溶液中可能发生分解：①氧化性溶液，根据所选择的氧化电位与 pH 值，硫化矿物可能氧化生成元素硫或硫酸根；②强酸性溶液，硫化矿物被酸分解放出 H_2S 气体，并使得铜和铁溶解；③还原性溶液，硫化矿物还原分解放出 H_2S 气体或硫化物离子、金属低价硫化物或金属；④强碱性溶液，硫化矿物被碱分解产生硫化物离子、金属硫化物（或低价硫化物）。

以黄铜矿为例，在酸性区（pH=0）内的氧化可以用如下反应表示：

$$CuFeS_2 + 0.4H_2S + 0.8Ox \Longleftrightarrow CuFe_{0.2}S_{0.8} + 0.8FeS_2 + 0.8H^+ + 0.8Ox^- \tag{a}$$

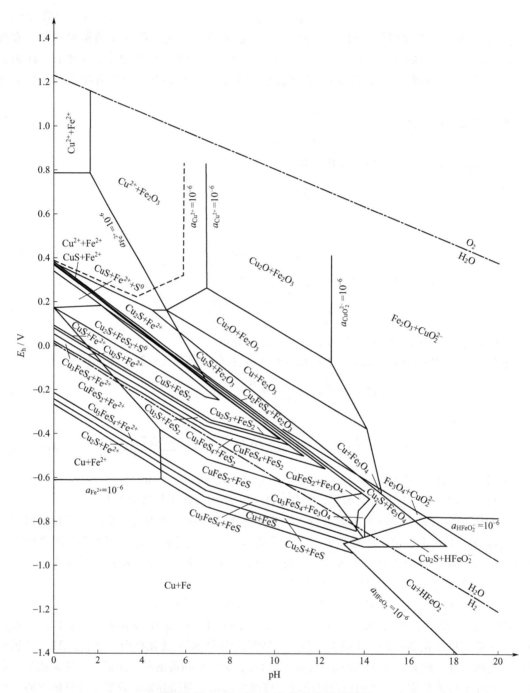

图 15-10-1 Cu-Fe-S-H$_2$O 体系优势区图

$$CuFeS_2 + 0.5H_2S + Ox \Longrightarrow CuS_{0.5} + FeS_2 + H^+ + Ox^- \tag{b}$$

$$CuFeS_2 + H_2S + 2Ox \Longrightarrow CuS + FeS_2 + 2H^+ + 2Ox^- \tag{c}$$

$$CuFeS_2 + 2Ox \Longrightarrow CuS + Fe^{2+} + S^0 + 2Ox^- \tag{d}$$

或

$$CuFeS_2 + Cu^{2+} \Longrightarrow 2CuS + Fe^{2+} \tag{e}$$

$$CuFeS_2 + 6H_2O + 9Ox \Longrightarrow CuS_{0.5} + Fe^{2+} + 1.5SO_4^{2-} + 12H^+ + 9Ox^- \tag{f}$$

$$CuFeS_2 + 8H_2O + 16Ox \Longrightarrow Cu^{2+} + Fe^{2+} + 2SO_4^{2-} + 16H^+ + 16Ox^- \tag{g}$$

可应用于斑铜矿、辉铜矿和较低的铜蓝稳定区的反应(a)~(c)，要求人为加入或由体系中存在的矿物发生副反应产生的 H_2S 作为反应物，而黄铁矿为产物，否则反应不会发生。另外，即使有 H_2S 供应，如果黄铁矿不能成核和生长，黄铜矿在此 pH 和电位区也不会发生分解。反应 (d) 是生成铜蓝的反应，这是由图中元素硫的稳定区推测出来的。在实验室 130℃、加压条件下用阳极氧化可观察到这一反应。反应 (e) 在 160~230℃ 的水热体系中被观察到，可以认为是黄铜矿浸前的一个活化过程。反应 (f) 是实验室浸出常见的反应，特别是在氨浸过程、高 pH 条件下常见。在酸性氧化浸出过程中，此反应解释了硫的氧化程度为何因 pH 与氧化剂而保持在 1% 以下或者 30% 以上。从优势区图可以解释酸性氧化浸出中观察到的优势反应，此优势反应可用反应式(h) 描述：

$$CuFeS_2 + 4Ox = Cu^{2+} + Fe^{2+} + 2S^0 + 4Ox^- \tag{h}$$

将优势区图上代表未观察到的反应的平衡线略去，还可观察到一些新信息。例如，略去反应 (a)、(b)，即不能供应 H_2S 作为反应物，或者黄铁矿不能以适当的速率生成，黄铜矿的稳定区就会扩展。

优势区图是总结水溶液化学体系热力学数据最常见、最有用的工具，但在绘制及将其应用于实际体系时，它的一些局限性也需考虑。优势区图的绘制受到热力学数据是否充分的限制。体系中所有可能的物质及它们之间的反应都应该考虑，如果忽略了一种或多种重要物质，得到的就可能是一个完全误导的图。另外，优势区图的正确性也受到热力学数据如何选取甄别的限制。从各种标准的资料可以得到某些自由能的数据。但对于详细的研究，溶液组分的数据必须从反应的稳定性常数计算，而稳定性常数需要根据重现性及与所研究的体系介质（离子强度和电解质成分）的相似性非常慎重地选择。在许多情况下，稳定性常数需要就离子强度与参与反应的物质的活度进行校正。

(2) 组分图 优势区图是了解体系平衡关系和帮助判断反应趋势的有用工具，但它没有解决溶液中的成分如何随配位体对金属离子摩尔比的改变而改变的问题，而这正是组分图要解决的。

最简单的组分图是一种金属离子与一种配位体组成的溶液组分图。在溶液中金属的总浓度不变的情况下，随着配位体的总浓度由零增加，先形成配合物 ML，且其浓度逐渐增加，至配合物 ML_n 生成时逐渐下降。

某种配合物 ML_n 所占分数的定义为：

$$\alpha_{ML_n} = [ML_n]/[M_t] \tag{15-10-43}$$

已知溶液中所有存在形式的金属物种的总浓度 $[M_t]$、配位体总浓度 $[L_t]$ 以及有关平衡常数的值，就可以计算 α_{ML_n}。

图 15-10-2 给出了镍氨溶液中各种镍氨配合物 $Ni(NH_3)_n^{2+}$ 所占比例随游离氨活度变化的组分图，由图中数据可以给出简单水合镍离子以及 6 种镍氨合配位离子的分数与 $p[NH_3]$ 的函数关系。

以 $2mol \cdot L^{-1}$ 硝酸铵作支持电解质，测得的各级镍氨配合物 $Ni(NH_3)_n^{2+}$ 的平衡常数 $\lg K_n$ 见表 15-10-1。

表 15-10-1 镍氨配合物 $Ni(NH_3)_n^{2+}$ 的各级平衡常数

n	1	2	3	4	5	6
$\lg K_n$	2.80	2.24	1.73	1.19	0.75	0.03

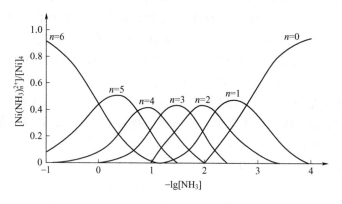

图 15-10-2 镍氨溶液的组分图

(Ni^{2+} 的总浓度为 40g·L^{-1}，硫酸铵的总浓度为 2.5~3.0mol·L^{-1}，
以 2mol·L^{-1}硝酸铵作支持电解质)

图 15-10-3~图 15-10-5 给出了 Cu^{2+}、Fe^{3+}、Zn^{2+} 的氯化物溶液组分图，由图中数据可以给出各种金属氯化物在水溶液中所占分数随氯离子浓度的变化。

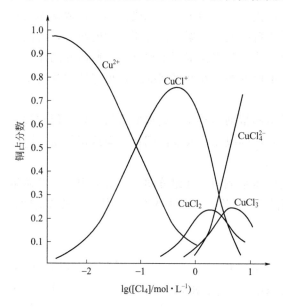

图 15-10-3 氯化物溶液中 Cu^{2+} 的组分图

($[Cu^{2+}]=0.01mol·L^{-1}$，LiCl 溶液)

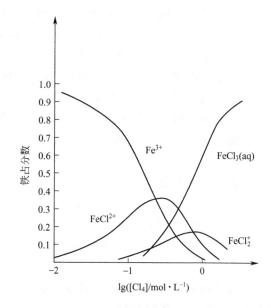

图 15-10-4 氯化物溶液中 Fe^{3+} 的组分图

($[Fe^{3+}]=0.086mol·L^{-1}$，1mol·L^{-1}HClO$_4$
溶液，离子强度用 NaClO$_4$ 调至 2.6)

组分图还可以表示出溶液中所有金属离子和阴离子构成的物质，以及它们随阴离子或不荷电配位体的变化情况。这种图可以通过计算机计算和绘制。所有用以计算化学平衡的计算机模型，其基础都是导致各不相同的物质生成的离子之间或离子与分子之间的缔合，缔合程度用平衡常数描述。在含有多种成分的溶液中有许多这样的平衡需要考虑，每种平衡都根据化学方程式和平衡常数用质量作用表达式描述。用这些方程来计算溶液中的物质时，必须满足以下两个条件：

① 质量平衡条件：计算得到的未配合的简单组分和缔合组分之和应等于初始状态存在于一定数量水中的金属或阴离子的物质的量，且这些物质的量应导致电荷中性。

② 化学平衡条件：要求使所考虑的体系处于最稳定的状态。这种最稳定条件可以用体系中所有质量作用式的平衡常数来确定，也可以由所有成分及由之衍生出的缔合物的吉布斯自由能来计算。

在平衡常数法中，质量作用式与平衡常数代入质量平衡条件，得到一个非线性方程组进行求解。吉布斯自由能法中，通过反应的热力学关系进行变量的转换：

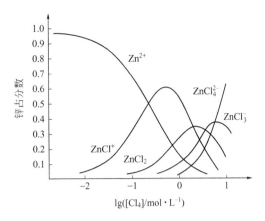

图 15-10-5 氯化物溶液中 Zn^{2+} 的组分图
（$[Zn^{2+}]=0.01 mol·L^{-1}$，LiCl 溶液）

$$\Delta G = \Delta G_r + RT \ln K = 0$$

然后使体系的总自由能最低。

应该指出的是，由于这些计算方法中利用热力学关系，使用的是活度而不是浓度，将 Pizer 作用模型与配合物形成的方程结合起来可以得到大量数据，供计算主要阳离子和各种阴离子的活度系数，可应用到离子强度达 $1 mol·L^{-1}$ 的溶液。

在化学与浸取冶金领域中，现在已经有多个综合热化学数据库系统（integrated thermochemical database，ITD）对公众开放，它们提供了详细的热力学数据和强有力的软件。利用这些热化学数据库可以进行有关多组分、多物相的化学平衡与相图的计算。在某些情况下，当溶液中含有多种元素时，应用热力学处理这些溶液时，可能会遇到的困难是通常至少有一种成分的浓度比其他成分高得多，且用于计算混合电解质溶液的活度系数的理论又不成熟。利用 Pizer 法可能克服这些困难，计算绘制这类复杂溶液的组分图。

图 15-10-6 给出了一种含铜河水复杂溶液（pH=3~8）的组分图。铜的总量为 10^{-5}

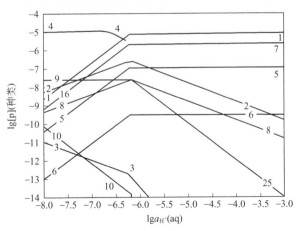

图 15-10-6 含铜河水在 pH=3~8 时，部分 Cu 存在形式的组分图

1—Cu^{2+}(aq)；2—$[Cu(OH)]^+$；3—$[Cu(OH)_3]^-$(aq)；4—CuO(s)；5—$CuCl^+$(aq)；6—$CuCl_2$(aq)；7—$CuSO_4$(aq)；8—$[CuHCO_3]^+$(aq)；9—$CuCO_3$(aq)；10—$[Cu(CO_3)_2]^{2-}$(aq) mol，$\lg n_{Cu}=-5.0$。所有含铜物质及选择考虑的阴离子列于图中。绘图计算所用的氧化电位用电子活度 pe 表示。含铜河水的 E_h 为 +0.5V，pe=8.45。

10.3 浸取过程动力学

浸取属于非催化非均相反应过程，包括液相、固相，有时还包括气相。过程由一系列质量、热量传递及化学反应等构成，液-固浸取过程大致如图 15-10-7 所示。这些步骤是：

① 流体反应剂从流体主体内穿过颗粒外层的流体膜向固-液界面扩散。

② 流体反应剂从固体表面穿过固体孔隙或微孔向固体内部扩散。

③ 流体反应剂与固体反应组分进行化学反应。

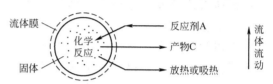

图 15-10-7 液-固浸取过程示意图

④ 生成的流体产物穿过固体孔隙向外扩散。

⑤ 流体产物从固体表面穿过流体膜向流体主体中扩散。

在上面五个步骤中，最缓慢的步骤将构成整个浸取过程的速率控制步骤。何者为速率控制步骤需视浸取条件而定。如果第③步的化学反应速率足够快，例如用酸浸取金属氧化物，同时若流体与颗粒间的相对运动比较快，则颗粒外层的流体膜传质阻力较小，此时往往第②步即流体反应剂在固体孔隙内的扩散成为浸取过程的主要阻力。

影响浸取速率的因素大致有三个方面：

① 固相的结构因素，如颗粒大小、比表面积、孔隙率、微孔大小及其结构以及有价溶质在固体内的分布状态。

② 流体反应剂及流体产物的性质，如活度、黏度及扩散系数等。

③ 状态因素，即温度、压力、流体流动速度及搅拌强度等。而影响最终浸取率的因素还在于原料的性质及浸取时间的长短。此外还与溶质及流体产物在惰性组分上的吸附有关。

10.3.1 颗粒外的液膜边界层及传质系数

对颗粒外表面与流体间的传质系数已有详细的研究。双膜理论、Higbie 的穿透理论、Danckwerts 的表面更新理论等均曾用以阐述此过程。但从实用角度一般均使用双膜理论，有关参数则采用经验关联式。

假设溶剂 A 自溶液主体穿过流体膜向固体表面扩散，则单位面积的传递通量 n_A 可表示如下：

$$n_A = k_f(C_{A0} - C_{As}) \tag{15-10-44}$$

式中，k_f 为溶剂 A 穿过流体膜的质量传递系数，它与操作条件、设备型式、几何参数以及流体性质等因素有关。对于固定床、流化床、搅拌槽等不同类型的反应器都有不同的关联式。下面举出了一些常用的较简单的关于 k_f 的关联式：

对于处于无限流体中的单一颗粒[1]：

$$Sh = 2 + 0.6Re^{1/2}Sc^{1/3} \tag{15-10-45}$$

对于固定床中的颗粒[1]：

$$\varepsilon J_d = 0.25/Re^{0.31}, 液体, 55 < Re < 1500 \tag{15-10-46}$$

$$\varepsilon J_d = 1.09/Re^{2/3}, 液体, 0.0016 < Re < 55 \tag{15-10-47}$$

对于在搅拌槽中处于完全悬浮的固体颗粒[2]，当液体与固体的密度差较小时，且 $d_p >$ 2mm，则

$$Sh = 0.222 Re^{3/4} Sc^{1/3} \tag{15-10-48}$$

当 $d_p < 2$mm 时

$$Sh = 2 + 0.47 Re^{0.62}(d_i/D_i)^{0.17} Sc^{0.36} \tag{15-10-49}$$

10.3.2　溶质在颗粒内的有效扩散系数

如果固体结构是疏松多孔的，则溶质在固体颗粒内的扩散速度可以认为与孔隙率的大小成正比，而与孔隙通道的曲折度成反比。此时溶质的扩散速度可以用有效扩散系数表示。溶质在固体孔隙内的扩散依据孔结构及孔隙大小而异。但孔径小于平均分子自由程时，对于气体分子来说，除分子扩散外，努森（Knudson）扩散也很重要。对分子扩散而言，有效扩散系数 D_e 常表示如下：

$$D_e = \frac{\varepsilon}{\tau} D \tag{15-10-50}$$

式中，τ 称为固体颗粒内部孔隙的曲折因子，其概念为由于受微孔的弯曲、分枝、错节、半封闭及表面粗糙等因素而使扩散阻力增大或扩散距离增大的影响。固体颗粒的曲折因子需通过实验确定。通常是实测有效扩散系数，再利用上式根据已知扩散系数 D 及孔隙率 ε 求得 τ 值。实测结果表明，许多情况下 τ 值为 2~10，有效扩散系数可以认为是一种经验角度处理一个十分复杂而又困难问题的办法。事实上颗粒微孔内的扩散现象极为复杂，并非如式（15-10-50）表示的那样简单[3]。

10.3.3　化学反应对过程速率的影响

如前所述，浸取过程包括一系列步骤，当过程包含化学反应时，关键步骤常是流体反应剂 A 与固体中有价组分 B 之间的反应。无论是矿石还是植物原料，浸取后都将留下惰性物质，构成所谓的"灰层"。固相颗粒内的浸取过程，情况比较复杂，其物理图像主要需根据流体反应剂扩散的难易及化学反应速度的快慢来描述。而流体反应剂的扩散除与流体本身的物理性质有关外，还取决于固体颗粒在反应前后是否疏松多孔及孔结构等因素。根据上述浸取条件的不同，浸取历程的图像也各异。为此可分别用不同模型对浸取过程进行描述。

10.3.3.1　收缩核心模型

收缩核心模型是目前使用比较广泛、概念比较简洁、清晰的模型，由矢木荣和国井大藏于 1955 年提出[4]。它的概念是：固体颗粒在反应前是致密无孔的，当流体反应剂与固体反应组分反应后，除形成流体产物外，生成的固体产物或残留的惰性物质是疏松多孔的，称为"灰层"，其代表性的反应式如下：

$$a\text{A}(液) + b\text{B}(固) = c\text{C}(液) + d\text{D}(固) \tag{15-10-51}$$

由于流体反应剂通过灰层的阻力较小，扩散速度较快，同时流体产物也可能以同样的速度向外扩散，而化学反应则相对较慢或接近反应剂在灰层内扩散的速度。因此，反应区便由

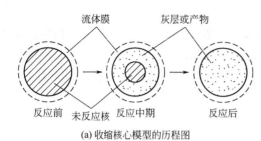

(a) 收缩核心模型的历程图

(b) 收缩核心模型中反应剂浓度分布

图 15-10-8 物理图像

颗粒外表面向内推移,且只在灰层与未反应固体的界面处发生,形成一个未反应的收缩核心界面,其物理图像如图 15-10-8 所示。图 15-10-8(a) 描述收缩核心模型在反应开始、中期及终点时的物理图像。图 15-10-8(b) 为流体反应剂 A 与固体反应组分 B 反应中期在固体颗粒内外的浓度分布,如 B 组分能与 A 组分反应完全,则灰层内 B 的浓度为零。

在建立收缩核心模型时,为使条件简化,便于求解,常做如下假设:

① 颗粒为球形,浸取过程中颗粒的大小不变,灰在颗粒内分布均匀。

② 反应不可逆,对流体反应剂为一级,对固体反应组分为零级。

③ 反应产物向外扩散的速度大于或等于流体反应剂向内扩散的速度。

④ 原始固体颗粒致密,孔隙率近于零;反应后形成的灰层疏松多孔,孔隙率及曲折因子不随时间而变。

⑤ 反应热效应可忽略不计,过程在等温下进行。

根据图 15-10-8(b),在灰层内取一微元,其厚度为 dr,做流体反应剂 A 的物料平衡,则有:

$$D_e\left(\frac{\partial^2 C_A}{\partial r^2}+\frac{2}{r}\frac{\partial C_A}{\partial r}\right)=\varepsilon\frac{\partial C_A}{\partial t} \tag{15-10-52}$$

该式的初始条件及边界条件如下:

$$\left.\begin{array}{l} t=0 \text{ 时} \quad C_A=0 \\ r=R \text{ 处} \quad D_e\dfrac{\partial C_A}{\partial r}=k_f(C_{A0}-C_A) \\ r=r_c \text{ 处} \quad D_e\dfrac{\partial C_A}{\partial r}=k_s C_A \end{array}\right\} \tag{15-10-53}$$

同时在未反应收缩核与灰层间的界面上存在如下关系:

$$-4\pi r_c^2\frac{\partial r}{\partial t}\times\frac{C_{B0}}{b}=4\pi r_c^2 k_s C_A=4\pi r_c^2 D_e\frac{\partial C_A}{\partial r} \tag{15-10-54}$$

或

$$-\frac{\partial r}{\partial t}=k_s\frac{bC_A}{C_{B0}}=\frac{bD_e}{C_{B0}}\times\frac{\partial C_A}{\partial r} \tag{15-10-55}$$

将式(15-10-52)~式(15-10-55)做无量纲化,得:

$$\frac{\partial^2 A}{\partial \xi^2}+\frac{2}{\xi}\times\frac{\partial A}{\partial \xi}=\frac{\partial A}{\partial \theta} \tag{15-10-56}$$

相应的初始条件及边界条件为:

$$\left.\begin{array}{l} \theta=0 \text{ 时}, A=0 \\ \xi=1 \text{ 处} \quad \dfrac{\partial A}{\partial \xi}=\psi(1-A) \\ \xi=\xi_c \text{ 处} \quad \dfrac{\partial A}{\partial \xi}=\varphi A \\ \dfrac{\partial \xi}{\partial \theta}=-\lambda A \\ \dfrac{\partial A}{\partial \xi}=-\eta\,\dfrac{\partial \xi}{\partial \theta} \end{array}\right\} \qquad (15\text{-}10\text{-}57)$$

同时

待求解的偏微分方程是移动边界问题，求解比较困难，通常实用的处理方法是做假稳态近似，即认为流体反应剂在灰层内的扩散处于稳态，则可求得解析解如下：

$$\theta=\eta\left[\frac{1}{\varphi}(1-\xi_c)+\frac{1}{2}(1-\varepsilon_c^2)+\frac{1}{3}\left(\frac{1}{\psi}-1\right)(1-\varepsilon_c^3)\right] \qquad (15\text{-}10\text{-}58)$$

或

$$t=\frac{R^2 C_{B0}}{bC_{A0}}\left[\frac{b}{k_s R}(1-\xi_c)+\frac{1}{6D_e}(1-\xi_c)(1+\xi_c-2\xi_c^2)+\frac{1}{3k_f R}(1-\xi_c^3)\right] \qquad (15\text{-}10\text{-}59)$$

按转化率 $X_B=1-\xi_c^3$，因此，转化率与时间的关系可按上式求出。若浸取过程处于流体膜扩散控制，即 $k_s\gg k_f$，$D_e\gg k_f$，则上式可简化为：

$$t=\frac{RC_{B0}}{3bk_f C_{A0}}(1-\xi_c^3)=\tau_f X_B \qquad (15\text{-}10\text{-}60)$$

式中，$\tau_f=RC_{B0}/(3bk_f C_{A0})$，称完全转化时间。

若过程为流体反应剂在灰层内的扩散控制，即 $k_s\gg D_e$，$k_f\gg D_e$，则：

$$t=\frac{R^2 C_{B0}}{6bD_e C_{A0}}(1-3\xi_c^2+2\xi_c^3)=\tau_{ash}(1-3\xi_c^2+2\xi_c^3) \qquad (15\text{-}10\text{-}61)$$

式中，$\tau_{ash}=R^2 C_{B0}/(6bD_e C_{A0})$，为灰层扩散控制的完全转化时间。

若过程为收缩核上的表面反应控制，即 $k_f\gg k_s$，$D_e\gg k_s$，则：

$$t=\frac{RC_{B0}}{k_s C_{A0}}(1-\xi_c)=\tau_R(1-\xi_c) \qquad (15\text{-}10\text{-}62)$$

式中，$\tau_R=RC_{B0}/(k_s C_{A0})$，为化学反应控制下的完全转化时间。

如果所处理的颗粒不是球形，而是片状或圆柱形，则上述方程式的修正结果可参阅文献[4,5]。一般的颗粒可按球形、片状或圆柱形稍加修正即可。

假稳态近似是指流体反应剂在灰层内的扩散速度与在未反应收缩核界面上的反应速度基本相等，因而灰层内无流体反应剂的积累。这种处理使该模型便于求解及使用，但亦有其局限性。对气-固反应，当单位体积内气体反应剂的浓度（mol·m^{-3}）远低于固体反应组分的浓度（mol·m^{-3}）时，若忽略流体反应剂的积累项，则不会引起太大的误差。但对液体反应剂，情况就显著不同，当液体反应剂的浓度远高于固体反应组分的浓度时，假稳态近似会产生较大的误差。前人也曾指出过这一点[6]。

10.3.3.2 均匀模型

实际存在的固体颗粒多数是疏松多孔的。当流体反应剂在固体颗粒内的扩散速度与化学反应相比足够快时，则颗粒内可反应组分的浸取过程将是流体反应剂向颗粒内扩散的同时也与固体反应组分进行反应，即流体反应剂的扩散与反应在颗粒内部同时发生，其物理图像如

图 15-10-9 所示。反应过程可分为两个阶段：在第一阶段，反应前为疏松颗粒，流体自颗粒表面向内扩散的同时与固体反应组分进行化学反应，随着反应的进行，固体反应组分的浓度自外向内逐渐降低，经过一定时间后，颗粒表面处的反应组分已完全耗尽，开始形成灰层，至此第一阶段结束，转入第二阶段。从这时起颗粒外层为灰层，反应区向内推进，形成只存在扩散的灰层及扩散与反应同时进行的反应区两个区域，至颗粒中心完全反应时整个浸取过程结束。

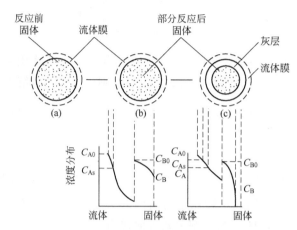

图 15-10-9 均匀模型的历程图及反应剂、反应组分的浓度分布
(a) 反应前；(b) 反应中期；(c) 反应后期

设反应仍如式(15-10-51) 所述，在建立均匀模型时，为简化条件并易于求解，仍作如下假设：

① 反应为不可逆，对流体反应剂为一级，对固体反应组分为零级。
② 流体反应剂与流体产物呈等分子逆向扩散，速度相等。
③ 原始颗粒为球形，反应前后孔隙率不随时间而变，颗粒尺寸不变，固体反应剂在颗粒内均匀分布。
④ 反应热效应可忽略不计，过程等温。

仿照收缩核心模型的处理方法，在颗粒内部取 dr 微元，做反应剂的物料平衡，分别就第一、二两个阶段建立模型方程。对于第一阶段即灰层未形成前，见图 15-10-9(b)，可建立反应剂 A、B 的物料平衡式如下：

$$\varepsilon \frac{\partial C'_A}{\partial t} = D'_e \left(\frac{\partial C'_A}{\partial r^2} + \frac{2}{r} \times \frac{\partial C'_A}{\partial r} \right) - k_v C'_A \tag{15-10-63}$$

$$\frac{1}{b} \times \frac{\partial C_B}{\partial t} = -k_v C'_A \tag{15-10-64}$$

初始条件及边界条件：

$$\left. \begin{array}{l} t=0 \text{ 时} \quad C'_A=0, C_B=C_{B0} \\ r=R \text{ 处} \quad D'_e \dfrac{\partial C'_A}{\partial r} = k_f (C_{A0}-C'_A) \\ r=0 \text{ 处} \quad \dfrac{\partial C'_A}{\partial r} = 0 \end{array} \right\} \tag{15-10-65}$$

式中，C'_A，D'_e 专门用来表示第一阶段内流体反应剂的浓度及其在颗粒内的有效扩散系数。式(15-10-63)、式(15-10-65)求解比较困难，必须用数值解法。如果做假稳态近似，即令式(15-10-63)中的左边项为零，即有：

$$D'_e\left(\frac{d^2 C'_A}{dr^2} + \frac{2}{r} \times \frac{dC'_A}{dr}\right) = k_v C'_A \tag{15-10-66}$$

将其与式(15-10-64)、式(15-10-65)联立求解，先做无量纲化，然后可得解析解如下：

$$\frac{C_A}{C_{A0}} = \frac{1}{\theta_c} \frac{\sinh(\phi'\xi)}{\xi \sinh(\phi')} \tag{15-10-67}$$

$$\frac{C_B}{C_{B0}} = 1 - \frac{\sinh(\phi'\xi)}{\xi \sinh(\phi')} \frac{\theta'}{\theta_c} \tag{15-10-68}$$

式中，$\theta' = k_v b t C_{A0}/C_{B0}$，$\phi' = R(k_v/D'_e)^{1/2}$。

固体反应组分 B 的转化率 X_B 如下式：

$$X_B = 1 - \int_0^R 2\pi r^2 C_B dr / \left(\frac{4}{3}\pi R^3 C_{B0}\right) = \frac{3}{\phi'^2}[\phi' \coth(\phi') - 1]\frac{\theta'}{\theta_c} \tag{15-10-69}$$

式中，$\theta_c = 1 + \frac{1}{Sh'}[\phi' \coth(\phi') - 1]$。$\theta_c$ 代表第一阶段反应完成的对比时间，可视为恒速反应持续的时间。如果颗粒外液膜阻力较小，即当 $Sh' \to \infty$ 时，则 $\theta_c \to 1$。ϕ' 表示化学反应速率常数与有效扩散系数之比。当 $\phi' > 50$ 时，化学反应速率将比扩散速率大得多，即处于颗粒内部的扩散控制。流体反应剂在颗粒内的浓度分布如图 15-10-10 所示。由图 15-10-10 可见，若 $Sh' \to \infty$，当 $\phi' = 0.5$ 时，C_A/C_{A0} 在颗粒内均近于 1，而当 $\phi' = 50$ 时，C_A/C_{A0} 在颗粒各处几乎近于零。

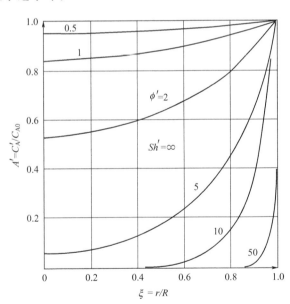

图 15-10-10　ϕ' 对流体反应剂在颗粒内浓度分布的影响

图 15-10-10 中 $\phi' = R(k_v/D'_e)^{1/2}$，$Sh' = k_f R/D'_e \to \infty$。

当第一阶段结束时，由式(15-10-69)可知固体反应剂的转化率为：

$$X_B = \frac{3}{\phi'^2}[\phi' \coth(\phi') - 1] \tag{15-10-70}$$

当第二阶段反应开始后，颗粒内呈现两个区域，即颗粒外层的扩散区与颗粒内层的扩散反应区，见图 15-10-9(c)。对于扩散区，可建立物料平衡式如下，并做假稳态近似：

$$D_e\left(\frac{d^2C_A}{dr^2}+\frac{2}{r}\frac{dC_A}{dr}\right)=0 \tag{15-10-71}$$

$$C_B=0 \tag{15-10-72}$$

边界条件如下：

$r=R$ 处
$$D_e\frac{dC_A}{dr}=k_f(C_{A0}-C_A) \tag{15-10-73}$$

$$\left.\begin{aligned}C'_A&=C_A\\D'_e\frac{dC'_A}{dr}&=D_e\frac{dC_A}{dr}\end{aligned}\right\} \tag{15-10-74}$$

$r=r_m$ 处

当 $t=t_c$（或 $\theta=\theta_c$），$r_m=R$ 时

$$C_B=C_{B0}\left[1-\frac{\sinh(\phi'\xi)}{\xi\sinh(\phi')}\right] \tag{15-10-75}$$

式中，t_c 为第一阶段完成的时间；r_m 为扩散区域反应扩散区交界处与颗粒中心的距离。

对内部反应扩散区，可写出反应剂的物料平衡式如下，并做假稳态近似：

$$\left.\begin{aligned}D_e\left(\frac{d^2C_A}{dr^2}+\frac{2}{r}\frac{dC_A}{dr}\right)-k_vC_A&=0\\\frac{dC_B}{dt}&=-bk_vC_A\end{aligned}\right\} \tag{15-10-76}$$

边界条件：

$$\left.\begin{aligned}&r=r_m\text{ 处},\ C_A=C'_A,\ D'_e\frac{dC'_A}{dr}=D_e\frac{dC_A}{dr}\\&r=0\text{ 处},\ \frac{dC_A}{dr}=0\\&t=t_c,\ r_m=R\text{ 时},\ C_B=C_{B0}\left[1-\frac{\sinh(\phi'\xi)}{\xi\sinh(\phi')}\right]\end{aligned}\right\} \tag{15-10-77}$$

上述各式联立求解后，可得解析解如下[6]：

$$\frac{C'_A}{C_{A0}}=\frac{C_{Am}}{C_{A0}}\times\frac{\xi_m}{\xi}\times\frac{\sinh(\phi'\xi)}{\sinh(\phi'\xi_m)},\ 0\leqslant r\leqslant r_m \tag{15-10-78}$$

$$\frac{C_A}{C_{A0}}=\frac{C_{Am}}{C_{A0}}\frac{\xi_m}{\xi}\times\frac{1-\xi+\xi/Sh}{1-\xi_m+\xi_m/Sh}+\frac{1-\xi_m/\xi}{1-\xi_m+\xi_m/Sh},\ r_m\leqslant r\leqslant R \tag{15-10-79}$$

式中，$Sh=k_fR/D_e$，$\xi_m=r_m/R$。

在 $r=r_m$ 处

$$\frac{C_{Am}}{C_{A0}}=1\left/\left\{\begin{aligned}&1+\frac{D'_e}{D_e}(1-\xi_m+\xi_m/Sh)\\&[\phi'\xi_m\coth(\phi'\xi)-1]\end{aligned}\right.\right. \tag{15-10-80}$$

若颗粒外液膜阻力可以忽略，即 $Sh\to\infty$ 时，同时若反应速率足够快，即 $\phi(\phi=\phi')$ 增大时，过程处于颗粒内部扩散控制，则 C_{Am} 在整个颗粒内将趋于零，如图 15-10-11 所示，参见 $\phi=100$ 的曲线。

颗粒内固体反应组分的浓度分布如下式：

$$\frac{C_B}{C_{B0}} = 1 - \frac{\xi_m \sinh(\phi'\xi)}{\xi \sinh(\phi'\xi_m)} \tag{15-10-81}$$

固体反应组分的转化率 X_B 如下:

$$X_B = 1 - \xi_m^3 + \frac{3\xi_m}{\phi'^2}[\phi'\xi_m \coth(\phi'\xi_m) - 1] \tag{15-10-82}$$

反应的边界 ξ_m 与反应时间 θ 的关系如下:

$$\theta = 1 + \left(1 - \frac{D'_e}{D_e}\right)\ln(F) + \frac{\phi^2}{6}(1-\xi_m)^2(1+2\xi_m) + \frac{D'_e}{D_e}(1-\xi_m)G + \frac{\phi^2}{3Sh}(1-\xi_m^3) + \frac{\xi_m}{Sh}G \tag{15-10-83}$$

式中:

$$F = \frac{\xi_m \sinh(\phi)}{\sinh(\phi'\xi_m)}$$

$$G = \phi'\xi_m \coth(\phi'\xi_m) - 1$$

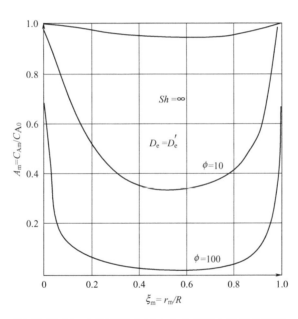

图 15-10-11 ϕ 值对反应剂 A 在交界面上浓度的影响

当第一阶段结束、第二阶段开始时, $\xi_m = 1$, 此时式(15-10-82) 即还原为式(15-10-70)。当第一、二阶段的反应全部完成时, $\xi_m = 0$, 而最终所需时间 θ^* 如下:

$$\theta^* = 1 + \frac{\phi^2}{6}\left(1 + \frac{2}{Sh}\right) + \left(1 - \frac{D'_e}{D_e}\right)\ln\frac{\sinh(\phi')}{\phi'} \tag{15-10-84}$$

如果第一、二两阶段内反应剂 A 在颗粒内的有效扩散系数相等, 即 $D_e = D'_e$, 则所讨论的模型可称为"纯均匀模型"。当液膜阻力可以忽略, 即 $Sh \to \infty$, 且 $\phi(\phi = \phi')$ 逐渐增大, 过程即转入扩散控制, 此时式(15-10-78)、式(15-10-79)、式(15-10-82) 即还原为:

$$C_A = 0, \qquad 0 \leqslant r \leqslant r_m$$

$$\frac{C_A}{C_{A0}} = \frac{1 - \xi_m/\xi}{1 - \xi_m + \xi_m/Sh}, \; r_m \leqslant r \leqslant R$$

$$X_B = 1 - \xi_m^3$$

同时可得：
$$\theta/\theta^* = 1 - 3(1-X_B)^{2/3} + 2(1-X_B)$$

以上结果与前述未反应收缩核心模型中做假稳态假设，且流体反应剂在灰层内的扩散为控制步骤时得到的解相同。

10.3.4 浸取速度控制步骤的判别

在实际浸取过程中，首先应尽量使速度加快，缩短浸取时间，其次要提高颗粒中有价组分的浸取率，并尽量抑制其他杂质的浸取。为此对浸取过程控制步骤的判别，将有利于强化浸取过程，以便采取相应的措施缩短浸取时间，提高浸取率。若浸取处理的物料接近收缩核心模型的条件，则可对实验结果按收缩核心模型进行处理，然后将其结果与式(15-10-60)～式(15-10-62)等各式进行比较。从前述各式的结果可知，若有两种大小的颗粒，为获取相同的转化率，所需的时间将存在如下关系：

① 当处于液膜扩散控制时，$t_1/t_2 = (R_1/R_2)^{1.5\sim 2}$。
② 当处于灰层扩散控制时，$t_1/t_2 = (R_1/R_2)^2$。
③ 当处于化学反应控制时，$t_1/t_2 = R_1/R_2$。

此外，若过程受温度影响极大，显然是化学反应速率控制。若将实验结果以 ξ_c 对 t/τ 或以 X_B 对 t/τ 进行标绘，可与图 15-10-12、图 15-10-13 的结果进行比较。图中曲线 1、2、3 分别代表液膜扩散控制、界面反应控制及灰层扩散控制三种情况。当实际情况比较复杂时，例如是灰层扩散及化学反应混合控制时，可参阅文献 [1,4,6]。

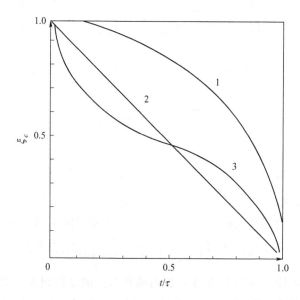

图 15-10-12　收缩核心模型假稳态下缩核半径与时间的关系
1—液膜扩散控制；2—界面反应控制；3—灰层扩散控制

对于均匀模型，亦可利用类似方法对控制步骤进行判断。应指出的是，对于纯均匀模型和收缩核心模型的假稳态解，当处于流体反应剂在颗粒内的扩散控制时，两种模型的解一致，故很难区分。此时可根据原料孔隙率的大小确定使用何种模型最为适宜。

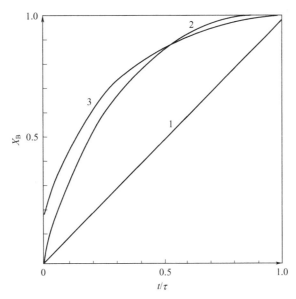

图 15-10-13 收缩核心模型假稳态下转化率随时间的变化
1—液膜扩散控制；2—界面反应控制；3—灰层扩散控制

10.4 浸取过程表面化学

10.4.1 溶质在颗粒表面上的吸附

在流体反应剂与固体进行反应时，通常是流体反应剂 A 首先在表面上被吸附，进而与固体中的反应组分 B 产生化学反应，所得产物 C 再从固体表面上脱附，继而穿过固体孔隙向外扩散，最后穿过液膜，扩散入流体主体。吸附有两种类型，即物理吸附和化学吸附，其区别主要在于吸附力的强弱。物理吸附是指由分子间的范德华力形成的吸附，它通常是可逆的，因吸附而产生的能量变化较低，接近于冷凝时相变产生的热量。化学吸附则包含与形成化学键相当的能量，因而吸附力较强，因吸附而释放的能量介于化学反应与冷凝相变之间。用有机溶剂从植物原料中浸取油脂，一般属于物理溶解，其溶解速度常受固体表面微孔对溶质吸附的影响。吸附可以加快溶质的溶解，但吸附也妨碍溶质及时转移入液相。对于矿石的浸取而言，由于矿石中常含有铝矾土、高岭土、硅藻土、泥炭质岩石等，它们对某些离子尤其是金属离子有较强的吸附能力。如果矿石先经过浮选，则表面黏附的浮选药剂大多为表面活性剂，它可以促使矿石表面对金属离子的吸附。焙烧亦将改善矿石的吸附性能。对流体反应剂而言，吸附将有利于浸取，而对于流体产物而言，固体表面的吸附将使浸取率降低。特别是对品位较低的金属矿而言，如金、银、贵金属等则更易产生明显的影响。

10.4.2 液-固界面化学反应的分数维模型

浸取过程是液-固界面化学反应。传统的浸取过程动力学分析大多将固体颗粒视为球体推导液-固反应速率的数学模型。实际上，固体颗粒的表面形貌及粗糙程度对浸取过程的反应速率也会造成极大的影响。若不考虑这些影响，则任何数学模型计算结果都会与实验测试值有明显偏差。布劳恩在反应区域模型中曾引入一个几何因素 φ 来反映颗粒表面几何形状的不规则性对浸取过程速率的影响,但与实验的浸出数据仍有一定的偏差。近年来,采用分数维的概念研究液-固反应动力学发展迅速。

多相反应的一个显著特征就是在整个反应过程都存在着反应界面,而反应界面的几何结构和物理性质对界面反应速率有重要影响。因此,在建立液-固反应动力学方程时,需要将反应界面作为一个主要的参数考虑。以往的研究通常将简单情况下的反应界面视为平面,在较复杂情况下的反应界面视为曲面,即习惯于将表面或界面视为二维面。当然,在某些场合下,这样的处理并不失其正确性。但在大多数情况下,这种处理与实际情况不相符,例如,颗粒表面、化学活性物表面大多呈现出极不规则、极其复杂的孔隙裂缝、凹凸起伏、褶皱重叠等几何特征。对于这类表面形貌,做任何规则几何假设处理均会使其失真。

(1) 表面的分数维模型 Mandelbrot 首先提出用分形几何学描述这类极不规则、极其复杂的固体颗粒表面,提出了表面的分数维模型[7]。

对于光滑的二维单位面积的平面,取若干半径为 r 的小球去覆盖这个平面,则所需小球的最少数为 $N(r)$。显然,r 越小,$N(r)$ 越大,即单位平面上的小球数 $N(r)$ 与小球的截面积 πr^2 有:

$$N(r) = \frac{1}{\pi r^2} \tag{15-10-85}$$

取对数,有

$$-\frac{\ln N(r)}{\ln r} = \frac{\ln \pi}{\ln r} + 2 \tag{15-10-86}$$

当 $r \to 0$ 时,$\dfrac{\ln \pi}{\ln r} \to 0$,于是

$$\lim_{r \to 0} \frac{\ln N(r)}{\ln\left(\dfrac{1}{r}\right)} = 2 \tag{15-10-87}$$

同理,若考察一个三维的单位体积,用若干半径为 r 的小球去填充,则有

$$N(r) = \frac{1}{\dfrac{4}{3}\pi r^3} \tag{15-10-88}$$

当 $r \to 0$ 时,于是有

$$\lim_{r \to 0} \frac{\ln N(r)}{\ln\left(\dfrac{1}{r}\right)} = 3 \tag{15-10-89}$$

以此类推,对于一个 D 维容体,若用半径足够小的小球去覆盖或填充,则所需小球的最少数 $N(r)$ 应与 $\left(\dfrac{1}{r^D}\right)$ 成正比:

$$N(r) = c \frac{1}{r^D} \tag{15-10-90}$$

式中,c 为分数维常数或形状系数。当 $r \to 0$ 时,称 $\dfrac{\ln N(r)}{\ln\left(\dfrac{1}{r}\right)}$ 为该容体的容量分数维 D。

$$D = \lim_{r \to 0} \frac{\ln N(r)}{\ln\left(\dfrac{1}{r}\right)} \tag{15-10-91}$$

对于极粗糙的表面，表面上大量的凹凸褶皱会使 $N(r)$ 变大。这类表面随着 r 的减小，其 $N(r)$ 的增加会比光滑表面更加迅速。如果这种表面的粗糙程度能保持到接近 $r \rightarrow 0$ 的范围，则 $\dfrac{\ln N(r)}{\ln\left(\dfrac{1}{r}\right)}$ 值就会大于 2。因此，粗糙表面的维数应该在 2～3 之间。

(2) 液-固界面化学反应的分数维模型[8]　对于一个半径为 r_0' 的固体颗粒，用半径为 r_0 的吸附质分子进行吸附。

$$N = c(r_0 r_0')^{-D_r'D} \tag{15-10-92}$$

对于 P 个试样颗粒，总表面积 S 为：

$$S = \pi r_0^2 PN = \pi P c r_0^{2-D_r'} r_0'^{-D_r'D} \tag{15-10-93}$$

对于流体 A(aq) 与固体 B(s) 生成流体 C(aq) 的不可逆界面化学反应：

$$A(aq) + bB(s) \longrightarrow cC(aq)$$

其反应速率为 $v = kS_B C_A^n$。

k 为反应速率常数；n 为反应级数；S_B 为 B 的表面积；C_A 为 A 在 B 表面的浓度。

设固体 B 由 P 个球形颗粒组成，其半径为 r'，则反应速率为：

$$v = -\frac{\mathrm{d}N_B}{b\,\mathrm{d}t} = -\frac{4\pi\rho_B r'^2}{bM_B} \times \frac{\mathrm{d}r'}{\mathrm{d}t} \tag{15-10-94}$$

式中，N_B 为 B 在 t 时刻的物质的量；ρ_B 为 B 的密度；M_B 为 B 的分子量。

由 A 的反应速率等于 B 的消耗速率，得

$$v_B = bv_A \tag{15-10-95}$$

于是有，

$$-\int_{r_0'}^{r'} r^{2-D} \mathrm{d}r = \frac{bcM_B k c_A^n}{4\rho_B r_0^{D-2} r_0'^D} \int_0^t \mathrm{d}t \tag{15-10-96}$$

因为 B 的转化率 $\alpha = 1-(r'/r_0')^3$，上式积分有

$$1 - (1-\alpha)^{\frac{3-D}{3}} = \frac{bcM_B k c_A^n (3-D)}{4\rho_B r_0^{D-2} r_0'^3} t \tag{15-10-97}$$

当固体 B 消失时，即 $r' = 0$，则完全反应时间为

$$t_T = \frac{4\rho_B r_0^{D-2} r_0'^3}{bcM_B k c_A^n (3-D)} \tag{15-10-98}$$

界面化学反应的相对时间 $\dfrac{t}{t_T}$：

$$\frac{t}{t_T} = 1 - (1-\alpha)^{\frac{3-D}{3}} \tag{15-10-99}$$

根据曼德尔罗特给出的固体表面积 S 与体积 V 的关系：

$$S^{1/D} = K_0 \delta^{(2-D)/D} V^{1/3} \tag{15-10-100}$$

式中，K_0 为比例常数；δ 为测量码尺（相当于 r_0）。

于是，

$$-\frac{\mathrm{d}W_B}{\mathrm{d}t} = bM_B k S_B c_A^n \tag{15-10-101}$$

式中，W_B 为 B 的质量，于是有

$$-\int_{W_{B0}}^{W_B} W_B^{-\frac{D}{3}} \mathrm{d}W_B = \frac{b K_0^D M_B k c_A^n}{\rho_B^{D/3} \delta^{D-2}} \int_0^t \mathrm{d}t \tag{15-10-102}$$

式中，W_{B0} 为 B 在 $t=0$ 时刻的质量；W_B 为 B 在 $t=t$ 时刻的质量。

因为 $\alpha=1-W_B/W_{B0}$，于是

$$1-(1-\alpha)^{\frac{3-D}{3}}=\frac{bk_0^D M_B kc_A^n(3-D)}{3\rho_B^{D/3} W_{B0}^{(3-D)/3}}t \tag{15-10-103}$$

根据式(15-10-103)，在 D 值一定时，可得 $\dfrac{t}{t_T}$ 对 α 的关系曲线，如图 15-10-14 所示。

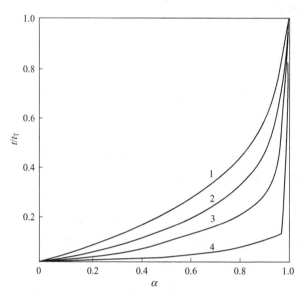

图 15-10-14 D 与 $\dfrac{t}{t_T}$ 和 α 的关系曲线

1—$D=2.0$；2—$D=2.3$；3—$D=2.6$；4—$D=2.9$

从图 15-10-14 看出，当反应的相对时间一定时，表面分数维越高，转化率越高；当转化率一定时，表面分数维越高，反应的相对时间越短。这表明固体的表面分数维对反应速率有较明显的影响，粗糙的表面更容易进行浸出化学反应。固体表面的分数维 D 是其粗糙程度的定量指标，由固体的本性决定，其值在 2～3 之间。

关于流体与不规则颗粒的反应，马兴华等[9]根据 Mandelbrot 提出的分数维 D 的曲线与其所围成的面积间关系式：

$$L(\delta)=c\delta^{1-D}\sqrt{A(\delta)}\,D \tag{15-10-104}$$

式中，$L(\delta)$ 为不规则颗粒投影曲线的周长；$A(\delta)$ 为该曲线包围的面积；δ 为测量码尺；c 为形状系数。

定义与投影面积相等的圆的半径 r 为当量半径：

$$r=(A/\pi)^{1/2} \tag{15-10-105}$$

于是有：

$$L=c\delta^{1-D}\pi^{D/2}r^D=c(D)r^D \tag{15-10-106}$$

式中，$c(D)$ 称为分数维形状系数。

由上式可以导出二维颗粒反应受界面化学反应控制时的分数维模型：

$$\frac{t}{t_T}=1-(1-\alpha)^{(2-D)/2} \tag{15-10-107}$$

显然，式中 D 的值介于 1~2 之间，是不规则颗粒二维投影形状分数维的一个参数。由此可知，颗粒形状越不规则，其分数维越高，则反应速率越快（或相对反应时间越短），如图 15-10-15 所示。

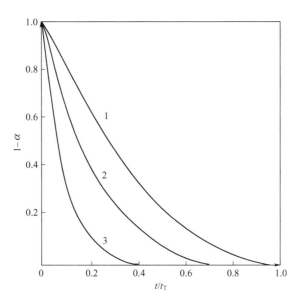

图 15-10-15　化学反应控制时分数维对相对反应时间的影响

参考文献

[1] Sohn H Y, Wadsworth M E. Rate processes of extractive metallurgy. New York: Plenurn Press, 1979.
[2] Treybal R E. Mass transfer operation. New York: McGraw-Hill, 1980.
[3] 毛慧华. 液体在多孔介质中有效扩散系数的研究. 北京: 中国科学院化工冶金研究所, 1988.
[4] 杨守志. 化工冶金, 1984, 5 (4): 1-11.
[5] Lindman N, et al. Chem Eng Sci, 1979, 34: 31.
[6] Wen C Y. Ind Eng Chem, 1968, 60 (9): 34.
[7] Mandelbrot B B. The Fractal Geometry of Nature. San Francisco: Freeman & Co, 1982.
[8] 柯家骏. 分形理论及其应用. 合肥: 中国科技大学出版社, 1993.
[9] 马兴华, 黄滔, 尉俐. 化工学报, 1991, 42 (6): 690.

11 固-液浸取设备

11.1 浸取器分类

浸取反应是固-液非均相反应过程。浸取器按固-液两相的运动状态可以分为几类，见表 15-11-1。

表 15-11-1 浸取器分类

固体	液体	反应器类型	实例
静止	运动	固定床层渗滤浸取器	堆浸、渗滤浸取、原地浸取
运动	运动	机械搅拌浸取器	机械搅拌浸取槽
		气体提升式浸取器	Pachuca 槽
		射流搅拌浸取器	拜耳法浸取槽
		液-固流态化浸取器	流态化浸取槽
		管道式浸取器	管道浸取

浸取器按操作状态分类，可以分为间歇、半间歇、连续三大类，见表 15-11-2。

表 15-11-2 浸取器分类

反应器类型	操作状态		实例
	固相	液相	
固定床	间歇	间歇	间歇渗滤浸取
	间歇	连续	半间歇渗滤浸取
搅拌槽	间歇	间歇	机械搅拌浸取槽、气体搅拌浸取槽
	连续	连续	机械搅拌浸取槽
	连续	连续	气体搅拌浸取槽
	连续	连续	射流搅拌浸取槽、管道式浸取器
流态化床	间歇	连续	经典散式流态化浸取器
	连续	连续	广义散式流态化浸取器

11.2 大颗粒固体渗滤浸取器

11.2.1 固定床层渗滤浸取器

(1) 堆浸 堆浸适于处理低品位难选氧化矿或混合矿（氧化-硫化矿），常用于铜矿、铀矿及金-银矿。以铜矿为例，可经济开采的品位约为 0.6%，边界品位为 0.2%。品位小于

0.2%的含铜矿石即可送到浸取堆场处理。由于矿石的可采品位在逐渐下降，因而堆浸的重要性及所占的产量比例也在提高[1]。一个矿堆一般超过10万吨，若深度不超过3m，则可在5～6周内完成。

实践证明，堆浸的好坏取决于操作程序。堆浸必须满足以下三个条件：空气的良好循环；溶液能与固体颗粒均匀接触；有细菌参与作用且具有良好的活力（现存的堆浸多数均有细菌参与）。此外，还需知道沟流及旁路的水力学数据以及气候随季节的变化。从近代大工业规模应用来看，最早的堆浸技术始于1752年西班牙的Rio Tinto，从含硫铁矿的铜矿中回收铜，以后在英国、美国等地都得到发展。美国有近十个矿山采用堆浸回收铜，年产量超过20万吨，占铜生产量的18%。以美国亚利桑那州的Inspiration铜矿为例，该矿有不同比例的氧化矿及硫化矿，脉石呈酸性。某公司每年利用堆浸处理6亿吨矿石，方法是将采出的矿石不经破碎在峡谷中堆成10m高的浸堆，剥去1.3m的顶，先堆放15d进行熟化，然后用含Fe^{3+}（$6g \cdot L^{-1}$）的硫酸溶液喷淋，强度为$0.122L \cdot m^{-2}$，浸120d（喷淋与停歇交替有利于保温、促进氧化、节省能量），然后将稀铜液送溶剂萃取车间，进一步将反萃液用电沉积法生产商品阴极铜。回收率约为矿石含铜量15%～20%[1,2]。

我国目前有许多金、银砂矿，特别是中、小型矿山，均采用堆浸，使用氰化物溶液喷淋。在铜矿方面，安徽铜陵、江西德兴1980年初均进行过铜矿堆浸试验并已取得成功。以铜陵为例，堆浸总面积$13300m^2$，每次装矿石10万吨，渗滤强度$0.1～0.25m^3 \cdot m^{-2} \cdot d^{-1}$。堆浸下部为不透水闪长岩，地形坡度3%～4%。堆场外设围墙及撒洪沟，以防止山洪流入。集液沟则将渗滤液送至萃取工序。矿堆的纵剖面示意图见图15-11-1。

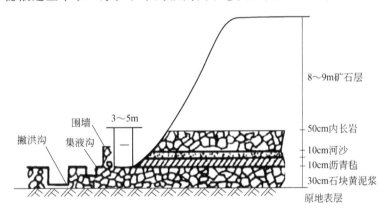

图15-11-1 矿堆纵剖面示意图[3]

用氰化法堆浸金矿时，一般将矿石略加破碎至12.5mm。矿堆较小，约5000～40000t，厚小于3m，浸取5～6周即可完成。为避免溶液渗漏，应仔细选择堆场，经平整使堆略倾斜，铺0.3～0.4m厚的黏土层，每隔0.18m铺一层沥青毡及塑料薄膜。矿石堆放达到要求角度厚，将表面平整压实，然后浸淋渗滤。富液收集后可用锌沉淀法或活性炭吸附法回收金、银，余液再返回堆浸[4]。

堆浸的优点为投资及操作费低，缺点为受气候、季节影响较大。

(2) 地下浸取 地下浸取亦称就地浸取或溶液浸矿。从开采的老坑道里回收铜以及从隆起构造型矿床中回收铀都是很好的例子。早在15世纪，在匈牙利已有少量应用。地下浸取适于处理低品位铜矿及铀矿，对其他贱金属矿，从经济角度看则难于实现。就地浸取的原理、方法与堆浸相同，但就地浸取是比较复杂的工艺，涉及的问题较多，需要多种学科配合，包括地球化学、化学反应动力学、溶液化学、水文学及地质学等。地下浸取一般针对鸡窝矿且已崩裂及风化的矿体，矿体多孔、易于渗透。例如，美国俄亥俄州的一个铜矿，系采空且已破碎的矿体，矿块100mm左右，脉石为多孔石英岩，铜矿物包括硫化铜、氧化铜及硫酸铜。铜品位为0.88%，回收了约0.3%的铜，美国原莫尔比Mobil公司（亦称美孚）开办了南得克萨斯州第一个地下浸出铀矿厂，年产325t黄饼（U_3O_8），另一个地下浸出厂年产225t黄饼。表15-11-3给出了堆浸及地下浸取工业生产实例。

表15-11-3　堆浸及地下浸取工业生产实例[1,3~6]

厂矿	类型	品位/%	收率/%	操作条件	生产规模
美国亚利桑那州 Inspiration	堆浸		15~20	峡谷中堆高10m Fe^{3+}($6g·L^{-1}$)硫酸溶液	600Mt 矿
美国 Dural Copper Basin	堆浸	0.31			2300t Cu
美国 Blue Bird Mine	堆浸	0.5			6800t Cu
美国 Dural Esperanga	堆浸	0.15~0.2		存在铁硫杆菌 *T. ferrooxidant*	2500t Cu
西班牙 Rio Tinto	堆浸			*T. ferrooxidant*	8000t Cu
苏联 Degtyansky	堆浸,地下浸取			*T. ferrooxidant*	900t Cu
墨西哥 Canaea	堆浸,地下浸取			*T. ferrooxidant*	9000t Cu
日本 Kosaka Mine	地下浸取			*T. ferrooxidant*	800t Cu
葡萄牙 Santa Domingo	地下浸取			*T. ferrooxidant*	670t Cu
美国俄亥俄州铜矿（Ohio Copper）	地下浸取	0.88	34	块矿100mm	3.8Mt 矿
美国得克萨斯州 Mobil Ⅱ Mesgnite 铀厂	地下浸取				325t U_3O_8
美国 Conoco 铀厂	地下浸取				2256t U_3O_8
美国怀俄明州 FMC 天然碱	地下浸取			矿体厚30m,深610m	
中国安徽铜陵	堆浸			渗滤强度 0.1~0.25 $m^3·m^{-2}·d^{-1}$	100kt·次$^{-1}$

与常规的采选冶方法相比，地下浸取的优点为对地面的干扰较小，投资和操作费用较低。其缺点是工艺比较复杂，由于生产前的试验工作难以进行，设计困难，且只能适于特定的矿体及地质条件，同时也有造成地下水污染的危险。

地下浸取系统如图15-11-2所示。图中把矿床与它的岩石圈联系起来考虑。据此将适合于地下浸取的矿床分为三类：

Ⅰ类矿床位于天然地下水位以上，它可应用于老矿的已开采区，已水力破碎或爆破破碎的矿体。

Ⅱ类矿床虽位于天然地下水位以下，但可用于常规采矿技术开采的矿床，它埋藏较浅，小于170m，渗透性差的矿床必须进行原地破碎和排水。石油工业中的注水技术已在工业规模用于铀矿的地下浸取。

Ⅲ类矿床系指那些位于天然水位以下，用常规方法开采不经济的矿床，埋藏深度通常大于170m，渗透性差的矿体也必须破碎。

(3) 渗滤浸取器　渗滤浸取处理的矿石有如下特点：矿石含金属品位略高，回收率也较

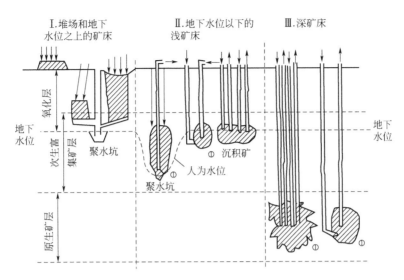

图 15-11-2　地下浸取系统[1]
① 已破碎（爆破或开采）、已水力破碎或已化学致孔

高；粒度较粗，一般为 6～12.5mm，浸取过程中不生成细泥物质；渗滤浸取所需液量较小，渗滤可向上，也可向下，向上循环量大，且不易形成短路，浸泡与渗滤同时进行；渗滤所需时间与粒度有关，以美国亚利桑那州的斑岩铜矿为例，粒度 6mm，需浸出 5d；投资大，处理量大，回收期长。

渗滤槽的体积大小不等，大的可达 $10000m^3$，可装 12000t 矿石。间歇或连续操作均可，矿石浸取期约为 1 周，装卸料的时间可达 15h。以智利的 Chuqui Camata 铜矿为例，采用 13 个渗滤槽，每个长 50m，宽 37m，深 5.5～6m，用水泥砌成，用沥青砂胶衬里，年产铜 34 万吨。

工业上使用的渗滤浸取器多为多级逆流间歇式浸取器组，如图 15-11-3 所示。图上标注了该浸取器组的操作原理。这类浸取器组最初用于甜菜制糖，其后用于药物及鞣质的提取以及从破碎的咖啡豆中提取咖啡。

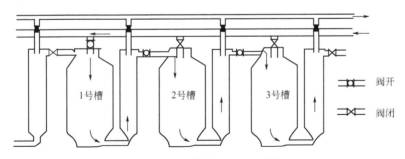

图 15-11-3　渗滤浸取器组[10]

从甜菜中提取糖，系采用密封槽，几个槽或十几个槽串联。用 71～77℃ 的热水使槽内充满液体，串联流过各槽。当甜菜含糖 18% 时，浸取率可达 95%～98%，最终浸出液糖浓度达 12%。鞣质通常在 0.35 MPa、121℃ 下密闭浸取，采用完全浸泡与间歇脱水的方法进行。使用直径 1.5～2.4m、高 4.5～7.6m 的铜或不锈钢制成的浸取器组。图 15-11-3 中新溶剂先进入 1 号槽，终浸液于 3 号槽排出。此时 1 号槽内为新原料、3 号槽内为接近浸取终

点的原料。待至下一轮作业时，3 号槽内物料排出后更换新原料，此时新溶剂先进入 3 号槽，再进入 1 号槽，最后于 2 号槽排出。

上述浸取器均系固定床反应器，溶剂逆流流过各槽，新溶剂自即将排出固体料的床层进入，最后从新装固体料的床层流出[7~10]。

11.2.2 逆流多级间歇串联浸取器

油脂工业用浸取器亦称萃取器，种类较多，数量庞大，且多为连续操作，只有当处理量较小或提取贵重油料时才使用间歇浸取槽。以下介绍常用的几类连续逆流多级间歇串联浸取器。

(1) 篮式萃取器 较早的篮式萃取器为 Bollman 萃取器（图 15-11-4）。它由众多篮式渗滤器构成。由传动机构带动履带移动，宛如一斗式提升机。每一支篮子底部有多孔板及金属丝网，内装固体原料，固体原料自顶部加入后缓慢向下运动，稀浸取液也自上而下喷淋并进行渗滤浸取，至底部排出而得到最终浸取液。吊篮在另一半行程向上运动时，自顶部加入的新溶剂向下喷淋，对固体原料作逆流渗透浸取，然后于底部收集稀浸取液，最后浸取残渣于顶部倾入漏斗，排出器外。Bollman 浸取器可装在密封的外壳内，它广泛应用于浸取时不会崩裂的原料，使用细粒物料也可获得澄清浸取液。

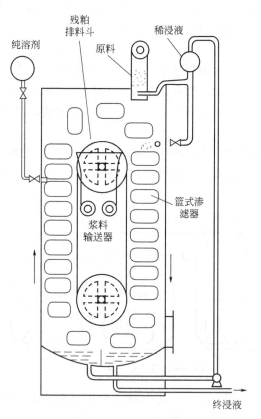

图 15-11-4 Bollman 浸取器[17]

篮子大小约为：深 500mm，长 1000~2000mm，宽 750mm。早期用 38 个篮子，大约每小时转 1 圈，多为用己烷从大豆中浸油。溶剂用量与籽片的质量比约为 1∶1。

大豆含油30%，浸后残渣含油0.6%~0.7%，终浸取液含油25%~28%，日处理能力可达50~1800t大豆。该设备的优点是连续作业，处理量大。缺点是设备一边为并流浸取，易产生沟流，浸取效率较低。

(2) 平转式（rotocell）浸取器 这种浸取器可认为是Bollman浸取器的改进型式。它是20世纪50年代初首先由美国凯洛格公司开发的，后被各国采用。目前在我国油脂工业中使用最广泛的也是这种浸取器。其结构及操作原理见图15-11-5[7,10,11]。

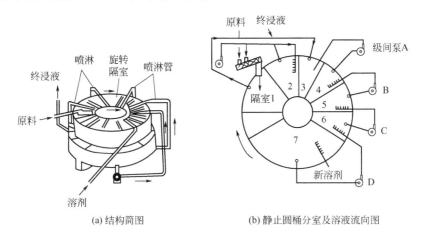

图 15-11-5 平转式（rotocell）浸取器

Rotocell浸取器由上部旋转圆桶及下部静止不动的底板构成。旋转圆桶分为18个扇形隔室，每一隔室内的籽片构成一个固定床。固体原料自第一室顶部加入，按顺时针旋转前进。床层底部为花板，上铺筛网，行至第16隔室位置时，花板将自动打开，残粕自底部排出，经螺旋输送器排料。新溶剂在第14隔室顶部喷入，经料层渗滤浸取后，漏至下面静止的第7隔室内，然后用泵送至前面的第11隔室进行喷淋。第11、12隔室渗滤和漏下的溶液流至静止底板的第6隔室，再用泵送至更前面的隔室喷淋、渗滤，由此构成液-固两相的六级逆流浸取。最后的终浸液自静止底板的第2隔室排出。当溶液喷淋量较大时，籽片将被溶液浸没，待转至下一隔室位置（此处仅对旋转圆桶而言，若对静止底板，则仍处于同一隔室）时，溶液已不再喷淋，便渗滤沥干，再转至下一个隔室，又喷淋含油浓度更低的溶液，继续下一个轮番作业（喷淋-沥干），经最后一次喷淋-沥干后，即行排料。可见，平转式浸取器是渗滤与浸泡的作业，其作业时间的分配见表15-11-4。

表 15-11-4 平转式浸取器的时间分配[11]

过程	进料	浸取	最后沥干	排料门开	排料门闭	合计
隔室数	1	12	2.5	1	1.5	18
时间/min	6	72	15	6	9	108

菜籽、棉籽等含油量较高的原料，一般需先经预榨再进行浸取。预榨后籽片的含油率控制在12%~14%。大豆等含油低的原料，一般不经预榨，直接用溶剂浸取，浸取前略升温，轧坯（籽片）温度30~40℃，即直接送溶剂浸取。表15-11-5中列出了大豆一次浸取的工艺指标。

表 15-11-5　大豆一次浸取主要工艺指标[11]

坯水分/%	坯厚度/mm	新溶剂温度/℃	溶剂用量/t·t^{-1}	终浸含液油/%	湿粕含溶剂/%	粕含油/t·t^{-1}
8～9	0.3～0.35	50～55	0.8～1.1	25～28	30	1.0

为减少溶剂的挥发损失，旋转圆桶外部装有密封罩，进、出料均用封闭式螺旋输送器。全套装置 φ7m，高 4m，日处理大豆 250t。国内最大的已达 3000t·d^{-1}，美国的新装置已达日处理 18000t。

(3) 环形浸取器　美国皇冠公司于 1950 年在弓形浸取器的基础上吸收了渗滤浸取器的优点，在 1970 年研制出环形浸取器。环形浸取器既具有喷淋式浸取器的优点，又具有浸泡式浸取器的优点，日处理物料量为 1000～1500t，可以连续处理许多油料，如大豆、棉籽、小麦胚芽、向日葵、咖啡、菜籽、花生等[11]。

环形浸取器如图 15-11-6 所示。原料料坯由进料口加入浸取器后，先经预喷淋浸取段，进入流化浸取段，料坯在大量混合油中进行悬浮浸取，随后在环形浸取器的下部进行多次喷淋浸取或多次浸泡式浸取，在右边弧形浸取部分，湿粕被提升上去，与新鲜溶剂呈逆流流动而进行逆流浸取。湿粕最后受到新鲜溶剂的喷淋冲洗，饼沥干，由出粕口经螺旋输送器排出浸取器。

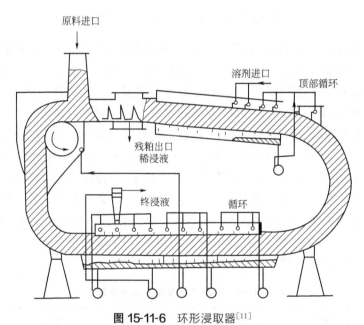

图 15-11-6　环形浸取器[11]

1960 年无锡轻工学院建成一座中间浸取工厂，其后逐步在国内有关工厂推广建立环形浸取器，用以处理菜籽饼、米糠、棉籽饼、大豆坯等。处理能力最大可达 3000t·d^{-1}。环形浸取器结构简单，适应性强，处理能力大，与平转式相比，料层薄，溶剂易渗滤，浸出效果良好[1]。

11.3　机械搅拌浸取器

机械搅拌浸取器系通用的悬浮固-液浸取设备，根据原料及溶剂的性质和操作条件而有不同的型式。依外形区分有卧式、竖式及回转圆筒等型式。若按搅拌器型式区分则有透平桨、螺旋桨、框式、锚式及螺带式等。槽壁有无挡板，或槽内是否设导流筒会使搅拌状况有很大的区别。根据流动条件则有间歇操作及连续操作之分。用于回收牛脂的卧式搅拌槽，$\phi 1.8$m，长 2.7m，用庚烷、已烷或氯化烃类作溶剂，一次可处理 3.5t 原料。溶剂自底部喷入，浸取后再由此排出。经三次浸取，溶剂逐次采用浓浸液、稀浸液、新溶剂，以达到间歇式逆流浸取的目的。

机械压榨后的籽饼、蓖麻饼等多用搅拌槽浸取。医药用油、贵重油脂如鱼肝油等因处理量小，故适宜用搅拌槽间歇作业。

湿法冶金中使用的浸取器多数为机械搅拌槽，常用的是标准搅拌槽，即直板六叶透平桨，槽壁设 4 块挡板，或使用中心有导流筒的螺旋桨搅拌器。其体积由几立方米到一百多立方米，多用于铜、锌、铀、钒、锰等金属的提取。1950 年加拿大 Sherritt Gordon 公司开发出一种卧式机械搅拌高压釜，用以从硫化铜镍精矿在加压下用氨性溶液氧化浸取镍、钴，并以硫化物形式回收铜。其所用设备如图 15-11-7 所示。该公司使用的高压釜系连续操作。$\phi 3.4$m，长 13m，压力 0.84~0.9MPa，温度 80~85℃，停留时间 2~6h。加压釜内分成 4 个隔室。隔室内装搅拌器、挡板及冷却蛇管，隔室间设可调溢流板调节矿浆流量。此种浸取高压釜已在美国、日本、澳大利亚、芬兰、南非、菲律宾等地被广泛采用。

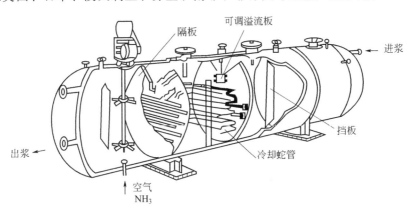

图 15-11-7 Sherritt Gordon 浸取高压釜[2]

浸取过程中搅拌速度通常对浸取率有较大影响。首先应使矿粉处于悬浮状态，其次液-固两相的运动可以加快物料混合，强化液-固间的传质。但搅拌速度达到一定值后，再提高转速已对浸取作用不大，因为湿法冶金中处理的原料多数受微孔扩散或化学反应控制。因此，对搅拌槽设计的基本要求是保证固体颗粒处于悬浮状态。若再提高转速，最后固体离子将达到完全均匀的悬浮状态，前者被称为第一临界速度，后者则称为第二临界速度。Zwietering 提出的第一临界速度的判据如下[12]：

$$n_{c1} = \frac{k d_p^{0.2} v_L^{0.1} (g\Delta\rho)^{0.45} C_s^{0.13}}{\rho_L^{0.45} D_t^{0.85}} \quad (15\text{-}11\text{-}1)$$

式中，k 为与设备几何条件有关的参数。$k = f(Ne, D_t/d_i, D_t/h_c)$。上式适用于直板桨、六叶透平桨、螺旋桨及带翼转盘。槽径范围 0.15~0.6m，0.125~0.85mm 的砂子悬浮于水、有机溶剂及油中。

关于第二临界速度目前还没有适用的判别式。Bohnet 等的研究结果如图 15-11-8[13] 所示。从图中可以看出，对于玻璃珠，只有当转速达到 1200r·min^{-1} 以上时，槽内固-液相浓

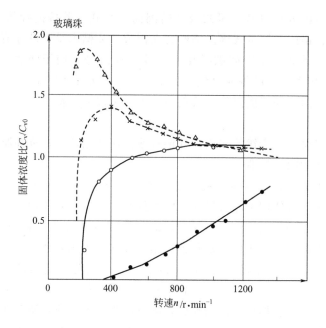

图 15-11-8 槽内不同高度固体浓度分布与搅拌转速的关系

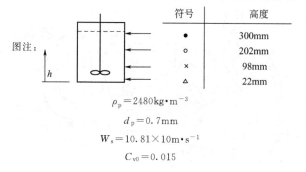

度才趋于均匀。对浸取搅拌槽而言,所选取的搅拌速度应大于第一临界速度,而小于产生气体旋涡的速度。

搅拌器为螺旋桨,下推,$d_i=0.1\text{m}$,$h_c=0.05\text{m}$。

关于流体反应剂通过固体离子外层液膜的传质系数,可借 Barker 和 Treybal 给出的无量纲式[14]进行计算:

$$\frac{k_f D_t}{D}=0.052\left(\frac{d_i^2 n \rho_L}{\mu_L}\right)^{0.84}\left(\frac{\mu_L}{\rho_L D}\right)^{0.5} \qquad (15\text{-}11\text{-}2)$$

上式适用于带挡板的六叶透平桨标准搅拌槽。

11.4 气体提升式浸取器(Pachuca 槽)

Pachuca 槽主要用于湿法冶金,如氰化法浸取金、银,酸浸氧化焙烧后的锌精矿及铜矿,氨浸氧化铜矿及还原焙烧后的硅酸镍矿,酸浸和碱浸铀矿等。这类浸取器因首先在墨西哥的 Pachuca 使用而得名。其主要特点是使用压缩空气搅拌而强化浸取。基本上可分为两种类型，其区别在于槽内是否有气体提升管。当矿粉浓度较大、粒度较粗或固体密度较大时，宜采用带气体提升管的浸取器。带提升管的 Pachuca 槽如图 15-11-9 所示。其操作原理是：当压缩空气自提升管底部通入时，气体夹带液体或矿浆沿提升管上升，由于管内、外流体的密度差，使提升管内产生升力，将槽内矿浆提至顶部，再从管外的环间落下，向下流动，所含气体大部分已在顶部脱除。如此形成有规则的环形流动并对矿浆进行强烈搅拌，强化气-液-固传质，形成均匀的混合，是一种良好的全混型反应器。

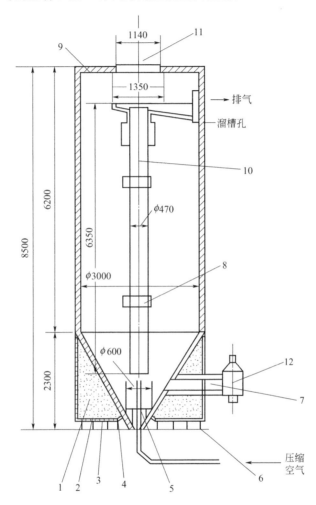

图 15-11-9 锌焙砂酸浸用 Pachuca 槽[18]

1—石英砂填充物；2,6—支承件；3—底板；4—锥底；5—进气管；7—排浆管；8—包铅铁箍；9—顶盖；10—提升管；11—加料口；12—旋塞

Pachuca 槽通常为圆桶形，并带有 60°的锥底。老式的槽直径可达 10m，高度可达 16m，提升管的内径一般为 0.3m，长度与槽高相近。但现在的 Pachuca 槽长径比可达 7～10，槽截面与提升管截面之比可达 2～10。

值得指出的是提升管的上管口必须在液面下至少 0.1m，才能保证足够大的提升力。此外，还有一些其他要点，如锥底的角度、提升管距底面高度等在设计时应予以注意[15]。特别是提升管内的空管气速应大于 $0.5\mathrm{m \cdot s^{-1}}$。根据 Hallett 对金矿及铀矿所做的调查以及文献上的资料，表 15-11-6 列出了一些 Pachuca 槽的条件。

表 15-11-6 Pachuca 槽的几何条件及操作条件[16,17]

工厂	类型	槽径/m	槽高/m	锥角度/(°)	提升管内径/mm	喷嘴内径/mm	槽数	喷嘴数	矿浆浓度/kg·L^{-1}	粒度-74μm+147μm/%		矿浆流量/m³·h^{-1}	槽表观气速/cm·s^{-1}	通风量/m³·m^{-3}·min^{-1}	浸取率/%
A	氰化提金	10.16	14.22	60	无	102	9	1	1.48	0	20	294			98.8
B	氰化提金	4.50	13.72	60	有	25.4	28	1	1.40	70	5	190	0.73	0.039	96
C	酸法提铜	10.72	16.10	64	无	75	4	1	1.60	75		2800	0.10	0.01	80
D	酸法提铀	6.86	15.24	60	无	45.4	22	3	1.86	45	20	70	0.45	0.028	95
E	酸法提铀	5.03	15.24	30	无	19.1	3	3	1.44	78	5	21.7	0.50	0.056	66/95①
F	酸法提铀	6.86	15.24	60	无	25.4	12	4	1.92	57		281	0.19	0.015	96
G	酸法提铀	5.49	15.24	60	有	25.4	24	1	1.56	75		56			94
Electro Zn Co of Australia(奥地利)	酸法浸锌	3.66	10.4	60	508		5								
Det Norskc Zinkompaui Belgium(比利时)	酸法浸锌	3.0	7.8				2×5								
Ville Montaque Belgium(比利时)	中性浸锌	2.5	4.5				7								
	酸性浸锌	2.5	3.5				3								
Consolidated Mining & Smelting Co(加拿大)	中性浸锌	3.05	9.14		254		2×4								
	酸性浸锌	3.05	9.14		254		7								
郑州铝厂	氧化铝种子分介	8.2	32	60	310		10	1							
古巴 Moa 湾厂	高压酸浸硅酸镍矿	3.0	15		406		4								
中国茱炼锌厂	酸法浸锌	3.0	8.5	60	470			1							
东川中试厂	加压氨浸铜矿	0.8	15	60			5层	1	1.48	55	5	5.6	0.7		95

① 第一级 Pachuca 槽浸取率 66%，第二级机械搅拌槽浸取率 95%。

Pachuca 槽既可间歇操作，也可连续操作。当连续操作时，为避免短路，不宜单槽作业或多槽并联作业，宜采用多槽（至少 4~5 级）串联（气体与矿浆错流）[18]。中国科学院过

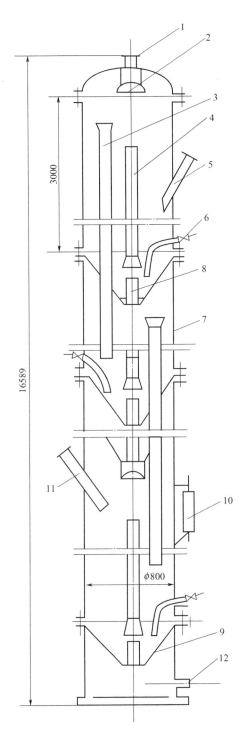

图 15-11-10 气-液（固）逆流多层 Pachuca 槽[19]

1—出气口；2—挡板；3—降液管；4—中心管；5—进料口；6—排污口；7—釜体；
8—气体喷嘴；9—锥底；10—液位计；11—出料口；12—进气口

程工程研究所于1960年年初开发出一种塔式气-液（固）逆流连续操作的多层Pachuca槽，已成功应用于东川加压氨浸中试工厂，日处理100t含硫化铜及氧化铜的矿石。槽体直径0.8m，高15m，共5层（或$\phi 1000mm \times 15000mm$，4层），如图15-11-10所示。55% 200目的矿粉与氨溶液构成1:1（质量）的矿浆自顶层加入，依次溢流而下，最后于底层溢流口排出。压缩空气于底层底部喷嘴进入，依次向上，最后于顶层顶部排出。温度130℃，顶部压力0.8MPa。

Pachuca槽的优点为结构简单，无运转密封件，占地面积小，矿浆作有规则的循环流动，混合良好，气-液及液-固间传质速率较快；缺点是所需空气压力稍高，进出口压差主要用以克服液柱的高度。此种反应器近年来在化工、环境工程及生化工程中亦得到广泛应用。

11.5 射流搅拌浸取器

利用射流对互溶液体进行搅拌混合，在浸取化工领域应用得较普遍。例如，用拜耳法加压碱浸铝土矿制取氧化铝的过程中，所使用的压煮器即为射流式浸取器。在喷射混合中，提供的动力是高速运动的射流，当其喷入缓慢运动或静止的主流体时，由于二者的速度差，在流体的边界上产生速度梯度，形成一个混合层，并在前进方向上扩展，拖动主流体，不断使混合范围扩大。

喷射混合或搅拌可以半间歇、也可以连续进行。射流可以沿贮槽的中心轴引入，也可以从槽底朝上引入，也可以从液面朝下引入，也可以从器壁处引入。喷射搅拌槽的结构如图15-11-11所示。当主流体为A，加入待混合的流体为B时，此时喷射搅拌槽的结果可以有图15-11-11(a)、图15-11-11(b)、图15-11-11(c) 三种。

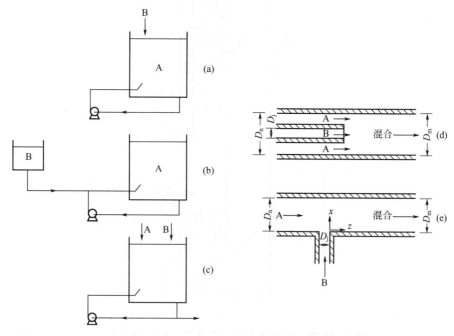

图 15-11-11 喷射混合搅拌器结构示意图

(a)~(c)搅拌槽；(d),(e)管道混合器管道型喷射混合器在湍流状态下操作，有很高的效率，其混合只需几秒或更短时间即可完成。通常使用的管道射流混合器如图 15-11-11(d)、(e) 所示，分别为同心流混合器及侧流射流混合器。

图 15-11-12 为拜耳法铝氧生产中使用的连续射流加压浸取反应釜，是多级串联作业。

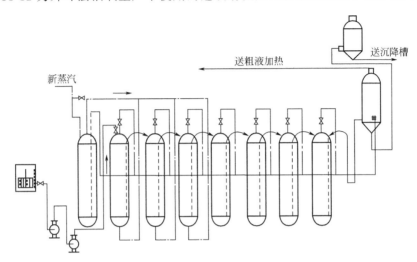

图 15-11-12　连续射流加压浸取釜

(1) 射流搅拌槽的混合时间　理论上讲，间歇射流搅拌混合槽内的射流混合时间，可以根据射流夹带次生流形成的循环流量计算。假设射流混合接近完全时，其夹带的循环流 Q_C 与槽内液体体积的比为 R：

$$Q_C/V = R \tag{15-11-3}$$

$$t = \left(\frac{R}{FZ}\right)\left(\frac{D_j V}{Q_j}\right) = \left(\frac{R}{FZ}\right)\left(\frac{T^Z H}{u_j D_j}\right)$$

式中，Z 可认为系射流喷射的有效距离，即能夹带次生流造成的最远有效距离。

(2) 射流搅拌槽的几何结构　若槽内液体的高径比为 $0.75 \leqslant H/T \leqslant 3.0$，则应使用单一轴向射流。

若槽内液体的高径比为 $0.25 \leqslant H/T \leqslant 1.5$，则应使用单一侧向射流。

若槽内液体的高径比为 $H/T<0.25$，或 $H/T>3.0$，则应使用多个侧向射流，也就是说，当采用大直径槽或浅槽或细高槽时，应使用多个喷嘴，即将其看成几个 $H/T=1$ 的小槽的叠加，并据此配置喷嘴的数目。当射流喷射向器壁或底部时，会消耗动量，为此射流应朝向槽体的长轴。此长轴的长度 x 应小于 $400D_j$。$x \approx H$，适用于轴向射流；$x \approx (T^2 + H^2)^{1/2}$，适用于侧向射流。如此则可以获得较高的能量效率及混合效率。侧向射流喷嘴从壁面深入的深度不宜超过 $5D_j$，上距液面、下距槽底不宜超过 $5D_j$。轴向射流的喷嘴应垂直，与槽底、液面的距离也不超过 $5D_j$。

连续流动下的混合：假若槽内液面维持恒定，如果该槽的表观停留时间大于 $5t_{99}$，则可保证其混合良好。t_{99} 为混合度达到 99% 所需的时间。

(3) 射流搅拌槽的设计　给定搅拌槽的体积、直径、液面高度，根据 H/T 的值，确定使用侧向或轴向射流，然后计算长轴长度 x。轴向射流取 $x \approx H$，侧向射流取 $x \approx (T^2 + H^2)^{1/2}$。对于侧向射流，计算喷嘴与水平面的夹角 β 及喷嘴的流速 u_j。

$\beta = \tan^{-1}(H/T)$，喷嘴的流速 $u_j \geqslant u_C$，用于朝上的喷嘴。

$\beta = \tan^{-1}(H/T)$，喷嘴的流速 $u_j \geqslant 1.5 u_C$，用于朝下的喷嘴。

式中，$u_C = \{[2gH(\rho_2 - \rho_1)/\rho_2]/\sin^2\theta\}^{0.5}$，$\theta = (\beta + 5)°$，$\rho_2$、$\rho_1$ 为轻、重液的密度。

然后，选定喷嘴的内径 D_j，使 $50 \leqslant x/D_j \leqslant 400$。

采用射流混合时间的经验关联式计算混合时间 t_M，计算射流用水泵的循环量 Q_j：

$$Q_j = \pi D_j^2 u_j / 4 \tag{15-11-4}$$

然后，估计射流用循环水泵的压头 p：

$$p = \Delta p_1 + \Delta p_2 + \Delta p_3 \tag{15-11-5}$$

式中，Δp_1、Δp_2、Δp_3 分别为管道、喷嘴及槽内液体静压头的损失。

(4) 射流搅拌槽的实用性　根据经验以及有关数据的比较，在混合时间完全相等的条件下，使用射流对液体搅拌的功率消耗要比机械搅拌高，但是投资维护费等要比机械搅拌槽低，特别是对于大型槽内的液体进行混合，采用射流搅拌要经济实用得多。

11.6　液-固流态化浸取器

前面已述及，浸取与后续的固-液分离及洗涤工序是紧密相连的。液-固流态化浸取器可以同时作为浸取及固-液分离洗涤器，也可以进行单独作业。在铀矿，焙烧后的氧化镍、钴矿，硫酸化焙烧的铜矿、铝土矿及活性白土等的浸取和洗涤中都有应用，国内在这方面也开展过许多研究工作。

液-固流态化浸取器的优点在于它原则上可实现单级逆流浸取洗涤作业，以替代工业上

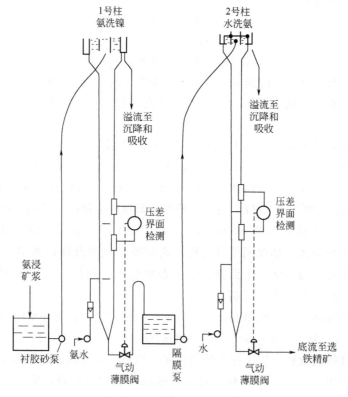

图 15-11-13　氨浸镍矿浆洗涤流程

常用的多级逆流浸取洗涤作业。例如，当以水为溶剂浸取硫酸化焙烧后的铜矿时，如果浸取速度足够快，即可在一个流态化洗涤柱内同时实现浸取及逆流洗涤作业。如果使用价格较贵且需循环使用的溶剂，则需使用两级洗涤柱，例如用氨溶液浸取铜、镍矿或铀矿，第一柱作为浸取洗涤金属离子之用，第二柱则专供洗涤氨之用。流态化洗涤柱的结构及操作原理见图 15-11-13[20]。浸取器系柱形结构，矿粉或矿浆自顶部布料管加入，矿粉受重力作用逐渐向下。下部设液体分布器，使液体作均匀向上流动，使固体颗粒处于流化状态。向上的液体至顶部扩大段后流速降低，粗粒子下沉，加絮凝剂使细颗粒一起下沉，如此可使溢流基本上不含或含少量固体。降至液体分布器以下的固体颗粒呈高浓度的移动床，最后于底部排出。虽然流态化液-固浸取器有许多优点，如处理量大、投资低、占地少、设备简单等，但欲保证其操作顺利，则需满足一系列条件，列举如下：

① 固体粒子的沉降速度不能太低，即颗粒不宜太轻、太小。

② 宜按粒度大小分级进行浸取与洗涤。可将颗粒按粗、中、细分级处理，并弃去少量极细粒物料。

③ 作逆流流动，建立起显著浓度梯度。

④ 布料均匀，减少沟流与返混。

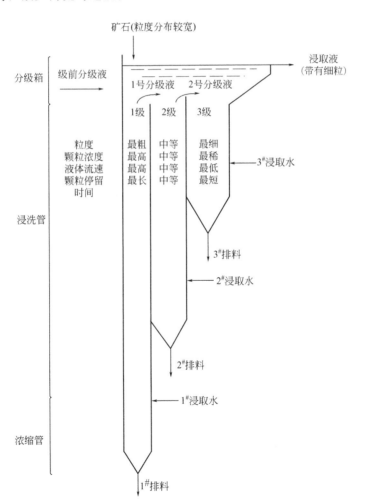

图 15-11-14　逐级流态化浸取、洗涤原理[20]

⑤ 进料、排料、进液稳定。

综上所述，欲取得好的浸取及洗涤效果，必须在柱内建立起稳态操作，同时应使柱上部处于稀相状态，下部处于浓相状态，并保持稳定界面，如此才能获得较高的洗涤效率。

工业上使用的矿粉，大体上可分为粗、中、细三级。为此，可按逐级流态化浸取和洗涤原理进行设计，其原理如图 15-11-14 所示。

液-固流态化浸取器的设计比较复杂，而操作尤为困难，目前应用于浸取、洗涤的成功例子并不多，但作为沉淀器、结晶器或分级器则有一些经验。

11.7 管道式浸取器

管道式浸取器由一组直立的空管组成，是液-固相并流的连续流动反应器。矿浆靠泥浆泵驱动自第一级顶部喷入，由于流体流动的突然扩大，产生强烈湍动，至反应器下部收缩，进入导管，引至下一级顶部喷入。这种借流体喷射而产生强烈搅拌作用的反应器又称喷流反应器。拜耳法用热压碱浸法自铝矾土生产氧化铝是使用管道式浸取器最成功的例子。拜耳法中每个管道式釜内装满矿浆（顶部留有空隙），底部通入直接蒸汽，靠压差逐级向后流动，经过足够的停留时间完成浸取作业。这种反应器适于密闭、加压、高温条件下处理难浸矿石。郑州铝厂拜耳法氧化铝生产中使用的管道式浸取釜内径 1.546m，高 13.5m，操作压力 2.7MPa，温度 190～240℃。10 釜串联，矿浆流量 70$m^3 \cdot h^{-1}$，单釜压降约 0.1MPa，釜内充满率 70%，停留时间约 2h。其配置见图 15-11-15。

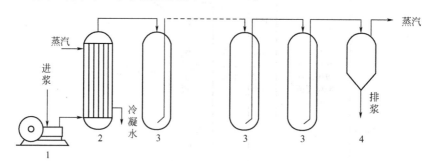

图 15-11-15 拜耳法浸取系统
1—高压泥浆泵；2—预热器；3—管道式釜；4—自蒸发器

20 世纪 70 年代在欧洲，特别是德国已研制出在高温、高压下用管道溶出铝矾土中的一水硬铝石、三水铝石等装置。它是一根长约数百米的管道。目前德国已具有处理三水铝石矿、一水软铝石矿、年产 100 万吨氧化铝的管道反应器，分布在联合铝业公司的 Stade、Lunen 等 4 个厂家。Stade 厂每组溶出装置的生产能力为 300m^3 矿浆$\cdot h^{-1}$，温度 250℃。对希腊一水硬铝石矿管道溶出试验的结果表明：220℃，流量 30$m^3 \cdot h^{-1}$，停留时间 12min，浸取率为 94%[21]。

11.8 其他类型浸取器

油脂工业中还有一些浸取器的使用也比较广泛。在这些浸取器中籽片虽处于运动状态，但很难判定它们已处于良好的悬浮状态，但一般均能实现液-固逆流连续操作，因而处理量较大，效率也比较高。

(1) Kennedy 浸取器[7~10] 如图 15-11-16 所示，Kennedy 浸取器由一组带圆底的槽组成，每槽上各有一个转轮，带动四片有孔弯形刮板旋转，推动固体逐槽向前，直至最后由斜螺旋输送器排出。新溶剂在螺旋输送器的出口处加入，逆流向后，最终澄清后排出。每个槽及旋转刮刀构成一级搅拌浸取及固-液分离作业，因而全系统即为一多级逆流浸取洗涤装置。

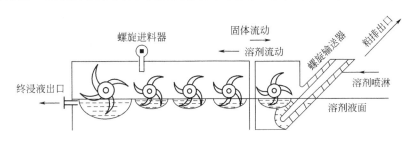

图 15-11-16　Kennedy 浸取器

(2) Hildbrandt 浸取器[7~10] 如图 15-11-17 所示，系由三个密闭螺旋输送器组成的 U 形装置。三个螺旋输送器分别由三个电机单独驱动，每个螺旋片上开有小孔，以使溶剂渗滤而籽片不能通过。操作时溶剂用泵强制输送，使其充满至立管的顶部。籽片从左端立管顶部

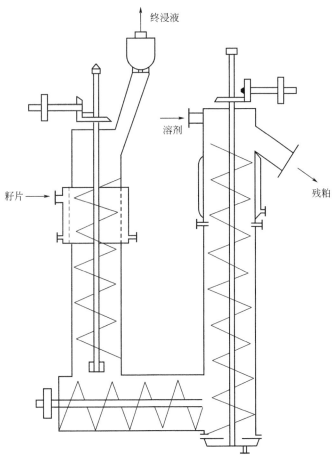

图 15-11-17　Hildbrandt 浸取器[14]

加入，最后于右端立管顶部排出。溶剂自右端立管顶部加入，逆流前进，最后于左端立管顶部排出。这种浸取器适于处理轻质、不易崩裂的籽片。轴的转速以固体进、出端不致泄漏为宜。

(3) Bonott 浸取器[7～10]　如图 15-11-18 所示，它是一个直立的板式塔浸取装置。塔内装有等距离的同心圆盘，圆盘上装有固定刮刀。水平圆盘以一定速度旋转，其作用在于使籽片沿塔高呈良好的悬浮状态，以避免结块或架桥。相邻两板的下料口错开 45°，使顶端装入的籽片靠重力落下并与上升的溶剂呈逆流流动。籽片逐盘下落，溶剂逐盘上升，最后溶液于顶端排出，残粕靠螺旋输送器于底部排出。

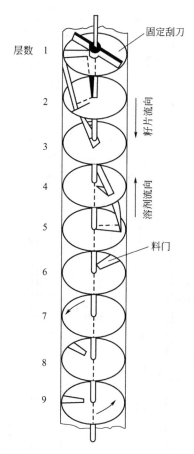

图 15-11-18　Bonott 浸取器

参考文献

[1] Wadsworth M E. 湿法冶金，1984，(2)：1-19.
[2] Baldt R E Jr. 镍的冶炼. 对外经济联络部，化工冶金所，合译. 北京，1972.
[3] 铜陵有色金属公司. 有色金属（冶炼部分），1982，32-37.
[4] Jackson E. Hydrometallurgical extraction and reclamation. Chichester, West sussex: Ellis Horwood Ltd, 1986: 50-57.
[5] Halms J A. 湿法冶金，1982，(1)：4-11.
[6] Gupta C K, Mukhergee T K. Hydrometallurgy in extraction procosses vol 1. Boston: CRC Press, 1990.
[7] 化学工学協会. 化学工学便覧：抽出. 第 5 版. 東京：丸善株式会社，1988: 575.
[8] Bailey A E. Industrial Oil and Fat Products. New York: Interscicnce Publishers Inc, 1945.

[9] Bailey A E. 油脂化学与工艺学：下册．秦洪万，等译．北京：轻工业出版社，1959.
[10] 《化学工程手册》编委会．化学工程手册第14篇：萃取和浸取．北京：化学工业出版社，1985：298.
[11] 无锡轻工学院．油脂提取与加工．北京：农业出版社，1986：151-169.
[12] Zwietering T N. Chem Eng Sci, 1958, 8: 244.
[13] Bohnet M, Niesmak G. Ger Chem Eng, 1980, 3: 57-65.
[14] Perry's Chemical Engineers' Handbook. 4th. 19及17章；6th. 19及48章．New York: McGraw-Hill 1963, 1984.
[15] Chisti M Y. Air-Lift Bioreactor. London: Elsevier, 1989.
[16] Hallett C J. 湿法冶金，1984，(1)：52-62.
[17] Van Arsdale G D. Hydrometallurgy. New York: McGraw-Hill, 1953.
[18] 中南矿冶学院有色重金属冶炼教研组．有色重金属冶金学：中册．北京：冶金工业出版社，1959：398.
[19] 化工冶金所四室．有色金属（选冶部分），1976，(4)：47-53.
[20] 郭慕孙．流态化浸取和洗涤．北京：科学出版社，1979.
[21] 阎鼎欧，郭焕雄．国外轻金属，1980，(3)：8-10.

12

浸取过程的设计及工艺计算

12.1 浸取溶剂的选择

浸取溶剂的选择可以影响浸取过程中需要综合考虑的大量设计参数，按重要性排列分别为：对待提取溶质的最高饱和溶解度和选择性，生产高质量不受溶剂影响的浸提材料的能力，在过程操作条件下的化学稳定性，低黏度，低饱和蒸气压，低毒性和可燃性，低密度，低表面张力，在浸取流程中容易经济回收，价格低。但是每个应用的特殊性决定了它们的相互作用以及相关意义，以上任何一个因素都可以在过程条件的正确组合下决定溶剂的选择。

12.2 浸取温度的选择

浸取过程的温度应该根据不同条件下待浸取物的溶解性、溶剂蒸气压、溶质扩散性、溶剂选择性以及产品的选择性来综合考虑。在一些特殊情况下，材料结构对温度的敏感性以及腐蚀和降解的威胁非常重要。

12.3 浸取反应器的设计

浸取系从具有穿透性的、不溶解的固相（惰性物质）中提出可溶组分，并使其转入液相。或用某一液体置换含于惰性物质间隙中的另一液体。可溶组分与惰性物质呈化学结合或吸附，或机械地含于其毛细结构中。惰性物质可以是致密的，也可以是多孔的。浸取可以是简单的物理溶解，也可以是伴有化学反应过程，它通常包括溶剂扩散，因此，传递过程及化学反应均可成为浸取过程速度的控制步骤。

浸取反应器的设计主要是确定转化率与浸取时间的关系，从而决定反应器的尺寸。目前多数采用经验设计或通过中间试验而采用逐级放大的方法，这需要消耗大量经费与时间。近年来，理论研究取得深入发展，特别是在浸取过程动力学以及化学反应工程学方面，从而得以利用机理模型对反应器进行设计。

浸取用的反应器如第11章所述，有多种类型（表15-12-1）。按设备型式可分为固定床、流化床、悬浮床；从操作角度则有连续与间歇之分；液-固流向则有并流与逆流之分，从反应工程学角度则有完全混合、活塞流及轴向返混流等区分。上述性质均已有深入的研究，为反应器的设计提供了理论基础。

12.3.1 浸取反应器的型式及操作状况

见表 15-12-1。

表 15-12-1 浸取反应器的型式及操作状况

分类	名称	固相				液相				速率控制步骤判断
		床型	粒度/mm	流型	方式	流型	流况	流向	方式	
固体静止	堆浸	固定	<100	静止	间歇	活塞	层流	下	连续	微孔内扩散界面反应或混合控制
	地下浸取	固定	<100	静止	间歇	活塞	层流	下	连续	微孔扩散界面反应
	渗滤浸取	固定	<10	静止	间歇	活塞	层流/湍流	逆流	连续	微孔扩散界面反应
固体悬浮	搅拌槽 Pachuca	悬浮	<0.5	全混	间歇或连续	全混	湍流	并流	间歇或连续	微孔内扩散界面反应或混合控制
	管道式	悬浮	<0.5	活塞流、轴向返混	连续	活塞流、轴向返混	湍流	并流	连续	微孔内扩散界面反应或混合控制
	流态式	流化	<1	活塞流、轴向返混	连续	活塞流、轴向返混	层流	逆流	连续	液膜扩散或微孔扩散

12.3.2 液-固浸取反应器的设计模型

液-固浸取反应器的机理模型及反应器的设计方法已有较完整的经验。其基本任务在于确定达到一定浸取率所需要的时间,从而根据处理量可确定反应器的尺寸。为此需明确下列条件[1~3]:

① 选择一个合适的反应模型,或根据实验结果建立一个恰当的反应模型。对反应机理、反应计量式及反应速率控制步骤应比较清楚。

② 从反应工程学的角度,对候选的反应器内的固体及流体的流动性质及传递性质等有深入了解,主要指流动型式、混合程度及停留时间分布性质等。

③ 液-固两相的化学及物理性质应比较清楚。包括固体的密度、比热容、粒度及其分布、颗粒形状及孔隙率,溶液的密度、比热容、黏度、离子强度、扩散系数及气体溶解度等。

对浸取过程,正如第 10 章所介绍的,收缩核心模型及均匀模型,均可将固体溶质的转化率(浸取率)Y 表示成浸取时间 t 的函数,即:

$$Y = f(t/\tau) \tag{15-12-1}$$

当 $Y=1$ 时,$t=\tau$,τ 为完全转化时间,对收缩核心模型,已知 Y 的表达式及完全转化时间 τ 如下:

液膜扩散控制 $Y = t/\tau_f$,$\tau_f = RC_{B0}/(3bk_fC_{A0})$ (15-12-2)

界面反应控制 $Y = 1-(1-t/\tau_f)^3$,$\tau_f = RC_{B0}/(k_sC_{A0})$ (15-12-3)

灰层扩散控制 $1+(1-Y)-3(1-Y)^{2/3} = t/\tau_{ash}$

$$\tau_{ash} = R^2C_{B0}/(6bD_eC_{A0})$$

或 $Y = 1-\left\{\dfrac{1}{2}+\cos\left(\dfrac{\beta+4\pi}{3}\right)\right\}^3$

$$\beta = \cos^{-1}\left(\frac{2t}{\tau_{\text{ash}}} - 1\right) \qquad (15\text{-}12\text{-}4)$$

对于单一粒径的球形颗粒物料，在间歇反应器或在活塞流反应器中进行浸取时，根据反应控制步骤的不同即可按式(15-12-2)～式(15-12-4)分别计算浸取率与时间的关系。

若浸取在连续流动完全混合型搅拌槽内进行，则必须考虑溶液及固体粒子的停留时间分布。此时平均转化率与时间的关系可表示如下：

$$1 - \overline{Y} = \int_0^\tau (1-Y)E(t)\,dt \qquad (15\text{-}12\text{-}5)$$

式中，$E(t)$ 为溶液及粒子的寿命分布函数，当固体粒子在槽内呈良好悬浮状态及均匀混合时，可认为固体粒子与溶液具有相同停留时间分布性质。对单个完全混合槽，流体的寿命分布函数为：

$$E(t) = (1/\overline{t})\,e^{-t/\overline{t}} \qquad (15\text{-}12\text{-}6)$$

对多级串联的完全混合槽：

$$E(t) = n^n (t/\overline{t})^{n-1} \exp\{-n(t/\overline{t})\} / \{\overline{t}(n-1)!\} \qquad (15\text{-}12\text{-}7)$$

上式中的 t 系指 n 槽的总反应时间，$\overline{t}$ 是 n 槽的总通称停留时间。

当固体颗粒有粒度分布时，则反应器的通用设计模型为：

$$1 - \overline{Y} = \int_0^\tau \left[\int_{R_0}^{R_m} \{1 - Y(R,t)\} f(R)\,dR\right] E(t)\,dt \qquad (15\text{-}12\text{-}8)$$

式中，$f(R)$ 为颗粒粒度分布密度函数，由颗粒的筛分实验求得。对多数矿粉而言，其粒度呈累计对数分布规律，即筛下物料累计质量的对数值与筛网孔径成直线关系。此关系可用 GGS（Gates-Gaudin-Schuhman）方程表示如下[2]：

$$F(R) = (R/R_m)^m, \quad 0.7 \leqslant m \leqslant 1.0 \qquad (15\text{-}12\text{-}9)$$

$$dF(R)/dR = f(R) = mR^{m-1}/(R_m)^m \qquad (15\text{-}12\text{-}10)$$

式中，R_m 为最大粒径。通常球磨后的矿粉经过筛后，筛上部分又返回球磨入口，如此得到的筛下矿粉的粒度分布能较好地符合式(15-12-9)[2]。若已知浸取速度的控制步骤、相应反应速率常数或扩散系数以及进料中最大颗粒半径，即可利用上述各式进行反应器的设计。例如，当浸取速度为反应剂通过灰层扩散控制时，对间歇反应器（或活塞流反应器）及完全混合型连续流动反应器，未转化率（$1-Y$）与对比时间（$\overline{t}/\tau$）的关系分别如图 15-12-1 所示。图中的单一粒径系指颗粒半径为 R_m 的粒子，$m=0.7\sim1.0$ 的曲线分别代表符合式(15-12-9)粒度分布的粒子，最大颗粒半径为 R_m。据此可求出转化率（或浸取率）与反应器通称停留时间的关系。

【例 15-12-1】 就下列过程设计浸取反应器：

用稀硫酸溶液自氧化焙烧矿中浸取铜，设铜均以 CuO 形式存在，其余为惰性物质，矿粉粒度服从 GGS 分布，$m=1.0$，最大颗粒半径 $R_m=0.5\text{mm}$，矿粉孔隙率 $\varepsilon=0.2$，曲折因子 $\tau=2.0$，矿粉密度 $\rho_g = 2500\,\text{kg}\cdot\text{m}^{-3}$，含铜量 $=1\%$。所用稀硫酸含 H_2SO_4 $C'_{A0}=4.9\,\text{g}\cdot\text{L}^{-1}$。矿粉处理量 $Q_s=100\,\text{kg}\cdot\text{h}^{-1}$，液固比为 10:1（质量比）。设浸取过程可按收缩核心模型设计，浸取在室温下进行，过程速度为灰层扩散控制。若分别采用单级间歇搅拌槽或二级串联连续流动搅拌槽，试求当浸取率分别为 95% 及 99% 时浸取槽的体积。

解 取 H^+ 在室温下水中的扩散系数 $D=10^{-9}\,\text{m}^2\cdot\text{s}^{-1}$，则在灰层内的有效扩散系数 $D_e = D\varepsilon/\tau = 10^{-9}\times0.2/2.0 = 10^{-10}\;(\text{m}^2\cdot\text{s}^{-1})$

固体中溶质浓度 $C_{B0} = C'_{B0}\rho_g/m_{Cu} = 1\%\times2500/63.54 = 0.393\;(\text{kmol}\cdot\text{m}^{-3})$

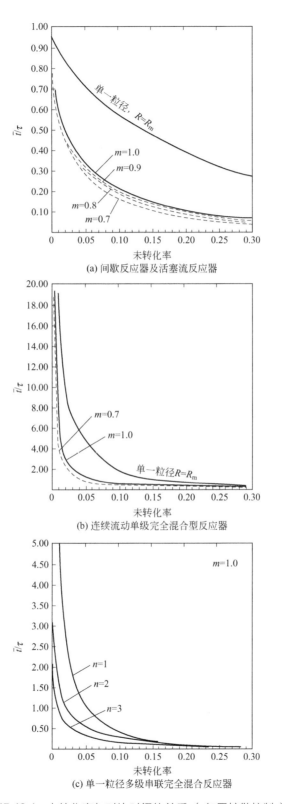

图 15-12-1 未转化率与对比时间的关系（灰层扩散控制）

溶液中 H^+ 浓度 $C_{A0}=2\times 4.9/98=0.1(\mathrm{kmol\cdot m^{-3}})$，由于液固比较大，可认为 C_{A0} 在浸取过程中变化不大。

反应计量系数 $b=1/2$，完全反应时间：
$$(\tau_{ash})_m = R_m^2 C_{B0}/(6bD_e C_{A0}) = (0.5\times 10^{-3})^2 \times 0.393/(6\times 0.5\times 10^{-10}\times 0.1) = 3275 \quad (s)$$

① 若用单级间歇搅拌槽，设体积利用率为 70%，当转化率为 95% 时，查阅图 15-12-1(a) 中 $m=1.0$ 的曲线，未转化率=0.05 时，$\bar{t}/\tau=0.34$，则反应时间：$t=0.34(\tau_{ash})_m=1113.5s$ 或 $0.309h$。若装卸料时间为 1.7h，即每槽操作周期为 2h，则槽体积：
$$\bar{V}_t = 100\times(1/2.5+10)\times 2/0.7 = 2971 \quad (L)$$

② 若用单级间歇搅拌槽，转化率为 99%，即未转化率为 1%，查图 15-12-1(a) 中 $m=1.0$ 的曲线，得 $\bar{t}/\tau=0.6$，故停留时间：
$$\bar{t} = 0.6(\tau_{ash})_m \approx 1965(s) \text{ 或 } 0.546h$$

若操作周期为 $1.7+0.546\approx 2.25(h)$，则槽体积：
$$\bar{V}_t = 100\times(1/2.5+10)\times 2.25/0.7 = 3343 \quad (L)$$

③ 若用二级串联连续流动搅拌槽，当转化率为 95% 时，查图 15-12-1(c) 中 $m=1.0$、$n=2$ 的曲线，得 $\bar{t}/\tau=0.62$，故停留时间为：
$$\bar{t} = 0.62(\tau_{ash})_m \approx 2030.5s \text{ 或 } 0.564h$$

槽体积 $\bar{V}_t = 100\times\left(\dfrac{1}{2.5}+10\right)\times 0.564/0.7 = 838 \quad (L)$

④ 若用二级串联搅拌槽，当转化率为 99% 时，查图 15-12-1(c) 中 $m=1.0$、$n=2$ 的曲线，得 $\bar{t}/\tau=1.65$，故停留时间为：
$$\bar{t} = 1.65(\tau_{ash})_m \approx 5404s \text{ 或 } 1.5h$$

槽体积 $\bar{V}_t = 100\times\left(\dfrac{1}{2.5}+10\right)\times 1.5/0.7 = 2229 \quad (L)$

12.4 浸取级数及工艺计算

浸取通常有并流、错流、逆流三种液-固接触方式。其中以液-固多级逆流浸取效率最高，错流次之，并流效果最差。实际上通常不使用错流浸取，原因是虽可获得较高的浸取率，但由于获得多种浓度的溶液，增加了后处理的困难。当使用搅拌槽进行连续并流浸取时，为改善液-固相的停留时间分布性质，均采用连续多级串联系统即 CSTR，串联级数应不少于 4 级，才能显著消除短路。采用液-固逆流操作，在相同级数及溶剂用量下可达到最高浸取率。当采用渗滤浸取器时，此种操作较易实现，见图 15-11-3 的渗滤器组及图 15-11-5 的平转式浸取器。当采用固体处于悬浮状态的浸取器时，则必须于级间设固-液分离器，通常用浓密机（增稠器），例如古巴尼加罗镍矿浸取流程。至于堆浸及地下浸取属于逆流及错流混合接触方式，理论上比较复杂，较难预测，一般只能靠经验手段。本节的讨论基本上不适用此类作业。

12.4.1 工艺计算原理

工艺计算的基本原理是质量守恒及能量守恒定律，即：

$$收入 = 支出 \pm 反应 \pm 积累$$

它既适用于总体,也适用于单个组分。

工艺计算中的第二个原则是使用平衡级的概念。在浸取过程中,当底流及溢流中存在不相混溶相时,且浸出尚未达到完全时,则不能简单地使用其他分离过程中的平衡概念,如果溶质不吸附在惰性固体上,只有当所有溶质全部溶解并且均匀分布在溶液内,才能达到真正平衡,即溢流液与底流夹带的溶液处于平衡状态。但实用的平衡态则不论上述条件是否满足,均假设溢流液与底流带液有相同的组成,从而计算出理想的级数,然后用级效率予以修正。如果没有小规模模拟实验,则不能确定级效率或总体效率。事实上多数是根据已有的实践经验作出判断。

12.4.2 多级连续逆流浸取、分离及洗涤

多级连续逆流浸取工艺流程见图 15-12-2,每一级包括浸取、分离及洗涤。设过程处于稳态,列出物料平衡式如下:

对总溶液: $V_{n+1} + L_0 = L_n + V_1$ (15-12-11)

对总溶质: $V_{n+1}y_{n+1} + L_0 x_0 + QC_{B0} = L_n x_n + V_1 y_1 + QC_{Bn}$ (15-12-12)

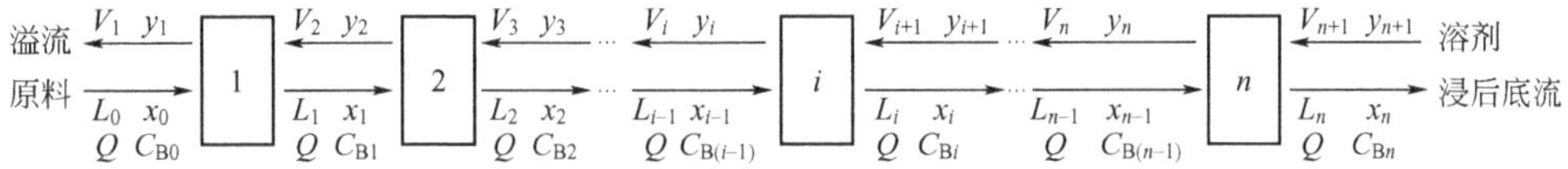

图 15-12-2 多级逆流浸取工艺流程

如果进入系统前浸取反应已完成,则此系统即仅为多级逆流洗涤系统。湿法冶金中有不少悬浮浆料浸取属于这种情况。其他如从籽片中浸油则系浸取、分离与洗涤逐级进行的过程。但为了简化计算,都可以应用前述的平衡概念,此时式(15-12-12)可简化如下:

$$V_{n+1}y_{n+1} + L_0 x_0 = L_n x_n + V_1 y_1 \quad (15\text{-}12\text{-}13)$$

利用式(15-12-11)、式(15-12-13),则有:

$$y_{n+1} = \frac{L_n}{V_1 + L_n - L_0}x_n + \frac{V_1 y_1 - L_0 x_0}{V_1 + L_n - L_0} \quad (15\text{-}12\text{-}14)$$

对于第 i 级有:

$$V_{i+1} + L_{i-1} = V_i + L_i \quad (15\text{-}12\text{-}15)$$

$$V_{i+1}y_{i+1} + L_{i-1}x_{i-1} = V_i y_i + L_i x_i \quad (15\text{-}12\text{-}16)$$

将式(15-12-15)代入式(15-12-16),消去 V_{i+1},得操作线方程如下:

$$y_{i+1} = \frac{L_i}{V_i + L_i - L_{i-1}}x_i + \frac{V_i y_i - L_{i-1}x_{i-1}}{V_i + L_i - L_{i-1}}$$

$$i = 1, 2, \cdots, n \quad (15\text{-}12\text{-}17)$$

若各级底流带液量恒定,即 $L_i = L$(常数),但 $L_0 \neq L$,则除第1级外,由式(15-12-16)可得:

$$y_{i+1} = \frac{1}{a}x_i + y_i - \frac{1}{a}x_{i-1} \quad (15\text{-}12\text{-}18)$$

上式为一直线方程,斜率为 $1/a$,$a = V_i/L_i = V/L$。

若各级处于平衡态,即:

$$y_i = x_i, \ a = V_i/L_i = V_i y_i/(L_i x_i) \quad (15\text{-}12\text{-}19)$$

对此类过程，若各级内浸取反应仍在进行，则有：
$$V_{i+1}y_{i+1}+L_{i-1}x_{i-1}+QC_{B(i-1)}=V_iy_i+L_ix_i+QC_{Bi} \tag{15-12-20}$$

上式除以 V_{i+1}，并代入式(15-12-19)，则有：

或
$$\left.\begin{array}{l} y_{i+1}=(1+1/a)y_i-\dfrac{1}{a}y_{i-1}+\dfrac{1}{a_2}[C_{Bi}-C_{B(i-1)}] \\ \\ y_{i+1}=\left(1+\dfrac{1}{a}\right)y_i-\dfrac{1}{a}y_{i-1}+\dfrac{C_{B0}}{a_2}(Y_i-Y_{i-1}) \end{array}\right\} \tag{15-12-21}$$

式中，$a_2=V/Q$，$Y_i=1-C_{Bi}/C_{B0}$，为固相溶质的转化率。式(15-12-21) 为级内兼有浸取、分离及洗涤的操作线方程。Y_i 需根据实验作出，或根据上节所述反应器设计方程作出。

12.4.3 代数法工艺计算

代数法是根据原料的成分、流量、溶剂用量及溶质回收率等给定条件，逐级计算以确定级数，或给定级数后确定回收率。由于代数法过于烦琐，一般只在级数较少及变底流或兼有浸取、分离及洗涤的过程中使用。对于大多数可视为平衡的系统，均宜采用解析法或图解法。

【例 15-12-2】 使用连续逆流浸取器，用苯从米糠中浸取油，求级数。

已知条件：处理量 $1000\text{kg}\cdot\text{h}^{-1}$（惰性物质）；

原料含油 $400\text{kg}\cdot\text{h}^{-1}$，不含苯；

最终浸取液含油 60%；

油回收率 90%；

溢流不含固体，底流带液量见图 15-12-3 及表 15-12-2。

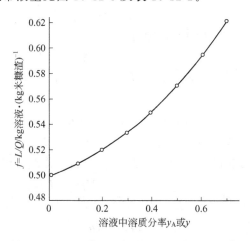

图 15-12-3 用苯从米糠中浸取油的实验数据

解 从图 15-12-3 及表 15-12-2 的数据可以看出，底流带液量是逐级变化的。为此宜用代数法求解[4]。

(1) 列出第 1 级溶质的物料平衡：
$$L_0x_0+V_2y_2=V_1y_1+L_1x_1 \tag{15-12-22}$$

已知：$L_0x_0=400\text{kg}\cdot\text{h}^{-1}$，$V_1y_1=400\times90\%=360\text{kg}\cdot\text{h}^{-1}$，$y_1=x_1=0.6$，得 $V_1=600\text{kg}\cdot\text{h}^{-1}$。

表 15-12-2 例 15-12-2 的实验数据及逐级计算结果

试验数据		底流出口(计算值)					进入各级的溢流(计算值)				浸渣带液量/kg·kg^{-1}渣
溶质浓度/kg·kg^{-1}	底流带液L/Q/kg·kg^{-1}	级数	流量/kg·h^{-1}			溶液中的溶质浓度	流量/kg·h^{-1}			溶质浓度	
			总量	带液量	溶质油	溶剂苯		总量	溶质油	溶剂苯	
x	f	i	$Q+L_i$	L_i	$L_i x_i$	$L_i(1-x_i)$	x_i	V_{i+1}	$V_{i+1}y_{i+1}$	$V_{i+1}(1-y_{i+1})$	y_{i+1}	f_i
0	0.500	0	1400	400	400	0	1.0	600	360	240	0.6	—
0.1	0.505	1	1595	595	357	238	0.6	795	317	478	0.399	0.595
0.2	0.515	2	1550	550	219	331	0.399	750	179	571	0.238	0.500
0.3	0.530	3	1521	521	124	397	0.238	721	84	637	0.116	0.521
0.4	0.550	4	1507	507	59	448	0.116	707	19	688	0.028	0.507
0.5	0.571	5	1501	501	14	487	0.028	701				0.501
0.6	0.595											
0.7	0.620											

由图 15-12-3 可知，当 $x_1=0.6$ 时，$L_1=0.595\times 1000=595$ (kg·h^{-1})
代入式(15-12-22) 得 $V_2 y_2=360+0.6\times 595-400=317$ (kg·h^{-1})

(2) 列出第 1 级的溶液平衡：

$$L_0+V_2=L_1+V_1 \tag{15-12-23}$$

已知：$L_0=400$kg·h^{-1}，$V_1=600$kg·h^{-1}，$L_1=595$kg·h^{-1}，则 $V_2=795$kg·h^{-1}

$$y_2=x_2=317/795=0.399$$

(3) 列出第 2 级的溶质平衡及溶液平衡，根据第 1 级的结果及图 15-12-3 的数据可求出 L_2，V_3，y_3。依此类推，可求出第 3 级，一直到最后一级的溶液量及溶质浓度。当最后一级底流溶质浓度低于要求时，即为所求级数。据计算结果，最后得级数 $n=5$。其结果详见表 15-12-2。

12.4.4 解析工艺计算

解析法[5]是在代数法的基础上发展起来的。即根据质量守恒定律逐级列出的方程，利用平衡级的概念及若干假设，经简化而导出的方程组，从而求出其解析解，以表达浸取率与级数及其他变数的关系。

(1) 多级错流浸取 多级错流浸取工艺流程见图 15-12-4。

假设浸取在第 1 级已全部完成，为 100%，且溶质在溢流及底流中处于平衡状态。设底流带液量恒定，溢流不含固体。列出各级物料平衡如下：

对溶液：
$$V_{Fi}+L_{i-1}=L_i+V_i, i=1,2\cdots,n \tag{15-12-24}$$

对溶质：
$$V_{Fi}y_{Fi}+L_{i-1}x_{i-1}=L_i x_i+V_i y_i$$

或
$$S_{Fi}+s_{i-1}=s_i+S_i, i=1,2\cdots,n \tag{15-12-25}$$

设 $a=V_i/L_i$，$y_i=x_i$，因此，$a=S_i/s_i$。

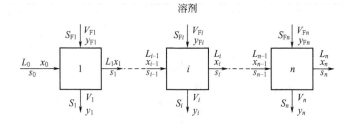

图 15-12-4　多级错流浸取工艺流程

若各级进液量恒定，即 $V_{Fi}=$ 常数，且不含溶质，即：
$$y_{Fi}=0,\ S_{Fi}=0$$
由式(15-12-25) 可知，$s_{i-1}=S_i+s_i=(1+a)s_i$
由此可知，$s_0=(1+a)s_1$，$s_1=(1+a)s_2$，$\cdots$，$s_{n-1}=(1+a)s_n$
$$s_n=s_0/(1+a)^n \tag{15-12-26}$$
或
$$n=\ln(s_0/s_n)/\ln(1+a) \tag{15-12-27}$$
以上两式即为多级错流浸取的解析解，n 即为所求级数。

若 $L_0=L_i$，则 $s_0/s_n=L_0x_0/(L_nx_n)=x_0/x_n$，式(15-12-26)、式(15-12-27) 变为：
$$x_n=x_0/(1+a)^n \tag{15-12-28}$$
$$n=\ln(x_0/x_n)\ln(1+a) \tag{15-12-29}$$

(2) 多级逆流浸取　见图 15-12-5。

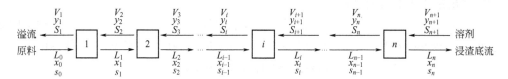

图 15-12-5　多级逆流浸取

① Baker 式[4]。列出溶液及溶质的物料平衡如下。

对溶液：
$$V_i+L_i=V_{i+1}+L_{i-1},\ i=1,2\cdots,n \tag{15-12-30}$$
对溶质：
$$V_iy_i+L_ix_i=V_{i+1}y_{i+1}+L_{i-1}x_{i-1}$$
或
$$S_i+s_i=S_{i+1}+s_{i-1},\ i=1,2\cdots,n \tag{15-12-31}$$

假定各级均达到平衡状态，其实质即表示浸取在第 1 级已完成，此后各级实为多级逆流洗涤过程，且级内混合完全，即 $y_i=x_i$。

$$\left.\begin{array}{l} \text{设各级底流相等，即 } L_i=L \text{（常数），其中 } L_0 \neq L \\ \text{由此可知}\quad V_i=V \text{（常数），其中 } V_0 \neq V \\ \text{令}\quad a=V/L,\ a_1=V_1/L \end{array}\right\} \tag{15-12-32}$$

对 n 级溶质的物料衡算有：
$$s_{n-1}=s_n+S_n-S_{n+1}=(1+a)s_n-S_{n+1}$$
n 至 $n-1$ 级　$s_{n-2}=s_n+S_{n-1}-S_{n+1}=s_n(1+a+a^2)-S_{n+1}(1+a)$

n 至 1 级
$$s_1=s_n\frac{a^n-1}{a-1}-S_{n+1}\frac{a^{n-1}-1}{a-1} \tag{15-12-33}$$

由总物料平衡有：

$$s_0 = s_n + S_1 - S_{n+1} = s_n + a_1\left(s_n\frac{a^n-1}{a-1} - S_{n+1}\frac{a^{n-1}-1}{a-1}\right) - S_{n+1}$$

或

$$s_0/s_n = 1 + a_1\left(\frac{a^n-1}{a-1}\right) - \frac{S_{n+1}}{s_n}\left[1 + a_1\left(\frac{a^{n-1}-1}{a-1}\right)\right] \tag{15-12-34}$$

$$n = 1 + \lg\left\{\frac{1}{as_n - S_{n+1}}\left[(s_0 + S_{n+1} - s_n)\frac{a-1}{a_1} + s_n - s_{n+1}\right]\right\}/\lg a \tag{15-12-35}$$

式(15-12-34)即为 Baker 式。表示原料中的溶质量与浸洗后残渣中的溶质量之比与级数及溢流底流比之间的关系，或级数 n 与上述变量之间的关系。

在 Baker 式中若溶剂中不含溶质，即 $S_{n+1}=0$，式(15-12-34) 可简化为：

$$s_0/s_n = 1 + a_1\left(\frac{a^n-1}{a-1}\right) \tag{15-12-36}$$

$$n = \lg\left[1 + \frac{a-1}{a_1}\left(\frac{s_0}{s_n} - 1\right)\right]/\lg a \tag{15-12-36a}$$

若 $a_1 = a$，则

$$s_0/s_n = \frac{a^{n+1}-1}{a-1} - \left(\frac{S_{n+1}}{s_n}\right)\frac{a^n-1}{a-1} \tag{15-12-37}$$

若 $a_1 = a$，且 $S_{n+1}=0$，则上式进一步简化为：

$$s_0/s_n = (a^{n+1}-1)/(a-1) \tag{15-12-38}$$

或

$$n + 1 = \lg[1 + (a-1)s_0/s_n]/\lg a \tag{15-12-39}$$

② Kremser 式[3]。如前所述，当 $L_0 = L_i$，即 $a_1 = a$ 时，若 $L_i = L$（常数），$V_i = V$（常数），$a = V_i/L_i$，令 $y_i = mx_i$，$m < 1$，m 为常数，用以表示溢流及底流液相中溶质的不平衡。

令 $ma = E$，则 $S_i/s_i = ma = E$。

据此用前述推导的方法，类似式(15-12-37) 可得

$$s_0/s_n = \frac{E^n - 1}{E - 1} - \left(\frac{S_{n+1}}{s_n}\right)\frac{E^n - 1}{E - 1} \tag{15-12-40}$$

上式除以 L_i 即得：

$$x_0 = x_n\frac{E^n - 1}{E - 1} - E(y_{n+1}/m)\frac{E^n - 1}{E - 1}$$

或

$$\frac{x_0 - x_n}{x_0 - y_{n+1}/m} = \frac{E^{n+1} - E}{E^{n+1} - 1} \tag{15-12-41}$$

$$n = \lg\left[\left(\frac{x_0 - y_{n+1}/m}{x_n - y_{n+1}/m}\right)(1 - 1/E) + 1/E\right]\bigg/\lg E \tag{15-12-42}$$

上式即为 Kremser 式。其中，E 为浸取系数。当已知级数时可用以求 x_n，或已知其他条件时求级数 n。

当溶剂中不含溶质时，$y_{n+1} = 0$，式(15-12-41) 可简化为：

$$x_n/x_0 = (E-1)/(E^{n+1}-1) \tag{15-12-43}$$

$$n = \lg\left[\frac{x_0}{x_n}(1 - 1/E) + 1/E\right]\bigg/\lg E \tag{15-12-44}$$

定义浸取与洗涤的总回收率 η 如下，已知 $L_0 = L_i$

$$\eta = 1 - \frac{L_n x_n}{L_0 x_0} = 1 - \frac{x_n}{x_0} = 1 - (E-1)/(E^{n+1}-1) \tag{15-12-45}$$

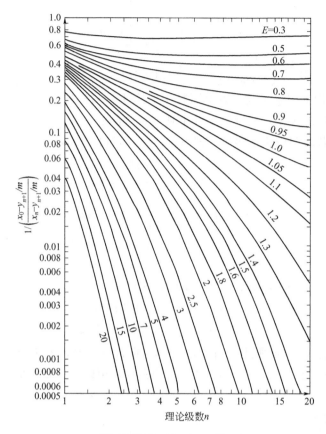

图 15-12-6　Kremser 图

将式(15-12-42)绘成图，见图 15-12-6，可用以求理论级数。将式(15-12-45)绘成图，见图 15-12-7，可用以求浸取与洗涤的总回收率。

③ McCabe-Smith 式[4]。做溶质的总物料平衡：

$$L_0 x_0 + V_{n+1} y_{n+1} = V_1 y_1 + L_n x_n \tag{15-12-46}$$

若 V_i、L_i 为常数，令 $E=ma$，$a=V_i/L_i$，m 为常数，则有

$$x_0 - x_n = a(y_1 - y_{n+1}) = E(x_1 - y_{n+1}/m)$$

或

$$E = (x_0 - x_n)/(y_1/m - y_{n+1}/m) \tag{15-12-47}$$

将式(15-12-41)改写成下式：

$$E^{n+1}(x_0 - y_{n+1}/m) = (x_n - x_0) + E(x_0 - y_{n+1}/m)$$

将式(15-12-47)代入上式，得：

$$E^n(x_n - y_{n+1}/m) = y_{n+1}/m - y_1/m + x_0 - y_{n+1}/m = x_0 - y_1/m$$

$$\tag{15-12-47a}$$

或

$$n = \lg\left(\frac{x_0 - y_1/m}{x_n - y_{n+1}/m}\right) / \lg\left(\frac{x_0 - x_n}{y_1/m - y_{n+1}/m}\right) \tag{15-12-48}$$

当 $y_i = x_i$，即 $m=1$，即处于平衡态，上式简化为：

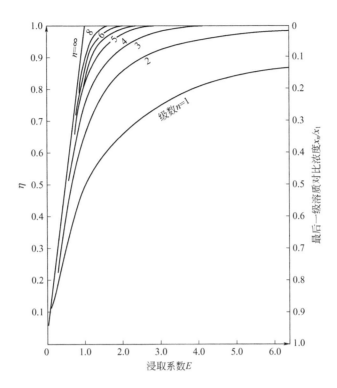

图 15-12-7 浸取效率与浸取系数的关系

$$n = \lg\left(\frac{x_0 - y_1}{x_n - y_{n+1}}\right) \bigg/ \lg\left(\frac{x_0 - x_n}{y_1 - y_{n+1}}\right) \tag{15-12-49}$$

当 $y_{n+1} = 0$ 时，上式进一步简化为：

$$n = \lg\left(\frac{x_0 - y_1}{x_n}\right) \bigg/ \lg\left(\frac{x_0 - x_n}{y_1}\right) \tag{15-12-50}$$

上式即为 McCabe-Smith 式，可用以求平衡级数。

④ 陈氏式[6]。对 n 级逆流浸取，列出物料平衡式如下：

溶液：
$$V_{n+1} + Q f_0 = V_1 + Q f_n \tag{15-12-51}$$

溶质：
$$V_{n+1} y_{n+1} + Q_0 f_0 = V_1 y_1 + Q f_n x_n \tag{15-12-52}$$

假定底流液恒定，即 $f_i = f$（常数），由此可知，$V_i = V$（常数）

另设溢流液与底流液中的溶质浓度相等，即 $y_i = x_i$，$i = 1, 2, \cdots, n$

据此由式(15-12-51)、式(15-12-52)可得：

$$x_n + a x_1 - a y_{n+1} - x_0 = 0 \tag{15-12-53}$$

上式的解为：

$$n = \lg[1 + (a-1)(x_1 - y_{n+1})/(x_n - y_{n+1})]/\lg a \tag{15-12-54}$$

式中，$a = V/(Qf)$，上式即为陈氏式。

⑤ 变底流的解析法[6]。当底流带液量逐级改变时，一般需用代数法或图解法。但如果底流中固体夹带的溶液量的倒数与溶质浓度呈线性关系或虽呈线性关系但可近似将其处理成几条直线，此时即可用解析法近似求理论级数。即如果：

$$1/f_i = A + B x_i, \quad i = 1, 2, \cdots, n \tag{15-12-55}$$

则陈氏方程可写为：

$$\frac{x_1+b+\beta_2}{x_1+b+\beta_1}=\frac{y_{n+1}+b+\beta_2}{y_{n+1}+b+\beta_1}\left(\frac{\beta_2}{\beta_1}\right)^n \qquad (15\text{-}12\text{-}56)$$

式中，$b=\dfrac{A\gamma_1+Bx_n}{B(\gamma_1-1)}$，$\gamma_1=V_{n+1}/(Qf_n)$，$\beta=[(a-b)\pm\sqrt{(a+b)^2-4c}\,]/2$，$a=-\dfrac{A+B\gamma_1 y_{n+1}}{B(\gamma_1-1)}$，$c=\dfrac{A(x_n-\gamma_1 y_{n-1})}{B(\gamma_1-1)}$。

⑥ 浸取、浓密、洗涤及变溢流的解析法[7]。现代湿法冶金厂均采用悬浮浸取，然后进行固-液分离并用水进行多级逆流洗涤。比较有代表性的为尼加罗浸取、浓密、洗涤工艺流程，见图 15-12-8。在这类流程中一般是先完成浸取反应，然后进入多级逆流倾析系统。当符合前述解析式推导所作的假设时，用前述解析式求得的理论级数与实际相差不大。但对于边浸取边逆流洗涤的过程，用前述解析式求得的理论级数就会较实际级数明显偏低。

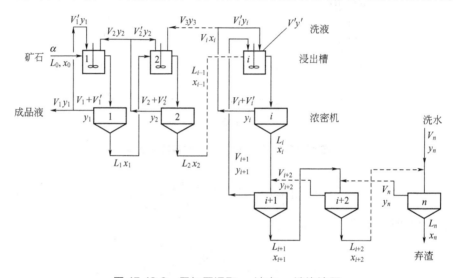

图 15-12-8　尼加罗浸取、浓密、洗涤流程

湿法冶金中古巴尼加罗对还原焙烧后的低品位镍矿进行氨浸取的过程具有一定典型性，国内也有许多与其相似的流程，见图 15-12-8。矿石自第 1 级进入，在 $1\sim i$ 级先逐级经浸取、浓密分离。浓密机的底流进入下一级、溢流进入前一级、至第 i 级浸取完成。矿浆在第 i 级浓密分离，底流进入第 $(i+1)$ 级至第 n 级的逆流洗涤系统；残渣于第 n 级底流排出，洗水于第 n 级加入。

设矿石原料中含有的金属总量为 α，各级浸取率为 Y_j，总浸取率为 $Y_t=\sum\limits_{j=1}^{i}Y_j$，设各级底流带液量相等，即 $L_j=L$（常数），$j=1,2,\cdots,n$，由此可知，$V_i=V$（常数）。再设溶液中溶质浓度达到平衡，即 $y_j=x_j$，做金属物料平衡如下：

$$\left.\begin{aligned}&\text{第 1 级：}\quad \alpha Y_1+L_0 x_0+V_2 y_2=V_1 y_1+L_1 x_1\\&\text{第 }j\text{ 级：}\quad \alpha Y_j+L_{j-1}x_{j-1}+V_{j+1}y_{j+1}=V_j y_j+L_j x_j,\\&\qquad\qquad j=2,3,\cdots,i\end{aligned}\right\} \qquad (15\text{-}12\text{-}57)$$

设矿石不含液体，即 $L_0=0$，做第 1 级溶液平衡：$V_2=V_1+L_1$

令 $a = V_j/L_j$，$j = 2, 3, \cdots, i$
由此可得：
第 1 级，$\alpha Y_1 = (V_1 + L_1)(x_1 - x_2) = V_2(x_1 - x_2)$
第 j 级，$\alpha Y_j = V(x_j - x_{j+1}) - L(x_{j-1} - x_j)$ $j = 2, 3, \cdots, i$
将上述 i 个方程逐级代入，则有：

$$\alpha \sum_{j=1}^{i}(Y_j/a^{i-j}) = V(x_i - x_{i+1}) \tag{15-12-58}$$

关于 $(i+1)$ 级～n 级的逆流洗涤过程，则可参阅 Kremser 式或 McCabe-Smith 式[式(15-12-47a)]。令 $m=1$，则 $E=a$，令 $y_i = x_i$，则得：

$$x_i - x_{i+1} = a^{n-i}(x_n - y_{n+1}) \tag{15-12-59}$$

将式(15-12-58) 代入式(15-12-59) 则得：

$$\alpha \sum_{j=1}^{i}(Y_j/a^{i-j}) = V a^{n-i}(x_n - y_{n+1})$$

或

$$x_n = \frac{\alpha}{V} \sum_{j=1}^{i}(Y_j/a^{n-j}) + y_{n+1} \tag{15-12-60}$$

级数

$$n = \left\{\left[\lg\left(\sum_{j=1}^{i} a^j Y_j\right) - \lg(L x_n/\alpha - V y_{n+1}/(\alpha a))\right]/\lg a\right\} - 1 \tag{15-12-61}$$

金属回收率

$$\varepsilon = 1 - L x_n/(a Y_t) = 1 - \left(\frac{1}{a^{n+1} Y_t}\sum_{j=1}^{i} a^j Y_j + \frac{V y_{n+1}}{a \alpha Y_t}\right) \tag{15-12-62}$$

如果洗水中不含金属离子，即 $y_{n+1} = 0$，则式(15-12-60)～式(15-12-62) 简化为：

$$x_n = \frac{\alpha}{V} \sum_{j=1}^{i}(Y_j/a^{i-j}) \tag{15-12-63}$$

$$n = \left\{\lg\left[\alpha \sum_{j=1}^{i} a^j Y_j/(L x_n)\right]/\lg a\right\} - 1 \tag{15-12-64}$$

$$\varepsilon = 1 - \sum_{j=1}^{i}(a^j Y_j)/(a^{n+1} Y_t) \tag{15-12-65}$$

关于尼加罗流程，从式(15-12-63)～式(15-12-65) 可以看出，首先 a 应大于 1，否则各级将无溢流，即得不到浸取液，操作呈不稳态。式(15-12-65) 分别对 a，j，n 微分，得：

$$\frac{\partial \varepsilon}{\partial a} = \frac{1}{Y_t}\sum_{j=1}^{i}(n-j-1)y_j/a^{n-j+2} \tag{15-12-66}$$

$$\frac{\partial \varepsilon}{\partial n} = \frac{n}{a^{n-1} Y_t}\sum_{j=1}^{i} a^{j-2} y_j \tag{15-12-67}$$

$$\frac{\partial \varepsilon}{\partial j} = -\frac{1}{a^{n+1} Y_t}\sum_{j=1}^{i} j a^{j-t} y_j \tag{15-12-68}$$

由于 $\dfrac{\partial \varepsilon}{\partial a}$，$\dfrac{\partial \varepsilon}{\partial n}$ 均为正值，且收率随 a、n 的增大而提高。但 $\dfrac{\partial \varepsilon}{\partial j}$ 为负值，即在总级数 n 不变的情况下，增加浸取级数会使回收率下降。由式(15-12-65) 还可以看出，只有当 $Y_1 > Y_2 > \cdots > Y_i$ 的情况下才会使 ε 趋于最高值，其极限即为 $i=1$，即浸取在第 1 级完成。

在这类流程中，浸取段各级的溢流常有一部分回流，以提高浸取槽的液固比，有助于提高浸取率，这不会对该级的物料平衡产生影响，故前面导出的方程仍适用。

为了提高浸取率，有时会在第 i 级浸取槽加入新溶剂，如尼加罗流程有时在第 i 级浸取槽引入一股氨溶液以提高浸取率。关于此类问题的解析解可参阅文献 [7]。表 15-12-3 给出多级逆流浸取、洗涤的解析式。此时 x_n 的表达式如下：

$$x_n = \frac{\alpha(a-1)\sum_{j=1}^{i}[Y_j/(a+a')^{i-j}] + V'(a-1)y'_i}{V_{n+1}a^{n-i}(a-1) + V'(a^{n-i+1}-1)} + \frac{[V_{n+1}(a-1)a^{n-i} + V'(a^{n-i}-1)a]y_{n+1}}{V_{n+1}a^{n-i}(a-1) + V'(a^{n-i+1}-1)}$$

(15-12-69)

表 15-12-3 多级逆流浸取、洗涤的解析式

方程式	设定条件				x_n（或 y_n）表达式	级数 n 表达式
	L_i	V_i/L_i	y_i/x_i	y_{n+1}		
Baker	常数, $L_0 \neq L_i$	$a, a_1 = V_1/L_1$	1	0	式(15-12-36)	式(15-12-36a)
Kremser	常数, $L_0 = L_i$	$a, E = ma$	m	0	式(15-12-43)	式(15-12-44)
McCabe-Smith	常数, $L_0 = L_i$	$a, E = ma$	m		式(15-12-47a)	式(15-12-48)
陈氏	$f, f_0 = f_i$	$a = V/(Qf)$	1		式(15-12-53)	式(15-12-54)
浸取、浓密、洗涤流程	常数	a	1		式(15-12-60)	式(15-12-61)

【例 15-12-3】 设有一籽饼，含油 30%。用溶剂进行多级逆流浸取，各级底流量及底流带液量相等，含溶液 55%，各级溢流及底流附液中的溶质浓度相等，油的回收率为 95.5%，最终浸取液含油 20%，求浸取级数。

解 取 100 kg 籽，并作为基准。设浸取系统处于平衡态。

① 应用 Baker 式。

已知 $S_0 = 100 \times 30\% = 30$ kg，$S_{n+1} = 0$

$S_1 = 30 \times 0.955 = 28.65$ （kg）

$S_n = S_0 - S_1 = 1.35$ kg

$y_1 = 0.2$，$V_1 = S_1/y_1 = 28.65/0.2 = 143.25$ （kg）

$L_i = L_n = (100-30) \times \dfrac{0.55}{1-0.55} = 85.6$ （kg）（$i=1,2,\cdots,n$）

由总物料平衡：

$V_{n+1} = V_1 + L_n - L_0 = 143.25 + 85.6 - 30 = 198.85$ (kg) $= V_i, i=2,3,\cdots,n$

$a = V_i/L_i = 198.85/85.6 = 2.323$，$a_1 = V_1/L_1 = 143.25/85.6 = 1.674$

将以上数据代入 Baker 式[式(15-12-36a)]

理论级数： $n = \lg\left[1 + \dfrac{a-1}{a_1}(S_0/S_n - 1)\right]/\lg a$

$= \lg\left[1 + \dfrac{2.323-1}{1.674} \times \left(\dfrac{30}{1.35} - 1\right)\right]/\lg 2.323$

$= 3.4$

② 应用 Kremser 式。由题意知，$L_0 \neq L_i$，故需先求第 2 级以后的级数 n'，则总理论级数 $n = n' + 1$。

已知:$m=1$,$E=a=V_i/L_i=2.323$
$$x_n=S_n/L_n=1.35/85.6=0.01577$$
$$x_1=y_1=0.2$$

将以上数据代入 Kremser 式[式(15-12-44)]

$$n'=\lg\left[\frac{x_1}{x_n}\left(1-\frac{1}{E}\right)+\frac{1}{E}\right]/\lg E$$
$$=\lg\left[\frac{0.2}{0.01577}\times\left(1-\frac{1}{2.323}\right)+\frac{1}{2.323}\right]/\lg 2.323$$
$$=2.4$$

理论级数 $n=n'+1=3.4$

③ 应用 Kremser 图。

已知:$m=1$,$E=a=2.323$,$x_n/x_1=0.01577/0.2=0.0789$

查图 15-12-6,$n'=2.4$,由此得理论级数 $n=n'+1=3.4$。

④ 应用 McCabe-Smith 式。与 Kremser 式相似,亦需先求 2 级以后的级数。根据第 1 级的溶质平衡有:

$$V_2 y_2=(L_1+V_1)y_1-S_0$$
$$=(85.6+143.25)\times 0.2-30=15.77 \quad (kg)$$
$$y_2=15.77/198.85=0.0793$$

已知:$E=a=2.323$,$y_{n+1}=0$,$x_1=y_1=0.2$,$x_n=0.01577$

将以上数据代入 McCabe-Smith 式[式(15-12-48)]

$$n'=\lg\left(\frac{x_1-y_2}{x_n}\right)/\lg\left(\frac{x_1-x_n}{y_2}\right)$$
$$=\lg\left(\frac{0.2-0.0793}{0.01577}\right)/\lg\left(\frac{0.2-0.01577}{0.0793}\right)=2.4$$

理论级数 $n=n'+1=3.4$

⑤ 应用陈氏式。

已知:$y_{n+1}=0$,$V_i=V_{n-1}=198.85kg$,$L_i=85.6kg$
$x_1=y_1=0.2$,$x_n=0.01577$,$Q_i=100\times(1-0.3)=70$ (kg)
$f_i=L_i/Q_i=85.6/70=1.221$
$a=V_i/(f_i Q_i)=198.85/(1.221\times 70)=2.327$

代入陈氏式[式(15-12-54)]

理论级数 $n=\lg[1+(a-1)x_1/x_n]/\lg a$
$$=\lg[1+(2.327-1)\times\frac{0.2}{0.01577}]/\lg 2.327$$
$$=3.4$$

【例 15-12-4】 在多级逆流浸取设备中用苯从米糠中浸取油。原料处理量 1000kg 惰性物质,原料含油 400kg、含苯 25kg。浸取用初溶剂 665kg,其中含苯 655kg、含油 10kg。最终浸渣含油 60kg。实测的平衡数据见图 15-12-3 及表 15-12-4。求所需级数及各级浓度。

解 从图 15-12-3 及表 15-12-4 的实验数据可知本过程属变底流问题,应用陈氏式求解。

已知:$Q=1000kg$,$s_0=400kg$,$s_n=60kg$,$s_{n+1}=10kg$

$$V_{n+1}=665\text{kg}, \quad y_{n+1}=\frac{10}{665}=0.015, \quad x_0=\frac{400}{400+25}=0.941, \quad L_0=425\text{kg}$$

由总溶质平衡：$S_1=s_0+S_{n+1}-s_n=400+10-60=350$ （kg）

由总溶液平衡：$L_0+V_{n+1}=V_1+L_n$

先假定 $x_n=0.118$，从图 15-12-3 中查出 $L_n=0.5068\times1000=507$ （kg）

因此，$V_1=425+665-507=583(\text{kg})$，$y_1=S_1/V_1=350/583=0.600=x_1$

式(15-12-55)中的 A、B 需利用图 15-12-3 中的数据求出。选择两点（$x=0$，$f=0.5$）和（$x=0.6$，$f=0.595$）代入该式，求得 $A=2$，$B=-0.533$，即：

$$1/f=2-0.533x$$

将 $x_n=0.118$ 代入上式，得 $f_n=1/(2-0.533\times0.118)=0.517$

将已知数据代入式(15-12-56)得：

$\gamma_1=1.287$，$a=13$，$b=-16.4$，$c=-1.29$

$\beta_1=16.75$，$\beta_2=12.66$

由此得：$n\approx4$

由于使用的是实验数据，故 $n=4$ 即为实际级数。

将 $y_{n+1}=0.015$ 及 b，β_1，β_2 的值以及 $n=3,2,1$ 依次代入式(15-12-56)，求得的 x 即为 2、3、4 级溶液中油的浓度。结果列于表 15-12-4 中。

表 15-12-4　例 15-12-4 的计算结果比较

级数	溶质浓度	代数法	陈氏法	McCabe-Smith 式
初溶剂	y_{n+1}	0.015	0.015	0.015
4	x_4	0.122	0.123	0.116
3	x_3	0.252	0.251	0.240
2	x_2	0.412	0.408	0.400
1	x_1	0.600	0.597	0.592
原料	x_0	0.941	0.941	0.941

【例 15-12-5】 用逆流浸取、浓密、洗涤的解析式计算图 15-12-8 的工艺过程，分别求镍、氨的洗涤效率及矿石中镍的浸取、洗涤总回收率。

已知：矿石含 Ni 4.4%，即 $\alpha=0.044$

浸取段数 $i=3$，总级数 $n=6$

总浸取率 $Y_t=0.925$，分段浸取率 $Y_1=0.80$、$Y_2=0.10$、$Y_3=0.025$

各级底流液固比相同，$L=1\text{kg}\cdot(\text{kg 固体})^{-1}$

洗水量：$V_{n+1}=2.3\text{kg}\cdot(\text{kg 固体})^{-1}$，第 3 级加入的浓氨水量 $V'_i=0.7\text{kg}\cdot(\text{kg 固体})^{-1}$

洗水含 Ni：$y_{n+1}=0.000108$（Ni）；浓氨水含 Ni：$y'_i=0$

洗水含 NH_3：$y_{n+1}=0.00218(NH_3)$；浓氨水含 NH_3：$y_i=0.20(NH_3)$

第 3 级出口溶液中氨的浓度 $y_i=x_i=0.07(NH_3)$

解　$a=V_{n+1}/L=2.3$，$a'=V'_i/L=0.7$，$a+a'=3.0$，将以上各值代入式(15-12-69)，可求得弃渣底流中镍的浓度。

对 Ni：

$$x_n = x_6 = \frac{0.044\times(2.3-1)\times(0.80/3^2+0.10/3+0.025)+0}{2.3\times2.3^3\times(2.3-1)+0.7\times(2.3^4-1)} + \frac{[2.3\times(2.3-1)\times2.3^3+0.7\times(2.3^3-1)\times2.3]\times0.000108}{2.3\times2.3^3\times(2.3-1)+0.7\times(2.3^4-1)}$$

$$= 0.000258 \text{ 或 } 0.0258\% \text{(Ni)}$$

对 NH_3，因已知第 3 级出口浓度 $y_3 = x_3 = 0.07$，洗水含 NH_3 $y_{n+1} = 0.00218$，只需按 $(n-i)$ 级洗涤计算，由 Kremser 式(15-12-41)得：

$$x_n = x_0 - \frac{E^{n+1}-E}{E^{n+1}-1}(x_0 - y_{n+1}/m)$$

将 $m=1$，$E=a$，$n=6-3$，$x_0=0.07$ 代入上式得：

对 NH_3，$x_n = 0.07 - \dfrac{2.3^4-2.3}{2.3^4-1}\times(0.07-0.00218)$

$$= 0.0054 \text{ 或 } 0.54\% \text{ (NH}_3\text{)}$$

即最后一级底流附液中 Ni，NH_3 的浓度分别为 0.0258%，0.54%

可溶镍的洗涤效率 $= 1-[Lx_n/(\alpha Y_t)] = 1-[1\times0.000258/(0.044\times0.925)] = 0.994$

矿石镍的浸取、洗涤总回收率 $= 0.994Y_t = 0.919$

4～6 级氨的洗涤效率 $= 1 - L_6 x_n/(L_3 x_3) = 1 - 0.0054/0.07 = 0.923$

12.4.5 图解法工艺计算

解析法虽简单，但如果逐级条件变化较大，如变底流或变溢流，需采用代数法逐级计算，工作比较繁重，而用图解法则比较简便，更为直观。图解法一般需借助平衡曲线与操作线，以确定浸取及洗涤级数。下面结合例题摘要介绍几种图解计算法。

① 变底流的图解计算法。变底流时平衡曲线需借实验数据作出，操作线则可根据已知条件作出。

【例 15-12-6】 多级逆流浸取中用苯浸取原料中的油，条件与例 15-12-4 相同。用图解法求所需级数、残渣带液量、含油量、终浸液量及含油浓度。

解 本题属变底流问题。应用图 15-12-3 中的数据先作底流组成平衡曲线，见图 15-12-9。横坐标 x_A，y_A 分别为底流及溢流中溶质的浓度。纵坐标 x_S，y_S 分别为底流及溢流中溶剂的浓度。图中 S 点代表纯溶剂，Q 点代表固体载体。对于溢流，若其中不含固体，则图中的斜边即为溢流液组成，即 $y_A + y_S = 1$。对于底流，则有 $x_A + x_Q + x_S = 1$，其中 x_Q 为固体浓度，单位为 kg 固体·(kg 底流)$^{-1}$。在斜边上任取 $V(y_A=0.1, y_S=0.9)$ 点，连接 V、Q。当平衡成立时，即溢流中的溶质浓度与底流附液中的溶质浓度相等，则底流组成点 $L(x_A, x_S)$ 应在 $\overline{VQ}$ 线上。L 为 $\overline{VQ}$ 线的内分点，从图中两个直角三角形相似可以看出：

$$\frac{\overline{QL}}{\overline{QV}} = \frac{x_A}{y_A} = \frac{x_S}{y_S} = \frac{\text{底液带液量}}{\text{底液总量}}$$

将图 15-12-3 或表 15-12-2 中，$y_A = 0.1$、底液带流量 $f = \dfrac{L}{Q} = 0.505\text{kg}\cdot\text{kg}^{-1}$ 浸渣的数据代入上式：

$$\frac{0.505}{1+0.505} = \frac{x_A}{0.1} = \frac{x_S}{0.9}$$

得 $x_A = 0.033$，$x_S = 0.302$

x_A，x_S 即为 L 点的坐标，依次按表 15-12-2 中的数据取 $y_A = 0.2, 0.3, \cdots, 0.7$ 及相应

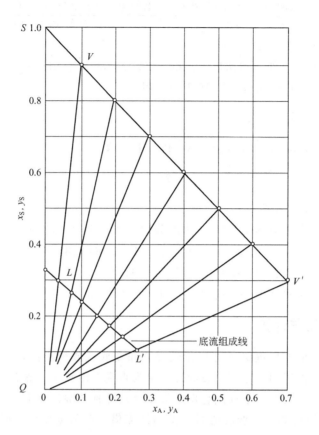

图 15-12-9　底流组成平衡曲线

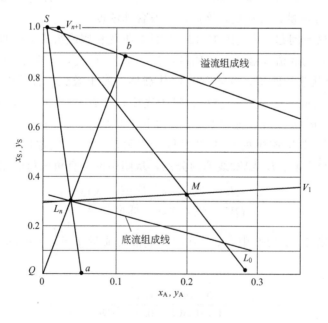

图 15-12-10　多级逆流浸取操作线

的 f 值代入上式，即可根据此画出底流组成线 LL'。

已知各工艺参数如下。

进料：$L_0=$载体+油+苯$=1000+400+25=1425$ （kg）

$(x_A)_0=400/1425=0.281$

$(x_S)_0=25/1425=0.0175$

溶剂：$V_{n+1}=$苯+油$=655+10=665$ （kg）

$(Y_A)_{n+1}=10/665=0.015$，$(Y_S)_{n+1}=655/665=0.985$

在图 15-12-10 中取 M 为 $\overline{V_{n+1}L_0}$ 的内分点，则 $\dfrac{\overline{ML_0}}{\overline{MV_{n+1}}}=\dfrac{V_{n+1}}{L_0}$

$$\dfrac{\overline{V_{n+1}L_0}}{\overline{MV_{n+1}}}=\dfrac{V_{n+1}+L_0}{L_0}=\dfrac{665+1425}{1425}=\dfrac{2090}{1425}$$

图 15-12-10 中取以 $\overline{V_{n+1}ML_0}$ 为斜边的直角三角形进行分析，得：

$$\dfrac{\overline{MV_{n+1}}}{\overline{L_0V_{n+1}}}=\dfrac{1425}{2090}=\dfrac{(y_S)_{n+1}-(x_S)_M}{(y_S)_{n+1}-(x_S)_0}=\dfrac{0.985-(x_S)_M}{0.985-0.0175}=\dfrac{(x_A)_M-(y_A)_{n+1}}{(x_A)_0-(y_A)_{n+1}}=\dfrac{(x_A)_M-0.015}{0.281-0.015}$$

据此可得 M 点的坐标为 $(x_S)_M=0.325$，$(x_A)_M=0.196$

当底流中不含苯时，即 $x_S=0$，在图 15-12-10 的横轴上取 a 点，坐标为 $x_S=0$，$x_A=(x_A)_n=60/(1000+60)=0.0566$。连接 a、S，$\overline{aS}$ 线与底流组成线，交于 L_n 点，L_n 点即为底流的内分点，即：

$$\dfrac{\overline{SL_n}}{\overline{L_na}}=\dfrac{\text{底物中固体+溶质量}}{\text{底物中溶剂量}}$$

L_n 的坐标为 $(x_A)_n=0.040$。连接 QL_n 并延长与溢流组成线相交于 b，L_n 即 $\overline{bL_nQ}$ 的内分点。

$$\dfrac{\overline{QL_n}}{\overline{bL_n}}=\dfrac{\text{底流中夹带的溶液量}}{\text{底流中的固体量}}$$

由图 15-12-10 知，b 点，$y_A=0.119$，此亦为底流带液中的溶质浓度。连接 L_nM 并延长与溢流组成线交于 V_1 点。已知 M 点为 V_{n+1} 及 L_0 的内分点，由总物料平衡知，点 M 亦为 L_n 与 V_1 的内分点。由图知 V_1 点的坐标 $(y_A)_1=0.601$，则：

$$\dfrac{L_n}{V_{n+1}+L_0}=\dfrac{\overline{MV_1}}{\overline{V_1L_n}}=\dfrac{(y_A)_1-(x_A)_M}{(y_A)_1-(x_A)_n}$$

$$=\dfrac{0.601-0.196}{0.601-0.040}=\dfrac{L_n}{2090},\ L_n=1509\text{kg}$$

这里的 L_n 为底流总量，其中固体 1000kg，带液量 $=1509-1000=509(\text{kg})$；溢流液 $V_1=N-L_n=2090-1509=581(\text{kg})$

图 15-12-11 中的 $\overline{V_nV_{n+1}}$ 即为溢流操作线。再作辅助线如下：

由各级物料平衡有：$L_0-V_1=L_1-V_2=\cdots L_n-V_{n+1}=\Delta$

以及 $L_0x_0-V_1y_1=L_1x_1-V_2y_2=\cdots=L_nx_n-V_{n+1}y_{n+1}=\Delta x_s$

连接 V_1L_0 及 $V_{n+1}L_n$，两直线相交点即为 Δ，该点与操作线上任一点的连线均符合上述物料平衡式的关系。

求级数时具体步骤如下：作 QV_1 线与底流操作线交于 L_1，连接 Δ 与 L_1 并延伸，与溢

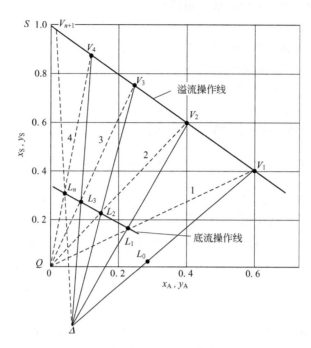

图 15-12-11 多级逆流浸取的图解计算

流操作线交于 V_2，再连接 V_2 与 Q，交底流操作线于 L_2。依次作辅助线 ΔL_2，得 V_3，进而得 L_3, V_4, L_4，当求得的 L_4 在 L_n 左侧或等于 L_n 时，即可知级数为 4 及 $V_1, V_2, V_3, V_4, L_n, L_3, L_2, L_1$ 的成分。由图 15-12-11 可得结果为：

级数 $n=4$，$(y_A)_1=0.601$，$(x'_A)_n=(y_A)_n=0.119$，$L_n=509$kg，$V_1=581$kg

其中 $(x'_A)_n$ 为 n 级底流附液中溶质的浓度，$x'_A=A/(A+S)$，而 $x_A=A/(A+Q+S)$，$A+S=L'$，$A+S+Q=L$。

② Ponchon-Savarit 图。见图 15-12-12，横坐标为 x、y，纵坐标为 N，x 为底流中的溶质浓度，$x=A/(A+Q+S)$；y 为溢流中的溶质浓度，$y=A/(A+S)$，N 的单位为 kg·kg^{-1}，图中原点 0 的组分为纯溶剂。当溢流不含固体时，横轴即为溢流操作线。底流操作线由实测平衡数据作出，如 L_nL_1 线。

【例 15-12-7】 原料大豆薄片含油率为 20%，经浸渣含油 0.5%（脱溶剂后），溶剂己烷不含油，溶剂用量 1.0kg·kg^{-1}，溢流液中第 1 级含有 10% 的固体悬浮物（以载体总量计），其余多级溢流液不含固体。实验测得平衡数据如下：

溶液中油的浓度	0	0.2	0.3
夹带的溶液/kg·kg^{-1}	0.58	0.66	0.70
$N=1/f$	1.725	1.515	1.429
x/N/kg·kg^{-1}	0	0.132	0.210

用 Ponchon-Savarit 图求级数。

解 取 1kg 大豆片为基准

已知：原料大豆薄片载体 $Q=0.8$kg，$L_0=0.2$kg，$N_0=\dfrac{0.8}{0.2}=4$，$x_0=1.0$

溶剂 $L_{n+1}=1.0$kg，$y_{n+1}=0$

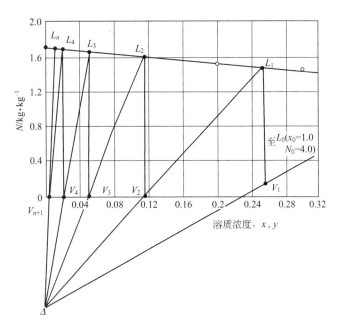

图 15-12-12 Ponchon-Savarit 图

浸取后残渣 $x/N = 0.005/0.995 = 0.00503$ （kg·kg^{-1}）

利用上列平衡数据，用内插法求得当 $x/N = 0.00503$ 时，$N_n = 1.718$ kg·kg^{-1}

已知终浸液（第1级溢流）中含的固体 $Q_{V_1} = 0.1 \times 0.8 = 0.08$ （kg）

残渣中夹带溶液量 $L_n = 0.8 \times (1-0.1)/1.718 = 0.42$ （kg）

残渣中含油量 $= 0.8 \times (1-0.1) \times 0.00503 = 0.00362$ （kg）

残渣中的己烷 $= 0.42 - 0.00362 = 0.416$ （kg）

残渣附液中溶质的浓度 $x_n = 0.00362/0.42 = 0.0086$

终浸液中含己烷 $= 1.0 - 0.416 = 0.584$ （kg）

终浸液中含油 $= 0.2 - 0.00362 = 0.196$ （kg）

终浸液量 $V_1 = 0.584 + 0.196 = 0.780$ （kg）

终浸液中油浓度 $y_1 = 0.196/0.780 = 0.251$

由此得 $(N)_{V_1} = 0.8 \times 0.1/0.780 = 0.103$ （kg·kg^{-1}）

在图 15-12-12 上由此可得溢流液的操作点 $V_1[y_1 = 0.251, (N)_{V_1} = 0.103]$。

在底流操作线上可找到 L_0 点 ($x_0 = 1.0$，$N_0 = 4.0$)，连接 V_1L_0 并延伸，与 L_n ($N_n = 1.718$，$x_n = 0.0086$)、V_{n+1} ($N = 0$，$y = 0$) 的连线相交于 Δ，Δ 为辅助点。过 V_1 作垂直线交底流操作线于 L_1 点，此即为第一级底流操作点。连接 $L_1\Delta$ 交溢流操作线于 V_2，再过 V_2 作垂直线交底流操作线于 L_2，依次作下去，最后使 L_n 点坐标 $x_n \leq 0.0086$。由图可知级数 $n = 5$。

y-z 图（图 15-12-13）：用化工分离过程中常用的 y-z 图求理论级数时，以溢流中溶质浓度 y 为纵坐标、底流中溶质浓度 z 为横坐标。当进出口条件给定后，可用以求浸取、洗涤的理论级数。

【例 15-12-8】 根据例 15-12-3 中给出的条件，用 y-z 图求级数。见图 15-12-13。

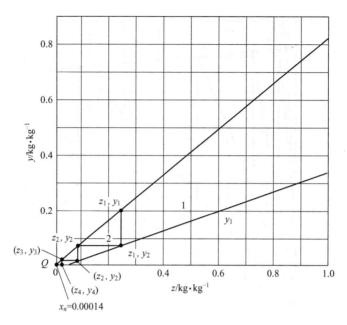

图 15-12-13 y-z 图

解 先作平衡曲线及操作线，设底流中惰性固体量恒定，流量为 Q，设底流带液量恒定 $L_i = L =$ 常数，由此知 $V_i = V$ 也是常数。

图中纵坐标为溢流中溶质浓度 y，kg·kg^{-1}。横坐标为底流中溶质浓度 z，kg·kg^{-1}。

令：$V_i y_i / (L_i x_i) = V_i y_i / (Qz) = V_i / L_i = a$，$V/Q = a_2$

式中 $y_i = x_i \neq z_i$

显然 $y_i / z_i = a / a_2$

取 100kg 原料为基准

已知 $y_1 = 0.2$

因此 $V_1 = \dfrac{30 \times 0.955}{0.2} = 143$ （kg）

由总物料平衡：
$$V_{n+1} + L_0 = V_1 + L_n$$

$$L_i = L_n = \frac{(100-30) \times 0.55}{1-0.55} = 85.6 \text{ （kg）}$$

$$V_i = V_{n+1} = V_1 + L_n - L_0 = 143 + 85.6 - 30 = 199 \text{ （kg）}$$

做 2~n 级的溶质平衡：
$$V(y_2 - y_{n+1}) = Q(z_1 - z_n)$$

已知 $y_{n+1} = 0$，则 $y_2 = \dfrac{1}{a_2}(z_1 - z_n)$

$$z_n = \frac{30 \times (1-0.955)}{100-30} = 0.0193$$

$$y_2 = \frac{100 \times (1-0.3)}{199}(z_1 - 0.0193) = 0.352 z_1 - 0.0068$$

上式即为操作线方程，见图 15-12-13 中下面的直线。

若底流带液量恒定，则平衡线为：

$$y_i = \frac{a}{a_2}z_i = \frac{199}{85.6} \times \frac{100-30}{199}z_i = 0.818 z_i$$

该平衡线在图 15-12-13 中为上面的直线。在操作线上先找出 $y_1=0.2$ 的点，作水平线与平衡线交于 (z_1, y_1) 点，再自此点作垂线与操作线交于 (z_1, y_2) 点，进而得 (z_2, y_2)，(z_2, y_3)，(z_3, y_3)，(z_3, y_4)，(z_4, y_4)。最后得 $y_4 < z_n$，$n=4$ 即为所求级数。从图 15-12-13 中可见，$n=3$，4 时该部分图形需放大以避免误差。

参考文献

[1] Taylor P R, Martins G P. Rcactor design for aqueous-solid reactions, Hydrometallurgical Reactor design and kinetics // Proceedings of Symposium of Metall Soc Hydrometallurgy. New Orleans LA: 1986: 105-119.
[2] Bartlett R W. Met Trans, 1971, 2: 2999-3006.
[3] Bartlett R W. Met Trans, 1972, 3: 913-917.
[4] 《化学工程手册》编辑委员会. 化学工程手册: 第 14 篇 萃取及浸取. 北京: 化学工业出版社, 1985: 298-335.
[5] Perry J H. Chem Eng Handbook. 4th. New York: McGraw-Hill, 1963.
[6] Chen N H. Chem Eng, 1964, 71 (11): 125.
[7] 杨守志, 李佐虎. 有色金属（选冶部分），1957，(11): 48-59.

符号说明

A	C_A/C_{A0}，溶剂	
a	V/L	
a_1	V_1/L	
a_2	V/Q	
a'	V'/L	
B	C_{A0}/C_{B0}，固体溶质	
C	浓度 $mol \cdot L^{-1}$	
C_V	固体体积浓度，分数	
C_{V0}	平均 C_V	
D	扩散系数，$m^2 \cdot s^{-1}$	
D_e	有效扩散系数，$m^2 \cdot s^{-1}$	
D_t	槽体直径，m	
d_i	搅拌桨直径，m	
d_p	颗粒直径，m	
$E(t)$	寿命分布函数	
$F(R)$	筛下累计质量分数	
$f=L/Q$	底流带液量，$kg \cdot kg^{-1}$	
$f(R)$	粒度分布密度函数	
h_c	搅拌桨距底高度，m	
j_D	$k_f Sc^{2/3}/u$	
k_f	流体膜的传质系数	
k_a	表面反应速率常数	
k_V	体积反应速率常数，s^{-1}	

L	底流中溶液的量，kg，kg·h^{-1}
M	分子量或原子量，g·mol^{-1}
m	偏离平衡的系数；GGS分布中的指数
N	底流的固液比，$N=1/f$，kg·kg^{-1}
n	反应器级数；搅拌桨转速，s^{-1}
N_e	$P/(\rho_L n^3 d_i^5)$
P	功率，N·m·s^{-1}；浸取槽内液体总流量 $P=V+L$
Q	底流中惰性固体量，kg，kg·h^{-1}
R	颗粒半径，m
Re	$d_p u \rho_L / \mu_L$
r	颗粒内径向坐标，m
S	溢流或溶液中溶质含量，kg，kg·h^{-1}；溶剂
Sc	$\mu_L/(\rho_L D)$
s	底流或原料中溶质含量，kg，kg·h^{-1}
t	时间，s，h
$\bar{t}$	通称停留时间，s，h
t_p	间歇或活塞流反应器的停留时间，s，h
u	颗粒运动速度，m·s^{-1}
V	体积，m^3，L；溢流量，kg，kg·h^{-1}
V'	引入的新溶剂量，kg，kg·h^{-1}
W	粒子终端速度，m·s^{-1}
X	转化率，分数
x	底流中溶质（组分）浓度，kg·kg^{-1}，kg·kg^{-1}（固体+溶液）
Y	固体溶质的浸取率、转化率，kg·kg^{-1}
y	溢流中溶质（组分）浓度，kg·kg^{-1}
y'	引入的新溶剂中溶质浓度，kg·kg^{-1}
z	底流中溶质浓度，kg·kg^{-1}
a	$V/(Qf)$；原料中金属含量，kg
Δ	图解法中辅助点
ε	孔隙率；回收率；分数
η	浸取与洗涤总回收率，分数
θ	$k_v C_{A0} bt/C_{B0}$；$D_e t/(\varepsilon R^2)$
θ'	$k_v C_{A0} bt'/C_{B0}$
λ	$k_v \varepsilon R C_{A0}/(D_e C_{B0})$
μ	黏度，kg·m^{-1}·s^{-1}
υ	运动黏度，m^2·s^{-1}
ξ	r/R
ρ	密度，kg·m^{-3}
τ	完全反应时间，s
ϕ	$R(k_v/D_e)^{1/2}$，$k_v R/(bD_e)$
ϕ'	$R(k_v/D_e')^{1/2}$
ψ	$k_1 R/D_e$

下标

A	溶剂、溶液，溶质，流体反应剂

B	固体原料，固体中溶质，固体反应剂
i，j	级数，组分
L	液体
m	最大，扩散区与反应区界面
n	总级数
O	初始，最小
p	颗粒
Q	惰性固体
S	溶剂
s	固体；表面
t	总体；槽体
V	体积

第16篇
增湿、减湿及水冷却

主 稿 人、编写人员：管国锋　南京工业大学教授
审 稿 人：姚虎卿　南京工业大学教授

第一版编写人员名单
编写人员：张有衡　姚虎卿
审 校 人：时　钧

第二版编写人员名单
主 稿 人：时　钧
编写人员：姚虎卿

绪论

增湿与减湿是指可凝蒸气在某一物质中含量的增加与减少，这种物质可以是气体、液体或固体。但通常所指的增湿与减湿是不凝气体中可凝蒸气含量的变化，亦称气体的增湿与减湿，其中不凝者为"干"气体，可凝者为"湿"组分，最常见的湿组分是水蒸气。例如，在空气与水蒸气的气体混合物中，空气为干气体，水蒸气为湿组分，当空气中的水蒸气含量增加时，称为增湿；反之为减湿。

水冷却通常是指作为冷却介质使用后的温水，经与空气直接接触，使空气增湿达到水冷却的目的。

1.1 气体增湿与减湿的方法

使气体增湿的方法主要有两种：一种是向气体中喷入可凝蒸气；另一种是用高于气体中可凝蒸气露点的同种液体与气体直接接触，使液体蒸发而增湿。

使气体减湿的方法按其原理可分为如下四种。①冷凝减湿：湿气体与低于其可凝蒸气露点的液体或固体壁面接触使湿组分冷凝；②吸收减湿：湿气体与具有吸湿性的液体或固体（如浓硫酸、氢氧化钾、氯化钙等）接触，进行化学或物理吸收；③吸附减湿：用固体吸附剂（如硅胶、分子筛、活性炭等）吸附气体中的可凝蒸气；④压缩减湿：将湿气体压缩到一定的压力，再间接冷却到可凝蒸气的露点以下的温度，使其冷凝而减湿。

本篇主要讨论湿气体与其可凝组分相同的液体直接接触，使该气体实现增湿或减湿的过程；并讨论空气与水直接接触使水冷却的过程。

1.2 气体增湿与减湿过程的应用

气体与液体直接接触使气体增湿或减湿，以及空气与水直接接触使水冷却，这两种过程的应用主要有如下几个方面。

1.2.1 循环水的冷却

在化工、电力、冶金等工业和其他工程设施中广泛地使用水作为冷却介质，为节省水源，使用后的温水经与空气直接接触而冷却，以循环使用。循环水的冷却通常采用湿式冷却塔来实现，如图 16-1-1 所示。这一过程通称为水冷却过程，空气经冷却塔增湿并升温，从而使水冷却。本篇第 4 章将详细地讨论这一过程。

1.2.2 气体的降温与除尘

对于煤气、炉气等含有灰尘的高温气体，可以用水进行洗涤，使其降温与除尘。这种直接洗涤气体的特点是传热效率高，且不必单独设置气体除尘设备。洗涤用的装置过去多为木格填料塔，现在主要采用喷雾塔，以降低气体在洗涤过程中的阻力，并避免灰尘在塔内堵塞。气体经洗涤冷却时多为减湿过程；但当气体中原来的水蒸气含量很少时，也可能是增湿过程。水经洗涤塔后温度升高，若需循环使用，则可用冷却塔进行冷却，组合成水的加热与冷却的循环系统，其循环流程示于图 16-1-2。

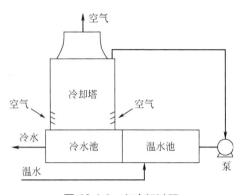

图 16-1-1　水冷却过程

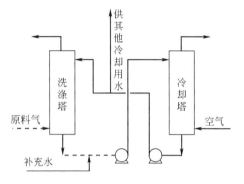

图 16-1-2　洗涤塔与冷却塔的水循环系统

1.2.3　可凝蒸气冷凝潜热的回收和利用

湿气体中的可凝蒸气与低于其露点的同种液体直接接触时，蒸气将冷凝释放出潜热使液温升高，被加热的液体就可以作为热源利用。典型的例子为合成氨生产中一氧化碳变换工序所用的饱和塔与热水塔系统。该系统示于图 16-1-3，两个塔叠加在一起，塔径相等，而塔高不等。含有大量水蒸气的湿变换气在热水塔内与水直接接触。变换气中的水蒸气冷凝释放出潜热，同时气体降温向水传递显热，使水温升高。被加热的热水再经间接换热器后送至饱和塔，与半水煤气接触使气体升温并增湿，以提供一氧化碳变换反应所需的水蒸气。水经饱和塔冷却后再流到热水塔循环使用。在此过程中，水为热量的载体，在热水塔内回收热量，而在饱和塔内利用其热量产生水蒸气。这一过程不仅传热效率高，而且不需设置锅炉就可以得到水蒸气。在这个系统中，半水煤气通过饱和塔与水接触为增湿过程；变换气通过热水塔与水接触为减湿过程。

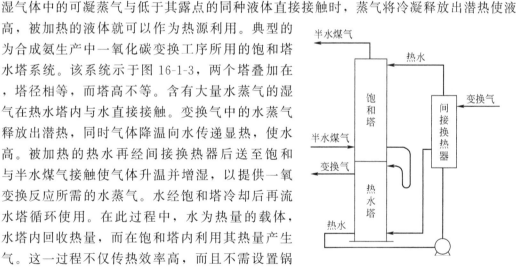

图 16-1-3　加压下操作的饱和塔与热水塔系统

1.2.4　溶剂回收

气体中含有的某些可凝蒸气（如苯、甲醇、二氯乙烯等），可以用低于其露点的同种液体与气体直接接触，使可凝蒸气冷凝下来予以回收，这是一种较为简单的回收溶剂的方法。例如，在甲醇生产过程排放的废气中含有较多的甲醇蒸气，采用冷甲醇液体洗涤该气体，就可以将气体中的甲醇冷凝下来，以降低废气中甲醇蒸气的含量，从而减少了甲醇的损失。显然，这种回收溶剂的方法为气体的减湿过程，所用的装置一般为填料塔或板式塔。

1.2.5 空气调湿

空气调湿指调节房屋内部或某一空间空气中的水蒸气含量。在调节湿度的同时，往往伴随着调节温度。空气调湿的具体应用主要有如下几个方面：①控制吸湿性物料的湿度；②保持仪器具有较高精密度所需要的湿度；③控制生物化学反应或金属腐蚀的速度；④满足实验室的环境要求；⑤消除静电影响；⑥调节工作室内的湿度。

空气调湿既可以是增湿过程，又可以是减湿过程。调湿装置视其用途不同而有多种类型。图 16-1-4 是空气调湿装置的基本组成。一般通过调节空气的流量、喷入的水量以及加热或冷却的负荷来满足不同的湿度和温度。

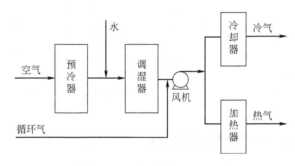

图 16-1-4 空气调湿装置

综合上述各种气体与液体直接接触的增湿与减湿过程看出，它们的共同特点是在气体与液体两相之间同时发生热量传递和质量传递，以满足气体的温度及可凝蒸气湿度变化的要求，或满足液体温度变化的要求；这种过程的装置都比较简单，且有较快的传热速率。

增湿、减湿及水冷却过程均是由两个相和两种组分所组成的体系，在气相中的组分是不凝的干气和可凝蒸气；在液相中则是与可凝蒸气相同的单一组分。虽然，在气体和液体中还可能混有其他组分，在气液接触过程中，也可能有某些杂质发生溶解或汽化，但这些组分及其发生的变化均是不予考虑的。

本篇后面各章主要介绍增湿、减湿及水冷却的基本理论和计算方法以及循环水冷却过程，其他各类增湿与减湿过程仅举例说明。读者可查阅文献 [1～6] 有关增湿、减湿及水冷却方面的内容。

参考文献

[1] 藤田重文，束畑平一郎. 化学工学Ⅲ. 东京：槙书店，1963.
[2] 内田秀雄. 湿り空气と冷却塔. 东京：裳华房，1963.
[3] 化学工学协会. 化学工学便览：第四版，东京：丸善株式会社，1978.
[4] [美] 彻雷密西诺夫 N P. 凉水塔. 黄定生，译. 北京：石油工业出版社，1984.
[5] Green D W, Perry R H. Perry's chemical engineer's handbook, 8th ed, New York: McGraw-Hill, 2008.
[6] 薛殿华. 空气调节. 北京：清华大学出版社，1991.

2

湿气体的性质及湿度图表

2.1 湿气体的性质

在气体的增湿、减湿及水冷却过程中，湿气体中的可凝蒸气发生变化，而干气作为载气，它的质量认为是不变的。因此，为了计算方便，有关湿气体的参数多以单位质量的干气为基准。本节介绍湿气体诸参数的物理意义及其相互之间的关系，并介绍湿度的测定方法。

2.1.1 湿气体的基本状态参数

(1) 湿度 气体中可凝蒸气的含量称为湿度，又称湿含量或绝对湿度，它以单位质量干气体中可凝蒸气的质量来表示。对于理想气体，湿度可表示为：

$$H = \frac{G_v}{G_d} = \frac{M_v}{M_d} \times \frac{p_v}{P - p_v} \tag{16-2-1}$$

式中 H——湿度，$kg_v \cdot kg_d^{-1}$;

G_v, G_d——分别为可凝蒸气和干气体的质量，kg；

M_v, M_d——分别为可凝蒸气和干气体的分子量；

P, p_v——分别为湿气体的总压和可凝蒸气的分压，kPa。

对于空气中所含的水蒸气，其湿度为

$$H = \frac{18.016}{28.96} \times \frac{p_v}{P - p_v} = 0.622 \frac{p_v}{P - p_v} \tag{16-2-2}$$

(2) 相对湿度与饱和度 湿气体中的可凝蒸气分压 p_v，与同温度下可凝蒸气的饱和压力 p_s 之比称为湿气体的相对湿度，即

$$\phi = p_v / p_s \tag{16-2-3}$$

由于 p_v 随温度升高而增加，故当 p_v 一定时，相对湿度随温度升高而减小。

将式(16-2-3)代入式(16-2-1)，得

$$H = \frac{M_v}{M_d} \times \frac{\phi p_s}{P - \phi p_s} \tag{16-2-4}$$

当气体中的可凝蒸气达到饱和时，$\phi = 1$，此时的饱和湿度为

$$H_s = \frac{M_v}{M_d} \times \frac{p_s}{P - p_s} \tag{16-2-5}$$

此式表明，当干气体与可凝蒸气的组分一定时，饱和湿度为总压和温度的函数，且随总压的增加而减小，随温度升高而增大。

湿气体的湿度与其同温度下的饱和湿度之比称为饱和度，即

$$\psi = \frac{H}{H_s} = \frac{1-p_s/P}{1-\phi p_s/P}\phi \tag{16-2-6a}$$

或

$$\phi = \frac{\psi}{1-(1-\psi)p_s/P} \tag{16-2-6b}$$

对于含有水蒸气的湿空气，在50℃以下时，饱和水蒸气压远小于大气压力，故其相对湿度与饱和度相差甚小，两值近似相等。

(3) 湿气体的比容和密度 湿气体的比容 v_H，是以1kg干气体作为基准的湿气体总体积，按理想气体来考虑时，湿气体的比容见式(16-2-7)

$$v_H = 22.4\left(\frac{1}{M_d} + \frac{H}{M_v}\right)\frac{101.3}{P} \times \frac{273+t_g}{273} \tag{16-2-7}$$

式中 t_g——气体的温度，℃。

对于含水蒸气的湿空气，在大气压力下，其比容为

$$v_H = (0.773 + 1.244H)\frac{273+t_g}{273} \tag{16-2-8}$$

湿气体的密度 ρ 为单位湿气体体积的质量（包括干气体及可凝蒸气的质量）。由于湿气体的比容是以1kg干气体为基准，故湿气体的密度与比容和湿度的关系为

$$\rho = (1+H)/v_H \tag{16-2-9}$$

饱和湿气体的比容 v_H 和密度 ρ_s，以饱和湿度 H_s 代替以上各式中的湿度即可求得。

含水蒸气的湿空气，在大气压力下，各不同温度和湿度时的比容和密度值列于表16-2-1[1]。

表16-2-1 在大气压力下湿空气的比容 v_H（$m^3 \cdot kg_d^{-1}$）和密度 ρ（$kg \cdot m^{-3}$）

温度/℃		0		10		20		30		40		50	
		v_H	ρ	v_H	ρ	v_H	ρ	v_H	ρ	v_H	ρ	v_H	ρ
湿度 /$kg_v \cdot kg_d^{-1}$	0.0	0.773	1.293	0.801	1.248	0.830	1.205	0.858	1.166	0.886	1.128	0.915	1.093
	0.01	—	—	0.814	1.240	0.843	1.198	0.872	1.159	0.901	1.122	0.929	1.087
	0.02	—	—	—	—	—	—	0.886	1.152	0.915	1.115	0.944	1.080
	0.03	—	—	—	—	—	—	—	—	0.928	1.109	0.958	1.074
	0.04	—	—	—	—	—	—	—	—	0.943	1.103	0.973	1.068
	0.05	—	—	—	—	—	—	—	—	—	—	0.988	1.063

(4) 湿气体的比热容和焓 以单位质量的干气体为基准的湿气体的比热容简称为湿比热容 C_H，湿比热容与干气体的比热容与可凝蒸气的比热容有如下的关系

$$C_H = C_d + C_v H \tag{16-2-10}$$

式中 C_H——湿比热容，$kJ \cdot kg_d^{-1} \cdot K^{-1}$；

C_d——干气体的比热容，$kJ \cdot kg_d^{-1} \cdot K^{-1}$；

C_v——可凝蒸气的比热容，$kJ \cdot kg_v^{-1} \cdot K^{-1}$。

对于常压下含水蒸气的湿空气，在0~200℃的温度范围内，可近似把 C_d 和 C_v 视为常数，其值分别为1.01$kJ \cdot kg_d^{-1} \cdot K^{-1}$和1.88$kJ \cdot kg_v^{-1} \cdot K^{-1}$，则湿空气的湿比热容为

$$C_H = 1.01 + 1.88H \tag{16-2-11}$$

以单位质量干气体为基准的湿气体的焓与干气体的焓和可凝蒸气的焓为如下的关系：

$$I = I_d + I_v H \tag{16-2-12}$$

式中 I——湿空气的焓，$kJ \cdot kg_d^{-1}$；
I_d——干气体的焓，$kJ \cdot kg_d^{-1}$；
I_v——可凝蒸气的焓，$kJ \cdot kg_v^{-1}$。

在进行工程计算时，为方便起见，通常规定干气体和可凝蒸气的液态在 0℃ 时的焓作为参考状态，即在此状态下的焓为零。在其他温度下，湿气体的焓值等于可凝组分在 0℃ 汽化时所需的潜热以及干气体和可凝蒸气从 0℃ 升至 t_g 所需的显热之和。据此，式（16-2-12）可改写成

$$I = C_d t_g + (r_0 + C_v t_g) H = C_H t_g + r_0 H \tag{16-2-13}$$

式中 r_0——可凝蒸气在 0℃ 时的相变潜热，$kJ \cdot kg_v^{-1}$。

在式（16-2-13）中，右端第一项为湿气体的显热，第二项为可凝组分的潜热。当干气体的组成和总压一定时，湿气体的焓随温度和湿度而变；而饱和湿气体的焓则仅为温度的函数。

对于含水蒸气的湿空气，由式（16-2-11）和式（16-2-13），得其焓值为

$$I = (1.01 + 1.88H) t_g + 2500H \tag{16-2-14}$$

式中，2500 为 0℃ 时水的汽化潜热，$kJ \cdot kg_v^{-1}$。

(5) 露点 不饱和的湿气体在总压和湿度保持不变的情况下，使其冷却达到饱和状态时的温度，为该湿气体的露点 t_s。当达到露点时，气体中的可凝蒸气分压为其饱和蒸气压。从式（16-2-5）可以看出，当干气体的组成和总压一定时，饱和蒸气压仅与气体的湿度有关，即露点仅取决于湿度。露点与饱和蒸气压的关系由实测而得，至今已发表了许多数据，常用的数据可从本手册第一篇以及 D. W. Green 与 R. H. Perry 合著的 *Perry's Chemical Engineer's Handbook*（第 8 版）和《化学工学便览（第四版）》等手册查取；*Hydrocarbon Processing*、《物性定数》等刊物也收录了有关露点与饱和蒸汽压的数据。

对于含有水蒸气的湿空气，可分别用如下三个经验公式求取露点与饱和水蒸气压的关系

① Antone 公式[1]

$$\lg p_s = 7.22684 - \frac{1750.286}{235 + t_s} \tag{16-2-15}$$

式中，p_s 的单位为 kPa；t_s 的单位为 ℃。此式在 0~100℃ 之间的计算误差较小。

② Keenan 和 Keyes 经验式[2]

$$p_s = \frac{a}{\exp\left[\dfrac{bx(c + dx + ex^3)}{(f-x)(1+gx)}\right]} \tag{16-2-16}$$

式中，$x = 673.4 - 1.8 t_s$；$a = 2.210 \times 10^4$；$b = 2.302585$；$c = 3.243781$；$d = 3.26014 \times 10^{-3}$；$e = 2.00658 \times 10^{-9}$；$f = 1.16509 \times 10^3$；$g = 1.21547 \times 10^{-3}$；$p_s$ 的单位为 kPa；t_s 的单位为 ℃。

③ 在 100~200℃ 的温度范围内，可用式（16-2-17）求取露点

$$t_s = 31.52 p_s^{0.25} \tag{16-2-17}$$

式中，p_s 的单位为 kPa；t_s 的单位为 ℃。

对于含有水蒸气的湿空气，上述诸参数的数据列于表 16-2-2[3]。

表 16-2-2　干空气及饱和湿空气的性质（总压 101.3kPa）

温度 t/℃	干空气的性质		饱和湿空气的性质			
	比容 (v_d) /m³·kg⁻¹	焓 (I_d) /kJ·kg⁻¹	水蒸气压 (p_s) /kPa	比容 (v_H) /m³·kg$_d^{-1}$	焓 (I_s) /kJ·kg$_d^{-1}$	湿度 (H_s) /kg$_v$·kg$_d^{-1}$
0	0.7738	0.00	0.6108	0.7786	9.431	0.003772
1	0.7767	1.005	0.6568	0.7813	11.16	0.004057
2	0.7795	2.011	0.7055	0.7850	12.93	0.004361
3	0.7823	3.017	0.7575	0.7882	14.76	0.004685
4	0.7852	4.022	0.8129	0.7915	16.64	0.005031
5	0.7880	5.027	0.8719	0.7948	18.57	0.005399
6	0.7908	6.032	0.9346	0.7982	20.57	0.005791
7	0.7937	7.041	1.001	0.8016	22.63	0.006208
8	0.7965	8.046	1.072	0.8050	24.77	0.006652
9	0.7993	9.050	1.146	0.8085	26.97	0.007124
10	0.8021	10.06	1.227	0.8120	29.25	0.007625
11	0.8050	11.06	1.312	0.8155	31.62	0.008159
12	0.8078	12.07	1.402	0.8192	34.07	0.008725
13	0.8106	13.07	1.497	0.8228	36.60	0.009326
14	0.8135	14.08	1.597	0.8265	39.24	0.009964
15	0.8163	15.09	1.704	0.8303	41.99	0.01064
16	0.8191	16.09	1.817	0.8341	44.79	0.01136
17	0.8220	17.10	1.937	0.8380	47.76	0.01212
18	0.8248	18.10	2.063	0.8420	50.82	0.01293
19	0.8276	19.11	2.196	0.8460	54.04	0.01378
20	0.8305	20.11	2.337	0.8501	57.35	0.01469
21	0.8333	21.12	2.486	0.8543	60.82	0.01564
22	0.8361	22.13	2.643	0.8585	64.42	0.01666
23	0.8390	23.13	2.808	0.8629	68.19	0.01777
24	0.8418	24.14	2.983	0.8673	72.12	0.01887
25	0.8446	25.15	3.167	0.8719	76.23	0.02007
26	0.8475	26.15	3.360	0.8766	80.37	0.02134
27	0.8503	27.16	3.565	0.8813	84.98	0.02268
28	0.8531	28.16	3.779	0.8862	89.62	0.02410
29	0.8560	29.17	4.005	0.8912	94.52	0.02560
30	0.8588	30.18	4.243	0.8963	99.63	0.02718
31	0.8616	31.18	4.492	0.9016	105.0	0.02886
32	0.8645	32.19	4.755	0.9070	110.6	0.03063
33	0.8673	33.20	5.030	0.9126	116.4	0.03249
34	0.8701	34.20	5.319	0.9183	122.5	0.03447
35	0.8730	35.21	5.623	0.9229	128.9	0.03655
36	0.8758	36.22	5.942	0.9323	135.6	0.03875
37	0.8786	37.22	6.276	0.9367	142.7	0.04107
38	0.8815	38.23	6.626	0.9431	150.0	0.04352
39	0.8843	39.24	6.993	0.9499	157.8	0.04611
40	0.8871	40.24	7.377	0.9568	165.9	0.04884
41	0.8900	41.25	7.779	0.9640	174.4	0.05173
42	0.8928	42.25	8.201	0.9714	183.4	0.05478
43	0.8956	43.28	8.641	0.9792	192.8	0.05800
44	0.8985	44.29	9.102	0.9872	202.7	0.06140
45	0.9013	45.29	9.584	0.9955	213.1	0.06499

续表

温度 t/℃	干空气的性质		饱和湿空气的性质			
	比容 (v_d) /m³·kg⁻¹	焓 (I_d) /kJ·kg⁻¹	水蒸气压 (p_s) /kPa	比容 (v_H) /m³·kg$_d^{-1}$	焓 (I_s) /kJ·kg$_d^{-1}$	湿度 (H_s) /kg$_v$·kg$_d^{-1}$
46	0.9041	46.30	10.09	1.004	224.0	0.06878
47	0.9070	47.30	10.62	1.013	235.6	0.07297
48	0.9098	48.31	11.16	1.022	247.6	0.07703
49	0.9126	49.31	11.74	1.032	260.4	0.08151
50	0.9155	50.32	12.34	1.042	273.9	0.08625
51	0.9184	51.32	12.96	1.053	288.0	0.09126
52	0.9211	52.33	13.62	1.064	302.9	0.09657
53	0.9240	53.33	14.30	1.076	318.7	0.1022
54	0.9268	54.33	15.01	1.088	335.4	0.1081
55	0.9296	55.34	15.74	1.101	353.0	0.1144
56	0.9325	56.34	16.51	1.114	371.6	0.1211
57	0.9353	57.35	17.32	1.128	391.3	0.1282
58	0.9381	58.35	18.15	1.143	412.2	0.1358
59	0.9410	59.38	19.02	1.158	434.3	0.1438
60	0.9438	60.40	19.92	1.175	457.8	0.1523
61	0.9466	61.41	20.86	1.192	482.7	0.1613
62	0.9495	62.41	21.84	1.210	509.4	0.1709
63	0.9523	63.42	22.86	1.230	537.5	0.1812
64	0.9551	64.42	23.92	1.250	567.6	0.1922
65	0.9580	65.43	25.01	1.272	599.4	0.2039
66	0.9608	66.43	26.15	1.295	633.8	0.2164
67	0.9636	67.44	27.34	1.320	670.6	0.2208
68	0.9665	68.44	28.57	1.346	709.5	0.2442
69	0.9693	69.45	29.84	1.374	751.8	0.2597
70	0.9721	70.48	31.17	1.404	797.0	0.2763
71	0.9750	71.50	32.56	1.436	845.6	0.2943
72	0.9778	72.50	33.96	1.471	898.3	0.3136
73	0.9806	73.51	35.44	1.508	954.8	0.3346
74	0.9835	74.51	36.97	1.548	1016.4	0.3573
75	0.9863	75.52	38.55	1.592	1083.3	0.3820
76	0.9891	76.52	40.20	1.640	1156.6	0.4090
77	0.9920	77.52	41.90	1.691	1236.1	0.4385
78	0.9948	78.53	43.66	1.748	1327.8	0.4709
79	0.9976	79.53	45.48	1.810	1419.9	0.5066
80	1.0004	80.56	47.37	1.879	1526.2	0.5460
81	1.003	81.58	49.32	1.955	1644.3	0.5898
82	1.006	82.58	51.33	2.040	1776.1	0.6387
83	1.009	83.59	53.42	2.134	1923.9	0.6936
84	1.012	84.60	55.58	2.241	2090.9	0.7557
85	1.015	85.60	57.81	2.362	2281.0	0.8263
86	1.017	86.61	60.11	2.502	2499.0	0.9072
87	1.020	87.61	62.49	2.662	2751.0	1.001
88	1.023	88.62	64.95	2.850	3046.2	1.111
89	1.026	89.62	67.49	3.073	3395.7	1.241
90	1.029	90.63	70.11	3.340	3816.0	1.397
91	1.032	91.63	72.82	3.667	4332.5	1.589

续表

温度 t/℃	干空气的性质		饱和湿空气的性质			
	比容 (v_d) /m³·kg⁻¹	焓 (I_d) /kJ·kg⁻¹	水蒸气压 (p_s) /kPa	比容 (v_H) /m³·kg$_d$⁻¹	焓 (I_s) /kJ·kg$_d$⁻¹	湿度 (H_s) /kg$_v$·kg$_d$⁻¹
92	1.034	92.64	75.61	4.076	4977.2	1.829
93	1.037	93.64	78.49	4.603	5806.0	2.138
94	1.040	94.65	81.47	5.306	6915.3	2.551
95	1.043	95.65	84.53	6.291	8468.3	3.130
96	1.046	96.66	87.69	7.770	10804	3.999
97	1.049	97.66	90.95	10.24	14697	5.449
98	1.051	98.67	94.31	15.17	22491	8.352
99	1.054	99.67	97.76	29.98	45879	17.057
100	1.057	100.67	101.33	—	—	—

2.1.2 绝热饱和温度与湿球温度

(1) 绝热饱和温度 如图 16-2-1 所示的绝热饱和器，假定含有水蒸气的不饱和空气（温度为 t_g、湿度为 H），连续地通入器内与大量喷洒的水接触，水用泵循环，认为水温是完全均匀的。因饱和器处于绝热，故水汽化所需的潜热只能取自空气中的显热，使空气增湿而降温，但湿空气的焓是不变的。当空气被水所饱和之后，气温就不再下降而等于循环水的温度，此温度称为空气的绝热饱和温度 t_{as}，对应的饱和湿度为 H_{as}。

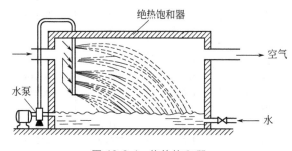

图 16-2-1 绝热饱和器

对于其他气体与液体接触的体系，按上述方法同样可以得其绝热饱和温度。在绝热饱和过程中，由于湿气体的焓保持不变，故进入绝热饱和器时的焓 I 等于经绝热增湿而降温至 t_{as} 时的焓 I_{as}。根据式(16-2-13)，可以得出

$$I_{as} = I = (C_d + C_v H) t_g + r_0 H = (C_d + C_v H_{as}) t_{as} + r_0 H_{as} \quad (16\text{-}2\text{-}18)$$

在温度不太高时，H 与 H_{as} 一般均甚小，且忽略 C_d 与 C_v 随温度的变化，则可近似取

$$C_d + C_v H \approx C_d + C_v H_{as} \approx C_H$$

于是，由式(16-2-18)可得

$$t_{as} = t_g - \frac{r_0}{C_H}(H_{as} - H) \quad (16\text{-}2\text{-}19)$$

式(16-2-19)称为绝热饱和方程。由于 H_{as} 取决于 t_{as}，故当干气体的组成和总压一定时，气体的绝热饱和温度为气体温度和湿度两个变量的函数。

(2) 湿球温度 如图 16-2-2 所示的两支温度计，左边一支温度计的感温球露在空气中，称为干球温度计，所测的温度为空气本身温度，称为干球温度。另一支温度计的感温球用纱布包裹，纱布下部浸入水中使之保持润湿，称为湿球温度计，它在空气中达到稳定时的温度称为空气的湿球温度。

湿球温度并不代表空气的真实温度，而是当空气至水的传热速率恰好等于水表面汽化向

空气传递潜热速率时的温度,故湿球温度是表示空气状态或性质的一种参数。对于其他气体与可凝蒸气组成的湿气体,同样存在着它的湿球温度。

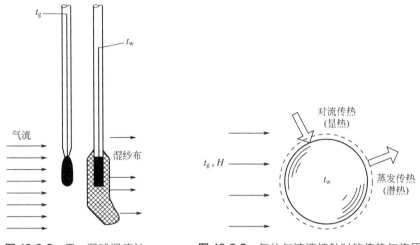

图 16-2-2 干、湿球温度计　　　　图 16-2-3 气体与液滴接触时的传热与传质

气体与液滴接触时的传热与传质(液体汽化)的关系可用图 16-2-3 来表示,其传热与传质速率可分别表示为

$$q=\alpha(t_g-t_w) \tag{16-2-20}$$

$$N=k_H(H_w-H) \tag{16-2-21}$$

式中　q——由气体传给液滴的热量,kJ·m^{-2}·h^{-1};
　　　α——对流传热膜系数,kJ·m^{-2}·h^{-1}·K^{-1};
　　　t_w——湿球温度,℃;
　　　N——液体汽化的传质速率,kg·m^{-2}·h^{-1};
　　　k_H——以湿度差为推动力的传质系数,kg·m^{-2}·h^{-1};
　　　H_w——在 t_w 时的饱和湿度。

当两者的传递速率相等时($q=Nr_w$),由式(16-2-20) 和式(16-2-21) 可得

$$t_w=t_g-\frac{k_H r_w}{\alpha}(H_w-H) \tag{16-2-22}$$

式中　r_w——在湿球温度下液体的汽化潜热,kJ·kg^{-1}。

式(16-2-22) 称为湿球温度方程,当干气体的组成和总压一定时,湿球温度为干球温度和湿度的函数。在气体与液体直接接触的增湿、减湿及水冷却过程中,是液体被加热或被冷却的极限温度。

由湿球温度方程求取湿球温度时,除给定湿气体的状态(t_g,H) 外,还需要已知 α/k_H 值。Bedingfield 和 Drew[4] 用空气与不同液体进行试验,在流体处于湍流流动的条件下,测得 α/k_H 之比的实测值示于图 16-2-4。

当干气体为空气之外的其他气体时,传热膜系数与传质系数的比值为如下的关系[5]

$$\frac{\alpha}{k_H}=C_H\left(\frac{Sc}{Pr}\right)^{2/3} \tag{16-2-23}$$

式中　$Sc(=\mu/\rho D_v)$——施密特数;
　　　$Pr(=C_p\mu/\lambda)$——普兰德数。

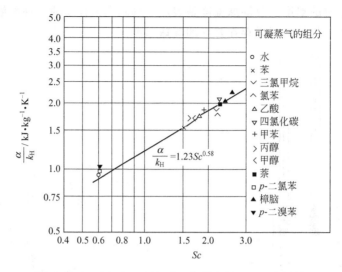

图 16-2-4 空气与不同组分可凝蒸气的 α/k_H 实测值

式(16-2-23)只能用于湿度较低的情况;当湿度较高时,传热膜系数与传质系数(或其比值)需要实测而得到。文献[6]汇集了几种湿空气体系的传热膜系数与传质系数之比的实测数据,列于表 16-2-3。

表 16-2-3　空气与有机液体体系的 α/k_H 实测值

液体种类	资料(1)	资料(2)	资料(3)	资料(4)	资料来源
苯	1.72	1.67		1.84	
四氯化碳	1.84	2.09		1.97	
氯苯	1.84				
醋酸乙酯	1.76			1.93	(1) Mark, Trans. Am. Inst. Chem. Engrs., 1932, 28; 107.
二氯乙烯	2.09				(2) Sherwood. Conings, Trans. Am. Inst. Chem. Engrs., 1932, 28; 88.
丙酸乙酯			2.09		(3) Arnold, Physics, 1933, 4; 225, 344.
甲醇			1.47		(4) 水科笃郎,中岛正基,化学机械,1951, 15; 30.
乙醇				1.72	
醋酸正戊酯		2.18	1.80		
甲苯	1.84	2.09	2.09	2.01	
二甲苯				2.30	
水	1.09	1.21	1.13	1.09	

从表 16-2-3 中数据看出,不同的气液体系,其 α/k_H 比值是不同的。对于含水蒸气的湿空气,$\alpha/k_H=1.09\sim1.21$,此值近似等于湿比热容,即

$$\frac{\alpha}{k_H} \approx C_H \tag{16-2-24}$$

在温度不太高、相对湿度不太低的情况下,可近似取 $r_w \approx r_0$、$H_w \approx H_{as}$,则含水蒸气的湿空气,其湿球温度在数值上近似等于绝热饱和温度,从而可用绝热饱和方程式(16-2-19)求取湿球温度。在较高温度下($t_g > 100℃$)的含水蒸气湿空气以及其他气液体系,其湿球温度均高于绝热饱和温度。

湿球温度时的焓 I_w 与绝热饱和时的焓 I_{as} 之间有如下的关系[7]

$$I_w - I_{as} = C_L t_w (H_w - H) \tag{16-2-25}$$

式中 C_L——液体的比热容，$kJ \cdot kg^{-1} \cdot K^{-1}$。

在 α/k_H 值未知的情况下，可以由式(16-2-25)计算湿球温度，这种计算要用试差法。

湿气体的湿球温度可以用图 16-2-2 所示的干、湿球温度计测定，测量时的气流速度应在 5m/s 以上，才能使其传热过程保持以对流为主，减少辐射与传导传热的影响。用干、湿球温度计测得的含水蒸气的空气干球与湿球温度，并由此计算出的相对湿度数据列于表 16-2-4[8]。

表 16-2-4　常压下（101.3kPa）湿空气中水蒸气的相对湿度（%）与干、湿球温度的关系

湿球温度/℃	干球温度-湿球温度/℃																	
	0.0	1.0	2.0	3.0	4.0	5.0	6.0	7.0	8.0	9.0	10.0	11.0	12.0	13.0	14.0	15.0	16.0	17.0
0	100	83	67	54	42	31	22	14	7	1								
2	100	84	70	58	47	37	28	21	14	8	2							
4	100	86	73	61	51	42	33	26	20	14	9	4						
6	100	87	75	64	54	46	38	31	25	19	15	10	6	3				
8	100	88	76	66	57	49	42	35	29	24	19	15	11	8	5	2		
10	100	88	78	69	60	52	45	39	33	28	24	20	16	13	10	7	5	2
12	100	89	79	70	62	55	48	42	37	32	28	24	20	17	14	11	9	7
14	100	90	81	72	64	57	51	45	40	35	31	27	24	20	17	15	12	10
16	100	90	82	74	66	60	54	48	43	38	34	30	27	24	21	18	15	13
18	100	91	83	75	68	62	56	50	45	41	37	33	30	27	24	21	19	16
20	100	91	83	76	69	63	58	52	48	43	39	36	32	29	26	24	21	19
22	100	92	84	77	71	65	59	54	50	45	41	38	35	31	29	26	24	21
24	100	92	85	78	72	66	61	56	51	47	43	40	37	34	31	28	26	24
26	100	92	85	79	73	67	62	57	53	49	45	42	39	36	33	30	28	26
28	100	93	86	80	74	68	63	59	55	51	47	43	40	37	35	32	30	28
30	100	93	86	80	75	69	65	60	56	52	48	45	42	39	36	34	32	29
32	100	93	87	81	76	70	66	61	57	53	50	46	43	41	38	35	33	31
34	100	93	87	82	76	71	67	62	58	55	51	48	45	42	39	37	34	32

2.1.3　湿度的测定方法

（1）露点法　这是测量气体湿度的一种最基本的方法，通过直接观察湿气体在光滑表面上冷却时的露点而得其湿度。这种测量方法比较简便，但因冷却表面温度的测量不易准确，以及气体与冷却表面之间有温度梯度，从而产生测量误差。为提高测量的可靠性，通常是测量气体冷却时开始生成雾滴与加热时开始消失雾滴两种情况下的温度，再取两个温度的平均值作为露点。

（2）湿球温度法　此法是用干、湿球温度计来测量气体的湿度，前面已作了介绍。其使用最为广泛，但同样存在着露点法所产生的误差。

（3）物理测湿法　此法是根据某些物质（如头发、木质纤维、塑料等）随湿度的不同而发生尺寸变化的特性，制作成物理测湿计，用以测量气体的湿度。

（4）电测湿法　此法是根据湿度对某些物质电阻的影响来进行测量的。采用具有吸湿性物质的薄膜与湿气体接触，通过测量该薄膜随湿度而发生电阻的变化，即可确定气体的湿度。

(5) 重量法 此法是将一定量的湿气体与一种吸湿性化学物质充分接触，如用五氧化二磷吸收气体中的水蒸气，通过称量吸湿后物质的增重，来确定气体的湿度。此法测量的范围较宽，而且也是一种最精确地测量湿度的方法。

【**例 16-2-1**】 已知含水蒸气的湿空气总压为 100kPa，温度为 25℃，相对湿度为 70%，试计算空气的湿球温度。

解 在本例条件下，湿球温度近似等于绝热饱和温度，故可用式(16-2-19) 计算。由于绝热饱和温度 t_{as} 与其饱和湿度 H_{as} 之间的函数关系较复杂，故一般采用试差法求解。

现设 $t_{as}=21℃$，从表 16-2-2 查得 $p_s=2.486$kPa，则饱和湿度为

$$H_{as}=0.622\times\frac{2.486}{100-2.486}=0.01586 \quad (\text{kg}_v\cdot\text{kg}_d^{-1})$$

再查得 25℃时的饱和蒸汽压 $p_s=3.167$kPa，其湿度为

$$H=0.622\times\frac{0.7\times3.167}{100-0.7\times3.167}=0.0141 \quad (\text{kg}_v\cdot\text{kg}_d^{-1})$$

由式(16-2-11) 计算空气的湿比热容

$$C_H=1.01+1.88\times0.0141=1.037 \quad (\text{kJ}\cdot\text{kg}_d^{-1}\cdot\text{K}^{-1})$$

将以上数据代入式(16-2-19) 计算绝热饱和温度

$$t_{as}=25-\frac{2500}{1.037}\times(0.01586-0.0141)=20.8 \quad (℃)$$

由于计算出的 t_{as} 值与假设值近似相等，故湿球温度为 20.8℃。否则，需重新假设 t_{as} 值，重复上述计算。

2.2 湿气体的湿度图及其应用

在增湿、减湿及水冷却过程的计算中，往常要用到上述湿气体的诸参数，为计算方便，可将这些参数之间的关系绘成图线，用以查取各项参数的数值，这种算图通称为湿度图。

常用的湿度图有两种，一种是采用以温度为横坐标，以湿度为纵坐标所绘制的，称为温-湿图（t-H 图）；另一种是采用以湿度为横坐标，以焓为纵坐标所绘制的，称为焓-湿图（I-H 图）。这两种湿度图又依气体组成或参数不同而有不同的形式。下面分别介绍各种湿度图及其用法。

2.2.1 湿空气的 t-H 图

含有水蒸气的湿空气的 t-H 图见图 16-2-5。图中任何一点都代表一定的湿空气状态。共有五条曲线，即相对湿度线（等 φ 线）、绝热冷却线（等 I 线）、比容线（等 v_H 线）、湿比热容线和汽化潜热线，这些曲线都是由上述各式计算值作出的。运用 t-H 图查取湿空气的诸参数时，只要给定两个参数，就可以在图 16-2-5 上查得其他参数值，具体使用方法参见例 16-2-2。

日本东京大学内田秀雄研究室[8] 绘制的 t-H 图见图 16-2-6，图中各参数线的说明见图 16-2-7。该图的使用方法与图 16-2-5 基本相同，它更适用于水冷却塔的计算。

【**例 16-2-2**】 已知含水蒸气的湿空气干球温度为 40℃，湿球温度为 34℃，总压为 101.3kPa，由 t-H 图查取相对湿度、湿度、露点、比容和湿比热容。

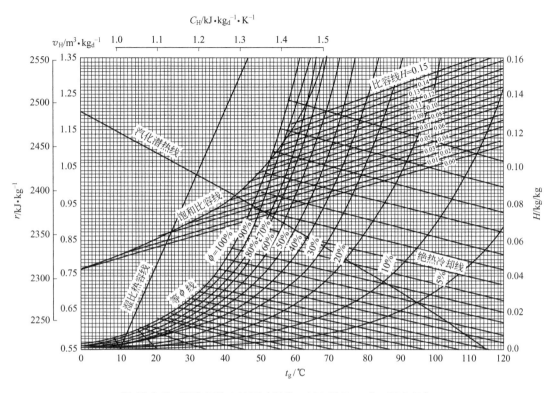

图 16-2-5 湿空气的 t-H 图（基准：101.3kPa，1kg 干空气）

解 首先在 t-H 图上确定该湿空气的状态点，即在横坐标上由 $t_w=34℃$ 的位置垂直向上至饱和湿度线上的 O 点，再从 O 点沿等 I 线与 $t_g=40℃$ 的垂线交于 a 点，此点为该湿空气的状态点（见图 16-2-8），然后再分别求取各参数：

① a 点所处的相对湿度为 70%；

② 由 a 点沿等湿线向右交于 b 点，得其湿度为 $H=0.034\mathrm{kg_v \cdot kg_d^{-1}}$；

③ 由 a 点沿等湿线向左交饱和湿度线于 c 点，再垂直向下至横坐标，得其露点为 $t_d=32.5℃$；

④ 由 a 点作垂线交对应湿度的比容线于 d 点，再平行向左至纵坐标，得其湿比容为 $v_H=0.93\mathrm{m^3 \cdot kg_d^{-1}}$；

⑤ 由 a 点沿等湿线向左交比容线于 e 点，再从 e 点垂直向上即可得其湿比热容为 $C_H=1.07\mathrm{kJ \cdot kg_d^{-1} \cdot K^{-1}}$。

2.2.2 高温下湿气体的 t-H 图

图 16-2-9 为高温下湿气体的 t-H 图，该图除适用于含水蒸气的湿空气外，还可用于查取高温燃烧后含水蒸气的湿气体（如烟气、炉气等）诸参数。由于这些燃烧后的气体中含有 CO_2 和其他组分，干气体的分子量与空气不同，故该图采用 1kmol 的干气为基准，总压仍为大气压力；又因 CO_2 的比热容随温度的变化较大，故凡涉及热量变化的图线（绝热冷却线和湿比热容线），均引入 CO_2 含量对这些图线的影响。该图的查用方法与图 16-2-5 基本相同，但因使用范围（温度和气体组成）较广，故数据的准确性较图 16-2-5 差。图 16-2-9 的使用方法在例 16-2-3 中说明。

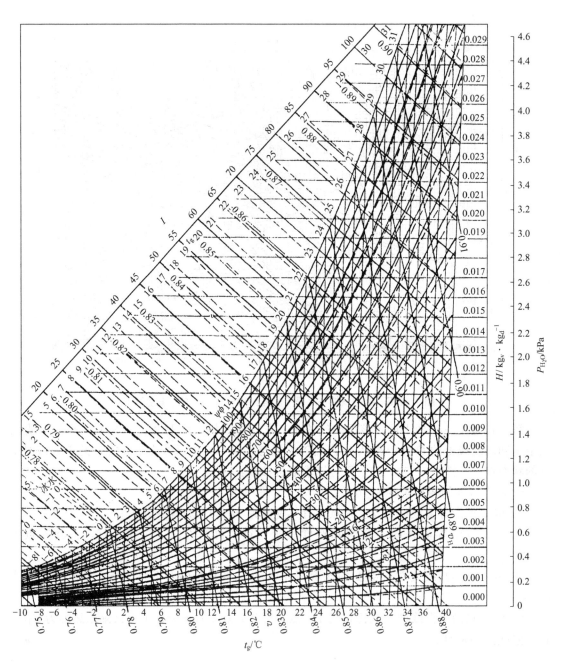

图 16-2-6 低温下湿空气的 t-H 图（基准：101.3kPa，1kg 干空气）

（使用说明见图 16-2-7）

【例 16-2-3】 已知烟气总压为 101.3kPa，其中水蒸气的分压为 7.1kPa，CO_2 的分压为 8.1kPa，其余组分可视为氮气；烟气的温度为 300℃。试用高温湿度图求取该气体的比容和湿比热容；如果将烟气的温度降至 100℃，每 1kmol 干气放出的热量为多少？

解 根据已知条件计算烟气中水蒸气的摩尔湿度 H_m 和 CO_2 的摩尔分数 x：

$$H_m = \frac{7.1}{101.3 - 7.1} = 0.0753 \quad (kmol_v \cdot kmol_d^{-1})$$

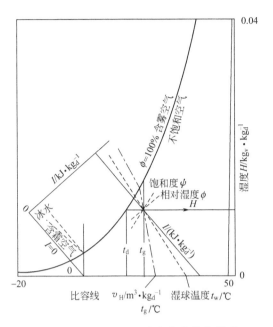

图 16-2-7　图 16-2-6 中各参数线的说明

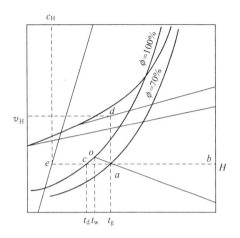

图 16-2-8　例16-2-2 附图

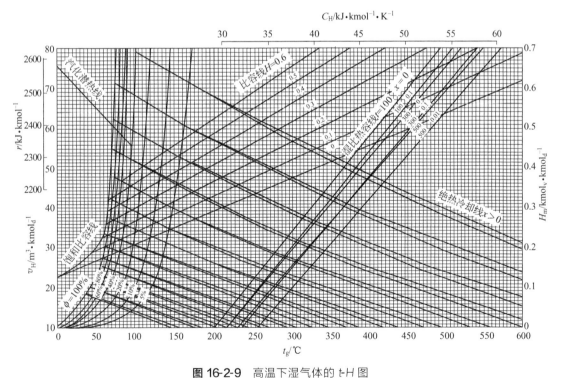

图 16-2-9　高温下湿气体的 t-H 图

（基准：101.3kPa，1kmol 干气体，x_{CO_2} 的摩尔分数）

$$x = \frac{8.1}{101.3-8.1} = 0.087 \text{kmol}_{CO_2} \cdot \text{kmol}_d^{-1}$$

由 H_m 值和烟气温度得其状态 a 点（见图 16-2-10）。由 a 点垂直向上交对应 H_m 值的比容线于 b 点，再向左至湿比容的坐标，得 $v_H = 50.5 \text{m}^3 \cdot \text{kmol}_d^{-1}$。

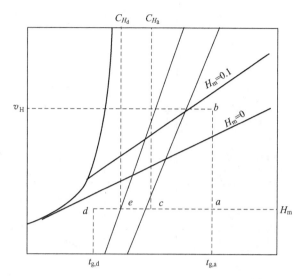

图 16-2-10 例 16-2-3 附图

由 a 点沿等湿线向左与对应 x 的湿比热容线交于 c 点,再垂直向上至湿比热容的坐标,得 $C_{H_a}=35.1\text{kJ}\cdot\text{kmol}_d^{-1}\cdot\text{℃}^{-1}$。

当烟气降温至 100℃时,仍高于其露点,故其湿度不变,则由 a 点沿等湿线向左交于温度为 100℃时的 d 点,此即为降温后的状态点。再由 ad 线与对应 x 值的湿比热容线的交点 e 垂直向上至湿比热容的坐标,得 $C_{H_d}=33.2\text{kJ}\cdot\text{kmol}_d^{-1}\cdot\text{℃}^{-1}$。于是,该烟气从 300℃降至 100℃时,每 1kmol 干气放出的热量为

$$\Delta I=35.1\times 300-33.2\times 100=7210 \quad (\text{kJ}\cdot\text{kmol}_d^{-1})$$

2.2.3 湿空气的 I-H 图

图 16-2-11[9]为湿空气的焓-湿图(I-H 图),图中纵坐标为焓值;但湿度是采用与纵坐标呈 135℃角的斜角坐标轴,而横坐标上的湿度则是斜角坐标上的投影。采用斜角坐标的目的是为了避免线条密集而难以查取数据。I-H 图包括五种图线,即等焓线、等湿线、干球温度线、相对湿度线(等 ϕ 线)和水蒸气分压线。I-H 图仅在制作方法上与 t-H 图不同,它的用途和用法均与 t-H 图无异。

此外,在 Green 和 Perry 合著的 *Perry's Chemical Engineer's Handbook*(第 8 版)一书中,也列有几种湿度图可供查用。

2.2.4 总压对湿气体性质的影响

上面列举的湿度图都是在大气压力下得出的,若总压略偏于大气压力,可以使用这些湿度图。在工业上,工作压力往往与大气压力差别较大,这些湿度图将不能直接使用。但为了更方便地利用湿度图,可以对压力进行校正后再查图求取湿气体的诸参数。

当总压 P_T 不等于大气压力 P_0 时,欲求取湿气体的湿度 H_T,可以先依据该湿气体的 t_g 和 t_w 在 P_0 的 t-H 图上,查得其湿度 H,然后再换算到 P_T 时的 H_T。由于湿球温度方程中的 $k_H r_w/\alpha$ 值几乎不受总压的影响,则在一定的 t_g 和 t_w 时,由湿球温度

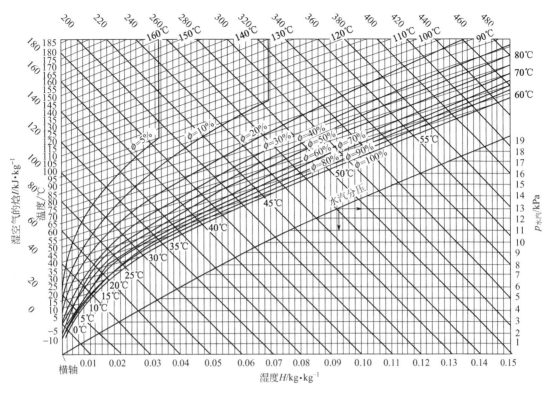

图 16-2-11 湿空气的 I-H 图

方可得

$$H_{wT} - H_T = H_w - H \tag{16-2-26}$$

在两种压力下的饱和湿度 H_{wT} 和 H_w 均满足式(16-2-5)，由此可得

$$H_T - H = H_{wT} - H_w = \frac{M_v}{M_d} p_s \left(\frac{1}{P_T - p_s} - \frac{1}{P_0 - p_s} \right) \tag{16-2-27}$$

由湿度图查得 H 值代入式(16-2-27)，即可算出 P_T 压力下的湿度 H_T。

不同总压下含水蒸气的湿空气饱和湿度与温度和总压的关系示于图 16-2-12[1]；含水蒸气的湿气体摩尔饱和湿度与温度和总压的关系示于图 16-2-13[1]。

当湿气体的温度和湿度一定时，欲求取总压为 P_T 时的湿球温度 t_{wT}，可以先从大气压下的湿度图上查得 t_w 和 H_w，然后按式(16-2-28)计算 t_{wT}，并计算出压力 P_T 下的饱和湿度 H_{wT}

$$\frac{t_g - t_{wT}}{H_{wT} - H} = \frac{t_g - t_w}{H_w - H} \tag{16-2-28}$$

类似上述方法，亦可使用大气压力下的湿度图求取总压为 P_T 时的其他参数。由于压力对湿比热容和焓值的影响甚小，故这两个参数一般可以从湿度图直接查用。

【例 16-2-4】 已知含水蒸气的湿空气干球温度为 30℃，湿球温度为 20℃；总压为 93.2kPa。试用总压为 101.3kPa 的湿度图求取该气体的湿度 H_T，并求取饱和湿度 H_{wT}。

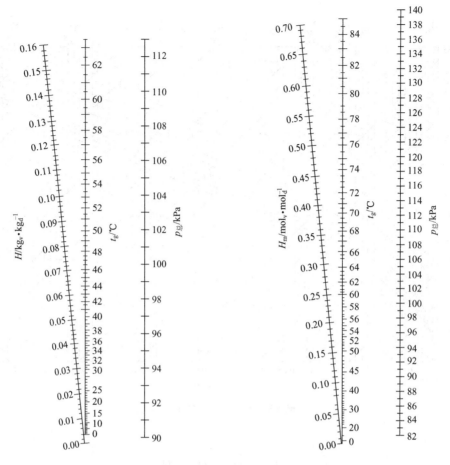

图 16-2-12 含水蒸气的湿空气饱和湿度
与温度和总压的关系

图 16-2-13 含水蒸气的湿气体摩尔饱和湿度
与温度和总压的关系

解 利用图 16-2-11 中的 t-H 关系求解,以绝热饱和温度作为湿球温度。在 $t_g = 30℃$ 的等温线与 $t_{as} = 20℃$ 的等焓线交点,查得湿度 $H = 0.0108 \text{kg}_v \cdot \text{kg}_d^{-1}$;再从该图查得 20℃时的饱和水蒸气压 $p_s = 2.34 \text{kPa}$。

将查得的数据代入式(16-2-27),计算总压为 93.2kPa 下的湿度

$$H_T = 0.0108 + 0.622 \times 2.34 \left(\frac{1}{93.2 - 2.34} - \frac{1}{101.3 - 2.34} \right)$$
$$= 0.0121 \text{kg}_v \cdot \text{kg}_d^{-1}$$

饱和湿度由图 16-2-12 查取。当压力为 93.2kPa,温度为 30℃时,查得

$$H_{wT} = 0.030 \text{kg}_v \cdot \text{kg}_d^{-1}$$

参考文献

[1] 化学工学协会. 化学工学便览: 第四版. 東京: 丸善株式会社, 1978.

[2] Keenan J H, Keyes F G. Thermodynamic properties of steam. New York: Wiley, 1936.

[3] 日本机械学会. 机械工学便览. 東京: 日本机械学会, 1968.

[4] Bedingfield C H, Drew T B. Ind Eng Chem, 1950, 42(6): 1164-1173.
[5] Green D W, Perry R H. Perry's chemical engineer's handbook, 8th ed. New York: McGraw-Hill, 2008.
[6] 藤田重文, 東畑平一郎. 化学工学. 東京: 东京化学同人, 1963.
[7] [苏] 叶戈罗夫(Егоров Н Н). 气体在洗涤塔中的冷却. 沙必时, 译. 北京: 高等教育出版社, 1957.
[8] 内田秀雄. 湿り空気と冷却塔. 東京: 裳华房, 1963.
[9] 天津大学化工学院. 化工原理: 下. 北京: 高等教育出版社, 2010.

3

增湿与减湿过程的计算基础

3.1 气体与液体间的传热与传质关系

在气体与液体直接接触的增湿与减湿过程中，气体与液体之间通常存在温度差，而且在气相主体与液相表面之间又存在湿含量差。因此，在气液相之间既有热量的传递，又有质量的传递。这种过程的传递关系及其推动力与单纯的传热或传质过程是不同的。现分别讨论气液两相之间在增湿过程和减湿过程中的传热与传质关系。

3.1.1 增湿过程中的传热与传质关系

在塔设备内，当未饱和的冷气体从塔底进入，与塔顶加入的热液体逆流接触时，气体在塔内被加热并增湿，液体在塔内被冷却，气液相之间的传递关系示于图 16-3-1。在塔顶，

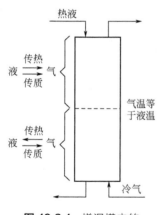

图 16-3-1 增湿塔内的
传热与传质关系

气体被加热的极限是进塔液体表面的饱和湿气体状态。实际上，由于存在传递阻力，气体的出塔温度将低于进塔液温度，故进塔液体的温度与其表面的饱和湿度必然大于出塔气体的温度和湿度。于是，塔顶处的传热与传质的方向都是从液体传给气体。在塔底，液体被冷却的极限是气体进塔状态下的湿球温度，而实际出塔的液温要高于湿球温度。但因进塔气体是未饱和的，湿球温度低于气温，故出塔液体将有可能低于进塔气温。在这种情况下，塔底处的传热方向是由气体传给液体，而传质的方向仍然是由液体传给气体。

因此，在进塔气体为未饱和状态的条件下，在全塔内，传质的方向都是从液体传给气体，气体在塔内是增湿过程；而传热的方向则发生变化，在开始改变传热方向的截面处，气温等于液温，但在全塔内，液体均为冷却过程。

如果进塔气体为饱和状态，则出塔液温就不可能低于进塔气温。在这种情况下，传热的方向就不会改变，热量与质量都是由液体传给气体。

3.1.2 减湿过程中的传热与传质关系

在减湿塔中，当进塔的热气体为不饱和状态，进塔的液体温度低于进塔气体的露点时，经塔内的气液逆流接触，气体将冷却并减湿，液体则升温，气液相之间的传递关系示于图 16-3-2。在塔内的传热方向都是从气体传给液体，且塔顶处的传质方向也是由气体传给液体。但由于出塔液温有可能高于进塔气体的露点，故塔底的传质方向将会由液体传给气体。于是，在全塔内的传质方向是不同的，某一塔截面处将改变传质的方向，此处的液温等于气

体的露点。

如果进塔气体为饱和状态，传质的方向就不会改变，热量与质量的传递方向都是由气体传给液体。

3.1.3 传热与传质速率方程

如上所述，在气体与液体逆流接触的增湿与减湿塔内，传递的推动力有温度差和湿度差两种，即使一种推动力为零，另一种推动力仍然可以使传递过程继续进行下去，并使前一种传递方向改变。因此，在处理增湿与减湿过程的传递关系时，仅用温度差或湿度差作为推动力是不合理的，最好是采用包括温度和湿度这两种因素的焓差作为过程的推动力。只有当进塔气体为饱和状态，或者预知该过程不会改变传递方向时，方可采用温度差或湿度差作为传递推动力。

在增湿、减湿及水冷却过程中，传递速率的计算根据 Walker[1] 提出的冷却塔工作的基本原理，采用由 Merkel[2] 提出以焓差为推动力的基本速率方程，这种方法又由 Nottage[3] 发展与推广起来。

在如图 16-3-3 所示的逆流增湿（或减湿）塔内，取一微元塔高 dz，可以得出如下的传热和传质速率方程。

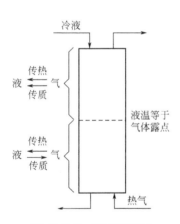

图 16-3-2 减湿塔内的传热与传质关系

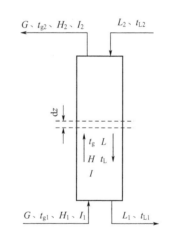

图 16-3-3 微元塔高的传热与传质

从气液相界面至气相主体之间的传热速率为

$$GC_H dt_g = \alpha_g a(t_i - t_g)dz \quad (16\text{-}3\text{-}1)$$

从气液相界面至气相主体之间的传质速率为

$$GdH^* = k_H a(H_i - H)dz \quad (16\text{-}3\text{-}2)$$

从液相主体至气液相界面之间的传热速率为

$$LC_L dt_L = \alpha_L a(t_L - t_i)dz \quad (16\text{-}3\text{-}3)$$

式中 G，L——分别为干气体和液体在塔内的质量流速，$kg \cdot m^{-2} \cdot h^{-1}$；

t_g，t_L，t_i——分别为气相和液相主体以及相界面温度，K；

$\alpha_g a$，$\alpha_L a$——分别为气相和液相的传热膜系数，$kJ \cdot m^{-3} \cdot h^{-1} \cdot K^{-1}$；

$k_H a$——以湿度差为基准的气相传质系数，$kg \cdot m^{-3} \cdot h^{-1}$；

C_H——气体的湿比热容,kJ·kg_d^{-1}·K^{-1};
C_L——液体的比热容,kJ·kg^{-1}·K^{-1}。

对于以焓差为推动力的传递关系,可以从式(16-3-1) 式(16-3-2) 导出。为此,先将焓与温度和湿度的关系写成式(16-3-4) 的微分式

$$dI = C_H dt_g + r_0 dH \tag{16-3-4}$$

式中 I——湿气体的焓,kJ·kg_d^{-1};
r_0——273K 时可凝蒸气的冷凝潜热,kJ·kg^{-1}。

此式两端同乘以干气体的质量流速 G,再将式(16-3-1) 和式(16-3-2) 的右端代入式(16-3-4),得

$$GdI = [\alpha_g a(t_i - t_g) + r_0 k_H a(H_i - H)]dz \tag{16-3-5}$$

现设气相主体温度下的湿比热容 C_H 与相界面温度下的湿比热容 C_{Hi} 近似相等,并引入路易斯(Lewis)[4] 关系

$$Le = \alpha_g a / k_H a C_H \tag{16-3-6}$$

将式(16-3-6) 代入式(16-3-5),经整理后得

$$GdI = k_H a[(I_i - I) + (Le - 1)C_H(t_i - t_g)]dz \tag{16-3-7}$$

此式即为以焓差为推动力的传递速率方程。对于空气与水接触的体系,当气体中的湿度较低时,$Le ≈ 1$,且 I_i 可近似等于液温下饱和气体的焓 I_L,则式(16-3-7) 可以简化为

$$GdI = k_H a(I_L - I)dz \tag{16-3-8}$$

对于水冷却塔的计算,就可以用式(16-3-8) 的传递速率方程。

以上各式是按增湿过程得出的,对于减湿过程,仅传热与传质的方向不同,故各式改变符号后即可应用。这些方程是计算填料层高度及气液诸参数随塔高变化的基本关系式。

3.2 气液平衡线与操作线

在增湿、减湿及水冷却过程中,当以焓差为推动力时,它的气液平衡关系可采用饱和湿气体的焓与温度之间的关系来表示。对于一定的气液体系,饱和状态的焓为温度的单值函数。于是,用式(16-2-13)求得不同温度下饱和湿气体的焓值,在以焓值为纵坐标,以温度为横坐标的焓-温图(I-t 图)中,可以绘出如图 16-3-4 所示的气液平衡线。

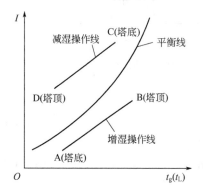

图 16-3-4 气液平衡线与操作线

平衡线具有如下的性质:
① 平衡线上的焓值是相对值,通常以 273K 且湿组分的液态为基准;
② 平衡线与干气体的组成和液体的性质有关;
③ 平衡线的位置与气体的总压有关,总压增加时,饱和湿度减少,平衡线下移;反之,平衡线上移。

增湿与减湿过程的操作线可按如下的方法求取,即沿塔高任取一微元高度作能量平衡,可得

$$GdI = d(LC_L t_L) \tag{16-3-9}$$

当忽略温度对液体比热容 C_L 的影响时，式(16-3-9)可写为

$$G\mathrm{d}I = C_L L \mathrm{d}t_L + C_L t_L \mathrm{d}L \tag{16-3-10}$$

通常在塔内蒸发（或冷凝）的液量远小于入塔的液量，特别是当液气比 $L/G>2$ 时更是如此，则

$$L\mathrm{d}t_L \gg t_L \mathrm{d}L$$

于是，式(16-3-10)右端第二项可以略去，简化为

$$G\mathrm{d}I = C_L L \mathrm{d}t_L \tag{16-3-11}$$

将此式从塔底（状态1）至塔顶（状态2）积分得

$$I_2 - I_1 = \frac{L}{G} C_L (t_{L_2} - t_{L_1}) \tag{16-3-12}$$

式(16-3-12)为增湿与减湿过程的操作线方程，在 I-t 图上为一直线。对于增湿过程，因气体的焓小于对应液温下饱和状态的焓，故操作线 AB 在平衡线下方，水冷却塔内水冷却的操作线即为此种情况；对于减湿过程，因气体的焓大于对应液温下饱和状态的焓，故操作线 CD 在平衡线上方。这两个过程的操作线及其与平衡线的关系均绘于图 16-3-4。

【**例 16-3-1**】 合成氨生产中一氧化碳变换过程的饱和塔和热水塔系统及其基本操作参数见图 16-3-5，其他有关数据如下。

饱和塔：进出塔气体中水蒸气的相对湿度分别为 5.2% 和 92.0%；干气体的平均比热容为 1.57kJ·kg^{-1}·K^{-1}；干气体分子量为 19.2；工作压力为 1.18MPa。

热水塔：进出塔气体中水蒸气的相对湿度分别为 80.0% 和 100%；干气体的平均比热容为 1.68kJ·kg^{-1}·K^{-1}；干气体分子量为 19.0；工作压力为 1.14MPa。

水在饱和塔内蒸发和在热水塔内冷凝引起水量的变化以及两塔的热损失均忽略不计。试在 I-t 图上绘出两塔的平衡线和操作线。

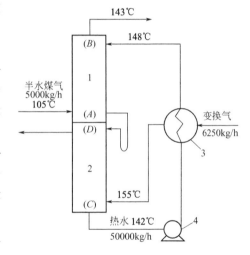

图 16-3-5 例 16-3-1 附图
1—饱和塔；2—热水塔；3—热交换器；4—热水泵

解 ① 根据已知条件，计算满足本过程温度范围（100～160℃）内的平衡数据。现以饱和塔的参数在 100℃时饱和气体的焓为例计算如下。

饱和湿度：

$$H_s = \frac{18}{19.2} \times \frac{0.1013}{1.18 - 0.1013} = 0.0880 \quad (\mathrm{kg_v \cdot kg_d^{-1}})$$

饱和气体的焓：

$$I_s = (1.57 + 1.88 \times 0.0880) \times 100 + 2500 \times 0.0880 = 394.5 \quad (\mathrm{kJ \cdot kg_d^{-1}})$$

其他各点的计算过程省略，计算结果列于表 16-3-1。用表中的数据在 I-t 图上分别绘制饱和塔和热水塔的平衡线示于图 16-3-6。因热水塔的工作压力低于饱和塔的工作压力，故其平衡线在上面。

② 计算饱和塔出口（亦即热水塔进口）的水温 t_{LA}（t_{LD}）。按照本篇第 2 章所列各式分别计算饱和塔进出口及热水塔进口气体的湿度和焓值以及饱和水蒸气压，计算过程省略，其

结果列于表 16-3-2。用表中的数据，由饱和塔的热平衡计算出塔水温：

表 16-3-1　例 16-3-1 附表（1）

温度/℃		100	110	120	130	140	150	160
饱和气体焓值 /kJ·kg$_d^{-1}$	饱和塔	394.3	525.3	722.9	1008.8	1441.7	2142.8	3418.3
	热水塔	417.7	556.3	765.2	1061.2	1521.2	2298.5	3724.3

表 16-3-2　例 16-3-1 附表（2）

位置	t_g/℃	p_s/MPa	H/kg$_v$·kg$_d^{-1}$	I/kJ·kg$_d^{-1}$
饱和塔进口	105	0.119	0.005	177.9
饱和塔出口	143	0.410	0.4428	1452.9
热水塔进口	155	0.566	0.6265	2014.3

$$t_{LA}=t_{LD}=148-\frac{5000}{50000\times 4.187}(1452.9-177.9)=117.5\quad(℃)$$

再由热水塔的热平衡计算出塔气体的焓值：

$$I_D=2014.3-\frac{50000\times 4.187}{6250}(142-117.5)=1193.6\quad(kJ\cdot kg_d^{-1})$$

由于热水塔出口气体为饱和状态（$\phi=100\%$），故出塔气温 t_{gD} 为其饱和蒸气压 P_{sD} 的单值函数，根据上面得出的数据，由式（16-2-13）和式（16-2-17）经试算得 $t_{gD}=133.2℃$，其 $P_{sD}=0.309$ MPa。

由已知和计算出的两塔进出口参数值（I_A，t_{LA}），（I_B，t_{LB}）和（I_C，t_{LC}），（I_D，t_{LD}）在图 I-t 上分别作出的操作线示于图 16-3-6。

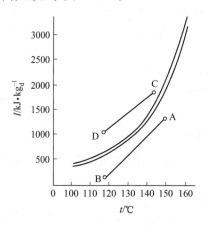

图 16-3-6　例 16-3-1 附图

3.3　气液相界面参数及气体参数在塔内的分布

3.3.1　气液相界面参数

在增湿与减湿过程中，由于气相存在传热与传质，而液相仅有传热，故不可能像吸收过程那样，采用总传质阻力而避免求取相界面参数的问题。增湿与减湿过程的气液相界面参数（t_i，I_i）的确定，可由上述传递速率方程导出。现用式（16-3-3）除以式（16-3-7），得

$$\frac{G\mathrm{d}I}{LC_L\mathrm{d}t_L}=\frac{k_Ha[(I_i-I)+(Le-1)C_H(t_i-t_g)]}{\alpha_L a(t_L-t_i)} \qquad (16\text{-}3\text{-}13)$$

在不考虑液量 I 的变化时，将式（16-3-11）代入式（16-3-13），经整理后得

$$\frac{I_i-I}{t_i-t_L}=-\frac{\alpha_L a}{k_H a}\left[1-\left(\frac{Le-1}{Le}\right)\frac{\alpha_g a(t_i-t_g)}{\alpha_L a(t_L-t_g)}\right] \qquad (16\text{-}3\text{-}14)$$

对于 $Le=1$ 的情况，式（16-3-14）可以简化为

$$\frac{I_i-I}{t_i-t_L}=-\frac{\alpha_L a}{k_H a}=-\frac{\alpha_L a}{\alpha_g a}C_H \qquad (16\text{-}3\text{-}15)$$

由于 I_i 与 t_i 有一定的函数关系，故当气体与液体的参数一定时，就可以由式（16-3-14）或式（16-3-15）求取相界面温度 t_i 和焓 I_i。

在某些操作中，气膜传热阻力远大于液膜传热阻力，此时，可用液体温度作为相界面温度，而不需按上述两式计算相界面状态。

3.3.2 气液相界面及气体参数在塔内的分布

对于一个增湿塔或减湿塔，在已知进塔和出塔的气液参数时，可由上述传递速率方程和热平衡方程求取气体和液体各参数沿塔高的分布，同时求得气液相界面参数沿塔高的分布。

当塔内气体为不饱和状态，由气体的焓 I 和气液相界面参数（I_i，t_i）求取气体温度时，可用式（16-3-1）除以式（16-3-7），再经整理后得如下的关系求解

$$\frac{\mathrm{d}I}{\mathrm{d}t_g}=\frac{1}{Le}\left(\frac{I_i-I}{t_i-t_g}\right)+\left(\frac{Le-1}{Le}\right)C_H \qquad (16\text{-}3\text{-}16)$$

用式（16-3-2）除以式（16-3-7），再经整理后得如下的关系求取气体的湿度

$$\frac{\mathrm{d}I}{\mathrm{d}H}=Le\left(\frac{I_i-I}{H_i-H}\right)+(1-Le)r_0 \qquad (16\text{-}3\text{-}17)$$

对于 $Le=1$ 的情况，上列两式可分别简化为

$$\frac{\mathrm{d}I}{\mathrm{d}t_g}=\frac{I_i-I}{t_i-t_g} \qquad (16\text{-}3\text{-}18)$$

以及

$$\frac{\mathrm{d}I}{\mathrm{d}H}=\frac{I_i-I}{H_i-H} \qquad (16\text{-}3\text{-}19)$$

当气液相界面温度与液温近似相等时，将式（16-3-14）~式（16-3-19）中的相界面各参数（I_i，t_i，H_i）改用液温下的数据，即可由上列各式求取气体的温度和湿度。

根据能量衡算，气温与液温有如下的关系

$$\frac{\mathrm{d}t_L}{\mathrm{d}t_g}=\frac{G}{LC_L}\left(1-\frac{C_L t_L}{r_0}\right)\frac{\mathrm{d}I}{\mathrm{d}t_g}+\frac{GC_H t_L}{Lr_0} \qquad (16\text{-}3\text{-}20)$$

液体的质量流速在塔内的变化为

$$L=L_1+G(H-H_1) \qquad (16\text{-}3\text{-}21)$$

塔内各截面处 I、I_i、t_g、H 和 L 随液温 t_L 的变化，即气液及其相界面各参数沿塔高的分布，可由式（16-3-13）、式（16-3-16）、式（16-3-17）、式（16-3-20）、式（16-3-21）和式

(16-2-13)所组成的方程组求解得出，求解的方法常用 Runge-Kutta 法[5]。

【例 16-3-2】 按照例 16-3-1 中饱和塔塔底的条件，并计入塔内水量的变化，取 $L_{01}=50000\text{kg}\cdot\text{h}^{-1}$，试计算满足进塔水温为 148.5℃时，塔内气液参数及相界面参数沿塔高的分布，并计算塔顶的气温和湿度。传热与传质系数在塔内不变，其值为 $\alpha_L a/k_H a=93.7\text{kJ}\cdot\text{kg}^{-1}\cdot\text{K}^{-1}$；$Le=\alpha_g a/k_H a C_H=0.983$。

解 ① 计算塔底气液相界面参数，因此处可不考虑液量的变化，故用式(16-3-14)求解。将已知条件代入后得

$$\frac{I_i-177.9}{t_i-117.5}=-93.7\left[1-\left(\frac{0.983-1}{0.983}\right)\frac{0.983k_H a C_H(t_i-105)}{93.7k_H a(117.5-t_i)}\right]$$

经整理后得
$$C_H=1.58\text{kJ}\cdot\text{kg}_d^{-1}\cdot\text{K}^{-1}$$
$$I_i=11185.1-93.673t_i$$

因相界面为饱和状态，I_i 与 t_i 有对应关系，由式(16-2-13) 和式(16-2-17)计算得
$$t_i=113.2\text{℃}, I=581.4\text{kJ}\cdot\text{kg}_d^{-1}$$

② 由式(16-3-13)、式(16-3-16)、式(16-3-17)、式(16-3-20)、式(16-3-21) 和式(16-2-13)六个方程，取气温的梯度为 2℃，用四阶 Runge-Kutta 法求解这组方程，在计算机上算得对应各气温 t_g 下的 I、H、t_L、t_i、I_i 和 L 值列于表 16-3-3。

表 16-3-3 例 16-3-2 附表

t_g/℃	H/$\text{kg}_v\cdot\text{kg}_d^{-1}$	I/$\text{kJ}\cdot\text{kg}_d^{-1}$	t_L/℃	t_i/℃	I_i/$\text{kJ}\cdot\text{kg}_d^{-1}$	L/$\text{kg}\cdot\text{h}^{-1}$
105	0.005	177.9	117.5	113.2	581.4	50000
107	0.031	252.0	119.2	115.2	590.2	50130
109	0.055	320.2	120.9	117.1	632.1	50250
111	0.078	386.0	122.4	119.0	674.0	50365
113	0.100	450.0	123.9	120.7	716.6	50475
115	0.122	512.8	125.4	122.4	760.2	50585
117	0.144	574.7	126.8	124.1	805.8	50695
119	0.165	637.5	128.3	125.7	853.1	50800
121	0.187	700.3	129.7	127.3	902.9	50910
123	0.209	764.8	131.2	129.0	955.7	51020
125	0.232	830.9	132.7	130.6	1012.2	51135
127	0.255	900.0	134.3	132.2	1073.7	51250
129	0.280	972.0	135.9	133.9	1140.7	51375
131	0.306	1048.2	137.6	135.7	1214.1	51505
133	0.334	1130.2	139.5	137.5	1297.7	51645
135	0.365	1218.1	141.4	139.4	1391.8	51800
137	0.398	1314.4	143.6	141.4	1499.8	51965
139	0.435	1420.3	145.9	143.5	1625.0	52150
141	0.475	1538.4	148.5	145.7	1772.8	52350

本例的计算结果与例 16-3-1 的结果相比，本例算得的出塔气温低 2℃，但湿度和焓值均略高。这是由于在例 16-3-1 中水量取为定值，从而产生计算误差。但是，本例的计算过程是较麻烦的，若水量在塔内变化不大（<5%），就可以用式(16-3-14)代替式(16-3-13)，用式(16-3-11)代替式(16-3-20)，使计算过程简化，求取气液及其相界面诸参数在塔内的分布，计算结果一般可以满足工程要求。

3.3.3 气液相界面参数及气温在塔内分布的图解法

增湿塔和减湿塔内气液相界面参数及气温的分布，亦可用图解法求取。当不考虑塔内水量变化，且 $Le=1$ 时，图解法较解析法简单。

求取增湿过程的气液相界面参数时，可用式(16-3-15)中的 $-(\alpha_L a/k_H a)$ 作为斜率，在如图 16-3-7 所示的 I-t 图上，从塔底操作点 A 作直线至平衡线的交点 C，则 C 点的焓值和温度值即为塔底相界面参数。如果 $\alpha_L a/k_H a$ 值在塔内不变，则以此斜率在操作线与平衡线之间作平行线，即得出各相界面参数值。平衡线上的 CD 段为从塔底至塔顶的气液相界面参数 (I_i, t_i) 的分布。

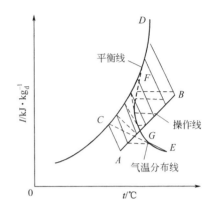

图 16-3-7 $Le=1$ 且 $\alpha_L a/k_H a$ 不变时增湿过程的图解法

求取气体温度的方法是从塔底的相界面 C 点，引直线至塔底气温 E 点，EC 线的斜率即为式(16-3-18)中的 (dI/dt_g)。然后，在 EC 线上取一微小长度至 G 点，此点即为从塔底经微小高度后的气温。按此法逐段作图至塔顶气温 F 点，EF 线即为气温沿塔高的分布曲线，其结果亦示于图 16-3-7。

在液膜传热阻力可以忽略的情况下，即 $t_i=t_L$ 时，从操作线作垂直线至平衡线上的交点，即为相界面参数；气温分布曲线的图解法与上述方法相同。

当计入塔内液量变化，且 $Le \neq 1$ 时，用图解法求取气液相界面参数及气温在塔内分布的方法，可参阅文献 [6]。

用图解法求取减湿过程的气液相界面参数和气温的方法与上述增湿过程的图解法基本相同，具体步骤在例 16-3-3 中说明。

【例 16-3-3】 在填料塔内，用冷水洗涤煤气，以使其降温与除尘。根据如下的条件，用图解法求取气液相界面参数和气体沿塔高的温度分布。

干煤气的质量流速为 $3400 \text{kg} \cdot \text{m}^{-2} \cdot \text{h}^{-1}$，分子量为 14.9；进塔煤气中的水蒸气含量为 $0.37 \text{kg}_v \cdot \text{kg}_d^{-1}$；进塔气温为 75℃；冷水的质量流速为 $22100 \text{kg} \cdot \text{m}^{-2} \cdot \text{h}^{-1}$；进塔水温为 30℃；工作压力为 104kPa；液相传热膜系数与气相传质系数的比值 $\alpha_L a/k_H a=15$；干气体的比热容为 $1.83 \text{kJ} \cdot \text{kg}_d^{-1} \cdot \text{K}^{-1}$；出塔水温比进塔气体的湿球温度低 5℃；设该塔是绝热的，且忽略塔内水量的变化。

解 ① 根据已知条件，求取平衡线和操作线。由式(16-2-13)计算满足本过程温度范围的饱和气体的焓值后，在 I-t 图上作平衡线，如图 16-3-8。

再由式(16-2-13)计算进塔气体的焓值，并由式(16-2-25)计算进塔气体的湿球温度。经计算得

$$I_1 = 1125 \text{kJ} \cdot \text{kg}_d^{-1}; \quad t_{w_1} = 65℃$$

于是，出塔水温取 60℃。

由全塔热平衡计算出塔气体的焓值

$$I_2 = 1125 - \frac{22100 \times 4.187}{3400} \times (60-30) = 308.5 \quad (\text{kJ} \cdot \text{kg}_d^{-1})$$

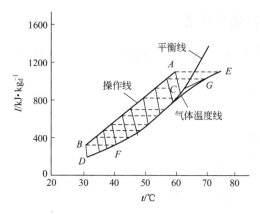

图 16-3-8 减湿过程气液相界面状态和气温的图解法

由计算出的进出塔水温和进出塔气体的焓值，在图 16-3-8 上作操作线。

② 根据已知条件及求得的平衡线与操作线，在图 16-3-8 上用图解法求取气液相界面参数及气体沿塔高的温度分布。

在本体系中，可以近似取 $Le=1$。据此，图解法的步骤如下：

以 $\alpha_L a / k_H a$ 为斜率，从塔底操作点 A 引直线交于平衡线上的 C 点，此点即为塔底的相界面参数值；

从 C 点引直线至塔底气温 E 点，在 EC 线上取一微小长度 EG，则 G 点即为从塔底经微小高度后的气温；

按此法逐段作图至塔顶，就可求得塔顶的气液相界面参数点 D，平衡线上的 CD 段即为气液相界面参数沿塔高的分布；并求得气体温度沿塔高的分布曲线 EF，F 点为塔顶气温的位置（39℃）。气体为饱和状态。

3.4 有效塔高的计算

欲使增湿塔或减湿塔能够满足预定的效果，当塔径一定时，就需要有一定的有效高度。这个高度虽可以通过实测而定，但更普遍的方法是由传递速率方程计算而得。在前面列出的式(16-3-1)～式(16-3-3) 三个基本传递速率方程中，若 $\alpha_g a$、$\alpha_L a$、$k_H a$、C_H、C_L 和 L 值在塔内不变，对这三式分别进行积分，则可得出如下三个计算塔高的公式

$$Z = \frac{GC_H}{\alpha_g a} \int_{t_{g_1}}^{t_{g_2}} \frac{dt_g}{t_i - t_g} = H_G N_G \tag{16-3-22}$$

$$Z = \frac{G}{k_H a} \int_{H_1}^{H_2} \frac{dH}{H_i - H} = H_h N_h \tag{16-3-23}$$

$$Z = \frac{LC_L}{\alpha_L a} \int_{t_{L_1}}^{t_{L_2}} \frac{dt_L}{t_L - t_i} = H_L N_L \tag{16-3-24}$$

上列三式中的 H_G、H_h、H_L 分别为气相传热单元高度、气相传质单元高度和液相传热单元高度；N_G、N_h、N_L 分别为气相传热单元数、气相传质单元数和液相传热单元数，它们分别为各式积分项之值。

原则上，上列三式中的任何一式都可以用于计算增湿塔和减湿塔的有效高度。但是，在增湿过程中，塔内有可能出现气温等于液温的情况，故增湿塔有效高度的计算不宜用式(16-3-22)；在减湿过程中，塔内有可能出现液温等于气体露点的情况，故减湿塔有效高度的计算不宜用式(16-3-23)。应当注意到，当液膜传热阻力很小或液量变化较大的情况下，不论增湿或减湿过程，都不宜用式(16-3-24) 计算，以免造成过大的误差。

在增湿塔和减湿塔有效高度的计算中，应用最广泛的是以焓差为推动力的传递速率方程的积分式，即由式(16-3-7) 积分得出式(16-3-25)

$$Z = \frac{G}{k_H a} \int_{I_1}^{I_2} \frac{\mathrm{d}I}{(I_i - I) + (Le-1)C_H(t_i - t_g)} = H_1 N_1 \tag{16-3-25}$$

当 $Le=1$ 时，上式简化为

$$Z = \frac{G}{k_H a} \int_{I_1}^{I_2} \frac{\mathrm{d}I}{I_i - I} = H_1 N_1 \tag{16-3-26}$$

式中的 H_1 和 N_1，分别为以焓差为推动力的传递单元高度和传递单元数。在液膜传热阻力很小时，上列各式中的有关气液相界面参数，可改用液温下的数据，除了式(16-3-24)外，其他各式均可用于计算。

传递单元高度可由给定的操作参数，并由实测或计算得到的给热系数或传质系数求取。本篇第 5 章汇集了增湿、减湿及水冷却过程的给热系数和传质系数的实验关联式和实测值。传递单元高度亦可选用相类似过程的经验数据。

传递单元数的计算方法较多，常用的方法为辛普生（Simpson）数值积分法，也可采用更简单些的高斯（Gauss）数值积分法；图解积分法也是求取传递单元数的一种常用方法。在液温经全塔变化不大的情况下，也可以用对数平均值法近似计算全塔的平均推动力，并按式(16-3-27) 计算传递单元数

$$N_f = \int_{f_1}^{f_2} \frac{\mathrm{d}f}{f_i - f} = \frac{f_2 - f_1}{\dfrac{(f_{i2} - f_2) - (f_{i1} - f_i)}{\ln(f_{i2} - f_2)/(f_{i1} - f_1)}} \tag{16-3-27}$$

式中，f 分别代表 t_g、t_L、H 和 I，下脚 1 和 2 分别代表塔底和塔顶，下脚 i 代表气液相界面状态。

在增湿塔和减湿塔的设计中，采用焓差为推动力的传递速率方程，得出的结果其精度较高。Carey 和 Williamson[7]用解析法进行了气体增湿和气体冷却过程的设计；Lichtenstein[8]用图解法进行了水冷却过程的设计，都得到满意的结果。

【例 16-3-4】 在填料塔内，用水洗涤煤气使之降温。按照如下的条件，用高斯 4 点法求取洗涤塔的传递单元数，并计算填料层高度。

煤气：质量流速（干）$3400\text{kg·m}^{-2}\text{·h}^{-1}$；进塔温度 75℃，进塔气中湿含量 $0.37\text{kg}_v\text{·kg}_d^{-1}$；干煤气分子量 14.9；平均比热容 $1.98\text{kJ·kg}^{-1}\text{·K}^{-1}$；传质系数 $2720\text{kg·m}^{-3}\text{·h}^{-1}$。

冷却水：质量流速 $22100\text{kg·m}^{-2}\text{·h}^{-1}$；进出塔水温分别为 30℃ 和 60℃；传热膜系数 $40800\text{kJ·m}^{-3}\text{·h}^{-1}\text{·K}^{-1}$。

工作压力 0.1MPa。设该塔是绝热的，并忽略塔内水量的变化。

解 因本过程为气体的减湿，故将式(16-3-26) 中的传递单元数改写为

$$N_1 = \int_{I_a}^{I_b} \frac{\mathrm{d}I}{I_i - I} = \int_{I_b}^{I_a} \frac{\mathrm{d}I}{I - I_i}$$

式中，I_a 和 I_b 分别为塔底和塔顶气体的焓值。

高斯 4 点法的求积公式为

$$N_1 = \int_{I_b}^{I_a} \frac{\mathrm{d}I}{I - I_i} = \frac{I_a - I_b}{2}(A_1 Y_1 + A_2 Y_2 + A_3 Y_3 + A_4 Y_4)$$

式中，$Y = 1/(I - I_i)$；A_1、A_2、A_3、A_4 为求积系数。

各基点的焓值由下式计算

$$I=\frac{1}{2}[(I_a+I_b)+(I_a-I_b)u]$$

式中，u 为基点值。

高斯 4 点法求积公式中的基点值 u 和求积系数 A 列于表 16-3-4。

表 16-3-4[①]　例 16-3-4 附表

基点数	基点值 u	求积系数 A
1	+0.86113	0.34785
2	+0.33998	0.65214
3	-0.33998	0.65214
4	-0.86113	0.34785

① 本表引自：河村祐治，中丸八郎，今石宣之．化工数学．张克，孙登文，译．化学工业出版社，1980．

根据已知条件计算出的塔底与塔顶气体的焓值为

$$I_a=1124.8\text{kJ}\cdot\text{kg}_d^{-1}, \quad I_b=308.5\text{kJ}\cdot\text{kg}_d^{-1}$$

各基点的 I、I_i 和 Y 值计算如下（以第 1 点为例）：

$$I_1=\frac{1}{2}[(1124.8+308.5)+(1124.8-308.5)\times 0.86113]=1068.1 \quad (\text{kJ}\cdot\text{kg}_d^{-1})$$

对应 I_1 的 I_{i1}，由热平衡关系和式(16-3-15) 求取。从塔底至基点 1 的热平衡为

$$LC_L(t_{L_1}-t_{L_a})=G(I_1-I_a)$$

则

$$t_{L_1}=\frac{3400}{22100\times 4.187}(1068.1-1124.8)+60=57.9 \quad (\text{℃})$$

由式(16-3-15) 得

$$I_{i_1}=\frac{40800}{2720}(57.9-t_{i_1})+1068.1=1936.6-15t_{i_1}$$

再由式(16-2-13) 和式(16-2-17) 经试算得

$$I_{i_1}=864.0\text{kJ}\cdot\text{kg}_d^{-1}$$

由此得

$$Y=\frac{1}{1068.1-864}=0.00490$$

其他各基点的计算过程省略，计算结果列于表 16-3-5。

表 16-3-5　例 16-3-4 附表

基点数	I	I_i	Y
1	1068.1	864.0	0.00490
2	855.4	618.9	0.00423
3	577.9	364.4	0.00468
4	365.2	234.2	0.00764

将表 16-3-5 中的数据代入高斯 4 点求积公式得传递单元数

$$N_I = \frac{1124.8 - 308.5}{2} \times [0.34785(0.00490 + 0.00764) + 0.65214(0.00423 + 0.00468)]$$
$$= 408.2 \times 0.01017 = 4.151$$

传递单元高度为
$$H_I = \frac{3400}{2720} = 1.25 \quad (m)$$

填料层高度为
$$Z = H_I N_I = 1.25 \times 4.151 = 5.19 \quad (m)$$

3.5 横流式增湿与减湿过程

在横流式增湿与减湿过程中，液体自上而下与横向流过的气体接触，以达到增湿或减湿的目的。横流亦称错流，而在增湿、减湿及水冷却过程中，习惯上称为横流。

横流式操作与前面叙述的逆流式相比，其优点是气体通过设备内填料层的阻力小；其缺点是因气液错流接触，减小了过程的传递推动力。

图 16-3-9 为横流式塔截面原理，气体从左侧进入后沿长度 X 方向流动，至右侧流出塔外；液体自顶部进入后沿高度 Z 方向垂直流下，至底部流出。在塔内的不同 X 和 Z 位置处，气体与液体的诸参数均不同；但通常认为，在同一 X 与 Z 处，气液诸参数不随宽度 Y 变化。因此，横流式过程可以作为二维问题处理。

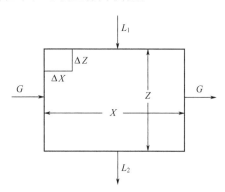

图 16-3-9 横流式增湿与减湿塔截面原理

在稳定状况下，过程的物料和热量平衡以及传热与传质速率可以分别用如下的偏微分关系表示（以增湿过程为例）：

物料平衡为
$$-\frac{\partial L}{\partial Z}\bigg|_X = G\frac{\partial H}{\partial X}\bigg|_Z \quad (16\text{-}3\text{-}28)$$

热量平衡为
$$-LC_L\frac{\partial t_L}{\partial Z}\bigg|_X = G\frac{\partial I}{\partial X}\bigg|_Z \quad (16\text{-}3\text{-}29)$$

从气液相界面至气相主体之间的传热速率为
$$GC_H\frac{\partial t_g}{\partial X}\bigg|_Z = \alpha_g a(t_i - t_g) \quad (16\text{-}3\text{-}30)$$

从气液相界面至气相主体之间的传质速率为
$$G\frac{\partial H}{\partial X}\bigg|_Z = k_H a(H_i - H) \quad (16\text{-}3\text{-}31)$$

从液相主体至气液相界面之间的传热速率为
$$-LC_L\frac{\partial t_L}{\partial Z}\bigg|_X = \alpha_L a(t_L - t_i) \quad (16\text{-}3\text{-}32)$$

用推导式(16-3-5)相类似的方法，可以由上列各式导出从气液相界面至气相主体之间以焓差为推动力的传递速率方程。在 $Le=1$ 的情况下，其传递速率为

$$G\frac{\partial I}{\partial X}\bigg|_Z = k_H a(I_i - I) \tag{16-3-33}$$

关于气液相界面参数以及气体温度和湿度在塔内的分布，也可以按逆流的方法得出相应的偏微分关系。

横流式增湿与减湿装置有效容积的计算，主要在于求取传递单元数。Baker 和 Mart[9] 在对横流式冷却塔特性研究的基础上，提出了以焓差为推动力的双重积分式，亦即对式(16-3-33)进行双重积分，得其传递单元数为

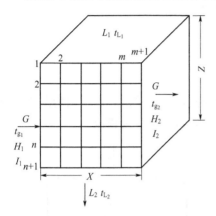

图 16-3-10 横流式塔截面划分单元

$$N_I = \frac{1}{Z}\iint_D \frac{\frac{\partial I}{\partial X}}{I_i - I} dX dZ \tag{16-3-34}$$

此式用解析法求解甚为复杂，需要作出适当的假设，才能得到近似解[10,11]。一种较简单的方法是把横流塔截面沿 X 方向进行 m 个等分，沿 Z 方向进行 n 个等分，形成 $m \times n$ 个微小单元体，如图16-3-10所示。在每个单元体进入面和流出面上的气体和液体的状态都认为是均匀的。这样，在单元体内气体与液体之间的传热与传质就简化成一维问题。于是，上列的传热与传质速率方程将可以改写成如下的常微分形式

$$GC_H \frac{dt_g}{dX} = \alpha_g a(t_i - t_g) \tag{16-3-35}$$

$$G\frac{dH}{dX} = k_H a(H_i - H) \tag{16-3-36}$$

$$-LC_L \frac{dt_L}{dZ} = \alpha_L a(t_L - t_i) \tag{16-3-37}$$

$$G\frac{dI}{dX} = k_H a(I_i - I) \tag{16-3-38}$$

在不考虑塔内液量变化的情况下，热量平衡方程改写为

$$-LC_L \frac{dt_L}{dZ} = G\frac{dI}{dX} \tag{16-3-39}$$

由上列传递方程之一，以及物料和热量平衡，在给定气体和液体进出口参数时，就可以进行横流式增湿、减湿及水冷却过程有效容积的计算。若液膜传热阻力可以忽略不计，气液相界面参数即可用液温下的参数，以简化计算过程。求解这组常微分方程时，若把气液诸参数在单元体内的变化视为直线关系，可用差分法处理。如式(16-3-37)和式(16-3-38)可以分别改写成如下的差分式

$$\Delta I = (dI/dX)_m \Delta X \tag{16-3-40}$$

$$\Delta t_L = (dt_L/dZ)_m \Delta Z \tag{16-3-41}$$

上列两式中的 $(dI/dX)_m$ 和 $(dt_L/dZ)_m$ 分别表示 ΔX 和 ΔZ 内的平均值（可用算术平均值）。现以下脚 a 和 b 分别表示单元体的进口与出口面，上列两式中 $(dI/dX)_m$ 和 $(dt_L/dZ)_m$

将分别由如下两式计算

$$\left(\frac{dI}{dX}\right)_m = \frac{1}{2}\left[\left(\frac{dI}{dX}\right)_a + \left(\frac{dI}{dX}\right)_b\right] \tag{16-3-42}$$

$$\left(\frac{dt_L}{dZ}\right)_m = \frac{1}{2}\left[\left(\frac{dt_L}{dZ}\right)_a + \left(\frac{dt_L}{dZ}\right)_b\right] \tag{16-3-43}$$

依次计算每个单元体的差分式,就可以得出横流式增湿过程的结果。

对于横流式减湿过程,将上列各式改变符号后,仍可以按上述方法进行求解。横流式增湿与减湿过程亦可应用图解法求取装置的尺寸和气体与液体出口参数。本篇第 4 章给出了横流式冷却塔图解法的例子;文献 [12] 对横流式增湿与减湿过程的图解法作了介绍。

【例 16-3-5】 在横流塔内,用水冷却高炉气。按照如下条件,计算该塔的有效容积以及气体和水在各出塔面上的温度分布。

炉气:流量 $5000 kg \cdot h^{-1}$;流速 $2000 kg \cdot m^{-2} \cdot h^{-1}$;进塔温度 $2500℃$;湿度 $0.06 kg_v \cdot kg_d^{-1}$;干气分子量 28.5;平均比热容 $1.10 kJ \cdot kg_d^{-1} \cdot K^{-1}$;出塔温度小于 $45℃$。

冷却水:流速 $4800 kg \cdot m^{-2} \cdot h^{-1}$;进塔温度 $30℃$。

工作压力 0.1MPa;传质系数 $3950 kg \cdot m^{-3} \cdot h^{-1}$;塔内水量的变化、液膜传热阻力及热损失忽略不计。

解 将该横流塔按高度和长度均划分为 0.2m 的单元体,采用二次逼近法求解差分方程。由于需要计算气温,故需引用式(16-3-18),且将式中的 t_i 改为 t_L,其差分式为

$$\Delta t_g = \frac{\Delta I}{(dI/dt_g)_m}$$

式中的 $(dI/dt_g)_m$ 值按式(16-3-42)的形式进行计算。

该计算过程以每个单元体逐次进行,现以第 1 个单元体为例计算如下:

① 根据已知条件,计算进口面(即进塔面)气体和液温下饱和气体的焓值,得:

$$I_a = 453.1 kJ \cdot kg_d^{-1}, \quad I_{L_a} = 103.5 kJ \cdot kg_d^{-1}$$

② 分别由式(16-3-38)、式(16-3-39)和式(16-3-18)计算 $(dI/dX)_a$、$(dt_L/dZ)_a$ 和 $(dI/dt_g)_a$:

$$\left(\frac{dI}{dX}\right)_a = \frac{3450}{2000}(103.5 - 453.1) = -603.1$$

$$\left(\frac{dt_L}{dZ}\right)_a = -\frac{2000}{4800 \times 4.187}(-603.1) = 60.03$$

式中,4.187 为水的比热容,$kJ \cdot kg^{-1} \cdot K^{-1}$;

$$\left(\frac{dI}{dt_g}\right)_a = \frac{103.5 - 453.1}{30 - 250} = 1.584$$

③ 由差分式分别计算出口面上的第一次逼近值 I'_b、t'_{L_b}、t'_{g_b}:

$$I'_b = (-603.1) \times 0.2 + 453.1 = 332.5 \quad (kJ \cdot kg_d^{-1})$$

$$t'_{L_b} = 60.03 \times 0.2 + 30 = 42.01 \quad (℃)$$

$$t'_{g_b} = \frac{332.5 - 453.1}{1.584} + 250 = 173.9 \quad (℃)$$

④ 求取 t'_{L_b} 温度下饱和气体的焓值 I'_{L_b},查表得 $I'_{L_b} = 189.7 kJ \cdot kg_d^{-1}$。

⑤ 由 I'_b、t'_{L_b}、t'_{g_b} 和 I'_{L_b} 值分别计算出口面的 $(dI/dX)_b$、$(dt_L/dZ)_b$ 和 $(dI/dt_g)_b$:

$$\left(\frac{dI}{dX}\right)_b = \frac{3450}{2000}(189.7-332.5) = -246.3$$

$$\left(\frac{dt_L}{dZ}\right)_b = -\frac{2000}{4800\times 4.187}(-246.3) = 24.51$$

$$\left(\frac{dI}{dt_g}\right)_b = \frac{189.7-332.5}{42.01-173.9} = 1.083$$

⑥ 分别计算$(dI/dX)_m$、$(dt_L/dZ)_m$和$(dI/dt_g)_m$：

$$\left(\frac{dI}{dX}\right)_m = \frac{1}{2}(-603.1-246.3) = -424.7$$

$$\left(\frac{dt_L}{dZ}\right)_m = \frac{1}{2}(60.03+24.51) = 42.27$$

$$\left(\frac{dI}{dt_g}\right)_m = \frac{1}{2}(1.584+1.083) = 1.334$$

⑦ 分别计算出口面上的第二次逼近值 I_b、t_{L_b} 和 t_{g_b}：

$$I_b = (-424.7)\times 0.2+453.1 = 368.2 \quad (\text{kJ}\cdot\text{kg}_d^{-1})$$

$$t_{L_b} = 42.27\times 0.2+30 = 38.45 \quad (\text{℃})$$

$$t_{g_b} = \frac{368.2-453.1}{1.334}+250 = 186.4 \quad (\text{℃})$$

经上面的计算得出的 I_b、t_{L_b} 和 t_{g_b} 值为第一个单元体计算结果，依此值再沿 X 和 Z 方向逐个单元体进行计算，经过对 $12\times 12=144$ 个单元体计算后，出塔面的平均气温即低于 45℃。现将气体出塔面的气温和焓以及液体出塔面水温分布的计算结果列于表 16-3-6。

表 16-3-6　例 16-3-5 附表

位置	1	2	3	4	5	6	7	8	9	10	11	12	平均值
t_g/℃	35.70	36.93	38.33	39.92	41.69	43.60	45.61	47.65	49.61	51.43	53.03	54.37	44.82
t_L/℃	58.79	58.65	58.21	57.62	56.87	55.94	54.80	53.45	51.90	50.17	48.31	46.38	54.27
I/kJ·kg$_d^{-1}$	118.2	127.3	138.8	153.0	170.0	190.0	212.7	237.5	264.5	291.8	318.6	343.6	213.7

⑧ 计算横流塔的宽度 Y

$$Y = \frac{5000}{2000\times 12\times 0.2} = 1.042\text{m}$$

由上面的计算结果计算横流塔的有效容积

$$V = XYZ = 12\times 0.2\times 1.042\times 12\times 0.2 = 6.0\text{m}^3$$

3.6　增湿与减湿过程的设计

增湿与减湿过程的设计内容主要包括工艺参数的选择、塔设备的设计和辅助设备的设计或选型等三个方面。

3.6.1　工艺参数的选择

增湿与减湿过程的工艺参数包括气体和液体的处理量、气体和液体的温度、气体的湿度、工作压力等，其中由设计人员来选择的工艺参数应依据设计任务的要求和过程给定的条件而定。对于气体增湿，主要是依据气体需要增湿的程度，选择进塔液体的温度，但往往也根据给定的进塔液体温度，选定气体所能达到的温度与湿度；对于气体减湿，需要选择的工艺参数主要是进塔液温或气体可能降至的湿度；对于水冷却或液体加热，所需选择的参数主要是根据进塔气体的参数，选择出塔液体的温度。

为满足塔的进口或出口的气液参数，需要选择适宜的液气比 L/G。在 I-t 图上，液气比与液体比热容的乘积 $(L/G)C_L$ 为操作线的斜率，如图 16-3-11 所示。当气体的进出塔参数及进塔液温一定时，随着液气比的减小，操作线的斜率也就变小，操作线与平衡线相交（减湿过程）或相切（增湿过程）时的液气比为最小液气比 $(L/G)_{min}$，实际选用的液气比均要大于最小液气比的 20% 以上，但随着任务的要求或体系的不同而有很大的差别。一般来说，当气体增湿或以气体冷却为目的时，液气比较大；而为冷却液体时，则液气比较小。例如，水冷却过程的液气比较小，一般小于 1.5；而用于回收和利用热能的饱和塔，液气比就很大，在 10~20 之间。

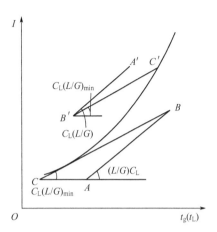

图 16-3-11　增湿与减湿过程的最小液气比

设计增湿与减湿设备，需要选择合理的气液温差。为使气体增湿或减湿，进塔液体与出塔气体之间的温差宜选 3~5℃；为使液体加热或冷却，出塔液温与进塔气体湿球温度之差宜选 2~3℃。

工艺参数选择的是否合理，还需要通过对整个系统的技术经济评价来考察。同其他过程一样，工艺参数的最佳目标，应将设备（包括辅助设备和其他设施）的投资费与操作费综合分析，使总费用达到最小。

3.6.2　增减湿设备的设计

增湿与减湿设备多为填料塔，气体与液体相对流动的方向分为逆流、并流和错流。也有一些过程采用喷雾塔，这种塔型可防止杂质的沉积堵塞，并可降低流体阻力。

增湿与减湿塔的设计内容包括如下几项：塔型的选择、塔径的计算、填料体积（或高度）的计算、流体阻力的计算、塔内附件的设计。

在选择填料时，除考虑填料的结构和价格等因素外，还要考虑杂质的堵塞、填料的破碎以及流体阻力等，这对气体除尘降温的洗涤塔尤为重要。

塔径的大小取决于气速的选择，通常设计的气速在液泛速度的 60% 左右。由于增湿与减湿过程中气体的温度和湿度变化较大，为安全可靠，在求取增湿塔的塔径时，宜用塔顶参数；而求取减湿塔的塔径时，宜用塔底的参数。

填料体积（或高度）的计算方法已在前面作了介绍。塔附件的设计和计算方法可参考本手册第 14 篇。

3.6.3　辅助设备的设计与选型

辅助设备主要是泵、风机、热交换器及其他容器等。设计的依据是根据规定的工艺参数以及塔的设计结果，对辅助设备进行设计，而通常是选用适合本过程的定型设备。泵和风机的设计方法可参考本手册第 5 篇；热交换器的设计方法可参考本手册第 7 篇。

参考文献

[1] Walker W H, Lewis W K, McAdams W H. Principles of chemical engineering. New York: McGraw-Hill, 1923.
[2] Merkel F. Verdunstungskühlung, VDI Forschungsarbeiten. Berlin, 1925: 275.
[3] Nottage H B. ASHVE Trans, 1941, 47: 429-448.
[4] Lewis J G, White R R. Ind Eng Chem, 1953, 45（2）: 486-488.
[5] Grove W E. Brief numerical methods. New Jersey: Prentica-Hill Inc, 1966.
[6] 藤田重文，东畑平一郎. 化学工学 II. 東京: 梢书店, 1963.
[7] Carey W F, Williamson G J. Proceedings of the Institution of Mechanical Engineers, 1950, 163: 41-53.
[8] Lichtenstein J. ASME Trans, 1943, 65（7）: 779-787.
[9] Baker D R, Mart L T. Refrigerating Engineering, 1952, 60（9）: 965-971.
[10] Inazumi H, Kageyama S. Chem Eng Sci, 1975, 30（7）: 717-721.
[11] Fisenko S P, Brin A A. Int J Heat Mass Tran, 2007, 50（15-16）: 3216-3223.
[12] 稻积彦二. 化学工学演习 I. 東京: 丸善株式会社, 1969: 74.

4 循环水冷却塔

4.1 工业循环水冷却的方法

在电力、化工、化纤、冶金等工业生产以及制冷工艺过程中产生的废热，一般需要用冷却水将其导走。冷却水吸取废热后使水温升高，如果直接将被加热后的冷却水排入江河湖海，这种方式称为直流冷却。随着技术的不断进步和冷却水用量的增加，为了减少水的消耗以及废水排放给环境带来的影响，通常将被加热后的冷却水降温后循环使用，因此循环冷却系统的应用也越来越普遍。

循环水的冷却方法主要有湿式法、干式法和干湿式法三种。

湿式法是将被加热后的冷却水在塔设备内与空气直接接触，大部分热量由水表面蒸发传递到空气中去；另一部分热量靠水与空气之间的温度差向空气传递。前者是潜热传递，后者为显热传递，其结果使空气增湿并升温，而水则降温后循环使用。湿式冷却法的设备投资费用比干式法及干湿式法均低；且冷却效果好，水被冷却的温度低。理论上，可使水温降低到空气的湿球温度。湿式冷却法的缺点是在冷却过程中水分蒸发而消耗一定量的水，并由此而使循环水中总固溶物的浓度增加；而且在空气中悬浮的灰尘及微生物孢子也洗入循环水中，又使水的浊度增加，逐步造成循环冷却水的结垢与腐蚀倾向加剧。为此就需要采用水质稳定技术来解决结垢与腐蚀问题，这将使循环冷却水的操作与管理复杂化。此外，因排出的湿空气形成"人造云"，对周围环境亦有影响。但是，由于湿式法的优点突出，故在工业上应用最为广泛。湿式法的装置称为湿式冷却塔，简称冷却塔，如图 16-4-1 所示，又称凉水塔。

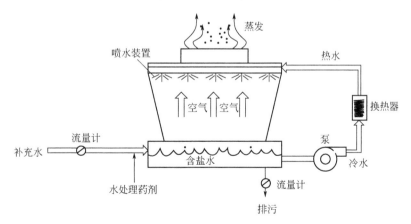

图 16-4-1　湿式冷却塔系统

干式法冷却是将被加热后的冷却水由换热器与空气间接换热，靠两者之间的温度差换热达到水冷却的目的。因此，它的原理属于传热过程，故本章不予讨论。由于空气的比热容比较小,仅为水的比热容的四分之一。而且空气的密度远远小于水,因此干式冷却塔(空气冷却器)的体积比水冷却器的体积大很多。另外空气侧的换热系数很低,所以空冷器一般采用扩张表面的翅片管。但是空冷器也有明显的优点,首先空气免费易得,不需要其他辅助费用,厂址选择不受限制,尤其适合于缺水地区。其次,空气流动风压较小,运行费用低。而且空气腐蚀性低,避免了设备腐蚀,不需要采取任何清除污垢的措施,而且不会造成云雾或冰冻,维护费用比较低。因此干式冷却塔的优越性越来越受到人们的重视。

干湿式冷却是干式与湿式两种冷却方法的组合,它汇集了干式与湿式两者的优点,但同时也汇集了这两者的缺点,且冷却装置及流程更为复杂。因此,它的应用受到很大的限制。至于干湿式法的设计计算问题,其干式部分是一个传热过程,而湿式部分则与湿式法冷却完全相同。

目前,冷却塔广泛应用于发电厂(如化石燃料和核燃料)、工业生产(如炼油厂和化工厂)和舒适制冷(如暖通空调系统)等过程。在冷却塔中进行的是一个典型的空气增湿过程,在增湿与减湿中占有很重要的位置,增湿与减湿的过程理论与应用也主要是以水冷却为基础发展起来的。冷却塔的选型与设计主要基于以下两点考虑。①日常维护方便:主要是控制水的质量和化学成分,以避免或减少水侧污垢;②环境保护:减少饮用水的消耗、避免污染水的产生和泄漏。冷却塔的设计和选型除应需要满足工艺条件外,还应考虑节约水资源、保护环境、避免水体污染和单位循环水的成本等因素。对冷却塔的研究开发不应仅限于解决水的冷却问题,还应减少废水排放、防止热污染等[1]。本章主要讨论这种冷却塔的设计计算方法。

4.2 冷却塔的类型

湿式冷却塔的结构类型很多,通常按照送入空气的方式不同,分为机械通风式、自然通风式(风筒式)和开放式三类;按照被加热后的冷却水和空气的流动方向,分为逆流式、横流(交流)式、混流式三类;亦可按照填料(通称淋水装置)的结构以及扩大水与空气接触表面积的手段不同,分为水膜式、点滴式和点滴薄膜式[2]。几种冷却塔的塔型及其结构简图分别示于图 16-4-2～图 16-4-5[3~5]。

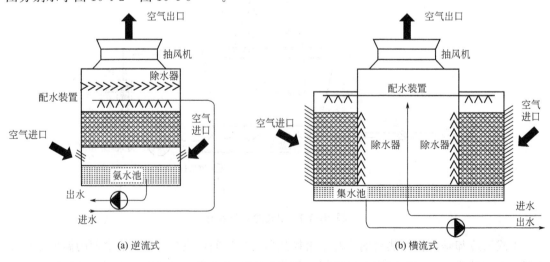

图 16-4-2 逆流式和横流式机械通风(抽风式)冷却塔

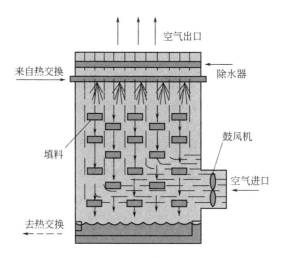

图 16-4-3 诱导通风式机械通风冷却塔

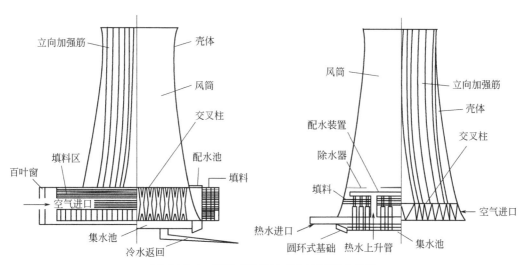

图 16-4-4 横流式和逆流式自然通风冷却塔

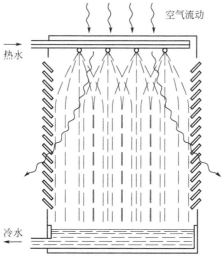

图 16-4-5 开放式喷洒冷却塔

机械通风式冷却塔是依靠送风机或抽风机将空气引入塔内的，使水达到冷却的效果。它具有冷却效率高且稳定可靠的特点，冷却强度可达 $(3\sim4)\times10^5$ kJ·m^{-2}·h^{-1}，比风筒式冷却塔的冷强度约高一倍；它的造价较低，占地面积也较少。在石油化工生产中，多采用机械抽风式冷却塔。按照通风的形成方式，机械通风逆流冷却塔分为抽风式和鼓风式两种。鼓风式冷却塔的风机装在塔底部进风口，向塔内鼓风。抽风式冷却塔采用轴流风机，风机及其传动设备都装在塔的顶部，这样可使塔内气流分布更均匀。现在，除特殊情况外一般都采用抽风式。几种常用的机械通风式冷却塔的主要参数列于表 16-4-1。

表 16-4-1　几种常用的机械通风式冷却塔的主要参数

塔型	外径/m	冷却水量 /m³·h^{-1}	热负荷 /kJ·h^{-1}	风量 /m³·h^{-1}	电机功率 /kW
水泥方形塔	16.5×16.5	4200	175×10⁶	250×10⁴	164
水泥方形塔	7.6×7.6	600	22.6×10⁶	58.0×10⁴	30
玻璃钢圆形塔	3.4	100	2.10×10⁶	7.1×10⁴	3.0
玻璃钢圆形塔	7.2	500	10.5×10⁶	35.3×10⁴	15
玻璃钢横流塔	10.2×5.9	500	10.5×10⁶	25.4×10⁴	7.5

风筒式冷却塔设有很高的风筒而形成抽风，故通称为自然通风式冷却塔，又称双曲线冷却塔，利用周围空气和塔内热空气的温度差来进行冷却。热空气在塔内上升，新鲜冷空气从塔底的空气入口被吸入塔内。它的主要特点是不需要通风机，动力消耗低，且维护方便；另一特点是因排气位置高，从而对环境的污染较小。但是，风筒式冷却塔受季节的影响比较大，冬季的热负荷较夏季高，较适用于电力工业冬季负荷高且处理水量大的情况。自然通风式冷却塔的塔体最常用的材料是混凝土，塔高可达 150m，底部直径为 120m，处理水量为 1.36×10^5 m³·h^{-1}。

开放式冷却塔是利用风力和自然对流作用使空气与水接触的。它的特点是结构简单，冷却效果受自然风力及风向的影响，一般用于小型空调及对水温要求不太严格的情况。在冷却塔设计过程中，可参考表 16-4-2 所列出的各类冷却塔主要特征及优缺点，并根据具体工艺生产过程和地理环境等因素，进行冷却塔的选型[5]。

表 16-4-2　各类通风冷却塔的主要特征及优缺点

冷却塔类型	特点	优点	缺点
自然通风冷却塔	①不需要风扇；②适用于热负荷高、水流量大的场合，如发电厂和大型工业装置	①动力消耗低、维护方便；②环境污染小	投资成本高
强制通风（鼓风式）冷却塔	①风扇位于进气口；②进口空气速度高、出口空气速度低	①适用于在离心式风机的作用下空气阻力较高的情况；②通风机较为安静；③通风机和驱动电机位于干燥空气流中，减少了维修和腐蚀	①由于空气进入速度高、排出速度低，容易形成二次循环，这个问题可通过将冷却塔架设在与排气管道结合的工作间内解决；②风扇功率要求高

续表

冷却塔类型	特点	优点	缺点
诱导通风(抽风式)横流式冷却塔	①水从塔顶进入冷却塔，然后流经填料；②空气从塔身一侧(单流冷却塔)或从相反的两侧(双流冷却塔)进入冷却塔；③一台引风机将吸引空气穿过填料流向塔顶的出口	排出空气的速度比进入空气的速度高3～4倍，因此此二次循环比强制通风冷却塔少	通风机和驱动电机处在潮湿的排出空气的路径上，要求具备防潮、防腐蚀的功能
诱导通风(抽风式)逆流式冷却塔	①热水从塔顶进入塔内；②空气从塔底进入，从塔顶排出；③采用强制和诱导式通风机		

4.3 冷却塔的组成与结构

冷却塔一般由以下部分组成，包括塔体、填料、通风装置、配水装置、收水器、雨区及集水池、百叶窗等。冷却塔必须能承受由塔的结构组成、循环水、循环雪、循环冰及结垢等施加的重量，以及风、日常维护和地震等，并能适应各种气象条件，以及宽的温度范围、高湿度和恒氧带来的腐蚀作用[3,6]。冷却塔在结构上还必须减小空气和水接触产生的阻力。本文重点介绍三个重要部分：填料、通风装置和配水装置。

4.3.1 填料

填料是冷却塔的重要组成部分，所产生的温降占整个塔温降的60%～70%，对冷却塔的效率起决定性作用。按照水在填料表面流下的形状，填料可分为点滴式、薄膜式和点滴薄膜式三种类型，它们的基本形状如图16-4-6所示[7]。空气和水的接触面积和时间决定了塔的效率，因此，填料的比表面积越大、水与气的再分配作用越好，其传热与传质的效果就越好，但填料层的流体阻力也会增加。因此填料在促进水-气接触的同时，应尽可能减少对空气流动的限制。近年来，在填料性能提高方面获得了很大进展，高效填料既具有较高的传热与传质性能，且阻力增加较小。

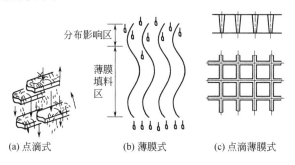

图16-4-6 填料的基本类型

点滴式填料最早应用于逆流塔，多为水泥或木材做成的板条。被加热后的冷却水溅在填料上形成水滴，随即落入下一层填料继续滴溅分散，进行冷却。水滴的表面就是水和空气进行热交换的表面。点滴式填料阻力大，效率也较低，但是对横向气流的阻力较小，在大型横流塔等场合仍然使用较多，常见的形式如图 16-4-7 所示[8]。

(a) 木质飞溅条　　　　(b) 塑料飞溅条　　　　(c) 金属丝网

图 16-4-7　点滴式填料

薄膜式填料是目前应用最为广泛的一种填料，按照水在填料内的流动方式，可分为交错波纹式、偏流式和直流式填料等，如图 16-4-8 所示[8]。薄膜式填料表面有凹凸的纹路，水均匀覆盖在填料上形成水膜，从而与空气充分接触，由于水在填料上的流动时间长，延长了热质交换时间，使得冷却更为充分。薄膜式填料需要的空气少，冷却效率比点滴式填料高。薄膜式淋水填料需要的扬程更小，可以节约大量的能效。薄膜式填料的缺点是水流速度较点滴式填料慢，当淋水密度超过一定值后，水膜就会失去稳定，形成数倍于水膜厚度的波动，甚至成雨状下落，使气流阻力急剧增加，形成堵塞现象。另外容易产生结垢，其中直流式填料最不容易结垢，偏流式填料次之，交错波纹式填料结垢能力最强。常见的薄膜式填料包括点波填料（图 16-4-9）、斜波填料（图 16-4-10）和其他类型波填料等。

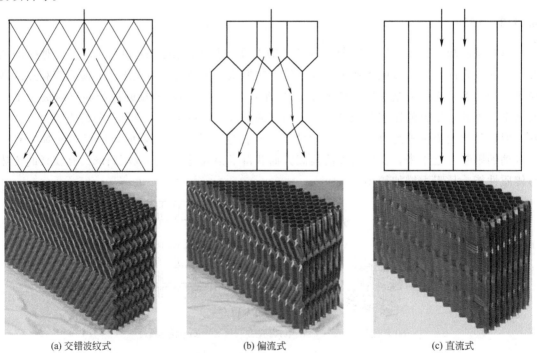

(a) 交错波纹式　　　　(b) 偏流式　　　　(c) 直流式

图 16-4-8　薄膜式填料内水的流动方式

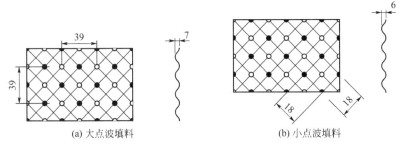

图 16-4-9　点波填料

点波填料多用硬聚氯乙烯薄板（厚度一般为 0.9mm）压制而成，特点是质量轻、有较大的表面积，是一种典型的薄膜式填料。斜波填料与点波填料所用的材质和制作方法基本相同，除具有波纹填料的特点外，还有气与水再分配的作用，故其冷却效果更好。但此类填料长期使用易变形而影响传递效果。

塑料斜波填料是我国使用较早的一种薄膜式填料，通常由聚氯乙烯片压制而成。断面呈波状，在垂直方向呈倾斜状，以保证热水缓慢流下，提高传热效率。在组装时，交错排放，所以也称为斜交错波纹板填料。常使用的形式有两种：35mm×15mm×60°和50mm×20mm×60°，数字分别代表波距、波高、斜角。前者散热效率高，缺点是孔眼小，阻力大，易堵塞。后者散热效率

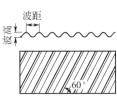

图 16-4-10　斜波填料

虽稍差，但孔眼大，阻力小，不易堵塞，所以此种填料在机械通风塔中经常采用，但自然通风塔中已很少采用。斜波填料由于孔眼小，容易堵塞，因而限制了它的使用，所以就产生了孔眼较大的梯形斜波填料。这种填料的横断面不是波形，而是折线形，垂直方向的倾斜角度仍为60°，在板面上压制横向波纹以提高散热效果。其他类型的薄膜式填料包括：复合波、S波、全梯波、双斜波、斜双梯波、正弦波、斜折波、梯形斜波、台阶波、Z波填料等。

蜂窝填料因其断面为蜂窝状而得名，它用浸泡绝缘纸或棉浆纸粘成纸芯，再经拉伸浸酚醛树脂固化而成型。这种填料的块体上满布六边形孔道，具有较大的壁面，为薄膜式填料，因而有较好的冷却效果。但它不具有气与水再分配的作用，且孔道直径较小时（如孔径为10mm），易被杂质堵塞。

点滴薄膜填料的性能介于薄膜式及点滴式填料之间，被加热的冷却水在填料上连续溅散形成小水滴的同时，也在填料表面形成薄的水膜。常见的形式包括PVC格网、水泥格网以及蜂窝填料等。其中，水泥格网填料是我国使用较早的一种点滴薄膜填料。水泥格网是一种方格网，采用铁丝为骨架，由水泥混凝土浇铸而成，中线尺寸50mm×50mm（也有40mm×40mm），壁厚5mm，平面尺寸常为矩形128cm×49mm，层高5cm，格网上缘常留一小平台，以加强溅水作用。经常用16层叠置，层间隔5cm，用混凝土小垫块支承，层间方孔错开布置，总高1.55m。当格网板在塔内分层布置时，既在方格四周形成水膜，又在各层之间形成水滴，为薄膜点滴式填料，从而有很大的冷却表面，冷却效果好。因此，在水泥方形塔中广泛地采用此种填料。

木材或竹子因资源广泛且容易加工，被最早用作冷却塔填料。但是木材容易腐烂且消耗

量大，逐步被其他材料所代替。之后，很多国家采用石棉水泥、钢丝网格水泥制成填料。水泥网格填料多用于自然通风塔中，具有刚度和抗变形力强、力学性能好等优点。但是，水泥填料吸水性强，容易形成泥垢堵塞。另外，石棉水泥的加工过程中对环境有害，逐渐被淘汰。

塑料填料具有质量轻、耐腐蚀、延展性好、易切割和便于加工等优点，是目前使用最为普遍的材质，一般有聚氯乙烯（PVC）和聚丙烯（PP）两种。PP填料成本高，相比PVC填料使用较少，一般用于中高温冷却。普通PVC填料使用3~5年后会发生老化变形，而且冬季结冰容易加速片材变形及断裂，所以更换周期较短。另外，塑性材质的阻燃性能较差。除此之外，人们正在开发其他材质的填料，如陶瓷和金属填料等。陶瓷填料抗腐蚀性强，耐酸碱性好，一般寿命可达20年以上，多用于中高温冷却装置。金属填料具有比表面积大、通风阻力小、耐腐蚀性强等优点。

上述几种填料的主要规格列于表16-4-3，设计参数列于表16-4-4。它们的热力性能和阻力性能稍后将列出。

表 16-4-3 几种填料的主要规格

名称	常用材质	规格尺寸/mm	单位体积质量/kg·m^{-3}	比表面积/m^2·m^{-3}
水泥格网板	水泥、铁丝	50×50×5	520	85
点波	硬聚氯乙烯	39×7×45° 18×6×45° 52×18×30°	100 194 36.9	328 374 138
斜波	硬聚氯乙烯	36×8×70° 23×7×45° 55×12.5×60°	80 105 47	240 370 179
蜂窝	浸渍纸、棉浆纸	d20×100	—	220

表 16-4-4 点滴式和薄膜式填料的设计参数

项目	点滴式填料	薄膜式填料
液气比范围	1.1~1.5	1.5~2.0
有效换热面积/m^2·m^{-3}	30~45	150
需要的填料高度/m	5~10	1.2~1.5
需要的扬程/m	9~12	5~8
空气总量需求	高	低

4.3.2 通风装置

通风装置的作用是产生空气流动和压降，使一定量的空气在塔内流动。通风是靠风机来形成的，可采用抽风（诱导通风）式或鼓风（强制通风）式，包括轴流式通风机（螺旋浆式）和离心式通风机。通常，轴流式通风机用于诱导通风式冷却塔，而强制通风塔则可采用轴流式和离心式两种通风机。轴流式风机的特点是风量大、通风阻力小（一般在180~200Pa左右），风机既可以正转又可以逆转，而且可以通过调整叶片的角度来改变风量和风压。

目前,国内冷却塔采用的通风机产品有较多的型号。小型轴流通风机一般沿用30KH-11型系列和03-11型系列,前者的性能列于表16-4-5[9]。大、中型冷却塔沿用的通风机有L30B型系列,其性能列于表16-4-6[10]。

表16-4-5 30KH-11型轴流通风机性能（6叶片）

机号	转速/r·min^{-1}	叶轮直径/mm	叶片角度/(°)	风量/m^3·h^{-1}	全风压/Pa	电机功率/kW
6	1450	600	25	12000	221	1.5
			30	14000	235	2.2
			35	16500	260	2.2
7	1450	700	15	12500	256	2.2
			20	15000	295	2.2
			25	19000	304	3.0
8	1450	800	25	27900	397	5.5
			30	33200	419	7.5
9	960	900	25	26800	216	3.0
			30	32000	235	4.0
			35	37000	255	5.5
10	960	1000	30	41200	277	7.5
			35	49500	302	10.0

表16-4-6 L30B型轴流通风机性能（4叶片）

转速/r·min^{-1}	叶片角度/(°)	叶片级数	全风压/Pa	风量/m^3·h^{-1}	轴功率/kW
153	15	1	177	1380000	80
			147	1700000	82
			118	2000000	75
153	18	1	206	1500000	108
			186	1750000	108
			157	2150000	106
153	21	1	235	1600000	134
			206	2000000	136
			177	2200000	128

正确选择通风机的型号和规格,是保证冷却塔有效工作的必要条件之一。在选择风机时,除满足风量和风压外,还要考虑运行可靠以及安装维修等因素。

4.3.3 配水装置

配水装置的作用是保证在一定水量变化的范围内,将热水均匀地分布于整个淋水装置的面积上。在设计配水装置时,既要考虑配水的均匀性和水量调节方便,同时又要使其具有较小的通风阻力。配水装置可分为固定式和旋转式两类,而固定式配水装置又分为管式、槽式和盘式（池式）三种。

管式配水装置如图16-4-11所示,它是由配水管和喷头两部分组成。配水管的布置形式分环状和树枝状两种,喷头有渐伸式、瓶

图16-4-11 管式配水装置

式和杯式三种,如图16-4-12所示。管式配水装置也有不设喷头,而由配水管下均布的小孔喷水。管式配水装置的通风阻力较小,水量调节较方便,施工安装也较容易。配水装置的总阻力不宜大于5kPa,管中的流速一般为$1\sim2m\cdot s^{-1}$;喷头前的水压一般为40~70kPa,管式配水装置在石油化工厂的大中型机械通风冷却塔中应用较多。

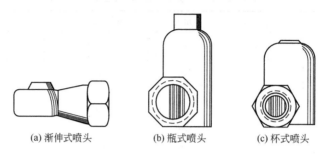

(a) 渐伸式喷头　　(b) 瓶式喷头　　(c) 杯式喷头

图 16-4-12　喷头形式

槽式配水是国内冷却塔中主要的配水方式。竖井的自然通风逆流式冷却塔中常用的水槽布置如图 16-4-13 所示[6]。水槽断面为矩形,用钢筋混凝土制成。分主水槽、分水槽及配水槽三级配水,也可以是两级。主水槽和竖井连接,然后将水逐级配到分水槽、配水槽,再通过安装在这些水槽底部的喷头将水洒到填料上。

水槽的布置原则是配水均匀、水头损失小、对气流的阻力小且便于维修。为了配水均匀,槽内水面必须基本保持水平,因此对槽内流速应加限制。主水槽内起始断面设计流速采用 $0.8\sim1.2m\cdot s^{-1}$;配水槽内起始断面设计流速采用 $0.5\sim0.8m\cdot s^{-1}$。为了减少水头损失,在水槽转折处应采用圆角平顺衔接、并使转弯尽量小于90°。根据试验结果,槽内水深应大于6倍喷嘴直径,才能保证在喷嘴入口处水面平稳,不产生漩涡。

槽式配水装置通常由配水槽、溅水碟等所组成,如图 16-4-14 所示。这种配水方式维护管理比较方便,供水压力低,但通风阻力较大。工作水槽中水的流速一般采用 $0.4\sim0.6m\cdot s^{-1}$,管嘴的落水高度一般为 0.5~0.8m。槽式配水装置多用于电力工业中的大中型冷却塔。

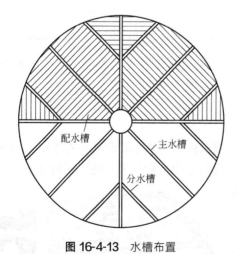

图 16-4-13　水槽布置

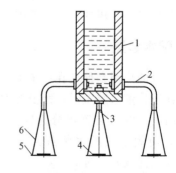

图 16-4-14　槽式配水装置

1—配水槽;2—弯管嘴;3—直管嘴;
4—溅水碟;5—托盘;6—钢筋

盘式配水装置的组成与槽式基本相同，如图 16-4-15 所示。这种配水装置较槽式均匀，清除淤垢方便，且有利于空气的横向流动，故适用于各种横流式冷却塔。它的缺点是易生长藻类；雾气较大，影响周围环境。

旋转式配水装置如图 16-4-16 所示。它利用水喷出布水管时所产生的反作用力而使其自身转动，从而达到配水均匀的目的。它的投资也较其他配水装置低，供水压力也较低。这种配水装置目前多用于小型冷却塔中。

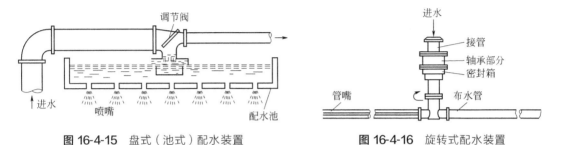

图 16-4-15　盘式（池式）配水装置　　　　图 16-4-16　旋转式配水装置

4.3.4　其他

（1）集水池　集水池位于塔底或塔底附近，用于接收从冷却塔和填料流下的冷却水。集水池通常有一个集水坑或低点，以便安装冷水排放接头。在很多冷却塔设计方案中，集水池位于所有填料的下方。不过，在一些强制送风对流式方案中，填料底部的水被引入一个环形沟中，这个环形沟就起到集水池的作用。在填料下方会安装几个螺旋桨式风机，向上给冷却塔通风。在这种设计方案中，冷却塔被安装在支柱上，以便工作人员进入塔底维修风机及其电动机。

（2）收水器　收水器用来收集出塔气流中夹带的漂滴，否则这些水滴就会耗散到大气中。大部分提供给最终用户的技术参数中，假定的漂滴损失为 0.02%。不过随着技术的进步和 PVC 材料的应用，冷却塔制造商改进了除水器的设计，从而使目前的漂滴损失可以低至 0.003%～0.001%。

（3）进风口　进风口是空气进入冷却塔的入口。进风口可能占据冷却塔的整个一面（横流式冷却塔），或位于塔一侧的下方或塔的底部（逆流式冷却塔）。

（4）百叶窗　通常，横流式冷却塔都有进气百叶窗。百叶窗的作用是平衡进入填料的气流，并将水保留在冷却塔内。很多逆流式冷却塔都不需要百叶窗。

任何冷塔，不管它采用何种填料，都必须进行冷却水处理（如控制悬浮固体和藻类生长）。随着水成本的提高，通过冷却水处理提高浓缩倍数（COC）能够大幅度降低补充水的需求量。在大型工厂和电站，提高浓缩倍数通常被认为是节约水资源的重要措施。

4.4　机械通风式冷却塔结构参数

4.4.1　机械通风式冷却塔结构及操作参数的选择

在选择冷却塔时，要依据循环水的温度范围、处理的水量、气象条件、动力消耗以及投资等方面的因素，选取适宜的塔型、填料、辅助设备（风机、配水）以及操作参数，达到冷却效率高和阻力小的目的。

当处理水量大且要求稳定的出水温度时,一般选用水泥方形塔,这种塔可以并排数个。填料多用水泥格网板分层排列,亦可使用波纹板。这种塔一般能保证稳定的冷却效果,使用寿命长,但其造价较高。对于处理水量较少、对出口水温要求不太严格的情况,可选用逆流式圆形玻璃钢塔,这种塔内多装填塑料波纹填料或蜂窝填料,故总体质量较轻,且易于安装。横流式冷却塔的主要优点是动力消耗低,但其冷却效果一般不如逆流塔,占地面积较大,适用于出口水温要求不高而处理水量较大的情况。

冷却塔的操作参数主要依据进出塔水温及夏季气象条件而定,其中最主要的参数是出水温度与空气湿球温度之差(称为冷幅)。当空气的湿球温度一定时,要求冷幅越小,出口水温就越低;但填料体积(或塔高)增加,阻力也随之增大。冷幅一般取 3~5℃。另一主要参数是气水比,其值越大,空气与水之间的传递推动力越大,填料体积就可减小,但却使动力消耗增加。气水质量比一般取为 0.7~1.2。化工生产中使用的几种冷却塔结构及操作参数列于表 16-4-7。

表 16-4-7 几种冷却塔结构及操作参数(夏季)

塔型	外径/m	填料体积/m³	空气干、湿球温度/℃		进出口水温/℃		气水比 /kg·kg⁻¹	冷却水量 /m³·h⁻¹
			t_g	t_w	t_{L_2}	t_{L_1}		
水泥方形塔	8.4×8.4	226(水泥格网板)	31.5	26.5	40	31	1.1	600
水泥方形塔	7.6×7.6	186(水泥格网板)	32.1	28.0	41	31.5	1.12	600
逆流玻璃钢圆形塔	6.0	72(点波)	31.5	28.0	40	32.5	0.8	310
横流玻璃钢塔	11.0×6.7	168(波纹)	31.5	28.0	39	33	1.2	600

4.4.2 气象参数的选择

在设计新的冷却塔或选用定型的冷却塔时,均需要选定气象参数,该气象参数通常是按夏季不利于冷却塔操作的情况下来考虑的。但是,仅选用最高气温和最高湿度这一天的数据亦不合理,因为这种情况在一年之中所占的时间很短。选用的气温及其湿度越高,进塔空气的湿球温度也就越高,传热与传质的推动力就越小,从而设计或选用的冷却塔尺寸就越大,相应的设备投资也越高;反之,若选用的气温及其湿度过低,在炎热的夏季,就可能导致被冷却后的水温过高,使之在较长时间内的实际出塔水温超过设计值,从而使经冷却塔后的工艺介质温度达不到冷却要求。由此可见,气象参数的选择对冷却塔的设计或选用是非常重要的。选择气象参数的原则是根据生产过程对冷却水温要求的严格程度,按一定的保证率来确定。

所谓保证率,是指每年不高于给定最高允许气温的天数占全年天数的百分率。保证率可按式(16-4-1)计算

$$P = \left(1 - \frac{m}{365}\right) \times 100\% \qquad (16\text{-}4\text{-}1)$$

式中,m 为干、湿球温度超过最高允许气温的天数。至于干、湿球温度的统计方法,目前国内尚没有统一的规定。通常是采用公历 5 月 15 日至 9 月 15 日期间每天最高温度或每

天几个时刻温度统计的平均值，而统计资料一般不少于5~10年。我国主要城市每年超过5天、10天、15天、20天昼夜的平均干、湿球温度值列于表16-4-8[11]，可供设计或选用冷却塔时参考。

表 16-4-8　我国某些地区平均每年超过下列天数的温度统计

地名	日平均干球温度/℃				日平均湿球温度/℃				下午1时干球温度/℃（5天）	下午1时湿球温度/℃（5天）	风速/m·s^{-1}	气压/kPa
	5天	10天	15天	20天	5天	10天	15天	20天				
北京	31.1	30.1	29.5	28.9	26.4	25.6	25.0	24.5	34.6	27.3	0.79	99.86
天津	31.0	30.1	29.5	29.0	27.1	26.3	25.7	25.2	34.1	28.0	1.65	100.42
石家庄	31.9	31.0	30.5	30.1	26.6	25.7	25.0	24.7	35.8	27.2	0.89	99.73
太原	29.3	28.5	27.7	27.1	23.3	22.5	22.0	21.4	33.5	24.5	1.16	91.77
大同	27.3	26.3	25.5	25.0	21.1	20.4	19.9	19.4	31.5	22.3	1.34	88.80
长治	28.1	27.0	26.5	26.1	23.4	22.6	22.4	21.4	32.5	24.3	1.01	91.25
阳泉	29.8	28.9	28.3	27.7	24.2	23.1	22.5	22.0	34.3	24.8	0.75	93.02
包头	27.7	27.0	26.3	25.6	20.7	19.9	19.3	18.9	32.2	21.6	1.82	89.09
呼和浩特	27.0	26.2	25.5	25.0	20.7	19.8	19.4	18.9	30.7	21.7	0.97	88.90
上海	32.4	31.5	31.0	30.5	28.6	28.0	27.7	27.5	36.2	29.5	1.58	100.39
南京	33.6	32.6	31.8	31.3	28.6	28.2	27.7	27.4	36.7	29.6	1.55	99.91
济南	33.8	32.8	32.0	31.4	26.7	26.2	25.6	25.2	36.9	27.7	1.86	99.73
青岛	28.7	28.0	27.5	27.0	26.8	26.0	25.5	25.0	34.1	27.5	2.16	99.70
合肥	33.0	32.2	31.5	31.0	28.5	28.0	27.6	27.3	36.5	29.2	1.74	100.22
杭州	33.2	32.5	31.8	31.4	28.7	28.3	28.0	27.7	36.9	29.8	1.10	100.39
温州	31.4	30.8	30.5	30.1	28.4	28.0	27.8	27.5	34.6	30.2	1.25	100.52
宁波	32.4	31.8	31.3	30.8	28.2	27.8	27.5	27.4	36.7	29.5	1.55	100.52
福州	32.1	31.5	31.3	30.8	27.8	27.5	27.1	27.0	36.7	29.2	1.62	96.26
厦门	31.4	30.8	30.5	30.3	27.7	27.4	27.2	27.1	34.2	28.8	1.85	100.39
沈阳	29.4	28.2	27.5	27.0	25.5	24.6	24.0	23.5	32.7	26.5	1.71	100.03
大连	27.8	27.0	26.5	26.0	25.7	25.0	24.3	23.8	30.4	26.5	2.52	99.66
抚顺	29.6	28.4	27.6	27.1	25.5	24.5	23.7	23.3	33.6	26.4	0.75	99.33
鞍山	30.2	29.4	28.7	28.2	25.7	25.0	24.2	23.8	33.7	26.8	1.38	99.06
锦州	28.5	27.6	27.0	26.7	25.5	24.7	24.0	23.3	32.0	26.5	1.99	99.59
长春	28.5	27.4	26.5	26.0	24.0	23.1	22.5	22.1	31.8	25.2	1.70	98.00
哈尔滨	28.8	27.7	26.8	26.1	24.1	22.9	22.0	21.6	32.5	25.1	1.67	98.86
齐齐哈尔	28.5	27.5	26.4	25.8	22.8	22.0	21.3	20.6	32.4	23.9	1.76	98.79
汉口	34.0	33.4	32.7	32.3	28.5	28.1	27.7	27.5	36.7	28.8	1.50	100.07
郑州	33.5	32.5	31.5	31.0	27.5	27.0	26.5	26.0	37.5	28.5	1.56	99.19
洛阳	33.2	32.4	31.6	31.1	27.3	26.5	25.8	25.4	37.3	28.5	1.47	98.26
长沙	33.7	33.1	32.6	32.2	28.0	27.5	27.3	27.0	36.7	28.4	1.41	99.73
南昌	34.0	33.4	33.0	32.5	28.4	27.6	27.0	26.5	37.0	28.5	1.88	99.86

续表

地名	日平均干球温度/℃				日平均湿球温度/℃				下午1时干球温度/℃（5天）	下午1时湿球温度/℃（5天）	风速/m·s^{-1}	气压/kPa
	5天	10天	15天	20天	5天	10天	15天	20天				
广州	31.6	31.3	31.0	30.7	27.8	27.5	27.4	27.2	34.5	28.6	1.13	100.53
惠阳	31.6	31.3	30.9	30.7	27.7	27.4	27.3	27.1	34.6	28.6	1.16	100.53
南宁	31.9	31.5	31.0	30.8	27.5	27.5	27.3	27.1	35.6	28.5	1.08	99.33
重庆	34.0	33.0	32.2	31.6	27.7	27.3	27.0	26.7	37.5	28.2	0.81	97.33
成都	30.0	29.5	29.0	28.5	26.5	26.0	25.7	25.5	32.5	27.3	0.84	94.79
昆明	24.4	23.5	23.0	22.7	19.9	19.6	19.3	19.1	27.8	20.9	1.03	88.80
贵阳	27.5	26.5	26.5	26.3	23.0	22.7	22.5	22.3	31.0	23.8	1.11	88.74
昌都	22.3	21.3	20.5	20.0	14.5	14.2	13.7	13.5	28.0	15.8	0.89	68.58
拉萨	20.5	19.9	19.5	19.0	13.2	12.7	12.5	12.3	24.0	14.4	1.29	65.24
西安	33.0	32.1	31.3	30.7	25.8	25.1	24.5	24.2	37.0	26.8	1.58	95.79
宝鸡	30.8	29.7	29.3	28.7	25.0	24.0	23.5	23.1	34.7	25.8	0.86	93.57
兰州	28.3	27.1	26.4	25.7	20.2	19.4	18.8	18.5	32.2	21.3	0.85	84.32
酒泉	28.7	27.5	27.0	26.2	18.3	17.5	17.0	16.5	32.0	19.2	1.65	84.26
银川	27.9	27.2	26.5	26.1	22.0	21.1	20.5	20.2	31.0	22.5	1.13	88.39
西宁	22.2	21.2	20.5	19.8	16.5	15.6	15.0	14.7	26.5	17.5	1.10	70.40
乌鲁木齐	29.6	28.5	27.6	27.1	18.1	17.6	17.3	17.0	33.4	19.0	1.78	90.90

4.5 冷却塔的热力计算及热力特性

冷却塔的热力计算主要是根据选定的塔结构和工艺参数，求取淋水装置的体积（填料体积）；或者根据选定的淋水装置尺寸，求取出塔水温、水气比等工艺参数。这是气体增湿过程的传热与传质的计算，它的基本计算方法已在本篇第3章中作了介绍。根据冷却塔内空气与水接触的特点，可以取 $Le=1$。又因工作压力为常压，此时的气相传热系数 $\alpha_q a$ 远小于液相传热系数 $\alpha_l a$，故可以用水温代替气液相界面温度。据此，冷却塔的热力计算就可以简化，下面分别讨论逆流式和横流式冷却塔的计算方法及热力特性。

4.5.1 逆流式冷却塔的热力计算

逆流式冷却塔的热力计算方法主要有焓差法、湿度差法和平均压差法。

(1) 焓差法 Merkel 提出的以焓差为推动力的方程，至今仍为冷却塔热力计算的基础。在忽略塔内蒸发的水量时，将式(16-3-11)代入式(16-3-26)，并用进塔水量 $L_0(\text{kg}\cdot\text{h}^{-1})$ 代替水的质量流量 L，可得冷却塔淋水装置体积（即填料体积）V 的计算式为

$$V = \frac{L_0}{k_H a}\int_{t_{L_1}}^{t_{L_2}} \frac{C_L dt_L}{I_L - I} = \frac{L_0}{k_H a}\Omega \tag{16-4-2}$$

式中的 Ω 称为冷却数

$$\Omega = \int_{t_{L_1}}^{t_{L_2}} \frac{C_L dt_L}{I_L - I} \tag{16-4-3}$$

冷却数与传递的单元数 N_1 关系为

$$\Omega = \lambda N_1 \tag{16-4-4}$$

式中，λ 为气水比（G/L）。

式(16-4-2) 是计算冷却塔淋水装置体积的最基本公式。由于冷却塔内的气水比一般不大于 1.5，故忽略塔内蒸发水量会产生较大误差。用此式计算时，其结果一般偏低 3%～8%。

计入冷却塔内水量的变化，而又不致使计算过程太复杂，Берман[12] 提出用一个系数 K 进行校正。由冷却塔的热平衡

$$L_2 C_L(t_{L_2} - t_{L_1}) + \Delta L C_L t_{L_1} = G(I_2 - I_1)$$

移项得

$$L_2 C_L(t_{L_2} - t_{L_1}) = G(I_2 - I_1)\left[1 - \frac{\Delta L C_L t_{L_1}}{G(I_2 - I_1)}\right] = G(I_2 - I_1)K \tag{16-4-5}$$

系数 K 为

$$K = 1 - \frac{\Delta L C_L t_{L_1}}{G(I_2 - I_1)} \tag{16-4-6}$$

式(16-4-5) 与式(16-3-12) 比较看出，系数 K 是考虑塔内蒸发水量 ΔL 所带出热量的矫正系数。将 $\Delta L = G(H_2 - H_1)$ 的关系代入式(16-4-6)，得：

$$K = 1 - \frac{C_L t_{L_1}(H_2 - H_1)}{I_2 - I_1} \tag{16-4-7}$$

在炎热的夏季，水与空气之间传递的显热很少，可以认为空气通过冷却塔的焓变化近似等于水蒸发传递的潜热，即 $I_2 - I_1 \approx r_0(H_2 - H_1)$，将此关系代入式(16-4-7)，则可化简为：

$$K = 1 - \frac{C_L t_{L_1}}{r_0} \tag{16-4-8}$$

由该式可看出，K 值恒小于 1，且随出塔水温的升高而减小，将这一关系示于图 16-4-17。该图可供计算时查用。

计入塔内蒸发的水量后，冷却数由式(16-4-9) 计算：

$$\Omega = \frac{1}{K}\int_{t_{L_1}}^{t_{L_2}} \frac{C_L dt_L}{I_L - I} \tag{16-4-9}$$

同时，冷却塔出口空气的焓由式(16-4-5) 改写成式(16-4-10)

$$I_2 = I_1 + \frac{C_L(t_{L_2} - t_{L_1})}{K\lambda} \tag{16-4-10}$$

式中，λ 为进塔气水比（G/L）。

按照上述关系，在 I-t 图上绘出的操作线与水温变化曲线如图 16-4-18 所示。

在冷却塔操作温度范围内，饱和空气的焓为饱和温度 t（亦即 t_L）的抛物线方程。内田秀雄[13] 得出了如下的关系式（$P = 101.3 \text{kPa}$）：

$$I_L = 0.1063 t_L^2 - 1.009 t_L + 34.60 \tag{16-4-11}$$

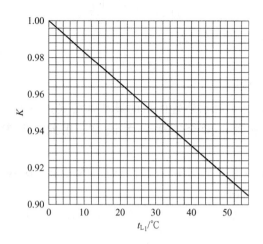

图 16-4-17 校正系数 K 与出塔水温的关系

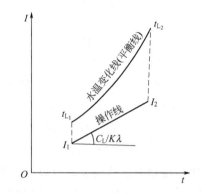

图 16-4-18 逆流冷却塔内操作线与水温的关系

该式可在 $t_1=20\sim40℃$ 范围内使用，其误差在 1% 以内。内田秀雄又根据这个关系式绘制出计算冷却数的算图，示于图 16-4-19。由这个算图求得的冷却数未计入塔内蒸发水量的影响。

革拉特珂夫[14]根据饱和湿空气的数据，用最小二乘法求得不同进出塔水温范围内抛物线方程的系数，其值列于表 16-4-9。

表 16-4-9 $I_L=at_L^2+bt_L+c$ 中的系数 （$P=101.3\text{kPa}$）

进塔水温 t_{L_2}/℃	对应出塔水温 t_L 的系数值								
	a			b			c		
	20	25	30	20	25	30	20	25	30
30	0.09371	0.09718	—	−0.4522	−0.5728	—	29.646	30.234	—
35	0.10945	0.11125	0.06729	−1.2197	−1.3089	−1.560	38.851	38.861	48.689
40	0.12440	0.13474	0.14930	−2.0206	−2.6985	−3.723	49.295	60.184	78.010
45	0.1424	0.15756	0.17870	−3.0607	−4.1548	−5.768	63.745	82.947	113.289
50	0.16597	0.18578	0.21182	−4.5200	−6.0691	−8.212	85.159	114.482	157.704
55	0.19549	0.21982	0.25022	−6.4614	−8.5105	−11.194	115.119	156.635	214.381

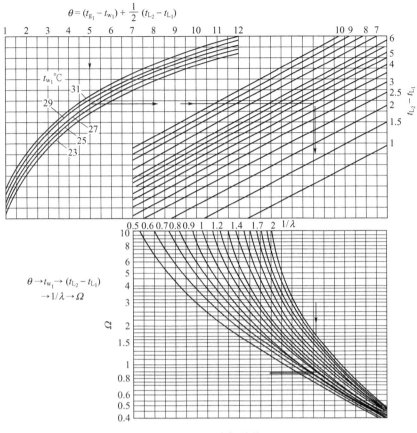

图 16-4-19 冷却数算图

由于饱和空气的焓为水温的抛物线方程，则冷却数可以用解析法求取。将

$$I_L = at_L^2 + bt_L + c \text{ 和 } I \approx \frac{C_L}{K\lambda}(t_L - t_{L_1}) + I_1$$

代入式(16-4-9)的积分项内，经整理后得

$$\Omega = \frac{C_L}{K}\int_{t_{L_1}}^{t_{L_2}} \frac{dt_L}{At_L^2 + Bt_L + C} \tag{16-4-12}$$

式中

$A = a$；$B = b - \dfrac{C_L}{K\lambda}$；$C = c + \dfrac{C_L t_{L_1}}{K\lambda} - I_1$。

这是一个标准的二次多项式倒数的积分式，其积分解为：

当 $B^2 < 4AC$ 时，

$$\Omega = \frac{C_L}{K} \times \frac{2}{\sqrt{4AC-B^2}} \times \left[\arctan\frac{2At_{L_2}+B}{\sqrt{4AC-B^2}} - \arctan\frac{2At_{L_1}+B}{\sqrt{4AC-B^2}}\right] \tag{16-4-13}$$

当 $B^2 > 4AC$ 时

$$\Omega = \frac{C_L}{K} \times \frac{1}{\sqrt{B^2-4AC}}\left[\ln\frac{2At_{L_2}+B-\sqrt{B^2-4AC}}{2At_{L_2}+B+\sqrt{B^2-4AC}} - \ln\frac{2At_{L_1}+B-\sqrt{B^2-4AC}}{2At_{L_1}+B+\sqrt{B^2-4AC}}\right]$$

$$(16\text{-}4\text{-}14)$$

(2) 湿度差法 用湿度差为推动力计算冷却塔的填料体积 V 时，以干空气流量 G_0（kg·h^{-1}）代替质量流速 G，即可将式(16-3-23)改写成式(16-4-15)进行计算

$$V = \frac{G_0}{k_H a} \int_{H_1}^{H_2} \frac{\mathrm{d}H}{H_L - H} \tag{16-4-15}$$

由于空气在冷却塔内是增湿，故用此式计算是合理的；而且也避免了用焓差法计算时因水量变化引起的计算误差。用式(16-4-15)计算时，湿度差 $H_L - H$ 可用式(16-3-19)和热量平衡逐段求取，然后用数值法或图解法计算。

Sutherland[15]用湿度差法计算了不同条件下冷却塔的填料体积 V_H，所用的初始条件列于表 16-4-10，计算结果示于图 16-4-20。再以同样的初始条件，用式(16-4-2)的焓差法计算填料体积 V，将两者的相对误差 $\varepsilon = (V_H - V_1)/V_H \times 100\%$ 绘于图 16-4-21。从图中的曲线看出，在水气比小于 5 时，其相对误差 δ 不超过 8%。

表 16-4-10　冷却塔的初始工作条件

序号	t_{L_2}/℃	t_{L_1}/℃	t_{g_1}/℃	t_{w_1}/℃
1	50	40	35	30
2	50	40	25	20
3	40	30	25	20
4	50	30	25	20
5	50	40	15	10
6	40	30	15	10
7	50	30	15	10

(3) 平均压差法[11]　用平均压差法计算冷却塔的填料体积时，可按如下的传质关系：

$$G_0 \mathrm{d}H = k_p a (p_L - p) \mathrm{d}V \tag{16-4-16}$$

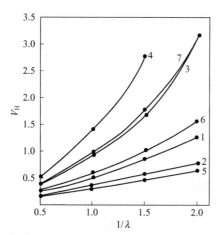

图 16-4-20　用湿度差法计算出的冷却塔填料体积 V_H

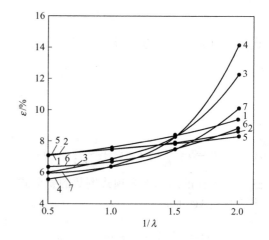

图 16-4-21　湿度差法与焓差法计算出的填料体积的相对误差（ε）

积分后得：

$$V = \frac{G_0}{k_p a} \int_{H_1}^{H_2} \frac{\mathrm{d}H}{p_S - p_V} \approx \frac{G_0}{k_p a} \times \frac{H_2 - H_1}{(p_S - p_V)_m} \tag{16-4-17}$$

式中，$k_p a$ 为以分压为推动力的传质系数，$kg \cdot m^{-3} \cdot h^{-1} \cdot kPa^{-1}$。平均分压差 $(p_S - p_V)_m$ 分别按如下两种情况求取。

一是当进出塔水温差 $\Delta t_L \leqslant 10℃$，且出塔水温与进塔空气的湿球温度之差 $t_{L_1} - t_{w_1} \geqslant 5 \sim 7℃$ 时，$(p_S - p_V)_m$ 用算术平均值求取，即：

$$(p_S - p_V)_m = \frac{\Delta p_2 - \Delta p_1}{2} = \frac{(p_{S_2} - \delta_p - p_{V_2}) + (p_{S_1} - \delta_p - p_{V_1})}{2} \tag{16-4-18}$$

式中 δ_p ——饱和水蒸气分压的修正值，kPa。

δ_p 是修正饱和水蒸气压随温度变化的非线性关系，其值可按式(16-4-19)计算：

$$\delta_p = \frac{p_{S_1} + p_{S_2} - 2p_{S_m}}{4} \tag{16-4-19}$$

式中 p_{S_m} ——进出塔平均水温下的饱和水蒸气压，kPa。

δ_p 值也可以从图 16-4-22 查取。

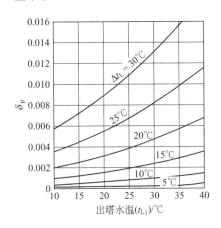

图 16-4-22 修正值 δ_p 计算曲线

二是当 $\Delta t_L > 10℃$ 且 $t_{L_1} - t_{w_1} < 5 \sim 7℃$ 时，$(p_S - p_V)_m$ 拟用对数平均值求取，即

$$(p_S - p_V)_m = \frac{\Delta p_2 - \Delta p_1}{\ln \Delta p_2 / \Delta p_1} \tag{16-4-20}$$

根据空气中水蒸气分压的湿度的换算关系，革拉特珂夫[14]提出了传质系数 $k_p a$ 与 $k_H a$ 的换算关系为

$$k_H a = 1.61 p k_p a \frac{1}{1 + 0.8 \Sigma H} \tag{16-4-21}$$

$$\Sigma H = H_1 + H_2 + H_{L_1} + H_{L_2} \tag{16-4-22}$$

采用平均压差法计算填料体积时，必须先确定出塔空气中的水蒸气分压、湿度或温度。这虽然可以用本篇中第 3 章提出的方法得到，但却失去此简化法的意义。若把空气温度在冷却塔内的变化视为直线关系，将可以由式(16-4-23)近似计算出塔气温

$$t_{g_2} = t_{g_1} + (t_{L_m} - t_{g_1}) \frac{I_2 - I_1}{I_{L_m} - I_1} \tag{16-4-23}$$

式中 t_{L_m} ——进出塔的平均水温，℃；

I_{L_m} ——水温 t_{L_m} 下饱和湿空气的焓，$kJ \cdot kg_d^{-1}$。

【例 16-4-1】 已知冷却塔的气水比为 0.8；进出塔水温分别为 40℃ 和 32℃；进塔空气的

干、湿球温度分别为33℃和27℃；工作压力为101.3kPa。试用抛物线方程倒数积分和辛普森公式分别计算冷却数。

解 ① 用抛物线方程倒数积分计算：

$$K = 1 - \frac{4.187 \times 32}{2500} = 0.9464$$

计算积分项中的系数 A、B、C

$A = 0.1063$

$B = -1.009 - \dfrac{4.187}{0.9464 \times 0.8} = -6.539$

$C = -50.46 + \dfrac{4.187 \times 32}{0.9464 \times 0.8} = 126.5$

$B^2 = 42.76$；$4AC = 53.79$；$4AC - B^2 = 11.04$

因为 $B^2 < AC$，故用式(16-4-13)计算冷却数

$$\Omega = \frac{4.187}{0.9464} \times \frac{2}{\sqrt{11.04}} \left[\arctan \frac{2 \times 0.1063 \times 40 - 6.539}{\sqrt{11.04}} - \arctan \frac{2 \times 0.1063 \times 32 - 6.539}{\sqrt{11.04}} \right]$$

$$= 2.662 \times \left[(30.36 - 4.345) \times \frac{\pi}{180} \right] = 1.208$$

② 用辛普森公式计算：

在计算冷却数时，辛普森公式可写为

$$\Omega = \frac{C_L}{K} \int_{t_{L_1}}^{t_{L_2}} \frac{dt_L}{I_L - I}$$

$$= \frac{C_L(t_{L_2} - t_{L_1})}{3nK} \left(\frac{1}{\Delta I_0} + \frac{4}{\Delta I_1} + \frac{2}{\Delta I_2} + \frac{4}{\Delta I_3} + \frac{2}{\Delta I_4} + \cdots + \frac{2}{\Delta I_{n-2}} + \frac{4}{\Delta I_{n-1}} + \frac{1}{\Delta I_n} \right)$$

式中的 n 是进出塔水温差等分的偶数，各 ΔI 是每个等分水温值对应的焓差（$I_L - I$）。现取 $n = 4$，即辛普森5点法。

为了与上述计算结果比较，各水温下饱和空气的焓值用式(16-4-11)计算；空气的焓值用式(16-4-10)分段计算，计算过程省略，算得的数据列于表16-4-11。

表16-4-11 不同水温下饱和空气、空气的焓计算值

t_L/℃	I_L/kJ·kg$_d^{-1}$	I/kJ·kg$_d^{-1}$	ΔI/kJ·kg$_d^{-1}$
32	111.2	85.0	26.2
34	123.2	96.1	27.1
36	136.1	107.3	28.8
38	149.8	118.5	31.3
40	164.4	129.9	34.5

将表16-4-11中的数据代入辛普森公式，得

$$\Omega = \frac{4.187 \times (40 - 32)}{3 \times 4 \times 0.9464} \left(\frac{1}{26.2} + \frac{4}{27.1} + \frac{2}{28.8} + \frac{4}{31.3} + \frac{1}{34.5} \right) = 1.214$$

上面两种方法计算出的冷却数非常接近。而抛物线方程倒数积分法要简单得多。

【例16-4-2】 按照例16-4-1的已知条件，并给定冷却水量为 $600 \text{m}^3 \cdot \text{h}^{-1}$；淋水装置采

用水泥格网板填料；塔径为 8.4m×8.4m 的方形；传质系数 $k_Ha=6420$ kg·m^{-3}·h^{-1}。试计算淋水装置体积及有效塔高。

解 由式(16-4-2)计算淋水装置的体积，冷却数用例 16-4-1 中由抛物线方程倒数积分法算得的数据为

$$V = \frac{600 \times 1000}{6420} \times 1.208 = 112.9 \quad (\text{m}^3)$$

塔的有效高度（即淋水装置的高度）为

$$Z = \frac{112.9}{8.4 \times 8.4} = 1.60 \quad (\text{m})$$

4.5.2 横流式冷却塔的热力计算

横流式冷却塔的热力计算一般可采用本篇 3.5 节中介绍的方法，但在工程设计中，通常采用如下两类简化的计算方法。

第一类是平均焓差法。这是基于前述的双重积分式(16-3-34)，在计入塔内蒸发的水量之后，可将该式写成如下的形式

$$\Omega = \frac{1}{K} \times \frac{1}{X} \iint_D \frac{C_L \frac{\partial t_L}{\partial Z}}{(I_L - I)} dZ dX = \frac{C_L(t_{L_2} - t_{L_1})}{K \Delta I_m} \quad (16\text{-}4\text{-}24)$$

平均焓差 ΔI_m 为进塔和出塔水温下饱和空气的焓与进塔和出塔空气的焓之差的平均值。求取 ΔI_m 的方法主要有如下两种：

第一种方法是按 Берман 等提出的式(16-4-25)进行计算[12,16]：

$$\Delta I_m = \chi(I_{L_1} - \delta_L - I_1) \quad (16\text{-}4\text{-}25)$$

式中的 χ 是下列两个系数（η、ξ）的函数

$$\eta = \frac{I_{L_1} - I_{L_2}}{I_{L_1} - \delta_L - I_1} \quad (16\text{-}4\text{-}26)$$

$$\xi = \frac{I_2 - I_1}{I_{L_1} - \delta_L - I_1} \quad (16\text{-}4\text{-}27)$$

式中，I_{L_1} 和 I_{L_2} 分别为进塔和出塔水温下饱和空气的焓；修正值 δ_L 是修正 I_L 与温度的非线性关系，δ_L 按式(16-4-28)计算

$$\delta_L = \frac{1}{4}(I_{L_1} + I_{L_2} - 2I_{L_m}) \quad (16\text{-}4\text{-}28)$$

χ 与 η 和 ξ 的关系示于图 16-4-23，可供计算时查用。

当 ξ 值小于 0.5 时，平均焓差还可以按式(16-4-29)计算

$$\Delta I_m = \frac{I_{L_1} - I_{L_2}}{\ln \dfrac{I_{L_1} - \delta_L - I_1}{I_{L_2} - \delta_L - I_1}} - \frac{I_2 - I_1}{2} \quad (16\text{-}4\text{-}29)$$

第二种方法是按内田秀雄[13]提出的式(16-4-30)进行计算

$$\Delta I_m = F \frac{(I_{L_1} - I_1) - (I_{L_2} - I_2)}{\ln \dfrac{I_{L_1} - I_1}{I_{L_2} - I_2}} \quad (16\text{-}4\text{-}30)$$

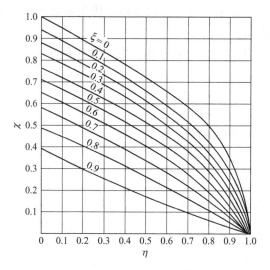

图 16-4-23　χ 与 η 和 ξ 的关系

式中的修正系数 F 为下列两数（P、R）的函数

$$P = \frac{I_2 - I_1}{I_{L_1} - I_1} \tag{16-4-31}$$

$$R = \frac{I_{L_1} - I_{L_2}}{I_2 - I_1} \tag{16-4-32}$$

修正系数 F 与 P 和 R 的关系示于图 16-4-24。

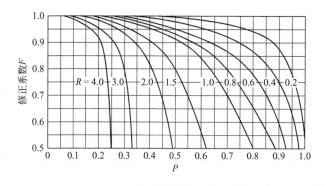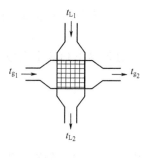

图 16-4-24　修正系数 F 与 P 和 R 的关系

采用上述平均焓差法求取横流式冷却塔的冷却数，其计算过程非常简单，但误差较大。

第二类进行横流式冷却塔热力计算的方法如图 16-4-25 所示，将填料体积划分成若干个等体积的微小单元体，逐个单元体进行计算。这类方法有如下几种：

第一种方法是内田秀雄[13]提出的图解法，这是一种较精确且不太复杂的方法。此法是将填料体积沿高度 z 方向进行等分，沿长度 x 方向进行二等分，然后在 I-t 图上作出水和空气进塔面上的操作线，由图解法求取水和空气经单元体出口面上的状态。如图 16-4-25 所示，水和空气在进塔面上的操作线分别为 ab 和 ac，若经第一个单元体后，水的出口面上温度 t_{12} 为 f 点，在不计入塔内蒸发水量的情况下，以 C_L/λ 为斜率，从 f 点作直线交于 ab 线上的 h 点，则 h 点的焓为该单元体空气出口面上的焓 I_{21}。再从 ab 线延长至平衡线交于 d 点，从 f 点作垂直线交于平衡线上的 e 点，这两点分别代表进、出该单元体水温下饱和空气

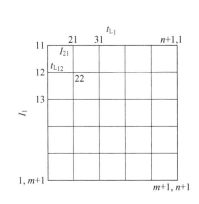
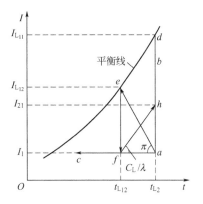

图 16-4-25 横流式冷却塔的图解

的焓 $I_{L_{11}}$ 和 $I_{L_{12}}$，由此可以算出该单元体的平均焓差

$$\Delta I_{m_{11}} = \frac{1}{2}\left[(I_{L_{11}} - I_1) + (I_{L_{12}} - I_{21})\right] \tag{16-4-33}$$

该单元体的冷却数为

$$\Omega_{11} = \frac{C_L(t_{L_{12}} - t_{L_1})}{\Delta I_{m_{11}}} = \frac{C_L \Delta t_{11}}{\Delta t_{m_{11}}} \tag{16-4-34}$$

此法求解的关键在于如何得出水在单元体出口面上的温度，即如何确定 f 点。为此，内田秀雄把图 16-4-25 中的 ae 线斜率 π 取如下的近似关系：

$$\pi = -\frac{I_{L_{12}} - I_1}{t_{L_1} - t_{L_{12}}} \approx -\frac{m}{\Omega C_L} \tag{16-4-35}$$

满足此式的条件是：①单元体出口面水温下饱和空气的焓与进出口面空气的焓之差近似等于进口面水温下饱和空气的焓与出口面空气的焓之差，即 $I_{L_{12}} - I_{11} = I_{L_{11}} - I_{12}$；②每个单元体的冷却数近似相等。

按照上述方法依次对每个单元体进行求解，就可以计算出全塔的冷却数。但由于用式(16-4-35)计算 π 值时，需先假设全塔冷却数 Ω；如果计算值与假设值不等，将需重新假设，重复上述步骤，直到求得的冷却数与假设值相等（或近似相等）为止。

内田秀雄按照下列条件，即进塔水温 37℃，出塔水温 31℃；进塔空气的焓 89.6 kJ·kg_d^{-1}；水气比 $L/G = 1/\lambda$，不计入塔内蒸发的水量，并将填料体积按高度和长度均分为 6 等分，计算前先假设冷却数为 1.83，经重复一次计算后得冷却数为 1.765；出塔空气的平均焓值为 119.3 kJ·kg^{-1}。由图解法求得的结果列于图 16-4-26（图中括号内的数据为平均焓差 ΔI_m）。

内田秀雄采用这种图解法求得的冷却数与他本人采用平均焓差法相比，计算结果高 5%。如果计入塔内蒸发的水量，这种图解法可达到文献[17]采用数值微分法求解的精度。此法的另一个特点是不需给定填料层的尺寸和传热与传质系数，即可求得冷却数，这与逆流冷却塔的热力计算是相同的。

内田秀雄的这种图解法也可以改用解析法计算。因为各单元体出口面上的饱和空气焓值是其水温的单值函数，故当进塔条件给定并假设冷却数后，就可以由式(16-4-35)和式(16-4-11)计算第一个单元体出口面上的水温及其饱和空气的焓，再由该单元体的热平衡，即式(16-4-10)，计算出口面上空气的焓。依次对每个单元体进行计算后，由式(16-4-36)求

	$t_{L_1}=37℃$		37℃		37℃		37℃		37℃		37℃	
	$T_{L_{11}}=142.7$		142.7		142.7		142.7		142.7		142.7	
$I_1=$89.64	(37.8)	102.6	(28.4)	112.5	(21.5)	119.8	(16.3)	125.3	(12.4)	129.5	(9.30)	132.8
	34.40°		35.05°		35.53°		35.90°		36.16°		36.35°	
	125.1		129.3		312.4		135.0		136.8		138.2	
89.64	(25.5)		(21.9)	98.60	(18.7)	112.8	(16.0)	118.1	(13.2)	122.7	(11.0)	126.5
	32.60°		33.51°		34.23°		34.83°		35.24°		35.60°	
	114.1		119.5		124.0		127.8		130.5		132.9	
89.64	(17.7)	95.97	(17.0)	101.9	(15.9)	107.4	(14.5)	112.6	(12.9)	117.1	(11.3)	121.0
	31.34°		32.30°		33.11°		33.80°		34.35°		34.82°	
	106.9		112.4		117.1		121.3		124.8		127.8	
89.64	(12.6)	94.12	(13.4)	98.81	(13.3)	103.4	(12.9)	107.9	(12.0)	112.3	(11.2)	116.1
	30.44°		31.40°		32.18°		32.90°		33.49°		34.05°	
	102.0		107.3		111.7		115.8		119.4		122.9	
89.64	(9.04)	92.83	(10.5)	96.43	(11.0)	100.4	(11.2)	104.3	(10.8)	108.2	(10.6)	111.9
	29.79°		30.62°		31.39°		32.10°		32.72°		33.32°	
	98.56		102.9		107.2		111.2		114.8		118.3	
89.64	(6.53)	91.95	(8.00)	94.84	(8.96)	97.98	(9.55)	101.4	(9.71)	104.7	(9.80)	108.2
	29.30°		30.05°		30.74°		31.41°		32.04°		32.61°	
					$t_{L_2m}=31.0℃$							

图 16-4-26 横流式冷却塔图解结果

取全塔的冷却数（计入塔内蒸发水量）：

$$\Omega=\frac{1}{Kn}\sum\left(\frac{C_L\Delta t_L}{\Delta I_m}\right)_{ij} \tag{16-4-36}$$

式中，n 为填料层沿长度方向的等分数。如果计算出的 Ω 与假设值不等，仍需重新假设 Ω 重复进行计算。

第二种是 Baker 和 Mart[18] 提出划分单元体的方法。此法采用每个单元体进水温度下饱和空气的焓与进口空气的焓之差为推动力进行冷却数的计算。但因此种焓差大于真实（或平均）的焓差，故求得的冷却数偏小。杨强生等[17] 又采用湿度差为推动力，即用式(16-3-2)、式(16-3-19) 和热平衡方程，并计入塔内蒸发的水量，逐个单元体进行数值微分求解，得出了较精确的结果，此法计算出的冷却数与平均焓差法的计算结果相比，后者求得的冷却数约偏低 10%～20%。

4.5.3 冷却塔的热力特性

根据对冷却塔进行实测的结果，在冷却数与气水比之间有如下的经验关系：

$$\Omega=\frac{V}{L_0}k_Ha=B\lambda^e \tag{16-4-37}$$

式中，系数 B 与指数 e 可用实验数据由最小二乘法求得，其值与填料的性能、塔结构和工艺参数有关。

式(16-4-37) 的关系表示了冷却塔的热力特性，将 Ω 与 λ 的关系绘于双对数坐标图呈直线。图 16-4-27～图 16-4-30 分别为逆流式冷却塔水泥板条填料、蜂窝填料、水泥格网板填料和点波填料的热力特性曲线。图 16-4-31 为横流式冷却塔点波填料的热力特性曲线。国内几家大型化肥厂所使用的逆流式冷却塔，其热力特性关系的设计值和实测值列于表 16-4-12。其他某些冷却塔及其不同填料的热力特性关系可查阅文献 [9, 11]。上述各种热力特性关系均可以在同类型的冷却塔设计或核算时使用。

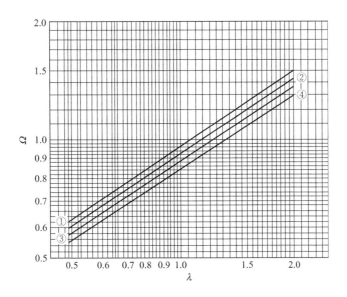

图 16-4-27 TGS（j50×10）—60°～305.100 水泥板条填料的热力特性

TGS—水泥板条代号；j50×10—板条宽度×厚度（mm）；60°—与水平面的夹角；305—层距（mm）；
100—水平间距（mm）。曲线：①14层；②12层；③10层；④8层

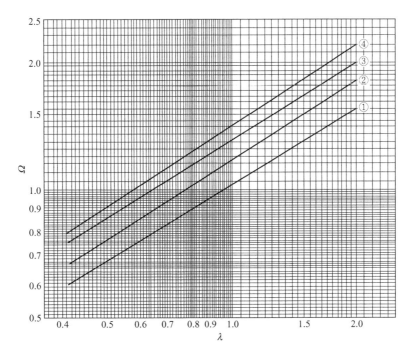

图 16-4-28 不同层数蜂窝填料的热力特性

填料规格：蜂窝孔径 $d=20$mm；尾部冷却高度 $z_0=3300$mm；

填料高度 $H=$ 单元布置层数×蜂窝单元高度（mm）—蜂窝单元间距（mm）

曲线：①$H=6\times100-0=600$；②$H=8\times100-0=800$；③$H=10\times100-0=1000$；④$H=12\times100-0=1200$

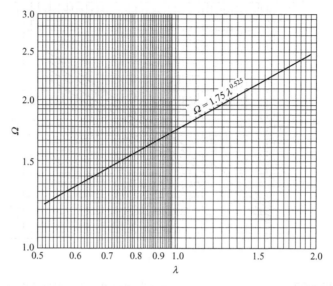

图 16-4-29　水泥格网板填料的热力特性（试验塔）共 12 层，层距为 300mm

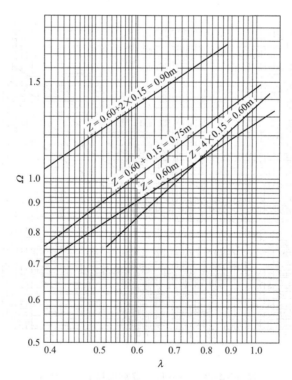

图 16-4-30　点波填料的热力特性（Z 为填料层高度）

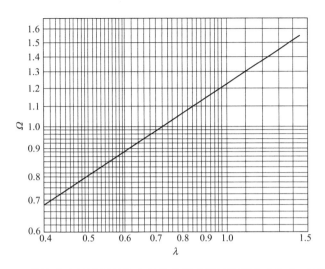

图 16-4-31 横流式点波填料的热力特性曲线（填料体积 3.07m³，单侧进风）

表 16-4-12 几家大型化肥厂冷却塔的热力特性关系的设计值和实测值

企业	热力方程 $\Omega = B\lambda^e$	
	设计值	实测值
四川化工总厂	$2.38\lambda^{0.283}$	$1.007\lambda^{0.791}$
云天化集团有限责任公司	$2.4125\lambda^{0.7}$	$2.5984\lambda^{0.5049}$
中国石油化工股份有限公司安庆分公司	$2.381\lambda^{0.60057}$	$7.7153\lambda^{0.858}$

由于许多填料已规格化，每一组某种填料均有固定的体积，故在进行冷却塔的热力计算时，往往需要根据给定的操作条件和填料体积来确定气水比。此时，应由热力特性方程式（16-4-37）和计算冷却数的方程联合，求取气水比和冷却数，即求取如图 16-4-32 中两条曲线的交点。

求解的方法可以用试差法，而图解法比试差法更为方便。

在某些情况下，需要由给定的填料体积来确定出塔水温，这是求解冷却数方程中积分极限的问题，仍然采用试差法或图解法。如果所求得的出塔水温达不到希望的条件，可以通过调节气水比来满足。

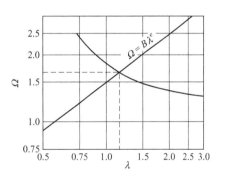

图 16-4-32 冷却数与气水比的关系

【例 16-4-3】 已知冷却塔进塔水量为 600t·h⁻¹；进、出塔水温分别为 40℃ 和 30℃；进塔空气的干、湿球温度分别为 30.1℃ 和 25.6℃；工作压力为 100kPa；填料总高度为 3.3m；其热力特性方程为 $\Omega = 1.77\lambda^{0.29}$。试计算气水比 λ 及冷却数 Ω。

表 16-4-13 例 16-4-3 条件

λ	0.6	0.7	0.8	0.9	1.0
Ω	2.93	2.14	1.81	1.65	1.53

解 采用图解法求取。任取数个 λ 值,根据已知条件,由式(16-4-9)计算对应各 λ 值的冷却数 Ω。计算方法同例 16-4-1,其结果列于表 16-4-13。用此数据在双对数坐标图上绘出曲线(见图 16-4-33)。再由方程 $\Omega=1.77\lambda^{0.29}$,计算出两个 λ 值和 Ω 值,得一直线。两条线的交点即为所选用的气水比和冷却数,从附图上得出:$\lambda=0.865$,$\Omega=1.70$。

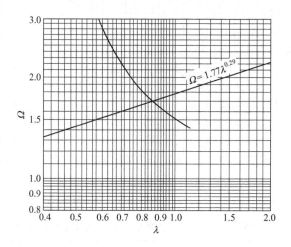

图 16-4-33　图解法求取气水比和冷却数

4.5.4　冷却塔热力与动力的综合计算方法

上面所介绍的逆流式和横流式冷却塔的热力计算方法是基本的方法,作为工程设计,上述方法是可以满足要求的。为了描述空气与水在塔内的流动行为及其传热与传质关系,Penney[19]提出了适用于逆流式和横流式自然通风冷却塔的二维数学模型;Majumdar[20]更进一步提出了适用于各种形式冷却的数学模型。Majumdar 的数学模型是把水的流动看作垂直的一维方向,而把空气流动分为垂直和水平的二维方向,并考虑了空气在两个方向的动量传递。模型既可以用极坐标,又可以用直角坐标。Majumdar 以极坐标给出一组守恒方程如下:

空气的质量:

$$\frac{\partial}{\partial z}(\rho u)+\frac{1}{r}\times\frac{\partial}{\partial r}(\rho r v)=k_{\mathrm{H}}a \tag{16-4-38}$$

水的质量

$$\frac{\partial}{\partial z}(\rho_{\mathrm{L}}u_{\mathrm{L}})=k_{\mathrm{H}}a \tag{16-4-39}$$

垂直方向的动量

$$\frac{\partial}{\partial z}(\rho u^2)+\frac{1}{r}\times\frac{\partial}{\partial r}(\rho r u v)-\frac{\partial}{\partial z}\left(\mu_{\mathrm{eff}}\frac{\partial v}{\partial z}\right)$$

$$-\frac{1}{r}\times\frac{\partial}{\partial r}\left(r\mu_{\mathrm{eff}}\frac{\partial v}{\partial r}\right)$$

$$=-\left[\frac{\partial P}{\partial z}+f_z\right]-(\rho-\rho_{\mathrm{amb}})g \tag{16-4-40}$$

水平方向的动量

$$\frac{\partial}{\partial z}(\rho u v)+\frac{1}{r}\times\frac{\partial}{\partial r}(\rho r v^2)-\frac{\partial}{\partial z}\left(\mu_{\mathrm{eff}}\frac{\partial v}{\partial z}\right)$$

$$-\frac{1}{r} \times \frac{\partial}{\partial r}\left(r\mu_{eff}\frac{\partial u}{\partial r}\right)$$
$$=-\frac{\partial P}{\partial r}-f_r \tag{16-4-41}$$

空气的焓

$$\frac{\partial}{\partial z}(\rho u I)+\frac{1}{r}\times\frac{\partial}{\partial r}(\rho r v I)-\frac{\partial}{\partial z}\left(\Gamma_{eff}\frac{\partial I}{\partial z}\right)$$
$$-\frac{1}{r}\times\frac{\partial}{\partial r}\left(r\Gamma_{eff}\frac{\partial I}{\partial r}\right)$$
$$=\alpha_g a \tag{16-4-42}$$

水的焓

$$\frac{\partial}{\partial z}(\rho_L u_L I_L)=-\alpha_g a \tag{16-4-43}$$

空气的湿度

$$\frac{\partial}{\partial z}(\rho u H)+\frac{1}{r}\times\frac{\partial}{\partial r}(\rho r v H)-\frac{\partial}{\partial z}\left(\Gamma_{eff}\frac{\partial H}{\partial z}\right)$$
$$-\frac{1}{r}\times\frac{\partial}{\partial r}\left(r\Gamma_{eff}\frac{\partial H}{\partial r}\right)$$
$$=k_H a \tag{16-4-44}$$

式中 ρ，ρ_{amb}——分别为湿空气和周围大气的密度，kg·m^{-3}；

u，v——分别为空气在垂直和水平方向的流速，m·s^{-1}；

r——坐标半径，m；

f_z，f_r——分别为空气在 z 和 r 方向上单位长度的阻力，kPa·m^{-1}；

g——重力加速度，m·s^{-2}；

μ_{eff}——空气的有效黏度，kg·m^{-1}·s^{-1}；

Γ_{eff}——有效交换系数，kg·m^{-1}·s^{-1}；

P——工作压力，kPa。

空气的有效黏度 μ_{eff} 由式(16-4-45) 计算

$$\mu_{eff}=C\rho_{amb}u_m Y_L \tag{16-4-45}$$

式中 C——经验常数，等于 0.06；

u_m——塔内空气的平均流速，m·s^{-1}；

Y_L——填料元件间的距离，m。

有效交换系数 Γ_{eff} 由式(16-4-46) 计算

$$\Gamma_{eff}=\mu_{eff}/\sigma_{eff} \tag{16-4-46}$$

式中 σ_{eff}——有效的 Prandtl 数，可取 $\sigma_{eff}=1$。

求解这组微分方程的边界条件是空气和水的流量，进、出塔水温，进塔空气的干、湿球温度，大气压力。Majumdar 运用上列方程组，对机械通风横流式冷却塔（塔高 11m，塔径 9.14m，填料为标准木条）进行了计算，得出的结果与实测值列于表 16-4-14[21]；邹梦娟等[22]用二维直角坐标得出与上列方程类似的组微分方程，并对横流式冷却塔进行了计算。他们的计算结果均与实测值基本相符。

表 16-4-14　综合模型计算结果与实测值的比较

序号	给定条件				计算结果与实测值比较			计算出的空气流量 /kg·s^{-1}
	冷却幅度 /℃	空气干球温度 /℃	空气湿球温度 /℃	水流量 /kg·s^{-1}	实测值 /℃	计算值 /℃	误差 /℃	
1	8.33	29.00	21.38	1118.25	9.16	9.279	−0.119	647.2
2	8.29	29.80	21.87	1148.57	8.94	9.301	−0.361	644.5
3	8.10	30.25	22.25	1153.68	8.85	9.045	−0.195	643.8
4	8.11	30.30	22.28	1148.96	8.76	9.003	−0.243	644.0
5	8.06	30.50	22.39	1152.51	8.64	8.950	−0.310	643.7
6	7.78	32.00	23.05	1143.45	7.34	8.108	−0.768	642.3
7	7.73	30.25	22.26	1132.82	8.48	8.594	−0.114	645.5
8	7.56	31.00	22.67	1130.46	8.16	8.289	−0.129	644.9
9	7.31	31.80	22.56	1126.52	7.54	7.740	−0.200	644.1
10	8.02	30.15	22.16	1155.66	8.70	9.035	−0.335	644.0

4.6　冷却塔的通风阻力及阻力特性

冷却塔的通风阻力对其冷却效果和动力消耗均有很大的影响。冷却塔的全部通风阻力（即总阻力）ΔP 包括空气经填料层的阻力以及从进口至出口的其他局部阻力。总阻力与各项阻力的关系可用式(16-4-47)表示：

$$\Delta P = \sum \Delta P_i = \sum \xi_i \frac{\rho_i u_i^2}{2} \tag{16-4-47}$$

式中，ξ_i 为各部分的阻力系数，其他符号同前。

在冷却塔各部分的阻力中，对淋水装置的通风阻力的实验研究较多，有可供使用的实验数据；而对其他部分通风阻力的研究则较少，只能根据相类似构件的资料估算阻力系数。由于通风阻力的计算是近似的，加之其他一些不可预计的误差，故计算得出的总阻力一般还应加 3%～6%，作为实取的总通风阻力。

4.6.1　填料层的通风阻力及阻力特性

在冷却塔内，填料层即淋水装置的通风阻力一般要占总阻力的 40% 以上，这部分阻力计算值的准确程度如何，对总阻力的影响是很大的。确定填料层阻力的方法有两种：一是先求取阻力系数 ξ_e 值，然后按式(16-4-47)计算；二是直接查取通风阻力的经验曲线。

填料层的阻力系数，一般是在供水与不供水两种情况下测定的。在每米填料装置高度上的阻力系数 ξ_e°，等于干填料的阻力系数 ξ_d° 与因水膜和水滴而增加的附加阻力系数 ξ_L° 之和，即

$$\xi_e^\circ = \xi_d^\circ + \xi_L^\circ \tag{16-4-48}$$

Берман[12]在分析文献所列举试验数据的基础上，提出了 ξ_L° 与水的质量流速 q（亦称淋水密度 m^3·m^{-2}·h^{-1}）和 ξ_d° 为如下线性关系

$$\xi_L^\circ = k_s q \xi_d^\circ \tag{16-4-49}$$

于是，填料层的阻力系数就可以写成式(16-4-50)

$$\xi_e = \xi_e^\circ Z = \xi_d^\circ (1 + k_s q) Z \tag{16-4-50}$$

系数 k_s 和 ξ_d° 随淋水装置的不同而异，由实验确定。图 16-4-34 所示的各种淋水装置，其对应的 k_s 和 ξ_d° 值列于表 16-4-15。

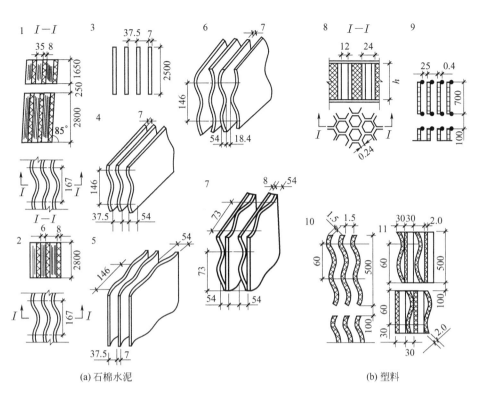

(a) 石棉水泥　　　　　　　　　　(b) 塑料

图 16-4-34 水膜式淋水装置（mm）

表 16-4-15 几种不同淋水装置的阻力特性[①]

图 16-4-34 中的序号	淋水装置高度 Z/m	ξ_d^o	$k_s \times 10^3$/m·h·kg^{-1}
1	4.7	—	—
2	2.8	4.36	0.37
3	1.22~2.44	1.3	0.1
4	1.22~2.44	8.7	0.3
5	1.22~2.44	0.6	0.2
6	1.22~2.44	11	0.3
7	1.22~2.44	9.3	0.3
8	3.27	1.96	0.22
8	2.79	2.50	0.24
8	1.84	3.11	0.33
8	0.96	4.85	0.58
9	3.1	5.27	0.419
10	2.9	6.04	0.066
11	1	11.68	0.356
11	2	11.68	0.356
11	3	11.68	0.356

① 空气通过淋水装置的流速在 1~2m/s 范围内变化。

淋水装置的阻力系数 ξ_e 也可以类似于热力特性方程那样写成式(16-4-51)的形式

$$\xi_e = B\lambda^{-Y} \tag{16-4-51}$$

式中，系数 B 和指数 Y 由实验确定。

式(16-4-51)的关系表示了淋水装置的阻力特性，阻力系数 ξ_e 与气水比 λ 的关系在双对数坐标图上为直线关系，图 16-4-35 给出了水泥板条填料的这一关系曲线[11]。

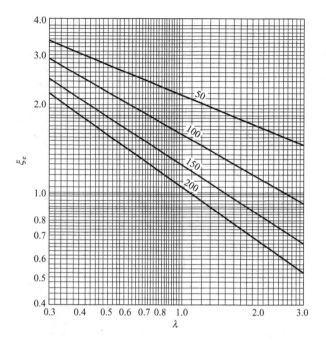

图 16-4-35 水泥板条填料的阻力系数 ξ_e 与 λ 的关系曲线

50、100、150、200 分别表示水泥板条的水平间距,单位为 mm

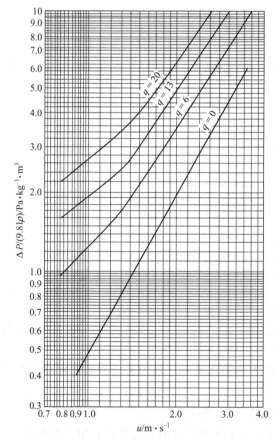

图 16-4-36 水泥格网板填料的阻力曲线(12层实验塔)

由实验也可以直接得出淋水装置的通风阻力 $\Delta P/\rho$ 与风速 u 的关系。水泥格网板、蜂窝和点波填料的阻力曲线分别示于图 16-4-36～图 16-4-39[11]。图中的参变量 q 为淋水密度（$m^3 \cdot m^{-2} \cdot h^{-1}$）；各图中的阻力均包括空气进入填料层时的收缩和出填料层时的扩大两部分局部阻力。

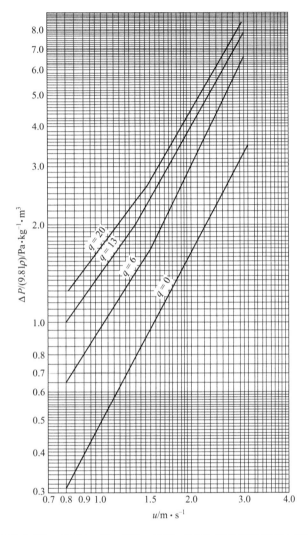

图 16-4-37　$d20H = 12 \times 300 - 200 = 3400$ 蜂窝填料的阻力特性

(符号说明参见图 16-4-28)

4.6.2　冷却塔的局部通风阻力[11]

冷却塔的局部通风阻力的计算方法是分别求取各项局部阻力的阻力系数 ξ_1 后，由式 (16-4-47) 计算各项局部阻力。求取各项阻力系数的方法如下：

(1) 进风口阻力系数 ξ_1　此阻力由进风口处气流速度所决定，阻力系数可取 $\xi_1 = 0.55$。

(2) 空气分配装置（导风装置）的阻力系数 ξ_2　此阻力系数可按式(16-4-52) 计算

$$\xi_2 = (0.1 + 0.025 \times 10^{-3} q) h \tag{16-4-52}$$

式中 h——导风装置的长度，m。

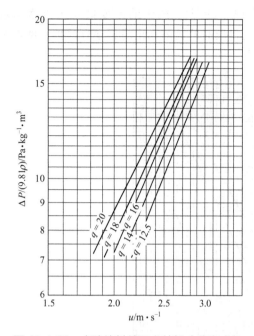

图 16-4-38　点波填料的阻力特性（逆流式）

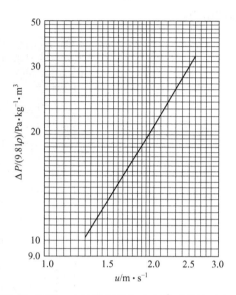

图 16-4-39　点波填料的阻力特性（横流式）

(3) 进入淋水装置前气流转弯处的阻力系数 ξ_3　此阻力系数可近似取 $\xi_3 = 0.5$。

(4) 淋水装置进口处突然收缩的阻力系数 ξ_4　此阻力系数可按式(16-4-53) 计算

$$\xi_4 = 0.5(1 - F_0/F_{CP}) \tag{16-4-53}$$

式中　F_0——淋水装置中气流通过的有效截面积，m^2；
　　　F_{CP}——淋水装置的总截面积（等于塔壁内的横截面积），m^2。

(5) 淋水装置出口处突然扩大的阻力系数 ξ_5　此阻力系数可按式(16-4-54) 计算

$$\xi_5 = (1 - F_0/F_{CP})^2 \tag{16-4-54}$$

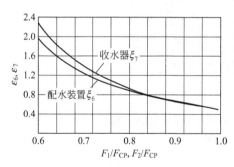

图 16-4-40　收水器和配水装置的阻力系数

(6) 配水装置的阻力系数 ξ_6　此阻力系数可按式(16-4-55) 计算

$$\xi_6 = [0.5 + 1.3(1 - F_1/F_{CP})^2](F_{CP}/F_1)^2 \tag{16-4-55}$$

式中　F_1——配水装置中气流通过的有效截面积，m^2。

按此式绘制的曲线示于图 16-4-40。

(7) 收水器的阻力系数 ξ_7　由收水器中的气流速度所决定，可按式(16-4-56) 计算

$$\xi_7 = [0.5 + 2(1 - F_2/F_{CP})^2](F_{CP}/F_2)^2 \tag{16-4-56}$$

式中　F_2——收水器中气流通过的有效截面积，m^2。

按此式绘制的曲线亦示于图 16-4-40。

(8) 风机进风口的阻力系数 ξ_8　此阻力由风机进风口收缩部分气流速度所决定，阻力系数按下述两种情况处理：

① 当进风口的形式近似于直角时［如图 16-4-41(a)］，阻力系数 ξ_{8a} 与中心角 θ 和圆锥形

部分的比例长度 h_1/D_0 有关，由表 16-4-16 查取。

表 16-4-16　风机进风口的阻力系数 ξ 值

h_1/D_0	θ								
	0	10	20	30	40	60	100	140	180
0.025	0.50	0.47	0.45	0.43	0.41	0.40	0.42	0.45	0.50
0.050	0.50	0.45	0.41	0.36	0.33	0.30	0.35	0.42	0.50
0.075	0.50	0.42	0.35	0.30	0.26	0.23	0.30	0.40	0.50
0.100	0.50	0.39	0.32	0.25	0.22	0.18	0.27	0.38	0.50
0.150	0.50	0.37	0.27	0.20	0.16	0.15	0.25	0.37	0.50
0.600	0.50	0.27	0.18	0.13	0.11	0.12	0.23	0.36	0.50

② 当进风口的形式近似于渐缩管形时［如图 16-4-41(b)］，阻力系数 ξ_{8a}^* 按式(16-4-57) 计算

$$\xi_{8b} = \xi_{8a} + (1 - F_3/F_{CP}) + \xi \tag{16-4-57}$$

式中　F_3——收缩后的截面积，m^2；

　　　ξ——摩擦阻力系数。

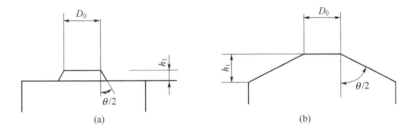

图 16-4-41　(a) 近似直角形进风口；(b) 近似渐缩管形进风口

摩擦阻力系数按式(16-4-58)计算

$$\xi = \frac{f_0[1-(F_3/F_{CP})^2]}{8\sin(\omega/2)} \tag{16-4-58}$$

表 16-4-17　系数 ξ_p 值

h_2/D_0	θ							
	2	4	8	10	12	16	20	24
1.0	0.89	0.79	0.64	0.59	0.56	0.52	0.52	0.55
1.5	0.84	0.74	0.53	0.47	0.45	0.43	0.45	0.50
2.0	0.80	0.63	0.45	0.40	0.39	0.38	0.43	0.50
2.5	0.76	0.57	0.39	0.35	0.34	0.35	0.42	0.52
3.0	0.71	0.52	0.34	0.31	0.31	0.34	0.42	0.53
4.0	0.65	0.43	0.28	0.26	0.27	0.33	0.42	0.53
5.0	0.59	0.37	0.23	0.23	0.26	0.33	0.43	0.55
6.0	0.54	0.32	0.22	0.22	0.25	0.32	0.43	0.56
10.0	0.41	0.17	0.18	0.20	0.25	0.34	0.45	0.57

式中 f_0——摩擦系数，可取 $f_0=0.03$。

(9) 风机风筒出口的阻力系数 ξ_9 此阻力系数可按式(16-4-59)计算

$$\xi_9=(1+\delta)\xi_p \tag{16-4-59}$$

式中 δ——因风筒内气速分布不均匀的修正系数，从图 16-4-42 查取；
ξ_p——由风筒结构尺寸（见图 16-4-43）所决定的系数，从表 16-4-17 查取。

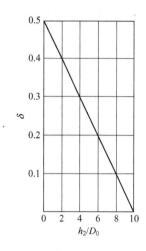 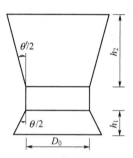

图 16-4-42 风筒内速度的不均匀系数　　图 16-4-43 风机风筒出口结构尺寸简图

对于自然通风的冷却塔，因不设风机，故不存在风机进口及出口风筒的两项局部阻力，但需另加一项风筒局部阻力。

【例 16-4-4】 已知逆流式冷却塔进塔水量为 $600\mathrm{m^3 \cdot h^{-1}}$；进、出塔水温分别为 40℃ 和 30℃；进塔空气的温度和湿度分别为 30℃ 和 $0.024\mathrm{kg_v \cdot kg_d^{-1}}$；气水比为 0.8；进塔空气压力为 99.3kPa；经计算得出塔空气的温度和湿度分别为 35℃ 和 $0.032\mathrm{kg_v \cdot kg_d^{-1}}$；采用水泥格网板填料，共 12 层，淋水装置的总截面积为 $60\mathrm{m^2}$；进风口面积为 $24\mathrm{m^2}$；配水装置和收水器的有效截面积为 $50.5\mathrm{m^2}$；风筒收缩部分的截面积为 $17.7\mathrm{m^2}$；风机进风口近似为直角形，$h_1/D_0=0.15$，$\theta=100°$；风筒出口的 $h_2/D_0=1.0$，$\theta=20°$。计算冷却塔的通风阻力。

解 ① 计算湿空气的密度和湿空气流量

为简化计算，湿空气的密度和流量均近似用进出塔平均值，空气压力近似用进塔压力。由此，空气的平均湿度和温度为

$$H_m=\frac{1}{2}(0.024+0.032)=0.028 \quad (\mathrm{kg_v \cdot kg_d^{-1}})$$

$$t_{gm}=\frac{1}{2}(30+35)=32.5 \quad (℃)$$

空气的比容为 $0.92\mathrm{m^3 \cdot kg_d^{-1}}$。则湿空气的平均密度为

$$\rho_m=(1+0.028)/0.92=1.12 \quad (\mathrm{kg \cdot m^{-3}})$$

湿空气的平均流量为

$$G_m=0.8\times600\times10^3\times0.92/3600=123 \quad (\mathrm{m^3 \cdot s^{-1}})$$

② 计算各部分的风速

淋水装置内的空塔风速 $U_0=123/60=2.05 \quad (\mathrm{m \cdot s^{-1}})$

进风口风速 $U_1=123/24=5.13$ （m·s^{-1}）
配水装置内的风速 $U_6=123/50.5=2.44$ （m·s^{-1}）
风筒收缩口风速 $U_8=123/17.7=6.95$ （m·s^{-1}）
③ 计算各部分的阻力系数
进风口 $\xi_1=0.55$
进入淋水装置前的气流转弯 $\xi_3=0.5$
配水装置 $\xi_6=[0.5+1.3(1-50.5/60)^2](60/50.5)^2=0.752$
收水器 ξ_7 由图 16-4-40 查取，在 $F_2/F_{CP}=50.5/60=0.842$ 时，查得 $\xi_7=0.79$。
风机进风口 ξ_{8a} 由表 16-4-16 查取，在 $h_1/D_0=0.15$ 和 $\theta=100°$时，查得 $\xi_{8a}=0.25$。
风机风筒出口在 $h_2/D_0=1.0$ 时，由图 16-4-42 查得 $\delta=0.46$，再由表 16-4-17 查得 $\xi_p=0.52$，则 $\xi_9=(1+0.46)\times0.52=0.759$。
④ 计算各部分的阻力及全塔通风阻力
淋水装置的阻力由图 16-4-36 查取，图中的数据包括进口收缩和出口扩大的局部阻力。
由 $U_0=2.05$m/s 和淋水密度 $q=600/60=10$m^3·m^{-2}·h^{-1}，查得

$$\Delta P_0/(9.81\rho_m)=4.4\text{Pa}\cdot\text{kg}^{-1}\cdot\text{m}^3$$

则 $\Delta P_0=4.4\times1.12\times9.81=48.34$ （Pa）

各局部阻力均由式(16-4-47)计算

进风口 $\Delta P_1=0.55\dfrac{1.12\times5.13^2}{2}=8.11$ （Pa）

气流转弯处 $\Delta P_3=0.5\dfrac{1.12\times2.05^2}{2}=1.18$ （Pa）

配水装置和收水器

$$\Delta P_6+\Delta P_7=(0.752+0.79)\dfrac{1.12\times2.44^2}{2}=5.14 \text{ （Pa）}$$

风机进风口和风筒出口

$$\Delta P_8+\Delta P_9=(0.25+0.759)\dfrac{1.12\times6.95^2}{2}=27.29 \text{ （Pa）}$$

导风装置的局部阻力可以忽略不计。
冷却塔的全塔通风阻力为

$$\Delta P=48.34+8.11+1.18+5.14+27.29=90.06 \text{ （Pa）}$$

4.7 循环冷却水的补充水量

循环冷却水在运行过程中，会损失一部分水量，其中在冷却塔系统损失的水量包括：①蒸发损失水量 L_e；②空气挟带的水滴所造成的通风损失水量 L_d；③设备渗漏损失水量 L_f；④系统中定期排污损失水量 L_b。补充水量 L_m 即为各损失水量之和。

$$L_m=L_e+L_d+L_f+L_b \tag{16-4-60}$$

4.7.1 蒸发损失的水量

蒸发损失的水量可以根据冷却塔的物料与热量平衡导出式(16-4-61)

$$L_e = \frac{L_{0_2} C_L (t_{L_2} - t_{L_1})}{\dfrac{I_2 - I_1}{H_2 - H_1} - C_L t_{L_1}} \tag{16-4-61}$$

蒸发的水量占进塔水量的分数,即蒸发损失分数 β_e 为

$$\beta_e = \frac{L_e}{L_{0_2}} = \frac{C_L (t_{L_2} - t_{L_1})}{\dfrac{I_2 - I_1}{H_2 - H_1} - C_L t_{L_1}} \tag{16-4-62}$$

若令

$$a' = \frac{C_L}{\dfrac{I_2 - I_1}{H_2 - H_1} - C_L t_{L_1}} \times 100\% \tag{16-4-63}$$

则式(16-4-62)可改写为

$$\beta_e = \frac{a'(t_{L_2} - t_{L_1})}{100} \tag{16-4-64}$$

式中,a' 称为蒸发损失系数,其数值大小与进塔空气的温度(即环境温度)的高低有关。由于循环水冷却时,除因蒸发而降温外,还存在水与空气的温差传热而降温,故空气的温度愈低,则后者的影响就愈大,当达到同样降温目的时,需要蒸发的水量也就少,即蒸发损失系数变小,其数值列于表 16-4-18[23]。

表 16-4-18　蒸发损失系数 a' 值(%)与季节的关系

季节	夏季	春秋季	冬季
a'	0.15~0.16	0.10~0.12	0.06~0.08

蒸发损失分数 β_e 亦可用式(16-4-65)近似计算

$$\beta_e = (0.1 - 0.002 t_g)(t_{L_2} - t_{L_1})\% \tag{16-4-65}$$

4.7.2　通风损失的水量

通风损失的水量 L_d 是指气流挟带走的水滴量,它与塔内的气流速度、塔的结构形式、配水装置、挡水板的构造以及塔的大小等因素有关。通风损失百分数 $\beta_d (L_e/L_{0_2} \times 100\%)$ 的大小可参阅表 16-4-19[9]。

表 16-4-19　通风损失与冷却塔结构形式的关系

冷却构筑物的形式	通风损失百分数 β_d/%
水量在 500 m³·h⁻¹ 以下的喷水池	2~3
水量在 500 m³·h⁻¹ 以上的喷水池	1.5~2.0
带百叶窗的开放式冷却塔	1.0~1.5
用格栅代替百叶窗的开放式冷却塔	0.5~1.0
风筒式冷却塔	0.5~1.0
机械通风式冷却塔(有储水池)	0.1~1.5

注:β_d 的下限适用于水量大的冷却塔构筑物。

4.7.3 渗透损失的水量

在良好的循环冷却水系统中，管道连接处、泵的进出口和水池底部都不应该有泄漏或渗漏，但在管理不善或安装施工不好时，则渗漏不可避免。因此，在考虑补充水量时，应视系统的具体情况而定。在进行设计时，可取渗漏损失分数 $\beta_f=0$。

4.7.4 排污损失的水量

由于冷却水的蒸发等损失，循环水中原来溶解的盐分浓度将不断增加，从而使循环冷却水对换热设备的腐蚀或结垢的可能性加大。为了限制水中的含盐量，就需要不时排出一部分浓缩水，同时再补充一部分新鲜水，使循环冷却水中的含盐量维持在一定的浓度，即维持一定的浓缩倍数 K_c，其值由式(16-4-66)计算

$$K_c = C_R / C_m \tag{16-4-66}$$

式中 C_R、C_m——分别为循环水和补充水中某一成分的浓度。

该成分的物料衡算式

$$L_m C_m = (L_b + L_d + L_f) C_R \tag{16-4-67}$$

将式(16-4-60)和式(16-4-66)代入式(16-4-67)，经整理后得排污水量为

$$L_b = \frac{L_e}{K_c - 1} - L_d - L_f \tag{16-4-68}$$

式(16-4-68)两端同除以循环水量（即 L_{0_7}），得排污水损失分数为

$$\beta_b = \frac{\beta_e}{K_c - 1} - \beta_d - \beta_f \tag{16-4-69}$$

当系统中不发生渗漏时，$L_f = 0$；又当冷却塔收水器效果良好时，通风损失很小，如略去不计，则式(16-4-69)可简化为

$$\beta_b = \frac{\beta_e}{K_c - 1} \tag{16-4-70}$$

将式(16-4-64)代入式(16-4-70)，得

$$\beta_b = \frac{a'(t_{L_2} - t_{L_1})}{100(K_c - 1)} \tag{16-4-71}$$

于是，只要已知系统中的循环水量和浓缩倍数，就可以求得蒸发水量、排污水量和补充水量。

在进行浓缩倍数的计算时，需要测定 C_m 和 C_R 值，但选择水中哪一种成分的浓度为宜，通常的标准是，该成分的浓度仅随浓缩过程而增加，且不受其他条件的影响而变化。例如，该成分不会汽化、沉淀或分解，也不因投入水质稳定剂而改变该成分的浓度；同时，选用的成分也要便于分析。通常选用 Cl^-、SO_4^{2-}、K^+、Na^+ 或总溶解固体（TDS）等。例如，水中的氯离子量一般较多，且易于分析，若循环水中不通入氯气杀菌灭藻，就可以通过分析含氯量进行浓缩倍数的计算。

浓缩倍数的确定，还应根据水质稳定技术来判断。一般而言，浓缩倍数不宜小于2。因确定的浓缩倍数过小，补充的水量将会大大增加。近年来，随着水质稳定技术的发展，浓缩倍数可以选用10左右。这不仅节省补充水用量，还节省了水质稳定药剂的用量，减少了排污水的处理量，从而带来较好的经济效益。

参考文献

[1] Willa J L. Chem Eng, 1997, 104(11): 92-96.
[2] Mohiuddin A K M, Kant K. Int J Refrig, 1996, 19(1): 43-51.
[3] Hensley J C. Cooling tower fundamentals, 2nd ed. Overland Park, KS: Marley Cooling Tower Co, 1998.
[4] Hill G B, Pring E J, Osborn P D. Cooling towers: principles and practice, 3rd ed. London: Butterworth-Heinemann, 1990.
[5] Stanford H W III. HVACc Water chillers and cooling towers: fundamentals, application, and operation, 2nd ed. New York: Marcel Dekker, 2003.
[6] 赵振国. 冷却塔. 北京: 中国水利水电出版社, 1996.
[7] Mohiuddin A K M, Kant K. Int J Refrig, 1996, 19(1): 52-60.
[8] Puckorius P R. Chem Eng Prog, 2013: 31-34.
[9] 李德兴. 冷却塔. 上海: 上海科学技术出版社, 1981.
[10] 机械工业部. 机械产品目录: 第七册. 北京: 机械工业出版社, 1986.
[11] 石油化工规划设计院. 循环水冷却塔设计参考资料, 1974.
[12] Берман Л Д. Испарительное охлаждение циркуляционной воды, Госэнергоиздат, 1957.
[13] 内田秀雄. 湿り空気と冷却塔. 東京: 裳华房, 1963.
[14] [苏]革拉特珂夫, 等. 机械通风冷却塔. 施健中, 等译. 北京: 化学工业出版社, 1981.
[15] Sutherland J W. Transactions of the ASME. Journal of Heat Transfer, 1983, 105(4): 576-583.
[16] 化学工业部第三设计院, 等. 化工给排水设计, 1984, (4): 20-31.
[17] 杨强生, 钱滨江, 邓信远. 上海交通大学学报, 1986, 20(3): 11-20.
[18] Baker D R, Mart L T. Refrigerating Engineering, 1952, 60(9): 965-971.
[19] Penney S V, et al. EPR Report No. FP 1279, 1979.
[20] Majumdar A K, Singhal A K, Spalding D B. Transactions of the ASME. Journal of Heat Transfer, 1983, 105(4): 728-735.
[21] Majumdar A K, Singhal A K, Reilly H E, et al. Transactions of the ASME. Journal of Heat Transfer, 1983, 105(4): 736-743.
[22] 邹梦娟, 杨强生, 陈汉平. 上海交通大学学报, 1989, 23(4): 52-60.
[23] 龙荷云. 循环冷却水处理. 南京: 江苏科学技术出版社, 1981.

5 传热与传质速率数据

5.1 填料塔传热与传质系数的实验关联式和实测数据

在增湿、减湿及水冷却过程中，由于气液之间的热量与质量交换关系非常复杂，故目前尚缺乏求取传热与传质系数的理论方法，而通常是采用由实验数据整理出来的经验式，或者采用由实验和生产装置的实测数据。

5.1.1 逆流塔传热与传质的关联式和实测数据

Baker 等[1]在内径为 20cm 的填料塔内，分别装填 10mm、25mm、35mm 和 50mm 的瓷质拉西环，高度为 55～75cm，用空气与水为介质进行增湿与减湿实验，由测定的数据得出如下的传热膜系数和传质系数的关联式

$$\frac{\alpha_g a D_p^2}{\lambda_g} = 0.785 Re_g^{0.90} Re_L^{0.15} \left(\frac{D_p}{D_t}\right)^{0.80} \tag{16-5-1}$$

$$\frac{\alpha_L a D_p^2}{\lambda_L} = 0.0625 Re_g^{0.62} Re_L^{0.50} \left(\frac{D_t}{D_p}\right)^{0.20} \tag{16-5-2}$$

$$\frac{k_H a D_p^2}{\rho_g D_g} = 0.628 Re_g^{0.9} Re_L^{0.15} \left(\frac{D_p}{D_t}\right)^{0.80} \tag{16-5-3}$$

式中 D_p，D_t——分别为填料外径和塔内径。

上列三式的适用范围

$$Re_g = \frac{D_p G}{\mu_g} = 80 \sim 4500;$$

$$Re_L = \frac{D_p L}{\mu_L} = 4 \sim 500;$$

$$\frac{D_t}{D_p} = 20 \sim 40$$

在上述范围内，上列三式可用于含水蒸气的各种气体的增湿与减湿过程，工作压力在 1.2MPa 以下。

此外，藤田重文等[2]采用 London 的实验数据得出如下形式的传热与传质关联式。

$$\alpha_L a = \frac{G^{0.15} L}{0.58 + 0.00974 e^{0.000575 L}} \tag{16-5-4}$$

$$k_H a = \frac{G L^{0.11}}{1.18 + 0.0859 e^{0.000431 G}} \tag{16-5-5}$$

London 的试验条件是：塔截面 $0.814m \times 0.867m$；空气的质量流速 $G = 6500 kg \cdot m^{-2} \cdot h^{-1}$；水的质量流速 $L = 2200 \sim 8300 kg \cdot m^{-2} \cdot h^{-1}$；填料的规格及其排列如图 16-5-1 所示。

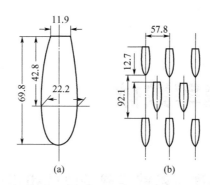

图 16-5-1 卵形木格填料

对于冷却塔,其传质系数的关联式多表示为 G 和 L 的幂函数,即

$$k_H a = AG^m L^n \tag{16-5-6}$$

式中的系数 A 和指数 m、n 与填料的性能和气液参数有关。几种不同填料装置的逆流冷却塔,其传质系数关联式中的 A、m、n 值分别列于表 16-5-1[3]、表 16-5-2[3]、表 16-5-3[3] 和表 16-5-4[4]。

表 16-5-1 石棉水泥平板水膜式填料装置的传递性能

序号	形式间距-水平夹角	填料层高度 Z/m	空气质量流速 G /kg·m^{-2}·s^{-1}	水的喷淋密度 L /m^3·m^{-2}·h^{-1}	进出塔水温差 Δt_L/℃	进水温度 t_{L2}/℃	$k_L a = AG^m L^n$ /kg·m^{-3}·h^{-1}		
							A	m	n
1	50~0°	1.2	0.75~1.26	3.38~6.66	4.4~8.3	38.7~43.6	550	0.5	0.48
2	双层	2.4	0.71~1.57	3.31~6.98	5.2~11.7	36.2~43.5	447	0.5	0.48
3	50~85°	1.2	0.74~1.36	3.38~6.84	5.8~11.6	38.2~43.9	960.3	0.5	0.48
4	35~90°	1.2	0.68~1.29	3.60~6.52	4.3~9.1	35.8~43.2	507.4	0.5	0.67
5	25~90°	1.2	0.70~1.28	5.23~9.36	5.0~9.7	33.8~42.6	1132.2	0.5	0.44
6	25~90°	1.6	0.73~1.20	4.14~8.71	5.3~11.4	34.7~41.7	870.7	0.5	0.44
7	15~90°	1.2	0.75~1.22	5.04~9.00	5.7~10.3	34.5~42.4	1529.2	0.5	0.41
8	15~90°	1.6	0.72~1.23	5.33~9.36	5.2~11.0	32.4~39.8	1124.1	0.5	0.41
9	38.1~90°	1.22~2.44	1.01~2.47	2.92~12.2	—	37.8	908	0.72	0.28
10	25.4~90°	1.22~2.44	1.01~2.47	2.92~12.2	—	37.8	1170	0.73	0.27
11	44.4~90°	1.22~2.44	1.01~2.47	2.92~12.2	—	37.8	708	0.70	0.30
12	31.8~90°	1.22~2.44	1.01~2.47	2.92~12.2	—	37.8	1043	0.76	0.24

表 16-5-2 波型石棉水泥板水膜式填料装置的传递性能

序号	形式[①]	波高 /mm	波距 /mm	间距 /mm	填料层高度 Z /m	空气质量流速 G /kg·m^{-2}·s^{-1}	水的喷淋密度 L /m^3·m^{-2}·h^{-1}	进水温度 t_{L2}/℃	$k_H a = AG^m L^n$ /kg·m^{-3}·h^{-1}		
									A	m	n
1	I-15	58	167	15	2.8	2.61~2.63	5.08~16.78	20~50.3	1065	0.5	0.42
2	I-25	58	167	25	2.8	2.56~2.75	4.84~34.38	33.8~55.4	929.4	0.5	0.42
3	I-35	58	167	35	2.8	2.65~2.74	4.59~16.06	38.2~49.2	851	0.5	0.42

续表

序号	形式[①]	波高/mm	波距/mm	间距/mm	填料层高度 Z/m	空气质量流速 G/kg·m^{-2}·s^{-1}	水的喷淋密度 L/m^3·m^{-2}·h^{-1}	进水温度 t_{L_2}/℃	$k_H a = AG^m L^n$/kg·m^{-3}·h^{-1}		
									A	m	n
4	Ⅰ-45	58	167	45	2.8	2.61~2.68	3.59~15.7	39.9~53.7	793.2	0.5	0.42
5	Ⅰ-25.4	54	146	25.4	1.22~2.44	1.01~2.47	2.92~12.2	37.8	1173	0.58	0.42
6	Ⅰ-31.8	54	146	31.8	1.22~2.44	1.01~2.47	2.92~12.2	37.8	1577	0.61	0.39
7	Ⅰ-44.4	54	146	44.4	1.22~2.44	1.01~2.47	2.92~12.2	37.8	1667	0.69	0.31
8	Ⅰ-57.2	54	146	57.2	1.22~2.44	1.01~2.47	2.92~12.2	37.8	1407	0.68	0.32
9	Ⅱ-44.4	54	146	44.4	1.22~2.44	1.01~2.47	2.92~12.2	37.8	841	0.66	0.34
10	Ⅲ	54	146.1	—	1.22~2.44	1.01~2.47	2.92~12.2	37.8	1554	0.73	0.27
11	Ⅲ	27.3	73.0	—	1.22~2.44	1.01~2.47	2.92~12.2	37.8	2814	0.80	0.20
12	Ⅲ	54	146.1	—	1.22~2.44	1.01~2.47	2.92~12.2	37.8	2239	0.79	0.21
13	Ⅲ	27.3 / 27.3 / 54	73.0 / 73.0 / 146.1	—	1.22~2.44	1.01~2.47	2.92~12.2	37.8	1871	0.79	0.21
14	Ⅲ	60.3	177.7	—	1.22~2.44	1.01~2.47	2.92~12.2	37.8	1328	0.71	0.29
15	Ⅲ	27.3 / 222.1	73.0 / 74.6	—	1.22~2.44	1.01~2.47	2.92~12.2	37.8	1097	0.72	0.28

① 波型填料的排列形式见图 16-5-2。

Ⅰ型 波平行于水平面　　Ⅱ型 波垂直于水平面　　Ⅲ型 Ⅰ,Ⅱ型交错排列

图 16-5-2　表 16-5-2 附图

表 16-5-3　蜂窝填料装置的传递性能[①]

序号	填料装置的尺寸/mm			水的喷淋密度 q/m^3·m^{-2}·h^{-1}	气水比 λ/kg·kg^{-1}	进水温度 t_{L_2}/℃	出水温度 t_{L_1}/℃	$k_H a = AG^m L^n$/kg·m^{-3}·h^{-1}		
	d	H	Z					A	m	n
1	10	6×100	4300	0.7~11.4	1.46~4.20	24~47	14~37	5815	0.714	0.286
2	10	1×570	2800	6.1~16.8	1.25~3.27	30.9~40.2	18.6~33.5	4020	0.654	0.346
3	10	1×570	3300	5.6~16.9	1.35~3.49	31.1~40.2	18.7~33.1	4130	0.640	0.360
4	10	1×570	3800	8.0~16.8	1.48~3.54	24.8~37.6	15.7~30.5	4990	0.557	0.443
5	10	2×570	3800	5.2~16.9	1.45~3.92	35.2~47.4	19.6~35.1	2520	0.437	0.563
6	20	600	5200	14	0.511	32	24	3240	0.533	0.545
7	20	800	5200	14	0.488	32	24	1280	0.688	0.779
8	20	1000	5000	14	0.474	32	24	1170	0.743	0.740
9	20	3×570	5000	6.8~16.9	1.14~1.62	28.2~46.7	21.5~34.4	2109	0.640	0.360

① 蜂窝填料的规格及其尺寸说明参见图 16-4-28。

表 16-5-4　斜交错波纹填料装置的传递性能

填料规格波距×波高×角度-高度/mm	$k_Ha=AG^mL^n/\text{kg}\cdot\text{m}^{-3}\cdot\text{h}^{-1}$		
	A	m	n
35×15×60°-1000	5896	0.288	0.419
35×15×60°-1200	2889	0.91	0.27
35×15×60°-1000	1950	0.482	0.714
35×15×60°-1000	5041	0.398	0.236

革拉特珂夫等[5]认为在冷却塔工况下，式(16-5-6)的指数之和等于1，即 $m+n=1$。于是，式(16-5-6)可以改写为式(16-5-7)

$$k_Ha=AL\lambda^m \tag{16-5-7}$$

式中的 A 和 m 值可以由工业装置测定的数据求得。按照图 16-4-34 的填料装置形式得到的 A 和 m 值列于表 16-5-5[5]。

表 16-5-5　几种不同填料装置的传质性能①

图 16-4-34 中的序号	填料层高度 Z/m	$k_Ha=AL\lambda^m/\text{kg}\cdot\text{m}^{-3}\cdot\text{h}^{-1}$	
		A(1/m)	m
1	4.7	0.227	0.626
2	2.8	0.441	0.663
3	1.22~2.44	0.288	0.70
4	1.22~2.44	0.69	0.69
5	1.22~2.44	0.36	0.66
6	1.22~2.44	0.56	0.58
7	1.22~2.44	0.61	0.73
8	3.27	0.334	0.599
8	2.79	0.321	0.603
8	1.84	0.323	0.496
8	0.96	0.483	0.184
9	3.1	0.363	0.70
10	2.9	0.479	0.996
11	1	0.411	1.131
11	2	0.455	0.737
11	3	0.217	1.765

① 空气通过填料层的流速约在 $1\sim 2\text{m}\cdot\text{s}^{-1}$ 范围内。

逆流式冷却塔的传质系数和传热系数某些实测值分别列于表 16-5-6[6]和表 16-5-7[7]；本书编者对水泥格网板填料冷却塔测定的传质系数列于表 16-5-8。

表 16-5-6　几个大型化工厂冷却塔的传质系数实测值

厂名	空气流速 /m·s^{-1}	水的喷淋密度 /m^3·m^{-2}·h^{-1}	k_Ha 值 /kg·m^{-2}·h^{-1}
四川化工总厂	2.9043	39.61	4930
云天化集团有限责任公司	2.6726	24.686	5695
中国石油化工股份有限公司安庆分公司	2.067	10.539	9207
			(传热膜系数,kJ·m^{-2}·h^{-1}·K^{-1})

表 16-5-7 工业冷却塔的传热系数

序号	塔内结构				空气质量流速 /kg·m⁻²·h⁻¹	水的质量流速 /kg·m⁻²·h⁻¹	传热膜系数 /kJ·m⁻³·h⁻¹·K⁻¹
	填料形式	填料尺寸（厚×宽×长）/mm	填料排列方式	填料间距（纵×横）/mm			
1	木板条	6×80×910	垂直直排	30×10	4100～5400	5820～6900	10050～13400
2	木板条	5×60×1200	垂直直排	20×10	9300～10100	13000～16000	41900～50200
3	木板条	8×60×1200	垂直错排	48×21	770～6990	950～7730	20000～25500
4	木板条	8×40×2100	垂直错排	30×30	2700～8200	7640～8330	21400
5	聚乙烯聚丙烯	图 16-5-3(a)	不规则排列	图 16-5-3(a)	5860	4880～17700	60300～134000
6	塑料波纹板	100×600×600	垂直错排	图 16-5-3(b)	≤10200	13400	35600
7	硬质氯乙烯凹凸板	0.4×800×950	垂直直排	图 16-5-3(c)	9000	9300	39400

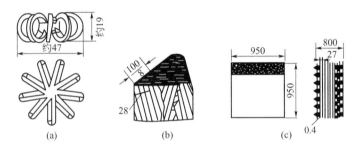

图 16-5-3 表 16-5-7 附图（单位：mm）

表 16-5-8 水泥格网板冷却塔的传质系数实测值

塔尺寸 /m×m	填料间距 /mm	空气质量流速 /kg·m⁻²·h⁻¹	水的质量流速 /kg·m⁻²·h⁻¹	传质系数 /kg·m⁻³·h⁻¹
7.6×7.6	50	10470	10380	7946
8.4×8.4	50	8890	8500	6422

增湿与减湿过程中的传递关系也可以用传递单元高度来表示。Norman 等[8]在截面为 0.187m×0.187m 的塔内，垂直装填金属平板，平板面积为 232cm²，平板之间的距离为 0.635cm。采用 25% 的 $CaCl_2$ 水溶液进行冷却空气的减湿试验，得出的传热单元高度 H_G 和 H_L，数据分别绘于图 16-5-4 和图 16-5-5；并在该装置上进行了水冷却的试验，得出的传质单元高度 H 数据亦绘于图 16-5-4。

总的传热单元高度 H_O 与 H_G 和 H_L 的关系可由式(16-5-8)来表示

$$H_O = H_G + \frac{SG}{C_L L_m} H_L \tag{16-5-8}$$

式中 L_m——进出塔液体的平均质量流速，kg·m⁻²·h⁻¹。

式(16-5-8)中的 S 值可按式(16-5-9)计算

$$S = \left(\frac{I_L - I_i}{t_L - t_i}\right)_m = \frac{L_m C_L}{G} N_L \left(\frac{1}{N_O} - \frac{1}{N_I}\right) \tag{16-5-9}$$

式中 N_O——总的传递单元数。

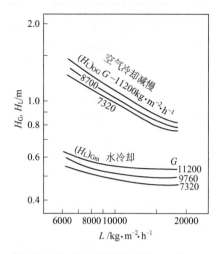

图 16-5-4 垂直平板填料的 H_G 和 H_L

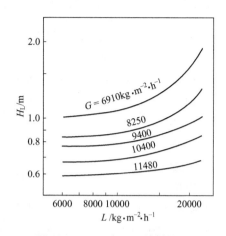

图 16-5-5 垂直平板填料的 H_L

S 值也可以由图解法求取，即在 I-t 图的平衡线上，由塔底液温下的饱和空气状态点 $A(I_{L_1}, t_{L_1})$ 与塔底相界面状态点 $B(I_{i_1}, t_{i_1})$ 之间的中点 C；塔顶液温下的饱和空气状态点 $D(I_{t_2}, t_{L_2})$ 与塔顶相界面状态点 $E(I_{i_2}, t_{i_2})$ 之间的中点 F，再由 C 与 F 两点连成直线，其斜率则为 S 值，如图 16-5-6 所示。

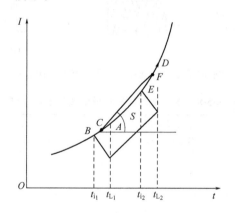

图 16-5-6 图解法求取 S 值

其他一些作者在进行增湿、减湿及水冷却过程的研究中，所得出的传质系数关联式汇总于表 16-5-9。

5.1.2 横流塔的传质关联式和实测数据

横流式增湿、减湿及水冷却填料塔的传热与传质数据甚少，在缺乏数据时，可以近似选用逆流塔的传热与传质系数关联式或实测数据。

Snyder[9]对横流式冷却塔进行了实验，在近似取气液相界面温度等于液温的情况下，由试验数据整理出如下的传质系数关联式

$$k_H a = 13.25 G^{0.59} L^{0.37} (32 + 1.8 t_{L_2})^{-0.82} h^{-0.33} \tag{16-5-10}$$

式中 h——每层木板条的间距，m。

表 16-5-9 增湿与减湿过程中传质速率的实测数据

序号	装置	过程说明	气液质量流速 /kg·m^{-2}·h^{-1}	传质关联式 /kg·m^{-3}·h^{-1}	参考文献
1	塔内径为 0.2032m, 内装直径为 0.0254m 的拉西环	用空气分别冷却水、甲醇、苯和丁酸乙酯的体系	$G=732\sim2440$ $L=7800\sim24400$	$k_\mathrm{p}a=0.0149D_\mathrm{p}^{0.15}G^{0.72}$ $k_\mathrm{p}a$ 为以压力差为推动力的传质系数；单位为 kg·m^{-3}·h^{-1}·kPa^{-1}	[10]
2	塔内径为 0.254m, 填料层高为 0.33m, 内装 15mm、25mm 和 35mm 的拉西环	空气与水体系中的增湿冷却，以及液体冷却和空气减湿	$L=977\sim20300$	$k_\mathrm{H}a=0.03703GL^{0.2}$	[11]
3	塔截面为 0.0139m^2, 内装 3.81cm 的鞍形填料	空气与水体系中的增湿冷却	$L=586\sim33200$	$k_\mathrm{H}a=0.372G^{0.39}$	[12]
4	塔截面为 0.557m^2, 内装 0.953cm×5.08cm 的木条并排，间距为 38.1cm, 填料层总高度为 3.43m	用空气冷却水	$L=1709\sim14650$	$k_\mathrm{H}a=0.454G^{0.5}L^{0.4}$	[13]
5	塔截面为 22cm×22.5cm, 内装垂直平板，厚度 5mm, 板间距为 21.4mm, 板高为 48.5mm, 每层间距为 48.5mm	用空气冷却水		$k_\mathrm{H}a=3.47G^{0.56}L^{0.33}$	[14]
6	塔截面为 106m×0.59m; 填料为 0.635cm×5.08cm×60cm 木条，底边为锯齿形，齿距 1.5875cm, 齿高 6.7~9.2cm	用空气冷却水	$L=4300\sim7325$	$k_\mathrm{H}a=0.00000672GL-0.013G$ $-0.015L+171.4$	[15]

Snyder 的实验塔参数为：塔截面 1.44m×1.49m；填料 0.952cm×3.49cm×1.44cm 的木板条；填料层高 1.43m。式（16-5-10）的适用条件为 $G=3910\sim11700$ kg·m^{-2}·h^{-1}；$L=2440\sim19500$ kg·m^{-2}·h^{-1}；$h=0.0254\sim0.711$m；$t_{12}=21\sim43$℃。

Majumdar[16] 用标准木板条填料（垂直间距 10.16cm, 水平间距 20.32cm）进行了横流式冷却塔的试验，得出的传质系数示于图 16-5-7, 填料层的尺寸为：高度 $Z=3.2\sim6.1$m；长度 $X=2.45\sim12.9$m。

图 16-5-7 中的数据又可归纳成式(16-5-11)

$$k_\mathrm{H}a=0.257\left(\frac{L}{G}\times\frac{Z}{X}\right)^{-0.532}L \quad (16\text{-}5\text{-}11)$$

内田秀雄[17] 用横流式冷却塔进行了试验，得出的传质系数绘于图 16-5-8。图中的曲线 1 采用波型填料，波高 9mm, 波距 32mm, 空气沿波纹方向流动；曲线 2 采用凹凸板填料，间距 15mm。

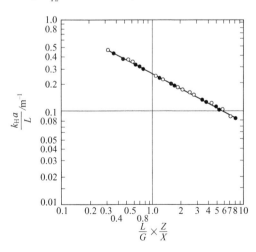

图 16-5-7 横流式冷却塔的传质系数（标准木板条填料）

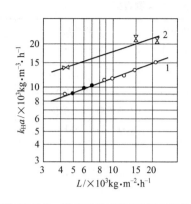 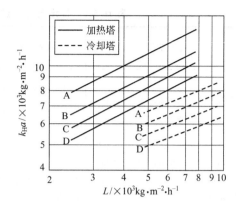

图 16-5-8 横流式冷却塔的传质系数
1—波型填料；2—凹凸板填料

图 16-5-9 横流式水冷却塔与水加热塔的传质系数

此外，井上宇市[18]用横流式木格填料塔进行了水冷却和水加热（空气冷却减湿）的试验，测得的数据绘于图 16-5-9，图中各条曲线所对应的条件列于表 16-5-10。井上宇市又用测得的数据整理成下列两个传质系数的关联式：

对于水冷却

$$k_H a = 2.20 L^{0.40} G^{0.50} \tag{16-5-12}$$

对于水加热

$$k_H a = 16.1 L^{0.51} G^{0.48} \tag{16-5-13}$$

表 16-5-10 水冷却与水加热的操作参数

	序号	$G/\text{kg} \cdot \text{m}^{-2} \cdot \text{h}^{-1}$	$t_{L_1}/℃$	$t_{w_1}/℃$
水冷却	A	10280	27.5~29.4	23.0~23.5
	B	7700	29.1~31.1	23.5~24.5
	C	6200	26.6~30.4	21.0~21.2
	D	5330	27.5~29.4	20.0~21.0
水加热	A	6500~6725	0.8~1.25	4.9~5.7
	B	5255~5545	0.7~1.2	4.2~5.8
	C	4180~4320	0.7~1.1	4.8~5.7
	D	3215~3630	0.8~0.9	4.2~4.6

【例 16-5-1】 按下列参数用式(16-5-1)、式(16-5-2) 和式(16-5-3) 分别计算气液相传热膜系数和气相传质系数：空气与水在填料塔内逆流接触，填料为拉西环，外径为 35mm；塔内径为 1.2m；干空气的质量流速为 5000kg·m^{-2}·h^{-1}；空气中水蒸气的平均含量为 0.04kg$_v$·kg$_d^{-1}$；水的平均质量流速为 8000kg·m^{-2}·h^{-1}；空气和水的平均温度分别为 40℃ 和 45℃；工作压力为 103.4kPa。

解 查得平均气温和水温下的各项物性数据如下：湿空气的密度、黏度和热导率分别为 $\rho_g = 1.026\text{kg} \cdot \text{m}^{-3}$，$\mu_g = 1.91 \times 10^{-5}\text{N} \cdot \text{s} \cdot \text{m}^{-2}$，$\lambda_g = 0.0904\text{kJ} \cdot \text{m}^{-1} \cdot \text{h}^{-1} \cdot \text{K}^{-1}$；水的黏度和热导率分别为 $\mu_L = 59.8 \times 10^{-5}\text{N} \cdot \text{s} \cdot \text{m}^{-2}$，$\lambda_L = 2.31\text{kJ} \cdot \text{m}^{-1} \cdot \text{h}^{-1} \cdot \text{K}^{-1}$；水蒸气在空气中的扩散系数为 $D_g = 0.0758\text{m}^2 \cdot \text{h}^{-1}$。

由上列数据分别计算空气和水在塔内流动时的雷诺数

$$Re_g = \frac{0.035 \times 5000}{1.91 \times 10^{-5} \times 3600} = 2545$$

$$Re_L = \frac{0.035 \times 8000}{59.8 \times 10^{-5} \times 3600} = 130$$

由式(16-5-1)、式(16-5-2)和式(16-5-3)分别计算 $\alpha_g a$、$\alpha_L a$ 和 $k_H a$

$$\alpha_g a = 0.785 \frac{0.0904}{0.035^2} \times 2545^{0.9} \times 130^{0.15} \left(\frac{0.035}{1.2}\right)^{0.80}$$

$$= 8260 \quad (\text{kJ} \cdot \text{m}^{-3} \cdot \text{h}^{-1} \cdot \text{K}^{-1})$$

$$\alpha_L a = 0.0625 \frac{2.31}{0.035^2} \times 2545^{0.62} \times 130^{0.50} \left(\frac{0.035}{1.2}\right)^{0.20}$$

$$= 85670 \quad (\text{kJ} \cdot \text{m}^{-3} \cdot \text{h}^{-1} \cdot \text{K}^{-1})$$

$$k_H a = 0.628 \frac{1.026 \times 0.0758}{0.035^2} \times 2545^{0.9} \times 130^{0.15} \left(\frac{0.035}{1.2}\right)^{0.80}$$

$$= 5685 \quad (\text{kg} \cdot \text{m}^{-3} \cdot \text{h}^{-1})$$

从上面的计算结果看出，$\alpha_L a$ 大于 $\alpha_g a$ 10 倍之多，即液膜传热阻力远小于气膜传热阻力。因此，在常压（或低压）下，增湿与减湿过程的液膜传热阻力通常是可以忽略不计的，从而把相界面温度视为液体温度。

【**例 16-5-2**】 在填料塔内，用冷甲醇液体回收氮气中的甲醇蒸气。按下列参数计算传质系数及填料层高度：气液在塔内逆流接触；填料为拉西环，外径 20mm；氮气的质量流速为 6400kg·m^{-2}·h^{-1}；甲醇的质量流速为 4000kg·m^{-2}·h^{-1}；进塔和出塔气温分别为 25℃ 和 5℃；进塔液温为 2℃，由全塔热平衡算得出塔液温为 20.8℃；工作压力为 2.0MPa；进塔和出塔气体中的甲醇蒸气均为饱和状态，其湿度分别为 $H_{s_1} = 0.00957 \text{kg}_v \cdot \text{kg}_d^{-1}$，$H_{s_2} = 0.00318 \text{kg}_v \cdot \text{kg}_d^{-1}$；气液相界面温度近似取为液温；进塔与出塔液温下甲醇的饱和湿度分别为 $H_{L_2} = 0.00261 \text{kg}_v \cdot \text{kg}_d^{-1}$，$H_{L_1} = 0.00765 \text{kg}_v \cdot \text{kg}_d^{-1}$；传质系数用表 16-5-9 中序号 1 所列的公式计算。

解 ① 计算传质系数：

$$k_p a = 0.0149 \times (0.02)^{0.15} \times (6400)^{0.72} = 4.55 \quad (\text{kg} \cdot \text{m}^{-3} \cdot \text{h}^{-1} \cdot \text{kPa}^{-1})$$

② 计算传质单元数：

由已知数据计算全塔传质的平均推动力

$$\Delta H_m = \frac{(0.00957 - 0.00765) - (0.00318 - 0.00261)}{\ln \frac{(0.00957 - 0.00765)}{(0.00318 - 0.00261)}} = 0.00111 \quad (\text{kg}_v \cdot \text{kg}_d^{-1})$$

传质单元数为

$$N_h = \frac{0.00957 - 0.00318}{0.00111} = 5.76$$

③ 计算填料层高度：

根据上列计算结果及已知条件，计算填料层高度

$$Z = \frac{6400}{4.55 \times 2.0 \times 1000} \times 5.76 = 4.05 \quad (\text{m})$$

5.2 喷雾塔传热与传质系数的实验关联式和实测数据

喷雾塔是不装填料的空塔,在塔内不同位置上安装一定数量的液体喷嘴,喷出的液体形成雾状与气体接触达到气体增湿或减湿的目的。喷雾塔内气体与液体相对流动的力主要有并流和逆流两种。在空气调湿装置中,多采用并流式喷雾塔;在其他增湿与减湿过程中,则多用逆流式喷雾塔。

喷雾塔的结构简图示于图 16-5-10,喷嘴的总数根据各喷嘴的能力来决定,每一排喷嘴一般为 4~6 个,最多为 8 个;喷嘴可分布成一排、二排或多排。

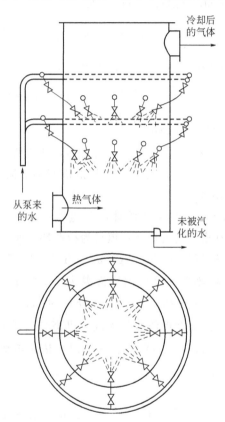

图 16-5-10 逆流喷雾塔结构简图

喷嘴的形式有多种,最简单的两种喷嘴示于图 16-5-11。液体的雾化效果与喷嘴的结构、液体经喷嘴的压力降以及液体的性质(黏度、密度、表面张力、温度等)有关。

小林清志[19]研究了如图 16-5-12 所示的离心式喷嘴雾化特性,提出一个与喷嘴结构尺寸有关的无量纲数 K,称为旋涡特性值,由式(16-5-14) 表示

$$K=\frac{F_i}{\pi R_i R_e} \tag{16-5-14}$$

式中 F_i——旋涡室进口的总截面积,m^2;

R_i——旋涡室半径,m;

R_e——喷孔半径,m。

喷嘴的喷液能力 $q(m^3 \cdot s^{-1})$ 与进喷嘴前的液体压力的关系如式(16-5-15) 所示

$$q = C\pi R_e^2 \sqrt{2P/\rho} \qquad (16\text{-}5\text{-}15)$$

式中 C——流量系数;

P——进喷嘴前的液体压力,Pa。

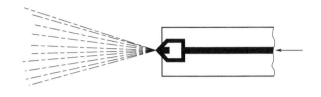

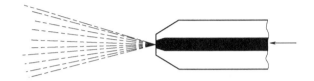

图 16-5-11 压力式喷嘴

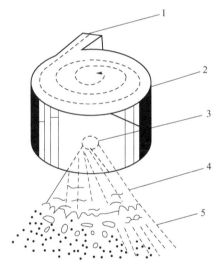

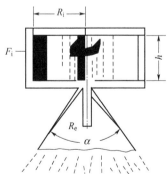

图 16-5-12 离心式喷嘴

1—液体进口;2—旋涡室;3—喷孔;4—锥状液膜;5—雾滴

对于锐口喷孔,由实验得出的流量系数 C 与旋涡室特性值 K 为如下的关系

$$C = 1 - \frac{2}{\pi}\arctan\left\{2.13\frac{K+1.2}{(K+1.0)^2-1}\exp\left[-0.27\left(\frac{R_i}{D_0}\right)\right]\right\} \tag{16-5-16}$$

式中 D_0——由 F_i 换算出的直径,$D_0 = \sqrt{4F_i/\pi}$。

锐口喷孔喷出雾滴的雾化角 θ 也与旋涡室特性值 K 有关,根据实验结果,雾化角 θ 可以用式(16-5-17)表示

$$\theta = 180° - 2\arctan\left\{K\left[1.37 + 26.9\exp\left(-4.92\frac{D_0}{R_i}\right)\right]\right\} \tag{16-5-17}$$

理论上,雾化角可以在 $0°\sim180°$ 范围内变化,但实际上由于喷流的扩散和摩擦损失,θ 值在 $0°\sim140°$ 的范围内。

当给定了喷液能力 q 和进喷嘴前的液体压力,并选定了雾化角和 D_0/R_i 值之后,就可以由式(16-5-14)至式(16-5-17)求取离心式喷嘴的结构尺寸,旋涡室高度 h 可大体取与 R_i 值相近。

由喷孔喷出的雾滴表面与周围气体之间的传递速率变化是很复杂的。为便于计算,Long[20]假定雾滴为球形,并且在表面上各点的传递速率相等。由此,一个雾滴表面与周围气体之间的传热膜系数为

$$\alpha_g = Nu\frac{\lambda_g}{d_m} \tag{16-5-18}$$

雾滴的平均直径 d_m 可按如下的经验式计算

$$d_m = 2.32\times10^5\left(\frac{\sigma_L}{u_r^2\rho_L g}\right)^{0.5} + 8814\left(\frac{\mu_L}{(\sigma_L\rho_L g)^{0.5}}\right)^{0.45} + \left(\frac{1000L_0}{G_0}\right)^{1.5} \tag{16-5-19}$$

式中 d_m——雾滴的平均直径,m;

u_r——液体与周围气体的相对速度,m·s^{-1};

σ_L——液体的表面张力,N·m^{-1};

ρ_L——液体的密度,kg·m^{-3};

μ_L——液体的黏度,N·s·m^{-2};

L_0, G_0——分别为液体和气体的体积流量,m^3·h^{-1};

g——重力加速度,m·s^{-2}。

式(16-5-19)一般适用的条件为 $\rho_L = 700\sim1200$ kg·m^{-3};$\sigma_L = (186\sim716)\times10^{-4}$ N·m^{-1};$\mu_L = (3\sim500)\times10^{-4}$ N·s·m^{-2};气体速度为亚音速。Ranz 和 Marshall[21] 阐明了雾滴在强制对流和自然对流的情况下,努塞尔数 Nu 为

$$Nu = 2 + 0.6Re_L^{\frac{1}{2}}Pr_L^{\frac{1}{3}} \tag{16-5-20}$$

他们进一步指出,在直径较小时,$Nu \approx 2$。由此,式(16-5-20)可写为

$$\alpha_g = 2\lambda_g/d_m \tag{16-5-21}$$

在湍流情况下,雾滴表面与周围气体之间的传质系数 k_H 与 α_g 有如下的关系

$$\frac{\alpha_g}{k_H} = C_H\left(\frac{Sc}{Pr}\right)^{0.56} \tag{16-5-22}$$

当气体为空气时,在湍流情况下 $Pr = Sc$,则式(16-5-22)可简化为 $\alpha_g/k_H = C_H$。此即为前述的 Lewis 关系。

雾滴在塔内的总表面积 A 由式(16-5-23)计算

$$A = n\pi d_{\mathrm{m}}^2 \tau \tag{16-5-23}$$

式中 n——单位时间内喷嘴喷出雾滴的总数；

τ——塔内保持雾滴状的停留时间。

一个喷嘴喷出的雾滴数 n_0 与喷液能力的关系为

$$n_0 = \frac{6}{\pi d_{\mathrm{m}}} q \tag{16-5-24}$$

在给定气体和液体的进出塔工艺参数，并确定气体与液体在塔内的流速后，就可以由式(16-5-19)~式(16-5-24)进行喷雾塔的传热与传质计算。

上述计算方法较为简单，但因作了许多简化，故其计算结果则是近似的。目前，增湿与减湿过程的喷雾塔设计，多数还是选用同类体系和同类喷嘴的实测数据；或者根据同一结构形式的喷嘴及大体相同的工况得出的传热与传质系数关联式，计算出 $k_{\mathrm{H}}a$（或 $\alpha_{\mathrm{g}}a$）后，按计算填料塔的方法来求取喷雾塔的有效体积。对于逆流塔，有效体积为气体进口截面至最上层一排喷嘴处截面之间的体积；对于并流塔，则为喷嘴处截面至出口之间的体积。

喷雾塔的实际操作效果与设计数据差别大的主要原因，是由于进喷嘴前的液体压力偏离设计值，使之喷液能力、雾滴数、气液接触表面积等参数均不同于设计值。

采用喷雾塔进行气体降温除尘的增湿与减湿过程，由 Егоров[22] 所汇集的传热系数实测值列于表 16-5-11。

表 16-5-11 喷雾洗涤塔传热系数的实测值

气体	气温/℃		喷嘴			传热膜系数
	进口	出口	形式	孔径/mm	水压/atm①	/kJ·m^{-2}·h^{-1}·K^{-1}
高炉煤气	250	90	球形	6	5~6	419
发生炉煤气	600	90	螺旋形	4	4~5	523
烟熏炉气	1150	320	螺旋形	4	2~3	1420
水套炉气	240	120	T形	1	20	920
硫黄燃烧炉气	900~1000	210~250	螺旋形	4	—	240~370
硫酸碱液去水时气体	123~172	41~52	具有离心力	—	—	690~820

① 1atm=101.325kPa。

Bonilla 等[23] 在内径为 0.915m、有效塔高为 0.97~1.52m 的空塔中，分别用如图 16-5-13 所示的三种标准的 Baffalo 空心锥形喷嘴，进行了等水温的并流增湿实验，用测得的数据整理成传质系数关联式列于表 16-5-12。

表 16-5-12 等水温增湿的传质系数关联式①

喷嘴的公称尺寸/mm	传质系数 $k_{\mathrm{H}}a$ /kg·m^{-3}·h^{-1}	适用范围			
		空气质量流速 G /kg·m^{-2}·h^{-1}	一个喷嘴液量 L_{n} /kg·h^{-1}	喷嘴压力降 Δp/mmHg②	有效塔高 Z/m
1.5875	$96.0 P L_{\mathrm{n}}^{0.55} G^{0.71}/(S_{\mathrm{n}} Z^{1.02})$	19.5~79.6	93~132	0.422~0.915	0.976~1.52
2.3813	$0.945 P L_{\mathrm{n}}^{0.80} G^{0.68}/(S_{\mathrm{n}} Z^{0.88})$	19.5~79.6	66~109	0.562~1.62	0.976~1.52
3.175	$1.02 P L_{\mathrm{n}}^{0.68} G^{0.64}/(S_{\mathrm{n}} Z^{0.63})$	19.5~79.6	50~54	1.05~1.34	0.976~1.52

① P 为空气的压力，kPa；S_{n} 为一个喷嘴的截面积，m^2。

② 1mmHg=133.322Pa。

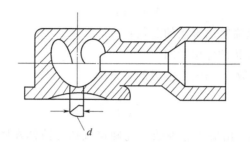

图 16-5-13　Baffalo 空心锥形喷嘴

内田秀雄[17]采用逆流喷雾塔进行了空气冷却水的实验，塔的有效高度为 4.15m；采用 6 个 3mm 的喷嘴；空气和水的质量流速分别为 2780～4770kg·m^{-2}·h^{-1} 和 1180～6280 kg·m^{-2}·h^{-1}。由实验得到的传质系数 $k_{\text{H}}a$＝650～800kg·m^{-3}·h^{-1}；同时得到冷却数与气液比的关系为

$$\Omega = 0.8\lambda^{0.7} \tag{16-5-25}$$

实际测定的结果表明，喷雾塔的传热与传质效果一般均低于填料塔，这是由于只有在喷嘴附近的一定区域内，气体与液体才能得到良好的接触，而在距喷嘴较远的区域，液滴将会相互碰撞逐渐变大而自由下落，致使塔内的大部分区域气液接触情况远不如填料塔良好。因此，只有在气体的压力降受到限制，或者气体中的固体粒子较多、液滴黏度较大的情况下，才考虑选用喷雾塔。

此外，由于喷嘴喷出细雾，故喷雾塔的雾沫夹带情况一般也比填料塔严重。为此，气体在喷雾塔内的流速不宜过高，一般不大于 0.7～1.5m·s^{-1}。

参考文献

[1] Baker D R, Mart L T. Refrigerating Engineering, 1952, 60(9): 965-971.
[2] 藤田重文，東畑平一郎．化学工学Ⅱ．東京：槙书店，1963．
[3] 李德兴．冷却塔．上海：上海科学技术出版社，1981．
[4] 徐寿昌，等．工业冷却水处理技术．北京：化学工业出版社，1984．
[5] [苏]革拉特珂夫，等．机械通风冷却塔．施健中，等译．北京：化学工业出版社，1981．
[6] 化学工业部第三设计院，等．化工给排水设计，1984，(4)：20-31．
[7] 化学工学協会．化学工学便覧：第四版．東京：丸善株式会社，1978．
[8] Norman W S, et al. Trans Inst Chem Engrs, Supplement, 1954, 32: 14.
[9] Snyder N W. Chem Eng Progr Symp Ser, 1956, 52: 61.
[10] Surosky A E, Dodge B F. Ind Eng Chem, 1950, 42(6): 1112-1119.
[11] Yoshida F, Tanaka T. Ind Eng Chem, 1951, 43(6): 1467-1473.
[12] Lichtenstein J. ASME Trans, 1943, 65(7): 779-787.
[13] Hensel S L, Treybal R E. Chem Eng Progr, 1952, 48(7): 362-370.
[14] 葛冈常雄．空气调和卫生工学，1962，36：1．
[15] Simpson W M, Sherwood T K. Refrig Eng, 1946, 52: 535.
[16] Majumdar A K, Singhal A K, Spalding D B. Transactions of the ASME. Journal of Heat Transfer, 1983, 105(4): 728-735.
[17] 内田秀雄．湿り空気と冷却塔．東京：裳華房，1963．
[18] 井上宇市．空气调和·卫生工学，1962，36：4．

[19] 小林清志. 日本機械学会誌, 1977, 80: 451.
[20] Long G E. Chem Eng, 1978, 85(6): 73-77.
[21] Ranz W E, Marshall W R. Chem Eng Progr, 1952, 48(4): 173-180.
[22] [苏] 叶戈罗夫 (Егоро в Н Н). 气体在洗涤塔中的冷却, 沙必时, 译. 北京: 高等教育出版社, 1957.
[23] Bonilla C F, Mottes J R, Wolf M. Ind Eng Chem, 1960, 42(12): 2521-2525.

符号说明

a	相接触面积，$m^2 \cdot m^{-3}$
C	比热容，$kJ \cdot kg^{-1} \cdot K^{-1}$
C_H	湿比热容，$kJ \cdot kg_d^{-1} \cdot K^{-1}$
D	扩散系数，$m^2 \cdot s^{-1}$
F	截面积，m^2
G	干气体的质量流速，$kg \cdot m^{-2} \cdot h^{-1}$
G_0	干气体的流量，$kg \cdot h^{-1}$
g	重力加速度，$m \cdot s^{-2}$
H	湿度，$kg_v \cdot kg_d^{-1}$
H_G、H_L、H_I	传递单元高度，m
I	湿气体的焓，$kJ \cdot kg_d^{-1}$
$k_H a$	气相传质系数，$kg \cdot m^{-3} \cdot h^{-1}$
L	液体质量流速，$kg \cdot m^{-2} \cdot h^{-1}$
L_0	液体流量，$kg \cdot h^{-1}$
Le	Lewis 数
M	分子量
N	传质速率，$kg \cdot m^{-2} \cdot h^{-1}$
N_G、N_L、N_I	传递单元数
$P_总$	总压，kPa
$P_分$	分压，kPa
R	半径，m
r	可凝蒸气的冷凝热，$kJ \cdot kg^{-1}$
t	温度，K
t_w	湿球温度，K
u	流体线速度，$m \cdot s^{-1}$
V	体积，m^3
v_H	湿气体的比容，$m^3 \cdot kg_d^{-1}$
X	长度，m
Z	高度，m
α	传热膜系数，$kJ \cdot m^{-2} \cdot h^{-1} \cdot K^{-1}$
β	水的损失分数
λ	热导率，$kJ \cdot m^{-1} \cdot h^{-1} \cdot K^{-1}$
μ	黏度，$kg \cdot m^{-1} \cdot s^{-1}$
ξ	流体阻力系数
ρ	密度，$kg \cdot m^{-3}$
φ	相对湿度

Φ	饱和度
Ω	冷却数
θ	雾化角

下标

d	干基
g	气体
i	相界面
L	液体
S	饱和状态
V	可凝蒸气

第17篇

干燥

主 稿 人：于才渊　大连理工大学教授
编写人员：王宝和　大连理工大学副教授
　　　　　夏良志　大连理工大学教授
审 稿 人：王喜忠　大连理工大学教授

第一版编写人员名单
编写人员：夏诚意　郭宜祜　王喜忠

第二版编写人员名单
主 稿 人、编写人员：王喜忠

1

概述

　　干燥是化学工程的一个重要单元操作，已在化学工业、食品工业、医药、农药、陶瓷、水泥、冶金、林业等工业中得到广泛应用。

　　干燥是传热传质同时伴随发生的除湿过程。干燥所需的热量，由干燥介质以对流、传导、热辐射及介电的方式传递给被干燥物料，使物料中的湿分获得热量后变成蒸汽，从其中分离出来，最后得到湿含量较低的且达到某一规定要求的干燥产品。在对流干燥过程中，最常用的干燥介质是空气。它既是热量的载体，又是湿分的载体，通过直接排放可以将物料中的挥发分带出干燥器外。当除去的挥发分是有机溶剂时，可以用氮气或其他惰性气体作为干燥介质，并采用密闭循环方式操作，通过直接或间接冷却的方式，除去物料中的挥发分。对于传导干燥过程而言，热量的载体往往是蒸汽、热导油等，挥发分可以用载气或系统抽真空的方式除去。

1.1　物料干燥的目的

　　干燥的目的归纳起来主要是除去某些原料、半成品及成品中的水分或溶剂，以便于加工、使用、运输、贮藏等。现简单说明如下。

　　① 便于加工。某些加工原料，由于加工工艺的要求，需要将原料脱水到规定的含水率。如化纤工业的聚酯切片，纺制短纤维含水率应不大于 0.012%，纺制长纤维含水率应不大于 0.007%。上述这种高聚物切片干燥的目的是保证在纺丝过程中高聚物黏度不降低，也不致产生气泡丝或断头丝；另外，提高高聚物的软化点，以利于纺丝螺杆对切片的输送与挤压。又如某些药品，需要干燥到规定含水率后，再去压片成型或分装，以保持药品的稳定性。

　　② 便于使用。例如，食盐、味素、尿素、硫铵等经干燥后，不易结块，便于使用。

　　③ 便于贮存。如玉米，收购时水分在 20% 以上，干燥到 $13\%\sim14\%$ 以后才能入库贮存，否则要发霉变质。又如染料的滤饼，含水 $50\%\sim60\%$ 左右，不易保存，干燥到含水 $4\%\sim5\%$ 以下装筒保存，不易结块。再如鲜蘑菇等蔬菜经干燥后才能长期保存。

　　④ 便于运输。含 $70\%\sim80\%$ 的悬浮液、膏状物，含水率高达 $100\%\sim200\%$ 的木材等，干燥后再长途运输可大幅减轻重量，节省运费。

　　近年来，随着科技的进步，干燥技术在功能性粉体制备、烟气脱硫等领域中也发挥着重要的作用。

1.2　除湿方法

　　从物料中除去湿分的操作，称为除湿。除湿方法按作用原理可作如下分类。

① 机械除湿法。用压榨、过滤、离心分离等机械方法除去湿分。此方法脱水快且费用较低，但此法除湿程度不高，如离心分离后水分含量达5%～10%，板框压滤后水分含量为50%～60%。

② 化学除湿法。利用吸湿剂，如浓硫酸、无水氯化钙、分子筛等，除去气体、液体和固体物料中的少量水分。此法除湿有限，且费用较高，只用于少量物料的除湿。

③ 加热（或冷冻）除湿法。用热能加热物料，使物料中的湿分蒸发后而干燥（即热能干燥法）。或者用冷冻法使水分结冰后升华而除去湿分。这是工业中常用的干燥方法。

机械除湿法节省能量，但除湿程度达不到产品的要求。热能干燥法能耗大，但可以保证产品对湿含量的要求。从能量有效利用的角度出发，在实际生产操作中，一般先用机械除湿法最大限度地除去物料中的湿分，然后用热能干燥法除去部分湿分，最后得到固体产品。

本篇主要介绍热能干燥法。关于气体、液体的干燥问题，不在此篇讨论范围内。

1.3 干燥操作的流程

一个完整的干燥操作流程，由加热系统、原料供给系统、干燥系统、除尘系统、气流输送系统、控制系统组成，用方块图表示在图17-1-1上。在进行干燥器设计时，应考虑上述的全部系统。本篇只讨论干燥系统。

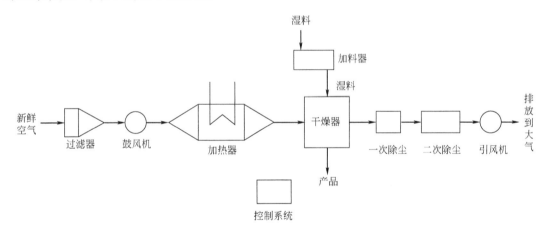

图 17-1-1　干燥操作的流程

2

湿物料和湿空气的性质

2.1 湿物料的性质

2.1.1 物料内所含水分的种类

(1) 物料与水分结合方式的分类

① 化学结合水分。包括水分与物料的离子结合和结晶型分子结合。若脱掉结晶水，晶体必遭破坏。

② 物理化学结合水分。包括吸附水分、渗透水分和结构水分。吸附水分既可被物料外表面吸附，也可被物料内表面吸附。因此，吸附水分与物料的结合最强，此结合改变了水分的许多物理性质，如冰点下降，密度增大，蒸气压下降，介电常数大幅度下降。渗透水分是由于在物料组织壁内外存在着溶解物浓度差，由此产生渗透压，此渗透压使组织壁内外存在渗透水。结构水分是在胶体形成时，将水分结合在物料的组织内部。

③ 机械结合水分。包括毛细管水分、空隙水分和润湿水分。毛细管水分存在于纤维或微小颗粒成团的湿物料中。毛细管半径小于 $0.1\mu m$ 时，称为微毛细管。其中的水分，因毛细管力的作用而运动。此水分的蒸气压低于同温度下纯水的蒸气压。毛细管半径在 $0.1\sim 10\mu m$ 时，称为巨毛细管。水分受重力作用有较小的运动，毛细管弯月面的饱和蒸气压近似等于平面上的饱和蒸气压。当毛细管半径大于 $10\mu m$ 以上时，其中的水分为空隙水分，受重力作用而运动，不导致蒸气压降低。润湿水分是水和物料的机械混合而产生的水，易用加热和机械方法脱掉。

上述物料中水分的主要分类列于表 17-2-1 中。

(2) 物料中水分去除难易程度的分类

① 结合水分。这种水分难以去除。它包括物料细胞、纤维管壁、毛细管中所含的水分。结合水分产生不正常的低蒸气压。

② 非结合水分。这种水分极易去除。它包括物料表面的润湿水分及空隙水分。此种水分不产生低蒸气压。

(3) 物料中水分能否用干燥方法除去的分类

① 平衡水分。当一种物料与一定温度及湿度的空气接触时，物料势必会放出水分或吸收水分，物料的水分将趋于一定值。只要空气状态不变，此时物料中的水分将不因和空气接触时间的延长而再变化，这个定值就称为物料在此空气状态下的平衡水分。物料的平衡水分在相同空气状态下，随物料的性质和温度而异。由图 17-2-1 可见，玻璃丝和陶土的平衡水分接近于零，木材和羊毛的平衡水分则较大。

表 17-2-1　固体物料中水分的主要分类

项目	化学结合水分		物理化学结合水分				机械结合水分		
结合键能序列	离子结合	分子结合	吸附水分		渗透水分	结构水分	微毛细管水分	巨毛细管水分	润湿水分
键能/kJ·mol^{-1}		5	3				$\geqslant 0.1$	$\leqslant 0.1$	0
键形成条件	水合作用	结晶	氢键/溶剂化 物理化学吸附		渗透吸入	溶解于胶体中	毛细管凝结		表面凝结
键结构原理	静电场		分子力场		渗透压	水包含于凝胶中	毛细管中的弯月液面作用		表面附着力
键破坏条件	离子间化学反应	分子间烘烤	所有分子汽化	内表面与外表面解吸	内表面解吸	溶解物浓度差	汽化或机械脱水	汽化或机械脱水	汽化或机械脱水
固体结构及水分特性改变	形成新化合物	形成新晶体	水分进入，如同溶解作用	水分存留于微胞或胶体内部	水分存留于分子层内	物理外观及性质有很大的改变，如结合强度	水分有微小的特性改变，固体结构则无明显变化		
举例	石灰的水合作用	各种无机结晶体	离子/分子溶液	亲水性物料	疏水性物料	植物细胞与水溶液	各类凝胶类物质	毛细管$r \leqslant 10^{-7}$m；多孔体$r \geqslant 10^{-7}$m	无孔亲水性物料

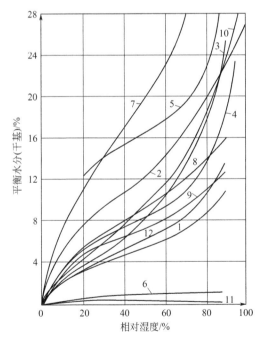

图 17-2-1　某些物料的平衡水分
（物料温度 25℃）

1—新闻纸；2—羊毛；3—硝化纤维；4—天然丝；5—皮革；6—陶土；7—烟叶；8—肥皂；9—牛皮胶；10—木材；11—玻璃丝；12—棉毛

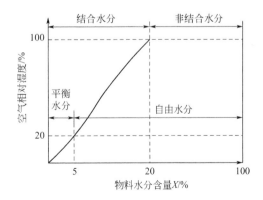

图 17-2-2　固体物料所含水分示意图
（温度为常数）

平衡水分代表物料在一定空气状态下的干燥极限，即用热空气干燥法，平衡水分是不能除掉的。各种物料的平衡水分用实验测定。某些物料的平衡水分列于表 17-2-2 中，例如，采用热风干燥，棉花只能被 90℃、相对湿度为 20% 的空气干燥到含水率 2.7%（以上均为干基）。

表 17-2-2 物料平衡水分

物料	平衡水分(质量分数)/%				温度/℃	物料	平衡水分(质量分数)/%				温度/℃
	相对湿度/%						相对湿度/%				
	20	40	60	80			20	40	60	80	
纸浆	5.3	7.2	8.6	11.6	25	木材	4.2	6.7	9.8	13.6	40
纸	4.3	6.1	8.4	12.0	25	木材	3.2	6.0	8.9	13.0	60
报纸	3.3	4.7	6.2	8.9	25	木材	2.4	4.8	7.1	11.0	80
羊毛	7.5	10.6	14.7	19.6	25	硅砾土	0.7	1.1	1.7	2.5	25
丝	6.0	8.8	11.3	17.5	25	高岭土	0.6	0.9	1.0	1.1	25
人造丝	7.0	11.0	12.5	18.5	25	石棉纤维	0.4	0.4	0.4	0.7	25
棉花	4.5	5.5	7.2	11.0	25	玻璃纤维	0.2	0.2	0.2	0.2	25
棉花	3.9	6.1	9.0	13.2	35	灰泥	0.6	1.2	1.6	2.4	25
棉花	3.6	5.7	8.2	12.3	45	石膏	0.25	0.35	0.55	1.0	25
棉花	3.2	4.9	7.6	11.5	58	石棉	0	0.1	0.2	0.3	25
棉花	3.0	4.9	7.1	10.6	75	石膏板	6.5	8.0	10.0	16.0	25
棉花	2.7	4.4	6.4	9.4	90	砖	0.3	0.3	0.4	0.5	25
棉花	2.1	3.8	5.8	8.8	105	软木	0.7	1.2	1.5	2.0	25
木棉织品	3.6	5.8	8.0	11.3	25	海绵	8.6	11.5	15.2	21.2	25
硝化棉	5.0	7.5	11.0	14.0	25	木炭	3.0	4.8	6.0	8.0	25
乙酸纤维素	1.2	2.4	3.0	4.5	25	焦炭	0.5		1.2	1.5	25
皮革	12.2	15.2	17.5	22.5	25	活性炭	1.7	2.7	8.5	8.0	25
橡胶	0.8	1.0	1.5	2.8	25	炭黑	3.0	3.7	3.9	4.9	25
骨胶	5.0	6.9	8.6	11.1	25	氧化锌	0.4	0.4	0.4	0.7	25
小麦	8.8	11.2	14.0	17.8	10	硅胶	9.8	15.5	19.0	21.5	25
小麦	8.5	10.8	13.4	16.8	20	烟草	9.0	13.2	19.5		25
小麦	7.8	10.4	12.7	16.2	30	烟叶	4.0	9.0	11.2	25.0	30
淀粉	3.9	6.5	8.5	10.5	25	棉毛纤维	2.4	2.5			30
木材	5.0	7.4	10.2	14.2	20	肥皂	3.9	6.6	10.6	17.7	25

② 自由水分。在干燥过程中能够除去的水分，是物料中超出平衡水分的部分，这部分水分称为自由水分。

各种水分的关系表示在图 17-2-2 上。

2.1.2 物料的湿含量表示法

物料中湿含量有两种基本表示法，即湿基湿含量（w）和干基湿含量（X）。

(1) 湿基湿含量 w　湿基湿含量的定义式为：

$$w = \frac{\text{湿物料中水分的质量}}{\text{湿物料的总质量}} \times 100\% \tag{17-2-1}$$

(2) 干基湿含量 X　干基湿含量的定义式为：

$$X = \frac{\text{湿物料中水分的质量}}{\text{湿物料中绝干物料的质量}} \times 100\% \tag{17-2-2}$$

上述二者的关系为：

$$X = \frac{w}{1-w} \times 100\% \tag{17-2-3}$$

物料的湿含量用哪一种表示法都可以，工业生产中一般都是用湿基湿含量表示，因为它比较直观，干基湿含量则对于设计计算来说比较方便。

2.2 湿空气的性质

2.2.1 湿空气的基本性质

含有水蒸气（水汽）的空气称为湿空气。表示空气中水汽含量多少有如下几种方法。

(1) 水蒸气分压 p_w 当总压 P 一定时，空气中水蒸气分压愈大，水汽含量就愈高。根据分压定律，水蒸气分压 p_w 与干空气分压 p_a 之比 $\dfrac{p_w}{p_a}$ 等于水汽物质的量 n_w 与干空气物质的量 n_a 之比，即

$$\frac{p_w}{p_a} = \frac{n_w}{n_a}$$

因总压 P 等于分压之和：$P = p_w + p_a$，或 $p_a = P - p_w$，故上式变为

$$\frac{p_w}{P - p_w} = \frac{n_w}{n_a} \tag{17-2-4}$$

(2) 空气的湿含量（简称湿度）H 在干燥过程中，由于物料中的水分蒸发到空气中去了，湿空气的质量不断增加，但是，其中干空气的质量始终不变。因此，为了便于进行物料衡算，空气的湿含量以每千克干空气中含有若干千克水蒸气计算 [单位为 kg 水·(kg 干空气)$^{-1}$，简写为 kg·kg^{-1}]，以 H 表示为

$$H = \frac{n_w M_w}{n_a M_a}$$

代入式(17-2-4)，得

$$H = \frac{p_w}{P - p_w} \times \frac{M_w}{M_a}$$

式中　M_w——水蒸气的摩尔质量，$M_w = 18.02 \text{g·mol}^{-1}$；
　　　M_a——干空气的平均摩尔质量，$M_a = 28.959 \text{g·mol}^{-1}$。

将摩尔质量之值代入上式中，则

$$H = 0.622 \frac{p_w}{P - p_w} \tag{17-2-5}$$

(3) 空气的相对湿度 φ 在一定温度下，含有最大水蒸气量的空气称为饱和空气。达到饱和的湿空气不能再容纳水汽，也即在这一温度下，湿物料中的湿分不能再向饱和空气中传递，物料无法进一步干燥。

在一定温度下，饱和空气中的水蒸气分压称为饱和蒸气压（以 p_s 表示），可由实验测定，也可从手册中查得。在某一温度下，空气中的水蒸气分压 p_w 与同一温度下的饱和蒸气压 p_s 之比称为相对湿度，以 φ 表示，公式为

$$\varphi = \frac{p_w}{p_s} \tag{17-2-6}$$

当 $p_w = p_s$ 时，$\varphi = 1$（或以百分比表示为 100%），说明空气已经饱和。显然，φ 值比 1

愈小，则空气离饱和愈远。温度愈高，饱和蒸气压 p_s 值也愈高。因此，升高空气温度时，p_w 值不变而 p_s 值增大，相对湿度 φ 就降低，说明空气接纳水分的能力也提高了，故通常用热空气作为干燥介质。

(4) 湿空气的焓 I 用空气来干燥湿物料时，空气和物料之间不仅有水分的转移，还有热量的交换。因此，有必要知道空气的另一性质——焓。

湿空气的焓 I 等于干空气的焓（$c_a t$）与总水蒸气的焓（iH）之和。以 1kg 干空气作为基准，则湿空气的焓 I [单位为 kJ·(kg 干空气)$^{-1}$，简写为 kJ·kg^{-1}] 为：

$$I = c_a t + iH = 1.005t + iH$$

式中 c_a——干空气的比热容，$c_a = 1.005 \text{kJ·kg}^{-1} \cdot \text{℃}^{-1}$；
i——在温度为 t(℃) 时水蒸气的焓，kJ·kg^{-1}。

若以 0℃ 的水作为基准，则在 t(℃) 时水蒸气的焓为：

$$i = 2491 + 1.926t$$

式中 2491——水在 0℃ 时的汽化潜热，kJ·kg^{-1}；
1.926——水蒸气的比热容，kJ·kg^{-1}·℃$^{-1}$。

将此式代入上式中，则湿空气的焓为：

$$\begin{aligned}I &= 1.005t + (2491 + 1.926t)H \\ &= (1.005 + 1.926H)t + 2491H\end{aligned} \tag{17-2-7}$$

式中 $1.005 + 1.926H = c$，称为湿空气的比热容。

(5) 绝热饱和温度 t_s 不饱和气体在与外界绝热的条件下，和大量循环液体接触，若时间足够长，则热量和质量传递趋于平衡，结果气体被液体所饱和，气体和液体的温度相同，此过程称为绝热饱和过程，最终两相达到的平衡温度称为绝热饱和温度。在湿空气绝热饱和过程中，气相传给液相的显热恰好等于汽化水分所需的潜热，但这些热又由汽化水分带回到空气中，循环水并未获得净热量，即空气在此过程中，焓值基本上没有变化，可视为等焓过程。

对于空气-水系统，可以近似地认为，空气的绝热饱和温度 t_s 和空气的湿球温度 t_θ 在数值上相等，这个巧合给干燥计算带来方便。

(6) 干球温度 t 和湿球温度 t_θ 在湿空气中用普通温度计所测得的温度称为干球温度。所谓"干球"温度是相对于"湿球"温度而言的，通常只叫温度。

将普通温度计的水银球包上湿纱布，纱布的一端浸入水杯中，以保持纱布经常处于润湿状态，这就是湿球温度计（图 17-2-3）。将这种温度计放在气流中所测得的温度，就是湿球温度。与此同时，也在气流中放一支普通温度计，以测定空气的干球温度。测得空气的干、湿球温度后，也就确定了空气的湿含量。

在绝热操作的干燥器中，只要湿物料表面保持润湿（干燥前期），则在稳定情况下，湿物料汽化所需的热量等于空气传给湿物料的热量，这时湿物料的表面温度就是湿球温度。对空气-水系统，也就是绝热饱和温度。

(7) 露点 t_d 空气在其湿含量 H 不变的情况下，冷却到饱和状态时的温度称为露点（t_d）。空气冷却到露点以下就有水被冷凝下来。根据前面公式：$H = 0.622 \dfrac{p_w}{P - p_w}$，

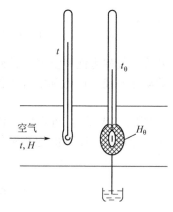

图 17-2-3 干、湿球温度计

在 H 不变的情况下，将空气冷却到饱和，则此时 $\varphi=1$，这时的水蒸气压 p_w 即为露点时的饱和蒸气压，以 p_d 表示，则由式(17-2-5) 可得

$$p_d = \frac{HP}{0.622+H} \tag{17-2-8}$$

如已知总压 P 和湿含量 H，即可按式(17-2-8)求出 p_d。然后，查饱和水蒸气压表，与 p_d 相对应的温度就是露点 t_d。

2.2.2 湿度图

按照上述公式，可以计算出湿空气的各项性质。如果把湿空气的各项性质之间的关系做成图，应用起来更为方便。目前常用的是 I-H 图（焓-湿图），也有用 t-H 图的（温-湿图）。

现以图 17-2-4 来说明 I-H 图的组成。实际使用时，请参见图 17-2-6～图 17-2-16。

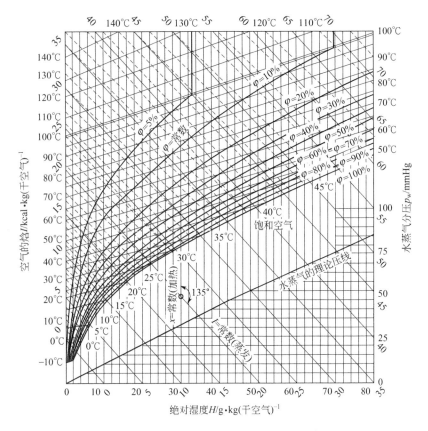

图 17-2-4 空气-水系统的焓-湿（度）(I-H)图

1cal=4.18J，1mmHg=133.322Pa；横坐标的 1mm=0.4g·kg^{-1}；
左边纵坐标的 1mm=0.2kcal·kg^{-1}；右边纵坐标的 1mm=1mmHg

I-H 图是斜角坐标系，横轴表示空气的湿度 H，纵轴表示空气的焓 I（均按 1kg 干空气作为基准）。为了避免 I-H 图中的许多线条挤在一起而不便读出数据，故两轴不成正交，其夹角取为 $135°$。

I-H 图包含六种线，说明如下。

(1) 等焓线（或等 I 线） 是平行于斜轴的若干直线，在每条线上，I 值相等，其单位

为 kJ·kg^{-1}。

(2) 等湿含量线（或等 H 线） 为了应用方便，H 的数值不在斜轴上，而另作一辅助水平线，并在水平轴上标出 H 的读数。等 H 线都是与纵轴平行的直线。

(3) 等温线（或等 t 线，t 即干球温度） 是根据式(17-2-7) 作出的。由该式可见，指定某一 t 值时，I 与 H 成直线关系，这是一系列向上倾斜的直线。

(4) 等相对湿度线（或等 φ 线） 等 φ 线在 I-H 图上是一系列曲线。根据式(17-2-5) 及式(17-2-6)，在某一 φ 值时，可由一系列 t 和 H 值作出。这一系列曲线中，最下一条曲线是 $\varphi=100\%$（或 1）的饱和湿空气线，即空气被水蒸气所饱和。此曲线以上的区域为不饱和湿空气的区域（$\varphi<100\%$），在这个区域中的空气，可以作为干燥介质。在 $\varphi=100\%$ 的饱和湿空气下面的区域为过饱和区域，这时空气不仅完全为水蒸气所饱和，还含有未汽化的雾滴，因此，不能用来干燥物料。

(5) 绝热冷却线 对空气-水系统，就是等湿球温度线。在 I-H 图上一系列向下倾斜的虚线就是绝热冷却线或等湿球温度线。此线在指定某一绝热饱和温度后，根据式(17-2-5) 等可以求得。

(6) 水蒸气分压线 根据式(17-2-5) 可以作出此线，即 p_w-H 线。p_w 的刻度在右边的纵轴上，其单位是 kN·m^{-2}。

2.2.3 I-H 图的用法

在 I-H 图中，$\varphi=100\%$ 的饱和空气线以上区域中，任何一点都可以用来确定湿空气的各项性质。有了 I-H 图，可以不用前述公式计算，只要已知各项性质中的任意两个独立参数，即可确定此湿空气状态在图上的位置，其他参数便可以从图中查得。下面举例说明 I-H 图的用法。

【例 17-2-1】 由干、湿球温度计测得空气的干球温度 $t=50℃$，湿球温度 $t_\theta=28℃$。求空气的湿含量 H、焓 I、相对湿度 φ、露点 t_d 和水蒸气分压 p_w。

解 对空气-水系统，湿球温度 t_θ 等于绝热饱和温度 t_s。某一状态的空气，在绝热情况下，冷却到饱和时的温度为 $t_s=t_\theta=28℃$，也就是需要求出的空气状态应当在 $t_s=28℃$ 的绝热冷却线上。在 I-H 图上，可以找出代表此空气状态的点，再由此点读出空气的其他参数。图 17-2-5 表示作图的程序，说明如下。

如图 17-2-5，在 $t_\theta=28℃$ 与 $\varphi=100\%$ 的交点 A 处，引一条虚线 AA' 平行于最近一条绝热冷却线（在图上，平行于 $t_s=30℃$ 的绝热冷却线 EE'），AA' 线与 $t=50℃$ 的等温线相交于

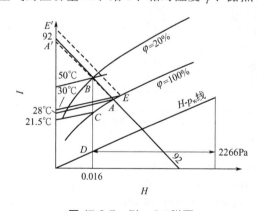

图 17-2-5 例 η-2-1 附图

B 点，这一点 B，就代表 $t=50℃$ 和 $t_\theta=28℃$ 时的空气状态。B 点正好落在相对湿度线 $\varphi=20\%$ 上。又通过 B 点的焓线可读出 $I=92$kJ·kg^{-1}。从 B 点向下引一根垂直线至 $\varphi=100\%$ 线，其交点 C 的温度即为露点 $t_d=21.5℃$（向下引垂线表示湿含量不变冷却到饱和），继续向下至横轴得湿含量 $H=0.016$kg 水·kg^{-1}，垂线与蒸汽分压 p_w 线交于 D 点，向右查得蒸汽分压 $p_w=2266$Pa。由此例可见，测得空气的干、湿球温度，空气的其他性质均可由 I-H

图读出。同理，如已知另外两个独立变数，例如 t、φ 或 I、H 等，也可确定空气状态，从而求出其余的空气性质。

需要特别提及的是，空气-水蒸气系统，$\alpha/K_H \approx C_N \approx 1$，$t_w \approx t_s$（参看第 16 篇），但有机蒸气不同，$\alpha/K_H \neq C_N$，且 $t_w > t_s$。因此，空气-水蒸气系统的焓-湿图不能用于有机蒸气。有机蒸气系统的焓-湿图和空气-水蒸气系统的焓-湿图制作方法相似。参照其公式进行计算，便可得到各参数。干燥过程中脱除有机蒸气的操作，绝大多数采用氮气作为干燥介质的闭路循环系统。氮气-有机蒸气系统焓-湿图参看文献［1］。此处附上空气-水系统低温、中温、高温焓-湿图（图 17-2-6～图 17-2-8），有机溶剂蒸气-氮气系统及空气-四氯化碳系统的焓-湿图（图 17-2-9～图 17-2-16）[2]，这些图对干燥器设计是必需的，供设计者选用。

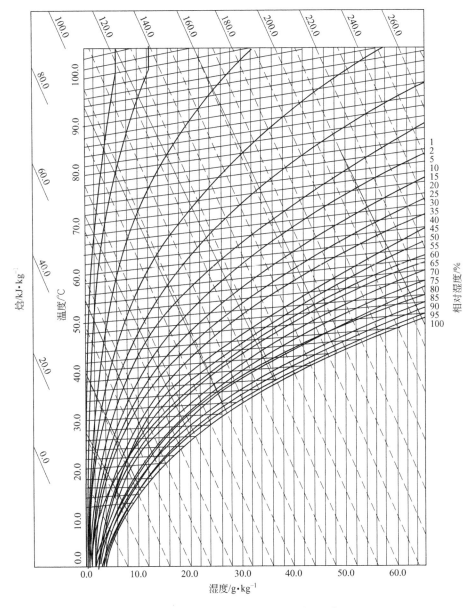

图 17-2-6 空气-水系统焓-湿图（低温）

（压力 101.325kPa）

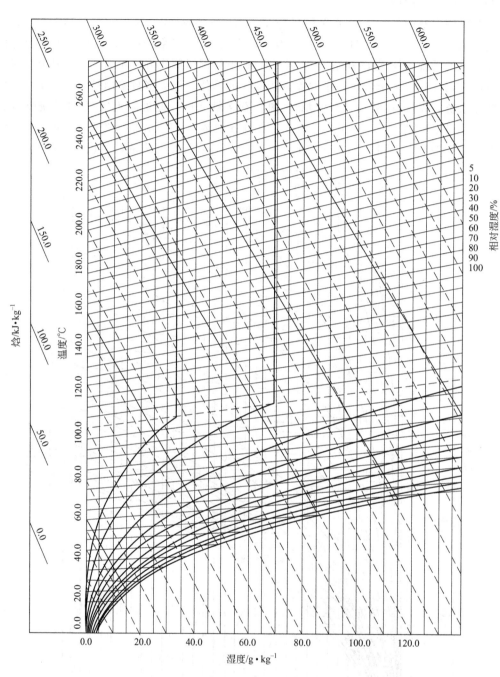

图 17-2-7 空气-水系统焓-湿图（中温）

（压力 101.325kPa）

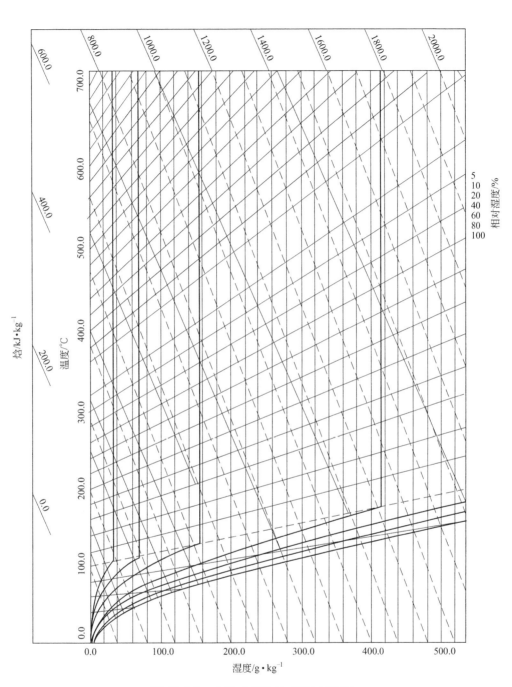

图 17-2-8 空气-水系统焓-湿图（高温）

（压力 101.325kPa）

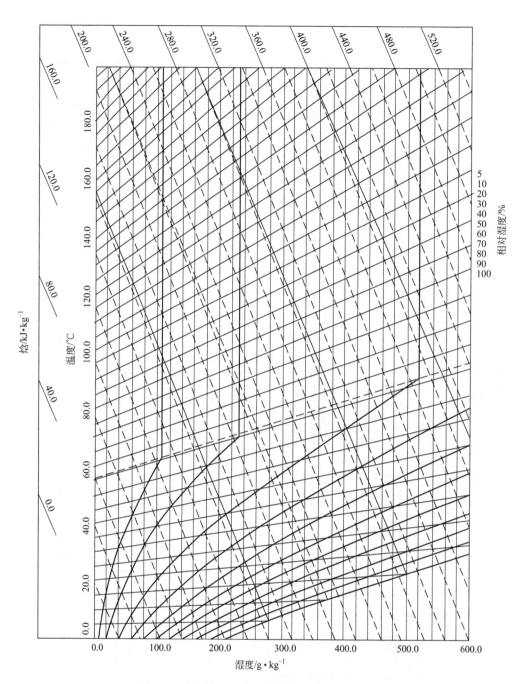

图 17-2-9　丙酮-氮气焓-湿图

（压力 101.325kPa）

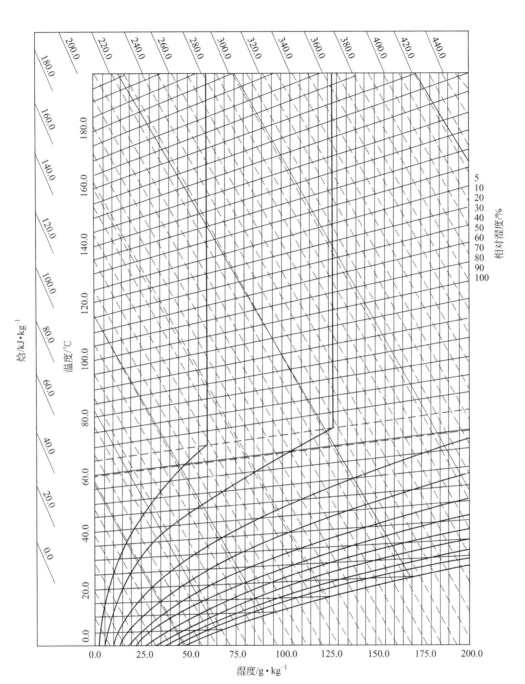

图 17-2-10　甲醇-氮气焓-湿图

（压力 101.325kPa）

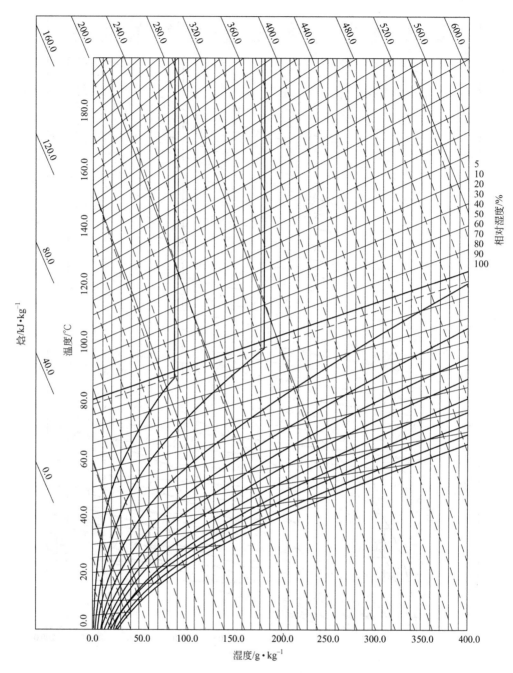

图 17-2-11 乙醇-氮气焓-湿图

(压力 101.325kPa)

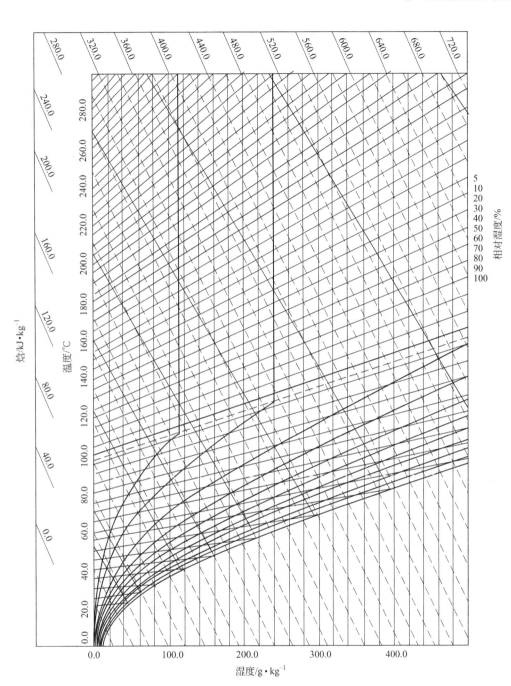

图 17-2-12 丙醇-氮气焓-湿图

（压力 101.325kPa）

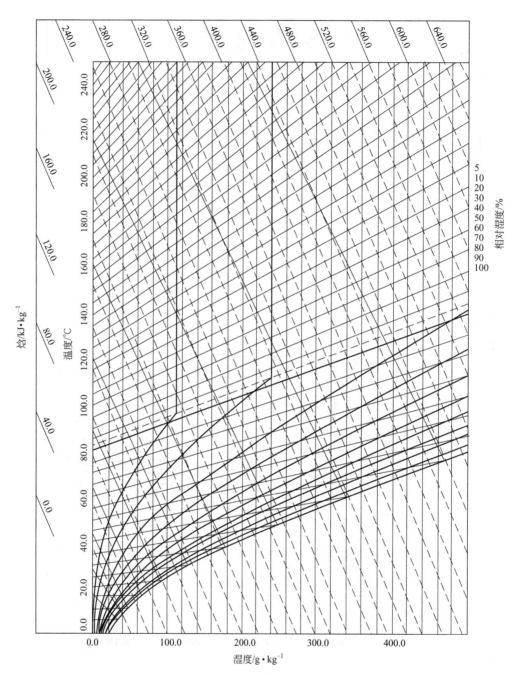

图 17-2-13 异丙醇-氮气焓-湿图

(压力 101.325kPa)

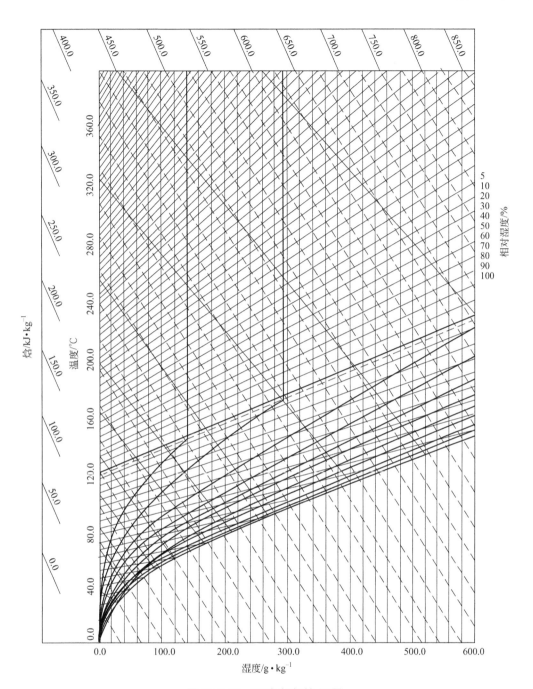

图 17-2-14 丁醇-氮气焓-湿图

(压力 101.325kPa)

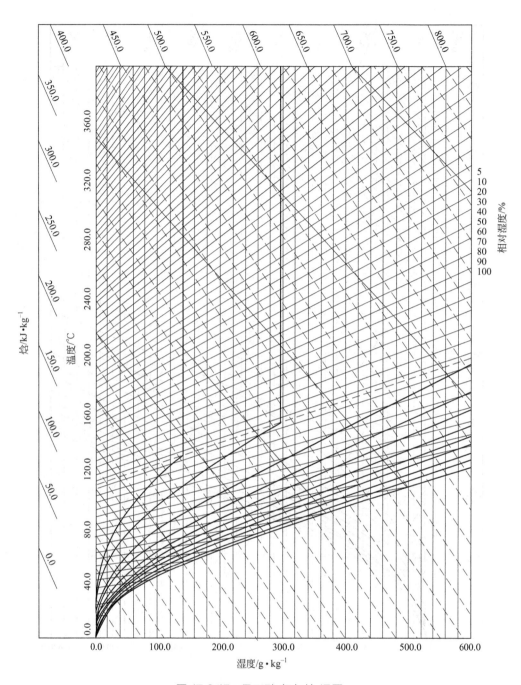

图 17-2-15 异丁醇-氮气焓-湿图

(压力 101.325kPa)

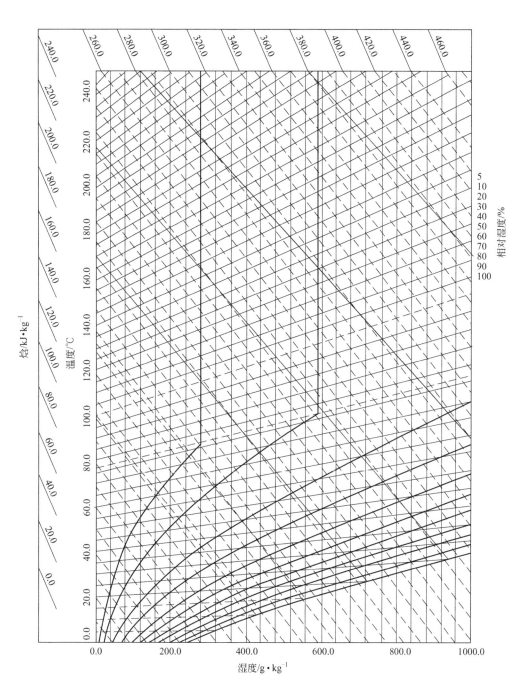

图 17-2-16 空气-四氯化碳焓-湿图
（压力 101.325kPa）

参考文献

[1] Perry R H. Perry 化学工程手册：第六版（下册）（中译本）. 北京：化学工业出版社，1993.
[2] Mujumdar A S. Handbook of industrial drying. New York: M Dekker, 1987.

3

干燥动力学

干燥动力学是指干燥方式以及干燥介质的温度、气速、环境条件确定的情况下,被干物料中的水分随干燥时间的变化规律。干燥动力学包含的基本问题主要有干燥曲线、干燥速率曲线以及湿分在物料内的扩散机理等。

3.1 干燥曲线

为了分析固体物料的干燥机理,要在恒定的干燥条件[即保持干燥介质(通常用空气)的温度、湿度、流动速度不变,也就是用大量空气干燥少量物料]下进行物料的干燥实验,

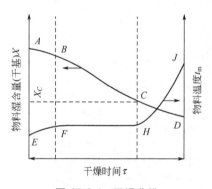

图 17-3-1 干燥曲线

将实验得到的物料湿含量 X(干基)、物料温度 t_m 和时间 τ 之间的数据加以整理,如图 17-3-1 中的 X-τ 曲线和 t_m-τ 曲线。X-τ 曲线称为干燥曲线。由图 17-3-1 可以看到下述几点:由 X-τ 线可见,在 ABC 段,物料湿含量 X 随干燥时间 τ 的增加而下降得比较快。AB 段斜率略小,这时被干燥物料处于预热阶段,空气将部分热量用于物料的升温。BC 段斜率较大,此时空气传递给物料的湿热,基本上等于物料中水分汽化所需的潜热,物料的温度基本保持不变(参看 t_m-τ 线的 FH 段)。干燥的后一段,即 C 点以后,物料湿含量 X 下降变慢,干燥曲线逐渐变平坦,此时空气将一部分热量供给物料升温(参看 t_m-τ 线的 HJ 段)。

应当注意,在 HJ 段,由于物料温度升高而使热敏性物料易变质,因此,要严格控制此段温度。

3.2 干燥速率曲线

(1)干燥速率 U 的定义 干燥速率 U 指在单位时间内、单位干燥面积上蒸发的水分质量,即:

$$U = -\frac{G'_c dX}{A d\tau} \tag{17-3-1}$$

式中 U——干燥速率,kg·h^{-1}·m^{-2};

G'_c——绝干物料量,kg;

A——干燥面积,m^2;

$\dfrac{\mathrm{d}X}{\mathrm{d}\tau}$——干燥曲线斜率。

根据干燥速率的定义,将图 17-3-1 中的 X-τ 线换算成干燥速率曲线,如图 17-3-2 所示。从图 17-3-2 干燥速率曲线上可以看到,若不考虑开始的短时间预热段 AB,则干燥过程基本上可以分为两个阶段:ABC 段,$U=$常数,此阶段称为恒速干燥阶段;CD 段,干燥速率下降,称为降速干燥阶段。两个干燥阶段有一个转折点 C,与该点对应的物料湿含量称为临界湿含量,用 X_C 表示。

在一般情况下,干燥速率曲线随湿物料与水分的结合方式的不同而有差异,但是,干燥速率曲线的基本形状是相似的,这就是各种物料干燥过程的共同点。

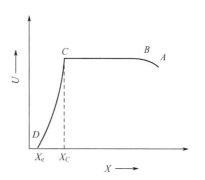

图 17-3-2　干燥速率曲线

(2) 恒速干燥阶段　在恒速干燥阶段内,湿物料表面被非结合水所润湿,故湿物料的表面温度必须是该空气状态下的湿球温度。在此阶段内,传热推动力和传质推动力(物料表面饱和水蒸气压和空气中水蒸气分压之差)是定值,传热系数和传质系数亦为定值,故干燥速率必须是一个定值。

从上述分析可见,此阶段的干燥速率决定于物料表面水分汽化的速率,决定于水蒸气通过干燥表面的气膜扩散到气相主体的速率,故恒速干燥阶段又称表面汽化控制阶段,也叫干燥第一阶段。

在此阶段内,干燥速率和物料的湿含量无关,和物料类别无关,物料的干燥速率大约等于纯水的汽化速率,如表 17-3-1 所示。影响干燥速率的主要因素是外部条件——空气的流速、温度和湿度。

表 17-3-1　恒速干燥阶段干燥速率

$t=54\sim55℃$, $\varphi=12\%\sim17\%$, $u=3.4\sim3.5\,\mathrm{m\cdot s^{-1}}$

物料	$U/\mathrm{g\cdot h^{-1}\cdot cm^{-2}}$
水	0.27
白颜料	0.21
黄铜屑	0.24
砂	0.20~0.24
黏土	0.23~0.27

(3) 降速干燥阶段　物料湿含量降至临界点以后,便开始进入降速干燥阶段。因为在此阶段内,物料中的非结合水已被蒸发掉,若干燥继续进行,只能蒸发结合水分,而结合水分产生的蒸气压恒低于同温度下纯水的饱和蒸气压,所以水蒸气由物料表面扩散至气相主体的传质推动力减小。随着水分的蒸发,传质推动力愈来愈小,故干燥速率亦愈来愈小。由于蒸发水分愈来愈少,干燥空气的剩余热量只能用来加热湿物料,使物料表面温度不再维持湿球温度而逐渐升高,并使局部表面变干。

在降速干燥阶段,干燥速率主要取决于水分和蒸汽在物料内部的扩散速率,因此也把降速干燥阶段称为内部扩散控制阶段。此阶段影响干燥速率的主要因素是物料本身的结构、形状和大小等,与外部的干燥条件关系不大。

对各类物料进行干燥试验，将得到的干燥速率曲线大体上分为四大类，如图 17-3-3 所示。由图可见，它们的主要区别是在降速干燥阶段。图 17-3-3(a)、(b) 是砂粒床层、薄皮革等多孔性物料的干燥。对这类物料而言，水分是借助于毛细管作用由内部孔隙向表面迁移的。图 17-3-3(c) 是黏土、陶瓷、木材等物料的干燥，存在两个降速阶段。第一降速阶段的传递机理类似于图 17-3-3(a)、(b)；第二降速阶段则与水在物料内部汽化后向表面扩散的问题有关。图 17-3-3(d) 是肥皂、胶类等无孔吸湿性物料速率曲线，水分借扩散作用向表面移动。

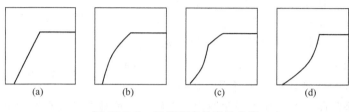

图 17-3-3　干燥速率曲线的分类

(4) 临界含水量　物料的临界含水量是恒速干燥阶段和降速干燥阶段的分界点，是干燥器设计的重要参数。临界含水量不仅和被干燥的物料性质（结构、性状等）有关，而且与干燥器型式和干燥条件有关。目前在手册中查到的物料临界含水量，一般是在烘箱中测定的，与气流干燥、流态化干燥、喷雾干燥等差别甚大。实测数据应在相应的干燥器中相同的干燥条件下测得。

3.3　物料内水分的移动机理

前已讨论，在恒速干燥阶段，水蒸气进入气相主体的控制因素是气膜的扩散传质系数。但在降速干燥阶段，湿分的移动存在着两种机理，即扩散机理和毛细管机理。

(1) 扩散机理　这种机理认为，湿分的迁移是由于传质推动力的存在，依靠扩散进行的。在降速干燥过程中，由于物料内部水分具有浓度梯度，使水分由含水率较高的区域向含水率低的表面扩散。对于无孔的吸湿性物料（如肥皂、明胶等），水分的移动符合这一机理。在降速干燥阶段后期，对于黏土、木材、皮革、纸张和纤维织物等物料，水分也依靠扩散而移动。

(2) 毛细管机理[1]　这种机理认为，湿分的迁移是依靠毛细管力的作用进行的。对于由颗粒或纤维所组成的多孔性物料，如果空隙大小合适，水分也可能从含水率低的区域移动到含水率高的区域去，这种水分的移动主要靠毛细管力。

将一半径为 r 的毛细管插入液体中，如图 17-3-4 所示。众所周知，能润湿管壁的液体，其表面在毛细管中呈凹形。由于表面张力的作用，毛细管内凹形液面下的压力比管外液面下的压力小（其差值称为毛细管压力，以 $-\Delta p$ 表示），使液体上升 Δz 高度。如果液体能完全润湿壁面（如水），则液体与壁面的接触角为零，液面的曲率等于毛细管的内半

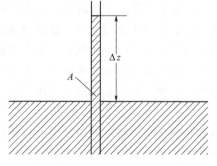

图 17-3-4　毛细管作用力示意图

径,于是:

$$-\Delta p = \frac{2\sigma}{r} = \Delta z g(\rho_L - \rho_G) \qquad (17\text{-}3\text{-}2)$$

或

$$\Delta z = \frac{2\sigma}{rg(\rho_L - \rho_G)} \qquad (17\text{-}3\text{-}3)$$

式中 $-\Delta p$ ——毛细管压力,即凹面下液体的压力与平面下液体的压力之差,N·m^{-2};

σ ——气液相接触处的相际表面张力,N·m^{-2};

r ——毛细管半径,m;

ρ_L,ρ_G ——液体和气体密度,kg·m^{-3}。

式(17-3-2)或式(17-3-3)说明,毛细管的半径愈小,$-\Delta p$ 愈大,液面上升得也愈高。

由颗粒或纤维组成的多孔性物料,具有复杂的网状结构,孔穴(被固体颗粒所包含的空隙称孔穴)之间由截面大小不同的孔道互相沟通,孔道在表面上有大小不同的开口。当干燥进入降速阶段以后,表面上每一开口形成凹表面,由表面产生的毛细压力,使水分由物料内部向表面移动,从大孔道向小孔道流动。

受毛细管压力控制时,干燥阶段的曲线形状如图17-3-5 所示。在点 C 以后的 CD 段中,汽化表面开始从物料表面向内部移动,但移动速度因孔道截面大小不同而不同。大孔道中的水分一方面因汽化而减少,另一方面因毛细管压力作用使部分水流入小孔道中,这样造成大孔道中的液面后移,如图 17-3-6 所示,部分物料出现表面干燥现象。在干燥过程继续进行时,大孔道中的液面不断后移,直至退到孔道中直径较小的蜂腰(孔道中最小截面处),这时液面的曲率与小孔道中液面的曲率相当。再继续干燥,小孔道中的液面也开始后移,表面上有更多的孔隙失去水分,不饱和表面在总表面中的比例逐渐增加,干燥速率不断减小。

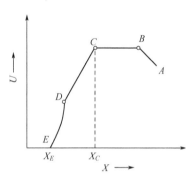

图 17-3-5 干燥速率曲线

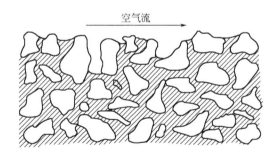

图 17-3-6 降速第一阶段某一瞬间水分在物料中的分布

在达到 D 点(即第二临界点)时,表面空隙中的水分已经蒸发完,汽化面向后移到物料内部,如图 17-3-7 所示。这时干燥速率进一步减小,因为水分扩散要经过不断增厚的干物料层。

在干燥终了时,水分只是间断地分散在固体相互接触处的小孔穴中,如图 17-3-8 所示。

目前,对干燥机理的研究还很不充分,一些研究结果还不能用于设计,还主要依靠实验。

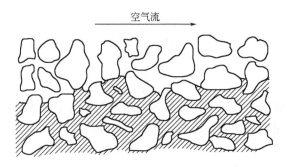

图 17-3-7 降速第二阶段某一瞬间水分在物料中的分布

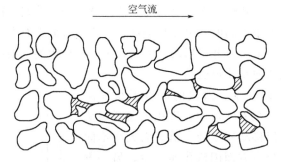

图 17-3-8 干燥终了时水分在物料中的分布

参考文献

[1] 谭天恩，麦本熙，丁惠华．化工原理：下册．北京：化学工业出版社，1984．

4

干燥过程的计算、干燥器的分类与选择

4.1 一般干燥过程的基本计算

对于干燥空气只在加热器内一次加热到规定温度,一次通过干燥器排放到环境中的过程,称为一般干燥过程或标准过程。一般干燥过程的计算内容包括水分蒸发量及干燥空气用量。在计算之前,先介绍利用空气加热的干燥器基本流程示意图,了解各参数所在的位置及其相互关系,其流程如图17-4-1所示。新鲜空气(其状态为环境温度t_0,湿度H_0,热焓I_0,干空气流量L)进入空气加热器,加热后(其状态为t_1,$H_1=H_0$,I_1,L)进入干燥器,在干燥器中,物料被干燥,含水率从w_1降至w_2,物料由温度t_{m1}升至t_{m2}后排出干燥器;而干燥空气温度从进口的t_1下降至出口的t_2,湿度则由进口的H_1增加至出口的H_2[由于空气携带物料蒸发的水分$W(kg \cdot h^{-1})$]后排出干燥器(其状态为t_2,H_2,I_2,L)。

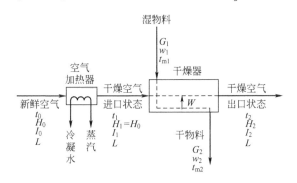

图17-4-1 空气加热的干燥器基本流程

(1) 水分蒸发量的计算 若已知湿物料100kg,其中含水分60kg,此时湿基湿含量$w = \frac{60}{100} \times 100\% = 60\%$,干基湿含量$X = \frac{60}{100-60} = \frac{60}{40} \times 100\% = 150\%$。

通常在设计时,已知干燥产品产量G_2,湿含量w_1、w_2,确定水分蒸发量W。

对干燥器做总物料衡算,可得:

$$G_1 = G_2 + W \tag{17-4-1}$$

对绝干物料做物料衡算,可得:

$$G_c = G_2 \times \frac{100-w_2}{100} = G_1 \times \frac{100-w_1}{100} \tag{17-4-2}$$

由式(17-4-1)和式(17-4-2)可得:

$$W = G_2 \times \frac{w_1 - w_2}{100 - w_1} = G_1 \times \frac{w_1 - w_2}{100 - w_2} \tag{17-4-3}$$

和
$$G_1 = G_2 \times \frac{100-w_2}{100-w_1} \tag{17-4-4}$$

式中　W——水分蒸发量，kg·h^{-1}；

　　　G_1——进入干燥器的湿物料的质量，kg·h^{-1}；

　　　G_2——离开干燥器的产品的质量，kg·h^{-1}；

　　　G_c——湿物料中绝干物料的质量，kg·h^{-1}；

　　　w_1——湿物料的湿含量（湿基），％；

　　　w_2——干燥后产品的湿含量（湿基），％。

(2) 干燥空气用量的计算　设通过干燥器的绝干空气质量流量为 L（L 在干燥过程中是不变的），kg·h^{-1}。对进出干燥器的空气中的水分做衡算，物料中水分的减少等于空气中水分的增加，由此得到：

$$L(H_2 - H_1) = W \tag{17-4-5}$$

式中　L——绝对干空气质量流量，kg·h^{-1}；

　　　H_1——进干燥器的空气湿含量，kg·kg^{-1}；

　　　H_2——出干燥器的空气湿含量，kg·kg^{-1}。

令
$$l = \frac{L}{W} = \frac{1}{H_2 - H_1} \tag{17-4-6}$$

式中，l 称为比空气用量，即从湿物料中蒸发 1kg 水分所需的干空气量，kg·kg^{-1}。由式(17-4-6)可见，比空气用量只与进干燥器的空气的最初和最终湿度有关，而与干燥过程所经历的途径无关。

为了求得空气出口的湿含量 H_2，需对干燥器做热量衡算。为方便起见，用蒸发 1kg 水分作为干燥器热量衡算的计算基准，以 0℃ 作为温度基准。

在过程达到稳定状态后，将进、出干燥器的各项热量列于表 17-4-1 中，干燥所需热量全部由加热器供给，即：

$$q = \frac{Q}{W} \tag{17-4-7}$$

式中　q——比热量消耗，蒸发 1kg 水所需热量，kJ·kg^{-1}；

　　　Q——干燥所需总热量，kJ·h^{-1}。

表 17-4-1　干燥器热量输入、输出表

输入热量	输出热量
①湿物料 G_1 带入的热量为 因为 $G_1 = G_2 + W$，可以认为 G_1 带入的热量为 $\dfrac{G_2 c_m t_{m1}}{W} + \dfrac{W c_w t_{m1}}{W}$	①产品 G_2 带走的热量为 $\dfrac{G_2 c_m t_{m2}}{W}$
②空气带入的热量为 $\dfrac{L I_0}{W}$	②废气带走的热量为 $\dfrac{L I_2}{W}$
③加热器加入的热量为 q_H	③干燥器的散热损失为 q_L

对整个干燥器做热量衡算，参见图 17-4-1 及表 17-4-1，因为输入热量等于输出热量，则整理后得到：

$$q = q_H = \frac{I_2 - I_0}{H_2 - H_0} + \sum q - c_w t_{m1} \tag{17-4-8}$$

$$\sum q = q_m + q_L \tag{17-4-9}$$

$$q_M = \frac{G_2 c_m (t_{m2} - t_{m1})}{W} \text{（物料升温所需热量）} \tag{17-4-10}$$

式中 q_L——干燥器表面散热损失，$kJ \cdot kg^{-1}$，可按化学工程方法计算，在工程设计中，一般按供给总热量的 5%～10% 估算，小型设备取大值，大型设备取小值；

c_w——水的比热容，$4.187 kJ \cdot kg^{-1} \cdot ℃^{-1}$；

c_m——干物料的比热容，$kJ \cdot kg^{-1} \cdot ℃^{-1}$。

下面用干燥过程的图解法举例说明如何用式(17-4-5)求得干燥器出口空气湿含量 H_2。

【例 17-4-1】 用气流干燥器干燥一种树脂，已知产品产量 $G_2 = 1000 kg \cdot h^{-1}$。湿物料含水率 $w_1 = 5\%$，干燥后产品含水率 $w_2 = 0.25\%$（以上均为湿基）。用周围大气温度 $t_0 = 20℃$、相对湿度 $\varphi_0 = 80\%$ 的新鲜空气作为干燥介质，经空气加热器加热后进入干燥器，其进口温度 $t_1 = 140℃$，出口温度 $t_2 = 95℃$。物料入口温度 $t_{m1} = 50℃$，出口温度 $t_{m2} = 80℃$。干物料的比热容 $c_m = 1.256 kJ \cdot kg^{-1} \cdot ℃^{-1}$。干燥器表面散热损失约为 $Q_L = 33496 kJ \cdot h^{-1}$。

(1) 若此干燥过程为绝热干燥过程，试计算：水分蒸发量；空气用量；热量消耗。

(2) 试计算实际干燥过程的空气用量及热量消耗。

解 (1) 绝热干燥过程。

由式(17-4-3)得水分蒸发量：

$$W = G_2 \times \frac{w_1 - w_2}{100 - w_1} = 1000 \times \frac{5 - 0.25}{100 - 5} = 50 \quad (kg \cdot h^{-1})$$

在 I-H 图上（图 17-4-2），大气状态可用 $t_0 = 20℃$ 及 $\varphi_0 = 80\%$ 的 A 点表示。在空气加热器中，间接加热到 $t_1 = 140℃$（$H_1 = H_0$），用 B 点表示。在绝热干燥过程中，空气状态按绝热冷却过程变化，则由点 B 作绝热冷却线的平行线，与 $t_2 = 95℃$ 等温线相交于 C 点（图 17-4-2 中的虚线），C 点便是绝热干燥过程的空气出口状态。

自图 17-4-2 查出 A 点：$H_0 = 0.0117$，$I_0 = 49.8$；B 点：$H_1 = H_0 = 0.0117$，$I_1 = 172.5$；C 点：$H_2 = 0.03$，$I_2 = 175$（H 的单位为 $kg \cdot kg^{-1}$，I 的单位为 $kJ \cdot kg^{-1}$）。

由上述数据，用式(17-4-6)可以算出比空气用量为：

$$l = \frac{1}{H_2 - H_1} = \frac{1}{0.03 - 0.0117} = 54.6 \quad (kg \cdot kg^{-1})$$

干空气用量为：

$$L = lW = 54.6 \times 50 = 2730 \quad (kg \cdot h^{-1})$$

湿空气用量为：

$$L' = L(1 + H_1) = 2730 \times (1 + 0.0117) = 2762 \quad (kg \cdot h^{-1})$$

比热量消耗：

$$q = \frac{Q}{W} = l(I_1 - I_0) = 54.6 \times (172.5 - 49.8)$$
$$= 6699.4 \quad (kJ \cdot kg^{-1})$$

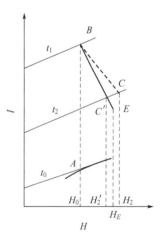

图 17-4-2 I-H 图

(2) 实际干燥过程。

在实际干燥过程中，由于干燥器表面散热损失的存在，故 $q_L > 0$。进入干燥器的物料要升温，故 $q_M > 0$；因此，空气用量及热量消耗均比绝热过程大。

实际干燥过程是在空气状态 H_0，H_1，t_0，t_1 不变的前提下，设空气出口温度 t_2；空气出口湿度 H_2；或空气出口相对湿度 φ_2 等为已知条件，进行干燥过程的计算。

如图 17-4-2 所示，在实际干燥过程中，空气加热线 AB 与绝热过程相同，但干燥操作线 BC' 不再和绝热冷却线 BC 重合，需用热量衡算式(17-4-8)计算。因为热量只在加热器内加入，故 $q_H = l(I_1 - I_0)$ 和式(17-4-8)相等，即：

$$\frac{I_1 - I_0}{H_2 - H_0} = \frac{I_2 - I_0}{H_2 - H_0} + \sum q - c_w t_{m1}$$

由此得：

$$\frac{I_2 - I_1}{H_2 - H_1} = -\sum q + c_w t_{m1} = 常数 = m \tag{17-4-11}$$

由式(17-4-11)可见，B、C' 的连线为一直线，其斜率为 $-\sum q + c_w t_{m1}$。做直线 BC' 的方法之一如下。

将式(17-4-11)变换为如下形式：

$$\frac{I - I_1}{H - H_1} = -\sum q + c_w t_{m1} \tag{17-4-11a}$$

取任意 H 值，代入式(17-4-11a)中，算出对应的点 E 的 I 值，因斜率相同，又共有一点 B (H_1, I_1)，故 B、E 点的连线必为斜率等于 m 的实际干燥操作线，此线与等温线 t_2 的交点 C'，即为实际的空气出口状态。

因

$$q_m = \frac{1000 \times 1.256 \times (80 - 50)}{50} = 753.6 \quad (kJ \cdot kg^{-1})$$

$$q_L = \frac{33496}{50} = 669.92 \quad (kJ \cdot kg^{-1})$$

$$m = -(753.6 + 669.92) + 4.187 \times 50 = -1214.17$$

任意选取 $H_E = 0.025$，代入式(17-4-11a)中，得到：

$$I = I_1 + m(H_E - H_1) = 172.5 - 1214.17 \times (0.025 - 0.0117)$$

$$= 156.4 \quad (kJ \cdot kg^{-1})$$

由 B (0.0117, 172.5) 点及 E (0.025, 156.4) 点连线，与等温线 $t_2 = 95℃$ 之交点 C' (图 17-4-2)即为所求。由 C' 点查得 $H_2' = 0.0239$。

故

$$l = \frac{1}{H_2' - H_1} = \frac{1}{0.0239 - 0.0117} = 82 \quad (kg \cdot kg^{-1})$$

$$q = l(I_1 - I_0) = 82 \times (172.5 - 49.8) = 10061.4 \quad (kJ \cdot kg^{-1})$$

$$L = Wl = 50 \times 82 = 4100 \quad (kg \cdot kg^{-1})$$

$$Q = Wq = 50 \times 10061.4 = 503070 \quad (kJ \cdot h^{-1})$$

由上述举例可见，绝热干燥过程与实际干燥过程 L 及 Q 相差很大，一般情况下，干燥操作不能按绝热过程计算。

4.2 特殊干燥过程的计算简介

与上面讨论的基本干燥过程不同的过程，就称为特殊过程。此处介绍干燥器内部分加热、中间加热空气、部分废气循环系统的基本计算。为简化计算，假设以下均为绝热饱和过程，即 $-\sum q + c_w t_{m1} = 0$。

(1) 在干燥器内部分加热的干燥 这种方式指的是干燥所需的一部分热量在干燥室内加入，若为绝热过程，则：

$$q = q_H + q_D = 常数$$

式中 q_H——加热器供给的热量，$kJ \cdot kg^{-1}$；

q_D——干燥器内加入的热量，$kJ \cdot kg^{-1}$。

例如，有一干燥过程，只用空气加热，进口温度 $t_1 = 150℃$，由于物料有热敏性，规定 $t_1' = 110℃$，其余热量在干燥器内加入，如图 17-4-3 所示，只用空气加热，为 AB 段。现空气只加热到 $110℃$。即 AB' 段为空气加热段，$B'B$ 段为干燥器供给热量段。此操作的优点是，由于干燥器内补充加热，可降低干燥空气温度，这对不能承受高温的物料特别有利。

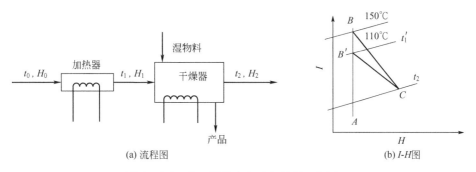

图 17-4-3 在干燥器内部分加热的干燥过程

(2) 中间加热空气的干燥 这种操作可以保持每段内温度基本相同，如图 17-4-4 所示。中间加热一次，即 $C'B''$ 段。若将空气一次加热，为了满足干燥所需的热量，必然加热到 B 点，这时空气温度将很高。采用中间加热的方式，可以显著地降低空气入口温度，同时，根据需要，各段温度可以任意调节，以利于热敏性物料在较低温度下的干燥。

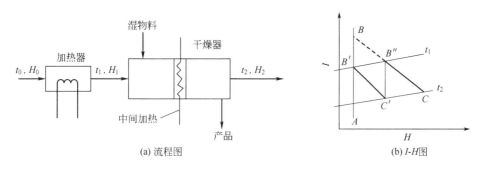

图 17-4-4 中间加热空气的干燥过程

(3) 部分废气循环的干燥 为了节省操作费用，或因过程需要，采用部分废气循环。如图 17-4-5 所示。由干燥器出来的废气一部分循环，大部分排放到大气中。若为绝热干燥过程，其过程在 I-H 图上用 AMB_1C 表示，见图 17-4-5(b)。

设在 1kg 绝干空气的新鲜空气内加入 n'(kg) 绝干空气的废气，则得到混合气的热焓为：

$$I_M = \frac{I_0 + n' I_2}{1 + n'} \quad (kJ \cdot kg^{-1}) \tag{17-4-12}$$

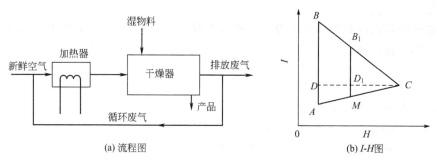

(a) 流程图　　　　　　　　(b) $I\text{-}H$图

图 17-4-5　部分废气循环的干燥过程

湿含量为：

$$H_M = \frac{H_0 + n' H_2}{1 + n'} \tag{17-4-13}$$

由式(17-4-13)得：

$$n' = \frac{H_M - H_0}{H_2 - H_M} \tag{17-4-14}$$

图 17-4-5(b) 上的点 M 表示混合气的状态，该点的位置可由下式决定：

$$\frac{AM}{MC} = \frac{DD_1}{D_1 C} = \frac{H_M - H_0}{H_2 - H_M} = n' \tag{17-4-15}$$

在这种干燥过程中，补充的（新鲜的）空气量或废气的排放量与基本干燥过程相同，即 $l = \frac{1}{H_2 - H_0}$。这就是说，只有排到大气中的废气，才能从干燥器中移走全部蒸发水分。

循环空气量亦为新鲜空气和废气的混合气量，计算式为：

$$l_n = \frac{1}{H_2 - H_M} \tag{17-4-16}$$

或

$$l_n = l(n' + 1) \tag{17-4-17}$$

部分废气循环的特点是：①节省能量，一般废气循环量为 20%～30%；②可以调节干燥器内湿度。

4.3　干燥器的分类与选择

4.3.1　干燥器分类的目的

工业上被干燥物料的种类极其繁多，物料特性千差万别，这就相应地决定了干燥设备类型的多样性。干燥装置组成单元的差别、供热方法的差别、干燥器内空气与物料的运动状态的差别等，又决定了干燥设备结构的复杂性。因此，到目前为止，干燥器还没有统一的分类方法。将干燥器进行分类，其目的在于：①便于根据物料特性，选择干燥器类型；②根据干燥器类型，便于进行干燥器的工艺计算与结构设计；③从分类中还可以看到，干燥同一种物料可用不同的几种干燥器来完成，据此可进行方案比较，选择最佳的干燥器型式。

4.3.2 按照操作方法和热量供给方法进行干燥器分类[1,2]

这种方法的分类如图 17-4-6 所示。

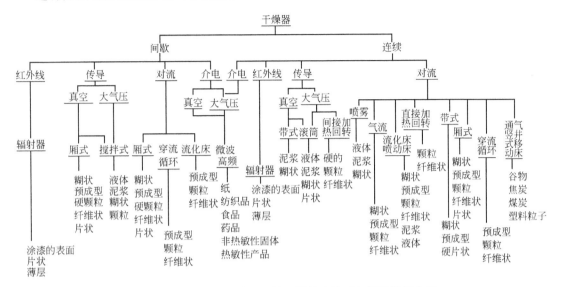

图 17-4-6　按照操作方法和热量供给方法对干燥器进行分类

4.3.3 按照物料进入干燥器的形状进行干燥器分类

此种分类方法如图 17-4-7 所示。

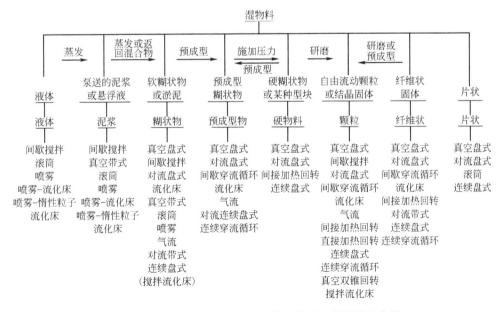

图 17-4-7　按照物料进入干燥器的形状对干燥器进行分类

4.3.4 按照附加特征的适应性进行干燥器分类

当物料具有易燃易爆及毒性危险时，或者物料对温度、氧化等敏感，或产品具有特殊形状等附加特征时，干燥器的分类如图 17-4-8 所示。

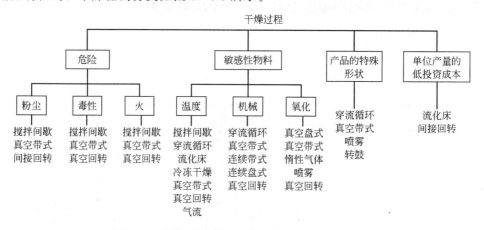

图 17-4-8 按照附加特征的适应性进行干燥器的分类

4.4 干燥器选择的原则

对于干燥操作来说，干燥器的选择是非常困难而复杂的问题，因而被干燥物料的特性、供热方法和物料-干燥介质系统的流体动力学等必须全部考虑。由于被干燥物料种类繁多，要求各异，故不可能有一个万能的干燥器，只能选用最佳的干燥方法和干燥器型式。

(1) 选择干燥器要考虑的因素 在选择干燥器型式时，要考虑下列因素：

① 被干燥物料的性质。a. 湿物料的物理特性；b. 干物料的物理特性；c. 腐蚀性；d. 毒性；e. 可燃性；f. 粒子大小；g. 磨损性。

② 物料的干燥特性。a. 湿分的类型（结合水、非结合水或二者兼有）；b. 初始和最终湿含量；c. 允许的最高干燥温度；d. 产品的粒度分布；e. 产品的色、光泽、味等。

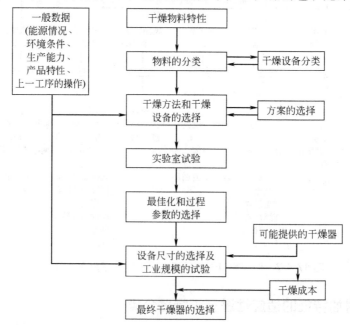

图 17-4-9 干燥器选择步骤的方块图

③ 回收问题。a. 粉尘回收；b. 溶剂回收。

④ 用户安装地点的可行性问题。a. 空间是否能布置此干燥系统；b. 可用的加热空气的能源类型及电能；c. 排放的粉尘条件；d. 噪声；e. 干燥前后的衔接工序。

干燥器最后的选择，通常按照一个优化的方案，即包括操作的总成本、产品的性质、安全的考虑和安装检修的方便等。

除上述之外，还要进行实验室试验，证明选择的型式是适用的。

(2) 干燥器选择的步骤 干燥器选择的起始点是确定或测定被干燥物料的特性，进行干燥试验，确定干燥动力学和传递特性以及干燥设备的工艺尺寸，进行干燥成本核算，最后确定干燥器型式。若几种干燥器同时适用时，要同时进行干燥试验，核算成本及比较方案，最后选择其中最佳者。

概括上述步骤，可用方块图表示在图 17-4-9 上。

4.5 干燥器工业应用经验数据

表 17-4-2 是根据统计分析许多工业干燥器以及干燥化学制品、药物制品和微生物制品提出的。表中的符号（×，○，△）是根据操作条件、流体动力学参数、吸附结构特性、干燥动力学和生产规模制定的，可以作为设计时的选型参考。表 17-4-2 是各种工业干燥器的经验数据，可以作为初步选型计算时的依据。

表 17-4-2 干燥器选型参考表

干燥器型式	产品规模			物料的集聚状态					物料的性质			
	小规模 (20~50 kg·h^{-1})	中规模 (50~1000 kg·h^{-1})	大规模 (大于1000 kg·h^{-1})	$d_p<$ 75mm	$d_p=$ 5~ 75mm	粉尘	糊状物	液体	热敏性 $T<$ 50℃	热敏性 $T=$ 50~ 100℃	热敏性 $T>$ 100℃	附着性
圆盘干燥器	△	×	×	△	△	△	△	×	○	△	△	○
真空圆盘干燥器	△	×	×	△	△	△	○	○	○	○	△	○①
旋转(盘式)喷雾干燥器	△	○	×	×	×	○	△	○	○	○	△	×
压力式喷雾干燥器	△	○	×	×	×	○	×	○	○	○	△	×
滚筒干燥器	△	○	×	×	×	△	○	○	○	○	△	×
回转干燥器	×	○	○	○	○	△	○②	△②	△③	△④	×
回转真空干燥器	△	○	×	○	○	△	○	×	○	○	△	×
具有蒸汽管的回转干燥器	×	○	○	○	○	△	×	×	△	○	○	×
回转内加热干燥器	△	○	×	○	○	△	×	×	△	○	○	×
回转内加热真空干燥器	△	○	×	○	○	△	○	×	○	○	△	×
搅拌间歇干燥器	△	○	×	○	○	△	○	×	○	○	△	△
带式干燥器	△	○	○	○	○	×	×	×	○	○	△	×
具有预成型辊子的带式干燥器	△	△	×	○	○	×	○	×	○	○	△	×
振动流化床干燥器	△	○	△	○	○	△	×	×	○	○	△	×
流化床干燥器	△	○	○	○	○	△	×	×	○	○	△	×
具有惰性气体的流化床干燥器	△	○	×	△	△	△	○	○	○	○	△	△
间歇流化床干燥器	○	△	×	○	○	△	×	×	○	○	△	×
喷动床干燥器	△	△	×	○	○	×	×	×	○	○	△	×
旋风干燥器和喷动床干燥器的组合	△	△	×	×	×	○	×	×	○	○	△	×
带粉碎机的旋涡干燥器	△	△	×	×	×	○	△	×	○	○	△	×
气流干燥器	△	○	△	×	×	○	×	×	○	○	△	×
旋转快速干燥器	△	○	×	×	×	○	△	×	○	○	△	×
螺旋干燥器	○	△	×	△	△	△	○	×	○	○	△	△
撞击干燥器	△	○	△	×	×	○	×	×	○	○	△	×
旋转撞击干燥器	△	△	×	×	×	○	×	×	○	○	△	×

续表

干燥器型式	物料的性质							干燥时间					
	非附着性	产生内聚力	磨损的	可燃的	可爆炸的	有毒的	有机溶剂	0.5～3s	3～30s	0.5～2min	2～20min	20～60min	超过1h
圆盘干燥器	△	△	○	×	×	×	×	×	×	×	○	△	△
真空圆盘干燥器	△	△	△	△	△	△	△	×	×	×	○	△	△
旋转(盘式)喷雾干燥器	△	△	△	△	△	○	○	△	△	×	×	×	×
压力式喷雾干燥器	△	△	△	△	△	○	○	△	△	×	×	×	×
滚筒干燥器	○	△	△	×	×	×	×	△	○	△	△	×	×
回转干燥器	△	○	△	△	×	×	×	×	△	△	○	△	△
回转真空干燥器	△	○	△	△	△	△	△	×	×	△	△	○	△
具有蒸汽管的回转干燥器	△	×	△	△	×	×	×	×	×	×	△	○	△
回转内加热干燥器	△	×	△	△	×	×	×	×	×	×	△	○	△
回转内加热真空干燥器	△	×	△	△	△	△	△	×	×	×	△	○	△
搅拌间歇干燥器	△	△	△	△	△	△	△	×	×	×	△	○	△
带式干燥器	△	△	○	○	×	○	×	×	×	×	△	○	△
具有预成型辊子的带式干燥器	△	○	△	△	×	△	×	×	×	×	△	○	△
振动流化床干燥器	△	○	○	△	△	△	△	×	△	○	△	×	×
流化床干燥器	△	×	○	△	△	△	△	×	△	○	△	×	×
具有惰性气体的流化床干燥器	△	×	△	△	△	○	○	×	△	○	△	×	×
间歇流化床干燥器	△	×	○	△	△	△	△	×	×	×	△	○	△
喷动床干燥器	△	×	△	△	△	△	△	×	△	○	△	×	×
旋风干燥器和喷动床干燥器的组合	△	×	×	△	△	△	△	△	○	△	×	×	×
带粉碎机的旋涡干燥器	△	△	△	△	△	△	△	△	△	△	×	×	×
气流干燥器	△	×	△	△	△	△	△	○	△	×	×	×	×
旋转快速干燥器	△	○	△	△	△	△	△	△	○	△	×	×	×
螺旋干燥器	△	×	○	△	△	△	△	×	△	○	△	×	×
撞击干燥器	△	△	△	△	△	△	△	○	△	×	×	×	×
旋转撞击干燥器	△	×	△	△	△	○	△	△	×	×	×	×	×

① 有搅拌装置；② 再循环；③ 并流；④ 逆流。
注：△表示推荐的；○表示可能适用；×表示不推荐。d_p 表示颗粒直径。

4.6 干燥器选型计算示例[3]

(1) 选型计算的目的 在给定物料种类和生产能力条件下，把适合干燥此物料的干燥器都挑选出来，估算每个干燥器的工艺尺寸及操作费用，以供设计者选择，最后确定一种型式后，再进行详细的计算。

(2) 选型计算的方法 选型计算的方法，是利用传热方程式求得干燥器容积（对流传热）或传热面积（传导传热）。具体计算方法如下。

对流传热间歇操作的干燥器传热方程式为：

$$Q = \alpha_a V(t - t_m) \tag{17-4-18}$$

对流传热连续操作的干燥器传热方程式为：

$$Q = \alpha_a V(t - t_m)_{t_n} \tag{17-4-19}$$

传导传热干燥器的传热方程式为：

$$Q = KA(t_K - t_m) \tag{17-4-20}$$

式中　　Q——干燥所需热量，W；

α_a——气固相间容积传热系数，$W \cdot ℃^{-1} \cdot m^{-3}$；

V——干燥器容积，m^3；

t——热风温度，℃；

t_m——物料温度，℃；

$(t-t_m)t_n$——入口和出口处的热风与物料的对数平均温度差，℃；

K——物料与热传导面的总传热系数，$W \cdot ℃^{-1} \cdot m^{-2}$；

A——与物料接触的加热面积，m^2；

t_K——热源温度，℃。

(3) 选型计算的步骤

① 计算所需热量 q 值。

② 根据具体情况，按表17-4-3选取 α_a 或 K 值。

表17-4-3　干燥器容积估算用表

热风给热间歇式干燥器				
型式	$\alpha_a / W \cdot ℃^{-1} \cdot m^{-3}$	临界含水率/%	$(t-t_m)/℃$	入口热风温度/℃
平行流厢式	200~350(α=20~35)④	>20	30~100①	100~150
穿流厢式	3500~9000(粒状) 1000~3500(泥状成型) (床层厚度 0.1~0.15m)	>20	50①②	100~150
热风给热连续式干燥器				
型式	$\alpha_a / W \cdot ℃^{-1} \cdot m^{-3}$	临界含水率/%	$(t-t_m)t_n/℃$	入口热风温度/℃
回转	100~200	2~3	逆流80~150 并流100~180	200~600 300~600
通气回转	350~1700	2~3	80~100	200~350
气流	3500~7000	1~2	100~180	400~600
流化床	2000~7000	2~3	50~130 (卧式多室和1室) 80~100(多段逆流)	100~600 200~350
喷雾	10~30(大粒,微粉)	30~50	80~90(逆流) 70~170(并流)	200~300 200~450
通风立式	6000~15000	2~3	100~150(逆流)	200~300
洞道式 (平行流)	200~350 (α=20~35)	>20	30~60①② (逆流) 50~70①②	100~200 100~200
平行流带式	50~90	>20	和洞道式平行流相同①③	100~200
穿流带式	800~2000	>20	40~60①②	100~200
热传导式干燥器				
型式	$K / W \cdot ℃^{-1} \cdot m^{-2}$ 物料接触加热面	临界含水率/%	$(t_K-t_m)/℃$	
热传导式	70~150(黏着性大时取小值)	2~5	50~100	

① 是表面蒸发阶段的值，按最大干燥速率计算。

② 是表面蒸发阶段，床层进出口热风与物料温度的平均值。

③ 在①的情况下，装置两端的平均值。

④ α——传热系数，$W \cdot K^{-1} \cdot m^{-2}$。

③ 参考表17-4-3选取$(t-t_m)$或$(t-t_m)_{t_n}$。

④ 用式(17-4-18)~式(17-4-20)计算出干燥器容积V或传热面积A。按常规的长径比L_D/D范围选取某一值，再选定D值后求出L_D值（L_D——干燥器的长度；D——干燥器的直径）。

【例17-4-2】 将$10t \cdot h^{-1}$湿状态的粒状物料由含水率15%干燥到1%，物料对热不敏感，选用回转圆筒干燥器或气流干燥器，采取并流操作进行操作，试求每个装置的容积大致是多少？已知：0℃时水的汽化潜热为$595 kJ \cdot kg^{-1}$。

解 并流操作时，蒸发热量为：

$$[(10 \times 10^3/3600)/(1+0.15)] \times (0.15-0.01) \times 595 \times 4.186 = 842.25 \quad (kW)$$

取比热容为$1.256 kJ \cdot kg^{-1} \cdot ℃^{-1}$，物料温度升至60℃，则显热量为：

$$[(10 \times 10^3/3600)/(1+0.15)] \times 60 \times 1.256 = 182.03 \quad (kW)$$

所需传热量为：

$$q = 182.03 + 842.25 = 1024.28 \quad (kW)$$

用回转干燥时，由表17-4-3取$(t-t_m)_{t_n} = 180℃$，α_a（气-固相间容积给热系数）$= 140 W \cdot ℃^{-1} \cdot m^{-3}$进行计算，则：

$$V = (1024.28 \times 10^3)/(180 \times 140) = 40.65 \quad (m^3)$$

取圆筒直径为2.5m，则截面积为：

$$(2.5)^2 \times (\pi/4) = 4.9 \quad (m^2)$$

长为：

$$40.65/4.9 = 8.30 \quad (m)$$

选用气流干燥时，由表17-4-3取$(t-t_m)_{t_n} = 180℃$，α_a（气-固相间容积给热系数）$= 5814 W \cdot ℃^{-1} \cdot m^{-3}$，则：

$$V = (1024.28 \times 10^3)/(180 \times 5814) = 0.98 \quad (m^3)$$

若取干燥管内径为0.4m，则长为：

$$0.98/[(0.4)^2 \times (\pi/4)] = 7.80 \quad (m)$$

通过计算，可以清楚看出，选择气流干燥器，生产费用远远低于回转圆筒干燥器。各种干燥器生产费用的比较可查看文献 [4]。

需要特别提及的是，干燥器的生产费用仅是参考项之一，装置的操作费用也是选型的重要依据，二者的权重应根据具体情况而定。

参考文献

[1] Williams-Gardner A. Industrial drying. London: George Goldwin Ltd, 1976.
[2] Nonhebel G. Drying of solids in the chemical industry. London: Butterworths, 1971.
[3] 化学工学協会. 化学工学便覧. 第5版. 東京: 丸善株式会社, 1988.
[4] Sapakie S F, Mihalik D R, Hallstrom C H, Chem Eng Progr, 1979, 75（4）: 44-49.

5

各种干燥方法及干燥器设计

5.1 厢式干燥器

5.1.1 厢式干燥器的结构和分类

厢式干燥器是一种外壁绝热、外形像箱子的干燥器，又称盘式干燥器或烘厢、烘房，是最古老的干燥器之一，目前仍被广泛应用于工业生产中。由于这种干燥器适用性强，几乎对所有物料都能进行干燥，再加上它适用于小批量、多品种物料的干燥，因此实验室、中间试验厂、工厂都安装有大小不同的这种干燥设备。可以说，这种干燥器的台数是干燥设备中最多的[1]。

如图 17-5-1 所示，厢式干燥器主要由一个或多个室或格组成，在其中放置装有被干燥物料的盘子。这些物料盘一般放在可移动的盘架或小车上，能够自由移动，进出干燥室。采用一个或多个风机来输送热风，使盘子上的物料得到干燥。有时，也可将物料放在打孔的盘子上，让热风穿过物料层。

干燥室可以采用钢板、砖、石棉板等建造。物料盘可以用碳钢板、不锈钢

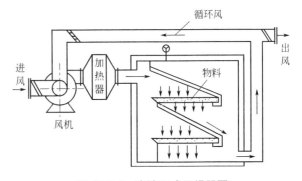

图 17-5-1 穿流厢式干燥器图

板、铝板、铁丝网等制成，视被干物料的特性而定，国外已经标准化，其尺寸为 800mm×400mm×30mm（长×宽×高），盘间距为 75mm。辅助设备有架子、小车、风机、加热器、除尘设备等。厢式干燥器一般为间歇操作，设备结构简单，投资少，几乎能够干燥所有物料。但这种干燥器每次操作都要装卸物料，体力劳动强度大，劳动卫生条件差，一般只限于每批产量在几千克至几十千克的情况下使用。

厢式干燥器的型式很多，按照内部热空气流动情况的不同，可将其分为平行流和穿流等型式。

5.1.2 平行流厢式干燥器

平行流厢式干燥器的气流方向与物料平行，热风在物料表面流动，以对流的方式与物料进行热量、质量交换，如图 17-5-2 所示。

(1) 热风速度 对于恒速干燥阶段，热风和物料表面之间的对流传热系数的经验关联式为：

$$\alpha = 0.057 L_g^{0.8} \tag{17-5-1}$$

式中 α——对流传热系数，$W \cdot m^{-2} \cdot ℃^{-1}$；
L_g——空气的质量流速，$g \cdot m^{-2} \cdot s^{-1}$。

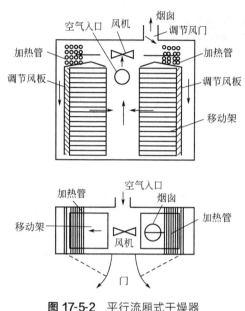

图 17-5-2 平行流厢式干燥器

由式(17-5-1)可见，要想提高干燥速率，就必须提高对流传热系数 α，即提高空气流速，但又必须小于物料的带出速度。因此，被干燥物料的密度、粒径和产品的状态等因素决定了干燥器内的热风速度，通常为 $1 m \cdot s^{-1}$ 左右，根据物料的特性可在 $0.5 \sim 3 m \cdot s^{-1}$ 范围内选取。对于降速干燥阶段，空气速度的影响较小。

(2) 物料层厚度 恒速干燥阶段为表面蒸发控制阶段，干燥速率仅决定于外部条件，与物料层厚度无关。对于降速干燥阶段，干燥速率为物料内部扩散控制，即物料层厚度的增加，将引起干燥速率的下降，使干燥时间延长。因此，在给定的干燥条件下，存在一个较佳的物料层厚度，可由实验确定，一般取 $20 \sim 50 mm$。

(3) 蒸发强度 蒸发强度为 $0.12 \sim 1.5 kg \cdot h^{-1} \cdot m^{-2}$，单位蒸汽消耗量为 $1.8 \sim 3.5 kg \cdot kg^{-1}$，体积传热系数为 $230 \sim 350 W \cdot m^{-3} \cdot K^{-1}$。

(4) 应用 平行流厢式干燥器适用于染料、颜料等干燥末期容易产生粉尘的泥状物料和药品等小处理量、多品种的粉状物料以及电器元件、树脂等需要程序控制的块状物料，还适用于兼有干燥与热处理的场合，以及除水量少而形状繁多的吸附水物料的场合等。这种干燥器虽然结构简单，适用于所有物料的干燥，但一般干燥时间长。其应用实例如表 17-5-1 所示[2,3]。

表 17-5-1 平行流厢式干燥器的应用实例

项目 \ 物料	颜料	染料	医药产品	催化剂	铁酸盐	氟硅酸钠	树脂	食品
处理量/kg	2000	850	150	900	3900	1450	200	30
原料水分(湿基)/%	80	75	40	75	40	30	5	15
制品水分(湿基)/%	1	1	0.5	2	0.5	8	0.5	4
原料堆积密度/$kg \cdot L^{-1}$	0.7	0.7	0.5	1.2	1.3	1.1	0.7	0.5
干燥时间/h	12	6	7	13	7	6	8	3
热风温度/℃	130→90	180→80	80	120	250	110	55	80
干燥面积/m^2	78	35	28	32	80	42	30	46
热源	蒸汽	蒸汽	蒸汽	重油	电力	蒸汽	蒸汽	蒸汽
动力/kW	11	7.5	1.5	6.25	14.7	4.45	1.5	2.2

5.1.3 穿流厢式干燥器

图 17-5-1 所示的是穿流厢式干燥器，其结构与平行流式相似，但物料盘的底由金属网

或多孔板制成，使热风能够均匀地通过物料层。

(1) 热风速度　通过物料层的风速一般为 $0.6 \sim 1.2 \mathrm{m \cdot s^{-1}}$。

(2) 物料层厚度　物料层厚度较大时，压力损失也大，所需风机的功率相应增加。根据经验，物料层厚度一般取 $25 \sim 50 \mathrm{mm}$ 为宜。当热风速度为 $0.7 \sim 1.0 \mathrm{m \cdot s^{-1}}$ 时，物料层厚度可采用 $45 \sim 65 \mathrm{mm}$。

(3) 蒸发强度　蒸发强度为 $2.4 \mathrm{kg \cdot h^{-1} \cdot m^{-2}}$，体积传热系数为 $3490 \sim 6970 \mathrm{W \cdot m^{-3} \cdot K^{-1}}$。干燥速率为平行流式的 $3 \sim 5$ 倍，物料干燥时间较短，一般为 $20 \sim 60 \mathrm{min}$。

(4) 压力损失　压力损失取决于物料的形状、物料层厚度及风速等，一般为 $190 \sim 490 \mathrm{Pa}$。

(5) 应用　穿流厢式干燥器只适用于干燥通气性好的颗粒状、条状和块状等物料，例如颗粒状谷物、葡萄干、胡椒，经切片加工的洋葱、胡萝卜、蒜、薯类，以及已成形的医药品、染料、汤的调味品等，否则会出现气流夹带物料或漏料问题。其应用实例如表 17-5-2 所示[2,3]。

表 17-5-2　穿流厢式干燥器的应用实例

项目 \ 物料	颜料	医药产品	催化剂	树脂	窑业制品	氨基酸
处理量/kg	200	260	370	35	100	200
原料水分(湿基)/%	60	65	—	35	31	50
制品水分(湿基)/%	0.3	0.5	—	10	3	2
原料堆积密度/kg·L^{-1}	0.56	0.5	0.92	0.8	0.51	0.5
干燥时间/h	5	6	—	3	40	1
热风温度/℃	60	80	400	150	100	80
干燥面积/m^2	6.5	5.8	4.6	0.63	6.6	6.8
热源	蒸汽	蒸汽	气体	蒸汽	电力	蒸汽
动力/kW	11	11	3.7	—	7.5	11

5.2　洞道式干燥器

洞道式干燥器（又称隧道干燥器）是指干燥室的外壳为一狭长的通道，物料被放置于小车或输送带上，或被悬挂起来，连续不断地进出通道，与其中的热风进行接触干燥。这是一种连续操作的干燥器，可用于木材、陶瓷制品、矿石等物料的干燥。干燥介质一般为热空气或烟道气等。洞道式干燥器结构简单，操作方便，而且能耗也不大，但干燥时间较长。由于物料相对于输送器是静止不动的，因此会出现物料干燥不均匀的现象。

5.2.1　洞道式干燥器的分类及特点

洞道式干燥器的型式很多，根据干燥介质与物料接触的方式不同，可分为逆流、并流和混合流三种，如图 17-5-3 所示。混合流兼有逆流和并流的优点。湿物料进入干燥器内先与高温而湿度小的热风并流接触，得到较高的干燥速率。经过一段时间的干燥后，热风温度下降，湿度增加，干燥速率迅速下降，这时物料又开始与另一股热气流进行逆流接触，使邻近出料的物料和温度高、湿度小的热气流接触，而使产品达到较低含水量，且后面的逆流接触，传热传质推动力亦较并流均匀。

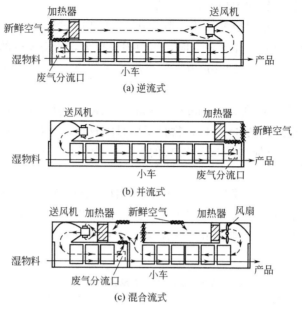

图 17-5-3 洞道式干燥器示意图[4,5]

5.2.2 洞道式干燥器的设计

洞道式干燥器的设计与计算,一般先对被干燥物料进行模拟实验,以确定所需干燥时间,再确定洞道长度和洞道截面积。

(1) 热风速度　洞道式干燥器内的气流速度一般为 $2\sim 3\mathrm{m\cdot s^{-1}}$,在保证物料不被吹落的前提下,还可以适当提高。由于热风沿洞道长度上的温度降较大,因此气流速度变化亦较大。可采用部分废气循环的方式,使干燥介质的温度提高,从而相对缩短洞道的长度。

(2) 干燥室　洞道式干燥器的器壁可用砖或带有绝热层的金属材料制成。根据进料速度和干燥时间等来确定洞道长度,洞道式干燥器的长度一般不超过 50m。洞道的宽度主要取决于洞顶所允许的跨度,通常不超过 3.5m。物料输送器与器壁间的间隙,在气流阻力允许的情况下应尽量缩小,以防止大量干燥介质从缝隙中流过而不能充分利用,通常的间隙是 $70\sim 80\mathrm{mm}$;当在一个洞道内铺有双轨时,小车之间的距离要求不大于 75mm。

(3) 干燥小车　洞道式(或厢式)干燥器常将被干燥物料放置在小车上进行干燥。根据物料的外形和干燥介质的循环方向,可设计出不同结构和尺寸的小车。图 17-5-4 是被干燥

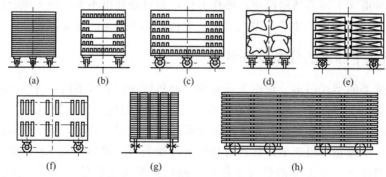

图 17-5-4 被干燥物料在小车上放置的示意图

物料在小车上放置的示意图。小车的长 1.6m、高 2m、质量约 250kg。图 17-5-4(a) 是将松散物料放置在浅盘中的情况，料盘与搁架之间的距离约为 100mm，物料层厚度约为 20～30mm。图 17-5-4(b)、(c) 是在平板上放置砖的情况，沿高度方向的间距为 250mm，宽度间距约为 100mm。图 17-5-4(d) 是皮革悬挂在支架上的情况。图 17-5-4(e) 是羊毛或纤维放在小车托盘上的情况。图 17-5-4(f) 是将棉纱、人造丝束挂在管子或支架上的情况。图 17-5-4(g) 是木质垫板上放置木材的情况。图 17-5-4(h) 是在小车上放置锯开的长木板的情况。

5.3 带式干燥器

带式干燥器是由厢式干燥器发展而来的一种连续操作的干燥器。它是将湿物料置于一层或多层连续运行的带上，用热风进行干燥的。带式干燥器一般制成多层式，物料靠重力依次自上一层带上落至下一层带上，直至干燥完毕离开干燥器。这样既保证物料在干燥器内有足够的停留时间，又能不断翻抄，达到均匀干燥的目的，而且还节省场地。这种干燥器一般适用于散粒状、块状等物料的干燥，对于泥状物料，可适当成形后进行干燥，也有将成形机与干燥器联合使用的，以改善干燥物料的均匀性，防止粉尘飞扬。带式干燥器通常可分为平流和穿流等型式。

5.3.1 平流带式干燥器

热风平行地流过随输送带运行的物料表面的干燥器，为平流带式干燥器，如图 17-5-5 和图 17-5-6 所示。其特点是输送带上不打孔，热风在物料表面上可以是逆流（图 17-5-5）或并流（图 17-5-6）流动。输送带一般由金属条制成。由于物料是堆积在水平循环的输送带上，故不受振动和冲击，不会破碎。物料层的厚度直接影响干燥速率，即物料层越厚，干燥速率越低，物料厚度取决于物料表面状态，一般由实验来确定。物料在干燥器内的停留时间通常为 0.5～2.5h，干燥强度为 1.6～4.7kg·h^{-1}·m^{-2}。

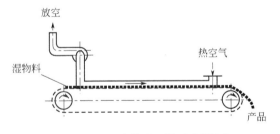

图 17-5-5　平流带式干燥器（逆流）

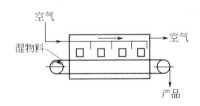

图 17-5-6　平流带式干燥器（并流）

5.3.2 穿流带式干燥器

物料放在多孔板或金属丝网制成的水平输送带上，热风穿过物料层进行干燥的干燥器，称为穿流带式干燥器，如图 17-5-7 和图 17-5-8 所示。它有向下通风型、向上通风型和复合通风型。物料层的厚度须均一，不然会造成气体短路，使产品质量下降。物料层厚度与其形状有关，通常由实验确定。输送带的正面通风速度一般为 0.5～1.5m·s^{-1}，也有达到 2～3m·s^{-1} 的；干燥时间为 0.2～2.5h；干燥强度为 6～16.6kg·h^{-1}·m^{-2}。

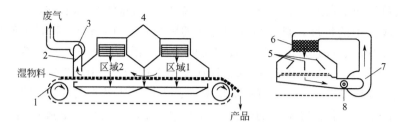

图 17-5-7 向下穿流的两区域带式干燥器

1—多孔带；2—排气调节阀；3—引风机；4,6—加热器；5—空气分布挡板；
7—循环风机（每区一个）；8—空气入口和调节阀

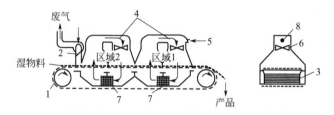

图 17-5-8 先向下后向上穿流的两区域带式干燥器

1—多孔带；2—排气调节阀；3,7—加热盘管；4,6—循环风机；5,8—空气入口和调节阀

此外，要注意输送带的侧面及装置出入口的密封问题，否则会出现漏气，造成气体短路，使干燥速率和热效率下降。

5.3.3 应用实例

表 17-5-3 和表 17-5-4 为带式干燥器的操作实例及一些物料的干燥数据[2,3]。

表 17-5-3 带式干燥器的操作实例

物料 项目	压型矿石	钛白粉	有机药品	碳酸镁	钛白粉类似物		壳类	人造纤维	长纤维	短纤维
带的种类	金属网	金属网	金属网	金属网	多孔板		金属网	金属网	网目板	网目板
带长×带宽/m	14.5×2.2	56×2.2	5.6×1.5	11×2.2	12.6×2.5		5×0.7（三段）	约15×1.8	21.6×0.3	22.5×1.5
物料层厚度/mm	100	40~50	30	45	—		50~60	30	20~50	60~70
供料量/kg·h^{-1}	5000	250	150	210	450		420	300	—	—
供料方式	皮带机	挤压机	溜槽	挤压机	挤压机		自然落下	散布式	—	料仓
原料水分(干基)/%	18	82	64.5	—	233	89	35	160	45	40
产品水分(干基)/%	2	0.005	0.001	0.01	89	0.5	16	12	6.5	6.5
蒸发量/kg·h^{-1}	800	204	97	410	648	400	75.6	455	约95	40
热空气温度/℃	150	130	70	150	200	100	60	100	30~80	约90
热空气速度/m·s^{-1}	0.8	1.0	1.1	1.0	0.9	0.9	1.2	2.0	9~12	—
压力损失/Pa	300~400	—	300				1500	500		38
干燥时间/h	0.5	1	0.4	5/6	2/15	1	2/3	1/6	0.1	1/12~1/7
安装功率/kW	25	5	7.5	5	5	7.5	5×2	—	2×12	10

表 17-5-4　一些物料的干燥数据

物料	湿物料状态	含水量/kg·kg⁻¹			物料层厚度/mm	热空气温度/℃	热空气速度/m·s⁻¹	干燥时间/min
		初始	临界	终了				
钛白粉	挤压后	1.02	0.60	0.10	38	154	1.4	10.5
钛白粉	挤压后	1.07	0.65	0.29	81	154	0.85	10
立德粉	挤压后	0.72	0.28	0.0013	62	120	1.15	30
立德粉	粗料,挤压后	0.67	0.26	0.0007	76	120	0.9	85
氢氧化铝	过滤机滤饼	9.6	4.50	1.15	38	60	1.1	150
石棉纤维	片状,挤压后	0.47	0.11	0.008	76	138	0.88	9.3
硅胶	粒状	4.5	1.6	0.218	38～65	52	0.9	110
硅胶	粒状	4.51	1.85	0.15	38～65	120	0.85	25
乙酸纤维	粒状	1.09	0.35	0.0027	19	120	0.85	12
乙酸纤维	粒状	1.09	0.30	0.0041	25	120	0.55	18
碳酸钙	挤压后	1.69	0.98	0.255	12	137	1.4	15
碳酸钙	挤压后	1.41	0.45	0.05	19	137	1.0	20
瓷土	挤压后	0.443	0.20	0.008	70	102	1.0	30
瓷土	挤压后	0.36	0.14	0.0033	90～100	120	1.5	20

5.4　气流干燥器

5.4.1　气流干燥的工作原理及特点

5.4.1.1　气流干燥的工作原理

气流干燥是指采用适当的加料方式，将泥状及粉粒体状等湿物料连续加入干燥管内，在高速热气流的输送和分散中，使湿物料中的湿分蒸发，得到粉状或粒状干燥产品的过程。典型的气流干燥装置工艺流程如图 17-5-9 所示，主要由空气加热器、加料器、气流干燥管、旋风分离器、风机等组成。

5.4.1.2　气流干燥的特点

(1) **干燥强度大**　由于物料在气流中高度分散，颗粒的全部表面积即为干燥的有效面积，因此传热传质强度较大。直管形气流干燥器的体积传热系数一般为 2300～6950 W·m⁻³·℃⁻¹，而带粉碎机型气流干燥器的体积传热系数可达 3470～11700 W·m⁻³·℃⁻¹。

(2) **干燥时间短**　干燥介质在气流干燥管中的速度一般为 10～20 m·s⁻¹，气-固两相之间的接触干燥时间很短，一般为 0.5～2s；又是并流操作，因此特别适用于热敏性物料的干燥。

(3) **气流干燥管结构简单**　占地面积小，易于建造和维修。

(4) **处理量大，热效率高**　当干燥非结合水时，热效率可达 60%。

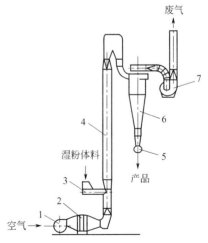

图 17-5-9　气流干燥装置的工艺流程[10]

1—鼓风机；2—空气加热器；3—加料器；
4—干燥管；5—旋转阀；
6—旋风分离器；7—风机

(5) 系统阻力大 由于操作气速高,干燥系统压降较大,故动力消耗大;而且干燥产品需要用旋风分离器和袋滤器等分离出来,因此分离系统负荷较重。

(6) 干燥产品磨损较大 由于操作气速高,因此物料易被粉碎、磨损,难以保持干燥前的结晶形状和光泽。

5.4.1.3 气流干燥的适用范围

(1) 物料状态 气流干燥以粉状或颗粒状物料为主,其颗粒直径一般为 0.5~0.7mm 以下,至多不超过 1mm。对于块状、膏糊状或泥状物料,应选用带粉碎机、分散器或搅拌器等类型的气流干燥器,使湿物料的干燥和破碎或分散同时进行,也使干燥过程得到强化。

气流干燥中的高速气流易使物料破碎、磨损,因此气流干燥不适用于需要保持完整结晶形状和光泽的物料。极易吸附在干燥管上的物料(如钛白粉、粗制葡萄糖等)不宜采用气流干燥。对于有毒或粒度过细的物料,亦不宜采用气流干燥。

(2) 湿分状态 由于气流干燥的操作气速高,气-固两相的接触时间短,因此气流干燥一般仅适用于进行物料表面蒸发的恒速干燥过程,物料中的水分应以润湿水、孔隙水或较粗管径的毛细管水为主,此时可获得湿分低达 0.3%~0.5% 的干燥产品。对于吸附性或细胞质物料,若采用气流干燥,很难将其干燥到含湿分 2%~3% 以下。对于湿分在物料内部的迁移以扩散控制为主的湿物料,气流干燥一般不适用[2,6]。

5.4.2 气流干燥器的类型

由于被干燥物料的性质和形状不同,对干燥产品的要求不同,出现了各种型式的气流干燥装置。现将比较典型的气流干燥装置加以介绍[2,3,6~13]。

5.4.2.1 直管形气流干燥器

直管形是应用最广的一种气流干燥器。它的最大优点是结构简单、制造容易。如图 17-5-10 所示。在干燥管的进料部位,湿物料颗粒与上升气流间的相对速度最大,随着颗粒不断被加速,两者的相对速度随之减小。当其等于颗粒的沉降速度时,颗粒进入等速运动阶段,并保持至干燥管出口。在颗粒的加速运动阶段,气-固两相间的温差较大,单位干燥管体积内具有较大的传热传质面积,因此这一阶段具有较大的干燥强度。在等速运动阶段,气-固两相间的相对速度不变,颗粒已具有最大的上升速度,相对于加速阶段,单位干燥管体积内具有的颗粒表面积较小,所以该阶段的传热传质速率较低。加速运动阶段的长度一般为 2~3m。

图 17-5-10 直管形气流干燥器

直管形气流干燥器的管径通常为 0.3~0.5m,管长一般为 10~20m,有的长达 30m 以上。国外已有管径 1.5m 的气流干燥器,最大处理量可达 80t·h^{-1},蒸发量为 8t·h^{-1}。对于干燥产品湿含量要求不高,或者水分与物料的结合力不强而易干燥的散状物料,可适当缩短等速运动阶段的长度,即出现了短直管形气流干燥器。在厂房高度受到限制时,干燥管也可倾斜放置。国内外直管形气流干燥器的使用情况如表 17-5-5 所示。

5.4.2.2 脉冲型气流干燥器

脉冲型气流干燥器是将干燥管的管径做成交替扩大和缩小的型式,使物料(颗粒)不断地被加速和减速的干燥器。如图 17-5-11 所示。加速运动阶段在气流干燥管中所占的长度比

表 17-5-5 直管形气流干燥器的工业应用实例

物料	原料湿含量/%	产品湿含量/%	热风入口温度/℃	废气出口温度/℃	产品产量/kg·h^{-1}	干燥管直径×长度/m
非那西汀	20	57	140～150	—	175	ϕ0.25×14.3
阿司匹林	2.5～5	0.2	80	60	200	ϕ0.30×12.5
安乃近	20	4～5	100	70	150～200	ϕ0.25×10.0
玫瑰精	35	3～4	180	60	100	ϕ0.37×11.0
草酸	4～5	0.5	120	40	380	ϕ0.30×15.0
乙酸钠	10	2～3	80～90	—	1000	ϕ0.20×(5～6)
味精	4～5	0.1	100	—	125	ϕ0.20×10.0
聚甲醛	20	1	135	65	125	ϕ0.20×13.5
药用小苏打	3	0.05	110	—	15000kg·d^{-1}	ϕ0.20×12.0
食用小苏打	3.9	0.2	180～240	50～70	2600kg·d^{-1}	ϕ0.20×12.0
焦亚硫酸钠	5～6	0.05	100	40	100	ϕ0.12×3.4
葡萄糖	16～17	9.1	90	40	400	ϕ0.20×1.8
针剂葡萄糖	>50	8	120	—	500t·a^{-1}	ϕ0.20×15.0
NH$_4$HCO$_3$	5	<0.5	140～150	50～60	4000	ϕ0.478×18.5
NH$_4$HCO$_3$	6	0.5	150～160	50	6000	ϕ0.476×21.0
氟硅酸钠	4～5	0.1～0.2	260～310	58	500	ϕ0.20×17.0
氟硅酸钠	12	<0.5	400	160	625	ϕ0.15×14.0
小麦淀粉	40～41	12～14	240～260	50～55	(6～6.6)×10^3 kg·d^{-1}	ϕ0.25×13.0
保险粉	14～19	0.2	200	100	372	ϕ0.15×4.5
玉米淀粉	40	13	120～130	40	1900～2000	ϕ0.35×10.0
玉米淀粉	40	13	120～130	40	1900～2000	ϕ0.35×7.0
硼砂	4～5	0.5	70～90	50	600	ϕ0.20×9.4
硼砂	4.28	2	93	50	800	ϕ0.29×2.0
硼砂	4.28	2	93	50	800	ϕ0.50×4.5
硫铵	1.8～2.5	0.02～0.08	100～115	70～90	1500～2500	ϕ0.45×16.0
催化剂	18～25	<5	110～130	60	3000～4000kg·d^{-1}	ϕ0.219×15
微球催化剂	25	13	500～580	130～150	15000kg·d^{-1}	ϕ0.30×15
硬脂酸盐	40～50	—	105～200	70～80	150	ϕ0.20×9.0
福美双(四甲基秋兰姆二硫化物)	50	约1	170	42～50	75	ϕ0.30×7.0
苯甲酸	25	0.5	110	60	75	ϕ0.30×8.0
磺胺(SN)	6～8	2～3	128～132	70	400	ϕ0.30×18.0
磺胺(SN)	20	1	110～120	50	125	ϕ0.30×8.0
六六六	12～14	5～6	90	40～50	1250	ϕ0.40×25.0
促进剂 M.D.M	20	<0.5	150	50～80	80	ϕ0.30×40.0
吡唑酮	15	0.6	90～110	55～60	250～300	ϕ0.35×13.0
磺化煤	60～70	20～40	250	—	500	ϕ0.377×14
717离子交换树脂	4～7	0.1～0.4	120	70～80	100	ϕ0.10×28.0
对乙酰氨基酚	6～7	0.5	135～140	75～80	72	ϕ0.12×8.5
对氨基酚	10	0.4	240	70	100	ϕ0.10×4.5
季戊四醇	11～12	0.3	200	—	100～150	ϕ0.10×8.0
淀粉	42.9	12.7	148	38	740	—
淀粉	37	11.6	129	40	3033	—
锯屑	77	50	220	60	4600	ϕ0.38×16.0
次亚硫酸钠	5.8	0.2	150	108	50	ϕ0.05×10.0
熔融磷肥	5	0.3	200	—	6000	ϕ0.42×30.0

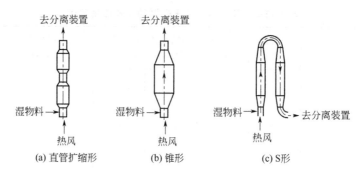

图 17-5-11 脉冲型气流干燥器

例并不大,但可除去湿物料中的大部分水分。物料首先进入管径小的一段,高速气流使物料颗粒被加速,当加速运动接近终了时,干燥管径突然扩大,使气流速度骤然下降,而颗粒由于惯性进入扩大段。由于颗粒受到阻力的作用而不断被减速,直至气-固两相间的相对速度再一次等于颗粒的沉降速度时,干燥管径突然缩小,颗粒又被加速。如此反复,使颗粒总是被加速或减速,大大强化了传热传质过程,提高了设备的干燥能力,从而可进一步缩短干燥管的长度。脉冲型气流干燥器的使用情况如表 17-5-6 所示。

表 17-5-6 脉冲型气流干燥器的工业应用实例

项目\被干燥物料的名称	亚硫酸钠	对乙酰氨基苯磺酰胺	缩合物	苯甲酸	蓝 BB	糠氯酸
产品粒度	平均粒度 293μm		100 目	80 目		40～50 目
进料湿含量/%	10	20	20	25	70	15～20
产品湿含量/%	0.5	0.3～0.5	0.5 以下	0.5	0.1	2
热风进口温度/℃	250	130		110	120	150～160
废气排出温度/℃	95	76～80		60		
产量/kg·h^{-1}	180	250	80	75	50	400
脉冲减速管直径/m	0.2	0.3	0.25	0.45	0.35	0.25
脉冲加速管直径/m	0.1	0.15	0.15	0.30	0.20	0.15
干燥管长度/m	加速 1.10×1.72 两段 减速 0.67 一段	加速 1.8 减速 1.2	10	8	16.8	10～12
干燥管材料	碳钢	碳钢	碳钢	铝	碳钢	不锈钢和酚醛树脂
加热方式	煤直接燃烧	蒸汽 0.5MPa	蒸汽 0.3MPa	蒸汽 0.4～0.6MPa	蒸汽	蒸汽 0.6～0.7MPa
加热器型式 加热方式×动力	— 螺旋加料× 0.7kW	翅片换热器 文丘里吸料× 0.35MPa 压缩空气	翅片换热器 螺旋加料× 1.7kW	翅片换热器(75m²) 螺旋加料× 1.9kW	翅片换热器	翅片换热器 螺旋加料× 1kW
出料方式×动力	星形出料× 0.7kW					
鼓风机功率/kW	5.5	7	28	4.5kW×2	20	
风量×风压/m³·h^{-1}×Pa	570×3500		8100×7000			
一级旋风分离器直径/m	φ0.25	φ0.25	φ0.40	φ0.45	φ0.35	φ0.25×4
二级除尘器	—	—	旋风分离器	旋风分离器		袋滤器

5.4.2.3 倒锥形气流干燥器

倒锥形气流干燥器的管径沿气流方向逐渐扩大,从而使管内气流速度逐渐减小,不同粒度颗粒分别分散在不同高度。由于物料在干燥过程中水分蒸发而逐渐变轻,故其带出速度逐渐减小,采用倒锥形气流干燥器增加了物料在干燥管中的停留时间,同时也缩短了管子的长度,如图 17-5-12 所示。

5.4.2.4 套管形气流干燥器

如图 17-5-13 所示,套管形气流干燥器的气流管有内管和外管之分。湿物料与热风从内管下部进入,然后由顶部导入内外管的环隙内,再排出。采用这种结构可避免内管的热损失,提高热效率,并适当缩短干燥管的长度。套管形气流干燥器已用于癸二酸和酒糟等物料的干燥。

图 17-5-12 倒锥形气流干燥器

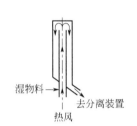

图 17-5-13 套管形气流干燥器

5.4.2.5 旋风型气流干燥器

如图 17-5-14 所示,旋风型气流干燥器的结构型式如同一般的旋风分离器。热风夹带着湿物料颗粒以切线方向进入干燥器内作旋转运动。由于是旋转运动,气-固两相间的相对速度大大增加,颗粒对气流的不断扰动,使其周围的气体边界层处于高度湍流状态,从而提高了传热传质速率。旋转运动也对物料有粉碎作用,增大了颗粒的传热传质表面积,强化了干燥过程。这种干燥器的结构简单、体积小,对憎水性、不怕破碎的物料尤为适用。旋风型气流干燥器的切线进气速度一般为 18~20m·s^{-1},中心管内速度为 20~23 m·s^{-1}。旋风型气流干燥器的干燥室直径一般为 0.3~0.5m,最大为 0.9m。

5.4.2.6 带分散器型气流干燥器

如图 17-5-15 所示,其特点是在干燥管下部装一分散器,可将因含有水分而凝聚、在热气流中不易分散的颗粒状、混入易破碎的块状物的物料等,通过分散器加入热气流中。它适合于含水量较低、松散性尚好的块状物料,如离心机、过滤机的滤饼,以及磷石膏、碳酸钙、氟硅酸钠、黏土、咖啡渣、污泥渣、玉米渣等。如果湿物料含水量较多,可返回部分料以改善操作。

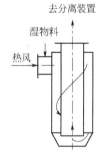

图 17-5-14 旋风型气流干燥器

5.4.2.7 带粉碎机型气流干燥器

如图 17-5-16 所示,干燥管下部安装的粉碎机用于粉碎块状湿物料,减小粒径,增加物料表面积,强化干燥过程,其体积传热系数可达到 3470~11700W·m^{-3}·℃$^{-1}$。大量水分在粉碎过程中得到蒸发,一般情况下可完成汽化水分量的 50%~80%,这样便于采用较高的

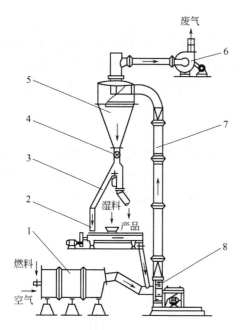
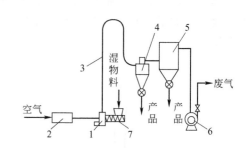

图 17-5-15 带分散器型气流干燥器
1—燃烧室；2—混合器；3—干料分配器；4—加料器；
5—旋风分离器；6—风机；7—干燥管；8—鼠笼式分散器

图 17-5-16 带粉碎机型气流干燥器
1—粉碎机；2—加热器；3—干燥管；4—旋风分离器；
5—袋滤器；6—风机；7—加料器

进气温度，以获得较高的生产能力和热效率。对于许多热敏性物料，其进气温度仍可高于其熔点、软化点和分解点。

5.4.2.8 部分干料返回型气流干燥器

如图 17-5-17 所示，当物料水分含量比较高，供料困难时，可返回部分干燥产品，用混合机将湿物料调整到不黏结为止。

5.4.2.9 闭路循环型气流干燥器

如图 17-5-18 所示，干燥介质（氮气等惰性气体）组成封闭回路，产品由旋风分离器排出，含有少量细粉的干燥介质气体和蒸汽混合物进入冷凝冷却洗涤器，将蒸汽冷凝成凝液，

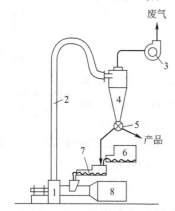
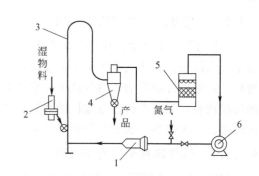

图 17-5-17 部分干料返回型气流干燥器
1—粉碎机；2—干燥管；3—风机；4—旋风分离器；
5—旋转阀；6—加料器；7—混合机；8—加热器

图 17-5-18 闭路循环型气流干燥器
1—加热器；2—加料器；3—干燥管；
4—旋风分离器；5—冷凝冷却洗涤器；6—风机

微小细粉也被洗涤下来，与凝液一起由洗涤器底部排出，不凝性干燥介质气体经加热器加热后再循环使用。闭路循环型气流干燥系统的主要应用有以下三个方面：

① 干燥过程中，物料和空气接触会被氧化、变质或发生爆炸，或蒸发出的成分是有机溶剂气体时，使用氮气等惰性气体作为干燥介质。

② 与用蒸发成分相同的过热有机溶剂气体作为干燥介质，可达到回收溶剂的目的。

③ 在干燥过程中产生有臭味的气体，干燥后的气体要全部燃烧脱臭或吸附脱臭。

5.4.2.10 环形气流干燥器

(1) 普通环形气流干燥器 如图 17-5-19 所示，是将直管做成环形，其中一部分具有套管形的作用，从而大大缩短干燥管的长度，它可以做成任意形状，设备布置非常方便，可以在有限空间内布置相当长的气流干燥管。

(2) 带分级器环形气流干燥器 带分级器环形气流干燥器是一个具有内"离心分级器"的环形气流干燥器。分级器的内部装有可调节的导流挡板，可有选择地调整物料的停留时间，其工作原理如图 17-5-20 所示。它利用环流空气的离心力作用，将固体物料富集形成一移动层，较重的物料在外侧，较轻的物料在内侧；通过调节分级器内的导流挡板，可将干燥好的轻而细的物料一次性通过干燥管，与废气一起离开干燥器，进入产品收集系统，不会出现过干现象；粗而重的未干燥好的物料则被分离出来，在干燥系统进行一次或多次循环，直到成为合格产品为止。

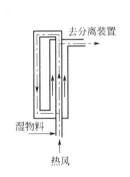

图 17-5-19 普通环形气流干燥器

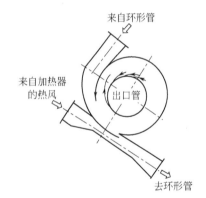

图 17-5-20 带分级器环形气流干燥器工作原理示意图

带分级器环形气流干燥器的型式有很多，这里只介绍四种。

① 管道式垂直分级器环形气流干燥器，如图 17-5-21 所示，与普通形相比，管道式垂直分级器环形气流干燥器多了一个分级器。它可以将 40%～60% 的产品返回到进料点。这种结构的干燥器适用于非热敏性物料、产品分级程度要求不高的情况，而且可以制造成高蒸发能力的大型装置。

② P 形管道式垂直分级器环形气流干燥器，如图 17-5-22 所示，这种装有分级器结构的环形气流干燥器特别适用于热敏性物料，未干燥好的物料进入干燥器温度较低的部分进行循环干燥，直到干燥好为止。

③ 卧式分级器环形气流干燥器，如图 17-5-23 所示，这种装置装有一个多级卧式分级器，因此有较高的循环率，对于非热敏性或粗颗粒物料，常与粉碎机联用来控制产品的粒度。由于这种干燥器对停留时间和颗粒粒度有较高的控制程度，所以其适用范围很广，从小

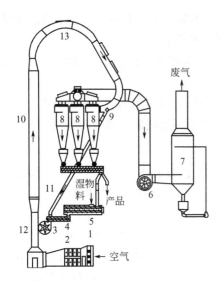

图 17-5-21 管道式垂直分级器环形气流干燥器

1—空气过滤器；2—空气加热器；3—分散器；
4—螺旋加料器；5—混合器；6—风机；7—洗涤器；
8—旋风分离器；9—分级器；10—干燥管；
11—物料循环管；12—文丘里管；13—环形管

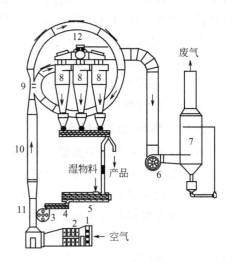

图 17-5-22 P形管道式垂直分级器环形气流干燥器

1—空气过滤器；2—空气加热器；3—分散器；
4—螺旋加料器；5—混合器；6—风机；
7—洗涤器；8—旋风分离器；9—分级器；
10—干燥管；11—文丘里管；12—环形管

产量药品和精细化工产品，到大产量食品、化工产品和矿产品等都适用。

④ 半闭路循环的带分级器环形气流干燥器，如图17-5-24所示，在装置的底部安装一台

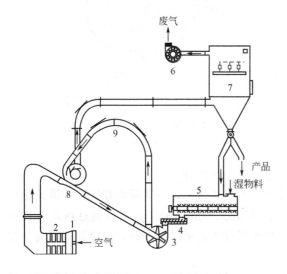

图 17-5-23 卧式分级器环形气流干燥器

1—空气过滤器；2—空气加热器；3—分散器；
4—螺旋加料器；5—混合器；6—风机；
7—袋滤器；8—分级器；9—环形管

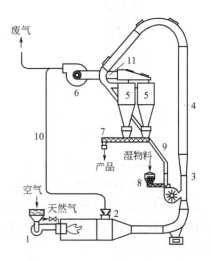

图 17-5-24 半闭路循环的带分级器环形气流干燥器

1—鼓风机；2—空气加热器；3—文丘里管；
4—干燥管；5—旋风分离器；6—引风机；
7—螺旋输送器；8—加料器；9—物料循环管；
10—废气循环管；11—分级器

内粉碎机,可将团(块)状物料粉碎到要求的粒度,同时增加了物料的干燥表面积。由于热气流和悬浮的再循环物料在高速下连续通过粉碎机,使这种干燥器能有效处理难以干燥的物料,且生产能力很大,可达 100～15000kg·h^{-1},空气耗量可达 160000m^3·h^{-1}。这种干燥器尤其适用于黏性物料(如麦麸等)的干燥,在粉碎机内可除去大部分水分,余下水分的蒸发在干燥管内完成,物料的循环量可达进料量的 50%。

(3) 环形喷射气流干燥器 图 17-5-25 为环形喷射气流干燥器的工艺流程图,图 17-5-26 是这种干燥器的主体结构示意图。其总体结构为一个环形管,在干燥管上装有热气体喷嘴,喷射的气流对物料有粉碎作用,使气-固两相得到强烈混合;在干燥段和分级段中,分别设有循环结构,未干燥好的物料再次进入干燥段进行干燥。这是一种瞬间完成的气流干燥器,产品温度几乎不升高,可以安全干燥热敏性或低熔点物料,可以干燥液态、泥状物料。对于粉状、滤饼状湿物料,加料器可采用旋转阀或螺旋输送器;对于液态或泥状物料,可采用高精度泥浆泵。

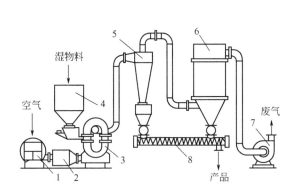

图 17-5-25 环形喷射气流干燥器的工艺流程图
1—鼓风机;2,4—加料器;3—干燥器;
5—旋风分离器;6—袋滤器;7—引风机;8—螺旋出料器

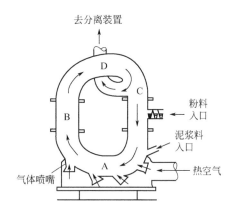

图 17-5-26 环形喷射气流干燥器的主体结构示意图
A—干燥段;B—输送段;C—循环段;D—分级段

环形喷射气流干燥器的气体入口温度一般为 100～500℃,喷射气体的压力约为 100kPa,热效率可达 60%～90%,容积传热系数可达 8000～25000kJ·m^{-3}·h^{-1}·℃$^{-1}$,在 500℃的蒸发能力可达 1t·h^{-1}。

5.4.2.11 旋流气流干燥器

如图 17-5-27 所示,在很短的干燥管中,物料有很长的停留时间(若不计返混延长的时间,可增加 4 倍),物料的停留时间与干燥器的几何尺寸不存在直接关系。湿物料与热气流一起进入干燥器的环隙内,辅助热气流从内管的通气孔切向射入主气流中,湿物料在内外管的环隙干燥室中沿螺旋线运动。干燥器的底部收集器装有配重平衡装置,使超重颗粒(团块、石头、金属杂质等)自动排出。辅助热气流产生加强初始螺旋运动的气动效应,并补偿由于水分蒸发使主气流降温而引起的干燥热损失。

旋流气流干燥器可以处理颗粒状非黏性物料,如硫酸铝、铜粉、活性炭、黄铁矿、橡胶粒、碎稻草、洗涤剂等。

5.4.2.12 文丘里气流干燥器

如图 17-5-28 所示,一次热风通过文丘里喉管产生的吸力,把湿物料和循环热风引入文

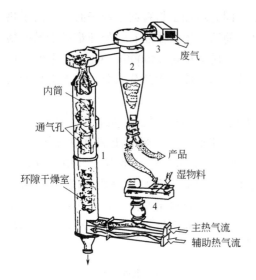
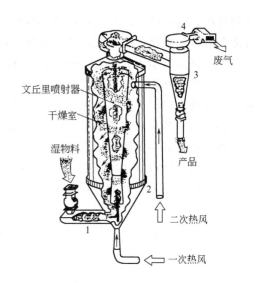

图 17-5-27　旋流气流干燥器
1—干燥器；2—旋风分离器；
3—引风机；4—加料器

图 17-5-28　文丘里气流干燥器
1—加料器；2—干燥器；
3—旋风分离器；4—引风机

丘里干燥管中进行混合干燥。二次热风以切线方向进入，使较重的再循环颗粒在干燥室内产生螺旋运动，同时使较轻的颗粒进入旋风分离器后排出。文丘里气流干燥器的主要特点如下：

① 空气消耗量小，约为常规气流干燥器的 50%，因此，可减少风机的容量，缩小分离设备的体积。

② 由于热风的内循环，使干燥器的热损失小。

③ 在系统入口进料的分散性得到改善，为处理黏性物料提供了可能性。

④ 提高了重（湿）颗粒的停留时间。

文丘里气流干燥器可用于农药、精细化工产品、聚合物等物料的干燥。

5.4.2.13　旋转快速干燥器

(1) 工作原理和结构特点　旋转快速干燥器（又称旋转闪蒸干燥器）是将高黏性膏状、糊状、滤饼状等物料在热气流中直接干燥成粉粒体产品的一种新型气流干燥器。图 17-5-29 为一典型的旋转快速干燥器工艺流程图。料罐中的湿物料在搅拌齿的压送下，进入料罐底部

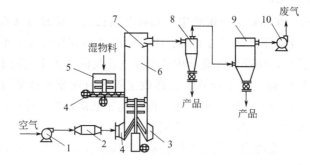

图 17-5-29　旋转快速干燥器的工艺流程图
1—鼓风机；2—空气加热器；3—热风分布器；4—螺旋加料器；5—料罐；6—干燥器；
7—分级器；8—旋风分离器；9—袋滤器；10—引风机

的螺旋加料器中,被定量输送到干燥室内;环境空气经鼓风机和空气加热器后达到干燥要求的温度,进入热风分布器中;热风以很高的速度旋转向上进入干燥室,在搅拌齿的作用下,湿物料在热风中充分分散、干燥。干燥好的细粉被气流输送到旋风分离器中收集下来作为产品,废气再经袋滤器把微细粉尘捕集下来后,由引风机排空。尚未达到干燥要求的湿颗粒团被分级器分离出来,落入干燥室底部,继续干燥。这是一个双风机流程,也可以采用单风机流程(即系统中只有一台引风机或鼓风机),气固分离系统也可以用湿式除尘器代替袋滤器,还可以采用不加旋风分离器的流程。

旋转快速干燥器的工作原理如图 17-5-30 所示。湿物料经螺旋输送器进入干燥室内落到下部,被搅拌齿拦截并将其粉碎,热风以切线方向进入热风分布器,形成高速旋转向上运动的气流进入干燥室,与湿物料充分接触。在搅拌齿的粉碎和旋转热气流的联合作用下,湿物料颗粒团不断被粉碎,表面不断被更新,使热风与湿物料的接触面积不断增大,强化了传热传质过程,提高了传热传质系数。干燥好的小颗粒随旋转气流一起离开干燥室,而其中夹带的部分尚未达到干燥要求的湿颗粒团,经分级器分离后又重新落入干燥室底部,被进一步粉碎和干燥,直到达到要求的粒度和湿分,离开干燥室为止。

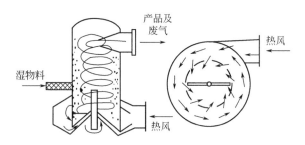

图 17-5-30　旋转快速干燥器的工作原理示意图

(2) 主要操作参数

① 操作温度。选择适宜的操作温度,对于降低操作费用、提高产品质量和过程的经济性是非常重要的。一般来说,操作温度的选择往往依赖于物料的性质和实际的操作经验。在条件允许时,应尽可能提高干燥室入口热风温度(如陶瓷或某些无机化学产品可达 1000℃)。降低干燥室出口废气温度,对于节能是有利的。表 17-5-7 为常见物料的干燥室入口热风温度范围。干燥室出口废气温度可根据物料的性质来确定,一般为 80~120℃。

表 17-5-7　常见物料的干燥室入口热风温度范围

物料	入口热风温度范围/℃			物料	入口热风温度范围/℃		
	<150	150~300	>300		<150	150~300	>300
无机化学产品		√	√	有机染料	√	√	
有机化学产品	√	√		染料中间体	√		
陶瓷产品			√	蔬菜产品		√	
医药产品	√	√		稳定剂	√		
无机染料		√					

② 操作气速。气体干燥介质在干燥室内的操作速度与物料性质及能耗等有关,通常由实验来确定,轴向表观速度一般为 $3\sim5\mathrm{m\cdot s^{-1}}$,热风分布器内环隙风速为 $30\sim60\mathrm{m\cdot s^{-1}}$。操作速度、环隙速度与环隙压降之间的实验结果如表 17-5-8 所示。

表 17-5-8　操作速度、环隙速度与环隙压降之间关系的实验结果

空气流量 /m³·h⁻¹	操作速度 /m·s⁻¹	环隙速度 /m·s⁻¹	环隙压降 /mmH₂O	空气流量 /m³·h⁻¹	操作速度 /m·s⁻¹	环隙速度 /m·s⁻¹	环隙压降 /mmH₂O
230	2.0	17	200	340	3.0	25	300
285	2.5	21	240	395	3.5	29	380

注：1mmH₂O=9.80665Pa。

③ 其他操作参数。干燥室底部搅拌齿的转速范围为 50～500r·min⁻¹，物料在干燥室内的停留时间为 50～500s。对于其他一些操作参数的确定，目前只能根据实验和经验。

5.4.3　气流干燥器的设计[2,6,8,9]

前面已述及，气流干燥器的结构型式有很多种，干燥介质及物料在干燥管内的运动和干燥规律不尽相同，其设计计算方法也不完全一样，因此，本章主要讨论常规直管形气流干燥器的设计计算问题。

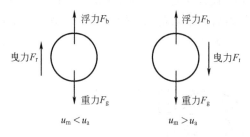

图 17-5-31　颗粒在气流干燥器中运动时的受力分析

5.4.3.1　颗粒在气流干燥管中的运动

单一颗粒在气流及重力场的双重作用下主要受三个力：自身重力 F_g，气流对颗粒的曳力 F_r 和气流对颗粒的浮力 F_b。颗粒在气流中的受力作用下，有加速、匀速、减速等运动状态。颗粒在气流干燥器中运动时，其受力情况如图 17-5-31 所示。

在气流干燥器中，颗粒受到的曳力 F_r、重力 F_g 及浮力 F_b 分别为：

$$F_r = \xi A_d \rho_a \times \frac{(u_a - u_m)^2}{2} \quad (17\text{-}5\text{-}2)$$

$$F_g = V_m \rho_m g \quad (17\text{-}5\text{-}3)$$

$$F_b = V_m \rho_a g \quad (17\text{-}5\text{-}4)$$

颗粒在运动过程中的受力平衡式为：

$$m \times \frac{du_m}{d\tau} = \pm F_r + F_b - F_g \quad (17\text{-}5\text{-}5)$$

其中，颗粒加速运动时 F_r 取"＋"；颗粒减速运动时 F_r 取"－"。

(1) 颗粒在气流干燥器中的加速运动　颗粒在气流干燥管中作加速运动时的运动方程可表示为

$$m \times \frac{du_m}{d\tau} = \xi A_d \rho_a \times \frac{(u_a - u_m)^2}{2} - V_m (\rho_m - \rho_a) g \quad (17\text{-}5\text{-}6)$$

式中　u_a，u_m——干燥介质（空气）、颗粒的运动速度，m·s⁻¹；

　　　V_m——颗粒的体积，m³；

　　　ρ_m——颗粒的密度，kg·m⁻³；

　　　ρ_a——空气的密度，kg·m⁻³；

　　　m——颗粒的质量，kg；

ξ——曳力系数；

g——重力加速度；$m \cdot s^{-2}$；

τ——颗粒运动时间，s；

A_d——颗粒在运动方向的投影面积，m^2。

对于直径为 d_p 的球形颗粒，$V_m = \frac{\pi}{6} d_p^3$，$A_d = \frac{\pi}{4} d_p^2$，$m = \frac{\pi}{6} d_p^3 \rho_m$，式（17-5-6）变成：

$$\frac{du_m}{d\tau} = \frac{3\xi \rho_a (u_a - u_m)^2}{4 d_p \rho_m} - g \times \left(\frac{\rho_m - \rho_a}{\rho_m} \right) \tag{17-5-7}$$

颗粒在气流干燥器中作变速运动，相对速度发生变化，对应的 Re_r 也会发生变化。作为球形颗粒，其微分方程的一般形式为：

设 $u_r = u_a - u_m$（u_r 为颗粒的相对速度，$m \cdot s^{-1}$），$Re_r = \frac{d_p u_r \rho_a}{\mu_a}$，则式（17-5-7）可整理为

$$\frac{4 \rho_m d_p^2}{3 \mu_a} \times \frac{dRe_r}{d\tau} = \frac{4 d_p^3 \rho_a (\rho_m - \rho_a) g}{3 \mu_a^2} - \xi Re_r^2 = Ar_0 - \xi Re_r^2 \tag{17-5-8}$$

$$Ar_0 = \frac{4}{3} \times \frac{d_p^3 \rho_a (\rho_m - \rho_a) g}{\mu_a^2} = \frac{4}{3} Ar$$

式中 Ar——阿基米德数；

d_p——颗粒直径，m；

Re_r——用颗粒相对速度表示的雷诺数；

μ_a——空气的动力黏度，$Pa \cdot s$。

在加速运动段，Ar_0 均小于 ξRe_r^2 的数值，而且随着 Re_r 增大，两者之间相差必然越来越大，故可将上述公式展开为收敛较快的无穷级数。在通常气流式干燥器的计算中，取级数的前两项作为该级数的总值，其误差已很小。

$$\frac{1}{Ar_0 - \xi Re_r^2} = -\frac{1}{\xi Re_r^2} \left[\frac{1}{1 - Ar_0/(\xi Re_r^2)} \right] = -\frac{1}{\xi Re_r^2} \left[1 + \frac{Ar_0}{\xi Re_r^2} + \frac{Ar_0^2}{(\xi Re_r^2)^2} + \frac{Ar_0^3}{(\xi Re_r^2)^3} + \cdots \right]$$

$$\tag{17-5-9}$$

通过对方程（17-5-8）化简变形为：

$$d\tau = -\frac{4 \rho_m d_p^2}{3 \mu_a} \left[\frac{dRe_r}{\xi Re_r^2} + \frac{Ar_0 dRe_r}{(\xi Re_r^2)^2} \right] \tag{17-5-10}$$

颗粒加速运动时间计算公式则由式（17-5-10）积分处理得到：

$$\tau = \int_0^\tau d\tau = -\frac{4 \rho_m d_p^2}{3 \mu_a} \int_{Re_0}^{Re_r} \left[\frac{dRe_r}{\xi Re_r^2} + \frac{Ar_0 dRe_r}{(\xi Re_r^2)^2} \right] \tag{17-5-11}$$

根据曳力系数 ξ 与相对雷诺数 Re_r 的关系，结合气流干燥气-固两相运动特点，公式（17-5-11）可分为两个区域求解，即：

① 过渡区　$Re_r < 500$，$\xi = 10/Re_r^{0.5}$

$$\tau = \frac{4 \rho_m d_p^2}{3 \mu_a} \left[\frac{1}{5} (Re_\tau^{-0.5} - Re_0^{-0.5}) + \frac{Ar_0}{200} (Re_\tau^{-2} - Re_0^{-2}) \right] \tag{17-5-12}$$

② 湍流区　$Re_r > 500$，$\xi = 0.44$

$$\tau = \frac{4\rho_m d_p^2}{3\mu_a}\left[\frac{1}{0.44}(Re_\tau^{-1}-Re_0^{-1})+\frac{Ar_0}{0.582}(Re_\tau^{-3}-Re_0^{-3})\right] \quad (17\text{-}5\text{-}13)$$

在该运动过程中，颗粒运动速度逐渐增加，运动垂直高度亦积分求得：

$$h = \int_0^\tau u_m \, d\tau \quad (17\text{-}5\text{-}14)$$

将式(17-5-10)代入式(17-5-14)求解：

$$h = -\frac{4\rho_m d_p^2}{3\mu_a}\int_{Re_0}^{Re_\tau}(u_a-u_r)\left[\frac{dRe_r}{\xi Re_r^2}+\frac{Ar_0 \, dRe_r}{(\xi Re_r^2)^2}\right]$$

$$= -\frac{4\rho_m d_p^2}{3\mu_a}\left[u_a\int_{Re_0}^{Re_\tau}\frac{dRe_r}{\xi Re_r^2}-\frac{\mu_a}{d_p\rho_a}\int_{Re_0}^{Re_\tau}\frac{dRe_r}{\xi Re_r}+Ar_0 u_a\int_{Re_0}^{Re_\tau}\frac{dRe_r}{(\xi Re_r^2)^2}-\frac{Ar_0 \mu_a}{d_p\rho_a}\int_{Re_0}^{Re_\tau}\frac{dRe_r}{\xi^2 Re_r^3}\right] \quad (17\text{-}5\text{-}15)$$

① 过渡区 $Re_r < 500$，$\xi = 10/Re_r^{0.5}$

$$h = \frac{4\rho_m d_p^2}{3\mu_a}\left[\frac{u_a}{5}(Re_\tau^{-0.5}-Re_0^{-0.5})+\frac{\mu_a}{5d_p\rho_a}(Re_\tau^{-0.5}-Re_0^{-0.5})+\frac{Ar_0 u_a}{200}(Re_\tau^{-2}-Re_0^{-2})-\frac{Ar_0\mu_a}{100d_p\rho_a}(Re_\tau^{-1}-Re_0^{-1})\right] \quad (17\text{-}5\text{-}16)$$

② 湍流区 $Re_r > 500$，$\xi = 0.44$

$$h = \frac{4\rho_m d_p^2}{3\mu_a}\left[\frac{u_a}{0.44}(Re_\tau^{-1}-Re_0^{-1})+\frac{\mu_a}{0.44 d_p\rho_a}\ln\left(\frac{Re_\tau}{Re_0}\right)+\frac{Ar_0 u_a}{0.582}(Re_\tau^{-3}-Re_0^{-3})-\frac{Ar_0\mu_a}{0.388 d_p\rho_a}(Re_\tau^{-2}-Re_0^{-2})\right] \quad (17\text{-}5\text{-}17)$$

(2) 颗粒在气流干燥器中的等速运动 当颗粒在气流干燥器中作等速运动时，$u_r = u_a - u_m = u_f$（u_f为颗粒的自由沉降速度，m·s^{-1}），此时颗粒速度不再增加。因此，加速度为0，即式(17-5-7)或式(17-5-8)的等号左边等于零，则颗粒在气流干燥器中的等速运动方程为

$$\frac{4d_p^3\rho_a(\rho_m-\rho_a)g}{3\mu_a^2}-\xi_f Re_f^2 = 0 \quad (17\text{-}5\text{-}18a)$$

或

$$Ar = \frac{3}{4}\xi_f Re_f^2 \quad (17\text{-}5\text{-}18b)$$

式中 ξ_f——等速沉降的曳力系数；

Re_f——用颗粒沉降速度表示的雷诺数，$Re_f = \dfrac{d_p u_f \rho_a}{\mu_a}$。

因此，只要已知颗粒直径、颗粒及干燥介质物性参数，就可以计算出Ar，再由表17-5-9或图17-5-32查得Re_f，从而就得到了颗粒的自由沉降速度u_f。实际计算时，一般先由表17-5-9或图17-5-32粗略查得Re_f，再根据式(17-5-19)~式(17-5-22)计算出颗粒的自由沉降速度。

表 17-5-9 球形颗粒的曳力系数及其函数值

Re_f	ξ_f	$\xi_f Re^2$	ξ_f/Re	Ar
0.1	244	2.44	2440	1.83
0.2	124	4.96	620	3.72
0.3	83.3	7.54	279	5.66
0.5	51.5	12.9	103	9.66
0.7	37.6	18.4	53.8	13.8
1.0	27.2	27.2	27.2	20.4
2	14.8	59.0	7.38	44.4
3	10.5	94.7	3.51	70.9
5	7.03	176	1.41	132
7	5.48	268	0.782	201
10	4.26	426	0.426	320
20	2.72	1.09×10^3	136×10^{-3}	0.816×10^3
30	2.12	1.91	70.7	1.43
50	1.57	3.94	31.5	2.94
70	1.31	6.42	18.7	4.81
100	1.09	10.9	10.9	8.18
200	0.776	31.0	3.88	23.3
300	0.653	58.7	2.18	44.1
500	0.555	139	1.11	104
700	0.508	249	0.726	187
1000	0.471	471	0.471	353
2000	0.421	1.68×10^6	21.1×10^{-5}	1.26×10^6
3000	0.400	3.60	13.3	2.70
5000	0.387	9.68	7.75	7.26
7000	0.390	19.1	5.57	14.3
10000	0.405	40.5	4.05	30.4
20000	0.442	177	2.21	133
30000	0.456	410	1.52	308
50000	0.474	1.19×10^9	9.48×10^{-6}	8.89×10^8
70000	0.491	2.41	7.02	18.0
100000	0.502	5.02	5.02	37.7
200000	0.498	19.9	2.49	149

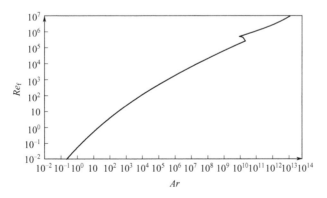

图 17-5-32 阿基米德数 Ar 与雷诺数 Re_f 的关系

$Ar \leq 1.83$ 时，$Re_f = \dfrac{Ar}{18}$ (17-5-19)

$1.83 < Ar \leq 3.5 \times 10^5$ 时，$Re_f + 0.14 Re_f^{1.7} = \dfrac{Ar}{18}$ (17-5-20)

$3.5 \times 10^5 < Ar \leq 3.25 \times 10^{10}$ 时，$Re_f = 1.74 Ar^{0.5}$ (17-5-21)

$Ar > 3.25 \times 10^{10}$ 时，$Re_f = 2.1 \times 10^5 + (4.4 \times 10^{10} + 7Ar)^{0.5}$ (17-5-22)

等速阶段，Re 保持不变，可以结合传热模型方程求得：

$$Q = \alpha \left(a \times \dfrac{\pi}{4} D^2 \right) h \Delta t_m \qquad (17\text{-}5\text{-}23)$$

等速阶段的干燥管高度的计算式：

$$h = \dfrac{Q}{\alpha \left(a \times \dfrac{\pi}{4} D^2 \right) \Delta t_m} \qquad (17\text{-}5\text{-}24)$$

颗粒在该阶段的停留时间为：

$$\tau = \dfrac{h}{u_f} \qquad (17\text{-}5\text{-}25)$$

(3) 颗粒在气流干燥器中的减速运动　对于脉冲气流管扩大段的颗粒处于减速阶段时，采用与颗粒加速阶段类似的积分方法得到颗粒减速段的时间。

$$d\tau = -\dfrac{4\rho_m d_p^2}{3\mu_a} \left[\dfrac{dRe_r}{Ar} - \dfrac{\xi Re_r^2 dRe_r}{Ar^2} \right] \qquad (17\text{-}5\text{-}26)$$

① 过渡区　$Re_r < 500$，$\xi = 10/Re_r^{0.5}$

$$\tau = \dfrac{4\rho_m d_p^2}{3\mu_a} \left[\dfrac{4}{Ar_0} (Re_\tau^{2.5} - Re_0^{2.5}) - \dfrac{1}{Ar_0} (Re_\tau - Re_0) \right] \qquad (17\text{-}5\text{-}27)$$

② 湍流区　$Re_r > 500$，$\xi = 0.44$

$$\tau = \dfrac{4\rho_m d_p^2}{3\mu_a} \left[\dfrac{0.44}{3Ar_0^2} (Re_\tau^3 - Re_0^3) - \dfrac{1}{Ar_0} (Re_\tau - Re_0) \right] \qquad (17\text{-}5\text{-}28)$$

在该运动过程中，颗粒运动速度逐渐减小，运动垂直高度亦可积分求得：

① 过渡区　$Re_r < 500$，$\xi = 10/Re_r^{0.5}$

$$h = \dfrac{4\rho_m d_p^2}{3\mu_a} \left[\dfrac{4 u_a}{Ar_0^2} (Re_\tau^{2.5} - Re_0^{2.5}) + \dfrac{20\mu_a}{7 Ar_0^2 d_p \rho_a} (Re_\tau^{3.5} - Re_0^{3.5}) \right.$$
$$\left. - \dfrac{u_a}{Ar_0} (Re_\tau - Re_0) - \dfrac{\mu_a}{2 Ar_0 d_p \rho_a} (Re_\tau^2 - Re_0^2) \right] \qquad (17\text{-}5\text{-}29)$$

② 湍流区　$Re_r > 500$，$\xi = 0.44$

$$h = \dfrac{4\rho_m d_p^2}{3\mu_a} \left[\dfrac{0.44 u_a}{3 Ar_0^2} (Re_\tau^3 - Re_0^3) + \dfrac{0.11 \mu_a}{Ar_0^2 d_p \rho_a} (Re_\tau^4 - Re_0^4) - \dfrac{u_a}{Ar_0} (Re_\tau - Re_0) \right.$$
$$\left. - \dfrac{\mu_a}{2 Ar_0 d_p \rho_a} (Re_\tau^2 - Re_0^2) \right] \qquad (17\text{-}5\text{-}30)$$

5.4.3.2　颗粒在气流干燥管中的传热

(1) 等速运动阶段颗粒与气流间的传热　加速区终点，即颗粒在气流干燥器内作等速运动时 Nu 几乎不发生变化。

对于空气-水系统，可根据 Ranz 与 Marshal 的实验结果，颗粒与气流间的对流传热系数 α 为

$$\alpha = \frac{\lambda}{d_p}(2 + 0.54 Re_f^{0.5}) \tag{17-5-31}$$

式中　α——对流传热系数，$W \cdot m^{-2} \cdot ℃^{-1}$；
　　　λ——空气的热导率，$W \cdot m^{-1} \cdot ℃^{-1}$；其余符号同前。

热量的表达式为：

$$Q = LC_{pH}(t_2 - t_1) = \alpha\left(\frac{\pi}{4}aD^2\right)h\Delta t_m \tag{17-5-32}$$

其中，Δt_m 为对数平均温差，℃。其表达式为：

$$\Delta t_m = \frac{(t_1 - t_{m1}) - (t_2 - t_{m2})}{\ln \dfrac{t_1 - t_{m1}}{t_2 - t_{m2}}} \tag{17-5-33}$$

式中，t_1 为气体进口温度；t_2 为气体出口温度；t_{m1} 为颗粒进口温度；t_{m2} 为颗粒出口温度。

（2）加速运动阶段颗粒与气流间的传热　加速区起点，对于直径大于 $100\mu m$ 的颗粒，根据桐荣良三的综合实验，颗粒刚刚进入干燥管时，Nu 最大，颗粒与气流间的对流传热系数 α_{max} 为

$30 < Re_r \leqslant 400$ 时，　　　$Nu_{max} = 0.76 Re_r^{0.65}$ 　　　(17-5-34)

$400 < Re_r \leqslant 1300$ 时，　　$Nu_{max} = 9.5 \times 10^{-5} Re_r^{2.15}$ 　　(17-5-35)

$Re_r > 1300$ 时，　　　$Nu_{max} = 2 + 0.54 Re_r^{0.5}$ 　　　(17-5-36)

式中　Nu_{max}——努塞尔数，$Nu_{max} = \dfrac{\alpha_{max} d_p}{\lambda}$；其余符号同前。

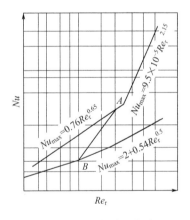

图 17-5-33　气流干燥中 Nu 与 Re_r 的半对数关系图

Nu_{max} 与 Re_r 的关系可在图 17-5-33 中反映。在整个加速运动过程中，由于颗粒的相对速度是变化的，因此颗粒与气流间的对流传热系数也是变化的，即由进料处的最大值［可按式（17-5-35）估算］逐渐减小到加速段终了（亦即等速运动段开始）的最小值［可按式（17-5-34）估算］，在此两截面间，可近似地看作 Nu 与 Re_r 之间的变化在双对数坐标上为一直线关系。

颗粒加速运动段的传热系数是变化的，将加速区任意一点的传热系数建立对数直线关系式，即

$$Nu = Q_B Re_r^{Q_K} \tag{17-5-37}$$

其中系数 Q_B、Q_K 的计算方法如下：

$$Q_K = \ln\left(\frac{Nu_{max}}{Nu_r}\right)\bigg/\ln\left(\frac{Re_0}{Re_r}\right)$$

$$Q_B = \frac{Nu_r}{Re_r^{Q_K}} \tag{17-5-38}$$

面积传热系数 α：

$$\alpha = \frac{\lambda_g}{d_p} Q_B Re_r^{Q_K} \tag{17-5-39}$$

式中，λ_g 为气体热导率。

单位干燥体积内的单位面积 a：

$$a = \frac{G_c}{3600 a_v d_p^3 \rho_m} \times \frac{a_s d_p^2}{\frac{\pi}{4} D^2 u_m} \tag{17-5-40}$$

式中 a_s，a_v——非球形颗粒的面积系数和体积系数，比值为 6；
G_c——物料颗粒的质量流量，$kg \cdot h^{-1}$。

故式(17-5-40) 可以简化为

$$a = \frac{6 G_c}{3600 d_p^3 \rho_m} \times \frac{d_p^2}{\frac{\pi}{4} D^2 u_m} \tag{17-5-41}$$

在加速阶段热量交换的微分表达式，得到：

$$dQ = \alpha \left(a \frac{\pi}{4} D^2 \right) \Delta t_m dh \tag{17-5-42}$$

则加速阶段传热量由积分得到：

$$Q = \int_0^Q dQ = \int_0^h \frac{6 \alpha G_0 (1+X)}{d_p \rho_m \left(3600 \frac{\pi}{4} D^2 u_m \right)} \frac{\pi}{4} D^2 \Delta t_m dh \tag{17-5-43}$$

式中，G_0 为绝干气体质量流量，$kg \cdot h^{-1}$；X 为干基含湿量。

传热量积分结果如下：

① 过渡区　$Re_r < 500$，$\xi = 10/Re_r^{0.5}$

$$Q = \frac{8 \lambda_a G_0 (1+X) \Delta t_m}{3600 \mu_a} \left[\frac{Q_B}{10(0.5 - Q_K)} (Re_\tau^{Q_K - 0.5} - Re_0^{Q_K - 0.5}) + \frac{Ar_0 Q_B}{100(2 - Q_K)} \right.$$
$$\left. (Re_\tau^{Q_K - 2} - Re_0^{Q_K - 2}) \right] \tag{17-5-44}$$

② 湍流区　$Re_r > 500$，$\xi = 0.44$

$$Q = \frac{8 \lambda_a G_0 (1+X) \Delta t_m}{3600 \mu_a} \left[\frac{Q_B}{0.44(1 - Q_K)} (Re_\tau^{Q_K - 1} - Re_0^{Q_K - 1}) + \frac{Ar_0 Q_B}{0.44^2 (3 - Q_K)} \right.$$
$$\left. (Re_\tau^{Q_K - 3} - Re_0^{Q_K - 3}) \right] \tag{17-5-45}$$

(3) 减速运动阶段颗粒与气流间的传热　减速阶段，其传热量采用加速段类似的方法积分得

① 过渡区　$Re_r < 500$，$\xi = 10/Re_r^{0.5}$

$$Q = \frac{8 \lambda_a G_0 (1+X) \Delta t_m}{3600 \mu_a} \left[\frac{10 Q_B}{Ar_0^2 (Q_K + 2.5)} (Re_\tau^{Q_K + 2.5} - Re_0^{Q_K + 2.5}) - \frac{Q_B}{Ar_0 (Q_K + 1)} \right.$$
$$\left. (Re_\tau^{Q_K + 1} - Re_0^{Q_K + 1}) \right] \tag{17-5-46}$$

② 湍流区　$Re_r > 500$，$\xi = 0.44$

$$Q = \frac{8 \lambda_a G_0 (1+X) \Delta t_m}{3600 \mu_a} \left[\frac{0.44 Q_B}{Ar_0^2 (Q_K + 3)} (Re_\tau^{Q_K + 3} - Re_0^{Q_K + 3}) - \frac{Q_B}{Ar_0 (Q_K + 1)} \right.$$

$$(Re_\tau^{Q_K+1} - Re_0^{Q_K+1})] \tag{17-5-47}$$

5.4.3.3 直管形气流干燥器的设计

(1) 热风入口温度 t_1 的确定 热风入口温度 t_1 主要取决于被干燥物料的允许温度。一般为 150~500℃，最高可达 700~800℃。

(2) 热风出口温度 t_2 的确定 选择热风出口温度 t_2 的原则是避免在旋风分离器及袋滤器中出现"返潮"现象。对于一级旋风分离器，热风出口温度可取比其露点高 20~30℃的值，多级旋风分离器可取 60~80℃。

(3) 产品出口温度 t_{m2} 的确定 在气流干燥器中，水分几乎完全是以表面蒸发的形式被除掉的，且物料和热风是并流运动，因而物料温度不高。如果产品的含水量高于物料的临界含水量，可以认为产品出口温度等于热风进口时的湿球温度。若干燥过程有降速阶段，产品出口温度比热风进口时的湿球温度高 10~15℃，也可以用式(17-5-48)估算。

$$t_2 - t_{m2} = (t_2 - t_{w2}) \left[\frac{\gamma_{w2} X_2 - c_m(t_2 - t_{w2}) \left(\frac{X_2}{X_c}\right)^{\frac{X_c \gamma_{w2}}{c_m(t_2 - t_{w2})}}}{X_c \gamma_{w2} - c_m(t_2 - t_{w2})} \right] \tag{17-5-48}$$

式中 t_{w2}——热风在干燥器出口状态下的湿球温度，℃；

γ_{w2}——t_{w2} 时水的汽化潜热，$kJ \cdot kg^{-1}$；

X_c，X_2——物料临界、产品的干基含水量，质量分数，%；

c_m——产品的比热容，$kJ \cdot kg^{-1} \cdot ℃^{-1}$；其余符号同前。

(4) 气流速度 u_a 的确定 从气流输送的角度来看，只要气流速度大于最大颗粒的沉降速度 u_{fmax}，则全部物料便可被气流带走。但为了操作安全起见，在上升管中，取气流平均速度 $u_a = (2~5)u_{fmax}$，或 $u_a = u_{fmax} + (3~5)$；在下降管中，$u_a = u_{fmax} + (1~2)$；在加速运动阶段，$u_a = 30~40 m \cdot s^{-1}$。

(5) 干燥管直径 D 的计算

$$D = \sqrt{\frac{V_g}{3600 \times \frac{\pi}{4} u_a}} \tag{17-5-49}$$

式中 D——气流干燥管直径，m；

V_g——干燥管内的平均气体体积流量，$m^3 \cdot h^{-1}$。

(6) 气流干燥管的压降 气流干燥管的压降主要包括：气、固相与管壁的摩擦损失，颗粒和气体位能提高引起的压力损失，颗粒加速引起的压力损失，局部阻力引起的压降等。一般直管形气流干燥器（气流干燥管）的压降为 1200~2500Pa。

5.4.4 气流干燥器设计示例

【例 17-5-1】 设计一气流管干燥器。干燥介质为烟道气，被干燥的湿物料为褐煤颗粒。已知条件如下：产品产量 $G_1 = 25000 kg \cdot h^{-1}$，湿物料含水量 $w_1 = 30\%$（湿基，质量分数，下同），产品含水量 $w_2 = 7\%$，物料密度 $\rho_m = 1.27 \times 10^3 kg \cdot m^{-3}$，物料进干燥器时的温度 $t_{m1} = 20℃$，产品离开干燥器时的温度 $t_{m2} = 67℃$，颗粒平均直径 $d_p = 2.0 \times 10^{-3} m$，颗粒最大直径 $d_{pmax} = 5.0 \times 10^{-3} m$，绝干物料比热容 $c_m = 1.0 kJ \cdot kg^{-1} \cdot ℃^{-1}$，烟道气入口温度 $t_1 = 600℃$，烟道气出口温度 $t_2 = 120℃$，烟道气比热容计算式为 $c_{gi} = c_{p0} + c_{pv} H_i$，其中 c_{pv} 为水蒸气比热容，取 $1.88 kJ \cdot kg^{-1} \cdot ℃^{-1}$，$H_i$ 为烟道气湿度，绝干烟道气 $c_{p0} = 1002.468 +$

$0.04826t_i + 0.000448561t_i^2 - 3.17568\mathrm{e}^{-7}t_i^3 + 6.52503\mathrm{e}^{-11}t_i^4$，烟道气比容 $v_{gi} = (0.773 + 1.244H_i) \times \dfrac{273+t_i}{273}$，烟道气密度 $\rho_{gi} = (1+H_i)/v_{gi}$，烟道气黏度为 $\mu_{gi} = 1.0 \times 10^{-5}(1.72 + 0.00475t_i)$，烟道气热导率为 $\lambda_{gi} = 0.036(2.442 + 0.00746t_i)$。

解 （1）物料衡算与能量衡算

① 物料衡算。褐煤的产品质量流量 G_2 以及水分蒸发量 W_t 计算关系式如下：

$$G_2 = \frac{1-w_1}{1-w_2}G_1 = \frac{1-0.3}{1-0.07} \times 25000 = 1.8817 \times 10^4 \quad (\mathrm{kg \cdot h^{-1}})$$

$$W_t = \frac{w_1-w_2}{1-w_2}G_1 = \frac{0.3-0.07}{1-0.07} \times 25000 = 6.1828 \times 10^3 \quad (\mathrm{kg \cdot h^{-1}})$$

绝干物料量

$$G_c = G_2(1-w_2) = 25000 \times (1-0.3) = 1.7500 \times 10^4 \quad (\mathrm{kg \cdot h^{-1}})$$

湿物料和产品的干基湿含量

$$X_1 = \frac{w_1}{1-w_1} = \frac{0.3}{1-0.3} = 0.4286 \quad (\mathrm{kg \cdot kg^{-1}})$$

$$X_2 = \frac{w_2}{1-w_2} = \frac{0.07}{1-0.07} = 0.0753 \quad (\mathrm{kg \cdot kg^{-1}})$$

② 能量衡算。褐煤气流干燥过程的热量传递主要发生在烟道气与颗粒、烟道气与颗粒中水分之间，故能量衡算方程为：

$$Q_t = (Q_w + Q_m)/(1-\sigma)$$
$$= \{W_t[c_{pw}(t_w - t_{m1}) + q_{rv} + c_{pv}(t_2 - t_w)] + G_c c_{m2}(t_{m2} - t_{m1})\}/(1-\sigma)$$
$$Q_t = L(c_{p1}t_1 - c_{p2}t_2)$$

式中　G_c——绝干物料量，$\mathrm{kg \cdot h^{-1}}$；

　　　L——绝干气量，$\mathrm{kg \cdot h^{-1}}$；

　　　Q_t——系统从入口到出口总传热量，$\mathrm{kJ \cdot h^{-1}}$；

　　　Q_w——水分蒸发所需热量，$\mathrm{kJ \cdot h^{-1}}$；

　　　Q_m——褐煤颗粒升温至 t_{m2} 所需热量，$\mathrm{kJ \cdot h^{-1}}$；

　　　t_w——烟道气出口处的湿球温度，℃；

　　　q_{rv}——水在湿球温度下的汽化潜热，$2.3678 \times 10^3 \mathrm{kJ \cdot kg^{-1}}$；

　　　c_{pw}——液态水比热容，$4.2200 \mathrm{kJ \cdot kg^{-1} \cdot ℃^{-1}}$；

　　　c_{pv}——气态水蒸气比热容，$1.88 \mathrm{kJ \cdot kg^{-1} \cdot ℃^{-1}}$；

　　　c_{m2}——物料在出口下比热容，$\mathrm{kJ \cdot kg^{-1} \cdot ℃^{-1}}$；

　　　σ——系统热损失，本设计取值 10%。

联立求解得：$t_w = 56℃$；$Q_t = 1.9340 \times 10^7 \mathrm{kJ \cdot h^{-1}}$；$L = 3.4662 \times 10^4 \mathrm{kg \cdot h^{-1}}$

（2）气流干燥管直径与长度计算

① 等直径气流干燥管计算法

a. 直径 D 的计算。最大颗粒沉降速度 u_{fmax}：

　　干燥管内平均干基湿度 $H = (0 + W_t/L)/2 = (0 + 6183/34661.61)/2 = 0.089$

干燥管内烟道气的平均物性温度为 $\dfrac{1}{2} \times (600 + 120) = 360(℃)$，该温度下

比容：$v_g = (0.773 + 1.244H) \times \dfrac{273+t}{273} = (0.773 + 1.244 \times 0.0892) \times \dfrac{273+360}{273}$

$$= 2.0496 \quad (m^3 \cdot kg^{-1});$$

密度:$\rho_g = \dfrac{1+H}{v_g} = \dfrac{1+0.0892}{2.0496} = 0.5314 \quad (kg \cdot m^{-3})$

黏度:$\mu_g = 1.0 \times 10^{-5} [1.72 + 0.00475(273+t)] = 1.0 \times 10^{-5} \times (1.72 + 0.00475 \times 633)$
$= 4.7268 \times 10^{-5} \quad (Pa \cdot s)$

热导率:$\lambda_g = 0.036[2.442 + 0.00746(273+t)] = 0.036 \times (2.442 + 0.00746 \times 633)$
$= 0.2579 \quad (W \cdot m^{-1} \cdot K^{-1})$

$$Ar_{max} = \dfrac{d_{pmax}^3 \rho_g (\rho_m - \rho_g) g}{\mu_g^2} = \dfrac{(5.0 \times 10^{-3})^3 \times 0.5314 \times (1270 - 0.5314) \times 9.8}{(4.7268 \times 10^{-5})^2}$$
$$= 3.6987 \times 10^5$$

由图 17-5-32 或表 17-5-9 可知,$Re_{max} \approx 900$,据式(17-5-21) 计算得,$Re_{max} = 884$,

$$u_{fmax} = \dfrac{Re_{max} \mu_g}{d_{pmax} \rho_g} = \dfrac{884 \times 4.7268 \times 10^{-5}}{5.0 \times 10^{-3} \times 0.5314} = 15.264 \quad (m \cdot s^{-1})$$

在加速运动段,气体的速度通常取 $30 \sim 40 m \cdot s^{-1}$,气流干燥管内的平均操作气速 u_a 取 $35 m \cdot s^{-1}$。

气流干燥管内湿空气的平均体积流量 V_g:
$$V_g = Lv_g = 3.4662 \times 10^4 \times 2.0496 = 7.1043 \times 10^4 \quad (m^3 \cdot h^{-1})$$

气流干燥管直径 D:
$$D = \sqrt{\dfrac{V_g}{3600 \times \dfrac{\pi}{4} u_a}} = \sqrt{\dfrac{7.1043 \times 10^4}{3600 \times \dfrac{\pi}{4} \times 35}} = 0.8473 \quad (m)$$

圆整后取气流干燥管直径 $D = 0.9000 m$。

b. 管长度 h 的计算。物料干燥所需的总热量 Q_t:
$$Q_t = 1.9340 \times 10^7 \quad kJ \cdot h^{-1}$$

平均传热温度差 Δt_m:
$$\Delta t_m = \dfrac{(t_1 - t_{m1}) - (t_2 - t_{m2})}{\ln \dfrac{t_1 - t_{m1}}{t_2 - t_{m2}}} = \dfrac{(600-20) - (120-67)}{\ln \dfrac{600-20}{120-67}} = 2.2025 \times 10^2 \quad (℃)$$

传热系数 α:

对于平均直径 $d_p = 2.0 \times 10^{-3} m$ 的颗粒,
$$Ar = \dfrac{d_p^3 \rho_g (\rho_m - \rho_g) g}{\mu_g^2} = \dfrac{(2.0 \times 10^{-3})^3 \times 0.5314 \times (1270 - 0.5314) \times 9.8}{(4.7268 \times 10^{-5})^2} = 2.3671 \times 10^4$$

由图 17-5-32 或表 17-5-9 可知,$Re_f \approx 160$,据式(17-5-20) 计算得,$Re_f = 163$,故
$$u_f = \dfrac{Re_f \mu_g}{d_p \rho_g} = \dfrac{163 \times 4.7268 \times 10^{-5}}{2.0 \times 10^{-3} \times 0.5314} = 7.2494 \quad (m \cdot s^{-1})$$

热导率 $\lambda = 0.036[2.442 + 0.00746(273+t)] = 0.036 \times (2.442 + 0.00746 \times 633)$
$= 0.2579 \quad (W \cdot m^{-1} \cdot K^{-1})$

则
$$\alpha = \dfrac{\lambda}{d_p}(2 + 0.54 Re_f^{0.5}) = \dfrac{0.2579}{2.0 \times 10^{-3}} \times (2 + 0.54 \times 163^{0.5}) = 1.1470 \times 10^3 \quad (W \cdot m^{-2} \cdot ℃^{-1})$$

气流干燥管长度 h:

由于

$$\left(a\frac{\pi}{4}D^2\right)=\frac{G_c}{600d_p\rho_m(u_a-u_f)}=\frac{1.7500\times10^4}{600\times2.0\times10^{-3}\times1270\times(35-7.2494)}=0.4138 \quad (m^2\cdot m^{-3})$$

所以

$$h=\frac{Q_t}{3600\times\alpha\left(a\frac{\pi}{4}D^2\right)\Delta t_m}=\frac{1.9340\times10^{10}}{3600\times1.147\times10^3\times0.4138\times2.2025}=51.3907 \quad (m)$$

圆整后取气流干燥管的有效长度 $h=52m$。

② 脉冲气流干燥管计算法。脉冲式气流干燥器设计采用三阶脉冲管干燥形式,即前后两阶采用加速段,中间一阶采用减速段。

a. 颗粒加速段中预热带的气流管长度计算。物料热量衡算:

已知物料的进口温度 $t_{m1}=20℃$,已知 $t_w=56℃$,故预热物料所需要的热量:

$$Q_1=G_c(c_m+X_1c_{pw})(t_w-t_{m1})/0.9$$
$$=1.7500\times10^4\times(1+0.4285\times4.22)\times(56-20)\div0.9=1.966\times10^6 \quad (kJ\cdot h^{-1})$$

预热带空气出口温度的计算:

根据空气在预热带放出热量 Q_1,计算预热带终了时的烟气温度 t_a,

$$Q_1=Lc_g(t_1-t_a)=3.4662\times10^4\times1.1197\times(600-t_a)=1.966\times10^6 \quad (kJ\cdot h^{-1})$$

求得:$t_a=556.36℃$

预热带空气的平均值:$t_{av}=\frac{t_a+t_1}{2}=578.18$ (℃)

入口处,$H_0=0$ 时,

比容 $v_{ga0}=(0.773+1.244H_0)\times\frac{273+t_1}{273}=0.773\times\frac{273+600}{273}=2.4719 \quad (m^3\cdot kg^{-1})$

密度 $\rho_{ga0}=\frac{1}{v_{ga0}}=\frac{1}{2.4719}=0.4045 \quad (kg\cdot m^{-3})$

黏度 $\mu_{ga0}=1.0\times10^{-5}\times(1.72+0.00475\times873)=5.8668\times10^{-5} \quad (Pa\cdot s)$

热导率 $\lambda_{ga0}=0.036\times(2.442+0.00746\times873)=0.3224 \quad (W\cdot m^{-1}\cdot K^{-1})$

在此温度下加热带中,$H_a=0$ 时,

比容 $v_{ga}=(0.773+1.244H_a)\times\frac{273+t}{273}=0.773\times\frac{273+5.7818\times10^2}{273}=2.410 \quad (m^3\cdot kg^{-1})$

密度 $\rho_{ga}=\frac{1}{v_{ga}}=\frac{1}{2.4101}=0.4192 \quad (kg\cdot m^{-3})$

黏度 $\mu_{ga}=1.0\times10^{-5}\times(1.72+0.00475\times8.5118\times10^2)=5.7631\times10^{-5} \quad (Pa\cdot s)$

热导率 $\lambda_{ga}=0.036\times(2.391+0.00746\times851.2)=0.3165 \quad (W\cdot m^{-1}\cdot K^{-1})$

预热带颗粒的运动速度的计算:

加速段的传热方程得,

$30<Re_r<400 \qquad Nu_{max}=0.76Re_r^{0.65}$

$400<Re_r<1300 \qquad Nu_{max}=9.5\times10^{-5}Re_r^{2.15}$

气流管入口处,此时的颗粒速度为 0,相对雷诺数为最大,则努塞尔数也为最大。计算得:

$$u_{in}=\frac{L}{3600\pi\frac{D^2}{4}\rho_{ga0}}=\frac{34661.61}{3600\times70\times\frac{0.92}{4}\times0.4045}=37.4117 \quad (m\cdot s^{-1})$$

$$Re_{a0} = \frac{d_p u_{in} \rho_{ga0}}{\mu_{ga0}} = \frac{2.0 \times 10^{-3} \times 37.4117 \times 0.4045}{5.867 \times 10^{-5}} = 5.1596 \times 10^2$$

$$Nu_{a0} = 9.5 \times 10^{-5} Re_r^{2.15} = 9.5 \times 10^{-5} \times 515.9^{2.15} = 64.528$$

颗粒的加速段的传热系数是变化的,将加速区任意一点的传热系数建立对数直线关系,即:

$$Nu_a = Q_B Re_a^{Q_K}$$

其中系数可以求得:

$$Q_K = \ln\left(\frac{Nu_0}{Nu_r}\right) / \ln\left(\frac{Re_0}{Re_r}\right)$$

$$Q_B = \frac{Nu_r}{Re_r^{Q_K}}$$

其中颗粒加热带的热量可以计算得:

$$Q_a = \frac{8\lambda_{ga} G_c (1+X_1) \Delta t_{ma}}{3600 \mu_{ga}} \left[\frac{Q_B}{10(0.5-Q_K)} (Re_{ra}^{Q_K-0.5} - Re_{ra0}^{Q_K-0.5}) \right.$$
$$\left. + \frac{Ar_a Q_B}{100(2-Q_K)} (Re_{ra}^{Q_K-2} - Re_{ra0}^{Q_K-2}) \right]$$

其中:

$$\Delta t_{ma} = \frac{(t_1 - t_{m1}) - (t_a - t_w)}{\ln\left(\frac{t_1 - t_{m1}}{t_a - t_w}\right)} = \frac{(600-20)-(556.36-56)}{\ln\left(\frac{600-20}{556.36-56}\right)} = 533.40 \quad (\text{℃})$$

$$Ar_a = \frac{4 d_p^3 g \rho_{ga} (\rho_m - \rho_{ga})}{3 \mu_{ga}^2} = \frac{4 \times (2.0 \times 10^{-3})^3 \times 9.81 \times 0.4149 \times (1270 - 0.4149)}{3 \times (5.7631 \times 10^{-5})^2}$$
$$= 1.6578 \times 10^4$$

在预热带内烟道气的平均速度为

$$v_{ga} = \frac{L v_{ga}}{3600} / \left(\frac{\pi}{4} D^2\right) = \frac{3.4662 \times 10^4 \times 2.410}{3600} / \left(\frac{\pi}{4} \times 0.9^2\right) = 36.4763 \quad (\text{m·s}^{-1})$$

$$Re_{ra} = \frac{d_p (v_{ga} - v_{ma}) \rho_{ga}}{\mu_{ga}} = \frac{2.0 \times 10^{-3} \times (36.4763 - v_{ma}) \times 0.4149}{5.763 \times 10^{-5}}$$

通过试算法,可以求得 $v_{ma} = 1.9894 \text{ m·s}^{-1}$

第一加速段中预热带气流干燥管长度计算:

$$h_1 = \frac{4 \rho_m d_p^2}{3 \mu_{ga}} \left[\frac{v_{ga}}{5} (Re_{ra}^{-0.5} - Re_{ra0}^{-0.5}) + \frac{\mu_{ga}}{5 d_p \rho_{ga}} (Re_{ra}^{0.5} - Re_{ra0}^{0.5}) \right.$$
$$\left. + \frac{Ar_a v_{ga}}{200} (Re_{ra}^{-2} - Re_{ra0}^{-2}) - \frac{Ar_a \mu_{ga}}{100 d_p \rho_{ga}} (Re_{ra}^{-1} - Re_{ra0}^{-1}) \right] = 0.0303 \text{ m}$$

b. 颗粒加速段中干燥带的气流干燥管长度计算。当物料的干基含湿量从 0.4285(X_1) 降到 0.2442(X_2) 时,烟道气的温度 t_b 求解如下:

$$L(c'_{ga} t_a - c_{gb} t_b) = \frac{G_c (X_1 - X_2)[q_{rv} + c_{pv}(t_b - t_w)]}{0.9}$$

$$3.4662 \times 10^4 (1.1197 \times 5.5636 \times 10^2 - c_{gb} t_b =$$
$$\frac{1.7500 \times 10^4 \times (0.4285 - 0.2440) \times [2.3678 \times 10^3 + 1.88(t_b - 56)]}{0.9000}$$

解得 $t_b = 311.77 \text{℃}$

加速段中干燥带内的各项物理参数：

平均温度 $t_{bv} = \dfrac{t_b + t_a}{2} = \dfrac{311.77 + 556.36}{2} = 434.07$ （℃）

当温度为 434.07℃，烟道气的含湿量：

$$H_b = H_a + \dfrac{G_c(X_1 - X_2)}{L} = 0 + \dfrac{1.7500 \times 10^4 \times (0.4285 - 0.2440)}{3.4662 \times 10^4} = 0.093 \text{ (kg·kg}^{-1})$$

平均湿含量：$H_{bv} = \dfrac{H_a + H_b}{2} = \dfrac{0 + 0.09319}{2} = 0.0466$ （kg·kg^{-1}）

烟道气的物性参数：

$v_{yb} = 2.1522 \text{m}^3 \cdot \text{kg}^{-1}$；$\rho_{gb} = 0.4863 \text{kg} \cdot \text{m}^{-3}$；$\mu_{gb} = 5.0786 \times 10^{-5} \text{Pa} \cdot \text{s}$；
$\lambda_{gb} = 0.2778 \text{W} \cdot \text{m}^{-1} \cdot \text{K}^{-1}$

褐煤的平均湿含量：$X_b = \dfrac{X_{b0} + X_{b1}}{2} = \dfrac{0.4285 + 0.2440}{2} = 0.3363$ （kg·kg^{-1}）

加速段干燥带中，颗粒速度的计算：

烟道气的传热量：

$$Q_2 = L(c'_{ga}t_a - c_{gb}t_b) = 3.4662 \times 10^4 \times (1.1197 \times 556.36 - 1.0521 \times 311.77)$$
$$= 1.022 \times 10^7 \text{ （kJ·h}^{-1})$$

第一加速段干燥过程中传热量计算：

$$Q_b = \dfrac{8\lambda_{gb}G_c(1+X_b)\Delta t_{mb}}{3600\mu_{gb}} \left[\dfrac{Q_B}{10(0.5-Q_K)}(Re_{rb}^{Q_K-0.5} - Re_{rb0}^{Q_K-0.5}) \right.$$
$$\left. + \dfrac{Ar_0 Q_B}{100(2-Q_K)}(Re_{rb}^{Q_K-2} - Re_{rb0}^{Q_K-2}) \right]$$

其中

$$\Delta t_{mb} = \dfrac{(t_a - t_w) - (t_b - t_w)}{\ln\left(\dfrac{t_a - t_w}{t_b - t_w}\right)} = \dfrac{(556.36 - 56) - (311.77 - 56)}{\ln\left(\dfrac{556.36 - 56}{311.77 - 56}\right)} = 364.49 \text{ （℃）}$$

$$Ar_b = \dfrac{4d_p^3 g \rho_{gb}(\rho_m - \rho_{gb})}{3\mu_{gb}^2} = \dfrac{4 \times (2.0 \times 10^{-3})^3 \times 9.81 \times 0.4863 \times (1270 - 0.4863)}{3 \times (5.078 \times 10^{-5})^2}$$
$$= 2.5047 \times 10^4$$

此时的平均气速：

$$v_{gb} = \dfrac{Lv_{yb}}{3600} \Big/ \left(\dfrac{\pi}{4}D^2\right) = 32.5731 \text{m} \cdot \text{s}^{-1}$$

由 $Re_{rb} = \dfrac{d(v_{gb} - v_{mb})\rho_{gb}}{\mu_{gb}}$，$Q_2 = Q_b$

通过试算法，可以求得颗粒的速度：

$$v_{mb} = 15.2287 \text{m} \cdot \text{s}^{-1}$$

第一加速段中干燥带的高度：

$$h_2 = \dfrac{4\rho_m d_p^2}{3\mu_{gb}} \left[\dfrac{v_{gb}}{5}(Re_{rb}^{-0.5} - Re_{rb0}^{-0.5}) + \dfrac{\mu_{gb}}{5d_p\rho_p}(Re_{rb}^{0.5} - Re_{rb0}^{0.5}) \right.$$
$$\left. + \dfrac{Ar_b v_{gb}}{200}(Re_{rb}^{-2} - Re_{rb0}^{-2}) - \dfrac{Ar_b \mu_{gb}}{100 d_p \rho_{gb}}(Re_{rb}^{-1} - Re_{rb0}^{-1}) \right] = 4.0163 \text{m}$$

c. 减速段中水分蒸发中气流干燥管长度的计算。本设计取减速段直径与加速段直径比为 2.5:1 计算，计算得到减速段直径为 2.25m，物料的干基湿含量由 0.2440 降到 0.2362 时，烟道气的温度 t_c 求解如下：

$$L(c'_{gb}t_b - c_{gc}t_c) = \frac{G_c(X_{c0}-X_{c1})[q_{rv}+c_w(t_c-t_w)]}{0.9}$$

$$3.4662 \times 10^4 \times (1.2273 \times 311.77 - c_{gc}t_c)$$

$$= \frac{1.7500 \times 10^4 \times (0.2440-0.2362) \times [2.3678 \times 10^3 + 1.88(t_c-56)]}{0.9}$$

解得 $t_c = 302.28°C$

本段内的各项物理参数：

烟道气的平均温度 $t_{cv} = \dfrac{t_b+t_c}{2} = \dfrac{311.77+302.28}{2} = 307.03$ （°C）

当温度为 307.03°C，烟道气的湿含量：

$$H_c = H_b + \frac{G_c(X_{c0}-X_{c1})}{L} = 0.0971 \text{kg} \cdot \text{kg}^{-1}$$

平均湿含量：$H_{cv} = \dfrac{H_b+H_c}{2} = 0.0951 \text{kg} \cdot \text{kg}^{-1}$

烟气的物性参数：

$v_{yc} = 1.8938 \text{m}^3 \cdot \text{kg}^{-1}$； $\rho_{gc} = 0.5783 \text{kg} \cdot \text{m}^{-3}$；

$\mu_{gc} = 4.4751 \times 10^{-5} \text{Pa} \cdot \text{s}$； $\lambda_{gc} = 0.2437 \text{W} \cdot \text{m}^{-1} \cdot \text{K}^{-1}$

褐煤的平均湿含量：$X_c = \dfrac{X_{c0}+X_{c1}}{2} = \dfrac{0.2440+0.2362}{2} = 0.2401$ （$\text{kg} \cdot \text{kg}^{-1}$）

减速段中，颗粒速度的计算：

烟道气的传热量：

$$Q_3 = L(c'_{gb}t_b - c_{gc}t_c) = 3.4662 \times 10^4 \times (1.2273 \times 311.77 - 1.2250 \times 302.28)$$
$$= 4.276 \times 10^5 \quad (\text{kJ} \cdot \text{h}^{-1})$$

本段内干燥的传热量计算：

$$Q_c = \frac{8\lambda_{gc}G_c(1+X_c)\Delta t_{mc}}{3600\mu_{gc}} \left[\frac{10Q_B}{Ar_c^2(Q_K+2.5)}(Re_{rc}^{Q_K+2.5} - Re_{rc0}^{Q_K+2.5}) \right.$$
$$\left. - \frac{Q_B}{Ar_c(Q_K+1)}(Re_{rc}^{Q_K+1} - Re_{rc0}^{Q_K+1}) \right]$$

其中

$$\Delta t_{mc} = \frac{(t_b-t_w)-(t_c-t_w)}{\ln\left(\dfrac{t_b-t_w}{t_c-t_w}\right)} = \frac{(311.77-56)-(302.28-56)}{\ln\left(\dfrac{311.77-56}{302.28-56}\right)} = 251.00 \quad (°C)$$

$$Ar_c = \frac{4d^3 g\rho_{gc}(\rho_m-\rho_{gc})}{3\mu_{gc}^2} = \frac{4 \times (2.0 \times 10^{-3})^3 \times 9.81 \times 0.5783 \times (1270-0.5783)}{3 \times (4.4751 \times 10^{-5})^2}$$
$$= 3.8358 \times 10^4$$

此时的平均气速：

$$v_{gc} = \frac{Lv_{yc}}{3600} \bigg/ \left(\frac{\pi}{4}D^2\right) = 4.5864 \text{m} \cdot \text{s}^{-1}$$

由 $Re_{rc} = \dfrac{d(v_{gc} - v_{mc})\rho_{gc}}{\mu_{gc}}$，$Q_3 = Q_c$ 通过试算法，可以求得颗粒的速度：

$$v_{mc} = 5.0106 \text{m·s}^{-1}$$

减速段的高度计算：

$$h_c = \dfrac{4\rho_m d_p^2}{3\mu_{gc}} \left[\dfrac{4v_{mc}}{Ar_c^2}(Re_{rc}^{2.5} - Re_{rc0}^{2.5}) + \dfrac{20\mu_{gc}}{7Ar_c^2 d_p \rho_{gc}}(Re_{rc}^{3.5} - Re_{rc0}^{3.5}) \right.$$

$$\left. - \dfrac{v_{mc}}{Ar_c}(Re_{rc} - Re_{rc0}) - \dfrac{\mu_{gc}}{2Ar_c d_p \rho_{gc}}(Re_{rc}^2 - Re_{rc0}^2) \right] = 4.0001 \text{m}$$

d. 第二加速段中水分蒸发中气流干燥管长度的计算。直径为 0.9m，物料的干基含湿量由 0.2362 降到 0.0753 时，烟道气的温度 t_d 求解如下：

$$L(c'_{gc}t_c - c_{gd}t_d) = \dfrac{G_c(X_{d0} - X_{d1})[q_{rv} + c_w(t_d - t_w)] + G_c c_{m2}(t_d - t_w)}{0.9}$$

$$3.4662 \times 10^4 \times (1.2324 \times 302.28 - c_{gd}t_d) =$$

$$\dfrac{17499.81 \times (0.236 - 0.0753) \times [2.3678 \times 10^3 + 1.88(t_d - 67)] +}{0.9}$$

$$\dfrac{1.7500 \times 10^4 \times (1 + 0.0753 \times 4.2200) \times (67 - 56)}{0.9}$$

解得 $t_d = 117.90$℃

本段内的各项物理参数：

烟道气的平均温度 $t_{dv} = \dfrac{t_c + t_d}{2} = \dfrac{302.28 + 117.90}{2} = 210.09$ （℃）

当温度为 210.1℃，烟道气的湿含量：

$$H_d = H_c + \dfrac{G_c(X_{d0} - X_{d1})}{L} = 0.1784 \text{kg·kg}^{-1}$$

其平均湿含量：$H_{dv} = \dfrac{H_c + H_d}{2} = 0.1378 \text{kg·kg}^{-1}$

烟道气的物性参数：

$v_{yd} = 1.6711 \text{m}^3 \text{·kg}^{-1}$；$\rho_{gd} = 0.6808 \text{kg·m}^{-3}$；

$\mu_{gd} = 4.0147 \times 10^{-5} \text{Pa·s}$；$\lambda_{gd} = 0.2175 \text{W·m}^{-1} \text{·K}^{-1}$

褐煤的平均湿含量：$X_d = 0.1558 \text{kg·kg}^{-1}$

第二加速段中，颗粒速度的计算：

烟道气的传热量

$Q_4 = L(c'_{gc}t_c - c_{gd}t_d) = 3.4662 \times 10^4 \times (1.2324 \times 302.28 - 1.1964 \times 117.90)$
$= 8.0234 \times 10^6$ （kJ·h^{-1}）

该段的干燥过程的传热量计算

$$Q_d = \dfrac{8\lambda_d G_c(1 + X_d)\Delta t_{md}}{3600\mu_d} \left[\dfrac{Q_B}{0.44(1 - Q_K)}(Re_{rd}^{Q_K - 1} - Re_{rd0}^{Q_K - 1}) \right.$$

$$\left. + \dfrac{Ar_d Q_B}{0.44^2(3 - Q_K)}(Re_{rd}^{Q_K - 3} - Re_{rd0}^{Q_K - 3}) \right]$$

其中

$$\Delta t_{md} = \dfrac{(t_c - t_{m1}) - (t_d - t_{m2})}{\ln\left(\dfrac{t_c - t_{m1}}{t_d - t_{m2}}\right)} = \dfrac{(302.28 - 56) - (117.90 - 67)}{\ln\left(\dfrac{302.28 - 56}{117.90 - 67}\right)} = 123.92 \quad (\text{℃})$$

$$Ar_d = \frac{4d^3 g \rho_{gd}(\rho_m - \rho_{gd})}{3\mu_{gd}^2} = \frac{4 \times (2.0 \times 10^{-3})^3 \times 9.81 \times 0.6808 \times (1270 - 0.6808)}{3 \times (4.0147 \times 10^{-5})^2}$$
$$= 5.610 \times 10^4$$

此时的平均气速：

$$v_{gd} = \frac{Lv_{yd}}{3600} \bigg/ \left(\frac{\pi}{4}D^2\right) = 27.3472 \, \text{m} \cdot \text{s}^{-1}$$

由 $Re_{rd} = \dfrac{d(v_{gd} - v_{md})\rho_{gd}}{\mu_{gd}}$，$Q_4 = Q_d$

通过试算法，可以求得颗粒的速度：

$$v_{md} = 18.9150 \, \text{m} \cdot \text{s}^{-1}$$

第二加速段的高度：

$$h_4 = \frac{4\rho_m d_p^2}{3\mu_{gd}} \left[\frac{v_{gd}}{0.44}(Re_{rd}^{-1} - Re_{rd0}^{-1}) + \frac{\mu_{gd}}{0.44 d_p \rho_{gd}} \ln\left(\frac{Re_{rd}}{Re_{rd0}}\right) \right.$$
$$\left. + \frac{Ar_0 v_{gd}}{0.582}(Re_{rd}^{-3} - Re_{rd0}^{-3}) - \frac{Ar_d \mu_{gd}}{0.388 d_p \rho_{gd}}(Re_{rd}^{-2} - Re_{rd0}^{-2}) \right] = 4.0921 \, \text{m}$$

(3) 设计结果 见表 17-5-10。

表 17-5-10 脉冲式气流干燥器的最优计算结果表

分段名	第一缩小段	扩大段	第二缩小段
分段描述	颗粒预热	颗粒加速运动	颗粒减速运动	颗粒加速运动
干基湿含量/kg·kg^{-1}	0.4285	0.4285~0.2440	0.2440~0.2362	0.2362~0.0753
长度/m	0.03	4	4	4
烟气温度/℃	600.0~556.36	556.36~311.77	311.77~302.28	302.28~117.90
颗粒速度/m·s^{-1}	0~1.9894	1.9894~15.2287	15.2287~5.0106	5.0106~18.9150
传热量/kJ·h^{-1}	1.9660×10^6	1.0223×10^7	4.2781×10^5	8.0234×10^6

由分段关系可以看出，除湿的过程或热量传递的过程主要发生在颗粒加速运动段，第一加速段中褐煤的湿含量从 0.4285 kg·kg^{-1} 降到 0.244 kg·kg^{-1}，在第二加速段中湿含量从 0.236 kg·kg^{-1} 降到 0.07527 kg·kg^{-1}，两缩小段的除湿量占总除湿量的 97.8%。这说明干燥的高效区在两缩小段。该结论也可以从烟气温度变化、体积传热系数变化、传热量等方面表现出来。加速段具有较大的传热系数，传热温差也较大，有利于热量传递，从而便于水分蒸发。

5.5 流化床干燥器

5.5.1 流化床干燥的工作原理及特点

5.5.1.1 流化床干燥的工作原理

流化床干燥（又称流态化干燥或沸腾床干燥）是利用固体流态化原理进行的一种干燥过程。如图 17-5-34 所示，热风经筛板［又叫热风分布器或（气体）分布板］均布后，将流化床干燥器中的湿物料流化起来，进行气-固间的传热传质，使物料中的水分蒸发，达到干燥要求的物料由出料口排出，含有细粉的废气由顶部出去，进入气-固分离装置[9,14,17]。

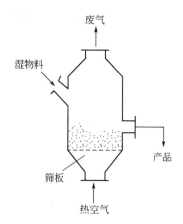 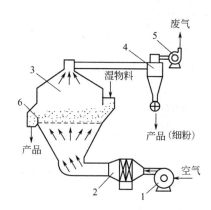

图 17-5-34　流化床干燥示意图　　图 17-5-35　单层（连续）流化床干燥器的流程示意图
1—鼓风机；2—空气加热器；3—干燥器；
4—旋风分离器；5—引风机；6—堰板

5.5.1.2　流化床干燥的特点

① 处理量大。在流化床干燥器内，由于热气流与固体颗粒的充分混合，表面更新机会多，因此强化了传热传质过程，其体积传热系数一般为 2330~6590 W·m^{-3}·℃$^{-1}$。

② 物料在流化床干燥器内的停留时间可以自由调节，通常在几分钟至几小时之间。因此，对于需要进行长时间干燥的物料或干燥产品湿含量要求很低的情况很适用。

③ 床层内温度分布均匀，并可随意调节。因此，流化床干燥可得到湿分均匀的干燥产品。

④ 流化床干燥可以进行连续操作，亦可以进行间歇操作。

⑤ 设备结构简单，造价低，维修方便。

⑥ 对于易粘壁或结团成块的物料不宜采用流化床干燥。

⑦ 用流化床干燥的物料，在粒度上有一定限制，太大不易被流化，太小又易被气流带走。一般要求的粒度为 30μm~6mm。

⑧ 不适用于干燥湿含量太高的物料（若要采用，需采取特殊措施）。

5.5.2　流化床干燥器的类型

流化床干燥器的型式有很多。按操作情况可分为间歇式流化床干燥器和连续式流化床干燥器；按结构型式可分为单层流化床干燥器、多层流化床干燥器、卧式多室流化床干燥器、振动流化床干燥器、离心流化床干燥器、喷动流化床干燥器以及惰性粒子流化床干燥器等[2,6~19]。

5.5.2.1　单层流化床干燥器

单层（连续）流化床干燥器的流程，如图 17-5-35 所示。湿物料由加料器加入流化床干燥器内，环境空气经鼓风机和空气加热器加热到一定温度后，由干燥器底部经筛板均布，再进入流化床层中与物料进行接触干燥，合格的干燥产品由出料口排出，含有细粉的废气通过旋风分离器后由引风机排空。

这种干燥器壳体的形状有圆形、矩形或圆锥形。圆锥形干燥器特别适用于粒度分布较宽的物料,它使大小颗粒都能处于流化状态。

单层流化床干燥器可以间歇操作,也可以连续操作。连续操作时,一般要设置隔板,以防出现短路问题。这种干燥器的主要缺点是物料停留时间分布宽、干燥产品残余水分不均匀。通常用于除去物料表面附着水分及干燥程度要求不太高的情况。单层(连续)流化床干燥器的工业应用实例如表 17-5-11 所示。

表 17-5-11 单层(连续)流化床干燥器的工业应用实例

物料 项目	石灰石	碎煤	高炉渣	水洗尾煤	氯化铵
颗粒直径/mm	<12.7	<9.5	—	6.4~0.15	40~60 目
处理量/t·h^{-1}	100~125	70~100	35	375	350t·d^{-1}
蒸发量/t·h^{-1}	—	—	—	40	—
原料含水量/%	2.0	8~14	10~22	9~14	7
产品含水量/%	0.25	1~2	0.1~0.4	1~5	0.5
热风温度/℃	200	—	—	600	150~160
废气温度/℃	100	—	—	65	50~60
干燥器直径/m	2.7	—	2.4	4.2	3.0

5.5.2.2 多层流化床干燥器

多层流化床干燥器系采用多层气体分布板,将被干燥物料划分为若干层,气-固逆流操作增加了过程的推动力,使物料的停留时间分布和干燥程度都比较均匀,提高了传热传质效率。按固体溢流方式可分为溢流管式和穿流筛板式两大类。

(1) 溢流管式多层流化床干燥器 溢流管式多层流化床干燥器的结构型式很多,其主要差异是溢流管的类型不同,这种干燥器的关键是溢流管的设计和操作。如果设计不当或操作不妥,很容易产生物料堵塞或气体穿孔,从而造成下料不稳定,破坏流化状态。图 17-5-36 示出的是几种常见的溢流管型式。直管形 [图 17-5-36(a)] 的最大特点是结构简单,但当床内气速较小而溢流管内颗粒下降速率较大时,可能产生下料间断;当床内气速过大或溢流管直径过小时,溢流管内易产生节涌,甚至产生颗粒向上一层溢流、气体短路及停止溢流等现象。由于孔板型溢流管 [图 17-5-36(b)] 内的颗粒呈移动状态下降,所以孔板型溢流管可以防止气体的过量流入或落入溢流管内的物料不恒定而引起的不稳定倾向。直管形的底部装有堵头 [图 17-5-36(c) 的单锥堵头型、图 17-5-36(d) 的双锥堵头型、图 17-5-36(e) 的带气动双锥堵头型] 结构,除了用以调控下料面积来控制固体物料的流量外,还可以改变气体的流向,并可减少气体大量流入溢流管。旋转阀型 [图 17-5-36(f)] 结构可完全避免产生节涌,保持操作稳定,但加工制作精度要求高,不适宜高温操作。锥形溢流管 [图 17-5-36(g)] 可形成浓相下料,操作弹性大。为了松动溢流管内的流动颗粒,使其流动畅通,还可以在其壁上开一些侧孔(开孔率与气体分布板大致相同)。带双锥体的机械型溢流管 [图 17-5-36(h)] 的特点是可定时启闭溢流装置,适用于温度不太高的情况。气控型 [图 17-5-36(i)] 结构是在流化床中心形成一个具有中心溢流管的多层床,溢流管需要一个气源控制,连同流化床的主气源,称为双气源多层流化床,这种溢流装置在压力平衡上有一定自动调节范围,可维持稳定操作。分布板型溢流管 [图 17-5-36(j)] 的上端与分布板平齐,下端装有孔口,其特点是操作弹性大。但整个床层启动是否顺利与结构参数的选择有关。下面介绍几种常见的溢流管式多层流化床干燥器。

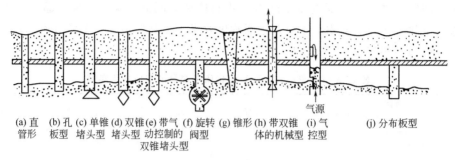

(a) 直管形　(b) 孔板型　(c) 单锥堵头型　(d) 双锥堵头型　(e) 带气动控制的双锥堵头型　(f) 旋转阀型　(g) 锥形阀型　(h) 带双锥体的机械型　(i) 气控型　(j) 分布板型

图 17-5-36　溢流管的类型

① 直管形溢流管式多层流化床干燥器。如图 17-5-37 所示，每一床层都装有溢流管，固体物料由上一层筛板的溢流管流向下一层筛板。利用溢流管内固体料柱的高度来密封气体。热风的流向有两种方式：一种是从干燥器底部进入，逐层穿过各个床层，再从顶部出去；另一种是热风在每一层进出干燥器。由于固体物料有规则地从上到下移动，所以其停留时间分布均匀，干燥程度也比较均匀。

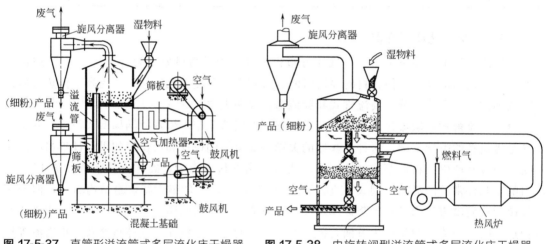

图 17-5-37　直管形溢流管式多层流化床干燥器　　图 17-5-38　内旋转阀型溢流管式多层流化床干燥器

② 旋转阀型溢流管式多层流化床干燥器。带有旋转阀的溢流管结构，不仅可以密封气体，而且可定量排出颗粒物料，其可靠性也较好。根据溢流管的位置不同，这种干燥器可分为内旋转阀型溢流管式和外旋转阀型溢流管式两种。图 17-5-38 所示的是在多层流化床干燥器内装有旋转阀型溢流管，即内旋转阀型溢流管式多层流化床干燥器。图 17-5-39 为外旋转阀型溢流管式多层流化床干燥器，即旋转阀型溢流管安装在干燥器主体的外面。

③ 外溢流管型多层流化床干燥器。溢流管设置在干燥器主体的外面，如图 17-5-40 所示。其干燥室是一个矩形截面（2500mm×1250mm×3800mm），一共有三层，上面两层为干燥，下面一层为冷却。筛板与水平面成 2°～3° 的倾斜角。筛孔直径为 1.4mm。湿物料由顶部进入，逐渐下移，并与热风接触而被干燥。当其到达冷却段时，被底部进入的冷空气所冷却，最后由卸料管排出。利用这种干燥器已成功地干燥了发酵粉、硫酸铵以及许多聚合物。

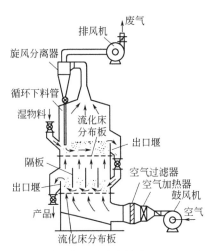
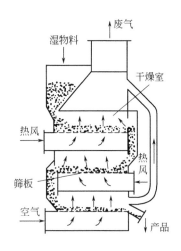

图 17-5-39　外旋转阀型溢流管式多层流化床干燥器　　图 17-5-40　外溢流管型多层流化床干燥器

④ 带搅拌器的溢流管式多层流化床干燥器。如图 17-5-41 所示，搅拌器可以保证均匀的流态化，对于含水量很高的物料或很细的散状物料也能够流化并完全干燥。

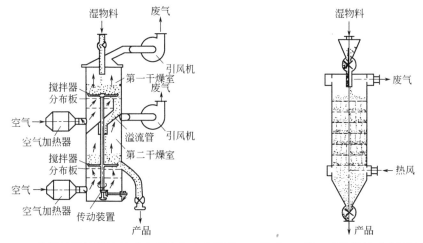

图 17-5-41　带搅拌器的溢流管式多层流化床干燥器　　图 17-5-42　穿流筛板式多层流化床干燥器

（2）穿流筛板式多层流化床干燥器　如图 17-5-42 所示。湿物料由上向下流动，气体则经过同一筛孔自下而上逆向流动，在每层筛板上形成流化床层，物料在干燥器底部排出，废气由顶部出去。一般情况下，气体的空塔气速与颗粒的带出速度之比约为 1.15～1.30，但不超过 2。颗粒粒径为 0.5～5mm。筛板孔径比颗粒直径大 5～30 倍，通常为 10～20mm。筛板开孔率为 30%～45%。多孔板间距为 150～400mm。表 17-5-12 为穿流筛板式多层流化床干燥器的工业应用实例。

还有一种无溢流管的翻板式穿流筛板多层流化床干燥器，如图 17-5-43 所示。这种（两层）干燥器属于间歇（也称半连续）操作。上下两层筛板（即翻板）可以在一定时间间隔内轮换翻转。加到上层的湿物料，干燥到一定程度后，翻转筛板使物料落到下层筛板继续干燥，当达到要求时，翻转下层筛板将产品排出。上层筛板翻转后重新加料。过程反复进行，筛板定时翻转。这种结构的干燥器，使物料停留时间均匀，产品含水量也均匀。其工业应用实例如表 17-5-13 所示。

表 17-5-12 穿流筛板式多层流化床干燥器的工业应用实例

项目 \ 物料	麦粒	矿渣	麦粒	石英砂
操作目的	干燥	干燥	冷却	冷却
颗粒直径/mm	5×3	0.95	5×3	1.4
加料量/t·h^{-1}	1.5	7.0	1.5	4.0
原料含水量/%	25	8	—	—
产品含水量/%	2.8	0.5	—	—
入口空气温度/℃	265	300	38	20
进料温度/℃	68	20	175	350
出料温度/℃	175	170	54	22
进气速度/m·s^{-1}	8.02	4.6	3.22	0.74
流化床直径/m	0.9	1.6	0.83	1.7
筛板孔径/mm	20	20,10	20	20
筛板开孔率/%	40	40,40	40	40
筛板间距/m	0.2	0.25,0.4	0.2	0.15
筛板层数	10	1,2	6	20
筛板阻力/Pa	76	196,98	90	18
流化床总压降/Pa	1110	690	630	390
风机风量/m^3·min^{-1}	180(80℃)	360(70℃)	130(50℃)	100(30℃)
风机风压//Pa	4410	—	—	—
风机功率/kW	37	5.5	15	5.5

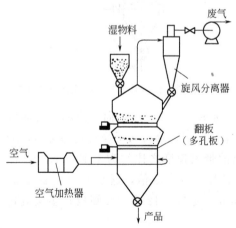

图 17-5-43 翻板式穿流筛板多层流化床干燥器

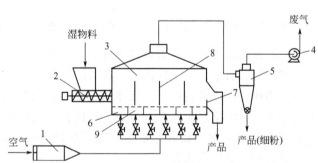

图 17-5-44 卧式多室流化床干燥器
1—空气加热器；2—加料器；3—干燥室；4—引风机；
5—旋风分离器；6—气体预分布室；7—堰板；
8—隔板；9—气体分布板

表 17-5-13　翻板式穿流筛板多层流化床干燥器的工业应用实例

项目＼物料	乙烯（粉状）	有机物（薄片）	有机物（小片）
代表粒径/mm	0.104	1.8	4.1
真密度/kg·m^{-3}	1400	1300	1380
堆积密度/kg·m^{-3}	480	360	625
产品产量/kg·h^{-1}	2050	615	1670
原料含水量（干基）/%	2.1	208	0.5
产品含水量（干基）/%	0.1	0.8	0.007
流化床入口空气温度/℃	78	155	175
流化床干燥器直径/m	1.8	2.5	1.3
筛板层数	2	1	4
鼓风机风量/m^3·min^{-1}	—	—	255
引风机风量/m^3·min^{-1}	105	560	—
热源	水蒸气	水蒸气	水蒸气

总体来说，由于多层流化床干燥器存在结构复杂、床层阻力大、操作的可靠性和稳定性差等缺点，因此在工业上的应用还比较少。

5.5.2.3　卧式多室流化床干燥器

如图 17-5-44 所示。它是一矩形箱体外壳，其气体分布板为长方形，且按一定间隔垂直设置一定数量隔板，将床层分隔成多室。为使气体分布得更均匀，一般在气体分布板的下部有一个气体预分布室，分成若干个热风室。物料的停留时间可通过调节出口堰板高度来实现。颗粒在热风的作用下，通过分布板与隔板之间的间隙向其他室移动，直至从出口排出。这种流化床干燥器处理量大，产品湿含量均匀，操作也比较稳定。与多层流化床相比，结构简单，系统压降低，但耗气量大，热效率低。其工业应用实例如表 17-5-14 所示。

表 17-5-14　卧式多室流化床干燥器工业应用实例

项目＼物料	聚氯乙烯	ABS 树脂	药品	肥料	石膏
生产能力/kg·h^{-1}	650	2000	70	3300	2500
原料含水量（干基）/%	3.0	2.0	25	4	3.6（结晶水）
产品含水量（干基）/%	0.1	0.4	1	0.4	0
平均粒径/mm	0.03	0.2	1×5	1.3	0.06
真密度/kg·m^{-3}	1400	1050	1150	1730	2300
堆积密度/kg·m^{-3}	350	400	700	800	800
流化床入口空气温度/℃	65	85	90	70	500
鼓风机风量/m^3·min^{-1}	120	70	100	200	55
鼓风机全压/Pa	2700	2000	3500	5500	4500
引风机风量/m^3·min^{-1}	600	80	120	200	—
引风机全压/Pa	6500	1500	2000	1500	—

卧式多室流化床干燥器还有很多种结构型式，下面介绍常见的几种。

(1) 阶梯式卧式多室流化床干燥器　如图 17-5-45 所示，它是将流化床的气体分布板做成阶梯形，以防止颗粒的逆向混合。与水平气体分布板相比，由于位差的增加，使流化床层的流动速度加快。

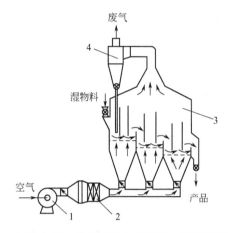
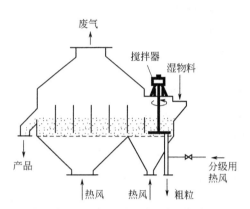

图 17-5-45　阶梯式卧式多室流化床干燥器
1—鼓风机；2—空气加热器；3—干燥器；4—旋风分离器

图 17-5-46　带立式搅拌器的卧式多室流化床干燥器

(2) 带搅拌器的卧式多室流化床干燥器　普通流化床干燥器在物料含水量、粒度适中时，往往可能在进料端出现流化困难或流化不均匀现象，因此，有时只在该部位设置搅拌器，就可使整个床面的流态化趋于均匀。根据搅拌器设置的方式不同可分为立式和卧式两种结构，如图 17-5-46 和图 17-5-47 所示。图 17-5-48 为卧式搅拌器的示意图。

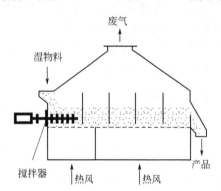
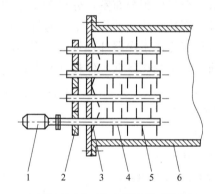

图 17-5-47　带卧式搅拌器的
卧式多室流化床干燥器

图 17-5-48　卧式搅拌器示意图
1—电机；2—齿轮组；3—单片推料螺旋叶片；
4—搅拌轴；5—搅拌棒；6—流化床箱体

(3) 带内换热器的卧式多室流化床干燥器　当湿物料干燥所需的热量很大，而流态化所需的热空气量较小，即当用于正常流态化的热空气量远远不能满足物料干燥所需的热量要求时，在流化床干燥器内应设置内换热器，即所谓的带内换热器的卧式多室流化床干燥器。此时，热空气主要起流态化作用并带走水分，而干燥所需的热量主要靠内换热器供给。这种操作方式可以显著节省能量。内换热器要便于检修和安装。图 17-5-49 给出该流化床干燥器的示意图。

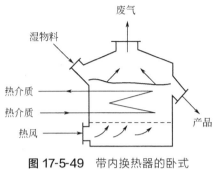

图 17-5-49 带内换热器的卧式
多室流化床干燥器

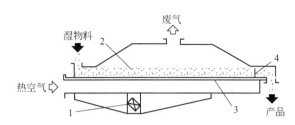

图 17-5-50 振动流化床干燥器示意图
1—振动电机；2—床层；3—气体分布板；4—堰板

5.5.2.4 振动流化床干燥器

(1) 工作原理和特点 振动流化床干燥器是在普通流化床干燥器上施加振动而制成的，即是普通流化床干燥器的一种改进型式，如图 17-5-50 所示。在普通流化床干燥器中，物料的流态化完全是靠气流来实现的；而在振动流化床干燥器中，物料的流态化和输送主要是靠振动来完成的。由于振动的加入，降低了物料的最小流化速率，使流态化现象提早出现，特别是靠近气体分布板的底层颗粒物料首先开始流化，有利于消除壁效应，改善了流态化质量。进入干燥器的热风主要用于干燥过程的传热传质，因此，风量大为降低，一般为普通流化床干燥器气量的 20%～30%，而且细粉夹带现象减轻，细粉回收系统负荷降低。

(2) 类型 按振动方式可将振动流化床干燥器分为两大类：一类是振动电机直接装在流化床上，即振动电机直接驱动的振动流化床干燥器；另一类是其振动部分与电机分离的，即箱式激振器固定在流化床一端的板弹簧式振动流化床干燥器。此外，还有一种新型分体式振动流化床干燥器。

① 振动电机直接驱动的振动流化床干燥器。图 17-5-51 为一种振动电机直接驱动的卧式矩形振动流化床干燥器。除了矩形之外，还有一种振动电机直接驱动的立式圆形振动流化床干燥器，如图 17-5-52 所示。其主振体是由多层环状布置

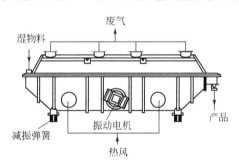

图 17-5-51 振动电机直接驱动的卧式
矩形振动流化床干燥器示意图

的变螺旋角多孔板叠落而成的，并由减振弹簧支承于机架上，多孔板的螺旋角呈递减变化。在两台电机的激振下，达到同步状态，使物料在各个多孔板上做等角速度圆周运动。干燥用的热风自下而上依次穿过各层多孔板，使物料呈流态化状态，物料由上而下依次流过各层多孔板，最后由底部排出。这种干燥器的主要特点是占地面积小。振动流化床干燥器的工业应用实例如表 17-5-15 所示。

② 板弹簧式振动流化床干燥器。如图 17-5-53 所示，其箱式激振器固定在流化床的一端，通过传动轴与一台电机相连。电机转动时，传动轴带动激振器产生一个水平方向的激振力，经板弹簧（共振弹簧）的作用产生一个水平方向和一个垂直方向的分力。水平方向的分力促使物料以一定速度向前运动至物料出口；垂直方向的分力与经气体分布板均布的热风一起将物料抛起，使物料处于流化状态。

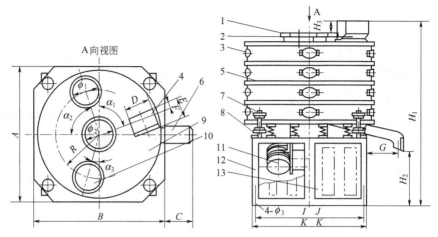

图 17-5-52　振动电机直接驱动的立式圆形振动流化床干燥器示意图
1—气体入口；2—布料装置；3—清扫窥视孔；4—进料孔；5—流槽；6—出料口；
7—限幅装置；8—弹簧；9—主机；10—废气出口；11—激振电机；12—机架；13—罩板

表 17-5-15　振动流化床干燥器的工业应用实例

项目	物料							
	盐	味精	饲料	肥料	$CaCO_3$	药粉	药颗粒	添加剂
物料状态	结晶体	结晶体	颗粒状	颗粒状	粉状	粉状	颗粒状	粉状
粒度/mm	0.4~2.0	0.3~1.0	0.5~5.0	1.0~3.0	0.1	0.1~0.2	0.3~1.0	0.1~0.2
密度/kg·m^{-3}	1000	800	900	1200	450	510	700~900	1500
进风温度/℃	120	110	120	110	390	120	90~120	80
出风温度/℃	45	38	36	35	80	35	32~40	32
原料含水量/%	5.5	2~3	17~35	20~30	35	33	20~27	12~18
产品含水量/%	0.07	0.05~0.1	<10	<7	0.08	14	<5	<2
产量/kg·h^{-1}	780	750	200~300	200~250	520	250	150~250	200~300

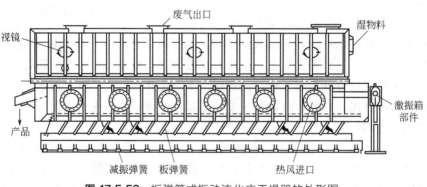

图 17-5-53　板弹簧式振动流化床干燥器的外形图

上述两大类振动流化床干燥器的主要差别是，前者结构简单，安装容易，造价低；而后者振动和传动机构复杂、造价高。但对于大尺寸（长度超过 10m 以上），后者的流态化更均匀，操作更稳定。

③ 分体式振动流化床干燥器。上述两大类振动流化床干燥器的共同特点是，流化床的上箱体和下箱体及气体分布板一起参与振动。实际上，只需振动气体分布板就可以了，这样还可以节省振动能。因此，就出现了分体式振动流化床干燥器，如图 17-5-54 所示。图 17-5-54(a)所示的干燥器上、下箱体分开约 50mm，上箱体由支柱支承，用涤纶布等软材料将上、下箱体连接并封闭起来，于是分布板与下箱体共同参振，而上箱体已脱离振动，减小了参振质量，降低了能量消耗。与图 17-5-54(a) 相比，图 17-5-54(b) 所示的干燥器是利用弹性实体软连接，不必用螺钉夹紧，只要调整好上、下箱体的法兰间隙即可，安装、拆卸极为方便。图 17-5-54(c) 所示的干燥器是一种只有分布板振动的设计方案，它是将分布板用若干个悬挂轴通过弹簧挂起来，悬挂轴与下箱体以及分布板与上箱体之间均用弹性密封隔绝，振动电机通过圆柱形连接管固定在分布板侧壁上，连接管与下箱体侧壁的贯通部位也用圆形弹性密封封闭。这种结构的设计思路比较新颖，但结构复杂，制造安装调整都有困难。

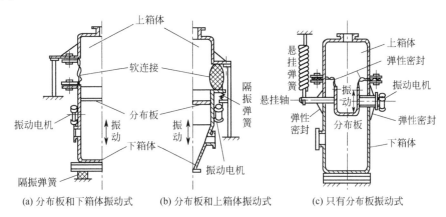

图 17-5-54 分体式振动流化床干燥器的结构示意图

工程上，小规格振动流化床干燥器由于本身振动能不大，没有必要搞分体式。只有对于激振力很大的大型干燥器，设计时才可以考虑这种结构，但目前采用得较少。

5.5.2.5 惰性粒子流化床干燥器

(1) 工作原理 如图 17-5-55 所示，将溶液、悬浮液、泥浆和糊状物，喷雾到被热气流流化起来的惰性固体粒子表面上，经过干燥、粉碎过程，产生粉体，随气流一起离开干燥器，进入气-固分离系统，将粉体收集下来，即为产品。

惰性粒子球的直径为 3~6mm，由耐磨性材料生产。当喷涂到惰性固体载体表面上的液体干燥时，能够变脆、破裂。由于颗粒对颗粒、颗粒对器壁的撞击，物料由惰性粒子表面脱落下来，变成粉体，粉体和空气一起从干燥器排出。惰性粒子干燥的理想机理归纳起来，遵循下列过程：加热惰性粒子、分散液体涂层、喷涂层干燥、干燥产品分裂或脱落，如图 17-5-56 所示。

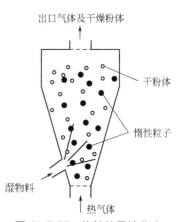

图 17-5-55 惰性粒子流化床干燥原理示意图

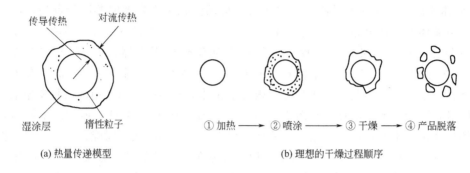

(a) 热量传递模型　　　　(b) 理想的干燥过程顺序

图 17-5-56　惰性粒子干燥的机理

要保持稳定的操作状态,要求干燥和破碎速率之和大于喷涂速率,否则正常操作状态将被破坏。如果排放的空气达到过饱和状态,床层也将发生破坏。根据实验研究,得到了干燥曲线、物料温度曲线及物料脱落曲线,如图 17-5-57 所示。

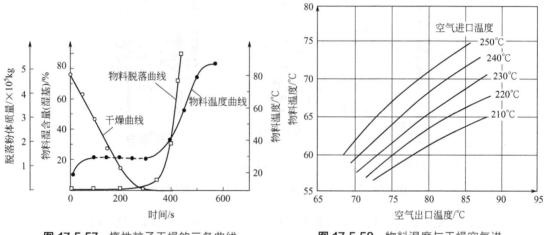

图 17-5-57　惰性粒子干燥的三条曲线　　　图 17-5-58　物料温度与干燥空气进、出口温度的关系

物料温度与干燥空气的进、出口温度,这三者之间的关系如图 17-5-58 所示。物料的温度一般高于各自的湿球温度,物料的温度低于空气的出口温度,颗粒表面温度和湿球温度至少相差 20℃。

(2) 类型　原料液在惰性粒子表面的干燥,是在常用设备中完成的,如各类流化床(传统的流化床、喷动床、喷动-流化床、喷射-喷动床、旋转气流床、振动流化床、回转干燥器等)及其他型式的分散物料干燥器,如旋涡流气流干燥器(涡流床)、撞击流干燥器及气流干燥器等,如图 17-5-59 所示。

惰性粒子流化床干燥器可以干燥的物料有膏状、糊状或滤饼状、溶液、乳浊液等。惰性粒子流化床干燥器的平均容积传热系数为喷雾干燥器的 20 倍,在蒸发能力相同的情况下,其设备体积为喷雾干燥器的 1/20。因此,在某些情况下,可以用惰性粒子流化床干燥器来代替喷雾干燥器。通常惰性粒子流化床干燥器得到的产品只能是粉状。表 17-5-16 所列为这种干燥器的运转实例。

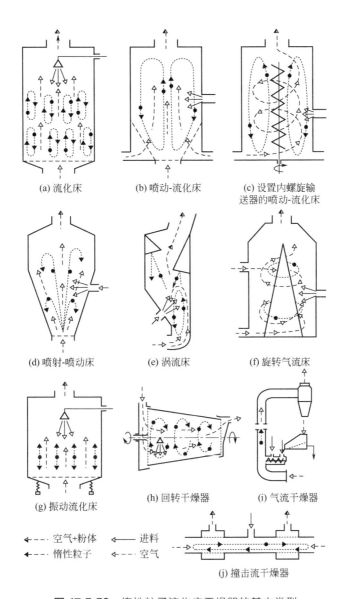

图 17-5-59　惰性粒子流化床干燥器的基本类型

表 17-5-16　惰性粒子流化床干燥器的运转实例

物料 \ 项目	原料/产品湿度/%	原料/产品平均直径/μm	热风/废气温度/℃	产品产量/kg·h^{-1}·m^{-2}
陶瓷	70/0.2	0.7/0.6	250/90	300
硫酸钡	40/0.1	1.9/1.7	150/65	750
钛酸钡	50/0.1	1.3/1.1	200/90	510
玻璃粉末	43/0.2	2.2/2.2	250/100	625
铁氧体	60/0.2	32/36	300/100	620
颜料、染料	60/5.0	1.2/1.2	250/110	280

续表

物料 \ 项目	原料/产品湿度/%	原料/产品平均直径/μm	热风/废气温度/℃	产品产量/kg·h⁻¹·m⁻²
聚苯乙烯树脂	46/2.0	7.7/7.6	65/40	195
煤粉末	65/1.5	9.4/10.8	150/65	255
聚苯乙烯树脂①	75/1.5	1.3/1.5	85/55	160
玻璃粉末①	50/1.0	2.1/2.1	150/80	900
铁氧体②	50/0.8	7.3/7.6	150/90	450

① 挥发物为乙醇。
② 挥发物为甲苯。
注:其余的挥发物为水。

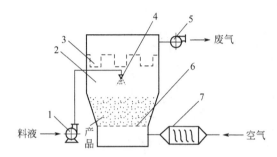

图 17-5-60 流化床喷雾造粒干燥器原理示意图
1—料液泵;2—流化床喷雾造粒干燥器主体;3—袋滤器;
4—料液喷嘴;5—风机;6—气体分布板;7—空气加热器

5.5.2.6 流化床喷雾造粒干燥器

(1) 工作原理 如图 17-5-60 所示,流化床喷雾造粒就是在气固流化床中先加入细粒子作为晶种,然后通入热风将细粒子流化起来,待床层达到一定温度时,用雾化器将料液持续而均匀地喷淋到流化床层中,液体与固体相结合(涂层或团聚),由热风将其干燥并带走已蒸发的水分,固体粒子不断长大,待粒子长大到规定尺寸时排出流化床,获得产品。

流化床喷雾造粒过程是流态化技术、喷雾技术和干燥技术三者的有机结合。在间歇操作的制药工业和连续操作的化学工业中已得到广泛应用。例如,氯化钠、氯化钾、氯化钙、氯化锂、氯化镁、硫化钠、硫化铁、硫化锌、溴化钠、溴化钾、溴化铵、碳酸钡、硅酸钠、碳酸钾、硫酸钠、硫酸铵、硫酸锌、硫酸亚铁、磷酸铵、硝酸铵、硝酸钠、重铬酸钠、苯甲酸钠、丙二酸、水杨酸钠、乙酸钾、腐殖酸钠、硅藻土、染料、乳酸钙、钛白粉、葡萄糖、氧化铁黄、复合肥、尿素等均能采用此法生产出粒状产品。

(2) 类型

① 圆锥形流化床喷雾造粒干燥器。流化床喷雾造粒干燥器一般为锥形床,如图 17-5-60 所示。锥底部装有气体分布板,分布板一般为多孔筛板,在距气体分布板一定高度处装有一支或多支料液喷嘴。多支喷嘴通常在同一床截面均布,使料液在床内均匀雾化。

② 搅拌流化床喷雾造粒干燥器。为了克服普通流化床喷雾造粒的不足,便出现了搅拌流化床喷雾造粒干燥器。这是我国常用的一种造粒装置,如图 17-5-61 所示,喷嘴可以侧喷或由上向下喷。这是一种间歇操作的造粒装置,多用于制药工业。与普通流化床喷雾造粒相比,搅拌流化床喷雾造粒的优点为以下几点。

a. 搅拌器可以打碎气泡,使流态化过程更平稳,降低了床层表面气泡的破裂程度,从而减少夹带。由于气泡被打碎,使气-固两相接触面积增大,传热传质效率提高。

b. 搅拌使料液在颗粒表面分布得更均匀,传热传质面积增大。

c. 即使一时喷液量过多,也不会立即死床,因为搅拌器可以打碎团聚物料,清除团聚死区并强制流化,不会出现气流短路现象。

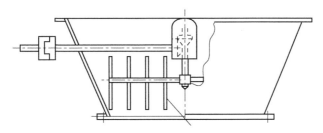

图 17-5-61　搅拌流化床喷雾造粒干燥器底部结构示意图

③ 带环形空气分布器的流化床喷雾造粒干燥器。这种干燥器的热空气是向器壁方向喷射的，如图 17-5-62 所示。

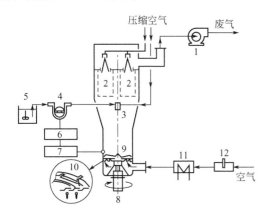

图 17-5-62　带环形空气分布器的
流化床喷雾造粒干燥器

1—引风机；2—袋滤器；3—喷嘴；4—泵；
5—胶黏剂贮罐；6—控制器；7—湿分传感器；
8—电机；9—搅拌器；10—环形空气分布器；
11—空气加热器；12—风速仪

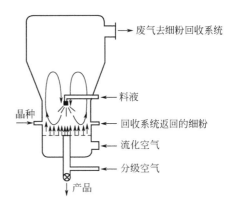

图 17-5-63　带分级空气的流化床
喷雾造粒干燥器

④ 带分级空气的流化床喷雾造粒干燥器。在中心出料管中通入分级空气，可将细粒吹入流化床中，粗颗粒作为产品排出，如图 17-5-63 所示。

⑤ 在螺旋排料器中设置分级装置的流化床喷雾造粒干燥器。在螺旋排料器中，设置的分级装置可将细颗粒返回到床层中，粗颗粒作为产品被排出干燥器外，如图 17-5-64 所示。

⑥ 卧式多室流化床喷雾造粒干燥器。图 17-5-65 为荷兰的 NSM 卧式多室流化床喷雾造粒干燥器示意图。它主要由上箱体、下箱体、气体分布板和料液喷嘴等组成。上箱体用挡板分隔为 5~6 个独立室，前 2~3 个室下部安装有二流体喷嘴（被埋在床层中，由下向上喷雾），为造粒段，剩下后面的几个室只引入流化空气，为冷却段。

气体分布板结构如图 17-5-66 所示，其上的 $\phi 2mm$ 小孔是冲压出来的，有一个向前伸出的沿，使颗粒有一个（向前）侧向力，便于将分布板上的物料排净和输送团块颗粒。这种流化床喷雾造粒干燥器主要用于颗粒尿素的生产，还可以用于硝酸铵造粒，亦可以在 97% 的硝酸铵料液中加入 25% 的碳酸钙（石灰石）粉末来生产含氮量为 26% 的优质缓释肥料硝酸铵钙。

⑦ 喷动-流化床喷雾造粒干燥器。喷动-流化床喷雾造粒干燥器是结合喷动床和传统流化

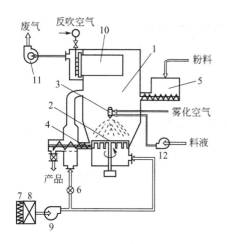

图 17-5-64 在螺旋排料器中设置分级装置的流化床喷雾造粒干燥器

1—干燥室；2—搅拌器；3—喷嘴；4—螺旋排料器；5—细粉加料器；6—热风流量调节阀；7—空气过滤器；8—空气加热器；9—鼓风机；10—袋滤器；11—引风机；12—料液泵

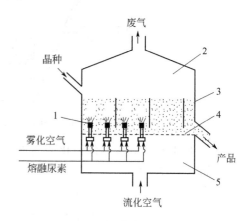

图 17-5-65 NSM 卧式多室流化床喷雾造粒干燥器示意图

1—料液喷嘴；2—上箱体；3—隔板；4—气体分布板；5—下箱体

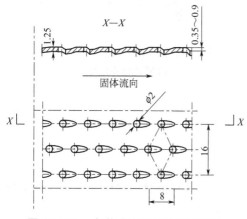

图 17-5-66 气体分布板的结构示意图

床的优点，开发出的一种尿素造粒生产装置。图 17-5-67 为单级喷动-流化床喷雾造粒干燥器的原理图，图 17-5-68 为多级喷动-流化床喷雾造粒干燥器的结构简图，其主要由喷动床、多孔筛板、流化床和料液喷嘴等组成。每个喷动床单元有一个压力式喷嘴，熔融尿素经压力式喷嘴而雾化喷入喷动床单元，喷动空气和流化空气分别由造粒器的底部进入，喷动床被多孔筛板的流化床所环绕。这项技术已成功地应用于日本、新西兰和德国的颗粒尿素生产装置上，其生产能力为 $100\sim1200\ t\cdot d^{-1}$，在同一装置上可以生产出 $1\sim6mm$ 任何粒度的产品，且具有产品质量高、能耗低和污染小等优点。

5.5.2.7 离心流化床干燥器

上述几节讨论的流化床干燥器均是在重力场作用下进行操作的，也称重力流化床干燥器。然而，对于大颗粒（粒径＞1mm）物料，用重力流化床操作时，发生腾涌的气速与其临界流化速度很接近；对于颗粒细而密度小的物料，其夹带速度与临界流化速度亦很接近，均不能很好地进行流态化干燥操作。针对大块物料（如蔬菜切片等）及某些含水食品（如方便米饭等）受热后表面黏性增大等特性，用重力流化床干燥就很困难，因此出现了离心流化床干燥器。

离心流化床干燥是湿颗粒物料在离心力场中进行的流态化干燥，如图 17-5-69 所示。当开孔的转鼓（内壁铺有一层不锈钢丝网）以一定转速回转时，由于离心力的作用，物料均匀

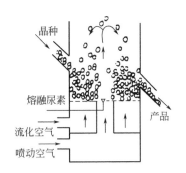

图 17-5-67 单级喷动-流化床喷雾
造粒干燥器原理图

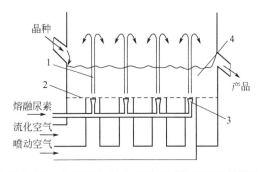

图 17-5-68 多级喷动-流化床喷雾造粒干燥器结构简图
1—喷动床；2—筛板；3—喷嘴；4—流化床

地分布在不锈钢丝网上，形成一个环状固定床。当热风沿垂直于转鼓轴线方向吹入转鼓内时，床层物料受到与离心力方向相反的作用力。当气速提高到某一值时，床层物料就会悬浮起来，产生流态化现象。当离心加速度比重力加速度高出几倍至几十倍时，离心流化床的流化速度要比重力流化床的流化速度高出几倍到几十倍。

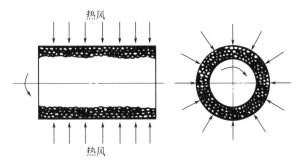

图 17-5-69 离心流化床的工作原理示意图

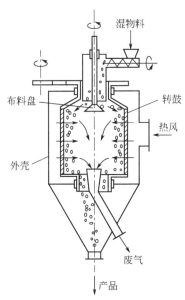

图 17-5-70 立式离心流化床
干燥器的结构示意图

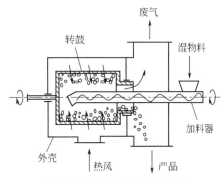

图 17-5-71 卧式离心流化床
干燥器的结构示意图

离心流化床干燥器分为立式和卧式两种。图 17-5-70 示出的是立式离心流化床干燥器的结构示意图。湿物料由上部加入，干燥好的产品由下部排出。热风由转鼓四周进入，由底部排出。图 17-5-71 所示的是卧式离心流化床干燥器的结构示意图。湿物料由螺旋加料器从一端加入，干燥后的物料由另一端排出。热风由转鼓四周进入床层，从干燥器一端排出。

离心流化床干燥器的立式和卧式结构，在操作上无显著差别，但立式结构的气固分离效果要好一些。

离心流化床干燥器的进风方式有全角进风和半角进风两种，如图 17-5-72 所示。图 17-5-70 和图 17-5-71 均为全角进风。

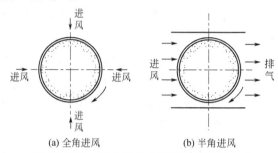

图 17-5-72　离心流化床干燥器的进风方式

目前，离心流化床干燥器已对水果、蔬菜、方便米饭等食品的干燥取得较好的效果，也成功地应用于塑料、洗涤剂、药品等物料的干燥上。由于离心流化床干燥器的适用范围比较窄，动力消耗大，目前在工业上的应用还是比较少。

5.5.3　流化床干燥器的设计

由于流化床干燥器的结构型式繁多，其设计方法也不完全一样，因此，这里主要讨论常规（即单层圆筒和卧式多室）流化床干燥器的设计计算，对于其他型式的流化床干燥器的设计问题只进行简单的介绍。

5.5.3.1　常规流化床干燥器的设计

(1) 热风分布装置　流化床干燥器的热风分布装置主要由气体分布板和气体预分布器组成。气体分布板是保证流化床干燥器具有良好而稳定的流化状态的重要构件。气体分布板除了有支承固体颗粒的作用外，主要是均匀分布气体，以创造一个良好的起始流态化条件，并稳定保持下去；同时，其气体压降尽可能小；还应在长期操作过程中不致被阻塞和磨蚀。

① 气体分布板的型式。工业应用的气体分布板（简称筛板、分布板）型式很多，主要有直流式、侧流式、填充式、短管式等。

a. 直流式分布板。直流式（气体）分布板如图 17-5-73 和图 17-5-74 所示。直孔筛板 [图 17-5-73(a)] 和图 17-5-74 结构简单，制作容易，安装和检修方便，但热气流方向正对床层，容易使床层形成沟流，小孔也容易被堵塞，停车时又易漏料。图 17-5-73(b) 所示为用两层直孔筛板错叠而成，它可以克服单层直孔筛板的不足。在大直径流化床中，颗粒物料的负荷较重，平筛板易受压弯曲，可采用图 17-5-73(c) 和图 17-5-73(d) 的弧形板，这种气体分布板经得起热应力。图 17-5-73(c) 所示的设计使中间料层厚，有助于防止沟流和使气体分布均匀。图 17-5-73(d) 的结构由于周围的孔数比中心多，也能使气体分布均匀，但图 17-5-73(c) 和图 17-5-73(d) 所示的气体分布板制作比较困难。直流式气体分布板的开孔布置一般为等边三角形，其直孔结构也是多种多样的，如图 17-5-74 所示。

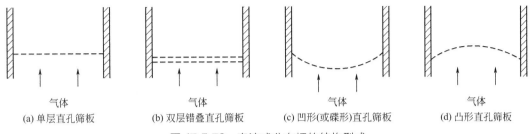

图 17-5-73 直流式分布板的结构型式

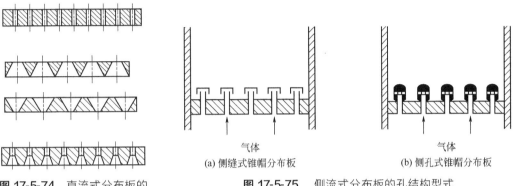

图 17-5-74 直流式分布板的孔结构型式

图 17-5-75 侧流式分布板的孔结构型式

b. 侧流式分布板。如图 17-5-75～图 17-5-77 所示，这种型式是在筛板孔中装有锥形风帽（简称锥帽），气流从锥帽底部的侧缝或四周的侧孔吹出，可以防止颗粒通过筛板下落。虽然其结构复杂，但目前工业上还是广泛采用，效果也较好。其中侧缝式采用得尤多，它具有以下优点：

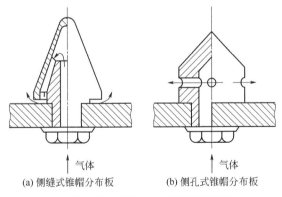

图 17-5-76 侧流式分布板装配简图

（a）固体颗粒不会在锥帽顶部堆成死床，每三个或四个锥帽之间形成一个小锥形床，由此形成许多个小锥形床，改善了床层的流化质量。

（b）热气体紧贴分布板面从侧缝吹出进入床层，在筛板面上形成一层"气垫"，使颗粒不能在板面上停留，这就消除了在板面上形成死床或发生烧结现象，大大减轻了分布板的磨蚀。

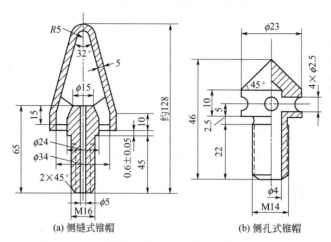

图 17-5-77 侧流式分布板的锥帽与筛板装配简图

c. 填充式分布板。填充式分布板是在直孔筛板或栅板上铺上金属丝网,再间隔地铺上卵石、石英砂、卵石,最上层再用金属丝网压紧,如图 17-5-78 所示。此型结构简单,能够达到均匀布气的要求。但操作时,固体颗粒一旦进入填充层内就很难被吹出去,容易烧结;长期使用后,填充层常常松动、移位,使布气均匀程度降低。因此,填充式分布板目前很少采用。

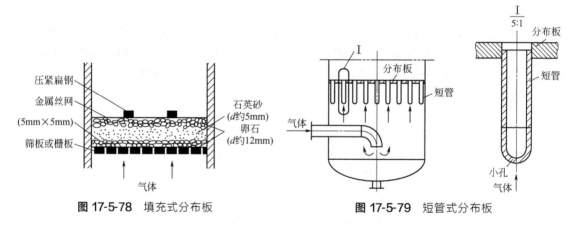

图 17-5-78 填充式分布板　　　　**图 17-5-79** 短管式分布板

d. 短管式分布板。这种结构是在整个分布板上均匀设置若干根短管,每根短管下部有一个气体流入的小孔,如图 17-5-79 所示。气孔的直径一般为 9~10mm,约为管径的 1/4~1/3;管长约为 200mm,与管径之比为 5~8;开孔率为 0.2% 左右;气体通过小孔的速度为 100~150m·s^{-1}。短管及下部小孔起着整流和均匀布气的作用,小孔尺寸和开孔率大小要保证有足够的气速,防止固体颗粒的泄漏。短管式分布板的结构比锥帽式要简单,制作也容易。

e. 其他型式的分布板。气体分布板的型式还有很多,如图 17-5-80 所示的多层过滤板型、管栅型、炉箅型。此外,也有应用密孔型分布板的,它是用非金属材料烧结而成的具有一定厚度的矩形多孔板,镶嵌在流化床气体分布板的金属框架上。

② 气体预分布器。气体预分布器是指在气体进入分布板之前,先将气体进行预分布,即在分布板以下安装气体预分布器,使气体在进入分布板之前有一个大致的整流,以减轻分

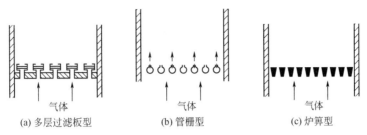

图 17-5-80 其他型式分布板

布板均匀布气负荷。常用的预分布器型式如图 17-5-81 所示。弯管式 [图 17-5-81(a)] 结构简单，应用最为广泛；开口式 [图 17-5-81(b)] 与弯管式属于同一种类型；同心圆锥壳式 [图 17-5-81(c)] 预分布器结构稍微复杂，但预分布效果很好，并且阻力不大；填充式 [图 17-5-81(d)] 效果也较好，但阻力较大，目前应用得不多。

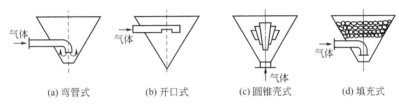

图 17-5-81 常用的气体预分布器

③ 气体分布板压降。气体通过分布板的压降 Δp_d 大小说法不一，一般为 $6.6\sim20\text{kPa}$，可按下式估算：

$$\Delta p_d = \zeta \frac{\rho u^2}{2\psi^2} = \zeta \frac{\rho u_0^2}{2} \qquad (17\text{-}5\text{-}50)$$

式中　Δp_d——气体分布板压降，Pa；

　　　u——空床气速（即操作气速），$\text{m}\cdot\text{s}^{-1}$；

　　　u_0——气体在分布板小孔中的速度，$u_0 = \dfrac{u}{\psi}$，$\text{m}\cdot\text{s}^{-1}$；

　　　ρ——气体密度，$\text{kg}\cdot\text{m}^{-3}$；

　　　ψ——气体分布板开孔率；

　　　ζ——气体分布板阻力系数，一般为 $1.5\sim2.5$，对于侧缝锥帽式气体分布板为 2。

④ 缝隙速度和孔速　对于侧流式气体分布板，为了防止缝隙被堵塞，缝隙速度必须大于颗粒的噎塞速度（即床层中最大颗粒的水平"沉积速度"），可按式(17-5-51)求得。

$$u_{sc} = 132.5 \frac{\rho_p}{\rho_p + 1000} d_{p\max}^{0.4} \qquad (17\text{-}5\text{-}51)$$

式中　u_{sc}——（水平）沉积速度，$\text{m}\cdot\text{s}^{-1}$；

　　　ρ_p——颗粒密度，$\text{kg}\cdot\text{m}^{-3}$；

　　　$d_{p\max}$——最大颗粒直径，m。

设计时，气体的缝隙速度（即气体流出缝隙时的速度）$u_{fx} = (2\sim10)u_{sc}$。这样既能保证缝隙不被堵塞，又能使床层底部的颗粒被吹起，有利于改善床层底部的流化质量。

对于直孔式气体分布板，为了防止直孔被颗粒所堵塞或噎塞，直孔中的气体速度必须大于最大颗粒的噎塞速度，可按式(17-5-52)求得。

$$u_{cy} = 565 \frac{\rho_p}{\rho_p + 1000} d_{pmax}^{0.6} \tag{17-5-52}$$

式中 u_{cy}——噎塞速度，m·s^{-1}。

同样，取孔速为 $u_{ks} = (2\sim10)u_{cy}$。

⑤ 锥帽下缘与分布板之间的缝隙高度。这个缝隙高度是流化气体离开锥帽进入床层的通道，取决于气体的缝隙速度。缝隙速度大，使颗粒在床层底部的湍动程度增加，有利于消除床层死角，可避免分布板堵塞，保证气-固两相的稳定接触。但缝隙速度过大，也会带来颗粒与分布板的磨损，动力消耗也增大。因此，在确定缝隙高度时，要选定适宜的缝隙速度。

⑥ 气体分布板孔数和孔径的确定。对于圆筒形流化床，气体分布板的开孔率 ψ 与气体分布板小孔直径 d 及小孔数量（孔数）n 之间存在以下关系：

$$\psi = n\left(\frac{d}{D}\right)^2 \tag{17-5-53}$$

式中 d——气体分布板小孔直径，m；
D——流化床直径，m；
n——筛板小孔数量。

要确定 n 和 d，必须先确定气体分布板的开孔率 ψ（一般为 3%～10%）及其排列方式。通常在气体分布板中心部分按等边三角形排列，这样每一圈是正六边形。最外 2～3 圈可采用同心圆排列，以克服正六边形与壁面之间不等距的缺点。同心圆与正六边形之间的大空隙处，还可适当补加一些小孔。

设孔间距为 s [图 17-5-82(a)]，根据开孔率的定义（开孔率等于三角形内小孔面积与三角形面积之比）和排列的几何关系，可得

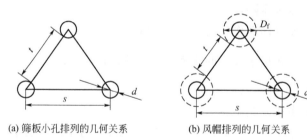

(a) 筛板小孔排列的几何关系　　(b) 风帽排列的几何关系

图 17-5-82　分布板开孔的几何关系

$$\psi = 0.907\left(\frac{d}{s}\right)^2 \tag{17-5-54}$$

$$d = 1.05s\sqrt{\psi} \tag{17-5-55}$$

将式(17-5-54)代入式(17-5-53)得

$$n = 0.907\left(\frac{D}{s}\right)^2 \tag{17-5-56}$$

对于侧流式风帽的气体分布板，s 值一般取风帽最大外径 D_f 的 1.5～1.75 倍，且中心距不小于 20mm。对于直孔式气体分布板，孔径通常为 1.5～2.5mm，有时可达 5mm，其 s 值可以参照风帽式气体分布板来取值。

(2) 操作参数

① 临界流化速度 u_{mf}。临界流化速度 u_{mf}（又叫起始流化速度或最小流化速度）是流化床操作的最低速度。确定临界流化速度的最好方法是实验。在不易用实验确定时，可以近似计算。

在特别低和特别高雷诺数的情况下，可以推导出计算临界流化速度的半理论公式为

$$u_{mf} = \frac{d_p^2(\rho_p - \rho)g}{1650\mu}, \quad Re_{mf} < 20 \tag{17-5-57a}$$

$$u_{mf}^2 = \frac{d_p(\rho_p - \rho)g}{24.5\rho}, \quad Re_{mf} > 1000 \tag{17-5-57b}$$

式中 μ——气体的动力黏度，Pa·s；

d_p——固体颗粒直径，m；

u_{mf}——临界流化速度，m·s^{-1}；

g——重力加速度，m·s^{-2}；

Re_{mf}——以临界流化速度表示的雷诺数，$Re_{mf} = \dfrac{d_p u_{mf} \rho}{\mu}$。

Wen 和 Yu 根据不同流体-颗粒系统的 284 个实验点归纳出式(17-5-58)（雷诺数范围为 0.001～4000，平均偏差为±25%）。

$$Re_{mf} = (33.7^2 + 0.0408 Ar)^{0.5} - 33.7 \tag{17-5-58}$$

$$Ar = \frac{d_p^3 \rho(\rho_p - \rho)g}{\mu^2}$$

式中 Ar——阿基米德数。

式(17-5-57) 和式(17-5-58) 既适用于气-固系统，又适用于液-固系统。对于气-固系统，影响临界流化速度的因素较多，不同研究者得出的结果不尽相同。Grace（1982）在总结前人工作的基础上，认为式(17-5-58) 中的 33.7 改为 27.2 对气-固系统最为合适。Chen（1987）则提出，对非球形颗粒，式(17-5-58) 中的 33.7 应修正为 $33.7\Phi_s^{0.1}$；0.0408 应修正为 $0.0408\Phi_s^{-0.045}$（Φ_s 为颗粒的球形度）。此外，还有一些纯经验公式，虽然在其适用范围内一般准确性较高，但超出其回归所依赖的实验数据范围就可能导致较大的误差。

在文献［14］中，列出了一些重要的求取临界流化速度的关联式，可供设计时参考。

② 带出速度 u_f。颗粒的带出速度又称沉降速度 u_f，其计算方法参见第 5 章 5.4.3.1 节。

③ 操作速度 u。一般认为，流化床操作速度 u 应该介于临界流化速度和带出速度之间，即 $u_{mf} < u < u_f$。但这种观点对于细颗粒流化床并不一定恰当。目前，流化床操作速度的选定，没有严格的、统一的标准，还只能根据实验或生产数据来选定。通常把操作速度 u 与临界流化速度 u_{mf} 之比称为流化数 N。N 可按下列关系确定：

对于大颗粒，$N = 2 \sim 6$；

对于小颗粒，$N = 6 \sim 10$ 或更高。

④ 湿物料水分。一般来说，粉状湿物料含水量 2%～8%，粒状湿物料含水量 10%～15%（也有高达百分之几十的）比较适于流化床干燥。对于太湿的物料，可以采取一些措施使之相适应，例如先用干粉启动，然后加入湿物料；或者返回部分干物料与湿物料混合等。

⑤ 物料的粒径。流化床干燥的湿物料的适宜粒径范围为 20～30μm 至 5～6mm。经济流速的大致界限（高限）为 3～4m·s^{-1}（粒径超过 5～6mm 可以流化，但不一定经济）。

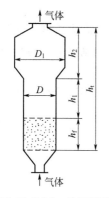

图 17-5-83 单层圆筒形流化床干燥器主体尺寸示意

⑥ 物料在流化床中的平均停留时间 τ。物料在流化床（干燥器）内的平均停留时间可按式(17-5-59)估算。

$$\tau = \frac{\rho_b A h_0}{G_2} \tag{17-5-59}$$

式中 τ——物料的平均停留时间，h；
A——流化床底面积，m^2；
h_0——静止床层高度，m；
ρ_b——颗粒床层的堆积密度，$kg \cdot m^{-3}$；
G_2——产品产量，$kg \cdot h^{-1}$。

(3) 主体尺寸的确定 对于单层圆筒形流化床干燥器，主体尺寸主要是直径和总高，如图 17-5-83 所示。

① 流化床直径 D。根据生产过程的要求，通过物料衡算和热量衡算可求得操作温度和压力下通过床层的总气体量 V，再根据计算或经验选定的操作气速 u，就可求出所需的流化床底面积 A。

如果是单层圆筒形流化床，可根据 A 和式(17-5-60)得到流化床直径 D，并把计算结果加以圆整。

$$D = \sqrt{\frac{4V}{3600\pi u}} = \sqrt{\frac{V}{900\pi u}} \tag{17-5-60}$$

式中 V——通过床层的总气体量，$m^3 \cdot h^{-1}$。

如果流化床干燥器为长方形底面，其宽度必须由物料在设备内能被均匀分布的条件来确定，一般不超过 2m。设备中物料前进方向的长度受到热风均匀分布条件的限制，通常取 2.5~2.7m 以下为宜。当选定了长宽比之后，即可根据床层截面积 A 初步确定床层的长度和宽度，再根据实际需要进行适当的调整。

② 扩大段直径 D_1。在流化床的上部设置扩大段的主要目的是降低风速，使其小于某一粒径颗粒的沉降速度，则大于这些直径的颗粒就会沉降下来回到床层中去，以减轻细粉回收设备的负荷。如果细粉量不大，而细粉回收设备又能装入床内，也可以不设扩大段。

扩大段直径的确定，须先代入细粉回收设备中的最小颗粒的直径，再计算出其带出速率 u_{tmin}，按式(17-5-61)求出扩大段直径 D_1，并加以圆整。

$$D_1 = \sqrt{\frac{V}{3600\left(\frac{\pi}{4}\right)u_{tmin}}} = \sqrt{\frac{V}{900\pi u_{tmin}}} \tag{17-5-61}$$

式中 D_1——流化床扩大段直径，m；
u_{tmin}——细粉回收设备中的最小颗粒带出速度，$m \cdot s^{-1}$。

有时取扩大段中的气速为操作气速的一半（即 $u_{tmin} = \frac{1}{2}u$）来确定扩大段的直径，也可获得满意的结果。

③ 流化床总高度 h_t。由图 17-5-83 可见，流化床总高度 h_t 是由流化床层高度 h_f、分离高度 h_1 和扩大段高度 h_2 组成，即：

$$h_t = h_f + h_1 + h_2 \tag{17-5-62}$$

a. 流化床层高度 h_f。流化床层高度，又称浓相段高度 h_f。设计中一般根据膨胀比 r 来

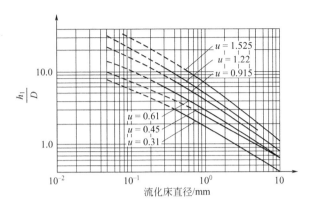

图 17-5-84 流化床的分离高度

(u 的单位为 m·s^{-1})

进行计算。对于横截面积不变（如圆柱形等）的流化床层，有下列关系式成立。

$$r = \frac{V_f}{V_0} = \frac{h_f}{h_0} = \frac{1-\varepsilon_f}{1-\varepsilon_0} \tag{17-5-63}$$

式中　r——膨胀比；

　　　V_f——流化床层体积，m^3；

　　　V_0——固定床层体积，m^3；

　　　h_f——流化床层高度，m；

　　　h_0——固定床层高度，m；

　　　ε_f——流化床层空隙率；

　　　ε_0——固定（静止）床层空隙率。

固定床层空隙率可按下式计算

$$\varepsilon_0 = 1 - \frac{\rho_b}{\rho_p} \tag{17-5-64}$$

式中　ρ_p——颗粒的真密度，kg·m^{-3}；

　　　ρ_b——颗粒的堆积密度，kg·m^{-3}。

影响流化床层空隙率的因素很多，目前还没有一个准确的并能在宽广范围中适用的一般公式，式(17-5-65)为一个自由床空隙率的半经验公式。

$$\varepsilon_f = \left(\frac{18Re + 0.36Re^2}{Ar}\right)^{0.21} \tag{17-5-65}$$

式中　Re——雷诺数，$Re = \dfrac{d_p u \rho}{\mu}$。

表 17-5-17 和表 17-5-18 分别为圆筒形和卧式多室流化床干燥器的静止床层高度和流化床层高度的操作数据。

b. 分离高度 h_1。流化床的分离高度，又称稀相段高度或输送分离高度 TDH。关于分离高度的确定，目前还没有一个可靠的计算方法。可根据中型试验或生产数据选取。当缺乏数据时，可按图 17-5-84 查得。图中虚线部分是小床径的数据，由于壁面效应的影响，数据不够可靠。

表 17-5-17　圆筒形流化床的静止床层高度和流化床层高度的操作数据

物料 \ 项目	颗粒粒度	静止床层高度/mm	流化床层高度/mm	床层直径×高度/mm
氯化铵	40～60 目	150	360	$\phi 2600 \times 6030$
氯化铵	40～60 目	250～300	1000	$\phi 3000 \times 7000$
				$\phi 900 \times 2700$
硫铵	40～60 目	300～400	—	$\phi 920 \times 3480$
涤纶、锦纶	5mm×5mm×2mm ϕ3mm×4mm	100	200～300	$\phi 530 \times 3450$
涤纶	5mm×5mm×2mm	50～70	—	$\phi 200 \times 2300$
葡萄糖酸钙	0～4mm	400	700	$\phi 900 \times 3170$
土霉素	粒状	300	600	$\phi 4000 \times 1200$
金霉素	粒状	300	600	$\phi 4000 \times 1200$
四环素	粒状	300	600	$\phi 4000 \times 1200$

表 17-5-18　卧式多室流化床的静止床层高度和流化床层高度操作数据

物料 \ 项目	颗粒粒度	静止床层高度/mm	流化床层高度/mm	床层长×宽×高/mm
颗粒状药品	12～14 目	100～150	300	2000×263×2828
糖粉	14 目	100	250～300	1400×200×1500
SMP(药)	80～100 目	200	300～350	2000×263×2828
尼龙 1010	6mm×3mm×2mm	100～200	200～300	2000×263×2828
水杨酸钠	8～14 目	150	500	1500×200×700
各种片剂	12～14 目	50～100	300～400	2000×500×2860
合霉素	粒状	400	1000	2000×250×2500
氯化钠	粒状	300	800	4000×2000×5000

c. 扩大段高度 h_2。流化床扩大段的高度一般可根据经验选取,大致等于扩大段直径。

(4) 卧式多室流化床干燥器主要参数的确定

① 对流传热系数 α。卧式多室流化床干燥器的对流传热系数可按下式估算。

$$Nu = 4 \times 10^{-3} Re^{1.5} \quad (17\text{-}5\text{-}66)$$

式中　Nu——努塞尔数,$Nu = \dfrac{\alpha d_p}{\lambda}$;

α——对流传热系数,$W \cdot m^{-2} \cdot ℃^{-1}$;

λ——空气的热导率,$W \cdot m^{-1} \cdot ℃^{-1}$。

② 体积传热系数 αa。当颗粒直径 $d_p < 0.9$mm 时,卧式多室流化床干燥器的体积传热系数 αa,需要用图 17-5-85 进行修正,其中 a 为静止时床层内单位体积物料层中物料颗粒的表面积,可由式 (17-5-67) 求得。

$$a = \dfrac{6\rho_b}{\rho_p d_p} \quad (17\text{-}5\text{-}67)$$

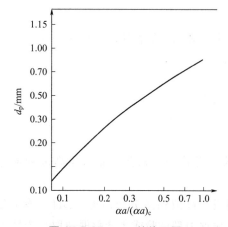

图 17-5-85　αa 的修正图

αa—实验的体积传热系数;
$(\alpha a)_c$—计算的体积传热系数

式中 a——静止时床层内单位体积物料层中物料颗粒的表面积，$m^2 \cdot m^{-3}$。

③ 出口温度 t_{m2}。对于降速干燥阶段，若物料出口时的含水量低于临界含水量，而临界含水量又较低（多数为 2%～3%）时，产品离开卧式多室流化床干燥器的出口温度可按下式进行估算。

$$\frac{t_1-t_{m2}}{t_1-t_w}=\frac{\gamma_w(X_2-X^*)-c_m(t_1-t_w)\left(\dfrac{X_2-X^*}{X_c-X^*}\right)^{\frac{\gamma_w(X_c-X^*)}{c_m(t_1-t_w)}}}{\gamma_w(X_c-X^*)-c_m(t_1-t_w)} \quad (17\text{-}5\text{-}68)$$

式中 t_1——降速干燥阶段热空气入口温度，℃；

t_{m2}——产品出口温度，℃；

t_w——入口状态下热空气的湿球温度，℃；

X_2——干燥产品的干基含水量，质量分数，%；

X_c——物料的临界干基含水量，质量分数，%；

X^*——物料的平衡干基含水量，质量分数，%；

c_m——干物料的比热容，$kJ \cdot kg^{-1} \cdot ℃^{-1}$；

γ_w——t_w 时水的汽化潜热，$kJ \cdot kg^{-1}$。

④ 干燥器底面积。

a. 第一干燥阶段所需的底面积 A_1。第一干燥阶段（即恒速干燥阶段）所需的流化床干燥器底面积 A_1 可用下式计算。

$$A_1=\frac{G_c(X_1-X_2)\gamma_w}{L_G c_H(t_1-t_w)(1-e^{-\frac{aah_0}{(L_G/3600)c_H}})} \quad (17\text{-}5\text{-}69)$$

式中 A_1——第一干燥阶段所需的流化床底面积，m^2；

G_c——绝干物料量，$kg \cdot h^{-1}$；

L_G——流化空气的质量流速，$kg \cdot m^{-2} \cdot h^{-1}$；

c_H——（湿）空气的比热容，$kJ \cdot kg^{-1} \cdot ℃^{-1}$；

h_0——固定床层高度，m。

b. 第二干燥阶段所需的底面积 A_2。第二干燥阶段（即降速干燥阶段）所需的流化床干燥器底面积 A_2 可用下式计算。

$$A_2=\frac{G_c c_m \ln[(t_1-t_{m1})/(t_1-t_{m2})]}{L_G c_H(1-e^{-\frac{aaH_0}{(L_G/3600)c_H}})} \quad (17\text{-}5\text{-}70)$$

式中 A_2——第二干燥阶段所需的流化床底面积，m^2；

t_{m1}——湿物料进入干燥器的温度，℃。

c. 流化床底面积 A。干燥过程所需的流化床底面积（即总面积）为 $A=A_1+A_2$。

⑤ 隔板。在卧式多室流化床干燥器中，为了改善气体和固体的接触情况，使物料在干燥器内停留时间分布均匀，往往用隔板（挡板）沿长度方向将整个床体分隔为若干室。隔板的数量一般为 3～7 块，可将干燥室分成 4～8 室，隔板与筛板之间留有约 30～60mm 的间隙。有时隔板可能做成可以上下移动的结构，以调节其与分布板之间的距离。

⑥ 溢流堰。在卧式多室流化床干燥器中，物料出口通常采用溢流方式，即在物料排出口设置溢流堰，其高度 h 可按下式计算。

$$\frac{h_0-\dfrac{h}{N_v}}{\left(\dfrac{1}{N_v}\right)^{\frac{1}{3}}\left(\dfrac{G_c}{\rho_b b\sqrt{g}}\right)^{\frac{2}{3}}}=18-1.52\ln\left(\frac{Re_f}{5h}\right) \quad (17\text{-}5\text{-}71)$$

式中 h——溢流堰高度，m；
h_0——固定床层高度，m；
G_c——绝干物料量，kg·s^{-1}；
b——溢流堰宽度，m；
Re_f——以颗粒带出速度（即沉降速度）表示的雷诺数；
N_v——床层膨胀率（可按下式计算）。

$$\frac{N_v-1}{u-u_{mf}}=\frac{25}{Re_f^{0.44}} \tag{17-5-72}$$

溢流堰高度一般为 50~200mm。有时为了便于调节物料的停留时间，溢流堰高度可设计成可以调节的结构。

5.5.3.2 振动流化床干燥器的设计

振动流化床干燥器的设计计算方法还不够完善，目前仍以经验或试验为主。这里主要讨论一些参数的确定方法。

(1) 振动流化床的振动强度 K 通常把床层的最大振动加速度与重力加速度的比值称为（无量纲）振动强度，即

$$K=\frac{A_0 f^2}{g} \tag{17-5-73}$$

式中 K——振动强度；
A_0——振幅，s^{-1}；
f——振动频率，Hz。

(2) 操作范围 振动流化床与普通流化床在整体特征上存在着很大的差异。与普通流化床不同，振动流化床不是首先在顶层开始流化，而是在底层开始流化。根据振动和气流对流化作用的相对大小，可分为振动床、亚振动流化床和振动流化床三个区域的操作。

① 振动床。当 $K<1$ 时，床层的特性就像普通流化床一样（图17-5-86），振动只是提高和改善流化床的稳定性及均匀性。此区域的操作被称为振动床或振动状态。

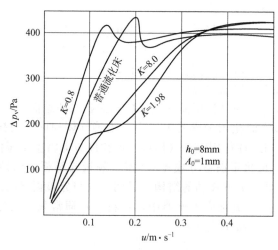

图 17-5-86 振动流化床的气速与压降关系曲线

② 亚振动流化床。当 K 约为 1 时，振动与气流这两者都影响着床层的流态化，其相对值影响床层的特性。此时的操作被称为亚振动流化床。

③ 振动流化床。当 $K>1$ 时，床层基本上只受振动力的作用，热空气主要用来作为传热传质的介质。此区域的操作被称为振动流化床。一般认为，传热和传质的最佳条件为 $K=2\sim6$。

应当指出，随着床层高度的增加，振动的影响减小，而采用的床层高度很少超过 0.5m。

(3) 最小流化速度 u_{vmf} 当振动施加到床层时，颗粒由静止向悬浮状态的转变是相当平稳的，而且最小流化速度（又叫起始流化速度或临界流化速度）比普通流化床的低 20%～30%。振动流化床的最小流化速度可用式(17-5-74)计算。

$$u_{vmf}=52.4\left(\frac{\rho_p}{\rho}\right)^{0.63}\nu^{-0.33}d_p^{0.88}\left[1-K\exp(7\times10^{-4}f^{1.28})\left(\frac{h}{d_p}\right)^{0.5}\right] \qquad (17\text{-}5\text{-}74)$$

式中 ν——流化气体的运动黏度，$m^2 \cdot s^{-1}$；

ρ_p——颗粒密度，$kg \cdot m^{-3}$；

ρ——空气密度，$kg \cdot m^{-3}$；

d_p——固体颗粒直径，m；

f——振动频率，Hz；

h——振动流化床层高度，m。

(4) 床层压降 Δp_v 振动流化床的气速与压降之间的关系曲线如图 17-5-86 所示，其压降主要取决于振动强度，可用下式计算。

$$\frac{\Delta p_v}{\Delta p}=K^{-(0.41+0.196d_p\rho_p)} \qquad (17\text{-}5\text{-}75)$$

式中 Δp_v——振动流化床层的压降，Pa；

Δp——无振动的普通流化床层的压降，Pa。

(5) 床层空隙率 ε_v 振动既可以提高床层的空隙率，又可以降低床层的空隙率，当 $K<1$ 时，床层被振实；当 $K>1$ 时，床层的空隙率增加。振动流化床层空隙率可用式(17-5-76)计算。

$$\frac{\varepsilon_v-\varepsilon_0}{1-\varepsilon_v}=1-\exp\left[-0.54(N-1)K\right]^{\frac{0.75}{N}} \qquad (17\text{-}5\text{-}76)$$

式中 ε_v——振动流化床的空隙率；

ε_0——固定床的空隙率；

N——流化数（即振动流化床的操作速度与最小流化速度之比），其余符号同前。

(6) 振动流化床的传热系数 α_v 实验发现，大部分热量和质量传递发生在分布板上面几毫米处，这和普通流化床干燥器的规律是一致的。振动流化床的传热系数曲线如图 17-5-87所示。振动可以强化颗粒床层与气体之间的传热，特别是对细颗粒更为有效。颗粒床层与气体之间的传热系数可用式(17-5-77)计算。

$$\frac{\alpha_v}{\alpha_0}=14\frac{A_0f^{0.65}}{u} \qquad (17\text{-}5\text{-}77)$$

式中 α_v——振动流化床的传热系数，$W \cdot m^{-2} \cdot ℃^{-1}$；

A_0——振幅，s^{-1}；

u——空床气速（即操作气速），$m \cdot s^{-1}$；

α_0——在无振动和相同 u 时的传热系数，$W \cdot m^{-2} \cdot ℃^{-1}$。

5.5.3.3 惰性粒子流化床干燥器的设计

目前，惰性粒子流化床干燥器的直径、惰性粒子的种类及有关操作参数等一般都需要通过实验或已有的运行装置来确定。

(1) 惰性粒子的选择 为了保证干燥产品的质量，惰性粒子必须具有耐热性和耐磨性。可作为惰性粒子的材料有石英砂、陶瓷球、玻璃球、尼龙球、纤维滑石、硅橡胶、氧化铝、氧化锆、高硅砂及耐热树脂等。惰性粒子的直径一般为1~8mm。惰性粒子的选择通常要根据实验确定。

(2) 流化速度的确定 操作的流化速度主要取决于惰性粒子的密度和粒径，一般由实验确定；也可以先按惰性粒子来估算出临界流化速度等流体力学参数，再估算出流化速度。

(3) 气体分布板 惰性粒子流化床干燥器的气体分布板的主要作用是支承惰性粒子和物料，一般采用多孔筛板。通常所用的筛板为直孔型，但也有采用斜孔型（图17-5-88）的，后者可使容积传热系数有所提高。开孔率一般为5%~16%，孔的排列方式多为三角形，开孔的大小和开孔率主要取决于粒子和物料的情况，应保证惰性粒子和物料都能正常流化，并不漏料。

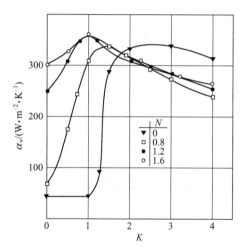

图 17-5-87 振动流化床的传热系数曲线

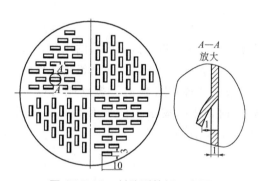

图 17-5-88 斜孔型筛板示意图

(4) 料液雾化器 惰性粒子流化床干燥器所用的雾化器主要有压力式喷嘴和气流式喷嘴两种。对于低黏度的料液，通常采用压力式喷嘴，雾化压力一般为0.1~0.3MPa；对于黏度较高的料液或小型（实验）设备，一般采用气流式喷嘴。

(5) 床层温度和加料量的控制 在惰性粒子流化床干燥器的操作过程中，气体流量、气体入口温度、湿物料含水量及其加料量等参数都需要相互匹配，以保证床内维持适当温度。若床温过低，会使物料黏结成团或死床，使操作无法正常进行；若床温过高，往往会影响干燥产品的质量。加料量也是一个重要的控制参数，在其他参数不变的情况下，若进料量超过给定值，就可能导致死床。因此，加料量需要精确控制，且要均匀。

5.5.3.4 流化床喷雾造粒干燥器的设计

目前，流化床喷雾造粒干燥器的设计一般都需要通过实验或已有的运行装置来进行。

(1) 喷嘴 稀浆多采用压力式喷嘴（雾化器），浓浆一般采用气流式喷嘴。根据造粒大小要求和具体情况，喷嘴有三种安装位置，如图17-5-89所示。

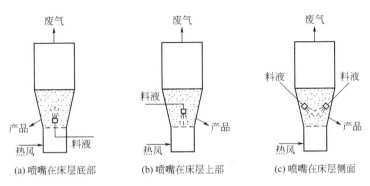

图 17-5-89　喷嘴在床层中的安装位置

① 喷嘴安装在床层底部（被埋在床层里），向上喷雾，如图 17-5-89(a) 所示。采用这种方式得到的粒子大，堆积密度也大，自身产生的晶种往往不够，须进行返料，有的返料率高达 50%。

② 喷嘴安装在床层上部，向下喷雾，如图 17-5-89(b) 所示。喷嘴一般安装在浓相区，离浓相区愈高，产生的细粉愈多（喷出的雾滴还未落到颗粒床层中就已被干燥），大部分细粉要进入旋风分离器中，一部分落入床层作为晶种，造成晶种过剩。

③ 喷嘴安装在床层侧面（故称侧喷），向中心喷雾，如图 17-5-89(c) 所示。一般用于多喷嘴的情况。

按照产量要求和喷雾的均匀性，可设置一个或多个喷嘴。安装距离由实验确定。

(2) 晶种控制　在操作之前必须加入足够量晶种，以维持一定的床层高度和产量。在连续操作过程中，旋风分离器及袋滤器排出的细粉应连续地返回到床层中。若这种补充还不足以维持床层高度时，应将筛分出来的细粉定量地连续加入床层中，以保证操作过程的连续性。

(3) 床层温度控制　在流化床喷雾造粒干燥操作过程中，床层内存在一个温度变化灵敏区，如图 17-5-90 所示。这个温度直接反映了进料量的大小。如果此处温度太低，说明进料量过大，床层黏度增加，可能出现结块，甚至"死床"现象。反之亦然。因此，将此区域作为操作温度的控制点。

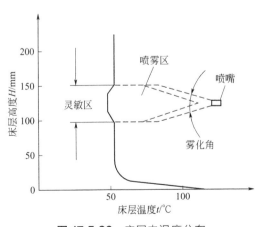

图 17-5-90　床层内温度分布

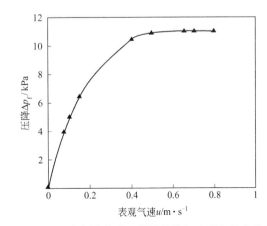

图 17-5-91　离心流化床干燥器压降与表观气速的关系

(4) 气体分布板　流化床喷雾造粒法得到的颗粒直径一般为 0.3～8mm，最大可达

25mm。这么大的颗粒,要在规定时间内被输送到出口端是一个问题,为此,除了常用的多孔筛板外,还有喷射型(如舌形、条形等)分布板被大生产所采用。

5.5.3.5 离心流化床干燥器的设计

由于目前对于离心流化床干燥器的研究还不够完善,这里主要介绍一些实验研究结果,供设计时参考。

(1) 压降关联式 图 17-5-91 所示为一典型离心流化床干燥器的床层压降与表观气速的关系曲线。根据图 17-5-91 可将压降与表观气速的关系曲线分为三个阶段:第一阶段为固定床阶段,即当气速较小时,压降随表观气速的增加而线性增加;第二阶段为半流化阶段,与固定床相比,随表观气速的增加,其压降增加的幅度有所减小;第三阶段是完全流化阶段,当表观气速达到临界流化速度以后,其压降恒定不变。离心流化床的床层压降可用关联式(17-5-78)进行估算。

$$\Delta p_f = 0.75 g F_c \frac{G_s}{A_s} \tag{17-5-78}$$

式中 Δp_f——离心流化床床层压降,Pa;

F_c——离心因子,$F_c = \dfrac{\omega^2 r}{g}$;

G_s——床载量,kg;

A_s——床层中颗粒的总表面积,m²。

(2) 临界流化速度关联式 影响离心流化床临界流化速度的因素很多,如转速、颗粒直径、颗粒密度等。许多研究者推荐用临界雷诺数 Re_{mf} 和修正的阿基米德数 Ar' 来对实验数据进行关联。一般用式(17-5-79)来估算临界流化速度。

$$Re_{mf} = 0.0828 (Ar')^{0.546} \tag{17-5-79}$$

式中 Re_{mf}——临界雷诺数,$Re_{mf} = \dfrac{d_p \rho u_{mf}}{\mu}$;

ρ——颗粒密度,kg·m⁻³;

μ——气体的动力黏度,Pa·s;

u_{mf}——离心流化床的临界速度,m·s⁻¹;

Ar'——修正的阿基米德数,$Ar' = Ar F_c$。

(3) 传热系数关联式 在离心流化床干燥器中,颗粒与热空气之间的传热极为复杂,实验得到的经验关联式相差很大,式(17-5-80)是恒速干燥阶段的传热系数关联式,其实验范围是:$100 \leqslant Re \leqslant 950$,$4.1 \leqslant F_c \leqslant 23.4$。文献[20]给出了一些不同研究者的关联结果。

$$Nu = 0.00716 Re^{1.2} F_c^{0.23} \left(\frac{h}{d_p}\right)^{-0.423} \tag{17-5-80}$$

式中 Nu——努塞尔数,$Nu = \dfrac{\alpha d_p}{\lambda}$;

α——颗粒与气体间的传热系数,W·m⁻²·℃⁻¹;

F_c——离心因子,$F_c = \dfrac{\omega^2 r}{g}$;

λ——颗粒的热导率,W·m⁻¹·℃⁻¹;

Re——雷诺数,$Re = \dfrac{d_p \rho u}{\mu}$;

h——床层高度，m。

5.5.4 流化床干燥器的设计示例

【**例 17-5-2**】 设计一台单层圆筒形（连续）流化床干燥器。干燥介质为热空气，被干燥的湿物料为氯化铵。已知条件：产品产量 $G_2=13500\text{kg}\cdot\text{h}^{-1}$，湿物料含水量 $w_1=5.5\%$（湿基，质量分数，下同），产品含水量 $w_2=0.5\%$，物料堆积密度 $\rho_b=950\text{kg}\cdot\text{m}^{-3}$，物料真密度 $\rho_p=1470\text{kg}\cdot\text{m}^{-3}$，热风入口温度 $t_1=200℃$，热风出口温度 $t_2=60℃$，物料进干燥器时的温度 $t_{m1}=9℃$，产品离开干燥器时的温度 $t_{m2}=55℃$，物料平均直径 $d_p=0.44\text{mm}$，产品颗粒平均直径 $d_{p0}=0.15\text{mm}$，干物料比热容 $c_m=1.6\text{kJ}\cdot\text{kg}^{-1}\cdot℃^{-1}$，空气初始湿含量 $H_1=0.0198\text{kg}\cdot\text{kg}^{-1}$。

解 （1）物料衡算

① 湿物料处理量 G_1。
$$G_1=G_2\times\frac{100-w_2}{100-w_1}=13500\times\frac{100-0.5}{100-5.5}=14214 \quad (\text{kJ}\cdot\text{h}^{-1})$$

② 水分蒸发量 W。
$$W=G_1-G_2=14214-13500=714 \quad (\text{kJ}\cdot\text{h}^{-1})$$

（2）热量衡算

① 水分蒸发所需的热量 Q_1。
$$Q_1=W(2490+1.88t_2-4.186t_{m1})$$
$$=714\times(2490+1.88\times60-4.186\times9)=1831500 \quad (\text{kJ}\cdot\text{h}^{-1})$$

② 干物料升温所需的热量 Q_2。
$$Q_2=G_2c_m(t_{m2}-t_{m1})=13500\times1.6\times(55-9)=993600 \quad (\text{kJ}\cdot\text{h}^{-1})$$

③ 干燥过程所需有效热量 Q'。
$$Q'=Q_1+Q_2=1831500+993600=2825100 \quad (\text{kJ}\cdot\text{h}^{-1})$$

④ 热损失 Q_3。取实际干燥过程的热损失为有效热量的 10%，即
$$Q_3=10\%Q'=282510\text{kJ}\cdot\text{h}^{-1}$$

⑤ 干燥过程所需总热量 Q。
$$Q=Q_1+Q_2+Q_3=1831500+993600+282510=3107610 \quad (\text{kJ}\cdot\text{h}^{-1})$$

⑥ 干空气用量 L。
$$L=\frac{Q}{(1.01+1.88H_1)(t_1-t_2)}=\frac{3107610}{(1.01+1.88\times0.0198)\times(200-60)}=21196 \quad (\text{kg}\cdot\text{h}^{-1})$$

⑦ 废气湿含量 H_2。
$$H_2=H_1+\frac{W}{L}=0.0198+\frac{714}{21196}=0.0535 \quad (\text{kg}\cdot\text{kg}^{-1})$$

（3）床层直径 D 的确定　根据实验结果，适宜的空床气速（即操作气速）u 为 $1.2\sim1.4\text{m}\cdot\text{s}^{-1}$，现取为 $1.2\text{m}\cdot\text{s}^{-1}$ 进行计算。在 $60℃$ 下，湿空气的比容 v_{H_2} 和体积流量 V 分别为

$$v_{H_2}=(0.773+1.244\times0.0535)\times\frac{273+60}{273}=1.024 \quad (\text{m}^3\cdot\text{kg}^{-1})$$
$$V=Lv_{H_2}=21196\times1.024=21706 \quad (\text{m}^3\cdot\text{h}^{-1})$$

流化床床层的横截面积 A 为

$$A=\frac{V}{3600u}=\frac{21706}{3600\times1.2}=5.02 \quad (\text{m}^2)$$

因此，床层直径为

$$D=\sqrt{\frac{A}{\pi/4}}=\sqrt{\frac{5.02\times4}{\pi}}=2.53 \quad (\text{m})$$

圆整后取实际床层直径为 $\phi2600$mm。

（4）分离段直径 D_1 的确定　在60℃时，空气的密度 $\rho=1.06$kg·m^{-3}，黏度 $\mu=2.01\times10^{-5}$Pa·s，对于平均直径 $d_{p0}=0.15$mm 的产品颗粒

$$Ar_0=\frac{d_{p0}^3\rho(\rho_p-\rho)g}{\mu^2}=\frac{(0.15\times10^{-3})^3\times1.06\times(1470-1.06)\times9.8}{(2.01\times10^{-5})^2}=127.5$$

由图 17-5-32 或表 17-5-9 可知，$Re_f\approx5$，据式(17-5-20) 计算得，$Re_f=4.96$，故

$$u_f=\frac{Re_f\mu}{d_{p0}\rho}=\frac{4.96\times2.01\times10^{-5}}{0.15\times10^{-3}\times1.06}=0.63 \quad (\text{m·s}^{-1})$$

$$D_1=\sqrt{\frac{V}{3600u_f\pi/4}}=\sqrt{\frac{21706\times4}{3600\times0.63\times\pi}}=3.49 \quad (\text{m})$$

圆整后取实际分离段直径为 $\phi3500$mm。

（5）流化床层高度的计算　固定床的空隙率为

$$\varepsilon_0=1-\frac{\rho_b}{\rho_p}=1-\frac{950}{1470}=0.354$$

对于颗粒平均直径 $d_p=0.44$mm 的物料，

$$Ar=\frac{d_p^3\rho(\rho_p-\rho)g}{\mu^2}=\frac{(0.44\times10^{-3})^3\times1.06\times(1470-1.06)\times9.8}{(2.01\times10^{-5})^2}=3218$$

$$Re=\frac{d_pu\rho}{\mu}=\frac{0.44\times10^{-3}\times1.2\times1.06}{2.01\times10^{-5}}=27.8$$

流化床的空隙率可按式(17-5-65) 计算，即

$$\varepsilon_f=\left(\frac{18Re+0.36\,Re^2}{Ar}\right)^{0.21}=\left(\frac{18\times27.8+0.36\times27.8^2}{3218}\right)^{0.21}=0.742$$

取静止床层高度 $h_0=150$mm，则流化床层的高度为

$$h=h_0\times\frac{1-\varepsilon_0}{1-\varepsilon_f}=0.15\times\frac{1-0.354}{1-0.742}=0.38 \quad (\text{m})$$

（6）平均停留时间 τ　物料在流化床干燥器内的平均停留时间可按式(17-5-59) 估算，即：

$$\tau=\frac{\rho_bAh_0}{G_2}=\frac{950\times(\pi/4)\times2.6^2\times0.15\times60}{13500}=3.4 \quad (\text{min})$$

【例 17-5-3】　含水量35％（湿基）的有机粉末经气流干燥后含水量3％（干基），现要求采用（连续）卧式多室流化床干燥器，再进一步干燥到0.3％（干基）。干燥介质为热空气。已知条件：产品产量 $G_2=2000$kg·h^{-1}，物料的临界含水量 $X_c=2$％（干基），物料的平衡含水量 X^* 为 0，物料的堆密度 $\rho_b=450$kg·m^{-1}，物料的真密度 $\rho_p=1400$kg·m^{-1}，物料的平均直径 $d_p=0.15$mm，热风入口温度 $t_1=85$℃，湿含量 $H_1=0.02$kg·kg^{-1}，物料进

干燥器时的温度 $t_{m1}=20℃$，干物料比热容 $c_m=1.26\text{kJ}\cdot\text{kg}^{-1}\cdot℃^{-1}$，实验结果表明，当空床气速 $u=0.6\text{m}\cdot\text{s}^{-1}$ 时，可形成良好的流化床层。

解 (1) 体积传热系数 $(αa)_c$ 对于 85℃ 的空气，$\lambda=0.0308\text{W}\cdot(\text{m}\cdot℃)^{-1}$，$\mu=0.021\times10^{-3}\text{Pa}\cdot\text{s}$，$\rho=0.988\text{kg}\cdot\text{m}^{-1}$，则

$$Re=\frac{d_p u\rho}{\mu}=\frac{0.15\times10^{-3}\times0.6\times0.988}{0.021\times10^{-3}}=4.2$$

由式(17-5-66)可以计算出给热系数

$$\alpha=4\times10^{-3}\times\frac{\lambda}{d_p}\times Re^{1.5}=4\times10^{-3}\times\frac{0.0308}{0.15\times10^{-3}}\times(4.2)^{1.5}=7.1 \quad (\text{W}\cdot\text{m}^{-2}\cdot℃^{-1})$$

$$a=\frac{6\rho_b}{\rho_p d_p}=\frac{6\times450}{1400\times0.15\times10^{-3}}=12857 \quad (\text{m}^2\cdot\text{m}^{-3})$$

所以

$$(αa)_c=7.1\times12857=91285 \quad (\text{W}\cdot\text{m}^{-3}\cdot℃^{-1})$$

由图 17-5-85 查得，当 $d_p=0.15\text{mm}$ 时，$\dfrac{αa}{(αa)_c}=0.11$，因此实际床层的体积传热系数:

$$αa=0.11(αa)_c=0.11\times91285=10041 \quad (\text{W}\cdot\text{m}^{-3}\cdot℃^{-1})$$

(2) 产品离开干燥器时的温度 在空气的 $t_1=85℃$，$H_1=0.02\text{kg}\cdot\text{kg}^{-1}$，$t_w=37℃$，$\gamma_w=2411.1\text{kJ}\cdot\text{kg}^{-1}$ 时，产品离开干燥器时的温度可由式(17-5-68)来计算，即

$$\frac{t_1-t_{m2}}{t_1-t_w}=\frac{\gamma_w(X_2-X^*)-c_m(t_1-t_w)\left(\dfrac{X_2-X^*}{X_c-X^*}\right)^{\frac{\gamma_w(X_c-X^*)}{c_m(t_1-t_w)}}}{\gamma_w(X_c-X^*)-c_m(t_1-t_w)}$$

代入数据可得

$$\frac{85-t_{m2}}{85-37}=\frac{(2411.1\times0.003)-1.26\times(85-37)\times\left(\dfrac{0.003}{0.02}\right)^{\frac{2411.1\times0.02}{1.26\times(85-37)}}}{2411.1\times0.02-1.26\times(85-37)}$$

$$t_{m2}=61.1℃$$

(3) 流化床干燥器底面积 A 取静止床层高度 $h_0=150\text{mm}$，绝干物料量 $G_c\approx G_2=2000\text{kg}\cdot\text{h}^{-1}$，进入干燥器的热风质量速度 L_G 和比热容 c_H 分别为

$$L_G=3600\rho u=3600\times0.988\times0.6=2134 \quad (\text{kg}\cdot\text{m}^{-2}\cdot\text{h}^{-1})$$

$$c_H=1.01+1.88H_1=1.01+1.88\times0.02=1.05 \quad (\text{kJ}\cdot\text{kg}^{-1}\cdot℃^{-1})$$

① 恒速干燥阶段所需的底面积 A_1 按式(17-5-69)计算，即

$$A_1=\frac{G_2(X_1-X_2)\gamma_w}{L_G c_H(t_1-t_w)(1-e^{-\frac{aaH_0}{(L_G/3600)c_H}})}$$

$$=\frac{2000\times(0.03-0.003)\times2411.1}{2134\times1.05\times(85-37)\times[1-e^{-\frac{10041\times10^{-3}\times0.15}{(2134/3600)\times1.05}}]}=1.33 \quad (\text{m}^2)$$

② 加速干燥阶段所需的底面积 A_2 按式(17-5-70)计算，即

$$A_2=\frac{G_2 c_m \ln\left[\dfrac{(t_1-t_{m1})}{(t_1-t_{m2})}\right]}{L_G c_H(1-e^{-\frac{aaH_0}{(L_G/3600)c_H}})}$$

$$= \frac{2000 \times 1.26 \times \ln\left[\frac{(85-20)}{(85-61.1)}\right]}{2134 \times 1.05 \times [1-\mathrm{e}^{-\frac{10041 \times 10^{-3} \times 0.15}{(2134/3600) \times 1.05}}]} = 1.24 \quad (\mathrm{m}^2)$$

③ 干燥所需总面积 A

$$A = A_1 + A_2 = 1.33 + 1.24 = 2.57 \approx 3 \quad (\mathrm{m}^2)$$

(4) 平均停留时间 τ　物料在流化床干燥器内的平均停留时间可按式(17-5-59)估算，即：

$$\tau = \frac{\rho_\mathrm{b} A h_0}{G_2} = \frac{450 \times 3 \times 0.15 \times 60}{2000} = 6.1 \quad (\mathrm{min})$$

5.6 喷动床干燥器

5.6.1 喷动床干燥器的工作原理及特点

5.6.1.1 工作原理

如图 17-5-92 所示的喷动床干燥器内装有颗粒物料。热空气从圆锥体底部的喷动气体入口（喷嘴或孔板等型式）高速垂直向上喷射，形成一个随气体流速增加而逐渐向上延伸的射流区。当气体喷射速率足够大时，该射流区将穿透床层而在颗粒床层内产生一个迅速穿过床层中心向上运动的稀相气固流栓，称为喷动区；当这些被气体射流夹带而高速向上运动的粒子穿过环绕其四周缓慢向下移动的颗粒床层（称为环隙区）而升至高过床层表面的某一高度时，由于气体速率的骤然减小，颗粒会像喷泉一样因重力而回落到环隙区表面形成喷泉区。这些回落的颗粒沿环隙区缓慢向下移动并逐渐渗入喷动区，被重新夹带上来，形成颗粒的极有规律的内循环，以达到干燥颗粒物料的目的。这种具有稀相喷动区、密相环隙区和喷泉区三区流动结构的流动现象就是喷动现象。

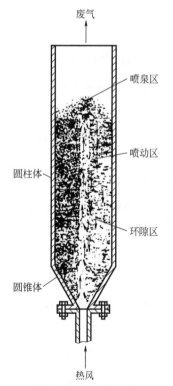

图 17-5-92　喷动床干燥器结构示意图

5.6.1.2 喷动床干燥的特点

① 良好的气-固接触、高的传热效率以及粒子的快速搅动，使喷动床可采用比正常许可温度高的气体，可以干燥热敏性或软化点低的物料。

② 与细颗粒、低空隙率的流化床相比，有较高的气速、较低的压降和较短的颗粒停留时间。

③ 特别适合于处理黏性强和需要除去表面层以促进传热传质效率的物料。由于作用在喷动区的剪切力大，对于破碎物料非常有效，但也会导致喷动床操作物料磨损严重。

④ 粒子在喷动床内有规律地循环运动，使喷动床造粒可以得到具有高强度和高球形度的粒状产品。

5.6.2 喷动床干燥器的类型

5.6.2.1 常规型喷动床干燥器

喷动床干燥器有很多种型式，但应用最广泛、最典型的是图 17-5-93(a) 所示的柱锥形喷动床（又称常规型喷动床、传统型喷动床或标准型喷动床）干燥器。它主要由喷动气体入口喷嘴、底部倒锥体及圆柱体三部分组成。喷动床的结构对喷动现象的发生有很大的影响。例如，当入口喷嘴直径与喷动床柱体直径之比大于某一临界值（与颗粒直径有关，由粗颗粒的 0.35 到细颗粒的 0.1）时，就不会出现颗粒的喷动，此时床层会随着气速的增大由固定床直接转变为聚式喷动床。此外，对于稳定而无脉动的喷动床操作，要求底部倒锥角大于 40°，气体入口喷嘴直径与颗粒直径之比必须小于 25～30。这种喷动床干燥器的运行数据如表 17-5-19 所示。常规喷动床干燥器除了柱锥形外，还有全锥形 [图 17-5-93(b)]、多喷头型 [图 17-5-93(c)]、多层型 [图 17-5-93(d)]。

5.6.2.2 平底多喷嘴型喷动床干燥器

要使喷动床能够稳定操作，就必须有足够的高径比（一般要大于 1）。因此，若使用一个气体喷嘴，就会使床体直径受到限制，进而影响处理能力。大的床层高度虽然允许相应大的床体直径，但同时会导致过度的压力损失。解决这一问题的方法之一就是在喷动床底部设置多个平行的气体喷嘴，形成多喷嘴喷动床干燥器。图 17-5-94 是一个平底多喷嘴型喷动床干燥器的示意图。为改善床层操作的稳定性，每个气体喷嘴的流量必须分别控制，可把气体喷嘴略伸进喷动床一定深度（如 3mm），或设置垂直挡板以切断每个喷动区域气体的侧向流动，或在喷嘴上设置稳流风帽以最大限度地减小相邻喷动区域的相互干扰。

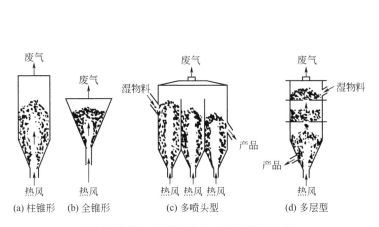

图 17-5-93　常规型喷动床干燥器示意图

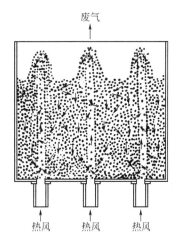

图 17-5-94　平底多喷嘴型喷动床干燥器示意图

5.6.2.3 带引导管型喷动床干燥器

常规型喷动床干燥器中因为有相当一部分喷动气体进入了环隙区，从而大大加长了喷动气体在喷动床内的停留时间。如果从喷动床入口上端的某个位置（通常至少要大于 $20d_p$）开始，在喷动区内插入一个不让气-固两相透过的引导管，则喷动区和环隙区之间的交互流动就会大为减轻乃至消除。引导管的直径一般取为不设置引导管时的喷动床内喷动区的直径，必须大于或等于气体喷嘴直径。引导管要垂直放置且与喷动床柱体共轴线。图 17-5-95 给出了几种带引导管型喷动床干燥器的示意图。

表 17-5-19 柱锥形喷动床干燥器的工业应用实例

物料	颗粒直径 d_p/mm	颗粒密度 ρ_s/t·m^{-3}	喷动床尺寸/cm 床径 D	喷动床尺寸/cm 床高 h	物料的含水量（干基）/% 原料	物料的含水量（干基）/% 产品	加料速率/kg·h^{-1}	空气流量/kg·m^{-3}	空气温度/℃	床层温度/℃
苯乙烯聚合物	0.6~1.2	1.0	（锥形）	8~25	1~30	0.2~0.3	0.5~5	108~192	80~160	
聚苯乙烯树脂			120/30（锥形）	150	3~5	0.15~0.3	1500~2500	2000~3000		55~65
苯乙酸胺	0.3~2	0.9	70	90~120	35~40	3~4	40~50			
木片	<16		30	38~46	150~190	49~58	36~59	360	400~600	75~88
MnCl$_2$·4H$_2$O	2~5		10	<43			0.5~5	12~24	350~500	220~320
活性炭	0.6~0.8	0.4	7	15	12	0.2	0.19	1.7	110	
过磷酸盐	3~6	0.8	17.6	45	12	4~5	48		155~160	
凝胶	>5		17.6	8	59	30	0.53	157	28	
小麦	4.0	1.4	30	30~122	20~36	17~29	110~270	242~278	100~177	38~54
小麦	3.6	1.5	23	91	25	15~19	28~43	143~156	97~166	45~75
小麦	4.1	1.4	15	9~21	20~44	4~12	间歇	35~53	60~180	
小麦	4.1	1.4	15	14	21~30	14~18	1.8~3.6	35	70~145	
咖啡豆	11×20	0.9	15	61	45	12	65	38	160	68
花生仁	10×23	0.3	30~61		30	15	间歇			
豌豆	6.7~7.5	1.4	61	214	23~68	21~47	1000~1700	2600~3100	124~284	45~78
扁豆	4.4		61	214	25	17	1160	1470	297	69
硝酸铵	1~4	0.7	61	217	7~8	<1	100~125	410	155~165	65~75
聚合物颗粒			1~122	约244						

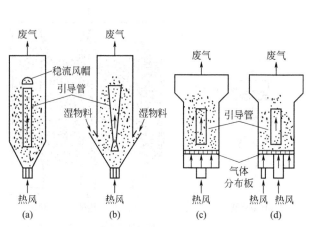

图 17-5-95 带引导管型喷动床干燥器示意图

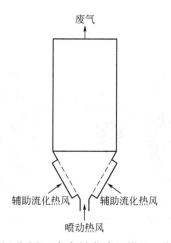

图 17-5-96 喷动-流化床干燥器示意图

设置引导管后，喷动床的床层高度可以大于最大喷动床高度 h_{max}，同时所需喷动气体流量、床内固体物料循环速率以及固体物料的混合均大大减小。这些变化对造粒和粒子涂层尤为有利。因为物料在喷动及环隙两区的活塞流动增加了产物的均匀度。此外，加入引导管还能使较小的颗粒实现喷动。

研究结果表明，即使加入了引导管，气体的横向交叉流动仍然存在，而且随着温度的升高，这种现象更加严重。对于带引导管型喷动床而言，高温操作会导致最大喷动高度降低，且当最大喷动高度低于引导管入口位置时，就会引起喷动床的极不稳定。如果希望颗粒在环隙区停留尽可能长的时间，而又不想改变气体的流动，可以采用气体可透过而颗粒穿不过的材料（如金属网或多孔介质）来做引导管。

5.6.2.4 喷动-流化床干燥器

常规柱锥形喷动床只有一个中央气体喷嘴。如果将倒锥壁面变为多孔的气体分布板，向环隙区中引入辅助的流化气体，就会构成所谓的喷动-流化床干燥器，如图17-5-96所示。根据所加辅助流化气体的多少，有时可以导致环隙区颗粒的流化。但无论环隙区流态化与否，中心喷动区的存在使喷动-流化床具有典型的喷动床特性。与常规喷动床干燥器相比，喷动-流化床干燥器不仅可以促进气体与固体之间的传热传质，还能有效防止环隙区底部出现死区和某些易黏结颗粒在环隙区的团聚。

5.6.2.5 内循环型喷动床干燥器

虽然带引导管的喷动床干燥器可极大地减小喷动区与环隙区之间气体的交叉流动，但还会有不少气体进入环隙区。为解决这一问题，就出现了一种改型的带引导管喷动床干燥器，即内循环型喷动床干燥器，如图17-5-97所示。其主要特点是引导管直接与底部气体喷嘴相连，但底部附近的管壁上开有许多小孔让固体颗粒进入引导管，再被喷动气体携带至引导管顶部，"T"形惯性分离装置使固体颗粒和气体分离。操作时环隙区固体颗粒要始终保持一定高度，保证引导管上每个小孔处环隙区与喷动区存在足够压差，以阻止引导管中的气体进入环隙区。环隙区中的气体通过底部的流化气体分布板而被引入，这部分辅助的流化气体会有一些穿过小孔进入引导管，从而促进颗粒的径向流动并保证有较高的固体循环速率，这样气体停留时间就完全取决于引导管内的气体流量以及进入环隙区的辅助流化气体量。

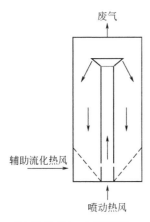

图 17-5-97 内循环型喷动床干燥器示意图

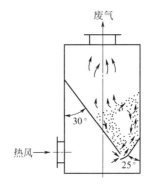

图 17-5-98 涡流喷动床干燥器示意图

5.6.2.6 涡流喷动床干燥器

图17-5-98所示的是通过水平狭缝实现热空气切向供给的涡流喷动床干燥器。这种喷动床干燥器避免了中心喷嘴处的巨大压力损失。

5.6.2.7 带切线进风口和中心螺旋输送器的喷动床干燥器

图17-5-99所示的是一种用于生产土豆粉的带切线进风口和中心螺旋输送器的喷动床干燥器。去皮且清洗过的土豆用硫进行预处理，并在加压下蒸煮30min，然后用锤式粉碎机进行粉碎，这种土豆泥在一个大型实验规模的喷动床中进行干燥。该干燥器装有中心螺旋输送

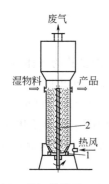
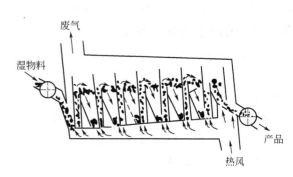

图 17-5-99　带切线进风口和中心螺旋
输送器的喷动床干燥器
1—切线进风口；2—螺旋输送器

图 17-5-100　连续多室喷动床干燥器示意图

器并装有惰性粒子和切线进风口。该干燥器还可以用来干燥柔软多汁物料、膏状物料和悬浮体等。

5.6.2.8　连续多室喷动床干燥器

图 17-5-100 所示的是一种连续多室喷动床干燥器。它基本上是由若干个独立的喷动床按次序排列安装而成的。该设备最初用于固体颗粒表面的喷涂，后来也用于固体颗粒的干燥操作。物料在干燥器内的停留时间较长，但进入每一段的气体量还缺乏有效控制。

5.6.2.9　多级喷动床干燥器

图 17-5-101 为干燥黏性粒状物料的两级喷动床干燥器，主要由两个串联的喷动床干燥器组成，第一级为全锥形喷动床（干燥器），第二级是柱锥形喷动床（干燥器）。在全锥形干燥器中除掉 70%~80% 的水分后，再由螺旋输送器将初步干燥的物料送到柱锥形干燥器中进一步干燥。图 17-5-102 所示为另一种型式的两级喷动床（干燥器）。它是在一柱锥形喷动床内设置一较小的全锥形喷动床（干燥器）。湿物料先投入全锥形床内进行初步干燥，再进入两个锥体所构成的环形空间，使物料进行最终干燥。内锥体中的物料层高度靠一阀门来调节。

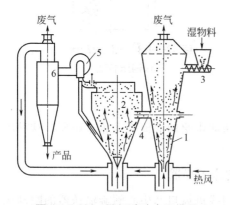
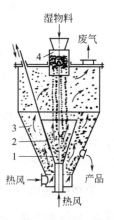

图 17-5-101　两级喷动床干燥器
1—全锥形喷动床；2—柱锥形喷动床；3—加料器；
4—螺旋输送器；5—风机；6—旋风分离器

图 17-5-102　另一型式两级喷动床干燥器
1—（内）全锥形干燥室；2—可调料口；
3—（外）柱锥形干燥室；4—加料器

5.6.3 喷动床干燥器的设计

喷动床干燥器的结构型式多种多样，其设计计算方法也有所不同，这里主要介绍常规柱锥形喷动床干燥器的设计计算方法。

5.6.3.1 操作范围

随着气体表观速度的增加，气-固颗粒床层的结构将发生变化，如图 17-5-103 所示。可见，喷动现象只存在于一个有限的流速范围内，速度太低，喷动区不能超过床层；速度太高，会导致全床流态化。因此，喷动床的操作范围有一定限制。对于特定的气体、物料及喷动床结构，喷动床的操作范围可通过床层高度与流速关系图（即相图）来定量描述。图 17-5-104 所示的是一典型粗颗粒喷动床的操作相图（小麦，颗粒直径 $d_p = 3.2\text{mm} \times 6.4\text{mm}$，固体颗粒密度 $\rho_p = 1376 \text{kg} \cdot \text{m}^{-3}$，喷动床直径 $D = 152\text{mm}$，气体入口管直径 $D_i = 12.5\text{mm}$，室温空气为喷动气体）。对于细颗粒的操作，喷动床的操作相图将会有所变化，如图 17-5-105 所示。

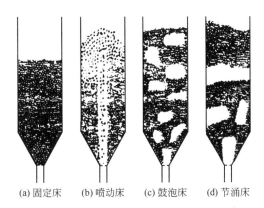

图 17-5-103 气-固颗粒床层结构随气体表观速度的变化

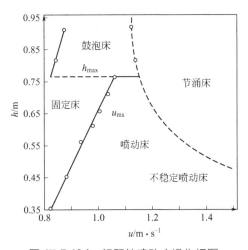

图 17-5-104 粗颗粒喷动床操作相图

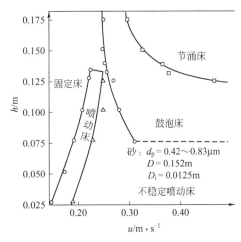

图 17-5-105 细颗粒喷动床操作相图

操作实践表明，喷动床的床径与喷动气体入口管径比 $\left(\dfrac{D}{D_i}\right)$ 大、高径比 $\left(\dfrac{h}{D}\right)$ 小、锥

底角 β 大且粒度分布窄的粗颗粒易于形成喷动状态。喷动床干燥器一般适于 0.15～6mm 的颗粒物料，最大粒径可达 30mm，能形成喷动的颗粒密度已有超过 10000kg·m^{-3} 的。

5.6.3.2 特征参数

图 17-5-106 给出了典型喷动床内表观气速与床层压降的关系（小麦，$d_p = 3.6$mm，$D = 152$mm，$D_i = 12.5$mm，$\beta = 60°$）。图 17-5-107 所示为喷动床启动过程的示意图。当气体表观速率较小时，气体仅向上流动穿过床层，而颗粒不受干扰，床层压降随气速的增加而增加，即图 17-5-106 中的 AB 段。

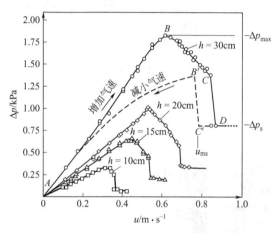

图 17-5-106　典型喷动床内表观气速与床层压降的关系

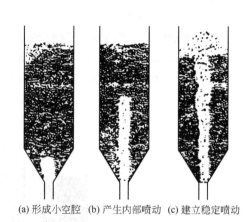

(a) 形成小空腔　(b) 产生内部喷动　(c) 建立稳定喷动

图 17-5-107　喷动床启动过程示意图

当气速增加到足以使靠近气体进口上方附近的颗粒被推动起来时，便在床层内形成了一个小空腔 [图 17-5-107(a)]。空腔顶部的颗粒被压向对面，形成一个压实的半圆形物料面，产生较大的流体阻力。因此，虽然存在着空腔，但通过床层的总压降继续沿 AB 线增加（图 17-5-106）。

随着气体速度的进一步增加，空腔延长，形成一个内部喷泉 [图 17-5-107(b)]。压实的半圆形固体物料面一直存在到内部喷泉的顶部，因此，压降沿 AB 线（图 17-5-106）继续上升，一直到达 B 点（图 17-5-106）的最大值 $\Delta p_{\max}$（称为最大喷动床压降）。

如果气体速度超过 B 点，内部喷泉高度变大，压降沿 BC 线下降。当气体速度达到 C 点时，固体颗粒就由中心区域移出来，使床层显著膨胀。气体速度再轻微地增加并超过 C 点，气体将穿过床层表面，使内部喷泉破裂 [图 17-5-107(c)]。当内部喷泉上部的固体浓度突然减小时，造成床层压降急剧减小到 D 点。在 D 点，中心喷射区（即喷动区）全部变为沸腾状态，建立稳定的床层。D 点就是喷动的开始。

再继续增加气体流速时，增加的气体只不过是穿过喷动区范围。此范围被认为是最小阻力的通道，气体流量的增加对总压降并无显著影响。所以，超过 D 点以后，压降基本保持恒定。

对于正常操作的喷动床，如果降低操作表观气速，其压降开始保持不变。但当气速降至临界表观气速，即最小喷动速度 u_{ms} 时（图 17-5-106 的 C' 点），此时再稍微减小表观气速，会导致喷动床塌落，而压降突然升高到 B' 点。继续减小气速，压降沿 $B'A$ 稳定下降，最后使颗粒停止运动，内部喷动区消失，床层变成静止的松散填充床。由图 17-5-106 可见，降低气速操作所经历的最大压降远远小于增加气速操作中的最大压降。因此，若先以大于最小喷动速度的气体通过空床，然后逐渐加入固体颗粒来实现喷动床，会大大降低喷动床的启动压力。实际上这也正是工业上所采用的方法。

在喷动床中，大约占总量 30% 的气体，从底部直接扩散进入固体向下流动的环隙区，在接近于床层的顶部时，环隙中的气体量可以达到总量的 66%。在喷动区中，固体颗粒向上运动的平均速度为 $0.1 \sim 4.0 \mathrm{m \cdot s^{-1}}$；在环隙区中，固体颗粒向下运动的平均速度为 $0.01 \sim 0.1 \mathrm{m \cdot s^{-1}}$。在喷泉区，被分散的固体体积约占总体积的 6%。

另外，喷动床与普通流化床的流态化曲线有明显的差别，如图 17-5-108 所示。由图可见，喷动床启动时，存在一个压降峰值（即最大压降），因此，选择风机时，应有足够的压力来克服此峰值。但喷动床的正常操作压降却低于普通流化床。

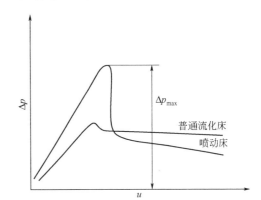

图 17-5-108　普通流化床和喷动床的流态化曲线

(1) 最小喷动速度 u_{ms}　最小喷动速度不仅与流体和固体颗粒的性质有关，还与起始喷动床的高度有关，与喷动床的几何结构也有一定的关系。由于问题的复杂性，目前还缺乏可靠的通用关联式来计算最小喷动速度。对于柱体直径 $D < 0.5 \mathrm{m}$ 的喷动床，无论是否是倒锥底，一般采用 Mathur 和 Gisher 经验关联式 (17-5-81) 计算 u_{ms}。

$$u_{ms} = \frac{d_p}{D} \times \left(\frac{D_i}{D} \right)^{\frac{1}{3}} \sqrt{\frac{2gh_0(\rho_p - \rho)}{\rho}} \tag{17-5-81}$$

式中　u_{ms}——最小喷动速度，$\mathrm{m \cdot s^{-1}}$；
　　　D——喷动床柱体直径，m；
　　　D_i——喷动气体入口直径，m；
　　　h_0——喷动床静止床层高度，m。

对于柱体直径 $D > 0.5 \mathrm{m}$ 的喷动床，式 (17-5-81) 计算得到的最小喷动速度偏小。此时，一个近似的计算方法就是把式 (17-5-81) 计算得到的最小喷动速度乘以 $2D$（D 的单位为 m）。

(2) 操作喷动速度　喷动床的实际操作气速一般按 $(1.2 \sim 2.0) u_{ms}$ 来选取。

(3) 最大操作压降 Δp_{max}　喷动床最大操作压降可按式 (17-5-82) 计算。

$$\frac{\Delta p_{max}}{h_0 \rho_{bs} g} = \left[\frac{6.8}{\tan \delta} \times \frac{D_i}{D} + 0.8 \right] - 34.4 \frac{d_p}{h_0} \tag{17-5-82}$$

式中　Δp_{max}——喷动床最大操作压降，Pa；
　　　ρ_{bs}——床层密度，$\mathrm{kg \cdot m^{-3}}$，$\rho_{bs} = \rho_p(1 - \varepsilon_f)$；
　　　ε_f——床层空隙率；
　　　δ——物料的休止角，(°)。

(4) 操作压降 Δp_s　喷动床的操作压降按经验关联式(17-5-83)来估算。

$$\frac{\Delta p_s}{\rho u_i} = 2.35 A_r \times \frac{h_0}{d_p} Re_i^{-2.285} \quad (17\text{-}5\text{-}83)$$

式中　Δp_s——喷动床操作压降，Pa；

　　　u_i——喷动气体入口速度，m·s^{-1}；

　　　Re_i——用喷动气体入口速度表示的雷诺数，$Re_i = \dfrac{d_p u_i \rho}{\mu}$。

(5) 最大喷动床高度 $h_{\max}$　当起始静止床层高度大于某一临界高度时，无论如何调节气速都无法形成喷动床，而是直接形成鼓泡床或节涌床。这一临界床层高度就是最大喷动床高度。对于不规则颗粒的气-固喷动床，最大喷动床高度可按式(17-5-84)计算。

$$h_{\max} = D \frac{D}{d_p} \times \left(\frac{D}{D_i}\right)^{\frac{2}{3}} \frac{568 b^2}{Ar} \left[\sqrt{1 + 359 \times 10^{-6} Ar} - 1\right]^2 \quad (17\text{-}5\text{-}84)$$

式中　$h_{\max}$——最大喷动床高度，m；

　　　b——常数，对于常温气体 $b = 1.11$，高温气体 $b = 0.9$。

(6) 喷泉高度 h_F　在设计喷动床的结构时，需要计算喷泉高度（图17-5-109），一般可按式(17-5-85)进行估算。

$$h_F = 0.25 h_0, \quad D < 0.15 \text{m} \quad (17\text{-}5\text{-}85\text{a})$$

$$h_F = 0.5 h_0, \quad D > 0.15 \text{m} \quad (17\text{-}5\text{-}85\text{b})$$

式中　h_F——喷泉高度，m。

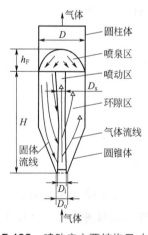

图 17-5-109　喷动床主要结构尺寸示意图

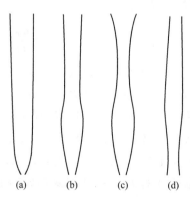

图 17-5-110　喷动区直径沿床层高度变化的 4 种形式

(7) 床层空隙率 ε_f　喷动床环隙区空隙率与疏松固定床相近，与物料的粒度及形状有关，其范围约为 0.35～0.6。环隙区空隙率沿床层高度基本不变，而喷动区则像一根提升管，颗粒在其中为稀相输送。喷动区底部空隙率接近 1.0，由于气-固的错流作用，喷动区的空隙率由下而上逐渐降低，由 1.0 降至 0.99～0.80。按整个床层计时，喷动床的空隙率为 0.45～0.65。如果床层在剧烈的喷腾状态下操作，床层空隙率可达 0.70～0.80。喷动床的空隙率一般可按式(17-5-86)计算。

$$\varepsilon_f = 2.17 \left(\frac{Re_i}{Ar}\right)^{0.33} \times \left(\frac{h_0}{D_i}\right)^{-0.5} \times \left(\tan\frac{\beta}{2}\right)^{-0.6} \quad (17\text{-}5\text{-}86)$$

式中 β——喷动床的锥底角，(°)。

(8) 喷动区直径 D_s 稀相喷动区的直径对于带引导管的喷动床设计非常重要。柱锥形喷动床喷动区的直径沿着轴向的变化大致有 4 种形式（图 17-5-110），其中图 17-5-110 (a) 最为普遍，但随柱体直径的增加会变成图 17-5-110(b)，或随颗粒尺寸的增加而转变成图 17-5-110(c)，或随喷动气体入口直径的增大变为图 17-5-110(d)。对于图 17-5-110 (a) 与图 17-5-110(b)，室温下喷动区的平均直径纯经验关联式为：

$$D_s = 1.99 \times \frac{G^{0.489} D^{0.678}}{\rho_{bf}^{0.411}} \tag{17-5-87}$$

式中 D_s——喷动区直径，m；

ρ_{bf}——松散颗粒填充床密度，$kg \cdot m^{-3}$，$\rho_{bf} = \rho_p(1-\varepsilon_{mf})$；

ε_{mf}——最小流态化空隙率；

G——喷动气体表观质量通量，$kg \cdot s^{-1} \cdot m^{-2}$，$G = \rho u$。

高温和低温下喷动区的平均直径半经验关联式为

$$D_s = 5.61 \times \frac{G^{0.433} D^{0.538} \mu^{0.133}}{(\rho_{bf} \rho g)^{0.283}} \tag{17-5-88}$$

值得注意的是，式(17-5-88) 仅建立在床径 156mm 和物料密度 1500kg·m^{-3} 的实验结果基础上，仍需要进一步的实验验证。

5.6.3.3 床层基本结构

(1) 床径与颗粒直径之比 $\left(\dfrac{D}{d_p}\right)$ 通常喷动床干燥器柱体直径与颗粒直径之比 $\dfrac{D}{d_p} = 25 \sim 200$。

(2) 床层的高径比 $\left(\dfrac{h}{D}\right)$ 喷动床干燥器的高度与直径比 $\dfrac{h}{D} = 0.5 \sim 10$。操作床高 h 必须小于最大喷动床高 h_{max}。床层增高时，喷动稳定性降低。

(3) 床径与喷动气体入口管径比 $\left(\dfrac{D}{D_i}\right)$ 喷动床干燥器的直径与喷动气体入口管径之比 $\dfrac{D}{D_i} = 3 \sim 15$。一般可选用 $\dfrac{D}{D_i} = 4 \sim 10$。$\dfrac{D}{D_i}$ 较大的喷动床比较稳定，但相应床层的气体入口压降亦较高。当选用喷嘴型气体入口结构时，$\dfrac{D}{D_i}$ 可达 $20 \sim 30$。

(4) 静止床层高度 h_0 喷动床干燥器的静止床层高度范围为 $2D_i \leqslant h_0 \leqslant h_{max}$。

(5) 锥底角 β 一般地，喷动床干燥器的锥底角 $\beta = 30° \sim 70°$。最常用的锥底角 β 为 $60°$。锥角的最大值可用式(17-5-89) 来确定。

$$\beta_{max} = 180° - 2(\delta + \theta) \tag{17-5-89}$$

式中 β_{max}——最大锥底角，(°)；

δ——物料的休止角，(°)；

θ——一般取 $\theta = 30° \sim 40°$。

当物料的休止角较大而必须选用较小的 β 角（例如 $\beta = 25° \sim 45°$）时，则由于气体有托起整个床层的趋势，因而喷动会变得不太稳定或产生腾涌现象。此时可采用较高的 $\dfrac{D}{D_i}$ 值，采用喷嘴型气体入口管,并使之稍稍伸入锥体平面内,以保证稳定的喷动操作。

(6) 气体喷嘴结构 喷动气体入口结构(气体喷嘴结构)对喷动操作有一定影响。图 17-5-111 示出几种常见的喷动气体入口结构的示意图。由图 17-5-111 可见,直管式的结构最简单;孔板式可很方便地更换不同孔径的孔板以适应不同的操作要求;喷嘴式适用于床层较高或 β 角较小的设备,但喷嘴孔径过小时,压降增大;采用文丘里式气体入口结构时,入口段的压降小,并能获得良好的喷动状态。一般认为,进气管直径 D_i 略小于锥底直径 D_o,有利于喷动操作,进气口高于锥底平面几厘米,有利于形成稳定的喷动操作。进气管直径的选用原则是:

$$\frac{D_o}{D_i}=6\sim 10,\ D_i\leqslant 25d_p。$$

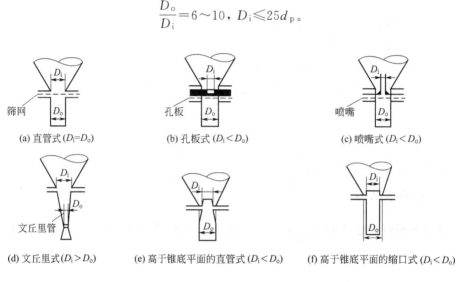

图 17-5-111 喷动气体入口结构的示意图

(7) 进料和出料方式 图 17-5-112 所示的是喷动床干燥器常见的几种进料和出料方式。图 17-5-112(a) 所示为上部进料、侧面出料;图 17-5-112(b) 所示为下部进料、侧面出料;图 17-5-112(c) 所示为带有引导管的进、出料方式;图 17-5-112(d) 所示为喷涂造粒的进、出料方式,即喷动床层中先放入一定量晶种,料液从底部利用喷嘴喷涂到晶种表面上而长大成实心颗粒,废气带走的部分细颗粒作为晶种返回床层中继续进行喷涂造粒。

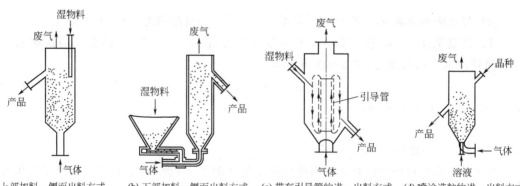

图 17-5-112 喷动床干燥器的常见进料和出料方式

5.7 喷雾干燥器

喷雾干燥是利用雾化器将原料液分散为微细雾滴后,在喷雾干燥室内与热风接触干燥,而获得固体产品的过程。原料液可以是溶液、悬浮液或乳浊液,也可以是熔融液或膏糊液。根据干燥产品的要求,可以制成粉状、颗粒状、空心球或团粒状[4,5,21,22]。

5.7.1 喷雾干燥的流程和过程阶段

5.7.1.1 喷雾干燥的流程

众所周知,喷雾干燥获得的产品达数百种,因此,喷雾干燥的流程也是多种多样的,常见的有开放式喷雾干燥系统、带有部分废气再循环的开放式喷雾干燥系统、闭路循环喷雾干燥系统、半闭路循环喷雾干燥系统、自惰化喷雾干燥系统等。

(1) 开放式喷雾干燥系统 该系统的特征是雾化的料液是水溶液,干燥介质是热空气,热空气经过干燥器及除尘系统后,直接排放到大气中。在工业上,绝大多数采用这种流程,如图 17-5-113 所示。

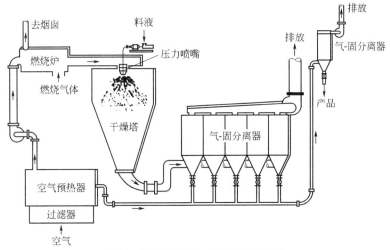

图 17-5-113 开放式喷雾干燥系统

(2) 带有部分废气再循环的开放式喷雾干燥系统 部分废气再循环是为了回收部分废气中的余热,以节省燃料消耗。再循环量一般为排放总量的 20%～30%,最高可达 50%,视排气温度而定。其流程如图 17-5-114 所示。

(3) 闭路循环喷雾干燥系统 它是基于惰性气体(如 N_2 等)干燥介质的再循环利用,其流程如图 17-5-115 所示。当然,特殊情况下也可以用空气,如空气-四氯化碳系统。干燥系统部件间的连接处要保证气密性。干燥室一般在低压(200mmH_2O,即 1.96kPa)下操作。流程中设置洗涤-冷凝器的作用:一是冷凝从湿物料中被分离出来的进入惰性气体中的有机蒸气,而洗涤液就是湿物料中的有机溶剂;二是洗涤气体中的粉尘,防止加热器被堵塞。

(4) 半闭路循环喷雾干燥系统 这种流程如图 17-5-116 所示。此系统用空气作干燥介质。这种系统部件间的连接处是非气密性的,由系统排放到大气中的空气量相当于漏入系统的空气量。干燥器在微真空(压力约为 -30～-10mmH_2O)下操作。该系统用于有气味和

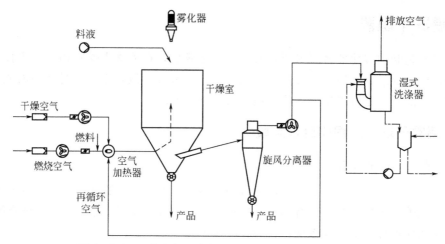

图 17-5-114　带有部分废气再循环的开放式喷雾干燥系统

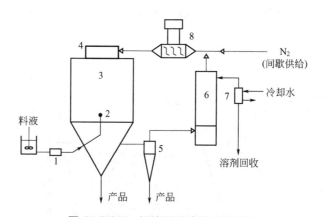

图 17-5-115　闭路循环喷雾干燥系统

1—料液泵；2—喷嘴；3—干燥室；4—气体分布器；5—旋风分离器；
6—洗涤-冷凝器；7—溶剂冷却器；8—间接加热器

有毒的水溶液物料，但要求粉尘没有爆炸和燃烧的危险。

（5）**自惰化喷雾干燥系统**　它也是一个半闭路循环系统，其流程如图 17-5-117 所示。加热器采用直接燃烧式，工艺条件允许采用高干燥空气入口温度，可以提高干燥器热效率。排放的气体量等于在燃烧室燃烧产生的气体量（大约为总气体量的 10%～15%）。如果排出的气体有臭味，还可以将这部分气体通入燃烧室进行燃烧，并回收一部分热量。

5.7.1.2　喷雾干燥的过程阶段

喷雾干燥可分为三个基本过程阶段：料液的雾化；雾滴和热空气的接触、混合及流动，即雾滴的干燥；干燥产品与气体的分离。

（1）**第一阶段——料液的雾化**　料液雾化的目的在于将料液分散为具有很大表面积的微细雾滴，当其与热空气接触时，雾滴中的水分迅速汽化而干燥成粉体或颗粒状产品。雾滴的大小和均匀程度对产品质量和技术经济指标影响很大，特别是对热敏性物料的干燥尤为重要。如果喷出的雾滴大小很不均匀，就会导致大颗粒还没达到干燥要求，而小颗粒却已干燥过度而变质。因此，料液雾化所用的雾化器是喷雾干燥的关键部件。

（2）**第二阶段——雾滴和热空气的接触、混合及流动**　雾滴和热空气的接触、混合及流

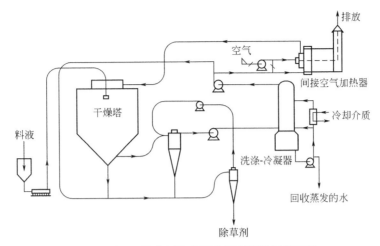

图 17-5-116　除草剂的半闭路循环喷雾干燥系统

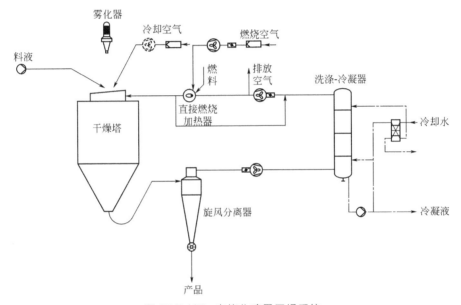

图 17-5-117　自惰化喷雾干燥系统

动是同时进行的传热传质过程（即干燥过程）。雾滴和热空气的接触方式、混合与流动状态决定于热风分布器的结构型式、雾化器在塔内的安装位置及废气排出方式等。在干燥塔内，雾滴-空气的流向有并流、逆流及混合流。雾滴-空气的接触方式，对干燥塔内的温度分布、雾滴（或颗粒）的运动轨迹、颗粒在干燥塔中的停留时间及产品性质等均有很大的影响。

（3）第三阶段——干燥产品与废气的分离（通常称为气-固分离）　喷雾干燥大多数都采用塔底出料。部分被夹带在废气中的细粉，在废气排放前必须被收集下来，以提高产品收率，降低生产成本；排放的废气必须符合环境保护的排放标准，以防止环境污染。喷雾干燥常用的气-固分离方法，可有下列几种组合方式：只用旋风分离器；只用布袋过滤器；只用静电除尘器；旋风分离器与布袋过滤器的组合；旋风分离器与湿法除尘器的组合等。

5.7.1.3　喷雾干燥的优缺点

喷雾干燥具有以下优点：①只要干燥条件保持恒定，干燥产品的特性就保持恒定。②喷雾干燥操作是连续的，其系统可以实现全自动控制操作。③喷雾干燥系统适用于热敏性和非热敏性物料的干燥，适用于水溶液和有机溶剂物料的干燥。④原料液可以是溶液、泥浆、乳浊液、糊状物或熔融物，甚至是滤饼等。⑤喷雾干燥操作具有很大的灵活性，喷雾能力为每小时几千克至200t。

喷雾干燥的缺点是：①投资费用比较高。②喷雾干燥属于对流型干燥，热效率比较低，一般为30%~40%。

5.7.2 雾化器的结构和计算

把料液分散为雾滴的部件是雾化器。雾化器的种类很多，目前工业上比较常用的雾化器有气流式喷嘴、压力式喷嘴及旋转式雾化器三种型式。料液雾化的机理基本上可以分为滴状分裂、丝状分裂及膜状分裂三种类型。关于这三种雾化器的雾化机理详见文献［5］。

5.7.2.1 气流式雾化器

气流式雾化器通常称为气流式喷嘴，是实验室和中间工厂常用的一种。

(1) 操作原理 现以二流体喷嘴（又称二流式喷嘴）为例，说明其操作原理。如图17-5-118所示，中心管（即液体喷嘴）走料液，压缩空气经气体分布器后从环隙（即气体通道或气体喷嘴）喷出，当气-液二相流在喷嘴出口端接触时，由于气体从环隙喷出的速度很大，一般为200~340m·s^{-1}，也可以达到超声速，但液体流出的速度不大（一般不超过2m·s^{-1}），因此，在二流体之间存在着很大的相对速度，从而产生相当大的摩擦力，使料液雾化。喷雾用的压缩空气压力一般为0.3~0.7MPa。

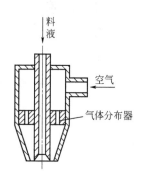

图 17-5-118 外混合二流体喷嘴示意图

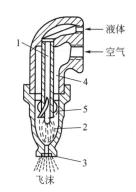

图 17-5-119 内混合二流体喷嘴示意图
1—液体通道；2—混合室；3—喷出口；
4—气体通道；5—导向叶片

气流式喷嘴的主要优点是喷嘴结构简单、维修方便、适用范围广、操作弹性大、操作压力低。其主要缺点是用于雾化的压缩空气的动力消耗较大，约为压力式及旋转式雾化器的5~8倍。

(2) 气流式喷嘴的结构

① 二流体喷嘴。二流体喷嘴系指有一个液体通道和一个气体通道的喷嘴。二流体喷嘴又分为内混合二流体喷嘴及外混合二流体喷嘴（图17-5-118）。

内混合二流体喷嘴，如图17-5-119所示。内混合是指气-液两相在喷嘴内部的混合室接触与混合（即雾化），然后从喷出口喷出。气体经导向叶片后，变成旋转运动，旋转运动有利于雾化。图17-5-120为内混合二流体喷嘴的另一种结构型式。

外混合二流体喷嘴系指气-液两相在喷嘴出口处的外部接触、混合，液体被雾化为小雾滴。此种结构的特点是气体和液体的喷嘴出口在同一水平面上。图17-5-121为外混合二流体喷嘴的另一种结构型式，其液体喷嘴高出气体喷嘴1~2mm，此处接近于气体流的缩径，气体速度最大，其静压最小（一般情况下，此处为负压，其值大小决定于气体的喷射速度），使液体获得较大的吸力。

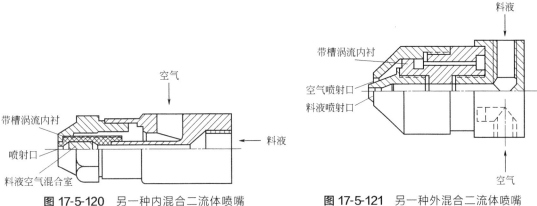

图 17-5-120　另一种内混合二流体喷嘴

图 17-5-121　另一种外混合二流体喷嘴

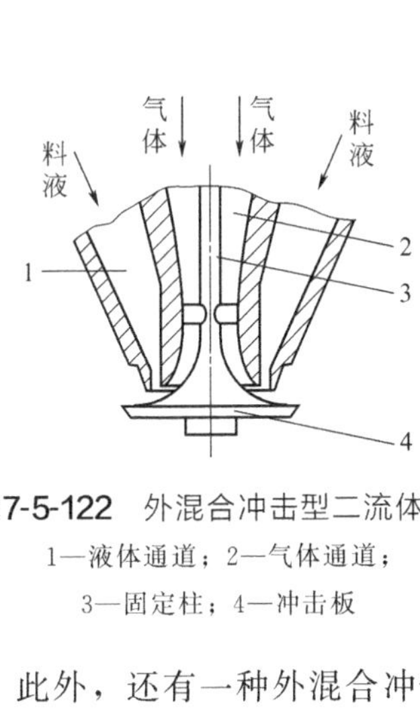

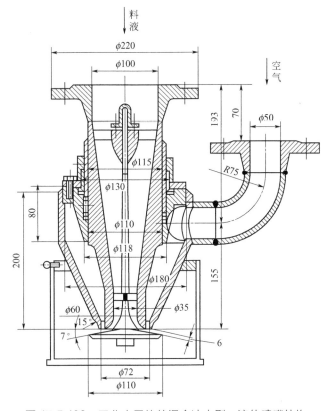

图 17-5-122　外混合冲击型二流体喷嘴
1—液体通道；2—气体通道；
3—固定柱；4—冲击板

图 17-5-123　工业应用的外混合冲击型二流体喷嘴结构

此外，还有一种外混合冲击型二流体喷嘴，在喷嘴出口的对面设置一个冲击板，其工作原理如图 17-5-122 所示。气体由中间喷出,液体经环隙流出,气-液接触后,再与冲击板碰撞,雾滴急剧地在冲击板外侧形成。这种结构可以获得微小而均匀的雾滴。工业应用的外混合冲击型二流体喷嘴结构如图 17-5-123 所示。

② 三流体喷嘴。三流体喷嘴系指具有三个流体通道(一个液体通道,两个气体通道)的喷嘴,图 17-5-124 为外混合三流体喷嘴。雾化效果要比二流体的好。三流体喷嘴适用于高黏度物料的雾化。外混合三流体喷嘴的料液和空气在喷嘴内互不干扰,只是在出口处相遇。这种喷嘴易设计与操作。图 17-5-125 为内混合三流体喷嘴,二次气体是旋转的。设计时应注意,第二混合室的压力要低于第一混合室。图 17-5-126 为先内混后外混的三流体喷嘴示意图。图 17-5-127 为工业应用的三流体喷嘴结构。

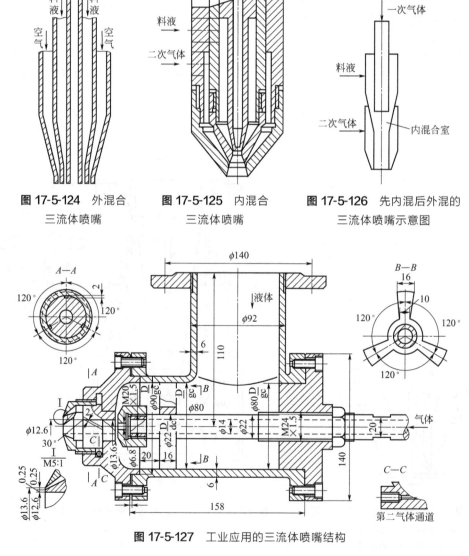

图 17-5-124 外混合三流体喷嘴　　图 17-5-125 内混合三流体喷嘴　　图 17-5-126 先内混后外混的三流体喷嘴示意图

图 17-5-127 工业应用的三流体喷嘴结构

③ 四流体喷嘴。系指具有四个流体通道的喷嘴,如图 17-5-128 所示。它特别适用于高黏度物料的雾化。图 17-5-129 是工业应用的四流体喷嘴结构示意图。

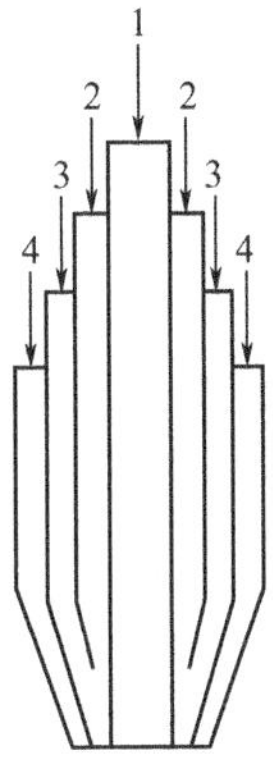

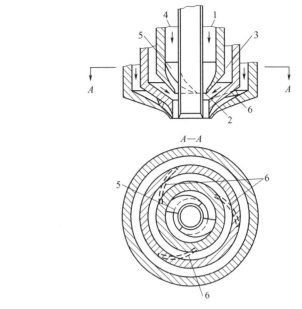

图 17-5-128 四流体喷嘴示意图
1—干燥用热风；2,4—空气；3—料液

图 17-5-129 工业应用的四流体喷嘴的结构示意图
1—干燥用空气；2,4—压缩空气；3—液体；5,6—导向叶片

（3）喷嘴尺寸的确定 对于气流式喷嘴尺寸的计算，目前尚缺可靠的方法。通常可采用关联式法和实验放大法。

① 关联式法。利用式(17-5-90)及由此式作成的列线图（图 17-5-130）确定外混合二流体喷嘴的气体和液体喷嘴尺寸。

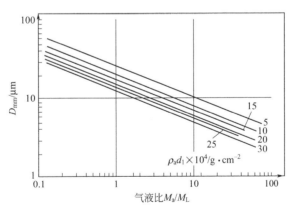

图 17-5-130 式（17-5-90）的列线图

$$D_{mm} = 2600 \left(\frac{M_L}{M_a} \times \frac{\mu_a}{G_a d_1} \right)^{0.4} \tag{17-5-90}$$

式中 D_{mm}——质量中间直径（以质量为基准的累积分布曲线上，相应于50%时的雾滴直径），μm；

M_L，M_a——液体、气体质量流量，$kg \cdot h^{-1}$；

d_1——液体喷嘴外径，cm；

G_a——气体质量流率，$g \cdot cm^{-2} \cdot s^{-1}$；

μ_a——气体黏度，$P[1P=1g\cdot(cm\cdot s)^{-1}]$。

式(17-5-90)的试验条件参见文献[22]。

② 实验放大法。所谓实验放大法，即利用小喷嘴进行喷雾实验得到实验数据，再利用此数据，做出大产量喷嘴的设计。这种计算方法的前提为相同的喷嘴结构、相同状态的同一种物料。这是利用等润湿周边负荷的概念进行估算的，即

$$M_p = \frac{G_T}{\pi d_T} \tag{17-5-91}$$

式中 M_p——实验的润湿周边负荷（即单位时间单位喷嘴周边长度上通过的喷雾量的实验值），$kg\cdot mm^{-1}\cdot s^{-1}$；

G_T——实验时的喷雾量，$kg\cdot s^{-1}$；

d_T——实验的液体喷嘴内径，mm。

如果有相同状态的同一种物料，其喷雾量为 G。当采用相同的喷嘴结构时，大喷雾量的液体喷嘴内径 d 可按式(17-5-92)进行估算。

$$d = G/(\pi M_p) \tag{17-5-92}$$

5.7.2.2 压力式雾化器

(1) 操作原理 压力式雾化器通常称为压力式喷嘴（又称机械式喷嘴），主要由液体切线入口、液体旋转室和喷嘴孔等组成，如图17-5-131所示。利用高压泵使液体获得很高的压力（2~20MPa），液体从切线入口进入喷嘴的旋转室中，获得旋转运动。按旋转动量矩守恒定律，旋转速度与旋涡半径成反比，即愈靠近轴心，旋转速度愈大，其静压力愈小，参见图17-5-131(a)旋转室压力分布示意图，结果在喷嘴中央形成一股压力等于大气压的空气旋流，而液体则形成绕空气心旋转的环形薄膜，参见图17-5-131(b)，液体静压能在喷嘴出口处转变

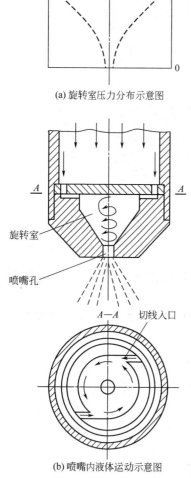

图 17-5-131 压力式喷嘴操作示意图

为向前运动的旋转的液膜动能，从喷嘴高速喷出。液膜伸长变薄，最后分裂为小雾滴，这样形成的液雾为空心圆锥形，又称空心锥喷雾。

(2) 分类和结构 压力式喷嘴在结构上的共同特点是使液体获得旋转运动，即液体获得离心惯性力后，由喷嘴孔高速喷出，故常把压力式喷嘴统称为离心压力喷嘴。按照喷嘴结构型式的差别，离心压力喷嘴可分为旋转型和离心型两种。

① 旋转型压力喷嘴。这种结构有两个特点：一是有一个液体旋转室，二是两个以上的液体进入旋转室的切线入口。图17-5-132为有四个切线入口的旋转型压力喷嘴。具有旋转室的喷嘴一般称为旋转型压力喷嘴。考虑到材料的磨蚀问题，喷嘴孔可采用镶人造宝石或者碳化钨等耐磨材料制造。工业用旋转型压力喷嘴，如图17-5-133所示。

② 离心型压力喷嘴。其结构特点是在喷嘴内安装一个插头，称内插头，液体通过内插头，变为旋转运动后由喷嘴喷出。内插头的结构如图17-5-134所示。

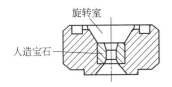

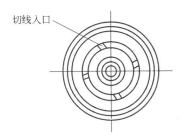

图 17-5-132　有四个切线入口的
旋转型压力喷嘴

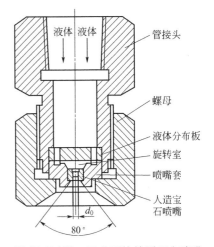

图 17-5-133　工业用旋转型压力喷嘴

d_0 为喷嘴孔直径

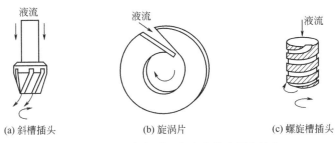

图 17-5-134　离心型压力喷嘴的内插头结构

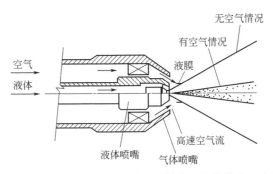

图 17-5-135　压力-气流式喷嘴的结构及雾化状态示意图

除上述两种基本型压力喷嘴外，还有一种空气辅助压力式喷嘴或称压力-气流式喷嘴，其结构如图 17-5-135 所示[23]。其操作原理是液体先经压力喷嘴一次雾化后，再利用气流式喷嘴将液膜再雾化一次，使平均雾滴直径在 $100\mu m$ 以下。这种喷嘴的特点是只需调节辅助空气的压力（0.01～0.03MPa），便可控制液滴直径；大产量、高黏度的液体可以雾化；若停止辅助空气，压力喷嘴可继续操作。

(3) 压力式喷嘴的优缺点　优点：①结构简单，制造成本低；②维修容易，拆装方便；③与气流式喷嘴相比，大大节省雾化用动力。

缺点：①需要一台高压计量泵；②因为喷嘴孔径很小，必须严格过滤，防止堵塞喷嘴；

③喷嘴磨损大，要采用耐磨材料制造；④一个喷嘴的最佳操作范围较窄（即弹性小），大产量时，需要多个喷嘴；⑤高黏度物料，不易雾化。

（4）离心型压力喷嘴孔径的计算 如图 17-5-136 所示，液体以切线方向进入旋转室，形成厚度为 δ 的环形液膜绕半径为 r_c 的空气心旋转而喷出，形成一个空心锥喷雾，其雾化角为 β。

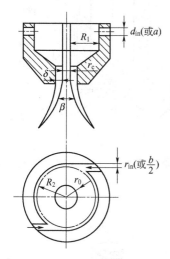

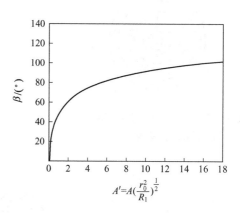

图 17-5-136　液体在喷嘴内流动及雾化示意图

图 17-5-137　β 与 A' 的关联图

根据动量守恒方程、柏努利方程及连续性方程，可以推导出离心压力喷嘴的流量方程[8,24]。

$$V_L = C_D \pi r_0^2 \sqrt{2gH_t} = C_D A_0 \sqrt{2\Delta p / \rho_L} \qquad (17\text{-}5\text{-}93)$$

式中　V_L——喷嘴的体积流量，$m^3 \cdot s^{-1}$；

C_D——流量系数，$C_D = \dfrac{a_0\sqrt{-a_0}}{\sqrt{a_0 + a_0^2 A^2}}$；

a_0——有效截面系数（表示液流截面占整个喷孔截面的分数，反映了空气心的大小），$a_0 = 1 - \dfrac{r_c^2}{r_0^2}$；

r_c——空气心半径；

r_0——喷嘴孔半径；

A——几何特性系数（表示喷嘴主要尺寸之间的关系），$A = \dfrac{R_1 r_0}{r_{in}^2}$；

R_1——旋转室半径；

r_{in}——圆形切线入口半径；

A_0——喷嘴孔截面积，$A_0 = \pi r_0^2$；

H_t——喷嘴孔处压头，$H_t = \Delta p / (g\rho_L)$；

Δp——喷嘴压差；

ρ_L——料液密度。

下面举例说明压力式喷嘴的计算方法和过程。

【例 17-5-4】 采用旋转型压力喷嘴,喷雾某溶液 80kg·h^{-1},溶液密度 $\rho_L=1100$kg·m^{-3}。用 8MPa 的压力进行喷雾,选用两个矩形液体入口通道,试确定喷嘴的主要结构尺寸。

解 ① 根据经验,选取雾化角 $\beta=55°$。

② 当 $\beta=55°$ 时,由图 17-5-137 查得,$A'=1.25$,A' 为喷嘴尺寸参数,$A'=A\left(\dfrac{r_0}{R_1}\right)^{1/2}$,$A=\dfrac{R_1 r_0}{r_{in}^2}$。

③ 当 $A'=1.25$ 时,查图 17-5-138 得 $C_D=0.4$。

④ 喷嘴孔直径 d_0 的计算。根据流量方程(17-5-93)可得喷嘴孔截面积 $A_0=A'=\pi r_{in}^2$

$$\dfrac{V_L}{C_D\sqrt{2\Delta p/\rho_L}}=\dfrac{80/(3600\times 1100)}{0.4\times\sqrt{\dfrac{2\times 8\times 10^6}{1100}}}=4.19\times 10^{-7}(\text{m}^2),\text{故喷嘴孔直径为}$$

$$d_0=\sqrt{\dfrac{4A_0}{\pi}}=\sqrt{\dfrac{4\times 4.19\times 10^{-7}}{\pi}}=7.30\times 10^{-4}(\text{m})=0.730 \text{ (mm)}$$

圆整后取 $d_0=0.8$mm,即 $r_0=0.4$mm。

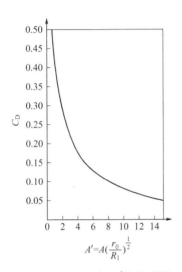

图 17-5-138 C_D 与 A' 的关联图

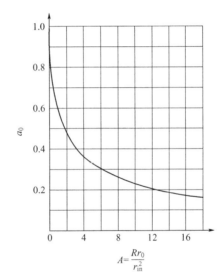

图 17-5-139 A 与 a_0 的关联图

⑤ 喷嘴主要结构尺寸的确定。选用矩形切线入口通道 2 个,其宽度为 b,高度为 a;根据经验取 $b=0.6$mm,取旋转室直径为 10mm,则旋转室半径 $R_1=5$mm,$R_2=R_1-\dfrac{b}{2}=5-\dfrac{0.6}{2}=4.7$mm。根据 $A'=\left(\dfrac{\pi r_0 R_1}{A_1}\right)\times\left(\dfrac{r_0}{R_2}\right)^{1/2}$,$A_1$ 为入口通道的总横截面积[10,24],所以,$A_1=\dfrac{\pi r_0 R_1}{A'}\times\left(\dfrac{r_0}{R_2}\right)^{1/2}=\dfrac{\pi\times 0.4\times 5}{1.25}\times\left(\dfrac{0.4}{4.7}\right)^{1/2}=1.466$;由 $A_1=2ba$ 得 $a=\dfrac{A_1}{2b}=\dfrac{1.466}{2\times 0.6}=1.222$mm,今取 $a=1.3$mm。

通常旋转室通道长度 L 和入口宽度 b 之间的关系,可按 $L=3b$ 选取。$L=3\times 0.6=1.8$mm。至此,喷嘴的主要结构尺寸都已确定。

⑥ 空气心半径的计算。因为 $A=\dfrac{\pi r_0 R_1}{A_1}=\dfrac{\pi r_0 R_1}{2ba}=\dfrac{\pi\times 0.4\times 5}{2\times 0.6\times 1.3}=4.03$,由图 17-5-139

查得 $a_0=0.37$,则 $r_c=\sqrt{(1-a_0)}\times\dfrac{d_0}{2}=\sqrt{(1-0.37)}\times\dfrac{0.8}{2}=0.317$ （mm）

⑦ 喷嘴生产能力的校核。因为 d_0 和 a 是经过圆整的。圆整后，A' 可能要发生变化，进而可能引起 C_D 也发生变化，所以要对喷嘴的生产能力进行校核。

经过圆整后，$A_1=2ba=2\times0.6\times1.3=1.56$，则

$$A'=\left(\dfrac{\pi r_0 R_1}{A_1}\right)\times\left(\dfrac{r_0}{R_2}\right)^{1/2}=\dfrac{\pi\times0.4\times5}{1.56}\times\left(\dfrac{0.4}{4.7}\right)^{1/2}=1.175$$

由图 17-5-138 查得，$C_D=0.42$，故料液的质量流量为：

$$G=C_D(\pi r_0^2)\sqrt{2\Delta p/\rho_L}\times3600\rho_L=0.42\times\pi\times(0.4\times10^{-3})^2\times\sqrt{\dfrac{2\times8\times10^6}{1100}}\times1100\times3600$$
$$=100.8\ (\text{kg}\cdot\text{h}^{-1})$$

故喷嘴符合设计要求。

5.7.2.3 旋转式雾化器

(1) 操作原理 当料液被输送到高速旋转的盘上时，由于旋转盘的离心力作用，料液在旋转面上伸展为薄膜，并以逐渐增加的速度向盘的边缘运动，离开盘边缘时，液体被雾化，如图 17-5-140 所示。

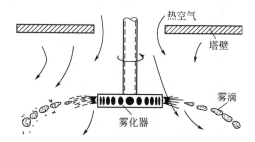

图 17-5-140 旋转式雾化器的工作原理示意图

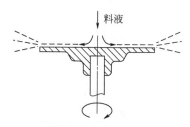

图 17-5-141 平板形

当进料速率一定时，要得到均匀雾滴，应满足下列条件：①雾化盘转动时，无振动；②雾化盘的转速要高，一般为 7500～25000 r·min^{-1}；③料液通道表面要加工得很平滑；④料液在流体通道上的分布要均匀；⑤进料速度要均匀。

(2) 旋转式雾化器的分类 这种雾化器可分为光滑盘和叶片盘两大类。叶片盘有时称为叶片轮或雾化轮。

光滑盘的流体通道表面是光滑的，没有任何限制流体运动的结构。光滑盘包括平板形（图 17-5-141）、碗形（图 17-5-142）、杯形（图 17-5-143）。

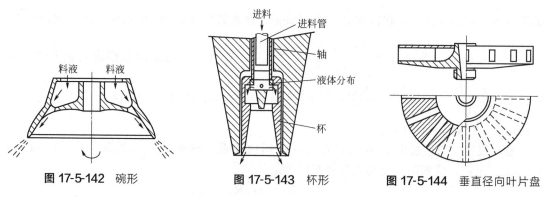

图 17-5-142 碗形　　图 17-5-143 杯形　　图 17-5-144 垂直径向叶片盘

光滑盘虽然结构简单，但液体在光滑盘表面上存在严重的滑动而影响雾化。为此，就出

现了限制液体滑动的叶片盘（或称叶片轮），如图 17-5-144 所示。

叶片盘旋转式雾化器与光滑盘不同，料液被限制在矩形、螺旋形和圆孔形等的液体通道内流动，基本上可以认为无滑动，液体的切向速度约等于圆周速度，雾化效果比光滑盘要好。图 17-5-145 示出三种不同形状的叶片盘。还有一种结构，即在圆盘上装入若干个可更换的喷嘴。另外，也增大了旋转直径，提高了圆周速度，如图 17-5-146 所示。

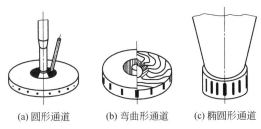

(a) 圆形通道　　(b) 弯曲形通道　　(c) 椭圆形通道

图 17-5-145　叶片盘示意图

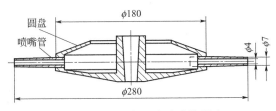

图 17-5-146　装有多喷嘴的圆盘

(3) 旋转式雾化器的优缺点　优点：生产能力大，一个雾化器的最大喷雾量可达 200 t·h^{-1}；液体通道横截面积比较大，不易堵塞；在一定范围内，可以调节雾滴尺寸；操作简单、方便。缺点：雾化器的结构比较复杂，加工制造技术要求高，检修困难，操作时，噪声比较大。

(4) 径向速度和切向速度的计算

① 光滑盘。雾化器的雾化程度，主要取决于液滴的释出速度 u_{res}，即合速度，如图 17-5-147所示。u_{res} 可以分解为径向速度 u_r 及切向速度 u_T，由图 17-5-147 可知，$u_{res} = \sqrt{u_r^2 + u_T^2}$。释出速度和切向速度之间的夹角 α，称为液体的释出角，$\alpha = \arctan\left(\dfrac{u_r}{u_T}\right)$。

a. 径向速度的计算。径向速度可按式(17-5-94) 计算。

$$u_r = 0.0377 \left(\frac{\rho_L N^2 V_L^2}{d \mu_L} \right)^{1/3} \tag{17-5-94}$$

式中　u_r ——液滴离开盘缘时的径向速度，m·s^{-1}；

V_L ——进料速率，m^3·min^{-1}；

ρ_L ——料液密度，kg·m^{-3}；

d ——雾化盘直径，m；

N ——雾化盘转速，r·min^{-1}；

μ_L ——液体黏度，mPa·s。

b. 切向速度的计算。切向速度可按式(17-5-95) 计算。

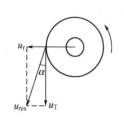
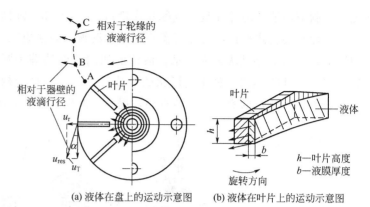

图 17-5-147　液滴的释出速度示意图

图 17-5-148　液体在旋转式雾化器表面上的运动

(a) 液体在盘上的运动示意图　(b) 液体在叶片上的运动示意图

h—叶片高度，b—液膜厚度

$$G/(\pi\mu_L d) \geqslant 2140 \text{ 时}, \quad u_T \leqslant \frac{1}{2}(\pi dN) \qquad (17\text{-}5\text{-}95a)$$

$$G/(\pi\mu_L d) = 1490 \text{ 时}, \quad u_T = 0.6(\pi dN) \qquad (17\text{-}5\text{-}95b)$$

$$G/(\pi\mu_L d) = 745 \text{ 时}, \quad u_T = 0.8(\pi dN) \qquad (17\text{-}5\text{-}95c)$$

式中　$G/(\pi dN)$——滑动程度；

G——料液质量流量，kg·h^{-1}。

② 叶片盘（非光滑盘）。液体在叶片盘上的运动情况，如图 17-5-148 所示。液滴离开盘边缘时的释出速度 u_{res} 可分解为径向速度 u_r 和切向速度 u_T。

a. 径向速度的计算。径向速度可按式（17-5-96）计算。

$$u_r = 0.0805 \left(\frac{\rho_L N^2 dV^2}{\mu_L h^2 n^2} \right)^{1/3} \qquad (17\text{-}5\text{-}96)$$

式中　h——叶片高度，m；

n——叶片数；

V——喷雾量，m^3·min^{-1}。

b. 切向速度的计算。由于叶片限制了液体的滑动，液体的切向速度等于圆周速度，即

$$u_T = \pi dN \qquad (17\text{-}5\text{-}97)$$

(5) 平均滴径的计算

① 光滑盘。

a. 滴状分裂时，平均滴径可用式（17-5-98）计算。

$$D_{AV} = 1.43 \times 15^5 \left(\frac{V_L \mu_L}{\rho_L d^2 N^2} \right)^{\frac{1}{3}} \qquad (17\text{-}5\text{-}98)$$

式中　D_{AV}——平均滴径，μm。

b. 丝状分裂时，平均滴径可用式（17-5-99）计算。

$$D_{AV} = 6.4 \times 15^5 \left[\left(\frac{V_L}{Nd} \right) \times \left(\frac{\rho_L N^2 d^3}{\sigma} \right)^{-\frac{2}{15}} \times \left(\frac{\rho_L \sigma d}{\mu_L^2} \right)^{-\frac{1}{16}} \right]^{\frac{1}{2}} \qquad (17\text{-}5\text{-}99)$$

式中　σ——液体的表面张力，dyn·cm^{-1}（1dyn=10^{-5}N）。

c. 膜状分裂时，平均滴径可用式（17-5-100）计算。

$$D_{AV} = \frac{2.34G}{\rho_L [1.685(\mu_L/\rho_L)^{0.25}(\sigma G)^{0.66} + 2.96 \times 10^{-7}(Nd)^2]^{0.5}} \quad (17\text{-}5\text{-}100)$$

② 非光滑盘。对于非光滑盘，雾滴的体积-面积平均直径可用式(17-5-101)进行估算，但要注意其雾化实验条件，详见文献［10］。

$$D_{VS} = kr\left(\frac{M_P}{\rho_L N_s r^2}\right)^{0.6} \times \left(\frac{\mu_L}{M_P}\right)^{0.2} \times \left(\frac{\sigma \rho_L n h g}{M_P^2}\right)^{0.1} \quad (17\text{-}5\text{-}101)$$

式中　D_{VS}——液滴的体积-面积平均直径，m；
　　　r——雾化轮半径，m；
　　　M_P——单位叶片润湿周边的质量流量，kg·s^{-1}·m^{-1}；
　　　N_s——雾化轮转速，r·s^{-1}；
　　　k——常数，由实验确定，参见文献［10］。

对于非光滑盘，液滴的最大直径 D_{max}，可按式(17-5-102)估算。

$$D_{max} = 3.0 D_{VS} \quad (17\text{-}5\text{-}102)$$

5.7.3　喷雾干燥塔的结构设计和尺寸估算

5.7.3.1　塔内热风-雾滴的流动方向

在喷雾干燥塔内，空气（即热风）和雾滴的运动方向及混合情况，直接影响干燥时间和产品质量。应根据具体的工艺要求（如物料热敏性、低熔点、产品湿含量要求等），正确选择适宜的空气-雾滴运动方向。

空气-雾滴的运动方向取决于空气入口和雾化器的相对位置，据此可分为三大类：并流、逆流和混合流运动。由于空气-雾滴的运动方向不同，塔内温度分布也不同。

（1）空气-雾滴的并流运动　所谓并流运动系指在塔内，空气和雾滴均为相同方向运动。这种并流又分为三种情况：向下并流、向上并流及卧式水平并流。

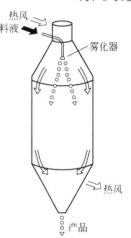

图 17-5-149　向下并流的喷雾干燥

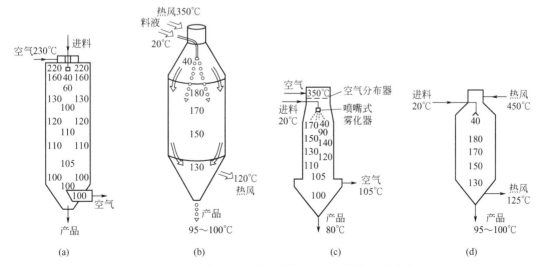

图 17-5-150　向下并流的喷嘴式喷雾干燥塔内温度分布

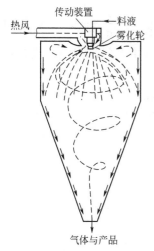

图 17-5-151 旋转式雾化器的塔内空气-雾滴运动状态示意图

① 空气-雾滴向下并流的喷雾干燥。这种流向如图 17-5-149 所示。喷嘴安装在塔顶部，热空气也从顶部进入。空气-雾滴首先在塔顶高温区接触，水分迅速蒸发，空气温度急剧下降，当颗粒运动到塔的下部时，产品已干燥完毕，此时空气温度已降到最低值，其温度分布如图 17-5-150 所示。由图 17-5-150 可见，在并流情况下，塔内温度是较低的，适用于热敏性物料的干燥。

旋转式雾化器的喷雾干燥是并流向下的另一种形式，其空气-雾滴的运动比较复杂，既有旋转运动，又有错流和并流运动的组合。塔内空气的流动图形决定于空气分布器的结构，其流动状态如图 17-5-151 所示。由于雾滴主要是沿水平方向飞出的，故此类塔型直径大而高度小。塔内的温度分布如图 17-5-152 所示。由图 17-5-152 可见，塔内的

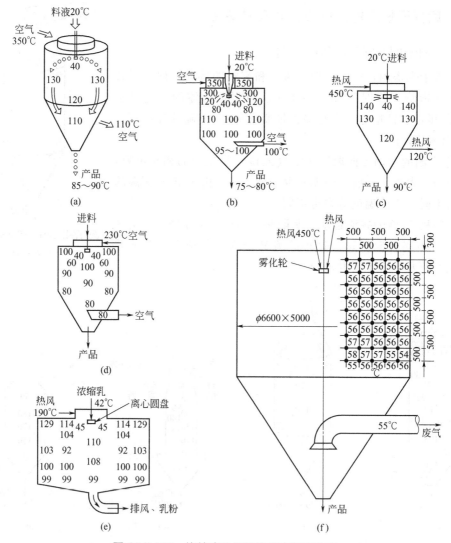

图 17-5-152 旋转式雾化器的塔内温度分布

温度分布是比较均匀的,虽然空气入口温度是 450℃,但与雾滴接触后,温度就迅速下降到接近于出口温度。这说明雾滴-空气之间的热、质交换过程进行得很迅速。同时,也可以看到,对塔壁的结构材料不必有过高的耐热要求。

在并流干燥情况下,热风入口可以具有相当高的温度,因为高温气流与液滴接触的瞬间,液滴保持湿球温度,故热风入口温度可以高于产品的允许温度,而关键在于严格控制空气出口温度。此类干燥塔的操作空塔气速一般控制在 $0.2 \sim 0.5 \mathrm{m \cdot s^{-1}}$。由于雾化器安装在塔的顶部,不便于更换和检修,这是该流向的缺点。

② 空气-雾滴向上并流的喷雾干燥。喷嘴安装在塔的底部,向上喷雾,干燥热空气也从塔底部进入,向上流动,构成空气-雾滴向上并流运动,如图 17-5-153 所示。这种流向的优点是:a. 在一定气速下,塔内较大颗粒或粘壁料块,被气流带走的机会最小,它们落入塔底,定期排出,另做处理;b. 喷嘴安装在塔的下部,便于操作、维修和清洗。其缺点为落入塔底的物料易被高温气流烤焦而变质或变色。此类流向主要用于气流式喷嘴的喷雾干燥。操作空塔气速一般控制在 $1 \sim 3 \mathrm{m \cdot s^{-1}}$。

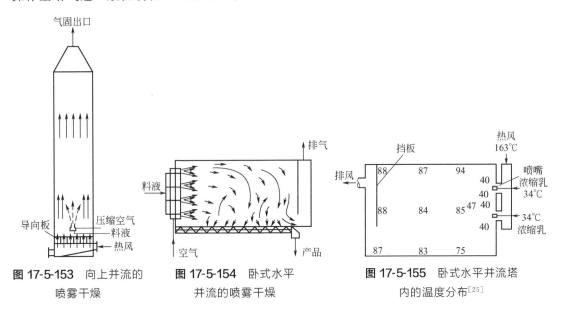

图 17-5-153 向上并流的喷雾干燥　　图 17-5-154 卧式水平并流的喷雾干燥　　图 17-5-155 卧式水平并流塔内的温度分布[25]

③ 空气-雾滴卧式水平并流的喷雾干燥。料液经卧式喷雾干燥塔侧面的若干个喷嘴喷出,热风也由侧面围绕每个喷嘴旋转喷出,二者形成并流运动,如图 17-5-154 所示,其温度分布示于图 17-5-155。干燥产品的绝大部分落入塔底,间歇或连续排出。一小部分被气流夹带的产品经气-固分离器回收下来。这种流向的优点是设备高度低,适合安装于单层楼房内。其缺点是空气-雾滴混合得不太好,大颗粒可能未达到干燥要求就落入干燥塔底部(必要时需进行二次干燥)。

(2) 空气-雾滴的逆流运动　空气-雾滴的逆流运动,是热风从塔底进入,由塔顶排出,料液从塔顶向下进入,产品由塔底排出,如图 17-5-156 所示,空气-雾滴在塔内形成逆向运动。

逆流操作的特点是热利用率较高。这是因为传热传质的推动力较大;将含水较少的物料与进口的高温空气接触,可以最大限度地除掉产品中的水分;由于气流向上运动,雾滴向下运动,这就延长了雾滴在塔内的停留时间。热风的入口温度为产品的允许温度所限制,其温度分布如图 17-5-157 所示。可见，产品与高温气体接触，它只适用于非热敏性物料的干燥。

逆流操作，要保持适宜的空塔气速，若超过限度，将引起严重的颗粒夹带，给回收系统增加负荷。

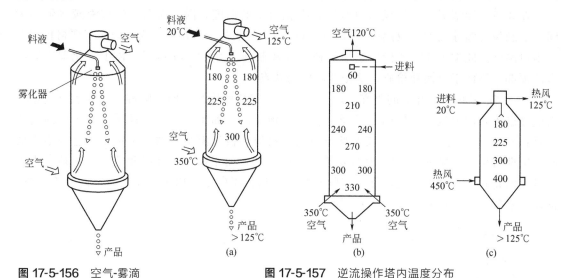

图 17-5-156　空气-雾滴的逆流运动　　　　图 17-5-157　逆流操作塔内温度分布

(3) 空气-雾滴的混合流运动　所谓混合流运动，是空气-雾滴既有逆流又有并流的运动。混合流可分为三种情况。

① 喷嘴安装在干燥塔底部向上喷雾，热风从顶部进入，雾滴先与空气逆流向上运动，达到一定高度后，又与空气并流向下运动，最后物料从底部排出，空气从底部的侧面排出，如图 17-5-158(a) 所示，其温度分布如图 17-5-158(b) 所示。

② 设置内流化床的喷雾干燥塔。喷嘴安装在塔顶部，塔底部设置一个内流化床、两个进风口、一个排风口、一个出料口，其空气-雾滴运动情况见图 17-5-159(a)，温度分布见图 17-5-159(b)。

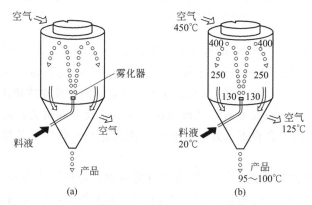

图 17-5-158　喷嘴安装在底部的混合流运动及温度分布图

③ 喷嘴安装在塔的中上部。如图 17-5-160 所示，物料向上喷雾，与塔顶进入的高温空气接触，使水分迅速蒸发，具有逆流热利用高的特点。物料被干燥到一定程度后，又与已经降温的空气并流向下运动，干燥的物料和已经降到出口温度的空气接触，避免了物料的过热

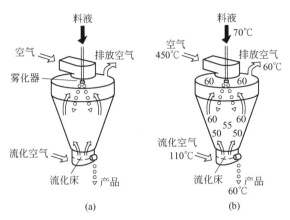

图 17-5-159 设置内流化床的混合流运动及温度分布图

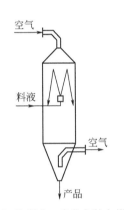

图 17-5-160 喷嘴安装在塔的中上部的混合流运动

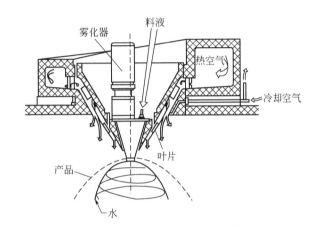

图 17-5-161 导向叶片空气分布器

变质，具有并流的特点。在设计与操作时，要防止在颗粒返回区域产生严重的粘壁现象。

5.7.3.2 空气（热风）分布器

(1) 旋转式雾化器干燥塔的热风分布器　旋转式雾化器的雾滴和从热风分布器出来的热风的组合运动，构成一个非常复杂的流动图形[20]。

① 热风从雾化器上部进入干燥塔。图 17-5-161 所示的为导向叶片空气分布器，干燥空气直接进入雾化轮的上部，在分布器内空气流被均匀分布，产生绕雾化轮的旋转运动及绕雾化轮边缘的向下流动，向下压向雾滴并形成一个伞状云形状。这种分布器能够很好地控制径向液滴轨迹，需要恰当地调节叶片的角度，以防止过度空气再循环，进入干燥塔顶部的拐角处，产生粘顶。

图 17-5-162 所示为常用的分布器的一种结构型式。热风经蜗壳形通道后进入内、外侧导向叶片，使热风产生旋转运动，叶片角度可以调节。

② 热风从雾化器下部进入干燥器。当热风温度比较高（600～800℃）时，热空气不穿过干燥室的顶部，在雾化器下部引入热空气，如图 17-5-163 所示。这种空气分布器由若干个叶片组成一个圆锥形的顶部，在顶部设置空气冷却管。这种结构的优点是可以利用非常高的进口空气温度，迅速将热空气引入干燥室，不需要耐火衬里的管线。雾化器传动装置和干

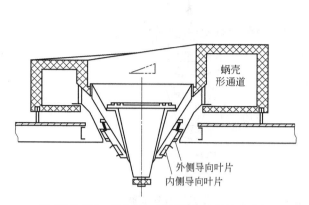
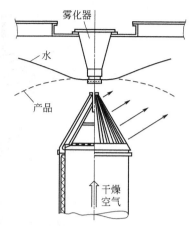

图 17-5-162 具有内、外侧导向叶片的分布器　　图 17-5-163 热风从雾化器下部引入干燥室

燥室顶部还是要防护的。

当热空气或其他含有颗粒（如煤灰、粉尘等）的气体，且温度低于 1200℃ 时，可以采用竖管从雾化器下部直接引入，如图 17-5-164 所示。

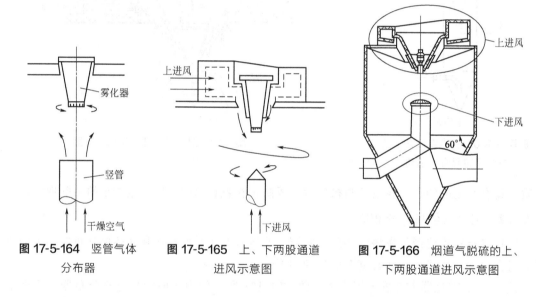

图 17-5-164 竖管气体分布器　　图 17-5-165 上、下两股通道进风示意图　　图 17-5-166 烟道气脱硫的上、下两股通道进风示意图

③ 热风从雾化器的上部和下部同时引入干燥塔。当干燥气体流量大于 125000kg·h^{-1} 时，就需采用上、下两股通道进风，如图 17-5-165 所示。据文献 [26] 报道，若一个烟道气脱硫的喷雾干燥塔，其烟道气量已达（按标准体积计）2×10^6 m^3·h^{-1}，就采用上、下两股通道进风方式，如图 17-5-166 所示。

④ 热风的旋转方向和雾化器旋转方向的组合问题。雾化器产生的雾滴和热空气的接触，可以是并流或者逆流。雾滴和热空气并流接触，即雾化轮和空气以相同方向旋转。空气-雾滴并流接触时，空气流动容易控制。

雾滴和热空气逆流接触，即雾化轮和空气以相反方向旋转。逆流接触能够造成较好的混合，能够干燥较粗雾滴（对于给定的干燥塔尺寸）。逆流接触时，能进一步减小雾滴轨迹半径，可相对地增加液滴在热空气中的停留时间，通常能减少粘壁现象。上述优点被较大程度地在雾化器表面上形成沉积物料的倾向所抵消。

目前，一般采用雾滴-空气以相同方向旋转的方式设计。

(2) 喷嘴式雾化器干燥塔的热风分布器　在喷嘴式喷雾干燥塔内，热风分布器的型式很多，下面介绍具有代表性的结构型式。

① 垂直向下型。这种结构的主要作用是控制空气流垂直向下流动，防止雾滴飞到壁上，产生粘壁现象。图 17-5-167 为多孔板型和垂直叶片型垂直向下的空气（热风）分布器。图 17-5-168 为由四块筛板组成的空气分布器，保持空气流垂直向下流动，实际使用效果甚好。筛板厚 2mm，孔径 2mm，孔间距 4mm，正三角形排列，开孔率为 22.6%。每块板的压力损失为 150Pa。四块板的间距见图 17-5-168(b)。

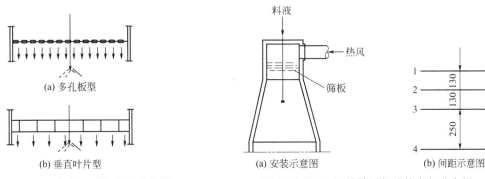

图 17-5-167　垂直向下型的空气分布器　　　图 17-5-168　四块筛板组成的空气分布板

② 气流旋转型。此型的特点是热空气旋转地进入干燥室，热空气和雾滴在旋转流中进行热量与质量交换，效果较好。由于气流的旋转，显著地延长了雾滴在塔内的停留时间。设计时应注意旋转直径，不要产生严重的半湿物料粘壁现象。图 17-5-169(a) 为用导向叶片使气流产生旋转运动，图 17-5-169(b) 为用切线或螺旋线式进口使气体产生旋转运动，图 17-5-169(c) 为旋转和垂直向下组合型分布器，中间风垂直向下，环隙风旋转。中间的热风可采用高温瞬间干燥，减少粘壁现象。

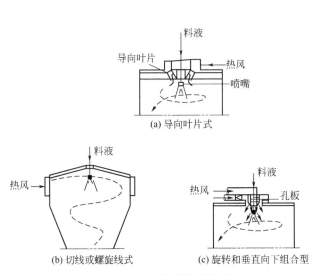

图 17-5-169　气流旋转型分布器

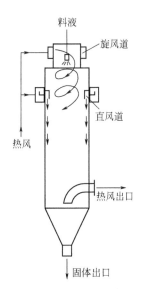

图 17-5-170　旋转风和顺壁风的组合

下面再介绍几种特殊的热风分布方式。图 17-5-170 为旋转风和顺壁风的组合，顺壁风可防止粘壁。图 17-5-171 为一次热风高温高速旋转，二次热风经筛板垂直向下，这种流向可以减少粘壁现象。

图 17-5-172 示出的分布器结构较为复杂，热风 2 经筛板 4 垂直向下运动，热风 1 进入环形通道 5 后，分为两部分：一部分经导向叶片产生旋转运动，另一部分垂直向下运动，保护壁不黏附物料。

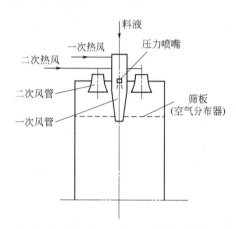

图 17-5-171 高温旋转风和低温风的组合

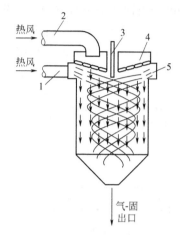

图 17-5-172 特殊结构的热风分布器
1,2—热风；3—喷嘴；4—筛板；5—环形通道

5.7.3.3 喷雾干燥塔锥形底出料和排气方式的组合

图 17-5-173 示出的组合方式，基本概括了常用的方法。可根据工艺要求，选择其中某一种型式。

5.7.3.4 喷雾干燥操作中的粘壁问题

在喷雾干燥操作中，被干燥的物料黏附在干燥塔的内壁上，一般称为粘壁现象。粘壁现象是喷雾干燥的设计者和操作者必须考虑的一个重要问题。这是因为：①粘壁后的物料，由于长时间停留在内壁上，有可能被烧焦或变质，影响产品质量；②粘壁后的物料，时常结块落入塔底的产品中，使产品有时不能达到所规定的湿含量；③由于粘壁物料结块落入产品中，使有些产品（如染料等）不得不增加粉碎过程，以达到一定细度；④许多喷雾干燥设备，为了清除粘壁物料，不得不中途停止喷雾，这就缩短了喷雾干燥的有效操作时间；⑤因设计或操作不当而产生的严重粘壁现象，甚至使喷雾干燥器不能投入生产。

物料粘壁可粗略地分为三种类型：①半湿物料粘壁；②低熔点物料的热熔性粘壁；③干粉表面附着（或称表面附灰）。

通常容易发生的是半湿物料粘壁。造成半湿物料粘壁的直接原因是喷出的雾滴在没有达到表面干燥之前就和器壁接触，因而粘在壁上。粘壁物料愈积愈厚，达到一定厚度后，以块状自由脱落。因此，造成产品烧焦、分解或湿含量过高。粘壁的位置通常是在对着雾化器喷出的雾滴运动轨迹的平面上。此类粘壁的原因与下列因素有关：喷雾干燥塔的结构，雾化器的结构、安装和操作，热风在塔内的运动状态。碰到半湿物料粘壁问题时，首先要找到粘壁的主要原因，针对主要原因采取相应措施加以解决。低熔点物料的热熔性粘壁问题已经出现不少，应当采取各种措施加以解决。热熔性粘壁决定于干燥温度下颗粒的性质。颗粒在一定

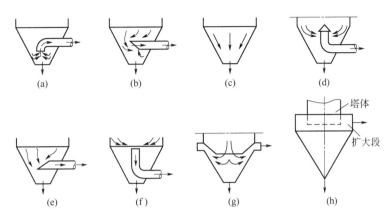

图 17-5-173 喷雾干燥塔锥形底出料和排气方式的组合示意图

温度（熔点温度）下熔融而发黏，黏附在壁上。该类型粘壁可根据被干燥物料的熔点来判断。对这种粘壁情况，可采用下列方法解决：

① 控制热风在干燥塔内的温度分布，限制塔内最高温度分布区不超过物料的熔点。显而易见，这种情况采用气固并流操作为宜。

对于熔点很低的物料，而又要采用喷雾干燥法时，可考虑采用低温喷雾干燥法。

② 采用夹套冷却，用冷空气冷却塔内壁，保持低温壁，如图 17-5-174(a) 所示。

③ 采用冷空气吹扫。可以采用切线方向引入冷空气，吹扫易发生粘壁的部位，如图 17-5-174(b)所示。

采用带有旋转装置的冷空气吹扫塔内壁，一方面冷却，一方面吹扫粘壁物料，如图 17-5-174(c)所示。

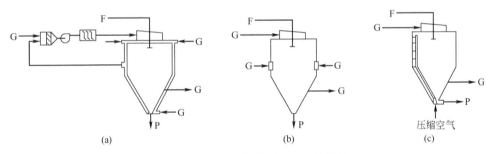

图 17-5-174 热熔性粘壁可采取的措施
G—气体；F—料液；P—产品

清除粘壁物质的常用方法有：①振动法（间歇手动，间歇或连续电动、气动）；②空气吹扫法；③转动刮刀连续清除法；④转动链条连续清除法；⑤针对粘壁部位，特别设置电动或气动刷子间歇清除法。

5.7.3.5 喷雾干燥塔直径和高度的估算

(1) 采用图解积分法估算喷雾干燥塔尺寸 采用图解积分法估算喷雾干燥塔的直径和高度，可参见文献 [22]。

(2) 采用干燥强度法估算喷雾干燥塔容积 干燥强度的定义是单位干燥塔容积单位时间的蒸发能力，用 q_A 表示，喷雾干燥塔的容积可采用式(17-5-103)进行计算。

$$V_D = \frac{W_A}{q_A} \tag{17-5-103}$$

式中 V_D——干燥塔容积，m^3；
　　　W_A——湿分蒸发量，$kg·h^{-1}$；
　　　q_A——干燥强度，$kg·m^{-3}·h^{-1}$。

q_A是一个经验数据，在无数据时，可参考表17-5-20、表17-5-21进行选择。

表17-5-20　q_A值与热风进、出口温度的关系[27]　　　单位：$kg·m^{-3}·h^{-1}$

出口温度/℃	进口温度/℃					
	150	200	250	300	350	400
70	3.58	5.72	7.63	9.49	11.20	12.74
80	3.03	5.18	7.07	8.93	—	—
100	1.92	4.09	5.96	7.80	9.33	11.11

表17-5-21　q_A值与热风进口温度的关系[4]

热风进口温度/℃	$q_A/kg·m^{-3}·h^{-1}$
130～150	2～4
300～400	6～12
500～700	15～25

当V_D值求出后，先选定直径；然后求出圆柱体的高度。干燥强度经常作为干燥塔能力的比较数据，此值愈大愈好。

(3) 用体积传热系数法估算喷雾干燥塔的体积　按照传热方程式：

$$Q = \alpha_V V_D \Delta t_m \tag{17-5-104}$$

式中　Q——干燥所需的热量，W；
　　　α_V——体积传热系数，$W·m^{-3}·℃^{-1}$，喷雾干燥时，$\alpha_V = 10$（大粒）～30（微粒）$W·m^{-3}·℃^{-1}$；
　　　Δt_m——对数平均温度差，℃。

(4) 旋转式雾化器干燥塔直径的确定　一般情况下，喷雾干燥塔的直径D可按式(17-5-105)计算。

$$D = (2 \sim 2.8)R_{99} \tag{17-5-105}$$

式中　R_{99}——旋转雾化器喷雾炬的半径。

对于热敏性物料，推荐用式(17-5-106)计算。

$$D = (3 \sim 3.4)R_{99} \tag{17-5-106}$$

下面介绍两个经验公式。

$$(R_{99})_{0.9} = 3.46 d^{0.3} G^{0.25} N^{0.16} \tag{17-5-107}$$

式中　$(R_{99})_{0.9}$——在圆盘下0.9m处测得的雾滴占全部喷雾量99%时的雾滴的飞翔距离半径，m；
　　　d——雾化盘直径，m；
　　　G——喷雾量，$kg·h^{-1}$；
　　　N——雾化器转速，$r·min^{-1}$。

$$(R_{99})_{2.04} = 4.33 d^{0.2} G^{0.25} N^{0.16} \tag{17-5-108}$$

式中　$(R_{99})_{2.04}$——在圆盘下2.04m处测得的雾滴占全部喷雾量99%时的雾滴的飞翔距离半径，m。

(5) 喷雾干燥塔的某些经验数据

① 喷雾干燥塔直径D和圆柱体高度h的比值，见表17-5-22。

表 17-5-22　雾化器类型、热风流向和 $h:D$ 范围[22]

雾化器类型,热风流向	$h:D$ 范围
旋转式雾化器,并流	$(0.6:1)\sim(1:1)$
喷嘴式雾化器,并流	$(3:1)\sim(4:1)$
喷嘴式雾化器,逆流	$(3:1)\sim(5:1)$
喷嘴式雾化器,混合流(喷泉式)	$(1:1)\sim(1.5:1)$
喷嘴式雾化器,混合流(内置流化床)	$(0.15:1)\sim(0.4:1)$

② 喷雾干燥塔的底部锥角和空塔气速。喷雾干燥塔的下锥角等于或小于 60°。喷雾干燥塔的空塔气速 $u=0.2\sim0.5\mathrm{m\cdot s^{-1}}$。

5.7.4　喷雾干燥器的设计示例

【例 17-5-5】 采用压力式喷嘴,喷雾干燥某水溶液,溶液处理量为 $400\mathrm{kg\cdot h^{-1}}$,溶液密度 $\rho_\mathrm{L}=1100\mathrm{kg\cdot m^{-3}}$,雾化压力为 4.0MPa(表压)。雾滴直径为 $D_\mathrm{W}=200\mu\mathrm{m}$。料液含水量 80%,产品含水量 2%(均为质量分数,湿基)。选用热空气-雾滴向下并流操作。热空气的入塔温度 300℃,出塔温度 100℃。料液的入塔温度 90℃,产品的出塔温度 20℃。干物料比热容 $2.51\mathrm{kJ\cdot kg^{-1}\cdot ℃^{-1}}$。试确定:(1)压力喷嘴尺寸;(2)空气用量;(3)雾滴干燥所需时间。

解　(1)压力喷嘴尺寸的确定

① 为使塔径不至于过大,根据经验,选用雾化角 $\beta=49°$。

② 当雾化角 $\beta=49°$ 时,查图 17-5-137 得 $A'=1.0$。

③ 当 $A'=1.0$ 时,查图 17-5-138 得 $C_\mathrm{D}=0.42$。

④ 喷嘴孔直径的计算。根据喷嘴流量方程(17-5-93)可得

$$r_0=\left[\frac{V_\mathrm{L}}{\pi C_\mathrm{D}\sqrt{\frac{2\Delta p}{\rho_\mathrm{L}}}}\right]^{\frac{1}{2}}=\left[\frac{400/(1100\times3600)}{3.14\times0.42\times\sqrt{\frac{2\times4\times10^6}{1100}}}\right]^{\frac{1}{2}}=9.48\times10^{-4}\quad(\mathrm{m})$$

$$d_0=2r_0=1.9\times10^{-3}\mathrm{m}=1.9\mathrm{mm}$$

圆整后取 $d_0=2\mathrm{mm}$。

⑤ 喷嘴其他主要尺寸的确定。选用矩形切向通道 2 个,根据经验取 $b=1.2\mathrm{mm}$,取旋转室直径为 10mm,即旋转室半径 $R_1=5\mathrm{mm}$,$R_2=R_1-\frac{b}{2}=5-\frac{1.2}{2}=4.4(\mathrm{mm})$。根据 $A'=\left(\frac{\pi r_0 R_1}{A_1}\right)\times\left(\frac{r_0}{R_2}\right)^{1/2}$ 可得,$A_1=\frac{\pi r_0 R_1}{A'}\times\left(\frac{r_0}{R_2}\right)^{1/2}=\frac{\pi\times1\times5}{1.0}\times\left(\frac{1}{4.4}\right)^{1/2}=7.48$;由 $A_1=2ba$ 得 $a=\frac{A_1}{2b}=\frac{7.48}{2\times1.2}=3.12(\mathrm{mm})$,今取 $a=3\mathrm{mm}$。

⑥ 校核该喷嘴的生产能力。

$$A'=\left(\frac{\pi r_0 R_1}{2ba}\right)\times\left(\frac{r_0}{R_2}\right)^{1/2}=\left(\frac{\pi\times1\times5}{2\times1.2\times3}\right)\times\left(\frac{1}{4.4}\right)^{1/2}=1.04$$

圆整后 A' 基本不变,不必复算,可以满足设计要求。

(2)物料衡算

① 产品产量 G_2。

$$G_2=G_1\times\frac{100-w_1}{100-w_2}=400\times\frac{100-80}{100-2}=81.6\quad(\mathrm{kg\cdot h^{-1}})$$

② 水分蒸发量 W。
$$W = G_1 - G_2 = 400 - 81.6 = 318.4 \quad (\text{kg·h}^{-1})$$

(3) 热量衡算

① 物料升温所需的热量 q_M。
$$q_M = \frac{G_2 c_m (t_{m2} - t_{m1})}{W} = \frac{81.6 \times 2.51 \times (90-20)}{318.4} = 45.03 \quad (\text{kJ·kg}^{-1})$$

② 热损失 q_L。热损失 q_L 可按下述经验公式估算：
$$q_L = (\alpha A \Delta t)/W$$
$$\alpha = 9.4 + 0.052(t_w - t_0)$$

式中 α——干燥塔表面与周围环境空气之间的对流辐射传热系数[11]，$\text{W·m}^{-2}\text{·°C}^{-1}$；

t_w——干燥塔外表面温度，取 40°C；

t_0——环境温度，取 20°C；

Δt——传热温差，$\Delta t = t_w - t_0$；

A——干燥塔散热表面积，今按 $A = 30\text{m}^2$ 估算。

故：
$$\alpha = 9.4 + 0.052 \times (40-20) = 10.44(\text{W·m}^{-2}\text{·°C}^{-1}) = 37.6 \quad (\text{kJ·h}^{-1}\text{·m}^{-2}\text{·°C}^{-1})$$
$$q_L = [37.6 \times 30 \times (40-20)]/318.4 = 70.85 \quad (\text{kJ·kg}^{-1})$$

③ 干燥塔出口空气的湿含量 H_2。在干燥过程中，由于存在热损失和物料升温，H_2 不能按等湿球温度线变化，可按下式计算
$$\frac{I_2 - I_1}{H_2 - H_1} = \frac{I - I_1}{H - H_1} = -\sum q + c_w t_{m1}$$

式中 I_1, I_2, I——干燥塔进、出口及干燥塔任意截面上空气的焓，kJ·kg^{-1}；

H_1, H_2, H——干燥塔进、出口及干燥塔任意截面上的空气湿含量，kg·kg^{-1}；

c_w——水的比热容，$\text{kJ·kg}^{-1}\text{·°C}^{-1}$；

t_{m1}——料液进入干燥塔时的温度，°C；

$\sum q$——包括干燥塔表面热损失及物料升温所需热量，即 $\sum q = q_L + q_M$。

$$-\sum q + c_w t_{m1} = -(70.85 + 45.03) + 4.187 \times 20 = -32.14 \quad (\text{kJ·kg}^{-1})$$

所以 $\dfrac{I - I_1}{H - H_1} = -32.14$，这是一直线方程。

已知空气初始湿含量 $H_1 = 0.02$，温度升到 300°C 时，查 I-H 图得，$I_1 = 356 \text{kJ·kg}^{-1}$，任意取 $H = 0.04$，则：
$$I = I_1 - 32.14 \times (0.04 - 0.02) = 356 - 32.14 \times (0.04 - 0.02) = 355.4 \quad (\text{kJ·kg}^{-1})$$

如图 17-5-175 所示，由 A 点（$H_1 = 0.02$，$I_1 = 356$）至 B 点（$H = 0.04$，$I = 355.4$）连线并延长与 $t_2 = 100°C$ 线相交于 D 点，D 点便为所求之出口空气状态，查 I-H 图得 $H_2 = 0.098$。

④ 干燥空气用量 L。
$$L = \frac{W}{H_2 - H_1} = \frac{318.4}{0.098 - 0.02} = 4082 \quad (\text{kg·h}^{-1})$$

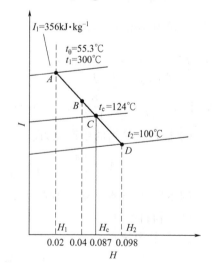

图 17-5-175 例 17-5-5 的空气状态的 I-H 图

(4) 临界点处几个临界参数的确定

① 物料的临界湿含量。已知料液的密度 $\rho_L=1100 \mathrm{kg \cdot m^{-3}}$，产品的密度 $\rho_D=900 \mathrm{kg \cdot m^{-3}}$，水的密度 $\rho_w=1000 \mathrm{kg \cdot m^{-3}}$。料液入塔的干基湿含量 $X_1=\dfrac{80}{20}=4\mathrm{kg \cdot kg^{-1}}$，产品出塔的干基湿含量 $X_2=\dfrac{2}{98}=0.0204(\mathrm{kg \cdot kg^{-1}})$，则

$$\frac{D_D}{D_L}=\left(\frac{\rho_L}{\rho_D}\times\frac{1+X_2}{1+X_1}\right)^{\frac{1}{3}}=\left(\frac{1100}{900}\times\frac{1+0.0204}{1+4}\right)^{\frac{1}{3}}=0.63\ [D_D \text{ 为产品的平均颗粒直径}; D_L$$

为物料（雾滴）的平均直径]，即液滴尺寸收缩量为37%。

对于初始直径为 D_0 的球形液滴，由于液滴收缩而减小的体积 $=\dfrac{\pi}{6}\times[D_0^3-(0.63D_0)^3]=0.75\times\left(\dfrac{\pi D_0^3}{6}\right)$，除去的水分量 $=0.75\times\left(\dfrac{\pi D_0^3}{6}\right)\rho_w$，剩下的水分量 $=\dfrac{\pi D_0^3}{6}(0.8\rho_L-0.75\rho_w)$，故物料的临界湿含量（干基）为

$$X_c=\frac{(\pi D_0^3/6)(0.8\rho_L-0.75\rho_w)}{(\pi D_0^3/6)\times 0.2\rho_L}=4-\frac{0.75\rho_w}{0.2\rho_L}=4-\frac{0.75\times 1000}{0.2\times 1100}=0.59\ (\mathrm{kg \cdot kg^{-1}})$$

（若换算为湿基 $W_c=\dfrac{0.59}{1+0.59}=0.371$，即37.1%。）

② 液滴的临界直径。由 $D_D/D_L=0.63$ 可得，$D_D=0.63\times 200=126(\mu\mathrm{m})$。假定在降速干燥阶段雾滴直径大小的变化可以忽略不计，则液滴的临界直径 D_c 近似等于产品颗粒直径 D_D，即 $D_c\approx D_D=126\mu\mathrm{m}$。

③ 空气的临界湿含量。干燥第一阶段的水分蒸发量为 $W_1=400\times 0.2\times\left(\dfrac{80}{20}-0.59\right)=273(\mathrm{kg \cdot h^{-1}})$，空气的临界湿含量为 $H_c=0.02+\dfrac{273}{4082}=0.087(\mathrm{kg \cdot kg^{-1}})$。

④ 空气的临界温度。在 I-H 图上，过 H_c 点作垂线，与 AD 线交于 C 点，查得空气的临界温度 $t_c=124℃$（图17-5-175）。

(5) 雾滴干燥所需时间 τ 的计算

① 水的汽化潜热 γ 及雾滴周围气膜的平均热导率 λ。由 I-H 图查得，干燥第一阶段的物料表面温度（即空气的绝热饱和温度，亦即空气的湿球温度）$t_\theta=55.3℃$（图17-5-175）。该温度下水的汽化潜热 $\gamma=2366\mathrm{kJ \cdot kg^{-1}}$。气膜温度取出塔空气温度和干燥第一阶段物料表面温度的平均值，即 $\dfrac{1}{2}\times(100+55.3)=77.65$（℃），该温度下的空气热导率 $\lambda=0.109\mathrm{kJ \cdot m^{-1} \cdot h^{-1} \cdot ℃^{-1}}$。

② 干燥第一阶段所需时间 τ_1。在干燥第一阶段，热空气温度从300℃降低到124℃，液滴温度从20℃升高到55.3℃，则对数平均温度差为

$$\Delta t_1=\frac{(300-20)-(124-55.3)}{\ln\dfrac{300-20}{124-55.3}}=150\ (℃)$$

该干燥阶段所需的时间 τ_1 为

$$\tau_1=\frac{\gamma\rho_L(D_L^2-D_c^2)}{8\lambda\Delta t_1}=\frac{2366\times 1100\times[(2\times 10^{-4})^2-(1.26\times 10^{-4})^2]}{8\times 0.109\times 150}$$
$$=4.80\times 10^{-4}(\mathrm{h})=1.73\ (\mathrm{s})$$

③ 干燥第二阶段所需时间 τ_2。在干燥第二阶段，热空气温度从124℃降低到100℃，液

滴温度从 55.3℃升高到 90℃，则对数平均温度差为

$$\Delta t_2 = \frac{(124-55.3)-(100-90)}{\ln\dfrac{124-55.3}{100-90}} = 30.5 \quad (℃)$$

该干燥阶段所需干燥时间 τ_2 为

$$\tau_2 = \frac{\gamma D_c^2 \rho_D (X_c - X_2)}{12\lambda \Delta t_2} = \frac{2366 \times (1.26 \times 10^{-4})^2 \times 900 \times (0.59 - 0.0204)}{12 \times 0.109 \times 30.5} = 4.83 \times 10^{-4} (h) = 1.74 \quad (s)$$

④ 雾滴干燥所需总时间 τ

$$\tau = \tau_1 + \tau_2 = 1.73 + 1.74 = 3.47 \quad (s)$$

5.7.5　喷雾干燥技术在工业上的应用实例

前面已述及，喷雾干燥技术在工业上的应用非常广泛，可参见文献 [4,22]。这里只介绍几个典型产品的操作数据表。

常用喷雾干燥塔的结构型式和气-固流动方式如图 17-5-176 所示。典型产品的操作条件和适宜流程及设备类型见表 17-5-23[4,22]。表 17-5-23 中的符号规定如下：

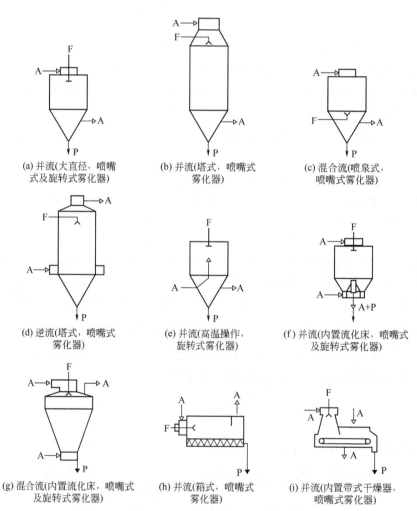

(a) 并流(大直径，喷嘴式及旋转式雾化器)　(b) 并流(塔式，喷嘴式雾化器)　(c) 混合流(喷泉式，喷嘴式雾化器)

(d) 逆流(塔式，喷嘴式雾化器)　(e) 并流(高温操作，旋转式雾化器)　(f) 并流(内置流化床，喷嘴式及旋转式雾化器)

(g) 混合流(内置流化床，喷嘴式及旋转式雾化器)　(h) 并流(箱式，喷嘴式雾化器)　(i) 并流(内置带式干燥器，喷嘴式雾化器)

图 17-5-176　常用喷雾干燥塔的结构型式和气-固流动方式
A—空气；F—料液；P—产品

OC 开式循环	D	直接燃烧加热器
CC 闭路循环	IND	间接燃烧加热器
SCC 半闭路循环	BF	布袋过滤器
PN 压力喷嘴式雾化器	CYC	旋风分离器
R 旋转（轮式）式雾化器	COND	冷凝器
TFN 气流喷嘴式雾化器	WS	湿式洗涤器

表 17-5-23　典型产品的操作条件和适宜流程及设备类型

产品 项目	料液固含量/%	料液温度/℃	产品湿含量/%	干燥温度 入口/℃	干燥温度 出口/℃	适宜流程及设备类型（图 17-5-176）
ABS 树脂	30～50	15～25	0.5～1.0	130～180	70～90	(a),(b),R,PN,CC,CYC,BF,COND,IND
丙烯酸(酯)类树脂	40～48	10～25	0.5～1.0	250～300	90～95	(a),R,OC,BF,D
螺旋藻	10～15	10～20	5.0～7.0	150～220	90～100	(a),R,OC,BF/CYC+WS,D
氧化铝(凝胶)	8～12	10～20	4.0～5.0	450～600	100～150	(a),R,OC,BF,D
氧化铝	55～60	15～25	0.2～0.5	150～180	80～90	(a)+R/(c)+PN,CC,CYC,COND,IND
氧化铝	45～85	10～20	0.25～2.0	300～500	95～140	(a)+R/(c)+PN,OC,BF/CYC+WS,D/IND
硫酸铝	30～35	55～65	5.0～6.0	250～300	100～110	(a),R,OC,CYC,WS,D
重铬酸铵	50～60	10～20	1.0～2.0	250～400	110～125	(a),R,OC,CYC,WS,D
抗生素	10～35	5～10	0.5～2.0	120～190	80～110	(a),PN/R/TFN,OC/CC,CYC,BF,IND
硫酸钡	45～60	10～20	0.5～1.0	300～375	100～110	(a),R,OC,CYC,WS,D
钛酸钡	40～60	10～20	0.3～0.5	250～350	110～125	(c),PN,OC,BF/CYC+WS,D/IND
膨润土	18～20	15～20	1.5～2.0	400～550	125～130	(a),R,OC,BF,D
血浆	25～30	5～10	6.0～7.0	180～220	75～80	(a),R,OC,CYC,BF,IND/D
全血	15～20	5～20	8.0～12.0	200～250	85～100	(a),R,OC,BF,IND/D
催化剂(合成)	10～50	10～50	1.0～25	200～700	110～150	(a),(b),(c),(e),R/PN/TFN,OC,BF/CYC+WS,D
干(乳)酪	30～35	70～75	2.5～4.0	170～240	70～90	(a),(b),(f),(g),(i),PN/R,OC,BF/CYC+WS,IND
氧化铬	30～75	15～30	0.1～0.3	400～450	115～130	(a),(c),PN/R,OC,BF,D
硫酸铬	40～65	10～80	6.0～8.0	200～275	80～100	(a),R,OC,CYC,WS,D
椰奶	40～50	50～60	1.0～2.0	180～210	75～85	(b),PN,OC,CYC,IND
咖啡萃取物	35～55	20～30	3.0～4.5	180～300	80～110	(b),(g),(i),PN,OC,CYC,D
咖啡代用品	30～50	10～20	2.0～3.0	220～250	85～115	(b),(g),PN,OC,CYC,D
咖啡增白剂	60～65	70～80	2.0～3.5	160～240	70～90	(a),(b),(f),(g),PN/R,OC,CYC,BF,IND
氢氧化铜	35～50	10～20	1.0～1.5	275～400	95～110	(a),(b),(g),PN/R,OC,BF/CYC+WS,IND/D
洗涤剂(合成)	40～70	60～65	2.0～13	200～350	85～110	(d),(g),PN,OC,CYC,D
染料(有机)	20～45	10～40	1.0～6.0	120～450	60～140	(a),(b),(g),PN/R/TFN,OC/CC/SCC,BF/CYC+WS,COND,IND/D
鸡蛋(全部)	12～22	5～10	7.0～9.0	150～200	80～85	(a),R,OC,BF,IND
鸡蛋(清)	20～24	5～10	3.0～4.0	180～200	80～85	(a),(h),PN/R,OC,CYC/BF,IND
鸡蛋(黄)	40～42	5～10	3.0～4.0	180～200	80～90	(a),(h),PN/R,OC,CYC/BF,IND
电气陶瓷	60～70	15～20	0.5～0.5	450～550	90～100	(a),(c),PN/R,OC,BF/CYC+WS,D
酶类	20～40	10～20	2.0～5.0	100～180	50～100	(a),(g),PN/R,OC,BF/CYC,IND
铁氧体	55～70	10～40	0.1～1.0	300～400	110～130	(a),(c),PN/R,OC,BF/CYC,IND
鱼蛋白水解	35～45	20～50	4.0～5.0	150～225	90～110	(a),(b),(g),PN/R,OC,CYC,WS,IND
调味品(天然及合成)	30～50	10～20	4.0～5.0	150～180	75～95	(a),(b),(g),PN/R/TFN,OC,BF/CYC+WS,IND
杀(真)菌剂	35～55	10～15	1.0～2.0	250～300	80～100	(a),(b),(c),(g),PN/R,OC/SCC,BF/CYC+WS,D/IND
水解明胶	40～50	55～80	3.0～8.0	200～250	90～105	(a),(b),(g),PN/R/TFN,OC/SCC,BF/CYC+S,IND
石墨	15～20	10～15	0.2～0.5	400～500	100～120	(a)+R/(c)+PN,OC,BF,D
除草剂	45～50	10～15	2.0～4.0	140～250	75～110	(a),(b),(g),PN/R,OC/SCC,BF/CYC+WS,IND/D
婴儿食品	45～55	60～80	2.0～3.0	150～225	85～95	(a),(b),(f),(g),(i),PN/R,OC,CYC,BF,IND
铁螯合物	20～35	20～70	3.0～5.0	250～300	60～95	(a),(b),(g),PN/R,OC,BF/CYC+WS,D
氧化铁	50～55	15～20	0.5～3.0	300～450	100～140	(a),(c),PN/R,OC,BF/CYC+WS,D
高岭土	50～65	15～40	1.0～3.0	400～600	90～125	(a),(c),(e),PN/R,OC,BF/CYC+WS,D
硅藻土	20～30	40～50	5.0～10	300～450	120～175	(a),(c),PN/R,OC,BF,D
铬酸铅	45～50	15～25	0.5～2.0	200～500	100～150	(a),(c),PN/R,OC,BF/CYC+WS,D
甘草萃取液	40～45	15～20	2.0～2.5	200～250	75～95	(a),(b),PN/R,OC,CYC,D
氢氧化镁	30～35	5～15	1.0～1.5	300～400	90～110	(a),R,OC,BF,D
麦芽糖糊精	50～70	50～85	2.5～5.0	150～320	95～100	(a),(b),(f),(g),(h),PN/R,OC,BF/CYC+WS,IND/D
二氧化锰	40～45	10～20	2.0～2.5	300～350	130～160	(c),PN,OC,BF,D
硫酸锰	55～60	50～60	0.3～0.5	350～375	160～170	(c),PN,OC,CYC,WS,D

续表

产品 \ 项目	料液固含量/%	料液温度/℃	产品湿含量/%	干燥温度 入口/℃	干燥温度 出口/℃	适宜流程及设备类型（图17-5-176）
三聚氰胺-甲醛树脂	65～68	30～50	0.1～0.3	200～250	60～70	(a),(b),(g),PN/R,OC,CYC,IND
脱脂奶粉	47～52	60～70	3.5～4.0	175～240	75～95	(a),(b),(f),(g),(h),(i),PN/R,OC,CYC,BF,IND
全脂奶粉	40～50	60～70	2.5～3.0	175～240	65～95	(a),(b),(f),(g),(i),PN/R,OC,CYC,BF,IND
母液	45～50	45～50	2.5～3.0	175～185	85～95	(a),(b),(f),(g),(i),PN/R,OC,CYC,BF,IND
菌丝体	10～20	15～20	4.0～6.0	130～500	75～140	(a),R,OC,SCC,BF,IND/D
氢氧化高镍	22～25	5～10	5.0～6.0	300～350	110～115	(a),R,OC,BF,D
光学增白剂	15～50	20～50	2.5～5.0	150～350	60～85	(a),(b),(g),PN/R,OC,BF,D
木瓜蛋白酶萃取物	15～35	10～15	2.0～6.0	130～200	75～85	(a),PN/R/TFN,OC,CYC,BF,IND
植物萃取液	20～35	10～20	2.5～3.5	150～175	90～100	(a),(b),(g),PN/R,OC,BF/CYC+WS,D
氟化钾	35～40	60～70	0.2～1.0	450～550	150～170	(a),R,OC,CYC,WS,D
植物水解蛋白	20～50	15～60	2.0～3.0	180～250	90～110	(a),(b),(g),PN/R,OC,BF/CYC+WS,IND
单细胞蛋白	15～25	10～20	4.0～10	200～550	100～130	(a),(b),PN/R,OC,BF/CYC+WS,D
药物	2～10	5～15	2.0～4.0	90～150	45～75	(a),PN/R/TFN,OC,CC,CYC,BF,COND,IND
聚乙酸乙烯酯	15～50	10～40	1.0～1.5	130～200	60～80	(a),(b),PN/R,OC,CYC,BF,IND
聚氯乙烯乳液	35～60	20～50	0.1～0.5	135～250	55～75	(a),(b),(g),PN/R/TFN,OC,BF,IND
无定形二氧化硅	15～25	20～30	4.0～6.0	500～750	120～130	(a),(e),R,PN,OC,BF/CYC+WS,D
（氧化）硅胶	12～20	10～40	6.0～8.0	400～750	120～140	(a),(e),R,OC,BF/CYC+WS,D
碳化硅	50～65	10～20	0.05～0.5	180～450	95～125	(a),(c),PN/R,OC,CC,CYC,BF,COND,IND/D
铝酸钠	50～55	90～95	0.2～0.5	300～350	150～170	(a),R,OC,CYC,WS,IND/D
铝硅酸钠	30～50	10～30	5.0～12	400～750	80～150	(a),(e),R,OC,BF,D
高硼酸钠	25～30	5～10	1.0～1.5	250～300	80～90	(a),(b),(g),PN/R,OC,CYC,BF,D
硅酸钠	30～40	50～65	17～19	150～500	115～125	(a),R,PN,OC,BF/CYC+WS,D
硫酸钠	25～50	20～50	0.1～0.5	450～550	130～170	(a)+R/(c)+PN,OC,BF/CYC+WS/D
山梨糖醇	65～70	50～65	0.5～1.5	120～180	60～95	(a),(g),(i),PN/R,OC,CYC,BF,IND
分离出的大豆蛋白	12～17	70～80	2.0～5.0	175～250	85～100	(b),PN,OC,CYC,BF,IND
大豆-酱油混合物	35～40	80～85	2.5～3.0	150～200	80～95	(a),(b),(f),(g),PN/R,OC,CYC,BF,IND
滑石	55～85	15～20	0.2～1.5	300～350	115～125	(c),PN,OC,CYC,D
黏性水（包括石灰水）	45～50	10～15	2.5～3.0	200～225	100～110	(a),R,OC,CYC,WS,D
碳酸锶	50～55	10～20	0.1～0.3	300～350	125～130	(c),PN,OC,CYC,WS,D
亚硫酸盐废液	45～55	50～95	5.0～9.0	220～290	100～110	(a),R,OC,CYC,BF,D
单宁（鞣质）萃取物	40～50	50～80	5.0～8.0	200～275	90～100	(a),R,OC,CYC,WS,IND/D
茶叶萃取物	30～40	20～30	2.5～5.0	180～250	90～105	(b),(g),PN,OC,CYC,IND/D
流动的瓦的黏土	55～70	15～20	5.0～7.0	450～550	90～100	(a),(c),PN/R,OC,CYC,WS,D
二氧化钛	30～55	20～30	0.3～1.0	350～750	110～135	(a),(c),(e),PN/R,OC,BF,D
番茄糊状物	26～48	50～60	3.0～3.5	140～155	75～85	(a),(i),PN/R,OC,CYC,IND
碳化钨	70～75	20～25	0.1～0.3	160～180	90～95	(a)+R/(c)+PN,OC,CC,CYC,BF,COND,IND
尿素-甲醛树脂	45～55	65～75	2.0～5.0	150～250	70～90	(a),(g),PN,OC,CYC,BF,IND/D
维生素（合成）	15～50	15～55	0.1～5.0	150～250	70～105	(a),(b),(g),PN/R,OC,BF/CYC+WS,IND/D
乳清	40～60	20～50	2.5～5.0	180～250	80～95	(a),(b),(f),(g),(h),(i),PN/R,OC,CYC,BF,IND
添加脂肪的乳清	50～55	20～40	2.5～3.0	180～240	80～95	(b),(f),(g),(i),PN/R,OC,CYC,BF,IND
乳清蛋白浓缩液	20～45	25～50	2.5～5.0	180～200	75～80	(b),(f),PN,OC,CYC,BF,IND
酵母水解物	55～60	60～65	2.5～3.5	180～200	85～90	(b),(g),PN,OC,CYC,BF,IND
酵母萃取物	35～40	30～40	2.0～2.5	130～180	90～100	(a),(b),(g),PN,OC,BF/CYC+WS,IND/D
酵母饲料	20～25	20～50	6.0～8.0	200～300	100～110	(a),R,OC,BF/CYC+WS,IND/D
氧化锌	65～80	10～20	0.3～0.5	350～450	120～160	(c),PN,OC,BF/CYC+WS
磷酸锌	45～50	15～20	0.3～0.5	400～600	110～130	(a),(e),R,OC,BF,D
硫酸锌	30～40	20～80	0.5～1.0	450～550	150～170	(a),(g),PN/R,OC,CYC,WS,D
氧化锆	60～65	10～20	0.5～1.0	250～600	120～140	(a)+R/(c)+PN,OC,BF,D

5.8 转筒干燥器

5.8.1 转筒干燥器的工作原理及特点

转筒干燥器是最古老的干燥设备之一，目前仍被广泛应用于化工、建材和冶金等领域。其工作原理如图 17-5-177 所示，湿物料从左端上部加入，经过转筒内部时，与通过筒内的热风或加热壁面进行有效接触而被干燥，干燥后的产品从右端下部收集。转筒干燥器的主体是略带倾斜并能回转的筒体。在干燥过程中，物料借助于圆筒的缓慢转动，在重力的作用下，从较高一端向较低一端移动。筒体内壁上装有抄板或类似装置（例如排管、通气管等），它把物料不断地抄起又撒下，使物料与热风的接触面积增大，以提高干燥速率并促进物料向前移动。干燥过程中所用的热载体一般为热空气、烟道气或水蒸气等。如果热载体为热空气或烟道气，则干燥后的废气排放前须经旋风分离器除尘，以免对环境造成污染。转筒干燥器适合处理能自由流动的颗粒状物料，对不能完全自由流动的物料可以采用特殊方法处理。例如，将一部分产品返回加料器内，与湿物料预混合，形成均匀颗粒状后送入干燥器；或者将部分产品返回干燥筒的第一段，以保证干燥筒的第一段一直保持自由流动的料层。

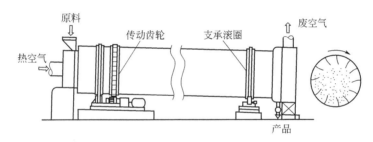

图 17-5-177 转筒干燥器的工作原理示意图

转筒干燥器同其他干燥设备相比，具有如下特点：①结构简单，操作方便；②适应范围广，可以用于干燥颗粒状物料、附着性大的物料；③操作弹性大，生产上允许产量有较大的波动，不致影响产品的质量；④生产能力大，可以连续操作；⑤故障少，维修费用低；⑥设备体积大，一次性投资高；⑦安装、拆卸工作量大；⑧物料在干燥器内停留时间长，物料颗粒之间的停留时间差异较大，对于温度有严格要求的物料不适用。

5.8.2 转筒干燥器的型式

根据物料与热载体的接触方式，可将转筒干燥器分为间接加热式、直接加热式和复合加热式三种。

5.8.2.1 间接加热式转筒干燥器

其主要特点是热载体不与物料直接接触，而是通过传热壁传给物料。常规间接加热式转筒干燥器如图 17-5-178 所示，整个干燥筒砌在炉内，干燥筒内设置一个同心圆筒。热风和物料走向如图 17-5-179 所示，热风首先进入外壳和炉壁之间的环状空间加热外壳，然后经连接管进入干燥筒的中心管（也可以先经中心管，然后返回外壳和炉壁之间），物料则在外壳和中心管之间的环状空间通过。为了及时带走从物料中蒸发出的水分，可以用风机向物料侧面通入少量空气，以防水蒸气在干燥器内再冷凝。在许多场合下，也可以不用风机而直接

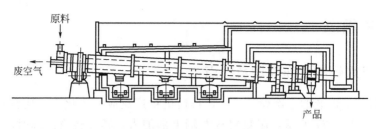

图 17-5-178 常规间接加热式转筒干燥器

采用自然通风除去汽化的水分。常规间接加热式转筒干燥器特别适合干燥那些降速干燥阶段较长的物料，因为它可以在相当稳定的干燥温度下，使物料有足够的停留时间。这种干燥器还适用于干燥热敏性物料，但不适用于黏性大、特别易结块的物料。间接加热式转筒干燥器还有另外一种型式，即蒸汽管间接加热式转筒干燥器。如图 17-5-180 所示，在干燥筒内以同心圆方式排列 1～3 圈加热管，其一端固定在干燥器出口处集管箱的排水分离室上；另一端可用热膨胀结构安装在通气头的管板上。蒸汽、热水等热载体则由蒸汽轴颈管加入，通过集管箱分配给各加热管，而冷凝水则依靠干燥器的倾斜度汇集至集管箱内，由蒸汽轴颈管排出。物料在干燥器内受到

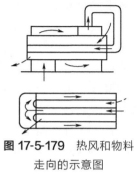

图 17-5-179 热风和物料
走向的示意图
--→ 物料；—→ 热风

加热管的升举和搅拌作用而被干燥，并借助干燥器的倾斜度从较高一侧向较低一侧移动，从设置在端部的排料斗排出。物料干燥产生的水汽用风机排出或用自然通风的方式除去。如果被干物料中的湿分是有机溶剂，可以用图 17-5-181 所示的密闭系统来回收溶剂。蒸汽管间接加热式转筒干燥器具有常规间接加热式转筒干燥器的所有优点，但热效率高达 80%～90%。

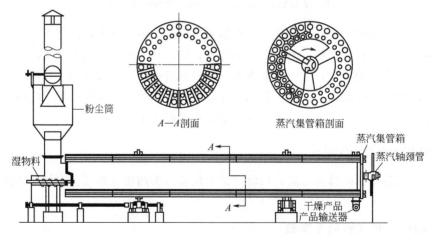

图 17-5-180 蒸汽管间接加热式转筒干燥器

5.8.2.2 直接加热式转筒干燥器

直接加热式转筒干燥器有常规直接加热式转筒干燥器、叶片穿流式转筒干燥器、通气管式转筒干燥器三种。

常规直接加热式转筒干燥器如图 17-5-177 所示。它的筒体直径一般为 0.4～3m，筒体长度与筒体直径之比一般为 4～10，干燥器的圆周速度为 $0.4～0.6 \text{m·s}^{-1}$，空气速度为

$1.5 \sim 2.5 \text{m} \cdot \text{s}^{-1}$。

叶片穿流式转筒干燥器如图 17-5-182 所示[28,29]，筒体水平安装，沿筒体内壁圆周方向等距离装有许多从端部入口侧向出口的倾斜叶片（百叶窗），热风从端部进入转筒底部，仅从下部有料层的部分叶片间吹入筒内，因此，能有效保证干燥过程在热风与物料的充分接触下进行，不会出现热风短路现象。物料则在倾斜的叶片和筒体的回转作用下，由入口侧向出口侧移动，其滞留时间可由安装在出口侧的调节隔板调节。穿流式转筒干燥器的筒体转速慢，是常规直接加热式转筒干燥器的 1/2。使用的热风温度为 100～300℃。在工业上，常用这种干燥器干燥粒状、块状或片状物料，例

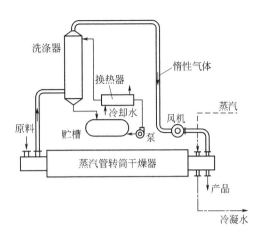

图 17-5-181　带有溶剂回收系统的蒸汽管间接加热式转筒干燥器

如焦炭、压扁大豆、砂糖等忌破坏之物料。此外，像塑料颗粒一类必须干燥到很低水分的物料以及像木片、纸浆渣、火柴棒等密度小的物料也可以用它来干燥。

图 17-5-182　叶片穿流式转筒干燥器　　　　图 17-5-183　通气管式转筒干燥器

通气管式转筒干燥器如图 17-5-183 所示，转筒的设计和安装与常规式相同，不同的是转筒内没有安装抄板，取而代之的是一个不随筒体转动的中心（通气）管，它的上面带有许多沿长度方向均匀分布，而沿圆周方向则主要集中在中心管下部分布的分支管。在物料自进口端向出口端移动的过程中，始终处于转筒底部的空间中，形成一个稳定的料层，因而减少了粉尘的飞扬。热空气则从端部进入中心管后，高速从埋在料层内的分支管小孔中喷出，与物料强烈接触，强化了传热传质过程。与叶片式穿流转筒干燥器相比，气体在长度方向上的分布则更加均匀。通气管式干燥器的容积传热系数约是常规式的 2 倍，筒体的圆周速度约是常规式的 1/2。在相同的生产能力下，筒体的长度仅是常规式的 1/2，因此设备费用大大降低。

5.8.3　操作参数的确定

常规直接加热式转筒干燥器的设计参数包括筒体直径、筒体体积及长度、筒体转速及筒体倾角等。

5.8.3.1　筒体直径

筒体直径可用式(17-5-109) 计算。

$$V_g = u(1-\phi)\frac{\pi}{4}D^2 \tag{17-5-109}$$

式中　V_g——干燥空气用量，$m^3 \cdot s^{-1}$；
　　　u——操作气体速度，一般经验值为 $2 \sim 3 m \cdot s^{-1}$，为了防止物料被气流夹带得太多，气速要小于颗粒的沉降速度，细颗粒要小于 $0.5 \sim 1 m \cdot s^{-1}$；
　　　ϕ——填充系数，与抄板型式及出口挡料圈的高度有关，一般 $\phi=0.1 \sim 0.25$，计算时可先选择一个经验值，然后进行验算；
　　　D——筒体直径，m。

5.8.3.2　筒体体积及长度

采用蒸发强度 U_W 来计算筒体体积的方程如式(17-5-110) 所示。

$$V=\frac{W}{U_w} \tag{17-5-110}$$

式中　V——筒体体积，m^3；
　　　W——水分蒸发量，$kg \cdot h^{-1}$；
　　　U_w——转筒的蒸发强度（单位时间单位体积的水分蒸发量，一般需要通过实验确定），$kg \cdot m^{-3} \cdot h^{-1}$。

部分物料蒸发强度的转筒干燥实验数据如表 17-5-24 所示。

表 17-5-24　部分物料蒸发强度 U_w 的转筒干燥实验数据

物料	$w_1/\%$	$w_2/\%$	t_1/℃	t_2/℃	粒子大小/mm	U_w/kg·m^{-3}·h^{-1}	备注
磷酸盐	6.0	0.5	600	100	—	45～60	平行流动,上升叶片式
氯化钡	5.6	1.2	109	—	—	1.0～1.2	平行流动,上升叶片式
硝酸磷酸钾	—	～1	220	105	0.5～4	10	上升叶片式和扇形
氟化铝	48～50	3～5.5	750	220～250	—	18	平行流动
页岩	38	12	500～600	100	0～40	45～60	平行流动,上升叶片式
石灰石	10～15	1.5	1000	80	0～15	45～65	对流,上升叶片式
锰矿	15.0	2.0	120	60	2.5	12	分配式
硅藻土	40	15	550	120	—	50～60	分配式
磁矿	6.0	0.5	730	—	0～50	65	上升叶片式
粒状过磷酸钙	14～15	3	550～750	110～120	1～4	60～80	并流,升举尾部格子抄板
硝酸磷肥	5.5～6.5	1	170～180	85	1～4	6	并流,升举式抄板
磷酸铵	6	1	290	95	1～4	18	并流,升举式抄板
沉淀磷酸钙	38	4	550～700	120～130	0.35	35	并流,升举式抄板
钙镁磷肥	6～7	<0.5	550～600	110	1～2	20	并流,升举式抄板
重过磷酸钙	16～18	2.5～3.0	500～600	120	1～4	40	并流,格子抄板
磷酸二铵	3～4	1	200	90	1～4	20	并流,升举式抄板
磷矿石	14～6	<1	500～750	100	—	45～65	并流,升举式抄板
安福粉	8～12	1.5	350	90	1～4	20	并流,升举式抄板
磷酸磷肥	35	3	160～170	80	1～4	13～15	并流,升举式抄板(喷浆造粒)
硝酸铵	25	1	290	90	1～4	18	并流,升举式抄板(喷浆造粒)
氮磷钾复肥	30	1	270	90	1～4	20	并流,升举式抄板(喷浆造粒)
氮磷复肥	20	1	220～270	—	—	18	并流,升举式抄板(喷浆造粒)
氮磷钾复肥	20～24	1	220～250	100～110	—	15～18	并流,升举式抄板(喷浆造粒)
硫铁矿	10～12	1～3	270～350	95～100	—	20～30	
煤	9	0.6	800～1000	60	—	32～40	升举式抄板
食盐	4～6	0.2	150～200	—	—	7.2	并流,升举式抄板
硫酸铵	3.5	0.4	82	—	—	4～5	并流,升举式抄板
砂	4.3～7.7	0.05	840	100	—	80～88	分格式抄板
普通黏土	22	5	600～700	81～100	—	50～60	升举式抄板
亚硝酸钠	4	1.5	100	50	0.1以下	2～3	并流,升举式抄板

由 $V=\frac{\pi}{4}D^2L_D$ 可求得筒体长度 L_D。一般长径比范围为 $L_D/D=4\sim12$。

5.8.3.3 筒体转速

一般情况下，筒体转速 $N=2\sim8\mathrm{r\cdot min^{-1}}$，也可以粗略地按式(17-5-111)进行估算。

$$N=\frac{4}{\sqrt{D}}\sim\frac{8}{\sqrt{D}} \tag{17-5-111}$$

5.8.3.4 筒体倾角

转筒与水平线间有一微小的倾角 θ，该 θ 角可使物料由进口端移向出口端。$\theta=0°\sim8°$。对长筒取小值，对短筒取大值。

上述四个参数（D、V、L_D、N）确定之后，还要分别对物料的停留时间、转筒的圆周速度、填充系数及生产能力进行校核。

① 物料在筒内停留时间 τ_R 的校核。设计时，要保证物料的停留时间 τ_R 大于物料的干燥时间 τ_D。

a. 物料的干燥时间 τ_D 可用下式计算。

$$\tau_D=\frac{120\phi\rho_b(w_1-w_2)}{U_w[200-(w_1+w_2)]} \tag{17-5-112}$$

式中　τ_D——物料的干燥时间，min；

ρ_b——物料的堆积密度，$\mathrm{kg\cdot m^{-3}}$；

w_1,w_2——干燥前、后物料的湿含量（湿基），%。

b. 物料的停留时间 τ_R 可用下式计算。

$$\tau_R=mK\times\frac{L_D}{DN\tan\theta} \tag{17-5-113}$$

式中　τ_R——物料的停留时间，min；

m——抄板系数（与抄板型式有关，参见表 17-5-25）；

K——流向系数（取决于物料与空气的流动方向，参见表 17-5-25）。

表 17-5-25　抄板系数 m 和流向系数 K 值①

抄板型式	m	K		应用场合
		并流	逆流	
升举式	0.5			对于重物料 并流 $K=0.7$ 逆流 $K=1.5$
扇形	1.0	$0.2\sim0.7$	$1.5\sim2.0$	
联合式	0.75			对于轻物料 并流 $K=0.2$ 逆流 $K=2.0$

① 此表适用填充系数 $\phi=0.1\sim0.15$。

经过核算后，若 $\tau_R>\tau_D$，则满足设计要求。否则，要调整参数（降低转速 N 或减小 θ），重新计算，直至满足要求。

② 转筒的圆周速度校核。圆周速度可按下式计算。

$$v=\frac{\pi DN}{60} \tag{17-5-114}$$

一般情况下，圆周速度 $v<1\mathrm{m\cdot s^{-1}}$（有资料推荐，$v=0.25\sim0.5\mathrm{m\cdot s^{-1}}$）。若 $v>1\mathrm{m\cdot s^{-1}}$，可改变转速 N。改变 N 时，要注意 τ_R 与 τ_D 的关系。

a. 填充系数的校核。填充系数 ϕ 可以用下式计算。

$$\phi=\frac{V_\mathrm{m}}{V}\tau_\mathrm{R} \tag{17-5-115}$$

式中 V_m——加料量，$\mathrm{m^3\cdot min^{-1}}$。

若 ϕ 值过大，说明转筒尺寸过小，不能适应所规定的加料速率，可适当调整转筒尺寸。

b. 生产能力的校核。可按式(17-5-116)校验生产能力。

$$G=\frac{\pi}{4}D^2 L_\mathrm{D}\phi\rho_\mathrm{b}\frac{60}{\tau_\mathrm{R}}\quad(\mathrm{kg\cdot h^{-1}}) \tag{17-5-116}$$

若校验值达不到设计值时，要调整参数，重新进行上述计算。

5.8.4 转筒干燥器的应用实例

转筒干燥器在化工等领域有着广泛的应用。表17-5-26～表17-5-30列出了各种转筒干燥器的运转实例，供选型或设计时参考。

表 17-5-26 常规间接加热式转筒干燥器的运转实例

物料 项目	硫铵	有机结晶物	焦炭	沥青土
原料湿含量/%	1.5	16	12～14	6
产品湿含量/%	0.1	0.2	1～2	1
产品温度/℃	70～80	120	120	90
燃料种类	废热利用	电加热	煤气	煤
燃料消耗量	—	27kW	950m³·h⁻¹	100kg·h⁻¹
风量/kg·h⁻¹	12200	—	28500	6000
入口空气温度/℃	170	—	670	800
产品产量/kg·h⁻¹	10500	72	14000	9000
蒸发水量/kg·h⁻¹	—	11.7	1500	450
体积传热系数/kW·m⁻³·℃⁻¹	0.083	—	0.09	0.02
填充率/%	15	4	23	21
干燥时间/h	0.15	0.3	0.5	0
转筒转速/r·min⁻¹	2.7	6	3.5	2
回转所需功率/kW	—	5.6	22.4	206
干燥器直径/m	2	0.5	2.2/0.9	2
干燥器长度/m	12	4.9	18	12
安装倾斜度(高/长)	1/2	0	1/25	4.3/5
抄板数	—	6	0/8	6/1

表 17-5-27 蒸汽管间接加热式转筒干燥器的运转实例

物料种类	含水率/%		产品量 /kg·h⁻¹	干燥器尺寸/m		传热面积 /m²	蒸汽压力 /MPa	加热温度 /℃	转速 /r·min⁻¹
	原料	产品		直径	长度				
三聚氰酰胺	11.1	0.1	910	0.965	9	45	0.046	110	6
聚烯烃	43	0.1	1800	3.05	15	619	温水	90	2.5
氯乙烯	25	0.1	5000	2.44	20	585	温水	85	3
ABS 树脂	15	1	230	1.37	6	55	温水	80	5
季戊四醇	14.9	0.1	1200	1.37	10.5	84	0.2	132	5
氢氧化铝	13.6	0.1	3200	1.83	10.5	170	0.5	158	4
碳酸氢钠粉末	25	0.1	12500	1.83	20	510	1	183	4
大豆渣	18	15	15300	1.83	18	288	0.08	116	4.6
玉米酱	132.5	6.4	990	1.83	20	322	0.6	164	4
剩余污泥	900	37	155	1.37	15	150	1	183	5

表17-5-28　常规直接加热式（逆流）转筒干燥器的运转实例

物料 项目	砂糖	PVC	无机盐	复合肥料	水泥原料	黏土
原料湿含量/%	3.5	2.9	4	16	7	6.7
产品湿含量/%	0.05	0.2	0.1	2	0.5	1.5
产品温度/℃	40	35	72	100	—	75
燃料种类	蒸汽	蒸汽	蒸汽	重油	煤	煤
燃料消耗量/kg·h^{-1}	135	—	620	200	—	345
风量/kg·h^{-1}	4300	2040	11000	10000	27500	14844
入口空气温度/℃	80	95	142	330	880	700
产品产量/kg·h^{-1}	3500	780	3000	7500	70000	20000
蒸发水量/kg·h^{-1}	122	19.8	120	1040	4900	1280
体积传热系数/kW·m^{-3}·℃$^{-1}$	0.29	—	0.07	0.209	0.129	—
填充率/%	7	—	10	13.6	—	3.2
干燥时间/h	0.1	1~3	0.7	0.5	—	0.23
转筒转速/r·min^{-1}	9	2.6	2.5	7	2.5	1.8
回转所需功率/kW	1.49	7.45	11.2	22.4	27.3	18.6
干燥器直径/m	1.16	1.8	1.8	1.7	2.6	2.4
干燥器长度/m	5.5	10	12	15	20	18.2
安装倾斜度(高/长)	0.046	3/100	0.035	0.02	6/100	0.05
抄板数	16	18	12	12	12	10

表17-5-29　常规直接加热式（并流）转筒干燥器的运转实例

物料 项目	淀粉	粉状物料	有机粉体	复合肥料	煤	矿石
原料湿含量/%	74.3	72	40	15	25	30
产品湿含量/%	13.1	20	0.3	1.5	11	15
产品温度/℃	40	42	60	80	80	—
燃料种类	蒸汽	煤	蒸汽	煤气	煤、油	天然气
燃料消耗量/kg·h^{-1}	260	156	80	135	300	—
风量/kg·h^{-1}	5000	8470	900	2260	10800	39000
入口空气温度/℃	135	165	—	950	500	600
产品产量/kg·h^{-1}	243	466	30	6000	13500	10000
蒸发水量/kg·h^{-1}	132	209	—	700	1690	2450
体积传热系数/kW·m^{-3}·℃$^{-1}$	0.12	0.197	—	—	—	0.136
填充率/%	7.9	6.3	37.5	3	15	—
干燥时间/h	—	2.1	0.42	0.5	2~3	—
转筒转速/r·min^{-1}	3	4	0.25	3	3	4
回转所需功率/kW	3.73	3.73	3.73	55.9	22.4	22.4
干燥器直径/m	1.4	1.46	1.14	2.4	2.2	2
干燥器长度/m	11	12	12	25	17.5	20
安装倾斜度(高/长)	0	1/200	1/100	1/25	1/100	4/100
抄板数	24	24	8	4	12	12

表 17-5-30　穿流式转筒干燥器的运转实例

项目＼物料	塑料薄片	焦炭	压扁大豆	颗粒状糖	狗饲料	维生素麦乳精	火柴棒	高分子凝聚剂
处理量/kg·h^{-1}	1200	7000	450	5000	2000(产品)	1000(产品)	300(产品)	220(产品)
原料湿含量(干基)/%	0.5	22	12	1.7	31.6	66.7	122	270
产品湿含量(干基)/%	0.02	2.5	2.5	0.05	7.5	22	5.3	12.4
物料粒径/mm	4×4×4	10	—	0.38	5	破碎粒	2×2×50	凝胶破碎物
物料堆积密度/kg·m^{-3}	0.6	0.5	—	0.8	0.7	0.7	0.4	0.7
热风入口温度/℃	170	280	60	100	150	120	120	100～200
干燥时间/min	120	20	20	6	10	33	18	70～300
干燥器直径/mm	2100	2600	1500	1700	960	960	960	960
干燥器长度/mm	8000	8000	4000	4000	12000	9000	9000	1204
转筒转速/r·min^{-1}	1.67	0.8～3.2	1.1～4.4	1.2～4.8	1.2～4.8	1.2～4.8	1.2～4.8	1.2～4.8
回转所需功率/kW	11	11	11	3.7	3.7	1.5	1.5	3.7
叶片型式	一般型	一般型	一般型	一般型	三角形	三角形	三角形	三角形

5.8.5 转筒干燥器的设计示例

【例 17-5-6】 现拟采用转筒干燥器来干燥亚硝酸钠。已知产品产量 $G_2=1010\,\text{kg}\cdot\text{h}^{-1}$，湿料含水量 $w_1=4.5\%$，产品含水量 $w_2=2.5\%$（均为湿基）。热空气进口温度 $t_1=100℃$，出口温度 $t_2=55℃$，湿物料进口温度 $t_{m1}=30℃$，出口温度 $t_{m2}=45℃$。物料堆积密度 $\rho_b=665\,\text{kg}\cdot\text{m}^{-3}$，干物料比热容 $c_m=0.984\,\text{kJ}\cdot(\text{kg}\cdot℃)^{-1}$。筒内直接接触传热，并流操作。颗粒平均直径 $d_p=0.1\,\text{mm}$。试采用蒸发强度法来确定转筒干燥器的主要工艺尺寸。

解 （1）物料衡算

① 水分蒸发量 W。

$$W=G_2\times\frac{w_1-w_2}{100-w_1}=1010\times\frac{4.5-2.5}{100-4.5}=21.2\ (\text{kg}\cdot\text{h}^{-1})$$

② 投料量 G_1。

$$G_1=W+G_2=21.2+1010=1031.2\ (\text{kg}\cdot\text{h}^{-1})$$

（2）热量衡算

① 物料升温所需热量。

$$q_M=\frac{G_2 c_m(t_{m2}-t_{m1})}{W}=\frac{1010\times0.984\times(45-30)}{21.2}=703.2\ (\text{kJ}\cdot\text{kg}^{-1})$$

② 干燥器散热损失。按绝热干燥过程所需热量的 30% 估算。根据环境空气温度 =20℃，环境相对湿度 =70%，由 I-H 图查得 $H_0=0.0105\,\text{kg}\cdot\text{kg}^{-1}$，$I_0=46.9\,\text{kJ}\cdot\text{kg}^{-1}$。当 $t_1=100℃$ 时，$I_1=127.3\,\text{kJ}\cdot\text{kg}^{-1}$；对于 $t_2=55℃$ 的等 I 过程，由 I-H 图查得 $H'_2=0.026\,\text{kg}\cdot\text{kg}^{-1}$，故绝热干燥过程蒸发 1kg 水所需的热量为 $q_0=\dfrac{I_1-I_0}{H'_2-H_0}=\dfrac{127.3-46.9}{0.029-0.0105}=4345.9(\text{kJ}\cdot\text{kg}^{-1})$，则干燥器散热损失为

$$q_L=q_0\times30\%=4345.9\times30\%=1303.8\ (\text{kJ}\cdot\text{kg}^{-1})$$

③ 干空气用量。因为 $\dfrac{I_2-I_1}{H_2-H_1}=\dfrac{I-I_1}{H-H_1}=-\sum q+c_w t_{m1}=-(1303.8+703.2)+4.187\times30=-2132.6$，将 $I_1=127.3\,\text{kJ}\cdot\text{kg}^{-1}$，$H_1=H_0=0.0105\,\text{kg}\cdot\text{kg}^{-1}$，$H_e=0.020$

kg·kg^{-1}（任取一值），代入后得 $I_e = I_1 - 1044.39(H_e - H_0) = 127.3 - 2132.6 \times (0.020 - 0.0105) = 107.0$(kJ·kg^{-1})。根据上述数据，可从 I-H 图上查得 $H_2 = 0.020$kg·kg^{-1}。故干空气用量为：

$$L = \frac{W}{H_2 - H_1} = \frac{21.2}{0.020 - 0.0105} = 2231.6 \quad (\text{kg·h}^{-1})$$

④ 湿空气体积。干燥器内平均温度 $= (100 + 55)/2 = 77.5$℃，平均湿含量 $= (0.020 + 0.0105)/2 = 0.0153$kg·kg^{-1}，则湿空气的比容为 $v_g = \left(\frac{1}{29} \times 22.4 + \frac{0.0153}{18} \times 22.4\right) \times \frac{273 + 77.5}{273} = 1.016$ (m^3·kg^{-1})，故湿空气体积为

$$V_g = 2231.6 \times 1.016 = 2267.3(\text{m}^3 \cdot \text{h}^{-1}) = 0.630 \quad (\text{m}^3 \cdot \text{s}^{-1})$$

（3）转筒干燥器主要工艺尺寸的确定

① 筒体内径 D。颗粒的沉降速度为 $u_t \approx 4\sqrt{d_p \rho_b} = 4 \times \sqrt{\frac{0.1}{1000} \times 665} = 1.032$(m·s^{-1})，选用操作速度 $u = 0.5$m·s^{-1}，选用填充系数 $\phi = 0.12$，则由式(17-5-109)得

$$D = \sqrt{\frac{V_g}{u(1-\phi)\pi/4}} = \sqrt{\frac{0.630}{0.5 \times (1-0.12) \times \pi/4}} = 1.350 \quad (\text{m})$$

圆整后取 $D = 1.4$m。

② 筒体的体积及长度。根据表 17-5-24 选取蒸发强度 $U_w = 2.9$kg·m^{-3}·h^{-1}，则由式(17-5-110)得到筒体体积为：

$$V = \frac{W}{U_w} = \frac{21.2}{2.9} = 7.3 \quad (\text{m}^3)$$

选取长度 $L_D = 8$m。此时，长径比 $L_D/D = 8/1.4 = 5.7$。

③ 筒体转速 N。根据式(17-5-111)得到估算值后，选用 $N = 4$r·min^{-1}。

④ 转筒轴线倾角。转筒轴线与水平线间有一微小的倾角，与停留时间有关。今选用 $\theta = 0.6°$。

下面要进行主要参数的校核。

① 物料的停留时间。物料的干燥时间可用式(17-5-112)计算，即：

$$\tau_D = \frac{120\phi\rho_b(w_1 - w_2)}{U_w[200 - (w_1 + w_2)]} = \frac{120 \times 0.12 \times 665 \times (4.5 - 2.5)}{2.9 \times [200 - (4.5 + 2.5)]} = 34.2 \quad (\text{min})$$

物料的停留时间可用式(17-5-113)计算，即

$$\tau_R = mK \times \frac{L_D}{DN\tan\theta} = 0.5 \times 0.7 \times \frac{8}{1.4 \times 4 \times \tan 0.6} = 47.7 \quad (\text{min})$$

可见，$\tau_R > \tau_D$，即符合要求。

② 转筒的圆周速度。圆周速度可按式(17-5-114)计算，即

$$v = \frac{\pi DN}{60} = \frac{\pi \times 1.4 \times 5}{60} = 0.293(\text{m·s}^{-1}) < 1\text{m·s}^{-1}，符合要求。$$

③ 校核填充系数。填充系数按式(17-5-115)计算，即

$$\phi = \frac{V_m}{V}\tau_R = \frac{1031.2/(60 \times 665)}{\frac{\pi}{4} \times (1.4)^2 \times 8} \times 47.7 = 0.100 < 0.25，符合要求。$$

④ 生产能力。可按式（17-5-116）进行校核，即

$$G = \frac{\pi}{4} D^2 L_D \phi \rho_b \frac{60}{\tau_R} = \frac{\pi}{4} \times (1.4)^2 \times 8 \times 0.100 \times 665 \times \frac{60}{47.7} = 1030.1 (\text{kg} \cdot \text{h}^{-1}) > 1010 \text{ kg} \cdot \text{h}^{-1}$$

符合要求。

关于转筒干燥器的结构设计，可查阅文献 [8]。

5.9 移动床干燥器

5.9.1 移动床干燥的工作原理及特点

所谓移动床干燥是指颗粒状湿物料靠自身的重力在干燥器内缓慢下落过程中，干燥介质穿过松散物料层而进行的一种干燥方式，如图 17-5-184 所示。主要用于处理量大而含水量较少的松散颗粒状物料（如玉米、小麦、稻谷、聚酯切片、焦炭、煤等）的干燥。

移动床干燥具有如下特点：①操作过程连续，处理量大；②颗粒物料在移动床内呈缓慢移动状态，移动速度一般要小于 $1\text{mm} \cdot \text{s}^{-1}$；③固体和气体在干燥器的流动接近于活塞流；④干燥器结构简单，操作容易；⑤固体物料的磨损小；⑥适用的物料粒径范围较宽；⑦物料的停留时间可以自由调节，适于需要较长时间物料的干燥。

5.9.2 移动床干燥器的类型

移动床干燥器是一种体积高大、外部形状似塔的连续操作的干燥设备，因此，又称为移动床干燥塔。这种干燥器的结构型式很多，一般分为百叶窗式移动床干燥器、筛网柱式移动床干燥器和角状盒式移动床干燥器等。

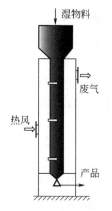

图 17-5-184 移动床干燥的工作原理示意图

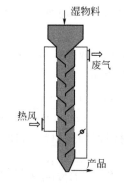

图 17-5-185 百叶窗式移动床干燥器示意图

5.9.2.1 百叶窗式移动床干燥器

百叶窗式（又称鱼鳞板式）移动床干燥器如图 17-5-185 所示，多用于粮食（如玉米、水稻等）的干燥，热风通过百叶窗一侧的若干缝隙进入粮食层中，与缓慢移动的粮食进行热、质交换后，从百叶窗的另一侧排出。粮食由上至下逐渐被干燥，最后从干燥器底部排出。当粮食下移时，百叶窗在一定程度上对粮食具有一定的翻动作用。

百叶窗式移动床干燥器的柱体有多种型式，图 17-5-186 所示的是三种常用的结构型式。图 17-5-186(a) 所示的型式和图 17-5-186(c) 所示的型式很相似，其百叶窗板都是由斜板构成的，但图 17-5-186(a) 中的斜板之间的缝隙比较大，适用于自然通风时的操作，因为缝隙大，装的粮食较少，粮层也比较薄，粮食与干燥介质的接触面积也大一些；而在同样外形尺寸的情况下，图 17-5-189(b) 和图 17-5-186(c) 所示柱体装粮就多一些，它们多被用于强制通风的干燥过程中。图 17-5-186(b) 所示的百叶窗板，除了有斜板

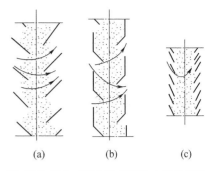

图 17-5-186 百叶窗式移动床干燥器的柱体型式示意图

外，还有垂直的侧板，由于直板和斜板连在一起，当粮食流动时，在交角处可能出现粮食的缓慢流动，甚至有死角。因此，在这些位置上要安装振动装置，从而使干燥器的结构复杂化。

5.9.2.2 筛网柱式移动床干燥器

图 17-5-187 所示的是一种筛网柱式移动床干燥器，其横截面为矩形或环形，其主要构件是由两层筛网或筛孔板组成的长方形柱体（美国贝利克型）或同心圆柱体（齐墨尔曼型），两层筛网或筛孔板之间装有物料，热风由内侧进入，外侧排出。图 17-5-187 (a) 所示为谷物（如玉米、小麦等）干燥器，其上部为干燥段，下部为冷却段。料层厚度通常为 200~400mm，干燥段粮柱高度为 3~30m，冷却段高度为 1~10m。粮食经干燥后温度较高，要经冷却降温后，再经排料装置排出。图 17-5-187 (b) 所示为稻谷干燥器，没有冷却段，其原因是稻谷烘干后不能立即冷却，要配备缓苏冷却仓，否则爆腰率增加，影响产品质量。

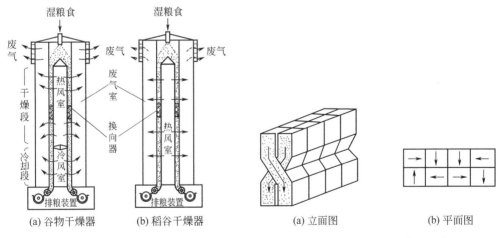

图 17-5-187 筛网柱式移动床干燥器　　　　**图 17-5-188** 物料换向器示意图

筛网柱式移动床干燥器具有结构简单、造价低廉、使用寿命长和故障率低等优点，是目前世界上使用较广的谷物干燥器之一。但这种干燥器的干燥段内外侧谷物的干燥程度不同，即出现进风的内侧谷物过干，而出风的外侧谷物却干燥不足。为了使物料在塔内干燥得比较均匀，一般要在塔的网柱不同高度处设置物料换向器（图 17-5-188），使网柱内侧的粮食流到外侧，外侧的粮食流到内侧，这样就能减少干燥产品水分的不均匀性。据报道，采用这种

换向装置后,可以使干燥后粮食含水率的差异由 4% 降至 1%。图 17-5-188(a) 所示为换向器的立面图,图 17-5-188(b) 所示为其平面图。每个换向器把粮柱分成四份,每份以 60°角向下 [图 17-5-188(a) 箭头方向] 流动而换位。通常换向器高 920mm、长 920mm、宽 310mm (与粮层厚度相等),可根据粮柱高度安装多个换向器。

筛网柱式移动床干燥器内的气-固流动方式有很多种,图 17-5-189 给出的是三种比较典型的方式。为提高物料的停留时间,可特设置螺旋提升机,使物料在干燥塔内进行多次循环,如图 17-5-190 所示,这种干燥器被称为循环移动床干燥器。

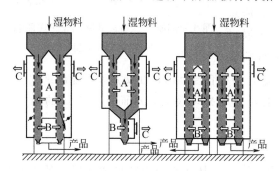

图 17-5-189 筛网柱式移动床干燥器的三种气-固流动方式
A—热风室;B—冷风室;C—废气

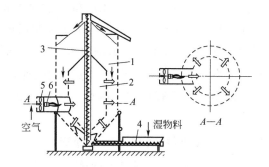

图 17-5-190 循环移动床干燥器示意图
1—物料;2—热风室;3—螺旋提升机;4—螺旋加料器;5—轴流式风机;6—燃烧器

贝利克部分型号的移动床粮食干燥器技术参数见表 17-5-31。

表 17-5-31 贝利克部分型号的移动床粮食干燥器技术参数

| 型号 | 产量 /t·h^{-1} | 含水量/% | | 热风机 | | 冷风机 | | 总热量 /kW | 单位热耗 /kW·(kg 水)$^{-1}$ |
		原料	产品	风量/m^3·h^{-1}	功率/kW	风量/m^3·h^{-1}	功率/kW		
930	20	20	15	7.1×10^4	22	—	11	1349	1.145
940	25	20	15	9.35×10^4	37	7.1×10^4	22	1756	1.419
1240	38	20	15	16.5×10^4	55	8.6×10^4	29	2721	1.209
1260	50	20	15	20.0×10^4	74	9.85×10^4	37	3837	1.302
1560	63	20	15	24.0×10^4	92	11.0×10^4	44	4500	1.221
1570	76	20	15	29.0×10^4	110	12.7×10^4	55	5465	1.221
1870	91	20	15	29.0×10^4	110	12.7×10^4	55	6419	1.200

5.9.2.3 角状盒式移动床干燥器

角状盒式移动床干燥器是一种应用比较广泛的粮食干燥器。在干燥器内,将角状盒(也称角状管,其截面为下部开口的五角形、三角形等)按一定规则排列,如图 17-5-191 所示。物料从干燥器顶部进入,从底部排出,热风从一排角状盒进入,从相邻的另一排出去,气-固之间的运动状态如图 17-5-191(b) 所示。由于热空气进入与湿空气排出角状盒的交替、交错排列,一个进气盒被四个排气盒等距离地包围着,对于排气盒也是如此,使得干燥比较均匀。

角状盒式移动床干燥器在中国、美国、俄罗斯、法国、丹麦、瑞典、英国、加拿大等国家的粮食干燥中得到了广泛应用,生产大型角状盒式移动床粮食干燥器的专业公司很多,主要有丹麦的西伯利亚(Cimbria)、加拿大的沃太克(Vertec)、法国的拉富(Law)、英国的凯瑞(Carier)和瑞典的斯维格玛(Swegma)等。表 17-5-32 所列为瑞典一某型号的干燥器的技术特性[30]。

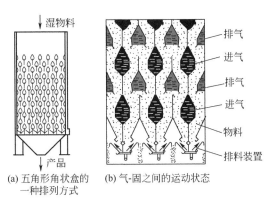
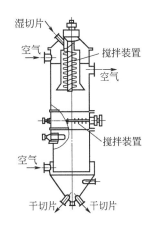

图 17-5-191　角状盒式移动床干燥器
工作原理示意图[27]

图 17-5-192　聚酯切片移动床干燥器的
结构示意图[3]

表 17-5-32　瑞典一种型号的角状盒式移动床粮食干燥器的技术特性

物料 项目	小麦	玉米	稻谷
生产能力/t·h^{-1}	9	5.7	7.8
粮食密度/kg·m^{-3}	750	750	750
原料水分/%	19	20	20
产品水分/%	15	15	15
原料温度/℃	15	15	15
环境空气温度/℃	15	15	15
环境空气相对湿度/%	70	70	70
干燥介质温度/℃	67	90	60
蒸发量/kg·h^{-1}	423	335	458
废气量/m^3·h^{-1}	48300	25000	53000
单位热耗/kW·kg^{-1}	1.339	1.354	1.308

5.9.2.4　聚酯切片移动床干燥器

在合成纤维生产过程中，高聚物聚酯切片通常都含有一定水分。而含水的高聚物聚酯切片不能直接用于纺丝，因此，在纺丝前，必须对湿切片进行脱水干燥处理。

用于聚酯切片的干燥设备有很多种，移动床干燥器就是常见的一种。如图 17-5-192 所示的圆筒形聚酯切片移动床干燥器，分上、下两个干燥区。为防止含水量较高的湿切片因急剧加热而出现黏结问题，上部的预热干燥区装有立式搅拌装置；下部是湿切片的主干燥区，装有的水平搅拌装置，不仅可以防止黏结，而且使切片的混合及停留时间更加均匀。

聚酯切片移动床干燥流程如图 17-5-193 所示[1]，湿切片从干燥器上部加入，干切片从底部排出。热风循环使用。待热风达到一定湿度时，排放部分循环空气，补充除湿的新鲜空气。也有采用转筒干燥器和移动床干燥器组成的两级组合干燥流程（图 17-5-194），不仅能除去微量水分，而且可以改善切片含水的均匀性。

5.9.3　移动床干燥器的设计

移动床干燥器的结构型式很多，干燥介质与固体物料在干燥器内的接触方式也是多种多样，其设计计算方法也就不相同，因此，本章只讨论角状盒式移动床干燥器的设计，即主要是角状盒的设计。

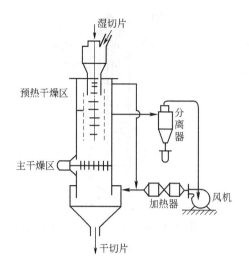

图 17-5-193　聚酯切片移动床干燥
流程示意图

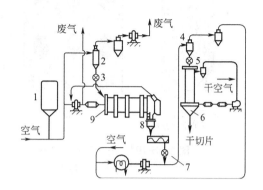

图 17-5-194　聚酯切片的转筒干燥器和移动床干燥器
两级组合干燥流程示意图

1—切片料罐；2—第一料斗；3—第一回转阀；4—第三料斗；
5—第三回转阀；6—移动床干燥器；7—第二回转阀；
8—第二料斗；9—转筒干燥器

5.9.3.1　角状盒的设计原则

由于角状盒所处工作段的功能不同，其大小、排列方式和间距可能有所不同，但在任何工作段的角状盒，设计时都应遵循下列原则：

① 在每一工作段内，角状盒与角状盒、角状盒与干燥器内壁之间的最小间距应大于 0.07m，以保证谷物等颗粒物料能够顺利流动和干燥塔容积的利用率。

② 为保证冷、热风能够均匀地穿过粮层及物料降水的均匀性，角状盒之间的距离也不应太大。

③ 为使谷物等颗粒物料能够顺利而流畅地沿角状盒斜面流下，角状盒与水平面之间的夹角应大于湿物料的休止角。

④ 排气角状盒排出的气流速度不应大于 $5 \sim 6 \text{m} \cdot \text{s}^{-1}$（对玉米而言）或再小一点，否则可能会将颗粒物料带走。

5.9.3.2　角状盒的结构型式及排列方式

(1) 角状盒的结构型式　角状盒的截面形状有三角形 [图 17-5-195(a)]、五角形 [图 17-5-195(b)]、菱形 [图 17-5-195(c)]、大小头形 [图 17-5-195(d)]、孔板形 [图 17-5-195(e)]，此外，还有把角状盒垂直侧板做成百叶窗形等。

目前，最常用的是五角形角状盒。这种角状盒通常用 0.8～1.5mm 的钢板制成，也有用水泥或陶瓷等材料制造的。一个五角形角状盒的截面尺寸为宽度 a、垂直边高度 b 和斜边高度 c，如图 17-5-196 所示。一般情况下，$a=100\text{mm}$，$b=60 \sim 75\text{mm}$，$c=60 \sim 75\text{mm}$。

角状盒的顶部是个尖顶，两个斜面尺寸和倾斜度对粮食的流动影响很大，一般情况下，斜面与水平面的夹角必须大于湿粮的休止角，通常为 55°左右。目前，采用降低垂直边高度的角状盒，加大了斜面及其高度，使斜面与水平面的夹角为 60°左右，这样便于粮食的翻动。

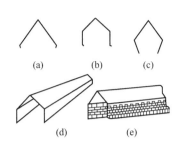 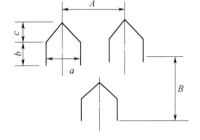

图 17-5-195　角状盒的结构型式　　　图 17-5-196　五角形角状盒的结构尺寸及排列

　　角状盒的长度 L 一般为 800～1000mm，过长，干燥介质在其中分布不够均匀。干燥塔中每一排布置的角状盒数目一般为 8～14 个，如果布置得过多，也会影响干燥介质分布的均匀性。

　　(2) 角状盒的排列方式　　角状盒的排列方式很多，但最常用的还是图 17-5-191 所示的排列方式，即一排为进气，相邻的另一排就是排气，这样交替、交错排列，进气、排气的角状盒尺寸相同，数量相等。对于五角形角状盒的排列如图 17-5-196 所示。一般情况下，角状盒之间的水平距离 $A=200\sim250$mm，垂直距离 $B=170\sim250$mm，两排角状盒之间的最小间距为 70～130mm。美国和丹麦的角状盒也有采用 A 达 400mm，其截面结构尺寸和面积亦较大，如图 17-5-197 和表 17-5-33 所示。图 17-5-197 所示的是三种典型结构的角状盒，5HG-4.5 型属于小盒，苏联的 C341-16 型属于中盒，而丹麦的 Cimbria 型属于大盒。

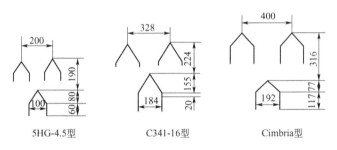

图 17-5-197　三种典型结构的角状盒的结构尺寸及排列

表 17-5-33　几种角状盒的结构尺寸

干燥器型号	角状盒截面积/m²	水平间距 A/m	垂直间距 B/m
5HX	0.032	0.41	0.3
5HG-4.5	0.011	0.2	0.19
Cimbria	0.03	0.4	0.316
Vertec	0.0285	0.4	0.3
Kaybee	0.026	0.336	0.305
LSU	0.0144	0.4	0.2
BTN	0.012	0.23	0.25
Campbell	0.023	0.425	0.2
C314-16	0.018	0.328	0.224

　　在布置角状盒时，要注意干燥塔体的材料。若塔体壁为钢板，则可以选定合适的尺寸；若干燥塔为砖砌结构，角状盒的尺寸和排列要受红砖尺寸的制约。图 17-5-198 是几种常用

角状盒的截面结构尺寸及排列方式。另外，要注意两排角状盒之间的最小间距 C 不得小于70mm。这一数值与粮食的品种、含水量、角状盒表面状态、干燥塔的生产能力等有关。一般来说，在小型干燥器中，C 可取 70mm，而在大型干燥塔中，由于塔体容积的增大，角状盒排数增加，使得粮食在角状盒之间的移动不够通畅，特别是高水分粮食，由于其散落性差，因此，干燥段角状盒的最小间距 C 应取 100mm，冷却段的 C 值也不小于 70mm。

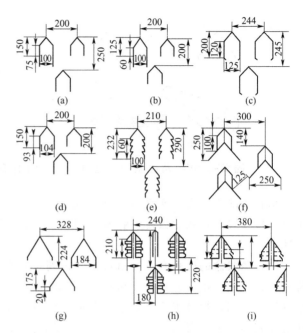

图 17-5-198 几种常用角状盒的截面结构尺寸及排列方式

5.9.3.3 角状盒数量的计算

要确定角状盒式移动床干燥器的容积，除了要确定角状盒的结构形状和排列方式外，还要计算出角状盒的数量。确定角状盒数量的基本原则是：角状盒出口的废气速度要小于颗粒物料的沉降速度（对于谷物为 5~6m·s⁻¹）。如果该值取得过大，就会出现颗粒物料被废气带走；若取得过小，就会增加角状盒的数量，从而使干燥塔的高度增加。

(1) 干燥段角状盒的数量 干燥段排气角状盒总截面积 A_{gp} 为

$$A_{gp}=\frac{V_g}{3600u_{fg}} \tag{17-5-117}$$

式中 A_{gp}——冷却段排气角状盒总截面积，m²；
V_g——干燥段废气体积流量，m³·h⁻¹；
u_{fg}——干燥段排气角状盒的废气排出速度，m·s⁻¹。

根据干燥段排气角状盒总截面积 A_{gp} 和选定的角状盒截面积 a_{gp}，就可以求出排气角状盒的数量 n_{gp}，即

$$n_{gp}=\frac{A_{gp}}{a_{gp}} \tag{17-5-118}$$

式中 n_{gp}——干燥段排气角状盒的数量，个；
a_{gp}——干燥段一个排气角状盒的截面积，m²。

通常干燥塔一排废气角状盒要对应相等数目的进气角状盒，故排气角状盒与进气角状盒的数量是一样的，干燥段的排气和进气角状盒的总数 n_g 为：

$$n_g=2n_{gp} \tag{17-5-119}$$

式中 n_g——干燥段排气和进气角状盒的总数，个。

(2) 冷却段角状盒的数量 与干燥段相似，冷却段排气角状盒总截面积 A_{lp}、排气角状盒的数量 n_{lp} 以及冷却段角状盒的总数 n_l 分别为

$$A_{lp}=\frac{V_l}{3600u_{fl}} \tag{17-5-120}$$

$$n_{\mathrm{lp}} = \frac{A_{\mathrm{lp}}}{a_{\mathrm{lp}}} \tag{17-5-121}$$

$$n_1 = 2n_{\mathrm{lp}} \tag{17-5-122}$$

式中 A_{lp}——冷却段排气角状盒总截面积，m^2；

V_1——冷却段废气体积流量，$m^3 \cdot h^{-1}$；

u_{fl}——冷却段排气角状盒的废气排出速度，$m \cdot s^{-1}$；

n_{lp}——冷却段排气角状盒的数量，个；

a_{lp}——冷却段一个排气角状盒的截面积，m^2；

n_1——冷却段排气和进气角状盒的总数，个。

(3) 干燥器的角状盒总数 角状盒式移动床干燥器的角状盒总数 n 为干燥段和冷却段的角状盒数量之和，即：

$$n = n_{\mathrm{g}} + n_1 = 2(n_{\mathrm{gp}} + n_{\mathrm{lp}}) \tag{17-5-123}$$

5.9.3.4 角状盒式移动床干燥器主要尺寸的确定

移动床式干燥塔的有效长度可根据角状盒的长度来确定，如果选定每排角状盒的数量，就可以确定出干燥段和冷却段角状盒的层数（均圆整为偶数），再根据角状盒之间的水平距离 A 和垂直距离 B 就可以计算出干燥塔的有效宽度及高度。

5.9.4 移动床干燥器的设计示例

【例 17-5-7】 设计一台干燥玉米的角状盒式移动床干燥器。已知处理量 $G_1 = 10 \mathrm{t} \cdot \mathrm{h}^{-1}$，湿玉米含水量 $w_1 = 19\%$（湿基，质量分数，下同），离开干燥段的玉米含水量 $w_2 = 14.5\%$，离开干燥器的玉米产品含水量 $w_3 = 14\%$，湿玉米进干燥器时的温度 $t_{\mathrm{m1}} = 15℃$，离开干燥段的玉米温度 $t_{\mathrm{m2}} = 45℃$，离开干燥器的玉米产品温度 $t_{\mathrm{m3}} = 12℃$，干燥介质为空气，干燥段热风入口温度 $t_1 = 100℃$，干燥段废气出口温度 $t_2 = 60℃$，冷却段出口废气温度 $t_3 = 28℃$，环境空气温度 $t_0 = 10℃$，相对湿度 $\varphi = 80\%$，玉米的平均比热容 $c_{\mathrm{m}} = 1.5 \mathrm{kJ} \cdot \mathrm{kg}^{-1} \cdot ℃^{-1}$。

解 （1）物料衡算

① 水分蒸发量 W。

a. 干燥段的水分蒸发量 W_1。

$$W_1 = G_1 \times \frac{w_1 - w_2}{100 - w_2} = 10000 \times \frac{19 - 14.5}{100 - 14.5} = 526.3 \quad (\mathrm{kg} \cdot \mathrm{h}^{-1})$$

b. 冷却段的水分蒸发量 W_2。

$$W_2 = (G_1 - W_1) \times \frac{w_2 - w_3}{100 - w_3} = (10000 - 526.3) \times \frac{14.5 - 14}{100 - 14} = 55.1 \quad (\mathrm{kg} \cdot \mathrm{h}^{-1})$$

c. 水分蒸发量 W。

$$W = W_1 + W_2 = 526.3 + 55.1 = 581.4 \quad (\mathrm{kg} \cdot \mathrm{h}^{-1})$$

② 产品产量 G_3。

a. 离开干燥段的玉米流量 G_2。

$$G_2 = G_1 - W_1 = 10000 - 526.3 = 9473.7 \quad (\mathrm{kg} \cdot \mathrm{h}^{-1})$$

b. 产品产量 G_3。

$$G_3 = G_1 - W = 10000 - 581.4 = 9418.6 \quad (\mathrm{kg} \cdot \mathrm{h}^{-1})$$

(2) 热量衡算

① 干燥段。

a. 物料升温所需的热量 q_{M1}。

$$q_{M1} = \frac{G_2 c_m (t_{m2} - t_{m1})}{W_1} = \frac{9473.7 \times 1.5 \times (45-15)}{526.3} = 810 \quad (\text{kJ} \cdot \text{kg}^{-1})$$

b. 热损失 q_{L1}。根据经验，取 $q_{L1} = 210 \text{kJ} \cdot \text{kg}^{-1}$。

c. 干空气用量 L_1 和废气体积流量 V_g。根据环境空气温度 $t_0 = 10℃$，查得 10℃ 时水的饱和蒸气压 $p_s = 1.2 \text{kPa}$，当系统总压 $P = 101.3 \text{kPa}$ 时，干燥段进口空气的湿含量 H_1 为

$$H_1 = 0.622 \times \frac{\phi p_s}{P - \phi p_s} = 0.622 \times \frac{0.8 \times 1.2}{101.3 - 0.8 \times 1.2} = 0.006 \quad (\text{kg} \cdot \text{kg}^{-1})$$

干燥段进口空气的焓 I_1 为

$$I_1 = (1.01 + 1.88 H_1) t_1 + 2490 H_1$$
$$= (1.01 + 1.88 \times 0.006) \times 100 + 2490 \times 0.006 = 117.1 \quad (\text{kJ} \cdot \text{kg}^{-1})$$

干燥段出口空气的焓 I_2 为

$$I_2 = (1.01 + 1.88 H_2) t_2 + 2490 H_2 = (1.01 + 1.88 H_2) \times 60 + 2490 H_2 = 60.6 + 2602.8 H_2$$

由热量平衡方程可得

$$\frac{I_2 - I_1}{H_2 - H_1} = c_w t_{m1} - (q_{M1} + q_{L1}) = 4.186 \times 15 - (810 + 210) = -957.2$$

将干燥段进、出口空气的湿含量及焓（H_1、H_2、I_1、I_2）代入上式，求得干燥段出口空气的湿含量 $H_2 = 0.017 \text{kg} \cdot \text{kg}^{-1}$，从而可得干燥段干空气用量 L_1 为

$$L_1 = \frac{W_1}{H_2 - H_1} = \frac{526.3}{0.017 - 0.006} = 47845.5 \quad (\text{kg} \cdot \text{h}^{-1})$$

干燥段出口空气的湿比容 v_{m1} 为

$$v_{m1} = (0.773 + 1.244 \times 0.017) \times \frac{273 + 60}{273} = 0.97 \quad (\text{m}^3 \cdot \text{kg}^{-1})$$

干燥段出口废气的体积流量 V_g 为

$$V_g = L_1 v_{m1} = 47845.5 \times 0.97 = 46410 \quad (\text{m}^3 \cdot \text{h}^{-1})$$

② 冷却段。

a. 物料降温放出的热量 q_{M2}。

$$q_{m2} = \frac{G_3 c_m (t_{m2} - t_{m3})}{W_2} = \frac{9418.6 \times 1.5 \times (45 - 12)}{55.1} = 8461.4 \quad (\text{kJ} \cdot \text{kg}^{-1})$$

b. 热损失 q_{L2}。冷却段热损失很小，可忽略不计，即 $q_{L2} = 0$。

c. 干空气用量 L_2 和废气体积流量 V_1。与干燥段相似，当系统总压 $P = 101.3 \text{kPa}$ 时，冷却段入口空气的湿含量 H_0 为

$$H_0 = H_1 = 0.006 \text{kg} \cdot \text{kg}^{-1}$$

冷却段入口空气的焓 I_0 为

$$I_0 = (1.01 + 1.88 H_0) t_0 + 2490 H_0 = (1.01 + 1.88 \times 0.006) \times 10 + 2490 \times 0.006 = 25.2 \quad (\text{kJ} \cdot \text{kg}^{-1})$$

冷却段出口空气的焓 I_3 为

$$I_3 = (1.01 + 1.88 H_3) t_3 + 2490 H_3 = (1.01 + 1.88 H_3) \times 28 + 2490 H_3 = 28.3 + 2542.6 H_3$$

根据热量平衡方程可得

$$\frac{I_3 - I_0}{H_3 - H_0} = c_w t_{m2} - (-q_{M2} + q_{L2}) = 4.186 \times 45 + 8461.4 - 0 = 8649.8$$

将冷却段进、出口空气的湿含量及焓（H_0，H_3，I_0，I_3）代入上式，求得冷却段出口空气的湿含量 $H_3 = 0.009 \text{kg} \cdot \text{kg}^{-1}$，从而可得冷却段干空气用量 L_2 为

$$L_2 = \frac{W_2}{H_3 - H_0} = \frac{55.1}{0.009 - 0.006} = 18366.7 \quad (\text{kg} \cdot \text{h}^{-1})$$

冷却段出口空气的湿比容 v_{m2} 为

$$v_{m2} = (0.773 + 1.244 \times 0.009) \times \frac{273 + 28}{273} = 0.86 \quad (\text{m}^3 \cdot \text{kg}^{-1})$$

冷却段出口废气的体积流量 V_1 为

$$V_1 = L_2 v_{m2} = 18366.7 \times 0.86 = 15795 \quad (\text{m}^3 \cdot \text{h}^{-1})$$

(3) 角状盒的设计　选择如图17-5-196所示的五角形角状盒，进气、排气角状盒尺寸相同，数量相等。干燥段和冷却段的角状盒的尺寸均为 $a = 100 \text{mm}$，$b = 60 \text{mm}$，$c = 65 \text{mm}$；角状盒之间的水平距离 $A = 200 \text{mm}$，垂直距离 $B = 200 \text{mm}$；角状盒的长度 $L = 1000 \text{mm}$。

① 干燥段角状盒的数量。取干燥段排气角状盒的废气速度为 $u_{fg} = 6 \text{m} \cdot \text{s}^{-1}$，根据式(17-5-117)，干燥段排气角状盒的总截面积 A_{gp} 为

$$A_{gp} = \frac{V_g}{3600 u_{fg}} = \frac{46410}{3600 \times 6} = 2.15 \quad (\text{m}^2)$$

对于选定的角状盒，其截面积 $a_{gp} = a_{lp} \approx 0.01 \text{m}^2$。由式(17-5-118)可以得到排气角状盒数量 n_{gp} 为

$$n_{gp} = \frac{A_{gp}}{a_{gp}} = \frac{2.15}{0.01} = 215$$

从而，根据式(17-5-119)可以得到干燥段的排气和进气角状盒总数 n_g 为

$$n_g = 2 n_{gp} = 430$$

② 冷却段角状盒的数量。与干燥段类似，取冷却段排气角状盒的出口废气速度为 $u_{fl} = 6 \text{m} \cdot \text{s}^{-1}$，根据式(17-5-120)～式(17-5-122)可以得到冷却段排气角状盒的总截面积 A_{lp}，排气角状盒数量 n_{lp} 以及冷却段的排气、进气角状盒总数 n_l 分别为

$$A_{lp} = \frac{V_1}{3600 u_{fl}} = \frac{15795}{3600 \times 6} = 0.73$$

$$n_{lp} = \frac{A_{lp}}{a_{lp}} = \frac{0.73}{0.01} = 73$$

$$n_l = 2 n_{lp} = 146$$

③ 干燥器的角状盒总数。由式(17-5-123)可得

$$n = n_g + n_l = 2(n_{gp} + n_{lp}) = 430 + 146 = 576$$

(4) 干燥器主要结构尺寸的确定　如果每层布置11个角状盒，则干燥段要布置40层，实际布置的角状盒数为440个，冷却段要布置14层，实际布置的角状盒数是154个，干燥器的实际角状盒总数为594个。干燥段的有效高度为 $0.2\text{m} \times 40 = 8\text{m}$，冷却段的有效高度为 $0.2\text{m} \times 14 = 2.8\text{m}$，即干燥塔的有效高度为 $8\text{m} + 2.8\text{m} = 10.8\text{m}$，干燥塔的有效长度为1m（选择角状盒的长度为1m）、有效宽度是2.2m，亦即干燥塔的有效长×宽×高为 $1\text{m} \times 2.2\text{m} \times 10.8\text{m}$。

5.10 真空耙式干燥器

5.10.1 真空耙式干燥器的工作原理及特点

真空耙式干燥器主要由壳体、旋转轴和耙齿组成。与桨叶式干燥器不同，真空耙式干燥器的旋转轴和耙齿是不作为加热面的，它仅具有搅动物料和更新表面的作用。如图 17-5-199 所示，耙式干燥器是真空操作的，首先将湿物料加入干燥器内，夹套内通入加热介质（一般为水蒸气或热水）；然后启动真空泵，达到规定的真空度后，启动搅拌装置，利用耙齿的正反转动，使物料在干燥过程中连续不断向中间和两端推动，同时，在耙齿间放置 4 根不锈钢棒（无缝钢管），它在轴的转动过程中不断上下运动，

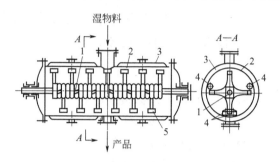

图 17-5-199　真空耙式干燥器
1—轴；2—筒体；3—夹套；4—无缝钢管；5—耙齿

振动黏结在器壁上的物料以及将结块的物料粉碎。通过这些措施可以保证传热表面的及时更新，从而提高热质传递的速率。物料干燥到规定水分时，停止加热，关闭真空系统，取出干燥好的物料，完成一个周期的操作。这种干燥器适于浆状、糊状、粒状以及纤维状物料的干燥，特别是对于热敏性物料以及要求回收有机蒸气的干燥操作，真空耙式干燥器具有许多优点。

5.10.2 耙齿的结构

耙齿是真空耙式干燥器的主要部件，如图 17-5-200 所示，有两种基本型式，即左向耙齿和右向耙齿。无论是左向还是右向，都有异型和桨叶式两种。安装时，相邻耙齿之间相差 90°方位，轴的两端安装异型耙齿，其余安装桨叶式耙齿。轴旋转时，物料在搅拌轴的作用下，先往两边移动，然后再往中间移动，这样可以保证在整个干燥过程中，物料一直处于均匀的搅拌状态。

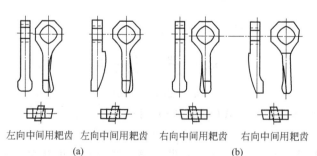

左向中间用耙齿　左向中间用耙齿　右向中间用耙齿　右向中间用耙齿
(a)　　　　　　　　　　　(b)

图 17-5-200　耙齿结构

5.10.3 真空耙式干燥器操作参数的确定

真空耙式干燥器常用的干燥介质一般为 0.1~0.3MPa 的蒸汽，干燥器内的真空度为 50~90kPa，物料的填充率为 30%~80%，热效率为 70%~80%。轴的转速为 4~10r·min^{-1}。

5.10.4 真空耙式干燥器的应用实例

真空耙式干燥器的应用很广泛，在工业生产中已有成功的操作实例，如表 17-5-34 所示。

表 17-5-34 真空耙式干燥器的应用实例

物料 项目	粒状卡普隆聚合体	膏状卡叽 2G	粗品水杨酸中间体	精品水杨酸中间体	蒽醌	GB 染料	膏状 AS 中间体	浆状还原染料中间体	悬浮液还原橄榄丝 B	淀粉
干燥器直径/mm	600	900	1400	1300	800	800	1130	800	800	2140
干燥器长度/mm	1500	1800	4000	900	2000	2000	2400	2000	2000	1100
搅拌轴转速/r·min^{-1}	7	5	4.5	10	5	6	4	5	5	5
搅拌功率/kW	4.5	4.5	20	2.8	3	4.5	7.5	3	3	35
耙齿反向时间/min	—	15	5	—	—	15	15	—	—	—
真空泵型号	三级蒸汽喷射泵	U$_5$型	往复泵	水环式	U$_5$型	水环式	水环式	水环式	—	PMK 水环式
真空泵功率/kW	—	5.8	5.5	7	5.5	10	10	5.5~28	5.5	28
干燥器内真空度/kPa	99	65~78	65~78	78	78~92	26	59~65	65~78	26~92	78
加热介质	蒸汽	蒸汽	蒸汽	蒸汽	蒸汽	热水	蒸汽	蒸汽	蒸汽	—
加热介质压力/MPa	≤0.15	0.4	0.05	0.02	0.3	100℃	0.3	0.3	—	—
原料湿含量/%	10	60	30	15~20	60	90	—	80	65~71	35
产品湿含量/%	0.05	0.5	0.3	0.5	1	0.5	—	<1	5	10
干燥器温度/℃	105~110	90	50~60	—	100~110	—	100~120	100	150	50
产品产量/kg·h^{-1}	60~80	5.4	320~400	60	15	55	约 130	16	13	1400
物料停留时间/min	8	30	2~3	5/6	12	16	8~9	24	17	1.5
加料方式	—	人工	人工	人工	人工	人工	人工	人工	泵输送	螺旋加料
加料器功率/kW										2.2
卸料方式	—	人工	星形下料	人工	人工	人工	人工	人工	人工	螺旋下料
卸料器功率/kW			1							1.7
操作方式	间歇	间歇	间歇	间歇	间歇	间歇	间歇	间歇	间歇	间歇

5.11 转鼓干燥器

5.11.1 转鼓干燥器的工作原理及特点

转鼓干燥器是将附在回转的转鼓筒体外壁上的液相物料或带状物料（如纺织物、纸张等）以热传导方式进行连续操作的干燥设备。图 17-5-201 所示的是一种典型转鼓干燥的工艺流程，料液由布膜装置在一定转速回转的转鼓外壁上形成料膜，被连续通入加热介质（通常为水蒸气）的热转鼓壁所加热，料膜被干燥后由刮刀刮下，产品经螺旋输送器、斗式提升机至产品贮罐后进行包装。废气直接或经除尘后排入大气。

转鼓干燥装置主要由转鼓（包括圆柱形筒体、端盖、端轴及轴承等）、布膜装置（包括料槽、喷溅器或搅拌器及膜厚控制器等）、刮料装置（包括刮刀、支承架及压力调节器等）、传动装置（包括电机、减速装置等）、加热介质（一般为水蒸气）的进气与冷凝液（水）排液装置以及产品输送装置等组成。

转鼓干燥操作的关键是将料液均匀地布在转鼓上。图 17-5-202 示出几种常用的布膜方式。图 17-5-202(a) 为下部进料的浸液式布膜，适用于流动性好的溶液、浆状悬浮液、乳浊液等物料。转鼓浸入料液中，在转动过程中直接成膜。转鼓浸入的最小深度一般控制在 15～25mm 范围内，形成的膜厚为 0.5～1mm，且比较均匀。图 17-5-202(b) 为上部进料的浸液式布膜，适用于有沉淀的悬浮液或流动性差的料液。成膜的厚度可由转鼓与料堰之间或两转鼓之间的间隙（前者一般为 1～2mm，后者为 0.5～1mm）予以控制。图 17-5-202(c) 的布膜方式适用于悬浮液，采用搅拌装置可以减少沉淀。图 17-5-202(d)、图 17-5-202(e) 的喷溅式布膜适用于溶液或稀浆状物料。

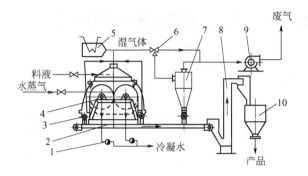

图 17-5-201 转鼓干燥的工艺流程图
1—疏水器；2—带式输送器；3—螺旋输送器；4—转鼓干燥器；5—加热器；6—切换阀；7—旋风分离器；8—提升机；9—引风机；10—产品贮罐

膜厚和喷溅区的面积与喷溅器的结构及转速有关。图 17-5-202(f) 是靠输送泵的压力将料液强制黏附于鼓壁上的布膜方式，适用于易沉淀的泥浆状物料。图 17-5-202(g) 属于组合复式浸液布膜方式，上面一组转鼓为浸液式成膜，干燥到一定程度后，被刮下的料膜仍能继续沿下面一组转鼓的外壁面黏附成膜，继续进行干燥。图 17-5-202(h) 为辅辊式布膜，可用于流动性很差的黏稠状物料。为了使干燥成品保持一定膜厚，可在沿转鼓筒体旋转方向的干燥区域中，设置多个压辊，控制不同的间隙，将料膜压紧、压实。

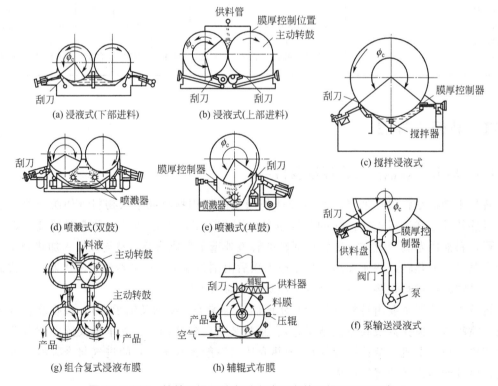

图 17-5-202 转鼓干燥器的布膜方式和有效干燥面积弧面角 ϕ_c

转鼓干燥器的优点[8]：①热效率高，可达70%～80%；蒸发1kg水分所需热量为3000～3800kJ（喷雾干燥为3500～5000kJ）。②动力消耗小，蒸发1kg水分大约为0.02～0.05kW（喷雾干燥为0.6kW）。③干燥强度大，一般为30～70kg 水·h^{-1}·m^{-3}。④干燥时间短，一般为5～30s，可用于热敏性物料的干燥。⑤适用范围广，可用于溶液、悬浮液、乳浊液、溶胶等的干燥（对于液相物料，必须有流动性和黏附性）。对于纸张、纺织物、赛璐珞等带状物料也可以采用。⑥操作简单，便于清洗，更换物料品种方便。

转鼓干燥器的缺点[8]：①单台传热面积小（一般不超过12m^2），生产能力低（料液处理能力通常为50～2000kg·h^{-1}）。②结构较复杂，加工精度要求较高。③产品含水量较高，一般为3%～10%。④刮刀易磨损，使用周期短。⑤开式转鼓环境污染严重。

5.11.2 转鼓干燥器的类型

转鼓干燥器可以按不同的方法进行分类。按转鼓数量可以分为单鼓、双鼓、多鼓；按鼓外环境操作压力可以分为常压操作、真空操作；按转鼓的布膜方式可以分为浸液式、喷溅式、辅辊式等。

5.11.2.1 单鼓干燥器

如图17-5-202(c)、图17-5-202(e)、图17-5-202(f)、图17-5-202(h)所示的是几种不同布膜方式的单鼓干燥器。这是一种最简单的转鼓干燥器。带压辊的单鼓干燥器［图17-5-202(h)］多用于生产薄而密实的片状干燥制品，如膏状、含淀粉或许多种食品类物料。这种结构可以防止被干燥物料在转鼓表面成膜不均匀，压辊还可以使料层和转鼓的外壁接触良好，降低传热热阻，提高干燥效率。单鼓干燥器的运转实例如表17-5-35和表17-5-36所示。

表17-5-35 单鼓干燥器（常压操作）的运行数据及蒸发强度

物料	料液形态	料液含水量 w_1/%	产品含水量 w_2/%	转速 /r·min^{-1}	蒸汽压力 /MPa	干燥（产品）能力 /kg·h^{-1}·m^{-2}	蒸发强度 /kg·h^{-1}·m^{-3}
硫化青	浆状	60～70	5～7	2～3	0.4～0.45	—	30～40
硫化元	浆状	60～70	5	1～2	0.4～0.45	—	30～40
苯甲酸钠	溶液	40	1～2	2～3	0.2～0.3	—	15～20
碱式硫酸铝	溶液	70	3～5	2～3	0.4	—	40～50
拉开粉	悬浮液	50～60	3～4	3	0.35～0.4	—	15～20
乙酸钙	溶液	68～71	48～50	—	0.4～0.5	—	90～115
酵母	浆状	87	10	4～5	0.3～0.5	—	15～35
硫酸铜	溶液	58	0.5	10	0.4～0.45	—	14.3
全乳	乳浊液	43	4	26	0.34	—	11.1
脱脂乳	乳浊液	50	4	24	0.28	—	14.2
淀粉	浆状	60～70	6	12	0.6	—	21～26.2
动物胶	溶液	55	4.8	12	0.6	—	11.9
乳清	溶液	45	4.3	16	0.4	—	7.4～8.8
植物胶	溶液	60～70	10～12	6～7	0.14～0.21	5～7.8	6.1～15
亚砷酸钙	溶液	75～77	0.5～1	3～4	0.31～0.35	10～14.7	29～47
碱金属碳酸盐①	稠浆	70	8～12	4.4	0.35	19.8	17.64
CaCO$_3$	溶液	70	0.5	2～3	0.32	7.3～14.7	29～47
Mg(OH)$_2$①	稀浆	65	0.5	1	0.3	6.84	5.4
Cr$_2$(SO$_4$)$_3$	溶液	48.5	5.47	5	0.35	18	15
Cr$_2$(SO$_4$)$_3$	溶液	48.0	8.06	4	0.35	6.4	4.9

续表

物料 \ 项目	料液形态	料液含水量 w_1/%	产品含水量 w_2/%	转速 /r·min^{-1}	蒸汽压力 /MPa	干燥（产品）能力 /kg·h^{-1}·m^{-2}	蒸发强度 /kg·h^{-1}·m^{-3}
$Cr_2(SO_4)_3$	溶液	59.5	5.26	2.5	0.17	7.5	10
$Cr_2(SO_4)_3$	溶液	59.5	4.93	1.8	0.385	11.3	15
$Cr_2(SO_4)_3$	溶液	59.5	5.35	4.8	0.37	18.4	24.1
$Cr_2(SO_4)_3$	溶液	59.5	4.57	5.8	0.37	16.4	22
氰化碱②	—	90	3	4	0.7	3.57	—
淀粉③	—	65	7	6	0.8	1040⑦	—
排水（含 Na_2SO_4）④	—	80	5	4	0.6	490⑦	—
排水（含 NaCl）⑤	—	90	3	4	0.5	240⑦	—
陶瓷（$BaTiO_3$）⑥	—	60	0.5 以下	5	0.4	130⑦	—
陶瓷（Al_2O_3）⑥	—	64	0.5 以下	3.5	0.2	120⑦	—

干燥器转鼓直径（mm）×长度（mm）：①800×2250；②1250×2500；③1500×2700；④1500×3500；⑤1000×2500；⑥800×800。⑦为料液处理量（kg·h^{-1}）。

表 17-5-36 单鼓干燥器（真空操作）的运行数据及蒸发强度

物料 \ 项目	料液形态	料液含水量 w_1/%	产品含水量 w_2/%	转速 /r·min^{-1}	鼓内蒸汽压力/MPa	鼓外环境真空度/mmHg	蒸发强度 /kg·h^{-1}·m^{-3}
单宁萃取液	溶液	35	7.4	—	0.3	720	13.5
染料直接黑	浆状	61	37	—	0.1	480	37.4
染料酸性黑	浆状	67	6	—	0.1	520	34
染料普鲁士蓝	浆状	75～80	25	—	0.1	600	50～60
牛奶	乳浊液	91～92	5～6	—	0.1	600	50～60
白色矿物颜料	浆状	55	6	—	—	600	15～20
酵母	浆状	88	7	4～5	0.1	600	37.5
染料	—	50	0.4	4	0.3	150	—

注：1mmHg=133.3Pa。

5.11.2.2 双鼓干燥器

双鼓干燥器由同一套减速传动装置，经相同模数和齿数的一对齿轮啮合，使两个直径相同的转鼓相对转动，如图 17-5-202(d) 所示。由于相对啮合的齿轮节圆直径大于转鼓筒体外径，使得两个转鼓之间的间隙较大。双鼓干燥器一般适用于溶液、乳浊液等物料的干燥，其运转实例如表 17-5-37 所示。

5.11.2.3 对鼓干燥器

如图 17-5-202(b) 所示，对鼓干燥器的主要结构与双鼓干燥器基本相似。两转鼓之间的间隙由一对节圆直径与筒体外径一致或相近的啮合齿轮控制，一般为 0.5～1mm（为加热后的间隙），不允许料液泄漏。对鼓的转动方向可根据料液的状况和装置布置的要求确定。对鼓干燥器通常适用于有沉淀的泥浆状物料或黏度较大的物料的干燥。表 17-5-38 为对鼓干燥器的运转实例。

表 17-5-37 双鼓干燥器的运行数据及蒸发强度

物料\项目	转鼓尺寸	料液含水量 w_1/%	产品含水量 w_2/%	转速 /r·min^{-1}	蒸汽压力 /MPa	干燥（产品）能力 /kg·h^{-1}·m^{-2}	蒸发强度 /kg·h^{-1}·m^{-3}
磺酸钠①	—	53.6	6.4	8.5	0.44	37.8	38.5
Na$_2$SO$_4$①	—	76.0	0.06	7	0.4	15.0	47.7
Na$_3$PO$_4$①	—	57.0	0.9	9	0.63	40.1	53.1
CH$_3$COONa①	—	39.5	0.44	3	0.5	7.4	4.4
CH$_3$COONa①	—	40.5	10.03	8	0.47	25.2	11.6
CH$_3$COONa①	—	63.5	9.53	8	0.47	15.9	23.3
Fe(OH)$_2$①	—	78	3.0	3	0.3	15.48	4.68
有机盐①	457×457	73	2.8	5	0.55	6.84	18.72
有机盐①	457×457	67	13.0	3	0.55	5.04	9.36
有机盐①	710×1520	80	1.0	2	0.35	3.6	13.68
有机盐①	910×2540	61	0.4	5	0.55	14.04	21.96
有机盐①	910×2540	58	1.0	5.5	0.55	7.56	16.56
有机盐①	910×2540	65	5.0	6	0.55	14.76	25.92
有机盐①	457×457	80	1.7~3.1	3~5	0.5	3.6~6.84	13.32~26.28
有机化合物②	457×457	70	1.2	5	0.55	8.64	19.8
有机化合物③	457×457	72	10.5	5	0.55	6.84	15.12
有机化合物①	457×457	75	0.5	5	0.55	1.08	2.88
有机化合物④	800×2250	70	2.5	10	0.55	7.2	16.56
有机化合物④	800×2250	65	—	10	0.55	11.16	—
啤酒酵母	1250×3000	84	5.0	8	0.7	12.71	—
活性污泥	1250×3000	92	10.0	3	0.7	2.12	—
石灰泥	900×2400	60	12.0	5	0.6	23.53	—
电镀废液	1250×3000	93	5.5	4	0.6	2.08	—
淀粉	1250×3000	70	7	1.2	0.8	380⑤	—
啤酒酵母	1600×3800	85	6.0	5	0.5	1900⑤	—
纸张酵母	1500×3500	87	15.0	3.5	0.5	1650⑤	—
脱脂大豆	1250×3000	82	40.0	3	0.7	940⑤	—
豆腐渣	400×600	84	9.0	1.5	0.7	40⑤	—
白酒排水	1500×3500	84	15	1	0.7	1000⑤	—
鸡精	1000×2000	50	10	5	0.4	320⑤	—
特殊医药品原料	1250×3500	95	8	4	0.4	960⑤	—
脱脂牛奶	1000×2000	65	2	4	0.07(绝压)	570⑤	—
豆浆	1000×2000	55	8	3	0.05(绝压)	630⑤	—
树脂(回收二甲苯)	1000×2000	82	2⑥	3.5	0.02(绝压)	440⑤	—

料液形态：①溶液；②稀浆；③黏液；④稠浆。⑤为料液处理量（kg·h^{-1}）。⑥为二甲苯含量。

表 17-5-38 对鼓干燥器的运行数据及蒸发强度

物料\项目	转鼓尺寸①	料液含水量 w_1/%	产品含水量 w_2/%	转速 /r·min^{-1}	蒸汽压力 /MPa	干燥（产品）能力 /kg·h^{-1}·m^{-2}	蒸发强度 /kg·h^{-1}·m^{-3}
乙酸钠②	800×2250	80	0.4~10	3~8	0.5	7.2~25.2	28.8~86.4
Na$_2$SO$_4$②	800×2250	76	0.15~5.5	7~9	0.2~0.3	16.92~21.96	39.6~43.2
Na$_2$HPO$_4$②	800×2250	56	0.8~0.9	5~9	0.4~0.6	29.52~39.96	32.4~50.4
有机盐②	457×457	60	3.0	6.5	0.5~0.6	12.24	17.64
有机盐②	457×457	89	—	5.5	0.6	3.96	32.4

续表

物料 \ 项目	转鼓尺寸①	料液含水量 w_1/%	产品含水量 w_2/%	转速 /r·min^{-1}	蒸汽压力 /MPa	干燥（产品）能力 /kg·h^{-1}·m^{-2}	蒸发强度 /kg·h^{-1}·m^{-3}
有机化合物④	800×2250	—	6.0	2	0.3	2.52	—
有机化合物③	800×2250	75	1.0	4.5	0.35	1.44～6.84	12.6～18
有机化合物③	800×2250	54	—	11	0.55	23.04	26.28
有机化合物③	800×2250	42	—	12	0.55	21.6	15.48
有机化合物②	800×2250	80	0.5	11	0.55	0.864	6.84
食品添加剂	1000×2500	60	4.0	4	0.8	11.78	—

①干燥器转鼓尺寸为直径×长度（mm）。料液形态：②溶液；③稀浆；④黏液。

5.11.2.4 多鼓干燥器

多鼓干燥器多应用于带状物料的干燥。进、出料的方式与液相物料的干燥完全不同。在纺织品、纸类及赛璐珞等物料干燥的定型设备中，其转鼓筒体部分的结构与用于液相物料的转鼓筒体并无原则上的区别，仅是转鼓的转速较高（可达 30～50r·min^{-1}）。带状物料的干燥时间取决于干燥器的转鼓数量和转速。转鼓内的水蒸气压力一般为 0.1～0.3MPa。带状物料的多鼓干燥器，除了要控制物料的湿含量外，还要控制外形的改变，故转鼓一般采用滚动轴承，以减小阻力，避免在输送过程中被拉伸而变形。图 17-5-203 为用于赛璐珞的多鼓（真空）干燥器。表 17-5-39 为多鼓干燥器的运行数据及蒸发强度。

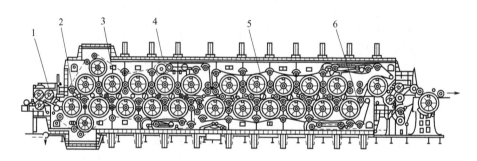

图 17-5-203 赛璐珞的多鼓干燥器
1—密封滚轮（进料装置）；2—导轮；3—转鼓；
4—干燥器外壳；5—物料；6—支持物料的毡带

表 17-5-39 多鼓干燥器的运行数据及蒸发强度

物料 \ 项目	新闻纸	新闻纸	优质纸	牛皮纸	牛皮纸浆	人造丝浆	人造丝浆
转鼓数	53	35	32	45	28	40	40
转鼓筒体直径/mm	1.52	1.83	1.52	1.52	1.52	1.52	1.52
转鼓筒体长度/mm	3.65	3.60	3.75	5.23	3.45	3.45	3.45
有效干燥面积/m^2	823	1636	520	1031	370	520	501
产品产量/kg·h^{-1}	84234	19532	7956	21254	5630	4800	5750
移动速度/m·min^{-1}	800	770	390	410	44.4	30	35.4
产品厚度/mm	0.08	0.08	0.13	0.24	1.05	1.05	1.0
原料入口温度/℃	10～30	10～30	10～30	10～30	10～30	30～50	45
原料含水量/%	150	156	150	170	113	100	12.2

续表

物料\项目	新闻纸	新闻纸	优质纸	牛皮纸	牛皮纸浆	人造丝浆	人造丝浆
产品含水量/%	7.5	5.3	5.3	7.5	25	7.5	7.3
鼓内蒸汽压力（表压）/MPa	0.14	0.17	0.20	0.56	0.15~0.23	0.15~0.23	1.2
水蒸气耗量/kg·kg^{-1}	1.5	1.4	1.6	1.8	1.4	1.9	1.65
产品生产能力/kg·h^{-1}·m^{-2}	10.4	10.4	15.2	12.7	15.3	9.3	11.45
干燥时间/s	18.5	15.2	22.9	30.7	160	360	292
蒸发强度/kg·h^{-1}·m^{-3}	13.5	17.1	21.1	13.0	12.1	7.7	12.3
通风方式	强制通风	强制通风	强制通风	强制通风	强制通风	—	—

5.11.2.5 带密封罩的转鼓干燥器

转鼓干燥器配置密封罩的主要作用有三个方面：①实现转鼓干燥器的真空操作；②防尘或防回收干燥过程蒸发出的有毒或高价值的溶剂；③隔绝空气，防止易燃物料与空气接触，造成火灾事故。随着环保要求的提高，转鼓干燥器一般都应配置密封罩。图 17-5-204 所示的是带密封罩的对鼓干燥器的结构示意图。

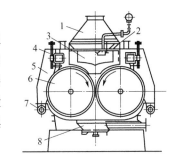

图 17-5-204　带密封罩的对鼓干燥器的结构示意图

1—罩子；2—原料加入装置；3—加料器；4—刮刀装置；5—侧罩；6—转鼓；7—产品输送器；8—底罩

5.11.3　转鼓干燥器的设计

5.11.3.1　设计和操作参数

(1) **料液处理量 G_1**　一般为 50~2000 kg·h^{-1}。

(2) **料层厚度**　一般控制在 0.2~2 mm。

(3) **转鼓转速 N**　对于单鼓、对鼓或双鼓，$N=2\sim10$ r·min^{-1}；对于多鼓，$N=30\sim50$ r·min^{-1}。

(4) **蒸发强度 R_m**　一些物料的蒸发强度如表 17-5-35~表 17-5-39 所示，在缺少数据时，可取 $R_m=30\sim70$ kg 水·h^{-1}·m^{-2}。

(5) **总传热系数 K**　平均总传热系数 $K=60\sim400$ W·m^{-2}·℃$^{-1}$，对于带状物料的多转鼓干燥器，$K=300\sim350$ W·m^{-2}·℃$^{-1}$。

(6) **鼓内水蒸气压力**　常用饱和水蒸气为加热介质，其压力一般为 0.1~0.6 MPa，也有超过 0.8 MPa 的。

(7) **物料停留时间 τ**　物料在转鼓上的停留时间 τ

$$\tau = \frac{60\phi_c}{360N} = \frac{\phi_c}{6N} \qquad (17\text{-}5\text{-}124)$$

式中　τ——物料停留时间，s；
　　　ϕ_c——有效干燥面积的弧面角，见图 17-5-202；
　　　N——转鼓转速，r·min^{-1}。

(8) **液膜厚度 δ_L**

$$\delta_L = \frac{1000G_1}{60nA\rho_L} = \frac{50G_1}{3nA\rho_L} \qquad (17\text{-}5\text{-}125)$$

$$A = \frac{\pi D L_D \phi_c}{360} \tag{17-5-126}$$

式中　δ_L——液膜厚度，mm；
　　　A——有效干燥面积，m²；
　　　G_1——料液处理量，kg·h⁻¹；
　　　ρ_L——料液密度，kg·m⁻³；
　　　D——转鼓筒体直径，m；
　　　L_D——转鼓筒体长度，m。

(9) 物料干燥所需要的热量 Q　物料干燥所需要的热量包括水分蒸发、物料升温和热损失三部分热量，可用式(17-5-127)进行计算。

$$Q = \frac{Q_y}{\eta_t} \tag{17-5-127}$$

$$Q_y = W(\gamma - c_w t_{m1}) + G_2 c_m (t_{m2} - t_{m1}) \tag{17-5-128}$$

式中　Q——物料干燥所需要的热量，kJ·h⁻¹；
　　　Q_y——物料干燥所需要的有效热量，kJ·h⁻¹；
　　　η_t——转鼓干燥器的平均热效率，$\eta_t = 0.7 \sim 0.8$；
　　　W——水分蒸发量，kg·h⁻¹；
　　　γ——水的汽化潜热（0℃），kJ·kg⁻¹；
　　　c_w——水的比热容，kJ·kg⁻¹·℃⁻¹；
　　　c_m——产品的比热容，kJ·kg⁻¹·℃⁻¹；
　　　t_{m1}——料液温度，℃；
　　　t_{m2}——产品温度，℃；
　　　G_2——产品产量，kg·h⁻¹。

(10) 水蒸气用量 G_w

$$G_w = \frac{Q}{(i_H - c_L t_L)\eta_w} \tag{17-5-129}$$

式中　G_w——水蒸气用量，kg·h⁻¹；
　　　i_H——水蒸气在工作温度下的焓，kJ·kg⁻¹；
　　　c_L——冷凝液（水）的比热容，kJ·kg⁻¹·℃⁻¹；
　　　t_L——冷凝液（水）离开干燥器时的温度，℃；
　　　η_w——水蒸气的利用系数，根据经验一般取 $\eta_w = 0.8 \sim 0.9$。

5.11.3.2　干燥器主要尺寸的确定

(1) 有效干燥面积 A　由物料衡算可求出水分蒸发量 W，根据试验或经验确定蒸发强度 R_m（表17-5-35～表17-5-39），就可以计算出转鼓干燥器的有效干燥面积 A。

$$A = \frac{W}{R_m} \tag{17-5-130}$$

(2) 转鼓直径 D 和长度 L_D　转鼓直径 D 和长度 L_D 分别可按式(17-5-131)及式(17-5-132)进行计算，并对计算结果加以圆整。

$$D = \sqrt{\frac{360A}{\pi \beta \phi_c m}} \tag{17-5-131}$$

$$L_D = \beta D \tag{17-5-132}$$

式中 β——转鼓筒体的长径比;
m——转鼓数量。

对于单鼓,长径比 $\beta=0.8\sim2$,直径 $D=0.6\sim1.6$m;对于对鼓,$\beta=1.5\sim2$,直径 $D=0.5\sim1.0$m;多鼓与单鼓在结构上基本相同。

5.11.4 转鼓干燥器的设计示例

【例 17-5-8】 设计一台干燥某染料水溶液的单鼓干燥器。已知产品产量 $G_2=105$kg·h^{-1},料液含水量 $w_1=70\%$(湿基,质量分数,下同),产品含水量 $w_2=5\%$,料液温度 $t_{m1}=95$℃,产品温度 $t_{m2}=85$℃,产品的比热容 $c_m=1.67$kJ·kg^{-1}·℃$^{-1}$,加热介质为 0.4MPa(表压)的饱和水蒸气,试验测得的蒸发强度 $R_m=30$kg·h^{-1}·m^{-2}。

解 (1)物料衡算

① 水分蒸发量 W。

$$W = G_2 \times \frac{w_1 - w_2}{100 - w_1} = 105 \times \frac{70-5}{100-70} = 227.5 \quad (\text{kg·h}^{-1})$$

② 料液处理量 G_1。

$$G_1 = G_2 + W = 105 + 227.5 = 332.5 \quad (\text{kg·h}^{-1})$$

(2)热量衡算

① 物料干燥所需要的热量。查得 0℃ 时水的汽化潜热 $\gamma=2491$kJ·kg^{-1},由式(17-5-128)可以得到物料干燥所需的有效热量 Q_y:

$$Q_y = W(\gamma - c_w t_{m1}) + G_2 c_m (t_{m2} - t_{m1})$$
$$= 227.5 \times (2491 - 4.186 \times 95) + 105 \times 1.67 \times (85-95) = 474479 \quad (\text{kJ·h}^{-1})$$

取转鼓干燥器的平均热效率 $\eta_t=0.75$,根据式(17-5-127)求得物料干燥所需要的热量 Q

$$Q = \frac{Q_y}{\eta_t} = \frac{474479}{0.75} = 632639 \quad (\text{kJ·h}^{-1})$$

② 水蒸气耗量。查得 0.4MPa(表压)饱和水蒸气的 $t_L=151.8$℃,$i_H=2753$kJ·kg^{-1},取水蒸气的利用系数 $\eta_w=0.85$,由式(17-5-129)得到水蒸气消耗量 G_w

$$G_w = \frac{Q}{(i_H - c_L t_L)\eta_w} = \frac{632639}{(2753 - 4.186 \times 151.8) \times 0.85} = 351.5 \quad (\text{kg·h}^{-1})$$

(3)干燥器主要尺寸的确定

① 有效干燥面积 A。由式(17-5-130)得

$$A = \frac{W}{R_m} = \frac{227.5}{30} = 7.6 \quad (\text{m}^2)$$

圆整后取有效干燥面积为 8m^2。

② 转鼓直径 D 和长度 L_D。转鼓直径 D 和长度 L_D 按式(17-5-131)和式(17-5-132)计算,为保证料膜的有效干燥面积弧面角 $\phi_c \geq 270°$,取筒体的长径比 $\beta = \frac{L_D}{D} = 1.0$、1.5、2.0 进行试算,结果如表 17-5-40 所示(对于单鼓 $m=1$)。根据表 17-5-40 的计算结果,考虑转

鼓筒体的受力和加工等问题,设计取 $\beta=1.5$ 时的计算参数。圆整后取转鼓筒体直径 $D=1500\text{mm}$,筒体长度 $L_D=2300\text{mm}$。

表 17-5-40 设计示例的计算结果

$\beta=\dfrac{L_D}{D}$	筒体直径 $D=\sqrt{\dfrac{360A}{\pi\beta\phi_c m}}/\text{m}$	筒体长度 $L_D=\beta D/\text{m}$
1.0	$D=\sqrt{\dfrac{360\times 8}{\pi\times 1.0\times 270}}=1.843$	$L_D=1.843\times 1.0=1.843$
1.5	$D=\sqrt{\dfrac{360\times 8}{\pi\times 1.5\times 270}}=1.505$	$L_D=1.505\times 1.5=2.258$
2.0	$D=\sqrt{\dfrac{360\times 8}{\pi\times 2.0\times 270}}=1.303$	$L_D=1.303\times 2.0=2.606$

5.12 桨叶式干燥器

桨叶式干燥器又称间接加热搅拌型干燥器,它有两种基本型式,即低速搅拌型和高速搅拌型。它们的共同特点是在筒体上设置夹套,旋转的轴是中空的,轴上设置空心桨叶并与空心轴连通,这样既大大提高了单位体积的传热面积,又强化了传热过程,提高了传热效率。

5.12.1 低速搅拌型桨叶式干燥器

5.12.1.1 工作原理

低速搅拌型桨叶式干燥器结构如图 17-5-205 所示,有一略带倾斜的(与水平成 5°角)具有加热(或冷却)夹套的槽,槽内有两根旋转轴(又称回转轴),每一根轴上都带有许多空心楔形加热叶片(即桨叶),两轴相互啮合,以相反方向和低转速旋转。

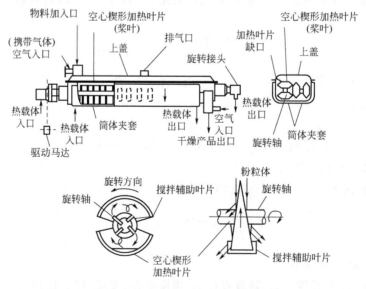

图 17-5-205 低速搅拌型桨叶式干燥器结构

湿物料在物料加入口处不断供给,充满在槽内夹套面和楔形加热叶片之间,低速搅拌,使物料与加热面反复有效接触的同时,被不断加热,并依次通过楔形加热叶片的缺口到达出口侧，达到干燥并越过溢流堰板排出。

热载体由旋转轴的一端经旋转接头导入，然后分流到每一个中空楔形加热叶片内，在轴的另一端汇合排出。此外，热载体还从夹套一端进入，在另一端排出。通常，热载体和物料的运动是并流的（图17-5-205）。

从物料中蒸出的水蒸气，可以利用热风作为运载气体排出。热风通常在干燥产品出口侧引入，通过加热搅拌层的上方，由顶盖中央排出。由于干燥所需的全部热量都由楔形（旋转）加热叶片和夹套这两部分的传热供给，因此，所需的热风量很少，气体的流通截面小，气体加热装置的结构也相应紧凑。

上述楔形加热叶片固定于图17-5-206所示的中央中空轴（旋转轴）上。若加热介质为液体，其行进路线如图17-5-206(a)所示（L型）；若为蒸汽，则如图17-5-206(b)所示（G型），并由出口一侧的回转接头排出。

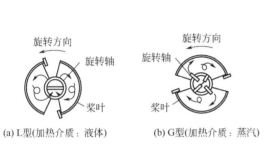

图 17-5-206　桨叶剖面图

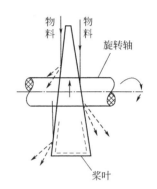

图 17-5-207　旋转桨叶的倾斜面和颗粒或粉末层的联合运动示意图

5.12.1.2　特点

① 结构紧凑，占地面积小。由于这种干燥器的大部分传热面积是由许多空心楔形加热叶片密集地、按一定间距交错排列在每一旋转轴上所组成的，所以单位体积容器中的传热面积大，从干燥器操作效率来考虑，装置的尺寸很小，因而占地面积也小。

② 传热系数大，热效率高。由于旋转桨叶交替地、分段地压缩（在楔形斜面处）和膨胀（在模型空隙处）在桨叶斜面上的物料，因而对于靠近传热面的颗粒或粉末层的搅动是激烈的，传热系数较高，其值约为 $81\sim349\mathrm{W\cdot m^{-2}\cdot ℃^{-1}}$，视所用热载体的种类和湿物料的性质而异。

③ 桨叶的相互作用使其具有自净能力。如图17-5-207所示，旋转桨叶的倾斜面和颗粒（或粉末）层的联合运动产生力的传递，使黏附于加热面上的粉尘容易自动清除。由于这一作用遍及整个桨叶加热面，因而这种干燥器的大部分加热面总是保持着高效传热功能。

④ 操作易于控制。旋转轴数（2轴或4轴）、转速（$10\sim40\mathrm{r\cdot min^{-1}}$）、桨叶组数和热载体温度都可根据所处理物料的物理性质进行选定。物料温度和处理物料所需时间也易控制。还可以在加压或减压（真空）下操作。

⑤ 气体用量少，粉尘少。由于热风只用来运载生成的水蒸气，故用量很少，所处理的物料粉尘也很少，几乎不需要用辅助设备（如集尘器）。将这种设备用来干燥和溶剂回收比

⑥ 低速搅拌型桨叶式干燥器能处理高湿含量物料。虽然是低速搅拌（叶片的外周速度为 0.1～1.5m·s^{-1}），但因同时旋转的桨叶组具有非常可靠的搅动作用，这种干燥器甚至能处理高湿含量的或黏稠的物料。而且它在结构上没有死区，因而不会使物料处于静止状态，能够达到均匀干燥。

⑦ 由于转速低，颗粒不易破碎。桨叶转速低，只有 10～40r·min^{-1}，故搅拌叶片的磨损和颗粒破碎较少。

⑧ 由于干燥器内物料的填充率很高，约为筒体容积的 70%～80%，甚至高达 85%。因此，即使小型干燥器，物料的滞留时间也很长，调节也容易。

5.12.1.3 适用范围

由于低速搅拌型桨叶式干燥器的搅拌叶片和夹套都能通入载热体进行传热，因此，单位容积的传热面积较大。载热体可选用蒸汽、热水或热油，提供干燥所需的热量。载热体也可选用冷水、冷冻盐水或其他冷却介质，这时，此型装置就不是干燥器了，而是低速搅拌型冷却器了。现在，它已在工业生产中用于下列物料的冷却或老化：石膏、氧化铁、长石、苛性钠片、纯碱、芒硝、食盐、糖、淀粉、尼龙粒、聚苯乙烯等。此外，这种设备也可用作加热器，例如有机或无机粉粒物料的预热，食品的灭菌等。

5.12.1.4 干燥流程简介

图 17-5-208 所示为以蒸汽作为加热介质的流程。图 17-5-209 所示为以蒸汽作为加热介质的带有机溶剂回收的流程。

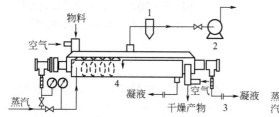

图 17-5-208 以蒸汽作为加热介质的流程
1—集尘器；2—废气排风机；
3—凝液排除器；4—桨叶式干燥器

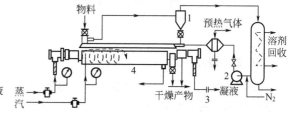

图 17-5-209 以蒸汽作为加热介质的带有机溶剂回收的流程
1—集尘器；2—排风机；
3—凝液排除器；4—桨叶式干燥器

5.12.2 高速搅拌型桨叶式干燥器

5.12.2.1 工作原理

如图 17-5-210 所示，在水平安装的带有夹套的圆筒内，设置一根装有许多搅拌叶片的旋转轴（单轴和叶片均不通入热载体），高速旋转。间接加热面只是圆筒的内套部分。

加入的湿物料受到高速搅拌叶片旋转所产生的离心力作用，分散到容器内表面的夹套部位，与传热面反复接触而被加热和干燥。物料的停留时间通过圆筒内物料出口处的搅拌叶片的方向和角度来调节。热风由圆筒的一端导入，通过圆筒内部后由另一端排出。根据使用目的可选用并流或逆流。

5.12.2.2 特点

① 由于高速搅拌叶片（外周速度 5~15m·s^{-1}）的搅拌，使物料以高速与夹套加热面接触。传热系数随热载体种类和湿物料性质而异，约为 116~465 W·m^{-2}·$℃^{-1}$。

② 干燥所需的气体量、排气处理装置等附属设备小。与低速搅拌型比较，吹入的气体量较大，但气体一侧的传热较好。

③ 干燥器内物料的存留量少，物料的停留时间（约 1~5min）可根据搅拌叶片的方向和角度来调节。

④ 可在加压或减压（真空）下操作。

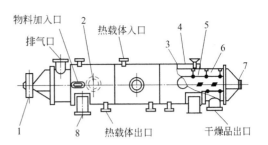

图 17-5-210　高速搅拌型桨叶式干燥器结构

1—驱动马达；2—手孔；3—筒体；4—夹套；
5—旋转轴；6—搅拌桨；7—轴承；8—支座

5.12.2.3 适用范围

这种高速搅拌型干燥器的应用范围很广，除了像块状焦炭那样的坚硬物料以及砂糖、药品等干燥时须防止粉化的物料外，一般的粉粒状物料均适用，例如，微炭粉、石膏、黏土、谷类以及合成树脂粉末等。此外，因物料的加热方式是传导传热式，故物料的水分、热载体温度等的适用范围与低速搅拌型类似。但此型干燥的物料存留量明显比低速搅拌型少，停留时间很短（1~5min）。由于所需气体量与低速搅拌型一样，也是很少的，故可用于含各种溶剂的合成树脂等的干燥，以便回收溶剂。

5.12.3　桨叶式干燥器的应用实例

低速搅拌型和高速搅拌型桨叶式干燥器都有各自的应用范围，成功运转的实例很多，一些实际操作参数见表 17-5-41 及表 17-5-42。

表 17-5-41　低速搅拌型桨叶式干燥器的运转实例

物料 项目	碳酸钙	黏陶土	聚丙烯粉末	酱油渣	煤粉	氯化钾	ABS 树脂粉末
处理量/kg·h^{-1}	1000	4000	6300(有机溶剂)	1670	670	360	1500
原料湿分（干基）/%	11	31.6	0.1	40.8	38.8	5.3	100
产品湿分（干基）/%	0.5	6.9	0.01	14.9	5.3	0.05	1.5
物料平均粒径/mm	0.01	0.22	0.23	片状3×1.5厚	0.05	0.18~0.84	0.27
物料堆积密度/kg·m^{-3}	480	880	450	370	740	760	340
热载体种类	水蒸气	水蒸气	水蒸气	水蒸气	水蒸气	水蒸气	水蒸气
热载体温度/℃	164	164	120	161	170	178	115
干燥时间/min	27	33	20	16	120	45	120
传热面积/m^2	17.7	49	82.5	26.3	34.8	10.4	195
搅拌轴转速/r·min^{-1}	30	18	18	20	27	16	9
驱动马达功率/kW	7.5	7.5×2	22×2	5.5×2	19	3.7	37
搅拌叶片型式	空心楔形	空心楔形	空心楔形	空心楔形	空心圆板	空心圆板	空心圆板
干燥器回转体直径/mm	500	600	800	400	1210	660	2130
干燥器筒体宽度/mm	920	1900	2700	1270	1370	780	2286
干燥器筒体高度/mm	720	850	1050	600	1600	1050	2800
干燥器筒体长度/mm	3100	4000	4600	3550	2250	2100	4500

表 17-5-42　高速搅拌型桨叶式干燥器的运转实例

项目＼物料	聚乙烯粉末	聚丙烯粉末	稳定剂	苯二甲酸	氢氧化锌
处理量/kg·h^{-1}	3500	2950	80	5000	1200
原料湿分(干基)/%	11.0	66.6	5.2	38.8	670
产品湿分(干基)/%	0.1	0.1	0.8	0.1	45
蒸发物	碳氢化合物	碳氢化合物	碳氢化合物	乙酸	水
热载体种类	水蒸气	水蒸气	温水	水蒸气	水蒸气
热载体温度/℃	108	121～130	45	160	155
传热面积/m^2	21.8	26.0	7.9	40.3	18.5
携带气体	N$_2$	N$_2$	N$_2$	N$_2$	热风
搅拌轴转速/r·min^{-1}	220	200	235	145	270
驱动马达功率/kW	75	55	22	75	37
干燥器筒体直径/mm	1060	1210	610	1370	910
干燥器筒体长度/mm	6600	7800	4200	9600	6600

5.12.4　桨叶式干燥器的设计示例

【例 17-5-9】 采用低速搅拌型桨叶式干燥器，将下水污泥从初始含水量为 75%（湿基，下同）干燥到含水量为 40%，处理量为 2500kg·h^{-1}，物料初始温度为 15℃，产品温度为 105℃。采用 0.678MPa（7kgf·cm^{-2} 表压）的饱和水蒸气为热载体。试对此干燥器进行设计。湿物料具有黏附性，须返回一部分干燥产品与湿物料混合后加入。

解　（1）水分蒸发量 W

$$W = (2500 \times 0.25) \times \left(\frac{75}{100-75} - \frac{40}{100-40}\right) = 1458 \quad (\text{kg·h}^{-1})$$

（2）干燥所需热量　系统为常压，水的蒸发潜热 $\gamma_w = 2295\text{kJ·kg}^{-1}$，干物料比热容 $c_M = 1.26\text{kJ·kg}^{-1}·℃^{-1}$。干燥所需热量 Q_T 为：

$$Q_T = 1458 \times 2295 + (2500 \times 0.25) \times 1.26 \times (105-15) + 2500 \times 0.75 \times 4.187 \times (100-15)$$
$$= 4084288(\text{kJ·h}^{-1}) = 1134524 \quad (\text{W})$$

（3）所需传热面积和干燥器其他部件尺寸　湿物料初始温度为 15℃，在搅拌状态下，与传热面接触的物料层温度在进口侧为 85℃，出口侧为 105℃，饱和蒸汽温度为 169.6℃（查饱和水蒸气表），则对数平均温度差 Δt_m 为

$$\Delta t_m = \frac{(169.6-15)-(169.6-85)}{\ln\dfrac{169.6-15}{169.6-85}} \times 0.1 + \frac{(169.6-85)-(169.6-105)}{\ln\dfrac{169.6-85}{169.6-105}} \times 0.9 = 78.35 \quad (℃)$$

回转加热体和筒体夹套表面的平均传热系数 K（实验结果）为 203W·m^{-2}·℃$^{-1}$，干燥器内物料填充率为 85%，则所具有的传热面积 A 为

$$A = \frac{Q_T}{0.85 K \Delta t_m} = \frac{1134524}{0.85 \times 203 \times 78.35} = 84 \quad (\text{m}^2)$$

干燥器各部件的尺寸如下。

中空楔形回转加热体（空心楔形加热叶片）直径：800mm；

中空楔形回转加热体轴数：4轴；

中空楔形回转加热体传热面积：67.4m^2；

筒体夹套传热面积：17.5m^2；

总传热面积：84.9m^2；

槽宽：2715mm；

槽长：4810mm；

筒体内部有效容积：6.97m³。

(4) 干燥器转速和所需动力　此型干燥器是低速回转。提高转速的目的是提高搅拌物料的混合程度，因而可增大传热系数。但增加转速，所需动力也高。根据实验结果，本设计取搅拌叶片的外周速度为 $0.6 \mathrm{m \cdot s^{-1}}$，于是，搅拌叶片的转速为

$$N = \frac{0.6 \times 60}{0.8 \times 3.14} = 14 \quad (\mathrm{r \cdot min^{-1}})$$

由实验所得负荷动力放大，并考虑到充满物料时再启动的因素，取 30kW×2 台（1台驱动2轴）。

(5) 所需风量　所需风量与排气温度和排气湿度有关。物料层的平均温度为90℃，确定排气温度时，应避免在集尘器处结露，排气的露点为79℃，排气湿度 $H_3 = 0.5 \mathrm{kg \cdot kg^{-1}}$。吸入空气的湿度 $H_1 = 0.025 \mathrm{kg \cdot kg^{-1}}$。于是，所需风量为

$$G_D = \frac{1458}{0.5 - 0.025} = 3069 \quad (\mathrm{kg \cdot h^{-1}})$$

由于蒸发水分较多，为防止在干燥器内局部结露，将空气加热至105℃，从干燥器两侧导入，在中央排气。

(6) 所需蒸汽量和装置热效率　干燥所需的饱和蒸汽量由干燥所需热量除以蒸汽的汽化潜热而得

$$S_1 = \frac{4084288}{2295} = 1779.6 \quad (\mathrm{kg \cdot h^{-1}})$$

导入的空气加热到105℃所需的蒸汽量为

$$S_2 = \frac{3069 \times 1.047 \times (105 - 15)}{2295} = 126 \quad (\mathrm{kg \cdot h^{-1}})$$

此时，热效率粗略为

$$\eta_t = \frac{1779.6}{1779.6 + 126} \times 100\% = 93.39\%$$

由此可见，热效率很高。如用空气稀释排放的热空气，并能达到所定的热风温度，则不需要加热导入空气所需的蒸汽量，由此可以得到更高的热效率。

(7) 处理排气的设备　本设计所得的干燥产品是含水量40%（湿基）的下水污泥，使用一级旋风分离器已能满足要求，但还要考虑超细粉的飞散，通常在排气末端进行水洗处理，此处详情从略。90℃排风量 V 为

$$V = 22.4 \times \left(\frac{3069}{29} + \frac{77 + 1458}{18}\right) \times \left(\frac{273 + 90}{273}\right) = 5692 (\mathrm{m^3 \cdot h^{-1}}) = 95 \quad (\mathrm{m^3 \cdot min^{-1}})$$

与蒸发水量相比，处理排气设备的规模很小。

5.13　双锥回转真空干燥器

5.13.1　双锥回转真空干燥器的工作原理及特点

双锥回转真空干燥器是一种间歇操作的干燥设备。其主体结构为一个带有双锥的圆筒，

绕轴旋转，如图 17-5-211 所示。

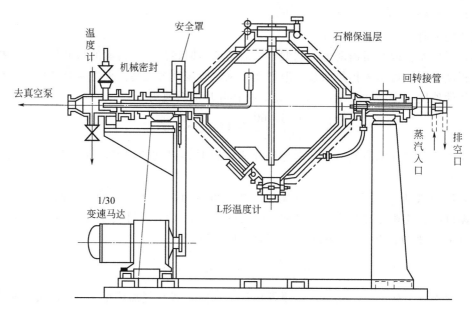

图 17-5-211　双锥回转真空干燥器结构

圆锥顶部设置进、出料口（兼人孔），中间夹套供热载体循环，热载体经过轴进入和排出干燥器，轴的另一端与真空系统联结。根据工艺要求，控制干燥所需温度，即保持一定的真空度。

干燥器内放入被干燥物料（填充率 50%～65%），在真空状态下，干燥器作回转运动，物料被不断地翻动，从接触的器壁内表面接受热量，器壁内表面不断更新，加快了物料的干燥。与真空烘箱比较，节省干燥时间 1/3，提高了生产能力。

这种干燥设备，在医药行业用得比较多。它适用于热敏性物料、易氧化及有毒性物料、需回收有机溶剂物料的干燥。

这种干燥装置的直径为 600～2200mm，转速 3～12r·min^{-1}，蒸发强度约为 4～5kg 水·h^{-1}·m^{-2} 加热面积，总传热系数为 30～200J·m^{-2}·s^{-1}·℃$^{-1}$。当无实验数据时，可取总传热系数为 35J·m^{-2}·s^{-1}·℃$^{-1}$进行设计。

图 17-5-212 所示为带有溶剂回收系统的流程。

5.13.2　双锥回转真空干燥器的应用实例

双锥回转真空干燥器的应用实例，如表 17-5-43 所示[25,31]。

表 17-5-43　双锥回转真空干燥器的应用实例

物料 项目	RH 橡胶黏结剂	肌苷	微丸
投料量/kg	240	60～70	—
原料含水量/%	22	—	15
产品含水量/%	0.3	<0.1	2～3
干燥时间/h	4	4	—
每吨产品消耗蒸汽量/t	0.34	—	—
转速/r·min^{-1}	—	—	4～6

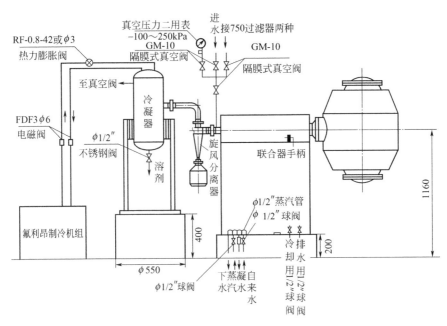

图 17-5-212　带有溶剂回收系统的流程
(1/2″指 1/2in，1in＝2.54cm)

5.14　圆盘干燥器

5.14.1　圆盘干燥器的工作原理及特点

圆盘干燥器又称板式干燥器。它是一种多层固定圆盘、转耙搅拌的立式干燥装置，其结构如图 17-5-213 所示。大、小金属圆盘从上至下交替排列，每个圆盘都是由两块金属板构成，下板按预定间距用冲床冲出上折边缘，再与上板焊接在一起，形成中空的圆盘。加热介质，例如，蒸汽、热水或热油等通入圆盘中，通过金属壁将热量以传导的方式传给盘上的物料。被干燥的物料从上部进料口进入干燥器内，并落在第一层大加热圆盘上；然后在耙叶的推动下，从大盘外缘向内移动，并从中央的开孔处加至下一层的小盘上，由于小盘上的耙齿角度向外，故物料在耙齿的转动下被推向盘的外周。物料在如此反复向下运动期间被干燥。蒸发的水分可用抽真空或热空气带出干燥器外。值得注意的是，若用热空气携带水分，其风速不应大于 $0.1 m\cdot s^{-1}$。这种干燥器的传热面积（一般为 3.8～176 m^2）可以通过调节圆盘的层数来保证；而物料在干燥器内所需的停留时间，则可以通过调节主轴的转速（一般为 1～8$r\cdot min^{-1}$）来实现，亦即借助耙齿来调节物料的移

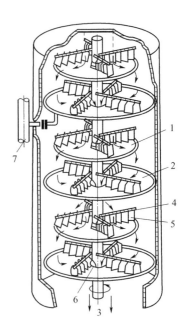

图 17-5-213　圆盘干燥器结构
1—小圆盘；2—大圆盘；3—搅拌轴；
4—叶片支承臂；5—叶片（耙叶）；
6—中心孔；7—加热介质进料管

动速度。圆盘上的物料层厚度在 5~20mm 范围内。

圆盘干燥器是一种新型干燥装置，与传统的厢式干燥器相比具有许多优点：①传热系数大，干燥效率高。总传热系数可达 250~540kJ·h^{-1}·m^{-2}·℃$^{-1}$，干燥强度约为 7~25kg 水·m^{-2}·h^{-1}，干燥周期短，一般为数分钟至数小时。②可连续化生产，处理量可调。③设备结构紧凑，装置占地面积小。④操作是在密闭干燥器中进行的，无杂质混入，亦无粉尘飞扬，操作条件好，劳动强度小。对于回收有机溶剂的干燥而言，则更为有利。

5.14.2 圆盘干燥器的应用实例

圆盘干燥器在化工、医药以及食品行业已有成功的应用实例，见表 17-5-44。

表 17-5-44 圆盘干燥器的运转实例

物料 项目	树脂	有机物	药品	药品	活性炭	硫黄	砂糖
挥发物	溶剂	丙酮或水	水	水	水	水	水
处理量/kg·h^{-1}	840	168	650	145	140	150	1600
原料湿分（湿基）/%	60	30	3	15	70	20	3
产品湿分（湿基）/%	3	10	0.1	0.15	3	0.5	0.12
物料粒径/mm	0.2~0.3	0.8	0.02~0.03	<0.03	0.5~3	2~5	0.2~1
物料堆积密度/kg·m^{-3}	0.5	0.5	0.9	0.8~1.0	—	—	—
产品堆积密度/kg·m^{-3}	0.3	0.6	—	0.5~0.6	—	—	—
热风温度/℃	130	65	100	110	150	125	110
干燥时间/min	60	30	45	10	29	30~45	15~20
干燥器总面积/m^2	88.2	27.6	42.8	12.4	27.6	27.6	27.6
圆盘数	35	11	17	5	11	11	11
外筒形状	圆形	八面形	八面形	八面形	八面形	八面形	八面形
外筒直径/m	2.1	2.1	2.1	2.1	2.1	2.1	2.1
外筒高度/m	5.7	1.9	2.8	0.9	1.9	1.9	1.9
主轴转速/r·min^{-1}	2.97~11.9	1.5~6.2	0.5~6	1.36~4.5	0.58~2.6	0.58~2.6	0.58~2.6
马达功率/kW	5.5	2.2	3.7	1.5	2.2	2.2	2.2
备注	溶剂回收型	溶剂回收型	带冷却用圆盘				

5.15 真空冷冻干燥器

5.15.1 真空冷冻干燥器的工作原理及特点

众所周知，水有三个相——液相、气相和固相，如图 17-5-214 所示，图中 A 点为三相点（共晶点），即压力为 613.18Pa(4.6mmHg)，温度为 0.0075℃时，气、液、冰三相共存。当压力低于 613.18Pa，温度在 0℃以下时，只存在气、冰两相，此时，冰可以直接升华为水蒸气，水蒸气及时被移走，从而达到干燥的目的。水溶液的冰点较纯水低，一般选择升华温度为 -20~5℃，相应的压力约为 133.3Pa（1mmHg）。

若将含水物料完全冻结后，在一定真空条件下，使物料中的水分，不经液相，直接由固相冰升华为水蒸气，从而达到低温脱水的目的。此种干燥过程称为真空冷冻干燥法或真空冷冻升华干燥法。真空冷冻干燥，首先要使水溶液冷冻成冰，需冷冻机供给冷量，需真空泵抽真空，升华需供给热量，因此，它是一种耗能最大的干燥方法。

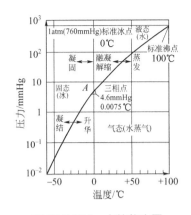

图 17-5-214 水的状态图
(1atm=101.325kPa，1mmHg=133.3Pa)

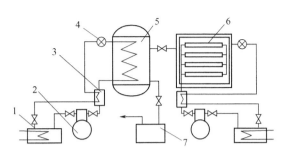

图 17-5-215 真空冷冻干燥系统的流程示意图
1—水冷却器；2—制冷压缩机；3—换热器；4—膨胀阀；
5—冷凝器；6—冷冻干燥器；7—真空泵

5.15.2 真空冷冻干燥的流程

真空冷冻干燥的流程如图 17-5-215 所示。它包括干燥系统、真空系统、制冷系统、加热系统及控制系统等。其中主要设备为冷冻干燥箱（又称冻干箱）、冷凝器、制冷压缩机、真空泵、各种阀门及控制仪表等。实际的真空冷冻干燥流程如图 17-5-216 所示。

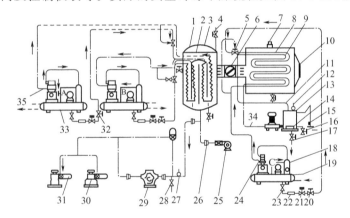

图 17-5-216 实际的真空冷冻干燥流程

1—化霜喷水管；2—冷凝管；3—水汽凝结器；4—ϕ25 隔膜阀；5—膨胀阀；6—ϕ200 蝶阀；7—真空规管；8—制冷循环管；9—加温循环管；10—冻干箱；11—出油管；12—油温控制铂电阻；13—油箱；14—加热器；15—冷却水电磁阀；16—放水阀；17—放油阀；18—油分离器；19—冷却水管；20—不锈钢针形阀；21—电磁阀；22—过滤器；23—出液阀；24—制冷压缩机；25—热风机；26—ϕ50 蝶阀；27—电磁真空阀；28—ϕ10 隔膜阀；29—罗茨泵；30—旋转真空泵；31—电磁带放气截止阀；32—手阀；33—贮液器；34—进油管；35—油泵；A，B，C—制冷机组

5.15.3 真空冷冻干燥设备

按照冷冻干燥面积的大小，冷冻干燥机可分为实验室型、中试及中型生产型和工业生产型；按照操作方式可分为间歇操作型及连续操作型，目前，多为间歇操作型。

下面简单介绍几种冷冻干燥机（又称冻干机）的型式。

(1) 隧道式真空冷冻干燥机 这种型式的干燥机结构如图 17-5-217 所示。它可以连续操作或间歇操作。

（2）连续式冷冻干燥机 此种干燥机如图 17-5-218 所示。

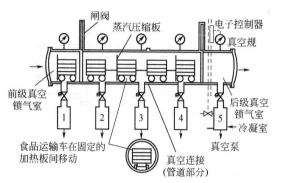

图 17-5-217 隧道式真空冷冻干燥机示意图

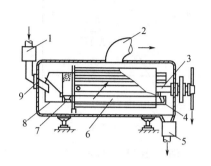

图 17-5-218 连续式冷冻干燥机示意图
1—加料阀；2—真空系统；3—转轴；4—卸料管和卸料螺旋；5—卸料阀；6—干燥管；7—加料管和加料螺旋；8—旋转料筒；9—静密封

（3）真空冷冻喷雾干燥机 图 17-5-219 所示为真空冷冻喷雾干燥机的示意图。由图 17-5-219 可见，塔内各设施及输送带都是在真空冷冻干燥条件下运转。

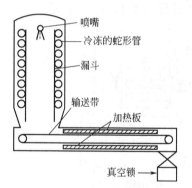

图 17-5-219 真空冷冻喷雾干燥机示意图

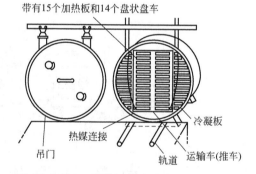

图 17-5-220 吊挂门箱式冷冻干燥机示意图

（4）吊挂门箱式真空冷冻干燥机 其结构如图 17-5-220 所示。物料装在推车上。可以采用吊载轨道输送或在地板上设置轨道输送。

5.15.4 真空冷冻干燥器的应用实例

真空冷冻干燥器的应用实例，如表 17-5-45 及表 17-5-46 所示[29]。

表 17-5-45 真空冷冻干燥器的运转实例（食品类）

项目\物料	小虾	油炸面鱼	鲑鱼	烤蛋	豆酱	葱	胡萝卜	山芋
装入型式	虾肉烹调	烹调	小火烹调	烹调	—	切片	切片	切片
投料量/kg·m⁻²	13	10	20	10	20	10	10	10
热源温度/℃	110～40	110～40	110～40	110～40	110～40	110～40	110～40	110～40
物料温度/℃	60～50	60～50	60～50	60～50	60～50	60～50	60～50	60～50
操作真空度/Torr	0.1～0.8	0.1～0.8	0.1～0.8	0.1～0.8	0.1～0.8	0.1～0.8	0.1～0.8	0.1～0.8
干燥时间/h	15	10	20	15	18	13	15	20

注：1Torr=133.3Pa。

表 17-5-46　真空冷冻干燥器的运转实例（医药品类）

项目 \ 物料	抗生物质-P（固体物12%）	酶制剂-L	补酶型维生素 B_{12}（50mg）	辅羧酶制剂（50mg）	谷胱甘肽制剂（100mg）
装入型式	大量	注入管瓶	注入管瓶	注入管瓶	注入安瓿
预冷温度/℃	$-35\sim-40$	$-35\sim-40$	$-35\sim-40$	$-35\sim-40$	$-35\sim-40$
热源温度/℃	10～40	10～40	10～40	10～40	10～40
物料温度/℃	25～35	25～35	25～35	25～35	25～35
操作真空度/mTorr	3～200	3～100	3～100	3～100	3～80
干燥时间/h	20	15	20	15	30

5.16　振动流动干燥器

5.16.1　振动流动干燥器的工作原理及特点

振动流动干燥器是一种间歇操作的干燥装置。它主要依靠来自外部的机械振动，使物料流动，通过间接加热使物料在真空状态下得到干燥。因为干燥过程不用热风，所以热效率较高。

这种干燥器主要有立式和卧式两种结构，如图17-5-221所示。在干燥器底部设置偏心振动电机，使设备按一定方向振动，物料粒子沿内表面作定向回转运动（参见图17-5-221），粒子与表面不断更新，可强化传热、传质过程，缩短干燥时间。这种振动作用类似于搅拌和流态化现象。

(a) 立式　　　　(b) 卧式

图 17-5-221　振动流动干燥器内的粒子运动示意图

振动流动干燥器的主要特点：①振动流动可减少局部过热和过干现象。②粒子破损和粉尘飞扬较少。③所需动力较小。④设备内部结构简单，易清洗。⑤由于采用间接加热，容器密封性好，因此可以在真空或加压下操作，可以回收有机溶剂。

但对于黏度太大的湿物料，这种干燥设备不适用。

5.16.2　振动流动干燥器的应用实例

振动流动干燥器的应用实例，如表17-5-47所示。

表 17-5-47　振动流动干燥器的运转实例

项目 \ 物料	树脂	染料	氧化铝	金属粉
挥发物(溶剂)	甲醇	苯	水	水
原料投料量/kg	13	1270	1200	1200
原料湿分(干基)/%	62.9	43	28	20
产品湿分(干基)/%	0.95	0.1	0.03	0.05
物料粒径/μm	100	微粉	9	70～80
原料密度/kg·m^{-3}	480	850	2400	3000
干燥时间/h	3.25	8.0	10.0	3.6
干燥器全体积/m^3	0.032	2.09	1.9	0.66

续表

物料 项目	树脂	染料	氧化铝	金属粉
干燥器直径/m	0.25	1.1	1.6	0.75
干燥器长度/m	0.5	2.2	0.8	1.5
物料填充率/%	90	72	31	60
有效传热面积/m²	0.39	6.0	3.3	2.5
夹套内热源	温水	蒸汽	蒸汽	蒸汽
蒸汽压力/MPa	—	0.3	0.3	0.3
热载体入口温度/℃	55	132	132	132
操作真空度/mmHg	22~60	30~50	400	80~310
振动装置振动数/次·min⁻¹	1500	1500	1500	1500
振动装置振幅/mm	3	3	3	3
振动装置振动功率/kW	0.6	11.0	3.0×2	5.5
真空装置型式	水环式真空泵	水环式真空泵	水环式真空泵	水环式真空泵
真空泵排气量/m³·min⁻¹	0.5	1.25	1.25	1.25
真空泵功率/kW	1.5	3.7	3.7	3.7

5.17 红外线干燥器

5.17.1 红外线干燥的工作原理及特点

5.17.1.1 红外线干燥的工作原理

红外线干燥是红外线辐射器所产生的电磁波以光的速度直线传播到达物料表面，被吸收转化为物料中分子的振动能量和转动能量，造成物料温度升高而达到干燥的目的。红外线辐射波长为 $0.76\sim100\mu m$，在此频率范围内的辐射是由分子热振动激发的，而物料吸收红外线辐射又会引起物料分子的热振动，由此通过辐射的方式，在两固体之间传递热量进行干燥。在红外线干燥中，由于被干燥的物料表面水分不断蒸发吸热，使物料表面温度降低，造成物料内部温度比表面温度高，这样使物料的热扩散方向是由内往外的。同时，由于物料内存在水分梯度而引起水分移动，总是由水分含量较大的内部向水分含量较小的外部进行湿扩散，所以，物料内部水分的湿扩散与热扩散方向是一致的，从而也就加速了水分内扩散的过程，也即加速了干燥的进程。通过红外线干燥可获得高的热通量，此热量能使物料产生很大的温度梯度，这从产品质量的观点来看，常常是不允许的，这就是为什么红外线干燥的应用仅限于稀薄的物料，如纸类产品、汽车喷漆等。

红外线的频谱如图 17-5-222 所示。它的波长在可见光和微波之间。表 17-5-48 示出不同温度下，红外线辐射源发射的能量。

表 17-5-48 红外线辐射源发射的能量

温度		相应于最大能量的 波长/μm	辐射源发射的 总能量/kW·m⁻²
℃	K		
100	373	7.73	1.1
500	773	3.73	2.1
1000	1273	2.27	150.0
1500	1773	1.63	570.0
2000	2273	1.27	152.00

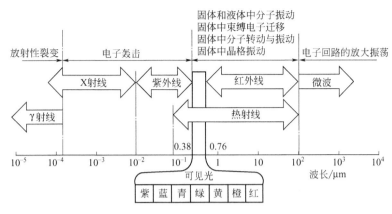

图 17-5-222 红外线频谱

5.17.1.2 红外线干燥的特点

① 干燥速度快、生产效率高,特别适用于大面积、表层的加热干燥。

② 对涂层等表层的干燥质量好。由于涂层表面和内部物质分子同时吸收远红外辐射,因此加热均匀,产品外观、机械性能等均有提高。

③ 设备小,制造费用低。红外线辐射元件结构简单,烘道设计方便,便于施工安装。

5.17.2 红外线干燥器的类型

红外辐射加热元件加上定向辐射等装置称为红外线干燥器,它是将电能或热能(煤气、蒸汽、燃气等)转变成红外线干燥能,实现高效加热与干燥。从供热方式来分,有直热式和旁热式红外线干燥器两种。常用的红外辐射加热元件有碳化硅红外辐射加热器、乳白石英红外辐射加热器、陶瓷红外辐射加热器、电阻带式红外辐射电加热器、集成式电阻膜红外辐射加热器、搪瓷红外电加热辐射器、灯形红外电加热辐射器等型式,有管状、灯状和板状结构。红外辐射加热元件的选择取决于被加热物料的吸收性能。表 17-5-49 列出工业用红外线的热源性能。

表 17-5-49 工业用红外线的热源性能

红外线源		热源温度一般范围/K	最高温度/K	能量最大处的波长/μm	功率/kW·m^{-2}
电辐射器	无套辐射器	石墨或二次石墨	2300～2800	3500	1.2	最高到 1.2×10^3
		金属丝 钨	1900～2200	2700	1.2	$1\sim4\times10^5$
		钼	1600～2000	2000	0.9	$1\sim2\times10^5$
	加套辐射器	亮灯泡	1900～2500	2500	1.3	最高到 20
		石英灯管	1900～2500	2800	1.0	30～400
		白炽灯	2100～3400	3400	1.5～2.5	20～40
		板式辐射器	700～1200	1200	4.0～9.0	4～14
		在陶瓷管中的镍铬丝	400～700	1300	3.0～4.0	10～20
		在金属管中的镍铬丝	810～900	1200	2.7～3.1	11～70
		氙弧灯	5000～10000	10000	0.8～1.1	最高到 50
		钨弧灯	3200～4000	7000	0.72	最高到 1400

续表

红外线源			热源温度 一般范围/K	最高温度/K	能量最大处的波长/μm	功率 /kW·m^{-2}
气体加热辐射	火焰燃烧	直接火焰 Bunsen，Tedu 或 Mecker 燃烧器	500～1600	1800	2.8～4.3	20～30
		非直接火焰				
		陶瓷元件	600～800	1500	4.0	50～60
		金属元件	300～900	1000	3.6	20～30
	无火焰燃烧	具有内部燃烧的加热多孔板	350～850	1200	4.0	40～90
		具有外部燃烧的加热多孔板	1000～1700	2000	1.5～2.0	160～2400

图 17-5-223 示出红外线干燥器示意图。上面辐射器照射，物料在输送带上被干燥，通入的气体作为载湿体带走湿分，达到物料脱水的目的。

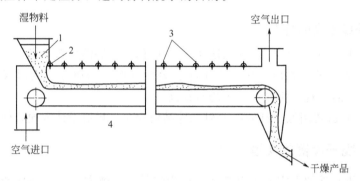

图 17-5-223 粒状物料的红外线传送带干燥器
1—漏斗；2—闸门阀；3—辐射器；4—传送带

5.18 微波干燥器

5.18.1 微波干燥器的工作原理及特点

5.18.1.1 微波干燥器的工作原理

微波干燥的原理是微波产生的电磁能通过离子传导、偶极子转动、界面极化、磁滞、压电、电致伸缩、核磁共振、铁磁共振等原理传给物料，在物料内部转化为热量进行干燥。其中离子传导、偶极子转动是微波能量传递给物料的主要方式。这种干燥方法利用了极性液体的特性，如最普通的水和含盐的液体在微波场中吸收电磁能。因为在交流电磁场中，会使离子和分子偶极子产生与电场方向变化相适应的振动，从而产生摩擦热，使水分蒸发，进而达到干燥的目的。

微波（MW）频率在电磁波频谱图上的位置见图 17-5-224。

工业上采用的微波加热专用频率如表 17-5-50 所示。

微波干燥已成功地在纺织、造纸、食品、皮革生产中得到应用。

5.18.1.2 微波干燥器的特点

① 干燥速度快。在电磁场的直接作用下，物料内部吸收电磁能量转化为热量，与常规干燥方法相比，干燥时间可缩短 50% 或更多。

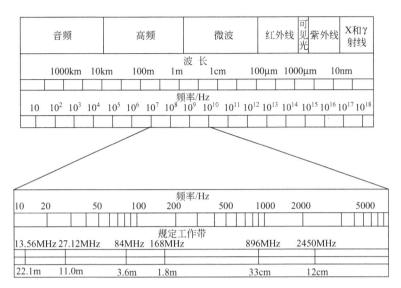

图 17-5-224　电磁波频谱图

表 17-5-50　微波加热专用频率

频率/MHz	波段	中心波长/m
890～940	L	0.330
2400～2500	S	0.122
5725～5875	C	0.052
22000～22250	K	0.008

② 能够有效利用能量。电磁能直接与物料耦合，不需要加热物料周围的空气、金属器壁，可以节省能量。

③ 干燥均匀，产品质量高。由于微波加热干燥是从物料内部加热干燥，物料表面温度不是很高，物料内部温度也较低，对物料物性的破坏和影响较小。

5.18.2　微波干燥器的类型

微波干燥系统的主要设备组成示意图如图 17-5-225 所示。目前常用的微波干燥器型式有多波型干燥器（图 17-5-226）、微波行波干燥器（图 17-5-227）、螺旋形微波行波干燥器（图 17-5-228）、流化床内加微波的干燥器（图 17-5-229）。

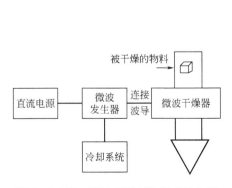

图 17-5-225　微波干燥系统组成示意图

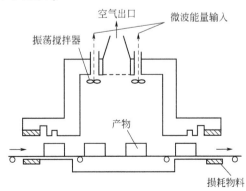

图 17-5-226　连续操作的多波型干燥器

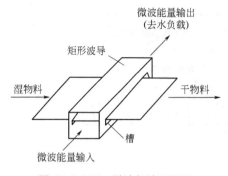

图 17-5-227　微波行波干燥器

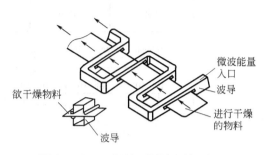

图 17-5-228　螺旋形微波行波干燥器

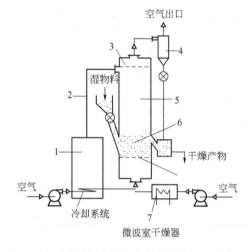

图 17-5-229　微波流化床干燥器

1—发生器；2—波导；3—筛子；4—旋风分离器；
5—干燥室；6—流化床；7—加热器

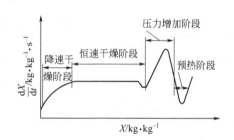

图 17-5-230　干燥速率对湿含量的曲线

5.18.3　微波干燥的阶段

一般情况下，微波干燥过程可以分为四个阶段，如图 17-5-230 所示。

① 预热阶段。湿固体的温度能够增加到液体的沸点。在这个阶段没有湿含量损失，且物体内部的压力可以看作等于大气压。

② 压力增加阶段。在此阶段，由大气压上升到压力最大值，此值决定于流动阻力和功率输入。物体内部产生的蒸汽流向表面。

③ 恒速干燥阶段（恒定功率输入）。物料内部蒸汽流动速率决定于吸收功率和蒸汽流动的内部阻力。

④ 降速干燥阶段。物料湿含量降低，其结果是吸收功率减小和湿分运动的推动力减小。但当物料主体在低湿含量时是电磁能的接收者，则物体温度能够上升。

参考文献

[1] 时钧，汪家鼎，余国琮，陈敏恒．化学工程手册（上卷）．第 2 版．北京：化学工业出版社，1996.
[2] 潘永康．现代干燥技术．第 2 版．北京：化学工业出版社，2007.

[3] 于才渊，王宝和，王喜忠．干燥装置设计手册．北京：化学工业出版社，2005．
[4] 于才渊，王宝和，王喜忠．喷雾干燥技术．北京：化学工业出版社，2013．
[5] 王喜忠，于才渊．周才君．喷雾干燥．第2版．北京：化学工业出版社，2003．
[6] 《化学工程手册》编辑委员会．化学工程手册：第16篇 干燥．北京：化学工业出版社，1989．
[7] 《机械工程手册》编辑委员会．机械工程手册：通用设备卷．第2版．北京：机械工业出版社，1997．
[8] 金国淼，等，化工设备设计全书编辑委员会．干燥设备设计．北京：化学工业出版社，2002．
[9] 童景山，张克．流态化技术．北京：中国建筑出版社，1985．
[10] 王松汉．石油化工设计手册：第3卷 化工单元过程．北京：化学工业出版社，2015．
[11] 桐荣良三．干燥装置．東京：日刊工业新闻社，1982．
[12] Perry R H，Green D W. Perry's chemical engineers' handbook. 7th ed. New York:McGraw-Hill Companies Inc，2001．
[13] 袁一．化学工程师手册．北京：机械工业出版社，2000．
[14] 金涌，祝京旭，汪展文，等．流态化工程原理．北京：清华大学出版社，2001．
[15] Strumillo C，Kudra T. Drying: principles, applications and design. New York: Gordon and Breach Science, 1986．
[16] 郭宜祜，王喜忠．流化床基本原理及其工业应用．北京：化学工业出版社，1980．
[17] 童景山．流态化干燥工艺与设备．北京：科学出版社，1996．
[18] 《化学工程手册》编辑委员会．化学工程手册：第20篇 流态化．北京：化学工业出版社，1987．
[19] 刘广文．喷雾干燥实用技术大全．北京：中国轻工业出版社，2001．
[20] Southwell D B,Langrish T A G. Drying Technology,2000,18(3):661-685．
[21] Mujumdar A S. Handbook of industrial drying. New York: M Dekker,1987．
[22] Masters K. Spray Drying Handbook. fifth. Burnt Mill, Harlow:Longman Scientific & Technical, 1991．
[23] 伊藤崇．粉体と工业，1996，28（3）：59-64．
[24] Doumas M, Laster R. Chem Eng Progr, 1953, 49（10）: 518-526．
[25] 贾江坪．中国制药装备，2006，（8）：52-54．
[26] Masters K. Drying Technology, 1994, 12（1-2）: 235-257．
[27] 黄立新，王宗濂，唐金鑫．化学工程，2001，29（2）：51-55．
[28] 化学工学協会．化学工学便覧．第5版．東京：丸善株式会社，1988．
[29] 桐荣良三．干燥装置手册．秦霁光，等译．上海：上海科学技术出版社，1983．
[30] 赵思孟．粮食干燥技术．郑州：河南科学技术出版社，1991．
[31] 苏州市太仓工业搪瓷厂．双锥回转真空干燥机的应用价值．湖南化工，1989，（3）：2-3．

6 组合干燥技术

在工业生产中,由于物料的多样性及其性质的复杂性,有时采用单一型式的干燥器干燥湿物料时,往往达不到最终产品的质量要求,如果把两种或两种以上不同型式的干燥器串联组合起来,就可以达到单一干燥型式所不能达到的目的,这种干燥方式称为组合干燥。组合干燥可充分利用各自干燥器的优点,优化操作过程,降低能耗,提高产品质量和经济效益。

一般认为,恒速干燥阶段的干燥速率取决于水蒸气通过物料表面的气膜扩散到气相主体的速率,因此,可以在第一级快速干燥器中除去物料中的非结合水分。而降速干燥阶段的干燥速率是由水分在物料内的扩散速率所控制,需要有足够的时间使水分扩散到物料外表面,所以,可以在外部干燥条件较低的第二级(或第三级等)干燥器中除去物料中的结合水分。

采用多级组合干燥,不仅可以使最终产品的含水量达到要求,而且可以用于改善产品的质量,同时节省能量,尤其对热敏性物料最为适用。工业生产中常用的组合干燥方式有两级组合干燥或三级组合干燥等。

6.1 两级组合干燥

6.1.1 喷雾干燥和流化床干燥的组合

喷雾干燥和流化床干燥的组合大多是用于牛奶等食品类物料的干燥,如图 17-6-1 所示[1~3]。它是由一个喷雾干燥和一个振动流化床两级干燥组成。在这个两级干燥系统中,喷雾干燥为第一级干燥,物料被干燥到含水量为 10% 左右(这是牛奶的干燥情况),而不是最终的湿含量 3%~5%,剩下的水分在第二级干燥器(即振动流化床干燥器)中完成。在第二级的振动流化床中,粉体先被干燥后被冷却。

与单级喷雾干燥相比,这种两级干燥系统得到的产品质量高(如奶粉的速溶性好),而且热效率也高,可节能 20% 左右[1~3]。两级组合干燥系统的出口废气温度比单级喷雾干燥系统的要低 15~20℃(约为 80℃),这就允许用更高的进口热空气温度,而不会影响产品的质量。

牛奶两级组合干燥的另一种紧凑型结构型式如图 17-6-2 所示[1,2]。它是把喷雾干燥和流化床干燥这两个单元合二为一。这种组合干燥系统合理利用干燥空气,其节能效果更为显著,与单级喷雾干燥相比节能 30% 以上[1~3]。

6.1.2 气流干燥和流化床干燥的组合

当产品的含水量要求非常低,而用一个气流干燥管又达不到要求时,可选择气流干燥和流化床干燥的两级组合干燥系统,而不应该采用延长干燥管长度或再串联一套气流干燥管的

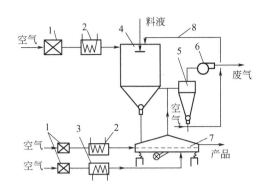

图 17-6-1 牛奶的两级组合干燥示意图

1—空气过滤器；2—加热器；3—冷却器；
4—喷雾干燥器；5—旋风分离器；6—引风机；
7—振动流化床干燥器；8—细粉返料管线

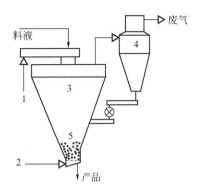

图 17-6-2 紧凑型两级组合干燥示意图

1—第一级干燥热空气；2—第二级干燥热空气；
3—干燥室；4—旋风分离器；5—粉体流化床

方法。因为第一级气流干燥后剩下的这部分水分已是难以除掉的结合水分，而流化床干燥器最适宜除掉部分这种水分。气流干燥和卧式多室流化床干燥的两级组合如图 17-6-3 所示。

气流干燥和卧式多室流化床干燥两级组合的一个典型实例是 PVC 树脂（聚氯乙烯树脂）的干燥[4]。PVC 树脂是一种热敏性、黏性小、多孔性的粉末状物料，其干燥过程经历了表面汽化及内部扩散的不同控制阶段，因此，可采用两级组合干燥。PVC 树脂经过离心分离后，水分含量一般为 15%～25%，其中绝大部分属于表面水分。第一级采用气流干燥，在很短时间内（一般为 2s 左右）就可将表面水分除掉；而余下的部分结合水分，要从 PVC 树脂颗粒孔隙内扩散到颗粒表面后再汽化，所需要的时间要比颗粒表面水分干燥所需要的时间长 100 倍至几百倍。因此，第一级采用高气速的气流干燥，而第二级采用低气速的流化床干燥。

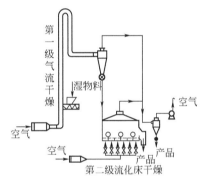

图 17-6-3 气流干燥和卧式多室流化床干燥的两级组合干燥

为强化第一级的干燥过程，有时采用脉冲气流干燥管[1,3]或旋风气流干燥管[1,3]。酒糟的干燥就采用旋风气流干燥和卧式多室流化床干燥的两级组合干燥系统[1]。酒糟是一种纤维性膏状物料，经板框压滤后含水量约为 55% 以上，不适于直接进入流化床干燥，为解决这一问题，可先利用第一级旋风气流干燥设备对含水量较高的湿物料进行干燥，除去部分表面水分，使其含水量降到 35% 左右，然后进入流化床进行第二级干燥得到含水量 5% 的干燥产品。

气流干燥和流化床干燥的两级组合除了上述几种型式外，还有气流干燥和锥形流化床干燥的组合等[1,3]。

6.1.3 粉碎气流干燥和流化床干燥的组合

如果在气流干燥器的底部装上一套搅拌装置，就变成了粉碎气流干燥器。由于搅拌装置对物料有搅拌和破碎作用，使干燥过程得到了强化，可以直接干燥气流干燥器不能处理的膏状物料，如真空过滤机、压滤机、离心机脱水得到的滤饼等。粉碎气流干燥和流化床干燥的组合系统与图 17-6-3 相似，只是用粉碎气流器代替其中的气流干燥器。染料中间体蓝色基 BB 的干燥就是这种两级干燥的组合[1,3,5]。由离心机分离得到的含水量 40% 的蓝色基 BB 滤饼，先在第一级粉碎气流干燥器中干燥到 3% 左右，再进入第二级卧式多室流化床干燥器中干燥得到合格产品（含水量 1%）。此外，对于含水量较大的黏性滤饼，还可以用旋转快速干燥和流化床干燥的组合[1,3]，其流程与图 17-6-3 也相似，只是用旋转快速干燥器代替其中的气流干燥器即可。

除了上述几种组合干燥型式外，还有滚筒干燥器和振动流化床干燥器的组合、回转搅拌干燥器与流化床干燥器的组合、传导搅拌干燥器与流化床干燥器等组合型式[6]。

总之，在干燥装置的设计和操作过程中，如果用一种干燥器不能完成生产任务时，可以考虑两级（或多级）组合干燥技术，从而使产品达到质量要求。第一级干燥一般为快速干燥，除掉物料中的非结合水分；第二级（及第三级等）干燥除掉物料中的部分结合水分[5,7]。

6.2 三级组合干燥

牛奶的三级组合干燥型式如图 17-6-4 所示[1,3]。与图 17-6-2 相比，这种三级组合干燥系统多了一个第三级振动流化床干燥-冷却器。从第一级喷雾干燥出来的湿颗粒直接落入第二级流化床中进行干燥，最后的干燥和冷却在第三级振动流化床中完成。这种三级组合干燥系统的操作可以在高进口空气温度和低出口废气温度下进行，适用于各种类型牛奶的干燥，其优点是产品质量好，节省能量，生产操作空间可以低一些。

图 17-6-5 所示的是旋转气流的三级组合干燥系统示意图[1,3]。与图 17-6-4 不同的是，该系统的第一级干燥热空气是向下旋转运动的，因此，可以选用旋转式雾化器或压力式喷嘴来雾化料液。此外，粉体流化床层也是旋转运动的。为防止出现粘壁问题，该系统还配有一股旋转的顺壁风，对干燥器壁进行吹扫。这种三级组合干燥系统对各种类型牛奶的干燥也是适用的。由于可采用旋转式雾化器，就使得这种系统特别适用于预结晶的乳清产品的干燥。

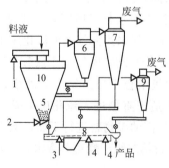

图 17-6-4　牛奶的三级组合
干燥示意图

1—第一级干燥热空气；2—第二级干燥热空气；
3—第三级干燥热空气；4—冷空气；5—粉体流化床；6—第一级旋风分离器；7—第二级旋风分离器；8—振动流化床干燥-冷却器；9—振动流化床；10—干燥室

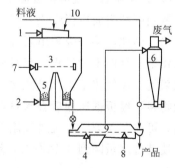

图 17-6-5　旋转气流的三级组合
干燥系统示意图

1—第一级干燥热空气；2—第二级干燥热空气；3—干燥室；
4—第三级干燥热空气；5—粉体流化床；6—旋风分离器；
7—顺壁吹扫空气；8—冷空气；9—振动流化床
干燥-冷却器；10—细粉返料管线

图 17-6-6 所示的是喷雾干燥和带式干燥的三级组合干燥器[8],主要用于食品干燥。在第一级的多喷嘴喷雾干燥过程中,料液被干燥到含水量为 10%～20%（与产品有关）；这种半干粉体落到位于喷雾干燥室下部的多孔输送带上进行第二级干燥（穿流带式干燥）；粉体在第二级输送带上经短时间停留后,被慢慢输送到第三级干燥带上（干燥空气温度较低）；最后是产品冷却阶段。一般认为,这种组合干燥系统得到的产品速溶性好,废气温度比较低（一般为 65～70℃）,热效率较高。

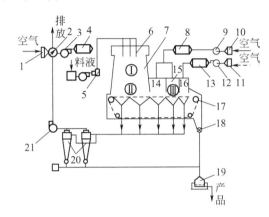

图 17-6-6 喷雾干燥和带式干燥的三级组合干燥器
Ⅰ—第一级干燥；Ⅱ—第二级干燥；Ⅲ—第三级干燥及冷却
1,10,11—空气过滤器；2—热回收系统；3,9,12—鼓风机；4,8,13—加热（或冷却）器；5—高压泵；6—雾化器；7—喷雾干燥塔；14,15—第三级干燥室；16—冷却室；17—输送带系统；18—粉体卸料系统；19—筛分系统；20—旋风分离器；21—引风机

参考文献

[1] 潘永康. 现代干燥技术. 第2版. 北京：化学工业出版社,2007.
[2] Mujumdar A S. Handbook of industrial drying. Fourth. CRC Press(Taylor & Francis Group LLC),2015.
[3] 王宝和,王喜忠. 化学工程,1998,26(1)：39-42.
[4] Mujumdar A S. Handbook of industrial drying. New York：M Dekker,1987.
[5] 时钧,汪家鼎,余国琮,陈敏恒. 化学工程手册：上卷. 第2版. 北京：化学工业出版社,1996.
[6] 于才渊,王宝和,王喜忠. 干燥装置设计手册. 北京：化学工业出版社,2005.
[7] 化学工学協会. 化学工学便覽. 第5版. 東京：丸善株式会社,1988.
[8] 于才渊,王宝和,王喜忠. 喷雾干燥技术. 北京：化学工业出版社,2013.

7

干燥过程的节能

7.1 干燥过程的能源消耗

干燥是能量消耗较大的单元操作之一。这是因为不论是干燥液体物料、浆状物料，还是干燥含湿的固体物料，都要将液态水分变成气态，所以需要供给较大的汽化潜热。通常把干燥过程中蒸发1kg水分所消耗的能量称为单位能耗。从理论上讲，在标准条件（即干燥在绝热条件下进行，固体物料和水蒸气不被加热，也不存在其他热量交换）下蒸发1kg水分所需的能量为2200～2700kJ，其中上限为除去结合水分的情况。实际干燥过程的单位能耗比理论值要高得多，据报道[1,2]，干燥介质逆流循环的连续式干燥，其单位能耗为3000～4000kJ·kg^{-1}；而一般的间歇式干燥为2700～6500kJ·kg^{-1}；对于某些软薄层物料（如纸张、纺织品等）高达5000～8000kJ·kg^{-1}。

统计资料表明[1~3]，干燥过程的能耗占整个加工过程能耗的12%左右。表17-7-1为1978年英国六大工业部门干燥操作的能耗情况[1,2]。由表17-7-1可见，这六大工业部门年消耗能量之和约为1103×10^{9}MJ，其中用于干燥操作的为128×10^{9}MJ，平均约占12%。法国干燥操作的年能耗约为168×10^{9}MJ，美国达1600×10^{9}MJ，瑞典化学工业中干燥占总能耗的15%，中国干燥操作的能耗约占总能耗的10%。因此，必须设法提高干燥装置的能量利用率，节省能源。

表 17-7-1 英国六大工业部门干燥操作的能耗情况

项目 工业部门	干燥能耗/10^{9}MJ·a^{-1}	总能耗/10^{9}MJ·a^{-1}	干燥占总能耗的比例/%
食品和农业	35	286	12
化学工业	23	390	6
造纸业	45	137	33
纺织业	7	128	5
陶瓷和建材业	14	127	11
木材加工业	4	35	11
合计	128	1103	78

7.2 干燥装置的能量利用率及干燥器的热效率

干燥装置的能量利用率或干燥器的热效率，是衡量干燥过程或干燥器在能量利用上优劣的重要指标，通过对过程或设备的能量利用率或热效率的计算，可以发现操作过程能耗的分配情况，从而为采取相应措施降低能耗提供了方向。

7.2.1 干燥装置的能量利用率

所谓干燥装置的能量利用率 η_e 是指装置脱去水分所需要的能量 E_1 与供给装置的能量 E_2 之比[1,2]，即

$$\eta_e = \frac{E_1}{E_2} \times 100\% \qquad (17\text{-}7\text{-}1)$$

式中　η_e——干燥装置的能量利用率，%；

　　　E_1——脱水所需要的能量，J；

　　　E_2——供给装置的能量，J。

表 17-7-2 为典型对流干燥器的能量核算情况[3]。表 17-7-3 是美国 17 种工业干燥器的年平均能耗及能量利用率数据[1,2]。由表 17-7-3 可见，干燥装置的能量利用率，从直接接触的连续操作的塔式干燥器的 20%，到某些间接接触的连续操作或间歇操作（如回转式干燥器、搅拌槽式干燥器等）的 90% 之间变化。

表 17-7-2　典型对流干燥器的能量核算

种类	能量/kJ·h^{-1}	比例/%
水分蒸发	975400	55.8
废气	521200	29.8
辅助设备	143900	8.2
辐射	47900	2.7
物料	45800	2.6
风机	13300	0.8
合计	1747500	
能量利用率=975400/1747500=55.8%		

表 17-7-3　（美国）17 种工业干燥器的平均能耗及能量利用率

形式	能耗/10^9 MJ·a^{-1}	能量利用率/%
直接接触的连续操作		20~40
塔式	137±32	50~75
闪蒸式	528±211	50~90
网板式	2.8	40~60
带式	1.9	40~70
回转式	66	50
喷雾	9.5	35~40
隧道式	<1	40~80
流化床	23	
直接接触的间歇操作		85
盘式	<1	
间接接触的连续操作		85
滚筒式	2.4	75~90
回转式	53	90~92
圆筒式	127±53	
间接接触的间歇操作		90
搅拌槽式	<1	<70
真空耙式	<11	—
真空盘式	<1	30~60
红外线干燥	<1	60
高频干燥	<1	

一般认为,干燥装置的能量利用率取决于干燥介质的初始和最终温度,环境温度及湿含量,供给和损失的热量,以及废气的循环情况等因素。除了低温对流干燥等要考虑风机消耗的能量(因为这时这部分能量在总能耗中占的比例较大)外,蒸发水分和废气排空损失的热量为干燥装置能耗的主要部分,所以用干燥器的热效率来描述干燥过程或设备的能耗情况更方便一些。

7.2.2 干燥器的热效率

干燥器的热效率 η_t 是指干燥过程中用于水分蒸发所需的热量 Q_1 与热源提供的热量 Q_2 之比,即:

$$\eta_t = \frac{Q_1}{Q_2} \times 100\% \tag{17-7-2}$$

式中　η_t ——干燥器的热效率,%;
　　　Q_1 ——蒸发水分所需要的热量,J;
　　　Q_2 ——热源提供的热量,J。

热源供给干燥器的热量主要包括:水分蒸发所需要的热量、物料升温所需要的热量及热损失三部分。对流干燥器的热平衡统计数据表明,供给干燥器热量的 20%~60% 用于水分蒸发,5%~25% 用于加热物料,15%~40% 为废气排空损失,3%~10% 作为热损失进入大气中,5%~20% 为其他损失[1,2]。

对于无内热源、无废气循环的绝热对流干燥器,若忽略由温度和湿度引起湿空气的比热容变化,干燥器的热效率可简化为

$$\eta_{tmax} = \frac{t_1 - t_{2a}}{t_1 - t_0} \times 100\% \tag{17-7-3}$$

式中　η_{tmax} ——绝热条件下干燥器的热效率,%;
　　　t_1 ——干燥介质在干燥器入口的温度,℃;
　　　t_0 ——干燥介质在环境条件下的温度,℃;
　　　t_{2a} ——绝热条件下干燥器出口废气温度,℃。

因为 $t_{2a} > t_0$,所以热风式对流干燥器的热效率不会达到 100%。实际干燥过程中大都有热损失,干燥器出口废气温度 t_2 总是高于绝热条件下出口温度 t_{2a},因此,式(17-7-3)计算出的是热风式对流干燥器的最大热效率,实际干燥过程的热效率比式(17-7-3)要低一些。由式(17-7-3)可见,提高干燥器入口气体温度 t_1,干燥器的热效率增大,当 t_1 超过 400℃时,理论热效率可达 70%。一些典型干燥器的热效率数据为如下几种[2]:

① 热风式对流干燥器的热效率。用热空气作为干燥介质的干燥器热效率 $\eta_t = 30\%$~60%,η_t 随着进气温度 t_1 的提高而上升,但理论上也不会达到 100%。当采用部分废气循环时,$\eta_t = 50\%$~75%。

② 过热蒸汽干燥器的热效率。采用过热蒸汽作为干燥介质时,从干燥器中排出的已降温的过热蒸汽并不向环境排放,而是排出干燥过程中所增加的那部分蒸汽后,其余作为干燥介质的那部分过热蒸汽经预热器提高过热度后,重新循环进入干燥器。因此,理论上过热蒸汽干燥器的热效率可达 100%,但实际一般为 70%~80%。

③ 传导式干燥器的热效率。在传导式干燥器中,除了以导热传热为主外,有时为了移走干燥过程中蒸发的水分,会通入少量空气(或其他惰性气体),这样能及时移走水蒸气,

可使干燥速率提高 20% 左右，但少量空气（或其他惰性气体）的排放会损失少量热量，使干燥过程的热效率稍有下降。若不通入少量空气（或其他惰性气体）带走水蒸气，则干燥器的热效率会提高，但干燥速率降低，即意味着需要较大的干燥器容积。因此，这种干燥器的热效率一般为 70%～80%。

④ 辐射式干燥器的热效率。由于这种干燥器需要用大量热量加热湿物料周围的空气，故热效率较低，一般只有 30% 左右。

7.3 干燥操作的节能途径

前面已述及，干燥操作的能耗很大，而能量利用率又很低（对流式干燥器尤其如此），特别是近年来随着能源危机的出现，能源价格的不断上涨，因此，有必要采取措施改变干燥设备的操作条件，选择热效率高的干燥装置，回收排出的废气中的部分热量来降低生产成本。

(1) 减少干燥过程中的各种热损失 一般来说，干燥器的热损失不会超过 10%，大中型生产装置若保温适宜，热损失为 5% 左右[2,4]。因此，要做好干燥系统的保温工作，但也不是保温层越厚越好，应确定一个最佳保温层厚度。

为防止干燥系统的渗漏，一般采用鼓风机和引风机串联使用，经合理调整使系统处于零压状态操作，这样可以避免对流干燥器因干燥介质的漏出或环境空气的漏入而造成干燥器热效率的下降。

(2) 降低干燥器的蒸发负荷 物料进入干燥器前，通过过滤、离心分离或蒸发器的蒸发等预脱水处理，可增加物料中的固含量，降低干燥器的蒸发负荷，这是干燥器节能的最有效方法之一。例如，将固含量为 30% 的料液增浓到 32%，其产量和热量利用率提高约 9%[2,5]。

对于液体物料（如溶液、悬浮液、乳浊液等），干燥前进行预处理也可以节能，因为在对流式干燥器内加热物料利用的是空气显热，而预热则是利用水蒸气的潜热或废热等。对于喷雾干燥，料液的预热还有利于雾化。

(3) 提高干燥器入口空气温度、降低出口废气温度 由干燥器热效率的定义可知，提高干燥器入口空气温度 t_1，有利于提高干燥器的热效率。但是，入口温度受产品允许温度限制。在并流颗粒悬浮干燥器中，颗粒表面温度比较低，因此，干燥器入口空气温度可以比产品允许温度高得多。

一般来说，对流式干燥器的能耗主要由蒸发水分和废气带走这两部分组成，而后一部分大约占 15%～40%，有的高达 60%[1,3]，因此，降低干燥器出口废气温度比提高入口空气温度更经济，既可以提高干燥器的热效率，又可以增加生产能力。但出口废气温度受两个因素的限制：一是要保证产品湿含量（出口废气温度过低，产品湿含量增加，达不到要求的产品含水量）；二是废气进入旋风分离器或布袋过滤器时，要保证其温度高于露点 20～60℃[5]。

(4) 部分废气循环 采用部分废气循环干燥系统如图 17-7-1 所示。由于利用了部分废气中的部分余热，使干燥器的热效率有所提高，但随着废气循环量的增加，使热空气中的湿含量增加，干燥速率将随之降低，使湿物料干燥时间的延长而带来干燥设备费用的增加，因此，存在一个最佳废气循环量。一般的废气循环量为 20%～30%[5]。

(5) 从干燥器出口废气中回收热量　除了上述利用部分废气循环回收热量的节能方法外，还可以用间接式换热设备预热空气等节能途径。常用的换热设备有热轮式换热器、板式换热器、热管换热器、热泵等[2,3]。

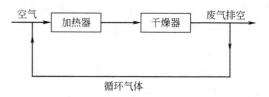

图 17-7-1　部分废气循环干燥系统示意图

(6) 从固体产品中回收显热　有时为了降低产品的包装温度，改善产品质量，需对干燥产品进行冷却，这样就可以利用冷却器回收产品中的部分显热。常用的冷却设备有：固-液冷却器（可以得到热水等）、流态化冷却器、振动流化床冷却器及移动床粮食冷却器（可以得到预热空气）[2,3]。

(7) 利用内换热器　在干燥器内设置内换热器，利用内换热器提供干燥所需的一部分热量，从而减少了干燥空气的流量，可节能和提高生产能力 1/3 或更多[2]。这种内换热器一般只对特定干燥器适用，如回转圆筒干燥器内的蒸汽加热管、流化床干燥器内的蒸汽管式换热器等。

(8) 组合干燥　采用组合干燥主要是为了提高产品质量和节能，尤其是对热敏性物料最为适宜。牛奶干燥系统就是一个典型的实例，它是由喷雾干燥和振动流化床两级干燥组成，其单位能耗由单一喷雾干燥的 $5550 kJ \cdot kg^{-1}$ 降低为 $4300 kJ \cdot kg^{-1}$，节能 20% 左右，同时又可使奶粉速溶性提高[2,3]。

(9) 过热蒸汽干燥　与空气相比，蒸汽具有较高的热容，若传递热量相同时，所需的质量流量将减少；蒸汽的热导率较高，即意味着具有较高的传热系数，亦即有较高的传热速率（物料内扩散控制的降速干燥阶段除外），使干燥器的结构更为紧凑。如何有效利用干燥器排出的废蒸汽，是这项技术成功的关键。一般将废蒸汽用作工厂其他过程的工作蒸汽，或经再压缩或加热后重复利用。

过热蒸汽干燥的优点是：可有效利用干燥器排出的废蒸汽，节约能源；无起火和爆炸危险；减少产品氧化变质的隐患，可改善产品质量；干燥速率快，设备结构紧凑。但还存在一些不足：工业使用经验有限；加料和卸料时，难以控制空气的渗入；产品温度较高。

(10) 太阳能干燥　太阳能被认为是一种"免费"的能源，但太阳能干燥的应用受地理条件的限制，一般适用于农产品（如花生、咖啡豆、玉米、水稻、大麦、小麦等）的干燥。在一些温带气候的国家，太阳能干燥只限于牧草和稻草的干燥。

(11) 地热干燥　地热干燥是利用地热能这种非常规能源作为干燥热源的干燥方式。地热干燥在地热资源丰富的国家（如美国、冰岛、马其顿、日本、匈牙利等）已达到较高的水平，已经用于鱼类、木材、大米、水稻、棉花、洋葱、芹菜、胡萝卜、甜菜、大蒜、辣椒、苹果、梨、葡萄、桃子、李子、菠萝片、香蕉片等农副产品的干燥。从理论上讲，地热干燥可以应用于大部分常规能源干燥过程，可以部分或全部代替干燥过程的常规能源，达到节省常规能源、提高经济效益的目的。

(12) 生物能源的利用　农产品的残渣，即正常农产品系统中的副产品就是农场中最便宜、最易得到的生物能源。有人估计，2000 年来自农业的生物能源占美国能量需求量的 5%，燃烧这些谷物残渣和其他一些生物能源是目前广泛采用的技术。有分析表明，从 $1 hm^2$ 玉米田中回收的生物能源可以干燥 $10 hm^2$ 以上的玉米。

参考文献

[1] Mujumdar A S. Handbook of Industrial Drying. Fourth. CRC Press(Taylor & Francis Group LLC),2015.
[2] 潘永康. 现代干燥技术. 北京：化学工业出版社，1986.
[3] 于才渊，王宝和，王喜忠. 干燥装置设计手册. 北京：化学工业出版社，2005.
[4] 时钧，汪家鼎，余国琮，陈敏恒. 化学工程手册：上卷. 第2版. 北京：化学工业出版社，1996.
[5] 王喜忠. 化工进展，1991, (2): 21-25.

符号说明

a	比表面积，$m^2 \cdot m^{-3}$	
a_0	有效截面系数	
a_s	非球形颗粒的面积系数	
a_v	非球形颗粒的体积系数	
A	面积，m^2	
A_0	振幅，s^{-1}	
A_d	投影面积，m^2	
c_a	干空气比热容，$kJ \cdot kg^{-1} \cdot ℃^{-1}$	
c_H	湿空气比热容，$kJ \cdot kg^{-1} \cdot ℃^{-1}$	
c_m	干物料比热容，$kJ \cdot kg^{-1} \cdot ℃^{-1}$	
c_w	水的比热容，$kJ \cdot kg^{-1} \cdot ℃^{-1}$	
C_D	量系数	
d	雾化器圆盘直径，m	
d_o	喷嘴孔直径，m	
d_p	颗粒（或雾滴）直径，m	
D	干燥管（或干燥塔）直径，m	
D_{AV}	平均滴径，m	
D_{mm}	质量中间直径，m	
D_{VS}	体积-面积平均直径，m	
f	频率，s^{-1}	
F_b	浮力，N	
F_g	重力，N	
F_r	曳力，N	
g	重力加速度，$m \cdot s^{-2}$	
G	湿物料流量，$kg \cdot h^{-1}$	
G_a	气体质量流率，$g \cdot cm^{-2} \cdot s^{-1}$	
G_c	湿物料中绝干物料的质量，$kg \cdot h^{-1}$	
h	高度或长度，m	
h_0	静止床层高度，m	
H	空气的湿度，$kg \cdot kg^{-1}$	
I	湿空气的焓，$kJ \cdot kg^{-1}$	
K	总传热系数，$W \cdot ℃^{-1} \cdot m^{-2}$	
K_a	体积总传热系数，$W \cdot ℃^{-1} \cdot m^{-3}$	
L	绝对干空气质量流量，$kg \cdot h^{-1}$	
L_D	筒体长度，m	
L_g	空气质量流速，$g \cdot m^{-2} \cdot s^{-1}$	

符号	说明
m	液滴（或颗粒）质量，kg
M_a	气体质量流量，kg·h^{-1}
M_L	液体质量流量，kg·h^{-1}
M_P	单位润湿周边长度上的质量流量，kg·m^{-1}·s^{-1}
n	叶片数
N	转速，r·min^{-1}
N_v	床层膨胀率
P	总压，Pa
p_a	干空气分压，Pa
p_w	水蒸气分压，Pa
q	比热量消耗，蒸发1kg水所需热量，kJ·kg^{-1}
q_A	干燥强度，kg·h^{-1}·m^{-3}
q_L	热损失，kJ·kg^{-1}
Q	传热量，J·h^{-1}
r_c	空气芯半径，m
r_0	喷嘴孔半径，m
R	旋转室半径，m
s	孔间距，m
t	空气温度，℃
t_m	物料温度，℃
t_s	绝热饱和温度，℃
t_w	湿球温度，℃
u	速度，m·s^{-1}
u_{cy}	噎塞速度，m·s^{-1}
u_f	自由沉降速度（或带出速度），m·s^{-1}
u_{mf}	最小流化速度，m·s^{-1}
u_{mvf}	最小振动流化速度，m·s^{-1}
u_r	径向速度，m·s^{-1}
u_{res}	释出速度（或合速度），m·s^{-1}
u_T	切向速度，m·s^{-1}
U	干燥速率，kg·h^{-1}·m^{-2}
U_w	蒸发强度，kg·m^{-3}·h^{-1}
v	圆周速度，m·s^{-1}
v_m	湿比容，m^3·kg^{-1}
V	体积，m^3
V_g	气体体积流量，m^3·h^{-1}
V_l	液体体积流量，m^3·s^{-1}
V_m	颗粒体积，m^3；加料量，m^3·min^{-1}
w	物料湿基湿含量（含水量，含水率），%
W	水分蒸发量，kg·h^{-1}
X	物料干基湿含量，%

希腊字母

| α | 传热系数，W·K^{-1}·m^{-2} |

α_a	体积传热系数，$W \cdot ℃^{-1} \cdot m^{-3}$
β	雾化角，(°)
γ	水的汽化潜热，$kJ \cdot kg^{-1}$
δ	液膜厚度，m
ε	空隙率，%
ε_0	固定床空隙率，%
ε_f	流化床空隙率，%
ξ	阻力系数
η_e	能量利用率，%
η_t	热效率，%
θ	筒体倾角，(°)
λ	热导率，$kW \cdot m^{-1} \cdot ℃^{-1}$
μ	黏度，$Pa \cdot s$
μ_a	空气黏度，$Pa \cdot s$
μ_L	料液黏度，$Pa \cdot s$
ν	运动黏度，$m^2 \cdot s^{-1}$
ρ	密度，$kg \cdot m^{-3}$
ρ_a	空气密度，$kg \cdot m^{-3}$
ρ_b	堆积密度，$kg \cdot m^{-3}$
ρ_L	液体密度，$kg \cdot m^{-3}$
ρ_m	颗粒物料密度，$kg \cdot m^{-3}$
ρ_w	水的密度，$kg \cdot m^{-3}$
σ	表面张力，$dyn \cdot cm^{-1}$
τ	时间，s
φ	空气的相对湿度，%
ϕ	填充系数
ϕ_c	弧面角，(°)
ψ	气体分布板开孔率，%

无量纲数

$Ar = \dfrac{d_p^3 \rho (\rho_p - \rho) g}{\mu^2}$，阿基米德数

$Nu = \dfrac{\alpha d_p}{\lambda}$，努塞尔数

$Re = \dfrac{d_p u \rho}{\mu}$，雷诺数

第18篇

吸附及离子交换

主 稿 人：李　忠　华南理工大学教授
编写人员：李　忠　华南理工大学教授
　　　　　张香平　中科院过程工程研究所研究员
　　　　　邢华斌　浙江大学教授
　　　　　奚红霞　华南理工大学教授
　　　　　夏启斌　华南理工大学副教授
　　　　　肖静华　华南理工大学研究员
审 稿 人：任其龙　浙江大学教授

第一版编写人员名单
编写人员：叶振华　宋　清　徐家鼎
审 校 人：苏元复

第二版编写人员名单
主 稿 人、编写人员：叶振华

1 吸附剂的种类及其应用

1.1 吸附过程及其分类[1~6]

吸附过程是指多孔固体吸附剂与流体相（液体或气体）相接触，流体相中的单一或多种溶质向多孔固体颗粒表面选择性传递，积累于多孔固体吸附剂微孔表面的过程。类似的逆向操作过程称为解吸过程，它可以使已吸附于多孔固体吸附剂表面的各类溶质有选择性地脱出。通过吸附和解吸可以达到分离、精制的目的。

吸附过程设计中，吸附剂的选择是十分重要的。吸附剂的种类很多，可分为无机的和有机的、合成的和天然的。吸附剂可以根据需要加以改性修饰，使之对分离体系具有更高的选择性，以满足对结构类似或浓度很低的组分的分离回收要求。表 18-1-1 列出了吸附操作的典型应用举例。

表 18-1-1 吸附操作的典型应用举例

工业种类		应用目的	常用吸附剂	使用床层
化学工业	石油炼制、石油化学工业	碳氢化合物及其异构体，石油炼厂气的分离，石油气的脱水、脱硫精制	活性炭、硅胶、氧化铝、分子筛、酸性白土等	固定床、模拟移动床、大型色谱和变压吸附等
	天然气工业	脱硫、脱水、脱除 CO_2 和回收汽油馏分等	分子筛、活性炭、硅胶、氧化铝	变压吸附、固定床
	塑料、橡胶、化纤和感光材料等加工过程	溶剂回收(回收丙酮、醇、甲苯、二甲苯、CS_2 等及其他混合溶剂)	各种类型活性炭	固定床、大型回转式装置
	气体原料化学工业	空气分离(干燥、精制、氮、氧浓缩)，氢分离精制，CO、CO_2 的分离提纯	分子筛、活性炭、硅胶、氧化铝	变压吸附
	食品工业	制糖、调味品、食品添加剂、酒类的分离制取	活性炭、合成树脂	移动床、模拟移动床、大型色谱
	医药、生化产品和精细化工	抗生素、氨基酸等医药品及发酵产品等的分离，水的精制	活性炭、大孔吸附树脂	大型色谱、固定床
环保和其他行业	水处理(净化水、工厂废水处理)	脱除水中有机物质、颜色和臭味等	活性炭	移动床、固定床
	海水工业	回收钾、镁、溴等	分子筛	固定床
	电子精密工业	各种稀有气体的精制，制备净化空气，脱湿	分子筛、氧化铝、活性炭、硅胶	变压吸附
	空调、冷冻机工业	冷媒的吸附压缩	活性炭	固定床
	其他食品的保存	脱氧、脱湿	活性炭、硅胶	球状或小包使用

吸附剂的吸附容量有限，为 1‰~400%（质量分数）。为提高吸附过程的处理量，需要反复进行吸附和解吸操作，增加循环操作的次数。通常采用的吸附及解吸再生循环操作的方法有：

(1) 变温吸附 它的原理是利用提高温度使吸附剂的吸附容量减少而解吸，利用温度的变化完成吸附-脱附循环操作。小型的吸附设备常直接通入水蒸气加热床层，取其传热系数高、加热升温迅速，又可以清扫床层的优点。

（2）变压吸附 它的原理是利用降低压力或抽真空使吸附剂解吸，升高压力使之吸附，利用压力的变化完成吸附-脱附循环操作。

（3）变浓度吸附 待分离物质为热敏性溶质时，可利用溶液冲洗或萃取剂抽提来完成解吸再生。

（4）色谱分离 依据操作方法的不同，色谱分离可分为迎头分离操作、冲洗分离操作和置换分离操作等几种（图18-1-1）。混合物通入吸附柱后，不同组分按吸附能力的强弱顺序流出，称为迎头分离操作。在连续通入惰性溶剂的同时，脉冲送入混合溶液，各组分由于吸附能力大小不同得到有一定间隔的谱峰，称为冲洗分离操作。用吸附能力最强的溶质组分通入吸附饱和的床层，依次将吸附能力强弱不同的各组分置换下来，吸附能力最强的置换溶质组分则可采用加热或其他方法解吸，称为置换分离操作。工业上采用何种操作方式，可根据待分离组分的性质、处理量大小、产品和溶剂的价格等因素综合确定。

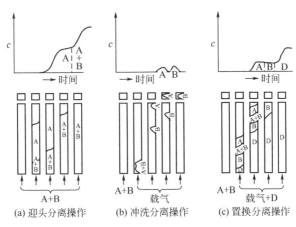

图 18-1-1 色谱分离操作法

c 表示浓度

除改变温度或压力实现吸附-解吸循环操作外，其他影响吸附溶质在两相之间分配的热力学参数，如化学物质的浓度，pH值，电场、磁场强度等，都可能改变溶质在两相间的分配和传递，以实现吸附循环操作。此外，可以变化多个热力学参数，形成新的吸附循环操作方式，如变温变压吸附、变温变浓度吸附、参数泵分离、循环区吸附、离心力作用各种色谱技术，如连续环状色谱、逆流连续色谱和在磁场作用下的磁稳态流化床吸附等。

1.2 吸附剂的种类[7～10]

1.2.1 天然吸附剂[11]

天然吸附剂包括天然有机吸附剂和天然无机吸附剂。

天然有机吸附剂由天然产品，如木纤维、玉米秆、稻草、木屑、树皮、花生皮等纤维素和橡胶组成，可以从水中除去油类和与油相似的有机物。天然有机吸附剂具有价廉、无毒、易得等优点，但再生困难。天然高分子物质，如纤维素、木质素、甲壳素和淀粉等，经过反应交联或引进官能团，也可制成吸附树脂。

天然无机吸附剂是由天然无机材料制成的，常用的天然无机材料有黏土、珍珠岩、蛭石、膨胀页岩和天然沸石等，经适当加工处理，就可直接作为吸附剂使用。天然吸附剂虽价廉、易得，但吸附容量小、活性较低、选择性较低，一般使用一次失效后，不再回收。天然无机吸附剂根据制作材料分为矿物吸附剂和黏土类吸附剂。矿物吸附剂可用来吸附各种类型的烃、酸及其衍生物、醇、醛、酮、酯和硝基化合物；黏土类吸附剂能吸附分子或离子，并且能选择性地吸附不同大小的分子或不同极性的离子。天然无机材料制成的吸附剂主要是粒状的，其使用受刮风、降雨、降雪等自然条件的影响。

1.2.2 氧化铝

氧化铝水合物经不同温度的热处理，可得 8 种亚稳态的氧化铝，其中以 $\gamma\text{-}Al_2O_3$ 和 $\eta\text{-}Al_2O_3$ 的化学活性最高，习惯上称为活性氧化铝。活性氧化铝是一种极性吸附剂，它一般不是纯粹的 Al_2O_3，而是部分水合无定形的多孔结构物质，其中不仅有无定形的凝胶，还有氢氧化物的晶体。活性氧化铝的孔径分布范围较宽，约为 $10\sim10000\text{Å}$（$1\text{Å}=1\times10^{-10}\text{m}$），宜在 $177\sim316℃$ 下再生。活性氧化铝可用作脱水和吸湿的干燥剂或作为催化剂的载体，它对水分的吸附容量大，常用于高湿度气体的脱湿和干燥。

1.2.3 硅胶

硅胶是一种坚硬、无定形链状和网状结构的硅聚合物，其分子式是 $SiO_2 \cdot nH_2O$。硅胶为亲水的极性吸附剂，易于吸附极性物质（如水、甲醇等）。它吸附气体的水分可达其本身质量的 50%（质量分数），即使在相对湿度 60% 的空气流中，微孔硅胶的吸湿量也可达 24%（质量分数），因此，常用于高湿含量气体的干燥。吸附水分时，硅胶放出大量的吸附热，常易使其破碎。

1.2.4 分子筛[12~17]

1.2.4.1 天然沸石分子筛

我国火山岩层分布广泛，各地区都分别发现了具有工业价值的各种天然沸石，如斜发沸石、丝光沸石等。浙江省缙云的天然丝光沸石是大孔型的丝光沸石，片沸石和方沸石也有少量发现。天然沸石可用于环境保护中的水处理、脱除重金属离子及海水提钾等。我国天然沸石资源丰富、储量大、价格低廉，有待充分开发利用。

1.2.4.2 合成沸石分子筛

合成沸石分子筛亦称为沸石分子筛。它是强极性吸附剂，对极性分子（特别是水）有很大的亲和力。它具有热稳定性和化学稳定性高、微孔尺寸大小一致的特点，且有筛分的性能。如图 18-1-2 所示，为各种沸石的有效微孔尺寸和一些分子尺寸的大小。在吸附质浓度很低的情况下，合成沸石仍保持很大的吸附量。合成沸石的选择性强，并有离子交换性和催化性。其中，

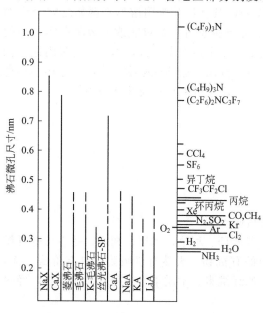

图 18-1-2　各种沸石分子筛的有效微孔尺寸和分子大小

以沸石分子筛为主体的微孔化合物在半个多世纪以来一直广泛应用于多孔化合物的三大应用领域：①吸附与分离领域，用于工业制造加工以及环境方面的分离与净化、干燥过程；②催化领域，用于石油炼制、石油化工、煤化工以及精细化工等方面的催化过程；③离子交换领域，用于洗涤剂工业、矿业及废液/料的处理过程等，除此之外，随着化学化工领域与材料科学领域上的交叉与渗透的日益深入，沸石分子筛在高新技术先进材料领域方面也得到了发展与应用。

（1）微孔沸石分子筛 微孔沸石分子筛是最早人工合成的一类孔径小于 2.0nm 的结晶硅酸盐多水化合物，其化学通式为：

$$Me_{x/n}[(AlO_2)_x(SiO_2)_y] \cdot mH_2O$$

式中，Me 为阳离子，主要是 Na^+、K^+ 和 Ca^{2+} 等碱金属离子或碱土金属离子；x/n 为价数是 n 的可交换金属阳离子 Me 的数目；m 为结晶水的数目。

表 18-1-2 列出了一些常用合成沸石分子筛的化学通式和理化性质。合成沸石分子筛骨架中，不同的阳离子和其所在位置以及 SiO_2/Al_2O_3 的摩尔比，都会使沸石分子筛的孔径和静电场分布不同。其中以 A 型和 X 型的硅铝比最小（Si/Al=1~1.5）。

表 18-1-2 常用合成沸石分子筛的化学通式和理化性质[14,15]

分子筛	晶胞化学组成	孔径/nm	SiO_2/Al_2O_3 摩尔比	最大理论阳离子交换量（Na^+ 型）/mmol·L^{-1}
方沸石(analcine)	$Na_{16}(AlO_2)_{16}(SiO_2)_{32} \cdot 16H_2O$	0.26	4	4.9
菱沸石(chabazite)	$Ca_4(AlO_2)_8(SiO_2)_{16} \cdot 16H_2O$	0.37×0.42 和 0.26	4	4.9
斜发沸石(clinoptilolite)	$Na_8(AlO_2)_8(SiO_2)_{40} \cdot 32H_2O$	0.4×0.55、0.44×0.72 和 0.41×0.47	10	2.6
毛沸石(erionite)	$Ca_{4.5}(AlO_2)_9(SiO_2)_{27} \cdot 27H_2O$	0.36×0.52	6	3.8
镁碱沸石(ferricrite)	$Na_2Mg_2(AlO_2)_6(SiO_2)_{80} \cdot 18H_2O$	0.43×0.55 和 0.34×0.48	11	2.4
丝光沸石(mordenite)①	$Na_8(AlO_2)_6(SiO_2)_{40} \cdot 24H_2O$	0.67×0.7 和 0.29×0.57	10	2.6
钙十字沸石(phillipsite)	$(K,Na)_{10}(AlO_2)_{10}(SiO_2)_{22} \cdot 20H_2O$	0.42×0.44、0.28×0.48 和 0.33	4.4	4.7
A 型沸石(Linde A)	$Na_{96}(AlO_2)_{96}(SiO_2)_{96} \cdot 216H_2O$	0.42α 穴 和 0.22β 穴	2	7.0
F 型沸石(Linde F)	$(Na_2O,K_2O)Al_2O_3 \cdot 2SiO_2 \cdot 3H_2O$	约 0.37	2	7.0
羟基型钠沸石(hydroxy LSO-dalite)③		0.22	2	7.0
L 型沸石(Linde F)	$K_6Na_3(AlO_2)_9(SiO_2)_{27} \cdot 21H_2O$	0.71	6	3.8
Ω 型沸石(Linde Ω)	$(Na 等)_8(AlO_2)_8(SiO_2)_{28} \cdot 21H_2O$	0.75	7	3.4
P 型沸石或 B 型沸石(Linde B)	$Na_6(AlO_2)_6(SiO_2)_{10} \cdot 15H_2O$	0.31×0.44 和 0.28×0.49	3	
T 型沸石(Linde T)	$(Na_{1.2}K_{2.8})[(AlO_2)_4(SiO_2)_{14}] \cdot 14H_2O$	0.36×0.52	6.9	3.4
W 型沸石(Linde W)	$(Na_2O,K_2O)Al_2O_3 \cdot 3.6SiO_2 \cdot 5H_2O$	0.42×0.44	3.6	5.3
X 型沸石(Linde X)②	$Na_2(AlO_2)_2(SiO_2)_{2.3\sim2.8} \cdot 6H_2O$	0.74α 穴 和 0.22β 穴	2.5	6.4
ZSM-5 沸石	$Na_n(AlO_2)_n(SiO_2)_{96-n} \cdot 16H_2O$，$n<27$	0.54×0.56 和 0.51×0.55		
Y 型沸石(Linde Y)②	$Na_2(AlO_2)_2(SiO_2)_{4.5\sim5.6} \cdot 8H_2O$	0.74α 穴 和 0.22β 穴	4.8	4.4
ZSM-39 沸石	$(Na,TMA,TEA)_{0.4}(AlO_2)_{0.4}(SiO_2)_{135.6} \cdot mH_2O$			

① 天然丝光沸石中大孔部分封闭。
② X 型和 Y 型沸石均属于八面沸石(faujasite)。
③ 钠沸石，$Na_{16}[Al_{16}Si_{24}O_{80}] \cdot 16H_2O$。

A 型沸石分子筛的结构类似氯化钠晶体，如将 β 笼（方钠石笼）代替钠和氯离子，可得 A 型沸石分子筛的晶体结构（图 18-1-3）。X 型和 Y 型沸石分子筛的骨架结构是相同的，只是硅铝比不同，X 型为 $1\sim1.5$，Y 型为 $1.5\sim3$，八面沸石笼是它们的主晶穴（图 18-1-4）。NaA 型有效孔径为 0.4nm，称为 4A 沸石分子筛。4A 沸石分子筛经 Ca^{2+} 交换，其有效孔径扩大至 0.5nm 左右，称为 5A 型沸石分子筛；经 K^+ 交换，得 3A 型沸石分子筛。NaX 型（13X）沸石分子筛的有效吸附孔径为 0.9nm，经 Ca^{2+} 交换的 CaX（10X）的有效孔径则为 0.8nm。A 型和 X 型沸石分子筛对水、极性和可极化的分子有较高的选择性，可用于干燥和组分的精制。Y 型沸石分子筛和丝光沸石分子筛的硅铝比属中等（Si/Al＝$2\sim5$）。丝光沸石分子筛的晶体结构有大量的五元环（图 18-1-5），脱水丝光沸石分子筛的微孔可认为是二维的（图 18-1-6）。Y 型和丝光沸石分子筛对热水和酸的稳定性都较高。硅铝比在此范围的沸石分子筛还有毛沸石分子筛、菱沸石分子筛、斜发沸石分子筛和 Ω 型沸石分子筛。这类沸石分子筛除用于有机化合物分离外，对水和其他极性分子的选择吸附性能也是比较高的。高硅沸石分子筛（Si/Al＝$10\sim100$）可用 Y 型沸石分子筛、丝光沸石分子筛和毛沸石分子筛的骨架脱铝制得，合成的 ZSM 系列沸石分子筛（图 18-1-7）也属于高硅沸石分子筛，具有交叉三维的直通孔道，有择形的选择性能和亲有机物质及疏水的选择性能，对水和强极性分子的吸附能力减弱。纯硅的分子筛称硅分子筛或称硅石，不含有铝或阳离子活性点，具有高度亲有机物质和憎水的特征。

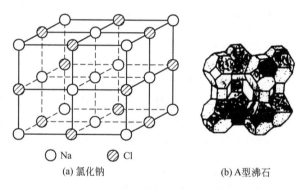

图 18-1-3 氯化钠和 A 型沸石分子筛结构

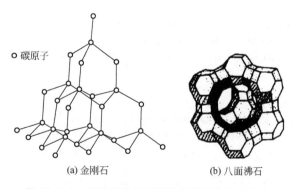

图 18-1-4 金刚石和八面沸石分子筛的晶体结构

合成沸石分子筛的组成是非化学计量的化合物，其骨架元素和阳离子可以用各种元素代替，如硅酸铝盐类的沸石分子筛用磷元素代替硅，可形成磷酸铝盐沸石分子筛（$AlPO_4$-n）、硅铝磷酸盐沸石分子筛（SAPO-n）[18]、其他金属磷酸铝盐沸石分子筛（MeAPO-n）等有

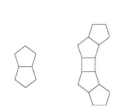

图 18-1-5　丝光沸石分子筛结构中的五元环及其联结

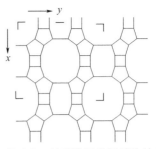

图 18-1-6　丝光沸石分子筛的结构

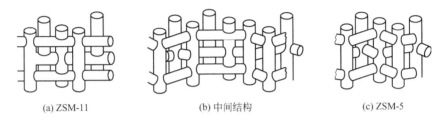

(a) ZSM-11　　　　　　(b) 中间结构　　　　　　(c) ZSM-5

图 18-1-7　ZSM 系列沸石分子筛的孔道模型

数十种结构，是孔径在 0.3～0.8nm 的第三代分子筛。这些合成沸石分子筛种类繁多，稳定性良好，选择系数高且具有择形选择性能。它们同时有吸附、催化反应及阳离子交换性能，在工业上被广泛采用，由于磷酸铝类分子筛可以将 1～5 价的 13 种元素引入分子筛骨架，Meier[19]认为沸石分子筛不再限于多孔硅酸盐骨架，提出了新的化学扩展式为：

$$M_x M'_y N_z [T_m T'_n \cdots O_2(m+n\cdots)_{1\epsilon} (OH)_{2\epsilon}] (OH)_{br} (aq)_{pq} Q \cdots$$

式中，T 为骨架元素；M，M′为可交换及不可交换的阳离子；N 为可热除去的非金属阳离子；aq 为化学结合水或其他 T 原子的强配位体；Q 为吸附质（不一定是水）；$(OH)_{br}$ 为桥连 OH 基；中括号内为四面体连接的骨架，通常呈阴性。

分子筛的骨架组成控制骨架电荷，影响了孔腔内的静电场，静电场的变化影响了分子筛与吸附分子间的相互作用，吸附性能亦随之改变。如图 18-1-8、图 18-1-9 所示，分别表示水蒸气和氧气在 NaX 分子筛和 $AlPO_4$-n 分子筛上的吸附等温线。

特定的孔道结构决定了沸石分子筛具有分子筛分的功能，而孔道内 B 酸的存在则提供给沸石分子筛酸催化强度，这二者共同决定了微孔沸石分子筛是一种良好的催化剂材料而被广泛应用于石油炼制、石油化工和精细化工等领域。

为了适应特定的要求，还可以对分子筛修饰改性，使沸石分子筛改性的常用方法有：①用不同的阳离子交换、取代原沸石分子筛中的碱金属离子，不同的交换度对沸石分子筛的选择性系数和性能都有影响，如表 18-1-3、表 18-1-4 所示；②用水热法处理脱铝，或用酸处理，使分子筛晶体的硅铝比改变；③用化学蒸气沉积法控制孔径的大小，使分子筛修饰改性。

(2) 有序中孔分子筛[69]　有序中孔分子筛的出现是多孔化合物发展史上的又一次飞跃。有序中孔分子筛是在沸石分子筛的基础上发展起来的，它的出现将多孔化合物的孔道尺寸从微孔扩展到 2～50nm 的中孔范围，从提高有效扩散系数 D_{eff} 的角度来讲，极大地改善了传质阻力[21,22]。此外，有序中孔分子筛具有较大的比表面积（一般大于 $1000m^2 \cdot g^{-1}$），中孔孔径均匀且排列有序，非常适合大分子的传递与输送[23]。

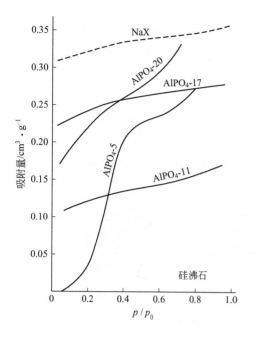

图 18-1-8 水蒸气在 NaX 分子筛和 AlPO$_4$-n 分子筛上的吸附等温线（24℃）

p 为吸附温度下，吸附质的分压；
p_0 为吸附温度下，吸附质的饱和蒸气压；

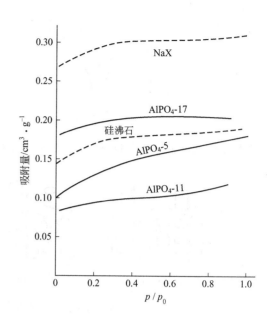

图 18-1-9 氧气在 NaX 分子筛和 AlPO$_4$-n 分子筛上的吸附等温线（24℃）

表 18-1-3 KY 型沸石分子筛经不同阳离子交换后的静态吸附性能[20]

交换的金属离子	吸附剂中残余的 K_2O/%	吸附容量 /g·g^{-1}	选择性系数			
			T/EB	PX/EB	MX/EB	OX/EB
Ca^{2+}	1.33	0.177	1.00	1.65	1.41	1.97
Zn^{2+}	1.19	0.175	0.93	1.35	1.26	2.09
Mg^{2+}	1.04	0.171	1.13	2.28	1.46	1.59
Cu^{2+}	1.49	0.172	1.10	1.51	0.90	1.79
Sr^{2+}	1.04	0.169	1.00	1.66	1.35	1.54
Na^+	0.94	0.177	2.27	1.89	4.61	1.93
NH_4^+	1.34	0.180	2.01	2.12	2.30	2.89
Li^+	1.19	0.201	1.33	1.96	1.25	1.43
未交换前	14.86	0.171	0.57	1.79	0.32	0.48

注：PX、MX、OX 分别代表对位、间位、邻位的二甲苯，T 代表甲苯、EB 代表乙苯，测定温度为 40℃。

表 18-1-4 KY 型沸石分子筛在不同钠离子交换度下动态的吸附性能[20]

不同交换度的吸附剂	选择性系数			W_{max}/min
	PX/EB	MX/EB	DX/EB	
KY	1.93	0.53	0.73	7.5
Na^+ 交换度 50%	1.63	1.42	1.19	8.0
Na^+ 交换度 75%	1.63	1.83	1.66	7.6
Na^+ 交换度 94%	1.95	3.68	1.95	7.8
Na^+ 交换度 99.2%	2.00	3.70	2.00	7.0

注：指温度 140℃下的动态性能，W_{max} 为间位二甲苯应答曲线的半峰宽。

自 1992 年 Mobil 公司报道合成出 MCM-41 硅基有序中孔分子筛以来，一系列具有二维、三维有序中孔结构的有序中孔分子筛相继出现。除了在传统的吸附、分离以及催化领域有着广泛的应用以外[24~40]，近些年，有序中孔分子筛在新材料加工[41~49]、传感器[50~61]、光学及半导体器件[62~66]、生物医药[67,68]等领域的应用也有了长足的发展。例如，经过改性处理而提高水热稳定性和酸性后的有序中孔分子筛以及负载过渡金属化合物或固体杂多酸后的有序中孔分子筛，在大分子参与的催化反应，如重油、渣油催化裂化等方面，展现出较沸石分子筛更大的优势。此外，利用有序中孔分子筛高度有序排列的孔道作为"微反应器"，在其中可制备出具有纳米尺度、结构有序的客体材料，如异质纳米微粒，无机光电纳米材料以及 Ni、Co、Cu 等过渡金属巨磁阻材料等。近些年，有序中孔材料以其高度规则有序的中孔结构和无生理毒性的特点，在生物和医药领域也得到发展和应用，如酶、蛋白质的固定与分离，细胞/DNA 分离以及药物缓释等。

有序中孔分子筛合成的中心思想是模板机理，即利用双亲性表面活性剂的液晶模板作用。目前，利用不同的界面组装作用，使用不同的表面活性剂和无机物种相互组合，可以合成出不同结构、组成、形貌和孔径尺寸的有序中孔分子筛材料。较为典型的有 MCM-41（二维六方）、MCM-48（立方）、SBA-1（立方）、SBA-15（二维六方）和 SBA-16（立方），如图 18-1-10 所示[30]。

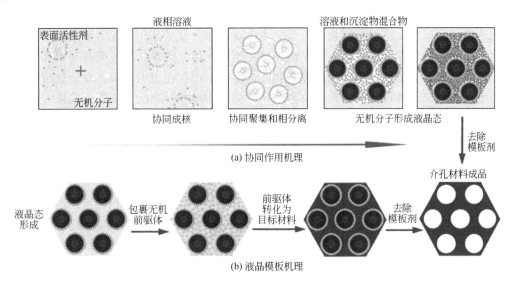

图 18-1-10 有序中孔分子筛主要的形成机理[30]

（3）多级孔分子筛[68,71~73] 多级孔分子筛是结合微孔沸石分子筛的强酸性、高水热稳定性以及有序中孔分子筛的孔道优势为一体的一类新型多孔化合物，它可使得微孔、介孔、大孔等分子筛材料优势互补，具有强催化酸性和高有效扩散系数，是当前各国科学家研究的热点。

中微双孔分子筛正是基于这一理念设计的一类多级孔材料。中微双孔分子筛结合了沸石分子筛的酸催化活性和中孔结构的良好传质特性，可加快物质的传质与扩散，使吸附质或反应物更容易靠近活性位进行吸附与催化反应。这类新型的多孔化合物在处理复杂气体组分的吸附与分离、大分子传递与输送以及大分子多级反应等方面都有潜在的广阔应用前景。中微双孔分子筛结构示意图见图 18-1-11。

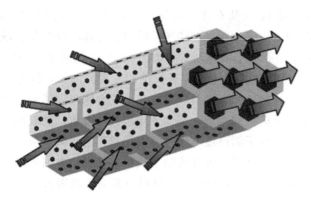

图 18-1-11 中微双孔分子筛结构示意图[70]

目前，中微双孔分子筛的开发及合成可归纳为三条路线：一是以沸石分子筛为母体材料，通过后处理或硬模板制孔等方法将中孔结构引入到沸石分子筛结构当中，从而得到含有中孔的沸石分子筛；二是对有序中孔分子筛进行结构改性，利用沸石分子筛的前驱结构单元作为硅源的一部分，将沸石分子筛的初级或次级结构单元引入到有序中孔分子筛的孔壁结构当中，得到孔壁中富含微孔的晶化或半晶化的硅基有序中孔分子筛；三是开发新型的双功能结构导向剂，在一种多孔材料中实现微孔与中孔的复合。

在吸附与分离方面，中微双孔分子筛的微孔孔道能够提高其吸附选择性，而中孔孔道则能增大比表面积及孔容，同时双重孔道的协同作用还可增强中微双孔分子筛在复杂气体吸附方面的优势。

在催化方面，中微双孔分子筛不但具有沸石分子筛的强酸性和催化选择性，还具有较大的中孔结构，可提高反应物与产物的传质效率，在参与大分子催化反应（如重油、渣油的催化裂化）的时候，有着传统的沸石分子筛无可比拟的优势；同时，通过微孔与中孔的连通与搭配，还可实现大分子的多级催化反应。此外，通过在中孔孔道内负载各种活性组分，还可实现中微双孔分子筛进行多种活性位协同催化（如酸/碱协同催化、酸/贵金属协同催化等）。

(4) 片层分子筛[74~79]　片层分子筛是在与片层垂直的平面上具有孔道开口体系的层状晶体材料，具有较小的分子筛晶体层厚度，能够有效缩短分子扩散路径，提高分子传质扩散速率，从而提高催化反应速率。片层分子筛具有结构的多样性和可塑性，经过煅烧、层间溶胀、柱撑、层剥离以及"插层"处理等，能够转变为既保持分子筛的基本结构单元，同时又具有大孔径和高比表面积，可以适合不同分子大小催化反应的催化材料。目前制备片层分子筛主要有两种途径。一是通过焙烧层状前驱体来获得，这种方法制得的片层分子筛种类有限，性能一般。二是通过采用软模板法，设计合成相应的季铵盐型表面活性剂作为模板剂来进行合成。其中具有季铵盐离子的基团充当结构导向剂的作用，形成具有 MFI 骨架结构的分子筛，烷基尾基链则由于其疏水作用，在分子筛片层间以介观的胶束结构存在，抑制分子筛在 b 轴方向的结晶，形成排列有序的纳米片层（图 18-1-12），这种片层分子筛具有很好的热稳定性、水热稳定性和催化性能。此外，这种片层分子筛也隶属于中微双孔分子筛，具有中孔与微孔两种孔道体系。这种体系的存在也可以提高客体分子的扩散速率，减小传质阻力，减缓分子筛作为固体催化剂的积炭速率，延长使用寿命。

(5) 纳米分子筛[80]　所谓纳米分子筛，是指晶体粒度（尺寸）小于 $0.1\mu m$ 的分子筛，而普通合成的分子筛的晶体尺寸一般大于 $1\mu m$。制备纳米分子筛是缩短分子在沸石分子筛内扩散路径的一种重要方法。晶体尺寸的急剧减小使得纳米分子筛拥有许多特有的性质，常用于催化、吸附分离等方面的应用研究。

随着纳米分子筛粒径尺寸的急剧减小，一方面，扩散路径急剧缩短，因此扩散阻力明显降低，反应物及产物分子的晶内扩散速率也大大提高，这使得分子在晶体孔道内的聚集量大

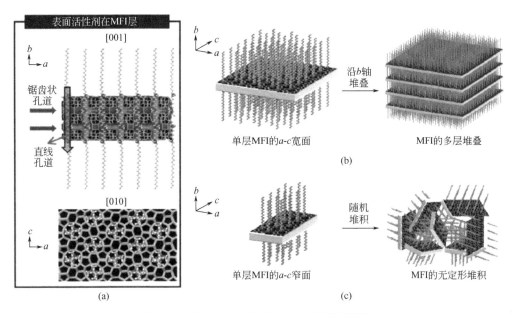

图 18-1-12 MFI 纳米片层的合成示意图[76]

大减少,从而减少了积炭的发生,延长了催化剂的寿命;另一方面,分子筛粒径尺寸的急剧减小,使得纳米分子筛比表面积急剧增大,外表面的活性中心也急剧增多,可以提高催化剂的利用率,从而提高催化反应的反应速率。此外,纳米分子筛还可以提高特有产物的选择性。

1.2.5 碳基吸附剂

碳基吸附剂主要包括:活性炭、介孔碳、活性炭纤维、碳分子筛、碳纳米管、石墨烯和富勒烯等。

1.2.5.1 活性炭[3]

活性炭具有非极性表面,为疏水性和亲有机物的吸附剂。它具有性能稳定、抗腐蚀、吸附容量大和解吸容易等优点,经多次循环操作仍可保持原有的吸附性能。活性炭的结构除石墨化的晶态碳外,还有大量的过渡态碳。过渡态碳有三种基本结构单元,即乱层石墨、无定形和高度有规则的结构(图 18-1-13)。由含氧量较高的原材料制成的活性炭,因炭化以及活化温度不同,都会影响活性炭表面的化学性质,影响它表面的元素组成、表面氧化物和有机官

(a) 石墨结构的重叠状态　　(b) 乱层结构的重叠状态

图 18-1-13 乱层结构与石墨晶体结构示意图

能团的种类和含量。如图 18-1-14 所示,为活性炭表面通常具有的一些有机官能团的种类。人们可以通过适当的表面改性[81]改变活性炭的孔隙结构和表面化学性质,使其更广泛用于食品和石油工业的净化和脱色脱臭,也常用于环保三废的处理。

1.2.5.2 介孔碳[82~87]

介孔碳是一类新型的非硅基介孔材料,2nm<孔径<50nm,具有巨大的比表面积(可高达 2500$m^2 \cdot g^{-1}$)和孔体积(可高达 2.25$cm^3 \cdot g^{-1}$)。此外,此材料还具有有序中孔孔道

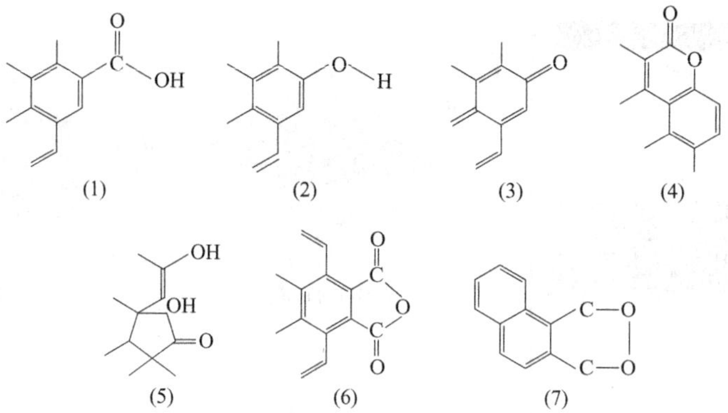

图 18-1-14 活性炭表面的一些有机官能团的种类

结构，孔径尺寸在 3~10nm 可精确调控，比表面积在 500~1500m²·g⁻¹，孔体积在 0.7~1.5cm³·g⁻¹。此外它还具有良好的导电性、生物相容性和耐腐蚀性等特点。与纯介孔硅材料相比，介孔碳材料表现出特殊的性质，有高的比表面积、高孔隙率；孔径尺寸在一定范围内可调；介孔形状多样，孔壁组成、结构和性质可调；通过优化合成条件可以得到高热稳定性和水热稳定性；合成简单、易操作、无生理毒性。它在燃料电池、分子筛、吸附、催化反应、电化学等领域有潜在的应用前景。近年来，介孔材料已经成为国际上跨化学、物理、材料、生物和环境等学科的热点课题。

目前研究较多的介孔碳材料有 CMK-n 系列、SNU-n 系列、C-MSU 系列、C-FDU-n 系列等。目前制备介孔碳主要有三种方法：催化活化法、混合聚合物/有机凝胶碳化法、模板法。模板法在控制介孔碳孔径分布的均一性方面具有较明显优势，被广泛应用。它是先将限制在无机/有机纳米结构框架内的碳源碳化，然后去除模板，最后得到各种纳米介孔碳材料。这种方法不但能够均匀控制孔径，而且能制备高度有序的介孔碳材料。

1.2.5.3 活性炭纤维[88]

活性炭纤维可以编织成各种织物，使装置更为紧凑并减少流体阻力。它的吸附能力比一般的活性炭高 1~10 倍。碳基吸附剂对有机物的平衡吸附量见表 18-1-5。它对恶臭物质如丁硫醇，其吸附量比活性炭的吸附量可高出 36 倍。活性炭纤维适用于脱除气体中的恶臭和废水中的污染物以及空气净化、制作防护用具或服装等。在低浓度下，活性炭纤维对甲苯的吸附等温线要高于颗粒活性炭的吸附等温线（图 18-1-15）。在解吸阶段，较高温度条件下，活性炭纤维的解吸速度比颗粒活性炭要快得多，且没有拖尾现象（图 18-1-16）。

表 18-1-5 碳基吸附剂对有机物的平衡吸附量

被吸附物质	活性炭纤维(质量分数)/%	颗粒活性炭(质量分数)/%
丁硫醇	4300	117
二甲硫	64	28
氨	53	43
三甲胺	99	61
苯	49	35
甲苯	47	30
丙酮	41	30
三氯乙烯	135	54
苯乙烯	58	34
乙醛	52	13
甲醛	45	40

1.2.5.4 碳分子筛[88]

活性炭的孔径分布较宽，故对同系化合物或有机异构体的选择系数较低，选择分离的能力较弱。碳分子筛类似于沸石分子筛，具有接近分子大小的超微孔，且孔径分布比较均一，能起到分子筛的作用。和活性炭一样，碳分子筛由相同的微晶碳构成，化学稳定性较好，具有良好的耐酸碱性和耐热性，其基本性能如表18-1-6所示。在空气中，沸石分子筛吸附的氮比氧和氩多，而得富氧；碳分子筛是非极性物质，在其微孔中氧比氮扩散快，使氮从床层流出得到富氮。碳分子筛还用于饮料的除臭，脱除成熟促进剂乙烯使水果保鲜，还可应用于香烟过滤嘴等。

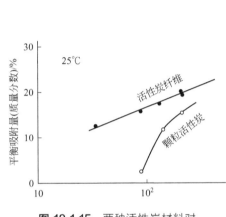

图 18-1-15 两种活性炭材料对甲苯的吸附等温线

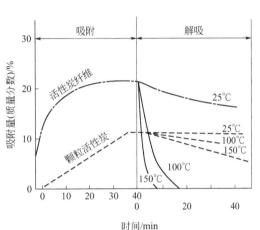

图 18-1-16 颗粒活性炭和活性炭纤维对甲苯的吸附和解吸曲线

表 18-1-6 工业用颗粒吸附剂的基本特性

项目	碳分子筛	活性炭①	沸石分子筛	硅胶	铝凝胶
真密度/g·cm^{-3}	1.9~2.0	2.0~2.2	2.0~2.5	2.2~2.3	3.0~3.3
颗粒密度/g·cm^{-3}	0.9~1.1	0.6~1.0	0.9~1.3	0.8~1.3	0.9~1.9
装填密度/g·cm^{-3}	0.55~0.65	0.35~0.6	0.6~0.75	0.5~0.75	0.5~1.0
孔隙率	0.35~0.41	0.33~0.45	0.32~0.4	0.4~0.45	0.4~0.45
孔隙容积/cm^3·g^{-1}	0.5~0.6	0.5~1.1	0.5~0.6	0.3~0.8	0.3~0.8
比表面积/m^2·g^{-1}	450~550	700~1500	400~750	200~600	150~350
平均孔径/nm	0.4~0.7	1.2~2	—	2~12	4~15

① 目前已研制出比表面积高达3040m^2·g^{-1}的活性炭。

1.2.5.5 碳纳米管[89~91]

碳纳米管，又名巴基管，是一种具有特殊结构（径向尺寸为纳米量级，轴向尺寸为微米量级，管子两端基本上都封口）的一维量子材料（图18-1-17），是日本电子公司（NEC）的饭岛博士在1991年首次发现的。碳纳米管主要由呈六边形排列的碳原子构成数层到数十层的同轴圆管。层与层之间保持固定的距离，约0.34nm，直径一般为2~20nm。并且根据碳六边形沿轴向的不同取向可以将其分成锯齿形、扶手椅形和螺旋形三种。其中螺旋形的碳纳米管具有手性，而锯齿形和扶手椅形碳纳米管没有手性。

碳纳米管可以看成是石墨烯片层卷曲而成，因此按照石墨烯片的层数可分为：单壁碳纳米管

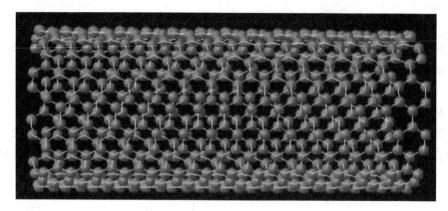

图 18-1-17 碳纳米管

（或称单层碳纳米管，single-walled carbon nanotubes，SWCNTs）和多壁碳纳米管（或多层碳纳米管，multi-walled carbon nanotubes，MWCNTs）。多壁管在开始形成时，层与层之间很容易成为陷阱中心而捕获各种缺陷，因而多壁管的管壁上通常布满小洞样的缺陷。与多壁管相比，单壁管直径的分布范围小、缺陷少，具有更高的均匀一致性。单壁管典型直径在 0.6~2nm，多壁管最内层可达 0.4nm，最粗可达数百纳米，但典型管径为 2~100nm。

碳纳米管中碳原子以 sp^2 杂化为主，同时六边形网格结构存在一定程度的弯曲，形成空间拓扑结构，其中可形成一定的 sp^3 杂化键，即形成的化学键同时具有 sp^2 和 sp^3 混合杂化状态，而这些 p 轨道彼此交叠在碳纳米管石墨烯片层外，形成高度离域化的大 π 键，碳纳米管外表面的大 π 键是碳纳米管与一些具有共轭性能的大分子以非共价键复合的化学基础。

常用的碳纳米管制备方法主要有：电弧放电法、激光烧蚀法、化学气相沉积法（碳氢气体热解法）、固相热解法、辉光放电法、气体燃烧法以及聚合反应合成法等。

由于碳纳米管具有纳米级的内径、类似石墨的碳六元环网和大量未成键的电子，可选择吸附和活化一些较惰性的分子。研究发现，其在 600℃ 下的催化活性优于贵金属铑，并很稳定，这将在石化和化工产业界带来不可估量的革新和效益。碳纳米管还具有很好的力学、导电、传热、光学性能。利用碳纳米管的性质可以制作出很多性能优异的复合材料。

1.2.5.6 石墨烯[92~95]

石墨烯（graphene）是从石墨材料中剥离出来、由碳原子组成的、只有一层原子厚度的二维晶体，如图 18-1-18 所示。2004 年，英国曼彻斯特大学物理学家安德烈·盖姆和康斯坦丁·诺沃肖洛夫成功从石墨中分离出了石墨烯。

石墨烯具有完美的二维晶体结构，它的晶格是由六个碳原子围成的六边形，为一个碳原子层厚。碳原子之间由 σ 键连接，结合方式为 sp^2 杂化，这些 σ 键赋予了石墨烯极其优异的力学性质和结构刚性。所以石墨烯既是最薄的材料，也是最强韧的材料，断裂强度比最好的钢材还要高 200 倍。同时它又有很好的弹性，拉伸幅度能达到自身尺寸的 20%。它也是目前自然界最薄、强度最高的材料。

石墨烯材料具有独特的物理化学性质，近年来引起了国际上的广泛关注。石墨烯有很大的比表面积，并且与有机污染物之间可以产生非常强的络合反应，从而对有机污染物有很强的吸附能力。但在溶液中，石墨烯易于团聚，从而会降低自身的吸附能力。研究表明，在石墨烯表面进行功能化处理，不但可以提高石墨烯的分散性，而且可以提高石墨烯的吸附能力。目前，该种材料的制备成本较高，但随着技术的发展，将有望实现低成本、规模化制

图 18-1-18　石墨烯

备，因此石墨烯在未来的环境污染治理中有非常重要的应用前景。

制备石墨烯常见的方法为机械剥离法、氧化还原法、SiC 外延生长法和化学气相沉积法（CVD）。

1.2.5.7　富勒烯[96~99]

富勒烯（fullerene）是单质碳被发现的第三种同素异形体。任何由碳一种元素组成，以球状、椭圆状或管状结构存在的物质，都可以被叫作富勒烯，富勒烯指的是一类物质。在数学上，富勒烯的结构都是以五边形和六边形面组成的凸多面体。最小的富勒烯是 C_{20}，有正十二面体的构造。没有 22 个顶点的富勒烯，之后都存在 C_{2n} 的富勒烯，$n=12$、13、14…所有含五元环的富勒烯结构的五边形个数为 12 个，六边形个数为 $n-10$。富勒烯与石墨结构类似，但石墨的结构中只有六元环，而富勒烯中可能存在五元环。1985 年，Robert Curl 等人制备出了 C_{60}。1989 年，德国科学家 Huffman 和 Kraetschmer 的实验证实了 C_{60} 的笼形结构，从此物理学家所发现的富勒烯被科学界推向一个崭新的研究阶段。富勒烯的结构和建筑师 Fuller 的代表作相似，所以被称为富勒烯。很像足球的球形富勒烯也叫作足球烯，或音译为巴基球（图 18-1-19），管状的富勒烯叫作碳纳米管或巴基管。

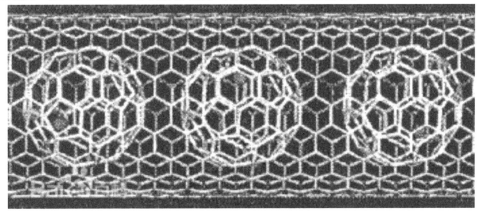

图 18-1-19　球形富勒烯

较为成熟的富勒烯的制备方法主要有电弧法、热蒸发法、燃烧法和化学气相沉积法等。富勒烯由于其独特的结构和物理化学性质，已对化学、物理、材料科学产生了深远的影响，在应用方面显示出了诱人的前景。在吸附方面，富勒烯有很大的比表面积，且不含官能团，对有机化合物具有化学惰性，能有效地吸附有机化合物。

1.2.6 气凝胶[100～106]

气凝胶（aerogel），又称为干凝胶。凝胶脱去大部分溶剂，使凝胶中的液体含量比固体含量少得多，或凝胶的空间网状结构中充满的介质是气体，外表呈固体状，即为干凝胶，也称为气凝胶，如明胶、阿拉伯胶、硅胶、毛发、指甲等。气凝胶也具有凝胶的性质，即具有膨胀作用、触变作用、离浆作用。

"碳海绵"具备高弹性，被压缩80%后仍可恢复原状。它对有机溶剂具有超快、超高的吸附力，是迄今已报道的、吸油量最高的材料。现有的吸油产品一般只能吸自身质量10倍左右的液体，而"碳海绵"的吸收量是其自身质量的250倍左右，最高可达900倍，而且只吸油不吸水。例如"大胃王"吸附有机物的速度极快：每克这样的"碳海绵"每秒可以吸收68.8g有机物。"碳海绵"还有可能成为未来理想的相变储能保温材料、催化载体、吸声（隔声）材料以及高效复合材料。

1.2.7 聚合物

以基本结构分类，聚合物吸附材料可分为非极性、中极性、极性和强极性这几种。这些吸附树脂有带官能团的，也有不带官能团的。吸附树脂由其表面积、孔径、骨架结构、官能团的性质、极性决定其性能特征。吸附树脂性能稳定，用水、稀酸、稀碱或有机溶剂等就可以再生。吸附树脂的种类较多，可根据要求选择使用。比较典型的聚合物吸附剂包括高吸水树脂、高吸油树脂、分子印迹聚合物等。

高吸水树脂（super absorbent polymer，SAP）[107～110]是一种新型功能性高分子材料。它具有吸收比自身重几百到几千倍水的高吸水功能，并且保水性能优良，一旦吸水膨胀成为水凝胶时，即使加压也很难把水分离出来。高吸水树脂是一种带有大量亲水基团的功能性高分子材料。以其高吸液能力、高吸液速度和高保液能力，广泛应用于生理卫生用品，如妇女卫生巾、纸尿裤、成人多功能护理垫、吸水纸、宠物垫等。此类产品具有轻度化、小型化、舒适化的特点，给人们带来了福音，是卫生用品领域不可替代的理想产品。

高吸油树脂[111～115]是一种自溶胀型高效吸油材料，由于其吸油能力较强且吸油机理与高吸水树脂的吸水机理相似，故称作高吸油树脂。自溶胀型吸油材料是由亲油性单体聚合得到的低交联度的聚合物，利用聚合物内部的亲油基与油分子间的相互作用力而吸油，这种力属于范德华力范畴，远比高吸水树脂的离子间作用力小，所以说吸油倍数不可能达到离子型高吸水树脂的吸水倍数。高吸油树脂和现有的吸藏型材料相比，具有吸油量大、吸油种类广、吸油后在一定的外力作用下不漏油的优点；而吸藏型材料保油性差，即使在很小的外力作用下都很容易释放吸收的油。

分子印迹聚合物[116～120]（molecularly imprinted polymer）是通过分子印迹技术合成的，是一类对特定目标分子（模板分子）及其结构类似物，具有特异性识别和选择性吸附的聚合物。其基本原理为模板分子（template molecular）和功能单体（funcitional monomer）先通过共价键或非共价键作用结合，形成主客体配合物；然后加入交联剂（crosslinker）使主客体配合物与交联剂发生自由基共聚，从而得到在模板分子周围形成高度交联的刚性聚合物；最后用适当的溶剂将聚合物中的模板分子洗脱，所得的聚合物具有对模板分子在功能基团、分子尺寸、空间结构具有记忆功能的结合位点，可以根据预定的选择性和高度识别性进行分子识别。分子印迹聚合物具有稳定性强、抗酸、抗碱、抗恶劣环境等优点。分子印迹聚合物作为固相萃取剂、高效液相固定相、仿生传感器、天然药物分离方法受到了广泛关注，在生物工程、环境监测、食品工业等行业中广泛应用。

1.2.8 生物质基材料[121]

天然生物质基材料来源广泛、成本低廉，且含有大量的植物纤维、蛋白质以及一些活性官能团，如羟基、羧基等，这些官能团使生物质材料具有吸附功能，被认为是很有优势的吸附材料。生物质吸附剂主要有活性炭类、黏土类、工业废物类、农业废料类等。

活性炭类生物质基吸附材料一般来源于一些天然物质，如生物质材料、煤等，几乎所有含碳材料都可以用于制备活性炭，如椰子壳、枣核、稻壳、花生壳、稻草、橄榄种子、黄麻、藤条、锯屑、棕榈树皮、杏树皮等。利用生物质基材料制备的活性炭表现出了良好的吸附性能，而活性炭被用作吸附剂的成本较高，不利于大规模的工业化废水处理，因此需要研究出成本低并可广泛应用的新型吸附剂。

黏土类吸附剂是一种水合铝硅酸盐材料，表面带有 Mg^{2+}、Ca^{2+}、K^+、H^+、Na^+、NH_4^+、Cl^-、SO_4^{2-}、NO_3^-、PO_4^{3-} 等离子，可以通过吸附、离子交换去除污染物质。天然的黏土存量大、成本低、离子交换能力强、吸附性能好，可以作为优良的吸附剂材料。如蛭石黏土有很大的比表面积及较强的离子交换能力，但市场价格却是活性炭的 1/20。这些天然材料成本低、使用简单方便、吸附性能好，可以取代活性炭而用作吸附剂。

一些工业废料如粉煤灰、红泥等，存量大、处理简单，可以用作吸附剂，去除污水中的染料。粉煤灰是电厂产生的废物，受材料本身性质的影响，吸附性能变化较大，其对水溶液中亚甲基蓝的吸附量较高。

农业废弃材料有植物的茎、叶子、种子、果皮等，林业废料有树皮、锯屑等。这些材料可以用作吸附剂，去除废水中的染料污染物。此类废料成本低、存量大并具有作为吸附剂的物理化学特性。其他的一些农业副产物，如木瓜种子、香蕉皮、南瓜种子壳、小白菊、橙皮等都已被研究用作吸附剂，有的材料已取得良好的吸附效果。

1.2.9 金属有机骨架材料[122～144]

金属有机骨架材料（metal organic frameworks，MOFs），也被称为多孔协调聚合物，是近年来得到迅猛发展的一种新型多孔材料。金属有机骨架材料（MOFs）是由含氧、氮等的多齿有机连接体（大多为芳香多酸和多碱）与过渡金属离子（簇）自我组装而形成的一种具有均一尺寸及形状的周期网络结构的配位聚合物。通过改变金属离子（簇）和有机配体的种类及二者的连接方式可调整 MOFs 材料的框架结构、孔环境及结构功能等性质，这是 MOFs 材料结构多样的原因之一。MOFs 材料具有高比表面积（高达 $10020m^2 \cdot g^{-1}$）、高孔体积（高达 $3.6cm^3 \cdot g^{-1}$）及超高的孔隙率（高达 90%）[8～10]，因此成为近年来的研究热点。同时 MOFs 材料中有机组分及无机组分具有多样性及多变性，这也使得 MOFs 结构及性能呈现多样性，目前已有 20000 多种不同孔隙结构的 MOFs 材料。MOFs 材料在气体吸附分离、气体存储、生物药物载体、催化和传感等领域具有很大的潜在应用前景，如图

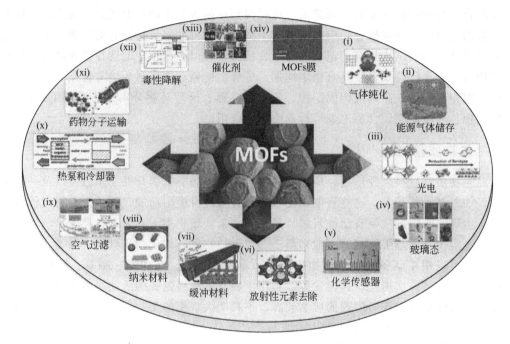

图 18-1-20 MOFs 潜在的应用领域

18-1-20 所示。

MOFs 材料结构包括两个部分——金属中心和有机配体，分别起到节点和支柱的作用。

金属中心：金属中心通常由金属阳离子（簇）提供，一般为过渡金属离子，但目前也有以碱金属离子与稀土金属离子作为金属中心的例子，这大大丰富了 MOFs 材料的种类，常见金属离子包括 Cu^{2+}、Cr^{3+}、Ni^{2+} 等。

有机配体：由于有机配体可设计、易于修饰且可混合使用的性质，其种类较多，主要包括含氮杂环有机配体、含羧基有机配体、二者的混合配体及含两种羧基的混合配体。某些无机离子，如卤素离子，也可以作为 MOFs 材料的配体。

次级结构基元（SBUs）：金属离子被有机配体包裹而成的微小结构单元构成次级结构基元（SBUs）。SBUs 进一步与有机配体配位形成 MOFs 材料。SBUs 作为节点，其内部金属离子与有机配体间存在较强的相互作用力，因此比单一的金属离子更加稳定。同时金属离子被包裹在配体中，其框架结构可能会出现一些特殊的性质。SBUs 的结构相对于金属离子的体积较大，可以有效避免框架网络的相互贯穿，从而增加了结构的稳定性。

金属有机骨架与其他典型的多孔材料相比，具有较大的比表面积和孔隙率、结构多样化、热稳定性好的特点，且由于金属配体与有机连接体的可更换性与丰富多样性的特点，研究者们可以在制备金属有机骨架材料时，根据应用需求来选择含有不同官能团的有机配体、不同尺寸长度或不同种类的有机连接体（如：多羧酸，多磷酸、嘧啶、咪唑等）和不同性能的金属离子（几乎涵盖所有的过渡金属元素），来合成出具有相应特殊性能的 MOFs。到目前为止，各研究组已经合成出大量的、具有不同组成与不同结构的 MOFs 材料。按组分单元和在合成方面的不同，将 MOFs 材料分为以下几大类：

① 网状金属和有机骨架材料（isoreticular metal-organic frameworks，IRMOFs）；

② 类沸石咪唑骨架材料（zeoliticimidazolate frameworcs，ZIFs）；

③ 莱瓦希尔骨架材料（metarial sofistitute Lavoisier frameworks，MILs）；

④ 孔、通道式骨架材料（pocket-channel frameworks，PCNs）。

MOFs 的主要合成方法有水热溶剂法、挥发法和扩散法。此外还有些新型的合成方法，如室温超快速合成法、声化学法、微波法及机械法。

1.3 无机吸附剂的解吸再生[145]

使用或再生吸附剂时，如用升温解吸，必须注意其热稳定性的高低。吸附剂晶体所能承受的温度可由差热分析（DTA）曲线的特征峰测出（图 18-1-21），如 X 型沸石在 208℃有宽长的吸热峰，水分蒸发，800℃有放热峰，晶体破坏。表 18-1-7 列出来部分吸附剂的耐热温度，吸附剂再生时应在此温度以下。此外，吸附剂的再生活化也与吸附剂吸附的溶质有关。例如，吸附水分后，活性氧化铝在 175～320℃活化，约需热量 11000kJ·kg^{-1}；硅胶在 150℃左右，约需 8000kJ·kg^{-1}；分子筛在 200～300℃，约需 12000kJ·kg^{-1}。又例如，当活性炭被有机不纯物严重堵塞孔道时，在控制再生气流中含氧量的情况下，可通入少量水蒸气及 CO_2，在约 900℃条件下活化。分子筛如已吸附有积炭时，可通入含少量空气的气流，在 50℃左右（视不同分子筛的热温度而定）活化。

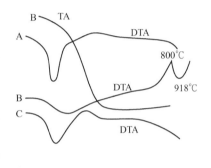

图 18-1-21 各种吸附剂样品的差热 DTA 曲线

A—γ-，ηAl_2O_3；B—Bax 沸石；
C—CoO/γ-，ηAl_2O_3，TG 热重曲线

表 18-1-7 部分吸附剂的耐热温度[145]

吸附剂	商标名称	耐热温度/℃
氧化铝	Alco(美国)	600
氧化铝	Neobead(日本)	650
氧化铝	Pechiney(法国)	400
硅胶	Silbead(日本)	250
分子筛	MS4A(美国)	650
分子筛	MS3A(美国)	250
分子筛(丝光沸石)	Zeolon-H(美国)	800

1.4 吸附剂的物理性质[3,5,7,10,145～150]

1.4.1 吸附剂的孔道结构性质

吸附剂的良好吸附性能是由于它具有丰富的孔道（微孔/中孔/大孔/多级孔）结构。IUPAC 按孔径大小将多孔吸附材料的孔径划分为小孔（<2nm）、介孔（2～50nm）和大孔

(>50nm)。这一分类主要基于仪器对于吸附剂孔径的测量结果，而不仅是晶体结构中可见的孔。通常，吸附剂孔径结构主要通过测定77K条件下的N_2吸附脱附等温线进行表征。与吸附剂孔道结构有关的物理性能有：

(1) 孔容 (v_p) 吸附剂中微孔的容积称为孔容，通常以单位质量吸附剂中吸附剂微孔的容积来表示（单位为$cm^3 \cdot g^{-1}$）。孔容是吸附剂的有效体积，它是用饱和吸附量推算出来的值，也就是吸附剂能容纳吸附质的体积，所以孔容以大为好。吸附剂的孔体积（v_k）不一定等于孔容（v_p）；吸附剂中的微孔才有吸附作用，所以v_p中不包括粗孔。而v_k中包括了所有孔的体积，一般要比v_p大。

(2) 比表面积 即单位质量吸附剂所具有的表面积，常用单位是$m^2 \cdot g^{-1}$。吸附剂表面积每克有数百至千余平方米。吸附剂的表面积主要是微孔孔壁的表面，吸附剂外表面的表面积是很小的。

(3) 孔径 在吸附剂内，孔的形状极不规则，孔隙大小也各不相同。微孔愈多，则比表面积愈大，有利于吸附质的吸附。中、大孔的作用是提供吸附质分子进入吸附剂的通路。中、大孔和微孔的关系就像大街和小巷一样，吸附质分子（特别是大分子）通过中、大孔才能迅速到达吸附剂的深处。所以一个优良的吸附剂的中、大孔也应占有适当的比例。

(4) 孔径分布 表示孔径大小与之对应的孔体积的关系，由此来表征吸附剂的孔特性。

(5) 表观重度 (d_1) 又称视重度。

吸附剂颗粒的体积（v_1）由两部分组成：固体骨架的体积（v_g）和孔体积（v_k），即 $v_1 = v_g + v_k$。

表观重度就是吸附颗粒的本身质量（d）与其所占有的体积（v_1）之比。

(6) 真实重度 (d_g) 又称真重度或吸附剂固体的重度，即吸附剂颗粒的质量（d）与固体骨架的体积v_g之比。

假设吸附颗粒质量以1g为基准，根据表观重度和真实重度的定义，则：

$$d_1 = 1/v_1; \quad d_g = 1/v_g$$

于是吸附剂的孔体积为：$v_k = 1/d_1 - 1/d_g$。

(7) 堆积重度 (d_b) 又称填充重度，即单位体积内所填充的吸附剂质量。此体积中还包括有吸附颗粒之间的空隙，堆积重度是计算吸附床容积的重要参数。重度单位常用$g \cdot cm^{-3}$、$kg \cdot L^{-1}$、$kg \cdot m^{-3}$表示。

(8) 孔隙率 (ε_k) 即吸附颗粒内的孔体积与颗粒体积之比。

$$\varepsilon_k = v_k/(v_g + v_k) = (d_g - d_1)/d_g = 1 - d_1/d_g$$

(9) 空隙率 (ε) 即吸附颗粒之间的空隙与整个吸附剂堆积体积之比。

$$\varepsilon = (v_b - v_1)/v_b = (d_1 - d_b)/d_1 = 1 - d_b/d_1$$

吸附剂物理性质测定参见本手册第20篇颗粒及颗粒系统。

表18-1-8列出各种常用吸附剂的孔隙结构参数。表18-1-9列出由不同原料制取的活性炭的孔隙结构参数及其用途。

表 18-1-8　常用吸附剂[①]的孔隙结构参数

吸附剂和应用	颗粒形状	大小(美制)/目	内孔隙率χ/%	干体积密度/kg·L^{-1}	平均孔径直径/nm	比表面积/km^2·kg^{-1}	吸附容量(干)/kg·kg^{-1}	备注				
氧化铝									水分吸附容量[③]/kg·kg^{-1}			再生温度/℃
								品种	相对湿度/%			
低孔隙率(氟化物吸附剂)	G、S	8～14等	40	0.70	约7	0.32	0.20		10	50	90	
高孔隙率(干燥、分离用)	G	各种	57	0.85	4～14	0.25～0.36	0.25～0.33	氧化铝	5～7	13～20	19～58	175～320
干燥剂 CaCl$_2$ 包裹	G	3～8等	30	0.91	4.5	0.2	0.22	硅胶	7～8	27～30	37～44	150～175
活性铝土矿	G	8～20等	35	0.85	5		0.1～0.2					
色谱氧化铝	G、P、S	80～200等	30	0.93			约0.14					
硅酸和铝硅酸盐(分子筛)	S、C、P	各种										
3A 型(脱水干燥用)			约30	0.62～0.68	0.3	约0.7	0.21～0.23					
4A 型(脱水干燥用)			约32	0.61～0.67	0.4	约0.7	0.22～0.26					
5A 型(分离用)			约34	0.60～0.66	0.5	约0.7	0.23～0.28					
13X 型(纯制、分离用)			约38	0.58～0.64	1.0	约0.6	0.25～0.36					
丝光沸石(酸干燥用)				0.88	0.3～0.8		0.12					
菱沸石(酸干燥用)				0.72	0.4～0.5		0.20	分子筛吸附热(最大)4200kJ·kg^{-1} H$_2$O				
硅胶(干燥、分离用)	G、P	各种	38～48	0.70～0.82	2～5	0.6～0.8	0.35～0.50					
硅酸镁(脱色用)	G、P	各种	约33	约0.50		0.18～0.30		活性白土组成[②]:SiO$_2$ 50%～60%,Al$_2$O$_3$ 10%～15%,Fe$_2$O$_3$ 2%～4%,MgO 3%～10%,H$_2$O 10%～15%。气孔率0.55～0.65,视相对密度0.96～1.14,真相对密度2.4～2.6,平均孔径8～18nm,充填密度0.45～0.55g·cm^{-3}				
硅酸钙(脱除脂肪酸用)			75～80	0.20		约0.1						
黏土、酸处理黏土(石油、食品的精制)	G	4～8		0.85								
漂白土(石油、食品的精制)	G、P	<200		0.80								
硅藻土	G	各种		0.44～0.50		约0.002						
炭(活性炭)												
壳基	G	各种	60	0.45～0.55	2	0.8～1.6	0.40					
木基	G	各种	约80	0.25～0.30		0.8～1.8	约0.70					
石油基	G、C	各种	约80	0.45～0.55	2	0.9～1.3	0.3～0.4					
泥煤基	G、C、P	各种	约55	0.30～0.50	1～4	0.8～1.6	0.5					
褐煤基	G、P	各种	70～85	0.40～0.70	3	0.4～0.7	0.3					
烟煤基	G、P	8～30, 12～40	60～80	0.40～0.60	2～4	0.9～1.2	0.4					

续表

吸附剂和应用	颗粒形状	大小(美制)/目	内孔隙率χ/%	干体积密度/kg·L^{-1}	平均孔径直径/nm	比表面积/km^2·kg^{-1}	吸附容量(干)/kg·kg^{-1}	备注
有机聚合物（吸附树脂）								
聚苯乙烯（脱除有机物，如酚，抗生素回收）	S	20～60	40～50	0.64	4～9	0.3～0.7		
聚丙烯酸酯（造纸废水净化、抗生素回收）	G,S	20～60	50～55	0.65～0.70	10～25	0.15～0.4		
酚胺树脂（溶液的脱色、脱臭）	G	16～50	45	0.42		0.08～1.2	0.45～0.55	

① Perry. Chemical Engineer's Handbook. 6th. McGraw-Hill，1984。
② 化学工学協会．化学工学便覧．第三版．東京：丸善株式会社，昭和43年：7690。
③ 化学工学協会．化学工学便覧．第四版．東京：丸善株式会社，1978：5900。
注：G——颗粒，C——圆柱形，P——粉末，S——球形。

比热容（kJ·kg^{-1}·℃$^{-1}$）：硅胶 0.92；活性氧化铝 1.00；活性炭 0.84；分子筛 0.80（40℃），1.00（250℃）。热导率（kJ·m^{-1}·h^{-1}·℃$^{-1}$）：硅胶 0.50～0.71；活性氧化铝 0.71～0.75；活性炭（30℃）0.63～1.00。

表 18-1-9 活性炭的孔隙结构参数及用途

活性炭形状	原料	活化法	粒度大小/目	硬度/%	气孔率/%	空隙率/%	充填密度/g·cm^{-3}	比表面积/m^2·g^{-1}	平均孔径/nm	溶剂吸附量/%	碘吸附量/g·g^{-1}	亚甲基蓝脱色率/mL·g^{-1}	焦糖脱色率/%	用途
粉末	木材	药品	—	—	—	—	—	700～1500	2～5	—	0.7～1.2	120～200	85～98	净水、液相脱水、脱臭、精制
	木材	气体						800～1500	1.5～3		0.8～1.2	140～250	70～95	
	其他	气体						750～1350	1.5～3.5		0.8～1.1	120～200	60～93	
破碎状	果壳	气体	4～8,8～32	≥90	50～60	38～45	0.38～0.55	900～1500	1.5～2.5	33～50	0.8～1.2	100～230	—	气体精制、净化、溶剂回收、脱色、催化剂载体
	煤	气体	8～32, 10～40	≥90	50～70	38～45	0.35～0.55	900～1350	1.5～3	30～45	0.7～1.2	140～250	—	
球状	煤	气体	8～20,8～32	≥90	50～65	35～42	0.40～0.58	850～1250	1.5～2.5	30～40	0.7～1.2	140～230	30～65	液体脱色精制、水净制、溶剂回收
	石油	气体	20～36, 28～60	≥92	50～65	33～40	0.45～0.62	900～1350	1.5～2.5	33～45	0.8～1.2	100～180		
成型	果壳	气体	4～6,6～8	≥95	52～65	38～45	0.38～0.48	900～1500	1.5～2.5	33～48	—	—	—	溶剂回收、空气净化、气体精制、催化剂载体
	其他	气体	4～6,6～8	≥95	52～65	38～45	0.38～0.48	900～1350	1.5～2.5	30～45				
纤维状	其他	气体	—	—	—	—	—	1000～2000	1.5～2.5	33～50	0.8～1.2	190～230	—	溶剂回收、水净制

1.4.2 吸附剂的选择性

吸附剂的选择性是指吸附剂因其组分、结构不同所显示出来的对某些物质优先吸附的性能。例如以共价键连着的碳原子所组成的活性炭，因其有较大孔径，又主要是通过色散力起吸附作用，因而对分子量大的有机物分子就能优先吸附，即活性炭对大分子有机物具有很好的吸附选择性。吸附剂的选择性愈好，愈有利于混合气体的分离和净化。

1.4.3 吸附剂的再生性及使用寿命

吸附剂的再生是指在吸附剂本身结构不发生或极少发生变化的情况下，用某种方法将吸附质从吸附饱和的吸附剂微孔孔道中除去，从而使吸附剂能够重复使用的处理过程。

常用的再生方法有：①加热法，利用直接燃烧的多段再生炉使吸附饱和的吸附剂干燥、炭化和活化（活化温度达 700～1000℃）；②蒸汽法，用水蒸气吹脱吸附剂上的低沸点吸附质；③溶剂法，选择合适的溶剂，使吸附质在该溶剂中的溶解性能远大于吸附剂对吸附质的吸附作用，将吸附质溶解下来，再进行适当的干燥便可恢复吸附能力；④臭氧化法，利用臭氧将吸附剂上的吸附质强氧化后分解；⑤生物法，将吸附质生化氧化分解。每次再生处理的吸附剂损失率不应超过 5%～10%。

吸附剂的再生性就是指吸附剂能够被再生、重复利用的能力，一般用可再生、重复利用的次数来衡量。吸附剂的再生性决定了其使用寿命。而成本、再生性及使用寿命决定了吸附剂工业大规模应用的可行性。

参考文献

[1] Reisenfeld F C, Kohl A L. Gas Purification. 2nd. Houston: Gulf Pub Co, 1974: 574.
[2] Coulson J M, Richardson J F. Chemical Engineering: Vol 3. Oxford: Pergamon Press, 1979: 497.
[3] Drzaj B, Hocevar S, Pejovnik S. Zeolites Synthesis, Structure, Technology and Application. Amsterdam: Elsenier, 1985: 503.
[4] Mantell C L. Adsorption: Chap 9. New York: McGraw-Hill, 1951.
[5] 叶振华. 吸着分离过程基础. 北京：化学工业出版社，1988：263.
[6] Wankat P C. Large-Scale Adsorption and Chromatography. Boca Raton, Fla: CRC Press, 1985: 55.
[7] Everett D H, Stone F S. Structure and properties of porous materials. London: Butterworth, 1958: 227.
[8] Cheremisinoff P N, Ellerbusch F. Carbon Adsorption Handbook. Ann Arbor: Ann Arbor Sci, 1978: 9.
[9] Juntgen H. Carbon, 1977, 15: 273.
[10] Schweitzer P A. Handbook on Separation Techniques for Chemical Engineers. New York: McGraw-Hill, 1979: 1-448.
[11] 国家环境保护总局环境监察局. 环境应急响应实用手册. 北京：中国环境科学出版社，2007.
[12] Tomoshige Nitta, et al. Gas-Phase Adsorption Characteristics of High-Surface Area Carbons Activated from Meso-Carbon Micro-Beads, Fundamentals of adsorption//Proceedings of the Fourth International Conference on Fundamentals of Adsorption, Kyoto, May 17-22, 1992: 371.
[13] Breck D W. Zeolite molecular sieves: structure, chemistry, and use. New York: Wiley, 1974: 95.
[14] Barrer R M. Zeolite and clay minerals as sorbents and molecular sieves: chap 2. London: Academics Press, 1978.
[15] Rabo J A. Zeolite Chemistry and Catalysis. Washington DC: ACS, 1975.
[16] Ribeiro F R. Zeolite-Science and Technology. Martinus Nijhoff Pub, 1984.
[17] Suzuki M. Adsorption Engineering. Tokyo: Kodansha, 1989: 214.

[18] Wilson S T, Lok B M, Flanigen E M. Crystalline metallophosphate compositions: US, 4310440. 1982.
[19] Meier M W. Proc of Intern Zeolite conference. Tokyo, 1986: 103.
[20] 宗敏华, 叶振华. 石油化工, 1988, 17(12): 813; 17(11): 698.
[21] Beck J S, Vartuli J C, Roth W J, et al. J Am Chem Soc, 1992, 114(27): 10834-10843.
[22] Kresge C T, Leonowicz M E, Roth W J, et al. Nature, 1992, 359(6397): 710-712.
[23] Corma A. Chem Rev, 1997, 97(6): 2373-2419.
[24] Pawelec B, Damyanova S, Mariscal R, et al. J Catalysis, 2004, 223(1): 86-97.
[25] Anandan S, Okazaki M. Microporous and Mesoporous Materials, 2005, 87(2): 77-92.
[26] Hatton B, Landskron K, Whitnall W, et al. Accounts Chem Res, 2005, 38(4): 305-312.
[27] Taguchi A, Schüth F. Microporous and Mesoporous Materials, 2005, 77(1): 1-45.
[28] Melero J A, van Grieken R, Morales G. Chemical Reviews, 2006, 106(9): 3790-3812.
[29] Fan J, Boettcher S W, Tsung CK, et al. Chemistry of Materials, 2008, 20(3): 909-921.
[30] Wan Y, Zhao D Y. Chemical Reviews, 2007, 107(7): 2821-2860.
[31] Thomas J M, Raja R. Accounts of Chem Res, 2008, 41(6): 708-720.
[32] Hruby S L, Shanks B H. Journal of Catalysis, 2009, 263(1): 181-188.
[33] Gao C, Che S. Advanced Functional Materials, 2010, 20(17): 2750-2768.
[34] Bacsik Z, Ahlsten N, Ziadi A, et al. Langmuir, 2011, 27(17): 11118-11128.
[35] Gurinov A A, Rozhkova Y A, Zukal A, et al. Langmuir, 2011, 27(19): 12115-12123.
[36] Hamaed A, Hoang T K A, Moula G, et al. J Am Chem Soc, 2011, 133(39): 15434-15443.
[37] Miao S, Shanks B H. Journal of Catalysis, 2011, 279(1): 136-143.
[38] Shiju N R, Alberts A H, Khalid S, et al. Angewandte Chemie International Edition, 2011, 50(41): 9615-9619.
[39] Steiner E, Bouguet-Bonnet S, Blin JL, et al. The Journal of Physical Chemistry A, 2011, 115(35): 9941-9946.
[40] Vasudevan M, Sakaria P L, Bhatt A S, et al. Industrial & Engineering Chemistry Research, 2011, 50(19): 11432-11439.
[41] Lee J, Kim J, Hyeon T. Advanced Materials, 2006, 18(16): 2073-2094.
[42] Tiemann M. Chemistry of Materials, 2008, 20(3): 961-971.
[43] Wan Y, Shi Y, Zhao D. Chemistry of Materials, 2007, 20(3): 932-945.
[44] Sun J, Bao X. Chemistry-A European Journal, 2008, 14(25): 7478-7488.
[45] Kimura T, Kuroda K. Advanced Functional Materials, 2009, 19(4): 511-527.
[46] Stein A, Wang Z, Fierke M A. Advanced Materials, 2009, 21(3): 265-293.
[47] Feng D, Lv Y, Wu Z, et al. J Am Chem Soc, 2011, 133(38): 15148-15156.
[48] Sun X, Shi Y, Zhang P, et al. J Am Chem Soc, 2011, 133(37): 14542-14545.
[49] Wang H, Jeong H Y, Imura M, et al. Journal of the American Chemical Society, 2011, 133(37): 14526-14529.
[50] Fan J, Yu C Z, Gao T, et al. Angewandte Chemie International Edition, 2003, 42(27): 3146-3150.
[51] Yamada T, Zhou H S, Uchida H, et al. The Journal of Physical Chemistry B, 2004, 108(35): 13341-13346.
[52] Yuliarto B, Zhou H S, Yamada T, et al. Chem Phys Chem, 2004, 5(2): 261-265.
[53] Yuliarto B, Zhou H S, Yamada T, et al. Analytical Chemistry, 2004, 76(22): 6719-6726.
[54] Kang E H, Shim J M, Kang H J, et al. Polymers for Advanced Technologies, 2006, 17(11-12): 845-849.
[55] Ros-Lis J V, Casasús R, Comes M, et al. Chemistry-A European Journal, 2008, 14(27): 8267-8278.
[56] Tan J, Wang H F, Yan X P. Analytical Chemistry, 2009, 81(13): 5273-5280.
[57] Waitz T, Wagner T, Sauerwald T, et al. Advanced Functional Materials, 2009, 19(4): 653-661.
[58] Du J, Cipot-Wechsler J, Lobez J M, et al. Small, 2010, 6(11): 1168-1172.
[59] Li Q, Zeng L, Wang J, et al. ACS Applied Materials & Interfaces, 2011, 3(4): 1366-1373.
[60] Liu R, Liao P, Liu J, et al. Langmuir, 2011, 27(6): 3095-3099.
[61] Xu P, Yu H, Li X. Analytical Chemistry, 2011, 83(9): 3448-3454.
[62] Turner E A, Huang Y N, Corrigan J F. European Journal of Inorganic Chemistry, 2005, (22): 4465-4478.
[63] Pénard A L, Gacoin T, Boilot J P. Accounts of Chemical Research, 2007, 40(9): 895-902.
[64] Furbert P, Lu C, Winograd N, et al. Langmuir, 2008, 24(6): 2908-2915.
[65] Synak A, Gil M, Angel Organero J, et al. The Journal of Physical Chemistry C, 2009, 113(44): 19199-19207.

[66] Scott B J, Wirnsberger G, Stucky G D. Chemistry of Materials, 2001, 13(10): 3140-3150.
[67] Trewyn B G, Slowing I I, Giri S, et al. Accounts of Chemical Research, 2007, 40(9): 846-853.
[68] Angelos S, Liong M, Choi E, et al. Chemical Engineering Journal, 2008, 137(1): 4-13.
[69] Davis M E. Nature, 2002, 417(6891): 813-821.
[70] Kosuge K, Kubo S, Kikukawa N, et al. Langmuir, 2007, 23(6): 3095-3102.
[71] Tao Y S, Kanoh H, Abrams L, et al. Chemical Reviews, 2006, 106(3): 896-910.
[72] Egeblad K, Christensen C H, Kustova M, et al. Chemistry of Materials, 2008, 20(3): 946-960.
[73] Perez-Ramirez J, Christensen C H, Egeblad K, et al. Chemical Society Reviews, 2008, 37(11): 2530-2542.
[74] Xu D, Ma Y, Jing Z, et al. Nat Commun, 2014, 5: 4246(Literature No).
[75] Zhang X, Liu D, Xu D, et al. Science, 2012, 336(6089): 1684-1687.
[76] Choi M, Na K, Kim J, et al. Nature, 2009, 461(7261): 246-249.
[77] Na K, Choi M, Park W, et al. J Am Chem Soc, 2010, 132(12): 4169-4177.
[78] Na K, Park W, Seo Y, et al. Chemistry of Materials, 2011, 23(5): 1273-1279.
[79] Na K, Jo C, Kim J, et al. Science, 2011, 333(6040): 328-332.
[80] Tosheva L, Valtchev V P. Chemistry of Materials, 2005, 17(10): 2494-2513.
[81] 荻野圭三, 幂本宏之, 山道洁, 等. 日本化学会誌, 1980, 3: 21-25.
[82] Ryoo R, Joo S H, Jun S. J Phys Chem B, 1999, 103(37): 7743-7746.
[83] Ryoo R, JooS H, Kruk M, et al. Adv Mater, 2001, 13(9): 677-681.
[84] Joo S H, Choi S J, Oh I, et al. Nature, 2001, 412(6843): 169-172.
[85] Jun S, Joo S H, Ryoo R, et al. J Am Chem Soc, 2000, 122(43): 10712-10713.
[86] Lee J, Yoon S, Oh S M, et al. Adv Mater, 2000, 12(5): 359-362.
[87] Kim S S, Pinnavaia T J. Chem Commun, 2001, (23): 2418-2419.
[88] 郭坤敏, 谢自立, 叶振华, 等. 活性炭吸附技术及其在环境工程中的应用. 北京: 化学工业出版社, 2016: 40.
[89] Iijima S. Nature, 1991, 354(6348): 56-58.
[90] Henning T, Salama F. Science, 1998, 282(5397): 2204-2210.
[91] 张立德, 牟季美. 纳米材料和纳米结构. 北京: 科学出版社, 2001: 30.
[92] Nair R R, Blake P, Grigorenko A N, et al. Science, 2008, 320(5881): 1308-1308.
[93] Tromp R M, Hannon J B. Physical Review Letters, 2009, 102(10): 106104(Literature No).
[94] Mattevi C, Kim H, Chhowalla M. Journal of Materials Chemistry, 2011, 21(10): 3324-3334.
[95] Lee C, Wei X, Kysar J W, et al. Science, 2008, 321(5887): 385-388.
[96] Schultz H P. Journal of Organic Chemistry, 1965, 30: 1361.
[97] Jone W E H. New Scientist, 1966, 35: 245.
[98] Yosida Z, Osawa E. Aromaticity. Kyoto: Kagakudojin, 1971.
[99] Jin Y M, Cheng J L, Varmanair M, et al. J Phys Chem, 1992, 96(12): 5151-5156.
[100] Meador M A B, Malow E J, Silva R, et al. ACS Appl Mater Interfaces, 2012, 4(2): 536-544.
[101] Guo H Q, Meador M A B, McCorkle L. ACS Appl Mater Interfaces, 2011, 3(2): 546-552.
[102] Randall J P, Meador M A B, Jana S C. ACS Appl Mater Interfaces, 2011, 3(3): 613-626.
[103] Meador M A B, Wright S, Sandberg A, et al. ACS Appl Mater Interfaces, 2012, 4(11): 6346-6353.
[104] Fellinger T P, White R J, Titirici M M, et al. Advanced Functional Materials, 2012, 22(15): 3254-3260.
[105] Kettunen M, Silvennoinen R J, Houbenov N, et al. Advanced Functional Materials, 2011, 21(3): 510-517.
[106] Hu H, Zhao Z, Wan W, et al. Advanced Materials, 2013, 25(15): 2219-2223.
[107] Pourjavadi A, Aghajani V, Ghasemzadeh H. Journal of Applied Polymer Science, 2008, 109(4): 2648-2655.
[108] Yoshimura T, Matsuo K, Fujioka R. Journal of Applied Polymer Science, 2006, 99(6): 3251-3256.
[109] Yoshimura T, Uchikoshi I, Yoshiura Y, et al. Carbohydrate Polymers, 2005, 61(3): 322-326.
[110] Pourjavadi A, Ghasemzadeh H, Soleyman R. Journal of Applied Polymer Science, 2007, 105(5): 2631-2639.
[111] Kulawardana E U, Neckers D C. Journal of Polymer Science, Part A: Polymer Chemistry, 2010, 48(1): 55-62.
[112] Ono T, Shinkai S, Sada K. Soft Matter, 2008, 4(4): 748-750.
[113] Chu Y, Pan Q. ACS Appl Mater Interfaces, 2012, 4(5): 2420-2425.

[114] Wu J, Wang N, Wang L, et al. ACS Appl Mater Interfaces, 2012, 4(6): 3207-3212.
[115] Woolery R G. Water and waste treatment: US, 3224965 A. 1965.
[116] Mayes A G, Mosbach K. Analytical Chemistry, 1996, 68(21): 3769-3774.
[117] Kobayashi T, Wang H Y, Fujii N. Chemistry Letters, 1995, (10): 927-928.
[118] MathewKrotz J, Shea K J. Journal of the American Chemical Society, 1996, 118(34): 8154-8155.
[119] Kingiery A F, Allen E. Analytical Chemistry, 1994, 66: 135-159.
[120] Martin P, Wilson I D, Jones G R. Journal of Chromatography A, 2000, 889(1-2): 143-147.
[121] 高振华, 邸明伟. 生物质材料及应用. 北京: 化学工业出版社, 2008.
[122] Ferey G. Chemical Society Reviews, 2008, 37(1): 191-214.
[123] Eddaoudi M, Kim J, Rosi N, et al. Science, 2002, 295(5554): 469-472.
[124] Rowsell J L C, Yaghi O M. Microporous and Mesoporous Materials, 2004, 73(1-2): 3-14.
[125] Dietzel P D C, Panella B, Hirscher M. Chemical Communications, 2006, (9): 959-961.
[126] Kaye S S, Dailly A, Yaghi O M. J Am Chem Soc, 2007, 129(46): 14176-14178.
[127] Rosi N L, Eckert J, Eddaoudi M, et al. Science, 2003, 300(5622): 1127-1129.
[128] Rowsell J L C, Millward A R, Park K S. J Am Chem Soc, 2004, 126(18): 5666-5667.
[129] Wong-Foy A G, Matzger A J, Yaghi O M. Journal of the American Chemical Society, 2006, 128(11): 3494-3495.
[130] Panella B, Hirscher M, Putter H. Advanced Functional Materials, 2006, 16(4): 520-524.
[131] Dailly A, Vajo J J, Ahn C C. Journal of Physical Chemistry B, 2006, 110(3): 1099-1101.
[132] Chae H K, Siberio-Perez D Y, Kim J, et al. Nature, 2004, 427(6974): 523-527.
[133] Rowsell J L C, Yaghi O M. J Am Chem Soc, 2006, 128(4): 1304-1315.
[134] Chui S S Y, Lo S M F, Charmant J P H, et al. Science, 1999, 283(5405): 1148-1150.
[135] Chen B L, Ockwig N W, Millward A R, et al. Angewandte Chemie International Edition, 2005, 44(30): 4745-4749.
[136] Lin X, Jia J H, Zhao X B, et al. Angewandte Chemie International Edition, 2006, 45(44): 7358-7364.
[137] Bourne S A, Lu J J, Moulton B. Chemical Communications, 2001, (9): 861-862.
[138] Xiao B, Wheatley P S, Zhao X B, et al. J Am Chem Soc, 2007, 129(5): 1203-1209.
[139] Dinca M, Yu A F, Long J R. J Am Chem Soc, 2006, 128(51): 17153-17153.
[140] Park K S, Ni Z, Cote A P. Exceptional chemical and thermal stability of zeolitic imidazolate frameworks//Proceedings of the National Academy of Sciences of the United States of America, 2006: 10186-10191.
[141] Banerjee R, Phan A, Wang B, et al. Science, 2008, 319(5865): 939-943.
[142] Bux H, Chmelik C, van Baten J M, et al. Advanced Materials, 2010, 22(42): 4741-4746.
[143] Bux H, Feldhoff A, Cravillon J, et al. Chemistry of Materials, 2011, 23(8): 2262-2269.
[144] McCarthy M C, Varela-Guerrero V, Barnett G V, et al. Langmuir, 2010, 26(18): 14636-14641.
[145] [日] 北川浩, 铃木谦一郎. 吸附的基础与设计. 鹿政理, 译. 北京: 化学工业出版社, 1983: 178.
[146] Perry J H, Chilton C H. Chemical Engineers' Handbook. 6th. New York: McGraw-Hill, 1984.
[147] 化学工学协会. 化学工学便览. 第5版. 東京: 丸善株式会社, 1968: 769.
[148] 化学工学协会. 化学工学便览. 第4版. 東京: 丸善株式会社, 1978: 590.
[149] 叶振华. 化工吸附分离过程. 北京: 中国石化出版社, 1992.
[150] 徐如人, 庞文琴, 王吉红, 等. 分子筛与多孔材料化学. 北京: 科学出版社, 2004.

2

吸附相平衡

2.1 气固吸附相平衡

气固吸附相平衡是指气固两相经过充分接触，达到动态平衡时，吸附质在气固两相中的分配关系。

如图 18-2-1 所示，为常见的六类等温线的形状。这些都是 Brunauer 等人（1940 年）提出的经典等温线类型。这些吸附等温线都是根据大量实验得到并进行分类、归纳所产生的，每一类都可以由大量的经验方程式表示出来。这些等温线固有的形状或类型主要由吸附剂的孔隙结构和表面化学与吸附质之间相互作用力的性质所决定。

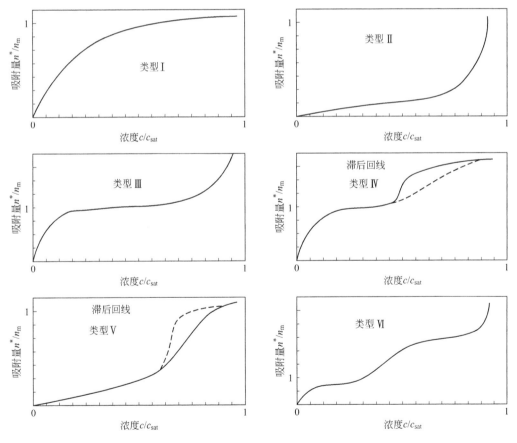

图 18-2-1 常见的六类等温线形状

（1）**类型 I** 是向上凸的 Langmuir 型曲线，表示吸附剂毛细孔的孔径比吸附质分子尺寸略大时的单层分子吸附，或在微孔吸附剂中的多层吸附或毛细凝聚。该类吸附等温线，沿吸附量坐标方向，向上凸的吸附等温线被称为优惠的吸附等温线。在气相中吸附质浓度很低的情况下，仍有相当高的平衡吸附量，具有这种类型等温线的吸附剂能够将气相中的吸附质脱除至痕量的浓度。

(2) 类型Ⅱ 是反 Langmuir 型曲线，该类等温线沿吸附量坐标方向向下凹，被称为非优惠的吸附等温线，表示吸附气体量不断随组分分压的增加而增加，直至相对饱和值趋于1为止。曲线下凹是由于吸附质与吸附剂分子间的相互作用比较弱，较低的吸附质浓度下，只有极少量的吸附平衡量，同时又因单分子层内吸附质分子的互相作用，使第一层的吸附热比冷凝热小，只有在较高的吸附质浓度下吸附质分子才出现冷凝，使吸附量大增，如在20℃下，溴吸附于硅胶。

(3) 类型Ⅲ 为形状呈反 S 形的吸附等温线，在吸附的前半段发生了类型Ⅰ吸附，而在吸附的后半段出现了多分子层吸附或毛细凝聚。例如在 20℃ 下，炭黑吸附水蒸气和 −195℃ 下硅胶吸附氮气。

(4) 类型Ⅳ 是类型Ⅲ等温线的变形，能形成有限的多层吸附。氮气、有机蒸气和水蒸气在硅胶上的吸附属这类等温线。

(5) 类型Ⅴ 例如水蒸气在活性炭或憎水性吸附剂上的吸附。

(6) 类型Ⅵ Ⅵ型等温线是一种可逆的阶梯形等温线，代表吸附质是层层吸附在一个高度均匀、无孔的表面，阶梯高度代表每个吸附层的容量，而每个阶梯的陡峭程度取决于吸附体系和温度。氩或氪在低温条件下吸附在石墨化炭黑上的等温线就属于Ⅵ型等温线。

2.1.1 单组分吸附相平衡

(1) Henry 定律

$$q = K_H p \tag{18-2-1}$$

式中，q 为吸附达到平衡时气体在吸附剂上的吸附量，$mmol \cdot g^{-1}$；K_H 为吸附相平衡常数，与温度有关；p 为压力。该模型适用于描述吸附量占单分子层吸附量很低（≤10%）或者压力非常低的吸附情况。其他许多吸附等温线模型在低浓度或低压下的吸附，都可以转变为 Henry 方程。

(2) Langmuir 吸附等温线方程[1] Langmuir 吸附等温线方程依然是实际运用中使用最广泛的吸附等温线模型，此模型主要基于如下四个假设：

(a) 吸附剂表面具有一定数量的吸附活性位点 (active sites)，每个吸附活性位点只能被一个吸附质分子占据，因而属于单分子层吸附；

(b) 吸附质分子与固体表面的相互作用可以是物理作用，也可以是化学键作用，但必须要有足够的强度使吸附质分子不能移动，即定位吸附；

(c) 固体表面是均匀的，其表面上的活性吸附位点分布均匀，发生吸附时各活性吸附位点的焓变相同；

(d) 吸附剂表面上，相邻的吸附质分子间的相互作用力可以忽略。

在此基础上，Langmuir 吸附等温线方程可以用简单的动力学推导方法得出。

$$q_e = \frac{q_m K_L p_i}{1 + K_L p_i} \tag{18-2-2}$$

式中，q_e 为吸附达到平衡时气体在吸附剂上的吸附量，$mmol \cdot g^{-1}$；q_m 为吸附剂的最大吸附量，$mmol \cdot g^{-1}$；K_L 为 Langmuir 吸附平衡常数，与温度有关；p_i 为组合 i 的分压。

K_L 与温度 T 的关系为:

$$K_L = K_0 \exp\left(\frac{E_a}{RT}\right) \tag{18-2-3}$$

式中，E_a 为吸附活化能，$kJ \cdot mol^{-1}$。将式(18-2-2)两边取倒数，Langmuir 吸附等温线方程可以转变为如下形式：

$$\frac{1}{q_e} = \frac{1}{q_m K_L} \times \frac{1}{p_i} + \frac{1}{q_m} \tag{18-2-4}$$

Langmuir 吸附等温线方程的特点是形式比较简单，各参数的物理意义明确。

(3) Freundlich 吸附等温线方程[2]　Langmuir 模型假设吸附剂表面是均匀的，然而在一些实际吸附体系中，由于吸附剂表面各部分组成和结构不一样，导致其表面各处常常是不均匀的，且在某些情况下也需要考虑吸附剂分子之间的相互作用，因此就不能再使用 Langmuir 等温线模型来描述吸附体系的相平衡。1906 年，Freundlich 提出一种半经验的吸附等温线方程，此模型对于非均相吸附剂表面的多层非理想吸附行为有很好的适用性，其形式为:

$$q_e = K_F p^{1/n} \tag{18-2-5}$$

式中，K_F 为吸附相平衡常数；n 表示吸附的难易程度，n 越小吸附越容易进行，n 越大则吸附越难进行。

对式(18-2-5)两边求对数可得到：

$$\lg q_e = \lg K_F + \frac{1}{n} \lg p \tag{18-2-6}$$

若以 $\lg q_e$ 对 $\lg p$ 作图，即可得到一条直线。根据此直线的斜率和截距即可计算出 Freundlich 常数 n 和吸附相平衡常数 K_F。

(4) Langmuir-Freundlich 吸附等温线方程[3]　依据 Freundlich 模型，当吸附相压力增大时，吸附量将持续增加而没有极限，这与实际不符，为了解决这一问题，人们提出了 Langmuir-Frunndlich 方程。

$$q = \frac{q_m K_L p^{1/n}}{1 + K_L p^{1/n}} \tag{18-2-7}$$

式中，q_m 为单层吸附容量，$mmol \cdot g^{-1}$；K_L 为 Langmuir 吸附平衡常数，kPa^{-1}；p 为压力，kPa；q 为吸附量，$mmol \cdot g^{-1}$。

(5) 双位 Langmuir 吸附等温线方程[4]　在实际吸附中，一些吸附剂的表面是不均匀的，属于异质结构。气体分子将会吸附在不同的吸附位，此时 Langmuir 吸附等温线模型已经不能够用来描述此吸附行为，于是人们提出了双位、三位等多位吸附等温线模型。目前，使用较多的是双位 Langmuir 吸附等温线方程：

$$Q = \frac{Q_1^{\max} K_{L1} p}{1 + K_{L1} p} + \frac{Q_2^{\max} K_{L2} p}{1 + K_{L2} p} \tag{18-2-8}$$

式中，$Q_1^{\max}$，$Q_2^{\max}$ 为不同吸附位的饱和吸附量，$mmol \cdot g^{-1}$；K_{L1}，K_{L2} 为不同吸附位的 Langmuir 吸附平衡常数，kPa^{-1}；p 为压力，kPa；Q 为吸附量，$mmol \cdot g^{-1}$。

(6) 双位 Langmuir-Freundlich 吸附等温线方程[5]　与双位 Langmuir 吸附等温线模型类似，双位 Langmuir-Freundlich 方程是 Langmuir-Freundlich 方程的延伸，其方程如下：

$$Q = Q_1^{\max} \times \frac{b_1 p^{1/n_1}}{1 + b_1 p^{1/n_1}} + Q_2^{\max} \times \frac{b_2 p^{1/n_2}}{1 + b_2 p^{1/n_2}} \tag{18-2-9}$$

式中，b_1、b_2 为不同吸附位的 Langmuir 吸附平衡常数，kPa^{-1}；n_1、n_2 为在不同吸附位时与简单吸附等温线方程的偏移。

(7) 修正的 DO-DO 方程

$$q = q_{\mu s} \frac{1}{1 + \frac{x^{-n}}{K_\mu}} + N_0 \frac{bx}{1+bx} \tag{18-2-10}$$

式中，q 为吸附量，$mmol \cdot g^{-1}$；x 为相对压力或相对湿度；n 为进入孔内水分子簇的平均值；N_0 为功能基团或原始活性位浓度，$mmol \cdot g^{-1}$；b 为速率常数；K_μ 为微孔平衡常数；$q_{\mu s}$ 为微孔饱和浓度，$mmol \cdot g^{-1}$；式中第二项是一项 Langmuir 函数，代表在原始活性位上的单分子层吸附。该方程各参数具有明确的物理意义，可以较好地描述活性炭在不同湿度下对水的吸附。

2.1.2 多组分吸附相平衡

工业上要处理的体系通常是多组分混合物，体系内如果有强吸附组分，通常会影响其他组分的吸附。因此，在多组分共存的吸附体系中，某个组分的吸附行为与其处于纯组分条件下的吸附行为是不一样的。

多组分吸附相等温平衡的表达式，可根据热力学（或统计热力学）的方法处理，或像单组分体系一样，在 Langmuir 方程或吸附位势理论方程基础上扩展。

2.1.2.1 Langmuir 方程扩展式（Markham 和 Benton 式）[6]

$$Q_t = \frac{q_i}{q_{mi}} = \theta = \frac{k_i p_i}{1 + \sum_{i=1}^{n} k_i p_i} \tag{18-2-11}$$

式中，q_{mi} 为 i 组分的单层最大吸附量；θ 为未遮盖的表面分率，指理想吸附条件下，一个组分分子吸附遮盖的面积不受其他组分分子已在该表面上吸附的影响。

2.1.2.2 Langmuir 型和 Freundlich 方程联合的扩展式

$$\frac{q_i}{q_{mi}} = \frac{k_i p_i^{1/n_i}}{1 + \sum_{j=1}^{n} k_j p_j^{1/n_j}} \tag{18-2-12}$$

式(18-2-12)是半经验性质的，缺乏充分的理论依据，除气体混合物外，包括液体溶液的等温吸附平衡可以在指定的条件下使用。

2.1.2.3 B.E.T 扩展方程

Gonza 等假定第 $n+1$ 层和第 n 层的 Langmuir 常数比值对混合物中所有组分而言均为常数

$$\frac{k_{n+1}}{k_n} = \nu \tag{18-2-13}$$

则 i 组分的吸附量为

$$q_i = q_{mi} p_i \sum_j \frac{k_i \nu^{(j-1)/2} \phi^{j-1}}{(1+\phi)(1+\nu\phi)(1+\nu^2\phi)\cdots(1+\nu^{j-1}\phi)} \tag{18-2-14}$$

式中 j——吸附质的层数。

$$\phi = \sum_m k_m p_m \tag{18-2-15}$$

当 $j=1$ 时，式(18-2-14)可以简化为扩展的 Langmuir 方程。

2.1.2.4 位势理论扩展式

已知单组分的特性曲线表示为

$$W = W_t \exp(-k\varepsilon^2)$$

则混合气体的特性曲线可取

$$(q_1+q_2)v_m/W_t = \exp(-k\varepsilon^2) \tag{18-2-16}$$

$$v_m = x_1 v_1 + x_2 v_2 \text{ 及 } \varepsilon = -RT\ln\left(\frac{p_1+p_2}{p_{s12}}\right)$$

式中 p_{s12}——双组分气体混合物和吸附剂上平衡蒸气的组成相同时，主体混合气体的平衡蒸气压力。

D-R 方程扩展：

$$q_t = \sum q_i = \frac{W_t}{\sum x_i v_{mi}} \exp\left[-\frac{kT^2}{(\sum x_i \beta_{ai})^2}\left(\sum x_i \ln\frac{p_{oi}}{p_i}\right)^2\right] \tag{18-2-17}$$

式中 q_t——混合物的吸附总量；
v_{mi}——吸附相 i 组合的摩尔容积。

吸附相中各组分 i 的浓度（摩尔分数）总和：

$$\sum x_i = 1 \tag{18-2-18}$$

式(18-2-17)、式(18-2-18)不能解出 q_t 和 q_i，须再加 Lewis 关系式联解：

$$\frac{q_1}{q_1^0} + \frac{q_2}{q_2^0} = 1 \tag{18-2-19}$$

式中，q_1^0、q_2^0 为同一总压力下纯气体组分 1、2 的吸附量，可由式(18-2-17)～式(18-2-19)联解，以求取吸附量 q_t。

Lewis 关系式是假定单层分子吸附，不同组分分子吸附时相互不干扰。在单层分子吸附而吸附剂已全部吸附饱和时，为：

$$q_A a_A + q_B a_B = a_0 \tag{18-2-20}$$

式中 a_A，a_B——饱和吸附状态下 1mol 组分 A、B 分子各占据的吸附面积的大小；
a_0——单层分子吸附时单层分子吸附的面积。

单层分子吸附的面积也可以用纯组分的吸附面积表示：

$$q_A^0 a_A + q_B^0 a_B = a_0 \tag{18-2-21}$$

式中，q_A^0，q_B^0 为单层分子饱和吸附时在有选择性毛细孔内所吸附纯 A 或纯 B 组分的物质的量。

使式(18-2-20)和式(18-2-21)合并，可得 Lewis 关系式[式(18-2-19)]。

2.1.2.5 Grant 和 Manes[7] 计算法

根据 Dubinin-Polanyi 位势理论的等位势概念，对双组分体系取：

$$\left[\frac{RT}{v}\ln\frac{p_0}{p}\right]_A = \left[\frac{RT}{v}\ln\frac{p_0}{p}\right]_B \tag{18-2-22}$$

式中，v 为在吸附温度下饱和液体的摩尔容积。

非理想气体体系，可用逸度 f 校正：

$$\left[\frac{RT}{v}\ln\frac{f_0}{f}\right]_A = \left[\frac{RT}{v}\ln\frac{f_0}{f}\right]_B \tag{18-2-23}$$

式中，v 为在蒸气压力等于吸附压力下饱和液体的摩尔容积。也可以归纳为 i 组分在混合气体中的特性曲线：

$$F_i(q_i v_m) = \left[\frac{\varepsilon}{v_{nbp}}\right]_i = \left[\frac{RT}{v_{nbp}}\ln\frac{xf_0}{f}\right]_i \tag{18-2-24}$$

式中，v_m 为吸附混合物的液相摩尔容积；v_{nbp} 为正常沸点下液体的摩尔容积；f_0 为纯 i 组分在吸附温度 T、饱和蒸气压力下的逸度；f 为 i 组分在气相混合物为压力 p、温度 T 和浓度 y_i 时的逸度。

虽然 F 函数对各纯组分不一定相同，但在混合物中，各组分的 $q_i v_m$ 值相等。

2.1.2.6 理想吸附溶液理论

Myers 和 Prausnitz[8] 理想吸附溶液 （IAS） 理论的要点，是将和气相相平衡的混合吸附质构成的吸附相作为理想溶液处理，因而参数关系可用液相的热力学方程式表达。假定：（a） 吸附剂为热力学惰性物质，恒温下，吸附过程中吸附剂的热力学性质变化小，可忽略不计；（b） 所有吸附质在吸附剂表面的有效面积相同；（c） 遵守 Gibbs 吸附定律。对理想双组分体系，按照 Raoult 定律表示气相和吸附相的浓度 （摩尔分数） 之间的关系。

$$p_1 = p y_1 = p_1^0(\pi) x_1, \quad p_2 = p y_2 = p_2^0(\pi) x_2 \tag{18-2-25}$$

由 Gibbs 吸附定律：

$$A\left(\frac{\partial \pi}{\partial p}\right)_T = \frac{RT}{p} n \tag{18-2-26}$$

或：

$$\pi(p_i^0) = \frac{RT}{A} = \int_0^{q_i^0} (\mathrm{d}\ln q_i^0/\mathrm{d}\ln p_i^0) \mathrm{d} q_i^0 \tag{18-2-27}$$

亦即是：

$$\frac{\pi_1^0 A}{RT} = f_1(p_1^0) \tag{18-2-28}$$

对于双元组分溶液，$i=1,2$；同时：$x_1+x_2=1$，$y_1+y_2=1$ \hfill (18-2-29)

$$q_1 = q_t y_1, \quad q_2 = q_t y_2 \tag{18-2-30}$$

及：

$$\frac{1}{q_1+q_2} = \frac{1}{q_t} = \frac{x_1}{q_1^0} + \frac{x_2}{q_2^0} \quad (T=\text{常数}, \pi=\text{常数}) \tag{18-2-31}$$

利用上述公式，多元组分溶液的吸附量可用 Prausnitz 的二维理想溶液理论，由单组分的实验吸附等温线计算预测得到。方法是从纯组分的 q_1^0, q_2^0 和相应的 p_1^0 及 p_2^0, 得 $q_t = q_1 + q_2$, 以双对数坐标绘出 ($\mathrm{dln}p_i^0/\mathrm{dln}q_i^0$) 和 q_i^0 的关系曲线和图解积分值,得 p_i^0 和 $\pi A = RT$ 的曲线。采用猜算法,先假设任意的压力 p_1 及 p_2, 从单组分吸附等温线得 q_1 和 q_2 值。再假定一个 $\pi A = RT$ 值,从 p_i^0 和 $\pi A = RT$ 的曲线读得 $p_1^0(\pi)$ 和 $p_2^0(\pi)$, 用式(18-2-25)由已知的 p_1, p_2 和 p_1^0, p_2^0 值算出 y_1 和 y_2 值。所得 y_1 和 y_2 值应满足 $\sum y_i = 1$ 的条件,则假定的 $\pi A = RT$ 值是对的。否则重新假设另一 p_1 和 p_2 值。从式(18-2-31)求 q_1, 以 $q_i = q_t y_i$ 作图。

如果单组分的等温线能用方程式表示,则式(18-2-27)可得分析解。设在较广的浓度范围可用 Freundlich 方程表示,则积分项为 $\pi A = k_F q^0$, 可大为简化计算过程。但要注意的是,单组分的等温线(特别是弱吸附组分的等温线)要适用于较广的吸附量范围,否则此简化法将造成较大的偏差。

2.1.2.7 空位溶液 (VSM) 理论[9]

此理论的基本点是将气态的吸附质相看作溶液,吸附平衡为本体溶质溶液和表面相之间的平衡,而溶剂是"空的"(vacancy)(即不考虑溶剂),则组分 v 即代表一未确定的活性点,此活性点可由吸附组分的分子所占据。表面由组分 v 和吸附组分 1 组成,主体溶液非常稀薄,在吸附相中组分 v 的化学位为:

$$\mu = \mu_0 + RT \ln\nu x + \pi\sigma \tag{18-2-32}$$

式中, σ 为偏克摩尔面积。两相中组分 v 的化学位相等,则:

$$\pi = -\frac{RT}{\sigma_v}\ln\nu_v x_v \tag{18-2-33}$$

表面相中空的溶剂组分 v 的活度系数 ν_v 以 Wilson 方程表示:

$$\ln\nu_v = \ln(x_v + \Delta\nu_1 x_1) - x_1\left[\frac{\Delta\nu_1}{\Delta\nu_1 x_1 + x_v} - \frac{\Delta\nu_v}{\Delta\nu_v x_v + x_1}\right] \tag{18-2-34}$$

单组分的空穴溶液模型等温方程为:

$$P = \left[\frac{q_i^\infty}{k_i}\frac{\theta}{1-\theta}\right]\left[\Lambda_{lv}\frac{1-(1-\Lambda_{vl})\theta}{\Lambda_{lv}+(1-\Lambda_{lv})\theta}\right]$$
$$\exp\left[-\frac{\Lambda_{vl}(1-\Lambda_{vl})\theta}{1-(1-\Lambda_{vl})\theta} - \frac{(1-\Lambda_{lv})\theta}{\Lambda_{lv}+(1-\Lambda_{lv})\theta}\right] \tag{18-2-35}$$

式中, q_i^∞ 为 i 组分在表面上的最大物质的量; k_i 为 Henry 系数; θ 为表面覆盖率; Λ_{ij} 为 Wilson 方程中的常数; ν_v 为吸附相空溶液中空位的活度系数。

式(18-2-35)中,前面的一项是 Langmuir 方程,后面的项代表非理想性或吸附质分子和吸附剂互相作用的影响。

对组分 i 和 v 的活度系数可用 Wilson 方程的通用式表示(n 组分混合物有 $n+1$ 个方程):

$$\ln\nu_k = 1 - \ln\left[\sum_j x_j\Lambda_{kj}\right] - \sum_i\left[\frac{x_i\Lambda_{ik}}{\sum_j x_j\Lambda_{ij}}\right] \tag{18-2-36}$$

组分 i 在吸附相和气相之间的平衡关系,可从其在两相中的化学位相等求得:

$$f_i y_i P = \nu_i x_i q_m \frac{q_i^\infty \Lambda_{iv}}{q_m^\infty k_i}\exp(\Lambda_{vi}-1)\exp\left(\frac{\pi A_i}{RT}\right) \tag{18-2-37}$$

式中，f_i 为逸度；q_m 为总吸附量，mol；A_i 为 i 组分的偏克摩尔面积。而：

$$q_m^\infty = \sum x_i q_i^\infty \tag{18-2-38}$$

及

$$-\frac{\pi A_i}{RT} = \left[1 + \frac{q_m^\infty - q_i^\infty}{q_m}\right]\ln\nu_i x_v \tag{18-2-39}$$

式(18-2-35)~式(18-2-38)加上 $\sum x_i = \sum y_i = 1 (i \neq v)$，便可从单组分的等温线预测多元组分混合物的吸附平衡。A_{iv} 及 A_{vi} 由单组分数据求取。吸附质与吸附质之间的相互作用参数和 A 可用液体混合物方程算出。计算步骤：

(a) 选定变量，浓度 $x_1 (x_2 = 1 - x_1)$，用式(18-2-35)拟合纯组分的实验数据，取得 q_i^∞、k_i、A_{iv} 和 A_{vi} 各值。

(b) 用式(18-2-38)求 q_i^∞ 值。

(c) 由式(18-2-39)算出 $\pi A_i/(RT)$ 值。

(d) 由下列方程求取活度系数 ν_i 和 ν_v：

$$\ln\nu_i = 1 - \ln(x_i - x_j\Lambda_{ij} + x_v\Lambda_{iv}) - \frac{x_i}{x_i + x_j\Lambda_{ij} + x_v\Lambda_{iv}}$$

$$+ \frac{x_j\Lambda_{ji}}{x_i\Lambda_{ji} + x_j + x_v\Lambda_{jv}} + \frac{x_v\Lambda_{vi}}{x_i\Lambda_{vi} + x_j\Lambda_{vj} + x_v}$$

$$\ln\nu_v = 1 - \ln(x_1\Lambda_{v1} + x_2\Lambda_{v2} + x_v) - \frac{x_1\Lambda_{1v}}{x_1 + x_2\Lambda_{12} + x_v\Lambda_{1v}}$$

$$+ \frac{x_2\Lambda_{2v}}{x_1\Lambda_{21} + x_2 + x_v\Lambda_{2v}} + \frac{x_v}{x_1\Lambda_{v1} + x_2\Lambda_{v2} + x_v}$$

(e) 取 $f_i = 1$，用迭代法解式(18-2-37)联立方程组，得 $y_1(y_2 = 1 - y_1)$ 和 q_m 值，需使 $\sum y_i = 1$ 才正确。

Flory 和 Huggins 采用另一种表面上空位组分活度系数的表达式，使 VSM 改成 F-H VSM 理论：

$$\ln\nu_v = \frac{\alpha_{1v}\theta}{1 + \alpha_{1v}\theta} - \ln(1 + \alpha_{1v}\theta) \tag{18-2-40}$$

式中

$$\alpha_{1v} = (a_1/a_v) - 1$$

纯组分的等温线方程：

$$P = \left[\frac{q_1^\infty}{k_1} \times \frac{\theta}{1-\theta}\right]\exp\left[\frac{\alpha_{iv}^2\theta}{1 + \alpha_{iv}\theta}\right] \tag{18-2-41}$$

多元组分的 Flory-Huggins 方程为：

$$\ln\nu_i = -\ln\sum_j\frac{x_j}{\alpha_{ij} + 1} + \left[1 - \left(\sum_j\frac{x_j}{\alpha_{ij} + 1}\right)^{-1}\right] \tag{18-2-42}$$

取

$$q_m^\infty = \sum x_i q_i^\infty \tag{18-2-43}$$

在某些体系如 O_2-N_2-CO 在 10X 沸石上吸附，预测结果表明，F-H VSM 比 VSM 模型的准确度要高。

2.1.2.8　Lee 格点溶液模型[10]

Lee 基于 Dubinin-Polanyi 位势理论的假说，提出了吸附剂微孔填充容积概念和格点溶液模型。该模型适合于像沸石之类的微孔吸附剂。认为所有吸附质吸附的微孔充填最大容积

W_0 都是一样的，并在临界条件下吸附。在 T 和 p_i 下，纯组分的摩尔容积为：

$$(v_i^0)_{p_i} = \frac{W_0}{(q_i)_{p_i}} \tag{18-2-44}$$

对于理想气体，如取 v_{gi} 为气体的摩尔容积，则吸附的自由能为：

$$G_i = RT \frac{(v_i^0)_{p_i}}{v_{gi}} = RT \ln \frac{(v_i^0)_{p_i} p_i}{RT} \tag{18-2-45}$$

设各纯组分气体在分压下吸附成为平衡蒸气相，在温度 T、总压 p 和分压 p_i 下，各纯气体混合成吸附相，则双组分体系的吸附摩尔自由能为：

$$\overline{G}_a^m = x_1 \overline{G}_{a1} + x_2 \overline{G}_{a2} + \Delta \overline{G}_a^m \tag{18-2-46}$$

设 $\Delta \overline{G}_g^m$ 为吸附相中混合摩尔自由能，依照格点溶液模型，$\Delta \overline{G}_g^m$ 可表示为：

$$\Delta \overline{G}_a^m = x_1 RT \ln \phi_1 + x_2 RT \ln \phi_2 + (x_1 x_2 \phi_1 \phi_2)^{1/2} A_{12} \tag{18-2-47}$$

式中，ϕ_1，ϕ_2 为吸附相中的容积分数，可由摩尔分数和摩尔容积求得；A_{12} 为吸附交换能，它不仅包含混合物的交换能，也包括吸附质和表面之间的交换能。Lee 提出 A_{12} 值应由实验确定。如吸附质混合时，体积没有变化，混合物的摩尔容积为：

$$v_m = x_1 (v_1^0)_p + x_2 (v_2^0)_p \tag{18-2-48}$$

$$(v_i^0)_p = W_0 / (q_i^0)_p \tag{18-2-49}$$

混合物的吸附摩尔自由能为：

$$\overline{G}_a^m = RT \ln \frac{v_m}{v_{gm}} \tag{18-2-50}$$

则

$$v_m = \frac{RT}{p} \exp[(x_1 \overline{G}_{a1} + x_2 \overline{G}_{a2} + \Delta \overline{G}_a^m)/(RT)] \tag{18-2-51}$$

式中，A_{12} 为 $\Delta \overline{G}_g^m$ 中的参量，双组分混合物的 A_{12} 可在整个吸附相组成范围内设为常数。而吸附量（摩尔）为：

$$q_m = \frac{W_0}{v_m} \tag{18-2-52}$$

对每个组分：

$$q_i = x_i q_m \tag{18-2-53}$$

给定 T、p 和 y_i 后，计算步骤如下：

(a) 从位势理论的特性曲线得任一纯气体组分的 W_0 值。

(b) 从纯气体组分的数据，在同温度 T，以各自的 p_1 和 p_2 计算 q_1^0 和 q_2^0 值。

(c) 由式(18-2-44) 计算出 $(v_1^0)_{p_1}$ 和 $(v_2^0)_{p_2}$，自式(18-2-45) 取得 $\Delta \overline{G}_{g1}^m$ 和 $\Delta \overline{G}_{g2}^m$，由式(18-2-49) 得 $(v_1^0)_p$ 和 $(v_2^0)_p$。

(d) 假设 x_1 和 x_2 值，用式(18-2-48) 算得 v_m，由式(18-2-47) 求得 $\Delta \overline{G}_g^m$。

(e) 用式(18-2-51) 校正 v_m 值，将步骤（d）和（e）反复迭代，直至 v_m 值吻合一致为止。

上述的各种模型，从实验测定的平衡数据和模型预测值相比较看来，以活性炭为吸附剂的等温平衡值准确度较高，因其吸附力是以范德华力为主，而用分子筛为吸附剂的等温平衡值准确度较低，因其吸附力中静电力也起了重要作用。位势理论用于沸石的吸附结果不理想，预测多元组分的等温平衡模型中，可能理想吸附溶液（IAS）模型较为简便些。

此外还有 Ruthven 的简化统计热力学模型[11,12]，对有规则的沸石空穴结构进行了统计热力学处理。其他各种修正模型，都只适用于特定情况。

2.1.3 吸附等温线的测定

关于气固吸附相平衡等温线的测定，可应用商品化的气体物理吸附仪进行测定。目前各种气体物理吸附仪，其测量原理主要分为体积法和重量法。

体积法：也称恒定容积法，它的原理是分别测定吸附前后吸附体系的平衡压力差，然后根据此差值，应用适当的 $p\text{-}V\text{-}T$ 气体状态方程，计算出吸附相的吸附量。实验仪器包含有两个室：储气室和样品室，后者有死区（或静区）。这两个室的容积可以预先用氦取代确定。在每次吸附测量前，样品室要除气。然后让储气室中的待测气体进入样品室，当吸附体系气体的压力恒定时，说明此吸附体系已达平衡。

重量法：在重量法测量技术中，吸附剂的吸附量是通过吸附仪器内置的微天平直接测定得到的。

2.1.4 吸附选择性估算

吸附选择性主要用于评价一个多组分吸附相平衡的特征。虽然这一参数值很少应用于数学模型中，但它提供了对一个在多组分吸附相平衡体系中吸附剂性质的简单描述，是选择和评价吸附剂能否应用于多组分分离的主要参数之一。

2.1.4.1 IAST 模型预测的选择性系数

理想吸附溶液理论（ideal adsorbed solution theory，IAST）是由 Myers 和 Prausnitz[8]提出的基于单组分的气体吸附等温线，应用这个理论可预测吸附剂对二元混合气体的选择性，这一方法已经得到广泛的应用[13~16]。

理想吸附溶液理论（IAST）假定在一定的扩散压力和温度条件下，吸附体系中的混合组分是一个理想混合物，吸附相中各分子之间的相互作用力是均等的，所有的组分遵循一个规则，吸附相的化学势能与达到平衡时气相的吸附势能相等[16]。

理想吸附溶液理论中，扩散分压 π 的计算公式如下：

$$\pi_i^0(p_i^0) = \frac{RT}{A} \int_0^{p_i^0} Q_i \, \mathrm{d}\ln p_i \tag{18-2-54}$$

式中，A 为吸附剂的比表面积；π 为扩散压力；R 为理想气体状态参数；p_i 为组分 i 对应于扩散压力 π 时的气相压力；Q_i 为组分 i 在压力 p_i 时的吸附量。

在恒定温度条件下，单组分的扩散压力是相同的：

$$\pi_1^0 = \pi_2^0 = \cdots = \pi_n^0 = \pi \tag{18-2-55}$$

对于双组分气体 1 和 2，将式(18-2-54) 代入式(18-2-55)，得到：

$$\int_0^{p_1^0} Q_1 \, \mathrm{d}\ln p_1 = \int_0^{p_2^0} Q_2 \, \mathrm{d}\ln p_2 \tag{18-2-56}$$

按照理想吸附溶液理论定义：

$$y_1 p_t = x_1 p_1 \tag{18-2-57}$$

$$(1-y_1) p_t = (1-x_1) p_2 \tag{18-2-58}$$

式中，y_1，x_1 为组分 1 在气相和吸附相的摩尔组成；p_t 为总压；p_1，p_2 为在同样的扩散压力下组分 1 和 2 的压力。

对于一个二元混合物，吸附剂对组分 1 和 2 的吸附选择性定义为：

$$\alpha_{12} = \frac{x_1}{x_2} \times \frac{y_2}{y_1} \quad (18\text{-}2\text{-}59)$$

当把各组分的吸附等温线方程式代入式(18-2-56)，其计算结果又代入式 (18-2-57)～式 (18-2-59)，便可以计算得到吸附剂对二元混合物气体的吸附选择性。

一般认为，当混合气体中各组分分子间的相互作用力比较均匀或分子的性质没有很大差别时，可应用 IAST 模型预计此吸附体系的吸附选择性。对于混合气体中各组分分子在分子尺寸、极性或是被吸附组分分子之间存在较强相互作用力的吸附体系，不适合应用 IAST 模型预计此吸附体系的吸附选择性。

2.1.4.2 基于亨利等温线方程计算的选择性系数

1995 年，Knaebel[17] 提出了一种评价吸附剂混合物组分吸附选择性的简易方法，即根据 Henry 等温线方程中的常数的比值进行估算。设已知两种组分在某种吸附剂上的吸附等温线，则可以根据这两条吸附等温线初始吸附部分（气体分压非常低的部分）的斜率比值估算出吸附剂对这两种组分的吸附选择性。基于 Henry 常数估算吸附选择性的方程式如下[18,19]：

$$K_i = \frac{\mathrm{d}q_i}{\mathrm{d}p}\bigg|_{p \to 0} \quad (18\text{-}2\text{-}60)$$

式中，K_i 为组分 i 的吸附等温线的 Henry 常数；p 为吸附质在气相中的平衡压力，kPa；q_i 为平衡吸附量，mg·g^{-1}。于是基于 Henry 常数的吸附剂对组分 i 和 j 的选择性系数（也称作上限选择性），可由式(18-2-61) 估算：

$$\alpha_{i,j} = K_i / K_j \quad (18\text{-}2\text{-}61)$$

由于此选择性系数是一个常数，它被经常用于简单评价吸附剂的性能。

2.1.4.3 DIH 方程计算吸附选择性系数

Yang 等在 2013 年提出了一种基于吸附热的估算吸附剂对混合气体吸附选择性的 DIH (difference in isosteric heats) 方程。基于吸附材料的吸附选择性与气体吸附质之间的吸附热之差具有很强的相关性，他们经过系列推导[20~22]，提出 DIH 方程式的具体表达如下：

$$S_{\text{ads}}\left(\frac{i}{j}\right) = \sqrt{S_{\text{ideal}} S_0}$$

$$S_{\text{ideal}} = \frac{N_i(p)}{N_j(p)}$$

式中，$N_i(p)$，$N_j(p)$ 为两个纯组分在对应分压下的平衡吸附量，mmol·g^{-1}。例如，当混合气体压力为 1bar，而体积比 $V_i : V_j = 0.1 : 0.9$ 时，N_i 和 N_j 分别代表对应于压力为 0.1bar 和 0.9bar 下时的平衡吸附量。

$\ln(S_0) = 0.716 \dfrac{\Delta q_{\text{st}}^0}{RT}$。在方程中，$S_0$ 只和 Δq_{st}^0 相关，Δq_{st}^0 是混合气体中两种气体在零压下时的吸附热之差，代表吸附材料与两种气体组分之间的相互作用强度。

在实际应用 DIH 方程计算混合气的选择性过程中，只需要实验测定得到两种气体在不同温度下的纯组分吸附等温线，并计算出两种气体的吸附热，便可应用 DIH 方程计算吸附材料对混合气体的选择性。因此，应用 DIH 方程是一种简便的计算选择性的方法。

2.1.5 吸附热

等量吸附热也称为微分吸附热，是一个评估吸附剂表面与吸附质分子间相互作用力及吸附剂表面均匀程度的重要参数，是指吸附材料在有一定吸附量状态下，当再有无限小量的气相分子被吸附所释放出来的热量。等量吸附热与表面吸附量的关系可反映出吸附剂表面的均匀性程度，如果等量吸附热明显受到表面吸附量的影响，这表明此材料表面的各活性吸附位的吸附能是不均匀的；反之，则比较均匀。

由 Clausius-Clapeyron 方程定义，等量吸附热（ΔH）可由式(18-2-62)计算得到[23]：

$$\ln p = -\frac{\Delta H}{RT} + C \tag{18-2-62}$$

式中，ΔH 为等量吸附热，$kJ \cdot mol^{-1}$；T 为温度，K；p 为气体分压，kPa；R 为气体常数；C 为积分常数。估算等量吸附热的具体实验步骤是：首先测定吸附质在不同温度下的吸附等温线，然后将这些等温线转换为等量吸附线，然后 $\ln p$ 对 $1/T$ 作图得到直线，从直线的斜率就可以求出等量吸附热 ΔH[24~26]。

通常，吸附剂的表面吸附自由能分布是不均匀的，且吸附质分子之间的相互作用力不可忽略，等量吸附热与吸附量（或表面覆盖度）的关系可分为以下几种[27]：

① 等量吸附热随吸附量的增大而减小；
② 等量吸附热随吸附量的增大保持不变；
③ 等量吸附热随吸附量的增大而增大。

表 18-2-1 和表 18-2-2 列出了水蒸气和部分气体在分子筛、活性氧化铝和硅胶上的吸附热。

表 18-2-1　合成沸石的等容吸附热 Q_{st}[①][28]　　　　单位：$kJ \cdot mol^{-1}$

吸附组分	4A(NaA)		5A(CaA)		13X(NaX)	
	θ[②]	Q_{st}	θ	Q_{st}	θ	Q_{st}
水	0.1	125.7	0.1	—	0.1	95.11
	0.8	74.17	0.8	75.42	0.8	70.8
NH_3			0.1	92.18	0.1	67.04
CO_2	0.1	46.09	0.1	52.37	0.1	46.09
O_2						13.82
N_2	15[③]	27.24	15[③]	23.88	0[③]	18.73
CH_4			0.1	21.79	0[③]	17.64
C_2H_6			0.1	27.65	40[③]	30.59
C_3H_8			0.1	34.36	40[③]	46.09
苯					50[③]	73.32

① Breck D W——Zeolite Molecular Sieves，p 654，Wiley，New York，1974。
② θ——覆盖率。
③ 指吸附量 0.5%（质量分数）之值，单位为 $cm^3(NTP) \cdot g^{-1}$。

表 18-2-2　水蒸气的吸附热

吸附剂	$Q/kJ \cdot mol^{-1}$
活性氧化铝	51.96
合成沸石	75.42
硅胶	53.63

通常，吸附剂表面的吸附能是不均一的，在大部分情况下，吸附质的等量吸附热与表面

覆盖率有关。例如，2016 年，Wang[29] 和 Liang[24] 等人根据实验测定得到了不同温度下的吸附等温线，分别计算得到 C_2H_6 和 C_2H_4 在聚多巴胺基多孔碳材料和沥青基多孔碳材料上的吸附热，如图 18-2-2、图 18-2-3 所示。

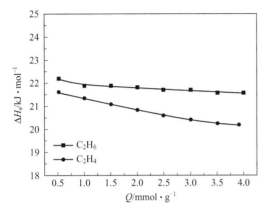

图 18-2-2　C_2H_6 和 C_2H_4 在聚多巴胺基多孔碳材料上的吸附热

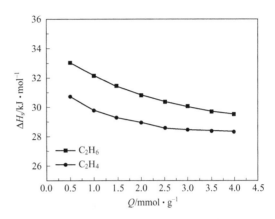

图 18-2-3　C_2H_6 和 C_2H_4 在沥青基多孔碳材料上的吸附热

2.2　液固吸附相平衡

2.2.1　液相吸附等温线

如图 18-2-4 所示，为液体溶剂中水分的吸附等温线。液相吸附的机理比气相复杂，除温度和溶质浓度外，吸附剂对溶剂和溶质的吸附、溶质的溶解度和离子化、各种溶质之间的相互作用以及共吸附现象等都会对吸附产生不同程度的影响，使其吸附等温线出现不同的形状。

Kitling[30] 研究了一批有机溶剂组成的溶液，这些溶液的吸附等温线按照它们离原点最近一段曲线的斜率变化，可以把液相吸附等温线分成四大类（图 18-2-5）。

（a）S 曲线　被吸附分子垂直于吸附剂表面，吸附曲线离开原点的一段，向浓度坐标轴方向凸出。

（b）L 曲线　正规的或"Langmuir"吸附等温线，被吸附的分子吸附于吸附剂表面为平行状态，构成平面，有些时候在被吸附的离子之间有特别强的作用力，这些离子互相垂直。

（c）H 曲线　高亲和力吸附等温曲线，该曲线最初离开原点后向吸附量坐标方向高度凸出，低亲和力的离子被高亲和力的离子所交换。

（d）C 曲线　恒定分配线性曲线，被吸附物质在溶液和吸附剂表面之间有一定的分配系数，溶质比溶剂更容易穿透入固体的吸附剂内，吸附量和溶液浓度之间成线性关系。

上述的分类方法是依照吸附等温线离开原点后曲线形状的变化、斜率的改变和曲线平坡线段的特点分类的。如果形成溶质分子吸附层是单层的，它对溶液中溶质分子的吸引力低、弱，则曲线有一段长的平坡线段。如果生成吸附层对溶液中溶质分子有强烈的吸引力，则曲线陡升、无平坡线段。按照 Brunauer 气相吸附等温线的分类方法（图 18-2-1），H_2、L_3、S_1、L_4、S_2 这五种曲线和 Brunauer 的典型吸附等温线相当。

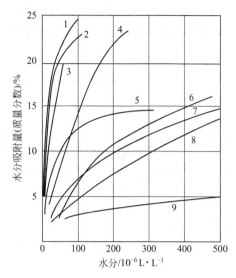

图 18-2-4　4A 分子筛对溶剂中水分的吸附平衡（25℃）

1—苯；2—甲苯；3—二甲苯；4—吡啶；5—甲基乙基甲酮；6—丁醚；7—丙醇；8—丁醇；9—乙醇

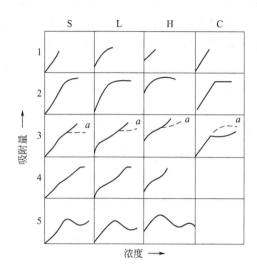

图 18-2-5　液相吸附等温线分类

液相吸附的机理比较复杂，经过对大量有机化合物吸附性能的研究，以活性炭为例，对有机化合物水溶液的吸附特性，可归纳成下列几点规则：

(a) 同族的有机化合物，分子量愈大，吸附量愈多（Trauble 法则）；
(b) 分子量相同的有机化合物，一般芳香族化合物比脂肪族化合物容易吸附；
(c) 直链化合物比侧链化合物容易吸附；
(d) 溶解度愈小，疏水程度愈高，愈容易吸附；
(e) 被其他基团置换位置不同的异构体，吸附性能也不相同。

从脂肪酸水溶液在活性炭上的吸附等温线可以说明，脂肪酸的分子量增加，在水中的溶解度变小，活性炭从水溶液中对脂肪酸的吸附量增加。当使用硅胶为吸附剂时，硅胶呈极性，这时吸附剂对非极性溶剂（如甲苯）形成的溶液（对同族的脂肪酸）的吸附性能和用活性炭为吸附剂的效果相反。

吸附等温方程：Langmuir 方程和 Freundlich 方程除用于单组分气体混合物的吸附外，对于低浓度溶液的吸附也可适用，如苯甲酸吸附于硅胶上或植物油的脱色或环保中的脱除有机物（用 COD 表示），也常用此类方程式表达。其他液体混合溶液，同样也可以采用吸附势理论的吸附特性曲线或有关的方程式说明。

表观吸附量计算：假设在双元组分体系中有 A 和 B 两组分，设 N 为混合溶液量（单位为 cm^3），组分 A 的初始体积分数为 V_0，当与质量为 $G_0(g)$ 的吸附剂充分接触到达平衡后，组分 A 的体积分数为 V，则其表观吸附量 $q(cm^3 \cdot g^{-1})$ 为：

$$q = \frac{N}{G_0} = V_0 - V \tag{18-2-63}$$

2.2.2　组成等温线方程

如含 A 和 B 组分的双元组分溶液与新鲜吸附剂［质量为 $G_0(g)$］接触，达到平衡，组分在两相中的浓度分配为：

$$\frac{N_0 \Delta X_{mA}}{G_0} = X_{mB} q_{mA} - X_{mA} q_{mB} \tag{18-2-64}$$

式中，q_{mA}，q_{mB} 为单位质量新鲜吸附剂吸附 A 或 B 组分的物质的量；X_{mA} 和 X_{mB} 为在和吸附剂相平衡的液相内，对应的 A 和 B 组分的浓度摩尔分数。

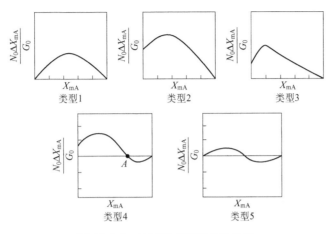

图 18-2-6 液固组成等温线的分类

式(18-2-64) 的左边 $N_0 \Delta X_{mA}/G_0$ 为纵坐标，取 X_{mA} 为横坐标作图，得组分 A 的组成等温曲线（图 18-2-6）。当 A 组分的质量分数为 0 或 1 时，则 $\Delta X_A = 0$，说明在此两端点之间，吸附等温线可能至少有一个转折点（如图 18-2-6 所示的类型 4 的 A 点），此点为共沸吸附点，其位置和吸附热的大小有关。

Everett 方程：D. H. Everett 从热力学角度对理想溶液体系加以研究，设为理想的单层吸附，则：

$$\frac{x_1 x_2}{m_t \Delta x_1} = \frac{1}{M} \left(x_1 + \frac{1}{\alpha - 1} \right) \tag{18-2-65}$$

式中，m_t 为双元组分溶液量，mol；M 为吸附量，mol；x_1，x_2 为溶液和吸附相中组分的浓度（摩尔分数）；α 为选择性系数，$\alpha = (x_2 y_1)/(x_1 y_2)$。式(18-2-65) 中以 $x_1 x_2/(m_t \Delta x_1)$ 对 x_1 作图得直线，从该直线的斜率和截距可以求出吸附量 M 和选择性系数 α 值[31]。

对于浓度较高的溶液和吸附剂接触，用静态法测量选择性吸附量时，有时难于区分表面的润湿量和吸附量的差别。常用间接的惰性组分法，即在混合液中加入定量的惰性组分 j，它易为溶液中吸附组分排斥置换出吸附剂，造成"不吸附"的现象。以上标 0 表示初始浓度，对 i 和 j 组分分别列物料衡算式，经合并得 i 组分的吸附量为：

$$q_i = M_s y_i = m_t(x_i^0 - x_i) + M_s x_i = m_t \Delta x_i + M_s x_i \tag{18-2-66}$$

由此可求得 i 组分在吸附相的浓度 $y_i = q_i/M_s$ 和选择性系数 α。如将惰性组分 j 和溶液中的吸附质配成双元组分溶液，将吸附前后溶液浓度的变化代入式(18-2-65)，可求得吸附量 M_s 和选择性系数 α 值。如 j 组分的 $\alpha = \infty$，表示 j 组分为惰性组分。

参考文献

[1] Langmuir I. J Am Chem Soc, 1916, 38(11): 2221-2295.
[2] Freundlich H., Colloid and capillary chemistry. London: Methuen, 1926.
[3] Do D D. Adsorption analysis: equilibria and kinetics. London: Imperical College Press, 1998.

[4] Chordhuty P, Bikkina C, Gumma S. Phys Chem C, 2009, 113: 6616-6621.
[5] Babarao R, Hu Z, Jiang J, et al. Langmuir, 2006, 23(2): 659-666.
[6] Markham E C, Benton A F. J Am Chem Soc, 1931, 53: 497.
[7] Grant R J, Manes M, Smith S B. AIChE J, 1962, 8: 403.
[8] Myers A L, Prausnitz J M. AIChE J, 1965, 11: 121.
[9] Suwanayuen S, Danner R P. AIChE J, 1980, 26: 68.
[10] Lee A K K. Can J Chem Eng, 1973, 51: 688.
[11] Ruthven D M. Principles of Adsorption and Adsorption processes. New York: Wiley, 1984: 44.
[12] Ruthven D M, Wong F. Ind Eng Chem Fundam, 1985, 24: 27.
[13] Walton Krista S, Sholl David S. AIChEJ, 2015, 61(9): 2757-2762.
[14] Wang X, Wu Y, Zhou X, et al. Chemical Engineering Science, 2016, 155: 338-347.
[15] Liang W, Xu F, Zhou X, et al. Chemical Engineering Science, 2016, 148: 275-281.
[16] Zhang Z, Xian S, Xia Q, et al. AIChE Journal, 2013, 59: 2195-2206.
[17] Knaebel K S. Chem Eng, 1995, 102(11): 92-102.
[18] Wang B, Cote A P, Furukawa H, et al. Nature, 2008, 453: 207-211.
[19] 张志娟. 几种金属有机骨架材料的表面改性及其对 $CO_2/N_2/H_2O$ 吸附性能. 广州: 华南理工大学, 2013.
[20] Peng Yang X, Cao Dapeng. J Phys Chem C, 2013, 117: 8353-8364.
[21] Wang H, Zeng X, Cao Dapeng. J Mater Chem A, 2014, 2: 11341-11348.
[22] Li Y W, He K H, Bu X H. Journal of Materials Chemistry A, 2013, 1(13): 4186-4189.
[23] Albright Lyle F. Albright's chemical engineering handbook. CRC Press, Taylor & Francis Group, 2009.
[24] Liang W, Zhang Y, Wang X J, et al. Chemical Engineering Science, 2017, 162:192-202.
[25] Yan J, Yu Y, Ma C, et al. Applied Thermal Engineering, 2015, 84: 118-125.
[26] Shi J, Zhao Z, Xia Q, et al. Journal of Chemical and Engineering Data, 2011, 56: 3419-3425.
[27] Shaheen A. J Phys Chem B, 1999, 103: 2467-2479.
[28] Breek D W. Zeolite molecular sieves: structure, chemistry, and use. New York: John Wiley & Sons, 1974: 654.
[29] Wang X, Wu Y, Zhou X, et al. Chemical Engineering Science, 2016, 155: 338-347.
[30] Kitling J J. Adsorption from solutions of non-electrolytes. New York: Academic Press, 1965.
[31] Lao Miaoahen, Ye Zhenhua. Chem Eng Commun, 1985, 35: 89.

3

物质传递与传质速率

吸附器（柱）内流体相和颗粒相之间的物质传递，是不稳定过程。流体相流动形成的层流、湍流和返混，吸附过程放出的吸附热，都使床层中的温度、流速和浓度分布发生变化，并且互相影响，从而涉及热量和物质的传递问题。研究床层中的传热和传质，需要讨论推动力和传质（或传热）速率中的传质系数（扩散系数）。通常以颗粒表面形成的界面膜作为比较重要的阻力看待（图 18-3-1）。可以把吸附中的传质过程分为四个阶段（图 18-3-2）：①溶质穿过固体吸附剂颗粒外两相界面的边界膜扩散进入毛细孔内；②从流动相经毛细孔进入颗粒相的内表面；③吸附于内表面的活性点上；④溶质由内表面扩散进入固体吸附剂的晶格内。吸附质的传递不是所有四个阶段都具有相同大小的阻力，某一阶段的阻力越大，克服此阻力产生的浓度梯度越大。为了简化数学式，可以利用简化模型和控制机理的概念，用某阶段控制的数学表达式代表整个传递过程。一般高浓度的溶液，其传质速率常可由颗粒相控制，低浓度流体的传质速率则常由流体侧液膜控制。对于某些吸附剂，其中可以两种传质机理同时存在或平行进行。

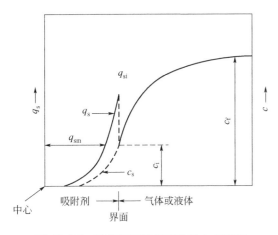

图 18-3-1 两相界面的传质推动力示意图

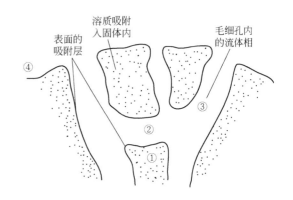

图 18-3-2 等温条件下吸附质分子在多孔吸附材料中的传质

3.1 传质速率

气体或液体溶液中的溶质向固体吸附剂扩散，主体流体溶质浓度为 c_f，界面的溶质浓度为 c_i，因浓度差 $c_f - c_i$，溶质扩散到达两相界面，再穿过界面进到固体表面。在界面上溶质满足相平衡关系 $q_{si} = f(c_i)$（图 18-3-1）。传质速率和两相的物理性质及流体相中溶质浓度有关；由于两相的瞬间浓度值不易取得，故有拟稳定状态等各种模型。表示传质推动力的方式也有多种，主要有线性推动力（LDF）和非线性推动力（包括以化学反应动力学推动力表示和考虑吸附剂颗粒内浓度成抛物线分布等的表达式）。

3.1.1 传质推动力的表示方法[1~6]

(1) 线性推动力式 拟稳定的总吸附速率，其通量：

$$N = k(c_s - c_f) \tag{18-3-1}$$

以每单位体积床层计：

$$\frac{dq}{dt} = k_f a_v (c_f - c_i) = k_s a_v (q_i - q_a) \tag{18-3-2}$$

式中，c_f，c_s，c_i 为主体流、固体表面和界面上流体的浓度。

如用总传质系数 K_s 或 K_F 表示，则：

$$\frac{\partial q}{\partial t} = K_s a_v (q^* - \overline{q}) = K_F a_v (\overline{c} - c^*) \tag{18-3-3}$$

式中，q^* 为相当于和主体流浓度 c 相平衡的吸附量；$\overline{q}$ 为吸附剂颗粒中的平均吸附量。Glueckauf 线性推动力（LDF）近似[1]设均一的球形吸附剂颗粒，对其传质扩散过程取物料衡算，则：

$$D_e \left(\frac{\partial^2 c}{\partial r^2} + \frac{2}{r} \times \frac{\partial c}{\partial r} \right) = \frac{\partial q}{\partial t} \tag{18-3-4}$$

式中，D_e 为有效扩散系数；c 为孔道内气体浓度。当陡峭的浓度前沿接触此吸附剂颗粒时，其边界条件是 $t=0$，$q=0$；$t>0$，$q(R_p) = q_0^*$。其中 q_0^* 是和进料浓度 c_0 相平衡的吸附量，则得解：

$$\overline{q} = q_0^* \left[1 - \frac{6}{\pi^2} \sum_{n=1}^{\infty} \frac{1}{n^2} \exp(-n^2 \pi^2 D_e t / R_p^2) \right] \tag{18-3-5}$$

由于阶跃陡峻的前沿事实上是不存在的，Glueckauf[3] 提出浓度为线性增大的扩散前沿，对 $D_e t / R_p^2 > 0.1$ 的解为：

$$\frac{\partial \overline{q}}{\partial t} = \frac{\pi^2 D_e}{R_p^2} (q^* - \overline{q}) + \left(1 - \frac{\pi^2}{15}\right) \frac{\partial q^*}{\partial t} - \left(\frac{1}{15} - \frac{2\pi^2}{315}\right) \frac{R_p^2}{D_e} \frac{\partial^2 q^*}{\partial t^2} + \cdots \tag{18-3-6}$$

如果有效扩散系数 D_e 很大或接触时间 t 足够长，颗粒内部溶质充分平衡，可用 $\frac{\partial \overline{q}}{\partial t}$ 代替 $\frac{\partial q^*}{\partial t}$，并使式(18-3-6)中的二阶项忽略不计，则得：

$$\frac{\partial \overline{q}}{\partial t} = \frac{15 D_e}{R_p^2} (q^* - \overline{q}) \tag{18-3-7}$$

这是在 $D_e t / R_p^2 > 0.1$ 的条件下，常用的线性推动力（LDF）近似式，可用于吸附、解吸及循环过程。

(2) 二次推动力式[4,5] Vermeulen 对式(18-3-6)在阶跃函数浓度变化（陡峻的）前沿通过颗粒时，得近似解为：

$$\frac{\partial \overline{q}}{\partial t} = k_s a \phi \left[\frac{q^{*2} - \overline{q}^2}{2q - q_0} \right] \tag{18-3-8}$$

$$\phi = \frac{1}{[r + 15(1-r)\pi^2]} \tag{18-3-9}$$

或写成：
$$\frac{\partial \overline{q}}{\partial t} = \frac{\pi^2 D_e}{R_p^2} \times \frac{q^{*2} - q^2}{2\overline{q}} \tag{18-3-10}$$

对陡峭的吸附等温线（不可逆的等温线），即 Langmuir 常数趋于∞的情况下，二次推动力模型优于 LDF 模型。

(3) 反应动力学式 一般的物理吸附过程，其相间传递常为速率控制，多数的吸附过程在活性点上的速率是非常快的，可以不考虑。反之，如活性点化学反应是控制步骤，Thomas[2] 在 1944 年以固定床离子交换操作为例，提出了离子交换步骤控制的速率方程为：

$$\frac{\partial q}{\partial t} = k\left[c(q_m - q) - \frac{1}{K_i}q(c_0 - c)\right] \tag{18-3-11}$$

式中，k 为化学反应速率常数；K_i 为离子交换平衡常数；q_m 为离子交换树脂中可交换离子的总量。

式(18-3-11) 可以重写成：

$$\frac{\partial (q/q_m)}{\partial t} = kc_0\left[\frac{c}{c_0}\left(1 - \frac{q}{q_m}\right) - \frac{1}{K_i} \times \frac{q}{q_m}\left(1 - \frac{c}{c_0}\right)\right] \tag{18-3-12}$$

取时间和距离新参量的定义为：

$$\theta = kc_0\left(t - \frac{z}{u}\right), \quad \xi = \frac{kq_m z}{mu} \tag{18-3-13}$$

式中，m 为床层间隙率和填充率之比 $m = \varepsilon/(1-\varepsilon)$。式(18-3-12) 化简，得：

$$\left(\frac{\partial (c/c_0)}{\partial \xi}\right)_\theta = -\left(\frac{\partial (q/q_m)}{\partial \theta}\right)_\xi \tag{18-3-14}$$

式(18-3-14) 常在加入边界条件后，取得数学分析解或用图解的形式表示。

3.1.2 吸附剂颗粒内的扩散系数[7~9]

恒温度测定气体在吸附剂颗粒内扩散系数的方法分两类：一类是稳态气流通过；一类是气体在非稳态流（非稳态传质）下通过吸附剂颗粒，从吸附量随时间的变化测取扩散系数。这种测定方法称为时间延迟法。取柱形的样品床层，非稳态传质方程为：

$$\frac{\partial c}{\partial t} = D_e \frac{\partial^2 c}{\partial z^2} \tag{18-3-15}$$

式中，D_e 为有效扩散系数。取边界条件：

$$c(0, z) = 0, \quad c(t, L) = 0, \quad c(t, 0) = c_0 \tag{18-3-16}$$

得解为：

$$\frac{\partial c}{\partial z} = -\frac{c_0}{L}\left[1 + 2\sum_{n=1}^{\infty}(-1)^n \exp(-n^2 \beta t)\cos\frac{n\pi(L-z)}{L}\right] \tag{18-3-17}$$

$$\beta = \pi^2 D_e / L^2$$

在时间 t 内，从吸附剂床层另一端带出的物质量 G 为：

$$G = \int_0^t D_e\left(-\frac{\partial c}{\partial z}\right)_{z=L} dt \tag{18-3-18}$$

将式(18-3-17) 代入式(18-3-18)，积分见图 18-3-3，早期穿透量随时间迅速增大，至时间 t' 开始稳定，相当于稳态流，当时间 $t \rightarrow \infty$ 时，得

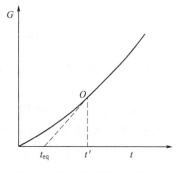

图 18-3-3 求取延迟时间 t_{eq}

$$G = \frac{D_e t c_1}{L}\left(t - \frac{\pi^2}{6\beta}\right) \quad (18\text{-}3\text{-}19)$$

式(18-3-19)相当于稳态流下的直线方程与横坐标的交点（$G=0$）的截距，称为稳态下的延迟时间 t_{eq}。因而有效扩散系数 D_e 为：

$$D_e = \frac{L^2}{6 t_{eq}} \quad (18\text{-}3\text{-}20)$$

从实验得到的曲线如图 18-3-3 所示，在直线段延长得截距 t_{eq} 值，求得有效扩散系数 D_e。

3.2 传质系数

3.2.1 总传质系数

传质速率以拟稳定态下的局部传质系数方程表示：

$$\rho_b \frac{dq}{dt} = K_F a_v (c - c_i) = K_s a_v (q_i - q) \quad (18\text{-}3\text{-}21)$$

由于界面浓度 c_i 和 q_i 难求取，故可用总传质系数表示：

$$\rho_b \frac{dq}{dt} = K_s a_v (q^* - q) = K_F a_v (c - c^*) \quad (18\text{-}3\text{-}22)$$

对于吸附等温线为线性平衡的体系：

$$\frac{1}{K_F a_v} = \frac{1}{K_F a_v} + \frac{1}{H K_s a_v} \quad (18\text{-}3\text{-}23)$$

或：

$$\frac{1}{K_s a_v} = \frac{1}{K_s a_v} + \frac{H}{K_F a_v} \quad (18\text{-}3\text{-}24)$$

式中，K_F 为颗粒外液膜的传质系数；K_s 为颗粒内界膜的传质系数；H 为享利系数；a_v 为单位体积固定床的传质外表面积 $a_v = 6(1-\varepsilon)/d_p$。

线性平衡体系并伴有轴向返混时：

$$\frac{1}{K_F a_v} = \frac{1}{K_F a_v} + \frac{1}{H K_s a_v} + \frac{d_p}{Pe u} \quad (18\text{-}3\text{-}25)$$

式中，$Pe = d_p u / (\varepsilon D_L)$。在 $Re \leqslant 20$ 时，$Pe = 0.5$；在 $Re > 200$ 时，$Pe = 2$。以溶液浓度差为推动力的液膜总传质容量系数 $K_F a_v$，和颗粒外流动相的流动状态 Re 有关。某些有机化合物的实测值，可从图 18-3-4 查出。在线性平衡条件下的总传质容量系数 $K_F a_v$，也可从颗粒内扩散系数 D_i 用式(18-3-26) 求得：

$$\frac{1}{K_F a_v} = \frac{1}{K_F a_v} + \frac{d_p^2}{60 D_i (1-\varepsilon)} \quad (18\text{-}3\text{-}26)$$

当为 Langmuir 型吸附等温线时，已知 $K_s a_p$ 值，可由图 18-3-5 求得任意操作条件下的 $K_F a_v$ 值。反之，也可以由该图用 $K_F a_v$ 实测值，从 $K_s a_p$ 值算出其他条件下的 $K_F a_v$ 值（a_p 为单位质量吸附剂颗粒的表面积，单位为 $m^3 \cdot kg^{-1}$；r 为平衡参数）。

3.2.2 流体-固体颗粒间液膜传质系数

流体向固体颗粒的传质速率和流体-固体颗粒间液膜的传质、颗粒内的扩散、颗粒内表

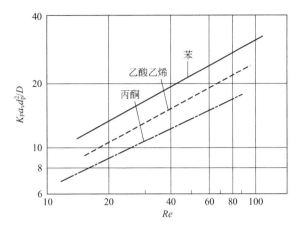

图 18-3-4 总传质容量系数 $K_F a_V$ 和 Re 数的关系

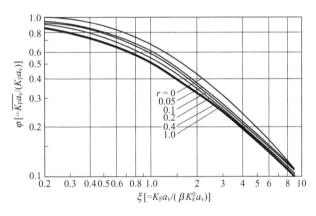

图 18-3-5 ξ 和 r 对 φ 的关系

面的反应速率等各因素有关。液膜传质系数和以 Re 数表征的流体流动状态有密切的关系，其实验式可用 Re 数关联。

J.C.Chu[10]：

$$J = \frac{k_F}{u}\left(\frac{\mu}{\rho D}\right)^{2/3} = 1.77\left[\frac{d_p u \rho}{\mu(1-\varepsilon)}\right]^{0.44} \tag{18-3-27}$$

$$10000 > \frac{d_p u \rho}{\mu(1-\varepsilon)} > 30$$

$$J = 5.7\left[\frac{d_p u \rho}{\mu(1-\varepsilon)}\right]^{-0.78}, \quad 1 < \frac{d_p u \rho}{\mu(1-\varepsilon)} < 30$$

J. J. Carberry[11]：

$$\frac{k_F}{u/\varepsilon}\left(\frac{\mu}{\rho D}\right)^{2/3} = 1.15\left(\frac{d_p u \rho}{\mu \varepsilon}\right)^{-0.5} \tag{18-3-28}$$

$$Re = 0.1 \sim 1000$$

$$k_F = 1.15 Re^{-1/2} Sc^{-2/3}$$

Wilson[12]：

$$\frac{k_F}{u/\varepsilon}\left(\frac{\mu}{\rho D}\right)^{2/3} = 1.09\left(\frac{d_p u \rho}{\mu}\right)^{-2/3} \tag{18-3-29}$$

$$Re = 0.0016 \sim 55$$

Frössling：
$$\left(\frac{k_F d_p}{D}\right)\varepsilon = 2.0 + 0.75\left(\frac{d_p u\rho}{\mu}\right)^{1/2}\left(\frac{\mu}{\rho D}\right)^{1/3} \tag{18-3-30}$$

Wilke 和 Hougen[13]：
$$k_F a_p = \frac{10.9F(1-\varepsilon)}{d_p A}\left(\frac{D}{d_p F/A}\right)^{0.51}\left(\frac{D\rho}{\mu}\right)^{0.16} \tag{18-3-31}$$

式中 $\dfrac{F}{A}$——线性速度 u，即流体体积流率 F 除以截面积 A；

D——流体相组分的扩散系数。

式(18-3-31)用于层流下的气-固系统，而液-固体系统得到的数据要低些。当 $\varepsilon=0.40$ 时，对水溶液，则式(18-3-31)可化简为[14]：

$$k_F a_p = \frac{2.62(Du)^{0.5}}{d_p^{1.5}} \tag{18-3-32}$$

3.3 颗粒相侧传质系数[7,9]

通常吸附剂颗粒内有几类不同的孔径或孔径分布的孔道，每类孔道的有效半径有一定的范围。一般孔道可分为微孔和大孔两类，对活性炭，Dubinin 却认为应分为：微孔（$r_p<6$）、次微孔（$6<r_p<16$Å）、次孔（16Å$<r_p<$2000Å）和大孔（$r_p>$2000Å）几种。组分分子在颗粒相内扩散时，按照扩散分子的平均自由程和孔道的大小，可以分为自由扩散（一般扩散）、

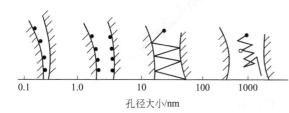

图 18-3-6 分子在颗粒孔道中扩散的四种形态

Knudsen 扩散、表面扩散和晶体扩散几类，如图 18-3-6 所示。在分子扩散时，体系的温度 T 升高，分子运动能量加大，其他条件不变时，扩散系数相应增加。表面扩散和晶体内的扩散是需要一定的活化能的，故其扩散系数的大小和活化能 E 有关（表 18-3-1）。设 D 为无限稀释溶液的扩散系数，在这几种不同类型的扩散中，以一般扩散的扩散系数最大，Knudsen 扩散系数次之，表面扩散系数更次之，而固体（晶体）扩散系数最小。

表 18-3-1　分子在孔道扩散的主要表达式

分子扩散的种类	扩散系数计算式	扩散系数的数量级
晶体扩散	$D_T = D° \exp\left(-\dfrac{E_T}{RT}\right)$	$D_T < 10^{-9}\,m^2 \cdot s^{-1}$
表面扩散	$D_S = D° \exp\left(-\dfrac{E_S}{RT}\right)$	$D_S < 10^{-7}\,m^2 \cdot s^{-1}$
Knudsen 扩散	$D_K = \dfrac{2r_p}{3}\sqrt{\dfrac{8RT}{\pi M}}$	$D_K \approx 10^{-6}\,m^2 \cdot s^{-1}$
一般扩散	$D = k\dfrac{T^{1.5\sim 2}}{P}$	$D \approx 10^{-5} \sim 10^{-4}\,m^2 \cdot s^{-1}$

3.3.1 大孔扩散[15,16]

气相扩散是由于分子的碰撞引起的，这种主体扩散在颗粒大孔中也可称为分子扩散。它和分子之间及分子与孔壁之间的碰撞有关。二元气体混合物的分子扩散系数，由根据动力学理论建立的 Chapman-Enskog 方程表示：

$$D_{12} = 0.001858 \times \frac{T^{3/2}[(M_1+M_2)/(M_1M_2)]^{1/2}}{p\sigma_{12}^2 \Omega_D[\varepsilon/(k_BT)]} \tag{18-3-33}$$

式中，D_{12} 为组分 1 和 2 之间的分子扩散系数，$cm^2 \cdot s^{-1}$；T 为温度，K；M_1，M_2 为组分 1 和组分 2 的分子量；p 为总压，atm；ε，σ_{12} 为分子对 1、2 Lennard-Jones 势能函数中的作用力常数；Ω_D 为碰撞积分，是 $k_s T/\varepsilon$ 的函数；k_B 为 Boltzmann 常数。

分子扩散运动的平均自由程是指圆形孔道半径方向的距离。但颗粒内孔道是弯曲的，故采用实际扩散路程长度和通量方向的净距离或扩散半径距离的比值，定义为曲折因子 τ。如果平均孔道长度对固体粒的厚度之比为 ξ，则从单一孔的一般扩散系数 D_{12} 可算出有效扩散系数 D_e：

$$D_e = \frac{D_{12}\varepsilon_p}{\xi^2} = \frac{D_{12}\varepsilon_p}{\tau} \tag{18-3-34}$$

式中，ε_p 为颗粒的孔隙率，如圆柱形孔道和片状面成 $45°$ 角，则 $\xi = \sqrt{2}$ 或 $\xi^2 = 2$。曲折因子 τ 则因各种材料不同而异，如市售的吸附剂氧化铝，$\tau = 2 \sim 6$，硅胶 $2 \sim 6$，活性炭 $5 \sim 65$，而沸石中的大孔 $\tau = 1.7 \sim 4.5$。以 D_e 对 ε_p 的对数坐标作图（图 18-3-7），是一条斜率接近 1.5 的直线（指氢-空气在各种多孔材料中的扩散）。对于液体扩散的分子扩散系数为：

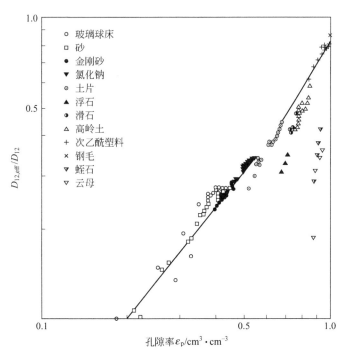

图 18-3-7　在各种材料的大孔中，有效孔扩散系数对
分子扩散系数的比值（注意斜率接近于 1.5）

$$D_{12}=7.4\times10^{-12}\frac{\sqrt{\psi_2 M_2 T}}{\eta(v_1)^{0.6}} \tag{18-3-35}$$

式中，M_2 为组分 2 的分子量；v_1 为分子容积，$cm^3 \cdot mol^{-1}$；η 为黏度，$m \cdot Pa \cdot s$；ψ 为缔合系数，水为 2.6，甲醇为 1.9，乙醇为 1.6，苯等不缔合溶剂为 1.0。

3.3.2 细孔扩散（Knudsen 扩散）

孔道的孔径很小，气体分子和孔道壁的碰撞比气体分子之间的碰撞更为频繁，由此而成为主要的扩散阻力时，这种扩散称为 Knudsen 扩散，其扩散系数为：

$$D_{K_1}=\frac{2}{3}r_p\sqrt{\frac{8RT}{TM_1}}=9700 r_p\sqrt{\frac{T}{M_1}} \tag{18-3-36}$$

式中，r_p 为细孔的半径。而总扩散系数 D_0 则为：

$$\frac{1}{D_0}=\frac{1}{D}+\frac{1}{D_{K_1}} \tag{18-3-37}$$

经细孔孔隙率 ε_p 及曲折因子 τ 校正，得 $D_{p,\text{eff}}=(\varepsilon_p/\tau)D_0$，细孔扩散的阻力是由气体分子之间碰撞（扩散系数 $D_{k,\text{eff}}$）和分子与壁的碰撞（扩散系数 $D_{p,\text{eff}}$）两部分共同产生：

$$\frac{1}{D_{\text{eff}}}=\frac{1}{D_{k,\text{eff}}}+\frac{1}{D_{p,\text{eff}}} \tag{18-3-38}$$

3.3.3 表面扩散

表面扩散常用 Fick 定律描述，是活化过程，某些情况类似微孔或晶体扩散，其活化能 E 一般约为物理吸附活化能的一半，少数情况下接近于物理吸附的活化能，因而表面扩散通量随温度的提高而减少。M. Suzuki[17] 测定了各种挥发性有机物在活性炭小球上液相吸附的有效表面扩散系数（图 18-3-8），得出其表示式为：

$$D_s=D_{so}\exp(-bT_b/T) \tag{18-3-39}$$

式中　D_{so}——1.1×10^{-4}，$cm^2 \cdot s^{-1}$；

T_b——吸附质沸点，K；

T——吸附温度，K；

b——5.38。

如改写成通用的 Arrhenius 公式，活化能 E_a 为：

$$E_a=R_b T_b \tag{18-3-40}$$

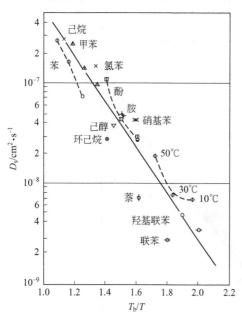

图 18-3-8 有机化合物在活性炭上吸附的有效表面扩散系数对 T_b/T 作图

3.3.4 晶体内的扩散[18~21]

沸石分子筛的吸附绝大多数发生在沸石晶体内，而晶体内的扩散速度很小，晶体扩散系数一般在 $10^{-9}\,cm^2 \cdot s^{-1}$ 以下（例如甲烷到正丁烷在 5A 分子筛内的吸附，扩散系数在 $10^{-12} \sim 10^{-14}\,cm^2 \cdot s^{-1}$）。晶体内的扩散系数受到：①温度；②晶体孔道的形状和尺寸；③扩散分子的形状、尺寸和极性；④阳离子的分布、尺寸、电荷和数目；⑤扩散分子在晶体内的浓度和；⑥晶体的缺陷等因素的影响，这些因素也造成各组分选择性的差异。晶体扩散系数 D_c 和浓度的关系可用 Darken[22] 关系式表示。

$$D_c = B \frac{d\mu}{d\ln c} = BRT \frac{d\ln a}{d\ln c} \tag{18-3-41}$$

式中，μ 为组分的化学位；a 为组分的活度。

吸附剂颗粒一般是非均一或双元结构。当结晶体是比较均一的球体时，吸附质分子通过黏结剂的扩散速度比通过晶体的扩散速度要快，故 $k_p a_p$ 值可以乘以 d_p^2/d_c^2 的比例系数校正，其中 d_p 是球形晶体的直径。例如在室温 25℃，用 5A 分子筛脱除氢气载气中的水蒸气或 CO_2 时，设晶体直径 $d_c = 2.0 \times 10^{-4}$ cm，则 D_e 为 $1.9 \times 10^{-10} \sim 3.1 \times 10^{-10}$ cm²·s⁻¹。5A 分子筛晶体在温度为 25℃，吸附正构烷烃时，晶体的扩散系数见表 18-3-2。

表 18-3-2　5A 分子筛晶体的扩散系数 D_c [23]

吸附质(正构烷烃)	$k_c = \dfrac{D_c}{r_c^2}$
C_8	1.94
C_{12}	1.31
C_{16}	0.012
C_{18}	0.004

3.3.5　并联扩散

颗粒内细孔和表面扩散同时存在时，称为并联扩散，以气相或液相浓度为基准的颗粒内扩散系数 D_{ic} 和以吸附量为基准的颗粒内扩散系数 D_{iq} 表示为：

$$D_{ic} = D_p + D_s \rho_s \left(\frac{dq}{dc}\right) \tag{18-3-42}$$

及：

$$D_{iq} = \frac{D_p}{\rho_s (dq/dc)} + D_s \tag{18-3-43}$$

通常高浓度的气相或液相吸附以细孔扩散为主，一般的吸附体系，表面扩散占支配位置。

3.3.6　双元细孔结构吸附剂的扩散

吸附剂原粉常需加入定量的黏合剂捏合成型，制备成一定形状的颗粒吸附剂。颗粒内的扩散过程一般是细孔道和黏合剂形成的大孔道扩散并联进行，颗粒内的扩散系数 D_i 通常比颗粒内细孔扩散系数 D_p 大，甚至可以大至几十倍。在线性平衡下，双元细孔吸附剂的传质系数 $(k_s a_p)_{ov}$ 为：

$$\frac{1}{(k_s a_p)_{ov}} = \frac{1}{(k_s a_p)_a} + \frac{1}{(k_s a_p)_i}$$

$$(k_s a_p)_a = 15 D_{pa}/(H \rho_s r_p^2)$$

$$(k_s a_p)_i = 15 D_{si}/r_a^2$$

$$D_{si} = D_{pi}(1 - \varepsilon_a)/(H \rho_s) \tag{18-3-44}$$

式中　D_{si}——以吸附量为基准的颗粒内扩散系数；

D_{pa}, D_{pi}——颗粒的大孔和细孔扩散系数。

一般 $k_s a_p$ 和 D_i 值通过实验测定得到。表 18-3-3 列出了不同的吸附剂（分子筛和硅胶）脱水干燥时的大孔和细孔并联扩散系数实测值。在温度为 20℃，用活性炭回收空气中溶剂的 $k_s a_p$ 值见表 18-3-4。

表 18-3-3　实验测得的分子筛颗粒并联扩散的颗粒内扩散系数 D_{ic} 值[24]

体系	吸附剂	温度/℃	D_{ic}/cm·s^{-1}	D_p(计算值)/cm^2·s^{-1}
气体干燥	4A	27	$0.8\times10^{-1} \sim 3\times10^{-1}$	$1\times10^{-2} \sim 2\times10^{-2}$
	Al$_2$O$_3$	21~28	$1.4\times10^{-2} \sim 2.3\times10^{-2}$	$1.1\times10^{-2} \sim 1.2\times10^{-2}$
	SiO$_2$	21~28	$2\times10^{-2} \sim 10\times10^{-2}$	6.3×10^{-4}
下列溶剂中脱水	分子筛 CaA	20	2.0×10^{-5}	2.0×10^{-6}
苯	分子筛	50	2.0×10^{-5}	3.6×10^{-6}
二苯乙二酮醇	5A	—	$0.9\times10^{-6} \sim 1.4\times10^{-6}$	$0.6\times10^{-6} \sim 0.7\times10^{-6}$
丙酮	4A	25	$5\times10^{-6} \sim 7\times10^{-6}$	4×10^{-6}
碳氢化合物蒸气				
正己烷-He	SiO$_2$	130	3.7×10^{-3}	0.32×10^{-3}
苯-He	SiO$_2$	130	7.4×10^{-3}	0.33×10^{-3}
正己烷中脱苯	13X	—	$5.0\times10^{-6} \sim 6.4\times10^{-6}$	1.1×10^{-6}

表 18-3-4　活性炭回收空气中溶剂的 $k_s a_p$ 值[25]（颗粒直径，4mm）

溶 剂	$k_s a_p \times 10^{-3}$/s^{-1}	溶 剂	$k_s a_p \times 10^{-3}$/s^{-1}
四氯化碳	1.96	丙酮	1.67
乙醚	3.27	苯	1.0~2.2
醋酸乙烯酯	2.17	三氯乙烯脱脂剂	1.05
氯乙烯	1.74		

颗粒侧吸附相扩散的拟稳态过程的扩散方程：

$$\frac{dq}{dt} = k_s a_p (q_i - q) \tag{18-3-45}$$

$$k_s = \frac{10 D_p}{d_p (1-\varepsilon)}, \quad a_p = \frac{b(1-\varepsilon)}{d_p} \tag{18-3-46}$$

如用球形颗粒吸附剂的有效半径 R_p 表示，则：

$$k_s a_p = 15 D_p / R_p^2 \tag{18-3-47}$$

3.4　晶体颗粒扩散系数的求取[26~28]

设晶体颗粒是均一的球形，突然放入搅拌迅速的槽内，液流速度很大，以至可忽略颗粒表面的扩散阻力，晶粒扩散系数 D_c 是与溶质浓度无关的定值，则：

$$\frac{\partial q}{\partial t} = D_c \left(\frac{\partial^2 q}{\partial r^2} + \frac{2}{r} \times \frac{\partial q}{\partial r} \right) \tag{18-3-48}$$

溶液最初浓度 c_0，经过一段时间达到平衡浓度 C_∞，初始及边界条件为：

$$r = \frac{a_p}{2}, \quad t = 0, \quad q(r, 0) = q_0$$

$$0 \leqslant r \leqslant \frac{d_p}{2}, \ t=t, \ q(r,t)=q_r$$

和
$$\left(\frac{\partial q}{\partial r}\right)_{r=0}=0 \tag{18-3-49}$$

得解：
$$E=\frac{q_t-q_0}{q_m-q_0}=1-\frac{1}{\pi^2}\sum_{n=1}^{\infty}\frac{1}{n^2}\exp\left(-\frac{n^2\pi^2 D_c t}{r^2}\right) \tag{18-3-50}$$

式中，q_m 为平衡吸附量，以初始浓度求对应值；q_t 为瞬间吸附量。

将式 (18-3-50) 的 E 与 kt ($k=\pi^2 D_c/r^2$) 的关系绘成曲线（图 18-3-9）。以 kt 和 t 的关系作图，此直线（图 18-3-10）的斜率可求出晶粒扩散系数 D_c。当提取率 ($E=q_t/q_m$) 大于 70% 时，只取第一项，误差小于 2%。取

$$1-\frac{q_t}{q_m}\approx\frac{6}{\pi^2}\exp\left(-\frac{\pi^2 D_c t}{r^2}\right) \tag{18-3-51}$$

两边取对数，得：
$$1.64\times\ln(1-E^2)=-kt \tag{18-3-52}$$

以 $1.64\times\ln(1-E^2)$ 对 t 作图，得通过原点的直线，由其斜率 k 求得 D_c 值。也可用此扩散方程校正实验提取曲线，检验是否符合上述扩散方程。

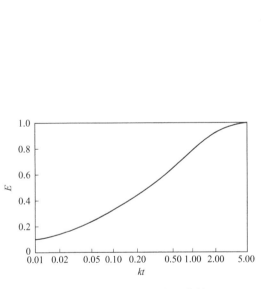

图 18-3-9 E 和 kt 的关系曲线

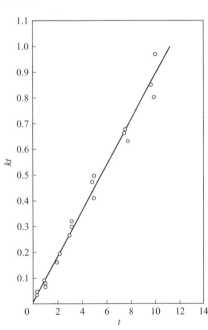

图 18-3-10 kt 和 t 的关系图

Dryden[29] 将 Paterson[30] 不稳定传热偏微分方程的解用于吸附过程，吸附等温方程用 Freundlich 式 $q=k_f c^n$，吸附剂为球形颗粒，不考虑液膜阻力，得解：

$$E=\frac{S+1}{S}(1-\lambda) \tag{18-3-53}$$

其中，
$$\lambda=\frac{1}{a-b}[ae^{(a^2 kt)}(1+\mathrm{erf}\,a\sqrt{kt})-be^{(b^2 kt)}(1+\mathrm{erf}\,b\sqrt{kt})] \tag{18-3-54}$$

对于 a 和 b，取式：

$$x^2 + 3Sx - 3S = 0 \quad (18\text{-}3\text{-}55)$$

式(18-3-55) 没有根。

S 为颗粒相内吸附质的变化量和溶液中浓度改变量的比值；W, V 分别为吸附剂和溶液量，因 $q = k_f c^n$，故 $dq = k_f nc^{n-1} dc$。

故

$$S = \frac{\int W dq}{\int V dc} = \frac{\int W k_f nc^{n-1} dc}{\int V dc} \quad (18\text{-}3\text{-}56)$$

即

$$S = \frac{Wk_f}{V} \times \frac{c_0^n - c^{*n}}{c_0 - c^*} \quad (18\text{-}3\text{-}57)$$

式(18-3-53)、式(18-3-54) 的解可用图 18-3-11 的曲线族表示。方法是由实验取得以时间为函数的浓度变化值，然后在不同 E 值求得 S 和 kt 值，再以 kt 对 t 作图，以此直线的斜率算出 k 值，求得 D_c 值。表 18-3-5 为 E 和 kt 的函数关系。

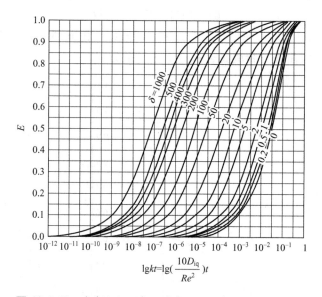

图 18-3-11 式(18-3-53)、式(18-3-54) 关系的曲线族

表 18-3-5 E 和 kt 的函数关系表

	kt	E							
		10^{-7}	10^{-6}	10^{-5}	10^{-4}	10^{-3}	10^{-2}	10^{-1}	1	$\geqslant 10$
S	0.05						0.105	0.315	0.777	1.000
	0.1					0.033	0.110	0.330	0.792	1.000
	0.2					0.036	0.120	0.354	0.810	1.000
	0.5				0.015	0.051	0.150	0.408	0.858	0.999
	1			0.006	0.022	0.066	0.192	0.490	0.904	1.000
	2			0.009	0.030	0.095	0.267	0.606	0.947	1.000
	5		0.006	0.020	0.061	0.178	0.434	0.779	0.978	1.000
	10	0.004	0.011	0.036	0.108	0.289	0.604	0.878	0.990	1.000
	20	0.007	0.022	0.067	0.191	0.450	0.760	0.937	0.995	1.000

3.5 传质系数或传质速率的测定

3.5.1 直接测定法

传质速率和总传质系数除可用计算或从图表查得外，也可以用实验的方法直接测定。测取的方法为：在间歇搅拌槽内，在搅拌桨迅速转动下，不考虑液膜侧的传质阻力，直接测取吸附剂颗粒的传质系数（内扩散系数）。为了忽略轴向弥散的影响，也可采用微分床（浅床法，见本篇 8.2 节离子交换速率）法[31]，在恒温下，将低浓度的溶液恒速通过吸附剂颗粒装填的微分短柱，分析流出床层溶液的浓度变化，得到一条透过曲线，将此数据代入传质差分方程式，求取其总传质系数。

【例 18-3-1】 在 30℃下用活性炭固定床吸附浓度为 147mg·L^{-1} 的癸二酸二丁酯（DBS）水溶液，设活性炭颗粒的直径 $d_p=0.351$mm，床层间隙率 $\varepsilon=0.556$，溶液的黏度 $\mu=8.5\times 10^{-3}$g·cm^{-1}·s^{-1}，密度 $\rho=1.0$g·cm^{-3}，床层的堆积密度 $\rho_b=0.364$g·cm^{-3}，溶液通过柱时的空塔速度 $u=0.0239$cm·s^{-1}，吸附等温方程 $q=178c^{0.113}$，$D_s=2.89\times 10^{-10}$cm^2·s^{-1}，试求液膜总传质容量系数 $K_F a_v$。

解 如 DBS 在水中的分子扩散系数 D_{AB} 可用 Wilke 和 Chang 公式推算：

$$D_{AB}=7.4\times 10^{-8}\frac{(\psi_B M_B)^{1/2}T}{\mu_B v_A^{0.6}} \tag{18-3-58}$$

式中，D_{AB} 为溶质 A 在溶剂 B 中的分子扩散系数，cm^2·s^{-1}；M_B 为组分 B 的分子量；T 为温度，K；μ_B 为组分 B 的黏度，cP；v_A 为 A 组分沸点下液体的摩尔容积，cm^3·mol^{-1}；ψ_B 为溶剂 B 的缔合系数。水的 $\psi_B=2.6$，DBS 的沸点摩尔容积 $v_A=415.7$cm^3·mol^{-1}，则：

$$D_{AB}=7.4\times 10^{-8}\times\frac{(2.6\times 18)^{1/2}\times(30+273)}{(0.85)\times 415.7^{0.6}}$$

$$=4.84\times 10^{-6} \text{ (cm·s}^{-1}\text{)}$$

液膜传质系数 K_F：

$$\left(\frac{\mu}{\rho D_{AB}}\right)^{2/3}=\left(\frac{8.5\times 10^{-3}}{1.0\times 4.84\times 10^{-6}}\right)^{2/3}$$

$$=(1.756\times 10^3)^{2/3}=1.459\times 10^2$$

$$\left(\frac{d_p u\rho}{\mu\varepsilon}\right)^{-0.5}=\left[\frac{(0.351\times 10^{-1})\times(0.0239\times 1.0)}{(8.5\times 10^{-3})\times 0.556}\right]^{-0.5}$$

$$=(0.1775)^{-0.5}=2.374$$

所以

$$K_F=\frac{1.15(u/\varepsilon)[d_p u\rho/(\mu\varepsilon)]^{-0.5}}{[\mu/(\rho D_{AB})]^{2/3}}$$

$$=\frac{1.15\times(0.0239/0.556)\times 2.374}{145.9}$$

$$=8.04\times 10^{-4} \text{ (cm·s}^{-1}\text{)}$$

单位容积固定床内活性炭的表面积 a_v 为

$$a_v=\frac{6(1-\varepsilon)}{d_p}=\frac{6\times(1-0.556)}{0.0351}=75.90(\text{cm}^2\cdot\text{cm}^{-3})=75.90 \text{ (cm}^{-1}\text{)}$$

所以
$$K_F a_v = 8.04 \times 10^{-4} \times 75.90 = 6.10 \times 10^{-2} \quad (\text{L} \cdot \text{s}^{-1})$$

求取 $K_s a_v$,则
$$K_s a_v = \frac{15 D_s \rho_b}{R_p^2} = \frac{60 D_s \rho_b}{d_p^2} = \frac{60 \times 2.89 \times 10^{-10} \times 0.364}{(3.51 \times 10^{-2})^2}$$
$$= 5.123 \times 10^{-6} \quad (\text{g} \cdot \text{cm}^{-3} \cdot \text{s}^{-1})$$

校正系数 η 值和 Freundlich 等温方程指数 $m = \dfrac{1}{\eta}$ 的关系:
$$\eta = 0.808 + 0.192m$$
$$\eta = 0.808 + 0.192 \times 0.113 = 0.830$$
$$\frac{c_0}{q_0} = \frac{147}{178 \times (147)^{0.113}} = 4.67 \times 10^{-1} \quad (\text{g} \cdot \text{L}^{-1})$$
$$= 4.67 \times 10^{-4} \quad (\text{g} \cdot \text{cm}^{-3})$$

按照公式
$$\frac{1}{K_F a_v} = \frac{1}{K_F a_v} + \frac{1}{\eta K_s a_v} \times \frac{c_0}{q_0}$$
$$\frac{1}{K_F a_v} = \frac{1}{6.10 \times 10^{-2}} + \frac{4.67 \times 10^{-4}}{0.830 \times 5.123 \times 10^{-6}}$$
$$= 16.39 + 109.8 = 126.2$$
$$K_F a_v = 7.92 \times 10^{-3} \text{g}^{-1}$$

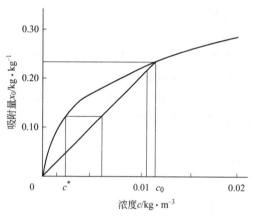

图 18-3-12 例 18-3-2 的吸附等温线

【**例 18-3-2**】 在室温 20℃,用直径 $d_p = 4\text{mm}$ 球形颗粒的活性炭固定床回收空气中的丙酮蒸气,床层的充填密度 $\rho_b = 410 \text{kg} \cdot \text{m}^{-3}$,床层的间隙率 $\varepsilon = 0.45$,气体中含丙酮的浓度 $12 \text{g} \cdot \text{m}^{-3}$,气体的流速 $20 \text{m} \cdot \text{min}^{-1}$,在此温度下的吸附等温线见图 18-3-12,试求其总传质容量系数 $K_F a_v$。

解 从图 18-3-4 直接由 Re 数查得 $K_F a_v d_p^2 / D$ 值,$Re = 88.7$,查图得 $K_F a_v d_p^2 / D = 17.0$,流动状态下的扩散系数 $D = 0.092 \text{cm}^2 \cdot \text{s}^{-1}$,则:

$$K_F a_v = 17.0 \times 0.092/(0.4)^2 = 9.78 (\text{L} \cdot \text{s}^{-1})$$
$$= 3.52 \times 10^4 \quad (\text{L} \cdot \text{h}^{-1})$$

从图 18-3-4 复核,求 $K_F a_v$ 值:
$$[\mu/(\rho D)]^{2/3} = 1.38, Re_{\text{mod}} = Re/(1-\varepsilon) = 88.7/(1-0.45) = 161$$

所以
$$K_F = 1.77 \times 20 \times 60/[1.38 \times (161)^{0.44}] = 165 \quad (\text{m} \cdot \text{h}^{-1})$$
$$a_v = 6(1-\varepsilon)/d_p = 6 \times 0.55/0.004 = 825 \quad (\text{m}^2 \cdot \text{m}^{-3})$$

故
$$K_F a_v = 165 \times 825 = 1.36 \times 10^5 \quad (\text{L} \cdot \text{h}^{-1})$$

因为
$$K_s a_p = 1.67 \times 10^{-3} \text{s}^{-1}$$
$$\xi = \frac{K_F a_v}{H \rho_b K_s a_p}$$

$$=\frac{1.36\times 10^5}{(0.23/0.012)\times 410\times (1.67\times 10^{-3}\times 3600)}$$
$$=2.88$$

因为 $\rho_b K_s a_p = K_s a_v$，此吸附等温线 Langmuir 型以 $\frac{c}{x}$-c 作图，取切线斜率的倒数，$\gamma = \frac{H}{b_1}$ ($b_1 = K_L q_m$)

所以 $\gamma = \frac{0.23}{0.012\times 65.8} = 0.292$，查图 18-3-5，得 $\overline{\varphi} = 0.268$

所以 $K_F a_v = 1.36\times 10^5 \times 0.268 = 3.64\times 10^4$ （L·h^{-1}）

3.5.2 刺激-应答法[32~39]

早在 1965 年，Kucera[34]和 Kublin[35]将脉冲成矩形波输入所得应答峰的矩和拉氏变换式巧妙地联系在一起，避免了复杂式反演的困难，解出了有效扩散系数、气-固传质系数、Knudsen 系数和轴向扩散系数等传递系数。考虑轴向扩散对其他各参数测定影响时，数据处理的工作量随之增加。早期用矩量法处理取得传质系数和相平衡常数，但考虑到应答峰拖尾的影响，以后采用了加权矩法、传递函数法、傅里叶分析法和时间域法等方法，由于采用的积分值不同，准确程度提高，但计算工作量随之增加[36,37]。

固定床恒温扩散连续性方程：

$$D_L \frac{\partial^2 c}{\partial z^2} - v\frac{\partial c}{\partial z} - \frac{\partial c}{\partial t} - \frac{1-\varepsilon}{\varepsilon}\times \frac{\partial q}{\partial t} = 0 \quad (18\text{-}3\text{-}59)$$

前三项浓度分布仅与时间 t、床层位置 z、流动相的平均线速 v、床层间隙率 ε 及轴向弥散系数 D_L 等参数相关，后一项 $\frac{\partial q}{\partial t}$ 表征了吸附剂的特性，与平衡、扩散等参数有关。

解连续性方程，必须有相应的初始条件和边界条件，即不同的进料方法。测试样品送入柱进口端的方法有迎头法、脉冲法和三角函数法等，其进样条件：

① 迎头法。$c=0$, $t=0$, $z>0$；$c=c_0$, $t>0$, $z=0$。
② 脉冲法。迎头法和脉冲法是对应的，相当于积分和微分的关系。
(a) 单位脉冲法。$c=0$, $t=0$, $z>0$；$c=\delta(t)$, $t>0$, $z=0$。
(b) 矩形波法。$c=0$, $t<0$, $t>\tau$；$c=c_0$, $t\geqslant \tau\geqslant 0$。
(c) 迎头脉冲法。$c=c_0$, $t=0$, $z>0$；$c=c_0\pm \Delta c$, $z=0$；$\Delta c = \delta(t)$, $\Delta c = 0$, $t<0$, $t>\tau$；$\Delta c = \Delta c$, $0\leqslant \tau\leqslant t$。

③ 三角函数法。其中有正弦函数进样、误差函数和任意函数进样等各种方法。矩量法设固定床填充物是球形颗粒的吸附剂，气固两相物料衡算，气相：

$$\frac{D_L}{\varepsilon}\left(\frac{\partial^2 c}{\partial z^2}\right) = v\frac{\partial c}{\partial z} + \frac{\partial c}{\partial t} + \frac{3(1-\varepsilon)}{\varepsilon}\times \frac{\partial q}{\partial t} \quad (18\text{-}3\text{-}60)$$

式中

$$\frac{\partial q}{\partial t} = k_f(c - c_{iR}) = D_e\left(\frac{\partial c_i}{\partial R}\right)_R = R_f \quad (18\text{-}3\text{-}61)$$

颗粒固定相：

$$D_e\left[\frac{\partial^2 c_i}{\partial R^2} + \frac{2}{R}\times \frac{\partial c_i}{\partial R}\right] = \varepsilon_p \frac{\partial c_i}{\partial t} + \rho_p \frac{\partial c_a}{\partial t} \quad (18\text{-}3\text{-}62)$$

传质速率：

$$\frac{\partial q_a}{\partial t} = k_a\left(c_i - \frac{c_a}{K_a}\right) \tag{18-3-63}$$

吸附等温线呈线性：

$$q = K_a c \tag{18-3-64}$$

边界条件和初始条件：

$$t>0,\ R=0,\ \frac{\partial c_i}{\partial R}=0;\ t=0,\ z>0,\ c=0;$$

$$t=0,\ R\geqslant 0,\ c_i=c_a=0 \tag{18-3-65}$$

K_a 为总传质系数；c_i 为气-固相界面上 A 组分浓度；ε_p 为颗粒孔隙率；c_a 为颗粒孔隙吸附组分 A 的量；k_i 为气膜传质系数。

设脉冲进料信号是矩形波，边界条件为：

$$c=0,\ t<0,\ t>\tau;\ 0\leqslant\tau\leqslant t,\ c=c_0 \tag{18-3-66}$$

式(18-3-60)~式(18-3-66)均取拉氏变换，取得的常微分方程合并，得解：

$$\bar{c} = \frac{c_0}{S}(1-e^{-St})e^{\lambda_2 z} \tag{18-3-67}$$

式(18-3-67)中的特征根 λ_2 与 S，是一个复杂的函数关系，难于反演，取得 c 关系式按照拉氏变换的定义，取：

$$\bar{c} = \int_0^\infty c(t)e^{-St}dt \tag{18-3-68}$$

式中，$c(t)$ 为床层 z 处应答峰的浓度分布，可实验测取，将拉氏变换中的 e^{-St} 作麦克劳林展开，如取 n 级矩 m_n 的定义为：

$$m_n = \int_0^\infty c(t)t^n dt \tag{18-3-69}$$

将 c 按 S 作麦克劳林展开后，S 同次项的系数相比较，则：

$$\int_0^\infty c(t)t^n dt = m_n = (-1)^n \frac{d^n c}{dS^n}\bigg|_{S=0} \tag{18-3-70}$$

$$\frac{d^n c}{dS^n}\bigg|_{S=0} = \frac{d^n}{dS^n}\left[\frac{c_0}{S}(1-e^{-St})e^{\lambda_2 Z}\right] \tag{18-3-71}$$

式(18-3-71)左边可通过应答实验取得实验值，右边通过式(18-3-68)和各传递系数相联系。

由于不容易确切测取应答峰的浓度值，所以不用 m 值，而用经归一化的矩表示，定义为一级绝对矩：

$$\mu_1 = \frac{m_1}{m_0} = \frac{\int_0^\infty tc(t)dt}{\int_0^\infty c(t)dt} \tag{18-3-72a}$$

二级中心矩：

$$\mu_2' = \frac{m_2}{m_0} - \mu_1^2 = \frac{\int_0^\infty t^2 c(t)dt}{\int_0^\infty c(t)dt} - \left|\frac{\int_0^\infty tc(t)dt}{\int_0^\infty c(t)dt}\right|^2 \tag{18-3-72b}$$

一级绝对矩相当于色谱峰的保留时间，二级中心矩相当于色谱峰的离差，由于高级矩非常烦琐，实验误差很大，如二级中心矩的偏差就比较大，经常使用的是一级绝对矩 μ_1 和二级中心矩 μ_2'，经过整理 μ_1 和 μ_2' 对各传递系数的关系式为：

$$\mu_1 = \frac{L}{v}\left[1 + \frac{1-\varepsilon}{\varepsilon} \times \varepsilon_p\left(1 + \frac{\rho_p}{\varepsilon_p}K_a\right)\right] + \frac{t}{2} \tag{18-3-73}$$

$$\mu_2' = \frac{2L}{v}\left[\lambda_1 + \frac{D_L}{\varepsilon}(1+\lambda_0)^2\frac{1}{v^2}\right] + \frac{t^2}{12} \tag{18-3-74}$$

$$\lambda_0 = \frac{1-\varepsilon}{\varepsilon}\varepsilon_p\left(1 + \frac{\rho_p}{\varepsilon_p}K_a\right)$$

$$\lambda_1 = \frac{1-\varepsilon}{\varepsilon} \times \varepsilon_p\left[\frac{\rho_p}{\varepsilon_p} \times \frac{K_a^2}{k_a} + \frac{R_p^2\varepsilon_p}{15}\left(1 + \frac{\rho_p}{\varepsilon_p}K_a\right)^2\left(\frac{1}{D_e} + \frac{5}{k_f R_p}\right)\right]$$

从式(18-3-73)可见，进料信号为矩形波时，μ_1 仅与吸附等温方程的平衡常数 K_a 有关，μ_2' 则除了 K_a 外，尚取决于影响色谱峰宽的传质阻力和扩散系数。一级矩和二级中心矩一般都从应答曲线以辛普森数值积分法算出。求解物料衡算微分方程时，曾设吸附等温方程是线性，故需用不同的浓度进样，以校正适用浓度范围，使 μ_1 和 μ_2' 恒定。因脉冲进样维持矩形波有困难，常用方法是先脉冲进样任意矩形波的不吸附示踪物（即 $K_a=0$），消去 $t/2$ 和 $t^2/12$，取得二者差值，得：

$$\mu_1 - \mu_{1,0} = \left(\frac{1-\varepsilon}{\varepsilon}\right)\rho_p K_a \frac{L}{v} \tag{18-3-75}$$

式(18-3-75) 以 $(\mu_1-\mu_{1,0})/\left(\frac{1-\varepsilon}{\varepsilon}\right)\varepsilon_p$ 为纵坐标，L/v 为横坐标作线，得吸附平衡常数 K_a，如用 13X 分子筛为吸附剂，对氧和氮在不同载气流速和压力下，测得其吸附平衡常数分别为 $K_{O_2}=2.3\text{m}^3\cdot\text{m}^{-3}$，$K_{N_2}=5.0\text{m}^3\cdot\text{m}^{-3}$。同样可得：

$$(\mu_2' - \mu_{2,0}')/\left(\frac{2L}{v}\right) = \lambda_1 + \frac{D_L}{2}(1+\lambda_0^2)\frac{1}{v^2} \tag{18-3-76}$$

以 $(\mu_2'-\mu_{2,0}')/\frac{2L}{v}$ 为纵坐标，不同载气流速 $1/v^2$ 为横坐标作线，得截距 λ_1 和斜率 $\frac{D_L}{2}(1+\lambda_0)^2$，求得轴向弥散 D_L，而：

$$\lambda_1 = \lambda_{ad} + \lambda_d + \lambda_f \tag{18-3-77}$$

$$\lambda_{ad} = \frac{1-\varepsilon}{\varepsilon}\varepsilon_p\left(\frac{\rho_p}{\varepsilon_p}\right)\frac{K_a^2}{k_a}$$

$$\lambda_d = \lambda_0 \frac{R_p^2\varepsilon_p}{15}\left(1 + \frac{\rho_p}{\varepsilon_p}K_a\right)\frac{1}{D_e}$$

$$\lambda_f = \lambda_0 \frac{R_p\varepsilon_p}{3k_f}\left(1 + \frac{\rho_p}{\varepsilon_p}K_a\right)$$

$$\lambda_0 = \frac{(1-\varepsilon)}{\varepsilon}\varepsilon_p\left(1 + \frac{\rho_p}{\varepsilon_p}K_a\right)$$

用不同粒径 R_p 的吸附剂对不同 λ_1 值作线，从斜率求 D_e，由截距求得 k_a。

还可以用其他数据处理的方法，如对于混合二甲苯，用 X 型分子筛为吸附剂，在温度 175℃，用传递函数法可得各异构体的总传质系数 K_i（g·g^{-1}，推动力最小）；乙基苯

0.1514，对二甲苯 0.5315，间二甲苯 0.1316 和邻二甲苯 0.1743[38]。采用 13X 分子筛为吸附剂，室温下，对氧和氮分别用矩量法、传递函数法和时间域拟合法比较[39]，得总传质系数 K_t 的倒数为

$$\lim_{v \to \infty} \frac{1}{K_t} \approx 5 \times 10^3 \quad s \cdot m^3 \cdot m^{-3}$$

对轴向弥散系数 D_L，用时间域拟合的结果，得：

$$\frac{\varepsilon D_L}{D_m} = 0.581 + 2.18 ReSc \tag{18-3-78}$$

式中，D_m 为分子扩散系数。平均相对误差 8.5%。

3.6　固定填充床床层压降计算

当流体流经固定填充床空隙（间隙）时，由于受到阻力的作用，就会产生压降。这个压降的大小与流体的流速和黏度、床层的长度和空隙率（吸附剂的装填密度）有关。

当流速较低时，其修正的雷诺数处于 $Re' = v_s d_p / [\mu(1-\varepsilon)] < 10$ 和 $\varepsilon < 0.5$，流体流经固定填充床产生的压降 Δp 可由式(18-3-79)估算：

$$\frac{-\Delta p}{\Delta z} = \frac{v_s \mu S^2}{k'} \times \frac{(1-\varepsilon)^2}{\varepsilon^3} \tag{18-3-79}$$

式中，μ 为绝对黏度；ε 为固定填充床空隙率；S 为与流体有接触的填充床层的表面积；k' 为穿透性参数 [已有实验数据证明 $S^2/k' = 150/(d_p^2 g_c)$]。

当流速较高时，其修正的雷诺数为 $0.1 < Re' < 10000$，流体流经固定填充床产生的压降可由式(18-3-80)估算：

$$\frac{\Delta p}{L} = \left(\frac{150}{Re'} + 1.75\right)\left(\frac{\rho_f v_s^2}{g_c d_p} \frac{1-\varepsilon}{\varepsilon^3}\right) \tag{18-3-80}$$

参考文献

[1] Glueckauf E. Trans Faraday Soc, 1955, 51: 1540.
[2] Thomas H C. J Am Chem Soc, 1944, 66: 1664.
[3] Glueckauf E, Coates J I. J Chem Soc, 1947, 10: 1315.
[4] Lu Zuping, Ye Juzhao, Ye Zhenhua. Fourth Inter Conf on Fund of Adsorption. Kyoto Japan, May 17-22, 1922: 303.
[5] Vermeulen T, Quilici R E. Ind Eng Chem Fund, 1970, 9: 179.
[6] Vermeulan T. Ind Eng Chem, 1953, 45: 1664.
[7] Тимофеев Д П. Кинетика Адсорбции. Москва: Изд Днссг, 1962: 117.
[8] Crank J. The Mathematics of Diffusion: 2nd. Oxford: Clarendon Press, 1975.
[9] Satterfield C N, Sherwood T K. The Role of diffusion in Catalysis. Mass: Addison-Wesley Pub, 1963: 15.
[10] Chu J C. Chem Eng Prog, 1953, 49: 141.
[11] Carberry J J. AIChE J, 1960, 6: 460.
[12] Wilson E J, Geankoplis C J. Ind Eng Chem Fund, 1966, 5: 9.
[13] Wilke C R, Hougen O A. Trans Am Inst Chem Eng, 1945, 41: 445.
[14] Perry P H, Chilton C H. Chemical Engineers Handbook. 6th. New York: McGraw-Hill, 1985.

[15] 叶振华. 吸着分离过程基础. 北京: 化学工业出版社, 1988: 46.
[16] Bird R B, Stewart W E, Lightfoot E N. Transport phenomena. New York: Wiley, 1962.
[17] Suzuki M, Kawazoe K. J Chem Eng Japan, 1975, 8: 379.
[18] Yucel H, Ruthven D M. J Chem Soc Faraday Trans I, 1980, 76, 71.
[19] Karger J. Surf Sci, 1973, 36: 797.
[20] Ma Y H, Mancel C. AIChE J, 1972, 18: 1148.
[21] Chiang A S, Dixon A G, Ma Y H. Chem Eng Sci, 1984, 39: 1451; 39: 1461.
[22] Darken L S. Trans AIME, 1948, 175: 184.
[23] Roberts P V, York R. Ind Eng Chem Proc Des Dev, 1967, 6: 516.
[24] 化学工学協会. 化学工学便覧. 第5版. 東京: 丸善株式会社, 1988: 597.
[25] 河添邦大郎. 化学工学, 1965, 29: 374.
[26] Jury S H. AIChE J, 1967, 13: 1124.
[27] Glueckauf E. Chem and Ind, 1955, 34.
[28] Hiester N K, et al. AIChE J, 1956, 2: 404.
[29] Dryden C E, Kay W B. Ind Eng Chem, 1954, 46: 2294.
[30] Paterson S. Proc Phys Soc(London), 1947, 59: 50.
[31] 叶振华. 化工吸附分离过程. 北京: 中国石化出版社, 1992: 112.
[32] Wakao N, Kaguei S. J Chem Eng Japan, 1979, 12: 48.
[33] Kumar R, Kuncan R C, Ruthven D M. Can J Chem Eng, 1982, 60: 493.
[34] Kucera E J. Chromatography, 1965, 19: 237.
[35] Kublin M, Colln Czech Chem Commum, 1966, 30(1104): 2900.
[36] Smith J M, et al. AIChE J, 1968, 14: 762.
[37] 陈诵英, 彭少逸, 钟炳, 等. 化学工程, 1980, 3: 103.
[38] 潘子江, 叶振华. 化工学报, 1988, 6: 945.
[39] 关建郁, 谢侃生, 叶振华. 离子交换与吸附, 1992, 8(6): 501.

4

吸附分离过程及设计计算

根据待分离体系中各组分的性质和过程的分离要求(如纯度、回收率、能耗等),在选择适当的吸附剂和解吸剂,采用相应的工艺流程和设备的基础上,吸附分离过程的设计主要应解决:

① 选择设备的类型和操作方式;
② 确定操作条件和吸附剂的用量;
③ 确定设备的尺寸;
④ 考虑各种附属设备及相应的仪表和控制装置。

常用的吸附分离设备大致可以分为:

① 吸附搅拌槽。多为带有搅拌器的釜式吸附槽,一般用于溶液中溶质吸附能力强、吸附速率高、在搅拌条件下短时间内吸附剂迅速达到饱和的情况,如糖液或油类的脱色等。

② 固定床吸附塔。是最基础和常用的塔型。吸附剂颗粒在静止状态下容易保持原有的形状和强度,不致磨损。所以工业吸附装置,如变温、变压吸附,工业制备色谱和模拟移动床吸附分离装置,都是以固定床为基础的。

③ 移动床或流化床吸附塔。吸附剂和流体相逆流接触,增大传质系数和传质速率,强化吸附和解吸的效果,提高设备的利用率。

吸附分离过程的操作分类一般是以固定床吸附为基础的。例如,以分离组分种类的多少分类,可分为单组分或多组分吸附分离,即单波带、双波带或多波带传质区体系;以分离组分浓度的高低分类,可分为痕量组分脱除或主体分离;以床层温度的变化分类,可分为不等温(绝热)操作和恒温操作;以进料方式的不同分类,可分为连续稳定地注入恒定浓度料液(阶跃进料)和载气(或载液)恒速通过床层时进口端的脉冲注入恒定浓度料液(脉冲进料),等。

4.1 吸附搅拌槽及多级段吸附[1~5]

带搅拌器的釜式吸附器操作时,吸附剂颗粒悬浮于溶液中,经搅拌,溶液呈湍动状态,其颗粒外表面的浓度是均一的。溶液的激烈湍动使颗粒表面的液膜阻力减小,有利于液膜扩散控制的传质过程。

吸附剂和溶液接触的方式,依照液流的方向和接触的次数可以分为:(a)一次吸附;(b)多次吸附;(c)多段吸附等几种。级段吸附示意图见图18-4-1。其操作线依照物料衡算为:

$$G(Y_1 - Y_{n+1}) = V(c_0 - c_n) \tag{18-4-1}$$

式中,G,V为吸附剂用量和处理溶液量,kg;Y,c为溶质在吸附剂和溶液中的量,

kg·kg^{-1}。如果吸附等温线符合 Freundlich 方程式，二次吸附和二段吸附所需要的吸附剂用量可从图 18-4-2、图 18-4-3 查得，以一次吸附所需的吸附剂量 G_0 为基准，求得二次吸附和二段吸附所需的吸附剂量。

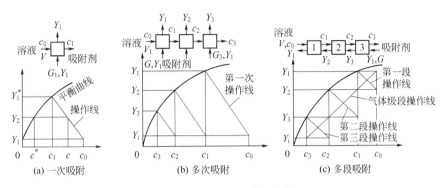

图 18-4-1　级段吸附示意图

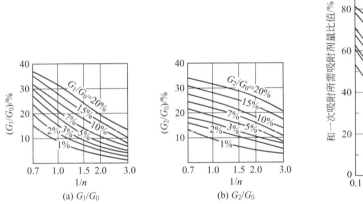

图 18-4-2　二次吸附总用量最小时各次吸附剂的用量　　图 18-4-3　二段吸附的吸附剂用量

由操作线和吸附平衡等温线求得传质单元数，用图解积分法求得接触时间 t。

$$t = \frac{1}{K_F a_p}\left(\frac{V}{G}\right)\int \frac{\mathrm{d}c}{c - c^*} \tag{18-4-2}$$

4.2　恒温下固定床吸附[1~5]

恒温下，一定浓度的单组分溶液输入圆形、填充良好的吸附柱时，其浓度和流速分布可用级段或理论板的离散模型，得到由 Glueckauf 或 Van Deemter 等提出的方程式，也可以用扩散速率或连续性方程模型，或者采用上述两种模型相结合的方式表示。

在此着重叙述低浓度或痕量组分体系的分离，不考虑组分之间的竞争和干涉，所用的连续性扩散模型指恒温下流动相的密度恒定及其流速分布在整个床层截面恒定。以固定床层微元作物料衡算，得：

$$D_L \frac{\partial^2 c}{\partial z^2} = \frac{\partial(vc)}{\partial z} + \frac{\partial}{\partial t}\left[c + \frac{1-\varepsilon}{\varepsilon}q\right] \tag{18-4-3}$$

式中 D_L——组分 A 在流动相流动方向的轴向扩散系数，$D_L = D_{Am} + E_a$；

D_{Am}——流动相中组分 A 的有效扩散系数；

E_a——弥散系数。

弥散效应是指由于：(a) 床层内固定相颗粒之间流体的混合；(b) 流动相通过床层横截面时，因流速不均匀而引起的沟流；(c) 由于局部径向速度梯度和轴向浓度梯度引起的 Taylor 扩散等，产生的弥散和返混现象。

4.2.1 透过曲线及其影响因素[6~8]

吸附塔床层用颗粒大小均一的吸附剂填实并排气（指液相吸附）后，用浓度为 c_0 的溶液阶跃进料，以恒速 v 通过恒温的床层，可以得到床层颗粒内溶质浓度沿床层垂直方向的负荷曲线和流出液浓度随时间变化的透过曲线（图 18-4-4）。当传质阻力为零，吸附速度无限大，两相瞬间可以达到平衡的条件下，负荷曲线与透过曲线均为直角折线［图 18-4-4(a)、图 18-4-4(d)］。然而，由于传质阻力的存在，当溶液流动的前锋通过床层某点时，两相接触时间较短，不能达到平衡状态，而浓度波前沿已向前移动，且由于流动相的流动速度分布和吸附等温线类型等因素的影响，此两种曲线均成为弯曲的曲线［图 18-4-4(b)、图 18-4-4(e)］，并互成镜面相似。浓度波中 S 形的一段曲线称为传质前沿，随着溶液的不断加入，前沿向前移动。经时间 t_4，前沿的前端到达床层出口时，则停止操作，以免要除去的组分溢出床层之外，一般为安全起见，前沿在床层出口前一段距离内就要停止送料，更换或再生吸附剂。例如，用硅胶作吸附剂时，操作吸附量通常为饱和吸附量的 60%～70%；用活性炭作吸附剂，可增大到 85%～95%。如果用的是再生吸附剂，其内残留一定的吸附量 q_R［图 18-4-4(c)］，排出溶液的最低浓度将受吸附剂残存量的限制。

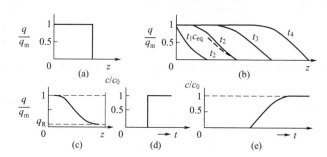

图 18-4-4 负荷曲线和透过曲线的形成和移动

当吸附等温线为优惠的等温线时，恒定浓度的溶液等速连续送入床层，经过一定时间和到达一定的床层深度后，可得到波形稳定的透过曲线（恒定图式或称定形前沿），溶质从流出溶液中出现的时间 t_b 称为透过时间，点 b 称为透过点，恢复至原始溶液浓度的时间称为干点时间 t_e，点 e 称为流干点。如果透过曲线上升得很缓慢，可取流出液浓度为进料浓度的 5% 或 10% 为透过点（图 18-4-5 中的 a 点）。b、d 二点之间的距离为传质区（MTZ），吸附饱和率为 $abgef/abcdef$，剩余吸附率为 $bcdef/abcdef$。传质阻力愈大，传质区愈长，透过曲线的波幅愈大。kf 长度为平衡区长度（LES）。对称的浓度前沿，ka 一段是饱和区，cd 一段指未完全使用区段，即未完全使用床层长度（LUB）。随着传质阻力减少，传质区缩小，在极端的理想情况下，阻力为零，则透过曲线为垂线，床层利用率最大。透过曲线和沿床层深度的变化见图 18-4-5。

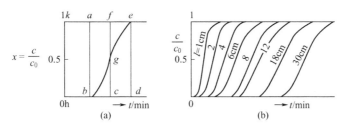

图 18-4-5 透过曲线和沿床层深度的变化

如果浓度波形成后，以恒定的速度向前移动，依照物料衡算，得：

$$\varepsilon v A c_0 \mathrm{d}t = [(1-\varepsilon)q_\mathrm{m} + \varepsilon c_0]\mathrm{d}z \tag{18-4-4}$$

前沿各点的移动速度为：

$$\frac{\mathrm{d}z}{\mathrm{d}t} = \frac{\varepsilon v}{[(1-\varepsilon)(q_\mathrm{m}/c_0) + \varepsilon]} \tag{18-4-5}$$

式中 ε——床层间隙率；
v——溶液的流速；
c_0——溶液的进料浓度。

式(18-4-5)表明，恒温下，浓度一定的溶液以一定的流速通过床层时，浓度波前沿各点的移动速度和吸附等温线的斜率 q_m/c_0 有关。对优惠吸附等温线，溶液浓度增高，等温线的斜率减少，浓度波前沿中高浓度一端比低浓度一端移动得要快［图 18-4-6(a)］。随时间的增加，浓度波前沿愈来愈窄，由于传质阻力的影响，前沿不再缩短，传质区大小一定，并以一定的波形向前移动，成定形前沿恒定图式。对非优惠等温线则相反，前沿中高浓度一端比低浓度一端移动得慢［图 18-4-6(c)］，随时间的延长，形成变形前沿比例图式。至于线性等温线，其斜率为定值，浓度波前沿的图形固定不变［图 18-4-6(b)］。因此，对体系为优惠等温线的吸附剂有利于吸附操作。反之，非优惠等温线的吸附剂便于解吸过程，故选取吸附剂时，应同时兼顾吸附和解吸操作。

4.2.2 传质区的应用和计算[9,10]

影响透过曲线和浓度波前沿形状的因素很多，所以透过曲线是包括许多热力学参数在内的曲线。其中传质区算法是一种半经验的简易计算方法，适用于评选吸附剂、估算吸附柱的尺寸。

从式(18-4-5)可见，当进料浓度较低，取 $\rho_\mathrm{B} = \varepsilon/(1-\varepsilon)$，则恒定图式透过曲线定形前沿的移动速度可近似表示为：

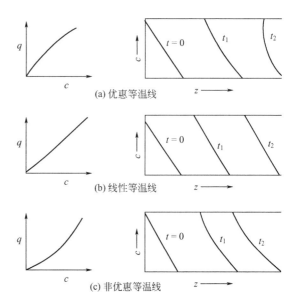

图 18-4-6 吸附等温线对浓度波的影响

$$u_c = \frac{c_0 v}{\rho_B q_m} \tag{18-4-6}$$

固定床内任一点吸附量 q 和溶液浓度 c 之间，对定形前沿有下列关系：

$$q/q_m = c/c_0 \tag{18-4-7}$$

此式亦称为操作线。在整个吸附阶段，传质区的长度 L 应为：

$$L_a = u_c(t_c - t_b) = \frac{v}{K_F a_v} \int_{c_b}^{c_e} \frac{\mathrm{d}c}{c - c^*} \tag{18-4-8}$$

积分项中推动力 $(c - c^*)$，可由操作线和吸附等温线之间的相应值求得。积分项用图解积分法取得，此图解积分值表示在传质区内，从浓度 c_b 改变至 c_e 所需要的总传质单元数 N_t（传质单元数约为理论板数的两倍）。一般床层的高度不能过小，应和传质区的长度有一定的比例，以保持床层有较高的利用率（图 18-4-7）。另外，如用 Thomas 提出的反应速率动力学表示推动力，则类似传质单元数 N_t 可取反应单元数 N_R 代替，传质单元数和反应单元数二者之间成比例。

对线性吸附等温线，取 $c/c_0 = 0.08 \sim 0.92$ 的传质区长度：

$$L_a = 4\sqrt{\frac{Lv}{K_F a_v}} \tag{18-4-9}$$

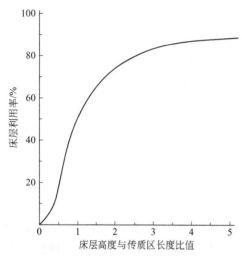

图 18-4-7　床层高度与传质区长度比值和床层利用率的关系

在床层长度为 L 时，透过时间 t_b 应为：

$$t_b = \frac{\rho_B q_m}{v c_0}\left(L - \frac{v}{2K_F a_v}\int_{c_b}^{c_0 - c_b}\frac{\mathrm{d}c}{c - c^*}\right)$$

$$= \frac{\rho_B q_m}{v c_0}\left(L - \frac{L_a}{2}\right) \tag{18-4-10}$$

设 f 为传质区内吸附质的剩余饱和吸附能力分率，Y_T 是每千克已吸附饱和的吸附剂所能解吸放出的溶质的质量（kg），则吸附床层的饱和度 S 为：

$$S = \frac{(L - L_a)\rho_B Y_T + L_a \rho_B(1-f)Y_T}{L\rho_B Y_T} = \frac{L - f L_a}{L} \tag{18-4-11}$$

传质区内吸附质的剩余饱和吸附能力分率 f 为：

$$f = \int_{W_b}^{W_c}(X_0 - X)\mathrm{d}W/(X_0 W_a) = \int_{W_b}^{W_c}\left(1 - \frac{X}{X_0}\right)\mathrm{d}\frac{W}{W_0} \tag{18-4-12}$$

则传质区的长度 L_a 为：

$$L_a = L\left[\frac{W_e - W_b}{W_e - (1-f)(W_e - W_b)}\right] \tag{18-4-13}$$

式中　X_0——送入固定床进料液的初始浓度，$\mathrm{kg \cdot kg^{-1}}$；

W_b，W_e——到达透过点和流干点时流出的净溶剂（不考虑溶质）的流量，$\mathrm{kg \cdot h^{-1} \cdot m^{-2}}$；

$W_e - W_b$——流干点和透过点之间流出净溶剂的差值，$W_s = W_e - W_b$。

【例 18-4-1】　含有丙酮蒸气的空气，其浓度为 $1\mathrm{m}^3$ 空气中有 $12\mathrm{g}$ 丙酮，将此空气通入活性炭固定床吸附塔回收，活性炭床层高度 0.8m，经过一定的时间以后，吸附塔出口气体浓度为进口浓度的 10%，气体的空塔线速为 $20\text{m}\cdot\text{min}^{-1}$，温度维持在 20℃，活性炭颗粒为圆柱形 ϕ4mm（4~6 目），填充密度 $\rho_B=410\text{kg}\cdot\text{m}^{-3}$，床层间隙率 $\varepsilon=0.45$，在 20℃ 时的吸附等温线见图 18-2-1，试求床层的透过时间 t_b。

解　(a) 传质单元数从已知数据 $c_b=0.0012\text{kg}\cdot\text{m}^{-3}$，$c_0-c_b=0.0108\text{kg}\cdot\text{m}^{-3}$，操作线方程为 $X/0.230=c/0.012$，根据图 18-3-12 绘出操作线，从吸附等温线得知和 c 相对应的平衡 c' 值，图解积分得传质单元数 N。

$$N=\int_{c_b}^{c_0-c_b}\frac{\mathrm{d}c}{c-c^*}=3.30$$

(b) 透过时间：将给定的 $K_F a_v=3.52\times10^4\text{L}\cdot\text{h}^{-1}$ 代入式(18-4-8)，则：

$$L_a=\frac{v}{K_F a_v}\int_{c_b}^{c_0-c_b}\frac{\mathrm{d}c}{c-c^*}=\frac{1200}{3.52\times10^4}\times3.30$$
$$=0.113\quad(\text{m})$$

由于颗粒的内阻增加，使传质区加长至 $L_a=0.30\text{m}$，透过时间 t_b 从式(18-4-10) 算出，则：

$$t_b=\frac{q_m\rho_B}{vc_0}\left(L-\frac{L_a}{2}\right)=\frac{0.230\times410}{1200\times0.012}\times\left(0.8-\frac{0.30}{2}\right)$$
$$=4.25\text{h}=255\quad(\text{min})$$

透过容量 $Y_b=0.230\times\dfrac{0.65}{0.8}=0.187\text{kg}\cdot\text{kg}^{-1}$。严格地说，由于有残留的水分存在，对吸附平衡有一定的影响。

4.2.3 分离因数、透入比和扩散控制区[11~14]

(1) 分离因数　透过曲线的类型和陡峻程度与吸附等温线的优惠程度密切相关，同时也有赖于传质阻力等因素。透过曲线的陡峻度可由传质单元数表示。类似精馏过程的选择性系数，取关联类似相对挥发度和 Langmuir 相平衡的分离因数 γ 为：

$$\gamma=\frac{x(1-y^*)}{y^*(1-x)}$$
$$\begin{cases}x=(c-c')/(c''-c')\\ y^*=(q^*-q')/(q''-q')\end{cases}\tag{18-4-14}$$

式中，c''，c' 为上游和下游的流动相浓度；c 为任意点浓度；q^*，q'，q'' 为和 c、c' 及 c'' 成相平衡的固定相浓度。解吸的分离因数 $y^*=\dfrac{1}{y}$。

对 Langmuir 方程或定分离因数式，以 Freundlich $y=x^\beta$ 或用三项式及四项式表示时，从图 18-4-8、图 18-4-9 可见，y 或 β 愈小（$y<1$，$\beta<1$），吸附等温线愈为优惠。当 $y=0$ 或 $\beta=0$ 时，成为不可逆吸附，不管是任何 x 或 c 值，均将使 $y^*=1$ 和 $q^*=q_{\max}$。将分离因数结合 BET 方程，对于流动体系可成为：

$$\frac{q}{q_0^*}=\frac{c/c_0}{\gamma+(1-\gamma)c/c_0}\tag{18-4-15}$$

根据分离因数的大小，可详细地把吸附等温线划分为：$y=0$，不可逆平衡；$y\leqslant0.3$，强优惠平衡。

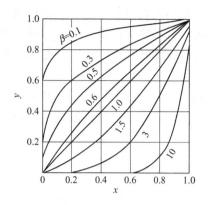 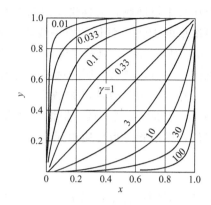

图 18-4-8　不同实验 β 的 Freundlich 平衡　　图 18-4-9　不同分离因数 γ 的 Langmuir 平衡

$\gamma=1$ 为线性平衡；$0.3<\gamma<10$ 为非线性平衡；$\gamma>10$ 为强非优惠平衡。

(2) 透入比 T　透入比（throughput ratio）T 是表示吸附柱动态吸附状态的一种参数，指溶液流过固定床层一定深度时送入溶液中的溶质量和该床层深度内吸附剂吸附持留的溶质量的比值。

$$T=\frac{c_0(V_L-V_C\varepsilon)}{\rho_0^*\rho_B V_C} \tag{18-4-16}$$

式中，V_C，V_L 为在一定的床层深度床层的容积量和送入的溶液体积量。

在一定深度的床层，送入的溶质量等于同一深度床层吸附剂的持留量时，$T=1$。此流出溶液的体积 $V_S=V_L-V_C\varepsilon$ 为计算容积。$\rho_0^*\rho_B V_C=c_0 V_S$ 是指在传质速率无限大、瞬间平衡和强优惠等温线条件下床层内吸附剂的吸附持留总量（图 18-4-10）。

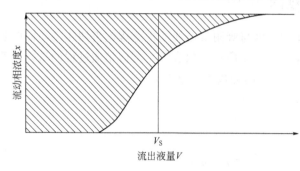

图 18-4-10　流出液化学计量溶剂 V_S 的透过曲线

(3) 扩散控制区　求解连续性方程或传质区浓度前沿时，除吸附相平衡外，需要知道传质速率方程。如能对传质或扩散区作出判断，了解其扩散和传质速率行为，有利于连续性方程的简化计算。

当吸附剂的结构及有效微孔扩散系数和吸附等温线均已知，从实验测定得到吸附透过曲线的半高斜率时，可求出 N 值，从图 18-4-11 可确定其传质扩散的控制区，图中的 L 为床层高，b 通常为 1，$\phi_p=0.775/(1-0.225v^{0.40})$。在 Pe 数较小时，提高 N 值，将使控制区提升至流体侧轴向弥散控制区（气体为虚线，液体为实线）。

如吸附体系已确定，也可用图 18-4-12 验证所用的参数是否确切。用实验透过曲线取得的 N 值，取 T 为 $0.8\sim0.9$ 已可满足，对较高或较低的 N 值，取 T 为 $0.8\sim0.9$ 也能满足。可以用调整吸附剂颗粒的直径 d_p 及线速 F/A，改变调节 N 值。如果孔扩散系数不能满足使用的条件，可改用其他孔结构合适的吸附剂。

定形前沿（恒定图式）透过曲线的形状固定，v 值为定值，则其图解积分式为：

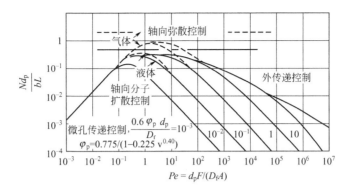

图 18-4-11 固定床 $\varepsilon = 0.4$ 时，吸附传质速率的无量纲数群表达式

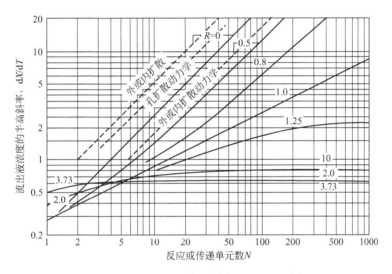

图 18-4-12 无量纲的半高斜率和 N 的函数关系

$$NT - N + 常数 = \int_0^x \frac{\mathrm{d}x}{y^* - x} \tag{18-4-17}$$

从操作线 y-x 和向上凸的等温线之间，取水平线，得相应的平衡值 y^*。从式(18-4-17)可见，调整计量中心点至 $T=1$ 时，常数值即为其积分值。当 $v=0.5\sim1.5$ 时，透过曲线介乎定形前沿和变形前沿之间，此透过曲线的形状可从半高斜率得出：

$$\ln \frac{x}{1-x} = 4\left(\frac{\mathrm{d}x}{\mathrm{d}T}\right)_{x=0.5}(T-1) \tag{18-4-18}$$

对低 v 值的强优惠等温线，透过曲线的斜率 $\mathrm{d}x/\mathrm{d}T$ 随 N 值成线性增加（图 18-4-12）。如床层延长，N 及 V_S 值成比例加大，定形前沿的透过曲线 $\mathrm{d}x/\mathrm{d}V$ 维持一定，即 V 值相同时，中点高斜率几乎相等。因 $T=V/V_\mathrm{S}$，$\mathrm{d}x/\mathrm{d}T=V_\mathrm{S}(\mathrm{d}x/\mathrm{d}V)$。换言之，未用床层长度(LUB) 为一定，延长床层高度，提高透入比 T 值，床层的利用率增加。当线性平衡 $v=1$，中高点斜率随 $N^{0.5}$ 增大，对强非优惠平衡 $v \gg 1$，透过曲线的斜率和形状完全由平衡性能决定，与 N 值无关。床层长度加大，$\mathrm{d}x/\mathrm{d}V$ 减小，曲线为变形前沿透过曲线。

定形前沿（恒定图式）透过曲线，在线性推动力下，连续性方程无量纲化改成双曲线方程对优惠吸附平衡，此方程可积分成：

$$f(x) = N(T-1) + 常数 \tag{18-4-19}$$

取 γ 为定值时，作图得流体侧扩散控制的各参数间的关系曲线（图 18-4-13）。从球形均质的颗粒扩散方程（Fick 第二定律方程）的数值积分，在 $x=0.01\sim0.99$、恒定图式条件下，得一簇 γ 为常数的曲线（图 18-4-14），类似地，可得微孔扩散控制下等 γ 值曲线（图 18-4-15）。此曲线综合考虑了流体和固体的影响，在低 x 值（特别是低 γ 值）下，因固体持留溶质阻碍其移动，降低了微孔扩散。反之，随 x 值增加，流体阻滞去活性点的通道，使扩散加快。

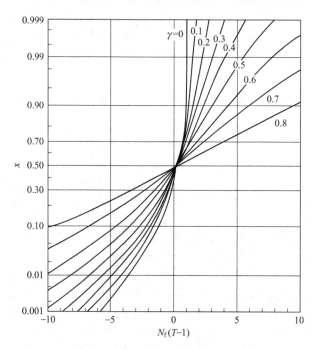

图 18-4-13　透过曲线（流体侧扩散控制定形前沿）

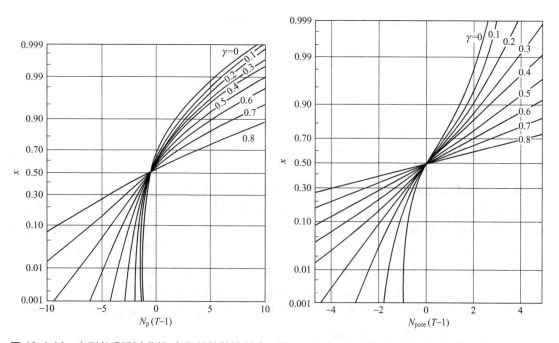

图 18-4-14　定形前沿透过曲线（颗粒扩散控制）　　图 18-4-15　定形前沿透过曲线（微孔扩散控制）

对非常强的优惠等温线，可形成不可逆等温吸附，流动相的浓度因时间改变的项可忽略不计，则：

$$-\gamma \frac{\partial c}{\partial z} = K_F a_v c \tag{18-4-20}$$

自 c_0 到 c，相应地，$z=0$ 至 L 积分，得：

$$\ln \frac{c}{c_0} = \frac{K_F a_v L}{v} = -N \tag{18-4-21}$$

使床层前一部分饱和所需要的时间为 t_1（图 18-4-16），则：

$$t_1 = \frac{q_m \rho_B (1-\varepsilon)}{K_F a_v c} \tag{18-4-22}$$

$$L_a = u_c (t - t_1) \tag{18-4-23}$$

$$L_a = \frac{v c_0}{\rho_B (1-\varepsilon) q_m} \left[t - \frac{q_m \rho_B (1-\varepsilon)}{K_F a_v c_0} \right] \tag{18-4-24}$$

将 N 和 T 定义内参数代入式(18-4-24)，得：

$$\ln \frac{c}{c_0} = -N + NT - 1 \tag{18-4-25}$$

或：

$$\ln \frac{c}{c_0} = N(T-1) - 1 \tag{18-4-26}$$

液膜扩散控制的透过曲线，其斜率随时间的延长而增大（图 18-4-17），在 $N(T-1)=1.0$ 时，$x=c/c_0=1$。实际上，因内扩散阻力的存在，吸附剂趋于饱和时，斜率不能增加得很快。微孔扩散控制时，其透过曲线的形状和外液膜扩散控制相反，最初的斜率很大，因接近传质区前沿的固体吸附剂几乎没有吸附质存在，平均的扩散距离仅为颗粒球形半径很短的一段，吸附的分子可认为都扩散至颗粒的中心位置，使曲线呈现长的拖尾。在内外扩散同时并存时，曲线成S形，其传质单元数为：

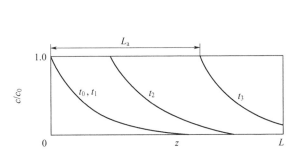

图 18-4-16　恒定系数不可逆吸附的浓度曲线

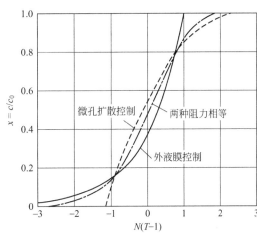

图 18-4-17　不可逆吸附透过曲线

$$\frac{1}{N} = \frac{1}{N_f} + \frac{1}{N_z} \tag{18-4-27}$$

对微孔扩散控制的定形前沿透过曲线（图 18-4-17），同样其陡峻的程度随吸附等温线的优惠程度（分离因数减小）而加大。

(4) 传质速率方程 溶质从流体相向吸附剂颗粒之间的扩散和传质速率的大小，直接影响吸附循环周期的长短（包括解吸速率的大小）。表达传质速率的方式有（参见 3.1.1 节）：

(a) 瞬间平衡。最简单的处理方法是假定两相间的传质速率无限大，不考虑传质阻力，瞬间传质达到平衡。

(b) 线性推动力 LDF 传质速率方程：

$$\frac{dq}{dt} = k_f a_v (c_f - c_i) = k_s a_v (q_i - q_s) \tag{18-4-28}$$

或：

$$\frac{\partial q}{\partial t} = K_s a_v (q^* - \bar{q}) = K_F a_v (\bar{c} - c^*) \tag{18-4-29}$$

(c) 反应动力学速率控制[15]（Thomas 反应动力学近似）：

$$\frac{\partial q}{\partial t} = k\left[c(q_m - q) - \frac{1}{k_i}q(c_0 - c)\right] \tag{18-4-30}$$

式中，k_i 为反应平衡常数。

(d) Vermeulen 二次推动力式：

$$\frac{\partial q}{\partial t} = k_s a \phi \left[\frac{q_0^2 - q^2}{2q - q_0}\right] \tag{18-4-31}$$

$$\phi = \frac{1}{[r + 15(1-r)\pi^2]}$$

$$\frac{\partial q}{\partial t} = \frac{\pi^2 D_e}{r^2} \times \frac{q_0^2 - q^2}{2q}$$

或写成：

(e) 吸附质在吸附剂颗粒内的浓度成抛物线分布：

$$q = q_0 + a_2 r^2 \tag{18-4-32}$$

(f) 颗粒相扩散控制（无外膜传质阻力）：

$$\frac{\partial q}{\partial t} = \frac{1}{R^2} \times \frac{\partial}{\partial R}\left(DR^2 \frac{\partial q}{\partial R}\right), \quad q\left(R_p, t - \frac{z}{v}\right) = q^* = Kc$$

$$\bar{q} = \frac{3}{R_p^3} \int_0^{R_p} qR^2 dR, \quad \frac{\partial q}{\partial R}\left(0, t - \frac{z}{v}\right) = 0 \tag{18-4-33}$$

(g) 颗粒相扩散和外膜扩散联合：

$$\frac{\partial q}{\partial t} = \frac{1}{R^2} \times \frac{\partial q}{\partial R}\left(DR^2 \frac{\partial q}{\partial R}\right)$$

$$D\frac{\partial q}{\partial R}(R_p, t) = \frac{3k_f}{R_p}[c(z,t) - q(R_p,t)/K]$$

$$\bar{q} = \frac{3}{R_p^3} \int_0^{R_p} qR^2 dR, \quad \frac{\partial q}{\partial R}(0,t) = 0 \tag{18-4-34}$$

(h) 大孔-微孔扩散和外膜扩散联合：

$$\frac{\partial q}{\partial t} = \frac{1}{r^2} \times \frac{\partial}{\partial r}\left[r^2 D_c \frac{\partial q}{\partial r}\right]$$

$$\varepsilon_p \frac{\partial c}{\partial t} + (1 - \varepsilon_p)\frac{\partial \bar{q}}{\partial t} = \frac{1}{R}\frac{\partial}{\partial R}\left[\varepsilon_p D_p R^2 \frac{\partial c}{\partial R}\right]$$

$$q(r_c,t) = K_c(R,t), \quad \frac{\partial Q}{\partial t} = \frac{3}{R_p} k_f [c(R_p,t) - c(z,t)]$$

$$\frac{\partial q}{\partial r}(0,t) = 0, \quad \frac{\partial c}{\partial R}(0,t) = 0, \quad c(R,0) = 0$$

$$q(r,0) = 0$$

$$\bar{q} = \frac{3}{r_c^3} \int_0^{r_c} r^2 q \, dr, \quad Q = (1-\varepsilon_p)\bar{q} + \varepsilon_p \bar{c}$$

$$= (1-\varepsilon_p) \frac{3}{R_p^3} \int_0^{R_p} \bar{q} R^2 \, dR + \frac{3\varepsilon_p}{R_p^3} \int_0^{R_p} c R^2 \, dR \tag{18-4-35}$$

4.3 固定床吸附操作计算

4.3.1 恒温下微量单组分吸附

恒温固定床微量单组分阶跃送料得到的透过曲线可用连续性方程描述,此连续性方程(物料衡算式)表示为:

$$D_L \frac{\partial^2 c}{\partial z^2} = \frac{\partial(vc)}{\partial z} + \frac{\partial c}{\partial t} + \frac{1-\varepsilon}{\varepsilon} \times \frac{\partial q}{\partial t} \tag{18-4-36}$$

传质区计算只是半经验的吸附操作计算法,解此数学模型(连续性方程)可以加强对固定床吸附操作的精确理解并为其提供依据。解此偏微分方程除既定的初始条件和边界条件外,还要根据吸附(或解吸)的机制,加入相平衡方程、传质速率方程、热量衡算方程(指绝热或非等温吸附)等方程式。其中:

a. 床层的进料方式以及床层的最初状态(残存吸附量或床层经再生后的状态)和边界条件。

b. 吸附相平衡,包括解吸相平衡。不可逆吸附是最简单的(很少见),线性 Henry 方程次之,非线性的 Langmuir、Freundlich 等温方程又次之,而 BET 等温方程就较复杂。可用分离因数 v 表达吸附等温线的优惠程度和影响透过曲线的形式。为了便于取得连续性方程的解,尽量避免使用复杂的吸附等温方程。

c. 传质速率方程。

d. 床层中流动相的流动状态。活塞流 $D_L=0$,轴向弥散 $D_L \neq 0$。

根据操作机理,选取适当的条件,使连续性方程取得分析解,解的方法有[16~21]:

(a) 特征解法;

(b) 数学分析解法;

(c) 双曲线扩散方程的图解法;

(d) 数值积分解法;

(e) 矩量分析解法;

(f) 正交配点法及其他解法。

除了上述的连续性方程外,还有将吸附塔床层分成若干级段或混合池的离散模型,这些模型是将分成的级段或混合池以串联方式连接,求理论板当量高度 HETP 值。分成的 N 个等体积混合池,池内呈完全混合状态,两相的浓度和流速均一,仅为时间的函数,池与池之间可有或无返混存在,吸附过程在等温下进行。

(1) 特征解法 特征解法是连续性方程最简单的解法之一,不考虑轴向弥散 $D_L=0$,成活塞流,床层内流动相的线速 v 为定值,则式(18-4-36)改为:

$$v\varepsilon\frac{\partial c}{\partial z}+\varepsilon\frac{\partial c}{\partial t}+\rho_B\frac{\partial q}{\partial t}=0 \tag{18-4-37}$$

颗粒相和流动相内,溶质之间不考虑传质阻力,床层内任一点及在任一时间内两相均处于瞬间平衡,即:

$$\frac{\partial q}{\partial t}=\frac{\partial c}{\partial t}\times\frac{\mathrm{d}q}{\mathrm{d}c}=\frac{\partial c}{\partial t}f'(c) \tag{18-4-38}$$

设式(18-4-38)有解,为 $c=c(z,t)$,利用全微分的概念,为:

$$\left(\frac{\partial c}{\partial t}\right)\mathrm{d}t+\left(\frac{\partial c}{\partial z}\right)\mathrm{d}z=\mathrm{d}c \tag{18-4-39}$$

式(18-4-38)、式(18-4-39)代表同一物理现象,相应的系数应成比例,由矩阵得:

$$u_c=\frac{\mathrm{d}z}{\mathrm{d}t}=\frac{\varepsilon v}{[(1-\varepsilon)(q_m/c_0)+\varepsilon]} \tag{18-4-40}$$

(2) 数学分析解法 式(18-4-37)的偏微分方程可用一般的数学分析解法或拉氏变换后求解,在低浓度下,组分的相平衡关系为线性,$q=k_H c^*$,并取新参量:

$$\xi=\frac{k_1}{V}\times\frac{z}{v},\ k_1=\frac{K_F a_p}{1-\varepsilon}\ \text{及}\ \theta=\frac{k_1}{k_H}\left(t-\frac{z}{v}\right)$$

将式(18-4-37)参量转换,成为双曲线方程:

$$-\left(\frac{\partial c}{\partial \xi}\right)_\theta=\left(\frac{\partial q}{\partial \theta}\right)_\xi \tag{18-4-41}$$

其中,固定相浓度 q 也可以用相应的流动相浓度 c^* 表示,取线性推动力,则:

$$-\left(\frac{\partial c}{\partial \xi}\right)_\theta=\left(\frac{\partial c^*}{\partial \theta}\right)_\xi=c-c^* \tag{18-4-42}$$

式中 k_1——传质系数;

V——床层的自由容积(单位床层容积内吸附剂颗粒之间的容积)。

取边界条件和初始条件:

$$\begin{aligned}&t<0,q(0,z)=c(0,z)=0\\&t>0,c(t,0)=0\end{aligned} \tag{18-4-43}$$

取液侧传质控制,经数学分析或拉氏变换法求解,得:

$$-\frac{c}{c_0}=1-\mathrm{e}^{-\xi-\theta}\sum_{n=1}^{\infty}\xi^n\frac{d^n J_0(2i\sqrt{\xi\theta})}{d(\xi\theta)^n} \tag{18-4-44}$$

及:

$$\frac{c^*}{c_0}=1-\mathrm{e}^{-\xi-\theta}\sum_{n=0}^{\infty}\xi^n\frac{d^n J_0(2i\sqrt{\xi\theta})}{d(\xi\theta)^n} \tag{18-4-45}$$

已知 ξ 和 θ 值,从上二式[式(18-4-44),式(18-4-45)]直接求得 c/c_0 和 c^*/c_0 的比值,此二式的关系可用图18-4-18、图18-4-19表示。如给定流体相的最初浓度 c_0 和计算取得的传质系数 k_1 值,查图可得任一瞬间 t 和任意床层深度 z 内流动相的浓度 c 和与固定相对应的平衡浓度 c^*。按照 Thomas 资料,当 ξ 和 θ 值很大时,J 函数值可以用渐近线级数表示,其前两项取:

$$J(\xi,\theta)\approx\frac{1}{2}[1-\mathrm{erf}(\sqrt{\xi}-\sqrt{\theta})]+\frac{\exp[-(\sqrt{\xi}-\sqrt{\theta})^2]}{2\pi^{1/2}[(\xi\theta)^{1/4}+\theta^{1/2}]} \tag{18-4-46}$$

当 $\xi\theta > 36$ 时,误差小于 1%,当 $\xi\theta > 3600$ 时,式(18-4-46) 中的第二项可忽略不计,θ 和 $J(\xi,\theta)$ 函数的关系可用图 18-4-20 表示。

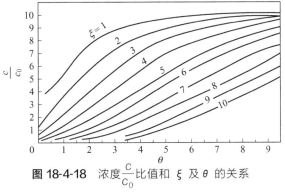

图 18-4-18　浓度 $\dfrac{C}{C_0}$ 比值和 ξ 及 θ 的关系

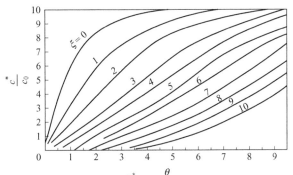

图 18-4-19　浓度 $\dfrac{C^*}{C_0}$ 比值和 ξ 及 θ 的关系

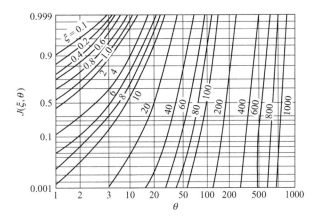

图 18-4-20　θ 和 $J(\xi,\theta)$ 函数的关系曲线[22]

Klinkenberg 取近似值:

$$J(\xi,\theta) \approx \frac{1}{2}\mathrm{erfc}(\sqrt{\xi}-\sqrt{\theta}) \quad (\theta < \xi)$$

$$J(\xi,\theta) \approx \frac{1}{2}[1+\mathrm{erf}(\sqrt{\xi}-\sqrt{\theta})] \quad (\theta > \xi)$$

(18-4-47)

式中,误差函数 $\mathrm{erf}E = \dfrac{2}{\sqrt{\pi}}\displaystyle\int_0^E e^{-t^2}\,\mathrm{d}t$。

$$1-J(\xi,\theta)=J(\theta,\xi)-e^{-\theta-\xi}I_0(\sqrt{\xi\theta}) \tag{18-4-48}$$

式中，I_0 为第一类修正贝塞尔函数。

近似解法，在一般的床层高度下，近似地取：

$$\frac{c}{c_0}=\frac{1}{2}(1+\text{erf}E), \quad E=(\theta-\xi)/2\sqrt{\xi} \tag{18-4-49}$$

$$\theta=\frac{K_F a_v}{\beta\rho_B}\left(t-\frac{z\varepsilon}{v}\right), \quad \xi=\frac{K_F a_v z}{v}$$

溶液流过固定床层时，优惠吸附平衡所形成的恒定图式定形前沿传质区所必需的床层长度 $L_{\min}$ 与传质区平均长度 $L_{a,cp}$ 之比与分离因数 v 的关系见表 18-4-1。

表 18-4-1　形成定形前沿传质区所必需的床层长度 $L_{\min}$ 与传质区平均长度 $L_{a,cp}$ 之比与分离因数 v 的关系

v	$L_{\min}/L_{a,cp}$
0.83	约 5
0.71	约 2
0.56	1.1
0.33	0.74

在吸附等温线为线性时，传质区的长度 L_a 为：

$$L_a=4\sqrt{\frac{Lv}{K_F a_v}} \tag{18-4-50}$$

当扩散为颗粒相内扩散控制，不考虑外扩散传质的阻力，吸附等温线为线性，流动相在吸附柱床层呈活塞流，Rosen 提出连续性方程的解（表 18-4-2）为：

$$\frac{c}{c_0}=\frac{1}{2}+\frac{2}{\pi}\int_0^\infty \exp[-\xi H_1(\lambda)/5] \tag{18-4-51}$$

$$\sin[2\lambda^2\theta/15-\xi H_2(\lambda)/5]\frac{d\lambda}{\lambda}$$

$$H_1(\lambda)=\frac{\lambda[\sinh(2\lambda)+\sin(2\lambda)]}{[\cosh(2\lambda)-\cos(2\lambda)]-1}$$

$$H_2(\lambda)=\frac{\lambda[\sinh(2\lambda)-\sin(2\lambda)]}{[\cosh(2\lambda)-\cos(2\lambda)]}$$

$$\xi=\frac{15D}{R^2}\times\frac{k_s}{v}\times\frac{1-\varepsilon}{\varepsilon}, \quad \theta=\left(\frac{15D}{R^2}\right)(t-z/v)$$

当 z 很大时的渐近式为：

$$\frac{c}{c_0}=\frac{1}{2}\text{erfc}\left(\frac{\xi-\theta}{\sqrt{\xi}}\right) \tag{18-4-52}$$

和在线性推动力传质速率所得到的渐近式相类似。

表 18-4-2　线性等温微量组分体系连续性方程的分析解[8]

流态	著者	1. 线性速率表达式 $\frac{\partial q}{\partial t}=k(q_0-q)=kK(c-c_0)$
		透过曲线（物料衡算偏微分方程）的解

续表

1a. 活塞流	Anzelius[23] Walter[24] Furnas[25]	$\dfrac{c}{c_0} = e^{-\xi} \int_0^\tau e^{-U} I_0(2\sqrt{\xi U})\,dU + e^{-(\tau+\xi)} I_0(2\sqrt{\tau\xi}), \tau = k(t - z/v),$ $\xi = \dfrac{kKz}{v}\left(\dfrac{1-\varepsilon_B}{\varepsilon_B}\right)$
1b. 弥散活塞流	Nusselt[26]	$\dfrac{c}{c_0} = \dfrac{1}{2}\operatorname{erfc}\left(\sqrt{\xi} - \sqrt{\tau} - \dfrac{1}{8}\sqrt{\xi} - \dfrac{1}{8}\sqrt{\tau}\right)$ （近似解，$\xi > 2.0$，误差 $< 0.6\%$）
	Klinkenberg[27]	$\dfrac{c}{c_0} = \dfrac{1}{2}\operatorname{erfc}(\sqrt{\xi} - \sqrt{\tau})$ （对大的 ξ 值下的渐近式）
	Lapidus 和 Amundson[28]	$\dfrac{c}{c_0} = \exp\left(\dfrac{vz}{2D_L}\right)\left[F(t) + k\int_0^t F(t)\,dt\right]$ $F(t) = e^{-kt}\int_0^t I_0\left\{2k\left[K\left(\dfrac{1-\varepsilon_B}{\varepsilon_B}\right)U(1-U)\right]^{1/2}\right\}\dfrac{z}{2\sqrt{\pi D_L U^3}}$ $\exp\left[\dfrac{-z^2}{4D_L U} - \dfrac{v^2 U}{4D_L} - kKU\left(\dfrac{1-\varepsilon_B}{\varepsilon_B}\right) - kU\right]dU$
	Levenspiel 和 Bischoff[29]	$\dfrac{c}{c_0} = \dfrac{1}{2}\operatorname{erfc}\left\{\dfrac{1 - t\sqrt{t}}{2\left(\dfrac{D_L}{vz}\cdot\dfrac{t}{\bar t}\right)^{1/2}}\right\}, \bar t = \dfrac{z}{v}\left\{1 + K\left(\dfrac{1-\varepsilon_B}{\varepsilon_B}\right)\right\}$ （长柱，对 $k \to \infty$ 时的渐近式）
流 态	著 者	2. 颗粒内扩散控制 $\dfrac{\partial q}{\partial t} = \dfrac{1}{R^2} \times \dfrac{\partial}{\partial R}\left(DR^2\dfrac{\partial q}{\partial R}\right), q(R_p, t - z/v) = q^0 = Kc$ $q = \dfrac{3}{R_p^3}\int_0^{R_p} qR^2\,dR, \dfrac{\partial q}{\partial R}(0, t - z/v) = 0$ 透过曲线（物料衡算偏微分方程）的解
2a. 活塞流	Rosen[30,31]	$\dfrac{c}{c_0} = \dfrac{1}{2} + \dfrac{2}{\pi}\int_0^\infty \exp[-\xi H_1(\lambda)/5]\sin[2\lambda^2\tau/15 - \xi H_2(\lambda)/5]\dfrac{d\lambda}{\lambda}$ $\begin{cases} H_1(\lambda) = \lambda[\sinh(2\lambda) + \sin(2\lambda)]/[\cosh(2\lambda) - \cos(2\lambda)] - 1 \\ H_2(\lambda) = \lambda[\sinh(2\lambda) - \sin(2\lambda)]/[\cosh(2\lambda) - \cos(2\lambda)] \\ \xi = \dfrac{15D}{R^2} \times \dfrac{kz}{v}\left(\dfrac{1-\varepsilon_B}{\varepsilon_B}\right), \tau = \left(\dfrac{15D}{R^2}\right)(t - z/v) \\ \dfrac{c}{c_0} = \dfrac{1}{2}\operatorname{erfc}\left(\dfrac{\xi - \tau}{2\sqrt{\xi}}\right) \text{（对大 }z\text{ 值时的渐近式）} \end{cases}$
2b. 弥散活塞流	Rasmuson 和 Neretnieks[32]	$\dfrac{c}{c_0} = \dfrac{1}{2} + \dfrac{2}{\pi}\int_0^\infty \exp\left[\dfrac{vz}{2D_L} - z\left(\dfrac{\sqrt{x^2(\lambda) + y^2(\lambda)} + x(\lambda)}{2}\right)^{1/2}\right]$ $\times \sin\left[\dfrac{2D_t\lambda^2}{R^2} - z\left(\dfrac{\sqrt{x^2(\lambda) + y^2(\lambda)} - x(\lambda)}{2}\right)^{1/2}\right]\dfrac{d\lambda}{\lambda}$ $x(\lambda) = \dfrac{v^2}{4D_L^2} + \dfrac{3D(1-\varepsilon_B)}{R^2 D_L \varepsilon_B}H_1(\lambda)$ $y(\lambda) = \dfrac{2D}{R^2 D_L}\lambda^2 + \dfrac{3D(1-\varepsilon_B)}{R^2 D_L \varepsilon_B}H_2(\lambda)$
流 态	著 者	3. 颗粒内扩散和外膜阻力控制 $\dfrac{\partial q}{\partial t} = \dfrac{1}{R^2} \times \dfrac{\partial}{\partial R}\left(DR^2\dfrac{\partial q}{\partial R}\right), D\dfrac{\partial q}{\partial R}(R_p, t)$ $= \dfrac{3k_f}{R_p}\left[c(z, t) - \dfrac{q(R_p, t)}{K}\right]$ $q = \dfrac{3}{R_p^3}\int_0^{R_p} qR^2\,dR, \dfrac{\partial q}{\partial R}(0, t) = 0$ 透过曲线（物料衡算偏微分方程）的解

续表

流态	著者	
3a. 活塞流	Rosen[30,31]	同上面的 2a 一样 $H_1(\lambda)$ 和 $H_2(\lambda)$ 各改成 $H_1'(\lambda,\gamma)$ 和 $H_2'(\lambda,\gamma)$ $H_1'(\lambda,\gamma)=[H_1+\gamma(H_1\lambda^2+H_2^2)]/[(1+\gamma H_1)^2+(\gamma H_2)^2]$ $H_2'(\lambda,\gamma)=H_2/[(1+\gamma H_1)^2+(\gamma H_2)^2]$ $\gamma=DK/(R_p k_f)$，其中 $H_1(\lambda)$ 和 $H_2(\lambda)$ 定义如前
3b. 弥散活塞流	Rasmuson 和 Neretnieks[32]	同上面的 2b 一样，$H_1(\lambda)$ 和 $H_2(\lambda)$ 改用 $H_1'(\lambda,\gamma)$ 和 $H_2'(\lambda,\gamma_1)$
流态	著者	4. 大孔-微孔扩散和外膜阻力控制 $\dfrac{\partial q}{\partial t}=\dfrac{1}{r^2}\times\dfrac{\partial}{\partial r}\left[r^2 D_c \dfrac{\partial q}{\partial r}\right], \varepsilon_p\dfrac{\partial c}{\partial t}+(1-\varepsilon_p)\dfrac{\partial q}{\partial t}=\dfrac{1}{R^2}\cdot\dfrac{\partial}{\partial R}\left[\varepsilon_p D_p R^2 \dfrac{\partial c}{\partial R}\right]$ $q(r_c,t)=K_c(R,t), \dfrac{\partial Q}{\partial t}=\dfrac{3}{R_p}k_f[c(R_p,t)-c(z,t)]$ $\dfrac{\partial q}{\partial r}(0,t)=0, \dfrac{\partial c}{\partial R}(0,t)=0, c(R,0)=0, q(r,0)=0$ $\bar{q}=\dfrac{3}{r_c^3}\int_0^{r_0} r^2 q\,\mathrm{d}r, Q=(1-\varepsilon_p)\bar{q}+\varepsilon_p c$ $=(1-\varepsilon_p)\dfrac{3}{R_p^3}\int_0^{R_p}\bar{q}R^2\mathrm{d}R+\dfrac{3\varepsilon_p}{R_p^2}\int_0^{R_p}cR^2\mathrm{d}R$ 透过曲线（物料衡算偏微分方程）的解
4a. 活塞流	Kawazoe 和 Takeuchi[33]	同上面的 3a 一样，$H_1(\lambda)$ 和 $H_2(\lambda)$ 改用 $H_1(\phi_1)$ 和 $H_2(\phi_2)$ 代替，其中： $\phi_1=\dfrac{h}{\sqrt{2}}\left[\sqrt{H_1^2(\lambda)+H_2^2(\lambda)}-H_1(\lambda)\right]^{1/2}$ $\phi_2=\dfrac{h}{\sqrt{2}}\left[\sqrt{H_1^2(\lambda)+H_2^2(\lambda)}+H_1(\lambda)\right]^{1/2}$ $h=\left[\dfrac{3(D_c/r_c^2)}{K(\varepsilon_p D_p/R_p^2)}\right]^{1/2}$
4b. 弥散活塞流	Rasmuson[34]	同上面的 3b 一样 $H_1(\lambda)$ 和 $H_2(\lambda)$ 改用 $H_1(\phi_1)$ 和 $H_2(\phi_2)$ 代替

根据不同的传质（扩散）控制区采用的传质速率方程和流动相，在床层内呈活塞流或弥散流对连续性方程（所表征的透过曲线）得到不同的解（表 18-4-2）。在线性速率推动力和增加定形前沿的条件 $c/c_0=q/q_0$ 下，采用 Langmuir 相平衡关系式，使解大为简化（表 18-4-3、表 18-4-4）。

表 18-4-3　线性速率推动力模型，定形前沿（恒定图式）透过曲线的表达式

线性速率推动力方程	$\dfrac{\partial q}{\partial c}=k(q_0-q)$
相平衡关系式	$\dfrac{q_0}{q_s}=\dfrac{bc}{1+bc}, \beta=1-\dfrac{q_0}{q_s}$
恒定图式的条件	$c/c_0=q/q_0$
—	$\dfrac{\partial q}{\partial t}=kq_s\left(\dfrac{bc_0(q/q_0)}{1+bc_0(q/q_0)}\right)-\dfrac{q}{q_s}$
积分式	$k(t_2-t_1)=\dfrac{1}{1-\beta}\ln\left[\dfrac{x_2(1-x_1)}{x_1(1-x_2)}\right]+\ln\left(\dfrac{x_1}{x_2}\right)$

线性等温线不论取流体相还是固定相推动力，其分析解都相同。不可逆等温线是优惠等温线的极端，和液相浓度或气相组分分压坐标垂直，对于不可逆等温线，取不同相的推动力，其分析解却完全不同（表 18-4-5）。

表 18-4-4　Langmuir 型平衡，渐近定形前沿（恒定图式）透过曲线的解[①]

模型	著者	速率方程	透过曲线的解
1a. 线性速率流体膜	Michaels[35]	$\dfrac{\partial q}{\partial t}=k'(c-c_0)$	$\dfrac{k'c_0}{q_0}(t_2-t_1)=\dfrac{1}{\lambda}\ln\left[\dfrac{x_2(1-x_1)}{x_1(1-x_2)}\right]+\ln\left(\dfrac{1-x_2}{1-x_1}\right)$
1b. 线性速率固体膜	Hall 等[36]	$\dfrac{\partial q}{\partial t}=k(q_0-q)$	$k(t_2-t_1)=\dfrac{1}{\lambda}\ln\left[\dfrac{x_2(1-x_1)}{x_1(1-x_2)}\right]+\ln\left(\dfrac{x_1}{x_2}\right)$
2a. 固体扩散（D 恒定）	Hall 等[36]	$\dfrac{\partial q}{\partial t}=D_c\left(\dfrac{2\partial q}{r\partial r}+\dfrac{\partial^2 q}{\partial r^2}\right)$	数字列表
2b. 固体扩散 $D=D_0(1-q_0/q_s)^{-1}$	Garg 和 Ruthven[37]	$\dfrac{\partial q}{\partial t}=\dfrac{1}{r^2}\times\dfrac{\partial}{\partial r}\left(r^2 D\dfrac{\partial^2 q}{\partial r^2}\right)$	以 c/c_0 对 τ 作曲线图
3a. 孔扩散	Hall 等[36]	$\varepsilon_p\dfrac{\partial c}{\partial t}+(1-\varepsilon_p)\dfrac{\partial q}{\partial t}=\dfrac{\varepsilon_p D_p}{R^2}\times\dfrac{\partial}{\partial R}\left(R^2\dfrac{\partial c}{\partial R}\right)$	数字列表
3b. 孔扩散	Garg 和 Ruthven[37]	$\varepsilon_p\dfrac{\partial c}{\partial t}+(1-\varepsilon_p)\dfrac{\partial q}{\partial t}=\dfrac{\varepsilon_p D_p}{R^2}\times\dfrac{\partial}{\partial R}\left(R^2\dfrac{\partial c}{\partial R}\right)$	以 c/c_0 对 τ 作曲线图

① 各式均在活塞流恒定流体相速度下，恒定图式条件 $c/c_0=q/q_0$，等温线方程 $q_0/q_s=bc/(1+bc)$ 或 $bc_0=(q/q_s)(1-q/q_s)^{-1}$，$\lambda=1-\beta$。

表 18-4-5　不可逆等温线下透过曲线的分析解[8]

模型	速率方程	著者	透过曲线的解
1	$\dfrac{\partial q}{\partial \tau}=kc(q_s-q)$ （伪化学反应）	Bohart & Adams[38]	$\dfrac{c}{c_0}=\dfrac{e^\tau}{e^\tau+e^\xi-1}$ $\tau=kc_0\left(t-\dfrac{z}{v}\right),\xi=\dfrac{kq_0 z}{v}\left(\dfrac{1-\varepsilon_B}{\varepsilon_B}\right)$
2	$\dfrac{\partial q}{\partial \tau}=k_s(q_s-q)$ （线性速率-固体膜）	Cooper[39]	$\begin{cases}\dfrac{c}{c_0}=1-\xi e^{-\tau},\xi\leqslant 1\\ \dfrac{c}{c_0}=1-e^{\xi-\tau-1},1\leqslant\xi\leqslant 1+\tau\\ \dfrac{c}{c_0}=0,\xi\geqslant 1+\tau\end{cases}$ $\tau=k\left(t-\dfrac{z}{v}\right),\xi=\dfrac{kq_0 z}{C_0 v}\left(\dfrac{1-\varepsilon_B}{\varepsilon_B}\right)$
3	$\dfrac{\partial q}{\partial \tau}=k'(c-c_0)$ （线性速率-液体膜） $\dfrac{\partial \varepsilon}{\partial \tau}=q_s\dfrac{6D}{R^2}\sum_1^\infty\exp\left[\dfrac{-n^2\pi^2 D(t-t_f)}{R^2}\right]$ （固体扩散）	Cooper[39]	$\dfrac{c}{c_0}=e^{-\xi},0\leqslant\tau\leqslant 1,\tau=\dfrac{k'c_0}{q_0}\left(t-\dfrac{z}{v}\right)$ $\dfrac{c}{c_0}=e^{\tau-\xi-1},1\leqslant\tau\leqslant 1+\xi,\xi=\dfrac{k'z}{v}\left(\dfrac{1-\varepsilon_B}{\varepsilon_B}\right),\dfrac{c}{c_0}=1.0,\tau\geqslant 1+\xi$ $\dfrac{c}{c_0}=S\left(t-\dfrac{z}{v}\right)$ $-\dfrac{6}{\pi^2}\sum_{n=1}^\infty\dfrac{1}{n^2}\left[\exp\left(\dfrac{-n^2\pi^2}{15}\right)(\tau-\tau_f)-\exp\left(\dfrac{-n^2\pi^2\tau}{15}\right)\right]\times$ $\left(\dfrac{-4}{\pi^2}\right)\sum_{n=1}^\infty\exp\left(\dfrac{-n^2\pi^2 R}{15}\right)\times\sum_{n=1}^\infty\dfrac{\exp[(n^2-\sigma_i^2)(\pi^2/15)\tau_f-1]}{n^2-\sigma_i^2}$ σ_i 由根取得 $\tan(\pi\sigma_i)=\pi\sigma_i$ $\tau=\dfrac{15D}{R^2}\left(t-\dfrac{z}{v}\right)$ $\xi=1+\tau_f-\dfrac{10}{\pi^2}\sum_{n=1}^\infty\dfrac{\exp(-\pi^2\sigma_{irf}/15)}{\sigma_i^2}$

在解连续性方程时，浓度取无量纲参量 $x=c/c_0$ 和 $y=q/q^*$。并将其他参数改用传质单元数 N 和透入比 T，则描述透过曲线的偏微分方程转换成双曲线方程：

$$-\left(\frac{\partial x}{\partial N}\right)_{TN}=\left(\frac{\partial y}{\partial TN}\right)_{N} \tag{18-4-53}$$

同样取液侧传质控制，推动力为线性推动力，即：

$$\left(\frac{\partial y}{\partial TN}\right)_{N}=x-y \tag{18-4-54}$$

用拉氏变换法解，同样得：

$$x=J(N,TN) \tag{18-4-55}$$

及

$$y=1-J(TN,N) \tag{18-4-56}$$

如果传质推动力用反应动力学推动力表示，将恒定 v 值下的双曲线方程表示为：

$$-\left(\frac{\partial x}{\partial N_R}\right)_{N_R}=\left(\frac{\partial y}{\partial N_R T}\right)_{N_R T}=x(1-y)-\gamma_y(1-x) \tag{18-4-57}$$

取和上述相同的边界条件及初始条件，得：

$$x=\frac{J(\gamma N_R, N_R T)}{J(\gamma N_R, N_R T)+[1-J(N_R, \gamma N_R T)]\exp[(\gamma-1)N_R(T-1)]} \tag{18-4-58}$$

和

$$y=\frac{1-J(\gamma N_R, N_R T)}{J(\gamma N_R, \gamma N_R T)+[1-J(N_R, \gamma N_R T)]\exp[(\gamma-1)N_R(T-1)]} \tag{18-4-59}$$

式(18-4-58)、式(18-4-59) 显示，$\gamma=1$ 为界限值，$\gamma \ll 1$ 时为定形前沿透过曲线，而 $\gamma \gg 1$ 为变形前沿的透过曲线。

图 18-4-21 是以对数和概率坐标作出的 J 函数或流出液浓度 x 对透入比 T 的曲线图。坐标采用算术刻度时，透过曲线正常是 S 形，对 x 或 J 函数采用概率刻度就可以大大地削弱此曲线簇的曲率，准确地表达 N_R 值在很小或接近 1 时的透过曲线。从此曲线簇可见，透过曲线越陡峻，传质单元数 N_R 越大；反之，曲线越平缓，N_R 值越小。当曲线的两端分别接近床层的进出口时，表明吸附剂已失效，需要再生。反应单元数 N_R 和分离因数 v、透入比 T 的关系可见图 18-4-22～图 18-4-24。从这几张图可见，随着 N_R 值的增加，透过曲线逐渐靠拢。

【例 18-4-2】 设含有微量苯蒸气的气体恒温下流过活性炭床层，流出气体浓度的变化如表 18-4-6 所列。流动相的表观线速 $2.1 \text{cm} \cdot \text{s}^{-1}$，床层高度 100cm，堆积密度 $\rho_B=0.48 \text{g} \cdot \text{cm}^{-3}$ 和床层间隙率 $\varepsilon=0.41$。求取相平衡常数和两相间的传质系数。

解 气体中苯的浓度很低，其吸附等温线低浓度端可视为直线，而满足式(18-4-53)、式(18-4-54) 解的要求。

根据 Klinkenberg 近似值式(18-4-46)：

$$\frac{c}{c_0} \approx \frac{1}{2}\text{erfc}(\sqrt{N}-\sqrt{NT})$$

$$=\frac{1}{2}\text{erfc}[\sqrt{K_F a_v z/(v\varepsilon)}-\sqrt{K_F a_v c_0 \theta/(\rho_B q_m)}]$$

$$\tag{18-4-60}$$

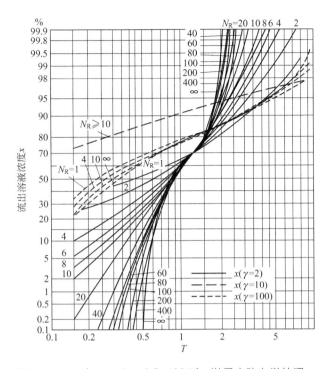

图 18-4-21 在 $\gamma = 2$、10 和 100 时，以反应动力学处理，透入比 T 和反应单元数 N_R 的关系[40]

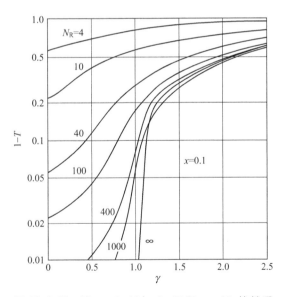

图 18-4-22 当 $x = 0.1$ 时，$1-T$ 和 γ、N_R 的关系

表 18-4-6 例 18-4-2 表

时间/s	540	615	689	763	838	912	987
流出气体浓度/g·m^{-3}	0.041	0.134	0.303	0.518	0.719	0.862	0.943

从误差函数表查得，当 c 从 $0.01c_0$ 变成 $0.99c_0$，所需的时间间隔 Δt 为：

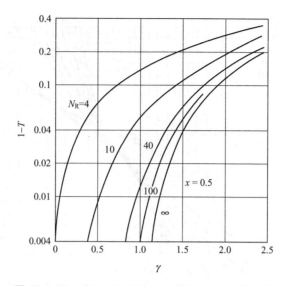

图 18-4-23 当 $x=0.5$ 时，$1-T$ 和 γ、N_R 的关系

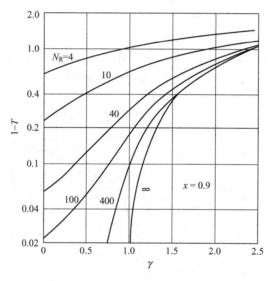

图 18-4-24 当 $x=0.9$ 时，$1-T$ 和 γ、N_R 的关系

$$\Delta t = t_{0.99} - t_{0.01} = 3.2894 \left(\frac{q_m \rho_B}{c_0}\right)\sqrt{\frac{z}{v \varepsilon K_F a_v}} \tag{18-4-61}$$

或
$$(t_{0.99} - t_{0.01})/\theta_{0.5} = 3.2894 N^{-1/2} \tag{18-4-62}$$

通常在任意的 N 和 T 值下，将式(18-4-62)微分得透过曲线的斜率为：

$$\frac{\partial(c/c_0)}{\partial t} = \frac{K_F a_v c_0}{q_m \rho_B} e^{-N(T+1)} \frac{I_1(2N\sqrt{T})}{\sqrt{T}} \tag{18-4-63}$$

当 N 值较大时，用贝塞尔函数渐近级数取近似值：

$$\frac{\partial(c/c_0)}{\partial t} = \frac{1}{2\sqrt{\pi}} \times \frac{K_F a_v c_0 e^{-(\sqrt{N}-\sqrt{NT})^2}}{q_m \rho_B (N^2 T^3)^{1/4}} \tag{18-4-64}$$

从表 18-4-6 中的数据（或从图 18-4-25）得到的 $T_{1/2}$ 值计算 q_0^*/c_0 相平衡值。

第一近似值：设 $N \to \infty$，如图 18-4-25 所示，在 $T=1$ 时，透过曲线交于 $c/c_0=1$，得 $T_{1/2}=756s$，因 $z/v=100/(2.1/0.41)=19.5(s)$，$\theta_{1/2}=756-19.5=736(s)$，则相平衡系数为：

$$1=T_{1/2}=\frac{v\varepsilon c_0 \theta_{1/2}}{\rho_B q_0 z}=\frac{2.1 \times 736}{100} \times \frac{c_0}{\rho_B q_0}$$

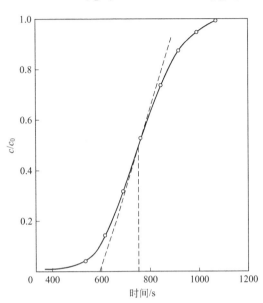

图 18-4-25 苯蒸气在活性炭固定床上的吸附透过曲线

因 $\rho_B q_0/c_0 = 15.47 (\text{mol} \cdot \text{cm}^{-3})$，由式(18-4-61)，在 $\theta_{1/2}$ 处的斜率为：

$$0.00312 = 0.28209 \times \frac{2.1}{100 \times 15.47} \sqrt{N}$$

得 $N=66.3$。

有限 N 值下的第二次近似，从表查得 $N=66.3$ 时，$T=0.9921$，接近 1，而 $\rho_B q_0/c_0=15.59$，新的 N 值由式(18-4-62)取得，重排则：

$$\frac{\partial (c/c_0)}{\partial t}=\frac{v\varepsilon c_0}{q_0 \rho_B z} \times \frac{1}{2}\sqrt{\frac{N}{\pi}}\left[\frac{2\sqrt{\pi} e^{-N(T+1)} I_1(2N\sqrt{T})}{\sqrt{T/N}}\right] \quad (18\text{-}4\text{-}65)$$

当 N 值为无穷大，式(18-4-65)括号内的数值趋于 1。取 $N=66.3$ 及 $T=0.9921$，可得估定的 N 值校正值，对 I_1 函数取多项式近似，故校正因子为：

$$\frac{e^{-N(1-\sqrt{T})^2}}{T^{3/4}}\left(1-\frac{0.1874}{N\sqrt{T}}-\frac{0.0170}{N^2 T}\right)$$

对 N 及 T 猜算，在 $T=1.0021$ 时，$N=67.1$，此值和原有值接近，故：

$$q_0/c_0 = 15.59/0.48 = 32.5 \left(\frac{\text{mol} \cdot \text{g}^{-1}}{\text{mol} \cdot \text{cm}^{-3}}\right)$$

$$K_F a_v = N\left(\frac{v\varepsilon}{z}\right)=67.1 \times \left(\frac{2.1}{100}\right)=1.41(s^{-1})$$

则传质单元高度 $HTU=100/67.1=1.49(\text{cm})$。

【例 18-4-3】 活性炭吸附柱在 0℃恒温下吸附气流中的 CO_2，其吸附和解吸透过曲线见

图 18-4-26，柱进料的气体流量 $F=1.85\text{mL}\cdot\text{s}^{-1}$，气体中 CO_2 的分压 $p_0=100\text{mmHg}$，用氦气作载气，分压为 660mmHg。吸附柱高 72cm，截面积 0.39cm^2，床层间隙容积 $V_c\varepsilon=11.2\text{mL}$，则有效停留时间 $V_c\varepsilon/F=6.1\text{s}$，设吸附等温线为 Langmuir 型，用反应动力学方法处理透过曲线，问各透过曲线的 γ 和 N_R 值多少？

解 透过曲线半高处的斜率。对吸附，在 $x=0.5$ 处为：

$$\mathrm{d}x/\mathrm{d}t=0.00745\text{s}^{-1}, \quad t=734\text{s}, \quad \theta=720\text{s}$$

对解吸（加上标+）在 $x^+=(1-x)=0.5$

$$\mathrm{d}x^+/\mathrm{d}t=0.00127\text{s}^{-1}, \quad t=655\text{s}, \quad \theta=649\text{s}$$

设 $x=0.5$ 时，$T=1$，则 $\rho_B q_0 V_c/F=\theta/T=728\text{s}$，因而 $\mathrm{d}x/\mathrm{d}T=728\times0.00745=5.4$，$\mathrm{d}x^+/\mathrm{d}T=728\times0.00127=0.92$。从曲线斜率得知 $\gamma<\gamma^+$，故 $\gamma<1$ 及 $\gamma^+>1$。查图 18-4-26，在解吸阶段，当 $x^+=0.5$，$T=646/725=0.892$ 及 $1-T=0.108$，在 γ^+ 时，N_R^+ 为 5，即使 N_R^+ 值很大，γ^+ 值却低于 1.95。从图 18-4-24 的各曲线上可得相应的值（相应的 N_R 和 γ）。如取 γ^+ 为 1.5～2，从图 18-4-26 可得 $\mathrm{d}x^+/\mathrm{d}T$ 值。从式：

$$\left(\frac{\partial x_{0.5}}{\partial T}\right)_{N_R}=\frac{(\gamma+1)^3}{16\gamma(\gamma-1)}$$

求得 $\gamma^+=1.87$ 的变形前的透过曲线，相当于 γ^+ 为 1.5～2，而 γ 则为 0.67～0.50。从图 18-4-26 实验曲线的半高斜率 $\mathrm{d}x/\mathrm{d}T$ 得第二套允许的 γ 和 N_R 值。当用此两套数据作曲线，其相交点为 $\gamma=0.58$，$N_R=50$ 及 $\gamma^+=1.72$，$N_R=29$。所得结果再进行一次核算，在定形前沿透过曲线区，得：

$$\frac{\mathrm{d}x_{0.5}}{\mathrm{d}T}=\frac{(1-\gamma)N_R}{4}=\frac{0.42\times50}{4}=5.25$$

所得值和实测值（5.4）很接近，另一所得值 $N_R^+=30$，和实验值（29）亦相近。

(3) 双曲线扩散方程的图解法 恒温下固定床痕量浓度吸附分离的物料衡算偏微分方程，经无量纲变换，设其相平衡关系遵守 Henry 定律，并以线性推动力表示其传质速率，得无量纲的双曲线方程。

$$\frac{\partial\phi}{\partial\xi}+\frac{\partial\psi}{\partial\tau}=0 \qquad (18\text{-}4\text{-}66)$$

$$\frac{\partial\psi}{\partial\tau}=\phi-\psi \qquad (18\text{-}4\text{-}67)$$

在给定的边界条件和初始条件下，E. Ledoux 对固定床的冷却提出一种图解法，设进入床层的进料浓度维持一定，微分：

$$\frac{\partial\phi}{\partial\xi}=\psi-\phi \qquad (18\text{-}4\text{-}68)$$

则

$$\frac{\partial^2\phi}{\partial\xi\partial\tau}=\frac{\partial\psi}{\partial\tau}-\frac{\partial\phi}{\partial\tau} \qquad (18\text{-}4\text{-}69)$$

由式(18-4-66)，得：

$$\frac{\partial^2\phi}{\partial\xi\partial\tau}=-\frac{\partial\phi}{\partial\xi}-\frac{\partial\phi}{\partial\tau} \qquad (18\text{-}4\text{-}70)$$

即

$$\frac{\partial}{\partial\xi}\left(\frac{\partial\phi}{\partial\tau}\right)+\frac{\partial\phi}{\partial\tau}=-\frac{\partial\phi}{\partial\xi} \qquad (18\text{-}4\text{-}71)$$

改用差分的形式表示，则：

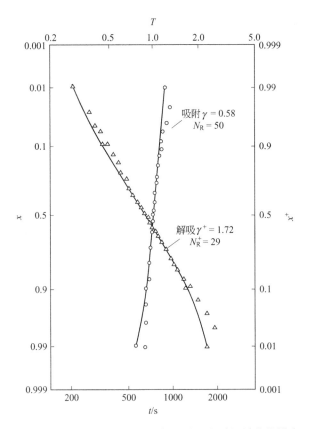

图 18-4-26 活性炭吸附 CO_2 的理论和实验透过曲线拟合

$$\frac{(\Delta\phi)_2-(\Delta\phi)_1}{\Delta\xi\Delta\tau}-\frac{(\Delta\phi)_1}{\Delta\tau}=-\frac{\Delta\phi}{\Delta\xi} \quad (18\text{-}4\text{-}72)$$

$$\frac{(\Delta\phi)_2-(\Delta\phi)_1}{nn'}+\frac{(\Delta\phi)_1}{n'}=-\frac{\Delta\phi}{n} \quad (18\text{-}4\text{-}73)$$

图 18-4-27 中 $\overline{DB}+\overline{BC}=\overline{DC}$ 或 $(\Delta\phi)_2+(-\Delta\phi)=a$,故:

$$-\Delta\phi=\frac{a+(n-1)(\Delta\phi)_1}{n'+1} \quad (18\text{-}4\text{-}74)$$

由图 18-4-27 可见,设边界条件和初始条件表示的曲线 τ 和初始点已定,则曲线 $\tau+\Delta\tau$ 可从作图求得。从已知的 A 点得出 B 点,以满足式(18-4-72),再继续从 B 点求出下一点。从图 18-4-27 可见,微分浓度增量 $(\Delta\phi)_2$,$(\Delta\phi)_1$ 和距离 a 为已知,如选 $\Delta\xi$ 的区间 n,$\Delta\tau$ 的区间 n',则式(18-4-72)改成因 n、n' 和 $(\Delta\phi)_1$ 为已知,则可求得 $(\Delta\phi)$ 值和 B 点,如此重复作图,则图 18-4-28 为 n 及 n' 为 5 时所得的浓度变化曲线。

(4) 数值积分解法 对不考虑轴向弥散($D_L=0$)的物料衡算方程,可用有限差分法求解。在数值积分计算中,应适当地选取步长大小。所取步长较大,可以缩短计算时间,但精确度下降。步长的选取应同时考虑计算结果的收敛速度、精度和计算用时。计算框图见图 18-4-29、图 18-4-30。

无量纲化的固定床吸附(解吸)的物料衡算方程为:

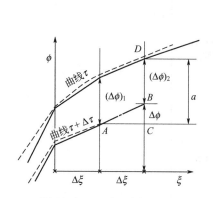

图 18-4-27 有限增量曲线

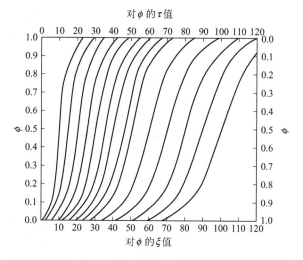

图 18-4-28 在 $n = n' = 5$ 时,作图法所得的浓度曲线

$$U\frac{\partial x_1}{\partial z}+\varepsilon\frac{\partial x_1}{\partial t}+\rho_B\frac{\partial Q_1}{\partial t}=0 \qquad (18\text{-}4\text{-}75)$$

(0,n)	(1,n)	(2,n)	(j−1,n)	(j,n)
(0,n−1)	(1,n−1)	(2,n−2)	(j−1,n−1)	(j,n−1)
(0,2)	(1,2)	(2,2)	(j−1,2)	(j,2)
(0,1)	(1,1)	(2,1)	(j−1,1)	(j,1)
(0,0)	(1,0)	(2,0)	(j−1,0)	(j,0)

图 18-4-29 x、y 的数值积分计算网框图

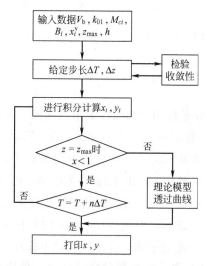

图 18-4-30 线性速率模型计算框图

传质速率方程为:

$$\frac{\partial Q_1}{\partial t} = K_1(x_1 - x_1^0) \tag{18-4-76}$$

吸附等温方程为：
$$Q_1 = M_1 x_1 + B_1 \tag{18-4-77}$$

取初始条件和边界条件：

吸附阶段：

对 $t > 0$, $z = 0$, $x_1 = 1$；

对 $t = 0$, $z \geqslant 0$, $x_1 = 1$；

对 $z \geqslant 0$, $t - \dfrac{z}{U}\varepsilon < 0$, $Q_1 = 0$。

解吸阶段：

对 $t > 0$, $z = 0$, $x_1 = 0$；

对 $t = 0$, $z \geqslant 0$, $x_1 = 1$；

对 $z \geqslant 0$, $t - \dfrac{z}{U}\varepsilon < 0$, $Q_1 = 1$。

将下列有限差分代入式(18-4-75)～式(18-4-77)：

$$\frac{\partial x_1}{\partial z} = \frac{x_1(z+n,t) - x_1(z,t)}{n}$$

$$\frac{\partial x_1}{\partial t} = \frac{x_1(z,t) - x_1(z,t-m)}{m}$$

$$\frac{\partial Q_1}{\partial t} = \frac{Q_1(z,t) - Q_1(z,t-m)}{m}$$

经整理用左偏心显式差分，在计算机上计算，得到一定床层高度流出液的溶质浓度随时间变化的透过曲线。计算中选用的步长可考虑取 $\Delta t = 0.06 \text{min}$，$\Delta z = 0.05 \text{cm}$。

(5) 矩量分析解法 表征透过曲线或流出曲线（脉冲应答色谱峰）的连续性微分方程，用拉氏变换得解时，常遇到反演的困难，采用应答峰的矩和拉氏变换式相联系的办法，可避免复杂式反演的困难。取一阶矩：

$$\mu_1 = \bar{t} = \frac{\int_0^\infty ct\,\mathrm{d}t}{\int_0^\infty c\,\mathrm{d}t} = -\lim_{S \to 0} \frac{\partial \bar{c}}{\partial S} \times \frac{1}{c_0} \tag{18-4-78}$$

二阶矩：

$$\sigma^2 = \frac{\int_0^\infty c(t-\mu)^2\,\mathrm{d}t}{\int_0^\infty c\,\mathrm{d}t} = \lim \frac{\partial^2 \bar{c}}{\partial S^2}\left(\frac{1}{c_0}\right) - \mu^2 \tag{18-4-79}$$

对于色谱分离，以大孔-微孔扩散和外膜阻力为推动力的传质速率方程，对 $D_L \neq 0$ 的连续性方程式求解，得脉冲输入的一阶矩和二阶矩为：

$$\mu_1 = \frac{L}{v}\left[1 + \left(\frac{1-\varepsilon}{\varepsilon}\right)\varepsilon_p + \left(\frac{1-\varepsilon}{\varepsilon}\right)(1-\varepsilon_p)K_c\right]$$

$$= \frac{L}{v}\left[1 + \left(\frac{1-\varepsilon}{\varepsilon}\right)K\right] \tag{18-4-80}$$

$$K = \varepsilon_p + (1-\varepsilon_p)K_c$$

故：

$$\sigma^2 = \left(\frac{2L}{v}\right)\left(\frac{D_L}{v^2}\right)\left[1+\left(\frac{1-\varepsilon}{\varepsilon}\right)\varepsilon_p + \left(\frac{1-\varepsilon}{\varepsilon}\right)(1-\varepsilon_p)K_c\right]^2$$

$$+ \frac{2}{3}\left(\frac{L}{v}\right)\left(\frac{R_p}{k_f}\right)\left(\frac{1-\varepsilon}{\varepsilon}\right)[\varepsilon_p + (1-\varepsilon_p)K_c]^2$$

$$+ \frac{2}{15}\left(\frac{L}{v}\right)\left(\frac{R_p^2}{\varepsilon_p D_p}\right)\left(\frac{1-\varepsilon}{\varepsilon}\right)[\varepsilon_p + (1-\varepsilon_p)K_c]^2$$

$$+ \frac{2}{15}\left(\frac{L}{v}\right)\left(\frac{r_c^2}{D_c}\right)\left(\frac{1-\varepsilon}{\varepsilon}\right)(1-\varepsilon_p)K_c \qquad (18\text{-}4\text{-}81)$$

当 $K \gg \varepsilon_p$，则：

$$\frac{\sigma^2}{2\mu_1^2} = \frac{D_L}{vL} + \frac{v}{L}\left(\frac{\varepsilon}{1-\varepsilon}\right)\frac{1}{kK}\left[1+\frac{\varepsilon}{(1-\varepsilon)K}\right]^{-2} \qquad (18\text{-}4\text{-}82)$$

取：

$$\frac{1}{kK} = \frac{R_p}{3k_f} + \frac{R_p^2}{15\varepsilon_p D_p} + \frac{r_c^2}{15KD_0}$$

而理论板数 $N = \dfrac{L}{l} = \dfrac{vL}{2D_L}$，则：

$$\frac{\sigma^2}{2\mu_1^2} = \frac{1}{2N} + \frac{v}{Nl}\left(\frac{\varepsilon}{1-\varepsilon}\right)\frac{1}{kK}\left[1+\frac{\varepsilon}{(1-\varepsilon)K}\right]^{-2} \qquad (18\text{-}4\text{-}83)$$

或理论板当量高度：

$$\text{HETP} = \frac{\sigma^2}{\mu_1^2}L = 2\frac{D_L}{v} + 2v\left(\frac{\varepsilon}{1-\varepsilon}\right)\frac{1}{kK}\left[1+\frac{\varepsilon}{(1-\varepsilon)K}\right]^{-2} \qquad (18\text{-}4\text{-}84)$$

得到了和 Van Deemter 方程相类似的方程式。

(6) 混合池模型 多级串联回流模型在反应器中得到了广泛的应用。Deckwer 在一般两相流轴向弥散模型的基础上，同时考虑了气速和压力随床高变化的关系。它的计算公式比较简单。如设气速和压力均为定值，反应为一级或零级反应，数学模型可改用常系数线性方程组表示。Kenji Ikeda 仿照反应器多级回流模型的概念，提出用多级串联混合池模型求解非等温体系固定床吸附分离过程。设传质速率方程为线性近似，吸附等温平衡方程为非线性，取床层间距 Δz 为吸附剂球形颗粒的直径 d_p，因而级（混合池）数 N 很大，增加了计算的工作量。D. D. Do 对不可逆矩形吸附等温线组分的体系，提出在恒温固定床吸附下可用图解作阶梯的方法求取浓度波在各池内的分布。H. C. Cheng 和 F. B. Hill 将混合池模型用于线性等温线的双元组分混合气体的变压吸附分离过程，在局部平衡的假设下提出变压吸附的各个阶段的表达式。

混合池模型是床层分成 N 个等体积的池，以串联的方式连接，每个池内的流体完全呈全混状态，两相的浓度、吸附量和流速都是均一的，仅为时间的函数（图 18-4-31），吸附过程在恒温下进行。对单位截面积柱的物料衡算：

$$\varepsilon v c_0 = \varepsilon v c + V_f\frac{dc}{dt} + V_s\frac{d\bar{q}}{dt} \qquad (18\text{-}4\text{-}85)$$

取传质速率方程：

$$(1-\varepsilon)l\frac{d\bar{q}}{dt} = K(q^* - \bar{q}) \qquad (18\text{-}4\text{-}86)$$

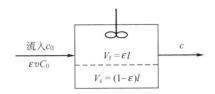

图 18-4-31 色谱柱的平衡级段模型

吸附等温平衡方程为线性，$K = q^*/c$，用拉氏变换解上述方程组，得 N 级混合池内流体相的浓度分布为：

$$\frac{\bar{c}}{c_0} = \left\{ 1 + \frac{Sl}{v}\left[1 + \frac{K(1-\varepsilon)/\varepsilon}{1+(S/K)} \right] \right\}^{-N} \quad (18\text{-}4\text{-}87)$$

如 V_f 和 V_s 加以调整，改用 L/N 表示，以第 i 池作物料衡算：

$$vc_{i-1} - vc_i = \frac{L}{N} \times \frac{\partial c_i}{\partial t} + \frac{L}{N} \times \frac{1-\varepsilon}{\varepsilon} \times \frac{\partial q_i}{\partial t} \quad (18\text{-}4\text{-}88)$$

或

$$\frac{v(c_{i-1} - c_i)}{\Delta z} = \frac{\partial c_i}{\partial t} + \frac{1-\varepsilon}{\varepsilon} \times \frac{\partial q_i}{\partial t} \quad (18\text{-}4\text{-}89)$$

将 $i-1$ 池中溶液的浓度，按泰勒公式展开：

$$c_{i-1} = c_i - \frac{dc_i}{dz}\Delta z + \frac{1}{2} \times \frac{d^2 c_i}{dz^2}\Delta z^2 \cdots$$

代入式(18-4-89)，仅取两项，略去三阶导数项，得：

$$-\frac{1}{2}v\Delta z \frac{d^2 c}{dz^2} + v\frac{dc}{dz} + \frac{\partial c}{\partial t} + \frac{1-\varepsilon}{\varepsilon} \times \frac{\partial q}{\partial t} = 0 \quad (18\text{-}4\text{-}90)$$

而连续性方程为：

$$-D_L \frac{\partial^2 c}{\partial z^2} + v\frac{\partial c}{\partial z} + \frac{\partial c}{\partial t} + \frac{1-\varepsilon}{\varepsilon} \times \frac{\partial q}{\partial t} = 0$$

两式相比较，因 $\Delta z = L/N$，故轴向弥散系数 D_L 的表示式：

$$D_L = \frac{1}{2} \times \frac{vL}{N} \quad (18\text{-}4\text{-}91)$$

或恒温下吸附床层的混合池数 N：

$$N = \frac{1}{2} \times \frac{vL}{D_L} \quad (18\text{-}4\text{-}92)$$

或固定床床层高度 L 为：

$$L = \frac{2ND_L}{v} \quad (18\text{-}4\text{-}93)$$

由此可见，对混合池模型，数学上看好像少了二阶导数项，成为一阶偏微分方程，容易取得数学解。其实是将 D_L 参数隐含于混合池 N 中。由于泰勒公式展开时略去三阶以上各导数，会造成误差。当轴向弥散系数 D_L 较大时，床层内的浓度波较为平坦，模型的近似程度提高。为了避免求取 D_L 值，宜直接选用适当的 N 值求取，以简化计算方法。

4.3.2　恒温下复杂组分吸附[41~45]

(1) 复杂组分体系中各组分的竞争吸附　工业中常遇到一些复杂组分的气体或液体混合物体系的分离净化。在此体系中，除各组分的吸附亲和力大小不同外，还可产生相互作用和竞争效应，从而产生各组分的干涉。原因可概括为：(a) 组分的吸附动力学性质不同，如吸附速率有快有慢产生差异；(b) 各组分在移动相和固定相之间的平衡浓度分配不同，分配系数有大有小；(c) 各组分在吸附剂表面活性点上活化，生成络合物或互相转移，从而使不同组分互相干涉。这些效应反映在两相间和吸附剂内的传质过程中，对不同组分之间的吸附平衡关系产生影响，强吸附亲和力组分比弱吸附亲和力组分优先进入吸附剂产生排斥置换，使复杂组分系统的透过曲线有隆起的现象（图 18-4-32）。图 18-4-32 中三元体系 [1.14% CO_2，约 3%（体积分数）H_2O 和 $730 \times 10^{-6} L \cdot L^{-1} H_2S$] 在 23℃ 下等温吸附，吸附剂使用干净 5A 分子筛，得三条透过曲线和相应的平台区。如柱内各点溶质在两相间为局部平衡，则 n 组分系统出现 n 个恒定组成的平台区。如一典型的四元组分混合液，恒温下通过多种吸附剂床层吸附，柱预先用组分 B 完全饱和，再通过 A、C 和 D 组分溶液，A 的浓度前沿为零，C 和 D 组分浓度得到补偿而上升，然后溶液进入第二种吸附剂床层，出现第二个平台，随之 B 浓度前沿从零上升，C 组分浓度降至零，再次出现短小的平台区（图 18-4-33）。

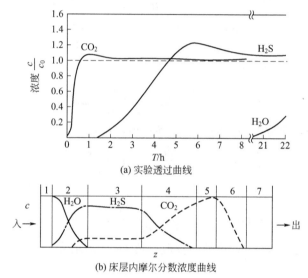

图 18-4-32 实验透过曲线和床层内摩尔分数浓度曲线

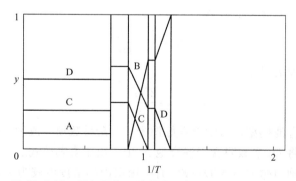

图 18-4-33 局部平衡理论的多元组分体系平台区曲线

多元组分相平衡关系式除用前节的各种方程式表示外，也可以用三角相图表达，并可在图上描述床层中吸附（解吸）过程中各组分浓度的变化。如三元组分系统可用等边三角形（图 18-4-34）表示，每个端点同时代表流体相和固定相的浓度均为 1，而固定相浓度 y 在腰边上不等刻度，如组分的选择性系数 a_{ij} 为定值，恒 y 线成直线。反之，如果 a_{ij} 随组分浓度而变化，等 y 线为曲线。

复杂组分溶液在吸附柱内移动形成透过曲线，不同浓度的组分在溶液流动中互相迁移，浓度波仅是暂时维持各组分的特定浓度。主要的组分浓度固定后，如剩余组分的浓度在溶液流动过程不变化，称非结合（non-coherent）浓度波。反之，在浓度波移动过程中，一个组分的浓度随同所有其他组分浓度的变化而改变，即浓度波内所有组分的浓度和运动速度随浓度波位置的不同而变化时，为结合（coherent）浓度波。结合的组分溶液在床层内流动时，任意时间和位置，所有组分的前沿都以同一速度向前移动，即对 i 和 j 组分，$u_{c_i} = u_{c_j} = u_c$。

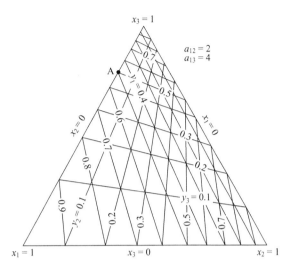

图 18-4-34　三元组分系统的三角相图

因为对所有 i 组分：

$$u_{c_i} = \left(\frac{\partial z}{\partial \tau}\right)_{c_i} = \frac{v_0}{1 + (\partial q_i / \partial c_i)_z} \quad (18\text{-}4\text{-}94)$$

故对所有 i 和 j 组分都应：

$$\left(\frac{\partial q_i}{\partial c_i}\right)_z = \left(\frac{\partial q_j}{\partial c_j}\right)_z \quad (18\text{-}4\text{-}95)$$

各组分的前沿以同一速度移动，就要求各组分的配比值相等。

(2) 复杂组分体系的计算　由于各组分间的竞争吸附和组分的干涉，复杂组分体系的计算是比较烦琐的，难以得到分析解，用高速计算机进行数值的计算，工作量也是很大的。Devault、Glueckauf 和 Helfferich 等科学家在各种条件下，设分离因数为定值、遵守 Langmuir 吸附等温方程、吸附速率方程为线性推动力，以至于当作成理想体系等进行了计算求解。如 Helfferich 根据前沿结合性的概念提出 H-函数（超平面函数）的数学方法，利用 H-函数平衡组成图可以容易地改成正交图，使复杂组分的计算简化。其步骤是新虚拟变量 h_1、$\cdots$、h_{n-1} 的 H 函数方程，对 $x [H(h,x,a_{1i})=0]$ 和对 $y [H(1/h,y,a_{i1})=0]$：(a) 使表示复杂组分系统相平衡的 Langmuir 方程，经过理想配比处理，引入两相总浓度比值的转换因子；(b) 原函数经 h 变换后，取得 H 函数的解；(c) 绘出 h 曲线；(d) 将 h 曲线改换成浓度曲线。Rhee 等则采用 Ω 转换。在各种方法中，首推 Cooney 的定形前沿浓度波法，该法设各吸附组分的等温曲线是优惠型的，从而简化了计算方法。

定形前沿浓度波法：设恒温吸附床层有足够长度，各组分的吸附等温线为优惠型曲线，Cooney 将定形前沿的 $c_i(z,t)$ 和 $q_i(z,t)$ 的关系变换成不依赖时间、只为单一距离变量 z 的函数。

先取单一组分的吸附连续性方程：

$$D_L \left(\frac{\partial^2 c}{\partial z^2}\right) = v \left(\frac{\partial c}{\partial z}\right) + \left(\frac{\partial c}{\partial t}\right) + \frac{1-\varepsilon}{\varepsilon} \left(\frac{\partial q}{\partial t}\right)$$

前沿的移动速度可表示成：

$$\frac{\mathrm{d}z}{\mathrm{d}t} = \frac{\varepsilon v}{\varepsilon + (1-\varepsilon)\Delta q/\Delta c} \qquad (18\text{-}4\text{-}96)$$

前沿上各点的速度均相等,成为定形前沿,将式(18-4-96)积分:

$$z = z^* - \frac{\varepsilon vt}{\varepsilon + (1-\varepsilon)\Delta q/\Delta c} \qquad (18\text{-}4\text{-}97)$$

在定形前沿的假设条件下,对固定的 z^*,浓度随时间的变化可忽略不计,从而使连续性方程简化,进行变量置换,得:

$$D_\mathrm{L}\left(\frac{\partial^2 c}{\partial z^{*2}}\right) = v\left(\frac{\partial c}{\partial z^*}\right) + \frac{\partial c}{\partial z^*}\left[\frac{-\varepsilon v}{\varepsilon + (1-\varepsilon)\Delta q/\Delta c}\right]$$
$$+ \frac{1-\varepsilon}{\varepsilon}\left(\frac{\partial q}{\partial z^*}\right)\left[\frac{-\varepsilon v}{\varepsilon + (1-\varepsilon)\Delta q/\Delta c}\right] \qquad (18\text{-}4\text{-}98)$$

改用无量纲的浓度 $x = (c-c_\mathrm{m})/|\Delta c|$ 和 $x = (q-q_\mathrm{m})/|\Delta q|$ 表示,其中下标 m 表示在 $-\infty \sim \infty$ 的最小值,则连续性方程改为:

$$D_\mathrm{L}\left(\frac{\mathrm{d}^2 x}{\mathrm{d}z^{*2}}\right) = \left[\frac{v(1-\varepsilon)(\Delta q/\Delta c)}{\varepsilon + (1-\varepsilon)(\Delta q/\Delta c)}\right]\frac{\mathrm{d}(x-y)}{\mathrm{d}z^*} \qquad (18\text{-}4\text{-}99)$$

因 x 和 y 随 c 和 q 的增大线性增大,$|z^*|$ 值较大时,$x \rightarrow y$,则 $\mathrm{d}x/\mathrm{d}z^* \rightarrow 0$,式(18-4-99)积分,得:

$$\frac{\mathrm{d}x}{\mathrm{d}z^*} = \beta(x-y) \qquad (18\text{-}4\text{-}100)$$

$$\beta = \frac{v(1-\varepsilon)(\Delta q/\Delta c)}{[\varepsilon + (1-\varepsilon)(\Delta q/\Delta c)]D_\mathrm{L}}$$

设本体系的传质速率方程可用通式表示:

$$\left(\frac{\partial y}{\partial t}\right)_z = G(x,y) \qquad (18\text{-}4\text{-}100\mathrm{a})$$

在定形前沿的条件下,从式(18-4-96),得:

$$\frac{\mathrm{d}y}{\mathrm{d}z^*} = \phi G(x,y) \qquad (18\text{-}4\text{-}100\mathrm{b})$$

$$\phi = -\left[\frac{\varepsilon + (1-\varepsilon)(\Delta q/\Delta c)}{\varepsilon v}\right]$$

在某些特定情况下,经简化假定,可直接求出 $x(z^*)$ 和 $y(z^*)$ 的关系值。

复杂组分系统定形前沿浓度波法:对于复杂组分体系,式(18-4-97)可写成:

$$z = z^* - \frac{\varepsilon vt}{\varepsilon + (1-\varepsilon)\Delta q_i/\Delta c_i} \qquad i=1,2,\cdots,n \qquad (18\text{-}4\text{-}101)$$

式中,$\Delta q_i = q_i(-\infty) - q_i(\infty)$ 及 $\Delta c_i = c_i(-\infty) - c_i(\infty)$,各组分的浓度波均为定形前沿(图 18-4-35),故 $\Delta q_i/\Delta c_i$ 应为常数,有:

$$\frac{\Delta q_1}{\Delta c_1} = \frac{\Delta q_2}{\Delta c_2} = \frac{\Delta q_3}{\Delta c_3} = \cdots = \frac{\Delta q_n}{\Delta c_n} \qquad (18\text{-}4\text{-}102)$$

写成微分的形式,取下标 R 表示最初或进料状态,柱内任一点为:

$$\left(\frac{\mathrm{d}q_1}{\mathrm{d}c_1}\right)_\mathrm{R} = \left(\frac{\mathrm{d}q_2}{\mathrm{d}c_2}\right)_\mathrm{R} = \cdots = \left(\frac{\mathrm{d}q_n}{\mathrm{d}c_n}\right)_\mathrm{R} \qquad (18\text{-}4\text{-}103)$$

如以双组分体系为例,其吸附相平衡为:

$$q_1 = f_1(c_1, c_2)$$

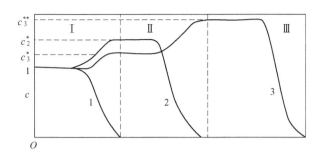

图 18-4-35 复杂组分体系定形前沿的固定床吸附传质波曲线

$$q_2 = f_2(c_1, c_2)$$

$$dq_1 = \frac{\partial q_1}{\partial c_1}dc_1 + \frac{\partial q_1}{\partial c_2}dc_2$$

则

$$dq_2 = \frac{\partial q_2}{\partial c_1}dc_1 + \frac{\partial q_2}{\partial c_2}dc_2$$

对任意选定的最初和进料状态下，将 $(dq_1/dc_1)_R$ 和 $(dq_2/dc_2)_R$ 代入式（18-4-102）中，整理得 dc_2/dc_1 的方程：

$$\left(\frac{dc_2}{dc_1}\right)^2 + \left(\frac{\partial q_1/\partial c_1 - \partial q_2/\partial c_2}{\partial q_1/\partial c_2}\right)\frac{dc_2}{dc_1} - \frac{\partial q_2/\partial c_1}{\partial q_1/\partial c_2} = 0$$

将此二项式，对 dc_2/dc_1 求解：

$$\frac{dc_2}{dc_1} = \frac{1}{2}[B \pm (B^2 + 4A)^{1/2}] \qquad (18\text{-}4\text{-}104)$$

$$B = \frac{\partial q_2/\partial c_2 - \partial q_1/\partial c_1}{\partial q_1/\partial c_2} \text{ 和 } A = \left(\frac{\partial q_2}{\partial c_1}\right) \bigg/ \left(\frac{\partial q_1}{\partial c_2}\right)$$

式（18-4-104）是一阶常微分方程，一般柱进口进料（或出口）组成 c_1 和 c_2 已知的情况下，可积分求得 c_1 和 c_2 间的函数关系，但此解有两个根，需根据其物理意义取舍。

【**例 18-4-4**】含食盐 10%（质量分数）和甘油 50%（质量分数）的水溶液流过新鲜的钠型磺酸树脂床层，再用纯水洗脱，将食盐洗出。溶液的进料量为床层体积的 40%，床层间隙率 $\varepsilon = 0.38$，树脂相的平均密度 $\rho_s = 1.385\text{g} \cdot \text{cm}^{-3}$，流动相的平均密度 $\rho = 1.17\text{g} \cdot \text{cm}^{-3}$，设其平衡关系为：

$$Y_s = 0.484(0.0286 X_s + 1.408 X_s^2 + 1.102 X_g X_s^2)$$

$$Y_g = 0.484(0.568 X_g + 0.4472 X_g^2 + 2.30 X_g X_s - 1.13 X_g^2 X_s)$$

式中，Y，X 为溶质在树脂相和移动相中的质量分数；下标 s，g 为代表食盐和甘油。试求床层中的溶质浓度分布。

解 求得溶液中食盐和甘油浓度的关系：

$$\left(\frac{dY_s}{dX_s}\right)_R = 0.484\left[0.0286 + 2.816 X_s + 2.204 X_g X_s + 1.102 X_s^2 \left(\frac{dX_g}{dX_s}\right)_R\right] \qquad (18\text{-}4\text{-}105)$$

$$\left(\frac{dY_g}{dX_g}\right)_R = 0.484\left[0.5687 + 0.894 X_g + 2.30 X_s + 2.30 X_g \left(\frac{dX_s}{dX_g}\right)_R - \right.$$

$$\left. 2.26 X_g X_s - 1.13 X_g^2 \left(\frac{dX_s}{dX_g}\right)_R\right] \qquad (18\text{-}4\text{-}105\text{a})$$

按照式(18-4-103), 式(18-4-105)、式(18-4-105a) 相等, 则:

$$0.5401 - 0.516X_s + 0.894X_g - 4.468X_g X_s$$
$$+ \left(\frac{dX_s}{dX_g}\right)_R (2.30X_g - 1.13X_g^2) - 1.102X_s^2 \left(\frac{dX_g}{dX_s}\right)_R = 0$$

将进料溶液的原始浓度 $X_s = 0.1$, $X_g = 0.5$ 代入上式, 得:

$$0.712 + 0.87\left(\frac{dX_s}{dX_g}\right) - 0.01102\left(\frac{dX_g}{dX_s}\right) = 0$$

因 $\dfrac{dX_s}{dX_g} = \dfrac{1}{dX_g/dX_s}$, 则得标准的二项式,

$$\left(\frac{dX_s}{dX_g}\right)^2 + 0.818\left(\frac{dX_s}{dX_g}\right) - 0.0127 = 0$$

解得:

$$\frac{dX_s}{dX_g} = \frac{1}{2} \times [-0.818 \pm (0.668 + 0.51)^{1/2}]$$
$$= -0.83 \text{ 及 } 0.015$$

前一根 -0.83 舍去, 取后一根 $dX_s/dX_g = 0.015$。因甘油吸附, 它在溶液中的浓度不断减少至零, 先设 $(X_g)_2 = 0.4$, 并设在此浓度范围 $dX_s/dX_g = 0.015$ 维持不变, 原进料浓度 $(X_s)_1 = 0.1$ 及 $(X_g)_1 = 0.5$, 则:

$$\frac{dX_s}{dX_g} = \frac{(X_s)_2 - (X_s)_1}{(X_g)_2 - (X_g)_1} = \frac{(X_s)_2 - 0.1}{0.4 - 0.5} = 0.015 \tag{18-4-106}$$

则

$$(X_s)_2 = 0.1 - (0.5 - 0.4)\left(\frac{dX_s}{dX_g}\right)\bigg|_{X_g = 0.5} = 0.099$$

将新的 $(X_g)_2 = 0.4$ 和 $(X_s)_2 = 0.099$ 代入, 得另一不同系数的二项式, 求得新根 $dX_s/dX_g = 0.016$; 再设 $(X_g)_3 = 0.3$, 同样用差分得 $(X_s)_3 = 0.097$, 如此重复计算, 直至 $(X_g)_n = 0$ 和 $X_s = 0.092$, 得表 18-4-7。

表 18-4-7 吸附阶段 X_g 和 X_s 的关系

X_g	X_s	dX_s/dX_g
0.5	0.1	0.015
0.4	0.099	0.016
0.3	0.097	0.016
0.2	0.095	0.017
0.1	0.094	0.018
0	0.092	0.019

固定柱的浓度曲线:

对式(18-4-101), 设 $z = 0$, 床层高度 L, 则床层高度分数 $z_L^* = z^*/L$ 和送入柱溶液占空柱的容积分数 $V^* = \varepsilon vt/L$。如 $V^* = 0.4$, $\varepsilon = 0.38$。

$$z_L^* = \frac{V^*}{\varepsilon + (1-\varepsilon)f'(c)}$$

即

$$z_L^* = \frac{0.4}{0.38 + (1-0.38)\left(\dfrac{1.385}{1.75}\right)\left(\dfrac{dY_i}{dX_i}\right)_R} \tag{18-4-107}$$

其中，$(dY_i/dX_i)_R$ 可由式(18-4-105)、式(18-4-105a)，将表 18-4-7 中某一组数据代入求出。下标 i 指食盐或甘油，只用 $(dY_s/dX_s)_R$ 或 $(dY_g/dX_g)_R$ 中任一值代入式(18-4-107) 可求得 z_L^* 值。此 z_L^* 值和溶液浓度质量分数的关系见图 18-4-36。需要注意的是，式(18-4-107) 不满足 $0 < z_L^* < 0.507$ 和 $0.6086 < z_L^* < 0.83$，因在此范围，浓度曲线为平台区（进料量为床层体积 40% 的实线）。用水洗脱阶段的计算方法原则上相同，但在用式(18-4-105) 计算 dX_s/dX_g 时应取二项式的另一根作洗脱用，其次食盐和甘油的前沿都是陡峻的。床层预先用食盐-甘油溶液饱和吸附，再用床层体积 20% 的水洗脱，得图 18-4-36 中的虚线。

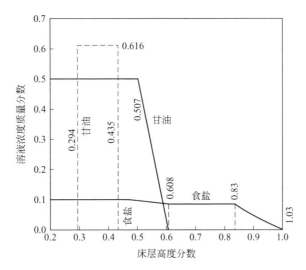

图 18-4-36 食盐和甘油组分溶液的溶液浓度
质量分数和床层高度分数的关系

如对三元组分体系，由图 18-4-35 可见，在复杂组成为定形前沿时，几个平衡浓度 c_2^*、c_3^* 和 c_3^{**} 是确定的。将其算出后，由单组分的定形前沿确定各传质波的形态，则整个 $c_i(z,t)$ 的浓度曲线便可以确定。在图 18-4-35 中分为三个区，第 1、2 和 3 组分分别下降至零，在第 I 区，有：

$$\left(\frac{\Delta q_1}{\Delta c_1}\right)_I = \left(\frac{\Delta q_2}{\Delta c_2}\right)_I = \left(\frac{\Delta q_3}{\Delta c_3}\right)_I$$

此时，$\Delta q_i = q_i(-\infty) - q_i(\infty)$（表示某一组分传质波两端到达平衡时固相和液相的浓度差）。对第 1 组分进料相对浓度 q_1^0 和 c_1^0 都为 1，末端浓度为零，即 $\Delta q_1/\Delta c_1 = q_1^0/c_1^0 = 1$，依照式(18-4-102)：

$$\frac{\Delta q_1}{\Delta c_1} = \frac{\Delta q_2}{\Delta c_2} = \frac{q_2'-1}{c_2'-1} = 1$$

及

$$\frac{\Delta q_1}{\Delta c_1} = \frac{\Delta q_3}{\Delta c_3} = \frac{q_3'-1}{c_3'-1} = 1$$

另有相平衡关系：$q_2' = f(c_1', c_2', c_3')$ 及 $q_3' = f(c_1', c_2', c_3')$。此四个方程式，求解四个未

定参数 q_2'、q_3'、c_2' 和 c_3'，得图 18-4-35 中的 $c_2' = c_2^*$ 和 $c_3' = c_3^*$，再用单组分体系的方法算出浓度曲线 $c_i(z,t)$ 的关系。在第Ⅱ区，同理：

$$\left(\frac{\Delta q_2}{\Delta c_2}\right)_{\mathrm{II}} = \left(\frac{\Delta q_3}{\Delta c_3}\right)_{\mathrm{II}}$$

由于：

$$q_2(+\infty) = 0, \frac{-q_2'}{-c_2'} = \frac{q_3'' - q_3'}{c_3'' - c_3'}$$

相平衡关系：

$$q_3'' = f(c_1'', c_2'', c_3'')$$

其次，$c_1'' = q_1'' = c_2'' = q_2'' = 0$，由上述二式可求得未知数 c_3'' 和 q_3''（即 c_3^{**}），再用单组分体系的方法，用式(18-4-100a) 或式(18-4-100b) 算出第Ⅱ区浓度曲线的关系。第Ⅲ区浓度曲线用同样方法可以求出，从而得到各组分在整个床层的浓度分布曲线。

4.3.3 绝热吸附分离[46～48]

低浓度的气体混合物在吸附时，部分吸附溶质常为较易吸附的溶质所吸附取代，吸附的净热量是一组分的吸附热与另一组分的解吸热之差。这类吸附的净热量很小，可看成等温吸附操作。对于液相吸附，由于吸附热小而液相的热容较大，整个体系的温度变化小，故液相吸附比气相吸附更接近于等温操作。大型工业装置进行浓度较高进料的主体吸附时，因组分的吸附热高，吸附剂又是良好的绝热材料，大直径床层通过柱壁损失的热量只是所产生热量的很小一部分，在这种情况下，大型装置的吸附过程是接近绝热的不等温操作。

变温吸附分离指在常温下吸附，提高温度或用热空气吹扫使吸附剂解吸再生，吸附塔壁的热损失不计，床层温度变化大，作为绝热吸附操作处理。

(1) 拟等温吸附 吸附剂的温度变化大，温度迅速提高，直至其热量传递到周围环境中的速度等于此热量的生成速度时，床层温度稳定不再变化，这样可以看成拟等温吸附过程。

Bowen 和 Donald 研究了活性氧化铝吸附脱湿的拟等温操作，在吸附脱湿前后称量了一段床层，绘出床层的浓度波。活性氧化铝吸附水分的吸附等温线相当于 Brunauer 典型吸附等温线中的第Ⅳ类型。脱湿传质区相当于第Ⅳ类型等温线中的第三个区域，浓度波前面的区相当于生成单分子层吸附等温线的一段，第二区为多层分子吸附的等温线非优惠段，第三区

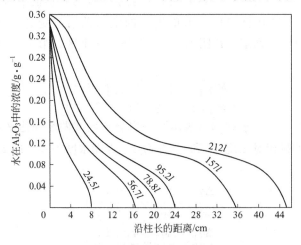

图 18-4-37　Brunauer 典型吸附等温线中第Ⅳ类型等温线，
拟等温操作时，沿柱长吸附质的分布

相当于等温线的毛细管冷凝段。在床层进口一端，吸附剂迅速吸附饱和，这三个区见图 18-4-37中的曲线。在此体系中，浓度曲线会产生自陡峭的现象，并迅速成为定形前沿的曲线。从实验数据可见，透过曲线的透过点后，浓度改变不显著，曲线缓慢上升。

Rimmer 用二次推动力方程式校正吸附剂单个小球颗粒的数据，得出接近实验结果和拟等温情况的表达式。计算得到的拟等温操作透过曲线与实验的透过点一致（图 18-4-38），说明体系溶液性质可用实验平均值表示，并用等温下的吸附理论说明。如果床层内颗粒和流体温度都有明显变化，则需对热流（温度波）和物质的浓度流（浓度波）进行分析，考虑二者互相的影响。

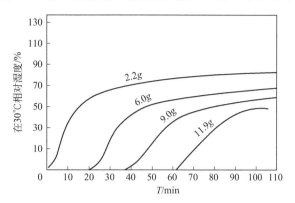

图 18-4-38　用二次推动力方程计算得到的拟等温操作透过曲线

（2）绝热吸附　流动相通过床层，忽略传热和传质阻力的情况下，温度和浓度在两相间的分布可用简单波形表示，如苯通过碳固定床床层时，温度提高，浓度保持一定，形成的温度波走在前面。床层温度和浓度随流体通过同时变化，在浓度波和温度波相结合、床层最初没有负载、吸附等温线是优惠或线性的情况下，温度波和浓度波同时传播，波同样也会发生自陡峭，然后成为定形前沿，出现恒浓度和恒温的平台区（图 18-4-39）。许多学者讨论了此定形前沿的性能，如 Amundson、Pan 和 Basmadjian 分析了绝热平衡理论，并在某些特殊条件下取得分析解。

吸附等温线是优惠或线性时，波形随流动相深入床层，在有限传质速率和足够深的床层条件下，可以形成 S 形曲线。在此曲线中，温度波和浓度波的前沿是第一传递区；平衡状态下，温度和浓度都稳定不变的平台区是中区；波的后沿形成第二传递区。对定形前沿，不考虑吸附质在床层的积累和随时间的变化，从波形的前沿和后沿的移动速度出发，在 $U_t = U_c$ 时，可得：

$$\left(\frac{\partial q}{\partial T}\right)_c \left(\frac{dT}{dc}\right)^2 + \left[\left(\frac{\partial q}{\partial c}\right)_t - \frac{c_{pa}}{c_{pf}} + \left(\frac{-\Delta H}{c_{pf}}\right)\left(\frac{\partial q}{\partial T}\right)_c\right] \left(\frac{dT}{dc}\right) + \left(\frac{\partial q}{\partial c}\right)_t \left(\frac{-\Delta H}{c_{pf}}\right) = 0 \tag{18-4-108}$$

式(18-4-108) 为 dT/dc 的二项式，表示温度和浓度的关系，一般吸附是放热过程，解吸是吸热过程，故 $\left(\frac{\partial q}{\partial T}\right)_c$ 为负，$\left(\frac{\partial q}{\partial c}\right)_t$ 为正。

温度波和浓度波，当吸附等温线为优惠或线性时是定形前沿，从物料衡算得：

$$\frac{G_f}{\rho_B u_{c_1}} = \frac{q_2 - q_3}{x_2 - x_3} = \left(\frac{\bar{c}_{pa}}{\bar{c}_{pf}}\right)_1 + \frac{(q\Delta H)_2 - (q\Delta H)_3}{\bar{c}_{pf3}(t_2 - t_3)} \tag{18-4-109a}$$

$$\frac{G_f}{\rho_B u_{c_2}} = \frac{q_1 - q_2}{x_1 - x_2} = \left(\frac{\bar{c}_{pa}}{\bar{c}_{pf}}\right)_1 + \frac{(q\Delta H)_1 - (q\Delta H)_2}{\bar{c}_{pf1}(t_1 - t_2)} \tag{18-4-109b}$$

式中，u_{c_1}，u_{c_2} 为波前沿和波后沿的移动速度；G_f 为载气的表面流率；x 为气相组分摩尔分数；c_{pf}，c_{ps} 为载气、吸附剂的比热容；c_{pa} 为吸附质的比热容，$\overline{c_{pf}} = c_{pf} + xc_{pa}$，$\overline{c_{ps}} = c_{ps} + xc_{pa}$。

式(18-4-109a)、式(18-4-109b) 中的下标 1 是指进料状态，下标 3 指床层的最初状态，下标 2 指平衡中间平台区的状态，上标短横表示平均值。此两式的右边乘以固定相和移动相的吸附质量（稳定状态下二者相等），分别得出波前沿和波后沿的能量衡算式。从图 18-4-40 可见，第二传质区是由于床层第二区温度变化而引起的，浓度波和温度波在形状上几乎相同，成一定的比例。

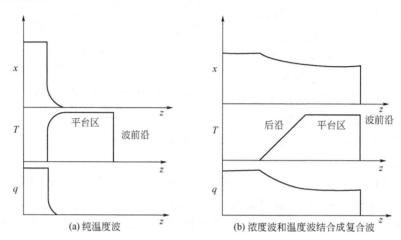

图 18-4-39 平衡状态下的温度波和浓度波

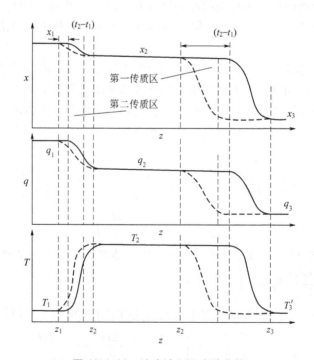

图 18-4-40 浓度波和温度波曲线

在时间 t_1 的波曲线和在时间 t_2（$t_2 > t_1$）的波曲线

一般来说，温度传递比吸附质的传递迁移快些，结果纯温度波一般都走在浓度波前面，如忽略传热阻力，则能量衡算式为：

$$G_f c_{pf} \frac{\partial T}{\partial z} + \rho_B c_{pa} \frac{\partial T}{\partial t} = 0 \tag{18-4-110}$$

温度波前沿速度 U_t 为：

$$U_t = (\partial z/\partial t)_t = G_f c_{pf}/(\rho_B c_{pa}) \tag{18-4-111}$$

从式(18-4-111)可见，温度波前沿的速度和温度无关。在极限的情况，温度波在柱内的移动速度恒定，U_t = 常数。但实际上由于热阻，前沿不断延长变宽，并随波形不同，以不同速度向前移动。

从式(18-4-109)可见，等温吸附时，定形前沿浓度波前沿的移动速度 U_{iso} 为：

$$U_{iso} = \frac{G_f x_1}{\rho_B q_1} \tag{18-4-112}$$

由温度对吸附等温线的斜率影响可知，温度升高，曲线斜率减小。即升高柱温将使浓度波前沿速度增大，因而 $U_c > U_{iso}$。从式(18-4-111)、式(18-4-109)比较，可见：

$$\frac{c_{pa}}{c_{pf}} > \left(\frac{q}{x}\right)_1 \tag{18-4-113}$$

即：

$$U_c > U_{iso} > U_t \tag{18-4-114}$$

$$\left(\frac{q}{x}\right)_1 > \frac{c_{ps}}{c_{pf}} \tag{18-4-115}$$

换言之，不管固体颗粒和气体比热容比值比平衡浓度比值大多少，复合波前沿的速度比由载气推进的纯温度波前沿的移动速度要大，即式(18-4-113)是复合波前沿存在的充分条件。反之，则是形成纯温度波的必要条件。要得到复合波前沿，必须找到一定范围内的 $(q, x, t)_2$ 值，以满足式(18-4-109a)、式(18-4-109b)以及吸附平衡关系 $q_2 = q^*(t_2, x_2)$。温度范围是式(18-4-109b)中的进口温度 t_2 和最高温度 t 之间的值。在 $q_2 = x_2 = 0$ 时，根据式(18-4-109b)，最高温度为：

$$\left[\frac{q_1}{x_1} - \left(\frac{c_{ps}}{c_{pf}}\right)\right] = \frac{(q\Delta H)_1}{C_{pf}(t_1 - t_2)}$$

由于 $t_2 = t_{2,max}$，即：

$$t_{2,max} = t_1 + \frac{-(q\Delta H)_1}{c_{pf}(q/x)_1 - c_{pa}}$$

此 $(q, x, t)_2$ 范围的值位于图 18-4-41 内的阴影部分，此部分限制在 t_1 和 $t_{2,max}$ 之间的吸附等温线。另式(18-4-109a)的最后一项对床层最初负载为零时常取负值，因 ΔH 为负及 $(t_2 - t_3) > 0$ 之故，结果：

$$u_c > \frac{G_f c_{pf}}{\rho_B c} = u_t$$

$$\left(\frac{q}{x}\right)_2 < \frac{c_{ps}}{c_{pf}}$$

同样浓度波前沿常比由气流带动的纯温度波快，$(q, x, t)_2$ 区域位于图 18-4-41 通过原点

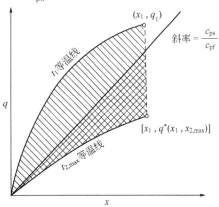

图 18-4-41　吸附等温线和比热容比值线

斜率为 $\dfrac{c_{ps}}{c_{pf}}$ 的直线下面所占面积中，一个体系复合波前沿存在的必要条件遵守关系式(18-4-115)，应为：

$$\frac{q^*(t_{2,\max}x_1)}{x_1} < \frac{c_{ps}}{c_{pf}} \tag{18-4-116}$$

当进料的浓度 x_1 很低，吸附剂的比热容相当高时，比热容比值线不在图 18-4-41 的阴影部分内，则复合波前沿不能存在。

(3) 绝热解吸 与绝热吸附类似，可列出热量衡算方程，得温度波移动速度 $u_t = (\partial z/\partial t)_t$，取 $u_c = u_t$，得式(18-4-109a)、式(18-4-109b)。对局部平衡，单组分体系的绝热解吸，取物料和热量衡算方程：

$$G_f \frac{\mathrm{d}x}{\mathrm{d}z} + \rho_B \frac{\partial q}{\partial t} = 0 \tag{18-4-117}$$

及

$$G_f \frac{\partial}{\partial z}\left[(1+x)\frac{\bar{c}_{pf} T}{1+x}\right] + \rho_B \frac{\partial}{\partial t}(\bar{c}_{ps}T + q\Delta H) = 0 \tag{18-4-118}$$

相平衡关系：$q = q^*(T, x)$

气相的能量和吸附质的积累速率不计。上述二偏微分方程用特征解法，可转换成四个常微分方程，此特征方程为：

$$\left(\frac{\partial q}{\partial x}\right)_{\mathrm{I}} = \frac{\bar{c}_{ps}}{\bar{c}_{pf}}\left(1 - \frac{\Delta H}{\lambda_-}\right) = \frac{G_f}{\rho_B u_{c\mathrm{I}}} \tag{18-4-119}$$

$$\left(\frac{\partial q}{\partial x}\right)_{\mathrm{II}} = \frac{\bar{c}_{ps}}{\bar{c}_{pf}}\left(1 - \frac{\Delta H}{\lambda_+}\right) = \frac{G_f}{\rho_B u_{c\mathrm{II}}} \tag{18-4-119a}$$

$$\begin{aligned}\lambda_\pm = & \frac{1}{2(\partial q/\partial T)}(\bar{c}_{ps} - \bar{c}_{pf}\partial q/\partial x - \Delta H \partial q/\partial T) \\ & \mp \frac{1}{2\partial q/\partial T}[(\bar{c}_{ps} - \bar{c}_{pf}\partial q/\partial x - \Delta H \partial q/\partial T)^2 \\ & + 4\bar{c}_{ps}\Delta H \partial q/\partial T]^{1/2}\end{aligned} \tag{18-4-120}$$

下标 I 和 II 分别指为平台隔开的前沿和后沿的特征线（图 18-4-42）。式(18-4-108)二项式的两个根分别代表两类不同族的曲线，一类为正特征线 Γ_+，一类为负特征线 Γ_-。两者之间有转变温度点 T_w 点（又称界点，图 18-4-43），此两类不同族的曲线相当于式(18-4-119)及式(18-4-119a)。温度波 U_t 及浓度波 U_c 的移动速度能满足下列公式，则两种波重合，否则浓度波和温度波不一致，需分别计算。

$$\frac{\mathrm{d}q}{\mathrm{d}c} = \frac{c_{ps}}{c_{pf}} - \left(\frac{-\Delta H}{c_{pf}}\right)\frac{\mathrm{d}q}{\mathrm{d}T}$$

4.3.4 色谱分离

色谱分离常用的操作方法有迎头操作法、冲洗操作法和顶替操作法等几种。冲洗操作色谱是工业中常用的操作方式之一，模拟移动床分离就是采用冲洗色谱操作。载液（或解吸剂）不断循环冲洗，待分离原料定期脉冲注入柱进口的载液中，溶质组分在床层内不断地吸附和解吸。如固定相对 A 组分的持留能力比 B 组分强，由于传质速度的限制，A 组分的色谱峰逐步落后，从而达到分离的目的（图 18-4-44）。顶替操作色谱和冲洗操作色谱是类似的，在色谱柱进口端脉冲进料后，再用一种或多种溶质的溶液冲洗。这些溶质组分的吸附能

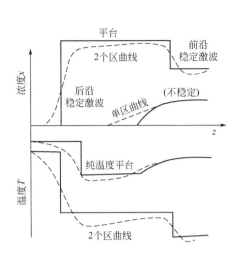

图 18-4-42 高负荷（双区）和低负荷（单区）典型的解吸床层曲线
—— 平衡理论； ---- 真实状态

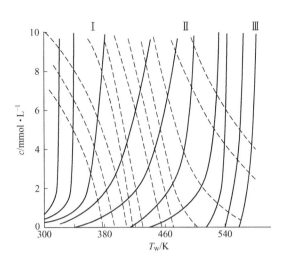

图 18-4-43 苯-氮-木炭绝热吸附矢端图
（临界特征线通过转变温度点 T_W）
—— 正特征线 Γ_+； ---- 负特征线 Γ_-

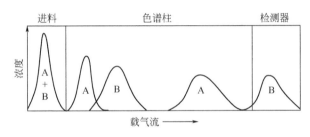

图 18-4-44 冲洗操作色谱

力比进料中各个组分能力都强，将进料中的最弱组分顶替下来，再依照各组分吸附能力的强弱依次置换其他组分。

(1) 逆流分配过程[49]　色谱分离可以看作离散的多级段逆流分配过程。设级段中顶相 u 中 i 组分的浓度和底相 L 中 i 组分浓度的比值为恒定的平衡比 K'_i，体积分别为 V_u 和 V_L，相应浓度为 c_{iu} 和 c_{iL}，物质的量为 M_{iu} 和 M_{iL}，其比值为：

$$\frac{M_{iu}}{M_{iL}} = \frac{c_{iu}}{c_{iL}} \times \frac{V_u}{V_L} = \frac{K'_i V_u}{V_L} \qquad (18\text{-}4\text{-}121)$$

任一级段在平衡状态下，顶相中 i 组分占总量的分数：

$$f_i = \frac{K'_i V_u / V_L}{1 + K'_i V_u / V_L}$$

而底相中 i 组分的分数应为：

$$1 - f_i = \frac{1}{1 + K'_i V_u / V_L}$$

任意时刻级段 p 中 i 组分的物质的量 M_{ipo} 经过传递步骤 s 次，将平衡后上一级段 $p-1$ 的 i 组分量移入下一级段 p，同时 p 级段中底相内 i 组分继续保留在级段 p 中，因而此次传递步骤 s 和上次传递步骤 $s-1$，i 组分在级段 p 和 $p-1$ 中的物料衡算是：

$$M_{ips} = f_i M_{i,p-1,s-1} + (1 + f_i) M_{ip,s-1} \qquad (18\text{-}4\text{-}122)$$

对于初始条件，整个逆流分配级段中第一个零级槽，开始运行前为进料量 M_{if}，$M_{ipo} = M_{if}$，在未传递以前各级段 p 中的量为：

$$M_{ipo} = 0 (对\ p > 0)$$

溶质经过 s 次传递到达 p 级，顶相溶质经过 p 次传递，而底相落后一步，只经过 $s-p$ 次传递。顶相中的溶质分子 i 组分进料经 s 次传递，出现于 p 级段中的概率可用概率 $[P_i(p)]_s$ 表示，即：

$$\frac{M_{ips}}{M_{if}} = [P_i(p)]_s = c(s,p) f_i^p (1-f_i)^{s-p} \tag{18-4-123}$$

式中，f_i 为经过任一次传递后溶质 i 在顶相的量占总量的分数。

二项式系数为：

$$c(s,p) = \frac{s!}{p!(s-p)!}$$

将此式代入式(18-4-123)，得：

$$\frac{M_{ips}}{M_{if}} = \frac{s!}{p!(s-p)!} f_i^p (1-f_i)^{s-p} \tag{18-4-124}$$

式(18-4-124)表示进料中 i 组分浓度 M_{if} 一定时，经过 s 次传递，任一级段中 i 组分的浓度，或可作图时，得到其浓度分布曲线。

(2) 色谱平衡级段模型　逆流分配是许多离散的间隔槽，溶质经多次传递而分离。气液色谱分离柱则可以看作串联的很多级段，脉冲进料和载气连续通过此串联级段（图18-4-45）。流动相中的溶质和固定相中的固定液发生多次传递和逐步平衡而分离。其分离机理和区域分散、色谱峰的变宽可用理想级段模型（或称理想混合级段模型）解释。由于色谱柱不成离散的级段，故此模型的物理意义比扩散模型或随机游动模型的物理意义模糊。由于它比较简单，仍在色谱分离计算时被广为采用。

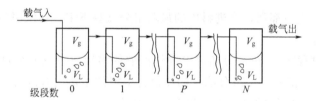

图 18-4-45　色谱分离的平衡级段模型

在平衡级段模型中，设每一级段中气相和液相（载体中固定液的体积分别为 V_g 和 V_L），i 组分在气、液两相中浓度分别为 c_{ig} 和 c_{iL}，其间的平衡常数 K_i'，对任一级段 p，其平衡关系：

$$c_{ig,p} = K_i' c_{iL,p}$$

对级段 p 的物料衡算：

$$c_{ig,p-1} dV - c_{ig,p} dV = V_g dc_{ig,p} + V_L dc_{iL,p}$$

上面两式合并，得：

$$\frac{dc_{ig,p}}{dV} = \frac{c_{ig,p-1} - c_{ig,p}}{V_g + (V_L/K_i')} \tag{18-4-125}$$

初始条件取零级脉冲进料内含 i 组分 F_i(mol)，其他级段开始时为零。

$$c_{ig,o} V_g + c_{iL,o} V_L = c_{ig,o}(V_g + V_L/K_i') = F_i \tag{18-4-126}$$

对 $p>0$，在 $V=0$ 时，$c_{ig,p}=0$，则式(18-4-125) 可得 Poisson 分布解为：

$$c_{ig,p}=\frac{F_i}{V_g+V_L/K_i'}\times\frac{e^{-v_i}V_i^p}{p!} \tag{18-4-127}$$

式中，v_i 为无量纲载气积累流量。

$$v_i=\frac{V}{V_g+(V_L/K_i')}$$

Poisson 分布的峰形与高斯分布或误差函数分布类似。事实上，在很大的 p 值下，高斯分布可很好地近似于二项式 Poisson 分布。很高的 p 值时，误差函数近似地取：

$$c_{ig,p}=\frac{F_i}{V_g+V_L/K_i'}\times\frac{1}{\sqrt{2\pi p}}\times\frac{e^{-(v_i-p)^2/(2p)}}{p!} \tag{18-4-128}$$

式(18-4-127)、式(18-4-128)是在定值 v_i 和不同 p 值下，c_{ig} 的离散分布，也可以认为是在一定的 $p=N$ 值时，u_{ig} 对 v_i 的连续函数，或相当于在 N 块当量平衡级段下，流出载气中 i 组分的浓度和时间函数的关系为：

$$c_{ig}=\frac{F_i}{V_g+(V_L/K_i')}\times\frac{e^{v_i}V_i^N}{N!} \tag{18-4-129}$$

或：

$$c_{ig}=\frac{F_i}{V_g+(V_L/K_i')}\times\frac{1}{\sqrt{2\pi N}}e^{-(v_i-N)^2/(2N)} \tag{18-4-130}$$

如需求取色谱柱相应的色谱峰面积，可由误差函数积分取得，此积分值可由一般数学手册查出。

$$A_t=\text{erf}(x)=\sqrt{\frac{2}{\pi}}\int_0^x e^{-x^2/2}dx$$

式(18-4-127)、式(18-4-129)可表达出色谱峰的若干性质，由式(18-4-129)得该色谱峰的转折点位于 $V_i=N-\sqrt{N}$ 和 $V_i=N+\sqrt{N}$。其切线切于基线的交点分别为 $V_i=N+1-2\sqrt{N}$ 和 $V_i=N+1+2\sqrt{N}$，此二交点的距离即为峰宽 $W=4\sqrt{N}$。因为色谱峰受轴向弥散、传质阻力等各种因素的影响。随着流动相在柱内的流动，谱峰不断变宽。此变宽量由实验得知，约为 $W\approx\sqrt{N}$，与流动相沿固定相流过路途长度的平方根成比例。

(3) **双组分的色谱分离**[50,51]　色谱分离体系（包括色谱柱、泵和鉴定器等）的分离效果常用分离度 R_s 表示，

$$R_s=\frac{t_{R2}-t_{R1}}{(W_1+W_2)/2}=\frac{t_{R2}-t_{R1}}{4\sigma_{21}} \tag{18-4-131}$$

式中　t_R——组分的保留时间。

$\sigma_{21}=(\sigma_2+\sigma_1)/2$，指两组分保留时间的差值和其峰宽和 (W_1+W_2) 一半的比值，或取峰高 0.607 倍处峰宽的一半 σ，即谱带峰标准偏差的比值表示。当 $R_s\geq 1.5$ 时（图18-4-46），两组分可以完全分开。R_s 值由产品的纯度及生产能力大小等因素决定。对低浓度、小脉冲输入的线性色谱，其谱带浓度分布可用高斯分布曲线表示：

$$c=c_{max}\exp[-x^2/(2\sigma^2)] \tag{18-4-132}$$

式中　x——离峰最高点的距离；

σ——标准偏差，单位为长度单位。

此结果可从线性等温线平衡的塔板理论、描述区域扩展的随机游动理论或随机分析的传

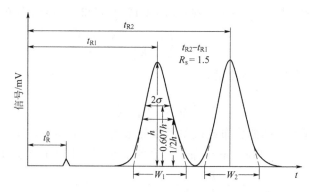

图 18-4-46　色谱峰的分离度

质方程的解取得。色谱峰扩展程度的标准偏差 σ 和理论板当量高度 H 的关系为：

$$\sigma=\sqrt{HL} \qquad (18\text{-}4\text{-}133)$$

式中，L 为柱长；σ 的单位也是长度单位，和溶质色谱峰的扩展及溶质移动距离的平方根成比例。

色谱分离中，另外一种表达分离度 R_s、选择性系数 α 及理论板数 N 之间关系的公式为：

$$R_s=\frac{1}{2}\left(\frac{\alpha-1}{\alpha+1}\right)\left(\frac{\overline{k'}}{1+\overline{k'}}\right)N^{\frac{1}{2}} \qquad (18\text{-}4\text{-}134)$$

其中，选择性系数 $\alpha=k_2'/k_1'=k_2/k_1$，$\overline{k'}$ 为两种溶质的平均相对保留值，k 为溶质组分的平衡常数。因为 $N=L/H$。如果选择性系数 α 增大，$\overline{k'}$ 增加，延长柱长或减小 H 值，则两色谱峰的分离度 R_s 加大。相对保留值不能无限增大，以致操作时间过长。$\overline{k'}=4\sim6$ 是合适的。当分离度一定，加大选择性系数，可使 N 值下降。α 低于 1.1 时，所需要的板数或级段数剧增。在 $\alpha=2.0$ 时所需要的级段数是合理的。当然，$\alpha>2.0$ 或更高些，会更好。对大型装置 $\alpha=1.5$ 已可采用，对中小型装置 α 低至 1.1 也可采用。高选择性系数体系的优点是可使输出量增加。取较大的流速及容许较高的 H 值，而使需要的级段或板数减少。当 $R_s<1.0$ 时，大型色谱对难分离的物料常采用多次再循环的办法，并常利用非线性效应，在超负荷下工作。

脉冲输入得到了两个高斯分布峰，要得到分离度 $R_{21}\geqslant 1.5$，理论板数 N_{p1}（取 $a=t_{R2}/t_{R1}$）为：

$$N_{p1}=4R_{21}^2\left(\frac{a+1}{a-1}\right)^2 \qquad (18\text{-}4\text{-}135)$$

对大型分离色谱，要用较长时间（一般 10~30s）和较大的进液量，以使色谱分离设备有较大的处理量，常用矩形波输入（冲洗前沿色谱），要使分离度 $R_{21}>1.5$。需要的矩形波输入的理论板数 N_{R1} 为：

$$N_{R1}=N_{p1}\left(1+\frac{\sigma_i}{\sigma_{21}R_{21}}\right)^2 \qquad (18\text{-}4\text{-}136)$$

式中，σ_i 从注入时间（$=4\sigma_i$）得到。

实际上 σ_i/σ_{21} 远比 1 大，意味着矩形波输入需要的 N 值比脉冲输入的大（图 18-4-47）。

理论板当量高度 H 是表征色谱柱分离效果的参数之一，H 值愈小，色谱柱高一定时，

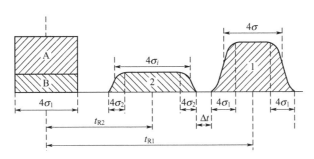

图 18-4-47 两组分矩形波输入的分离度

理论板数 N 愈多。要使柱的处理量加大，就要提高载气的流速，但同时提高了塔板当量高度。Van Deemter 提出流动相的流动、物质扩散传递、固定床颗粒的填充状况等影响当量高度的关系式，称为 Van Deemter 关系式[52]：

$$H = A + \frac{B}{\bar{u}} + C\bar{u} \tag{18-4-137}$$

式中　$\bar{u}$——载气通过色谱柱的平均线速；
　　　$A，B，C$——和不同传质机理有关的常数。

式（18-4-137）如用曲线表示即如图 18-4-48 所示，其中涡流扩散项 $A = 2\lambda d_p$，式中，λ 为和固定床颗粒填充均匀性有关的因子；d_p 为颗粒的平均直径。分子扩散项 $B = 2\xi D$，式中，ξ 为和填充物有关的因数，对固定床 $\xi < 1$；D 为溶质组分的分子扩散系数，由浓度梯度引起，和组分在柱内的停留时间长短有关，$\bar{u}$ 愈小，停留时间加长，分子扩散的影响愈大。式（18-4-137）的前两项称为轴向弥散项，和填充物颗粒大小、均匀程度、粒径分布、塔径大小及填充的方法等因素有关。物质传递项 C 和颗粒的直径、液膜厚度及扩散系数成比例，表示组分通过界面的传质阻力。载气流速加大，界面阻力减少，有利于物质传递，但随着 $\bar{u}$ 增加，涡流影响加大，在最适宜的平均流速 $\bar{u}_{opt}$ 下，H 最小，相当于曲线的最低点。

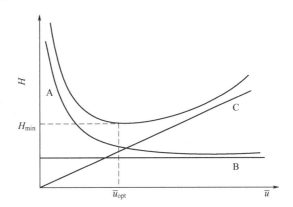

图 18-4-48 H 和 $\bar{u}$ 的关系曲线
A—分子扩散；B—涡流扩散；C—物质传递

4.3.5 吸附剂的再生

吸附剂达到饱和或透过吸附容量，为重复使用或延长吸附剂的寿命，都必须再生。再生的技术一般采用：(a) 吸附质的置换；(b) 吸附质的升温解吸；(c) 吸附质的燃烧；(d) 反应分解等。再生时常采用惰性气体吹扫，升温加热解吸再生，或同时兼用，如用过热水蒸气升温置换。若吸附剂积炭较多，可在允许的温度下燃烧去积炭，操作可在设备内进行或将吸附剂卸入燃烧炉（如耙式炉）活化。用升温、减压抽空也可使已吸附物质解吸，使吸附剂再生。

对于液相吸附，也可考虑采用有机溶剂冲洗再生，如活性炭用甲醇或苯等溶剂冲洗。用酸或碱处理，如活性炭吸附酚后用碱洗脱，天然沸石吸附污水中的铵离子后用 NaCl 溶液处理交换，活性炭处理废水时用微生物碳膜再生等。

工业上以加热升温、水蒸气（或惰性气体）吹扫再生最为常用。因此，在设计时需考虑：

① 再生所用的时间尽可能短，如连续吸附操作，可增加一些附属设备；
② 用蒸汽加热时，缩短再生时间，就要加大送蒸汽速率，增大消耗量；
③ 再生蒸汽的入口方向可与吸附操作物料流向相反，可将在入口处强吸附的污染物短路迅速除去，以免聚合物的积累；
④ 尽快将惰性载气除去，以提高传热系数；
⑤ 饱和水蒸气的热容很高，但在床层中易很快冷凝，应使用过热水蒸气；
⑥ 足够的热力学数据。

废活性炭经惰性气体吹扫后，用水蒸气处理或用水洗涤，除去可溶解的有机物质。一般废活性炭需再用加热方法再生，加热过程可分为三个阶段：湿炭先在 373～383K 加热，使水分蒸发干燥，然后升温至 1000K，将有机物热裂解或使酚类聚合物分解，最后在 1100～1200K 通入水蒸气使残炭选择性气化。气体加入量需加以控制且不能含氧气，以免燃烧。加热所用的炉型见表 18-4-8。

表 18-4-8　废活性炭再生用炉型

炉型	特点	缺点	操作数据
多层耙式炉	旋转的耙臂将活性炭向各层中心或向外耙动，调节炉的转速可控制活性炭在炉内的停留时间。一般炉有 4～8 层，以 5 层为例，上 3 层用于干燥，下一层加热，最后一层用于活化，处理能力 400～500kg·d^{-1}·m^{-2} 炉膛面积，美国和日本常采用此炉型	气-固接触不足，难以控制固体的温度；间歇操作，最少处理量 1t·d^{-1}；需增加后燃烧炉以控制排气量	停留时间：0.5～1.0h。注入蒸汽量：约 1kg·kg^{-1} 活性炭。需燃料量：煤油 0.45～0.6L·kg^{-1} 活性炭或用丙烷 120L·kg^{-1} 活性炭。用热交换可减少约相等的热量，用于后燃烧炉
旋转炉	在干燥段采用内热，在气化段采用外热，使温度上升，再生完毕后，缓慢冷却	固体与气体之间的接触面积小，在外热段，加热面积小，故设备庞大	停留时间：20min。注入蒸汽量：1.0kg·kg^{-1} 活性炭。燃料：1.0L·kg^{-1} 活性炭
移动床炉	活性炭停留时间长，蒸汽从中心向径向方向分配，在炉管外燃烧加热，如燃烧炉，活性炭慢慢冷却后排出，颗粒的磨损较小	要特别注意床层温度分布及径向蒸汽的均匀配给	停留时间：3～6h。蒸汽加入量：0.12kg·kg^{-1} 活性炭
流化床炉（Mitsubishi-Lurgi 工艺）	便于控制固体的温度，加入挡板，可改进颗粒的停留时间分布	要同时考虑流化和再生的条件；流化（再生）气体的利用率低，颗粒磨损率高	停留时间：约 25min。水蒸气分压：39%。燃料：煤油 0.28～0.3kg·kg^{-1} 活性炭（0.15kg·kg^{-1} 活性炭复烧用）
流化床炉（Chiyoda 工艺）	两端流化床，上一层作为干燥及解吸用（400℃），下一层作为气化用；球形颗粒活性炭不考虑磨损问题；可采用内热的方式	要同时考虑流化和再生的条件；每一层可得到较宽的停留时间；对活性炭可能引起热裂	停留时间：1～2h。水蒸气加入量：2.5kg·kg^{-1} 活性炭。燃料：2500kcal·kg^{-1} 活性炭（104.67×10^{5}J·kg^{-1} 活性炭）

参考文献

[1] Coulson J M, Richardson J F. Chemical Engineering: Vol 3. Boston: Pergamon Press, 1979: 497.
[2] Treybal R E. Mass Transfer Operations. New York: McGraw-Hill, 1960: 447.
[3] Schoen H M. New Chemical Engineering Separation Techniques. New York: Interscience Pub, 1962: 101.
[4] Yang R T. Gas Separation by adsorption precesses. Boston: Butterworth, 1986: 253.
[5] 叶振华. 吸着分离过程基础. 北京: 化学工业出版社, 1988: 94.
[6] DeVault D. J Am Chem Soc, 1943, 65: 532.
[7] Michaels A S. Ind Eng Chem, 1952, 44: 1922.
[8] Ruthven D M. Principles of adsorption and adsorption processes: New York: Wiley, 1984.
[9] Rodrigues A E. Percolation Processes: Theory and Applications. Dordrecht, Netherlands: Springer, 1981: 31-82.
[10] Rhee H K // Rodrigues A E, Tondeur D. Percolation processes: Theory and Applications. Dordrecht, Netherlands: Springer, 1981: 285-328.
[11] Walter J E. J Chem Phys, 1945, 13: 229.
[12] Glueckauf E. J Chem Soc, 1949: 3280.
[13] Drew T B, Hoopes J W, Vermeulen T. Advance in Chemical Engineering. New York, London: McGraw-Hill, 1958.
[14] Vermeulen T // Perry's Chemical Engineers' Handbook. 5th. New York: McGraw-Hill, 1973: 16-20.
[15] Thomas H C. J Am Chem Soc, 1944, 66: 1664.
[16] Rosen J B. J Chem Phys, 1952, 20: 387.
[17] Rosen J B. Ind Eng Chem, 1954, 46: 1590.
[18] Klinkenberg A, Sjenitzer F. Chem Eng Sci, 1956, 5: 258.
[19] Aris R, Amundson N R. Mathematical Methods in Chemical Engineering: Vol 2. New York: Prentice Hall, 1973.
[20] Acrivos A. Ind Eng Chem, 1956, 48: 703.
[21] 叶振华. 化工吸附分离过程. 北京: 中国石化出版社, 1992: 144.
[22] Sherwood T K, Pigford R T. Mass Transfer. New York: McGraw Hill Inc, 1975.
[23] Anzelius A. Z Angew Math Mech, 1926, 6: 291.
[24] Walter J E. J Chem Phys, 1945, 13: 229; 13: 332.
[25] Furnas C C. Trans Am Lnst Chem Eng, 1930, 24: 142.
[26] Nusselt W. Tech Mech Thermodynamics, 1930, 1: 417.
[27] Klinkenberg A. Ind Eng Chem, 1954, 46: 2285.
[28] Lapidus L, Amundson N R. J Phys Chem, 1952, 56: 984.
[29] Levenspiel O, Bischoff K B. Advances in Chemical Engineering: Vol 4. New York: Academic Press, 1963: 95.
[30] Rosen J B. J Chem Phys, 1952, 20: 387.
[31] Rosen J B. Ind Eng Chem, 1954, 46: 1590.
[32] Rasmuson A, Neretnieks I. AIChE J, 1980, 26: 686.
[33] Kawazoe K, Takeuchi Y. J Chem Eng Japan, 1974, 7: 431.
[34] Rasmuson A. Chem Eng Sci, 1982, 37: 787.
[35] Michaels A S. Ind Eng Chem, 1952, 44: 1922.
[36] Hall K R, Eagleton L C, Acrivos A, et al. Ind Eng Chem Fund, 1966, 5: 212.
[37] Garg D R, Ruthven D M. Chem Eng Sci, 1973, 28: 791; 28: 799.
[38] Bohart G S, Adams E Q. J Am Chem Soc, 1920, 42: 523.
[39] Cooper R S. Ind Eng Chem Fundam, 1965, 4: 308.
[40] Hiester N K, Vermeulen T. Chem Eng Prog, 1952, 48: 505.
[41] Helfferich F, Klein G. Multicomponent chromatography. New York: Marcel Dekker, 1970.
[42] Tien C, Hsieh J S C, Turian R M. AIChE J, 1976, 22: 498.
[43] Fritz W, Schlunder E U. Chem Eng Sci, 1981, 36: 721.
[44] Sheindorf C, Rebhun M, Sheintuch M. Chem Eng Sci, 1983, 38: 335.
[45] Cooney D O, Lightfoot E N. Ind Eng Chem Proc Des Dev, 1966, 5: 25.

[46] Pan C Y, Basmadjian D. Chem Eng Sci, 1970, 25: 1653.
[47] Carter J W. AIChE J, 1975, 21: 380.
[48] Basmadjian D, Ha K D, Pan C Y. Ind Eng Chem Proc Des Dev, 1975, 14: 328; 1980, 19: 137.
[49] King C J. Separation Processes. 2nd. New York: McGraw Hill, 1980: 376.
[50] Wankat P C. Large-Scale Adsorption and Chromatography. Boca Raton, Fla: CRC Press, 1986: 38.
[51] Purnell J H. New Developments in Gas Chromatography. New York: Wiley, 1973: 138.
[52] Suzuki M. Adsorption Engineering. Tokyo: Kodansha, 1989.

5 工业吸附过程和设备

5.1 固定床[1~3]

间歇式固定床吸附分离设备，其设备简单、容易操作，是中等处理量以下最常用的设备。

5.1.1 脱湿干燥[4,5]

(1) 吸附剂及其特性 工业过程中如冷冻、深冷精馏等，为了防止生成水合物堵塞管道，气体往往需要先行脱水干燥。对液态的单体或溶剂，其中的水分则常常是催化剂的毒物，也需要深度干燥脱水。由于水的极性、水分的吸附和脱附难易程度不同，因此水分的吸附和解吸曲线不完全重合，常留下部分的残留水分，如图 18-5-1 所示。

此外，所选用吸附剂也因其极性的差别，在不同相对湿度下它们的平衡吸附水分的量也各不相同，如图 18-5-2～图 18-5-4 所示。在实际应用中，深度干燥一般以选用分子筛为宜，即使对那些含水量很低、温度较高的体系，都能进行深度干燥（图 18-5-5）。但长期使用分子筛深度干燥，其堆密度可能增大 20% 左右，且易粉化。硅胶和活性氧化铝的吸附容量都

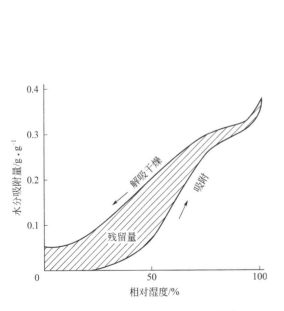

图 18-5-1 水分吸附和解吸的变化曲线

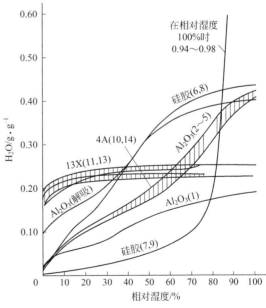

图 18-5-2 使用不同吸附剂时，相对湿度和平衡吸湿量的关系

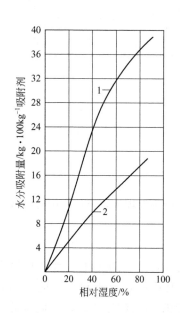

图 18-5-3　Mobil 公司硅胶的吸水
容量和相对湿度的关系

1—平衡吸水量；2—透过容量

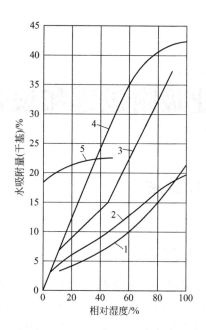

图 18-5-4　各种吸附剂平衡吸水量与相对湿度的关系

1—活性铝土矿（21～24℃）；2—活性氧化
铅（30℃）；3—活性氧化铝；
4—硅胶（25℃）；5—5A 分子筛

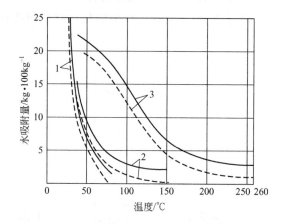

图 18-5-5　在水蒸气分压 1333.22Pa 下，各种吸附剂的吸附容量和温度的关系

（虚线表示吸附剂开始吸附前仍有 2% 残留水分）

1—硅胶；2—活性氧化铝；3—分子筛

比分子筛高，但极性较低，深度干燥的性能也较低。所以，当处理含水量较高的气体时，最好先采用二缩三乙二醇之类的脱水剂吸收去除大量水分，再通过硅胶或活性氧化铝干燥，残余的水分由分子筛去完成深度干燥。这样既可以保证干燥质量，又避免了分子筛的吸附容量小、需频繁再生的缺点。

在溶剂脱水时，除有机溶剂外还有水蒸气存在，这对溶剂中水分的吸附也有影响（图 18-5-6）。由于有机液体和油类中水的溶解度和温度有关（图 18-5-7），水分含量不同时，不同溶剂或有机液体中水的吸附平衡曲线的斜率各不相同（图 18-5-8、图 18-5-9）。

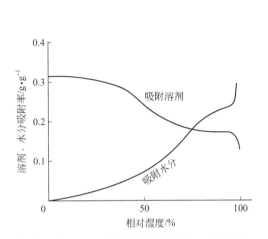

图 18-5-6 亲水性溶剂的吸附率和水分的关系

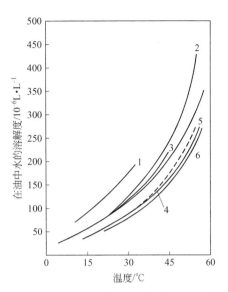

图 18-5-7 各种燃料油中水的溶解度和温度的关系
1—冷凝汽油；2—加压蒸馏汽油；3—含四乙基铅汽油；
4—直馏汽油；5—石脑油溶剂；6—煤油

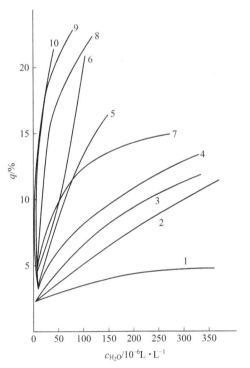

图 18-5-8 各种溶剂和水蒸气在
合成沸石的吸附等温线
1—乙醇-水-3A（∞）；2—正丁醇-水-4A
（24.2%）；3—异丙醇-水-4A（∞）；
4—丙酮-水-4A（∞）；5—吡啶-水-4A（∞）；
6—乙酸乙酯-水-4A；7—甲乙酮-水-4A
（26.3%）；8—二甲苯-水-4A（520×10^{-6}L·L^{-1}）；
9—甲苯-水-4A（740×10^{-6}L·L^{-1}）；
10—苯-水-4A 沸石（括号内表示水的溶解度）

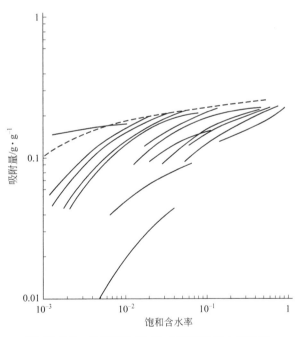

图 18-5-9 有机液体用 4A 分子筛吸附水的吸附
平衡等温线示意（实线为数据线，虚线为 25℃
下蒸汽吸附等温校正线）

表18-5-1列出了水蒸气在不同吸附剂上的扩散系数,表18-5-2列出了液体水分在沸石分子筛上的扩散系数,表18-5-3列出了不同压力下各种气体脱水干燥的条件,表18-5-4列出了各种吸附剂的脱水性能。处理不同的溶液时,各种脱水吸附剂的使用条件见表18-5-5。

表18-5-1 水蒸气在不同吸附剂上的扩散系数[5]

吸附剂①	R_p/mm	T/K	相对饱和度/%	$D_s \times 10^6$ /cm$^2 \cdot$s^{-1}	$D_p \times 10^2$ /cm$^2 \cdot$s^{-1}
1. Alcoa F-1 Al$_2$O$_3$	1.4~2.0	300~317	18	1.1	1.1
Division SiO$_2$	1.4~2.0	300	18	1.5	2.8
2. 4A分子筛(美国)	1.7~2.4	292~306	58	0.88	0.8
3. 4A分子筛(美国)	3	393		~1	—
(解吸)		488	0	0.11	
		573		10	
13X分子筛(苏联)	4	393		~1	
		488	0	2.75	
		573		10	
4. 5A分子筛(苏联)	4.4	293	9.9~33	0.27~0.65	
		373	0.23~0.76	0.53~1.18	
		473	0.015	1.54	
13X分子筛(苏联)	4	293	33	1.11	
		323	1.9~6.2	0.38~1.24	
		373	0.23	0.55	
5. Al$_2$O$_3$(德国)	7.6~10.5	293~333	0~90	1~2	—
4A分子筛(美国)	7.6~10.5	293~333	0~90	1~2	—
6. Laporte Al$_2$O$_3$	2.4~3.4	303	9.3~97	0.69~2.8	2.2
7. Davision 4A分子筛	2.4~4.8	300	18~48	1.5~4.2	—
4A分子筛(美国)	1.6	300	19~40	5.1~8.3	—
4A分子筛(美国)	3.2	300	20~43	5.5~8.1	—
4A分子筛(Bayer)	3~6	300	17~51	5.4~10.2	—
Laporte Al$_2$O$_3$	1.5~2.1	294~311	12~32	1.3~1.7	1.8
Sorbead SiO$_2$	1.7	294~311	—	0.78	2.3
8. Davision SiO$_2$ (p_a=0.65MPa)	1.95	275	93	—	2
9. 3A分子筛(波兰) (p=3.03MPa)	3~4	—	—	—	2
	干燥含 7×10^{-6} L·L^{-1} H$_2$O 的裂化气				

① 1、2、8、9项深床,3~7项浅床或单颗粒吸附剂,其余在一个大气压下,用动力空气干燥实验测定。

表18-5-2 液体水分在沸石分子筛上的扩散系数

溶剂	吸附剂	R_p/mm	进料相对饱和率/%	$D_s \times 10^8$ /cm$^2 \cdot$s^{-1}	$D_p \times 10^5$ /cm$^2 \cdot$s^{-1}	$D_L \times 10^5$ /cm$^2 \cdot$s^{-1}
苯甲醇	林德5A分子筛	1.6	57~90	5.7~21	0.035~0.060	0.37
苯			106	15	3.9	2.3
二甲苯			48~100	6.5~9.1	2.5~5.8	2.3
乙醚	4A分子筛(日本)	0.85	15	4.5~6.1	0.23~0.31	6.6
异丙醇			2.6	3.8	0.17	0.38~0.68
乙醇	林德3A分子筛		2.0	3.0	0.10	1.1~2.3
二氯甲烷			21~41	7.1~12	1.4~2.5	6.5

表 18-5-3　不同压力下各种气体脱水干燥的条件

深度干燥原料	处理压力(g)/MPa (kgf·cm^{-2})	不纯物含量 入口	不纯物含量 出口
氢气深度干燥	2.9　(30)	H_2O 饱和	H_2O 5×10^{-6}g·g^{-1}
乙烯脱水	1.9　(20)	H_2O 300×10^{-6}L·L^{-1}	H_2O 5×10^{-6}g·g^{-1}
空气分离，脱空气中的水分和CO_2	1.27~2.9　(13~30)	H_2O 饱和 CO_2 350×10^{-6}L·L^{-1}	H_2O 露点-70℃ CO_2 5×10^{-6}L·L^{-1}
低压CO_2气脱水	0.05　(0.5)	H_2O 饱和	H_2O 露点-30℃
乙烯脱水	0.05　(0.5)	H_2O 饱和	H_2O 20×10^{-6}L·L^{-1}
CO 气脱水	0.098　(1.0)	H_2O 饱和	H_2O 露点-40℃
O_2 气脱水	2.9　(30.0)	H_2O 饱和	H_2O 露点-60℃
丙烯、丙烷混合气脱水	0.01　(0.1)	H_2O 饱和	H_2O 露点 -50℃
氢气中脱甲烷	1.9　(20.0)	CH_4 5%	CH_4 0.5%
丙烷气脱水	0.59　(6.0)	H_2O 饱和	H_2O 5×10^{-6}g·g^{-1}
氯气脱水	0.34　(3.5)	H_2O 50×10^{-6}L·L^{-1}	H_2O 5×10^{-6}L·L^{-1}
压力下CO_2气脱水	0.4　(4.0)	H_2O 饱和	H_2O 露点-50℃

表 18-5-4　各种吸附剂的脱水性能[6]

吸附剂	再生温度 /℃×h	原料中水分 /10^{-6}L·L^{-1}	出口液体中水分 /10^{-6}L·L^{-1}	透过点吸水率 /%	加热最高温度① /℃
硅胶	180×2	160~240	8~10	5.77	310
分子筛 4A	300×2	160~240	1~3	10.0	475
活性氧化铝	250×2	160~240	1~3	7.2	175~300
离子交换树脂	130×2	160~240	1~3	19.0	铝胶 670

① 活性炭在没有氧化的气体中，可加热至约 900℃。

表 18-5-5　各种脱水吸附剂的使用条件[7]

吸附条件		硅胶	活性氧化铝	合成沸石 4A	合成沸石 3A	离子交换树脂（强酸性）
处理流体	无极性的碳氢化合物	一般	良	优	优	优
	碱性溶液	不可	良	优	优	优
	酸性溶液	良	不可	不可	不可	良
	有机盐化合物	良	劣	劣	劣	一般
	烯烃类化合物	劣	劣	劣	良	一般
	聚合物类溶液	不可	不可	不可	良	不可
	醇类液体	劣	一般	良	优	不可
物性条件	吸附容量(H_2O)	一般	一般	较高	较高	高
	破碎强度（湿）	低	高	一般	一般	一般
	高温强度	低	高	高	差	很差
	价格（高/低）	低	低	高	高	一般
	品种（多/少）	多	多	一般	一般	一般

（2）干燥设备和操作条件　要使吸附器（柱）便于连续轮换使用，根据再生方法、处理量的大小等具体条件，可以选用单柱、双柱、三柱和四柱几种，使吸附和解吸轮流进行。吸附脱湿干燥设备依照床层的形式有立式、环式、卧式几种。立式设备常用于气体的干燥、溶剂回收等，其床层高度对气体可取 0.5~2m，对液体则床层高度为几米至数十米。环式床

层也可用于气体的干燥和溶剂回收,它具有压力降小的优点。卧式填充床层,一般床层高度为 0.3~0.8m。分子筛床层中的空塔线速,一般气体取 0.3m·s^{-1}左右,液体取 0.3m·min^{-1}左右。气体干燥过程中,由于水分的吸附热较高,含水分气体通过床层后,温度显著上升。吸附干燥的循环周期多取 4~24h 为 1 个周期,其吸附容量随运转时间或循环周期的增长而降低。

湿空气通过吸附剂床层干燥时,如其吸附等温线为线性,由透过曲线的理论式,出口干燥后空气中含水分量 c 为:

$$\frac{c}{c_0} = \exp(-K_F a_v / v) \tag{18-5-1}$$

如取床层高度 $L=99$cm,气体流速 $v=16.6$cm·s^{-1},空气和吸附剂接触时间 $t=L/v=5.96$s,气体在床层入口温度 30℃ 时的水分含量 $C_0=30.38$g·m^{-3};出口气体的露点-55℃,$c=0.027$g·m^{-3}。将这些数据代入式(18-5-1),求得活性氧化铝吸附剂的总传质系数 $K_F a_v = 1.22$s^{-1},故式(18-5-1)可以化简为:

$$c = c_0 \exp(-1.22 t/L) \tag{18-5-2}$$

因此,除接触时间 t 外,已知空气的流速、床层高度和入口空气的湿度 c_0,就可以求得出口空气的湿度 c。

固定床吸附干燥时,一般最大的容许流速为 36m·min^{-1},接触时间不小于 15s,流速大,两相接触时间缩短,吸附器的干燥效果提高。

固定床吸附干燥器的计算:

在设备计算前,需先算出下列各项基本参量。

(a) 有效吸附量 q_d:

$$q_d = q_0^*(1-R) - q_R \tag{18-5-3}$$

式中 q_0^*——平衡吸附量,kg$_{H_2O}$·kg^{-1}吸附剂;

q_R——残留水分量,一般取 2%~5%;

R——吸附剂经使用后的劣化率。

(b) 传质区高度 L_a。当吸附等温线为线性平衡等温线时,$\frac{c}{c_0} = \frac{1}{2}(1 + \text{erfE})$

$$L_a = 4\sqrt{\frac{Lv}{K_F a_v}} \tag{18-5-4}$$

非线性平衡吸附等温线时 $L_a = \frac{v}{K_F a_v} \int_{c_b}^{c_c} \frac{dc}{c - c^*}$

(c) 吸附剂用量 W:

$$W = W_{H_2O}/f(c) \tag{18-5-5}$$

(d) 传质系数的计算。液相分子扩散系数 D_{AB}:

$$D_{AB} = \mu V_m / (131.5 \eta) = 1.37 \times 10^{-5} / \eta$$

式中 μ——水蒸气的黏度,mPa·s;

V_m——液体水的摩尔体积,cm^3·mol^{-1};

η——溶剂的黏度,mPa·s。

大孔吸附剂颗粒内扩散系数 D_p:

$$D_p = \frac{\varepsilon_p}{x^2} D_{AB} \left(\frac{\varepsilon_p}{x^2} \approx 0.1 \text{ 及 } K_F a_v \approx H K_s a_v \right) \tag{18-5-6}$$

及：
$$K_F a_v = \frac{60 D_p (1-\varepsilon)}{d_p^2} \tag{18-5-7}$$

【例 18-5-1】 用填充着 4A 分子筛的固定床吸附干燥处理含水分的丙酮，处理量 $4t \cdot h^{-1}$，每 12h 切换一次，为 1 个周期，4A 分子筛的平衡吸附量 $q_0 = 0.19 kg \cdot kg^{-1}$ 分子筛，多次运转后劣化率 $R = 0.2$，残留水分量 $q_R = 0.04$，试计算此吸附塔的直径和高度。

解 有效吸附量 q_d：
$$q_d = q_0(1-R) - q_R = 0.19 \times (1-0.2) - 0.04 = 0.112 \quad (kg \cdot kg^{-1})$$

(a) 水分总量 W_{H_2O}：

丙酮处理量 $4t \cdot h^{-1}$，含水分 $5000 mg \cdot kg^{-1}$，每 12h 切换一次，则：
$$W_{H_2O} = 4000 \times 12 \times 0.005 = 240 \quad (kg)$$

(b) 饱和吸附床层高度 L_0：

吸附剂用量 $G = W_{H_2O}/q_d = 240/0.112 = 2143$ (kg)

设床层的充填密度 $\rho_B = 720$ $(kg \cdot m^{-3})$

则床层容积 $V = G/\rho_B = 2143/720 = 2.98$ (m^3)

如丙酮的流量 $W = 4t \cdot h^{-1}$，流速 $v = 0.15 cm \cdot s^{-1}$，密度 $\rho_L = 792 kg \cdot m^{-3}$；

则吸附塔的截面积 A 为：
$$A = W/(\rho_L v) = 4000/(792 \times 0.15 \times 10^{-2} \times 3600) = 0.94 \quad (m^2)$$

塔的直径 $D_T = \sqrt{4A/\pi} = \sqrt{4 \times 0.94/\pi} = 1.09$ (m)

饱和吸附床层高度 $L_0 = 2.98/0.94 = 3.17$ (m)

(c) 从吸附等温线计算传质区的长度 L_a。传质单元数：
$$N_{OF} = \int_{0.1}^{0.9} \frac{dc}{c-c^*} = 3.9$$

容积总传质系数 $(K_F a_v)^{-1} = 156.3 s$，则：
$$L_a = N_{OF} v/(K_F a_v) = 3.9 \times 0.15 \times 156.3 = 91.4 \quad (cm)$$

吸附塔的高度：
$$L = L_0 + \frac{L_a}{2} = 316 + 91.4/2 = 361.7 \quad (cm)$$

为安全计，取 $L = 400 cm$。

(d) 吸附剂分子筛用量 W（每一吸附床层）：
$$W = A L \rho_B = 0.94 \times 400 \times 720 = 2700 \quad (kg)$$

即取吸附塔直径 110cm，每一床层高度 400cm。

固定床吸附干燥，除用加热使吸附剂解吸、冷却后再生重复使用外，对于气体脱水干燥，也可以用降压的方法解吸再生（变压吸附）。

5.1.2 溶剂回收

从气体中回收溶剂蒸气，如化纤工业回收废气中的丙酮、CS_2，油漆工业排放气体中回收甲苯、酯类等溶剂，都常采用吸附法。与脱湿干燥塔类似，吸附塔（器）的设计需求取吸附塔的尺寸。此外，还可以计算床层的压力降、解吸和再生用蒸汽量、干燥吸附剂用热空气量和冷却用空气量。

如图 18-5-10 所示，为溶剂回收吸附装置的基本流程。如图 18-5-11 所示，为进料溶剂浓度、排气浓度和平衡吸附率的关系。

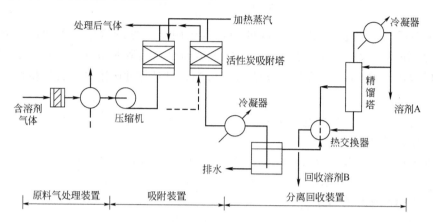

图 18-5-10 溶剂回收吸附装置的基本流程

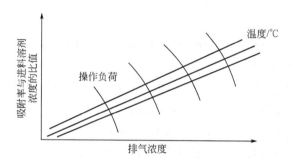

图 18-5-11 排气浓度、平衡吸附率与进料溶剂浓度的关系

如图 18-5-12 所示，为所用吸附剂颗粒的大小、填充紧密程度与床层压力降以及输送空气使之通过床层所消耗的动力之间的关系。水蒸气和能量的消耗也会因回收溶剂及设备种类

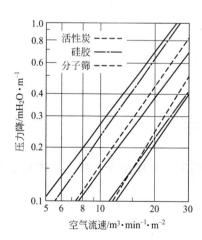

图 18-5-12 空气流过吸附剂床层的压力降和空气流速的关系

$1 mmH_2O = 9.80665 N$，下同

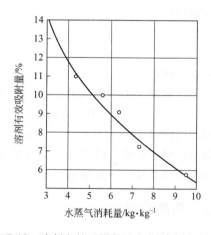

图 18-5-13 溶剂有效吸附量和水蒸气消耗量的关系

的不同而有所差别。一般回收 1kg 溶剂需消耗水蒸气 3~5kg，需动力 0.08~0.18kW·h。回收率一般可以达到 95％ 以上。如图 18-5-13 所示，为当使用活性炭作为吸附剂时溶剂的有效吸附率和水蒸气消耗量的关系。

表 18-5-6 列出了回收常用的溶剂，如丙酮、二硫化碳等，所用吸附塔的标准尺寸和主要的操作条件。

表 18-5-6　溶剂回收装置的类型和操作条件[6]

	项目	二硫化碳	丙酮	
设备	吸附柱的类型	垂直式	水平式	垂直式
	活性炭床层高/m	1.5~1.9	0.7~0.8	1.3
	活性炭充填量/t	6.5~8.0	7~10	1.3
	套数	6~8	2~3	3
	解吸回收的方式	低压水蒸气解吸，冷凝器凝缩	2~3	3
活性炭	粒度/目	6~8	4~6,6~8	
	硬度/%	60~98	93~98	
	平衡吸附量/kg·kg^{-1}	0.15~0.28(10~12g·m^{-3})	0.4~0.45(25℃，饱和)	
	透过总吸附量/kg·kg^{-1}	—	0.16~0.20(39g·m^{-3})	
	年补充率/%	0.5~5	5~6	
吸附和解吸条件	空气中回收溶剂的操作条件 入口浓度/g·m^{-3}	10~20	27~45	—
	排出气浓度/g·m^{-3}	n 近于 0	n 近于 0	—
	柱入口温度/℃	15~40	30~50	外气−5
	吸附时温度/℃	35~55	35~50	外气+7
	柱入口压力/mmH$_2$O	200~400	280~680	400
	空柱流速/m·min^{-1}	12~24	12~30	12~18
	解吸蒸汽的压力/kgf·cm^{-2}	2.0~5.0	2.0	0.3~0.4
	解吸温度/℃	130~160	130	100~105
循环的操作条件	解吸时间/min	160~375	30~60	180~300
	解吸温度/℃	25~50	35~50	外气+7
	清洗 时间/min	3~12	—	—
	温度/℃	10~35	—	—
	解吸 时间/min	30~100	20~40	90
	温度/℃	100~125	110~120	110
	干燥 时间/min	30~100	—	180
	温度/℃	90~105	—	40
	冷却 时间/min	30~100	—	60
	温度/℃	20~40	—	常温
吸附容量	平均真实吸附量/kg·kg^{-1}	5~12	5~10	
	解吸时残留的吸附量/kg·kg^{-1}	0.5~2	1~2	
回收率	捕集系统/%	50~60	96 以上	—
	吸附系统/%	98~99	99 以上	
	总计/%	49~60	95 以上	88 以上
运转消耗	动力/kW·h·kg^{-1}溶剂	0.40~1.00	0.03~0.06 / 0.20~0.25	2.5~2.7
	用水/kg·kg^{-1}溶剂	100~400	30~140	200~300
	水蒸气/kg·kg^{-1}溶剂	3~9	4.5~6	5~10
	吸附剂/kg·t^{-1}溶剂	0.1~1.5		0.1
	清洗用惰性气体/m^3·t^{-1}溶剂	40~350	0	0

5.1.3 气体污染物净化

脱臭：人类的嗅觉异常灵敏，对一些物质的嗅觉灵敏浓度见表 18-5-7。空气中的恶臭物质不仅污染环境，而且影响人们的身体健康，干扰正常的生活和工作。典型的脱臭方法有下列几种（表 18-5-8）。

表 18-5-7 物质的嗅觉灵敏浓度

物质	空气中浓度/mg·m^{-3}	稀释度(质量分数)/%
酚	1.2	1×10^{-4}
乙醚	0.75	7×10^{-5}
吡啶	0.04	3×10^{-6}
天然麝香	0.007	6×10^{-7}
碘仿	0.006	5×10^{-7}
氯仿	0.004	3×10^{-7}
丁酸	0.001	8×10^{-8}
硫醇	0.00004	3×10^{-9}
人造麝香	0.000005	4×10^{-10}
粪臭素	0.0000004	3×10^{-11}
香草醛	0.0000002	2×10^{-11}

表 18-5-8 各种脱臭方法的比较

项目	直接燃烧法	催化法	臭氧法	吸附法	水洗溶解法
处理量	小	小	中	应用范围广	应用范围广
臭气浓度	高	高	中	低	中
脱臭效率	高	高	中	高	中
管理	难	难	难	易	中
设备费	高	高	高	廉	中
运转费	高	高	高	高	廉

(a) 水洗溶解法。可用 10% NaOH 的水溶液或 5% 酸的水溶液，在填充塔内洗涤气体，使硫化氢、胺类及脂肪酸与之反应被脱除。

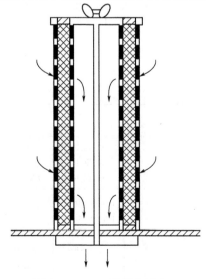

图 18-5-14 吸附脱臭过滤器

(b) 吸收法。用硫酸、氯化铁等溶液去除与之反应速率快的恶臭物质，残余物用活性炭进一步处理。

(c) 吸附法。用活性炭或大孔吸附树脂处理，对痕量恶臭物质特别有效。

(d) 催化法。在活性炭上浸渍各种金属盐类溶液或有机溶液，例如浸渍 2%～3% Cu_2Cl_2，能迅速分解一些恶臭物和毒物。

(e) 直接燃烧法。净化空气常用的过滤器（图 18-5-14），是由一种内装活性炭的两个同心圆网板构成，活性炭层厚 24mm，压力降 8mmH_2O，每小时可处理 60m^3 空气。

我国有大量的燃煤火力发电厂，含硫煤炭在燃烧过程产生的 SO_2 排放到空气中遇到水分会形成酸雨，污染环境。吸附也是净化 SO_2 废气的有效方法之一。

如图 18-5-15 所示，为 CO_2、SO_2、O_2 和 H_2O 混合气体在活性炭上的吸附，数据表明：(a) O_2 和 CO_2 混合气的吸附量最小；(b) 水蒸气吸附量亦较小；(c) SO_2 吸附量稍多而迅速达到饱和；(d) SO_2 和 O_2 并存时的吸附量较大，有水分存在时的吸附量最大，并随时间迅速增加。如图 18-5-16 所示，为活性炭移动床吸附脱除 SO_2 装置流程图。当使用活性炭吸附时，微孔起催化作用，使 SO_2 氧化成硫酸，活性炭加热至 190℃，吸附的 H_2SO_4 与活性炭反应放出 SO_2，经转化器和吸收塔得到浓硫酸。

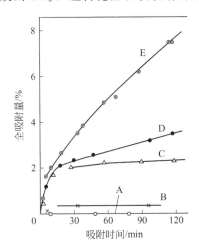

图 18-5-15　CO_2、SO_2、O_2、H_2O 混合气体在活性炭（粒径 18～24 目）上的吸附量（100℃）
A—O_2、CO_2 混合气；B—H_2O（蒸汽）；
C—SO_2 气体；D—SO_2、O_2 混合气；
E—SO_2、O_2、H_2O 混合气

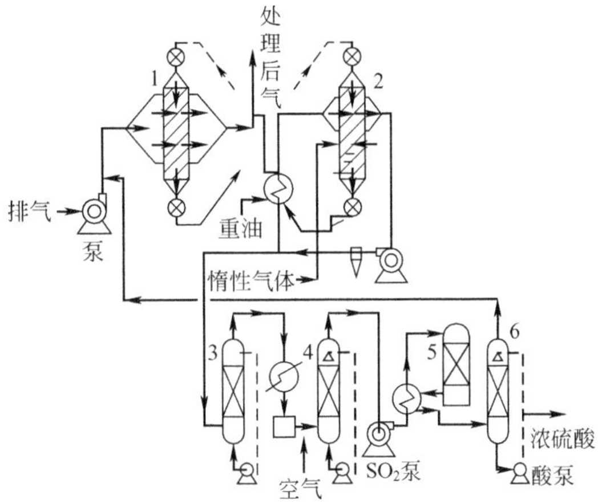

图 18-5-16　活性炭移动床吸附脱除 SO_2 装置流程图
1—吸附器；2—解吸器；3—洗涤塔；
4—干燥塔；5—转化器；6—吸收塔

5.1.4　水体污染物净化

生活污水或工厂排出的下水中常含有机物和无机物金属离子，也可能由于硫化物或因厌氧细菌的繁殖，产生恶臭。污水经絮凝过滤或沉淀等一级处理后，可进行二级吸附处理，以脱除微量的有机物及金属离子，也可用活性炭处理。选择具体方法根据被脱除物质的特性而定，如分子大小、分子量高低、有无官能团等。一般以吸附脱除 ϕ1nm（10Å）以下，10^{-8}～10^{-5}cm 的分子较适宜，分子量在 1500 以上的有机物以絮凝法沉淀为佳，分子量在 400 以下的则以活性炭吸附较为有效。污水中的有机物含量一般以 COD、BOD 和 TOC 表示。用活性炭吸附脱色、除臭和脱除有机物的优点是，在水质波动的情况下操作仍然比较稳定。例如使水质 COD 从 $50mg \cdot L^{-1}$ 降至 $10mg \cdot L^{-1}$、TOC 从 $15mg \cdot L^{-1}$ 降至 $3mg \cdot L^{-1}$、色度从 30 减至 3、恶臭不纯物从 $13mg \cdot L^{-1}$ 降至 $1mg \cdot L^{-1}$ 时，脱色、脱臭的效果和经济性良好。脱除大量有机物时，活性炭需多次再生，在活性炭表面挂菌膜，利用菌种和浮游初等生物，在空气作用下氧化再生，有一定的效果。

上下水二级处理的方法有多种，如反渗透、离子交换膜、臭氧氧化和紫外线氧化等。

污水处理塔的计算：

水流的流向向上便于排污，水流向下，床层的吸附量可利用得更完全些。一般取固定床活性炭床高 3～9m，活性炭的粒度 8～40 目，表观流速 1.4～$6.8 L \cdot m^{-2} \cdot s^{-1}$，停留时间

10~60min，活性炭用量为 24~48g·m⁻³ 水（例如每天处理下水 744000m³，活性炭用量可取 319t）。对煤气下水，经分离焦油后，用粒度 1.5~2mm 活性炭柱处理，在 60~65℃ 约可吸附 5%（质量分数）的酚，再生时可用苯或其他溶剂抽提回收，剩余的溶剂用水蒸气吹脱，再加热干燥，再生活性炭。Bohart 和 Adams 以活性炭吸附氯的模型出发，提出了设计活性炭吸附柱的表面反应模型。此模型假设吸附速度为吸附质和固体吸附剂未用容量之间的表面反应所控制，则：

$$\text{吸附速度} = k_r c c_u$$

在传质区内取液体和活性炭两相的物料衡算，如忽略扩散和积累项，c_u 为每单位容积床层未使用活性炭的吸附容量，c_u^0 为床层最初吸附容量，则：

$$\frac{\partial c_u}{\partial t} + k_r c c_u = 0 \tag{18-5-8}$$

$$v \frac{\partial c}{\partial z} + k_r c c_u = 0 \tag{18-5-9}$$

以床层高度积分，得：

$$\ln(c_0/c_b - 1) = \ln[\exp(k_r C_u^0 L/v) - 1] - k_r c_0 t_b \tag{18-5-10}$$

由于 $\exp(k_r c_u^0 L/v) \gg 1$，得透过时间点 t_b：

$$t_b = \frac{c_u^0 L}{c_0 v} - \frac{1}{k_r c_0}\left(\ln \frac{c_0}{c_b} - 1\right) \tag{18-5-11}$$

以 t_b 对床层高度 L 作线，可得斜率 $(c_u^0/c_0 v)$ 和截距 $-(\ln c_0/c_b - 1)/(k_r c_0)$，如 c_0、v 和 c_b 已知，可分别求得 c_u^0 和 k_r 值，但此二值受操作条件的影响很大，故仍以采用生产设备的运转数据为准。

【例 18-5-2】 如三个串联的实验室固定床吸附柱，各柱的直径 5.08cm，活性炭床层深度 0.91cm，进料污水的浓度（BOD）90mg·L⁻¹，流量 0.19L·min⁻¹，每根柱到达透过点浓度（BOD）80mg·L⁻¹ 的时间分别为 60h、160h 和 280h，如要处理类似的污水，其浓度（BOD）为 80mg·L⁻¹，透过点浓度（BOD）10mg·L⁻¹，流率 2.04L·s⁻¹·m⁻²，操作时间 1 个月，试计算处理此污水流量 265L·min⁻¹ 时，需要的吸附柱尺寸。

解 此实验吸附柱面积 $= 2.54 \times 10^{-2} \times \pi/4 = 1.99 \times 10^{-3}$ （m²）

$v = 0.19 \times 10^{-3} \times 60/(1.99 \times 10^{-3}) = 5.72$ （m·h⁻¹）

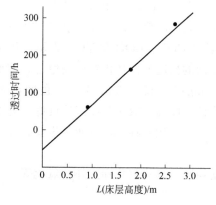

图 18-5-17　例 18-5-2 以操作时间对床层高度作图

根据式(18-5-11)，以操作时间对床层高度作图，得一直线（图 18-5-17），其斜率 $c_u^0/(c_0 v) = 102.4 \text{h·m}^{-1}$，则 $c_u^0 = 102.4 \times 90 \times 10^{-3} \times 5.72 = 52.7(\text{kg·m}^{-3})$。在 $L=0$ 的截距为 -50 时，则：

$$-50 = -\frac{1}{k_r \times 90 \times 10^{-3}} \times \ln\left(\frac{90}{10} - 1\right)$$

所以 $k_r = 0.462 \text{m}^3 \cdot \text{kg}^{-1} \cdot \text{h}^{-1}$

对生产柱：$c_0 = 80\text{mg·L}^{-1}$，$c_b = 10\text{mg·L}^{-1}$，$v = 7.33\text{m·h}^{-1}$，运转时间 $t = 30\text{d} = 720\text{h}$，将这些数据代入式(18-5-11)，则：

$$720 = \frac{52.7}{80 \times 10^{-3} \times 7.33} L - \frac{1}{0.462 \times 80 \times 10^{-3}} \times \ln\left(\frac{80}{10} - 1\right)$$

床层高度 $L=8.60\text{m}$。流量 $=265\text{L}\cdot\text{min}^{-1}=4.42\text{L}\cdot\text{s}^{-1}$，柱的截面积 $=4.42/2.04=2.17(\text{m}^2)$，$\pi d^2=2.17\text{m}^2$，故吸附柱的直径 $d=1.66\text{m}$。

5.1.5 吸附剂的再生

在实际应用中，为了使吸附剂能够重复使用，吸附技术通常是由吸附-脱附循环过程所组成。吸附剂的再生或解吸通常可以通过加热或减压（抽真空）得以实现。通过加热吸附剂使得吸附剂再生，所构成的吸附过程也称为变温吸附（temperature-swing adsorption，TSA）。在这个循环过程中，吸附床通过升高温度来进行再生，升高温度最简单的方法是向床层中通入预热了的空气。由于大部分吸附剂的导热性能都不高，因此加热吸附床是一个缓慢的过程（相对于吸附过程），它也是吸附-脱附循环中的速率控制步骤。完成一个脱附过程可能需要几个小时甚至超过一天的时间。为了使吸附过程和脱附过程所需要的时间相当，可设计双塔（柱）操作系统。操作时，一个塔处于吸附过程时，另一个塔处于再生操作过程。两个塔交替进行吸附和脱附操作，这种循环过程通常应用于气体或水体的净化过程。

此外，还有三塔吸附系统。在三塔吸附系统中，备用塔位于吸附床和再生床中间（Chi 和 Cummings，1978 年）。当吸附床中出口的气体浓度接近入口浓度时，吸附床关闭，气体停止进入此吸附床，与此同时，对已经吸附饱和的吸附床进行脱附。这时，备用床就变成吸附床，可通入气体进行吸附操作；而再生之后的床就变成了备用床。

吸附剂的解吸再生可以分为脱除含量低于 3% 以下的污染物、主体流中含量高至 3%~5% 的组分再生和单纯组分再生三种。如果吸附质是价值较高的产物，吸附剂的解吸再生和吸附质回收要同时进行。

5.1.5.1 再生温度的选择

为了有效地采用热再生吸附剂，Basmadjian 等[5]提出有效的解吸必须在"特征温度"以上完成。这个特征温度 T_0 与被吸附物质的吸附特性有关。假设吸附质的吸附等温线可由式(18-5-12) Langmuir 吸附等温线表示：

$$q=\frac{K(T)p}{1+B(T)p} \tag{18-5-12}$$

则特征温度 T_0 为当吸附等温线的斜率 $K(T)$ 等于 c_{ps}/c_{pb}（即固相比热容和惰性载气恒压比热容的比值）时所对应的温度。

T_0 定义为：

$$K(T_0)=\frac{c_{ps}}{c_{pb}} \tag{18-5-13}$$

式中，q 为吸附量；p 为压力；c_{ps}，c_{pb} 为固相（吸附剂和吸附质）和惰性气体的比热容。表 18-5-9 给出一些吸附体系再生时所需要的特征温度值。

需要指出的是，当再生温度增加到超过特征温度时，解吸所需要的能量消耗同样增加，但脱附量没有大幅增加，因而特征温度实际上是解吸作用的最佳温度。

此外，在选择再生温度时，吸附质的特性问题也是必须考虑的。例如，对于处理烃类，当再生温度低到 100℃ 时，由于催化分解的结果，沸石上出现焦炭沉积现象，这取决于烃类混合物的分压和其他的因素。对于活性炭吸附体系，当再生温度略高于 100℃ 并有少量氧气存在时，活性炭吸附剂会出现剧烈的氧化反应，甚至引起活性炭床层的燃烧。

表 18-5-9　若干吸附体系再生时所需要的特征温度 T_0（在 1atm，1atm＝101325Pa）

系统	T_0/°F[①]
CO_2/CH_4/5A 沸石	约 230
H_2O/空气/5A 沸石	约 600
H_2O/空气/硅胶	约 250
H_2S/CH_4/5A 沸石	约 400
丙酮/空气/活性炭	约 300

① 由于 K、c_{ps} 和 c_{pb} 的不确定性，表中数值的精确度为±10%。$t/℃ = \frac{5}{9}(t/°F - 32)$。

注：数据来源于 Basmadjian 等[5]。

5.1.5.2　流体流动方向的选择

液相吸附和气相再生操作中，再生气流的向上流动有助于清除停留在吸附剂上的液体。解吸和吸附时，流体流向的不同将影响产品的纯度。流向相同时，每一循环的全部吸附质（包括已解吸出来的），都要反复通过床层中未用部分；相反，如解吸时流向和吸附流向相反，床层中未用部分不接触吸附质，除可能吸收一点热量外，不受解吸过程的影响。

在解吸剂逆流解吸过程，得到一组 y-z 负荷曲线和 x-t 的浓度曲线（图 18-5-18）。解吸流体从床层底部送入，在该处先行解吸，组分浓度沿床层升高，造成一个残余负荷梯度，在底部的浓度最小。如顺向流过，残余负荷曲线梯度正相反，要大量清洗液才能使整个床层成为均匀而较低的残余负荷曲线梯度，这在经济和工艺上都是不合算的。逆向时，床层中未用部分不用解吸，故逆流解吸是比较有利的。

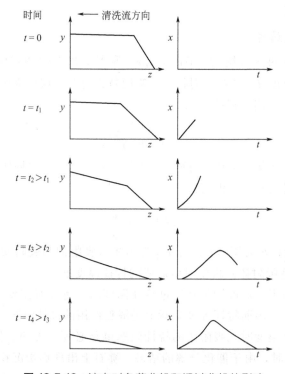

图 18-5-18　流向对负荷曲线和透过曲线的影响

在冷热交替的循环中，加热阶段解吸流体可以和进料方向相同或相反，冷却阶段则需进一步考虑流体的流向方向（图 18-5-19）。冷却阶段可能有四种不同的情况，对残留负荷曲线梯度产生不同的影响。

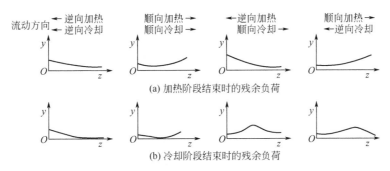

图 18-5-19　解吸加热流和冷却流方向与残余负荷曲线梯度的关系

（a）逆向加热和逆向冷却，加热时床层发生解吸，使吸附床层出口端得到最低的残余负荷。但如果冷却流体含较多的吸附组分，逆向冷却在床层冷却时，使冷清洗液流中的吸附组分吸附下来，增大残余负荷，使出口端残余负荷达到最高，会严重损害下一循环的吸附过程。

（b）顺向加热和顺向冷却，常使床层出口端留下较高的残余负荷，在冷却阶段仍继续解吸。因开始冷却时，浓度变化梯度和温度梯度不改变方向。加热后向上移动的冷却流体，起着热清洗剂的作用，继续使床层解吸。

（c）逆向加热和顺向冷却，可以降低下一个吸附阶段床层出口端的残余负荷，因而吸附过程不致被冷却流体中的吸附组分所干扰，这种加热和冷却方式常为吸附干燥和净化操作所采用。

（d）顺向加热和逆向冷却，方式较为少用，仅在进料是闭路循环的热清洗剂、产品是冷清洗剂的情况下，为了使解吸组分的稀释度降到最低限度时偶尔使用。

5.1.5.3　吸附剂的再生和劣化度

吸附剂的再生是必要的。以活性炭为例，除加热再生外，还可采用改变压力（指可逆吸附）、强亲和力溶剂抽提置换和其他药物氧化等再生方法（表 18-5-10）。活性炭在活化炉中再生，一般在 100℃ 水分蒸发的干燥阶段。残留的游离碳有机物在约 820℃ 炭化煅烧阶段和在 820～900℃ 残留游离碳气化的活化阶段。水蒸气消耗量常为 $0.8\sim1.0\mathrm{kg\cdot kg^{-1}}$。表 18-5-11 显示，活性炭经 2～3 次湿法氧化再生后，其吸附再生效率显著下降。

表 18-5-10　活性炭的再生方法

再生方法		处理温度	使用介质
加热再生	加热解吸 高温灼烧再生 （加热再生）	100～200℃ 750～950℃ （400～500℃）	水蒸气、惰性气体、CO_2 气体
药物再生	无机药物 有机药物	常温～80℃ 常温～80℃	盐酸、氧化剂、有机溶剂(苯、丙酮等)
微生物再生 湿式氧化分解再生 电解氧化		常温 180～220℃ 加压 常温	好氧细菌、嫌氧细菌、空气、氧化剂、O_2

表 18-5-11　活性炭（Cliff Dow 10×30 目）应用于下水三级后它的湿法氧化的再生效率

氧化剂	氧化剂浓度/%	平均效率/%		
		第一次效率	第二次效率	第三次效率
氯水	0.46	15	0	
溴水	3.54	<10	0	
$KMnO_4$	10.0	16	0	
$Na_2Cr_2O_7$	10.0	61	<20	
$K_2S_2O_8$	0.75	49	20	0
$Na_2S_2O_8$	0.75	55	<20	0
O_3	4.0	25	0	
Na_2O_2	1.0	60	<20	0
H_2O_2	3.0	71	50	<20

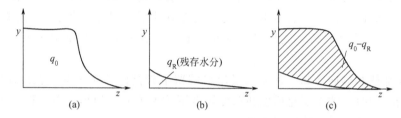

图 18-5-20　冷热交替循环再生时，吸附床层的吸附容量变化

残余吸附量 q_R（残余负荷）指在一定的再生条件下吸附剂中残存的吸附量。吸附剂再生后的残余负荷和吸附阶段床层末端处吸附剂的状态以及吸附和解吸阶段的吸附容量之差有关。图 18-5-20(a) 示出了吸附阶段完成后床层的负荷曲线；图 18-5-20(b) 为再生阶段结束后的残余状态；图 18-5-20(c) 表示经此两阶段后吸附容量的差值，即有效吸附容量（q_0-q_R）（斜线部分的面积）。残余吸附量在其他条件不变的情况下，由再生气体中水分的浓度和再生温度等条件决定。硅胶、活性氧化铝和合成沸石在同一再生温度条件下，其残存水分都不相同[图 18-5-21(a)～图 18-5-21(c)]，硅胶在比较低的温度 T 下可以完全解吸，活性氧化铝次之，合成沸石则要求在较高温度下再生。例如，要使床层内残存水分量为 1%，以露点为 0℃ 的再生气再生时，硅胶的再生温度为 130℃、活性氧化铝为 150℃，而合成沸石

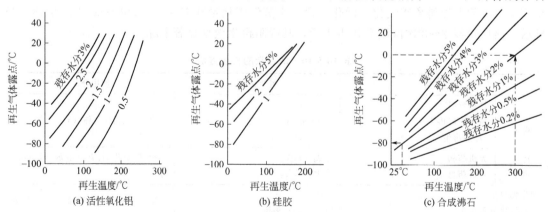

图 18-5-21　再生条件和残余水分的关系

则需 300℃。

吸附容量的减少是由于反复加热再生，吸附剂发生劣化现象引起的，其比表面积随着加热温度的升高而减小。产生劣化现象的原因有：(a) 吸附剂表面为炭沉积、叠合物或一些化合物覆盖；(b) 加热过程使吸附剂达到半熔融状态，微孔部分堵塞甚至熔融消失；(c) 化学反应将结晶部分破坏。

如图 18-5-22 所示，说明了活性氧化铝和合成沸石劣化的原因，劣化曲线表示上述三种原因影响的程度。其中 I 是受热成半熔融状态，造成毛细孔结构上的劣化；II 是炭沉积，使微孔入口堵塞造成的劣化；III 是化学反应劣化，如气体或溶液中含稀酸或稀碱对合成沸石、活性氧化铝的结晶或无定形物质的部分破坏，导致吸附性能下降。

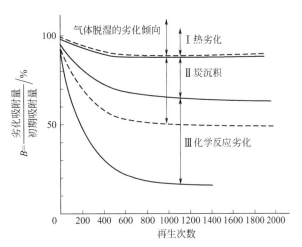

图 18-5-22　吸附剂劣化原因的图解

为使吸附剂的结构不致破坏，微孔不致融合，再生时加热温度的最高限为：活性炭（在无氧化气氛，如氮气中时）约 900℃，分子筛 475℃，硅胶 310℃，活性氧化铝 175～300℃，铝胶 670℃。对非定型产品的吸附剂，应由其差热分析曲线确定，即再生温度应低于吸附剂晶体的破坏温度。

5.2　变压吸附

5.2.1　变压吸附的应用和发展[8]

变压吸附（PSA）分离过程是以压力为热力学参量不断循环变化的过程，广泛用于气体混合物的分离精制。该过程在常温下进行，故又称为无热源吸附分离过程，可用于气体混合物的本体分离，或脱除不纯组分（如脱水干燥）而精制气体，还可以将去除杂质（水分或 CO_2）作为预处理，与主体气体吸附分离同时进行。

5.2.1.1　Skarstrom 和 Guerin-Domine 循环

1958 年 Skarstrom[9] 和 Guerin-Domine[10] 分别开发了变压吸附分离空气制取富氧工艺，如图 18-5-23、图 18-5-24 所示。

Skarstrom 循环主要使用两床流程，如图 18-5-23 所示。Skarstrom 循环主要包含两个循环步骤：高压吸附和低压解吸。在这两步之间有两个变压过程，在第一个吸附床高压吸附之后，此吸附床降压至（或低于）一个标准大气压，与此同时，已压缩的混合进气转换到第二个吸附床中进行加压，然后开始在进气压力条件下吸附，从第二个吸附床流程流出的、经过纯化的气体有部分气体以逆流方向进入并穿过第一个吸附床，在一个标准大气压（或低于一个大气压）下清洗吸附床层。吸附床解吸之后，整个单元将准备进入第二个循环。因此每个吸附床经历两个半循环，每次的时间相同。Skarstrom 循环的特点是：将吸附饱和床在低

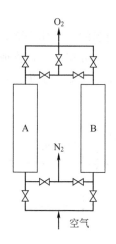

图 18-5-23 Skarstrom 循环

A 或 B 床排氧，进料升压，
A 或 B 排氮，用氧反向吹扫

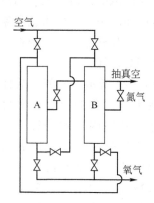

图 18-5-24 Guerin-Domine 循环

A 或 B 床有三个阶段：(a) 空气使 A 加压（B 抽真空）；
(b) 通过 B 使 A 向下流排料，收集氧；
(c) A 抽真空（下一循环，A 和 B 互换）

压下解吸并用部分轻组分产品吹扫床层。在纯化的过程中，Skarstrom 循环均保持连续稳定的进气气流并得到连续稳定的纯化产品。该工艺用于工业规模的空气干燥和其他气体的分离与精制。

Guerin-Domine 循环的特点是：将吸附饱和床在真空下解吸，如图 18-5-24 所示。Guerin-Domine 循环是现代真空变压循环的基础。

Skarstrom 循环已经广泛应用于气体干燥、从空气中分离氧气以及其他主体气体的分离。然而，简单的 Skarstrom 循环变压吸附分离，从经济的角度看，产品的收率比较低，因此能量消耗仍偏高。因此在发明 Skarstrom 和 Guerin-Domine 循环之后，人们又提出了两个重要的概念——"同步降压"和"压力均衡"，并对 PSA 进行改进。

"同步降压"是在 Skarstrom 和 Guerin-Domine 循环发明后人们提出的第一个主要改进方案，就是把同步减压步骤引入到循环中。为了将这一步骤整合到 Skarstrom 循环中，人们把吸附过程缩短了，也就是在吸附穿透点之前或者说是浓度波的前沿还远离吸附床出口时吸附步骤就停止了，紧接着在这个吸附床解吸之前，如 Skarstrom 循环所要求的在排空和解吸之前，就进行同步减压［也称同步降压（均压）过程］。在 Skarstrom 循环中结合同步降压的连锁效应能够提高强吸附产品的纯度，并反过来增加弱吸附组分的回收率。

"压力均衡"（PE）是指通过这一步骤使两个相连的吸附床中的压力相等，其主要目的是保存高压吸附床中气体拥有的机械能。利用均压手段，把处于降压阶段的其他床层中的气体导入，使已再生床的压力逐渐升高，这样能节省能量。目前在商业上主要的 PSA 过程所使用的均压过程都是基于 Berlin（1966 年）和 Wagner（1969 年）的专利所提出的原理。通常，均压过程是在有两个吸附床的 Skarstrom 循环当中加入一个空罐，这个空罐的功能主要是用来储存一部分来自饱和吸附床的压缩气体，这些气体将用于此后对同一吸附床的清洗解吸，如图 18-5-25 所示。

在 1961 年，因溶剂、高辛烷值汽油和生产洗涤剂对正构烷烃的需要，联合碳化公司以 5A 型分子筛为吸附剂，开发了 PSA 工艺分离正构烷烃和支链/环烷烃类。当原料混合气中

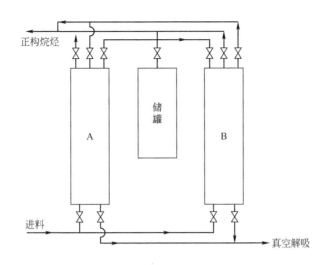

图 18-5-25 外加储罐的 Skarstrom 循环

塔 A	吸附			并流减压	真空解吸	升压
塔 B	并流减压	真空解吸	升压	吸附		

含 54.4% 的正构烷烃和 45.6% 的支链/环烷烃时，经过分离可得到高纯度的正构烷烃（属强吸附组分）和高纯度的支链/环烷烃（弱吸附组分）。此工艺称为 Isosiv 工艺（图 18-5-26）。

变压吸附工艺可应用于对氢气的回收和精制，这是由于氢气和其他组分如 CH_4、CO、CO_2 等在分子筛和活性炭吸附剂上的选择性系数相差很大。1960 年建立的装置大部分是四床层系统，基本阶段是吸附、均压、并流清洗、下吹、清洗和升压。这个过程在室温下进行，典型压力为 $98.06×10^4 \sim 411.85×10^4$ Pa（$10 \sim 42$ kgf·cm^{-2}），获得 99.999% $\sim$ 99.9999% 的高纯度氢，回收率在 70% $\sim$ 75%。工业四床变压吸附装置容量已超过 $116×10^4$ m^3 进料气，用五个或更多的床层，回收率可达 85% $\sim$ 90%。目前，吸附剂的利用率（即每单位质量吸附剂回收的氢）从 10% 增加至 20%，单一装置的容量有的已达 $2800×10^4$ m^3 氢气的规模，床层发展到 7 个以至 10 个。

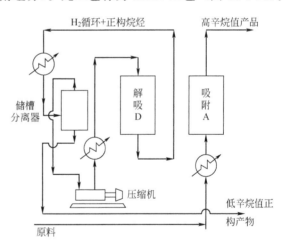

图 18-5-26 联合碳化公司 Isosiv 工艺流程图

1970 年，由于污水生化处理需要富氧促进细菌的活力，变压吸附制氧迅速工业化，其流程和精制氢的相似，将空气压缩至 $14.7×10^4 \sim 54.9×10^4$ Pa（$1.5 \sim 5.6$ kgf·cm^{-2}），冷却脱水，进入塔上端经硅胶和活性氧化铝吸附剂（或另设处理塔）脱去 CO_2 和残余水分，经变压吸附得纯度为 90% $\sim$ 93% 的富氧。在大装置中氧回收率一般为 30% $\sim$ 60%，产品纯度愈高，回收率愈低。常用的吸附剂为 5A、13X 和丝光沸石分子筛。单系列的工业空分制氧量可高至 36 t·d^{-1}，多系列的大型装置每天可达 100 t 氧左右。变压吸附空分制氮，采用碳分子筛吸附剂，它是基于氮和氧分子的动力学直径不同（氧在煤基碳分子筛内的扩散速率比氮快,氧的扩散系数为 $1.7\times10^{-4}s^{-1}$,而氮为 $7.0\times10^{-6}s^{-1}$),利用扩散系数的差异而分离。氮是重要的惰性气体保护剂,常用于粮食、食品和冶金工业。

在许多工况条件下应用 PSA 对气体混合物进行分离或纯化时,都会面临混合气中存在水蒸气以及二氧化碳的问题。水蒸气和二氧化碳都能够非常强地被一些吸附剂例如沸石和合成分子筛吸附,这是在用这些多孔材料作为吸附剂对空气或者其他混合物进行分离时产生的一个主要问题。由于这些气体吸附比较牢且都不易解吸,逐渐在吸附床中积累,从而导致吸附剂的性能退化甚至失效,导致 PSA 丧失分离性能。为解决此问题,可以通过在 PSA 系统之外采用一个预处理分离床来解决,这个床必须脱离 PSA 过程单独再生。为简化过程,人们希望将预处理床并入 PSA 系统中,并将其视为一个整体,能够同步再生。

1977 年,Sircar 和 Zondlo[11] 提出类似 Guerin-Domine 循环的变真空吸附(vacuum-swing adsorption)过程,从空气中分离氮和氧,同时采用填充干燥剂的预处理塔,以脱除水蒸气和 CO_2,吸附床层用沸石分子筛,可得纯度为 98%~99.7% 的氮气。

近年来,我国的变压吸附气体分离技术得到了很大的发展。例如,我国北大先锋科技有限公司已开发出从空气中分离氧气、产氧规模达 $40000m^3\cdot h^{-1}$ 的变压吸附生产装置;开发出从高含量 N_2 或 CH_4 的原料气(合成气、水煤气、半水煤气以及钢铁、电池和黄磷厂排放的尾气)中分离 CO,产 CO 规模达 $40000m^3\cdot h^{-1}$ 的变压吸附生产装置;开发出从各种含 H_2 混合气(变换气、焦炉煤气、半水煤气、炼厂重整气、甲醇裂解气、氨裂解气、炼厂催化裂化干气、甲醇尾气、甲醛尾气)中分离 H_2,产 H_2 规模达 $200000m^3\cdot h^{-1}$ 的变压吸附生产装置。

由于变压吸附一般在室温和不高的压力下操作,具有设备简单、床层无需外加热源、再生容易、可连续操作、对原料气的质量要求不高、操作弹性大、吸附剂寿命长、易适应进料气组成和处理量波动等优点,从 1990 年起申请的专利数不断增加(图 18-5-27)。变压吸附在气体工业中的主要用途见表 18-5-12。

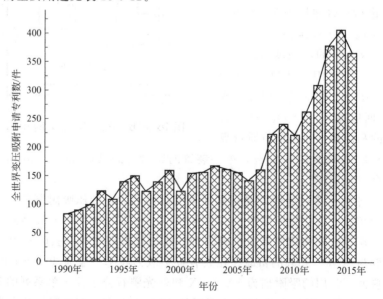

图 18-5-27 变压吸附技术逐年申请专利数

表 18-5-12　重要的工业变压吸附分离

原料气	吸附组分	吸附剂
空气中的石油蒸气	石油蒸气	Al_2O_3
CH_4 和 H_2	CH_4	分子筛
CH_4 和 N_2	CH_4	分子筛
CO_2 和 He	CO_2	硅胶
CH_4 和空气	CH_4	活性炭
CH_4 和 CO_2	CO_2	分子筛
CH_4 和 H_2	CH_4	活性炭
C_2H_4 和 N_2	C_2H_4	活性炭
H_2 和少量的 CO	CO	碳分子筛
CO_2 和 N_2	CO_2	活性炭
天然气	汽油馏分	分子筛、活性炭
正构及异构烷烃	异构烷烃	分子筛
天然气、重整 H_2	H_2S	活性炭
氨裂解气、重整 H_2	NH_3	分子筛
空气分离、氢气	N_2、O_2	分子筛
乙炔、裂化气、乙烯、天然气、氢气、氦气等脱水	H_2O	分子筛、Al_2O_3

5.2.1.2　快速变压吸附（RPSA）

PSA 发展的同时，变压吸附可进一步简化。例如，采用快速变压吸附（RPSA）或称参数泵变压吸附（图 18-5-28）的工艺，可制成医用氧浓缩器进行商业化应用。它用一个小的空气压缩机，每分钟可得纯度 85%～95% 的富氧 2～4L（回收率 10%～30%），消耗的功率较低，这是一个快速改变流体流动方向的操作过程，一个循环需时仅几秒。

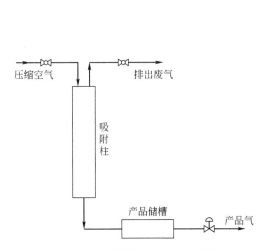

图 18-5-28　快速变压吸附流程图

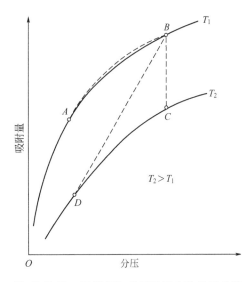

图 18-5-29　吸附量和分压及温度的关系曲线

5.2.2 变压吸附循环操作原理

5.2.2.1 操作原理

变压吸附是一种利用吸附体系压力的变化进行吸附和解吸的过程。如图 18-5-29 所示，为变压吸附分离的原理，表明了吸附量和分压及温度的关系。例如，吸附床层温度恒定，增加吸附床层的压力，使吸附沿吸附等温线 AB 进行，使吸附剂的吸附量不断提高；此后，若同时利用减压和加热方法联合解吸，使脱附沿 BD 线的操作，使吸附剂的吸附量不断减少。整个循环过程称为变压变温吸附。以空气的脱湿干燥为例，表 18-5-13 对三种操作方法进行了比较：变温吸附切换时间较长，达 6~8h；变压吸附切换时间较短，需要反复切换，再生时空气消耗量较大，可达 15%~20%；变压变温吸附法再生时的空气消耗量较少，仅为 4%~8%。变压吸附采用的压力变化可以是：(a) 常压下吸附，真空下解吸；(b) 加压下吸附，常压下解吸；(c) 加压下吸附，真空下解吸。双塔变压连续吸附干燥流程如图 18-5-30 所示。

表 18-5-13　变温再生、变压吸附与变温变压法的比较

操作条件	变温再生法	变压吸附法	变温变压法
吸附塔的尺寸	1.0	变温再生法的 $\frac{3}{4} \sim \frac{1}{2}$	变温再生法的 $\frac{1}{3}$
吸附剂的种类	硅胶、活性氧化铝等	活性氧化铝、分子筛等	活性氧化铝、分子筛等
空气处理量/$m^3 \cdot h^{-1}$	100~50000	1~1000	1~5000
压力/kPa	0~291408	500~1501	294.2~1961.2
水分量	20~40℃(饱和)	20~35℃(饱和)	20~40℃(饱和)
塔的切换时间	6~8h	5~10min	30~60min
出口气体露点/℃	−20~−40	−40 以下	−40 以下
再生温度/℃	150~200	20~30	40~50
再生用空气消耗率/%	0~8	15~20(686.47kPa)	4~8(686.47kPa)
加热设备	大	无	小

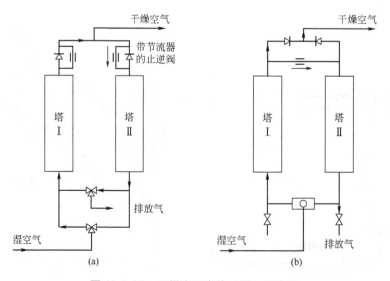

图 18-5-30　双塔变压连续吸附干燥流程

设计一个变压吸附过程需要考虑以下因素:

(a) 吸附剂。首先要选用合适的吸附剂。如以空分为例,用4A型沸石为吸附剂时,由于压力升高,氧和氮的分离系数下降,故空分制氧的变压吸附压力一般只在0.4MPa左右。通常,富氧的纯度和回收率难于同时得到兼顾,如回收率为60%时,纯度为30%~40%;当富氧纯度达85%时,回收率迅速下降至1%。改进后的工艺可使富氧的纯度和回收率都有提高,能量消耗和一般空分装置相近,仅为$1.7kW\cdot h\cdot 2.8m^{-3}$氧,故认为变压吸附制氧设备的氧产量以$1\sim 80t\cdot d^{-1}$的规模是经济的。氧的分子直径为$2.8Å\times 3.9Å$,氮为$3.0Å\times 4.1Å$,4A分子筛对氧的吸附量为$2.2mL\cdot g^{-1}$,对氮为$5.2mL\cdot g^{-1}$,但二者的扩散速度不同,氧

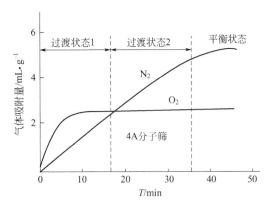

图 18-5-31 氧、氮吸附量和时间的关系

的扩散速度远高于氮,可快速达到平衡吸附量,而氮的吸附速率慢,需要较长的时间才达到平衡状态,表现为动态优先吸附氧,如图18-5-31所示。

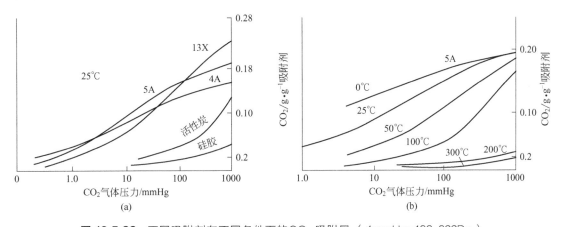

图 18-5-32 不同吸附剂在不同条件下的CO_2吸附量(1mmHg=133.322Pa)

通常,空分主吸附塔前常设置一前置塔,内装分子筛或氧化铝吸附剂,以除去水分和CO_2等干扰组分。5A分子筛在常温条件下具有优良的CO_2吸附性能,它的吸附量是随温度的升高而下降(图18-5-32)。氮气在各类型分子筛上的吸附等温线如图18-5-33所示。空气通过不同吸附剂颗粒时的传质系数如图18-5-34所示。

吸附是一个放热过程,由此导致的床层温度升高,会影响吸附平衡和吸附容量。应用工业规模的变压吸附进行气体本体分离时,需注意床层温度的变化。如活性炭分离氢和甲烷混合气,原料气自塔上端通入,一个周期7min,包括升压Ⅰ、吸附Ⅱ、并流降压Ⅲ、并流下吹Ⅳ和清洗Ⅴ,在床层上部、中部和下部的温度变化如图18-5-35所示。图18-5-36示出了用5A分子筛为吸附剂的多塔变压吸附分离空气时,床层中气体的温度曲线,进料空气温度为$-1.1\sim 4.4$℃(曲线A),富氧纯度66%、回收率26.7%;当进料空气预热至37.8℃(曲线B),纯度88%、回收率29.3%;床层出口插入加热元件(曲线C),床层温度分布较均匀,氧的纯度达93.4%,回收率也升至31%。需要指出的是,在靠近床层进口端气体温度

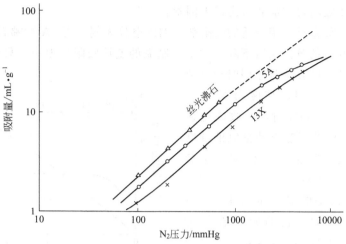

图 18-5-33　氮气在各种类型分子筛上的吸附等温线

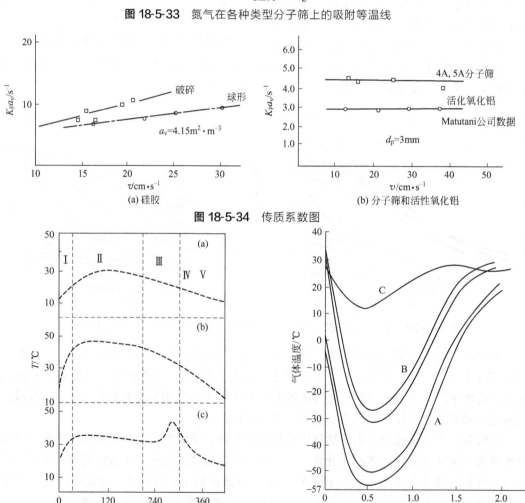

图 18-5-34　传质系数图

图 18-5-35　分离 H_2/CH_4（各 50%）活性炭床层上部（a）、中部（b）和下部（c）各处的温度变化

图 18-5-36　工业规模空气变压吸附分离分子筛床层中气体的温度曲线
（床层直径 0.61m，长度 2.44m）

迅速下降是由于降压阶段和清洗阶段以及吸附剂的热阻较高所致。

(b) 清洗（吹扫）。清洗的目的是吹扫床层间隙内的进料气，或使浓度波前沿未达到床层出口端前反向清洗，提高产品的纯度和回收率。可以用产品气体清洗（有时反向清洗），用部分低纯度产品气体清洗或升压（有时用于反向升压），用惰性非进料气体清洗，也可以用强吸附气体清洗。如生产高纯氮的 Toray 过程（图 18-5-37）是充填分子筛的 Skarstrom 循环，用吸附能力强的氮气吹扫床层间隙内的进料空气，并流清洗时产生两个浓度波前沿，一个在进料端的纯强吸附气带，另一个是清洗前饱和进料气的置换带，都是呈优惠型等温线的强吸附组分，使此二浓度波都出现陡峻的曲线，提高了分离的效果。

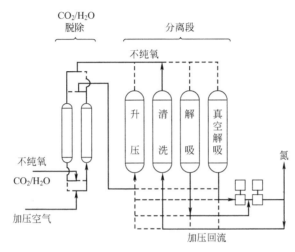

图 18-5-37　Toray 过程，产生 N_2（99.9%）和 O_2（33%）并用高压氮清洗

(c) 均压和升压。为了回收饱和床层和死空间内压缩气体的能量和组分，在 Skarstrom 循环的双床层外另加储罐（图 18-5-25），用以清洗和使同一床层升压。均压（PE）阶段是两个互相连接的床层相通，使之压力均衡，目的也是回收高压床层内气体的能量，再生（放压）后床层的压力依照次序由其他不同减压阶段的床层放出气体来提高，从而回收能量，使能耗降低，加上其他阶段的改进，可进一步提升大型变压吸附的经济性。如图 18-5-38 所示，是不带储罐的四床变压吸附循环，其中再升压和减压-再升压是两个均压阶段。A、B、C 和 D 每个床层都依次经历四个阶段，A 高压吸附，部分产品使 D 再升压，C 并流减压并和 D 均压，接着放出吹扫 B 的气体，进一步减压，B 逆流放料和吹扫，D 由两个均压阶段

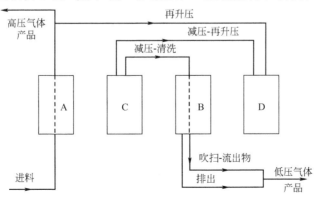

图 18-5-38　有两个均压阶段的四床循环

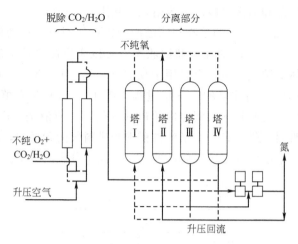

图 18-5-39 分子筛床层用高压氮清洗阶段制取纯氮（99.9%）和低纯氧（33%）流程

重新升压，也可以在并流降压阶段前增加氮气清洗（图 18-5-39）。并流降压的目的是增加强吸附组分在床层中的浓度，如图 18-5-40 所示的实线表示吸附（Ⅱ）和并流降压（Ⅲ）完成时床层间隙内气相浓度的变化，虚线代表吸附相的浓度变化。

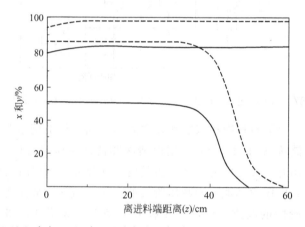

图 18-5-40 H_2/CO（各50%）混合气在活性炭床层中并流降压前后床层浓度的变化

5.2.2.2 变压吸附循环

(1) 快速变压吸附 又称参数泵变压吸附，它可以是单床或多床过程（图 18-5-41）。在吸附阶段，原料气顺向充压的同时，解吸阶段使吸附塔降压，储槽的部分气体倒流，对吸附塔逆流升压，后期顺向充压，使选择吸附气体进入产品罐。随之停留阶段，压力分布使气体继续向产品端移动吸附。同时，原料端压力降低，床层均压。然后就是解吸阶段，前期原料端逆向放压，但床层中部仍有压力，产品端气流向产品储罐流动顺向放压，后期逆向放压，使床层压力迅速下降，产品储罐产品气倒流清洗，使床层再生，其规则与四塔七个阶段的操作相当。以空气分离制富氧为例，循环周期在 20s 以下，在产品纯度相同 O_2（90%，摩尔分数）时，产率比一般变压吸附可大 5~6 倍。

(2) 变真空吸附 类似 Guerin-Domine 循环，是 Sircar 等[12]提出的。使用了干燥剂前置床和强吸附气氮气吹扫（图 18-5-42），循环中有：(a) 吸附；(b) 氮气并流吹扫；(c) 逆流抽真空；(d) 氧气逆流升压。循环一周时间为 6min 左右，可得纯度 98%~99.7%（含氩气在内）

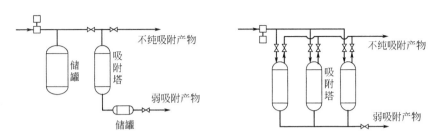

图 18-5-41　单床和三床快速变压吸附

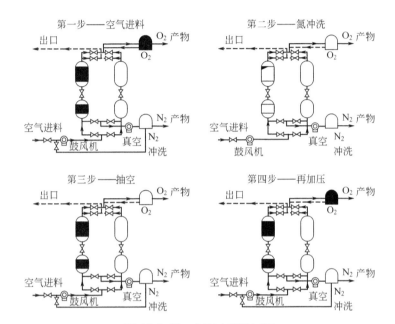

图 18-5-42　变真空吸附过程

的氮，回收率约 50%，也生产纯度 90% 的氧为副产物。此工艺和 Toray 工艺相类似。

5.2.3　工业四床层变压吸附

近年来，由于炼油、石油化工等各行业需要价廉和纯度高的氢气，用变压吸附从合成氨弛放气和炼厂废气中回收氢的装置得到广泛采用。在保证气体产品纯度的前提下，提高回收率和降低能耗，除前述的带缓冲罐的流程外，增加了均压、放压、充压和冲洗等阶段步骤。为使操作平稳，气体的流量和压力变动不大，工艺流程逐步向多塔流程的方向发展，甚至发展到九塔或十塔的工艺流程。

四塔流程（图 18-5-43、图 18-5-44）在工业中取得了较广泛的应用。操作中四个床层并联，每个床层都要经历七个阶段。以 A 床层为例，要经过吸附、均压、顺向放压、逆向放压、冲洗、一段充压和二段充压七个阶段。四塔变压吸附流程通过均压和顺向放压两个阶段的操作回收了死角空间内的大部分气体产品，回收率可增加到 70%~80%，充压中消耗的气体产品量减少，压力也趋于平稳。

工业上四塔变压吸附精制氢的工艺循环有 UCC 法和 ESSO 法两种。UCC 法（图 18-5-44）在原料气通过吸附塔时，浓度波前沿未达到透过的极限，均压阶段 B 塔向 D 塔供应纯度很高的氢气并达到指定的压力（0.1~0.2MPa），残余压力的气体就作为再生气对

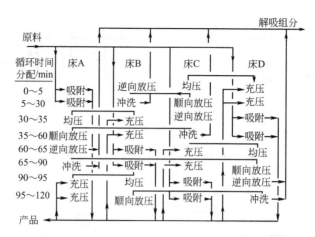

图 18-5-43 四床层吸附流程

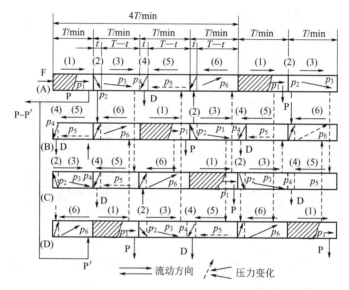

图 18-5-44 UCC 四塔式变压吸附示意图（US P3430418）

P—产品；P′—产品（消耗）；F—原料；P—P′—产品（有效）；D—解吸物；$p_1 \sim p_6$—压力

$$p_1 \geqslant p_6 > p_2 > p_3 > p_4$$

阶段：(1) 吸附；(2) 均压；(3) 顺向放压；(4) 逆向放压；(5) 排出清洗；(6) 充压

塔 C 冲洗解吸，充压时用产品气充压。而 ESSO 法则是原料气通过塔 A 吸附直至透过才停止，在取出产品氢的方向减压，再逆流冲洗解吸，同时使 C 塔均压，然后用产品氢充压，使产品纯度进一步提高。如充压时间较长，浓度波前沿推离床层出口，吸附量也有增加。总之，UCC 法和 ESSO 法是非常类似的，其压力变化的曲线如图 18-5-45 所示。经过这些改进，与简单的变压吸附工艺对比，氢的回收率可从 70%～80% 提高至 80%～90%。氢气的纯度从 95%～98% 提高到 99.999% 左右。如果不需要稳定的流量，也可以用三塔流程代替四塔流程。

5.2.4 变压吸附的工艺计算

变压吸附分离的计算方法除初期用传质区（MTZ）法计算外，现多采用扩散模型方程

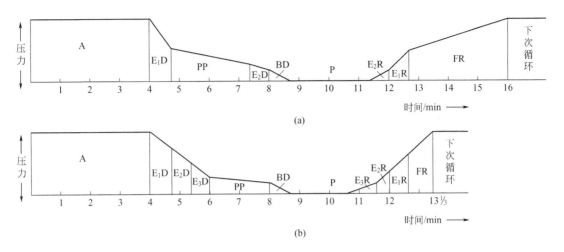

图 18-5-45 四塔变压吸附制氢——床层内压力变化图

A—吸附；E_1D、E_2D、E_3D——次、二次、三次均压减压；PP—并流排空；BD—逆流排空；P—清洗；E_3R、E_2R、E_1R—三次、二次、一次均压升压；FR—最后升压

的分析解、特征法和数值解法[13]。从单组分到多元组分，局部平衡到线性、非线性推动力，各种扩散控制模型，线性到非线性吸附等温线以及在各阶段内的压力变化，这些在 R. T. Yang 的著作中有较全面的综述[8]。

Pigford[14]首先用特征法求解。Shendalmen 和 Mitchell[15]用同样方法对稀薄单组分气体的 Skarstrom 循环求解。Chan、Hill 和 Wong[16]除上述条件外，得到双组分体系的特征法解。此后 Ruthven 等把总传质过程扩展为孔扩散模型。Yang 等将上述模型发展成孔/表面扩散、双孔（大孔和微孔）并联扩散以及多组分体系的变压吸附操作的数值分析解。

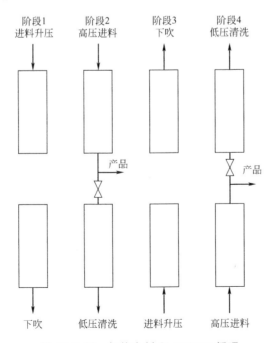

图 18-5-46 气体净制 Skarstrom 循环

Chan 对如图 18-5-46 所示的双组分 Skarstrom 循环，假设在恒温、传热和传质瞬间达到

平衡，气流在床层内成活塞流，不考虑床层阻力的条件，强吸附组分为痕量，线性等温线的理想气体双组分体系，对其扩散连续性方程[式(18-4-33)]采用特征法解，得高压进料和低压吹洗时组分 A 浓度波前沿移动的距离，即透过距离 L_H（高压）和 L_L（低压）为：

$$L_H = \beta_A U_H \Delta t \quad 及 \quad L_L = \beta_B U_L \Delta t \tag{18-5-14}$$

式中，$\beta_A = \varepsilon/[\varepsilon + (1-\varepsilon)k_A]$，$\beta_B = \varepsilon/[\varepsilon + (1-\varepsilon)k_B]$。

经过一个完整的操作循环，以线速表示的浓度波前沿的净位移：

$$\Delta L = \beta_A \Delta t (U_L - P^\beta U_H) \tag{18-5-15}$$

在 $\Delta L = 0$，前沿回到原来位置，得到临界清洗对进料速度之比 R_{crit}：

$$R_{crit} = U_L/U_H = P^\beta \tag{18-5-16}$$

此 R_{crit} 取≥1，如式(18-5-16)两边同时除以 $P(=P_H/P_L)$，得：

$$G_{crit} = P^{\beta-1} \tag{18-5-17}$$

从清洗至进料阶段，冲洗需要的气体量占进料（F）气体量的分率（G_{crit}）应在 0～1 才能完全清净床层。

A 组分产品的回收率 ϕ_∞，从物料衡算得：

$$\phi_\infty = \frac{N^F - N^B}{N_P^{PG} + N^F} = \frac{(P_H/P_L)^{1-\beta} - 1}{(P_H/P_L)^{1-\beta}(\beta L/L_L)(P_H - P_L)/P_L} \tag{18-5-18}$$

式中，N 为每半个循环周期进入和离开床层的组分浓度（摩尔分数），下标 P 表示清洗，上标 B 表示下吹，上标 F 表示进料。

下吹和清洗阶段，合计气流中组分的总浓度（摩尔分数）可从物料衡算求得。在总排出气中，总增富率 E_∞^{ov} 为：

$$E_\infty^{ov} = \frac{y_{\infty BP}}{y_f} = \frac{N^B + N^F}{N^B + N^P} = \frac{(\beta L/L_L)(P_H - P_L)/P_L + (P_H/P_L)^{1-\beta}}{(\beta L/L_L)(P_H - P_L)/P_L + 1} \tag{18-5-19}$$

上述的公式和结果表达了 Skarstrom 循环的稳态特性。

电路模拟法计算快速变压吸附[17,18]：快速变压吸附的循环阶段类似 Skarstrom 循环的前三个阶段，但没有清洗阶段，切换时间短，循环周期大为缩短，并加一产品储罐（图 18-5-47）。吸附分离组分体系和 Skarstrom 循环的体系相反，适用于从惰性气体中回收弱吸附组分，如从空气中分离制氧。

由于快速变压吸附（RPSA）的流程、操作和普通的变压吸附（PSA）不同，在数学模型上要考虑：

(a) 轴向压力分布。吸附剂颗粒小，操作周期短。如 PSA 用吸附剂颗粒直径 $d_p = 1.6\text{mm}$，周期 4～40min；而 RPSA 用 $d_p = 0.2～0.4\text{mm}$，周期仅 18.5s，使轴向压力降不能忽略。

(b) 边界条件。带产品罐的流程及轴向压力分布，使 RPSA 的吸附、停留及解吸三步操作成为具有不同实质的过程，因而边界条件难以直观地列出。

对不稳定状态的变压吸附难于确定其

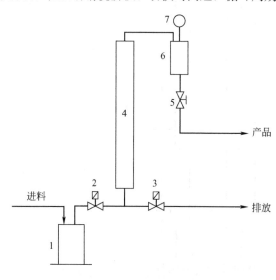

图 18-5-47 快速变压吸附工艺示意图

1—进料储槽；2—电磁阀 A；3—电磁阀 B；4—吸附柱；
5—调节阀；6—产品储槽；7—压力传感器

边界条件的情况,用电路模拟的方法,可简化二阶的偏微分方程,便于取得解。取各变量间的关系如表 18-5-14 所示。按照 Kirchhoff 定律,吸附柱分成 n 段,吸附质流过每一段,都可能积累、吸附和流过,因而绘出单柱快速变压吸附电路模拟图(图 18-5-48),对快速变压吸附分离空气,得出一些简化的常微分方程。

$$\begin{cases} \dfrac{\mathrm{d}p_{t,j}}{\mathrm{d}t} = \left(\sum_{k=1}^{m} \dfrac{y_{j-1,k}}{c\varepsilon_{j,k}+c_{sj,k}}\right)Q_{t,j-1} - \left(\sum_{k=1}^{m} \dfrac{y_{j,k}}{c\varepsilon_{j,k}+c_{sj,k}}\right)Q_{t,j} \\ \dfrac{\mathrm{d}x_{j,k}}{\mathrm{d}t} = \dfrac{1}{P_{t,j}}\left[\left(\dfrac{y_{j-1,k}}{c\varepsilon_{j,k}+c_{sj,k}} - x_{j,k}\sum_{k=1}^{m}\dfrac{y_{j-1,k}}{c\varepsilon_{j,k}+c_{sj,k}}\right)Q_{t,j-1} \right. \\ \qquad\qquad \left. -\left(\dfrac{y_{j,k}}{c\varepsilon_{j,k}+c_{sj,k}} - x_{j,k}\sum_{k=1}^{m}\dfrac{y_{j,k}}{c\varepsilon_{j,k}+c_{sj,k}}\right)Q_{t,j}\right] \\ \dfrac{\mathrm{d}Q_{t,j}}{\mathrm{d}t} = \dfrac{1}{L_j}(P_{t,j}-P_{t,j+1}-R_jQ_{t,j}) \end{cases} \quad (18\text{-}5\text{-}20)$$

$j=1,2,\cdots,n;\ k=1,2,\cdots,m-1$

表 18-5-14　过程参量和相当电参量对应表

过程参量	相当电参量	符号,单位
容积的量	电荷	q, mol
流率	电流	$Q=\mathrm{d}q/\mathrm{d}t$, mol·s^{-1}
压力	电压	p, N·m^{-2}
气体阻力	电阻	$R=-\Delta p/Q$, N·s·m^{-2}·mol^{-1}
气体容量	电容	$C=\mathrm{d}q/\mathrm{d}p$, mol·m^2·N^{-1}
气感	电感	L, N·s^2·m^{-2}·mol^{-1}, $-\Delta p=L\mathrm{d}Q/\mathrm{d}t$

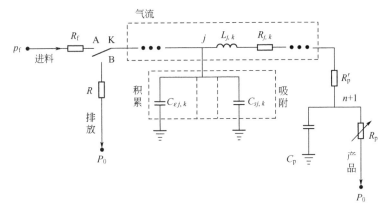

图 18-5-48　单柱快速变压吸附电路模拟图

进料端流率 $Q_{t,j}|_{j=0}$ 可由进料端 $-\Delta p_t=RQ_t$ 算出,在节点 $n+1$ 的产品端流率从式(18-5-21)求取:

$$\begin{cases} \dfrac{\mathrm{d}p_{t,n+1}}{\mathrm{d}t} = \dfrac{1}{C_p}(Q_{t,n}-Q_{t,n+1}) \\ \dfrac{\mathrm{d}x_{n+1,k}}{\mathrm{d}t} = \begin{cases} 0 & Q_{t,n}\leqslant 0 \\ (x_{n,k}-x_{n+1,k})Q_{t,n}/(p_{t,n+1}c_p) & Q_{t,n}>0 \end{cases} \\ p_{t,n+1}-p_a = R_p Q_{t,n+1} \end{cases} \quad (18\text{-}5\text{-}21)$$

吸附-滞留-解吸-吸附循环操作,进行一定时间后,可认为达到稳定操作,则:

$$p_{t,j}\big|_{t=0}=p_{t,j}\big|_{t=T}$$
$$x_{t,k}\big|_{t=0}=x_{j,k}\big|_{t=T}$$
$$Q_{t,j}\big|_{t=0}=Q_{t,j}\big|_{t=T}$$
$$j=1,2,\cdots,n\ ;\ k=1,2,\cdots,m-1 \tag{18-5-22}$$

用 13X 分子筛作为吸附剂，室温下分离空气制取富氧，柱长 1.21m，柱直径 0.016m，产品储槽 $5.93\times10^{-4}\mathrm{m}^3$，进料压力 0.487MPa，得到纯度和排气流率的计算值和实验值的比较（图 18-5-49）。

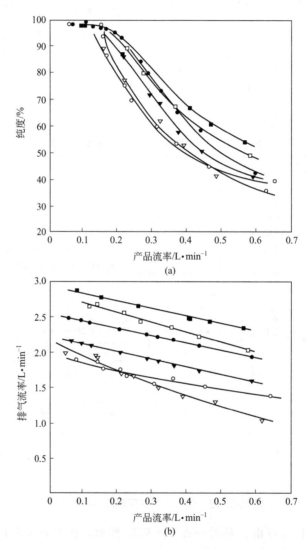

图 18-5-49 纯度和排气流率的计算值和实验值的比较

符号		操作时间/s		
计算	实验	吸附	滞留	解吸
●	○	0.5	3.0	10.0
■	□	0.7	5.0	10.0
▼	▽	0.7	5.0	15.0

Yang[19]等以活性炭作为吸附剂，用于分离 CH_4 和 H_2 的混合气体（各占 50%），采用五步 PSA 循环，压力范围为 5~300psi（1psi=6894.76Pa），考察了进料吹扫比 $\gamma(=P/F)$ 对 CH_4 和 H_2 的纯度及回收率的影响，如图 18-5-50 所示。

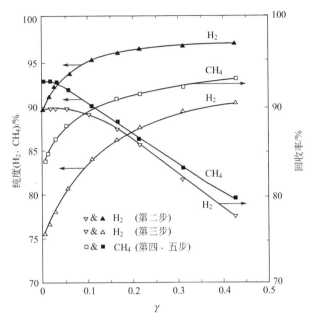

图 18-5-50 吹扫进料比（γ）对于用五步 PSA 活性炭床分离 50%/50% H_2/CH_4 混合气的影响

轻产物 H_2 的纯度随着进料吹扫比 $P/F(\gamma)$ 的增加而增加，然后趋于水平。反之，轻产物 H_2 的回收率和重产物 CH_4 的纯度都随着 P/F 的增加而降低，P/F 的最佳值通常接近 0.1。

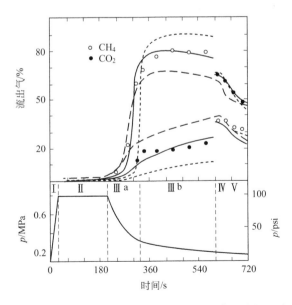

图 18-5-51 五步 PSA 循环，用活性炭对 $H_2/CH_4/CO_2$ 分离（每种占 1/3）的稳态流出物浓度实验数据和平衡模型（短虚线------）、Knudsen 扩散模型（长虚线- - -）和 Knudsen 加表面扩散模型（实线———）的比较

以活性炭作为吸附剂，采用五步变压吸附循环，考虑了孔扩散阻力对分离三元气体组分 $H_2/CH_4/CO_2$ 塔出口流出物浓度的影响，三种气体的体积组成各占 1/3。通过实验发现，孔扩散阻力 $D_c t_c/R^2$ 的阈值约为 100，在此值下，孔扩散是重要的，而在此值以上，则平衡模型是有效的。如图 18-5-51 所示，指出了三组分混合气的多组分分离的结果。

Wu[20]等以 13X 沸石作为吸附剂，在 Skarstrom 循环基础上引入两步均压步骤，对生物沼气提纯分离过程进行了动态真空变压吸附模拟，该两塔-六步工艺的示意图如图 18-5-52 所示。

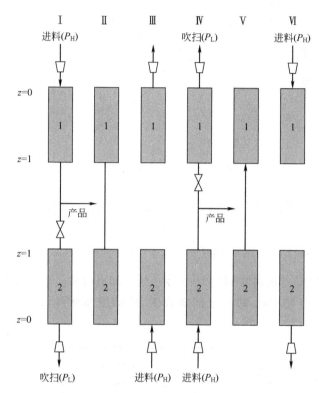

图 18-5-52　引入两步均压的改良两塔-六步变压吸附循环

对该变压吸附动态模拟过程进行如下假定：
- 吸附塔内气相可视作理想气体；
- 变压吸附过程由于保温较好，操作在绝热条件下进行；
- 吸附塔内径向的质量、热量及动量传递可以忽略；
- 质量传递速率采用线性推动力 LDF（linear driving force）模型表达；
- 忽略气相主体和吸附剂吸附相间由于浓度差造成的气固界面传质阻力；
- 吸附塔内的压力降采用欧根方程（Ergun equation）表达；
- 吸附塔内由于吸附剂的填充比较均匀，故假定塔内的孔隙率是常数。

该变压吸附沼气脱碳过程的进料气体流率为 $500 m^3 \cdot d^{-1}$，其中甲烷和二氧化碳的摩尔分数分别为 67% 和 33%，吸附压力为 8bar（1bar=10^5Pa），脱附压力为 0.3bar，进料吹扫气摩尔比为 0.3，吸附塔直径为 0.3m，塔高为 1.35m，填充量为 58.9kg。在该工艺条件下得到吸附塔内甲烷、二氧化碳浓度随塔高与时间的变化，分别如图 18-5-53、图 18-5-54 所示。

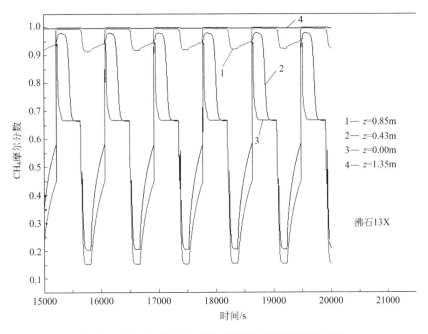

图 18-5-53　气相 CH_4 摩尔分数随时间和塔高的变化

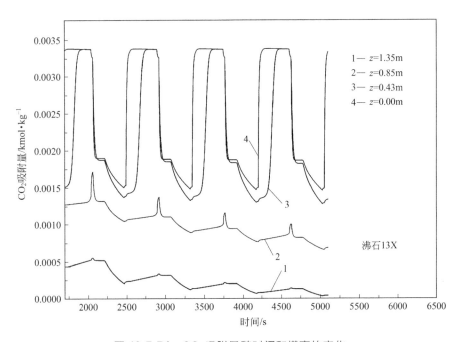

图 18-5-54　CO_2 吸附量随时间和塔高的变化

5.3　工业色谱

5.3.1　色谱分离类型[21~23]

色谱技术作为分析和分离的手段已经成熟。大型工业色谱、制备色谱中的液相色谱、气液色谱、离子色谱、亲和色谱和其他生化产品分离中用的各种色谱，已得到广泛应用。大型液相色谱（冲洗色谱、置换色谱等）系统中，直径 1m 以上的色谱柱和整套设备已经定型。直径在 4m 以上的更大色谱柱已在制糖工业中应用和运转。石化工业中，从烷基碳氢化合物中分离芳烃化合物、从 C_8 芳烃中分离乙基或其他二甲苯异构体的生产装置亦已建立。

色谱分离的特点是：(a) 相对挥发度或选择性系数非常接近的组分，可选用适当的吸附剂或固定液实现气-固或气-液色谱分离（图 18-5-55）；(b) 适用于热敏性或分子量较大的生物产品和精细化学品的分离，适合于制备高纯度的物质；(c) 可回收或脱除电解质溶液中的金属或非金属离子，并可用于不同金属离子的分离。

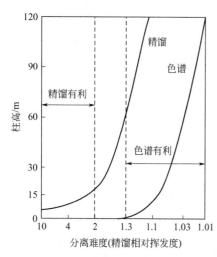

图 18-5-55 精馏与色谱的相对适用范围

色谱分离是利用不同组分在吸附剂或固定液与流动相中具有不同的平衡分配系数，组分在两相中进行反复多次的分配，从而使得选择性系数非常接近的组分实现较好的分离效果。依据吸附机理的差异，色谱分离可分为以下类型。

(1) 吸附色谱　吸附色谱是利用流动相中溶质各组分与吸附剂之间的吸附平衡关系的差异，使得各组分在固定相内的保留能力不同而达到分离的一种方法。吸附剂表面的官能团与溶质分子之间的相互作用大小是分离选择性的主要来源。分子间作用力包括范德华力、氢键和偶极作用等，吸附剂主要包括极性的硅胶和氧化铝，非极性的活性炭和硅胶键合 C_{18} 以及大孔吸附树脂等。其中，极性溶质分子在硅胶等极性吸附剂上的保留时间次序由溶质的分子官能团的极性大小而定，其次序一般为 —CO_2H > —OH > —NH_2 > —SH > —CHO > —C=O > —COOR > —OCH_3 > —CH=CH—；对于活性炭等非极性吸附剂而言，则次序相反。

(2) 离子交换色谱　根据分离方式的不同，离子交换色谱可分为高效离子交换色谱、离子排斥色谱和离子流动色谱三种形式。高效离子交换色谱采用低容量离子交换树脂，基于离子交换作用实现阴离子与阳离子的分离或稀土离子与碳水化合物的分离；离子排斥色谱则利用高容量的离子交换树脂，基于离子排斥作用将某些有机酸与氨基酸分离或在有机物中去除无机物离子；离子流动色谱则采用表面多孔树脂，利用吸附作用和离子对形成机理，将疏水性物质与阴离子或金属配合物分离。

离子交换树脂的交换选择性与离子的种类有关，一般情况下，离子的价数高、原子序数大、水合离子半径小的离子交换树脂，其亲和力大。在相等浓度的流动相中，不同阴离子在强碱性阴离子交换树脂上的选择性依次为 $F^- > OH^- > CH_3COO^- > HCOO^- > Cl^- > SCN^- > Br^- > CrO_4^{2-} > NO_3^- > I^- >$ 草酸根 $> SO_4^{2-} >$ 柠檬酸根；在强酸性阳离子交换树脂上，流动相中各阳离子的选择性强弱依次为 $Li^+ > H^+ > Na^+ > NH_4^+ > K^+ > Rb^+ > Cs^+ > Ag^+ > Ti^+ > UO_2^{2+} > Mg^{2+} > Zn^{2+} > Co^{2+} > Cu^{2+} > Cd^{2+} > Ni^{2+} > Ca^{2+} > Sr^{2+} > Pb^{2+} > Ba^{2+}$。

(3) 凝胶色谱　凝胶色谱是基于溶质分子的大小及其在色谱柱内的迁移速率差异，来达到分离的一种新技术。按凝胶对溶剂的适应性可分为亲水、亲油和两性凝胶三类。亲水性凝胶主要应用于蛋白质、核酸、酶、多糖等生物大分子的脱盐与分离提纯，亲油性凝胶多用于不同分子量的高聚物分离。凝胶的分离范围、渗透极限以及凝胶色谱柱中的固流相比是三个重要的性能指标。分离范围是指分子量与淋出体积标定曲线的线性部分，相当于1～3个数量级的分子量；渗透极限表示可分离分子量的最大极限，超过此极限的大分子均会在凝胶间隙中流走，没有分离效果；固流相比为色谱柱内所有可渗透的孔内容积与凝胶粒间隙体积之比，固流相比越大，分离容量越大。

(4) 亲和色谱 亲和色谱是利用偶联于载体上的亲和配基对特定大分子的亲和作用达到大分子的分离和纯化的。通常，在亲和识别和结合过程中有四种非共价键的相互作用力存在，它们是范德华力、静电力、氢键和疏水作用，这些作用可单独或同时存在于亲和识别和结合过程中（图18-5-56）。亲和色谱对特定的生物大分子具有亲和作用，能选择性地分离或纯化生物大分子。根据亲和载体上固定的配基不同，可将其分为两大类，即特异性配基亲和色谱和通用性配基亲和色谱，前者连接的配基为复杂的生物大分子（如抗原、抗体等），后者的配基为简单的生物分子（如氨基酸等）或非生物分子（如过渡金属离子和某些染料分子）。亲和色谱脱附的方法主要有三类：第一种方法为可溶反向配体法，采用一种能与吸附在

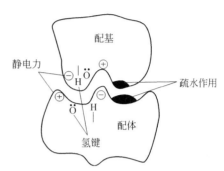

图18-5-56 亲和色谱配基与配体的相互作用

亲和膜上的大分子作用并结合的配基，将膜上的大分子洗脱下来，然后再将此配基分离；第二种方法为配体交换法，用一种与吸附蛋白竞争性结合的溶质洗脱，特异性地将吸附的不同蛋白分别洗脱下来，这类竞争性溶质包括含—NH_2、—$COOH$、—SH等基团的物质和咪唑等取代基；第三种方法为变形缓冲液法，用一种能使大分子产生形变的缓冲液进行洗脱，将吸附在膜上的大分子脱附下来。

(5) 离子对色谱 离子对色谱也称（正）反相色谱，是通过在流动相中加入合适的、与进料离子相反电荷的离子，使其与进料离子缔合成中性离子对化合物，以增大其保留值而达到良好分离效果的一种技术。正相色谱的极性键合相通常以硅胶为基质，键合以极性基团，如—NH_2、—CN、—$CH(OH)$、—CH_2OH、—NO_2等；极性通常弱于硅胶，适用于非极性至中等极性的中小分子化合物的分离。氨基键合固定相特别适用于酚、核苷酸等酸性化合物的分离。反相色谱则通常采用烷基键合相为固定相，流动相是含有低浓度反离子的水，有机溶剂为缓冲溶液。离子对试剂不易流失、使用方便、适用面广。常用的为C_{18}烷基键合相，如十八烷基三氯硅烷、十八烷基醚型三甲氧基硅烷等，短链烷基键合相的稳定性较差。

5.3.2 工业色谱操作方法

工业色谱和分析色谱在操作上存在差异。分析色谱要求进样很少的情况下，有极高的灵敏度，载液（载气）冲洗剂的用量可不考虑。而工业色谱则要求产品在一定纯度下，处理量要大，冲洗剂用量要少，以降低操作费用。同时工业色谱柱存在明显的放大效应，吸附剂的装填以及色谱柱内的液流分布也极为关键。

(1) 色谱分离的主要影响参数

(a) 色谱分离度。图18-5-57示出了计算色谱分离度所需的主要参数。在色谱分离过程中，既要各组分的谱峰分开、不重叠拖尾，又要出峰快，以提高生产能力。分离度R_s的定义为式(18-5-23)。

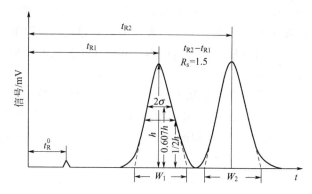

图 18-5-57 色谱分离度计算所需的主要参数

$$R_s = \frac{t_{R2} - t_{R1}}{(W_1 + W_2)/2} \quad (18\text{-}5\text{-}23)$$

式中，t_R 为组分的保留时间；$(W_1+W_2)/2$ 为其峰宽和的一半。当 $R_s \geqslant 1.5$ 时，两组分可实现完全分离。

色谱分离度与色谱峰形相关，在分析色谱中，进样量少、组分浓度低，吸附等温线处于线性范围，可得对称的色谱峰 [图 18-5-58(a)]。在工业色谱中，为提高处理量，进样往往是浓度过载或进样体积过载，处于非线性吸附等温线范围，优惠型吸附等温线导致色谱峰拖尾现象，非优惠型等温线会导致伸舌峰现象，以致两组分色谱峰重叠，影响分离度 [图 18-5-58(b)、(c)]。

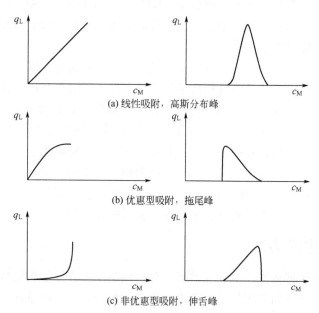

(a) 线性吸附，高斯分布峰

(b) 优惠型吸附，拖尾峰

(c) 非优惠型吸附，伸舌峰

图 18-5-58 不同类型吸附等温线对色谱流出（谱峰）形状的影响

(b) 理论等板高度。色谱柱的理论板数（N）与组分色谱峰宽度（W_i）和保留时间 t_R 有关。

$$N = 16\left(\frac{t_R}{W_i}\right)^2 \quad (18\text{-}5\text{-}24)$$

分析色谱的理论板数都较高，有的可达 2000 块以上，但色谱柱加大后，填料颗粒粒径增大，填料颗粒与柱壁之间的间隙加大，流速不均匀，使 N 值迅速下降。因边壁效应的影响，Hupe 提出工业色谱柱的理论等板高度 H_p 可用式（18-5-25）估算。随着柱径 d 的增大，H_p 的重要性越加明显。

$$H_p = \frac{2.83 d^{0.58}}{v^{1.886}} \tag{18-5-25}$$

因此，填料颗粒的大小和理论等板高度或分离度有关（图 18-5-59）。

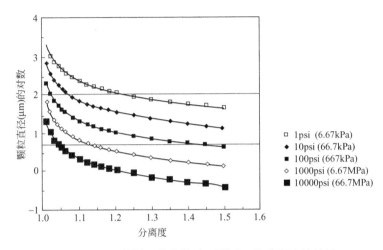

图 18-5-59　填料颗粒直径（对数）和分离度的关系

色谱柱床层的均匀装填是很重要的，填充质量的好坏，对理论等板高度和分离效果影响很大。床层既要装填得均匀紧实，减少返混和边壁效应，又不致使压力降过大。填充物的形状、粒径大小、粒度分布和装填方法都和理论等板高度有密切的关系。装填方法有干法和匀浆湿法两种，对于颗粒尺寸较大的吸附剂，干法较为适宜；对于尺寸小于 $20\mu m$ 的吸附剂，采用匀浆湿法装填。干法装填时，吸附剂颗粒松散地倒入床层，理论等板高度一般较高，如倒入填充物，同时振荡或抽真空，床层填充较紧实，理论等板高度值较低，对于大塔需将塔内分层压实。对于生化分离色谱柱的装填，常采用径向压缩技术或动态轴向压缩技术获得均匀紧实的色谱床层。

(c) 色谱柱长（高）径比。色谱柱生产能力的提高可通过增加色谱柱直径或加长色谱柱长度实现。适当增加色谱柱直径，可增加冲洗剂的体积流量，提高生产能力，但大直径色谱床层的均匀装填难度增大，柱内平推流流动难度增大，分离效果会相应下降。增大工业色谱柱的长度有利于加大理论板数，提高分离效果，但是轴向扩散也相应增加，而使分离效果下降。因此，在特定的分离条件下，存在适宜的长径比。此外，随着色谱柱长度的增大，压力降随之加大，可通过适当加大填充颗粒粒度来解决。塔长度加大的同时延长了停留时间，使谱带变宽，形成更多的扩散峰。可采用提高流动相流速的方式改进，但流速过大，将引起理论等板高度加大。因此，柱长应与柱径、流速、吸附剂粒度等因素一起优化。

工程上，应根据分离体系的难易选择适宜的高径比。色谱柱长度的提高仅限于待分离体系难度高、选择性系数很低的情况。例如，选择性系数 $\alpha<1.15$ 时，需用长且直径小的色谱柱，每次进料量要少，以提高分离效果；如果 $\alpha>1.15$，则可增加色谱柱的直径来增加处理量。在直径大于 1.2 m 的色谱塔中，保持塔内平推流流动难度增大，可在色谱塔内安装径向混合挡板，增加塔内的径向混合，减少轴向返混，改善分离效果（图 18-5-60）。

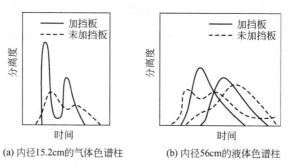

图 18-5-60 色谱柱加挡板后对分离效果的影响

除了通过调节色谱柱高径比增大处理量外，还可采用多条平行的塔和缩短操作循环时间来提高处理量。然而增加塔数，保证各平行塔的阻力一致较为困难，故多塔的色谱分离流程未能普遍采用。缩短循环操作时间和进料间距，在保证产品纯度的前提下，可采用预热或不预热的自动进料同步装置或程序控制器，缩短每次进料时间的间隔，按时进料，提高生产效率。

(d) 进料波形。进料的方式对色谱峰的形状也有一定的影响（图 18-5-61）。双组分体系要取得较好的分离效果，需考虑：（ⅰ）由于进料设备及操作条件的关系，增加了进料谱带（波形）的宽度 n_f 时，要加长色谱柱长 n。从曲线 $ABCDE$ 线段可见，这可以维持较好的分离效果。（ⅱ）当增加色谱柱的柱长 n，并维持进口端进料谱带的原有宽度，需在超负荷冲洗（DH 线段内）和初期冲洗模式（BFG 线段）的范围内，可使色谱峰的分离效果良好。（ⅲ）同一操作条件下，维持色谱柱原有长度，加大进料谱带宽度，由 BJ 和 DK 线段可见，各色谱峰出现相当大范围内的重叠。故只能切割所需要的部分馏分，其余部分馏分重新送回色谱柱再进行循环分离（图 18-5-62）。对色谱柱的脉冲进料，应力求近似矩形，以提高柱的分离效果和利用率。

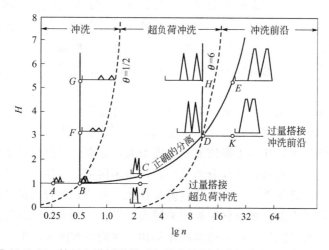

图 18-5-61 柱长和进料谱带对色谱峰的影响（色谱峰是理想形状）

(2) 色谱操作方法

(a) 冲洗色谱、顶替色谱和程序色谱。冲洗色谱在液-液色谱或气-液色谱中，进料浓度高将会使吸附等温线偏离线性范围。为了保证位于线性等温线的范围，气-液色谱进料的浓度（质量分数）建议为 0.15～0.5，大型色谱进料浓度可提高到 10 倍以上。对于顶替色谱

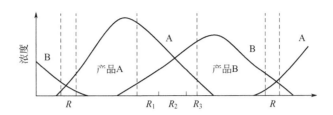

图 18-5-62 双组分非线性体系的再循环色谱

和程序色谱，因非常强吸着能力的组分在柱内移动得很慢，需很长时间才能排出柱外，使谱峰很宽，进料时间间隔很长，降低了生产能力。增加生产能力的方法之一，是改变热力学参数（如 pH 值、温度、浓度等），使相平衡常数改变。此种改变冲洗条件的工艺称程序冲洗或梯度淋洗。顶替色谱也是程序方法之一。注入比溶质吸附能力更强的顶替剂，溶质和顶替剂耦合，溶质可在溶剂中形成窄而不拖尾的纯溶质谱峰。

(b) 返洗、起-停色谱和其他色谱。色谱一般都是单方向流动的体系，逆方向（返洗或逆方向再生）流动时，一些溶质的移动速度比其他的要低得多，流动相反方向流动，易将低速移动的溶质去掉。其次，返洗能将脉冲进料的扩散拖尾再次压缩，减少弥散量。还可以使杂质未到达柱终端的出口前返洗，产品从柱终端离开时不至于为杂质所污染。起-停色谱在"起"的阶段强吸附力的溶质吸着于吸附剂上，迅速达到饱和。在"停"的阶段，热力学状态改变，停止吸着或吸着微弱，再反向冲洗，以免柱端的产品受到污染。起-停色谱操作是带返洗程序非线性色谱的极端状况。

(c) 混合色谱。色谱柱是比较简单和有弹性的分离设备，单柱也能分离复杂组分混合物，但产率低、需要大量的溶剂。模拟移动床分离效率较高，但设备复杂。复杂组分混合物可采用色谱柱组合切换、移动进料、移动接口和环状旋转色谱等工艺加以改进。（ⅰ）色谱柱组合和切换，多条色谱柱可以串联或并联，柱与柱之间的馏分可以循环至适当的柱，或进行返洗。如有一对很难分离的组分，可用前置柱除去强吸附组分，部分组分和重叠峰部分馏分重新循环以提高生产能力。（ⅱ）靠近脉冲进料口一端，在谱峰形成或出现前一段时间内，床层的容积不能充分利用，采用类似模拟移动床的方法，连续改变进料口的位置，便成为移动进料色谱（图 18-5-63）。（ⅲ）移动接口色谱，移动进料点的方法可提高色谱柱进口端的效率。反之，色谱柱的切换方法也提高了出口端的效率。此两种方法的耦合，综合了二者的优点，称为移动接口色谱。

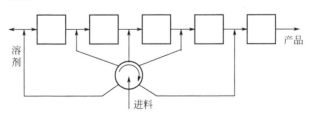

图 18-5-63 移动进料色谱

(d) 连续环状旋转色谱[24,25]。除温度、压力、pH 值等外力场外，离心力也是一种重要的热力学参数。制备色谱可采用旋转床层，因此在单柱或多柱的色谱之外发展了逆流色谱技术，应用于生化产品，如蛋白质、氨基酸、胰岛素、激素的分离精制，取得了良好效果。

另一类利用离心力的是连续环状旋转色谱。工业吸附塔由于床层直径较大，易使流动相流速不均匀，降低分离效果，采用与固定床相同截面积和床层高度的同心旋转柱，因环隙较小，易使流动相均匀流动，从而提高了分离效率。连续环状旋转色谱的操作是稳定和连续的，其操作原理见图 18-5-64。吸附剂均实地填充于两同心圆柱之间的环隙空间内，或多种冲洗剂（解吸液或顶替液）沿圆周均匀分布，从柱顶连续向下冲洗，进料是在环状床顶某固定点或若干点连续送入，床层低速 [一般 $360(°) \cdot h^{-1}$] 旋转，进料中各组分和吸附剂的亲和力不同，组分沿不同斜率方向迁移形成螺旋谱带，在床层底部不同角度位置的出口流出，进料中最难吸附的溶质 a 的出口角度最小，其他组分根据吸附能力的大小，由小到大沿旋转方向依次排出，组分在床层中迁移轨迹见图 18-5-65，这是一种二维连续稳态旋转环状固定床色谱。其恒温下的连续性方程为：

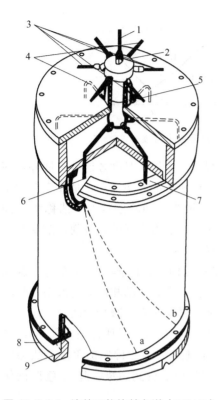

图 18-5-64 连续环状旋转色谱（CRAC）的操作原理（a、b 为两种组分）
1—进料管；2—空气加压管；3—冲洗剂；4—出料管；5—密封圈；6—进料系统；7—冲洗系统；8—出口液收集槽；9—出口管

$$\omega \frac{\partial c}{\partial \theta} + \omega \frac{1-\varepsilon}{\varepsilon} \times \frac{\partial q}{\partial \theta} + u \frac{\partial c}{\partial z} - D_z \frac{\partial^2 c}{\partial z^2} -$$
$$D'_\theta \frac{1}{r^2} \times \frac{\partial^2 c}{\partial \theta^2} - \frac{D_r}{r} \times \frac{\partial}{\partial r}\left(r \frac{\partial c}{\partial r}\right) = 0$$
(18-5-26)

平衡关系方程：

$$q = f(c^*) \tag{18-5-27}$$

线性传质速率方程：

$$(1-\varepsilon)\omega \frac{\partial q}{\partial \theta} = k(c - c^*) \tag{18-5-28}$$

式中　ω——旋转速度，$rad \cdot min^{-1}$；
　　　θ——角度，$(°)$，rad；
　　　D_z——轴向扩散系数，$cm^2 \cdot min^{-1}$；
　　　D'_θ——圆周方向扩散系数，$cm^2 \cdot min^{-1}$。

式(18-5-26)～式(18-5-28) 在一定的边界条件和初始条件下，用拉氏变换及其他数学分析法可解出。如用 Ca^{2+} 型和 Fe^{2+} 型阳离子交换树脂为吸附剂，分离木糖-山梨糖及果糖-葡萄糖溶液体系，蒸馏水为冲洗液，得出在不同条件即不同的进料浓度、进料量和冲洗液量下的色谱曲线（图 18-5-66、图 18-5-67）。对于木糖-山梨糖体系，Fe^{2+} 型树脂的选择性优于 Ca^{2+} 型树脂。

采用刺激-应答法中的传递函数法和时间域法可求取环状色谱床层的轴向扩散系数 D_z，而从式(18-5-26) 解，以惰性物示踪剂的实验数据，转化为一个单参数估值问题，获取圆周

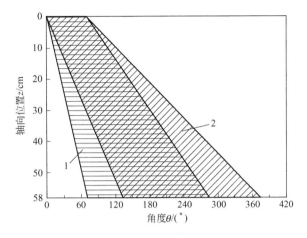

图 18-5-65　吸附质在环状色谱床层中的迁移轨迹

1—山梨糖；2—果糖

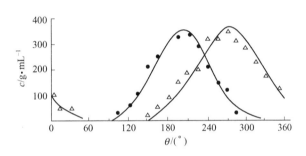

图 18-5-66　不同操作条件下的色谱图（$Q_L = 10.0 L \cdot h^{-1}$；$Q_e = 72.0 L \cdot h^{-1}$）

●山梨糖；△木糖；——理论值

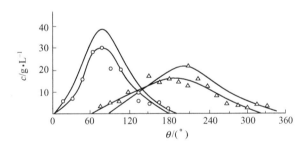

图 18-5-67　不同冲洗流速下的色谱图（$Q_e = 0.31 L \cdot h^{-1}$）

——理论值；○葡萄糖；△果糖

方向扩散系数 D'_θ（表 18-5-15），由表可见，D_z 和 D'_θ 二者的值比较接近。

表 18-5-15　轴向和圆周方向扩散系数估值

Pe_c	$Q_f / mL \cdot min^{-1}$	$Q_0 / mL \cdot min^{-1}$	$U / cm \cdot min^{-1}$	$D_z / cm^2 \cdot min^{-1}$	$D_\theta / rad \cdot min^{-1}$	$D'_\theta / cm^2 \cdot min^{-1}$
203.6	10.0	54.0	2.0	0.71	0.0054	0.55
205.9	19.8	60.0	2.5	0.88	0.0067	0.69
199.5	10.0	72.0	2.6	0.91	0.0071	0.73
184.5	19.8	80.0	3.1	1.09	0.0092	0.94

续表

Pe_c	$Q_f/\text{mL·min}^{-1}$	$Q_0/\text{mL·min}^{-1}$	$U/\text{cm·min}^{-1}$	$D_z/\text{cm}^2\text{·min}^{-1}$	$D_\theta/\text{rad·min}^{-1}$	$D_\theta'/\text{cm}^2\text{·min}^{-1}$
188.5	19.8	88.0	3.4	1.20	0.0098	1.00
162.1	19.8	120.0	4.4	1.55	0.0148	1.52
162.5	30.0	120.0	4.7	1.65	0.0158	1.62

(3) 大型色谱的工业应用 大型的工业色谱装置已在工业上得到了广泛的应用。直径超过 1m 的标准色谱塔和整套设备已定型和运转。分离混合二甲苯 Arosob 过程的冲洗色谱，塔直径 3m，高 4.5~7.5m。在果糖生产厂家中，直径 4m、高 12m、吸附树脂装填量 80m^3 的大型工业色谱柱已经得到应用，糖蜜原料的处理量达 150t·d^{-1}。直径超过 1m 的凝胶色谱柱已经在腈纶溶剂硫氰酸钠的分离净化中得到应用，运行十余年。其他生物化学产品、医药、精细化工和化学试剂的制备色谱也在运行，制备色谱已经成为从难分离混合物中获取高纯化学品的重要技术之一。

如图 18-5-68(a) 所示，列出了分离 C$_8$ 芳烃异构体的 Asahi 工艺流程图，该流程采用顶替剂作为解吸剂，可在较短的距离内完成二甲苯各异构体的分离。如图 18-5-68(b) 所示，列

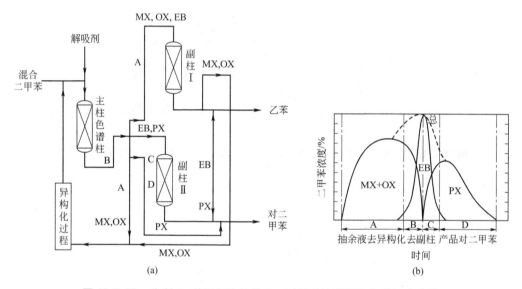

图 18-5-68 分离 C$_8$ 芳烃异构体的 Asahi 工艺流程图和色谱流出曲线

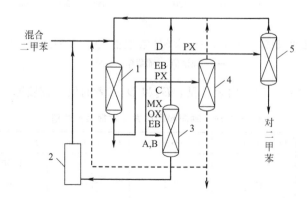

图 18-5-69 带循环的顶替色谱流程分离 C$_8$ 芳烃异构体

1—色谱柱；2—异构化；3~5—精馏塔

出了该工艺的色谱流出曲线,其中间二甲苯 MX、乙苯 EB 和对二甲苯 PX 实现了部分分离,三者色谱峰重叠部分可采用额外的副柱予以再次分离,获得纯度较高的 PX 和 EB,并提高 PX 和 EB 的全过程收率,装置的 PX 和 EB 年产量分别达 7 万吨和 1.5 万吨。在另一个工艺流程中(图 18-5-69),将含对二甲苯和乙苯的溶液参加循环,送回色谱柱原料进口,如图 18-5-70 色谱流出曲线所示,循环进样的方式可有效提高色谱柱出口对二甲苯的浓度和纯度。

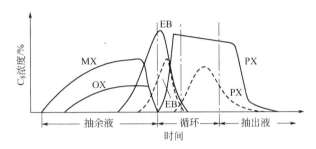

图 18-5-70　带循环的二甲苯色谱分离精制色谱图
———— 再循环过程; - - - - - 无循环过程

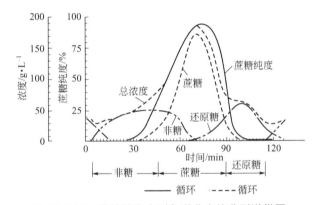

图 18-5-71　蔗糖糖蜜大型色谱分离的典型谱带图

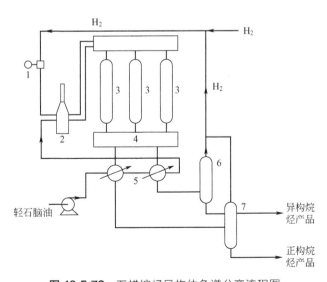

图 18-5-72　石蜡烷烃异构体色谱分离流程图
1—压缩机;2—加热炉;3—色谱柱;4—分布器;5—热交换器;6,7—分离器

工业色谱也用于从甜菜糖蜜中分离回收蔗糖，年处理糖蜜达 6 万吨。在该过程中，吸附剂为离子交换树脂，冲洗剂为无离子水，流速取 $0.5\sim1.5\text{m}^3\cdot\text{m}^3\cdot\text{h}^{-1}$，操作温度为 $50\sim90\text{℃}$，获得的色谱谱带图如图 18-5-71 所示，获得了较高纯度的蔗糖。此外，经玉米淀粉酶转化的高右旋糖浆经异构化成 42% 含量的果糖溶液，用工业色谱分离和结晶法联用可年产 1.4 万吨的高含量结晶果糖。工业色谱也被广泛用于氨基酸、甘露糖醇等糖类（如木糖、乳糖等），香料 α-蒎烯和 β-蒎烯、沉香（萜）醇，生物制品（抗体和蛋白质）等的分离。

石蜡烷烃异构体的工业色谱分离流程如图 18-5-72 所示。以萘和苯双元体系为例，将大型单柱色谱和模拟移动床吸附分离进行了比较（表 18-5-16），大型色谱溶剂循环量明显高于模拟移动床色谱循环量，同时模拟移动床色谱表现出更高的吸附剂利用，但大型单柱色谱的设备投资更低，有利于工业化应用。

表 18-5-16　萘和苯双元体系，大型色谱和模拟移动床分离的比较

项目	大型色谱	模拟移动床
吸附剂负荷/$\text{g}\cdot\text{g}^{-1}\cdot\text{h}^{-1}$	0.0241	0.0344
相对负荷/%	70	100
溶剂循环/$\text{mL}\cdot\text{g}^{-1}$	265	103
相对溶剂循环量/%	257	100

5.4　模拟移动床

5.4.1　模拟移动床原理和设备[21,26]

模拟移动床吸附分离，也称多柱串联冲洗色谱。目前工业上主要用于分离各种异构体，如 C_8 芳烃分离（对二甲苯 PX、间二甲苯 MX、邻二甲苯 OX 及乙苯 EB 的分离）、正构和异构烷烃的分离以及果糖和葡萄糖的分离等。模拟移动床吸附分离特别适用于两组分体系的分离，目前也被用于分离手性药物获得光学纯化合物。我国投产运行的对二甲苯 PX 模拟移动床分离装置有十余套，PX 产能超过 700 万吨。模拟移动床色谱结合了固定床和移动床操作的优势，采用解吸剂冲洗置换，而非移动床的升温使用实现溶质解吸，通过定期启闭切换各塔节的阀门，改变物料的进出口位置，实现床内吸附剂的相对移动，从而模拟吸附剂与解吸剂的逆流流动。在各进出口未切换的时间内，各塔节是固定床，但对整个吸附塔在进出口不断切换时，却是连续操作的"移动床"。

模拟移动床在结构上主要有两种类型，一种采用旋转阀进行切换，另一种采用阀阵进行切换。工业上常见的模拟移动床吸附塔一般由 24 个塔节组成（图 18-5-73），每个塔节都与旋转阀相连，可以垂直或卧式安装，也可以由两个大塔或 8 个较短的塔串联构成。塔节数可根据原料组成性质、产品的纯度和回收率等条件的不同而调整。模拟移动床分离塔依据功能可分为吸附段（Ⅰ段）、一精段（Ⅱ段）、解吸段（Ⅲ段）和二精段（Ⅳ段）四个区段，用旋转阀转动控制各液流进出口的切换，每个区段的液流速度可以不同。二甲苯异构体分离时一般取吸附段 9 塔节、一精段 8 塔节、解吸段 4 塔节和二精段 3 塔节。获得的对二甲苯（A）和其他芳烃异构体（B）的谱带图如图 18-5-74 所示。

旋转阀结构相对复杂且密封要求高，使得该系统规模化程度受限。模拟移动床也可以采

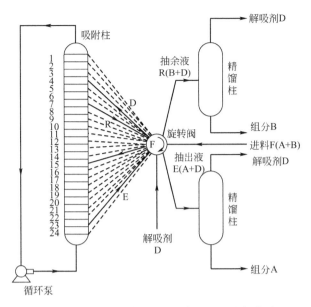

图 18-5-73 模拟移动（多柱串联）吸附分离操作流程图

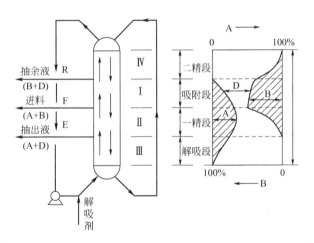

图 18-5-74 用解吸剂解吸的移动床吸附分离操作和谱带图

用多至 144 个单通阀组成的阀阵，代替 24 通旋转阀进行液流进出口的切换（图 18-5-75），但对阀门的要求较高，要求灵活、耐磨损且能承受一定的压力。各阀的切换时间应相同，误差不超过 5~10s，以免水锤冲击波损坏阀门。

在实际生产流程中，为了提高产品的纯度和回收率，增加了外回流和冲洗液管线（图 18-5-76）。以 C_8 芳烃分离为例，得到谱带如图 18-5-77 所示。为了减少解吸剂的用量、降低能耗，对工艺流程进行改进，提出了双解吸剂流程（图 18-5-78）和双温度流程（图 18-5-79）。双解吸剂流程采用吸附能力强弱不同的两种解吸剂 D1 和 D2，实现分离过程的最优化。在双温度流程中，解吸剂在进入解吸段之前经预热器加热到较高温度，提高其解吸能力，以降低解吸剂的用量，在进入精馏段之前也可通过换热器将液流温度换热到适宜温度。

间歇操作的固定床色谱过程中，吸附、精制、解吸和置换的四种机理是联系在一起的，假定平均的进料速度固定不变，系统自由度为 3（表 18-5-17）。而连续操作的模拟移动床过程中，各区段的吸附剂装填量及流速独立，整个系统的自由度为 8，因此模拟移动床较固定

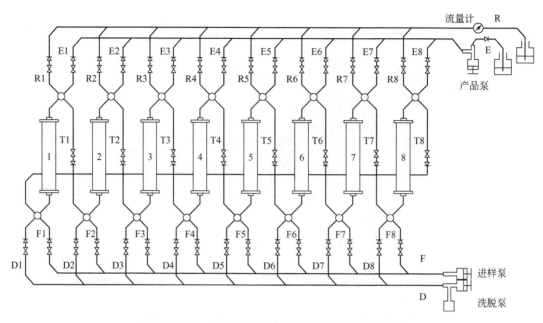

图 18-5-75 模拟移动床吸附塔阀门装配示意图[27]

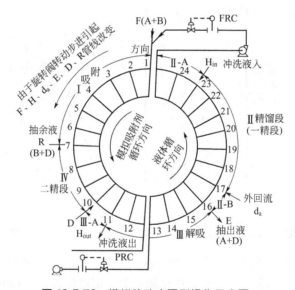

图 18-5-76 模拟移动床圆形操作示意图

床操作有更多的额外自由度，使各功能独立实现最优化，同时吸附剂的利用率更高。与固定床操作相比，可大幅度减少吸附剂和解吸剂的用量。例如在进料流速 $2.8 m^3 \cdot h^{-1}$、回收率 98.5% 和纯度 99.5% 的条件下，间歇操作的吸附剂及解吸剂用量分别是连续式操作的 25 倍和 2 倍。

5.4.2 模拟移动床工艺[26,28]

模拟移动床吸附分离工艺的关键在于吸附剂、解吸剂和各区流量等参数的选择。吸附剂对目标分子的吸附容量要大、选择分离性要好，且性能稳定、寿命长、机械强度和粒径等物理机械性能优越。解吸剂要求容易循环且循环能耗低，和溶质易于分离。表 18-5-18 列出了

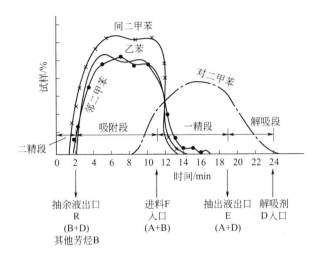

图 18-5-77 稳定操作下，模拟移动床吸附分离谱带图

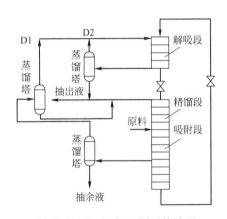

图 18-5-78 双解吸剂系统流程

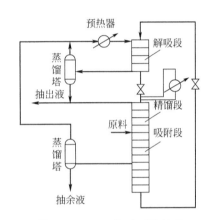

图 18-5-79 双温度系统流程

表 18-5-17 间歇和连续式操作变量比较

操作变量	自由度
连续式	
每区段吸附剂的用量	4
吸附剂的循环速度	1
区段Ⅱ、Ⅲ、Ⅳ内的液流速度	3
共计	8
间歇式	
吸附剂的用量	1
循环周期长短	1
解吸剂对进料比	1
共计	3

模拟移动床工艺在 C_8 芳烃分离、C_4 烃类分离和糖类分离中应用的简要情况。表 18-5-19 列出我国代表性的 C_8 芳烃分离装置的工艺参数，其他的还有 C_4 馏分的吸附分离、C_8 芳烃中吸附分离乙苯等的模拟移动床吸附分离工艺。近年来，模拟移动床在手性药物的分离中也得到了应用。下面以对二甲苯 PX 分离、正构和异构烷烃分离以及果糖和葡萄糖分离为例，介绍工艺。

表 18-5-18　工业化的模拟移动床工艺简表

工艺名称	进料	抽取液	抽余液	吸附剂和解吸剂
Parex	混合 C_8 芳烃	PX 98%~99%	OX、MX、EB	KBaY+甲苯或 Sr-BaX / K-BaX }+PDEB[①]
Ebex	混合 C_8 芳烃	OX、MX、PX	EB 99%	NaY 或 Sr-KX+甲苯
Molex	正构、支链烷烃和环烷烃	正构烷烃	支链和环烷烃异构体	5A+轻烷烃作解吸剂
Olex	烯烃+烷烃	烯烃	混合石蜡烷烃	可能是 CaX 或 SrX
Sorbutene	C_4 馏分	异丁烯约 70%	1-丁烯 99%	
Sarex	玉米糖浆	果糖	其他糖类、葡萄糖等	水溶液体系 CaY

① PDEB 为对二乙苯。

表 18-5-19　模拟移动床液相吸附分离装置[21]

项目	基本参数						
采用技术	Parex	Parex	Parex	Parex	Molex	Molex	Parex
装置地点	北京	天津	山东	南京	南京	上海	上海
原料	混二甲苯	混二甲苯	混二甲苯	混二甲苯	190~240℃ 煤油馏分	混二甲苯	混二甲苯
产量/万吨	2.7 PX	6.0 PX	PX 6.4 OX2.0	35[①] PX	5.0 正构烷烃 C_{10}~C_{13}	1.72 PX	18.2 PX
产品纯度/%	99.2	99.2	99.2	99.3	98.5	约 99.3	99.2
产品收率/%	92	92	—	92	95.29	90	92
吸附剂(分子筛)	X 型	X 型	X 型	X 型	5A	Y 型	X 型
吸附剂装填量/t	103	—	162.3	1348	103	110	510
解吸剂	PDEB (+np[②])	PDEB (+np)	PDEB	PDEB	60% 正戊烷和 40% 异辛烷	PDEB	PDEB

① 据 45 万吨 TPA 折算。
② np 为正构烷烃。

(1) 对二甲苯 PX 分离　从 C_8 芳烃混合物中分离 PX，常用的吸附剂是 X 型或 Y 型分子筛（表 18-5-20）。二甲苯各异构体的吸附容量与钠型沸石被交换阳离子的离子半径和价数（图 18-5-80）有关。不同的交换金属离子对沸石的酸度和选择性系数都有影响（图 18-5-81、图 18-5-82），离子半径愈小或被交换阳离子的价数愈高，沸石表面的酸度愈大（图 18-5-81）。沸石的表面酸度愈低，则对二甲苯 PX 的选择性系数愈高（图 18-5-82），因此测定酸度大小可以预测沸石经过阳离子交换后对 PX 的选择性。经不同程度的离子交换，如

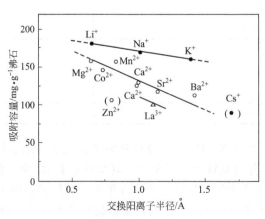

图 18-5-80　沸石分子筛交换的阳离子半径与吸附容量的关系

KY型沸石用Na^+交换后，沸石的总酸度改变，随着交换程度的不同，二甲苯各异构体之间的选择性系数相应发生变化（表18-5-21）。

表 18-5-20　X 型或 Y 型分子筛的基本理化性能

化学组成		物理性能
SiO_2	50.7%	表观密度 $0.635g \cdot mL^{-1}$
Al_2O_3	33.6%	比表面积 $500m^2 \cdot g^{-1}$
Na_2O	12.4%	孔体积 $0.30mL \cdot g^{-1}$
Na_2O/Al_2O_3	0.61	孔径 2.1nm
挥发物(900℃灼烧损失重)=3.2%		

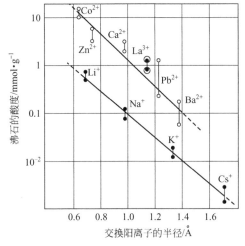

图 18-5-81　沸石分子筛表面酸度与交换的阳离子半径的关系

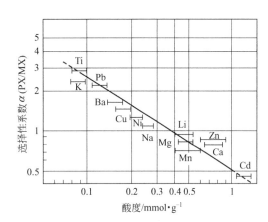

图 18-5-82　PX/MX 选择性系数与沸石酸度的关系

表 18-5-21　KY 沸石在不同 Na^+ 交换度下的二甲苯异构体选择性系数

项目	$\alpha(PX/EB)$	$\alpha(MX/EB)$	$\alpha(OX/EB)$
KY	1.98	0.53	0.73
交换 Na^+ 50%	1.63	1.43	1.19
交换 Na^+ 75%	1.66	1.83	1.66
交换 Na^+ 94%	1.95	3.68	1.95
NaY	2.00	3.70	2.00

合成沸石的硅铝比同样会影响二甲苯异构体的选择性。在高 SiO_2/Al_2O_3 值下，减少 AlO_4^- 活性点比沸石表面酸度的下降所造成的影响要显著。对、间二甲苯的选择性系数 α(PX/MX)，随着 SiO_2/Al_2O_3 值的增大而线性提高（图18-5-83）。有些情况下，为了控制表面酸度，常定量加入少量水分在进料中，沸石吸附水后表面酸性位点部分毒化，从而可提高 PX/MX 选择性系数 α（表18-5-22）。

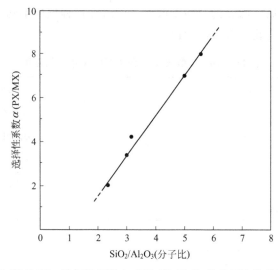

图 18-5-83　选择性系数与 SiO₂ 和 Al₂O₃ 的分子比的关系

表 18-5-22　含水量 4% 的 BaSrX 沸石的吸附特性

吸附剂的性质		A	B	C	D	E
选择性系数	α(PX/EB)	1.61	1.62	1.70	1.67	1.65
	α(PX/MX)	3.72	3.96	3.86	3.16	2.58
	α(PX/OX)	3.35	3.57	3.12	2.67	1.98
	α(PX/PDEB)	0.68	0.90	1.17	1.24	1.45
组成(质量分数)/%	SrO	—	—	2.18	4.12	7.35
	BaO	21.0	26.0	27.3	24.5	20.4
	K₂O	5.0	2.5	—	—	—
Ba/Sr		—	—	13.2	6.25	2.92

对于模拟移动床吸附分离，合适解吸剂的选择很重要，其吸附能力在吸附段应比抽出液弱，在解吸段又应比抽余液强。如果解吸剂的吸附能力太强，不利于抽余液的置换回收，降低了精制效果；但其吸附能力太弱，又不能把抽出液产品全部置换，降低了解吸效果。在二甲苯异构体分离中，第一代使用甲苯或加入适量饱和烷烃作为解吸剂；为了节能，第二代改用混合二乙苯；第三代又采用 70% 对二乙苯（PDEB）和 30% $C_{11} \sim C_{13}$ 正构烷烃组成的混合解吸剂；第四代使用对二乙苯为解吸剂。以常用 X 型和 Y 型沸石为例，C_8 芳烃异构体在不同阳离子的 X 型和 Y 型沸石上的选择性系数见表 18-5-23。

表 18-5-23　C_8 芳烃异构体在不同阳离子的 X 型和 Y 型沸石上的选择性系数

解吸剂	吸附剂	选择性系数				亲和力大小次序	参考资料
		PX/D	EB/D	OX/D	MX/D		
甲苯	KBaY	2.1	1.0	0.6	0.6	PX>EB≈D>OX≈MX	Stine 和 Broughton
PDEB	KBaX	0.68	0.42	0.2	0.18	D>PX>EB>OX≈MX	Neuzil
PDEB	BaSrX	1.24	0.74	0.46	0.39	PX>D>EB>OX≈MX	
甲苯	NaY	1.0	0.44	1.0	1.8	MX>D≈OX≈PX>EB	Broughton 和 Neuzil
甲苯	CaX	0.87	0.38	1.14	1.37	MX>OX>D>PX>EB	Neuzil 和 Rosback
甲苯	KSrX	1.27	0.55	1.29	1.26	MX>PX≈OX>D>EB	

(2) 正构烷烃分离 正构烷烃分离工艺也被称为分子筛脱蜡。直馏煤油馏分（馏程 190~240℃）经加氢精制后，油品性质改善，其组成（摩尔分数）约为：正构烷烃 20.97%、环烷烃 22.84%、异构烷烃 37.00%、芳烃 19.19%，另有微量的 C_9 组分。为使此煤油馏分的凝固点降低而能用作航空煤油，或将正构烷烃分离出来用作烷基苯洗涤剂、增塑剂，或用作合成其他化学品的原料，需开发合适的正构烷烃的分离方法。模拟移动床是目前正构烷烃分离的主要工艺技术。

工业分离正构烷烃的装置和二甲苯异构体分离装置的原理是一样的，但采用的吸附剂、解吸剂和相应的工艺条件都不相同。正构烷烃分离所用的吸附剂是 5A 型分子筛（CaA 型沸石），解吸剂是 60% 正戊烷和 40% 异辛烷组成的混合溶液。该工艺的特点是：

(a) 正构烷烃的分子直径小于 0.5nm，能进入沸石分子筛孔道中，异构烷烃的分子直径大于 0.5nm，不能进入，从而实现二者的分离；

(b) 烯烃比芳烃更易吸附，从而将煤油馏分中的芳烃脱除；

(c) 按照组分极性强弱不同，芳烃比烷烃极性强，5A 沸石优先选择吸附芳烃而使之脱除；

(d) 5A 沸石对碳数较多的正构烷烃有较大的吸附能力不易解吸，以致积累，经一段时间运转后，就要用过热蒸汽吹扫，使分子筛的活性和吸附容量恢复；

(e) 要求吸附剂对正构烷烃有较高的选择性、抗毒性能要好、使用寿命长、热稳定性高、能经受较高温度下用过热蒸汽吹扫。

模拟移动床分子筛脱蜡的分离塔物料衡算如表 18-5-24 所示。

表 18-5-24 模拟移动床吸附分离塔的物料组成衡算表

液相组成	组成（质量分数）/%						
	$n\text{-}C_9$	$n\text{-}C_{10}$	$n\text{-}C_{11}$	$n\text{-}C_{12}$	$n\text{-}C_{13}$	$n\text{-}C_{14}$	环烷烃、异构烷烃、芳烃
原料	0.0004	1.416	6.21	7.77	4.36	1.19	79.05
抽出液	0.02	7.35	31.77	38.93	20.26	0.19	1.48
抽余液		0.03	0.24	0.49	0.41	0.16	98.67

(3) 果糖和葡萄糖分离 果糖和葡萄糖右旋糖是同分异构体，都是六碳单糖。果糖有水果香味，是甜味品之一，甜度为蔗糖的 1.5 倍，因不易导致高血糖、不易产生脂肪堆积而发胖，而被人们所喜爱。以玉米淀粉制成淀粉糖，经酶法异构化所得糖浆含果糖 42%、葡萄糖（右旋糖）53%、低聚糖（高级糖化物）5%，高含量的果糖产品广泛应用于食品、医药、保健品生产中。因此需采用合适的方法实现果糖和葡萄糖的分离。目前主要采用离子交换树脂或沸石分子筛为吸附剂，经离子交换改性，阳离子可用 Li^+、Na^+、Ba^{2+}、Ca^{2+} 或 Sr^{2+}。通常用 pH=7 的无离子水或乙醇作为解吸剂。

果糖和葡萄糖糖浆模拟移动床分离工艺将吸附分离塔分成 9 个小塔，用 32 个闸阀代替旋转阀，用自动控制系统控制各阀门开闭。图 18-5-75 示出了模拟移动床分离果糖和葡萄糖糖浆装置图。以水为解吸剂，操作稳定后，各塔内的浓度分布如图 18-5-84 所示。其分离产物的组成和回收率见表 18-5-25，果糖纯度为 91.2%，回收率达 96.7%。整套装置的物料衡算可见表 18-5-26。

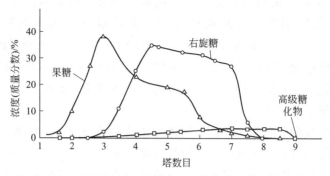

图 18-5-84　模拟移动床吸附分离果糖糖浆的浓度分布曲线

表 18-5-25　分离产物组成表

组分	高果糖浆 (质量分数)/%	果糖馏分 (质量分数)/%	右旋糖馏分 (质量分数)/%	回收率 /%
果糖	42	91.2	2.6	96.7
右旋糖	53	7.7	88.2	93.1
高级糖化物	5	1.1	9.2	90.6

表 18-5-26　模拟移动床装置总物料衡算表

项目	进料			抽取物		
	高果糖浆		水	果糖馏分	右旋糖馏分	
	$t \cdot d^{-1}$	(质量分数)/%	$t \cdot d^{-1}$	$t \cdot d^{-1}$	$t \cdot d^{-1}$	(质量分数)/%
果糖	95.74	42.0		90.00	5.74	4.5
右旋糖	119.45	53		8.40	111.05	86.8
高级糖化物	12.77	5		1.60	11.17	8.7
总糖	227.96	100.0		100.0	127.96	100.0
水	151.97		407.95	175.48	384.44	
总计	379.93		407.95	275.48	512.40	
固体物(质量分数)/%	60.0			36.3	25.0	

5.4.3　模型与计算

工业上应用较多的模拟移动床吸附分离是液相分离过程，其特点是被分离组分的浓度比较高。此外，在操作过程中，旋转阀静止不转动时，床层是间歇的固定床吸附分离，旋转阀不断转动切换时，又成为连续逆流"移动"床。但旋转阀转动切换时间有限，每经过一段时间旋转阀步进一格，故模拟移动床吸附分离是介于间歇和连续之间的半连续操作过程，不能完全用间歇固定床或连续逆流移动床的数学模型来描述。考虑到这些复杂的因素（包括各浓度较高的组分之间的干涉和吸附平衡关系式的复杂性），工业上计算模拟移动床吸附塔的工艺条件时多采用经验或半经验的计算方法。也可借助商用软件 SMB_Guide® for Windows、Matlab、Aspen 和 CADET-SMB 等，采用数值计算方法对模型求解计算。

半经验计算中，模拟移动床吸附分离塔的计算项目和要选取的工艺参数包括以下几项：

(a) 床层填充的吸附剂用量；
(b) 旋转阀的旋转循环时间；
(c) 外回流量和塔内各段的内回流循环量，如 A/F_A、L_2/A、L_3/A 和 L_4/A；
(d) 解吸剂的用量；
(e) 其他。

模拟移动床分离操作，不仅外回流对产品的纯度有影响，各区段的内回流循环量也有很大的关系。一般控制产品纯度最灵敏的是吸附塔精馏段Ⅰ区的循环流量。表 18-5-27 为典型的工业模拟移动床吸附分离混合二甲苯的回流循环量。取对二甲苯装置内各区段的内回流比值，$A/F_A=0.82\sim 1.25$、$L_2/A=0.8\sim 1.0$、$L_3/A=1.9\sim 2.2$、$L_4/A=-0.15\sim 0.3$。旋转阀旋转一周需要的时间为 $31.9\sim 39.68$ min，因原料的组成、浓度，产品纯度和回收率，解吸剂和吸附剂的差异等诸多因素而改变。对于分离正构烷烃的模拟移动床吸附分离（脱蜡），取 $Q/F_n=1.3\sim 1.5$。

表 18-5-27　工业装置各区段的回流循环量

区段内回流	例1	例2	例3
A/F_A	1.05	0.82	1.25
L_2/A	0.8	0.8	1.0
L_3/A	1.9	2.15	2.2
L_4/A	-0.15	0.23	0.3
旋转阀旋转一周期时间/min	34	39.68	31.9

注：设吸附剂吸附 C_8 芳烃单位时间的体积进入量为 A。

设吸附剂吸附 C_8 芳烃单位时间的体积进入量为 A，与混合二甲苯芳烃进料量 F_A 的比值为进料循环比，即：

$$A=F_A \times \frac{A}{F_A}$$

进料循环比（相当于筛油比），除容积表示外，还可以用质量表示，筛油比为 $5\sim 7.5$（吸附剂用 KBaY 型分子筛）时，各区段内液流的平均空塔速度，吸附段（4塔节）为 47 m·h^{-1}，一精段（8塔节）为 37 m·h^{-1}，解吸段（9塔节）为 42 m·h^{-1}，二精段（3塔节）为 29 m·h^{-1}。国内模拟移动床液相吸附分离装置的基本操作参数见表 18-5-28。

表 18-5-28　模拟移动床液相吸附分离装置基本操作参数

项目	北京	天津	山东	南京	南京	上海一期	上海二期
采用技术	Parex	Parex	Parex	Parex	Molex	Aromax	Parex
原料	混合二甲苯	混合二甲苯	混合二甲苯	混合二甲苯	190～240℃煤油馏分	混合二甲苯	混合二甲苯
吸附剂/t·m^{-3}·h^{-1}		5.6		4.608		5～7.5	4.69
解吸剂循环/m^3·h^{-1}·m^{-3}	2.3	2.29	1.62	1.5		3.5～4.5	1.45
热负荷/J·t^{-1}PX		0.416		0.369			0.343
抽余液中 PX/%	1.48	1.88					1.7
回流 PX/产品 PX	1.0	1.6					

已知 W 为考虑吸附剂装填密度和管线死空间的非选择性空隙容积，则各区段的流量 L 为：

$$L_{Ib}=(L_2/A)A+W$$

$$L_{\mathrm{II}c}=(L_3/A)A+W;\ L_{\mathrm{IV}d}=(L_4/A)A+W$$

对二甲苯的外回流量由进料中对二甲苯的浓度决定，一般可按照下列比例式表示，取

$$\frac{d_a+F_A(\mathrm{PX})}{A}=0.30$$

如果 F_A 取 1.05，进料中对二甲苯的含量为 17%，则：

$$\frac{d_a}{A}+\frac{0.17}{1.05}=0.30,\ \frac{d_a}{A}=0.138$$

一般对二甲苯的外回流量比值不得低于 0.08（$d_a=0.08A$），如果要使抽出液内的对二甲苯纯度提高，要将外回流比增至 0.25（$d_a=0.25A$）以上。

管线冲洗量 H，取最长的连接床层管线的体积 V 的 2 倍，除以旋转阀旋转步进一格的时间：

$$H=2V_1\times\frac{60}{t}$$

床层进出口点流量：$L_{\mathrm{II}cA}=L_{\mathrm{II}c}+H_{\mathrm{out}}$

抽取液排出点（应先求 $L_{\mathrm{I}bB}$）：$E=L_{\mathrm{II}c}-L_{\mathrm{I}bB}$

外回流对二甲苯循环点：$L_{\mathrm{I}bB}=L_{\mathrm{I}b}-d_a$

管线冲洗点：$L_{\mathrm{I}bA}=L_{\mathrm{I}b}+H_{\mathrm{in}}$

进料点：$L_{\mathrm{I}a}=L_{\mathrm{I}bA}+F$

抽余液排出点：$Q_R=L_{\mathrm{I}a}-L_{\mathrm{IV}d}$

解吸剂点：$Q_D=I_{\mathrm{III}cA}-L_{\mathrm{IV}d}$

抽余液流量 Q_R 由压力加以控制，按照物料衡算的结果为：

$$Q_R=F+Q_D-Q_E+d_a\ (因为\ H_{\mathrm{in}}=H_{\mathrm{out}})$$

与 $Q_R=L_{\mathrm{I}a}-L_{\mathrm{IV}d}$ 的结果相一致。

(1) 三角理论 基于三角理论的设计方法是最为常用的设计手段，它用于确定各区段的内部流量和切换时间。该方法基于平衡理论，由移动床色谱过程推导而来，对于二元分离体系，组分 i（$i=\mathrm{A,B}$）随流动相向前移动的通量密度为 uc_i，式中，u 为移动床色谱中流动相的线速度。随固定相向后移动的通量密度为 $\left(\frac{1-\varepsilon}{\varepsilon}\right)u_s q_i$。

要求强组分 A 往后移动，而弱组分 B 向前移动，需要满足：

$$\left(\frac{1-\varepsilon}{\varepsilon}\right)u_s q_A-uc_A>0$$

$$\left(\frac{1-\varepsilon}{\varepsilon}\right)u_s q_B-uc_B<0$$

或：

$$\left(\frac{1-\varepsilon}{\varepsilon}\right)\frac{q_A}{c_A}>\frac{u}{u_s}>\left(\frac{1-\varepsilon}{\varepsilon}\right)\frac{q_B}{c_B}$$

线性条件下，等温线满足 Henry 方程 $q_i=Hc_i$，上式可表示为：

$$\left(\frac{1-\varepsilon}{\varepsilon}\right)H_A>\frac{u}{u_s}>\left(\frac{1-\varepsilon}{\varepsilon}\right)H_B$$

移动床色谱和模拟移动床色谱的流动相线速度存在关系 $v_j=u+u_s$。代入上式得：

$$\left[1+\left(\frac{1-\varepsilon}{\varepsilon}\right)H_B\right] < \frac{v_j}{u_s} < \left[1+\left(\frac{1-\varepsilon}{\varepsilon}\right)H_A\right]$$

或：

$$H_B < \frac{v_j - u_s}{\left(\frac{1-\varepsilon}{\varepsilon}\right)u_s} < H_A$$

引入无量纲参数 m：

$$m_j = \frac{v_j - u_s}{\left(\frac{1-\varepsilon}{\varepsilon}\right)u_s}$$

得到：

$$H_B < m_j < H_A$$

因为 $v_j = \frac{Q_j}{\sum A_c}$，得

$$m_j = \frac{Q_j^{SMB} t_s - V_c \varepsilon}{V_c(1-\varepsilon)}$$

式中，A_c 为色谱柱的截面积；V_c 为色谱柱的体积。三角理论的完整表达式为：

$$H_A < m_1 < \infty$$
$$H_B < m_2 < H_A$$
$$H_B < m_3 < H_A$$
$$\frac{-\varepsilon}{1-\varepsilon} < m_4 < H_B$$

根据三角理论，由 m_2-m_3 平面内确定的三角形区域为完全分离区，如图 18-5-85 所示。在完全分离区内选择的操作点可保证模拟移动床对双组分的完全分离，即抽出液和抽余液产品的理论相对纯度均为 100%。

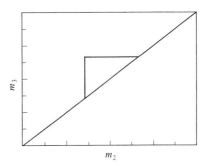

图 18-5-85 三角形完全分离区域图

（2）模拟移动床色谱的模型 模拟移动床色谱的模型综合了固定床的物料衡算方程、线性推动力传质速率方程式、吸附等温线方程和节点关系。

$$D_L \frac{\partial^2 c_i}{\partial z^2} = \frac{\partial(v_j c_i)}{\partial z} + \frac{\partial c_i}{\partial t} + \frac{1-\varepsilon}{\varepsilon} \times \frac{\partial q_i}{\partial t}$$

$$\frac{\partial q_i}{\partial t} = K_s a_v (q_i^* - q_i) = K_F a_v (c_i - c^*)$$

$$\frac{q_i}{q_{mi}} = \theta = \frac{k_{Li} c_i}{1 + \sum_{j=1}^{n} k_{Lj} c_i}$$

各节点的物料守恒关系如下：
解吸剂点：

$$v_4 + v_D = v_1, \quad v_4 c_i^4 = v_1 c_i^1, \quad q_i^4 = q_i^1$$

进料点：

抽取液排出点：

$$v_2 + v_F = v_3, \quad v_2 c_i^2 + v_F c_{i,F} = v_3 c_i^3, \quad q_i^3 = q_i^2$$

$$v_1 = v_E + v_2, \quad c_i^1 = c_{i,E} = c_i^2, \quad q_i^2 = q_i^1$$

抽余液排出点：

$$v_3 - v_R = v_4, \quad c_i^3 = c_{i,R} = c_i^4, \quad q_i^3 = q_i^4$$

式中，1~4 为各区段的编号；下角 D 为解吸液；下角 F 为进料液；下角 E 为抽取液；下角 R 为抽余液。

该模型的求解需要采用数值算法，首先用有限差分法、线上法或者有限元正交配置法对空间变量进行离散，转化为关于时间变量的常微分方程组后再用龙格-库塔法进行求解。用于模拟计算的商用软件有 SMB_Guide® for Windows、Matlab、gPROMs、Aspen 和 CADET-SMB等。输入吸附等温线参数，扩散系数，传质系数，色谱柱的物理参数（柱长、柱径、柱体积、孔隙率），进料液浓度，进料液组成以及各区流量、切换时间等操作条件，运行至稳态后，即可得到抽取液和抽余液产品的纯度和浓度。

参考文献

[1] Kohl A L, Reisenfield P C. Gas Purification. 2nd. Houston: Gulf, 1974: 574.

[2] Drzaj B, Hocevan S, Pejovnik S. Zeolites synthesis, structure, technology and application. Amsterdam: Elsevier, 1985: 503.

[3] Smisek M. 活性炭. 活性炭翻译组, 译. 国营新华化工厂设计研究所, 1981: 177.

[4] 叶振华. 吸着分离过程基础. 北京：化学工业出版社, 1988: 263.

[5] Basmadjian D. The adsorption drying of gases and liquids//Mujumdar A S. Advances in Drying: Vol 3. New York: Hemisphere, 1984.

[6] 《化学工程手册》编辑委员会. 化学工程手册：第 17 篇, 吸附及离子交换. 北京：化学工业出版社, 1985: 61.

[7] [日] 北川浩, 铃木谦一郎. 吸附的基础与设计. 鹿政理, 译. 北京：化学工业出版社, 1983: 162.

[8] Yang R T. Gas separation by adsorption processes. Boston: Butterworth, 1987: 237.

[9] US, 2944627.

[10] US, 3155468.

[11] Berg C. Chem Eng Prog, 1951, 47 (11): 585.

[12] US, 4013429.

[13] 岑沛霖, Yang R T. 化工学报, 1988, (6): 752-760.

[14] Pigford R L, Baker B, Blum D E. Ind Eng Chem Fundam, 1969, 8 (1): 144.

[15] Shendalmen L H, Mitchell J E. Chem Eng Sci, 1972, 27(7): 1449.

[16] Chan Y N I, Hill F B, Wong Y W. Chem Eng Sci, 1981, 36 (2): 243-251.

[17] Guan J Y, Ye Z H. Chem Eng Sci, 1993, 48 (15): 2821-2823.

[18] Guan J Y, Ye Z H. Chem Eng Sci, 1990, 45 (10): 3063-3069.

[19] Yang R T. 吸附法气体分离. 王树森, 等译. 北京：化学工业出版社, 1991.

[20] Wu B, Zhang X P, Xu Y J, et al. Journal of Cleaner Production, 2015, 101: 251-261.

[21] 叶振华. 化工吸附分离过程. 北京：中国石化出版社, 1992.

[22] Wankat P C. Large-scale adsorption and chromatography. Boca Raton, Fla: CRC Press, 1986: 38.
[23] Purnell J H. New Development in Gas Chromatography. New York: John Wiley, 1973: 138.
[24] 张会平,黄培泉,叶振华//第六届化学工程学校校际学术报告会论文集. 成都: 成都科技大学出版社, 1991: 570.
[25] 陈繁忠,叶振华. 华南理工大学学报: 自然科学版, 1994, 22(2): 58-66.
[26] Franz W F, Christensen E R, May J E, et al. Petr Refiner, 1959, 38(4): 125-129.
[27] 林炳昌. 模拟移动床色谱技术. 北京: 化学工业出版社, 2008: 11.
[28] 叶振华. 化工吸附分离过程. 北京: 中国石化出版社, 1992.

6 离子交换

6.1 离子交换过程的特点[1,2]

人们对离子交换现象的认识有较长的历史，早在 1850 年，英国化学家 Thompson 和 Way 已开始认识到土壤中的钙、镁离子和水中的钾、铵离子的阳离子交换现象。Lemberg 和后来的 Wiegnei 发现土壤中的黏土、沸石以及腐植酸等都具有此种离子交换能力。1903 年，德国化学家 Harm 和 Rumpler 首先合成了工业用离子交换树脂，接着，Gans 把天然的和合成的硅酸盐用于工业，如水的软化和糖液的净制。英国人 Adams 和 Holma[2]1935 年研究了离子交换的性质，随后研制出性质优良的酚醛类型骨架的阳、阴离子交换树脂。到 1945 年，人们开发了聚苯乙烯型强酸性树脂及聚丙烯酸型弱酸性树脂，这类性能稳定、交换容量较大的阳离子交换树脂得到了普遍的应用。此后，聚苯乙烯阴离子交换树脂和其他特种树脂相继出现和应用。

6.1.1 离子交换过程的基本原理[3~8]

① 离子之间成等当量交换。离子交换树脂是强极性有机物，和极性溶液接触时充分溶胀，溶胀的树脂相是一种真正的电解质溶液，和硅胶吸附剂不相同，高度电离的阳离子交换树脂的结构是三维的，结构上的阳离子只能在结构的振动范围内自由活动（图 18-6-1）。例如氢离子可在整个树脂内自由移动，它可以为等当量、同电荷的离子取代。为保持电性中和，游离的氢离子从溶胀的树脂进入溶液，形成离子交换。最初带有和骨架结构具有相反电荷的离子 A 的阳离子交换树指，浸入与 A 具有相同电荷的离子 B 的溶液中，树脂骨架上的离子 A 和溶液中同电荷的离子 B 交换，直至达到平衡为止，交换速度的大小由扩散速度决定（图 18-6-2）。

图 18-6-1 合成有机离子交换剂中可交换离子在结构上的分布

② 离子交换剂对不同离子具有不同的亲和力和选择性。室温下，低浓度离子的水溶液中，多价离子比单价离子优先交换：

$$Na^+ < Ca^{2+} < La^{3+} < Th^{4+}$$

对于碱金属和碱土金属离子，它的亲和力随原子序数的增加而增加：

$$Li^+ < Na^+ < K^+ < Rb^+ < Cs^+$$
$$Mg^{2+} < Ca^{2+} < Sr^{2+} < Ba^{2+}$$

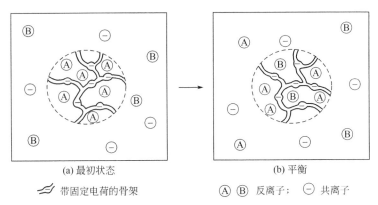

图 18-6-2 溶液中的离子交换

对于高浓度离子的溶液,多价离子的选择性随离子浓度的增加而减小,但添加络合剂或螯合剂后,可以增强它和各种离子亲和力的差别。

③ 离子排斥[5~8]。利用 Donnan 膜扩散平衡原理,将含电解质和非电解质的溶液通过离子交换柱时,其中树脂的可交换离子与电解质中的离子是相同的(如用强酸性阳离子交换树脂 Dowex50X8Na 除去甘油中的 NaCl),树脂不发生离子交换,受树脂官能团的排斥,但非电解质却与树脂有些亲和力而延迟流出,要经过水的冲洗才置换出来。离子排斥的速度比离子交换慢,处理量也小得多。这种对不解离的物质不产生排斥的作用称为 Dorman 效应。可以利用高交换量和强电离的离子交换树脂分离含盐浓度高的溶液,也可以用在强电解质与弱电解质溶液的分离,例如分离乙酸和盐酸溶液。

④ 非水溶液中的离子交换。为了维持电荷的平衡对和树脂骨架结构具有相反电荷的离子,不管其存在于交换剂或是溶液中,均称为反离子。反之,称为共离子(coion)。由于亲和力大小不同,不同离子在离子交换柱中的迁移速度也不相同,这是离子交换动力学的扩散过程,它在机理和处理方法上都和吸附过程有许多类似的地方。

树脂在非水溶剂中体积要收缩,致使离子在树脂相中的扩散速率、交换速率降低。对于大孔树脂,溶剂的极性影响较小,在非水溶液中的交换容量虽比在水溶液中的小,但其减少量比凝胶型树脂的少。因此,处理非水溶液时,大孔树脂比凝胶型树脂更适合。离子交换树脂在非水溶液中的选择性比在水溶液中的大。

⑤ 由于置换速率较小的缘故,大的离子或聚合物不能大量吸收,因而对不同大小的离子产生筛选效应。

6.1.2 离子交换循环操作和应用

(1) 离子交换循环操作[9]　一般常用的合成离子交换剂的价格比较高昂,从经济和环保的角度看,必须再生重复使用。再生过程受化学平衡中离子交换平衡常数的制约,通常要加入比理论值过量的再生剂。因此,在下一次离子交换循环前,要把柱内的再生剂淋洗干净。离子交换循环操作包括:返洗、再生、淋洗和交换几个步骤:

(a) 返洗。是离子交换剂再生前的准备步骤,目的是使床层扩大和重新调整,把水中滤出的杂物、污物清洗排出,以便液流分配得更均匀。清洗液一般用水,因其价廉易得。

(b) 再生。一般来说,一价的再生剂洗脱一价离子时,再生剂的浓度对再生的影响较小。用一价再生剂洗脱树脂上的二价离子时,增加再生剂的浓度,可提高洗脱的效果。通常再生剂浓度取 5%~10%,最高不超过 30%(偶有取高至 33%的)。要防止再生剂再生时生成沉淀（如用硫酸洗脱生成 $CaSO_4$ 沉淀）而填塞床层，宜先用稀的再生剂，逐渐再用浓的再生剂洗脱。再生剂流速的选取应使两相有适当的接触时间。交联度低的阳离子交换树脂，接触时间可短些。反之，交联度大的，接触时间要长些。再生剂中的杂质或有害离子也会妨碍树脂再生。例如，氯离子对第一类强碱性阴离子交换树脂有较大的亲和力，如用含少量氯离子的氢氧化钠溶液洗脱树脂中的氯离子，则不易完全洗脱，有降低树脂交换容量的缺点。

　　(c) 淋洗。树脂再生后，需将过量的再生剂淋洗干净。将再生剂置换出来后，可提高淋洗速度，以减少淋洗时间。苯乙烯阳离子交换树脂所需要的淋洗水量约为 $135 L\cdot m^{-3}$，阴离子交换树脂需要的水量多些。新的强碱性或季铵类树脂，按照树脂的种类、用的再生剂不同和其他条件的差异，所需淋水量至少在 $810\sim 1080 L\cdot m^{-3}$。

　　(d) 交换。交换时要维持床层的结构正常，避免产生沟流和空洞。如果进料浓度过高，可能使树脂脱水，以致床层过度紧缩，使树脂受到损伤。固体树脂加入床层时，要考虑树脂的溶胀，如溶胀速度过大，将使树脂破裂。一般装柱时，应将树脂溶胀至体积稳定后再进行装入，以免床层内树脂颗粒之间受到过大的压力。

(2) 离子交换操作的应用　　在工业上，离子交换过程有广泛的应用。水处理过程中，包括硬水软化、高压锅炉用水脱盐、纯水和超纯水的制备、环境保护中排放污水的处理、脱除或回收金属离子等。在食品、生化产品和制药工业中用于抗生素、氨基酸及其他药物的提纯、精制等；在湿法冶金中，用于回收和提取金、铂和稀土等贵金属；其他还有如催化性能的利用和溶剂的脱色提纯等（表 18-6-1）。

表 18-6-1　离子交换过程主要应用举例

水处理	四氯化碳
水软化	试剂提纯
脱碱	盐酸
除氟	甲醛
脱色	酚
脱氧	丙烯酸酯
除铁及锰	制备无机凝胶
脱氨	SiO_2
糖及多元醇精制	$Fe(OH)_3$
蔗糖、玉米糖及甜菜糖精制	$Al(OH)_3$
甘油精制	氧化钍
山梨醇提纯	氧化锆
生化产品回收和提纯	催化作用
抗生素	蔗糖转化
氨基酸	酯化
维生素	缩聚
蛋白质	医药
酶	抗酸剂
血浆	钠还原
血	味觉屏蔽
病毒	持续释放
冶金（回收和提纯）	诊断剂
铀	药片分化
钍	pH 控制
稀土	脱除钾
过渡金属	皮肤处理
超铀元素	脱除毒物
金、银、铂、铬等	分析
溶剂提纯	分离
醇	浓缩
氯化烷烃	提纯
丙酮	

6.2 离子交换剂的种类和选用[10~17]

6.2.1 离子交换剂的种类

无机的天然离子交换剂是最早使用的离子交换剂，缺点是交换容量不大，抵抗强酸、碱的能力较弱，已逐渐被合成的有机高聚物树脂取代。当然有机树脂在耐热、抗氧化老化、耐辐射等方面也有许多不足之处。

(1) 无机离子交换剂 无机离子交换剂包括沸石类（天然沸石和合成沸石）、水合氧化物、二元聚合物和三元聚合物等。

a. 沸石类。有天然沸石，如斜方沸石、片沸石、方沸石、八面沸石、钙沸石和丝光沸石等，它可以和阳离子交换，用作水处理，以脱除微量的 NH_4^+，还可以从海水、糖液中分离和提取钾离子等。其他如天然的高岭土、海绿砂、正长石、瓷土等矿石，也可用作阳离子交换剂。合成的沸石如 A、X、Y 型分子筛有选择性好、稳定性高、耐较高的温度（300℃左右）、能抵抗一般的氧化还原等优点。

b. 两性的水合氧化物。周期表中第三至第六主族元素的氧化物，大多数水合氧化物都是两性的。在酸性条件下，具有阴离子交换性能；在碱性条件下，则有阳离子交换性能。其中重要的化合物有水合氧化锆，适用于 Ca^{2+} 交换的草酸氧锆，对铀有特殊选择性能、用于海水提铀的水合氧化钛（钛胶）以及水合氧化锡等。

c. 二元和三元聚合物。有对铯的选择性特别强、适用于放射性物质分离的磷酸锆、三元聚合物的磷钼酸铵、磷钨酸铵和离子交换玻璃等。

(2) 有机离子交换剂 由于无机可交换 Na^+ 的硅酸盐离子交换剂有对酸敏感的缺点，研究发现廉价的磺化煤、腐殖质和某些天然有机物也有离子交换性能，因此磺化煤得到了推广应用。20 世纪中叶合成了交换容量大、化学和力学性能稳定的离子交换树脂。早期为酚醛缩聚合成树脂，官能团可在缩聚前后加入，得到相应的阳离子或阴离子交换树脂。2008年国家颁布了《离子交换树脂命名系统和基本规范》（GB/T 1631—2008），离子交换树脂命名系统和基本规范按照下列标准模式，见表 18-6-2。

表 18-6-2 离子交换树脂的命名和规范标准模式

命名							
	标识字组						
国家标准号	基本名称	单项组					
		字符组 1	字符组 2	字符组 3	字符组 4	字符组 5	字符组 6

命名由国家标准号、基本名称和单项组组成。

基本名称：离子交换树脂，凡分类酸性的，应在基本名称前加"阳"字；分类碱性的，在基本名称前加"阴"字。为了命名明确，单项组又分为下列信息的字符组。

字符组 1：离子交换树脂的形态分凝胶型和大孔型两种。凡具有物理孔结构的称为大孔型树脂，在全名称前加"D"以示区别。

字符组 2：以数字代表产品的官能团分类，官能团的分类和代号见表 18-6-3。

表 18-6-3　字符组 2 中产品的官能团分类和所用代号

数字代号	分类名称	
	名称	官能团
0	强酸	磺酸基等
1	弱酸	羧酸基、膦酸基等
2	强碱	季铵基等
3	弱碱	伯、仲、叔胺基等
4	螯合	胺酸基等
5	两性	强碱-弱酸、弱碱-弱酸
6	氧化还原	硫醇基、对苯二酚基等

字符组 3：以数字代表骨架分类，骨架的分类和代号见表 18-6-4。

表 18-6-4　字符组 3 代表产品的骨架分类和所用代号

数字代号	骨架名称
0	苯乙烯系
1	丙烯酸系
2	酚醛系
3	环氧系
4	乙烯吡啶系
5	脲醛系
6	氯乙烯系

字符组 4：顺序号，用以区别基团、交联剂等的差异。交联度用"×"号连接阿拉伯数字表示。

字符组 5：不同床型应用的树脂代号见表 18-6-5。

表 18-6-5　不同床型应用的树脂代号

用途	牌号
软化床	R
双层床	SC
浮动床	FC
混合床	MB
凝结水混床	MBP
凝结水单床	P
三层床混床	TR

字符组 6：特殊用途树脂代号见表 18-6-6。

表 18-6-6　特殊用途树脂代号

特殊用途树脂	代码
核级树脂	NR
电子级树脂	ER
食品级树脂	FR

命名示例：

大孔型苯乙烯系强酸性阳离子混合床用核级离子交换树脂表示为：

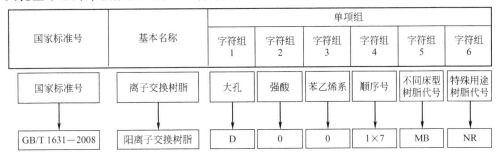

命名：D001×7MB-NR

目前常用苯乙烯和交联剂二乙烯基苯（DVB）乳液聚合得到的聚苯乙烯树脂，其合成途径见图18-6-3。交联剂 DVB 的用量可以调整，得到交联度不同的树脂。交联度一般在 2%～12%，标准树脂 DVB 用量为 7%～9%。

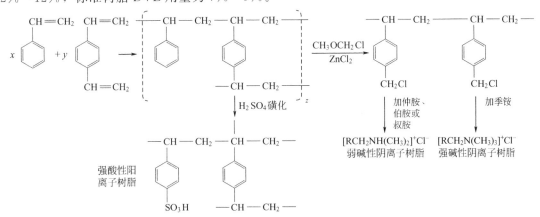

图 18-6-3　苯乙烯系列阳离子和阴离子树脂合成反应

a. 强酸性阳离子交换树脂。聚苯乙烯小球经浓硫酸磺化制成，离子交换容量通常为 $2 kmol \cdot m^{-3}$，换算成干基量为 $4 \sim 5 kmol \cdot kg^{-1}$。

—SO_3H 官能团有强电解质的性质，被处理的水可从强酸性至强碱性，在整个 pH 值范围都能使用，树脂可以是 H 型或盐基型（Na 盐）。这种强酸性阳离子交换树脂的特点是可以用无机酸（HCl 或 H_2SO_4 之类）或 NaCl 再生。它比阴离子交换树脂热稳定性高，可承受温度高达 120℃，商品多以钠盐型树脂出售，其热稳定性和化学稳定性都较高。经钠盐交换后树脂体积的变化随交联度的大小、离子的种类形态而异，一般体积胀大 4%～8%。

酸性阳离子交换树脂除磺酸基官能团外，也可以是—COOH、—PO_3H_2、—HPO_2Na、—AsO_3H_2 和—SeO_3H 等官能团，树脂的合成方法也可以先引进官能团后再聚合，如磷酸苯乙烯和二乙烯基苯共聚，制成带—$PO(OH)_2$ 中等酸度的离子交换树脂。

b. 弱酸性阳离子交换树脂。这类树脂的交换基团一般是弱酸，可以是：(a) 羧基，如丙烯酸或甲基丙烯酸和二乙烯基苯的共聚物；(b) 磷酸基（—PO_3H_2）；(c) 酚基（〇—OH）等。其中以含羧酸基的弱酸性树脂用途最广，也可以在母体中有几种官能团，以调节树脂的酸性（表 18-6-7）。

表 18-6-7　有代表性的弱酸性阳离子交换树脂[18]

官能团	商品牌号	选择性
—N(CH$_2$COOH)$_2$	Dowex A-1 Bio-Rad Chelex-100 Duolite ES-467 Lewatit TP207	$Hg^{2+}>Cu^{2+}>UO_2^{2+}>Pb^{2+}>Fe^{3+}>Al^{3+}>Cr^{3+}>Ni^{2+}>Zn^{2+}\cdots$
—	ダイセイオン CR-20 CR-39	$Hg^{2+}>Fe^{3+}>Cu^{2+}>Zn^{2+}>Au^{3+}>Hg^{2+}>Pt^{2+}>Pd^{2+}\cdots$
—PO$_3$H$_2$	Bio-Rex 63 Duolite C-63	$Th^{4+}>U^{4+}>UO_2^{2+}>Fe^{3+}\cdots$
—NHCH$_2$PO$_3$H$_2$	Duolite ES-467	$Cu^{2+}>Ca^{2+}>Zn^{2+}\cdots$
—SH	IMAC HP333	$Ag^{2+}>Cu^{2+}\gg Pb^{2+}$
\NCS$_2$H	スミキレートQ-10 エポラスZ-7	$Hg^{2+}>Au^{3+}>Ag^+$
—C(=NOH)NH$_2$	Duolite CS-346	$Cu^{2+}>Ru^{6+}>U^{6+}>Pt^{2+}>Cu^{2+}>Ni^{2+}>Co^{2+}\cdots$
—NCH$_2$(CHOH)$_5$H / CH$_3$	Amberlite IRA-743	BO_3^{3-}

弱酸性阳离子交换树脂有较大的离子交换容量，对多价金属离子的选择性较高，可用于处理污水中的金属离子，如铜、铬等。交换容量为 $3\sim4$ kmol·m^{-3}，耐用温度 $100\sim120$℃。H 型弱酸性阳离子交换树脂较难被中性盐类如 NaCl 分解，只能由强碱（如 NaOH）中和。丙烯酸树脂和甲基丙烯酸树脂的差别在于相对酸度强度不同，前者比后者的电离常数约大 10 倍，因而应用的适应性也不同。H 型转成钠型后，树脂体积约胀大 2 倍，通入水溶胀和再生后，体积变化都较大。

c. **强碱性阴离子交换树脂**。这类树脂有两种类型，第一种是对氮有三个甲基的季铵结构，第二种是对氮有乙基氢氧官能团的—(CH$_3$)$_2$N—CH$_2$—CH$_2$—OH 结构，这两种类型的阴离子交换树脂能和水中的 Cl^-、SO_4^{2-}、NO_3^- 等强酸根或 CO_3^{2-} 等弱酸根交换。为了易于水解，一般多用 Cl^- 型，也可以用 OH^-、SO_4^{2-} 型。再生剂可以相应地采用 NaOH、NaCl、HCl、H$_2$SO$_4$。

季铵官能团在 pH=7 以下是非常稳定的，反之，则易发生降解。对弱酸的交换能力，第一种类型的树脂较强，但其交换容量却比第二种类型的小。一般来说，碱性离子交换树脂比酸性离子交换树脂的热稳定性、化学稳定性要差些，离子交换容量也小些。

d. **弱碱性阴离子交换树脂**。目前的弱碱性树脂网状结构中至少有四种不同的类型，即 S 型、P 型、E 型和 A 型。

第一种 S 型树脂是苯乙烯系聚合物，属单官能团树脂，S-M 型树脂具有部分强碱性树脂的交换容量，达 0.9~1.4mol·L^{-1}，并随着再生循环次数增多，交换容量逐步下降。另外一种弱碱性树脂由烷烯-聚胺经氯甲基化反应制成，是伯、仲和叔胺官能团的混合物，称 S-P 型树脂。它的总交换容量为 S-M 型树脂的 2~3 倍。总之，S 型弱碱性树脂的交联是十分复杂的。第二种 P 型树脂是酚-醛高聚物，此多胺可以是原来缩聚的，或以后加入的。第三种 E 型为表氯醇（环氧-1,2-氯-3-丙烷）和聚烯胺的反应产物。比起酚醛树脂，它的支链较多，交联度大，有较高百分率的氮，故总交换容量可达 2.5~3.0mol·L^{-1}。第四种 A 型弱碱性树脂的高聚物母体是聚丙烯酸化合物。它可以有单、双或三个胺官能团。由于它没有芳烃环，故可高度离子化。

弱碱性阴离子交换树脂容易和强酸反应，但较难和弱酸反应。弱碱性阴离子交换树脂须用强碱（如 NaOH）再生，再生后的体积变化比弱酸性树脂小，游离型树脂用 Cl$^-$ 置换后，体积胀大 30%，其交换容量为 1.2~2.5mol·L^{-1}，使用温度 70~100℃。酚醛弱碱性阴离子交换树脂对不同有机酸的交换吸附见图 18-6-4。图 18-6-5 所示为不同 pH 值下，各种类型弱碱性阴离子交换树脂的交换容量。

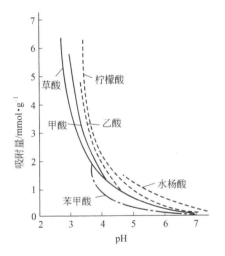

图 18-6-4　酚醛弱碱性树脂对不同有机酸的吸附

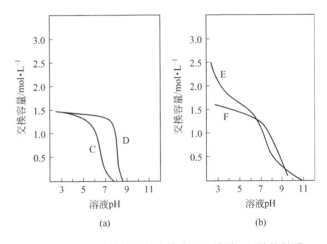

图 18-6-5　弱碱性树脂的交换容量和溶液 pH 值的关系
C—S 型树脂在 0.009mol·L^{-1} NaCl 中；
D—S 型树脂在 0.5mol·L^{-1} NaCl 中；
E—E 型树脂在 0.5mol·L^{-1} NaCl 中；
F—A 型树脂在 0.5mol·L^{-1} NaCl 中

e. 大孔吸附树脂。大孔吸附树脂和普通的高聚物树脂同样都是带有官能团和网状结构的高分子化合物，它们的基本性质是相同的。大孔树脂是有巨大网状结构的有机吸附剂，在干的或溶胀状态下都有孔穴。而普通树脂只在溶胀状态下才有孔穴的性能。故大孔树脂不仅有均相的凝胶结构，而且有非凝胶结构的物质存在。它的特点是孔径大、比表面积高（图 18-6-6）、颜色浅、化学稳定性和力学性能都较好，并有吸附容量大、再生容易的优点。带极性官能团的吸附树脂和大孔离子交换树脂并没有严格的界限。吸附树脂按照其基本的结构，可分为非极性、中极性、极性和强极性四种类型。实际过程中应针对待脱除物质的极性，选用不同极性类型的吸附树脂进行吸附分离（表 18-6-8）。大孔吸附树脂的吸附力比活性炭小，故可用酸、碱或溶剂冲洗再生。

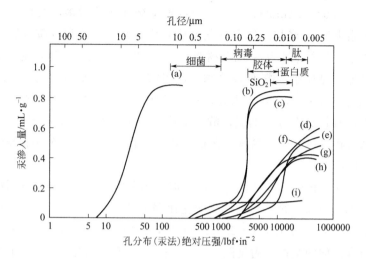

图 18-6-6　大孔 Amberlite 树脂的孔结构

(a) Amberlite IRA-938；(b) Amberlite A-27V；(c) Amberlite A-21；(d) Amberlite XAD-2；
(e) Amberlite XN-1005；(f) Amberlite XAD-1；(g) Amberlite-26；(h) Amberlite 15；(i) Amberlite IRC-50

$1\text{lbf}\cdot\text{in}^{-2}=6.67\text{kPa}$

表 18-6-8　大孔吸附树脂[19]

牌号	主要组成	孔隙度/%	湿真密度 /g·mL^{-1}	表面积 /m^2·g^{-1}	平均孔径/Å	粒度/目
Amberlite						
XAD-1	聚乙烯	37	1.02	100	200	20～50
XAD-2	聚乙烯	42	1.02	330	90	20～50
XAD-4	聚乙烯	51	1.02	750	50	20～50
XAD-7	丙烯酸酯	55	1.02	450	80	20～50
XAD-8	丙烯酸酯	52	1.09	140	250	25～50
XAD-9	氧化硫	45	1.14	250	80	20～50
XAD-11	酰胺基	41	1.07	170	210	16～50
XAD-12	极性 N—O 基	45	1.06	25	1300	20～50

f. 其他类型的离子交换树脂。螯合树脂是在树脂骨架上引入螯合基团，有特殊的选择性，能和锌、铜、铁、钴和汞等各种金属离子形成螯合物。有的是能进行氧化或还原的电子交换树脂，如聚乙烯硫醇树脂。

热敏性树脂是一种弱碱性离子交换树脂和弱酸性树脂的复合物，室温下可交换吸附定量的盐，用 80～90℃ 的热水又可使盐解吸，温度的敏感性很大。不同的温度下，氢离子和氢氧根离子的浓度可增大 30 倍。其平衡关系为：

$$R'-COOH + R''NR_2 + Na^+ + Cl^- \underset{\text{热}}{\overset{\text{冷}}{\rightleftharpoons}} R-COO^-Na^+ + R''NR_2H^+Cl^-$$

磁性树脂是将相当于 10%～50%（质量分数）的 $\gamma\text{-Fe}_2\text{O}_3$ 或镍粉之类的磁性材料用缩聚或接枝的方法制成带磁性的树脂。离子交换膜则是一种含有活性离子交换基团的高聚物薄膜，离子交换膜电渗析可用于海水淡化、物质提纯和污水处理。

常用的离子交换剂及其基本性能见表 18-6-9。

表 18-6-9　离子交换剂的理化性质[2]

品名	颗粒形状①	体积湿密度（沥干）/kg·L^{-1}	湿含量（沥干）（质量分数）/%	交换引起溶胀/%	最高操作温度②/℃	操作pH值范围	交换量 干基/mol·kg^{-1}	交换量 湿基/mol·L^{-1}	商品名
阳离子交换剂：强酸性 聚苯乙烯磺酸盐									（钠型 16～15 目，约 40%间隙率）
均质（凝胶）树脂	S				120～150	0～14			
强酸 0.01×7		0.75～0.85	45～55		120	0～14	4.2 以上		（中国）
4%交联度		0.75～0.85	64～70	10～12			5.0～5.5	1.2～1.6	Permutit RS-40（德国）
6%交联度		0.76～0.86	58～65	8～10			4.8～5.4	1.3～1.8	Duolite C-21D（法国）
8%～10%交联度		0.77～0.87	48～60	6～8			4.6～5.2	1.4～1.9	Ambe rlite IR-118-120, -122,-124（美国）；Lewatit S100（德国）
12%交联度		0.78～0.88	44～48	5			4.4～4.9	1.5～2.0	Cochranex CMV, CRD; Zeokarb 225（英国）
16%交联度		0.79～0.89	42～46	4			4.2～4.6	1.7～2.1	Allassion CM
20%交联度		0.80～0.90	40～45	3			3.9～4.2	1.8～2.0	Permutit Q130
大孔结构									Ambertite 200, 200C;
10%～12%交联度	S	0.81	50～55	4～6	120～150	0～14	4.5～5.0	1.5～1.9	Cochranex CMR D290, D252,D351（中国）
磺酸盐酚醛树脂	G	0.74～0.85	50～60	7	50～90	0～14	2.0～2.5	0.7～0.9	
磺酸盐煤									
阳离子交换剂：弱酸性									
丙烯酸（pK_a=5）			70		100	4～14	9.0～10.0	2.5～3.0	（中国）
或甲基丙烯酸（pK_a=6）									
均质（凝胶）树脂弱酸（pK_a=1）	S	0.70～0.75	45～50	20～80	120	4～14	8.3～10	3.3～4.0	Duolite CC$_3$, Amberlite IRC-84
大孔（即 110）	S	0.67～0.74	50～55	10～100	120		约 8.0	2.5～3.5	Amberlite IRC-50, -72; Amberlite DP-1
酚醛树脂	G	0.70～0.80	约 50	10～25	45～65	0～14	2.5	1.0～1.4	Bio-Rex40,Dowex30
聚苯乙烯磷酸盐	G,S	0.74	50～70	<40	120	3～14	6.6	3.0	
聚苯乙烯氨基二乙酸盐	S	0.75	68～75	<100	75	3～14	2.9	0.7	
聚苯乙烯氨肟	S	约 0.75	58	10	50	1～11	2.8	0.8～0.9	
聚苯乙烯硫醇	S	约 0.75	45～50		60	1～13	约 5	2.0	
纤维素									
纤维素磷酸盐	F						约 7.0		
纤维素亚甲基羧酸盐	F,P,G						约 7.0		
绿砂（硅酸铁）	G	1.3	1～5	0	60	6～8	0.14	0.18	
沸石（硅酸铝）	G	0.85～0.95	40～45	0	60	6～8	1.4	0.75	
钨酸锆	G	1.15～1.25	约 5	0	>150	2～10	1.2	1.0	

续表

品名	颗粒形状[①]	体积湿密度(沥干)/kg·L^{-1}	湿含量(沥干)(质量分数)/%	交换引起溶胀/%	最高操作温度[②]/℃	操作pH值范围	交换量 干基/mol·kg^{-1}	交换量 湿基/mol·L^{-1}	商品名
阴离子交换剂:强碱性									
聚苯乙烯基									
强碱201×7			40～50			0～14	3.0以上		(中国)
三甲基苯基铵(类型I)									
均质的,8%交联度	S	0.70	46～50	约20	60～80	0～14	3.4～3.8	1.3～1.5	Amberlite IRA-400、-402、-430
大孔的,11%交联度	S	0.67	57～60	15～20	60～80	0～14	3.4	1.0	Amberlite IRA-900
二甲基羧基乙基铵(类型Ⅱ)									
均质的,8%交联度	S	0.71	约42	15～20	40～80	0～14	3.8～4.0	1.2	Amberlite IRA-410, Duoliti A102D
大孔的,10%交联度	S	0.67	约55	12～15	40～80	0～14	3.8	1.1	Amberlite IRA-910
丙烯酸基									
均质的(凝胶)	S	0.72	约70	约15	40～80	0～14	约5.0	1.0～1.2	
大孔的	S	0.67	约60	约12	40～80	0～14	3.0～3.3	0.8～0.9	
纤维素基									
乙基三甲基铵					100	4～10	0.62		
三乙基羧基丙基铵					100	4～10	0.57		
阴离子交换剂:中等碱性($pK_b=11$)									
聚苯乙烯基	S	0.75	约50	15～25	65	0～10	4.8	1.8	
环氧聚胺	S	0.72	约64	8～10	75	0～7	6.5	1.7	
阴离子交换剂:弱碱性($pK_b=9$)									
弱碱331(即330)			55～65			0～9	约10		(中国)
氨基聚苯乙烯									
均质的(凝胶)	S	0.67	约45	8～12	100	0～7	5.5	1.8	Duolite A368
大孔的	S	0.61	55～60	约25	100	0～9	4.9	1.2	
丙烯酸基胺									
均质的(凝胶)	S	0.72	约63	8～10	80	0～7	6.5	1.7	Diaion WA10
大孔的	S	0.72	约68	12～15	60	0～9	5.0	1.1	
纤维素基									
胺乙基	P						1.0		
二乙基胺乙基	P						约0.9		

① C 圆柱形，G 粒状，P 粉末，S 球珠。
② 有两个温度时第一个指离子交换剂中阳离子 H 型，阴离子 OH；第二个指盐类离子。

6.2.2 离子交换剂的选用

离子交换树脂的选用和吸附剂一样，除根据离子交换平衡，即交换容量、离子交换选择性、交换动力学和一般的理化性能及力学性能外，还要根据工艺要求、处理液的要求纯度和再生条件，选用恰当的树脂。离子交换剂选用考虑的原则有：

① 根据强或弱型树脂的特点，从两类树脂的 pH 滴定曲线，选出其适用的 pH 值范围，操作需根据溶液的 pH 值大小选用合适的离子交换树脂。强型树脂可分解中性盐，弱型树脂不具此分解能力。对中和反应，强型树脂比弱型树脂反应更强，反应速率更大，交换容量有效利用率一般为 0.8～0.9，后者仅 0.3～0.8，在中和弱酸、弱碱时差别更大。

水溶液的 pH 值大小会影响某些金属离子在水溶液中的价态，也会影响树脂的性能。强酸、强碱树脂适用于较宽的 pH 值范围，弱酸和弱碱树脂如羧基酸型（—COOH）树脂只能在较窄的 pH 值范围内，尤其在酸性条件下（小于 4 时）才能显示出其交换性能。

② 再生剂的消耗。强酸、强碱树脂需要较多的再生剂，弱酸和弱碱树脂则仅用相当于理论量的酸或碱就能比较完全地再生，从经济角度出发，再生度不要太大，但再生度过低会影响树脂的工作交换容量和处理液的纯度，因此应控制一定的再生度。弱型树脂受再生剂用量的影响较小，处理液的纯度主要由交换柱的操作条件决定。

③ 温度的影响。水温升高，可提高离子的扩散速度，缩短达到平衡所需要的时间。但是升温过高可能使树脂分解，以致降低树脂的交换容量，一般阳离子交换树脂最高使用温度应低于 100℃，阴离子树脂应小于 60℃。

④ 水溶液中同时含有重金属离子或分子量较大的金属离子，如重金属离子 Hg^{2+}、Cd^{2+}、Pb^{2+}、Zn^{2+} 和一般的碱金属离子 K^+、Na^+、Ca^{2+}、Mg^{2+} 时，要选用适当的离子交换树脂，先除去这些有害的重金属离子；或选用较大的流速，任 Na^+、Ca^{2+} 和 SO_4^{2-}、Cl^- 之类的离子通过，再经过另一床层或复合的床层除去这些离子，这样可延长树脂的使用寿命。

参考文献

[1] Nachod F C, Schubert J. Ion Exchange Technology. New York: Academic Press, 1956: 3.
[2] Admas B A, Holma E L. J Soc Chem Ind, 1935, 54: 1-6.
[3] Helfferich F. Ion Exchange. New York: McGraw-Hill, 1962: 78.
[4] Dorfner K. Ion Exchangers Properties and Applications. 3rd ed. Mich: Ann Arber Science Pub, 1972: 39.
[5] Bauman W C, Eichhorn J. J Am Chem Soc, 1947, 69: 2830.
[6] Boyd G E, Schubert J, Adamason A W. J Am Chem Soc, 1947, 69: 2818.
[7] Glueckauf E. Proc Roy Soc London, 1952, 214: 207.
[8] Gregor H P. J Am Chem Soc, 1948, 70: 1293; 1951, 73: 642.
[9] Nachod F C, Schubert A J. Ion Exchange Technology. Boston: Academic Press, 1956: 40.
[10] Barrer R M. J Chem Soc, 1950: 2342.
[11] Barrer R M, Sammon D C. J Chem Soc, 1955, (4): 2838.
[12] Barrer R M. Brit Chem Eng, 1959, 4: 267.
[13] Barrer R M. Proc Chem Soc London, 1958, (4): 99.

[14] Hendricks S B. Ind Eng Chem, 1945, 37: 625.
[15] Kraus K A, Phillips H O. J Am Chem Soc, 1956, 78: 694.
[16] Kraus K A, Carlson T A, Johnson J S. Nature, 1956, 177: 1129.
[17] Merz E. Z Electrachem, 1959, 63: 288.
[18] 化学工学协会. 化学工学便览. 第 5 版. 東京: 丸善株式会社, 1988: 613.
[19] 陈永健. 电力技术通讯, 1976, (2): 65.

7 离子交换平衡

将离子交换剂放入有反离子 A 的电解质溶液中，溶液中的反离子 A 和离子交换剂中的反离子 B 部分取代交换，其可逆反应为：

$$A + \overline{B} \rightleftharpoons B + \overline{A}$$

7.1 离子交换等温线

离子交换等温线是指在等温条件下溶液中离子浓度分率 $x(=c/c_0)$ 和离子交换剂中离子浓度分率 $y(=q/Q_0)$ 的平衡关系。Q_0 指每单位质量或单位床层容积树脂能进行离子交换的基团总数，称总交换容量（单位为 $\text{mmol} \cdot \text{g}^{-1}$）。离子交换平衡等温线（图 18-7-1）和吸附平衡等温线一样，可分为优惠、非优惠和线性几种。离子交换平衡的性质可以用分配比 λ_A 和分离因数 γ_{AB} 表示[1~3]。

分配比（distribution ratio）λ_A 指离子 A 在树脂中的浓度 q_A 与分配在液相中的平衡浓度 c_A 之比：

$$\lambda_A = \frac{q_A}{c_A} \tag{18-7-1}$$

有时，也可用分配系数（distribution coefficient）K_d 表示：

$$K_d = \frac{[\overline{A}]}{[A]} \quad \text{或} \quad K'_d = \frac{\overline{c}_A}{c_A} \tag{18-7-2}$$

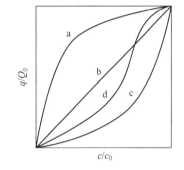

图 18-7-1 不同离子交换平衡等温线
a—优惠；b—线性；
c—非优惠；d—螺旋形

通常树脂相浓度 $[A]$ 以 $\text{mmol} \cdot \text{g}^{-1}$ 表示，液相浓度 c_A 以 $\text{mmol} \cdot \text{mL}^{-1}$ 表示。离子在两相的浓度亦可均以质量摩尔浓度或体积摩尔浓度表示。

分离因数（separation factor）γ_{AB} 用以反映离子交换剂的交换性能：

$$\gamma_{AB} = \frac{x_A y_B}{x_B y_A} = \frac{x_A (1 - y_A)}{y_A (1 - x_A)} \tag{18-7-3}$$

当 $\gamma_{AB} = 1$ 时，A 离子不能达到分离的目的；如果 A 离子对离子交换剂的亲和力高于 B 离子的亲和力，即 $\gamma_{AB} < 1$，离子交换等温线为优惠等温线；如果 $\gamma_{AB} > 1$，则为非优惠等温线。

分离因数的另一个作用是，当溶液中存在两种离子待分离时，它将反映其离子交换分离的可能性。

离子交换平衡：

以强酸性离子交换树脂 HR 中的 H^+ 对等价离子 M^+ 的交换过程为例：

$$M^+ + HR \rightleftharpoons H^+ + MR$$

据质量守恒定律,平衡常数 K_{MH} 可表示

$$K_{MH} = \left(\frac{c_{H^+}\gamma_{H^+}}{c_{M^+}\gamma_{M^+}}\right)\left(\frac{q_{MR}\gamma_{MR}}{q_{HR}\gamma_{HR}}\right) \tag{18-7-4}$$

式中,c 为液相中离子浓度,mmol·L^{-1};q 为离子交换中离子浓度,mmol·g^{-1}。很明显,活度系数 γ 是随溶液中的离子强度和树脂相的负载而变化的。但在一定交换体系和一定条件下,将活度系数项与 K_{MH} 项归并成为一个新的常数 K'_{MH},故:

$$\frac{q_{MR}/Q_0}{1-q_{MR}/Q_0} = K'_{MH}\frac{c_{M^+}/c_0}{1-c_{M^+}/c_0} \tag{18-7-5}$$

等价(一价对一价或二价对二价等)的离子交换平衡等温线见图 18-7-2。

对于不等价离子的交换,如:$M^{2+} + 2HR \rightleftharpoons MR_2 + 2H^+$

可以得到:

$$\frac{q_{MR_2}/Q_0}{(1-q_{MR_2}/Q_0)^2} = \frac{K'_{MH}\rho_a Q_0}{c_0}\frac{c_{M^{2+}}/c_0}{(1-c_{M^{2+}}/c_0)^2} \tag{18-7-6}$$

$$K''_{MH} = \frac{K'_{MH}\rho_a Q_0}{c_0}$$

式中,ρ_a 为干氢型离子交换剂的视密度。二价离子和一价离子交换平衡等温线,如图 18-7-3 所示。

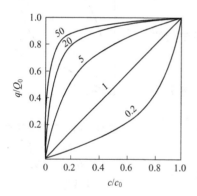 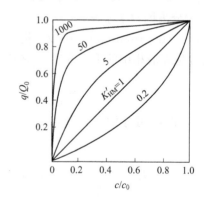

图 18-7-2　等价离子交换平衡等温线　　图 18-7-3　二价离子和一价离子交换平衡等温线

如果改用离子浓度分率表示,m 为两种反离子的价数比,可以是整数或分数,则 K_{AB} 可以用以下通式表示:

$$K_{AB} = \left(\frac{q_A}{c_A}\right)^{m'}\frac{c_B}{q_B} = \left(\frac{y_A}{x_A}\right)^{m'}\frac{x_B}{y_B}\left(\frac{Q_0}{c_0}\right)^{m'-1} \tag{18-7-7}$$

式中,m' 为界于 m 与 1 之间的数值。

对于复杂组分的离子交换平衡。n 个组分系统中,应有 $n-1$ 个独立浓度变量。三组分的离子交换平衡可用三角相图(图 18-7-4)表示,四组分的平衡则需用三维空间坐标标绘。

图 18-7-4 中,$(y_A/x_A)(x_C/y_C)^2 = 8.06$,$(y_B/x_B)(x_C/y_C)^2 = 3.87$,应用于 Ca^{2+} 作为组分 A、Mg^{2+} 作为组分 B、Na^+ 作为组分 C,树脂为 Duolite C-20。原文载于"Ind Eng Chem Fundamentals,6,339。"

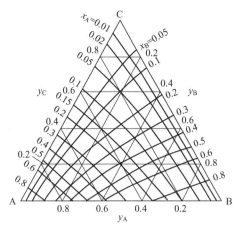

图 18-7-4　不等价三组分离子交换的理想质量作用平衡

7.2　离子交换选择性系数

恒温下，两相中不同价数的反离子 A 和 B 互相交换反应：

$$Z_A \overline{B}^{Z_B} + Z_B A^{Z_A} \rightleftharpoons Z_B \overline{A}^{Z_A} + Z_A B^{Z_B} \tag{18-7-8}$$

上划线"—"表示树脂相中的离子，Z_A 和 Z_B 为反离子 A 和 B 的价数，则平衡常数 K_{AB} 为

$$K_{AB} = \frac{(\overline{a}_A)^{Z_B}(a_B)^{Z_A}}{(\overline{a}_B)^{Z_A}(a_A)^{Z_B}} \tag{18-7-9}$$

例如反离子 A 和 B 的价数 $Z_A = Z_B = 1$，并用离子浓度分率表示，则选择性系数：

$$K_B^A = \frac{y_A x_B}{y_B x_A} = \frac{y_A(1-x_A)}{x_A(1-y_A)} \tag{18-7-10}$$

选择性系数是离子交换剂的重要特性参数之一，它反映了其对某离子亲和力的大小。如当 $K_B^A > 1$ 时，离子 A 优先交换；反之，$K_B^A < 1$ 时，离子 B 优先交换。如图 18-7-5 所示，$K_H^{Tl^+}$ 可看作 Tl^+ 和 H^+ 两种反离子对离子交换剂亲和力大小的相对值，从图 18-7-5 中面积 Ⅰ 和 Ⅱ 的比值可以算出两种离子的选择性系数。应该指出，只有在特殊条件下，平衡常数 K_{AB} 和选择性系数 K_B^A 在数值上相等。

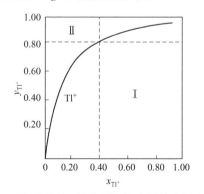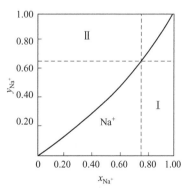

图 18-7-5　铊离子和钠离子的离子交换等温线（离子交换剂为 H 型）

影响选择性系数的因素[1~8]：

离子交换树脂的选择性大小和许多因素有关。首先是离子交换剂本身的特性，如交换剂的结构、官能团的类型和交联度等；其次是被交换的反离子特性，如离子半径、原子序数、价态、溶剂化作用以及交换的反应条件的影响[9~14]。

(1) 反离子价态（电选择性）的影响 反离子的价数对离子交换平衡有较大的影响。一般高价反离子优先交换，有较高的选择性，且随溶液浓度的降低而增大（图 18-7-6）。对于强酸性阳离子交换树脂的阳离子交换选择性，Bonner 将单价和二价阳离子的交换选择性值列于表 18-7-1 中。如 K^+-H^+ 的交换，选择性系数 $K_{H^+}^{K^+}=2.9/1.3=2.2$。

表 18-7-1 交联度 8% 的强酸性树脂对阳离子的选择性[15]

离子	值	离子	值
Li^+	1.0	Co^{2+}	3.7
H^+	1.3	Cu^{2+}	3.8
Na^+	2.0	Cd^{2+}	3.9
NH_4^+	2.6	Be^{2+}	4.0
K^+	2.9	Mn^{2+}	4.1
Rb^+	3.2	Ni^{2+}	3.9
Cs^+	3.3	Ca^{2+}	5.2
Ag^+	8.5	Sr^{2+}	6.5
UO_2^{2+}	2.5	Pb^{2+}	9.9
Mg^{2+}	3.3	Ba^{2+}	11.5
Zn^{2+}	3.5		

(2) 离子溶剂化和溶胀压力 离子交换剂对较小溶剂化当量体积的反离子有较高的选择性。溶液的浓度降低，使离子的当量体积减小。提高离子交换树脂的交联度，使溶胀压力加大，这都将使选择性提高。例如强碱性阴离子交换树脂和阴离子的交换，溶液中的一价和二价阴离子形成复合阴离子的倾向比阳离子大，易进入树脂相内。强碱性树脂中，类型Ⅰ和Ⅱ官能团结构的微小差别就给 OH^- 型和其他阴离子之间的选择性造成很大的影响。类型Ⅰ树脂 $K_{Cl^-}^{OH^-}$ 的大小在 10~30。而且，树脂中水分含量的影响是很大的（图 18-7-7）。

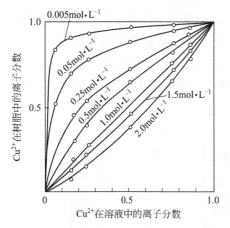

图 18-7-6 阳离子交换树脂 Dowex 50×8 和溶液（$CuCl_2$ + NaCl）电选择性交换等温线

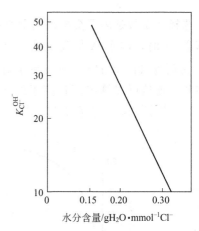

图 18-7-7 类型Ⅰ强碱性树脂的 Cl^--OH^- 选择性系数和水分含量的关系

类型Ⅰ和Ⅱ树脂为氢氧基型时，能定量地脱除硅酸一类的弱酸。Ⅱ型树脂对 OH^- 的亲和力比Ⅰ型的大，容易再生成 OH^- 型，再生效率高。Ⅰ型树脂的化学稳定性则较好。同一种等含水率下的强碱性阴离子交换树脂，对各种阴离子的近似选择性见表 18-7-2。不同交联度下的阳离子树脂和阴离子树脂的选择性见表 18-7-3、表 18-7-4。

表 18-7-2　强碱性树脂对阴离子的近似选择性[16]

I^-	8	OH^-（类型Ⅱ）	0.65
NO_3^-	4	HCO_3^-	0.4
Br^-	3	CH_3COO^-	0.2
HSO_4^-	1.6	F^-	0.1
NO_2^-	1.3	OH^-（类型Ⅰ）	0.05～0.07
CN^-	1.3	SO_4^{2-}	0.15
Cl^-	1.0	CO_3^{2-}	0.03
BrO_3^-	1.0	HPO_4^{2-}	0.01

表 18-7-3　阳离子的选择性系数[17]

项目	4%DVB	8%DVB	16%DVB
单价离子			
Li	0.76	0.79	0.68
H	1.00	1.00	1.00
Na	1.20	1.56	1.61
NH_4	1.44	2.01	2.27
K	1.72	2.28	3.06
Rb	1.86	2.49	3.14
Cs	2.02	2.56	3.17
Ag	3.58	6.70	15.6
Tl	5.08	9.76	19.4
二价离子			
UO_2	0.79	0.85	1.05
Mg	0.99	1.15	1.10
Zn	1.05	1.21	1.18
Co	1.08	1.31	1.19
Cu	1.10	1.35	1.40
Cd	1.13	1.36	1.55
Ni	1.16	1.37	1.27
Be	1.15	1.39	1.95
Mn	1.15	1.43	1.54
Ca	1.39	1.80	2.28
Sr	1.57	2.27	3.16
Pb	2.20	3.46	5.65
Ba	2.50	4.02	6.52
三价离子			
Cr	2.5	2.0	2.5
Ce	1.9	2.8	4.1
La	1.9	2.8	4.1

表 18-7-4　阴离子的选择性系数[17]

阴离子 A	Dowex 1		Dowex 2	
	K_{Cl}^{A}	$[A]_r/c$	K_{Cl}^{A}	$[A]_r/c$
Cl^-	1.00		1.00	
F^-	0.09	0.82	0.13	0.30
OH^-	0.09	0.23	0.65	0.44
NH_2COO^-	0.10	0.23	0.10	0.24
CH_3COO^-	0.17	0.82	0.18	0.30
$HCOO^-$	0.22	0.30	0.22	0.30
$H_2PO_4^-$	0.25	0.32	0.34	0.37
HCO_3^-	0.32	0.35	0.53	0.37
IO_3^-			0.21	0.17
CH_2ClCOO^-			0.69	0.42
NO_2^-	1.2	0.49	1.3	0.44
HSO_3^-	1.3	0.52	1.3	0.58
CN^-	1.6	0.53	1.3	0.44
Br^-	2.8	0.60	2.3	0.52
NO_3^-	3.8	0.62	3.3	0.64
HSO_4^-	4.1	0.71	6.1	0.52
I^-	8.7	0.73	7.3	0.73
SCN^-			18.5	0.95
ClO_4^-			32	0.96
SO_4^{2-}			2.55	0.55
谷氨酸根			1.3	0.37

(3) 在离子交换剂内的特殊相互作用　当反离子能与交换剂中的固定离子团形成较强的离子对或形成键合作用时，这些反离子就有较强的选择性，例如树脂结构中有类似高络合能力的 EDTA 型螯合树脂或沉淀剂的离子基团，此螯合树脂对 Cu^{2+}、Zn^{2+} 反离子就有强的选择性。弱碱性阴离子交换树脂对 OH^- 有特别强的亲和力，都是因络合作用引起的。因而，对弱碱性体系中的阳离子交换，应使用弱酸性阳离子交换树脂；反之，在弱酸性体系中的阴离子交换，则需用弱碱性阴离子交换树脂。

(4) 筛效应　高交联度的树脂筛效应很强，大的反离子可以从树脂中完全取代小的反离子。大的有机离子或无机复合物由于筛效应将产生排斥现象，因而对吸附能力强的链霉素、多价金属的回收，使用弱酸性树脂，容易吸附也容易洗脱。对极性较小体系中的阳离子，以弱酸性阳离子树脂较为适宜。

(5) 溶液中的缔合作用　各种可移动的组分、反离子、共离子和中性分子形成缔合和配合反应的现象，将强烈地影响离子交换平衡。配合物的生成是一种特殊的反应，并将极大地降低离子交换剂的选择性系数。有三种情况：a. 配合阴离子存在下，阳离子交换剂的阳离子交换平衡；b. 配合阴离子存在时，阴离子交换剂的阳离子交换平衡；c. 中性分子、共离子和反离子生成配合物时的吸着平衡。如在含有弱酸根阴离子的溶液中，强酸性树脂对二价金属离子的选择性会超过氢离子；如果溶液中含有 Cl^-，因形成分子化合物 $HgCl_2$，阳离子交换剂优先交换其他阳离子，而降低 Hg^{2+} 的选择性。

上述的三种场合中，离子交换结合配合反应已衍生出许多分离方法[18,19]，稀土金属加配合剂用离子交换色谱分离就是一个例子。配合反应不仅改变离子的浓度，而且可改变离子的电荷。离子交换的选择性与被交换离子形成配合物的配位数有关，阴离子交换剂对配合阴离子的选择性取决于配合阴离子的平均配位数。

(6) 温度的影响 离子交换平衡与温度的关系，可见式(18-7-11)的热力学公式：

$$\left(\frac{\mathrm{d}\ln K_{BA}^N}{\mathrm{d}T}\right)_T = \frac{\Delta H^\ominus}{RT^2} \tag{18-7-11}$$

式中，K_{BA}^N 为热力学平衡常数；$\Delta H^\ominus$ 为标准热焓的变化。通常温度升高选择性变小，但也有例外，因为 $\Delta H^\ominus$ 不是常数，故和温度的关系不是线性的。在离子交换过程中，体系的总体积不改变，离子交换平衡几乎和压力的变化无关。

参考文献

[1] Vermeulen T. Adsorption and Ion Exchange//Perry R H, Chilton C H. Chemical Engineers Handbook. 6th. New York: McGraw-Hill, 1984: 16-17.
[2] Vermeulen T. Adsorption and Ion Exchange//Perry R H, Chilton C H. Chemical Engineers Handbook. 5th. New York: McGraw-Hill, 1973: 16.
[3] 《化学工程手册》编辑委员会. 化学工程手册：第16篇, 吸附与离子交换. 北京：化学工业出版社, 1985: 128.
[4] 柯宁 R. 离子交换树脂. 朱秀昌, 等译. 北京：科学出版社, 1960: 26.
[5] Gregor H P. J Am Chem Soc, 1948, 70: 1293.
[6] Gregor H P, Abolafia O R, Gottlieb M H. J Phys Chem, 1954, 58: 984.
[7] Helfferich F. Ion Exchange. New York: McGraw-Hill, 1962: 153.
[8] Stokes R H, Walton H F. J Am Chem Soc, 1954, 76: 3327.
[9] Dickel G. Z Physik Chem (Frankfurt), 1960, 25: 233.
[10] Pepper K W, Reichenberg D. Z Elektrochem, 1953, 57: 183.
[11] Gregor H P, Bregman J I. J Colloid Sci, 1951, 6: 323.
[12] Reichenberg D, Pepper K W, McCauley D J. J Chem Soc, 1951, Feb: 493.
[13] Reichenberg D, McCauley D J. J Chem Soc, 1955, (4): 2741.
[14] Glueckauf E. J Chem Soc, 1949, Dec: 3280.
[15] Bonner O D, Smith L L. J Phys Chem, 1957, 61: 326.
[16] Schweitzer P A. Handbook of Separation Techniques for Chemical Engineers. 2nd. New York: McGraw-Hill, 1988.
[17] Ringnom A. Complexation in Analytical Chemistry. New York: Wiley, 1963: 202, 284.
[18] Kraus K A, Michelson D C, Nelson F. J Am Chem Soc, 1959, 81: 3204.
[19] Kraus K A, Raridon R J. J Phys Chem, 1959, 63: 1901.

8 离子交换动力学

8.1 离子交换扩散

以一价阳离子 A^+ 和 B^+ 的离子交换反应（R 为树脂母体）举例：

$$A^+ + \overline{BR} \rightleftharpoons \overline{AR} + B^+$$

离子交换过程是传质过程，机理上和吸附分离过程是类似的。两种反离子 A^+ 和 B^+ 在溶液和交换剂中互相扩散，此传质过程包括下列几个步骤：①溶液中的 A^+ 扩散到树脂颗粒表面，通过表面上的液膜（约 $10^{-3} \sim 10^{-2}$ cm 厚）进入树脂，为液膜扩散；②A^+ 扩散到树脂颗粒内部网状结构中，为颗粒相扩散；③A^+ 与树脂中 BR 的可交换离子 B^+ 进行交换化学反应；④和②步骤相反，交换下来的 B^+ 扩散离开树脂内部；⑤和①的步骤相反，B^+ 通过颗粒表面液膜进入溶液。由于在整个过程中溶液和树脂都要保持电荷中性平衡，故①和⑤、②和④步骤都以相同的速度进行，③步骤的化学反应速率较快。和吸附过程一样，阻力最大的步骤左右整个过程的速率大小，此步骤为膜扩散控制或颗粒相扩散控制。如膜和颗粒相的传质阻力相接近，也可以是膜和颗粒相联合控制。

扩散控制准则可参考文献[1~4]。

Helfferkh 提出了一个简单地判别膜或颗粒控制的准则：

颗粒相控制：　　　　　　　　$\phi \ll 1$ 　　　　　　　　(18-8-1)

液膜控制：　　　　　　　　　$\phi \gg 1$ 　　　　　　　　(18-8-2)

颗粒相和液膜扩散联合控制：　$\phi \approx 1$ 　　　　　　　　(18-8-3)

$$\phi = \frac{X \overline{D} \delta}{C D r_0} (5 + 2\gamma_{AB}) \quad (18\text{-}8\text{-}4)$$

式中　X——固定离子基团在离子交换剂中的浓度；

$\overline{D}$——离子交换剂中的互扩散系数；

D——液膜内的互扩散系数；

δ——液膜厚度，约为 $10^{-3} \sim 10^{-2}$ cm；

r_0——离子交换剂颗粒的半径；

γ_{AB}——分离因数。

A 和 B 两种反离子在离子交换剂中的互扩散系数 $\overline{D}_{AB}$ 可由式(18-8-5)计算：

$$\overline{D}_{AB} = \frac{\overline{D}_A \overline{D}_B (n_A + n_B)}{n_A \overline{D}_A + n_B \overline{D}_B} \quad (18\text{-}8\text{-}5)$$

如图 18-8-1 所示，图 18-8-1(a) 表示颗粒相扩散控制下组分 B 在溶液内，图 18-8-1(b) 表示液膜控制下组分 A 在离子交换剂内，经过不同接触时间的浓度曲线。

而液膜厚度 δ 可根据式(18-8-6)在一定的空速 F 下求取：

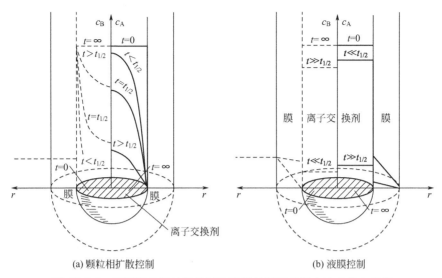

图 18-8-1 理想颗粒相扩散控制和液膜控制下的径向浓度分布曲线

$$\delta = \frac{0.2 r_0}{1 + 70 F r_0} \tag{18-8-6}$$

可以将上述两种理想扩散控制条件下，以离子浓度变化曲线表示（图 18-8-1）。所谓理想扩散是指离子交换剂没有发生溶胀、没有电解质非离子交换的吸附和其他化学反应的理想离子交换。

8.2 离子交换速率[5~7]

8.2.1 同位素离子交换中颗粒相扩散控制交换速率

同位素离子交换是最简单的离子交换反应，树脂相和溶液的化学组成不变，只是同位素离子 B^+ 在两相中的数量发生变化，从而测得自扩散系数。

根据 Fick 第二定律：

$$\frac{\partial q_B}{\partial t} = \overline{D} \left(\frac{\partial^2 q_B}{\partial r^2} + \frac{2}{r} \times \frac{\partial q_B}{\partial r} \right) \tag{18-8-7}$$

初始条件是假设所有的同位素 B^+ 最初成均匀的浓度 q_B^0 分布于球形树脂内，球形树脂在结构上是拟均一的，性能是各向同性的，平均扩散系数为 $\overline{D}$，且与半径无关，溶液中没有 B^+，即：

$$\begin{aligned} r > r_0, &\quad t = 0, \quad q_B(r) = 0 \\ 0 \leqslant r \leqslant r_0, &\quad t = 0, \quad q_B(r) = q_B^0 = 常数 \end{aligned} \tag{18-8-8}$$

测定离子交换速率的方法和测定吸附速率的方法类似，主要有两种：有限溶液容积（finite solution volume）法，简称有限容法和无限溶液容积（infinite solution volume）法，简称无限容法。前者指在柱（槽）内，离子交换树脂和一定量的溶液接触，当温度和搅拌速度维持恒定时，定期测定溶液中离子 A^+ 和 B^+ 的浓度变化；后者指在柱（槽）内，用大量的溶液实验。此外，还有浅床（shallow bed）法。浅床法是将离子交换剂均匀地铺成薄的床层，将含 B^+ 的溶液快速均匀流过床层，测定不同时间内流出溶液中离子 A^+ 和 B^+ 的浓度变化，以取得动力学实验数据。

(1) 无限溶液条件下的交换度[8]　在浅床或间歇釜实验中，溶液的容积及其中离子组成量远比交换剂的体积及其中的离子量大，即 $q\overline{V} \ll cV$，$\overline{V}$ 为离子交换剂的总体积，V 为溶液的体积。当为颗粒相扩散控制时，边界条件可取颗粒表面上溶液内离子 B^+ 的浓度与主体溶液中的离子 B^+ 相等，即：

$$r = r_0, \quad t > 0 \quad \text{及} \quad q_B(t) = 0 \tag{18-8-9}$$

从初始条件［式(18-8-8)］和边界条件［式(18-8-9)］可得类似吸附扩散过程的解，其交换度 $u(t)$ 为：

$$u(t) = 1 - \frac{Q_B^t}{Q_B^0} = 1 - \frac{6}{\pi^2} \sum_{n=1}^{\infty} \frac{1}{n^2} \exp\left(-\frac{\overline{D} t \pi^2 n^2}{r_0^2}\right) \tag{18-8-10}$$

式中　Q_B^t——在时间 t 内，离子 B^+ 在交换剂内的量；

Q_B^0——在操作开始时，离子 B^+ 在离子交换剂内的量。

当 $u(t) > 0.8$ 时，可将式(18-8-10)中的高阶项略去。当 $\overline{D}t/r_0^2$ 很小、$u(t) < 0.3$ 时，上述级数可用近似式表示：

$$u(t) \approx \frac{6}{r_0}\left(\frac{\overline{D}t}{\pi}\right)^{1/2} \tag{18-8-11}$$

而在 $0 < u(t) < 1$ 的范围内，可用 Vermeulen 近似式计算：

$$u(t) \approx \left[1 - \exp\left(-\frac{\overline{D}t\pi}{r_0^2}\right)\right]^{1/2} \tag{18-8-12}$$

"半交换度时间"，即 $u(t) = 1/2$ 所需时间，将 $u(t) = 0.5$ 代入式(18-8-10)中，得：

$$t_{1/2} = 0.030 \frac{r_0^2}{\overline{D}} \tag{18-8-13}$$

因此，可用 $t_{1/2}$ 值求取 $\overline{D}$ 值，$t_{1/2}$ 的倒数表示颗粒相扩散控制时，达到离子交换度的 1/2 所需时间内，离子交换的相对速率，它与离子交换剂的扩散系数成正比，而与颗粒半径的平方成反比。

(2) 有限溶液条件下的交换度　当溶液的体积近似离子交换剂的体积，或二者中所含离子量比较接近，从物料衡算，树脂内离子 B^+ 的减少量必等于溶液中的离子 B^+ 的增加量，即 $-\mathrm{d}\overline{Q}_B = \mathrm{d}Q_B$，取一定的边界条件和 $r < 0.1$ 时，由 S. Paterson[9] 提出的简化近似式为：

$$u(t) = \frac{W+1}{W}\left\{1 - \frac{1}{\alpha-\beta}[\alpha \exp(\alpha^2 \tau)(1 + \mathrm{erf}\alpha\tau^{1/2}) - \beta\exp(\beta^2 \tau)(1 + \mathrm{erf}\beta\tau^{1/2})]\right\} \tag{18-8-14}$$

式中，α,β 为式 $x^2 + 3Wx + 3W = 0$ 的根；$\tau = \overline{D}t/r_0^2$。

从上述同位素离子交换用有限或无限溶液条件下的交换度，可求得各种离子的自扩散系数。各种阳离子树脂相自扩散系数的实测值见表18-8-1～表18-8-3（包括部分互相扩散系数在内）。伴有离子交换的中和反应的情况见表18-8-4[10]。阴离子树脂的自扩散系数见表18-8-5[10]。

表 18-8-1 $\overline{D} \times 10^{11}$（25℃，$c_0 = 1\text{kmol} \cdot \text{m}^{-3}$）　　　　单位：$\text{m}^2 \cdot \text{s}^{-1}$

交联度/%	$\overline{D}_{\text{Na}^+}$	$\overline{D}_{\text{Zn}^{2+}}$	$\overline{D}_{\text{Ba}^{2+}}$	$\overline{D}_{\text{Co}^{2+}}$	$\overline{D}_{\text{Ce}^{3+}}$	$\overline{D}_{\text{H}^+}$
Diaion SK						
3	34.8	8.51	2.13	7.70	1.54	
4	28.6	6.10	1.54	6.25	0.992	
6	20.2	3.30	1.08	3.05	0.414	
8	13.5	1.82	0.595	1.93	0.225	120
10	8.70	0.750	0.278	0.606	0.0375	
12	6.65	0.590	0.203	0.422		
16	4.17	0.172	0.0746	0.142		
Dowex 50 WX						
4	27.5	5.20	1.31	5.60		
8	16.1	1.80	0.698	1.60		
10	11.0	0.810	0.282	0.658		

表 18-8-2 $\overline{D} \times 10^{11}$（Dowex 50，25℃，$c_0 = 0.2\text{kmol} \cdot \text{m}^{-3}$）　　　　单位：$\text{m}^2 \cdot \text{s}^{-1}$

交联度/%	$\overline{D}_{\text{Cs}^+}$	$\overline{D}_{\text{Na}^+}$	$\overline{D}_{\text{Ag}^+}$	$\overline{D}_{\text{Zn}^{2+}}$	$\overline{D}_{\text{Ca}^{2+}}$
4	—	14.1	—	—	0.69
8	13.7	9.44	6.42	0.63	0.092
12	—	—	—	0.29	—
16	3.10	2.40	2.75	0.41	0.005

表 18-8-3 $\overline{D}_i$，$\overline{D}_j$，$\overline{D}_{ij}$，$\overline{D}_{ji} \times 10^{11}$（Dowex 50，$c_0 = 0.2 \sim 1.0\text{kmol} \cdot \text{m}^{-3}$）

单位：$\text{m}^2 \cdot \text{s}^{-1}$

离子交换体系 $i\text{-}j\text{-}R$	温度/℃	交联度/%	$\overline{D}_i$	$\overline{D}_j$	$\overline{D}_{ij}$	$\overline{D}_{ji}$
$\text{Zn}^{2+}\text{-}\text{Na}^+$	0	8	0.80	9.6	1.44	3.97
$\text{Zn}^{2+}\text{-}\text{Na}^+$	25	4	3.98	52.5	7.15	21.0
$\text{Zn}^{2+}\text{-}\text{Na}^+$	25	8	2.31	20.3	3.95	9.71
$\text{Zn}^{2+}\text{-}\text{Na}^+$	25	12	0.92	7.34	1.60	3.74
$\text{Zn}^{2+}\text{-}\text{Na}^+$	60	8	6.84	38.3	10.6	22.2
$\text{Ag}^+\text{-}\text{Na}^+$	25	8	6.83	20.5	8.6	14.3
$\text{Al}^{3+}\text{-}\text{Ag}^+$	25	8	1.12	3.80	1.80	2.98
$\text{Zn}^{2+}\text{-}\text{Cu}^{2+}$	25	8	1.59	2.81	1.81	2.30
$\text{Al}^{3+}\text{-}\text{Cu}^{2+}$	25	8	0.645	0.710	0.648	0.692
$\text{Ce}^{3+}\text{-}\text{Al}^{3+}$	25	8	0.091	0.455	0.120	—

表 18-8-4　$\overline{D} \times 10^{10}$（$Na^+ \cdot OH^- - H^+$ 型树脂，25℃）　　　　　单位：$m^2 \cdot s^{-1}$

树脂	交联度/%	浓度/kmol·m^{-3}	$\overline{D}_{Na^+}$	$\overline{D}_{H^+}$	$\overline{D}_{OH^-}$
Dowex 50	4	0.5	3.18	47.4	27.3
	4	1	2.94	44.1	25.2
	4	1.5	2.76	41.4	23.7
	8	1	1.47	22.1	12.6
Diaion SK	16	1	0.417	7.51	4.29

表 18-8-5　$\overline{D}_i \times 10^{10}$（$H^+ \cdot Cl^- - CH_3COO^-$ 型 Diaion SA 10A，25℃）　　　单位：$m^2 \cdot s^{-1}$

浓度/kmol·m^{-3}	$\overline{D}_{Cl^-}$	$\overline{D}_{CH_3COO^-}$	$\overline{D}_{H^+}$
1.0	5.70	2.60	26.2

8.2.2　同位素离子交换中液膜扩散控制交换速率

首先提出两个假设：把液膜上的互相扩散看成拟稳态，即液膜的扩散速率比液膜边界上的浓度改变快得多；假定液膜的厚度比颗粒半径小得多，故可把液膜看成一层平面，成单向扩散。

初始条件是假设所有 B 离子在离子交换剂中均匀分布，浓度为 q_B^0，溶液中不存在 B 离子，即：

$$r = r_0, \quad t = 0, \quad c_B' = \frac{q_B^0 c_B}{q_0}$$
$$r \geqslant r_0 \delta, \quad t = 0, \quad c_B(r) = 0 \tag{18-8-15}$$

式中，c_B'、c_B 为 B 离子在液膜两边的浓度。

(1) 无限溶液条件下的交换度　整个溶液中 B 离子浓度为零，液膜与溶液之间的边界条件为：

$$r \geqslant r_0 + \delta, \quad t \geqslant 0, \quad c_B'(r,t) = 0 \tag{18-8-16}$$

得在 t 时间的交换度为：

$$u(t) = 1 - \exp\left(-\frac{3Dct}{r_0 \delta q}\right) \tag{18-8-17}$$

半交换时间：

$$t_{1/2} = 0.23 \frac{r_0 \delta q_B}{Dc} \tag{18-8-18}$$

式(18-8-18)的倒数说明，液膜控制时，离子交换的相对速率与溶液的浓度成正比，并与树脂颗粒半径、液膜厚度及反离子在离子交换剂中的浓度成反比。

(2) 有限溶液条件下的交换度　液膜与溶液的边界条件：

$$r \geqslant r_0 + \delta, \; t > 0, \; c_B(r,t) = \frac{\overline{V}}{V}[q_B^0 - q_B(t)] \tag{18-8-19}$$

时间 t 内的交换度为：

$$u(t) = 1 - \exp\left[-\frac{3D(\overline{V}q + Vc)}{r_0 \delta qV}t\right] \tag{18-8-20}$$

8.2.3 离子交换中颗粒相扩散控制交换速率[11~15]

实际的离子交换过程是很复杂的，要考虑最少两个以上不同电荷离子的互相耦合，扩散系数不是常数。而且还应考虑离子交换剂本身的特性，如树脂的溶胀、溶胀压力的变化、离子交换选择性、电解质的吸附与解吸等。

(1) Nernst-Planck 公式　在离子交换过程不考虑对流效应、压力梯度及活度系数，只考虑由浓度梯度引起的热扩散和由于电势梯度引起的传递作用，任一离子 i 的交换通量 J_i 用 Nernst-Planck 公式表示如下：

$$J_i = (J_i)_{\text{diff}} + (J_i)_{\text{elec}} = -D_i\left(\text{grad}c_i + z_i c_i \frac{F}{RT}\text{grad}\varphi\right) \tag{18-8-21}$$

(2) 交换速率式　假定离子基团的迁移率（淌度，mobility）和离子的扩散系数为定值，溶胀变化及其他相互作用不显著，则均匀球形颗粒的交换速率公式为：

$$\frac{\partial q_B}{\partial t} = \frac{1}{r^2} \times \frac{\partial}{\partial r}\left(r^2 \overline{D}_{AB} \frac{\partial q_B}{\partial r}\right) \tag{18-8-22}$$

式中，$\overline{D}_{AB}$ 为 A 与 B 离子耦合的互相扩散系数。

$$\overline{D}_{AB} = \frac{\overline{D}_A \overline{D}_B (Z_A^2 q_A + Z_B^2 q_B)}{Z_A^2 q_A \overline{D}_A + Z_B^2 q_B \overline{D}_B} \tag{18-8-23}$$

式中，$\overline{D}_A$、$\overline{D}_B$ 为 A、B 离子在交换剂中的自扩散系数；Z_A、Z_B 为 A、B 离子的电化学价数。

对式(18-8-22)，在一定的初始和边界条件［式(18-8-8)、式(18-8-9)］下，对于不同 $\overline{D}_B/\overline{D}_A$ 值，用有关的曲线图，使 B 型转换成 A 型，再用数值法解出。

8.2.4 离子交换中液膜扩散控制交换速率[16~19]

液膜内的离子交换和颗粒内的扩散不同，因共离子与反离子的浓度相等，不能忽略共离子的作用。而且，因两种反离子在离子交换剂与液膜界面同时存在，也要考虑离子交换剂的选择性。取初始条件为：

$$\begin{array}{ll} r = r_0, & t = 0, \quad c_B' = c'(t=0) \\ r \geqslant r_0 + \delta, & t = 0, \quad c_B(r) = 0 \end{array} \tag{18-8-24}$$

边界条件：

$$r = r_0, \quad t \geqslant 0, \quad c_B'(t) = \frac{q_B(t)c'(t)}{q} \tag{18-8-25}$$

等迁移率的离子交换，互相扩散系数和分离因数为常数，考虑选择性的影响，在无限溶液条件下的解为：

$$\{(1-a\overline{X}_A^\infty)\ln[1-u(t)]\} - (1-a\overline{X}_A^\infty - ab)$$
$$\ln\left(1 - \frac{u(t)}{1+b/\overline{X}_A^\infty}\right) = -dt \tag{18-8-26}$$

$$a = 1 - r_{AB}, \quad b = \left[\left(\frac{1+W}{a\omega}\right)^2 - \frac{4}{a\omega}\right]^{1/2}, \quad d = \frac{3ab\overline{V}D}{\delta r_0 V}$$

$$W = q\overline{V}/(cV)$$

式中，D 为液膜扩散系数，$D=D_A=D_B$；$\overline{X}_A^\infty$ 为 B 离子经交换平衡时的相对饱和度。

$$\overline{X}_A^\infty = \frac{Z_A Q_A^\infty}{\overline{Q}} = \frac{1+W}{2a\omega} - \frac{b}{2} \tag{18-8-27}$$

在有限溶液条件下，式(18-8-26)改为

$$\ln\left[1-u(t)+\left(1-\frac{1}{r_{AB}}\right)\right]u(t) = \frac{3Dc}{r_0 \delta q r_{AB}} t \tag{18-8-28}$$

半交换时间为：

$$t_{1/2} = (0.167 + 0.064 r_{AB}) \frac{r_0 \delta q}{Dc} \tag{18-8-29}$$

由于条件复杂，计算烦琐，常用实验方法直接测定。实验测得的阳离子交换树脂和阴离子交换树脂对各种离子交换时，颗粒内的扩散系数见表 18-8-6[18]。胺浓度对各种胺树脂有效扩散系数的影响见图 18-8-2。用树脂脱除水溶液中的有机化合物时，树脂相的有效扩散系数大小见表 18-8-7。从 B 和 A 两反离子的树脂相自扩散系数 $\overline{D}_A$，可近似求得互相扩散系数 $\overline{D}_{BA}$。

表 18-8-6　离子交换树脂颗粒内的扩散系数[18]

温度/℃	交联度/%DVB	阳离子交换树脂 Dowex 50 扩散系数/10^{-7}cm$^2\cdot$s^{-1}				
		Cs$^+$	Na$^+$	Ag$^+$	Zn^{2+}	La^{3+}
0.3	4		6.7			0.30
	8	6.6	3.4	2.62	0.2	0.03
	12		1.15			
	16	1.11	0.66	1.00	0.03	0.002
25	4		14.1			0.69
	8	13.7	9.44	6.42	0.63	0.092
	12					
	16	3.1	2.40	2.75		0.005

阴离子交换树脂 Dowex2 扩散系数/10^{-7}cm$^2\cdot$s^{-1}

阴离子	交联度/%DVB	温度/℃	
		0.3	25
Br$^-$	1	4.35	9.12
	2	2.98	6.40
	3	2.03	4.52
	6	1.50	3.87
	8	0.63	2.04
	16	0.06	0.26
BrO$_3^-$	6	1.76	4.55
Cl$^-$		1.25	3.45
WO$_4^{2-}$		0.60	1.80
I$^-$		0.35	1.33
PO$_4^{3-}$		0.16	0.57

表 18-8-7　树脂相的有效扩散系数[19]

工艺	$\overline{D}'_c/m^2 \cdot s^{-1}$	温度/℃	树脂	$D_L/m^2 \cdot s^{-1}$
蔗糖脱色	1.3×10^{-13}	70	Permutit Deacidite FFIP	—
水溶液中吸着丙酮	1.15 ⎫			1.25×10^{-9}
水溶液中吸着乙二醇	1.32 ⎬ $\times 10^{-10}$	25	Dowex 50W-X8(H^+型)	1.04×10^{-9}
水溶液中吸着丙醇	0.68 ⎭			0.87×10^{-9}
水溶液中葡萄糖和果糖的分离				
葡萄糖	7.78 ⎫ $\times 10^{-10}$	30	Dowex I-X8(CO_3^{2-} 型)	—
果糖	2.92 ⎭			

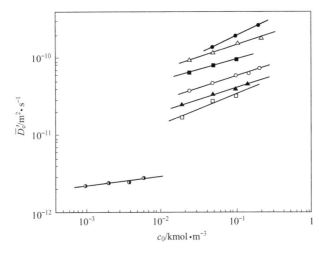

图 18-8-2　胺浓度对各种胺树脂有效扩散系数的关系

● 氨（分子量 $M=17.0$）；■ 正丁胺（$M=73.1$）；□ 正己胺（$M=101.2$）；
○ 正辛胺（129.3）；△ 异丙醇胺（75.1）；○ 二异丙醇胺（133.2）；▲ 三异丙醇胺（191.3）

$$-\overline{D}_{BA} = f_1 \overline{D}_A \tag{18-8-30}$$

其中，$f_1 = -1/(0.64 + 0.36\overline{\alpha}^{0.558})$，$\overline{\tau} < 1$，$\overline{\tau} = \overline{D}_A t/r_0^2$ 及 $\overline{\alpha} = \overline{D}_A/\overline{D}_B$。

在树脂颗粒内有假想的树脂界膜，离子在该界膜内扩散，由树脂相的有效扩散系数 D'_c（$m^2 \cdot s^{-1}$），可求得树脂相的传质系数 k_s（$m^2 \cdot s^{-1}$）、液膜传质系数 k_f[19]。

$$k_s \approx 5 \frac{\overline{D}'_c}{r_0} \tag{18-8-31}$$

$$\overline{D}'_c \approx \overline{D}_{BA} \tag{18-8-32}$$

液膜传质系数 k_f 计算[19]如下。

Ranz & Marshall 方程：

$$Sh_p = \frac{k_f d_p}{D} = 2 + 0.6 Re_p^{1/2} Sc^{1/3} \tag{18-8-33}$$

$$Re_p = v d_p/\nu \text{ 及 } Sc = \nu/D$$

Levins & Glastonbury 方程：

$$Sh_p = 2 + 0.47\left[\frac{d_p^{4/3}\overline{\zeta}^{1/3}}{\nu}\left(\frac{d_s}{d_T}\right)^{0.28}\right]^{0.62} Sc^{0.36} \tag{18-8-34}$$

d_s/d_T 为搅拌器直径和搅拌槽直径比，$\overline{\zeta}$ 为单位质量的散逸能（$cm^2 \cdot s^{-3}$）取 LDF 线性推动力，

$$\frac{dY}{dt} = \frac{k_f a}{\Lambda}[X - X(Y)] \quad （液膜） \tag{18-8-35}$$

则
$$k_f a = 2.62(D_f v_0)^{0.5} d_p^{-1.5} \tag{18-8-36}$$

Glueckauf & Coates LDF 近似[20]

$$\frac{dY}{dt} = k_s a[Y(X) - Y] \quad （颗粒相） \tag{18-8-37}$$

则
$$k_s a = 60 D_s d_p^{-2} \tag{18-8-38}$$

$$\Lambda \equiv \rho_b [q(c_0) - q_0]/[c_0 - c(q_0)] \tag{18-8-39}$$

参考文献

[1] Helfferich E. Ion Exchange. New York: McGraw-Hill, 1962: 254.
[2] Glueckauf E. Ion Exchange and Its Applications. London: Soc Chem Ind, 1955: 39.
[3] Conway D E, Green J H S, Reichenberg D. Trans Faraday Soc, 1954, 50: 511.
[4] Reichenberg D. J Am Chem Soc, 1953, 75: 589.
[5] Grank J. The Mathematics of Diffusion. New York: Oxford University Press, 1956.
[6] Barrer R M. Diffusion in and through Solids. New York: Cambridge University Press, 1941: 29, 50.
[7] Boyd G E, Adamson A W, Myers L S. J Am Chem Soc, 1947, 69: 2836.
[8] Vermeulen T. Ind Eng Chem, 1953, 45: 1664.
[9] Paterson S. Proc Phys Soc London, 1947, 59: 50.
[10] 化学工学協会. 化学工学便覧. 第5版. 東京: 丸善株式会社, 1988: 616.
[11] Boyd G E, Soldano B A. J Am Chem Soc, 1953, 75: 6091.
[12] Boyd G E, Soldano B A, Bonner O D. J Phys Chem, 1954, 58: 456.
[13] Sugai S, Furuichi J. J Chem Phys, 1955, 23: 1181.
[14] Soldano B A. Ann N Y. Acad Sci, 1953, 57: 116.
[15] Helfferich F, Plesset M S. J Chem Phys, 1958, 28: 418.
[16] Dickel G, Meyer A. Z Elektrochem, 1953, 57: 901.
[17] Helfferich E. Ion Exchange. New York: McGraw-Hill, 1962: 275.
[18] Boyd G E, Soldano B A. J Am Chem Soc, 1953, 75: 6091.
[19] Liberti L, Helfferich F G. Mass Transfer and Kinetics of Ion Exchange. Boston: Martinus Nijhoff Pub, 1983: 219.
[20] Glueckauf E, Coates J I. J Chem Soc, 1947, 10: 1315-1321.

离子交换过程设计原理

9.1 间歇式离子交换

离子交换的操作方式和过程设计需要基础数据，间歇釜式离子交换的计算和第 4 章吸附分离过程及设计计算原理的有关内容是类似的。

9.2 恒温下固定床离子交换[1~6]

离子交换过程的设计、计算方法和原理，与吸附分离过程基本上是一样的。不同的是电解质溶液是液体，热力学参数中的压力变化对离子交换平衡的影响不大，再生过程常用不同的反应物、化学位、浓度、pH 值等热力学参数的改变使其得以完成。因此，离子交换过程的效果首先取决于选用的离子交换剂。应尽量保证其理化性能好、交换容量大、选择性强、稳定性好、抗中毒、易再生、使用寿命长。同时，力学性能优良、具有适当的交联度、强度大、耐磨、不易破碎、颗粒粒径较小且具有一定的粒度分布等。

交换容量是离子交换剂的重要指标之一[6]。它表征交换剂的交换性能和操作条件下的效果，是离子交换过程计算的重要依据之一。由于离子交换树脂的交换容量随交换条件的不同而异，根据使用的方便性及测定方法的不同，分为静态交换容量和动态交换容量两类。

静态交换容量有：①理论总交换容量，或称最大交换容量。指每单位质量或每单位床层容积的离子交换树脂中能进行离子交换反应的化学基团总数；前者单位为 $mmol \cdot g^{-1}$（干 H^+ 或 OH^- 树脂），后者为 $mol \cdot L^{-1}$（填充床经水充分溶胀的 H^+ 或 OH^- 型树脂）。在实际应用中，以单位床层容积计较为方便。②表观交换容量（apparent capacity），指在一定的实验条件下（如 pH 值、溶液浓度等），每单位质量的 H^+ 型或 Cl^- 型树脂具有可交换的反离子数，单位为 $mmol \cdot g^{-1}$。在离子基团未完全解离时，表观交换容量比理论总交换容量要小。③工作交换容量，指在一定的应用条件下（如离子交换速率相等），官能基团可能未完全解离，离子交换平衡仍未达到时的可利用容量，比总交换容量要小。表示工作交换容量时应注明工作条件。④吸着容量（sorption capacity），指除离子交换量外树脂因链节结构上的范德华力吸引其他分子（包括电解质和非电解质）的总和，因而其交换量常比理论量要大。

动态交换容量指在流动体系下测得的，如透过容量为在透过点出现离子以前床层可利用的离子交换量，其值大小随床层的操作条件不同而异，比理论总交换容量小。流出液达到透过点时，树脂床层就要再生（图 18-9-1）。

9.2.1 经验的近似计算法[7~9]

如果离子交换平衡等温线是非常优惠（$t_b = t_{st}$）的，不考虑轴向弥散效应，设透过浓度

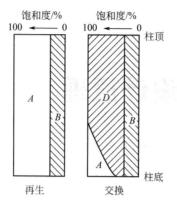

图 18-9-1 工作交换容量 Q、饱和容量 Q_s 及总容量 G 在再生及交换过程中的变化

$$Q=D, \quad Q_s=D+B, \quad G=A+B+D$$

$c_B < 0.05 c_0$。反离子组分进料浓度为 c_0，离子交换剂的交换容量为 Q，取简单的总物料衡算式，树脂的体积用量为：

$$(V_r)_1 = c_0 \xi u t_{st}/(1+\xi) Q \tag{18-9-1}$$

式(18-9-1)中，化学计量时间 $t_{st} = \tau(1+\xi)$，质量容量因子 $\xi = (1-\varepsilon) Q/(\varepsilon c_0)$，空速时间 $\tau = \varepsilon v/u$（v 为床层容积；ε 为间隙率）。

对"恒定分离因子型" $K<1$ 的非优惠等温线，得到浓度变化式：

$$\frac{c}{c_0} = \frac{\sqrt{\dfrac{\xi K}{(1+\xi)\theta-1}} - 1}{K-1} \tag{18-9-2}$$

式中，$\theta = t/t_{st}$，对很稀薄的溶液，$\xi \gg 1$，则：

$$\frac{c}{c_0} = \frac{\sqrt{K/\theta} - 1}{K-1} \tag{18-9-3}$$

透过时间或称穿透点（leakage point）：

$$t_b = (1+K\xi) t_{st}/(1+\xi) \tag{18-9-4}$$

由于轴向弥散效应，透过时间比平衡状态下的透过时间要短，需加入安全系数 S_f，使树脂用量加大，取：

$$V_r = S_f (V_r)_1 \tag{18-9-5}$$

(1) 半经验传质区近似计算 离子交换柱和固定床吸附柱一样，也可以采用传质区（MTZ）的概念，或称为交换区 EZ（图 18-9-2）。流出液浓度到达透过点（透过时间 t_b），床层内分成饱和区（平衡区长度 LES）、传质区（MTZ）和未使用区段（长 LUB）三部分（图 18-9-3）。简化取 LUB $= L - z_{st}$ 及取 $L =$ LUB $+$ LES，则：

$$L = \frac{u_i}{1+\xi} t_{st} \tag{18-9-6}$$

及化学计量区长度：

$$z_{st} = \text{LES} = \frac{u_i}{1+\xi} t_b \tag{18-9-7}$$

则：

$$\text{LUB} = L \left(1 - \frac{t_b}{t_{st}}\right) \tag{18-9-8}$$

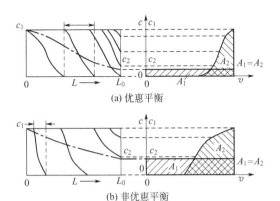

(a) 优惠平衡

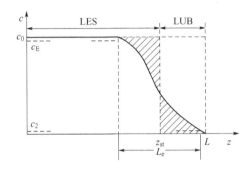

(b) 非优惠平衡

图 18-9-2　固定床层内（左）和流出液（右）离子交换过程的浓度曲线

图 18-9-3　床层内透过时间的浓度曲线

根据透过时间或泄漏时间 t_b、计量时间，由实验透过曲线可算出 LUB 值。对称的浓度前沿，$L_e = 2 \times \mathrm{LUB}$，则：

$$L_e = L(\theta_2 - \theta_1) \tag{18-9-9}$$

式中，θ_1，θ_2 为流出液出口浓度 $c_1 = 0.05c_0$ 和 $c_2 = 0.95c_0$ 处的对比时间。

带 Cl^- 的 HCl 和阴离子树脂 ROH^-，在柱长 $L = 15\mathrm{cm}$、截面积 $5.2\mathrm{cm}^2$、树脂颗粒直径 $d_p = 0.06\mathrm{cm}$ 的离子交换柱内进行交换，得出其传质区的长度 L_e 和空速 u_0 的关系为：

$$L_e = 14.55 u_0^{0.362}$$

(2) 离子交换透过曲线参量的计算[9]　离子交换的过程机理及扩散控制的区域都对透过曲线的形状、传质区的大小、透过时间（t_b）、饱和时间（t_e）等有直接影响。

a. 液相扩散控制 1 价和 1 价的交换体系，$K_{A,B} \geqslant 5$；2 价和 1 价的交换体系，$K_{A,B} > 100$（$K_{A,B} = Q_{ZB} c_0$），平衡关系近似直角平衡，则：

$$t_b = \frac{1}{6\beta'}(\ln x_B + 6\beta'\xi + 1) \tag{18-9-10}$$

$$t_e = \frac{1}{6\beta'}(\ln x_E + 6\beta'\xi + 1) \tag{18-9-11}$$

$$L_e = \frac{1}{6\beta'} \ln \frac{x_E}{x_B} \tag{18-9-12}$$

式中，$x_B = \dfrac{c_B}{c_0}$，$\beta' = \dfrac{k_L}{k_L^o} = \left(\dfrac{D_e}{D_b}\right)^{2/3}$。

$$\xi = \frac{Sh^\circ}{Re' Sc^\circ} \times \frac{z}{d_p}, \quad Sh^\circ = \frac{k_L^\circ d_p}{D_b}, \quad Sc^\circ = \frac{\eta}{\rho D_b}.$$

上标°指不考虑电场的条件。

b. 树脂相扩散控制。透过曲线受电场、离子价数的比值、平衡关系等的影响，一般需用计算机求解。

c. 液相和树脂相联合控制平衡关系是直角平衡，树脂相传质系数 $k_s \cong 5\overline{D}'_e / r_0$，液相传质系数按照 Carberry 式，透过曲线的解析式取：

$$\delta \leqslant 1, \quad x = c/c_0 = \exp(-\xi), \quad \overline{y} = q/q_0 = \tau' \exp(-\xi) \tag{18-9-13}$$

$$0 \leqslant \tau' \leqslant 1, \quad \xi \geqslant 0$$

$$x = \overline{y} = 1 - [1 - \exp(-\xi)] \exp[(1 - \tau')/\delta] \tag{18-9-14}$$

$$\tau' \geqslant 1, \quad 0 \leqslant \xi \leqslant \ln(1+\delta)$$

$$x = \overline{y} = \exp(\tau' - \xi - 1) \tag{18-9-15}$$

$$1 \leqslant \tau' \leqslant \xi + 1 - \ln(1+\delta), \quad \xi \geqslant \ln(1+\delta)$$

$$x = \overline{y} = 1 - \frac{\delta}{\delta+1} \exp\{[-\tau' + \xi + 1 - \ln(\delta+1)]/\delta\} \tag{18-9-16}$$

$$\tau' \geqslant \xi + 1 - \ln(1+\delta), \quad \xi \geqslant \ln(1+\delta)$$

式中，$\tau' = k'_F \left(t - \frac{\varepsilon z}{u}\right) \frac{c_0}{Q}, \quad \xi = \frac{(1-\varepsilon)}{u} k'_F z, \quad \delta = \frac{k'_F c_0}{k'_p Q}$。

k'_F 和 k'_p 为液相和树脂相容量传质系数，$k'_F = 6k_L/d_p$，$k'_p = 6k_a/d_p$。

【例 18-9-1】 Na 型阳离子交换树脂固定床，床内树脂的交联度 8%，交换容量 3.0×10^{-3} kmol，粒径 9.42×10^{-4} m，层高 0.8m，间隙率 0.4，将浓度 0.01 kmol·m^{-3} 的 Zn(NO$_3$)$_2$ 溶液，以空速 0.0476 m·s^{-1} 的速度流过此床层，温度 25℃，试求取其透过曲线关系式。

解 先将各有关参量 k'_F、k'_p、ξ、τ' 和 δ 等先算出。

$$k'_F = 6 \times 9.93 \times 10^{-5} / (9.42 \times 10^{-4}) = 0.632 \text{ s}^{-1}$$

$$k'_p = 6 \times 7.12 \times 10^{-7} / (9.42 \times 10^{-4}) = 4.54 \times 10^{-3} \text{ s}^{-1}$$

$$\xi = \frac{1-0.4}{0.0476} \times 0.632 \times 0.8 = 6.37$$

$$\tau' = 0.632 \left(t - \frac{0.4 \times 0.8}{0.0476}\right) \left(\frac{0.01}{3}\right) = 2.1 \times 10^{-3} (t - 6.7)$$

$$\delta = \frac{0.632 \times 0.01}{4.54 \times 10^{-3} \times 3} = 0.464 < 1$$

式(18-9-13)~式(18-9-16)，都符合 $\delta < 1$ 的要求，取式(18-9-15)、式(18-9-16) 的右边，

$$\xi + 1 - \ln(1+\delta) = 6.37 + 1 - \ln(1+0.464) = 6.99$$

故 $1 \leqslant \tau' \leqslant 6.99$，在此范围应是 $t \leqslant 3345$，按照式(18-9-15) 为：

$$x = \overline{y} = \exp(2.10 \times 10^{-3} t - 7.41)$$

$\tau' \geqslant 6.99$ 时，在此范围应是 $t \geqslant 3345$，按照式(18-9-16) 为：

$$x = \overline{y} = 1 - 0.317\exp(-4.53 \times 10^{-3}t + 15.0)$$

9.2.2 连续性方程数学模型[10~13]

以连续性物料衡算偏微分方程，在指定的传质速率方程、相平衡关系、边界条件、初始条件下描述透过曲线，并用于设计离子交换设备。

$$D_L \frac{\partial^2 c}{\partial z^2} = u_i \frac{\partial c}{\partial z} + \frac{\partial c}{\partial t} + \frac{1-\varepsilon}{\varepsilon} \times \frac{\partial \overline{q}}{\partial t} \qquad (18\text{-}9\text{-}17)$$

不考虑轴向弥散，取 $D_L=0$，对阶跃进料，传质速率方程取反应动力学模型：

$$\frac{\partial q}{\partial t} = k_1 \left[c(Q-q) - \frac{1}{k_i} q(c_0 - c) \right] \qquad (18\text{-}9\text{-}18)$$

(1) Thomas 解（模型）[12]

$$\frac{c}{c_0} = \frac{J(\widetilde{N}r, \widetilde{N}T)}{J(\widetilde{N}r, \widetilde{N}T) + [1-J(\widetilde{N}, r\widetilde{N}T)]\exp[(r-1)\widetilde{N}(T-1)]} \qquad (18\text{-}9\text{-}19)$$

式中 $r=1/K$，$T=c_0(V-\varepsilon V)/[(1-\varepsilon)QV]$，反应单元数 $\widetilde{N}=K_1Qz/(\varepsilon u_i)$，而 J 函数

$$J(x,y) = 1 - \int_0^\infty \exp(-y-\lambda) I_0(2\sqrt{y\lambda}) d\lambda$$

式中 I_0——零阶第一类修正贝塞尔函数。

根据 Thomas 解，采用其他传质速率表达式，可得到其他不同的模型：

Bohart 模型 ($r=0$)

$$c/c_0 = \exp(\widetilde{N}T)/[\exp(\widetilde{N}T) + \exp(\widetilde{N}) - 1] \qquad (18\text{-}9\text{-}20)$$

Walter 模型 ($r=1$)

$$c/c_0 = J(\widetilde{N}, \widetilde{N}T) \qquad (18\text{-}9\text{-}21)$$

Walter 模型（高 r 值）

$$c/c_0 = [\sqrt{K/T} - 1]/(K-1) \qquad (18\text{-}9\text{-}22)$$

Klinkenberg 模型（$r=1$，高 $\widetilde{N}$ 及 $\widetilde{N}T$ 值）

$$c/c_0 = \frac{1}{2}[1 + \mathrm{erf}(\sqrt{\widetilde{N}T} - \sqrt{\widetilde{N}})] \qquad (18\text{-}9\text{-}23)$$

(2) Rosen 解（模型）[13]　Rosen 假设线性平衡，流动相是活塞流，树脂颗粒是均一相，考虑扩散传质是液膜、颗粒相扩散控制等，对连续性方程的解：

$$c/c_0 = \frac{1}{2} + 2/\pi \int_0^\infty \exp(A) \sin(B) d\lambda/\lambda \qquad (18\text{-}9\text{-}24)$$

式中，A，B 为模型变量函数。依据 Rosen 解，改变一些条件，得到 Anzelius 或 Schuman模型（忽略内扩散控制）：

$$c/c_0 = J(\widetilde{N}_f, \widetilde{N}_f T) \qquad (18\text{-}9\text{-}25)$$

式中，$\widetilde{N}_f$ 为床层长度 z 时的传质单元数，$\widetilde{N}_f = k_f a z/(\varepsilon u_i)$。

Wicke 模型包括轴向弥散项，忽略传质阻力和流动相中积累：

$$c/c_0 = \frac{1}{2}\left[2 - \mathrm{erf}\sqrt{Pe}\frac{z^*+\theta}{2\sqrt{\theta}} - \mathrm{erf}\sqrt{Pe}\frac{z^*-\theta}{2\sqrt{\theta}} \right] \qquad (18\text{-}9\text{-}26)$$

对深的床层，解改为：

$$c/c_0 = \frac{1}{2}\left[1-\mathrm{erf}\sqrt{Pe}\frac{z^*-\theta}{2\sqrt{\theta}}\right] \tag{18-9-27}$$

式中，$z^*=z/L$，Peclet 数 $Pe=u_iL/D_L$。

Kawazoe 及 Babcock 模型为 Rosen 模型的扩展式，包括轴向弥散，指在高 z 下的渐近解：

$$\frac{c}{c_0}=\frac{1}{2}\left[1+\mathrm{erf}\frac{u_F\sqrt{t}-z/\sqrt{t}}{2\sqrt{D_{ov}}}\right] \tag{18-9-28}$$

式中 u_F——固定前沿的速度，$u_F=u_i/(1+\xi)$；

D_{ov}——膜传质、颗粒传质和轴向弥散总计引起的总扩散系数。

Glueckauf 和 Coates 模型，对 Freundlich 等温方程 $q=ac^b$，线性颗粒扩散方程则：

$$(c/c_0)^{1-b}=1-\exp[(b-1)N_d(\theta-\theta_{BP})] \tag{18-9-29}$$

式中，$N_d=k_p a_p \tau(1+\xi)$，对不可逆等温线 $b=0$，则：

$$c/c_0=1-\exp[-N_d(\theta-\theta_{BP})] \tag{18-9-30}$$

Vermeulen 解对不可逆等温线，以 N_f 和 T 表示膜扩散，N_d 和 T 表示颗粒扩散。

$$c/c_0=\exp[N_f(T-1)-1] \tag{18-9-31}$$

$$c/c_0=1-\exp[-N_d(T-1)-1] \tag{18-9-32}$$

Hall 模型：对不可逆平衡，考虑孔扩散、膜扩散及壳边界条件。

$$N_{pore}(T-1)=\phi(c/c_0)+\frac{N_{pore}}{N_f}\left(\ln\frac{c}{c_0}+1\right) \tag{18-9-33}$$

$$\phi(c/c_0)=2.39-3.59\sqrt{1-c/c_0}$$

$$N_{pore}=15D_{pore}(1-\varepsilon)\tau/(\varepsilon R^2)$$

9.3 离子交换色谱分离[14~17]

在冲洗剂冲洗下，含多种离子组分的溶液脉冲送入离子交换柱时，各种离子对离子交换剂的亲和力不同，在色谱柱内的移动速度不同，形成若干谱带或色谱峰。通过 Glueckauf[16] 色谱柱的物料衡算方程求解，得透过曲线的表达式为：

$$c/c_0=\frac{1}{2}-A_\varepsilon(t)\left\{\sqrt{N}\frac{V_i-V}{\sqrt{V_iV}}\right\} \tag{18-9-34}$$

$$A_\varepsilon(t)=(2\pi)^{-1/2}\int_0^t \exp\left(-\frac{t^2}{2}\right)dt \tag{18-9-35}$$

式中，$A_\varepsilon(t)$ 为误差正态分布曲线的面积，是时间 t 的函数，可由数理统计表查得；V_i 为组分 i 在透过曲线中 $c=c_0/2$ 时的透过溶液体积，即流出曲线中组分 i 在冲洗出最高浓度时的冲洗液体积（保留体积）；V 为冲洗液体积。

流出曲线方程式[14,17]：将含溶质 i 的溶液脉冲进料送入离子交换柱，并用溶剂冲洗，被洗脱的溶质 i 在洗出液中的浓度随冲洗液的体积而变化，此流出曲线如图 18-9-4 所示。流出曲线方程为：

$$c_i=(c_i)_{max}\exp\left[\frac{N(V_i-V)^2}{2V_iV}\right] \tag{18-9-36}$$

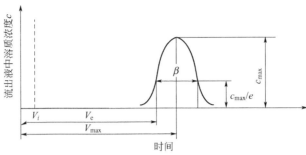

图 18-9-4 流出曲线

式中 c_i——体积为 V 的洗出液中溶质 i 的浓度；
$(c_i)_{max}$——流出曲线中溶质浓度最高值（谱峰最大值），体积为 V_i 的洗出液中溶质 i 的浓度；
N——柱的理论板数。

溶质 i 流出曲线的峰高最大值 $(c_i)_{max}$ 为：

$$(c_i)_{max} = \frac{Q_i}{V_i}\left(\frac{N}{2\pi}\right)^{1/2} \tag{18-9-37}$$

式中 Q_i——溶质 i 的总量。

理论塔板数 N 可由实验流出曲线谱峰求得：

$$N = 2\pi\left[\frac{(c_i)_{max} V_i}{Q_i}\right]^2 \tag{18-9-38}$$

式(18-9-38)中的 Q_i 值可从流出曲线的峰面积求得，$Q_i = \int_0^\infty c \, dV$。

另一个确定 N 的方法，是利用洗出液浓度为 $c = c_{max}/e = 0.368$ 的冲洗液体积 V_e 得：

$$N = \frac{2V_i V_e}{(V_i - V_e)^2} = 8\left(\frac{V_i}{\beta}\right)^2 \tag{18-9-39}$$

式中，β 为流出曲线中，当 $c = c_{max}/e$ 时的谱带宽度，$\beta = 2(V_i - V_e)$。

Glueckauf 用与吸附过程一样的方法，根据物料衡算和速率理论导出"有效板高度 H"的公式，用于离子交换冲洗色谱：

$$H = 1.64 r_0 + \frac{k_i}{(k_i + \varepsilon)^2} \times \frac{0.14 r_0^2 v}{\overline{D}} + \left(\frac{k_i}{k_i + \varepsilon}\right)^2 \frac{0.266 r_0^2 v}{D(1 + 70 r_0 v)} + \frac{D\varepsilon\sqrt{2}}{v} \tag{18-9-40}$$

式中 r_0——颗粒半径；
k——分配系数，$k = \rho\beta q_A/(\varepsilon c_A)$；
$\overline{D}$——离子交换剂的内扩散系数；
D——液膜扩散系数；
v——溶液的线速。

式(18-9-40)反映了有效板高度 H 受到右边第一项颗粒的大小、第二项颗粒内扩散、第三项液膜扩散及第四项轴向扩散的影响。

如果交换柱的高度为 L，则 N 可用式(18-9-41)表示：

$$N = \frac{L}{H} \tag{18-9-41}$$

由式(18-9-40)可见，颗粒半径 r_0 和溶液的线速 v 直接影响有效板高度 H。降低 r_0 和 v

值，使床层压力降增大，床层处理能力减少。在 $D=10^{-5}\,\mathrm{cm\cdot s^{-1}}$ 和 $\overline{D}=3\times10^{-7}\,\mathrm{cm\cdot s^{-1}}$，冲洗和置换操作条件下，有效塔板数和操作条件的关系见图 18-9-5。

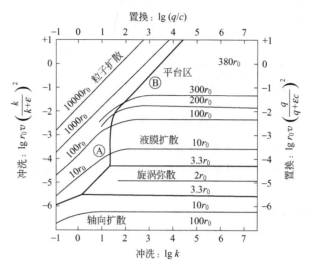

图 18-9-5　有效塔板数与操作条件的关系

[根据式(18-9-40)，在 $D=10^{-5}\,\mathrm{cm\cdot s^{-1}}$，$\overline{D}=3\times10^{-7}\,\mathrm{cm\cdot s^{-1}}$，等高线代表塔板数，左边的纵坐标和下方横坐标表示冲洗过程，右边的纵坐标和上方的横坐标表示置换过程]

在复杂组分的分离中，有些组分难于分离，在流出曲线上出现谱峰重叠的现象（图 18-9-6）。由于出现部分重叠的谱峰，使分离所得产物的纯度下降。重叠部分面积表示杂质含量 ΔQ_i，可由式(18-9-42)计算：

$$\Delta Q_i \int_x^\infty c\,\mathrm{d}x = Q_i \left[0.5 - A_\varepsilon\left(\frac{N-Q_i}{\sqrt{Q_i}}\right)\right] \tag{18-9-42}$$

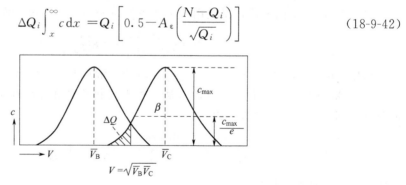

图 18-9-6　组分 B 和 C 流出曲线的宽度和重叠

冲洗溶液用量从 $V=0$ 到 $V=\infty$，以使 B 和 C 组分分离。如选择适当的冲洗体积（设 $\overline{V}$），所得 B 产物中含 ΔQ_C 及在 C 产物中含 ΔQ_B 的杂质，按照式(18-9-42)，可得：

$$\Delta Q_C = Q_C\left[0.5 - A_\varepsilon\left(\frac{N-Q_C}{\sqrt{Q_C}}\right)\right] \tag{18-9-43}$$

及

$$\Delta Q_B = Q_B\left[0.5 - A_\varepsilon\left(\frac{N-Q_B}{\sqrt{Q_B}}\right)\right] \tag{18-9-44}$$

假设 $Q_B=Q_C$，$\Delta Q_C=\Delta Q_B$，则：

$$N = \sqrt{Q_B Q_C} \tag{18-9-45}$$

使两种组分分离的最优冲洗液体积是两种组分保留体积的几何平均数：

$$\overline{V} = \sqrt{V_B V_C} \tag{18-9-46}$$

所得产物的不纯率，用 η_B 和 η_C 表示：

$$\eta_B = \frac{\Delta Q_C}{Q_B - \Delta Q_B} \approx \frac{\Delta Q_C}{Q_B}, \quad \text{当 } \Delta Q_B \ll Q_B \tag{18-9-47}$$

及

$$\eta_C = \frac{\Delta Q_B}{Q_C - \Delta Q_C} \approx \frac{\Delta Q_B}{Q_C}, \quad \text{当 } \Delta Q_C \ll Q_C \tag{18-9-48}$$

在 $Q_B = Q_C$，$\Delta Q_C = \Delta Q_B$ 的特殊情况下，产物的不纯率 η 为：

$$\eta = 0.5 - A_\varepsilon \left[\sqrt{N} \frac{\sqrt{V_C} - \sqrt{V_B}}{\sqrt{V_B V_C}} \right] \tag{18-9-49}$$

假设 $Q_B \neq Q_C$，又要求 $\Delta Q_C / Q_B = \Delta Q_B / Q_C$，为了使组分 B 与 C 分开，最优冲洗体积应为：

$$\overline{V} = \sqrt{V_B V_C} + \frac{2 V_B V_C (Q_B^2 - Q_C^2)}{N(V_C - V_B)(Q_B^2 + Q_C^2)} \tag{18-9-50}$$

所得产物的不纯率为：

$$\begin{aligned}
\eta &= \frac{\Delta Q_C}{Q_B} = \frac{\Delta Q_B}{Q_C} \\
&= \frac{2 Q_B Q_C}{Q_B^2 + Q_C^2} \left[0.5 - A_\varepsilon \left(\frac{\sqrt{N}(\sqrt{V_C} - \sqrt{V_B})}{\sqrt[4]{V_B V_C}} \right) \right] \\
&= \frac{2 Q_B / Q_C}{(Q_B / Q_C)^2 + 1} \left\{ 0.5 - A_\varepsilon \left[\left(\frac{V_C}{V_B} \right)^{1/4} - \left(\frac{V_B}{V_C} \right)^{1/4} \right] N^{1/2} \right\}
\end{aligned} \tag{18-9-51}$$

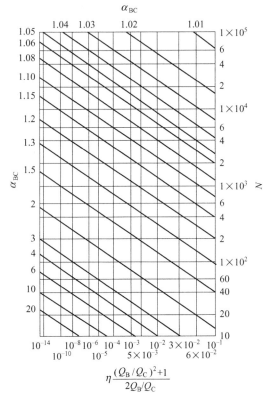

图 18-9-7　分离产品的纯度与分离因子 α_{BC} ($= V_C/V_B$)、
理论塔板数 N 和质量比 Q_B/Q_C 的函数关系

式(18-9-51) 表示了被分离物质的纯度与保留时间比、质量比及理论塔板数的关系，亦可表示为图 18-9-7。从图 18-9-7 中[22]可以确定所需的有效塔板数，或所要求的分离物纯度。图 18-9-7 中的保留体积比 $\alpha_{BC}=V_C/V_B=(\lambda'_C+\beta)/(\lambda'_B+\beta)$。

【例 18-9-2】 假设两种组分 B 和 C，它们的质量比为 10∶1 ($Q_B/Q_C=10$)，峰保留体积比 $\alpha_{BC}=1.5$，容许的最高不纯率为 0.1％（即 $\eta=10^{-3}$），求所需塔板数。

解 $\eta\left[\dfrac{(Q_B/Q_C)^2+1}{(2Q_B/Q_C)}\right]=5\times10^{-3}$

根据图 18-9-7，当横坐标为 5×10^{-3}，与 $\alpha_{BC}=1.5$ 的直线相应的 $N\approx160$。如果 $Q_B/Q_C=1$，则横坐标为 10^{-3}，所需塔板数约为 240。

9.4 移动床离子交换

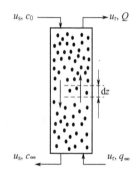

图 18-9-8 移动床示意图

Michaels[18] 提出液膜传质控制是连续性逆流移动床的主要传质机制（图 18-9-8），故可取物料衡算式为：

$$u_s(c_0-c_\infty)=u_r(Q-q_\infty) \qquad (18\text{-}9\text{-}52)$$

式中，u_s 和 u_r 为溶液和树脂的流率；Q 为和溶液浓度 c_0 平衡时的树脂浓度。在床层中的任一点的离子浓度物料平衡：

$$u_s=u_r q \qquad (18\text{-}9\text{-}52a)$$

厚度 dz 单元容积的物质传递，可表示为：

$$-u_s dc=(k_f a)A(c-c^*)dz \qquad (18\text{-}9\text{-}52b)$$

相平衡关系式：

$$K=q(c_0-c^*)/[c^*(Q-q)] \qquad (18\text{-}9\text{-}52c)$$

将式(18-9-52a)～式(18-9-52c) 合并，使 z 从 0 至 L_e 及 c 从 c_1 至 c_2 积分，得：

$$NTU=\dfrac{(k_f a)AL_e}{u_s}=\dfrac{K}{K-1}\ln\left[\left(\dfrac{c_0-c_1}{c_0-c_2}\right)\dfrac{c_2}{c_1}\right]-\ln\left(\dfrac{c_0-c_1}{c_0-c_2}\right) \qquad (18\text{-}9\text{-}53)$$

通常对传质区宽度 L_e 的前沿，其透过点浓度 $c_1=0.05c_0$，饱和点浓度 $c_2=0.95c_0$，则式(18-9-53) 可改为：

$$NTU=\dfrac{K}{K-1}\ln 19^2-\ln 19 \qquad (18\text{-}9\text{-}54)$$

Moison[19] 等提出，用 Thomas 反应动力学模型表达传质推动力时，得：

$$NTU^*=\dfrac{K}{K-1}\ln\left[\left(\dfrac{c_0-c_1}{c_0-c_2}\right)\dfrac{c_2}{c_1}\right] \qquad (18\text{-}9\text{-}55)$$

或

$$NTU^*=\dfrac{K}{K-1}\ln 19^2 \qquad (18\text{-}9\text{-}55a)$$

及

$$NTU^*=(k_f a)AL_e/u_s \qquad (18\text{-}9\text{-}55b)$$

按照 Michaels[18] 和 Moison[19] 分别提出的表达式，进行计算得到的结果见表 18-9-1。由此表的结果，得：

$$HTU=3.69u_0^{0.362} \qquad (18\text{-}9\text{-}56)$$

算得 $k_f=1.3\times10^{-3}$ cm·s^{-1}，比用 Carberry 校正式（$k_f=1.15Re^{-1/2}Se^{2/3}$，$Re=0.1\sim1000$，AIChE J，1960，6：460）求出的 $k_f=5.9\times10^{-3}$ cm·s^{-1} 要小。

表 18-9-1 传质单元高度的计算

实验编号	流率 /mL·min^{-1}	c_0 /mmol·mL^{-1}	u_0 /cm·s^{-1}	$Re=u_0 d_p/\nu$	HTU(Michaels) /cm	HTU*(Moison) /cm
1	4.76	1.53×10^{-2}	0.015	0.089	0.81	0.41
2	10.60	1.47×10^{-2}	0.033	0.197	1.08	0.54
3	45.50	1.53×10^{-2}	0.143	0.850	1.88	0.94

9.5 离子交换循环

9.5.1 离子交换循环

离子交换循环包括交换过程和再生过程，再生过程的再生条件决定了再生的程度（再生率），而再生率又和交换容量有关。交换容量是指在操作条件下的有用容量（useful capacity）。由于经济的原因，实际应用中要考虑节省再生剂的用量，饱和阶段离子组分的透过（泄漏）点常前移，以致有用容量减少（图 18-9-9）。Dodds 和 Tondeur[20] 根据物料衡算，用简易的方法叙述了有用容量和泄漏量。设溶液中的离子 A 和最初在树脂中的离子 B 进行交换，则在饱和阶段：

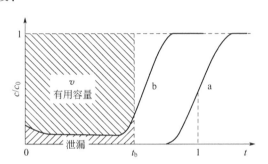

图 18-9-9 有用容量和泄漏量与透过曲线的关系
a—完全再生；b—部分再生

A 离子在树脂中积累量 $A_{in}-A_{out}$ 等于 B 离子离开树脂的量。

$$y_{sj}-y_{si}=t_{si}-x_{si}t_{si}=y_{ri}-y_{rj}=F_{si}y_{ri} \quad (18\text{-}9\text{-}57)$$

在再生阶段，B 在树脂中的积累量 $B_{in}-B_{out}$ 等于 A 离子离开树脂的量。

$$y_{rk}-y_{ri}=t_{rj}-x_{rj}t_{ri}=y_{sj}-y_{sk}=F_{rj}y_{sj} \quad (18\text{-}9\text{-}58)$$

式中，下标 s，r 分别表示饱和液（A 离子）和再生剂（B 离子）。

$$x_s = \frac{\text{A 在流出液中的物质的量}}{\text{饱和阶段进入床层的物质的量}}$$

$$y_{ri} = \frac{\text{在阶段 } i \text{ 开始时，床层中 B 的物质的量}}{\text{床层中的总容量}}$$

$t_s=c_s V_s/Q, \ t_r=c_r V_r/Q$（$V$ 为通过床层的体积量）

$$F_{si} = \frac{\text{饱和阶段期间排出的 B 的物质的量}}{\text{饱和阶段 } i \text{ 开始时，床层中 B 的物质的量}}$$

$$F_{rj} = \frac{\text{再生阶段期间离开的 A 的物质的量}}{\text{再生阶段 } j \text{ 开始时，床层中 A 的物质的量}}$$

上述物料衡算是假定饱和剂或再生剂的积累仅和 y_s 或 y_r 有关。

在每一阶段：

$$y_{ri}+y_{si}=1 \tag{18-9-59}$$

在循环期间，F_{sj} 和 F_{rj} 是定值，有用容量 $U=y_{sj}-y_{si}$，简化为：

$$U=F_s y_r=F_r y_s \tag{18-9-60}$$

其中：$y_s=F_s/(F_s+F_r-F_rF_s)$，$y_r=F_r/(F_s+F_r-F_rF_s)$。

此方法仅需要由实验确定的 F_s（或 F_r）对 t_s（或 t_r）的关系曲线即可。泄漏量 x_s 可由式(18-9-61) 求出：

$$x_s=1-U/t_s \tag{18-9-61}$$

再生效率 η_j 可用式(18-9-62) 表示：

$$\eta_j=F_r y_{si}/t_{rj}=1-x_{rj} \tag{18-9-62}$$

9.5.2 再生剂的用量[21,22]

影响再生效率和再生程度的因素很多，包括树脂的类型、性能，再生剂的种类、浓度、用量、温度和接触时间等。

所用再生剂的浓度一般取：盐酸 5%～7%，硫酸 1%～5%，氢氧化钠 2%～4%，纯碳酸钠 4%左右，氯化钠 10%～15%，硫酸铵 4%～6%。

再生剂的用量通常用单位体积树脂交换柱所消耗的再生剂计算，以 mol·L^{-1} 表示。理论上，所需再生剂的物质的量应等于树脂的总交换量的物质的量。但实际的使用量为理论需用量的若干倍时，才能使树脂达到一定的再生率。实际再生剂用量为理论用量的倍数称为再生水平（以 m 表示）。再生水平对一定的树脂在一定的再生条件下，与再生率及树脂的交换容量有一定的关系，并由实验确定。图 18-9-10～图 18-9-12 表示出了几种典型国产树脂的再生特性。

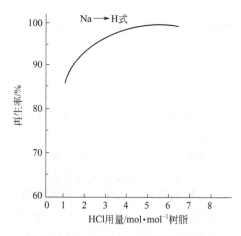

图 18-9-10 强酸 1×10 树脂的再生率

再生剂浓度：1mol·L^{-1} HCl；流量：3L·L^{-1} 树脂·h^{-1}；室温：15℃

选择再生剂的适当用量，除考虑再生后树脂的交换容量，也要考虑经济效益。把两根交换柱串联起来再生比较合算。在实际生产中，一级复床和二级复床系统再生剂的用量范围可见表 18-9-2。

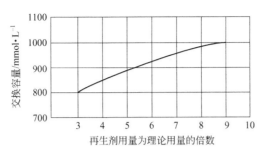

图 18-9-11　711 树脂再生剂用量与交换容量关系

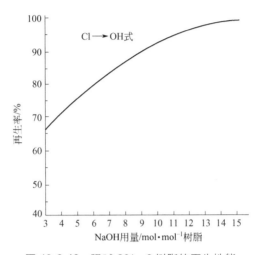

图 18-9-12　强碱 201×8 树脂的再生性能

再生剂浓度：1mol·L^{-1} NaOH；流量：3L·L^{-1}树脂·h^{-1}；室温：15℃

表 18-9-2　再生剂实际用量为理论用量的倍数范围

交换柱类型	再生剂种类	第一级	第二级
Na-阳离子	NaCl	2.7～3.5	3.5～7
NH$_4$-阴离子	NH$_4$Cl	1.5～2.5	
H-阳离子	H$_2$SO$_4$	1.2～2.0	1.2～1.5
	HCl	1.7～3.5	1.5～2.5
OH-阴离子	NaOH	1.2～1.5	1.5～4.0

9.5.3　再生曲线和再生效率

再生一般都不是成陡峭的前沿曲线。设计时需先知道树脂再生程度和化学再生剂用量的关系曲线，如选择性系数已知，以 Walter 方程[23]的积分式可求出一价离子交换所需的再生剂用量。树脂的再生程度 η 可由式(18-9-63)求出：

$$\eta = \frac{2\sqrt{K_A^B W} - K_A^B (W-1)}{1 - K_A^B} \tag{18-9-63}$$

式中，K_A^B 为选择性系数，在一价离子交换中它与分离因数相等；W 为通过床层每摩尔总树脂容量的再生剂的物质的量。R 为树脂总容量；E_w 为再生剂的质量，则再生剂用量 G 为：

$$G = WRE_w \qquad (18\text{-}9\text{-}64)$$

图 18-9-13 所示为不同 K_A^B 值下再生率和再生剂量的关系曲线。选择性系数约为 0.65 的磺酸再生钠型典型强酸性阳离子交换树脂，与选择性系数仅为 0.06 的氢氧化钠再生氯型标准一类阴离子交换树脂比较，显然，后者要完全再生需非常过量的氢氧化钠。图 18-9-13 中斜率为 1 的直线说明这种再生剂的利用率为 100%，在 $W = K_A^B$ 时可完全再生。式 (18-9-63) 仅指柱的流动状态是在平衡条件下操作的。实际上，柱内非陡峭前沿曲线只能在接近平衡的、合理的条件下运行，说明比起陡峭前沿时的情况下非陡峭前沿的操作中流动状态的影响较小。

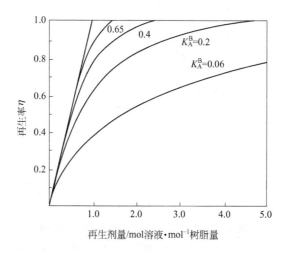

图 18-9-13　树脂再生率和再生剂量的关系

图 18-9-13 中的曲线是假设在冲洗阶段初期树脂是单一离子型的，实际上并非如此。如假设在整根柱内树脂的组成是均一的，再生曲线可反映部分载荷，以再生曲线上树脂最初组成上一点作切线，即为最初再生曲线，在切点上的 W 值等于：

$$W = [K_A^B + (1 - K_A^B)(1 - y_0)]^2 / K_A^B \qquad (18\text{-}9\text{-}65)$$

式中，y_0 为冲洗阶段开始时，树脂中负载离子的摩尔分数。

例如强碱性树脂在透过含 0.56mol 硝酸盐时，负载分数 $y_0 = 0.56/1.3 = 0.43$（树脂容量 1.3mol·L^{-1}），用 NaCl 为再生剂，得出再生曲线，选择性系数 $K_A^B = 1/4$，为了避免过量使用再生剂 NaCl，在再生度和 NaCl 用量之间选取适宜值，依照式 (18-9-63) 作出图 18-9-14。

再生效率或每摩尔再生剂脱除的物质的量可由曲线的斜率得出，从再生剂脱除饱和负载的树脂开始，直至 W 等于 K 为止，超过此点再生效率成指数下降。这是水处理中最少的再生剂用量。这里部分负载的树脂，再生过程从最初组成 $(1 - y_0) = 0.57$ 作直线，直至在 $W = 1.83$ 切点为止。最初再生曲线是直线，再生效率成定值直至切点，此切点每升树脂需 1.83mol 盐（139.2g·L^{-1} 或 8.7lb·ft^{-3}）。

再生水平与再生后树脂的交换容量及再生剂消耗的关系反映了再生效率。硬水软化过程，氯化钠的再生效率[24] 见表 18-9-3。

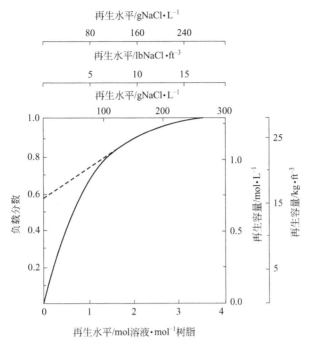

图 18-9-14 从强碱树脂中用 NaCl 脱除硝酸盐的再生曲线

表 18-9-3 NaCl 的再生效率

再生水平 NaCl		交换容量		平均需盐量除去	盐/硬度脱除
/lb·ft^{-3}	/kg·m^{-3}	/kg·ft^{-3}	/kg·m^{-3}	/lb·kg^{-1}	/kg·kg^{-1}
4	64	16~18	274~308	0.24	0.22
5	80	19~21	325~360	0.25	0.23
6	96	21~23	360~394	0.27	0.25
8	128	24~26	411~445	0.32	0.30
10	160	26~28	445~479	0.37	0.35
12	192	28~30	479~514	0.41	0.39
15	240	30~32	514~548	0.48	0.45
20	320	32~34	548~582	0.60	0.56
50	801	36~38	616~651	1.35	1.26

再生接触时间与再生后树脂的交换量有一定的关系，这又与再生剂的浓度及树脂的交联度有关（图 18-9-15）。为了有效地利用树脂的交换量，再生时间最少应有 30min，对交联度高的树脂需要 60min；阴离子树脂的再生时间，特别对硅酸根需增加一些时间，约需 90min。要保持一定的再生接触时间，就要控制再生剂溶液的流速。通常再生剂的线速取 4~8m·h^{-1}。为了反映再生剂与交换树脂间的关系，还常采用相对体积流速，即每小时流入若干倍床层体积（BV）表示。如交换离子的浓度低于 50mmol·L^{-1}，流速一般取 15~80BV·h^{-1}。混合床脱除含低固体物质水（脱盐）时，流速可高至 400BV·h^{-1}，为了和少量浓的溶液有充分的接触时间，再生液相对体积流速一般在 0.5~5BV·h^{-1}。其他如对高浓度

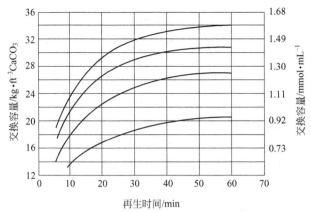

图 18-9-15 再生时间与交换容量的关系

溶液、弱离子型树脂、低温的溶液或含有非极性溶剂等，都要降低流速。在离子交换中有二价离子参与时，为了得到陡峭的透过曲线，也需要用较低的流速。

参考文献

[1] Treybal R. Mass Transfer Operation. 2nd ed. New York: McGraw-Hill, 1962: 573.

[2] Vermeulen T. Separation by Adsorption Methods//Advances in Chemical Engineering: vol 2. New York: McGraw-Hill, 1962: 147.

[3] Coulson J M, Richardson J F. Chemical Engineering: vol 3. Oxford: Pergamon Press, 1978.

[4] Sherwood T K, Pigford R L, Wilke C R. Mass Transfer. New York: McGraw-Hill, 1975: 565.

[5] Schoen H M. New Chemical Engineering Separation Techniques. New York: Interscience Pub, 1962: 104.

[6] Schweitzer P A. Handbook of Separation Techniques for Chemical Engineers. 2nd ed. New York: McGraw-Hill, 1988: 1-424.

[7] Liberti L, Helfferich F G. Mass Transfer and Kinetics of Ion Exchange. London: Martinue Nijhoff Pub, 1983: 262.

[8] 叶振华. 吸着分离过程基础. 北京: 化学工业出版社, 1988: 98.

[9] 化学工学協会. 化学工学便覧. 第5版. 東京: 丸善株式会社, 1988: 616.

[10] 叶振华. 化工吸附分离过程. 北京: 中国石化出版社, 1992: 144.

[11] Ruthven D M. Principles of Adsorption and Adsorption process. New York: Wiley, 1984: 236.

[12] Thomas H C. Ann N Y. Acad Sci, 1948, 49: 161.

[13] Rosen J B. J Chem Phys, 1952, 20: 387.

[14] Helfferich F G. Ion Exchange. New York: McGraw-Hill, 1962: 450.

[15] Glueckauf E. Ion Exchange and its Application. London: Soc Chem Ind, 1955: 34.

[16] Glueckauf E. Trans Faraday Soc, 1955, 51: 34.

[17] Tompkins E R, Harris D H, Khym J X. J Am Chem Soc, 1949, 71: 2504.

[18] Michaels A. Ind Eng Chem, 1952, 44: 1922.

[19] Moison R L, O'Herm H A. Chem Eng Prog Symp Ser, 1959, 55(24): 71-85.

[20] Dodds J, Tondeur D. Chem Eng Sci, 1972, 27: 1267.

[21] Schweitzer P A. Handbook of Separation Techniques for Chemical Engineers. 2nd ed. New York: McGraw-Hill, 1988: 1-427.

[22] 《化学工程手册》编辑委员会. 化学工程手册: 第十七篇, 吸附与离子交换. 北京: 化学工业出版社, 1985: 149.

[23] Anderson R E. J Chromatography, 1980, 201: 35.

[24] Sanks R L. Water Treatment Plant Design for the Practicing Engineer. Mich: Ann Arbor Sci Pub, 1978.

10 工业离子交换过程和设备

本章叙述离子交换的一般过程,其中包括间歇式、固定床和连续式三种过程及设备,着重结合水的处理和其他食品、湿法冶金溶液的处理。

10.1 间歇式离子交换过程和设备

一般在离子交换树脂对被交换的离子比树脂中原有离子有更高的选择性时,才采用间歇式离子交换器。它是带有搅拌器(或用空气)搅拌的储槽[1,2](图 18-10-1)。两相达到平衡后,上方通入气体,利用其他压力使溶液从槽底排出。间歇式离子交换器设备简单、操作弹性较大、处理溶液的量少,通常为离子交换剂体积的 0.4 倍,多则可达 15 倍。

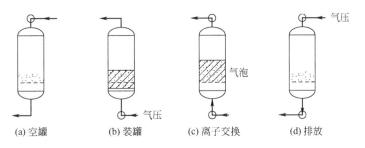

图 18-10-1 间歇式离子交换循环操作

10.2 固定床离子交换过程和设备

柱式固定床是一个直立的罐(图 18-10-2),直径从几厘米至 6m,树脂深度 1~6m,一般床层深度 1~3m,物料可在重力或压力下送入。这种类型的柱需要考虑下列几种附件[3]:

(a) 良好的进料分配器或均匀的出料器,使液流均一地通过床层,便于得到较陡峭的透过曲线,特别在柱直径大于 1m 时更重要;

(b) 合适的床层支承体或花板,上面铺一层颗粒大小一致的石英砂或填料;

(c) 逆洗控制装置和逆洗液出口,要使逆洗液分布均匀,要考虑树脂逆洗时床层膨胀所需的"自由空间";

(d) 再生剂和淋洗水送入的方法和所需要的管线。

10.2.1 固定床的类型

根据处理液的组成、处理要求和离子交换剂的不同,离子交换固定床有:单床层、复合床、混合床、多床式和多层床等几种形式。其中复合床是阳离子树脂和阴离子树脂分别装入串联的柱内，而混合床却将这两种树脂混合装入一条柱内。二者的差别是混合床对溶液的脱盐、精制的程度高于复合床。在混合床中，反应生成的酸即被旁边阴离子树脂中和，为不可逆反应，直至交换完为止，所处理溶液的纯度比复合床的高。但是在混合床中，酸、碱再生液可能会和阴、阳离子交换树脂同时作用，约有5%~10%的树脂没有再生，树脂的利用率下降。

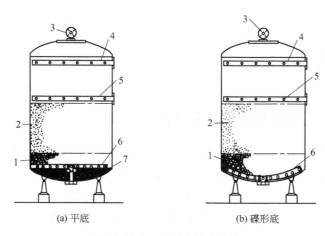

图18-10-2　典型离子交换槽
1—树脂支承物；2—离子交换树脂；3—返洗出口；4—顶部分配器；
5—中心分配器；6—底部分配器；7—内平底

根据强酸、强碱、弱酸、弱碱四种类型的离子交换树脂性能的不同，将处理溶液和再生剂种类进行组合，可构成不同的复合床和混合床。在纯水制备中广泛采用强酸强碱复合床。为了克服复合床和混合床各自的弱点，可以采用复合床-混合床体系的多床式，把它们串联使用，以提高交换容量和再生剂的利用率，增强对有机物污染的抵御，延长树脂的使用寿命。

10.2.2　固定床的再生[4]

常用的再生操作方式有并流再生、逆流再生、均匀混合再生、带集流器的逆流再生、对流逆流再生和对流再生六种方式（图18-10-3）。其中并流再生［图18-10-3(a)］最常用，溶液和再生液都向下流动，但再生效果不理想，即使采用比理论量多几倍的再生液，再生程度仍然不够高，特别是床层下方树脂中所含的单价离子（主要是钠离子）很难完全洗脱，造成了钠离子的泄漏。为了提高再生剂的利用率和降低再生剂的消耗成本，可采用逆流再生流程。逆流再生［图18-10-3(b)］床层下部的树脂首先和浓度较高的新鲜再生剂接触，从而提高了再生效果和再生程度。如图18-10-3(b)所示，这样再生后的床层在进行交换过程中的泄漏现象比并流方法再生的树脂床层减少约2/3。均匀混合再生［图18-10-3(c)］是在并流再生的同时在床层底部送入空气，使之均匀混合然后再生。在逆流再生时，常因再生液向上流动，使树脂床体积膨胀，树脂浮动。为了使树脂床层保持原有的填充形状，在床层面上设一再生废液收集器将废液引出，再生液自床层底送入，和进料水达到一定的平衡状态［图18-10-3(d)］，使树脂不致向上浮动，在树脂层下设再生废液收集器，并在塔顶通水，使废液和水一齐由此排出，此为对流逆流再生［图18-10-3(e)］，以防止树脂浮动。在床层中部

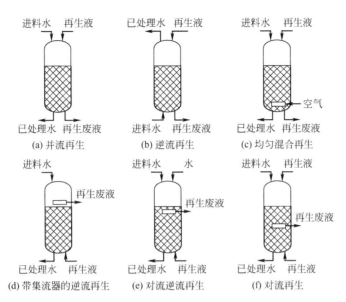

图 18-10-3　固定床的再生方式

设置再生废液收集器，再生液同时从塔底和塔顶注入，称作对流再生〔图 18-10-3(f)〕，其目的也是减少树脂床层湍动的问题。

以强离子交换树脂为例，因非陡峭的前沿，化学效率和再生剂的利用都比较低，床层再生远未完全。由图 18-10-4(a) 可见，在处理高固体物含量的水时，向下并流再生，树脂床层仅再生 40%。未再生清洗前，床层底部树脂大部分是钙型。再生时最初钙泄漏量是高的，在透过前逐渐降至最低点。在水处理生产中，增加再生剂的用量直至泄漏量降至符合要求为止。降低泄漏量的方法是在再生和淋洗后使树脂混合均匀，整个床层内的树脂都具有匀称的再生度。再生时由进料（如钠盐再生剂）的组成和树脂的平均再生度，得到低而恒定的泄漏量曲线。

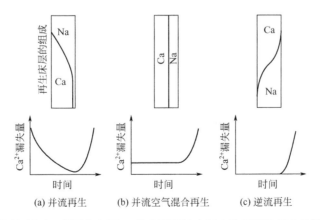

图 18-10-4　低再生水平，软化高固体含量水的钙漏失量曲线[5]

逆流再生是化学效率最高、得到流出液最纯的再生方式〔图 18-10-4(c)〕。新鲜的钠盐再生剂自下而上逆流流动，床层底部树脂充分再生，顶部树脂却未能（或未完全）再生，从而得到最纯的流出液，并取得低再生水平下高的化学效率。图 18-10-5 表明钠-氢交换固定床并流和逆流再生时化学效率和再生剂用量的曲线图。由图 18-10-5 可见，逆流再生在低再生水平时（低再生剂用量），除产品纯度高外，化学效率也是高的。随着再生水平的提高，并流和逆流的化学效率趋于一致。

(1) 流化床逆流操作 流化床逆流操作（图 18-10-6）再生时，树脂床层是固定的，再生剂向下流动。交换过程时，溶液向上流动，其流动速度加以适当调整，使树脂总体的 25%～75% 处于流化状态，顶部的分配器下有一层树脂被压成比较紧密的树脂床，以利于减少泄漏量。

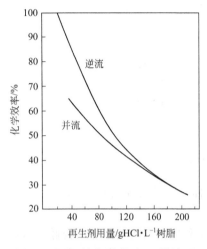

图 18-10-5 钠-氢交换中，逆流和并流再生化学效率的对比

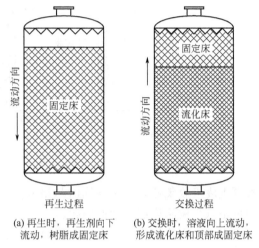

(a) 再生时，再生剂向下流动，树脂成固定床　(b) 交换时，溶液向上流动，形成流化床和顶部成固定床

图 18-10-6 流化床逆流操作过程

这种操作过程，再生程度高，树脂工作容量大，同时树脂交换时呈流化状态，因而床层阻力小，且不需要考虑逆洗步骤，故无需再留自由空间，设备空间利用率比一般的过程要高。

(2) 具有两排分配器的离子交换单元 在单元设备的顶部和下部都装有分配器[6]（图 18-10-7），再生时，溶液向下流动，交换过程用较高的流速向上流动，树脂被压缩到上部的分配器下形成活塞一样的树脂床，为了保持最小的流速，使树脂不致下降而又能达到流出液的质量要求，可设置一个流出液回路，使部分流出液再循环至进料口，与进料混合后再送入树脂床内。

(3) 混合床离子交换 原料水脱盐时，可将阳、阴离子交换树脂按一定的比例混合填置于同一交换柱内形成混合床，它是固定床类型之一。混合床再生方法有两种。一种是分步再生（图 18-10-8），将已失效的混合床用水逆洗，由于阴离子交换树脂较轻而上浮，与阳离子交换树脂分开，由柱顶部引入碱再生剂，再生废碱液从阴、阳离子交换树脂分界面的排液管引出。为了避免碱液向下进入阳离子交换树脂层，在引入碱再生剂的同时，用原水从下而上通过阳离子交换树脂层作为支持层。在再生阳离子交换树脂时，酸再生剂由底部进入，废酸再生液由阴、阳离子交换树脂分界层排液管引出。为防止酸液进入阴离子交换树脂层，需自上而下通入一定量的纯水。分别再生完毕后，从上、下两端同时引入纯水清除，最后用压缩空气使两种树脂再充分混合。另一种再生方法是酸、碱液同时引入树脂床层进行再生，从而节省操作时间（图 18-10-9）。

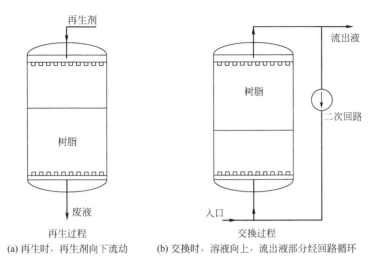

图 18-10-7 具有两排分配器离子交换单元的逆流再生

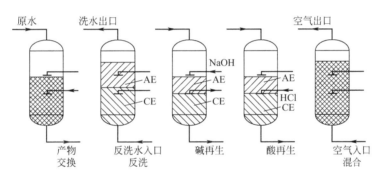

图 18-10-8 混合床的分步再生过程

AE—阴离子交换树脂；CE—阳离子交换树脂

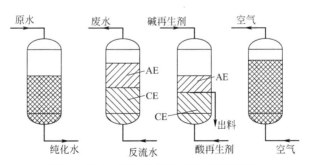

图 18-10-9 混合床的酸碱同时再生过程

10.3 连续式和半连续式离子交换过程和设备

连续式或半连续式离子交换过程[7,8]一般是通过：①组合多个离子交换槽（柱），各槽序贯进行返洗、再生、淋洗和离子交换；②使离子交换剂移动或流化，与溶液形成相对运动；③对影响离子交换平衡的热力学参数定期改变，并和溶液流动相耦合等方法来实现。

连续（半连续）式离子交换过程要求：①树脂和进料溶液接触良好；②树脂载荷高，其停留时间比进料溶液长，并能加以控制，且树脂和溶液容易分离；③提高树脂的理化性能和力学性能，增大树脂的传质速率，减少树脂和溶液的停留时间，使设备的处理能力提高；④严格限制树脂的载荷量，使再生冲洗剂的量减至最小，尽可能避免污染，同时控制树脂的溶胀和收缩，以防止树脂小球破裂等。满足上述要求后，就可以充分发挥连续操作的优点，提高设备的能力和产品质量，减少树脂和再生冲洗剂的损失。

10.3.1 复合床固定床离子交换器[6]

制备纯水用的环形并联复合床的操作步骤是：使水先经强酸性阳离子柱（CE），再经弱碱性阴离子柱（AA$_1$）及强碱性阴离子柱（AA$_2$），最后经混合柱（MB）（图 18-10-10），以充分利用每一交换柱的交换容量。

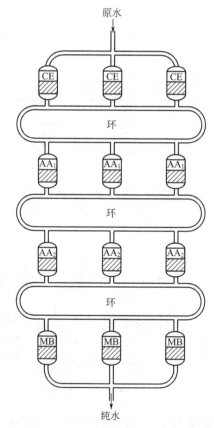

图 18-10-10 一个制备纯水的环形并联复合床系统

另外一种带返洗和部分冲洗的三床循环操作流程见图 18-10-11，该流程充分利用水洗涤、一次和二次冲洗再生的步骤，以提高树脂清洗和再生的效果。

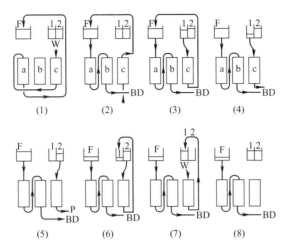

图 18-10-11 带返洗和部分冲洗的三床络合抽提-冲洗循环操作

F—进料；W—水洗涤；1—第一次冲洗；2—第二次冲洗；P—沉淀清洗；
BD—排料经 1,2 两柱使树脂交换载荷，然后树脂清洗和再生

10.3.2 移动床离子交换器[7～14]

移动床过程属半连续式离子交换过程。在设备中，交换、再生、水洗等步骤连续进行。但树脂要在规定的时间移动一部分，树脂移动期间不出产物，所以从整个过程来看是半连续的交换过程。

（1）Higgins 移动床[14] 这种设备和 Chem-Seps 连续逆流离子交换器（图 18-10-12）是类似的，它实质上把交换、再生、清洗几个步骤首尾串联起来，树脂与溶液交替地按规定的周期移动（图 18-10-13），溶液流动期间（通常几分钟），树脂处于固定床操作。

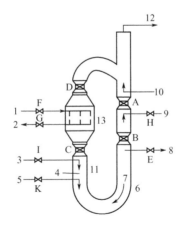

图 18-10-12 Chem-Seps 连续逆流离子交换器

A. 操作循环：阀 AEFGIK 开，阀 BCDH 闭；B. 脉冲循环：阀 BCDH 开，阀 AEFGIK 闭
1—未处理水进口；2—处理水出口；3—清洗液；4—界面控制器；5—再生剂进；6—再生段；
7—树脂流；8—再生剂废液；9—脉冲入；10—返洗；11—清洗段；12—去粉末树脂收集器；13—操作段

泵推动溶液，间接使树脂脉冲移动（通常几秒钟）。其优点是所需要的树脂比固定床少，其占用面积只为固定床面积的 20%～50%。再生液的消耗也比固定床低。

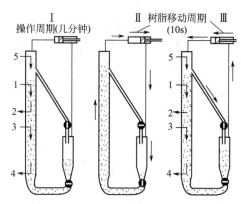

图 18-10-13 Higgins 连续离子交换器

1—原料液入；2—已处理溶液出；3—再生液入；4—废再生液出；5—水

(2) Asahi 移动床[11]　树脂在柱内向下流动，和向上的原料液逆流接触。柱内的流出树脂由压力推动，经自动控制阀门进入再生柱。再生过程也是逆流的，再生的树脂转移至清洗柱逆流冲洗，干净的树脂再循环回交换柱上方储槽重复使用（图 18-10-14）。

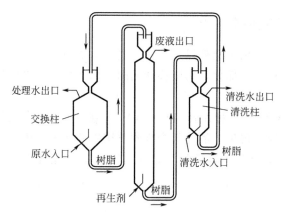

图 18-10-14　Asahi 连续式离子交换过程

(3) Avco 连续移动床　Avco 系统是一种平稳连续移动床系统（图 18-10-15）。以硬水软化采用的阳离子交换树脂柱为例，整个系统包括三个区：反应区（离子交换和再生）、驱动区和清洗区。为了取得足够的循环水压力，采用两级驱动器串联。在初级区用处理后的水为驱动液，在二级区则以原料水为驱动液。

树脂在平稳的移动中保持高度紧密状态。因此，柱的体积效率很高。同时，其再生效率也很高，允许泄漏量为 1‰ 的情况下，再生剂的用量仅为理论值的 1.06 倍。

(4) Watts 连续交换器　Watts 连续交换器（图 18-10-16）和其他旋管离子交换器类似，都是使树脂和溶液（进料或再生剂）相对移动造成循环。它的缺点是进料中的固体微粒易堵塞树脂床层，使床层的压力降增大。一般含固体微粒量超过 1000×10^{-6} mg·kg^{-1}，就要注意防止出现此类问题。

10.3.3　流化床离子交换器[15~20]

流化床离子交换器对处理含悬浮固体微粒的溶液是很有潜力的。实践证明，它仅限于处理大约含 5000×10^{-6} mg·kg^{-1} 悬浮固体的溶液。连续逆流离子交换设备主要分两类：柱型

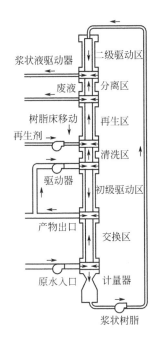

图 18-10-15　Avco 连续移动床
离子交换系统

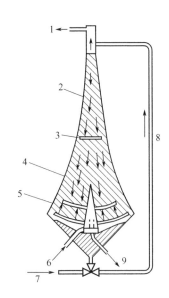

图 18-10-16　Watts 连续交换器
1—污物出口；2—再生；3—再生剂入口；
4—清洗；5—处理；6—未处理水入口；
7—输送动力水入口；8—物料输送线；
9—已处理水出口

和多级段槽型。其中，一些流化床设备已经在湿法冶金、提取铀或贵金属中得到了应用和工业化。

（1）Cloete-Streat 流化接触器　这是一种带有多层有孔分布板而无泄漏水管的流化床（图 18-10-17）。分布板上的孔径比最大的树脂颗粒更大，向上流动的进料使树脂流化并交换，逆流的树脂流可周期地停止运动，并使已处理液反方向流动。大部分经离子交换的树脂从柱底排出，经再生液交换后送回柱顶。

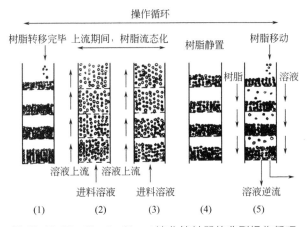

图 18-10-17　Cloete-Streat 流化接触器的典型操作循环

（2）带树脂交换和再生塔的连续逆流离子交换流化床　树脂在两个塔内分别流化进行离

子交换和冲洗再生，经过一定时间，关闭阀门Ⅰ（图 18-10-18），开启阀门Ⅱ，塔内无溶液流动，树脂沉降，溶液向下流动，树脂从塔底进入树脂传送槽，然后流至流化塔的塔顶，继续操作。

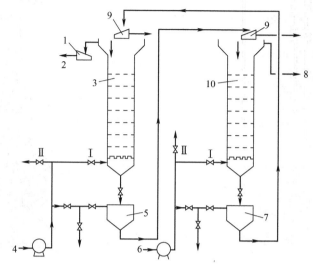

图 18-10-18　带树脂交换和再生塔的连续逆流离子交换流化床
1—树脂捕集器；2—溶液出；3—树脂交换塔；4—进料溶液；5—交换用树脂传送槽；
6—冲洗再生液；7—清洗再生树脂传送槽；8—浓清洗液出；9—树脂过筛清洗；10—再生塔

(3) 国产双塔式流动床离子交换装置[18]　连续式离子交换装置在我国的一些发电厂和化工厂中被使用，以广东顺德容奇环境保护设备厂生产的 SL 系列为例，其流程图见图18-10-19。

SL 型双塔式流动床水处理装置是把再生与清洗过程合在一个塔内进行。交换塔由三或

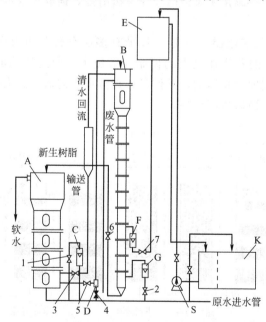

图 18-10-19　国产双塔式流动床离子交换装置流程图
1—原水阀门；2—清洗水阀门；3—清水回流阀门；4—水射器动力水阀门；
5—树脂阀门；6—已再生树脂阀门；7—盐液阀门
A—交换塔；B—再生塔；C—原水流量计；D—水射器；E—高位盐液槽；
F—盐液流量计；G—清洗水流量计；S—盐液泵；K—低位盐液槽

四个级段组成。溶液、水与树脂均在塔内成逆流流动。原水从交换塔底进入,树脂从塔顶逐层下降,软水从塔顶流出。失效树脂由底部流出,由水射器抽送至再生塔经树脂回流斗、树脂储存槽(预再生段)、再生区,与塔内食盐溶液接触而再生。再生树脂由重力作用返回交换塔循环使用。

国产 SL 系列流动床离子交换装置的规格和操作参数见表 18-10-1。

表 18-10-1 国产 SL 系列流动床离子交换装置的规格和操作参数

规格参数 \ 型号	SL-02	SL-04	SL-10	SL-20	SL-40
交换柱直径/mm	340	500	800	1100	1450
再生柱直径/mm	67	100	156	215	280
交换树脂层静态高度/m	1.5	1.5	1.5	1.5	1.5
树脂填量/kg	170	370	940	1790	3100
交换流量/$t \cdot h^{-1}$	2.3	5	12.5	23.7	41
交换流速(线速)/$m \cdot h^{-1}$	25	25	25	25	25
再生剂当量比耗	2	2	2	2	2

(4) Himsley 流化床接触器[19]　Himsley 连续逆流离子交换流化床是改进的多层流化床。它由离子交换树脂和一个液体进口管组成垂直床层,亦可称为喷动床塔。进料在操作期间逐层连续向上流动,和逆方向用泵送来的树脂接触,已交换载荷的树脂用泵输送出计量槽(图 18-10-20)。泵Ⅱ使溶液从 A 层带动树脂沿 b 环路循环。载荷树脂在冲洗再生槽中再生及冲洗,再生树脂返回交换柱顶重新使用。

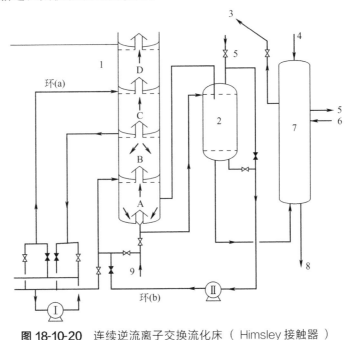

图 18-10-20　连续逆流离子交换流化床(Himsley 接触器)
1—树脂铀离子交换柱;2—树脂计量及转移槽;3—冲洗再生树脂去交换柱;
4—洗水进;5—洗水出;6—冲洗再生剂;7—冲洗再生槽;8—冲洗液;9—进料溶液

(5) 水平排列的多级段槽[20] 多数的直立流化床塔可以改成一连串的水平排列槽进行操作。如图 18-10-21 所示，为水平排列连续逆流流化床离子交换系统。其进料量可达 3500m³·h⁻¹，每一槽 6m×6m，深 3.5m，每一列有 6 个槽。树脂在槽内流化，树脂用 6 个空气提升器输送，逐次经过 6 个流化槽（图 18-10-21 内仅绘 2 个）。为了充分利用冲洗再生剂和提高产品浓度，工业上采用多槽式树脂冲洗再生装置。三槽式树脂冲洗再生装置流程图见图 18-10-22。

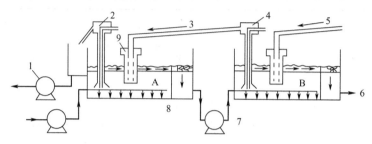

图 18-10-21 水平排列连续逆流流化床离子交换系统
1—负荷树脂输送泵；2—负荷树脂转移；3—树脂从B送去A段；4—空气提升树脂；
5—树脂从级段C送来；6—溶液去级段C；7—中间送液泵；8—溶液分配；9—送入溶液器

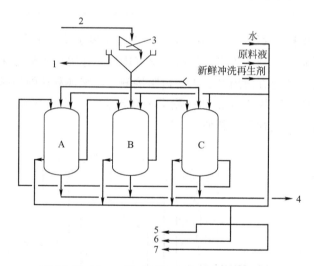

图 18-10-22 三槽式树脂冲洗再生装置流程图
1—返回进料储槽；2—已交换负荷树脂；3—树脂筛网及洗涤；4—冲洗再生树脂
去最后交换接触器；5—去回收冲洗液槽；6—去进料槽；7—去溶液泵

10.3.4 树脂浆液（RIP）接触器

湿法冶金过程，如铀或贵金属的提炼中经常生成浆液，此提取方法称为树脂浆液（RIP）过程。这类过程要解决的问题有：要保证树脂浆液接触良好，搅拌速度比较高，以免矿物微粒沉降；接触器中要使高密度、高黏度的矿浆和树脂能很好分离，一般所用的树脂粒径较大，树脂的停留时间长而矿浆的则短。

所用的接触器有三种类型：①多层流化床CCIX接触器，只能用于低密度的矿浆，此浆液含固体物要少（在 0.5% 以下），可用流化床或喷动床。②跳动床或脉冲床接触器，是半连续或半流化的床层，脉冲送入溶液，防止矿浆堵塞，使树脂得以移动。其缺点是床层经常填塞，限制了脉冲床塔的尺寸，机械磨损大，级段之间难以简单地直接连接。③搅拌槽接触器[21,22]（图18-10-23），利用搅拌器搅拌可克服树脂和浆液之间的密度差，搅拌器的转速要高，以保证其成悬浮状态。浆液要有足够的停留时间以达到较高的两相间的传质，可用空气或搅拌器搅拌，并使之成连续的逆流移动。

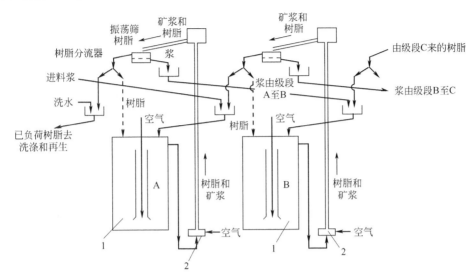

图 18-10-23　带外振荡筛分离树脂矿物浆的树脂矿浆（RIP）搅拌槽
1—空气搅拌铀提取槽；2—级段间空气提升器

改进的方向是：①改进分离离子交换树脂和矿浆的技术；②设计出更紧凑的设备，使每级段中树脂的浓度提高；③改良工程设计，使设备的操作简化。

10.3.5　Davy Mckee 高物料通过量连续逆流树脂-矿浆接触器

该接触器的器底有沉浸空气清扫的筛网，此改进的筛网可在级段之间分离树脂和矿浆（图 18-10-24），从而得到浓度较高的树脂。每一级段尺寸 $2m \times 2m \times 2.5m$，矿浆通过量 $75m^3 \cdot h^{-1}$，树脂在溶液中的浓度为 25%，矿浆可含固体物高达 50%。矿浆用空气提升和间歇或连续逐级段逆流的树脂流接触，矿浆从接触器 A 至 B 至 C……直至 F 由沉浸空气清扫筛网通过，而树脂保留在各级段的筛网上。

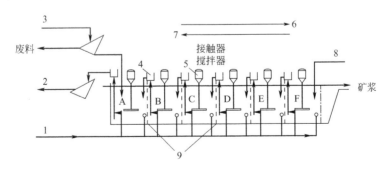

图 18-10-24　高物料通过量连续逆流树脂-矿浆接触器
1—空气清扫筛网和提升用空气；2—已交换树脂去冲洗再生；3—进料矿浆；4—空气提升；
5—接触器搅拌器；6—矿浆流动；7—树脂流动；8—清洗再生树脂；9—沉浸空气清扫筛网

10.3.6 磁树脂连续离子交换流化床[23]

在树脂聚合过程加入常用的 $\gamma\text{-}Fe_2O_3$ 磁性材料，制成大孔磁性吸附树脂，经过官能团化可以制备成离子交换树脂。它的直径一般为 $100\sim500\text{pm}$（$1\text{pm}=10^{-12}\text{m}$，为普通离子交换树脂的几分之一），含磁性物质 $\gamma\text{-}Fe_2O_3$ 约 $10\%\sim15\%$。此类树脂的粒度小，因而反应速率比普通离子交换树脂快得多（图 18-10-25）。磁性弱酸树脂的交换容量约为 7mmol·g^{-1}。在脱碱过程，容量会缓慢下降，这可能是循环系统的硬固体微粒磨损磁树脂表面层的缘故。在酸性条件下，接枝的链会发生缓慢的水解。要解决此问题，应更多地合成化学性能稳定、能抵抗强碱和较弱碱性的磁树脂。这种树脂粒度小、密度大、有磁性、可聚结成大的絮凝物，因而沉降速度大，适用于半连续离子交换的多段流化床接触器，如 NIMCIX、Himsley 塔、Liquitech 塔接触器，以提高效率和处理能力。如图 18-10-26 所示，曲线表明同一粒径的磁树脂，在相同的床层体积膨胀下，向上流的水流速度可增大几倍。在床层加入搅拌器后，因磁性絮凝物中夹带了大量水分，可防止树脂在床层及输送管线内沉积。图 18-10-27、图 18-10-28 所示，分别表示了搅拌桨转速、液泛、塔板开孔率之间的关系。

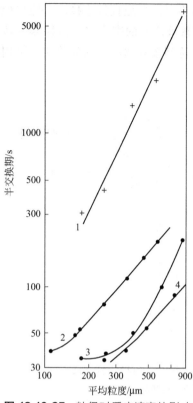

图 18-10-25 粒径对反应速率的影响
1—螯合树脂（浅床试验）；
2—Sirotherm（磁树脂，浅床试验）；
3—Sirotherm（磁树脂，烧杯搅拌试验）；
4—强碱性树脂（浅床试验）

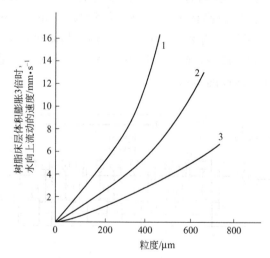

图 18-10-26 粒径和磁化对树脂床层膨胀的影响
1—50%（质量分数）Fe_2O_3（已磁化）；2—50%（质量分数）Fe_2O_3（未磁化）；3—普通树脂

目前，已建造出直径分别为 150mm、300mm、600mm 的多段搅拌双流流化塔，并用不同大小粒径的磁树脂进行了"Sirotherm"脱盐和脱碱的操作。其工艺流程图见图 18-10-29。工业用脱盐塔的直径为 1600mn，再生塔直径为 900mm，塔高（加上分离区）约 9m，分为预热区和冷却区，每区又分为 10 段，塔顶另有树脂分离区。交换饱和后的树脂用泵送去再生塔顶。

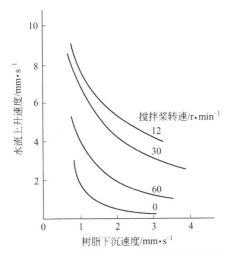

图 18-10-27　搅拌双流吸附塔的液泛曲线

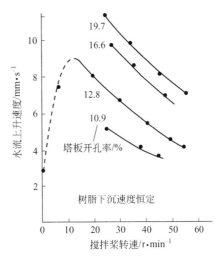

图 18-10-28　搅拌双流吸附塔塔板开孔率的影响

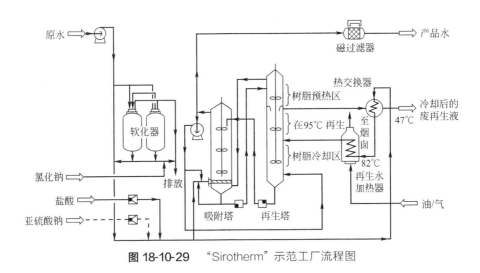

图 18-10-29　"Sirotherm"示范工厂流程图

10.4　离子交换膜

10.4.1　离子交换膜的性能及其制备

离子交换膜的作用不是使离子在膜内交换，而是控制它的通过，所以也称为"选择性离子渗透膜"。

离子交换膜是由定量不游动离子化基团的不溶聚合骨架构成。阳（阴）离子交换膜内已离子化的酸（碱）性基团使树脂胶束中的阳（阴）离子受静电引力作用保留在树脂内，异性离子不能和树脂内离子化基团交换，而受同性电荷的基团排斥。因此阳离子交换膜对阴离子差不多是不渗透的。同样，阴离子交换剂的离子化碱性基团不妨碍阴离子透过阴离子交换膜，阳离子却不能通过而不渗透。

离子交换膜的要求：①有很高的选择性，电场中只使阳离子或阴离子通过。离子交换膜选择性的大小以其膜电势、平衡特性或迁移数的大小表征。②分离系数和电能效率（电渗析）主要取决于膜的性质和操作条件，如总浓度、pH 值、流量、温度和电流密度等。③扩散阻力很高，渗透系数很低。膜的电阻率很小（表 18-10-2）[24]，接近放置膜容器内纯电解质溶液的电阻率。④有足够的机械强度。

表 18-10-2 离子交换膜的膜电势和电阻率

	离子交换剂牌号和名称	膜中离子交换剂的含量/%	膜电势/mV	电阻率/Ω·cm
阳离子交换膜	CBC＋聚氯乙烯	77.5	29	1480
	СДВ-3＋聚氯乙烯	75	38	1450
	РФ＋合成橡胶	91	10	1280
	СДВ-3＋合成橡胶	91	40	74
	CBC＋合成橡胶	91	—	1640
	Permaplex C-10	58	—	500
阴离子交换膜	АН-2Ф＋聚氯乙烯	77.5	32.5	2040
	ЭДЭ-10＋聚氯乙烯	76	39	460
	АН-2Ф＋合成橡胶	91	40	160
	Permaplex A-10	61	—	260

离子交换膜按结构可分为：①非均相膜，各种交联度、溶胀和交换量、离子量不同的树脂，磨成 1~10μm 的粒径和非离子型线性高聚物（如聚乙烯、氯乙烯＋乙酸乙烯共聚物）在 150℃滚压成片，黏合高聚物用量 25%~75%（质量分数）；非均相膜力学性能好，尺寸稳定，是电渗析用的重要材料。②缩聚膜，这是早期制造的膜，用醛、尿素和酚、磺酸酚缩聚制成，在 94℃倒于玻璃板上成膜。③均相膜，交联的聚苯乙烯膜或将单体和 30%~60% 容积的二乙烯基苯在支承布上聚合，布可以是玻璃或聚丙烯。即用带交换官能团的单体聚合或通过高聚物官能基反应，如阴离子交换树脂合成制备的阴离子交换膜，它有优良的电化学性质和力学性能。④接枝膜，将粉末树脂填入苯乙烯及二乙烯基苯，经辐射聚合成膜，如用聚氟亚乙烯膜代替聚乙烯可得到化学和力学性能更稳定的膜。⑤使原来的薄膜或惰性亚麻布活化的方法。

10.4.2 离子交换膜分离过程和应用[25~27]

离子交换膜分离过程根据推动力的不同，有各种的过程和用途，可分为：

a. 电推动力

（a）脱盐：微咸水、海水、污水循环。

（b）溶液浓缩：海水制盐、电镀废水回收镍、放射性废物处理。

（c）离子交换：果汁脱酸，牛奶制婴儿食品，复分解生产磷酸。

（d）氧化-还原：氯碱工业，由丙烯腈生产己二腈，铀精制 $UO_2^{2+} \longrightarrow UCl_4$。

b. 浓度梯度推动力

(a) 扩散透析，从酸洗液中回收酸。
(b) 化学电池（如 Ag-Zn）和燃料电池中的固体电解质。
(c) 离子比电极。

c. 压力推动力

(a) 反渗透。
(b) 压电透析。

离子交换膜在水脱盐、淡化方面的应用：应用离子交换膜电解槽电解海水是比较经济的海水淡化法。表 18-10-3 比较了几种方法对海水进行淡化的成本。

表 18-10-3　各种不同方法淡化海水的成本[27]

淡化方法	淡化 $1m^3$ 水的成本/美元
单效蒸馏	1.3～2.6
多效蒸馏	1.0
气压蒸馏	0.45
离子交换脱盐	5.3
冻结	0.20～0.33
日光淡化	0.75
离子交换膜电解槽电化学脱盐	0.19～0.26

淡化海水用的压滤型多室电解槽（图 18-10-30），有一根阳极和一根阴极，有 50～200 个以阳离子和阴离子交换膜为壁的槽室，膜间距 1～5cm。海水通过偶数室，盐水在奇数室浓缩，并用水连续或定期冲洗。离子交换膜有很高的选择性，渗透性和电阻都很小，可以极大地降低能量的消耗。淡化 1t 海水（固体物 $39g \cdot L^{-1}$）消耗的电能在 7～30kW·h 内变动，这与电流密度、两膜之间的距离和脱盐的程度有关。

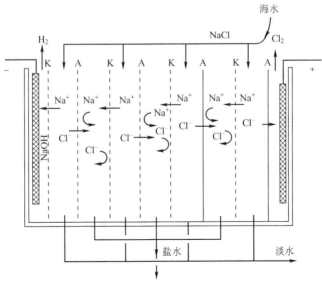

图 18-10-30　海水淡化用的压滤型多室电解槽
A—阳离子交换膜；K—阴离子交换膜

10.5 离子交换过程在工业上的应用

离子交换技术/过程近年来在工业和环保领域得到了广泛的应用，如水处理（包括工业和生活废水的处理），食品工业，医药工业，化学工业和湿法冶金中回收提纯铀、贵金属和稀土金属等都已大规模应用。

10.5.1 水处理

(1) 工业用水 众所周知，锅炉给水对水质的要求是硬度要低，碳酸氢根离子应尽可能少。形成水硬度的 Ca^{2+}、Mg^{2+} 等离子是生成水垢的主要原因，水垢主要由碳酸钙、硫酸钙、硅酸钙、硅酸镁和氢氧化镁所构成。水垢不仅使传热系数下降，以致管件破裂，水中的氯化镁和硫酸镁也会使管件、构件产生腐蚀。高压（7.09～15.20MPa）锅炉和超高压（>15.20MPa）锅炉对水质的要求更高。水中含硅量要尽量减少，硅酸在蒸汽中的溶解度，在 8.11MPa 以上随压力的增加而很快增大，以至于汽轮机叶片上生成硅化物沉淀。一般蒸汽中，硅酸浓度不应超过 $0.02\text{mg}\cdot\text{kg}^{-1}$。

根据各生产部门对水质的要求和技术条件的限制，水处理工艺有：①水软化；②水脱盐（脱硅或不脱硅）；③冷凝水处理（重新供高压锅炉用）；④超纯水制备。

水软化可用钠型强酸性阳离子交换树脂，以工业食盐作为再生剂。对含有碳酸盐成分较高的水脱碱软化，将待处理的水通过 H^+ 型阳离子交换树脂，使硬度离子和重碳酸根得到脱除。另外可采用磺化煤作为交换剂，它兼有磺酸基、羧基和酚羟基，是很经济的离子交换剂。也可以采用弱酸性阳离子交换树脂，这种树脂的特点是交换容量大且再生容易，可同时达到软化和脱碱的目的。高压锅炉等工业用水需要严格脱盐，水的脱盐是离子交换树脂最主要的用途。将原料水通过 H^+ 型阳离子和 OH^- 型阴离子交换树脂装填的床层就可以脱盐。用这两种树脂的混合床，或在强酸性阳离子交换树脂和强碱性阴离子交换树脂塔之间增加脱气塔，可构成二床三塔式的流程。一般来说，混合床的脱盐精度较高，但树脂的利用率较低。超纯水常用于医药工业、精细工业、电工工业。用于医药工业的超纯水要求其中不纯物含量需在 10×10^{-6}（质量分数）以下，且应无细菌、病毒、热原物之类的感染，要经过消毒处理。用于电子工业的超纯水对水中各种杂质、金属离子有很严格的要求，杂质含量甚至要在 100×10^{-9}（质量分数）以下，除使用离子交换技术处理外，常辅以其他方法进行深度处理。

(2) 重金属工业废水[28] 有色金属冶炼、电镀电解、石油化工、制革与涂料等企业常排出含有各种重金属离子的废水，这些废水必须处理达标后才能排入江河湖海。采用离子交换树脂处理重金属工业废水，尤其是大量低浓度含重金属的废水，或作为其他常规化学、物理处理工艺流程的最后一级深度无害化处理，凸显出了其高效率的特点。表 18-10-4 列出了适用于处理各种重金属废水的离子交换树脂类型和酸碱性范围。电镀行业的含铬废水，其中的铬酸根形态的离子可用大孔型强碱性阴离子交换树脂处理，使铬酸回收而重复使用。在水银法电解食盐生产烧碱的工厂或使用汞盐为催化剂的化学工业中，产生的汞盐废水用强碱性阴离子交换树脂处理时，要考虑氯化钠含量和 pH 值大小对交换量的影响。铜盐是一种用途很广的化学药剂，在石油化工厂、人造纤维厂、电镀厂废水中常含有重金属铜离子，废水量又多。例如，人造纤维生产过程中，制成 1t 纤维要损失 300～400kg 精铜。回收的方法是将

含铜废水先通过 NH_4^+ 型弱酸性阳离子交换树脂床,使 Cu^{2+} 和 NH_4^+ 进行交换;然后用含硫酸废液再生树脂解吸变成硫酸铜回收,树脂变成 H^+ 型;再用含氨废水使树脂变成 NH_4^+ 型。对于其他含镍、镉、锌等各种重金属离子的废水,也可以分别用阳离子交换树脂来处理。

表 18-10-4　适用于处理各种重金属废水的离子交换树脂类型和酸碱性范围[28]

重金属(存在形态)	适用树脂类型	适用离子状态	适宜 pH 范围
锑(亚锑酸盐)	强碱或弱碱	Cl^- 型或游离碱型	1～14 或 4～10
砷(砷酸盐或亚砷酸盐)	强碱或弱碱	Cl^- 型或游离碱型	1～14 或 4～10
镉(Cd^{2+} 或者配合阴离子)	弱酸、弱碱、强碱	H^+ 型、游离碱型、Cl^- 型	3～8 或 6～12
铬(Cr^{2+} 或者配合铬酸盐)	强酸、强碱、弱碱	H^+ 型、SO_4^{2-} 型、Cl^- 型	1～5 或 1～14
钴(Co^{2+})	强酸、弱酸、强碱	NH_4^+ 型、Na^+ 型、H^+ 型、游离碱型、SO_4^{2-} 型	3～8 或 6～12
铜(Cu^{2+})	弱酸、弱碱	H^+ 型、Na^+ 型、游离碱型、SO_4^{2-} 型	1～14 或 5～10
金(配合阴离子)	强碱	OH^- 型	1～14
银(Ag^+ 或配合阴离子)	强碱或弱碱	OH^- 型	
铅(氯配合物)	弱碱或强碱	游离碱型、SO_4^{2-} 型、Cl^- 型	4～6 或 1～14
汞(氯配合物)	弱碱或强碱	游离碱型或 Cl^- 型	5～12 或 1～12
镍(Ni^{2+})	弱酸或弱碱	NH_4^+ 型、Na^+ 型、H^+ 型、游离碱型、SO_4^{2-} 型	5～9 或 4～7
钨(钨酸盐)	强碱或弱碱	游离碱型或 Cl^- 型	1～14
锌(Zn^{2+})	弱酸、弱碱、强碱	Na^+ 型、游离碱型、SO_4^{2-} 型、H^+ 型	5～10 或 1～7
钒(钒酸盐)	弱碱	游离碱型或 SO_4^{2-} 型	2～8

(3) 有机化工废水　据统计,在全国工业废水排放总量中,化学工业排放的废水量位居第二,占比 20% 以上。化学工业废水,尤以制药、农药、染料中间体和聚合物单体等生产过程所排放的含各种芳烃衍生物,如苯酚、苯胺、萘系化合物等,对环境的危害最大,这类废水的污染物浓度大、成分复杂、毒性大、色度深、难生物降解,成为化工产业界和环境保护领域的治理难题[29]。

针对这一难题,南开大学、南京大学和四川大学等数家单位开展了大孔吸附树脂处理对有毒有机化工废水的无害化处理和资源回收利用的研究,实现了高价值、不可再生资源污染物的资源化,处理后的出水可达到或者接近排放标准,从而实现废水的无害化处理。目前,已成功应用超高交联树脂吸附法处理含苯酚、甲酚、卤代酚、对硝基酚、苯乙酸、2,3-酸、2-萘酚、吐氏酸、邻苯二胺、卤代甲苯、山梨酸和"7841"植物生长调节剂等几十种有毒有机废水。同时应用功能基化吸附树脂,利用其对疏水性离子型有机污染物的疏水、静电、酸碱作用等吸附作用力,对氨基酚生产废水、4B 酸生产废水、苯肼生产废水、邻甲苯胺和对甲苯胺生产废水等进行处理和资源化,取得了满意效果,已实现了工业化应用[29]。

10.5.2　食品工业

离子交换剂在食品行业中的应用主要包括糖类、酒类、奶制品、油脂、味精的精制以及食用香精、咖啡的分离提取等。吸附树脂用于制糖工业的涉及面很广,包括糖的脱色、脱盐、软化、副产物回收、分离、异构体拆分、糖的转化等。所处理的糖的种类也很多,包括蔗糖、甜菜糖、葡萄糖、果糖、乳糖及其甜味剂甘草酸和环糊精等[30]。例如，粗糖中的色素大多数是极性的阴离子型的物质和两性物质，糖浆的脱色可用强碱性阴离子交换树脂代替活性炭，其脱色率高达90%以上，可减少或不用活性炭，糖的收率也高。工厂曾采用二级阳离子和阴离子交换树脂系统纯化饱和糖，使产糖率增加1.1%～1.4%（甜菜质量计），并使糖蜜率从4%降至1%。生产精糖时，为了脱色和除去灰分，选用大孔强碱性阴离子交换树脂和聚丙烯系弱酸性阳离子交换树脂组成的床层，前一种树脂用于脱色和除去灰分，后一种树脂使糖汁脱钙软化。

糖蜜是糖结晶后经离心机离心分离得到的褐色糖浆，其中除糖外还有粗蛋白和氨基酸的缩聚物、挥发性有机物、亚硫酸（特别采用亚硫酸漂白精制时）、盐、亚硝酸盐和机械杂质。糖蜜可用阴离子和阳离子交换树脂精制。

10.5.3　湿法冶金

早在1909年，Gans就研究用沸石从稀的溶液中回收贵金属金，但未工业化；1935年改用磺化煤；1940年以后就用了磺化的交联聚苯乙烯、羧酸树脂、磷酸树脂作为离子交换剂。此后，随着生产发展的需要，湿法冶金中可用离子交换法分离、纯化、回收的金属元素种类很多。如铀的提取纯化，铂族贵金属及稀有元素（包括金、银、铂、钯等贵金属）的提取，重金属（铅、铜、镉、汞等金属）、碱金属、稀土金属的分离与提取等。随着高品位资源的日益枯竭，低品位资源的开发利用越显重要，在这些领域，离子交换技术将大有用武之地[28]。

在工业生产上，如国际镍公司（INCO）和Lonrho冶炼公司在回收铂族金属时，应用Monivex树脂（异硫脲阳离子弱碱性树脂）吸附交换Au、Pt、Pd等贵金属。人们还用含硫二氮茂的共聚物（PTD）作离子交换剂，研究其对这些金属的总容量、交换容量和吸附容量，发现PTD对钯、铂和金的吸附容量是相当大的。说明含有以硫连接的双硫腙和脱氢双硫腙官能团的离子交换剂分离贵金属（Monivex树脂就是这种类型）是有效的。在南非的金-铀矿厂生产中，过去用活性炭在NIMCIX接触器或固定床塔式设备中回收金和铀，也改用了弱碱性DUA7树脂和强碱性的IRA400UC树脂，并进行了中间工厂的试验。针对工业生产的需要，也分别采用连续离子交换流程和连续循环的接触器。铀工业常用的离子交换树脂是强碱性阴离子交换树脂，其由苯乙烯和二乙烯基苯聚合而成，球体是多孔或大孔凝胶树脂，带有季铵基活性功能基。苯乙烯基离子交换树脂的性质稳定、机械强度高，对铀的选择性和吸附性都很好，交换容量为3.5～4.5 mmmol·g^{-1}（干交换树脂）[28]。

10.5.4　合成化学和石油化学工业[30]

固体酸、碱催化剂在有机合成工业中具有重要的意义，在有机合成中常用酸和碱作为催化剂进行酯化、水解、酯交换、水合等反应。离子交换树脂作为固体酸、碱催化剂与均相溶液中的硫酸、盐酸、氢氧化钠（钾）这些常规酸、碱催化剂的作用是一样的。强酸树脂和强碱树脂中能起到催化作用的基团分别是它们所对应的H^+和OH^-。用离子交换树脂代替无机酸、碱作为催化剂，不仅可以进行上述反应，且具有树脂可反复使用、产品容易分离、反应器不会被腐蚀、不污染环境、反应容易控制等优点。

20世纪70年代后，离子交换树脂催化反应已由最初的催化酯化反应、酯和蔗糖的水解反应为主扩展到烯类化合物的水(醇)合、醇(醚)的脱水、缩醛(酮)化、芳烃的烷基化、链烃的异构化、烯烃的低聚和其他的聚合、加成、缩合等反应。离子交换树脂作为催化活性部分的载体用于制备固载金属配合催化剂，阴离子交换树脂作为相转移催化剂等也在有机合成中得到广泛应用。

磺酸聚树脂（苯乙烯-二乙烯基苯）由于在很多应用中有长期稳定性，因此在化学工业中作为最广泛使用的聚合物固载催化剂。大孔磺酸树脂催化异丁烯与甲醇醚化反应制备高辛烷值汽油添加剂甲基叔丁基醚（MTBE），是目前最大规模工业化的应用。日本旭化成公司、美国阿尔柯公司、上海高桥石化等企业均采用强酸离子交换树脂催化剂，简化了工艺，转化率大于98%，其选择性和收率可大大高于硫酸催化的选择性和收率。甲基叔丁基醚是无铅汽油提高辛烷值的添加剂，用量很大，随着世界范围内无铅汽油的推广使用，用量会越来越大。

10.5.5 医药工业[31]

制药工业是一个品种繁多、工艺复杂且对产品质量要求非常严格的行业。医药这种特殊产品的纯度是一个非常关键的指标，有时微量杂质的存在会在医疗中造成严重的后果。因此，分离纯化技术在医药生产中显得尤为重要。在实际医药生产过程中，树脂吸附法因品种较多、适用范围较宽、分离工艺简单、效率较高，使其成为一种重要的、不可缺少的药物分离方法。目前，吸附分离树脂已在中药天然产物提取分离、抗生素与维生素的提取分离、氨基酸多肽及蛋白质的提取分离、糖与多糖的提取分离、血液净化等领域得到了广泛应用。

在中药天然产物提取分离方面，例如应用吸附树脂 AB-8 可以工业规模从甜叶菊中提取甜菊苷，得到甜菊苷的纯度为 80%，收率达到 89%。AB-8 的成功应用显示了吸附分离树脂在中药天然产物有效成分提取分离应用方面的优势。到目前为止，中药黄酮类、皂苷类、生物碱类、酯类、萜类等成分的分离都可以用吸附分离树脂来实现。如 ADS-17 吸附树脂能够以银杏叶为原料，分离纯化得到从一般合格品到高含量提取物的产品（黄酮苷 25%～45%，萜内酯 6%～13%）。通常，银杏叶提取物质量标准除要求总黄酮苷和总内酯含量分别高于 24% 和 6% 外，银杏酚酸含量应低于 1×10^{-6}（体积分数）。此外，采用 DAD-1 专用树脂可将银杏酚酸的含量降到 0.0005% 以下。

在抗生素提取分离方面，应用吸附分离树脂也为抗生素的分离和纯化提供了新的途径。青霉素是目前医药工业中最重要的抗生素类产品之一，采用离子交换与吸附法可以保证青霉素在稳定 pH 条件下操作，温度要求不高，而且生产能耗小。链霉素是最早使用的抗生素之一，目前我国采用树脂吸附法提纯链霉素，可使链霉素中的链霉胍和二链胺杂质含量大大降低，使链霉素的质量达到国际先进水平。其他抗生素如头孢菌素 C、庆大霉素和红霉素等均可以用树脂实现其分离提纯。

参考文献

[1] Camplell R C. Apparatus for conducting ion exchange operations: US, 2458893. 111949.
[2] Rawlings F N. Apparatus and method for conducting ionic exchange operations: US, 2365221. 1944.
[3] Nachod F C, Schubert J. Ion Exchange Technology. New York: Academic Press, 1956: 34.
[4] Hunter R F. CA, 834256. 1970.

[5] Schweitzer P A. Handbook of Separation Techniques for Chemical Engineers. 2nd ed. New York: McGraw-Hill, 1988: 1-430.
[6] Maltley P D R. Trans Inst Mining Metall London, 1959, 69: 95; 1960, 70: 291.
[7] Caddell J R, Moison R L. Chem Eng Progr Symp Ser, 1954, 50(14): 87.
[8] Wilcox A L, Roberts E J, Fitch E B. Method and apparatus for conducting ion exchange operations: US, 2528099. 1950.
[9] Porter R R, Aerdn T V. G B, 831206. 1956.
[10] Higgins I R, Chopra R S. Ion Exchange in the Process Industries. London: Society of Chemical Industry, 1969.
[11] Bouchard J. Ion Exchange in the Process Industries. London: Society of Chemical Industry, 1969.
[12] Grammont F. Ion Exchange and Continuous Systems//Conference on Ion Exchange. London, 1969.
[13] Clayton R C. Systematic Analysis of Continuous and semi-Continuous Ion-Exchange Techniques and the Development of a continuous System//Conference on Ion Exchange. London, 1969.
[14] Higgins I R. Ind Eng Chem, 1961, 53(12): 999-1002.
[15] Swinton E A, Weiss D E. Aust J Appl Sci, 1953, 4: 316.
[16] Cloete F L D, Streat M. G B, 1070251. 1962.
[17] George D R, Ross J R, Prater J D. Mining Eng, 1968, 20(1): 73.
[18] 广东顺德容奇环境保护设备厂. SL系列流动床离子交换水处理装置说明书.
[19] Himsley A. CA, 980467. 1973.
[20] Streat M, Naden D. Ion Exchange and Sorption Processes in Hydrometallury. New York: John Wiley and Sons, 1987: 32.
[21] Weiss D E, Swinton E A. Method and Apparatus for Obtaining Continous Counter-current Contact Between Solid Particles and a Liquid: US, 2765913. 1956.
[22] Slater M J, Lucas B H. Can J Chem Eng, 1976, 54: 264.
[23] Naden D, Streat M. Ion Exchange Technology. London: Ellis Horwood Pub, 1984: 542.
[24] 王方. 离子交换应用技术. 北京: 北京科学技术出版社, 1990: 260.
[25] Liberti L, Helfferich F G. Mass Transfer and Kinetics of Ion Exchange. Boston: Mattins Nijhoff Pub, 1983: 329.
[26] Helfferich F. Ion Exchange. New York: McGraw-Hill, 1962: 341.
[27] 王方. 离子交换应用技术. 北京: 北京科学技术出版社, 1990: 264.
[28] 王方. 现代离子交换与吸附技术. 北京: 清华大学出版社, 2015.
[29] 张全兴, 张政仆, 潘丙才. 中国离子交换与吸附树脂发展历程与展望//中国化学会第18届反应性高分子学术研讨会论文集, 2016: 1-5.
[30] 何炳林, 黄文强. 离子交换与吸附树脂. 上海: 上海科技教育出版社, 1995.
[31] 史作清, 施荣富. 吸附分离树脂在医药工业中的应用. 北京: 化学工业出版社, 2008.

符号说明

a_p	单位质量吸附剂颗粒的表面积，$m^2 \cdot kg^{-1}$
a_v	单位容积填充床颗粒的表面积，$m^2 \cdot m^{-3}$
B	移动床中吸附剂的流量，$kg \cdot h^{-1}$
c	吸附柱内瞬间和断面上溶液的浓度，$kg \cdot m^{-3}$
c_0	柱入口溶液的最初浓度，$kg \cdot m^{-3}$
c_b	透过点溶液的浓度，$kg \cdot m^{-3}$
c_i	吸附剂（树脂）颗粒和流体界膜溶液的浓度，$kg \cdot m^{-3}$
c^*	溶液的平衡浓度，$kg \cdot m^{-3}$
Δc_m	平均浓度差，$kg \cdot m^{-3}$
D	流动的主体流体扩散系数，$m^2 \cdot h^{-1}$
$\overline{D}, D_i$	树脂内扩散系数，$m^2 \cdot h^{-1}$
D_L	组分 A 在流动相流动方向的轴向弥散系数，$m^2 \cdot h^{-1}$
D_p	吸附剂（树脂）颗粒细孔有效扩散系数，$m^2 \cdot h^{-1}$
D_i	颗粒内扩散系数，$m^2 \cdot h^{-1}$
D_{ic}	流体相浓度为基准的内扩散系数，$m^2 \cdot h^{-1}$
D_{iq}	颗粒吸附量为基准的内扩散系数，$m^2 \cdot h^{-1}$
D_s	颗粒表面扩散系数，$m^2 \cdot h^{-1}$
D_{Am}	流动相中组分 A 的有效扩散系数，$m^2 \cdot h^{-1}$
D_{KA}	A 组分的 Knudsen 扩散系数，$m^2 \cdot h^{-1}$
D_t	吸附柱的直径，m
d_p	吸附剂（树脂）颗粒的直径，m
E_a	色散系数，$m^2 \cdot h^{-1}$
F	原料的流通量，$kg \cdot h^{-1}$ 或 $mol \cdot h^{-1}$
f	传质区剩余饱和吸附能力分率
G	吸附柱或釜内吸附剂的流量，$kg \cdot h^{-1}$
H	亨利系数，atm^{-1} 或 $m^3 \cdot kg^{-1}$
H	理论塔板当量高度，m
H_{OF}	以流体浓度差为基础的总传质单元高度，m
HTU	传质单元高度，m
J	J 函数
K	热力学平衡系数
K_{AB} 和 K_A^B	溶液中反离子 B 与树脂上反离子 A 发生交换时的平衡常数及选择性系数
K_c	浓度为基准的平衡系数
K_F	流体浓度差为基准的总传质系数，$m \cdot h^{-1}$
k_F	流体界膜的传质系数，$m \cdot h^{-1}$

k_S		吸附剂（树脂）颗粒内的传质系数，$kg \cdot m^{-2} \cdot h^{-1}$
k_l		Langmuir 吸附等温方程系数，atm^{-1} 或 $m^3 \cdot kg^{-1}$
k_f		Freundlich 吸附等温方程系数，atm^{-1} 或 $m^3 \cdot kg^{-1}$
k_b		B.E.T 吸附等温方程系数，atm^{-1} 或 $m^3 \cdot kg^{-1}$
L		吸附柱床层长度，m
L_a		床层内传质区的长度，m
M		分子量
m		吸附剂用量或移动床内吸附剂用量比值，kg 或 $kg \cdot kg^{-1}$
n		离子的电荷
N_R		反应单元数
p		吸附温度下，吸附质的分压，atm
p_0		吸附温度下，吸附质的饱和蒸气压，atm
p^*		吸附质的平衡压力，atm
q		一定温度和压力下，吸附剂的吸附量，$kg \cdot kg^{-1}$
q_0		吸附剂的平衡吸附量，$kg \cdot kg^{-1}$
q_m		吸附剂的单层吸附容量，$kg \cdot kg^{-1}$
q_d		吸附剂的有效吸附容量，$kg \cdot kg^{-1}$
Q_0		树脂交换容量，$mol \cdot L^{-1}$，$mmol \cdot g^{-1}$，$mol \cdot m^{-3}$
Q_I		积分吸附热，$cal \cdot mol^{-1}$
Q_d		微分吸附热，$cal \cdot mol^{-1}$
r_{AB}		两种离子 A 与 B 间的分离因数
R		吸附剂使用后的劣化率，%
S_{ap}		吸附剂的比表面积，$m^2 \cdot kg^{-1}$
T		热力学温度；渗入比，K；
v		床层间隙线速度，$m \cdot h^{-1}$
		吸附柱的空塔速度，$m^3 \cdot h^{-1} \cdot m^{-2}$
v_0		进入床层的流体速度，$m \cdot h^{-1}$
v_c		传质区的移动速度，$m \cdot h^{-1}$
V		吸附柱或釜内流体的流量，$m^3 \cdot h^{-1}$
V_C		固定床一定深度床层的容积，m^3
v_i		进入一定深度床层的溶液体积量，m^3
v		吸附蒸气的分子容积，$cm^3 \cdot g^{-1} \cdot mol^{-1}$
V_m		形成单分子层必需的吸附量，$cm^3 \cdot NTP^{-1}$
w		床层流出净溶剂流体量，$kg \cdot h^{-1} \cdot m^{-2}$
w_b		透过点流出净溶剂流体量，$kg \cdot h^{-1} \cdot m^{-2}$
x		双组分流动相的流体组成，摩尔分数
X		单组分系统溶液的比浓度（溶质/溶剂），$kg \cdot kg^{-1}$
X_0		送入床层溶液的最初比浓度（溶质/溶剂），$kg \cdot kg^{-1}$
y		双组分系统吸附剂中吸附相组成，摩尔分数
Y		单组分系统在固定床某位置的吸附量，$kg \cdot kg^{-1}$
z		床层距离参量，m

希腊字母

α		吸附相对挥发度

γ	平衡参数（分离因数）
ε_B	床层的间隙率
ε_P	毛细孔的细孔率
ρ_B	固定床床层的充填密度，$kg \cdot m^{-3}$
ρ	流体的密度，$kg \cdot m^{-3}$
τ	流动相和固定相的接触时间，h
τ_b	溶液通过吸附剂固定床的透过点时间，h
ξ	吸附位势，$kcal \cdot mol^{-1}$
θ	覆盖率或 $\theta = \dfrac{k_1}{H}\left(\tau - \dfrac{z}{u}\right)$

第19篇
膜过程

主 稿 人：邓麦村　中国科学院大连化学物理研究所研究员
　　　　　曹义鸣　中国科学院大连化学物理研究所研究员
编写人员：邓麦村　中国科学院大连化学物理研究所研究员
　　　　　曹义鸣　中国科学院大连化学物理研究所研究员
　　　　　金万勤　南京工业大学教授
　　　　　李继定　清华大学教授
　　　　　王　志　天津大学教授
　　　　　徐铜文　中国科学技术大学教授
审 稿 人：王世昌　天津大学教授

第一版编写人员名单：
编写人员：朱长乐　朱才铨　刘茉娥
审 校 人：时　钧

第二版编写人员名单：
主 稿 人：袁　权
编写人员：袁　权　郑领英　王学松　虞星炬

1

概论

1.1 膜过程基本概述[1,2]

膜从广义上可以定义为两相之间的一个不连续区间。膜可以是气相、液相或固相。目前常用的膜多属固相聚合物膜和无机膜。

膜的种类和功能繁多,比较通用的有五种分类方法:

① 按膜的来源分类,可分为天然膜、人工合成膜等。

② 按膜的原料分类,可分为有机膜(如聚砜膜、偏聚氟乙烯膜、聚酰胺膜和聚酰亚胺膜等)、无机膜(如陶瓷膜、金属膜、NaA 分子筛、碳化硅和炭膜等)和有机-无机杂化膜。

③ 按膜的结构分类,可分为多孔膜、均质膜(非多孔膜)、非对称膜、复合膜、荷电膜和液膜等。

④ 按膜的用途分类,可分为分离膜、反应膜,如:离子交换膜、微孔滤膜、超滤膜、纳滤膜和反渗透膜、气体分离膜、渗透汽化膜、反应膜等。

⑤ 按膜的作用机理分类,可分为吸附性膜、扩散性膜、离子交换膜、选择渗透膜和非选择性膜等。

1.1.1 膜的分离作用

膜分离过程是利用具有选择性透过物质能力的薄膜,以化学位差(包括外加能量)为推动力,对双组分或多组分体系进行分离、分级、提纯或富集[3]。反应膜除对反应体系中物质起分离作用外,还作为催化剂或催化剂的载体,改变反应进程,提高反应效率。

物质通过膜的分离过程是复杂的,膜的传递模型可以分为两大类。

第一类以传质机理为基础,其中包含了被分离物质的理化性质和传递特性。这类模型又可分为两种不同情况:一种是通过多孔型膜的流动;另一种是通过非多孔型膜的渗透。前者有:孔模型、微孔扩散模型和优先吸附-毛细孔流动模型等。后者有:溶解-扩散模型和不完全的溶解-扩散模型等[4]。

第二类以不可逆热力学为基础,称为不可逆热力学模型。它从不可逆热力学唯象理论出发,统一关联了压力差、浓度差、电位差等与渗透流率的关系,以线性唯象方程描述伴生效应的过程,并以唯象系数来描述伴生效应的影响[5,6]。

1.1.2 各种膜分离过程

膜分离技术的发展历程大致是:20 世纪 30 年代开发了微孔过滤(MF),40 年代渗析

(DL)、50 年代电渗析（ED）、60 年代反渗透（RO）、70 年代超滤（UF）、80 年代气体分离（GP 或 GS）、90 年代渗透汽化（PV）等技术，并相继应用于实际中。这些技术已较成熟，已经建立起相当规模的工业[7]。

表 19-1-1 列出了各种膜分离过程的特征。每个具体膜过程将在后续各章节详细介绍，这里不再赘述。

表 19-1-1　各类膜分离过程的特征[7]

过程名称	功能	推动力	分离机制	用途举例
微孔过滤(MF)	滤除 0.1μm 以上的颗粒	压力差约 200kPa	筛分	纯水制造,酒、饮料和药液的除菌,污水处理,给水处理,脱盐反渗透膜法的前处理等
超滤(UF)	滤除 1～100nm 的颗粒或分子量为 6000～50 万的分子	压力差 100～1000kPa	筛分	纯水制造,食品、药品和生物制品的浓缩,精制纸浆废水处理,脱盐反渗透膜法的前处理等
纳滤(NF)	滤除 0.5～1nm 的颗粒或分子量为 100～1000 的分子	压力差 1～3MPa	唐南效应和筛分	苦咸(盐)水脱盐,单价/多价混合盐溶液分盐,药物浓缩,电镀废水,纺织印染废水处理等
反渗透(RO)	水-溶盐分离	压力差 1～10MPa	溶解扩散或优先吸附毛细管流	海(盐)水脱盐,溶液、液体食品的脱水、浓缩,废水处理,去离子水制造等
气体分离(GS)	混合气体分离	压力差 0.1～10MPa	溶解扩散	空气分离(O_2-N_2),合成氨中 N_2-H_2 分离,合成气及石油炼制尾气等 H_2 回收,天然气及生物气等脱 CO_2,VOC(挥发性有机化合物)分离,空气及天然气除湿等
渗透蒸发[渗透汽化(PV)或蒸气渗透(VP)]	水-有机物和有机物-有机物溶液分离	压力差	溶解扩散	醇水分离,水中有机物的处理和回收等
渗析(D)	水-溶质分离	浓度差	溶解扩散和筛分	人工肾,化工及食品中高聚物和低分子物的分离等
电渗析(ED)	水-溶盐分离	电位差	经过离子膜的逆向传递(唐南效应)	溶液脱盐,碱的制造,废酸回收,重金属离子回收等
液膜分离(LM)	水-离子分离	化学反应浓度差	反应促进扩散传递	金属废水处理,贵重金属提取,稀土元素分离与纯化等
膜蒸馏(MD)	溶剂-溶质分离	蒸气压力差	挥发性	海水淡化,高盐度废水处理,化工料液浓缩,挥发性组分脱除等

1.1.3　膜分离主要应用现状

膜分离技术已广泛应用在各个工业领域，并使多种传统的生产工艺如海水淡化、烧碱生产、乳品加工等发生了根本性的变化。见表 19-1-2。

我国膜分离技术已经形成一个具有相当规模的工业技术体系。1958 年开始研究离子交换膜和电渗析，1966 年开始研究反渗透，随后相继开展了超滤、微孔过滤、液膜、气体分离等膜分离过程的研究、应用与开发。20 世纪 80 年代又陆续开展了渗透汽化、膜萃取、膜蒸馏和膜反应等新膜过程的研究[9]。

表 19-1-2　膜分离的工业应用[8]

金属工艺	金属回收,污染控制,富氧燃烧
纺织及制革工业	余热回收,药剂回收,污染控制
造纸工业	中水溶液浓缩中代替蒸馏法,污染控制,纤维及药剂回收
食品及生化工业	净化、浓缩、消毒、在水溶液浓缩中代替蒸馏法,副产品回收
化学工业	有机物去除或回收,污染控制,气体分离,药剂回收和再利用
医药及保健	人造器官,控制释放,血液分离,消毒,水净化
水处理	海水、苦咸水淡化,超纯水制备,电厂锅炉用水净化,废水处理
国防工业	舰艇淡水供应,战地医院污水净化,战地受污染水源净化,低放射性水处理
能源领域	合成气脱碳,弛放气氢回收,烯烃、烷烃分离,天然气脱碳,燃料电池,醇水分离,原油脱硫,有机蒸气回收
环保领域	烟道气脱碳,印染/造纸/制药污水处理,垃圾渗透液处理,含油污水处理

我国膜技术研究与开发几乎涵盖所有分离膜领域,已建立了从膜材料到应用的完整产业链。目前全国从事分离膜研究的院所、大学超过 120 家,膜制品生产企业 400 余家[10,11]。2010 年以来我国水处理膜领域专利平均年增幅 30% 以上,2015 年我国的专利申请占全球总量的 11%,全球位列第三[11]。"十二五"期间我国膜工业产值以年均 24% 的速度增长,2014 年突破千亿元[12]。据中国膜工业协会主编的《2017—2018 中国膜产业发展报告》统计,截至 2017 年上半年我国的膜生产商,泵、膜工程商,膜服务商以及膜工程有关的管路等配套设施建造公司达到 1102 家。《中国水处理行业可持续发展战略研究报告——膜工业卷Ⅱ》统计资料表明[13]:2014 年全球膜制品销售额已达到 145 亿美元,主要消费地区为东亚地区和北美地区。我国膜市场是全球膜市场增长的主力,分离膜市场总产值(膜制品加设备)占比由 1999 年的 1.7% 增加到 2012 年的 10% 以上。国外品牌在国内市场占有率已有明显下降,如 2014 年国产 RO 膜品牌的市场占有率已由 10 年前的 2%~3% 上升至 20% 以上,我国品牌的 RO 膜元件占全球市场的份额在 7% 左右。

为提高技术创新效率、保证产品互换性、促进规模化生产,2008 年成立了全国分离膜标准化技术委员会(SAC/TC382)。截至 2015 年共发布 51 项膜标准,内容涉及超滤、微滤、纳滤、反渗透、气体分离和电渗析等各领域,标志着我国膜技术产业步入规范化和国际化快速发展轨道[13]。

离子交换膜和电渗析是我国成熟的比较早的一项膜分离技术,已形成了完整的工业生产体系,电渗析也已由普通电渗析(ED)发展到双极膜电渗析(BMED)、选择性电渗析(SED)、倒极电渗析(EDR)、电解电渗析(EED)等新型过程。离子交换膜结构上有均相、半均相、异相等种类,已经形成了包括杂化离子膜、两性膜、双极膜、镶嵌膜等门类众多、应用广泛的一个大的离子膜家族。氯碱工业使用的全氟磺酸和全氟羧酸复合离子交换膜已进入工业应用阶段[12],以 DF988 为代表的第一代国产氯碱膜在 2010 年成功实现工业应用,到 2016 年已经在国内外完成工业替代超过 30 家,装备规模超过 $30 \times 10^4 \, t \cdot a^{-1}$。新一代 DF2806 系列氯碱膜已陆续应用于十余家企业,综合性能达到与市场主流离子膜基本相当的水平。

国产反渗透膜已形成家用膜、通用工业膜、抗污染膜、抗氧化膜、低能耗苦咸水膜等多种系列,60 多个规格品种的复合反渗透膜产品,其产品品质已达到国际先进水平,广泛应用在海水苦咸水淡化、电厂锅炉水、电子工业用超纯水、化工废水处理等领域。截止到

2015 年，我国约有 $550\times10^4\ m^3\cdot d^{-1}$ 的反渗透膜产水规模，其中，全国已建成投产的海水淡化装置 112 套，产能达到 108.594 万吨·日$^{-1}$，分布在沿海 9 个省市，均为水资源严重短缺的沿海城市和海岛。RO 预浓缩技术[14~18]，仍将在化工、医药、食品和中草药等领域进一步推广应用；RO 在环保方面，仍将用于石化、钢铁、电镀、矿山、放射、生活、垃圾渗滤、微污染等废水的浓缩处理、水回用和达标排放或零（近零）排放等[97]。

超滤膜与微滤膜是我国发展最快、品种最多的膜，国内现有 UF/MF 膜制造厂商数百家，膜材料有聚砜、聚醚砜、聚偏氟乙烯、聚丙烯等。超滤装置已广泛用于工业废水的深度处理[19]；食品[20]、生物制品、医药工业中水溶液的浓缩、纯化和分离；电子工业用超纯水制备等方面[21]。如染料废水处理与回用、乳化油分离[22]、含油废水处理、废水脱色、造纸废水处理、医用无菌水制备、食品工业用水纯化、海水和苦咸水淡化的预处理[23]、生化和发酵产品提纯与浓缩分离等[24]。

国产微孔过滤滤芯已广泛用于超纯水制备、化工、医药和饮料等行业，以及重金属废水、生活污水、茶汁澄清、酒类澄清、乳制品除菌和酿造除杂质、海水淡化预处理等[25]。近年来国内企业不断推出新产品，例如：在内衬编织管外侧涂覆 PVDF（聚偏氟乙烯）的加衬膜、通过熔体/溶液在线同质复合制备出的同质增强型中空纤维膜[26]、在中空膜丝壁内直接加入若干根化纤的混凝土式中空纤维超滤膜和 MBR（膜生物反应器）工艺已在全国大规模地商业化应用了。UF/MF 膜用于 RO 技术的前处理的"双膜法"、(UF/MBR) 与 (RO/NF) 加上 EDI（电除盐）构成的"全膜法"等膜集成水处理工艺也取得成功应用[27]。

膜法气体分离是我国 20 世纪 80 年代初开始研究的一个膜过程[28]，90 年代后研发成功有机蒸气分离膜[29]。目前，我国已能批量生产用于从工业气体回收氢的中空纤维膜组件、用于有机蒸气（VOC）分离膜的卷式膜组件和叠管式膜组件，其中有机蒸气分离膜性能达到国际先进水平。膜法气体分离主要过程包括从空气膜法制氮和富氧，合成氨尾气/甲醇合成尾气中氢回收，石化行业中油品加氢精制尾气/催化裂化尾气/催化重整尾气中回收氢气，煤化工中 H_2/CO 浓度调比以及 CO 纯化等，天然气/沼气脱二氧化碳制生物天然气、合成过程中乙烯或丙烯单体回收，氯乙烯单体回收[30]，氯甲烷、氯乙烷回收，天然气中降烃露点、加油站、油槽车储油罐汽油蒸气回收等方面[31]，应用涉及石油化工、煤化工、天然气工业、空气分离等领域[32]。

渗透汽化用于有机溶剂脱水的膜有：有机膜（聚乙烯醇，PVA）和无机 NaA 分子筛。自 20 世纪 90 年代，我国首次实现渗透汽化膜工业化应用以来，至 2014 年我国建立了 50 多套有机膜渗透汽化脱水工业工程。2009 年我国分子筛膜年产 $10000\ m^2$，并开发出万吨级有机溶剂脱水成套装置。截至 2014 年，先后推广分子筛膜有机溶剂脱水工业装置近 40 套，在甲醇、乙醇、异丙醇、乙腈、四氢呋喃等 10 余种溶剂的生产和回收中得到成功应用，年处理量达 $7\times10^4\ t$，占国内分子筛膜脱水市场的 90% 以上，技术应用前景十分广阔[33,34]。

20 世纪 90 年代无机膜的开发并进入商业化阶段，在中药澄清、生物发酵液净化、石油化工、环保等领域得到了广泛应用。生产出三种材料（氧化铝、氧化锆和二氧化钛）、十几种规格的陶瓷超/微滤膜产品，2014 年安装面积为 $5.3\times10^4\ m^2$，累计陶瓷膜产品推广近 1000 个工程。由于陶瓷膜本身的发展历程还比较短，目前国内市场上无机陶瓷膜在可使用领域、可拓展空间仍然很大；随着环保意识增强及污染治理要求的不断提高，无机陶瓷膜在水质复杂环境苛刻的水处理领域中也逐步得到推广。国内无机陶瓷膜市场预计将有巨大的发展空间[35]。

1.2 膜过程发展历史

对于膜的研究可以追溯到 18 世纪，1748 年 Nollet 最早发现水能自发地穿过猪膀胱而进入酒精溶液，创造了"osmosis"这个词来描述水通过隔膜的渗透现象[36]。19 世纪，Graham 发现了渗析现象（dialysis），膜的分离作用得到重视[37]。1887 年，van't Hoff 利用 Traube 和 Pfeffer 测定的溶液渗透压数据并发展了用以解释理想稀溶液行为的极限定律，进而提出了 van't Hoff 方程[38]。1911 年 Donnan 提出了电解质溶液与膜相浓度的 Donnan 平衡模型[39]。

但 1950 年前膜过程只是一个很窄的领域，膜主要作为实验工具来发展物理/化学理论，实际应用很少。1950 年初 Juda、McRae 发明了性能优良的异相离子交换膜，才开始应用于工业电解质料液的脱盐和浓缩[41]。1960 年 Loeb 和 Sourirajan 用相转化工艺制备出具有实际应用价值的非对称醋酸纤维素反渗透膜，使反渗透技术成为一种潜在的实用的盐水脱盐方法[42]，1978 年 J.E.Cadotte 发明性能超群的超薄反渗透复合膜[43]。1980 年 Monsanto 公司推出用于氢气分离的 Prism 膜[44]，1980 年 GFT 公司推出用于醇脱水的商业化渗透汽化膜系统[45]。无机膜研究始于 20 世纪 40 年代，80 年代后多层、多孔道的无机膜开发成功，陶瓷膜所具有的优异耐高温、耐酸碱性能为人们所认识并走向商业化[46]。1992 年英国学者 Graham 首次报道了 NaA 分子筛的合成[40]，1999 年日本三井造船公司推出 NaA 分子筛渗透蒸发有机物脱水工业化应用[47]。

膜分离技术在近三十年中取得了长足的进展。这是由于近二百年来积累的大量基础理论研究和近代科学技术的发展，为分离膜材料选择与结构研究提供了良好基础，同时现代工业迫切需要节能、可利用低品位原料和能消除环境污染的生产新技术。目前，膜分离过程的应用大部分与这些方面密切相关。

1.3 膜过程展望

1.3.1 膜材料及工艺

① 无机分离膜。无机膜的制备始于 20 世纪 40 年代，由于存在着不可塑、受冲击易破坏、成型性差以及价格较昂贵等缺点，长期以来发展不快。近年来随着膜分离技术及其应用的发展，对膜使用条件提出愈来愈高的要求，无机分离膜发展很快[48]。据估计，陶瓷微孔滤膜的世界市场以 30% 的年递增率增长。用铝阳极氧化制得的多孔对称及非对称无机膜是迄今表面孔隙率最大而孔径分布最窄的分离膜；用有机物、无机物对无机膜进行改性的研究已经广泛展开[49]。

a. 金属膜。是指由金属粉末烧结固化而成的含有大量连通孔隙的多孔材料，具有孔形稳定、耐高温、抗热震、易加工、可焊接等优点[50]。目前已经工业化的金属膜主要由大孔支撑体和单层或多层微滤膜层组成，膜层的厚度一般小于 $100\mu m$，材质以不锈钢、镍及镍合金、钛及钛合金以及最近发展起来的金属间化合物为主，结构型式可为板状或管状[51]。

b. 混合基质膜。通过在有机膜中引入无机粒子分散相来提高有机膜的气体渗透分离性能，并且保持有机膜韧性好、易加工成型的特点，实现有机膜与无机膜的优势互补，以突破渗透系数和分离系数间的"trade-off"效应。目前研究的分散相主要包括沸石分子筛（zeolites）[52]、碳分子筛（CMS）[53]、活性炭、碳纳米管（CNT）[54]、金属氧化物以及金属-有机骨架材料（MOFs）等[55,56]。通过添加沸石、纳米管、石墨烯等纳米孔道材料和水通道蛋白等制备混合基质反渗透膜、纳滤膜及正渗透膜[57]。

c. 炭膜。也称为碳分子筛膜，它是由含碳物质或聚合物膜经高温热解炭化制备而成的一种新型炭基膜材料。炭膜融合了炭材料的"纳米尺度的极微孔结构"的结构特性和膜材料"高效节能"的技术优势；在气体分离领域，炭膜比聚合物膜具有更优异的气体渗透性和分离选择性，具有很大的性能优势，被认为是最有希望替代现有气体分离的膜[58,59]。

② 聚合物膜。相关内容为结合各种膜分离过程的特殊要求合成新的聚合物膜材料，开展结构与性能关系研究，进行表面改性（surface modification）、根据不同的分离对象引入不同的活化基团和发展高分子合金膜[64]。

典型的为用非极性聚合物所制备的疏水性膜。疏水性有机物在膜表面和膜孔内吸附，导致膜污染问题。因此表面改性多集中于亲水改性过程[65]。表面涂覆法是通过在膜表面涂覆具有亲水性的高分子[66]或表面活性剂[67]以达到提高亲水性的目的，但在长期使用过程中膜表面的亲水性高分子容易流失，亲水性效果不持久[68]。利用紫外线[69]、等离子体[70]、γ射线[71]等外加能量对分离膜进行活化，进而在膜表面接枝亲水性材料，亲水性材料与膜材料之间形成化学键，改性效果持久稳定，但该方法对设备要求较高，工业化放大难度高。表面化学接枝是利用改性分子与膜材料之间发生化学反应，达到对分离膜进行亲水改性的目的[72]，但由于膜材料多为惰性材料，因此表面化学接枝方法的应用受到限制。多巴胺可以在水溶液中自聚合，进而在膜表面形成紧密附着的亲水层，操作方便，条件温和，成为近年来表面改性的研究热点[73~75]。近年来，随着膜蒸馏和膜吸收的发展，利用含氟类或含硅类高分子对分离膜进行疏水改性以提高水在膜孔内的穿透压也逐渐受到研究人员的关注。

a. 两亲性高分子膜。是含有疏水组分和亲水组分的共聚物，极性组分可赋予膜材料的亲水、抗污染性等功能，并且亲水组分与羟基、氨基、磺酸等基团的反应性，为膜结构与功能的进一步修饰提供了化学基础。因此，两亲性高分子是实现膜材料结构与性能统一的理想原料之一。非溶剂诱导相分离法（NIPS）[76]和热致相分离法（TIPS）是制备两亲性高分子超滤、微滤膜的有效方法。

b. 聚合物接枝膜。常用的制膜聚合物多为商业化产品，品种单一，难以满足分离膜使用过程中所需的多种表面性能（亲水性、生物相容性和环境响应性等）要求。因此，对聚合物材料进行接枝，将功能性单体接枝到成膜聚合物主链上，利用接枝聚合物制膜，可以得到具有目标功能的分离膜产品。另一种方法是先将活性基团引入到聚合物主链，成膜后利用膜表面的活性基团进一步接枝功能性单体。所接枝的功能性单体包括亲水性材料，如聚乙二醇[77]和两性离子[78]；生物相容性材料，如壳聚糖[78]；环境响应性材料，如丙烯酸等[79]。

c. 有机-无机杂化膜。有机膜材料抗污染性差，机械强度差，不易清洗，这些缺点限制了有机膜的使用范围。无机膜材料的机械强度高、耐溶剂、耐高温的能力强，具有较高的膜渗透通量和分离效率，但其成膜性差，质脆，且制作成本较高。有机-无机杂化膜作为一种复合的膜材料，有望制备出兼具二者优点的高性能分离膜。制备有机-无机杂化膜常用的有机材料有：纤维素类、聚砜、聚偏氟乙烯、聚醚砜、聚氨酯、聚甲基丙烯酸甲酯、聚乙烯醇、壳聚糖等，无机材料有陶瓷粉体（如氧化锆）、活性炭等一般粒子以及纳米氧化硅、纳米氧化铝和纳米氧化钛等纳米粒子。有机-无机杂化膜的制备方法包括共混法[80]、溶胶-凝胶法[81]和原位聚合法[82,83]。

d. CO_2 促进传递膜。根据气体溶解-扩散机理，通过增加溶解选择性可以超越 Robeson 上限[73,74]，在聚合物膜材料官能团结构中引入极性官能团如醚氧基、酯基、氰基、碳酸酯基和氨基等改善溶解性。常用制膜方法有：共混法、共聚法、交联法和界面聚合法。例如：共聚或交联法可以把聚氧化乙烯类 PEG（聚乙二醇）和 PEO（聚环氧乙烷）引入膜结构中；界面聚合法可以在膜结构引入聚乙烯基胺，可以达到溶解-扩散多种机制协同强化，充分利用气体分子在尺寸、冷凝性和反应性等多方面的性质差异，实现对多种含 CO_2 物系的高效分离，有望在如烟道气等低浓度 CO_2 捕集领域发挥作用[84]。

e. 自具微孔聚合物膜（PIM 膜）。自具微孔聚合物（polymers of intrinsic microporosity, PIM）是近年来出现的一种新型有机微孔材料，由含有扭曲结构的刚性单体聚合而成，具有比表面积高、化学和物理性质稳定、微孔结构可控等优点，在均相催化、氢气储存等方面表现出巨大的应用潜力。因其优越的气体分离性能，PIM 气体分离膜更是吸引了众多研究者的关注，发展迅速[60,61]。

f. 热重排聚合物膜 [thermally rearranged (TR) polymer membrane]。热重排聚合物是一种玻璃态微孔聚合物，热稳定性与化学稳定性优良，在实际气体分离过程中具有很好的应用前景。它具有大的自由体积和狭窄的孔径分布，可以表现出较高的气体渗透选择性。热重排过程是前体聚合物（主要是功能化的聚酰亚胺、聚酰胺）转变为其他刚性结构聚合物的热反应过程，根据聚酰亚胺邻位功能基团的不同，可以热重排得到不同的杂环芳香聚合物，包括聚苯并唑、聚苯并噻唑、聚吡咯以及聚苯并咪唑等[62,63]。

③ 研究新的成膜工艺。近年来取得进展的梯度皮层非对称膜，可使皮层厚度降到 100nm 以下；热相转化法可以得到孔分布均匀的膜，且可将制备膜对象扩展到聚乙烯、聚丙烯等常温下不溶的结晶性聚合物材料。为满足 MBR（膜生物反应器）工艺对中空纤维膜强度的要求，带衬中空纤维膜、同质增强型中空纤维膜和混凝土式中空纤维膜已在水处理领域取得普遍应用；使表面功能化的偏析制膜方法和单一孔结构的均孔膜研究也引起重视[85,86]。

a. 带衬中空纤维膜。在中空纤维膜内嵌入高强度 PET（聚对苯二甲酸乙二酯）纤维编织管的增强型纤维膜，其制备方法是铸膜液与纤维编织管同时进入喷丝头，料液均匀涂布在编织管上，再进入凝固液发生相分离固化成膜，根据支撑纤维在膜内的位置，可以分别制成内衬膜或者中衬膜。带衬中空纤维膜具有拉伸强度高、运行能耗低、操作易维护等优点[87]。

b. 混凝土式中空纤维膜。在中空纤维膜内四周均布三丝或四丝高强度 PET 材料或其他高强度纤维材料支撑的加强型纤维膜。其制备方法是铸膜液与高强度支撑纤维同时进入喷丝头，并在喷丝头内发生复合成型，再进入凝固液发生相分离固化成膜。混凝土式中空纤维膜具有拉伸强度高等优点[88]。

c. 同质增强型中空纤维膜。是一种通过熔体/溶液在线同质复合制备出的中空纤维膜。其制备方法采用双螺杆熔融挤出聚合物成膜体系形成中空纤维微孔基膜，在其表面采用相同的聚合物溶液纺丝成膜体系进行表面复合，形成分离功能层，制备出兼具有熔融纺丝法膜产品和溶液纺丝法膜产品的力学性能的同质增强型中空纤维膜[89]。

d. 偏析制膜。表面偏析是自然界普遍存在的现象，两亲性分子聚合物可以响应不同环境进行自组装成膜[90~92]。例如：利用亲水性 PMAA（聚甲基丙烯酸甲酯）链段的自由偏析带动低表面能基团 PHFBM（聚甲基丙烯酸六氟正丁酯）链段的强制表面偏析，构建了低表面能 PBMA（聚甲基丙烯酸正丁酯）-PMAA-PHFBM/PES（聚醚砜树脂）膜表面，强化了膜表面污染驱除，提高了膜的抗污染性[93]。

e. 均孔膜。是指孔径均一、孔道形状一致且垂直贯穿整个分离层的分离膜。均孔结构可以实现渗透性和选择性的同步提升，且其分离精度高，尤其适用于精密分离领域。利用嵌段共聚物发生微相分离，通过选择性溶胀的方法将分散相转变为均孔，是制备均孔膜的有效方法[94,95]。

目前大量的聚合物膜都是由不规则链排列的高分子构成。生物膜是分子有规则排列的活性体，具有惊人的分离效率。例如，海带从海水中富集碘，其浓度比海水中碘大 1000 多倍；石毛（藻类）浓缩铀的浓缩率达 750 倍。因此，仿生膜是分离膜今后的一个重要发展方向。

1.3.2 膜过程

① 膜分离用于生物技术是很有发展前景的一个方向。与传统的生物制品的分离方法相比，膜分离可简化分离过程、降低成本、提高质量。现在膜分离已经成为生物技术的重要支柱之一。膜生物反应器是今后膜分离用于生物技术的另一个发展热点。

② 高透量、高选择性的 N_2-O_2 分离膜的研制[96,97]；烟道气低浓度 CO_2 捕集[98,99]、膜接触器吸收用于海上平台天然气脱 CO_2 净化膜分离过程的开发等都是令人瞩目的方向[100,101]。

③ 用渗透汽化法从乙醇中脱水制无水乙醇目前已经工业化。用渗透汽化分离有机混合物和脱除水中有机物的研究正在广泛进行，有的已经完成中试。预料它将成为继气体分离之后会有大发展的膜分离过程[102]。

④ 解决某一具体分离任务时，往往需要综合利用多种膜过程，使之各尽所长，这种过程称为集成膜过程（integrated membrane process）[103]，正日益受到重视。双膜法海水淡化集成工艺：微滤和超滤用于海水预处理，替代传统的预处理的混凝/多介质过滤工艺，比常规法可多产水 20%，RO 膜清洗周期长，用试剂少，其运行费用也低[104,105]。以纳滤作为预处理，NF-RO 系统可提高 RO 的水回收率，能耗可降低 25%，淡水成本可降低 30%。SWRO（反渗透海水淡化）是综合集成系统，淡水成本主要受装置投资和操作能耗制约。提高系统的回收率可以降低反渗透海水淡化的能量消耗，像 SWRO 与多级闪蒸（MSF）[106]或多效蒸馏（MED）[107]集成、电渗析和反渗透的集成[108]、电渗析（ED）和正渗透（FO）的集成等是今后值得关注的发展方向。

⑤ 膜分离技术与传统的分离技术相结合，发展出一些崭新的膜过程。例如：膜蒸馏、膜萃取、膜吸收、蒸馏-渗透汽化；冷冻过滤（cryo-filtration）；选择沉淀过滤等。这些新的膜过程在不同程度上吸取了二者的优点而避免了某些原有的弱点。如膜分离/变压吸附集成工艺从炼厂干气中高效回收乙烯、乙烷和氢气，实现炼厂干气的合理化、高值化利用。目前膜蒸馏[109]、膜吸收[110,111]、渗透汽化[112]已取得了实际应用。

⑥ 根据膜的功能、形状和物质透过膜的传递方式的不同，膜反应器可分为多种类型[113]。

膜反应器的研究是 20 世纪 60 年代在生物催化体系开始的。

膜反应器用于生物催化转化、微生物发酵和动植物细胞的大规模培养，对解决产物抑制、底物的选择供给、生物催化剂的重复使用、提高细胞的生长表面和高密度负载等都很有利。迄今已对几百个体系进行过研究。近年来针对一种复合型层膜 MBR 的研究十分活跃。

膜反应器将是最有发展前景的一种生物反应器[114]。

气相膜反应是当前活跃的研究领域,主要集中在膜催化反应方面。膜反应器对固定床反应的取代具有重大的潜在经济效益。石油化工中90%以上的催化反应是在300℃以上进行的,因此,无机膜和无机膜反应器是当前世界各国研究膜反应的重点[115,116]。

当前世界上很多国家已将膜分离过程列入本国的科技发展计划中,并已成立了相关的膜学会。随着膜分离技术的进一步发展以及它与材料学、化学反应工程、生物工程、环境工程、医疗卫生、机械工程等学科的相互渗透,一门新兴的膜科学正在形成。

参考文献

[1] 时钧,袁权,高从堦.膜技术手册.北京:化学工业出版社,2001.
[2] Baker R W. Membrane Technology and Applications. John Wiley & Sons Inc, 2012.
[3] 朱长乐,刘茉娥.膜科学技术.杭州:浙江大学出版社,1992.
[4] Wijmans J G, Baker R W. J Membr Sci, 1995, 107(1-2): 1-21.
[5] Forland K S, Forland T, Ratkje S K. Irreversible Thermodynamics: Theory and Applications. John Wiley & Sons Inc, 1989.
[6] Wu Fang, Feng Li, Zhang Liqiu. Desalination, 2015, 362: 11-17.
[7] 王湛,周翀.膜分离技术基础.北京:化学工业出版社,2006.
[8] 朱智清.化工技术与开发,2003,32: 19-21.
[9] 郑领英.高分子通报,1999,3: 134-137.
[10] 王学军,张恒,郭玉国.膜科学与技术,2015,2: 120-127.
[11] 郑萌,马晓璇.新材料产业,2018,08: 39-42.
[12] 高从堦.化工管理,2015(28): 12-13.
[13] 郑祥.中国水处理行业可持续发展战略研究报告——膜工业卷Ⅱ.北京:中国人民大学出版社,2016.
[14] 高从堦.膜科学与技术,2006,26: 1-4.
[15] 张桐,刘健,霍卫东,等.工业水处理,2016,2: 15-20.
[16] 许骏,王志,王纪孝.化学工业与工程,2010,27: 351-357.
[17] Pérez-González A, Urtiaga A M, Ibáñez R. Water Res, 2012, 46: 267-283.
[18] Shemer H, Hasson D, Semiat R. Desalination, 2007, 216: 1-76.
[19] Evina K, Simos M, Katherine J. J Membr Sci, 2010, 360: 234-249.
[20] Kenneth S Y Ng, Haribabu M, Dalton J E. J Membr Sci, 2017, 523: 144-162.
[21] 姜忠义,吴洪.化学工业与工程,2003,20: 39-44.
[22] María M, Gemma G, Alberto L. J Membr Sci, 2016, 520: 749-759.
[23] Han G, Anditya R, Gao L X. J Membr Sci, 2016, 520: 111-119.
[24] 吕宏凌,王保国.化工进展,2005,24: 5-9.
[25] 华耀祖.超滤技术与应用.北京:化学工业出版社,2004.
[26] 李锁定,代攀,陈亦力.水处理技术,2012,38: 28-31.
[27] 高融,顾宏林,振锋.水处理技术,2012,38: 83-84.
[28] 王东亮,秦永生,徐仁贤,等.膜科学与技术,1990,2: 37-44.
[29] 胡伟,李晖,刘桂香,等.膜科学与技术,1997,17: 25-29.
[30] 王德山.中国氯碱,2004,1: 38-40.
[31] 王连军,马艳勋,张鑫巍,等.膜科学与技术,2007,27: 91-94.
[32] 曹义鸣,左莉,介兴明,等.化工进展,2005,24: 464-470.
[33] 陈翠仙,李继定,潘健,等.膜科学与技术,2007,27: 1-4.
[34] 李继定,展侠,葛洪,等.膜科学与技术,2001,31: 135-139.
[35] 徐南平,高从堦,金万勤.中国工程科学,2014,16: 4-10.

[36] Nollet J A. Lecons de physique experimentale. Paris: Hippolyte-Louis Guerin and Louis-Francios Delatour, 1748.
[37] Graham T. Phil Trans Roy Soc, 1861, 151: 183-224.
[38] van't Hoff J H. Zeitschrift fur physikalische Chemie, 1887, 1: 481-508.
[39] Donnan F G. Z Elektrochem, 1911, 17: 572-581.
[40] Graham J M, Peter M B, Colin P. J Mater Chem, 1992, 2: 1103-1104.
[41] Juda W, McRae W A. J Am Chem, 1950, 72: 1044.
[42] Loeb S, Sourirajan S. ACS Symposium Series Number 28. American Chemical Society, 1963: 117-132.
[43] Cadotte J E. ACS Symposium Series Number 269. American Chemical Society, 1985: 273-294.
[44] Henis J M S, Tripodi M K. Sep Sci Technol, 1980, 15: 1059-1068.
[45] Ballweg A H, Brüschke H E A, Schneider W H, et al. Pervaporation Membranes//Proceedings of Fifth International Alcohol Fuel Technology Symposium. Auckland, New Zealand, 1982: 97-106.
[46] Li K. Ceramic Membranes for Separation and Reaction. Chichester: John Wiley & Sons Ltd, 2007.
[47] Morigami Y, Kondo M, Abe J, et al. Sep Purif Technol, 2001, 25: 251-260.
[48] 孙杰,金珊.石油化工高等学校学报,2001, 14: 40-42.
[49] Ma N, Quan X, Zhang Y, et al. J Membr Sci, 2009, 335: 58-67.
[50] 汪强兵,汤慧萍,奚正平.材料导报,2004, 18: 26-28.
[51] 高会元,林跃生,李永丹.膜科学与技术,2007, 227: 76-79.
[52] Mahajan R, Koros W J. Polym Eng Sci, 2002, 42: 1420-1431.
[53] Ismail A F, Rahman W R. AIP Conference Proceedings, 2009, 201: 1136.
[54] Aroon M A, Ismail A F, Montazer-Rahmati M M, et al. J Membr Sci, 2010, 364: 309-317.
[55] Brown A J, Brunelli N A, Eum K, et al. Science, 2014, 345: 72-75.
[56] Zhu H T, Wang L N, Jie X M, et al. ACS Appl Mater Interfaces, 2016, 8: 22696-22704.
[57] 董航,张林,陈欢林,等.化学进展,2014, 26(12), 2007-2018.
[58] Fu S F, Sanders E S, Kulkarni S S, et al. J Membr Sci, 2015, 487: 60-73.
[59] Li C, Song C W, Tao P, et al. Sep Purif Technol, 2016, 168: 47-56.
[60] Budd P M, Ghanem B S, Makhseed S, et al. Chem Commun, 2004, 2(2): 230-231.
[61] McKeown N B, Budd P M. Chem Soc Rev, 2006, 35: 675-683.
[62] Kim S, Lee Y M. Prog Polym Sci, 2015, 43: 1-32.
[63] Park H B, Jung Ch H, Lee Y M, et al. Science, 2007, 318: 254-258.
[64] Fu S L, Sanders E S, Kulkarni S S, et al. J Membr Sci, 2015, 487: 60-73.
[65] Xu Z K, Huang X J, Wan L S. Surface Engineering of Polymer Membranes. Hangzhou: Zhejiang University Press, 2008.
[66] 陆晓峰,陈仕意,李存珍.膜科学与技术,1997, 17: 35-40.
[67] Kang G D, Cao Y M, Zhao H Y, et al. J Membr Sci, 2008, 318: 227-232.
[68] Halim A, Yusof M, Ulbricht M. J Membr Sci, 2008, 311: 294-305.
[69] Yu H Y, Xu Z K, Xie Y J, et al. J Membr Sci, 2006, 279: 148-155.
[70] Mok S, Worsfold D J, Fouda A, et al. J Appl Polym, 1994, 51: 193-199.
[71] Bottino A, Capannelli G, Comite A. J Membr Sci, 2006, 273: 20-24.
[72] Xi Z Y, Xu Y Y, Zhu L P, et al. J Membr Sci, 2009, 327: 244-253.
[73] 徐又一,蒋金泓,朱利平,等.膜科学与技术,2011, 31: 32-38.
[74] Zhang C, Gong L, Xiang L, et al. Appl Mater Inter, 2017, 9: 30943-30950.
[75] Shen J L, Zhang Q, Yin Q, et al. J Membr Sci, 2017, 521: 95-103.
[76] Asatekin A, Kang S, Elimelech A M, et al. J Membr Sci, 2007, 298: 136-146.
[77] Zhang J, Yuan J, Yuan Y L, et al. Biomaterials, 2003, 24: 4223-4231.
[78] Ye P, Xu Z K, Che A F, et al. Biomaterials, 2005, 2: 6394-6403.
[79] Luo T, Lin S, Xie R, et al. J Membr Sci, 2014, 450: 162-173.
[80] Zuo X T, Yu S L, Xu X, et al. J Membr Sci, 2009, 328: 23-30.
[81] Hua Y T, Lü Z H, Wei C, et al. J Membr Sci, 2018, 545: 250-258.
[82] Bento A, Lourenço J P, Bento A, et al. J Membr Sci, 2012, 415-416: 702-711.

[83] Widjojo N, Li Y, Jiang L Y, et al. Advanced Materials for Membrane Preparation. Bentham Science, 2012.
[84] Li Sh Ch, Wang Z, Yu X W, et al. Adv Mater, 2012, 24: 3196-3200.
[85] Kesting R E, Fritzsche A K, Murphy M K. J Appl Polym Sci, 1990, 40 (9-10): 1557-1574.
[86] Wang Z, Guo L, Wang Y. J Membr Sci, 2015, 476: 449-456.
[87] 权全, 肖长发, 刘海亮, 等. 高分子学报, 2014, 5: 692-700.
[88] Liu J, Li P L, Xie L X, et al. Desalination, 2009, 249: 453-457.
[89] Zhang X L, Xiao C F, Hu X Y, et al. Appl Surf Sci, 2013, 264: 801-810.
[90] Hester J, Banerjee P, Mayes A. Macromolecules, 1999, 32: 1643-1650.
[91] Asatekin A, Kang S, Elimelech M, et al. J Membr Sci, 2007, 298: 136-146.
[92] Zhao X, Chen W, Su Y, et al. J Membr Sci, 2013, 441: 93-101.
[93] Chen W, Su Y, Peng J, et al. Adv Funct Mater, 2011, 21: 191-198.
[94] Wang Y. Acc Chem Res, 2016, 49: 1401-1408.
[95] 汪勇, 邢卫红, 徐南平. 化工学报, 2016, 67: 27-40.
[96] Mohamed A H, Medhat A N, Diaa A, et al. J Clean Prod, 2017, 143: 960-972.
[97] Liang C Z, Yong W F, Chung T S. J Membr Sci, 2017, 541: 367-377.
[98] Liu L, Sanders E S, Kulkarni S S, et al. J Membr Sci, 2014, 465: 49-55.
[99] Salim W, Vakharia V, Chen Y, et al. J Membr Sci, 2018, 556: 126-137.
[100] Cui Z, deMontigny D. Carbon Management, 2013, 4: 69-89.
[101] Brunetti A, Scura F, Barbieri G, et al. J Membr Sci, 2010, 359: 115-125.
[102] Hua D, Chung T S, Shi G M, et al. AIChE J, 2016, 62: 1747-1757.
[103] 高从堦, 俞三传, 金可勇. 中国工程科学, 2000, 7: 43-46.
[104] Galloway M, Mahoney J. Membrane Technology, 2001, 1: 5-8.
[105] Gwenaelle M P O, Jung J, Choi Y, et al. Desalination, 2017, 403: 153-160.
[106] Al-Bahri Z K, Hanbury W T, Hodgkiess T. Desalination, 2001, 138: 335-339.
[107] Iaquaniello G, Salladini A, Mari A, et al. Desalination, 2014, 336: 121-128.
[108] Liu Y, Wang J. Desalination, 2017, 422: 142-152.
[109] Schneider K, Hölz W, Wollbeck R, et al. J Membr Sci, 1988, 39 (1): 25-42.
[110] Qi Z, Cussler E L. J Membr Sci, 1985, 23 (3): 333-345.
[111] Tsou D T, Blachman M W, Davis J G. Ind Eng Chem Res, 1994, 33: 3209-3216.
[112] White L S. J Membr Sci, 2006, 286 (1-2): 26-35.
[113] 李和平. 精细化工工艺学. 北京: 科学出版社, 2005.
[114] Wang Y Z, Zhao Z P, Li M F. J Membr Sci, 2016, 514: 44-52.
[115] 李发永, 李阳初, 孔瑛, 等. 膜科学与技术, 2002, 22: 48-53.
[116] Li W P, Zhu X F, Chen S G, et al. Angew Chem Int Ed, 2016, 55: 8566-8570.

2 分离膜

分离膜是膜分离过程的基础。据统计，2012年，全球分离膜制品的市场规模接近120亿美元，其中反渗透膜（含纳滤膜）、微滤膜、超滤膜的市场规模占比达95%左右[1]。分离膜有多种分类方法，本章根据膜的材质分成聚合物膜、无机膜以及有机-无机杂化膜三大类进行介绍。

2.1 聚合物膜

目前，聚合物膜在分离膜中仍占主导地位。从已有的聚合物膜的结构特性区分，大致可分为对称膜（包括多孔膜和致密膜）和非对称膜（包括相转化膜和复合膜）这两种类型。

聚合物区别于其他种类化合物，并使其成为理想膜材料的独一无二的特点是它们的长链结构和导致宏观内聚力的大分子尺寸。

聚合物从刚性玻璃态变为柔软橡胶态的温度 T_g 对于许多能提供高渗透选择性和渗透率的膜材料来说是一个基本性质。

聚合物的极性在膜分离过程中起重要作用，例如，反渗透膜中需要介电体，电渗析膜中需要导电体。

作为膜材料的聚合物可以是线型的，也可以是支链或交联型的。同聚合物交联一样，膜的交联既可从单体开始（如苯乙烯-二乙烯苯），也可从线型聚合物开始（如橡胶膜的硫化、聚乙烯膜的支化交联等）[2]。

聚合物膜可以由单一分子构成，也可由两种及以上分子构成。不同分子的聚合物混合可以是分子级的混合，也可以是纳米级粒子的混合。

聚合物膜对各种物质的选择分离作用，不仅取决于膜材料与物质之间的相互作用，而且和膜的孔径大小、形状等物理结构因素有关。膜材料的选择和制备是一门复杂的科学和技术，不同用途的膜，要求各异。

2.1.1 聚合物膜材料

表 19-2-1 是目前制膜所广泛采用的一些聚合物材料。

表 19-2-1 常用聚合物膜及其材料[3]

膜	膜材料
反渗透膜	芳香聚酰胺、交联芳香聚酰胺、醋酸纤维素、聚哌嗪酰胺、聚乙烯醇、交联聚乙烯酰亚胺、聚苯并咪唑
微滤膜	纤维素混合酯、聚砜、聚偏氟乙烯、聚四氟乙烯、聚氯乙烯、聚丙烯、聚乙烯、聚酰胺、耐高温聚酯、聚碳酸酯、醋酸纤维素、再生纤维素、硝基纤维素
超滤膜	聚砜、聚丙烯腈、聚偏氟乙烯、聚酰胺、聚醚砜、二醋酸纤维素/三醋酸纤维素、亲水性聚乙烯、聚四氟乙烯、含氟聚合物、磺化聚砜

续表

膜	膜材料
纳滤膜	交联芳香聚酰胺、聚哌嗪酰胺、磺化聚砜、聚乙烯醇
离子交换膜	季铵盐、二醋酸纤维素/三醋酸纤维素、全氟磺(羧)酸、含氟聚合物
气体分离膜	聚砜、聚酰亚胺、硅橡胶、二醋酸纤维素/三醋酸纤维素、乙基纤维素、四溴聚碳酸酯
渗透汽化膜	聚乙烯醇、壳聚糖、聚硅氧烷、聚电解质、芳香酯、聚酰亚胺

2.1.2 聚合物膜的制备工艺[4~7]

同一种膜材料制成的分离膜，由于不同的制膜工艺和工艺参数，性能差别很大。所以制备工艺对聚合物分离膜具有特殊重要的意义。

聚合物膜可以制成致密的或多孔的、对称的或非对称的。工业上使用的分离膜都是非对称膜。本节着重介绍相转化制膜方法和复合膜制备方法，并对 L-S 相转化法膜的形成机理作简要介绍。

2.1.2.1 相转化法（phase inversion process）成膜工艺

（1）干法（或称溶剂蒸发法） 干法是相转化法中最老的方法。将一聚合物溶于一双组分混合溶剂中，混合溶剂大部分是易挥发的良溶剂，小部分是不易挥发的不良溶剂。将此铸膜液（casting solution）在平板上铺展后，易挥发的良溶剂迅速逸出，留下的是不易挥发的不良溶剂和聚合物，聚合物沉淀形成膜的结构。溶剂蒸发-沉淀过程可以进行直至膜完全形成，也可中途停止并将带铸膜液的平板浸入一沉淀槽中（含水或其他非溶剂）。简单的溶剂蒸发法在实际制膜中很少应用。

（2）热致相分离法（thermally induced phase separation） 热致相分离法利用了一种潜在溶剂。它在提高温度时是一个溶剂，在较低温度下是一个非溶剂，通常是含一个或两个具一个极性亲水端基的烃链。铸膜液从高温冷却到低温，溶剂与聚合物产生相分离，形成微孔结构。冷却速率是决定膜最终孔结构的关键参数。热致相分离法是相转化法制造聚合物分离膜技术的重要发展。它可以应用于许多以前由于溶解性差而不能用相转化法制膜的聚合物。目前热致相分离法制膜主要用在聚烯烃上，特别是聚丙烯和聚偏氟乙烯。

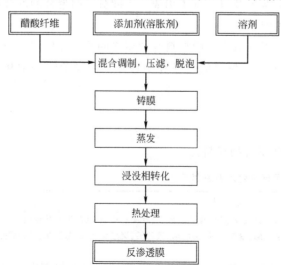

图 19-2-1 醋酸纤维素反渗透膜的制备程序

（3）Loeb-Sourirajan（L-S）法 20 世纪 60 年代初 Loeb 和 Sourirajan 在研究反渗透膜时发明了将高分子溶液浸入非溶剂浴中形成非对称膜的方法。高分子铸膜液和非溶剂（一般为水或水溶液）一接触，聚合物快速析出形成了极薄的致密皮层，它阻碍了水的快速渗入，因而在致密皮层下面就形成多孔层。L-S 法制成的膜的分离层厚度仅 0.25~1μm，使透过膜的通量比最薄的均质膜增大 1~2 个数量级，它是分离膜发展的里程碑。

作为 L-S 法代表的醋酸纤维素反渗透膜，其制备程序大致如图 19-2-1

所示。

用 L-S 法制得的分离膜的最终结构及性能基本上取决于两个相对独立的方面，即高分子铸膜液的热力学状态和相分离的动力学过程。

一般的高分子铸膜液由聚合物（P）、溶剂（S）和非溶剂（N）三种成分组成。如图 19-2-2 所示，铸膜液组成从反渗透 316 号铸膜液出发向着 A 到 F 六个方向变化。从图 19-2-2 和高分子溶液常识可以看出：$m(N)/m(S)$ 和 $m(N)/m(P)$ 增加或者 $m(S)/m(P)$ 减少都会使铸膜液中高分子的胶束聚集尺寸增大，从而导致形成较大的孔；在 A 方向上 $m(S)/m(P)$、$m(N)/m(S)$、$m(N)/m(P)$ 都是增加的，$m(S)/m(P)$ 的增加意味着铸膜液中高分子胶束聚集尺寸的减少，有利于形成较多数量的小孔，而 $m(N)/m(S)$ 或 $m(N)/m(P)$ 的增加有利于孔径的增大，这两个因素共同作用的结果是，既增加了孔数又增大了孔径。不同分离目标的膜有其各自的最佳 $m(S)/m(P)$ 和 $m(N)/m(S)$ 值。

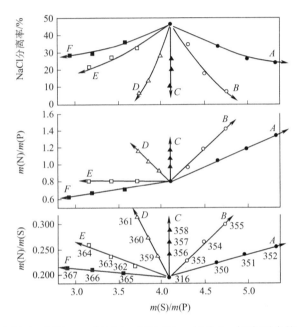

图 19-2-2　$m(S)/m(P)$、$m(N)/m(S)$ 和 $m(N)/m(P)$ 对食盐的分离率的影响

[操作压力 6.8atm（1atm=101325Pa），进料液 200×10^{-6} NaCl 水溶液，图中数字表示不同的铸膜液]

对于凝胶相分离动力学过程，Strathmann 进行了热力学和动力学分析。从热力学观点出发，当 $\Delta G<0$ 和 $\left(\dfrac{\partial \mu_i}{\partial x_i}\right)_{P,T}<0$ 时，溶液自发地分为平衡的两相。其中 ΔG 为混合自由能；μ_i 为组分 i 的化学位；x_i 为摩尔分数；P 为压力；T 为温度。从动力学角度考虑：

$$D_i = B_i\left(\frac{\partial \mu_i}{\partial x_i}\right)_{P,T} = \frac{B_i RT}{x_i}\left(1+\frac{\partial \ln v_i}{\partial \ln x_i}\right)$$

若 $\dfrac{\partial \ln v_i}{\partial \ln x_i}>-1$ 或 $v_i x_i>1$ 时，则发生相分离。式中，D_i 为组分 i 的扩散系数；v_i 为组分 i 的活度系数；B_i 为组分 i 的迁移率；R 为气体常数，$8.314\text{J}\cdot\text{mol}^{-1}\cdot\text{K}^{-1}$。

铸膜液相分离过程如图 19-2-3 所示，最终得到的膜组成取决于两个重要因素，一是铸膜液中高分子含量即 A 点所在的位置；二是水向铸膜液中渗入和溶剂从铸膜液中向水浴扩

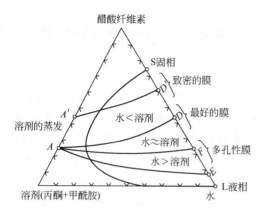

图 19-2-3 不同的水渗入速度和溶剂扩散速度对凝胶化过程的影响

散的相对速度,第二个因素决定了在三元相图中铸膜液凝胶化的途径。A-D 对应于水的渗入速度比溶剂扩散速度慢的情况;A-F 对应于二者速度相同的情况;A-E 对应于水的渗入速度比溶剂的扩散速度快的情况。

2.1.2.2 复合膜的制备工艺

1963 年 Riley 首先采用分别制备超薄皮层和多孔支撑层,然后再将二者进行复合的制膜新工艺,制成的膜称为复合膜。与相转化法所制非对称膜相比,复合膜的特点在于可以选择不同的材料分别制备超薄皮层和多孔支撑层,同时通过调节各自的制备工艺来分别优化两层的结构,使它们的功能分别达到最优化。

至今,大部分聚合物复合膜以聚砜多孔膜为支撑层(基膜),但也有用聚丙烯、聚醚砜、聚酰亚胺或聚丙烯腈多孔膜乃至无机多孔膜为基膜的。在支撑层上形成超薄致密皮层的方法大致如下:

(1) **聚合物溶液涂敷** 将支撑层的上表面与聚合物稀溶液接触,然后阴干或加热除去溶剂使聚合物固化。根据实现涂敷的手段不同,涂敷法可分为刮涂法、浸涂法和旋涂法等。

(2) **界面缩聚** 将支撑层浸入聚合物的初聚体稀溶液中,取出并排出过量的溶液,然后再浸入交联剂的稀溶液中进行短时间的界面交联反应,最后取出加热固化。

(3) **界面聚合** 将支撑层分别与含不同单体的不互溶的两溶液接触,在两溶液界面区域,单体会发生反应,形成致密的聚合物层。界面聚合法具有自抑制性,通常需要热处理,使反应完全。

(4) **原位聚合** 将支撑层浸入含有催化剂并能在高温下迅速聚合的单体稀溶液中,取出支撑层,排出过量的单体稀溶液,在高温下进行催化聚合反应。

(5) **等离子体聚合** 将某些能在辉光放电下进行等离子体聚合反应的有机或无机小分子直接沉积在支撑层上,反应得到以等离子体聚合物为超薄皮层的复合膜。

(6) **动力形成膜** 用多孔膜过滤含粒子的液体,使得这些粒子附着沉积在支撑层表面而形成复合膜。

(7) **水上延伸法** 将高分子溶液铺展在水面上,形成超薄皮层,将此皮层覆盖在支撑层上,形成复合膜。

2.1.2.3 其他制膜工艺[5,8]

(1) **其他的制膜工艺** 还有烧结法、核径迹法、溶出法、拉伸法、表面化学改性法等。

(2) **离子交换膜的制备工艺**[9] 离子交换膜有非均相膜和均相膜两种。

非均相离子交换膜一般是将磨细的离子交换树脂(约 250 目)与作为黏合剂的高分子材料混合后,加压成型。为增加膜的强度,可在膜面上、下各加一块尼龙网布之类的增强材料。也可将离子交换树脂细粉末分散在苯乙烯-丁二烯共聚物、聚碳酸酯、醋酸纤维素等溶液中,采用流延法成膜。

均相离子交换膜生产上常采用的制备工艺有:涂浆法、块状聚合物切削法、流延法、含浸法、接枝法和直接处理法。

以上是平板膜的制备工艺。管状和中空纤维膜的制备工艺将在分离器章节中介绍。

2.1.3 膜结构与表征[10~14]

膜的结构包括膜的形态、结晶态和分子结构。这里指的是工业应用分离膜（非对称膜）的形态结构。研究膜的结构可以了解膜结构-制备工艺-膜的性能三者之间的关系，以此弄清膜的形成机理，改进制膜工艺，获得性能优良的分离膜。非对称膜的形态结构主要包括致密皮层（分离层）的孔结构及其厚度；膜的断面形态等。

(1) 电子显微镜观察膜的形态结构[13] 1964 年 R.L.Riley 等公布了用电子显微镜研究醋酸纤维素反渗透膜结构，弄清了 L-S 膜透水量高的原因在于形成了具有非常薄的致密皮层的非对称结构。50 多年来，用电子显微镜研究膜的形态结构取得了长足进展。迄今，电子显微镜仍是最为普遍的直接观测膜的微细结构的实验手段。

用电子显微镜观察膜的微细结构首先要解决的是膜样品的正确处理问题。对于含有溶剂的膜样品要进行干燥处理，且需根据膜的性质采取能保持原有结构基本不变的方法脱除溶剂；此外，还要处理好金属喷涂复型、包埋切片等技术条件。

目前一般电子显微镜观察膜微细结构达到的水平大致如下：

① 用扫描电镜可以清晰地观察到各种非对称膜的断面结构。一般来讲，多孔断面层大致可分为类指状大孔和类海绵状小孔两种。

② 用扫描电镜可以较清晰观察并计算出非对称膜的皮层厚度。

③ 用透射电镜方法，使用金属复型法可以清晰观察到分离膜皮层直径约为 50Å（1Å＝0.1nm，下同）以上的孔。

采用透射电镜观察膜分离层的断面结构也有较多报道，利用切片法制备的膜片断面样品能够有效表征致密分离层的形貌。

由于观察膜样品视野的局限性，必须多次取样观察才能确定具有代表性的膜微细结构。

(2) 用原子力显微镜能够有效获得膜表面的粗糙度及其形貌 已被广泛应用。

(3) 致密分离层的孔和孔分布测定 除上述的表征方法以外，下面再介绍两种分离膜的孔径测定方法。

① 滤速法。测定装置基本上与泡压法相近，将膜装入测试池中，逐渐加压使水通过被测定的膜，在排除所有气泡后，使压力升至一定值，并收集一定时间内的流出量，可根据 Hagen-Poiseuille 定律有关公式计算平均孔径。

② BET 低温吸附法。用气体在低温下形成单分子吸附层的原理，可以测定几埃到几千埃范围内的分离膜皮层最可几孔分布。

(4) X 射线衍射仪（X-ray diffractions，XRD） 能够获得膜材料的结晶度，是探测物质微观结构结晶状态的有力工具。

(5) X 射线光电子能谱（XPS） 表征膜表面化学结构和组成。XPS 是利用 X 射线源作为激发源，将样品表面原子中的电子激发出来，通过收集电子并测量其能量分布得到电子能谱图，根据谱线的强度进行定量分析。

(6) 傅里叶变换红外光谱（FTIR） 是分析物质化学结构的一种重要技术，具有制样简单、检测灵敏度高等特点。可以根据其谱图的峰位置，表征膜表面化学结构和组成。

(7) 核磁共振（NMR） 是磁矩不为零的原子核，在外磁场作用下自旋能级发生塞曼分裂，共振吸收某一特定频率的射频辐射的物理过程。分析特征峰的数目可反映有机分子中氢原子化学环境的种类，进而推算不同化学环境氢原子的数目比。

2.1.4 膜性能与测定[9,14,15]

分离膜的性能通常是指膜的分离透过特性和物理化学稳定性。

膜的物理化学稳定性主要指标是：膜允许使用的最高压力、温度范围，适用 pH 值范围，游离氯最高允许浓度等。

膜的分离透过特性，不同的分离膜有不同的表示方法。

2.1.4.1 反渗透膜

反渗透膜的基本性能主要包括溶质截留率（R）、溶剂透过速率（J）和膜的流量衰减系数（m）。

通常实际测定的是溶质的表观截留率（R_E），在海水淡化过程中常称脱盐率，定义为：

$$R_E = (1 - C_2/C_1) \times 100\% \tag{19-2-1}$$

式中，C_1 和 C_2 分别为主体溶液和透过液中溶质的浓度，一般用质量分数表示。

对于水溶液体系，溶剂透过速率称透水率或水通量，定义为：

$$J = V/(St) \tag{19-2-2}$$

式中 V——透过液的体积；
　　S——膜的有效面积；
　　t——运转时间。

实验室中 J 通常以 $L \cdot m^{-2} \cdot h^{-1}$ 或 $mL \cdot cm^{-2} \cdot h^{-1}$ 为单位，工业生产常以 $m^3 \cdot m^{-2} \cdot h^{-1}$ 或 $L \cdot m^{-2} \cdot d^{-1}$ 为单位。

膜的流量衰减系数 m 定义为：

$$J_t = J_1 t^m \tag{19-2-3}$$

式中 J_t——运转 t h 后的透过速率；
　　J_1——运转 1h 后的透过速率。

具体测定方法见文献 [9]。

2.1.4.2 超滤膜

超滤膜对溶质的截留率同样可以用式(19-2-1)表示，但实际上更多的是用截留分子量来表征膜对不同分子量溶质的分离能力。

通过膜对不同分子量溶质截留率的测定结果得出截留分子量曲线，一般取其截留率为 90% 时所对应的分子量为截留分子量，也可用凝胶渗透色谱法测定超滤膜的截留分子量，如图 19-2-4 所示。

超滤膜的透过速率表示法同式(19-2-2)。实验室中一般用带搅拌的杯式超滤器（间歇式）测定；也有用原料液循环流动的平板超滤器测量的。

2.1.4.3 微滤膜

微滤膜通常是用膜的最大孔径、平均孔径或孔分布曲线来表示。不同孔径的膜能截住比孔径尺寸大的细菌或微粒。

微滤膜孔径测定技术主要有：压汞法、泡压法（bubble point）、液体流速法、标准颗粒过滤法和细菌过滤法等（详见文献 [11]）。各种方法所得结果不同，商品微滤膜在标示孔

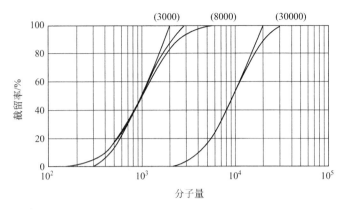

图 19-2-4 截留分子量(球形分子)曲线(凝胶渗透色谱法)

径的同时,一般都告知测试方法。

微滤膜的透过速率一般用恒压连续过滤装置测定,按式(19-2-2)计算。

2.1.4.4 荷电膜

(1) 交换容量 C 是膜中含离子交换基团多少的量度,用 $mmol \cdot g^{-1}$ 表示。用酸、碱回滴法测定。一般离子交换膜的 C 大于 $1 mmol \cdot g^{-1}$,荷电反渗透膜的 C 比 $1 mmol \cdot g^{-1}$ 小得多,荷电超滤膜的 C 变化范围较大。

(2) 膜电阻 R_m 是膜传递离子能力的量度。用于海水的离子交换膜电阻在 $1 \sim 3 \Omega \cdot cm^2$ 左右;一般脱盐用膜电阻在 $10 \Omega \cdot cm^2$;荷电反渗透膜的电阻是相当大的。

(3) 膜电位 E_m 是对膜离子迁移数和选择透过性的量度,它是离子在膜内传递和在膜-液界面平衡的综合反映。膜电位越高,迁移数越大;离子负载电量越多,膜的渗透选择性越好。

(4) 流动电位 流动电位是由于在压力下,膜孔内液体的反离子流向产品侧面而产生的。可以根据流动电位的大小和正负来判断膜的荷电性能、荷电的多少或孔径的大小等。

测定方法详见文献[9]等。

2.1.4.5 气体分离膜

(1) 分离系数 α (separation factor) α 取决于组分在膜中的渗透速率之比,也即取决于热力学性能——溶解度和分子动力学性能——扩散系数。进料气中组分 A、B 的浓度各为 C_A、C_B,通过膜的渗出气中 A、B 浓度变成 C'_A、C'_B,则膜对组分 A、B 的分离系数 $\alpha_{A/B}$ 可由下式求出:

$$\alpha_{A/B} = C'_A C_B / (C_A C'_B) \tag{19-2-4}$$

(2) 渗透速率 (permeation rate) 工业用的气体分离膜都为非对称膜,无法准确求出致密皮层厚度,通常不用渗透系数 P 而用渗透速率 J 来表示膜的透过性能。

$$J_i = \frac{q}{A \Delta P'} \tag{19-2-5}$$

式中 J_i——组分 i 的渗透速率,GPU,$1 GPU = 10^{-6} cm^3 (STP) \cdot cm^{-2} \cdot s^{-1} \cdot cmHg^{-1}$ (1mmHg=133.322Pa,下同);

q——组分 i 单位时间透过体积,$cm^3 \cdot s^{-1}$;

A——膜的有效面积,cm^2;

$\Delta P'$——膜两侧压力差。

对气体分离膜还有三个表示其性能的参数,即渗透系数 P、扩散系数 D 和溶解度参数 S,将在有关章节中介绍。

2.1.4.6 渗透汽化(渗透蒸发)膜

(1) 渗透速率 通常用渗透速率 J 来表示膜的透过性能,定义为:

$$J_i = \frac{M}{At} \tag{19-2-6}$$

式中 J_i——组分 i 的渗透速率,$g \cdot m^{-2} \cdot h^{-1}$;

M——组分 i 透过膜的渗透量,g;

A——膜的有效面积,m^2;

t——操作时间,h。

(2) 选择性 表示渗透汽化膜对不同组分分离效率的高低,一般用分离系数 α 表示:

$$\alpha_{A/B} = y_A x_B / (x_A y_B) \tag{19-2-7}$$

式中,y_A 与 y_B 分别为渗透物中 A 与 B 两种组分的摩尔分数;x_A 与 x_B 分别为原料液中 A 与 B 两种组分的摩尔分数。

有时,也用增浓系数 β 来表征膜的分离效率,定义式如下:

$$\beta_{A/B} = y_F / x_F \tag{19-2-8}$$

式中,y_F 与 x_F 分别为易渗透组分在渗透物和原料液中的摩尔分数。增浓系数 β 应用于多组分体系时比较方便。

2.2 无机膜

无机膜的特点是热稳定性高,适用于高温、高压体系;化学稳定性高;抗微生物分解能力强;机械强度大,不因受力而使膜结构变形;不易发生分离液的污染;容易清洗和再生;孔径分布较窄;可制成孔径为 0.3nm~600μm 的膜。其缺点是质脆,无弹性,因而受冲击易破损;无可塑性,不易加工;可用于制造无机膜的材料较少;成本较高;强碱条件下易受到污染和侵蚀等。

近几十年来,无机膜的开发及应用受到很大重视,发展较快,已在水处理、气体分离、溶剂分离及催化反应等领域得到应用,占膜市场的 5%~10%,并且比例还在不断增大。

2.2.1 无机膜材料

无机膜材料包括陶瓷膜、金属膜、玻璃膜、炭膜及其他新型无机膜材料。

2.2.1.1 陶瓷膜

陶瓷膜可分为多孔陶瓷膜、沸石分子筛膜和致密陶瓷膜三大类。

(1) 多孔陶瓷膜 多孔陶瓷膜所用材料主要包括氧化硅、氧化铝、氧化锆、莫来石等,孔径范围为 1nm~10μm,可实现从纳米尺寸(病毒、胶质、分子、离子)到微米尺寸(矿物质颗粒、微生物、大分子)物质的过滤[16]。

(2) 沸石分子筛膜 沸石分子筛是一种具有规整孔道结构的硅铝酸盐晶体材料,其孔径一般在 0.3~1.0nm,所制备的膜材料对小分子具有较高的尺寸筛分能力[17]。

(3) 致密陶瓷膜 致密陶瓷膜主要包括萤石型、钙钛矿型及复合双相膜等，可利用离子传导的原理实现选择性透氧。此类材料不仅具有催化活性，且在中高温环境下对氧具有绝对选择性[18]。

2.2.1.2 金属膜

金属膜是以金属材料为介质制成的具有分离功能的渗透膜。其具有高的机械强度、优良的热传导性能、良好的韧性，且容易密封成构件，可克服陶瓷膜质脆且组件的高温密封和连接较困难的缺点[19]。

金属膜根据其孔结构可分为多孔金属膜和致密金属膜两大类。

(1) 多孔金属膜 多孔金属膜包括 Ag 膜、Ni 膜、Ti 膜及不锈钢膜，其孔径范围一般为 200~500nm，孔隙率可达 60%，具有催化和分离双重功能。多孔金属膜因其过滤面积大、过滤精度高、压力损失小、密封性能好、耗材少等优点而备受关注，成为取代金属丝网、毡、烧结粉末等材料的新型多孔金属过滤材料。

(2) 致密金属膜 致密金属膜主要包括 Pd 膜、Ag 膜等及其合金膜。致密金属膜通常对某种气体具有较高的选择性，如 Pd 膜和 Pd 合金膜只允许 H_2 透过，Ag 膜和 Ag 合金膜只允许 O_2 透过。

2.2.1.3 玻璃膜

主要是由玻璃（Na_2O-SiO_2）经化学处理制成的具有分离功能的多孔渗透膜，可用于血液过滤和气体分离[20]。按照国际纯粹与应用化学联合会（IUPAC）所定义的孔分类，孔径大于 50nm 的为大孔膜，孔径介于 2~50nm 的为介孔膜，孔径小于 2nm 的为微孔膜。

2.2.1.4 炭膜

炭膜是由含碳物质经高温热解炭化而制成的一种新型无机膜。炭膜不仅具有良好的耐高温、酸碱和化学溶剂的性能及较高的机械强度，而且具有均匀的孔径分布和较高的选择渗透能力，在水处理及气体分离领域均有良好的应用前景[21]。

2.2.1.5 新型无机膜材料

近年来，随着对无机膜的深入研究，出现了多种新型无机膜材料，其中代表性的有（氧化）石墨烯膜和金属有机骨架膜[22,23]。

石墨烯（graphene）是一层由碳原子密集排列在六角形蜂巢状晶格上所构成的二维单层片状结构，氧化石墨烯是其衍生物。（氧化）石墨烯膜中片层间通道可对不同尺寸的分子实现筛分，具有较高的分离选择性，已在气体分离及水分子渗透应用中受到广泛关注。

金属有机骨架（metal organic frameworks，MOFs）是由无机金属离子（簇）通过有机配体相互连接形成的一类具有周期性网络结构的晶体材料，具有孔隙率高、比表面积大、孔道规则、孔径可调及拓扑结构多样性和可裁剪性等优点。MOFs 膜可利用自身孔道结构对不同尺寸的分子进行筛分，目前主要集中于 MOF-5、HUKST-1、ZIFs 类等 MOFs 材料。

2.2.2 无机膜的制备工艺

无机膜的制备方法很多，应根据所需膜材料及膜结构等的不同而选择。

2.2.2.1 陶瓷膜的制备

陶瓷膜的制备方法包括固态粒子烧结法、溶胶-凝胶法、相转化法、模板法、静电纺丝法、气溶胶法、化学气相沉积法、凝胶浇铸法、流延法、阳极氧化法、热分解法及水热法等，其中最常用的方法为固态粒子烧结法、溶胶-凝胶法和相转化法[21]。

(1) 固态粒子烧结法 固态粒子烧结法是将无机粉料微小颗粒或超细颗粒（粒度0.1～10μm）与适当的介质混合分散形成稳定的悬浮液，经干压成型、注浆成型或挤出成型制成生坯，再经干燥，并在高温（1000～1600℃）下进行烧结。该方法可用来制备多孔陶瓷膜及致密陶瓷膜。

(2) 溶胶-凝胶法 溶胶-凝胶法是以金属醇盐及其他化学物质为起始原料，在一定介质中通过催化剂的作用，发生水解、缩聚反应，使溶液由溶胶变为凝胶，再经干燥、热处理而制得具有陶瓷特性的多孔陶瓷膜。

(3) 相转化法 相转化法制备陶瓷膜与制备聚合物膜过程类似。在均相聚合物溶液中加入粉体粒子，通过非溶剂诱导相转化固化成膜后再辅以高温热处理，除去其中的聚合物黏结剂，粉体粒子则在高温下连接成陶瓷膜结构。此法通常用来制备中空纤维陶瓷膜。

2.2.2.2 金属膜的制备

(1) 多孔金属膜的制备 多孔金属膜的制备方法主要有固态粒子烧结法、溶胶-凝胶法、电解沉积法、径迹蚀刻法、相分离沥滤法、阳极氧化法等方法，其中固态粒子烧结法和溶胶-凝胶法由于实验设备简单、易实现、费用低、适合大规模生产而得到广泛应用[24]。

(2) 致密金属膜的制备 致密金属膜的制备可采用薄膜沉积法、压延法及流延法等，其中薄膜沉积法可将膜厚控制在20nm以下。根据沉积的机理不同，薄膜沉积法可分为化学气相沉积法、物理气相沉积法、化学镀膜法、电镀法及喷涂法等。

2.2.2.3 玻璃膜的制备

玻璃膜的制备一般有分相法和溶胶-凝胶法两种。分相法是将组成位于Na_2O-B_2O_3-SiO_2三元相图不混溶区内的原料经一定温度处理，使之分为互不相溶的两相，再用浸蚀剂溶去其中的可溶相而制得玻璃膜。溶胶-凝胶法与分相法相比，玻璃原料的组成范围较广，容易薄膜化，膜的孔径也较均匀[25]。

2.2.2.4 炭膜的制备

根据结构的不同，炭膜可分为非支撑炭膜和支撑炭膜。非支撑炭膜包括平板状、管状、中空纤维和毛细管炭膜，其中管状炭膜机械强度较高，可用作支撑炭膜的支撑体；支撑炭膜包括平板状和管状炭膜[26]。

(1) 非支撑炭膜的制备

① 平板状炭膜是将聚合物溶液在平整的玻璃板上流延成膜，干燥后经炭化而制成。

② 管状炭膜是以煤等含炭原料为前驱体，加入黏结剂混合均匀后加压挤出成型，经炭化烧结而成。

③ 中空纤维炭膜是将聚合物溶液由内插式喷丝头挤出，经短时间蒸发后进入凝胶浴，成膜后经洗涤、干燥、炭化制成。

④ 毛细管炭膜是将聚合物溶液涂在极细的聚四氟乙烯管上，在恒温水浴中凝结、干燥后将形成的毛细管薄膜从聚四氟乙烯管上取下，进行炭化后制成。

(2) 支撑炭膜的制备 支撑炭膜是将聚合物膜按照一定的成膜方法复合到支撑体后，经高温热解而制成。前驱体的选择、所采用的成膜方法及炭化条件的合理控制是制备高性能炭膜的关键环节。通常采用的聚合物膜复合方法有：浸渍法、相转化法、蒸气沉积聚合法及超声波沉积法等。

2.2.2.5 新型无机膜材料的制备

（氧化）石墨烯分离膜目前的主要制备方法包括旋涂法、喷涂法、化学气相沉积法、抽滤法、自然生长法等。

金属有机骨架膜的主要制备方法是溶剂热生长法，包括原位溶剂热生长和二次溶剂热生长。原位溶剂热生长即在多孔支撑体表面直接生长制备出连续的金属有机骨架晶体膜层。二次溶剂热生长是将沉积在支撑体表面的籽晶经过再次生长成为连续晶体膜层。

2.2.3 膜结构与表征

膜结构包括物理结构和化学结构两类。对膜结构进行表征及研究可了解膜的形成机理，建立清晰的构效关系，进而通过改进制膜工艺，获得性能优异的分离膜。其中，无机膜的物理结构包括层结构（膜表面形貌、层数及每层厚度）和孔结构（膜孔大小、数量、分布及形状等）。

无机膜的表征，在很大程度上借鉴了聚合物膜的表征手段，但在具体方法上又有无机膜材质的独特性。

2.2.3.1 无机膜层结构表征方法

扫描电子显微镜（SEM）和透射电子显微镜（TEM）是能够直接观测膜的微细结构的实验手段。

用电子显微镜观察膜的微细结构首先要解决的是膜样品的正确处理问题。对于湿的膜样品要进行脱水处理，必须根据膜的性质采取能保持原有结构基本不变的脱水方法。

扫描电镜可对膜表面及断面形貌进行观测。扫描电镜的二次电子像分辨本领一般为6～10nm（最佳可达3nm），放大倍数为10～150000倍。对无机陶瓷膜等绝缘体，往往要采用真空喷溅的方法在样品表面上镀上一层薄的金膜，以消除荷电现象[27]。

透射电镜具有1nm的分辨能力，然而由于样品制备技术的限制，对试样的剖析能力在10nm以上。高分辨透射电镜的分辨能力可进一步提高到0.3nm。透射电镜的样品有厚度要求，厚度<50nm电子才能透过，因此一般的大块样品要进行切片处理[28]。

原子力显微镜利用固定在微悬臂上的探针在膜表面扫描，可以纳米级分辨率获得膜表面形貌结构及表面粗糙度信息。相比于电子显微镜，原子力显微镜适用样品范围广，不需对样品进行特殊处理，且可获得三维表面图，目前已成为膜表面结构表征的重要手段[29]。

2.2.3.2 无机膜孔结构表征方法

多孔无机膜孔结构的表征方法可分为直接法和间接法两类。直接法主要通过扫描电子显微镜进行观察。间接法主要包括溶质截留法、压汞法、泡压法、气体渗透法等。

溶质截留法：也称溶质筛分法，以被截去溶质分子量的大小来表征膜的孔径。截去值的定义是溶质被截留90%的量时溶质的分子量。

压汞法：借助外力，将非浸润的液态金属汞压入干的多孔样品中。测定进入样品中的汞体积随外压的变化，利用Laplace或Wahburn方程，获得样品的孔径分布及孔隙率。

泡压法：基于液体在毛细孔中所受到的毛细管张力作用及气体在毛细孔中的流动机理，测定气体（如空气）透过液体浸润膜的流量与压差的关系，利用Laplace方程计算膜的孔径。

气体渗透法：通过不凝性气体（如 N_2）的渗透通量和压差的关系，由气体的渗透机理确定膜的平均孔径。

除了上述对多孔无机膜孔结构的表征方法，对于致密膜的孔径及其分布测定可使用滤速法和 BET 低温吸附法两种方法。

2.2.3.3 无机膜化学结构表征方法

无机膜化学结构的表征方法主要有表征膜材料分子结构的傅里叶变换红外光谱（FT-IR）、拉曼光谱（Raman）及表征膜材料元素组成的 X 射线光电子能谱（XPS）、电感耦合等离子体原子发射光谱（ICP-AES）和能量色散 X 射线光谱仪（EDX）等。其中，XPS 可测定存在元素的种类、含量及所处化学环境，其探测深度小于 10nm；ICP-AES 可测定溶液中元素的组成及含量，需将样品溶解后进行测试，大部分元素的检出限约为 $10^{-9} \sim 10^{-8} \mu g \cdot L^{-1}$，准确度和精密度较高；EDX 通常配合扫描电子显微镜与透射电子显微镜的使用，用来对材料微区成分元素种类、含量及分布进行分析，探测深度为微米级，准确度较低。

2.2.4 膜性能与测定

分离膜的性能通常包括分离透过特性和物理化学特性两类。分离透过特性与所应用的膜分离过程相关，其表示及测定方法在不同的膜过程部分会进行详细介绍。物理化学特性主要包括耐酸碱性、耐热性、耐压性、抗氧化性、抗微生物分解性、机械强度[30]、亲疏水性、荷电性、导电性、毒性等。

例如，无机膜机械强度测定可采用纳米压痕技术及纳米划痕技术。

纳米压痕技术（nanoindentation）：也称深度敏感压痕技术（depth-sensing indentation），最早是由 Oliver 和 Pharr 提出并发展的，能够在纳米尺度上测试材料的各种力学性质，通过载荷-位移曲线可以获得材料的硬度、弹性模量、断裂韧性或蠕变行为等参数[30]。

纳米划痕技术（nano-scratch）：适用于微纳米级厚度的薄膜或表面改性层与基底的界面结合力测试。将特定形状和尺寸的硬质压头以连续增加的载荷沿试样表面划过，直至薄膜与基底剥离，对应的临界载荷作为评价界面结合强度的度量。在纳米划痕测试过程中，确定临界载荷的方法主要有显微观察法、声发射检测法、摩擦力检测法及电子探针法[30]。

2.3 有机-无机杂化膜

有机材料一般具有易加工、密度低和价格低廉等优点，但其机械强度、耐溶剂、耐腐蚀和耐热性较差。无机材料一般具有机械强度高、耐腐蚀、耐溶剂和耐高温等优点，但其质脆，不易加工，且目前成本较高。有机-无机杂化膜结合了有机和无机材料的优良性能，近年来成为膜研究开发的一个热点[31,32]。

2.3.1 杂化膜材料选择

有机-无机杂化膜材料可分为两类：第一类膜材料以聚合物材料为主体［如聚砜（PSf）和聚酰亚胺（PI）］，无机组分为添加相［如硅（Si）、氧化铬（CrO_2）和三氧化二铝（Al_2O_3）］；第二类膜材料以无机材料为主体［如二氧化硅（SiO_2）和二氧化钛（TiO_2）］，有机组分为添加相，有机组分包括有机基团（如三甲基氯代硅烷和甲基丙烯酸酯）和聚合物［如壳聚糖（CS）］。

有机-无机杂化膜材料按照有机-无机两相结合方式可分为如下两类[33～36]。

2.3.1.1　第一类膜材料

有机与无机组分以弱相互作用如氢键、范德华力和静电作用力等结合的膜材料，即无机材料简单包埋于聚合物主体膜材料中，形成无机组分均匀分散的膜材料。这类膜材料可分为下列三种：

① 无机材料直接填充于聚合物主体材料中形成的膜材料。

② 形成于杂化过程中的无机组分填充于聚合物主体材料中形成的膜材料，如以正硅酸四乙酯（TEOS）为前驱体制备的聚酰胺基-6-环氧乙烷（PEBAX）/SiO_2杂化膜材料。

③ 无机材料直接与聚合物单体共混，之后单体生成聚合物的膜材料。

2.3.1.2　第二类膜材料

有机和无机组分以化学键（如共价键和离子键）结合的膜材料，这类膜材料中有机与无机组分通过化学键紧密结合，相容性好。这类膜材料可分为下列三种：

① 聚合物膜材料和无机前驱体在杂化过程中发生脱水缩合反应形成的具有分子水平的均相杂化膜材料，或纳米级的复合杂化膜材料，如有机/硅、有机/TiO_2以及有机/ZrO_2杂化膜材料。

② 功能化的无机组分与有机组分通过共价键和离子键结合而形成的膜材料。无机组分与有机组分紧密连接，增加了相容性，减少了界面缺陷。如利用磺酸功能化的纳米硅粒子（ST-GPE-S）与CS用溶液铸膜法制备的CS/硅杂化膜材料，ST-GPE-S上的磺酸基和羟基与CS上的氨基和羟基脱水缩合形成共价键，从而形成无机组分与有机组分紧密结合的纳米复合膜材料。

③ 在高表面积无机膜材料上嫁接有机基团或聚合物制备的膜材料，这类材料能充分利用有机组分的高分离性能和无机膜材料优良的物化性能，具体包括有机基团改性陶瓷（如三甲基氯代硅烷表面改性陶瓷）、有机基团或聚合物改性硅铝酸盐（如烷基三氯硅烷表面改性Al_2O_3、SiO_2表面嫁接聚乙烯吡咯烷酮、十八烷基三氯代硅烷改性Al_2O_3）、用等离子聚合法在多孔玻璃上嫁接甲基丙烯酸酯等膜材料。

针对不同应用领域的需求，研究者可选择具有特定功能的有机与无机组分以及合适的结合方式，进而制备合适的有机-无机杂化膜材料。

有机-无机杂化膜材料还可按照如下标准进行分类。按杂化的组分数可分为单组分杂化膜材料和多组分杂化膜材料，按体系相分离状态可分为均相杂化膜材料和纳米杂化膜材料，按膜材料的负载型式可分为负载型杂化膜材料和非负载型杂化膜材料。

2.3.2　杂化膜的制备工艺[37～40]

由于有机物和无机物在形成温度、自由体积和玻璃化温度等方面具有悬殊的差异，相界面存在较大的自由能，难于利用传统的加工方法来制备杂化膜，目前其常用的制备技术主要包括共混法、溶胶-凝胶法、原位聚合法、插层复合法等。

(1) 共混法　共混法也称做直接分散法，是制备杂化膜最直接的方法，适用于各种不同形态的纳米粒子。这种方法是将纳米粒子以不同的方式与聚合物进行混合，通过超声波、高速搅拌或者研磨等手段使无机粒子均匀分散于有机物或其前驱体中以制备杂化膜。共混法制备杂化膜具有简单、易操作的优点，而且纳米粒子的形状及尺寸容易控制，更有利于实现工业化。同时，共混法也面临着纳米粒子容易团聚、在杂化膜内分散不均等问题。

(2) 溶胶-凝胶法　溶胶-凝胶法是目前制备杂化膜最常用的也是最成熟的方法。其制备原理是将硅氧烷或金属盐等纳米粒子前驱体加入聚合物溶液中，前驱体与溶剂反应后生成纳米级粒子并形成溶胶，然后经加热使溶剂挥发等处理使溶液或溶胶转化为网状结构氧化物凝胶的过程。溶胶-凝胶法所需温度较低，能够控制材料结构的纳米尺寸，易于改性，工艺简单，且成膜方便。但是，用溶胶-凝胶法制备的杂化膜内部有机和无机相易发生分离，不利于杂化膜的均匀化。

(3) 原位聚合法　原位聚合法是将反应性单体（或其可溶性预聚体）与纳米粒子混合均匀，在适当的条件下引发单体聚合。聚合的方式主要有悬浮聚合、分散聚合和乳液聚合等。聚合物单体分子小、黏度低、容易使无机纳米粒子均匀分散在其中。同时，原位聚合法只经过一次聚合成形，可以避免热加工过程中产生的聚合物性质变化，保持杂化膜性能稳定。

(4) 插层复合法　插层复合法是制备黏土类杂化膜的一种方法。对于黏土类硅酸盐，有机金属离子和有机阳离子型表面活性剂等可与其层间的阳离子进行离子交换而进入层间，进而导致层间距增大。因此采用长链脂肪铵盐等作为穿插剂，可破坏黏土类硅酸盐的片层结构，甚至剥离成单层状硅酸盐基本单元，使片层以纳米级厚度均匀分散于聚合物中，实现聚合物与黏土类层状硅酸盐在纳米尺度上的复合。

2.3.3　膜结构与表征[41~45]

用于表征聚合物膜结构的方法一般也可以用来表征有机-无机杂化膜的结构。例如：用扫描电子显微镜和透射电镜可以观察杂化膜的表面结构和断面结构，且在一定程度上可观察有机材料和无机材料在膜中的分布情况；用原子力显微镜研究杂化膜的表面结构；用 X 射线光电子能谱法测定膜表面的元素分布情况；用红外光谱法研究分析膜材料所具有的基团，也可反映有机材料和无机材料间是否发生了化学作用。用透射电镜金属复型法可以清晰观察到膜皮层直径大于 50Å 的孔，也可用凝胶色谱法、压汞法、泡压法、气体流量法、已知颗粒通过法、滤速法、BET 低温吸附法等间接法测定膜的孔径。

除了上述表征方法之外，一些新的方法如小角 X 射线散射法也可用于观测有机-无机杂化膜结构。通过小角 X 射线散射法可以较清晰地观察到有机-无机杂化膜中有机组分和无机组分的分布情况。小角 X 射线散射法适用于研究尺寸在 1~100nm 数量级范围的电子密度起伏有关的结构特性。由于通常的有机与无机组分的电子密度有一定差异，所以可以通过这种方法来得到杂化膜的结构信息。

2.3.4　膜性能与测定

用于测定聚合物膜性能的方法也适用于测定有机-无机杂化膜的性能，请参照上述介绍聚合物膜性能与测定的相关章节。

近年来，有机-无机杂化膜已有工业应用。膜技术公司 NanoH$_2$O 公司将分子筛（zeolite）分散于制备反渗透膜聚酰胺（PA）层的有机相中，通过界面聚合法制备了 QuantumFlux 纳米复合（TFN）膜（PA-zeolite 纳米复合膜），这种膜在海水淡化领域具有很好的工业应用前景[46]。同传统反渗透膜相比，QuantumFlux 反渗透膜的通量提高了 50%～100%，截留率略有提高，可达 99.7%。

参考文献

[1] 2013—2016 年全球及中国分离膜行业研究报告. 中商情报网, 2013.12.
[2] 徐铜文. 膜化学与技术教程. 合肥: 中国科学技术大学出版社, 2003.
[3] 陈观文, 许振良, 曹义鸣, 等. 膜技术新进展与工程应用. 北京: 国防工业出版社, 2009.
[4] Mulder M. 膜技术基本原理. 北京: 清华大学出版社, 1999.
[5] 高以烜, 叶凌璧. 膜分离技术基础. 北京: 科学出版社, 1989.
[6] Baker R W et al. Membrane Technology and Applications. 3rd ed. United Kingdom: John Wiley & Sons Ltd, 2012.
[7] 汪锰, 王湛, 李正雄. 膜材料及其制备. 北京: 化学工业出版社, 2003.
[8] 王振坤. 离子交换膜. 北京: 化学工业出版社, 1986.
[9] 中国膜工业协会标准化委员会, 中国标准出版社第五编辑室. 膜技术标准汇编. 北京: 中国标准出版社, 2007.
[10] 朱长乐. 膜科学技术. 第2版. 北京: 高等教育出版社, 2004.
[11] 叶婴齐, 梁光宇, 葛宝英, 等. 工业用水处理技术. 上海: 上海科学普及出版社, 2004.
[12] Rileyl R L, Gardner J O, Merten U. Science, 1964 (143): 801-803.
[13] Riley R L, Merten U, Gardner J O. Desalination, 1966 (1): 30-34.
[14] 王湛, 周翀. 膜分离技术基础. 北京: 化学工业出版社, 2006.
[15] Li N N, Fane A G, Ho W S W, et al. Advanced Membrane Technology and Application. John Wiley & Sons Inc, 2008.
[16] 范益群, 漆虹, 徐南平. 化工学报, 2013, 64 (1): 107.
[17] 颜正朝, 宋军, 林晓, 等. 石油化工, 2004, 33 (9): 891.
[18] 金万勤, 徐南平. 化工进展, 2006, 25 (10): 1143.
[19] 文命清, 隋贤栋, 黄肖容, 等. 材料导报, 2002, 16 (1): 25.
[20] 陈勇, 王从厚, 吴鸣. 气体膜分离技术与应用. 北京: 化学工业出版社, 2004: 3.
[21] 陈冬梅, 秦志宏, 等. 化工生产与技术, 2011, 18 (5): 40.
[22] Nair R R, Wu H A, Jayaram P N, et al. Science, 2012, 335 (6067): 442.
[23] Kim H W, Yoon H W, Yoon S M, et al. Science, 2013, 342 (6154): 91.
[24] 汪强兵, 汤慧萍, 奚正平. 材料导报, 2004, 18 (6): 26.
[25] 张华, 余桂郁. 南京化工大学学报, 1996, 18 (S1): 56.
[26] 宋成文, 王同华, 邱介山, 等. 化工进展, 2003, 22 (9): 961.
[27] 廖乾初, 等. 扫描电镜原理及应用技术. 北京: 冶金工业出版社, 1990.
[28] Cillehei P. Anal Chem, 2000, 72: 189-196.
[29] John B P, Buss E. Nature, 2001, 414: 27-29.
[30] Hang Y T, Liu G P, Huang K, et al. J Membr Sci, 2015, 494: 205.
[31] Sanchez C, Belleville P, Popall M, et al. Chem Soc Rev, 2011 (40): 696-753.
[32] Li P Y, Wang Z, Qiao Z H, et al. J Membr Sci, 2015 (495): 130-168.
[33] 艾晓莉, 胡小玲. 化学进展, 2004 (16): 654-659.
[34] 宋东升, 杜启云, 王薇. 高分子通报, 2010 (3): 12-15.
[35] Guizard C, Bac A, Barboiu M, et al. Sep Purif Technol, 2001 (25): 167-180.
[36] Bideau J L, Viau L, Vioux A. Chem Soc Rev, 2011 (40): 907-925.
[37] Liao J Y, Wang Z, Gao C Y, et al. Chemical Science, 2014 (5): 2843-2849.
[38] 蔡志奇, 胡利杰, 梁松苗. 膜科学与技术, 2015 (35): 108-112.
[39] 韩鸣啸, 杨亚楠, 马晓雨. 膜科学与技术, 2013 (33): 12-16.
[40] 刘晓娟, 彭跃莲, 纪树兰. 膜科学与技术, 2008 (28): 46-49.
[41] 吴壁耀, 张超灿, 章文贡, 等. 有机-无机杂化材料及其应用. 北京: 化学工业出版社, 2005.

[42] Jeong B H, Eric M, et al. J Membr Sci, 2007(294): 1-7.
[43] Lin R J, Ge L, Liu S M, et al. ACS Appl Mater Inter, 2015(7): 14750-14757.
[44] Shen J, Liu G P, Huang K, et al. Angew Chem Int Ed, 2015(127): 588-592.
[45] Chi W S, Hwang S Y, Lee S J, et al. Membr Sci, 2015(495): 479-488.
[46] Kurth C J, Burk R L, Green J. IDA Journal of Desalination and Water Reuse, 2010(2): 26-31.

3 膜组件

3.1 膜组件分类[1,2]

　　膜分离（器）装置主要包括膜分离器、泵、过滤器、阀、仪表及管路等。所谓膜分离器是将适用于商业分离过程的很多膜以某种经济高效的型式组装在一个基本单元设备内，在外界驱动力作用下能实现对混合物中各组分的分离。这种单元设备称为膜分离器或膜组件（module）（简称组件）。在膜分离的工业装置中，根据生产需要，通常可设置数个至数百个膜组件。

　　目前，工业上常用的膜组件型式主要有：板框式、管式、螺旋卷式、中空纤维式、帘式和碟管式六种类型。

　　一种性能良好的膜组件应具备以下条件：

　　① 对膜能够提供足够的机械支撑并可使高压原料流体和低压透过流体严格分开；

　　② 在能耗最小的条件下，使原料流体在膜面上的流动状态均匀合理，以减少浓差极化；

　　③ 具有尽可能高的装填密度（即单位体积的膜组件中填充较多的有效膜面积）并使膜的安装和更换方便；

　　④ 装置牢固、安全可靠、价格低廉和容易维护。

3.2 板框式

　　板框式组件也称平板式，是最早开发的膜组件型式之一，主要因为它是由许多板和框堆积组装在一起而得名，其外形和原理极类似普通的板框压滤机。

3.2.1 板框式膜组件的特点

　　板框式膜组件的最大特点是构造比较简单而且可以单独更换膜片。这不仅有利于降低设备投资和运行成本，而且还可作为试验机将各种膜样品同时安装在一起进行性能检测。此外，板框式与管式类同，由于原料液流道的面积可以适当增大，因此其压降较小，线速度可高达 $1\sim 5\mathrm{m\cdot s^{-1}}$，且不易被纤维屑等异物堵塞。

3.2.2 系紧螺栓式

　　如图 19-3-1 所示，系紧螺栓式膜组件是先由圆形承压板、多孔支撑板和膜经黏结密封构成脱盐板，再将一定数量的多层脱盐板堆积起来，用 O 形环密封，最后用上、下头盖（法兰）以系紧螺栓固定组成而得。原水是由上盖进口流经脱盐板的分配孔，在诸多脱盐板的膜面上逐层流动，最后从下盖的出口流出。透过膜的淡水则流经多孔支撑板后，于承压板

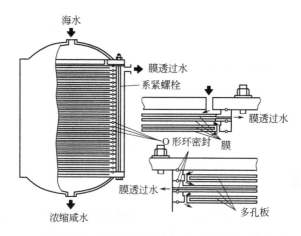

图 19-3-1 系紧螺栓式板框式膜组件构造[3]

的侧面管口处导出。

承压板可由耐压、耐腐蚀材料如环氧-酚醛玻璃钢模压制成，或由不锈钢、铜材等制成。

支撑材料的主要作用是支撑膜和为淡水提供通道。其材质可选用各种工程塑料、金属烧结板，也可选用带有沟槽的模压酚醛板等非多孔材料。

3.2.3 耐压容器式

耐压容器式膜组件主要是把众多脱盐板堆积组装后，放入耐压容器中而成。原水是从容器的一端进入，浓水由容器的另一端排出。脱盐板分段串联，每段各板并联，其板数是从进口到出口，依次递减，以保持原水流速变化不大而减轻浓差极化现象。

板框式膜组件各有特长。系紧螺栓式结构简单、紧凑、安装拆卸及更换膜均较方便。其缺点是膜的填充密度较小。耐压容器式因靠容器承受压力大，所以可做得很薄，从而膜的填充密度较大，但缺点是安装、检修和换膜等均十分不便。

一般，为了改善膜表面上原水的流动状态，降低浓差极化，上述型式的膜组件均可设置导流板。

3.2.4 板框式膜组件的应用

除上述用于盐水脱盐外，下面介绍板框式膜组件在其他方面的应用实例。

(1) 针头过滤器[4]　如图 19-3-2 所示，针头过滤器是装在注射筒和针头之间的一种微型过滤器，以微孔滤膜为过滤介质，用来去除微粒和细菌，常作静脉注射液的无菌处理，操作时，以注射针筒推注进行过滤，不需外加推动力。

(2) 板框式过滤装置[5]　对于要求处理量更大的板框式过滤装置，可采用如图 19-3-3 所示的多层板框压滤机。它是从增加膜面积出发，将 ϕ293mm 的微滤膜多层并联或串联组装构成的。

板框式过滤装置在电渗析、气体分离及渗透蒸发过程中广泛被采用。

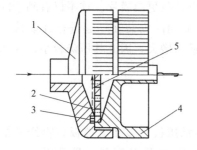

图 19-3-2　针头过滤器结构示意

1—进口接头；2—支撑板；3—O 形密封圈；
4—出口接头；5—膜

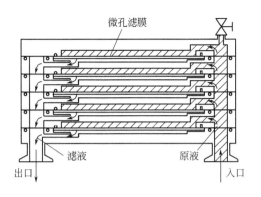

图 19-3-3 多层板框式 ϕ293mm 膜过滤装置

3.3 管式

所谓管式膜是指在圆筒状支撑体的内侧或外侧制备出半透膜而得的圆管形分离膜。其支撑体的构造或半透膜的成型方法随处理原料液的输入法及透过液的导出法而异。

3.3.1 管式膜组件的特点

管式膜的外径尺寸可以使得在分离过程中原料液表现出很好的流体动力学特性，所以管式膜组件最大的特点就是拥有优异的抗污染性能，这可以一定程度上弥补其成本较高的缺点[6]。影响管式膜组件操作的主要水力学参数是：管径、进口流速、回收率、原水浓度、操作压力和速度比（管出口与进口的流速比）等。此外，管式膜组件的接头和密封是关键性问题。单管式组件用 U 形管连接，采用喇叭口形，再用 O 形环进行密封。至于管束式的连接，主要靠管板和带螺栓的盖。管板上配有装管的管口，盖内有匹配好的进出口和适当的密封元件。

管式膜组件的优点是：流动状态好，流速易控制。安装、拆卸、换膜和维修均较方便。而且能够处理含有悬浮固体的溶液。同时，机械清除杂质也较容易。此外，合适的流动状态还可以防止浓差极化和污染。

管式膜组件的缺点是：与平板膜比较，管式膜的制备条件较难控制。同时，采用普通的管径（1.27cm）时，单位体积内有效膜面积较小。此外，管口的密封也比较困难。

管式膜组件的型式较多，按其连接方式一般可分为单管式和管束式；按其作用方式又可分为内压式和外压式。

3.3.2 内压型单管式

内压型单管式膜组件的典型结构如图 19-3-4 所示。这是一种所谓的 Univ. Calif. Loeb. Amer. 型的单管膜组件。膜管裹以尼龙布、滤纸一类的支撑材料并被镶入耐压管内。膜管的末端做成喇叭形，然后以橡胶垫圈密封。原水系由管式组件的一端流入，于另一端流出。淡水透过膜后，于支撑体中汇集，再由耐压管上的细孔中流出。许多管式组件并联或串联组成单管式反渗透组件。当然，为了进一步提高膜的装填密度，也可采用同心套管式组装方式[3]。

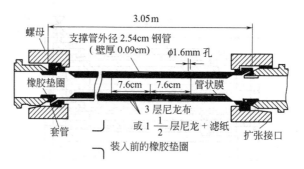

图 19-3-4 内压型单管式反渗透膜组件

3.3.3 内压型管束式

内压型管束式膜组件的结构与列管式换热器相似，其典型结构如图 19-3-5 所示。首先是在多孔型耐压管内壁上直接喷注成膜，再把许多耐压膜管平行排列组装成有共同进出口的管束，然后把管束装置在一个大的收集管内，即构成管束式淡化装置。原水是由装配端的进口流入，经耐压管内壁的膜管，于另一端流出。淡水透过膜后由收集管汇集。

图 19-3-6 为美国标准型（American standard）管式膜，也是内压型的一种。管膜的外部是以玻璃纤维树脂材料构成的内径为 12.7mm、长为 1.5m 的支撑体。膜组件是由 14 根或 20 根膜管组装在同一管板上并以终端板串并联而成。使用时可在管内填充一定数量的塑料球，以促进湍流流动。这种组件的另一特点是在必要时，管膜可以单独从支撑管中被拉出进行更换。

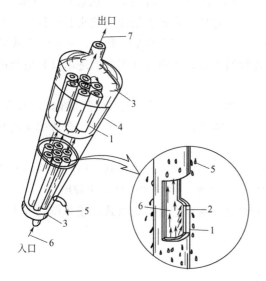

图 19-3-5 内压型管束式反渗透膜组件
1—玻璃纤维管；2—反渗透膜；3—末端配件；4—PVC 淡化水收集外套；5—淡化水；6—供给水；7—浓缩水

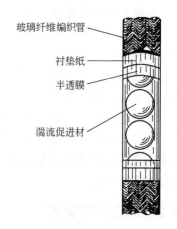

图 19-3-6 美国标准型（American standard）膜的构造

3.3.4 外压型管式

外压型管式与内压型管式相反，分离膜是被制备在管的外表面上。水的透过方式是由管外向管内。

图 19-3-7 为外压管式组件,它以管体开有许多细孔的圆管作支撑体,在其表面上衬以布或合成纸,然后用带状平膜作螺旋形缠绕,重叠处用胶黏剂黏结密封即得。若想变成多管式,只须将一定数量的这种膜管组装到管板上,然后整体放入圆筒容器中(见图 19-3-8)即成,这种多管式组件可内设隔板构成如同多管式换热器的样子。操作时原料液是通向膜管的外侧,在压力作用下,由管板侧即可导出透过液。膜为醋酸纤维素制造,可用于反渗透和超过滤等过程。

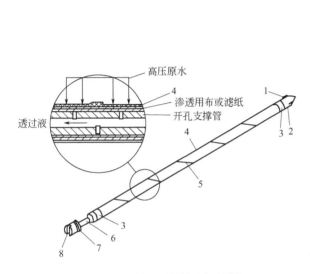
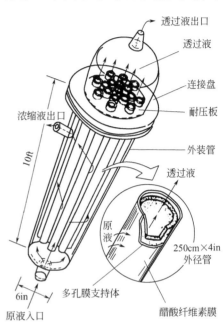

图 19-3-7 外压型单管膜组件[4]
1—装配翼;2—插座接口;3—带式密封;4—膜;5—密封;
6—透过液管接口;7—O 形密封环;8—透过水出口

图 19-3-8 多管外压型管壳式组件
1in=2.54cm,1ft=0.3048m,下同

早期,因外压型管式装置的流动状态不好,单位体积的透水流量小,且需耐高压的容器,采用者不多。后来,改用了小口径细管(直径约 0.15~0.6cm)和某些新工艺,提高了膜的装填密度,增大了单位体积的透水量,且膜的装拆更换较容易。与内压型相比,膜更能耐高压和抗较大的压力变化。

管式反渗透膜组件中耐压管的直径一般在 0.6~2.5cm 之间。常用的材料有两类:多孔性玻璃纤维环氧树脂增强管或多孔性陶瓷管;非多孔性但钻有小孔眼(直径约 0.16cm)或表面具有淡水汇集槽的增强塑料管、不锈钢管或铜管。

3.4 螺旋卷式[7]

螺旋卷式(简称卷式)膜组件的主要部件是中间的多孔支撑材料及两侧的膜。它的三边被密封成信封状膜袋,其另一个开放边与一根多孔的中心产品水收集管(集水管)密封连接,在膜袋外部的原水侧再垫一层网眼型间隔材料(隔网),把膜袋-原水侧隔网依次叠合,绕中心集水管紧密地卷起来,形成一个膜卷(或称膜元件),再装进圆柱形压力容器里,就构成一个螺旋卷式膜组件(参见图 19-3-9)[3]。

在实际应用中，通常是把几个膜元件的中心管密封串联起来，再安装到压力容器中，组成一个单元。原料液（原液）沿着与中心管平行的方向在隔网中流动，浓缩后由压力容器的另一端引出。渗透液（产品水）则沿着螺旋方向在两层膜间（膜袋内）的多孔支撑体中流动，最后汇集到中心集水管中而被导出（参见图 19-3-9 和图 19-3-10）[3]。

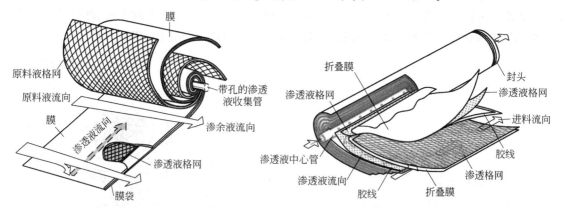

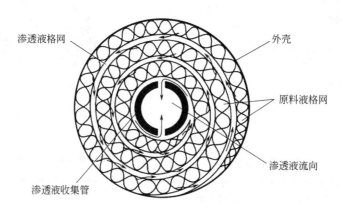

图 19-3-9　螺旋卷式膜元件的构造[1]

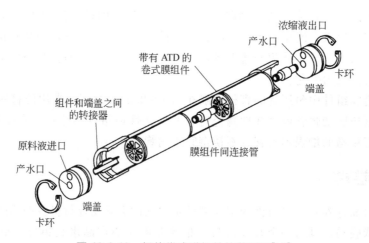

图 19-3-10　螺旋卷式膜组件的装配图[1,8]

为了增加膜的面积，可以增加膜袋的长度，但膜袋长度增加，透过液流向中心集水管的路程就要加长，从而阻力就要增大。为了避免这个问题，在一个膜组件内可以装几叶（2、4

叶或更多）的膜袋，如此既能增加膜的面积，又不增大透过液的流动阻力。一叶型与二叶型螺旋卷式组件结构参见图 19-3-11[3]。

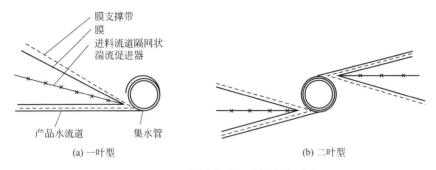

图 19-3-11 螺旋卷式组件结构的型式

3.4.1 螺旋卷式膜组件的特点

相对于板框式和管式膜组件，螺旋卷式膜组件结构紧凑，单位体积内的有效膜面积较大，制造工艺相对简单，成本更低，安装及操作比较方便[9]，同时它的抗污染及浓差极化能力又要优于直径很细的中空纤维膜，这些特点决定了它在反渗透领域统治性的地位。在气体分离方面，螺旋卷式膜组件亦广泛应用于有机蒸气膜及富氧膜。

3.4.2 膜组件的部件和材料[9]

① 集水管。可用钢管、不锈钢管或塑料管制成。

② 透过液（产品水）侧的支撑材料。其作用是支撑膜；为透过液提供阻力小的多孔通道。渗透侧隔网的厚度和渗透速率对整个卷式膜组件的设计具有重要的参考价值[10]，早期的支撑材料是用 SiO_2 颗粒与其他支撑体形成的多孔层，不过尖利的颗粒边缘常会刺破膜。目前大多采用聚丙烯作为产品水侧的支撑材料。

在实际应用过程中，渗透侧隔网材料本身的性质（如硬度、抗压性能等）对组件性能具有一定影响。隔网制造商 Conwed[11] 指出，膜组件内部的隔网材料需要具有较强的硬度来满足空间稳定性，但在组件卷制过程中坚硬的隔网材料又容易对膜材料产生破坏，影响膜组件性能。在一定的压力作用下，不同类型的渗透侧隔网均会产生一定的压实，使隔网的厚度和宽度发生变化，会对系统压降产生影响[12]。

③ 原液侧隔网材料。浓水隔网是反渗透组件三大关键材料之一，对膜元件的有效面积（产水量）、清洗（使用寿命）和压力损失（能耗）等有着重要影响。进水隔网厚度越大，膜元件的压力损失越小，膜元件的纳污能力越强。但是，进水隔网的厚度并不是越厚越好。因为当进水隔网厚度增加时，由于进入膜元件料液的流量不变，导致给水侧流道内料液流动速度降低，加剧了膜表面的浓差极化现象，进而使得污染物更易在膜表面吸附。因此，必须综合考虑浓差极化与压降之间的关系而确定合适的厚度。布雷（Bray）在分析计算后，确定用 0.033cm 直径的聚丙烯单丝编织成 12×12 ［即纵横每英寸（2.54cm）各有 12 根单丝的丝网］作间隔网材，其厚度为 0.11cm，纵横单丝互相垂直，并与膜组件轴成 45°角。这样制成的间隔网材的空隙率为 0.875，有效流道截面为 0.033cm×0.18cm。每米长的膜组件对应原液流道长 0.43m。布雷设计的基础是膜的透水率为 $1.7cm^3 \cdot cm^{-2} \cdot h^{-1}$，原液的流速为 $0.102 m \cdot s^{-1}$，维持浓差极化的比值是 1.1，而压力降在可接受的范围内，美国 GGA 公司试

制多孔支撑材料主要是采用这些分析计算结果。原料侧隔网对膜组件产水量、压力损失和污垢等产生影响，优化隔网几何参数对提高膜组件性能、降低产水成本至关重要[13]。

3.4.3 在制造中应注意的问题

在制造中应注意以下几点问题：

① 中心管主要折弯处的泄漏。
② 膜及支撑材料在黏结线上产生皱纹。
③ 胶线太厚可能会产生张力或压力的不均匀。
④ 支撑材料移动会使膜的支撑不合适，平衡线发生移动（偏离）。
⑤ 由于膜的质量不合格，膜上有针孔。
⑥ 黏结密封问题：有效的胶黏剂是聚酰胺凝固环氧树脂，黏结密封时，膜与支撑材料的边缘必须有足够的胶渗入，否则在装配时支撑材料或膜将产生折痕或皱纹，从而就可能在密封边缘或端头处产生漏洞。胶的涂刷要全面、均匀，两条胶线互相之间要并排，否则胶黏剂就不能全面渗入，从而密封边缘就可能渗漏，要严格地控制使用胶黏材料的性质，以使胶线同膜牢固黏结。

如不注意以上几点问题，则有可能导致膜组件破裂，产生泄漏。由此可见，螺旋卷式组件主要是应选择合适的支撑材料及注意膜的边缘与多孔支撑材料的黏结密封问题。

3.5 中空纤维式[1,14]

中空纤维是一种极细的空心膜管，无需支撑材料，本身即可耐很高的压力。纤维的外径为 $50\sim1500\mu m$，内径为 $25\sim900\mu m$。其特点是在高压下不产生形变。

中空纤维膜组件的组装是把大量（多达几十万根或更多根）的中空纤维膜，如图19-3-12那样弯成 U 形而装入圆筒形耐压容器内。纤维束的开口端用环氧树脂铸成管板。纤维束的中心轴处安装一根原料液分布管，使原液径向均匀流过纤维束。纤维束外部包以网布使纤维束固定并促进原液的湍流状态。淡水通过纤维膜的管壁后，沿纤维的中空内腔经管板放出，浓缩原水则在容器的另一端排出。

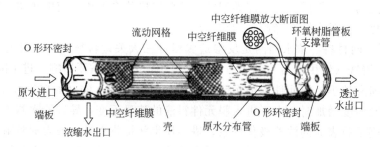

图 19-3-12 中空纤维式膜组件结构

高压原料液在中空纤维的外侧流动的好处是：原液在纤维的外侧流动时，如果一旦纤维刚度不够，只能被压瘪，将中空内腔堵死，但不会破裂，可避免透过液被原料液污染。另外，若把原料液引入这样细的纤维内腔，则很难避免因膜面被污染而导致的流道被堵塞的问题。而且一旦发生堵塞现象，清洗将十分困难。

不过近年来，随着膜质量的提高、原料液预处理的改进和某些分离过程的需要（例如为了防止浓差极化），也在采用使原料流体走中空纤维内腔（即内压型）的方式。

中空纤维膜组件的壳体最早采用钢材衬耐腐蚀环氧酚醛涂料。由于钢材较重，同时内衬涂料容易剥落，使用不安全，现在多改用不锈钢壳体或缠绕玻璃纤维的环氧增强塑料（即玻璃钢）壳体，两端的端板也使用这种材料。图 19-3-13 为一种中空纤维膜分离器。

中空纤维膜组件根据原料液的流向和纤维膜的排列方式，通常可分为以下三种类型：

① 轴流型。中空纤维在组件内纵向排列，原料液与中空纤维成平行方向流动。

② 径流型。目前已商品化的中空纤维膜组件中，大部分采用此型，其中，中空纤维的排列方式同轴流型相同，但原料液的导入是从设在组件轴心的多孔管上无数小孔中径向流出，然后从壳体的侧部导管排出。

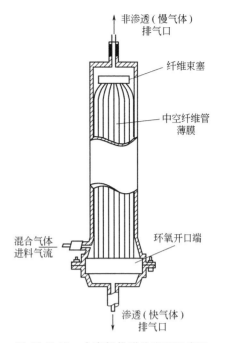

图 19-3-13 中空纤维膜分离器示意图

③ 纤维卷筒型。由中空纤维被螺旋形缠绕在轴心多孔管上而形成筒状，原液的流动方式则与②同。

3.5.1 中空纤维膜组件的特点

① 不需要支撑材料。如上所述，由于中空纤维是一种自身支撑的分离膜，所以在组件的加工中无需考虑膜的支撑问题[14]。

② 结构紧凑。单位组件体积中所具有的有效膜面积（即装填密度）高，一般可达 $(1.6\sim3)\times10^4 m^2 \cdot m^{-3}$，高于其他组件型式。

③ 透过液侧的压降较大。由于透过液流出时，须通过极细的纤维内腔，因而流动阻力较大，压降有时达数个大气压。

④ 再生清洗困难。

同圆管式组件相比，因无法进行机械清洗（如以清洗球），所以一旦膜被污染，膜表面的污垢排除十分困难，因此要求对原料液进行严格的前处理[15]。

3.5.2 中空纤维膜组件制造中应注意的问题

中空纤维膜组件的膜丝装填密度是制造中需要足够重视的参数。膜丝装填密度必须要足够大（对气体分离膜而言一般要大于 50%，甚至更高），才可以避免形成在分离过程中膜组件内没有分离膜存在的死区，即避免这些区域内待分离介质无法有效接触到分离膜得到分离。如膜丝装填密度不够大，更严重的情况下甚至会形成短路，即部分原料进入膜组件后未得到任何分离即从膜组件流出，造成分离效率的极大下降。此外膜组件内的膜丝分布在组件制备过程中也需要加以考虑，以避免形成分布不均，进而影响分离效果的情况。

除膜丝装填密度外，膜丝内径和组件长度、封头厚度等也影响产水量。对较长组件可适当减少装填密度以减轻原料侧流体压降；增加膜丝内径可减轻渗透侧压降，提高整体跨膜压差（TMP）和渗透流量；较厚封头会引起渗透流量降低。优化膜丝装填密度、膜丝内径、组件长度和封头厚度等可以确保最佳的产水量[16]。

3.6 帘式

3.6.1 帘式膜组件的特点

帘式膜由于外形像门帘而得名，多用于 MBR 工艺和浸没式微滤工艺中，如图 19-3-14 所示，其是由中空纤维微滤膜、集水管、树脂槽及封端树脂浇铸而成的膜分离单元[17]。

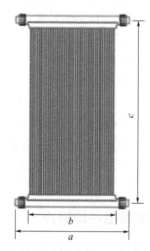

图 19-3-14 帘式膜组件

帘式膜的特殊型式也决定了其自身特点：

① 与传统的膜组件不同，帘式膜没有膜壳，直接将膜丝浸泡于待处理的料液中。帘式膜组件的过滤驱动力为负压抽吸。通过产水泵作用使膜丝内部产生负压，与膜丝外侧大气压之间产生压差，提供过滤所需压力。

② 在过滤过程中，帘式膜直接从膜丝中抽出净水，操作压力低，因此单位膜面积通量小，需要膜面积较大。传统中空纤维膜是在泵的作用下大流量循环错流过滤，膜面积较小，但动力消耗较大。

③ 帘式膜的膜丝可见，因此，易于检查断丝现象，便于膜组件维护。

④ 帘式膜膜丝直接浸泡于料液中，在气洗时与气泡接触充分，清洗效果明显。

⑤ 帘式膜组件无死区，适合于高固含量料液处理。在实际应用中往往通过曝气使膜丝扰动，降低浓差极化和膜污染对帘式膜分离性能的影响。

⑥ 曝气带来的膜丝扰动断裂对膜丝的力学性能（拉伸强度和断裂伸长率）提出较高要求。

3.6.2 膜组件的部件与材料

帘式膜组件的结构简单，分为膜丝、单元框架和产水集合管三部分。

膜丝：多为用 PVDF（聚偏氟乙烯）为膜材料制备的中空纤维微孔滤膜。分为一体式、带衬式和混凝土式三种型式。由于帘式膜在运行过程中需要频繁曝气，因此，膜丝的强度和断裂伸长率是评价膜组件性能的关键因素[18]。

单元框架：用于集成膜组件、支撑膜组件，使独立的膜组件集成为一个独立的工作单元。由于帘式膜组件需有一定重量，所以多为金属框架。

产水集合管：与膜丝内部连通，通过产水泵提供的负压将产水集合到产水池的管路系统。由于帘式膜的运行压力较低，所以多以塑料为原料，如 UPVC（硬聚氯乙烯）、PP（聚丙烯）等。

中空纤维帘式膜组件要安装在膜架上才能使用，以完成产水收集、反洗以及曝气等操作。利用膜架的排列，实现膜组件在数量上、排布型式上的组合[19]。

根据膜丝装配方式的不同，帘式膜分为帘式（膜丝两端分别连接两根集水管，垂直排布）和海藻式（膜丝两端连接同一根集水管，U 形排布）两种结构[20]。

3.6.3 在制造中应注意的问题

帘式膜在使用过程中需要频繁晃动，所以膜丝与密封胶接触部分容易发生剧烈晃动，从而造成断丝。为解决此问题，在传统环氧树脂之上增加一层软胶，以减轻膜丝的断丝风险。帘式膜的运行压力较低，在实际制作帘式膜组件的过程中，膜丝的长度和膜丝的内径都是需要考虑的因素。膜丝过长或膜丝过细都会导致水在膜丝内运动阻力增加，从而降低帘式膜的产水量，因此选择合适的膜丝结构对于帘式膜的性能有非常关键的作用。

3.7 碟管式[21~24]

3.7.1 碟管式膜组件的特点

根据分离膜片不同，碟管式膜技术（disc tube module）分为碟管式反渗透（DTRO）、碟管式纳滤（DTNF）、碟管式超滤（DTUF）三大类。该技术是专门针对高浓度料液的过滤分离而开发的，已成功应用近 30 年。如图 19-3-15 所示，下面以应用最为广泛的碟管式反渗透膜组件为例，介绍碟管式膜组件的特点。

和其他膜组件相比，碟管式反渗透膜组件具有以下特点[25,26]：

① 通道宽。膜片之间的通道为 6mm，而卷式封装的膜组件只有 0.2mm。

② 流程短。液体在膜表面的流程仅 7cm，而卷式封装的膜组件为 100cm。

③ 湍流通道。由于高压的作用，渗滤液打到导流盘上的凸点后形成高速湍流，在这种湍流的冲刷下，膜表面不易沉降污染物。

④ 适用于处理高浓度料液。宽通道和湍流通道解决了膜片堵塞问题，进膜组件料液不依赖特别的预处理。

⑤ 操作压力高。高压型膜组件可耐压等级达 20MPa，常压型膜组件可耐压等级也有 7.5MPa，高于普通反渗透膜组件，可提高产水回收率。

⑥ 易维护。可容易地移除拉杆两端压盘及膜垫，膜组件内膜片可以无损取放，可实现低成本滤膜更换。

碟管式膜组件结构上的特点，决定了它在处理渗滤液时可以容忍较高的悬浮物和淤泥密

图 19-3-15　碟管式膜组件结构

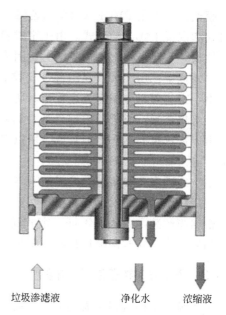

图 19-3-16　碟管式膜组件在处理垃圾渗滤液过程的操作方式

度指数，即不易堵塞。这使得碟管式反渗透技术具有：膜组的结垢少，膜污染轻，膜寿命长等特点。

碟管式膜组件的特殊结构及水力学设计使膜组件易于清洗，避免了结垢和其他膜污染，从而延长了膜片寿命。用于碟管式反渗透膜组件的膜片寿命可长达 3～5 年，甚至更长（在国外已有运行 9 年才更换膜片的工程实例），对于一般的反渗透处理系统，这是无法达到的[27]。

由于以上结构上的特点，碟管式膜组件不用预处理可以直接处理渗滤液。在具体工程中，预处理系统可有可无。对于有预处理的系统，无论预处理环节是否高效、稳定，反渗透系统都可以稳定地达标出水。同时由于不依赖于生物处理，如图 19-3-16 所示的碟管式反渗透对垃圾填埋场各个阶段的渗滤液具有良好的适应性[28]。

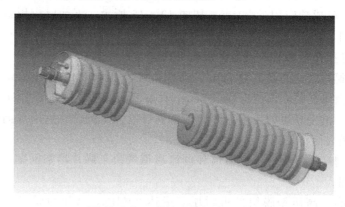

图 19-3-17　碟管式膜组件的结构

3.7.2　碟管式膜组件的部件与材料

如图 19-3-17 所示，碟管式膜组件由膜片、导流盘、密封圈和中心拉杆所组成。膜片和导流盘间隔叠放，放在导流盘两面的凹槽内，用中心拉杆串在一起。两端用金属端板密封。碟管式膜组件中各个部件的特点与作用如下：

（1）**膜片** 由两张同心八角状反渗透（或纳滤、超滤）膜和膜中间夹丝状格网组成，三层材料经热焊接而成，能够达到耐压、耐腐蚀等高强度效果。

（2）**导流盘** 导流盘采用特殊的凸点设计，导流盘的特殊结构设计，使处理液形成湍流，增加透过速率和自清洗功能。导流盘将膜片夹在中间，使处理液快速切向流过膜片表面。导流盘和膜片的结构见图 19-3-18。

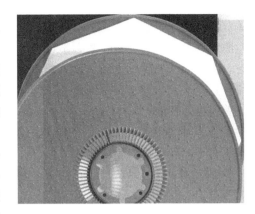

图 19-3-18　导流盘和膜片

（3）**密封圈** O 形橡胶垫圈套在中心杆上置于导流盘两侧的凹槽内起到支撑膜片、隔离污水的作用

（4）**中心拉杆** 净水在膜片中间格网流到中心拉杆外围，通过净水出口排出。

3.7.3　在制造中需注意的问题

碟管式反渗透膜需将多达数百张膜片和导流盘结合，通过垫圈装配在一起，因此膜片之间的定位和密封性对于碟管式膜组件的性能起到关键作用。此外，碟管式膜组件的导流盘在压紧过程中应控制好力矩扳手的力臂。过小的力臂造成碟管式膜组件密封性不好，而过大的力臂又会造成导流盘上的凸点将膜片刺破。力臂的选择与导流盘结构、垫圈的厚度有关。

3.8　各种型式膜组件的优缺点

上述各种类型膜组件的优缺点对比列于表 19-3-1，一般来说，它们各有所长，当然从检测单位体积的产水量来看，螺旋卷式[29]和中空纤维式是所有类型中性能较高的，因此，工业上的大型实用装置大多数都是采用这两种型式。然而应当指出的是，从装置的膜面清洗角度来说，管式装置有它独有的特点。另外板框式组件[30]，尽管它是最古老的一种型式，本身有不足之处，但由于它仍具有一定特色而受到产业界的重视，迄今尚占有一定市场。

表 19-3-1　各种膜组件比较

组件型式	板框式	管式	螺旋卷式	中空纤维式	碟管式	帘式
组件结构	非常复杂	简单	复杂	复杂	复杂	复杂
膜装填密度/$m^2 \cdot m^{-3}$	160～500	33～330	650～1600	16000～30000	约 200	50～300
膜支撑结构	复杂	简单	简单	不需要	复杂	简单
膜清洗	易	内压式易，外压式难	难	难	难	难
膜与组件更换方式	更换膜	更换膜(内压)或组件(外压)	更换组件	更换组件	更换膜	更换组件
膜与组件更换成本	中	低	较高	较高	低	较高
对水质要求	较低	低	FI<4	FI<3	较低	较低
		除 50～100μm				
水质前处理成本	中	低	高	高	中	中

注：FI 表示污染指数。

综上所述，究竟采用哪种组件型式最好，尚须根据原料液情况和产品要求等实际条件，具体分析，优化选定。

膜组件是发挥分离膜性能必不可少的操作单元，当膜丝数量放大和膜组件壳体的几何放大时，膜性质（如膜丝直径、膜渗透和分离性等）的差异、壳体内膜丝不均匀排布（死区或沟流等）产生了非理想流动。此外，料液浓差极化和结垢等也直接影响膜渗透性。以下措施可改善膜组件性能：

① 采用曲折型膜丝。可以使壳体内膜丝排布均匀，减少死区或沟流等；流体与膜丝交叉流有利于减轻料液浓差极化和结垢[31]。

② 膜组件内设置曝气孔或挡板。利用气液两相流或挡板产生湍流抑制浓差极化和结垢[31,32,14]。

③ 采用缠绕式膜组件。与传统直线布丝的膜组件不同，膜丝以一定角度缠绕在中心管上再置入壳体内，流体在壳体内与膜丝交叉、均匀流动，有利于减轻沟流及料液浓差极化现象[33~35]。

④ 采用计算流体力学（CFD）方法对膜组件结构参数进行优化设计。可以分析膜叶数量、中心管尺寸、原料侧隔网参数和渗透侧流道等对性能和能耗影响[14,31~44]。

参考文献

[1] Baker Richard W. Membrane Technology and Applications. Third. A John Wiley & Sons Ltd, 2012.
[2] 王学松. 现代膜技术及其应用指南. 北京：化学工业出版社，2005.
[3] 王湛，周翀. 膜分离技术基础. 北京：化学工业出版社，2006.
[4] 李中申，戴亚芹，赵淑兰. 佳木斯医学院学报，1987，3：283-284.
[5] Lin S Y, Suen S Y. J Membr Sci, 2002, 204: 37-51.
[6] 陈光伟，刘恩华，杜启云. 水处理技术，2000，26：145-149.
[7] Johnson J, Busch M. Desalin Water Treat, 2010, 15: 236-248.
[8] Parekh B S. Reverse Osmosis Technology. New York: Marcel Dekker, 1988.
[9] 时钧，袁权，高从堦. 膜技术手册. 北京：化学工业出版社，2001.
[10] Karabelas A J, Kostoglou M, Koutsou C P. Desalination, 2015, 356: 165-186.
[11] Conwed. Filtration & Separation, 2015, 52 (2): 20-21.
[12] Koutsou C P, Karabelas A J, Goudoulas T B. Desalination, 2013, 322: 131-136.
[13] Haidari A H, Heijman S G J, Van der Meer W G J. Sep Purif Technol, 2018, 192: 441-456.
[14] Wan C F, Yang T, Lipscomb G G, et al. J Membr Sci, 2017, 538: 96-107.
[15] Li X H, Mo Y H, Li J X. J Membr Sci, 2017, 528: 187-200.
[16] Lim K B, et al. J Memb Sci, 2017, 529: 263-273.
[17] 施博，戴海平，张惠新，等. 天津工业大学学报，2006，25：6-8.
[18] 刘海亮，肖长发，黄庆林. 纺织学报，2015，36：154-160.
[19] 赵艳，孟庆礼，吴海城，等. 安装，2017，5：60-61.
[20] 张颖，任南琪，田文军，等. 哈尔滨建筑大学学报，2001，34：72-75.
[21] Caetano A, De Pinho M N, et al. Membrane Technology: Applications to Industrial Wastewater Treatment. The Netherlands: Kluwer Academic Publishers, 1995.
[22] Zeman L J, Zydney A L. Microfiltration and Ultrafiltration: principles and applications. New York: Marcel Dekker Inc, 1996.
[23] Günther R, Perschall B, Reese D, et al. J Membr Sci, 1996, 121: 95-107.
[24] Peters T A. Desalination, 2001, 134: 213-219.

[25] 周理,杨麒,李志军,等. 环境工程学报,2016,10: 6855-6860.
[26] 齐奇. 装备机械,2011,3: 18-22.
[27] 左俊芳,宋延冬,王晶. 膜科学与技术,2011,31: 110-115.
[28] 张立娜. 中国给水排水,2016,16: 59-62.
[29] 范彬,纪仲光,杨庆峰,等. 膜科学与技术,2010,30: 30-34.
[30] 刘光培,黄龙,刘令,等. 化工设备与管道,2012,49: 30-33.
[31] 庄黎伟,魏永明,戴干策,等. 膜科学与技术,2017,5: 118-125.
[32] 熊长川,李卫星,刘业飞,等. 化工学报,2017,11: 4341-4350.
[33] 阎建民,袁其朋,马润宇. 膜科学与技术,2001,4: 13-16.
[34] Johnson J, Busch M. Desalin Water Treat, 2010, 15: 236-248.
[35] Norfamilabinti C M, Lou Y C, Lipscomb G G. Curr Opin Chem Eng, 2014, 4: 18-24.
[36] Schwinge J, et al. J Membr Sci, 2004, 242: 129-153.
[37] Li Y L, et al. Desalination, 2011, 283: 140-147.
[38] Li Y L, et al. Desalination, 2012, 287: 200-208.
[39] Bucs S S, et al. Desalination, 2014, 343: 26-37.
[40] Karabelas A J, et al. Desalination, 2015 (356): 165-186.
[41] 王涛,何欣平,吴珍,等. 膜科学与技术,2017,3: 89-96.
[42] Gu B, et al. J Membr Sci, 2017, 527: 78-91.
[43] Gu B, et al. Comput Chem Eng, 2017, 96: 248-265.
[44] Haidari A H, et al. Sep Purif Technol, 2018, 192: 441-456.

4 膜过程

4.1 微滤

4.1.1 概述[1~3]

微滤、超滤和反渗透都是以压力为推动力的膜分离过程。三者之间并无严格界限，它们组成了一个可分离固态颗粒到离子的三级膜分离过程。

一般认为微滤的有效分离范围为直径 $0.1\sim10\mu m$ 的粒子，操作压差为 $0.01\sim0.2MPa$，依据微孔形态的不同，微滤膜可分为弯曲孔膜和柱状孔膜两种。有效孔径和孔隙率是表征微滤膜结构最重要的两个参数。孔径结构包括平均孔径和孔径分布两层含义，它们是微滤膜截留粒子大小的决定因素。微滤膜的孔隙率也有总孔隙率和有效孔隙率两种。总孔隙率为包括密闭孔和连通穿透孔两种结构的孔的孔隙率。有效孔隙率也称开孔孔隙率，数值上小于总孔隙率。由于膜中的密闭孔不能被分离流体通过，只有开放孔的孔隙率才对被分离流体透过膜速率有贡献。目前文献中所给的孔隙率多数属于由密度法测定的总孔隙率。

4.1.2 微滤膜的传递机理[4]

微滤膜的分离机理主要是筛分截留。分离过程中，膜的过滤行为与膜的几何结构、孔结构、表面性质和过滤对象的物理化学特性有关，截留作用大体可分为：机械截留、吸附截留、架桥作用、网络型膜的网络内部截留作用和静电截留等。

微滤膜是开发最早、应用最广泛的滤膜技术。1925 年在德国哥丁根成立了世界第一个滤膜公司。微孔滤膜的主要特征与要求为：孔径均一；孔隙率高；膜厚度小；无介质脱落，不产生二次污染。

4.1.3 微滤膜的流程与工艺

长期以来，微滤膜的材质都是高分子材料的。随着膜分离技术在工业各领域应用的迅速发展，近十多年来无机微滤膜引起重视并取得长足进展。

微滤膜组件也有板框式、管式、卷式和中空纤维等多种结构型式。工业上应用的微滤膜组件设备主要为板框式，它们大多仿效普通过滤器的概念设计。在用微滤膜进行水的净化时，常用折叠筒式过滤器。其特点是单位体积中的膜面积大，过滤效率高。这种过滤器操作简便、占地少，滤膜被堵塞后可把整个滤芯换掉。针头过滤器是一种装在注射器针筒和针头之间的微型过滤器，以微滤膜为过滤介质，供少量流体（气、液）过滤净化以除去微粒和细菌，常用于静脉注射液的无菌处理等。小型吸滤器是实验室用最简单的微孔过滤器，和普通的吸滤装置相同。一般在过滤前，膜要用适当的液体浸润以赶出空气，并在加入滤样前用相应的溶液吸滤以清洗滤膜。

膜过程中经常遇到的一个最重要的问题是膜的污染。对于微滤膜而言，膜污染与过滤阻力主要来源于被截留的溶质胶体或颗粒在膜表面形成的浓差极化、滤饼层及颗粒在膜孔中的吸附和堵塞。

减少污染的主要手段是流程的优化。在微滤过程中有死端过滤和错流过滤两种操作。死端过滤类似于粗过滤，所有被截留微粒都沉积在膜上形成滤饼，滤饼的厚度随时间延长和处理量的增加而增厚；错流过滤的原料液流动方向与滤液流动方向垂直，可使膜表面沉降物不断地被原料液的横向液流冲跑，因而不易将膜表面覆盖，避免膜通量迅速下降。对于固含量高于0.5％且易产生堵塞的料液应采用错流过滤。

流程优化只是缓解膜污染的手段之一，但并不能消除膜污染。为了维持较高的膜通量，必须对膜组件进行周期性清洗。清洗方法有物理清洗和化学清洗，其中物理清洗是使用洁净的流体处理膜组件，包括正冲洗和反冲洗两种方式。反冲洗具有更好的通量再生效果，是应用中经常采用的清洗方式。另外，气/液混合物（空气和水）也是经常采用的清洗介质，而且效果还优于单一的液体流体清洗介质。

4.1.4 微滤膜的应用[5~24]

微滤膜分离技术广泛用于电子、医药卫生、饮料、原子能、环境工程、化工、生物工程等行业，与国民经济和人民生活息息相关。

微滤在纯水制造装置中使用比反渗透和超滤更为普遍。主要作用是除去水中的细菌及其残骸、树脂碎片及其他微粒，提供优质净化水，达到饮用目的。

在医药工业中注射液、大输液及药的清洗用水必须去除微生物及微粒性杂质；医院中手术用水及洗手用水要除去悬浊物和微生物；制药和微生物实验室用的药剂和溶液必须是无菌的，用微滤膜可以方便而经济地制备这些无菌、无微粒液体。微滤膜还可用于组织液培养、抗生素、血清、血浆蛋白等多种溶液灭菌。MOS（金属-氧化物-半导体）级化学试剂、光刻胶等要去除微粒，也用微滤膜。

微滤膜可从饮料、酒类、酱油、醋等食品中除去悬浊物、微生物和异味杂质，使产品清澈、透明、存放期长，且成本低。

在处理小批量、高产值的生物制品中，由于微滤膜具有孔分布均匀、孔隙率高等特点，可以保证产品质量。

微滤膜已用于为医药及其他工业提供各种无尘、无菌空气。

微滤膜可用于脱除废油中的水分和碳，进行废润滑油再生。

利用不同孔径的微滤膜收集细菌、酶、蛋白、虫卵等，微滤膜可用于微生物检测和微粒子检测。

微滤膜可以用作化学电池中的隔膜。化学电池都是由正、负极板，隔膜和电解液构成，隔膜性能的优劣直接影响着电池性能的好坏。隔膜必须保证电池正负极之间的隔离，防止电池内部短路，还必须保证电池内离子畅通。目前，常用的电池隔膜有微孔PVC膜、PP单层膜和PP/PE/PP三层复合膜等。

疏水性微孔膜还可以用于膜蒸馏过程，例如盐水浓缩、热敏性物质水溶液的浓缩和挥发性有机溶质的分离或浓缩等。表19-4-1中列出了部分微滤膜的应用实例。

表 19-4-1　微滤膜的应用范围及膜孔径的选择举例

应用范围	膜孔径/μm
1. 科研和环境监测	
大洋江河悬浮物的富集或水样净化	0.45
微粒污染检测	5～8
2. 电子工业	
半导体器械和集成电路制造车间空气净化	0.30
洗涤用高纯水制备及终端过滤	0.22～0.45
3. 医学科研和医药工业	
热敏性药物、组织培养基及疫苗血清过滤	0.22～0.45
细菌的检查	0.2～1.2
药液、针剂、大输液的过滤	0.65～1.2
医院临床化验	0.22～0.45
化验用水净化	0.22～0.45
患者菌血的过滤	0.45
气体无菌过滤	0.8～3
4. 食品卫生及其他	
饮水、饮料等的细菌检查	0.22
饮料适用期的检查	0.22～1.2
白糖色素测定	0.45
航空油料中微粒的监测和过滤	1.2
膜蒸馏	0.1～0.6

4.2　超滤

4.2.1　基本原理[25～27]

超滤属于以孔径筛分作用为膜分离机理、以压力差为推动力的膜过程。一般说超滤膜表皮孔径范围大体在 5nm 到几百纳米之间，主要用于水溶液中大分子、胶体、蛋白质等的分离。超滤膜对溶质的截留作用主要有：①在膜表面及微孔内的吸附（一次吸附）；②在孔中的停留（阻塞）；③在膜表面的机械截留（筛分）。其中一次吸附或阻塞会发生到什么程度，与膜与溶质之间的相互作用和溶质浓度、操作压力、过滤总量等因素有关。与微滤相比，超滤膜过程操作压力大、通量小。

超滤过程的基本特性、传质系数及透过速率方程可参阅文献 [27]。

4.2.2　超滤膜和组件

最初的超滤膜是醋酸纤维素衍生物膜，20 世纪 60 年代以后开始有其他的高聚物商品超滤膜，近十多年来无机膜成为受人重视的超滤膜新系列。

超滤膜组件主要型式有管式、板框式、中空纤维和卷式四种。中空纤维是目前应用最广泛的一种，近年来具有错流结构的卷式组件受到重视，管式和板框式水力学流动状态较好，适用于黏度大、浓度高或污染性较强的原料液。

4.2.3　流程和过程设计[25,27,28]

4.2.3.1　超滤过程中膜的污染

超滤膜的截留对象多为分子量10000～100000的大分子，因此，超滤过程膜的污染特别严重。膜污染所造成的透水量下降是不可逆的，必须用特殊的物理或化学（一般是化学）的清洗方法才能使透水量得到恢复。超滤过程中操作条件的选择主要围绕如何使膜污染的影响减少到最低限度来进行。

最简单的污染模型是将膜渗透流速和透过量或透过体积相关联，其中许多建立在污染层的形成是一级反应的假设基础上。这些模型可用于关联实验数据和帮助人们了解如何控制膜污染。

在超滤过程中蛋白质的污染占主要地位，蛋白质是一种两性化合物，有很强的表面活性，极易吸附在聚合物表面上，原料液浓度和pH值对蛋白质的污染影响最大。文献［27，28］列出了蛋白质在超滤膜上的吸附及其对流量的影响。

解决超滤膜污染的基本途径有两个：其一是改变膜表面的物理化学性质，减轻蛋白质在膜表面（包括孔中）的吸附；其二是确定适当的操作条件，即选择必要的预处理方法和最合适的压力、流速、温度以及清洗条件，其中最主要的是确定合适的清洗方法。清洗方法分物理和化学两类，以化学为主。化学清洗方法常用的清洗剂有：柠檬酸溶液、柠檬酸铵溶液、加酶洗涤剂、过硼酸钠溶液、浓盐水、水溶性乳化液以及双氧水水溶液等。

4.2.3.2　流程

为了使超滤过程更经济、更有效地进行，根据处理对象和分离的要求，可采用重过滤、间歇超滤、连续超滤等型式。不同的超滤过程有不同的计算模型，详见文献［28］。

4.2.4　超滤的应用

超滤特别适用于热敏性和生物活性物质的分离和浓缩。其主要应用有以下五个方面：

4.2.4.1　食品工业[29～38]

① 乳制品工业是国外食品工业中应用膜技术最多的部门。早在1988年世界上用于乳品加工的超滤膜已超过150000m^2，每年以30%速度增长。用牛奶制干酪，分离后得到乳清，其中含不少可溶蛋白质、矿物质等营养物质，但也含大量的难消化的乳糖。用超滤法回收其中的蛋白质，可使蛋白质含量从3%增加到50%以上，甚至高达80%以上。

② 超滤已广泛用于果汁饮料和酒类的加工。与常规方法相比，超滤不仅操作方便，设备和操作费用低，且可保持果汁原有的营养和色、香、味，产品清澈、明亮。超滤也用于饮料用水的制造。

③ 超滤还用于酒类加工和食醋、酱油的精制除菌。

4.2.4.2　生物工程[39～44]

① 酶的精制。酶是一种分子量为10000～100000的蛋白质，用传统方法分离提取酶的过程复杂、纯度低、费用昂贵。用超滤技术进行酶的提取和浓缩，过程简单，可减少杂菌污染和酶的失活，大大提高产品的收率和质量。某些食品用酶用超滤进行浓缩精制，产品纯度

比传统方法提高4~5倍,回收率提高2~3倍,污染降到1/4~1/3,操作费用约为传统方法的50%。文献［45］选用超滤膜系统及截留分子量为30000的膜处理维生素的原始发酵液,滤液质量好,通量高,并且简化了工艺,提高了收率。酶制剂分子量为10000~100000,是高度催化活性的特殊蛋白质。文献［46］用截留分子量5000和10000的超滤平板膜组件,直接从去除菌体的发酵液中浓缩回收果胶酶,浓缩率在20倍以下,取得98.3%的高回收率,具有应用价值。

② 生物活性物质的浓缩和分离。超滤技术已用于喉类毒素的浓缩除菌;钩端螺旋体菌苗浓缩;霍乱外毒素精制;胸腺肽、α-干扰素、乙型肝炎疫苗、转移因子、尿激酶等的分离浓缩和提纯。

③ 膜生物反应器。膜生物反应器由于能大幅度提高发酵生产率,近年来研究进展迅速。国外用于培养细胞的中空纤维膜生物反应器已有商品销售。我国用中空纤维超滤膜反应器将青霉素酰化酶基因工程菌固定在中空纤维外表面,裂解青霉素制造六氨基青霉烷酸（6-APA）已有工业生产。

4.2.4.3 工业废水的处理[47~52]

超滤法处理工业废水已在纺织、造纸、金属加工、食品、电泳涂料等部门推广应用。

① 国外几乎所有汽车制造厂都用超滤处理电泳涂料中的清洗用水。目前先进的阴极电泳上的超滤膜多为荷电膜。

② 用超滤回收合成纤维工业退浆液中PVA的技术国外已用于工业生产。我国用超滤处理还原染料印染废水和合成纤维玻璃纤维油剂废水已获得明显的经济和社会效益。

③ 从干酪乳清中回收蛋白是国内外用超滤处理食品废水规模最大的应用。

④ 超滤和反渗透联用处理亚硫酸纸浆废液,并浓缩回收木质素和糖。

⑤ 我国的电影制片厂用超滤回收显影废液;中空纤维超滤用于碱性辛酸盐镀锌废水处理已在生产线上稳定运转。

利用膜技术处理并回收工业废水中有用物质举例如表19-4-2。

表19-4-2 膜技术处理工业废水举例[53]

项目	废水种类	工艺	用途
食品行业	生产奶酪后的乳清废水	超滤	回收蛋白质作动物饲料
		纳滤/反渗透	回收乳糖、水
	生物垃圾产能废水	陶瓷膜	回收纯度为99%的乙醇
	养猪废水	混凝/气浮-反渗透	回收水、浓缩物用作农作物肥料
造纸行业	纸浆废水、漂白废水	超滤	回收木质素磺酸盐
		纳滤	回收木糖等糖类
		超滤-电去离子/反渗透	淡水用作灌溉水
	涂料废水	超滤	回收色素
冶金行业	冶金废水	纳滤	回收金属和酸
	尾矿废水	纳滤	浓缩金属供后续处理
	核工业放射性废水	微滤/超滤-反渗透	水回用、浓缩物封存
染料与制革业	染料废水	高级氧化/超滤/正渗透	回收染料、金属盐
	制革废水	生物处理-超滤/微滤-膜生物反应器+反渗透	回收铬盐、淡水用于灌溉

4.2.4.4 医疗卫生[54~60]

① 血液超滤和腹水超滤。将血液通过超滤可以有效地除去尿毒素，同时补充相当于滤液体积的无菌水输回到体内。用超滤对腹水进行浓缩，并将含有患者的蛋白质浓缩液滤后液注入静脉用于治疗肝硬化难治性腹水症。文献[61]用聚醚砜中空纤维超滤膜血浆器进行血浆分离的动物实验，结果表明，膜式血浆分离器适用面宽，装置简单，能耗小，可常温分离。

② 用超滤提取人体生长素（HGH）、浓缩人血清蛋白。与硫酸铵盐析和透析脱盐法相比，可大大缩短浓缩时间，避免细菌繁殖。

③ 我国已将膜技术用于中草药加工与精制。基本流程为：煮提→预处理→超滤药液→灌封灭菌。其特点是生产周期短、操作简便、针剂的澄清度和稳定性好，有利于保存药中的有效成分。已用于复方丹参注射液等中药针剂的生产。

4.2.4.5 纯水制备[62~65]

由于集成电路技术的迅速发展，膜技术已成为新的纯水制备流程中不可替代的组成部分。超滤主要用于除去水中大分子有机物（分子量＞6000）以及微粒、胶体、藻类、细菌、热源病毒等。采用孔径小于 $0.1\mu m$ 的超滤膜就可以除去水中粒径在 $0.1\mu m$ 以上的悬浮颗粒和细菌，结合活性炭吸附、紫外辐射等工艺，可以生产供直接饮用的水。目前工业上已广泛应用超滤膜作为水净化技术来生产矿泉水、饮料配制用水、药剂用水、发酵用水和工业循环水等。在瑞士，2005 年建成的 Mannedorfer 水厂采用预臭氧-活性炭-超滤工艺[63]，选择氯和二氧化氯为清洗剂。该厂的膜组件稳定运行了 4 年，仍保持非常高的产水通量（＞600 $L·m^{-2}·h^{-1}·10^{-5}Pa$）；2009 年新建的 Horgener 水厂，由于地表水污染负荷较高而采用超滤-臭氧-活性炭联合工艺。Mannedorfer 水厂的预臭氧-活性炭处理单元去除了水中的有机物，使得后续膜过滤具有稳定的运行条件和较长的寿命，适于低负荷地表水的处理。但是增加了臭氧的消耗量，对于活性炭滤池也增大了反冲洗的强度。Horgener 水厂通过膜的预过滤可以降低后续臭氧的消耗量，延长活性炭的寿命，该工艺适于较高负荷的地表水，能有效控制水中的有机物含量，尤其是针对超滤工艺不能去除的小分子有机物，臭氧-活性炭工艺能很好地弥补这一缺点。

另外，超滤膜过滤越来越多地用作纳滤、反渗透和电渗析的前处理，可以取代传统的多孔介质机械过滤、活性炭吸附、精密过滤（$5\mu m$）前处理工艺（如海水淡化预处理等），不但可以免去絮凝剂、余氯杀菌剂、亚硫酸氢钠等药剂的投入，而且可使进入反渗透膜原水的 SDI（淤塞指数）达到小于或等于 1 的水平。

4.3 反渗透

4.3.1 基本原理[25,27,66]

4.3.1.1 渗透、渗透平衡与反渗透

用一张只透溶剂而完全不透溶质的理想半透膜把水和盐水隔开，会出现水分子从纯水侧通过膜向盐水侧扩散的现象，此即渗透现象[图 19-4-1(a)]，随着渗透过程的进行，盐水侧液面不断升高，纯水侧液面相应下降，当进行到一定时间后，两侧液面不再变化，两侧的化

学位相等，达到渗透平衡［图 19-4-1(b)］，此时膜两侧液面差 h 相应的压差值称为该盐水溶液的渗透压。若提高盐水侧压力，将增加盐水溶液的化学位，破坏了原有的渗透平衡，就会出现水分子从盐水侧透过膜向纯水侧扩散的现象［图 19-4-1(c)］，由于水的扩散方向与渗透过程相反，因此称为反渗透。广言之，一个被选择性透过膜分隔的、浓度不同的水溶液体系，只要在浓溶液侧加上外压，使浓溶液侧和稀溶液侧的压力差大于它们的渗透压差，就能使这一体系发生反渗透过程。实际的反渗透过程，为增加透水速度，所加外压常为渗透压差的若干倍。

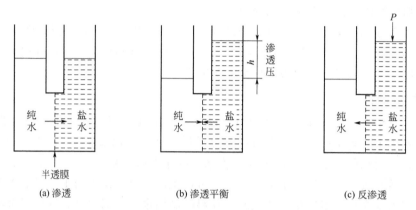

图 19-4-1 渗透、渗透平衡与反渗透示意图

4.3.1.2 渗透压的测定与计算

理想水溶液的渗透压可以用下式表示：

$$\pi = RTC_{si} \tag{19-4-1}$$

真实水溶液可引入一校正系数 φ_i，即：

$$\pi = \varphi_i RTC_{si} \tag{19-4-2}$$

式(19-4-2)在实际应用中常简化为：

$$\pi = BX_A \tag{19-4-3}$$

式中　　π——渗透压，atm（1atm=101325Pa）；

　　　　R——气体常数；

　　　　T——热力学温度，K；

　　　　C_{si}——溶质浓度，mol·cm^{-3}；

　　　　φ_i——溶质的校正系数；

　　　　X_A——溶质的摩尔分数。

此外，也可用凝固点下降法或活度系数计算来求渗透压。

4.3.2 分离原理

反渗透技术目前的应用已涉及盐水溶液和有机溶质水溶液的分离。不同溶质、不同膜的分离机理各不相同。

4.3.2.1 优先吸附-毛细孔流理论

1963 年由 Sourirajan 提出，其后 Matsura 又作了某些定量发展。主要论点为：

① 反渗透膜对溶质具有排斥作用。根据 Gibbs 吸附方程，水是优先吸附，溶质是负吸附。在膜的表面有一层极薄的纯水层，纯水层的厚度与膜表面的化学性质密切相关。

② 反渗透膜表面存在着细孔。当细孔直径为 $2t$ 时（称临界孔径，t 为临界孔径半径），透水速度大而脱盐率高；孔径 $<2t$ 时，透水速度变小；孔径 $>2t$ 时，脱盐率下降。最佳的膜具有最大的 t 值和在膜表面存在尽可能多的孔径为 $2t$ 的细孔。

对于反渗透膜是否一定要有孔，膜表面是否存在纯水层，不少人持否定态度。

4.3.2.2 溶解-扩散理论

1965～1967 年由 Lonsdale 和 Riley 等提出，其要点如下：

① 反渗透膜是无孔的"完整的膜"。

② 水和溶质通过膜的过程分为两步。先是水和溶质在膜表面溶解，然后在化学位差推动下水和溶质向膜的另一侧扩散直至透过膜。

③ 溶解-扩散过程中，扩散是控制步骤并服从 Fick's 定律。

这一理论的不足之处是：把溶剂和溶质的透过完全看作是独立进行，互不干涉的；忽略了膜结构的影响；"完整的膜"设想与实用反渗透膜有差距。

其他的反渗透脱盐理论还有：Reid 提出的氢键理论；Sherwood 等提出的扩散-细孔流理论；Yasuda 等提出的自由体积透过机理；孔隙开闭学说等。

4.3.2.3 唐南平衡理论

一张荷电膜放入盐溶液时会出现一种动态的平衡，如果同种离子（电荷与荷电膜电性相同）在膜相中的浓度低于主体溶液相，而同时反离子（电荷与荷电膜电性相反）在膜相中的浓度比主体溶液相中的浓度高，两者之间即产生唐南电位。该电位可以阻止反离子从膜相向主体溶液相的扩散迁移以及同种离子从溶液相向膜相的扩散迁移。而施加外压时，虽然可以驱使水透过膜，但电势差仍会存在。此时，由于唐南电位效应，同种离子倾向于远离膜，但由于电中性要求，反离子也同时被截留。唐南平衡理论主要适合于荷电膜体系，这种体系大多数为带羧酸和磺酸基团的反渗透膜体系。

4.3.3 传递方程

已经提出的反渗透过程盐水溶液的传递方程主要有以下四个：

4.3.3.1 根据不可逆过程热力学建立的传递方程

$$J_V = L_P(\Delta P - \sigma \Delta \pi) \tag{19-4-4}$$

$$J_S = \omega \Delta \pi + (1-\sigma) J_V \overline{C}_S \tag{19-4-5}$$

式中 J_V——溶液透过速率，$mol \cdot cm^{-2} \cdot s^{-1}$；

J_S——溶质透过速率，$mol \cdot cm^{-2} \cdot s^{-1}$；

L_P——水的渗透系数，$mol \cdot cm^{-2} \cdot s^{-1} \cdot atm^{-1}$；

ω——溶质的渗透系数，$mol \cdot cm^{-2} \cdot s^{-1} \cdot atm^{-1}$；

σ——膜的反射系数（大多数实用反渗透膜的 σ 接近 1）；

ΔP——膜两侧压力差，atm；

$\Delta \pi$——溶液渗透压差，atm；

$\overline{C}_S$——膜两侧溶液的平均浓度，无量纲。

4.3.3.2 根据优先吸附-毛细孔流理论建立的传递方程

$$J_V = A(\Delta P - \Delta \pi) \tag{19-4-6}$$

$$J_S = \frac{D_{AM}}{K\delta}(C_2 - C_3) \tag{19-4-7}$$

式中 A——纯水渗透系数，$mol \cdot cm^{-2} \cdot s^{-1} \cdot atm^{-1}$；

D_{AM}——溶质在膜中的扩散系数，$cm^2 \cdot s^{-1}$；

K——溶质在膜与溶液间的分配系数；

δ——膜厚，cm；

C_2——高压侧膜面溶质的摩尔浓度；

C_3——透过液中溶质的摩尔浓度。

4.3.3.3 根据溶解-扩散理论建立的传递方程

$$J_V = L_P(\Delta P - \Delta \pi) \tag{19-4-8}$$

$$J_S = B(C_2 - C_3) \tag{19-4-9}$$

式中 B——盐透过性常数，$cm \cdot s^{-1}$。

4.3.3.4 根据扩散-细孔流理论建立的传递方程

$$J_V = \kappa_1(\Delta P - \Delta \pi) + \kappa_2 M_W \Delta P C_W \tag{19-4-10}$$

$$J_S = \kappa_3 M_S(C_2 - C_3) + \kappa_2 M_S \Delta P C_2 \tag{19-4-11}$$

式中 κ_1——与水的扩散有关的膜常数；

κ_2——与孔内流动有关的膜常数；

κ_3——与溶质扩散有关的膜常数；

M_S——溶质分子量；

M_W——水分子量；

C_W——水在膜中浓度，$mol \cdot cm^{-3}$。

以上四组传递方程显示：尽管优先吸附-毛细孔流与溶解-扩散的理论模型不同，但其传递方程基本形式相同；由不可逆过程热力学建立的传递方程若 $\sigma = 1$，则与溶解-扩散理论的传递方程理论相似；当溶质与膜不变时，$J_V \propto \Delta P$、$J_S \propto (C_2 - C_3)$。

通过实验可以得到纯水透过速率、溶液透过速率和脱盐率等数据。根据上述方程就可求得纯水透过系数、溶质在膜中扩散系数和传递系数。

4.3.4 膜材料的选择准则

用作水溶液脱盐的反渗透膜材料必须是亲水性的。式(19-4-12)可作为膜材料的选择基础，即溶液组分（溶质 A 和溶剂 B）与膜材料的溶解度参数差的比值 $\Delta A_m / \Delta B_m$ 可以作为膜材料的一个选择标准。一般希望 ΔA_m 大、ΔB_m 小，使 $\Delta A_m / \Delta B_m$ 值大。但若 ΔB_m 太小或接近于零，膜会被溶胀或溶解，失去选择性。因此，在选择特定的 A-B 分离用膜材料时，要避免过强的相互作用。

$$\Delta_{im} = [(\delta_{di} - \delta_{dm})^2 + (\delta_{pi} - \delta_{pm})^2 + (\delta_{hi} - \delta_{hm})^2]^{\frac{1}{2}} \tag{19-4-12}$$

式中，δ 为溶度参数；下标 d 为色散分量；下标 p 为极性分量；下标 h 为氢键分量；下标 m 为膜材料；下标 i 为 i 种溶剂。

4.3.5 反渗透膜及组件[67~71]

4.3.5.1 反渗透膜

反渗透膜至今已经历了三个发展阶段：1959 年，Reid 和 Breton 发现均质醋酸纤维膜有脱盐的功能，他们制作了 5~20μm 厚的薄膜，当施加压力到 7.0MPa 左右时，虽然膜的通量很低，但对盐的截留率可达 98% 以上；20 世纪 60 年代 Leob 和 Sourirajan 研制出非对称醋酸纤维素膜、杜邦（Du Pont）公司开发了非对称芳香聚酰胺中空纤维膜；20 世纪 70 年代环球油品（UOP）公司等又开发出复合反渗透膜。

(1) 醋酸纤维素非对称膜 1962 年 Leob 和 Sourirajan 用相转化法成功研制出非对称醋酸纤维素膜，由于所制备的膜可以保持均质膜的高截留率，而水通量却比均质膜提高 10 倍，使反渗透技术从实验室走向实际应用。

虽然水通量和脱盐率早已被复合膜超过，但纤维素系的膜至今仍占据世界膜市场的 10% 左右，这是由于其具有独特的优点，如易于工业化制备，力学性能好，能有效克服复合膜弱点——抗余氯等物质的氧化性等。

纤维素系膜的水通量和脱盐率与聚合物的乙酰化度密切相关，乙酰化度越高的材料，其所制得的膜的脱盐率越高、水通量越低。一般用作反渗透膜材料的二醋酸纤维素（CA）和三醋酸纤维素（CTA）中，葡萄糖分子上醇羟基的取代度分别为 2.5 和 3，乙酸含量在 37.5%~40.1%。美国伊斯曼（Eastman）公司生产的醋酸纤维素是世界上最广泛使用的反渗透膜材料，其代号为 E_{398-3} 的乙酰化度为 2.46，乙酰基含量为 39.8%，-3 表示黏度值，分子量约为 30000。

纤维素系膜一般要经过热处理（在热水浴中进行处理）步骤以获得表面的致密脱盐层，从而提高脱盐率（通量会相应下降）。因而，其与温度的相应关系限制了膜的使用温度，使其必须在 35℃以下，同时必须满足使用时 pH 值为 4~6，以避免膜的水解。CA 非对称反渗透膜的溶质分离特性为：对 NaCl 很难达到 99% 脱除率；对低分子有机溶质脱除效果较差，对苯酚及其衍生物的脱除率为负值。CA 膜具有价格便宜、透水性能好等优点，其缺点为易被水中微生物分解；不耐酸碱；抗压和耐高温性能差等。醋酸纤维素膜目前仍是一种重要的反渗透商品膜，CTA 中空纤维膜可用于一级海水淡化。

目前 CA 反渗透膜的改性主要致力于膜材料的改性：研究不同取代度醋酸纤维素的混合膜；研制各种混合纤维素膜；在 CA 上进行接枝改性等。

(2) 芳香聚酰胺类非对称膜 为了改进 CA 膜存在的缺点，扩大反渗透技术应用范围，20 世纪 60 年代杜邦（Du Pont）公司开展了非纤维素反渗透膜材料的研究。1970 年推出芳香聚酰胺 Permasep B-9 型中空纤维非对称膜反渗透组件，获当年美国最高化工奖。其膜材料为芳香聚酰胺酰肼（代号 DP-1），以后又用另一种芳香聚酰胺膜材料，开发出 B-10 中空纤维组件。芳香聚酰胺类非对称膜具有良好的透水性；较高的无机盐或有机溶质脱除率；优良的机械强度和高温稳定性，但对氯很敏感。B-9 适用于苦咸水淡化、污水处理和一般浓缩分离，B-10 适用于一级海水淡化。

其他的非对称芳香含氮高分子非对称反渗透膜还有聚苯并咪唑酮（PBIL）、聚砜酰胺（PSA）、聚哌嗪酰胺、聚酰亚胺膜等。

(3) 复合膜 复合膜是将超薄皮层经不同方法负载到微孔支撑层上复合而成。1965 年 Riley 等在硝基纤维素微孔膜的表面上尝试复合了约 100nm 的 CA 膜，但真正制成高脱盐率、高通量反渗透膜的还是从 1972 年 Cadotte 等发现界面聚合法开始。早期反渗透复合膜的目标集中在一级海水淡化上，20 世纪 80 年代中期以后低压反渗透复合膜的研制取得重大进展。

① PEC-1000 膜。日本 Toray 公司生产。超薄层为糖醇与三聚异氰酸羟乙酯的缩聚物，属聚醚型。支撑膜为聚砜。PEC-1000 反渗透膜具有优良的脱盐性能，对大多数有机溶质也有很高的脱除率。该膜最大的缺点是抗氧化性能差，淡化过程必须在原料液中加入的 $Na_2S_2O_3$ 的保护下进行。Toray 公司已用 UTC-80 复合膜代替 PEC-1000。

② PA-300 膜。美国环球油品公司（UOP）生产，是最早实际用于反渗透海水和苦咸水淡化的复合膜。超薄层由环氧丙烷-乙二胺缩聚物与苯二甲酰氯缩合，属聚醚酰胺型。支撑膜为聚砜。可用于一级海水淡化。

③ FT-30 膜。美国 Film Tec 公司生产（目前已属于陶氏化学公司）。超薄层由间苯二胺和均苯三甲酰氯缩聚交联而成，属芳香聚酰胺型。支撑膜为聚砜。耐热性能好，直到 60℃ 左右透水速度随温度增加呈直线上升。pH 值适用范围 3～11。可用于一级海水淡化。

④ 纳滤膜。纳滤膜亦称超低压反渗透膜，比较清晰的划分始于 Filmtec 公司将孔尺寸在 1nm 左右的高分子膜称为纳滤膜，操作压力一般为 7×10^5 Pa 左右，最低压力为 3×10^5 Pa。纳滤膜有其特殊的分离性能，例如，与需要高压驱动的海水苦咸水反渗透膜相比，纳滤能部分脱盐而非全部（但对二价离子截留几乎可与反渗透媲美），对分子量为 200～500 的有机物及胶体却完全可以脱除；海水淡化反渗透膜对低盐度水进行处理时需要较高的操作压力，而纳滤膜基本上在低压下就可正常运行；由于纳滤膜表面的荷电性，纳滤可以将低价、高价盐离子有区别地截留并部分保留水中有益的离子，这是反渗透不能做到的。

反渗透膜当前改进的主要方向是抗氧化、耐高温和超低压。

4.3.5.2 反渗透组件

反渗透组件主要有板式、管式、中空纤维和卷式四种。大型淡化厂多采用后两种组件。表 19-4-3 列出国内外主要的反渗透组件型号、性能及生产厂家。国产反渗透组件目前以卷式为主，中空纤维尚无工业产品，膜材料是 CA、CTA 和 PA。也有少量板式和管式装置。国内外纳滤组件一览见表 19-4-4。

表 19-4-3　国内外反渗透组件一览表

厂家、商品名	膜材料	NaCl 脱除率/%	组件型式
陶氏 Dow			
XLE	聚酰胺类复合膜	99.0	卷式(4in、8in)
BW-LE	聚酰胺类复合膜	99.3、99.5	卷式(4in、8in)
BW	聚酰胺类复合膜	99.5、99.7	卷式(4in、8in)
SW	聚酰胺类复合膜	99.7、99.8	卷式(4in、8in)
海德能 Hydranautics			
ESPA	聚酰胺类复合膜	99.5	卷式(4in、8in)
CPA	聚酰胺类复合膜	99.7	卷式(4in、8in)
SWC	聚酰胺类复合膜	99.7、99.8	卷式(4in、8in)
东丽 Toray			
TMH	聚酰胺类复合膜	99.3	卷式(4in、8in)
TMG	聚酰胺类复合膜	99.7	卷式(4in、8in)
TM	聚酰胺类复合膜	99.7、99.8	卷式(4in、8in)
TM8	聚酰胺类复合膜	99.7、99.8	卷式(4in、8in)

续表

厂家、商品名	膜材料	NaCl 脱除率/%	组件型式
GE Osmonics			
HWS	聚酰胺类复合膜	99.0	卷式(4in、8in)
AG	聚酰胺类复合膜	99.2、99.5	卷式(4in、8in)
AC	聚酰胺类复合膜	99.8	卷式(4in、8in)
科氏 Koch			
TCF-ULP	聚酰胺类复合膜	98.5	卷式(4in、8in)
TCF-HR	聚酰胺类复合膜	99.5	卷式(4in、8in)
TCF-SW	聚酰胺类复合膜	99.7	卷式(4in、8in)
东洋纺 Toyobo			
HOLLOSEP-HA	三醋酸纤维素	94	中空纤维(150mm)
HOLLOSEP-HR\HM	三醋酸纤维素	99.6	中空纤维(153mm)
HOLLOSEP-HB\HJ	三醋酸纤维素	99.6	中空纤维(400mm)
HOLLOSEP-HL	三醋酸纤维素	99.6	中空纤维(380mm)
时代沃顿 Vontron			
XLP	聚酰胺类复合膜	99.0	卷式(4in、8in)
ULP	聚酰胺类复合膜	99.5	卷式(4in、8in)
LP	聚酰胺类复合膜	99.5、99.7	卷式(4in、8in)
SW	聚酰胺类复合膜	99.7、99.8	卷式(4in、8in)

注：1in=2.54cm，下同。

表 19-4-4　国内外纳滤组件一览表

厂家、商品名	膜材料	MgSO$_4$ 脱除率/%	组件型式
陶氏 Dow			
NF270	聚哌嗪类复合膜	≥97.0	卷式(4in、8in)
NF90	聚酰胺类复合膜	≥98.7	卷式(4in、8in)
海德能 Hydranautics			
ESNA	聚酰胺类复合膜	≥98.0	卷式(4in、8in)
GE Osmonics			
DL	聚哌嗪类复合膜	≥96.0	卷式(4in、8in)
DK	聚哌嗪类复合膜	≥98.0	卷式(4in、8in)
科氏 Koch			
TCF-SR	聚酰胺类复合膜	≥98.0	卷式(4ih、8in)
时代沃顿 Vontron			
VNF1	聚哌嗪类复合膜	≥96.0	卷式(4in、8in)
VNF2	聚酰胺类复合膜	≥99.0	卷式(4in、8in)
VNF-K	聚哌嗪类复合膜	≥98.0	卷式(4in、8in)

4.3.6　浓差极化及流程、过程设计[72~77]

4.3.6.1　浓差极化

当溶液不断透过膜时，溶质会在高压侧膜界面上积聚，使膜表面到主体溶液之间形成浓度梯度，此现象称为浓差极化，它将随溶液浓度变大、膜的透水速度和截留率升高而加剧。浓差极化会严重降低膜的分离性能，是反渗透装置设计及工艺操作过程中一个极为重要的课题。

浓差极化条件下的传递方程，以及改善反渗透过程中浓差极化影响的措施，请参阅文献[67]。

4.3.6.2 过程及流程设计

反渗透过程中原料水的预处理和膜的清洗、流程设计及反渗透膜组件的选择是过程设计与操作中三个最基本的内容。

(1) 原料水预处理和膜的清洗 反渗透过程中膜的透水速度一般随时间增加而不断下降，其原因为膜表面被污染、膜本身被压密或膜材料被降解等。通常采用两种方法来减少膜污染的影响。

① 原料水预处理。必须根据膜组件上标明的操作标准来确定预处理的各项指标。

a. 温度的调整。原料液温度超过膜的最高允许温度时应用冷却装置降温。原料液温度过低使膜透水速度变小，可直接向原料吹入蒸汽或利用低温热源加热提高温度。通常调整到 25℃ 左右。

b. pH 值的调整。一般用 H_2SO_4 或 NaOH 溶液。若考虑到 H_2SO_4 会生成不溶性硫酸盐，也可采用 HCl。

c. 微生物的去除。一般采用 NaClO，氯含量必须低于膜允许的上限值。加入 H_2O_2、O_3 或 $KMnO_4$ 也有效。

d. 悬浮固体和胶体的去除。可用 $5\sim25\mu m$ 滤芯除去悬浮固体；$0.3\sim5\mu m$ 悬浮颗粒和胶体可用加入无机或高分子电解质絮凝剂除去，也可用超滤或微滤膜除去胶体粒子。工业上主要采用凝聚/絮凝以及超滤、微滤法降低给水浊度。

e. 可溶性有机物的去除。一般可用活性炭吸附。若存在不被活性炭吸附的可溶性有机物，如醇、酚等，需用 NaClO 或氯气进行氧化。

f. 可溶性无机物的去除。反渗透过程中由于原料液被浓缩，有时能形成无机盐沉淀，如碳酸钙、金属强氧化物等，可以根据其特性用适当方法去除。

原料液经预处理后应用淤塞指数（SDI）检测器测定，各种组件允许的 SDI 值不同。

② 膜的清洗。长期使用的膜表面必然受到不同程度的污染。为保证产水量和组件使用寿命，必须定期清洗。当出现膜的透水速度显著下降、或脱盐率明显变化、或压降成倍增加时，就应进行清洗。一般的反渗透清洗方法见表 19-4-5。究竟采用哪一种，需视具体流程和组件而定。

表 19-4-5 反渗透膜的清洗方法

技术	方法	说明
物理的方法	机械方法 水力学方法 逆向流动 空气/水冲洗 声学方法	泡沫塑料球清洗管道 切线速度改变；湍流促进器 减压和逆向流（渗透） 每天降压冲洗 15min 超声波清洗
化学的方法	向料液中加添加剂	控制 pH 值以阻止水解和污垢沉积，在 pH=5 下，每升加入 1.32mL 的 5%次氯酸钠；减少摩擦添加剂（聚乙二醇）、分散剂（硅酸钠）
	低压下加添加剂冲洗	配位剂（EDTA、六偏磷酸钠）；氧化剂（柠檬酸）；去垢剂（1%BIZ）；预涂层（硅藻土、活性炭和表面活性剂）；高浓度氯化钠（18%）
膜	膜置换 无机膜 使活性不溶解酶贴附于膜 聚电解质膜	原膜置换 生物产物的保护膜 使污垢膜降解 复合膜、动态层技术

还有一种预涂层法（pre-coat），即把一种高孔隙度"供牺牲"（sacrificial）的超滤膜预先覆盖在反渗透膜表面上，它使膜面不受污染。这种涂层要定期更换。此法已成功地用于荷兰反渗透处理莱茵河水的流程。

（2）基本流程 反渗透作为一种分离、浓缩和提纯的方法，常见的基本流程有以下四种形式，即一级流程 [图 19-4-2(a)]；一级多段流程 [图 19-4-2(b)]；二级流程 [图 19-4-2(c)]；多级流程 [图 19-4-2(d)]。

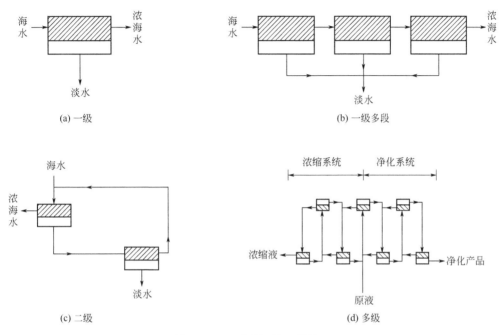

图 19-4-2 反渗透法工艺流程

当采用反渗透作为浓缩过程一次达不到要求时，可采用一级多段流程。与一级流程不同的是每段的有效横断面递减。

当采用一级流程进行淡化达不到要求时，可采用二级流程，把一级出来的淡化水，作为下一级反渗透单元的原料液，进行再次淡化。

在化工分离中，要求分离度很高或浓缩倍数很大时，可采用多级流程。

对于反渗透海水淡化工程，根据产品水水质要求和规模，采用二级流程（或一部分二级流程）。二级流程的特点是可靠性高、操作压力较低、长期运转更经济些，三级以上反渗透海水淡化使成本增加，无其他好处。

（3）组件的选择 反渗透膜分离工程中组件的选型与设计占有突出地位。Ohya 与 Sourirajan 用其反渗透过程的基本方程，对反渗透组件的特性进行了表征。有关表征的基本公式及反渗透设计计算实例详见文献[25]。

4.3.7 反渗透技术的应用[67,68,70~72,76]

反渗透过程无相变，是一种节能型分离新技术。它用于海水淡化、食品浓缩分离和工业废水处理可以降低能耗，并且有明显的经济效益。

4.3.7.1 盐水（海水、苦咸水）淡化[78~82]

地球上天然水的储量达 14 亿立方千米，其中淡水（包括江河湖泊和地下水）仅占 0.77%。我国是一个缺水的国家，还存在着大面积苦咸水地区，因此盐水淡化技术受到包括我国在内的世界各国高度重视。

世界卫生组织制定的饮用水标准为含盐 $500\mu g \cdot g^{-1}$ 以下，海水盐含量为 $35000\mu g \cdot g^{-1}$，反渗透海水淡化的技术难点在于要把这样高的盐含量降低到 $500\mu g \cdot g^{-1}$ 以下。目前反渗透海水淡化的技术已趋于成熟，成本已低于蒸馏法。据国际脱盐协会统计，自 20 世纪 90 年代中期开始，全世界淡化水年产量中，反渗透的贡献就超过 50%，并逐年增加。

为了进一步降低成本，用太阳能发电作为高压泵动力的太阳能反渗透海水淡化厂已在沙特阿拉伯吉达市郊建成使用，日产淡水 3785t（B-10 组件）。随着膜生产及相关技术过程的日益成熟，反渗透海水淡化成本大幅度下降，吨产水能耗已从当初的 $20\sim30kW \cdot h \cdot m^{-3}$ 降至 $3\sim6kW \cdot h \cdot m^{-3}$。

通常把盐含量 $>1000\mu g \cdot g^{-1}$ 的水称为苦咸水、$1000\sim3000\mu g \cdot g^{-1}$ 称低盐度苦咸水、$3000\sim10000\mu g \cdot g^{-1}$ 称中盐度苦咸水、$>10000\mu g \cdot g^{-1}$ 称高盐度苦咸水。淡化苦咸水的反渗透膜一般脱盐率达到 90%~95% 即可。由于苦咸水来源的多样性所含杂质差异悬殊，反渗透苦咸水淡化的技术难点在于预处理的复杂性。

4.3.7.2 超纯水制备[83~86]

1970 年，世界上第一套反渗透超纯水系统在 Texas Instrument Plant 建立，超纯水制备应用目前已成为反渗透技术最快的发展方向之一。制备一级超纯水，必须引入膜分离技术。反渗透一般用于流程前段，对进入离子交换装置或者电渗析的水进行预脱盐，并保证除去水中的颗粒和微生物。也有将反渗透用于中段的。超纯水一般是从饮用自来水（含盐量小于 $500\mu g \cdot g^{-1}$）中进一步纯化制备的，通常用于半导体器件加工过程的清洗用水，由于电子产品的精度极高，对水的纯度与对材料的、气体等一样要求苛刻，日本和美国电子工业几乎所有一级超纯水的制造都已采用反渗透和离子交换树脂结合的流程，经济效益十分显著。

4.3.7.3 废水处理[87~92]

工业废水含有不同浓度的化学成分，其中不少既具毒性又有较高的经济价值。用反渗透技术处理工业废水，常可收到净化水质与回收有用物质一举两得的效果。反渗透已广泛用于电镀、化工、纺织、印染、矿山、造纸、放射性等工业废水和城市生活废水的处理，取得明显的经济和社会效益。

例如电镀废水是城市主要污染源之一。厂多、量少、毒性大。反渗透法处理电镀废水的特点是：可实现闭路循环，浓缩水返回电镀槽作为补充液，净化水用作漂洗水；不产生二次污染；比其他方法节能；设备占地小、易控制、可连续操作。

反渗透处理电镀镍漂洗水应用最广泛，目前美国最大装置规模已达 $2300m^3 \cdot d^{-1}$。

反渗透处理电镀废水一般宜采用抗氧化、pH 值使用范围大的反渗透膜。一般情况下设备投资 1 年左右即可回收。

用反渗透法处理城市生活污水是一个极有潜力的应用方向。目前常规的污水处理技术基本上是将其处理到排放标准，而城市水源的日益紧缺促使人们将注意力逐渐转移到回用技术上。反渗透技术不仅可以迅速除去传统污水处理方法所无法解决的高含量总固性物，而且对有机物、色素和亚硝酸盐均有良好的截留效果。

4.3.7.4 食品工业[93,94]

反渗透技术以其低能耗、可在常温下操作、能回收副产品等特点在食品加工中得到广泛应用。其在这一领域的应用包括工业用水处理、产品有效成分回收、脱水浓缩以及物质分离等。

乳制品蛋白质、氨基酸及多糖的分离与浓缩是反渗透技术在本领域内最主要的应用，采用反渗透直接或间接（对超滤后的渗透液）处理牛奶和乳清已经非常普遍。

Crowley' Milk 公司日处理量为 136t 的 Cottage 干酪乳清工程的流程图见图 19-4-3。

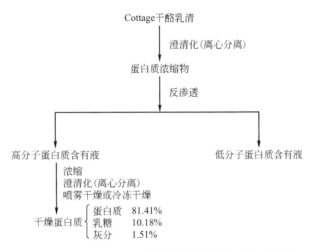

图 19-4-3 Cottage 干酪乳清的膜法浓缩工程的流程

所得的干燥蛋白质粉中含有多种氨基酸，可用作婴儿奶粉或冰淇淋粉的原料。

4.3.7.5 医药卫生[95,96]

反渗透技术在医药卫生方面主要用于医用纯水、注射液用水的制备和生物碱、维生素、抗生素、激素等低分子量物质的浓缩。

美国在 1975 年药典中已确认反渗透生产的精制水可作注射水。用反渗透浓缩回收稀溶液中抗生素以及天然的和半合成的抗生素生产技术已为国内外多数药厂采用。

4.3.7.6 锅炉补给水制备[97~99]

火力发电站锅炉补给水要求纯度高、水量大，且能连续供水。以前全用离子交换法，环境污染严重，若遇到高盐量水源，出水水质不能保证。国外从 20 世纪 70 年代起已普遍采用反渗透-离子交换流程。

4.3.7.7 船舰海水淡化[100~103]

法国潜艇早在 20 世纪 70 年代后期，已安装了反渗透海水淡化装置。英国海军在一些军舰和军辅船上采用反渗透海水淡化装置。日本、法国等也在大型船舶和渔船上使用反渗透海水淡化装置。

除舰艇外反渗透技术还用于其他军事设备，例如移动式战地供水、野战医院供水等。

4.4 气体膜分离

20 世纪 70 年代末美国公司的普里森（Prism）中空纤维膜氮氢分离器的问世，在全世界引起了很大的反响。除氮氢分离膜外，富氧膜、富氮膜及 CO_2 分离膜等也在石化、采油、煤化工及煤矿灭火等领域取得广泛应用。近年来，国内外进行气体膜分离方面的开发研究犹如雨后春笋，性能优异的新膜材质不断涌现，产值与效益迅猛增高[104,105]。

4.4.1 膜材质及其分类

通常的气体分离膜可分为多孔质和非多孔质两种，分别由无机物膜材质和有机高分子膜材质组成。

选择性高分子膜材质的性能对气体渗透的影响是十分明显的，例如：氧气在硅橡胶中的渗透[610Barrer，1Barrer=10^{-10} cm^3（STP）·cm·cm^{-2}·s^{-1}·$cmHg^{-1}$，下同]要比玻璃态的聚丙烯腈（0.0002Barrer）大几百万倍[106]。气体分离用聚合物的选择通常是同时兼顾渗透性与选择性。

橡胶态膜材质的一个普遍缺点是它在高压差下容易膨胀变形。当然，采用交联的手段是能够增加它的机械强度，但这是靠减少其链迁移性从而降低其渗透性的情况下得到的。橡胶态膜材质的另一缺点是气体分离系数普遍比较低。玻璃态聚合物与橡胶态聚合物相比选择性较好。其原因是玻璃态的链迁移性比橡胶态的低很多。玻璃态膜材质的主要缺点是它的渗透性较低，但可以采用非对称结构膜减小渗透层有效厚度以提高膜气体渗透速率。

许多学者对大量高分子聚合物的气体分离性能进行了考察和筛选。常用的高分子分离膜材料主要包括纤维素类衍生物、聚砜类、聚酰胺类、聚酰亚胺类、聚酯类、聚烯烃类、乙烯类聚合物、含硅聚合物、含氟聚合物以及甲壳素类等。表 19-4-6 中列出某些膜材质的气体渗透特性数据。

表 19-4-6 某些高分子材料的气体渗透系数 P 与分离系数 α（30℃）

材料	温度/℃	$P/\times 10^{10} cm^3(STP)\cdot cm\cdot cm^{-2}\cdot s^{-1}\cdot cmHg^{-1}$					α				参考文献
		H_2	N_2	O_2	CH_4	CO_2	H_2/N_2	O_2/N_2	CO_2/CH_4	CO_2/N_2	
聚二甲基硅氧烷	25	550	250	500	800	2700	2.2	2.0	3.4	10.8	[106]
天然橡胶	30	41	9.4	23	30	153	4.4	2.4	5.1	16.3	[106]
醋酸纤维	25	24	0.33	1.6	0.36	10	72.7	4.8	27.8	30.3	[106]
醋酸纤维	22	3.80	0.14	0.43	—	15.9	27.1	3.1	—	114.6	[108]
聚砜	35	14	0.25	1.4	0.25	5.6	56	5.6	22.4	22.4	[106,107]
聚酰亚胺（Ube 产品）	60	50	0.6	3	0.4	13	83.3	5.0	32.5	21.7	[106]
聚酰亚胺（Matrimid）	30	28.1	0.32	2.13	0.25	10.7	87.8	6.7	42.8	33.4	[107]
聚酰亚胺（P84）	25	—	0.024	0.24	—	0.99	—	10.0	—	40.2	[108]
聚甲基戊烯	30	125	6.7	27	14.9	84.6	18.7	4.0	5.7	12.6	[107]
聚碳酸酯（溴化）	30	—	0.18	1.36	0.13	4.23	—	7.6	32.5	23.5	[107]
乙基纤维素	30	87	8.4	26.5	19	26.5	10.4	3.2	1.4	3.2	[107]
聚苯醚	30	113	3.81	16.8	11	75.8	29.7	4.4	6.9	19.9	[107]
PIM-1	30	1300	92	370	125	2300	14	4.0	18.4	25	[109]
PIM-7	30	860	42	190	62	1100	20	4.5	17.7	26	[109]

4.4.2 新型气体分离膜材料开发

自从 20 世纪 70 年代末普里森（Prism）中空纤维膜氮氢分离器的问世以来，气体的膜法分离因具有能耗低、选择性高、设备简单、无二次污染等特点，取得了空前的发展。近年来随着膜材料的研制进入分子工程的时代，从分子的角度设计气体分离膜材料，合成或改良了许多新型膜材料，取得了丰硕的成果。下面就近年膜研究所取得的重要进展予以介绍。

(1) 芳香聚酰亚胺膜材料　聚酰亚胺是主链上含有酰亚胺环的一类聚合物，具有很高的热稳定性，可以使物质在较高温度下透过而得到分离；高的力学性能使得膜在使用中可承受较高的工作压力；良好的耐溶剂性和化学稳定性可以避免或降低工作介质或化学杂质对膜结构的破坏；具有良好的成膜性，可以选择多种铸膜液和凝固浴组成[110]。

由于聚酰亚胺结构的多样性，针对不同的分离体系（如 H_2/N_2、O_2/N_2、CO_2/N_2、CO_2/CH_4、H_2O/空气或天然气等分离）可以选择不同结构的膜材料。目前各公司气体分离膜材料大多使用聚酰亚胺膜材料，日本宇部兴产公司（UBE）开发出了基于 3,3′,4,4′-联苯四甲酸二酐（BPDA）的聚酰亚胺中空纤维气体膜分离器，起初只能用于 H_2 和 He 的回收，经过多年的研发，已经发展成为可分离多种气体混合物、气体除湿和有机溶剂脱水的膜分离器。它的耐压能力、抗化学介质能力和使用寿命比以往的气体分离膜器好得多，可在 15MPa 和 100℃ 的条件下长期使用，对各种杂质如氨、硫化氢、二氧化硫、水和有机蒸气均有较高的稳定性[111,112]。

膜的渗透性和选择性往往是一对矛盾，膜材料的渗透性好，其选择性一般则较差（即 trade-off）[113,114]。设计、合成具有高渗透性和良好渗透选择性兼具的聚酰亚胺一直是人们追求的目标。Hoehn 等在大量研究中发现理想的聚酰亚胺气体分离膜材料应具有如下结构特征[115]：①刚性分子骨架，低链段活动性；②较差的链段堆砌，即大的自由体积；③链段相互作用要尽可能弱。

为得到理想的聚酰亚胺气体分离膜材料，可以在分子水平上对聚酰亚胺结构进行改性。近年来，众多研究者希望通过以下途径提高聚酰亚胺的气体分离性能[116~118]：①引入柔性结构单元；②引入庞大的侧基；③引入扭曲的非平面结构；④通过共聚破坏分子的对称性和重复规整度；⑤交联[119,120]；⑥本征微孔型聚酰亚胺[121~124]；⑦聚酰亚胺炭分子筛膜[125,126]；⑧热重排聚合物[127,128]。

(2) 无机膜　无机膜的研究晚于有机膜，用于气体分离的无机膜可分为致密无机膜和多孔无机膜。致密无机膜主要有致密金属膜（如钯膜、银膜以及合金膜）和致密固体电解质膜。气体分离过程中，致密无机膜只选择性地透过某一组分，膜的选择性很高。但是，致密金属膜的化学稳定性和热稳定性较差，是阻碍其发展的关键因素。近期研究较多的多孔无机膜有：分子筛膜（如沸石分子筛膜、碳分子筛膜[129,130]等）以及金属-有机骨架膜（MOFs）[131]等。多孔无机膜常以复合膜形式存在，活性分离层通常很薄，是复合膜的关键结构，决定膜的气体分离能力。无机膜的气体渗透-分离性能很高，并且耐溶剂、耐酸碱性及耐高温性能较有机膜高很多，但是无机膜制备过程复杂、生产成本较高，并且膜组件韧性差，加工及组装组件过程难度大，极大地限制了它的发展。目前无机膜在气体分离领域的应用还很有限，市场占有率较低。

(3) 混合基质膜　有机膜因其具备材料价格低廉、易于加工制备非对称膜等优点，在气体分离领域获得广泛应用。但是，气体分离膜性能因渗透系数和分离系数间"trade-off"关系而受 Robeson 上限制约。无机膜最大的优势就是其高的气体渗透-分离性能，但是材料柔韧性差，制备工艺复杂。因此，混合基质膜的概念应运而生，它通过在有机膜中引入无机粒子来提高有机膜的气体分离能力，并且保持有机膜韧性好、易加工成型的特点，实现有机膜与无机膜的优势互补。

目前，混合基质膜的分散相主要包括沸石分子筛（zeolites）、碳分子筛（CMS）、活性炭、碳纳米管（CNT）、金属氧化物以及金属-有机骨架材料（MOFs）等。分子筛多孔材料具有很高的气体分离选择性，不同类型的分子筛如 5A、L 型分子筛、ZSM-5 以及碳分子筛（CMS）等已经作为有机-无机混合基质膜的分散相使膜的气体分离能力明显提高。如碳纳米管加入 BPPOdp（一种有机聚合物）中[132]，使 BPPOdp 的 CO_2 渗透系数由 78Barrer 增加至 155Barrer。

混合基质膜的理想状态是无机粒子均匀地分散在聚合物基质中，并且无机粒子与聚合物基质间亲和性好，不存在相界面缺陷。膜制备过程常需要对粒子表面进行接枝改性或在聚合物主链中引入官能团来抑制相界面缺陷。这些不仅过程复杂，表面接枝还会影响膜气体渗透分离性能提高。

金属-有机骨架材料（MOFs）骨架结构具有有机结构，与聚合物膜材料有较好的相容性，是混合基质膜的理想分散相，不仅气体分离性能较纯聚合物有很大提高，且具有较好的韧性和机械强度，对改善膜的气体分离性能表现出巨大的潜力[133]。混合基质膜成膜过程也有可能产生分散相粒子的团聚和有机-无机相界面缺陷而影响膜的分离性能[134]。目前，有关 MOFs/聚合物混合基质膜的研究主要集中在 MOFs 材料的开发，除材料本征性能外，制备过程也是影响混合基质膜性能的一个关键因素[135~139]。

4.4.3 气体膜分离的机制

膜法分离气体的基本原理，主要是根据混合原料气中各组分在压力作用下，通过半透膜的相对传递速度不同而得以分离。由于各种膜材质的结构和化学特性不同，难以做统一解释。下面分别就几种典型机制加以介绍。

4.4.3.1 多孔膜

混合气体分离用的多孔膜，一般必须具有与气体分子的平均自由程类同或者更小一点的微孔，同时孔隙率要大，膜要薄。通过微孔进行气体扩散分离的机制，主要是以 Knudsen 的理论为基础的[140]。此理论认为在混合气体中的每个分子的能量是等分的，其动能为：

$$\frac{1}{2}m_1\overline{V}_1^2 = \frac{1}{2}m_2\overline{V}_2^2 \tag{19-4-13}$$

式中 m_1, m_2——分子的质量；

$\overline{V}_1, \overline{V}_2$——分子的平均速度。

分子量不同，其平均速度也不一样。当多孔质的微孔孔径远远小于气体的平均自由程时，分子在孔的入口和孔道内不经过碰撞而通过孔的分子数与分子的平均速度成正比。此时，通过微孔的流量 F_0 为：

$$F_0 = (4/3)(r/l_0)\overline{V}_m \tag{19-4-14}$$

式中 r——微孔的半径；

l_0——微孔的长度。

通常，气体的流动可大体分为黏性流（亦称 Poiseuille flow）[141]和处于极小微孔内或接近真空状态的分子流（亦称 Knudsen flow）[142] 以及介于两者之间的流动。

为了区别上述流动，可采用 Knudsen 数（Kn）表示如下：

$Kn=\lambda/2r \gg 1$　分子流域（有分离性）

$Kn<1$　黏性流域（无分离性）

式中，λ 代表气体的平均自由程。

一般，当多孔质的孔径大于 1nm 时，分子流与黏性流同时存在。根据 r/λ 值的不同，两种流所占比例不同。当 $r/\lambda<1$ 时，分子流占优势，当 $r/\lambda>5$ 时，则主要是黏性流（90%以上）。

由于在大气压下的气体平均自由程是在 100～200nm 范围内，为了使分子流占优势，取得良好的分离效果，膜的孔径必须在 50nm 以下。

图 19-4-4 为 r/λ 与微孔透过通量的关系。

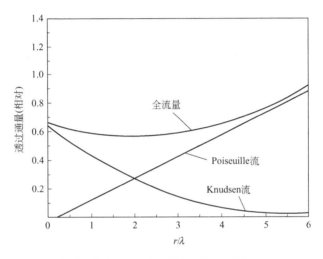

图 19-4-4　r/λ 与微孔透过通量的关系

在分子流域内的理想分离系数可表示为：

$$\alpha^* = \frac{F_1/m_1}{F_2/m_2} = \frac{\overline{V}_1}{\overline{V}_2} = \sqrt{\frac{m_2}{m_1}} \tag{19-4-15}$$

但在实际膜分离操作中，因考虑处理量或最佳操作条件，经常提高操作压力，从而使分离过程往往受黏性流的影响而多半是在中间流域内进行。设实际分离系数为 α，分离效率 Z 可定义如下：

$$Z = \frac{\alpha-1}{\alpha^*-1} \tag{19-4-16}$$

当分离是在理想状态下进行时，$\alpha=\alpha^*$，即 $Z=1$。然而，在实际操作时 $Z<1$，这主要是受背压（back pressure）等效应影响的结果。

气体通过微孔除分子流和黏性流两类扩散机制外，如果分子吸附在孔壁上，那么分子将沿孔壁表面移动，产生表面扩散流机制[143]。在表面扩散流存在的情况下，气体流过膜孔的流量由气相流（一般是 Knudsen 扩散）和表面扩散流叠加组成。此外，当膜的孔径介于不同分子直径之间时，直径小于膜孔径的分子可以通过膜孔，而直径大的分子则被挡在膜的一侧，具有分子筛筛分机制，利用这种分子筛筛分机制能得到很好的分离效果。

4.4.3.2 非多孔膜（均质膜）

非多孔膜的渗透机制如图 19-4-5 所示，首先是膜与气体接触 [图 19-4-5(a)]，接着是气体向膜表面的溶解 [溶解过程，图 19-4-5(b)]。然后因气体溶解产生的浓度梯度使气体在膜中向前扩散（扩散过程），并达到膜的另一侧，至此过程一直处于非稳定状态 [图 19-4-5(c)]，等到膜中气体的浓度梯度沿膜厚方向变成直线时才达到稳定状态 [图 19-4-5(d)]。从这时开始，气体由另一膜面脱附出去的速度也应变为恒定[144]。

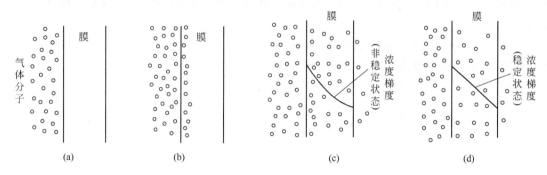

图 19-4-5 气体对非多孔膜的渗透机制

如果以测压表跟踪，由透过气体带来的低压侧的压力变化，将可得到图 19-4-6 所示的曲线（即气体渗透曲线）。

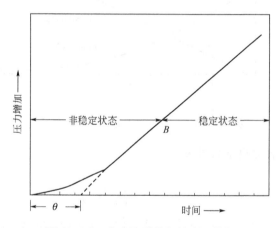

图 19-4-6 非多孔膜的气体渗透曲线

图 19-4-5(d) 即相当于图 19-4-6 中的 B 点。

为了定量地描述渗透现象，设想有一张厚度为 δ、面积为 S_m 的膜置于分压不同的两气体之间，如图 19-4-7 所示，假设它是在一定时间后达到了渗透速率已恒定的稳定状态。表示这种稳态流动的公式，通常是由下列 Fick 第二定律的扩散式导出：

$$\frac{\partial C_g}{\partial t} = D_g \frac{\partial^2 C_g}{\partial x^2} \tag{19-4-17}$$

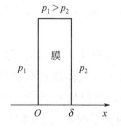

图 19-4-7 膜的坐标

其边界条件为：

① 对稳态流动，$\dfrac{\partial C_g}{\partial t} = 0$。

② $x = 0$ 时，$C_g = C_{g1}$。

③ $x=\delta$ 时，$C_g=C_{g2}$。

将式(19-4-17)积分并代入边界条件后：

$$C_{gx}=C_{g1}-(C_{g1}-C_{g2})x/\delta \tag{19-4-18}$$

$$\frac{\partial C_g}{\partial x}=-\frac{C_{g1}-C_{g2}}{\delta} \tag{19-4-19}$$

式中 C_g——膜内气体浓度；

C_{g1}，C_{g2}——相应膜表面上的气体浓度；

x——距高浓度侧膜表面的位置。

式(19-4-18)、式(19-4-19)表明，在稳定状态下，气体通过膜的浓度呈直线变化。在 t 时间内，通过面积为 S_m、厚度为 δ 的膜所移动的气体量 q 可由积分 Fick 第一定律求得：

$$F_g=-D_g\frac{\partial C_g}{\partial x} \tag{19-4-20}$$

式中 F_g——透气速率，即单位时间通过单位面积膜的气体扩散速率；

D_g——气体在膜中的扩散系数，$cm^2 \cdot s^{-1}$。

$$q=D_g S_m \int_0^t \left(-\frac{dC_g}{dx}\right)_{x=\delta} dt \tag{19-4-21}$$

将式(19-4-19)代入式(19-4-21)并经整理后得到气体的透过量：

$$q=\frac{D_g(C_{g1}-C_{g2})S_m t}{\delta} \tag{19-4-22}$$

根据 Henry 定律可以认为膜表面上的气体浓度 C_{g1}、C_{g2} 同与膜接触的气体分压 p_1，p_2 呈平衡状态：

$$C_{gi}=Sp_i (i=1,2) \tag{19-4-23}$$

式中 S——溶解度系数。

由此，式(19-4-22)将变为：

$$q=\frac{D_g S(p_1-p_2)S_m t}{\delta} \tag{19-4-24}$$

令 S_m、t、δ 以 CGS 单位表示，(p_1-p_2) 用 cmHg 表示，并均取 1 时，式(19-4-24) 可写成：

$$q=D_g S \tag{19-4-25}$$

此时的 q 若以 P 表示时：

$$P=D_g S \tag{19-4-26}$$

从而式(19-4-24)可写成：

$$q=\frac{P(p_1-p_2)S_m t}{\delta} \tag{19-4-27}$$

式(19-4-27)系用于计算气体通过非多孔膜渗透性能的基本式。

式(19-4-26)是表示渗透系数等于扩散系数与溶解度系数乘积的重要公式。因此可以认为，通过非多孔膜的气体扩散是根据溶解-扩散（solution-diffusion）的机制进行的。另外，还由于温度的增加将导致扩散性的加强，所以，也可以讲是根据活性扩散机制进行的。

气体 A 和 B 的理想分离系数（α）为两气体渗透系数的比值，如公式(19-4-28)所示。

$$\alpha_{A/B}=\frac{P_A}{P_B}=\frac{D_A}{D_B}\times\frac{S_A}{S_B} \tag{19-4-28}$$

4.4.3.3 非对称膜

上述两种类型的膜在分离应用中各有优缺点。均质膜有分离系数高的优点,但它的渗透系数却妨碍它的实际应用(聚丙烯腈的 $P_{He}/P_{O_2}=2800$,但 $P_{He}=0.55 Barrer$);另一方面,微孔膜虽然具有很高的渗透能力,但由于它的低选择性就要求采用昂贵的多级操作($P_{He}=105 Barrer$,但 $P_{He}/P_{O_2}=2.83$)[145]。非对称膜可兼具高分离系数和高渗透系数两方面。

用于描述通过非对称膜的渗透公式是类似的,因为这些公式一般不考虑各种传递方式之间的相互差异而只考虑复杂膜形态的简化模型,即公式(19-4-27)引入渗透速率 J, $J=P/\delta$,这里 δ 是非对称膜皮层即致密层厚度,渗透速率 J 常用单位为 GPU, $1GPU=10^{-6} cm^3 (STP) \cdot cm^{-2} \cdot s^{-1} \cdot cmHg^{-1}$, STP 表示标准状态(即 0℃/101.33kPa)。

4.4.3.4 双吸附-双迁移模型

按照溶解-扩散机理,膜的气体渗透系数与压力大小没有关系,通常橡胶态聚合物膜也都符合此规律。对于玻璃态聚合物,气体渗透速率与压力有关,通常随压力的增加而降低,渗透遵循双吸附-双迁移机理[146,147]。该机理认为气体分子在膜内存在两种吸附现象。一种是溶解在致密的聚合物中,这部分溶质分子遵循 Henry 定律;另一种是吸附在聚合物微孔中,这部分溶质分子遵循 Langmuir 定律[31~33]。总吸附量是两种吸附量的总和,如公式(19-4-29)所示。

$$C = C_D + C_H = k_D p + \frac{C_H b p}{1+bp} \qquad (19-4-29)$$

式中,k_D 为亨利系数;b 为亲和参数;C_H 为 Langmuir 吸附饱和参数;p 为吸附压力。

此时气体在玻璃态聚合物膜中的溶解度系数(S)不再是常数,随测试压力升高而逐渐减小。

4.4.3.5 气体在复合膜中的渗透

以非对称膜作为底膜,在其表面涂布一层硅橡胶膜,构成复合膜。底膜起分离作用,硅橡胶涂层修补底膜皮层上孔缺陷,以保证高选择性。复合膜也是一种非多孔膜,其渗透机理符合非多孔膜的机理。所不同的是气体通过复合膜是气体通过涂层、致密层和支撑层综合作用的结果。

在气体流经膜的过程中存在描述流量的渗透方程:

$$Q = \Delta P A J = \Delta P / [1/(AJ)] \qquad (19-4-30)$$

定义 $R=1/(AJ)$ 为渗透过程的总阻力。

Henis 将此渗透过程与电路相比,建立了 Henis 模型[148]。图 19-4-8 为复合膜的 Henis 模拟电路。渗透气依次流经涂层、致密层、充填涂层聚合物的致密层针孔和支撑层。各层阻力 R_i 分别为:

$$R_i = \frac{1}{A_i} \left(\frac{L}{P}\right)_i \qquad (19-4-31)$$

式中,$i=1, 2, 3$;1—涂层,2—致密层,3—充满涂层聚合物的致密层针孔。

整个渗透过程的总阻力为

$$R = R_1 + R_4 + \frac{R_2 R_3}{R_2 + R_3} \qquad (19-4-32)$$

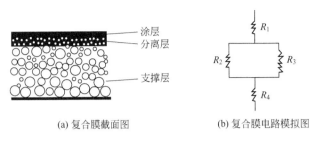

(a) 复合膜截面图   (b) 复合膜电路模拟图

图 19-4-8 复合膜结构示意图及模拟电路模型

4.4.4 气体分离膜的主要特性参数

4.4.4.1 渗透系数

渗透系数 P 是评价气体分离膜性能的主要参数，由式（19-4-27）改写可得其计算公式如下：

$$P = \frac{q\delta}{S_m t \Delta p} \tag{19-4-33}$$

P 常用单位是 Barrar。P 的值一般在 $10^{-8} \sim 10^{-14}$ 的数量级。由于在一定温度下每种膜材料的 P 值基本上是一个常量，所以，为了使单位面积、单位时间和单位分压差下透过膜的气体量 q 值尽量增大，必须使膜厚度值 δ 越小越好。由上可见，为了使有机非多孔膜的气体透过量提高，必须增大渗透系数、压力差、膜面积和减小厚度。此外，为了提高混合气体的分离效率，一定要选用渗透系数差较大的膜。

4.4.4.2 扩散系数[149]

气体在膜中的扩散系数一般可根据图 19-4-6 中所示的 θ，即到达稳定状态为止的滞后时间计算。Daynes 导出该滞后时间与扩散系数 D_g 及膜的厚度的关系式。他是将下列边界条件代入式（19-4-17）求解而得的。

① $x=0$，$t>0$ 时，$C_g = C_{g1}$。
② $x=\delta$，$t>0$ 时，$C_g = 0$[12]。
③ $t=0$，对一切 x 而言，$C_g = 0$。
④ $t=\infty$ 时，$\partial C_g / \partial t = 0$。

若将膜中的气体浓度 C_g 写成时间 t 和膜中位置 x 的函数关系时，可得到下式：

$$C_g = C_{g1}\left(1 - \frac{x}{\delta}\right) - \frac{2C_{g1}}{\pi^2}\sum_{n=1}^{n=\infty} n^{-1}\sin\left(\frac{n\pi x}{\delta}\right)\exp\left[-\left(\frac{n\pi}{\delta}\right)^2 D_g t\right] \tag{19-4-34}$$

由式（19-4-34）求出 $dC_g = dx$，代入式（19-4-21）再对 t 积分，就可以得到不稳定状态下，在 t 时间内通过膜面积 S_m，扩散到 $x=\delta$ 处的气体 q 的表达式，如取时间无限大，就和稳态流动的直线式相一致。其结果如下：

$$q = \frac{D_g S_m D_{g1}}{\delta}\left(t - \frac{\delta^2}{6D_g}\right) \tag{19-4-35}$$

用于求取横切时间轴的点，即滞后时间 θ，可用式（19-4-36）表示：

$$\theta = \frac{\delta^2}{6D_g} \tag{19-4-36}$$

Barrer[150] 应用此式测定了许多气体在合成膜中的扩散系数。

4.4.4.3 分离系数

分离系数 α 取决于组分在膜中的渗透速率之比,也即取决于热力学性能——溶解度和分子动力学性能——扩散系数。进料气中组分 A、组分 B 的浓度各为 C_A、C_B,透过膜的渗出气中组分 A、组分 B 浓度变成 C'_A、C'_B,则膜对组分 A、组分 B 的分离系数 $\alpha_{A/B}$ 可由下式求出:

$$\alpha_{A/B} = C'_A C_B / (C_A C'_B) \tag{19-4-37}$$

4.4.4.4 溶解度系数

溶解度系数 S 表示膜吸收气体能力的大小。二氧化碳或氨溶于水比氧、氮容易得多。对后两个气体来说,溶解规律符合 Henry 定律,而对前两者则不符合。但对高分子膜而言,并不存在如此巨大溶解性的气体,至于那些有机溶剂的蒸气或面对亲水性高分子膜的水蒸气则另当别论。

若干比较容易液化的气体,像 CO_2、NH_3、Cl_2、SO_2 及 H_2S 等对高分子膜都具有较大的溶解度系数。即使这样,它们也都符合 Henry 定律。

Van Amerongen[151,152] 针对在室温下呈橡胶态的天然橡胶,测定了不同气体的沸点(液化点)与溶解度系数的关系。Michaels[153] 等通过考察采用了代表气体凝缩度的 Lennard-Jones 的力常数作为特性参数,绘出了其与溶解度系数的关系图[154]。

溶解度系数与温度的关系通常可表示为:

$$S = S_0 \exp[-\Delta H / (RT)] \tag{19-4-38}$$

式中,ΔH 为溶解热,其值一般比较小,大体在 $\pm 2 \text{kcal} \cdot \text{mol}^{-1}$ ($1\text{cal} = 4.18\text{J}$,下同)的范围内。

4.4.4.5 非对称膜皮层平均孔径和孔隙率

对气体分离膜而言,未涂层前其皮层致密但有缺陷(如图 19-4-9 所示),其表面缺陷的平均孔径和孔隙率会影响到其涂层后的分离性能,是非常关键的因素。

由于缺陷的孔隙率非常低(约 $10^{-4} \sim 10^{-9}$),无法用常规液体膜孔径表征方法测试,J. Marchese 和 C. L. Pagliero 提出了一种气体渗透法[155],可以根据气体渗透结果计算出平均孔径和孔隙率值。具体过程如下:

气体 i 渗透通过膜的总通量 Q_i 可以表示为式(19-4-39),

$$Q_i = \frac{P_{1,i} A_1}{l} \Delta p + \frac{P_{2,i} A_2}{l q^2} \Delta p \tag{19-4-39}$$

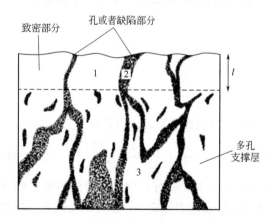

图 19-4-9 膜表面结构示意图
1—膜致密层的致密部分;2—膜致密层的孔或缺陷部分;
3—支持层的致密部分

式中,第一项是致密面积部分 A_1 的通量,第二部分是通过孔或者缺陷部分 A_2 的通量。$P_{1,i}$ 和 $P_{2,i}$ 分别是气体通过致密部分和孔部分的本征渗透系数;q 是弯曲因子,Δp 是跨膜压差;l 为致密部分的厚度。

式(19-4-39)两侧除以总面积 A_t 并重新整理,得到式(19-4-40),

$$\frac{Q_i}{\Delta p A_t} = K_i = \frac{P_{1,i}(1-\varepsilon)}{l} + \frac{P_{2,i}\varepsilon}{lq^2} \qquad (19\text{-}4\text{-}40)$$

式中，K_i是总有效渗透系数；$\varepsilon = A_2/A_t$是表面孔隙率。

气体渗透通过孔的扩散可以参考在毛细管中的流动表示为式(19-4-41)，

$$P_{2,i} = \frac{r^2 \bar{p}}{k_0 \eta_i p_2} + \frac{4r\delta}{3p_2 k_1}\bar{v}_i \qquad (19\text{-}4\text{-}41)$$

式中，第一项是黏性流项，r是平均孔径，η是黏度，$\bar{p}$是平均压力；k_0、k_1为数值因子，δ为特定系统的数值因子；第二项是滑流项，渗透组分的平均分子速率$\bar{v}_i$，定义为式(19-4-42)，

$$\bar{v}_i = \sqrt[2]{\frac{8RT}{\pi M_i}} \qquad (19\text{-}4\text{-}42)$$

式中，M_i是气体摩尔质量；T是热力学温度；R是气体常数。假定膜表面孔及缺陷的平均形状都为长方形，则k_0值为2.5，δ/k_1约等于0.8，则式(19-4-40)可以转化为式(19-4-43)，

$$K_i = \frac{P_{1,i}}{l}(1-\varepsilon) + 1.6667 \frac{r}{lp_2} \frac{\varepsilon}{q^2} \bar{v}_i + 0.4 \frac{r^2}{l\eta_i} \frac{\varepsilon}{q^2} \frac{\bar{p}}{p_2} \qquad (19\text{-}4\text{-}43)$$

从式(19-4-43)中可以看出气体渗透通过非对称膜的三个组成部分：通过致密膜表面的渗透通量；滑流贡献以及黏性流贡献。如果以总有效渗透系数K_i为纵坐标、平均压力$\bar{p}$为横坐标，进行作图会得到一条直线，其截距$K_{0,i}$和斜率$B_{0,i}$分别可以表示为式(19-4-44)和式(19-4-45)，

$$K_{0,i} = \frac{P_{1,i}}{l}(1-\varepsilon) + 1.6667 \frac{r}{lp_2} \frac{\varepsilon}{q^2} \bar{v}_i \qquad (19\text{-}4\text{-}44)$$

$$B_{0,i} = 0.4 \frac{r^2}{l\eta_i p_2} \frac{\varepsilon}{q^2} \qquad (19\text{-}4\text{-}45)$$

用于气体分离的非对称膜其表面孔及缺陷比例非常低，即式(19-4-44)中$1-\varepsilon$可取为1，从式(19-4-44)和式(19-4-45)，可以得到，

$$r = 2.6667 \frac{B_{0,i}}{K_{0,i} - P_{1,i/l}} \eta_i \bar{v}_i \qquad (19\text{-}4\text{-}46)$$

根据式(19-4-46)可以计算得到膜表面的平均孔径r。平均孔径r确定后，代入式(19-4-44)或式(19-4-45)可以求得膜的表面孔隙率ε。此外采用两种分子量差异较大的气体测定渗透通量，该膜的致密分离层厚度l亦可由下式计算得到，

$$l = \frac{P_{1,A} - P_{1,B} \dfrac{B_{0,A} \eta_A \bar{v}_A}{B_{0,B} \eta_B \bar{v}_B}}{K_{0,A} - K_{0,B} \dfrac{B_{0,A} \eta_A \bar{v}_A}{B_{0,B} \eta_B \bar{v}_B}} \qquad (19\text{-}4\text{-}47)$$

4.4.5 气体分离膜的制备工艺

如式(19-4-27)所示，气体的渗透量和膜的厚度成反比，所以对每种膜材质来说，不论其渗透性多么好，如果不能做到"超薄"，仍缺乏实用性。一般，对富氧膜而言，当膜的渗透系数为1×10^{-9} cm^3（STP）·cm·cm^{-2}·s^{-1}·cmHg^{-1}时，其厚度必须低于0.1μm。因此，如何能达到"超薄"，对其工业化应用来说是一个极为重要的课题。目前，已在研究和采用

的超薄化方法有：相转化法、包覆法、双浴法、三通道共挤出法、水上展开法、聚合物溶液涂布法、单体聚合法、等离子聚合法、放射线聚合法及真空蒸镀法等。下面介绍其中主要的几种。

4.4.5.1 相转化法

此法亦称干湿法制膜。该法是 1960 年 Loeb 和 Sourirajan 采用醋酸纤维素制作反渗透膜时开发的，真正用到气体分离上的是 Gantzel 等，他们应用这种膜第一次分离了天然气中的氦[156,157]。

对制平板膜而言，具体操作为，首先把聚合物溶液浇注到平板玻璃（或其他光面板）上使其流延。待部分溶剂蒸发后，表面将形成皮层。然后，连板一起浸入水或其他非溶剂中，使残余溶剂与非溶剂置换而生成多孔层。由此法制成的膜的截面形态结构如图 19-4-10 所示。由图可知，用非对称膜分离气体主要是在表面上的皮层（分离活化层）中进行的。所以，如何使皮层超薄及制成没有针孔的皮层仍是重要的技术关键。例如 Gantzel 等虽然将膜的皮层超薄化，使氧的透过速率从 1.9×10^{-6} $cm^3 \cdot cm^{-2} \cdot s^{-1} \cdot cmHg^{-1}$ 提高到 7.1×10^{-6} $cm^3 \cdot cm^{-2} \cdot s^{-1} \cdot cmHg^{-1}$，但选择性却从 3.2 降低到 2.3。

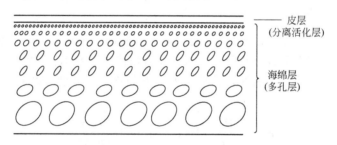

图 19-4-10 非对称膜的构造

4.4.5.2 包覆法[158]

包覆（coating）法实际上是一种复合膜的制法，具体操作法是以涂布法、喷涂法、浸渍法及轮涂法等手段，将选择性较高或渗透性特大的高分子溶液加以包覆，使其形成薄膜层。由该法所得的膜一般分为两类：一类是由包覆层控制，另一类是由底层（substrate）控制。二者的差别主要在于何者起分离作用。前者采用适当工艺，也可以使包覆层的厚度控制在 $0.5\mu m$，但其主要缺点是在包覆过程中有时会出现瑕疵（针孔），这将大大降低包覆膜的选择性。目前应用比较成功的是后者，已将此方法工业化的典型是美国孟山都公司（Monsanto Co.）的中空纤维复合膜 Prism 分离器（Prism separator）[159]。其构造是将聚砜中空纤维多孔质支撑体的外表面以硅橡胶包覆（或称涂层）而得。在这里硅橡胶的作用是填补表面孔和缺陷，玻璃态和固有的选择性底层材质——聚砜起着控制分离作用（见图 19-4-11）。

4.4.5.3 双浴法

为得到皮层无缺陷非对称分离膜，关键是在凝胶前，初生膜表面聚合物浓度要求很高，双浴法设置第一凝胶浴的目的就是通过萃取铸膜液中溶剂增加膜表面聚合物浓度，则进入凝胶浴第二浴凝胶后就可得到皮层无缺陷非对称膜结构。

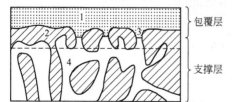

图 19-4-11 Prism 膜的断面示意图
1—硅橡胶包覆层；2—支撑体；3—渗入针孔的硅橡胶；4—支撑体孔道

4.4.5.4 三通道共挤出法

传统双通道喷丝头的中心管通芯液,外层通聚合物铸膜液。三通道喷头在中心管外层有两层通道通不同聚合物铸膜液,这样纺丝得到非对称中空纤维是两种聚合物构成的复合膜。三通道共挤出法适用于:用昂贵膜材料纺制中空纤维时,内层采用廉价聚合物材料可降低成本;有些膜材料的铸膜液黏度太小或机械强度较弱无法制备单层中空纤维膜[160,161]。

4.4.6 气体膜分离过程

4.4.6.1 气体膜分离装置

与反渗透、超滤等液相膜分离过程类同,气体分离膜在实际应用中也是以压力差作为驱动力的。一般需要把分离膜组装到一定型式的组件中操作。

气体膜组件通常也可以分为平板膜、圆管式、螺旋卷式和中空纤维式四种型式,不过,工业上使用比较多的是后面两种,特别是中空纤维式[106,162,163]。

中空纤维膜在使用时,一般是顺其长度方向,成束地组装在耐压容器中,纤维束一端的中空纤维管口是封口的,而另一端则是敞口的,组装成中空纤维膜组件。

原料气是从分离器下部侧口进入,在中空纤维内外壁两侧压力差推动下,有选择性地溶解扩散而渗透纤维的膜壁进入纤维的管内空间,从纤维的敞口端排出;未渗透的尾气则通过纤维间的缝隙而由分离器的顶部逸出。

应当指出的是气体透过中空纤维膜壁的走向,一般可分为内压式和外压式。前者是渗透气从纤维的内腔经纤维壁流向外部;后者则方向相反,是从纤维的外部渗向内腔。内压式气流分布均匀,流体无沟流现象,但膜的承压能力比较弱,适用于操作压力低于 2MPa 左右且以尾气为产品的气体分离场合。外压式可承受高达 10MPa 以上的操作压力,但膜器结构比较复杂,原料气进口端设置气流分布器等;并有合适的膜丝装填密度,以防使用中气流死区或沟流。两种方式各有利弊,需根据具体条件和要求酌情确定。

根据原料气条件及产品气浓度、回收率等要求,可采用并联、串联或串并联组合排布膜组件;或者把第一级膜组件的渗透气作为原料气引入第二级膜组件以提高产品气浓度,或者把膜组件的尾气部分返回原料气中以提高产品气回收率。

膜装置通常设置预处理和预热系统。预处理的目的是去除原料气中液滴或固体颗粒物等,以免损伤分离膜皮层。分离膜渗透性能及分离系数会随温度改变,预热可稳定膜组件性能;随着膜分离进行,原料气中可凝性组分露点不断提高,预热还应保证操作温度始终在原料气露点以上,以保证过程中不会有液滴冷凝析出。

如原料气中含有对膜材料有化学损伤的组分,要采取措施把该组分含量降至安全浓度以下。

4.4.6.2 中空纤维膜过程计算模型[164~166]

中空纤维膜组件在气体分离领域已得到广泛应用,针对多组分气体分离过程,建立描述膜组件内气体分离过程的数学模型,用于过程的优化和设计,具有重要意义。中空纤维分离器内原料气的流动形式有逆流、并流、错流等,其中逆流的分离性能最佳。通常描述膜组件操作的数学模型包括:各组分渗透通过膜的传质速率方程、各组分物料平衡、膜两侧压降和边界条件。

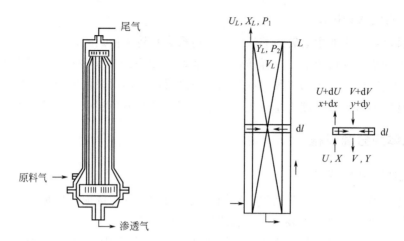

图 19-4-12 中空纤维膜组件的结构及流型示意图

分离器结构和流型如图 19-4-12 所示，假设气体在分离器壳体中和丝内的流动为平推流，当假设丝外压降可忽略，丝内气体径向无浓度梯度，分离器内气体流动不均匀性可忽略，丝内压降可以 Hagen-Poiseuille 方程描述，组分渗透与压力、组成无关时，在分离器任一截面 i 处取微分元 dl，其气体物料平衡为：

$$d(Ux_i)=d(Vy_i) \quad i=1,2,\cdots,n \tag{19-4-48}$$

$$d(Vy_i)=\frac{A}{L}J_i(P_1x_i-P_2y_i)dl \quad i=1,2,\cdots,n \tag{19-4-49}$$

$$\frac{dP_2}{dZ}=-\frac{128\overline{\mu}V}{\pi D_i^4 N_t} \tag{19-4-50}$$

边界条件：

$$Z=L; U=U_L; x_i=x_{iL}; V=V_L; y_i=y_{iL}, P_1=P_{10}$$
$$Z=0; U=U_0; x_i=x_{i0}; V=0; y_i=y_{i0}, P_2=P_{20}$$

式中　U——原料气流量（标准状态），$m^3 \cdot s^{-1}$；
　　　V——渗透气流量（标准状态），$m^3 \cdot s^{-1}$；
　　　x_i——原料气 i 组分的物质的量浓度；
　　　y_i——渗透气 i 组分的物质的量浓度；
　　　P_1——原料气压力，MPa；
　　　P_2——渗透气压力，MPa；
　　　A——膜面积，m^2；
　　　L——丝长，m；
　　　J_i——组分 i 的渗透速率，m^3（STP）$\cdot m^{-2} \cdot s^{-1} \cdot MPa^{-1}$。

在确定的过程参数如操作压力、原料气流量以及组成情况下，采用 Runge-Kutta 法离散化非线性微分方程［式(19-4-48)～式(19-4-50)］，方程从 $Z=0$ 开始往 $Z=L$ 方向进行求解，得到渗透气流量和浓度、渗透气压降与渗余气流量和浓度等。由于 $Z=L$ 处，渗透气 V 和浓度 y_i 未知，方程求解是边值问题，可采用打靶法求解，详细求解可参见文献[165，166]。

在目前工业组件应用条件下，可以作一些合理的假设求解微分方程［式(19-4-48)～式

(19-4-50)]。

当 x_i 变化不大时,可以用原料气和渗余气浓度 $(x_{i0}+x_{iL})/2$ 代替;当 y_i 变化不大时,同样可用渗透气的出口处气体浓度和尾部气体浓度的平均值即 $(y_{i0}+y_{iL})/2$ 代替 y_i;不考虑丝内渗透气压降,方程 [式(19-4-48)~式(19-4-50)] 为简化代数方程组,采用数值方法可以求解,具体求解可参考文献 [164]。

气体膜分离过程模拟除对膜分离过程自身需要描述外,有时还需要设计包括前处理过程换热、压缩机功率、原料气和渗余气露点等整个过程操作参数。目前,商用的化工过程模拟软件如 AspenPlus 和 PROII 等建有强大的过程模型和优化工具包,为整个过程的设计提供了方便。虽然有些软件没有提供独立气体膜分离过程模型,但是可以经由用户扩展形式加以实现。

4.4.7 气体膜分离应用

随着气体分离膜材料研究的深入和工业化生产的实现,气体分离膜的发展速度日益加快,应用领域也在不断拓宽。例如从合成氨弛放气中回收氢、合成气的比例调节、工业用锅炉及玻璃窑的富氧空气燃烧、富氧空气用于医疗卫生、富氮空气用于水果蔬菜的保鲜、油田气中分离回收 CO_2、从工业废气中回收有机蒸气及空气等气体的脱水等。下面仅举数例作简要介绍。

4.4.7.1 氢气回收[167~171]

在合成氨和甲醇的弛放气中有较高含量的氢(>50%),并且弛放气还带有一定的压力。膜分离技术回收氢气过程,因氢气是最易用膜分离的气体之一,分离效率很高[172,173]。

气体膜分离最早就是用于合成氨弛放气中的氢气回收,其代表性工业流程如图 19-4-13 所示。为了消除进料气中杂质对膜的影响,进料气首先要经过水洗塔等前处理装置将氨等进行回收;然后在 13.5~14.0MPa 的压力下把进料气送入分离系统。在第一段和第二段的 Prism 分离器中,氢是在不同的压力下回收的,最后分别导入合成压缩机的中压段和低压段循环。

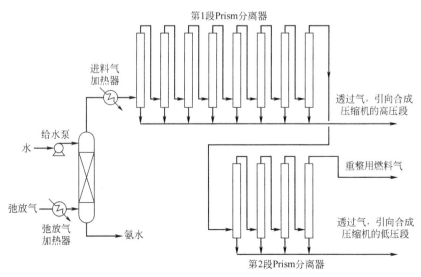

图 19-4-13 由合成氨和甲醇弛放气回收氢的流程[178]

如表 19-4-7 所示，进料气中氢的浓度大约是 60%，回收氢的平均浓度接近 90%；氢的回收率通常都在 95% 以上，有的达到 98.5%。

表 19-4-7　合成氨弛放气分离前后的物料平衡

物流		进水洗塔的原料气	进分离器的原料气	产品氢气（高压）	产品氢气（低压）	燃烧气	氨水洗塔塔底产品
组成（摩尔分数）/%	氢	60	61	92	86	7	—
	氮	22	23	4	7	54	—
	甲烷	10	10	2	4	25	—
	氩	6	2	3	3	14	—
	氨	2	($200\mu g \cdot g^{-1}$)	($330\mu g \cdot g^{-1}$)	($270\mu g \cdot g^{-1}$)	—	99
	水分	—	0.03	0.05	0.04	—	1
压力/MPa		13.5	13.5	7.0	2.8	13.2	1.7
温度/℃		4	35	35	35	35	46
流量（标准状态）/$m^3 \cdot h^{-1}$		10200	9950	2470	4150	3330	250

使用一级膜分离回收合成氨弛放气中氢气，可把合成塔内惰性气体含量控制到最低限，提高合成氨产量，降低合成氨电耗。据报道，增产 3%～4% 的氨产量，吨氨节电在 30kW·h 以上[174]。如采用二级膜分离装置，二级产品氢浓度可达到 99%[175]。

石油裂解产氢过程或加氢过程也有大量的含氢尾气产生，如催化重整尾气、催化裂化干气、加氢精制尾气、甲苯脱烷基化尾气、乙烯脱甲烷塔尾气、PSA 解吸气等，如采用膜分离技术可将氢气含量提升至 92%～98% 后直接返回系统，氢气回收效率 80% 以上，具有很高的经济价值。如果进一步采用与 PSA 装置耦合，用膜分离装置对较低氢气含量的炼厂气进行氢气预提浓，达到 PSA 原料气要求后进 PSA 装置，产品气中氢纯度达到 99.9%[176]。

氢气分离膜还可以用于合成气 H_2/CO 比例的调节和焦炉气 H_2 回收[177]。

4.4.7.2　CO_2 的分离回收

天然气主要组分为甲烷，除此之外还含有 CO_2、烃类（C_2、C_3 等）、水蒸气和 H_2S 等杂质，直接开采的天然气在高压管道运输过程中，一方面酸性气体 CO_2 会腐蚀管道，另一方面高浓度 CO_2 的存在也会降低燃烧热值和燃烧效率[179,180]。膜分离法具有装置简单、操作容易、占地少、能耗小、成本低和无污染等优势。例如：UOP 醋酸纤维卷式膜装置，每小时处理量（标准状态）为 $55.8×10^4 m^3$，把天然气中 CO_2 浓度从 5.7% 降到 2%[181]。

尤其是对于海上平台装置，由于空间和承载能力的限制，使得分离膜在其平台上的使用更具优势。以海上平台为例，直接开采的天然气采用膜法脱除其中所含的 CO_2，其投资成本要低于传统的吸收塔，且更安全、更高效。同时根据气井采气量的变化，可以很容易地通过增减膜组件予以调节[182~184]。例如 Cynara-NATCO 生产的醋酸纤维素中空纤维膜组件被应用在泰国湾的海上开采平台，膜组件处理量（标准状态）$830000 m^3 \cdot h^{-1}$，天然气中 CO_2 含量由 36% 降低至 16%[185]。

此外采用膜法分离油田气中的 CO_2，再将 CO_2 注入油井驱油循环使用，也是一项利用超临界萃取的原理提高三次采油率的新技术。它对提高我国某些老油井的采油率有很高的价值[186]。由于许多油田采用 CO_2 驱油措施，CO_2 的用量非常大。目前，国外已有许多膜分离法脱除 CO_2 的装置[187~189]。有文献报道[190]，膜法对高 CO_2 浓度（80%）的原料气处理在经济上最有利,而对低 CO_2 浓度,则吸收法居上,如图 19-4-14。膜法的投资费比吸收法低 25%左右,但产品浓度不及后者高。由成本和质量的综合估算表明,若使膜法和吸收法结合起来(前者粗分,后者细分),效果最佳[191]。

膜分离技术虽然较传统净化技术的分离效率要低,通常需要采用多级分离过程或部分尾气回流达到分离需求,但是膜分离技术有设备简单、投资低、占地面积小等优点,特别适用于中小规模气体净化,如沼气净化制生物天然气[192~195]。采用尾气部分回流的膜分离工艺可以把沼气中 CO_2 含量降到 3%以下,达到天然气管输或罐装标准。

碳捕集过程是一个耗能过程,胺吸收法、吸附法和膜分离是目前碳捕集的三种主要方法[196,197]。膜分离技术操作压力低,能耗小,

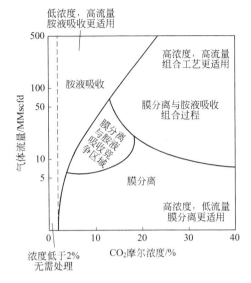

图 19-4-14 胺法及膜法脱碳适用范围
(1MMscfd=1000000ft³·d⁻¹=1180m³·h⁻¹,下同)

是碳捕集过程一种非常有潜力的技术,对所使用的膜材料,在需保证较高的 CO_2/N_2 选择性的同时,应具有很高的 CO_2 渗透系数,以满足过程的经济要求。

4.4.7.3 O_2/N_2 分离膜[198~202]

富氧或富氮一直是气体分离膜应用的一个重要领域。

在冶金、陶瓷、发电等行业,氧含量 30%左右的富氧空气能够使燃料充分燃烧,提高燃料的利用率,甚至一些低品位的燃料在富氧空气中也能满足生产要求,从而极大地降低了生产成本。Belyaev 等[203]曾指出富氧燃烧可使燃烧过程的效率提高 20%以上。在医疗领域中随时能提供富氧空气的技术,可以帮助需要吸氧的病人。

氮气则广泛应用于管线吹扫、易燃材料保护、食品加工和储存过程的保鲜和抗氧化、金属热加工、焊接(等过程的)保护等,此外在激光切割、塑料注射成型、精细化工等领域也有很多应用。

与深冷凝法相比,膜法生产氮气的费用约为前者的 50%。目前全世界大约 30%的氮气是通过膜法生产的[204]。膜法制氮气的副产品即为富氧空气,通常富氧空气中氧气的浓度可以从大气中的 21%提高到 25%~30%。研究表明,以 25%的富氧空气来助燃机动车燃油发动机,燃烧产物中颗粒物质可降低 60%,能量转化率可提高 18%。

膜法富氮与传统的空气分离技术如深冷精馏法和变压吸附法等相比具有占地面积小、操作简单、无运动部件等特点,特别适用于分离过程条件受限的情况,如飞机或船舶上的使用,为设备提供惰性气体保护,起到防爆的作用[205]。此外,制氮车的成功研制,使其在石油开采、矿井灭火等领域有很大的潜在应用价值[206]。国内首台制氮车在辽河油田投入使用半年约创效益 250 万元[207]。

4.4.7.4 从天然气中生产 He[208,209]

有些岩层所产的天然气中会含有比空气中浓度高的氦气,具有很高的回收价值,是 He 生产的主要来源。传统的深冷提氦技术能耗大,成本较高。He 作为小分子,在聚合物膜中

透过速度较大，与甲烷的选择透过系数一般比 H_2/CH_4 的选择透过系数更大。膜分离浓缩氦技术具有显著优势。UBE 公司以含 5% 的 He 进料气为例，经一级浓缩后渗透侧浓度可达 35%，多级浓缩后可得到 93% 的 He。Union Carbide 公司用 KP-98 醋酸纤维素非对称膜经二级分离可将 He 浓缩到 82% 左右[210]。大连化学物理研究所用硅橡胶-聚砜中空纤维膜分离器进行了从天然气中浓缩回收氦气的研究[211,212]。

4.4.7.5 有机蒸气（VOC）膜分离与回收

在石化、储油罐、油轮及加油站等有机物质制造、储存、运输和使用过程中，经常要排放一些含有机物质的气体[213]。它们通常由惰性气体（氮气等）和烷烃、卤代烃、烯烃和芳香族碳氢化合物等蒸气组成，净化回收方法有燃烧法、吸附法、冷凝法和膜分离法。原料中有机蒸气浓度越大，膜两侧分压差也增大，有利于有机蒸气透过膜，因此膜分离法适用于含有中等以上浓度 VOC 的处理。

有机蒸气分离膜通常采用溶解选择型橡胶态聚合物材料制成的，如硅橡胶等[214]。由于有机蒸气分子对高分子膜有很强的相互作用，因此要求所用膜材料对于被分离的有机蒸气具有一定耐受性，以防使用过程中膜过度溶胀而使膜性能下降。

膜组件可采用螺旋卷式和叠管式组件。螺旋卷式膜组件装填密度高、制造方便，但渗透侧气体压降大；叠管式组件[216]装填密度低，但因其流道短，渗透侧气体压降低。无论采用何种膜组件，对含氧的有机蒸气分离体系，膜组件设计与制造应做防爆处理。

有机蒸气来源广泛，膜分离技术应用在不同场合要求有不同的工艺流程设计，但主要流程包括膜分离系统及有机蒸气回收系统。对膜分离后排放尾气浓度要求非常低时，可再加后处理系统，如吸附过程。

有机蒸气回收系统可使用压缩冷凝或吸收剂吸收等[215]。如用间歇式液相本体法生产聚丙烯时，丙烯转化率为 70%，仍有约 30% 未反应的丙烯单体，虽经压缩冷凝部分回收，不凝气中仍含 40%～70% 丙烯送动力锅炉烧掉，采用膜分离-压缩冷凝工艺可回收 90%～96% 丙烯单体（PP），每吨聚丙烯单耗降低约 $4.3 \sim 13 kg \cdot a^{-1}$（PP）；膜分离系统使用原压缩冷凝压力，不需要另购压缩机；膜分离富丙烯渗透气仍返回原压缩冷凝系统回收，可节省投资[217~219]。

膜分离回收技术应用于油品装车系统可以使油气达标排放，如采用膜系统加油气冷凝或膜系统加吸收在汽油装车系统应用，可有效回收 95% 以上油气[220,221]。

设计渗透气返回原料侧膜分离系统时应注意：膜分离系统所设计的尾气排放量应使系统中惰性组分不积累[215]。操作参数如原料侧压力、原料侧与渗透侧的压力比、操作温度等均会对膜分离性能产生影响。原料侧操作压力越高，膜两侧分压差也越大，有利于有机蒸气透过膜；压力比越大，渗透侧有机蒸气浓度越高，对分离浓缩越有利[222]。有机蒸气如乙烯、丙烯等的渗透活化能为负值，温度降低，渗透速率增加；而对 O_2、N_2 等小分子而言，渗透活化能为正值，温度下降，渗透速率减小，因此低温有利于有机蒸气分离[223,224]。

4.5 渗透汽化

4.5.1 引言

渗透汽化（pervaporation，PV）是指液体混合物在膜两侧组分的蒸气压差作用下，组分以不同速率透过膜并蒸发而实现分离的一种膜分离方法[225~228]。正因为这一过程是由"permeation"（渗透）和"evaporation"（蒸发）两个过程所组成，所以合并二词的头尾而被称为"pervaporation"。从国际、国内已投产的工业装置运行结果看，与传统的恒沸蒸馏和萃取精馏相比，采用渗透汽化技术可节能 1/3～1/2，运行费不到传统分离方法的 50%[229~232]。早在 100 多年前，人们就发现了渗透汽化现象，但是由于长期以来未找到既有一定分离效果，又有较高通量的膜，一直没能得以实际应用。渗透汽化膜技术研究开始于 20 世纪 50 年代，20 世纪 70 年代能源危机之后，引起了世界各国的重视，针对多种体系，特别是乙醇/水体系的分离，进行了大量的研究。近二十年来，发达国家投巨资立专项，对第三代膜技术进行研究和开发，其中，用于有机水溶液脱水的渗透汽化膜技术，于 20 世纪 80 年代初开始建立小型工业装置，20 世纪 80 年代中期实现了工业化应用。1982 年，德国 GFT 公司率先成功开发出亲水性的 GFT 膜（现属于瑞士 Sulzer Chemtech 公司）、板框式组件及其分离工艺，成功地应用于无水乙醇的生产，处理能力为 $1500L \cdot d^{-1}$ 成品乙醇，从而奠定了渗透汽化膜技术工业应用基础。同年在巴西建成了日产 1300L 无水乙醇装置。随后的几年中，GFT 公司在西欧和美国建立了二十多个更大规模的装置。1988 年，在法国 Betheniville 建成了年产 4×10^4t 无水乙醇工厂，可将 93.2%（质量分数）的乙醇水溶液浓缩到 99.8%（质量分数）。装置所用膜面积是 $2000m^2$。国际上除 Sulzer Chemtech 公司外，日本三井、三菱、宇部公司，美国 Texaco 公司，德国 Lurgi 公司，法国 Le Carbone Lorraine 公司等，也在进行渗透汽化膜技术的研发工作。用于乙醇、异丙醇、丙酮、含氯碳氢化合物等有机物的脱水。到目前为止，世界上已相继建成了 400 多套渗透汽化膜工业装置。在膜组件方面，已经成功开发了板框式、管式和中空纤维膜组件。其中，板框式组件是最早开发成功的膜组件。该组件由不锈钢做结构材料，能承受高温，耐腐蚀，适应各种操作条件，在工业上应用最广。

我国渗透汽化膜分离技术的研究始于 20 世纪 80 年代初期。清华大学膜技术工程研究中心自 1984 年以来，一直从事膜技术研究，是我国最早从事渗透汽化膜技术研究开发的单位之一[233,234]。2000 年，中心与中国石油化工集团燕化公司一起，进行了苯脱水和碳六油脱水渗透汽化膜技术工业试验，苯脱水至 $50 \mu g \cdot g^{-1}$ 以下，碳六油脱水至 $10 \mu g \cdot g^{-1}$ 以下。渗透汽化装置稳定运行 1000h 以上，显示出渗透汽化脱水技术达到了工业应用水平。2003 年，蓝景膜技术工程公司以清华大学的技术为依托，在广州天赐公司建成的 $7000t \cdot d^{-1}$ 异丙醇脱水工业装置，标志着我国渗透汽化透水膜工业应用的开始。现在该公司已建成 70 多套渗透汽化透水膜工业装置，在山东、江苏、浙江、黑龙江、辽宁、安徽、广东、四川等地正常运行（见图 19-4-15），涉及醇酮醚酯类脱水、芳香烃类脱水、四氢呋喃脱水等工业溶剂循环利用和工业产品纯化过程。

国内，除清华大学膜技术工程研究中心和蓝景膜技术工程公司外，南京工业大学、大连理工大学、中科院化学研究所、长春应用化学研究所、浙江大学、复旦大学等单位，在渗透汽化脱水膜研究和应用方面，也取得了很有价值的研究成果。

4.5.2 渗透汽化的基本原理

渗透汽化是膜分离技术的一个新的分支，也是热驱动的蒸馏法与膜法相结合的分离过程。不过，它不同于反渗透等膜分离技术，因为它在渗透过程中将产生由液相到气相的相变。

图 19-4-15 蓝景膜技术工程公司建成的渗透汽化溶剂脱水工业工程

渗透汽化的原理如图 19-4-16 所示。在膜的上游连续输入经过加热的液体，而在膜的下游则以真空泵抽吸造成负压，从而使特定的液体组分不断透过分离膜变成蒸气，然后，再将此蒸气冷凝成液体而得以从原液体中分离出去。

概括起来，其分离机制可分为三步：

① 被分离物质在膜表面上有选择地被吸附并被溶解；

② 通过扩散在膜内渗透；

③ 在膜的另一侧变成气相脱附而与膜分离。

渗透汽化分离物质的示意图参见图 19-4-17。图中描绘了由 A 与 B 组成的液体混合物（含 40%B）采用可优先渗透 B 的膜，以渗透汽化过程分离的模式。由图 19-4-17 可见，经上述①～③的分离机制而到达膜的另一侧，变为蒸气的 B 组分，被进一步冷凝后，将浓缩成 90% 的产品。

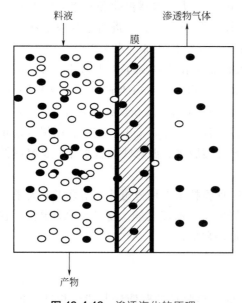 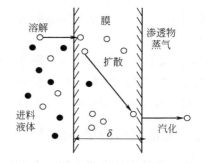

图 19-4-16 渗透汽化的原理　　　图 19-4-17 渗透汽化分离物质过程原理

在渗透汽化过程中，膜的上游侧压力一般维持常压，而膜的下游侧有三种方式维持组分

在膜两侧的蒸气分压差:
① 以惰性气体吹扫称为扫气渗透汽化 (sweeping gas pervaporation);
② 以真空泵抽吸称为真空渗透蒸发 (vacuum pervaporation);
③ 采用冷凝连续冷却的方式称为热渗透汽化 (thermo pervaporation), 其分压差由温差造成[235,236]。

实际应用中,常采用冷凝与抽真空结合使用的方法。

渗透汽化与反渗透、超滤及气体分离等膜分离过程的最大区别在于,前者透过膜时,物料将产生相变。因此,在操作过程中,必须不断加入至少相当于透过物潜热的热量,才能维持一定的操作温度。

4.5.3 渗透汽化过程的特点

渗透汽化过程一般有如下特点[226~228,237]:

① 渗透汽化的单级选择性好,这是它的最大特点。从理论上讲,渗透汽化的分离程度无极限,适合分离沸点相近的物质,尤其适合于恒沸物的分离。对于回收含量少的溶剂也不失为一种好办法。

② 由于渗透汽化过程有相变发生,所以能耗较高。

③ 渗透汽化过程操作简单,易于掌握。

④ 在操作过程中,进料侧原则上不需要加压,所以不会导致膜的压密,因而其透过率不会随时间的增加而减小。而且,在操作过程中将形成溶胀活性层及所谓的"干区",膜可自动转化为非对称膜。此特点对膜的透过率及寿命有益。

⑤ 与反渗透等过程相比,渗透蒸发的通量要小得多,一般在 $2000 g \cdot m^{-2} \cdot h^{-1}$ 以下,而具有高选择性的渗透汽化膜,其通量往往只有 $100 g \cdot m^{-2} \cdot h^{-1}$ 左右。

基于上述渗透汽化过程的特点,在一般情况下,渗透汽化技术的应用规模尚难与常规分离技术相匹敌,但由于它所特有的高选择性,在某些特定的场合,例如在混合液中分离少量难于分离的组分和在常规分离手段无法解决或虽能解决但能耗太大的情况下,采用该技术十分合适。

4.5.4 渗透汽化膜及膜材质的选择

与其他膜分离过程类似,渗透汽化膜性能之优劣是渗透汽化技术能否工业化的关键。根据渗透汽化膜材质的分类,一般可分为两大系列:无机膜和有机高分子膜。若根据膜结构分类,则有以下几种:

(1) 对称均质无孔膜 这种膜的孔径在 1nm 以下,膜结构呈致密无孔状。成膜方法多采用自然蒸发凝胶法。这类膜的选择性好,耐压,不过由于结构致密,厚度大,阻力大,从而通量低。

(2) 非对称膜 这类膜由同种材料的活性皮层(厚度约为 $0.1\sim1\mu m$)及多孔支撑层组成。其中活性层保证膜的分离效果,而支撑层的多孔性又降低了传质阻力。这类膜的生产技术已成熟,只是目前尚未制得分离性能特别好的渗透汽化用膜。如今大多用作渗透汽化复合膜的支撑膜。其应满足的条件是:

① 具有非对称结构;
② 平均孔径为 $0.3\sim0.5\mu m$;

③ 耐热性能好；

④ 具有良好的化学稳定性。成膜方法是干湿相转化法。

(3) 复合膜 复合膜是由不同材料的活性皮层与支撑层组成，以非对称膜作支撑层。其中超薄活性皮层的形成主要有两种方法：

① 用已合成的聚合物稀溶液作超薄层，采取浸渍或喷涂的方法使膜液黏附于支撑膜上，再经干燥或交联等形成复合膜；

② 将单体直接涂覆在多孔支撑体表面原位聚合，有时为了防止膜液渗入支撑体内，可采用中间凝胶层来遮蔽支撑体表面。

一般情况下，这样形成的复合膜，最后尚需热处理，以使膜结构稳定，且兼有消除表面针孔的作用。复合膜因其活性皮层的材质与支撑材料不同，大大拓宽了材料选择组合的范围，而活性皮层与支撑层的分别制备，可按要求改变和控制皮层厚度和致密性，使皮层和支撑体各自功能优化。

(4) 离子交换膜 这类膜的制备技术在国内外都很普及，近几年已用于渗透汽化研究，其优点是通量较大。不过，此类膜的化学稳定性限制了其应用，分离系数也有待提高。

此外，目前还有辐照接枝膜、高分子改性膜等用于渗透汽化的研究中。还有在高分子中掺杂无机物的膜，应用于醇-水分离。

膜材料的选择在取得良好的分离性能方面是至关重要的，指导膜材料选择的理论主要是溶解度参数法[237,238]。

4.5.5　渗透汽化膜的制备方法和组件结构

渗透汽化膜的制备方法大体与反渗透、超滤膜的制法相似。下面仅以最常用的聚乙烯醇（PVA）膜为例，做一简要的介绍。

4.5.5.1　PVA均质膜的制备方法

先配制一定浓度的PVA水溶液，经脱泡后在水浴上加热至60～70℃，然后在非常光洁的玻璃板上刮膜，并在室温或高于室温下的无尘箱中干燥而得均质膜。最后将该膜置于一定温度下的交联浴中处理一定时间，再用蒸馏水浸泡洗涤残余的交联液。

4.5.5.2　PVA复合膜的制备方法

首先制得聚砜底膜（组成：溶剂DMF；添加剂PEG）；再配制PVA水溶液，用砂滤器过滤后，采用浸渍法或涂布法，在聚砜底膜上形成皮层（其厚度主要靠PVA水溶液浓度控制）。然后，在一定温度下干燥、二次涂覆，再干燥。

通常评价渗透汽化膜的两个基本标准是它所具有的选择性和渗透性，它们分别由分离系数和渗透率表示。对于一定的膜来说，渗透性和选择性是一对矛盾的因素。增加膜的选择性，必然以牺牲一定的渗透率为代价，反之亦然。在实际中，渗透率与分离系数的选择，应以系统能耗为标准。渗透汽化的能耗主要是被分离物质的加热、渗透物的冷凝及真空泵的电耗。这三者均与渗透物的总量有关。理论计算表明，当分离系数达到一定值后，渗透总量不再增加，所以在制膜过程中，不一定要苛求太高的分离系数，而应从操作费用（由渗透率决定）及设备费用（由膜面积决定）两者综合优化考虑。

渗透汽化膜的形态也有平板式和中空纤维式等，也有复合膜及非对称膜之分。目前，就已工业规模投产的PVA膜而言，当推德国GFT公司的由PVA系聚合物为活性层构成的平板式复合膜为先驱。

迄今，有关采用渗透汽化膜对有机液体混合物进行分离的研究和专利已发表很多，已被试用的分离体系也有多种多样，它们大体可被分为水-有机液体混合物的分离及有机-有机液体混合物的分离两种，其中前者又可进一步被分类成优先透水膜和优先透醇（等有机物）膜系列（参见表19-4-8和表19-4-9）。

表 19-4-8　由乙醇水溶液中优先透水膜

膜材料	原料乙醇浓度(质量分数)/%	温度/℃	透过侧压力/Pa	渗透率/g·m^{-2}·h^{-1}	分离系数 $\alpha_{H_2O/EtOH}$
PDA·TMC/PS(FT 30)	4.5～4.7	23～53	133	5000～9000	2～4.5
EPA·TDI/PS(RC-100)	1～45	23～53	—	—	0.3～0.4
	92～96	23～53	—	3000～9000	1.4～1.5
SPE	14～16	26	—	152	725
AEM（AMV）	97	60	2666	—	70
CEM（CMV）	65	60	2666	—	11
PAA-AN	约50	15	333	15.3	407
PSIMA-AN	约50	15	333	10.6	912
PPIMA-AN	约50	15	333	8.3	654
PAN-g-AAK$^+$	80	70	—	3000	1500
CMC-PAANa$^+$共混	89	25	1466	500	2700
PAN-Plasma	80	6	—	300	4000
PVA·MA/PAN	80	80	—	40	1400
CPS(CoSO$_4$)	81.7	60	133	240	1858
APS(CoSO$_4$)	70	60	40	2020	1449

注：PDA—聚多巴胺；TMC—均苯三甲酰氯；PS—聚醚砜；EPA—乙二醇苯醚醋酸酯；TDI—甲苯二异氰酸酯；SPE—磺化聚乙烯；AEM—阴离子交换膜；CEM—阳离子交换膜；PAA—聚丙烯酸；PSIMA—聚 N-琥珀酰亚胺基甲基丙烯酸酯；PPIMA—聚 N-酚酰亚胺基甲基丙烯酸酯；PAN—聚丙烯腈；CMC—聚阴离子纤维素醚；PVA—聚乙烯醇；CPS—阳离子性多糖类；APS—阴离子性多糖类

表 19-4-9　由乙醇水溶液中优先透醇膜

膜材料	原料乙醇浓度(质量分数)/%	温度/℃	透过侧压力/Pa	渗透率/g·m^{-2}·h^{-1}	分离系数 α_{EtOH/H_2O}
PDMS	3.2	25	—	9.66	5.75
PDMS/PES	0.026	25	300	—	7
PDMS/PVDF	8	25	130	400	8
PDMS（zeolite70%）	4～6	25	≤100	32	40
PPP-g-PDMS	7	30	—	57（10μm）	40
PTMSP	10～90	30	1333	300	10～40
PPO-g-POS	7.33	—	67	77.8（10μm）	24.2
PCHMA-St	30	15	3333	10	5
NVP-EMA	37.9	25	13.3	163	14.6
PSt-g-HDFDA/PDMS	8	30	—	60（10μm）	45.9
PVS·MS/PIm	50	20	2666	6400	24～32
POS·DI/PS	10	—	40	3600	8

注：PDMS—聚二甲基硅氧烷；PES—聚醚砜；PVDF—聚偏氟乙烯；PPP—聚苯基-1-丙炔；PTMSP—聚三甲基硅-1-丙炔；PPO—聚苯醚；PCHMA—聚甲基丙烯酸环己酯；NVP—N-乙烯基吡咯烷酮；EMA—乙烯丙烯酸甲酯共聚物；HDFDA—十七碳氟癸丙烯酸酯；PVS·MS—聚乙烯基硅烷基巯基硅氧烷交联；POS·DI—聚有机硅氧烷·二异氰酸酯交联。

下面简单介绍 GFT 公司（现属于瑞士 Sulzer Chemtech 公司）的平板膜组件，图 19-4-18 和图 19-4-19 分别为该膜组件单元的俯视图和断面图。这种组件的特点是压降小，堆积密度高和构造简单。由于其密封是借助一种凹凸段结构解决的,所以不需要多余的间隔网。

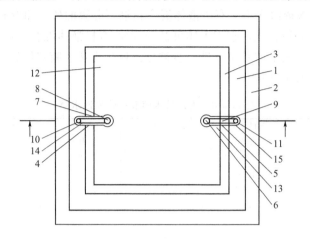

图 19-4-18 GFT 平板膜组件俯视图

1—外侧段;2—平板;3—内侧段;4,5—密封材料;6,7—孔;8,9—通道;
10,11—孔(供入或排出管);12,14,15—密封材料;13—膜

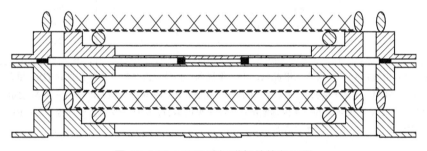

图 19-4-19 GFT 平板膜组件的断面图

4.5.6 渗透汽化膜的性能测试

在实验室内测定渗透汽化膜特性参数的装置有平板式、毛细管式和中空纤维式,其流程如图 19-4-20 所示。加料方式有两种:连续式和间歇式。连续式加料不需要搅拌,而间歇式为防止浓差极化,必须设搅拌装置。产品的收集多采用冷阱,冷阱可用液氮或低温冷凝装置。真空系统的真空度需保持在采用的冷凝温度下,对实验结果影响不大的范围,通常透过侧绝对压力为 0.1~3.0mmHg (1mmHg=133.322Pa)。

渗透汽化与反渗透、气体膜分离等有类似的传质过程,文献上对其传质提出了不同的机理,从而得到不同的传质模型。其中有非平衡热力学模型、优先吸附-毛细管流动模型及溶解扩散模型等[239~242]。其中,后者被人们广泛接受,它特别适用于致密、均匀的无孔膜,对复合膜适用于活性层。

4.5.7 渗透汽化的应用

如上所述,近年来已开发了许多优先透水膜和优先透醇膜,优先透水膜已实现了工业化。

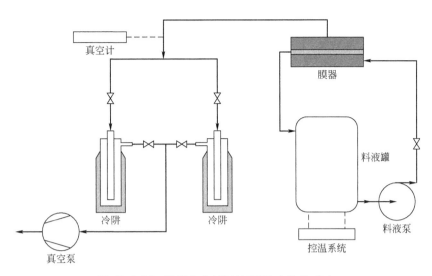

图 19-4-20 渗透汽化试验流程图（连续式）

目前分离系数高达 5000 以上的优先透水膜已开发出来，而且已在醇类的精制（脱水）方面实现了工业化。

在某些给定的条件下，采用 PV 法进行乙醇浓缩时，当原液温度为 70℃、膜透过液的冷凝温度为 -20℃ 时，若想把 95%（质量分数）的乙醇水溶液浓缩到 99.5%（质量分数）所需的能量是 19.5kJ·mol^{-1} EtOH。比较合理节能的方法是：不单独使用渗透汽化法，而是让它同传统的蒸馏萃取过程相结合，从而达到最佳效果。

4.5.7.1 二元恒沸有机溶剂的分离

众所周知，在有机溶剂中有许多恒沸或近沸点的混合液体，若采用普通的精馏手段，很难将它们分开，但如果采用渗透汽化法，将轻而易举地解决。例如对一些结构相似和沸点接近的有机溶剂——苯-环己烷，苯乙烯-乙苯，醇类-醚类体系，芳烃-醇类体系以及二甲苯异构体等的分离，用渗透汽化法都十分有效。

Cabasso 等[243~245]采用醋酸纤维素-聚苯乙烯二乙基磷酸酯复合膜（膜厚度=20μm，醋酸纤维素含量=10.5%），进行了苯-环己烷的渗透汽化，结果表明：在液体沸点温度下，透过量为 1L·m^{-2}·h^{-1}，分离系数为 40。

Rauteubach 等人采用三段串联式渗透汽化法，对 50∶50 的苯-环己烷进行了分离，结果分离的纯度达到 98%[246]。

Nagy 等[247]报道了聚乙烯膜和拉伸程度不同的聚丙烯膜对分离苯-甲醇体系的 PV（压力体积）性能，分离是基于膜的结构和渗透组分分子的尺寸差异。Dutta 等[248]研究了全氟磺酸（PFSA）的离子复合膜，此类膜材质对醇具有良好的透过性和选择性。

二甲苯是 C_8 馏分的主要成分，有对二甲苯（PX）、间二甲苯（MX）和邻二甲苯（OX）3 种异构体。由于它们的许多物理化学性质都十分相似，因此二甲苯异构体的分离一直是分离领域的重要课题之一。工业上分离二甲苯异构体常用的工艺有分步结晶法（包括深冷结晶和加压结晶）、络合萃取法和吸附分离法。渗透汽化膜法分离二甲苯异构体的研究工作早在 20 世纪 50 年代就已开始。Mulder 等[249]选用纤维素酯膜分离 PX/OX 的分离因子在 1.16~1.43 之间。Schleiffelder 等[250]的实验结果表明，交联后的聚酰亚胺膜与未交联的聚酰亚胺膜相比，在 338K 时分离因子从 1.33 上升为 1.47，但由于自由体积变小，通量由 3600g·μm·m^{-2}·h^{-1}

下降为 $1500\mathrm{g}\cdot\mu\mathrm{m}\cdot\mathrm{m}^{-2}\cdot\mathrm{h}^{-1}$。Sikonia 等[251]报道了包含 Werner 络合物的改性聚偏氟乙烯膜用于渗透分离二甲苯异构体的研究。发现这类膜分离等量的 3 种异构体所构成的料液，所得产物中 PX 含量约比料液中 PX 含量高出 8%。Ishihara 等[252]在研究带有二硝基苯基的聚合物膜分离二甲苯异构体时发现，作为电子给体的二甲苯异构体与作为电子受体的二硝基基团之间形成电荷转移络合物的能力次序为 MX>OX>PX，这一顺序与异构体在膜内的渗透选择性顺序相一致。使用该聚合物，以 MX/PX=48.9/51.1 为料液比时，分离因子 $\alpha_{MX/PX}=2.39$。

Wang 等[253]采用聚丙烯酸（PAA）和聚乙烯醇（PVA）制备了优先透甲醇（MeOH）的 PAA/PVA 共混复合膜。热处理后，PAA 分子的—COOH 与 PVA 分子的—OH 发生交联，且交联程度随 PAA 含量增加而增大。PAA/PVA 共混膜 40~80℃下分离 MeOH/DMC（碳酸二甲酯）共沸物时，随着 PAA 含量由 50%（质量分数）增至 90%（质量分数），分离因子先增大后减小，渗透通量反之；PAA 含量为 70%（质量分数）的共混膜选择性最佳，60℃下分离因子为 13，渗透通量为 $577\mathrm{g}\cdot\mathrm{m}^{-2}\cdot\mathrm{h}^{-1}$。

Wang 等[254,255]制备了优先透碳酸二甲酯（DMC）的 PDMS 均质膜及 H-ZSM-5 沸石填充 PDMS 均质膜。填充沸石可以改善 PDMS 膜的热稳定性和强度。纯 PDMS 膜 40℃下分离 MeOH/DMC 共沸物时，分离因子最高为 3.46，透过物中 DMC 浓度为 59.7%（质量分数），渗透通量为 $1.4\mathrm{kg}\cdot\mathrm{m}^{-2}\cdot\mathrm{h}^{-1}$。H-ZSM-5 沸石填充 PDMS 膜 40℃下分离 MeOH/DMC 共沸物时，分离因子随着沸石填充量增加而逐渐增大，渗透通量反之；沸石经 H^+ 交换可以提高选择性，分离因子最高为 4.37，透过物中 DMC 浓度为 65.2%（质量分数），渗透通量为 $1.0\mathrm{kg}\cdot\mathrm{m}^{-2}\cdot\mathrm{h}^{-1}$。

4.5.7.2 有机溶剂脱水[256,257]

乙醇等有机溶剂与水形成恒沸物，制取高纯度溶剂时，需用恒沸精馏、萃取精馏或分子筛脱水，这些过程费用都很高。而在恒沸、近沸组成时，渗透汽化的分离特别有效，所需能耗比恒沸精馏低很多。

1988 年法国东部 Betheniville 地区的 Bazancourt 糖业集团建成了一座渗透汽化法由乙醇脱水生产无水乙醇的工厂，主要技术来自德国的 GFT 公司。

建厂费约 1200 万法郎，生产能力为 $150\mathrm{m}^3\cdot\mathrm{d}^{-1}$。渗透汽化的组件型式为板框式，膜为 GFT 膜。一台膜组件的膜面积为 $50\mathrm{m}^2$，总膜面积为 $2100\mathrm{m}^2$。组装是以两台组件（$100\mathrm{m}^2$）为一级，各级串联。高度为 6.6m 的真空容器共有三座，各真空容器中分别装有 6 级、7 级、8 级组件，同时还装有各级的换热器和捕集渗透气用的冷凝器。

该工厂的运转状况如下：

原料乙醇的进料浓度为 93%（质量分数），所得产品乙醇的浓度超过 98%（质量分数），透过侧绝对压力约为 1000Pa，料液侧压力为 4×10^5Pa，温度为 84~98℃，冷凝器温度：真空容器的第一段为 10℃，第二段为 0℃，第三段为 -35℃。

德国 GFT 公司将渗透汽化技术应用于乙醇脱水制无水乙醇，成功工业化。在这一里程碑式成就的鼓励下，许多研究者开始致力于更有意义的优先透乙醇膜研究。如果找到合适的膜材料，对乙醇具有较高的分离系数，便可大大降低燃料乙醇的生产成本。如徐南平等人[257]提出生产燃料乙醇的双膜工艺，可以节约能耗 50%，其工艺过程如图 19-4-21 所示。

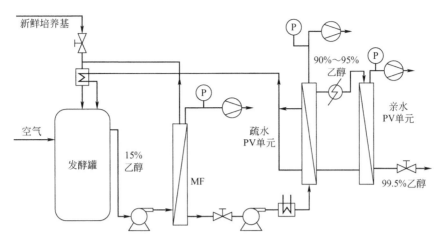

图 19-4-21 发酵/微滤/透醇 PV/透水 PV 集成过程

4.5.7.3 水中有机物的脱除

用渗透汽化从水中分离、脱除有机物主要用于以下目的：控制水污染、溶剂回收和某些特殊的要求，如啤酒脱醇。如果水中有机物含量极低，如地下水中微量三氯乙烷的脱除，其目的是为了水的提纯，当溶剂浓度 1%～2%时，溶剂回收具有一定的意义。

从水溶液中选择性渗透分离有机物的开发工作在 1989 年前后才进入工业应用研究，因为该过程要求膜在有机溶剂中有良好的化学稳定性和热稳定性，且为疏水材料。美国的 MTR 公司以卷式膜组件对被 1,1,2-三氯乙烷污染的地下水的渗透汽化脱氯进行了研究。假定处理量为 20000gal·d^{-1}（1gal=3.7854L，下同），其中三氯乙烷浓度为 $1.000×10^{-6}$，膜的分离因子为 200，渗透速率为 1.0L·m^{-2}·h^{-1}，若溶剂脱除率为 99%，需膜面积 38m^2，透过液中含三氯乙烷 7.4%，冷凝分相后可得到三氯乙烷浓度＞99%的产品和溶剂浓度为 0.4%的水相，后者进入料液侧重新处理。

Zhan 等[258,259]制备了以无纺布为支撑的具有 PDMS/PVDF 交替排列结构的多层复合膜，显著提高了 PDMS 膜对乙醇/水混合物的分离性能，分离因子由文献报道的最高值 10.8 提高至 15.0。将沸石分子筛 ZSM-5 分别进行热处理和氢氟酸（HF）处理，制备了硅铝比 38～360 沸石分子筛（ZSM-5）填充 PDMS 复合膜。热处理后 ZSM-5 填充 PDMS 膜与未处理填充膜相比，渗透通量和分离因子均得到较大提高，当沸石填充量为 30%、料液浓度为 5%（质量分数）时，填充膜的分离因子均在 12 以上，渗透通量在 800～3000g·m^{-2}·h^{-1}，渗透通量较文献报道有了较大提高；HF 处理 ZSM-5 填充 PDMS 膜与未处理填充膜相比，分离因子由原来的 9.2 上升至 16.30。采用辛基三氯硅烷（OTCS）、十二烷基三氯硅烷（DTCS）、十六烷基三氯硅烷（HDTCS）和十八烷基三氯硅烷（ODTCS）4 种烷基链长不同的氯硅烷修饰 silicalite-1，制备了氯硅烷修饰 silicalite-1 填充 PDMS 复合膜。研究发现氯硅烷修饰显著提高了沸石表面的疏水性和小分子在沸石表面孔的吸附阻力；氯硅烷修饰有效地提高了 silicalite-1 填充 PDMS 膜对乙醇的分离选择性，而渗透通量由于小分子在沸石表面孔吸附扩散阻力的增加而有所下降。当采用 DTCS 修饰 silicalite-1 时，D-PDMS 膜的分离因子达到 19.90[260]。

Liu 等[261]制备了硅铝比为 300 沸石分子筛（ZSM-5）填充 PDMS 复合膜，并将其用于 10%（质量分数）乙醇水溶液脱除乙醇中试项目，当沸石填充量为 30%、料液温度为 60℃

时，分离因子达到13.5，通量达到1230g·m^{-2}·h^{-1}，中试装置稳定运行1000h，未见膜性能明显衰减。

韩小龙等[262]将碳纳米管（CNT）填充到PDMS中制备出CNT PDMS分离膜，发现由多壁碳纳米管制备的膜分离性能较好，在40℃下，进料浓度为5%（质量分数）时，膜的分离因子为10.0；采用十二烷基三氯硅烷对多壁碳纳米管进行修饰，可进一步提高膜对乙醇的选择性，膜的分离因子可提高到11.3。

4.5.7.4 汽油脱硫

Qi等[263,264]制备了聚二甲基硅氧烷/聚丙烯腈（PDMS/PAN）、聚二甲基硅氧烷/聚醚酰亚胺（PDMS/PEI）复合膜，经放大1万倍后，硅橡胶膜的表面仍光滑、平坦，没有缺陷。将制备的PDMS/PAN，PDMS/PEI复合膜用于模拟汽油体系汽油脱硫，发现随着PDMS浓度的增加，通量不断减少，富硫因子先增大，达到最大值后，开始减小；随着交联剂浓度的增加，通量不断减小，尤其交联剂含量在15%～20%（质量分数）时，通量下降比较明显，富硫因子先增大，达到最大值后，开始减小。进行了PDMS/PEI复合膜正庚烷/噻吩模拟汽油体系脱硫放大实验研究，其平均通量为0.78kg·m^{-2}·h^{-1}，平均富硫因子为7.6。

Chen等[265,266]制备了聚乙二醇/聚偏氟乙烯（PEG/PVDF）、聚乙二醇/聚酰亚胺（PEG/PEI）复合膜。SEM结果表明，复合膜的表面致密无缺陷。PEG/PEI复合膜的放大实验结果表明，随着操作时间的延长，料液的硫含量在不断下降，最终可以将料液中的噻吩脱除至10μg·g^{-1}以下，膜渗透通量1.2kg·m^{-2}·h^{-1}以上，富硫因子11以上。

Yang等[267~270]依据基团溶解度参数法和相关理论，计算得到了聚三氟乙氧基磷腈（PTFEP）新膜材料，进行了新膜材料合成，制备了PTFEP/PVDF复合膜。在60℃下，对于庚烷/噻吩体系，PTFEP新膜材料的最高富硫因子高达15.6，这是目前文献报道的富硫因子最高的膜材料。将较大的侧链基团——苯氧基通过化学键键合到—N=P—主链上，合成了双苯氧基取代聚磷腈（PBPP）。研究结果表明，PBPP增加了聚合物的自由体积，提高了膜材料的渗透汽化脱硫通量。用对甲基苯氧基代替苯基，合成了4-甲基苯氧基取代聚磷腈（4-MePP），进一步增加了新膜材料的自由体积。制备的4-MePP/PVDF复合膜应用于模拟汽油脱硫，平均富硫因子6以上，渗透汽化通量最高可达3.5kg·m^{-2}·h^{-1}。氧化后的SF-MePP膜表面—COONa用Cu^{2+}，Pb^{2+}，Mn^{2+}取代Na^+，制备了3种不同的金属离子取代膜材料。研究结果表明，操作温度升高时，膜的渗透汽化通量增加，同时膜材料的选择性也在提高，打破了限制膜材料发展的"trade-off"效应。

4.5.8 无机膜渗透汽化

4.5.8.1 无机膜渗透汽化原理

无机膜的渗透汽化的分离原理如图19-4-22所示，具有多孔无机分离层的渗透汽化膜将料液和渗透物分隔成两股独立的物流，料液侧一般维持常压，渗透物侧通过抽真空或载气吹扫的方式维持很低的组分分压。在膜两侧组分分压差（化学位梯度）的推动下，料液侧各组分扩散通过膜，并在膜后侧汽化为渗透物蒸气。由于料液中各组分在膜中的热力学性质（溶解度）和动力学性质（扩散速率）存在差异，因而料液中各组分渗透通过膜的速度不同，易渗透组分在渗透物中的含量增加，难渗透组分在料液中的浓度增加[271]。

渗透汽化过程涉及复杂的渗透物与膜、渗透物组分之间的相互作用。目前对渗透汽化传质过程的描述主要有分子筛分和吸附扩散两种机理。

分子筛分机理是指当膜的孔径与分子的大小相近时，分子按尺寸大小不同而分离。当两种分子中的一种分子的动力学直径大于膜的孔径时，该分子不能透过，而另一种分子的动力学直径比膜

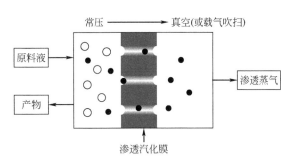

图 19-4-22 无机膜渗透汽化示意

的孔径小而能通过膜孔渗透，从而达到分离这两种分子的目的。例如 NaA 分子筛膜用于有机溶剂脱水时，其分子筛孔（0.42nm）大于水分子的动力学直径（0.29nm）而小于绝大多数有机溶剂分子的动力学直径，因此 NaA 分子筛膜基于分子筛分效应表现为很高的透水选择性。

吸附扩散机理是指分子从分离体相进入孔表面，吸附在表面上和孔中的分子在化学势的梯度下，从一个吸附点跃迁至空位或另一个吸附点，在膜的透过侧脱附扩散进入渗透相。膜的分离选择性取决于分子在膜孔中吸附和扩散能力的差异[272]。例如 MFI 分子筛膜用于乙醇/水体系的分离时，表现为亲油疏水的性质，因此乙醇优先吸附在膜表面从而选择性透过膜层。

4.5.8.2 无机渗透汽化膜的主要类型

无机渗透汽化膜按膜的结构特征分类，可以分为支撑型膜与非支撑型膜。支撑型膜即在多孔无机载体表面上形成薄的无机渗透汽化分离层，而非支撑型膜也称为自支撑型膜，前者相比后者，机械强度更高，且易形成致密的分离膜层，因此应用更为普遍。支撑型膜的载体材质大多数以陶瓷材料［氧化铝、莫来石、钇稳定型氧化锆（YSZ）等］为主，也有研究者采用强度更高的多孔不锈钢作为载体，但因生产成本较高制约了膜的应用发展。常见的支撑体型式主要有片式、管式和多通道等。近些年来，中空纤维膜因壁较薄、装填密度大，能显著提高膜的渗透通量，被认为是下一代膜材料的主要型式。

分离膜层按其材质分类，主要分为沸石分子筛（zeolite）膜与陶瓷（ceramic）膜等。其中沸石分子筛膜的制备与应用最为广泛。目前已经用于渗透汽化的分子筛膜材料包括 LTA 型、MFI 型（包括 ZSM-5，Silicalite-1）、MOR 型、CHA 型、FAU 型和 T 型等硅铝酸盐分子筛以及 $AlPO_4$ 型磷铝分子筛。陶瓷膜主要包括 SiO_2 膜、SiO_2/Al_2O_3 复合膜、SiO_2/TiO_2 复合膜等。除上述两种材料之外，近年来还陆续报道了碳分子筛（carbon molecular sieve，CMS）膜和氧化石墨烯（graphene oxide，GO）膜等新型无机渗透汽化膜。

4.5.8.3 无机渗透汽化膜的分离性能

针对不同的分离体系，膜的分离性能决定于分离膜层的本身特性如孔结构、吸附选择性、膜层致密度与膜层厚度等。由于大多数无机渗透汽化膜为支撑型膜结构，因此除了分离膜层，支撑体的结构对膜的分离性能也有着重要影响。表 19-4-10 为不同种类无机渗透汽化膜的分离性能。

表 19-4-10　主要无机渗透汽化膜的分离性能

膜材料	载体	原料液(A/B, A 为渗透物)(质量分数)/%	温度/℃	通量/kg·m^{-2}·h^{-1}	分离因子	参考文献
NaA 沸石分子筛	α-Al$_2$O$_3$(中空纤维)	10/90 水/乙醇	75	12.8	>10000	[273]
HA 沸石分子筛	α-Al$_2$O$_3$(管式)	10/90 水/乙醇	75	2.5	2980	[274]
T-型沸石分子筛	α-Al$_2$O$_3$(中空纤维)	10/90 水/异丙醇	75	7.36	>10000	[275]
MOR 沸石分子筛	莫来石(管式)	10/90 水/乙酸	75	0.13	3550	[276]
B-ZSM-5 沸石分子筛	α-Al$_2$O$_3$/SiC(多通道)	5/95 乙醇/水	60	0.16	31	[277]
MFI 沸石分子筛	α-Al$_2$O$_3$(中空纤维)	5/95 乙醇/水	75	5.4	54	[278]
MFI 沸石分子筛	YSZ(中空纤维)	5/95 乙醇/水	60	7.4	47	[279]
NaY 沸石分子筛	α-Al$_2$O$_3$(管式)	10/90 甲醇/甲基叔丁基醚	50	1.7	5300	[280]
NaY 沸石分子筛	α-Al$_2$O$_3$(管式)	10/90 乙醇/乙基叔丁基醚	50	0.21	1200	[281]
SiO$_2$	γ-Al$_2$O$_3$(管式)	5/95 水/异丙醇	70	0.25	500	[281]
SiO$_2$/ZrO$_2$ 10%(摩尔分数)	α-Al$_2$O$_3$(片式)	10/90 水/异丙醇	80	0.86	300	[282]
SiO$_2$/TiO$_2$ 10%	α-Al$_2$O$_3$(片式)	10/90 水/异丙醇	80	0.78	400	[282]
SiO$_2$/Al$_2$O$_3$ 10%	α-Al$_2$O$_3$(片式)	10/90 水/异丙醇	80	0.08	210	[282]
碳分子筛	—	10/90 水/乙醇	70	1.199	683	[283]
氧化石墨烯	α-Al$_2$O$_3$(中空纤维)	2.6/97.4 水/碳酸二甲酯	25	1.702	740	[284]

4.5.8.4　分子筛膜的制备方法

分子筛膜作为应用最为广泛的无机渗透汽化膜，其合成方法主要分为两大类：水热合成法和蒸气相转化法（干凝胶法）。合成的难点在于如何有效控制晶体的生长和形貌，以促进晶体与载体紧密结合，形成致密的分子筛膜。以下将对这两类方法进行介绍[285]。

(1) 水热合成法　水热合成法是分子筛膜制备最常用的方法。即将硅源、铝源等原料按照一定的硅铝比混合，老化一定时间后得到凝胶状或澄清的合成液，然后将多孔载体浸入其中，在反应釜中通过晶化使分子筛晶体在载体表面成核和生长。

水热合成法按照晶种是否添加可分为原位水热合成法和二次生长法（晶种法）。原位水热合成法是指载体无晶种涂覆步骤。该法操作简单，合成的膜层性能受载体影响较大，需要延长晶化时间或增加晶化次数才能得到连续致密的膜层。二次生长法又称晶种法。即预先在载体表面涂覆晶种，以代替直接水热合成过程中的晶核，在一定晶化条件下，负载到载体上的晶种可作为生长中心，大大缩短合成时间，并能抑制杂晶的生成，有利于更好地控制分子筛膜微观结构，另外，通过晶体在载体表面的填平和修饰作用，可弥补载体缺陷，提高分子筛膜致密程度。晶种法又可分为直接晶种法与间接晶种法。直接晶种法是将预先准备好的晶种涂覆到载体表面，然后水热合成制备分子筛膜，目前已报道的涂覆方法有：擦涂法、浸涂法、旋涂法、错流过滤法、真空抽吸法和自组装法等；间接晶种法无单独涂晶步骤，而是通过水热合成预先在载体表面生成晶种层，然后再进一步水热合成制膜。

水热合成法按加热方式可分为传统加热法和微波加热法。微波加热法是指在微波的辐射作用下，分子筛在合成过程中由于快速加热达到晶化温度，不受动力学影响，能大大缩短晶化时间，且得到的分子筛晶体大小均一，有利于控制分子筛膜的微结构（形貌、取向和晶体大小）。微波法制得的分子筛晶体纯度高，合成范围较宽，能大大改善分子筛膜的合成。

水热合成法按合成液是否流动可分为静态水热法和动态水热法。在载体外表面合成分子筛膜大多采用静态水热合成法。而在载体内表面合成分子筛膜时常采用动态水热法，通过合成液的流动将新鲜的组分不断地供应到膜表面，促进膜的连续生长。

(2) 蒸气相转化法 蒸气相转化法先在载体表面形成一层由分子筛合成原料制得的凝胶层，再将其放入装有水或有机模板剂的密闭容器中，加热到一定温度后凝胶层在水汽作用下发生晶化而形成分子筛膜。

4.5.8.5 无机渗透汽化膜的产业化情况

目前商品化无机渗透汽化膜主要以 NaA 分子筛膜产品为主，并且全球也仅有日本三井造船（包括所属机构 Busan Nanotech Research Institute，BNRI）、德国 Inocermic GmbH、中国江苏九天高科技股份有限公司等少数几家公司能够提供商品化 NaA 分子筛膜产品。另外，荷兰 Pervatech BV 公司宣称能够生产商品化的渗透汽化 silica 膜，但其工业化应用的实例还鲜有报道。表 19-4-11 为已经报道的商品化无机渗透汽化膜的性能。

表 19-4-11 不同商品化无机渗透汽化膜的性能

开发者	膜材料	原料液 （质量分数）/%	温度 /℃	通量 /kg·m^{-2}·h^{-1}	分离 因子	参考文献
日本 BNRI	NaA 沸石分子筛	10/90 水/乙醇	75	3.5~4	20000~40000	[286]
日本 BNRI	NaA 沸石分子筛	10/90 水/乙醇	75	8	10000	[287]
德国 Inocermic GmbH	NaA 沸石分子筛	5/95 水/乙醇	75	3	100	[286]
英国 SMART Chemical Company	NaA 沸石分子筛	7/93 水/四氢呋喃	55	1	1240	[288]
英国 SMART Chemical Company	NaA 沸石分子筛	10/90 水/异丙醇	60	1.5	16000	[289]
日本三井造船	NaA 沸石分子筛	10.1/89.9 水/乙醇	70	1.12	18000	[290]
日本三井造船	T-型沸石分子筛	10.1/89.9 水/乙醇	70	0.91	1000	[290]
荷兰 Pervatech BV	silica	11/89 水/乙醇	70	2	160	[290]
中国江苏九天高科技股份有限公司	NaA 沸石分子筛	20/80 水/乙二醇	120	4	5000	[291]

无机渗透汽化膜具有较为优越的分离性能，但是目前只有 NaA 分子筛膜实现了产业化应用。NaA 分子筛膜的产业化发展迄今还不足二十年，全世界已有 200 多套 NaA 分子筛脱水装置，主要分布在中国、日本、欧洲、印度、巴西等国家和地区。最早由日本三井造船公司在 1999 年利用日本山口大学 Kita 教授的专利技术，开发出具有高通量的 NaA 分子筛膜产品，并建立了首套工业脱水装置[292]。2002 年德国 GFT 公司也开始采用日本三井造船公司的分子筛膜开发乙醇脱水工艺，并建立了大规模醇水分离装置。

我国对 NaA 分子筛膜的研究起步较晚，开展相关研究的单位主要有南京工业大学、大连化学物理研究所[293]、浙江大学[294]与江西师范大学等。

南京工业大学研发团队在南京九思高科技有限公司建成了 12 万根·年$^{-1}$ 的 NaA 分子筛膜支撑体生产线。在此基础上制备出 80cm 长管式 NaA 分子筛膜在 75℃下用于 90%（质量分数）乙醇/水溶液脱水，分离因子＞10000，渗透通量达 2.5～3kg·m^{-2}·h^{-1}，性能处于国际同类产品一流水平。2009 年该团队推出了国内首套分子筛膜脱水应用装备用于 5000t·a^{-1} 异丙醇脱水回收工艺[295]。如图 19-4-23 所示，该装置由 8 个膜组件串联构成，总装填膜面积 52m^2，处理量为 350～550L·h^{-1}。经加热后的原料进入膜组件，在 85～105℃下由含水量约 17%（质量分数）渗透汽化脱水至 2%（质量分数）以下。每级膜组件后装有板式换热器对原料进行补热。原料侧压力＞0.25MPa（绝压）以保持原料为液相；渗透侧通过真空泵保持压力为 2000～3000Pa（绝压）。渗透组分在冷凝器中经载冷剂冷凝后进入收集罐。这套工艺相比替代的片碱脱水工艺，节能 50%以上，减少操作人员 3/4，并且无污染物排放。

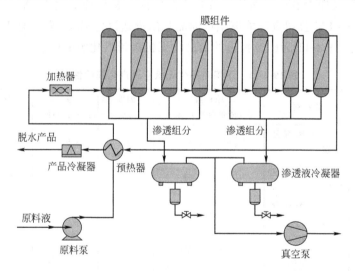

图 19-4-23 5000t·a^{-1} 异丙醇脱水回收工艺流程图

2011 年底，南京工业大学研发团队成立了江苏九天高科技股份有限公司，专门致力分子筛膜的应用推广，已建有 1 万平方米·年$^{-1}$ 的管式 NaA 分子筛膜工业生产线。开发的成套脱水工业装置推广应用 70 余套，应用于甲醇、乙醇、异丙醇、四氢呋喃、乙腈等有机溶剂的脱水。

除此之外，国内其他单位如大连化学物理研究所开发了微波合成技术制备 NaA 分子筛膜，有效降低了膜的合成周期。浙江大学采用聚合物/分子筛复合中空纤维支撑体，开发出高通量的中空纤维 NaA 分子筛膜。江西师范大学开发出长度为 80～100cm 工业规格的不锈钢支撑体用来合成 NaA 分子筛膜。

4.6 渗析与电渗析

4.6.1 原理

4.6.1.1 渗析

在浓度梯度作用下，通过膜的扩散使各种溶质得以分离的膜过程称为渗析（或透析）(dialysis)。渗析是一种最原始的膜过程，系于1861年由T.Graham为分离胶体与低分子溶质所采用。但是在当时缺乏渗析性能优越而富有化学和机械稳定性的膜的状况下，几乎谈不上工业规模的应用。至1960年由于离子交换膜、反渗透膜、超滤膜等合成高分子膜的相继出现，渗析技术也开始出现转机。不过同电渗析等借助外力驱动的膜过程相比，渗析法的处理速度和处理容量都比较低。所以近年来，随着超滤技术的发展，渗析法逐渐被超滤取代，应用领域不断缩小。然而，尽管如此，当引用外力困难和自身持有足够浓度差时，渗析法仍是有效的膜分离系统，血液透析就是这种典型的实例。其次，对少量物料的处理来说，由于勿须如超滤那样的特殊装置，虽然所用时间较长，但操作简便，所以迄今渗析的应用仍较广泛。另外，对某些高浓度的蛋白质溶液而言，由于浓差极化的原因，应用超滤较为困难。此时，采用渗析过程将更为合适，特别是像以人工肾处理浓度高且含有固形物的血液来说，渗析法无疑更占优势。

此外，由于各种性能膜的出现，渗析法有时不是按溶质分子大小，而是根据溶质其他方面的性质差异（如离子水合半径）使溶质得以分离。最具代表性的实例是采用离子交换膜扩散渗析进行盐与酸、碱的分离。此过程目前已被广泛应用于工业废酸、废碱的回收。

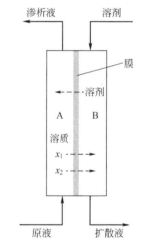

图 19-4-24 渗析的原理示意

渗析过程的最简单原理如图19-4-24所示。即中间以膜相隔，A侧通原液，B侧通溶剂（如水）。如此，溶质由A侧扩散至B侧，同时溶剂由B侧渗透至A侧。一般，低分子比高分子扩散得快。

渗析的目的就是借助这种扩散速度的差，使A侧两组分以上的溶质得以分离。不过这里不是溶剂和溶质的分离（浓缩），而是溶质之间的分离。浓度差（化学位差）是过程进行的唯一推动力。

随着渗析概念的提出，离子交换膜扩散渗析得到了快速发展。20世纪50年代世界上便出现了第一台离子交换膜扩散渗析器。然后，扩散渗析由日本开发成一种工业化的膜过程。

离子交换膜扩散渗析过程中，离子传输主要以膜两侧浓度差为驱动力，遵循唐南平衡的同离子排斥原理，同时又维持电中性等相关理论[296]，从而实现离子的选择性渗透，达到分离的目的。根据装置的不同，扩散渗析过程可分为静态和动态扩散渗析。静态扩散渗析使用的主要为板框式的装置，动态扩散渗析可为板框式也可为卷式装置。根据膜类型和应用领域的不同，扩散渗析过程包括用于酸回收的阴离子交换膜扩散渗析和用于碱回收的阳离子交换膜扩散渗析。目前，扩散渗析酸回收，主要用于回收钢铁酸洗、化成箔工业和钛白粉工业等废液里的HCl和H_2SO_4，回收钛材加工过程产生的废液中的HNO_3和HF等[297,298]。扩散渗析碱回收主要用于从钨酸钠、铝酸钠和钒酸钠等物料中分离 NaOH[299,300]。

下面以静态扩散渗析为例，来详细阐述回收酸的原理（图 19-4-25）。废酸液中主要含有大量的金属离子（如 Fe^{2+}、Al^{3+}）、H^+ 和阴离子（如 Cl^-、NO_3^-、SO_4^{2-}），其浓度远高于水室的离子浓度。在浓度差驱动力下，阴离子可顺利通过膜进入水室。根据电中性原理，阳离子也会迁移通过膜，由于 H^+ 水合半径较小，电荷较少，因此会优先通过膜进入水室，从而实现酸的分离回收。

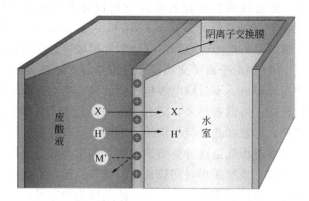

图 19-4-25 静态扩散渗析回收酸原理示意
H^+—氢离子；X^-—阴根离子；M^+—金属离子

扩散渗析回收碱原理如图 19-4-26 所示。废碱液中阳离子主要为 Na^+，阴离子为 OH^- 以及大量的酸根离子，如 WO_4^{2-} 和 $Al(OH)_4^-$ 等。废碱液中的离子浓度远高于水室的，在浓度差驱动力下，阳离子即 Na^+ 将顺利通过 CEM 进入水室；同时根据电中性原理，阴离子也会迁移通过膜，由于 OH^- 水合半径较小，电荷也较少，因此会优先通过膜进入水室，从而实现碱的分离回收。

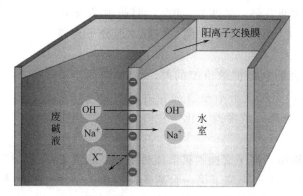

图 19-4-26 静态扩散渗析回收碱原理示意
Na^+—钠离子；OH^-—氢氧根离子；X^-—阴离子

4.6.1.2 电渗析

如上所述，渗析过程是以浓度差为推动力，传质速度较慢，随着过程的进行，膜两侧溶质浓度差越来越小，渗析的速度也就越来越慢，直至膜两侧的浓度相同（达到平衡），电解质离子的迁移将停止进行。但此时，如果在膜两侧施加一个直流电场，就将加快离子的迁移速度。这种离子在电场的作用下，通过膜进行渗析迁移的过程称为电渗析。一般，根据所用膜种类的不同，电渗析又可分为普通电渗析（非选择性膜电渗析，CED）、选择性膜电渗析（SED）和双极膜电渗析（BMED）。

（1）普通电渗析 CED 过程是将多张不具有选择性的阳离子交换膜（CEM）和阴离子交换膜（AEM）交替拼装在阳极和阴极之间，从而形成阳极室、阴极室、浓缩室和淡化室。淡化室溶液中的阴离子在直流电场的作用下通过 AEM 向阳极迁移进入浓缩室，并被浓缩室的 CEM 阻挡，停留在浓缩室；淡化室溶液中的阳离子在直流电场的作用下通过 CEM 向阴极迁移进入浓缩室，并被浓缩室的 AEM 阻挡，停留在浓缩室，从而实现料液的浓缩和淡化。CED 装置包括由离子交换膜、隔板及垫片交替拼装构成的膜堆，阳电极，阴电极及前后夹板，由直流电源供应直流电，运行过程可为恒电流操作也可为恒电压操作。原理图如图 19-4-27 所示。

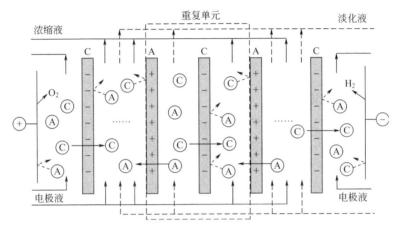

图 19-4-27 普通电渗析原理示意图
C—阳离子交换膜；A—阴离子交换膜；
Ⓒ—阳离子；Ⓐ—阴离子

（2）选择性膜电渗析 SED 是用具有选择性的离子交换膜替代或部分取代 CED 膜堆中普通的离子交换膜。若将 CED 膜堆中阳离子交换膜替换为单价阳离子选择性膜，可实现单价阳离子（如 H^+、Li^+、Na^+）的选择性通过和分离，阻挡多价阳离子（如 Fe^{2+}、Zn^{2+}、Cu^{2+}、Ce^{3+}）；若将 CED 膜堆中阴离子交换膜替换为单价阴离子选择性膜，可实现单价阴离子（Cl^-、HCO_3^-）的选择性通过和分离，阻挡多价阴离子（如 SO_4^{2-}、CO_3^{2-}）。

（3）双极膜电渗析 双极膜是离子交换膜的一个革新，它是将 CEM 和 AEM 复合在一起，添加中间层用于催化水解离[301]。BMED 就是将双极膜应用于 CED 过程中，其原理为在电场的作用下，双极膜中的水分子在中间层裂解产生 H^+ 和 OH^-，H^+ 通过 CEM 向阴极迁移，OH^- 则通过 AEM 向阳极迁移。下面以有机酸的生产为例阐述 BMED 的原理，膜堆选用 C-BP-C 型，如图 19-4-28 所示。向阳极室和阴极室中通入电极冲洗液，如 Na_2SO_4 溶液，保证过程的正常运行。向中间室通过有机酸盐（NaR）。通入直流电后，中间室中的 Na^+ 通过 CEM 向阴极迁移与阴极室电解水产生的 OH^- 结合生成 NaOH。双极膜中水解离产生的 H^+ 透过双极膜中的 CEM 侧向中间室迁移，与有机酸根离子 R^- 结合从而生产有机酸 HR；双极膜中水解离产生的 OH^- 透过 AEM 侧向阳极室迁移，与电解水产生的 H^+ 中和。其他 BMED 过程原理与此类似，可通过改变膜堆中膜的排布实现不同的分离过程。

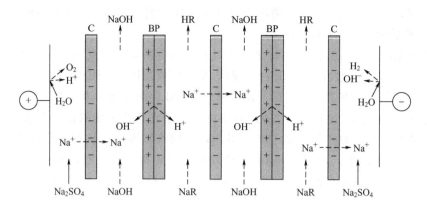

图 19-4-28　双极膜电渗析原理示意图
BP—双极膜；C—阳离子交换膜

4.6.2　传递机理

4.6.2.1　Donnan 平衡理论

Donnan 提出的平衡理论[302,303]早期用于解释离子变换树脂和电解质之间离子相互平衡的关系。离子交换膜其实可理解为片状的离子交换树脂，所以这一理论经常被用于解释膜的选择透过性机理。将固定活性基离子浓度为 $\overline{C_R}$ 的离子交换膜置于浓度为 C 的电解质溶液中，膜相内与固定交换基平衡的反离子便会解离，解离出的离子扩散到液相。同时溶液中的电解质离子也扩散到膜相，发生离子变换过程。由于离子扩散迁移的结果，最后必然达到一个动态平衡的体系，即膜内外离子虽然继续不断地扩散，但它们各自迁移的速度相等，而且各种离子浓度保持不变。这个平衡就称为 Donnan 平衡。Donnan 平衡理论研究膜-液体系达到平衡时，各种离子在膜内外浓度的分配关系。

如果只考虑电解质，当离子变换膜与外液处于平衡时，膜相的化学位 $\overline{\mu}$ 与液相的化学位 μ 相等，如式(19-4-51) 所示。

$$\mu = \overline{\mu} \tag{19-4-51}$$

假设膜-液之间不存在温度差与压力差，并把液相中活度（α）和膜相中的活度（$\overline{\alpha}$）看作相等，则：

$$\mu_0 + RT\ln\alpha = \overline{\mu}_0 + RT\ln\overline{\alpha} \tag{19-4-52}$$

对电解质来说，定义：

$$\alpha = (\alpha_+^{\nu_+})(\alpha_-^{\nu_-}) \tag{19-4-53}$$

式中，ν_+ 为 1mol 电解质完全解离的阳离子数；ν_- 为 1mol 电解质完全解离的阴离子数，则 Donnan 平衡式可描述为式(19-4-54)：

$$(\alpha_+^{\nu_+})(\alpha_-^{\nu_-}) = (\overline{\alpha_+^{\nu_+}})(\overline{\alpha_-^{\nu_-}}) \tag{19-4-54}$$

为了分析简化，假设膜相和溶液相中的活度系数都为 1，并以浓度代替活度，对 1-1 价电解质而言，$\nu_+ = \nu_- = 1$，则

$$C^2 = (C_+)(C_-) = (\overline{C_+})(\overline{C_-}) \tag{19-4-55}$$

由于膜相内离子浓度满足电中性的要求，对阳膜，

$$\overline{C_+} = \overline{C_-} + \overline{C_R} \tag{19-4-56}$$

从式(19-4-55)、式(19-4-56)联合求解可得

$$\overline{C_+} = \left[\left(\frac{\overline{C_R}}{2}\right)^2 + \overline{C}^2\right]^{1/2} + \frac{\overline{C_R}}{2} \tag{19-4-57}$$

$$\overline{C_-} = \left[\left(\frac{\overline{C_R}}{2}\right)^2 + \overline{C}^2\right]^{1/2} - \frac{\overline{C_R}}{2} \tag{19-4-58}$$

由于离子交换膜的活性基团浓度通常可由离子交换膜离子交换容量（IEC）与水含量的比值表示，可高达 $5\sim 8\mathrm{mol\cdot L^{-1}}$，显然 $\overline{C_+} > \overline{C_-}$，即对阳膜来说，膜内可解离的阳离子浓度大于阴离子浓度。

4.6.2.2 电渗析传质

电渗析的基本传质过程分为对流传质、扩散传质和电迁移传质[304]。离子在隔室主体溶液和扩散边界层之间的传递，主要靠流体微团的对流传质；离子在膜两侧的扩散边界层中主要靠扩散传质；离子透过离子交换膜是靠电迁移传质。

对流传质通常包括因浓度差、温度差以及重力场作用引起的自然对流和机械搅拌引起的强制对流传质。若只考虑强制对流，离子 i 在 x 方向，即垂直于膜面方向上的对流传质速率的表达式(19-4-59)：

$$J_{i(c)} = C_i V_x \tag{19-4-59}$$

式中 $J_{i(c)}$——离子 i 在 x 方向上的对流传质速率，$\mathrm{mol\cdot cm^{-2}\cdot s^{-1}}$；

C_i——溶液中离子 i 的浓度，$\mathrm{mol\cdot cm^{-3}}$；

V_x——流体在 x 方向上的平均流速，取流体重心的运动速率，$\mathrm{cm\cdot s^{-1}}$。

扩散传质是由于溶液中某一组分存在溶液差时产生的化学位梯度，使得离子 i 在 x 方向上有扩散，扩散速率表达式(19-4-60)：

$$J_{i(d)} = -C_i u_i \frac{\mathrm{d}\mu_i}{\mathrm{d}x} \tag{19-4-60}$$

式中 $J_{i(d)}$——在化学位梯度下，离子 i 在 x 方向上的扩散速率，$\mathrm{mol\cdot cm^{-2}\cdot s^{-1}}$；

C_i——溶液中离子 i 的浓度，$\mathrm{mol\cdot cm^{-3}}$；

u_i——溶液中离子 i 的淌度，$\mathrm{mol\cdot cm^2\cdot J^{-1}\cdot s^{-1}}$；

$\dfrac{\mathrm{d}\mu_i}{\mathrm{d}x}$——离子 i 在 x 方向上的化学位梯度，$\mathrm{J\cdot mol^{-3}\cdot cm^{-3}}$；

x——x 方向上的距离，cm。

当膜堆接上电源后，溶液会存在电位梯度，离子在电场力的作用下发生迁移，正、负离子在 x 方向上的迁移速率分别为式(19-4-61) 和式(19-4-62)：

$$J_+ = -C_+ u'_+ \frac{\mathrm{d}\varphi}{\mathrm{d}x} \tag{19-4-61}$$

$$J_- = C_- u'_- \frac{\mathrm{d}\varphi}{\mathrm{d}x} \tag{19-4-62}$$

式中 J_+，J_-——在电位梯度下，正、负离子的迁移速率，$\mathrm{mol\cdot cm^{-2}\cdot s^{-1}}$；

C_+，C_-——正、负离子的浓度，$\mathrm{mol\cdot cm^{-3}}$；

φ——电位，V；

x——x 方向上的距离，cm。

分别再用能斯特-爱因斯坦方程来表示淌度和扩散系数，以及电化学淌度与扩散系数的关系，

代入上两式中进行简化。综合考虑化学位梯度、电位梯度和流体对流对离子在离子交换膜中的传质影响（仅考虑垂直于膜方向上的一维传质情况），得到能斯特-普朗克方程(19-4-63)：

$$\overline{J_i} = -\overline{D_i}\left(\frac{\mathrm{d}\overline{C_i}}{\mathrm{d}x} + Z_i\overline{C_i}\frac{F}{RT}\frac{\mathrm{d}\varphi}{\mathrm{d}x} + \overline{C_i}\frac{\mathrm{d}\ln\overline{f_i}}{\mathrm{d}x}\right) + \overline{C_i}\overline{V_x} \qquad (19\text{-}4\text{-}63)$$

式中 $\overline{J_i}$——离子 i 在离子交换膜内的传质速率，mol·cm^{-2}·s^{-1}；

$\overline{D_i}$——离子 i 在膜内的扩散系数，cm^2·s^{-1}；

$\overline{C_i}$——离子 i 在溶液里的浓度，mol·cm^{-3}；

$\overline{f_i}$——离子 i 在溶液中的活度系数；

$\overline{V_x}$——在离子交换膜微孔中，液体重心的运动速度，cm·s^{-1}；

φ——电位，V；

x——垂直于膜面方向上的距离，cm。

离子交换膜的传质特性参数主要包括阴阳离子的迁移数（$\bar{t}$）、水的电渗析系数 β、水的扩散系数 K_W、盐的扩散系数 K_S。它们的大小能够定量地反映电渗析过程的效果，如电渗析过程中的电流效率、脱盐率、浓缩度、能耗等问题。图 19-4-29 为电渗析实际过程中的传质示意图。

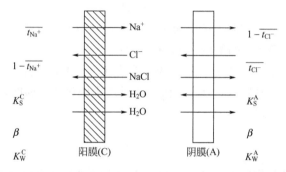

图 19-4-29 电渗析实际过程中的传质示意图（以 NaCl 水溶液为体系作参照）

$\overline{t_{\mathrm{Na}^+}}$、$(1-\overline{t_{\mathrm{Na}^+}})$ 分别表示阳离子和阴离子在阳膜中的迁移数；$\overline{t_{\mathrm{Cl}^-}}$、$(1-\overline{t_{\mathrm{Cl}^-}})$ 分别表示阴离子和阳离子在阴膜中的迁移数；K_S^C、K_S^A 分别表示盐在阳膜和阴膜中的扩散系数；β 表示水的电渗析系数；K_W^C、K_W^A 分别表示水在阳膜和阴膜中的扩散系数

4.6.2.3 浓差极化现象

浓差极化是在电渗析传质过程中电流密度超过在膜-溶液界面上进行稳定传质的电流密度时发生的现象。离子交换膜的浓差极化现象可以通过能斯特-普朗克方程式以图 19-4-30 的简洁方式来说明。图中用一张阳离子交换膜和两个虚线所绘的隔板形成两个隔室，如图 19-4-30(a)表示，未通电时，两侧的阳离子（C$^+$）有微弱的扩散渗析，浓度基本保持不变；通电后装置正常运行时内部流动的情况如图 19-4-30（b），体系中的阳离子（C$^+$）通过电驱动从左侧迁移到右侧；但如果左侧膜面溶液中的 C$^+$ 的电迁移速率要小于膜内的电迁移速率，会使阳膜左侧膜面溶液中出现 C$^+$ 的耗竭层，同时，阳膜右侧膜面溶液会产生 C$^+$ 的富集层，这样引起浓差扩散现象。由于左侧 C$^+$ 浓度越来越低，就会迫使膜层的水发生解离产生 H$^+$ 和 OH$^-$，这样 H$^+$ 会参与传导电流，产生浓差极化，影响电流效率。图 19-4-30(c) 就是发生浓差极化时的情形。

如果电渗析发生浓差极化，就会严重影响分离效果。所以，必须把握好处理液的最大允

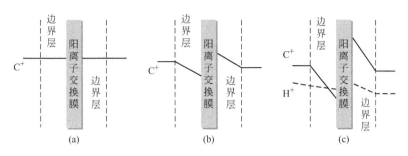

图 19-4-30　阳离子交换膜的浓差极化示意图

许电流密度,即极限电流密度。极限电流密度可以通过极限电流进行计算,而电流值可以通过外接电源进行控制,极限电流密度的计算公式(19-4-64):

$$I_{\lim}=\frac{I\times 1000}{A}\quad (\mathrm{mA\cdot cm^{-2}}) \qquad (19\text{-}4\text{-}64)$$

式中　I——极限电流,A;
　　　A——膜的有效面积,cm^2。

测定极限电流的方法比较多,目前广泛采用的是电压-电流法。具体的测定步骤:保持进出水的水质、流量和压力,然后逐步提高操作电压,待电流稳定后,记录相应的电流值,最后在直角坐标系中绘出电压-电流曲线,即 $I\text{-}V$ 曲线,一般不同尺寸的电渗析装置,膜面有效面积不一样,所以为了更直观和更普及,一般直接将电流除以膜的有效面积转换为电流密度,得到电压-电流密度曲线也叫伏-安特性曲线,大致如图

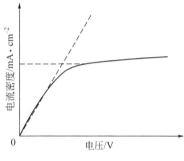

图 19-4-31　伏-安特性曲线

19-4-31。在拐点处即为极限电流,然后根据式(19-4-64)就可算出极限电流密度。

4.6.3　流程与工艺设计

4.6.3.1　所需膜面积

正确选取工艺设计参数是电渗析工程设计的基础。目前主要通过两个途径来获得工艺设计参数:一是试验法,即选用合适的电渗析器,在实验室进行各种模拟实验,测取必要的设计参数,然后进行工业化放大设计;另一种为经验设计法,即根据设计任务书给定的设计依据,如产水量、原水量和成品水水质等,在国内寻找类似的电渗析脱盐装置,了解设计参数与现场运行参数,再加上设计人员的累积经验进行设计。其中最重要的是根据处理量大小,计算电渗析产水量大小,再计算出所需的膜面积,通常可根据小试实验大小,计算出单位时间单位膜面积的处理大小,再根据要求计算出实际应用过程所需要的膜面积。

$$A=\frac{Q}{\dfrac{Q_0}{A_0}} \qquad (19\text{-}4\text{-}65)$$

式中,A 为所需膜面积;Q 为设计产水量;A_0,Q_0 为小试试验中膜面积和产水量。再根据膜堆大小,如目前市场上常用的单片膜尺寸为 $400\mathrm{mm}\times 800\mathrm{mm}$、$400\mathrm{mm}\times 1600\mathrm{mm}$、$550\mathrm{mm}\times 1120\mathrm{mm}$ 的膜池构型,即可计算出所需膜堆的数量。

4.6.3.2 膜面流速

已知电渗析器的组装型式与产水量，计算一段淡水隔室的流速见公式(19-4-66)

$$V = \frac{10^6 Q}{3600 W t N_s} \tag{19-4-66}$$

式中 Q——膜堆的产水量，$m^3 \cdot h^{-1}$；
$\quad W$——隔板的宽度，cm；
$\quad t$——隔板的厚度，cm；
$\quad N_s$——膜堆的组装对数。

目前国内异相膜的膜面流速普遍偏低，一般不到 $5 cm \cdot s^{-1}$；而均相离子膜的表面流速高得多（单位膜面积设备处理能力更大），可达到 $10 cm \cdot s^{-1}$。

4.6.3.3 电渗析过程能耗

电渗析脱盐过程是将咸水中的盐类与水部分分离的过程。这是一个非自发过程，过程得以进行，须对体系做功，这就要消耗能量。Spiegler 在 1956 年从热力学理论出发，得出了一个电渗析过程所需最低能量 $E/kW \cdot h \cdot gal^{-1}$ 表达式[305]：

$$E = 5021 \times \Delta C \left(\frac{\ln \beta}{\beta - 1} - \frac{\ln \alpha}{\alpha - 1} \right) \tag{19-4-67}$$

式中，$\Delta C = C_f - C_p$，为进水和淡水浓度差，$mol \cdot L^{-1}$；$\beta = C_f / C_c$；$\alpha = C_f / C_p$；下角 f、p、c 分别表示进水、淡水和浓水，式(19-4-67) 只考虑了进水、淡水和浓水的自由能变化，忽略了电极反应的能量。

电渗析过程的实际耗能，一部分为克服由膜隔开的浓、淡液之间形成的浓差电位，另一部分为离子透过膜和水溶液时出现的欧姆电阻，欧姆电阻主要在淡水流中，尤其集中在脱盐室膜-液界面扩散层中。克服欧姆电阻的电位降比浓差电位高得多。

脱除溶液中的盐分所需要的能量与通过膜堆的电流强度和两电极间的电压降成正比。实际电渗析过程可以式(19-4-68) 表示：

$$E = N I^2 R t \tag{19-4-68}$$

式中，E 为过程能耗；I 为通过膜堆的电流强度；R 为一个膜堆的电阻；N 为膜堆数量；t 为时间。

脱盐所需要的电流强度与溶液的离子浓度成正比，可表示为：

$$I = \frac{z F Q \Delta C}{\eta} \tag{19-4-69}$$

式中，Q 为进料液流量；η 为电流效率；F 为法拉第常数；其他符号同以上规定。
合并式(19-4-68)、式(19-4-69)，得出实际过程能耗表达式为：

$$E = \frac{N I R t z F Q \Delta C}{\eta} \tag{19-4-70}$$

4.6.4 渗析与电渗析的应用

4.6.4.1 人工肾

渗析过程的典型应用是人工肾，这种替代肾的装置主要用于治疗肾功能衰竭和尿毒症。它将血液引出体外利用透析、过滤、吸附、膜分离等原理排除体内过剩的含氮化合物，新陈代谢产物或逾量药物等，调节电解质平衡然后再将净化的血液引回体内。迄今已形成各式各样的产品，国内外均已普遍商品化。

人工肾的具体用法是先将连有导管的针头扎入患者的动脉中，导管的另一端则与人工肾渗析装置相连，使血液流经渗析器，然后返回患者的静脉中

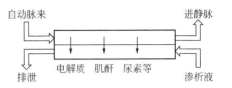

图 19-4-32　人工肾示意图

（参见图 19-4-32）。一般渗析时间达 3～6h 后，即可使患者的血液净化到正常人的标准。表 19-4-12 列示了正常人的血液溶质浓度和患者在渗析前后血液中溶质的浓度情况。

表 19-4-12　血液中的溶质浓度和经血液渗析被去除的溶质质量[306]

溶质	正常血液中的浓度(1L 中)	被尿带走的量 (24h)	肾病患者血中浓度		经 6～8h 渗析的去除量
			渗析前(1L 中)	渗析后(1L 中)	
水/L	—	1.5～2	—	—	2
Na^+/mg	3105～3335	2300～6900	3105～3335	3105～3335	0～16100
K^+/mg	137～215	2925～5850	137～215	137～156	0～5850
Ca^{2+}/mg	96～112		96～112	96～112	0
Mg^{2+}/mg	22～28	60～120	22～48	22～28	0～120
Cl^-/mg	3444～3728	3550～10650	3444～3728	3444～3728	0～17750
HCO_3^-/mg	1525～1708	—	915～1342	1525～1952	
P/mg	30～45	1000～1500	40～80	30～50	200～2000
SO_4^{2-}/mg	48	1200	240～480	48	2400～4800
尿素/mg	50～200	12000～30000	500～100	200～400	12000～30000
肌酸内酰胺/mg	8～18	450～30000	80～160	40～100	10000～50000
尿酸/mg	50	600	100～150	50～100	1000～4000
结构不明物(含磷、硫化合物、酚类等)/mg	不明	1000	不明	不明	不明

4.6.4.2　以阳离子交换膜处理酸、碱

"Nafion" 膜是优质的阳离子交换膜之一，系 1962 年由美国杜邦（Du Pont）公司最早开发，迄今已经多次改进，其耐久性和抗化学性都有明显提高。Nafion 膜的分子构造如图 19-4-33 所示。Nafion 膜是由基本聚合物水解得到的，基本聚合物是乙烯基醚和四氟乙烯（TFE）共聚而成，该共聚物具有熔融性、适于加工。当加工成目的形态后，使其磺酰基加水分解成磺酸基即得。Nafion 所

$$\mathrm{\{(CF_2-CF_2)_{\mathit{n}}CFCF_2\}_{\mathit{x}}}$$
$$(O-CF_2-CF)_m-OCF_2CF_2SO_3H$$
$$|\atop CF_3$$

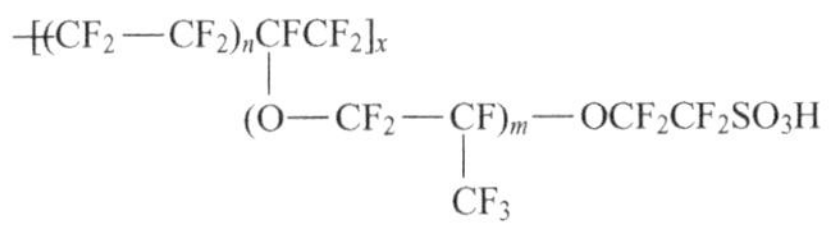

其中：m = 1, 2 或 3；n = 6～7；x ≈ 1000

图 19-4-33　Nafion 膜分子构造

拥有的磺酸基中的质子可与其他正价离子交换转变成非质子酸形式，如 Nafion501 和 Nafion511 就是以 K^+ 盐形式出售的。表 19-4-13 总结列出了商品 Nafion（NR50）的一些基本性质。

在 Nafion 膜的各种用途中，目前，应用最广泛的是用作电解隔膜。图 19-4-34 表示在电解槽中的基本反应。反应时，氧化、还原及阳离子的穿过一般是同时发生的，不过在实际过程中，有时它们的一部分起着主要作用。

表 19-4-13　Nafion 的基本性质[307]

酸量/mmol·g^{-1}	表面积/m^2·g^{-1}	Hammett酸强度	最高使用温度/℃	孔结构	粒度/目	酸性基团	化学稳定性
0.8	≤0.02	−12	200	无孔	10～35	SO_3H	耐酸碱和抗氧化还原

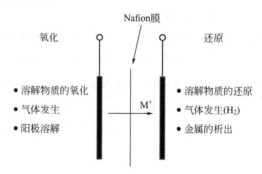

图 19-4-34　电解槽中的基本反应

其中，虽然许多反应采用其他方法也可以进行，但应指出，由于是电化学反应，采用 Nafion 膜作隔膜的最大特征是它不会产生如在其他方法中所见到的副产物，因而将省去后处理等能导致系统效率下降的副产物的分离精制工程。

实用例：

(1) 苛性钠的制造　这是 Nafion 氟系阳离子交换膜的主要用途，图 19-4-35 为其反应过程的概略。

(2) 铬酸的再生　在铬酸电镀过程中，随着三价铬含量的增大和杂质色不断积累，使金属离子的溶解变得困难。Nafion 膜的设置，使三价铬在阳极氧化的作用下，再生成六价铬，同时使杂质-金属离子不断向阴极一侧渗析而被去除，促进了过程加快（参见图 19-4-36）。

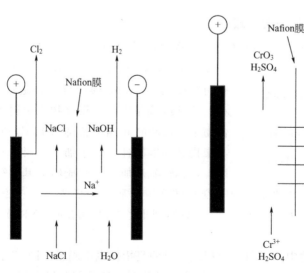

图 19-4-35　氯化钠的电解过程　　图 19-4-36　铬酸的再生过程

4.6.4.3 电渗析用于盐水淡化[308]

电渗析法用于盐水脱盐（淡化）的成本与盐水含盐量有密切关系，随着盐水浓度的增加，生产单位体积淡水的耗电量将增高，从而使淡水成本相应提高。图19-4-37及图19-4-38分别为盐水浓度与耗电量及产水量的关系，电渗析脱盐的最佳浓度范围是每升几百至几千毫克，一般苦咸水大多在此范围内，而海水的含盐量是苦咸水的10～20倍。因此，电渗析法脱盐主要用于苦咸水淡化，而对高浓度海水的电渗析脱盐，通常认为经济上不合算。

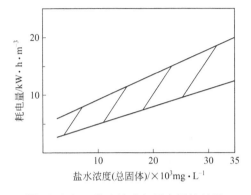

图 19-4-37 盐水浓度与耗电量的关系

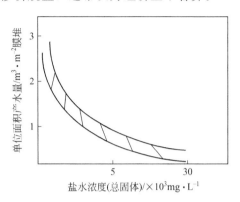

图 19-4-38 盐水浓度与产水量的关系

电渗析淡化苦咸水是一种比较经济合理的方法。迄今，国内外已经广泛用于实际生产中，不仅有工厂规模的大型电渗析器，而且也有可供家庭使用的小型电渗析器。在中东和非洲缺少淡水的地区，建立了许多不同规模的电渗析苦咸水淡化厂，这种苦咸水一般含盐量为 $3\sim6g \cdot L^{-1}$，总产水量每日高达240万立方米［根据国际脱盐协会（IDA）的统计，2014年ED+EDI的淡化水生产能力（全球）］。我国的甘肃、新疆等地的苦咸水淡化也用上了电渗析技术，并取得了良好的效果。

4.6.4.4 电渗析用于处理电镀废水[309,310]

在电镀行业排出的废水中，往往含有 Cu^{2+}、Zn^{2+}、Cr^{6+}、Cd^{2+}、Ni^{2+} 和 CN^- 等，这些都是控制排放的对象，它们主要来源于漂洗工艺，通常，镀件自电镀槽中取出后需经水洗，一般来说，每平方米镀件表面约带出镀液 $60\sim100cm^3$。所以，电镀废水产生的过程，也就是电镀液稀释的过程。因此，电镀废水的成分随镀液的成分而定。

电渗析法处理电镀废水所用的设备与处理苦咸水所用基本相同。所不同的是膜必须耐碱和抗氧化；工作电流密度必须低于极限电流密度，否则将产生金属的氢氧化物沉淀。

经处理后的淡水可再用于漂洗工序，浓水可再回电镀槽。镀件按顺序通过电镀槽和漂洗槽。漂洗槽内的废水（即稀电镀液）进电渗析的淡化室，淡化到一定程度后，即可回到漂洗槽重复使用；浓缩液循环运行，达到一定浓度时，即可进入电镀槽回收利用。

如果能组成闭路循环，就可做到全部工艺不排放废水。表19-4-14为某工程电渗析法处理电镀废水的结果。

4.6.4.5 电渗析用于氨基酸脱盐

氨基酸生产过程中会产生高盐分母液，为了得到纯净的氨基酸，一般都需要对得到的粗品进一步地纯化。电渗析作为一种膜分离技术，逐步开始应用于氨基酸脱盐。相比于传统的分离过程，膜分离过程在常温下进行，具有无公害、设备简单、能耗低、易操作和处理效率

表 19-4-14　电渗析法处理电镀废水

项目	含氰废水	含镉废水	含镍废水	含镉废水	含镍废水
流程	四级八段	二室	一级五段	—	—
隔板尺寸	400mm×800mm×2mm	120mm×170mm	110mm×410mm×2mm	190mm×140mm	6寸×6寸×3/16寸
膜有效面积/cm^2	2017	126	225	150	—
废水中溶质含量/mg·L^{-1}	100～110	416	1190	>93.5	10000
淡化液中溶质含量/mg·L^{-1}	0.4	27.6	90	—	500
浓缩液中溶质含量/mg·L^{-1}	—	1097	16800	—	—
脱除率/%	>99	>90	>90	88.7	95
工作电流密度/mA·cm^{-2}	2.4～4.9	9.5	2.4	1.3	9.52amp
耗电量/kW·h·t^{-1}	2.6	—	4.87	—	—

高等优点。

阿斯巴甜是一种新型的氨基酸类高甜度甜味剂,是由 L-天冬氨酸和 L-苯丙氨酸合成的二肽化合物。在其生产的母液中含有 0.8%～1.0%的产品、2%的无机盐。必须回收其中的产品。采用电渗析先去除 90%的无机盐,然后浓缩结晶回收产品。在某制药厂,将总有效膜面积 929m^2、分别由 6 台 EUR20-460 电渗析装置用于两条生产线,自动运行去除氨基酸溶液中的盐分。结果表明电渗析装置脱盐率达 90%,产生的盐水浓度达 2%(质量分数)。实际操作中每运行 20h 后需分别用酸碱对膜进行清洗,膜的寿命达到 12000h[311]。

氨基酸如果带有电荷可以通过加入酸碱来调节至达到它的等电点而呈电中性,然后通过电渗析,实现脱盐。毛建卫、崔艳丽[312]等运用自行设计研究的 MC 超大型反馈式离子交换膜分离器,成功应用于工业大生产中,实现了对甘氨酸无机盐混合物的分离。陈艳等[313]研究通过变换单极膜的组合方式,实现了对不同氨基酸的分离、提纯和浓缩。

4.6.4.6　电渗析用于糖液的脱盐[314]

在制糖工艺中,无机盐逐渐积累在糖蜜中,影响产品质量。因此希望将残留在糖浆中的无机组分去除掉,提高糖的回收率,所以应用电渗析的脱盐糖浆技术受到了关注。

在制糖工艺过程的第一阶段,粗糖蜜(最初的糖浆)被处理以去除有机物质并蒸发以得到 A 糖和 A 糖蜜。在下一阶段,通过类似的方法从 A 糖蜜得到 B 糖和 B 糖蜜。最后,从 B 糖蜜得到 C 糖和 C 糖蜜。表 19-4-15 表示 B 糖蜜的 ED 实验,B 糖蜜在加 CaCl$_2$(情况 1)后和未加 CaCl$_2$(情况 2)经二次离心分离的。实验表明,同情况 2 比较,情况 1 的脱盐率和电流效率都提高了。这是因为在情况 1 中,如 CaO、SiO$_2$、SO$_3^{2-}$、P$_2$O$_5$ 等矿物经 CaCl$_2$ 处理被除去。

表 19-4-15　电渗析对糖浆预处理的影响

项目	1	2	1－2
脱盐率/%	66.18	63.6	2.58
电流效率/%	41.55	34.01	9.54
电流密度/A·dm^{-2}	3.04	3.07	－0.03

续表

项目	1			2			1−2
糖蜜物性	开始	结束	差	开始	结束	差	
糖蜜体积/L	10.00	9.76	−0.24	10.00	9.76	−0.24	0.00
糖蜜浓度/%	51.35	46.85	−4.50	50.45	46.45	−4.00	−0.50
糖蜜纯度/%	51.70	59.01	7.31	52.66	58.45	5.79	1.52
pH	6.35	6.35	0.00	6.40	6.40	0.00	0.00
灰分(按固体)	开始/%	结束/%	脱盐率/%	开始/%	结束/%	脱盐率/%	
CaO	0.10	0.06	68.42	0.22	0.13	40.91	27.51
MgO	0.74	0.33	55.41	0.72	0.42	41.67	13.74
K_2O	5.47	1.59	70.93	5.98	2.01	66.39	4.54
Cl^-	3.99	0.15	96.24	3.65	0.19	94.79	1.45
SiO_2	0.41	0.33	19.51	0.44	0.41	6.82	12.69
SO_3^{2-}	0.69	0.41	40.58	1.22	1.00	18.03	22.55
P_2O_5	0.18	0.19	−5.56	0.21	0.18	14.29	−19.84
CO_3^{2-}	0.19	0.14	26.32				
硫酸根	12.42	4.73	61.92	12.78	5.19	59.39	2.53

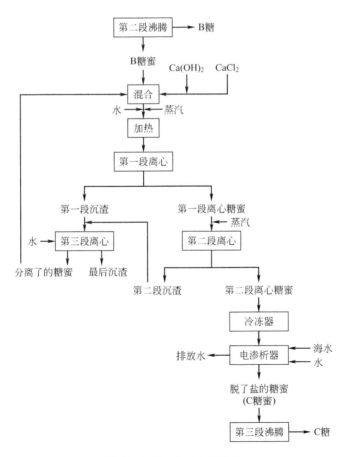

图 19-4-39　B 糖蜜的脱盐

根据上述实验，Taito 公司设计了 B 糖蜜的脱盐处理工艺如图 19-4-39 所示。在该工艺中，首先将 B 糖蜜经 $Ca(OH)_2$ 和 $CaCl_2$ 一起混合澄清处理。经加热和两段离心分离后，第二段离心糖蜜被输送入电渗析器，经冷冻器，以得到脱盐的糖蜜（C 糖蜜）。在 C 糖蜜的蒸发中，结晶出 C 糖。在制糖工艺中，结合上述的脱盐步骤，从 C 糖蜜得到 D 糖是可能的。

4.7 膜生物反应器

4.7.1 原理

膜生物反应器（membrane bio-reactor，MBR）是活性污泥处理法的革新，其研究始于 20 世纪 60 年代。经过几十年的快速发展，现已成为污水处理中的一种重要工艺。MBR 主要由生物反应器和分离膜两种组件集合而成。其中，生物反应器是微生物降解污染物的主要场所。膜组件的作用是代替传统活性污泥处理法中的二沉池，截留混合液中的活性污泥以保持生物反应器中的高活性污泥含量。相比于传统的活性污泥处理系统，MBR 法具备占地面积小、高泥水分离率、组件设置灵活等优势。此外，由于膜组件对水中的悬浮物、细菌、病毒等有高效的滤除作用，因此 MBR 具备很高的出水质量。

分离膜是 MBR 的核心组件，根据 MBR 所采用膜组件的特点，MBR 可分为以下三类：

(1) 中空纤维膜 MBR 中空纤维膜 MBR 自 20 世纪 80 年代发展起来，由于其具备造价低、装填密度大和自支撑等诸多优势，因此在 MBR 领域的应用最为广泛。中空纤维膜 MBR 的膜组件设计优化、纤维排布型式、曝气管路设计等可参阅文献 [315]。

(2) 板式膜 MBR 板式膜是最早出现的 MBR 膜组件结构，相比于中空纤维膜组件，板式膜组件具备设备结构简单、方便清洗、机械强度高等诸多优势，因此在污水处理领域的应用越来越广泛。板式膜 MBR 的膜系统设计、工艺运行设计等可参阅文献 [316]。

(3) 卷式膜 MBR 相比于中空纤维膜 MBR，卷式膜 MBR 由于装填密度较低，成本较高，所以应用领域较少。但是由于其具备不易堵塞、方便拆卸和清洗、膜组件支撑层强度较高等优点，常应用于高浓度有机废水和医药废水处理等特殊领域。

此外，根据膜组件和生物反应器的集成型式，MBR 又可分为分置式 MBR 和浸没式 MBR。其中分置式 MBR 的膜组件易拆卸和清洗，一般膜通量较大，但是需要循环泵加速膜表面流体循环以降低膜污染，所以能耗较高。浸没式 MBR 的膜组件置于生物反应器内部，通过曝气过程对膜表面冲刷以降低膜污染。并且，浸没式 MBR 不需要混合液循环系统，所以能耗较低，占地较少，有着更为广泛的商业应用。

最后，根据膜组件所起到的作用，除了上述讨论的分离膜 MBR，膜生物反应器还包括曝气 MBR 和萃取 MBR，但其应用远不如分离膜生物反应器广泛，曝气 MBR、萃取 MBR 的相关内容可分别参阅文献 [317] 和文献 [318]。

4.7.2 膜生物反应的传质机理

膜生物反应器中膜过程部分在分离对象和应用目标等多方面都表现出极大的差异。这些差异主要来源于透过组分的大小和荷电性质等因素。由分子运动论可知，质量为 m 的分子或颗粒在温度 T 的热平衡体系中，会发生无序频繁的碰撞，其平均速度为

$$v = \sqrt{3RT/m} \tag{19-4-71}$$

从式(19-4-71)可以看出，在膜的孔道和透过组分都相当细小，分子热运动的自由程略大于或等于膜的孔道尺寸，透过分子与膜中"孔道"内壁要发生频繁碰撞，分子与膜材质之间的相互作用主要决定了膜的选择透过性；而当类似的热力学因素不再起到本质的重要性时，膜的选择透过性主要取决于膜中"孔道"的大小。

基于膜与渗透物之间的热力学作用对膜分离过程影响的重要程度，可以粗略地将各类膜过程的质量传递和渗透规律归结为如下两种类型：通过微孔的传递和基于扩散的传递。前者类型的膜可以理想化地看作是单纯的微孔结构（多孔膜），后者类型的膜截留孔径为分子级别，通常被称为致密膜（亦称为溶解-扩散膜）。

4.7.2.1 多孔模型——筛分机制

多孔模型出自过滤理论的 Carman-Kozeny 方程[319]，并做了下列假设：透过多孔膜的流量等于透过堆积层的流量；膜孔简化成一系列相互平行的圆柱状毛细管。毛细管中的流体可以用 Hagen-Poiseuille 定律[320]描述：

$$v_{\text{pore}} = \frac{d_{\text{h}}^2}{32\eta} \frac{\Delta p}{L} \tag{19-4-72}$$

毛细管内的流速（v_{pore}）是流体的黏度 [η，$\eta_{水}$(20℃)$=10^{-3}$Pa·s]、毛细管长度（L）、毛细管直径（d_{h}，水力直径）和进料侧与透过侧的压力差（跨膜压差 Δp）诸因素的函数。膜的通量（J_{w}）是多孔膜中诸毛细管流量的总和：

$$J_{\text{w}} = N\pi \left(\frac{d_{\text{h}}}{2}\right)^2 v_{\text{pore}} \tag{19-4-73}$$

式中，N 为单位膜面积内的孔道数目。N 正比于膜表面的孔隙率 ε，即单位膜面积内的孔面积。即：

$$N = \varepsilon \frac{4}{\pi d_{\text{h}}^2} \tag{19-4-74}$$

综合以上诸式，膜的通量可以表达为

$$J_{\text{w}} = \frac{\varepsilon d_{\text{h}}^2}{32\eta} \frac{\Delta p}{L} \tag{19-4-75}$$

贯穿膜厚的平直毛细管结构仅仅见于核径迹刻蚀法得到的多孔膜。以上模型和大多数多孔膜仍然有很大差异。为了描述这些多孔膜的孔结构的弯曲性质，常常引入弯曲因子（τ）来表征：

$$\tau = L/H \tag{19-4-76}$$

它是毛细管的长度（L）和膜厚（H）的比值。结合式(19-4-74)和式(19-4-75)就得到包含膜表面孔隙率和孔道弯曲性质的通量表达式，即

$$J_{\text{w}} = \frac{\varepsilon d_{\text{h}}^2}{32\tau\eta} \frac{\Delta p}{H} \tag{19-4-77}$$

以上诸公式表明，膜通量（J_{w}）除了与膜厚、压差和流体黏度等宏观条件有关外，还极大地依赖于多孔膜的平均孔径、膜表面的孔隙率和支撑层孔道的弯曲程度。

综上，膜的润湿性和孔道的拓扑结构是影响选择性和透过性最重要的因素。从结构透视的观点[321]看待膜的分离机制，需以膜的润湿性和孔道结构的认识为基础。

从式(19-4-77)可知，单位跨膜压差情形下比膜通量（$J_{\text{w}}/\Delta p$）正比于水力直径的平

方。典型的微滤膜的孔径（0.1μm）要比超滤膜的 10nm 孔径大 10 倍，比纳滤、反渗透膜的孔径 1nm 大 100 倍。所以微滤膜的比膜通量 $J_W/\Delta p$ 要远大于超滤膜，类似地，超滤膜的比膜通量亦远大于纳滤和反渗透膜。对于面向污水治理回用的膜生物反应器工艺来说，高水通量、低运行成本是该工艺能否大范围推广的关键因素，所以众多商业化膜生物反应器多数采用低压操作的微滤膜。

4.7.2.2 溶解-扩散机制

小分子通过溶解-扩散机制透过致密膜的基本概念，在 Thomas Graham[322] 1866 年的研究论文"气体通过胶质隔膜的吸收和渗析分离"中已经开始出现。近代更为适用的理论是以不可逆过程的热力学为依据，这些理论在 Mason 和 Lonsdale[323]、Wijmans 和 Baker[324] 等的著作中已有详细的综合论述。

溶解-扩散机制假设透过组分在膜表面吸附、溶解达到平衡，在膜中通过 Fick 定律扩散。组分 i 的渗透通量（J_i）与其化学势（μ_i）的梯度（$d\mu_i/dx$）成正比，即

$$J_i = -L_i \frac{d\mu_i}{dx} \tag{19-4-78}$$

化学势差则由组分的浓度差（c_i）或分压差（p）产生，即

$$d\mu_i = RT d\ln(\gamma_i c_i) + v_i dp \tag{19-4-79}$$

式中，γ_i 为组分 i 的活度系数；v_i 为组分 i 的摩尔体积。

组分 i 的化学势、分压和活度（$\gamma_i c_i$）在透过膜的过程中发生变化。亦可以使用组分 i 的 Fick 扩散系数（D_i）描述组分 i 的传质性质，即

$$J_i = -c_i D_i \left(\frac{d\ln(\gamma_i c_i)}{dx} + \frac{v_i}{RT} \frac{dp_i}{dx} \right) \tag{19-4-80}$$

进料侧组分在膜表面的吸附、溶解可以按照 Henry 定律描述，组分在膜表面的浓度（c_{iM}）与进料液中该组分的浓度（c_{iF}）满足线性的吸附方程：

$$c_{iM} = K_i c_{iF} \tag{19-4-81}$$

式中，K_i 为吸附系数。

以上的线性吸附方程只适用于组分在聚合物相中浓度很低的情形。对于非线性情形，可以采用 Langmuir 吸附方程或 Flory-Huggins 理论描述。

一般地采用经验的 Fick 扩散系数描述渗透组分在聚合物相中的传质行为。如果渗透组分的小分子对聚合物的塑化作用引起分离膜各向异性的膨胀，渗透物穿过聚合物膜的扩散性会沿膜厚明显减弱。经常采用以下方程描述渗透分子（i）的热力学扩散系数（D_{iM}），即

$$D_{iM} = D_{iM}^* \exp(k_i c_{iM}) \tag{19-4-82}$$

式中，D_{iM}^* 为渗透分子（i）在干态聚合物膜里的极限扩散系数；k_i 用来表征分子（i）对聚合物膜的塑化作用。

分离过程的选择透过性来源于各组分在膜中的溶解选择性和扩散选择性。以上描述溶解-扩散现象的众多参数都密切地依赖于渗透组分与膜材质的相互作用以及高分子分离膜的分子结构和凝聚态结构。

对于水溶液体系，一般认为水分子对膜的增塑作用仅引起各向同性的膨胀，溶解于膜中的水分子的浓度（c_W）可以近似看作恒定，膜中的压力梯度也可以忽略不计。由式(19-4-80)就可以获得膜厚 H 的溶解扩散膜的水通量，即

$$J_W = \frac{c_W D_W}{H}\left[\ln\left(\frac{\gamma_{WF} c_{WF}}{\gamma_{WP} c_{WP}}\right) + \frac{v_W}{RT}(p_F - p_P)\right] \qquad (19\text{-}4\text{-}83)$$

式中，下标 W 为水分子；F 和 P 分别为进料侧和透过侧。再考虑到渗透压的表达式

$$\pi_W = -\frac{RT}{v_W}\ln(\gamma_W c_W) \qquad (19\text{-}4\text{-}84)$$

就可以推导出膜的水通量的表达式如下：

$$J_W = A(\Delta p - \Delta\pi_W) \qquad (19\text{-}4\text{-}85)$$

$$A = \frac{c_W D_W v_W}{RTH} \qquad (19\text{-}4\text{-}86)$$

对于多孔模型，传质过程的推动力源于跨膜压差，而溶解-扩散膜的推动力一项还必须从跨膜压差中扣除由于进料侧和透过侧浓度差异引起的透过组分的渗透压。式(19-4-77) 和式(19-4-85)表明了两种扩散机制的传质性质的差异。

在膜生物反应器工艺中广泛使用的是微滤膜和超滤膜，它们的传质机制常常采用多孔模型描述。但是，由于膜分离过程的浓差极化现象和覆盖层的形成，膜的通量还可能受到物料的渗透压影响。如果出现这种情况，就应当采用溶解-扩散机制来描述覆盖层的性质，才能准确地预测渗透压带来的影响。

4.7.3 流程与工艺优势

4.7.3.1 MBR 工艺流程

MBR 是一种将膜分离技术与生物技术有机结合的新型水处理技术，它利用膜分离设备将生化反应池中的活性污泥和大分子有机物截留住，省掉二沉池。膜-生物反应器工艺流程通过膜的分离技术大大强化了生物反应器的功能，使活性污泥浓度大大提高，其水力停留时间（HRT）和污泥停留时间（SRT）可以分别控制。

在传统的污水生物处理技术中，泥水分离是在二沉池中靠重力作用完成的，其分离效率依赖于活性污泥的沉降性能，沉降性越好，泥水分离效率越高，如图 19-4-40 所示。而污泥的沉降性取决于曝气池的运行状况，改善污泥沉降性必须严格控制曝气池的操作条件，这限制了该方法的适用范围。由于二沉池固液分离的要求，曝气池的污泥不能维持较高浓度，一般在 $1.5\sim3.5\text{g}\cdot\text{L}^{-1}$ 左右，从而限制了生化反应速率。HRT 与 SRT 相互依赖，提高容积负荷与降低污泥负荷往往形成矛盾。系统在运行过程中还产生了大量的剩余污泥，其处置费用占污水处理厂运行费用的 25%～40%。传统活性污泥处理系统还容易出现污泥膨胀现象，出水中含有悬浮固体，出水水质恶化。

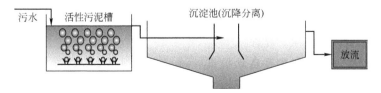

图 19-4-40 传统活性污泥法工艺流程

MBR 工艺通过将分离工程中的膜分离技术与传统废水生物处理技术有机结合，不仅省去了二沉池的建设，而且大大提高了固液分离效率，并且由于曝气池中活性污泥浓度的增大

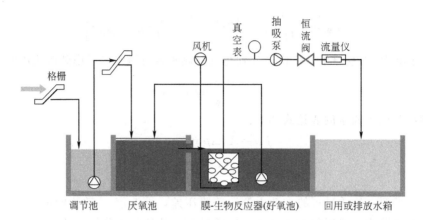

图 19-4-41 MBR 工艺流程

和污泥中特效菌（特别是优势菌群）的出现，提高了生化反应速率，如图 19-4-41 所示。同时，通过降低营养与微生物比率（F/M），减少剩余污泥产生量（甚至为零），从而基本解决了传统活性污泥法存在的许多突出问题。

4.7.3.2 MBR 工艺优势

（1）出水水质优质稳定　在 MBR 中，降解时间较长的可溶性大分子化合物可以被膜截留下来并与污泥一起返回到生物反应器中，使这些化合物在生物反应器中的停留时间变长，从而有利于微生物对这些化合物的降解；同时较长的 SRT 可以使世代时间较长的硝化细菌能够在生物反应器中积累，提高了硝化效果。因此 MBR 出水有机物含量较低，且总氮和总磷的含量也远远低于传统活性污泥法。同时，由于膜单元采用微滤膜或超滤膜，因而不仅对水中悬浮物截留率高，而且可以去除细菌。

（2）工艺参数易于控制　在 MBR 中，用膜组件代替二沉池，可以同时实现较短的 HRT 和很长的 SRT。同时，MBR 中由于膜对污泥的截留，可以在很大程度上消除污泥膨胀现象。

（3）耐冲击负荷　MBR 中生物反应器中的微生物浓度比普通生物反应器高得多，装置处理容积负荷大，同时当进水中有机物浓度变化较大时，有机负荷率（单位质量的微生物在单位时间内承受的有机物质量）变化不大，系统去除有机物的效果变化不大。

（4）剩余污泥产量少　该工艺可以在高容积负荷、低污泥负荷下运行，剩余污泥产量低（理论上可以实现零污泥排放），降低了污泥处理费用。

（5）占地面积小，不受设置场合限制　生物反应器内能维持高浓度的微生物量，处理装置容积负荷高，占地面积大大节省。

该工艺流程简单、结构紧凑、占地面积省，不受设置场所限制，适合于任何场合，可做成地面式、半地下式和地下式。

（6）操作管理方便，易于实现自动控制　该工艺实现了 HRT 与 SRT 的完全分离，运行控制更加灵活稳定，是污水处理中容易实现装备化的新技术，可实现微机自动控制，从而使操作管理更为方便。

（7）易于从传统工艺进行改造　该工艺可以作为传统污水处理工艺的深度处理单元，在城市二级污水处理厂出水深度处理（从而实现城市污水的大量回用）等领域有着广阔的应用前景。

4.7.4 典型应用

我国对膜生物反应器污水处理技术的研究较晚，但发展迅速，近年来，MBR 工艺已有实际应用实例，并保持着良好的发展势头。1991 年，《水处理技术》杂志首次报道了膜生物反应器在日本的应用情况。随后，一些大学和科研机构纷纷开展了关于膜生物反应器的研究。如清华大学、中科院生态环境研究中心、哈尔滨工业大学、天津大学、同济大学、华东理工大学等对膜生物反应器的运行特性，膜通量的影响因素，膜污染的防治与清洗等方面做了大量细致的研究工作，MBR 技术研究受到国家"八五"、"九五"、"十五"科技攻关项目基金支持，取得了很大进步。2002 年，膜生物反应器的研发又被列为"863"重大科技项目，推进膜生物反应器在污水处理及回用中的应用。目前我国已有膜科学技术研究机构上百家，膜生产企业数百家，参与 MBR 的研究机构有数十家。如图 19-4-42 所示为国内某公司研制的浸没式中空平板膜，并将其应用于 MBR 中，其过滤组件如图 19-4-43 所示，其优点在于：

① 避免污染，因而可以延长膜使用寿命，而且几乎无需清洗；
② 膜组件单位占地面积的膜面积更大，增大了膜组件填装密度；
③ 特殊的聚偏氟乙烯（PVDF）膜元件，具有很高的耐酸、耐腐蚀和抗氧化性；

图 19-4-42　国内某公司的 MBR 产品

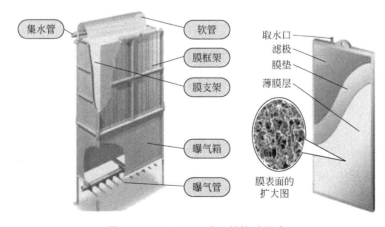

图 19-4-43　MBR 膜元件构成要素

④ 显著延长使用寿命，全面降低运行成本。

膜生物法处理系统对 COD、BOD_5、SS、氨氮的去除效率分别在 90%、95%、99%、90%以上。预处理和前处理膜生物处理系统宜设置超细格栅。污水中含有毛发、织物纤维较多时，宜设置毛发收集器。污水的 BOD_5/COD 小于 0.3 时，宜采用提高污水可生化性的措施。污水进入膜生物反应池之前，须去除尖锐颗粒等硬物。

针对生活污水的 MBR 工艺流程，见图 19-4-44。

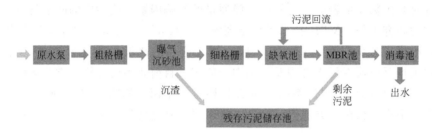

图 19-4-44 生活污水的 MBR 工艺流程

针对工业废水的 MBR 工艺流程，见图 19-4-45。

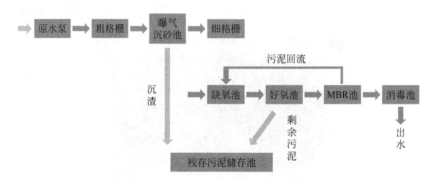

图 19-4-45 工业废水的 MBR 工艺流程

针对以氨氮去除为主的 MBR 工艺流程，见图 19-4-46。

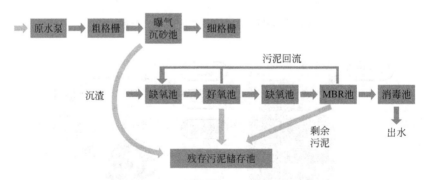

图 19-4-46 去除氨氮为主的 MBR 工艺流程

浸没式膜生物反应池污泥负荷与污泥浓度等设计参数应由试验确定。在无试验数据时，可按表 19-4-16 选取。

浸没式膜生物反应池的超高宜为 0.5～1.0m；生物反应池的设计水温宜为 12～38℃，北方地区冬季采取保温或增温措施应符合《室外排水设计规范》(GB 50014—2011) 的规定。

表 19-4-16　浸没式膜生物法污水处理的设计参数

膜型式	污泥负荷/kgBOD$_5$·kgMLSS^{-1}·d^{-1}	混合液悬浮固体/mg·L^{-1}	过膜压差/kPa
中空纤维膜	0.05～0.15	6000～12000	0～60
平板膜	0.05～0.15	6000～20000	0～20
中空平板膜	0.05～0.15	6000～22000	0～18

4.8　膜反应

4.8.1　原理

膜反应器是依靠膜的功能和特点，改变反应进程，提高反应效率的反应设备或系统。纵观膜反应器研究的历史，膜反应器的设计利用了膜的各种特有的功能。这些功能单个地或组合地使用可在反应过程中实现产物的原位分离，反应物的控制输入，反应与反应的耦合，两相反应相间接触的强化、反应、分离以及浓缩的一体化等，从而达到提高反应转化率、改善反应选择性、延长催化剂使用寿命、缓解反应所需的苛刻条件等种种目的。

下面通过总结膜在反应器中的功能来阐释膜反应的原理并指导膜反应器的设计。

4.8.1.1　膜的分离功能

利用膜的分离功能可以实现产物在反应过程中的分离。这种特性可对反应过程做出如下几种主要安排。

(1) 可逆反应　如下依靠膜将产物 B 从反应区中排出，降低了 B 在反应器中的浓度，促使平衡向生成 B 的方向移动，从而在同样反应条件下获得高于平衡转化的转化率。

$$\boxed{A \longrightarrow B} \downarrow$$

(2) 串联反应　如下所示，产物 B 在反应中排出，即可降低副产物 C 的生成速率，从而提高产物 B 的反应生成选择性。

$$\boxed{A \longrightarrow B \longrightarrow C} \downarrow$$

(3) 平行反应　如下所示，通过膜输入反应物 A，根据副反应的反应动力学级数，维持 A 在整个反应区均匀适宜的浓度，使主反应的速率远高于副反应的速率，从而提高目的产物 B 的选择性。

(4) 催化剂受产品抑制或毒害的反应　B 的及时分离，以消除或部分消除对催化剂的抑制或毒害，提高催化剂的表现活性，延长催化剂的寿命。

$$\boxed{A \xrightarrow{\text{催化剂}} B} \downarrow$$

膜的分离功能还可用于构建许多新的过程。如利用膜选择供应一种反应物将能调控反应的速度和进程，这里不一一列举。

4.8.1.2 膜的载体功能

利用膜的载体功能可制成催化活性膜。有些膜本身就具有催化活性，如：苯乙烯磺酸膜可催化酯化反应。惰性的膜材料则可通过浸渍、复合包埋、化学键合等多种技术制成催化活性膜。催化膜可兼有分离功能，也可不具备分离功能。

4.8.1.3 膜的分隔功能和复合功能

分隔功能是指膜具有两个表面，并可将系统分隔为独立的依靠膜相关联的两部分。复合功能是指利用复合技术制备出具有不同功能的功能复合层膜系统。这些显而易见的事实可以结合膜的分离功能或载体功能设计出几种重要的膜反应器。

(1) 非选择性渗透催化膜反应器[325~328]　在催化膜中的反应具有两个反应物 A 和 B。利用膜的分隔功能，使 A 从膜的一边渗透进入膜反应区，B 则从膜的另一边渗透进入催化膜并与 A 发生反应，产物 C 可向膜的两边渗透。

(2) 多相膜反应器和萃取膜反应器[329,330]　对于存在两个互不相溶的相的反应体系，相间传质的阻力以及反应后产品分离涉及的破乳的问题都是影响反应过程实际使用的工程问题，利用反应器可以克服此困难。

(3) 耦合膜反应器[331~334]　如下，膜将反应器分隔成两部分，膜一边的反应产物 B 将通过膜渗透至另一边作为另一反应的反应物。膜对 B 应具有高的分离系数，称为耦合两个反应的纽带。

在耦合膜反应器中可实现三类性质不同的耦合：

a. 热力学耦合——利用膜传递与膜两侧的反应都有关的关键物质（如上所示的 B），可使两侧反应都得到较高的转化率；

b. 能量耦合——放热反应与吸热反应的耦合，实现反应器中能量的利用与调控，此时的关键物质为热量；

c. 动力学耦合——利用某些膜（如金属膜、固体电解质膜）在传递过程中兼有活化关键物质的能力，以提高反应速率。

4.8.1.4 膜反应器中的传质

膜反应器中物质传递规律的研究包括膜的渗透机理和物料流动渗透的方式研究。膜催化反应器中的流体多为气体。液相反应中反应物与催化剂的接触存在扩散控制与流动控制两种机理。扩散控制时膜的传递按 Fick 定律处理；黏性流动传质按 Hagen-Poiseuille 定律处理。气相反应中物质的传递与膜的种类有关。

(1) 金属膜的渗透机理　如图 19-4-47 为 Pd 合金膜和 Ag 合金膜渗透机理示意图。气体分子被吸附在金属表面并解离为单个原子，原子可逆溶解于金属并向膜的另一侧扩散；在膜的另一侧，单个原子又结合为分子，依靠脱附离开膜进入本相。气体分子通过金属膜的溶解扩散是双向可逆的，这种溶解扩散机理可按 Sievert 和 Fick 定律计算气体的渗透通量。

(2) 固体电解质膜的渗透机理　图 19-4-48 为固体电解质膜渗透机理示意图。气体分子被膜表面吸附后，不可逆地解离为离子，离子在膜的晶体晶格中迁移传递至膜的另一侧，并失去电荷成为原子，原子在膜表面结合为分子从表面脱附。气体分子解离为离子的不可逆性使固体电解质膜具有气体单向渗透的半渗透膜属性。

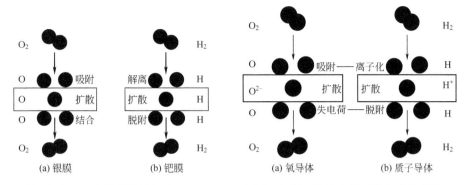

图 19-4-47　金属膜渗透机理示意　　图 19-4-48　固体电解质膜渗透机理示意

（3）多孔膜的渗透机理　气体通过膜孔的渗透有黏性流、Knudsen 扩散、表面扩散、毛细管凝聚等。不同的传递机理与膜的孔径有关，见表 19-4-17。

表 19-4-17　气体渗透机理与膜孔径

渗透机理	孔径范围
黏性流	$>50\text{nm}$
Knudsen 扩散	$100\text{nm}>d_p>2\text{nm}$
表面扩散	$50\text{nm}>d_p>2\text{nm}$
毛细管凝聚	$10\text{nm}>d_p>2\text{nm}$
活化扩散	$d_p<2\text{nm}$
溶解扩散	d_p 约 0

当膜的孔径小于气体分子平均自由程时，气体分子与孔壁碰撞概率大于分子间的碰撞，气体的渗透表现为 Knudsen 扩散；当气体中某一组分能优先在孔壁上发生物理或化学吸附，被吸附分子可通过膜表面迁移扩散，这种传递机理称为表面扩散；在温度较低、膜的孔径较小时，毛细孔的凝聚力增加并导致气体中某一组分在孔中凝聚，当凝聚物在高压侧充填于孔中，渗透侧维持较低压力，凝聚物将在低压侧蒸发，这种传递机理称为毛细管凝聚；膜的孔径与分子直径相当时，只允许分子直径小于孔径的分子渗透，这种传递机理称为分子筛分。由于多孔膜的孔径存在相对较宽的分布，气体渗透通过膜的各种机理都将存在。

4.8.2　膜反应器的分类

膜反应器无统一的分类标准，可按如下的特点进行分类：

（1）按反应体系分类　习惯上将用于生物反应的膜反应器称为膜生物反应器，在微生物发酵、动植物细胞培养以及生物催化反应中都有应用。在化学反应中出现的膜反应多称为膜催化或催化膜过程，这里涉及的反应体系主要是多相反应，尤其是加氢脱氢反应。由金属络合催化的均相反应体系也可采用膜反应器实现均相反应多相化。

（2）按膜的形状分类　膜的形状与膜的材质有关。无机膜常见的有片状、管状、蜂窝状和中空纤维结构；有机膜可分为平膜、管膜、中空纤维膜和球形微囊膜。膜反应器的形状虽与膜的形状无关，但各种形状的膜都有其惯用的器件形状。如平膜反应器有板框式、卷式和折叠式，中空纤维膜反应器类似于列管式换热器，微囊膜本身即是球形微反应器。

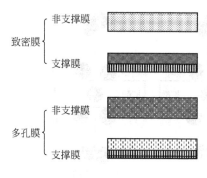

图 19-4-49 无机膜的类型

(3) 按无机膜的结构、属性分类 无机膜反应器习惯按照膜结构、属性分类。图 19-4-49 为无机膜的基本类型。致密膜有金属膜和固体电解质膜两种。相应的膜反应器可分为四类：金属膜反应器、固体电解质膜反应器、多孔陶瓷膜反应器、支撑膜反应器。本手册按照此种方法对无机膜反应器进行分类。

(4) 按膜的功能分类 对于催化反应有惰性膜反应器和催化膜反应器两类，前者膜只具有分离功能，后者则兼有催化和分离两种功能。对于生物反应可分为组分型膜反应器和一体化膜反应器。前者为生物反应器与膜分离组件的耦合系统，后者表示膜分离器本身也是膜反应器。

(5) 按催化剂形态分类 在膜催化反应中，催化剂以固体的形态存在，或以膜为固载体，或以其他材料为固载体充填于膜反应器中。无机膜反应器中，催化剂主要有三种形态，即：①催化剂填充在膜和器壁的空腔内；②催化剂沉积在膜的表面；③催化剂固载在膜内。

(6) 按物质传递的方式分类 这种分类与按膜的分离属性分类较为相近。对于由超滤膜构成的膜反应器中，物质迁移有流动和扩散两种方式，因此膜反应器常分为扩散控制和流动控制两种。

4.8.3 流程与反应器设计

4.8.3.1 流程与反应器设计原理和方法

反应器在工程上的设计原则是以强化传质、传热操作作为基础，最有效地发挥催化剂的活性，最大限度地获得反应器单位体积的高产率。膜反应器也遵循这一原则，具体的设计方法和步骤如下：

① 反应动力学公式的确定和动力学常数的测定；
② 反应器中流动特性和传递规律的分析；
③ 物料衡算方程的建立和边界条件的确立；
④ 方程求解（解析解或数值解）。

方程求解的结果将得到反映反应器行为、特征的操作方程或有关的图表和数据。

4.8.3.2 反应动力学

对于化学反应过程，填充在膜反应器内的颗粒催化剂，其动力学行为不变；对于沉积在膜表面的催化剂和催化膜的动力学行为，需要依靠反应工程的原理和方法测定。

4.8.3.3 膜反应器中物料流动渗透方式

由于物料流动渗透方式的差异，带来了膜反应器中物质传递的区别，从而影响膜反应器的效率。所以，膜反应器最优操作模式是膜反应器理论与实验研究的内容。图 19-4-50 为催化膜反应器常见的三种操作模式。其中图 19-4-50(a) 在膜的两边分别流动有反应物料与吹扫流。物质根据膜的渗透机理传递通过膜，膜两边的流体流动可以同向或逆向，分别称为顺流或逆流操作且是无机膜反应器中最常见的两种操作模式；图 19-4-50(b) 是搅拌模式，在液相反应体系应用得较多；图 19-4-50(c) 是流动模式，压力为推动力，膜的渗透机理以黏

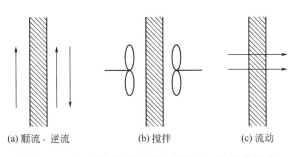

图 19-4-50　催化膜反应器的常见的三种操作模式

性流为主。

图 19-4-51 是支撑膜反应器可采取的三种操作模式。图 19-4-51(a) 是一种顺流操作模式,反应物在膜的表层(催化活性层)流过,物料通过催化膜的停留时间可控制得很短,便于获得高选择性和高中间产物的转化;图 19-4-51(b) 物料与催化剂接触时间增加,选择性降低,转化率增加;图 19-4-51(c) 反应物在支撑侧的一面,必须依靠扩散传递至表层才能和催化剂相接触,转化率偏低,选择性介于图 19-4-51(a) 和图 19-4-51(b) 之间。

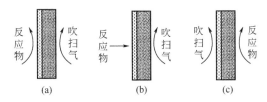

图 19-4-51　支撑膜反应器所采用的三种操作模式

4.8.3.4　膜反应器的行为分析

(1) 惰性膜反应器[327,336]　图 19-4-52 为惰性膜反应器示意图。

如图 19-4-52,膜将反应器分割为反应腔和渗透腔,催化剂装填于反应腔内,反应物料从反应腔室流过,且产生透过膜的渗透,渗透物料由载气流带走。对于各类反应,按化学计量式有

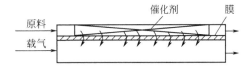

图 19-4-52　惰性膜反应器示意

$$\sum n_i A_i = 0 \quad (19\text{-}4\text{-}87)$$

式中,n_i 为组分 i 的化学计量数;A_i 为化学反应组分;例如反应 $n_A A + n_B B \longrightarrow n_C C + n_D D$ 对应的化学计量式为:$n_A A + n_B B - n_C C - n_D D = 0$,其中 i 为反应物质 A、B、C 和 D。

假设反应腔与渗透腔无压力变化,且不存在径向浓度梯度,对各组分进行物料衡算。

反应腔:

$$\frac{1}{Da}\frac{dF_i}{dZ} = n_i f - h_i u_i (X_i - P_i Y_i) \quad (19\text{-}4\text{-}88)$$

渗透腔:

$$\frac{1}{Da}\frac{dQ_i}{dZ} = h_i u_i (X_i - P_i Y_i) \quad (19\text{-}4\text{-}89)$$

边界条件:

$$Z=0;\ F_i=F_{i0};\ Q_i=Q_{i0}$$

式中　Z——离反应器进口端的无量纲距离；

F_i——反应腔的流量；

Q_i——渗透腔的流量；

X_i，Y_i——反应腔组成摩尔分数；

f——化学反应无量纲速率；

h_i——膜通量参数；

u_i——膜分离系数；

Da——Damkohler 数；

P_i——渗透腔、反应腔压力比。

求解结果表明就单个反应而言，膜反应器只适合于正级数特征动力学的化学反应和可逆反应。即对于非可逆反应的正级数反应，膜反应分离同样有提高反应转化率的效能，这是因为产物的渗透相对地提高了反应腔内反应物的浓度。膜反应器用于这些反应体系所表现出的行为、特征见图 19-4-53～图 19-4-55。

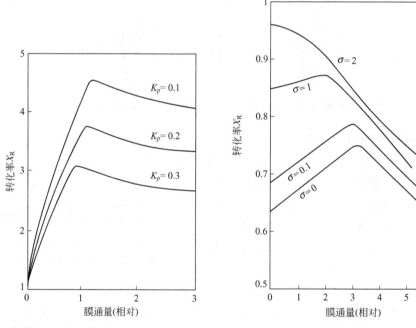

图 19-4-53　平衡常数对反应转化率的影响　　图 19-4-54　吸附常数对转化率的影响

从上述图中可以看到，膜反应器的转化率随着膜通量的变化出现最佳值，这与反应物渗透有关，随着膜的分离系数的增加，最佳转化率也有所增加。

(2) 催化膜反应器[337,338]　在催化膜反应器中，反应在反应物渗透膜时发生，对此类反应器的模拟解析必须引入催化剂活性分布函数以表示催化活性沿着膜厚的分布关系，结果表明催化剂的最佳活性分布符合如下关系：

$$a(X)=\delta(X-\overline{X}) \tag{19-4-90}$$

即催化活性 $a(X)$ 应分布在膜内的一无限薄层处。当 $X=0$ 时，催化剂集中于膜的表面，这时催化膜反应器相当于一个惰性膜反应器。通过不同 X 值膜反应器转化率和选择性的计算就可比较两种膜反应器的优劣。

两种反应器的比较关系或条件可从有关文献中查得，其主要的结果如下：

对于单个反应体系、收缩体系或等分子体系，惰性膜反应器较优；膨胀体系中，催化剂活性较低时，催化膜反应器为优，反之，惰性膜反应器为优。主反应特征级数大于副反应的连串反应，应选惰性膜反应器。主反应特征级数大于副反应的平行反应，应选择惰性膜，反之选催化膜。

4.8.3.5 膜反应器的工程工艺问题

(1) 膜的选择 膜的选择是膜反应器实用化的核心问题。一般情况下，膜反应器中膜必须符合以下几个基本要求：

① 良好的热和结构稳定性。对于多相催化反应，膜必须能经受高温、高压和各种pH条件的考验，因此无机膜更为适宜；金属络合催化反应，温度、压力不高，常采用金属高分子膜，但在有机介

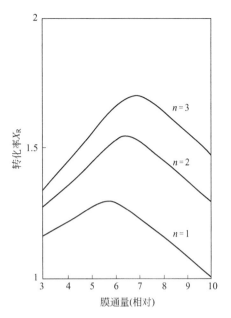

图 19-4-55 反应级数对反应转化率的影响

质中使用时，应无溶胀效应。在常用的材料中，聚酰亚胺、聚醚酰亚胺、聚酰胺-酰亚胺耐温200℃左右，Al_2O_3膜和某些多孔玻璃可在800℃左右稳定使用，金属钯膜耐温较高，但多次吸附脱氢会有氢脆现象。

② 催化剂的要求。对于催化膜，催化活性组分必须沉积在反应所需的位置上，膜材料必须对副反应惰性，对活性组分无毒。

③ 分离特性。膜反应器的膜应具有产物透过、反应物不能透过的分离功能。然而，在许多情况下，膜在产物透过时也能透过反应物，因此对膜的分离系数有一定的要求[335]。

(2) 反应物的渗透[327,336] 膜反应器的效率将因反应物的渗透而受到影响。为解决这一问题，除提高膜的分离系数外，还可采取如下办法。

① 反应侧加入惰性气体使反应物分压降低，减少反应物的渗透量。

② 反应产物循环操作。

③ 反应物在膜反应器中间位置补料。

④ 膜通量按阶跃函数呈非均匀分布。使反应物在经过一段固定床后进入膜反应分离区，避免了在反应初期高浓度反应物的渗透。

(3) 浓差极化和膜的污染 物质的分离具有筛分过滤的特性，浓差极化和膜的污染将导致膜的渗透率降低，从而使膜反应器不能稳定操作。反应物料的预过滤是减少膜污染的一个措施。膜的孔径一般应控制在允许反应体系中的小分子完全渗透，大分子或固体颗粒完全截留为最佳，以避免与膜孔径相当的分子堵入膜孔。在气相膜反应过程中，物料以各种分子扩散形式透过膜，膜的污染并不严重，当然原料气的净化总是有利的。但极化现象在反应器中是不可避免的，由于催化剂的床层中产物浓度梯度的存在从而降低了膜反应器的效率[339]。

(4) 其他工艺工程问题 对于任何膜反应器，增加膜的装填密度、提供高比表面、减少死空间是结构设计的重要基点。

膜与反应器壳体的连接也是一个重要问题。对于气相反应，要保证密封连接，以承受较

高的温度与压力。在此要注意连接材料间热膨胀系数的差异。

气相反应的热效应较高,膜的热导率较低,如何传递反应热也是膜反应器实用化必须解决的一个重要问题。

4.8.4 典型应用

4.8.4.1 膜反应器用于加氢、脱氢反应

由于膜对氢具有的高渗透率和较高的分离系数,膜反应器用于加氢反应将具有良好的效果。对于脱氢反应,可将反应器与分离膜直接组合,使反应与产物的分离同时进行。对于加氢反应,将反应气与氢气分别从膜的两边加入,氢通过膜扩散提高其在反应区的浓度,可有效地提高反应效率。表 19-4-18 为各种加氢、脱氢反应采用膜反应器的结果。

表 19-4-18 膜反应器用于加氢、脱氢反应的结果

反应	膜	结果	参考文献
丙烷脱氢制丙烯	Pd/Al_2O_3	丙烷转化率 52%,丙烯选择性 93%,平衡转化率为 20%	[340]
2-丁醇脱氢制备丁酮	Pd-Ag	转化率高达 93%,丁酮选择性>96%,活塞流反应器转化率 80%	[341]
天然气重整制氢	$Pd/CeO_2/MPSS$	甲烷转化率 96.9%,氢气收率 90.4%	[342]
	Pd/Al_2O_3	甲烷转化率 98.8%,CO_2 选择性超过 97%	[343]
环己烷脱氢	Pt/Al_2O_3	环己烷转化率达 72.1%,平衡转化率 32.2%	[344]
	微孔二氧化硅	环己烷转化率达 100%,平衡转化率 18.7%	[345]
乙苯脱氢制苯乙烯	Pb	转化率比固定床反应器高 10%,苯乙烯选择性比固定床高 15%	[346]
	Pd/陶瓷膜	乙苯的转化率 72.9%,苯乙烯选择性>85%	[347]
环戊二烯选择加氢	Pd	选择性为 92%	[348]
萘加氢	Pd	选择性为 99%	[348]
呋喃加氢	Pd	四氢呋喃选择性 100%	[349]
糠醛加氢合成糠醇	Pd-Cu	膜反应器能够抑制加氢副反应的进行。选择性达 98%,收率>95%	[350]
乙炔加氢	Pd	乙炔选择性为 100%	[351]
维生素 K_4 生产	Pd-Ni	传统工艺为加氢产物进行分离后用 H_2SO_4 做催化剂,乙酰酐处理收率为 80%,膜反应器一步反应收率 95%	[350]
异丙醇脱氢	Pd-Ni	转化率达 83%,而传统脱氢过程转化率最大为 68%	[348]
丙烷脱氢环烷基化成苯	Pd-Ag(76∶24)	在 550℃,转化率达 87%,选择性为 64%,而在固定床中选择性仅为 53%,转化率为 89%	[352]
甲烷化	石棉	在渗透腔进料 $H_2/CO=1.5$,催化剂不结炭,能稳定运行	[335]
甲醇氢化脱氢	催化膜	转化率 70%,选择性 17%	[353]
苯羟基化制备苯酚	Pd	苯转化率 10%~15%,苯酚选择性>80%;氢氧分开进料提高安全性	[354]

4.8.4.2 膜反应器在烃类选择氧化中的应用

近年来，随着 C_1 化学的兴起，膜反应技术在甲烷部分氧化（POM）及乙烯氧化制环氧乙烷等过程有着潜在的应用前景。在烃类催化选择氧化中，除了改进催化剂外，还可以将无机膜的分离作用和催化选择氧化反应结合起来。因为膜可以使原料气分离，避免预混及随之产生的副反应。混合导体氧渗透膜是一种具有氧渗透性能的膜材料，自 20 世纪 90 年代发现以来，基于钙钛矿材料氧渗透功能的膜反应器研究非常活跃，而且在工业应用上已经做出一定的成果：Eltron 公司 20 世纪末开发出具有灰针镍矿结构的材料，用于膜反应连续操作 1 年以上。该公司将其早期部分专利授予 Air Products 公司使用。Air Products 随后与美国 DOE 共同投入 1150 万美元用于此技术的开发，建成了日产 100t 纯氧示范工厂。

在甲烷部分氧化反应中，就可以运用混合导体氧分离技术直接以空气作为氧源，将纯氧分离与 POM 反应集成在一个反应器中进行。这种方法预计比传统的氧分离设备降低操作成本 30% 以上。

甲烷部分氧化过程由三部分构成：

燃烧反应：$CH_4 + 2O_2 \longrightarrow CO_2 + 2H_2O$

水气重整：$CH_4 + H_2O \longrightarrow CO + 3H_2$

CO_2 重整：$CH_4 + CO_2 \longrightarrow 2CO + 2H_2$

如图 19-4-56 所示为甲烷部分氧化反应器示意图。表 19-4-19 列出了膜反应器用于甲烷部分氧化的性能。

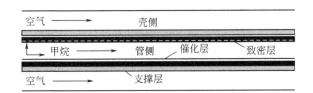

图 19-4-56 膜反应器示意

表 19-4-19 膜反应器用于甲烷部分氧化的性能

膜	操作温度/℃	催化剂	结果	参考文献
$Ba_{0.5}Sr_{0.5}Co_{0.8}Fe_{0.2}O_{3-\delta}$（卷式膜）	850	$LiLaNiO/Al_2O_3$	CH_4 转化率 98.5%，CO 选择性 95%~96%	[355]
ZrO_2 掺杂的 $SrCo_{0.4}Fe_{0.6}O_{3-\delta}$	900	NiO/Al_2O_3	CH_4 转化率 100%，CO 选择性 82%	[356]
$La_{0.6}Sr_{0.4}Co_{0.2}Fe_{0.8}O_{3-\delta}$（管式膜）	900	NiO/Al_2O_3	CH_4 转化率 100%，CO 选择性 100%	[357]
$SrFe_{0.8}Nb_{0.2}O_{3-\delta}$（多通道中空纤维膜）	900	NiO/Al_2O_3	CH_4 转化率 94.6%，CO 选择性 99%	[358]
$La_{0.6}Sr_{0.4}Co_{0.8}Ga_{0.2}O_{3-\delta}$（中空纤维膜）	650~750	$Ni/LaAlO_3-Al_2O_3$	CH_4 转化率 97%，CO 选择性 91%	[359]
$BaCo_xFe_yZr_zO_{3-\delta}$（$x+y+z=1$）（中空纤维膜）	900	Ni-基催化剂	CH_4 转化率 96%，CO 选择性 97%	[360]

4.8.4.3 膜反应器在耦合反应中的应用

耦合反应是指其中一个反应的产物作为另一个反应的反应物之一的两个化学反应。在涉氢反应中，利用钯膜的选择透氢能力，能够实现氢在两个反应中的传递，并且还可利用钯膜的催化能力加速反应进行。例如，用管式膜反应器在绝热条件下耦合环己烷催化脱氢的吸热反应与氢氧的放热反应[361]。一端密封的钯银合金膜管环隙装填催化剂，膜管内通入稀释后氧气或者干燥空气与通过钯膜透过的氢作用产生热量，实现了氧化放热反应与吸热脱氢反应之间的双重耦合效应，提高了脱氢反应的效能。陶瓷透氧膜反应器在甲烷的偶联反应（OCM）过程中的应用被广泛研究。将CO_2高温分解与POM制合成气耦合在一个反应器中进行[362,363]，CO_2分解的氧作为POM的氧源，CO_2分解在膜的一侧，另一侧甲烷在催化剂作用下与来自CO_2分解的氧发生部分氧化反应得到合成气。由于渗透侧甲烷与氧发生POM反应，使透过的氧不断被移走，从而打破了CO_2分解反应的平衡，促使CO_2不断向CO转化。

4.9 膜集成过程

膜集成过程就是将膜分离技术与其他分离方法或反应过程有机地结合成一个完整的操作单元，充分发挥各个操作单元的特点进行联合操作的过程[364,365]。

最初，几种膜分离过程联合起来称为集成（integrated）；膜分离与其他分离技术的组合工艺为杂化（hybrid）。后来，一般都统称为膜集成过程。膜集成过程不是单一膜单元操作或单元过程的简单的先后组合，而是有机结合在同一操作中完成的。合理设计的膜集成过程，对于提高过程的效率和经济性，开发环境友好过程都十分有效，可能获得单一膜单元操作或单元过程简单加和而无法得到的效果。因此，膜集成技术的研究成为化工膜分离工程和化学反应工程的最为活跃的应用技术研究热点之一。近年来，膜及膜技术的研究进展推动了膜集成技术的发展，将膜过程与传统的分离方法或反应过程结合起来，形成新的膜集成过程，已经成为膜集成技术的发展方向之一[366]。

4.9.1 膜集成过程特点

① 克服单一膜过程的缺点，提高产品质量；
② 发挥各自膜分离过程优点，实现全自动化操作和连续进料；
③ 简化工艺流程，降低生产成本，实现高效、低能耗、资源化三者兼备；
④ 超越化学平衡的限制，提高可逆反应转化率；抑制副反应，提高反应的选择性（膜分离-化学反应耦合）。

4.9.2 膜集成过程分类

膜集成过程可以分为两类：一类是膜分离与反应的耦合，其目的是部分或全部地移出反应产物，提高反应选择性和平衡转化率，或移去对反应有毒性作用的组分，保持较高的反应速度；另一类是膜分离过程与其他分离方法的耦合，提高目的产物的分离选择性系数并简化工艺流程[2]。几种典型的膜集成分离过程模式[367]：①膜分离与化学反应相结合；②膜分离与蒸发单元操作相结合；③膜分离与吸附单元操作相结合；④膜分离与冷冻单元操作相结合；⑤膜分离与催化单元操作相结合；⑥膜分离与离子交换树脂单元操作相结合。

4.9.3 典型应用

4.9.3.1 膜集成过程在海水淡化中的应用

目前，单纯的反渗透海水淡化技术的水回收率只能达到30%～40%[368]，进一步增加操作压力则会造成严重的膜表面污染。随之，相应的膜通量和水回收率都会下降。为了增大水的回收率，增大膜通量，需要引入前处理工艺，前处理工艺的选择是决定海水淡化成功与否的决定性因素[369]。除了传统的预处理方法外，其他膜分离过程可以作为有效的前处理工艺，如微滤（MF）和超滤（UF）[370]。微滤可以移除悬浮固体颗粒，降低污染密度指数；超滤可以移除大分子、胶体以及细菌。在引入了膜法的前处理工艺后，反渗透海水淡化的水回收率可以得到提高。

4.9.3.2 膜集成过程在生物质精炼中的应用

生物质是一种可再生的能源，可以作为化石燃料的替代品。如图 19-4-57 所示，膜分离技术可以被广泛用于生物精炼，但由于生物发酵液成分复杂，只有膜集成过程才可以实现目标物质的高效分离。例如，利用超滤和微滤技术来回收纤维素水解过程中纤维素酶[371]，微滤技术可以有效地将沉降池中的大颗粒移除，减少超滤过程中膜的污染，同时实现纤维素水解酶的高效分离。压力驱动的膜分离和热驱动的相分离技术之间相互结合可以实现易挥发组分的高效分离[372]，如超滤和渗透汽化之间的联用技术可以实现丙酮、丁醇和乙醇的高效分离，超滤作为前处理工艺可以减少渗透汽化膜的污染，使得渗透汽化过程保持高的通量，进而延长膜的寿命，实现目标产物的高选择性。

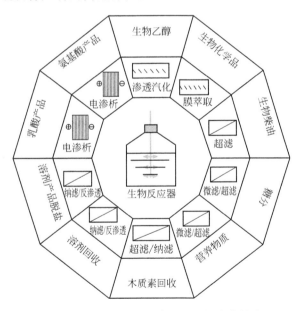

图 19-4-57　膜集成过程在生物质精炼中的应用

4.9.3.3 膜集成过程在有机酸生产中的应用

有机酸是日常生活和工业生产中应用广泛的产品，一般的有机酸都是由微生物的发酵工艺得到的，但是由于发酵液的成分复杂，传统的分离方法包括酸化、提取、结晶、精馏、离子交换以及吸附等过程，这使得有机酸的分离过程成本占据了整个有机酸生产过程成本的

30%~40%。为了降低生产成本,膜分离过程作为一种新型的分离工艺被应用于有机酸的分离,特别是膜集成过程得到了愈来愈广泛的应用。

以乳酸的生产为例,为了提取发酵液中的乳酸,传统的方法包括过滤、沉淀和酸化过程,传统过程能耗高,需要引入大量的碱和酸来实现沉淀和酸化,而且会产生对环境有污染的固体废物。而膜集成过程则可以克服这些缺点,经过:①微滤→纳滤→普通电渗析→双极膜电渗析,或者②微滤→普通电渗析→双极膜电渗析→纳滤工艺可以由乳酸发酵液中提出高纯度的乳酸成品。在整个膜集成过程中,微滤可以过滤出发酵液中的微生物菌类以及大分子量的发酵残留物。对于步骤①,纳滤可以进一步除去发酵液中的钙离子、镁离子以及发酵液中的中性糖分。纳滤过程之后基本可实现发酵液的脱色。普通电渗析可以将乳酸钠浓度提高数十倍。经过浓缩后的发酵液可以经过双极膜电渗析工艺,来代替传统的酸化工艺。双极膜电渗析可以直接将水解离成 H^+ 和 OH^-,因而能在不外加酸的情况下将乳酸盐转化为乳酸和相应的碱,得到的碱还可以作为发酵液的 pH 调节剂而得到循环利用[373]。

4.9.3.4 膜集成过程在印染废水处理中的应用

在印染废水处理方面,膜集成过程在实际运用中具有很强的优势。采用微滤-纳滤联用装置对印染废水生化二沉池出水进行深度处理,处理后的水质 COD 去除率大于 86%,盐截留率大于 95%,浊度和色度去除率高达 100%[374]。采用超滤-反渗透膜工艺对印染废水进行处理,出水 COD 及色度几乎检测不出,浊度小于 0.1 NTU,COD 去除效率达到 99%以上,色度及浊度去除率近 100%[375]。采用膜生物反应器(MBR)-反渗透(RO)工艺对印染废水进行深度处理实验,原水经 MBR 系统处理后,COD 去除率、SS 去除率和色度去除率分别达 89.9%、100%和 87.5%。MBR 系统出水进入 RO 系统进行处理,硬度去除率和除盐率分别达到 99.62%和 99.64%,同时可进一步除去剩余的 COD、色度,系统出水水质满足生产回用的要求[376]。

4.9.3.5 膜集成过程在饮用水深度处理中的应用

为保障饮用水的安全性,单一膜技术有时很难达到处理要求,膜集成技术则能够更好地满足水处理的要求。针对某市城区水厂受到重金属与有机物污染,何少华等[377]采用 MF+RO 工艺对被污染自来水进行深度处理。两年来的运行结果表明反渗透系统对水中的重金属离子、有机污染物和细菌的去除效率都非常高。岛屿或沿海城市的饮用水往往容易受到海水倒灌或咸潮等的影响,导致水中盐分过高。周志军等[378,379]利用 UF 和 RO 联合的海岛饮用水处理示范装置可以解决沿海池塘水在季节交替产生的淡咸水交替的问题,既保证供水质量,还降低了运行成本。陈欢林[380]以钱塘江潮汐咸水水体为研究对象,将 UF、NF 和 RO 集成用于处理周期性变化的潮汐水。其中 UF 作为整个系统的预处理工艺,可以在淡水期使用;NF 可以除去咸水中的大部分盐,可以用作咸水期;RO 作为最后一个环节,可以从较高盐度的咸水进一步回收一部分水。在保证产水达标的情况下,整个系统的回收率可达到 90%~95%。

4.9.3.6 膜集成过程在食品工业废水处理中的应用[381]

我国有辽阔的海域和漫长的海岸线,海藻化工和海洋水产品加工已成为沿海地区新的经济增长点和支柱产业。从海带中提取甘露醇的传统工艺是离心水洗重结晶法。海藻浸泡水的甘露醇含量 1.0%左右,甘露醇结晶浓度在 20%以上。每生产 1t 甘露醇需消耗 60t 蒸汽用于蒸发浓缩。采用该工艺生产甘露醇,能耗高,经济效益低。国家海洋局杭州水处理技术中心与青岛某海藻集团公司合作,采用先进、节能的膜集成专利技术对甘露醇提取工艺进行系统性改造。其工艺流程见图19-4-58。采用絮凝、气浮和动力形成膜恒压过滤等专利技术除去海带浸泡液中的悬浮物、蛋白、糖胶等胶体和大分子有机物。然后采用ED膜技术脱除原料液中95%以上的无机盐,再采用UF膜进一步净化海带浸泡水,以达到RO脱水装置的进水水质指标。通过以上一系列处理,甘露醇的浓度提高3倍以上,进入多效蒸发装置进行浓缩结晶。用膜集成技术提取甘露醇比用水重结晶法平均提高产率78%以上,成本下降40.2%。新旧工艺相比,每生产1t甘露醇可节省65%的蒸汽,节约用水60%,提高产品得率1%,减少蒸发器维修费用50%,总的生产成本降低2000元·t^{-1}左右,经济效益比较见表19-4-20。

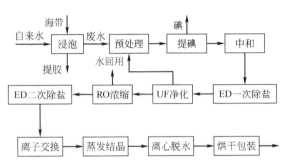

图 19-4-58 膜集成提取甘露醇工艺流程

表 19-4-20 电渗析法和水重结晶法经济效果比较

指标 \ 工艺	电渗析法	水重结晶法
海带投料/t	467.7	473.0
甘露醇产量/t	37.2	28.55
甘露醇的实际得率/%	7.80	6.03
甘露醇的提取率/%	71.0	39.9
每吨甘露醇耗煤量/t	18.7	30.6
每吨甘露醇耗电/kW·h	2905	7121
成本/元·t^{-1}	4793	8022

4.9.3.7 膜集成过程在化学反应中的应用

渗透蒸发是一种利用混合物中各种组分在膜中的溶解扩散性能的不同来实现各种组分分离的新型膜分离过程。渗透蒸发与反应器结合,可以一边进行化学反应,一边进行分离。对于平衡转化率低的可逆化学反应,由于生成物不断被移除,不断打破平衡,有利于目的生成物的形成。目前,国外有关渗透蒸发与化学反应的耦合过程已有工业化与中间试验装置报道,最常见的耦合过程是渗透蒸发与精馏、反应过程的耦合。表 19-4-21 给出了几个已达中试或工业化规模的耦合过程[382]。

例如二甲脲的合成可以用渗透蒸发来加速。如图 19-4-59 所示,在反应器中,CO_2 同过量的甲胺反应,生成的二甲脲(DMU)在分离器中同气相分开。在气相中,含有未反应的甲胺 45%、CO_2 20% 以及反应中生成的水 35%。由于气相中含有大量的水,气相混合物不能直接返回到反应器中。需先经过含 NaOH 的吸收塔来吸收 CO_2 和水,分离出的甲胺气体

表 19-4-21　工业化与中试规模的渗透蒸发膜分离耦合过程

实例	耦合过程	规模
醇类脱水	渗透蒸发-精馏	工业化
酯化反应	渗透蒸发-反应	工业化
二甲脲的合成	渗透蒸发-反应	中试

可回流到反应器中。该过程会造成大量的 CO_2 损失，并产生 Na_2CO_3 污水。如图 19-4-60 所示，用渗透蒸发可以解决这些问题。将渗透蒸发器加在分离器和再生器之间，即可脱除从分离器中逸出的气体混合物中 67% 的水分，这样再生器只要处理剩下的 33% 的水分，CO_2 的损失和生成的污水量也大大减少[382]。

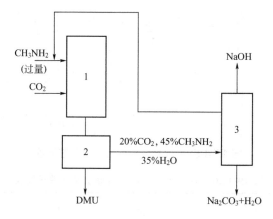

图 19-4-59　二甲脲合成流程
1—反应器；2—分离器；3—再生器

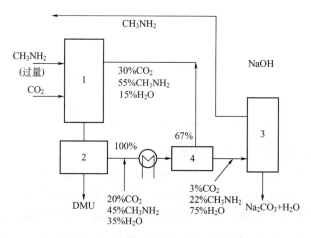

图 19-4-60　有渗透蒸发参与的二甲脲合成流程
1—反应器；2—分离器；3—再生器；4—渗透蒸发器

4.9.3.8　膜集成过程在超纯水制备中的应用

超纯水作为高品质的分析实验用水、生产工艺用水和锅炉设备补给水广泛用于电子、医药、电力、化工等众多工业领域。它不仅与产品的质量和成品率有着直接的关系，而且对各个行业的发展产生积极的影响，是生产过程中不可或缺的原材料之一。

电去离子（electrodeionizatin，EDI）是将电渗析（ED）和离子交换（IE）技术有机结合，形成的一种新型复合分离过程。利用混合离子交换树脂吸附给水中的阴、阳离子，同时这些被吸附的离子又在直流电压的作用下，分别透过阴、阳离子交换膜而被去除的新型分离过程。其工作原理如图 19-4-61 所示[383]。

1987 年，美国 Millipore 公司推出了第一台以 Ionpure CDITM 为商品名的 EDI 产品[384～386]，通过从装置设计、预处理及操作方面进行改进，提高了 EDI 的去离子性能，为 EDI 在超纯水生产中的应用奠定了基础。20 世纪 90 年代后，反渗透（RO）被引入 EDI 的预处理阶段，反渗透装置不仅脱除了绝大多数二价离子和有机污染物。有效防止了树脂和离子交换膜的结垢和污染，因此 RO/EDI 的集成设计，使产水水质提高，电阻率达到 15～17MΩ·cm，同时生产过程

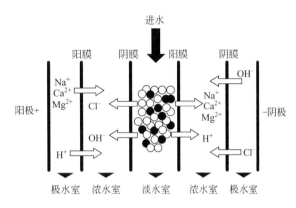

图 19-4-61　EDI 除盐过程示意
● 阳离子交换树脂；○ 阴离子交换树脂

的经济性显著提高，被迅速用于超纯水生产的新一代技术，使超纯水生产进入了以 EDI 为技术核心的膜集成过程时代[387]。

闫博等[388]以自来水为原水，采用"UF/MF→RO→EDI"膜集成技术与实验室微型膜组件，研制成功全自动实验室纯水装置。实现了连续、高效、稳定、简便的纯水制备，产品水电阻率 $(15±2.0)MΩ·cm$，能够满足实验室纯水水质标准的需求。张志坤等[389]采用预处理+2 级反渗透+EDI+混床工艺制备超纯水。出水 Ca^{2+} 质量浓度小于 $2μg·L^{-1}$，Na^+ 质量浓度小于 $5μg·L^{-1}$，SiO_2 质量浓度小于 $5μg·L^{-1}$，电阻率稳定在 $17MΩ·cm$。

4.10　其他膜过程

4.10.1　正渗透

早在 20 世纪 60 年代 Batchelder 就提出用正渗透（FO）过程淡化海水，但在随后的几十年里，由于一直缺乏合适的分离膜，导致这一技术发展遇阻。近二十年来，随着膜材料研究的迅速发展，FO 又重新被人们所重视。

4.10.1.1　正渗透基本原理[390～393]

正渗透，即渗透，如图 19-4-62(a) 所示，是指溶剂透过选择性渗透膜从高化学势区域向低化学势区域的传递现象。膜两侧的溶液分别被称作原料液（高溶剂化学势）和汲取液（汲取剂的溶液），后者又称提取液、驱动液（低溶剂化学势）。这里的溶液一般指水溶液。通过正渗透原料液被浓缩，汲取液被稀释。其特点在于过程驱动力来自溶液自身的化学势差（或渗透压差），无需外加压力，是一自发过程。渗透分离机理见"反渗透"部分。

参考溶解-扩散模型建立 FO 传递方程：

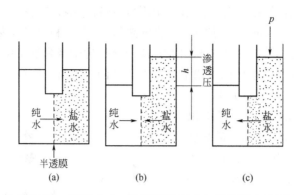

图 19-4-62 渗透(a)、渗透平衡(b)与反渗透(c)示意

$$J_W = A(\Delta\pi - \Delta p) \quad (19\text{-}4\text{-}91)$$

$$J_S = B(\Delta C) \quad (19\text{-}4\text{-}92)$$

式中，A、B 分别是膜的纯水渗透系数（$m \cdot s^{-1} \cdot Pa^{-1}$）和溶质（盐）渗透系数（$m \cdot s^{-1}$）。而 $\Delta\pi$、Δp 和 ΔC 分别是膜两侧的渗透压差、水力压差和溶质（盐）的浓度差。

4.10.1.2 正渗透膜和汲取液

实现正渗透分离过程必备两个关键要素，即正渗透膜和汲取液。

理想的正渗透膜应具备高通量、完全截留原料液和汲取液的溶质，和足够的机械强度。但实际上，由于内浓差极化的影响，一般渗透膜的通量非常低。近二十年来，美国 Oasys 公司和 Hydration Technologies Inc. 公司陆续开发出商品化正渗透膜，主要有非对称醋酸纤维素（CTA）膜和聚酰胺复合（TFC）膜。市场现有商业正渗透膜及其透过性能见表 19-4-22。研究表明，影响 FO 膜通量的主要因素是结构参数 S 的大小，S 实质上是溶质在膜的支撑层内的扩散有效距离，其值越大，意味着膜的支撑层扩散阻力越大，膜通量越低。现有商品化 TFC 正渗透膜 S 值已降至 $500\mu m$ 以下，水通量是 CTA 膜的两倍以上。另外 CTA 膜的选择性也不及 TFC 膜，且易发生水解。TFC 膜（pH 2～12）比 CTA 膜（pH 3～8）有更宽的 pH 稳定范围。

表 19-4-22 商业正渗透膜性能及其生产厂家

膜名称	正渗透性能				制造商	数据来源
	原料液	汲取液	浓度 /$mol \cdot L^{-1}$	水通量 /$L \cdot m^{-2} \cdot h^{-1}$		
zNano BioMIM	DI	NaCl	2	86.1±4.09	美国 zNano 公司	http://www.znano.biz
CTA	DI	NaCl	2	7.15±0.326	美国 HTI 公司	
TFC	DI	NaCl	1	约 21	美国 HTI 公司	参考文献 [394]
TFC	DI	NaCl	1.5	约 37	美国 Oasys 公司	参考文献 [395]

注：DI—去离子水。

理论上凡是可溶于水、能产生渗透压的物质皆可以提供 FO 过程所需的推动力。但除能够产生高渗透压外，汲取液通常应具备向原料液中的反向渗漏率低、无毒、价廉等特点，另根据操作目的的不同，对汲取液的要求会有所差异。例如，当汲取液循环使用时，汲取液应易于回收，与水分离能耗低。现有的研究成果中，汲取液主要有无机溶质，热敏、易挥发溶质，有机溶质，聚合物溶质等。例如 $6mol·L^{-1}$ NH_3-CO_2 混合物在水中可产生 30MPa 的渗透压，且溶液加热至 58℃ 时就可实现 NH_3-CO_2 与水的分离。因此一些低品位热源就可用来回收汲取剂。但这一过程产水的水质因有氨残留而受到影响。另外，这一溶质体系，反向渗漏问题及其对膜性能稳定性的影响也是很大的挑战。

4.10.1.3 正渗透过程的应用

FO 有望被用于多个领域，例如海水或卤水的淡化、污水处理、食品或高价值溶质的浓缩，甚至产能。应用的膜组件也有多种型式，如：板框式、卷式、管式和袋式等。

(1) 海水或卤水的淡化 因 FO 无需外加压力或能源，装置简单，可以在一些特殊场合中提供饮用水。FO 在咸水淡化方面的应用可追溯到 1976 年，J. O. Kessler 等提出用浓缩营养液从卤水中提取饮用水。而相关产品于近年来才见于市场，例如 HTI 公司用 CTA 正渗透膜制成的应急水袋，它可用在军事、救灾等方面。但这种产品只能用于少量产水，无法大规模化。因此，正渗透一般需两个基本环节才能实现真正的工业化应用，即汲取液在提取进料中的水后，还需完成水与汲取液的分离过程，即在工程领域 FO 更适合与其他分离过程，如 RO，集成运行。Yale 大学的 Elimelech 等开发了中试规模的 FO 装置用于海水淡化。在国内，北京沃特尔公司也建立了基于正渗透技术的海水浓缩中试装置，且于 2014 年与中石化抚顺研究院联合组建了采用 FO 技术的工业废水零排放和海水淡化及综合利用实验室。英国现代水务公司 2011 年在阿曼建立了世界上第一个正渗透盐水淡化工厂，日产水量可达 $200m^3$。与反渗透过程相比较（见表 19-4-23），正渗透在咸水淡化方面有明显的优势[396]。

表 19-4-23 反渗透膜过程与正渗透膜过程比较

类别	驱动力	水回收率/%	环境影响	膜寿命	膜组件
反渗透膜	需外加高压，耗能高	30~50	浓盐水直接排放，危害环境	长期高压运行，膜表面易结垢或易被有机物污染	需耐高压，对膜材料的结构设计要求高
正渗透膜	仅依靠两相间自然渗透压，无需外压	75 或更高	高的水回收率使盐析出，无浓盐水排放，环境友好，但目前汲取液的回收往往能耗高并有难度	非压力驱动过程，几乎无膜污染问题困扰	只需克服较低的流体流动阻力，故组件型式简单，对材质无特殊要求

(2) 污水处理 正渗透膜对各种溶质或污染物具有广泛的截留能力，且因半透膜两侧不存在高的水力压差，膜污染趋势也不及 RO 或 NF 严重。它可以处理多种成分复杂的工业废水[397]，如纺织废水、油气开采废水、垃圾渗透液、富营养化废水、市政污水、模拟废水，甚至是核废水。2016 年，阳煤集团采用正渗透和结晶结合技术处理煤化工过程中产生的高盐废水，以实现煤化污水零排放的目标。据报道[398]采用该技术的运行费用为 45 元·t^{-1}，远低于其他技术路线。

(3) 原料液溶质的浓缩 正渗透过程中，随着原料液中的水（或溶剂）被汲取，溶质浓度提升。利用这一特性，可进一步拓展 FO 的应用领域，如食品、药物的浓缩以及其他高价值溶质的回收。徐龙生[399]等以氯化钠溶液分别使用 HTI 公司的 CTA 和 TFC 正渗透膜对茶液中的茶多酚进行了浓缩，结果表明尽管茶多酚有一定损失，但这一过程仍具有可行性。Nayak[400]比较了正渗透法与热法浓缩花青素过程的差异，采用正渗透法对花青素性质的影响更小，产品稳定性高。以上结论多基于实验室研究，有关的工业化应用尚未见报道。

总的来说，正渗透技术仍处于发展的初期阶段，无论是过程本身的机理研究，还是膜材料、汲取液、组件开发及应用研究等方面都有待于进一步加强。

4.10.2 膜蒸馏[401~405]

4.10.2.1 基本原理

膜蒸馏（MD）是一种以温差引起的水蒸气压力差为传质驱动力，膜分离技术与蒸馏工艺相结合的过程。当两种不同温度的水溶液被疏水微孔膜隔开时，热原料液（热侧）中水分子蒸发汽化，水分子在膜两侧的蒸气压差下不断透过膜孔进入冷侧冷凝，属于热驱动分离过程。

膜蒸馏的传质过程可以分为三个基本步骤：

① 水在原料液侧蒸发汽化；

② 蒸汽分子通过膜孔传递；

③ 蒸汽在透过侧直接或间接与冷流体接触后被冷凝收集。

其中膜孔内扩散是整个过程的控制步骤。膜内传质机理有：Knudsen 扩散、Poiseulle 流（黏性流）和分子扩散。当蒸汽分子运动的平均自由程（λ）远小于膜孔径（d_p）时，可用 Poiseulle 流描述，反之，当 $\lambda \ll d_p$ 时，气体分子与孔壁碰撞是影响传质的主要因素，可用 Knudsen 扩散。鉴于膜的孔径分布，不能用单一的机理描述传质过程。常用唯象方程（19-4-93）描述其传递通量：

$$N_i = K \Delta p_i \qquad (19\text{-}4\text{-}93)$$

式中，比例系数 K 被称为"膜蒸馏系数"，它与膜参数有关，如膜材料亲（疏）水性、孔结构、孔径分布、孔隙率、膜厚等，其中孔隙率增大有利于膜通量增加，而曲折因子或膜厚增大都会导致通量下降。膜两侧蒸汽压差 Δp_i 主要由体系的温差 ΔT 决定。

膜蒸馏的传质过程和传热过程相互依赖，传热过程要同时考虑伴随水蒸气质量传递的潜热传递和热量通过膜的传导传递，总的热量传递由膜两侧温差 ΔT 和有效传热系数 U 计算而得：

$$Q = U \Delta T \qquad (19\text{-}4\text{-}94)$$

上述两式中的系数 K 和 U 可参考有关数学模型进行计算，从理论上对传质和传热规律进行预测。

4.10.2.2 膜蒸馏用膜和工艺流程

膜蒸馏组件有板框式、中空纤维、管状、螺旋卷式等多种型式。与其他膜过程用膜相比，膜蒸馏用膜存在以下几方面的主要特征：

a. 为多孔膜，其孔径通常在 $100\text{nm} \sim 10\mu\text{m}$ 之间；

b. 膜的作用是分隔两相的屏障作用，不影响分离过程的选择性，选择性仅取决于气-液平衡，即溶液中组分的气相分压越高，渗透速率越快，对原料液中的非挥发性溶质理论上能达到 100% 截留；

c. 膜必须具有良好的憎水性，膜孔内没有毛细管冷凝现象发生，这样可保证膜孔不会因毛细管力作用而被液体充满，膜孔的润湿性可用液体进入压力（liquid entry pressure of water，LEP_w）表征，聚乙烯（PE）、聚丙烯（PP）、聚偏氟乙烯（PVDF）和聚四氟乙烯（PTFE）等是常用的膜材料；

d. 对于任何组分该膜过程的推动力是该组分在气相中的分压差；
e. 膜至少有一面与所处理的液体接触；
f. 只有蒸汽能通过膜孔传质；
g. 所用膜不能改变所处理液体中所有组分的气液平衡；
h. 膜应有较高的热阻，低热导率。

一些商品平板 MD 膜见表 19-4-24。

表 19-4-24　用于膜蒸馏的商品平板 MD 膜

商品名	制造商	材料	平均孔径/μm	LEP_w/kPa
TF200	Gelman	PTFE/PP①	0.20	282
TF450	Gelman	PTFE/PP	0.45	138
TF1000	Gelman	PTFE/PP	1.00	48
GVHP	Millipore	PVDF②	0.22	204
HVHP	Millipore	PVDF	0.45	105
FGLP	Millipore	PTFE/PE①	0.20	280
FHLP	Millipore	PTFE/PE	0.50	124
Gore	Millipore	PTFE	0.20	368③
Gore	Millipore	PTFE	0.45	288③
Gore	Millipore	PTFE/PP①	0.20	463③

① 指由 PP 或 PE 作支撑体的 PTFE 膜。
② 聚偏氟乙烯膜。
③ 测量值。
注：LEP_w——膜的液体（水）进入压力，该值越大说明液体越不易进入膜孔。

根据蒸汽的收集方式不同分为四种 MD 工艺过程：直接接触膜蒸馏（direct contact membrane distillation，DCMD）、空气隙膜蒸馏（air gap membrane distillation，AGMD）、减压膜蒸馏（vacuum membrane distillation，VMD）和气扫膜蒸馏（sweeping gas membrane distillation，SGMD）[404,405]。如图 19-4-63 所示。

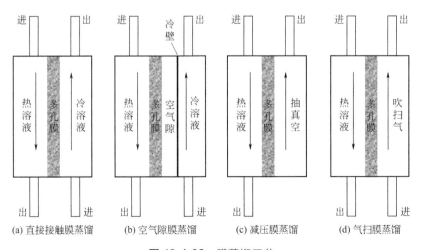

图 19-4-63　膜蒸馏工艺

4.10.2.3 膜蒸馏的优势

① 参与 MD 过程的溶液无需像传统蒸馏一样加热至沸点,操作温度低,可利用像工厂余热、太阳能等低品位热源加热,且几乎在常压下操作,因此设备简单、操作方便;
② 因只有水蒸气能透过膜孔,所得蒸馏水纯度很高,可用于制备超纯水;
③ 膜蒸馏处理高浓度料液后能获得过饱和溶液,溶质因而可被结晶分离;
④ 膜蒸馏组件很容易设计成潜热回收形式,并具有以高效的小型膜组件构成大规模生产体系的灵活性。

4.10.2.4 膜蒸馏的应用

根据生产目的的不同,MD 总的来说有两方面应用:浓缩原料液和获得高质量渗透物,具体包括海(苦咸)水淡化、超纯水的制备、废水处理、料液的浓缩、共沸混合物的分离以及挥发性溶质分离与回收等。

4.10.2.5 存在的主要问题

低的水通量,温度和浓度的极化现象,膜内部空气的滞留以及热损失大,过程中有相变,热能的利用率较低,只有在廉价能源可利用的情况下才更有实用意义,还有组件的结构设计等问题影响着 MD 的发展,至今还未能大规模工业应用。最后,膜污染也同样困扰着 MD 的发展。

4.10.3 膜结晶[406~409]

4.10.3.1 膜结晶的基本原理

膜结晶是将膜蒸馏与结晶两种技术结合在一起的过程,其原理是应用膜蒸馏来脱除溶液中的溶剂,浓缩溶液,使溶液的浓度达到饱和或过饱和;然后在晶核存在或加入沉淀剂的条件下,使溶质结晶出来[406]。原理如图 19-4-64[406]所示。

图 19-4-64 中,所用的膜为不被料液所润湿的疏水微孔膜,在膜结晶过程中,根据传质的驱动力不同分为两种:渗透驱动膜结晶和热驱动膜结晶。在渗透驱动膜结晶中,膜的一侧与待浓缩的溶液直接接触;另一侧与高浓度的盐溶液直接接触。在热驱动膜结晶中,膜的一侧与热的待浓缩的溶液直接接触;另一侧直接或间接地与冷的水溶液接触。在上述两种驱动力的作用下,料液中的水均能以蒸汽的形式通过膜孔进入另一侧冷凝下来,从而使待浓缩溶液不断浓缩至过饱和状态而结晶。在渗透驱动膜结晶中,膜蒸馏只是质量的传递过程,而在热

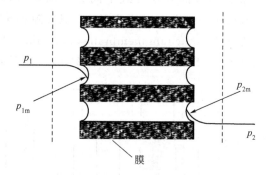

图 19-4-64 膜结晶原理图
p_1—料液侧主体分压;p_2—透过液侧主体分压;
p_{1m}—料液侧膜面分压;p_{2m}—透过液侧膜面分压

驱动膜结晶中,膜蒸馏是热量和质量同时传递的过程[407]。但它们的传质过程都是分为三步,即:溶剂在膜表面的汽化;溶剂蒸气通过膜孔;溶剂蒸气在膜的另一侧冷凝。

4.10.3.2 膜结晶的特点

首先,膜结晶所用膜材料应是疏水的,目前主要有聚丙烯膜(PP)、聚四氟乙烯膜

(PTFE)、聚偏氟乙烯膜（PVDF）。通常膜孔径大小约为 $0.1\sim1.0\mu m$，孔隙率大，渗透性高。此外，中空纤维微孔膜有比平板膜更大的单位体积接触面，所以在膜结晶中，使用中空纤维微孔膜比平板微孔膜多。其次，膜两侧的溶液要有一定的温度差或者浓度差，从而使膜两侧易挥发组分的分压不同，以提供传质所需的驱动力。

4.10.3.3 膜结晶器

膜结晶过程中所用的膜结晶器有两大类型：静态膜结晶器和连续式膜结晶器[402]。

(1) 静态膜结晶器 静态膜结晶器结构如图 19-4-65[406]所示。

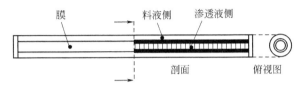

图 19-4-65 静态膜结晶器

使用静态膜结晶器时，首先向膜管内注入高浓度的盐水，然后将膜管两端密封，将待结晶溶液置于膜管外侧，向待结晶溶液中加入沉淀剂，以减少结晶的诱导时间。由于膜内侧中水蒸气的分压低于膜外侧中水蒸气的分压，料液中的水不断蒸发进入另一侧，料液不断浓缩以结晶。将料液置于外侧便于观察结晶过程和清除膜面晶体层。静态膜结晶器一般用于膜结晶过程中各项参数的确定。此外，在膜结晶过程中，膜两侧的浓度差逐渐减小，推动力不断减小。

(2) 连续式膜结晶器 连续式膜结晶器结构如图 19-4-66[406]所示。

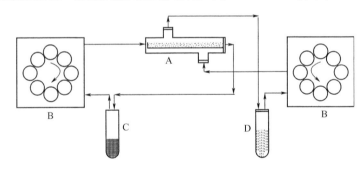

图 19-4-66 连续式膜结晶器
A—膜组件；B—恒流泵；C—料液储槽；D—透过液储槽

料液和透过液分别循环，在膜组件内部膜两侧逆流相遇，由于料液的温度高于透过液的温度或者透过液的浓度高于料液的浓度，料液中的水分通过蒸发进入透过侧，从而料液不断浓缩以至在料液储槽中结晶。

4.10.3.4 膜结晶技术的应用

膜结晶技术可应用于无机盐溶液、生物高分子溶液结晶等。

4.10.4 膜吸收[409~414]

4.10.4.1 膜吸收基本原理

膜吸收是将膜和普通吸收相结合的一种新型吸收过程。如图 19-4-67[409]所示，膜吸收法中的气体和吸收液不直接接触，通常利用比表面积较大的疏水性膜将气、液两相分隔，利用疏水性孔结构实现气液两相间的传递。当压力差维持在一定范围内时，气液两相界面固定，不发生两相间的混合，形成稳定的传质界面。在这一过程中，膜一侧被分离的气体分子不需要很高的压力就可以穿过膜到达另一侧。该过程主要利用膜的另一侧吸收液的选择性吸收达到分离混合气体中某一组分的目的。因此，膜接触气体吸收技术充分地结合了膜反应器的紧凑性以及吸收法高效性的优点。

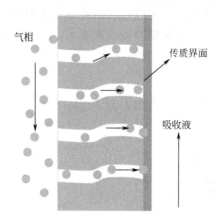

图 19-4-67　膜吸收原理

根据膜及两侧流体的特性、操作条件的不同，膜吸收过程可以分为气体充满膜孔的非润湿、吸收剂充满膜孔的润湿、渗透吸收和同时解吸-吸收的气态膜四种不同的吸收模式。其过程的传质机理是以 Fick 扩散定律为基础，结合不同流体的流动状况，根据双膜理论的假设求取流体的总扩散系数，进而得到扩散通量。这种过程分析是从宏观角度描述传递过程，膜本身被视为界面，渗透分子或粒子在此界面上只受到摩擦阻力。常见气体通过膜的扩散机理有两种，即气体通过多孔膜的微孔扩散机理和气体通过致密膜的溶解-扩散机理。

膜吸收过程的推动力是溶质在膜两侧两相流体之间的化学位差，溶质分离传质过程主要由三步组成：溶质由原料相主体扩散到膜壁；再通过膜孔扩散到膜另一侧；由另一侧膜壁扩散到接受相主体。总的传质阻力包括料液相阻力、膜阻力和接受相阻力，对于疏水性膜的气体吸收（无化学反应），以气相为基础的总传质系数的数学表达式为：

$$\frac{1}{K_G}=\frac{1}{k_g}+\frac{1}{k_m}+\frac{1}{m\beta k_1} \tag{19-4-95}$$

式中，K_G 为总传质系数；k_g 为气相传质系数；k_m 为膜相传质系数；m 为相平衡常数；β 为化学增强因子；k_1 为液相传质系数。

与传统吸收过程相比，膜吸收技术具有以下优势：

① 气、液两相在膜的两侧独立流动，两相流量均可以任意调节，有效地缓解了密度、黏度等物性条件的制约，操作弹性大；

② 气、液两相不发生相间混合，可以有效地避免传统吸收操作中的雾沫夹带、液泛等问题；

③ 膜呈自支撑结构，无需另加支撑体，可大大简化组装成膜组件时的复杂性，而且膜组件可做成任意大小和形状，膜组件放大简单；

④ 中空纤维膜组件可以提供很大的传质比表面积。

4.10.4.2　吸收膜

吸收膜根据其结构和分离原理，可分为多孔膜、致密膜、复合膜和非对称膜四种。多孔膜或经过改性的亲水或疏水性多孔膜广泛用于膜吸收过程，这类过程的吸收特性取决于分离组分在两相中的分配系数，膜只起提供传质界面的作用。致密膜是适应选择透过性较高的气体分离吸收而发展起来的，其分离原理是利用组分间溶解度或扩散系数的差异。复合膜是由多孔膜和均质超薄膜复合而成，其皮层和亚层有明显的分界线。非对称膜是由相转化法制备而来的，其多孔支撑层和均质活性层间没有明显的界线。复合膜和非对称性复合膜将多孔膜的高通透性和致密膜的高选择性有机地结合起来,通过改善孔的物化结构以及孔的分布,极大地提高膜的吸收性能。

4.10.4.3 吸收剂

对吸收剂的选择通常应遵循以下原则:吸收剂与吸收气体能发生快速化学反应;吸收剂应有较大的表面张力;吸收剂与膜材料之间有良好的化学相容性;吸收剂具有低蒸气压和热稳定性;吸收剂应易于再生。

4.10.4.4 膜材料与吸收剂的兼容性

膜吸收工艺设计中的关键步骤之一,是膜材料与吸收剂的联合选择。膜材料与吸收剂的润湿性则需要作为考虑的重要因素。常见的膜材料与吸收剂的润湿性见表 19-4-25。

表 19-4-25 常见的膜材料与吸收剂的润湿性[408,409]

膜材料	吸收剂	润湿性
聚四氟乙烯(PTFE)	醇胺溶液	不润湿
聚偏氟乙烯(PVDF)	醇胺溶液	不润湿
聚丙烯(PP)	醇胺溶液,NaOH 溶液	润湿
聚丙烯(PP)	氨基酸盐溶液	不润湿

4.10.4.5 膜吸收过程应用

膜吸收应用越来越广泛,其在氨气回收、SO_2 等酸性气体脱除、CO_2 脱除、氢气回收、天然气净化等领域备受关注。

参考文献

[1] 时钧. 化学工程手册. 北京:化学工业出版社,1996.
[2] Baker R, Cussler E, Eykamp W, et al. Chemistry Membrane Separation Systems. New Jersey: Noyes Data Corporation, 1991: 451.
[3] 郑领英. 水处理技术,1995,21: 1.
[4] 许振良,李鲜日,周颖. 膜科学与技术,2008,28: 1.
[5] 林淑钦,陈树榆. 中国科学技术大学学报,1998,28: 674.
[6] 莫瞿,黄霞. 中国给水排水,2002,18: 40.
[7] 宋来洲,李健. 水处理技术,2005,31: 74.
[8] 张玲玲,顾平. 膜科学与技术,2008,28: 103.
[9] 朱建文,许阳,代荣,等. 中国给水排水,2008,24: 13.
[10] Kuca M, Szaniawska D. Desalination, 2009, 241: 227.
[11] 骆广生,邹财松. 膜科学与技术,2001,21: 62.
[12] 张国胜,谷和平,邢卫红,等. 水处理技术,2000,26: 71.
[13] Wang Z G, Wan L S, Xu Z K. Journal of Membrane Science, 2007, 304: 8.
[14] 赖登烽,夏先明,蒙昌智. 酿酒,2001,28: 36.
[15] De Carvalho L M J, De Castro I M, Da Silva C A B. Journal of Food Engineering, 2008, 87: 447.
[16] Makardij A, Chen X, Farid M. Food and Bioproducts Processing, 1999, 77: 107.
[17] 谷玉洪,薛家慧. 油气田地面工程,2001,20: 18.
[18] Hlavacek M. Journal of Membrane Science, 1995, 102: 1.

[19] Hua F, Tsang Y, Wang Y, et al. Chemical Engineering Journal, 2007, 128: 169.
[20] Zhong J, Sun X, Wang C. Separation and Purification Technology, 2003, 32: 93.
[21] Smitha B, Sridhar S, Khan A. Journal of Membrane Science, 2005, 259: 10.
[22] Tang X, Guo K, Li H, et al. Biochemical Engineering Journal, 2010, 52: 194.
[23] Alkhudhiri A, Darwish N, Hilal N. Desalination, 2012, 287: 2.
[24] Tomaszewska M. Desalination, 1996, 104: 1.
[25] 高以恒, 叶凌碧. 膜分离技术基础. 北京: 科学出版社, 1989: 35.
[26] Scott J. Hollow Fibers: Manufacture and Applications. New Jersey: Noyes Data Corporation, 1980.
[27] 朱长乐, 朱长铨, 刘茉娥. 化学工程手册: 第18篇薄膜过程. 北京: 化学工业出版社, 1987: 85.
[28] 朱长乐, 刘茉娥. 膜科学与技术. 杭州: 浙江大学出版社, 1992: 128.
[29] Meyer P, Mayer A, Kulozik U. International Dairy Journal, 2015, 51: 75.
[30] 李明浩, 李晓东, 王洋. 包装与食品机械, 2012, 30: 52.
[31] 张永锋, 王海, 马宁, 等. 化学工程, 2009, 37: 38.
[32] 邓成萍, 薛文通, 孙晓琳, 等. 食品科学, 2006, 27: 192.
[33] Bennett A. Filtration + Separation, 2015, 52: 28.
[34] 李军, 汪政富, 张振华, 等. 农业工程学报, 2005, 21: 136.
[35] 师俊玲, 李元瑞. 食品工业科技, 1999, 20: 20.
[36] 杨春哲, 冉艳红. 食品工业, 2000, 21: 46.
[37] 刘达玉, 周健. 中国调味品, 2004, 4: 25.
[38] 谢梓峰, 沈飞, 苏仪, 等. 中国酿造, 2009, 28: 124.
[39] Luo J, Meyer A S, Jonsson G, et al. Biochemical Engineering Journal, 2014, 83: 79.
[40] 周丽珍, 李艳, 孙海燕, 等. 中国油脂, 2014, 39: 24.
[41] 任涛, 何秋生, 黎鸣放, 等. 农产品加工: 创新版(中), 2014, 4: 19.
[42] 刘艳, 林峰, 张海欣, 等. 食品科技, 2014, 39: 340.
[43] Hadidi M, Buckley J J, Zydney A L. Journal of Membrane Science, 2015, 490: 294.
[44] Zhang Y, Chen X, Qi B, et al. Bioresource Technology, 2014, 163: 160.
[45] 李春艳, 方富林, 夏海平, 等. 膜科学与技术, 2001, 21: 49.
[46] 丁凤平, Noritomi H, Kunio N. 膜科学与技术, 2001, 21: 53.
[47] 张玉忠, 李然, 李泓. 水处理技术, 1997, 23(3): 135.
[48] 吴永福, 刘荣德, 李军. 涂料工业, 2014, 44: 64.
[49] 张继伟, 曾杭成, 张国亮, 等. 水处理技术, 2009, 35(11): 84.
[50] 陈婷. 基于超滤膜分离技术回收乳清蛋白工艺研究. 兰州: 甘肃农业大学, 2011.
[51] 张华兰, 王占军, 周浩. 生物质化学工程, 2013, 47(2): 35.
[52] 李书申, 赵超, 冯宝和, 等. 环境化学, 1993, 12(5): 420.
[53] 沈悦啸, 王利政, 莫颖慧, 等. 中国给水排水, 2010, 26(22): 1.
[54] 卢伟琴, 董雨. 中国乡村医药, 2011, 18: 31.
[55] 王献德, 武春瑞, 吕晓龙. 膜科学与技术, 2009, 29: 36.
[56] 冉奋, 赵长生. 表面类肝素聚醚砜的制备及其血液相容性研究. 中国科技论文在线, 2012.
[57] Chang Y, Chang W J, Shih Y J. ACS Applied Materials & Interfaces, 2011, 3: 1228.
[58] 程鹏, 武超, 华剑师, 等. 中国医药指南, 2010, 8: 47.
[59] 赵宜江, 嵇鸣, 张艳, 等. 水处理技术, 2015, 25(4): 199.
[60] Liu H, Tang Z, Cui C, et al. Desalination, 2014, 354: 87.
[61] 刘霆, 余喜讯. 生物医学工程学杂志, 2000, 17: 249.
[62] Chew C M, Aroua M, Hussain M, et al. Journal of the Taiwan Institute of Chemical Engineers, 2015, 46: 132.
[63] Chen F, Peldszus S, Peiris R H, et al. Water Research, 2014, 48: 508.
[64] Gómez M A, Rojas-Serrano F, Álvarez-Arroyo R, et al. Membrane Water Treatment, 2015, 6: 77.
[65] 王建友, 王世昌, 傅学起. 水处理技术, 2006, 32(9): 48.
[66] Lloyd D R. Materials science of synthetic membranes. Information Systems Division, National Agricultural Library, 1985.

[67] 王学松. 反渗透膜技术及其在化工和环保中的应用. 北京: 化学工业出版社, 1988.
[68] Amjad Z, 殷琦, 华耀祖. 反渗透-膜技术. 北京: 化学工业出版社, 1999.
[69] 陈欢林, 瞿新营, 张林, 等. 膜科学与技术, 2011, 31: 101.
[70] Drioli E, Giorno L. Membrane operations: innovative separations and transformations. Wiley-VCH, 2009.
[71] Tarleton E S. Progress in Filtration and Separation. Academic Press, 2014.
[72] 许骏, 王志, 王纪孝, 等. 化学工业与工程, 2010, 27: 351.
[73] 田华, 尹华, 朱列平. 水工业市场, 2011, 1: 69.
[74] Yang H L, Huang C, Chun-Te Lin J. Desalination, 2010, 250: 548.
[75] 沈琳琳. 河北电力技术, 2010, 29(2): 34.
[76] 吕慧, 王伟, 何丽丽. 化学工业与工程, 2010, 27: 525.
[77] 崔岩. 黑龙江科学, 2014, 5: 102.
[78] 谭永文, 张希建, 陈文松, 等. 水处理技术, 2004, 30(3): 157.
[79] 苏立永, 潘献辉, 葛云红, 等. 工业水处理, 2008, 28(3): 81.
[80] 徐政, 曾丕江, 章飞, 等. 太阳能学报, 2015, 36(4): 886.
[81] 张晓东, 原郭丰, 成珂, 等. 水处理技术, 2006, 32(6): 75.
[82] 宋跃飞, 李铁梅, 周建国, 等. 环境化学, 2015, 34(1): 156.
[83] 余方智, 孙智育, 王了辽. 中国科技成果, 2014, 22: 46.
[84] 张志坤, 高学理, 高从堦. 现代化工, 2011, 31: 79.
[85] Lee H, Kim S. Desalination and Water Treatment, 2015, 54: 916.
[86] Jande Y, Minhas M, Kim W. Desalination and Water Treatment, 2015, 53: 3482.
[87] 仲惟雷, 彭立新, 余锋智, 等. 工业水处理, 2012, 32: 87.
[88] 石泰山. 电镀与涂饰, 2013, 32: 47.
[89] 王维平. 电镀与环保, 2014, 34: 50.
[90] 金可勇, 俞三传, 潘学杰, 等. 水处理技术, 2005, 31(11): 16.
[91] Dolar D, Gros M, Rodriguez-Mozaz S, et al. Journal of Hazardous Materials, 2012, 239: 64.
[92] Shanmuganathan S, Vigneswaran S, Nguyen T V, et al. Desalination, 2015, 364: 119.
[93] 吕建国, 张鹏. 食品工业科技, 2011, 32(4): 249.
[94] Lin M J, Grandison A, Lewis M. Journal of Food Engineering, 2015, 149: 153.
[95] 张刘红, 钱余义, 刘静, 等. 中国实验方剂学, 2014, 20: 1.
[96] 王绍堃, 孙晖, 王喜军. 世界中西医结合, 2011, 6: 1093.
[97] 李桂兰, 陈海霞, 张守德, 等. 工业水处理, 2013, 33: 81.
[98] 仲惟雷, 周艾蕾, 康燕, 等. 工业水处理, 2014, 34: 90.
[99] 吴慧艳, 郑孝艳. 科技传播, 2013, 6: 115.
[100] 陈械端, 吕东方, 于开录, 等. 舰船科学技术, 2014, 36(8): 1.
[101] 梁承红, 邢红宏, 李荫, 等. 化学工程与装备, 2011, 10: 180.
[102] 夏永强, 胡钰, 张磊, 等. 机电设备, 2014, 31: 29.
[103] 苑英海, 宿红波, 朱孟府, 等. 医疗卫生装备, 2014, 35: 17.
[104] 阮雪华, 马晓明, 代岩, 等. 石油化工, 2015, 44(7): 785-790.
[105] 曹明. 广州化工, 2011, 39(17): 30-31.
[106] Baker R W. Membrane Technology and Applications. 3rd ed. John Wiley & Sons Ltd Publication, 2012.
[107] Nunes S P, Peinemann K V. Membrane Technology in the Chemical Industry. Wiley-VCH Verlag GmbH, 2001.
[108] Barsema J N, Kapantaidakis, et al. J Membr Sci, 2003, 216: 195-205.
[109] Budd P M, Msayib, et al. J Membr Sci, 2005, 251: 263-269.
[110] 丁孟贤. 聚酰亚胺-化学、结构与性能的关系及材料. 北京: 科学出版社, 2006.
[111] Kusuki Y. EP0390992. 1994.
[112] Liaw D J, Wang K L, Huang Y C, et al. Prog Polym Sci, 2012, 37: 907-974.
[113] Robeson L M. J Membr Sci, 1991(62): 165-185.
[114] Robeson L M. J Membr Sci, 2008, 320: 390-400.
[115] Pye D G, Hoehn H H, Panar M. J Appl Polym Sci, 1976, 20: 287-301.

[116] Kim T H, Koros W J, Husk G R, et al. J Membr Sci, 1988, 37: 45-62.
[117] Tanaka K, Kita H, Okano M, et al. Polymer, 1992, 33: 585-592.
[118] Farr I V, Kratzner D, Glass T E, et al. J Polym Sci: Polym Chem, 2000, 38: 2840-2854.
[119] Al-Masri M, Kricheldorf H R, Fritsch D. Macromolecules, 1999, 32: 7853-7858.
[120] Wang L N, Cao Y M, Zhou M Q, et al. J Membr Sci, 2007, 305: 338-346.
[121] Alghunaimi F, Ghanem B, Alaslai N, et al. J Membr Sci, 2015, 490: 321-327.
[122] Ritter N, Senkovska I, Kaskel S, et al. Macromolecules, 2011, 44: 2025-2033.
[123] Lee M, Bezzu C G, Carta M, et al. Macromolecules, 2016, 49: 4147-4154.
[124] Ghanem B S, Swaidan R, Litwiller E, et al. Adv Mater, 2014, 26: 3688-3692.
[125] Park H B, Kim Y K, Lee J M, et al. J Membr Sci, 2004, 229: 117-127.
[126] Xiao Y, Chung T S, Chng M L, et al. J Phys Chem B, 2005, 109: 18741-18748.
[127] Kim S, Lee Y M. Prog Polym Sci, 2015, 43: 1-32.
[128] Liu Q, Borjigin H, Paul D R, et al. J Membr Sci, 2016, 518: 88-99.
[129] Fu S L, Sanders E S, Kulkarni S S, et al. J Membr Sci, 2015, 487: 60-73.
[130] Li C, Song C W, Tao P, et al. Sep Purif Technol, 2016, 168: 47-56.
[131] Zornoza B, Tellez C, Coronaz J, et al. Micropor Mesopor Mat, 2013, 166: 67-78.
[132] Cong H L, Zhang J M, Radosz M, et al. J Membr Sci, 2007, 294(1-2): 178-185.
[133] Ilknur Erucar, Gamze Yilmaz, Seda Keskin. Chemistry-an Asian Journal, 2013, 8: 1692-1704.
[134] Beatriz Zornoza, Carlos Tellez, Joaquin Coronas, et al. Microporous and Mesoporous Materials, 2013, 166: 67-78.
[135] Duan C J, Jie X M, Liu D D, et al. J Membr Sci, 2014, 466: 92-102.
[136] 段翠佳, 曹义鸣, 介兴明, 等. 高等学校化学学报, 2014, 7: 1584-1589.
[137] Perez E V, Balkus Jr K J, Ferraris J P, et al. J Membr Sci, 2009, 328: 165-173.
[138] Ordoñez M J C, Balkus Jr K J, Ferraris J P, et al. Journal of Membrane Science, 2010, 361(1-2): 28-37.
[139] Song Q L, Nataraj S K, Roussenova M V, et al. Energy & Environmental Science, 2012, 5(8): 8359-8369.
[140] 蒋国梁, 徐仁贤, 陈华. 石油炼制与化工, 1995, 1: 26-29.
[141] Nakao S I. J Membr Sci, 1994, 96: 131-165.
[142] Vander B G B, Smolder C A. J Membr Sci, 1992, 73: 103-118.
[143] Yamasaki A, Inoue H. J Membr Sci, 1991, 59(3): 233-248.
[144] Wijmans J G, Baker R W. J Membr Sci, 1995, 107: 1-21.
[145] Matson S, Lopez J, Quinn J. Chemical Engineering Science, 1983, 38: 503.
[146] Wang J S, Kamiya Y. J Membr Sci, 1999, 154(1): 25-32.
[147] Kanehashi S, Nagai K. J Membr Sci, 2005, 253: 117-138.
[148] Henis J M S, Tripodi M K. J Membr Sci, 1982, 8(3): 233-246.
[149] Gruen F. Cellular and Molecular Life Sciences CMLS, 1947, 3(12): 490-492.
[150] Barrer R, Rideal E K. Transactions of the Faraday Society, 1939, 35: 628.
[151] Van Amerongen G J. Rubber Chemistry and Technology, 1964, 37: 1065.
[152] Van Amerongen G J. Rubber Chemistry and Technology, 1947, 20(2): 494-514.
[153] Michaels A S, Bixler H J. J Poly Sci, 1961, 50: 413.
[154] Michaels A S, Bixler H J. J Poly Sci Part A, 1961, 50(154): 393-412.
[155] Marchese J, Pagliero C L. Gas Separation & Purification, 1991, 5(4): 215-221.
[156] Gantzel P K, Merten U. Industrial & Engineering Chemistry Process Design and Development, 1970, 9(2): 9-331.
[157] Peter K Gantzel, Ulrich Merten. Ind Eng Chem Process Des Dev, 1970, 9(2): 331-332.
[158] Henis J S, Tripodi M. Separation Science, 1980, 15(4): 1059-1068.
[159] Henis J M, Tripodi M K. J Membr Sci, 1981, 8: 233.
[160] Toshiaki T, Naoyuki A, Takashige M. J P 01-110656. 1989-4-28.
[161] 丁晓莉, 曹义鸣, 赵红永, 等. 高等学校化学学报, 2008, 10: 2074-2078.
[162] Koros W J, Fleming G K. J Membr Sci, 1993, 83(1): 1-80.

[163] 时钧，袁权，高从堦. 膜技术手册. 北京，化学工业出版社，2001.
[164] 曹义鸣，王仁文. 膜科学与技术，1992，1：42-47.
[165] Megan V McNeil, Florentin M Wilfart, Jan B Haelssig. Chemical Engineering Science, 2018, 19: 479-489.
[166] Daeho Ko. J Membr Sci, 2018, 546: 258-269.
[167] 王学松. 精细化工，1984，2：2.
[168] 杨凯. 中国化工贸易，2014，6（27）：181.
[169] Bollinger W A, MacLean D L, Narayan R S. Chem Eng Prog, 1982, 78（10）: 27-32.
[170] Martin C, Robin D, Nikolaos B, et al. International Journal of Hydrogen Energy, 2018, 43: 13294-13304.
[171] Rui Ma, Bernardo C D, Anthony G D, et al. J Membr Sci, 2018, 564: 887-896.
[172] 张全文，朱英智. 小氮肥，1997，3：11-14.
[173] 王磊，王辉. 煤化工，2005，2：27-29.
[174] 张全文，朱英智. 小氮肥，1997，3：11-14.
[175] 赵旭东. 中氮肥，2005，5：24-25.
[176] 方新刚，朱恒德，广家旭. 石油石化节能，2018，1：14-16.
[177] 徐徜徉，李同义，赵勇，等. 膜科学与技术，2004，4：44-47.
[178] 王学松. 精细化工，1984，2：7-12.
[179] 王开岳. 天然气净化工艺. 北京：石油工业出版社，2005.
[180] Yeo Z T, Chew T L, Zhu P W, et al. J Nat Gas Chem, 2012, 21: 282-298.
[181] Baker R W, Lokhandwala K. Ind Eng Chem Res, 2008, 47: 2109-2121.
[182] Xiao Y C, Low B T, Hosseini S S, et al. Prog Polym Sci, 2009, 34: 561-580.
[183] Zhang Y, Sunarso J, Liu S M, et al. Int J Greenh Gas Con, 2013, 12: 84-107.
[184] Adewole J K, Ahmad A L, Ismail S, et al. Int J Greenh Gas Con, 2013, 17: 46-65.
[185] Bernardo P, Drioli E, Golemme G. Ind Eng Chem Res, 2009, 48: 4638-4663.
[186] Ramasubramanian K, Zhao Y, Winston Ho W. AIChE Journal, 2013, 59: 1033.
[187] Favre E. J Membr Sci, 2007, 294: 50-59.
[188] Minh T H, Allinson G W, Wiley D E. Ind Eng Chem Res, 2008, 47: 1562-1568.
[189] Robeson L M, Smith C D, Langsam M. J Membr Sci, 1997, 132: 33-54.
[190] 张慧，任红伟，陆建刚，等. 南京信息工程大学学报（自然科学版），2009，1：129-133.
[191] 王学松. 化学进展，1992，2：7.
[192] Basu S, Khan A L, Cano-Odena A, et al. Chem Soc Rev, 2010, 39: 750-768.
[193] Wang F S, Kang G D, Liu D D, et al. AIChE J, 2018, 64: 2135-2145.
[194] 邱天然，王曼娜，王学军，等. 膜科学与技术，2015，6：113-120.
[195] 邱天然，沈志鹏，王晋琳，等. 现代化工，2016，6：157-161.
[196] Brunetti A, Scura F, Barbieri G, et al. J Membr Sci, 2010, 359: 115-125.
[197] 陈亮，贺尧祖，刘勇军，等. 碳捕集技术研究进展，化工技术与开发，2016，4：42-44.
[198] Mohamed F, Hasbullah H, Jamian W, et al. Gas Permeation Performance of Poly（lactic acid）Asymmetric Membrane for O_2/N_2 Separation. Springer, 2015: 149.
[199] Jeazet H B T, Staudt C, Janiak C. Chemical Communications, 2012, 48: 2140.
[200] Ahmad J, Hägg M B. Journal of Membrane Science, 2013, 427: 73.
[201] Mohamed A H, Medhat A N, Diaa A, et al. Journal of Cleaner Production, 2017, 143: 960-972.
[202] Liang C Z, Yong W F, Chung T S. J Membr Sci, 2017, 541: 367-377.
[203] Belyaev A A, Yampolskii Y P, EStarannikova L, et al. Fuel Processing Technology, 2003, 80: 119-141.
[204] Koros W, Woods D. Journal of Membrane Science, 2001, 181-157.
[205] 邵垒，刘卫华，冯诗愚，等. 北京航空航天大学学报，2015，1：141-146.
[206] 卢廷辉. 石油机械，2000，9：37-39.
[207] 沈光林. 石油规划设计，2005，2：22-24.
[208] Laguntsov N I, Kurchatov I M, Karaseva M D, et al. Petroleum Chemistry, 2016, 56: 344-348.
[209] 刑国海. 天然气工业，2008，8：114-150.
[210] Litz L M, et al. Union Carbide Res Inst Rept, 1972.

[211] 陈华，蒋国梁．天然气工业，1995，15（2）：71．

[212] 陈华，董子丰，李东飞，等．天然气工业，1995，15（6）：66-69．

[213] 邢丹敏，曹义鸣，李晖，等．膜科学与技术，2000，20（4）：43-46．

[214] Everaert K, Degreve J, Baeyens J, J Chem Technol Biotechnol, 2003, 78: 294-297.

[215] 曹义鸣，左莉，介兴明，等．化工进展，2005，5：464-470．

[216] Nitsche V, Ohlrogge K, Kai S. Chem Eng Technol, 1998, 21 (12): 925-935.

[217] 秦国新，刘振干．石油化工应用，2008，4：87-90．

[218] 王树立，石伟，宋克文．石油化工设计，2008，4：23-24．

[219] 张余海．中外能源，2009，12：108-111．

[220] 王春艳，朱克坚．仪器仪表用户，2010，4：87-88．

[221] 黄敬．油气田环境保护，2007，4：34-36．

[222] 李晖，张天元，刘富强，等．膜科学与技术，1999，8：48-51．

[223] Nitsche V, Ohlrogge K, Kai S. Chem Eng Technol, 1998, 21 (12).

[224] 赵丽梅，马良兴，苏君雅，等．石化技术，2001，3：141-145．

[225] 陈燕淑，陈翠仙，蒋维钧．水处理技术，1989，15：9．

[226] 陈燕淑，王学松．化工进展，1991，2：10．

[227] 陈翠仙，韩宾兵，李继定．科技导报，2000，18：10．

[228] 韩宾兵，李继定，陈翠仙．水处理技术，2000，26（5）：259．

[229] 李继定，陈剑，叶宏，等．化工进展，2006，25：25．

[230] Jonquieres A, Clement R, Lochon P, et al. Journal of Membrane Science, 2002, 206: 87.

[231] Smitha B, Suhanya D, Sridhar S, et al. Journal of Membrane Science, 2004, 241: 1.

[232] Sommer S, Melin T. Industrial & Engineering Chemistry Research, 2004, 43: 5248.

[233] 李继定，朱顺清．膜科学与技术，2000，20：15．

[234] Li J, Chen C, Han B, et al. Journal of Membrane Science, 2002, 203: 127.

[235] 徐永福．膜科学与技术，1987，3：2．

[236] Neel J, Aptel P, Clement R. Desalination, 1985, 53: 297.

[237] Tusel G, Brüschke H. Desalination, 1985, 53: 327.

[238] 徐永福．膜科学与技术，1987，7：1．

[239] 朱长乐．水处理技术，1984，6：7．

[240] 朱长乐．水处理技术，1985，1：1．

[241] Lee C H. Journal of Applied Polymer Science, 1975, 19: 83.

[242] Mulder M, Smolders C. Journal of Membrane Science, 1984, 17: 289.

[243] Cabasso I. Industrial & Engineering Chemistry Product Research and Development, 1983, 22: 313.

[244] Cabasso I, Jagur-Grodzinski J, Vofsi D. Journal of Applied Polymer Science, 1974, 18: 2137.

[245] Cabasso I, Jagur-Grodzinski J, Vofsi D. Journal of Applied Polymer Science, 1974, 18: 2117.

[246] 王爱勤，魏向东．化工科技动态，1991，7：14．

[247] Nagy E, Stelmaszek J, Ujhidy A. Membranes and Membrane Processes. New York: Springer, 1986: 563.

[248] Dutta B K, Sikdar S K. AIChE journal, 1991, 37: 581.

[249] Mulder M, Kruitz F, Smolders C. Journal of Membrane Science, 1982, 11: 349.

[250] Schleiffelder M, Staudt-Bickel C. Reactive and Functional Polymers, 2001, 49: 205.

[251] Sikonia J G, McCandless F. Journal of Membrane Science, 1979, 4: 229.

[252] Ishihara K, Matsui K, Fujii H, et al. Chemistry Letters, 1985, 14: 1663.

[253] Wang L, Li J, Lin Y. Journal of Membrane Science, 2007, 305: 238.

[254] Wang L, Han X, Li J, et al. Separation Science and Technology, 2011, 46: 1396.

[255] Wang L, Han X, Li J, et al. Chemical Engineering Journal, 2011, 171: 1035.

[256] 李继定，杨正金，夏阳，等．中国工程科学，2014，16：46．

[257] 徐南平，林晓，仲盛来．CN1450166A．2003-10-22．

[258] Zhan X, Li J, Huang J, et al. Applied biochemistry and biotechnology, 2010, 160: 632.

[259] Zhan X, Lu J, Tan T, et al. Applied Surface Science, 2012, 259: 547.

[260] Zhan X, Fan C, Han X l. Chinese Journal of Polymer Science, 2010, 28: 625.
[261] Liu J, Chen J, Zhan X, et al. Separation and Purification Technology, 2015, 150: 257.
[262] 韩小龙,张杏梅,马晓迅,等.化工学报,2014,65(1):271.
[263] Qi R, Zhao C, Li J, et al. Journal of Membrane Science, 2006, 269: 94.
[264] Qi R, Wang Y, Li J, et al. Separation and Purification Technology, 2006, 51: 258.
[265] Chen J, Li J, Chen J, et al. Separation and Purification Technology, 2009, 66: 606.
[266] Chen J, Li J, Qi R, et al. Journal of Membrane Science, 2008, 322: 113.
[267] Yang Z, Zhang W, Li J, et al. Separation and Purification Technology, 2012, 93: 15.
[268] Yang Z J, Wang Z Q, Li J, et al. Separation and Purification Technology, 2013, 109: 48.
[269] Yang Z, Wang T, Zhan X, et al. Industrial & Engineering Chemistry Research, 2013, 52: 13801.
[270] Yang Z, Zhang W, Wang T, et al. Journal of Membrane Science, 2014, 454: 463.
[271] 陈翠仙,韩宾兵,朗宁·威.渗透蒸发和蒸汽渗透.北京:化学工业出版社,2004.
[272] 王金渠,杨建华,李华征,等.膜科学与技术,2014,34:1.
[273] Liu D, Zhang Y, Jiang J, et al. RSC Advances, 2015, 5: 95866.
[274] Jiang J, Wang X, Zhang Y, et al. Microporous and Mesoporous Materials, 2015, 215: 98.
[275] Wang X, Chen Y, Zhang C, et al. Journal of Membrane Science, 2014, 455: 294.
[276] Li X, Kita H, Zhu H, et al. Journal of Membrane Science, 2009, 339: 224.
[277] Bowen T C, Kalipcilar H, Falconer J L, et al. Journal of Membrane Science, 2003, 215: 235.
[278] Shan L, Shao J, Wang Z, et al. Journal of Membrane Science, 2011, 378: 319.
[279] Shu X, Wang X, Kong Q, et al. Industrial & Engineering Chemistry Research, 2012, 51: 12073.
[280] Kita H, Fuchida K, Horita T, et al. Separation and Purification Technology, 2001, 25: 261.
[281] Robert W, van Gemert, Cuperus F P. Journal of Membrane Science, 1995, 105: 287.
[282] Sekuli J, Luiten M W J, ten Elshof J E, et al. Desalination, 2002, 148: 19.
[283] Liao K S, Fu Y J, Hu C C, et al. Carbon, 2012, 50: 4220.
[284] Huang K, Liu G, Lou Y, et al. Angewandte Chemie International Edition, 2014, 53: 6929.
[285] 葛琴琴.新型A型分子筛复合膜及其渗透汽化性能研究.杭州:浙江大学,2012.
[286] Wee S L, Tye C T, Bhatia S. Separation and Purification Technology, 2008, 63: 500.
[287] Caro. Adsorption, 2005, 11: 215.
[288] Urtiaga A, Gorri E D, Casado C, et al. Separation and Purification Technology, 2003, 32 (1-3): 207.
[289] Gallego-Lizón T, Edwards E, Lobiundo G, et al. Journal of Membrane Science, 2002, 197: 309.
[290] Sommer S, Melin T. Chemical Engineering and Processing, 2005, 44: 1138.
[291] Yu C, Zhong C, Liu Y, et al. Chemical Engineering Research & Design, 2012, 90: 1372.
[292] Morigami Y, Kondo M, Abe J, et al. Separation and Purification Technology, 2001, 25: 251.
[293] Li Y, Yang W. Journal of Membrane Science, 2008, 316: 3.
[294] Ge Q, Wang Z, Yan Y. Journal of the American Chemical Society, 2009, 131: 17056.
[295] 顾学红,徐南平.中国工程科学,2014,16:52.
[296] Luo J Y, Wu C M, Xu T W, et al. Journal of Membrane Science, 2011, 366: 1.
[297] Wei C, Li X B. Journal of Hazardous Materials, 2010, 176: 226.
[298] Zhang X, Li C R. Journal of Membrane Science, 2011, 384: 219.
[299] Hao J W, Wu Y H, Xu T W. Journal of Membrane Science, 2013, 156: 425.
[300] Yan H Y, Xue S, Wu C M, et al. Journal of Membrane Science, 2014, 469: 436.
[301] Xu T W, Huang C H. AIChE Journal, 2008, 54: 3147.
[302] Donnan F G Z. Electrochem Corporate, 1911, 17: 572.
[303] Donnan F G Z, Guggenheim E A Physik Chemie, 1932, A162: 346.
[304] 徐铜文.膜化学与技术教程.合肥:中国科学技术大学出版社,2003.
[305] Spiegler K S. Electrochemical operations // Nachod F C, Schubert. Ion Exchange Technology. New York: Academic Press, 1956: 118.
[306] 秋原文二,桥本光一.膜よろ分离法.讲谈社,1974.
[307] 徐柏庆,邱显清,朱起明.化学通报(网络版),1999,62(13):90091.

[308] 邵刚. 膜法水处理技术. 北京: 冶金工业出版社, 1992: 73.
[309] 化学工业编辑部. 增补膜分离技术の应用. 北京: 化学工业出版社, 1976.
[310] 王俊鹤. 海水淡化. 北京: 科学出版社, 1978.
[311] 谢柏明, 楼永通, 方丽娜, 等. 发酵科技通讯, 2006, 35(1): 40.
[312] 毛建卫, 崔艳丽. 河南化工, 2001(1).
[313] 陈艳, 张亚萍, 岳明珠. 水处理技术, 2011, 37(11): 10.
[314] 田中良, 葛道才. 离子交换膜基本原理及应用. 任庆春译. 北京: 化学工业出版社, 2010: 268.
[315] 王捷. 膜科学与技术, 2007, 27(5).
[316] 李安峰, 潘涛, 骆坚平. 膜生物反应器技术与应用. 北京: 化学工业出版社, 2012.
[317] 汪舒怡, 汪诚文, 黄霞. 环境污染治理技术与设备, 2006, 7(6).
[318] Andrew G Livingston. Journal of Chemical Technology and Biotechnology, 1994, 60(2): 117.
[319] Carman P C J. Journal of the Chemical Society, 1938, 57: 225.
[320] Hellemans J, Forrez P, De Wilde R. American Journal of Physics, 1980, 48: 254.
[321] Robert E Kesting. Synthetic Polymeric Membranes: A Structural Perspective. 2nd edition. Wiley-Interscience, 1985.
[322] Graham Thomas. Philosophical Transactions. The Alembic Club, 1866.
[323] Mason E A, Lonsdale H K. Journal of Membrane Science, 1990, 51: 1.
[324] Wijmans J G, Baker R W. Journal of Membrane Science, 1995, 107: 1.
[325] Sloot H J. Chemical Engineering Science, 1990, 45(8): 2419.
[326] Sloot H J. AIChE Journal, 1992, 38: 887.
[327] Harold M P. AIChE Symposium Series, 1989, 268: 26.
[328] Cini P. AIChE Journal, 1991, 37: 997.
[329] Matson S L, Quinn J A, Annals of the New York Academy of Sciences, 1986, 469: 152.
[330] Matson S L. US4795704. 1989.
[331] Basov N L. Membr Katal, 1985(117).
[332] Parfenova N I. Chemical Abstracts, 1983, 100: 11269d
[333] Zaho R. ACS Symposium Series, 1990, 437: 216.
[334] Jin W. Journal of Membrane Science, 2000, 166: 1.
[335] 叶金标. 膜反应器中的气相催化反应. 大连: 中国科学院大连化物所, 1990.
[336] Mason E A. Journal of the Chemical Physics, 1967, 46: 3199.
[337] Haraya K. Journal of Chemical Engineering Japan, 1986, 19: 431.
[338] Keizer K. Proc 5th Int Congress On Inorganic Membr. Trans Tech Publications, 1991: 143.
[339] Matson S L, Quinn J A, Ann N Y. Academy of Science, 1986, 469: 152.
[340] Chang J S, Roh H, Min S P, et al. Bulletin of the Korean Chemical Society, 2002, 23: 647.
[341] Itoh N, Niwa S I, Mizukami F, et al. Catalysis Communications, 2003, 4: 243.
[342] Tong J H, Matsumura Y. Industrial & Engineering Chemistry Research, 2005, 44: 1454.
[343] Chen Y Z, Wang Y Z, Xu H Y, et al. Applied Catalysis B: Environmental, 2008, 81: 283.
[344] Jeong B H, Sotowa K I, Kusakabe K. Journal of Membrane Science, 2003, 224: 151.
[345] Koutsonikolas D, Kaldis S. International Journal of Hydrogen Energy, 2012, 37: 16302.
[346] She Y, Han J, Ma Y. Catalysis Today, 2001, 67: 43.
[347] Yu C, Xu H. Separation and Purification Technology, 2011, 78: 249.
[348] Orekhova N V, Yaroslavtsev A B. Russian Chemical Reviews, 2013, 82: 352.
[349] Gryaznov V M. Petroleum chemistry, 1979, 19: 165.
[350] 高会元, 李永丹, 林跃生. 化工学报, 2006, 57: 693.
[351] Okita K. US4705544. 1987.
[352] Smirnov V S S. US4064188. 1977.
[353] Gryaznov V M. Kinet Tatal, 1986, 2: 142,
[354] Niwa S, Nair J. Science, 2002, 295: 105
[355] Shao Z, Dong H, Yang W. Journal of Membrane Science, 2001, 183: 181.

[356] Yang L, Gu X, Tan L, et al. Industrial & Engineering Chemistry Research, 2003, 42(4): 795-801.
[357] Jin W, Li S. Journal of Membrane Science, 2000, 166: 13.
[358] Zhu J, Jin W. AIChE Journal, 2015, 61: 2592.
[359] Kathiraser Y, Kawi S. AIChE Journal, 2013, 59: 3874.
[360] Wang H, Feldhoff A. AIChE Journal, 2009, 55: 2657.
[361] Moustafa T M, Elnashaie S S E H. Journal of Membrane Science, 2000, 178: 171.
[362] Itoh N, Wu T H. Journal of Membrane Science, 1997, 124: 213.
[363] Jin W, Zhang C, Zhang P, et al. AIChE Journal, 2006, 52: 2545.
[364] 徐南平, 金万勤, 范益群, 等. CN 200410065196.9. 2004-04-10.
[365] 张瑾, 戴猷元. 膜科学与技术, 2009, 29: 1.
[366] 周如金, 宁正祥, 陈山. 现代化工, 2001, 21: 20.
[367] 王学松. 现代膜技术及其应用指南. 北京: 化学工业出版社, 2005.
[368] Hashim A, Hajjaj M. Desalination, 2005, 182: 373.
[369] Hilal N, Al-Zoubi H, Darwish N A, et al. Desalination, 2004, 170: 281.
[370] Drioli E, Curcio E, Criscuoli A, et al. Journal of Membrane Science, 2004, 239: 27.
[371] Davison B H, McMillan J D, Finkelstein M. Twenty-Second Symposium on Biotechnology for Fuels and Chemicals. New York: Humana Press, 2001: 297.
[372] Qureshi N, Meagher M M, Huang J, et al. Journal of Membrane Science, 2001, 187: 93.
[373] Bouchoux A, Roux-de Balmann H, Lutin F. Separation and Purification Technology, 2006, 52: 266.
[374] 马江权, 郭楠, 许守勇, 等. 水处理技术, 2010, 36: 65.
[375] 叶舟, 王敏. 环境工程, 2011, 29: 128.
[376] 邢奕, 鲁安怀, 洪晨, 等. 环境工程学报, 2011, 5: 2583.
[377] 何少华, 娄金生, 熊正为, 等. 南华大学学报（理工版）, 2003, 17: 55.
[378] 蓝俊, 周志军, 江增, 等. 水处理技术, 2012, 38: 126.
[379] 邵卫云, 周永潮, 周志军. 建设科技, 2013: 2: 29.
[380] 陈欢林, 吴礼光, 陈小洁, 等. 中国给水排水, 2013, 29: 98.
[381] 李嘉, 赵丹青, 汪泠. 中国建设信息（水工业市场）, 2010, 9: 029.
[382] 魏永明, 许振良. 化学世界, 2002, S1: 148.
[383] 王斌斌. 电去离子技术制备超纯水的研究. 杭州: 浙江大学, 2010.
[384] Giuffrida A J, Jha A D, Ganzi G C. US4632745. 1986-12-30.
[385] Ganzi G C, Egozy Y, Giuffrida A J. Ultrapure Water, 1987, 4: 43-50.
[386] Giuffrida A J, Jha A D, Ganzi G C. US4925541. 1990-05-15.
[387] Yabe K, Motomura Y, Ishikawa H, et al. Microcontamination, 1989, 7: 35.
[388] 闫博, 卢会霞, 付林, 等. 上海化工, 2007, 32: 17.
[389] 张志坤, 高学理, 高从堦. 现代化工, 2011, 31: 79.
[390] 高从堦, 郑根江, 汪锰, 等. 水处理技术, 2008（2）: 1.
[391] 王铎, 许春玲, 黄燕. 材料导报, 2013（5）: 1.
[392] 李刚, 李雪梅, 王铎, 等. 化工进展, 2010（8）: 1388.
[393] 王亚琴. 高性能正渗透复合膜的制备及表征. 合肥: 中国科学技术大学, 2015.
[394] Ren J, McCutcheon J R. Desalination, 2014, 343: 187.
[395] Robert McGinnis, Gary McGurgan. US8181794. 2012-5-22.
[396] 高从堦, 郑根江, 汪锰, 等. 水处理技术, 2008, 34（2）: 1.
[397] Lutchmiah K, Verliefde A R D, Roest K, et al. Water Research, 2014, 58: 179.
[398] 王红珍. 化工管理, 2016, 4: 50.
[399] 徐龙生, 刘启明, 张凯松. 膜科学与技术, 2015, 35（3）: 92.
[400] Nayak C A, Rastogi N K. Separation and Purification Technology, 2010, 71: 144.
[401] 吕晓龙. 膜科学与技术, 2010, 30（3）: 1.
[402] 吕晓龙. 膜科学与技术, 2011, 31（3）: 96.
[403] Mulder M 著. 膜技术原理. 第2版. 李琳, 译. 北京: 清华大学出版社, 1999.

[404] 吴庸烈. 膜科学与技术, 2003, 23 (4): 67.
[405] Alkhudhiri A, Darwish N, Hilal N. Desalination, 2012, 287: 2.
[406] 马润宇, 王艳辉, 涂感良. 膜科学与技术, 2003, 23 (4): 145.
[407] Curcio E, Profio G D, Drioli E. Crystal Growth, 2003, 24 (1-2): 166.
[408] Curcio E, Criscuoli A, Drioli E. Industrial & Engineering Chemistry Research, 2001, 40 (12): 2679.
[409] 林立刚, 张玉忠. 中国工程科学, 2014, 16 (12): 59.
[410] 崔金海, 戚俊清. 化工装备技术, 2005, 26 (1): 13.
[411] Heydari G A, Kaghazchi T. Journal of Membrane Science, 2008, 325 (1): 40.
[412] Wang R, Liang D T. Journal of Membrane Science, 2004, 229: 147.
[413] Kim Y S, Yang S M. Separation and Purification Technology, 2000, 21: 101.
[414] Yeon S H, Lee K H. Separation and Purification Technology, 2003, 38: 271.

符号说明

A	纯水渗透系数，$\text{mol} \cdot \text{cm}^{-2} \cdot \text{s}^{-1} \cdot \text{atm}^{-1}$；或 $\text{m} \cdot \text{s}^{-1} \cdot \text{Pa}^{-1}$；膜的有效面积，$\text{cm}^2$
b	亲和参数
B	溶质（盐）渗透系数，$\text{m} \cdot \text{s}^{-1}$；盐透过性常数，$\text{cm} \cdot \text{s}^{-1}$
B_i	组分 i 的迁移率
C_+、C_-	正、负离子的浓度，$\text{mol} \cdot \text{cm}^{-3}$
C_A、C_B	进料气中组分 A、B 的浓度
C'_A、C'_B	通过膜的渗出气中 A、B 的浓度
C_{g1}、C_{g2}	气体浓度
C_g	膜内气体浓度
C_H	Langmuir 吸附饱和参数
C_i	溶液中离子 i 的浓度，$\text{mol} \cdot \text{cm}^{-3}$
C_{si}	溶质浓度，$\text{mol} \cdot \text{cm}^{-3}$
C_W	水在膜中浓度，$\text{mol} \cdot \text{cm}^{-3}$
C	交换容量，$\text{mmol} \cdot \text{g}^{-1}$
C_1	主体溶液中溶质的浓度，一般用质量分数表示
C_2	透过液中溶质的浓度，一般用质量分数表示；高压侧膜面溶质的摩尔浓度
C_3	透过液中溶质的摩尔浓度
$\overline{C_i}$	离子 i 在溶液里的浓度，$\text{mol} \cdot \text{cm}^{-3}$
$\overline{C_R}$	固定活性基离子浓度
$\overline{C_S}$	膜两侧溶液的平均浓度，无量纲
ΔC	溶质（盐）的浓度差
Da	Damkohler 数
D_{AM}	溶质在膜中的扩散系数，$\text{cm}^2 \cdot \text{s}^{-1}$
D_g	气体在膜中的扩散系数，$\text{cm}^2 \cdot \text{s}^{-1}$
d_h	毛细管直径（水力直径）
D_{iM}^*	渗透分子 i 在干态聚合物膜里的极限扩散系数
$\text{d}\mu_i/\text{d}x$	组分 i 在 x 方向上的化学位梯度
D_i	组分 i 的扩散系数
$\overline{D_i}$	离子 i 在膜内的扩散系数，$\text{cm}^2 \cdot \text{s}^{-1}$
E_m	膜电位
E	过程能耗
F_g	透气速率，即单位时间通过单位面积膜的气体扩散速率
F_i	反应腔的流量
F	法拉第常数
f	化学反应无量纲速率

$\overline{f_i}$	离子 i 在溶液中的活度系数
ΔG	混合自由能
h_i	膜通量参数
H	膜厚
h	膜两侧液面差
ΔH	溶解热
$I_{\lim}$	极限电流密度
i	分子 i 对聚合物膜的塑化作用
I	通过膜堆的电流强度
J_+、J_-	在电位梯度下，正、负离子的迁移速率，$mol \cdot cm^{-2} \cdot s^{-1}$
J_1	运转 1h 后的透过速率，$L \cdot m^{-2} \cdot h^{-1}$
$J_{i(c)}$	离子 i 在 x 方向上的对流传质速率，$mol \cdot cm^{-2} \cdot s^{-1}$
$J_{i(d)}$	在化学位梯度下，离子 i 在 x 方向上的扩散速率，$mol \cdot cm^{-2} \cdot s^{-1}$
J_i	组分 i 的渗透速率，$cm^3 \cdot cm^{-2} \cdot s^{-1} \cdot cmHg^{-1}$；组分 i 的渗透通量
J_S	溶质透过速率，$mol \cdot cm^{-2} \cdot s^{-1}$
J_t	运转 t h 后的透过速率，$L \cdot m^{-2} \cdot h^{-1}$
J_V	溶液透过速率，$mol \cdot cm^{-2} \cdot s^{-1}$
J_W	膜的通量
J	溶剂透过速率
$\overline{J_i}$	离子 i 在离子交换膜内的传质速率，$mol \cdot cm^{-2} \cdot s^{-1}$
K_S^C、K_S^A	盐在阳膜和阴膜中的扩散系数
K_W^C、K_W^A	水在阳膜和阴膜中的扩散系数
k_D	亨利系数
K_G	总传质系数
k_g	气相传质系数
K_i	吸附系数
k_l	液相传质系数
k_m	膜相传质系数
Kn	Knudsen 数
K_S	盐的扩散系数
K_W	水的浓差渗透系数
K	膜蒸馏系数；溶质在膜与溶液间的分配系数
l_0	微孔的长度
L_P	水的渗透系数，$mol \cdot cm^{-2} \cdot s^{-1} \cdot atm^{-1}$
L	毛细管的长度；丝长，m
m_1、m_2	分子的质量
M_S	溶质分子量
M_W	水分子量
m	膜的流量衰减系数；平均孔径；相平衡常数；质量
M	组分 i 透过膜的渗透量，g
N_s	膜堆的组装对数
N	单位膜面积内的孔道数目；膜堆数量
P	气体渗透系数，$cm^3 \cdot cm \cdot cm^{-2} \cdot s^{-1} \cdot cmHg^{-1}$
p	吸附压力
p_1、p_2	气体分压

P_1	原料气压力，MPa
P_2	渗透气压力，MPa
P_i	渗透腔、反应腔压力比
ΔP	膜两侧压力差，atm
Δp_i	膜两侧蒸气压差
Δp	水力压差；进料侧与透过测的压力差（跨膜压差）
Q	进料液流量；膜堆的产水量，$m^3 \cdot h^{-1}$
q	膜所移动的气体量；组分 i 单位时间透过体积，$cm^3 \cdot s^{-1}$
Q_i	渗透腔的流量；气体 i 渗透通过膜的总通量
R	溶质截留率；气体常数
	一个膜堆的电阻
r	微孔的半径
$R=1/(AJ)$	渗透过程的总阻力
R_E	溶质的表观截留率
R_i	各层阻力
R_m	膜电阻，$\Omega \cdot cm^2$
S	膜的有效面积，m^2；溶解度系数
t	隔板的厚度，cm；操作时间，h；运转时间，h；纯水层的厚度；临界孔径半径
$\overline{t}_{Cl^-}$、$(1-\overline{t}_{Cl^-})$	阴离子和阳离子在阴膜中的迁移数
$\overline{t}_{Na^+}$、$(1-\overline{t}_{Na^+})$	阳离子和阴离子在阳膜中的迁移数
$\overline{t}$	阴阳离子的迁移数
T	热力学温度，K
ΔT	体系的温差
u_i	膜分离系数
U	有效传热系数；原料气流量（标准状态），$m^3 \cdot s^{-1}$
V	渗透气流量（标准状态），$m^3 \cdot s^{-1}$；透过液的体积，L
$\overline{V}_1$、$\overline{V}_2$	分子的平均速度
V_x	流体在 x 方向上的平均流速，取流体重心的运动速率，$cm \cdot s^{-1}$
v	平均速度
$\overline{V}_i$	在离子交换膜微孔中，液体重心的运动速度，$cm \cdot s^{-1}$
W	隔板的宽度，cm
x	x 方向上的距离，cm；垂直于膜面方向上的距离，cm；距高浓度侧膜表面的位置；膜中位置
x_A、x_B	原料液中 A 与 B 两种组分的摩尔分数
X_A	溶质的摩尔分数
X_i、Y_i	反应腔组成摩尔分数
x_i	原料气 i 组分摩尔浓度
y_A、y_B	渗透物中 A 与 B 两种组分的摩尔分数
y_F、x_F	易渗透组分在渗透物和原料液中的摩尔分数
y_i	渗透气 i 组分摩尔浓度
Z	离反应器进口端的无量纲距离；分离效率

希腊字母

$\alpha_{A/B}$	膜对组分 A、B 的分离系数
α	气体分离系数；实际分离系数；分离因子；催化活性；气体 A 和 B 的理想分离系

	数；液相中活度
β	化学增强因子；水的电渗析系数；增浓系数
γ_i	组分 i 的活度系数
δ	膜厚，cm
ε	表面孔隙率
η	电流效率；流体的黏度 [$\eta_{水}(20℃)=10^{-3}\mathrm{Pa\cdot s}$]
θ	滞后时间
κ_1	与水的扩散有关的膜常数
κ_2	与孔内流动有关的膜常数
κ_3	与溶质扩散有关的膜常数
λ	气体的平均自由程
μ_i	溶液中离子 i 的淌度，$\mathrm{mol\cdot cm^2\cdot J^{-1}\cdot s^{-1}}$；组分 i 的化学势；组分 i 的摩尔体积
π	渗透压，atm
σ	膜的反射系数（大多数实用反渗透膜的 σ 接近1）
τ	弯曲因子
φ	电位，V
φ_i	溶质的校正系数
ω	溶质的渗透系数，$\mathrm{mol\cdot cm^{-2}\cdot s^{-1}\cdot atm^{-1}}$
μ	液相的化学位
$\bar{\mu}$	膜相的化学位
$\Delta\pi$	膜两侧的渗透压差，atm；溶液渗透压差，atm
$\bar{\alpha}$	膜相中的活度
δ_{di}	色散分量溶度参数
δ_{hi}	氢键分量溶度参数
δ_{pi}	极性分量溶度参数
v_{pore}	毛细管内的流速
μ_i	组分 i 的化学位
v_i	组分 i 的活度系数
v_+	1mol 电解质完全解离的阳离子数
v_-	1mol 电解质完全解离的阴离子数

第20篇
颗粒及颗粒系统

主 稿 人：李洪钟　中国科学院院士，中国科学院过程工程研究所研究员
编写人员：葛　蔚　中国科学院过程工程研究所研究员
　　　　　马光辉　中国科学院过程工程研究所研究员
　　　　　朱永平　中国科学院过程工程研究所研究员
　　　　　李　军　中国科学院过程工程研究所研究员
　　　　　王利民　中国科学院过程工程研究所研究员
　　　　　陈飞国　中国科学院过程工程研究所副研究员
　　　　　周光正　中国科学院过程工程研究所副研究员
　　　　　徐　骥　中国科学院过程工程研究所副研究员
　　　　　刘晓星　中国科学院过程工程研究所研究员
　　　　　李春忠　华东理工大学教授
　　　　　姜海波　华东理工大学副研究员
　　　　　骆广生　清华大学教授
　　　　　王玉军　清华大学教授
审 稿 人：马兴华　中国科学院过程工程研究所研究员
　　　　　罗保林　中国科学院过程工程研究所研究员

第一版编写人员名单
编写人员：黄长雄　马兴华　李佑楚　王永安　刘淑娟
　　　　　李洪钟　胡荣泽　王明星　黄延章
审 校 人：郭慕孙

第二版编写人员名单
主 稿 人：郭慕孙
编写人员：马兴华　郭　铨　罗保林　李洪钟　李静海

颗粒的粒度、粒径

颗粒群是由大量的单颗粒组成的集合体，它包括粉体、雾滴和气泡。颗粒的大小用其在空间范围所占据的线性尺寸表示。对于单一的球形颗粒，颗粒直径即粒径（particle diameter）[1]表示其大小。不规则形状的颗粒粒径则可按某种规定的线性尺寸表示。如采用球体、立方体或长方体的相关尺寸表示。此外，人们还用与颗粒各种现象相对应的当量直径（equivalent diameter）表示其大小。对于多颗粒系统（颗粒群），一般将颗粒的平均大小称为粒度（particle size）[1]。粒度和粒径是颗粒状物质的最基本的几何性质，它与粉体的各种物理化学性质密切相关。

1.1 粒度、粒径的定义

1.1.1 三轴径

将一颗粒放置于每边与其相切的长方体中，如图 20-1-1 所示，长方体的三条边表示该颗粒在笛卡尔坐标中的大小。长 l、宽 b 和高 t 称为颗粒的三轴径（diameter of the three dimensions）。三轴径可用于比较不规则形状颗粒的大小。

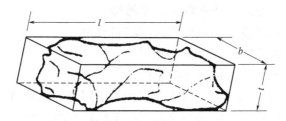

图 20-1-1　颗粒的外接长方体[1]

由三轴径计算的各种平均径及其物理意义如表 20-1-1 所示。

表 20-1-1　由三轴径计算的各种平均径及其物理意义[2]

序号	计算式	名称	物理意义
1	$\dfrac{l+b}{2}$	长短平均径，二轴平均径	平面图形上的算术平均
2	$\dfrac{l+b+t}{3}$	三轴平均径	算术平均
3	$\dfrac{3}{\dfrac{1}{l}+\dfrac{1}{b}+\dfrac{1}{t}}$	三轴调和平均径	与外接长方体比表面积相同的球体直径
4	$\sqrt{lb}$	二轴几何平均径	平面图形上的几何平均

续表

序号	计算式	名称	物理意义
5	$\sqrt[3]{lbt}$	三轴几何平均径	与外接长方体体积相同的立方体的一条边
6	$\sqrt{\dfrac{2lb+2bt+2lt}{6}}$		与外接长方体表面积相同的立方体的一条边

1.1.2 投影径

利用显微镜测量颗粒的粒径时,可观察到颗粒的投影。此时颗粒以最大稳定度(重心最低)置于平面,如图 20-1-2 所示。因此,按其投影的大小定义粒径,即投影径(projected diameter),在测量上比较便利。

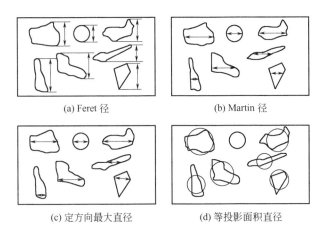

(a) Feret 径 (b) Martin 径

(c) 定方向最大直径 (d) 等投影面积直径

图 20-1-2 颗粒投影的几种粒径[1]

(1) 二轴径 颗粒投影的外接矩形的长 l 和宽 b 称为二轴径,见图 20-1-1。

(2) Feret 径[3] 与颗粒投影相切的两条平行线之间的距离称为 Feret 径,记作 D_F,如图 20-1-2(a) 所示。

(3) Martin 径[4] 在一定方向上将颗粒投影面积分为两等份的直径,记作 D_M,如图 20-1-2(b) 所示。

(4) 定方向最大直径 (Krumbein 径)[5] 在一定方向上颗粒投影的最大长度,见图 20-1-2(c),记为 D_K。

(5) 等投影面积直径 (Heywood 径)[6] 与颗粒投影面积相等的圆的直径,记作 D_H,见图 20-1-2(d)。

(6) 等投影周长直径 与颗粒投影周长相等的圆的直径,记作 D_C。此直径经常用于考察颗粒的形状。

1.1.3 球当量直径

(1) 等表面积(球)直径(equivalent surface diameter) 与颗粒等表面积球的直径,记作 D_S,颗粒的外表面积 $S=\pi D_S^2$。

(2) 等体积(球)直径(equivalent volume diameter) 与颗粒体积相等的球的直径,记

作 D_V,颗粒的体积 $V_P = \frac{\pi}{6}D_V^3$。

(3) 等比表面积(球)直径(equivalent specific surface diameter) 与颗粒等比表面积的球的直径,记作 D_{SV}。

上述三种直径有以下关系:$D_{SV} = D_V^3/D_S^2$。

(4) 沉降速度直径(settling velocity diameter) 与颗粒沉降速度相同的球体直径,在层流区称为 Stokes 径、Newton 径,记作 D_{Stk}。这里颗粒与球体的密度应相同。

1.1.4 筛分径

当颗粒通过粗筛网并停留在细筛网上时,粗细筛孔的算术或几何平均值称为筛分径(sieving diameter),记作 D_A。

1.1.5 颗粒投影的其他直径

由图像分析定义的其他粒径,如展开径 D_R,请参阅第 2 章颗粒的形状的相关部分。

1.2 粒径的物理意义

同一种颗粒,由于采用不同的测量方法,得到的粒径值不尽相同,因此有必要了解各粒径之间的关系。

1.2.1 Feret 径、Martin 径、等投影面积直径

图 20-1-3 示出 Feret 径 D_F、Martin 径 D_M 和等投影面积直径 D_H 的测量结果,实验中测量了 254 个粒径为 38~77mm 的颗粒[7]。由图可见,三种粒径之间存在下面的关系:$D_F > D_H > D_M$。

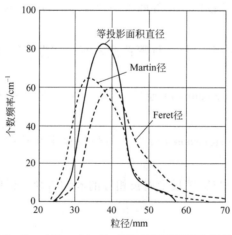

图 20-1-3 Feret 径、Martin 径和等投影面积直径的比较[7]

表 20-1-2 示出随着椭圆长短径比(长径/短径)增加,Feret 径和 Martin 径与等投影面积直径的偏差增大,即细长颗粒两径的偏差较大。颗粒投影的等周长直径与 Feret 径之间存在一一对应的关系;投影周长被圆周率 π 除的商值等于 Feret 径[8]。

表 20-1-2　Feret 径、Martin 径与等投影面积直径的偏差随椭圆长短径比的变化[8]

长短径比	与等投影面积直径的偏差/%	
	Feret 径	Martin 径
1	0	0
1.5	+3.10	−1.01
2	+9.83	−2.83
3	+22.8	−7.04
4	+36.5	−10.8
10	+104.5	−25.7

1.2.2　Caucy 定理

Caucy 定理指出颗粒外表面积 S 与平均投影面积 A 的 4 倍相等：

$$S = 4A = \pi D_H^2 \tag{20-1-1}$$

式(20-1-1)中的常数 4 称为 Caucy 系数[9,10]。由于放在平面上的颗粒总是处于稳定的位置，颗粒的投影并非完全随机，所以 Caucy 系数的实测值约为 3.1～3.4。式(20-1-1) 还给出等投影面积直径与颗粒外表面积的定量关系。

1.3　粒径分布

颗粒系统的粒径相等时（如标准颗粒），可用单一粒径表示其大小，这类颗粒称为单粒度体系（monodisperse）。实际颗粒大都由粒度不等的颗粒组成，这类颗粒称为多粒度体系（polydisperse）。粒径分布（particle diameter distribution），又称粒度分布，是指用简单的表格、绘图和函数形式表示颗粒群粒径的分布状态。

1.3.1　频率分布和累积分布

颗粒粒径分布常表示成频率分布和累积分布的形式。频率分布表示各个粒径相对应的颗粒含量（微分型）；累积分布表示小于（或大于）某粒径的颗粒含量与该粒径的关系（积分型）。含量可用颗粒个数、体积、质量、长度和面积为基准。

表 20-1-3 是用表格形式表示的颗粒的频率分布和累积分布，每种分布都采用了两种基

表 20-1-3　颗粒的频率分布和累积分布[11]

粒径 /μm	频率分布		累积分布			
	质量分数 /%	个数百分数 /%	质量分数/%		个数百分数/%	
			大于该粒径范围	小于该粒径范围	大于该粒径范围	小于该粒径范围
<20	6.5	19.5	100.0	6.5	100.0	19.5
20～25	15.8	25.6	93.5	22.3	80.5	45.1
25～30	23.2	24.1	77.7	45.5	54.9	69.2
30～35	23.9	17.2	54.5	69.4	30.8	86.4
35～40	14.3	7.6	30.6	83.7	13.6	94.0
40～45	8.8	3.6	16.3	92.5	6.0	97.6
>45	7.5	2.4	7.5	100.0	2.4	100.0

准，即个数基准和质量基准。

颗粒的频率分布和累积分布也常表示成图形形式，如图 20-1-4 所示，此种形式表示粒径分布比较直观。

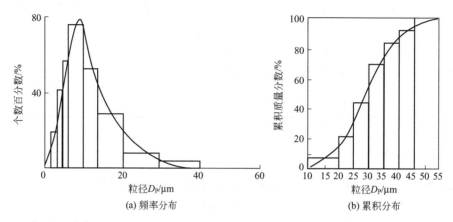

(a) 频率分布　　　　　　　　　　(b) 累积分布

图 20-1-4　用图形表示的颗粒的频率分布和累积分布[11]

1.3.2　粒径分布的函数表示

(1) 正态分布　标准正态分布是概率变量的平均值为 0、标准偏差为 1 的正态分布 (normal distribution)。其概率密度函数如式(20-1-2)所示（图 20-1-5）。

$$\varphi(x)=\frac{1}{\sqrt{2\pi}}\exp\left(-\frac{x^2}{2}\right) \quad (20\text{-}1\text{-}2)$$

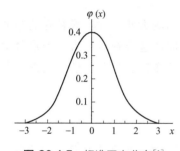

图 20-1-5　标准正态分布[1]

式中，x 是自变量，在表示粒径分布时，x 指颗粒的粒径；$\varphi(x)$ 是 x 的概率密度函数，这里指颗粒数、质量或其他数对粒度的导数。

概率曲线与 x 轴围成的面积为 1：

$$\int_{-\infty}^{\infty}\varphi(x)\mathrm{d}x=1 \quad (20\text{-}1\text{-}3)$$

当概率变量 x 的平均值为 $\overline{x}$，标准偏差用 σ 表示，得到概率密度的一般函数式：

$$\varphi(x)=\frac{1}{\sigma\sqrt{2\pi}}\exp\left[-\frac{(x-\overline{x})^2}{2\sigma^2}\right] \quad (20\text{-}1\text{-}4)$$

对于以个数为基准的粒径分布，个数频率分布由下式表示：

$$\frac{\mathrm{d}n}{\mathrm{d}D_\mathrm{P}}=\frac{100}{\sigma\sqrt{2\pi}}\exp\left[-\frac{(D_\mathrm{P}-D_{50})^2}{2\sigma^2}\right] \quad (20\text{-}1\text{-}5)$$

$$\sigma=\sqrt{\frac{\sum[n(D_\mathrm{P}-D_{50})^2]}{\sum n}}$$

式中　D_P——粒径；

D_{50}——中位径（百分含量为 50% 时对应的粒径）；

n——个数分数。

(2) 对数正态分布　一般粉体呈非对称分布，这时将正态分布中的 D_P 和 σ 分别换成

$\ln D_P$ 和 $\ln \sigma_g$，得到对数正态分布 (logarithmic normal distribution)[1,12]:

$$\frac{dn}{d(\ln D_P)} = \frac{100}{\ln \sigma_g \sqrt{2\pi}} \exp\left[-\frac{(\ln D_P - \ln D_{50})^2}{2\ln^2 \sigma_g}\right] \qquad (20\text{-}1\text{-}6)$$

$$\ln \sigma_g = \sqrt{\frac{\sum[n(D_P - D_{50})^2]}{\sum n}}$$

式(20-1-6) 是以个数为基准的频率分布函数，D_{50} 表示含量为 50% 的粒径（中位径），σ_g 为以个数为基准的几何标准偏差。将式(20-1-6) 从 $0 \sim D_P$ 积分，并令

$$\frac{\ln D_P - \ln D_{50}}{\ln \sigma_g} = t$$

得到：

$$y = \frac{100}{\sqrt{2\pi}} \int_0^t \exp\left(-\frac{t^2}{2}\right) dt \qquad (20\text{-}1\text{-}7)$$

式(20-1-7) 为标准正态分布 [式(20-1-2)] 的积分式。

$t=0$ 时，$\ln D_P - \ln D_{50} = 0$，即 $D_P = D_{50}$；$t=1$ 时，$\ln \sigma_g = \ln D_P - \ln D_{50} = \ln(D_P/D_{50})$。

由正态分布表可查到当式(20-1-7) 中的 $t=1$ 时，$y=84.13\%$，由此得到：

$$\sigma_g = \frac{D_{U84.13}}{D_{50}} = \frac{D_{R15.87}}{D_{50}} \qquad (20\text{-}1\text{-}8)$$

式中　$D_{U84.13}$——筛下粒径累积分数为 84.13%，U 表示筛上；

$D_{R15.87}$——筛上粒径累积分数为 15.87%，R 表示筛下。

若颗粒的粒径分布符合对数正态分布，可计算颗粒的比表面积和平均粒径。

① 平均粒径的计算（表 20-1-4）。下式说明以个数为基准的平均径 D_1 的计算方法。

表 20-1-4　平均粒径计算式[1]

序号	名称	符号	个数基准	计算式	备注
1	个数平均径	D_1	$\frac{\sum(nd)}{\sum n}$	$D_{50}\exp(0.5\ln^2\sigma_g)$	
2	长度平均径	D_2	$\frac{\sum(nd^2)}{\sum(nd)}$	$D_{50}\exp(1.5\ln^2\sigma_g)$	
3	面积平均径	D_3	$\frac{\sum(nd^3)}{\sum(nd^2)}$	$D_{50}\exp(2.5\ln^2\sigma_g)$	$S_W = \frac{\phi_s}{\rho_P D_3}$
4	体积平均径	D_4	$\frac{\sum(nd^4)}{\sum(nd^3)}$	$D_{50}\exp(3.5\ln^2\sigma_g)$	
5	平均表面积径	D_s	$\sqrt{\frac{\sum(nd^2)}{\sum n}}$	$D_{50}\exp(\ln^2\sigma_g)$	平均颗粒表面积 $\phi_s D_s^2$
6	平均体积径	D_v	$\sqrt[3]{\frac{\sum(nd^3)}{\sum n}}$	$D_{50}\exp(1.5\ln^2\sigma_g)$	平均颗粒体积 $\phi_v D_v^3$ 单位质量含有的颗粒个数 $\frac{1}{\rho_P \phi_v D_v^3}$
7	体积长度平均径	D_{vd}	$\sqrt{\frac{\sum(nd^3)}{\sum(nd)}}$	$D_{50}\exp(2.0\ln^2\sigma_g)$	
8	质量矩平均径	D_w	$\sqrt[4]{\frac{\sum(nd^4)}{\sum(n)}}$	$D_{50}\exp(2.0\ln^2\sigma_g)$	

续表

序号	名称	符号	个数基准	计算式	备注
9	调和平均径	D_h	$\dfrac{\sum n}{\sum (n/d)}$	$D_{50}\exp(-0.5\ln^2\sigma_g)$	

注:$D_1 D_2 = D_s^2$,$D_1 D_2 D_3 = D_v^3$,$D_3 = D_v^3/D_s^2$,$D_4 = D_w^4/D_v^3$,$D_2 D_3 = D_{vd}^2$,$D_4 > D_3 > D_v > (D_2 = D_v = D_{vd}) > D_s > D_1 > D_h$。

$$D_1 = \frac{1}{\ln\sigma_g \sqrt{2\pi}} \int_0^\infty D_P \exp\left[-\frac{(\ln D_P - \ln D_{50})^2}{2\ln^2\sigma_g}\right] d(\ln D_P) = D_{50}\exp(0.5\ln^2\sigma_g) \tag{20-1-9}$$

② 比表面积计算。比表面积可用面积平均径 D_3 计算:

$$S_W = \frac{\phi_s}{\rho_P D_3} \tag{20-1-10}$$

式中,ϕ_s 为表面积形状系数。

③ 个数与质量两种基准分布的相互变换。当粒径分布为对数正态分布时,式(20-1-11)成立:

$$D'_{50} = D_{50}\exp(3\ln^2\sigma_g)$$
$$\sigma'_g = \sigma_g \tag{20-1-11}$$

式中,D_{50},D'_{50} 分别为个数和质量基准的含量为 50% 的粒径;σ_g,σ'_g 分别为个数和质量基准的几何标准偏差。

④ 对数正态分布线图的应用[13]。图 20-1-6 示出用光学显微镜测量的马铃薯淀粉的 Feret 径,由图可得到 D_{50},$D_{R15.87}$ 等参数,已知颗粒密度为 $1400 \text{kg} \cdot \text{m}^{-3}$,可计算每千克样品含有的颗粒数 n 和比表面积 S_W(设颗粒为球形):

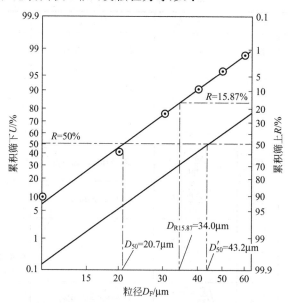

图 20-1-6 对数正态分布线图的应用[13]

物料:马铃薯淀粉。$D_{50} = 20.7\mu\text{m}$,$\sigma_g = \dfrac{34.0}{20.7} = 1.64$

$$n = \frac{1}{\rho_P \phi_v D_v^3} = 5.05 \times 10^{10} \text{个} \cdot \text{kg}^{-1}$$

$$S_W = \frac{6}{\rho_P D_3} = 112.2 \text{m}^2 \cdot \text{kg}^{-1} \tag{20-1-12}$$

(3) Rosin-Rammler 分布 粉碎物料（如煤粉）的粒径分布可用 Rosin-Rammler 分布函数表示[14]。

$$R_{(D_P)} = 100\exp(-bD_P^n) \tag{20-1-13}$$

式中，$R_{(D_P)}$ 表示筛上质量分数，%；b、n 为常数。令 $b=1/D_e^n$，上式变成无量纲式：

$$R_{(D_P)} = 100\exp\left[-\left(\frac{D_P}{D_e}\right)^n\right] \tag{20-1-14}$$

式（20-1-14）称为 Rosin-Rammler-Bennet[15]分布，其中 D_e 为特征粒度；n 为分布常数，n 越大，分布越窄。图 20-1-7 示出三种 n 值的 Rosin-Rammler 分布。

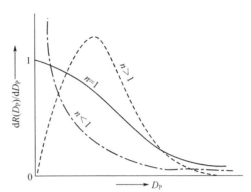

图 20-1-7 Rosin-Rammler 分布的三种情况[1]

(4) Gaudin-Schuhmann 分布 当使用双对数坐标纸，横坐标表示粒径，纵坐标表示筛下分数时，若粒度分布是一条直线，则称为 Gaudin-Schuhmann 分布[16]：

$$U_{(D_P)} = 100\left(\frac{D_P}{k}\right)^m \tag{20-1-15}$$

式中，m 为直线的斜率；k 为 $U_{(D_P)}=100\%$ 时对应的 D_P。

将 Rosin-Rammler 式按级数展开：

$$U_{(D_P)} = 100 - R_{(D_P)} = 100\left\{1-\exp\left[-\left(\frac{D_P}{D_e}\right)^n\right]\right\} = 100\left[\left(\frac{D_P}{D_e}\right)^n - \frac{(D_P/D_e)^n}{2!} + \frac{(D_P/D_e)^{3n}}{3!} - \cdots\right] \tag{20-1-16}$$

式（20-1-16）中的第一项即为 Gaudin-Schuhmann 分布。

1.4 平均粒径

1.4.1 平均粒径的定义

设颗粒群是由粒径 d_1、d_2、d_3、…组成的集合体，其物理特性 $f(d)$ 可用各粒径函数的加和表示：

$$f(d) = f(d_1) + f(d_2) + f(d_3) + \cdots + f(d_n) \tag{20-1-17}$$

式中，$f(d)$ 称为定义函数。

若将粒径不等的颗粒群想象成由直径 D 组成的均一球形颗粒，那么其物理特性可表示为：

$$f(d) = f(D) \tag{20-1-18}$$

式（20-1-18）为平均粒径的基本式，D 表示平均粒径。

1.4.2 主要的平均粒径

如果颗粒粒径遵循某种规律并可用函数表示，平均粒径可由函数表达式计算。

下面列举一些涉及平均粒径的表达式（表 20-1-5），其中 n 为颗粒数，d 表示实际粒径，ρ_P 是密度。

① 颗粒群的全长： $\sum(nd)$ (20-1-19)

② 颗粒群的全表面积： $\sum(n \times 6 \times d^2)$ (20-1-20)

③ 颗粒群的全体积（全质量）： $\sum(nd^3)$，$\rho_P \sum(nd^3)$ (20-1-21)

④ 颗粒群的比表面积： $\sum(n \times 6d^2)/\sum(nd^3)$ (20-1-22)

⑤ 平均比表面积： $\sum(n \times 6/d)/\sum n$ (20-1-23)

假设颗粒为边长 d 的立方体。

【例 20-1-1】 设颗粒群由粒径为 d_1、d_2、d_3、…、d_n 的颗粒组成，每种颗粒的个数分别为 n_1、n_2、n_3、…、n_n，试由颗粒群的全长这一特性推导其平均粒径。

解 颗粒群的全长可表示成：

$$n_1 d_1 + n_2 d_2 + \cdots + n_n d_n = \sum(nd) = f(d)$$

将全部颗粒视为粒径为 D 的均一颗粒，将 d 由 D 代替：

$$n_1 D + n_2 D + \cdots + n_n D = \sum(nD) = D\sum n = f(D)$$

解得：$D = \dfrac{\sum(nd)}{\sum n}$

此粒径称为平均粒径。

设颗粒为边长为 d 的立方体，若测量颗粒群的全长 l，全面积 S 和全质量 w，由式(20-1-24)可计算其个数：

$$n = \frac{l}{d},\ n = \frac{S}{6d^2},\ n = \frac{w}{\rho_P d^3} \tag{20-1-24}$$

【例 20-1-2】 设颗粒群的全质量为 w，试由比表面积的定义函数求平均粒径。

解

定义函数：$f(d) = \dfrac{\sum(n \times 6d^2)}{\sum(n\rho_P d^3)}$

得到：$D = \dfrac{\sum w}{\sum \dfrac{w}{d}}$

从各种测定量和定义函数导出的平均粒径列于表 20-1-5 中。

表 20-1-5 测定量和定义函数相对应的平均粒径[1]

测定量	定义函数		平均粒径 D	符号
颗粒数 $\sum n$	全长	$\sum(nd)$	$\dfrac{\sum(nd)}{\sum n}$	D_1
	全表面积	$\sum(n \times 6d^2)$	$\sqrt{\dfrac{\sum(nd^2)}{\sum n}}$	D_s
	全体积(全质量)	$\sum(nd^3)$，$\rho_P \sum(nd^3)$	$\sqrt[3]{\dfrac{\sum(nd^3)}{\sum n}}$	D_v

续表

测定量		定义函数	平均粒径 D	符号
颗粒数 $\sum n$	比表面积	$\dfrac{\sum(n\times 6d^2)}{\sum(nd^3)}$	$\dfrac{\sum(nd^3)}{\sum(nd^2)}$	D_3
	平均比表面积	$\dfrac{\sum(n\times 6/d)}{\sum n}$	$\dfrac{\sum n}{\sum(n/d)}$	D_K
长度 $\sum l$	全表面积	$\sum\left(\dfrac{l}{d}\times 6d^2\right)=6\sum(ld)$	$\dfrac{\sum(ld)}{\sum l}$	D_2
	全体积(全质量)	$\sum\left(\dfrac{l}{d}d^3\right)=\sum(ld^2)$	$\sqrt{\dfrac{\sum(ld^2)}{\sum l}}$	D_{vd}
	比表面积	$\dfrac{6\sum(ld)}{\sum(ld^2)}$	$\dfrac{\sum(ld^2)}{\sum(ld)}$	D_3
	平均比表面积	$\dfrac{6\sum(l/d^2)}{\sum(l/d)}$	$\dfrac{\sum(l/d)}{\sum(l/d^2)}$	D_h
面积 $\sum S$	全体积(全质量)	$\sum\left(\dfrac{S}{d^2}d^3\right)=\sum(Sd)$	$\dfrac{\sum(Sd)}{\sum S}$	D_3
	比表面积	$\dfrac{6\sum S}{\sum(Sd)}$	$\dfrac{\sum(Sd)}{\sum S}$	D_3
	平均比表面积	$\dfrac{6\sum(S/d^3)}{\sum(S/d^2)}$	$\dfrac{\sum(S/d^2)}{\sum(S/d^3)}$	D_h
质量 $\sum w$	比表面积	$\dfrac{6\sum(w/d)}{\sum w}$	$\dfrac{\sum w}{\sum(w/d)}$	D_3
	平均比表面积	$\dfrac{6\sum(w/d^4)}{\sum(w/d^3)}$	$\dfrac{\sum(w/d^3)}{\sum(w/d^4)}$	D_h

一般,个数基准和质量基准的平均粒径可由下式换算[17]:

$$\left\{\dfrac{\sum(nd^p)}{\sum(nd^q)}\right\}^{1/(p-q)}=\left\{\dfrac{\sum(wd^{p-3})}{\sum(wd^{q-3})}\right\}^{1/(p-q)} \quad (20\text{-}1\text{-}25)$$

表 20-1-6 列出个数基准和质量基准的平均粒径。

表 20-1-6 个数基准和质量基准的平均粒径[1]

	序号	平均径名称	符号	个数基准	质量基准	物理意义(形状系数 ϕ_s,ϕ_v 等)
加权平均径	1	个数平均径	D_1	$\dfrac{\sum(nd)}{\sum n}$	$\dfrac{\sum(w/d^2)}{\sum(w/d^3)}$	长度、个数平均
	2	长度平均径	D_2	$\dfrac{\sum(nd^2)}{\sum(nd)}$	$\dfrac{\sum(w/d)}{\sum(w/d^2)}$	
	3	面积平均径	D_3	$\sqrt{\dfrac{\sum(nd^3)}{\sum(nd^2)}}$	$\dfrac{\sum w}{\sum(w/d)}$	$S_W=\phi_s/(\rho_p D_3)$,为颗粒群的比表面积
	4	体积平均径	D_4	$\sqrt{\dfrac{\sum(nd^4)}{\sum(nd^3)}}$	$\dfrac{\sum(wd)}{\sum w}$	

续表

序号	平均径名称	符号	个数基准	质量基准	物理意义（形状系数 ϕ_s，ϕ_v 等）
5	平均表面积径	D_s	$\sqrt{\dfrac{\sum(nd^3)}{\sum n}}$	$\sqrt{\dfrac{\sum(w/d)}{\sum(w/d^3)}}$	$\phi_s D_s^2$ 为平均颗粒表面积
6	平均体积径	D_v	$\sqrt[3]{\dfrac{\sum(nd^3)}{\sum n}}$	$\sqrt[3]{\dfrac{\sum w}{\sum(w/d^3)}}$	
7	体积长度平均径	D_{vd}	$\sqrt{\dfrac{\sum(nd^2)}{\sum(nd)}}$	$\sqrt{\dfrac{\sum w}{\sum(w/d^2)}}$	$\phi_v D_v^3$ 是平均颗粒体积，$\dfrac{1}{\rho_P \phi_v D_v^3}$ 是单位质量含有的颗粒个数
8	质量矩平均径	D_w	$\sqrt[4]{\dfrac{\sum(nd^4)}{\sum n}}$	$\sqrt[4]{\dfrac{\sum(wd)}{\sum(w/d^3)}}$	
9	调和平均径	D_h	$\dfrac{\sum n}{\sum(n/d)}$	$\dfrac{\sum(w/d^3)}{\sum(w/d^4)}$	平均比表面积

注：$D_1 D_2 = D_s^2$，$D_1 D_2 D_3 = D_v^3$，$D_3 = D_v^3/D_s^2$，$D_4 = D_w^4/D_v^3$，$D_2 D_3 = D_{vd}$，$D_4 > D_3 > D_2 \geq (\leq) D_v > D_s > D_1$。

参考文献

[1] 粉体工学会. 粉体工学便览：粒子径（三輪茂雄，日高重助）. 東京：日刊工業新聞社，1986.
[2] Perott G S J, Kinney S P. J Am Ceram Soc, 1923, 6(2): 417-439.
[3] Green H. J Frankin Inst, 1921, 192: 637-666.
[4] Martin V G, Blyth C E, Tongue H. Trans Brit Ceram Soc, 1924, 23: 61-120.
[5] Grobler B. Silikattechnik, 1969, 20(6): 189-192.
[6] Fairs G L. Chem Ind, 1943, 62: 374-378.
[7] Heywood H. Chem Ind, 1937, 56(7): 149-154.
[8] Walton W H. Nature, 1948, 162(4113): 329-330.
[9] Moran P A P. Ann Math, 1944, 45: 793-799; Nature, 1944, 154: 490-491.
[10] Vouk V. Nature, 1948, 162(4113): 330-331; Tooley F V, Parmelee C W. J Am Ceram Soc, 1940, 23(10): 304-314.
[11] 《化学工程手册》编辑委员会. 化学工程手册：第 19 篇 颗粒及颗粒系统. 北京：化学工业出版社，1989.
[12] Galton F. Proc Roy Soc, 1879, 29: 365-367.
[13] Drinker P. J Ind Hygiene, 1925, 7(7): 305-316.
[14] Rosin P O, Rammler E J. Inst Fuel, 1933, 7: 29-36.
[15] Bennet J G. Inst Fuel, 1936, 10: 22-39.
[16] Schuhmann R. Am Inst Min Met Eng Tech Pub, 1940: 1189.
[17] 三輪茂雄. 化学工学, 1964, 28(9): 789-793.

符号说明

A		平均投影面积，m^2
b		三轴径的宽，m
D_A		筛分径，m
D_C		等投影周长直径，m
D_F		Feret 径，m
D_H		等投影面积直径，m

D_h	调和平均径，m
D_K	定方向最大直径，m
D_M	Martin 径，m
D_P	颗粒粒径，m
D_R	展开径，m
D_S	等表面积（球）直径，m
D_s	平均表面积径，m
D_{Stk}	Stokes 径，m
D_{SV}	等比表面积（球）直径，m
D_V	等体积（球）直径，m
D_v	平均体积径，m
D_{vd}	体积长度平均径，m
D_w	质量矩平均径，m
D_1	个数平均径，m
D_2	长度平均径，m
D_3	面积平均径，m
D_4	体积平均径，m
D_{50}	中位径，m
D'_{50}	以质量为基准的中位径，m
l	三轴径的长，m
N	颗粒数
n	个数分数
S	颗粒外表面积，m^2
S_W	颗粒群的比表面积，$m^2 \cdot kg^{-1}$
t	三轴径的高，m

希腊字母

σ	标准偏差
σ_g	以个数为基准的几何偏差
ρ_P	颗粒密度，$kg \cdot m^{-3}$

2

颗粒的形状

2.1 概述

2.1.1 研究意义

颗粒的几何性质包括粒度、形状、表面结构和孔结构。颗粒的形状对颗粒群的许多性质都有影响，例如比表面积、流动性、磁性、固着力、增强性、填充性、研磨特性和化学活性。为了使产品的某些性质更加优良，工业上对产品和添加剂的颗粒形状有不同的要求。一些应用实例见表 20-2-1。

表 20-2-1 一些工业产品对颗粒形状的要求

序号	产品种类	对性质的要求	对颗粒形状的要求
1	涂料、墨水、化妆品	固着力强、反光效果好	片状
2	橡胶填料	增强性和耐磨性	非长形
3	塑料填料	高冲击强度	长形
4	炸药引爆物	稳定性	光滑球形
5	洗涤剂和食品	流动性	球形
6	磨料	研磨性	多角状

2.1.2 颗粒形状术语

颗粒的形状是指一个颗粒的轮廓或表面上各点所构成的图像。由于颗粒形状千差万别，描述颗粒形状的方法可分为术语和数学语言（几何表示）两类。表 20-2-2 列出一些描述颗粒形状的术语。

表 20-2-2 颗粒形状术语

中文术语	对应英文名称	中文术语	对应英文名称
球形	spherical	海绵状	sponge
立方体	cubical	块状	blocky
片状	platy,discs	尖角状	sharpedged
柱状	prismoidal	圆角状	rounded
鳞状	flaky	多孔	porous
粒状	granular	聚集体	aggromelate
棒状	rodlike	中空	hollow
针状	needle-like,acicular	粗糙	rough
纤维状	fibrous	光滑	smoothed
树枝状	dendritic	毛绒形	fluffy,nappy

尽管某些术语并不能精确地描述颗粒的形状，但它们大致反映了颗粒形状的某些特征，因此这些术语至今在工程中仍然被广泛使用。

2.1.3 颗粒形状的几何表示

用数学语言描述颗粒的几何形状，一般至少需要两种数据及其组合。通常使用的数据包括三轴方向颗粒大小的代表值，二维图像投影的轮廓曲线，以及表面积和体积等立体几何的有关数据。习惯上将颗粒大小的各种无量纲组合称为形状指数（shape index），立体几何各变量的关系则定义为形状系数（shape factor）。

表 20-2-3 给出颗粒形状的分类名称、基准几何形状、指标名称和所使用的数据种类，此表概括了使用数学语言描述颗粒几何形状的方法。

表 20-2-3 形状指标的分类

名称	分类号	分类名称	基准几何形状	指标名称	数据种类
形状指数	I		长方体	长短度、扁平度、Zingg 指数、柱状比	轴径
	II	充满度	长方体、矩形	体积充满度、面积充满度、面积比	轴径、投影面积、体积
	III	平面、立体几何指数	球体、圆形	球形度、圆形度、圆角度、表面指数	体积、表面积、投影面积、周长、各种相当径、曲率半径
	IV	基于轮廓曲线的各种指数	无	各种代表径和平均径比、统计量比、CAR(中心方向比)、形状述子	投影轮廓曲线各参数及各种代表径
形状系数	V		球体	体积、表面积、比表面积、形状系数、球形度	各立体几何量
	VI	其他指数	椭圆形	—	—

2.2 形状指数和形状系数

2.2.1 单一颗粒的形状表示

当放置在水平面上的单一颗粒处于稳定状态时，可在相互正交的三轴方向测得其最大值 L、B、T，T 为厚度（thickness），即上下两平面所夹颗粒的距离；B 为短径（breadth），即两竖直相平行的平面所夹颗粒的最小距离；L 为长径（length），即在与短径正交的方向上，两垂直平面所夹颗粒的距离。

将一个颗粒置于显微镜的载玻片上时，可以沿横向和纵向两个方向测得该颗粒的线性长度，其中较大的值就是长径 L，较小值就是短径 B。若改变颗粒的方向，又能够测量一对线性值，长径 L 中的最大值记为 L'，与其相垂直的短径记为 B'。

上述各参数已在图 20-2-1 中表示出，该图还示出展开径和 Feret 径。

$R(\theta)$ 为展开径（distance from centroid），用极坐标 R、θ 表示的颗粒投影轮廓半径。图中 $\overline{PP'}$ 称为展开径或直径，记为 $D_R(\theta)$。

$D_F(\theta)$ 为 Feret 径，它是 θ 的函数，见图 20-2-1，Feret 径的最小值 $D_{F\min}$ 为 B，与其

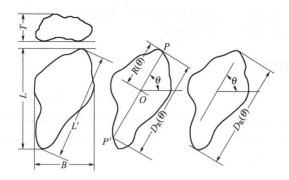

图 20-2-1 颗粒投影的各参数[1]

正交的等于 L，而 Feret 径的 $D_{Fmax}=L'$。由于 $L'>L$，一般 D_{Fmin} 与 D_{Fmax} 并不垂直。

2.2.2 均齐度

颗粒两个外形尺寸的比值称为均齐度（proportion），或称作比率。长短度（elongation）N 和扁平度（flakiness，flatness）M 的定义[2,3]如下：

$$N = 长径/短径 = L/B \tag{20-2-1}$$

$$M = 短径/厚度 = B/T \tag{20-2-2}$$

此外，N 与 M 的比值称为 Zingg 指数：

$$F = N/M = LT/B^2 \tag{20-2-3}$$

M 和 N 可作为颗粒定性分类的基准参数。图 20-2-2 表示出 Zingg[4]、Rosslein[5] 和英国标准利用均齐度对颗粒形状的分类。

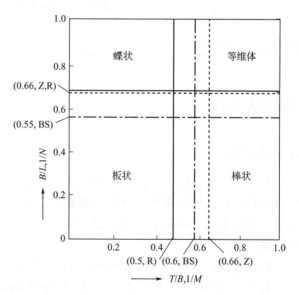

图 20-2-2 利用均齐度对颗粒形状分类[1]

Z—Zingg；R—Rosslein；BS—英国标准，812；1960

若颗粒的平均厚度记为 $\overline{T}$，$\overline{T}$ 与 T 之比 P_r 称为柱状比[3]（prismoidal ratio），它是一种形状指数。

$$P_r = \overline{T}/T \tag{20-2-4}$$

中心方向比（centroid aspect ratio）定义为颗粒投影的最大直径 $D_{R\max}$ 与垂直直径 $D_{R\pi/2}$ 之比，记作 CAR：

$$CAR = D_{R\max}/D_{R\pi/2} \tag{20-2-5}$$

中心方向比 CAR 是颗粒长短度的一种量度。

2.2.3 充满度

充满度（space filling factor）分为体积充满度和面积充满度。

体积充满度 F_V 定义为颗粒外接长方体的体积与该颗粒体积 V_p 之比：

$$F_V = \frac{LBT}{V_p} \tag{20-2-6}$$

面积充满度定义为颗粒投影外接矩形的面积与其投影面积 A 之比：

$$F_A = \frac{LB}{A} \tag{20-2-7}$$

F_A 的倒数为 α_A

$$\alpha_A = \frac{1}{F_A} = \frac{A}{LB} = \frac{(\pi/4)D_H^2}{LB} \tag{20-2-8}$$

α_A 称为面积比，又叫作容积系数（bulkiness factor）[6]。式（20-2-8）中的 D_H 是 Heywood 径。

此外，类似的指数还有：

Schulz 指数[8]： $\qquad k = nL^2B - 100 \tag{20-2-9}$

Hager 指数[8]： $\qquad F_H = (L/T)F_V \tag{20-2-10}$

式中，n 为 100cm³ 中的颗粒数；$n = 100/V_p$。

2.2.4 球形度

球形度（degree of sphericity）又称真球度，表示颗粒接近球体的程度[7]：

$$\psi_s = \pi D_V^2/S, \quad D_V = (6V/\pi)^{1/3} \tag{20-2-11}$$

式中　D_V——颗粒的等体积（球）直径；
　　　S——颗粒表面积。

2.2.5 圆形度

圆形度（degree of circularity）[7]定义了颗粒的投影与圆接近的程度：

$$\psi_c = \pi D_H/L, \quad D_H = (4A/\pi)^{1/2} \tag{20-2-12}$$

式中，L 表示颗粒投影的周长。

2.2.6 圆角度

圆角度（roundness）[3]表示颗粒棱角磨损的程度，见图 20-2-3，其定义为：

$$圆角度 = \sum r_i/(NR) \tag{20-2-13}$$

式中　r_i——颗粒轮廓上的曲率半径；

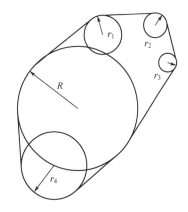

图 20-2-3 曲率半径与圆角度

R——最大内接圆半径；

N——角的数量。

2.2.7 表面指数

表面指数（surface factor）[1]的定义如下：

$$Z = L^2/(12.64A) \tag{20-2-14}$$

2.2.8 形状系数

若以 Q 表示颗粒平面或立体的参数，D_p 为粒径，二者间的关系：

$$Q = KD_p^k \tag{20-2-15}$$

式中，K 称为形状系数（shape factor）[4]。

用颗粒的体积 V_p 代替 Q：

$$V_p = \phi_V D_p^3 \tag{20-2-16}$$

式中，ϕ_V 称为体积形状系数。

用颗粒的表面积 S 代替 Q：

$$S = \phi_S D_p^2 \tag{20-2-17}$$

式中，ϕ_S 称为表面积形状系数。

比表面积形状系数定义为：

$$\phi = \phi_S/\phi_V \tag{20-2-18}$$

几种规则形状颗粒的形状系数如表 20-2-4 所示。

表 20-2-4 颗粒的形状系数[8]

颗粒形状	ϕ_S	ϕ_V	ϕ
球形 $l=b=t=d$	π	$\pi/6$	6
圆锥形 $l=b=t=d$	0.81π	$\pi/12$	9.72
圆板形			
$l=b, t=d$	$3\pi/2$	$\pi/4$	6
$l=b, t=0.5d$	π	$\pi/8$	8
$l=b, t=0.2d$	$7\pi/10$	$\pi/20$	14
$l=b, t=0.1d$	$3\pi/5$	$\pi/40$	24
立方体形 $l=b=t$	6	1	6
方柱及方板形			
$l=b, t=b$	6	1	6
$t=0.5b$	4	0.5	8
$t=0.2b$	2.3	0.2	1.5
$t=0.1b$	2.4	0.1	24

2.2.9 基于轮廓曲线的形状指数[9]

由颗粒二维投影图像的轮廓曲线，可计算展开径 $D_R(\theta)$ 及各种当量直径、平均径，如

等投影周长直径 D_C，Heywood 径（等投影面积直径）D_H，Feret 径 D_F。它们的组合可作为表示颗粒形状特性的指数，如表 20-2-5 所示。中心方向比 CAR［见式（20-2-5）］也属于此类指数。

表 20-2-5　基于轮廓曲线的形状指数[1]

(1) $\psi_{HC} = D_H / D_C$	$\overline{D}_R = \dfrac{1}{\pi} \int_0^\pi D_R(\theta) d\theta$
(2) $\psi_{RH} = \overline{D}_R / D_H$	
(3) $\psi_{RC} = \overline{D}_R / D_C$	$\overline{D}_F = \dfrac{1}{\pi} \int_0^\pi D_F(\theta) d\theta$
(4) $\psi_{HF} = D_H / \overline{D}_F$	
(5) $\psi_{RF} = \overline{D}_R / \overline{D}_F$	$D = \int_0^{2\pi} R(\theta) d\theta$
(6) $\psi_{FC} = \overline{D}_F / D_C$	
(7) $\sigma_R = \left[\dfrac{1}{\pi} \int_0^\pi (D_R(\theta) - \overline{D}_R)^2 d\theta \right]^{1/2} / \overline{D}_R$	$A = \dfrac{1}{\pi} \int_0^{2\pi} [R(\theta)]^2 d\theta,\ D_C = P/\pi$
(8) $\sigma_F = \left[\dfrac{1}{\pi} \int_\sigma^\pi (D_F(\theta) - \overline{D}_F)^2 d\theta \right]^{1/2} / \overline{D}_F$	$D_H = (4A/\pi)^{1/2}$

2.3　颗粒形状的数学分析

颗粒形状的数学分析是指将颗粒的几何形状用一些函数来表达，常见的分析方法有 Fourier 方法、方波函数法和分数维方法。

2.3.1　Fourier 方法

(1) 概述　图 20-2-4 示出一个立体颗粒的剖面，CG 表示质心。颗粒表面上的全部点可用半径向量 R，极角 ψ 和 θ 描述。由于立体颗粒的形状测量比较复杂，在此不作详细介绍。有关三维空间的 Fourier 分析，请参见文献［10，11］。

图 20-2-5 显示了一个砂粒的侧形，其轮廓由极坐标表示，其中 $R(\theta)$ 是半径向量，θ 表示极角、R_m 是最大半径。

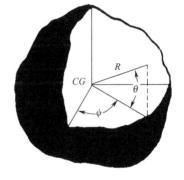

图 20-2-4　立体颗粒的球坐标[8]

Fourier 级数由一系列正弦函数和余弦函数组成，这些函数相互加和会产生不同的效应。图 20-2-6 列举了几个低次项的三角函数波形和它们表示的图形。

(2) $R(\theta)$ 法　半径向量 $R(\theta)$（图 20-2-5）可以展开成 Fourier 级数：

$$R(\theta) = A_0 + \sum_{n=1}^{\infty} A_n \cos(n\theta - a_n) \tag{20-2-19}$$

$$R(\theta) = A_0 + \sum_{n=1}^{\infty} (a_n \cos n\theta + b_n \sin n\theta) \tag{20-2-20}$$

$$A_n = \sqrt{a_n^2 + b_n^2} \tag{20-2-21}$$

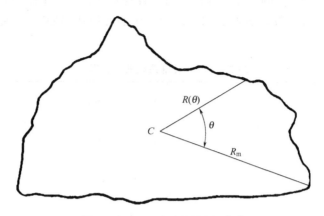

图 20-2-5 一个砂粒的侧形[12]

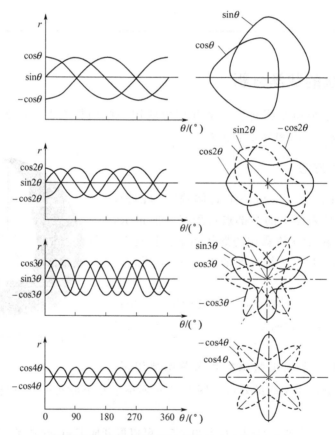

图 20-2-6 三角函数的波形及其生成的图形[11]

$$a_n = \tan^{-1}\frac{b_n}{a_n} \tag{20-2-22}$$

系数 A_n、a_n 和 b_n 表示颗粒形状的某些特征，A_0 是平均半径，A_2 表示颗粒的长短度，A_3 表示颗粒的三角度。

用系数 a_n、b_n 可以表示等面积相当半径：

$$R_0 = \sqrt{a_0^2 + \frac{1}{2}\sum_{n=1}^{\infty}(a_n^2 + b_n^2)} \qquad (20\text{-}2\text{-}23)$$

颗粒的形状项定义为：

$$\left.\begin{aligned} L_0 &= a_0/R_0 \\ L_{1,n} &= 0 \\ L_{2,n} &= \frac{1}{2R_0^2}(a_n^2 + b_n^2) \\ L_{3,n} &= \frac{1}{4R_0^3}(a_n^2 a_{2n} - b_n^2 a_{2n} + 2a_n b_{2n}) \end{aligned}\right\} \qquad (20\text{-}2\text{-}24)$$

式(20-2-24)中的 L 已经归一化，其值与颗粒的大小无关，仅与形状有关。

中心方向比 CAR 可用 Fourier 系数表示：

$$\text{CAR} = \frac{R(0) + R(\pi)}{R(\pi/2) + R(3\pi/2)} = \frac{2A_0 + 2\sum_{n=1}^{\infty} a_{2n}}{2A_0 + 2\sum_{n=1}^{\infty}(-1)^n a_{2n}} \qquad (20\text{-}2\text{-}25)$$

许多颗粒具有简单的形状，可用 $R(\theta)$ 法进行描述和表征。对于颗粒表面有内陷的情况，可用 (ψ, s) 法或 (φ, l) 法描述和表征，读者可参阅文献 [11]。

(3) 纯正弦函数法[12]　通常，Fourier 法需要系数 A_n 和相角 α_n 两种参数才能表示颗粒的形状，而纯正弦函数法仅用一种系数即可表示其形状。

纯正弦函数法的要点是将颗粒投影的最大半径和展开径之差在区间 $[0, 4\pi]$ 上开拓为奇函数，如图 20-2-7 所示，然后展开成正弦函数：

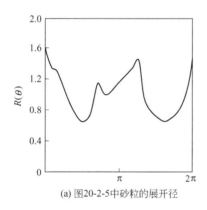
(a) 图20-2-5中砂粒的展开径

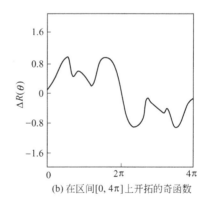
(b) 在区间[0, 4π]上开拓的奇函数

图 20-2-7　纯正弦函数法

$$R^*(\theta) = R_m^* - \sum_{k=1}^{2N} B_k \sin\frac{k\theta}{2} \qquad (20\text{-}2\text{-}26)$$

系数 B_k 称为形状述子。为了比较形状，这里我们用 "＊" 表示半径的归一化值。

将 $R(\theta)$ 开拓成奇函数[12]，颗粒投影的最大半径可表示为：

$$R_m^* = 1 + \frac{2}{\pi}\sum_{k=1}^{N}\frac{B_{2k-1}}{2k-1} \qquad (20\text{-}2\text{-}27)$$

等面积相当径（当量半径）R_0^* 可表示成：

$$R_0^* = A_0 \sqrt{R_m^*(2-R_m^*) + \frac{1}{2}\sum_{k=1}^{2N} B_k^2} \qquad (20\text{-}2\text{-}28)$$

式(20-2-28)还说明当量半径不仅与平均半径 A_0 有关，而且与颗粒的形状有关。

用形状述子 B_k 也可以表示颗粒投影的二阶矩：

$$\overline{[R_m^* - R^*(\theta)]^2} = \frac{1}{2}\sum_{k=1}^{2N} B_k^2 \qquad (20\text{-}2\text{-}29)$$

与 Fourier 系数一样，形状述子 B_k 的低次项描述颗粒形状的主要部分，而高次项则描述其细微结构。

上述两种方法的系数具有以下定量关系：

$$a_n = -\frac{1}{\pi} CB_{2k-1} \text{ 和 } b_n = -B_{2k} \qquad (20\text{-}2\text{-}30)$$

其中 C 为变换矩阵：

$$C = \begin{bmatrix} -\frac{2}{3} & \cdots & \frac{2(2k-1)}{(2k-1)^2-4} \\ \vdots & \frac{2(2k-1)}{(2k-1)^2-4} & \vdots \\ \frac{2}{1-4n^2} & \cdots & \frac{2(2N-1)}{(2N-1)^2-4N^2} \end{bmatrix} \qquad (20\text{-}2\text{-}31)$$

2.3.2 方波函数法

方波函数更适于表示颗粒的表面形貌。三种方波函数分别是 Rademacher 函数、Haar 函数和 Walsh 函数，如图 20-2-8 所示。

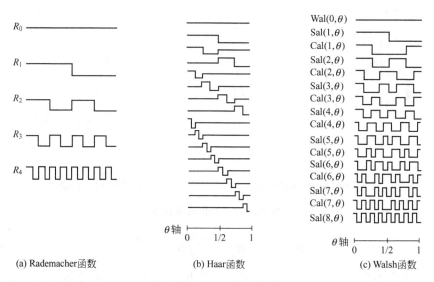

(a) Rademacher函数　　(b) Haar函数　　(c) Walsh函数

图 20-2-8　方波函数[11]

Walsh 函数简记为 $\text{Wal}(i,\theta)$，它的正弦项和余弦项分别记为 Sal 和 Cal，这三个函数的关系是：

$$\text{Wal}(2i,\theta) = \text{Cal}(i,\theta)$$
$$\text{Wal}(2i-1,\theta) = \text{Sal}(i,\theta) \qquad (20\text{-}2\text{-}32)$$

式中，i 是序数。

为了说明方波函数表示颗粒形状的优点，图 20-2-9 将 Walsh 法和 Fourier 法进行了比较。图 20-2-9(a) 显示了这两种方法的第二个系数 A_2 产生的图形，A_2 表示颗粒的方向比。图 20-2-9(b) 表示用 A_3 产生的图形，它表示颗粒的三角度。

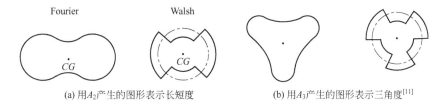

(a) 用 A_2 产生的图形表示长短度　　　　(b) 用 A_3 产生的图形表示三角度[11]

图 20-2-9　Fourier 法和 Walsh 法的比较

Walsh 函数经线积分处理，可计算颗粒的周长：

$$L = 2\pi A_0 + 4\sum_{n=2}^{\infty} NA_n \tag{20-2-33}$$

式中，A_0 为平均半径；A_n 为 Walsh 系数。

2.3.3　分数维方法

分数维[13]又称分形（fractals），是一种新的数学方法，近年来已用于描述颗粒的粗糙度和表面结构[14]。

图 20-2-10 可说明分数维和整数维的区别：四条曲线的整数维都等于 1，而分数维却有较大的差别。曲线的形状越复杂，分数维的数值越大。根据经验得知，点是零维，曲线是一维，曲面是二维，空间是三维，这些经验维数都是整数。

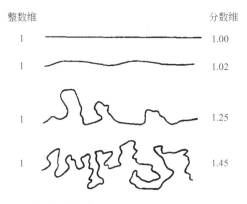

图 20-2-10　曲线整数维和分数维

Koch 曲线如图 20-2-11(a) 所示。其画法是将长度为 1 的线段分成 3 份，从中间 1/3 长度的线段画一正三角形的 2 条边，去掉底边，得到 4 条长度为 1/3 的线段；再以长度为 1/3 的线段，重复上述过程；继续以长度 $(1/3)^n$ 的线段重复上述过程，就可得到 Koch 曲线，其线段总长为：

$$L = nr = r^{1-d_F} \tag{20-2-34}$$

式中　n——线段条数；

　　　r——每条线段的长度；

d_F——分数维的维数。

对于 Koch 曲线，分数维的维数 $d_F=\lg4/\lg3\approx1.26186$。图 20-2-11(b) 和 (c) 分别示出 Koch 三次岛 (triadic island) 和四次岛 (quadratic island)，它们是分别以正三角形和正方形为基础画出的。

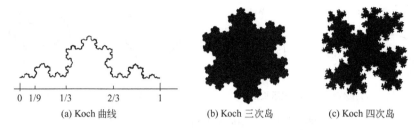

图 20-2-11　典型的分数维曲线及图形[14]

分数维曲线的一个重要特点是自相似性。如图 20-2-11(a) 所示，区间 [0, 1/3] 的曲线与区间 [0, 1] 的曲线相似，缩小区间范围，这种相似性仍然存在。

利用分数维的自相似原理，可以表征许多不规则的形状，其中包括表征颗粒的形状。

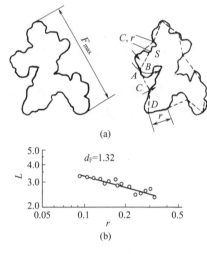

图 20-2-12　炭黑聚团的分数维表示法

图 20-2-12(a) 表示具有复杂边界轮廓的炭黑聚团。若从边界上任一点 S 起始，以半径 r 画弧，得到与边界轮廓的交点 A；从 A 点画弧，得到 B，重复上述过程，直到最后得到余量 a。该聚团的周长 L 可近似写成：

$$L = Kr^{1-d_F} \quad (20\text{-}2\text{-}35)$$

式中，r 称为步长。若将周长 L 和步长 r 在双对数坐标纸上作图，可得一直线，如图 20-2-12(b) 所示，其斜率为 $1-d_F$。d_F 就是我们希望求出的分数维的维数，炭黑的 d_F 为 1.32。这里已用最大 Feret 径将步长 r 做了归一化处理。

分数维方法不仅可以解决颗粒的粗糙度问题，还能够定量地描述颗粒表面的结构[15]。在颗粒形状分析中，处理卷褶状颗粒和颗粒聚团是比较困难的，分数维方法提供了一种描述这类非欧几里得结构的手段。

2.4　动力学形状系数

2.4.1　阻力形状系数

在低雷诺数 Re 范围内，非球形颗粒受到黏度为 μ、相对速度为 v 的流体阻力 F_D，可按 Stokes 公式表示为：

$$F_D = 3\pi\mu v D_p K \quad (20\text{-}2\text{-}36)$$

式中，K 称为阻力形状系数。K 值视所采用的粒径 D_p 而各异。K_S、K_V、K_{Stk} 分别为采用等表面积相当径 D_S、等体积相当径 D_V 和 Stokes 径 D_{Stk} 的 K 值。

表 20-2-6 示出不规则颗粒的阻力形状系数的实验结果[16]。实验采用等投影面积直径 D_H 表示颗粒粒径 D_p，从而得到体积形状系数 ϕ_V、阻力形状系数 K_p 和动力学形状系数 κ。

表 20-2-6 不规则颗粒的阻力形状系数[16]

项目	粒径/μm	体积形状系数 ϕ_V	阻力形状系数 K_p	动力学形状系数 κ
煤粉	0.56～4.3	0.38	1.50	1.88
	>4	0.25	0.9	1.15
石英	0.65～1.83	0.35	1.43	1.84
	>4	0.21	0.91	1.23
UO_2	0.21～0.63	0.34	0.85	1.11
	0.21～1.08	0.34	0.95	1.24
ThO_2	0.23～0.68	0.23	0.75	1.19
	0.23～3.38	0.23	0.93	1.42

2.4.2 动力学形状系数

(1) 定义 颗粒的动力学形状系数由下式定义：

$$\kappa = \frac{\text{作用于非球形颗粒的实际阻力}}{\text{作用于同体积球体的阻力}} \tag{20-2-37}$$

式(20-2-37)不仅适用于层流区，也适用于湍流区。在层流区（Stokes 区），若采用等体积直径 D_V，则由 Stokes 公式和式(20-2-36)得到：

$$\kappa = \frac{3\pi\mu v D_V K_V}{3\pi\mu v D_V} = K_V \tag{20-2-38}$$

即在层流区，动力学形状系数 κ 与阻力形状系数 K_V 相等。

颗粒的终端沉降速度 v_t 可用 κ 和 D_V 表示：

$$v_t = (\rho_p - \rho_f) D_V^2 g / (18\mu\kappa) \tag{20-2-39}$$

式中，ρ_p、ρ_f 分别表示颗粒和流体的密度，由此可导出：

$$\kappa = D_V^2 / D_{Stk}^2 \tag{20-2-40}$$

式中，D_{Stk} 为 Stokes 径。

(2) K_p、κ、ψ_s 的关系

$$\frac{\phi_V}{K_p} D_H^2 = \frac{\pi}{6} \frac{D_V^3}{\kappa}, \quad \psi_s \approx \left(\frac{K_p}{\kappa}\right)^2 = \left(\frac{6}{\pi}\phi_V\right)^{1/3} \tag{20-2-41}$$

式中，ϕ_V 和 K_p 分别为基于等投影面积直径 D_H 的体积形状系数和阻力形状系数；ψ_s 为球形度。

(3) 椭球体的动力学形状系数 椭球体的体积是 $4\pi a^2 b/3$，扁长形椭球和扁平形椭球的等体积相当径 D_V 分别正比于 $2a\beta^{1/3}$ 和 $2a\beta^{-1/3}$，由此得到 κ 与 K 的关系：

$$\kappa = K\beta^{\pm\frac{1}{3}} \tag{20-2-42}$$

式中，β 表示长轴与短径之比。

(4) 凝聚颗粒的动力学形状系数　按照等径球模型，凝聚颗粒的动力学形状系数可近似地表示为[17,18]：

$$\kappa \approx 1.233 \qquad （块状凝聚颗粒） \qquad (20\text{-}2\text{-}43)$$

$$\kappa \approx 0.862 n^{1/3} \qquad （链状凝聚颗粒，随机取向） \qquad (20\text{-}2\text{-}44)$$

式中，n 为构成凝聚颗粒模型的一次颗粒数。

不规则颗粒的 κ 值已列于表 20-2-6 中。

参考文献

[1] 粉体工學會，山口賢治．粉體工學便覽：粒子形狀．東京：日刊工業新聞社，1986：60．
[2] Heywood H. Paint Manufacture, 1947, 17: 117-120; Trans Inst Chem Engr, 1947, 22: 14-24.
[3] 三輪茂雄．粉粒体工学．東京：朝倉书店，1972：65．
[4] Zingg T. Schweizerische Mineralogische und Petrographische Mitteilunger, 1935, 15: 39-140.
[5] Rosslein D. Quarry Managers Journal, 1946, 30: 4.
[6] Hausner H H. Planseeber Pulvermet, 1966, 14 (2): 75-84.
[7] Wadell H J. Franklin Inst, 1934, 217: 459-490.
[8] 《化学工程手册》编辑委员会．化学工程手册：第 19 篇　颗粒和颗粒系统．北京：化学工业出版社，1989．
[9] 椿淳一郎．粉粒体の形状解析——应用与问题．名古屋：名古屋大学，1979．
[10] Fong S T, Beddow J K, Vetter A F. Powder Technology, 1979, 22 (1): 17-21.
[11] Beddow J K, Meloy T P. Testing Characterization of Powders and Fine Particles. London: Hevden & Son Ltd, 1979; Beddow J K. Particulate Science and Technology. New York: Chem Pub Co, 1980.
[12] Ma X H // Kwauk M. Particuology. Beijing: 1988: 7.
[13] Mandelbrot B P. Fractals: Form, Chance and Dimension. San Francisco: Freeman, 1977.
[14] Kaye B H. Part Charact, 1984, 1: 14-21; 1985, 2: 91.
[15] Kaye B H. Direct Characterization of Fine Particles. New York: Wiley, 1981.
[16] Mercer T. Aerosol Technology in Hazard Evaluation. New York: Academic Press, 1973: 83.
[17] Kousaka Y, Okuyama K, Payatakes A C. J Colloid & Interface Sci, 1981, 84 (1): 91-99.
[18] Davies C N. J Aerosol Sci, 1979, 10 (5): 477.

符号说明

A	颗粒的投影面积，m^2	
A_n	Fourier 系数	
B	短径，m	
C	变换矩阵	
D_C	等投影周长直径，m	
$D_{F(\theta)}$	Feret 径，m	
D_H	等投影面积直径，m	
$D_{R(\theta)}$	展开径，m	
D_S	等表面积（球）直径，m	
D_V	等体积（球）直径，m	
d_F	分数维的维数	
F_A	面积充满度	
F_V	体积充满度	

K	阻力形状系数
K_p	颗粒阻力形状系数
K_S	用等表面积相当径得到的阻力形状系数
K_{Stk}	用 Stokes 径得到的阻力形状系数
L	长径，m
M	扁平度
N	长短度
$R(\theta)$	展开径，m
r	步长，m
S	表面积，m
T	颗粒的厚度，m

希腊字母

α_A	F_A 的倒数
α_n	相角，rad
κ	动力学形状系数
ρ	密度，$kg \cdot m^{-3}$
ψ_c	圆形度
ψ_s	球形度

拉丁字母

ϕ	比表面形状系数
ϕ_S	表面积形状系数
ϕ_V	体积形状系数

3

颗粒测定

颗粒测定涉及诸多物理、化学性质及几何特性，本章介绍颗粒的粒径、密度、比表面积及细孔分布的测定。

3.1 粒径的测定

粒径是颗粒占据空间大小的线性尺度，测定方法种类繁多，因原理不同，所测粒径范围及参数各异，应根据使用目的及方法的适应性作出选择。测定及表达粒径的方法可分为长度、质量、横截面、表面积及体积五类，常用方法见表20-3-1和表20-3-2。粒径测定的结果应指明所采用的方法和表示法。

表 20-3-1 常用粒径测定法[1~5]

测定方法	大致粒径范围/μm	参数类别	粒径表达	分布基准	干湿介质	测定依据的性质
标准筛 微目筛	>38 5~40	长度	筛分径 D_A	质量	干、湿	筛孔
光学显微镜法 电子显微镜法 全息照相法	0.25~250 0.001~5 2~500		等投影面积直径、D_F、D_M 等	面积或个数	干	通常是颗粒投影像的某种尺寸或某种相当尺寸
空气中沉降法 液体中沉降法 离心沉降法 喷射冲击器法 空气中抛射法 淘析法	3~250 2~150 0.01~10 0.3~50 >100 1~100	质量	同沉降速度的球直径 D_{st}（层流区）	质量	干 湿 干、湿 干 湿、干	沉降效应,沉积量,悬浮液浓度,密度或消光等随时间或位置的变化
光散射法 X射线小角度散射法 比浊计法	0.3~50 0.008~0.2 0.05~100	横截面	等体积(球)直径 D_V	质量或个数	湿 干 湿	颗粒对光的散射或消光（散射和吸收）,颗粒对X射线的散射
吸附法 透过法(层流) （分子流） 扩散法	0.002~20 1~100 0.001~1 0.003~0.3	表面积	比表面积径 $D=\dfrac{6}{S_V}$		干、湿	气体分子在颗粒表面的吸附;床层中颗粒表面对气流的阻力
Coulter计数器、 声学法	0.2~800 50~200	体积	常为等体积(球)直径 D_V	体积或个数	湿	颗粒在小孔电阻传感区引起的电阻变化

表 20-3-2　超细粉尘的粒径分布测定[4]

测定方法	测定仪器	大致粒径范围/μm
电子显微镜法	透射式电子显微镜 扫描式电子显微镜	>0.001 >0.006
X射线小角度散射法	X射线小角度测角仪	0.005～0.2
扩散法	筛网式扩散分级仪	0.005～0.2
电迁移率法	静电气溶胶测定仪 EAA	0.0032～1.0
	微分电迁移率分析仪 分布测定仪 DMPS	0.0～1.0
惯性沉降法	低压级联冲击器	>0.05

3.1.1　筛分法

筛分法是粒径分布测量中使用早、应用广、最简单和快速的方法。

(1) 筛分原理　筛分法是利用筛孔机械阻挡的分级方法。将定量颗粒样品通过一系列不同孔尺寸的标准筛，由各级筛分离成筛上、筛下不同粒级，分别称量颗粒质量 m_i，可求出各级质量分数 ΔR_i，由此计算筛分粒径分布值。

$$\Delta R_i = \frac{m_i}{\sum m_i} \times 100\% \tag{20-3-1}$$

Whitby[6]将筛分过程分为三个区段，典型筛分曲线如图 20-3-1 所示，筛分时间应选择在过渡区。实际上常把继续筛分 5min，能通过筛孔的粉粒量<0.2%时，看作筛分终点。

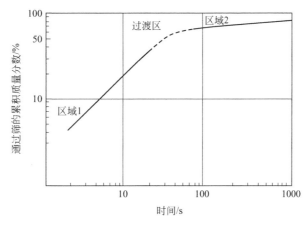

图 20-3-1　颗粒筛分曲线

(2) 标准筛　世界各国分别采用各自的标准筛系列，如美国有美国材料与试验协会标准（ASTM）筛系和泰勒（Tyler）筛系，日本有 JIS 标准筛等。我国原冶金部标准 YB 2007—78，选用国际标准筛。目前各筛制正向国际标准组织 ISO 筛系统一。各种筛系比较及国内常用筛见表 20-3-3 和表 20-3-4。

表 20-3-3　各种筛系比较[8,9]

国际筛的筛孔尺寸/mm	美国筛 E11-70		泰勒筛		英国		日本 1982 年标准	德国		法国	
	筛号	筛孔尺寸/mm	筛目	筛孔尺寸/mm	筛号	筛孔尺寸/mm	筛孔尺寸/mm	筛号	筛孔尺寸/mm	筛号	筛孔尺寸/mm
	$3\frac{1}{2}$	5.6	$3\frac{1}{2}$	5.613	3	5.6	5.6				
	4	4.75	4	4.699	$3\frac{1}{2}$	4.75	4.75				
4.00	5	4.00	5	3.962	4	4.00	4.00			37	4.00
	6	3.35	6	3.327	5	3.35	3.35				
2.80	7	2.80	7	2.794	6	2.80	2.80				
	8	2.36	8	2.362	7	2.36	2.36			35	2.500
2.00	10	2.00	9	1.981	8	2.00	2.00			34	2.000
	12	1.70	10	1.651	10	1.70	1.70			33	1.600
1.40	14	1.40	12	1.397	12	1.40	1.40	4	1.5		
	16	1.18	14	1.168	14	1.18	1.18	5	1.2		
1.00	18	1.00	16	0.991	16	1.00	1.00	6	1.02	31	1.000
	20	0.850	20	0.833	18	0.850	0.850	8	0.75		
0.710	25	0.710	24	0.701	22	0.710	0.710	10	0.60		
0.710	30	0.600	28	0.589	25	0.600	0.600	11	0.54		
0.500	35	0.500	32	0.495	30	0.500	0.500	12	0.49	28	0.500
	40	0.425	35	0.417	36	0.425	0.425	14	0.43		
0.355	45	0.355	42	0.351	44	0.355	0.355	16	0.385		
	50	0.300	48	0.295	52	0.300	0.300	20	0.300		
0.25	60	0.250	60	0.246	60	0.250	0.250	24	0.250	25	0.250
	70	0.212	65	0.208	72	0.212	0.212	30	0.200		
0.18	80	0.180	80	0.175	85	0.180	0.180				
	100	0.150	100	0.167	100	0.150	0.150	40	0.150		
0.125	120	0.125	115	0.124	120	0.125	0.125	50	0.120	22	0.125
	140	0.106	150	0.104	150	0.106	0.106	60	0.102		
0.090	170	0.090	170	0.088	170	0.090	0.090	70	0.088		
	200	0.075	200	0.074	220	0.075	0.075	80	0.075		
0.063	230	0.063	250	0.061	240	0.063	0.063	90	0.066	19	0.063
	270	0.053	270	0.053	300	0.053	0.053	100	0.060		
0.045	325	0.045	325	0.043	350	0.045	0.045				
	400	0.038	400	0.038	400	0.038	0.038				

表 20-3-4　国内常用筛[7]

目数	筛孔尺寸/mm	目数	筛孔尺寸/mm
8	2.5	70	0.224
10	2.00	75	0.200
12	1.60	80	0.180
16	1.25	90	0.160
18	1.00	100	0.154
20	0.900	110	0.140
24	0.800	120	0.125
26	0.700	130	0.112
28	0.63	150	0.100
32	0.56	160	0.090
35	0.50	190	0.080
40	0.45	200	0.071
45	0.40	240	0.063
50	0.355	260	0.056
55	0.315	300	0.050
60	0.28	320	0.045
65	0.25	360	0.040

注：目数为每英寸（1in=2.54cm）长度筛孔数。

(3) 筛子校准　影响筛分结果最重要的因素是筛孔尺寸，由于制造过程要求有一定的精确度及使用中颗粒堵塞使孔变形，筛子出厂和使用过程中都应校准。美国国家标准局用显微镜法测量 5～10 根金属丝直径，取 4 次平均值，由单位长度上丝数计算平均筛孔尺寸。称重法是在筛分近终点时，测定少量筛出颗粒的数量 n 和质量 m、颗粒密度 ρ_s，由下式计算等体积（球）直径 D_V，认为是筛子的校正粒径。

$$D_V = [6m/(\pi\rho_s n)]^{1/3} \tag{20-3-2}$$

筛子定期验定的常用方法一种是用已知粒度分布的标准试样（如玻璃微珠）检验筛子，另一种是用已校验过的筛子作标准与被验筛对同一样品筛分，比较所得结果，定出校正系数。

(4) 使用特点　筛分有干、湿筛两种，易成团细粉或液体中颗粒、脆性物料宜湿筛，试样通常为 100g，筛分 10～15min。若筛分的各粒级质量与原试样质量差为 0.5%～1%，应重新筛分。

筛分粒径下限约 $40\mu m$，电成型微 R 筛分粒径下限为 $5\mu m$。国产 SFY-A 型音波振动式全自动筛分仪的筛分，范围是 $34\mu m \sim 2mm$，一次可筛分 6 个等级的颗粒度。

3.1.2　显微镜法

显微镜和近摄照片是可直接观测单个或混合颗粒形状和粒度的方法，测得的粒径为颗粒的投影尺寸。常用的几种表示法有 Feret 径、Martin 径、投影圆当量径和定向最大径，如图 20-3-2 所示。测定粒径分布，需统计颗粒总数，对形状较规则的颗粒，约测 100 个，对形状

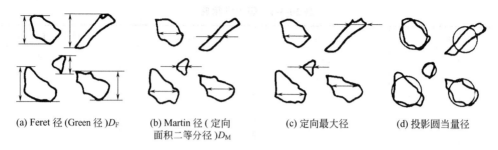

图 20-3-2　投影粒径的测定方法

不规则的颗粒，一般测量 200～2000 个。

光学显微镜法常用于标定其他测定法，粒度分析中一般用透射显微镜。测定时，常通过在目镜中插入带标尺或一些几何图形的显微刻度片来测定颗粒投影像的粒径。或将显微镜的颗粒图像、照片投影到屏上，与屏上的标尺、几何图形或预先标定大小的参考圆光点对比，确定粒径。结合微机技术的自动图像分析仪增加了对图像或照片的自动扫描、数据处理、储存和输出等功能，缩短了测定时间。

电子显微镜利用电子束成像，电子束波长远小于可见光波长，分辨能力达 0.2nm，比光学显微镜高。扫描电镜用细束中等能量的电子扫描试样，测速比透射电镜快，且能取得更多三维空间的数据，粒径测定适用范围是 0.01～100μm。国外主要生产厂家有：荷兰 Philips；日本 JEOL，日立；英国 Cambridge；美国 Amray；德国 Opton；法国 Cameca 等。国内中科院北京中科科仪股份有限公司、上海新耀机电设备有限公司、江南光学仪器有限公司等都有成熟的产品。

3.1.3　沉降法

通过测定颗粒在流体中的沉降速度，基于 Stokes 重力沉降公式，计算出的粒径，称为 Stokes 径。按力场分，有重力沉降和离心沉降两类；以测定计算法分，有增量（微分）法和累积（积分）法。沉降开始时，被测颗粒可集中于沉降介质的顶部，形成一薄悬浮层，即铺层，也可均匀分布在沉降介质内，即均匀悬浮，后者应用较广。

(1) 重力沉降　在 Re 层流区，粒径 D_s 与沉降速度关系：

$$D_s = \sqrt{\frac{18\mu u_{st}}{\Delta \rho g}} \qquad (20\text{-}3\text{-}3)$$

式中　u_{st}——颗粒沉降速度，cm·s^{-1}；
　　　$\Delta\rho$——颗粒、流体密度差，g·cm^{-3}；
　　　μ——流体黏度，Pa·s；
　　　D_s——粒径，μm。

考虑颗粒的布朗运动和流体热对流的影响，重力沉降原理仪器，一般能测的粒径下限为 2μm。

(2) 离心沉降　对于细颗粒，为避免布朗运动干扰，加快沉降，采用离心沉降法。层流区，离心沉降速度与粒径 D 有如下关系：

$$D = \sqrt{\frac{\ln(r/s)}{kt}} \qquad (20\text{-}3\text{-}4)$$

$$k = \Delta\rho\omega^2 / (18\mu)$$

式中 ω——旋转角速度；

r——转轴到离心沉降管底的距离；

s——转轴到液面的距离。

(3) 增量法 测定沉降液面下方某一高度 h 处，颗粒浓度（或悬浮液密度）随时间的变化，据此得出悬浮液中颗粒的粒径分布。

设 $c(h,0)$ 为时间 $t=0$，悬浮液深度 h 处的颗粒浓度，$c(h,t)$ 为经时间 t 后，同一深度处的颗粒浓度，假定颗粒浓度很低，颗粒与介质体积相比可以忽略，则有：

$$\frac{c(h,t)}{c(h,0)} = \frac{m_s'}{m_s} = \frac{\int_{D_{\min}}^{D} f(D) \mathrm{d}D}{\int_{D_{\min}}^{D_{\max}} f(D) \mathrm{d}D} \tag{20-3-5}$$

式中 m_s——起始时悬浮液深度 h 处颗粒的质量；

m_s'——时间 t 后悬浮液深度 h 处颗粒的质量；

$D_{\min}$——沉降颗粒中的最小颗粒粒径；

$D_{\max}$——沉降颗粒中的最大颗粒粒径。

用 $100c(h,t)/c(h,0)$ 对 D 作图，可得到小于某粒度颗粒的累积质量分数曲线，此为增量法。增量法分析较快，应用较多。适用此法的仪器有：移液管及 X 射线沉降仪等采用消光原理的光透法仪器。

(4) 累积法 测定颗粒在悬浮液中的沉降速度或测量悬浮体沉积在一定高度上的总量随时间的变化，据此得出颗粒粒度分布。

高度为 h 的均匀悬浮液，经时间 t 后，落至底部的颗粒由两部分组成：①粒径大于或等于 D_s 的部分；②粒径小于 D_s 但初始位置小于 D_s，在时间 t 内沉降至底部的颗粒。于是，经时间 t 后沉降析出的颗粒累积质量 w 为：

$$w = \int_{D_s}^{D_{\max}} f(D) \mathrm{d}D + \int_{D_{\min}}^{D_s} \frac{ut}{h} f(D) \mathrm{d}D \tag{20-3-6}$$

$$t \frac{\mathrm{d}w}{\mathrm{d}t} = \int_{D_{\min}}^{D_s} \frac{ut}{h} f(D) \mathrm{d}D \tag{20-3-7}$$

$$w_t = w - t \frac{\mathrm{d}w}{\mathrm{d}t} \tag{20-3-8}$$

式中，w_t 为粒度大于 D_s 的颗粒累积分数。

由 w 对 t 作图，从 t 时刻作曲线的切线，可估算出 $t\dfrac{\mathrm{d}w}{\mathrm{d}t}$。

本法用样量少，约 0.5g，减小了颗粒间的相互作用，适用的仪器有：沉降柱、沉降天平、β 射线返回散射沉降仪等。

(5) 沉降法测粒仪 沉降法系列仪器种类、数量多，应用也最广。Andreasen 移液管是标准式沉降仪，见图 20-3-3，装置简单，可直接测得质量累积分数，精确度为 ±1% 左右，在水文、地质工作中仍常使用。

沉降天平是累积法中最主要的一种，图 20-3-4 为改进了的 Sartorius 沉降天平，是利用重力和离心原理的常用仪器。国产的有带自动记录的 TZC-2 型沉降天平，测量范围为 1～100μm；GXS-203 型光定点扫描式粒度分布仪，测量范围为 1～200μm；圆盘离心式粒度仪

 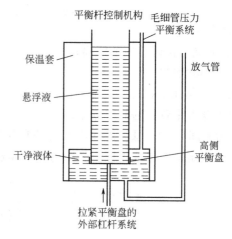

图 20-3-3　Andreasen 移液管　　图 20-3-4　改进了的 Sartorius 沉降天平

LKY-2、GXL-201A 型，测量范围为 0.01～30μm；SICAS-4000 光透沉降式粒度仪，沉降方式可为重力、离心或重力＋离心沉降，测量范围为 0.1～800μm，见表 20-3-5。

表 20-3-5　沉降法测粒仪

方法及仪器	粒度范围/μm	测定时间/min
移液管	2～75	120
沉降管	2～75	60
沉降天平	1～150	几十分钟 几十小时
沉降密度差	0.5～50	60
光扫描粒度分析器	1～200	
X 射线沉降仪	0.1～75	45
β 射线返回仪	2～75	60
沉降衍射法	2～70	
重力沉降光透法	2～75	60
重力-离心沉降光透法	0.1～800	15～30
离心沉降光透法	0.01～30	几分钟
离心重量法	0.5～5	60
离心 X 射线法	0.05～5	30

3.1.4　电传感法

电传感法是测定颗粒大小和数目的计数方法，最早为 Coulter 公司商品化，常称为库尔特计数器。电传感法依据导电液中的颗粒逐个通过两边各插有一个电极的小孔，当颗粒通过小孔时（图 20-3-5）产生电阻变化，由此产生的电压脉冲与颗粒体积成正比。记录脉冲信号，即可得出颗粒粒度和粒数。

在小孔内无颗粒时，微单元电阻值是：

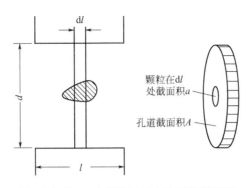

图 20-3-5 一个颗粒通过小孔时的剖面图

$$dR_0 = \frac{H_f}{A} dl \qquad (20\text{-}3\text{-}9)$$

当小孔内进入一个颗粒时，微单元的电阻是：

$$dR = \frac{H_f}{A - a(1 - H_f/H_s)} dl \qquad (20\text{-}3\text{-}10)$$

式中，H_s，H_f 分别为颗粒和电解液的电阻率；a，A 分别为颗粒和小孔的截面积。因此，有颗粒存在时，微单元的电阻变化为：

$$d(\Delta R) = dR_0 - dR = \left[\frac{H_f}{A} - \frac{H_f}{A - a(1 - H_f/H_s)} \right] dl \qquad (20\text{-}3\text{-}11)$$

实际上颗粒可视为绝缘体，即为无限大：

$$d(\Delta R) = \frac{a H_f}{A^2 (1 - a/A)} dl \qquad (20\text{-}3\text{-}12)$$

对一些特殊形状的颗粒，积分上式能得解析解。

(1) 颗粒截面积为 a 的圆柱体

$$\Delta R = \frac{V H_f}{A^2 (1 - a/A)} \qquad (20\text{-}3\text{-}13)$$

式中，V 为圆柱体积。可见 ΔR 与颗粒体积近似正比，a/A 足够小时，可看作正比关系。

(2) 对于直径为 d 的球形颗粒

$$\Delta R = \frac{8 H_f d^3}{3 \pi D^4} \left[1 + \frac{4}{5} \left(\frac{d}{D} \right)^2 + \frac{24}{35} \left(\frac{d}{D} \right)^4 + \frac{169}{280} \left(\frac{d}{D} \right)^6 + \cdots \right] \qquad (20\text{-}3\text{-}14)$$

d/D 足够小时，ΔR 才与颗粒体积成正比，通常规定 $d/D = 0.02 \sim 0.4$。

图 20-3-6 为库尔特计数器工作原理图，美国库尔特公司生产的 Multisizer Ⅱ 全自动粒度分析仪是目前较先进的多功能仪器，测量范围为 $0.4 \sim 1200 \mu m$，分析时间为 $30 \sim 90s$，重复性误差 $< \pm 1\%$。

3.1.5 光散射与衍射法

光束通过含细颗粒不均匀介质时，将向各个方向散射，部分产生衍射，应用衍射、散射原理的测粒仪（表 20-3-6），利用光电器件，接受光能信息，经放大、模数转换后用计算机处理，给出测量结果。

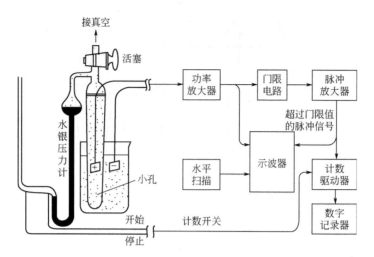

图 20-3-6 库尔特计数器工作原理图

表 20-3-6 主要的激光测粒仪

分析方法	仪器名称	生产厂家	测量范围/μm
衍射	LS130	Coulter	0.1～900
	3600EC	Malvern	0.5～1800
	SKL-7000	清新公司	1～192
	Microtrac	Leeds Northrup	0.1～300
前向散射 散射与衍射 结合	HC	Polytec	0.4～100
	2600C	Malvern	0.5～564
	HIAC/ROYCO	Dantec	>0.4
	WCL 1005-2	上海第二光学仪器厂	0.5～16
大角度散射 和光子相关	4700C	Malvern	0.001～5
	autosizer ⅡC		0.003～3
	BI-90	Brookhaven	0.005～5
	BI-2030AT		0.005～5
	BI-200 SM		0.005～5

激光测粒仪在近 10 年来有明显的进展，其可测粒径覆盖宽，测量速度快，重现与可靠性高，可能用于在线测量，有取代消光法的趋势。

国内研制的 FAM 激光测粒仪，采用米氏修正对小颗粒进行测量，即当被测颗粒粒径 $d \gg$ 激光波长 λ 的条件不能满足时，应用米氏理论代替近似的夫琅和弗衍射理论，可改善测量精度，据称精度高于英国的 Malvern 测粒仪[10]。

基于光子相关光谱学（PCS，Photon Correlation Spectroscopy）原理的超细颗粒粒径测定技术，可测下限达 $0.003\mu m$。

3.1.6 X 射线小角散射法

当 X 射线穿过微观不均匀区的介质时，将发生衍射现象，由于超细颗粒粒径比 X 射线波长大得多，因此角域在散射角 ε 几度以内，其强度随 ε 增大而减小，称为 X 射线小角散射。X射线波远比可见光短,数量级为10^{-1}nm,可测粒度为5~200nm。

X射线小角散射用照相法直接观察,见图20-3-7,但费时达数十小时,现多采用小角测角仪扫描计数法,即带计数管的测角仪,自动测出不同角度的散射强度,速度快、灵敏度高,其测量粒度的计算,通常根据球形颗粒的形象函数进行,测出的为等体积(球)直径。

此法广泛用于研究超细颗粒、超细孔穴、裂纹、纤维和微生物等的大小和形状,环保测定粉尘粒径分布等。

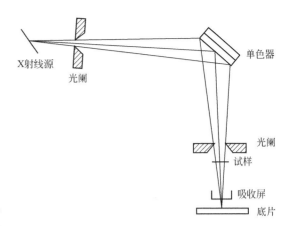

图 20-3-7　X射线小角散射照相法示意图

3.1.7　全息照相法

全息照相是将物体反射光波中的全部信息,记录在感光干板上的新型照相技术。所得全息照片用激光或单色光照射,可重现原立体图像。

全息照相法测量粒径>0.0005μm,与其他方法相比,制样简单,能完整记录三维图像,进行动态分析,并可对雾状液滴进行粒径分布测量等。图20-3-8为测量气溶胶颗粒的同轴全息装置。

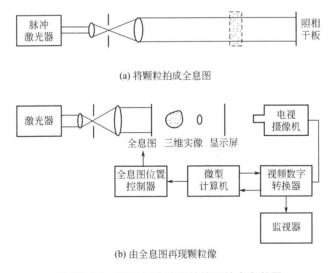

图 20-3-8　测量气溶胶颗粒的同轴全息装置

3.1.8　流体分选

流体分选根据不同力的作用,将悬浮颗粒依其粒度或重度差异移至不同区间达分级目的。流体一般是水或空气,作用力可以是重力、离心力、相对流动的阻力及颗粒加速运动的惯性力。颗粒分成粒径不同的粒级,求出各级质量,可得出质量粒度分级效率:

$$\eta = \frac{(a-b)(c-a)}{a(1-a)(c-b)} \tag{20-3-15}$$

式中 a——分级前原料中所需粒级含量比率；
b——分级后残留级分中所需粒级含量比率；
c——产品中所需粒级含量比率。

分级设备种类很多，规模可从每小时克级到吨级，在粒度测量上代表性的仪器有：淘析器、离心分级器及级联撞击器。

淘析器粉粒试样分散在逆沉降方向的上升流体中，沉降速度大于该流体速度的粒子沉降，小于该流速的粒子上升，达到分离。逐次增加流速，可依次分离从小到大的粒级，分别收集并测定各级量即得粒度分布。介质是水的淘析器见图 20-3-9。图 20-3-10 为用空气的风筛器，试样装入容器下部，通入洁净空气，颗粒在直管中被恒速上升气流分离，此类装置在水泥工业中已用于测量粒度。

日本发展了测量平均粒度和粒度分布的淘析器，10～15s 即可测得平均粒度，采用计算机控制流速连续变化，约 1min 可自动绘出粒度分布曲线。有名的气力分析器有 Roller、Gonell 等型式。

离心分级器如利用颗粒离心力与向心气流作用而分级的 Bahc 分级器，分离范围为 2～42μm，采用离心液体分级器时，下限可至 0.1μm。

级联撞击器由多级喷嘴及挡板组合构成，见图 20-3-11，气溶胶通过喷嘴，惯性较大的颗粒撞击并沉积在挡板上，其他颗粒随气流至下一级，越至后粒径越小，测定范围为 0.3～20μm。通过计算求出颗粒的粒径，测出各级捕集量，得出粒度分布。在一定流速下某一级挡板所能捕集的粒径下限 $>D_{min}$：

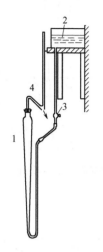

图 20-3-9 水流淘析器
1—分离管；2—水槽；
3—水流调节；
4—微粒子排出

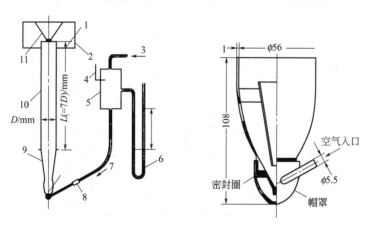

图 20-3-10 用空气的风筛器
1—粒子捕集区（细粒）；2—空气出口；3—空气；4—温度计；5—空气罐；6—压力计；
7—风量 Q，$cm^3 \cdot s^{-1}$；8—缩口；9—锥体；
10—淘析器 D，mm；11—空气环流罐

$$D_{min} = \sqrt{\frac{36\mu x}{\pi \rho u}} \tag{20-3-16}$$

式中 μ——气体黏度；
x——颗粒回旋时径向移动距离；

ρ——颗粒密度；
u——颗粒速度。

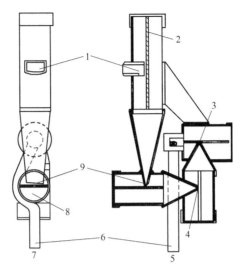

图 20-3-11　级联撞击器

1—第一级喷嘴；2—显微载玻片；3—第四级喷嘴；4—第三级喷嘴；5—立剖面；6—抽气管；
7—端视图；8—可移动的罩；9—第二级喷嘴

3.1.9　其他

(1) 超声波测粒仪　当超声波通过悬浮液时，声强因悬浮液浓度和粒度差而发生不同的衰减，可用于在线粒度测量，如美国 PSM-200 型（particle-size measurement）用于 $-30\mu m$ 占 90% 的粒度分析。

(2) 微分电迁移式粒径分布测定仪　用微机将静电分级仪和气溶胶浓度测定仪（凝结核计数器或气溶胶静电计）连接，可全自动测定 $0.01\sim 1\mu m$ 范围的气溶胶粒径分布，分 35 个粒径区间，分辨率高，时间稍长，约 20min。

(3) 静电气溶胶测定仪（electrical aerosol analyser，EAA）　尘粒所带电荷量及在电场作用下终端速度是粒径的函数。测定尘粒的电迁移率可求粉尘的粒径分布。EAA 可测量 $0.0032\sim 1.0\mu m$ 的粒径分布，整个范围分为 11 级，浓度测量范围为 $1\sim 1000\mu g\cdot m^{-3}$，高浓度气溶胶需先稀释，测量过程仅 2min。

3.2　颗粒密度的测定

颗粒密度为定量描述颗粒特性的物理量之一，是单位体积的质量。由于颗粒本身含有封闭空洞和开口细孔，颗粒堆积时颗粒间存在空隙，如图 20-3-12 所示，颗粒密度按体积中是否包含空洞和开口细孔，有不同的定义。

3.2.1　颗粒密度的定义

(1) 真密度（true density）ρ_s　颗粒质量除以不包括开、闭孔的颗粒体积［图 20-3-12(a)

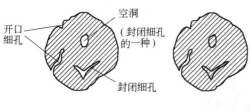

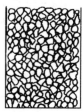

(a) 真密度（除去开口　　(b) 表观颗粒密度　　(c) 有效颗粒密度　　(d) 表观粉体密度
　　与封闭细孔）　　　　（除去开口细孔）　　（包括开口与封闭细孔）

图 20-3-12 根据颗粒密度定义的颗粒体积计算方法（以斜线部分为颗粒体积）

中的斜线部分]。

(2) 表观颗粒密度（apparent particle density）ρ_a 颗粒质量除以不包括开孔但包括闭孔在内的颗粒体积［图 20-3-12(b) 中斜线部分］。

(3) 有效颗粒密度（effective particle density）ρ_p 颗粒质量除以包括开孔及闭孔在内的颗粒体积［图 20-3-12(c) 中斜线部分］。

(4) 表观粉体密度（apparent powder density） 粉体质量除以该粉体所占容器的体积，亦称体积密度、堆积颗粒密度，如图 20-3-12(d) 所示，根据实际填充（堆积）情况，又分为：

① 松密度（bulk density）ρ_b。粉体以一定的方法填充到已知体积容器内测得的表观粉体密度。

② 振实密度（tap density）ρ_{bt}。粉体填充时，经一定规律振动或轻敲后测得的表观粉体密度。若颗粒致密，无细孔和空洞，则 $\rho_s=\rho_a=\rho_p$，一般情况下，$\rho_s \geqslant \rho_a \geqslant \rho_p \geqslant \rho_b \geqslant \rho_{bt}$。

3.2.2 测定方法

颗粒密度的测定，实质是准确测定颗粒的体积。

(1) 真密度与表观颗粒密度的测定 主要方法有液浸法（液体置换法）、气体容积法（气体置换法）等。

① 液浸法。是将颗粒浸入易润湿颗粒表面的液体中，采用加热和减压脱气后，测定其排出液体的体积。求真密度时，颗粒要磨细，消除开口与闭口细孔；测表观颗粒密度时，则应充分脱气，除去开口细孔内的气体。测有效颗粒密度时，应采用与颗粒物质接触角大、难以浸入开口细孔的液体。液浸法测定装置有比重瓶（pycnometer）法、悬吊法及 LeChatelier 比重瓶法等。

图 20-3-13 和图 20-3-14 分别为比重瓶及减压脱气装置。

测量步骤：a. 称空比重瓶质量 m，后加入约瓶容量 1/3 的试样，称其总重 m_s；b. 加部分浸液约至瓶体积的 2/3 处，减压脱气约真空度为 2kPa；c. 继续加满浸液加盖、擦干，称出总重（瓶+试样+液）m_{sL}；d. 称比重瓶单加满浸液的质量 m_L，可按下式计算颗粒真密度 ρ_s：

$$\rho_s = (m_s - m)\rho_L / [(m_L - m) - (m_{sL} - m_s)] \tag{20-3-17}$$

式中，ρ_L 为浸液密度。当测表观颗粒密度时，方法相同，计算时用 ρ_a 代替 ρ_s。

② 气体容积法。基于 Boyle 定理，有定容压缩法、不定容积法及压力比较法。气体容积法与浸液法相比，避免浸液溶解试样，适用范围广，特别适用于食品等复杂有机物的测定，

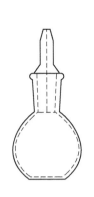

图 20-3-13 比重瓶

(pycnometer, 20~30mL)

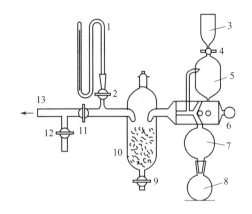

图 20-3-14 减压脱气装置

1—流体压力计；2—旋塞⑥；3—浸液注入漏斗；
4—旋塞①；5—浸液室；6—旋塞②；7—捕集飞散粉末；
8—比重瓶；9—旋塞③；10—玻璃棉液滴分离室；
11—旋塞④；12—旋塞⑤；13—接真空泵

为减少气体吸附影响，一般用氦气。

a. 定容压缩法。如图 20-3-15 所示，对预定容积进行压缩或膨胀，测压力变化，再装入试样同样操作，从两次测得的压力变化，可求得试样的体积 V_s。

$$V_s = V_0 \left(\frac{p_a}{\Delta p_1} - \frac{p_a}{\Delta p_2} \right) \quad (20\text{-}3\text{-}18)$$

式中　　V_0——标线间体积；

p_a——大气压；

Δp_1, Δp_2——未装和装入试样所测的压力变化。

b. 不定容积法。如图 20-3-16 所示，水银储存球在 A、B 两个位置变动，用倾斜式流体（水银）压力计测装入和未装试样产生的压力和体积变化，求出试样体积。本法的标准偏差比其他方法大。

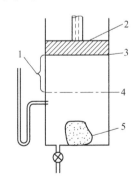

图 20-3-15 定容压缩法的原理

1—一定体积 V_0；2—活塞；3—标线 A，体积 $V+V_0$；
4—标线 B，体积 V；5—试样的体积 V_s

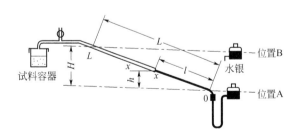

图 20-3-16 不定容积法 Rennhack 倾斜式流体压力计

c. 压力比较法。如图 20-3-17 所示，A、B 为装有气密活塞、体积相等的两个密闭室。

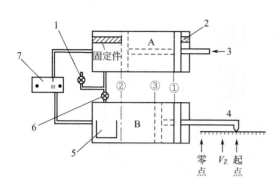

图 20-3-17 Beckmann 空气、比较式比重计的原理

1—排气阀；2—固定件；3—比较用活塞；4—测定用活塞；
5—试棒；6—连接阀；7—压差计

若 B 室不装试样，关排气与连接阀，则两室活塞从①移至②时，两室压力相同，由 $p_1 \to p_2$，当 B 室装入试样后，重复同一操作，若 B 室活塞移至③时，两室压力 p_1 相等，则②与③之间的体积等于试样体积。

除上述几种方法外，还有气体透过法、重液分离法、密度梯度法（花粉测量）以及沉降法（空气尘粒测定）等。现已有各种密度自动测量仪如日本 MAT-5000 型全自动粉粒真密度测定装置，为比重瓶法，从进料到计算出结果约 15min；美国 Micromeritics 公司根据定压原理生产的全自动密度测定仪 1320；以及日本 IH-2000 型川北式表观密度自动测定仪等。

(2) 松密度与振实密度 松密度随测量容器形状、大小及填充方式的不同而异，可根据各行业内部制定的标准进行测定，图 20-3-18 为一种松密度计，测量时将 1.2~1.5 倍量筒容量的试样装入漏斗，再自由填充到下部量筒中，然后刮平、称重，求出松密度。

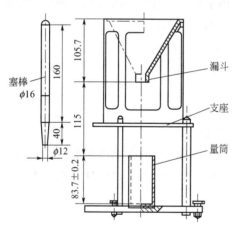

图 20-3-18 粉尘松密度计

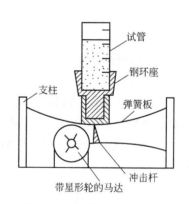

图 20-3-19 粉尘振实密度计

图 20-3-19 为振实密度计，由直径 30mm、容积 50cm³ 或 100cm³ 刻度试管及振动器组成，装有 150~200g 试样的试管置于振动器上，频率为 4Hz，振动至其填充高度不变，称粉料质量，由试样振实后容积可求振实密度。

3.3 颗粒比表面积的测定

颗粒的比表面积用单位质量粉体的表面积 S_m（cm²·g⁻¹）或单位体积粉体的表面积 S_V（cm²·cm⁻³）表示，而 $S_V = \rho_p S_m$，ρ_p 为颗粒密度（g·cm⁻³）。

比表面积是表征粉体中颗粒群粗细的一种量度，是活性固体吸附性能的重要参数，可用于计算无孔颗粒和高分散粉末的平均粒径。

应用最广的两类测定法是气体透过法和气体吸附法，此外还有压汞法、湿润热法、计算法、热传导法、阳极氧化原理法等。

3.3.1 气体透过法

气体透过法是利用气体通过多孔介质或颗粒床层的压降与流速的关系求比表面积的方法。

(1) 层流区 由 Kozeny-Carman 式可得流体压降与比表面积 S_V 的关系：

$$S_V = \frac{\varepsilon}{1-\varepsilon}\left(\frac{10\varepsilon\Delta p}{k\mu uL}\right)^{1/2} \tag{20-3-19}$$

式中 ε——空隙度；

u——表观速度，$cm \cdot s^{-1}$；

Δp——压差，$10^{-5} N \cdot cm^{-2}$；

μ——流体黏度，$Pa \cdot s$；

L——填充床高，cm；

k——Kozeny 常数，k 约 5.0。

层流区常用的透过法比表面仪主要有恒压式和变压式两类。

Lea-Nurse 透过仪如图 20-3-20 所示，是最早的恒压式仪器，测得空气流过已知空隙度 ε 的颗粒层压降 h_1 和通过毛细管流量计压差 h_2 后，求比表面积 S_V：

$$S_V = 14K \frac{\varepsilon}{1-\varepsilon}\left(\frac{h_1\varepsilon}{h_2}\right)^{1/2} \tag{20-3-20}$$

式中 K——仪器常数，$K = \sqrt{\dfrac{A}{LC}}$；

C——毛细管常数；

A，L——颗粒填充层截面积和填充高度。

属此类的还有 Fisher、国产 WLP 平均粒度测定仪等，本法测定粉粒下限约 $2\mu m$。

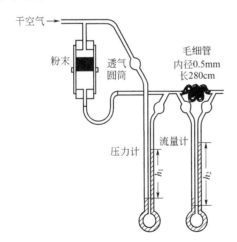
图 20-3-20 Lea-Nurse 恒压透过仪

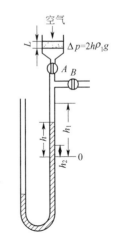
图 20-3-21 Blaine 透过仪

Blaine 透过仪如图 20-3-21 所示，是典型的变压式仪器，结构简单，广泛用于水泥工业，使用时以 U 形管封闭端抽真空后，测定由大气经床层流入其中一定空间（压差计右管 h_1 至

h_2 的空间）所需的时间 t，由下式求出 S_V：

$$S_V = K \frac{\varepsilon}{1-\varepsilon}\sqrt{\varepsilon t} \tag{20-3-21}$$

$$K = \left[\frac{2A\rho g}{5F_0\mu L \ln(h_1/h_2)}\right]^{0.5}$$

式中　K——仪器常数；
　　　ρ——压差计液体密度；
　　　μ——空气黏度；
　　　F_0——压差计横截面积；
　　　A，L——颗粒填充层截面积和填充高度。

(2) 分子流区　分子平均自由程远大于管道截面尺寸条件下的流动为分子流或称 Knudsen 扩散流。稳态扩散流测定颗粒比表面积公式：

$$S_V = \frac{24}{13}\sqrt{\frac{2}{\pi}} \times \frac{A\varepsilon^2 \Delta p}{Q\sqrt{MRT}L} \tag{20-3-22}$$

式中　Q——气体流率，$mol \cdot cm^{-2} \cdot s^{-1}$；
　　　R，M，T——气体分子常数、分子量和热力学温度。

为测定小于 $5\mu m$ 的颗粒，用低压 Knudsen 透过仪，见图 20-3-22，测量时连续改变流入气体的压力，测定流入 1mL 气体的时间，可求得颗粒的比表面积和平均粒径。

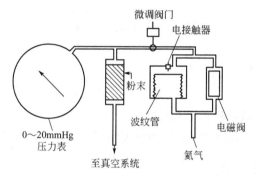

图 20-3-22　低压 Knudsen 透过仪

注：1mmHg=133.322Pa。

(3) 层流和分子流间的过渡区　用非稳态扩散流测定比表面积：

$$S_V = 8\left(\frac{\varepsilon}{1-\varepsilon}\right) \times \sqrt{\frac{2RT}{\pi M}} \times \frac{t_L}{L} \tag{20-3-23}$$

据此原理的过渡区流动仪（Kraus-Ross），难以精确测定滞后时间 t_L，不推荐用作常规分析。

3.3.2　气体吸附法

气体吸附法是测量和研究固体表面结构的重要方法，低温氮吸附 BET 法被公认是颗粒比表面积测定的标准方法。

恒温下气体吸附量对气体压力或相对压力作图得到的吸附等温线，主要分五类，也有把阶梯形等温线称为第六类的，见图 20-3-23。

(1) BET 方程　经典的 Langmuir 模型仅限于由单分子层容积求比表面积。Brunauer、Emmett 和 Teller[11] 提出的多层吸附关系式,即 BET 方程,已广为采用。

$$\frac{p}{V(p_0-p)}=\frac{1}{V_\mathrm{m}C}+\frac{C-1}{V_\mathrm{m}C}\times\frac{p}{p_0} \quad (20\text{-}3\text{-}24)$$

式中　p——吸附平衡压力;
　　　C——常数;
　　　p_0——气体饱和蒸气压;
　　　V_m——颗粒表面形成单分子层的吸气容量。

测出多组 V-p 吸附数据,以 $p/[V(p_0-p)]$ 对 p/p_0 作图,其直线区符合 BET 式范围,由斜率 a 和截距 b 可算出:

$$V_\mathrm{m}=\frac{1}{a+b}, \quad C=\frac{a}{b}+1$$

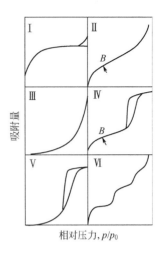

图 20-3-23　BDDT 五类等温线和阶梯形等温线（Ⅵ形）

由 V_m 算出 S,再求比表面积 S_V 或 S_m,对于 N_2 吸附法:

$$S_m=4.36\frac{V_\mathrm{m}}{W} \quad (20\text{-}3\text{-}25)$$

式中　W——试样质量。

BET 公式适用的相对压力为 0.05～0.35。

(2) 气体吸附法装置　BET 测试装置分为两大类,即静态法和动态法（流动法）。静态法有容量法和重量法,动态法中目前广泛采用气相色谱法。

① 容量法。容量法设备和操作较复杂,需真空系统,测定费时,但较严格可靠。图 20-3-24 为 de Boer 型多点吸附仪,适用于测比表面积为 0.5～5.0 m²·g⁻¹ 的试样,吸附气用高纯氮,在 BET 测量范围,吸附平衡约 5min,测量氮气转移量 V,相应压强 p_G、压差 p_E 和试样重 G,可求出吸附气体体积 V_a:

$$V_\mathrm{a}=\frac{1}{G}V-\frac{p_\mathrm{G}-p_\mathrm{E}}{1000}(V_\mathrm{d}-V_\mathrm{s}-Kp_\mathrm{E}) \quad (20\text{-}3\text{-}26)$$

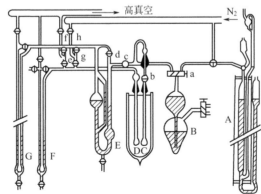

图 20-3-24　de Boer 型多点吸附仪

A—测量管；B—托普勒（Topler）泵；C—吸附管；D—液氮饱和蒸气压测定球；E～G—压差计；a、c～h—活塞；b—烧结玻璃片

式中 V_d——死空间体积;

K——毛细管常数;

V_s——被样品置换的气体体积。

为简化氮吸附比表面测定,发展了一些简化的测量仪,只用机械泵脱附,常用单点法测量,可测比表面积为 $0.5\sim0.25\mathrm{m}^2\cdot\mathrm{g}^{-1}$ 的非细孔试样。国产 JB-1 型简化仪见图 20-3-25。

自 20 世纪 60 年代以来,意大利 Carlo Erba、美国 Micromeritics 和 Quantachrome 等公司,相继推出自动化金属吸附仪,国产 ZXF-01 型属类似装置。

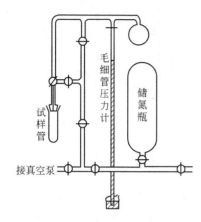

图 20-3-25 JB-1 型简化氮吸附比表面积测定仪

② 重量法。利用直接称量试样吸附的吸附质重量求比表面积的重量法,虽不如容量法准确,仪器使用、维护要求高,但不需标定仪器各部分的体积,测定较快,用有机蒸气作吸附质时,可在室温下进行,而不用液氮制冷,装置管路体积影响可忽略,所以系统中可接入多个吸附管,同时测定多个样品,适用于需经常测试常规样品的实验室,常用装置有石英弹簧和吸附天平。图 20-3-26 为用石英弹簧的重量法装置,能测比表面积 $>100\mathrm{m}^2\cdot\mathrm{g}^{-1}$ 的试样。Sartorius 公司的微量吸附天平,据称其称量灵敏度达 $0.01\mu\mathrm{g}$。

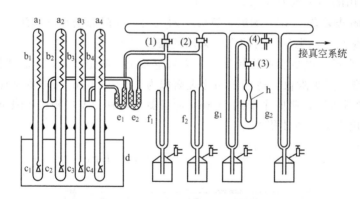

图 20-3-26 静态有机蒸气吸附重量法吸附量测定装置

$a_1\sim a_4$—吸附管;$b_1\sim b_4$—石英弹簧;$c_1\sim c_4$—样品篮;d—恒温浴;e_1、e_2—填以金箔的汞蒸气阱;
f_1、f_2—压力计;g_1、g_2—汞开关;h—样品储瓶

③ 连续流动色谱法。测定吸附量的连续流动色谱法流程如图 20-3-27 所示,吸附质与载气混合气依次连续通过热导池左边参考臂、样品管、热导池右边测量臂。样品在液氮中冷却时,吸附质部分被吸附,热导池输出信号,记录器上记录吸附峰,待吸附平衡后,记录器回到基线,移去冷却瓶,吸附质脱附,记录器上得到与吸附峰面积相等、方向相反的脱附峰,与标定峰比较,可求出吸附量 V。

$$V=AV_s/A_0 \qquad (20\text{-}3\text{-}27)$$

式中 A,A_0——解吸或吸附峰与标定峰的面积;

V_s——标定时的标准气量。

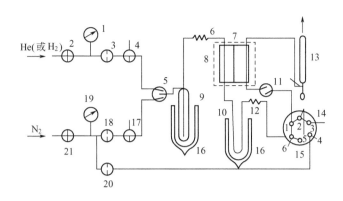

图 20-3-27 连续流动色谱法吸附量测定流程

1,19—压力表；2,21—稳压阀；3,18—可调气阻；4,17—二通阀；5,11—混合器；
6,12—螺旋管；7—热导池；8—保温墙；9—冷阱；10—样品管；13—皂膜流量计；
14—标准量管；15—六通阀；16—杜瓦瓶；20—针阀

此法比静态法测量比表面积范围宽，可达 0.05～1000m²·g⁻¹，快速简便，不需真空、无汞，单点仅需半小时，可自动记录。

连续流动法适于相对压力在 0.05～0.30 的测定，相对压力接近 1 时，可用加压流动色谱法和双气路色谱法，参见文献 [13]。在无液氮制冷或吸附质是某种有机蒸气时，常用迎头色谱法[13]。

测定吸附量的连续流动色谱装置，国内产品有中科院大连化物所等研制的 BC-1 型表面积测定仪及化学所等研制的 ST-03 型表面与孔径测定仪。

3.3.3 压汞法

压汞法实质上是测量施加不同静压力时进入脱气固体中的汞量，据此测得孔径分布、孔隙度和比表面积等。

在外力作用下，体积为 dV 的汞压入固体孔中所做功与形成汞-固体界面面积 dS 所需的功关联：

$$\gamma_L \cos\theta \, dS = -p \, dV \tag{20-3-28}$$

式中，γ_L 为液态汞的单位表面自由能，数值等于表面张力 γ。在压汞曲线范围内积分，得出被汞穿进的所有孔壁的表面积 S。

$$S = -\frac{\int_{V_0}^{V} p \, dV}{\gamma \cos\theta} \tag{20-3-29}$$

$\int_{V_0}^{V} p \, dV$ 由实验得到的 p-V 曲线求出，单位质量的比表面积为：

$$S_m = -\frac{\int_{V_0}^{V} p \, dV}{w \gamma \cos\theta} \tag{20-3-30}$$

压汞法适用的孔径范围为 0.0035～7.5μm，相应压力为 1.01×10^5～2×10^8 Pa，最大压力增至约 5×10^8 Pa 时，可测孔径下限为 0.0015μm。

压汞仪主要由三部分组成：低压系统、高压系统和膨胀计，见图 20-3-28。美国 Micromeritics Autopore Ⅱ 9220 自动型压汞仪，Quantachrome 自动扫描压汞仪，可测孔径为

$0.0018 \sim 7.5 \mu m$。

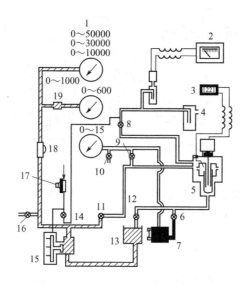

图 20-3-28 Micromeritics 水银测孔计系统示意图

1—压力表；2—真空表；3—压入容积指示器；4—抽真空系统；5—加压室；
6—水银；7—水银储存器；8—真空系统；9—低压系统；10—低压降压阀；
11—高压系统；12—流体；13—流体储存器；14—净化器；15—压力发生器；
16—降压阀；17—调节器；18—安全盘；19—压力表保护装置

3.3.4 湿润热法

洁净的固体表面被液体浸没或湿润时，固-气界面消失，形成固-液界面，前者放出能量，后者要吸收等于界面能的能量。湿润热（E_{imm}）等于固-气表面能 E_{SV} 与固-液界面能 E_{SL} 之差，由此可得固体的质量比表面积 S_m：

$$-q_0 = \frac{E_{imm}}{W} = S_m(E_{SV} - E_{SL}) \tag{20-3-31}$$

$$S_m = -\frac{-q_0}{\gamma - T\frac{d\gamma_L}{dT}} \tag{20-3-32}$$

用量热计实测颗粒物料的浸渍热，即可由上式计算出比表面积，式中 q_0 是每克固体放出的热，γ 是表面张力。

3.3.5 计算法

比表面积原则上可由粒度分布进行计算。

① 比表面积与个数频度分布 n-D 的关系：

$$S_V = \frac{S}{V} = \frac{\sum n\alpha_S D^2}{\sum n\alpha_V D^3} \tag{20-3-33}$$

式中 α_S, α_V——面积和体积形状系数；
n——颗粒数量；
D——各颗粒的粒度。

设 α_S 和 α_V 与粒度无关，则：

$$S_V = \frac{\alpha_S \sum nD^2}{\alpha_V \sum nD^3} = \frac{\alpha_{SV}}{D_{SV}} \qquad (20\text{-}3\text{-}34)$$

式中 D_{SV}——表面积体积平均径，μm；

α_{SV}——表面积体积形状系数，当颗粒为球形时，$\alpha_{SV}=6$。

② 比表面积与质量频度分布 $fw\text{-}D$ 的关系。样品中某粒级颗粒表面积和体积分别为：

$$\Delta S = n\alpha_S D^2, \quad \Delta V = n\alpha_V D^3$$

若 fw 是粒度为 D 的粒级质量分数，设 α_{SV} 与 D 无关，则有：

$$\Delta V = fwV$$

$$S_V = S/V = \sum \Delta S/V = \alpha_{SV} \sum \frac{f_w}{D} \qquad (20\text{-}3\text{-}35)$$

α_{SV} 值一般为未知数，当颗粒为光滑表面的球形时，$\alpha_{SV}=6$，才能算出 S_V，且只有对无孔颗粒来说，计算结果才有意义。

3.4 颗粒细孔分布的测定

颗粒内的孔形极不规则，孔隙大小亦各不相同，常用孔体积按孔尺寸大小的分布（孔径分布或孔分布）来描述孔的特征。

Dubinin 提出按孔的平均宽度分类，即孔宽<2nm，2～50nm，>50nm 分别为微孔、中孔和大孔，按此种分类法，各类孔尺寸都分别与吸附等温线上的特征吸附效应相对应[14]。

3.4.1 气体吸附法

测定吸附等温线，由所得数据计算孔径分布，依据的基本关系是 Kelvin 方程：

$$r_R = \frac{-2\gamma V_m \cos\theta}{RT \ln\left(\dfrac{p}{p_0}\right)} \qquad (20\text{-}3\text{-}36)$$

式中 r_R——临界凯尔文半径；

γ——表面张力；

V_m——吸附质的摩尔体积。

当氮作吸附质，在液氮温度下达平衡时，$T=77.3K$，$V_m=34.65 cm^3 \cdot mol^{-1}$，$\theta=0°$，$\gamma=8.85 dyn \cdot cm^{-1}$（$1dyn=10^{-5}N$），$R=8.315\times 10^7 erg \cdot ℃^{-1} \cdot mol^{-1}$（$1erg=10^{-7}J$），$r_R$（Å，$1Å=0.1nm$）为：

$$r_R = -4.14\left(\lg \frac{p}{p_0}\right)^{-1} \qquad (20\text{-}3\text{-}37)$$

由吸附等温线计算孔分布，一般推荐容量法，氮吸附质较合适。测定前样品需预处理，除去表面覆盖的物理吸附膜，预处理温度 $T(K)$ 和加热时间 $t(h)$ 有以下经验关系式：

$$t = 14.4 \times 10^4 T^{-1.17} \qquad (20\text{-}3\text{-}38)$$

计算适用范围：预处理温度为 100～400℃，真空度为 $6.67\times 10^{-4}Pa$。

为便于数学表达和计算，引入等效孔模型概念，常用孔模型有圆柱形孔、平行板孔和球腔形孔等，圆柱形孔较简单，为普遍选用的模型，有关采用各种模型的计算细节，参阅文献 [13]。

3.4.2 压汞法

在压力下将汞压入多孔粉体中,由于汞不浸润固体,所需压力应克服使汞从孔内流出的毛细力,孔越小,毛细力越大,所需压力也越高,当压强达约 5×10^8 Pa 时,可测孔径为 15Å。

按圆柱孔模型,Washburnto 推导出孔半径 r 与外界压强 p 的关系:

$$r=\frac{2\gamma\cos\theta}{p} \tag{20-3-39}$$

式中 γ——汞表面张力;

θ——汞与孔壁的接触角。

大多取 $\theta=130°$,设汞的表面张力为 0.480N·m^{-1},接触角为 130°,压力 p 以 kPa 为单位,孔半径 r 以 μm 为单位,则:

$$r=13/p \tag{20-3-40}$$

以 p 对压入容积 V 作图,即得加压曲线,据此可求出孔径分布。

以容积表示的孔容积分布由式(20-3-41)确定:

$$D_3(r)=-\frac{p}{r}\frac{\mathrm{d}V}{\mathrm{d}p}=-\frac{1}{r}\frac{\mathrm{d}V}{\mathrm{d}(\ln p)} \tag{20-3-41}$$

普遍认为,对于大孔和中孔范围的上限孔径,压汞法是常规测定的最佳方法,结合吸附法相互补充能得到较完整的孔分布曲线。

压汞法装置,参见本篇 3.3.3 节。

3.5 取样

3.5.1 取样原则

颗粒物料在流动或受搅动时,会因粒度和密度差产生分离、偏析。取样操作方法不当,试样就无代表性。Allen[12] 提出取样的两个原则,即所谓"黄金规则"为:①从移动的颗粒料中取样;②短时间间隔多次从整个料流中取样,尽可能不从静止料堆中取样,并避免自车厢和容器内取样。

生产流程或储运过程中取得的试样称为生产样,数量级一般为几十千克,从生产样到实测试样,通常需三步缩分:①缩分成千克级粗样;②继续缩分成克级的实验试样;③制成实测样,数量可达毫克级。

Allen[12] 提出最小取样量的计算式:

$$M_s=\frac{1}{2}(\rho/\Theta^2)(w_{\text{入}}-2)d_{\text{入}}^3\times10^3 \tag{20-3-42}$$

式中 M_s——最小取样量,g;

ρ——粉体密度,g·cm^{-3};

Θ^2——容许的取样标准偏差的平方;

$w_{\text{入}}$——所取样中最粗粒级的质量分数;

$d_{\text{入}}^3$——最粗粒级中最大和最小粒径的三次幂的算术平均值,cm^3。

上式适用范围:①粒级的粒径覆盖范围不大于 $\sqrt{2}:1$;②$w_{\text{入}}$ 小于样品的 50%。

若从运动的粉料中取样，粗样由各增量构成，最小增量 M_i 由下式计算：
$$M_i = u_0 w_0 / v_0 \tag{20-3-43}$$

式中，u_0 为粉料流速；v_0 为料流切断器的速度；w_0 为料流横向切断器的宽度。

为减小取样误差，w_0 应大于 $10d$，d 为整体料流中最大颗粒径，计算举例参见文献 [12]。

含尘气流中取样，由于取样对象和状态多变，原则上注意要点是：①取样嘴与流体的流向平行，该取样点速率应与主流速率相等；②取样嘴前部须边缘锋利，面对气流，减小对气流的干扰等。有关从含尘气流及大气中取样的细节，参考文献 [15]。

收集所取气样中的粉尘，可用惯性法（包括沉积、撞击、离心和旋风分离法）、过滤法、静电集尘法和热沉积法等。

3.5.2 缩分

常见的试样缩分法有圆锥四分法、勺取法、盘式缩分法、叉溜法及旋转格槽法等。Khan 对比研究结果，前三种误差较大，旋转格槽法最佳，已为 ASTM 标准 F577B—78 所推荐。几种主要缩分法所用缩分器示意如图 20-3-29～图 20-3-32 所示。

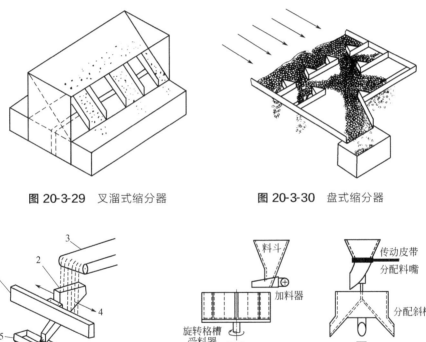

图 20-3-29　叉溜式缩分器　　　图 20-3-30　盘式缩分器

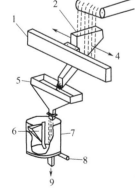

图 20-3-31　一次和二次样品缩分器

1—取样槽移动装置；2—一次取样漏斗；3—输送带；
4—移动方向；5—二次取样漏斗；6—电动机；
7—VEZIN 取样器；8—样品；9—排放口

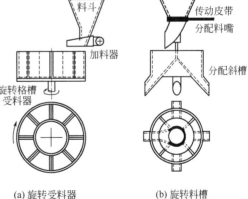

图 20-3-32　旋转格槽缩分器

(a) 旋转受料器　　(b) 旋转料槽

旋转格槽缩分器分旋转受料器和旋转料槽两种，前者适用于少量试料的缩分，后者处理量不受限制。

图 20-3-31 为采用料流切断法的二级缩分装置，第一级自输送带取样，切断器作横向直线运动，第二级切断器作圆周运动，约可得 2kg 试样。

从实验室试样制成的实测样，数量取决于对象特性、测试项目和方法，如筛分样一般要求 50g，增量沉积法要求 8～12g，显微镜测粒径要求 0.1g。

3.5.3 制样

制备实测试样法，同样依测试对象特性、测试项目和方法而定，总的要求是试样分散性好。如制作图像分析样，将试样置于玻璃板上，滴入分散剂后，用鸵鸟毛刷轻刷使充分混合，再取出一滴置于玻璃片上，覆盖上另一玻璃片，来回滑动，揉研以达分散目的。

制样技术的细节多种多样，应根据具体情况，参考有关专著，选用合适的方法。

参考文献

[1] 《化学工程手册》编委会. 化学工程手册: 第 19 篇 颗粒及颗粒系统. 北京: 化学工业出版社, 1989.
[2] 童祜嵩. 颗粒粒度与比表面测量原理. 上海: 上海科学技术文献出版社, 1989.
[3] 卢寿慈. 矿物颗粒分选工程. 北京: 冶金工业出版社, 1990.
[4] 中国劳动保护科学技术学会, 工业防尘专业委员会. 工业防尘手册. 北京: 劳动人事出版社, 1989.
[5] Koicni L, Keishi G, Ko H. Powder Technology Handbook. NY: Marcel Dekker Inc, 1991.
[6] Whitby K T. Symposium On Particle Size Measurement. ASTM Special Publication, 1958.
[7] 张向宇, 等. 实用化学手册. 北京: 国防工业出版社, 1986.
[8] 胡荣译, 等. 粉末颗粒和孔隙的测量. 北京: 冶金工业出版社, 1982.
[9] 粉体工学会. 粉体工学便览. 日刊工业新闻社, 1986.
[10] 第三届全国粒度和孔径测试学术会议论文∥中国颗粒学会颗粒测试全国学术年会论文集. 南京, 1991.
[11] Brunauer S, Emmett P H, Teller E. J Am Chem Soc, 1938, 60: 309.
[12] Allen T. Particle Size Measurement. 4th. London: Chapman and Hall, 1990.
[13] 严继民, 等. 吸附与凝聚——固体的表面与孔. 北京: 科学出版社, 1986.
[14] Gregg S, Sing K S W. Adsorption, Surface Area & Porosity. Second. Academic Press, 1982.
[15] Murphy C H. Handbook of Particle Sampling and Analysis Methods. Verlag Chemie International, 1984.

符号说明

a	颗粒截面积，cm^2；分级前原料中所需粒级含量比率
A	面积（解吸或吸附峰面积，颗粒填充层截面积），cm^2
A_0	标定峰的面积，cm^2
b	分级后残留级分中所需粒级比率
c	产品中所需粒级含量比率
D	各颗粒粒度，μm 或 cm
$d_{\curlywedge}^3$	最粗粒级中最大和最小粒径的三次幂的算术平均值，cm^3
D_V	等体积（球）直径，μm 或 cm
D_s	粒径，μm 或 cm
D_{min}, D_{max}	沉降颗粒中最小和最大颗粒粒径，μm 或 cm
D_{SV}	表面积体积平均径，μm 或 cm

E_{imm}	湿润热，J
E_{SV}	固-气表面能，$J \cdot cm^{-2}$
E_{SL}	固-液界面能，$J \cdot cm^{-2}$
fw	某粒级颗粒的质量分数
H_s, H_f	颗粒和电解液的电阻率，$\Omega \cdot cm$
k	Kozeny 常数
K	仪器常数
L	填充高度，cm
m, m_i	颗粒质量，各级颗粒质量，g
m_s, m_s'	起始时和时间 t 后悬浮液深 h 处颗粒的质量，g
M	气体分子量
M_i	由料流中取粗样时的最小增量，g
M_s	最小取样量，g
n	颗粒数量
p	吸附平衡压力，kPa
p_a	大气压，kPa
p_0	气体饱和蒸气压，kPa
Δp	压差，kPa
q_0	单位质量固体放出的热，$J \cdot g^{-1}$
Q	气体流率，$mol \cdot cm^{-2} \cdot s^{-1}$
r	转轴到离心沉降管底的距离，cm
r_R	临界凯尔文半径，cm 或 Å
R	电阻值或气体常数，Ω 或 $J \cdot ℃^{-1} \cdot mol^{-1}$
s	转轴到液面的距离或孔壁表面积，cm 或 m^2
S_m	单位质量粉体的表面积，$cm^2 \cdot g^{-1}$
S_V	单位体积粉体的表面积，$cm^2 \cdot cm^{-3}$
T	热力学温度，K
u_0	粉体流速，$g \cdot s^{-1}$
u	颗粒速度，$cm \cdot s^{-1}$
u_{st}	颗粒沉降速度，$cm \cdot s^{-1}$
v_0	料流切断器的速度，$cm \cdot s^{-1}$
V_d	死空间体积，cm^3
V_m	颗粒表面形成单分子层的吸气容量或吸附质的摩尔体积，$cm^3 \cdot mol^{-1}$
V_s	被样品置换的气体体积或标定时的标准气量，cm^3
w	颗粒累积质量或试样质量，g
w_t	粒度大于 D_s 的颗粒累积分数
w_0	料流横向切断器的宽度，cm
$w_入$	所取样中最粗粒级的质量分数
x	颗粒径向移动距离，cm
ρ	颗粒密度，$g \cdot cm^{-3}$
ρ_s	真密度，$g \cdot cm^{-3}$
$\Delta\rho$	颗粒、流体密度差，$g \cdot cm^{-3}$
ρ_a	表观颗粒密度，$g \cdot cm^{-3}$
ρ_p	有效颗粒密度，$g \cdot cm^{-3}$

ρ_b	松密度，$g \cdot cm^{-3}$
ρ_{bt}	振实密度，$g \cdot cm^{-3}$
ρ_L	浸液密度，$g \cdot cm^{-3}$
μ	流体黏度，$Pa \cdot s$
η	分级效率，%
ω	旋转角速度
ε	空隙度
γ	液态汞的单位表面自由能或表面张力，$J \cdot cm^{-2}$ 或 $N \cdot m^{-1}$
α_S，α_V	面积和体积形状系数
α_{SV}	表面积体积形状系数
θ	汞与孔壁的接触角，(°)
Θ	容许的取样标准偏差的平方

4

散料物理

本章涉及颗粒或颗粒群的某些物理特性，以及与之相关的物理现象，但其力学特性除外。

4.1 黏附与团聚

颗粒之间以及颗粒与其他物体之间，在接触点处存在相互结合的作用力，它是物质间的普遍作用力与外力综合作用的结果。颗粒在这种力的作用下，由于黏滑移动而产生黏附或团聚变形，此时颗粒间或颗粒与物体之间的空隙率将发生变化。

单个颗粒受到与其他物体结合的力时，称作黏附；团聚则是指多个颗粒受到结合力的作用而形成聚团[1]。Zimon[2]则把同种颗粒之间的相互作用定义为团聚，而把不同种颗粒之间或颗粒与其他物体的作用称作黏附。

4.1.1 颗粒间的黏附力

颗粒间的黏附力是垂直于颗粒接触面的一种张力，按照Rumpf[3,4]的分类方法，它包括以下几种作用力。

(1) 范德华力 范德华力是颗粒间距在1000nm以内时最基本的相互作用力，是构成颗粒的原子或分子间相互作用力的总和，它不受环境条件的影响。

Hamaker[5]认为范德华力具有加成性，但这种加成性严格地说是非线性的。颗粒间的范德华力可由Krupp[6]式计算。

球形颗粒-平面：

$$F_V^{01} = \frac{h_w R}{8\pi (a+z_0)^2} \quad (20\text{-}4\text{-}1)$$

球形颗粒-球形颗粒：

$$F_V^{00} = \frac{h_w R}{8\pi (a+z_0)} \quad (20\text{-}4\text{-}2)$$

式中 h_w——Lifshits-Van der Waals常数，是物质间固有的相互作用力，其值在0.1~10eV；
z_0——修正系数，$z_0 = 0.4$nm；
R——颗粒半径，m；
a——接触面之间的距离，m。

(2) 静电力 由于颗粒的接触而产生的接触电位或过剩电荷引起的静电引力。
根据库仑定律，两个球形非导体之间的引力为：

$$F_V^{00} = \frac{1}{4\pi\varepsilon_0} \frac{16\pi^2 R^4 \varphi_1 \varphi_2}{(a+2R)^2} = \frac{1}{\varepsilon_0} \frac{\pi R^2 \varphi_1 \varphi_2}{\left(1+\dfrac{a}{2R}\right)^2} \tag{20-4-3}$$

式中 φ_1, φ_2——颗粒表面电荷密度，$e \cdot \mu m^{-2}$；

ε_0——真空中的偶极子常数。

接触电位引起的静电力一般比范德华力小，而过剩电荷引起的静电力，在粒径为 1mm 时与范德华力同一量级，但粒径在 $100\mu m$ 以下时则要小得多。

(3) 液体架桥产生的力 两个颗粒间黏附有液膜时，它们将会受到液膜内的负压力与液膜表面张力形成的合力。对黏附水膜时产生的黏附力，可用井伊谷-村元公式计算[7]。

球形颗粒-球形颗粒：

$$F^{00} = \pi RT \left[\frac{4m}{m+1} - \left(\frac{m-1}{m+1}\right)^2 \times \frac{r}{R} \right] \tag{20-4-4}$$

球形颗粒-平面：

$$F^{01} = 2\pi RT \left[2 - \left(\frac{r}{R}\right)^{1/2} \right] \tag{20-4-5}$$

两个颗粒间黏附液膜的描绘及上述两公式中相应的符号，见图 20-4-1。图 20-4-2 则是式 (20-4-4)、式 (20-4-5) 的图解。

由于颗粒形状及接触不会如图 20-4-1 所示那样理想，液膜的多少与分布也不均匀，由公式计算的结果将会与实际情况有较大出入。

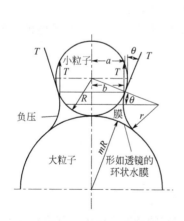

图 20-4-1 水膜形成的两接触颗粒间的黏附力

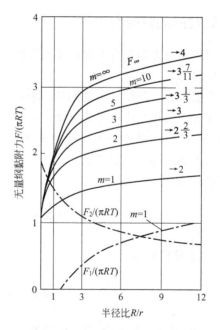

图 20-4-2 环状水膜最窄处的两接触颗粒间的黏附力

4.1.2 黏附力的影响因素

颗粒的黏附力取决于颗粒的物性及表面特性，其中主要有颗粒周围气氛的湿度、颗粒的形状以及颗粒间接触的状态与接触面积的大小等；此外，黏附力的数值还与测定时所采用的分离力的方向有关。

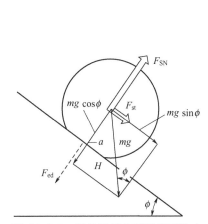

图 20-4-3　倾斜平板上颗粒所受的力

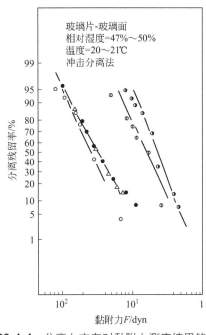

图 20-4-4　分离力方向对黏附力测定结果的影响

◐ $D_p=103\mu m$，法线方向分离；◓ $D_p=61\mu m$，法线方向分离；
● $D_p=103\mu m$，切线方向分离；○ $D_p=61\mu m$，切线方向分离；
△ $D_p=107\mu m$，振动，切线

一般而言，颗粒的黏附力从相对湿度 $\varphi=40\%\sim50\%$ 开始急剧增大，至 $\varphi=70\%\sim80\%$ 时达到最大值，此后湿度再增大，黏附力则有下降趋势[8,9]。

颗粒形状决定了颗粒接触面积的大小，故对颗粒黏附力有较大影响。

颗粒黏附力测定方法是对颗粒施加某种力，使其与其他物体在接触点分开，因此，所加分离力的方向对颗粒黏附力的数值有很大影响，图 20-4-3 和图 20-4-4 为分离力方向影响黏附力测定值的示例。

4.1.3　黏附力的测定方法

(1) 单个颗粒黏附力的测量[2,8,10,11]　按照测定时施加分离力的不同，有多种黏附力测量方法，如弹簧秤法、离心分离法、振动分离法及惯性法等，各种方法的测定原理如图 20-4-5 所示。

(2) 粉体黏附力的测量[11,12~20]　粉体的张力取决于作用在颗粒层接触点上的黏附力。

目前测定粉体黏附力的主要方法有：

① 拉伸断裂法。用拉力（包括水平拉力和垂直拉力）使粉体拉伸破坏。

② 挤压破坏法。类似硬度测量，将粉体压缩成形后再挤压破坏。

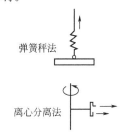

图 20-4-5　单个颗粒黏附力测定原理

4.1.4 颗粒在空气中的团聚

颗粒在空气中因碰撞而产生黏附团聚,是决定气溶胶动力学行为的重要因素之一。由于团聚,气溶胶中颗粒总体积虽然不变,但颗粒数目减少,颗粒尺寸增大。

(1) 团聚速度方程 单分散气溶胶在团聚初期的颗粒浓度的减少速度为:

$$\frac{\mathrm{d}n}{\mathrm{d}t}=-K_0 n^2 \tag{20-4-6}$$

式中 n——以颗粒数目表示的颗粒浓度,cm^{-1};
t——时间,s。

$$K_0 = 0.5K(D_{pi}, D_{pj}) \tag{20-4-7}$$

这里,将直径为 D_{pi},D_{pj} 的颗粒碰撞团聚的概率定义为团聚常数 $K(D_{pi}, D_{pj})$ ($cm^3 \cdot s^{-1}$),因而单位体积、单位时间内颗粒的碰撞数为 $K(D_{pi}, D_{pj}) n_i n_j$,$n_i$、$n_j$ 为颗粒浓度。

若 K_0 一定,$t=0$ 时,$n=n_0$,则求解式(20-4-6)得:

$$n = n_0/(1 + K_0 n_0 t) \tag{20-4-8}$$

通常,把颗粒浓度减少一半 $\left(n = \frac{1}{2} n_0\right)$ 的时间称作半衰期 $t_{1/2}$,则

$$t_{1/2} = (K_0 n_0)^{-1}$$

多分散气溶胶在时间 t 内体积为 V 的颗粒浓度 $n(V,t)\mathrm{d}V$ 的变化速度为:

$$\frac{\partial n(V,t)}{\partial t} = \frac{1}{2}\int_0^V K(V', V-V') n(V',t) n(V-V',t) \mathrm{d}V' - n(V,t)\int_0^\infty K(V,V') n(V',t) \mathrm{d}V' \tag{20-4-9}$$

式中右边第一项是体积为 V 的颗粒小的粒子团聚成体积为 V 的粒子的生成速度,第二项则是体积为 V 的颗粒消失的速度。

如果已知团聚常数 K 及气溶胶的初始粒度分布,则求解式(20-4-9)可以得到气溶胶粒度分布随时间的变化。

式(20-4-9)有多种求解方法[21~24]。

(2) 团聚分类 按颗粒间碰撞作用力的不同,颗粒在空气中的团聚分类如下:

① 布朗团聚指球形颗粒因布朗运动引起的团聚,此时的布朗团聚常数 K_B 因颗粒 Kundsen 数 $Kn = 2l/D_p$ 而异(l 为介质分子的平均自由程)。

当 $Kn < 0.1$ 时,为连续区,此时依据扩散理论有:

$$K_B(D_{pi}, D_{pj}) = 2\pi(D_i + D_j)(D_{pi} + D_{pj}) \tag{20-4-10}$$

$$D_i = \frac{kT}{3\pi\mu D_{pi}}$$

式中 k——玻尔兹曼常数,$k = 1.38 \times 10^{-6} \mathrm{erg} \cdot \mathrm{K}^{-1}$;
T——温度,K。

当 $Kn > 10$ 时,为自由分子区,则基于分子运动论有:

$$K_B(D_{pi}, D_{pj}) = \frac{\pi}{4}(D_{pi} + D_{pj})^2 \overline{V_{ij}} \tag{20-4-11}$$

$$\begin{cases} \overline{V_{ij}} = (V_i^2 + V_j^2)^{1/2} \\ V_i = [8kT/(\pi m_i)]^{1/2} \\ m_i = \frac{\pi}{6} D_{pi}^3 \rho_p \end{cases}$$

对于 $0.1 \leqslant Kn \leqslant 10$ 的过渡区，Fuchs[21] 同时采用扩散理论和分子运动论，导出下述团聚常数计算式：

$$K_B(D_{pi}, D_{pj}) = 2\pi(D_i + D_j)(D_{pi} + D_{pj})\left[\frac{D_{pi}+D_{pj}}{D_{pi}+D_{pj}+2g_{ij}} + \frac{8(D_i+D_j)}{\overline{V_{ij}}(D_{pi}+D_{pj})}\right]^{-1}$$

(20-4-12)

$$D_i = \frac{C_e kT}{3\pi\mu D_{pi}}$$

$$C_e = 1 + Kn[1.257 + 0.4\exp(-1.1/Kn)]$$

$$g_{ij} = (g_i^2 + g_j^2)^{1/2}$$

$$g_i = \frac{1}{3D_{pi}l_i}[(D_{pi}+l_i)^3 - (D_{pi}^2+l_i^2)^{1.5}] - D_{pi}$$

$$l_i = 8D_i/(\pi\overline{V_i})$$

当做布朗运动的颗粒受到外力作用时，由式(20-4-10)～式(20-4-12)计算的团聚常数应作修正，对于 $Kn<0.25$ 的球形颗粒的碰撞，可用式(20-4-12)计算的团聚常数乘以校正系数 β_E：

$$\beta_E = \frac{1}{\int_0^1 \exp\{\psi[(D_{pi}-D_{pj})/2\overline{r}]/(kT)\}\mathrm{d}r}$$

$$\overline{r} = \frac{D_{pi}+D_{pj}}{2r}$$

$$\psi(r) = \int_0^\infty F(r)\mathrm{d}r$$

式中　r——颗粒间距；

$F(r)$——作用于颗粒的外力。

布朗团聚时，团聚速度常数随颗粒粒径变化，如图 20-4-6 所示。

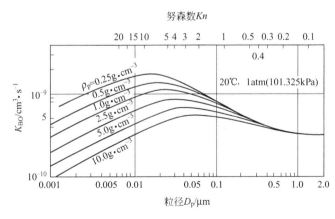

图 20-4-6　布朗团聚速度常数随颗粒粒径的变化

当颗粒在密闭容器中缓慢混合时，将同时发生颗粒的团聚与沉降，此时颗粒平均浓度 $\overline{n}$ 的变化近似为[25]：

$$\frac{\mathrm{d}\overline{n}}{\mathrm{d}t} = -K_{BO}\overline{n}^2 - \beta n, \quad K_{BO} = \frac{4kT}{3\mu}$$

(20-4-13)

式中，β 为沉降常数，s^{-1}；K_{BO} 为布朗团聚速度常数。

若 $t=0$ 时，$\bar{n}=n_0$，则求解式(20-4-13) 得到：

$$\frac{1}{\bar{n}}+\frac{K_{\mathrm{BO}}}{\beta}=\left(\frac{1}{n_0}+\frac{K_{\mathrm{BO}}}{\beta}\right)\exp(\beta t) \qquad (20\text{-}4\text{-}14)$$

由此可推算因沉降和团聚引起的颗粒浓度的减少量。

② 速度梯度引起的团聚指具有速度梯度 $\mathrm{d}u/\mathrm{d}x$ 的流场中，颗粒的速度差将会引起碰撞团聚，其团聚常数为[26]：

$$K_{\mathrm{L}}(D_{\mathrm{p}i},D_{\mathrm{p}j})=\frac{1}{b}\eta_{\mathrm{L}}\,(D_{\mathrm{p}i}+D_{\mathrm{p}j})^3\left|\frac{\mathrm{d}u}{\mathrm{d}x}\right| \qquad (20\text{-}4\text{-}15)$$

式中，η_{L} 是碰撞效率，它与两个颗粒接近时产生的流体力学作用、布朗运动、惯性与屏蔽效应及静电力等有关。当 $\eta_{\mathrm{L}}\approx 1$、颗粒直径为 $5\mu\mathrm{m}$ 且 $\mathrm{d}u/\mathrm{d}x=4\mathrm{s}^{-1}$ 时，式(20-4-15) 计算的团聚常数与布朗团聚速度常数相当。

③ 湍流团聚指湍流场中颗粒的碰撞团聚，它起因于湍流空间的不均匀性产生的速度差，以及颗粒对于湍流时间变动的随动性因颗粒的惯性而异。这两种机制引起的颗粒团聚，分别采用下列公式计算团聚常数[27]：

$$K_{\mathrm{T}1}(D_{\mathrm{p}i},D_{\mathrm{p}j})=0.16\eta_{\mathrm{T}}(D_{\mathrm{p}i},D_{\mathrm{p}j})^3\left(\frac{\varepsilon_0}{\nu}\right)^{0.5} \qquad (20\text{-}4\text{-}16)$$

$$K_{\mathrm{T}2}(D_{\mathrm{p}i},D_{\mathrm{p}j})=1.43\eta_{\mathrm{T}}(D_{\mathrm{p}i},D_{\mathrm{p}j})^2\,|\tau(D_{\mathrm{p}i})-\tau(D_{\mathrm{p}j})|\left(1-\frac{\rho_{\mathrm{f}}}{\rho_{\mathrm{p}}}\right)\left(\frac{\varepsilon_0}{\nu}\right)^{0.5} \qquad (20\text{-}4\text{-}17)$$

式中　ε_0——单位质量介质消耗的能量，$\mathrm{cm}^2\cdot\mathrm{s}^{-3}$；

ν——运动黏度，$\mathrm{cm}^2\cdot\mathrm{s}^{-1}$；

$\tau(D_{\mathrm{p}})$——颗粒的松弛时间，$\tau(D_{\mathrm{p}})=\rho_{\mathrm{p}}C_{\mathrm{c}}D_{\mathrm{p}}^2/(18\mu)$，$C_{\mathrm{c}}$ 为滑移修正系数；

η_{T}——颗粒碰撞效率，对微小颗粒 $\eta_{\mathrm{T}}\to 1$。

$$\text{湍流团聚常数}\ K_{\mathrm{T}}(D_{\mathrm{p}i},D_{\mathrm{p}j})=K_{\mathrm{T}1}+K_{\mathrm{T}2} \qquad (20\text{-}4\text{-}18)$$

④ 声波团聚。当声波强度在 160dB 以上时，声波将引发湍流团聚，其团聚常数可由式(20-4-16)、式(20-4-17) 计算，此时 ε_0 需由实验测定[28,29]。

4.2　颗粒的扩散现象

$1\mu\mathrm{m}$ 以下的微小颗粒，受到作热运动的流体分子的碰撞，也会产生类似于分子扩散的颗粒扩散现象。

4.2.1　布朗扩散

布朗扩散引起颗粒浓度梯度的变化，一般可采用气体和溶液的扩散方程来解析。但对于大颗粒，由于重力沉降或惯性的影响，还会伴随高浓度颗粒的布朗团聚等现象，这时的扩散与气体扩散大不相同。

(1) 布朗扩散基本方程　忽略颗粒的惯性力，则由布朗扩散引起的单分散颗粒的浓度变化为：

$$\begin{cases}\dfrac{\partial n}{\partial t}+\nabla u=D\,\nabla^2 n-\nabla vn\\ v=\dfrac{\tau\sum F}{m}\end{cases} \qquad (20\text{-}4\text{-}19)$$

$$\begin{cases} 颗粒扩散系数\ D=C_c kT/(3\pi\mu D_p) \\ 滑移修正系数\ C_c = \begin{cases} 1 & 水中 \\ 1+2.514(l/D_p)+0.80(l/D_p)\exp[-0.55(D_p/l)] & 空气中 \end{cases} \\ 颗粒松弛时间\ \tau=\rho_p C_c D_p^2/(18\mu) \end{cases}$$

(20-4-20)

式中 l——介质分子的平均自由程;

m——颗粒质量;

u——介质流速;

v——外力引起的颗粒运动速度。

根据颗粒的初始浓度及相应的边界条件,可由上述方程求得 n 的数值解或解析解,从而得到不同情况下的颗粒浓度变化的状况。

对于多分散颗粒,只要将颗粒浓度分布函数 $n(L)_p$ 代替式(20-4-19)中的 n,即得到多分散颗粒的扩散方程。颗粒在壁面等物体表面的沉积通量:

$$j=-D\nabla n+vn \qquad (20-4-21)$$

表 20-4-1 和表 20-4-2 分别给出了静止场合颗粒不稳定扩散以及层流时颗粒稳定扩散的解析解[21,30~33]。

表 20-4-1 静止场中不稳定扩散的解析解

扩散场	基本方程	初值边界条件	解	通量 $J(=面积\times j)$
(a) 壁 颗粒 $x=0$	$\dfrac{\partial n}{\partial t}=D\dfrac{\partial^2 n}{\partial x^2}$	$n(x,0)=n_0,$ $x>0;$ $n(0,t)=0,$ $t\geq 0$	$n(x,t)=n_0\,\mathrm{erf}\left[\dfrac{x}{\sqrt{4Dt}}\right]$	$j=n_0\sqrt{\dfrac{D}{\pi t}}$
(b) $x=0\quad x=h$		$n(x,0)=n_0,$ $0<x<h;$ $n(x,0)=0,$ $x<0, x>h;$ $n(0,t)=$ $n(h,t)=0,$ $t\geq 0$	$n(x,t)=\dfrac{4n_0}{\pi}\sum\limits_{i=1}^{\infty}\dfrac{1}{2i-1}$ $\sin\left[(2i-1)\dfrac{\pi x}{h}\right]$ $\exp\left[-\dfrac{(2i-1)^2\pi^2 Dt}{h^2}\right]$	$j_{x=0}+j_{x=h}=\dfrac{8Dn_0}{h}$ $\sum\limits_{i=1}^{\infty}\exp\left[-\dfrac{(2i-1)^2\pi^2 Dt}{h^2}\right]$
(c) 球体 (半径 a)	$\dfrac{\partial n}{\partial t}=$ $D\left[\dfrac{1}{r^2}\times\right.$ $\left.\dfrac{\partial}{\partial r}\left(r^2\dfrac{\partial n}{\partial r}\right)\right]$	$n(r,0)=n_0,$ $r<a;$ $n(a,t)=0,$ $t\geq 0$	$n(r,t)=\dfrac{2an_0}{\pi r}\sum\limits_{n=1}^{\infty}\dfrac{(-1)^n}{n}\sin\left(\dfrac{n\pi r}{a}\right)$ $\exp\left(-\dfrac{n^2\pi^2 Dt}{a^2}\right)$	$J=8aDn_0\sum\limits_{n=1}^{\infty}\dfrac{(-1)^n}{n}$ $\exp\left(-\dfrac{n^2\pi^2 Dt}{a^2}\right)$
(d) 球体 (半径 a)		$n(r,0)=n_0,$ $r>a;$ $n(a,t)=0,$ $t\geq 0$	$n(r,t)=$ $n_0\left[1-\dfrac{a}{r}+\dfrac{a}{r}\mathrm{erf}\left(\dfrac{r-a}{2\sqrt{Dt}}\right)\right]$	$J=4\pi aDn_0\left[1-\dfrac{a}{\sqrt{\pi Dt}}\right]$

续表

扩散场	基本方程	初值边界条件	解	通量 J (=面积×j)
(e)	$\dfrac{\partial n}{\partial t} = D\left[\dfrac{1}{r}\times\dfrac{\partial}{\partial r}\left(r\dfrac{\partial n}{\partial r}\right)\right]$	$n(r,0)=n_0$, $r<a$; $n(a,t)=0$, $t\geqslant 0$	$n(r,t)=\dfrac{2n_0}{a}\sum\limits_{n=1}^{\infty}\exp(-Da_n^2 t)\dfrac{J_0(ra_n)}{a_n J_1(aa_n)}$ a_n: $J(aa)=0$ 的 n 次根 J_0, J_1 分别为 0 次、1 次 Bessel 函数	$j=4\pi n_0\sum\limits_{n=1}^{\infty}(-1)^n\exp(-Da_n t)$
(f)		$n(r,0)=n_0$, $r>a$; $n(a,t)=0$, $t\geqslant 0$	$n(r,t)=-\dfrac{2n_0}{\pi}\int_0^{\infty}\exp(-Dv^2 t)\dfrac{J_0(vT)Y_0(va)-J_0(va)Y_0(vr)}{J_0^2(av)+Y_0^2(av)}\dfrac{\mathrm{d}v}{v}$ Y_0: 第二类 Bessel 函数	$j=\dfrac{8n_0 D}{\pi}\int_0^{\infty}\exp(-Dv^2 t)[J_0^2(av)+Y_0^2(av)]\dfrac{\mathrm{d}v}{v}$

表 20-4-2 层流场中稳定扩散的解析解

扩散场	基本方程	边界条件	解，通量 j	文献
(a)	$u_x\dfrac{\partial n}{\partial x}+u_z\dfrac{\partial n}{\partial z}=D\dfrac{\partial^2 n}{\partial z^2}$	$n(x,0)=0$, $n(x,0)=n_0$	$n=\dfrac{(0.22Sc)^{\frac{1}{3}} n_0}{0.89}\int_0^{\frac{1}{2}\sqrt{u_0 x^2/(vz)}}\exp(-0.22Scv^3)\mathrm{d}v$; $j=0.34Dn_0\left(\dfrac{u_0}{vx}\right)^{\frac{1}{2}}Sc^{\frac{1}{3}}$, $Sc=v/D$	[30]
(b) 管	$u_x\dfrac{\partial n}{\partial x}=D\left(\dfrac{\partial n}{r\partial r}+\dfrac{\partial^2 n}{\partial r^2}\right)$, $u_x=2u_{x\mathrm{av}}\left(1-\dfrac{r^2}{R^2}\right)$	$n(0,r)=n_0$, $n(x,R)=0$	$\dfrac{n_{\mathrm{av}}}{n_0}=0.819e^{-3.657\mu}+0.0976e^{-22.3\mu}+0.032e^{-57\mu}+\cdots$, $\mu\geqslant 0.0312$; $\dfrac{n_{\mathrm{av}}}{n_0}=1-2.56\mu^{\frac{2}{3}}+1.2\mu+0.177\mu^{\frac{4}{3}}+\cdots$, $\mu<0.0312$, $\mu=D/(u_{x\mathrm{av}}R^2)$	[31]
(c) 风道	$u_x\dfrac{\partial n}{\partial x}=D\dfrac{\partial^2 n}{\partial z^2}$, $u_x=\dfrac{3u_{x\mathrm{av}}}{2h^2}(h^2-z^2)$, $2h<2b<\mathrm{length}$	$n(0,z)=n_0$, $n(x,h)=0$, $n(x,-h)=0$	$\dfrac{n_{\mathrm{ar}}}{n_0}=0.9149e^{-7.54\mu}+0.0592e^{-89.2\mu}+0.0258e^{-607\mu}+\cdots$, $\mu=Dx/(4h^2 \mu_{x\mathrm{av}})$	[32]

续表

扩散场	基本方程	边界条件	解，通量 j	文献
(d) 圆柱体 r, θ, u_0	$u_r \dfrac{\partial n}{\partial r} + \dfrac{u_\theta}{r} \dfrac{\partial n}{\partial \theta} =$ $D\left(\dfrac{\partial^2 n}{\partial r^2} + \dfrac{1}{r}\dfrac{\partial n}{\partial r} + \dfrac{1}{r^2}\dfrac{\partial^2 n}{\partial \theta^2}\right)$	$n(R,0)=0$, $n(\infty,\theta)=n_0$, $Re<1$, $D_p/R \approx 0$	$\eta_D = \dfrac{2DR\int_0^\pi \left(\dfrac{\partial n}{\partial r}\right)_{r=R} d\theta}{2u_0 R n_0}$ $= 2.9 k^{-1/3} Pe^{-2/3} + 0.62 Pe^{-1}$ η_D：圆柱形单颗粒捕集效率 $Pe = 2u_0 R/D$ 平行圆柱群： $k = -\dfrac{1}{2}\ln\alpha - \dfrac{3}{4} + \alpha - \dfrac{\alpha^2}{4}$ α：填充率 孤立圆柱：$k = 2 - \ln Re$	[33]
(e) 球体 r, θ, u_0	$u_r \dfrac{\partial n}{\partial r} + u_\theta \dfrac{1}{r}\dfrac{\partial n}{\partial \theta} =$ $D\left[\dfrac{1}{r^2}\dfrac{\partial}{\partial r}\left(r^2 \dfrac{\partial n}{\partial r}\right) + \dfrac{\partial}{r^2 \sin\theta \partial \theta}\left(\sin\theta \dfrac{\partial n}{\partial \theta}\right)\right]$	$n(R,0)=0$, $n(\infty,\theta)=n_0$, $Re<1$, $D_p/R \approx 0$	$\eta_D = \dfrac{2\pi DR^2 \int_0^\pi \left(\dfrac{\partial n}{\partial r}\right)_{r=R} \sin\theta d\theta}{\pi R^2 u_0 n_0}$ $= 4.04 Pe^{-2/3}$ $Pe = \dfrac{2u_0 R}{D}$ η_D：单一捕集效率	[25]

(2) 布朗扩散的影响因素

① 惯性力。例如旋风分离器中，由于采用高速收尘，颗粒的惯性力对扩散有影响。此时可以由颗粒运动方程求得颗粒速度，并代入式(20-4-19)中的 u，求解扩散方程即可得这种惯性力的影响。

② 湍流。此时将布朗扩散系数与湍流扩散系数之和近似为颗粒的有效扩散系数，求解式(20-4-19)，可得到圆管内及搅拌湍流场中的布朗扩散和湍流扩散引起的颗粒在壁面的沉积量[24,34]。

③ 重力沉降。分别采用无量纲数 α 和 σ 表示重力沉降与扩散影响的大小，以及重力沉降对扩散影响的大小。

$$\alpha = D u_t / h \tag{20-4-22}$$

$$\sigma = u_t R / D \tag{20-4-23}$$

式中，u_t 为沉降速度，$m \cdot s^{-1}$。

表 20-4-3 给出了重力场中非稳定扩散的典型解。

图 20-4-7 表明 α 值对颗粒浓度变化的影响[35]，而图 20-4-8 则表明了 σ 值对颗粒浓度变化的影响[36]。由图 20-4-7 可见，$\alpha > 10$ 时，颗粒浓度变化仅由扩散引起，相当于式(20-4-22)的解；而 $\alpha = 0.17$ 时，重力沉降的影响已经显示出来；$\alpha = 0.01$ 时，重力沉降的影响则非常明显。因此，在 $0.01 < \alpha < 10$ 的范围内，颗粒浓度的变化是扩散和重力沉降双重影响的结果。

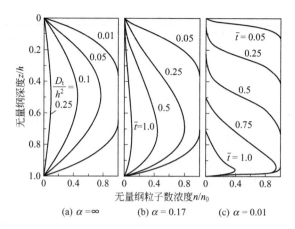

图 20-4-7 平行平板间 α 值对颗粒浓度变化的影响

表 20-4-3 重力场中非稳定扩散的典型解

扩散场	基本方程	初期边界条件	解	沉积通量
(a) 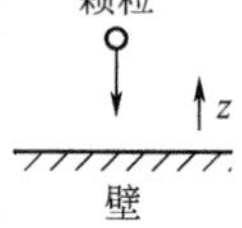 颗粒↓ ↑z 壁		$n(z,0)=n_0$ $z>0$ $n(0,t)=0$ $t\geqslant 0$	$n(z,t)=\dfrac{n_0}{2}\left[1+\mathrm{erf}\left(\dfrac{z+u_t t}{2\sqrt{Dt}}\right)\right.$ $\left.-\exp\left(-\dfrac{u_t z}{D}\right)\mathrm{erfc}\left(\dfrac{z-u_t t}{2\sqrt{Dt}}\right)\right]$	$j=n_0\left\{\sqrt{\dfrac{D}{\pi t}}\exp\right.$ $\left(-\dfrac{u_t^2 t}{4D}\right)+\dfrac{u_t}{2}$ $\left.\left[1+\mathrm{erf}\left(\dfrac{u_t t}{2\sqrt{Dt}}\right)\right]\right\}$
(b) 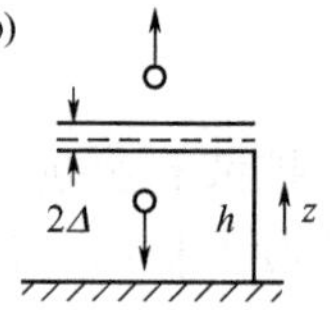 2Δ h ↑z	$\dfrac{\partial n}{\partial t}=u_t\dfrac{\partial n}{\partial z}$ $+D\dfrac{\partial^2 n}{\partial z^2}$	$n(z,0)=0,$ $z\neq h$ 时, $\int_{h-b}^{h+b}n(z,0)\mathrm{d}z$ $=n_0$	$n(z,t)=\dfrac{n_0}{\sqrt{4\pi Dt}}\times$ $\exp\left[-\dfrac{2u_t(z-h)+u_t^2 t}{4D}\right]\times$ $\left\{\exp\left[-\dfrac{(z-h)^2}{4Dt}\right]\right.$ $\left.-\exp\left[-\dfrac{(z+h)^2}{4Dt}\right]\right\}$	$j=\dfrac{hn_0}{\sqrt{4\pi D t}}\times$ $\exp\left[-\dfrac{(h-u_t t)^2}{4Dt^3}\right]$
(c) 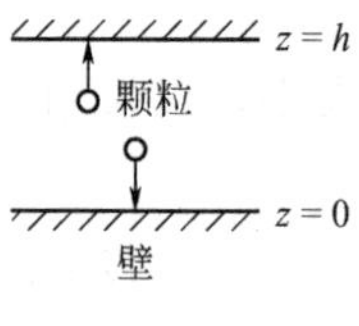 颗粒 $z=h$ ○ 壁 $z=0$		$n(z,0)=n_0,$ $0<z<h$ $n(z,0)=0$ $z<0,z>h$ $n(0,t)=n(h,t)$ $=0,t\geqslant 0$	$n(z,t)=n_0\sum_{v=1}^{\infty}\{1-(-1)^v$ $\exp(-1/(2\alpha))\}/$ $(1+1/(4\alpha^2 v^2\pi^2))\times$ $\exp\{[2\overline{z}-(1+4v^2\pi^2\alpha^2)\overline{t}]/$ $(4\alpha)\}\times\sin v\pi\overline{zz}=\dfrac{z}{h},$ $\overline{t}=\dfrac{tu_t}{h},\alpha=\dfrac{D}{u_t h}$	

图 20-4-8 中：

$$\dfrac{n}{n_0}=1-\dfrac{2}{\pi}(2\alpha\beta-\alpha^{1/3}\beta+\arcsin\alpha^{1/3})$$

$$\alpha=\dfrac{3}{8}\sigma\mu,\ \beta=\sqrt{1-\alpha^{2/3}}$$

$$\sigma=u_t R/D$$

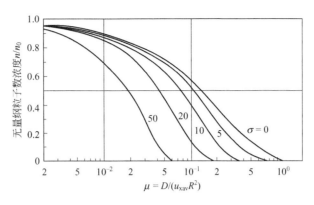

图 20-4-8 颗粒在圆管中层流流动时 σ 值对颗粒浓度变化的影响

图 20-4-8 是半径为 R 的水平圆管内层流流动时，任意截面处颗粒平均浓度的变化。其中，$\sigma=0$ 时，只有扩散的影响，相当于表 20-4-2(b) 的解；随着 σ 的增加，重力沉降的影响开始显著，$\sigma=50$ 时，则仅有重力沉降的影响。一般认为 $0.1 \leqslant \sigma \leqslant 20$ 范围内，扩散与重力沉降的影响共存。

4.2.2 布朗团聚

由于团聚也能使颗粒浓度（颗粒个数）减小，因此在考虑其对扩散的影响时，应在式 (20-4-19) 的右端加上一 $K_{BO}n^2$ 项，K_{BO} 为布朗团聚速度常数。

团聚对扩散的影响，也可用无量纲数 α 来评价，$\alpha<0.1$ 时可以忽略团聚的影响，此时的 α[37]：

$$\alpha = 4K_{BO}n_0 R^2/D \tag{20-4-24}$$

式中 R——管半径，cm；
D——颗粒扩散系数，$cm^2 \cdot s^{-1}$。

4.2.3 湍流扩散

与分子运动相比较，湍流运动尚有许多未被认识的规律，因而湍流扩散的分析就较困难，通常多采用 Fick 定律的类比即梯度输送，将湍流扩散引起的输送量定量化。但这只是一种模型，尚有不少实际问题无法采用梯度输送来分析说明。

(1) 湍流扩散方程 由质量守恒定律导出湍流扩散方程如下：

$$\frac{\partial n}{\partial t} + \nabla^2 n\boldsymbol{v} = D\,\nabla^2 n + \Gamma \tag{20-4-25}$$

式中，$\boldsymbol{v}$ 为颗粒的速度向量；Γ 为有源项。

n 与 $\boldsymbol{v}$ 可分解成时间平均值 $\bar{n}$、$\bar{\boldsymbol{v}}$ 和瞬时值 n'、$\boldsymbol{v}'$，代入上式得到：

$$\frac{\partial n}{\partial t} + \nabla \overline{n\boldsymbol{v}} + \nabla \overline{n'\boldsymbol{v}'} = D\,\nabla^2 \bar{n} + \Gamma \tag{20-4-26}$$

式中，湍流变化引起的输送项 $\overline{n'\boldsymbol{v}'}$，可应用梯度输送法则，并将湍流扩散系数表示成二维张量，则：

$$\overline{n'v'} = -\varepsilon_{pij}\frac{\partial \bar{n}}{\partial x_j} \tag{20-4-27}$$

式中，ε_p 为湍流扩散系数，因此有：

$$\frac{\partial \overline{n}}{\partial t} + \nabla \overline{nv} = \frac{\partial}{\partial x_i}\left(\varepsilon_{pij}\frac{\partial \overline{n}}{\partial x_j}\right) + D\nabla^2 \overline{n} + \Gamma \quad (20\text{-}4\text{-}28)$$

由于布朗扩散与湍流扩散相比可忽略，则当不存在有源项，且可忽略颗粒的惯性时，湍流扩散方程最终可简化成：

$$\frac{\partial \overline{n}}{\partial t} + \overline{v}\cdot\nabla \overline{n} = \frac{\partial}{\partial x_i}\left(\varepsilon_{pij}\frac{\partial \overline{n}}{\partial x_j}\right) \quad (20\text{-}4\text{-}29)$$

该式适用于流体不可压缩的情况。

(2) 湍流扩散系数 湍流扩散系数（严格地说是扩散张量）的求取是求解湍流扩散方程的关键。Hinze[38] 对均质湍流扩散的分析，导出流体扩散系数 ε_f 和颗粒扩散系数 ε_p 的下述关系：

$$\varepsilon_f = \overline{v}_f^2 T_{f_l}[1 - \exp(-t/T_{f_l})] \quad (20\text{-}4\text{-}30)$$

$$\varepsilon_p = \overline{v}_f^2 T_{f_l}\left[1 - \frac{A^2 T_{f_l}^2 - B^2 \exp(-t/T_{f_l}) - (1-B^2)\exp(At)}{A^2 T_{f_l}^2 - 1}\right] \quad (20\text{-}4\text{-}31)$$

$$\frac{\varepsilon_p}{\varepsilon_f} = 1 + \frac{1-B^2}{A^2 T_{f_l}^2 - 1}\cdot\frac{\exp(-At) - \exp(-t/T_{f_l})}{1 - \exp(-t/T_{f_l})} \quad (20\text{-}4\text{-}32)$$

$$A = \frac{36\mu}{(2\rho_p + \rho_f)D_p^2} \qquad B = \frac{3\rho_f}{2\rho_p + \rho_f}$$

式中 T_{f_l}——流体的拉格朗日积分时间；

$\overline{v}_f^2$——流体的湍流强度。

4.3 颗粒的传热特性

4.3.1 单颗粒的传热

单颗粒传热的基本方程为

$$\begin{cases} \nabla^2 T_p = \dfrac{1}{h_p}\dfrac{\partial T_p}{\partial t} - \dfrac{1}{k_p}\dfrac{\partial q_p}{\partial t} \\ \dfrac{\partial T}{\partial n_i} + Bi(T_p - T_f) = 0 \end{cases} \quad (20\text{-}4\text{-}33)$$

$$Bi = h_p D_p / k_p \quad (20\text{-}4\text{-}34)$$

式中 k_p——颗粒热导率，$W\cdot m^{-1}\cdot K^{-1}$；

h_p——颗粒-流体传热系数，$W\cdot m^{-2}\cdot K^{-1}$；

Bi——无量纲数。

(1) 颗粒内的温度变化 求解式(20-4-33)，可以得到颗粒内温度随时间变化的关系式。对于球形颗粒，初始条件为 $T_p(r,0) = T_p^0$ 时

$$\begin{cases} \dfrac{T_p - T_f}{T_p^0 - T_f} = \sum_{i=1}^{\theta} 2\dfrac{\sin\lambda_i - \lambda_i\cos\lambda_i}{\lambda_i - \sin\lambda_i\cos\lambda_i}\exp\{-\lambda_i^2[k_0 t/(c_p\rho_p r_p^2)]\}[\sin(\lambda_i\xi)/(\lambda_i\xi)] \\ 1 - \dfrac{Bi}{2} = \lambda_i \operatorname{ctg}\lambda_i \end{cases}$$

$$(20\text{-}4\text{-}35)$$

式中 r_p——颗粒半径，m；
c_p——定压比热容，J·kg^{-1}·K^{-1}；
ξ——无量纲距离。

(2) 颗粒-流体传热系数 h_p 对于流体静止的情况[39]：

$$Nu = \frac{2}{1 - D_p/d_m} \tag{20-4-36}$$

式中，d_m 为颗粒周围流体层直径，m。

对于流动流体，有许多 h_p 的实验关联式，这里介绍的是 Rowe[40] 经验式：

$$Nu_p = 2 + BPr^{1/3}Re_p^{1/2} \tag{20-4-37}$$

$$Re_p = D_p u/v, \quad B = \begin{cases} 0.69 & \text{空气中} \\ 0.79 & \text{水中} \end{cases}$$

式中 v——流体的运动黏度，m^2·s^{-1}；
u——流体速度，m·s^{-1}。

式(20-4-37)的应用范围是 $20 < Re_p < 2000$。

(3) 旋转颗粒的传热 当颗粒旋转或振动时，其传热系数将受到状态的影响。关于旋转颗粒与流体间的传热，有今野[41]的下述关联式：

① 流体静止时：$Nu = 2 + 0.37 Re_\omega^{1/2}$

$$Re_\omega = D_p^2 \omega/v, \quad 400 < Re_\omega < 6000 \tag{20-4-38}$$

式中，ω 为旋转角速度，s^{-1}。

② 流体流动时：$240 < Re < 5500$。

a. 颗粒旋转起支配作用：

$$Nu_p = 2 + 0.37(R_p\omega/u_g)^{1/2} Re_p^{1/2} \tag{20-4-39}$$

b. 流体流动起支配作用：

ⅰ. 颗粒旋转轴与流体流动平行时：

$$Nu_p = 2 + 0.58 Re_p^{1/2}, \quad R_p\omega/u_g < 0.7 \tag{20-4-40}$$

ⅱ. 颗粒旋转轴与流体流动垂直时：

$$Nu_p = 2 + 0.69 Re_p^{1/2}, \quad R_p\omega/u_g < 3 \tag{20-4-41}$$

(4) 颗粒与壁面的传热 颗粒与壁面的不稳定传热系数 h_{wp} 定义为[42]：

$$h_{wp} = q(t)/A_p[T_w(t) - T_p(t)] \tag{20-4-42}$$

当颗粒与壁面接触时间大于 0.1s 时，

$$h_{wp} = \frac{2}{\sqrt{\pi}} \sqrt{\frac{(\rho c_p k)_p}{t}} \tag{20-4-43}$$

A_p 为颗粒与壁面接触面积，m^2。

当颗粒与壁面接触时间小于 0.1s 时，h_{wp} 与颗粒热导率 k_p 无关，仅取决于流体热导率 k_g 和颗粒半径 R_p[43]。

$$h_{wp}(t \to 0) = h_{wp,max} = h_{pc} + h_{pr} \tag{20-4-44}$$

$$h_{pc} = \frac{2k_g}{R_p}\left[\left(\frac{\sigma}{R_p}+1\right)\ln\left(\frac{R_p}{\sigma}+1\right)-1\right] \tag{20-4-45}$$

$$h_{pr} = \frac{0.2268e}{2-e}\left(\frac{T_{pm}}{100}\right)^3 \tag{20-4-46}$$

$$\sigma = 2l(2-\gamma)/\gamma \tag{20-4-47}$$

式中 e——辐射系数。

气体分子平均自由程 $l(\mathrm{m})$ 为：

$$l = (3\mu_f/\rho_f)\sqrt{\pi M_g/(3RT_g)} = \frac{16}{5}\sqrt{RT_g/(2\pi M_g)}\,\mu_f/p \tag{20-4-48}$$

适应系数 γ 的值可由图 20-4-9 查得。

式中 M_g——分子量；
R——气体常数，$R = 8.3144 \mathrm{J\cdot K^{-1}\cdot mol^{-1}}$；
μ_f——气体黏度，$\mathrm{Pa\cdot s}$；
p——压力，Pa。

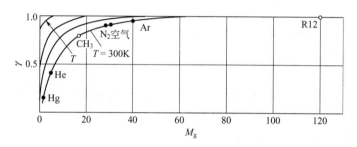

图 20-4-9 分子量与适应系数[50]

4.3.2 颗粒层的传热

(1) 多孔体的传热 对于多孔体的传热，常采用拟均匀体系模型或近似于电阻网络的阻力模型来处理，并用有效热导率 k_e 表征传热的特性。表 20-4-4 是几种有效热导率的计算式。

多孔体内有自然对流时，其有效热导率 k_{ce} 与无对流时的 k_e 有下述关系[48]：

表 20-4-4 多孔体热导率计算式

项目	结构模型	计算式	文献
单组分体系		$k_c = k_s \dfrac{\varepsilon^{2/3} + \dfrac{k_s}{k_f}(1-\varepsilon^{2/3})}{\varepsilon^{2/3} - \varepsilon + \dfrac{k_s}{k_f}(1-\varepsilon^{2/3}+\varepsilon)}$	Russel[44]
		$k_c = k_f \dfrac{(1-\varepsilon)^{2/3} + \dfrac{k_f}{k_s}[1-(1-\varepsilon)^{2/3}]}{\varepsilon + (1-\varepsilon)^{2/3} - 1 + \dfrac{k_f}{k_s}[2-\varepsilon-(1-\varepsilon)^{2/3}]}$	Russel[44]
		$k_c = [\varepsilon k_f + (1-\varepsilon)k_s]^n \left[\dfrac{\varepsilon}{k_f} + \dfrac{(1-\varepsilon)}{k_s}\right]^{n-1}$ $n = \dfrac{0.5(1-\lg\varepsilon)}{\lg[\varepsilon(1-\varepsilon)k_s/k_f]}$	Chaudhary-Bhandari[45]
		$k_c = \dfrac{2}{3}\dfrac{k_s k_f}{k_s\varepsilon + k_f(1-\varepsilon)} + \dfrac{1}{3}[k_s(1-\varepsilon) + k_f\varepsilon]$	Dulnev Zarichnyak[46]
多组分体系		$k_c = \prod k_i^{v_i}$	Wimmer[47]

注：ε 为空隙率；k_s 为固体热导率；k_f 为流体热导率。

$$\frac{k_{ce}}{k_e} = (10.412 + 0.032\zeta)\sqrt{\frac{Ra}{\zeta}} \tag{20-4-49}$$

$$\zeta = \frac{x_v}{x_H}$$

式中 x_v——多孔体长，m；
x_H——高低温间距，m。

$$Ra = \overline{KgD_p}\alpha_T \Delta T(c_p\rho)_f/(v_f k_e) \tag{20-4-50}$$

式中 α_T——气体膨胀温度系数，K^{-1}；
K——透射率。

(2) 填充床的传热

① 填充床有效热导率。当填充床中的流体处于静止时，有效热导率是导热和辐射传热效果的叠加；而在流体流动时，则还应加上对流传热项[49,50]。

$$(k_e/k_f) = (k_e/k_f)_{对流} + (k_e/k_f)_{导热,辐射} \tag{20-4-51}$$

对于导热和辐射传热项，可采用国井·Smith 式[49]和 Schotte 式[51]计算有效热导率，或者采用 Bauer[50]在考虑了接触点的压力影响后，提出的计算式，则对流传热的有效热导率：

$$(k_e/k_f)_{对流} = Pe/K \tag{20-4-52}$$

$$K = 8\{2 - [1 - 2/D_b/\overline{D_p}]^2\}$$

$$Pe = G_f c_{pf} x_f/k_f$$

x_f列表 20-4-5 中，D_b为颗粒层直径（m）；G_f为流体质量速度（kg·m^{-2}·s^{-1}）。

表 20-4-5 x_f 的计算式

颗粒系统	x_f
均匀球粒	$8/7 d_p$
	d_p:粒径
均匀圆柱形粒子	$1.75D[3L/(2D)]^{1/3}$
	D:圆直径。L:柱高
均匀管状柱形粒子	$1.75\Delta\phi D(3L/2D)^{1/3} + 4.06\Delta\phi$
	$\Delta\phi = 1/\{1 + (1-\phi)/[\phi(D_i/D)^2]\}$
	$\phi = 0.39 + 0.02[(1/D - 0.85)^2]^2$
二组分球形粒子	$\dfrac{1.15}{(y_1/d_{p1}) + (1-y_1)/d_{p2}}$
	y_1:粒径为 d_{p1} 的粒子的质量分数

② 颗粒-流体传热系数。对填充床的颗粒-流体传热系数 h_p，$Nu_p = \dfrac{h_p d_p}{k_f}$，若尾[52]整理大量实验数据得出：

$$Nu_p = 2 + 1.1 Pr^{1/3} Re_p^{0.6} \tag{20-4-53}$$

该式适用于较广的雷诺数范围，且与实验数据有良好的相关性，但当 $Re_p \to 0$，则需由实验来确证。

③ 管壁处的表观传热系数 h_w。管壁处颗粒的排列状态与床内不同，因而流动状况也不

同，传热情况与填充床内相异。颗粒-壁面传热系数 h_{sw} 为[53]：

$$Bi_s = \frac{h_{sw}D_T}{k_e} = 2.12\left(\frac{D_T}{D_p}\right) \tag{20-4-54}$$

式中　D_T——管径或床径，m。

流体-壁面传热系数 h_{fw} 为[54]：

$$Nu_{fw} = \frac{h_{fw}D_p}{k_f} = \begin{cases} 0.6Pr^{1/3}Re_p^{1/2} & 1 < Re_p < 40 \\ 0.2Pr^{1/3}Re_p^{0.8} & 40 \leq Re_p < 2000 \end{cases} \tag{20-4-55}$$

有效壁传热系数 h_{we} 为[55]：

$$Nu_{we} = \frac{h_{we}D_p}{k_f} = 8\beta\left(\frac{D_p}{D_T}\right) + Nu_{fw}\left(1 + \beta\frac{Pe_f}{Re_pPr}\right) \tag{20-4-56}$$

$$\beta = (k_e/k_f)\Big/\left(\frac{8}{Nu_s} + \frac{Bi_s+8}{Bi_s}\right)$$

$$Pe_f = G_f c_{pf} D_p/k_f$$

$$Nu_s = 1.5(1-\varepsilon)(D_T/D_p)^2/\{(k_e/k_f)[1/Nu_{fs} + 0.1/(k_e/k_f)]\}$$

$$Nu_{fs} = h_{fs}D_p/k_f = 0.255Pr^{1/3}Re_p^{2/3}/\varepsilon$$

关于填充床的传热系数，有许多研究者进行了实验测定，表 20-4-6 是部分研究者的结果。

表 20-4-6　填充床（固定床）传热系数

项目	著者	Re	关联式	传热体系	预测方法
总传热系数	B. Baumeister[①]	200～10400	$j_h = 1.09Re_p^{-0.32}$	空气-铁球	感应加热
	T. Deacetis[②]	6.7～1000	$j_h = 1.1/(Re_p^{0.41} - 0.15)$	空气-催化剂	室温下水分蒸发
	T. Gupta[③]	33～6500	$\varepsilon j_h = 0.0108 + 0.929/(Re_p^{0.58} - 0.483)$	文献值	
轴向有效热导率	K. Wakao[④]		$k_c/k_f = (k_e/k_f)_{Nu_R=0}$ $+ 0.707Nu_R^{0.96}(k_e/k_f)^{1.11}$	空气-玻璃珠	同心圆
	Yagi, Kunij[⑤]		$k_c/k_f = B + Pr_f Re/D$	空气-铁、瓷器、水泥熟料等	加热带加热
径向传热系数	Bunnell, et al.[⑥]	30～150	$k_{cr}/k_f = 5.0 + 0.061Re_p$	空气-氧化铝圆柱	加热空气一定壁温，
	J. Plautz[⑦]	100～2000	$h_{cr} = 0.7598 + 0.00223Re_p$	空气-玻璃珠	85℃空气加热
壁传热系数	Leva[⑧]	500～3408	$h_w = 4.6164(k_f/D_T)e^{-6(D_p/D_T)}Re_p^{0.9}$	空气-球	加热壁-气体一定壁温，
	J. Plautz[⑦]	100～2000	$h_w = 0.511G_1^{0.75}$	空气-玻璃球	85℃空气加热

① Baumeister B. AIChE J, 1958, 4：69。

② Deacetis T. Ind Eng Chem, 1960, 52：1003。

③ Gupta T. Chem Eng Prog, 1962, 58 (7)：58。

④ Wakao K. J Chem Eng Japan, 1969, 2：24。

⑤ Yagi S, Kunij D. AIChE J, 1957, 3：373。

⑥ Bunnell D G, Irvin H B, Olson R W, et al. Ind Eng Chem, 1949, 41：1977。

⑦ Plautz J. AIChE J, 1955, 1：193。

⑧ Leva M. Ind Eng Chem, 1947, 39：857。

4.4 颗粒的传质特性

由于物质分子的扩散，处于流体中的颗粒与流体之间发生质量传递，传递速度的大小一般受对流扩散的控制。对于有内孔的颗粒，除对流扩散外，其孔内的 Knudsen 扩散也对传质速度有较大影响。

本节只讨论颗粒的对流扩散传质。

4.4.1 单颗粒的传质

当颗粒处于静止流体中时，颗粒与流体的传质如下式：

$$Sh = \frac{kD_p}{D} = \frac{2}{1 - D_p/d_m} \tag{20-4-57}$$

式中，d_m 为颗粒周围流体层直径。

此时物质的传递主要由分子扩散控制。

在流动流体中，颗粒与流体间的传质，同时受到分子扩散和对流扩散的影响，此时的传质系数可按 Froessling 式[56]计算：

$$Sh = 2.0 + 0.6 Sc^{1/3} Re_p^{1/2} \tag{20-4-58}$$

也有用传质 J 因数来表示传质系数的，如 Chilton[57] 的 j_d 因数关联式：

$$j_d = \frac{k}{u} Sc^{2/3} = Sh Re_p^{-1} Sc^{-1/3} \tag{20-4-59}$$

式中，u 为流速（流体或介质）。

4.4.2 颗粒填充层的传质

颗粒填充层（固定床）中的颗粒-流体传质，与流体在颗粒中的轴向分散有很大关系，尤其当流体与颗粒的相对速度较低时，影响更大。

(1) 颗粒-流体稳态传质方程　描述颗粒-流体稳态传质，采用下述方程[58]：

$$D_{ax} \frac{d^2 C}{dx^2} = u \frac{dC}{dx} + \frac{a}{\varepsilon} k(C - C_s) \tag{20-4-60}$$

在一定边界条件（如 Danckwerts 边界条件）下求解式(20-4-60)，可得到浓度随颗粒填充层高度变化的公式：

$$\frac{C_s - C_{出}}{C_s - C_{入}} = \frac{4A \exp\left(\dfrac{uL}{2D_{ax}}\right)}{(1+A)^2 \exp\left(A \dfrac{uL}{2D_{ax}}\right) - (1-A)^2 \exp\left(-A \dfrac{uL}{2D_{ax}}\right)} \tag{20-4-61}$$

$$A = \sqrt{1 + \frac{4akD_{ax}}{\varepsilon u^2}} \tag{20-4-62}$$

$$\frac{C_s - C_{出}}{C_s - C_{入}} = \exp\left(\frac{-Sh'}{Sc Re_p} aL\right) \tag{20-4-63}$$

式中　a——颗粒层的比表面积，$m^2 \cdot m^{-3}$；

C_s——颗粒表面浓度；

$C_\text{入}$, $C_\text{出}$——颗粒层入口、出口处浓度；

D_ax——流体轴向扩散系数，$\dfrac{\varepsilon D_\text{ax}}{D_\text{v}}=2.0+0.5 Sc Re_\text{p}$；

D_v——分子扩散系数；

k——颗粒-流体传质系数；

L——颗粒层高度，m；

ε——颗粒层空隙率；

u——流体在空隙中的速度，m·s^{-1}；

Sh——舍伍德数，$Sh=kD_\text{p}/D_\text{T}$，$D_\text{p}$ 为颗粒直径，D_T 为管径（或床径）。此时 k 与 D_ax 有关；若 k 与 D_ax 无关，即 $D_\text{ax}=0$ 时的舍伍德数用 Sh' 表示；

Sc——施密特数，$Sc=v/D_\text{v}$，v 为流体运动黏度。

(2) 颗粒-流体传质系数 固定床颗粒-流体传质系数，可采用 Ranz[59] 的推荐式计算：

$$Sh'=2.0+1.8 Sc^{1/3} Re_\text{p}^{1/3}, Re_\text{p}>80 \tag{20-4-64}$$

Wakao[58]归纳了许多研究者的颗粒-流体传质（包括气体和液体）实验数据，得到下述传质系数的关联式：

$$Sh=2.0+1.1 Sc^{1/3} Re_\text{p}^{0.6} \tag{20-4-65}$$

此式适用于很宽的 Re_p 范围，其上限可达到 $Re_\text{p}=10000$，其与实验数据的拟合程度如图 20-4-10 和图 20-4-11 所示。关于固定床的传质研究，Wakao 作了许多详细的分析与归纳，可参见文献 [60]。

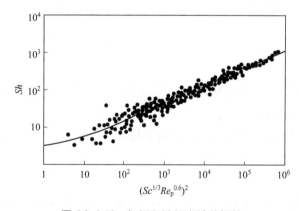

图 20-4-10 气相和液相实验数据的 Sh 与 $Sc^{1/3}Re_\text{p}^{0.6}$ 的关联

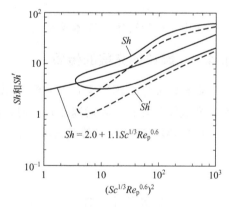

图 20-4-11 气相和液相实验数据的 Sh 和 Sh' 的比较

4.5 颗粒的电特性

对于电除尘操作、颗粒静电的测量与防护、利用等实际过程，颗粒的电特性是非常重要的。

4.5.1 比电阻

(1) 比电阻 颗粒的比电阻通常采用的单位是 Ω·cm，其倒数称作电导率。

颗粒的比电阻与颗粒的成分、温度及绝对湿度密切相关。在对数坐标系中，若以比电阻为纵轴、温度为横轴,绝对湿度为参数,则得到一组山峰形曲线,峰顶在 100~200℃;在此温度区域之外,比电阻将急剧减小,随着绝对湿度的增加,比电阻减小[61]。

(2) 比电阻的测定方法 比电阻的测定方法有:平行板电极法;同心圆筒电极法;探针法。测定方法原理如图 20-4-12 所示[62]。

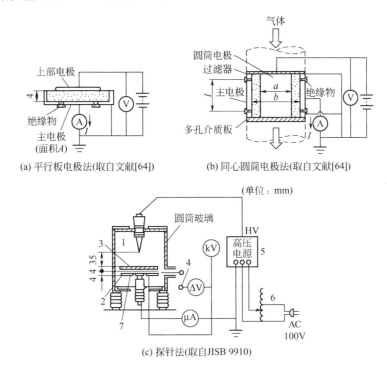

图 20-4-12 粉体比电阻的测定方法原理

1—针状放电电极;2—板状电极;3—粉体层;4—探针;5—高压直流电源;6—滑动变压器;7—主电极

测定时,将颗粒充填于电极之间,外加电压 V,同时测量通过颗粒层的电流强度 I,即可由下述各式求得比电阻:

$$\rho_d = \frac{A}{d} \frac{V}{I} \tag{20-4-66}$$

$$\rho_d = \frac{2\pi l}{\ln(b/a)} \frac{V}{I} \tag{20-4-67}$$

$$\rho_d = \frac{A}{L} \frac{V}{I} \tag{20-4-68}$$

式中 A——主电极面积,cm²;
d——电极间距,cm;
l——圆筒主电极长度,cm;
L——探针与平板间距,cm;
I——电流强度,A;
V——外加电压,V。

由于测定的电压及电流较小,比电阻与颗粒层的填充率关系极大,故需先仔细测定算出颗粒的填充率;而为了克服颗粒接触点处温升造成的测定结果重现性差的缺点,需采用较低的电压;整个测定需在恒温、恒湿条件下进行。表 20-4-7 是一些颗粒的比电阻测定结果。

表 20-4-7 比电阻测定结果比较示例

项目	比电阻 $\rho_d/\Omega \cdot cm$		
	探针	平行板	同心圆筒
硫酸亚铁①	7×10^9	3×10^9	4×10^{10}
硫酸亚铁②	3×10^{10}	6×10^9	2×10^{11}
氧化锌	6×10^{10}	2×10^{10}	4×10^{10}
氧化高铁	2×10^{11}	2×10^{11}	1×10^{12}
煤(A)	2×10^{11}	2×10^{12}	3×10^{12}
煤(B)	4×10^{12}	3×0^{14}	3×10^{13}
氧化镁	1×10^{12}	2×10^{13}	6×10^{13}
波特兰水泥	2×10^{12}	3×10^{13}	5×10^{13}

① 在60℃露点（含水19.3%）下试验。
② 同一试料在40℃露点（含水7.3%）下试验。
注：选自 JIS B 9910 (1977)。测定温度150℃，填充率没有注明。

4.5.2 介电常数

(1) 颗粒的介电常数 通常将颗粒的介电常数 ε_p 与空气的介电常数 ε_0 之比，叫作颗粒的介电常数 $\bar{\varepsilon}_p$：

$$\bar{\varepsilon}_p = \varepsilon_p/\varepsilon_0, \varepsilon_0 = 8.859 \times 10^{-12} \text{F} \cdot \text{m}^{-1} \tag{20-4-69}$$

(2) 颗粒层的表观介电常数 ε_a 颗粒层的表观介电常数，因颗粒填充堆积方式而异。对于颗粒为立方格子排列的场合，可采用 Rayleigh 式[63]：

$$\frac{\varepsilon_a}{\varepsilon_0} = 1 + \frac{3\Phi}{\frac{\bar{\varepsilon}_p + 2}{\bar{\varepsilon}_p - 1} - \Phi - 1.65 \frac{\bar{\varepsilon}_p - 1}{\bar{\varepsilon}_p + (4/3)} \Phi^{10/3}} \tag{20-4-70}$$

当颗粒的体积浓度 Φ 较小，而其介电常数很大时，上式可简化成：

$$\bar{\varepsilon}_a = \frac{\varepsilon_a}{\varepsilon_0} \approx 1 + 3\Phi \tag{20-4-71}$$

(3) 颗粒层介电常数的测定 颗粒的介电常数采用液浸法求取，即将颗粒浸于介电常数已知的标准溶液中混合，测定其电容值，如混有颗粒前后的电容值无变化，则该标准液的介电常数即为颗粒的介电常数。表 20-4-8 是一些标准溶液的介电常数。

表 20-4-8 标准溶液的介电常数 $\bar{\varepsilon}_l$

液体	介电常数	$\frac{\partial \bar{\varepsilon}_l}{\partial t}/K^{-1}$
环己烷	2.023	−0.0016
苯	2.284	−0.0020
氯苯	5.708	−0.0174
丙酮	21.3	−0.09
硝基苯	35.7	−0.18

颗粒层的介电常数，采用平行板电极或同心圆筒电极（图 20-4-12）测定装置。测定填

充颗粒层的电容 C，然后按式(20-4-72)计算 ε_a：

$$\varepsilon_a = \varepsilon_0 \frac{C}{C_0} \quad (20\text{-}4\text{-}72)$$

$$C_0 = \frac{A}{d}\varepsilon_0 \text{（平行板电极）}$$

$$C_0 = \frac{2\pi l}{\ln(b/a)} \text{（同心圆筒电极）}$$

物质的介电常数可从有关手册中查求。

多组分颗粒系统的介电常数 ε^*，与各组分颗粒的介电常数 ε_i 有如下关系：

$$\frac{1}{\langle \frac{1}{\varepsilon}\rangle} \leqslant \varepsilon^* \leqslant \langle \varepsilon \rangle \quad (20\text{-}4\text{-}73)$$

$$\langle \frac{1}{\varepsilon} \rangle = \sum_i \frac{y_i}{\varepsilon_i}, \langle \varepsilon \rangle = \sum y_i \varepsilon_i \quad (20\text{-}4\text{-}74)$$

式中，y_i 为各组分颗粒在混合系统中的体积分数。

4.5.3 颗粒的荷电率（带电量）

单位质量颗粒层带的电荷叫作颗粒层的荷电率；对于单个颗粒，其荷电率为其电量 q 与质量 m 之比。由于颗粒带电量与其表面积成正比，因此，颗粒层中颗粒的粒径越小，其荷电率越大。单个颗粒的荷电率，可利用带电颗粒在直流或交流电场中的运动来进行测定，如图 20-4-13 所示，平行平板电极间有：

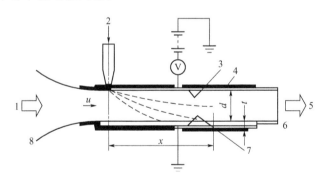

图 20-4-13　单个颗粒荷电率的测定
1—洁净空气；2—带电粒子；3—上部平板电极；4—绝缘物；5—吸气泵；
6—滑动玻璃；7—下部平板电极；8—气流整流段

$$q = \frac{3\pi\mu D_p u d}{C_m x E} \quad (20\text{-}4\text{-}75)$$

式中　C_m——Cunningham 修正系数；

　　　E——电场强度，$E = \dfrac{V}{d + (t/\bar{\varepsilon}_g)}$；　　　(20-4-76)

　　　t——玻璃片的厚度；

　　　$\bar{\varepsilon}_g$——玻璃的介电常数；

　　　d——电极间距；

V——外加电压。

测定时采用立式电极，使颗粒在运动过程中同时受到电场力作用和重力沉降作用，通过特殊的方法使颗粒在这两种作用力的合作用下处于静止状态，即颗粒受到的电场力与其重力相等：

$$qE = m_p g \tag{20-4-77}$$

所以

$$\frac{q}{m_p} = \frac{g}{E} = \frac{g[d + (t/\bar{\varepsilon}_g)]}{V} \tag{20-4-78}$$

颗粒的沉降过程，可以采用闪光放电管或倍频闪光灯进行拍照，然后根据颗粒沉降规律求算出颗粒粒径。

浮游粉尘的荷电率，则可利用普通取样器来进行测定。粉体的总荷电率则使用法拉第盒测定系统的电容与盒的电位，即 $q = CV$，如图 20-4-14[64]所示。

在粉体装置内，颗粒因碰撞或接触引起的带电量，可用 Schaffer 经验式计算[65]：

$$\frac{q}{m_p} = 4.06 \rho_p^{-1} D_p^{-1.3} \times 10^{-9} \tag{20-4-79}$$

式中　D_p——颗粒直径，cm；
　　　ρ_p——颗粒密度，g·cm^{-3}。

该式计算的结果为最大带电量。

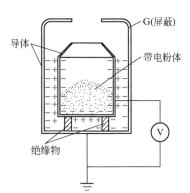

图 20-4-14　法拉第盒（带电粉体所发出的电力线不越出 G 外）

4.5.4　颗粒的带电

带电颗粒的放电，是粉尘爆炸的起因，而在电除尘、静电喷涂及静电复印中，则需使颗粒带电。颗粒的带电有因碰撞、接触和破碎引起的自然带电，以及使其电离的人工带电。本节仅介招颗粒的自然带电。

(1) 碰撞带电　粉体装置内，颗粒与器壁的碰撞带电，如式(20-4-80) 所描述[66]：

$$\Delta q = CV_c \left[1 - \exp\left(-\frac{\Delta t}{\tau}\right)\right] \tag{20-4-80}$$

式中　Δt——接触时间；
　　　τ——带电的时间常数；
　　　V_c——接触电压。

颗粒与壁面的电容 C 分别为：

表面状态很大时：

$$C = \frac{\varepsilon_0 S}{z_0} \tag{20-4-81}$$

表面状态可予忽略时：

$$C = \frac{\varepsilon_p S}{z} \tag{20-4-82}$$

式中　S——接触面积；
　　　z_0——颗粒与壁面的间隙，取作 4Å；
　　　ε_0——空气的介电常数；
　　　z——Debye 长度。

表面状态是指单位表面积、单位能量的活性中心数。对于金属壁与绝缘性颗粒的场合，

表面状态可忽略，且 $\tau=\varepsilon_0\rho_d$，ρ_d 为比电阻，则

$$\Delta q=\frac{SV_c}{z\rho_d}\Delta t \qquad (20\text{-}4\text{-}83)$$

在空气气流输送时，颗粒最终带电量由式(20-4-84)计算[66]：

$$\frac{q_\infty}{m_p}=\frac{3\varepsilon_0 V_c}{\rho_p D_p z_0}\Bigg/\left(1+\frac{3\rho_f D_T m}{\rho_p D_p \phi}\right) \qquad (20\text{-}4\text{-}84)$$

式中　ϕ——固气速度比；

m——混合比。

(2) 破碎带电　固体破碎时，正负电荷相对于破碎面概率分布的不均等使得颗粒带电。破碎后的粗颗粒易带正电，而细颗粒易带负电。

固体颗粒破碎带电是以零电荷为中心正负对称的，且单位颗粒表面积的电荷数的分布近似为正态分布。破碎后，由于颗粒的团聚和在器壁上的黏附，颗粒所带电荷依次被中和。

(3) 带电颗粒的运动　带电量 q 的颗粒，受到带有 dQ 电荷的物体的作用力为：

$$dF=\frac{1}{4\pi\varepsilon_0}\times\frac{q}{r^2}dQ \qquad (20\text{-}4\text{-}85)$$

积分此式即可求得物体对颗粒在某一方向上的作用力。而带电颗粒在电场中的运动，可以求解包括库仑力作用的颗粒运动方程，其在电场中的终端速度为：

$$v=\frac{qEC_m}{3\pi\mu D_p} \qquad (20\text{-}4\text{-}86)$$

在容器壁附近[67]，带电颗粒除受到库仑力外还受到电镜像力的作用，此时可将带电颗粒当作点电荷处理，则当容器壁为导体时：

$$F=-\frac{q^2}{16\pi\varepsilon_0 r^2} \qquad (20\text{-}4\text{-}87)$$

负号表示引力，是颗粒与器壁之间产生的电场对带电颗粒的作用力。如果容器壁为电介体，则：

$$F=-\frac{q^2}{16\pi\varepsilon_0 r^2}\frac{\bar{\varepsilon}-1}{\bar{\varepsilon}-1} \qquad (20\text{-}4\text{-}88)$$

式中，$\bar{\varepsilon}$ 为器壁的介电常数。

4.5.5　电泳

在颗粒形成的悬浊液中设置电场时，带电颗粒向逆电力方向移动，这种现象称为电泳。电泳速度用式(20-4-89)表示[68]：

$$v=BeE=\frac{\varepsilon\zeta E}{6\pi\mu}f(\kappa,R_p,K) \qquad (20\text{-}4\text{-}89)$$

$$K=\lambda_p/\lambda_0$$

式中　Be——电移动度，$Be=v/E$；

κ——电偶层厚度的倒数，液体中带电颗粒的周围，存在浓度较高的离子对，为保持电中性，从而形成电偶层；

ζ——电位；

λ_p,λ_0——颗粒及介质电导率；

R_p——颗粒半径，圆柱形粒子则为圆柱半径；

ε，μ——介质的介电常数和黏度；

f——Henry 函数，如图 20-4-15 中的实线所示。

当颗粒为绝缘体即 $K=0$ 及 $\kappa R_p \gg 1$ 时，式(20-4-89) 变为 Smoluchowski 式[69]：

$$v = \frac{\varepsilon \zeta E}{4\pi\mu} \tag{20-4-90}$$

而当 $K=0$，$\kappa R_p \ll 1$ 的场合，式(20-4-89) 变为 Hückel 式[70]：

$$v = \frac{\varepsilon \zeta E}{6\pi\mu} \tag{20-4-91}$$

式(20-4-89) 忽略了外部电压引起的电偶层变形、出现不对称而引起的松弛效应的影响，但当 ζ 电位较高，特别是 $0.10 < \kappa R_p < 100$ 时，这种影响将变得显著，此时电泳速度应按下式计算[71]：

$$v = \frac{\varepsilon \zeta E}{6\pi\mu} f(\kappa R_p, \zeta) \tag{20-4-92}$$

这里的 f 是 Overbeek 函数[71]，根据 Wiersema[72] 计算结果求得的 f，如图 20-4-15 中的点划线。上述计算电泳速度的公式，其适用范围如图 20-4-16 所示。

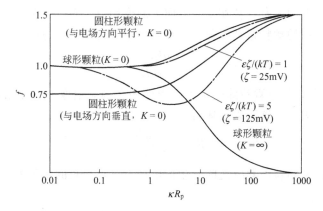

图 20-4-15 Henry 函数

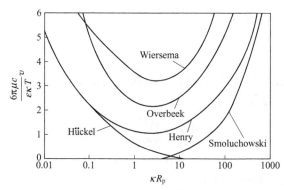

图 20-4-16 电泳速度计算式、计算结果适用范围
（电解质溶液中的 ζ 电位误差在 1mV 以下，故表示的是其上限）

O'Brien 和 White[73] 最近开发了用来计算球形颗粒电泳速度的计算程序，其适用于范围较广的实验条件，图 20-4-17 是计算结果示例。

关于电泳速度的实验测定，有许多方法，详细可参阅文献 [74～79]。

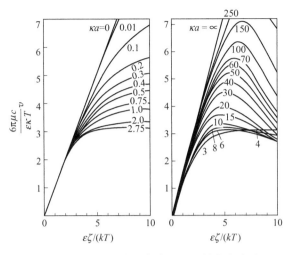

图 20-4-17 KCl 溶液中球形颗粒的电泳速度

4.6 颗粒的声学特性

颗粒及颗粒系统的声学特性，可从两个方面进行利用：①颗粒激烈运动引起的声能外泄，可用于噪声控制的识别及过程控制；②外加声波可促进颗粒群的运动，增大颗粒的传质速度，利用声波在颗粒层中的衰减特性，还可测定颗粒层的状态、结构及含湿率等等。

4.6.1 颗粒系统的发声

对于颗粒系统而言，颗粒的碰撞以及颗粒群的摩擦引起的发声是主要的。

(1) 颗粒碰撞发声 西村[80]和 Koss[81]等研究了物体碰撞发声的机理与性质。根据他们的研究结果，当颗粒碰撞时，受到任一加速度 $a(\tau)$ 的一个球形颗粒发射的声压为：

$$p(r_i,\theta_i,t'_i)=\int_0^\infty p_{\rm im}(r_i,\theta_i,t'_i-\tau)a(\tau){\rm d}\tau \tag{20-4-93}$$

两颗粒碰撞产生的声压为两颗粒发射的声压之和：

$$p(r,\theta,t)=p(r_1,\theta_1,t'_1)+U(t'_1-T_{\rm d})p(r_2,\theta_2,t'_2),\theta<90° \tag{20-4-94}$$

$$t'_i=t-(r_i-D_{\rm pi}/2)/C_0$$

$$t'_2=t_2-T_{\rm d}$$

$$T_{\rm d}=\frac{2.57(D_{\rm p1}/2)+[r_1^2+(D_{\rm p2}/2)^2]^{1/2}-r_1}{C_0} \tag{20-4-95}$$

式中　　r_i——i 颗粒中心到测声麦克风的距离；

θ_i——麦克风与颗粒 i 运动方向的夹角；

t——时间；

C_0——声速；

$T_{\rm d}$——两颗粒发声到达麦克风的时间差；

$U(t'_1-T_{\rm d})$——单位阶跃函数。

碰撞发出声音的频率为：

$$f=0.228\frac{2C_0}{D_{\rm pi}} \tag{20-4-96}$$

(2) 颗粒层的摩擦发声 颗粒之间表面摩擦发出的声音是非常小的,但颗粒床层在迸裂时,会发出有特征的摩擦声。例如淀粉、合成树脂粉、雪以及称作响砂(singing sand)的硅砂等均会发出响亮的声音[82]。将响砂放入容器中,并用棒压入其表面,则会发出如图 20-4-18 所示的正弦声压波形的声音。

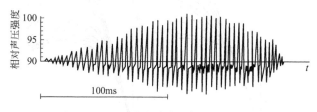

图 20-4-18 响砂(硅砂)的声压波形

关于摩擦发声的机理有过许多研究[83],日高等[84~87]认为颗粒层迸裂时,层内周期性地形成滑移带,而摩擦声就是颗粒层在形成滑移带时的膨胀运动产生的声音。滑移带形成的周期与形状,取决于颗粒层的摩擦特性。

4.6.2 颗粒在声场中的共振运动

声波通过分散有颗粒群的介质传播时,颗粒群将产生振动。关于声场中颗粒的共振运动,Houghton[88],Baird[89]有过详尽的研究,Brandt[90]等则对与声场中颗粒群团聚现象相关的驻波声场中细颗粒的共振运动进行了解析。

设 X_m 为介质的振幅,则其与最大振幅 A_m 有下述关系[91]:

$$X_m = A_m \sin\omega t \sin(2\pi l/\lambda) \tag{20-4-97}$$

对作用于随介质共振的球形颗粒的阻力 R 应用 Stokes 定律,则:

$$R = 3\pi\mu D_p \Delta v = 3\pi\mu D_p \left(\frac{dX_m}{dt} - \frac{dX_p}{dt}\right) \tag{20-4-98}$$

式中 l——振动节到颗粒的距离;
λ——波长;
ω——角频率;
Δv——颗粒与介质的相对速度。

在忽略重力影响时,共振颗粒的运动方程为:

$$\rho_p \frac{\pi D_p^3}{b} \frac{d^2 X_p}{dt^2} = 3\pi\mu D_p \left[\omega A_m \cos\omega t \sin\left(\frac{2\pi l}{\lambda}\right) - \frac{dX_p}{dt}\right] \tag{20-4-99}$$

颗粒振幅 X_p 的稳定解为:

$$X_p = \frac{A_m \sin(2\pi l/\lambda)\sin(\omega t - \phi)}{\left[1 + \left(\frac{\pi\rho_p D_p^2 f}{9\mu}\right)^2\right]^{1/2}} \tag{20-4-100}$$

$$\phi = \tan^{-1}\left(\frac{\pi\rho_p D_p^2 f}{9\mu}\right) \tag{20-4-101}$$

式中 f——频率;
ϕ——颗粒与介质的运动的相位差。

因此,介质与颗粒的振幅比为:

$$\frac{X_p}{X_m} = \frac{1}{\left[1 + \left(\frac{\pi \rho_p D_p^2 f}{9\mu}\right)^2\right]^{1/2}} \quad (20\text{-}4\text{-}102)$$

更详细的解析可参见文献 [92]。图 20-4-19 是 X_p/X_m 值与颗粒直径 D_p 的关系。

当介质中的颗粒群有较宽的粒度分布时，声波的传播将会增加颗粒的碰撞次数，促进颗粒的团聚，此时声波的频率可按 X_p/X_m 来选择，即：

$$f = \frac{9}{D_{pi}^2} \times \frac{\sqrt{3}\mu}{\pi \rho_p} \quad (20\text{-}4\text{-}103)$$

式中，D_{pi} 为颗粒群中比率最大的颗粒的直径。

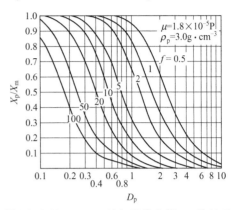

图 20-4-19 X_p/X_m 值与颗粒直径 D_p 的关系
1P=0.1Pa·s

4.6.3 声波通过颗粒群的衰减

(1) 分散颗粒群引起的声波衰减 分散在介质中的颗粒，因其共振或散射作用，将使通过颗粒群的声波发生衰减。对于 x 方向传播的平面波，有衰减时的声压为：

$$p = p_0 e^{-\alpha x} \quad (20\text{-}4\text{-}104)$$

声能随时间的衰减为：

$$E(t) = E_0 e^{-2\alpha C t} \quad (20\text{-}4\text{-}105)$$

式中 α——衰减系数；
C——声音在介质中的传播速度。

(2) 声波在颗粒层中的衰减 声波在颗粒层中的衰减，包括颗粒间相互接触造成的声波衰减，以及声波在空隙中的黏性衰减。基于 Biot[93] 的多孔介质中弹性波传播的理论，Hovem 等[94] 给出了声波在颗粒层中的衰减系数：

$$\alpha_0 = \frac{\Delta v}{v_0^2} \times \frac{1-\varepsilon}{\varepsilon} \times \frac{\rho_p}{\rho_a} B_0 \frac{\omega^2 \rho_f}{\mu} \quad (20\text{-}4\text{-}106)$$

$$\alpha_\infty = \frac{1}{4\sqrt{2}} \times \frac{\Delta v}{v_\infty^2} \times \frac{\varepsilon}{1-\varepsilon} \times \frac{\rho_a}{\rho_p} \times \frac{a_p}{B_0} \left(\frac{\omega \mu}{\rho_f}\right)^{1/2} \quad (20\text{-}4\text{-}107)$$

$$v_0 = (H/\rho_p)^{1/2}$$
$$v_\infty = \{H/[\rho_p(1-\varepsilon)]\}^{1/2}$$
$$a_p = (D_p/3)[\varepsilon/(1-\varepsilon)]$$

式中 α_0, α_∞——低频、高频区的衰减系数；
v——声音在颗粒层中的传播速度；
H——与颗粒弹性系数及泊松比 ν 有关的系数，$H = K - \frac{4\mu}{3}$；
B_0——流体的渗透系数，$B_0 = \frac{D_p^2}{36k} \frac{\varepsilon^3}{(1-\varepsilon)^2}$；
ρ_a——空气密度。

4.7 颗粒的光学现象

在均匀介质中,颗粒的存在造成空间折射率不连续变化,因此在受到电磁波照射时,将会产生一系列特殊的光学现象。

4.7.1 光散射

颗粒的存在使介质中出现折射率不连续变化,从而引起光散射。颗粒引起的光散射的强度,与颗粒形状、大小及折射率及入射光强度、波长、偏光度和散射角有关。

(1) 颗粒的折射率 颗粒的折射率 m,是光在构成颗粒的物质中的传播常数 k_1 与光在真空中的传播常数 k_0 之比[95]:

$$m = k_1/k_0 \tag{20-4-108}$$

$$k_1^2 = \mu_m \varepsilon \omega^2 - \mathrm{i}\mu_m \sigma \omega \tag{20-4-109}$$

或

$$k_1 = \alpha_1 - \mathrm{i}\beta_1 \tag{20-4-110}$$

$$\begin{cases} \alpha_1 = \omega \left\{ \dfrac{\mu_m \varepsilon_p}{2} \left(1 + \dfrac{\alpha^2}{\varepsilon_p^2 \omega^2}\right)^{1/2} + 1 \right\}^{1/2} \\ \beta_1 = \omega \left\{ \dfrac{\mu_m \varepsilon_p}{2} \left(1 + \dfrac{\alpha^2}{\varepsilon_p^2 \omega^2}\right)^{1/2} - 1 \right\}^{1/2} \end{cases} \tag{20-4-111}$$

因此,颗粒折射率是个复数。

$$m = \frac{\alpha_1}{k_0} - \mathrm{i}\frac{\beta_1}{k_0} \tag{20-4-112}$$

式中 μ_m——颗粒的磁导率;
α——颗粒的电导率;
β_1/k_0——颗粒的吸光性,导电性良好的颗粒吸光性就大,非导电性介质即 $\alpha=0$ 时,$\beta_1/k_0=0$。

(2) 散射光强度 散射光强度是散射角 θ,颗粒大小 D_p 与折射率 m 的函数,详细的分析可参见文献 [96~98]。Mie[96]将各向同性均匀球形颗粒的散射光强度,作为 Maxwell 方程的电磁波散射的严密解求得:

$$I = I_0 \frac{\lambda^2}{8\pi^2 r^2}(i_1 + i_2) \tag{20-4-113}$$

式中 I_0, λ——入射自然光的强度与波长;
r——入射自然光到颗粒中心的距离;
i_1, i_2——垂直或水平偏光成分散射光强度分布函数,是 θ、λ、D_p 及 m 的函数。

(3) 光的衰减 光通过悬浮有颗粒的流体介质时,由于颗粒对光的散射和吸收作用,将发生光的衰减。强度为 I_0 的平行光线,通过颗粒悬浊液时,光强度的衰减为:

$$I = I_0 \exp(-\gamma l) \tag{20-4-114}$$

式中 l——光通过介质的长度;
γ——衰减率,或称浊度。

$$\gamma = \int_0^\infty C_{\text{ext}} N(D_p) \mathrm{d}D_p \tag{20-4-115}$$

式中 C_{ext}——单个颗粒上光的衰减截面积;

$N(D_p)$——以颗粒个数表示的有粒度分布的颗粒群的浓度。

γ 的分析与计算，详见文献 [96，99]。

介质中悬浮颗粒的浓度很高时，必须考虑散射光的多重散射效应。

4.7.2 光的衍射

颗粒置于光的通路上会引起光的衍射。颗粒对平行光束的衍射为 Fraunhofer 衍射[100]，其衍射强度分布为：

$$I(\omega) = \frac{1}{4}E\alpha^2 D_p^2 \left[\frac{J_1(\alpha\omega)}{\alpha\omega}\right] \quad (20\text{-}4\text{-}116)$$

$$\alpha = \pi D_p / \lambda$$

$$\omega = \sin\phi$$

式中　E——入射光束单位面积的强度密度；

　　　J_1——第一类 Bessel 函数；

　　　λ——颗粒参数；

　　　ϕ——对应于入射光方向的衍射角。

4.7.3 光压

颗粒受到光照射时，因获得光的动量而受到光照压力。而当颗粒的散射和吸收作用引起入射光的衰减时，其衰减能量中的一部分作为散射光的动量，剩下的则全部给了颗粒。因此，受到强度为 I_0 的光照射时，颗粒受到的光照力 F_R 为[99]：

$$F_R = \frac{I_0}{C_0}[C_{ext} - \langle\cos\theta\rangle C_{sca}] \quad (20\text{-}4\text{-}117)$$

单位颗粒截面积上的光照压力为：

$$p_R = \frac{F_R}{(\pi/4)D_p^2} = \frac{I_0}{C_0}[Q_{ext} - \langle\cos\theta\rangle Q_{sca}] \quad (20\text{-}4\text{-}118)$$

$$\langle\cos\theta\rangle C_{sca} = \frac{1}{\alpha}\frac{\pi D_p^2}{4}\int_{-1}^{1}(i_1 + i_2)\cos\theta \, d(\cos\theta) \quad (20\text{-}4\text{-}119)$$

$$Q_{ext} = \frac{C_{ext}}{(\pi/4)D_p^2}, Q_{sca} = \frac{C_{sca}}{(\pi/4)D_p^2}$$

式中　C_{ext}——单个颗粒上光的衰减截面积；

　　　C_{sca}——单个颗粒上光的散射截面积；

　　　Q_{ext}——衰减系数；

　　　Q_{sca}——散射系数。

4.7.4 光泳

悬浮在气体中的颗粒，因光的照射而产生的运动，叫作光泳[101]。光泳是由于颗粒吸收光而被加热升温，其与介质气体的温度差异，及表面温度分布得不均匀，产生了使颗粒运动的力。因此，非吸光性颗粒或在真空中的颗粒，理论上是不会发生光泳的。

光泳可看作是热泳的一种特例，而且是影响因素复杂的一种运动，其理论分析按两种情况：气体分子平均自由程 l 比颗粒直径 D_p 小得多时，按连续流体运动论处理；l 比 D_p 大得多时,按气体分子运动论处理。

通常,定义 l 与 D_p 之比为 Knudsen 数:

$$Kn \equiv l/D_p \tag{20-4-120}$$

(1) $Kn \ll 1$ 的场合 这种场合下的光泳理论解析,可用颗粒表面及无限远的边界条件去求解关于颗粒周围气体热运动基本方程(动量方程、连续方程、能量方程及颗粒内传热方程)[102],然后,将动量通量密度对整个颗粒表面积分,得到光泳力[103]:

$$F_p = \frac{-2\pi D_p \mu^2 KJ}{\rho_f T_f k_p} I \tag{20-4-121}$$

$$u_t = K[\mu/(\rho_f T_f)](\nabla T_s)_t \tag{20-4-122}$$

式中 I——入射光强度;

J——颗粒内发热分布的非对称系数,是颗粒表面温度分布非对称性的量度;

K——热损失(thermal slip)系数,其值在 0.75~1.2;

$(\nabla T_s)_t$——颗粒表面温度梯度;

u_t——气体分子的 Maxwell 热漂移速度。

由于 J 的计算极为复杂,故 F_p 的计算是很困难的,但若颗粒可近似为完全黑体,仅在照射面上吸收光,则光泳力可写为[104]:

$$F_p = \frac{3\pi D_p \mu^2}{4\rho_f T_f (k_p + k_g)} \tag{20-4-123}$$

(2) $Kn \gg 1$ 的场合 视作气体自由分子对照射颗粒的碰撞、再飞散而引起的动量收支问题,用气体分子运动论进行处理。此时的光泳力为[105,106]:

$$F_p = \frac{D_p^2}{4} \int_0^{2\pi} \int_0^{\pi} (\gamma_i + \gamma_r) \sin^2\theta \, d\theta \, d\phi - \frac{D_p^2}{4} \int_0^{2\pi} \int_0^{\pi} (p_i + p_r) \sin\theta \cos\theta \, d\theta \, d\phi \tag{20-4-124}$$

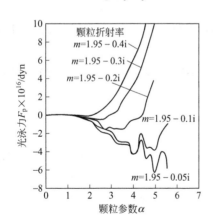

图 20-4-20 光泳力与颗粒参数的关系(颗粒吸光性的影响)

式中,p、γ 分别为颗粒表面 (θ, ϕ) 的动量通量密度在垂直方向和切线方向上的分量;i 为碰撞分子;r 为再飞散分子。对于质量为 m_s、速度为 (u, v, ω) 的气体分子群,其 p、γ 分别为:

$$p = \int_{-\infty}^{\infty} \int_{-\infty}^{\infty} \int_{-\infty}^{\infty} n f m_s u^2 \, du \, d\omega \, dv \tag{20-4-125}$$

$$\gamma = \int_{-\infty}^{\infty} \int_{-\infty}^{\infty} \int_{-\infty}^{\infty} n f m_s u \, du \, d\omega \, dv \tag{20-4-126}$$

式中 n——分子群个数密度;

f——分子速率的 Maxwell-Boltzmann 分布函数。

在 f 的计算中,对于碰撞分子群取颗粒周围的气体温度作为平衡温度;而对再飞散分子群,平衡温度则取颗粒表面处的温度 $T_s(\theta, \phi)$。

图 20-4-20 是光泳力计算的示例[106],计算结果是以颗粒的吸光性(颗粒折射率的虚数部)为参数,表示光泳力随颗粒参数 α 的变化。

参考文献

[1] [日]神保元二. 粉体——理论と応用. 東京: 丸善株式会社, 1979.
[2] Zimon A D. Adhesion of dust and powder. 2nd. New York: Plenum Press, 1982.
[3] Rumpf H. Agglomeraiton 77: Proceedings of the 2nd International Symposium on Agglomeration. Atlanta, Ga, 1977.
[4] Rumpf H. 粉体工学会誌, 1972, 9: 3.
[5] 粉体工学会. 粉体工学便覧. 東京: 日刊工业新闻社, 1986: 123.
[6] Krupp H. Advance in Colloid and Interface Science, 1967, 1(2): 111-239.
[7] 井伊谷纲一, 村元博司. 材料, 1967, 16(164): 352-357.
[8] 浅川贞雄, 神保元二. 材料, 1967, 16: 358.
[9] 山口敏秀, 富田正宪, 近沢正敏. 粉体工学会誌, 1979, 16(9): 514.
[10] 近沢正敏, 中岛涉, 金沢孝文. 粉体工学会誌, 1977, 14: 18.
[11] 神保元二, 山崎量平, 洪公弘. 旭硝子工业技术奖励会研究报告, 1981, 38: 123.
[12] Ridyway K, Turback R J. Br Chem Eng, 1967, 12: 384.
[13] Brown R L, Richards J C. Principles of Powder Mechanics. New York: Pergmon Press, 1970.
[14] Farley R, Valentin F H H. Trans Inst Chem Eng, 1965, 43(6): T193.
[15] 藤井谦治, 彼谷宪美, 浦山清, 等. 粉碎, 1978, 23: 46.
[16] Shinohara K, Tanaka T. J Chem Eng Japan, 1975, 8(1): 46-50.
[17] 矢野省三, 白波濑弘, 林田和弘, 等. 粉体工学会昭和54年度春期研究发表会要旨集, 1979: 78.
[18] 铃木道隆, 牧野和孝, 井伊谷纲一, 等. 粉体工学会誌, 1980, 17: 559.
[19] Fell J T, Newton J M. J Pharm Sci, 1970, 59: 688-691.
[20] 高桥实, 加藤昌宏, 铃木杰, 等. 第16回粉体讨论讲演要旨集, 1978: 52.
[21] Fuchs N A. The Mechanics of Aerosols. London: Pergamon Press, 1964: 288.
[22] Drake R L//Hidy G M, Brock J R. Current Aerosol Research (Part 2). Oxford: Pergamon Press, 1972: 201.
[23] Lushnikov A A. J Colloid Interface Sci, 1976, 65(2): 276-285.
[24] Friedlander S K. Smoke, Dust and Haze, Fundamentals of Aerosol Behavior. New York: John Wiley & Sons, 1977: 175.
[25] Mercer T T. Fundamentals of Aerosol Science//Shaw D T. New York: John Wiley & Sons, 1978.
[26] Smoluchowski M V. Physik Z, 1916, 17: 557-585.
[27] Saffman P G, Turner J S. J Fluid Mechanics, 1956, 1: 16-30.
[28] Shaw D T. Recent Development in Aerosol Science. New York: John Wiley & Sons, 1978: 279.
[29] Lee P S, Cheng M T, Shaw D T. Aerosol Sci Tech, 1982, 1(1): 47-58.
[30] Levich V G. Physicochemical Hydrodynamics. New Jersey: Prentice Hall, 1962.
[31] Gormley P G, Kennedy M. Diffusion from a Stream Flowing Through a Cylindrical Tube. Proc Royal Irish Academy, 1948, 52: 163-169.
[32] DeMarcus W, Thomas J. US Atomic Energy Commission Rept, 1952: 1-1413.
[33] Stechkina I B, Fuchs N A. Ann Occup Hyg, 1966, 9(1): 59-64.
[34] Crump J G, Seinfeld J H. J Aerosol Sci, 1981, 12: 405-415.
[35] Davies C N. The Sedimentation and Diffusion of Small particles. Proc Roy Soc, 1949, A200: 100-113.
[36] Taulbee D B. J Aerosol Sci, 1978, 9: 17-23.
[37] Davies C N, Yates B. Colloid and Interface Science, Vol 1. NewYork: Academic Press, 1976.
[38] Hinze J O. Turbulence. 2nd edition. New York: McGraw-Hill, 1975.
[39] 《化学工程手册》编辑委员会. 化学工程手册: 第20篇, 流态化. 北京: 化学工业出版社, 1987: 35.
[40] Rowe P N, Claxtont K T, Lewis J B. Trans Inst Chem Engrs, 1965, 43(1): T14-T31.
[41] 今野宏卓, 浅野政裕, 栗山雅文, 等. 化学工学论文集, 1978, 4: 221.
[42] Carslaw H S, Jaeger J C. Conduction of Heat in Solids. 2nd ed. Oxford: Oxford Univ Press, 1959: 128; 306.
[43] Wunschmann J, Schlunder E U. Verfahrenstechnik, 1975, 9(10): 1.
[44] Russel H W. J Am Ceram Soc, 1935, 18(1): 1-5.

[45] Chaudhary D R, Bhandari R C. J Phys D-Appl Phys, 1969, 2（4）: 609.

[46] Dulnev G N, Zarichnyak Y P. Heat Transf Sov Res, 1970, 2: 89.

[47] Wimmer J M, Graham H C, Tallan N M. Electrical Conductivity in Ceramics and Glasses //Tallan N M. New York: Marcel Dekker, 1974: 625.

[48] Staicu C I. Int Chem Eng, 1979, 19（1）: 87-92.

[49] Yagi S, Kunii D. AIChE J, 1957, 3（3）: 373-381.

[50] Bauer R, Schluender E U. Verfahrenstechnik, 1977, 11（10）: 605-613.

[51] Schotte W. AIChE J, 1960, 6（1）: 63-67.

[52] 若尾法昭. 化学工学, 1978, 8: 414.

[53] Olbrich W E. Chemec 270 Proc Conf Melborne and Sydney. London: Butterworth, 1971.

[54] Yagi S, Wakao N. AIChE J, 1959, 5: 79-85.

[55] Dixon A G, Cresswell D L. AIChE J, 1979, 25（3）: 663-676.

[56] Froessling N. Gerlands Beitr Geophys, 1938, 52: 170.

[57] Chilton T H, Colburn A P. Ind Eng Chem, 1934, 26（11）: 1183-1187.

[58] Wakao N, Funazkri T. Chem Eng Sci, 1978, 33: 1375-1384.

[59] Ranz W E. Chem Eng Progr, 1952, 48: 247-253.

[60] 若尾法昭, 影井清一郎. 填充床传热与传质过程. 沈静珠, 李有润, 译. 北京: 化学工业出版社, 1986.

[61] 増田闪一, 水野彰. 静电気学会志, 1978, 2: 59.

[62] 今上, 一成. 集じん装置の性能測定方法: JIS B 9910—1973. 粉体工学会誌, 1974: 11.

[63] Rayleigh L. Phil Mag Ser, 1892, 34: 481-502.

[64] 井伊谷纲一, 増田弘昭. 粉料体自动化. 東京: 日刊工業新聞社, 1975.

[65] Harper W R. Contact and Frictional Electrification. New York: Oxford Univ Press, 1967: 14.

[66] Masuda H, Komatsu T, Iinoya K. AIChE J, 1976, 22（3）: 558-564.

[67] 竹山说三. 电磁气学现象理论. 第5版. 東京: 丸善株式会社, 1972: 149.

[68] Henry D C. Proc Roy Soc London, 1931, A133: 106-129.

[69] Smoluchowski M. Bull Acad Sci Cracov, 1903,（3）: 182-199; Physik Z, 1905, 6: 529-531.

[70] Hückel E. Physik Z, 1924, 25: 204.

[71] Overbeek J T G. Kolloid Beih, 1943, 54: 287-364.

[72] Wiersema P H, Loeb A L, Overbeek J T G. J Colloid Interface Sci, 1966, 22: 78.

[73] O'Brien R W, White L R. J Chem Soc Faraday Trans Ⅱ, 1978, 74: 1607-1626.

[74] Hamilton J D, Stevens T J. J Colloid Interface Sci, 1967, 25: 519-525.

[75] 北原文雄, 古泽邦夫. 分散・乳化系化学. 東京: 工学著书, 1979.

[76] Ottewill R H, Shaw J N. Kollotd Zu Z Polym, 1967, 218: 34.

[77] Oliver J P, Sennett P. Papper persented at the Third Annual Meeting clay Minerals Society. Pittsburgh Pennsylvania, October, 1966.

[78] Stigter D, Mysels K J. J Phys Chem, 1955, 59: 45.

[79] Uzgiris E E. Rev Sci Instrum, 1974, 45（1）: 74-80.

[80] 西村, 高橋. 精密机械, 1962, 28（4）: 30-40.

[81] Koss L L. Journal of Sound and Vibratton, 1974, 36（4）: 555-562.

[82] 日高, 三輪. 国际粉体工学论文集. 粉体工学会, 1981: 323-330.

[83] 日高, 三輪. 粉体工学会誌, 1981, 18（5）: 301-310.

[84] 日高, 三輪. 化学工学论文集, 1981, 7（2）: 184-190.

[85] 日高, 三輪, 牧野. 第20回粉体讲演要旨集, 1982: 162-165.

[86] 牧野, 日高. 粉体粉末冶金, 1982, 29（7）: 229-235.

[87] Makino K, Itoh S, Yamada M, et al. Studies in Applied Mechanics: Vol 7//Jenkins J T, Satake M. Amsterdam: Elsevier Sci Pub, 1983: 211-223.

[88] Houghton G. Proc Roy Soc, 1963, A272: 33.

[89] Baird M H I, Senior M G, Thompson R J. Chem Eng Sci, 1967, 22（4）: 551.

[90] Brandt O, Hiedemann E. Trans Faraday Soc, 1936, 32（2）: 1101-1110.

4 散料物理

[91] 沢畠. 粉体工学. 東京: 朝倉書店, 1965: 202.
[92] Temkin S. Elements of Acoustics. New York: John Wiley & Sons, 1981: 445.
[93] Biot M A. J Acoust Soc Am, 1956, 28（2）: 168-178.
[94] Hovem J M, Ingram G D. J Acoust Soc Am, 1979, 66（6）: 1807-1812.
[95] Kerker M. The Scattering of Light and other Electro magnetic Radiation. New York: Academic Press, 1969.
[96] Mie G. Ann Physik, 1908, 25: 377-445.
[97] 金川昭. 化学工学, 1970, 34（5）: 521.
[98] 金川昭. 化学工学论文集, 1976, 2（4）: 325.
[99] Van de Halst H C. Light Scattering by Small Particles. New York: John Wiley, 1957.
[100] Born M, Wolf E. Principles of Optics. London: Pergamon Press, 1970.
[101] Precining O, Davies C N. History of Aerosol Science. London: Academic Press, 1966.
[102] Yalamov Y I, Kutukov V B, Shchukiny E R. J Colloid Interf Sci, 1976, 57（3）: 564-571.
[103] Pluchino A B. Appl Opt, 1983, 22（1）: 103-106.
[104] Rosen M H, Orr C. Colloid Sci, 1964, 19（1）: 50-60.
[105] Akhtaruzzaman A, Lin S P. J Colloid Inter Sci, 1977, 61（1）: 170-182.
[106] Kerker M, Cooke D D. J Opt Soc Am, 1982, 72（9）: 1267-1272.

符号说明

符号	说明
A_p	颗粒与壁面接触面积, m^2
a	接触面之间的距离, m; 颗粒层的比表面积, $m^2 \cdot m^{-3}$
B_0	流体的渗透系数
C	电容, F; 声音在介质中的传播速度, $m \cdot s^{-1}$
C_c	滑移修正系数
C_m	Cunningham 修正系数
C_0	声速, 光速, $m \cdot s^{-1}$
c_p	定压比热容, $J \cdot kg^{-1} \cdot K^{-1}$
D	扩散系数, $cm^2 \cdot s^{-1}$
D_b	颗粒层直径, m
D_p	颗粒直径, m
D_T	管径或床径, m
d	电极间距, cm
E	电场强度, $V \cdot m^{-1}$; 声能; 入射光束单位面积的强度密度
e	辐射系数
F	力, N
F_p	光泳力
F_R	光照力
f	频率, Hz
G	质量流速, $kg \cdot m^{-2} \cdot s^{-1}$ 或 $kg \cdot m^{-2} \cdot h^{-1}$
h	传热系数, $W \cdot m^{-2} \cdot K^{-1}$
h_p	颗粒-流体传热系数, $W \cdot m^{-2} \cdot K^{-1}$
h_{sw}, h_{wp}	颗粒-壁面传热系数, $W \cdot m^{-2} \cdot K^{-1}$
h_{fw}	流体-壁面传热系数, $W \cdot m^{-2} \cdot K^{-1}$
h_{we}	有效壁传热系数, $W \cdot m^{-2} \cdot K^{-1}$
I	电流强度, A; 入射光强度, cd
I_0	入射自然光强度, cd

K	透射率；团聚常数
K_B	布朗团聚常数
K_L	速度梯度引起的颗粒团聚常数
K_T	湍流团聚常数
k	颗粒-流体传质系数，$m \cdot h^{-1}$；玻尔兹曼常数，$k=1.38 \times 10^{-16} \mathrm{erg} \cdot K^{-1}$；热导率，$W \cdot m^{-1} \cdot K^{-1}$
k_e	有效热导率，$W \cdot m^{-1} \cdot K^{-1}$
k_{ce}	有自然对流时的有效热导率，$W \cdot m^{-1} \cdot K^{-1}$
k_0	光在真空中的传播常数
k_1	光在物质中的传播常数
L	颗粒层高度，m；探针与平板间距，cm
l	分子平均自由程，m；圆筒主电极长度，cm；振动节到颗粒的距离，m
m	质量，kg；折射率
m_p	颗粒质量，kg
n	以颗粒数目表示的颗粒浓度，cm^{-1}
p	压力，Pa；声压
p_R	光照压力，Pa
q	电量，C
R	气体常数，$R=8.3144 J \cdot kg^{-1} \cdot mol^{-1}$；管半径，cm；颗粒半径，m
R_p	颗粒半径，m
S	接触面积，m^2
T	温度，K
t	时间，s
Δt	接触时间，s
u	流体或介质速度，$m \cdot s^{-1}$
u_t	沉降速度，$m \cdot s^{-1}$；气体分子的 Maxwell 热漂移速度，$m \cdot s^{-1}$
V_c	接触电压，V
v	颗粒的速度向量；外力引起的颗粒运动速度，$m \cdot s^{-1}$；声音在颗粒层中的传播速度，$m \cdot s^{-1}$
V	体积，m^3
v_f^2	流体的湍流强度
X_m	介质振幅，m
X_p	颗粒振幅，m
x_H	多孔体内高低温间距，m
x_v	多孔体垂直长度，m
z	Debye 长度
z_0	修正系数，颗粒与壁面的间隙，$z_0=4\text{Å}$

下标

av	平均
ax	轴向
f	流体
g	气体
p	颗粒
s	固体

| w | 壁 |

无量纲数

Bi	皮欧数
Kn	努森数
Nu	努塞尔数 $Nu = hD_p/k_f$
Pr	普兰德数 $Pr = c_{pf}\mu/k_f$
Sh	舍伍德数
Sc	施密特数

希腊字母

α	衰减系数
α_T	气体膨胀温度系数,K^{-1}
β	沉降常数,s^{-1}
Γ	有源项
γ	浊度
ε	空隙率；介电常数
ε_a	颗粒层的表观介电常数
ε_f	流体扩散系数
ε_0	真空中的偶极子常数；单位质量介质消耗的能量,$cm^2 \cdot s^{-3}$
η	碰撞频率
η_L	速度差引起的颗粒碰撞频率
η_T	湍流引起的颗粒碰撞效率
θ	散射角
γ_L	电偶层厚度的倒数
λ	波长,m
λ_0	介质电导率
λ_p	颗粒电导率
μ	介质黏度,$Pa \cdot s$
μ_m	颗粒的磁导率
υ	流体运动黏度,$m^2 \cdot s^{-1}$
ρ	密度,$kg \cdot m^{-3}$,$g \cdot cm^{-3}$
ρ_a	空气密度,$kg \cdot m^{-3}$,$g \cdot cm^{-3}$
σ	颗粒的电导率
τ	带电的时间常数；颗粒的松弛时间
Φ	颗粒的体积浓度
ϕ	颗粒表面的电荷密度,$e \cdot \mu m^{-2}$；固气速比；运动相位差；衍射角
ω	旋转角速度,s^{-1}；角频率

5

散料力学

5.1 散料力学的基础方程

散料力学研究散料与其他物体的相互作用,以及散料中颗粒之间的相互作用和由此所产生的力及其位移。

目前在散料力学中采用的是整体连续介质模型和粒状的不连续介质模型。整体连续介质模型[1]利用关于连续性的假设,如弹性理论和塑性理论那样采用微分平衡方程式,用一个统一的计算模式代替各种各样的散料。模型的参数可由试验确定的常数来表征,应力指的仅是作用在散料块体上的平均应力。

粒状的不连续介质模型[2]假定散料由相互接触的形状规则的固体颗粒组成,颗粒的相互作用服从概率法则,它研究颗粒接触处所发生的现象,并根据数理统计公式给出这些现象的描述,目前还没有用试验来确定散料作为不连续介质的力学性质常数值的方法。

本章将着重于整体连续介质模型的计算方法,在研究散料的应力状态时,用沿着散料任意断面连续分布的想象力来代替作用在散料单个颗粒接触点上的实际力。

5.1.1 弹性平衡微分方程式[3]

弹性平衡研究处于正常稳定状态下的散料。通常在外力作用下的散料体单元受三个方面的拉伸或压缩,处于复杂的应力状态。应力理论规定,没有切应力的面叫做主平面,作用在这种面上的垂直应力叫做主应力。弹性力学证明,在任何应力体的每一点上都可以作三个互相垂直的面,经过这三个面传递三个主应力,这三个主应力中有两个具有极值,一个是最大正应力 σ_1,另一个是最小正应力 σ_3,第三个是中间的 σ_2(图20-5-1)。在 x-y-z 坐标系中,研究以散料体中分割出来的平行六面单元体(图20-5-2)。这种坐标系在散料体力学中是最为方便的,因为当把坐标原点取在散料表面上时,z 轴指向散料体的深度与重力方向

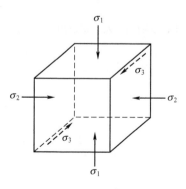

图 20-5-1 主平面单元立方体[59]

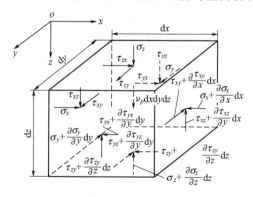

图 20-5-2 平行六面单元体[59]

一致。

作用在从散料体分割出来的平行六面单元体上的应力正方向如图 20-5-2 所示,当从左面到右面,从后面到前面,从上面到下面过渡时,应力得到一个增量,它们是坐标 x,y,z 的函数。当从平行六面体的左面向右面过渡时,为坐标 x,y,z 的函数的正应力 σ_x 只随坐标 x 的变量 $\mathrm{d}x$ 的变化而变化,且在右面变为 $\sigma_x + \dfrac{\partial \sigma_x}{\partial x}\mathrm{d}x$,其中 $\dfrac{\partial \sigma_x}{\partial x}$ 为 σ_x 对 x 的偏导数。正应力 σ_y,σ_z 及剪应力 τ_{xy},τ_{yx},τ_{xz},τ_{yz},τ_{zy} 的增量依次类推。除作用在界面上的这些应力外,在平行六面单元体的重心上还作用着体积重力,等于 $\gamma_\mathrm{p}\mathrm{d}x\mathrm{d}y\mathrm{d}z$,其中 γ_p 为散体的堆积重度。对此平行六面单元分离体,可建立六个平衡微分方程式,即三个力平衡方程和三个力矩平衡方程:

$$\begin{cases} \sum x = 0, \sum y = 0, \sum z = 0 \\ \sum M_x = 0, \sum M_y = 0, \sum M_z = 0 \end{cases} \quad (20\text{-}5\text{-}1)$$

由所有力对通过平行六面体重心的坐标轴取矩而建立的三个力矩方程式,在归并同类项和略去三阶无穷小后得:

$$\tau_{yz} = \tau_{zy}, \tau_{xz} = \tau_{zx}, \tau_{xy} = \tau_{yx} \quad (20\text{-}5\text{-}2)$$

这就是材料力学中的剪应力成偶或互换性质,使 τ 的脚标顺序可以互换。

由式(20-5-1)前面三个方程式,在归并同类项和利用式(20-5-2)后,可得三个平衡微分方程式:

$$\begin{cases} \dfrac{\partial \sigma_x}{\partial x} + \dfrac{\partial \tau_{xy}}{\partial y} + \dfrac{\partial \tau_{zx}}{\partial z} = 0 \\ \dfrac{\partial \tau_{xy}}{\partial x} + \dfrac{\partial \sigma_y}{\partial y} + \dfrac{\partial \tau_{yz}}{\partial z} = 0 \\ \dfrac{\partial \tau_{zx}}{\partial x} + \dfrac{\partial \tau_{yz}}{\partial y} + \dfrac{\partial \sigma_z}{\partial z} = \gamma_\mathrm{p} \end{cases} \quad (20\text{-}5\text{-}3)$$

所得方程式(20-5-3)包括有六个未知数,为了求解这些函数,还必须建立三个与散料体应力有关的方程式。如果物体所有点的位移都必须是坐标的连续函数,则变形连续性方程式就是这些不足的方程式。但是在散料体中,变形的连续条件在大多数情况下是不能满足的,通常都把这一问题加以简化,即完全不考虑变形,并且应力状态采用散料体运动初始瞬间的状态,也就是说散料体的每一点都将发生剪切。散料体的这种应力状态称为极限应力状态。

5.1.2 极限平衡方程式

(1) 斜平面上的应力 为了研究散料体的极限应力状态,需根据连续性的假定,讨论发生在任何连续体斜平面上的应力。

① 三维问题。对于与平行六面分离体的面相斜倾,并且具有法线 v 的平面(图 20-5-3),平行于坐标轴的分应力可由下列公式表示:

$$\begin{cases} P_{vx} = \sigma_x l + \tau_{xy} m + \tau_{xz} n \\ P_{vy} = \tau_{yx} l + \sigma_y m + \tau_{yz} n \\ P_{vz} = \tau_{zx} l + \tau_{zy} m + \sigma_z n \end{cases} \quad (20\text{-}5\text{-}4)$$

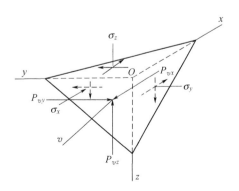

图 20-5-3 斜平面上的应力(空间问题)

$$\left.\begin{array}{l}l=\cos(x,v)\\m=\cos(y,v)\\n=\cos(z,v)\end{array}\right\}\text{方向余弦}$$

作用在斜平面上的全应力 P_v：

$$P_v^2=P_{vx}^2+P_{vy}^2+P_{vz}^2 \quad (20\text{-}5\text{-}5)$$

斜平面上的正应力 σ_v：

$$\sigma_v=\sigma_x l^2+\sigma_y m^2+\sigma_z n^2+2\tau_{xy}lm+2\tau_{yz}mn+2\tau_{zx}nl \quad (20\text{-}5\text{-}6)$$

斜平面上的剪应力 τ_v：

$$\tau_v^2=P_v^2-\sigma_v^2 \quad (20\text{-}5\text{-}7)$$

三个主应力 σ_1，σ_2，σ_3 则可由如下的 σ 的三次方程的三个实根所确定：

$$\begin{pmatrix}\sigma_x-\sigma & \tau_{xy} & \tau_{zx}\\ \tau_{xy} & \sigma_y-\sigma & \tau_{yz}\\ \tau_{zx} & \tau_{yz} & \sigma_z-\sigma\end{pmatrix}=0 \quad (20\text{-}5\text{-}8)$$

而且有：

$$\sigma_1+\sigma_2+\sigma_3=\sigma_x+\sigma_y+\sigma_z \quad (20\text{-}5\text{-}9)$$

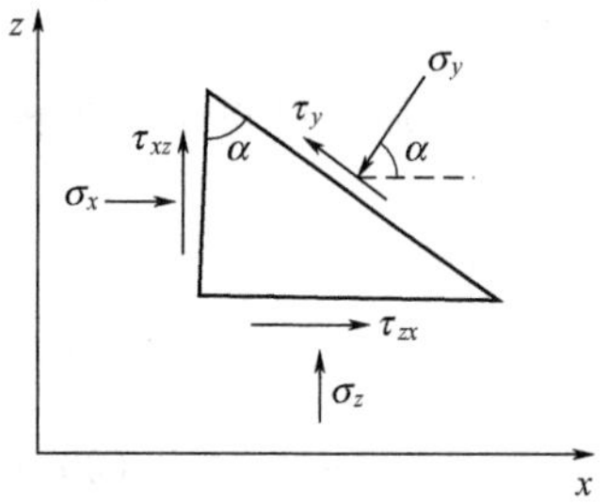

② 二维问题。三个主应力中的最大和最小主应力将决定散料体的紧密度破坏或流动，因此通常只研究二向应力状态，即二维问题，如仅考虑二维问题时（图 20-5-4），则式(20-5-4) 中的三个方程式只剩下两个：

$$\begin{cases}P_{vx}=\sigma_x l+\tau_{xz}n\\P_{vz}=\tau_{zx}l+\sigma_z n\end{cases} \quad (20\text{-}5\text{-}10)$$

同理知：

$$P_v^2=P_{vx}^2+P_{vz}^2 \quad (20\text{-}5\text{-}11)$$

$$\sigma_v=\sigma_x l^2+\sigma_z n^2+2\tau_{xz}nl \quad (20\text{-}5\text{-}12)$$

$$\tau_v^2=P_v^2-\sigma_v^2 \quad (20\text{-}5\text{-}13)$$

图 20-5-4 斜平面上的应力（平面问题）[59]

若 σ_x 的方向与斜面的法线方向的夹角是 α（图 20-5-4），则 $l=\cos\alpha$，$n=\sin\alpha$，方程(20-5-12)、方程(20-5-13) 可改写为：

$$\sigma_v=\sigma_x\cos^2\alpha+\sigma_z\sin^2\alpha+2\tau_{xz}\cos\alpha\sin\alpha=\frac{\sigma_x+\sigma_z}{2}+\frac{\sigma_x-\sigma_z}{2}\cos2\alpha+\tau_{xz}\sin2\alpha \quad (20\text{-}5\text{-}12\text{a})$$

$$\tau_v=\frac{\sigma_x-\sigma_z}{2}\sin2\alpha-\tau_{xz}\cos2\alpha \quad (20\text{-}5\text{-}13\text{a})$$

若 $\sigma_x=\sigma_1$，$\sigma_z=\sigma_3$，则 $\tau_{xz}=0$，式(20-5-12a) 与式(20-5-13a) 变为：

$$\sigma_v=\frac{\sigma_1+\sigma_3}{2}+\frac{\sigma_1-\sigma_3}{2}\cos2\alpha=\sigma_1\cos^2\alpha+\sigma_3\sin^2\alpha \quad (20\text{-}5\text{-}12\text{b})$$

$$\tau_v=\frac{\sigma_1-\sigma_3}{2}\sin2\alpha \quad (20\text{-}5\text{-}13\text{b})$$

同理，式(20-5-11) 变为：

$$P_v^2=\sigma_1^2\cos^2\alpha+\sigma_3^2\sin^2\alpha \quad (20\text{-}5\text{-}11\text{a})$$

由式(20-5-12a) 和式(20-5-13a) 可知，由 σ_x，σ_z，τ_{xz} 三个分量可以求出任意截面上的应力分量，也就是说，这三个分量完全决定了这一点的应力状态。通过一点可以作无数个截面，而具有实际意义的是找出正应力和剪应力最大或最小的截面，并确定出应力的方向。为此，根据极值原理将式(20-5-12a)对 2α 求导，并令其等于零，得：

$$\tan 2\alpha_1 = \frac{2\tau_{xz}}{\sigma_x - \sigma_z} （令此时 \alpha 为 \alpha_1） \tag{20-5-14}$$

如果 α_1 满足上式，则 $\frac{\pi}{2} + \alpha_1$ 同样满足上式，这样便可确定最大、最小两个正应力的方向，显然它们相互垂直。若将式(20-5-14)代入式(20-5-13a)后可得 $\tau_v = 0$，说明以上确定的最大和最小正应力就是最大主应力 σ_1 和最小主应力 σ_3。

将式(20-5-14)代入式(20-5-12a)，可得：

$$\sigma_1 = \frac{\sigma_x + \sigma_z}{2} + \frac{1}{2}\sqrt{(\sigma_x - \sigma_z)^2 + 4\tau_{xz}^2} \tag{20-5-15}$$

$$\sigma_3 = \frac{\sigma_x + \sigma_z}{2} - \frac{1}{2}\sqrt{(\sigma_x - \sigma_z)^2 + 4\tau_{xz}^2} \tag{20-5-16}$$

由上两式可见：
$$\sigma_1 + \sigma_3 = \sigma_x + \sigma_z \tag{20-5-17}$$

这说明对任意一点而言，相互垂直的两个平面上的正应力之和为一常数。

为找到剪应力最大的截面，可将式(20-5-13a)对 2α 求导，并令其等于零，得：

$$\tan 2\alpha_2 = -\frac{\sigma_x - \sigma_z}{2\tau_{xz}} （令此时 \alpha 为 \alpha_2） \tag{20-5-18}$$

显然 α_2 与 $\frac{\pi}{2} + \alpha_2$ 同样满足上式，可见最大剪应力和最小剪应力的作用面互相垂直。

对比式(20-5-14)和式(20-5-18)可见：

$$\tan 2\alpha_2 = -\cot 2\alpha_1 = \tan\left(2\alpha_1 \pm \frac{\pi}{2}\right) = \tan 2\left(\alpha_1 \pm \frac{\pi}{4}\right)$$

故可得到如下结论：最大与最小剪应力所在平面与主平面成 $\frac{\pi}{4}$ 角。

若将式(20-5-18)代入式(20-5-13a)，可得：

$$\left.\begin{array}{l}\tau_{\max}\\ \tau_{\min}\end{array}\right\} = \pm\frac{1}{2}\sqrt{(\sigma_x - \sigma_z)^2 + 4\tau_{xz}^2} \tag{20-5-19}$$

若令 $\sigma_x = \sigma_1$，$\sigma_z = \sigma_3$，则 $\tau_{xz} = 0$，式(20-5-19)可变为：

$$\left.\begin{array}{l}\tau_{\max}\\ \tau_{\min}\end{array}\right\} = \pm\frac{\sigma_1 - \sigma_3}{2} \tag{20-5-19a}$$

所以可得出结论：最大或最小剪应力之值等于主应力差的一半。

(2) Mohr 应力圆 在散料力学中，问题的求解除了解析法之外，也可采用图解法，通常用 Mohr 应力圆图解法。该解法简明而直观，是解决散料力学问题的有效方法。

由式(20-5-12a)和式(20-5-13a)中消去 α 后，就可以得到由 σ_v 及 τ_v 构成的轨迹方程：

$$\left(\sigma_v - \frac{\sigma_x + \sigma_z}{2}\right)^2 + \tau_v^2 = \left(\frac{\sigma_x - \sigma_z}{2}\right)^2 + \tau_{xz}^2 \tag{20-5-20}$$

式(20-5-20)是一个圆的方程。如果以 σ_v 为横轴，以 τ_v 为纵轴，则圆心坐标为 $\left(\frac{\sigma_x + \sigma_z}{2}, 0\right)$，半径 R 为 $\sqrt{\left(\frac{\sigma_x - \sigma_z}{2}\right)^2 + \tau_{xz}^2}$。下面说明如何利用上述圆的轨迹来确定任意

截面上应力的数值。取 σ 为横坐标、τ 为纵坐标的直角坐标系 [图 20-5-5(a)]。符号规定：正应力压缩为正，拉伸为负；剪应力若对所研究单元 [图 20-5-5(b)] 的重心力矩为顺时针方向则为正，逆时针方向为负。令 OK_x 为 σ_x，$K_x D_x$ 为 τ_{xz}，定出点 D_x，再令 OK_z 为 σ_z，$K_z D_z$ 为 τ_{zx}，定出点 D_z，再以 $D_x D_z$ 为直径做圆，该圆就是 Mohr 应力圆，其圆心坐标为 $\left(\dfrac{\sigma_x+\sigma_z}{2},\ 0\right)$，半径 $R=\sqrt{\left(\dfrac{\sigma_x-\sigma_z}{2}\right)^2+\tau_{xz}^2}$，设截面的外法线与 σ_x 所构成的角度为 α [图 20-5-5(b)]，则从 D_x 起以顺时针方向量取圆心角为 2α 的圆弧 $D_x E$，点 E 的坐标便是该截面上的应力分量 σ_v 及 τ_v。

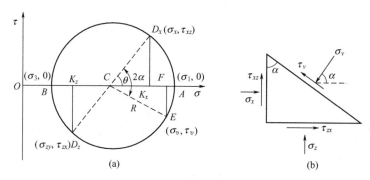

图 20-5-5 Mohr 应力圆[59]

(3) 散料的强度条件

① 散料的抗剪强度。散料的强度即破坏强度，主要决定于它的抗剪强度。散料的抗拉强度与它的抗剪强度有关，而抗压强度则决定于颗粒本身的强度和它在接触处所受到的压力。

散料的抗剪强度可由直接剪切仪测定。简单方法如下：把散料均匀地倒入由上下两部分组成的环内，下环是固定不动的，上环可以在剪切力 T 的作用下，沿 $I-I$ 断面在水平方向移动（图 20-5-6），垂直于断面 $I-I$ 施加力 N。每次试验依如下程序进行：力 N 固定不变，逐渐加大力 T，一直加到散料体一部分对另一部分刚刚发生滑动为止。对于不同的 N 值进行重复试验，对于每组试验找出一个极限剪力值 $T_{\lim}$。试验结果表明，散料的抗剪力 $T_{\lim}$ 与法向压力 N 之间的关系如图 20-5-7(a) 所示的曲线。因为这条曲线在整个长度上，除了开始一段外，曲率很小，为了实用，用直线 [图 20-5-7(a)] 来代替，相当于采用 Coulomb（库仑）定律。根据此定律，散料的抗剪力等于内摩擦力与黏聚力之和，即：

$$T_{\lim}=Nf_i+CF \tag{20-5-21}$$

式中　f_i——散料的内摩擦系数，等于内摩擦角 δ 的正切，即 $f_i=\tan\delta$；
　　　C——单位剪切面积上的黏聚力；
　　　F——剪切面积。

为了得到剪切强度，需用剪切面积除式(20-5-21) 两边，得：

$$\tau_{\lim}=\dfrac{T_{\lim}}{F}=\dfrac{N}{F}f_i+C=\sigma\tan\delta+C=\left(\sigma+\dfrac{C}{\tan\delta}\right)\tan\delta=(\sigma+\sigma_0)\tan\delta=\sigma'\tan\delta$$

$$\tag{20-5-22}$$

式中　σ——垂直于剪切平面的压力，$\sigma=\dfrac{N}{F}$；
　　　σ'——换算的法向压力，即考虑由内部黏聚力引起的压力，$\sigma'=\sigma+\sigma_0$；

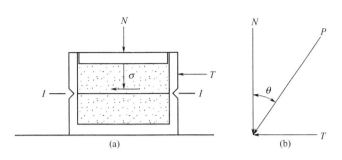

图 20-5-6　直接剪切试验[59]

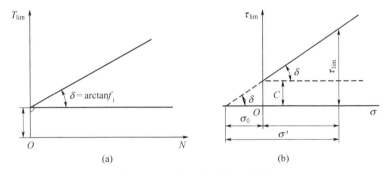

图 20-5-7　散料的剪切曲线[59]

σ_0——黏性压力，$\sigma_0 = \dfrac{C}{\tan\delta}$。

图 20-5-7(b) 表明了上述各值间的关系。

可见散料体抗剪强度为：$\tau \leqslant \tau_{\text{lim}}$。由图 20-5-6(b) 知，$T = N\tan\theta$，即 $\tau = \sigma\tan\theta$。故有：

$$\sigma\tan\theta \leqslant \sigma\tan\delta + C \tag{20-5-23}$$

对无黏性散料，因 $C = 0$，故有：

$$\theta \leqslant \delta \tag{20-5-23a}$$

对于极限应力状态，因 $\tau = \tau_{\text{lim}}$，故有：

$$\tan\theta = \tan\delta + \frac{C}{\sigma} \tag{20-5-23b}$$

由图 20-5-6(b) 知，θ 为合力 P 与剪切面法线之间的夹角，称为偏角。

顺便说明，当直接剪切仪的下半环用容器壁的材料所填充，其表面与壁面相同，那么用同样方法可测得散料与容器壁面之间的摩擦系数 f_w 及相应的壁摩擦角 ϕ（$f_w = \tan\phi$）。

② 散料体的剪切滑动面。在固体中，如果剪应力超过一定的界限，沿剪应力的平面就可能发生滑动。但在散料体中，由于其抗剪强度［式(20-5-22)］不仅决定于黏聚力的大小，也决定于作用在该平面上的法向压应力的大小，所以最危险的滑动面并不是剪应力绝对值最大的平面，而是比值 $|\tau|/\sigma$ 出现最大值的平面。当 $|\tau|/\sigma$ 值达到散料体之内摩擦系数 f_i 时，则发生滑动。为此需找出 $|\tau|/\sigma$ 值出现最大的平面。根据偏角 θ 的定义知：

$$\tan\theta = \frac{\tau}{\sigma} \tag{20-5-24}$$

可见 $|\tau|/\sigma$ 出现最大值的平面也就是偏角 θ 出现最大值的平面。

若将式（20-5-12b）和式（20-5-13b）代入式（20-5-24）式可得：

$$\tan\theta = \frac{(\sigma_1-\sigma_3)\sin\alpha\cos\alpha}{\sigma_1\cos^2\alpha+\sigma_3\sin^2\alpha} = \frac{(\sigma_1-\sigma_3)\tan\alpha}{\sigma_1+\sigma_3\tan^2\alpha} \tag{20-5-25}$$

可见当 σ_1，σ_3 给定时，不同斜面 σ 有着不同的偏角 θ，哪个斜面上具有最大的 θ，哪个斜面首先可能被剪切破坏。为此需求出偏角 θ 的最大值及其所在平面的方向。欲求 θ 的极值，需令式（20-5-25）对 $\tan\sigma$ 的导数为零，可得 $\tan\theta$ 的极值所对应的 $\tan\sigma$ 值：

$$\tan\alpha_3 = \pm\sqrt{\frac{\sigma_1}{\sigma_3}} \text{（令此时的 } \alpha \text{ 为 } \alpha_3\text{）} \tag{20-5-26}$$

再将式（20-5-26）代入式（20-5-25）可得 θ 的极大值 $\theta_{\max}$：

$$\tan\theta_{\max} = \pm\frac{\sigma_1-\sigma_3}{2\sqrt{\sigma_1\sigma_3}} \tag{20-5-27}$$

式（20-5-27）可变换为：

$$\tan^2\left(\frac{\pi}{4}\mp\frac{\theta_{\max}}{2}\right) = \frac{\sigma_3}{\sigma_1} \tag{20-5-27a}$$

或

$$\sin(\theta_{\max}) = \pm\frac{\sigma_1-\sigma_3}{\sigma_1+\sigma_3} \tag{20-5-27b}$$

对比式（20-5-26）和式（20-5-27a）可知：

$$\alpha_3 = \frac{\pi}{4}\mp\frac{\theta_{\max}}{2} \tag{20-5-28}$$

可见出现最大偏角的斜平面为一对相互间交角等于 $\frac{\pi}{2}\pm\theta_{\max}$ 的平面，它们对称地位于主应力的两侧，如图 20-5-8 所示。

(4) 极限应力状态的力平衡微分方程及其解——静料层中的应力分布 散料体极限应力状态的力平衡微分方程是把平衡条件与反映散料体强度极限特征的条件总和起来而建立的。结合边界条件解这些力平衡微分方程式，可以求得散料体在极限应力状态下的应力场，请参阅文献 [4～10]。

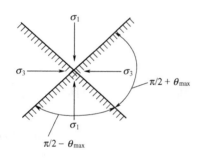

图 20-5-8 最大偏角斜平面[59]

5.2 散料的填充特性

5.2.1 填充方式

(1) 等尺寸球体系规则排列 此种排列可分为正方排列和六方排列（亦称单斜方排列）两大类。图 20-5-9(a) 和 (b) 分别为正方排列和六方排列的横切面图。图中的四个黑色球体表示排列的最基本单元，就各层之间球体的相对位置而论，每类又可分为三种不同的堆积方式。图 20-5-10[11] 表示了六种可能堆积方式的球心位置的平面图和正面图。由图可见，将排列 2 旋转 90°可得排列 4，将排列 3 旋转 125°60′可得排列 6，因此实质上仅有四种堆积结构。为了解释这些排列，引入晶胞的概念，如图 20-5-11 所示[11]。表 20-5-1 列出了六种排列的主要的特征参数——空隙率及配位数[11]。空隙率是指散料体中颗粒间空隙所占的体积分数，配位数则表示填料结构中一个球体周围所邻接的球体个数。

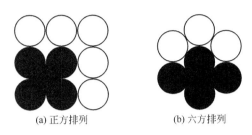

图 20-5-9　规则排列剖面图[59]

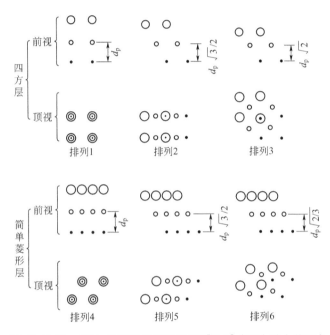

图 20-5-10　等尺寸球的基层规则排列[11,60]（圆为球心位置）

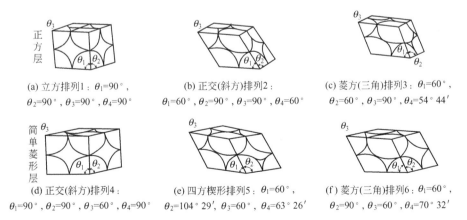

(a) 立方排列1：$\theta_1=90°$，$\theta_2=90°$，$\theta_3=90°$，$\theta_4=90°$

(b) 正交(斜方)排列2：$\theta_1=60°$，$\theta_2=90°$，$\theta_3=90°$，$\theta_4=60°$

(c) 菱方(三角)排列3：$\theta_1=60°$，$\theta_2=60°$，$\theta_3=90°$，$\theta_4=54°44'$

(d) 正交(斜方)排列4：$\theta_1=90°$，$\theta_2=90°$，$\theta_3=60°$，$\theta_4=90°$

(e) 四方楔形排列5：$\theta_1=60°$，$\theta_2=104°29'$，$\theta_3=60°$，$\theta_4=63°26'$

(f) 菱方(三角)排列6：$\theta_1=60°$，$\theta_2=90°$，$\theta_3=60°$，$\theta_4=70°32'$

图 20-5-11　等尺寸球规则堆积的晶胞[11,60]（θ_4 为右平面与水平面的倾斜角）

表 20-5-1　六种排列的主要特征参数[1]

排列号	总体积	空隙体积	空隙率	配位数
1	1	0.4764	0.4764	6
2	$\sqrt{3}/2$	0.3424	0.3954	8
3	$1/\sqrt{2}$	0.1884	0.2594	12
4	$\sqrt{3}/2$	0.3424	0.3954	8
5	3/4	0.2264	0.3019	10
6	$1/\sqrt{2}$	0.1834	0.2595	12

(2) 等球体系任意排列　通常将球体加入容器所得的排列均属随机排列，所得空隙率的大小与加入的高度和速度，容器的振动程度，球体表面摩擦系数，容器直径和球体直径之比等因素有关。对于相对大的球体，如钢球、粗砂[12]和玻璃珠[13]等，在重力作用下填充时，其总的空隙率一般接近 0.39，而配位数大约为 8。对直径为 3mm 的球体，在不同的密度和表面摩擦的情况下，其最松随机填充时的空隙率在 0.393～0.409 内[14]。随机排列结构中各点的空隙率不尽相同，在靠近器壁处的空隙率又比内部的高，此种边壁效应可以波及离器壁约 5 个球体直径的范围[15]。容器直径与球体直径之比对整个填充空隙率有极大的影响，当比值大于 50 时，这种影响才能够得以基本消除[16]。随机填充时，平均空隙率 $\bar{\varepsilon}$ 与平均配位数 $\bar{n}$ 有如下的经验关联：

Ridgway 等人[17]给出：

$$\bar{\varepsilon}=1.072-0.1193\bar{n}+0.00431\bar{n}^2 \tag{20-5-29}$$

当空隙率为 0.259～0.5 时，Haughey 等人[18]给出：

$$\bar{n}=22.47-39.39\bar{\varepsilon} \tag{20-5-30}$$

当 $\bar{n}$ 为 6～12 时，Rumpf[19]给出：

$$\bar{n}\,\bar{\varepsilon}=3.1\approx\pi \tag{20-5-31}$$

Pietsch 等人[20]给出：

$$\bar{n}=19.3-28\bar{\varepsilon} \tag{20-5-32}$$

Shinohara 等人[21]给出：

$$\bar{n}=20.0(1-\bar{\varepsilon})^{1.7} \tag{20-5-33}$$

Smith 等人[22]在将直径为 7.56mm 的圆形铅球倒入一个烧杯进行填充试验，设定堆积状态为立方堆积和三角形堆积两者的混合，得到平均配位数与平均空隙率之间的关系式为：

$$\bar{\varepsilon}=\frac{0.414\bar{n}-6.527}{0.414\bar{n}-10.968} \tag{20-5-34}$$

(3) 非球形体颗粒的任意填充　多数情况下，颗粒是非球形的，因此，研究非球形颗粒填充时的空隙率更具实用意义。

仅在重力作用下，容器中颗粒的填充密度随容器直径的减小和颗粒层高度的增加而减小。对粗颗粒，较高的填充速度会导致较小的填充密度。但是对于有黏性的细粉末，减小填充速度才可得到较小的填充密度[23]。一般而言，随着颗粒球形度的增加，空隙率会减小，如图 20-5-12 所示[24]。此处球形度定义为球形颗粒的表面积与相同体积的非球形颗粒的表面积之比。颗粒的表面粗糙度越高，填充空隙率越大[25]。由于小颗粒之间具有黏聚作用，因此呈现出较高的空隙率。具有大小不一的粒度分布的散料趋于产生较紧密的堆积，实际上难以从理论计算，但实验关系是可用的。图 20-5-13 给出了在双粒度颗粒系统中，粗颗粒所占分数对空隙率的影响[26]。

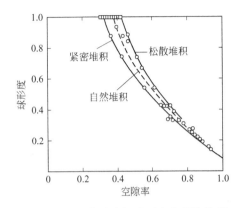

图 20-5-12　空隙率与球形度之间的关系

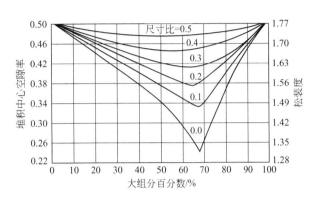

图 20-5-13　被粉碎的粉末固体颗粒二元系中，当单一组分空隙率为 0.5 时，空隙率与尺寸组成之间的关系

（4）最密填充——不同尺寸球的堆积　规则堆积时，等尺寸球之间的空隙在理论上能够由更小的球填充，得到更高密度的集合体。当每一个空隙只有一个小球填充时，这个填充球的直径是填充空隙的最大球径，其堆积特性列于表 20-5-2[27]。

表 20-5-2　在每一空隙中填入一个最大直径球形颗粒混合物的堆积特性[27]

类别	空隙率	小球的直径	混合物空隙率	小球的体积比
立方体	0.4764	$0.723D_p$	0.271	0.391
正斜方体	0.3954	$0.528D_p$	0.307	0.147
菱面体	0.2595	$0.225D_p$	0.190	0.019
		$0.414D_p$		0.070

① 双组分球体的 Hudson 填充法。从表 20-5-2 可知，单组分球体的最密填充为菱面体，其空隙率为 0.2595，这种填充体中空隙的形状有两种，一种空隙由六个球体围合而成，称为四角洞；另一种空隙由四个球围合而成，称为三角洞。若将较小的均一球体填入单组分菱面体的空隙之间，则可能得到更密的填充，最终的填充空隙率是双组分球体半径比 r_2/r_1 的函数，如表 20-5-3 所示[28]。理论计算表明，当 $r_2/r_1=0.1716$ 时，可得最密的填充，其空隙率为 0.1130。

② 多组分球体的 Horsfield 填充法。将不同尺寸的球体依次从大到小逐级填入由较大的均一球体组成的菱面填充体中，可以得到最密的填充。若称组成菱面体的较大的球为一次球（其半径为 r），则首先将二次球（半径为 $0.414r$）填入菱面体的四角洞中，其次将三次球（半径为 $0.225r$）填入菱面体的三角洞中，再次将四次球（半径为 $0.175r$）填入一次球与二次球间的空隙中，然后再次将五次球（半径 $0.117r$）填入一次球与三次球之间的空隙中，最后以微小的等尺寸球填入残留的空隙中，这就构成了单斜方最密填充，空隙率为 0.039，其填充特性列于表 20-5-4 中[29,30]。

表 20-5-3　Hudson 填充[28]

项目	装入四角洞的球数	r_2/r_1	装入三角洞的球数	空隙率
四角洞基准	1	0.4142	0	0.1885
	2	0.2753	0	0.2177
	4	0.2583	0	0.1905
	6	0.1716	4	0.1888
	8	0.2288	0	0.1636
	9	0.2166	1	0.1477
	14	0.1716	4	0.1483
	16	0.1693	4	0.1430
	17	0.1652	4	0.1469
	21	0.1782	1	0.1293
	26	0.1547	4	0.1336
	27	0.1381	5	0.1621
三角洞基准	8	0.2248	1	0.1460
	21	0.1716	4	0.1130
	26	0.1421	5	0.1563

表 20-5-4　Horsfield 填充[29,30]

球体	球体半径	球数	混合物空隙率
一次	r	—	0.260
二次	$0.414r$	1	0.207
三次	$0.225r$	2	0.190
四次	$0.175r$	8	0.158
五次	$0.117r$	8	0.149
填充物料	细粒	许多	0.039

(5) 振动对散料体空隙率的影响　振动的频率及振幅对散料体的空隙率有较大的影响。Barkan[31]对粒径为 0.05～0.5mm 的干砂在振动作用时的堆积空隙率进行了研究。在不同频率下，其空隙率与振幅的关系表示如图 20-5-14 所示，在固定频率下，空隙率随振幅的增大而减小，频率越高，空隙率降低越快。

5.2.2　空隙率的测量方法

(1) 直接测量法　设颗粒状物料的堆积密度为 ρ_b，颗粒密度为 ρ_p，则依空隙率的定义有：

$$\varepsilon = 1 - \frac{\rho_b}{\rho_p} \tag{20-5-35}$$

堆积密度 ρ_b 可由量筒直接测量一定重量的散料在一定填充条件下所得的体积而得，而颗粒密度 ρ_p 则由比重瓶测量，在比重瓶中加入一定重量的散料（约占 1/3 容积），然后在抽真空情况下向比重瓶中注满水（对实心颗粒）或汞（对有内孔的颗粒）。若设比重瓶中所加

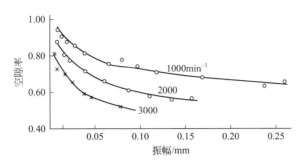

图 20-5-14　干砂颗粒堆积空隙率与振幅的关系[31]

入水或汞的质量为 W_1，比重瓶内容积为 V_0，加入散粒的质量为 W_2，水或汞在测量温度下的密度为 ρ_1，则可求得颗粒的密度：

$$\rho_p = \frac{W_2}{\left(V_0 - \dfrac{W_1}{\rho_1 g}\right)g} \tag{20-5-36}$$

此外，颗粒密度 ρ_p 亦可用滴水法测量。滴水法是利用散料在其颗粒间空隙尚未被水充满时，仍有流动性，一旦颗粒之间所有空隙被水充满后，由于水的表面张力作用使颗粒相互黏附而失去流动性。还由于毛细管作用，颗粒的外孔尚未被水湿润。根据这一原理，通过测量多孔颗粒的吸水量可测量颗粒之间的空隙体积。

(2) 间接测量法　散料体的空隙率随填充方法、容器几何尺寸以及振动及流动方式而变化，因此它的在线间接测量更具实用价值。由于堆积状态空隙率的变化范围有限，因此要求测量仪器应有高的灵敏度。较适用的方法为电容探针测量法，其原理为空隙率的变化会引起电容介质的介电常数 ε_0 变化，从而引起电容值的变化，请参阅文献 [32]。

5.3　散料的流动特性

散料流动性的大小与颗粒之间的内摩擦力和黏聚力的大小有关，散料的流动特性可由流动因数、流动性指数、休止角、有效内摩擦角等来表征。

5.3.1　Jenike 的流动因数 FF[33]

表征散料流动性的一个重要参数是由 Jenike 提出的流动因数 FF（flow factor）。散料的流动因数定义为加固压力 p（或主应力 σ_1，当无壁摩擦时，$p=\sigma_1$）和无约束的屈服强度 f 之比值，即：

$$FF = \frac{\sigma_1}{f} = \frac{p}{f} \tag{20-5-37}$$

加固压力 p 与其所产生的强度 f 之间的关系对于分析散料的流动性是非常重要的。这种关系可进一步说明如下：假定把一定量的散料加入一个内壁非常光滑、无壁摩擦的横截面积为 A 的圆筒模型之中，然后通过一个滑塞用力 pA 加固此散料 [图 20-5-15(a)]，在无扰动的情况下，把此被加固的散料从模型中取出放在桌面上，再从上给它施加一压缩力，该力从零逐渐增加到使此散料圆柱破裂，此时压力值为 fA [图 20-5-15(b)]。在不同的加固压力 p 下重复若干次上述试验，得到对应的 f 值。然后用 p 对 f 作图，得到光滑的 f-p 曲线如图 20-5-15(c) 所示，此种关系曲线代表散料的流动因数 FF。以上仅是一个概念性说明，实际上模型壁不可能无摩擦力，此外在一个相对较高的圆筒模型中难以做到均匀地加固，为此设计了流动因数试验仪[33]，此仪器实际为一个特制的剪切试验仪。被试样品首先在给定的垂直压力下通过剪切加固到临界状态，做剪切强度试验，在保持加固压力不变的情况下，改为较小的垂直压力，做一系列上述试验，便可得到一条在固定加固压力下的屈服曲线（图 20-5-16）。过原点作半圆与该屈服曲线相切，可得 f 值；作半圆与屈服曲线的顶端点（对应于加固压力）相切，可得 σ_1 值，这样可以获得流动因数曲线上的一个点。然后再多次改变加固压力，重复上述程序，便可得到多个点，从而作出图 20-5-15(c) 所示的流动因数曲线[34]。

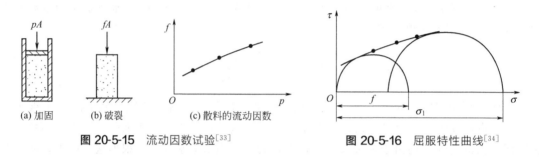

图 20-5-15　流动因数试验[33]　　　　　　图 20-5-16　屈服特性曲线[34]

5.3.2　Carr 的流动性指数[35,36]

R. L. Carr 提出了一种根据散料的流动性和溢流性而确定其特性的系统。Carr 的方法中要确定下列性质：疏填充体积密度、密填充体积密度、压缩率、休止角、落下角、差角、铲角、黏附性、分散度。然后将上述测定值进行综合评定，产生一个流动性指数，作为散料流动性的判据。流动性指数的范围是 0～100，流动性质量与流动性指数的关系列于表 20-5-5。日本细川粉体工学研究所将测定上述散料特性的装置集合在一起，组成散料综合特性测定仪[37]（图 20-5-17）。该仪器可同时测定多种散料特性，并根据这些特性所对应的经验指数求得 Carr 流动性指数。

表 20-5-5　流动性质量与流动性指数的关系

流动性质量	流动性指数	流动性质量	流动性指数
最良好	90～100	不大好	40～59
良好	80～89	不良	20～39
相当良好	70～79	非常差	0～19
一般	60～69		

5.3.3　休止角

散料堆积层的自由表面在静止平衡状态下，与水平面形成的最大角度称为休止角（angle of repose）。休止角有两种形式，一种称为注入式休止角，是指在某一高度下将散料注入一无限大的平板上所形成的休止角；另一种称为排出式休止角，是指将散料注入某一有限直径的圆板上，当散料堆积到圆板边缘时，再注入散料，此时在圆板上所形成的休止角，如图 20-5-18 所示。形成休止角的方法有多种，如图 20-5-19(a) 所示；而不同的供料方法又可以得到不同的休止角，如图 20-5-19(b) 所示。由于休止角的大小随测量方法而异，所以

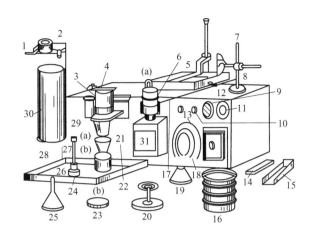

图 20-5-17　散料综合特性测定仪[37]

1—卸料闸；2—漏斗；3—$\phi=75mm$ 的筛；4—筛固定板托盘；5—抹刀；6—盖；7—量角器；
8—松密度定容器；9—副开关；10—指示灯；11—主开关；12—杠杆；13—熔丝；14—刮刀；
15—料铲；16—$\phi=75mm$ 标准筛；17—滑线变压器；18—定时器；19—防止飞散用套筒；
20—休止角测定用支架；21—电磁振动器；22—松密度测定容器；23—分散度测定表面皿；
24—托盘；25—玻璃漏斗；26—铁锤；27—套；28—崩溃角用；29—套筒；
30—分散度测定用筛；31—轻敲装置

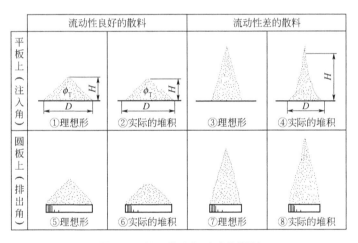

图 20-5-18　休止角形成的类型

不能把它看作为散料的一个物理常数，流动性好的物料，休止角小。

5.3.4　有效内摩擦角[34]

对具有黏性的散料，在不同的加固压力条件下，可得到不同的屈服曲线，因此存在一个屈服曲线族（图 20-5-20），每条曲线的终点对应于其加固应力。过每条曲线的终点可作一个半圆与之相切，可作出一系列这样的半圆，然后作一曲线与每个半圆均相切，此包络线则称散料的有效屈服曲线（EYL），实验发现，有效屈服曲线近似为一直线，而且通过原点，该直线与横轴间的夹角 δ_e 称有效内摩擦角。该角的正切 $\tan\delta_e$，表示处于极限应力状态下颗粒之间的摩擦系数。δ_e 越小表示散料的流动性越好。

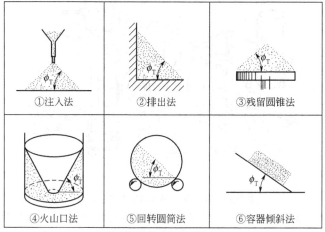
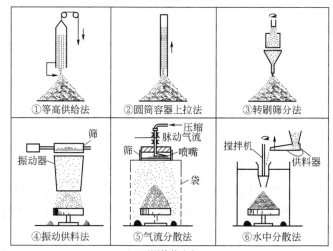

图 20-5-19　不同类型的休止角

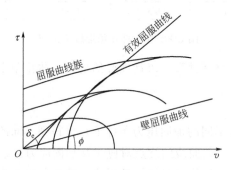

图 20-5-20　有效屈服曲线[34]

5.4 散料颗粒间的相互作用力

5.4.1 散料颗粒间相互作用力的种类

散料颗粒之间存在许多种吸引力，在这些吸引力中，最基本又最常碰到的力是范德华力、静电引力、固体桥联和液体桥联。范德华力作用于固体表面分子之间，在距离约为 10^{-5} cm 内起作用[38]；静电引力产生于固-固面接触摩擦，当两种固体相互摩擦并很快分开后，可彼此充电，使对方带电，从而产生彼此间的静电引力；固体桥联是由于化学反应、烧结、熔融和再结晶而产生，是一种很强的固体间的结合力；液体桥联是由于颗粒之间液体的表面张力及毛细管作用而产生的。以上四种力的理论计算尚无成熟的方法可循，必要时，可参阅有关文献[39～46]。

5.4.2 颗粒间力的测量方法

颗粒间力的测量方法有弹簧秤法[47～50]、悬摆法[51]、离心法[52,53]、必要时，请参阅有关文献。

5.4.3 散料抗拉强度的测量方法

散料抗拉强度的测量方法有垂直拉伸法[54,55]、水平拉伸法[56]、径向压缩法[57]和折断法[58]，必要时，请参阅有关文献。

参考文献

[1] Sokolovskii V V. Statics of Granular Media. Lusher J K. Oxford: Pergamon Press, 1965.
[2] Harr M E. Mechanics of Particulate Media: a Probabilistic Approach. New York: McGraw-Hil, 1977.
[3] Клей Г К. Строительная Механика Сылучих Тел Москва: Стойиздат, 1977.
[4] Walker D M. Chem Eng Sci, 1966, 21(11): 975.
[5] Walters J K. Chem Eng Sci, 1973, 28(1): 13-21.
[6] Walters J K. Chem Eng Sci, 1973, 28(3): 779-789.
[7] Li H Z, Kwauk M S. Chem Eng Sci, 1989, 44(2): 249-259.
[8] 李洪钟. 高校化学工程学报, 1990, 4(4): 321-334.
[9] Li H. Powder Technology, 1992, 73(2): 147-156.
[10] Janssen H A. Zeitschrift Verein Deutscher Ingenieure, 1895, 39: 1045-1049.
[11] Graton L C, Fraser H J. J Geology, 1935, 43(8): 785-909.
[12] Westman A E R, Hugill H R. J Am Ceram Soc, 1930, 13(10): 767-779.
[13] Manegold E, Hofmann R, Solf K. Kolloid -Z, 1931, 56: 142-159.
[14] Macrae J C, Gray W A. Brit J Appl Phys, 1961, 12: 164-172.
[15] Ridgway K, Tarbuck K J. J Pharm Pharmac, 1966, 18(S): 168.
[16] McGeary R K. J Am Ceram Soc, 1961, 44(10): 513-522.
[17] Ridgway K, Tarbuck K J. Brit Chem Eng, 1967, 12(3): 384.
[18] Haughey D P, Beveridge G S., Chem Eng Sci, 1966, 21(10): 905.
[19] Rumpf H. Chem Ing Tech, 1958, 30(3): 144-158.
[20] Pietsch W, Rumpf H. Chem Ing Tech, 1967, 39(15): 885.

[21] Shinohara K, Tanaka T. J Chem Eng Japan, 1975, 8（1）: 50-56.
[22] Smith W O. Physics-A J General App Phys, 1933, 4（1）: 425-438.
[23] Aoki R. Handbook for Transport Engineering // Uematsu T, Ikemori K, Mori Y, et al. Tokyo: Asakura Shoten, 1966: 34.
[24] Brown G G. Unit Operations. New York: John Wiley & Sons, 1950: 214.
[25] Crosby E J. Kagaku Kogaku, 1961, 25: 124.
[26] Furnas C C. Bur Mines Bull, 1929, 307: 74.
[27] Manegold E, Hofmann R, Solf K. Kolloid-Z, 1931, 56: 142-159.
[28] Hudson D R. J Appl Phys, 1949, 20（2）: 154-162.
[29] Horsfield H T. J Soc Ind, 1934, 53: 108.
[30] White H E, Walton S F. J Am Ceram Soc, 1937, 20: 155-166.
[31] Barkan D D. Vibratory Method in Building Construction. Moscow: Gosstroiizdat, 1959.
[32] 李洪钟. 垂直气力移动床输送. 北京: 中国科学院化工冶金研究所, 1986.
[33] Jenike A W. Powder Technol, 1967, 1（4）: 237-244.
[34] Walker D M. Chem Eng Sci, 1966, 21（11）: 975.
[35] Carr R L. Chem Eng, 1965, 72（1）: 163-168.
[36] Carr R L. Chem Eng, 1965, 72（2）: 69-72.
[37] 三輪茂雄. 粉碎, 1971,（16）: 103.
[38] Overbeek J Th. Colloid science. Amsterdam: Elsevier Pub Co, 1952: 245.
[39] Overbeek J, Sparney M J. Disc Faraday Soc, 1954, 18: 12.
[40] Kudoh N, Kuramae M, Tanaka T. Kagaku Kogaku Ronbunshu, 1976, 2: 625.
[41] Iinoya K, Muramoto H. Zairyo, 1967, 16: 70.
[42] Hamaker H C. Physica, 1937, 4: 1058-1072.
[43] Lifshitz E M. Soviet Phys JETP USSR, 1956, 2（1）: 73-83.
[44] Krupp H. Advan Colloid Interface Sci, 1967, 1（2）: 111.
[45] Eisenschitz R, London F. Zeit Phys, 1930, 60（7-8）: 491-527.
[46] Visser J. Advan Colloid Interface Sci, 1972, 3: 331.
[47] Corn M. J Air Poll Contr Assoc, 1961, 11（11）: 523-537; 1961, 41: 556.
[48] Hotta K, Takeda K, Iinoya K. Powder Technol, 1974, 10（4-5）: 231-242.
[49] Arakawa M, Yasuda S//Tokai Branch or Soc of Chem Engrs Japan. Preprint of 37th Symposium. 1977: 7.
[50] Chikazawa M, Nakajima W, Kanazawa T. J Res Assoc Powder Technol Japan, 1977, 14: 18-25.
[51] Schubert H. Chem Ing Tech, 1968, 40（15）: 745-747.
[52] Emi H, Endoh S, Kanaoka C, et al. Kagaku Kogaku Ronbunshu, 1977, 3: 580.
[53] Asakawa S, Jimbo G. Zairyo, 1967, 16: 358.
[54] Rumpf H//Knepper W A. Agglomeration. New York: Interscience, 1962: 379.
[55] Shinohara K, Tanaka T. J Chem Eng Japan, 1975, 8（1）: 46-50.
[56] Ashton M D, Farley R, Valentin F H H. J Sci Instrum, 1964, 41（12）: 763-765.
[57] Fell J T, Newton J M. J Pharm Sci, 1970, 59: 688-691.
[58] Shinohara K, Kobayashi H, Gotoh K, et al. J Res Assoc Powder Technol Japan, 1965, 2: 352.
[59] 《化学工程手册》编辑委员会. 化学工程手册: 第 19 篇, 颗粒及颗粒系统. 北京: 化学工业出版社, 1989.
[60] Kunio Shinohara//Fayed M, Otten L. 粉体工程手册: 第 5 章 粉末的基本性质. 卢寿慈, 王佩云, 等译. 北京: 化学工业出版社, 1992: 106.

符号说明

C　　单位剪切面积上的黏聚力，$N \cdot m^{-2}$

f　　散料的无约束屈服强度，$N \cdot m^{-2}$

f_i　　散料的内摩擦系数

FF　　散料的流动因数

$\overline{n}$	平均配位数
p	加固压力，$\mathrm{N \cdot m^{-2}}$
$T_{\lim}$	散料的抗剪力，N
α	正应力方向与斜面法线方向间的夹角
γ	散料的堆积重度，$\mathrm{N \cdot m^{-3}}$
δ_e	散料的有效内摩擦角
$\overline{\varepsilon}$	散料的平均空隙率
θ	偏角
ρ_b	散料的堆积密度，$\mathrm{kg \cdot m^{-3}}$
ρ_p	颗粒的密度，$\mathrm{kg \cdot m^{-3}}$
σ	正应力，$\mathrm{N \cdot m^{-2}}$
σ_1	最大正应力，$\mathrm{N \cdot m^{-2}}$
σ_3	最小正应力，$\mathrm{N \cdot m^{-2}}$
τ	剪应力，$\mathrm{N \cdot m^{-2}}$
$\tau_{\max}$	最大剪应力，$\mathrm{N \cdot m^{-2}}$
$\tau_{\min}$	最小剪应力，$\mathrm{N \cdot m^{-2}}$

6 渗流

6.1 流体通过颗粒层的流动

流体在颗粒层或多孔介质的空隙中流动的现象称为渗流。自然界中常见的渗流现象有：地下水在土壤中的流动，地下石油和天然气的流动等。在工业上，流体在固体催化反应器、固定床气液接触装置和过滤装置中的流动也属于渗流的范畴。

6.1.1 Darcy 定律

Darcy 于 1856 年通过如图 20-6-1 所示的实验得到式(20-6-1)：

$$Q = -KA(h_2 - h_1)/h \tag{20-6-1}$$

式中　Q——流量，$m^3 \cdot s^{-1}$；
　　　A——颗粒层横截面积，m^2；
　　　h——颗粒层的高度，m；
　　　$h_2 - h_1$——液压计的高度差，其值与压力差 $[\Delta p = \rho_1 g (h_2 - h_1)]$ 有关；
　　　K——常数。

Darcy 定律仅在一定的流速范围正确。高速时由于出现湍流，低速时由于固液相之间表面分子力的作用，其线性关系均遭到破坏（图 20-6-2）。

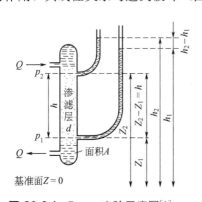

图 20-6-1　Darcy 实验示意图[1]

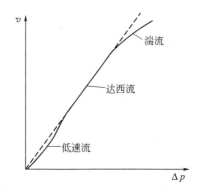

图 20-6-2　渗流过程中流速与压差的关系[1]

当流速较高时，流速与压差的关系可用多项式表达：

$$\Delta p / \Delta X = au + bu^2 \tag{20-6-2}$$

或

$$\Delta p / \Delta X = au + bu^2 + cu^2 \tag{20-6-3}$$

式中　a, b, c——常数。

在整个渗流过程中，u-Δp 关系可用统一的渗流方程表达：

$$u = -\frac{K}{\mu}\left(\frac{\partial p}{\partial X}\right)^{1/n} \tag{20-6-4}$$

式中　K——渗透率；
　　　μ——流体的黏度；
　　　n——常数。

低流速时，$n<1$；层流时，$n=1$；湍流时，$n\to 2$。

6.1.2　渗滤理论[2]

悬浮液渗滤过程中可能发生下列几种情况：①固相颗粒沉积于多孔介质或颗粒层表面，仅单相流体流过；②悬浮液全部通过颗粒层，不发生固液分离，它相当于单相渗流；③固相颗粒沉积于孔道内；④固相颗粒部分沉积在颗粒层表面，部分沉积于孔道内。

这里重点叙述第一种情况，即过滤问题。由 Darcy 定律，流体通过滤饼的压力损失为：

$$\Delta p = \alpha_v \mu u L \tag{20-6-5}$$

式中　μ——滤液的黏度，Pa·s；
　　　u——滤液的表观流速；
　　　L——滤饼的厚度；
　　　α_v——过滤比阻，m^{-2}，它是此式的系数。

时间为 θ 时，滤液通过滤饼的速度可表示为：

$$u = \frac{1}{A}\frac{dV}{d\theta} = \frac{dv}{d\theta}\quad\left(v = \frac{V}{A}\right) \tag{20-6-6}$$

式中　V——滤液的体积；
　　　A——滤液的面积；
　　　v——单位过滤面积的滤液量，$m^3 \cdot m^{-2}$。

由料浆的浓度 S（kg 固体·kg^{-1} 料浆）可导出时间为 θ 时分离的固体量 W(kg)：

$$S = \frac{W}{\rho v A + mW},\quad W = \frac{\rho S v A}{1 - mS} \tag{20-6-7}$$

式中　m——含水滤饼与干滤饼的质量比；
　　　ρ——滤液密度，$kg \cdot m^{-3}$。

干滤饼的体积为：

$$V_s = \frac{W}{\rho_s} \tag{20-6-8}$$

式中，ρ_s 为干滤饼的堆密度，$kg \cdot m^{-3}$。这时滤饼的厚度为：

$$L = \frac{V_s}{A} = \frac{W}{A\rho_s} \tag{20-6-9}$$

将式(20-6-7) 代入式(20-6-9)，得到：

$$L = \frac{Sv(\rho/\rho_s)}{1 - mS} \tag{20-6-10}$$

由式(20-6-5)、式(20-6-6) 和式(20-6-10)，可导出过滤基本方程：

$$\frac{dv}{d\theta} = \frac{\Delta p(1 - mS)}{\alpha_v \mu S v(\rho/\rho_s)} \tag{20-6-11}$$

对于定压过滤，m 和 α_v 为常数，若用 R_m 表示实际滤布的滤阻，其压降 Δp_m 为：

$$\Delta p_m = \mu R_m \frac{dv}{d\theta} \quad (20\text{-}6\text{-}12)$$

滤液通过滤饼或滤布的总压降为 $\Delta p_t = \Delta p + \Delta p_m$，由式（20-6-11）和式（20-6-12）得到过滤方程如下：

$$\frac{dv}{d\theta} = \frac{K}{2(v+v_m)} \quad (20\text{-}6\text{-}13)$$

$$K = \frac{2\Delta p_t(1-mS)}{\alpha_v \mu S(\rho/\rho_s)}, \quad v_m = \frac{R_m(1-mS)}{\alpha_v S(\rho/\rho_s)}$$

将式（20-6-13）积分，得到定压过滤方程：

$$v^2 + 2vv_m = K\theta \quad (20\text{-}6\text{-}14)$$

$$\frac{\theta}{v} = \frac{v}{K} + \frac{2v_m}{K} \quad (20\text{-}6\text{-}15)$$

将实验数据 θ/v 对 v 作图，可得一直线，斜率为 $1/K$，截距为 $2v_m/K$。

6.2 颗粒层的压力降[2]

如图 20-6-3(a) 所示，实际的颗粒层由大量的粒径和形状不同的颗粒组成，其填充率较高，空隙的结构极为复杂。通常将颗粒层的结构进行简化，一种方法称为流路模型，见图 20-6-3(b)。另一种方法基于每个颗粒对流体的阻力，称为阻力模型 [图 20-6-3(c)]。前者适用于高填充率的情况，后者适用于低填充率的场合。

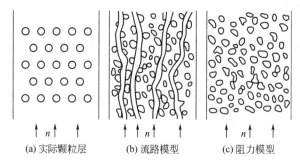

(a) 实际颗粒层　　(b) 流路模型　　(c) 阻力模型

图 20-6-3 颗粒填充层的模型[2]

6.2.1 从流路模型计算压力降

流路模型将流体的通路看成许多弯曲的管路，这种管路是对直圆管进行修正而得到的。

若密度为 ρ、黏度为 μ 的流体以速度 u 通过管径 D，管长 L 的直圆管，管中的压力降可用下式计算：

Hagen-Poiseuille 公式： $\Delta p = \dfrac{32L\mu u}{D^2}$（适用于层流） （20-6-16）

Fanning 式： $\Delta p = 4f\dfrac{L}{D} \times \dfrac{\rho u^2}{2}$（一般情况） （20-6-17）

式中　f——Fanning 管摩擦系数。

层流时:
$$f = 16\frac{\mu}{Du\rho} = \frac{16}{Re} \quad (20\text{-}6\text{-}18)$$

对于非圆形的管路,引入水力半径 m:
$$m = \frac{\text{流路断面积}}{\text{浸润周长}} \quad (20\text{-}6\text{-}19)$$

式(20-6-19)也适用于圆管,这时 m 为管径的 1/4。对于颗粒层:
$$m = \frac{\varepsilon}{S_B} = \frac{\varepsilon}{S_v(1-\varepsilon)} \quad (20\text{-}6\text{-}20)$$

式中 ε——空隙率;
S_B——颗粒层的比表面积;
S_v——颗粒的比表面积。

由式(20-6-16)和式(20-6-20),并对管长进行修正,可推导出 Kozeny-Carman 方程[3]:
$$\Delta p = 5\frac{S_v^2(1-\varepsilon)^2 L\mu u}{\varepsilon^3} \quad (20\text{-}6\text{-}21)$$

式(20-6-21)适用于 $Re < 2D$ 的层流区。

Ergun[4] 从大量数据整理,得到既适用于层流区又适用于湍流区的经验方程:
$$\frac{\Delta p}{L} = 150\frac{(1-\varepsilon)^2}{\varepsilon^3}\frac{\mu u}{D_p^2} + 1.75\frac{1-\varepsilon}{\varepsilon^3} \times \frac{\rho u^2}{D_p} \quad (20\text{-}6\text{-}22)$$

修正摩擦系数可写成:
$$2f = \frac{150(1-\varepsilon)}{Re_p} + 1.75 \quad (20\text{-}6\text{-}23)$$

图 20-6-4 示出 Ergun 方程与 Kozeny-Carman 方程和 Burke-Plummer[5] 方程的比较。Ergun 方程在层流区与 Kozeny-Carman 方程一致,在湍流区与 Burke-Plummer 方程相符合。

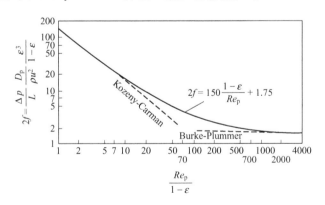

图 20-6-4　Ergun 方程及比较[5]

6.2.2　阻力模型

阻力模型认为颗粒层的压力降是流体受到每个颗粒阻力的结果。

$$\Delta p A = \sum_{i}^{N} R_{mi} \quad (20\text{-}6\text{-}24)$$

式中 A——颗粒层横截面积;
R_{mi}——第 i 个颗粒受到的流体阻力;

N——总颗粒数。

若颗粒为球形且规则排列，如图 20-6-3(c) 所示，各颗粒受到的流体阻力相等，$R_{mi} = R_m$，R_m 是单一颗粒在无限大流体中的阻力 R 和空隙率 ε 的函数。

$$R_m = R f(\varepsilon) \tag{20-6-25}$$

R、N 分别为：

$$R = C_D \frac{\pi D_p^2}{4} \times \frac{\rho u^2}{2} \tag{20-6-26}$$

$$N = \frac{6AL(1-\varepsilon)}{\pi D_p^3} \tag{20-6-27}$$

可推导出：

$$\Delta p = \frac{3}{2} C_D (1-\varepsilon) f(\varepsilon) \frac{L}{D_p} \times \frac{\rho u^2}{2} \tag{20-6-28}$$

式中，C_D 是阻力系数，是以粒径为基准的雷诺数 Re 的函数，颗粒层的空隙率函数可表示成[6]：

$$f(\varepsilon) = \frac{25(1-\varepsilon)}{3\varepsilon^3} \tag{20-6-29}$$

若颗粒随机排列，以下的经验方程适用于湍流的情况：

$$\Delta p = \frac{3.5}{4} \times \frac{1-\varepsilon}{\varepsilon^3} \frac{L}{D_p} \times \frac{\rho u^2}{2} \tag{20-6-30}$$

6.2.3 纤维填充层的压力降

纤维填充层的空隙率通常高达 85%，纤维之间的距离为纤维径的数倍，相邻纤维之间的影响较小，所以一般采用阻力模型。纤维填充层的压力降表示为：

$$\Delta p A = F l A L \tag{20-6-31}$$

式中，F 为纤维单位长度的流体阻力；l 为单位体积的纤维长度。

$$F = C_D D_f \frac{\rho u_e^2}{2} \tag{20-6-32}$$

$$l = \frac{4\alpha}{\pi D_f^2} \tag{20-6-33}$$

式中 u_e——流体在填充层内的平均速度；

C_D——阻力系数，是以平均速度为基准的雷诺数的函数；

D_f——纤维直径。

由于纤维层中有些纤维与流动方向平行，直接使用阻力系数 C_D 不太适合。一般为使用方便，常采用修正的阻力系数，或称为有效阻力系数 C_{De}。这时方程（20-6-31）变为：

$$\Delta p = 4 C_{De} \frac{\alpha L}{D_f} \times \frac{\rho u_e^2}{2} \tag{20-6-34}$$

表 20-6-1 中列出了一些纤维层有效阻力系数 C_{De}，其与 Re 的关系示于图 20-6-5 中。表 20-6-1 中的常数 k_1 与填充率 α 的关系示于图 20-6-6 中。

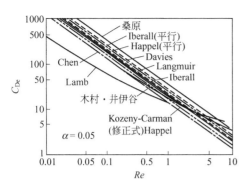

图 20-6-5 有效阻力系数与 Re 的关系[2]

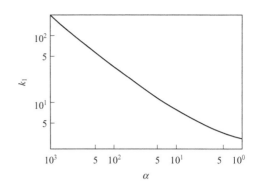

图 20-6-6 表 20-6-1 中的常数 k_1 与 α 的关系[2]

表 20-6-1 纤维填充物的有效阻力系数

研究者	有效阻力系数 C_{De}	备注
Kozeny-Carman[1,7,8]	$(8\pi k_1/Re_f)\alpha/(1-\alpha)^2$	流路模型 k_1:图 20-6-6
Langmuir[8]	$(8\pi B/Re_f)/(-\ln\alpha+2\alpha-\alpha^2/2-3/2)$	流路模型 $B=1.4$
Davies[9]	$(32\pi/Re_f)\alpha^{0.5}(1+56\alpha^2)$	量纲分析
Lamb[10]	$(8\pi/Re_f)/(2.0-\ln Re_f)^2$	流向与圆筒垂直
Iberall[11]	$8\pi/Re_f$	流向平行
Iberall[11]	$(4.8\pi/Re_f)(2.4-\ln Re_f)/(2.0-\ln Re_f)$	半经验式
Chen[12]	$(2/Re_f)k_2/\{\ln(k_3\alpha^{-0.5})\}$	$k_2=6.1, k_3=0.64$
Happel[13]	$(8\pi/Re_f)/(-\ln\alpha+2\alpha-\alpha^2/2-3/2)$	流向平行
Happel[13]	$(16\pi/Re_f)/\{-\ln\alpha+(1-\alpha^2)/(1+\alpha^2)\}$	流向垂直
Kuwabara[14]	$(16\pi/Re_f)/(-\ln\alpha+2\alpha-\alpha^2/2-3/2)$	流向垂直
木村和井伊谷[15]	$(0.6+4.7/\sqrt{Re_f}+11/Re_f)/(1-\alpha)$	实验式,$10^{-3}<Re_f<10^2, 3\mu m<D_f<270\mu m$

6.3 两相互不相溶流体的渗流

6.3.1 多孔介质中流体的饱和度

当两种互不相容的流体（如水和空气）在颗粒层中同时存在时，一般总会有一种流体湿润固体颗粒表面，称为湿润相。图 20-6-7 以砂-水体系为例，显示了湿润颗粒层内的含水率的分布。

湿润相的饱和度 S、含液率 W（湿基）和 W'（干基）分别表示为：

$$S=\frac{颗粒层中所含液体的体积}{颗粒层的空隙体积} \quad (20\text{-}6\text{-}35)$$

$$W=\frac{\varepsilon\rho_f S}{(1-\varepsilon)\rho_p+\varepsilon\rho_f S}\times 100\% \quad (20\text{-}6\text{-}36)$$

$$W'=\frac{\varepsilon\rho_f S}{(1-\varepsilon)\rho_p}\times 100\% \quad (20\text{-}6\text{-}37)$$

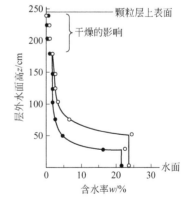

图 20-6-7 砂-水体系湿润颗粒层内的含水率分布[2]

- ● $D_p=0.47$mm, $\varepsilon=0.39$;
- ○ $D_p=0.16$mm, $\varepsilon=0.41$

湿润颗粒层中的含液状态可分为三个区，即饱和区、过渡区和低湿区，如图 20-6-8 所示。湿润液体可分为颗粒之间的液体、颗粒内液体和两相流体界面处的液体；前者又可分为毛细管颗粒间的嵌入液和附着液等。连续相的流体能够流动，分散相流体本身一般不流动，但可随湿润相一起流动。

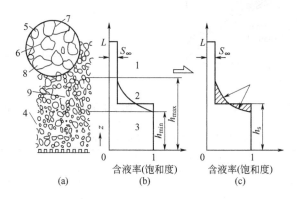

图 20-6-8 湿润颗粒层的含液状态与分区[2]

1—低湿区；2—过渡区；3—饱和区；4—毛管上升液；5—嵌入液；
6—附着液；7—滞留液；8—颗粒内液；9—界面液

当颗粒层的下层浸入湿润液体中时，层内含液量 V 可表示为：

$$V = A\varepsilon h_s + A\varepsilon(L - h_s)S_\infty \tag{20-6-38}$$

式中　S_∞——低湿区的饱和度；
　　　h_s——平均饱和区的高度。

整个颗粒层的平均饱和度 S_{av} 为：

$$S_{av} = \frac{V}{A\varepsilon L} = S_\infty + (1 - S_\infty)\frac{h_s}{L} \tag{20-6-39}$$

6.3.2　液体在颗粒层中的毛细管压力和上升高度

（1）均一球粒、规则填充　如图 20-6-9 所示，粒径 D_p 的均一球粒整齐排列成立方形颗粒层，液体在毛细管中升高的最大值位于四个颗粒包围空间的最窄处。这时液体浸润表面的两个主曲率半径 R_1、R_2 相等（图 20-6-10），记作 R，假设接触角 α 为 $0°$，根据 R 与 D_p 的几何关系得到：

$$R = \frac{\sqrt{2} - 1}{2}D_p \tag{20-6-40}$$

毛细管压力与液体浸润界面的主曲率半径之间的关系，可用 Laplace 方程表示：

$$p_c = \sigma\left(\frac{1}{R_1} + \frac{1}{R_2}\right) = \frac{2\sigma}{R} \tag{20-6-41}$$

式中，σ 为液体的表面张力，Pa。

将式(20-6-40) 代入式(20-6-41)，得到：

$$p_c = \rho g h_c = 2\sigma\frac{2}{(\sqrt{2} - 1)D_p} \tag{20-6-42}$$

式中，h_c 为毛细管上升高度。

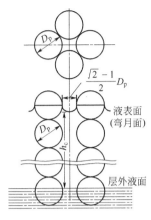
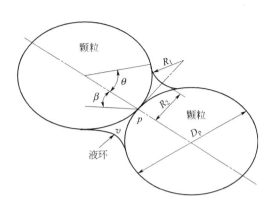

图 20-6-9 液体毛细管上升高度
（均一球粒，立方形填充）[2]

图 20-6-10 液体浸润界面的主曲率半径[2]

一般接触角 α 不为 $0°$，式(20-6-42)应改写成：

$$\frac{\rho g D_p h_c}{\sigma \cos\alpha} = \frac{4}{\sqrt{2}-1} = 9.7 \tag{20-6-43}$$

对于最紧密填充的情况，同样可导出：

$$\frac{\rho g D_p h_c}{\sigma \cos\alpha} = \frac{4}{2\sqrt{3}-1} = 25.9 \tag{20-6-44}$$

(2) 均一球粒、不规则排列 此时颗粒之间的空隙率存在一定的分布。理论上其毛细管上升高度应介于球形规则排列和最紧密排列之间：

$$9.7 \leqslant \frac{\rho g D_p h_c}{\sigma \cos\alpha} \leqslant 25.9 \tag{20-6-45}$$

当不规则颗粒层的空隙较大时，毛细管上升高度的下限可由式(20-6-46)估算：

$$\frac{\rho g D_p h_c}{\sigma \cos\alpha} \approx 8 \tag{20-6-46}$$

(3) 一般颗粒层 由于一般颗粒层的空隙结构十分复杂，直接确定毛细管上升高度十分困难。所以，实用时采用平均饱和区的高度 h_s 代替毛细管上升高度：

$$\frac{\rho g D_p h_s}{\sigma \cos\alpha} = K_c \tag{20-6-47}$$

式中，K_c 称为毛细管常数，其值与空隙率和颗粒形状有关。
Batel[16]针对具有粒径分布的一般颗粒层，提出 h_s 的表达式：

$$\frac{\rho g D_p h_s}{\sigma \cos\alpha} = \left[\frac{d_m^2 \varepsilon}{S_v \rho_p (1-\varepsilon)}\right]^{1/3} = K_{c1} \tag{20-6-48}$$

式中，d_m 为算术平均径；S_v 为比表面积。
Dombrowski[17]从大量的实验中提出排空数（drain-number）和排空高度 h_d：

$$h_d = \frac{0.275}{\text{排空数}}, \quad \text{排空数} = \frac{\rho g \sqrt{K}}{\sigma \cos\alpha} \tag{20-6-49}$$

式中，K 为颗粒层的渗透率，$m \cdot s^{-1}$。

6.3.3 液液两相渗流

为了讨论方便,首先假定:在多孔介质中液液两相不互溶、不反应,同时流动,且服从线性渗透定律。

(1) 不考虑毛细管压力的液液两相渗流 由 Darcy 定律,液液两相的运动方程分别为:

$$\vec{u}_1 = -\frac{K_1(S)}{\mu_1}\mathrm{grad}\vec{p} \tag{20-6-50}$$

$$\vec{u}_2 = -\frac{K_2(S)}{\mu_2}\mathrm{grad}\vec{p} \tag{20-6-51}$$

式中　$\vec{u}_1, \vec{u}_2$——流体的表观流速,m·s^{-1};

$K_1(S), K_2(S)$——渗透率。

图 20-6-11 示出多孔六面体,其体积为 $\mathrm{d}x\mathrm{d}y\mathrm{d}z$。在 $\mathrm{d}\theta$ 时间里,液体 i 流过该六面体的质量变化:

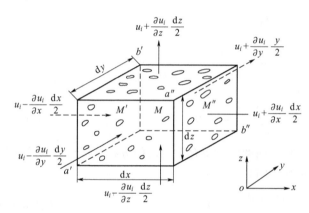

图 20-6-11 多孔六面体[1]

$$-\left(\frac{\partial u_i}{\partial x}+\frac{\partial u_i}{\partial y}+\frac{\partial u_i}{\partial z}\right)\mathrm{d}x\mathrm{d}y\mathrm{d}z \tag{20-6-52}$$

饱和度随时间的变化产生的流量变化为:

$$\frac{\partial S_i}{\partial \theta}\varepsilon\mathrm{d}x\mathrm{d}y\mathrm{d}z \tag{20-6-53}$$

由式(20-6-52)和式(20-6-53)可导出液液两相渗流的质量守恒连续方程:

$$-\nabla\vec{u}_i = \varepsilon\frac{\partial S_i}{\partial \theta}(i=1,2) \tag{20-6-54}$$

将式(20-6-50)和式(20-6-51)分别代入式(20-6-54),得到液液两相渗流的数学模型:

$$\nabla\left[\frac{K_i(S)}{\mu_i}\nabla p\right]=\varepsilon\frac{\partial S_i}{\partial \theta}(i=1,2) \tag{20-6-55}$$

饱和度方程给出的两种液体的饱和度关系如下:

$$S_1+S_2=\frac{V_1}{V_总}+\frac{V_2}{V_总}=1 \tag{20-6-56}$$

对于稳定过程:

$$\frac{\partial S_i}{\partial \theta}=0$$

式(20-6-55)简化为:

$$\nabla\left[\frac{K_i(S)}{\mu_i}\nabla p\right]=0(i=1,2) \tag{20-6-57}$$

(2) 考虑毛细管压力的液液两相单向渗流运动方程

$$Q_i=-\frac{R_iK_i(S)}{\mu_i}\times\frac{\partial p_i}{\partial x}A(x)(i=1,2) \tag{20-6-58}$$

连续方程:

$$Q_i=A(x)\frac{\partial S_i}{\partial \theta}(i=1,2) \tag{20-6-59}$$

计算毛细管压力的 Laplace 方程为:
$$p_1-p_2=\sigma\left(\frac{1}{R_1}-\frac{1}{R_2}\right)=p_c(S) \qquad (20\text{-}6\text{-}60)$$

由式(20-6-58)、式(20-6-59)和式(20-6-60)可导出液液两相单向渗流的数学模型:
$$-\frac{\mathrm{d}}{\mathrm{d}S}\left(\frac{C_1}{C_1+C_2}\right)\frac{\partial S}{\partial x}Q(\theta)+\frac{\partial}{\partial x}\left[KA(x)\frac{C_1C_2}{C_1+C_2}p_c'(S)\frac{\partial S}{\partial x}\right]=\varepsilon A(x)\frac{\partial S}{\partial \theta} \qquad (20\text{-}6\text{-}61)$$

总流量: $\qquad Q(\theta)=Q_1+Q_2, C_i=\dfrac{K_{R_i}(S)}{\mu_i}(i=1,2)$

$p_c'(S)=\dfrac{\partial p_c(S)}{\partial S}$,它是一个复杂的二阶非线性偏微分方程,只在某些简单情况下才有解析解。

6.3.4 液固两相渗流

(1) 悬浮液全部通过多孔介质的渗流 当孔道直径远大于颗粒直径时,悬浮液全部通过多孔介质。此时,悬浮液可视为均匀相,采用 Darcy 定律:
$$u=-\frac{K}{\mu'}\frac{\partial p}{\partial l} \qquad (20\text{-}6\text{-}62)$$
$$\mu'=\mu(1+\alpha\phi) \qquad (20\text{-}6\text{-}63)$$

式中 μ——液体黏度;

μ'——悬浮液黏度;

ϕ——固体颗粒的体积分数;

α——常数,对于圆球形颗粒,$\alpha=2.5$。

(2) 固体颗粒沉积于孔隙孔道时的渗流 由于在渗流过程中颗粒沉积,使孔道变小,阻力增加。假设多孔介质由许多半径为 R 的平行孔道组成,则由泊松方程得到多孔介质渗透率 K 为:
$$K=\frac{\pi R^4}{8}N \qquad (20\text{-}6\text{-}64)$$

式中 N——孔道总数。

设渗流量为 Q 时,由于颗粒沉积,孔道半径变为 r,其相对渗透率为 K',这时流速则为:
$$u=\frac{K'\Delta p}{\mu l} \qquad (20\text{-}6\text{-}65)$$

颗粒沉积量与流量成正比:
$$N\pi R^2 l-N\pi r^2 l=cQ \qquad (20\text{-}6\text{-}66)$$

式中,c 为比例系数。

由此可得到半径为 r 时的渗透率 K':
$$K'=\frac{N\pi}{8}R^4(1-MQ)^2 \qquad (20\text{-}6\text{-}67)$$
$$M=\frac{c}{N\pi l R^2}$$

将此 K' 代入式(20-6-65)中,并考虑到式(20-6-64),得:

$$u = \frac{\Delta p}{\mu l} K(1-MQ)^2$$
$$= u_0(1-MQ)^2 \tag{20-6-68}$$

此方程表明，渗流速度是渗透量的非线性函数。

6.4 两相互溶渗流

6.4.1 互溶液体的传质扩散渗流

当两种可互溶的液体通过多孔介质相互驱替时，就发生传质扩散作用。两种液体能形成混合物，这种现象称为弥散。

用图 20-6-11 所示的模型按照本篇第 6.3.3 的方法可推导出在有液体流动情况下的一维扩散方程：

$$\frac{\partial C}{\partial \theta} = D' \frac{\partial^2 C}{\partial x^2} - \bar{u} \frac{\partial C}{\partial x} \tag{20-6-69}$$

式中　$\bar{u}$——平均流动速度；
　　　C——浓度；
　　　D'——扩散系数。

式（20-6-69）在边界条件：$x<0$，$C=C_1$ 和 $x>0$，$C=0$ 时的最终解如下：

$$\frac{C}{C_1} = \frac{1}{2}\left[1 \pm \mathrm{erf} \frac{x-\bar{u}\theta}{2\sqrt{D'\theta}}\right] \tag{20-6-70}$$

式中，erf 为正态概率函数。

$$\mathrm{erf} Z = \frac{2}{\sqrt{\pi}} \int_0^Z \exp(-\bar{u}^2) \mathrm{d}u$$

6.4.2 不同黏度的互溶液体传质扩散渗流

当两互溶液体的黏度不同时，设混合系数 D 与黏度的梯度有关。

$$D = D_0\left(1 + K_1 \frac{\partial \mu_c}{\partial x}\right) \tag{20-6-71}$$

式中　μ_c——混合液的黏度；
　　　K_1——比例常数；
　　　D_0——等黏度液体的互溶系数。

$$\mu_c = \mu_1 f(C), f(C) = \left(\frac{\mu_2}{\mu_1}\right)^{1-C} \tag{20-6-72}$$

经运用变量替换，可得到不同黏度的互溶液体传质扩散渗流方程：

$$\frac{\partial C}{\partial \theta_1} = D \frac{\partial^2 C}{\partial x_1^2}\left[1 + \mu_1 f'(C) K_1 \frac{\partial C}{\partial x_1}\right] \tag{20-6-73}$$

式（20-6-73）是一个非线性二阶偏微分方程。

6.4.3 带有吸附作用的互溶液体传质扩散渗流

在有吸附作用的情况下，多孔介质的扩散方程可写为：

$$D'\frac{\partial^2 C}{\partial x_1^2} - V\frac{\partial V}{\partial x} = \frac{\partial C}{\partial t} + \frac{1-\varepsilon}{\varepsilon}S\frac{\partial C_r}{\partial \theta} \qquad (20\text{-}6\text{-}74)$$

式中 C_r——吸附剂在多孔介质表面处的浓度；

S——表面积。

Langmuir 吸附方程的微分式为：

$$\frac{\partial C_r}{\partial \theta} = \frac{\partial C}{\partial \theta}\frac{\partial C_r}{\partial C} = \frac{\alpha}{(1+bC)^2}\frac{\partial C}{\partial \theta} \qquad (20\text{-}6\text{-}75)$$

将式(20-6-75)代入式(20-6-74)中，得到带吸附作用的扩散方程：

$$D'\frac{\partial^2 C}{\partial x^2} - V\frac{\partial C}{\partial x} = \left[1 + \frac{(1-\varepsilon)S\alpha}{\varepsilon(1+bC)^2}\right]\frac{\partial C}{\partial \theta} \qquad (20\text{-}6\text{-}76)$$

这是一个二阶变系数非线性方程，仅在某些特殊情况下才有解析解。有关线性吸附［式(20-6-76)中 $b=0$］的求解方法，读者可参考文献［1］。

6.5 液气两相渗流

液气两相的渗流数学模型由下列方程组合：

$$\vec{u}_i = -\frac{KK_{ri}(S)}{\mu_i}\mathrm{grad}p, (i=1,g) \qquad (20\text{-}6\text{-}77)$$

式中，l 和 g 分别表示液相和气相。

液气两相渗流的质量连续方程：

$$\mathrm{div}[(\rho_{lg}-G)\vec{u}_1] = -\varepsilon\frac{\partial}{\partial \theta}[(\rho_{lg}-G)S] \qquad (20\text{-}6\text{-}78)$$

（对液相）

$$\mathrm{div}(\rho_{lg}\vec{u}_g) + \mathrm{div}(G\vec{u}_1) = -\varepsilon\frac{\partial}{\partial \theta}[GS_1 + \rho_g(1-S_1)] \qquad (20\text{-}6\text{-}79)$$

（对气相）

由上述方程组得到液气两相渗流的数学模型：

对液相：

$$\nabla\left[\frac{K_{rl}(S_1)}{\mu_1(p)B_1(p)}\nabla p\right] = \frac{\varepsilon}{K}\times\frac{\partial}{\partial \theta}\left[\frac{S_1}{B_1(p)}\right] \qquad (20\text{-}6\text{-}80)$$

对气相：

$$\nabla\left[C(p)\frac{K_{rg}(S_1)}{\mu_g(p)}\nabla p\right] + \nabla\left[\frac{\rho_p g}{B_1(p)}\times\frac{K_{rl}(S_1)}{\mu_1(p)}\nabla p\right] =$$

$$\frac{\varepsilon}{K}\times\frac{\partial}{\partial \theta}\left[\frac{\rho_p g}{B_1(p)}S_1 + C(p)(1-S_1)\right] \qquad (20\text{-}6\text{-}81)$$

$$\rho_g = C(p)/g, \rho_{lg} = \frac{\rho_1+\rho_g}{B_1(p)}, G = \frac{\rho_p}{B_1(p)}$$

式中 ρ_p——单位体积脱气液体内气体的溶解量（质量）；

ρ_g——气体的密度，它是压力的函数；

ρ_1——脱气液体的密度。

上述模型的使用条件是：液体两相流动，服从达西（Darcy）定律，不考虑孔介质弹性，渗流为等温过程。

若液气两相渗流是稳定过程，模型可简化为：

$$\nabla \left[\frac{K_{rl}(S_1)}{\mu_1(p)B_1(p)} \nabla p \right] = 0 \qquad (20\text{-}6\text{-}82)$$

$$\nabla \left[C(p) \frac{K_{rg}(S_1)}{\mu_g(p)} \nabla p \right] + \nabla \left[\frac{\rho_g g}{B_1(p)} \times \frac{K_{rl}(S_1)}{\mu_1(p)} \nabla p \right] = 0 \qquad (20\text{-}6\text{-}83)$$

参考文献

[1] 《化学工程手册》编辑委员会. 化学工程手册：第19篇，颗粒及颗粒系统. 北京：化学工业出版社，1989：138.
[2] 日本粉体学会. 粉体工学便览. 東京：日刊工業新聞社，1986：189；154.
[3] Carman P. Trans Inst Chem Eng, 1937, 15: 150-156.
[4] Ergun S. Chem Eng Prog, 1952, 48(2): 89-94.
[5] Burke S P, Plummer W B. Ind Eng Chem, 1928, 20(11): 1196-1200.
[6] 渡边治夫. 粉体工学会誌, 1982, 19: 511.
[7] Kozeny J. Wasserkraft und Wasserwirtschaft, 1927, 22: 67.
[8] Langmuir I. OSRD Report, No 865, 1942.
[9] Davies C N. Proc Inst Mech Engrs (London), 1952, 1B(5): 185-198.
[10] Lamb H. Hydrodymamics. 6th. New York: McGraw Hill, 1932: 164.
[11] Iberall A S. J Res Nat Bur Stand, 1950, 45: 398-406.
[12] Chen C Y. Chem Rev, 1955, 55(3): 595-623.
[13] Happel J. AIChE J, 1959, 5(2): 174-177.
[14] Kuwabara S. J Phys Soc Japan, 1959, 14(4): 522-527.
[15] 木村典夫，井伊谷网一. 化学工学, 1969, 33: 98.
[16] Batel W. Chem Ing Tech, 1955, 27(8-9): 497-501; 1956, 28(5): 343-349; 1959, 31: 388; 1961, 33: 541.
[17] Dombrowski H S, Brownell L E. Ind Eng Chem, 1954, 46: 1207-1219.

符号说明

符号	说明
A	颗粒横截面积，m^2
C	浓度
c	比例系数
C_D	阻力系数
D_p	颗粒直径，m
h_1, h_2, h_3	水柱高度，m
h_c	毛细管上升高度，m
h_d	排空高度，m
K'	相对渗透率
l	纤维长度，m
L	空隙长度、滤饼厚度，m
m	含水滤饼与干滤饼的质量比；水力半径，m
N	颗粒数

p_1, p_2	压力，Pa
Δp	压力差，Pa
p_c	毛细管压力，Pa
Q	流量，$m^3 \cdot s^{-1}$
R_1, R_2	主曲率半径，m
R_m	颗粒受到的流体阻力，N；滤布阻力，m^{-1}
S	料浆比浓度，$kg \cdot kg^{-1}$；湿润相的饱和度
S_v	颗粒的比表面积，$m^2 \cdot m^{-3}$
S_{av}	平均饱和度
u	流体表观流速，$m \cdot s^{-1}$
u_0	初始流速，$m \cdot s^{-1}$
V	滤液体积，m^3
v	单位面积滤液量，m
W	固体量，kg；湿基含液率
W'	干基含液率

希腊字母

α	填充率
α_v	过滤比阻，m^{-2}
θ	时间，s
σ	表面张力，Pa
ε	空隙率
μ	黏度，$Pa \cdot s$
ρ	密度，$kg \cdot m^{-3}$
ρ_s	干滤饼的堆密度，$kg \cdot m^{-3}$

下标

B	颗粒床
f	液相
p	颗粒

上标

| $'$ | 料浆、干基 |

7 颗粒流及装备

7.1 颗粒流的基本概念与特征

颗粒系统是由大量固体颗粒组成的复杂体系，颗粒粒径一般大于 $1\mu m$，颗粒间以强耗散的接触摩擦作用为主，间隙或有黏性较低且未完全填充的液体[1]。常见的颗粒物质有沙子、土壤、种子、水泥等。颗粒系统在外力作用或内部应力状况发生变化时又产生类似流体的宏观流动，即颗粒流。颗粒流广泛存在于自然界中，比如雪崩、泥石流、滑坡等，以及工程应用中的固体物料管道输送等。

颗粒物质属于非经典介质，其流动行为与固体、液体和气体都存在较大不同。而颗粒流往往呈现复杂的流变现象，它兼具流体与固体的某些特征，且具有对外界微小作用的敏感性。颗粒系统的很多独特现象和力学特性由力链网络的复杂动力学响应所决定。所谓力链[2,3]，是毗邻的相互作用的颗粒连接形成局部有序的结构。图 20-7-1 为 2 个大颗粒（图中圆圈）与 1200 个小颗粒静止堆积时的内部力链网络结构，其中线条的宽度正比于两颗粒间法向力的大小，从图 20-7-1 中可以看到，力链网络具有显著的非均匀分布与各向异性。当系统处于非平衡状态时，颗粒的力链网络结构将反复地经历复杂的变形、断裂、再生成等过程，从而表现出复杂的宏观流动行为。

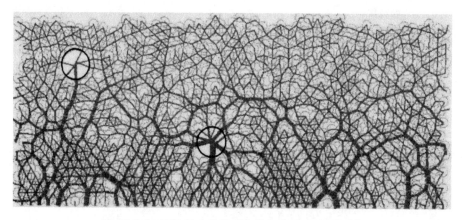

图 20-7-1 颗粒静止堆积时的内部力链网络结构[4]

7.1.1 颗粒流的分类

颗粒流有多种分类方式，如按照操作方式有混合、偏析、筛分及输运等[5]，按照颗粒运动速度有准静态流、密集流、快速流等[6]。目前常用并且具有明确物理意义的分类方法是 Campbell[7] 基于颗粒流中的力链特征而建立的，根据是否存在稳定的力链，可将颗粒流分为弹性流和惯性流两大类。弹性流的运动过程由颗粒间的接触力链支配，依据剪切应力与剪切速率的关系可分为弹性-准静态流和弹性-惯性流。弹性-准静态中流应力与剪切速率无关，而弹性-惯性流中应力与剪切速率成正比。这两种流态有相同的物理机制，均依靠力链变形传递内部应力。

惯性流中颗粒间发生频繁的碰撞，颗粒间动量传递主要依靠相互碰撞实现，不能形成稳定的力链。根据颗粒间碰撞是否为两体碰撞，惯性流又可分为惯性-非碰撞流（颗粒多体碰撞）和惯性-碰撞流（颗粒两体碰撞）。

弹性-准静态流和惯性-碰撞流分别对应准静态流和快速流，作为两种极端情况通常处理为连续体，分别采用摩擦塑性模型和动力学理论描述。而密集颗粒流的描述则相当困难，颗粒像流体一样运动，颗粒间又保持相对持续的接触。

表 20-7-1 总结了上述基于力链分类的各种颗粒流的流态特征。

表 20-7-1　基于力链分类的各种颗粒流的流态特征[6]

流态	物理机制	应力	说明
弹性流	①颗粒接触变形，存在接触力 ②发生接触的颗粒构成力链 ③力链间相互连接形成网络支撑颗粒重力和外载荷 ④颗粒摩擦系数对力链形成及强度影响较大 ⑤若剪切速率较小且摩擦系数极小，则不会形成力链，过渡到惯性流 ⑥恢复系数对力链影响较小	弹性-准静态流 ①颗粒浓度≈0.6 ②$k/(\rho d^3 \gamma^2)$ 大，颗粒运动不剧烈 ③力链寿命×生成速率为常数 ④应力与 γ 无关：$\tau = \sigma \tan\varphi$ 弹性-惯性流 ①$k/(\rho d^3 \gamma^2)$ 小，颗粒运动剧烈 ②应力与 γ 线性相关：$\tau = a + b\gamma$	①d 为颗粒粒径 ②ρ 为颗粒物质密度 ③k 为颗粒刚度系数 ④γ 为剪切速率 ⑤τ 为剪切应力 ⑥σ 为法向应力 ⑦φ 为内摩擦角 ⑧t_{bc} 为两体碰撞的自由运动时间 ⑨t_c 为碰撞的自由运动时间平均值
惯性流	①颗粒瞬间碰撞难以形成力链 ②剪切速率极大时，颗粒被携带并发生挤压可能构成力链，过渡到弹性流	惯性-非碰撞流 ①$t_c/t_{bc} \neq 1$，多体碰撞 ②$\tau \sim \rho d^2 \gamma^2$ 惯性-碰撞流（快速流） ①$t_c/t_{bc} = 1$，两体碰撞 ②$\tau \sim \rho d^2 \gamma^2$	

在实际系统中，各类颗粒流的流态可以共存，如图 20-7-2 所示的颗粒流中就存在三种不同流态。

7.1.2 颗粒流的特征

目前对一些典型条件下颗粒流流态的分布与转变规律已有初步认识，下面分别介绍其中两类典型颗粒流。

(1) 体积恒定的颗粒流　颗粒浓度保持恒定条件下，颗粒流流态分布的典型情况如图 20-7-3 所示（摩擦系数 $\mu = 0.5$），灰色区域为相邻流态的过渡区域。图中纵坐标为颗粒浓度，横坐标为弹性应力与 Bagnold 碰撞应力[9]的比值。

$$k^* = \frac{\dfrac{k}{d}}{\rho d^2 \gamma^2} = \frac{k}{\rho d^3 \gamma^2} \qquad (20-7-1)$$

式中，k/d 是弹性应力；$\rho d^2 \gamma^2$ 是 Bagnold 碰撞（惯性）应力。k^* 较大时弹性应力占主导，而 k^* 较小时碰撞应力占主导。

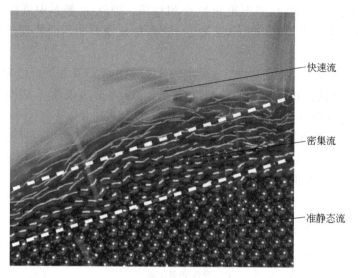

图 20-7-2 颗粒流中存在的三种不同流态[8]

该图说明颗粒浓度高，剪切速率低时，颗粒流的内部作用以力链的形成、断裂、重构为主，属于弹性-准静态流；颗粒浓度降低，剪切速率加大时，颗粒流的内部作用以颗粒间的碰撞为主，也有少量力链生成，形成惯性-非碰撞流。颗粒浓度＞0.59 时的流动为密集流动，整个流动有非常明显的两种流态，即弹性-准静态流和弹性-惯性流；颗粒浓度约 0.58 时，颗粒浓度的微小差异改变颗粒间接触状况，力链不复存在，应力骤降，流态发生从弹性流到惯性流的突变；颗粒浓度＜0.56 时，增加剪切速率，流动从惯性-碰撞流演变成弹性-惯性流。其他类似条件下的流态转变也有同样规律[6]。

（2）应力恒定的颗粒流　自然界中大部分颗粒流流的浓度会发生变化，流动过程中的颗粒应力由外载荷控制。即使最简单的应力恒定的颗粒流，其流动形态与体积恒定颗粒流也有较大差别。

图 20-7-4 为应力恒定颗粒流流态分布示例图，纵坐标为外载荷应力 $\tau_0 d/k$。增加剪切速率，颗粒流流态发生从弹性-准静态流→弹性-惯性流→惯性-碰撞流的连续转变，该转变顺序与体积恒定颗粒流几乎相反[6]。在应力恒定系统中，弹性-非惯性流到惯性-碰撞流的转变非常快。k 的变化对应力恒定颗粒流影响不大。

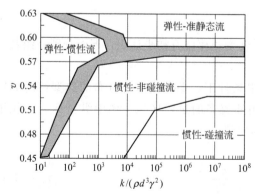

图 20-7-3 颗粒浓度保持恒定条件下的颗粒流流态分布（摩擦系数 $\mu = 0.5$）[6]

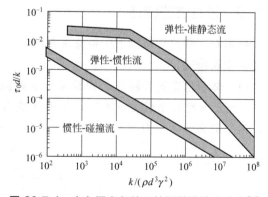

图 20-7-4 应力恒定条件下的颗粒流流态分布[6]

7.1.3 颗粒流本构方程

颗粒体系在快速、慢速及准静态等流动状态下的应力与剪切速率有不同的对应关系。当应力与应变率的平方呈线性增加时，颗粒体系表现为快速流动，可引入颗粒温度概念，由颗粒动力学模型进行分析。当应力与应变率的相关性较弱，甚至完全不相关时，颗粒体系表现为准静态流动，可由弹塑性本构方程表达[6]。

(1) 准静态流的本构方程 在准静态状态下，颗粒之间持续接触并发生滑动摩擦，颗粒体系表现出类似固体材料的力学特征，满足 Mohr-Coulomb 强度准则[10]。

$$\tau \leqslant c + \sigma \tan\delta \tag{20-7-2}$$

式中，τ 为剪切应力；σ 为法向应力；δ 为内摩擦角；c 为颗粒间黏结力，对于干颗粒 $c=0$。其中 c 和 δ 为颗粒的材料性质。当 $\tau = c + \sigma \tan\delta$ 时，颗粒体系静态状态失效而形成流动。

(2) 快速流的本构方程 在快速流动时，颗粒之间发生瞬时接触并通过颗粒碰撞进行动量传递，颗粒体系表现出类似液态行为特点，可采用颗粒动力学理论描述。剪切应力 τ 与应变率 γ 的关系为：

$$\tau = f(\varepsilon)\rho d^2 \gamma^2 \tag{20-7-3}$$

式中，$f(\varepsilon)$ 为体积分率 ε 的函数；ρ 为颗粒密度；d 为颗粒粒径；$\gamma = \dfrac{\mathrm{d}u}{\mathrm{d}y}$。

考虑颗粒的表面摩擦和非弹性等因素的影响，从颗粒运动出发，通过动力学方程的封闭和求解得到应力张量 σ 的表达式[11]：

$$\sigma = [\rho T_\mathrm{t}(1 + 4\eta\varepsilon g_0) - \mu_\mathrm{b} \nabla \cdot u]\delta - 2\mu_\mathrm{s} S - \zeta\delta \times (2\omega_0 - \nabla \times u) \tag{20-7-4}$$

式中，u 为颗粒体系的平均体积速度；S 为剪切速度；μ_b 为体积黏滞系数；μ_s 为剪切黏滞系数；ζ 为旋转速度；ω_0 为颗粒平均旋转角速度；T_t 为颗粒的平均平动脉动动能；$\eta = (1+e)/2$（e 为弹性恢复系数）；g_0 为颗粒径向平衡分布函数。

对于单剪切颗粒流，应力张量 σ 可表达为：

$$\sigma = \rho T_\mathrm{t}(1 + 4\eta\varepsilon g_0) - \mu_\mathrm{s}\gamma \begin{pmatrix} 0 & 1 & 0 \\ 1 & 0 & 0 \\ 0 & 0 & 0 \end{pmatrix} \tag{20-7-5}$$

(3) 流动转变的本构方程 颗粒群间的相互作用可分为持续接触、半持续接触、瞬时接触和无接触等四种情况，颗粒体系的各种流动形态通过本构关系统一表达[12]。基于连续介质力学，颗粒流动的本构方程表示为：

$$\sigma_{ij} = F(D_{ij}) \tag{20-7-6}$$

式中，F 为张量函数；D_{ij} 为变形速度张量，$D_{ij} = \dfrac{1}{2}\left(\dfrac{\partial V_i}{\partial x_j} + \dfrac{\partial V_j}{\partial x_i}\right)$。式(20-7-6)可分解为：

$$\sigma_{ij} = F_0 I_{ij} + F_1 D_{ij} + F_2 D_{ij}^2 \tag{20-7-7}$$

式中，F_0、F_1、F_2 是 D 的 3 个不变量 I_1、I_2、I_3 及颗粒密度、粒径的标量函数，$I_1 = \mathrm{tr}D_{ij}$，$I_2 = [(\mathrm{tr}D_{ij})^2 - \mathrm{tr}D_{ij}^2]$，$I_3 = \det D_{ij}$。

在单剪切流动条件下，无黏颗粒体系（$c=0$）的本构方程简化为：

$$\sigma_{xy} = \sigma_{yx} = p\sin\delta_0 + k_{\mathrm{t}1}\rho d^{3/2} g^{1/2} \gamma + 4k_{\mathrm{t}2}\rho d^2 \gamma^2 \tag{20-7-8}$$

$$\sigma_{xx} = \sigma_{yy} = -p + k_{p1}\rho d^{3/2} g^{1/2} \gamma + k_{p2}\rho d^2 \gamma^2 \qquad (20\text{-}7\text{-}9)$$

式中，k_{t1}、k_{t2}、k_{p1}、k_{p2} 为与弹性恢复系数 e 等参数相关的系数。在上述关系式中，同时存在流速梯度的零次项、线性项和二次项。零次项由颗粒之间静态支撑引起，此时体系内部形成了相对稳定的力链网络；线性项由颗粒之间的相对滑动和挤压作用引起，反映颗粒体系内力链网络的频繁形成和断裂；二次项由颗粒之间的碰撞和扩散作用引起。

7.2 颗粒流的理论与模型

实验方法是研究颗粒流动和混合行为的重要手段，但是实验方法通常只能对颗粒混合的整体效果给出一个大致的评价。近年来，随着科学技术的发展，数字图像成像技术、激光测速仪、光弹性应力分析法等有了较大的发展，已经成为研究颗粒性质和流动行为的新方法，使得人们对颗粒的微观结构、性质以及流动特点有了进一步的认识。然而，实验往往对过程操作以及仪器操作要求较高，而且结果易受各种外在因素干扰。另外，实验的时间与空间分辨率较差，很难捕捉单个颗粒在运动过程中的位置、速度、受力等细节信息，因而较难从实验数据中进行颗粒混合机理的归纳总结。因此，需要发展颗粒体系研究的理论模型和模拟方法。

如 7.1 节所述，颗粒流体系在外部不同强度的作用下可呈现类似于气体、液体和固体的特征。针对不同体系的特性，颗粒流体系的研究可以分为基于连续介质的方法和基于离散的方法。理论研究初期假定体系由球形颗粒构成，随着研究的深入，颗粒的形状逐渐成为颗粒流研究的重要因素，并且随着计算科学的发展和计算机能力的提高，复杂形状颗粒的模拟研究逐渐成为颗粒流研究的重要方向。

7.2.1 基于连续介质的方法

基于连续介质的方法将颗粒假定为具有连续性的介质，它的运动遵守质量、动量和能量方程，其适用于具有特定运动形态的颗粒体系，例如，快速颗粒流中颗粒浓度较小，颗粒的碰撞传递特性类似于分子碰撞，但是在碰撞过程中有能量损失；准静态颗粒流有较高的颗粒浓度，应力与剪切速率无关。针对这两种颗粒体系的特点，分别发展了颗粒动力学理论（kinetic theory of granular flow，KTGF）[13~15]和摩擦塑性理论。

(1) 颗粒动力学理论 颗粒动力学理论[13~15]是一种基于微观统计的理论，即从单个颗粒的碰撞和弥散运动着手，通过平均化得出颗粒流的宏观运动特性，因此它是联系微观和宏观的桥梁。然而，KTGF 理论假设颗粒的运动行为具有某种混沌性质，因此其主要用于描述快速颗粒流。

(2) 摩擦塑性理论 基于 Mohr-Coulomb 摩擦准则的摩擦塑性理论主要适用于拟静态的颗粒流动，常见的模型有双剪切模型、塑性势模型和双滑移自由转动模型等[16~18]。针对高密度的类固态颗粒物质的低频长波动力学行为，Jiang 等[19~21]也从热力学的角度引入颗粒熵，建立了颗粒固体流体动力学（granular solid hydrodynamics，GSH）。GSH 理论将经典的固体弹性理论推广到颗粒物质，并给出了颗粒流中的一般热力学表达式。初步的研究结果证明了 GSH 的合理性，但是该理论仍有待进一步发展以及大量的实验与理论计算的验证。

7.2.2 基于离散的方法

基于离散的方法通过跟踪体系中每一个颗粒的运动获得体系运动的细节，进一步统计获得整个体系的性质。根据颗粒间的接触模型与牛顿运动定律描述每一个颗粒的运动行为。根据接触模型的不同，该类方法可以分为基于接触力学的模型、基于硬球的模型和基于软球的模型等。

(1) 基于接触力学的模型 基于接触力学的模型是对颗粒间碰撞真实物理过程的严密描述，如图 20-7-5 所示，由于颗粒的非对心接触，颗粒间作用力分为法向和切向，在不考虑颗粒间粘连作用时，法向力和切向力分别由 Hertz 理论[22]和 Mindlin-Deresiewicz 理论[23]描述，该作用模型的参数主要应用材料自身的物性参数，并且充分考虑了滚动摩擦扭矩、接触力加载历史等各种复杂因素。该类模型描述颗粒间的作用较为准确且物理机理明确，但是该模型复杂且计算量大，通常应用于球形颗粒体系。

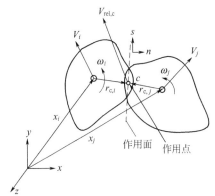

图 20-7-5 颗粒间碰撞示意图

c 为碰撞点；x_i 和 x_j 为颗粒位置；
V_i 和 V_j 为颗粒运动速度；ω_i 和 ω_j 为颗粒转速；
s 为颗粒碰撞的切向；n 为颗粒碰撞的法向

(2) 基于硬球的模型 稀薄的颗粒体系具有类似于稀薄气体的特性，通常具有较大的涨落特性，需要大量的数据进行统计平均，可由基于硬球的模型研究。该类模型起源于硬球分子动力学，最早由 Alder 和 Wainwright[24,25]提出，Campbell 等[26]则首次将该方法应用于颗粒体系的研究。硬球模型假设颗粒间的碰撞是瞬时的，在同一时刻只有一个碰撞事件发生，即仅存在颗粒间的二体碰撞，并且颗粒的接触只是点接触，颗粒的演化通过寻找下一次碰撞事件并让其发生，因而称为事件驱动（event-driven）的模拟。硬球模型忽略了颗粒碰撞过程中的形变，并且通常忽略颗粒间切向的作用。虽然其计算量较小，但过分简化了颗粒间真实的物理作用机制，难以准确描述颗粒间的作用。因此，该类模型通常适用于特定的颗粒流体系的研究，如快速稀疏颗粒流，用于处理稀相内颗粒的相互碰撞[18,27]。并且由于颗粒间的碰撞具有时间先后的敏感性，硬球模型通常难以大规模并行计算。

(3) 蒙特卡洛模拟 蒙特卡洛（Monte Carlo，MC）模拟是另一种求解稀薄颗粒体系的方法。蒙特卡洛模拟方法[28,29]相当于求解 Boltzmann 方程，考虑颗粒碰撞引起的宏观分布状态的变化。由于不明确计算每个颗粒的运动轨迹，蒙特卡洛模拟的计算效率比硬球模型高，但却无法获得颗粒演化的细节。由于蒙特卡洛模拟在获取颗粒的集群行为方面效率较高，蒙特卡洛模拟在颗粒偏析的研究中得到了应用[30~32]。近年来，随着所研究颗粒体系的复杂化，蒙特卡洛模拟还应用于颗粒的破碎[33,34]、烧结[35]等过程。

(4) 基于软球的模型 软球模型，即离散元法（discrete element method，DEM）由 Cundall 和 Strack 于 1979 年首次提出[36]，该模型简化了颗粒碰撞过程的变形细节和接触力，减小了计算强度，非常适合于工程问题的数值模拟，得到了广泛的应用。但是该模型引入的法向、切向刚度系数和法向、切向阻尼系数等非常规物理量存在标度问题，不适合颗粒流的机理研究。因此，众多学者将基于接触力的模型进行简化并引入离散元法[37]，同时保证了模型的精度和计算速度。

在 DEM 模型中，颗粒平动和转动的运动方程遵循牛顿第二定律：

$$m\frac{\mathrm{d}v}{\mathrm{d}t}=F=F_n+F_t+mg \qquad (20\text{-}7\text{-}10)$$

$$I\frac{\mathrm{d}\omega}{\mathrm{d}t}=\mathbf{R}\times F_t-\mu_r\mathbf{R}|F_n|\omega \tag{20-7-11}$$

式中，m 和 I 表示颗粒的质量和转动惯量；v 和 ω 表示颗粒的平动和转动速度；t 为时间；g 表示重力加速度；$\mathbf{R}$ 表示从颗粒质心指向碰撞接触点的矢量，其值为颗粒半径；μ_r 为颗粒的滚动摩擦系数；F_n 和 F_t 分别表示颗粒相互接触产生的法向和切向的作用力，在不同的模型中的作用方式有所差别。例如，在干燥颗粒的 Hooke 模型中，F_n 和 F_t 为：

$$F_n=k_n\delta n_{ij}-\gamma_n v_{nij} \tag{20-7-12}$$

$$F_t=k_t\delta t_{ij}-\gamma_t v_{tij},\max(|F_t|)=|\mu F_n| \tag{20-7-13}$$

法向与切向作用的刚度系数与阻尼系数 k_n、γ_n、k_t 与 γ_t 为：

$$k_n=\frac{16}{15}\sqrt{R^*}\,Y^*\left(\frac{15m^*V^2}{16\sqrt{R^*}\,Y^*}\right)^{1/5}$$

$$\gamma_n=\sqrt{\frac{4m^*k_n}{1+\left(\frac{\pi}{\ln\sqrt{e}}\right)^2}}\geqslant 0 \tag{20-7-14}$$

$$k_t=k_n$$

$$\gamma_t=\gamma_n$$

四个系数根据相互碰撞的两个颗粒的属性计算：

$$\frac{1}{Y^*}=\frac{1-v_1^2}{Y_1}+\frac{1-v_2^2}{Y_2}$$

$$\frac{1}{G^*}=\frac{2(2-v_1)(1+v_1)}{Y_1}+\frac{2(2-v_2)(1+v_2)}{Y_2}$$

$$\frac{1}{R^*}=\frac{1}{R_1}+\frac{1}{R_2} \tag{20-7-15}$$

$$\frac{1}{m^*}=\frac{1}{m_1}+\frac{1}{m_2}$$

R^* 为颗粒半径；m^* 为颗粒质量；e 为恢复系数；Y^* 为杨氏模量；G^* 为剪切模量。

Hooke 模型未考虑颗粒间碰撞的加载历史对颗粒间切向作用的影响，即 δt_{ij} 只与颗粒间碰撞瞬时状态相关。有研究表明，颗粒间碰撞的加载过程对颗粒流体系的宏观运动有影响[38,39]，在 Hertz-Mindlin[22,23] 模型中，F_t 为：

$$F_t=k_t\delta t_{ij}-\gamma_t v_{tij},\delta t=\int_{t_{c,0}}^{t}\delta v_t(\tau)\mathrm{d}\tau,\max(|F_t|)=|\mu F_n| \tag{20-7-16}$$

法向与切向作用的刚度系数与阻尼系数 k_n、γ_n、k_t 与 γ_t 为：

$$k_n=\frac{4}{3}Y^*\sqrt{R^*\delta n},\gamma_n=-2\sqrt{\frac{5}{6}}\beta\sqrt{S_n m^*}\geqslant 0$$

$$k_t=8G^*\sqrt{R^*\delta n},\gamma_t=-2\sqrt{\frac{5}{6}}\beta\sqrt{S_t m^*}\geqslant 0 \tag{20-7-17}$$

根据相互接触的两个颗粒的属性与相互接触状态得到：

$$S_n=2Y^*\sqrt{R^*\delta n},S_t=8G^*\sqrt{R^*\delta n}$$

$$\beta=\frac{\ln(e)}{\sqrt{\ln^2(e)+\pi^2}} \tag{20-7-18}$$

而 Y^*、G^* 和 R^* 与式(20-7-15)中相同。

尽管上述软球模型的计算精度较高,但计算量较大,为减少计算量,发展了一些简化模型[40~42]。此外仍有大量针对不同体系特点而发展的模型,具体形式请参考文献[37,43]。总体来说,根据颗粒间作用力和颗粒间碰撞过程的关系,可概括为线性模型、非线性模型,以及考虑颗粒间碰撞历史的模型,见表 20-7-2。

表 20-7-2 离散元方法中的作用模型

颗粒性质		模型	模型描述
无黏性颗粒	受力模型	线性模型	耦合弹簧、阻尼和滑动摩擦作用[36]
		非线性模型	基于 Hertz 和 Mindlin-Deresiewicz 模型的简化[40,41]
		塑性模型	考虑颗粒碰撞历史,颗粒碰撞和去碰撞过程不同[65]
	扭矩模型	无滚动摩擦影响	颗粒旋转仅由切向作用引起
		滚动摩擦影响	考虑滚动摩擦对颗粒旋转的影响[41]
		MDEM	额外引入颗粒碰撞引起的扭矩[49]
黏性颗粒	细颗粒	JKR 模型(Johnson-Kendall-Roberts)	颗粒具有较大的表面能[56]
		DMT 模型(Derjaguin-Muller-Toporov)	颗粒较小,且颗粒表面能较小[57]
	湿颗粒	液桥力	包括毛细管力和黏滞力[58~60]
	烧结颗粒	固桥力	高温下颗粒发生黏塑性烧结[63,64]

针对颗粒间作用造成的颗粒转动现象,发展了颗粒扭矩的模型,见表 20-7-2。最初颗粒作用的扭矩只关联于颗粒的切向作用[44,45]。然而,研究发现颗粒的滚动摩擦对一些体系的宏观行为有较大的影响[41,46],如剪切带(shear banding)现象[47,48]、颗粒的堆积[41]等。常用的模型有滚动摩擦模型[41]和 MDEM(modified DEM)模型[49]。滚动摩擦模型的形式相对简单,得到了较为广泛的应用[50~53]。但 MDEM 模型引入了滚动弹簧和阻尼作用,更适合于某些特定体系的研究[54]。另外还发展了一些模型参见文献 [47,55]。总体来说,目前仍然未完全弄清颗粒间的滚动作用机制,这是目前研究的热点之一。

在一些颗粒体系中,如细颗粒、湿颗粒、烧结颗粒等,颗粒间的黏性作用对体系的宏观行为影响较大,见表 20-7-2。对细颗粒体系,颗粒间的黏性作用常用 Johnson-Kendall-Roberts(JKR)模型[56]和 Derjaguin-Muller-Toporov(DMT)模型[57]描述,JKR 模型适用于表面能较大的体系,而 DMT 模型更适用于表面能较低、颗粒粒径较小的体系。湿颗粒间的黏性作用常建模为液桥力(liquid bridging force),包括毛细管力(capillary force)[58~60]和黏滞力(viscous force)[61]。但是目前湿颗粒的模拟主要基于理想液桥形状和液体在颗粒间分布的假设[58~60,62],这些假设是否成立需要进一步研究和验证。在高温条件下颗粒会发生黏塑性的烧结,此时产生的黏性作用可以归结为固桥力(solid bridging force)[63,64]。

颗粒状态的更新通常可以采用维里算法[66]和蛙跳算法(leap-frog algorithm)[67]。例如,采用蛙跳算法更新颗粒平动状态时,用 t 时刻的位置 $r(t)$ 和受力 $F(t)$,以及 $(t-\Delta t/2)$ 时刻的速度 $v(t-\Delta t/2)$,更新 $(t+\Delta t/2)$ 时刻的速度和位置:

$$v\left(t+\frac{\Delta t}{2}\right)=v\left(t-\frac{\Delta t}{2}\right)+\frac{F(t)}{m}\Delta t$$
$$r(t+\Delta t)=r(t)+v\left(t+\frac{\Delta t}{2}\right)\Delta t$$
(20-7-19)

(5) 非球形颗粒的模型 随着颗粒流研究的深入，发现颗粒的形状是影响颗粒运动的重要因素之一，复杂形状颗粒的模型与研究逐渐成为颗粒流研究的热点。复杂形状颗粒的模型通常基于离散的方法，目前所研究的颗粒形状主要有以下几种：椭圆/椭球[68,69]、超二次曲面、超椭球（superquadrics/superellipsoids）[70~72]、凸多边形/凸多面体[73,74]、球碟/球柱/圆柱（sphero-discs/sphero-cylinder）[31,75~85]、球形颗粒组合[73,74,86,87]、离散点描述的任意形状[88,89]和像素点描述的任意形状[90,91]等。如图 20-7-6 所示，其中前 3 种形状（a）~（c）可以用封闭的数学表达式描述，后 5 种形状（d）~（h）则通过基本形状的组合共同描述。通过非规则形状颗粒的研究，可以获得微观尺度颗粒的细节，如颗粒间相互作用、颗粒的取向等，从而为揭示颗粒形态（如表面特性）对颗粒流宏观性质的影响提供信息。

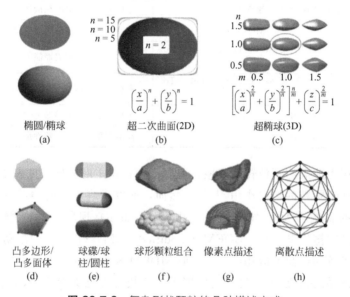

图 20-7-6 复杂形状颗粒的几种描述方式

7.2.3 大规模离散模拟

虽然离散模拟方法在颗粒流研究中具有独特优势，但较大的计算量限制了其在化学工程中的应用。随着计算机性能的提升以及高性能计算技术的发展，离散模拟越来越接近于真实工业过程的颗粒流问题。

前期的大规模颗粒系统计算主要通过基于信息传递接口（message passing interface，MPI）的中央处理器（central processing unit，CPU）并行计算方式[92]，根据不同体系的特点采用不同的并行计算策略，例如力分解算法、区域分解算法[93]。近年来，为进一步提高计算性能，图形处理器（graphics processing unit，GPU）、集成多核架构处理器（many integrated core，MIC）[94]等加速硬件逐渐应用于颗粒流体系的大规模离散模拟[95~97]。

基于软球离散方法（如 DEM）的计算流程[98]如图 20-7-7 所示，主要包括颗粒间碰撞受力的计算和颗粒状态的更新，然而检索颗粒间的碰撞需要大量操作，对于球形颗粒通常应

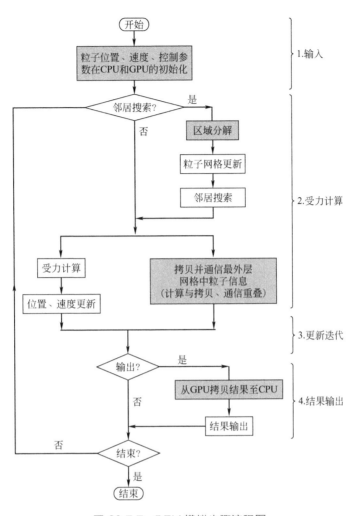

图 20-7-7　DEM模拟步骤流程图
图中灰色步骤涉及并行通信或 GPU/CPU 之间内存拷贝[98]

用邻居列表方法[99]进行加速。由于邻居搜索、受力计算、颗粒状态（位置、速度、转速）的更新计算量较大，这些部分可以应用计算能力强劲的硬件，如 GPU、MIC 等。

7.3　颗粒流实验及测量

依据宏观运动状态，颗粒物质可粗略地分为三类[100~102]：处于静止或缓慢塑性变形状态下的颗粒物质，此时颗粒间主要以持续接触为主，颗粒的惯性基本可忽略；稀疏、快速流动状态下的类气态颗粒物质，颗粒间主要以瞬间碰撞作用为主；处于两种流态之间、呈密集缓慢流动状态的颗粒物质，此时颗粒的惯性不可忽略，同时系统中又存在贯穿整个流动区域的持续颗粒接触网络。在化工领域，对应以上三类颗粒物质的典型单元操作分别为固定床、输送床和移动床。在基础研究领域，针对颗粒物料所处流态的不同，研究人员关注的重点也存在差异。

对于处于静止或者缓慢塑性变形状态的颗粒物质，研究人员关注的往往是系统内部的应力分布，包括颗粒物料对装置壁面的作用力分布[100]、颗粒间作用力概率分布[103,104]、外荷载作用下物料内部的应变场[105]、颗粒物料由静止状态过渡到缓慢流动状态这一液化过程如何发生以及液化后剪切带内部的变形特征[106]等。在这一领域，常见的实验操作包括静态堆积以及各种剪切和压缩等拟静态加载实验。对于处于稀疏、快速流动状态的颗粒物质，研究人员关注的基础数据往往是系统内颗粒速度（包括速度脉动和固含量的空间分布）[107]。常见的实验操作包括流态化、高速震动等。对于处于过渡态的颗粒物质，目前仍没有普适性的本构模型能全面、准确地预测其宏观流动和力学特性[108]，因此这一领域研究人员关注的一个最主要基础问题是其流变特性，以及如何在流变本构模型中考虑颗粒动态响应空间相关性[109]。研究人员常常通过研究漏斗、斜槽、转鼓、Couette剪切盒等装置中颗粒物料的流动特性来对以上问题进行探讨[108]。本节将针对颗粒物料的流动、力学属性典型测量手段进行介绍。

7.3.1 休止角的测量

颗粒物料的休止角又称为堆积角、安息角，指的是颗粒物料由高点自然散落后所形成的自由斜面与水平面之间的夹角，其值在 0°～90°变化。休止角是反映颗粒物料流动特性及物料内部颗粒间接触力学关系的基本宏观参数之一。依据颗粒物料的堆积形态，休止角又分为动态休止角（dynamic angle of repose）和静态休止角（static angle of repose），前者指的是处于动态堆积状态，即颗粒自由流动情况下物料自由斜面和水平面间所形成的夹角，后者为静止状况下物料自由斜面与水平面间的夹角。颗粒物料的休止角不仅与颗粒的形状、粗糙度、摩擦系数等参数有关，还取决于测量环境（湿度、静电等）和物料堆积方法[110]，因此它不是一个物性参数。

常见的测量颗粒物料休止角的方法有量角仪法、直尺测量法、图像分析法等[111]。这些方法是通过专用角度测量仪器，或通过测量长度再通过三角函数变换得到颗粒物料自由斜面与水平面的夹角。相对于量角仪法和直尺测量法，图像分析法测量的休止角能够更直观、准确地获取颗粒物料堆的几何形状，减少人为的测量误差，通常测量精度也更高[112]。

为测量颗粒物料的休止角，常见的颗粒堆积方法有滚转法、注入法、排出法和倾斜法[111]，如图 20-7-8 所示。

滚转法中，颗粒物料在滚转容器中连续不断地运动，在重力和颗粒间摩擦力作用下物料表面和水平面形成一定的角度。由于颗粒物料不停地流动，因此通过滚转法所测量出来的休止角为动态休止角，多用于滚筒、回转窑等系统中颗粒物料的研究。

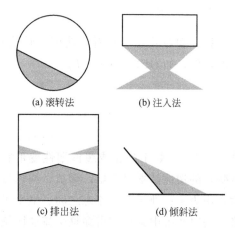

图 20-7-8　颗粒物料休止角测量堆积方法

注入法是将漏斗中的颗粒物料缓慢卸载到水平面上以形成静态堆积。为了最小化卸料过程的影响，注入法中应保证漏斗的底部尽可能接近料堆的顶部，且堆积物料底部的宽度应足够大（一般直径大于 30 个颗粒尺寸），以保证测量的准确性[110]。

排出法原理和注入法类似，通过将颗粒物料从容器底部豁口排出，在水平面或者容器中形成静态堆积。排出法会形成两个物料堆,这两个物料堆自由表面与水平面的夹角都是静态休止角,但它们在数值上可能会存在差异,这是因为颗粒物料的休止角并不是材料参数,它还与堆积物料的制备过程有关[110]。

倾斜法是通过缓慢改变斜板与水平面的夹角来测量斜板上颗粒物料自由表面的最大稳定角度,有两种不同的方法:一种是缓慢增加斜板与水平面的夹角,直至斜板上静止物料的表面发生颗粒流动;另一种是缓慢减小斜板与水平面的夹角,直至斜板上颗粒物料由流动状态变为静止状态。由两种堆积方法测量得到的颗粒物料自由表面最大稳定角度,即静态休止角,通常会存在数值上的差异,且一般前一种方法得到的数值要大于后者[111]。

7.3.2 颗粒间接触作用力的测量

常用的颗粒间接触力的测量方法可大致分为两类[113]:①接触式测量方法,如电子天平称重法[114]、复写纸压痕法[115,116]等。接触式测量方法一般只能测量某一些特定截面上的颗粒受力,多数情况下是采用浸入式测量,因此会不可避免地对颗粒体系带来或多或少的干扰。②非接触式测量方法,如应力双折射法。这类方法一般是根据不同应力条件下颗粒的光学效应不同,基于相关光学理论,通过分析摄像图片得到颗粒间作用力大小[103,104]。接触式测量方法的优点是不受颗粒材质的限制,缺点是可能会在颗粒系统中引入干扰,而颗粒系统中的颗粒接触力分布恰恰对局部干扰极为敏感。非接触式测量方法可以克服外在扰动带来的影响,其缺点是仅适用于特定的颗粒系统,譬如通过光学方法测量颗粒间作用力时要求颗粒本身必须具有特定的光学特性。

(1) 电子天平称重法 这种方法是基于电子天平相连的探针,让探针接触颗粒,进而通过电子天平的读数确定颗粒的受力。Løvoll 等[114]采用这种方法测量了容器底部颗粒的受力情况。在他们的实验中,颗粒物料置于一垂直料筒中,料筒的底部为特殊的柔性纸,纸上事先黏附了与测量颗粒系统中属性相同的颗粒。料筒放置于开有小孔(直径1mm)的实验台上,小孔内放置与电子天平相连的探针。实验中,通过移动料筒与小孔的相对位置可得到料筒底部不同位置处颗粒的受力。

(2) 复写纸压痕法 该方法利用复写纸上的压痕与受力直接相关这一原理来测量颗粒间或者颗粒-壁面间的接触作用力。实验前在容器壁面或颗粒物料层内放置具有高应力灵敏性的复写纸。实验后,通过分析压痕的大小和颜色深浅来计算接触形变和法向接触力大小。由于复写纸的灵敏性,复写纸压痕法不容易测量颗粒间较弱的作用力。在多数实验中,为了增强压痕效果,一般需要通过增加外荷载的方式来提高测量结果的可靠性。由于复写纸压痕法是通过分析压痕来计算接触力,因此该方法测量的接触力一般归为法向接触力。

(3) 应力双折射法 应力双折射法是利用透明颗粒对光的应力双折射效应来测量系统内颗粒间的接触作用。光在透明介质中的传播速度与材料密度有关,局部密度的变化会导致光在介质中的传播速度以及与方向相关的光折射率的改变。介质在应力作用下产生的双折射现象,就是所谓的应力双折射效应。采用应力双折射法来测量颗粒间接触力时,被检测颗粒系统放在两个光轴相互正交的偏光镜中间,进而通过分析得到的光学斑图来计算得到颗粒间的接触力。

Liu 等[103]基于玻璃珠的应力双折射效应,分析了由玻璃珠颗粒构成的颗粒物料内部颗粒接触力的概率分布。在他们的实验中,为减弱或避免透明颗粒对光的反射作用,所考察的透明玻璃珠物料被放置在对检测光具有强吸收性的甘油/水液体混合物中,以弱化或去除背景光场。当挤压液固混合物后，通过分析玻璃珠颗粒的亮度，可得到颗粒受力的定性信息。在这类实验中，所得到的光学图片（颗粒的亮度）反映的是颗粒间接触力的强弱，因此要得到定量的颗粒接触力数据，必须要结合其他测量手段如复写纸压痕法来定量亮度和受力之间的关系。

目前较为成熟的、基于应力双折射效应定量测量颗粒受力的最常用方法是光弹实验法。该方法中所用的颗粒由具有双折射效应的透明光弹材料，如环氧树脂、聚碳酸酯等制成。在外荷载作用下，置于偏振光场中的颗粒内部因光的双折射效应而产生干涉条纹，通过分析干涉条纹图像，就能得到颗粒间接触力以及颗粒内部的应力分布。常见的光学条纹图像分析方法包括应力条纹级数法、间接测量相位差法、数值拟合法、基于灰度图像的$<G^2>$法、基于彩色图像处理的平均彩色梯度法等。

7.3.3 颗粒物料宏观应力的测量

颗粒物料宏观应力的测量一般是通过分析与加载装置相连的压力传感器信号、或与加载装置相连的弹簧的变形特性来实现。典型的测量装置包括双轴/三轴压缩装置、直剪盒、Couette剪切盒等，如图 20-7-9 所示。

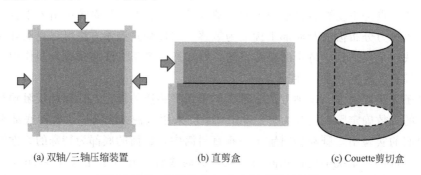

(a) 双轴/三轴压缩装置　　(b) 直剪盒　　(c) Couette剪切盒

图 20-7-9　典型的应力-应变关系测量装置

双轴/三轴压缩实验中，颗粒物料的压缩通过在加载方向上设定的速度移动装置壁面来实现。依据研究目标的不同，装置的其他壁面可通过控制系统保持恒定压力状态，或者以设定的速度移动。直剪盒由上、下两个盒子构成，实验之前将颗粒物料装入直剪盒中。实验中通过水平移动上、下盒实现对颗粒物料的水平剪切加载。Couette 剪切盒由两个同心圆筒构成，实验前将颗粒物料放置于圆筒之间的环隙中，实验中通过转动内、外筒壁实现对颗粒物料的剪切加载。基于应力信号和控制边壁的移动信息，通过这三类装置可以得到所考察颗粒物料的应力-应变关系，进而可得到颗粒物料的最大抗剪切强度和物料液化后的临界应力信息。

7.3.4 颗粒速度的测量

实验中颗粒速度的测量一般通过比较不同时刻颗粒的位置而计算得到。目前常见的测量手段包括数字摄像[117]、正电子发射颗粒跟踪技术[118]、核磁共振成像[119]、激光多普勒测速[120]、电容层析成像[121]、颗粒图像测速[122]等。

(1) 数字摄像　数字摄像是通过摄像机对颗粒系统连续摄像，再通过相关的图像处理方法，得到颗粒位置随时间的变化，进而计算得到颗粒速度信息。需要指出的是，诸多颗粒速度测量方法中都涉及颗粒图像的采集，因此本小节中的数字摄像专指简单的相机拍照。采用相机拍照的方式测量颗粒速度一般用于密相颗粒流系统。为了在后续图片处理时能有效识别颗粒，实验中颗粒物料一般由两类具有明显物理属性差异（多数情况下为颗粒颜色）的颗粒构成。通过分析不同时刻颜色斑图的形状差异或者示踪颗粒的位置变化，可计算得到局部区域颗粒物料的平均速度。采用数字摄像方法测量颗粒速度的局限性在于，一般只能考察物料表面或者透明容器壁面处颗粒的运动状态。

（2）正电子发射颗粒跟踪 正电子发射颗粒跟踪（positron emission particle tracking，PEPT）通过追踪放射性颗粒在系统中的轨迹来推算给定区域颗粒的速度。它是一种通过同位素衰变产生的正电子来实现显像的正电子发射型计算机断层扫描技术，其基本原理是采用两个相对的探测器对正电子湮灭辐射产生的位于一条直线上、方向相反的两个光子的γ射线进行检测，基于一定的定位算法，确定最接近射线源即放射性示踪颗粒的位置，进而得到示踪颗粒的位置随时间的变化即颗粒轨迹。PEPT 的示踪剂为发射正电子的放射性同位素，其半衰期时间应保证实验完成，同时又能在使用后完全废弃。常用的放射性同位素有 ^{66}Ga、^{68}Ga、^{18}F、^{61}Cu、^{64}Cu、^{22}Na 等。

（3）电容层析成像 层析成像技术的原理是通过测量穿过某一截面的物理特性，并通过重构算法获得截面的相分布图像。根据物理特性的不同，可分为（γ或X射线）光子衰减层析成像、电阻抗层析成像、超声层析成像和电容层析成像（electrical capacitance tomography，ECT）技术等。ECT 测试技术的特点是能够测得多相装置某截面上各相的分布、相含率，通过多截面测量可以测得各相速度分布。ECT 技术系统由电容传感器、电容数据采集系统、计算机图像重构系统三大部分组成。其测试原理是：多相流各相介质具有不同的介电常数，当各相组分浓度及其分布发生变化时，会引起多相流混合流体等效介电常数分布的变化，电容测量值也随之发生变化。采用多电极阵列式电容传感器，传感器各电极之间的相互组合可获得反映各相分布状态的多个电容值。以此为投影数据，采用合适的图像重建算法，可重建出反映装置系统某一截面上各相分布状况的图像。

（4）核磁共振成像 核磁共振成像（nuclear magnetic resonance imaging）也称磁共振成像（magnetic resonance imaging，MRI）。它是利用磁场和射频脉冲使能发生自旋运动的原子核发生振动产生射频信号，经过计算机处理而成像。核磁共振成像技术中常用到的原子核有 ^{1}H、^{11}B、^{13}C、^{17}O、^{19}F、^{31}P 等。这些原子核会进行自旋运动，在通常情况下，原子核自旋轴的排列是无规律的，但在外加磁场的作用下，核自旋轴的空间取向由无序向有序过渡，自旋系统的磁化矢量从零开始逐渐增长。当系统达到平衡时磁化强度达到稳定值，此时如果核自旋系统受到一定频率的射频激发会引起共振效应。在射频脉冲停止后，自旋系统已激化的原子核，不能维持这种状态，将回复到磁场中原来的排列状态，同时释放出微弱的能量，成为射电信号，把这些信号检出，并使之进行空间分辨，就得到运动中原子核分布图像。原子核从激化的状态回复到平衡排列状态的过程叫弛豫过程，所需的时间叫弛豫时间。弛豫时间有两种即 T_1 和 T_2，T_1 为自旋-点阵或纵向弛豫时间，T_2 为自旋-自旋或横向弛豫时间。原子核密度的大小和弛豫时间的长短会影响共振成像。因此，利用磁共振成像技术测量颗粒物料的速度场以及空隙率分布时，成像颗粒一般采用谷物种子如罂粟籽、芥末籽等，或者包含液体的胶囊颗粒。

（5）激光多普勒测速 激光多普勒测速（laser doppler velocimetry，LDV）是利用激光多普勒效应来测量流体或固体速度的。其基本原理是：当光源和运动物体发生相对运动时，从运动物体散射回来的光产生多普勒频移，频移量的大小与运动物体的速度、入射光频率、

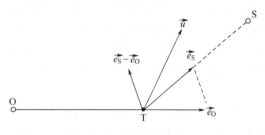

图 20-7-10 激光多普勒效应示意图

入射光夹角相关。激光多普勒效应如图 20-7-10 所示，其中 O 为光源，T 为运动物体，S 为观察者。假设激光的频率为 ν，运动物体的速度为 u，那么因物体运动而产生的多普勒频移量可表示为 $f_D = \dfrac{\nu}{c}|\vec{u}(\vec{e}_S - \vec{e}_O)|$，其中 $\vec{e}_O$ 和 $\vec{e}_S$ 分别为入射光和散射光单位向量；c 为光速。从上式可知，可以通过测量激光多普勒频移量来获得运动物体的速度信息。激光多普勒测速仪中有三种常见的外差检测光路基本模式，分别为参考光模式、单光束-双散射模式和双光束-双散射模式。由于颗粒运动所产生的多普勒信号很小且存在噪声，所以光电检测器接收到的信号要进行放大和滤波处理。根据多普勒信号的特点，目前有多种信号处理系统，如频谱分析仪、频率跟踪器、计数型处理机、F-P 扫描干涉仪、滤波器组、光子计数相关法、快速傅里叶变换等。

(6) 颗粒图像测速 颗粒图像测速（particle image velocimetry，PIV）通过追踪示踪颗粒的位置间接得到流场的瞬态分布。其测量原理是：激光束经透镜形成片光源，照射含有示踪颗粒的被测量流场，用高分辨快速 CCD 摄像头对流场空间进行成像数字采样，然后将图像数据输入计算机进行处理。通过计算多幅图像中分析窗口内颗粒的位移，得到颗粒的速度。PIV 不仅可以测量颗粒速度，也可以测量速度波动、空隙率等参数。

7.4 颗粒流的操作与应用

颗粒流广泛存在于化学工程和更广义的过程工程领域，尽管其具体应用场景千差万别，但也存在一些共性的操作和典型的设备结构。本节仅就最常见的混合、分级和造粒过程作简单介绍，更多操作和设备可参考 Mishra[123]，Procházka[124]，Hanley[125]，Li[126] 等的文献。

7.4.1 混合及设备

颗粒物料的混合是指在外力作用下，使两种以上组分的不均匀性不断降低，相互分散而达到完全均匀状态的操作过程[127]。所谓两种以上组分，可以是不同的物质，也可以是同一物质而有不同的物理特性，如颗粒直径不同、密度不同、颜色不同等。物料的混合目的多种多样，包括为反应创造条件、加速物料传热速度、制备特定状态的产品等。颗粒混合是一个十分复杂的过程，影响混合速度与混合质量的主要因素包括物料性质（几何、物理性质）、混合设备的结构以及操作条件（各成分比例、混合器装载程度与动力强度）等。

(1) 混合原理 从颗粒性质的角度考虑，影响混合均匀度的因素包括颗粒大小、密度差、粒度分布及颗粒的形态和表面状态等。在混合过程中，任意一种因素的变化都可能对混合过程和混合效果产生明显影响。由于颗粒自身没有离子、分子的扩散作用，要使物料在混合器内进行有效混合，就要对物料施加合理的外力作用（机械接触力、重力、曳力等），使各组分颗粒之间发生相对运动。这种相对运动的形式越复杂，且强度越大，就越有利于提高混合速度与混合质量。

尽管工业上进行颗粒混合的目的和采用的设备各有不同，但在混合设备中颗粒的混合机理基本一致,目前普遍认为主要包括对流混合、剪切混合和扩散混合三种[160,161]。

① 对流混合。由于混合器外壳或混合器内的桨叶、螺旋带等内部构件的旋转运动,促使颗粒群从混合器的一处向另一处作相对流动,并发生了大幅度的位置移动,形成物料的整体流动,从而引起混合。

② 剪切混合。由于颗粒具有塑性行为,颗粒群在混合器壳体或内构件的作用下彼此形成许多相对滑动的剪切面,由颗粒沿滑移面移动或碰撞而使滑移面两侧的颗粒具有一定交换而产生的混合。对于普通混合,剪切不是关键因素。

③ 扩散混合。把分离的颗粒散布在不断展现在新生料面上,如同一般扩散作用那样,颗粒在新生成的料面上作微弱的移动而引起的局部混合,类似流体分子的扩散过程,是无序的。与对流混合相比,混合速度显著降低,但由扩散混合最终可达完全混合。

颗粒在不同混合过程中,三种机理通常同时存在,只不过由于物料的物性和混合器型式不同,对混合操作的影响程度各异。很多学者利用图 20-7-11 大致描述颗粒混合的各个阶段[128]。第Ⅰ阶段表现为宏观整体混合很快,对流混合占主导;第Ⅱ阶段的混合速度有所下降,此时对流混合与剪切混合共同发挥作用;第Ⅲ阶段为微观混合,主要发生扩散混合,颗粒的混合程度在某一值上下波动,表明混合过程基本达到稳定状态。然而,实际工业生产中的颗粒混合过程要远比图 20-7-11 中的复杂。

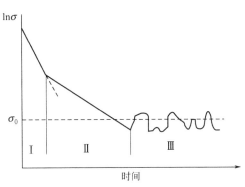

图 20-7-11 颗粒混合的三个阶段[128]

(2) 混合指标 物料自开始接触后,历经一段时间才会达到相对稳定的混合状态。物料混合是个随机过程,各种组分在不同区域具有不同的含量,因此须对其整体混合行为进行定量分析。衡量混合料的混合质量通常是取若干个试样进行分析测定。具体的混合指标主要包括以下几种[129]。

① 相对标准偏差。确定混合的均匀程度,通常要在混合过程中任意抽取若干个试样进行分析。为了表示颗粒的混合度,将混合物中主要成分的含量用浓度表示,并进一步统计浓度的相对标准偏差(relative standard deviation, RSD)。

$$\mathrm{RSD} = \frac{\sigma}{\bar{c}} \tag{20-7-20}$$

$$\sigma = \sqrt{\frac{\sum_{i=1}^{N}(\bar{c} - c_i)^2}{N - 1}} \tag{20-7-21}$$

式中,$\bar{c}$ 是某组分在所有样本中的平均浓度;c_i 是该组分在样本 i 中的浓度;σ 是各次测定值 c_i 对于真值的标准偏差;N 是各样本中的平均颗粒数。

对于二元混合物体系,达到随机完全混合状态时,相对标准偏差可以表示为:

$$\mathrm{RSD}_r = \frac{\sigma_r}{\bar{c}} \tag{20-7-22}$$

$$\sigma_r = \sqrt{\frac{\overline{c}(1-\overline{c})}{m}} \tag{20-7-23}$$

式中，m 是样本中的颗粒数。

② 混合常数。通过混合速度的研究，可以定量分析不同混合阶段混合器的混合效率，进而可以对其进行改进。对于混合速度的描述，通常采用混合常数来表征[130]。

混合过程中的推动力可以表示为：$\sigma^2 - \sigma_r^2$，混合速度表示为 $-\partial \sigma^2 / \partial N$，混合速度和混合过程推动力成正比，比例系数 k 即为混合常数，因此有：

$$\frac{\partial \sigma^2}{\partial N} = -k(\sigma^2 - \sigma_r^2) \tag{20-7-24}$$

可以看出，混合常数 k 越大，混合速度越大。通过对该式积分可得：

$$\sigma^2 - \sigma_r^2 = (\sigma_0^2 - \sigma_r^2) e^{-kN} \tag{20-7-25}$$

对上式取对数可得：

$$\ln \frac{\sigma^2 - \sigma_r^2}{\sigma_0^2 - \sigma_r^2} = -kN \tag{20-7-26}$$

因此，作 $\ln \frac{\sigma^2 - \sigma_r^2}{\sigma_0^2 - \sigma_r^2}$-$N$ 直线，所得斜率即为混合常数。

③ Lacey 混合指数。为定量地描述两种物料的整体混合程度，Lacey 混合指数（mixing index，M）也较常用。该指数的表达式为：

$$M = \frac{S_0^2 - S^2}{S_0^2 - S_R^2} \tag{20-7-27}$$

式中，S^2、S_0^2 和 S_R^2 分别是两种颗粒在实际混合、完全未混合和完全混合状态下的体积分数的方差。S_0^2 和 S_R^2 的计算公式分别为：

$$S_0^2 = \varphi(1-\varphi) \tag{20-7-28}$$

$$S_R^2 = \frac{\varphi(1-\varphi)}{n_T} \tag{20-7-29}$$

式中，φ 为其中任意一种颗粒体积分数的平均值；n_T 是颗粒总数。

为计算 Lacey 混合指数，可将区域划分为一定数量的网格，再进行统计分析。不同网格中的颗粒数量可能相差较大，因此考虑采用加权方法解决该问题，即含有较多颗粒的网格将具有较大的权重。如果网格内没有颗粒，则其权重为 0。两种颗粒的实际混合方差的表达式为：

$$S^2 = \frac{1}{k} \sum_{i=1}^{N} k_i (\varphi_i - \varphi)^2 \tag{20-7-30}$$

式中，N 为网格总数；φ_i 为某种颗粒在网格 i 中的体积分数。k 的表示式为：

$$k = \sum_{i=1}^{N} k_i \tag{20-7-31}$$

k_i 为网格 i 的权重，其表示式为：

$$k_i = \frac{N_i}{n_T} \tag{20-7-32}$$

式中，N_i 为网格 i 中的颗粒总数。φ 可以通过 k_i 和 φ_i 计算得到，具体表达式为：

$$\varphi = \sum_{i=1}^{N} k_i \varphi_i \tag{20-7-33}$$

物料在混合之前处于完全分离状态时，M 等于 0；当处于完全混合状态时，M 等于 1。M 越接近 1，表明物料混合程度越好。

(3) 偏析行为 由于颗粒本身物理化学性质、混合器结构以及操作工艺参数的不同，工业生产中颗粒的混合是一个很复杂的过程。实际的混合过程是混合和偏析同时进行，直到达到某种动态平衡，结果可能并非是完全均匀的混合状态[131]。当颗粒性质差异导致颗粒优先向混合器的某些区域运动时，混合物中就会出现偏析现象。偏析是一种与颗粒混合相反的过程，不仅妨碍混合，而且还会使已混合好的混合物重新分层，降低混合物的混合质量。研究表明，颗粒的粒径与密度差异是产生偏析的主要原因[132]，其他因素还包括形状差异、回弹性质差别等[133]。另外，随着系统中各种组分的性质变化，往往产生不同的偏析结构。

要保证较好的混合质量，就必须通过一定的手段消除或抑制偏析。实际上，对于黏结性颗粒，由于湿颗粒的液桥力或细颗粒的范德华力等因素的存在，颗粒间倾向于形成具有一定结构的颗粒聚团，这种介稳的结构能够在一定程度上阻止偏析的产生。另外，通过在旋转型混合器中添加特定型式的挡板也能有效地促进颗粒系统的混合[134,135]。

(4) 混合设备 工业混合器的类型随着对混合质量与混合器性能要求的不断提高也在不断发展[136]。颗粒混合器根据构造型式可分为容器旋转型和容器固定型；根据操作方式可分为间歇式和连续式。间歇式混合器易控制混合质量，适用于固体物料的配比经常改变的情况，故应用最多。

① 旋转型混合器。旋转型混合器绕着固定转轴定向转动，机壳形状包括圆筒形、双锥形、V 形、Y 形、立方体形等。其中，最为典型的是滚筒形混合器，对其的研究也最为广泛，主要包括速度场分布、动态休止角、轴向与径向的混合与偏析等。虽然滚筒中的颗粒流动具有六种不同的流型，但为保证颗粒在物料层表面能形成连续稳定的运动状态，在工业应用中滚筒形混合器通常操作于 Rolling 流型[137]。圆锥形混合器与方锥形混合器均可归类到 Tote 混合器中，并在制药工业中应用较为普遍。

传统的旋转型混合器由于其具有混合温和、处理量大、结构简单、易清洗等优点而被广泛地应用于相关工业领域中。然而，当采用该类设备对物性差异较大的颗粒进行混合时，便会出现严重的偏析现象[138]。另外，由于该类混合器具有对称结构，存在着轴向颗粒混合较弱的瓶颈问题。研究发现，可以通过在边壁和内部加挡板或破坏混合器轴向对称性（沿其对称面倾斜一定角度）的方式，从而改善混合性能。

② 固定型混合器。固定型混合器的特点是在搅拌桨叶（内构件）强制作用下，使物料循环对流和剪切滑移而达到均匀混合。其容器可以是方形、垂直锥形、圆柱形槽或双层槽；叶轮可以是刀片状、带状、螺旋状、Z 形或桨状。固定型混合器的优点是混合速率较高，可得到较满意的均匀混合度；并且既能混合干料，又能混合湿料。在避免偏析作用上，固定型混合器通常优于旋转型混合器。然而，该类容器内部较难清理，搅拌部件磨损较大，从而限制了其应用范围。

混合器的混合性能直接决定了产品的质量。无论是旋转型混合器还是固定型混合器，均各有利弊，影响其混合性能的因素也各不相同。混合器的参数主要包括机身尺寸、几何形状、内构件的尺寸和形状、进料装置、卸料装置等。离散单元在各种不同混合器的混合性能与混合机理研究方面扮演了重要角色[139,140]。颗粒工业选用混合设备时，要综合考虑其混合性能，如混合的均匀程度、混合时间的长短、颗粒物性对混合性能的影响、混合器所需动力及生产能力、加卸料是否方便、是否易于清扫、对粉尘的预防等。

7.4.2 分级及设备

为满足工艺要求，生产中经常需要将颗粒按不同粒度区间进行分级[141,142]。颗粒物料分级操作通常有筛分和流体分级两种。利用具有一定大小孔径的筛面，将颗粒物料按粒径大小进行分级的操作称为筛分，一般适用于较粗的物料，通常与破碎作业配合。利用流体作用，将颗粒物料进行分级的操作称为流体分级。流体分级作业通常与粉磨作业配合使用。本节重点介绍筛分操作。颗粒物料在筛面上的运动状态具有类似于流体的极为复杂的力学特性，为提高筛分机械的设计水平，降低能耗，提高效率，需对颗粒物料在筛面上的运动状态及透筛规律进行深入研究。

(1) 筛分操作的定义及分类 筛分操作是一种古老的作业，它通常指利用具有一定尺寸孔径的筛面，将固体颗粒物料按粒径大小进行分级的操作。筛分一般适用于较粗的物料，且通常与破碎作业配合。在筛分过程中，大于筛孔尺寸的物料颗粒被截留在筛面上，称为筛上料；小于筛孔尺寸的物料颗粒通过筛孔筛出，称为筛下料。筛分按其在工艺过程中所完成的不同任务，可分为独立筛分和辅助筛分。独立筛分的目的是为直接获得粒度上合乎要求的最终产品，包括将物料分为若干级别或除去原料中过大、过小的颗粒。辅助筛分通常指对粉碎过程起辅助作用的筛分作业，具体包括在粉碎前的预先筛分与粉碎后的检查筛分。预先筛分可在粉碎前分出粒度合格的部分，使粉碎机在适宜的条件工作；检查筛分在粉碎后对所得产物进行筛分，从而保证产品的最终粒度。由于辅助筛分提高了粉碎作业的生产能力，改善了产品的质量，并降低了能耗，因此带有筛分的粉碎作业已成为一种常用的生产工艺流程。

(2) 筛分机理 筛分本质上是不同尺寸的固体颗粒混合物流经筛面，部分小于筛孔的颗粒通过筛孔而下落，其余颗粒被截留在筛面上，并被排出的过程。物料要在筛分过程中通过筛孔，其必要条件是颗粒大小一定要比筛孔小，其次颗粒要有通过筛孔的机会。近年来，筛分作业用的机械设备有较大的发展，但对相应过程原理的研究却进展缓慢[131,143,144]，至今还缺乏比较透彻的了解。此外，对影响筛分过程的许多因素还不能用正确而严格的数学方式表达。

(3) 筛分效率 筛分效率是衡量筛分过程的重要质量指标，它反映了筛分过程进行的完全程度和筛分产物的质量。筛分效率有总筛分效率和部分筛分效率两种表示方法。总筛分效率指筛下级别的筛分效率，即筛下物料与原物料中筛下级别的比值。部分筛分效率指筛下级别中某一粒度范围的筛分效率。

分离效率（η）一般表示分离后所得的某成分质量（m）与之前颗粒所含的该成分质量（m_0）之比，表示如下：

$$\eta = \frac{m}{m_0} \times 100\% \tag{20-7-34}$$

更加实用的公式为：

$$\eta = \frac{x_a A}{x_f F} \times 100\% = \frac{x_a(x_f - x_a)}{x_f(x_a - x_b)} \times 100\% \tag{20-7-35}$$

式中，x_f、x_a、x_b 分别为合格细颗粒在分级前颗粒、分级后细粉与分级后粗粉中的含量；F、A 分别为分级前颗粒与分级后细粉的总质量。

综合分级效率也称为牛顿分级效率，等于合格成分的收集率减去不合格成分的残留率，在一定程度上能够更确切地反映分级设备的分级性能。其具体表达式为：

$$\eta_N = \frac{(x_f - x_b)(x_a - x_f)}{x_f(1 - x_f)(x_a - x_b)} \tag{20-7-36}$$

(4) 影响筛分效率的因素 筛分作业除了要求生产能力高，又要保证较高的筛分效率，即尽可能将小于筛孔的细物料筛入筛下产物中去。影响筛分效率的因素可归纳为筛面、物料性质、筛分机械、操作条件四方面。

筛面是筛分机械的重要工作组件。将颗粒混合物分离成若干粒度级别，通常需要使用一系列具有不同尺寸筛孔的筛面。根据具体工艺要求与原始物料粒度，筛面类型主要包括板状筛面、编织筛面、棒条筛面、波浪形筛面、非金属筛面等。其中，板状筛面适用于中等粒度的筛分，它的优点是结构结实，使用寿命长，缺点是开孔率较小。编织筛面适用于中细物料的筛分，其优点是重量小，开孔率高，缺点是使用寿命较短。

被筛物料的粒度组成对筛分过程有决定性的影响。比筛孔越小的颗粒越容易通过筛孔，颗粒大到筛孔尺寸的 3/4 时，已经难于过筛。直径略大于筛孔的颗粒，常常卡住筛孔，从而妨碍细粒透过。物料颗粒最大容许尺寸与筛孔尺寸之间的比例关系没有明确规定，一般认为最大粒度应大于筛孔尺寸的 2.5～4 倍。另外，物料的颗粒形状对筛分过程也存在一定的影响。通常情况下，圆形颗粒物料较易通过圆形、方形筛孔；多角形物料较易通过长方形筛孔；条形、片状、板状的物料难于通过圆形、方形筛孔，但较易通过长方形筛孔。

筛分机械种类很多，按筛面的运动方式可划分为以下三种类型：回转筛、摇动筛、振动筛[145～147]。

① 回转筛。回转筛的回转筒体由筛板或筛网制成，以水平或倾斜的方式安装在机架上，通过传动装置由马达带动筒体连续旋转。其筒体有多种不同形状，包括圆柱形、圆锥形、多角柱形、多角锥形等。回转筛的筛孔容易堵塞，筛面利用率不高（仅有 1/8～1/6 的筛面参与工作），筛分效率也低，而且其庞大的机器需要较大的金属用量。相比于圆柱形筛，多角柱形筛由于物料在筛面上的翻滚现象，筛分效率相对较高；圆柱形筛比圆锥形筛更容易制造，但其倾斜安装的要求较高。

回转筛的主轴转速是一个主要参数。若转速过高时，物料在离心力作用下将随筛面一起回转而丧失相对运动。因此，回转筛的工作转速一般较低，所受冲击和振动小，工作平稳。筛机的转速一般根据如下原则选取：

$$n = (8 \sim 14) \frac{1}{\sqrt{R}} \tag{20-7-37}$$

式中，R 为筒体内半径。另外，筒体的倾角通常为 5°～19°，料层厚度则为 2.5～5cm。

② 摇动筛。摇动筛通常由曲柄连杆机传动，电机通过皮带传动使偏心轴旋转，然后由连杆带动筛框作一定方向的往复运动，筛框的运动方向垂直于支杆中心线。筛框的运动使筛面上的物料以一定速度向排料端移动，同时获得筛分。工业摇动筛主要分为单框摇动筛和共轴式双框摇动筛。摇动筛的安装倾角 α 常在 0°～10°，筛面为水平或微倾斜，筛机的振幅一般为 4～22mm。对于细筛，宜采用较小的振幅和较高的转速，粗筛则相反。与回转筛相比，摇动筛的筛面得到全部利用，运动特征也较优越，因此其生产效率与筛分效率相对较高。然而，摇动筛的动力不能完全平衡，筛孔也容易堵塞，且工作效率不如振动筛高。

摇动筛的偏心轴转速是决定其生产能力与筛分效率的关键因素，通常可按下式计算：

$$30\sqrt{\frac{f\cos\alpha + \sin\alpha}{r}} \geq n \geq 30\sqrt{\frac{f\cos\alpha - \sin\alpha}{r}} \tag{20-7-38}$$

式中，α 为筛面倾角；r 为偏心距；f 为物料和筛面间的摩擦系数。另外，摇动筛的行程取决于其偏心距，通常小于 40~50cm。

③ 振动筛。振动筛是目前各工业部门应用最为广泛的一种筛机，相关研究也较多[148~150]。它与摇动筛最主要的不同在于振动筛的振动方向与筛面互为垂直（或接近垂直），而摇动筛的运动方向基本平行于筛面。振动筛因其结构不同，大致可分为偏心振动筛、惯性振动筛、自定中心振动筛、共振筛、电磁振动筛、概率筛等几类。有些振动筛由于筛面没有施加物料向前运动的分力，因此它的安装倾角要比摇动筛大很多，以便物料在筛分中移动。由于振动筛的筛面振动强烈，几乎完全消除了物料堵塞筛孔的现象，从而具有很高的筛分效率与生产效率。它的适用范围也比其他筛机广泛很多，可适用于各种尺寸颗粒物料的筛分，甚至黏性或潮湿物料的筛分。此外，振动筛的构造较简单，操作与调整也较方便。

振动筛的振动强度表示为筛面的振动加速度幅值与重力加速度的比值，即：

$$\kappa = \frac{A\omega^2}{g} \tag{20-7-39}$$

式中，A、ω、g 分别为振幅、角速度与重力加速度。振动筛一般工作于高频率、小振幅状态，振动频率约为 600~3000 次·$\min^{-1}$，振幅大致 0.5~5mm 内。振幅与振动频率的选择一般应满足振动强度 κ 为 4~6。

7.4.3 造粒及设备

造粒是固体颗粒生产过程中非常重要的单元操作，其目的是改变颗粒的尺寸和表面特性，可以提高颗粒制品混合均匀度、颗粒流动性等，这直接关系到最终产品的质量。随着环保需求和生产过程自动化程度的提高，颗粒造粒技术重要性日益彰显[151~153]。对粉状产品进行造粒的深度加工，可以降低粉尘污染，改善生产过程和使用过程的劳动操作条件；满足生产工艺需求，如提高比表面积、孔隙率等；改善产品的物理性能（如透气性、流动性等），避免后续操作过程出现结块、偏析等不良影响。

(1) 造粒定义 造粒技术是颗粒处理过程的主要分支。生产中的造粒又叫粒化，它指的是将小粒径的颗粒（浆料）加工成较大粒级固体颗粒的操作过程[154~156]。造粒的初始物料状态包括粉末状、块状、溶液、熔融状等。造粒的方法按是否添加液体，可分为湿法造粒、干法造粒两大类，其中以湿法造粒为主[157]。现在一般将熔融造粒称为第三类造粒方法。另外，造粒方法还可以根据具体工艺过程划分为成型加工法和粒径增大法[158,159]。

(2) 颗粒群的凝聚 颗粒群的凝聚是指大量颗粒通过相互黏结，形成二次颗粒并结成团块的现象。造粒有效地利用这一行为增大颗粒粒度。颗粒的凝聚机理主要包括以下五种作用力：颗粒之间化学键力（烧结、熔融、化学反应）、机械咬合力、黏结剂的附着力、范德华力（静电吸引力、磁性力）和液桥力（毛细管力）。按照颗粒凝聚的基本原理，可将颗粒处理技术分为搅拌造粒、压缩造粒、挤压造粒、滚动造粒、喷浆造粒、流化造粒和熔融造粒。

(3) 搅拌造粒 在粉末中添加液体或者黏合剂且进行适当的搅拌，使其充分接触形成团粒。常见的搅拌造粒设备有造粒鼓、锥鼓造粒机、斜盘造粒机、盘式造粒机、滚筒造粒机等。该方法的优点是设备结构简单、生产量大、渗透性强，缺点是造粒的均匀性不好，强度较低。

(4) 压缩造粒 压缩造粒机包括压粒机与辊式压粒机。在这两种设备中，混合好的原料颗粒分别被置于一定形状的封闭压模与两个对辊间，通过外部施加压力使颗粒团聚成型。该方法的优点是颗粒表面光滑、粒径均一、密度大，且只需较少量的黏结剂；缺点是生产能力较低，模具磨损大，所制备的颗粒粒径存在一定下限。

(5) 挤压造粒 挤压造粒是目前颗粒造粒的主要方法，是利用挤压机对加湿的颗粒加压，并从设计的网板孔中挤出颗粒的造粒方法。挤压机的组件包括螺旋、活塞、辊轮、回转叶片等。经过配比的混合物料被强制送入一对大小相等、转速相等、旋转相反的挤压辊辊缝之间，在强大的挤压力作用下，物料被挤压成密实的片料。此片料经破碎、筛分等后续操作后，即可获得所需粒度的颗粒。挤压造粒的常用设备包括螺旋挤压机、辊式挤压机等，可广泛应用于医药、食品、染料、石油化工、有机化工、精细化工等行业。挤压造粒的主要优点为颗粒截面规则均匀，且生产量较大；缺点为模具磨损严重，不能精确控制颗粒长度与端面形状。

(6) 滚动造粒 滚动造粒也称为凝聚造粒。含少量液体的颗粒受表面张力作用而凝聚成球核，然后在外界的转动、搅拌、振动或气流等作用下持续运动、长大，最终增大为一定尺寸的颗粒。滚动造粒的常用设备为盘式成球机、搅拌混合造粒机等。该方法比较适用于制造球形颗粒，且生产能力大；其主要缺点是颗粒密度不高，难以制备粒径较小的颗粒。

(7) 喷浆造粒 喷浆造粒也称为喷雾造粒。它借助蒸发方式直接从浆体或溶液制备颗粒，具体包含喷雾与干燥两个过程。原料液被雾化成细小的液滴，其中水分被热空气蒸发，而液滴内的固相物质残留为干燥的颗粒。该方法特别适用于基于超细颗粒（微米或亚微米级）制取粒径为数十至数百微米的小颗粒。雾化是喷浆造粒的关键操作，主要方式为高速离心抛洒式、加压自喷式、压缩空气喷吹式。干燥器则要求较高的热效率，塔状结构较为常用。该方法的整个工艺流程全在密闭系统中进行，比较环保，其主要缺点为喷嘴磨损较严重，且水分蒸发量大。

(8) 流化造粒 流化造粒系统通常由流化床筒体、气体分布板、黏结剂喷射装置、除尘器、冷热风源等组成，存在连续作业与批次作业两种形式。颗粒在床层底部受高速空气吹动而处于流态化状态，同时雾化的黏结剂被喷入系统，颗粒在运动过程中逐渐增长为符合粒度要求的大颗粒。调节气体速度与黏结剂喷入状态，可控制最终颗粒尺寸，并对颗粒进行分级处理。然而，由于外部压力较小，成品颗粒的致密度达不到较高值，干燥过程也导致大量内部孔隙。另外，喷动床造粒设备是一种特殊的流化床造粒设备，它克服了普通流化床易产生气泡、气固接触差等缺陷，适合于制备较大颗粒。

(9) 熔融造粒 熔融状的物质细化后冷却凝固，从而获得所需尺寸的固体颗粒叫作熔融造粒。熔融造粒设备通常包括造粒塔体、混合槽、造粒喷头、冷却装置、颗粒收集与运输装置等。熔融物料以连续方式进入恒温布料器中，压力均匀分布后在一定范围内不断向下滴落，并被底端匀速运动的薄钢带带走。钢带下设有喷淋冷却装置，使得液滴在输送过程中被强制冷却固化，从而形成规则的半球状颗粒。若布料器为连续出条与全宽度溢流的形式，则可分别制备条状与不规则片状产品。另外，熔融造粒的方案还包括将熔融液注入铸型或黏附于冷却转筒凝固等。

颗粒造粒的技术更新和设备开发日新月异，应用领域也越来越多，正朝着设备大型化、结构紧凑化、功能多样化、效率高效化和控制系统自动化方向飞速发展。

参考文献

[1] Rao K K, Nott P R. An introduction to granular flow. New York: Cambridge University Press, 2008.
[2] Bouchaud J P, Cates M E, Claudin P. J De Phys I, 1995, 5(6): 639-656.
[3] Cates M E, Wittmer J P, Bouchaud J P, et al. Phys Rev Lett, 1998, 81(9): 1841-1844.
[4] 孙其诚, 王光谦. 力学进展, 2008, 38(1): 87-100.
[5] Savage S B, Pfeffer R, Zhao Z. Powder Technol, 1996, 88(3): 323-333.
[6] 孙其诚, 王光谦. 颗粒物质力学导论. 北京: 科学出版社, 2009.
[7] Campbell C S. J Fluid Mech, 2005, 539: 273-297.
[8] Forterre Y, Pouliquen O. Annu Rev of Fluid Mech, 2008, 40: 1-24.
[9] Bagnold R A. Royal Soc Proc Ser A, 1966, 295: 219-232.
[10] Labuz J F, Zang A. Rock Mech Rock Eng, 2012, 45(6): 975-979.
[11] Lun C K K, Savage S B, Jeffrey J, et al. J Fluid Mech, 1984, 140: 223-256.
[12] 王光谦, 熊刚, 方红卫. 中国科学 E 辑: 技术科学, 1998, 28(3): 282-288.
[13] Ogawa S. Multitemperature Theory of Granular Materials//Proc US-Japan Seminar of Continuum-Mechanical and Statistical Approaches in the Mechanics of Granular Materials. Tokyo, Japan, 1978: 208-217.
[14] Jenkins J T, Savage S B. J Fluid Mech, 1983, 130: 187-202.
[15] Lun C K K, Savage S B, Jeffrey D J, et al. J Fluid Mech, 1984, 140: 223-256.
[16] Rajchenbach J. Advances in Physics, 2000, 49(2): 229-256.
[17] 吴清松, 胡茂彬. 力学进展, 2002, 32(2): 250-258.
[18] 孙其诚, 厚美瑛, 金峰, 等. 颗粒物质物理与力学. 北京: 科学出版社, 2011.
[19] Jiang Y, Liu M. Phys Rev Lett, 2007, 99(10): 105501.
[20] Jiang Y, Zheng H, Peng Z, et al. Phys Rev E, 2012, 85(5): 051304.
[21] Jiang Y, Liu M. Granular Matter, 2009, 11(3): 139-156.
[22] Hertz H. Hertz's Miscellaneous papers. London: Macmillan Co, 1896.
[23] Mindlin R D, Deresiewicz H. J Appl Mech, 1953, 20(3): 327-344.
[24] Alder B J, Wainwright T E. Proceeding of international symposium on transport process in statistical Mechanics. New York: Wiley, 1956.
[25] Alder B J, Wainwright T E. J Chem Phys, 1957, 27(5): 1208-1209.
[26] Campbell C S, Brennen C E. J Fluid Mech, 1985, 151: 167-188.
[27] Wang Y, Mason M T. J Appl Mech, 1992, 59(3): 635-642.
[28] Rosato A, Prinz F, Standburg K J, et al. Powder Technol, 1986, 49(1): 59-69.
[29] Rosato A, Strandburg K J, Prinz F, et al. Phys Rev Lett, 1987, 58(10): 1038-1040.
[30] Castier M, Delgado Cuéllar O, Tavares F W. Tavares Powder Technol, 1998, 97(3): 200-207.
[31] Abreu C R A, Tavares F W, Castier M. Powder Technol, 2003, 134(1-2): 167-180.
[32] Roskilly S J, Colbourn E A, Alli O, et al. Powder Technol, 2010, 203(2): 211-222.
[33] Mishra B K. Powder Technol, 2000, 110(3): 246-252.
[34] Zhang W, You C. Powder Technol, 2015, 283: 128-136.
[35] Qiu F, Egerton T A, Cooper I L. Powder Technol, 2008, 182(1): 42-50.
[36] Cundall P A, Strack O D L. Geotechnique, 1979, 29(1): 47-65.
[37] Zhu H P, Zhou Z Y, Yang R Y, et al. Chem Eng Sci, 2007, 62(13): 3378-3396.
[38] Rapaport D C. Phys Rev E, 2007, 75(3): 031301.
[39] Zhou Z Y, Kuang S B, Chu K W, et al. J Fluid Mech, 2010, 661: 482-510.
[40] Langston P A, Tuzun U. Chem Eng Sci, 1994, 49(8): 1259-1275.
[41] Zhou Y C, Wright B D, Yang R Y, et al. Physica A: Stat Mech Appl, 1999, 269(2-4): 536-553.
[42] Tsuji Y, Tanaka T, Ishida T. Powder Technol, 1992, 71(3): 239-250.
[43] Kruggel-Emden H, Simsek E, Rickelt S, et al. Powder Technol, 2007, 171(3): 157-173.
[44] Lu L S, Hsiau S S. Particuology, 2008, 6(6): 445-454.

[45] Powell M S, Weerasekara N S, Cole S, et al. Miner Eng, 2011, 24(3-4): 341-351.
[46] Wensrich C M, Katterfeld A. Powder Technol, 2012, 217: 409-417.
[47] Jiang M J, Yu H S, Harris D. Comput Geotech, 2005, 32(5): 340-357.
[48] McCarthy J J, Jasti V, Marinack M, et al. Powder Technol, 2010, 203(1): 70-77.
[49] Iwashita K, Oda M. J Eng Mech-Asce, 1998, 124(3): 285-292.
[50] Yang R Y, Jayasundara C T, Yu A B, et al. Miner Eng, 2006, 19(10): 984-994.
[51] Kuang S B, Chu K W, Yu A B, et al. Ind Eng Chem Res, 2008, 47(2): 470-480.
[52] Kuang S B, Yu A B. Aiche J, 2011, 57(10): 2708-2725.
[53] Zhou Y C, Yu A B, Stewart R L, et al. Chem Eng Sci, 2004, 59(6): 1343-1364.
[54] Ai J, Chen J F, Rotter J M, et al. Powder Technol, 2011, 206(3): 269-282.
[55] Li X K, Chu X H, Feng Y T. Eng Computation, 2005, 22(7-8): 894-920.
[56] Johnson K L, Kendall K, Roberts A D. Phys Eng Sci, 1971, 324(1558): 301-313.
[57] Derjaguin B V, Muller V M, Toporov Y P. J Colloid Interface Sci, 1975, 53(2): 314-326.
[58] Lian G P, Thornton C, Adams M J. J Colloid Interface Sci, 1993, 161(1): 138-147.
[59] Mikami T, Kamiya H, Horio M. Chem Eng Sci, 1998, 53(10): 1927-1940.
[60] Willett C D, Adams M J, Johnson S A, et al. Langmuir, 2000, 16(24): 9396-9405.
[61] Lian G P, Thornton C, Adams M J. Chem Eng Sci, 1998, 53(19): 3381-3391.
[62] Liu P Y, Yang R Y, Yu A B. Phys Fluids, 2013, 25(6).
[63] Seville J P K, Silomon-Pflug H, Knight P C. Powder Technol, 1998, 97(2): 160-169.
[64] Seville J P K, Willett C D, Knight P C. Powder Technol, 2000, 113(3): 261-268.
[65] Walton O R, Braun R L. J Rheol, 1986, 30(5): 949-980.
[66] Hockney R W, Goel S P, Eastwood J W. J Comput Phys, 1974, 14(2): 148-158.
[67] Verlet L. Phys Rev, 1967, 159(1): 98-103.
[68] Lin X, Ng T T. Int J Numer Anal Met, 1995, 19(9): 653-659.
[69] Ouadfel H, Rothenburg L. Comput Geotech, 1999, 24(4): 245-263.
[70] Cleary P W, Sawley M L. Appl Math Model, 2002, 26: 89-111.
[71] Mustoe G, Miyata M. J Eng Mech, 2001, 127(10): 1017-1026.
[72] Williams J R, Pentland A P. Eng Computation, 1992, 9(2): 115-127.
[73] Höhner, D, Wirtz S, Kruggel-Emden H, et al. Powder Technol, 2011, 208(3): 643-656.
[74] Mack S, Langston P, Webb C, et al. Powder Technol, 2011, 214(3): 431-442.
[75] Boon C W, Houlsby G T, Utili S. Comput Geotech, 2012, 44(0): 73-82.
[76] Höhner D, Wirtz S, Scherer V. Powder Technol, 2012, 226(0): 16-28.
[77] Nassauer B, Kuna M. Granul Matter, 2013, 15(3): 349-355.
[78] Nassauer B, Liedke T, Kuna M. Granul Matter, 2013, 15(1): 85-93.
[79] Damasceno P F, Engel M, Glotzer S C. Science, 2012, 337(6093): 453-457.
[80] Jin F, Xin H, Zhang C, et al. Powder Technol, 2011, 212(1): 134-144.
[81] Li J, Langston P A, Webb C, et al. Chem Eng Sci, 2004, 59(24): 5917-5929.
[82] Langston P A, Al-Awamleh M A, Fraige F Y, et al. Chem Eng Sci, 2004, 59(2): 425-435.
[83] Song Y, Turton R, Kayihan F. Powder Technol, 2006, 161(1): 32-40.
[84] Kodam M, Bharadwaj R, Curtis J, et al. Chem Eng Sci, 2010, 65(22): 5852-5862.
[85] Kodam M, Bharadwaj R, Curtis J, et al. Chem Eng Sci, 2010, 65(22): 5863-5871.
[86] Abou-Chakra H, Baxter J, Tüzün U. Adv Powder Technol, 2004, 15(1): 63-77.
[87] Zhang C, Zhou X. J Inform Comput Sci, 2012, 9(16): 4969-4977.
[88] Hogue C, Newland D. Powder Technol, 1994, 78(1): 51-66.
[89] Williams J R, O'Connor R. Eng Computation, 1995, 12(2): 185-201.
[90] Williams R A, Jia X, Ikin P, et al. Particuology, 2011, 9(4): 358-364.
[91] Jia X, Williams R A. Powder Technol, 2001, 120(3): 175-186.
[92] Gropp W, Lusk E, Doss N, et al. Parallel Comput, 1996, 22(6): 789-828.
[93] Fincham D. Mol Simulat, 1987, 1(1-2): 1-45.

[94] MIC, http://www.intel.com/content/www/cn/zh/processors/xeon/xeon-phi-detail.html.
[95] Xu J, Qi H, Fang X, et al. Particuology, 2011, 9(4): 446-450.
[96] Ren X, Xu J, Qi H, et al. Powder Technol, 2013, 239(0): 348-357.
[97] Govender N, Wilke D N, Kok S, et al. J Comput Appl Math, 2014, 270(0): 386-400.
[98] 徐骥. GPU 加速的大分子体系分子动力学方法——实现与应用. 北京: 中国科学院, 2012.
[99] Verlet L. Phys Rev, 1967, 159(1): 98-103.
[100] 陆坤权, 刘寄星. 物理, 2004, 33: 629-635.
[101] Arason I S, Tsimring L S. Rev Mod Phys, 2006, 78: 641-692.
[102] Forterre Y, Pouliquen O. Annu Rev Fluid Mech, 2008, 40: 1-24.
[103] Liu C, Nagel S R, Schecter D A, et al. Sciences, 1995, 269: 513-515.
[104] Majmudar T S, Behringer R P. Nature, 2005, 435: 1079-1082.
[105] Desrues J, Viggiani G. Int J Numer Anal Methods Geomech, 2004, 28: 279-321.
[106] Rechenmacher A, Abedi S, Chupin O. Geotech, 2010, 60: 343-351.
[107] Goldhirsch I. Annu Rev Fluid Mech, 2003, 35: 267-293.
[108] MiDi G D R. Eur Phys J E, 2004, 14(4): 341-365.
[109] Forterre Y, Pouliquen O. Annu Rev Fluid Mech, 2008, 40: 1-24.
[110] 张昱, 韦艳芳, 彭政, 等. 物理学报, 2016, 65(8): 084502.
[111] 李艳杰. 堆积问题的离散元模拟-实验研究. 北京: 中国农业大学, 2004.
[112] 田晓红, 李光涛, 张淑丽. 粮食加工, 2010, 3(1): 68-71.
[113] 刘建国, 孙其诚, 峰金, 等. 岩土力学, 2009, 30: 121-128.
[114] Løvoll G, Maløy K J, Flekkøy E G. Phys Rev E, 1999, 60: 5872-5878.
[115] Mueth D M, Jaeger H M, Nagel S R. Phys Rev E, 1998, 57: 3164-3169.
[116] 苗天德, 宜晨虹, 齐艳丽. 物理学报, 2007, 56(8): 4713-4721.
[117] Forterre Y, Pouliquen O. J Fluid Mech, 2003, 486: 21-50.
[118] Parker D J, Fan X. Particuology, 2008, 6: 16-23.
[119] Nguyen T T M, Sederman A J, Mantle M D, et al. Phys Rev E, 2011, 84: 011304.
[120] Pandey P, Turton R. Particul Sci Technol, 2006, 24: 1-22.
[121] Zhang W, Wang C, Yang W, et al. Adv Powder Technol, 2014, 25: 174-188.
[122] Slominski C, Niedostatkiewicz M, Tejchman J. Powder Technol, 2007, 173: 1-18.
[123] Mishra B K. Int J Miner Process, 2003, 71(1-4): 95-112.
[124] Procházka P P. Eng Fract Mech, 2004, 71(4-6): 601.
[125] Hanley K J, O'Sullivan C, Oliveira J C, et al. Powder Technol, 2011, 210(3): 230.
[126] Li J, Mason D J. Drying Technol, 2002, 20(2): 255.
[127] Bridgwater. Particuology, 2012, 10(4): 397.
[128] German R M. Powder Metallurgy Science. New York: Chemical Publishing Co Inc, 1995.
[129] Cleary P W, Sinnott M D. Particuology, 2008, 6: 419.
[130] Fayed M, Otten L. Handbook of Powder Science & Technology. New York: Springer, 1997.
[131] Ottino J M, Khakhar D V. Annu Rev Fluid Mech, 2000, 32: 55.
[132] Jain N, Ottino J M, Lueptow R M. Granul Matter, 2005, 7: 69.
[133] Seiden G, Thomas P J. Rev Mod Phys, 2011, 83: 1323.
[134] Yu F, Zhou G, Xu J, et al. Powder Technol, 2015, 286: 276.
[135] Ren X X, Zhou G Z, Xu J, et al. Particuology, 2016, 29: 95.
[136] Huang A, Kuo H. Powder Technol, 2014, 25: 163.
[137] Ding Y, Seville J P K, Forster R, et al. Chem Eng Sci, 2001, 56: 1769.
[138] Ding Y, Forster R, Seville J P K, et al. Int J Multiphase Flow, 2002, 28: 635.
[139] Bertrand F, Leclaire L A, Levecque G. Chem Eng Sci, 2005, 60: 2517.
[140] 戚华彪, 周光正, 于福海, 等. 化学进展, 2015, 27(1): 113.
[141] 严峰. 筛分机械. 北京: 煤炭工业出版社, 1995.
[142] 陶珍东, 郑少华. 颗粒工程与设备. 第3版. 北京: 化学工业出版社, 2016.

[143] Burtally N, King P J, Swift M R. Science, 295(2002): 1877-1879.
[144] Mullin T. Science, 2002, 295: 1851.
[145] 王峰, 王皓. 筛分机械. 北京: 机械工业出版社, 1998.
[146] 赵跃民, 刘初升. 干法筛分理论及应用. 北京: 科学出版社, 1999.
[147] 焦红光. 振动筛分过程解析. 北京: 煤炭工业出版社, 2008.
[148] Rosato A D, Blackmore D L, Zhang N, et al. Chem Eng Sci, 2002, 57: 265.
[149] Kudrolli A. Rep Prog Phys, 2004, 67: 209.
[150] Schröter M, Ulrich S, Kreft J, et al. Phys Rev E, 2006, 74: 93.
[151] Guba T. Powder Technol, 2003, 130: 219.
[152] Wrani J, Grünberg M, Ober C, et al. Powder Technol, 2004, 140: 163.
[153] Bardin M, Knight P C, Seville J P K. Powder Technol, 2004, 140: 169.
[154] 周仕学, 张鸣林. 颗粒工程导论. 北京: 科学出版社, 2010.
[155] 陶珍东, 郑少华. 颗粒工程与设备. 第3版. 北京: 化学工业出版社, 2016.
[156] Knight P. Powder Technol, 2004, 140: 156-162.
[157] Iveson S M, Litster J D, Hapgood K, et al. Powder Technol, 2001, 117: 3.
[158] 卢寿慈. 颗粒加工技术. 北京: 中国轻工业出版社, 1999.
[159] 李建平, 李承政, 王天勇, 等. 化工机械, 2001, 28(5): 295.
[160] 卢寿慈. 粉体技术手册. 北京: 化学工业出版社, 2004.
[161] 谢洪勇. 粉体力学与工程. 北京: 化学工业出版社, 2003.

8 超细粉体的制备与应用

与块体材料相比较,超细粉体由于尺寸减小而具有独特而超常的热学、电学、力学、光学、磁学以及化学性能。例如金的颜色是金黄色,而十几纳米的金粒子就成了酒红色;铂的颜色为银白色,几纳米的铂粒子就成了棕黑色。制成超细粉体后,不仅颜色发生了变化,它们的化学性质也发生了变化,作为催化剂可以在催化反应过程中提高反应的活性以及选择性。正是因为超细粉体具有独特的结构以及性能,所以超细粉体的制备、结构及其性能引起了研究者的广泛关注。本章主要从气相法、液相法以及固相法(球磨)三方面介绍超细粉体的制备及应用技术。

8.1 气相法制备纳米材料

气相法是指直接利用气体或者通过各种手段将物质变为气体,使之在气体状态下发生物理或化学反应,最后在冷却过程中凝聚长大形成纳米微粒的方法。前驱体以气体、液滴或固体颗粒的形态注入反应区,液态和固态前驱体遇到高温火焰后迅速蒸发汽化,汽化的前驱体发生反应生成产物的分子或分子簇。这些分子或分子簇很快就生长团聚(有时也伴随表面反应)成核为纳米颗粒,这些纳米颗粒之间发生相互碰撞、凝结及产物蒸气在一次粒子表面的凝结使粒子生长形成最终的产物纳米材料。根据颗粒合成过程中是否涉及化学反应,气相法可以分为化学气相燃烧法和气相物理法。

8.1.1 气相燃烧法

(1) 气相燃烧法制备氧化物超细颗粒 气相燃烧法制备纳米颗粒的生产工艺早在20世纪40年代由德国Degussa公司首先开发成功,相对于传统的液相制备方法,具有设备简单、后处理工艺简单、反应无污染、反应速率快等优点。经过几十年的发展,该生产工艺逐步得到了改进,已是一种规模化、连续化生产纳米颗粒的成熟工艺,被广泛应用于炭黑(carbon blacks)、白炭黑(fumed silica)、TiO_2、Al_2O_3、SnO_2、Fe_2O_3、ZrO_2等单氧化物产品,并逐步扩展到SiO_2/TiO_2、ITO、ATO、V_2O_5/TiO_2等复合氧化物以及一些非氧化物(TiB、TiN、SiC等)产品的生产。这些产品的年产量可达几百万吨,生产效率约为每天100t,在基础理论、工艺设备、产品应用等方面开展了广泛深入的研究工作,产品的应用领域不断扩展[1]。

(2) 气相燃烧法制备金属及金属合金超细颗粒 随着还原气氛喷雾火焰燃烧装置的发展,气相燃烧不仅可以用来制备氧化物纳米材料,还可以用来制备金属或者金属合金的纳米材料。将气相燃烧合成的体心立方晶相的Co纳米颗粒,压制成片状的块体材料,这种块体材料在1000℃时仍能保持完整的纳米级晶粒结构,并且具有非常高的硬度。利用燃烧反应器制备的Ce-Bi合金,这种合金材料具有钢铁般的强度但是却具有更加优异的导电性能。作为一种高强度的合金化合物，利用燃烧法制备的 Ni-Mo 合金硬度是其他方法制备得到的合金材料的三倍。产物的透射电镜和元素的场分布分析结果表明，两种金属形成了完全互溶的合金状态，没有单组分元素结晶的情况出现，这正是该合金材料具有超高硬度的原因。

（3）气相燃烧法制备非氧化物纳米材料 改变前驱体溶剂的方式，火焰燃烧法也可以制备非氧化物纳米材料。利用喷雾燃烧方法制备 CaF_2、SrF_2 等一系列的氟化物和氯化物纳米晶体材料。采用 C_6F_6 做前驱体的溶剂，在火焰中引入了 F 离子，由于 F 的化学活性很高，所以在高温火焰中可以制备得到氟化物，甚至在采用 C_6H_5Cl 做溶剂时，还可以制备 NaCl 这种典型的离子晶体。

（4）气相燃烧法制备超细颗粒最新进展 目前，气相燃烧法制备超细粉体的发展趋势是材料组分、材料结构复杂化，要求在反应过程中能够精确控制所得材料的结构和成分，在纳米结构层次上实现可控合成。在此要求下，气相燃烧反应器也不断地改进，最突出的进步就是前驱体进料方式的变化，由传统的前驱体汽化后以气态方式进入反应区，逐步扩展到前驱体以微小雾滴或者微小颗粒等液态或者固态的方式加入反应区域。这种进料方式的改变，极大地扩展了前驱体的选择范围，使得几乎所有的可溶性盐类都可以在水或者乙醇溶液中通过气流剪切或者超声的方式形成微小雾滴，然后再引入火焰区进行反应。通过这种方式，目前已经可以制备出 TiO_2、SiO_2、Al_2O_3、Fe_2O_3、ZnO 等常见金属氧化物纳米颗粒材料以及一些氮化物（如 TiN）、碳化物（如 TiC 等）、氟化物（如 BaF_2），甚至一些金属的碳酸盐（如 $CaCO_3$）、磷酸盐［如 $Ca_3(PO_4)_2$］等[2~5]。

Partsinis 课题组将喷雾燃烧装置进行了改进，在燃烧火焰的上方区域安装了一个类似淬火环装置，通过调节其位置和其中通入的前驱体流量，可以方便地制备出多种具有核壳结构的纳米材料，其装置如图 20-8-1 所示。这种装置改变了传统反应器所有的前驱体都通过烧嘴一次性加入的做法，而是在一种前驱体已经反应生成颗粒以后，再通入第二种前驱体，让第二种前驱体在已经生成的纳米颗粒表面进行反应并成核生长，实现了对初始纳米颗粒的均匀包覆，最终得到包覆均匀完整的核壳型复合纳米颗粒材料。

该课题组利用这种装置分别制备了 TiO_2-SiO_2，Fe_2O_3-SiO_2 等核壳结构的复合纳米颗

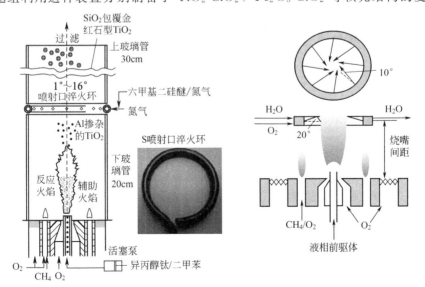

图 20-8-1 淬火环装置示意图

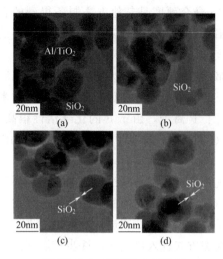

图 20-8-2 利用淬火环装置
制备的核壳型 TiO_2-SiO_2 复合颗粒

粒,其典型的形貌照片如图 20-8-2 所示。在实验过程中,可以通过调整淬火环的高度,也就是改变核颗粒的生长时间来控制粒径;还可以通过调整淬火环中第二种前驱体的流量来控制壳层产物的厚度[6]。

Stark 等开发了还原性气氛的火焰燃烧反应器,通过在燃烧火焰的外侧加保护气氛,严格控制加入的氧化剂和燃料的比例,使得燃料处于不完全燃烧的状态,保持反应空间内 O_2 浓度始终小于 $100\mu L \cdot L^{-1}$,其装置如图 20-8-3 所示。利用这种燃烧反应器可以制备出多种纳米级的金属、金属合金、金属碳化物和碳包覆金属的核壳型复合纳米材料[7]。

Pratsinis 等设计了双烧嘴燃烧反应器,如图 20-8-4 所示。该反应器采用成一定夹角的两个烧嘴,通过改变烧嘴之间的夹角和每个烧嘴加入的前驱体种类以及流量的变化,极好地控制了多组分颗粒纳米尺度的形成及混合,保持了各组分的可控性和分散性能,实现了纳米尺寸的可控混合,制备了分散良好、性质优良的 Pt-$BaCO_3$-Al_2O_3 催化剂纳米材料[8]。

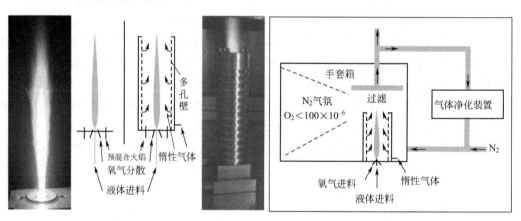

图 20-8-3 还原性气氛喷雾燃烧反应器

8.1.2 气相物理法

气相物理法制备超细粉体的过程如下:欲蒸的物质置于坩埚内,通过钨电阻加热器或石墨加热器等加热装置逐渐加热蒸发,产生原物质烟雾,烟雾向上移动,并接近充满液氮的冷却棒(冷阱,77K)。在蒸发过程中,由原物质蒸出的原子由于与惰性气体原子碰撞而迅速损失能量而冷却,这种有效的冷却过程在原物质蒸气中造成很高的局域过饱和,导致颗粒的成核以及生长。

(1) 等离子体技术制备金属超细颗粒 等离子体技术(plasma technology)是指应用等离子体发生器产生部分电离,等离子体加热,使反应物蒸发,然后冷却,完成颗粒的成核生长过程。最常见的等离子体有电弧、霓虹灯和日光灯的发光气体以及闪电、极光等,具有温

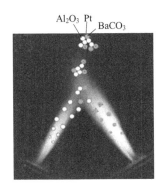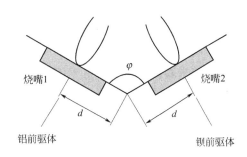

图 20-8-4 双烧嘴燃烧反应器示意图

度高（3000～30000K）、温度梯度大、能量集中、气氛可控和便于急冷等特点。利用等离子体技术，通过调节工艺参数等能实现高性能纳米粉末的工业化生产。

目前，较为成熟的等离子体技术为直流电弧放电和阳极弧放电，制备出的纳米粉体具有分散性好、纯度高、结构性完整、均匀性好等特点[9]。在金属纳米粉体方面，较成熟的为阳极弧放电等离子体制备方法。魏智强等通过调节不同工艺参数，研究了实验过程参数对镍纳米粉末的影响，制备出了高纯度 Ni 纳米粉末。结果表明，适当地调节某些工艺参数就能制备粒径范围在 20～100nm 的纳米粉末，实验气压和电弧电流均对产物有较大影响[10]。其课题组也对该方法制备的 Fe 纳米粉末进行了性能表征，发现该方法制备的 Fe 纳米粉末的纯度高，晶体结构与相应的块体材料基本相同，为 bcc 结构的晶态，平均粒径为 43nm，粒径范围分布在 20～70nm，呈规则的球形链状分布，比表面积为 17.54$m^2 \cdot g^{-1}$。此外，他们也对 Ag 纳米粉末进行了相应的制备，得到了与 Fe 具有相似结构和性能的纳米粉末，但为 fcc 结构，平均粒径为 24nm，粒径范围在 10～50nm，比表面积为 23.8$m^2 \cdot g^{-1}$[11]。

利用氢电弧等离子体法，可大幅度地提高产量，主要是因为氢原子化合为氢分子时放出大量的热，从而产生强制性的蒸发，使产量大幅度增加。以制备纳米金属 Pd 为例，该装置的产率一般可达 300$g \cdot h^{-1}$。另外，氢的存在可以降低熔化金属的表面张力，从而增加了蒸发速率。用此法制备的金属纳米颗粒的平均粒径与制备的工艺条件和材料有关，一般为几十纳米（如镍颗粒为 50～80nm），颗粒的形状一般为多面体，磁性纳米颗粒多呈链状。使用该方法已经制备出 30 多种纳米金属和合金颗粒，也有部分氧化物颗粒，其中有 Fe、Co、Ni、Cu、Zn、Al、Ag、Bi、Sn、Mo、Mn、In、Nd、Ce、La、Pd、Ti、C，还有合金和金属间化合物 CuZn、PdNi、CeNi、CeFe、CeCu、ThFe 以及纳米氧化物 Al_2O_3、Y_2O_3、TiO_2、ZrO_2 等。

利用等离子体制备的纳米金属粉末，其最显著的特点是晶粒尺寸非常小，从而在各个应用领域，如化工、电子、冶金、航空航天、国防、医药和生物等有着不同的应用，且具有广阔的前景。等离子体制备的纳米粉末应用范围有催化剂、金属燃烧剂、微孔材料、高性能磁性材料、微波吸收剂、医学和生物工程材料、金属纳米润滑添加剂、储氢材料、抛光剂和导电浆料等[12]。等离子体制备纳米粉末技术以其突出的工业应用价值，在不同领域发挥着越来越重要的作用。

(2) 有机化合物纳米颗粒的制备 过去，有机化合物或高分子化合物的微细化都是由固体材料的粉碎或者由胶乳颗粒所代表的那样在液相中进行聚合反应等方法来进行的。普通的气体蒸发法也可以制备有机化合物颗粒，具体过程如下：以块状的有机化合物为原料，在 Ar 气中熔融、蒸发，成功制备出直径为数纳米至数十纳米的颗粒。

有机化合物纳米颗粒有一点非常有趣，那就是有人发现即使是憎水性的固体状材料，一旦制备成纳米颗粒之后，都可以均匀地分散于水中，即表面亲水性增加了。最近，许多医药公司对这一现象非常重视，设法将憎水性的药品制备成溶于水的注射药。这类纳米颗粒在全新领域中的应用引起了研究者的高度关注。

(3) 复合金属纳米颗粒的制备　由于用气体蒸发法来制备各元素间蒸气压差别很大的合金颗粒时，如果蒸发材料是由同一蒸发源蒸发，则很难控制其成分。现在可以通过改进蒸发原料的供给方法，制备出 Cu 和 Zn 这一蒸气压相差很大的复合纳米颗粒，生成的纳米颗粒具有由 2～3nm ZnO 微晶包覆在数十纳米的 Cu 纳米颗粒上形成的复合颗粒状态。这种纳米颗粒对合成甲醛等具有极好的催化活性和选择催化作用。

8.2　液相法制备纳米材料

相对于固相法和气相法而言，液相法由于具有反应设备简单、反应条件温和的特点，在纳米材料的制备过程中应用最为广泛。液相法主要包括如下几种方法：①水热法；②沉淀法；③溶胶凝胶法；④膜乳化法等[13]。

8.2.1　水热法

水热合成是指在一定温度（100～1000℃）和压强（1～100MPa）条件下，利用溶液中物质的化学反应所进行的合成[14]。水热合成化学侧重于研究水热合成条件下物质的反应性、合成规律以及合成产物的结构与性质。由于水热体系一般是处于非理想平衡状态，通过水热反应，可获得其他反应无法制得的物相或物种，有很好的可操作性和可调变性，而且反应条件温和。

在高温高压水热体系中，溶液的性质将发生下列变化：①蒸气压变高；②密度降低；③表面张力降低；④黏度变低；⑤离子积变高。以上溶液体系的变化使得水热反应具有三个特征：①加速离子间的反应；②促进水解反应；③氧化还原电势发生明显变化。

对于大量的介于离子和自由基之间的反应来说，其反应速率随反应物的本性和反应条件（温度、压力、浓度以及催化剂等）而定，在其他条件一定的情况下，温度对反应速率的影响可由 Arrhenius 方程式表示，速率常数随温度的升高而呈指数函数增大。因此，在加压高温水热反应条件下，即使是在常温下不溶于水的矿物的反应，也能诱发反应或促进反应。水热反应的主要类型及典型实例见表 20-8-1[15,16]。

表 20-8-1　水热反应的主要类型和典型实例

反应种类	定义	实例
氧化反应	金属和高温高压的纯水、水溶液反应得到新氧化物的反应	$Cr+H_2O \longrightarrow Cr_2O_3+H_2$ $Zr+H_2O \longrightarrow ZrO_2+H_2$
沉淀反应	在水热条件下生成沉淀的反应	$KF+MnF_2 \longrightarrow KMnF_3$ $KF+CoF_2 \longrightarrow KCoF_3$
合成反应	在水热条件下数种组分直接化合或经中间态发生化合反应	$CaO \cdot nAl_2O_3+H_3PO_4 \longrightarrow Ca_5(PO_4)_3OH+AlPO_4$ $La_2O_3+Fe_2O_3+SrCl_2 \longrightarrow (La,Sr)FeO_3$
分解反应	在水热条件下使化合物分解得到新化合物晶体的反应	$ZrSiO_4+NaOH \longrightarrow ZrO_2+Na_2SiO_3$
晶化反应	在水热条件下，使溶胶、凝胶等非晶态物质晶化的反应	$CeO_2 \cdot xH_2O \longrightarrow CeO_2$ $ZrO_2 \cdot H_2O \longrightarrow M\text{-}ZrO_2+T\text{-}ZrO_2$ 硅铝酸盐凝胶 $\longrightarrow$ 沸石

水热合成法既可制备单组分晶体，又可制备双组分或多组分的特殊化合物粉末，并且用水热法制备的纳米晶、晶粒发育完整、粒度分布均匀、颗粒之间团聚少、原料较便宜、可以得到理想的化学计量组成材料、颗粒粒度可以控制、生成成本低。水热法在合成无机半导体纳米功能材料方面还具有如下优势：①水热法采用中温液相控制，能耗相对较低，适用性广，既可用于超微粒子的制备，也可得到尺寸较大的单晶，还可以制备无机陶瓷薄膜。②在水热过程中，可通过调节反应温度、压力、热处理时间、溶液成分、pH值、前驱体和矿化剂的种类等，达到有效地控制反应和晶体生长的目的。③反应在密闭的容器中进行，可控制反应气氛而形成合适的氧化还原反应条件，可获得某些特殊的物相，有利于有毒体系中的合成反应，这样可以尽可能地减少环境污染。④在生长的晶体中，比其他方法能更均匀地进行掺杂。

水热法也需要进一步发展和完善。首先，水热反应在高温高压下进行，因此对高压反应釜进行良好的密封成为水热反应的先决条件；其次，水热反应具有非可视性，只有通过对反应产物的检测才能决定是否调整各种反应参数。而对水敏感的硫族化合物，通常用溶剂热技术（solvothermal），它是在水热法的基础上，将水换成有机溶剂，发展出的一种合成方法。溶剂热合成技术在原理上与水热法十分相似，在溶剂热条件下，有机溶剂是传递压力的介质，同时起到矿化剂的作用。以有机溶剂代替水，大大扩大了水热技术的应用范围。由于有机溶剂本身的特性如极性、络合性能等，物质在溶剂中的物理性质和化学反应性能均有很大改变，因此溶剂热化学反应大大异于常态，它是最近发展起来的中低温液相制备固体材料的新技术。近年来，溶剂热合成技术的发展越来越受到人们的重视，对探索新材料的合成具有重要意义。

东北师范大学的Wang等将水热法和微乳液法结合制备了BaF_2晶须，这是首个报道的氟化物一维纳米材料[17]。Liu等以Dy_2O_3粉末为原料用水热法合成了$Dy(OH)_3$纳米管，再以这个纳米管为前驱物通过在空气中加热，使其分解得到了Dy_2O_3纳米管[18]。Chen课题组利用磁场诱导结合水热合成法制备了单晶Fe_3O_4纳米线，研究了其生长机理，并测定了其铁磁性[19]。

中国科学技术大学钱逸泰课题组在进行了大量的水热合成纳米材料的基础上，发展了用水和与水不互溶的溶剂相混合，使反应在两相界面上进行的两相界面溶剂热法。Mo等以溶有乙二胺的乙酸铅水溶液为水相、二硫化碳的甲苯溶液为油相，将两相混合在一起，在160℃下加热12h制得了硫化铅纳米棒[20]，反应物从两相的内部转移到两相的界面上进行反应，获得了在普通水热条件下难以获得的一维硫化铅纳米材料。在此基础上，Wan等以乙酸铅的水溶液为水相、硫的苯溶液为油相，通过加入表面活性剂十二烷基磺酸钠，于160℃加热20h制得了PbS纳米棒[21]。

图20-8-5显示了制备的均一单分散氧化锌ZnO微球的SEM照片，分别得到了粒径670nm、820nm和1150nm的氧化锌胶质微球，高倍数的SEM明显地显示了氧化锌微球是由直径几十纳米左右的小颗粒组成。在实验基础上，认为纤锌矿ZnO微球的形成是一个以TEA（三乙醇胺）为导向的成核-聚集过程，体系中不加入TEA时得不到产物，在很低的TEA浓度下仅能得到ZnO纳米晶，随着TEA浓度的增加，ZnO颗粒聚集体从椭圆状结构变成球形结构，表明了TEA浓度在ZnO小颗粒聚集成微球的过程中起到了至关重要的作用。据文献报道，较大的晶体能够通过初始小颗粒的自组装来形成[22]。此外，在单分散纳米晶的合成中，高稳定的表面活性剂常常被用来稳定体系中所形成的纳米颗粒[23,24]。假如

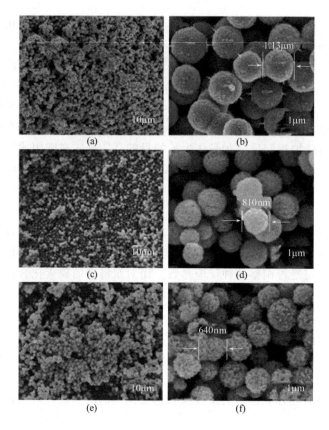

图 20-8-5 不同反应温度下制备的 ZnO 微球 SEM 照片

(a),(b) 180℃;(c),(d) 190℃;(e),(f) 200℃

在合成体系中,配体的稳定能力较弱,所形成的颗粒将会彼此吸附在一起[25]。本实验条件下 ZnO 微球的合成,所选择的弱配体化合物 TEA 能够包围在纳米晶的表面,使其具有较高的表面能,为 ZnO 纳米颗粒聚集成微球提供了驱动力。

当以六亚甲基四胺为导向剂、水为溶剂制备由尖的纳米棒组装成的海胆状球形结构的 ZnO,图 20-8-6 为获得的海胆状 ZnO 纳米结构的 SEM 照片,直径约为 5~8μm。大量的 ZnO 纳米棒从中心接点出发向四周发散生长成一个三维的海胆状纳米结构,作为自组装结构单元的 ZnO 纳米棒,具有很尖的端部且大小均一。高倍数 TEM 照片表明组成结构单元 ZnO 纳米棒是单晶棒,且沿着 [001] 方向生长(图 20-8-7)[26]。

图 20-8-6 海胆状 ZnO 纳米结构的 SEM 照片

总之,水热合成技术由于其具有方法简单、环境友好等优点在纳米材料的制备中得到了广泛的应用。随着其自身的发展将大大地促进其他科学和工业技术的进步,并将在纳米材料

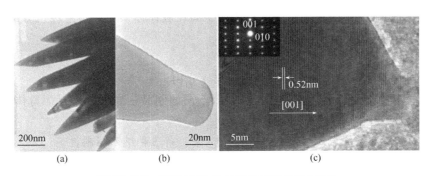

图 20-8-7 海胆状 ZnO 纳米结构的 TEM 照片

的制备中发挥极其重要的作用。

8.2.2 沉淀法

包含一种或多种离子的可溶性盐溶液,当加入沉淀剂后,于一定温度下使溶液发生水解,形成不溶性的氢氧化物、水合氧化物或盐类从溶液中析出,将溶剂和溶液中原有的阴离子洗去,经热解或脱水得到所需的产物的方法称为沉淀法。沉淀法是目前实验室和工业上运用最为广泛的合成超微粉体材料的方法。沉淀法可以分为共沉淀法、均相沉淀法和金属醇盐水解法。

均相沉淀法和其他沉淀方法相比有突出的优点,由于沉淀离子是通过化学反应缓慢生成的,可以达到控制粒子生长速度的目的,并获得粒度均匀、致密、纯度高的纳米粒子。该法目前已被用来制备多种纳米氧化物、硫化物。随着科技的不断发展以及对具有不同物理化学特性超微粉体的需求,在传统沉淀法的基础上衍生出许多新工艺和新方法,如激光聚焦原子沉积法、溅射沉积法等。

8.2.3 溶胶凝胶法

溶胶凝胶法是制备超微粉体的一种有效方法。它利用金属无机盐或醇盐水解构成溶胶凝胶,再经过热处理就可以得到超微粉体。近十多年来,随着对该法基本原理、水解反应过程、原始前驱物的合成、产物的特性形态的表征和其他工艺过程的深入了解,溶胶凝胶法的适用范围不断扩大,周期表中几乎所有元素或能构成陶瓷组分的所有阳离子都能被用来制备溶胶。

按原料分类,溶胶凝胶法可以分为有机途径和无机途径。有机途径通常是采用金属醇盐的水解和缩聚反应来实现。反应式如下:

水解:$M(OR)_4 + nH_2O \longrightarrow M(OR)_{4-n}(OH)_n + nHOR$

缩聚:$2M(OR)_{4-n}(OH)_n \longrightarrow [M(OR)_{4-n}(OH)_{n-1}]_2O + H_2O$

无机途径是采用无机盐的水解来制得:

$$M^{n+} + nH_2O \longrightarrow M(OH)_n + nH^+$$

与传统的烧结法相比,它主要有以下几个优点:

① 产物的化学均匀性好,在溶胶凝胶过程中,溶胶由溶液制得,胶粒内和胶粒间的化学组分完全一样,其均匀程度可达分子或原子水平。

② 产物的纯度高,粉料特别是多组分粉料在制备过程中无须机械混合。

③ 该法可容纳不溶性组分或不沉淀组分,不溶性颗粒均匀地分散在含不产生沉淀的组

分的溶液中,经凝胶化,不溶性组分可自然地凝固在胶体体系中。不溶性组分的颗粒越小,体系的化学均匀性越好。

④ 烧结温度比传统方法低。

⑤ 反应过程容易控制,能大幅减少副反应、分相。

⑥ 由同一原料出发,改变工艺过程可获得不同的制品,如纤维材料、粉体材料、薄膜材料等。

由于该法具备上述优点,目前已经广泛地用来制备多种纳米材料。

8.2.4 膜乳化法

高分子微球是重要的高附加价值化工产品,可用于化工吸附柱填料、药物缓释制剂、临床诊断试剂、精细化工产品等。微球粒径的均一、可控决定了其附加值,也是其获得成功应用的质量保证。例如,用于分离纯化的色谱柱填料,如粒径不均一,会导致填料层的沟流、空穴和死角,难以实现目标产物和杂质的分离。载药用的微囊如果尺寸超出一定范围,将导致达到病变部位的药物量下降,造成治疗效果降低甚至严重的副作用。

传统的微球制备方法主要有机械分散法、喷雾法等。由于此类方法中剪切场不均一以及Oswald熟化现象,无法制备均一液滴和微球。必须进行多次筛分,才能获得所需粒径的产品,不仅需要额外的分离设备和加工时间,导致原料和能源的浪费,而且筛分后的微球也仍然不均一。为解决这一问题,需要新的制备方法和工艺。

膜乳化是利用膜孔为分散介质,通过控制分散过程中的压力和界面张力来获得均一的液滴,将液滴用合适的方法来固化,可得到均一的微球。与传统方法相比,膜乳化法由于具备能耗低、制备条件温和、所制乳滴粒径均一可控、乳滴稳定、放大不受容器规模影响等优点,可应用于众多高附加值领域。膜乳化法中使用的微孔多孔膜,常用的包括玻璃膜、陶瓷膜、聚合物膜等,通过使用不同孔径的微孔膜可制备不同粒径的乳滴,满足不同的应用需求[27]。

膜乳化法主要分为常规膜乳化法和快速膜乳化法两类。常规膜乳化法也被称为错流膜乳化法或直接膜乳化法,即分散相在一定的临界压力下缓慢通过多孔膜,在膜表面的孔末端生成液滴,然后液滴在错流流动的连续相中受到剪切力作用而脱落,生成液滴(图20-8-8)。对于常规膜乳化,影响液滴均一性的关键因素包括膜的开孔率、液滴在膜表面受到的剪切力、分散相与膜之间的界面张力、油水相间的界面张力等。如果剪切力过低,液滴脱落慢,相邻膜孔处持续生长的液滴易于合并,造成液滴过大。但剪切力过高,又会引起未成熟的液

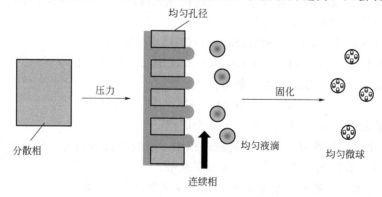

图 20-8-8 常规膜乳化法制备均一微球的原理示意图

滴脱落或者已经形成的乳滴的二次破碎,得到大量小的液滴,影响均一性。同时,分散相与膜之间的界面张力、油水间的界面张力直接影响乳滴在膜孔的生长和脱落速率,进而影响乳液的粒径均一性。常规膜乳化不仅具有能耗低的优点,而且得到的乳液粒径分布非常窄,粒径变异系数(CV, coefficient of variation)可达到10%以下,生成的乳滴尺寸一般为所用膜孔径的3～6倍。常规膜乳化法制备乳滴的通量由膜孔而决定,膜孔大时制备的速度较快,因此,有利于制备均一的数微米级至100μm的乳液。但如果采用较小的膜孔径或黏度较高的分散相,通量会大幅度降低。因此,常规膜乳化法不适于制备黏度较高、目标粒径较小的乳液体系。

为了解决常规膜乳化法存在的上述问题,研究者又发展了另一种新的膜乳化法——快速膜乳化法,也称为预混膜乳化法。该方法先利用传统的乳化方法,如机械搅拌或均质法等,将不互溶的两相制备成初乳液,然后在较高压力下将该初乳液快速压过微孔膜,较大的液滴在膜孔道内受到压力发生形变、破碎,生成小且均一的液滴(图20-8-9)。同样,影响液滴均一性的关键因素是跨膜压力、分散相与膜的界面张力、油水界面张力。例如,压力越大,乳滴受到的剪切力越大,形成的乳滴尺寸越小,但压力过大又会造成粒径分布变宽,得到乳滴的尺寸一般比膜孔径小(约为膜孔径的1/3～1/2)。与常规膜乳化法相比,快速膜乳化法的特点是效率高、通量大,尤其是对于目标粒径较小、高黏度的体系,采用快速膜乳化法具有更大的优势。然而,快速膜乳化法所制备乳液的粒径分布比常规膜乳化法制备的乳液粒径分布稍宽,并且不适于制备目标粒径较大的乳液体系。因此,可按照实际应用需求来选择合适的膜乳化法[28]。

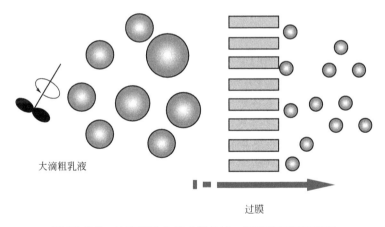

图 20-8-9 快速膜乳化技术制备均一微球的原理示意图

由于膜乳化技术所制备的乳液或微球/微囊的粒径均一,可以带来很多附加优势:①粒径均一的乳液,其Oswald熟化现象延缓,从而大幅提高乳液的储存稳定性;②以粒径均一的乳液为模板和固化技术相结合,可制备各种结构的微球和复合微球以及包埋物质的微囊,固化成球过程中乳滴不易发生破碎及聚并,包埋物不易在固化过程中外泄,包埋率高;③剪切力低,乳化条件温和,适用于容易失活的生物分子的微囊化;④粒径大小分布易于调控,可准确系统地研究粒径和结构对应用效果的影响,得到更有规律、可靠的结果;⑤放大方便,不受反应器尺寸影响,只要增加膜面积即可,批次间重复性好。

以常规膜乳化制备亲水性壳聚糖微球为例:以壳聚糖水溶液为分散相,将溶有乳化剂的油相作为连续相。在一定压力下将分散相缓慢压过疏水的微孔膜,调控连续相流速、界面张力等过程参数,可获得均一的油包水(W/O)型乳液。乳化完毕后,加入交联剂(如戊二醛、京尼平等),促使液滴交联固化,即可得到粒径均一的壳聚糖微球,如图 20-8-10 所示。选用不同孔径的微孔膜可以制备得到不同粒径的壳聚糖微球。当微球作为药物载体使用时,粒径不仅影响其释放速度,而且会影响其在体内的分布和吸收,从而影响最终的治疗效果。将三种粒径均一、其他性质相似的壳聚糖微球($2.1\mu m$,$7.2\mu m$,$12.5\mu m$)对大鼠进行口服给药,粒径大小直接影响微球在消化道内的分布。结果如图 20-8-11 所示,小粒径的微球($2.1\mu m$)在回肠和结肠分布数量最多,表明其能较多地通过回肠和结肠吸收[29]。

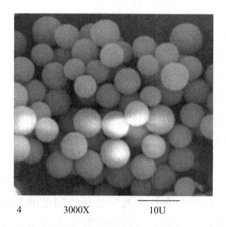
图 20-8-10 以常规膜乳化技术制备均一的壳聚糖微球

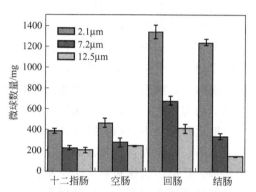
图 20-8-11 三种粒径的壳聚糖微球在消化道的分布(大鼠口服灌胃给药)

快速膜乳化法制备微球的典型例子是针对高浓度(高黏度)琼脂糖体系制备均一、高强度微球。将琼脂糖微球用于蛋白质的色谱分离的结果如图 20-8-12 所示。其中,均一微球是用膜乳化过程制备的高浓度琼脂糖微球,粒径为 $7\mu m$;非均一微球是用搅拌法制备后进一步筛分后的微球。均一微球显示了比非均一微球更好的分辨率以及耐压性能。这是因为粒径越均一,柱效就越高,分辨率也越高;而粒径越均一,不存在小粒径微球堵塞大微球之间孔隙的现象,且浓度越高,微球强度也越高,因此显示更高的耐压性能[30]。

目前,上述膜乳化技术已经成功应用于水包油(O/W)、油包水(W/O)、水包油包水(W/O/W)、油包水包油(O/W/O)等单乳及复乳体系以及后续的微球/微囊制备,涉及的应用领域包括食品、化妆品、生物医药、生物分离、精细化工(打印喷墨、涂料)等。随着相关自动化、连续化、规模化膜乳化设备的研制和推广(图 20-8-13),膜乳化技术将在今后得到更迅速的发展和更为广泛的应用。

8.2.5 微流控技术

20 世纪 90 年代初,微流控技术开始在化工、材料、生物等领域崭露头角,被大量应用于反应、分离过程以及化学、生物分析的研究中。微流控技术是以微结构元器件为核心,在微米或亚毫米尺度受限空间内通过减小体系的分散尺度强化混合、分散与传递,提高过程的可控性和效率。随着分散尺度的降低,微结构设备内的可控性得到了加强,同时在毫米或者亚毫米尺度下设备内物料的存留体积大大减小,应用于化工过程有助于实现高效、安全、绿色和可控[31,32]。

微流控技术制备颗粒材料具有单分散性好、粒径可控、放大效应小等优点,尤其是在制

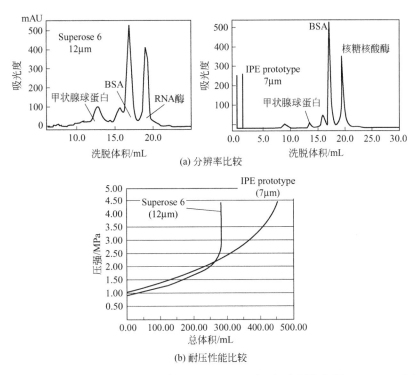

图 20-8-12 粒径均一的琼脂糖介质（IPE prototype）与商品化介质 Superose 6 的比较

图 20-8-13 不同规格的自动化膜乳化设备

备纳米材料中，微流控技术可以增加传质速率从而强化成核，制备得到粒径小、粒径分布窄的纳米颗粒材料。研究表明，若达到反应物料混合相对均匀所需要的时间小于反应所需的时间，那么就可以得到粒度小且分布较窄的纳米颗粒；而沉淀反应动力学很快，因此需要超快混合强化颗粒成核，抑制生长，颗粒直径分布主要和反应器内混合的均一度有关，混合环境越均一，则颗粒直径分布越窄。膜分散微结构反应器是一种新型的高效微流控反应器，它是以微孔膜/微滤膜为分散介质，将反应原料中的其中一相以微米级液滴的方式分散入另外一相，极大提高了传质比表面积，同时由于微米级液滴的边界层厚度大大减小，传质系数也得到了强化。膜分散技术和微通道技术相结合，使得反应通道的厚度在毫米级，可提高混合的均一性。探针反应、CFD 模拟等手段表明膜分散微结构反应器内两股物料可以在几十毫秒内达到均匀混合。膜分散微结构对于大多数沉淀过程具有良好的普适性。通过强化气液混合

[CO_2-$Ca(OH)_2$ 悬浊液，CO_2-$NaAlO_2$ 溶液]、液液混合（$ZnSO_4$ 溶液/NH_4HCO_3 溶液、$BaCl_2$ 溶液/Na_2SO_4 溶液等）提高体系的过饱和度，可制备直径小、粒径分布窄的纳米颗粒，包括纳米 $CaCO_3$ 颗粒（图 20-8-14）、纳米 ZnO 颗粒（图 20-8-15）、纳米 SiO_2、纳米 $Ca_3(PO_4)_2$、纳米 $BaSO_4$、纳米 TiO_2、纳米 ZrO_2 和纳米 Al_2O_3 纤维等材料[33~40]。

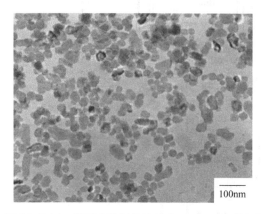 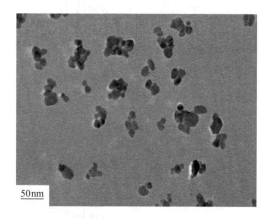

图 20-8-14 微反应器制备的纳米 $CaCO_3$ 颗粒[38]　　图 20-8-15 微反应器制备的纳米 ZnO 颗粒[36]

　　微流控技术可以在微米尺度实现对液滴内部结构的调控，从而连续可控地制备得到不同结构的微乳液液滴，并保证其分散性和均一性[41]。研究表明，微流控技术应用于微乳液及气泡体系时，可以控制其分散因子（液滴粒径数据标准差/平均值）在 2% 以下。通过对液滴产生、汇集、提取组件的设计与组合得到不同结构的微流控装置而制备得到多种结构的微乳液液滴，实现了其组分、厚度以及包含液滴数目等多种参数的调控[42]。利用微流控技术得到的微乳液液滴为多种结构和功能的有机和无机纳米颗粒的制备提供了良好的模板，包括中空腔室结构的单分散葡萄糖响应型水凝胶微颗粒、超顺磁性 Fe_3O_4 的核壳型纳米颗粒、乙氧基化三羟甲基丙烷三丙烯酸酯（ETPTA）的孔-壳型功能微颗粒、N-异丙基丙烯酰胺（PNIPAM）的多腔室型功能微颗粒等[43~46]。

　　微混合效率是制备单分散纳米材料的关键因素，微通道反应器具有传输时间短、微混合效率高的特点，是制备可控单分散纳米材料的理想设备。当流量足够高时，T 型微通道反应器内的离集指数 X_s 低至 $5×10^{-4}$，几乎接近完全微观混合[47]。利用 T 型微通道反应器，在高流量时实现液液高效微混合 [$BaCl_2$ 溶液/Na_2SO_4 溶液、$Al_2(SO_4)_3$ 溶液/$NaAlO_2$ 溶液、NaOH 溶液/$MgCl_2$ 溶液等]，可制备粒径可控的单分散纳米颗粒，包括纳米 $BaSO_4$ 颗粒[47]、纳米勃姆石[47]、层状双金属氢氧化物（如 Mg-Al-CO_3、Mg-Al-NO_3、Mg-Al-Cl 等）[48]、$Mg(OH)_2$ 阻燃剂[49,50]等材料。

　　微结构反应器放大效应小，采用几何放大和数目放大相结合的方式，在保证混合强度的前提下，尽可能放大通道几何尺寸，使得装置操作稳定，加工成本降低。膜分散微结构反应器技术设备能耗低、二氧化碳利用率高，不需要添加剂和晶型控制剂，因此生产成本低，微反应器生产的纳米碳酸钙产品白度高，广泛应用于橡胶、塑料、胶黏剂和造纸等行业，目前已建成了年产万吨级纳米碳酸钙的工业化装置（图 20-8-16）[51]。由于纳米碳酸钙粒子的超细化，使其既具有填充作用又具有补强作用，具有普通微米级碳酸钙和重钙无法比拟的优越性能。当将纳米碳酸钙用于塑料、橡胶和造纸工业时，达到了较好的补强作用，在高级油墨和涂料使用时，又使产品具有良好的光泽、透明、稳定和快干等特性。近年来，随着中国上

图 20-8-16　万吨级纳米碳酸钙微反应器生产装置[51]

述行业的迅速发展,对碳酸钙的品位和档次要求越来越高,纳米碳酸钙有广阔的应用市场和良好的发展前景。

8.3　固相法（球磨法）制备超细颗粒[13,52,53]

固相法（球磨法）是指单质粉末或合金粉末原料按一定比例与钢球混合,在球磨机中长时间研磨制备超细颗粒的一种方法。在碾磨过程中,由于磨球与磨球、磨球与磨罐之间的高速撞击和摩擦,使得处于它们之间的粉末受到冲击、剪切和压缩等多种力的作用,发生形变直至断裂,该过程反复进行,复合粉组织结构不断细化并发生扩散和固相反应,从而形成合金粉。球磨工艺的主要作用为减小颗粒尺寸、固态合金化、混合或融合,以及改变颗粒的形状。目前,已经发展了应用于不同目的的各种球磨方法,包括滚转磨、摩擦磨、振动磨和平面磨等。目前国内市场上已有各种行星磨、分子磨、高能球磨机等产品。

球磨法具有产量大、工艺简便等特点,工业上很早就使用球磨方法,但是,要制备分布均匀的纳米级材料也并非是一件容易的事。早在 1988 年,有学者研究报道了制备 Al-Fe 纳米晶材料的高能球磨法,为超细颗粒的制备找出一条实用化的途径。近年来,高能球磨法已成为制备超细粉体的一种重要方法。

8.3.1　纳米金属单质的制备

高能球磨可以容易地使具有 bcc 结构（如 Cr、Mo、W、Fe 等）和 hcp 结构（如 Zr、Hf、Ru）的金属形成纳米晶结构,但对于具有 fcc 结构的金属（如 Cu）则不易形成纳米晶结构。表 20-8-2 列出了一些 bcc 结构和 hcp 结构的金属球磨形成纳米晶的晶粒尺寸、热焓和比热容变化。由此可以看出,球磨后所得到的纳米晶粒径小、晶界能高。对于纯金属粉末,如 Fe 粉,纳米晶的形成仅仅是机械驱动下结构演变的结果。通过对纯铁粉在不同球磨时间下晶粒粒度和应变进行研究,发现铁的晶粒粒度随球磨时间的增加而减小,应变随球磨时间的增加而不断增大[54]。

具有 fcc 结构的金属（如 Cu）不易通过高能球磨法形成纳米晶,但用高能球磨并发生化学反应的方法可以制备纳米晶。例如利用机械化学法合成了超细铜粉,将氯化铜和钠粉混合进行机械粉碎，发生固态取代反应，生成铜及氯化钠的纳米晶混合物，清洗去除研磨混合物中的氯化钠，得到超细铜粉。若仅以氯化铜和钠为初始物进行机械粉碎，混合物将发生燃烧，如在反应混合物中加入氯化钠则可避免燃烧，且生成的铜粉较细，粒径在 20～50nm。

表 20-8-2　几种纯金属高能球磨后晶粒尺寸、热焓、比热容的变化

金属	结构	熔点/K	平均粒径(d)/nm	热焓/kJ·mol^{-1}	比热容增加率/%
Fe	bcc	1809	8	2.0	5
Nb	bcc	2741	9	2.0	5
W	bcc	3683	9	4.7	6
Hf	hcp	2495	13	2.2	3
Zr	hcp	2125	13	3.5	6
Co	hcp	1768	14	1.0	3
Ru	hcp	2773	13	7.4	15
Cr	bcc	2148	9	4.2	10

8.3.2　不互溶体系超细粉体的制备

众所周知，用常规熔炼方法无法将相图上几乎不互溶的几种金属制成固溶体，但用机械合金化方法很容易做到。因此，机械合金化方法制备新型纳米合金为新材料的发展开辟了新的途径。近年来，用该方法已成功地制备了多种纳米固溶体。例如，Fe-Cu 合金粉是将粒径≤100μm 的 Fe、Cu 粉体放入到球磨机中，在氮气保护下，球与粉质量比为 4∶1，经过 8h 或更长时间球磨，晶粒减小到十几纳米。对于 Ag-Cu 二元体系，在室温下 Ag、Cu 几乎不互溶，但将 Ag、Cu 混合粉经 25h 的高能球磨，开始出现具有 hcp 相结构的固溶体，球磨 400h 后，固溶体的晶粒度减小到 10nm。对于 Al-Fe、Cu-Ta、Cu-W 等用高能球磨法也能获得具有纳米结构的亚稳相粉末。Cu-W 体系几乎在整个成分范围内都能得到平均粒径为 20nm 的固溶体、Cu-Ta 体系球磨 30h 形成粒径为 20nm 左右的固溶体[55]。

8.3.3　金属间化合物超细粉体的制备

金属间化合物是一类用途广泛的合金材料。纳米金属间化合物，特别是一些高熔点的纳米金属间化合物在制备上比较困难。目前，已在 Fe-B、Ti-Si、Ti-B、Ti-Al、Ni-Si、V-C、W-C、Si-C、Pd-Si、Ni-Mo、Nb-Al、Ni-Zr、Al-Cu、Ni-Al 等 10 多个合金体系中用高能球磨法制备了不同粒径尺寸的纳米金属间化合物。研究结果表明，在一些合金系中或一些成分范围内，纳米金属间化合物往往在球磨过程中作为中间相出现。如在球磨 Nb-25%Al 时发现，球磨初期首先形成 35nm 左右的 Nb_3Al 和少量的 Nb_2Al，球磨 2.5h 后，金属间化合物 Nb_3Al 和 Nb_2Al 迅速转变成具有纳米结构（10nm）的 bcc 结构固溶体。在 Pd-Si 体系中，球磨首先形成纳米级金属间化合物 Pd_3Si，然后再形成非晶相。对于具有负混合热的二元或二元以上的体系，球磨过程中亚稳相的转变取决于球磨的体系以及合金的成分。如 Ti-Si 合金系，在 Si 的含量为 25%～60%的成分范围内，金属间化合物的自由能大大低于非晶以及 bcc 结构和 hcp 结构固溶体的自由能，在这个成分范围内球磨容易形成纳米结构的金属间化合物。而在此成分范围之外，因非晶的自由能较低，球磨易形成非晶相[56]。

8.3.4　纳米级的金属或金属氧化物-陶瓷粉复合超细颗粒的制备

高能球磨法也是制备纳米复合材料的有效方法，它能把金属与陶瓷粉（纳米氧化物、碳

化物等）复合在一起，获得具有特殊性质的新型纳米复合材料。例如，日本国防学院把几十纳米的 Y_2O_3 粉体复合到 Co-Ni-Zr 合金中，Y_2O_3 仅占 1%～5%，它们在合金中呈弥散分布状态，使得 Co-Ni-Zr 合金的矫顽力提高约两个数量级。用高能球磨方法可制得 Cu-纳米 MgO 或 Cu-纳米 CaO 复合材料，这些氧化物纳米颗粒均匀分散在 Cu 基体中。这种新型复合材料的电导率与 Cu 基本一样，但强度却大大提高。

将 TiO_2、$Ba(OH)_2·8H_2O$ 粉体按摩尔比为 1∶1 的比例混合后置入 ND2 型行星磨中球磨不同时间。随着球磨过程的继续，机械能作用于颗粒表面，并转化为颗粒的内能，形成大量活化点，这些活化点的形成一方面使混合物体系的热力学位能显著提高，处于介稳的热力学活性状态；另一方面，活化点的扩散能力大大增强，使得在 BaO 和 TiO_2 颗粒的界面区域发生局部固相反应，形成了 $BaTiO_3$ 相[57]。

8.4 纳米颗粒的性能及应用

8.4.1 气相二氧化硅的性能及其在硅橡胶中的应用

气相二氧化硅聚集体的表面不规则和粗糙程度可以用分形几何的方法来表征，分形维数越大，表明二氧化硅聚集体表面支链结构越发达。图 20-8-17 为透射电镜下纳米二氧化硅的微观形貌，可以看出，气相二氧化硅一次粒径为 10nm 左右，颗粒之间形成网络状分布。

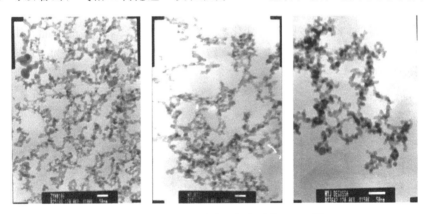

图 20-8-17　气相纳米二氧化硅的 TEM 图

气相法纳米二氧化硅是硅橡胶最好的补强原料。图 20-8-18 是气相二氧化硅在硅橡胶中填充后的扫描电镜图。当不同结构纳米二氧化硅对硅橡胶进行补强时，高分支结构的纳米二氧化硅聚集体的 DBP 吸油值大，二氧化硅聚集体-硅橡胶网络结构增强，填充胶的临界应变变小，Payne 效应明显。而二氧化硅比表面积增加，同样会使体系内的网络结构增强，Payne 效应增大。对于未硫化填充胶，二氧化硅填充量增加，填充胶出现线性黏弹性特性。二氧化硅比表面积增加，填充胶的临界应变增大，G'-γ、G''-γ 线性关系减小，出现非线性黏弹性特性。

气相二氧化硅在硅橡胶填充后，纳米二氧化硅表面羟基与硅橡胶氧原子形成氢键，形成了以纳米二氧化硅颗粒为晶核的微晶区。二氧化硅填充量增加，填充胶玻璃化转变温度和微晶区熔融温度向高温方向移动，熔融吸热减少，填充胶的耐寒性能降低。高分支结构的纳米

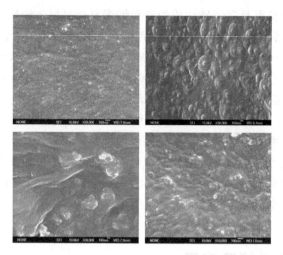

图 20-8-18 二氧化硅在硅橡胶中的填充形貌

二氧化硅的储存模量 E' 和损耗模量 E'' 较高，进一步说明结合胶提高了填料-聚合物之间的相互作用[58]。

8.4.2 沉淀纳米二氧化硅在轮胎橡胶中的应用

沉淀法合成二氧化硅（白炭黑）是以硅酸钠和酸化剂为原料进行沉淀反应得到白炭黑产品，酸化剂可以为无机酸如硫酸、盐酸，也可以为有机酸和酯类。不同的酸化剂、硅酸钠浓度、反应温度、反应时间等诸多因素的变化都会对最终的白炭黑产品的性能产生影响。沉淀法制得的白炭黑颗粒形貌如图 20-8-19 所示，颗粒尺寸均匀，一次粒径为 15~20nm，分散性好，团聚较少。

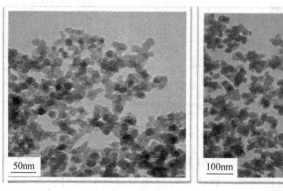

图 20-8-19 沉淀法制得的白炭黑透射电镜照片

沉淀法白炭黑表面存在的并不是稳定的硅氧结构，而是一些不饱和的残键和三种不同存在形式的羟基，这些不稳定结构的存在使得白炭黑具有很高的活性，用途广泛。通过向涂料中添加白炭黑可以对涂料的触变性、与基体的结合性、光反射性、流动性等性能进行改性；白炭黑被作为摩擦剂在牙膏工业中广为使用，白炭黑的使用能够显著提高牙膏的清洁能力，并且，由于白炭黑的折射率与牙膏中主要成分的折射率相近，可以通过添加白炭黑来制备透明牙膏；对医药和化妆品这些生物接触类行业来说，白炭黑所具有的高稳定性、较大的折射率、高比表面积和生理惰性使得白炭黑成为良好的添加剂；白炭黑的使用，从一定程度上平衡了轮胎的"魔鬼三角",即滚动阻力、耐磨性和抗湿滑性能,使轮胎在滚动阻力降低的同时抗湿滑性能基本保持不变,很大程度地提高了轮胎橡胶的性能,当白炭黑全面取代炭黑后,能够降低约 20% 的滚动阻力以及约 50% 的胎面滞后性能,而滚动阻力的降低能够直接带来油耗的降低,白炭黑所带来的 20% 滚动阻力的降低能够节约 3% 以上的燃油。

使用沉淀法白炭黑对轮胎橡胶进行改性后,从 SEM 图片(图 20-8-20)中可以看出,白炭黑均匀分散在橡胶基体中,橡胶有效吸附在白炭黑颗粒周围,进而产生补强效果。目前白炭黑在橡胶中的应用大多都采用了偶联剂,偶联剂能在白炭黑与橡胶之间形成桥梁作用,提高结合胶的含量,进而提高白炭黑的补强效果。

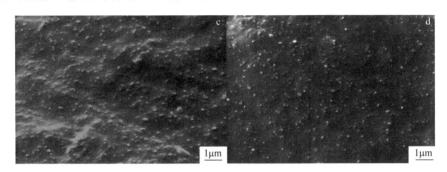

图 20-8-20 白炭黑填充橡胶的 SEM 图[59]

8.4.3 纳米碳酸钙的性能及应用

纳米碳酸钙工业生产中,应用最广泛的工艺方法是碳化法。它是通过 CO_2 与 $Ca(OH)_2$ 浆料之间的气液反应制备碳酸钙的。工业生产中,通常先将精选的石灰石煅烧,得到生石灰和窑气。生石灰经过消化过程,得到 $Ca(OH)_2$ 悬浮液,窑气则通过净化,作为 CO_2 来源与 $Ca(OH)_2$ 悬浮液反应,达到碳化终点后,将得到的碳酸钙浆液脱水干燥,即得到纳米碳酸钙产品。碳化法可以有效利用矿物资源,成本低且环保,是目前工业中应用最为广泛的方法。

目前研究比较成熟的制备纳米碳酸钙的碳化工艺主要有间歇鼓泡碳化法、多级喷雾碳化法[60]和超重力碳化法[61],但上述方法很难兼顾体系良好的气液传质特性和工艺条件控制简单方便这两方面。很多文献在此基础上报道了用于制备纳米碳酸钙的新型反应器,如辐射状气体分布器[62]、膜分散微反应器[63]、多孔分散微通道反应器[64]、微孔套管微通道反应器[65]和 Couette-Taylor(CT)反应器[66]。这些反应器可以大大提高气液传质系数,而且方便控制碳化反应条件,但是这些反应器生产能力小,实现工业化非常困难,制备的稳定性和可重复性也面临较大挑战。

碳化过程中,碳酸钙形貌尺寸受多种因素,如起始 $Ca(OH)_2$ 浓度[67]、碳化起始温度[68]、CO_2 分压[69]、总气体流量的共同影响。这些工艺条件从本质上说是通过改变溶液过饱和度和气液传质特性来实现对碳酸钙的成核和结晶生长过程的影响的。在讨论这些工艺条件对碳酸钙粒径的影响时,要综合考虑过饱和度和传质等因素。

在碳化反应过程中加入一些添加剂可以改变碳酸钙的成核速率,破坏 $Ca(OH)_2$ 的电离平衡,提高晶核在某些方向的生长能力,抑制在其他方向的生长,从而控制碳酸钙的形貌尺寸。常见的这类添加剂主要有多羟基化合物、乙二胺四乙酸、六偏磷酸钠等。不同添加剂下

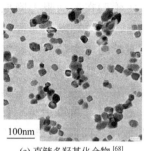 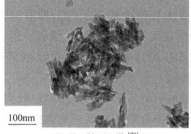 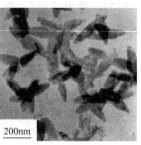

(a) 直链多羟基化合物[68]　　(b) 乙二胺四乙酸[70]　　(c) 六偏磷酸钠[68]

图 20-8-21　不同添加剂下制备的碳酸钙的 TEM 图

制备的碳酸钙的 TEM 图见图 20-8-21。

碳化前加入直链多羟基化合物，羟基和 Ca^{2+} 发生了强烈的静电匹配作用，降低了碳酸钙结晶成核的活化能，促进了成核过程，使晶核能够稳定存在，抑制晶核团聚[71]。有机酸乙二胺四乙酸（EDTA）的加入可以显著增加体系中 Ca^{2+} 浓度，从而提高碳化反应速率，减小纳米碳酸钙的尺寸[72]。六偏磷酸钠 $[(NaPO_3)_6]$ 在碳化反应前先与 $Ca(OH)_2$ 反应生成热力学上更稳定的羟基磷灰石 $[Ca_5(PO_4)_3(OH)]$，通入 CO_2 后，随着碳酸钙的成核与生长，CO_3^{2-} 进入到羟基磷灰石晶格内，部分代替 PO_4^{3-}，形成具有较大空间位阻的物质，吸附在碳酸钙晶粒表面，使碳酸钙在某一方向上晶粒生长概率变大，诱导形成纺锤形纳米碳酸钙。

纳米碳酸钙广泛应用于塑料、橡胶、造纸等领域，工业需求与日俱增。纳米碳酸钙比表面积大，表面能高，作为聚合物填料使用时，颗粒间易团聚，在基体中分散不均匀；表面亲水疏油，极性较大，与非极性或弱极性的聚合物基体相容性差，从而导致聚合物材料性能下降，影响碳酸钙实际应用效果。表面改性是提高纳米碳酸钙分散性及其与聚合物亲和性的重要手段。常见的纳米碳酸钙表面改性的方法有湿法改性和干法改性，这两种方法都需要额外的表面处理步骤，增加生产过程中的能耗。原位改性，即将表面活性剂在碳化前加入反应物中，不仅能解决上述能耗高的问题，还能提高表面活性剂的利用效率。

图 20-8-22 为纳米碳酸钙填充聚己内酯的 SEM 图，可以看出，经过 CTAB（十六烷基三甲基溴化铵）或油酸改性的纳米碳酸钙（图 20-8-23）在聚合物中分散得更均匀，团聚现象明显改善，与聚合物亲和性更好。

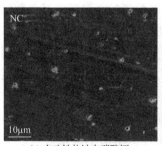  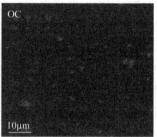

(a) 未改性的纳米碳酸钙　　(b) CTAB 改性的纳米碳酸钙　　(c) 油酸改性的纳米碳酸钙

图 20-8-22　纳米碳酸钙填充聚己内酯 SEM 图[72]

纳米碳酸钙作为填料对纸张进行包覆改性，可以提高纸张表面的光洁程度，改善纸张光学性能，包覆改性后，纸张的润湿性和亲疏水性会发生变化，可以利用这一点改善纸张的油墨吸收性，提高彩色纸的颜料牢固性。

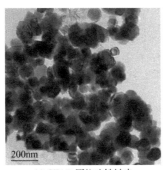
(a) CTAB 原位改性纳米
碳酸钙的 TEM 图

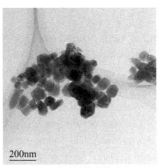
(b) 油酸原位改性纳米
碳酸钙的 TEM 图

图 20-8-23 改性后纳米碳酸钙 TEM 图[72]

参考文献

[1] Pratsimis S E, Vemery S. Powder Technology, 1996, 88(3): 267-273.
[2] Teleki A, Suter M, Kidambi P, et al. Chem Mater, 2009, 21: 2094-2100.
[3] Pratsinis S E. Progress Energy Combution Science, 1998, 24: 197-219.
[4] Stark W J, Pratsinis S E. Powder Technology, 2002, 126: 103-108.
[5] Keskinen H, Tricoli A, Marjamäki M, et al. Appl Phys, 2009, 106: 084316.
[6] Tricoli A, Righettoni M, Pratsinis S E. Langmuir, 2009, 25: 12578-12584.
[7] Stark W J, Pratsinis S E. Powder Technology, 2002, 126: 103-108.
[8] Strobel R, Mädler L, Piacentini M, et al. Chem Mater, 2006, 18(10): 2532-2537.
[9] 杨彦明, 蒋渝, 陈家钊, 等. 材料开发与应用, 2004, 19(1): 29-31.
[10] 魏智强, 温贤伦, 王君, 等. 稀有金属材料与工程, 2004, 33(3): 305-308.
[11] 魏智强, 马军, 冯旺军, 等. 贵金属, 2004, 25(3): 29-32.
[12] 关波, 傅正义, 王皓. 纳米材料和技术应用进展//全国第三届纳米材料和技术应用会议论文集(上卷), 2003.
[13] 张立德, 牟季美. 纳米材料和纳米结构. 北京: 科学出版社, 2002.
[14] 施尔畏, 夏长泰, 王步国, 等. 无机材料学报, 1996, 11(2): 193.
[15] Chen Q W, Qian Y T. Appl Phys Lett, 1995, 66: 1608-1610.
[16] 施尔畏, 陈之战, 等. 水热结晶学. 北京: 科学出版社, 2004.
[17] Cao M H, Hu C W, Wang E B. J Am Chem Soc, 2003, 125: 11196-11197.
[18] Xu A W, Fang Y P, You L P, et al. J Am Chem Soc, 2003, 125: 1494-1498.
[19] Wang J, Chen Q W, Zeng C, et al. Adv Mater, 2004, 16: 137-141.
[20] Mo M S, Shao M W, Hu H M, et al. Cryst Growth, 2002, 244: 364-369.
[21] Wan J X, Chen X Y, Wang Z H, et al. Mater Chem Phys, 2004, 88: 217-223.
[22] Zhang H T, Chen X H. J Phys Chem B, 2006, 110(19): 9442-9447.
[23] Peng Z A, Peng X G. J Am Chem Soc, 2002, 124(13): 3343-3353.
[24] Donega C D, Liljeroth P, Vanmaekelbergh D. Small, 2005, 1(12): 1152-1162.
[25] Narayanaswamy A, Xu H F, Pradhan N, et al. J Am Chem Soc, 2006, 128(31): 10310.
[26] Zheng S L, Tong M L, Chen X M. Coord Chem Rev, 2003, 246: 185-202.
[27] Zhu L, Li Q, Gong F L, et al. Journal of Membrane Science, 2013, 448: 248-255.
[28] Liu R, Huang S S, et al. Colloids and Surfaces B: Biointerfaces, 2006, 51: 30-38.
[29] Wang Y J, Hao S J, Liu Y D, et al. Journal of Membrane Science, 2013, 145: 306-313.
[30] Na X M, Gao F, Zhang L Y, et al. ACS Macro Lett, 2012, 1: 698-700.
[31] Luo Guangsheng, Du Le, Wang Yujun, et al. Particuology, 2011, 9(6): 545-558.
[32] 骆广生, 王凯, 王玉军, 等. 化工进展, 2011, 30(8): 1637-1642.

[33] Wang Kai, Wang Yujun, Chen GuiGuang, et al. Industrial & Engineering Chemistry Research, 2007, 46(19): 6092-6098.
[34] Du Le, Wang Yujun, Lu Yang cheng, et al. Powder Technology, 2013, 247: 60-68.
[35] Du Le, Wang Yujun, Wang Kai, et al. Chemical Engineering Science, 2014, 114: 105-113.
[36] Huang Cui, Wang Yujun, Luo Guangsheng. Industrial & Engineering Chemistry Research, 2013, 52(16): 5683-5690.
[37] Du Le, Wang Yujun, Wang Kai, et al. Industrial & Engineering Chemistry Research, 2013, 52(31): 10699-10706.
[38] Du Le, Wang Yujun, Luo Guangsheng. Particuology, 2013, 11(4): 421-427.
[39] Li Shaowei, Xu Jianhong, Wang Yujun, et al. AIChE Journal, 2009, 55(12): 3041-3051.
[40] Li Shaowei, Xu Jianhong, Wang Yujun, et al. Langmuir, 2008, 24(8): 4194-4199.
[41] Chu L Y, Utada A S, Shah R K, et al. Angew Chem Int Ed, 2007, 46(47): 8970-8974.
[42] Wang W, Xie R, Ju X J, et al. Lab Chip, 2011, 11(9): 1587-1592.
[43] Zhang M J, Wang W, Xie R, et al. Soft Matter, 2013, 9(16): 4150-4159.
[44] Wang W, Liu L, Ju X J, et al. Chem Phys Chem, 2009, 10(14): 2405-2409.
[45] Wang W, Zhang M J, Xie R, et al. Angew Chem Int Ed, 2013, 52(31): 8084-8087.
[46] Wang W, Luo T, Ju X J, et al. Int J Nonlinear Sci Numer Simul, 2012, 13(5): 325-332.
[47] Ying Y, Chen G, Zhao Y, et al. Chemical Engineering Journal, 2008, 135(3): 209-215.
[48] Ren M, Yang M, Chen G, et al. Journal of Flow Chemistry, 2014, 4(4): 164-167.
[49] Ren M, Yang M, Li S, et al. RSC Advances, 2016, 6(95): 92670-92681.
[50] 陈光文. 基于微化工技术高品质氢氧化镁阻燃剂可控制备//中国国际科技促进会. 全国阻燃剂研发与应用技术交流研讨会论文集. 中国国际科技促进会: 北京城建联企业管理咨询中心, 2017: 5.
[51] 骆广生. 微化工技术及其工业应用//中国化工学会橡塑产品绿色制造专业委员微通道反应技术研讨和产业化推进会论文集. 中国化工学会, 2016: 16.
[52] 张志琨, 崔作林. 纳米技术与纳米材料. 北京: 国防工业出版社, 2000.
[53] 曹茂盛. 超微颗粒制备科学与技术. 哈尔滨: 哈尔滨工业大学出版社, 1995.
[54] 张巨生, 掌继锋, 刘志刚, 等. 稀有金属材料与工程, 2007, 36(12): 2204-2207.
[55] 戴华, 朱心昆, 黄素贞, 等. 材料导报, 2007, 21(11): 40-42.
[56] 王正云, 栾道成, 冯威, 等. 硬质合金, 2007, 24(3): 148-152.
[57] 吴雪梅, 陶珍东, 黄志文, 等. 西南科技大学学报, 2008, 23(1): 66-70.
[58] 何颖. 纳米二氧化硅结构对硅橡胶性能的影响. 上海: 华东理工大学, 2005: 9-20.
[59] 王兵兵. 白炭黑表面接枝改性及其在橡胶中的应用. 广州: 华南理工大学, 2012: 45-46.
[60] 胡庆福, 李保林. 河北化工, 1987, 4: 38-43.
[61] 王玉红, 陈建峰. 粉体技术, 1998, 4(4): 5-11.
[62] Xiang L, Xiang Y, Wang Z G, et al. Powder Technology, 2002, 126: 129-133.
[63] Wang K, Wang Y J, Chen G G, et al. Ind Eng Chem Res, 2007, 46(19): 6092-6098.
[64] Du L, Wang Y, Luo G. Particuology, 2013, 11(4): 421-427.
[65] Yan L, Chu G, Wang J, et al. Chemical Engineering and Processing, 2014, 79(3): 34-39.
[66] Jung W M, Kang S H, Kim K S, et al. Journal of Crystal Growth, 2010, 312(22): 331.
[67] 童张法, 胡超, 李立硕, 等. 广西科学, 2015, 22(1): 53-59.
[68] 邓捷. 超细碳酸钙的形貌控制及改性工艺. 上海: 华东理工大学, 2013: 32.
[69] Montes-Hernandez G, Renard F, Geoffroy N, et al. J Crystal Growth, 2007, 308(1): 228.
[70] Zhou J, Xun C, Yong X, et al. Ind Eng Chem Res, 2014, 53(4): 1702-1706.
[71] 马洁, 李春忠, 陈雪花, 等. 华东理工大学学报: 自然科学版, 2005, 31(14): 817-820.
[72] Barhoum A, Lokeren L V, Rahier H, et al. Journal of Materials Science, 2015, 50(24): 7908.

第21篇
流态化

主 稿 人：朱庆山　中国科学院过程工程研究所研究员
编写人员：葛　蔚　中国科学院过程工程研究所研究员
　　　　　高士秋　中国科学院过程工程研究所研究员
　　　　　王　维　中国科学院过程工程研究所研究员
　　　　　王军武　中国科学院过程工程研究所研究员
　　　　　李　军　中国科学院过程工程研究所研究员
　　　　　刘新华　中国科学院过程工程研究所研究员
　　　　　陈飞国　中国科学院过程工程研究所副研究员
　　　　　鲁波娜　中国科学院过程工程研究所副研究员
　　　　　张　楠　中国科学院过程工程研究所副研究员
　　　　　华蕾娜　中国科学院过程工程研究所副研究员
　　　　　魏　飞　清华大学教授
　　　　　骞伟中　清华大学教授
　　　　　卢春喜　中国石油大学（北京）教授
　　　　　王勤辉　浙江大学教授
审 稿 人：李佑楚　中国科学院过程工程研究所研究员
　　　　　姚建中　中国科学院过程工程研究所研究员

第一版编写人员名单
编写人员：黄长雄　马兴华　李佑楚　王永安　刘淑娟　李洪钟
　　　　　胡荣泽　王明星　黄延章
审 校 人：郭慕孙

第二版编写人员名单
主 稿 人：郭慕孙
编写人员：李佑楚　李洪钟　李静海　罗保林　刘淑娟

1

流态化流体力学特性

　　流态化是一门旨在强化颗粒与流体（气体或液体）之间接触和传递的工程技术。1879年，世界上公布了第一个流态化专利技术。20世纪20年代，德国开发出第一个粉煤流态化气化装置——温克勒（Fritz Winkler）气化炉，进行了流态化技术工业应用的尝试。40年代初，石油流态化催化裂化工艺成功开发，开创了流态化技术应用研究的新时期。流态化技术大体经历了两个发展阶段，20世纪80年代以前以气泡现象为主要特征的鼓泡流态化及液固流态化；20世纪80年代以后以颗粒聚团为主要特征的快速流态化及气固流态化的散式化。近年来，由于生产实际需求的推动，气、液、固三相流态化和外力场下的流态化得到了新的发展，成为引人注目的前沿研究领域。整体来说，流态化基础理论的发展使其由纯技术工艺开始向工程科学转化。

1.1　流态化现象

1.1.1　基本现象与特点

　　流化床通常由一圆形立柱和安装在其下端的分布板组成，如图21-1-1所示[1]。在床中装有一定量的固体物料，流体从床底给入，通过分布板及颗粒床层向上流动。当流速大于某一值后，静止不动的颗粒开始振动和运动，整个床层显示出某种液体属性的特征，即流态化现象[1]。因此，可以说，流态化就是指固体颗粒在流体（气体或液体）的作用下，由相对静止的状态转变为具有液体属性的流动状态。这种状态具有以下特性：
　　① 它能像液体一样，具有保持水平状态的上界面；
　　② 它能像液体一样，从一个容器流入另一个容器；
　　③ 床层中的静压仅与其所处的床层深度和密度成正比，而与水平位置无关；
　　④ 细颗粒可被带出床层，在其上方空间形成稀薄的"蒸气"相。
　　与传统的固定床接触方式相比，处于流态化条件下的颗粒，尺寸较小，比表面积较大，可与流体充分接触，并处于强烈的湍动状态，使相之间的接触和热、质传递大大强化，为提高生产装置的效率创造了极其有利的条件。

1.1.2　流态化状态谱系相图

　　当流体通过颗粒床层时，由于流体与颗粒表面摩擦，流体对颗粒产生一种作用力即曳力，且随流速的增加而增大，使颗粒倾向运动，同时颗粒由于其自身重力惯性作用，又有保持静止的属性。流体通过床层的摩擦阻力表现为流体压力损失，即压降。在流速较低时，曳

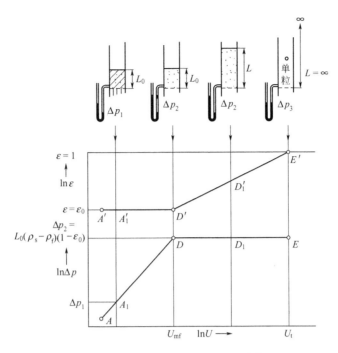

图 21-1-1 流化床及流态化现象[1]

p—压力，Pa；U—流体表观速度，m·s^{-1}；U_{mf}—最小流态化速度；U_t—自由沉降速度；
ε—空隙率；ε_0—初始空隙率

力小于重力，颗粒仍然保持静止不动，表现为固定床状态。当流速达到某一值时，曳力足以支撑整个床层的颗粒重量，颗粒开始微小运动，床层由固定床转化为流化床，此时流体速度称为初始流化速度、临界流态化速度或最小流态化速度 U_{mf}。随着流速的进一步增加，床层发生膨胀，床层空隙率增大，但因床中颗粒物料的重量基本不变，床层压降保持不变。当流速达到某一值时，颗粒将从床顶溢出，床内颗粒浓度急剧减小，床层压降迅速下降，直至全部颗粒被吹出，床层空隙率接近于 1，床层压降接近于 0，通常将这一速度称为终端速度，在数值上等于颗粒在流体中的自由沉降速度 U_t。此时，如果以一定的流量从床层底部向床层补充颗粒物料，床层颗粒浓度和床层压降将增加，其大小随流体流速的增大而减小，随固体流速的增大而增加。随着流体流速的进一步增大，虽然颗粒浓度和床层压降因此减少，但流体和颗粒与器壁的摩擦阻力将增大，因而床层压降先随流体流速逐渐减小，达到最小值后逐渐增大。习惯上，将操作速度限于临界流态化速度与终端速度之间的具有一定上界面的浓相流态化称为经典流态化。应该指出的是，除上述颗粒与流体同时向上的流化现象外，颗粒与流体运动方向也可以是同时向下或相互逆流，且能形成多种不同的流化操作状态。郭慕孙将它们统称为广义流态化。散式系统的广义流态化状态相图如图 21-1-2 所示[2]。细颗粒物料（Geldart 分类中的 A 类和部分 C 类物料，见图 21-1-3)[3]的气固流态化具有与散式流态化不同的流化特性，表现为随着气速的逐渐增大，床层首先由固定床通过散式膨胀转变为鼓泡流态化、湍动流态化，当向床层底部连续补充固体物料时，将通过快速流态化过渡到气力输送，而且可形成类似于散式流态化的其他广义流态化操作。聚式广义流态化的状态谱图如图 21-1-4 所示[4]。

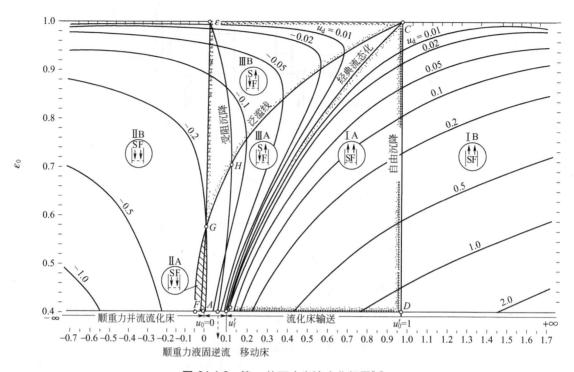

图 21-1-2 等 n 值下广义流态化相图[2]

u_0—流体表观速度，m·s^{-1}；u_d—颗粒表观速度，m·s^{-1}；u_f—初始流化速度，m·s^{-1}

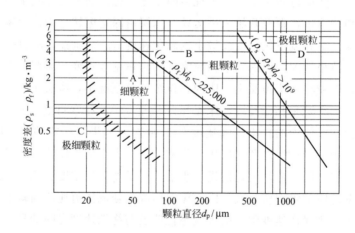

图 21-1-3 流态化颗粒的分类[3]

ρ_s—颗粒密度；ρ_f—流体密度；d_p—颗粒直径

1.1.3 流态化类型

实用流态化系统主要有液固流态化、气固流态化和气液固三相流态化。按其状态类型可分为三类，即散式流态化、聚式流态化和三相流态化。对于液固流态化，颗粒能均匀地分散在流体中，具有较均匀的床层结构，通常称为散式流态化；对于气固流态化，床层结构存在显著的不均匀性和不稳定性，在低气速条件下，气体凝聚为气泡，成为不均匀性的主要特

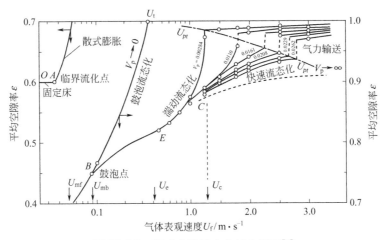

图 21-1-4 聚式广义流态化状态谱图[4]

征,而在高气速条件下,颗粒聚集为不断形成而又不断破碎的团聚体,且在流场中不均匀分布,因此通常将气固流态化称为聚式流态化;对于气液固共存的三相系统,兼有散式流态化和聚式流态化双重特征,通常称为三相流态化。

流态化类型的差别主要由流体属性(密度、黏度等)和颗粒特性(粒径、密度、颗粒形状等)所决定,同时与操作条件(流体速度、固体通量、温度、压力等)有关。实验表明,液固流态化并不全部都属于散式流态化,例如用水流化铅粒可形成聚式流态化。反之,某些细颗粒物料的气固流态化,在特定条件下显示出散式流态化特征。早期区别散式流态化与聚式流态化的判据有:

① Wilhelm[5]和郭慕孙判据:

$Fr_{mf}<0.13$ 为散式流态化; (21-1-1)

$Fr_{mf}>0.13$ 为聚式流态化。 (21-1-2)

② Romero 和 Johanson[6] 判据:

$$(Fr_{mf})(Re_{mf})\left(\frac{\rho_p-\rho_f}{\rho_f}\right)\left(\frac{H_{mf}}{D_t}\right)<100 \text{ 为散式流态化;} \tag{21-1-3}$$

$$(Fr_{mf})(Re_{mf})\left(\frac{\rho_p-\rho_f}{\rho_f}\right)\left(\frac{H_{mf}}{D_t}\right)>100 \text{ 为聚式流态化。} \tag{21-1-4}$$

$$Fr_{mf}=\frac{U_{mf}^2}{d_p g},\ Re_{mf}=\frac{d_p U_{mf}\rho_f}{\mu_f}。$$

流化类型判据主要说明流化均匀性或流化质量的优劣。Geldart[3]用粒径和颗粒与流体密度差的乘积来考察气固流化质量,将物系区分为能形成充气散式流化的 A 类物料、砂性鼓泡流化的 B 类物料、粗粒喷动流化的 D 类物料和极难流化的 C 类物料,如图 21-1-3 所示,以粗略地估计它们可能的流化类型。

1.1.4 流态化体系的分类

根据已发现的流态化状态,流态化体系可粗略分类,如图 21-1-5 所示。

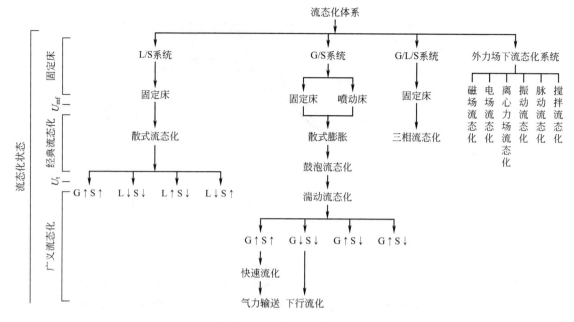

图 21-1-5 流态化体系分类

1.2 经典散式流态化

1.2.1 流体通过固定床的压降

颗粒床层的流态化都是发端于固定床，其流体力学行为是流体通过固定床流动的延伸。对于由颗粒直径为 d_p、密度为 ρ_p 的固体物料填充成的一床高为 L、堆密度为 ρ_b、空隙率为 ε 的固定床，密度为 ρ_f 的流体以速度 U_f 通过床层，床层阻力压降为 Δp。若将颗粒之间的孔道等量于当量空管，则 Leva[7] 建议可用通过空管的流动来描述，其摩擦系数 f_m 为：

$$f_m = \frac{\Delta p d_p \Phi_s^{3-n} \varepsilon^3 g}{2LU_f^2 \rho_f (1-\varepsilon)^{3-n}} = f\left(\frac{d_p U_t \rho_f}{\mu_f}\right) \tag{21-1-5}$$

如图 21-1-6 所示，对 $Re<10$ 的层流层，$n=1.0$，则：

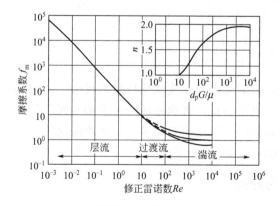

图 21-1-6 摩擦系数与修正雷诺数 Re 的关系[7]

$$f_m = \frac{\Delta p d_p \Phi_s^2 \varepsilon^3 g}{2LU_f^2 \rho_f (1-\varepsilon)^2} = 100 \left(\frac{d_p U_t \rho_f}{\mu_f}\right)^{-1} \tag{21-1-6}$$

或
$$\Delta p \propto \frac{(1-\varepsilon)^2}{\varepsilon^3} \tag{21-1-7}$$

对 $10 < Re < 200$，n 值由 Re 修正函数求出，则：
$$\Delta p \propto \frac{(1-\varepsilon)^{3-n}}{\varepsilon^3} \tag{21-1-8}$$

对 $200 < Re < 10000$，$n \approx 1.9$，则：
$$f_m = \frac{\Delta p d_p \Phi_s^{1.1} \rho_f^{0.9} \varepsilon^3}{2LU_f^2 \rho_f (1-\varepsilon)^{1.1}} = 1.75 \tag{21-1-9}$$

或
$$\Delta p \propto \frac{(1-\varepsilon)^{1.1}}{\varepsilon^3} \tag{21-1-10}$$

对 $Re > 10000$ 的完全湍流区，$n \approx 2$，则：
$$\Delta p \propto \frac{1-\varepsilon}{\varepsilon^3} \tag{21-1-11}$$

Ergun[8] 提出一个固定床压降的综合关联式：
$$\frac{\Delta p}{L} = 150 \frac{(1-\varepsilon)^2}{\varepsilon^3} \frac{\mu_f U_f}{(d_p \Phi_s)^2} + 1.75 \frac{(1-\varepsilon)}{\varepsilon^3} \frac{\rho_f U_f^2}{d_p \Phi_s} \tag{21-1-12}$$

式中，Φ_s 是固体颗粒的球形度。

1.2.2 临界流态化速度

1.2.2.1 实验测定

将一定重量的物料置于断面为 A_t 的床中，当流体速度由小逐渐增大，流体压降随流速的增大而增大，当流速达到某一临界值，压降达到某一最大值后稍微减小然后趋于一定值，记录每个流速下的床层压降，可得到床层压降随流速增加的变化曲线，但是升速法所得的压降曲线由于体系的迟滞效应而带有任意性，因此，一般不被采用。合理的做法是在床层压降保持不变后缓慢降低流体速度使床层逐步恢复到固定床，则压降将沿略小于升速法所得的压降曲线返回，此时流化床压降水平线与固定床压降斜线之交点定义为临界流态化速度 U_{mf}，如图 21-1-7 所示。

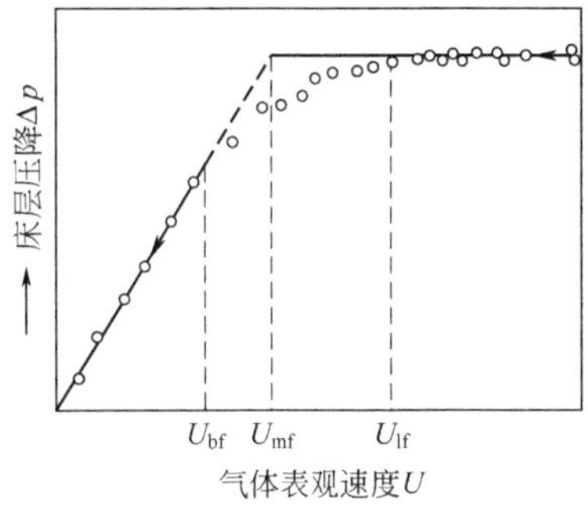

图 21-1-7 临界流态化速度的实测法

1.2.2.2 经验关联式

由流化床基本现象可知，当流体速度达到临界流态化速度时，床层开始膨胀，床层压降保持恒定，即
$$\Delta p = L(1-\varepsilon)(\rho_p - \rho_f)g \tag{21-1-13}$$

该压降亦是固定床压降的上限值，可由式(21-1-5)所决定。因此，在临界流化时，联立式(21-1-5)和式(21-1-13)，得到：
$$G_{mf} = \frac{d_p (\rho_p - \rho_f) g \varepsilon_{mf}^3 \Phi_s^{3-n}}{2 f_m U_{mf} (1-\varepsilon_{mf})^{2-n}} \tag{21-1-14}$$

$G_{mf} = U_{mf}\rho_f$, kg·m^{-2}·s^{-1}。当 $Re_{mf} < 10$,$f_m = 100/Re_{mf}$ 和 $n = 1$,则:

$$G_{mf} = 0.005 \frac{d_p^2(\rho_p - \rho_f)\rho_f g}{\mu_f}\left(\frac{\Phi_s^2 \varepsilon_{mf}^3}{1 - \varepsilon_{mf}}\right) \tag{21-1-15}$$

由于 $\frac{\Phi_s^2 \varepsilon_{mf}^3}{1 - \varepsilon_{mf}} \propto Re_{mf}^{-0.063}$,修正后

$$G_{mf} = 0.00923 \frac{d_p^{1.82}[\rho_f(\rho_p - \rho_f)]^{0.94}}{\mu_f^{0.88}} \tag{21-1-16}$$

或

$$U_{mf} = 0.00923 \frac{d_p^{1.82}(\rho_p - \rho_f)^{0.94}}{\mu_f^{0.88}\rho_f^{0.06}} \tag{21-1-17}$$

当 $Re_{mf} > 10$,还需乘以由图 21-1-8 确定的校正因数 F,或近似用下式修正:

$$F = 1.33 - 0.38\lg Re_{mf} \tag{21-1-18}$$

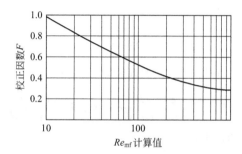

图 21-1-8 Leva 式的校正因数[7]

若再纳入 Ergun 压降方程式(21-1-12),可导出以 Re_{mf} 表示的临界流化速度公式:

$$Ar = 150\frac{1 - \varepsilon_{mf}}{\varepsilon_{mf}^3 \Phi_s^2}Re_{mf} + 1.75\frac{Re_{mf}^2}{\varepsilon_{mf}^3 \Phi_s} \tag{21-1-19}$$

$$Ar = \frac{d_p^3 \rho_f(\rho_p - \rho_f)g}{\mu_f^2}$$

Wen 和 Yu[9] 取 $\frac{1}{\varepsilon_{mf}^3 \Phi_s} \approx 14$,$\frac{1 - \varepsilon_{mf}}{\varepsilon_{mf}^3 \Phi_s^2} \approx 11$,则得到:

$$Re_{mf} = (33.7^2 + 0.0408Ar)^{0.5} - 33.7 \tag{21-1-20}$$

Pillai 和 Rao[10] 提出以下关联式:

$$G_{mf} = 0.000701 \frac{d_p^2(\rho_p - \rho_f)\rho_f g}{\mu_f} \tag{21-1-21}$$

Abrahamsen 和 Geldart[11] 根据细物料实验结果,建议:

$$G_{mf} = 9 \times 10^{-4}\frac{[(\rho_p - \rho_f)g]^{0.934}d_p^{1.8}}{\mu_f^{0.87}} \tag{21-1-22}$$

比较以上一些公式发现,式(21-1-15)、式(21-1-16)、式(21-1-19)较适合于 B 或 D 类物料;式(21-1-15)、式(21-1-19)、式(21-1-22)较适合于 A 类物料。

1.2.3 颗粒床层的膨胀

流化床的膨胀意味着床层空隙率的增加,若将固定床的流体力学方程式(21-1-15)延伸

至流化，且不考虑颗粒形状的影响，则：

$$U_f = 0.005 \frac{d_p^2(\rho_p - \rho_f)g}{\mu_f}\left(\frac{\varepsilon^3}{1-\varepsilon}\right) \tag{21-1-23}$$

在 $Re<2$ 层流区时，颗粒的自由沉降速度为：

$$U_t = \frac{d_p^2(\rho_p - \rho_f)g}{18\mu_f} \tag{21-1-24}$$

于是

$$\frac{U_f}{U_t} = 0.09\left(\frac{\varepsilon^3}{1-\varepsilon}\right) = f(\varepsilon) \tag{21-1-25}$$

实验发现，当 $\varepsilon>0.8$ 时，$\varepsilon^3/(1-\varepsilon)$ 将给出偏低的估计。这主要是因为在此条件下，颗粒已彼此分开，而不再构成流体通过的沟道。

Lewis 和 Bowerman[12] 根据膨胀实验提出以下关联式：

在 $Re<2$ 层流区时：

$$\varepsilon = 1.39\left[\frac{\mu_f U_f}{d_p^2(\rho_p - \rho_f)g}\right]^{0.12} \text{或} \ U_f \propto \varepsilon^{8.33} \tag{21-1-26}$$

在 $2<Re<500$ 过渡区时：

$$\varepsilon = 1.95\left[\frac{U_f \rho_f^{0.20} \mu_f^{0.43}}{d_p^{1.14}(\rho_p - \rho_f)^{0.71} g^{0.71}}\right]^{0.34} \text{或} \ U_f \propto \varepsilon^{2.94} \tag{21-1-27}$$

在 $Re>500$ 湍流区时：

$$\varepsilon = 0.907\left[U_f \sqrt{\frac{\rho_f}{d_p(\rho_p - \rho_f)g}}\right]^{0.43} \text{或} \ U_f \propto \varepsilon^{2.33} \tag{21-1-28}$$

Lewis 后来的实验和其他人的实验证明，$Re<2$ 层流区的关联式（21-1-26）有较大偏差，主要来自颗粒粒度的分布。

颗粒受阻沉降与流态化具有流体力学相似性，因此 Hancock[13]、Wilhelm[5] 和郭慕孙通过实验建立如下函数关系：

$$\frac{U_f}{U_t} = \varepsilon^n \tag{21-1-29}$$

式中，指数 n 取决于颗粒的直径以及其他与颗粒和流体有关的属性。

Wilhelm[5] 和郭慕孙对固定床、流化床和受阻沉降进行量纲分析，提出了统一的准数关联式：

对固定床：

$$Ar_{\Delta p} = \frac{d_p^3 \rho_f g \Delta p}{2\mu_f^2 L(1-\varepsilon)} = \psi\left(\frac{d_p U_f \rho_f}{\mu_f}, \varepsilon\right) \tag{21-1-30}$$

对流化床和受阻沉降：

$$Ar_{\Delta p} = \frac{d_p^3 \rho_f (\rho_p - \rho_f)g}{2\mu_f^2} = \phi\left(\frac{d_p U_f \rho_f}{\mu_f}, \varepsilon\right) \tag{21-1-31}$$

若令

$$L_y = \frac{Re^3}{Ar} = \frac{U_f^3 \rho_f^2}{\mu_f(\rho_p - \rho_f)g}, Re = \frac{d_p U_f \rho_f}{\mu_f} \tag{21-1-32}$$

郭慕孙和庄一安[1] 对当时已有的固定床、流化床和受阻沉降的实验数据进行分析对比和筛选，求取出上述关联式的具体数值对应关系，如表 21-1-1 所示。运用表 21-1-1，可以求取特定系统（给定 Ar 数）在不同流速（Re 数）下的床层膨胀特性（ε）；也可用以求取其固定床（$\varepsilon=0.4$ 时）的临界流态化速度（Re_{mf}），或求取其自由沉降（$\varepsilon=1.0$）时的终端速度（Re_t）。通过表 21-1-1 还可进而由 Ar 数和 Re 数求出 Ly 数和 n 的值。它们之间的关系还可用图 21-1-9 和图 21-1-10 表示。

表 21-1-1　Ar、Re、n 和 $Ly^{1/3}$ 的数据

Ar	$Ar^{1/3}$	Re						
		$\varepsilon=0.4$ (Re_{mf})	$\varepsilon=0.5$	$\varepsilon=0.6$	$\varepsilon=0.7$	$\varepsilon=0.8$	$\varepsilon=0.9$	$\varepsilon=1.0$ (Re_t)
1.859	1.230	0.001115	0.00333	0.00815	0.01737	0.0335	0.0596	0.1
3.791	1.559	0.00288	0.00676	0.01648	0.0320	0.0672	0.1195	0.2
9.849	2.144	0.00594	0.01748	0.0422	0.0890	0.1699	0.300	0.5
20.89	2.754	0.01253	0.0364	0.0870	0.1818	0.344	0.604	1
45.27	3.564	0.02716	0.0744	0.1820	0.375	0.702	1.220	2
133.5	5.111	0.08011	0.219	0.499	1.000	1.827	3.108	5
320.1	6.841	0.1880	0.495	1.091	2.129	3.78	6.33	10
811.1	9.326	0.456	1.146	2.430	4.59	7.96	12.95	20
3016	14.45	1.610	3.716	7.36	13.12	21.66	33.7	50
8614	20.50	4.290	9.23	17.28	29.35	46.4	69.6	100
25540	29.45	11.45	23.0	40.59	65.7	99.7	143.9	200
111900	48.19	37.05	69.8	117.2	181.6	265	371	500
368700	71.71	84.20	153.8	251.6	381.6	547	752	1000
1280000	108.6	187.0	333.1	533.7	795	1123	1523	2000
7600000	196.6	525.0	908.7	1423	2079	2888	3858	5000
32000000	317.5	1150.0	1948	2995	4310	5906	7799	10000
n	$Ly^{1/3}$							
	$\varepsilon=0.4$ ($Ly_{mf}^{1/3}$)	$\varepsilon=0.5$	$\varepsilon=0.6$	$\varepsilon=0.7$	$\varepsilon=0.8$	$\varepsilon=0.9$	$\varepsilon=1.0$ ($Ly_t^{1/3}$)	
4.907	0.000907	0.00271	0.00663	0.01413	0.0272	0.0485	0.0813	
4.886	0.001462	0.00434	0.01057	0.02245	0.0411	0.0766	0.1283	
4.838	0.00277	0.00815	0.01970	0.0415	0.0793	0.1401	0.2333	
4.780	0.00455	0.01322	0.0316	0.0660	0.1250	0.2194	0.336	
4.692	0.00762	0.0217	0.0511	0.1053	0.1970	0.342	0.561	
4.512	0.01567	0.0429	0.0976	0.1957	0.3575	0.608	0.978	
4.337	0.0275	0.0723	0.1595	0.3112	0.555	0.926	1.462	
4.126	0.0488	0.1228	0.2606	0.492	0.854	1.388	2.145	
3.750	0.1143	0.257	0.510	0.908	1.499	2.331	3.46	
3.437	0.2093	0.450	0.843	1.432	2.266	3.396	4.88	
3.122	0.389	0.780	1.378	2.230	3.39	4.89	6.79	
2.840	0.769	1.449	2.432	3.79	5.51	7.69	10.38	
2.701	1.174	2.145	3.509	5.32	7.64	10.49	13.95	
2.586	1.722	3.068	4.92	7.24	10.34	14.03	18.42	
2.460	2.670	4.622	7.24	10.57	14.69	19.62	25.43	
2.360	3.622	6.136	9.43	13.58	18.60	24.56	31.50	

另外，Richardson 和 Zaki[14] 建立指数 n 与终端雷诺数 Re_t 之间的分段经验关联式如下：

$$0 < Re_t < 0.2, \quad n = 4.65 + 19.5\left(\frac{d_p}{D_t}\right) \tag{21-1-33}$$

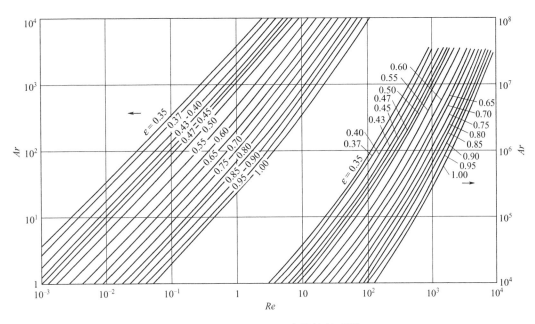

图 21-1-9 Ar 和 Re 之间的关系[2]

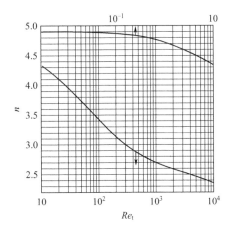

图 21-1-10 n 与 Re_t 之间的关系[2]

$$0.2 < Re_t < 1.0, n = \left[4.35 + 17.5\left(\frac{d_p}{D_t}\right)\right]Re_t^{-0.03} \tag{21-1-34}$$

$$1 < Re_t < 200, n = \left[4.45 + 18\left(\frac{d_p}{D_t}\right)\right]Re_t^{-0.1} \tag{21-1-35}$$

$$200 < Re_t < 500, n = 4.45 Re_t^{-0.1} \tag{21-1-36}$$

$$500 < Re_t, n = 2.39 \tag{21-1-37}$$

1.2.4 颗粒终端速度

1.2.4.1 通用计算公式

当一个颗粒在无限大介质中做等速运动时，颗粒的净重（重力与浮力之差）将被流体流过颗粒表面所产生的摩擦阻力所平衡，此时的颗粒速度称为自由沉降速度或流化床的颗粒终

端速度 U_t。

$$U_t = \left[\frac{4d_p(\rho_p - \rho_f)g}{3C_{ds}\rho_f}\right]^{0.5} \tag{21-1-38}$$

式中，C_{ds} 为与雷诺数 Re_t 有关的曳力系数，如图 21-1-11 所示[15]。

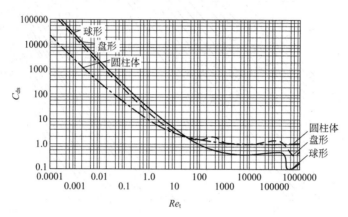

图 21-1-11 球形、盘形和圆柱体颗粒的曳力系数[15]

1.2.4.2 球形颗粒的曳力系数及终端速度公式

在 $Re_t < 2$ 层流区时：

$$C_{ds} = \frac{24}{Re_t} \tag{21-1-39}$$

$$U_t = \frac{d_p^2(\rho_p - \rho_f)g}{18\mu_f} \tag{21-1-40}$$

在 $2 < Re_t < 500$ 过渡区时：

$$C_{ds} = \frac{18.5}{Re_t^{0.6}} \tag{21-1-41}$$

$$U_t = 0.153 \frac{d_p^{1.14}[(\rho_p - \rho_f)g]^{0.71}}{\mu_f^{0.43}\rho_f^{0.29}} \tag{21-1-42}$$

在 $500 < Re_t < 20000$ 湍流区时：

$$C_{ds} \approx 0.44 \tag{21-1-43}$$

$$U_t = 1.74\left[\frac{d_p(\rho_p - \rho_f)g}{\rho_f}\right]^{0.5} \tag{21-1-44}$$

求取 C_{ds} 的其他公式有：

① Schiller 和 Naumann[16] 公式　当 $Re_t < 800$ 时：

$$C_{ds} = \frac{24}{Re_t}(1 + 0.15Re_t^{0.687}) \tag{21-1-45}$$

② Clift 和 Gauvin[17] 公式　当 $Re_t < 3 \times 10^5$ 时：

$$C_{ds} = \frac{24}{Re_t}(1 + 0.15Re_t^{0.687}) + \frac{0.42}{1 + 4.25 \times 10^4 Re_t^{-1.16}} \tag{21-1-46}$$

1.2.4.3 非球形颗粒的曳力系数及终端速度公式

对于非球形颗粒，因其曳力系数与球形颗粒不同，必须对上述终端速度公式按球形度

Φ_s 加以修正[18]。

当 $Re_t < 0.05$ 时：

$$U_t = k_1 \frac{d_p^2(\rho_p - \rho_f)g}{18\mu_f} \tag{21-1-47}$$

$$k_1 = 0.843 \lg\left(\frac{\Phi_s}{0.065}\right) \tag{21-1-48}$$

当 $2000 < Re_t < 200000$ 时：

$$U_t = 1.74\left[\frac{d_p(\rho_p - \rho_f)g}{k_2 \rho_f}\right]^{0.5} \tag{21-1-49}$$

$$k_2 = 5.31 - 4.88\Phi_s \tag{21-1-50}$$

当 $0.05 < Re_t < 2000$ 时：

$$U_t = \left[\frac{4d_p(\rho_p - \rho_f)g}{3C_{ds}\rho_f}\right]^{0.5} \tag{21-1-51}$$

C_{ds} 数值可由表 21-1-2 查得。

表 21-1-2 非球形颗粒曳力系数 C_{ds}

Φ_s	$Re_t = \dfrac{d_p U_t \rho_f}{\mu_f}$				
	1	10	100	400	1000
0.670	28	6	2.2	2.0	2.0
0.806	27	5	1.3	1.0	1.1
0.846	27	4.5	1.2	0.9	1.0
0.946	27.5	4.5	1.1	0.8	0.8
1.000	26.5	4.1	1.07	0.6	0.46

1.2.4.4 壁效应的修正

通常，颗粒物料并非在无限大介质中运动，器壁将对其运动产生影响，可按如下方法作出修正[19]：

$$C_{dm} = k_3 C_{ds} \tag{21-1-52}$$

当 $\dfrac{d_p}{D_t} < 0.1$ 时：

$$k_3 = \left(1 + 2.104\frac{d_p}{D_t}\right) \tag{21-1-53}$$

当 $\dfrac{d_p}{D_t} > 0.1$ 时：

$$k_3 = \left(1 - \frac{d_p}{D_t}\right)^{-2.5} \tag{21-1-54}$$

然后再将修正的曳力系数 C_{dm} 代入式(21-1-38)求取终端速度。

1.3 经典聚式流态化

1.3.1 气泡特性

1.3.1.1 气泡形状与结构

流化床类似一种低黏度的液体，在床中的气泡形状大多为球冠状[26]。实际的气泡由气泡本身、气泡下部的尾涡、围绕在四周的气泡晕（即默里晕）和戴维森晕构成，如图 21-1-12 所示。气泡内基本上是空的，仅含 0.2%～1% 的颗粒；尾涡由随气泡上升的颗粒群组成，此处的空隙率接近临界流化空隙率 ε_{mf}；气泡内的气体一部分在气泡内部循环流动，另一部分则从气泡顶部窜出，随气泡周围的一层乳化相向下运动，并从气泡尾涡底部返回，这层参与气体环流的乳化相称为气泡晕。

气泡尾涡大小与物料特性有关。若气泡体积为 V_b，尾涡体积为 V_w，尾涡所占气泡总体积分数 $f_w[f_w=V_w/(V_b+V_w)]$ 与物料属性的关系如图 21-1-13 所示。对较规则的球形颗粒，$f_w \approx 0.3 \sim 0.4$，而对不规则形状的颗粒，$f_w \approx 0.2$。

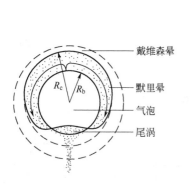

图 21-1-12　典型气泡形状及结构　　图 21-1-13　尾涡所占气泡总体积分数与物料属性之间关系[26]

1.3.1.2　气泡尺寸

单孔和分布板条件下生成的气泡尺寸不尽相同。Harrison 和 Leung[27] 测定的单孔生成的气泡直径有以下关联式：

$$D_{b0}=1.295\frac{G_{or}^{0.4}}{g^{0.2}} \tag{21-1-55}$$

对分布板产生的初始气泡直径 D_{b0}，不同作者所得关联式有所不同，但差别不大，如表 21-1-3 所示。

表 21-1-3　分布板条件下初始气泡直径的关联式

研究者	关联式	附注
Kato 和 Wen[20]	$D_{b0}=1.295\left[\dfrac{A_t(U_f-U_{mf})}{n_0}\right]^{0.4}/g^{0.2}$	多孔板
Geldart[21]	$D_{b0}=1.43\left[\dfrac{A_t(U_f-U_{mf})}{n_0}\right]^{0.4}/g^{0.2}$	密孔板，$\dfrac{A_t}{n_0}=0.1\mathrm{cm}^2$
Chiba 等[22]	$D_{b0}=1.49\left[\dfrac{A_t(U_f-U_{mf})}{n_0}\right]^{0.4}/g^{0.2}$	多孔板
Mori 和 Wen[23]	$D_{b0}=1.38\left[\dfrac{A_t(U_f-U_{mf})}{n_0}\right]^{0.4}/g^{0.2}$ $D_{b0}=0.00376(U_f-U_{mf})^2$	多孔板 密孔板

研究者	关联式	附注
秦霁光[24]	$D_{b0}=1.7\left[\dfrac{A_t(U_f-U_{mf})}{n_0}\right]^{0.4}/g^{0.2}$	适用于多孔板、泡罩板
Fryer 和 Potter[25]	$D_{b0}=1.81\left[\dfrac{A_t(U_f-U_{mf})}{n_0}\right]^{1/3}/g^{2/3}$	泡罩板,$\dfrac{A_t}{n_0}=6.74\text{cm}^2$

实际应用时,可采用以下公式[27]:

对多孔型分布板:

$$D_{b0}=0.347[A_t(U_f-U_{mf})/n_0]^{0.4} \tag{21-1-56}$$

对密孔烧结板:

$$D_{b0}=0.00376(U_f-U_{mf})^2 \tag{21-1-57}$$

式中,n_0 为分布板孔数。

气泡在流化床中上升的过程中,由于聚并而不断长大,即气泡尺寸 D_{bh} 沿床高 h 而增大。对无内构件的流化床,不同作者基于各自的实验观测,给出了不同的气泡尺寸沿床高增大的关联式,如表 21-1-4 所示。

表 21-1-4 气泡尺寸与床高的关联式

研究者	关联式
Kato 和 Wen[20]	$D_{bh}=1.4\rho_p d_p\left(\dfrac{U_f}{U_{mf}}\right)h+D_{b0}$
Mori 和 Wen[23]	$\dfrac{D_{bm}-D_{bh}}{D_{bm}-D_{b0}}=\text{e}^{-0.3h/D_t}$ $D_{bm}=0.652\,[A_t(U_f-U_{mf})]^{0.4}$ $U_{mf}=0.5\sim20\text{cm}\cdot\text{s}^{-1}$,$D_t=30\sim130\text{cm}$ $d_p=0.006\sim0.045\text{cm}$,$U_f-U_{mf}<48\text{cm}\cdot\text{s}^{-1}$
Darton 等[28]	$D_{bh}=0.54\,(U_f-U_{mf})^{0.4}\,(h+4\sqrt{A_t/n_0})^{0.8}/g^{0.2}$
秦霁光[24]	$D_{bh}=1.28\,(U_f-U_{mf})^{0.6}\left[h+\dfrac{1.5g^{1/7}}{(U_f-U_{mf})^{2/7}}\left(\dfrac{A_t}{n_0}\right)^{4/7}\right]^{0.7}/g^{0.3}$

气泡的长大并不是无限制的,当长大到一定程度,气泡将发生破裂,最大稳定气泡尺寸 D_{bm} 可按下式估计[23]:

$$D_{bm}=0.625[A_t(U_f-U_{mf})]^{0.4} \tag{21-1-58}$$

对节涌流化床:

$$D_{bm}=\dfrac{2}{g}U_f^2 \tag{21-1-59}$$

1.3.1.3 气泡频率

Harrison 和 Leung[27] 观测到单孔生成气泡的频率与小孔尺寸、床层高度和颗粒特性无关,并有:

$$f_0 = \frac{g^{0.6}}{1.138 G_{or}^{0.2}} \tag{21-1-60}$$

流化床中气泡群的频率因气泡合并而随床高变化，在一定气速和床高下的气泡频率可用下式估计[29,30]：

$$f_h = \alpha_1 \exp(-\beta_1 h) \tag{21-1-61}$$

式中，α_1 和 β_1 可由表 21-1-5 求得。

表 21-1-5　气泡频率常数 α_1 和 β_1 的计算值

颗粒粒径/μm	表观气速/m·s^{-1}	α_1/s^{-1}	β_1/m^{-1}
68	0.0144	14.3056	0.1408±0.0150
	0.0288	14.2339	0.1260±0.0126
	0.0432	14.7759	0.1341±0.0077
83	0.0161	5.5659	0.0904±0.0055
	0.0233	6.3968	0.1066±0.0052
	0.0329	7.4421	0.1383±0.0055
100	0.0518	7.9540	0.1524±0.0120
	0.0351	7.5410	0.1411±0.0098
	0.0229	6.441	0.1094±0.0085
192	0.0575	4.4988	0.0969±0.0081
	0.0747	4.8740	0.1077±0.0062
	0.0863	5.4423	0.1244±0.0062

1.3.1.4　气泡上升速度

气泡上升速度与气泡尺寸有关，如气泡尺寸用与气泡体积相等的当量球直径 D_b 表示，则单个气泡相对上升速度为：

$$U_{br} = (0.57 \sim 0.85)(gD_b)^{\frac{1}{2}} \approx 0.711(gD_b)^{\frac{1}{2}} \tag{21-1-62}$$

若床层流速超过 U_{mf} 时，气泡上升的绝对速度为：

$$U_b = (U_f - U_{mf}) + U_{br} \tag{21-1-63}$$

1.3.1.5　床层中气泡体积分数

气泡在床层中所占体积分数与床层平均空隙率 $\bar{\varepsilon}$ 有关，即：

$$\delta = \frac{\bar{\varepsilon} - \varepsilon_{mf}}{1 - \varepsilon_{mf}} \tag{21-1-64}$$

1.3.1.6　气体穿过气泡的通量

根据 Davidson 模型[31]，气泡晕的半径 R_c 可分别用下列公式求得：

对二维床：

$$\frac{R_c^2}{R_b^2} = \frac{U_{br} + U_{mf}/\varepsilon_{mf}}{U_{br} - U_{mf}/\varepsilon_{mf}} \tag{21-1-65}$$

对三维床：

$$\frac{R_c^3}{R_b^3} = \frac{U_{br} + 2U_{mf}/\varepsilon_{mf}}{U_{br} - 2U_{mf}/\varepsilon_{mf}} \tag{21-1-66}$$

式中，R_b 为气泡的半径。因此，气体穿过气泡的通量分别是：

对二维床：
$$q = 4U_{mf}R_b \tag{21-1-67}$$

对三维床：
$$q = 3U_{mf}\pi R_b^2 \tag{21-1-68}$$

在不同的气泡相对上升速度 U_{br} 及气体在乳化相中的相对速度 U_{mf}/ε_{mf} 条件下，气泡外围的气体流型如图 21-1-14 所示。由图可以发现，对于小气泡，$U_{br}/U_f < 1$，即慢速上升的气泡，气体基本上穿过气泡而行；对于大气泡，$U_{br}/U_f > 1$，即快速上升的气泡，穿过气泡的那部分气体沿气泡回流至尾涡，再返回气泡，从而形成气泡晕。气泡晕尺寸随气泡上升速度的增大而减小，即气泡随 U_{br}/U_f 增大而变薄；当 $U_{br}/U_f < 5$ 时，气泡晕随 U_{br}/U_f 的增大而迅速变薄；当 $U_{br}/U_f > 5$ 时，气泡晕薄的可忽略不计，气体仅在气泡内循环，不与外界发生质量交换。

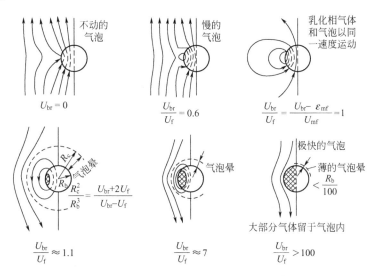

图 21-1-14 按 Davidson 模型算得的单个上升气泡附近的气体流型[26]

1.3.1.7 气泡相表观速度

如上所述，对于小气泡床层，$U_{br} < U_f$，气体基本穿过气泡流动，且在气泡相中的表观速度为 $U_b + 3U_{mf}$，而在乳化相中的表观速度为 U_{mf}。当气泡相体积分数为 δ 时，由于通过床层的气体流速应为通过气泡相和乳化相的气体流速之和，那么总的气体流速与通过两相的流速之间的关系有：

$$U_f = (1-\delta)U_{mf} + \delta(U_b + 3U_{mf}) \tag{21-1-69}$$

或

$$U_b = \frac{U_f - (1+2\delta)U_{mf}}{\delta} \tag{21-1-70}$$

对于大气泡床层，$U_{br}/U_f > 5$，此时气泡晕可略而不计，因此气泡相中气体表观速度接近 U_b，由此得：

$$U_f = (1-\delta)U_{mf} + \delta U_b \tag{21-1-71}$$

或

$$U_b = \frac{U_f - (1-\delta)U_{mf}}{\delta} \approx \frac{U_f - U_{mf}}{\delta} \tag{21-1-72}$$

式(21-1-69)和式(21-1-71)表明了在两种极端情况下气泡相表观气速与操作气速的关系，综合表示如图 21-1-15 所示。

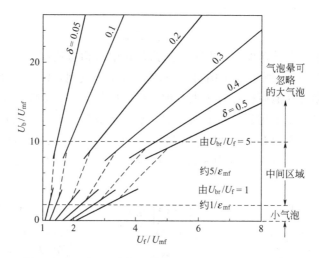

图 21-1-15　气泡上升速度和气泡相体积分数对气体表观速度与临界流态化速度之比的影响[26]

1.3.2　最小鼓泡速度

对于粗颗粒即 Geldart B 和 D 类物料的气固流态化，床层膨胀实验表明临界流化点就是最小鼓泡点，因此最小鼓泡速度接近于临界流化速度。

对于细颗粒 A 类物料的气固流态化，当气速超过临界流态化速度 U_{mf} 后，通常存在一散式膨胀区，即床层空隙率与流速之间遵守幂函数的规律。当气速进一步增大，床层即可出现气泡，此时床层高度下降。最初出现气泡的速度叫最小鼓泡速度，按下列经验公式计算[32]：

$$U_{mb}=2.07\exp(0.716F)\frac{d_p\rho_f^{0.06}}{\mu_f^{0.347}} \tag{21-1-73}$$

式中，F 为粒径小于 $45\mu m$ 细颗粒所占的质量分数。

1.3.3　床层的膨胀

1.3.3.1　自由床的床层膨胀

床层膨胀比 R 定义如下：

$$R=\frac{H_f}{H_{mf}}=\frac{1-\varepsilon_{mf}}{1-\varepsilon} \tag{21-1-74}$$

气固流化床的膨胀主要由密相床的膨胀和气泡的滞留量构成。若床层起始高度为 H_{mf}，对应的空隙率为 ε_{mf}，密相部分膨胀后的高度为 H_d，膨胀后的总床高为 H_f，则气泡滞留量为 V_b，V_b 应等于气泡流速与平均停留时间之积，即：

$$V_b=(H_f-H_d)A_t=Y(U_f-U_d)\frac{H_{mf}}{U_b}A_t \tag{21-1-75}$$

或

$$1-\frac{1}{R}\frac{H_d}{H_{mf}}=\frac{Y(U_f-U_d)}{U_b} \tag{21-1-76}$$

下面介绍式(21-1-75)和式(21-1-76)中各个变量的求解方法。Y可由图 21-1-16 查出。

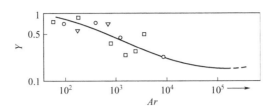

图 21-1-16 Y 对 Ar 的标绘

① 对于 Geldart A 类物料，U_d 和 H_d 分别由下式计算[32]：

$$\frac{U_b}{U_{mf}}=0.77\left(\frac{U_{mb}}{U_{mf}}\right)^{0.71}H_d^{-0.244} \tag{21-1-77}$$

$$\frac{H_d}{H_{mf}}=\frac{1-\varepsilon_{mf}}{1-\varepsilon_d} \tag{21-1-78}$$

式中，ε_d 由下式确定[32]：

$$\left(\frac{\varepsilon_d^3}{1-\varepsilon_d}\right)\frac{d_p^2(\rho_p-\rho_f)g}{\mu_f}=210(U_f-U_{mf})+\left(\frac{\varepsilon_{mf}^3}{1-\varepsilon_{mf}}\right)\frac{d_p^2(\rho_p-\rho_f)g}{\mu_f} \tag{21-1-79}$$

U_{mb} 由式(21-1-73)求得。

② 对于 Geldart B 类物料，由于鼓泡点与临界流化十分接近，因而取 $U_d \approx U_{mf}$，$H_d \approx H_{mf}$。在确定气泡平均上升速度 U_b 时，采用 $h=0$ 和 $h=H_f$ 气泡上升速度的平均值，由下述公式确定[28]：

$$U_{bh}=(0.95\sqrt{gD_{bh}/2})+(U_f-U_{mf}) \tag{21-1-80}$$

$$D_{bh}=0.54(U_f-U_{mf})^{0.4}(h+4\sqrt{A_t/n_0})^{0.8}/g^{0.2} \tag{21-1-81}$$

③ 对于 Geldart D 类物料，在 $U_f-U_{mf}<0.5\text{m}\cdot\text{s}^{-1}$ 中等气速条件下，可用上述方法近似计算。而对较高气速，气泡长大过程的当量直径由下式求得：

$$D_{bh}=2.25(U_f-U_{mf})^{1.11}h^{0.81} \tag{21-1-82}$$

而对于高气速下的 D 类物料的床膨胀按下式估计：

$$\frac{U_f}{\varepsilon_{mf}}=C_0U_f+\left(\frac{1-\varepsilon_{mf}}{\varepsilon_{mf}}\right)U_{mf} \tag{21-1-83}$$

对于 650μm 玻璃球，$C_0=1.05$；对于 2600μm 玻璃球，$C_0=1.15$。

针对自由床的床层膨胀，还有其他实验研究及特定条件下的关联式(如 Горощко 等[33]、Leva[7] 和 Doichev 等[34])。由于气泡特性受床径影响较大，所以难以用于对大直径床膨胀行为的估计。

1.3.3.2 挡板床的床层膨胀

床层内部构件（如埋管和挡板等）有抑制气泡长大和破碎气泡的作用，因而其床层膨胀特性与自由床并不完全相同。图 21-1-17 给出 A 类物料几种挡板流化床膨胀与操作气速的关系，并可用以下关联式估计膨胀床的空隙率[35,36]：

$$\varepsilon=2.33\left(\frac{U_f}{U_{mf}}\right)^{0.07}\left(\frac{U_{mf}^2}{D_t g}\right)^{0.04}\left(\frac{Ly}{Ar}\right)^{0.1075} \tag{21-1-84}$$

式中，Ly 定义见式(21-1-32)。

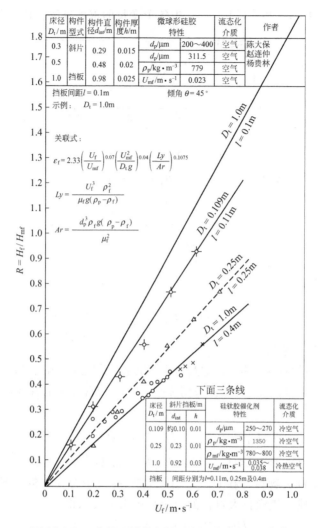

图 21-1-17 床径及其他条件对床层膨胀的影响[36]

1.3.4 颗粒的扬析与夹带

1.3.4.1 现象与概念

颗粒的扬析与夹带是气固流化床中普遍存在的现象。扬析指由多粒级组成的颗粒物料，在流化气流的作用下由于它们各自具有的终端速度的差异而分级，并依次被气流带出床层进入流化床上方的自由空间。夹带则是流化床中气泡在上升过程中逐渐长大而变得不稳定，当达到床层表面时，气泡发生破裂，气泡顶盖部分的颗粒被抛向自由空间，同时尾随气泡上升的颗粒尾迹由于惯性而被喷入自由空间，这使床层界面变得模糊。在一定的气速下，能被扬析带出的颗粒尺寸和通量是一定的，颗粒尺寸的不同使固体浓度沿空间高度呈递降分布，而在某一高度后，固体浓度达到恒定，即该气速下的饱和携带量。这种现象的基本特征如图 21-1-18 所示[37]。

1.3.4.2 扬析速率关联式

Leva[38] 将流化床扬析过程表示为一级反应速率过程，并通过实验求取扬析速率常数。

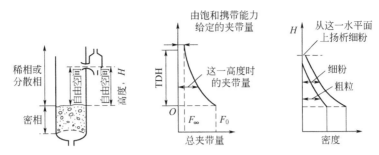

图 21-1-18 颗粒扬析与夹带现象各种术语的图解

Yagi 和 Aochi[39] 提出了类似的表达式，即：

$$\frac{\mathrm{d}X_i}{\mathrm{d}t} = -\left(E_{i\infty}\frac{A_t}{W}\right)X_i \tag{21-1-85}$$

式中，X_i 为 i 粒级颗粒占床层物料的质量分数；$E_{i\infty}$ 为 i 粒级颗粒的扬析速率常数，与床高无关；W 为床层物料质量，kg；A_t 为床层截面积，m²。其中 $E_{i\infty}$ 由以下关联式确定：

$$\frac{E_{i\infty}d_p^2 g}{\mu_f(U_f-U_t)^2} = 0.0015Re_t^{0.6} + 0.01Re_t^{1.2} \tag{21-1-86}$$

此式可能给出偏高的预测。

许多作者对不同物料的细颗粒扬析速率常数 $E_{i\infty}$ 进行了研究，提出了各自的关联式，如表 21-1-6 所示。Wen 和 Chen[40] 对 14 位作者的实验作了统一分析和整理，通过下列一组方程估计 $E_{i\infty}$：

表 21-1-6 流化床细颗粒扬析速率常数 $E_{i\infty}$ 关联式[40]

研究者	D_t/m	颗粒物料	扬析的细颗粒粒径/μm	表观气速/m·s⁻¹	关联式
Yagi 和 Aochi[39]	0.052~0.071	砂、玻璃珠等	85~500	0.92~1.62	$\frac{E_{i\infty}d_p^2 g}{\mu_f(U_f-U_t)^2} = 0.0015Re_t^{0.6} + 0.01Re_t^{1.2}$
Wen 和 Hashinger[41]	0.051~0.102	玻璃珠、煤粉	40~140	0.22~1.32	$\frac{E_{i\infty}}{\rho_f(U_f-U_t)} = 1.52\times10^{-5}\left[\frac{(U_f-U_t)^2}{gd_p}\right]^{0.5} Re_t^{0.725}\left(\frac{\rho_p-\rho_f}{\rho_f}\right)^{1.15}$
Tanaka 等[42]	0.067	玻璃珠、砂、钢珠、铅球	60~800	1.28~2.7	$\frac{E_{i\infty}}{\rho_f(U_f-U_t)} = 4.6\times10^{-2}\left[\frac{(U_f-U_t)^2}{gd_p}\right]^{0.5} Re_t^{0.3}\left(\frac{\rho_p-\rho_f}{\rho_f}\right)^{0.15}$
Merrick 和 Highley[43]	0.9×0.45	煤灰	0~1400	0.61~2.44	$\frac{E_{i\infty}}{\rho_f U_f} = A + 130\exp\left[-10.4\left(\frac{U_t}{U_f}\right)^{0.5}\left(\frac{U_{mf}}{U_f-U_{mf}}\right)^{0.25}\right]$ 当 $h = 4$m 时，$A = 0.0001$；当 $h = 1.83$m 时，$A = 0.0015$
Geldart 等[44]	0.076	砂、氧化铝	38~327	0.6~3.0	$\frac{E_{i\infty}}{\rho_c U_f} = 23.7\exp\left(-5.4\frac{U_t}{U_f}\right)$ $\rho_c = \rho_f + \sum\rho_{pi}$ ρ_{pi} 为第 i 粒级颗粒的密度

续表

研究者	D_t/m	颗粒物料	扬析的细颗粒粒径/μm	表观气速/m·s^{-1}	关联式
Colakyan 等[45]	0.9×0.9	砂	37~356	0.9~3.6	$E_{i\infty}=33\left(1-\dfrac{U_t}{U_f}\right)^2$
Lin 等[46]	0.6×0.6	砂、焦粉	0~125	0.1~0.3	$\dfrac{E_{i\infty}}{\rho_f U_f}=9.43\times10^{-4}\left(\dfrac{U_f^2}{gd_p}\right)^{1.65}$

$$E_{i\infty}=\rho_p(1-\varepsilon_i)U_{si}\approx\rho_p(1-\varepsilon_i)(U_f-U_{ti}) \tag{21-1-87}$$

$$\varepsilon_i=\left[1+\frac{\lambda_i(U_f-U_{ti})^2}{2D_t g}\right]^{-1/4.7} \tag{21-1-88}$$

式中，λ_i 可用下列关联式求得：

当 $Re_{pi}\leqslant Re_{pci}$ 时：

$$\frac{\lambda_i\rho_p}{d_{pi}^2}\left(\frac{\mu_f}{\rho_f}\right)^{2.5}=5.17Re_{pi}^{-1.5}D_t^2 \tag{21-1-89}$$

当 $Re_{pi}>Re_{pci}$ 时：

$$\frac{\lambda_i\rho_p}{d_{pi}^2}\left(\frac{\mu_f}{\rho_f}\right)^{2.5}=12.3Re_{pi}^{-2.5}D_t \tag{21-1-90}$$

其中

$$Re_{pci}=2.38/D_t \tag{21-1-91}$$

$$Re_{pi}=\rho_f(U_f-U_{ti})d_{pi}/\mu_f \tag{21-1-92}$$

用此法预测的偏差为±50%，在实验误差范围内。Gugnoni 和 Zenz[47]将扬析过程比拟为蒸馏过程，认为自由空间中某一粒级颗粒的浓度相当于床中该组分的"蒸气压"，但基于该概念所得的关联式预测结果尚不理想。Geldart 等[44]建议：

$$\frac{E_{i\infty}}{\rho_f U_f}=23.7\exp\left(-5.4\frac{U_t}{U_f}\right) \tag{21-1-93}$$

Wen 和 Chen 建议的计算方法以及 Geldart 等的关联式较为合理，可供应用参考。

1.3.4.3 夹带速率关联式

不同研究者均发现流化床自由空间内固体浓度沿高度呈指数递减，这说明颗粒被气体夹带的速率具有指数函数形式，即：

$$F=F_\infty+(F_0-F_\infty)\exp(-ah) \tag{21-1-94}$$

式中，a 为夹带速率常数，m^{-1}。

通常 F_∞ 是指足够的分离高度以上的夹带速率，即流化床的扬析速率。该参数是一个远小于床层表面夹带速率 F_0 的恒定值，因此式(21-1-94)可近似写为：

$$F=F_\infty\exp(-ah) \tag{21-1-95}$$

床面处的夹带速率 F_0 由夹带和扬析双重因素所决定，因而与气体速度和气泡直径直接相关，George 和 Grace[48]建议：

$$\frac{F_0}{A_t D_b}=3.07\times10^{-9}\frac{\rho_f^{3.5}g^{0.5}}{\mu_f^{2.5}}(U_f-U_{mf})^{2.5} \tag{21-1-96}$$

夹带速率常数 a 受实验系统影响，不同研究者测得的实测值列于表 21-1-7，a 通常在

$3.5 \sim 6.4 \mathrm{m}^{-1}$。由于 a 值对夹带速率的影响不十分敏感，在无参数可循时可取 $a = 4 \mathrm{m}^{-1}$ 来估计。但在放大设计时，往往会出现不合理情况。表 21-1-7 中 L 表示流化床床高，H 表示自由空间高度。

表 21-1-7　实验夹带速率常数 a 值[40]

研究者	颗粒物料	颗粒粒径 /μm	颗粒密度 /kg·m^{-3}	D_t、L、H /m	U_t /m·s^{-1}	a /m^{-1}	$\bar{a}$ /m^{-1}
Bachovchin 等[49]	砂	450 448 445 450 448 445	2630	$D_t = 0.1524$ $L = 0.23 \sim 0.25$ $H = 0.75 \sim 4.00$	0.73 0.73 0.73 0.9 0.9 0.9	4.7 3.5 4.0 4.0 3.8 3.8	4.0
Jolley 和 Stantan[50]	破碎煤	76	1330	$D_t = 0.0508$ $L = 0.648$ $H = 0.305 \sim 0.914$	0.1219 0.1524 0.1905 0.2240 0.2500	2.2 3.0 3.7 4.2 4.4	3.5
Large 等[51]	砂	136 124 123 123	2650	$D_t = 0.61$ $L + H = 7.92$	0.30 0.30 0.30 0.20	6.4 6.4 6.6 6.4	6.4
Nazemi 等[52]	FCC 催化剂	59	840	$D_t = 0.61$ $L + H = 7.92$	0.0914 0.1524 0.2134 0.2743 0.3353	3.5 3.3 3.7 3.6 3.9	3.6
Tweddle 等[53]	砂	163	1370	$D_t = 0.165$ $L = 0.2145 \sim 0.429$ $H = 0.254 \sim 2.03$	0.762	6.1	6.1
Zenz 和 Weil[54]	FCC 催化剂	60	940	$D_t = 0.051 \times 0.61$ $H = 0.254 \sim 2.80$	0.3048 0.4572 0.6096 0.7163	5.0 3.6 4.2 4.1	4.2

张琪等[55]在直径 500mm 床中对 FCC 催化剂和微球硅胶的夹带速率进行了测定，得到如下结果：

① 对自由床，微球硅胶：

$$F = 2.54 U_f^{2.806} \exp(-0.0633 U_f^{-0.769} h) \tag{21-1-97}$$

FCC 催化剂：

当 $h = 5.5 \mathrm{m}$ 时：

$$F = 340.8 U_f^{4.08} \exp(-0.1842 U_f^{-0.423} h) \tag{21-1-98a}$$

当 $h = 8.0 \mathrm{m}$ 时：

$$F = [(92.3 + 162 \lg U_f) U_f] \exp[-0.37(1 - U_f) h] \tag{21-1-98b}$$

② 对构件床，即装有斜片挡板或垂直管束时：

$$F=[(90.82+158\lg U_f)U_f]\exp[-(0.304-0.207U_f)h] \tag{21-1-99a}$$

在稀相装有挡板时,夹带可明显降低,得到以下关联式:

$$F=[10^{0.565}(-\lg U_f)^{0.665}]U_f\exp(-0.330h) \tag{21-1-99b}$$

1.3.4.4 输送分离高度

在经典气固流化床实际应用时,为了尽可能地减少从流化床带出的物料,通常在其上部增加自由空间,使得在操作气速下不能被带走的颗粒有足够的空间得以分离沉降并返回床层。为此,把自由空间高度选定在夹带量不随高度变化之处,即当 $dF/dh=0$,对应的高度即为输送分离高度(TDH)。因此,TDH 可以通过夹带的关联式进行计算。但在已有研究气固夹带速率的实验中,并未充分考察分离沉降,而在研究分离沉降高度时又未同时测定床层界面处的扬析夹带量。因此,前者夹带速率常数 a 高出后者一个数量级,而后者又不能准确地确定 F_0。也可以认为,一个较完善的计算 TDH 的方法尚有待综合研究和建立。目前,可采用扬析与输送沉降相结合的方法进行估计,具体计算步骤如下:

① 将颗粒物料进行筛分,作出粒度-累积质量分数分布曲线;
② 将粒度分布曲线分成 n 个粒级,分别读出 d_{p1}, d_{p2}, …, d_{pn} 等粒径及其相应的质量分数 X_1, X_2, …, X_n;
③ 计算每个粒级的终端速度 U_t 和终端雷诺数 Re_t;
④ 用式(21-1-91)和式(21-1-92)计算第一粒级 d_{p1} 的 Re_{pc1} 和 Re_{p1};
⑤ 根据 Re_{pc} 判据,选用式(21-1-89)或式(21-1-90)计算 λ_1 值;
⑥ 用 U_{t1} 和 λ_1 代入式(21-1-87)计算出 ε_1;
⑦ 用 ε_1 和 $U_{s1}=U_f-U_{t1}$ 代入式(21-1-87)计算出 $E_{1\infty}$;
⑧ 将 $E_{1\infty}$ 及 X_1 代入式(21-1-90)求得 $F_{1\infty}$;
⑨ 对 d_{p2}, …, d_{pn} 重复上述计算步骤求得 $F_{2\infty}$, …, $F_{n\infty}$;
⑩ 按 $F_\infty=\sum F_{i\infty}$ 求得扬析总量,即在 U_f 下的饱和携带能力;
⑪ 根据所给条件,选用式(21-1-97)~式(21-1-99)中之一,设 $h=1m$, $2m$, …, n,计算出相应的 F_1, F_2, …, F_n;
⑫ 选取与 F_∞ 值相近 F 所对应的 h,即是所求的 TDH。

1.4 湍动流态化

湍动流态化是介于鼓泡床或节涌床和快速床之间的一个转变流域。在图 21-1-4 中,当气速增加到 U_e,相应于 ε-U_f 曲线的 E 点时,气节鼓泡床开始崩溃,床面变得模糊不清,床顶的颗粒带出量增加,此时鼓泡流态化进入湍动流态化状态,当气速继续增加至 U_c,相当于 ε-U_f 曲线的 C 点时,床层空隙率随气速增加急剧上升,固体带出量达最大,此时湍动流态化转入快速流态化。阳永荣等[56]曾研究湍动流态化床的局部微观结构。他们的实验发现,进入湍动流态化的流型过渡首先发生在气泡分率最大的局部区域,随着输入流化系统的能量不断增加,湍动区域将逐渐扩大。气泡分率大,预示着该区域中气固两相运动剧烈。气泡连续不断地聚并和破坏使床内两相特性减弱,这种气固两相的均一性即表明已转入湍动流态化状态。

从鼓泡流态化向湍动流态化流型转变的气速 U_e 一般采用压力脉动幅值判断法,取压力脉动幅值最大值所对应的气速即为 U_e。Cai 等[57]基于上述判断方法对 8 组不同物性颗粒材料在 4 组不同床径流化床中（0.05m，0.14m，0.28m 和 0.48m）进行实验，并考虑了温度和压强的影响，对无内构件的自由床提出了下述 U_e 预测关联式：

$$\frac{U_e}{\sqrt{gd_p}}=\left(\frac{\mu_{g20}}{\mu_g}\right)^{0.2}\left[\left(\frac{0.211}{D_t^{0.27}}+\frac{0.00242}{D_t^{1.27}}\right)^{1/0.27}\left(\frac{\rho_{g20}}{\rho_g}\right)\left(\frac{\rho_p-\rho_g}{\rho_g}\right)\left(\frac{D_t}{d_p}\right)\right]^{0.27} \quad (21\text{-}1\text{-}100)$$

式中，μ_{g20}，ρ_{g20} 分别是常压下 20℃时气体的黏度和密度；D_t 为流化床直径，m；d_p 为颗粒粒径，m。

该公式适用于 Geldart A 类和 B 类颗粒，操作压力范围为 $(1\sim8)\times10^5$ Pa，温度范围为 50～450℃。另外，Ellis 等[58]重点考察了较大尺寸不同管径的影响，当流化床纵横比 H_f/D_t 较大时，U_e 与 H_f/D_t 无关。

$$Re_e=0.371Ar^{0.742}\ (H_f/D_t\geqslant3) \quad (21\text{-}1\text{-}101)$$

而当 H_f/D_t 较小时，则有：

$$Re_e=\frac{\left(\dfrac{H_f}{D_t}\right)^{0.43}Ar^{0.74}}{\sqrt{4.2\left(\dfrac{H_f}{D_t}\right)^{0.86}+3.1Ar^{0.33}}} \quad (21\text{-}1\text{-}102)$$

式中，H_f 为流化膨胀床高，m；D_t 为管径，m；$Re_e=d_p\rho_fU_e/\mu_f$。

上述关联式适用于 Geldart A 类颗粒（FCC 颗粒），实验所用管径分别为 0.29m，0.61m 和 1.56m。其他更多的关于 U_e 的关联式可见文献 [59] 中的表 2 或文献 [60] 中的表 2.1。

与鼓泡流化床相比，湍动床由于分布更为均匀，两相流动模型不再适用。尤其对于细颗粒，可用修正的 Richardson-Zaki 公式来估计床层膨胀[61]，即床平均空隙率为：

$$\frac{U_f}{U_{ct}}=\varepsilon^n \quad (21\text{-}1\text{-}103)$$

式中，U_{ct} 表示颗粒聚团的有效终端沉降速度，m·s^{-1}；n 为实验参数。两者均需根据流化中空隙率和气速实验曲线确定，并与颗粒物性紧密相关。对于湍动床，n 的典型取值如表 21-1-8 所示[62]。

表 21-1-8　以往研究中湍动床 n 取值

研究者	床尺寸/m	颗粒种类	颗粒粒径/μm	颗粒密度/kg·m^{-3}	U_e/U_t	n
Carotenuto 等[63]	0.152	FCC	60	940	2.0	5.6
Canada 等[64]	0.61×0.61	玻璃珠	650	2480	0.51	1.85
			2600	2900	0.41	3.3
	0.31×0.31		2600	2900	0.48	3.3
Avidan 和 Yerushalmi[61]	0.152	催化剂	33	1670	23.4	14.0
		FCC	49	1070	7.84	5.0
		催化剂	49	1450	8.58	4.4
Abed[65]	0.152	FCC	54.8	850	5.20	4.16
Avidan 等[66]	0.6	FCC	60	1220	1.03	4.30
Lee 和 Kim[62]	0.1	玻璃珠	362	2500	0.31	2.80

卢春喜等[67]采用光纤探针对中试规模冷态流化床距离分布板 6m 处空隙率的径向分布进行了测量，并采用多项式提出：

$$\varepsilon = a_0 + a_1\left(\frac{r}{R}\right) + a_2\left(\frac{r}{R}\right)^2 + a_3\left(\frac{r}{R}\right)^3 + a_4\left(\frac{r}{R}\right)^4 \tag{21-1-104}$$

当表观气速为 $0.954\text{m}\cdot\text{s}^{-1}$ 时，$a_0=0.868$，$a_1=-0.891$，$a_2=0.383$，$a_3=1.308$，$a_4=-1.218$。实验所用物料为 FCC 颗粒。从中心到边壁，空隙率呈递减趋势，依据变化特点可明显划分为三个区域：中心区、平稳区和边壁区。

1.5 广义流态化

1.5.1 广义流态化概念和郭慕孙操作状态图

经典的流态化系统一般指一个具有固定颗粒料量的床层，即只需考虑流体的流速，而无需考虑颗粒的进与出，这种流态化称为经典流态化。然而在工业应用中，往往需要处理那些颗粒和流体同时有进有出的垂直方向运动的系统，流体不仅相对于器壁运动，而且相对于定向运动的颗粒运动。由于流体对颗粒的曳力使得颗粒在重力场中处于悬浮定向运动状态，这种颗粒和流体同时有进有出的流态化称为广义流态化。

郭慕孙研究了广义流态化的各种操作状态，归纳出了广义流态化的八种操作模型，如图 21-1-19 所示。由图 21-1-19 可见，颗粒和流体可以：Ⅰ.同向向上，Ⅱ.同向向下，或Ⅲ.颗粒向下，流体向上。此外，流化床中的分布板是一个保持床层稳定的构件。对一般的流态化系统而言，除去了分布板，整个床层会从容器内落出，但是在某些条件下，流态化床也可以在一个没有分布板的容器内自由存在。

1.5.2 并流逆重力向上流动

1.5.2.1 特点与存在条件

快速流态化属于气固同向向上运动的广义流态化操作。Squires[70~72]、Reh 等[73,74]、Yerushalmi 等[75~79]和郭慕孙等[80]最先对快速流态化的流动规律进行了仔细的观察和研究。Squires 用图 21-1-20 定性地说明了气固流态化系统状态随气速的变化，以及快速流态化存在的条件。郭慕孙等[80]提出的流态化状态图（图 21-1-4）则定量地阐明了细颗粒物料的流态化状态与操作条件的关系，尤其是快速流态化存在的条件。图 21-1-4 说明了细粉在提升管中的流态化状态随气速的变化。气体通过颗粒床层向上流动，随着气速由小逐渐增大，床层经历固定床、鼓泡床、湍动床三阶段。当气速继续增加到 U_c，此时 U_c 已大大超过颗粒的自由沉降终端速度 U_t，床层空隙率随气速增加而急剧增大，固体带出量达最大，该状态由 C 点表示，U_c 称快速流化点速度。当 $U_f<U_c$ 时，即使改变加料速率，U_f-ε 操作线基本上沿 BE 单线变化，但是当 $U_f \geqslant U_c$ 时，若使床层保持一定的固体密度，必须不断地向床层底部补充与床顶带出速率相同的物料，从而形成快速流态化操作。此时一部分固体颗粒分散于气流中形成稀薄的连续相，而大量的固体颗粒则团聚成絮状物而构成分散相漂浮于床内，时而形成，时而解体。床中不再有气泡与气节存在。与鼓泡流态化相比，气体由非连续相转化为连续相，固体则由连续相转化为非连续相。在快速流化点速度 U_c 时，保持快速流态化操作

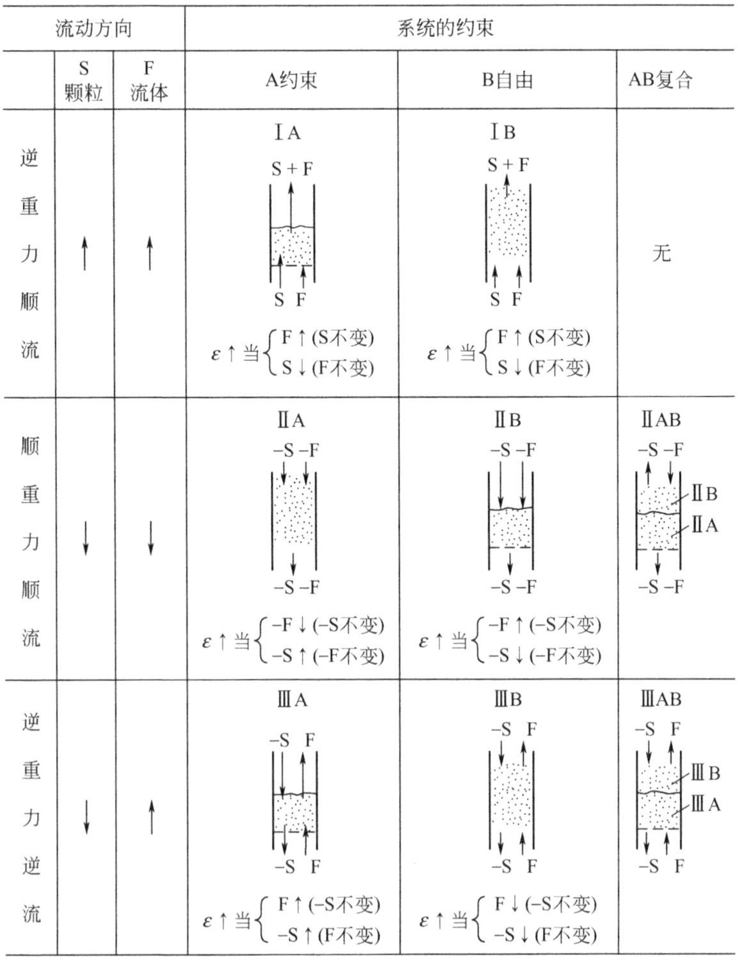

流动方向			系统的约束		
	S 颗粒	F 流体	A 约束	B 自由	AB 复合
逆重力顺流	↑	↑	ⅠA S+F S F $\varepsilon\uparrow$ 当 $\begin{cases}F\uparrow(S不变)\\S\downarrow(F不变)\end{cases}$	ⅠB S+F S F $\varepsilon\uparrow$ 当 $\begin{cases}F\uparrow(S不变)\\S\downarrow(F不变)\end{cases}$	无
顺重力顺流	↓	↓	ⅡA −S −F −S −F $\varepsilon\uparrow$ 当 $\begin{cases}-F\downarrow(-S不变)\\-S\uparrow(-F不变)\end{cases}$	ⅡB −S −F −S −F $\varepsilon\uparrow$ 当 $\begin{cases}-F\uparrow(-S不变)\\-S\downarrow(-F不变)\end{cases}$	ⅡAB −S −F ⅡB ⅡA −S −F
逆重力逆流	↓	↑	ⅢA −S F −S F $\varepsilon\uparrow$ 当 $\begin{cases}F\uparrow(-S不变)\\-S\uparrow(F不变)\end{cases}$	ⅢB −S F −S F $\varepsilon\uparrow$ 当 $\begin{cases}F\downarrow(-S不变)\\-S\downarrow(F不变)\end{cases}$	ⅢAB −S F ⅢB ⅢA −S F

图 21-1-19 广义流态化操作模型[68,69]

的最小加料速率定义为最小循环量 G_{smin}。当气速再增大到 U_{pt} 时，快速流态化状态则转化为载流输送状态，U_{pt} 称为载流点速度。由图可见，载流点速度 U_{pt} 除了与物料属性有关外，还与加料速率有关，不同的加料速率对应不同的 U_{pt} 值。加料速率不同，U_f-ε 操作线亦不同，可见快速流态化具有如下几个特点：

① 固体颗粒粒径小，一般属于 Geldart 分类的 A 类物料；

② 操作气速高，可超过颗粒自由沉降终端速度的几倍到几十倍，颗粒大都以聚团形式存在，床中不存在定形的气泡；

③ 虽然操作气速高，固体颗粒夹带量很大，但颗粒由床底返回床层的再循环量亦很大，故床层仍可保持较高的固体密度。

快速流态化存在条件是：

① 操作气速介于快速流化点速度 U_c 与载流点速度

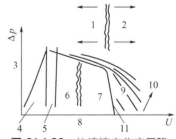

图 21-1-20 快速流态化床压降与流速的关系[76]

1—流态化床层密度与固体流量基本无关；
2—流态化床层密度主要取决于固体流量；
3—压降梯度（对数值）；4—固定床；5—散式流态化床层膨胀；6—鼓泡床；7—湍动床；
8—气速（对数值）；9—快速流态化；10—增加固体流量；11—饱和下的平衡固体流量

U_{pt} 之间，即 $U_c < U_f < U_{pt}$；

② 固体循环量 G_s 必须大于最小固体循环量 G_{smin}，即 $G_s > G_{smin}$。

1.5.2.2 气体与颗粒的运动规律

(1) 轴向空隙率分布 郭慕孙-李佑楚模型[80]把快速流态化概括为具有一个连续的稀薄相和一个均匀分布于其中的非连续浓密相（即颗粒聚团）的两相流动，并建立了一维运动方程。该物理模型如图 21-1-21 所示，在床高 Z 处，浓密相聚团从下部浓度较高的区域，按类似扩散的规律向上窜，而当浓密相聚团到达 Z 以上后，由于其密度大于周围床层平均密度而反向下沉。在稳态操作中，这两股浓密相聚团向上和向下的通量相等，按图 21-1-21 的说明，则有：

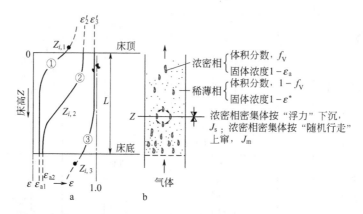

图 21-1-21 快速流态化气固流动的物理模型[80]

$$\zeta \frac{d}{dZ}[\rho_p f_V(1-\varepsilon_a)] = \omega[\Delta\rho(1-\varepsilon_a) - \Delta\rho(1-\varepsilon)]f_V(1-\varepsilon_a) \quad (21\text{-}1\text{-}105)$$

式中，ζ 和 ω 分别为上窜和下沉比例常数，$m \cdot s^{-1}$；f_V 为浓密相的体积分数；$\Delta\rho = \rho_p - \rho_f$。

显然，床层平均浓度由稀、浓两相共同组成，即：

$$1-\varepsilon = f_V(1-\varepsilon_a) + (1-f_V)(1-\varepsilon^*) \quad (21\text{-}1\text{-}106)$$

式中，ε_a 和 ε^* 分别为浓密相和稀薄相的极限空隙率。由上述两式可以导出床层空隙率沿床高的分布，即轴向分布为：

$$\ln\left(\frac{\varepsilon-\varepsilon_a}{\varepsilon^*-\varepsilon}\right) = -\frac{1}{Z_0}(Z-Z_i) \quad (21\text{-}1\text{-}107)$$

$$Z_0 = \left(\frac{\zeta\rho_p}{\omega\Delta\rho}\right)\frac{1}{(\varepsilon^*-\varepsilon_a)} \quad (21\text{-}1\text{-}108)$$

式(21-1-107) 内有四个模型参数：ε^*，ε_a，Z_i 和 Z_0。

根据在内径 90mm、高 8m 的快速流化床冷模装置中进行的五种物料的流动实验，得到如下模型参数的关联式：

$$1-\varepsilon^* = 0.05547\left(\frac{18Re_s^* + 2.7Re_s^{*1.687}}{Ar}\right)^{-0.6222} \quad (21\text{-}1\text{-}109)$$

$$Re_s^* = \frac{d_p\rho_f}{\mu_f}\left[U_f - U_s\left(\frac{\varepsilon^*}{1-\varepsilon^*}\right)\right]$$

$$1-\varepsilon_a = 0.2513\left(\frac{18Re_{sa}+2.7Re_{sa}^{1.687}}{Ar}\right)^{-0.4037} \quad (21\text{-}1\text{-}110)$$

$$Re_{sa} = \frac{d_p\rho_f}{\mu_f}\left[U_f - U_s\left(\frac{\varepsilon_a}{1-\varepsilon_a}\right)\right]$$

$$Z_0 = 500\exp[-69(\varepsilon^* - \varepsilon_a)] \quad (21\text{-}1\text{-}111)$$

则 Z_i 隐含于下式中：

$$\frac{\bar{\varepsilon}-\varepsilon_a}{\varepsilon^*-\varepsilon_a} = \frac{1}{L/Z_0}\ln\left\{\frac{1+\exp(Z_i/Z_0)}{1+\exp[(Z_i-L)/Z_0]}\right\} \quad (21\text{-}1\text{-}112a)$$

$$\bar{\varepsilon} = 1 - \frac{I/A_t - (a/A_t)C}{(1+a/A_t)Z} \quad (21\text{-}1\text{-}112b)$$

式中，I/A_t 为快速床中以物料高度表示的系统存料量；I 为存料量，m^3；A_t 为床层截面积，m^2；a/A_t 为料腿截面积与床层截面积之比；C 为以物料高度表示的物料通过料腿及顶部旋风分离器的阻力，m，$C=(\Delta p_r + \Delta p_c)/\rho_p$。

由式(21-1-109)～式(21-1-112)可求出参数 ε^*，ε_a，Z_i 和 Z_0，然后代入式(21-1-107)，即可求得快速流化床空隙率的轴向分布。

(2) 径向空隙率分布 快速流化床空隙率径向分布不均，中间物料稀薄而靠近边壁则变得浓密。董元吉和张文楠[81]以及 Rhodes 和 Zhou[82] 测定了快速床的径向空隙率分布，得到的共同结论是径向空隙率分布仅依赖于截面平均空隙率 $\bar{\varepsilon}$，而与操作条件、颗粒密度和床体直径无关。

董元吉-张文楠的经验关联式为：

$$\varepsilon = \bar{\varepsilon}^{(0.191+\phi^{2.5}+3\phi^{11})} \quad (21\text{-}1\text{-}113)$$

$$\phi = r/R$$

式中，ϕ 为无量纲径向位置；r 为径向某点距管中心的距离；R 为管半径。

Rhodes-Zhou 经验关联式为：

$$\frac{1-\varepsilon}{1-\bar{\varepsilon}} = 2\left(\frac{r}{R}\right)^2 \quad (21\text{-}1\text{-}114)$$

(3) 快速流化点速度 U_c、最小固体循环量 G_{smin} 和载流点速度 U_{pt} 的计算 根据郭慕孙等[80]的研究结果，U_c 主要与颗粒物性有关，据实验统计：

$$U_c \approx (3.5-4.0)U_t \quad (21\text{-}1\text{-}115)$$

G_{smin} 则与 U_c 有关：

$$G_{smin} = \frac{U_c^{2.25}\rho_f^{1.627}}{0.164[gd_p(\rho_p-\rho_f)]^{0.627}} \quad (21\text{-}1\text{-}116)$$

载流点速度 U_{pt} 不仅取决于物料的特性而且取决于固体循环量 G_s。

已知拐点 Z_i 的空隙率 $\varepsilon_i = \frac{1}{2}(\varepsilon^* + \varepsilon_a)$，根据实验测得载流点时，分布板附近空隙率 ε_i 与固体循环量 G_s 的数据关联：

$$\varepsilon_i = \exp(0.0002353G_s - 0.06188) \quad (21\text{-}1\text{-}117)$$

当 G_s 值确定后，用试差法联立求解式(21-1-109)、式(21-1-110)和式(21-1-117)，求得满足上述方程的气速 U_f 的值即为所求的载流点速度 U_{pt}。

(4) 进出口结构对床层空隙率分布的影响 当床层进出口结构发生变化时，空隙率的轴向分布将产生严重变化。Jin 等[83]、Shnitzlein 等[84]和 Brereton 等[85]的实验均证实，当快速流化床出口具有较强约束时，可能出现床层中段空隙率较高、而底部和顶部两端空隙率较低的反 C 型分布。Shnitzlein 等[84]和白丁荣等[86]的实验发现，床底的颗粒入口及进气系统结构对空隙率的轴向分布具有明显的影响。在强入口约束作用下，可能出现空隙率沿轴向的 S 型分布。S 型分布的形成是由于床层入口转为弱约束时，在一定时间间隔内颗粒引入速度大于颗粒饱和夹带速度，从而造成床层底部颗粒积累的非稳态过程的结果。

1.5.3 并流顺重力向下流动

气固并流下行床是属于此类流动的一种操作方式。与气固并流上行快速床相比，它具有床内气体速度、颗粒速度及颗粒浓度径向分布比较均匀，气固接触时间短，气固返混小，停留时间短等特点，因此可以满足许多快速反应动力学的要求，使反应的转化率及选择性大幅度提高。气固并流下行床在催化裂化、烯烃生产、重油改质、液化气脱氢等领域有着广泛的应用前景，引起国内外关注。但迄今为止，对其研究尚不够充分。

金涌等[87]的实验证明，垂直气固并流下行床中的颗粒运动存在第一加速段、第二加速段和恒速段三个运动段，并提出如下判据：

第一加速段：

$$u_g > u_s, \left(\frac{\partial p}{\partial h}\right)_{G_s, u_g} < 0$$

第二加速段：

$$u_g < u_s, \left(\frac{\partial p}{\partial h}\right)_{G_s, u_g} > 0$$

恒速段：

$$u_s = \text{const} > u_g, \left(\frac{\partial p}{\partial h}\right)_{G_s, u_g} > 0, \left(\frac{\partial^2 p}{\partial h^2}\right)_{G_s, u_g} = 0$$

他们基于对气固运动规律的分析，还建立了一维两相流数学模型，用于预测压力、空隙率及颗粒速度的轴向分布。杨勇林等[88]和曹春社等[89]应用激光多普勒测速仪及幅值鉴频技术，同时测定了气固并流下行床中的气体和颗粒的局部运动速度，并用光导纤维积分仪测定了局部颗粒浓度。结果表明，与气固并流上行快速床相比，其颗粒浓度、气体速度、颗粒速度以及气固相对滑落速度的径向分布都比较均匀。其特点是在床中心及壁面处颗粒浓度较低，而在边壁附近颗粒聚集并形成一个近壁环形密相区（位于 $r/R = 0.86 \sim 0.96$）。在该近壁环形区中，气体速度、颗粒速度以及气固相对滑落速度均出现最大值。这一现象归因于颗粒的聚团行为：颗粒浓度越高，颗粒间的团聚作用越大，较大的颗粒聚团在气流及重力作用下，会形成较高的运动速度和较高的气固滑落速度。

Wang 等[90]采用光纤探针测量了 FCC 颗粒在流化气速为 $2 \sim 8 \text{m} \cdot \text{s}^{-1}$ 和固相通量为 $30 \sim 180 \text{kg} \cdot \text{m}^{-2} \cdot \text{s}^{-1}$ 操作范围内下行床中空隙率的径向分布，并提出关联式：

$$\varepsilon = \bar{\varepsilon}^{30.62(1-r/R)} \exp[-127.6(1-r/R)^2] + \frac{22.8}{36.7+(1-r/R)} \tag{21-1-118}$$

1.5.4 逆流顺重力向下流动

循环流态化床的流态化返回料腿的操作一般属于逆流顺重力向下流动。料腿上半部为稀相区，下半部为浓相区，气流反向向上流动，而颗粒物料借重力下落，由于受到向上气流的曳力作用而呈现流态化状态。其气固运动规律可近似由郭慕孙提出的广义流态化散式理论来描述[68,69]。流态化返回料腿的设计可参阅参考文献[91]。

1.6 气力输送

1.6.1 气力输送状态的分类及特性

通常把气力输送按颗粒物料的浓度或空隙率大小分为稀相输送和密相输送。空隙率 $\varepsilon \geqslant 0.95$ 为稀相，而 $\varepsilon < 0.95$ 为密相。也可以根据固气质量流率比 m 或体积流率比 V 划分为稀相、中相和密相输送三类。$m < 5$ 或 $V < 0.04$ 为稀相；$m = 5 \sim 50$ 或 $V = 0.04 \sim 0.20$ 为中相；$m > 50$ 或 $V > 0.20$ 为密相。然而可以清楚地描绘气力输送过程实质流动状态的是由 Zenz 等[92]提出的以气速和压力损失为对数坐标的状态相图。垂直气力输送系统的状态相图如图 21-1-22 所示，对应的物料运动状态示于图 21-1-23。水平气力输送系统状态相图如图 21-1-24 所示，图 21-1-25 则为相应的物料运动状态。

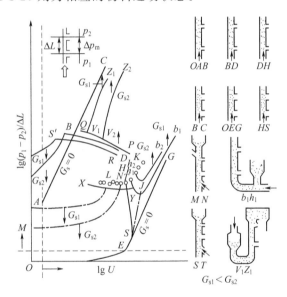

图 21-1-22 垂直气力输送系统状态相图[92]

图 21-1-22 中，$G_s = 0$ 的线表示物料质量流率 G_s 为零时（即固体静止，只有气体流动）的气体压降，G_{s1}，G_{s2}，…的线分别代表物料质量流率为 G_{s1}，G_{s2}，…时的气体压降。由图可见，当气速自零点开始增加，经 A 点至 B 点，物料仍未活动。自 B 点后增加气速，料层开始松动，并随气速的增加而剧烈搅动，直至 D 点。BD 线为流化床气速与压降关系曲线，DH 区域内输送状态极不稳定，H 点后又呈现稳定，但物料浓度显著降低，呈气力输送状态。此区域内的 G_s 线均有一个最低点，此时压降最小，对应的气速称为经济速度 U_{fopt}。

当气速 $U_f > U_{fopt}$ 时，输送管道中物料呈悬浮状态，如图 21-1-23(a)、(b) 及图 21-1-25 (a)～(d) 或 (a')～(d') 所示的状态，这类输送称为稀相输送；当气速 $U_f \leqslant U_{fopt}$ 时，垂直

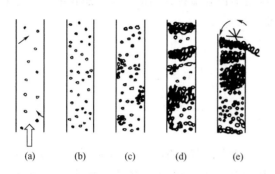

图 21-1-23 垂直气力输送系统物料运动状态图[93]

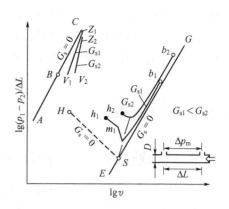

图 21-1-24 水平气力输送系统状态相图[93]

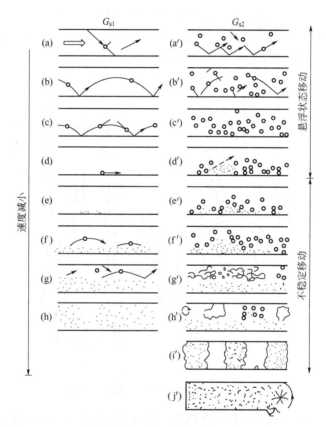

图 21-1-25 水平气力输送系统物料运动状态图[93]

管中输送变得不稳定，水平管中的物料不再是悬浮输送，而是沉落在管底形成密相输送，对应的输送管中物料流动状态如图 21-1-23 中的 (c)、(d) 及图 21-1-25 中的 (e)～(h) 或 (e′)～(h′)。当气速继续下降到 h_1、h_2 点时，管道开始被堵塞，其物料流动状态为图 21-1-23 中的 (e) 及图 21-1-25 中的 (i′) 和 (j′)。图 21-1-22 中 h_1、h_2 称为"噎塞点"，此时的气速称为噎塞速度，而 h_1、h_2 点的连线 LNK 称为噎塞速度线。水平状态相图 21-1-24 中的 Hh_1h_2 连线称沉积速度线，m_1 点的气速称为沉积速度。一般将 LNK 和 Hh_1h_2 的右边区域称为密相动压输送，而左边区域称为密相静压输送。

1.6.2 气力输送装置的分类与选择

气力输送装置型式大多按管道中空气的压力状态来区分，可分为吸送式和压送式两大类，吸送式的典型装置如图 21-1-26 所示，压送式的典型装置如图 21-1-27 所示。吸送式和压送式的性能对比见表 21-1-9，各类气力输送装置的流动特性列于表 21-1-10。在选用气力输送装置时，应考虑物料的形状、粒度和相对密度等，可参考表 21-1-11。

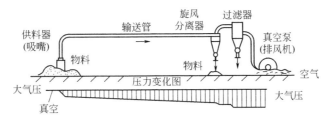

图 21-1-26 负压式（吸送式）气力输送设备布置[94]

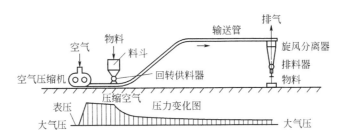

图 21-1-27 正压式（压送式）气力输送设备布置[94]

表 21-1-9 气力输送装置性能对比[94]

型式		供料机	最大性能（通常）			主要用途
			输送量 /t·h⁻¹	距离 /m	所需动力	
负压式	高真空	固定吸嘴型	50	200	−0.533MPa (−400mmHg)	工厂内部输送(吸上型、吸下型)
		可移动吸嘴型	150	50	−0.533MPa (−400mmHg)	车船卸货用，入仓库用等
		回转供料器	50	100	−6.666MPa (−5000mmHg)	灰处理
	低真空	管端直接吸入		(500)	−0.133MPa (−100mmHg)	除尘、清扫、轻料输送
正压式	低压	喷射供料器	30	30	0.196MPa (2.0kgf·cm⁻²)	短距离输送(轻量输送)
		回转供料器	—	100	0.0588MPa (0.6kgf·cm⁻²)	定位置间的小型输送、分配用
		空气斜槽	40	60	6.666MPa (5000mmHg)	粉末近距离输送
	高压	螺旋泵	100	500	0.196MPa (2.0kgf·cm⁻²)	定位置粉体输送、分配用
		仓泵(福勒克骚式)	150	1000	0.196～0.392MPa (2～4kgf·cm⁻²)	长距离大容量输送、分配用

续表

型式		供料机	最大性能(通常)			主 要 用 途
			输送量 /t·h^{-1}	距离 /m	所需动力	
正压式	高压	仓泵(赛勒式)	150	1000	0.196~0.686MPa (2~7kgf·cm^{-2})	长距离大容量输送、分配用
		重叠式仓泵		500	0.196~0.294MPa (2~3kgf·cm^{-2})	定位置中量输送、分配用
联合式	低压	输送管-送风机-输送管	30	50	0.133MPa (100mmHg)	粉体的低混合比输送(轧制工厂等)
	高压	负压式-(分离供料机)-正压式	100	(500)		长距离大容量输送(集料、分配并用)

表 21-1-10　各类气力输送装置流动特性[93]

装置类别				使用压力		压气机械	料气输送比 /kg·kg^{-1}	空气速度 /m·s^{-1}	常用最大输送距离 /m	磨损大小
类别	输送机理	流动特征	料、气掺和方法	使用方法	压力范围/MPa (kgf·cm^{-2})					
稀相	动压	悬浮流	供料法或混料法	低真空吸送、低压压送	-0.0196(-0.2)以下 <0.049(0.5)	离心风机 罗茨风机	1~5 5~10	10~40	50~100	大
密相	动压	脉动集团流或流态化	供气法	高真空吸送、高压压送	-0.049~-0.0196 (-0.5~-0.2) 0.049~0.686 (0.5~7)	罗茨风机或水环泵 空压机	10~30 30~60	3~15	1000	中
	静压	柱状流	柱流法	高压压送	0.196~0.588 (2~6)	空压机	30~300	0.2~2	50	极小
		栓状流	栓流法	中压压送	0.147~0.294 (1.5~3)	空压机	30~300	1.5~9	100	小
		筒式输送	栓流法	低真空吸送、低压压送	0.049(0.5)	叶片或罗茨风机	—	10~40	3500	小

表 21-1-11　各类不同形状物料气力输送装置类别的选用[93]

输送物形状	输送装置类别			
	稀相气送	密相动压流态化气送	柱流密相静压气送	栓流密相静压气送
块状	2	4	3	2
圆柱形颗粒	2	3	2	2
球形颗粒	2	3	2	2
方形结晶颗粒	3	4	1	2
微细粒子	3	2	3	1
粉末	3	1	3	1
纤维状物料	1	4	4	4
叶片状物料	1	4	4	4
形状不一的粉粒混合物	3	3	3	1

注：1—好；2—可；3—差；4—不适合。

1.6.3 稀相气力输送

稀相气力输送属于颗粒的悬浮输送，粉粒在管中分布较均匀。通常输送的物料距离和流量为已知量，需选择的参数是适宜气速 U_{fopt} 和最佳固气质量流率比（简称输送比）m_{opt}，管径以及管道压降则随之而定。

1.6.3.1 适宜气速 U_{fopt} 和最佳输送比 m_{opt} 的计算

图 21-1-28 是由不同研究者提供的算式做成的列线图[93]，此图可用于长度在 100m 以内中等距离输送时计算 U_{fopt} 和 m_{opt}。图 21-1-28 的纵坐标 Oy_1 表示空气体积流量 Q（m³·min⁻¹），Oy_2 表示以气体速度为基准的弗劳德数 Fr_{opt} [$Fr_{opt} = U_{opt}^2/(gD_t)$]，横坐标 Ox_1 表示输送比 m_{opt}，Ox_2 表示气体速度 U_f（m·s⁻¹）。其使用方法由下例说明：

【实例】 试确定干麦芽输送的主要参数。已知输送量为 4t·h⁻¹，干麦芽终端速度 $U_t = 8$ m·s⁻¹，平均粒径为 3.5～4.2mm，密度为 1320kg·m⁻³，垂直输送距离为 25m 和水平输送距离为 180m。

解 先假设 $m_{opt} = 5.5$，管径 $D_t = 100$mm，然后查图 21-1-28。首先在 Ox_1 轴上找到 $m_{opt} = 5.5$ 的点，然后向上引垂线与 $G_s = 4$t·h⁻¹ 的斜线交于 A 点，过 A 点做水平线与 Oy_1 轴相交，交点即为输送所需的空气体积流量 Q，该水平线继续延长与 $D_t = 100$mm 的斜线交于 B 点，再从 B 点向下引垂线与 Ox_2 轴相交，交点即为管内空气速度 U_{fopt}，再延长此垂线与 $D_E = 100$mm 斜线交于 C 点，过 C 点引水平线与 Oy_2 轴的交点是

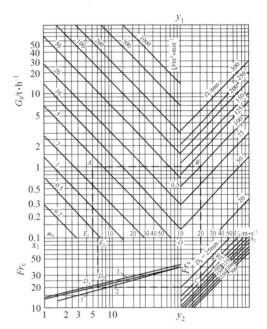

图 21-1-28 稀相气力输送主要参数概算图[93]
1—越智池森的实验；2—韦尔朔夫的实验；3—巴尔特的实验

Fr_{opt}，继续延长此线与图中的巴尔特（Barth）和韦尔朔夫（Welschof）实验关联线相交于 D_1 与 D_2，从 D_1、D_2 点分别引垂线与 Ox_1 轴交于 E_1、E_2 点，E_1 和 E_2 之间的范围即为输送比 m_{opt} 的范围。故查图可得 $m_{opt} = 4.5 \sim 6.5$，$Q = 1.0$ m³·min⁻¹，$U_{fopt} = 20.2$ m·s⁻¹，$D_t = 100$mm。原假设 $m_{opt} = 5.5$，落在 4.5～6.5 范围内，则原假设成立。若假设的 m_{opt} 不在 E_1 与 E_2 之间，则应重新假定，直至假定的 m_{opt} 值落在 E_1 与 E_2 之间为止。

1.6.3.2 直管段输送压降的计算

气力输送的压降一般由气体与输送管道的摩擦压降 Δp_{gf}，固体颗粒与输送管道的摩擦压降 Δp_{sf}，气体重力压降 Δp_{gh}，固体颗粒重力压降 Δp_{sh}，以及固体颗粒加速压降 Δp_{sa} 五项组成[95]。即：

$$\Delta p = \Delta p_{gf} + \Delta p_{sf} + \Delta p_{gh} + \Delta p_{sh} + \Delta p_{sa} \qquad (21\text{-}1\text{-}119)$$

固体颗粒加速压降仅发生在加速段内，由于在加速段内颗粒运动速度随管长而变化，故加速段的各项压降计算较为复杂。因此大多数研究者把除颗粒加速压降以外的其余各项压降

均当作等速段压降来考虑,这样就大大简化了计算又不会造成太大的偏差。许多研究者[96]均从动量守恒原理出发来导出颗粒加速压降 Δp_{sa} 的计算式:

$$\Delta p_{sa} = \frac{G_s \Delta U_s}{A_t g} \tag{21-1-120}$$

式中,A_t 为管道截面积,m^2;G_s 为颗粒重量流率,$kgf \cdot s^{-1}$。当颗粒初速度为零时,$\Delta U_s = U_f - U_t$。其余各项压降之和一般习惯于以范宁方程的形式表达:

$$\Delta p_m = [\lambda_f + (\lambda_s + \lambda_h)\phi m] \frac{L}{D_t} \times \frac{\gamma_f U_f^2}{2g} \tag{21-1-121}$$

式中,λ_f、λ_s 和 λ_h 分别是气体与管壁摩擦、颗粒与管壁摩擦、颗粒自重及悬浮造成的阻力系数;m 为固气质量流率比;ϕ 为参数;L 为输送管道长度,m;D_t 为管道直径,m;γ_f 为流体重度,$kgf \cdot m^{-3}$;U_f 为流体表观气速,$m \cdot s^{-1}$;g 为重力加速度,$m \cdot s^{-2}$。

λ_f 为雷诺数 $Re = \rho_f U_f D_t / \mu_f$ 的函数,具体为:

层流区:$Re \leqslant 2320$ 时,$\lambda_f = 64/Re$ (21-1-122)

湍流区:$Re > 2320$ 时,$\lambda_f = 0.3164/Re^{0.25}$ (21-1-123)

λ_s 建议采用 Hinkle 的解析计算式[95,97]:

$$\lambda_s = \frac{2gD_t(U_f - u_s)^2}{U_t^2 u_s^2} \tag{21-1-124}$$

若在等速段,有:

$$\lambda_s = \frac{2gD_t}{(U_f - U_t)^2} \tag{21-1-125}$$

或采用 Pazymob 的计算式[95,98]:

当 $\dfrac{D_t}{d_p} = 20 \sim 25$ 时:$\lambda_s = \dfrac{27}{Fr_s^{0.75}}$ (21-1-126)

$$Fr_s = \frac{u_s^2}{gD_t}$$

另外,λ_s 也有一些实测数据可供参考,见表 21-1-12 和表 21-1-13。

表 21-1-12 颗粒与管壁摩擦阻力系数 λ_s 一览表[95]

物料名称	粒径筛分范围/mm	密度 ρ_s/kg·m^{-3}	λ_s
塑料	—	—	0.0044~0.008
聚苯乙烯	—	—	0.008~0.019
铸型酚醛塑料	—	—	0.003~0.008
刚铝石	—	—	0.009~0.018
煤	<10	1300~1400	0.005
焦炭	0.05~10	1700	0.005
小麦粒	—	1400	0.003~0.013
渥太华砂	0.295~0.589	2642	0.010~0.018
海砂	0.175~0.295	2642~2706	0.008~0.014
微球裂化催化剂	0.074~0.147	977(假定)	0.008~0.012
破碎裂化催化剂	0.074~0.147	977(假定)	0.008~0.010
石英粉	0.025~0.5	2500	0.002~0.010
微球催化剂	0.025~0.5	1000	0.0017~0.0055
球形催化剂	0.3~3.5	900	0.006~0.012

表 21-1-13 物料冲击回转圆盘时测得的 λ_s

物料	圆盘材料			
	淬火钢板	普通钢板	硬质铝板	软质铜板
	λ_s			
玻璃球，$d_p=4$mm	0.0025	0.0032	0.0051	0.0053
小麦	0.0032	0.0024	0.0032	0.0032
煤，$d_p=3\sim5$mm	0.0023	0.0019	0.0017	0.0012
焦炭，$d_pl=4.5$mm$\times5$mm	0.0014	0.0034	0.0040	0.0019
石英，$d_p=3\sim5$mm	0.0060	0.0072	0.0185	0.0310
碳化硅，$d_p=3$mm	—	—	0.0360	—
玻璃球碎片，$d_p=3$mm 的碎片占 1/3	—	0.0123	—	—

λ_h 可由等速运动时的颗粒力平衡求得。对垂直输送管道，有：

$$\lambda_h = \frac{2}{\phi^2 Fr_g^2} \tag{21-1-127}$$

$$Fr_g = \frac{U_g^2}{gD_t}$$

对水平输送管道，有：

$$\lambda_h = \frac{2Fr_t}{\phi^2 Fr_g^3} \tag{21-1-128}$$

$$Fr_t = \frac{U_t^2}{gD_t}$$

对倾斜输送管道，有：

$$\lambda_h = \frac{2\left(\dfrac{Fr_t}{Fr_g}+\phi\right)\sin\alpha}{\phi^2 Fr_g^2} \tag{21-1-129}$$

式中，α 为倾斜管与水平面的夹角；ϕ 为等速段固气速度之比，等于 u_s/u_g，由等速运动力平衡所决定。

对于粉状物料，由于粒径较小，颗粒在管内流动时的雷诺数小于1，则主要受到斯托克斯力。此时 ϕ 可按下式计算：

垂直输送管道：

$$\phi = \frac{\sqrt{\left(\dfrac{Fr_g}{Fr_t}\right)^2 - 2\lambda_s Fr_g^2\left(1-\dfrac{Fr_g}{Fr_t}\right)} - \dfrac{Fr_g}{Fr_t}}{\lambda_s Fr_g^2} \tag{21-1-130}$$

水平输送管道：

$$\phi = \frac{\sqrt{1+2\lambda_s Fr_g Fr_t}-1}{\lambda_s Fr_g Fr_t} \tag{21-1-131}$$

倾斜输送管道：

$$\phi = \phi_{垂直管道}\sin\alpha \tag{21-1-132}$$

对于粒状物料，由于粒径较大，颗粒按牛顿法则运动，ϕ 可按下式计算：

垂直输送管道：

$$\phi = \frac{1 - \dfrac{Fr_t}{Fr_g}\sqrt{1+\dfrac{\lambda_s}{2}(Fr_g^2 - Fr_t^2)}}{1 - \dfrac{\lambda_s}{2}Fr_t^2} \quad (21\text{-}1\text{-}133)$$

水平输送管道：

$$\phi = \frac{1 - \sqrt{1 - \left(1 - \dfrac{\lambda_s}{2}Fr_t^2\right)\left[1 - \left(\dfrac{Fr_t}{Fr_g}\right)^3\right]}}{1 - \dfrac{\lambda_s}{2}Fr_t^2} \quad (21\text{-}1\text{-}134)$$

倾斜输送管道：

$$\phi = \frac{1 - \sqrt{1 - \left(1 - \dfrac{\lambda_s}{2}Fr_t^2\right)\left[1 - \left(\dfrac{Fr_t}{Fr_g}\right)^2 \sin\alpha\right]}}{1 - \dfrac{\lambda_s}{2}Fr_t^2} \quad (21\text{-}1\text{-}135)$$

李洪钟[95,96]曾给出了垂直管道稀相气力输送压降及适宜气速的计算方法。秦霁光等[99]也给出了垂直、水平及倾斜管道中稀相气力输送压降计算的关联式，可详见本章1.6.4节部分。

1.6.3.3 弯管段输送压降的计算

颗粒进入弯管后，由于运动方向的改变，颗粒附加压降的计算更为复杂，可参阅文献[93,94]。

1.6.4 密相动压气力输送

气力输送中气体与管壁的摩擦压降与气体速度的平方成正比，输送物料与管壁的摩擦压降与输送速度的2~3次方成正比。所以降低气速、提高输送比是提高输送效率的关键，由此可见密相动压气力输送是理想的输送方式。密相动压气力输送在相图上处于经济速度与噎塞速度之间。对于水平管输送，当气流速度低于经济速度后，颗粒开始沉落管底，颗粒物料将从气流中分离出来，而呈沙丘状输送；当气流速度继续降低接近噎塞速度时，物料在管底形成静止的堆积层而栓塞管道，这是密相动压气力输送转向密相静压气力输送的临界状态。

1.6.4.1 垂直密相动压气力输送压降的计算

秦霁光等[99,100]从理论上分析了影响垂直气力输送管恒速段压降的各因素，并使用已发表的186个实验数据进行关联和修正，提出了一个通用于稀相和密相的压降计算公式：

$$\frac{\Delta p_m}{\Delta p_f} = 1 + m\left(\frac{2\eta}{\lambda_f \varepsilon^{4.7}}\right)\left(\frac{gD_t}{u_s U_f}\right) \quad (21\text{-}1\text{-}136)$$

式中，Δp_m为恒速段所需的压降；Δp_f为同等条件下纯气流流动的压降；U_f为气体表观速度；u_s为颗粒运动速度；修正系数η是颗粒弗劳德数的函数，由186个实验数据拟合得到。

$$\eta = 1 + 0.0156 Fr_s^{0.85} = 1 + 0.0156\left(\frac{u_s^2}{gD_t}\right)^{0.85} \quad (21\text{-}1\text{-}137)$$

Δp_f可由范宁方程计算：

$$\Delta p_{\mathrm{f}} = \lambda_{\mathrm{f}} \gamma_{\mathrm{f}} \frac{L}{D_{\mathrm{t}}} \times \frac{U_{\mathrm{f}}^2}{2g} \tag{21-1-138}$$

λ_{f} 可由式(21-1-122)和式(21-1-123)求出。

式(21-1-136)中还需确定 u_{s} 和 ε。若将垂直稀相或密相气力输送管看成是一个以速度 u_{s} 向上移动的流化床数学模型,则可通过如下方式计算 u_{s} 和 ε。

$$\frac{U^*}{\varepsilon} = \frac{U_{\mathrm{f}}}{\varepsilon} - u_{\mathrm{s}} \tag{21-1-139}$$

式中,U^* 为假想的移动流化床操作速度。ε 值则由 Richardson-Zaki 方程计算:

$$\frac{U^*}{U_{\mathrm{t}}} = \varepsilon^n \tag{21-1-140a}$$

$$0 < Re^* < 0.2, n = 4.65 + 19.5 \left(\frac{d_{\mathrm{p}}}{D_{\mathrm{t}}}\right) \tag{21-1-140b}$$

$$0.2 < Re^* < 1.0, n = \left[4.35 + 17.5 \left(\frac{d_{\mathrm{p}}}{D_{\mathrm{t}}}\right)\right] Re^{*-0.03} \tag{21-1-140c}$$

$$1.0 < Re^* < 200, n = \left[4.45 + 18 \left(\frac{d_{\mathrm{p}}}{D_{\mathrm{t}}}\right)\right] Re^{*-0.1} \tag{21-1-140d}$$

$$200 < Re^* < 500, n = 4.45 Re^{*-0.1} \tag{21-1-140e}$$

$$Re^* > 500, n = 2.39 \tag{21-1-140f}$$

$$Re^* = \frac{\rho_{\mathrm{f}} U^* d_{\mathrm{p}}}{\mu_{\mathrm{f}}}$$

同时,由物料平衡可知:

$$G_{\mathrm{s}} = \frac{\pi}{4} D_{\mathrm{t}}^2 (1 - \varepsilon) \gamma_{\mathrm{s}} u_{\mathrm{s}} \tag{21-1-141}$$

联立求解式(21-1-139)、式(21-1-140)和式(21-1-141),并使用图解法可解出 U^*,u_{s} 和 ε。

将式(21-1-136)的计算值与关联所使用的实验数据比较,平均偏差为 9.6%,最大偏差为 44.7%。表 21-1-14 给出了式(21-1-136)的适用范围。

表 21-1-14 式(21-1-136)所使用实验数据的范围

物理量	取值范围
流体密度/kg·m^{-3}	0.58~2.10
固体密度/kg·m^{-3}	1000~3378
颗粒直径/mm	0.0376~7.3
输送管径/mm	6.78~650
流体表观速度/m·s^{-1}	1.66~35
固气质量流率比	0.088~70.5
颗粒弗劳德数 $Fr_{\mathrm{s}} = \frac{u_{\mathrm{s}}^2}{gD_{\mathrm{t}}}$	0.338~3260

在稀相输送条件下,式(21-1-136)可做相应简化,以适用于垂直稀相气力输送[100]。此时 $\varepsilon \approx 1$,$u_{\mathrm{s}} \approx U_{\mathrm{f}} - U_{\mathrm{t}}$,则有:

$$\frac{\Delta p_{\mathrm{m}}}{\Delta p_{\mathrm{f}}} = 1 + m \left(\frac{2\eta}{\lambda_{\mathrm{f}}}\right) \left[\frac{gD_{\mathrm{t}}}{U_{\mathrm{f}}(U_{\mathrm{f}} - U_{\mathrm{t}})}\right] \tag{21-1-142}$$

$$\eta = 1 + 0.0156\left[\frac{(U_f - U_t)^2}{gD_t}\right]^{0.85} \tag{21-1-143}$$

与垂直气力输送相比,水平稀相气力输送则应减去颗粒自重产生的压降。则:

$$\frac{\Delta p_m}{\Delta p_f} = 1 + m\left(\frac{0.0312}{\lambda_f}\right)Fr_s^{0.85}\left(\frac{gD_t}{u_s U_f}\right) \tag{21-1-144}$$

$$u_s = U_f - CU_t$$

$$C = 0.55 + 0.0032\left[\frac{(U_f - U_t)^2}{gD_t}\right]^{0.85} \tag{21-1-145}$$

式(21-1-145)是根据已发表文献中36个实验数据拟合得到的,所用实验数据范围列于表21-1-15中。

表 21-1-15 式(21-1-145)所使用实验数据的范围

物理量	取值范围
颗粒直径/mm	0.15～6.4
输送管径/mm	8～106
流体表观速度/m·s^{-1}	8.65～33.1
颗粒自由沉降速度/m·s^{-1}	0.60～10.0

对于倾斜管稀相气力输送,亦可用式(21-1-142)来估算,但此时:

$$\eta = \sin\alpha + 0.0156 Fr_s^{0.85} \tag{21-1-146}$$

式中,α 为气力输送管道与水平面的夹角。颗粒在倾斜管道中的运动速度 u_s 尚难以有效预测,所以目前准确计算倾斜管恒速段压降仍然困难。但是作为初步估计,它应当介于垂直管 $u_s = U_f - U_t$ 与水平管 $u_s = U_f - CU_t$ 之间。

1.6.4.2 水平密相动压气力输送压降的计算

颗粒物料在水平管中做密相动压气力输送时,不再均匀分散,而是沙丘状输送,目前尚无成熟的计算公式。需要时可参阅有关专著和论文[93,94,101,102]。

1.6.4.3 弯管密相动压气力输送压降的计算

弯管密相动压气力输送压降的计算通常是采用将弯管折算为当量水平管长的计算方法,表21-1-16是弯管、阀门等当量长度折算表。

表 21-1-16 弯管、阀门等当量长度折算表[93]

管件	输送管径/mm							
	100	125	150	200	250	300	350	400
	当量长度/m							
阀门	1.5	2.0	2.5	3.5	5.0	6.0	7.0	8.5
弯管	1	1.4	1.7	2.4	3.2	4.0	5.0	6.0
三通管	10	14	17	24	32	40	50	60
异径管	2.5	3.5	4	6	8	10	12	15
长度为 l 的软管	$2l$							
内径为 D_t 的移动吸嘴	$150D_t$							
发送罐底部弯管(送砂时)	12～13							
蝶阀	8							

1.6.4.4 空气槽气力输送

空气槽槽体由上下两槽道拼合而成，两槽间夹有多孔板，多孔板上方为料道，下方为风道，槽道一般倾斜 4°～8°。空气从风道经多孔板进入料道，使料层流态化并借物料本身重力进行输送，其结构如图 21-1-29 所示。相关内容可参阅文献[84]。

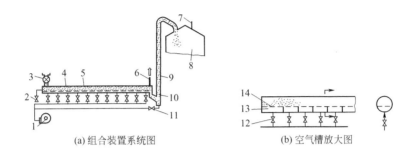

(a) 组合装置系统图　　(b) 空气槽放大图

图 21-1-29 空气槽与提升管组合装置[103]

1—风机；2—料道进气阀；3—供料器；4—多孔板；5—空气槽；
6—排气管；7—料仓排气；8—接收料仓；9—铅垂提升管；
10—出料器；11—铅垂管进气阀；12—气室进气阀；13—气室；14—料堆

1.6.5 密相静压气力输送

1.6.5.1 栓流输送及压降计算

栓流输送是将输送物料用气体分割成短料栓，料栓借助前后气体的静压差推动。此种输送固气比高，可达 200 以上，气速低，一般在 $5\sim10\text{m}\cdot\text{s}^{-1}$，因此是较好的中距离输送方式。栓流输送的选用实例如表 21-1-17 所示，装置结构见图 21-1-30。关于栓状两相流数学模型很多，浙江大学陈维纽和曾耀先[104]提出了脉冲气力输送过程主要参数的经验关联式及压降计算式，可供参考。他们对各种物料和输送管长的实验数据进行整理后，得到输送比 m 的关联式：

表 21-1-17 栓流密相气送选用实例[93]

物料	物料状态	输送能力 /t·h^{-1}	输送距离 /m	选用栓流输送的理由
膨润土	易流态化	6	171	降低功率消耗
联（二）苯	非常脆	12	230	避免破碎
铁屑	对管道的磨损性大	20	14	减少管道磨损
铁粉	对管道的磨损性大	25	72	减少管道磨损
矿粉	对管道的磨损性大	50	116	减少管道磨损
锰铁	对管道的磨损性大	9	94	减少管道磨损
粗萤石粉	对管道的磨损性大	50	115	减少管道磨损
细萤石粉	对管道的磨损性大	35	93	减少管道磨损
赤铁矿	对管道的磨损性大	25	72	减少管道磨损

续表

物料	物料状态	输送能力 /t·h^{-1}	输送距离 /m	选用栓流输送的理由
方解石	脆	15	84	避免破碎
锰粉	非常脆	30	72	避免破碎
三聚氰胺	易流态化	22	61	避免破碎
金红石	对管道较易磨损	11	109	减少管道磨损
硅砂	对管道较易磨损	10	139	减少管道磨损
纯碱粉	非常脆	15	50	避免破碎
磷酸盐	非常脆	20	34	避免破碎
水泥	对管道有磨损	100	333	降低功率消耗，减少管道磨损

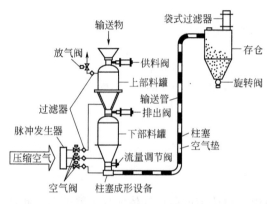

图 21-1-30　栓流输送机[104]

$$m = 227\left(\frac{\rho_b}{G_g}\right)^{0.38} L^{-0.75} \tag{21-1-147}$$

式中，ρ_b 为物料堆积密度，kg·m^{-3}；G_g 为气体质量通量，kg·m^{-3}·s^{-1}；L 为输送管长度，m。

水平管压降计算式：

$$\Delta p_m = 5mL\gamma_f U_f^{0.45} / \left(\frac{D_t}{d_p}\right)^{0.25} \tag{21-1-148}$$

垂直管压降计算式：

$$\Delta p_m = 2mL\gamma_f \tag{21-1-149}$$

弯管压降计算式：

$$\Delta p_m = (\lambda_f + \lambda_z m)\frac{L_b}{D_t} \times \frac{U_f^2}{2g}\gamma_f(1+K_b) \tag{21-1-150}$$

$$\lambda_z = 3.75 Fr^{-1.6} \tag{21-1-151}$$

式中，L_b 为弯管长度，m；λ_z 为附加摩擦系数；K_b 为与弯管曲率半径 R_0 有关的系数。

当弯管由水平转向垂直时：　$K_b = 1.38 - 0.3\left(\frac{R_0}{D_t}\right)$

当弯管由垂直转向水平时：　$K_b = 2.1 - 0.03\left(\frac{R_0}{D_t}\right)$ (21-1-152)

当 $R_0 > 30 D_t$ 时，$K_b = 0$。

表 21-1-18 提供了部分脉冲气刀式栓流输送的实验数据，可供参考。杨伦[105]则研究了单一料栓的动力学，提出了运动料栓的压降数学模型。

表 21-1-18　脉冲气刀式栓流输送实验数据及应用[93,104]

物料名称	输送管内径 /mm	输送距离(水平/垂直)/m	工作压力 /MPa(kgf·cm^{-2})	输送量 /t·h^{-1}	输送比
聚氯乙烯树脂	25	45/12	0.167 (1.7)	1.65	59
聚氯乙烯树脂	32	45/18	0.167 (1.7)	2.23	44

续表

物料名称	输送管内径/mm	输送距离（水平/垂直）/m	工作压力/MPa(kgf·cm^{-2})	输送量/t·h^{-1}	输送比
纯碱	25	27/21	0.108 (1.1)	1.8	54
纯碱	50	110/10	0.196 (2)	5.6	70
纯碱	76	70/15	0.176 (1.8)	28	70
水泥	25	19/16	0.118 (1.2)	4.25	145
水泥	76	20/15	0.157 (1.6)	27	77
面粉	76	100/20	0.245 (2.5)	25	45
大米	25	45/12	0.196 (2)	1.84	40
小麦	25	45/12	0.157 (1.6)	1.2	37
小麦	102	277/14	0.49 (5)	21	29
炭黑	25	16/6	0.059 (0.6)	0.65	88
石膏粉	76	70/15	0.137 (1.4)	20	60
硅铝催化剂	25	16/6	0.046 (0.47)	3.5	226
玻璃混合料	25	19/16	0.137 (1.4)	3.8	190
玻璃混合料	25	27/21	0.152 (1.55)	2.92	104
玻璃混合料	76	70/15	0.196 (2)	16	45
磷矿粉	25	19/16	0.127 (1.3)	4.96	188
炭粒	25	14/11	0.064 (0.65)	0.82	102
炭粉	25	14/11	0.064 (0.65)	1.82	220
催化剂	25	14/11	0.098 (1.0)	0.85	120
石英砂	76	70/15	0.216 (2.2)	13.6	33
氧化锌催化剂	25	35/17	0.127 (1.3)	2.1	35
氧化锌催化剂	38	70/14	0.147 (1.5)	5.5	30
硅胶粉	25	30/13	0.157 (1.6)	1.5	40

1.6.5.2 垂直气力移动床输送及压降计算

垂直气力移动床输送是借气体压力将垂直管道中的颗粒状物料以移动床形式从低处输送到高处，颗粒运动速度慢、磨损小，适合于较大粒径物料的短距离输送。这项技术开始于20世纪50年代，由Berg[106,107]首先开发了此项技术并申请了若干项美国专利。郭慕孙从理论上分析了移动床输送的动力学并且提出了临界移动床输送的概念[108]。Sandy等[109]进一步研究了垂直输送床的输送压降。

Li和Kwauk[110,111]应用散料力学和多相流理论研究了气力移动床输送的动力学，建立了用于计算气体压力、颗粒间接触力、空隙率以及管壁摩擦系数等参数轴向分布的微分方程组。压降大是气力移动床输送的缺点，气体压降包括颗粒自重压降以及颗粒与管壁摩擦所形成的压降。其中颗粒自重压降是必须要克服的，所以研究的重点是如何降低颗粒与管壁之间摩擦力所形成的压降。此外还必须考虑气体的可压缩性，由于气体的压力沿输送方向逐渐降低，因而它的体积逐渐膨胀，气速逐渐增加，压降梯度逐渐增加，形成剩余的曳力。这种剩余曳力会促使颗粒间的接触应力剧增而导致管壁摩擦阻力剧增。为了解决这一问题，通常将垂直输送管制作为下径小、上径大的锥形管，或由几段不等径直管串联组成近似的锥形管，以适应在气体体积膨胀情况下不改变气固相对速度的需要。

垂直气力移动床输送的压降一般为克服颗粒自重压降的3倍或更高。它的定量计算可采用修正的 Ergun 方程[8]或 Kwauk 方程[68]等微分方程的数值积分方法[111,112]。

Ergun 方程：

$$-\frac{\mathrm{d}p}{\mathrm{d}h}=150\left(\frac{1-\varepsilon}{\varepsilon}\right)^2\frac{\mu_\mathrm{f}(u_\mathrm{f}-u_\mathrm{s})}{(\Phi_\mathrm{s}d_\mathrm{p})^2}+1.75\left(\frac{1-\varepsilon}{\varepsilon}\right)\frac{\rho_\mathrm{f}(u_\mathrm{f}-u_\mathrm{s})|u_\mathrm{f}-u_\mathrm{s}|}{\Phi_\mathrm{s}d_\mathrm{p}} \quad (21\text{-}1\text{-}153)$$

Kwauk 方程：

$$-\frac{\mathrm{d}p}{\mathrm{d}h}=\rho_\mathrm{s}(1-\varepsilon)g\frac{(u_\mathrm{f}-u_\mathrm{s})|u_\mathrm{f}-u_\mathrm{s}|^{n-1}}{U_\mathrm{mfp}^n} \quad (21\text{-}1\text{-}154)$$

式中，h 为垂直方向空间变量，m；ε 为空隙率；μ_f 为流体黏度，$\mathrm{kg \cdot m^{-1} \cdot s^{-1}}$；$\Phi_\mathrm{s}$ 为颗粒形状系数；d_p 为颗粒直径，m；ρ_f 和 ρ_s 分别为流体和颗粒密度，$\mathrm{kg \cdot m^{-3}}$；n 为压降指数，它是空隙率 ε 和颗粒终端雷诺数 Re_t 的函数，可从 Kwauk 的计算图（图 21-1-31）查得。在输送过程中由于气体压力及管径不断变化，因此气固相速度 u_f，u_s 以及气体密度 ρ_f 和颗粒初始流态化速度 U_mfp 亦随之发生变化。因此式（21-1-153）和式（21-1-154）中的 u_f，u_s，ρ_f 及 U_mfp 需由下列公式计算：

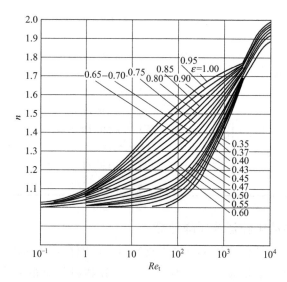

图 21-1-31　n，Re_t 和 ε 之间的关系[68]

$$u_\mathrm{f}=\frac{G_\mathrm{f}}{\pi(r_\mathrm{b}+h\tan\alpha)^2\rho_\mathrm{f}\varepsilon} \quad (21\text{-}1\text{-}155)$$

$$u_\mathrm{s}=\frac{G_\mathrm{s}}{\pi(r_\mathrm{b}+h\tan\alpha)^2\rho_\mathrm{s}(1-\varepsilon)} \quad (21\text{-}1\text{-}156)$$

$$\rho_\mathrm{f}=\frac{Mp}{RT} \quad (21\text{-}1\text{-}157)$$

$$U_\mathrm{mfp}=U_\mathrm{mf0}\left(\frac{p}{p_0}\right)\left(\frac{1}{n}-1\right) \quad (21\text{-}1\text{-}158)$$

式中，G_f 为气体质量流率，$\mathrm{kg \cdot s^{-1}}$；G_s 为颗粒质量流率，$\mathrm{kg \cdot s^{-1}}$；r_b 为输送管底部半径，m；h 为计算点距输送管底部的距离，m；α 为锥形管半锥角，(°)；M 为气体分子量；R 为气体常数；T 为热力学温度，K；U_mf0 为压力 p_0 时的初始流态化速度，$\mathrm{m \cdot s^{-1}}$。

计算时，以输送管顶端状态 $h=L$、$p=p_\mathrm{t}$ 为初值，逐步向下计算，直至管底 $h=0$ 为止。若此时管底压力为 p_b,则输送管压降为 $\Delta p = p_b - p_t$。

1.6.5.3 垂直气力临界移动床输送及压降计算

为了使垂直气力移动床的输送阻力降低至最低限度,郭慕孙最先提出了临界移动床(或称临界流态化床)输送的概念[108],即经过合理的管型设计,使得垂直输送管中的颗粒物料均处于临界流态化状态。此时颗粒之间彼此刚刚脱离接触,理论上接触压力为零,颗粒与管壁的摩擦阻力降至最低,而颗粒浓度又最高,接近于移动床输送,因此其输送效率是最高的。Li 和 Kwauk[110,111]设计并建立了一台临界移动床输送的示范装置(图 21-1-32),成功地实现了近临界移动床输送操作,输送所需气体压降约为颗粒自重压降的 1.5 倍,远远低于 Sandy 等[109]的 2.5 倍最低指标。

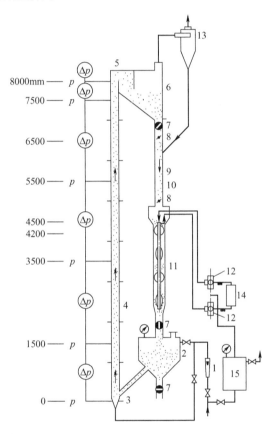

图 21-1-32 临界移动床输送装置示意图[111]

1—气体转子流量计;2—储料斗;3—气体分布板;4—临界移动床输送管;5—床顶约束结构;
6—气固分离段;7—球形阀门;8—蝶阀;9—下料管;10—固体流量计;11—气控气球式加料器;
12—三通电磁阀;13—旋风分离器;14—时间控制器;15—气体稳压釜

实现临界移动床输送的关键是管型设计,需要以给定的顶部条件,即 $h = h_0$、$A = A_0$ 和 $p = p_0$ 为初值,联立求解以下微分方程组:

$$-\frac{\mathrm{d}p}{\mathrm{d}h} = \rho_p (1-\varepsilon) g \left(\frac{1}{AU_{\mathrm{mf0}}}\right)^n \left(\frac{p}{p_0}\right)^{n-1} \left[\frac{G_f RT}{Mp} - \frac{G_s \varepsilon}{\rho_p (1-\varepsilon)}\right]^n \quad (21\text{-}1\text{-}159)$$

$$\frac{\mathrm{d}A}{\mathrm{d}h} = \left[\frac{\mathrm{d}p}{\mathrm{d}h} + \rho_p (1-\varepsilon) g + \frac{8\bar{\mu} G_s \pi}{\rho_p (1-\varepsilon) A^2}\right] \frac{\rho_p (1-\varepsilon) A^3}{G_s^2} \quad (21\text{-}1\text{-}160)$$

求解上述方程可得 $p\text{-}h$ 和 $A\text{-}h$ 曲线，其中 $A\text{-}h$ 曲线为管型设计曲线。

式(21-1-160)中，$\overline{\mu}$ 为气固混合物的黏度，$\text{kg}\cdot\text{m}^{-1}\cdot\text{s}^{-1}$。当颗粒输送速率 G_s 给定时，所需气体质量流率 G_f 则可由下式给定：

$$G_f = \left[A_0 U_{mf0} + \frac{G_s\varepsilon}{\rho_p(1-\varepsilon)}\right]\frac{p_0 M}{RT} \tag{21-1-161}$$

因为管壁摩擦项通常相对较小，故 $\dfrac{8\overline{\mu}G_s\pi}{\rho_p(1-\varepsilon)A^2}$ 项可以忽略不计。如果此时再忽略颗粒加速压降，则可得到 $A\text{-}h$ 的解析表达式：

$$A = \frac{1-v\left[1+\dfrac{\rho_p(1-\varepsilon)g}{p_0}(h_0-h)\right]}{(1-v)\left[1+\dfrac{\rho_p(1-\varepsilon)g}{p_0}(h_0-h)\right]^{\frac{1}{n}}} A_0 \tag{21-1-162}$$

$$v = \left[\frac{G_s\varepsilon}{\rho_p(1-\varepsilon)}\right]\bigg/\left(\frac{G_f RT}{Mp_0}\right) \tag{21-1-163}$$

需要注意的是，为了不使管底面积 $\leqslant 0$，需不断调整管顶截面积 A_0，以找到合适的管底面积。必要时，可查阅有关专利说明书[113]。

1.6.5.4 床顶约束结构

为了保证气力移动床输送的连续稳定操作，必须具有床顶约束结构。这种结构以抑制床层膨胀又不具太大的阻力为宜。Berg[106]已有若干专利可供参考。李洪钟和郭慕孙也设计出若干床顶约束结构，并已取得中国专利，其结构如图 21-1-33 所示，必要时可参考其专利说明书[113]。

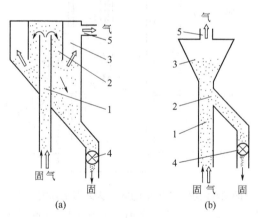

图 21-1-33 床顶约束及分离结构[113]

1—移动床输送管；2—顶部 U 形或 V 形结构；3—气固分离扩大段；
4—固体流率控制阀；5—顶部出气口

1.7 喷动床

喷动床是 20 世纪 50 年代中期发展起来的一种流态化技术，可以处理相当粗的颗粒和粒度均匀、易于流化的物料。尽管喷动床仍属于经典流态化床的领域，但它与普通流化床的流动机理极不相同。在喷动床中颗粒的搅拌是由一个稳定的轴向射流和有规律性的循环流动来完成的，而在普通流化床中存在的则是一种更随机、更复杂的气泡引射的颗粒流型[114]。喷动床一般适用于处理 0.15~6mm 的颗粒物料，实际装置处理的最大粒径已达 30mm[115]。

1.7.1 喷动床的结构型式

喷动床的基本床型如图 21-1-34(a) 所示，它由一个锥体和圆柱体构成。20 世纪 60 年代中期出现了带喷动导管的导向喷动床 [图 21-1-34(b)]，即在喷动区内的流体进口喷嘴上方一定距离处（大于 $10d_p$）插入一个开口的导管，这样就可以在喷动床几乎整个高度上减少喷动区与循环区之间的流体和颗粒的互相交叉流动，又可大大地减少喷动所需的流体流量，以及显著地减少颗粒的混合。近年来又出现了喷动-流态化床，它是喷动床和流化床的复合体，如图 21-1-34(c) 所示，喷动-流化床为一圆筒形设备，其底部有一气体分布平板或

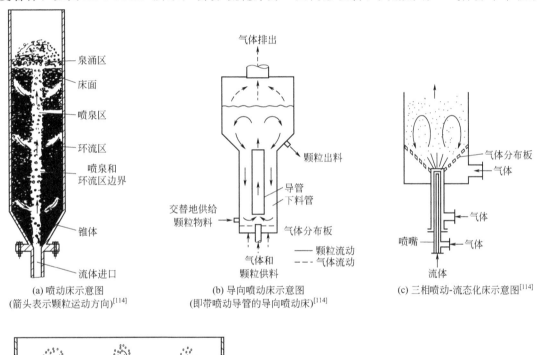

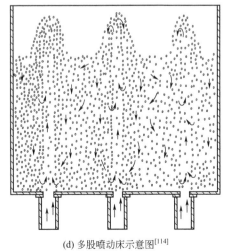

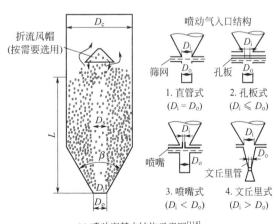

图 21-1-34 喷动床的结构型式

多孔倒锥底，其中心开有一较大的孔，喷动气体由此孔通入，使床中部产生喷动，流态化气体经周围的小孔进入床层，使床层四周形成流态化层，相当于使原有喷动床的环形区产生流态化作用，而又可形成有规律的循环运动，是一种更为有效的流体-颗粒接触设备。此外还有多股喷动床［图 21-1-34(d)］以增加容器直径，喷动床的基本结构示于图 21-1-34(e)，各结构参数的范围如表 21-1-19 所示。

表 21-1-19 喷动床各部分结构参数选用范围[115]

D_c/D_i	3.0～15，一般选用 4.0～10；喷嘴式入口，可高达 20～30
L/D_c	0.5～10，且必须有 $L<L_m$
β	$\beta \leqslant 2(70-\alpha)$，$\alpha$ 为物料休止角

表中各符号具体意义见图 21-1-34(e)。

1.7.2 喷动床的流体力学

1.7.2.1 喷动床压降

(1) 典型的流速压降曲线 图 21-1-35 给出了由固定床到喷动床的典型流速压降变化曲线。在未达到完全喷动条件之前，床层压降通过一个高峰 Δp_m，一旦达到完全喷动条件时，压降就稳定在一个 Δp_s 值上，而且基本上与气体表观速度无关。图中虚线表示减少气速时的压降曲线，该曲线上 C' 点所对应的气速则定义为最小喷动速度 U_{ms}。

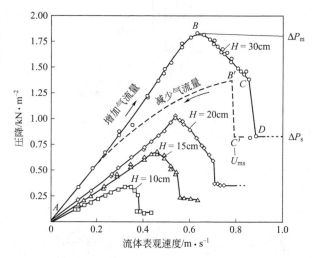

图 21-1-35 小麦喷动床压降随流速变化的典型曲线[114]
（物料参数：$d_p=3.6$mm，$\alpha=60°$；设备参数：$D_c=152$mm，$D_i=12.7$mm）

(2) 最大压降 Δp_m 的计算 当床高与床径比 (L/D_c) 小于 1.0 时，床层的最大压降约为单位面积的床重[115]，即：

$$\Delta p_m = (1.0 \sim 1.15)L(\gamma_p - \gamma_f)(1-\varepsilon_0) \tag{21-1-164}$$

式中，γ_p 为颗粒重度，kgf·m^{-3}；γ_f 为流体重度，kgf·m^{-3}；ε_0 为物料松散堆积时空隙率；Δp_m 为最大压降，kgf·m^{-2}。随着 L/D_c 的增大，Δp_m 值逐渐增大，Mathur[116] 采用 Manurung 的经验公式计算 Δp_m：

$$\Delta p_\mathrm{m} = \left[\frac{6.8}{\tan\alpha}\left(\frac{D_\mathrm{i}}{D_\mathrm{c}}\right) + 0.8\right] L\gamma_\mathrm{b} - 34.4 d_\mathrm{p}\gamma_\mathrm{b} \qquad (21\text{-}1\text{-}165)$$

式中，D_i 为气体入口直径，cm；D_c 为床柱体直径，cm；L 为床层高度，cm；γ_b 为颗粒堆积重度，kgf·cm^{-3}；d_p 为颗粒直径，cm；α 为物料内摩擦角，可采用 Zenz 和 Othmer 的方法[92]。

尽管该式是由具有锥底的喷动床中实验归纳而成，但它与 Lefory 和 Davidson 在平底床中的数据也相当吻合[116,117]，因此也可用于平底喷动床。

其余计算 Δp_m 的经验公式可查参阅文献 [118～121]。

(3) 稳定压降 Δp_s 的计算

① Lefroy-Davidson 的经验公式[116,117]：

$$\Delta p_\mathrm{s} = \frac{2}{\pi}\gamma_\mathrm{p}(1-\varepsilon_0)L_\mathrm{m} \qquad (21\text{-}1\text{-}166)$$

式中，γ_p 为颗粒重度，kgf·m^{-3}；L_m 为最大喷动床高度，m。

② Madonna 的经验公式[115,122]。当床层在低于 L_m 下操作时，Δp_s 的估计比较困难，可试用 Modonna 的经验公式：

$$\Delta p_\mathrm{s} = 74 G^{1.25} \frac{\mu_\mathrm{f}^{0.75}}{g\gamma_\mathrm{f}(d_\mathrm{p}\Phi_\mathrm{s})^{1.75}} \left[\frac{(1-\varepsilon_0)^{1.75}}{\varepsilon_0^3}\right] \qquad (21\text{-}1\text{-}167)$$

式中，μ_f 为流体黏度，kg·m^{-1}·h^{-1}；$g = 1.27 \times 10^8$ m·h^{-2}；γ_f 为流体重度，kgf·m^{-3}；Φ_s 为颗粒形状因数；G 为以床截面计算的气体单位截面质量通量，kg·m^{-2}·h^{-1}；Δp_s 为稳定压降，kgf·m^{-2}。也可参考文献 [123，124] 提供的经验公式。

1.7.2.2 最小喷动速度 U_ms

最小喷动速度是床层为喷动状态的最小气体表观速度，由流速压降曲线上的 C' 点所决定（图 21-1-35）。对于直径在 0.6m 以下带或不带锥形底的圆筒形容器，在各种不同范围的颗粒物料、床层尺寸和流体条件下，Mather-Gishler 经验公式[116,125]仍然是最可靠的。

$$U_\mathrm{ms} = \left(\frac{d_\mathrm{p}}{D_\mathrm{c}}\right)\left(\frac{D_\mathrm{i}}{D_\mathrm{c}}\right)^{\frac{1}{3}} \sqrt{\frac{2gL(\rho_\mathrm{p}-\rho_\mathrm{f})}{\rho_\mathrm{f}}} \qquad (21\text{-}1\text{-}168)$$

式中，D_i 为气体入口直径，m；D_c 为床柱体直径，m；L 为床层高度，m；ρ_p 为颗粒密度，kg·m^{-3}；ρ_f 为流体密度，kg·m^{-3}；$g = 9.81$ m·s^{-2}。

文献 [126～129] 所提供的经验公式可供参考。

1.7.2.3 最大喷动床高 L_m

对于一定的物料，当设备结构确定后，便存在一个最大喷动床高 L_m。当床高超过 L_m 时，喷动床即转变成流态化或节涌床。因此为了保证稳定操作，实验操作床高应低于最大喷动床高，即 $L < L_\mathrm{m}$，可由 Mather-Gishler 经验公式[125]估计 L_m：

$$L_\mathrm{m} = \frac{D_\mathrm{c}^2}{d_\mathrm{p}}\left(\frac{D_\mathrm{c}}{D_\mathrm{i}}\right)^{\frac{2}{3}} \frac{568 b^2}{Ar}(\sqrt{1+35.9\times 10^{-6} Ar}-1)^2 \qquad (21\text{-}1\text{-}169)$$

$$\frac{U_\mathrm{m}}{U_\mathrm{mf}} = b = 1.0 \sim 1.5 \qquad (21\text{-}1\text{-}170)$$

式中，U_m 为最大喷动床高 L_m 所对应的 U_ms 值，表示最小喷动速度的最大值。b 值与颗粒物性与床的几何尺寸有关,当 D_c/D_i 固定时,b 值随容器直径的增大而减小直至接近于 1,当 D_c 固定时,b 值随 D_i 的增大而增大直至 1.5。

其余计算 L_m 的经验公式可参阅文献 [121,122,130]。

1.8 三相流态化

1.8.1 特点及分类

三相流态化是指固体颗粒在两种流体的作用下呈流化状态。此两种流体可以是气体和液体,也可以是两种互不相溶的液体。固体颗粒状物料可以为膨胀床状态或输送状态;气液两相可以是连续相状态或分散相状态;两种流体介质又可以互相为顺流或逆流。因此,气液固三相的不同状态组合可形成多种操作模式。Fan[131] 已作出系统的归纳,见图 21-1-36。不过较为常见的是气液顺流三相流化床与气液逆流三相流化床,现将其特点简述如下。

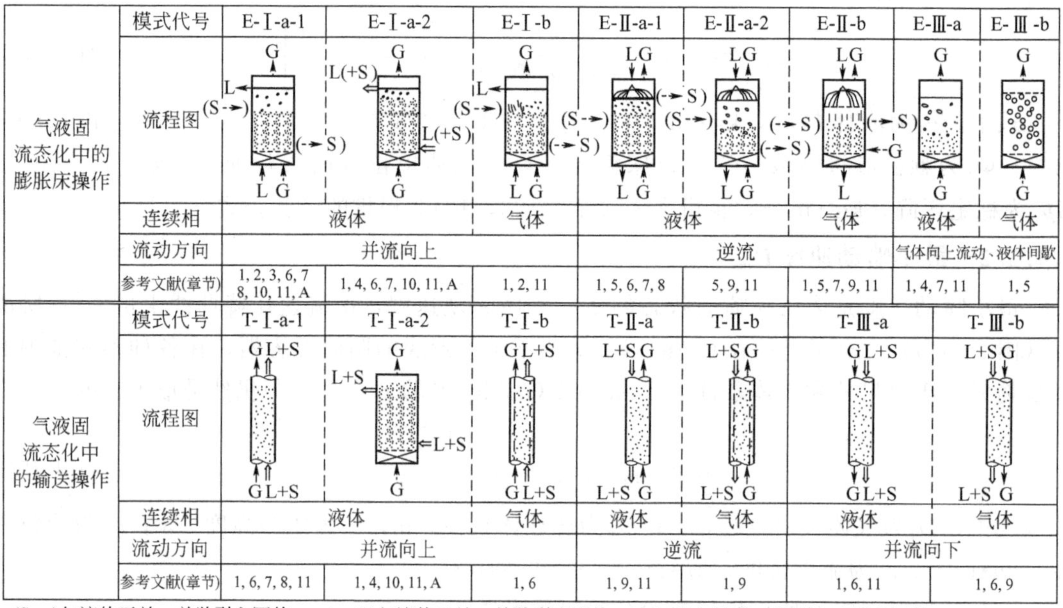

	模式代号	E-Ⅰ-a-1	E-Ⅰ-a-2	E-Ⅰ-b	E-Ⅱ-a-1	E-Ⅱ-a-2	E-Ⅱ-b	E-Ⅲ-a	E-Ⅲ-b
气液固流态化中的膨胀床操作	流程图								
	连续相	液体		气体	液体			气体	液体	气体
	流动方向	并流向上			逆流			气体向上流动、液体间歇	
	参考文献(章节)	1,2,3,6,7,8,10,11,A	1,4,6,7,10,11,A	1,2,11	1,5,6,7,8	5,9,11	1,5,7,9,11	1,4,7,11	1,5
气液固流态化中的输送操作	模式代号	T-Ⅰ-a-1	T-Ⅰ-a-2	T-Ⅰ-b	T-Ⅱ-a	T-Ⅱ-b	T-Ⅲ-a	T-Ⅲ-b
	流程图							
	连续相	液体	气体	液体	气体	液体	气体
	流动方向	并流向上		逆流		并流向下	
	参考文献(章节)	1,6,7,8,11	1,4,10,11,A	1,6	1,9,11	1,9	1,6,11	1,6,9

(S→)与流体无关,单独引入固体; (→S)与流体无关,单独引出固体; (+S)与流体一起引入或引出固体;
A,附录A。

图 21-1-36 气液固流态化体系的基本分类[131]

1.8.1.1 气液顺流三相流化床

气液顺流三相流化床的特点是颗粒被向上并流流动的气液两种流体流态化,液体呈连续相,气体呈气泡通过由液体、流态化颗粒构成的床层,如图 21-1-37 所示。

1.8.1.2 气液逆流三相流化床

气液逆流三相流化床的特点是液流自上而下,气流自下而上,颗粒床层被向上流动的气体所流化,其上浮的床层表面由多孔板或筛网所限制,液体则向下喷淋通过床层,其结构如图 21-1-38 所示。

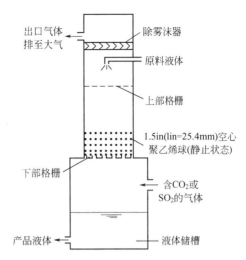

图 21-1-37　气液顺流三相流化床　　　　图 21-1-38　气液逆流三相流化床

1.8.2　气液固流动规律

由于气液固流动较为常见，本节只阐述气液顺流向上的三相流化床中气液固流动规律。

1.8.2.1　三相流化床的操作状态

三相流化床的操作状态一般可分为均匀鼓泡状态、搅拌湍流状态以及两者之间的过渡状态，它由颗粒大小、分布板设计以及气液流率等操作条件所决定。Wallis[132] 以 V_{CD} 与 ε_g 为坐标绘制了水-空气-颗粒系统的状态图，如图 21-1-39 所示。

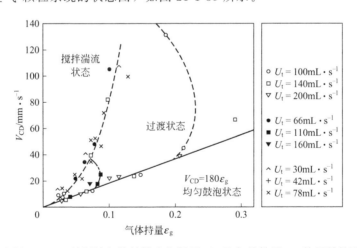

图 21-1-39　Wallis 绘制的气体特性变化通量 V_{CD} 和气体持量 ε_g 的函数关系[132]

1.8.2.2　气泡尺寸的预测

目前对气泡尺寸的预测主要依赖经验关联式。Darton 和 Harrison[133] 用探头测定了三相流化床中的气泡尺寸，他们假定床层黏度 μ_B 与固相含率 ε_s 有关，由多位研究者的实验数据得出如下估算床层黏度 μ_B 的经验关联式：

$$\mu_B/\mu_l = \exp(36.15\varepsilon_s^{2.5}) \tag{21-1-171}$$

当 $\varepsilon_s > 0.2$ 时，他们又假定气泡近似球形，则由探头测定的平均弦长为 $2\overline{D}_b/3$，可得平均气泡直径 $\overline{D}_b$ 的下述经验公式：

$$\overline{D}_b = 0.72(\mu_B/\rho_B)^{0.22} U_g^{0.33} \tag{21-1-172}$$

式中，ρ_B 为床密度，$kg \cdot m^{-3}$；U_g 为气体表观速度，$m \cdot s^{-1}$。

1.8.2.3 三相相含率的计算

气、液、固各相的含率一般以其所占的体积分数 ε_g、ε_l 及 ε_s 来定义，很显然有：

$$\varepsilon_g + \varepsilon_l + \varepsilon_s = 1 \tag{21-1-173}$$

而空隙率 ε 则定义为：

$$\varepsilon = 1 - \varepsilon_s = \varepsilon_g + \varepsilon_l \tag{21-1-174}$$

(1) 气相含率 ε_g

① 均匀鼓泡状态的气相含率。Darton[134] 建议将估算气液两相均匀鼓泡床气相含率的 Davidson-Harrison 公式[135] 用来估算三相均匀鼓泡床的气相含率 ε_g：

$$U_b = U_{b\infty} + U_g + U_l = U_g/\varepsilon_g \tag{21-1-175}$$

$$U_{b\infty} = 1.5 \left[\frac{\sigma(\rho_c - \rho_g)}{\rho_c^2} \right]^{\frac{1}{4}} \tag{21-1-176}$$

式中，U_b 为气泡绝对上升速度，$m \cdot s^{-1}$；$U_{b\infty}$ 为孤立气泡在静止液体中的上升速度，$m \cdot s^{-1}$；U_l 为液体表观速度，$m \cdot s^{-1}$；ρ_c 为连续相的密度，$kg \cdot m^{-3}$；σ 为表面张力，$N \cdot m^{-1}$。

② 搅拌湍流状态的气相含率。Darton[134] 建议将估算气液两相均匀鼓泡床气相含率的 Akita-Yoshida 公式[136] 用来估算三相搅拌湍流床中的气相含率，只需将该公式中连续相的黏度 μ_c 和密度 ρ_c 改为床层黏度 μ_B 和床层密度 ρ_B 即可。Akita-Yoshida 公式为：

$$\varepsilon_g (1 - \varepsilon_g)^{-4} = C^{-\frac{7}{24}} \left(\frac{\mu_c}{\rho_c} \right)^{-\frac{1}{6}} \left(\frac{\sigma}{\rho_c} \right)^{-\frac{1}{8}} U_g \tag{21-1-177}$$

式中，C 为系数，通常情况下 $C=0.2$，但对于电解质水溶液，$C=0.25$。

为了计算方便，式(21-1-177) 可变为：

$$\varepsilon_g = \frac{1}{8} \ln \left[1 + 8C^{-\frac{7}{24}} \left(\frac{\mu_c}{\rho_c} \right)^{-\frac{1}{6}} \left(\frac{\sigma}{\rho_c} \right)^{-\frac{1}{8}} U_g \right] \tag{21-1-178}$$

在 $0 < \varepsilon_g < 0.4$ 范围内，式(21-1-177) 与式(21-1-178) 等价。床层黏度 μ_B 可采用式(21-1-171)计算。

(2) 液相含率 ε_l　Darton[134] 根据 Stewart[137] 的尾迹理论，推导出如下计算三相流化床液相含率 ε_l 的公式：

$$\varepsilon_l = (U_l/U_t - \overline{K} U_g/U_t)^{\frac{1}{n}} (1 - \varepsilon_g - \overline{K}\varepsilon_g)^{1 - \frac{1}{n}} + \overline{K}\varepsilon_g \tag{21-1-179}$$

$$\overline{K} = 0.0002 \overline{D}_b^{-1.8} \tag{21-1-180}$$

式中，$\overline{K}$ 为尾迹系数。

(3) 固相含率 ε_s　Soung[138] 将三相流化床中的固相含率 ε_s 与相同液体流率下的液固流化床中的固相含率 $\varepsilon_{s,l}$ 进行了比较，用床层膨胀因数 F 的概念将两者联系起来：

$$F = \varepsilon_s / \varepsilon_{s,l} \tag{21-1-181}$$

而 F 可由如下经验关联式计算：

$$F = 1.5 + 0.16 \ln(U_l/U_g) - 0.065 \ln(\Phi_s Re_t), \quad 0.06 \leqslant U_l/U_g < 0.6 \tag{21-1-182}$$

$$F = 2.09 - 0.17\ln(\Phi_s Re_t), 0.6 \leqslant U_l/U_g < 5 \qquad (21\text{-}1\text{-}183)$$

$$Re_t = \frac{d_p U_t \rho_l}{\mu_l}$$

式中，Φ_s 为球形度。

参考文献

[1] 郭慕孙，庄一安. 流态化-垂直系统中均匀球体和流体的运动. 北京：科学出版社，1963.

[2] Kwauk Mooson. Scientia Sinica, 1964, 13(9): 1477; Fluidization. Beijing: Science Press, 1992.

[3] Geldart D. Powder Technol, 1973, 7: 285.

[4] Li Y, Chen B, Wang F, et al. Fluidization: Science and Technology. Beijing: Scientific Press, 1982: 124.

[5] Wilhelm R H, Kwauk M. Chem Eng Prog Symp Ser, 1962, 58(38): 287.

[6] Romero J B, Johanson L N. Chem Eng Prog Symp Ser, 1962, 58(38): 28.

[7] Leva M. 流态化. 郭天民，谢舜韶，译. 北京：科学出版社，1964.

[8] Ergun S. Chem Eng Prog, 1952, 48: 89.

[9] Wen C Y, Yu Y H. Chem Eng Prog Symp Ser, 1966, 62(62): 100.

[10] Pillai B C, Rao M R. Indin J Technol, 1971, 9: 77.

[11] Abrahamsen A R, Geldart D. Powder Technol, 1980, 26(1): 35.

[12] Lewis W K, Bowerman E W. Chem Eng Prog, 1952, 48: 603.

[13] Hancock R T. Trans Inst Min Engrs, 1937, 94: 114; Mining Mag, 1942, 67: 179.

[14] Richardson J F, Zaki W N. Trans Inst Chem Engrs, 1954, 32: 35.

[15] Perry J H. Chemical Engineerings' Handbook. 4th ed. New York: John Wiley & Sons, 1963.

[16] Schiller L, Naumann A Z. Z Ver Deut Ing, 1933, 77: 318.

[17] Clift R, Gauvin W H. Can J Chem Eng, 1971, 49(4): 439.

[18] Pettyjohn E S, Chistiansen E B. Chem Eng Progr, 1948, 44: 157.

[19] Zenz F A, Othmer D F. Fluidization and Fluid Partical System. New York: Reinhold, 1960: 209.

[20] Kato K, Wen C Y. Chem Eng Sci, 1969, 24(8): 1351.

[21] Geldart D. Powder Technol, 1972, 6: 201.

[22] Chiba T, Terashima K, Kobayashi H. J Chem Eng Japan, 1973, 6: 78.

[23] Mori S, Wen C Y. AIChE J, 1975, 21(1): 109.

[24] 秦霁光. 化工学报，1980，(1): 83.

[25] Fryer C, Potter O E. Powder Technol, 1972, 6: 317.

[26] Davidson J F, Harrison D. 流态化. 中国科学院化工冶金研究所，化学工业部化工机械研究院，等译. 北京：科学出版社，1981: 58.

[27] Harrison D, Leung L S. Trans Inst Chem Engrs, 1962, 40: 146.

[28] Darton R C, Lanauze R D, Davidson J F, et al. Trans Inst Chem Eng, 1977, 55: 274.

[29] Lancaster F H. University of Edinburgh, 1965.

[30] Toor F D. University of Edinburgh, 1967.

[31] Davidson J F, Harrison D. Fluidized particles. Cambridge: Cambridge University Press, 1963.

[32] Abrahamsen A R, Geldart D. Powder Technol, 1980, 26(1): 35.

[33] Горошко В Л, Розенвэуи Р Б, и Тодес О М. Изв Вузов. Нефмь и Газ, 1958, (1): 125.

[34] Doichev K, Boichev G. Powder Technol, 1977, 17: 91.

[35] 陈大宝，赵连伸，杨贵林. 化工学报，1983，2: 195.

[36] 沈阳化工研究院. 研究报告，1979.

[37] 加藤邦夫，等. 化学工学论文集，1980，6(5).

[38] Leva M. Chem Eng Progr, 1951, 47: 39.

[39] Yagi S, Aochi T. Spring meeting, Japanese Society of Chem Engrs, 1955.
[40] Wen C Y, Chen L H. AIChE J, 1982, 28(1): 117.
[41] Wen C Y, Hashinger R F. AIChE J, 1960, 6(2): 220.
[42] Tanaka I, Shinohara H, Hirosue H, et al. J of Chem E of Japan, 1972, 5(1): 51.
[43] Merrick D, Highley J. AIChE symposium Series, 1974, 70(137): 366.
[44] Geldart D, Cullinan J, Georghiades S, et al. Trans Inst Chem Engrs, 1979, 57(4): 269-275.
[45] Colakyan M, Catipovic N, Jovanovic G, et al. AIChE Symp Ser, 1981, 77(205): 66.
[46] Lin L, Sears T, Wen C Y. Powder Technol, 1980, 27: 105.
[47] Gugnoni R J, Zenz F A. Fluidization. New York: Plenum Press, 1980.
[48] George S E, Grace J R. Fluidization. New York: Plenum Press, 1980.
[49] Bachovchin D M, Beer J M, Sarofim A F. AIChE Symp Ser, 1981, 77(205): 76.
[50] Jolley L T, Stantan J E. J Appl Chem Supplementary Issue, 1952, 1: 562.
[51] Large J F, Martinie Y, Bergougnou M A. J. Powder Bulk Solids Technol, 1976, 1: 15.
[52] Nazemi A, Bergougnou M A, Baker G G J. AIChE Symp Series, 1974, 70(141): 98.
[53] Tweddle T A, Capes C E, Osberg G L. Ind Eng Chem Process Des Dev, 1970, 6(1): 85.
[54] Zenz F A, Weil N A. AIChE J, 1958, 4(4): 472.
[55] 张琪, 等. CICES. Beijing: 1982.
[56] 阳永荣, 戎顺熙, 陈甘棠, 等. 化学反应工程与工艺, 1990, 6(2): 9-16.
[57] Cai P, Chen S, Jin Y, et al. Journal of chemical industry and engineering(China), 1990, 5: 122-132.
[58] Ellis N, Bi HT, Lim CJ, et al. Powder Technol, 2004, 141: 124.
[59] Bi HT, Ellis N, Abba IA, et al. Chem Eng Sci, 2000, 55: 4789.
[60] Horio M. Hydrodynamics//Grace J R, Avidan A A, Knowlton T M. Circulating Fluidized Beds. London: Blackie Academic and Professional, 1997: 21.
[61] Avidan A A, Yerushalmi J. Powder Technol, 1982, 32: 223.
[62] Lee G S, Kim S D. Powder Technol, 1990, 62: 207.
[63] Carotenuto L, Crescitelli S, Donsi G. Quad Ing Chim Ital, 1974, 10(12): 185.
[64] Canada G S, Mclaughlin M H, Staub F W. AIChE Symp Series, 1978, 74(176): 14.
[65] Abed R. Fluidization. New York: Engineering Foundation, 1984: 137.
[66] Avidan A A, Gould R M, Kam A Y. Circulating Fluidized Bed Technology. Canada: Pergamon Press, 1986: 287.
[67] 卢春喜, 徐亦方, 时铭显, 等. 石油化工, 1996, 25(5): 315.
[68] Kwauk M. Scientia Sinica, 1963, 12(4): 587.
[69] Kwauk M. Scientia Sinica, 1973, 26(3): 407.
[70] Squires A M. US, 3840353. 1974-10-08.
[71] Squires A M. US, 3957457. 1976-05-18.
[72] Squires A M. US, 3957458. 1976-05-18.
[73] Reh L. Chem Eng Prog, 1971, 67: 58.
[74] Reh L, Schimdt H W. TMS Light Metals, 1973, 2: 519.
[75] Yerushalmi J, Kolodney M, Graff R A, et al. Science, 1975, 187(4177): 646-648.
[76] Yerushalmi J, Turner D H, Squires A M. Ind Eng Chem Process Des Dev, 1976, 15(1): 47.
[77] Yerushalmi J, Cankurt N T, Geldart D, et al. AIChE Symp Ser, 1978, 74(176): 1-13.
[78] Yerushalmi J, Cankurt N T. Chem Tech, 1978, 8(9): 564-572.
[79] Yerushalmi J, Cankurt N F. Powder Technol, 1979, 24: 187.
[80] 李佑楚, 陈丙瑜, 王凤鸣, 等. 过程工程学报, 1980, (4): 20.
[81] 董元吉, 张文楠, 等. 化工冶金, 1989, 10(2): 17.
[82] Rhodes M, Zhou S. AIChE J, 1992, 38(12): 1913.
[83] Jin Y, Yu Z, Qi C, et al//Kwauk M, Knuii D. Fluidization'88-Science and Technology. Beijing: Science Press, 1988: 165.
[84] Shnitzlein M, Weinstein H//Basu P, Large J F. Circulating Fluidized Bed Technology Ⅱ. Oxford: Pergamon Press, 1988: 205.

[85] Brereton C M H, Grace J R, Yu J//Basu P, Large J F. Circulating Fluidized Bed Technology Ⅱ. Oxford: Pergamon Press, 1988. 307.
[86] 白丁荣,金涌,俞芷青,等.第五届全国流态化会议文集.北京:清华大学,1990:94.
[87] 金涌,俞芷青,白丁荣,等.第五届全国流态化会议论文集.北京:清华大学,1990:134.
[88] 杨勇林,俞芷青,金涌,等.第五届全国流态化会议文集.北京:清华大学,1990:130.
[89] 曹春杜,金涌,俞芷青,等.第六届全国流态化会议文集.武汉:华中理工大学,1993:87.
[90] Wang Z, Bai D, Jin Y. Powder Technol, 1992, 70: 271.
[91] Li H, Kwauk M. Trans Inst Chem Eng, 1991, 69 (Part A): 355.
[92] Zenz F A, Othmer D F. Fluidization and fluid-particle system. New York: Reinhold Publishing Corp, 1960.
[93] 黄标.气力输送.上海:上海科技出版社,1984.
[94] 上淹具贞.粉粒体的空气输运.塞人鸾,等译.北京:电力工业出版社,1982.
[95] 李洪钟.化学工程,1978,(3):78.
[96] 李洪钟.化学工程,1977,(6):19.
[97] Hinkle B L. Gloggia Institute of Technology, 1953.
[98] Разумов И М, Хим и тех. Тонлив и Масел, 1962, 4: 41.
[99] 秦霁光,屠之龙,王志洁,等.化工机械,1977,(3):22.
[100] 秦霁光,屠之龙,王志洁,等.化工机械,1977,(5):50.
[101] 越智光昭,池森龟鹤.日本机械学会讲演会议文集,1974,740(14):187.
[102] 洪江.水平管中相气力输送的研究.北京:北京科技大学,1991.
[103] 无锡粮食科学研究所.斜槽输送机的研究.1976.
[104] 陈维杻,曾耀先.化学工程,1980,(3):45.
[105] 杨伦.第四届全国流态化会议文集.兰州,1987:303.
[106] Berg C. Chem Eng, 1953, 60 (5): 138.
[107] Berg C. US, 2684867, 2684868, 2684870, 2684872, 2684873, 2684930. 1954-07-27.
[108] Kwauk M A. A tentative analysis of moving-bed transport of granular materials with Compressible media. Institute of Chemical Metallurgy, Academic Sinica, 1963.
[109] Sandy C W, Daubert T E, Jones J H. Chem Engng Prog Symp Ser, 1970, 66 (105): 133.
[110] Li H, Kwauk M. Chem Eng Sci, 1989, 44 (2): 249.
[111] Li H, Kwauk M. Chem Eng Sci, 1989, 44 (2): 261.
[112] 李洪钟.高校化学工程学报,1990,4(4):321.
[113] 李洪钟,郭慕孙.ZL 92 231955.5, ZL 92 231954.5.
[114] Fayed M E, Otten L. 粉体工程手册.卢寿慈,王佩云,等译.北京:化学工业出版社,1992:436.
[115] 张先润.化工机械,1976,(6):34.
[116] Mathur K B//Davidson J F, Harrison D. Fluidization. London, New York: Academic Press, 1971: 711.
[117] Lefory G A, Davidson J F. Trans Inst Chem Engrs, 1969, 47 (5): 120.
[118] Madonna L A, Lama R F. Ind Eng Chem, 1960, 52: 169.
[119] Gelperin N I, Ainshtein V G, Timokhova L P. Khim Mashinostr, 1961, 4: 12.
[120] Goltsiker A, Rashkovskaya N B, Romankov P G. Zh Prikl Khim, 1964, 37: 1030.
[121] Mukhlenov I P, Groshtein A E. Khim Prom, 1965, 41: 443.
[122] Madonna L A, Lama R F. Ind Eng Chem, 1960, 52: 169.
[123] Manurunr F. Kensington: University of New South Wales, 1964.
[124] Mukhlenov I P, Gorshtein A E. Zh Prikl Khim, 1964, 37: 609.
[125] Mather K B, Gishler P E. AIChE J, 1955, 1: 157.
[126] Becker H A. Chem Eng Sci, 1961, 13: 245.
[127] Gorshtein A E, Mukhlenov I P. Zh Prikl Khim, 1964, 37: 1887.
[128] Nekolaev A M, Golubev L G. Izv VUZ Khimiyai Khim Tekhnol, 1964, 7: 855.
[129] Tsvik M Z, Nabiev M N, Rizaev N U, et al. Uzbek Khim Zh, 1967, 2: 50.
[130] Malek M A, Lu B C Y. Ind Eng Chem, 1965, 4 (1): 123.
[131] Fan L S. Gas-Liquid-Solid Fluidization Engineering. Boston: Butterworths, 1989.

[132] Wallis G B. One-Dimensional Two-Phase Flow. New York: McGraw-Hill, 1969.
[133] Darton R C, Harrison D. Inst Chem Eng Symp Ser, 1974, 38: 131.
[134] Darton R C//Davidson J F, Clift R, Harrison D. Fluidization. 2nd. London: Academic Press, 1985: 510.
[135] Davidson J F, Harrison D. Chem Eng Sci, 1966, 21: 731.
[136] Akita K, Yoshida F. Ind Eng Chem Process Des Dev, 1973, 12: 76.
[137] Stewart P S B. Cambridge: Cambridge University, 1965.
[138] Soung W Y. Ind Eng Chem Process Des Dev, 1978, 17: 33.

符号说明

符号	说明
A_t	床层截面积，m^2
A_0	孔口面积，m^2；输送管管顶截面积，m^2
Ar	阿基米德数
a	床中颗粒夹带速率常数，m^{-1}；流化床的宽度，m；料腿截面积，m^2
a_0，a_1，a_2，a_3，a_4	多项式系数
b	流化床的厚度，m
C	快床中以物料高度表示的物料通过料腿和顶部旋风分离器的阻力，m
C_d	颗粒群曳力系数
C_{dm}	含壁面影响的颗粒曳力系数
C_{ds}	单颗粒曳力系数
C_o	实验常数
D_b	当量球形气泡直径，m
$\overline{D}_b$	平均气泡直径，m
D_{bh}	流化床高h处的气泡直径，m
D_{bm}	最大气泡直径，m
D_{b0}	单孔生成的气泡直径或分布板产生的初始气泡直径，m
D_c	喷动床柱体直径，m
D_e	床当量直径，m
D_i	喷动床气体入口直径，m
D_o	孔口直径，m
D_p	水平埋管管径，m
D_t	流化床直径，m
d_p	颗粒直径，m
d_{pi}	第i粒级颗粒的直径，m
$E_{i\infty}$	第i粒级颗粒的扬析速率常数，$kg \cdot m^{-2} \cdot s^{-1}$
F	最小流化速度校正因数；粒径小于$45\mu m$细颗粒所占的质量分数；颗粒夹带速率，$kg \cdot m^{-2} \cdot s^{-1}$；三相系统床层膨胀因数
F_0	床层表面处的夹带速率，$kg \cdot m^{-2} \cdot s^{-1}$
F_∞	饱和夹带量或饱和携带能力，$kg \cdot m^{-2} \cdot s^{-1}$
$F(\varepsilon)$	空隙率函数
Fr_{mf}	最小流化弗劳德数
Fr_{opt}	以经济气速为基准的弗劳德数
f_h	流化床高h处的气泡频率，s^{-1}
f_m	摩擦系数
f_v	浓密相的体积分数

符号	说明
f_w	气泡尾涡的体积分数
f_0	单孔气泡频率，s^{-1}
G_f	气体质量流率，$kg \cdot s^{-1}$
G_{mf}	最小流化时气体质量通量，$kg \cdot m^{-2} \cdot s^{-1}$
G_{or}	通过分布孔的气体质量流率，$kg \cdot m^{-2} \cdot s^{-1}$
G_s	固体循环量，$kg \cdot m^{-2} \cdot s^{-1}$；物料质量流率，$kg \cdot s^{-1}$
G_{smin}	最小固体循环量，$kg \cdot m^{-2} \cdot s^{-1}$
g	重力加速度，$m \cdot s^{-2}$
H	自由空间高度，m
H_d	乳化浓相高度，m
H_f	流化膨胀床高，m
H_{mf}	初始流化床高，m
h	床层高度或料腿料柱高度，m
I	快速床存料量，m^3
$\overline{K}$	尾迹系数
k_1, k_2, k_3	经验常数
L	固定床层高度，m；输送管长度，m
L_b	弯管长度，m
L_m	最大喷动床高，m
Ly	李森科数
M	气体摩尔质量，$kg \cdot kmol^{-1}$
m	固气质量流率比
m_{opt}	最佳固气质量流率比（输送比）
N	床中埋管根数
n	床层膨胀指数；实验参数；压降指数
n_0	分布板孔数
p	气体压力，$kgf \cdot m^{-2}$
p_b, p_t	输送管底部和顶端压力，$kgf \cdot m^{-2}$
Δp	床层压降，$kgf \cdot m^{-2}$
Δp_f	气力输送中同等条件下纯气流动压降，$kgf \cdot m^{-2}$
Δp_{gf}	气体与输送管道的摩擦压降，$kgf \cdot m^{-2}$
Δp_{gh}	气体重力压降，$kgf \cdot m^{-2}$
Δp_m	喷动床最大压降，$kgf \cdot m^{-2}$；气力输送恒速段压降，$kgf \cdot m^{-2}$
Δp_s	喷动床稳定压降，$kgf \cdot m^{-2}$
Δp_{sa}	固体颗粒加速压降，$kgf \cdot m^{-2}$
Δp_{sf}	固体颗粒与输送管道的摩擦压降，$kgf \cdot m^{-2}$
Δp_{sh}	固体颗粒重力压降，$kgf \cdot m^{-2}$
$\Delta p_r, \Delta p_c$	物料通过料腿和顶部旋风分离器的压降，$kgf \cdot m^{-2}$
Q	空气体积流量，$m^3 \cdot min^{-1}$
q	气体通过气泡的通量，二维问题为$m^2 \cdot s^{-1}$，三维问题为$m^3 \cdot s^{-1}$
R	流化床膨胀比或流化床半径，m；气体常数，$J \cdot mol^{-1} \cdot K^{-1}$
R_b	气泡半径，m
R_c	气泡晕半径，m
R_0	弯管曲率半径，m

r	径向某点距管中心的距离，m
r_b	输送管底部半径，m
Re	雷诺数
Re_e	湍动床转化雷诺数
Re_{mf}	最小流化雷诺数
Re_p	颗粒雷诺数
Re_t	颗粒终端雷诺数
T	热力学温度，K
U_b	气泡绝对上升速度，m·s^{-1}
U_{bh}	流化床高 h 处的气泡上升速度，m·s^{-1}
U_{br}	气泡相对上升速度，m·s^{-1}
$U_{b\infty}$	孤立气泡在静止液体中的上升速度，m·s^{-1}
U_c	快速流化点速度，m·s^{-1}
U_{ct}	颗粒聚团的终端沉降速度，m·s^{-1}
U_d	乳化相中气体速度，m·s^{-1}
U_e	最小湍动速度，m·s^{-1}
U_f	流体表观速度，m·s^{-1}
U_{fopt}	经济速度，m·s^{-1}
U_g	气体表观速度，m·s^{-1}
U_{mb}	喷动床中最大喷动床高 L_m 对应的 U_{ms}，m·s^{-1}
U_{mf}	最小流态化速度，m·s^{-1}
U_{mf0}	压力 p_0 时的初始流态化速度，m·s^{-1}
U_{ms}	最小喷动速度，m·s^{-1}
U_{pt}	载流点速度，m·s^{-1}
U_s	颗粒表观速度，m·s^{-1}
U_{si}	第 i 粒级颗粒的滑移速度，m·s^{-1}
U_t	终端速度，m·s^{-1}
U_{ti}	第 i 粒级颗粒的终端速度，m·s^{-1}
u_{d0}	固体通过孔口的表观速度，m·s^{-1}
u_f	流体运动速度，m·s^{-1}
u_g	气体运动速度，m·s^{-1}
u_s	颗粒运动速度，m·s^{-1}
V	固气体积流率比
V_b	气泡体积，m^3
V_w	气泡尾涡的体积，m^3
W	床层物料质量，kg
X_i	第 i 粒级颗粒占床层物料的质量分数
Y	床中气体流通量的修正系数
Z	快速流化床床高，m

希腊字母

α	开孔率，%；物料内摩擦角，(°)；物料休止角，(°)；倾斜管与水平面的夹角，(°)
α_1	气泡频率常数，s^{-1}

β		喷动床锥底角，(°)
β_1		气泡频率常数，m^{-1}
γ_b		颗粒堆积重度，$kgf \cdot m^{-3}$
γ_f		流体重度，$kgf \cdot m^{-3}$
γ_p		颗粒重度，$kgf \cdot m^{-3}$
δ		床层中气泡的体积分数
$\bar{\varepsilon}$		床层平均空隙率
ε_d		乳化浓相的空隙率
ε_g		气体体积分数
ε_i		第 i 粒级颗粒的空隙率
ε_l		液体体积分数
ε_{mf}		临界流化时床层空隙率
ε_s		固体体积分数
$\varepsilon_{s,l}$		固体在液固两相流中的含率
ζ		上窜比例常数，$m \cdot s^{-1}$
λ		颗粒间及对器壁的摩擦阻力系数
$\lambda_f, \lambda_s, \lambda_h$		气体与管壁摩擦、固体颗粒与管壁摩擦、颗粒自重及悬浮造成的阻力系数
λ_z		附加摩擦系数
μ_B		床层黏度，$kg \cdot m^{-1} \cdot s^{-1}$
μ_c		连续相黏度，$kg \cdot m^{-1} \cdot s^{-1}$
μ_f		流体黏度，$kg \cdot m^{-1} \cdot s^{-1}$
μ_g		气体黏度，$kg \cdot m^{-1} \cdot s^{-1}$
μ_{g20}		常压下 20℃时气体黏度，$kg \cdot m^{-1} \cdot s^{-1}$
μ_l		液体黏度，$kg \cdot m^{-1} \cdot s^{-1}$
$\bar{\mu}$		气固混合物黏度，$kg \cdot m^{-1} \cdot s^{-1}$
ρ_B		床层密度，$kg \cdot m^{-3}$
ρ_b		颗粒堆密度，$kg \cdot m^{-3}$
ρ_c		连续相密度，$kg \cdot m^{-3}$
ρ_f		流体密度，$kg \cdot m^{-3}$
ρ_g		气体密度，$kg \cdot m^{-3}$
ρ_{g20}		常压下 20℃时气体密度，$kg \cdot m^{-3}$
ρ_s		颗粒密度，$kg \cdot m^{-3}$
σ		表面张力，$N \cdot m^{-1}$
ϕ		气力输送等速段固气速度比
Φ_s		颗粒形状系数；固体颗粒的球形度
ω		下沉比例常数，$m \cdot s^{-1}$

2

流化床分级和混合

工业中因各种工艺过程的需要,往往要将一批固体物料按不同密度、不同粒度加以分级,或将不同密度、不同粒度的成品物料均匀混合,以得到质量均一的产品。颗粒的分级(segregation)和混合(mixing)都可利用流态化技术得以实现。颗粒的分级和混合是两种相反的过程,通过改变操作条件,流化床反应器可以在完全混合到完全分级的不同模式下操作。

分级主要指流化床中不同物性(密度和粒度)颗粒的离析,大或重的颗粒轴向下沉,而小或轻的颗粒轴向上浮,有时可在径向产生颗粒物性的径向分布。混合除指不同物性颗粒的交融外,还指系统内部不同部位气体或颗粒的交换。

2.1 分级和混合的机理

通过分析具有不同物性(密度和粒度)的两种颗粒的简单情况,很容易理解颗粒分级的机理。Rowe 等[1,2]对两组分颗粒系统最先提出"Jetsam"(沉积组分,也称沉子)和"Flotsam"(浮升组分,也称浮子)这两个术语,并得到了广泛的承认和应用。一般认为,大或重的颗粒沉积在床层下部,称为沉积组分;而小或轻的颗粒容易上浮到床层顶部,称为浮升组分。多组分颗粒系统也具有同样的趋势[3]。

对于颗粒密度分别为 ρ_{p1} 和 ρ_{p2} 的两种颗粒,当被密度为 ρ_f 的流体流化时,床层空隙率分别为 ε_1 和 ε_2,则两种颗粒的床层密度分别为:

$$\rho_{B1} = (\rho_{p1} - \rho_f)(1 - \varepsilon_1)$$
$$\rho_{B2} = (\rho_{p2} - \rho_f)(1 - \varepsilon_2)$$

分级的根本原因在于不同物性的颗粒被流体流化时产生不同的床层密度,因此能够出现分级的必要条件为[4]:

$$\rho_{B1} \neq \rho_{B2} \tag{21-2-1}$$

如果 $\rho_{B1} > \rho_{B2}$,则组分 1 颗粒为沉积组分,组分 2 颗粒为浮升组分。反之,则组分 1 颗粒为浮升组分,组分 2 颗粒为沉积组分。

在固定床中,除非一种颗粒的粒径小于另一种颗粒粒径的 1/6,细颗粒会渗透到粗颗粒的空隙间,否则颗粒之间不会发生相对运动,不能产生颗粒的分级和混合[2]。在流化床中,普遍认为气泡是引起颗粒分级和混合的主要因素。图 21-2-1 表示气泡的上升运动导致颗粒分级和混合的机理[5]。在床内,气泡上升时,其尾迹携带颗粒上升,而气泡离开后的空间则由气泡周围的颗粒来补充,造成气泡经过区域颗粒的上升。为了平衡床料的整体上升,相邻的无气泡区域则会产生颗粒的下降,如图 21-2-1(a) 所示。气泡在上升过程中,由于尾迹剥落使得尾迹内的颗粒与床内其他部分的颗粒不断进行交换,最终气泡在床层表面处破裂,气泡尾迹内的颗粒被夹带至床层表面,如图 21-2-1(b) 所示。

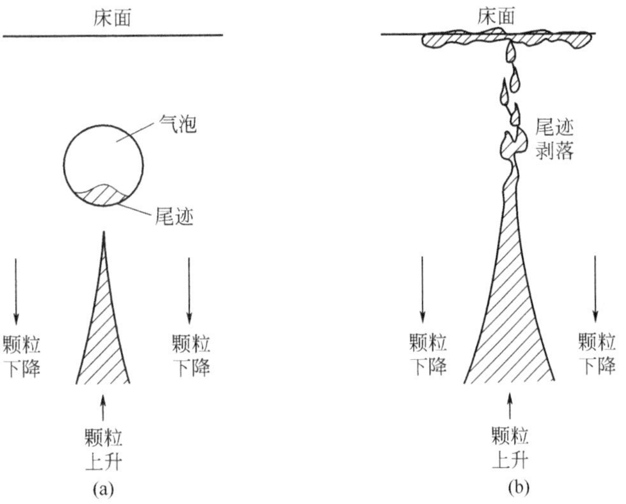

图 21-2-1 气泡的上升运动导致颗粒分级和混合的机理[5]

2.2 分级

2.2.1 颗粒分级模式

2.2.1.1 实验方法

Nienow 和 Chiba[6]介绍了颗粒分级模式的实验方法，首先将床内填充一定数量不同种类的物料，在一定的气速下将物料流化大约 5min，然后突然停止流化，这样床层内就产生了颗粒的分层，通过对各层物料进行采样和分析，即可得到颗粒分级模式。分析方法一般采用筛分法，如果混合物料中只含有少量的大粒子，可采用 X 射线成像法测量[7]，也可采用放射性颗粒作为示踪粒子进行测量。

2.2.1.2 三种分级模式

根据分级的机理，颗粒的密度和其被流化时的空隙率决定了该颗粒是沉积组分还是浮升组分。假定两种组分颗粒，组分 1 颗粒为重颗粒，组分 2 颗粒为轻颗粒，则颗粒有效密度为 $(\rho_{p1}-\rho_f)>(\rho_{p2}-\rho_f)$。由床层密度和空隙率两个判据可以组合得到表 21-2-1 所示的四种可能的分级模式。

表 21-2-1 两组分颗粒的可能分级模式

操作模式	床层密度	空隙率	备注
ⅠA	$\rho_{B1}>\rho_{B2}$	$\varepsilon_1<\varepsilon_2$	
ⅠB	$\rho_{B1}>\rho_{B2}$	$\varepsilon_1>\varepsilon_2$	
ⅡA	$\rho_{B1}<\rho_{B2}$	$\varepsilon_1<\varepsilon_2$	不可能实现
ⅡB	$\rho_{B1}<\rho_{B2}$	$\varepsilon_1>\varepsilon_2$	

已知 $(\rho_{p1}-\rho_f)>(\rho_{p2}-\rho_f)$，如果 $\varepsilon_1<\varepsilon_2$，必然会有：

$$(\rho_{p1}-\rho_f)(1-\varepsilon_1) > (\rho_{p2}-\rho_f)(1-\varepsilon_2)$$

即 $\rho_{B1} > \rho_{B2}$，这与 $\rho_{B1} < \rho_{B2}$ 的条件矛盾，因此 ⅡA 操作模式不可能实现。表 21-2-1 中实际存在的三种操作模式如图 21-2-2 所示[4]。

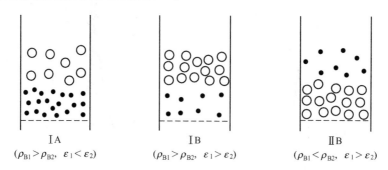

图 21-2-2　两组分系统的三种分级模式[4]

● 组分 1 颗粒；○ 组分 2 颗粒

从流体静力学和动力学考虑，重颗粒和低空隙率相容易沉积在床层下部[4]。显然 ⅠA 模式是常见的一种分级操作，重颗粒在床下部形成空隙率较低的床层。当床层上部的轻颗粒进入到下部床层时，由于下部空隙率较低，因而床层隙间流速较大，在流体的曳力作用下，较轻的颗粒重新回到床层上部。但是，对于粒径较小的重颗粒，也可能在床下部形成空隙率较大的床层，如 ⅠB 操作模式。在 ⅠB 操作模式下，只有重颗粒床层密度大于轻颗粒的有效密度才是稳定的状态，即满足式 (21-2-2)：

$$(\rho_{p1}-\rho_f)(1-\varepsilon_1) > (\rho_{p2}-\rho_f) \tag{21-2-2}$$

当轻颗粒的粒径远大于重颗粒的粒径时，有可能出现 ⅡB 所示的操作模式。在 ⅡB 操作模式下，细而重的颗粒悬浮于床上部，形成空隙率较大的床层；粗而轻的颗粒沉积在床下部，形成空隙率较小的床层。

图 21-2-2 所示的三种操作模式可以随流体速度的改变而相互转换，并发生沉积组分和浮升组分位置的倒置[4,8]。这一变化过程取决于两种颗粒初始流态化速度和终端速度的相对大小、两种颗粒被流体流化时的床层密度以及空隙率随流体速度的变化曲线（即 ρ_B-U 或 ε-U 曲线）是否相交，详细讨论请参见郭慕孙的专著[4]。

2.2.1.3　理想系统分级模式

理想系统的分级模式如图 21-2-3 所示[5]，该图表示了沉积组分的质量分数 X_J 随床层高度的变化。对于颗粒密度差较大的强分级系统，可达到如图 21-2-3(a) 所示的完全分级（completely segregated）状态，在床层下部 $X_J=1$，在床层上部 $X_J=0$。对于具有相同密度，且粒径差别较小的两组分颗粒，可达到如图 21-2-3(c) 所示的完全混合（perfectly mixed）状态，整个床层中沉积组分质量分数维持恒定，即 $X_J=\overline{X}_J$。大部分两组分颗粒系统处于完全混合和完全分级两个极端状态之间，为部分分级（partially segregated）状态，如图 21-2-3(b) 所示。系统处于部分分级状态时，往往在床层下部形成纯沉积组分层，即 $X_J=1$；而在床层上部，沉积组分浓度较低并且维持不变。

2.2.1.4　实际系统分级模式

很多实际系统分级并不出现图 21-2-3 所示的理想状态。沉积组分浓度沿床高的分布不仅与两组分颗粒密度和大小有关，还与两组分颗粒含量、起始状态以及流体速度有关。

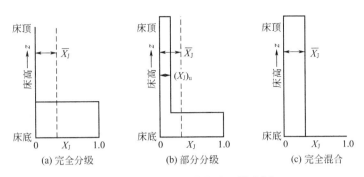

图 21-2-3　理想系统的分级模式[5]

Nienow 和 Chiba[6] 将沉积组分体积分数小于 50% 的系统定义为浮升组分富集系统，反之则为沉积组分富集系统。图 21-2-4 和图 21-2-5 分别表示浮升组分富集和沉积组分富集的实际系统分级模式[3,5]。从两图可见，随着流速的增加，系统由完全分级或充分分级（well segregated）状态逐渐向完全混合或充分混合（well mixed）状态移动，偏离图 21-2-3 所示的理想状态的程度，随浮升（沉积）组分浓度的增加而增大。对于颗粒密度和粒径差别较大的两组分系统，分级模式容易出现充分分级和中间状态；对于颗粒密度和粒径差别较小的两组分系统，分级模式容易出现完全混合状态。

对于浮升组分富集系统，图 21-2-4(a) 所示的充分分级状态与理想系统的部分分级状态 [图 21-2-3(b)] 相似，在较低气速下，床下部形成纯沉积组分层，床上部沉积组分浓度较低并保持恒定。增加气速，会形成图 21-2-4(b) 所示的中间状态，沉积组分在床层下部形成浓度梯度，而在床层上部浓度保持均匀分布，但与充分分级状态相比，床层上部的沉积组分浓度增加。这表示在床下部为部分流化状态，形成微弱分级，而在床上部为完全流化状态，颗粒浓度分布均匀。进一步增加气速会进入到完全混合状态，如图 21-2-4(c) 所示。

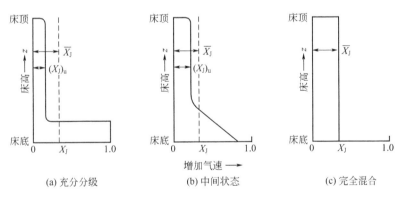

图 21-2-4　浮升组分富集的实际系统分级模式[5]

对于沉积组分富集系统，分级模式变化很大，如图 21-2-5 所示。气速较小时会在床层下部形成纯沉积组分层；增加气速，沉积组分浓度沿床高逐渐变化，整个床层内存在沉积组分的浓度梯度；进一步增加气速，床层沉积组分浓度梯度减小，趋向于均匀分布。

2.2.1.5　多组分系统分级模式

以上介绍的分级模式是针对两组分系统的，对于多组分颗粒系统，如能达到完全分级，则多组分颗粒的分级可以看作是几个两组分颗粒系统的分级。图 21-2-6 表示工业流化床锅炉中具有不同密度和粒度的沙子、油页岩和半焦三组分系统的分级模式[6]。系统中沙子、

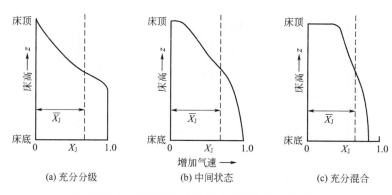

图 21-2-5　沉积组分富集的实际系统分级模式[5]

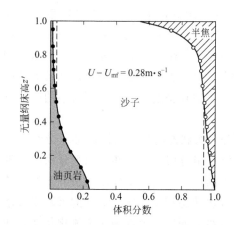

图 21-2-6　三组分颗粒系统分级模式[6]

油页岩和半焦的体积分数、粒径和密度如表 21-2-2 所示。该三组分颗粒系统可以看作油页岩和沙子以及沙子和半焦这两个两组分颗粒系统的组合。少量的油页岩作为沉积组分，沙子作为浮升组分的两组分系统分级模式如图 21-2-6 中左侧曲线所示，与图 21-2-4(b) 所示的浮升组分富集系统的分级模式类似。而少量的半焦作为浮升组分，沙子作为沉积组分的两组分系统分级模式如图 21-2-6 中右侧曲线所示，与图 21-2-5(b) 所示的沉积组分富集系统的分级模式类似。沙子和油页岩、沙子和半焦的两组分颗粒系统的单独实验与三组分颗粒系统的实验结果对比表明，第三组分的存在对分级模式的影响可以忽略[6]。

表 21-2-2　沙子、油页岩和半焦的体积分数、粒径和密度

颗粒	体积分数/%	粒径/mm	密度/kg·m^{-3}
沙子	90.0	0.88	2450
油页岩	3.5	3.03	2500
半焦	6.5	5.18	970

然而，由于实际分级过程的复杂性，不是所有的多组分颗粒系统都能分解为几个两组分颗粒系统的组合。目前有关多组分颗粒分级的研究还很少，其分级模式还有待进一步研究。

2.2.1.6　单组分宽筛分系统分级模式

在燃烧和造粒过程中，往往涉及等密度、宽筛分颗粒的分级和混合问题。研究表明，平均颗粒粒径从床底到床顶沿床高逐渐减小，气速增加沿床高颗粒粒径的变化减小，当气速增加到比最大颗粒的最小流态化速度略小时，达到充分混合状态[6]。

2.2.2　颗粒分离程度

事实上，图 21-2-3(a) 所示的理想完全分级很少存在，实际状态总是介于完全混合和完全分级之间。为了正确描述流化床中的颗粒分离程度（degree of particle separation），研究

者们定义了分级指数（segregation index）和混合指数（mixing index）。如果目的是了解颗粒在床内的分离程度，那么分级指数比较合适；如果目的是完全混合，那么混合指数更合适。

2.2.2.1 分级指数

郭慕孙[4]采用图 21-2-7 描述了分级指数的意义。图 21-2-7(a) 形象地表示了两组分颗粒在界面附近的混合现象。图中，H 为床层总高度，z 为分布板以上床层高度，Z_i 为两组分颗粒分级界面高度，z' 为无量纲床层高度（$z'=z/H$）。如果两组分颗粒完全混合，则整个床层的空隙率为一定值 ε_m；如果两组分颗粒完全分级，则在一定流速下，下部床层空隙率（ε_{s1}）和上部床层空隙率（ε_{s2}）由颗粒的终端速度所决定。实际状态应该是两组分颗粒有一定程度的混合，空隙率曲线处于完全混合和完全分级之间，如图 21-2-7(b) 所示。

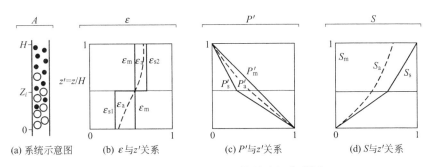

图 21-2-7　两组分颗粒系统的分级指数[4]

与上述空隙率对应的无量纲压力梯度的关系式为：

完全混合：
$$\frac{dP'_m}{dz'}=1-\varepsilon_m \tag{21-2-3a}$$

完全分级：
$$\frac{dP'_s}{dz'}=1-\varepsilon_{si} \tag{21-2-3b}$$

实际状态：
$$\frac{dP'_a}{dz'}=1-\varepsilon_a \tag{21-2-3c}$$

将式(21-2-3)积分可得到无量纲压力 P'，即：

完全混合：
$$P'_m=\int_0^{z'}(1-\varepsilon_m)dz' \tag{21-2-4a}$$

完全分级：
$$P'_s=\sum_{i=1}^{2}(1-\varepsilon_{si})\Delta z'_i \tag{21-2-4b}$$

实际状态：
$$P'_a=\int_0^{z'}(1-\varepsilon_a)dz' \tag{21-2-4c}$$

图 21-2-7(c) 所示的 P'_s 和 P'_a 曲线都偏离位于对角线的完全混合 P'_m 曲线，其偏离的程度反映了颗粒分级的程度。对于整个床层高度，完全分级和实际状态偏离完全混合的累计量即为 P'_s 和 P'_a 曲线与 P'_m 曲线之间的面积，相应的面积定义为：

完全混合：
$$S_m=\int_0^{z'}(P'_m-P'_m)dz'=0 \tag{21-2-5a}$$

完全分级：
$$S_s=\int_0^{z'}(P'_m-P'_s)dz' \tag{21-2-5b}$$

实际状态：
$$S_a=\int_0^{z'}(P'_m-P'_a)dz' \tag{21-2-5c}$$

结合式(21-2-4)和式(21-2-5)的相应方程,可以得到:

完全混合:
$$S_m = \iint_0^{z'} (\varepsilon_m - \varepsilon_m) dz' dz' = 0 \tag{21-2-6a}$$

完全分级:
$$S_s = \iint_0^{z'} |\varepsilon_{si} - \varepsilon_m| dz' dz' \tag{21-2-6b}$$

实际状态:
$$S_a = \iint_0^{z'} |\varepsilon_a - \varepsilon_m| dz' dz' \tag{21-2-6c}$$

因此,已知 P' 或 ε 曲线,即可由式(21-2-5)或式(21-2-6)积分得到如图 21-2-7(d) 所示的 S 曲线。郭慕孙[4]定义 S' 为分级指数,表达式为

$$S' = \frac{S_a}{S_s} \tag{21-2-7}$$

显然完全混合时,由 $S_m = 0$,得到 $S' = S_m/S_s = 0$;完全分级时,$S' = S_s/S_s = 1$。S' 的意义为实际状态 S_a 偏离完全分级 S_s 的程度,即:

$$\underset{\text{完全混合}}{0} < S' < \underset{\text{完全分级}}{1} \tag{21-2-8}$$

2.2.2.2 混合指数

分级程度也可以用混合指数来定义,Rowe 等[2]定义混合指数为:

$$M = \frac{(X_J)_u}{\overline{X}_J} \tag{21-2-9}$$

式中,$(X_J)_u$ 为床层上部沉积组分的质量分数;$\overline{X}_J$ 为完全混合状态下沉积组分的平均质量分数。根据此定义,完全分级时 $M=0$,完全混合时 $M=1$。

(1) 颗粒密度和粒径对混合指数的影响 对于两组分球形颗粒的气固系统,当沉积组分所占质量分数比较小时,Rowe 等[2]提出的半定量方程表示了颗粒密度和粒径对混合指数的影响,即:

$$M = f[U - (U_{mf})_F] \left(\frac{\rho_H}{\rho_L}\right)^{-2.5} \left(\frac{d_B}{d_S}\right)^{-0.2} \tag{21-2-10}$$

式中,函数 $f[U-(U_{mf})_F]$ 表达了气速对混合指数的影响;ρ_H 和 ρ_L 分别为重颗粒和轻颗粒的密度;d_B 和 d_S 分别为大颗粒和小颗粒的粒径。

式(21-2-10)只在沉积组分质量分数小于50%的条件下适用[9]。从式(21-2-10)可知,颗粒的密度差要比颗粒的粒径差对混合指数的影响大得多。颗粒粒径对混合指数的影响主要是改变两组分颗粒混合物的最小流态化速度。

(2) 气速对混合指数的影响 气速是影响混合指数的最重要参数,图 21-2-8 表示了混合指数随气速的变化关系[9]。当气速为最小流态化速度 U_{mf} 时,两组分气固系统为完全分级系统($M=0$)。从 U_{mf} 开始增大气速,最初只有少量混合发生,混合指数 M 略有增大;随着气速的增大,M 的增大速度加快,当气速接近如图 21-2-8 所示的 U_{T0} 时,M 急剧增大,而后 M 的增大速度减慢;当气速接近无穷大时($U \to \infty$),接近完全混合状态($M \to 1$)。图 21-2-8 所示的曲线近似对称,可用对数方程(21-2-11)表示[9]:

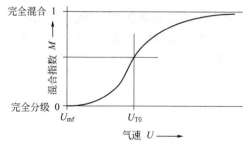

图 21-2-8 混合指数随气速的变化[9]

$$M = \frac{1}{1+\exp(-Z)} \tag{21-2-11}$$

$$Z = \left(\frac{U-U_{T0}}{U-(U_{mf})_F}\right)\exp(U/U_{T0}) \tag{21-2-12}$$

式中，速度参数 Z 为无量纲速度；U_{T0} 为转折点速度，在该点混合指数随速度的变化速率 dM/dU 达到最大。当 $U=U_{T0}$ 时，由式(21-2-12)可知，$Z=0$，则根据式(21-2-11)可得 $M=0.5$。因此，U_{T0} 可定义为由分级控制转向混合控制的临界速度，当速度低于 U_{T0} 时，以分级控制为主；当速度高于 U_{T0} 时，以混合控制为主。

采用式(21-2-11)和式(21-2-12)计算混合指数时，需要定量预测 U_{T0}。U_{T0} 与两组分的相对量、颗粒和流体性质以及流化床结构等诸多因素有关。Rowe 和 Nienow[9]根据密度不同、粒径范围为 $70\sim 900\mu m$ 的 40 个两组分颗粒系统的实验数据，提出了经验关联式(21-2-13)，即：

$$\frac{U_{T0}}{(U_{mf})_F} = \left[\frac{(U_{mf})_J}{(U_{mf})_F}\right]^{1.2} + 0.9\left(\frac{\rho_J}{\rho_F}-1\right)^{1.1}\left(\frac{\phi_J d_J}{\phi_F d_F}\right)^{0.7} - 2.2(\overline{X}_J)^{0.5}[1-\exp(-H/D)]^{1.4} \tag{21-2-13}$$

式(21-2-13)对不同颗粒密度（$\rho_J/\rho_F \neq 1$）的两组分系统给出了合理的预测，但是用于预测具有相同密度（$\rho_J/\rho_F=1$）、不同粒径（$d_J/d_F \neq 1$）的两组分系统时，式(21-2-13)得到的计算值明显大于实验测定值。式(21-2-11)~式(21-2-13)只推荐用于沉积组分体积分数小于 50% 的情况，并且式(21-2-13)只适用于颗粒粒径比小于 3 的情况，不适用于节涌易发生的高径比（H/D）较大的流化床[5]。Geldart 等[10]的研究表明，式(21-2-11)~式(21-2-13)还可用于颗粒粒径大于 5mm 的系统。

值得注意的是，式(21-2-11)在速度参数 $Z=0$ 时对称，图 21-2-9 为 Rowe 和 Nienow[9]总结的 50 个分级系统中混合指数 M 随速度参数 Z 的变化关系。由图可知，虽然数据有些分散，但是模型计算与实验数据的基本趋势一致。

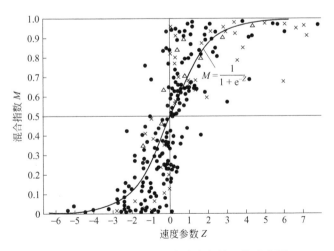

图 21-2-9 混合指数 M 随速度参数 Z 的变化[9]

（3）颗粒形状对混合指数的影响 Nienow 和 Cheesman[7]采用 X 射线成像技术研究了颗粒形状对分级和混合的影响，发现颗粒形状对分级和混合的影响很小。球形度 $\phi>0.5$ 的扁平颗粒与 $\phi>0.8$ 的颗粒相比，分级和混合行为类似；而对于 $\phi<0.5$ 的片状颗粒，虽然

从密度上考虑应该属浮升组分,但是在一定的操作条件下,这些片状颗粒与沉积组分行为相近。

(4) 压力对混合指数的影响 Chen 和 Keairns[11]对具有相似密度颗粒(白云石)和不同密度颗粒(白云石和焦炭)的两组分气固系统,将压力提高到 0.69MPa 研究了压力对颗粒分离的影响,发现随着压力的增大,颗粒分级的趋势减弱。S. Chiba 等[12]将压力提高到 0.80MPa,发现对具有不同粒径的石英砂和焦炭系统,压力增大,有助于两组分颗粒混合。

2.2.3 颗粒分级模型

稳定状态下流化床中的颗粒平衡浓度分布实际上是颗粒的分级和混合动态平衡的结果。用来计算瞬时和平衡浓度分布的各种分级模型大多是针对两组分颗粒系统。由于篇幅限制,请读者参阅文献 [4,13~22]。

2.2.4 颗粒分级的应用

采用流态化技术将目的产物从固体混合物中分离出来,在许多工业过程中得到了广泛的应用,例如选矿中矿石和砂土的分离,选煤中精煤与煤矸石的分离,灰熔聚流化床粉煤直接气化工艺中的灰的熔聚分离以及农业物料的分级与分离等。

2.2.4.1 煤和矿石的分级

流化床分级原理可应用于洗煤和选矿,对粒度分布很宽的物料,所要求的分级系统如图 21-2-10 所示[23]。

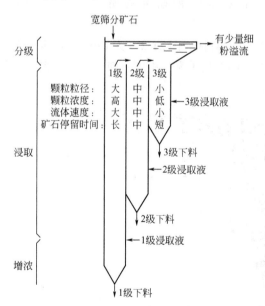

图 21-2-10 多级流态化浸取和洗涤[23]

采用气固流化床进行矿物分离,由于其干法的优越性,受到世界各国的重视[24]。中国矿业大学的研究者从 20 世纪 80 年代开始进行高效干法选煤技术的开发研究,并于 1994 年实现了干法选煤技术的工业化[25~28]。

2.2.4.2 灰的熔聚分离

流态化分级应用的一个典型例子是流态化灰熔聚气化[11,29,30]。在这一过程中,发生气化反应的反应器上部区域要求床料进行强烈的混合,而反应器下部则必须保证灰的聚团与半焦颗粒分离。因此,适宜的操作条件应该是同时促进反应器上部的颗粒混合和反应器下部的颗粒分离。

2.2.4.3 农业物料的分级与分离

利用流态化技术对农业物料进行分级与分离,从 20 世纪 80 年代开始才较广泛地开展起来,并逐渐得到了实际应用。Clarke[31]研究了萝卜等各种蔬菜种子的流态化分级技术。沈达智和王东[32]进行了打瓜籽、葵花籽等扁平类农业物料的流态化分级和分离实验。吴建章和朱永义[33,34]研究了气固流态化在谷物分选和小麦分级上的应用,指出应用流态化技术对农业物料进行分级与分离具有简单、实用、效率高的优点,今后有广泛的应用前景。

2.3 混合

上一节涉及的混合是相对于颗粒物性而言，指不同组分物料的混合。本节针对单一组分颗粒流体系统，叙述系统内部不同部位颗粒和流体的混合。这种意义上的混合一方面对某些反应极为有利，如流化床燃烧锅炉中，颗粒的混合保证了床层内的温度均匀；另一方面，对某些反应又很不利，如流化催化裂化（FCC）装置中，气体的混合行为直接影响其转化率及选择性，气体的返混降低了产品的质量和产率。

2.3.1 混合和扩散系数

混合（mixing）是一个比较笼统的概念，分为宏观混合（macro-scale mixing）和微观混合（micro-scale mixing）两种，宏观混合与流型和湍动有关，而微观混合与分子扩散现象有关[35]。微观混合在快速反应的情况下是很重要的，但一般来说，可与传质过程一起分析，所以，本节只讨论宏观混合问题。

在有关混合研究的英文文献中，常常遇到两个名词，一个是"diffusion"（扩散），另一个是"dispersion"（分散或弥散），有时两者又不加区别。严格来讲，"diffusion"是指在静止体系中某组分在浓度差的作用下通过分子扩散的一种迁移现象；而"dispersion"是指在流动体系中某组分在浓度差和湍流流动的共同作用下的一种迁移现象。中文文献一般对"diffusion"和"dispersion"不加区别，统称为扩散。

研究者们对混合行为的表达方式不尽相同，一般常仿照分子扩散中用扩散系数来表征那样，用混合系数或扩散系数来表达混合的程度。在中文中，习惯用扩散系数而不用混合系数。在气固流态化系统中，根据测定和计算方法的不同，一般常用以下三种扩散系数。

① 有效扩散系数（effective dispersion coefficient，D_{se}，D_{ge}）。又称为宏观轴向扩散系数（overall axial dispersion coefficient）、有效混合系数（effective mixing coefficient）以及轴向混合系数（axial mixing coefficient）等，是指在流动方向上由于对流（convective）和扩散而引起的总的混合强度。有效扩散系数可由上游脉冲示踪进样，下游连续检测得到停留时间分布，利用一维扩散模型导出有效扩散系数。

② 轴向扩散系数（axial dispersion coefficient，D_{sa}，D_{ga}）。又称为返混系数（back-mixing coefficient），如果没有回流，则是指在流动方向上由于分子扩散而引起的混合强度。轴向扩散系数的测定方法是下游连续进样，上游检测稳定状态下示踪物的截面浓度分布，然后由上下两个截面的平均浓度，同样利用一维扩散模型导出轴向扩散系数。

③ 径向扩散系数（radial dispersion coefficient，D_{sr}，D_{gr}）。又称为径向混合系数（radial mixing coefficient），是指垂直于流动方向上由于径向速度分布而引起的混合强度。径向扩散系数的测定方法是在床内某一点连续注入示踪物，一般是在轴心处，然后测定床内各个临近位置的示踪物浓度，利用二维扩散模型导出轴向和径向扩散系数。

Schügerl[36]根据Taylor[37,38]的湍流分散理论，提出了三种气体扩散系数之间的关系式，即：

$$D_{ge} = D_{ga} + \beta U^2 D^2 / D_{gr} \tag{21-2-14}$$

式中，β是一个无量纲常数，反映截面速度分布对分散的影响，对截面速度均匀的平推（活塞）流（plug flow），$\beta=0$，$D_{ge}=D_{ga}$；对截面速度分布为抛物线形的层流（laminar flow），$\beta=1/196$；对湍流（turbulent flow），$\beta\approx5\times10^{-4}$[35,39]；$D_{ge}$为有效扩散系数；$D_{ga}$为轴向扩散系数；$U$为气体速度；$D_{gr}$为径向扩散系数。

2.3.2 混合和停留时间分布的测量

流化床中由于颗粒和流体的混合导致其在床内的停留时间有长有短，形成颗粒和流体的停留时间分布（residence time distribution，RTD）。因此，颗粒和流体的混合行为常与停留时间分布一起研究。在研究中，常常往流化床内注入一种容易检测的颗粒或流体，作为示踪剂。该示踪剂的流动行为应该很好地代表床内颗粒或流体的流动行为，通过检测床内示踪剂的分布及随时间的变化，即可得到颗粒或流体的混合状况及停留时间分布。

颗粒混合测量中，常用的示踪颗粒有放射性颗粒、染色颗粒、盐颗粒、铁磁性颗粒、荧光颗粒及磷光颗粒等[40]。由于颗粒在流化床内长时间停留，所以颗粒混合研究一般都采用脉冲示踪法。气体混合测量中的示踪剂一般使用非吸附性气体，如氦气、氩气、氢气、二氧化碳及甲烷等，也有采用吸附性气体作为示踪剂的研究，这种情况下数据处理比较复杂，要考虑相应的吸附平衡，但是可以比使用非吸附性气体得到更多的信息[35,36,41~44]。气体混合研究则可根据不同情况采用脉冲示踪法、阶跃示踪法和连续示踪法，脉冲示踪法和阶跃示踪法统称为激发-响应（stimulus-response）法，连续示踪法又可称为稳态示踪（steady state tracer）法。根据研究目的不同，采用适当的测量方法并与扩散模型联系起来，就可以得到相应的有效扩散系数、轴向扩散系数及径向扩散系数。

2.3.2.1 激发-响应法

在入口物料中注入示踪剂称为激发，在出口处获得示踪剂浓度随时间变化的输出信号称为响应。根据示踪剂注入方式的不同，分为脉冲示踪法和阶跃示踪法。脉冲示踪法是给进料一个示踪物脉冲，而阶跃示踪法是从某一时间起，将原来的进料全部切换为示踪剂，使进料中示踪物的浓度有一个阶跃性突变，这两种方法都能得到停留时间分布的信息。从停留时间分布密度曲线，可计算得到扩散系数，以表示操作条件的变化对混合程度的影响。

在流态化系统中常采用脉冲示踪法得到颗粒或流体的停留时间分布曲线。如图21-2-11所示，当被测定的系统达到稳定后，在系统上游处瞬间注入一定量的示踪剂，与此同时，在下游处连续检测流体中示踪剂浓度随时间的变化，即停留时间分布。这一方法适用于返混微弱和系统内径向分布不太显著的情况。

2.3.2.2 连续示踪法

连续示踪法常用于得到流体的返混以及径向扩散的信息。如图21-2-12所示，当系统内的流体达到稳定流动后，在一平面处连续注入示踪流体，待系统内浓度分布趋于稳定后，在上游检测示踪物的浓度分布，由一维轴向扩散模型推算流体的轴向扩散系数。

2.3.3 颗粒混合

2.3.3.1 混合的动力

颗粒混合的根本原因在于床层不同部位颗粒运动的差别。在鼓泡流化床中，上升的气泡携带颗粒上升，而留下的空间必须有密相颗粒来补充，因而引起颗粒向下运动。在快速流化床中，中心区形成稀区，颗粒和气体向上运动，而壁面形成很密的区域，颗粒向下运动，因而，混合的动力在于颗粒在系统内的循环。对于液固系统，混合只能在液速截面分布不均匀

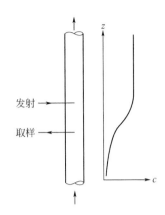

图 21-2-11　混合实验中的脉冲示踪法　　　　图 21-2-12　混合实验中的连续示踪法

时发生。

2.3.3.2　影响混合的因素

有关固体混合的大部分实验数据是采用脉冲示踪法获得的[45]。流化床的直径是影响颗粒混合的主要因素，表 21-2-3 提供了颗粒轴向扩散系数 D_{sa} 随流化床直径 D 变化的实验数据[35,45]。实验所用物料为 Geldart A 类颗粒，数据表明，颗粒轴向扩散系数随床径的增大而增大。

表 21-2-3　颗粒轴向扩散系数的变化范围

D/m	D_{sa}/m²·s⁻¹
0.1	0.002~0.03
0.3	0.01~0.1
0.6	0.05~0.2
1.5	0.2~0.5
3	0.3~1.0

气体速度对颗粒轴向扩散系数的影响并不十分显著，例如，de Groot[45]发现当气速从 $0.1\mathrm{m\cdot s^{-1}}$ 增加到 $0.2\mathrm{m\cdot s^{-1}}$ 时，在 0.3m 直径的流化床中，颗粒轴向扩散系数从 $0.12\mathrm{m^2\cdot s^{-1}}$ 变到 $0.15\mathrm{m^2\cdot s^{-1}}$；在 3m 直径的流化床中，颗粒轴向扩散系数从 $0.22\mathrm{m^2\cdot s^{-1}}$ 变到 $0.25\mathrm{m^2\cdot s^{-1}}$。但 Potter[46]发现颗粒轴向扩散系数与气速成正比。

Kunii 和 Levenspiel[44]总结了大量文献的实验数据，提出了颗粒轴向扩散系数与床径及表观气速之间的经验关联式，即：

$$D_{sa}=0.06+0.1U \tag{21-2-15}$$

$$D_{sa}=0.30D^{0.65} \tag{21-2-16}$$

Miyauchi 等[47]采用 Geldart A 类粒子，在表观气速大于 $0.1\mathrm{m\cdot s^{-1}}$ 的流化条件下，研究了颗粒的轴向混合，提出了轴向扩散系数与床径和表观速度的统一关联式，即：

$$D_{sa}=12U^{0.5}D^{0.9} \tag{21-2-17}$$

式中，U 为流体表观速度，$\mathrm{cm\cdot s^{-1}}$；D 为流化床床径，cm；D_{sa} 为颗粒轴向扩散系数，$\mathrm{cm^2\cdot s^{-1}}$。

de Vries 等[48]发现物料中细颗粒的含量对颗粒混合的影响显著，小于 44μm 细颗粒含

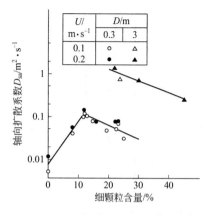

图 21-2-13 细颗粒（<44μm）含量对颗粒轴向扩散系数的影响[35]

量对颗粒轴向扩散系数的影响如图 21-2-13 所示[35,48]。由图可知，对于直径为 0.3m 的流化床，当小于 44μm 细颗粒含量从零开始增加时，颗粒轴向扩散系数迅速增加，在约 12% 时达到最大；细颗粒含量大于 12% 后，颗粒轴向扩散系数随细颗粒含量的增加逐渐减小。对于直径为 3m 的流化床，缺乏细颗粒含量小于 20% 的数据，细颗粒含量从 20% 以上增加时，颗粒轴向扩散系数逐渐减小。

流型对颗粒轴向扩散系数的影响是明显的，液固流化床中由于没有气泡，颗粒轴向扩散系数很小；在三相流化床中，由于气泡的影响，颗粒轴向扩散系数增大。在快速流化床中，颗粒轴向混合主要是由于颗粒聚集造成返混以及在边壁区颗粒向下流动所引起的，颗粒的轴向扩散系数远大于气体的轴向扩散系数[49]。

内构件可对颗粒混合起关键作用，郑传根等[50]发现，通过在密相区加装内构件，可以有效抑制快速床内的颗粒返混。

参考文献

[1] Rowe P N, Nienow A W, Agbim A J. Trans Inst Chem Eng, 1972, 50: 310.
[2] Rowe P N, Nienow A W, Agbim A J. Trans Inst Chem Eng, 1972, 50: 324.
[3] Nienow A W, Rowe P N, Chiba T. AIChE Symp Ser, 1978, 74 (176): 45.
[4] Kwauk M (郭慕孙). Fluidization, Idealized and Bubbleless, with Applications. Beijing/New York: Science Press/Ellis Horwood, 1992: 73.
[5] Yang W C. Chapter 26: Particle Segregation in Gas-Fluidized Beds//Cheremisinoff N P. Encyclopedia of Fluid Mechanics, Vol. 4, Solids and Gas-Solids Flows. Houston: Gulf Publishing Company, 1986: 817.
[6] Nienow A W, Chiba T. Chapter 10: Fluidization of Dissimilar Materials //Davidson J F, Clift R, Harrison D. Fluidization. 2nd. New York: Academic Press, 1985: 357.
[7] Nienow A W, Cheesman D J //Grace J R, Matsen J M. Fluidization. New York: Plenum Press, 1980: 373.
[8] Moritomi H, Iwase T, Chiba T. Chem Eng Sci, 1982, 37 (12): 1751.
[9] Rowe P N, Nienow A W. Powder Technol, 1976, 15: 141.
[10] Geldart D, Baeyens J, Pope D J, et al. Powder Technol, 1981, 30: 195.
[11] Chen J L P, Keairns D L. Can J Chem Eng, 1975, 53: 395.
[12] Chiba S, Kawabata J, Yumiyama M, et al // Kwauk M, Kunii D. Fluidization — Science and Technology. Beijing: Science Press, 1982: 69.
[13] Gibilaro L G, Rowe P N. Chem Eng Sci, 1974, 29: 1403.
[14] Nienow A W, Rowe P N, Agbim A J. Trans Inst Chem Eng, 1973, 57: 260.
[15] Tanimoto H, Chiba S, Chiba T, et al //Grace J R, Matsen J M. Fluidization. New York: Plenum Press, 1980: 381.
[16] Tanimoto H, Chiba S, Chiba T, et al. J Chem Eng Jpn, 1981, 14: 273.
[17] Naimer N S, Chiba T, Nienow A W. Chem Eng Sci, 1982, 37 (7): 1047.
[18] Chiba T, Kobayashi H //Kwauk M, Kunii D. Fluidization—Science and Technology. Beijing: Science Press, 1982: 79.
[19] Cheung L, Nienow A W, Rowe P N. Chem Eng Sci, 1974, 29: 1301.
[20] Chiba T, Terashima K, Kobayashi H. J Chem Eng Jpn, 1973, 6: 78.

[21] Burgess J M, Fane A G, Fell C J D. Proceedings of the 2nd Pacific Chemical Engineering Congress. Vol Ⅱ. Denver, 1977: 1405.
[22] Yoshida K, Kameyama H, Shimizu F//Grace J R, Matsen J M. Fluidization. New York: Plenum Press, 1980: 389.
[23] Kwauk M（郭慕孙）. Science Sinica, 1973, 16（3）: 407.
[24] Lockhart N C, Hart G H. The Coal Journal, 1990, 28: 11.
[25] 陈清如, 杨玉芬. 中国煤炭, 1997, 23（4）: 19.
[26] 陈清如, 陈尉, 杨玉芬. 煤炭科技, 1999,（1）: 4.
[27] 陈清如, 杨玉芬. 黑龙江矿业学院学报, 2000, 10（4）: 1.
[28] 陈清如, 杨玉芬. 中国矿业大学学报, 2001, 30（6）: 527.
[29] Chen J L P, Keairns D L. Ind Eng Chem Process Des Dev, 1978, 17（2）: 135.
[30] 张建民, 邹国雄, 王洋//郭慕孙, 杨贵林, 等. 第五届全国流态化会议文集. 北京, 1990: 316.
[31] Clarke B J. Agric Engng Res, 1985, 31: 231.
[32] 沈达智, 王东. 八一农学院学报, 1990, 13（2）: 9.
[33] 吴建章, 朱永义. 粮食与饲料工业, 2002,（6）: 11.
[34] 吴建章, 朱永义. 粮食与饲料工业, 2002,（9）: 4.
[35] van Deemter J J. Chapter 9: Mixing//Davidson J F, Clift R, Harrison D. Fluidization. 2nd. New York: Academic Press, 1985: 331.
[36] Schügerl K// Drinkenburg A A H. Proceedings of the International Symposium on Fluidization. Amsterdam: Netherlands University Press, 1967: 782.
[37] Taylor G I. Proc Roy Soc, 1953, A219: 186.
[38] Taylor G I. Proc Roy Soc, 1954, A255: 446, 473.
[39] van Deemter J J// Grace J R, Matsen J M. Fluidization. New York: Plenum Press, 1980: 69.
[40] 刘会娥, 魏飞, 金涌. 化学反应工程与工艺, 2001, 17（2）: 165.
[41] van Deemter J J// Drinkenburg A A H. Proceedings of the International Symposium on Fluidization. Amsterdam: Netherlands University Press, 1967: 335.
[42] Krambeck F J, Avidan A A, Lee C K, et al. AIChE J, 1987, 33: 1727.
[43] Kunii D, Levenspiel O. Fluidization Engineering. New York: John Wiley & Sons Inc, 1969 或 国井大藏, 列文斯比尔 O. 流态化工程. 华东石油学院, 上海化工设计院, 等译. 北京: 石油化学工业出版社, 1977.
[44] Kunii D, Levenspiel O. Fluidization Engineering. 2nd. Boston: Butterworth-Heinemann, 1991.
[45] de Groot J H//Drinkenburg A A H. Proceedings of the International Symposium on Fluidization. Amsterdam: Netherlands University Press, 1967: 348.
[46] Potter O E. Chapter 7: Mixing// Davidson J F, Harrison D. Fluidization. New York: Academic Press, 1971: 293.
[47] Miyauchi T, Furusaki S, Morooka S, et al. Adv Chem Eng, 1981, 11: 275.
[48] de Vries R J, van Swaaij W P M, Mantovani C, et al. Chem React Eng, Proc 5th Eur Symp, 1972: 56.
[49] 白丁荣, 金涌, 俞芷青. 化学反应工程与工艺, 1992, 8（1）: 116.
[50] Zheng C（郑传根）, Tung Y（董元吉）, Xia Y（夏亚沈）, et al//Kwauk M, Hasatani M. Fluidization' 91, Science and Technology. Beijing: Science Press, 1991: 168.

符号说明

D	流化床床径，	m
D_{ga}	气体轴向扩散系数，	$m^2 \cdot s^{-1}$
D_{ge}	气体有效扩散系数，	$m^2 \cdot s^{-1}$
D_{gr}	气体径向扩散系数，	$m^2 \cdot s^{-1}$
D_{sa}	颗粒轴向扩散系数，	$m^2 \cdot s^{-1}$
D_{se}	颗粒有效扩散系数，	$m^2 \cdot s^{-1}$
D_{sr}	颗粒径向扩散系数，	$m^2 \cdot s^{-1}$
d	颗粒粒径，	m

d_B	大颗粒粒径，m
d_S	小颗粒粒径，m
H	流化床高度，cm 或 m
M	混合指数
P'	无量纲压力
S'	分级指数
U	流体表观速度，m·s^{-1}
U_{T0}	由分级控制向混合控制过渡的流体速度，m·s^{-1}
X	颗粒的质量分数
Z	速度参数
Z_i	两组分颗粒分级界面高度
Z^*	床层下部沉积组分的无量纲高度
z	分布板以上床层高度，m
z'	无量纲床层高度，m

希腊字母

ε	空隙率
ε_1	组分 1 颗粒单独流化时的空隙率
ε_2	组分 2 颗粒单独流化时的空隙率
ρ	密度，kg·m^{-3}
ρ_B	床层密度，kg·m^{-3}
ρ_H	重颗粒密度，kg·m^{-3}
ρ_L	轻颗粒密度，kg·m^{-3}
ϕ	球形度

下标

a	实际状态
F	浮升组分
f	流体
J	沉积组分
m	完全混合状态
mf	最小流态化
p	颗粒
s	完全分级状态
u	床层上部

3 颗粒与流体间的传热和传质

3.1 颗粒与流体间的传热

3.1.1 颗粒-流体传热机理

（1）流化系统的热平衡 热平衡问题以整个流化系统为对象，考察颗粒或流体对系统的给热及散热。

对于床层较深的浓相流化床，由于床层颗粒的激烈湍动和充分混合，流体与颗粒极易达到热平衡，流出床层的流体温度与床层颗粒温度基本一致。这种情况下的传热过程可用热平衡方程式描述：

颗粒、流体两相均连续加入和排出时：

$$G_s C_{ps}(t_{s,in} - T_{eq}) = G_f C_{pf}(T_{eq} - T_{f,in}) \quad (21\text{-}3\text{-}1)$$

仅有流体连续流动时：

$$-\frac{d}{d\tau}(WC_{pf}T_{eq} - RWC_{pf}T_m) = G_f C_{pf} A_T (T_{eq} - T_{f,in}) \quad (21\text{-}3\text{-}2)$$

此时颗粒温度将随时间变化，R 为流固比。

为了直观及便于传热速度的比较，也可采用一个平衡给热系数 h_{eq}，以相间给热的方式来描述热平衡问题：

$$u_f C_{pf} \rho_f A_T dT_f = h_{eq}(t_s - T_f) dA \quad (21\text{-}3\text{-}3)$$

如果进一步假设气体温度 T_f 沿床高呈线性变化，且采用空气流化，普朗特数 $Pr=0.72$。则由式(21-3-3)可得到[1,2]：

$$Nu_{eq} = 0.24 Re_p \frac{d_p}{H_m} \quad (21\text{-}3\text{-}4)$$

式中，H_m 为 $\varepsilon=0$ 时的流化床层高度。

（2）颗粒与流体间的对流给热 流体与颗粒表面之间因分子扩散和对流扩散引起的传热，也称作传热的"外部问题"。

由于一般流化床中颗粒粒径很小、湍动激烈，颗粒内部热阻可忽略，故流化床中颗粒-流化传热主要由颗粒表面与流体传热控制，属于"外部问题"。

（3）颗粒内的导热 固体颗粒内的导热过程的分析，也称作传热的"内部问题"。

当 $Bi \geqslant 20$ 时，颗粒内的导热才会对整个传热过程起控制作用，此时流化床中颗粒-流体传热按"内部问题"处理；而当 $Bi < 0.25$ 或 $Fo \geqslant 0.4$ 时，颗粒内的导热过程可忽略[3]。

在"外部问题"中，流化床颗粒-流体的总传热系数，包括过程中的热传导、对流传热和辐射传热三种作用。由于流体-颗粒之间温差小，以及颗粒的相互屏蔽作用，流化系统中的辐射传热可忽略。因此，总传热系数 h 为：

$$h = h_{cond} + h_{conv} \tag{21-3-5}$$

热传导作用可按静止介质中单颗粒的导热进行分析，对规则排列的颗粒床层有：

$$Nu_{cond} = h_{cond} d_p / k_f = \frac{2}{1-(1-\varepsilon)^{1/3}} \tag{21-3-6}$$

颗粒-流体间的对流传热，详见后面的分析。

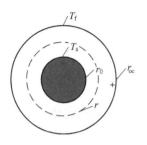

图 21-3-1 单个颗粒在无限大静止介质中的稳态传热示意图

(4) 单个颗粒与流体间的传热分析 如图 21-3-1 所示，对于半径为 r_0 的单个颗粒在无限大静止介质中的稳态传热，任一半径为 r 的球面热流率恒定，即：

$$Q = -k_f \frac{dT}{dr} 4\pi r^2 = \text{const} \tag{21-3-7}$$

边界条件为：

在 $r = r_0$ 处：$T = T_s$

在 $r = r_\infty$ 处：$T = T_f$

根据边界条件，积分求解可得单个颗粒在无限大静止介质中的稳态传热极限：

$$Nu_p = \frac{hd_p}{k_f} = \frac{2.0 h r_0}{k_f} = 2.0 \tag{21-3-8}$$

如果考虑颗粒-流体的对流传热，则可采用如下的通用形式：

$$Nu_p = 2.0 + f(Re_p, Pr) \tag{21-3-9}$$

Ranz 和 Marshall[4,5] 所提出的如下关系式应用广泛：

$$Nu_p = 2.0 + 0.6 Re_p^{1/2} Pr^{1/3} \tag{21-3-10}$$

(5) 多个颗粒与流体间的传热分析 当多个颗粒共存时，单个颗粒的传热会受到周围颗粒的影响，因而与无限大介质中单个颗粒的传热情况有很大不同。作为一种简单的情况，颗粒均匀分布时，可近似认为每一个颗粒周围的流场均相同，因此也可以认为，均匀体系中任何一个颗粒与周围流体间的传热都可以代表其他颗粒的传热过程。代表性的细胞模型的思想是：颗粒-流体体系由许多细胞组成，每个细胞由一个颗粒和其周围的流体组成，体系中所有颗粒周围的流体是均匀分布的。对于空隙率为 ε 的颗粒流体体系，则每个细胞的半径为：

$$r_{cell} = \frac{r_0}{(1-\varepsilon)^{1/3}} \tag{21-3-11}$$

该模型将多个颗粒与流体之间的热量传递问题转化为特定边界条件下的单个颗粒与绕流流体热量传递问题，重要的是边界条件的确定。基于此思想，许多学者提出了不同的细胞模型，总的来说可以分为两类，一类是将细胞模型和边界层理论结合，另一类是将细胞模型和表面更新理论结合。

尽管细胞模型研究对均匀排布的颗粒体系中的传热加深了认识，但是，模型的简化处理限制了其进一步的发展和应用，这主要体现在单元区域边界的几何形状、速度和浓度的定义上。首先是细胞所属的特定边界的几何形状，在颗粒均匀分布的情况下，细胞边界应该由细胞颗粒和与其相邻颗粒的几何对称面构成，无论是规则的立方形或者菱形排布还是非规则排布,细胞单元的边界都不可能是球面;其次是细胞速度边界的定义,虽然在 Re 数较低的情况下,可以得到均匀分布颗粒周围流体的理论速度分布,但很难将理论的速度分布合适地定义在几何边界上;最后是细胞温度边界的定义,即使不考虑上述几何边界和速度边界假设造成的影响,在细胞模型中,细胞单元内不同 Re 数下流动方向和形态有所不同,因此很难定义由流动导致的更加复杂的温度边界。如果考虑到颗粒团聚等导致的非均匀分布,多个颗粒的传热问题将更加复杂。

目前,对多颗粒体系在低 Re 数时的传热现象的研究存在争议,即传热准数在低 Re 数下的变化趋势以及对空隙率的依赖关系还不明确[6~8]。由于多颗粒体系的传热实验研究存在难于测量以及难于控制条件等困难,因此借助于计算流体力学模拟深入了解低 Re 数时的传热不失为一个有力手段。

张楠[9]采用计算流体力学模拟,对立方形排布和菱形排布的固定床内单颗粒向周围流体的传热进行了研究,发现 Nu 数在低 Re 数下的分歧是由于数据分析时,采用的参考速度和温度不同造成的,有以表观速度 U_0 定义 Re_0 数的[10],也有以靠近测量颗粒的管内中心线的速度 u 来定义 Re_p 数的[6],以表观速度 U_0 定义 Re_0 数:

$$Re_0 = \frac{\rho d_p U_0}{\mu} \tag{21-3-12}$$

以靠近测量颗粒的管内中心线的速度 u 定义 Re_p 数:

$$Re_p = \frac{\rho d_p u}{\mu} \tag{21-3-13}$$

以入口温度 T_{inlet} 定义 Nu_0 数:

$$Nu_0 = \frac{h_0 d_p}{k} = \frac{q d_p}{k(T_{sphere} - T_{inlet})} \tag{21-3-14}$$

以靠近测量颗粒的管内中心线的温度 T_{center} 定义 Nu_p 数:

$$Nu_p = \frac{h_p d_p}{k} = \frac{q d_p}{k(T_{sphere} - T_{center})} \tag{21-3-15}$$

从图 21-3-2 中可以看出,Re 数趋于 0 时,Nu 数的极限值为非零值,具体值与采用的参考温度和速度有关;低 Re 数时空隙率大的 Nu 数大,高 Re 数时空隙率小的 Nu 数大,两者之间的具体转折点在 $Re=10$ 附近。

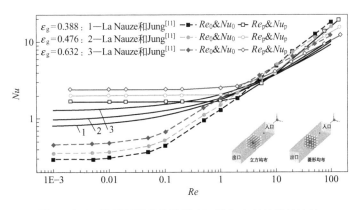

图 21-3-2 模拟所得传热准数 Nu 数与文献结果的比较

值得注意的是，采用计算流体力学方法进行研究时，Re 数和 Nu 数用于网格内体积平均的传热描述，因此局部方式定义的 Re_p 和 Nu_p 可能更合适。

La Nauze 和 Jung[11] 提出关系式：

$$Nu = 2.0\varepsilon_f + 0.6(Re_p/\varepsilon_f)^{1/2}Pr^{1/3} \tag{21-3-16}$$

上述关系式在低 Re 数时位于两种定义方式所得结果之间，高 Re 数时与两种定义方式所得结果比较接近，并且空隙率对 Nu 数的作用趋势也与模拟结果一致，可作为计算流体力学模拟时传热关联式。

3.1.2 传热系数的实验测定方法

(1) 稳态传热方法　在稳定状态下，通过换热或散热使床层处于热平衡状态，此时，除了热气体入口处周围的一个很小区域外，床层其他部分均处于同一温度下，因此，采用这种方法的研究者[12~17]常常测定邻近床层入口处的气体温度的变化，来求取传热系数。

设固体颗粒在床层中理想混合，并不计热损失，则对床高为 dl 的微元进行气体的热衡算得到：

$$-A_T C_{pf} G_f dT = ha(T - t_n)dl \tag{21-3-17}$$

式中，G_f 为气体表观质量流速，$G_f = u\rho_f$。

在气体活塞流、固体颗粒全混的条件下，积分式（21-3-17）得：

$$\ln \frac{T - t_n}{T_{in} - t_n} = -\frac{ha}{G_f C_{pf}} L \tag{21-3-18}$$

由该温度函数对床高在半对数坐标中的关系曲线的斜率，即可求得传热系数 h。

(2) 非稳态传热方法　采用非稳态传热方法的研究者[18~24]，考虑到床层温度处处均一（例如浅层流化床），故都假定气体为返混流，则整个床层的热衡算有：

$$C_{pf} G_f (T_{in} - T_e) = haL(T - t_s) \tag{21-3-19}$$

在不稳定状态下，流化床进口气体温度已知，出口温度则随时间而变，因此，若不计气体累积热，对床层任一微元高度 dl 作热衡算得到：

$$-A_T C_{pf} G_f dT = ha(T - t_s)dl = C_{ps}\frac{dt_s}{d\tau}dW \tag{21-3-20}$$

式中，dW 为微元 dl 中固体颗粒的质量。

将微分式（21-3-20）代入式（21-3-19）并消去 t_s，然后积分得到：

$$\ln \frac{(T_{in} - T_e)_{\tau=0}}{(T_{in} - T_e)_{\tau=\tau}} = \frac{haLC_{pf}G_0 A_T}{WC_{ps}(haL + C_{pf}G_f A_T)}\tau \tag{21-3-21}$$

图 21-3-3 是关于流化床颗粒-流体传热实验结果的报道[25]。由图可见，基于返混流假定的非稳态实验结果极为分散，且随床高有一系统性的趋向；而基于活塞流假定的稳态传热实验结果，则有较为一致的趋势（图 21-3-4），并可关联成下述经验式[26]：

$$Nu_p = 0.3 Re_p^{1.3} \tag{21-3-22}$$

这表明，在流化床颗粒-流体传热的分析中，气体活塞流的假定较之返混流的假定，更有意义。

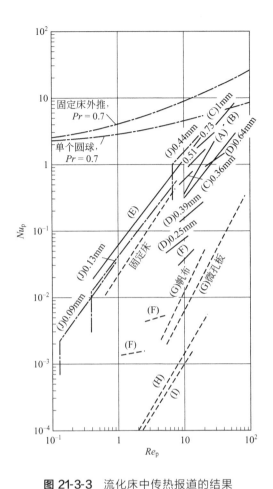

图 21-3-3 流化床中传热报道的结果

资料来源：(A)—文献[55]；(B)—文献[12]；(C)—文献[13]；(D)—文献[14]；(E)—文献[15]；(F)—文献[20]；(G)—文献[24]；(H)—文献[21]；(I)—文献[19]；(J)—文献[23]；

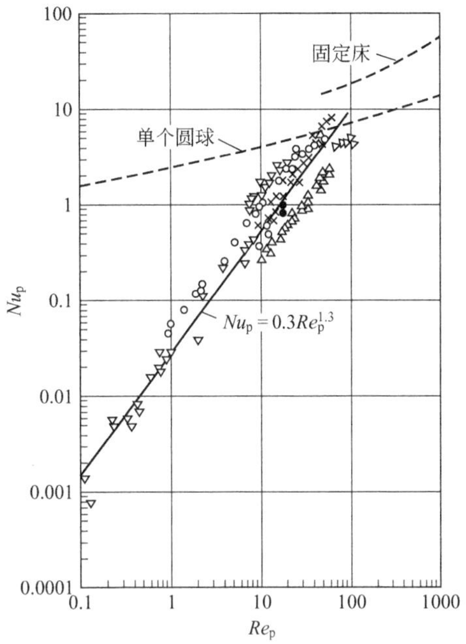

图 21-3-4 气-固体传热数据的关系（来自文献[26]）

(3) 热响应方法 所谓热响应方法，就是采用温度脉冲来激发系统的动态特性，通过测定表征动态特性系统的瞬态响应，来研究系统的传热。

流化床颗粒-流体传热的实验结果，差异是很大的，难以获得统一关联。其中，一个非常重要的原因就是颗粒与气体温度的测量很困难且方法各异，尤其是颗粒温度的测量，因为插入流化床层的热电偶指示的温度，不能确定是颗粒温度还是气体温度，而是随着颗粒对热电偶前端碰撞频度，在两个温度之间不稳定地变化，这必定给传热实验结果带来较大误差。

热响应的实验方法由于无需测定床层及颗粒温度，从而可以避免因颗粒温度测量不准带来的实验误差。

用热响应方法研究颗粒-流体系统的传热，起源于20世纪60年代中期，多为固定床[27~31]，在流化床传热的实验中也有采用[32,33]。

关于热响应实验方法的细节，可参阅相应的文献。

3.1.3 流化系统中的表观传热系数

目前，要确定流化床中传热的有效表面积，还是很困难的，因此在处理流化床颗粒-流体传热的实验结果时，通常均以床层所有颗粒的表面积为有效传热面积，由此计算出的传热系数称作表观传热系数。

表观传热系数不反映颗粒-流体间传热的真实情况，其数值较真实传热系数或有效传热系数要小很多，且为床层高度的函数。

当采用表观传热系数来表征整个流化床层中的颗粒-流体传热时，外部传热问题与热平衡问题将归于一致，式(21-3-4)可用于计算流化床颗粒-流体传热的表观传热系数。图 21-3-5 中给出了不同研究者的实验数据，它们与式(21-3-4) 的计算结果是较吻合的。

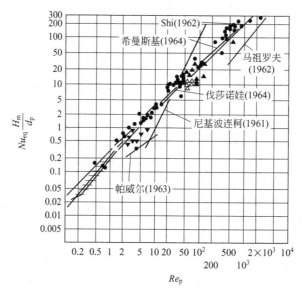

图 21-3-5　热平衡问题条件下的相间传热、实验结果和热平衡式（21-3-4）的比较

图 21-3-5 中的直线分别是由 Shi[2]等整理的 Fjodorov[34]、Shakhova[18]的实验结果，和 Frantz[35]整理的 Fritz[19]、Ferron[21]等的实验结果。

3.1.4 颗粒-流体系统的传热模型

鉴于流化床中颗粒-流体传热实验结果差异较大，缺乏一致性，而且传热系数远远低于单颗粒的传热系数值，许多研究者试图从传热机理上寻求解释。

Zabrodsky[36,37]提出的微隙模型认为，超出临界流化需要量以外的剩余气体，短路通过一排或数排固体颗粒，然后再与渗过床层的气体完全混合，在气体通过床层时，此过程一再重复。由于流化床内颗粒的不稳定团聚（分子力或静电力所致），减弱了连续相和非连续相之间气体交换的强度，使气体在通过颗粒后达不到完全的径向混合，气体温压也大为降低，从而导致很小的 Nu 数。

森滋胜等[38]研究了以多孔介质为分布板的流化床颗粒-流体传热，提出了基于气泡物理行为的传热模型。他们把床层分为气泡生成区和鼓泡区，在气泡生成区，颗粒均匀分散，气体为活塞流；而在鼓泡区，颗粒完全混合，温度均一，传热主要由气泡周围的循环气体和颗粒的运动所致。当 u/u_{mf} 小时，鼓泡区传热影响大；而当 u/u_{mf} 大时，气泡生成区内的传热过程起支配作用。

Kunii 和 Levenspiel[25] 提出的鼓泡床模型指出，只要 $u>2u_{mf}$，流化床即可满足剧烈鼓泡床的条件，从而可以分为气泡相和乳化相两个区域。乳化相处于临界流化状态，气泡相中基本没有固体，只有迅速运动的气泡被气泡晕和相随而来的尾涡所包围，但气泡晕和尾涡中夹带的颗粒以及气泡在上升汇并过程中与颗粒接触的增加，造成了气体与颗粒间的传热。

讨论传热机理的各种模型，只是强调不同的参数、基于不同的简化假定，藉以分析颗粒-流体传热过程。然而实际的传热过程却要复杂得多，流动及结构因素的影响又很复杂，因而还没有一个模型能将已有的实验数据统一起来，成为普遍化的关联。

3.1.5 各种流化系统中的传热关联式

(1) 浓相流化床中的传热 因颗粒温度很难测定，以及处理实验数据假定的模型不同，导致颗粒-流体传热的实验结果差异很大，难以获得统一的关联式。

对于浓相流化床中的传热，从应用的角度，可以分情况采用以下各式计算：

基于气体活塞流假定的关联式：

$$Nu = 0.3 Re_p^{1.3} \tag{21-3-22}$$

Frantz[35] 基于不稳定导热过程的分析，归纳的经验关联式：

$$Nu = 0.015 Pr^{1/3} Re_p^{1.6} \tag{21-3-23}$$

Shi 等[1,2] 归纳的关于表观传热系数的经验式：

$$Nu_{eq} = 0.24 Re_p \frac{d_p}{H_m} \tag{21-3-4}$$

Hughmark[39] 考虑到床层空隙率对传热系数的影响，基于沟流模型[40] 导出的计算式：

$$3600h = \frac{C_p \rho u_f}{6} \frac{\varepsilon^{3/2}}{\varepsilon^{3/2}(1-\varepsilon_0)} \tag{21-3-24}$$

Gnielinski[41] 提出的计算传热系数的关联式：

$$Nu = 2 + \sqrt{Nu_{层流}^2 + Nu_{湍流}^2} \tag{21-3-25}$$

$$Nu_{层流} = 0.664 Pr^{1/3} Re_\varepsilon^{1/2}, Re_\varepsilon = Re_p'/\varepsilon$$
$$Nu_{湍流} = 0.037 Re_\varepsilon^{0.8} Pr/[1+2.443 Re_\varepsilon^{-0.1}(Pr^{2/3}-1)] \tag{21-3-26}$$

$$Re_p' = u_t d_p/v_f$$

(2) 稀相流化床中的传热 稀相流化床中，颗粒主要以单体弥散、悬浮于气流中，系统中空隙率一般为 $\varepsilon>0.999$，床密度 $<3 kg \cdot m^{-3}$。由于在稀相床中颗粒可进行加速运动，返混和流速分布的非齐次性均可降低，故其传递系数较高，高流速时甚至超过单颗粒。

稀相过程颗粒-流体的传热系数可按单颗粒传热的 Ranz&Marshall[4] 近似计算：

$$Nu_p = 2.0 + 0.6 Re_p^{1/2} Pr^{1/3} \tag{21-3-10}$$

(3) 浅层流化床中的传热 流化床中的颗粒-流体传热系数，不仅是雷诺数的函数，还是床层高度的强函数。因此，浅层流化床的传热系数较深床的大，且由于浅床中气泡尚未生成或已生成但很小，故气泡对浅层流化床颗粒-流体传热的影响较小。浅层流化床颗粒-流体传热系数的实验测定及相应的关联式有：

McGaw[42~45] 采用流体与颗粒交叉流动的浅流化床，按稳态传热实验方法测定的结果：

$$Nu = 0.353 Re_p^{0.9} \left(\frac{d_p}{L}\right)^{0.47} \left(\frac{d_p}{p}\right)^{0.19} \left(\frac{d_p}{d_0}\right)^{-0.19} \tag{21-3-27}$$

罗保林和郭慕孙[33]采用热响应方法测定的结果:

$$Nu = 2\varepsilon_{mf}^{1.8} \left(\frac{d_p}{L_{mf}}\right)^{0.26} \left(\frac{C_{ps}\rho_s}{C_{pf}\rho_f}\right)^{-0.43} + 0.5 Re_p^{0.7} Pr^{1/3} \left(\frac{d_p}{D_t}\right)^{0.42} \left(\frac{L_{mf}}{D_t}\right)^{-0.26} \left(\frac{d_p}{p}\right)^{1.28} \tag{21-3-28}$$

式中　p——多孔分布板的孔间距，m；
　　　d_0——分布孔直径，m。

(4) 喷动流化床中的传热　喷动流化床中的颗粒-流体传热，主要发生在喷流中心，故其传热系数仅为浓相流化床的 1/10～1/5。

喷动床的传热系数可按上牧修[46]式计算：

$$Nu = 5.0 \times 10^{-4} Re_{ms}^{1.46} \left(\frac{u}{u_{ms}}\right)^{1.3} \tag{21-3-29}$$

Re_{ms} 是用喷流起始流化速度 u_{ms} 计算的 Re_p，u_{ms} 可采用下式[47]计算：

$$u_{ms} = \left(\frac{d_p}{D_T}\right)\left(\frac{D_i}{D_T}\right)^{1/3}\left[\frac{2gL(\rho_s-\rho_f)}{\rho_f}\right]^{1/2} \tag{21-3-30}$$

式中，D_i 为喷嘴直径，m。

或者采用下述经验关联式计算传热系数[48]：

$$Nu = 0.42 + 0.35 Re_p^{0.8}, Re_p < 100 \tag{21-3-31}$$

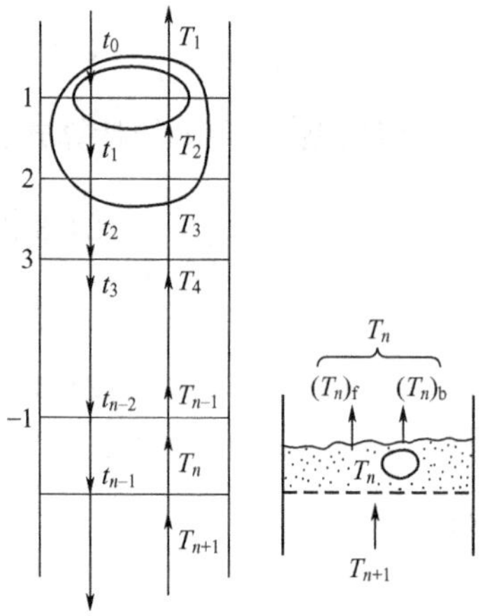

(5) 多层流化床中的传热　在多层流化床中，由于流体不断进行再分布，使流体与固体接触多次得到改善，从而使换热效率得到显著改善。

对于图 21-3-6 所示的逐级逆流换热过程，设流速为 u 的流体进入床层时，将分成两部分流过颗粒层，一部分以速度 u_{mf} 流过浓相区，超过 u_{mf} 的部分 $u-u_{mf}$ 则以空穴的形式短路流过床层。因此，对于第 n 层，其颗粒-流体间的换热速率将为[49]：

$$T_n - t_s = \frac{u - u_{mf}}{u}(T_{n+1} - t_n) \tag{21-3-32}$$

而其热平衡则为：

$$t_n - t_0 = \gamma(T_{n+1} - T_1) \tag{21-3-33}$$

图 21-3-6　逐级逆流换热器

联立求解上述两式，即可得到热回收率 η、床层数 n、流动热容比 γ 和超临界流化对比流速 $(u-u_{mf})/u$ 之间的统一关系式：

$$1 - \eta = \frac{T_1 - T_0}{T_{n+1} - t_0} = \frac{1 - 1/\gamma}{1 - 1/\{[\gamma(1-u_R) - u_R]^n \gamma\}} \tag{21-3-34}$$

$$u_R = (u - u_{mf})/u$$

若不考虑流体速度非齐次性的影响，即流体通过床层无气泡短路（$u_R = 0$），离开床层的流体温度与颗粒温度相等，每级床层均达到流体-固体热平衡，则式(21-3-34)简化为：

$$1 - \eta = \frac{1 - 1/\gamma}{1 - (1/\gamma)^{n+1}} \tag{21-3-35}$$

或

$$\eta = \frac{T_{n+1}-T_1}{T_{n+1}-t_0} = \frac{\left(\frac{1}{\gamma}\right)^{n+1}-\left(\frac{1}{\gamma}\right)}{\left(\frac{1}{\gamma}\right)^{n+1}-1} \tag{21-3-36}$$

式中 $T_{n+1}-T_1$——气体通过多层床后的实际温度变化；

$T_{n+1}-t_0$——气体通过多层床后温度变化的最大值。

对于颗粒冷却过程可以导出类似的计算式[50]：

$$\frac{t_0-t_n}{t_0-T_{n+1}} = \frac{\gamma^{n+1}-\gamma}{\gamma^{n+1}-1} \tag{21-3-37}$$

(6) 三相流态化床中的传热 三相流态化床具有良好的传热特性。通常传热系数随颗粒粒径、浓度及液速 u_l 和气速 u_g 的增大而增大。

Baker[51]采用水-空气-玻璃珠流化床，进行了三相流化床传热系数的测定，得到下述关联式：

$$h = 1977 u_l^{0.070} u_g^{0.059} d_p^{0.106} \tag{21-3-38}$$

式中，传热系数 h 的单位为 $W \cdot m^{-2} \cdot K^{-1}$；液速、气速 u_l、u_g 的单位为 $mm \cdot s^{-1}$；d_p 的单位为 mm。

(7) 液-固流化床中的传热 液-固流化床通常是散式流态化系统，其传热以液体对流传热为主，而固体颗粒对滞流边界层的冲刷又可提高液体对流传热系数，且液体与固体的比热容和热导率也在同一数量级上，因此液-固传热较之气-固传热要高上千倍。

目前关于液-固传热的研究还比较有限。Holman[52]等将不锈钢球和铅球用水流化，并用射频感应加热，测定了颗粒-流体传热系数，得到下述关联式：

$$Nu = 0.33 \times 10^{-6} Re_p^{1.75} Pr^{0.67} \frac{D_T \rho_s}{d_p \rho_f} \tag{21-3-39}$$

3.2 颗粒与流体间的传质

3.2.1 传质系数与传质分析

对于流化床中颗粒-流体的传质过程，如果将其视作某一组分从流体相中扩散至固体相表面而被固体吸收的过程，则由物料衡算可得：

$$-\frac{1}{A}\frac{dN}{d\tau} = k_d(C_f-C_s) \tag{21-3-40}$$

对于稳态传质过程，传质推动力 (C_f-C_s) 仅仅是床高的函数，此时：

传质面积 $$A = a dl \tag{21-3-41}$$

式中 a——单位床层高度的颗粒表面积，$m^2 \cdot m^{-1}$；

dl——床层微元高度，m。

则 $$-\frac{dN}{d\tau} = k_d a (C_f-C_s) dl \tag{21-3-42}$$

因此，只要测得床层中浓度随床高的变化，即可计算出传质速率 $dN/d\tau$ 或传质系数

k_d。对于浓度变化不大的情况，则可以采用床层进出口浓度差的对数平均值来近似计算。

对于非稳态过程，则传质推动力（$C_f - C_s$）不仅是床高的函数，而且随时间而变化，此时的传质量为：

$$-\int dN = \int d\tau \int k_d^* a(C_f - C_s) dl \qquad (21\text{-}3\text{-}43)$$

式中，k_d^* 表示在某一时刻某一床层位置的真实传质系数。若传质系数可视作与时间、位置无关，则可表示成：

$$-\int dN = k_d a \int d\tau \int (C_f - C_s) dl \qquad (21\text{-}3\text{-}44)$$

对于气体流化床，可以采用吸气管用恒定速率吸气的方法，来测量气体浓度 C_f，进而计算出表观传质系数 k_d。在对实验数据进行处理时，几乎所有的研究者都假定流过床层的气体为活塞流，而颗粒床层为完全混合。虽然实验数据的处理结果说明活塞流的假定是成功的，但这并不意味着床层内的气体真正建立了活塞流，而可能是由于密相与稀相之间的交换很快，以致难以检测出与真正活塞流的偏差。

此外，颗粒-流体传质，如同传热在分布板区就基本上完成，因此在测定传质系数时，为了能测量到床层出口处的浓度差，必须使实验床高很浅，对于气体流化床甚至浅到一个至几个颗粒的高度。

根据 Beek[53] 的分析，传质作用区域的高度可按下式估计：

$$0.4\varepsilon Sc^{2/3} < \frac{(1-\varepsilon)\text{HTU}}{d_p} < 8\varepsilon Sc^{2/3} \qquad (21\text{-}3\text{-}45)$$

式中，HTU 为传质单元高度。

式(21-3-45)表明，在一个传质单元内，流体所经过的颗粒数在 $0.4\varepsilon Sc^{2/3} \sim 8\varepsilon Sc^{2/3}$。由于气体 $Sc \approx 1$，故气体和颗粒在达到平衡之前只需经极少的颗粒。这表明气体-颗粒传质系数的测定几无可能，而液固流化床由于液体 $Sc \approx 10^3$，情况有所改善。目前，采用惰性颗粒稀释床层，是一个可资借鉴的方法。

3.2.2 传质系数的实验测定方法

流化床中颗粒-流体传质系数的实验测定，一般采用干燥[54,55]、升华[10,55,56]以及吸附传质方法[57~60]等，由于传质过程可看作流化流体与固体之间，组分的扩散与吸附或解吸过程，因而值得一提的是吸附传质的实验方法。

通常，吸附传质方法是测定各种操作参数下某一组分的吸附穿透曲线，并通过理论曲线与实测曲线的拟合，对气相传质系数进行估值。

吸附量的测定方法有多种，例如容量法、重量法和动态法等[61]。容量法和重量法的实验操作烦琐，准确度差，对于低浓度的吸附更是难以测定。而动态法可以避免颗粒浓度及吸附量的测定，只需测定气相出口浓度对进口浓度的响应，从而简化了实验操作，提高了测量精度，并且通过对模型处理方法的开发，发展了参数估值的不同方法，引进了计算机处理实验数据的各种方法，易于与计算机联机进行实时处理。

动态法的实验数据处理，常用的是拟合与参数估值，该法利用传递函数，通过卷积定理求取理论响应函数，然后将响应函数的实测值同理论值进行时域或频域的拟合，以确定系统的动态参数。这种方法的准确度稍差，且只对单参数系统有效。Smith[62~68]发展了一种被称作矩法的实验数据处理方法，该方法能使单个因素对系统的影响分别表示出来，得到每一步的速率数据,并且适用于多参数系统的分析,准确度也较高。

矩法是通过求算色谱曲线的一阶绝对矩和二阶中心矩,来解析方程,将待估参数用代数方程表示出来,从而可方便地求出相应的参数值。

3.2.3 流化系统中的表观传质系数

图 21-3-7 是已有的气-固流化系统的传质实验结果,图中的曲线是按鼓泡床模型计算的,计算条件参见文献 [69]。

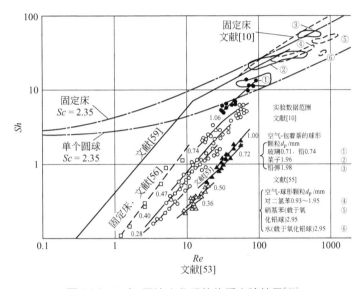

图 21-3-7 气-固流态化系统传质实验结果[69]

由图 21-3-7 可见,与传热的实验结果相似,传质中的 Sh 数在低 Re 数区域急剧下降,其值远小于理论上的最小 Sh 值 2。此外,在不同的 Re 数区域,流化床与固定床的传质数据基本上相近,显然这与流体和颗粒极易达到平衡有关。

(1) 一般流化床中的传质 Richardson 和 Szekely[59]关联 Chu 等[10]的实验结果,得到下述传质系数计算式:

$$Sh = 0.374 Re_p^{1.14} \qquad 0.1 < Re_p < 15$$
$$Sh = 2.01 Re_p^{0.5} \qquad 15 < Re_p < 250 \tag{21-3-46}$$

考虑床层空隙度的影响,可以采用 Thoenes[70]提出的关联式计算传质系数:

$$\frac{k_d}{u} \varepsilon Sc^{2/3} = f(\varepsilon) Re_p^{-0.5} \tag{21-3-47}$$

低 ε 时,$f(\varepsilon) = (1-\varepsilon)^{0.5}$

高 ε 时,$f(\varepsilon) = 0.66 \varepsilon^{0.5}$

此式在 $50 < Re_p < 5000$,$0.35 < \varepsilon < 0.42$ 的范围内误差小于 20%,但 Beek[53]认为该式在 $Re_p > 1000$ 时不适用,而其下限则可到 $Re_p > 10$。

在低 Re 下,颗粒边界层的覆盖导致传递有效接触面积的减少。Ramirez[71]采用空气干燥方法测定传质系数,提出了低 Re 下计算 k_d 的关联式:

$$Sh = 0.00632 Re_p^{1.15} (d_p/L)^{0.73} (d_p/D)^{-0.91} Sc^{0.33} \tag{21-3-48}$$

对于细颗粒流化床,由于比表面积很大,相间平衡极易达到,造成传质实验测定的困难。而且，气体流化床中气泡的短路、流化的不均匀性导致分析取样没有重复性，传质系数是难以测定准确的。为此，Nelson[72]提出了密相细颗粒流化系统的传质系数计算的理论式：

$$Sh = \frac{2\xi + \left\{\dfrac{2\xi^2(1-\varepsilon)^{1/3}}{[1-(1-\varepsilon)^{1/3}]^2} - 2\right\}\tanh\xi}{\dfrac{\xi}{1-(1-\varepsilon)^{1/3}} - \tanh\xi} \tag{21-3-49}$$

$$\xi = \left[\frac{1}{(1-\varepsilon)^{1/3}} - 1\right]\frac{\alpha}{2}Re^{1/2}Sc^{1/3} \tag{21-3-50}$$

式中，α 为 Frossling 数，对于球形颗粒 $\alpha=0.6$。

(2) 液-固流化床中的传质　实验测定用的液-固流化床，呈现散式流态化特性，因而在高 Re 下，其颗粒-流体传质系数介于单颗粒与固定床之间。

对于已有的一些实验结果，采用 Fan[73]提出的关联式归纳成下式：

$$Sh = 2.0 + 1.5Sc^{1/3}[(1-\varepsilon)Re_p]^{1/2} \tag{21-3-51}$$

Tournie[74]则将有关实验数据整理成下述关联式：

$$Sh = 0.245Ga^{0.323}M_v^{0.300}Sc^{0.400} \tag{21-3-52}$$

$$M_v = (\rho_s - \rho_f)/\rho_f$$

如前所述，流化床与固定床的传质数据在不同的 Re 数区域基本相近。鉴于此，Chu[10]用传质因数 j_d 对修正 Re^* 进行关联，得到下述关联式：

$$\begin{aligned}j_d &= 5.7Re^{*-0.78} & 1 < Re^* < 30 \\ j_d &= 1.77Re^{*-0.44} & 30 < Re^* < 5000\end{aligned} \tag{21-3-53}$$

$$Re^* = \frac{d_p u_f \rho_f}{\mu(1-\varepsilon)} \tag{21-3-54}$$

该关联成功地将不同研究者在液-固、气-固系统中测得的固定床和流化床传质数据，统一关联成一条曲线，如图 21-3-8 所示。

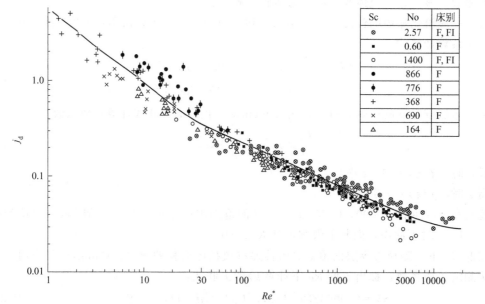

图 21-3-8　传质因数 j_d 与 Re^* 的关系[10]

(3) 喷动床中的传质 喷动床中的颗粒-流体传质系数可按下式计算[75]:

$$Sh = 2.20 \times 10^{-4} Re_p^{1.45} \left(\frac{D_T}{L}\right) \tag{21-3-55}$$

该计算式是用空气对湿硅胶在喷动床中进行恒速干燥的实验结果进行的关联。

(4) 三相流化床中的传质 关于三相流化床中的传质,Shah[76]进行了详细的文献综述与讨论。

对于气-液界面传质系数,可按 Calderbank[77,78] 的关联式计算:

$$k_L Sc^{2/3} = k_L [\mu_L/(\rho_L D)]^{2/3} = 0.31[(\rho_L - \rho_g)g\mu L/\rho_L^2]^{1/3} \tag{21-3-56}$$

式中 k_L——气-液传质系数,cm·s^{-1};
D——液体分子扩散系数,cm^2·s^{-1};
μ_L——液体黏度,cP(1cP=10^{-3}Pa·s);
ρ——密度,g·cm^{-3}。

此式适用于没有任何机械搅拌,气泡由于重力作用而在液体中上升的情况。尽管关联该式的实验数据是在没有颗粒的塔设备中测得的,但在应用于有颗粒的鼓泡塔时仍有一些成功的例子[79]。

当液体静止时,作为一次近似,可采用下式计算气-液传质系数[80]:

$$Sh = k_L d_p/D = 2 \tag{21-3-57}$$

对于气-液传质速度,气-液界面的大小是重要参数,Strumillo[81,82]在三相流化床中用氢氧化钠水溶液吸收 CO_2,测定了气-液界面,并将实验结果关联成下式,适用条件为:$u_f \leqslant 3\text{m·s}^{-1}$、$L_{mf} \leqslant 120\text{mm}$。

$$a_L = 2.15 u_f^{0.92} G_L^{0.34} L_{mf}^{0.83} d_p^{-0.94} \tag{21-3-58}$$

式中 a_L——单位床截面积的相界面积,m^2·m^{-2};
G_L——液体流速,m^3·m^{-2}·h^{-1};
d_p——颗粒直径,mm;
L_{mf}——静床高,mm。

三相流化床中的液-固传质数据,一般采用两种稳态理论来分析关联,即终端速度-滑移速度理论和 Kolmogoroff 理论[76]。按照前一理论,Kobayashi[83]关联了他们的实验数据,得到下述关联式:

$$Sh = 2 + 0.212 \left[\frac{d_p^3(\rho_s - \rho_L)g}{\mu_L D}\right]^{1/3} \left(\frac{d_p u_f \rho_L}{\mu_L}\right)^{0.112} \tag{21-3-59}$$

Sano[84]则基于 Kolmogoroff 理论推导出下述关联式:

$$Sh = [2 + 0.4 Re^{*1/4} Sc^{1/3}]\phi_c \tag{21-3-60}$$

式中 Re^*——修正 Reynolds 数,$Re^* = E d_{ps}^4/v_L^3$;
E——每单位质量液体的能量耗散速度,cm^2·s^{-3};
ϕ_c——Carman 表面系数,是颗粒的比表面积直径与筛分直径的函数;
d_{ps}——颗粒比表面积的直径,cm。

$$\begin{cases} d_{ps} = 6/(\rho_s a_s) \\ \phi_c = 6/(\rho_s a_s d_p) \end{cases} \tag{21-3-61}$$

式中，a_s 为颗粒的比表面积，$m^2 \cdot kg^{-1}$。

某些颗粒的 d_{ps}、ϕ_c 和 d_p 之间的关系，如图 21-3-9 所示。

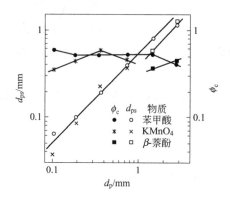

图 21-3-9　比表面积直径、Carman 表面系数和 d_p 的关系[84]

3.3　颗粒-流体传热与传质的关联

颗粒-流体间的传热与传质在许多方面具有相似性。例如，颗粒内部的导热和扩散均可忽略，传热阻力集中在颗粒表面的温度边界层，而传质阻力集中在颗粒表面的浓度边界层，与传热传质密切相关的流动模型，也多采用气体活塞流、颗粒全混流的假定等。因此，根据传递过程相似的概念，理应可将颗粒-流体传热和传质进行统一关联。Gunn[7] 做过类似的尝试，导出了下述热质传递的统一关联式：

$$N_T = (7 - 10\varepsilon + 5\varepsilon^2)(1 + 0.7Re^{0.2}M_T^{1/3}) + (1.33 - 2.4\varepsilon + 1.2\varepsilon^2)Re^{0.7}M_T^{1/3}$$

(21-3-62)

式中　N_T——传质时为 Sh，传热时为 Nu；
　　　M_T——传质时为 Sc，传热时为 Pr。

但是，如前所述，由于流态化系统的复杂性，其流动规律尚难以给予统一的准确描述，气-固系统和液-固系统又有聚式流化和散式流化之区别，导致传递过程流动模型的假定与实际流动状况不尽相同，加上流化系统中颗粒-流体的急剧混合以及颗粒-流体极易达到平衡等，使得温度、浓度的测量更加困难，有效传递面积的计算无从下手，传递推动力在流化床内的变化规律尚不能确切描述。这一切已经给以往的传热传质的实验测定结果留下了不足，无论是传热还是传质，各自的实验结果很分散而无法统一，要把这种本已千差万别的结果再进行传热传质的统一关联，可以想见其困难程度，也与实际相去甚远。例如对喷动床同时进行传热传质实验测定的结果表明，$j_h/j_d = 1.3 \sim 1.75$[48]，并不符合 $j_h = j_d$ 的 Chilton-Colburn 经验类似定律[85]。

因此，在目前的情况下，在考察和计算流化系统的传热传质时，只能分情况，按照相近的实验或操作条件，选择前述各关联式及相关的机理分析进行近似处理。这样做，对实际问题的解决具有一定的置信度。

3.4　颗粒-流体传热/传质和流动结构的关系

颗粒-流体之间的热量和质量传递与动量传递紧密关联，因此，流动结构是影响传热、传质的重要因素。

李杰[86]利用人造萘球团聚物,研究了静态团聚物与流体间的传质过程,考察了团聚物形状、大小、内部空隙率对气-固传质的影响。Sundaresan 等提出滤波双流体模型（filtered two-fluid model）,并通过对双周期微元区域进行细网格模拟和统计,获得结构对曳力、传质系数和反应速率的修正[87~89]。相比较而言,能量最小多尺度模型[90]和在此基础上延伸发展的传质模型,通过在守恒方程中增加介尺度参数,并通过引入特定的稳定性条件以获得传质系数[90~93]。比如,董卫刚等提出 EMMS/mass 模型[93~95],在聚团流动结构基础上,引入传质变化,如图 21-3-10 所示,将传质过程进一步细分为稀相和浓相内部的气-固之间传质以及稀相和浓相之间的传质。浓稀相内部的传质和反应速率皆可利用传统的均匀颗粒排布下的关联式;大颗粒（静态聚团）与气体间的传质亦可以在传统关联式基础上,将颗粒直径改为聚团直径得到。应用 EMMS/mass 模型发现,循环床传质研究中存在巨大争议[96]（不同文献报道的传质准数 Sh 的差异,可高达几个数量级）,实际是因为在将 Sh 数用 Re 数关联时,采用了平均化的处理方法。而 EMMS/mass 模型由于引入了介尺度结构参数,可以很好地捕捉到相同 Re 数下,Sh 数变化的规律（图 21-3-11）,从而解释了文献中数据差异的机理[93]。张楠[9]在此基础上提出了简化模型,使其可以方便地与计算流体力学软件耦合,扩展了该模型的使用范围。刘岑凡[97]进一步分别在基于团聚物和气泡的流动结构下分析传质、反应过程,定义了传质非均匀结构因子 H_m 和反应非均匀结构因子 H_r,模拟臭氧分解得到的结果与实验相符。详细模型参阅文献 [9,93,94,97]。

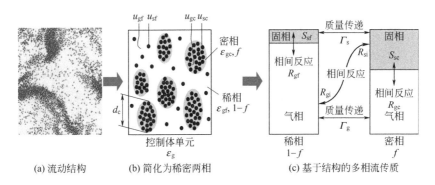

图 21-3-10 EMMS/mass 传质和反应模型示意图

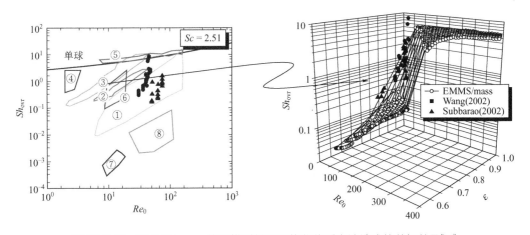

图 21-3-11 EMMS/mass 传质模型解释平均化传质方法造成的数据差异[93]

参考文献

[1] Gelperin N L, Lebedev P D, Einstein V G, et al. Khim Prom, 1966, (6): 459.
[2] Shi Y F, Romankov P G, Roshkovskaja N B. Zh Prikl Khim, 1962, 35: 530.
[3] 俞昌铭. 热传导及其数值分析. 北京: 清华大学出版社, 1981.
[4] Ranz W E, Marshall W R. Chem Eng Progr, 1952, 48(3): 141-146.
[5] Ranz W E, Marshall W R. Chem Eng Progr, 1952, 48(4): 173-180.
[6] Rowe P N, Claxton K T. Chem Eng Res Des, 1965, 43: T321-T331.
[7] Gunn D J. Int J Heat Mass Transf, 1978, 21(4): 467-476.
[8] Pillai K K. J Energy Inst, 1981, 54: 142-150.
[9] 张楠. 基于EMMS的介尺度传质模型及其在循环流化床锅炉燃烧模拟中的应用. 北京: 中国科学院研究生院, 2010.
[10] Chu J C, Kalil J, Wetteroth W A. Chem Eng Progr, 1953, 49(3): 141-149.
[11] La Nauze R D, Jung K. Intern Symp Combus, 1982, 19(1): 1087-1092.
[12] Walton J S, Olson R L, Levenspiel O. Ind Eng Chem, 1952, 44(6): 1474-1480.
[13] Heertjes P M, Mckibbins S W. Chem Eng Sci, 1956, 5(4): 161-167.
[14] Sato K, Shirai T, Aizawa M. the Annual Meeting Soc Chem Engrs. Japan, 1950.
[15] Richardson J F, Ayres P. Trans Inst Chem Engrs, 1959, 37: 314-322.
[16] Frantz J F. Louisiana State University, 1958.
[17] Anton J R. State University of Iowa, 1953.
[18] Shakhova N A. Inst Khim Mashinostr, 1954; Shakhova N A. Diss Inst Zerna, Moscow, 1962.
[19] Fritz J C. Univ of Wisconsin, 1956.
[20] Wamsley W W, Johanson L N. Chem Eng Progr, 1954, 50(7): 347-355.
[21] Ferron J R. Univ of Wisonsin, 1958.
[22] Sunkoori N R, Kaparthi R. Chem Eng Sci, 1960, 12(3): 166-174.
[23] Donnadieu G. Rev Inst Franc du Petrole, 1961, 16: 1330.
[24] 吉田. 東京大学, 1961.
[25] Kunii D, Levenspiel O. Fluidization Engineering. New York: John Wiley & Sons, 1969.
[26] Kothari A K. MS thesis, Chicago: Illinois Institute of Technology, 1967.
[27] 若尾法昭. 化学工学論文集, 1976, 2(4): 422-425.
[28] 若尾法昭. 化学工学論文集, 1977, 3(5): 515-518.
[29] Wakao N, Kaguei S, Funazkri T. Chem Eng Sci, 1979, 34(3): 325-336.
[30] Shen J, Kaguei S, Wakao N. J Chem Eng Japan, 1981, 14(5): 413-416.
[31] Gunn D J, De Souza J F C. Chem Eng Sci, 1974, 29(6): 1363-1371.
[32] Littman H, Stone A P. Gas-particle heat transfer coefficients in fluidized beds by frequency response techniques// 57th Annual Meeting Am Inst Chem Eng, Botson, 1964.
[33] 罗保林, 郭慕孙. 第四届全国流态化会议论文集. 兰州, 1987.
[34] Fjodorov I M. Gosenergotzdat, Moscow, 1955.
[35] Frantz J F. Chem Eng Progr, 1961, 57(7): 35-42.
[36] Zabrodsky S S. Intern J Heat Mass Transf, 1963, 6(1): 23-31.
[37] Zabrodsky S S. Intern J Heat Mass Transf, 1963, 6(11): 991-992.
[38] 森滋勝と鞭巌. 化学工学, 1972, 36(10): 1130-1136.
[39] Hughmark G A. AIChE J, 1973, 19(3): 658-659.
[40] Kunii D, Suzuki M. Intern J Heat and Mass Transf, 1967, 10(7): 845-852.
[41] Gnielinski V. Verfahrenstechnik, 1978, 12(6): 363-367.
[42] McGaw D R. Intern J Heat and Mass Transf, 1976, 19(6): 657-663.

[43] McGaw D R. Powder Technology, 1972, 6(3): 159-165.
[44] McGaw D R. Chem Eng Sci, 1977, 32(1): 11-18.
[45] McGaw D R. Powder Technology, 1975, 11(1): 33-36.
[46] 上牧修，久鄉昌夫. 化学工学, 1967, 31(4): 348-353.
[47] Mathur K B, Gishler P E. AIChE J, 1955, 1(2): 157-164.
[48] 童景山，张克编. 流态化干燥技术. 北京：中国建筑工业出版社, 1985.
[49] 郭慕孙，戴殿卫. 金属学报, 1964, 7(3): 263-280; 7(4): 391-408.
[50] 张湘亚，赵正修，郭天民. 化工学报, 1966, (1): 51-61.
[51] Baker C G J, Armstrong E R, Bergougnou M A. Powder Technology, 1978, 21(2): 195-204.
[52] Holman J P, Moore T W, Wong V M. Ind Eng Chem Fundam, 1965, 4(1): 21-31.
[53] Beek W J. 流态化. 北京：科学出版社, 1981.
[54] Kettenring K N, Manderfield E I, Smith J M. Chem Eng Progr, 1950, 46(3): 139-145.
[55] Riccetti R E, Thodos G. AIChE J, 1961, 7(3): 442-444.
[56] Resnick W, White R R. Chem Eng Progr, 1949, 45: 377.
[57] Hsu C T, Molstad M C. Ind Eng Chem, 1955, 47(8): 1550-1559.
[58] Richardson J F, Backhtier A G. Trans Inst Chem Engrs, 1958, 36: 283-295.
[59] Richardson J F, Szekely J. Trans Inst Chem Engrs, 1961, 39: 212-217.
[60] Szekely J. Inst Chem Engrs, 1962, June, 197.
[61] 北川浩，铃木谦一郎. 吸附的基础与设计. 鹿政理，等译. 北京：化学工业出版社, 1983.
[62] Furusawa T, Smith J M. AIChE J, 1973, 19(2): 401-403.
[63] Hashimoto N, Smith J M. Ind Eng Chem Fundam, 1973, 12(3): 353-359.
[64] Schneider P, Smith J M. AIChE J, 1968, 14(5): 762-771.
[65] Suzuki M, Smith J M. J Catal, 1971, 21(3): 336-348.
[66] Niiyama H, Smith J M. AIChE J, 1977, 23(4): 592-596.
[67] Andrieu J, Smith J M. Chem Eng J Biochem Eng J, 1980, 20(3): 211-218.
[68] Andrieu J, Smith J M. Chem Eng J Biochem Eng J, 1981, 22(1): 85-87.
[69] 国井大藏，等. 流态化工程. 华东石油学院，等译. 北京：石油化工出版社, 1971.
[70] Thoenes D, Kramers H. Chem Eng Sci, 1958, 8(3-4): 271-283.
[71] Ramirez J, Ayora M, Vizcarra M. Chemical Reactors, ACS Symposium Serises 168. Washington: ACS, 1981: 185-200.
[72] Nelson P A, Galloway T R. Chem Eng Sci, 1975, 30(1): 1-6.
[73] Fan L T, Yang Y C, Wen C Y. AIChE J, 1960, 6(3): 482-487.
[74] Tournie P, Laguerie C, Couderc J P. Chem Eng Sci, 1977, 32(10): 1259-1261; 1979, 34(10): 1247-1255.
[75] 《化学工程手册》编辑委员会. 化学工程手册：第20篇, 流态化. 北京：化学工业出版社, 1987.
[76] Shah Y T. Gas-Liquid-Solid Reactor Design. New York: McGraw Hill, 1979.
[77] Calderbank P H. Trans Inst Chem Eng, 1959, 37: 173-185.
[78] Calderbank P H, Moo-Young M B. Chem Eng Sci, 1961, 16(1-2): 39-54.
[79] Matsuura T. Berlin Technische Universitat, 1965.
[80] Hughmark G A. Ind Eng Chem Process Des Dev, 1967, 6(2): 218-220.
[81] Strumillo C, Adamice J, Kudra T. Int Chem Eng, 1974, 14(4): 652-657.
[82] Strumillo C, Kudra T. Chem Eng Sci, 1977, 32(2): 229-232.
[83] Kobayashi T, Saito H. Kagaku Kogaky, 1965, 29(4): 237-241.
[84] Sano Y, Yamaguchi N, Adachi T. J Chem Eng Japan, 1974, 7(4): 255-261.
[85] Chilton T H, Colburn A P. Ind Eng Chem, 1934, 26(11): 1183-1187.
[86] 李杰. 循环流化床中的气固传质. 北京：中国科学院化工冶金研究所, 1998.
[87] Agrawal K, Loezos P N, Syamlal M, et al. J Fluid Mech, 2001, 445: 151-185.
[88] Chalermsinsuwan B, Piumsomboon P, Gidaspow D. Chem Eng Sci, 2009, 64(6): 1212-1222.

[89] Benyahia. Sofiane, AIChE J, 2012, 58 (11): 3589-3592.
[90] Li J H, Kwauk M. Particle-fluid two-phase flow—the energy-minimization multi-scale method. Beijing: Metallurgical Industry Press, 1994.
[91] Yang N, Wang W, Ge W, et al. Chem Eng J, 2003, 96 (1): 71-80.
[92] Wang W, Li J H. Chem Eng Sci, 2007, 62 (1-2): 208-231.
[93] Dong W, Wang W, Li J H. Chem Eng Sci, 2008, 63 (10): 2798-2810.
[94] Dong W, Wang W, Li J H. Chem Eng Sci, 2008, 63 (10): 2811-2823.
[95] 董卫刚. 循环流化床多尺度传质模型和 CFD 模拟. 北京: 中国科学院过程工程研究所, 2008.
[96] Breault R W. Powder Technology, 2006, 163 (1-2): 9-17.
[97] 刘岑凡. 基于 EMMS 结构的多尺度传质反应模拟. 北京: 中国科学院过程工程研究所, 2015.

符号说明

A	颗粒表面积、传质面积，m^2	
A_T	设备截面积，m^2	
a	单位床层高度的颗粒表面积，$m^2 \cdot m^{-1}$	
a_L	单位床截面积的相界面积，$m^2 \cdot m^{-2}$	
a_s	颗粒的比表面积，$m^2 \cdot kg^{-1}$	
C	组分浓度，$kmol \cdot m^{-3}$	
C_p	定压比热容，$J \cdot kg^{-1} \cdot K^{-1}$	
D	分子扩散系数，$m^2 \cdot h^{-1}$ 或 $cm^2 \cdot s^{-1}$	
D_i	喷嘴直径，m	
D_T	设备直径，m 或 mm	
d_0	分布孔直径，m 或 mm	
d_p	颗粒的直径，m 或 mm	
E	每单位质量液体的能量耗散速度	
G	质量流速，$kg \cdot m^{-2} \cdot s^{-1}$，$G=\rho u$	
G_L	液体流速，$m^3 \cdot m^{-2} \cdot h^{-1}$	
HTU	传质单元高度	
H_m	空隙率为零时的床层高度，m	
h_{cond}	传热过程的导热成分，$W \cdot m^{-2} \cdot K^{-1}$	
h_{eq}	平衡给热系数，$W \cdot m^{-2} \cdot K^{-1}$	
h_{conv}	对流给热系数，$W \cdot m^{-2} \cdot K^{-1}$	
j_d	传质因数	
j_h	传热因数	
k	热导率，$W \cdot m^{-2} \cdot K^{-1}$	
k_d	传质系数，$m \cdot h^{-1}$ 或 $cm \cdot s^{-1}$	
k_L	气液传质系数，$m \cdot h^{-1}$ 或 $cm \cdot s^{-1}$	
L	流化床层高度，m	
L_{mf}	固定床或起始流化时的床层高度，m	
M_v	流固密度差比值，$M_v = (\rho_s - \rho_f)/\rho_f$	

n	床层数
p	分布板上分布孔孔间距，m 或 mm
Q	热量，J 或 kJ
r	颗粒半径，m 或 mm
R	流固比
T	流体温度，℃ 或 K
t_s	颗粒温度，℃ 或 K
U	表观速度，m·s^{-1}
u	流化速度，m·s^{-1}
u_f	流体速度，m·s^{-1}
u_{mf}	最小流化速度，m·s^{-1}
u_{ms}	喷流起始流化速度，m·s^{-1}
u_t	颗粒终端速度，m·s^{-1}
W	床层颗粒质量，kg

希腊字母

α	Frossling 数
γ	流动热容比
ε	流化床层空隙度
ε_0	固定床空隙率
η	热回收率、流态化效率
μ	黏度，Pa·s 或 cP
υ	运动黏度，cm^2·s^{-1}
ρ	密度，kg·m^{-3} 或 g·cm^{-3}
τ	时间，h 或 s
ϕ_c	Carman 表面系数

下标

0	表观，初始
cell	细胞
eq	平衡
f	流体，密相体积份额
i(in)	床层入口
l	液体
m	平均
n	第 n 单元
s	固体颗粒

无量纲数

Bi	Biot 数，$Bi = hd_p/k_s$
Nu	Nusselt 数，$Nu = hd_p/k_f$

Pr	Prandtl 数，$Pr = C_p\mu/k_f$
Re	Reynolds 数，$Re = \rho_f d_p u/\mu$
Sc	Schmidt 数，$Sc = \mu/(\rho_f D)$
Sh	Sherwood 数，$Sh = k_d d_p/D$
St	Stanton 数，$St = hC_{pf}/G_f$
Ga	Galileo 数，$Ga = \dfrac{d_p^3 \rho_l (\rho_s - \rho_l) g}{\mu_l^2}$

4 流化床与壁面的传热

流化床与壁面的传热，包括床层与容器壁以及床层与浸没于床内的换热器壁面的传热。

4.1 流化床换热器结构[1]

流化床换热器大致可分为三类：直接利用设备壁面的夹套式换热器，在床内设置的垂直管和水平管式换热器及设置在流化床外面的外取热器。

4.1.1 夹套式换热器

如图 21-4-1 所示，在设备外壁焊上夹套，换热介质从夹套通过，以带走（或加入）工艺过程放出（或需要）的热量。这种换热器结构简单，不占据床层空间，不影响床层的流态化质量。

由于夹套换热器受设备尺寸的限制，换热面往往满足不了工艺要求，因此在大型装置中都在床中设置换热面或在流化床外部增设外取热器。

4.1.2 管式换热器

(1) 单管式换热器 如图 21-4-2 所示，换热介质由底部总管进入，经过连接管到床内垂直换热管，换热介质在管内换热后，由上部连接管引出到床外的集液（或集气）管，此类换热器需考虑热补偿措施。

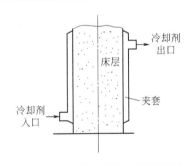

图 21-4-1 夹套式换热器示意图

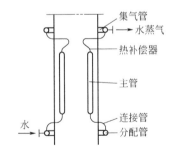

图 21-4-2 单管式换热器结构图

(2) 套管式换热器 如图 21-4-3 所示，换热介质从液体分配管分配入各中心管，再流入外套管与中心管之间的环隙，与床层进行换热，换热后的传热介质上升进入集液（或集气）管。此种结构因一端未固定，可不考虑换热管的热补偿问题，但换热管经不住床内气泡的冲击和换热管内"水锤"所造成的强烈震动，使换热管在拐弯处容易产生裂纹，所以应在排管的底端设置"不联结"的定位结构。

(3) U形管换热器 如图21-4-4所示,每排U形管在床外都有进出口阀门,液体分配管和集气管都设置在床外,此种换热器可以有足够大的传热面积,并能改善气-固接触状态,起到了垂直构件的作用。有时还在U形管上焊上套环来抑制固体返混,提高反应转化率。这种换热器在设备内的支撑必须牢固,但又不影响热膨胀。

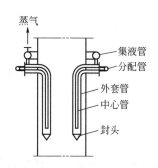

图 21-4-3 套管式换热器结构图

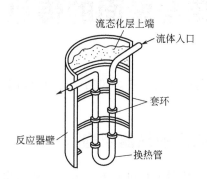

图 21-4-4 U形管换热器

(4) 鼠笼式换热器和排管式换热器 如图21-4-5(a)、(b)所示,它焊缝较多,由于液体分配管、集气管与支管的刚性不同,热膨胀情况不一样,在温差大的场合,焊缝容易胀裂,由于它对床层流态化质量有较大的影响,多数用于反应器的稀相区。

(5) 水平排管换热器 如图21-4-6所示,由于上下换热管之间有屏蔽影响,其传热效果较垂直管差。它对流态化质量影响较大,一般都用在对流态化质量要求不高,而传热面要求很大的场合,如沸腾燃烧锅炉及焙烧工艺中,这种换热器使用最多。

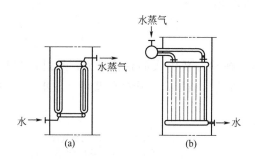

图 21-4-5 鼠笼式换热器和排管式换热器

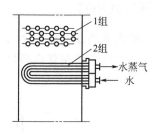

图 21-4-6 水平排管换热器

(6) 蛇管换热器 如图21-4-7所示,它结构简单,没有热补偿问题,但也存在同水平排管换热器类似的问题,即换热效果差,对床层流态化质量有影响。

4.1.3 外取热器

外取热器是在流化床外部设置一个单独的设备,通过颗粒循环管线与流化床连通。与内取热器相比,外取热器具有取热负荷调节灵活、操作弹性大、可靠性高且维修方便等优点。

(1) 上流式外取热器 如图21-4-8所示,高温催化剂从流化床底部进入外取热器,输送空气携带热催化剂自下而上经过取热器主换热区到达其顶部,再经顶部出口管线返回密相床层。其内部流动属于快速流化床,换热管受热均匀,但传热效率低、耗风量大且磨损严重。

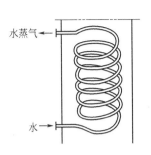

图 21-4-7 蛇管换热器示意图

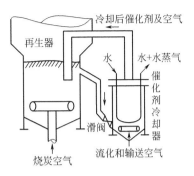

图 21-4-8 上流式外取热器

(2) 下流式外取热器 如图 21-4-9 所示，热催化剂经过上部入口进入取热器壳体内，自上而下流动，在底部流化空气的作用下，流化状态的催化剂颗粒在换热管表面频繁地进行接触更替，热量以对流传热的方式从热颗粒传递给换热管。经过换热的催化剂颗粒通过下部出口流出，完成催化剂颗粒的换热过程。催化剂循环量和密相料面高度可分别通过催化剂出口管线和进口管线上的滑阀进行调节。该结构具有流化状态良好、取热负荷调节范围宽、传热性能好、设备磨损小以及操作平稳性较高等优点。

(3) 返混式外取热器 如图 21-4-10 所示，流化床内热催化剂通过其底部的连通管进入下方的取热器，在取热器内通入输送空气使床层保持流化状态，输送空气能够夹带冷却的催化剂经同一连通管返回密相床层，从而利用颗粒的返混实现热量交换。这种设计取消了带衬里的高温催化剂管道及昂贵的滑阀，造价低廉，结构紧凑，运行可靠。但由于催化剂的循环速率和传热系数均受流化空气的影响，因此取热负荷调节范围较小，适应性较差。

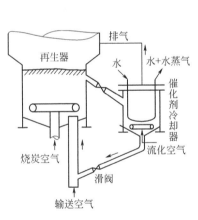

图 21-4-9 下流式外取热器

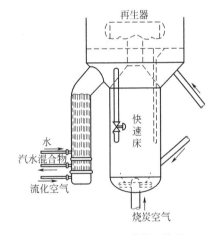

图 21-4-10 返混式外取热器

(4) 气控式外取热器 如图 21-4-11 所示，热催化剂通过流化床底部的连通管进入取热器内部，密相床层内设有开口向下的提升管，冷却后的催化剂经提升管返回到流化床密相区。通过调节空气量来控制外取热器内催化剂的循环量和热负荷，取热效果要优于返混式。与一般上流式或下流式外取热器相比，它的优点在于节省了带隔热耐磨衬里的热催化剂管道、膨胀节以及昂贵的单动滑阀；冷却后的催化剂能及时返回流化床中，排除了取热器底部的低温区域；采用带翅片管束，可大幅提高传热效果。

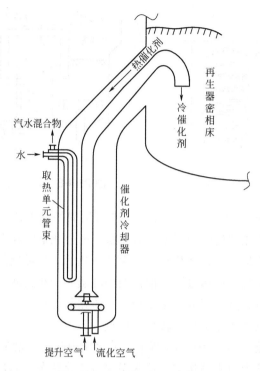

图 21-4-11　气控式外取热器

4.2　传热方程

流化床换热器的传热为热能从流化床层经器壁传给换热介质（如空气、水等），或者相反。通常，这种热交换的计算常采用下式：

$$Q = KA\Delta t \tag{21-4-1}$$

总传热系数 K 包括换热介质及床层的传热膜系数、传热壁面的热导率（包括相应垢层的热导率）之和：

$$K = \cfrac{1}{\cfrac{1}{\alpha_{介}} + \cfrac{1}{\alpha_{床}} + \sum \cfrac{\delta_i}{k_i}} \tag{21-4-2}$$

传热推动力则应为流化床层与换热介质之间的温差。

本章只讨论流化床层与换热壁面之间的给热，换热壁面的导热及其与换热介质之间的给热分析，可参见本手册的传热及传热设备篇。

流化床层与换热壁面间的给热，依据牛顿冷却定律有：

$$q = \frac{\mathrm{d}Q}{\mathrm{d}\tau} = \alpha_{床}(t_w - t_b)\mathrm{d}A \tag{21-4-3}$$

4.2.1　温差

一般说来，床层与器壁的温差 $(t_w - t_b)$ 应按下式计算：

$$\Delta t_m = t_w - t_b = \frac{1}{L}\int_0^L \Delta t\,\mathrm{d}l \tag{21-4-4}$$

但是，如前所述，由于颗粒床层的剧烈湍动和混合，只在分布板区内存在温度梯度。而在其他区域温度基本是均匀的，因此式(21-4-4)写成下式更有意义：

$$\Delta t'_m = t_w - t_b = \frac{1}{H_a}\int_0^{H_a} \Delta t \, \mathrm{d}l \tag{21-4-5}$$

其他区域的传热推动力则可近似为：

$$\Delta t''_m = t_w - t_b \tag{21-4-6}$$

或采用对数平均温差：

$$\Delta t''_m = \frac{(t_{w,1} - t_b) - (t_{w,2} - t_b)}{\ln \dfrac{t_{w,1} - t_b}{t_{w,2} - t_b}} \tag{21-4-7}$$

在流化床层内设置的换热器，一般均处于分布板区以上的床层等温区内，故床层与浸没于床内的换热器壁面之间的传热推动力，可采用式(21-4-6)和式(21-4-7)进行计算。而且，若把颗粒床层看作是温度均一的流体，则床层与浸没于床内的各种换热器之间的传热温差，均可参照本手册传热及传热设备篇章中介绍的方法计算。

4.2.2 传热面积

与总传热系数 K 相应的传热面积 A，通常取给热系数较小的一侧的传热面积，当壁面两侧的给热系数相差不大时，则取壁两侧面积的平均值。在进行工业装置的设计时，实际选用的传热面积常比计算结果要大，一般取 1.3 左右的安全系数。

对于流化床层与壁面的传热，则直接采用与流化床层相接触的壁面面积作为传热面积。

4.2.3 传热膜系数

由于与床层接触的壁面不断受到床层颗粒的剧烈冲刷，故在传热系数中一般不考虑床层一侧的垢层热阻，只需考虑床层对壁面的传热膜系数 $\alpha_{床}$。

一般来说，流化床与壁面的传热膜系数，比固定床要高一个数量级，其原因在于流化颗粒对壁面的冲刷及在传热表面的不断更新。

流化床层与壁面间的给热由三部分构成[2]：

$$\alpha_{床} = h_{pc} + h_{gc} + h_\tau \tag{21-4-8}$$

式中 h_{pc}——颗粒对流分量，取决于床层颗粒与壁面之间的颗粒碰撞与循环引起的传热，对 Geldart A 和 B 类颗粒 ($d_p = 40 \sim 800\mu m$) 起支配作用；

h_{gc}——相间气体对流分量，取决于床层内空隙气体的对流引起的传热，它对颗粒与壁面的传热起到了强化作用，在大颗粒 ($d_p > 800\mu m$) 浓相床及高压下的 Geldart D 类颗粒床层中对传热的作用是重要的；

h_τ——辐射传热分量，这一分量仅在床层温度高于 600~1000℃ 且床层与壁面温差较大时，才需要考虑。

显然，对于一般的颗粒 ($d_p = 40\mu m \sim 1mm$) 流化床换热器，操作温度及压力不是很高时，传热膜系数 $\alpha_{床}$ 近似于颗粒的对流分量 h_{pc}。

4.3 影响传热的因素

4.3.1 流体流速与床层空隙率的影响

流体表观速度对传热膜系数的影响如图 21-4-12 所示,当流体速度达到最小流化速度,床层开始流化时,传热膜系数随流速的增加而急剧增大,很快达到一个最大值 h_{max},此时的流体速度可视作最佳流化速度 u_{opt},在此之后传热膜系数随流速的增加而减小。当流体表观速度超过颗粒终端速度 u_t 时,传热膜系数将以气相系统的值为其极限值而无限趋近[3]。

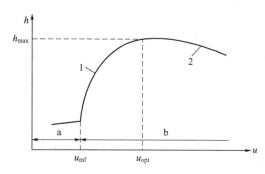

图 21-4-12 流体表观速度与传热膜系数的典型关系
1—曲线的上升段;2—曲线的下降段;
a—固定床;b—流化床

传热膜系数的这种变化,是流化速度的改变引起颗粒浓度变化所致,在 u_{mf} 和 u_{opt} 之间,流速的增加导致固体循环量增加,强化了传热而使传热膜系数迅速增大;在 u_{opt} 之后,高流体速度反而引起固相浓度降低(ε 增大),此时固体循环量的增加对传热的强化,不足以弥补固相浓度降低对传热的负面影响,导致传热过程逐渐减弱。

床层的平均固相浓度一般以 $(1-\varepsilon)$ 表征,它反映的是床层空隙率对传热的影响。在流化床中,$(1-\varepsilon)$ 的增大,无论是颗粒本身所起的传热作用,还是颗粒运动引起的对界膜的扰动,都有利于增大传热膜系数。

图 21-4-12 中的曲线还表明,传热膜系数与流体表观速度的关系不能采用幂函数形式进行广泛关联,因为 $h \propto u_f^n$ 中的指数 n 不是常数,在 u_{mf} 附近,n 很大,而在接近 u_{opt} 时,$n \rightarrow 0$。值得指出的是,已有的一些实验结果是有很大局限性的,大多只在它们的实验条件范围内有效,引用时必须谨慎。

为了确定 h_{max} 和 u_{opt},通常可采用下述关联形式:

$$Nu_{max} = f(Ar)$$
$$Re_{opt} = f(Ar) \tag{21-4-9}$$

Todes[4]曾建议下述决定 u_{opt} 的公式:

$$Re_{opt} = \frac{Ar}{1.8 + 5.22\sqrt{Ar}} \tag{21-4-10}$$

已有的实验结果,大多与该式符合,因此可用于自由流化床作 u_{opt} 的近似估计。但是,由于该式空隙率变化的影响,故在 $d_p < 400\mu m$ 时,不推荐采用此式。

对于 h_{max},Variggin[5]在 $Ar = 30 \sim 2 \times 10^5$ 的范围内测定了球形探头与空气流化床层在中等温度下的传热,得到下述关联:

$$Nu_{max} = \frac{h_{max} d_p}{k_{air}} = 0.86 Ar^{0.2} \tag{21-4-11}$$

当流化气体不是空气时,则 h_{max} 等于式(21-4-11)计算的 h'_{max} 乘一校正值:

$$h_{max} = h'_{max} \left(\frac{k_f}{k_{air}} \right)^{0.6} \tag{21-4-12}$$

式中, k_f 为所用流化气体的热导率。

4.3.2 流体与颗粒物性的影响

由于流化床中的颗粒尺寸较小,故其热导率对传热的影响不明显;而颗粒比热容的增加则使传热膜系数增大,其关系可表示成:

$$\alpha_{床} \text{ 或 } h \propto C_{pf}^n \tag{21-4-13}$$

式中, n 取值范围在 $0.25 \sim 0.8$[6,7]。

流体的热导率对传热有明显影响,传热膜系数随 k_f 的增加近似地按 $\dfrac{1}{2} \sim \dfrac{1}{3}$ 次幂增加[8~11]。

在中等压力以下,气体的容积比热容 $C_{pf}\rho_f$ 比固体颗粒的容积比热容小三个数量级,因而气体比热容对流化床传热的影响是不重要的,只在高压及高气速的情况下,才观察到一些影响[12~14]。

4.3.3 床层高度与传热面高度的影响

早期的研究工作认为,床层高度与传热面高度对传热膜系数均无影响[15]。但在分布板区,床层温度有较明显的分布,床层与壁面间的温差梯度较大,传热膜系数也大;随着床层高度与传热面高度的增大,换热面也增大,分布板区对传热的影响将减弱。

显然,床层高度与传热面高度对传热的影响,仅仅在分布板区起作用,这对浅层流化床中的传热过程,是一个值得重视的因素。

4.3.4 颗粒粒度对传热的影响

颗粒粒度的减小有利于传热膜系数的提高,这是由于在相同流速下,细颗粒比粗颗粒运动剧烈,而且细颗粒流化床能在较大流化数的条件下操作,故其传热膜系数比粗颗粒要大,如图 21-4-13 所示[5]。图 21-4-14 则表示最大传热膜系数与颗粒粒径的关系[16]。

图 21-4-14 表明,最大传热膜系数随颗粒直径 d_p 的增大而急剧减小;此后颗粒直径进一步增加,则会发生传热膜系数随粒径 d_p 的增大而缓慢增大的逆转趋势[17]。这是由于颗粒直径较大时,颗粒床层流化速度的增加,将使对流传热强化,气体对流换热在传热中的分量增大,此时传热系数与气体热导率关系密切。在液体流化床中,由于液体比热容大,对较小的颗粒粒径(d_p 约为 0.5mm),即出现此种逆转趋势[18]。

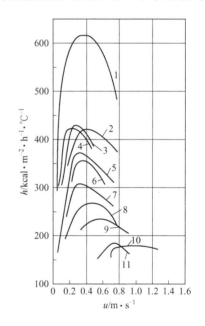

图 21-4-13 颗粒粒径对传热的影响[5]
1—硅铁(合金), $d_p=0.082$mm;2—赤铁矿, $d_p=0.173$mm;3—金刚砂, $d_p=0.137$mm;
4—石英砂, $d_p=0.140$mm;5—石英砂, $d_p=0.198$mm;6—石英砂, $d_p=0.216$mm;7—石英砂, $d_p=0.428$mm;
8—石英砂, $d_p=0.515$mm;
9—石英砂, $d_p=0.65$mm;10—石英砂, $d_p=1.11$mm;
11—玻璃球, $d_p=1.16$mm

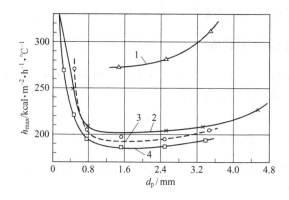

图 21-4-14 颗粒直径对最大传热膜系数的影响[16]

流体：空气。固体：1—铝镍催化剂；2—二氧化硫氧化催化剂；3—一氧化碳转化催化剂；4—二氧化硫氧化催化剂

设备直径：1,3,4—$D_t=49$mm；2—$D_t=73$mm；

颗粒粒径对传热的影响，在于它对床层流化性能的决定作用。对于 Geldart A 类物料，由于床层能稳定膨胀直至流化速度达到 $3u_{mf}$，因而其传热系数随流化速度的变化有一个附加的较小的峰值。而对于 Geldart B 类物料，由于流化速度一大到 u_{mf}，床层即出现鼓泡状态，因而设备尺寸、分布板及内构件的设计，影响着床层性能的变化、气泡的产生和发展，以及颗粒的循环，因而对传热影响很大。此外，对于 GeldartB 类物料，还存在表面温度对传热的影响，如图 21-4-15 所示。操作温度的变化，将使气体物性改变，对于 GeldartA 与 GeldartB 类物料还将影响最小流化时的床层空隙率[19,20]，这均将影响床层流化性能，从而影响床层与表面间的传热。同样可以预料，操作温度将影响获得床层与表面间的最大传热量条件。

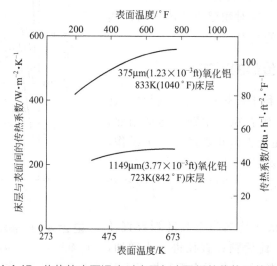

图 21-4-15 传热的表面温度对床层与表面间的传热系数的影响

1Btu=1055.06J，$t/℃=\frac{5}{9}(t/℉-32)$，1ft=0.3048m，下同

对于 Geldart D 类物料，在最小流化速度下，接近传热表面的颗粒参与传热的时间超过在表面停留的时间，此时传热过程为准稳态过程，在较高压力下，空隙气体流动处于向湍流过渡的状态，相间气体对流换热分量变得较为重要，而可能发生的气泡合并，导致颗粒混合变差，传热系数对操作气速的变化不太敏感。对于 h_{gc} 的计算，Baskakov[21] 推荐以下关系式：

$$Nu_{gc} = 0.0175 Ar^{0.46} Pr^{0.33}, \quad u > u_{opt} \tag{21-4-14}$$

$$Nu_{gc} = 0.0175 Ar^{0.46} Pr^{0.33} \left(\frac{u}{u_{opt}}\right)^{0.3}, \quad u_{mf} < u < u_{opt} \tag{21-4-15}$$

Denloye[22]导出的下述经验式，比 Baskakov 式更好地符合实验结果：

$$\frac{h_{gc} d_p^{0.5}}{k_f} = 0.86 Ar^{0.39}, \quad 10^3 < Ar < 2 \times 10^6 \tag{21-4-16}$$

该式采用 SI 单位制，量纲为 $m^{-1/2}$。

相应的颗粒对流换热的最大值与 Ar 的关系为：

$$\frac{h_{pc,max} d_p}{k_f} = 0.843 Ar^{0.15} \tag{21-4-17}$$

h_{pc} 与 h_{gc} 随颗粒直径的变化，以及它们的叠加随 d_p 的变化，如图 21-4-16 所示。

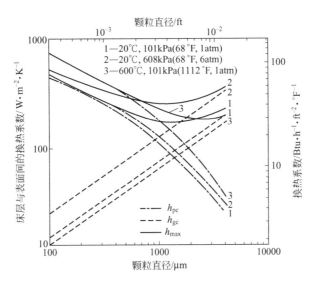

图 21-4-16 颗粒尺寸对床层与表面间的最大传热系数 h_{max} 的影响

相间气体对流换热分量 h_{gc} 取自静止床；颗粒对流分量 h_{pc} 由温差确定[20]

4.3.5 床内构件对传热的影响

流化床内设置的内构件，对床层的流化性能及颗粒的运动与循环均有较大影响，从而影响到流化床层与壁面的传热。例如床内设置的管状内插件，既可能使床层局部区域失流滞止，形成气泡附壁，又对破坏气体栓塞有利，从而影响了这些区域中的颗粒对流换热和传热表面平均传热量。这在流化床层与浸没管传热的分析中，将给予详细的讨论。

对于流化床内设置的挡板，一方面它能减少床层膨胀，抑制气泡尺寸，使流化较为平稳，气体停留时间也较均匀，同时它也会阻碍颗粒的运动与混合，这些均对流化床内的传热有较大影响。Tamarin[23]给出了挡板流化床和自由流化床中的典型传热数据，如图 21-4-17 所示。图 21-4-17 表明，挡板流化床的 h_{max} 比自由流化床要低，而 u_{opt} 较大，因此在操作气速较大时，挡板床的传热系数反而超过自由流化床。

此外，流化床的分布板对流化质量及气泡的大小均有控制作用。因此，分布板的结构与几何尺寸对流化床内的传热有显著的影响[24,25]。

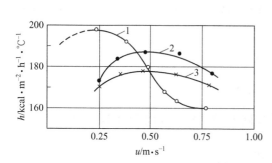

图 21-4-17　具有挡板床层中的传热

石英砂（$d=0.20$mm）空气

1—自由流化床；2—网孔 13.5mm×13.5mm；
$\Phi_d=0.82$，$\rho_v=21$mm 的金属丝网；
3—网孔 5.6mm×5.6mm，$\Phi_d=0.68$，
$\rho_v=12$mm 的金属丝网

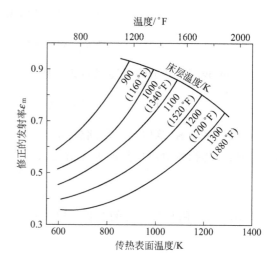

图 21-4-18　一个不等温床层的修正发射率随
传热表面和床层温度的变化[26]

4.3.6　辐射换热的影响

当操作温度超过 600℃，辐射换热将不能忽略，此时，辐射换热将使颗粒对流换热有所减少，对于大颗粒，这种影响更为显著。这是因为传热表面既吸收来自可见颗粒表面的辐射能，又向这些颗粒辐射能量。

要确定辐射换热系数 h_r 是较困难的，主要问题是与传热表面接触的颗粒的温度，不同于床层整体温度。Baskakov[26] 企图用一个修正的床层发射率来解决问题，如图 21-4-18 所示。修正的发射率 ε_m 随换热表面与床层整体间温差的增大而减小。

辐射传热系数 h_r 可用下式计算[27]：

$$h_r = \frac{\sigma \varepsilon_r (T_b^4 - T_w^4)}{T_b - T_w} \quad (21-4-18)$$

式中　σ——斯蒂芬波尔兹曼常数，用 SI 单位制时，$\sigma=5.67\times10^{-3}$；

ε_r——折算发射率，它包括表面发射特性 ε_w 及床层有效发射率 ε_m 之间的差别，采用下式求算：

$$\varepsilon_r = \frac{1}{1/\varepsilon_w + 1/\varepsilon_m - 1} \quad (21-4-19)$$

在床层强烈鼓泡的情况下，应将传热表面在床内浸埋得深一些，尽可能使床层内部被沿传热表面上升的气泡所支配，而不受传热表面温度的影响，使床层内腔接近一个绝对黑体辐射体，利于辐射传热。由气泡形成的辐射能量的脉冲及表观床层发射率，已有人进行了研究和测量[28,29]。

4.4 传热机理

对于流化床与壁面的传热机理，围绕传热阻力的假定，已提出了不同的模型来解析传热系数的计算，其中具有代表性的有以下几种。

4.4.1 膜控制机理[30~35]

该机理认为传热壁面有一厚度小于颗粒直径的气膜，传热的阻力主要集中于该气膜内，因而传热为通过该气膜的导热，故

$$h = \frac{k_f}{\delta} \tag{21-4-20}$$

气膜厚度 δ 不仅取决于流体的速度和物性，还由于颗粒湍动使边界层剥落（气膜变薄）而与颗粒的湍动强度有关。随着流化速度的增大，壁面附近的颗粒（尤其是小颗粒）运动加剧，但数量减少，导致 h-u 曲线出现最大值。

Levenspiel[33]、Ruckenstein[34] 和 Leva[35] 等从膜被颗粒冲刷的频率以及平板上由膜增厚而得出的膜生长速率出发，导出了在层流和湍流条件下有效膜厚度的简单公式，并由此推算出床层-壁面之间的传热系数。

4.4.2 颗粒团不稳定传热机理[36~39]

不稳定传热机理将流化床中的乳化相看作由许多颗粒团组成，在气泡作用下，这些颗粒团周期性地在传热壁面附近更替。传热速率取决于颗粒团的加热速率，以及颗粒团在壁面上的接触速率，因而传热阻力主要存在于乳化相。h-u 曲线上最大值 h_{max} 的存在，是由颗粒团复位（接触）频率和传热表面上气泡数同时随气速增加所致。

该机理在空隙率小于 0.7~0.8 的密相流化床中起控制作用，床层进一步膨胀时将伴随相的转化，颗粒团传热机理就不适用。

4.4.3 颗粒控制机理[40~42]

颗粒控制机理基于颗粒在传热中起控制作用，兼及传热表面的热传导，既考虑气膜的热阻，同时也考虑乳化相的热阻，这一机理将流化床颗粒视为一个充分搅拌的流体，由于颗粒的热容远比气体要大，故热量主要由颗粒传递，流体只起搅拌和输送颗粒的作用，而将颗粒扰动使气膜减薄所增加的传热量视为是有限的。h-u 曲线上出现最大值，则是由于同时发生温度梯度的上升和颗粒浓度的下降（在低流速时前者占优势，高流速时后者占优势），因此，定量描述不采用幂函数关系，而采用指数函数和双曲函数。

颗粒控制机理只能应用于散式系统，对因气泡的存在而复杂化的聚式系统则不适用。

Kunli 等[42] 对上述机理进行了分析和比较。关于传热机理的详细分析与评价，可参阅相关的文献。

4.5 流化床与器壁传热的传热膜系数

流化床与器壁传热的传热膜系数，目前尚无统一的理论公式来求算，工程计算中多采用

经验关联式。

4.5.1 经典流化床

浓相流化床与容器壁的传热系数，有许多研究者进行了实验测定，并提出了各自的经验关联式，文献［42］介绍了一些代表性研究的条件与结果。

Wen 和 Leva[30] 以及 Wender 和 Cooper[43] 分别根据若干研究者的结果，进行关联而得到通用的关联式。Wen 等的关联式基于气膜控制传热的机理，并假定层流气膜的厚度受到接近器壁的颗粒速度的影响：

$$\frac{h_w d_p}{k_f} = 0.16 \left(\frac{C_{pf}\mu}{k_f}\right)^{0.4} \left(\frac{\rho_f d_p \mu_f}{\mu}\right)^{0.76} \left(\frac{\rho_s C_{ps}}{\rho_f C_{pf}}\right)^{0.4} \times \left(\frac{u_f^2}{g d_p}\right)^{-0.2} \left(\frac{\eta}{R_H}\right)^{0.36} \quad (21\text{-}4\text{-}21)$$

$$R_H = \frac{L_f}{L_{mf}} = \frac{1-\varepsilon_{mf}}{1-\varepsilon_f} = \frac{u_b - u_f + u_{mf}}{u_b} \quad (21\text{-}4\text{-}22)$$

$$\eta = \frac{u_f - 床层均匀膨胀时的表观气速}{u_f} \quad (21\text{-}4\text{-}23)$$

式中　R_H——床层膨胀比；

　　　η——流态化效率，并用图 21-4-19 进行估算。

式(21-4-21) 关联的参数范围见表 21-4-1，对所采用的实验数据，约有 95% 与该关联式计算值的误差在 ±50% 的范围内。

表 21-4-1　式(21-4-21) 关联式的参数范围

流化数	$2 < u_f/u_{mf} < 20$
空隙率	$35\% < \varepsilon_f < 75\%$
床层膨胀比	$1.05 < R_H < 1.50$
颗粒直径/m	$(0.0381 < d_p < 0.851) \times 10^{-3}$
设备直径/m	$0.05 < D_t < 0.12$

对于临界流态化，由于 $\eta = 0$，显然式(21-4-21) 不适用；对于床层膨胀比，也可由流态化效率 η 用图 21-4-20 进行估算。

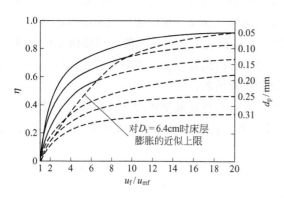

图 21-4-19　方程式（21-4-21）中所用的 η[30]

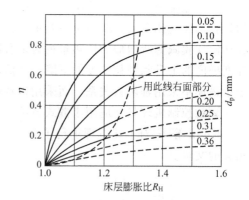

图 21-4-20　床层膨胀比与流态化效率的关系[1]

Wender 和 Cooper 采用连续交错标绘的复杂方法，将 429 个实验数据整理成如图 21-4-21 所示的关系曲线，其平均偏差为 ±22%，图中参数 ψ 是由下式给出的无量纲量：

$$\psi = \frac{(h_w d_p / k_f)/[(1-\varepsilon_f)\rho_s C_{ps}/(\rho_f C_{pf})]}{1 + 7.5\exp[-0.44(L_h/D_T)(C_{ps}/C_{pf})]} \quad (21\text{-}4\text{-}24)$$

式中 L_h——传热面高度，m。

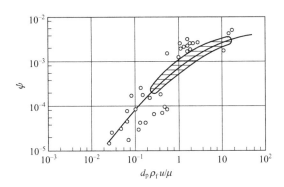

图 21-4-21 容器壁传热的关系[43]

Wender 等关联的实验数据的研究条件如表 21-4-2 所示。

表 21-4-2 图 21-4-21 或式(21-4-24) 关联的参数范围

颗粒直径×10^4/m	$0.495 < d_p < 8.48$
固体比热容/kcal·kg^{-1}·℃$^{-1}$	$0.117 < C_{ps} < 0.276$
固体密度/kg·m^{-3}	$830 < \rho_s < 5250$
空隙率/%	$43.6 < \varepsilon_f < 95.0$
气体比热容/kcal·kg^{-1}·℃$^{-1}$	$0.235 < C_{pf} < 1.24$
气体密度/kg·m^{-3}	$0.111 < \rho_f < 2.97$
黏度/kg·m^{-1}·h^{-1}	$0.0695 < \mu < 0.104$
气体热导率/kcal·h^{-1}·m^{-1}·℃$^{-1}$	$0.0246 < k_f < 0.161$
设备直径/m	$0.0253 < D_T < 0.12$
传热面高度/m	$0.043 < L_h < 1.01$
流态化床床层高度/m	$0.043 < L_f < 2.54$
传热膜系数/kcal·h^{-1}·m^{-2}·℃$^{-1}$	$16.2 < h_w < 850$

注：1kcal·kg^{-1}·℃$^{-1}$=4.1868kJ·kg^{-1}·K^{-1}；1kcal·h^{-1}·m^{-1}·℃$^{-1}$=1.163×10^{-3}W·m^{-1}·K^{-1}；1kcal·h^{-1}·m^{-2}·℃$^{-1}$=1.163×10^{-3}W·m^{-2}·K^{-1}。

秦霁光和屠之龙[1,44]对床层与器壁的传热机理进行了分析，他们认为，传热的阻力集中在壁面的气膜内，床层内颗粒与气体的换热主要在分布板上的混合区内发生，而颗粒的循环只进行微弱的热交换。以此为基础并进行一些假定，可建立一组描述流化床与器壁传热的微分方程式，进而得到下述通用关联式：

$$\frac{Nu_w}{1-\varepsilon_f} = 0.075 \left(\frac{\rho_s C_{ps} d_p u_f}{k_f}\right)^{0.5} \quad (21\text{-}4\text{-}25)$$

式(21-4-25)的参数关联范围见表 21-4-3，其对六位研究者的 10 种颗粒、11 种气体的实验数据的平均偏差为 22.7%。

表 21-4-3 式(21-4-25) 关联的参数范围

参数	范围
颗粒直径 $\times 10^4$/m	$0.39 < d_p < 8.35$
固体比热容/kcal·kg^{-1}·℃$^{-1}$	$0.155 < C_{ps} < 0.214$
固体密度/kg·m^{-3}	$600 < \rho_s < 8000$
空隙率/%	$48 < \varepsilon_f < 93$
气体热导率/kcal·h^{-1}·m^{-1}·℃$^{-1}$	$0.01 < k_f < 0.15$
普兰特准数	$0.43 < Pr < 0.75$
气体黏度/kg·m^{-1}·h^{-1}	$0.0306 < \mu < 0.0953$
设备直径 $\times 10^3$/m	$25 < D_T < 120$
床层温度/℃	$19 < t < 315$

注：1kcal·kg^{-1}·℃$^{-1}$=4.1868kJ·kg^{-1}·K^{-1}；1kcal·h^{-1}·m^{-1}·℃$^{-1}$=1.163×10^{-3}W·m^{-1}·K^{-1}。

4.5.2 稀相流化床

由于稀相床中操作气速很大，流体湍动程度很大，致使器壁表面的气膜厚度比密相流化床要小几个数量级，传热阻力大为减小。

稀相流化系统与壁面的传热，以相间气体对流分量 h_{gc} 为主，固体颗粒运动引起的湍动对传热影响不大，但颗粒密度的作用显得重要，较大的颗粒密度对传热起到很大的强化作用。

在稀相气流输送中，水平输送管和垂直输送管中传热的机理相同，因此，有关的给热系数关联式对两者通用。

稀相流化床与器壁的传热膜系数，可采用下述关联式计算。

Wen 等[45]的关联式：

$$h_w = 3600 \frac{C_{ps}\mu}{d_p} \left(\frac{\rho_b}{\rho_s}\right)^{0.3} \left(\frac{u_t^2}{g\, d_p}\right)^{0.21} \quad (21\text{-}4\text{-}26)$$

$$\rho_b = \frac{(1+R)\rho_s\rho_f}{R\rho_f + \rho_s} \quad (21\text{-}4\text{-}27)$$

式中 ρ_b——气流输送管中气-固混合密度；

R——固气质量流速比，$R = G_s/G_f$。

Bartholomew[46]的关联式：

$$St = \frac{h_w}{C_{pf}G_f} = \frac{1.56 + 2.3\ln(Re_p m^{-2/3} - 0.012)}{-0.227 Pr^{2/3} m^{0.42}} \quad (21\text{-}4\text{-}28)$$

$$m = d_p^3 g \rho_f (\rho_s - \rho_f)/\mu^2 \quad (21\text{-}4\text{-}29)$$

式中，m 为 Bartholomew 的修正阻力系数。

4.5.3 喷动床

喷动床与器壁传热的传热膜系数，可按上牧修[47]关联式计算：

$$Nu = 13.0 \left(\frac{D_S}{d_p}\right)^{0.2} \left(\frac{d_p G_f}{\mu}\right)^{0.1} \left(\frac{d_p^3 \rho_f^2 g}{\mu^2}\right)^{0.46} \times \left(\frac{\rho_s C_{ps}}{\rho_f C_{pf}}\right)^{0.42} (1-\varepsilon) \quad (21\text{-}4\text{-}30)$$

式中，G_f 为空床质量气速，kg·m^{-2}·h^{-1}；μ 为黏度，kg·m^{-1}·h^{-1}。

4.6 流化床与床内浸没物体壁面传热的传热膜系数

4.6.1 流化床与床内浸没固体的传热

流化床与床内浸没固体的传热，对于阐明传热机理，以及用于流态化热处理的流动粒子炉都非常重要。

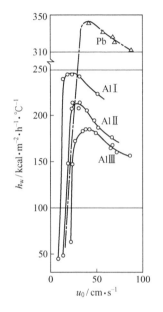

图 21-4-22 对浸没圆柱体的传热[41]

Pb—0.125mm；Al I —0.31mm；
Al II—0.45mm；Al III—0.75mm

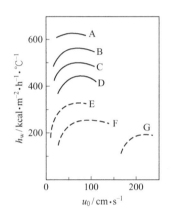

图 21-4-23 一个浸没在高温流化床层中的球形表面的传热膜系数[50]

砂，d_p—0.34mm；A—900℃；B—700℃；
C—500℃；D—300℃。耐火土，500℃：
E—d_p=0.42mm；F—d_p=0.71mm；
G—d_p=1.66mm

颗粒对流传热分量在此种传热的传热膜系数中占主导地位，且受气体、颗粒的热导率及颗粒粒径的影响。Ziegler[48]、白井等[49]的实验测定表明，80%~95%的热量由颗粒传递，而通过气体传递的热量仅占 5%~12%。

Wicke[41]采用浸入床层中的圆柱形加热器，测定了传热膜系数随流速的变化，结果如图 21-4-22 所示。

Kharchenko 和 Makhorin[50]测定了浸没在高温流化床层中的球形表面的传热膜系数，发现最大传热系数随温度上升而增大，但 Nu 数却大致为常数，表明随温度上升而增大的气体热导率对传热的影响，实验结果示于图 21-4-23 和图 21-4-24 中。

一些研究者[51]采用石墨粒子炉，测定了圆柱形碳钢在流化床层中的传热系数，结果发现石墨粒子的大小（以不同的筛

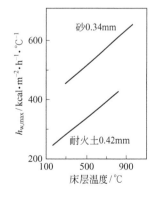

图 21-4-24 最大传热系数随床层温度的变化[50]

分组成比较）对传热的影响远大于床层温度及流化速度变化对传热的影响，再次说明颗粒对流传热的重要作用。

4.6.2 流化床层与浸没管的传热

流化床中浸没的换热管束，虽然可增大传热表面积，但也将影响床层局部的流化性能，而流化性能的改变则有可能改变传热机理，直接影响到颗粒对流传热分量。例如床内浸没的水平管，虽然提供了更多的传热表面与颗粒接触，局部颗粒停留时间缩短，使颗粒对流换热分量大为提高，但管子对床层流动的阻抑，使得管子的迎风表面被气泡所覆盖形成气穴，而管的上部则存在一个滞止的失流颗粒层，形成自屏蔽，这些均降低了相应区域的传热膜系数和整个传热表面的传热平均值。

床中浸没管束的几何布置，也对整个床层的流化性能、颗粒循环及传热有一定的影响。如设置在分布板区的管束，将受到分布板设计的强烈影响，以及管束本身对气泡汇并和长大的影响，可能使传热膜系数降低 20%[52]。

采用垂直管束可减少实验结果的放大对床层性能的影响，但不如水平管对破坏气截有效。在工程设计上究竟选择哪种管束布置，主要取决于结构设计方便，如支撑、热膨胀、暴露在稀相区的管束的磨蚀等等。目前在实际中大多提倡采用垂直管束。

(1) 垂直管束的传热膜系数关联式 对于垂直管束，总传热系数一般随管长、管径及颗粒直径的减小而增大[53]。当 $d_p<600\mu m$ 时，这与颗粒循环对颗粒在传热表面上的停留时间分布的影响是一致的；而对于大直径颗粒，颗粒停留时间对平均传热系数的影响将减弱，因而管长和管径对传热系数的影响也将减弱。此外，管间距的增大使传热系数也增大，且越接近床层中心，传热系数越大。

Gelperin[54~56] 和 Kofman[56] 对垂直管束传热进行了系统研究。实验管束的管径 $d_R=20\sim40mm$，三角形排列，相对间距 $p_h/d_R=1.255$，管束排列见图 21-4-25(a)。图 21-4-26 所示的实验结果表明，在 h-u 曲线的上升段，由流动中心线向其周边移动，h 缓慢增加；而 h-u 曲线下降段的 h 值，则对于管束中所有的管均大致相等，这是由于流化床内的气体分布随管束中管子数目的增加而更加趋于均匀。

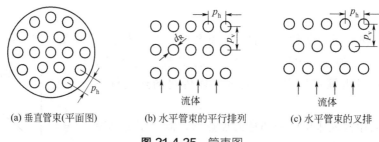

(a) 垂直管束(平面图)　　(b) 水平管束的平行排列　　(c) 水平管束的叉排

图 21-4-25　管束图

实验还表明，流化床床层高度以及管束与分布板距离的变化，对垂直管束的传热速率没有影响，但管子在管束中排列较紧密时，传热系数有所减小。例如，p_h/d_R 从 5 减小到 2 时，h_{max} 减小 5%~7%；$p_h/d_R=1.25$ 时，h_{max} 减小 15%~20%；在 h-u 曲线的上升段，尤其是开始流化时，排列较紧密的管束的 h 会减小 35%~50%。

垂直管束的传热膜系数关联式，具有代表性的有下述三个。

① Gelperin[57]式：

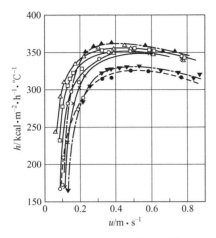

图 21-4-26 垂直管束的传热

石英砂（$d=0.26\text{mm}$）-空气，$d_R=512\text{mm}$，
61 根管束（连续点线），$p_h=60\text{mm}$；

× 在中心线上的管束的管子（$r=0$）；○ 管子离开中心线的距离 $r=60\text{mm}$；□ $r=120\text{mm}$；△ $r=180\text{mm}$；
● $r=240\text{mm}$（外围的管子，短线）。
▲ 19 根管束（点划线），$p_h=100\text{mm}$，$r=0$；
▼ 127 根管束（点划线），$p_h=40\text{mm}$，$r=0$

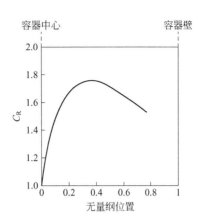

图 21-4-27 浸没管非中心位置的校正因数[58]

$$Nu_{\max}=0.75Ar^{0.22}\left(1-\frac{d_R}{p_h}\right)^{0.14} \quad (21\text{-}4\text{-}31)$$

管束的几何特性范围为 $p_h/d_R=1.25\sim 5$。

② Wender 和 Cooper[43]式：Wender 和 Cooper 对已发表的一些实验数据进行关联，得到较为通用的关联式：

$$\frac{hd_p}{k_f}=0.019\,C_R(1-\varepsilon)\left(\frac{C_{pf}\rho_f}{k_f}\right)^{0.43}\left(\frac{\rho_f d_p u}{\mu}\right)^{0.23}\left(\frac{C_{ps}}{C_{pf}}\right)^{0.8}\left(\frac{\rho_s}{\rho_f}\right)^{0.66} \quad (21\text{-}4\text{-}32)$$

式中，C_R 为管束非中心位置的校正因数，可从图 21-4-27 中查求[58]。$Re_p=10^{-2}\sim 10^2$，$\dfrac{C_{pf}\rho_f}{k_f}$ 的单位为 $\text{h}\cdot\text{m}^{-2}$。

③ 秦霁光[59]等导出的关联式：秦霁光等通过对影响传热因素的分析及量纲分析，导出无量纲准数方程，并用已有的实验数据进行关联，得到了能综合轴心管、非轴心管、管束及器壁传热数据的下述通用关联式：

$$Nu=0.075(1-\varepsilon)\left(\frac{\rho_s C_{ps}d_p u_f}{k_f}\right)^{0.5}R^n \quad (21\text{-}4\text{-}33)$$

或

$$h/h_w=R^n \quad (21\text{-}4\text{-}34)$$

式中　h——流化床与管束间的传热系数；

h_w——流化床与器壁的传热膜系数，由式（21-4-34）计算；

n——非中心位置的校正因数，可由图 21-4-28 查求。

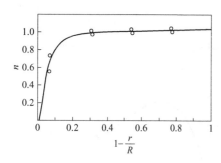

图 21-4-28　n 与 $\left(1-\dfrac{r}{R}\right)$ 的关系[59]

$$R=\frac{7.8}{1-\varepsilon_{mf}}\left(\frac{g\,d_p}{u_f^2}\right)^{0.15}\left(\frac{\rho_f}{\rho_s}\right)^{0.2}\left(\frac{D_e}{D_T}\right)^{0.06}$$
(21-4-35)

式中，R 为管束轴线与流化床中心的距离，$R=0.5D_T$；D_e 为流化床内装有管束后流化床的当量直径。

$$D_e=\frac{2\times\text{流道截面积}}{\text{整个床层的浸润周边}}$$
(21-4-36)

当 $(1-r/R)>0.3$ 时，无需对管束的非中心位置进行校正。

式(21-4-33)与已有文献中的 490 个实验数据的平均偏差为 19.7%。

(2) 水平管束的传热膜系数关联式　水平管束中的管子排列可分为顺排（平行排列）和叉排，如图 21-4-25 所示。

实验表明[54～56]，在大多数情况下，从管束的外周边指向管束轴心的方向上，给热系数 h 减小 5%～7%。因此，管束中管排数目大于 2～4 时，整个管束的传热速率将减小 2%～4%。

水平管束内传热膜系数变化的曲线如图 21-4-29 所示。图 21-4-30 则表明了管间距对水平管束传热的影响。在顺排（平行排列）管束中，传热膜系数实际上与垂直间距 p_v 无关，仅当管子接近到相互碰着时，传热膜系数才有微弱的减小趋势；而水平间距 p_h 的减小则使传热膜系数显著地减小，例如 p_h/d_R 从 6 减小到 2 时，h_{max} 减小近 25%。对于叉排，则水平间距与垂直间距对传热均有影响。

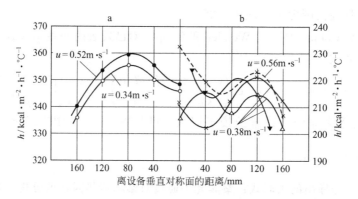

图 21-4-29　九排水平管束沿截面的传热系数的变化
(管排由底向上计算，设备的横截面 380mm×380mm，床是石英砂-空气)
a—平行排列管束，$p_h=40$mm，$p_v=21.2$mm，$d_R=0.164$mm，第一排管；
b—叉排排列管束，$p_h=40$mm，$p_v=22$mm，$d_R=0.35$mm，▼第二排；×第五排；△第七排

显然，水平间距 p_h 表征了垂直管束和水平管束造成的床层压缩，但对于同样的 p_h/d_R 值，水平管束较垂直管束占了更多的床层截面积，因而在水平管束中 p_h 对传热的影响更大。Gelperin 等[57]基于他们的实验，得到了下述水平管束的传热膜系数关联式：

顺排：
$$Nu_{max}=0.79Ar^{0.22}\left(1-\frac{d_R}{p_h}\right)^{0.25}$$
(21-4-37)

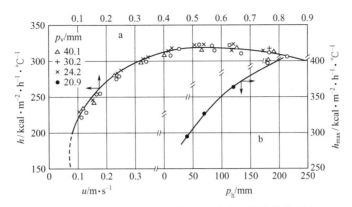

图 21-4-30 水平间距和垂直间距对水平管传热的影响
(石英砂-空气，设备横截面 380mm×380mm)
a—平行排列，9个×9个，p_h=40mm，d_R=0.164mm；
b—水平管排，d_R=0.26mm；
1kcal·h^{-1}·m^{-2}·$℃^{-1}$=1.163×10^{-3}W·m^{-2}·K^{-1}

$$d_p < 500\mu m, \quad p_h/d_R = 2 \sim 9$$

叉排：
$$Nu_{max} = 0.74 Ar^{0.22} \left[1 + \frac{d_R}{p_h}\left(1 + \frac{d_R}{p_v + p_h}\right)\right]^{0.25} \quad (21\text{-}4\text{-}38)$$

$$p_h/d_R = 2 \sim 9, \quad p_v/d_R = 0 \sim 10$$

Vreedenberg[58] 探索了水平浸没管中管径、颗粒直径和形状、密度以及气体流速对传热系数的影响，及实验装置与大型流化床数据，导出下述关联式：

$$\frac{h d_R}{k_f} = 0.66 \left(\frac{C_p f \mu}{k_f}\right)^{0.3} \left(\frac{\rho_f d_R u_f}{\mu} \frac{\rho_s}{\rho_f} \frac{1-\varepsilon}{\varepsilon}\right)^{0.44} \quad (21\text{-}4\text{-}39)$$

$$\rho_f d_R u_f/\mu < 2050$$

$$\frac{h d_R}{k_f} = 420 \left(\frac{C_p f \mu}{k_f}\right)^{0.3} \left(\frac{\rho_f d_R u_f}{\mu} \frac{\rho_s}{\rho_f} \frac{\mu^2}{d_p^3 \rho_s^2 g}\right)^{0.3} \quad (21\text{-}4\text{-}40)$$

$$\rho_f d_R u_f/\mu > 2500$$

Re 在 2050～2500 时，由上述二式计算值的平均值估计。

Chenkansky[60] 用最小管间距与颗粒直径之比，对叉排水平束管的实验数据进行整理，得出下述关联式：

$$h_{max} = 28.2 \rho_s^{0.2} k_f^{0.6} d_p^{-0.36} \left(\frac{p_m}{d_p}\right)^{0.04} \left(\frac{d_R}{d_{20}}\right)^{-0.12} \quad (21\text{-}4\text{-}41)$$

$d_{20} = 2 \times 10^{-3}$m，$p_m$ 为最小管间距。式(21-4-41) 只适用于 $d_p < 800\mu m$ 的场合。

(3) 肋化管 当传热热阻集中在流化床层一侧时，可采用肋化管以增加有效传热面积[61]。肋化管传热的控制参数与光管相同，但由总的受冲刷面积计算的传热膜系数，却比光管要小 30%[62]。肋化管的总效率取决于肋的形状、肋间距的相对尺寸以及管子的排列，还随表观气速的增加和颗粒直径的减小而增加。

肋效率的降低以及肋化管造成的传热膜系数的减小，使肋化管增加的传热面积得到绰绰有余的补偿，从而使实际传热量达到光管的 3～5 倍。肋化管的实际应用中，首要的制约因素是肋片受到磨蚀的严重程度。

肋的形状与大小对传热的影响表现在：三角形横肋在低气速下得到最高传热量，而抛物线形肋在高流速下可得到最高传热量[63]，矩形肋性能最差；锯齿形横向肋化管在肋间距大于$10d_p$时，传热膜系数不受肋间距影响[64]，低肋（肋高<22mm）的传热膜系数受管间距的影响是明显的[65]，当颗粒在管间阻力为主要阻力时，高肋管束的传热与管间距无关；垂直肋化管的传热特性与水平管类似[66]，单根水平分立肋化管的总传热量随肋高的增加而增加。因此，肋的最佳几何结构的选择，取决于颗粒尺寸、肋高、肋间距以及气体流速。

水平肋化管在浅流化床余热回收装置中的应用，使这些装置得到了更多的开发[67]。

4.7 流化床传热强化

流化床换热技术经历了从夹套式换热器到内置换热管式换热器再到设置外取热器的发展过程。其中，外取热器由于具备操作弹性大、可靠性高等优点，近年来在工业中得到了广泛应用，但是它的发展仍受多种因素限制，例如取热负荷偏低、催化剂循环不稳定、传热管易破裂等。因此，必须采用传热强化技术，针对这些限制因素对外取热器的设计和制造技术进行改进。

如图21-4-31所示，在外取热器内部，气体和催化剂颗粒在流化气体的作用下呈流化状态而与传热表面频繁地接触，热量以对流传热的方式从热颗粒传递给传热管，进一步通过导热的方式传递给传热管内的介质——水，水被加热变成水蒸气，带走热量。因此，外取热器内部的换热过程由三部分组成，即催化剂颗粒与换热管外表面的对流传热、换热管壁的导热以及水在管内汽化与换热管内壁的对流传热。其中，颗粒与换热管外壁之间的传热热阻为控制性热阻，传热性能的增强直接与颗粒在换热管外表面的流动状态相关。外取热器取热负荷的计算公式为：

$$q = hA_w(T_b - T_w) \qquad (21\text{-}4\text{-}42)$$

根据式（21-4-42）可以得出，传热强化主要通过增大传热系数h、传热面积A_w以及床层与传热管壁面之间的温差（$T_b - T_w$）三类方法来实现。

在工业生产过程中，增加颗粒循环量可以提高外取热器的出口温度，从而增大传热平均温差[68,69]。传热面积的增加通常采用在传热管上焊接翅片[70,71]或钉头棒的方式[72]。传热系数虽然受到多种因素的影响，但是当外取热器的几何结构固定后，传热系数仅可通过改变操作条件进行调节。根据颗粒团更新理论，换热管表面的传热系数直接受颗粒在换热管表面的接触频率和颗粒浓度的影响，如图21-4-32所示。

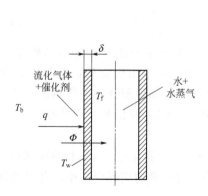

图 21-4-31 外取热器内热量传热过程示意图

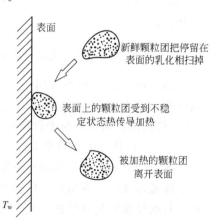

图 21-4-32 颗粒团更新模型的主要特征

在颗粒团更新模型的基础上，中国石油大学（北京）结合上流式和下流式外取热器的优势，借鉴气固环流流化床的设计理念，开发了一种能够有效提高传热系数和操作弹性的传热强化技术[73,74]。如图 21-4-33 所示，在外取热器底部设置两个气体分布器，每个气体分布器能单独通入流化气体并能控制气体流量，其中床中心位置为板式分布器，用于流化中心区域的颗粒，近壁区为环管式分布器，用于流化近壁区的颗粒。气体分布器上方的传热管束可以起到导流筒的作用，用于区分颗粒向上和向下运动的两个区域。由于板式分布器的气速大于环管式分布器，所以颗粒在床中心区域向上运动，其流动状态类似于上流式外取热器的流动状态，在近壁区向下运动，其流动状态类似于下流式外取热器的流动状态。两个区域所形成的密度差促使了颗粒围绕着传热管进行内循环运动，同时也增加了颗粒在传热表面的更新频率，有利于热量的传递。该环流外取热器结构简单、传热效率高、调节灵活。工业应用结果表明，与传统外取热器相比，环流外取热器可提高取热负荷 15% 以上，同时可通过调节中心区板式分布器的流化气体量灵活调节取热负荷。

在上述传热强化技术的基础上，将环流取热器与汽提器进行耦合可以形成一种性能良好的催化裂化再生剂调温取热器[75]，如图 21-4-34 所示。由于在调温段下部耦合了流通面积较小的汽提段，仅用少量或不用汽提蒸汽即可实现烟气脱除的功能，从而最大限度地抑制再生剂在蒸汽气氛下的失活效应。该耦合设备亦可设置在催化裂化装置的再生剂循环管路中，使再生剂经调温并脱除烟气后直接进入到提升管反应器，既可同时提高催化裂化装置的剂油比、再生温度和原料预热温度，又可兼具烟气脱除的功能。

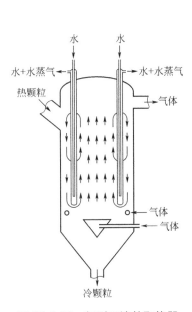

图 21-4-33　新型环流外取热器

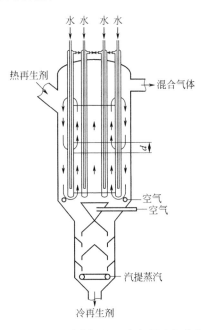

图 21-4-34　再生剂调温和汽提耦合取热设备

参考文献

[1] 《化学工程手册》编辑委员会. 化学工程手册：第 20 篇，流态化. 北京：化学工业出版社，1987：52-53.
[2] Botterill J S M. Fluid-bed heat transfer. London: Academic Press, 1975.

[3] 白井. 化学工学, 1965, 29: 928.
[4] Todes O M. Applications of fluidized beds in the Chemical Industry, Part I 4-27. Leningrad: Izd Znanie, 1965.
[5] Variggin N N, Martjushin I G. Khim Mashinostr, 1959, (5): 6.
[6] Dow W M, Jakob M. Chem Eng Chem, 1951, 47: 637.
[7] Gaffney B J, Drew T B. Ind Eng Chem, 1950, 42: 1120.
[8] Miller C O, Logwinuk A K. Ind Eng Chem, 1951, 43: 1220.
[9] Wicke E, Ferring F. Chem Ing Tech, 1954, 26: 301.
[10] Jacobe A, Osberg L. Can J Chem Eng, 1957, 35: 5.
[11] Richardson J F, Mitson A E. Trans Inst Chem Eng, 1958, 36: 270.
[12] Traber D G, et al. Zh Prikl Khim, 1962, 35: 2386.
[13] Baskakov A P. High speed non-oxidative heating and heat treatment in a fluidized bed. Moscow: Izd Metal-Lurgia, 1968.
[14] Gelperin N I, et al. Fluidization technique fundamentals. Moscow: Izd Khimia, 1967.
[15] Gelperin N I, Einstein V G. Fluidization. London and New York: Academic Press, 1971.
[16] Sarkits V B. Diss Technol Inst Im. Leningrad: Lensovieta, 1959.
[17] Il' chenko A I. Diss Inst Heat-mass Transfer. Minsk: Akad Nauk Belorussk SSR, 1968.
[18] Wasmund B W, Smith J W. Can J Chem Eng, 1967, 45: 156.
[19] Hong G H, Yanazaki R, Takahashi T, et al. Kagaku Kogaku Ronbinshu, 1980, 6: 557.
[20] Botteril J S M, Teoman Y, Yüregir K R. AIChE Symp Ser, 1981, 77: 208; Powder Technol, 1982, 31: 101.
[21] Baskakov A P, Suprun V M. Int Chem Eng, 1972, 12: 324.
[22] Denloye A O O, Botterill J S M. Powder Technol, 1978, 19: 197.
[23] Tamarin A I. Heat-mass transfer. Minsk: Akad Nauk Berlorussk SSR, 1963.
[24] Shirai T. Prepr 25th Ann Congr Chem Eng S1, 275. Tokyo, 1961.
[25] 罗保林, 郭慕孙. 化学工程, 1987, (4): 1.
[26] Baskakov A P, et al. Powder Technol, 1973, 8: 273.
[27] Makhouin K E, Pikashov V S, Kuchin G P. Heat transfer in high temperature fluidized bed. Nauk Du a Kiev, 1981.
[28] Ozkaynak T F, Chen J C, Frankenfield T R. Proceedings of the Fourth Int Conf on Fluidization. Engineering Foundation, 1984: 371-378.
[29] Gabor J D, Botterill J S M. 传热学应用手册. 谢力, 等译. 北京: 科学出版社, 1992: 469.
[30] Wen C Y, Leva M. AIChE J, 1956, 2(4): 482.
[31] Dow W M, Jacob M. Chem Eng Progr, 1951, 47: 637.
[32] Rchiardson J F, Mitson A E. Trans Inst Chem Engrs, 1958, 36: 270.
[33] Levenspiel O, Walton J S. Chem Eng Progr Symp Series, 1954, 50(9): 1.
[34] Ruckenstein E. Zh Prikl Khim, 1962, 35: 70.
[35] Leva M, Weintraub M, Grummer M. Chem Eng Progr, 1949, 45: 563; Leva M, Weintraub M, Chem Eng Progr, 1952, 48: 307.
[36] Michley H S, Fairbanks D F. AIChE J, 1955, 1: 374.
[37] Michley H S, et al. Chem Eng Progr Symp Series, 1961, 57(32): 51.
[38] Botterill J S M, Williams J R. Inst Chem Engrs, 1963, 41: 217.
[39] Botterill J S M, et al. Proc Int symp on Fluidization. Amsterdam: Netherlands Univ Press, 1967.
[40] Van Heerden G, Nobel P, Van Krevelen D W. Chem Eng Sci, 1951 1: 51.
[41] Wicke E, Ferring F. Chem Ing Tech, 1954, 26: 301.
[42] Levenspiel O. 流态化工程. 华东石油学院, 等译. 北京: 石油工业出版社, 1977.
[43] Wender L, Cooper G T. AIChE J, 1958, 4: 15.
[44] 秦霁光, 屠之龙. 化工技术资料: 化工机械专业分册, 1966, 1: 52.
[45] Wen C Y, Miller E N. IEC, 1961, 53(1): 51.
[46] Bartholomew R N, Katz D L. Chem Eng Prog Symp Ser, 1952, 48(4): 3.
[47] 上牧修と久郷昌夫. 化学工学, 1967, 31: 348.
[48] Ziegler E N, Koppel L B, Brazelton W T. Ind Eng Chem Fundamentals, 1964, 94: 324.

[49] 白井，吉留，庄司，等. 化学工学，1965，29：880.
[50] Kharchenko N V, Makhorin K E. Int Chem Eng, 1964, 4: 650.
[51] 雒鸣铎，罗保林，等. 流态化热处理技术//中国热处理学会流态化热处理技术委员会. 全国流态化热处理技术培训班讲义. 石家庄，1989.
[52] McLaren J, Williams D F. J Inst Fuel, 1969, 42: 303.
[53] Saxena A N, Gabor J D. Prog Energy Combust Sci, 1981, 7: 73.
[54] Gelperin N I, Einstein V G, Romanova N A. Khim Prom, 1963, 11: 823.
[55] Gelperin N I, Einstein V G, Kwasha V B. Fluidization Technique Fundamentals. Moscow: Izd Khimia, 1967.
[56] Kofman P L, Gelperin N I, Einstein V G. Progresses and Equipment for Chemical Technology. Moscow: Inst Fine Chem Technol, 1967: 166.
[57] Gelperin N I, Einstein V G. 流态化. 中国科学院过程工程研究所，等译. 北京：科学出版社，1981.
[58] Vreedenberg H A. J Appl Chem, 1952, 1: S26; Chem Eng Sci, 1958, 9: 52; Chem Eng Sci, 1960, 11: 274.
[59] 秦霁光，等. 化工机械，1978，(5)：31.
[60] Chenkansky V V, et al. Tr Spec Kostr, Byro Automat Nefteperierab Neftekhim, 1970, 3: 143.
[61] Petrie J G, Freeby W A, Buckman J A. Chem Eng Prog, 1968, 64(7): 45.
[62] Staub F W, Ganada G S. Fluidization: Proceedings of the Second Engineering Foundation Conference. Camberidge: 1978: 339.
[63] Gelperin N I, et al. Tr TITCh Vyp, 1974, 1: 165.
[64] Priebe S J, Genetti W E. AIChE Symp Ser, 73, 1977, 161: 38.
[65] Bartel W J, Genetti W E. Chem Eng Prog Symp Ser, 69, 1973, 128: 85.
[66] Chen C J, Withers J G. AIChE Symp Ser, 74, 1978, 174: 327.
[67] Virr M J, Proc 4th int Conf Fluidization. Mitre Corp, 1976: 631.
[68] 张福治，李占宝，皮运鹏，等. 气控内循环式催化剂冷却器：中国，ZL 90103413.4. 1990.
[69] 顾月章，郝希仁，李丽，等. 翅片管及翅片管外取热器：中国，ZL 200820070111.X. 2008.
[70] Jin Y, Wei F, Wang Y. Effect of internal tubes and baffles//Yang W C. Handbook of fluidization and fluid-particle systems. New York: Marcel Dekker Inc, 2003: 171-200.
[71] Rüdisüli M, Schildhauer T J, Biollaz S M A, et al. Industrial & Engineering Chemistry Research, 2012, 51(42): 13815-13824.
[72] Di Natale F, Lancia A, Roberto N. Powder Technology, 2007, 174(3): 75-81.
[73] Yao X, Zhang Y, Lu C, et al. AIChE J, 2015, 61(1): 68-83.
[74] 卢春喜，张永民，刘梦溪，等. 强制内混式催化裂化催化剂外取热器：中国，ZL201010034467.X. 2010.
[75] 张永民，刘梦溪，卢春喜. 一种用于实现催化裂化再生剂的调温和汽提的耦合设备：中国，ZL201010034466.5. 2010.

符号说明

A	颗粒表面积、传热表面积，m^2	
A_T	设备截面积，m^2	
a	单位床层高度比表面积，$m^2 \cdot m^{-1}$	
a_L	单位床截面积的相界面积，$m^2 \cdot m^{-2}$	
C	组分浓度，$kmol \cdot m^{-3}$	
C_p	定压比热容，$J \cdot kg \cdot K^{-1}$	
D	分子扩散系数，$m^2 \cdot h^{-1}$ 或 $cm^2 \cdot s^{-1}$	
D_i	喷嘴直径，m	
D_T	设备直径，m 或 mm	
d_e	颗粒的当量直径，m 或 mm	
d_0	分布孔直径，m 或 mm	
d_p	颗粒的直径，m 或 mm	
d_R	传热管的管径，m 或 mm	

E	单位质量液体的能量耗散速度，$cm^2 \cdot s^{-2}$
G	质量流速，$kg \cdot m^{-2} \cdot h^{-1}$，$G = \rho u$
g	重力加速度，$m \cdot s^{-2}$
H_a	分布板区（传热有效区）高度，m
H_m	空隙率为零时的床层高度，m
H	传热系数，$W \cdot m^{-2} \cdot K^{-1}$
h_{gc}	相间气体对流给热系数，$W \cdot m^{-2} \cdot K^{-1}$
h_{pc}	颗粒对流给热系数，$W \cdot m^{-2} \cdot K^{-1}$
h_r	辐射给热系数，$W \cdot m^{-2} \cdot K^{-1}$
h_w	流化床层与器壁的传热系数，$W \cdot m^{-2} \cdot K^{-1}$
K	总传热系数，$W \cdot m^{-2} \cdot K^{-1}$
k	热导率，$W \cdot m^{-2} \cdot K^{-1}$
L_{mf}	固定床或起始流化时的床层高度，m
p_h	传热管束中管子的水平间距，m 或 mm
Q	热量，J 或 kJ
q	传热速率，W
T	流体温度，℃ 或 K
t_s	颗粒温度，℃ 或 K
u	流化速度，$m \cdot s^{-1}$
u_f	流体速度，$m \cdot s^{-1}$
u_{mf}	起始流化速度，$m \cdot s^{-1}$
u_t	颗粒终端速度，$m \cdot s^{-1}$
W	床层颗粒重量

希腊字母

α	传热膜系数，$W \cdot m^{-2} \cdot K^{-1}$
γ	流动热容比
δ	传热壁面或垢层厚度、气膜厚度，m 或 mm
ε	流化床层空隙率
ε_0	固定床空隙率
η	热回收率、流态化效率
μ	黏度，$Pa \cdot s$
ρ	密度，$kg \cdot m^{-3}$；$g \cdot cm^{-3}$
σ	斯蒂芬·波尔兹曼常数
τ	时间，h 或 s

下标

b	床层、气泡
e(out)	床层出口
eq	平衡
f	流体
i(in)	床层入口
l	液体
m	平均
s	固体颗粒
w	壁面或器壁

无量纲数

Ar	Archimedes 数
Bi	Biot 数
Ga	Galileo 数
Nu	Nusselt 数
Pr	Prandt 数
Re	Reynolds 数
Sc	Schmidt 数
Sh	Sherwood 数
St	Stanton 数

5 流态化装置设计

流态化装置的结构对流化质量和床中流体相与固体相的物理及化学加工过程均有较大的影响。由于流态化行为的复杂性，流化装置的大部分设计和放大至今仍凭借经验。设计流态化装置通常需要确定的内容有床型、床径、床高、分布板和预分布器、内部构件、颗粒回收系统、加排料装置、换热系统、床层测量与控制等。

5.1 流态化装置的选型

5.1.1 流化床类型

流化床的型式甚多，根据其结构、床型、联结方式、流体（气、液）与固体两相流动行为以及作用力场等进行分类如下：
① 按结构可分为自由床和构件床。
② 按床型可分为柱形床和锥形床，其断面可为圆形、方形或矩形。
③ 按联结方式可分为单层床、多层床、多器床和多室床。
④ 按流体与固体两相流动行为可分为鼓泡床、湍动床、快速床与稀相床。
⑤ 按作用力场可分为重力场、振动力场、磁场、离心力场、外加脉动或搅拌等。

5.1.2 选型的一般原则

影响流化床选择的主要因素如下。

(1) 物理操作或化学反应过程的特点　是单纯物理操作，还是化学反应过程。化学反应过程是固相加工还是气相加工，是催化反应还是非催化反应。反应速度与副反应情况，反应热大小，以及对反应温度与压力的要求等。

(2) 颗粒物料或催化剂的性质　颗粒物料性质或催化剂的性质是流化装置选型的重要因素，如颗粒物料的粒度分布情况，流动好坏，反应过程中颗粒会否团聚长大或粉碎。又如催化剂的活性、稳定性与寿命情况，是否连续活化再生等。

(3) 对产品的要求　对产品的要求有产品的纯度、选择性、转化率要求，以及允许副产物产生的情况等。

(4) 环保与节能　过程排出的固体物、流体要符合环保要求；防止及控制噪声产生；热量充分利用，避免大量排入周边环境；同时应考虑规模效应、原料的利用以及能耗的降低。

设计者应根据过程的特点，选择适宜的床型。

5.1.3 影响流态化质量的因素

流态化质量是以床层压降的波动，床层局部径、轴向密度的变化，床层料面起伏比等参数来评价的。床内颗粒物料的分级、温度分布、传热和传质，以及流化床本身的振动等都在不同情况下也可用作判断流化状态的手段。影响流化质量的主要因素有以下几个方面：

(1) 颗粒性质　影响流化质量的颗粒性质包括颗粒粒径及其分布，颗粒的密度、形状、流动性以及在反应过程中会否聚集，有较小的稳定气泡尺寸，床层均匀性好，流化质量高。对高转化率的流化催化反应器来说，可用 Geldart A 型颗粒，其平均粒径为 $60\sim80\mu m$，具有良好的流动性、小的气泡与好的传热特性。在固体颗粒中，含有 $20\%\sim35\%$ 的细粉（$<40\mu m$）对于改善流化质量有明显的效果[1,2]。Rowe[3] 着重研究了流化床中加入 $45\mu m$ 以下的细粉对气泡和乳相中气体分配的影响，发现加入的细粉越多，浓相中气体流量的比例越大，当细粉量达 27.6% 时，浓相气体流量可为初始流化的 25 倍。池田米一[4] 指出颗粒平均粒径以 $50\sim60\mu m$ 为好，其中小于 $44\mu m$ 粒子不宜少于 12%，但颗粒也不宜太细，否则颗粒之间的黏聚会造成沟流、聚团，使床层难于流化。

颗粒密度越大，流化质量越差，颗粒平均粒径大、分布较窄，影响就更严重。颗粒形状对流化质量也有影响，球形颗粒的流动状态最好。如果定义球形颗粒的形状系数（球形度）ψ 为 1，则其他颗粒的形状系数[5]：

$$\psi=\left(\frac{球形表面积}{颗粒表面积}\right)_{相同体积}, 0<\psi<1 \qquad (21\text{-}5\text{-}1)$$

ψ 可用 Ergun 公式来求取，或用下式[6] 求取：

$$\frac{1}{\psi\varepsilon_{mf}^{3}}\approx 14 \qquad (21\text{-}5\text{-}2)$$

综上所述，颗粒粒径小，分布宽，密度小且呈球形，流动性较好。另外颗粒与流体的密度差（$\rho_p-\rho_f$）较小时，流动性也较好。

董元吉、杨子平和郭慕孙[7] 提出了用床层塌落法对流态化特性进行定量判别。图 21-5-1 为塌落仪自动描绘的塌落曲线，它说明了床层塌落过程三个阶段床面随时间变化的情况。首先是气泡逸出阶段，浓相固体以恒速受阻沉降的中间阶段称为受阻沉降阶段，最后浓相固体以减速进行压缩，称浓相压缩阶段。用以计算描述床层塌落的动力学特征的 Θ 为无量纲沉降时间：

$$\Theta=\frac{t_c\mu}{d_p Z_\infty(\rho_p-\rho_f)} \qquad (21\text{-}5\text{-}3)$$

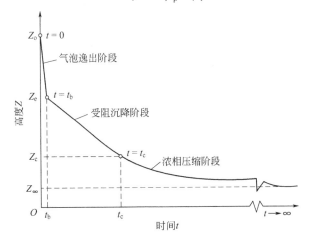

图 21-5-1　床层塌落的三个阶段[7]

式中，Z_∞ 为最终床高；t_c 为临界点时间。

Θ 与临界鼓泡速度、临界流态化速度比有以下经验关系[8]：

$$\ln\left(\frac{U_{mb}}{U_{mf}}\right) = 4\Theta^{1/4} \tag{21-5-4}$$

当 $U_{mb}/U_{mf}=1$ 时，$\Theta=0$，显然是聚式流态化；当 Θ 增大时，散式流态化特性占优势。

(2) 流体的性质与速度 流体的密度 ρ_f 和黏度 μ 影响流态化质量，两者都是温度的函数，ρ_f 还与压力有关。当温度升高时，ρ_f 减小，μ 增大；压力升高时，ρ_f 也增大，即 $(\rho_p-\rho_f)$ 减小。所以，一般情况是 ρ_f 和 μ 越大，流体的浮力越大，越容易流化。

通常 ρ_f 和 μ 是由工艺过程决定的，而流体的平均操作速度都是可以选择的，它随不同床型、不同工艺过程、不同物料特性等而变化，如果选择不当，会影响过程的成败。如对于 Geldart A 类物料，在鼓泡流态化操作状态，一般认为在稍高于临界流态化速度下操作，流化质量最好，但为保证气固的混合及传热，最小操作速度应为临界流态化速度的 1.5～2.5 倍。

(3) 床高与床径比 流化性能不仅受到床高与床径的影响，并且受到床高与床径比的影响。随着床高与床径比（H/D_r）增大，流化质量变差，当 H/D_r 大于某值时，床层产生节涌，严重影响了床层操作，在同一 H/D_r 比值时，大直径床层的流化性能比小直径床层差。

王尊孝等[9]在内径为 0.098m 设备中发现，产生节涌时，H/D_r 值与 d_p、ρ_p 和 μ 有关，从而提出了估算产生节涌时的 H/D_r 值的关联式。

偶尔节涌但仍可操作的关联式：

$$\left(\frac{H}{D_r}\right)_c = 0.82 d_p^{-0.365} \tag{21-5-5}$$

$$\left(\frac{H}{D_r}\right)_c = 10.6 \left(\frac{d_p U \rho_f}{\mu}\right)^{-0.2} \left(\frac{\rho_p}{\rho_f}\right)^{-0.2} \tag{21-5-6}$$

连续节涌不能操作的关联式：

$$\left(\frac{H}{D_r}\right)_{sl} = 1.2 d_p^{-0.365} \tag{21-5-7}$$

$$\left(\frac{H}{D_r}\right)_{sl} = 15.2 \left(\frac{d_p U \rho_f}{\mu}\right)^{-0.2} \left(\frac{\rho_p}{\rho_f}\right)^{-0.2} \tag{21-5-8}$$

(4) 气体分布器 分布器对于质量流量的影响极为重要。在 5.4 中将详细介绍有关分布器的结构与设计。

(5) 内部构件 床内设置挡网、挡板等内部构件，有提高流化质量的作用，详见 5.5。

5.2 流化床操作速度

从理论上讲，流化床的操作速度范围介于临界流态化速度与自由沉降（颗粒终端）速度之间，即：

$$U_{mf} < U < U_t$$

对于小颗粒： $Ar < 1$，$\dfrac{U_t}{U_{mf}} = 64 \sim 92$

对于大颗粒： $Ar > 10^6$，$\dfrac{U_t}{U_{mf}} = 7 \sim 8$

对于 $1<Ar<10^6$，$\dfrac{U_t}{U_{mf}}$ 随 Ar 变化转大。

若以流化数 $n=\dfrac{U}{U_{mf}}$ 作为指数，则：

$Ar>1000$，$n=2\sim6$；$Ar<1000$，$n=6\sim10$ 或更大。

在选择操作速度时，为保证气固的混合和传热，一般最低流速 $U_{min}=(1.5\sim2)U_{mf}$。对不同的工艺过程，流化数 n 的值按工艺经验大不相同，颗粒粗而重时，n 可小一些，细而轻时，可适当大些。如硫铁矿焙烧，n 取 $2\sim6$，萘氧化制苯酐，n 取 $10\sim40$，石油催化裂化 n 值可 $\geqslant300$。

5.3 装置直径与高度的确定

对用于工业反应，尤其是催化反应的流化装置，首先要用实验来确定主要反应的本征速率，然后才可选择反应器，结合传递效应建立数学模型。鉴于模型本身存在不确切性，因此需要进行中间试验。从设计的观点看，中试的目的是检验模型是否正确，并以中试数据和预测数据对比，对模型进行修改。然后将修改的模型用于工业规模反应器设计，以得出在已知进料条件（如组成、温度与压力）下的产品产率和选择性。

床径与床高是反应器设计的主要内容。一般地，根据工艺过程确定反应器的床径不低于 $0.3m$，流化床床层高度不高于 $15m$。

5.3.1 非催化气固反应

(1) 直径的确定 在生产规模确定后，通过物料衡算算出通过床层的总气量 $Q(m^3 \cdot h^{-1})$。

按反应要求的温度与压力和气固物性，确定操作速度 U，方法是先按本篇第 1 章式 (21-1-4)、式 (21-1-5)、式 (21-1-8) 与式 (21-1-36) 分别计算出临界流化速度与颗粒终端速度，然后按本篇 5.2 节选择合适的操作气速。

$$Q=\frac{1}{4}\pi D_T^2 U\times 3600\frac{273}{T}\times\frac{p}{1.033} \tag{21-5-9}$$

即

$$D_T=\sqrt{\frac{4\times 1.033T}{273\times 3600\pi Up}}=\sqrt{\frac{4.132T}{982800\pi Up}} \tag{21-5-10}$$

式中 Q——气体的体积流率，$m^3 \cdot h^{-1}$；

D_T——反应器直径，m；

T，p——反应时的热力学温度（K）和绝对压力（$kgf \cdot cm^{-2}$）；

U——以 T、p 计的表观气速，$m \cdot s^{-1}$，一般取 $1/2$ 床高处的 p 进行计算。

(2) 床高计算 床高包括临界流化床高 H_{mf}、流化床高 H_f 与稳定段高度 H_D。

① 临界流化床高（也指静止床高 H_0）。对于一定的床径和操作气速，为满足空间速度和反应接触时间的需要，要有一定的静床高。对于固相加工过程，可根据产量要求算出固体颗粒的进料量 $W_s(kg \cdot h^{-1})$，然后根据要求的接触时间 $t(h)$，求出固体物料在反应器内的装载量 $m(kg)$，继而求出临界流化床高 H_{mf}，也称静止床高 H_0。

$$M=W_s t \tag{21-5-11}$$

$$t = \frac{\frac{1}{4}\pi D_T^2 H_{mf}\rho_{mf}}{W_s} = \frac{\frac{1}{4}\pi D_T^2 H_{mf}\rho_s(1-\varepsilon_{mf})}{W_s} \tag{21-5-12}$$

$$H_{mf} = \frac{4W_s t}{\pi D_T^2 \rho_s(1-\varepsilon_{mf})} \tag{21-5-13}$$

② 流化床高 H_f。根据膨胀比 R 求出流化床的床高 H_f。

$$R = \frac{1-\varepsilon_{mf}}{1-\varepsilon} \tag{21-5-14}$$

关于床层的膨胀详见 1.3.3。

$$H_f = RH_{mf} \tag{21-5-15}$$

③ 稳定段高度 H_D。由于气-固系统的不稳定性,床面具有一定的起伏,为使床层稳定操作,一般在设计中应考虑在膨胀床高上面增加一段高度,使之能够适应床面的起伏,这一段高度称为稳定段高度。稳定段高度的选取主要取决于床层的稳定性和容让性(即操作中浓相床层的高度变化范围)。

(3) 分离高度(稀相扩大段高度)和扩大段直径 由于气-固聚式流态化的不稳定性,气泡在床面崩裂,将床中一部分粒子抛出床面,同时气体通过床层将那些沉降速度低于操作气速的细粒子夹带出床层。为了减少夹带出的固体量,设计中应考虑在床面以上有一足够的高度,使由床层中被抛射出去的粒子能够沉降回来。被夹带的固体粒子浓度随着床面以上距离的增加而下降,当达到某一高度后,能够被分离下来的粒子都已沉降下来,只有沉降速度小于操作气速的那些粒子将一直被带上去,故在此高度以上,粒子的含量便为恒定。这一高度称作分离高度,简写成 TDH,或以 H_s 表示。分离高度的计算方法见本篇 5.6.1。旋风分离器的第一级入口应安装在此高度处。在某些装置中顶部设有扩大段,以降低气速使更多粒子沉析下来。

扩大段直径由不允许吹出粒子的最小颗粒直径来确定,首先根据物料的物理参数与操作条件计算出此最小颗粒的自由沉降速度 U_t,然后按式(21-5-17)计算出扩大段直径 D_E。

$$Q = \frac{1}{4}\pi D_E^2 U_t \times 3600 \frac{273}{T} \times \frac{p}{1.033} \tag{21-5-16}$$

$$D_E = \sqrt{\frac{4 \times 1.033T}{273 \times 3600\pi U_t p}} \tag{21-5-17}$$

5.3.2 催化反应

(1) 直径的确定[10] 在生产规模确定后,可计算出每小时进料量 W_1,根据 W_1 和催化剂的负荷 Z,确定催化剂的装载量 W_c,根据工艺要求,选定反应温度 T 和操作压力 p,根据催化剂的粒度分布和物理特性,选定合适的操作气速 U,根据反应特性定 β 值($0 \leqslant \beta \leqslant 1$, β 为原料反应后和反应前的体积比)计算床径 D_T。

$$Q = \frac{1}{4}\pi D_T^2 U \times 3600 \frac{273}{T} \times \frac{p}{1.033} = W_1\left(\frac{1}{M_1} + \sum\frac{k_i}{M_i}\right) \times 22.4\beta \tag{21-5-18}$$

$$D_T = 1.7312 \times 10^{-4} \sqrt{\frac{ZW_c T\left(\frac{1}{M_1} + \sum\frac{k_i}{M_i}\right)\beta}{pU}} \tag{21-5-19}$$

$$Z = \frac{W_1}{W_c} \times 1000 \qquad (21\text{-}5\text{-}20)$$

式中 W_1——主要原料 1 的进料量，$kg \cdot h^{-1}$；

M_1——主要原料 1 的分子量；

k_i——原料 2 与原料 1 或原料 3、…与原料 1 的质量比，如 $k_2 = \frac{W_2}{W_1}$，$k_3 = \frac{W_3}{W_1}$，…；

M_i——原料 2 和原料 3、…的分子量；

Z——以主要原料 1 计的催化剂负荷，$g \cdot kg^{-1} \cdot h^{-1}$；

W_c——催化剂用量，kg。

将上述数据代入式（21-5-19）算出的 D_T，还需验证是否合适。

根据要求的接触时间 $t(=H/U)$ 和表观气速 U，求出流化床高 H_f，根据床膨胀比 (H_f/H_{mf})，算出临界流化床高 H_{mf}，看 H_{mf} 是否等于 $W_c/\left(\frac{\pi}{4}D_T^2\rho_{mf}\right)$，如不等，则重新调整式 (21-5-19) 中的可调因素，如 Z、W_c、p 和 U，从而调整 D_T，直至满意为止。

(2) 高度的确定 高度计算方法同 5.3.1(2)。

装置总高度 $\sum H = H$（流化床高）$+ H_D$（稳定段高度）$+ H_s$（分离高度）

5.4 气体分布器与预分布器

气体分布器是流态化装置的基本部件之一。它的主要作用是使进入流化床中心的流体沿床断面均匀分布，不致使床层出现死床区，同时能在停止操作时，支撑床中物料，不致漏入。许多研究者指出，分布器附近区域对于化学反应与热、质传递有着重要作用。Cooke 等[11]曾在直径为 1.2m 的大型中试装置中，进行了煤的干馏实验，结果表明，约有 50%～90%（取决于分布器的设计和气体速度）的转化率是在分布板以上 0.5m 区域内完成的。Cole 与 Essennigh[12] 发现，在流化床燃烧器底部 1in（2.54cm）距离内，温度竟由 150°F 升到 1900°F。由此可见分布器设计得是否合适，是流态化操作成败的关键之一。成功的分布器设计需满足以下要求：

① 有助于产生均匀而平稳的流态化状态。

② 必须使流化床有一良好的起始流化状态，保证分布器附近有一良好的气-固接触条件。

③ 应能防止正常操作时的物料漏出、小孔堵塞与磨损。

5.4.1 气体分布器的结构型式

气体分布器的结构型式繁多[13～15]，图 21-5-2 给出了部分常用的分布板的示意图。

直孔式分布板 [图 21-5-2(a)、(b)] 结构简单，易于设计、制造，图 21-5-2(a) 为单层直孔式多孔板，气流方向正对床层，易使床层形成沟流，且小孔易堵塞，多用于实验室。图 21-5-2(b) 是两层错叠的多孔板，它可以克服单层直孔板的缺点，这种型式分布板在工业上操作很方便，它不但保留了单板的优点——易设计、加工，而且具有良好的气体分布。

在大直径床中，颗粒的负荷较重，平分布板易受压弯曲，多采用图 21-5-2(c)、(d) 的弧形板，这种分布板能经得住热应力。图 21-5-2(c) 的设计使中间料层厚，有助于防止沟流

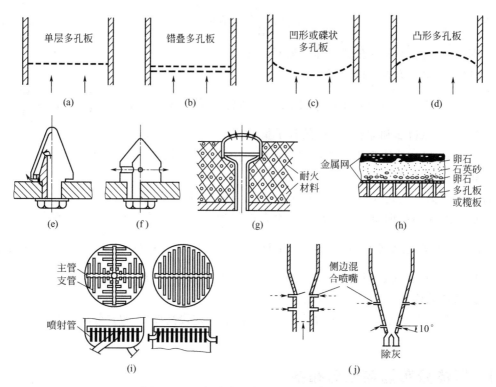

图 21-5-2　各种流化床分布板图例[13~15]

和使流体分布均匀。图 21-5-2(d) 由于周围的孔数比中心多，也能使流体分布均匀，但图 21-5-2(c)、图 21-5-2(d) 的分布板制作比较困难。

喷嘴型式 [图 21-5-2(e)、(f)] 与泡帽型式 [图 21-5-2(g)] 分布板，可防止颗粒通过分布板下落，尽管其结构复杂，但目前工业上还广泛采用。其中图 21-5-2(e)、图 21-5-2(f) 为侧流式分布板，图 21-5-2(e) 为侧缝式锥帽分布板，图 21-5-2(f) 为侧孔式锥帽分布板，它们在我国流态化催化反应器中应用较广，效果也较好。其优点是风帽做成锥形（其倾角大于物料休止角），固体颗粒不会在风帽顶部形成死床，以及气体紧贴分布板面吹出，可消除在分布板面形成的死区。另外每三个风帽之间又形成一个小锥形床，许多小锥形床的形成有利于床层流化质量的改善。图 21-5-2(g) 为泡帽分布板，气孔有水平也有下斜的，帽顶要有一定角度，防止物料堆积其上。

填充式分布板 [图 21-5-2(h)] 是在两块孔板中间填有颗粒填料层，形成一固定床，这是一种很好的分布板，也是一层较好的隔热层与气体混合层。管式分布器是近年来发展起来的新型分布器[5]。它是由一个主管及若干带喷射管的支管组成，见图 21-5-2(i)，由于气体向下射出，可消除床层死区，也没有固体泄漏问题，还可以根据工艺要求进行设计，以达到均匀分布气或非均匀分布气的要求。另外，分布器可以埋入床中，因此分布器机械强度较高，可以做成薄型结构。在高温床中，热膨胀问题容易解决，不存在预分布器与床层之间的密封问题，这在高温操作中尤为重要。

无分布板的旋流式喷嘴 [图 21-5-2(j)] 常用于流态化煤气发生炉。气体通过六个向上倾斜 10°的喷嘴喷出，使煤粒激烈搅动，中部的二次空气喷嘴均偏离径向 20°~25°，造成向上旋转的气流。这种型式分布器多用于对产品要求不严的粗粒流化床中。

5.4.2 气体预分布器的结构型式

气体预分布器是指当气体进入分布器之前，先将气体进行预分布，这样可改善气体的分布，由此可增加分布板的临界开孔率，减少气体通过分布板的动力消耗。国内一般常采用的气体预分布器主要有弯管式、开口式、同心圆锥壳式、锥底填充式等，见图 21-5-3。弯管式预分布器 [图 21-5-3(a)] 结构简单，应用最广；开口式预分布器 [图 21-5-3(b)] 与弯管式预分布器有相同的作用，属于同一类型；同心圆锥壳式预分布器 [图 21-5-3(c)] 的优点是结构简单、阻力小、效果好，它和分布板联合使用可大大减小气体分布装置的布气临界压降，在设计时若中间锥角为 x，则其余锥角依次为 $3x$、$5x$、$7x$、$9x$、…如锥壳 1 的锥角 $x=10°$，则锥壳 2、3、4、5 的锥角分别为 $30°$、$50°$、$70°$、$90°$，另外应使气体通过任一截面的阻力相等，达到气体预分布的目的；另一种型式为锥底填充式预分布器 [图 21-5-3(d)]，这种预分布器可大大改善气体的径向分布，但阻力较大。气体预分布器都安装在反应器的锥底部分，其锥角多取 $60°$。

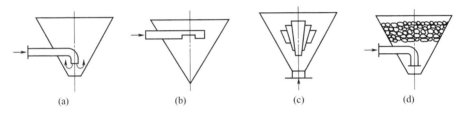

图 21-5-3 常用的气体预分布器示意图[14]

5.4.3 分布板设计计算

(1) 分布板压降 在设计分布板时，主要是确定分布板的压降和开孔率，流体通过分布板的压降可用床内空塔速度的速度头倍数来表示：

$$\Delta p_D = C_D \frac{U^2 \rho_f}{2\alpha^2 g} \tag{21-5-21}$$

式中 Δp_D——分布板压降，mmH_2O；

  α——开孔率；

  C_D——阻力系数，其值在 1.5～2.5，对于锥帽侧缝分布板，$C_D=2.0$。

王尊孝等[16]研究了空床内四种分布板的阻力系数与分布板结构、尺寸间的关系。

(2) 分布板的临界压降 实验证明，气体通过分布器的阻力越大，床层分布就越均匀，但压降过大，动力消耗也高。能使流体均匀分布，并具有良好稳定性的最小压降称为分布板的临界压降。计算时，应使分布板的压降大于或等于其临界压降。

Whitehead[17]获得了使多风嘴分布器中全部小孔均工作的最小流化速度 U_m 的经验关联式：

$$\frac{U_m}{U_{mf}} = 0.7 + \left(0.49 + 0.00605 \frac{\alpha^2 g}{C_D} \times \frac{N^{0.22} \rho_s H}{U_{mf}^2 \rho_f}\right)^{1/2} \tag{21-5-22}$$

Fakhimi 和 Harrison[18]曾对多孔板分布器系统进行了理论分析，获得所有孔都处于活性状态下的流化速度 U_m 和相应的分布板压降 $(\Delta p_D)_m$。

$$(\Delta p_D)_m = \frac{1}{2}\rho_g \left(\frac{AU_m}{\alpha_0 N_{or}}\right) = \frac{\left[1-\left(\frac{2}{\pi}\right)\right]H_i\rho_p(1-\varepsilon_{mf})g}{1-(U_{mf}/U_m)^2} \qquad (21\text{-}5\text{-}23)$$

式中 A——床截面积；

　　　α_0——有效孔面积；

　　　H_i——喷射高度；

　　　N_{or}——分布器上的孔数。

当 $\left(\dfrac{U}{U_{mf}}-1\right)<0.4$ 时，式(21-5-23)的计算值与实验结果极为吻合，随着气速增加，两者发生偏差；当 $\left(\dfrac{U}{U_{mf}}\right)>1.4$ 后，该公式失效。

郭慕孙[19,20]将流化床的不稳定性分为原生不稳定性与次生不稳定性，前者与流化床内流体与固体的特性有关，后者与设备结构有关，特别是与分布板设计关系很大，并提出了分布板操作稳定与否的一个判别准则就是分布板压降的大小。郭慕孙将分布板分为低压降与高压降分布板，相应这两种分布板的流化床总压降 $\sum \Delta p$ 随流速变化的趋势如图21-5-4所示，图中 ABC 曲线为低压降分布板，$A'B'C'$ 曲线为高压降分布板。图21-5-5为低压降分布板的流速分解示意图，图中 $\sum \Delta p = \Delta p_D + \Delta p_B$，其中 Δp_D 和 Δp_B 分别为气体通过分布板和床层的压降。

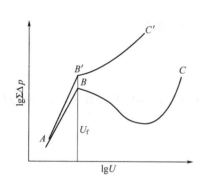 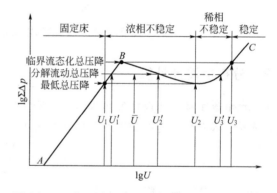

图 21-5-4　低压降和高压降分布板[20,21]　　图 21-5-5　低压降分布板的流速分解示意图[20,21]

低压降分布板的操作是不稳定的。从图21-5-5可以看出，当气体以平均速度 $\overline{U}>U_{mf}$ 流过系统时，若分布均匀，则应产生一个总压降 $\sum \Delta p$，它沿着图21-5-5中的曲线 ABC 变化，但因为分布板的压降低，所以当 $\overline{U}>U_1$ 以后，流体可能分解为两部分流动。一部分以 $U_1'<\overline{U}<U$ 的流速流过固定床部分，另一部分以 $U_2'>\overline{U}>U$ 的流速流过流态化床，二者产生相同的压降 $\sum \Delta p_{min}$。换言之，当 $\overline{U}>U_1$ 以后，一条表示等压降的水平线，可与曲线有两个对应的流速交点，且分解流动所产生的总压降低于均匀流动的总压降 $\sum \Delta p$，所以这样的系统是不稳定的。平均流速超过 U_2 以后，流速仍可能分解，直至 $\overline{U}>U_3$ 以后，床层才进入稳定流态化。由此，随着流速的变化，可将床层分为四个区域。

若床层不很高时，则根据物料平衡的要求，可以按流速分解来计算床层的死床率 δ 与最大死床率 δ_{max}。

$$\overline{U}A = U_1'A_{def} + U_2'(A-A_{def})$$

$$\delta = \frac{A_{\text{def}}}{A} = \frac{U'_2 - \overline{U}}{U'_2 - U_1} \tag{21-5-24}$$

$$\delta_{\max} = \frac{U_2 - \overline{U}}{U_2 - U_1} \tag{21-5-24a}$$

式中，A_{def} 为死床面积。

高压降分布板的特性曲线 U 与 $\sum\Delta p$ 单值对应，系统总压降始终上升，因此不出现不稳定现象，但过分增大分布板压降很不经济，因此郭慕孙提出了临界开孔率 α_c，经推导得到：

$$\alpha_c^2 = \frac{C_D n}{\varepsilon_{\text{mf}} H_{\text{mf}}} \left(\frac{\rho_f U_{\text{mf}}^2}{g \Delta \rho} \right) \tag{21-5-25}$$

式中，α_c 为临界开孔率（操作稳定的开孔率），只有当开孔率 $\alpha \leqslant \alpha_c$ 时，即不出现低压降分布板，操作才稳定。相应的稳定性临界压降比 R_c 的公式为：

$$R_c = \frac{(\Delta p_D)_c}{\Delta p_B} = \frac{\varepsilon_{\text{mf}}}{2n(1-\varepsilon_{\text{mf}})} \tag{21-5-26}$$

根据前人的研究[22]，n 的取值范围在 2.4～4.75，若取 $\varepsilon_{\text{mf}} = 0.4$，则：

$$R_c = 0.07 \sim 0.14 \tag{21-5-27}$$

上式表明，分布板稳定操作的临界压降比在 0.07～0.14。

实际操作的压降比取决于分布器的型式、颗粒物性、气体速度与床高等。如对浅床来说，R_c 近似于 1，但对高径比大的床层，R_c 值就小得多。另外，高气速会导致流化床的激烈混合，因此也只需低的压降比。迄今为止，分布板压降的确定主要凭借经验。一些研究者认为，为保证气体的均匀分布，$\dfrac{\Delta p_D}{\Delta p_B}$ 的值宜大于 0.4，另一些研究者认为此值为 0.1～0.2。卢天雄[23] 指出此值大致在 0.1～0.3。Agarwal[24] 认为通过分布板的压降约为床层压降的 10%。

$$\Delta p_{\text{Dmin}} = \max(0.1\Delta p_B \text{ 或 } 35\text{cmH}_2\text{O}) \tag{21-5-28}$$

式(21-5-28)可用作通过锐孔或狭缝型分布板的最小推荐压降的设计准则。Qureshi[25] 综合了文献中曾发表的有关稳定运转的流态化反应器的 $\dfrac{\Delta p_D}{\Delta p_B}$（表 21-5-1）与计算临界压降比的经验关联式（表 21-5-2），并给出了稳定性临界压降比 R_c 与流化床床径与床高比之间的经验关联式：

$$R_c = 0.01 + 0.2[1 - \exp(0.5 D_T / H)] \tag{21-5-29}$$

分布板压降比 R 的选择取决于多种因素，R 值越大，流体通过分布板的阻力越大，分布越均匀；但分布板压降过大，动能消耗过高，分布板及颗粒磨损过大，因此不能采用过大的 R 值。

(3) 分布板开孔率 α 的计算

① 通过求出临界开孔率 α_c 来计算：

$$\alpha \leqslant \alpha_c \tag{21-5-30}$$

α_c 用式(21-5-25)求出。

② 通过 $\Delta p_D = C_D \dfrac{\rho_f U^2}{2\alpha^2 g}$ 式求取：

$$\alpha = \left(\frac{C_D \rho_f U^2}{2g \Delta p_D} \right)^{1/2} \tag{21-5-31}$$

式中，C_D 为阻力系数，$C_D=1.5\sim2.5$，对于锥帽侧缝分布板，$C_D=2.0$。

表 21-5-1　稳定运转的流态化反应器的 $\Delta p_D/\Delta p_B$ [25]

过程(稳定运转的)	分布板型式	床直径 D/m	D/L	Δp_D/cmH$_2$O	$R=\Delta p_D/\Delta p_B$
温克勒煤气发生炉	栅板	3.7	2.4	20	0.3
早年的 FCC 反应器	多孔板	4.0	1.0	51	0.26
再生器	多孔板	6.0	1.5	43	0.26
焦炭燃烧炉	多孔板	6.5	2.5	80	0.43
硅胶吸收器	多孔板	3.0	50	0.7①	0.23
Fe$_2$O$_3$/H$_2$	多孔式分布管	0.61	0.13	210	0.30
水泥窑	长孔	15.0	5.0	60	0.25
活性炭吸收器	多孔板	11.5	77.0	0.85①	0.11
UO$_3$/H$_2$	风帽	0.95	0.29	21.6①	0.04
焚烧炉	风帽	1.2	0.66	90	0.40
煤的干燥	多孔板	1.8	3.0	41	1.0
煤的燃烧	风帽	0.7	1.1	5	0.13
			2.2	5	0.25
Fe$_2$O$_3$ 的干燥	风帽	3.7	10.0	32	0.45
UO$_3$/H$_2$	多锥形	0.13	0.50	4①	0.06
UF$_4$/F$_2$	多锥形	0.06	0.20	1.3	0.014
ZnS 焙烧(失败)	风帽	1.6	1.4	41①	0.14
(成功)				70①	0.25
煤的干燥(失败)	多孔板	4.3	3.3	21	0.20
(成功)				25	0.24
TiO$_2$/Cl$_2$(不良)	风帽	0.08	1.0	0.28①	0.015

① 根据公式估算 1cmH$_2$O=98.0665Pa。

表 21-5-2　稳定性临界压降比的经验关联式[25]

作者	关联式	试验装置
Whitehead & Dent	$R_c\approx0.017(D/S)^{1/2}$, $U=3U_{mf}$ 或 $R_c\approx0.03(D/L)^{1/2}$ $R_c\approx0.0093(D/S)^{1/2}$, $U\gg U_{mf}$ 或 $R_c\approx0.016$	2.5m×2.5m 方形床，泡罩式分布板
Fakbimi & Harrison	$R_c\approx2.44(S/L)$ 或 $U=1.53U_{mf}$ $R_c\approx0.26(D/L)$ $R_c\approx0.48(S/L)$ 或 $U\gg3U_{mf}$ $R_c\approx0.050(D/L)$	实验室规模主要为二维床
Kassim	$R_c=0.080(D/L)$	实验室规模多孔板
Kelsey	$R_c=0.046(D/L)$	实验室规模多孔板、密孔板

注：式中单位除平均粒径 d_p 为 μm 外，其余均为 cgs 制。

③ 多孔板型分布板可以直接从锐孔理论来设计[26]，先由图 21-5-6 求取锐孔阻力系数 C_D 的值[27]，再按式（21-5-32）求出通过锐孔的气体速度 U_{or}。

$$U_{or}=C_D\left(\frac{2g_c\Delta p_D}{\rho_f}\right)^{1/2} \tag{21-5-32}$$

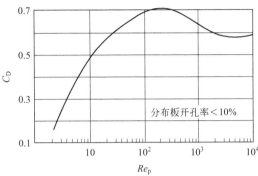

图 21-5-6 锐孔阻力系数[27]

空床速度 U 与锐孔速度 U_{or} 之比即给出了分布板开孔率。

$$\alpha=\frac{U}{U_{or}} \tag{21-5-33}$$

（4）小孔排列方式、孔间距与孔数

① 孔间距。在选定分布板开孔率之后，应合理安排孔径与孔间距。Leung[28]讨论了孔间距对气泡尺寸的影响，从气泡横向合并的假设出发，认为孔距太近能促使气泡长大。Darton[29]则综合大多数研究者意见，以纵向气泡合并为主，推导出气泡到达床面时的尺寸与孔间距 S 的关系：

$$D_B=0.54(U-U_{mf})^{0.4}(H+KS)^{0.8}g^{0.2} \tag{21-5-34}$$

当小孔正方形排列时：$K=\pi^{1/2}/2=0.885$

当小孔三角形排列时：$K=0.952$

Wen[30]从不同角度研究孔间距 S 的确定方法，他在断面为 12mm×305mm 的二维床和 $D_T=276$mm 的圆柱床中，采用热丝探头测量了死区存在的条件，提出了经验关联式：

$$U-U_{mf}=155.4N_{or}(S-d_{or})^{4.22}d_p^{-0.18}D_T^{-2} \tag{21-5-35}$$

式中 N_{or}——分布板孔数。

Horio[31]在 $\phi=150$mm 床中，研究了有颗粒循环运动下的死区高度与喷嘴间距之间的关系（图 21-5-7）：

$$h_s=0.5(S-d_m)\tan\theta \tag{21-5-36}$$

$$d_m/d_{or}=4.4\times10^{-3}U_{or}^{1.5}+1.75(\pm35\%) \tag{21-5-37}$$

式中 d_m——颗粒运动区直径；
θ——休止角。

Horio 认为要设计消除死区的分布板，则应使 $d_m=S$，并代入式（21-5-37）来求取。

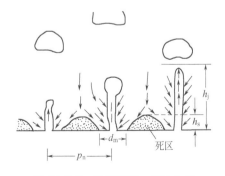

图 21-5-7 垂直射流、初始气泡和颗粒循环[31]

② 小孔排列方式与孔数。分布板开孔率和小孔（帽）间距一旦确定，根据小孔（帽）排列的几何关系 [图 21-5-8(a),(b)]，其他参数均可求出。

$$\alpha = N_{or}\left(\frac{d_{or}}{D_T}\right)^2 \tag{21-5-38}$$

若小孔呈三角形排列，根据图 21-5-8(a) 的几何关系可导出：

$$\alpha(开孔率) = \frac{三角形小孔面积}{三角形面积} = \frac{3 \times \frac{1}{6} \times \frac{\pi}{4} d_{or}^2}{\frac{1}{2}S \times \frac{\sqrt{3}}{2}S} = 0.907\left(\frac{d_{or}^2}{S}\right) \tag{21-5-39}$$

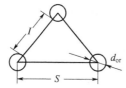

(a) 多孔板小孔排列的几何关系[32]　　(b) 风帽排列的几何关系[32]

图 21-5-8　小孔排列的几何关系

$$S(孔间距) = 0.952\frac{d_{or}}{\sqrt{\alpha}} \tag{21-5-40}$$

$$I(孔间有效距离) = S - d_{or} \tag{21-5-41}$$

$$d_{or}(小孔直径) = \frac{I\sqrt{\alpha}}{0.952 - \sqrt{\alpha}} \tag{21-5-42}$$

将式(21-5-42)代入式(21-5-38)，得：

$$N_{or}(小孔孔数) = \left[(0.952 - \sqrt{\alpha})\frac{D_T}{I}\right]^2 \tag{21-5-43}$$

同理，根据图 21-5-8(b) 的几何关系，可得：

$$S = 0.952\frac{d_{or}}{\sqrt{\alpha}} \tag{21-5-44}$$

$$I = S - D_s \tag{21-5-45}$$

$$d_{or} = \frac{\sqrt{\alpha}}{0.952}(I + D_s) \tag{21-5-46}$$

$$N_{or} = 0.906\left(\frac{D_r}{I + D_s}\right) \tag{21-5-47}$$

(5) 气体流出分布板小孔的速度　气体流出分布板小孔的速度过高，易造成分布板及粒子的磨损，过低则易使分布板附近形成死区或造成分布板漏料。气体流出小孔的速度与床层物料性质与粒径大小有关，一般取 30~50m·s^{-1}。对于侧流式分布板（出分布板的气流方向与分布板平行），为防止侧孔的堵塞，气体出侧孔（或侧缝）的速度应大于床层中最大颗粒的水平沉积速度 $W_沉$，$W_沉$ 可由下式计算[33]：

$$W_沉 = 132.5\frac{\rho_s}{\rho_s + 1000}(d_{pmax})^{0.4} \tag{21-5-48}$$

对于直流式分布板（出分布板的气流方向正对床层），为了预防小孔堵塞，分布板小孔

的气速必须大于最大粒子的噎塞速度 $W_噎$，$W_噎$ 可由下式计算[33]

$$W_噎 = 565 \frac{\rho_s}{\rho_s + 1000}(d_{pmax})^{0.6} \quad (21\text{-}5\text{-}49)$$

以上两式的单位均为 kg·m·s 制，设计计算时，可取孔速 $U_{or} = (2\sim10) W_沉$ 或 $W_噎$。

此外，金涌等[34]在二维和三维床中进行管式分布器的研究，该分布器具有向下气体射流，他们研究了分布板控制区流型、气体射流长度、气泡形成频率、颗粒沉积与死区形成等，获得经验关联式：

$$H_i = 5.53\left(\rho_g \frac{\pi}{4} d_{or}^2 U_{or}^2\right)^{0.329}\left(\frac{\rho_s}{\rho_g}\right)^{-0.412} \quad (21\text{-}5\text{-}50)$$

$$Q_j - Q_{mf} = 80.3(S + 2.7d_{or}) + 7.79(S + 2.7d_{or})^2 - 346.6 \quad (21\text{-}5\text{-}51)$$

式中 H_i——射流长度，cm；

Q_j，Q_{mf}——每个喷射管的气体流率与临界气体流率，$cm^3 \cdot s^{-1}$。

该分布器具有向下气体射流，为防止在床层底部形成死区，则必须使开孔向下，喷出流体的射流长度大于分布器与床层底部的距离。

5.5 内部构件

5.5.1 内部构件的作用

在气-固流化床中，由于气体返混、气泡的生成和长大，造成了气-固间接触不良，反应转化率与收率下降，副反应增加等缺点。随着反应器直径的放大，这种情况将更严重。在流化床中设置内部构件，可以抑制和破碎气泡，改善气体在床层内的停留时间分布，增进气泡相和乳化相之间的气体交换，从而增强气-固接触效率，改善流化质量与提高化学反应转化率和收率。

5.5.2 内部构件的结构与型式

常见的内部构件可分为两类：一类为横向（水平）构件[35,36]，如多孔挡板、挡网、百叶窗挡板（又称斜片或导向挡板）、波纹挡板等，见图 21-5-9；另一类为纵向（垂直）构件[35]，如简单垂直管束、翅片管束等，见图 21-5-10。目前也出现了横向构件和纵向构件相结合的方案，如塔形立式构件[37]、脊形构件[38]等，见图 21-5-11。

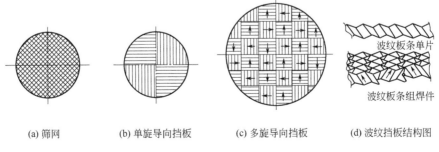

(a) 筛网　　(b) 单旋导向挡板　　(c) 多旋导向挡板　　(d) 波纹挡板结构图

图 21-5-9　水平构件示意图[35,36]

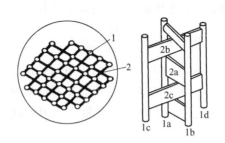

图 21-5-10　垂直构件示意图[35]

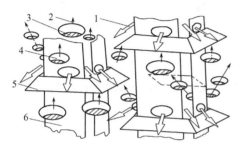

(a) 三维塔形构件床的两相流动模型[37]
1—颗粒喷射方向；2—气泡运动方向；3—气泡尾涡；
4—气泡；5—檐板；6—多孔管

(b) 脊形构件结构示意图[38]
1—吹扫孔；2—脊形板；3—颗粒运动方向；
4—气泡运动方向；5—换热管

图 21-5-11　横向与纵向相结合的构件

（1）横向构件（水平构件） 多孔挡板为横向挡板中最常见的一种，它的开孔率一般为 10%～40%。多孔挡板具备床内混合激烈、层间交换有限的特点。Overcashier[39]曾用放射性示踪物料研究了多孔挡板床层的催化剂物料的混合情况，实验表明，层间的固体交换量随气速的增高而变大。Guigon 等[40,41]对床径 0.28m 和床高 2.6m 的多孔挡板床的层间颗粒交换量、层内固体存料量、每层挡板下的气垫高度及固体返混进行了研究，提出层间颗粒交换速率是受泄漏量与夹带量影响的，在稳态下两者流率相等，由此决定了气垫的高度，并找到了泄漏量和夹带量的影响因素。郑传根等[42]在床径 0.09m、高 10m 的循环流化床中，研究了圆环、锥斗及多孔板构件对循环流化床径向颗粒分布的影响。实验指出，多孔板构件（40%开孔率）是改善径向颗粒不均匀的较好构件。合理设计多孔板开孔方式与边缝尺寸，可使径向分布趋于均匀并能提高颗粒平均浓度。Jiang 和 Fan 等[43]在直径 0.102m、高 6.32m 的循环流化床中，安装四块开孔率为 56% 的环形挡板，进行 FCC 催化剂的臭氧分解实验，证实挡板使颗粒与气体的径向混合加强，气、固接触效率提高。

百叶窗（导向挡板、斜片挡板）式的横向挡板是我国流化床反应器应用较多的一种内部构件。经过 20 年左右的开发，目前已成功地应用于丁烯氧化脱氢、萘氧化制苯酐等过程。百叶窗式挡板对气流有导向作用，按气流流动的方向可分为向心式和离心式挡板，按旋转中心的数量分，又可分为单旋导向挡板和多旋导向挡板。由于百叶窗挡板具有导向作用，使气体沿斜片方向作旋转运动，因而促进了气泡的破碎，增强了气-固的扰动，延长了气体停留时间，沈阳化工研究院[44]对斜片挡板流化床的床层密度分布、气泡特性和颗粒分布状况进行了研究，结论是加设斜片挡板后，两块板间的密度分布呈现中间浓、两头稀，且上部最稀的状况。Yang 等[45]在直径为 0.15m 的丁烷氧化脱氢流化床中设置斜片挡板后，在产量、转化率与选择性方面与自由区相比得到大大改善。另外在 0.3m 直径床中进行斜片挡板与筛网效应比较，证明在同样条件下，斜片挡板比筛网好，特别在高气速时，斜片挡板更有效。金涌等[37]曾在二维床（0.4m×3.34m×0.015m）上对百叶窗式横向挡板进行了研究，发现当气速达 $0.3m \cdot s^{-1}$ 时，可明显看到挡板对气泡的限制作用，但当气速大于 $0.7m \cdot s^{-1}$ 时，床层大部分被气垫所占，影响了层间颗粒交换。

挡网是我国最早在萘氧化制苯酐的流化反应器中设置的横向构件。挡网与挡板的作用相似，但挡网分层作用比挡板小，因而轴向温差小。挡网对气体不起导向作用，气-固间扰动小，粒子磨损也小。

Mao 与 Potter[46]在直径为 0.61m 的臭氧再生流化反应器中安装了水平蛇管构件，对浓度和压力分布进行了研究。实验发现水平蛇管束不仅限制了气泡尺寸，而且阻止了气泡的横向运动，减少了气体返混。

波纹挡板是 1963 年由郭慕孙提出的[36]，见图 21-5-9(d)。它是由金属条带前后斜向折叠成的波纹单片，这些波纹板条单片以相反斜向交错排列点焊成组焊件。通过波纹挡板的气体顺波纹的方向左右（或前后）交错斜向自下往上流，固体颗粒交错斜向自上往下流，或被气体夹带与其同向上流。波纹挡板可设计成俯视不见底，因此对重力垂直下降的颗粒可全部截住，但上升的气体斜向上流，除了金属板条厚度所占截面外，基本可全部通过。波纹挡板可单层、多层、甚至多层重叠使用。由于气泡和颗粒作交错斜向运动，产生的旋涡小而多，有利于床层的均匀化。

总的说来，增设横向挡板后在减少气体轴向返混的同时，也限制了粒子的轴向混合，形成粒子分级与增加轴向温差。这可以通过设计挡板时使其直径比反应器直径稍小来加以克服。横向挡板只局限应用于平均粒径大于 $100\mu m$ 的粗颗粒床，另外水平构件有放大效应。

（2）纵向构件（垂直构件） 纵向构件一般可分为简单管束和翅片管束。简单管束在制造与使用上较为方便，国外已有不少报道[47,48]。翅片管束的作用与简单管束相似，附设翅片的目的在于增进传热。Volk 等[48]指出，垂直管束具有延缓气泡在床内上升速度、增进气-固之间接触、减少细粒带出与减小放大效应等优点。另外垂直管束不会造成床层的纵向温度梯度。Botton[49]在直径 1.8m 冷模设备中观察垂直构件与气泡尺寸的关系时发现，垂直表面的震动能改善流化质量、增强传热效果。北京化工研究院[50]曾在宽 0.4m、高 2m、厚 0.023m 的二维床中研究了垂直构件对气泡现象的影响，认为垂直构件在细颗粒床中的主要功能在于传热，而对粗颗粒床则对气泡起一定的限制作用，但需适当控制构件直径与气泡直径的比例。流化床内垂直管的特征通常用当量直径 D_e 来表示。

$$D_e(当量直径)=\frac{4 \times 床层自由截面积}{垂直管束表面的浸润周边} \qquad (21-5-52)$$

Volk 认为，当量直径在 4～8m 时较为合适。Grace 与在 Harrison[51]二维床中对垂直构件的作用机制进行了研究，结果是当垂直管径与流化床平均气泡直径之比小于 1/5 时，气泡附着在垂直管表面上，减缓了气泡上升速度与合并现象，因而改善了流化质量。

综上所述，垂直构件能明显地改善流化质量，并可将换热器与构件结合为一体，可以按相同当量直径进行工程放大，但如垂直管束构件管间距较小、颗粒较粗时，易出现节涌现象，在气速增大时更为严重。因此，垂直构件一般多用于细颗粒且密度较大的床中。

（3）纵横向结合构件 为了要兼得纵横向两类构件的优点，近年来出现了横向与纵向构件相结合的方案[37,38,52,53]，但较系统的研究则是金涌等进行的，他们首先进行了塔形立构件[37]的研究，见图 21-5-11(a)。据报道在二维、三维冷模设备中与苯氧化炉的中间热试验中均显示出其优越性。

宝塔形构件是由三个部件焊接而成，即正方形截面的多孔管，管内倾斜筛板和管外正方形檐板。垂直的多孔管束同一般的垂直构件一样，起着限制气泡尺寸和气泡向中心集中的作用。管内倾斜筛板和管外檐板的作用在于破碎和更新气泡，特别在较高气速下能迫使气泡穿过筛孔或绕流。相邻构件的倾斜筛板与檐板是交错排列的，使空间分布均匀，避免了床内出现气垫现象，也有利于颗粒的上下循环。实验结果表明，在相同转化率下，宝塔形构件的催化剂萘负荷约比百叶窗挡板提高 35%。塔形构件的缺点是它没有热交换器作用，另外其结构较简单管束要复杂一些。

在塔形构件后，金涌等又提出了一种新型内构件——脊形构件[38]，此构件还兼做换热管用，见图 21-5-11(b)。垂直管束除了做换热管外，还起到使气泡分布均匀的作用，脊形板完成破碎与更新气泡的任务，并使粒子从脊形板上部狭缝与喷孔中喷出返回乳化相。粒子在床内水平、垂直方向运动激烈，有利于床内热、质传递。脊形构件是一种适合内置大量换热管束流化床的优良构件。

5.5.3 内部构件的设计

(1) 波纹挡板的设计[36,54,55]　图 21-5-12 表示一个波纹挡板的两个折面：面 1 和面 2 以及有关的设计参数，设 $n+1$ 为每一折痕与其邻近波纹板上折痕的交错次数，则可得以下设计参数：

面与面折痕长度：
$$f = \frac{a}{\sin\alpha} \tag{21-5-53}$$

带片宽：
$$a = f\sin\alpha \tag{21-5-54}$$

挡板高：
$$h = f\sin\gamma = a\frac{\sin\gamma}{\sin\alpha} \tag{21-5-55}$$

两波顶距：
$$P = 2b\cos\beta \tag{21-5-56}$$

相对带宽：
$$\frac{a}{nb} = \cos^2\beta\tan\alpha \tag{21-5-57}$$

相对板高：
$$\frac{h}{nb} = \frac{a}{nb}\sin\phi \tag{21-5-58}$$

(2) 斜片挡板的设计[56]

① 斜片。见图 21-5-13，斜片厚度 δ 在设计上只要能保证强度要求即可，其厚度视反应

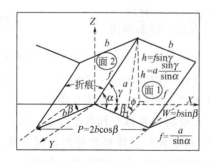

图 21-5-12　波纹挡板设计参数[36]

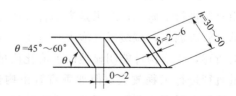

图 21-5-13　斜片（挡板）的结构尺寸图

器直径大小取 2~6mm。

斜片的倾角 θ 由固体物料的休止角与气体流动情况来决定。若倾角小于物料休止角，在叶片上会积料，使床层阻力增加和抑制粒子的轴向混合；倾角过大，则降低了斜片的导向作用。一般生产上采用 45°~60°角，目前采用最多的是 45°角。

斜片宽度 h 根据反应器大小多在 30~50mm 范围内选择，每块挡板相应的高度在 20~35mm 间，见表 21-5-3[57]。

表 21-5-3　斜片挡板的宽度选择范围[57]

反应器直径 D/mm	120	300	800	1800
斜片宽度 h/mm	20	30	40	50

斜片间的距离应符合两邻近斜片的正投影面积重叠，即无间隙，或者稍稍错开一点，一般在 0~2mm 范围，叶片过密不但压降大，且轴向温差大。

② 挡板直径。挡板直径应比反应器小一些，使沿周壁形成一颗粒循环的环隙通道，若环隙太大，将造成气体严重短路，降低挡板的作用。当粒子作热载体时，要求轴向温差小、循环量大，环隙宜大。粒子作催化剂时，为避免气体的轴向返混，环隙宜小。挡板环隙宽度一般在 10~50mm 范围选取，参见表 21-5-4[58]。

表 21-5-4　反应器直径大小与环隙宽度的关系[58]

反应器名称	挡板直径/mm	环隙宽度/mm
ϕ=3000mm 苯酐氧化炉	2900	50
ϕ=1800mm 苯酐氧化炉	1760	20
ϕ=1200mm 丙烯腈反应器	1170	15
ϕ=800mm 丁二烯反应器	780	10

③ 挡板间距。挡板间距是个重要参数。从工艺的角度考虑，间距的大小直接影响颗粒与流体的流动，因而对流化质量有较大影响。从设备角度考虑，过小的挡板间距必将增加挡板的数目，将使设备造价提高，而且结构复杂、安装检修不便，合理地选择挡板间距是重要的。

前兰州化机研究院在 ϕ=0.08m 冷模实验中研究挡板对气泡影响时发现，挡板影响区高度为 0.25m。沈阳化工研究院[35]在 ϕ=0.109m 冷模装置中，对单旋导向挡板与孔径为 5.5mm、开孔率为 35% 的多孔挡板流化床的停留时间分布进行了测定，认为挡板间距以 0.11m 为适宜。在直径为 0.25m 冷模装置中，对单旋导向挡板与筛网间距对流化质量影响的研究中指出，挡板间距以 0.3m 为宜。床径为 0.36m 邻二甲苯氧化制苯酐中试反应器挡板适合间距为 0.4m，而床径为 0.8m 萘氧化制苯酐中试反应器挡板间距为 1m。目前国内直径为 1~3m 的生产装置中挡板间距多在 0.4~0.6m。

④ 配置方式。挡板在床层中的配置方式也是多种多样的，如向心排列、离心排列、向心与离心的交错排列、挡板与挡网重叠排列。对于多旋挡板又有左右旋的区别。其中以单旋挡板向心排列的流化反应器为多。

因为挡板数量较多，其中坏了一块换修非常麻烦，因此设计挡板时，应考虑挡板的材质，特别是高温、变形、热应力与磨损等问题。

(3) 挡网与多孔挡板的设计 挡网的网眼尺寸多采用 15mm×15mm 与 25mm×25mm 两种，网丝直径为 3～3.5mm，多孔板的开孔率 10%～40%。其他设计参数可参考挡板的设计。

(4) 垂直管束的设计 关于这方面的设计资料比较缺乏。池田米—[59]对丙烯氨氧化过程的研究中，获得了气泡有效直径 D_B 与设备当量直径 D_e 之间的经验关联式：

$$D_B = 1.9 D_e^{1/3} \tag{21-5-59}$$

考虑到既有水平结构又有垂直构件的情况，他又对当量直径作如下定义：

$$D_e^{-1} = D_{eV}^{-1} + D_{eH}^{-1} \tag{21-5-60}$$

$$D_{eV} \text{ 或 } D_{eH} = \frac{4 \times \text{流态化有效容积}}{\text{床中水平或垂直构件的浸润面积}}$$

下标 V 和 H 分别表示垂直构件与水平构件，由此可求出气泡有效直径 D_B。

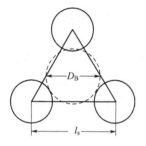

图 21-5-14 估计内有垂直管的流化床中气泡有效直径的方法[53]

国井大藏等[53]提出垂直管束的设计主要考虑所期望的气泡有效直径大小，见图 21-5-14。假设气泡的有效直径由垂直管排列时的几何尺寸决定，例如在流化床反应器中，垂直管束的直径为 6cm，呈三角形排列，垂直管件的管心距离为 14cm，则可求得气泡的有效直径 $D_B = 10$cm。因为三角形面积：

$$F = \frac{1}{2} \times 14 \times \sqrt{14^2 - 7^2} = 85 \quad (\text{cm}^2)$$

再计算出面积相当于 85cm² 的直径：

$$d = \sqrt{\frac{4 \times 85}{3.14}} = 10(\text{cm}) = D_B$$

在设计计算中，如果缺少安装垂直管束床层中的有效气泡尺寸的实验数据，则可以按式 (21-5-59) 求出，然后根据所要求的气泡大小来排列管子，管径大小由换热要求决定，如果求得的管数大于换热面所需的换热管数，则多余管子只做内构件用。

(5) 塔形和脊形立构件设计 在 5.5.2(3) 中已介绍了塔形和脊形立构件的结构与作用。其设计要点如下：

① 塔形构件[37]

a. 檐板下开孔率：

$$\text{开孔率} = \frac{\text{檐板下的缝隙面积总和}}{\text{檐板下面积} - \text{多孔管内截面积}} \tag{21-5-61}$$

开孔率是个关键参数，它决定了檐板下的气泡被压到多孔内的部分与檐板外绕流部分的比例。

b. 压缩比：

$$\text{压缩比} = \frac{\text{檐板下截面积}}{\text{多孔管内截面积}} \tag{21-5-62}$$

c. 床膨胀比 R：

$$R - 1 = \frac{0.05 + 0.839U}{d_p^{0.6}} \tag{21-5-63}$$

② 脊形构件[38]。对脊形构件，根据以下三个几何参数可以进行工程放大。

a. 开孔率 α：

$$\alpha = \frac{\text{单元长度构件上缝隙加开孔面积}}{\text{单元长度构件的底面积}} \tag{21-5-64}$$

开孔率大小直接影响构件对气、固两相的吸入量，出口气泡的破碎程度与颗粒喷射长度等。

b. 床截面的构件覆盖率 β：

$$\beta = \frac{\text{单层构件底面积的总和}}{\text{流化床截面积}} \tag{21-5-65}$$

覆盖率主要反映单层布置构件的疏密程度，除影响床内两相流体的湍动程度外，对颗粒的环流行为有直接影响。

c. 床层当量直径 D_e：

$$D_e = \frac{4 \times \text{单元床高的体积}}{\text{每个重复单元床高内构件总浸润表面}} \tag{21-5-66}$$

床层当量直径为床层工程放大的重要指标，它综合地反映了床内构件对过程的强化程度及其设置的总体格局。

5.6　颗粒分离回收系统

气泡在流化床层表面破裂时会将大量固体粒子抛向稀相空间，气速越大，夹带量越大。如果被夹带的细粉物料不进行回收，将造成气体产品的污染和颗粒或催化剂的损失，另外也破坏了床层内良好的颗粒粒度分布，影响流化质量，为此必须在反应器内部和（或）外部设置颗粒分离回收系统，以净化气体与回收颗粒。目前常用的流化床内颗粒分离回收装置有内过滤器和内旋风分离器两种。

5.6.1　输送分离高度

被床层表面破裂的气泡所夹带的颗粒，随着气流的上升，将按粗细的顺序陆续分离下来。由此，随着距离愈来愈高，气体中粒子的含量愈来愈少，图 21-5-15 即为粒子浓度随高度位置的变化情况示意图。当达到某一高度后，气体中粒子的含量会变为恒定，此高度即称为输送分离高度（transport disengagement hight），简称分离高度（简写为 TDH），一般旋风分离器的第一级入口应安装在此位置上。有些流态化装置中，在顶部设扩大段，以降低气速使更多的粒子沉降下来，减轻颗粒分离系统的负荷。有的在稀相床中设置挡板[61]可进一步减少扬析。

输送分离高度是流化床设计的一个重要参数，它直接影响着催化剂或固体物料的损失以及有关设备的布置，因此一直是许多人研究的对象。

早在 20 世纪 50 年代，Zenz 与 Weil[62]通过对 FCC 催化剂（20～150μm）的实验，得出了 TDH 与表观气速与床径关系的经验算图，见图 21-5-16。在此基础上

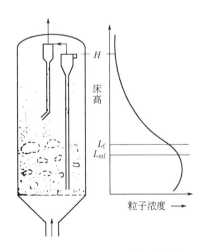

图 21-5-15　分离高度示意[60]

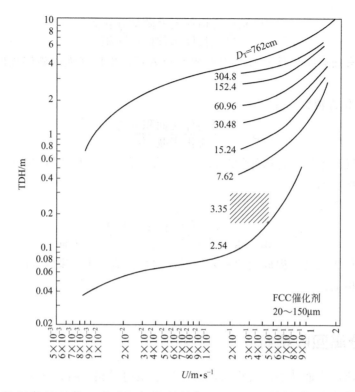

图 21-5-16　Zenz 20 世纪 50 年代提出的估算 TDH 的经验关联图[62]

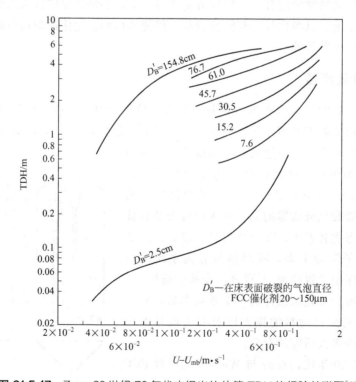

图 21-5-17　Zenz 20 世纪 70 年代末提出的估算 TDH 的经验关联图[63]

Zenz[63]于70年代末又提出了带机理性的 TDH 估算图,见图 21-5-17。

Horio 等[64]为计算方便,将 Zenz 的经验算图数式化得下式:

$$\text{TDH}/D_T = (2.7D_T^{-0.36} - 0.7)\exp(0.74UD_T^{-0.23}) \tag{21-5-67}$$

谢裕生等[65]提出了 TDH 的关联式:

$$\text{TDH} = (63.5/\eta)\sqrt{D_B/g}, \eta = 4.5\% \tag{21-5-68}$$

曹汉昌[66]归纳了国内现场数据,提出了 TDH 计算式:

$$\text{TDH} = 10.4U^{0.5}D^{(0.47-0.42U)} - 2.4 \tag{21-5-69}$$

有关机理方面的研究,Horio 等[67]、Mackay 等[68]用湍流强度衰减为一常数时的高度定义为 TDH,分别提出了 TDH 计算式:

$$\text{TDH} = 14\sqrt{D_B/g} \tag{21-5-70}$$

$$\text{TDH} = 11.7D_B \tag{21-5-71}$$

卢春喜和王祝安[69]在四套流化装置中,使用四种不同性质的 FCC 催化剂的实验研究,得出了 TDH 与其影响因素间的准数关联式:

$$\frac{\text{TDH}}{d_p} = 0.94K\left(\frac{D_T}{d_p}\right)^{0.346} \times \left(\frac{\rho_p - \rho_g}{\rho_g}\right)^{-0.393} Re^{0.535} \tag{21-5-72}$$

实验的气体速度范围为 $0.255 \sim 0.90 \text{m} \cdot \text{s}^{-1}$,四套流化床的尺寸分别为 $\phi = 150\text{mm}$、$\phi = 400\text{mm}$、$\phi = 710\text{mm}$ 与 $\phi = 1000\text{mm}$。式(21-5-72)的计算值与实验值的误差在 $\pm 15\%$ 以内。

谢裕生、秦霁光等[70]从颗粒运动方程出发通过理论解析,导出了包括 8 个参数的 TDH 新关联式,其适用范围较宽,可供流化床设计时参考。

文献[58]介绍,对催化裂化装置可用图 21-5-18 来确定分离高度,但因其他系统的颗粒粒径可能不同,在使用时应加以考虑。

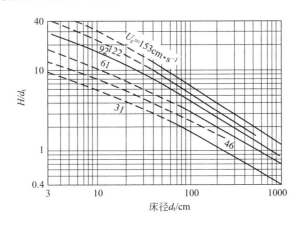

图 21-5-18 催化裂化装置的分离高度 H 的经验曲线[58]

文献[71,72]介绍分离高度 TDH 的计算公式如下:

$$\text{TDH} = 1.2 \times 10^3 H_0 Re_p^{1.55} Ar^{-1.1} \tag{21-5-73}$$

其范围为:

$$15 < Re_p < 300, Re_p = \frac{d_p U \rho_f}{\mu}$$

$$1.95 \times 10^4 < Ar < 6.5 \times 10^5, Ar = \frac{d_p^3 \rho_f (\rho_s - \rho_f)}{\mu^2}$$

如有横向挡板,则:
$$TDH = 730 H_0 Re_p^{1.45} Ar^{-1.1} \tag{21-5-74}$$

比较式(21-5-73)与式(21-5-74),可见横向挡板对降低分离高度是有利的。

近三十年来,尽管不少研究者对 TDH 的研究做了很多工作,但由于实验设备的结构、规模及实验条件的差异,使有些研究结果相差甚远,有些与生产实际相差更远,到目前尚无众所公认的较好的关联式。可采用扬析与输送沉降相结合的方法进行估计,具体计算方法见本篇 1.3.4.4。

在分离高度以上的携带量可看作气体输送时的饱和携带量。如以 $F_s(\text{g}\cdot\text{s}^{-1})$ 表示携带速率,则 $F_s/(AU)$(g 固体·cm^{-3} 气体)即为携带粒子浓度,以 c 表示。图 21-5-19 为均一尺寸粒子的饱和携带量的关系图。可以得出 U 的增大将导致 c 的猛增。对于宽筛分物料,总携带量应为各个筛分(所有 $U_t < U$ 的筛分)分别计算的总和,即:

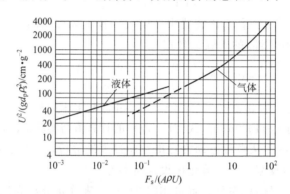

图 21-5-19 两相垂直或水平并流时均匀粒子的饱和携带量曲线[60]

$$F_{总} = \sum (\text{单一粒径的带出率})(\text{床中该粒径粒子所占分率}) \tag{21-5-75}$$

关于饱和携带量可参见本篇 1.3.4。

5.6.2 内过滤器

对于粗颗粒($\overline{d_p} > 100\mu m$)流态化催化反应器,当催化剂比较昂贵时,常采用内过滤器以回收几乎全部扬析的催化剂。近年来随着流化床倾向于使用细颗粒催化剂,高效的旋风分离器逐步取代了内过滤器。

使用内过滤器,进气温度应超过露点,器壁应保温使无凝液产生,要求进气含尘量不高(100~500mg·m^{-3}),而且出气含尘量很低(<10mg·m^{-3})。内过滤器的缺点是压降较大,可高达 60~100mmHg(1mmHg=133.322Pa)。

(1) 结构型式 内过滤器常用的滤材为素瓷管、烧结陶瓷管、烧结碳化硅管、玻璃纤维布包扎管,也有用微孔(10~100μm)金属管的,但微孔金属过滤器价格昂贵、压降大、易发生机械故障,很少在高温大型工业装置中使用。玻璃纤维布包扎管的结构是中间的骨架用钻孔或开条缝的金属管,或用铁筋焊成骨架,外包玻璃纤维布一般为 5~10 层,另外再包一层铁丝布。

内过滤器多悬挂在反应器顶部扩大段的花板上,应使扩大段安装内过滤器的截面积不小于流化床层截面积。内过滤管通常分成四组(或八组)安装,每组设有气体反吹装置,有四通阀(或八通阀)循环吹扫,以定期吹走过滤管上的沉积粉尘,及时返回床内。

(2) 过滤管设计[73,74]

① 过滤气速。按合理压降范围选择，当压降为 50～150mmH$_2$O（1mmH$_2$O = 9.8066Pa），无机械振动的过滤气速约为 4～20m^3·m^{-2}·h^{-1}，有机械振动者为 20～150m^3·m^{-2}·h^{-1}，如果含尘量较高时，过滤气速应小于 60m^3·m^{-2}·h^{-1}。

② 过滤效率。清洁滤材使用初期效率较低，微孔直径一般比细粉尘大，待粉尘堵塞部分微孔后形成滤饼，此时除尘效率可达 94%～97%，高者可达 98%～99%。

③ 过滤面积（F_f）：

对于小设备： $$F_f = (8 \sim 10)A \tag{21-5-76}$$

对于大设备： $$F_f = (4 \sim 5)A \tag{21-5-77}$$

式中，A 为安装过滤管段的设备截面积。

④ 过滤管开孔率 α_f。过滤管开孔率可按下式计算：

$$\alpha_f = \frac{d_{or} n}{4 D_T l} \times 100\% \tag{21-5-78}$$

式中 d_{or}——金属管开孔直径；

n——每根管子上的开孔数；

D_T——管径；

l——管子长度。

通常 α_f 范围为 30%～40%。

5.6.3 内旋风分离器

将旋风分离器或旋风分离器组安装在流化床内，具有不需保温、可减少配管量、设备紧凑以及使被捕集的粉尘便于返回等优点，因此人们通常将它安装在流化床顶部稀相段内，称为内旋风分离器。根据对回收率的要求，可用一级、二级甚至三级串联。如Ⅳ型流化催化裂化装置内放置三组二级内旋风分离器，收尘效率可达 99.7%。旋风分离器可捕集 10μm 的粒子。一级旋风分离器入口线速为 15～25m·s^{-1}，出口线速为 3～8m·s^{-1}，二、三级则入口线速应相应提高。

(1) 结构型式 内旋风分离器主要包括旋风分离器、料腿及料腿密封装置等部分。一级旋风分离器料腿一般插入浓相床内，二、三级因捕集量较小，下料管往往悬吊在自由空间稀相段，并在下端装止逆结构。三个料腿的直径应逐个依次减小，以适应依次减小的三级旋风分离器，二级料腿的截面积通常为一级料腿截面积的二分之一。下面着重阐述流化床内旋风分离器压降、料腿设计等方面问题。

(2) 设计计算

① 旋风分离器压降

a. 文献 [74] 推荐：

$$\Delta p_c = 0.408 \rho_f U_c^2 \tag{21-5-79}$$

b. 根据旋风分离器的主要尺寸，可按下式估计旋风分离器压降[75]：

$$\Delta p_c = \frac{C_D A_c D_c^{1/2}}{d_c (l_1 + l_2)^{1/2}} \times \frac{\rho_f U_c^2}{2g} \tag{21-5-80}$$

式中 C_D——阻力系数，其值为 20～40，一般取 30；

A_c——进口管截面积，m^2；

D_c——旋风分离器圆筒部分直径，m；
d_e——出口管直径，m；
l_1，l_2——圆筒部分与圆锥部分的长度，m。

② 旋风分离器分离效率：

$$\eta = \frac{\text{回收颗粒重量}}{\text{进入系统的颗粒总重量}} \times 100\% = 1 - \frac{\text{旋风分离器出口颗粒重量}}{\text{进入系统的颗粒总重量}} \times 100\% \tag{21-5-81}$$

当旋风分离器为二级或三级串联时，总效率分别为：

$$\eta_{总} = \eta_1 + \eta_2(1-\eta_1) \tag{21-5-82}$$

$$\eta_{总} = \eta_1 + \eta_2(1-\eta_1) + \eta_3[1-\eta_1-\eta_2(1-\eta_1)] \tag{21-5-83}$$

③ 料腿气封装置的设计。旋风分离器设计中很重要的问题是下料管（料腿）结构的选择。旋风分离器的料腿长度必须满足平衡外部阻力的要求，使料腿既能下料，又能保持料封以防止气体短路，为此料腿出口应设有气封结构，它是旋风分离器操作的关键，以下介绍几种常用的料腿气封设施。

a. 将料腿直接插入床层底部，借料腿建立一定的料柱高度来达到气封的目的，见图21-5-20，此情况下料柱高度是影响料腿密封性能好坏的重要因素。

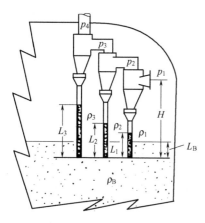

图 21-5-20 床层中料腿料柱高度[76]

根据料腿中压力平衡关系，可得出如下计算料柱高度的公式：

$$L_1 = [L_B\rho_B + (p_1-p_2)]/\rho_1 \tag{21-5-84}$$

$$L_2 = [L_B\rho_B + (p_1-p_3)]/\rho_2 = [L_1\rho_1 + (p_2-p_3)]/\rho_2 \tag{21-5-85}$$

$$L_3 = [L_B\rho_B + (p_1-p_4)]/\rho_3 = [L_2\rho_2 + (p_2-p_4)]/\rho_3 \tag{21-5-86}$$

式中　L_B——料腿插入床层深度，m；
L_1，L_2，L_3——一、二、三级料腿中料柱高度，m；
ρ_B——床层密度，kg·m^{-3}；
ρ_1，ρ_2，ρ_3——一、二、三级料腿中物料密度，kg·m^{-3}；
p_1，p_2，p_3——一、二、三级旋风分离器入口压力，kgf·m^{-2}；
p_4——第三级旋风分离器出口压力，kgf·m^{-2}。

旋风分离器各级料腿中密度都不一样，它随旋风分离器级数的增加而减小。

料柱高度确定后，根据料柱高度来选择料腿长度，其长度大于料柱高度。为保证料腿密封性能，在料腿末端应加缩口或斜管，见图21-5-21(a)、(b) 与 (c)。料腿直径仿照下面堵头一节中的设计。

b. 堵头。见图21-5-21(d)，这种堵头一般用空心锥体焊接而成，通常伸入浓相段，而且深度不低于1m，距分布板不可太近，为300～600mm。

料腿长度可用下式计算[76]：

$$L = L_B + \frac{5\Delta p_c D_c^2 d_s^2 (\rho_s - \rho_f)}{368\mu W_c} \tag{21-5-87}$$

式中　L——料腿长度，m；

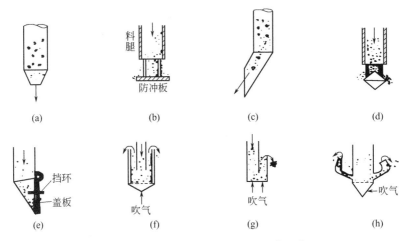

图 21-5-21 料腿气封装置示意图[60,76]

Δp_c——旋风分离器阻力，kgf·m^{-2}，mmH$_2$O；

d_s——被捕集的颗粒直径，m；

W_c——旋风分离器单位时间内捕集的颗粒质量，kg·s^{-1}。

料腿直径 D_d（标准型旋风分离器卸料口直径）等于旋风分离器直径的 $\frac{1}{4} \sim \frac{1}{8}$，即：

$$D_d = \left(\frac{1}{4} \sim \frac{1}{8}\right) D_c \quad (21\text{-}5\text{-}88)$$

式中，D_c 为旋风分离器直径。

二级旋风分离器料腿截面积可取一级料腿截面积的一半，工业装置旋风分离器料腿直径 D_d 一般不小于 100mm，而小设备中料腿直径至少不应小于 $6d_p$（对粗粒）或 $11d_p$（对细粒），以免噎塞。对流动性差的物料应放大料腿直径。

料腿下端至堵头的垂直距离与料腿直径的比值 h/D_d 即为料腿的开度，它对料腿操作的影响很大，h/D_d 太大，会使颗粒沿料腿形成气流输送状态，h/D_d 太小，固体颗粒来不及送入床层，造成料腿堵塞，一般取 $h/D_d = \frac{1}{4} \sim \frac{3}{2}$。

堵头直径 D_0 应大于料腿直径 D_d，可取 $D_0 = (1.5 \sim 2) D_d$。

c. 翼阀。由于翼阀密封比较可靠，目前应用较多。翼阀的结构如图 21-5-21(e) 所示，它是由和料腿相同直径的直管与斜管组成，斜管端用盖板封住，盖板用吊环吊住。翼阀出料口多装在稀相段内，也可伸入浓相段使用。当把翼阀伸入浓相段时，应使翼阀避免床内局部高速区，否则容易失灵。翼阀使用于高温情况时，应考虑在高温下不变形的材料。

料腿长度 L 可用下式计算[76]：

$$L = 3L_B \frac{6\Delta p_c}{\gamma_s \sin 2\theta} \quad (21\text{-}5\text{-}89)$$

式中　γ_s——被捕集颗粒的堆积密度，kg·m^{-3}；

θ——料腿斜管与垂直线夹角，(°)。

为了维持料腿的一定料柱高度，应使料腿下端倾斜一定角度，称为料腿倾斜角 θ，θ 范围为 $25° \sim 34°$。

管口端倾角 β 为管口端面与垂直面夹角，$\beta=3°\sim15°$（一般用 $3°$）时，便于管口气封。

对于一般反应器，翼阀盖板厚度 $\delta=1.5\sim5mm$，大型催化装置也有用到 $20\sim25mm$ 厚的盖板。

d. 带有吹气装置的料腿气封见图 21-5-21(f)～(h)，吹入的气体一般用惰性气体，大部分气体随粒子进入流化床中，仅有少量气体沿料腿上升进入旋风分离器。这种吹气形式的料腿仅有少量使用。

④ 下料管的安装位置。旋风分离器下料管伸入到浓相床层的优点是可使旋风分离器捕集的颗粒全部返回到床层中。对捕集量较大的一级旋风分离器料腿一般均伸入浓相床内，且下端应装气封装置。不论采用何种气封装置，下料管末端距分布板的距离应大于 $300mm$。对捕集量较小的二级旋风分离器，下料管往往悬吊于稀相自由空间，下端也应安装上逆阀。下料管不论埋入流化床层，还是悬在自由空间中，在床中的径向位置均不宜接近中心部位，以靠近周壁为宜，且翼阀折翼板应朝壁方向开启，这是由于流化床中心处气速最高而周围气速较低，这样安装可避免已收下的颗粒物料又被气流吹入旋风分离器内。

5.7 颗粒的加料和卸料装置[77~79]

5.7.1 加料和卸料装置的分类

将固体物料加入流化床和从床中卸出直接影响流化床操作的顺利与否，因此加卸料设备是流化床反应器的重要组成部分。加卸料方法大致可分为两类：一类为机械传送法，另一类为气流输送法。

(1) 机械传送法 机械传送加卸料比较容易控制，操作比较可靠，不易受流化床和物料湿度、粒度的影响，但由于有运动机械部件在固体粉料中运转，对机械的磨损较大，且不适于高温下运转，对于有压力的流化床，机械式加卸料往往不能胜任。虽然机械加料有上述缺点，但在工业上经常采用此方法。

(2) 气流输送法 气流输送是靠气体吹动颗粒定向流动，按输送物料与气体的比例大小可以分为稀相输送与浓相输送。稀相输送时，气速一般采用 $5\sim30m\cdot s^{-1}$，固气比为 $20\sim0.5$；浓相输送的气速很少超过 $8m\cdot s^{-1}$，固气比可达 $100\sim250$。气动式加料设备结构比较简单，没有运动部件，能在高温下操作，且调节方便，因此近年来发展很快。但气动加卸料装置，往往受流化操作状况的影响，不能非常准确地控制固体料率。文献 [79] 提供了关于处理、输送及控制气固混合物流动的有用资料。

5.7.2 装置结构型式

(1) 机械传送法 一般常用的机械加料器有螺旋加料器、圆盘加料器、星形加料器与滑动阀等，见图 21-5-22。螺旋加料器是通用的加料设备，它结构简单，加料也较均匀，可通过改变螺旋转速的方法来改变加料量，较适用于粉状易流动的软性物料，可用于正压操作的设备。

图 21-5-22(a) 为一离心（圆盘）加料器，主要用来进行粒状或粗颗粒物料的加料，它构造简单，制造容易，被加入的物料流率可用改变移动刮板距圆盘中心位置和改变圆盘转速来调节。圆盘加料器外加密封罩，可用于有一定压力的设备中。

图 21-5-22(b) 为另一种圆盘加料器，圆盘不旋转，由下部的膜式气动机带动而上下移动，以控制固体物料留出空隙的大小来控制料量。

图 21-5-22(c) 为星形加料器（星形阀），中间星形叶片旋转使固体物料向下移动，固体流率随着旋转速度而改变，该加料器可在小压差下操作。

图 21-5-22(d) 为一滑动阀，它实际上是一可变孔板，靠滑阀移动来改变孔开启大小以调节流率。

图 21-5-22(e) 为一滴流阀（相当于翼阀），下端有一阀门，在没有固体压头时自动封闭，当物料流下时，随流率大小而张开，该阀适宜于自动卸料。

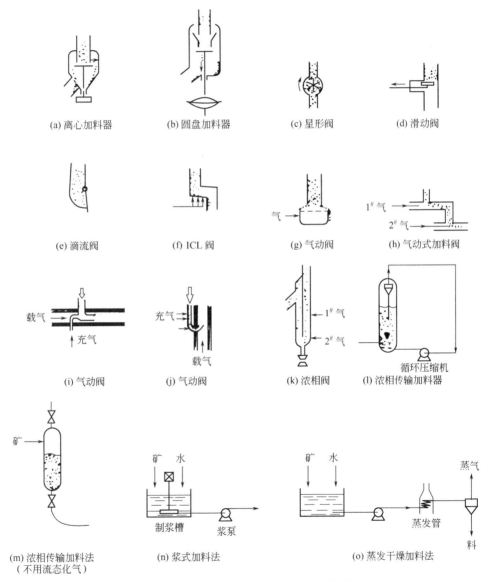

图 21-5-22 加料和卸料装置及方法[77,78]

(2) 气流输送法 下面列举几种常见的气动加卸料方式。

图 21-5-22(f) 形式的加卸料器，也称为 ICL 阀，固体物料在 90°角中按休止角停留而不流动，当在水平管下部通气后，减小了固体休止角而使物料向右流入下面溢流管而卸出。

图 21-5-22(g) 为气动阀，也是依靠通气后减小物料的休止角而使固体物料流动，它是由直管、气盒与周围的堰组成，当气体通入气盒，气体减小了固体休止角而使其流动。它的优点是可调节气盒与直管之间的距离，另外此阀为敞开式，容易修理。

图 21-5-22(h) 为另一种气动式加料阀，1#气称为控制气，控制下料速率；2#气称为输送气，它将物料输送入设备中。这种加料器往往与气力输送相连接。图 21-5-21(i)、(j) 为同一原理的气动阀，它可以用控制充气的办法来有效地调节气力输送时的物料流率，所不同的是图 21-5-22(i) 为水平输送，图 21-5-22(j) 为垂直输送。图 21-5-22(k) 实际上是由一个封闭立管与一个浓相上升管组成，1#气为控制气，使物料在立管中下降，2#气为输送气，将流下的固体以浓相状态上输而排出。

图 21-5-22(l) 为一高压式浓相输送加料器，有一循环气体使加料器内固体颗粒处于流化状态，流化的颗粒自床中进入料斗，以浓相状态流出。流出的固体物料空隙率很低，因此夹带气体很少。图 21-5-22(m) 也为浓相输送加料法，但并不需流化气体，也不需料斗，固体颗粒在加料器下端由一个普通管流出，流入此管附近的固体颗粒被夹带的气体所局部流化，流率十分稳定。

图 21-5-22(n)、(o) 是两种湿法加料，图 21-5-22(n) 适用于需要冷却的流化床，图 21-5-22(o) 适用于反应中不宜有水分的情况，这两种方法均先将固体物料制成浆后，再加入床中。

5.8 流化床的测量技术

随着流态化理论研究的深入与工业规模的更广泛应用，流化床测量技术越来越重要。一般认为，流化床需测量的变数主要有床层压力与压降、固体和气体的温度、气体的速度（流量）、床层的密度（空隙度）、气泡尺寸、固体颗粒的粒度及颗粒的运动速度与方向等。

有关流化床测量技术的内容至今仍很少见到系统报道，Fitzgerald[80] 1979 年提出的《流化床测定装置的综述》一文，较为系统地叙述了各类测定方法。卢天雄在《流化床反应器》[81]一书中也较详细地介绍了有关的流化床测试技术。

5.8.1 压力与压降测量

压力和压降测量是了解流化床各部位工作是否正常的重要手段。对于实验室规模的装置来说，U 形测压管是简便、可靠而廉价的测压方法。通常压力计的插口需配置过滤器，以防止粉尘进入 U 形管。工业装置上常采用带吹扫气的金属管做测压管，金属管径一般为 12～25.4mm。吹扫气为惰性气体，需经脱油、去湿后使用。

压力传感器是经常使用的压力信号传递器，它的型式很多，经常使用的是压电式压力传感器，其工作原理是基于晶体（如石英）按一定轴向受压时，会在表面上产生电荷，电荷的量与所受压力成正比。另外还有应力应变型传感器，此类传感器是利用探头前端的受力薄膜在压力下发生应变，从而使与之相连的应变片发生形变，其电阻值发生变化而输送不同的电信号原理而工作的。

5.8.2 温度测量

(1) 颗粒温度的测量 流化床的固体温度一般用热电偶或其他类型温度计直接插入床层

测量，但会干扰邻近的颗粒运动。在高温时可用光学温度计测量，它的特点是不需要与床层颗粒直接接触。Juveland[82]详细介绍了有关内容，感光高温计可以测量床层中颗粒较小而运动速度很快的颗粒温度。

(2) 气体温度的测量 流化床内的气体温度是不易测定的，这是因为颗粒的表面积非常大而气体的热容量又较小，颗粒与气体之间会很快达到平衡，这样要测取真正的传热推动力是困难的。当床中存在大气泡或反应非常激烈时，可用高速抽气热电偶测得气体温度。Juveland[82]与Shakhova[83]描述了这一方法。

5.8.3 空隙度测量

空隙度是流态化过程中的重要参数之一，有多种测量方法。Rowe[84]用射线法进行了流化床层密度的测定。Anderson和Jackson[85]用光学测定法对液体流化床的密度波动进行了研究。Begovich和Watson[86]用电导法研究了三相流化床的密度波动。

电容法作为流化床即时测量的方法有很多优点，如设备结构简单，使用方便，测量结果直接反映颗粒浓度，线性关系好等。最早使用的是平板电容，但它干扰大，灵敏度低，1973年Werther[87]提出了针形探头，它体积小，对气固相流型干扰小，并能反映出某一点床密度的即时变化。目前国外已能做出微型探头和多功能组合探头。沈阳化工研究院[88]将针形探头测量系统进行了改进，将原来只能测定浓相空隙度的不稳定微弱信号改进成能测定稀相颗粒浓度下限达$15g·m^{-3}$的信号，灵敏度与稳定性大大提高。电容法的主要缺点是容易受到外加因素影响，如固体湿含量变化影响。

光导纤维是近些年发展起来的测量流化床一些参数的测量工具。它可以将光能从直径几微米的可挠性介质的一端输入，并以低损耗传输到另一端，即能构成一种微型传感器。相间排列的光导纤维束对粉体物料的空隙度或浓度测量有很高的灵敏度。前中国科学院化工冶金所[89]制成了粉体浓度测量仪，光导纤维探头具有$2.5mm×1.5mm$的端面，并按奇偶层分为两束，一束为入射光，另一束为反射光传送到光电倍增管上，这样随机信号将按预定的采样时间数字积分，并与物料的空隙度成比例。

5.8.4 气速（流量）测量

流化床总气量的测量是很容易的，常见的测量装置有转子流量计、孔板流量计、文丘里流量计等，床内局部线速的测定可用热线风速仪和皮托管。Danadono等[90]用皮托管对流化床底部进口射流的气体速度进行了测量。Nguyen等[91]在二维床内用热线风速仪测量了人工气泡的速度，风速仪可在一平行于床壁的面上旋转，以便测量气体的大小和方向。Yang等[92]用二维皮托管测定了流化床气、固两相喷嘴内的速度分布。

5.8.5 气泡测量

测量气泡的方法很多，如电容法、光传导法、电导率法、X射线法、照相法、γ射线法与热变电阻测定法等。

(1) 电容法 电容法是最普通的用于测气泡的方法。Lanneau[93]最早使用小型（如铅笔头似的）电容探头测量气泡的尺寸。Werther等[87]发展了针形电容器用来测量气泡尺寸，但使用单探针无法判别气泡运动的方向。北京化工研究院[94]提出了一种用多组元电容探针测量气泡特性尺寸的新方法，它能分辨气泡运动的方向，计算气泡大小与描绘气泡形状。

(2) 光传导法 Yoshida 等[95]用光传导法测定 $\phi=0.4m$ 床中气泡尺寸分布,他用两根直径 6mm 相对而设的无缝钢管,从一根引进激光光束,被另一根光导纤维所接受。Ohkit 等[96]用新发展的一种光导纤维组合探头测分布器附近的射流和气泡情况。

(3) 电导率法 基于某些颗粒具有导电性能的特点,对床层中的电阻率进行测量,即可判定有否气泡存在。Burgess[97]用了五单元探头,可将焦炭颗粒床中气泡的直径与形状测出。

(4) X 射线法与照相法 二维床的气泡现象易于用肉眼观察,也适用于 X 射线摄影式照相机摄影。Rowe 等[98]用 X 射线摄像机拍了二维床中气泡形状、尺寸和速度,他们认为采用 X 射线摄影有以下优点:对于深入床层的气泡也能测定;可以摄取瞬时图像;可以准确地测定气泡直径、形状、速度与能适应高气速(如湍动床和快速床)的情况。X 射线法的缺点是一般只能用于二维床。

用照相法(摄影法)研究气泡现象自 20 世纪 60 年代以来报道较多。这种方法也是用瞬时摄取的图像来计算气泡尺寸,其缺点是也只能用于二维床,且无法记录非透明气泡。

(5) γ 射线法 Orcutt 等[99]采用 γ 射线传导法测定气泡,当测定区域内存在浓相时,检测信号会明显下降。

5.8.6 颗粒粒度的控制与测量

(1) 颗粒粒度的控制 在 5.1.3 中曾谈到了物料的粒度与粒度分布对流化质量有很大的影响。郭慕孙等[7,100]提出了应用床层塌落法判别流态化特性,并研制了一种光导纤维跟踪的料面动态测定仪。这种测定仪可以用来快速跟踪与测定床层的塌落过程,并同时绘出流谱曲线,通过计算机立即打印出来。该方法用于颗粒粒度设计的快速鉴别手段。在氨氧化制丙烯腈反应器中,为控制床中 $<44\mu m$ 的粒子在 $20\%\sim40\%$,采用了在反应器上安装一造粉器的方法[101],造粉器实际上是一简单的气流喷枪,当发现床中 $<44\mu m$ 粒子少于 12% 时,就启动造粉器,压缩空气以 $>300m\cdot s^{-1}$ 的出口速度进入床层,使催化剂粒子被粉碎,增加了 $<44\mu m$ 粒子的含量。在造粉过程中要不断从反应器中取出颗粒样品,进行粒度分析,以保证粒度分布达到要求范围。

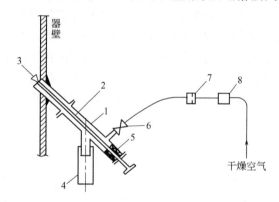

图 21-5-23 流化床用固体颗粒取样器[102]
1—取样器本体 $\phi=32\sim38mm$;2—拉杆;
3—锥形活动堵头;4—手动装卸取样杯,$38mm(\phi)\times150mm$;
5—气密填料;6—针形阀;7—节流小孔板,
$\phi=0.6\sim1.0mm$;8—逆止阀

关于从床中取出颗粒样品的方法,王尊孝[102]提出了如图 21-5-23 的取样器,在平时,锥形滑动堵头 3 是关闭的,阀 6 是开启的,使取样器内充满压力高于床层压力的干燥气体,以防止床内反应产物进入取样器造成启动困难。在取样时,首先关阀 6,转动拉杆 2,打开堵头 3,粒子就自动流入取样杯 4,然后再关闭堵头 3,卸下取样杯 4,倒出料后再装上取样杯,打开阀 6。

(2) 颗粒粒度的测量 颗粒粒度的测量方法有筛分法、光学显微镜法、扫描和计数显微镜法、干式重力沉降法、湿式重力沉降法以及电介质电阻率变化法(coulter counter)等。

这些常规仪器介绍不属本篇范围。要测定正在操作的流化床的颗粒粒度是很困难的,迄今所见的报道[103]局限于用光散射法连续测定自由空间的粒度分布。

5.8.7 其他测量

(1) 床层黏度的测量 床层黏度是流化床操作特性的表征,Ashwin[104]采用扭振式黏度计通过测量振动振幅的衰变速率,换算为动力黏度来测床层黏度。Finnerty[105]用振动桨叶来测量床层黏度。

(2) 固体颗粒运动速度的测量 由于缺乏适宜的测试手段,过去对于流化床中颗粒运动情况了解甚少。Ishida 与 Ohki 等人[106,107]利用光导纤维制成探针测量颗粒的运动速度和方向获得成功,他们将中心光导纤维与光源相通,起照明作用,而周围 6 条光导纤维与放大器连接,将光信号转为电信号,由此求得颗粒运动速度。

Jin 等[108]用激光法研究了气-固流化床内颗粒的运动,实验所用物料为 40%ZnS 与 60%有机玻璃细粉。

曲志捷、郭慕孙[109,110]提出了一个新的显示和记录流化床中的颗粒运动速度、轨迹和扩散状况的方法。该法以脉冲光通过光导纤维,同步多点激发用光致发光粉涂层的示踪颗粒的流场,用微光摄像机记录荧光轨迹,由此可从记录中获得颗粒运动的定量数据。

秦绍宗等[111]提出了一种能插入到流化床内部进行微区观察的运动颗粒图像分析系统。它可以对床内各种流动状态下的颗粒物料的形态、粒径分布和空隙度等参数提供一种新的测示方法。

参考文献

[1] Van Swasij W P M, Zuiderwey F J. Proc 5th Europ Symp on Chem React Eng., Amsterdam: 1972.
[2] Matsen J M. AIChE Symp Series, 1973, 69: 128.
[3] Rowe P N, Santoro L, Yates J G. Chem Eng Sci, 1978, 33(1): 133-140.
[4] 池田米一. ケミカルエンヂニヤリンゲ, 1979, 24: 7.
[5] 国井大藏, 列文斯比尔 O. 流态化工程. 北京: 石油化学工业出版社, 1977: 58-59.
[6] Wen C Y, Yu Y N. AIChE J, 1966, 12: 610.
[7] 杨子平, 董元吉, 郭慕孙. 化工冶金, 1983, 4(3): 1.
[8] Geldart D. Powder Technol, 1980, 26(1): 35.
[9] 王尊孝, 鲁文光, 苏聚云. 关于多层床操作的几个基本问题. 有机化学工业情况报道, 1958;《化学工程手册》编辑委员会. 化学工程手册: 第 20 篇, 流态化. 北京: 化学工业出版社, 1987: 84.
[10]《化学工程手册》编辑委员会. 化学工程手册: 第 20 篇, 流态化. 北京: 化学工业出版社, 1987: 124.
[11] Cooke M J, Harris W, et al. Tripartite Chem Eng Conference Symp on Fluidization. Montreal: 1968.
[12] Cole W E, Essennigh R H. Proceedings of Third International Conference on Fluidized Bed Combustion. Ohio: 1973.
[13] 国井大藏, 列文斯比尔 O. 流态化工程. 北京: 石油化学工业出版社, 1977: 76-77.
[14]《化学工程手册》编辑委员会. 化学工程手册: 第 20 篇, 流态化. 北京: 化学工业出版社, 1987: 139; 154.
[15] Jin Y, Sun Z, Wang Z, et al. Fluidization Science and Technology. Beijing: Science Press, 1982: 224.
[16] 王尊孝, 叶永华, 张琪, 等. 流体通过分布板的压降∥沈阳化工研究院研究报告(1963). 化学工程(内部资料), 1973, (3-4): 93;《化学工程手册》编辑委员会. 化学工程手册: 第 20 篇, 流态化. 北京: 化学工业出版社, 1987: 146.
[17] Whitehead A B, Dent D C. Proc Int Symp Fluidization. Eindhoven, 1976: 802.
[18] Fakhimi S, Harrison D. Chemeca' 70, IChem E Symp Series. Australia: Butterworth, 1970: 29-36.
[19] 郭慕孙. 颗粒化学流体力学∥全国流态化会议报告选集. 北京: 科学出版社, 1964: 209.

[20] 罗保林，郭慕孙. 化工冶金，1988，9（1）：22.
[21] 王中礼. 全国流态化会议报告选集. 北京：科学出版社，1964：164.
[22] Richardson J F, Zaki W N. Trans Inst Chem Engrs, 1954, 32: 35.
[23] 卢天雄. 流化床反应器. 北京：化学工业出版社，1986：55.
[24] Agarwal J C, Davis W L, et al. Chem Eng Progr, 1962, 58: 85.
[25] Qureshi A E, Creasy D E. Powder Technology, 1979, 22（1）: 115.
[26] 国井大藏，列文斯比尔 O. 流态化工程. 北京：石油化学工业出版社，1977：80.
[27] Perry J H. Chemical Engineers Hankbook. third. New York: McGraw-Hill, 1963.
[28] Leung L S. Powder Technol, 1972, 6: 189.
[29] Darton R C, LaNauze R D, Davidson J F, et al. Trans Inst Chem Eng, 1977, 55（4）: 274-280.
[30] Wen C Y, et al. Fluidization. Cambridge: Cambridge University Press, 1978: 32.
[31] Horio M, et al. Fluidization: Science and Technology // China-Japan Symposium. Beijing: Science Press, 1982: 114.
[32] 《化学工程手册》编辑委员会. 化学工程手册：第20篇，流态化. 北京：化学工业出版社，1987：148.
[33] 沈阳化工研究院. 辽宁化工，1975，(6)：30；王尊孝，等. 第二届全国流态化会议论文集. 北京，1980：185.
[34] 金涌，孙竹范，汪展文，等. 化工冶金，1982，(3)：61-66.
[35] 化学工程手册编辑委员会. 化学工程手册：第20篇，流态化. 北京：化学工业出版社，1987：163-165.
[36] 翁绍琳. 第二届全国流态化会议论文集. 北京，1980：191.
[37] 金涌，俞芷青，张礼，等. 化工学报，1980，(2)：117.
[38] 金涌，俞芷青，张礼，等. 石油化工，1986，15(5)；269.
[39] Overcashier R H, Todd D B, Olney R B. AIChE J, 1959, 5（1）: 54-60.
[40] Guigon P, Bergougnou M A, Baker C G J. AIChE Symp Series, 1974, 70（141）: 63.
[41] Davidson J F, Keairns D L. Fluidization // Proceedings of the Second Engineering Foundation Conference. Cambridge, England: Trinity College. 1978.
[42] 郑传根，董元吉，张文楠，等. 化工冶金，1990，11（4）：296.
[43] Jiang P J, Bi H T, Jean R H, et al. Fluidization' 91-Science and Technology // Fourth China-Japan Symp. Beijing: Science Press, 1991: 1.
[44] 张季兰，李淑珍，耿建文，等. 第二届全国流态化会议论文集. 北京，1980：173.
[45] Yang G L, et al. Fluidization: Science and Technology // Kwauk M, Kunii D. China-Japan Symp. Beijing, China: Science Press, 1982: 236.
[46] Mao Q M, Potter O E, Fluidization // Proceedings of the Fifth Engr Found Conf on Fluidization. Denmak, 1986: 449.
[47] Gelperin N I. Intern Chem Eng, 1964, 4: 198.
[48] Volk W, Johnson C A, Stoler H H. Chem Eng Prog, 1962, 58: 44.
[49] Botton R J. Chem Eng Prog Symp Series, 1970, 66: 8.
[50] 北京化工研究院反应工程组. 化学工程，1975，(2)：75.
[51] Grace J R, Harrison D I. Chem Eng, VTG/VDI, Joint Meeting. Brighton, 1968: 93.
[52] Ostergaard K. AIChE Symp Ser, 1973, 69（1）: 28.
[53] 国井大藏，列文斯比尔 O. 流态化工程. 北京：石油化学工业出版社，1977：245.
[54] 实用新型专利 92207714. 2. 1993-6-16.
[55] Kwauk M, Fluidization, Idealized and Bubbleless with Applications. Beijing: Science Press, 1992: 65; 142.
[56] 北京石油化工总厂设计所，石油化工技术情报所. 化学工程专辑——流态化，1973：59.
[57] 燃化部石油化工规划设计院，北京石油化工总厂设计院. 流态化. 化工单元操作设计参考资料，1971.
[58] 石油化工总厂设计院，石油化工技术情报所. 流化床反应器的设计，No1. 1972.
[59] 池田米一. 化学工业（日），1970，34：10.
[60] 浙江大学化学工程组. 石油化工，1977，(6)：640-642.
[61] 张琪，梁忠英，刘水盛，等. 第三届全国流态化会议论文集. 太原，1984：94.
[62] Zenz F A, Weil N A. AIChE J, 1958, 4: 472.
[63] Zenz F A. Encyclopedia of Chem Tech. third edition. 1980, 10: 564.
[64] Horio M, Shibata T, Muchi I. Proc 4th Int Conf on Fluidization. Kashikojima, Japan, 1983: 4. 8. 1-4. 8. 8.
[65] 谢裕生，潦昭雄，崛尾正制，等. 化学工学论文集，1980，6（2）：204.

[66] 曹汉昌. 石油炼制, 1983, (11): 12.
[67] Horio M, et al. Fluidization//Grace J R, Matsen J M. NewYork: Plenum Press, 1980: 508.
[68] Hamdullahpur F, Mackay G D M. AIChE J, 1986, 32(12): 2047-2055.
[69] 卢春喜, 王祝安. 第五届全国流态化会议文集. 北京, 1990: 48.
[70] 谢裕生, 秦霁光, 李琪等. 第四届全国流态化会议文集. 兰州, 1987: 43.
[71] Capoko B E. Михапев МФ, Мухпенов И П. Хнм пром, 1968, (7): 545.
[72] British Chemical Engineering. London, GBR: Engineering Chemical and Marine Press, 1971: 16; 162; 213.
[73] 北京石油化工总厂设计所, 石油化工技术情报所. 化学工程专辑——流态化, 1973: 72.
[74] Perry J H. Chemical Engineers Hankbook. third. New York: McGraw-Hill, 1963.
[75] [日]狩野武. 粉粒體输送装置. 東京: 日刊工業新聞社, 1969: 267.
[76] 北京石油化工总厂设计所, 石油化工技术情报所. 化学工程专辑——流态化, 1973: 92.
[77] 郭慕孙. 流态化在化工冶金中的应用. 北京: 科学出版社, 1958.
[78] 国井大藏, 列文斯比尔 O. 流态化工程. 北京: 石油化学工业出版社, 1977: 402.
[79] Engineering Equipment Users Association. Pneumatic Handling of Powdered Materials. London: Constable Company, 1963.
[80] Fitzgerald T J. Symp of NSF Workshop, Fluidization and Fluid-Particle System Research Needs and Priorities. New York: Troy, 1979.
[81] 卢天雄. 流化床反应器. 北京: 化学工业出版社, 1986: 96.
[82] Juveland A C, Deinken H P, Dougherty J E. Ind Eng Chem Fundam, 1964, 3(4): 329.
[83] Shakhova N A, Lastovteseva G N. J Eng Phys, 1973, 25(4): 1201-1206.
[84] Rowe P N, Santoro L, Yate J G. Chem Eng Sci, 1978, 33: 133.
[85] Anderson T B, Jackson R. Ind Eng Chem Fundam, 1969, 8: 137.
[86] Begovich P M, Watson J S. AIChE J, 1978, 24: 351.
[87] Werther J, Molerus O. Int J Multiphase Flow, 1973, 1: 103.
[88] 俞振奎, 胡桂荣, 李仲民, 等. 第三届全国流态化会议文集. 太原, 1984: 292.
[89] Qin S Z, Liu G Y. Fluidization: Science and Technology. Beijing: Science Press, 1982: 258.
[90] Danadono S, Massimilia L. Fluidization//Proceedings of the Second Engineering Foundation Conference. Cambridge, England: Trinity College, 1978.
[91] Nguyen X T, Leung L S, Weiland R H. Chem Eng Sci, 1975, 30: 1187.
[92] Yang W C, Keairs D L. Int Fluidization Conference. Henniker N H: 1980.
[93] Lanneau K P. Trans Inst Chem Eng, 1960, 38: 125.
[94] 席敏, 高妍, 卢天雄, 等. 第三届全国流态化会议文集. 太原, 1984: 303.
[95] Yoshida K, et al. Fluidization: Proceedings of the Second Engineering Foundation Conference. Cambridge, England: Trinity College, 1978.
[96] Ohkit O, Ishida M, Shirai T. Inter Fluidization Conference. Henniker N H: 1980.
[97] Burgess J M, Calderbank P H. Chem Eng Sci, 1975, 30: 1151.
[98] Rowe P N, Partridge B. Trans Inst Chem Engrs, 1965, 43: T157.
[99] Orcutt J C, Carpenter B H. Chem Eng Sci, 1971, 26: 1049.
[100] Tung Y, Kwauk M. Fluidization: Science and Technology. Beijing: Science Press, 1982: 155.
[101] 《化学工程手册》编辑委员会. 化学工程手册: 第20篇, 流态化. 北京: 化学工业出版社, 1987: 133.
[102] 徐州化工厂, 沈阳化工研究院. 直径0.92米流态化床苯酐氧化炉改造试验总结. 江苏省科学技术情报所, 1965.
[103] Busch C W. Proceedings of Fluidization Bed Combustion Technology Workohop, Vol 2. 1977.
[104] Ashwin B S, Hagyard T, et al. J Sci Instr, 1980, 37: 480.
[105] Finnerty R G, Maa J R, Vossler A M, et al. Ind Eng Chem Fundam, 1969, 8(2): 271.
[106] Ishida M, Hatano H, Sugawara T. Fluidization: Science and Technology. Beijing: Science Press, 1982: 146.
[107] Ohki K, Shirai T. Fluidization Technology, Vol 1. Washington: Hemisphere Pub Co, 1975: 95.
[108] Jin Y, Yu Z, Zhang L, et al. International Fluidization Conf. Henniker N H: 1980.
[109] 曲志捷, 郭慕孙. 第三届全国流态化会议文集. 太原, 1984: 41.
[110] Qu Z J, Kwauk M. Fluidization '85 Science and Technology//Kwauk M, Kunii D, et al. Second China-Japan

Symp. 1985: 477.

[111] 秦绍宗,李国征. 第五届全国流态化会议文集. 北京, 1990: 319.

符号说明

符号	说明
A	床截面积,m^2
A_c	旋风分离器进口管截面积,m^2
Ar	阿基米德数,$Ar = \dfrac{d_p^3 \rho_f (\rho_s - \rho_f)}{\mu^2}$
a	波纹挡板带片宽,m
$\dfrac{a}{nb}$	波形挡板相对带宽
C_D	阻力系数
C_B	气泡直径,m
D_c	旋风分离器圆筒部分直径,m
D_d	旋风分离器料腿直径,m
D_E	流化床扩大段直径,m
D_e	床层当量直径,m
D_{eH}	设置水平构件时的设备当量直径,m
D_{eV}	设置垂直构件时的设备当量直径,m
D_0	旋风分离器料腿堵头直径,m
D_T	容器直径,反应器直径,m
d_c	旋风分离器出口管直径,m
d_m	颗粒运动区直径,m
d_{or}	分布板小孔直径,m
d_p	颗粒直径,m
d_s	被捕集的颗粒直径,m
f	波纹挡板面与面折痕长度
F_1	饱和携带量,$g \cdot s^{-1}$
g	重力加速度,$m \cdot s^{-2}$
h	料腿下端至堵头的垂直距离,m;波纹挡板高,m
$\dfrac{h}{nb}$	波纹挡板相对高度
h_s	死区高度,m
H	床高,m
H_D	床层稳定段高度,m
H_f	流化床高,m
H_i	喷射高度,m
H_{mf}	临界流化床高,m
H_0	静止床高,m
H_s	分离高度,m
I	分布板孔间有效距离,m
K	经验系数
K_D	分布器的流量系数
L	旋风分离器料腿长度,m

L_1、L_2、L_3	一、二、三级料腿料柱高度，m	
L_B	料腿插入床层深度，m	
l	过滤器金属管长度，m	
l_1、l_2	旋风分离器圆筒与圆锥部分长度，m	
n	指数	
N_{or}	分布板孔数	
P	波纹挡板两波顶距，m	
p_1、p_2、p_3	一、二、三级旋风分离器入口压力，kgf·m^{-2}	
p_4	第三级旋风分离器出口压力，kgf·m^{-2}	
Δp_B	床层压降，kgf·m^{-2}	
Δp_c	旋风分离器压降，kgf·m^{-2}	
$(\Delta p_D)_c$	分布板稳定性临界压降，kgf·m^{-2}	
$(\Delta p_D)_m$	分布板所有小孔均处于活性状态下的压降，kgf·m^{-2}	
Q	气体体积流量，m^3·h^{-1}	
Q_j、Q_{mj}	每个喷射管的气体流率与临界气体流率	
R	床膨胀比	
R_c	稳定性临界压降比	
Re_p	颗粒雷诺数，$Re_p = \dfrac{d_p U \rho_f}{\mu}$	
S	孔间距，m	
t	时间，h	
t_c	临界点时间，h	
TDH	输送分离高度，m	
U	流体表观速度，m·s^{-1}	
U_c	旋风分离器进口速度，m·s^{-1}	
U_m	分布板小孔均工作的最小流化速度，m·s^{-1}	
U_{mb}	临界鼓泡速度，m·s^{-1}	
U_{mf}	临界流态化速度，m·s^{-1}	
U_{min}	最小操作速度，m·s^{-1}	
U_{or}	通过分布板锐孔的气体速度，m·s^{-1}	
U_t	终端速度，m·s^{-1}	
W_c	旋风分离器单位时间内捕集的颗粒质量，kg·s^{-1}	
W_s	固体颗粒的进料量，kg·h^{-1}	
$W_沉$	最大颗粒的水平沉积速度，m·s^{-1}	
$W_噎$	最大颗粒的噎塞速度，m·s^{-1}	
Z_∞	塌落过程最终床高，m	

希腊字母

α	分布板开孔率
α_c	分布板临界开孔率
α_f	过滤管开孔率
β	料腿管口端面与垂直面夹角，(°)
γ_s	被捕集颗粒的堆积密度，kg·m^{-3}
δ	死床率；翼阀盖板厚度，mm
δ_{max}	最大死床率

ε	流化床空隙度
η	旋风分离器分离效率
Θ	无量纲沉降时间
θ	休止角，(°)
μ	流体黏度，$kg \cdot s \cdot m^{-2}$
ρ_1、ρ_2、ρ_3	一、二、三级旋风分离器料腿中的物料密度，$kg \cdot m^{-3}$
ρ_B	床层密度，$kg \cdot m^{-3}$
ρ_p、ρ_f	颗粒物料与流体的密度，$kg \cdot m^{-3}$
ψ	颗粒形状系数

6 流态化过程强化

过程强化是指在生产和加工过程中运用新技术和新设备,极大地增加设备生产能力,极大地减小设备体积,显著提高能量效率,大量地减少废物排放的手段。与传统的固定床接触方式相比,处于流态化条件下的颗粒,尺寸较小,比表面积较大,可与流体充分接触,并处于强烈的湍动,使相间的接触和热、质传递大大增加,为提高生产装置的效率创造了极其有利的条件。但流化床中存在的气泡和颗粒聚团等介尺度结构现象[1],严重影响流固相间的传质、传热效率,对流化床反应器的规模放大带来不利影响。如图21-6-1所示[2],流化床反应器从实验室小规模放大到工业规模过程中,放大效应随着流化质量的变差增大,对流化床反应器的过程放大造成严重影

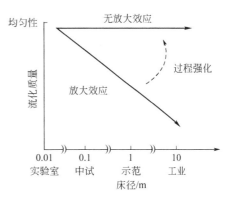

图 21-6-1 流态化过程强化与流化床放大[2]

响。这就需要采取过程强化手段改善颗粒流态化质量,以缩减因气泡和扬析所带来的放大效应。流态化过程强化方法主要分为三大类:一是通过颗粒设计改变颗粒内部或表面结构,以改善颗粒流化质量的本征流态化方法;二是依靠磁场、声场、振动场等外力场流态化方法,利用附加能量破碎气泡和颗粒聚团;三是内部构件和床型设计。

6.1 颗粒设计强化

Geldart[3]给出了颗粒和流体密度差与颗粒粒径的流态化相图,并将颗粒分为 A,B,C,D 四大类。其中,A 类因具有良好的流化性能而被广泛应用于流化催化裂化反应器中;C 类颗粒(超细粉体)由于强烈的颗粒间黏附作用,流化时易于形成沟流、节涌和失流,难以实现正常流态化;而 B 类物料(中粗颗粒)和 D 类(相当粗颗粒)流化时容易产生大气泡和节涌现象,流化不稳定。通常,气固流态化质量的优劣主要取决于固体颗粒的性质,包括颗粒的密度、颗粒的粒度以及粒度分布、颗粒的形状及表面性质等;对超细颗粒及黏性颗粒而言,主要取决于聚团的密度、尺寸及其分布。早在 1978 年,郭慕孙就提出了通过对颗粒的特性(如粒度分布、密度、表面特性、粒径等)进行合理的设计以达到改善气固流化质量的目的这一思想。所谓颗粒设计,是指选取或制备具有适当密度与粒度及粒度分布的颗粒或颗粒聚团,使其表现出 A 类物料的良好流态化特性,甚至表现出散式流态化的特征。颗粒设计包括原始颗粒结构设计、添加组分设计、颗粒表面性质设计等。

6.1.1 颗粒结构设计

从液固体系的散式流态化特征可以得到启示，如果设法提高流体密度或降低颗粒密度，从而减小气体与颗粒之间的密度差，则可以提高气固流态化质量，甚至可以使气固流态化从聚式向散式转化。这一思想已从低密度纳米聚团的流态化得到充分验证[4,5]。早期的观点认为 Geldart C 类颗粒由于颗粒间的强相互作用力，难以实现正常流态化。直到 1985 年，Chaouki 等人[6]研究发现 Cu/Al_2O_3 气凝胶颗粒团聚体在高于最小流化速度下呈现无气泡散式流态化行为。此后，不同研究者在不同体系中发现，当操作气速远远超过纳米颗粒的最小流态化速度时，一部分纳米、亚微米及微米颗粒能够以团聚体的形式实现类似 Geldart A 类颗粒或者 Geldart B/D 类颗粒的流化行为[6~12]。王兆霖等[13]进一步研究发现，聚团密度的减小是改善细颗粒流化性能的一种有效途径。细颗粒的聚团流态化分成三类：沟流；似 A 类聚团流态化；似 B/D 类聚团流态化。由此提出了当量流态化的概念。大量实验表明，这种在流化过程中形成的颗粒聚团具有两个重要特征：

(1) 低密度 Wang 等[8]研究发现原生纳米 SiO_2 颗粒（16nm）能够形成堆积密度仅为 $25kg·m^{-3}$ 的颗粒聚团，比普通 C 类、A 类物料低一个数量级，比原生颗粒密度低两个数量级。

(2) 多孔疏松结构 由于颗粒之间存在大量空隙，使得颗粒聚团间的黏性力降低。流化初期的节涌、沟流不稳定。然而，当气速增大到一定程度后，全床层进入一种新的稳定状态，即颗粒以稳定的团聚体的形式实现无气泡均匀流态化，非常类似于液固体系的散式流态化。这种通过颗粒结构设计控制颗粒聚团密度和聚团大小，从而改善细颗粒流化性能的方法如图 21-6-2 所示。

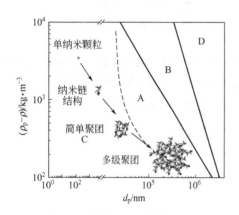

图 21-6-2 纳米颗粒向聚团的转化过程[14]

并非所有的纳米级颗粒都能实现聚团散式流态化，有的则以聚团鼓泡的形式流化，有的甚至无法形成适合流化的聚团体。纳米颗粒的聚团行为不仅与颗粒密度、颗粒尺寸有关，还受到颗粒表面性质的显著影响。只有那些密度极低的聚团，与空气的密度差同单个颗粒与空气的密度差相比已降低了一个数量级以上的聚团体，才有可能实现聚团的散式流态化。由此可见，颗粒结构设计的关键是需要构造出一种超低密度的颗粒或聚团，使颗粒粒度及颗粒与气体之间的密度差落入 Geldart 相图的 A 区，从而获得良好的流化质量，甚至达到散式流态化。

颗粒结构设计的一个典型应用是碳纳米管大规模制备[15]，清华大学魏飞等通过催化剂和反应器设计调控碳纳米管生长结构和控制碳纳米管聚团结构，实现了碳纳米管聚团的稳定流化和大批量生产，碳纳米管产量达到 $15kg·h^{-1}$，纯度达 99% 以上。中科院过程所针对超细氧化铁还原过程中易黏结失流问题，对颗粒进行水处理和煅烧预造粒，使超细颗粒转化为易于流化的微米级颗粒，延长了流化时间[16]。但预造粒成本较高，而且预造粒不利于颗粒深度还原。进一步提出了利用纳米颗粒黏结这一特性，在还原过程中使超细颗粒逐级团聚成为易于流化的 A 类颗粒，这一思路成功应用于制备超细镍粉和纳米级铁粉，纯度达 99% 以上[17,18]，有望把纳米颗粒流态化推向工业应用。

6.1.2 添加组分设计

添加组分设计即向原始颗粒中添加不同粒径、不同性质或不同形状的添加组分颗粒，使得颗粒密度及平均粒度落入 Geldart 相图的 A 区时，往往可以改善原始颗粒的流化质量[7,19~23]，其本质在于减弱或调控颗粒间的黏附力[24]。

一般而言，流化性能好的 A、B 类颗粒可作为添加组分来改善流化性能差的 C 类颗粒的流化质量。研究表明[25,26]，在 B 类颗粒中添加 A 类颗粒，形成一种无黏附无聚团效应的床结构，A 类颗粒以分散形式填充于大颗粒之间，仅起改变流场的作用，称为填充效应。随着 A 类颗粒质量分数的增加，床结构不会发生质的变化。若在 B 类颗粒中添加 C 类颗粒，由于 C 类颗粒在 B 类颗粒表面的黏附，使粗颗粒的表面特性发生变化，这种表面特性的变化改善了粗颗粒的流动特性和流化质量。反过来，B 类颗粒对 C 类颗粒能起分割作用，使得流场中细颗粒的自聚团尺寸减小，体现了 B 类和 C 类颗粒之间的协同作用。这种颗粒间协同作用与细颗粒的自聚团和细颗粒在粗颗粒表面的黏附行为或协聚行为密切相关。颗粒间协同作用可以用颗粒相互作用的物理模型来解释，如图 21-6-3 所示的向粗颗粒中加入细颗粒的床层结构的变化过程[27]。

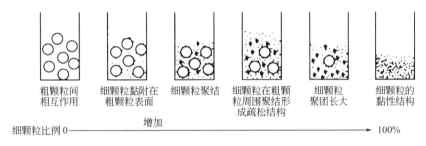

图 21-6-3 粗颗粒床中加入细颗粒时床层结构随添加量的变化[27]

另一方面，添加部分纳米颗粒或超细颗粒也能改善 A 类和 B 类颗粒的流化质量[28~37]。研究表明，超细颗粒的引入能减少气泡和增加床层孔隙率[28,29]。添加超细颗粒的另一个重要作用是能够降低湍动流化速度[30]，强化传质速率和传热速率[31,32]，提高反应转化率[33,34]。

添加针状颗粒对改善颗粒的流化质量也有重要作用。Brooks 等[38]开发了一种须状碳纤维材料，平均长度为 $5\mu m$，平均粒径为 $0.1\sim 0.3\mu m$。这种物料单独流化时床层可膨胀 550%，且无气泡。Brooks 等分析此种碳纤维可实现无气泡散式流态化的原因有：①碳纤维为导电体，故无静电的不良影响；②气泡在低密度的碳纤维中倾向于不稳定，故不易产生气泡；③此种碳纤维具有高度不规则的颗粒形状，此种形状容易形成尺度适宜的聚团。A 类裂化催化剂床中添加 5% 的碳纤维，可有效地减少鼓泡和夹带，但改善细颗粒流化质量所需的碳纤维添加量很大。

此外，借助于磁场的作用，在细颗粒或黏性颗粒中添加铁磁性物质，也可以改善细颗粒的流化质量[22]。借助铁磁性颗粒在磁场中的剧烈运动，使气泡变小，沟流消失，聚团破碎，从而改善细颗粒的流化质量。研究发现，铁磁性颗粒在磁场力的作用下沿着磁力线方向形成很多针状结构[39]。一方面，由于针状结构较大的重力与阻力之比，很容易从气泡顶部进入气泡，使气泡破碎；另一方面，针状结构又能够阻碍沟流的发生，不但减小了沟道中气体流道的断面积,增加了气体通过沟道的阻力,而且也将整团的 C 类物料分割成很多小块,改善了床层的通气性,流化床内沟流逐渐消失,因而流化质量得以改善。

6.1.3 颗粒表面性质设计

除了颗粒与流体的密度差、颗粒粒度大小的影响外,颗粒表面的物理化学性质(表面能、表面电性、润湿性、吸附性等)也是影响其流化行为的一个重要因素。如前所述,超细颗粒之所以流化性能较差,是由于粒径小而使得表面能高、颗粒间作用力大。表面改性通常是用以提高机器零件或材料性能,赋予零件耐高温、防腐蚀、耐磨损、抗疲劳、防辐射、导电、导磁等各种新的特性。在这里,颗粒表面改性也可以作为强化黏性颗粒流态化质量的一种手段,通过改变颗粒的表面结构和表面性质,降低颗粒间的作用力,从而提高流化性能。

表面改性技术通常采用化学的和物理的方法改变颗粒、材料或工件表面的化学成分或组织结构,包括化学热处理(渗氮、渗碳、渗金属等)、表面涂层(低压等离子喷涂、低压电弧喷涂、激光重熔复合等薄膜镀层、物理气相沉积、化学气相沉积等)和非金属涂层技术等。表面包覆是一种常用的表面改性技术。铁矿粉在直接还原过程中析出的纳米铁颗粒具有很强的黏性力,极易失流。防止铁矿粉还原失流的方法之一就是在颗粒表面析碳[40~43],能够阻止黏性颗粒表面的接触和碰撞。在黏性颗粒中添加惰性超细粉体($<1\mu m$),也能够起到隔离作用,如 CaO 和 MgO 等[44,45]。大量研究表明,颗粒表面包覆能够显著降低颗粒的最小流化速度[46~48]。研究发现,最小流化速度随着颗粒间作用力的减小而降低[49],这表明颗粒表面改性的流态化强化作用显著降低了颗粒间的黏性力(包括范德华力、液桥力、静电力等)。

实质上可将微粉看作吸附于颗粒表面上的微粉涂层,这种微粉涂层使得粉体流动性和流化性能获得改善。微粉涂层对颗粒的粉体行为的改善作用源于[40]:①微粉优先吸附空气中的含湿颗粒;②微粉充作颗粒与颗粒的隔离物;③更改颗粒的静电电荷。例如,在气固流化床加重质(磁铁矿粉)干法选煤过程中,由于磁铁矿粉表面呈亲水性,当加重质(不含煤粉)的水分超过 0.5%,流化床就难以达到正常流化状态[50]。利用改性剂对磁铁矿粉表面进行改性,使其由亲水性变为疏水性,从而可改变磁铁矿粉表面的润湿行为,提高磁铁矿粉的流化质量[51]。

6.2 外力场强化

实验已经证明,外力场(磁场、声场和振动场)可以有效地削弱和克服黏性颗粒之间的黏聚力,减小聚团尺寸,从而改善黏性颗粒的流态化质量。

6.2.1 磁场强化

磁场流化床的研究报道最早出现在 20 世纪 60 年代[52],当时主要针对空间分布不均匀、方向随时间变化的磁场作用下的磁场流化床的流体力学性质和传质性质进行研究。1969 年 Tuthill[53]提出了"磁稳流化床"的概念,Rosensweig[54]在基础研究方面做了奠基性的工作。随后研究者对磁场流化床的操作相图、流变特性、膨胀特性、热量质量传递、流-固接触效率、不同流型等机理问题方面开展研究。目前,磁场流化床在化工、生物等领域的应用取得了一些突破性进展。

6.2.1.1 磁场流化床基本原理和装置

磁场流化床是在普通流化床的基础上增加了一个外力场——磁场。流化床内磁性颗粒除了受到流场和重力场作用外，还受到磁场的作用。在外加磁场的作用下，磁敏性颗粒受到磁化，磁极间产生相互作用，并倾向于沿磁力线方向发生定向排列。当大量的磁敏性颗粒群成链状排列时，形成具有一定强度的沿磁力线方向排列的针状结构物，即为磁链。在均匀磁场中，由磁性颗粒组成的整个床层并没有受到任何净的磁场外力作用，这对于解释流体流过磁性颗粒层的行为，是十分重要的。在非均匀磁场中，假设磁力线是弯曲的，磁性颗粒以二聚或多聚链形式沿磁力线呈弯曲排布。由于在径向磁感应强度的密度不同，颗粒之间除相互作用力外，还受到一个指向弯曲中心的力。该力与磁感应强度的梯度和磁场强度的乘积成正比。

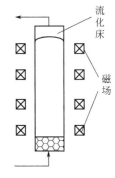

图 21-6-4 轴向磁场装置示意图

磁场一般选用恒定或交变电磁场，其产生方式一般通过 Helmholtz 线圈产生，磁场强度可以利用电流强度调节。磁场的类型按磁场方向的不同，可以分为轴向磁场和横向磁场；根据磁场方向和强度是否随时间而变化，可以分为稳态磁场和非稳态磁场；根据磁场方向和强度随空间位置的变化，又可以分为均匀磁场和非均匀磁场。目前研究较多的是外加轴向均匀磁场流化床，其磁场装置的基本结构如图 21-6-4 所示。

6.2.1.2 磁场流化床的强化作用

磁场作用下的气固流化床的颗粒床层通常可以归纳为固定床、磁稳床和磁控鼓泡床三种形式，见图 21-6-5[54~56]。该相图主要类比了纯物质的相变图：磁场强度相当于压力，操作气速则相当于温度，固定床流域相当于纯物质的固相状态，磁稳床流域相当于纯物质的液相状态，而磁控鼓泡床流域相当于纯物质的气相状态。一般认为，轴向磁场作用下颗粒的初始流化速度 U_{mf} 与磁场强度无关，磁场膨胀气速随磁场强度的变化为一水平线（图 21-6-5）。当气速较低时，颗粒为普通固定床；当气速增至某一临界值 U_{mf} 时，颗粒层处于漂浮状态，床层开始膨胀；继续提高气速后，床层将继续膨胀，颗粒沿磁力线呈有序排列，此时床层压

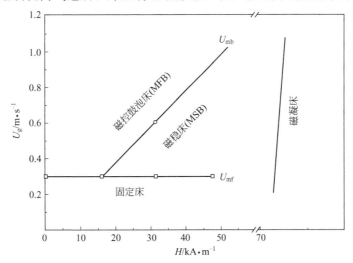

图 21-6-5 磁场作用下的气固流化床操作相图[54,55]

降基本保持不变，床内颗粒分布均匀，该状态称为磁稳床；进一步增加气速达到 U_{mb} 时，床内开始连续出现气泡，气泡在上升中长大、聚并；气速再增加，气泡增多，床内粒子虽还有二聚、三聚链存在，但无规则湍动和全床范围粒子环流加剧，是典型流化床特征，称磁控鼓泡床。此外，当磁场强度过高时，铁磁性颗粒相互吸引为一体，床层膨胀困难，当通过床层的压降大于床层单位截面质量时，会引起颗粒层整体向上移动而形成节涌床。液固磁场流化床也大体经历与气固磁场流化床相同的历程[57]。

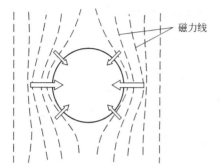

图 21-6-6 铁磁性颗粒在磁场中的成链排列及其与气泡的相互作用[54,58]

在磁稳床内如出现气泡，由于气泡的形成必然导致原来均匀的磁力线弯曲（图 21-6-6）。这时作用于铁磁性颗粒上的磁场力的方向指向气泡中心，从而促使气泡破裂[54,58]，有利于防止气泡的形成和长大。这就是在磁稳床内很少能有气泡形成的原因。归柯庭等[59]从作用在颗粒表面的磁应力角度阐明了磁场消除气泡的物理机理，即磁场强度和固相容积密度变化趋势的不同，使得气泡周围的颗粒在由固相容积密度变化引起的磁应力差的作用下，向气泡中心运动，直至消除气泡。进一步运用对聚式流化床后加磁场的实验方法，证实磁场确有消除气泡、使流化床从有气泡的聚式流化转为无气泡的散式流化的功能。

普通流化床中 Geldart B 类颗粒呈聚式流态化，其典型特征是初始流化即开始出现鼓泡（$U_b=U_{mf}$）。然而，在磁场作用下流化 B 类物料，能够得到类似于 A 类物料的流化行为，并且最小鼓泡速度随着磁场强度的增加而增大[60,61]。对于 C 类颗粒，磁场的改善作用表现在三个方面[62~64]：

① 破碎气泡，由于气泡尺寸减小，加强床内的湍动程度，因而增加了传递速率；
② 抑制沟流现象，减小了颗粒最小流化速度；
③ 降低颗粒夹带损失，由于气泡尺寸的减小以及磁控流化床内铁磁性颗粒运动受到限制，使固体颗粒的夹带损失大为降低。

实验证明，磁场不能直接改善非铁磁性物质的流化质量，磁场对流化质量的改善必须借助加入的铁磁性颗粒的作用[65]。当固体颗粒为铁磁性物质或固体颗粒物料中混有相当数量的铁磁性颗粒时，外加磁场会明显地影响颗粒物料的流态化行为，防止气泡与颗粒聚团的形成与长大，从而改善流态化质量[66,67]。另外，磁场可以明显地改进气体的径向分布与停留时间分布，加强气-固之间传热、传质过程[68]，既可实现小粒径（无内扩散影响）、低压降、大通量、高负荷操作，保持了流化床反应器的优点；又可提高反应器的接触和反应效率，实现逆流操作，防止催化剂夹带损失，兼有固定床反应器的优越性。

磁场流化床也有其局限性，一方面对催化剂的特殊要求，即要求催化剂颗粒既具有良好的催化活性和选择性，又具有顺磁性；另一方面，其传质、传热速率在很大程度上，取决于磁场强度和气速的大小。当磁控流化床处于磁稳床操作时，由于磁场力对铁磁性颗粒运动的束缚，气体流动接近于固定床的平推流型，限制了其传质、传热能力，使其介于固定床和普通流化床之间。进一步研究发现，交变磁场下铁磁性颗粒的振动可以很大程度地提高传质速率，这有可能是铁磁性颗粒的振动，导致包覆在颗粒周围的边界层变薄所引起的。表 21-6-1 列出了磁控流化床与传统流化床及固定床特性的比较。

表 21-6-1　磁控流化床与传统流化床及固定床特性比较[69,70]

特性	固定床	磁控流化床	传统流化床
颗粒状态	静止	静止或振幅较小	剧烈运动
气泡	无	无或均匀小气泡	有,不均匀
床层压降	高	低	低
气固传质效率	低	高	高
气固传热效率	低	较高	高
轴向返混	无	无或少量	大量
颗粒磨损	无	无或少量	大量

6.2.1.3 磁场流化床的应用

研究人员在实验室小试装置上考察了磁场强化具有铁磁性催化剂的传热、流动和反应，涉及的反应体系包括镍基、钴基或镍钴双金属催化剂上的甲烷-CO_2重整反应[71]，CO 甲烷化[72,73]，非晶态镍催化剂的催化加氢反应[74,75]和 SCR 脱硝反应[76,77]。结果表明，磁场能显著提高催化剂的流化质量和反应性能，使反应转化率和目标产物收率提高 8～15 个百分点，接近于热力学平衡时的反应转化率。

中国石化石油化工科学研究院宗保宁等在实验室小试研究的基础上，进行了一系列的中试放大和工业规模研究，开发了磁稳床己内酰胺加氢精制工艺[78]。2003 年，石家庄化纤有限责任公司建成了 3.5 万吨·年$^{-1}$的工业装置，首次实现了磁稳床反应器的工业应用，生产能力达到 6.5 万吨·年$^{-1}$。2009 年，该公司又新建 10 万吨·年$^{-1}$磁稳床加氢精制装置，开工运转稳定。巴陵分公司也于 2005 年 3 月完成了 7 万吨·年$^{-1}$磁稳床 CPL 加氢精制工业装置的建设，一次开车成功。长期运转结果表明，装置运行稳定、开停车方便、加氢效率高，PM 值为 50s 的 30% CPL 水溶液经磁稳床加氢后，PM 值可以达到 4000s 以上，提高 10 倍以上，大幅提高了加氢效率和催化剂利用率，且催化剂消耗降低 50%。

6.2.2 声场强化

6.2.2.1 声场流化床装置

声场流化床是在普通流化床上添加声场系统，以达到改善流化质量或传质-传热性能的目的。声场流化床的基本结构如图 21-6-7 所示，包括流化床和声波发生装置。声波发生装置由声波信号发生器、功率放大器和扬声器（喇叭）组成。流化床床顶连接喇叭，该喇叭由功率放大器带动，一定频率的电正弦波由一数字信号发生器产生后传入放大器。采用声波信号发生器产生特定频率的声波信号，该信号经功率放大器送入置于流化床顶部的喇叭从而对床内颗

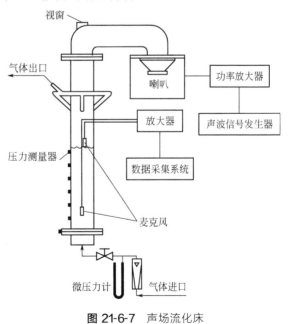

图 21-6-7 声场流化床

粒产生作用。

6.2.2.2 声场强化原理及特性

通过声场来提高超细颗粒的流化性能，是通过引入声波能量来克服或减小颗粒间力，进而提高超细颗粒流化质量。早在 1955 年 Morse 就发现声波可以显著地改善超细颗粒的流化质量，可以有效地降低流化床中超细颗粒聚团的尺寸，抑制沟流、节涌等，使超细颗粒在很低的操作气速下实现稳定流化；但对大颗粒的流化质量没有改善作用[79]。Morse 的研究成果并没有引起众多学者的重视，之后的几十年间鲜有进一步的进展，直至 20 世纪 90 年代初期，众多研究者开始对细颗粒声场流态化进行系统的实验和理论研究[80~85]，发现声场可以将大尺寸聚团破碎成小尺寸聚团，这种小聚团呈现 Geldart A 类颗粒的流态化特征，并提出了声场破碎聚团理论，通过分析超细颗粒间因存在黏性力（范德华力、静电力、液桥力和机械咬合力），使其在自然状态下很难以单分散形式存在，而自发形成亚聚团（一次聚团），粒径一般在数十微米。这种一次团聚物间仍有较强的黏附力，流化时在气动力作用下，一次团聚物之间或较大颗粒之间会进一步重组，形成较大的聚团（二次聚团）。外加低频率、高强度声场可以提供足够的能量有效地将聚团（二次聚团）破碎为亚聚团，但是却不足以将亚聚团破碎为单颗粒。此后，研究者对不同粒径颗粒，特别是超细颗粒的声场流态化行为进行了系统的实验研究，包括声波频率、声压级、床层高度、床层重量、颗粒聚团、鼓泡特性等流化参数的影响规律。一般认为，声场的频率和声压级是决定超细颗粒流化质量优劣的关键因素，声波频率低于 1000Hz、声压级高于 100dB 的声场条件显著提高微米级超细颗粒的流化质量。进一步研究发现，频率对颗粒流化的影响存在一个最佳范围，频率过高或过低都使声波的作用效果减弱，当声频调至共振频率时，可以得到最高的床层膨胀和最高的传热效率。

声场流态化还具有如下优势及特点[86~94]：
① 有效抑制气泡的成长和抑制沟流、腾涌等现象的产生，增强传质和传热效率；
② 增大流化床的操作范围，提高设备生产能力；
③ 减少床层中细粉的夹带损失。

与其他方法相比，声能还具有不受颗粒物性限制，可以采用辐射方式引入流化床而不需要内部构件等优点。然而，声场流化也存在一些不足之处，由于气体对超声影响很大，颗粒流化效果容易受到气流干扰等。此外，在发生超声空化作用时会产生上千个大气压力，可能会破坏颗粒物，同时也会对物件产生破坏，所以超声强度高，会对物件有划痕等。

6.2.2.3 声场流态化的应用前景

Moussa 等提出脉动流化床燃烧技术，基于热声转化技术在燃烧器中产生声场，提高了燃烧速度，同时可以减少 SO_2 和 NO_x 排放[95~97]。在实验室研究的基础上，建立了 $22.68t \cdot h^{-1}$ 工业规模的蒸汽锅炉，得到了验证[98]。我国浙江大学对脉动流化床燃烧的特性及其机理进行了系统的研究[99~101]，结果表明声波振动可以使流化床内的流场分布更加均匀，促进热质传递。脉动条件下的传热系数随声波振动强度的增大而增大。将声场流化床作为细颗粒物或气体污染物的过滤器，应用于脱除燃烧器所排放热烟气中的细颗粒[102~105]、强化旋风分离器[106]分离细颗粒及捕捉 CO_2[107] 等过程受到广泛关注。研究发现，声场可以促进细颗粒黏附在粗颗粒表面，促进微粒团聚，提高床层过滤性能，从 20%~50%增加到 70%[102,106]。同时，声场的引入增强了气固传质、传热性能，提高了 CO_2 捕获效率[107]。

至今，声场流化床仍停留在实验室研究阶段，尚没有声场流化床工业装置，要将其工业化放大主要面临着以下几个问题：①声场流化床传递机理的研究以及模型的建立。由于引入了外力场，传统流化床的模型大部分不能直接应用于声场流化床，需要对声场流化床的流体力学以及传热、传质的特性和机理进行深入的研究，建立适当的数学模型。②面向工业需求，开发具有声场流态化特色的新型工艺过程和工艺设备，是今后研究声场流态化的关键内容之一。

6.2.3 振动场强化

振动流化床（vibrated fluidized bed，VFB）是在普通流化床中引入振动能量，强化颗粒运动，以解决难流化颗粒的流化问题，或改善流化状态，提高气固接触效率，强化传热、传质过程。由于难流化颗粒的物性差异较大，振动流化床没有统一的流化特性规律。振动流化床能够克服黏湿颗粒之间黏结，实现颗粒的稳定流化，广泛应用于各类原料、中间品或产品颗粒（药物、食品、煤炭）等的干燥[108~112]，也可以应用于物料分离工业过程中，如矿物的富集和分选过程等[113~117]。

6.2.3.1 振动流化床装置及工作原理

振动流化床装置可分为吊式和卧式两种安装方式。吊式主要用于实验研究，其基本结构见图 21-6-8[118]，流化床床体被固定在一个振动台上，通过调节振动源的振动频率和振幅控制振动流化床的振动强度。目前工业应用常见的是卧式振动流化床，其基本结构如图 21-6-9 所示[119]。

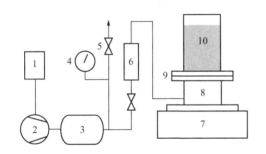

图 21-6-8 振动流化床[118]

1—空气过滤器；2—罗茨鼓风机；3—气箱；
4—压力表；5—阀门；6—流量计；7—振动台；
8—气室；9—气体分布器；10—流化床

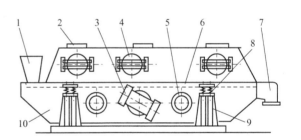

图 21-6-9 常见卧式振动流化床结构[119]

1—进料口；2—出风口；3—振动电机；4—清扫窥视门；
5—进风口；6—气体分布板；7—出料口；8—减振器；
9—机架；10—进风室

6.2.3.2 振动流化床的强化作用研究

振动流化床能够强化黏湿颗粒的流态化行为，能有效地抑制气泡的长大与沟流的形成，显著地提高传质、传热效率。同时，振动能量的引入可使最小流化气速降低，显著降低流化气体需要量，进而降低粉尘夹带，配套热源、风机、旋风分离器等也可相应缩小规格，成套设备造价会大幅度下降，节能效果显著。

振动流化床可以强化粗颗粒的气固流态化行为及促进物料分选效果[114~117]。这是因为颗粒系统在气固流化床中的密度离析需要床层均匀稳定流化，整个床层具有一定膨胀率，有足够的空间来实现颗粒之间的偏移和换位。然而，常规粗颗粒气固流化床常常发生小气流短路和大气流团涌现象，不能为颗粒的密度离析提供有利环境。外加振动能量可有效改善粗颗粒流化床的流化效果和气泡特性,促进流化气体在流化床中的均匀分布,强化气体与颗粒之间的作用,形成有利于按密度为主导因素实现颗粒离析的流化环境。

振动流化床强化超细粉体的流化质量受到研究者的广泛关注[120~124]。研究表明,振动能量的引入可以有效地消除节涌、抑制沟流、降低最小流化速度,减小聚团尺寸,显著地改善纳米颗粒的流化质量。而且由于振动波强化了粉体颗粒的运动,能够破碎床层中的气泡,形成良好的气固接触状态。有学者从能量平衡原理[125,126]和力平衡原理[127]角度揭示了振动场破碎聚团的作用:

① 从聚团的形成角度看,振动强度的增大,不仅增强了颗粒运动的剧烈程度,而且使得床层内颗粒链的断开数量也随之增多,从而增加了小颗粒链的数量,降低了聚团的平均尺寸;

② 从团聚物的流化角度来看,随着振动强度的增大,进一步增加了团聚物之间的碰撞机会,势必会减小床内聚团的平均尺寸。

6.2.3.3 振动流化床的应用

振动流化床具有强化颗粒流动,强化传热、传质等优势,成功应用于颗粒分选、干燥等工业过程中[128~134]。例如,振动流化床应用于赖氨酸生产[128]的干燥过程中,运行结果表明,振动的导入使最小流化速度降低,从而显著减少进风量,降低能耗,配套加热器、风机也相应缩小规格,降低投资。同时气速降低可减少干燥尾风夹带的粉料量,降低物料损失。振动流化床在工业上还用于制盐工业[129,130]、氯化钙[131]的烘干。振动流化床由于物料的输送是由振动来完成的,供给的热风只是用来传热和传质,因此可以明显地降低能量消耗。另外,由于床层的强烈振动,传热和传质的阻力减小,提高了振动流化床的干燥速率,克服了普通流化床易产生返混、沟流、粘壁等现象。秦皇岛秦冶重工有限公司和东北大学共同合作开发并在锡林浩特建立了规模达150t·h^{-1}的我国第一套振动流化床褐煤干燥示范线[132,133],以振动流化床为干燥器的主体设备,利用低氧热烟气作为干燥换热介质的褐煤干燥工艺,整个工艺流程如图21-6-10所示。

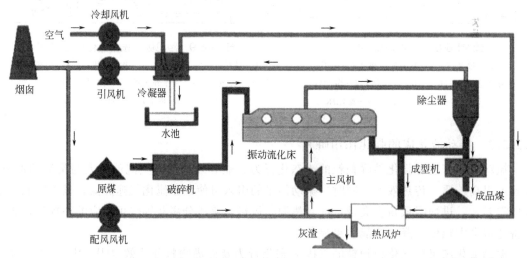

图 21-6-10　振动流化床褐煤干燥示范线[133]

工业上振动流化床也用来改善矿物的富集及分选效果,实验证明,振动场引入后,可以有效地抑制气泡的长大与沟流的形成,使床中重介质的密度分布更为均匀,从而提高分离效率。2006 年 10 月在河北唐山神州机械有限公司建立了 40t·h^{-1} 空气重介质流化床干法选煤示范系统，以振动流化床对煤炭（>6mm 粒煤）进行干法分选[134]。虽然振动流化床作为干燥、分选等物理过程的一种强化手段得到了充分的研究和广泛的应用，但振动流化床作为化学反应器的研究还有待加强。

6.3 内构件强化

流化床反应器内增设内构件，是破碎气泡和颗粒聚团、改善流化质量的一种有效手段，在工业流化催化反应器中已取得广泛应用[135~140]。常用的内构件主要有水平构件和垂直管束，如图 21-6-11 所示[141~144]，它们的结构型式及其在床内的设置方式各异，使用上各有特色。

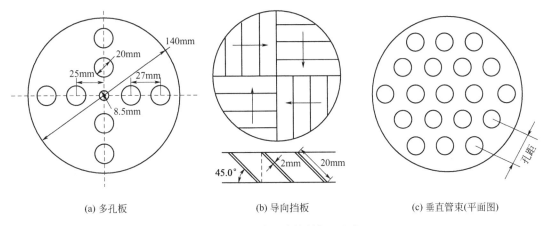

(a) 多孔板　　(b) 导向挡板　　(c) 垂直管束(平面图)

图 21-6-11　常见内构件[141~144]

在流化床内设置内构件主要目的是破碎气泡、抑制返混、促进传质。例如，水平构件可以抑制床层的腾涌、破碎气泡、减少颗粒的带出，使气固停留时间分布范围变窄。但在气速稍高时，每层构件下方出现气垫，严重地影响了颗粒运动及相间的传热、传质，且放大效应显著。垂直管束虽将换热和改善流化质量结合为一体，具有可按当量直径进行工程放大等优点，但在较高的气速下易出现沟流和腾涌现象。清华大学金涌等开发了各种形状的内部构件，包括塔形、脊形、钝体式等[135,136,145]，兼有水平构件和垂直管束的特点、增强抑制床内气泡长大、改善流化质量和使床层提早进入湍动流态化的能力。

内构件的加入可以使气固流动结构发生明显改变。挡板式内构件将床层分成串联的若干个区，气体通过挡板内构件时能够再分布，迫使大气泡变小，降低了扩散阻力，有效地改善气固间的传质和传热[146]。由于挡板的加入，在挡板下方出现一个低密度区气垫，在挡板上方出现一个高密度区，使床层的压力脉动大幅度降低，反映了挡板对气泡具有明显的破碎能力，可以明显地使床层提前进入到湍动流化阶段[147]。当气固混合物流过钝体内构件时（图 21-6-12），可以产生很强的涡流，从而使边壁区与中心区的相互作用得到加强，大大提高了流化床反应器内颗粒的湍动程度，使颗粒脉动强度增加 4~5 倍，提高了气固传质效果[148~151]。魏飞等[151]发现加入钝体内构件对气流产生明显的截流和加速作用，并使颗粒重新分布，改善颗粒密度径

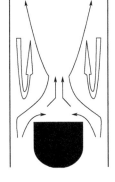

图 21-6-12　钝体内构件流动结构[151]

向分布。由于构件强制性绕流的作用，使提升管内出现了可以破坏近壁区高浓度颗粒层的气固流动，使床内颗粒浓度脉动大幅度提高，径向气体湍动增强，气体径向扩散系数提高了一个数量级，达到 $1000 cm^2 \cdot s^{-1}$。毕晓涛等在流化床内设置了导流筒（图 21-6-13），流化床底部通入烟气，旁路通入还原性气体，使其在导流筒内形成 NO_x 吸附区，环隙区形成 NO_x 还原区，结果表明这种带有导流筒的流化床结构能够避免烟气中氧气的负面效应，显著提高烟气脱硝率[152,153]。李军等[154]通过流化床设置水平内构件形成多级氧化-还原再生器，在模拟裂化催化剂环境条件下，能够抑制再生烟气中氧含量的负面影响，提高脱硝效率。

近年来，利用内构件改善黏性颗粒（Geldart C 类颗粒）的流化质量受到关注[155~161]。刘勤等对比了多孔板式、桨叶式和孔桨式三种型式的内构件（图

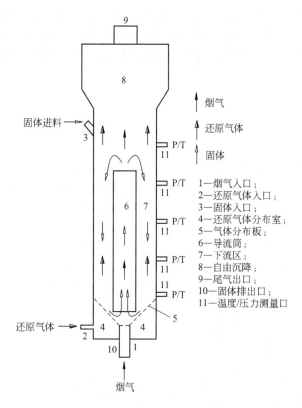

图 21-6-13 内置导流筒流动结构[152]

1—烟气入口；2—还原气体入口；3—固体入口；4—还原气体分布室；5—气体分布板；6—导流筒；7—下流区；8—自由沉降；9—尾气出口；10—固体排出口；11—温度/压力测量口

21-6-14）对超细炭黑臭氧氧化制特种色素炭黑过程的影响，结果发现，叶片上开有均匀小孔的孔桨式内构件对改善超细颗粒流化质量的作用最佳，能够在较高的高径比条件下使黏性颗粒流化，抑制节涌[155,156]。李洪钟等开发了悬浮内构件（图 21-6-15），用于防止超细颗粒在轴向床层产生不均匀团聚[157~159]。对比了无内构件和有悬浮内构件的结果（图 21-6-16），悬浮内构件有助于破碎黏性颗粒的团聚，降低颗粒聚团尺寸，使颗粒聚团尺寸分布均匀[159]。同时，只有在流化气速超过某一值时，悬浮内构件才会起明显作用。为了防止悬浮内构件无法破碎的大颗粒聚团出现，应该将悬浮内构件先于黏性颗粒放入流化床中。

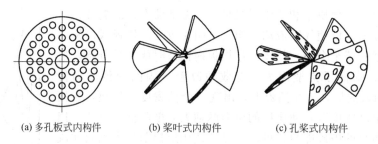

(a) 多孔板式内构件　　(b) 桨叶式内构件　　(c) 孔桨式内构件

图 21-6-14 内构件结构示意图[155]

然而，加入内构件后，流化床内的气固流动会更加复杂，给流化床设计和放大增加了困难，同时也限制了颗粒在轴向的循环混合速率，从而易产生粒度分级，导致轴向温差不均匀等[162~165]。挡板的形状、尺寸、间距等因素的改变，都会使床内的流动状况改变。因此在使用中应扬长避短，选择合适的内构件型式。

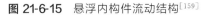

图 21-6-15 悬浮内构件流动结构[159]　　图 21-6-16 悬浮内构件对超细颗粒团聚的作用[159]

6.4 床型强化

为了减小及消灭气固流化床中的气泡，提高气固接触效率，人们又从气固流型过渡的原理出发，进行床型结构设计研究，先后设计了稀相流态化、浅床流态化和快速流态化三类床型，实现了无气泡气固接触[138]。其中，自 20 世纪 40 年代发现细颗粒在高速下聚集并且具有较高滑落速度的快速流态化现象[166]和 70 年代提出快速流态化概念以来，快速流态化在煤炭循环流化床燃烧（详见第 8 章流态化技术的工业应用）和石油流态化催化裂化得到了成功应用[166~169]。至今，循环流化床已经广泛地应用于石油、煤化工、矿物焙烧、能源、环保等工业领域中的气相加工和固相加工过程[170~173]。本节重点介绍快速流化床、喷动流化床和锥形流化床改善超细及黏性颗粒的流态化质量。

6.4.1 快速流化床

在进入快速流态化区域，气、固两相由湍动流态化时气体为分散相（气泡）、颗粒为连续相的流动形态发生逆转，变为气体为连续相、颗粒为分散相（絮状物）的流动形态[174~178]。快速流态化的典型特征为：床层压降主要用于悬浮和输送颗粒并使颗粒加速。颗粒在床层中心区向上流动、在边壁区向下流动，呈明显的内循环流动。

与鼓泡流态化相比，快速流态化具有如下优点[140,168,179~187]：

① 气体返混小，易建立温度及浓度梯度，提高了两相接触效率。

② 具有几乎在一瞬间将冷的固体颗粒和气体加热到床层温度的能力，有利于化学反应的控制，适用于在反应过程中催化剂失活而需经常再生或用颗粒将大量热补入或取出的操作。

③ 床内气固停留时间短，分布窄，适用于快速加工工艺。

④ 可处理黏性物料。

⑤ 无气泡，高效气固接触，使反应器易于放大。

⑥ 原料及设备利用率高，生产能力大，且能耗小，投资少，维修费用低。

然而，由于气固运动速度较大及颗粒的大量循环，在快速流化床中，存在磨损较大、颗粒回收技术要求高以及气固向壁面传热速率相对较小等问题。

研究者探索了超细颗粒在快速流化床中的流化行为[186~192]。李洪钟等最早进行黏性超细颗粒在快速流态化床中的实验研究，采用快速流化床耦合流态化料腿和 V 形阀循环（图 21-6-17）实现了超细粉体在快速流化床中流态化及稳定循环，而且生成聚团的尺寸远小于普通鼓泡流化床中的聚团尺寸[186,187]。其原因在于高气速下聚团之间发生强烈碰撞。由于

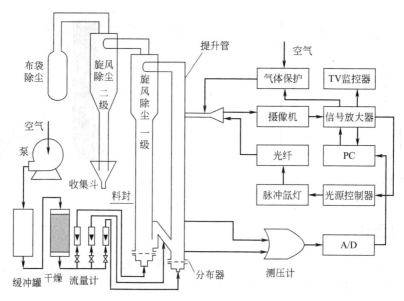

图 21-6-17 超细颗粒快速流态化试验装置[187]

超细颗粒均形成了聚团,很容易被旋风分离器回收,细粉的带出损失并不严重。但是,当超细颗粒的黏性较高时,设备边壁发现有颗粒结疤现象,流态化料腿底部的大聚团会形成死床,进一步将传统的圆柱形流态化料腿改为锥形流态化料腿,结果料腿底部的死床消失[188]。在超细颗粒中加入适当比例的粗颗粒,这样不仅阻止了超细颗粒聚团的长大,而且由于与边壁的不断的剧烈碰撞,消除了结疤,从而实现了高黏度颗粒在快速循环流化床中的稳定循环。

6.4.2 锥形(喷动)流化床

锥形床为变截面床型,它的床层截面积由下而上逐渐扩大,床层直径与床高为线性关系,床中的气速随床高的增加而减小。根据其流体力学特性的区别,锥形床反应器又可以分为锥形流化床和锥形喷动床。

(1) 锥形流化床 锥形流化床是在普通鼓泡流化床的基础上,改变床型结构得到的。结构的改变导致其轴向气体流速不再均一,取而代之的是下大上小的气速分布,而径向的气速差别相对柱形流化床也被放大。研究表明,锥形流化床内存在着固定床→部分流化→完全鼓泡流化→部分湍动→完全湍动流化的流域转变模式[193~196]。在部分流化和部分湍动的流域内,可以同时存在两种不同的流化行为,因此具有更为复杂的立体力学特性。

锥形流化床应用于固相加工时适合处理宽分布的颗粒物料,其底部的高气速可以保证较大颗粒的稳定流化,顶部的低气速可以防止细颗粒的扬析,减少粉尘率,床层底部的流体和粗颗粒剧烈湍动,可使向上的流体均匀分布[197]。锥形流化床应用于气相加工时,对于快速和发热量高的反应而言,床层底部的湍动可以使热量迅速传到床中的其他区域,由于床中高气速所产生的高空隙度有助于降低该区域内单位容积的发热量,这就防止了一般流化床分布板区的死区、烧结和堵塞现象[197]。因此,锥形流化床特别适用于反应过程中气体体积发生变化的化工过程,如燃烧等压放热反应,以及增分子反应等。

对于黏性粉体的聚团流态化,也可通过锥形流化床反应器对反应进行强化[187,197~199]。

Venkatesh[197]等对比了超细颗粒在圆柱形流化床和锥形流化床中的流化效果。结果表明，超细 NiO/Al$_2$O$_3$ 气凝胶在圆柱形床中形成了 1～5mm 的聚团，并且出现了聚团失流层与流化层共存的状态；而在锥形床中，由于不同轴向位置的表观气速不同，不仅实现位于床下部的大聚团与位于床上部的小聚团同时流态化，而且还使流化聚团的尺寸减小到 1mm 左右。童华等[187,198]进一步探索了超细黏附性颗粒在锥形床中的流化过程。如图 21-6-18 所示，床层被撕裂后，继续增加气体流率，在床层中会出现一些细小的沟流。但是这些沟流并不稳定，继续增加气体流率，沟流就会发生破裂，这时，床层出现短暂的流化，随之形成大的流化聚团，并沉积在流化床底部。如果床层上部的气体流率能够使得细小聚团维持流化状态，则床层随即出现流化层与未流化层共存的分层部分流化现象，否则是整个床层完全失流。随着气体流率的进一步增加，流化床的高度逐渐增加，而未流化床层的高度逐渐降低。当气体流率足够高时，整个床层实现完全流化。对多种不同黏性的超细颗粒进行锥形床流态化实验，结果表明，低黏性和高黏性 C 类颗粒均能实现稳定流态化，并能消除普通流化床出现的节涌现象[198]。经过多次流化试验后的黏性颗粒的流态化质量与首次流化时的流态化质量相比，有非常明显的改善。

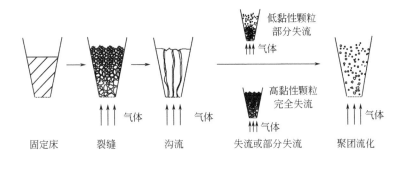

图 21-6-18 锥形流化床超细黏性颗粒流化过程[187]

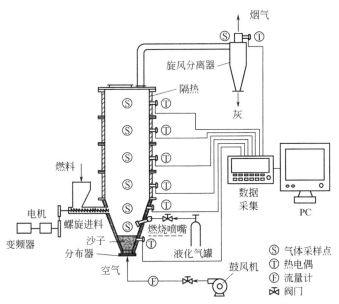

图 21-6-19 典型锥形流化床燃烧器装置图[201]

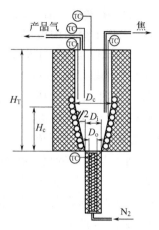

图 21-6-20 典型锥形喷动床热解器装置图[207]

目前,锥形流化床在工业上主要应用于煤及生物质等燃料的燃烧过程[200~203],图 21-6-19 是典型锥形流化床燃烧器装置,在燃烧过程中,轴向床层温度均匀,燃烧效率可以达到 99%[201]。另外,锥形流化床也广泛应用于生物、制药等颗粒的包覆,径向的气速分布作用,给颗粒提供一个侧向的旋转力,有利于生成高球形度的粉体。

(2) 锥形喷动床 锥形喷动床区别于普通的流化床,不存在气体分布板,在反应器底部存在一个开孔,使高速气流可以从物料层穿过,形成中心区域输送向上、环隙区域移动下落的特殊固体颗粒循环模式。锥形喷动床相比柱形喷动床,具有可以有效地减少底部死区、提高反应器空间利用率的优点[204~206]。锥形喷动床特别适用于处理粗粒度、窄分布的颗粒物料。目前,锥形喷动床已经被广泛应用于食品、药品、种子等的干燥,生物质热解,以及喷雾造粒等工业过程中[207~213],图 21-6-20 示出了生物质热解过程用的锥形喷动流化床装置结构图。具有锥形喷动床的通用性特点,使其适用于处理不同稳定性和不同功能性的生物质原料,在较大的生物质流动范围内,保持床层温度和颗粒的均匀性,特别是具有良好的传质、传热性能,在短停留时间内(50ms)满足生物质的快速热解。同时具有床层压降低、设备操作简单和设计成本低等优点。

参考文献

[1] Ge W, Wang W, Yang N, et al. Chemical Engineering Science, 2011, 66: 4426-4458.
[2] Zhang W. Chinese Journal of Chemical Engineering, 2009, 17(4): 688-702.
[3] Geldart D. Powder Technology, 1973, 7: 285-292.
[4] Liu D J, Kwauk M, Li H Z. Chem Eng Sci, 1996, 51: 4045-4063.
[5] 王垚, 金涌, 魏飞, 等. 化工学报, 2002, 53(4): 344-348.
[6] Chaouki J, Chavarie C, Klvana D, et al. PowderTechnology, 1985, 43: 117.
[7] 王兆霖. 细颗粒的流态化及添加颗粒的作用. 北京: 中国科学院化工冶金研究所, 1995.
[8] Wang Y, Wei F, Jin Y, et al. Aggrlomerate particulate fluidization and E-particles. Beijing: Proceeding of the Third Joint China/USA Chemical Engineering Conference (CUCHe-3), 2000: 12-006.
[9] Geldart D, Harnby N, Wong A C. Powder Technology, 1984, 37: 25.
[10] Morooka S, Kusakabe K, Kobata A, et al. Journal of Chemical Engineering of Japan, 1988, 21: 41.
[11] Pacek A W, Nienow A W. Powder Technology, 1990, 60: 145.
[12] Wang Z L, Kwauk M, Li H Z. Chemical Engineering Science, 1998, 53: 377.
[13] 王兆霖, 李洪钟. 化工冶金, 1995, 16(4): 312-319.
[14] Zhu X L, Zhang Q, Wang Y, et al. Chinese Journal of Chemical Engineering, 2016, 24: 9-22.
[15] Wei F, Zhang Q, Qian W Z, et al. Powder Technology, 2008, 183: 10-20.
[16] Zhu Q S, Wu R F, Li H Z. Particuology, 2013, 11(3): 294-300.
[17] Li J, Liu X W, Zhu Q S, et al. Particuology, 2015, 19: 27-34.
[18] Li J, Kong J, Zhu Q S, et al. AIChE J, 2017, 63(2): 459-468.
[19] Wang Z, Li H. Power Technology, 1995, 84: 191-195.
[20] 周涛. 粘性颗粒聚团流态化实验与理论研究. 北京: 中国科学院化工冶金研究所, 1998.
[21] Kono H O, Huang C C, Morimoto E. Powder Technology, 1987, 53: 163.

[22] 宋莲英，周涛，杨静思，等．中国粉体技术，2007，21（3）：30-34．
[23] Zhou T，Li H Z．Powder Technology，1999，102：215-220．
[24] 吕雪松，王兆霖，李洪钟．化工冶金，1999，20（1）：98-104．
[25] Yang Z，Tung Y，Kwauk M．Chem Eng Commun，1995，39：217-232．
[26] 杨子平．粒度分布对流化质量的影响．北京：中国科学院化工冶金研究所，1982．
[27] 郑为国．颗粒原生特性对流化质量的影响．北京：中国科学院化工冶金研究所，1987．
[28] Dry R J，Christensen I N，Thomas G C．Chemical Engineering Science，1988，43：1033-1038．
[29] Lorences M J，Patience G S，Díez F V，et al．Powder Technology，2003，131：234-240．
[30] Bai D，Masuda Y，Nakagawa N，et al．Canadian Journal of Chemical Engineering，1996，74：58-62．
[31] Saayman J，Ellis N，Nicol W．Powder Technology，2013，245：48-55．
[32] Merzsch M，Lechner S，Krautz H J．Powder Technology，2013，235：1038-1046．
[33] Sun G，Grace J R．Chemical Engineering Science，1990，45：2187-2194．
[34] Yates J G，Newton D．Chemical Engineering Science，1986，41：801-806．
[35] Baeyens J，Geldart S，Wu S Y．Powder Technology，1992，71：71-80．
[36] Beetstra R，Nijenhuis J，Ellis N，et al．AIChE Journal，2009，55：2013-2023．
[37] Sit S P，Grace J R．Chemical Engineering Science，1981，36：327-335．
[38] Brooks E F，Fitzgerald T J．Fluidization V//Stergaard K，Sϕensen A．Engineering Foundation．1986：217-224．
[39] 朱庆山，李洪钟．化工冶金，1995，16（3）：271-281．
[40] 郭慕孙．化工冶金，1977，（2）：1-89．
[41] Zhang T，Lei C，Zhu Q S．Powder Technology，2014，254：1-11．
[42] Lei C，Zhang T，Zhang J B，et al．ISIJ International，2014，54（3）：589-595．
[43] Zhang B，Wang Z，Gong X Z，et al．ISIJ International，2013，53（3）：411-418．
[44] Hayashi S，Sawai S，Iguchi Y．ISIJ International，1993，33：1078．
[45] Chou J D，LinC L．Powder Technology，2012，219：165-172．
[46] Mei R，Shang H，Klausner J F，et al．Powder & Particle，1997，15：132-141．
[47] Wright P C，Raper J A．Chem Eng Res Des，1998，76（6）：753-760．
[48] 周涛，叶红齐，Dave R，et al．过程工程学报，2004，4（s1）：567-572：
[49] Bouffard J，Bertrand F，Chaouki J，et al．AIChE J，2012，58（12）：3685-3696．
[50] Fan M M，Tao D，Honaker R，et al．Mining Science and Technology，2010，20：1-19．
[51] 骆振福，郭进，赵跃民，等．中国矿业大学学报，2011，40（1）：111-115．
[52] Filippov M V．Prik Mognit Lat SSR，1960，12：215．
[53] Tuthill E J．US，3440731．1969．
[54] Rosensweig R E．Science，1979，204：57．
[55] Rosensweig R E．Industrial Engineering Chemistry Fundamentals，1979，18（3）：260-269．
[56] Liu Y A，Hamby R K，Colberg R D．Powder Technology，1991，64（1-2）：3-41．
[57] Kwauk M，Ma X，Ouyang F，et al．Chem Eng Sci，1992，47：3467-3474．
[58] 金涌，亓平言．化工进展，1985，（5）：4-14．
[59] 归柯庭，施明恒．应用科学学报，1999，17（3）：349-354．
[60] Penchev I P，Hristov J．Powder Technology，1990，62：1-11．
[61] Penchev I P，Hristov J．Powder Technology，1990，61：103．
[62] Zhu Q S，Li H Z．Powder Technology，1996，86：179-185．
[63] 朱庆山，李洪钟．化工学报，1996，47：59-64．
[64] 朱庆山，李洪钟．化工学报，1996，47：53-58．
[65] Colberg R D，Liu Y A．Powder Technology，1988，56：279．
[66] Jaraiz M E，Levensjpiel O，Fitzgerald T J．Chem Eng Sci，1983，38：107-114．
[67] Jaraiz M E，Zhang G T，Wang Y，et al．Powder Technology，1984，38：53-61．
[68] 金涌，亓平言．清华大学学报：自然科学版，1987，27（3）：47-53．
[69] Hristov J．Reviews Chem Eng，2002，18：295．
[70] Hristov J．Rev Chem Eng，2010，26：55-128．
[71] Chen L，Zhu Q S，Hao Z G，et al．Int J Hydrogen Energy，2010，35：8494-8502．
[72] Li J，Zhou L，Zhu Q S，et al．Industrial Engineering Chemistry Research，2013，52：6647-6654．
[73] Pan Z Y，Dong M H，Meng X K，et al．Chem Eng Sci，2007，62：2712-2717．
[74] Zong B N，Zhang X X，Qiao M H．AIChE J，2009，55：192-197．
[75] Zong B N，Meng X K，Mu X H，et al．Chinese Journal of Catalysis，2013，34：61-68．

[76] Yao G H, Wang F, Gui K T, et al. Energy, 2010, 35(5): 2295-2300.
[77] 姚桂焕, 梁辉, 归柯庭. 工程热物理学报, 2012, 33(9): 1535-1538.
[78] 孙斌, 程时标, 孟祥堃, 等. 中国科学: 化学, 2014, 44(1): 40-45.
[79] Morse R D. Ind Eng Chem, 1955, 47(6): 1170-1175.
[80] Chirone R, Massinina L. Chemical Engineering Science, 1993, 48(1): 41-52.
[81] Russo P, Chirone R, Massimilla L, et al. PowderTechnology, 1995, 82(3): 219-230.
[82] Levy E K, Shnitzer I, Masaki T, et al. Powder Technology, 1997, 90(4): 53-57.
[83] Herrera CA, Levy E K. Powder Technology, 2001, 119: 229-240.
[84] Zhu C, Liu G L, Yu Q, et al. Powder Technology, 2004, 141: 119-123.
[85] Xu C B, Cheng Y, Zhu J. Powder Technology, 2006, 161: 227-234.
[86] 苏吉, 朱庆山. 过程工程学报, 2010, 10(3): 431-436.
[87] Guo Q J, Si C D, Zhang J. Ind Eng Chem Res, 2010, 49(16): 7638-7645.
[88] Si C D, Guo Q J. Ind Eng Chem Res, 2008, 47(23): 9773-9782.
[89] Liu H E, Guo Q J, Chen S. Ind Eng Chem Res, 2007, 46(4): 1345-1349.
[90] 董淑芹, 赵亮亮, 郭庆杰, 等. 青岛科技大学学报: 自然科学版, 2009, 30(4): 328-332.
[91] 马空军, 贾殿赠, 刘成, 等. 化工进展, 2011, 30(6): 1177-1181.
[92] Huang D S, Levy E. AIChE Journal, 2004, 50(2): 302-310.
[93] Herrera C A, Levy E K, Ochs J. AIChE Journal, 2002, 48(3): 503-513.
[94] 司崇殿, 郭庆杰, 侯良玉. 过程工程学报, 2009, 9: 200-204.
[95] Moussa N A, Fowle A A, Delichatsios M M, et al. Advanced design for pulsed atmospheric fluidized bed combustion//Final Report to DOE/METC. Morgantown: Morgantown Energy Technology Center, 1982.
[96] Mansour M N. Pulsed atmospheric fluidized bed combustor apparatus: US, 5255634. 1991-4-22.
[97] Mansour M N. Pulsed atmospheric fluidized bed combustor apparatus and process: US, 5133297. 1991-4-22.
[98] Pulsed Atmosphieric Fluidized Bed Combustion//Final Report to DOE/MC. Morgantown: Federal Energy Technology Center, 1998.
[99] 刘云芳. 脉动流化床机理研究. 杭州: 浙江大学, 2007.
[100] 严建华, 岑可法, 康齐福. 浙江大学学报, 1986, 20(6): 123-131.
[101] 郑海啸. Rijke 管型自激式脉动流化床流化、脉动和传热特性实验研究. 杭州: 浙江大学, 2006.
[102] Chirone R, Urciuolo M. AIChE Journal, 2009, 55(12): 3066-3075.
[103] Urciuolo M, Salatino P, Cammarota A, et al. Powder Technol, 2008, 180: 102-108.
[104] Chirone R, Russo S, Serpi M, et al. Combust Sci Tech, 2000, 153: 83-93.
[105] Gallego-Juarez J A, Sarabia R F D, Rodriguez-Corral G, et al. Environ Sci Technol, 1999, 33: 3843.
[106] 刘淑艳, 黄虹宾, 阎为革. 北京理工大学学报: 英文版, 2000, 9(1): 61-65.
[107] Valverde J M, Ebri J M P, Quintanilla M A S. Environ Sci Technol, 2013, 47: 9538-9544.
[108] Yang X, Zhao Y, Luo Z, et al. Fuel Processing Technology, 2013, 106(2): 338-343.
[109] Itsuo Ō, Kita Y, Chijiiwa K. Journal of Japan Foundry Engineering Society, 1974, 46: 124-130.
[110] Majid M, Walzel P. Powder Technology, 2009, 192(3): 311-317.
[111] Liu C, Wang L, Wu P, et al. Physical Review Letters, 2010, 104(18): 188001.
[112] He J F, Zhao Y M, Zhao J, et al. Particuology, 2015, 23: 100-108.
[113] Mohanta S, Rao C S, Daram A B, et al. Particulate Science and Technology, 2013, 31(1): 16-27.
[114] He J F, Zhao Y M, Zhao J, et al. Canadian Journal of Chemical Engineering, 2015, 93(10): 1793-1801.
[115] Luo Z, Fan M, Zhao Y, et al. Powder Technology, 2008, 187(2): 119-123.
[116] Zhou C Y, Duan C Y, Zhang B, et al. Separation Science and Technology, 2016, 51(9): 1446-1454.
[117] 靳海波, 张济宇, 张碧江. 燃料化学学报, 1998, 26(4): 289-296.
[118] 杨旭亮. 细粒煤振动流态化的能量作用及分离机制的研究. 徐州: 中国矿业大学, 2013.
[119] 张浩勤, 李应选. 化工设计, 1997, 3: 20-24.
[120] Barletta D, Poletto M. Powder Technology, 2012, 225(7): 93-100.
[121] Ku N, Hare C, Ghadiri M. Powder Technology, 2015, 286: 223-229.
[122] Acosta-Iborra A, Hernández-Jiménez F, Vega M D, et al. Chem Eng J, 2012, s198-199(8): 261-274.

[123] Xu C, Zhu J. Chemical Engineering Science, 2005, 60(23): 6529-6541.
[124] Moon S J, And I G K, Sundaresan S. Ind Eng Chem Res, 2006, 45(21): 1213-1224.
[125] Liang X, Wang J, Zhou T, et al. Korean Journal of Chemical Engineering, 2015, 32(8): 1515-1521.
[126] Zhou L, Wang H, Zhou T, et al. Advanced Powder Technology, 2013, 24(1): 311-316.
[127] Mawatari Y, Ikegami T, Tatemoto Y, et al. Journal of Chemical Engineering of Japan, 2003, 36(3): 277-283.
[128] 刘军宝. 粮食与食品工业, 2015, 22(2): 50-52.
[129] 张兴远. 中国井矿盐, 1994, (3): 33-36.
[130] 张晓涛, 鲁森堡, 钱树德. 干燥技术与设备, 2006, 4(4): 207-211.
[131] 胡正虎, 陆卫强. 纯碱工业, 2005, 4: 31-33.
[132] 刘殿宇. 化学工业与工程技术, 1998, 19(4): 21-23.
[133] 蒲广峡. 150t/h 褐煤干燥系统关键技术应用研究. 沈阳: 东北大学, 2012.
[134] 朱建凤, 骆振福, 李振. 煤炭工程, 2007, (9): 91-94.
[135] 金涌, 俞芷青, 张礼. 化工学报, 1980, (2): 117-128.
[136] 金涌, 俞芷青, 张礼. 石油化工, 1986, 15(5): 269-277.
[137] Jiang P J, Bi H T, Jean R H, et al. AIChE J, 1991, 37(9): 1392-1400.
[138] Kwauk M. Fluidization—Idealized and bubbleless, with applications. Beijing: Science Press, 1992.
[139] Olsson S E, Wiman J, Almstedt A E. Chemical Engineering Science, 1995, 50(4): 581-592.
[140] 金涌, 祝京旭. 流态化工程原理. 北京: 清华大学出版社, 2001.
[141] 郭慕孙, 李洪钟. 流态化手册. 北京: 化学工业出版社, 2007.
[142] Yang S, Peng L, Liu W M, et al. Powder Technology, 2016, 296: 37-44.
[143] Yang S, Li H Z, Zhu Q S. Chemical Engineering Journal, 2015, 259: 338-347.
[144] Zhang Y M, Grace J R, Bi X T, et al. Chemical Engineering Science, 2009, 64: 3270-3281.
[145] 甘宁俊, 蒋大洲, 白丁荣. 高校化学工程学报, 1990, 4(3): 273-277.
[146] Hartholt G, La Riviere R, Hoffman A, et al. Powder Technology, 1997, 93(12): 185-188.
[147] 张永民, 王红梅, 卢春喜, 等. 中国石油大学学报: 自然科学版, 2008, 32(4): 118-122.
[148] Wang C P, Lu Z A, Li D K. Powder Technology, 2008, 184: 267-274.
[149] Liu H, Wei F, Yang Y H, et al. Chinese J Chem Eng, 2003, 11(4): 371-376.
[150] 杨艳辉, 贾新莉, 魏飞. 石油化工, 2001, 30(1): 32-36.
[151] 魏飞, 杨艳辉, 金涌. 化工学报, 2001, 52(9): 766-770.
[152] Yang T T, Bi H T. Environ Sci Technol, 2009, 43: 5049-5053.
[153] Cheng X X, Bi X T. Powder Technology, 2014, 251: 25-36.
[154] Li J, Luo G H, Wei F. Chemical Engineering Journal, 2011, 173: 296-302.
[155] 刘勤. 添加内构件对粘性颗粒流化质量的改善. 北京: 中国科学院化工冶金研究所, 2000.
[156] Liu Q, Lu X, Li H. Comparative studies on three different types of internals for fluidizing cohesive particles//Kwauk M, Li J, Yang W C. Fluidization X, Proceedings of the Tenth Engineering Foundation Conference on Fluidization. New York: United Engineering Foundation, 2001: 739-746.
[157] Li H Z, Lu X S, Kwauk M. Powder Technology, 2003, 137: 54-62.
[158] 李洪钟, 郭慕孙. 气固流态化的散式化. 北京: 化学工业出版社, 2002.
[159] Tong H, Li H Z. Powder Technology, 2009, 190(3): 401-409.
[160] Cocco R, Shaffer F, Hays R, et al. Powder Technology, 2010, 203(1): 3-11.
[161] Bi H T, Ellis N, Abba I A, et al. Chemical Engineering Science, 2000, 55: 4789-4825.
[162] 董群, 贾昭, 王丽, 等. 化工进展, 2010, 29(9): 1609-1614.
[163] 黄学静, 徐文青, 魏耀东, 等. 化工进展, 2014, 33(10): 2540-2546.
[164] Liu B, Li Y W. Powder Technology, 2016, 297: 89-105.
[165] 王红梅. 挡板流化床床层流动与气固混合特性的研究. 北京: 中国石油大学, 2008.
[166] Lewis W K, Gilliland E R, Bauer W C. Ind Eng Chem, 1949, 41(6): 1104-1117.
[167] Yerushalmi J, Tuner D H, Squires A M. Ind Eng Chem Process Des Dev, 1976, 15(1): 47-53.
[168] 白丁荣, 金涌, 姚文虎. 化学工程, 1987, (2): 38.

[169] Chen J H, Lu X F. Resources, Conservation and Recycling, 2007, 49: 203-216.
[170] Berchtold M, Fimberger J, Reichhold A, et al. Fuel Processing Technology, 2016, 142: 92-99.
[171] Lyngfelt A, Leckner B. Applied Energy, 2015, 157: 475-487.
[172] Seemann M C, Schildhauer T J, Biollaz S M A. Ind Eng Chem Res, 2010, 49: 7034-7038.
[173] 岳光溪, 吕俊复, 徐鹏, 等. 中国电力, 2016, 49(1): 1-13.
[174] 白丁荣, 金涌, 俞芷青. 化学反应工程与工艺, 1991, 7(2): 202-213.
[175] 白丁荣, 金涌, 俞芷青, 等. 化学工程, 1989, 17(6): 44-50.
[176] 李洪钟, 夏亚沈, 董元吉. 化工冶金, 1990, 11(1): 68-73.
[177] Li H Z, Zhu Q S, Liu H, et al. Powder Technology, 1995, 84: 241-246.
[178] Cahyadi A, Anantharaman A, Yang S L, et al. Chem Eng Sci, 2017, 158: 70-95.
[179] Hou B L, Li H Z. Chemical Engineering Journal, 2010, 157: 509-519.
[180] Scheffknecht G, Al-Makhadmeh1 L, Schnell U, et al. International Journal of Greenhouse Gas Control, 2011, 5S: S16-S35.
[181] Zhu C, Jun Y, Patel R, et al. AIChE Journal, 2011, 57(11): 3122-3131.
[182] Namkung W, Kim S D. Powder Technology, 1998, 99: 70-78.
[183] Wang C X, Zhu J. Chinese Journal of Chemical Engineering, 2016, 24: 53-62.
[184] Wang S Y, He Y R, Lu H L, et al. Ind Eng Chem Res, 2008, 47: 4632-4640.
[185] Leckner B, Szentannai P, Winter F. Fuel, 2011, 90: 2951-2964.
[186] Li H Z, Hong R Y, Wang Z L. Chem Eng Sci, 1999, 54: 5609-5615.
[187] Li H Z, Tong H. Chem Eng Sci, 2004, 59(8-9): 1897-1904.
[188] 童华, 李洪钟. 过程工程学报, 2004, 4(3): 205-208.
[189] Abdelghany E A M, Abdelkareem M A, Mahmoud I H. Chem Eng Technol, 2014, 37(4): 723-729.
[190] Abdelghany E A M, Farrag T E, Barakat N A M. Int J Energy Res, 2014, 38: 683-688.
[191] Mahmoud E A, Nakazato T, Nakagawa N. Chemical Engineering Science, 2006, 61: 766-774.
[192] 张国杰, 皮立强, 杨兴灿, 等. 化学反应工程与工艺, 2015, 31(3): 262-266.
[193] Peng Y, Fan L T, Chem Eng Sci, 1997, 52(14): 2277-2290.
[194] Jing S, Cai G B, Mei F, et al. Powder Technology, 2001, 118: 271-274.
[195] Jing S, Hu Q Y, Wang J F, et al. Chemical Engineering and Processing, 2000, 39: 379-387.
[196] Alireza B, Martin O. AIChE J, 2012, 58(3): 730-744.
[197] Venkatesh R D, Chaouki J, Klvana D. Powder Technol, 1996, 89(3): 179-186.
[198] 童华. 超细及粘性颗粒在锥形床及循环流化床中的流态化. 北京: 中国科学院过程工程研究所, 2004.
[199] Ishikura T, Nagashima H, Ide M. The Canadian Journal of Chemical Engineering, 2004, 82: 102-109.
[200] Arromdee P, Kuprianov V I. Appl Energ, 2012, 97: 470-482.
[201] Permchart W, Kouprianov V I. Bioresource Technol, 2004, 92(1): 83-91.
[202] Bhattacharya S P, Harttig M. Energy & Fuels, 2003. 17(4): 1014-1021.
[203] 蒋剑春, 张进平, 金淳, 等. 林产化学与工业, 2002, 22(1): 25-29.
[204] Wang S Y, Hao ZH, Sun D, et al. Chemical Engineering Science, 2010, 65: 1322-1333.
[205] Shao Y J, Liu X J, Zhong W Q, et al. Int J Chem Reactor Eng, 2013, 11: 243-258.
[206] Bacelos M S, Passos M L, Freire J T. Powder Technology, 2007, 174: 114-126.
[207] Aguado R, Olazar M, Jose M J S, et al. Ind Eng Chem Res, 2000. 39: 1925-1933.
[208] Olazar M, Aguado R, Jose M J S, et al. J Chem Technol Biotechnol, 2001. 76: 469-476.
[209] Jose M J S, Olazar M, Pefias F J, et al. Ind Eng Chem Res, 1994, 33: 1838-1844.
[210] López G, Olazar M, Aguado R, et al. Fuel, 2010, 89: 1946-1952.
[211] Xavier T P, Libardi B P, Lira T S, et al. Powder Technology, 2016, 299: 210-216.
[212] Makibar J, Fernandez-Akarregi A R, Amutio M, et al. Fuel Process Technol, 2015, 137: 283-289.
[213] Vahlas C, Caussat B G, Serp P, et al. Materials Science and Engineering R, 2006, 53: 1-72.

7 流态化模拟放大

7.1 原理与概述

流化床反应器是能源、化工等领域的核心反应器之一，如石油催化裂化，煤和生物质的热解、气化和燃烧。对气固两相流流动特性的深入理解有望为流化床反应器的放大与设计提供坚实的理论依据，为我国能源、化工等领域关键技术的升级换代提供科技支撑，对国民经济的可持续发展具有重大意义。但是由于颗粒流体两相流的非线性、非平衡特性，反应器内存在复杂的时空多尺度动态结构，人们对其了解程度还不能满足工程设计与放大的要求。长期以来，流化床反应器的放大和设计还是依赖于纯经验或半经验的实验关联，遵循从小试、中试、工业示范到工业化这样一种耗时又耗钱的方式。随着数学建模和计算机技术的飞速发展，计算机模拟有望成为气固流化床反应器工程设计和放大的新手段、新方法。

由于颗粒间的耗散作用以及颗粒流体间的强非线性作用，流态化系统是一个典型的非线性、非平衡系统。它的主要特征包括：结构非均匀性、状态多值性、流域变化和结构的多尺度。流态化系统中的结构非均匀性不仅呈现局部非均匀性，而且呈现整体非均匀性。局部非均匀性表现为稀相和密相在同一点交替出现，即局部状态具有时间相依性；整体非均匀性表现为系统内部不同空间位置可以出现稀相或密相两种完全不同的结构，即整体状态具有空间相依性。与此同时，设备的壁面也导致这种两相结构在系统中的非均匀分布。非均匀结构的存在使得系统在不同尺度上表现出不同的动力学行为和传递特性。状态多值性体现在随着操作条件的变化，颗粒流体两相流动可呈现三种不同的局部状态：颗粒状态决定流体流动的颗粒控制状态，如固定床；流体流动控制颗粒状态的流体控制状态，如稀相输送；流体与颗粒相互协调的颗粒流体协调状态，如鼓泡、湍动和循环流化床内的流动。流域变化体现在随着气体速度的增加，颗粒流体系统中的流动结构会发生一系列的转折变化：均匀膨胀、鼓泡、节涌、湍动、快速流化、稀相输送以其各自的特征而使得流域变化形成了一个流域谱。由于颗粒、流体相互作用对流动结构的影响相当敏感，因此，某些流域转变过程中的流动结构具有突变特征。结构的多尺度特征体现在单颗粒微尺度和颗粒聚团、气泡介尺度之间存在非常强的动态耦合，不同尺度之间的传递特性相互影响，不可分割。

为了研究气固两相流的时空多尺度特性，研究者开发了直接数值模拟、基于颗粒轨道模型的 CFD-DEM（计算流体力学-离散单元法）方法、连续介质模型等多尺度模拟方法，如图

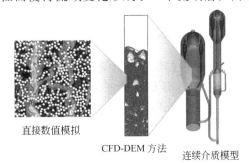

图 21-7-1　气固两相流的多尺度模拟

21-7-1 所示。不同的模拟方法在不同的时空特征尺度上对气固两相流流动特性进行解析，因此，其模拟的准确度和计算量各不相同。从图 21-7-1 中可以看出，从直接数值模拟到 CFD-DEM 方法，再到连续介质模型，模拟的准确度降低、所需的计算量减小。迄今为止，还没有通用的模拟方法，研究者需要根据其所需的计算准确度和所能提供的计算资源来选择相应的模拟方法。

直接数值模拟是最准确的模拟方法，但是其计算量最大。直接数值模拟计算每一个颗粒的运动细节及其周围详细的流场分布（流体网格边长一般比颗粒直径小一个数量级），流体流动与固体颗粒的运动通常通过固体颗粒表面的无滑移边界条件实现耦合。由于直接数值模拟方法计算量非常巨大，目前常用于气固两相流机理方面的研究，如用来量化气固相间曳力关联式、气固两相湍流关联特性等基于平均化方法（如连续介质模型）模拟气固两相流时所需要的输入参数。根据流体相求解器［粒子化方法、格子玻尔兹曼方法或 N-S（Navier-Stokes）方程］、颗粒相模型（软球、经典硬球或时间驱动硬球）和相间耦合方式的不同（浸没边界法、任意欧拉-拉格朗日方法、重叠网格法等），文献中有大量不同的直接数值模拟方法。

CFD-DEM 方法准确度较高，但是其计算量也较大。CFD-DEM 方法和直接数值模拟一样，需要计算每一个颗粒的运动细节，但是用平均化的方程来计算流场分布（流体网格边长一般是颗粒直径的 3～5 倍或更大）。简化的 CFD-DEM 方法（如 MP-PIC 和 DDPM 方法）计算所谓颗粒团的运动特性，并不计算每一个颗粒的运动细节。CFD-DEM 方法计算每一个颗粒的运动细节，被认为是一种准确可靠的计算方法，尽管它需要气固相间曳力关联式作为输入参数。CFD-DEM 方法广泛用于小型或实验室规模的基础与应用研究，如鼓泡床、湍动床、循环流化床、喷动床、下行床等各种流化床反应器内流动、传热、传质和化学反应特性的模拟。

连续介质模型相对于直接数值模拟和 CFD-DEM 方法来说计算量最小，但是其准确度也最低。连续介质模型把固体颗粒和流体看成是相互渗透的两种流体，它的计算量和固体颗粒的数目没有直接关系，而是主要和所用的计算网格数相关。除了和 CFD-DEM 方法一样需要气固相间曳力关联式作为输入参数外，由于对固体颗粒做了连续介质假设，连续介质模型还需要本构关系来表征固体颗粒相相内的传递特性，现在一般采用颗粒动理论来封闭固相应力。由于流态化系统内存在复杂的时空多尺度动态结构，连续介质模拟成功的关键是建立合理的模型来考虑多尺度结构对于本构关系［曳力、固相应力、气相（拟）湍流］的影响。

7.2 基于双流体模型的模拟

针对反应器层次的计算机模拟，双流体模型是应用最为广泛的方法，可借助数值方法对其进行求解。有很多商业软件，如 ANSYS[1]、Barracuda[2]、COMSOL[3] 以及开源软件 MFIX[4]、OpenFoam[5] 可用于此目的。下面介绍双流体模型。

7.2.1 双流体模型

双流体模型将气固两相看作连续介质，在每个微元体内两相可以互相渗透，并服从流体力学基本方程组。以气固两相流为例，常见的控制方程如下：

气相连续性方程：

$$\frac{\partial}{\partial t}(\varepsilon_g \rho_g) + \nabla \cdot (\varepsilon_g \rho_g \boldsymbol{u}_g) = \Gamma_{pg} \tag{21-7-1}$$

固相连续性方程：

$$\frac{\partial}{\partial t}(\varepsilon_p \rho_p) + \nabla \cdot (\varepsilon_p \rho_p \boldsymbol{u}_p) = \Gamma_{gp} \tag{21-7-2}$$

式中，ε、ρ 和 $\boldsymbol{u}$ 分别是体积分数、密度和速度向量；Γ_{pg} 是固相到气相的质量交换量，$\Gamma_{pg} = -\Gamma_{gp}$。

气相动量守恒方程

$$\frac{\partial}{\partial t}(\varepsilon_g \rho_g \boldsymbol{u}_g) + \nabla \cdot (\varepsilon_g \rho_g \boldsymbol{u}_g \boldsymbol{u}_g) = -\varepsilon_g \nabla p + \nabla \cdot \boldsymbol{\tau}_g + \varepsilon_g \rho_g \boldsymbol{g} + (\boldsymbol{u}_p - \boldsymbol{u}_g)\beta + (\Gamma_{pg} \boldsymbol{u}_{pg} - \Gamma_{gp} \boldsymbol{u}_{gp}) \tag{21-7-3}$$

固相动量守恒方程

$$\frac{\partial}{\partial t}(\varepsilon_p \rho_p \boldsymbol{u}_p) + \nabla \cdot (\varepsilon_p \rho_p \boldsymbol{u}_p \boldsymbol{u}_p) = -\varepsilon_p \nabla p - \nabla p_p + \nabla \cdot \boldsymbol{\tau}_p + \varepsilon_p \rho_p \boldsymbol{g}$$
$$+ (\boldsymbol{u}_g - \boldsymbol{u}_p)\beta + (\Gamma_{gp} \boldsymbol{u}_{gp} - \Gamma_{pg} \boldsymbol{u}_{pg}) \tag{21-7-4}$$

式中，p、p_p、$\boldsymbol{\tau}$、$\boldsymbol{g}$ 和 β 分别是压力、颗粒压力、应力、重力加速度和相间曳力传递系数；$\boldsymbol{u}_{gp}$ 和 $\boldsymbol{u}_{pg}$ 是相界面处的速度。如果 $\Gamma_{pg} > 0$，$\boldsymbol{u}_{pg} = \boldsymbol{u}_p$，否则 $\boldsymbol{u}_{pg} = \boldsymbol{u}_g$；同样地，如果 $\Gamma_{gp} > 0$，$\boldsymbol{u}_{gp} = \boldsymbol{u}_g$，否则 $\boldsymbol{u}_{gp} = \boldsymbol{u}_p$。

气固相应力

$$\boldsymbol{\tau}_g = \varepsilon_g \mu_g [\nabla \boldsymbol{u}_g + (\nabla \boldsymbol{u}_g)^T] - \frac{2}{3} \varepsilon_g \mu_g \nabla \cdot \boldsymbol{u}_g \boldsymbol{I} \tag{21-7-5}$$

$$\boldsymbol{\tau}_p = \varepsilon_p \mu_p [\nabla \boldsymbol{u}_p + (\nabla \boldsymbol{u}_p)^T] + \varepsilon_p \left(\lambda_p - \frac{2}{3}\mu_p\right) \nabla \cdot \boldsymbol{u}_p \boldsymbol{I} \tag{21-7-6}$$

上述方程中出现颗粒压力 p_p 以及颗粒黏度 μ_p 的概念，需建立相应模型。目前有两种常用的封闭方法：经验关联式以及颗粒动理论（参见 7.2.1.1）。

组分输运守恒方程（$q = g, p$）

$$\frac{\partial}{\partial t}(\rho_q \varepsilon_q Y_{q,i}) + \nabla \cdot (\rho_q \varepsilon_q \boldsymbol{u}_q Y_{q,i}) = -\nabla \cdot \varepsilon_q \boldsymbol{J}_{q,i} + \varepsilon_q R_{q,i} + \mathscr{R} \tag{21-7-7}$$

式中，Y 为组分质量分数；下标 i 为组分数的序号；$\boldsymbol{J}$ 是组分 i 的扩散通量；$R_{q,i}$ 是相 q 中通过化学反应的均相组分 i 的净生成速率；$\mathscr{R}$ 是异相反应速率。右边第 1、2 项分别是组分输运项和反应源项。

能量守恒方程

$$\frac{\partial}{\partial t}(\varepsilon_q \rho_q h_q) + \nabla \cdot (\varepsilon_q \rho_q \boldsymbol{u}_q h_q) = -\varepsilon_q \frac{\partial \rho_q}{\partial t} + \boldsymbol{\tau}_q : \nabla \boldsymbol{u}_q - \nabla \cdot \boldsymbol{Q}_q + S_q + Q_{pq} + (\Gamma_{pq} h_{pq} - \Gamma_{qp} h_{qp}) \tag{21-7-8}$$

式中，h、Q_q、S_q 和 Q_{pq} 分别为比焓、热通量、热量源项（包括化学反应产生的热量或辐射等）和相间热量传递；右边第 2 项是热量耗散项。

基本方程的形式与相间作用力项、气相压力梯度项的具体形式密切相关，不同的相间作用力的定义有可能导致不同的基本方程写法。除以上基本方程的形式外，还可以写成其他形式，最常见的即是将气相压力梯度项全部写在气相动量方程中，而固相动量方程中不出现气相压力梯度项，Gidaspow[6]将此种模型称为 B 类模型，而将上述模型称为 A 类模型。

7.2.1.1 固相压力

(1) 经验关联式 固相压力的一般表达式为：

$$\nabla p_p = G(\varepsilon_g) \nabla \varepsilon_p \tag{21-7-9}$$

其中，$G(\varepsilon_g)$ 为固相弹性模量，文献中有不同的计算方式，王军武[7]对其进行了总结。比较常用的有 Gidaspow 和 Ettehadieh[8]提出的有关弹性模量经验关联式：

$$G(\varepsilon_g) = 10^{a\varepsilon_g + b} \tag{21-7-10}$$

其中，a 和 b 的取值在文献中略有不同，如 Gidaspow 和 Ettehadieh[8] 取为 -8.76 和 5.43，Gidaspow 等[9]取为 -10.5 和 9.0，Sun 和 Gidaspow[10] 取为 -8.686 和 6.385。而对于固相黏度，或假设其为常数[11]，或者看作是颗粒浓度的函数[10]。

(2) 颗粒动理论 颗粒动理论（kinetic theory of granular flow, KTGF）近年来广泛用于封闭固相应力。它的基本思想来源于分子动力学理论，将固体颗粒比拟为气体分子，即将气固两相流中颗粒速度的涨落类比为气体分子的热运动，若记实际颗粒速度为 c，则可将该速度分解为局部平均速度 $\boldsymbol{u}$ 和脉动速度 $\boldsymbol{C}$。引入颗粒温度 Θ_p 反映颗粒脉动的强弱：

$$\frac{3}{2}\Theta_p = \frac{1}{2}\langle \boldsymbol{CC} \rangle \tag{21-7-11}$$

详细的推导过程可参考 Gidaspow 的专著[6]，得到的颗粒温度输运方程如下：

$$\frac{3}{2}\left[\frac{\partial}{\partial t}(\varepsilon_p \rho_p \Theta_p) + \nabla(\varepsilon_p \rho_p \boldsymbol{u}_p \Theta_p)\right] = (-p_p \boldsymbol{I} + \boldsymbol{\tau}_p) : \nabla \boldsymbol{u}_p - \nabla \boldsymbol{q} - \gamma - 3\Theta_p \beta \tag{21-7-12}$$

方程右端分别是颗粒相剪切应力产生的脉动动能、脉动动能梯度产生的扩散项、颗粒间非弹性碰撞产生的能量耗散、气固相间作用对脉动动能的影响。其中，脉动输送能：

$$\boldsymbol{q} = -\kappa_p \nabla \Theta_p \tag{21-7-13}$$

碰撞耗散能：

$$\gamma = (1 - e^2)\varepsilon_p^2 \rho_p g_0 \frac{12}{d_p \sqrt{\pi}} \Theta_p^{3/2} \tag{21-7-14}$$

脉动动能传导率：

$$\kappa_p = \frac{150 \rho_p d_p \sqrt{\Theta_p \pi}}{384(1+e)g_0}\left[1 + \frac{6}{5}\varepsilon_p g_0 (1+e)\right]^2 + 2\varepsilon_p^2 \rho_p d_p g_0 (1+e)\sqrt{\frac{\Theta_p}{\pi}} \tag{21-7-15}$$

颗粒温度的偏微分方程可简化成代数形式，只考虑产生和耗散项，即：

$$\boldsymbol{\tau}_p : \nabla \boldsymbol{u}_p = \gamma \tag{21-7-16}$$

从上式中可求出颗粒温度的表达式，具体过程可参考 MFIX[4]的使用手册。

固相压力 p_p：

$$p_p = \varepsilon_p \rho_p \Theta_p [1 + 2(1+e)\varepsilon_p g_0] \tag{21-7-17}$$

固相体积黏度：

$$\lambda_p = \frac{4}{3}\varepsilon_p \rho_p d_p g_0 (1+e)\sqrt{\frac{\Theta_p}{\pi}} \tag{21-7-18}$$

固相剪切黏度：

$$\mu_p = \mu_{p,\text{col}} + \mu_{p,\text{kin}} + \mu_{p,\text{fr}} \tag{21-7-19}$$

$$\mu_{p,\text{col}} = \frac{4}{5}\varepsilon_p \rho_p d_p g_0 (1+e)\sqrt{\frac{\Theta_p}{\pi}} \tag{21-7-20}$$

$$\mu_{p,\text{skin}} = \frac{10\rho_p d_p \sqrt{\Theta_p \pi}}{96\varepsilon_p (1+e) g_0} \left[1 + \frac{4}{5}(1+e)\varepsilon_p g_0\right]^2 \quad (21\text{-}7\text{-}21)$$

$$\mu_{p,\text{fr}} = \frac{p_p \sin\phi}{2\sqrt{I_{2D}}} \quad (21\text{-}7\text{-}22)$$

径向分布函数：

$$g_0 = \left[1 - \left(\frac{\varepsilon_p}{\varepsilon_{pm}}\right)^{1/3}\right]^{-1} \quad (21\text{-}7\text{-}23)$$

上述固相应力 p_p、径向分布函数 g_0 以及 $\mu_{p,\text{col}}$、$\mu_{p,\text{skin}}$、$\mu_{p,\text{fr}}$、λ_p 等的更多表达形式可参看 ANSYS 帮助手册[1]。

7.2.1.2 气固相作用力

相间作用力包括曳力、附加质量力、Basset 力、升力、Magnus 力以及 Saffman 力等。对于流态化操作中常见的气固两相流而言，两相介质密度相差较大，相间作用力最重要的组成部分是曳力。曳力表达式一般可写成如下形式：

$$F_D = \frac{3}{4} C_{D0} \frac{\varepsilon_p \rho_p}{d_p} |\boldsymbol{u}_g - \boldsymbol{u}_p| f(\varepsilon_g)(\boldsymbol{u}_g - \boldsymbol{u}_p) = \beta(\boldsymbol{u}_g - \boldsymbol{u}_p) \quad (21\text{-}7\text{-}24)$$

式中，C_{D0} 为单球标准曳力系数，有多种形式，常见的为 Schiller 和 Naumann 形式[12]；β 为颗粒群曳力系数。常见的曳力封闭模型为 Gidaspow[11]提出的形式，如下：

$$\begin{cases} \beta = \frac{3}{4} C_{D0} \frac{\varepsilon_p \varepsilon_g \rho_g |\boldsymbol{u}_g - \boldsymbol{u}_p|}{d_p} \varepsilon_g^{-2.65} & (\varepsilon_g \geqslant 0.8) \\ \beta = 150 \frac{(1-\varepsilon_g)^2 \mu_g}{\varepsilon_g d_p^2} + 1.75 \frac{(1-\varepsilon_g)\rho_g |\boldsymbol{u}_g - \boldsymbol{u}_p|}{d_p} & (\varepsilon_g < 0.8) \end{cases} \quad (21\text{-}7\text{-}25)$$

该模型结合用于均匀分布的浓密两相流床层的 Ergun 方程[13]和从散式流态化床中的压降数据中关联得到的 Wen 和 Yu 公式[14]。近年来，非均匀结构对曳力的重要影响已取得普遍共识。如何在曳力模型中考虑非均匀结构的影响，目前有两种主流方法。

(1) 关联型 在底层模拟结果中寻找规律，以 Sundaresan 课题组[15~21]的工作为代表。首先假设，在足够高的时空分辨率下，采用基本的双流体方程结合均匀曳力能准确模拟气固非均匀系统。先利用滤波函数对各项守恒方程进行平均化处理，平均化后的基本控制方程与滤波前的一致。产生的曳力等未封闭量被认为与亚网格结构相关，通过统计细网格模拟结果对其进行关联。该方法的详细推导可参见 Andrews Ⅳ[16]以及 Igci 等的报道[18]。具体的关联过程如下：首先选择一个对应粗网格计算中的单个网格作为计算区域，为去除边界的影响，该计算区域设为双周期边界，给定计算区域内的颗粒浓度，由此计算出轴向压降；初始引入小扰动，然后开始计算，统计区域平均的滑移速度，得到一个曳力系数与浓度的关系，通过改变计算区域内的浓度值，就可得到一系列曳力系数与浓度的关系，从而关联得到曳力系数与颗粒浓度的表达式[15]。

由于上述得到的曳力系数与计算区域的尺寸相关，因此 Andrews Ⅳ[16]以及 Igci 等[18]改变了统计方式，如图 21-7-2 所示，对一个较大的计算区域进行模拟，但选择不同的统计面积，如图中灰色正方形所示，选择一个 2cm×2cm 的统计面积，然后遍历整个计算区域的不同位置，这样就可得到一个统计面积下的曳力系数与浓度的关联式。继续改变统计区域的面积，最终将曳力系数关联为浓度和计算区域特征长度的表达式。近年来，他们在此方面陆

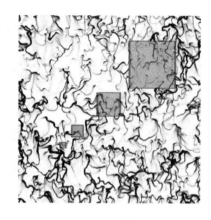

图 21-7-2 一个双周期边界计算区域内的颗粒浓度瞬时分布

续开展工作[17,19~21]，考虑了边界条件、颗粒性质、滑移速度等的影响，对颗粒黏度、颗粒压力等项做了类似修正。

(2) 极值型 以 EMMS 方法为代表，通过建立稳定性条件将宏观整体行为和单颗粒作用行为进行耦合。EMMS 模型原先用于稳态计算，而微元体内的曳力和颗粒重力并不平衡，Yang 等[22,23]提出引入加速度的概念，并假设稀密相加速度相等，从而使 EMMS 模型拓展至非平衡体系，求得结构参数进而建立依赖于结构的曳力模型。

该曳力模型成功模拟了 FCC/air 快速床。在此基础上，Wang 和 Li[24]区分了稀密相加速度，采用两步法求解模型，使得模型进一步拓展至亚格子尺度，得到的曳力修正因子是微元体内空隙率和滑移速度的函数，以矩阵的形式存储，因此称为 EMMS/matrix 模型。该模型可适用于 Geldart A、B 及 D 类颗粒的流化床模拟[25]。随后，Hong 等[26~29]相继开展了 EMMS 模型的相关研究，目前，已开发了 EMMS 软件，国内有清华大学[30,31]、哈尔滨工业大学[32~34]、工程热物理所[35]，国外有希腊的 Nikolopoulos[36,37]，澳大利亚的 Shah 等[38,39]也开展了与 EMMS 相关的曳力模型的研究工作。表 21-7-1 列出了由中国科学院过程工程研究所 EMMS 团队开发的在 FCC 领域应用较好的 EMMS 曳力模型以及由普林斯顿 Sundaresan 课题组开发的 Filtered 模型。

表 21-7-1 关联型和极值型两种方法得到的代表性曳力模型

曳力模型	描述
EMMS/global[22,23]	曳力修正因子只依赖于空隙率，能较好地预测 FCC 快速床的轴、径向浓度分布，捕捉"喧塞"现象
EMMS/matrix[24,40]	EMMS/global 的扩展模型，曳力修正因子是局部滑移速度和空隙率的函数，可适用于 Geldart A、B 及 D 类颗粒的流化床模拟。模拟结果对网格依赖性较小，可适用于粗网格计算
EMMS/bubbling[26,28]	采用气泡直径代替团聚物直径，计算方法与 EMMS/global 类似，适用于鼓泡床计算
Filtered 模型(Igci 等)[18,19]	基于双流体细网格模拟的结果得到的一组与过滤长度和空隙率相关的曳力系数和固相应力的关联式。对鼓泡床和提升管的预测与实验结果有一定偏差。模拟结果对网格依赖性较小，可适用于粗网格计算
Filtered 模型(Milioli 等)[20]	在 Igci 等的基础上，考虑了滑移速度的影响。对鼓泡床的模拟预测优于 Igci 等模型

7.2.2 模拟实例

7.2.2.1 模拟设置

下面以提升管模拟为例说明双流体模型的应用。该提升管高为 10.5m，直径为 90mm，它的二维几何构体绘于图 21-7-3。该提升管为非变径提升管，结构相对简单，采用二维模拟可大大节省计算量，且这种近似在很多情况下是可取的[41~43]。

初始时，可根据实验所测压降值预估提升管内的平均浓度，并使其均匀分布全床。气体从底部通入，并跟踪出口颗粒，让其通过底部两侧入口返回至提升管，使得全床存料量保持恒定。墙壁设为无滑移边界，出口为压力边界。也有研究者设气体在壁面处为无滑移边界，而颗粒为滑移或半滑移边界[44~46]。实际上，壁面条件的不同，可能会引起径向分布在壁面处的差异，但对轴向分布及整体行为影响较弱[47]。相关的物性参数及更详细的模拟设置可参考 Lu 等人[25]的报道。

在模拟中，网格尺寸对模拟结果有一定的影响，因此首先进行网格无关性测试。此外，对于气固两相流模拟，曳力模型的选取至关重要。本例选用两种具有代表性的曳力模型，Model G（Gidaspow 模型，代表均匀曳力）和 Model M（EMMS/matrix 模型，代表考虑非均匀结构影响的曳力），用以说明曳力模型对预测结果的影响。

7.2.2.2 结果讨论

在模拟中，可跟踪重要物理量随时间的变化，根据其变化趋势判断模拟是否达到动态稳定。在本算例中，比如可跟踪出口颗粒通量值的变化，当计算稳定后，可平均统计时间，统计时间越长，所得的时均值越可靠。出于计算量的考虑，统计时间往往取几十秒左右且保证大于颗粒在床内的平均停留时间。

颗粒通量是重要的物理量，表 21-7-2 列出了不同网格分辨率下采用不同曳力模型得到的结果。从表中可以看到，当网格分辨率高于 60×450 时，模拟结果基本达到稳定。此外，曳力模型对颗粒通量的预测影响很大，当采用均匀曳力模型（Model G）时，稳定后的颗粒通量值远大于实验测量值。而采用非均匀曳力模型（Model M），则预测得到的颗粒通量值与实验测量值吻合较好。

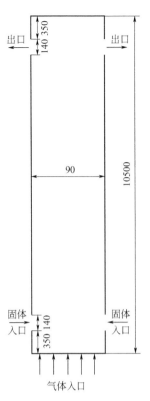

图 21-7-3　提升管二维几何构体示意图

表 21-7-2　模拟预测的颗粒通量　　　单位：kg·m^{-2}·s^{-1}

网格分辨率	Model G	Model M	实验测量
20×150	161.31	73.77	14.3
40×300	167.16	28.04	
60×450	169.00	19.73	
80×600	173.33	19.04	

不同高度的压降是实验中常测量的数据，由此可估算不同高度的截面平均颗粒浓度。图 21-7-4 对比了采用两种不同曳力模型得到的轴向颗粒浓度分布。从图中可看到，曳力模型对颗粒浓度的轴向分布影响很大，采用均匀曳力模型，颗粒浓度在大部分区域沿轴向几乎呈直线状分布。而当采用非均匀曳力模型后，可预测到与实验较为一致的 S 形轴向分布。

全床的时均颗粒浓度云图更能清楚观察颗粒浓度在全床的分布情况，如图 21-7-5 所示，采用均匀曳力模型预测得到的颗粒浓度除了底部入口附近外在全床分布几乎均匀。而采用非均匀曳力模型则能捕捉实验中观察到的中间稀两边浓的环核结构。

瞬时颗粒浓度分布图可揭示床内颗粒团聚的情况，如图 21-7-6 所示。总体来说，网格的

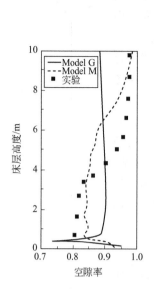

图 21-7-4 轴向时均空隙率分布与网格的关系（网格分辨率 80×600）

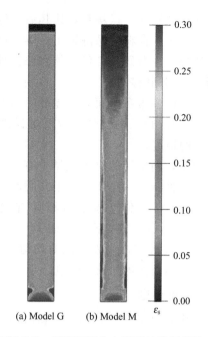

图 21-7-5 采用不同曳力模型计算所得的时均颗粒浓度的全床分布（提升管的长径比从原来的 116.7 压缩至 11）

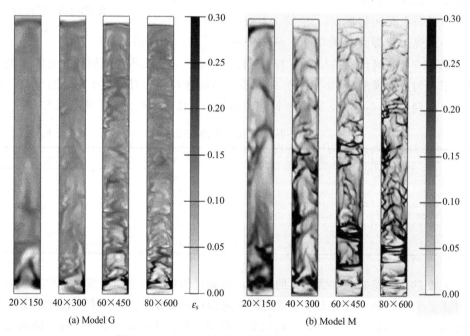

图 21-7-6 瞬时浓度分布随网格分辨率的变化

逐渐细化可揭示更多的瞬时结构形态，但不同的曳力模型之间，存在着不少的差异。在同一网格分辨率下，Model M 揭示的团聚物形状呈现多尺度及多形态分布，从小尺度到横跨反应器，从细条形到沿着壁面片状形，尤其以细条形居多。相比之下，Model G 捕捉的团聚物结构并不显著。

7.3 基于颗粒轨道模型的模拟

7.3.1 基本概念及特点

颗粒轨道模型将流体相处理为连续介质,在欧拉坐标系下考察流体运动,将固体相处理为独立的离散颗粒,在拉格朗日坐标系下对每个颗粒的运动轨迹分别追踪[48]。该模型中,流体相由体积平均的 Navier-Stokes 方程描述,其中颗粒对流体的影响通过方程中的空隙率和相间动量源项予以体现。固相颗粒运动则在考虑颗粒间相互作用及流体对颗粒作用基础上直接应用牛顿运动定律求解获得。

在有些颗粒轨道模型建模过程中,颗粒运动还考虑了流体相或颗粒相的湍流脉动,形成了随机性颗粒轨道模型。相应地,确定性颗粒轨道模型不考虑流体相和颗粒相的湍流脉动。颗粒轨道模型一般指确定性颗粒轨道模型,在建模过程中不考虑颗粒漂移及流体湍流脉动引起的颗粒非确定性运动。

颗粒轨道模型直接在颗粒尺度上对颗粒运动进行解析,能够直接提供颗粒的空间分布、尺寸分布等连续介质模型难以获得的信息,还可以对个体颗粒的动态运动进行详尽跟踪。模型概念清晰,符合多相流动结构特征,可以实现介观尺度与宏观尺度的多相流动多尺度模拟。但由于实际体系内颗粒数目众多,颗粒轨道模型跟踪每个颗粒要求惊人的计算资源,往往无法完成工业实际过程的模拟。最近随着计算技术的迅猛发展和粗粒化技术的研究进展,颗粒轨道模型应用于工业反应器的模拟工作也屡见报道,正日益成为流态化基础研究和应用的重要工具。

7.3.2 控制方程和作用模型

7.3.2.1 两相控制方程

在颗粒轨道模型中,气相运动的控制方程为两相耦合的 Navier-Stokes 方程,在单相连续性方程和动量守恒方程中引入空隙率和动量源项,表达为:

$$\frac{\partial(\varepsilon_g \rho_g)}{\partial t} + \nabla(\varepsilon_g \rho_g \boldsymbol{u}_g) = 0 \tag{21-7-26}$$

$$\frac{\partial(\varepsilon_g \rho_g \boldsymbol{u}_g)}{\partial t} + \nabla(\varepsilon_g \rho_g \boldsymbol{u}_g \boldsymbol{u}_g) = -\varepsilon_g \nabla p + \nabla \boldsymbol{\tau}_g + \varepsilon \rho_g \boldsymbol{g} + \boldsymbol{S}_p \tag{21-7-27}$$

式中,$\boldsymbol{S}_p$ 为相间动量源项,表示颗粒相施加于单位体积流体相的作用力。

$$\boldsymbol{S}_p = -\frac{1}{V_{cell}} \sum_{i \in cell} \boldsymbol{f}_{d,i} \tag{21-7-28}$$

流化床中气体的 Mach 数远小于 1,故可设定气体为不可压缩流体,即气相密度 ρ_g 保持恒定。

每个颗粒的运动过程可分解为在其他颗粒作用下的碰撞过程和在流体作用下的悬浮过程,分别对应于颗粒运动方程的碰撞项和相间作用项。颗粒运动规律由牛顿运动定律描述:

$$m_p \frac{d\boldsymbol{v}_p}{dt} = \boldsymbol{f}_c + \boldsymbol{f}_d + \boldsymbol{f}_p + \boldsymbol{f}_b \tag{21-7-29}$$

式中,$\boldsymbol{f}_b$ 为颗粒受到的体力(一般为其重力);$\boldsymbol{f}_c$ 为其他颗粒接触碰撞产生的作用力;

f_d、f_p 分别为相间曳力和压差力,是主要的相间作用力,分别表达为:

$$f_p = -V_p \nabla p \tag{21-7-30}$$

$$f_d = \frac{V_p \beta (u_g - v_p)}{1 - \varepsilon_g} \tag{21-7-31}$$

式中,V_p 为颗粒体积;p 表示气相压力;β 为曳力系数。

7.3.2.2 相间曳力作用

在气固流态化模拟中,曳力是气体和颗粒间的主要作用力,曳力模型对模拟结果有至关重要的影响。许多研究者基于实验数据获得了修正单颗粒曳力系数的多种经验关联式,常用的有 Wen&Yu 公式[49],Ergun 公式[50],Gibilaro 关联式[51]以及 Syamlal 和 O'Brien 模型[52]等。Gidaspow[6]综合 Wen&Yu 公式和 Ergun 公式提出了目前广泛使用的曳力模型,即:

$$\beta = \frac{3}{4} \frac{\varepsilon_g (1 - \varepsilon_g) \rho_g |u_g - v_p|}{d_p} C_{D0} \varepsilon_g^{-2.65} \tag{21-7-32}$$

其中单颗粒曳力系数 C_{D0} 为,

$$C_{D0} = \begin{cases} 24/Re_p & Re_p < 1 \\ 24/Re_p (1 + 0.15 Re_p^{0.687}) & 1 \leqslant Re_p < 1000 \\ 0.44 & Re_p \geqslant 1000 \end{cases} \tag{21-7-33}$$

为了更符合实际多相流动的时空非均匀结构特征,Lu 等[25,53]对 Gidaspow 曳力模型进行了修正:

$$\beta = \frac{3}{4} \frac{\varepsilon_g (1 - \varepsilon_g) \rho_g |u_g - v_p|}{d_p} C_{D0} \varepsilon_g^{-2.7} H_D \tag{21-7-34}$$

其中修正系数 H_D 与颗粒雷诺数及空隙率相关。

7.3.2.3 颗粒碰撞作用模型

在确定性颗粒轨道模型中,颗粒与颗粒之间相互作用的处理方式可分为以下两类:①二体瞬时碰撞的硬球模型[54];②作用可叠加的软球模型[55]。硬球模型应用动量守恒原理根据碰撞前两个颗粒运动的已知状态(如颗粒速度、角速度及位置等)就可得到碰撞后颗粒的运动状态。硬球模型一般采用事件驱动法,系统时间的推进依赖于碰撞发生的次数,这意味着对于碰撞次数很少的系统模拟进行得很快。但这一方式要求颗粒碰撞时间相对其自由运动时间要短很多,适用于颗粒含量较低的快速颗粒流动系统,不适用于存在颗粒静止接触或者多颗粒间碰撞频繁的系统。在软球模型中,颗粒被视作具有弹性的球,颗粒间的相互作用有一定的接触时间,而且允许一个颗粒和多个颗粒同时接触,颗粒之间的相互作用通过弹簧器、缓冲器和滑动器组成的简单力学模型来表示。软球模型一般采用固定的时间步长驱动体系演化,其时间步长足够小可精确量化颗粒碰撞细节。软球模型是处理气固两相流中应用最广泛的颗粒碰撞处理方式。

软球模型中,颗粒间接触力计算常采用线性弹簧-阻尼模型,其法向分力和径向分力分别由下式表达:

$$f_n = -k_n \delta_n + \gamma_n \Delta v_n \tag{21-7-35}$$

$$f_t = -k_t \delta_t + \gamma_t \Delta v_t \tag{21-7-36}$$

径向力还受到滑动摩擦力的限制,即:

$$\max(|f_t|)=\mu|f_n| \tag{21-7-37}$$

7.3.2.4 粗粒化模型

颗粒轨道模型中大部分计算用于处理流固体系中众多颗粒的运动和相互作用,而实际体系中颗粒数目大大超过目前计算能力所能承受的范围,而在流固系统中颗粒以聚团等形式发挥作用,没有必要追踪每个颗粒的行为。近年来,为进一步提高颗粒轨道模型的计算效率,一些粗粒化方法应运而生。该方法将大量在统计意义上属性相近(如速度相同、位置相近)的颗粒作为一个粗颗粒计算,从而直接降低颗粒数量。根据颗粒碰撞处理方式的不同,粗粒化方法可分为两类:一类以多相物质点法(multi-phase particle in cell,MP-PIC)[56,57]为代表,不直接计算颗粒之间的碰撞力,且能选用更大的固相时间步长,极大地节省计算量;另一类则从离散单元法出发,直接计算粗颗粒之间的碰撞作用。Sakai等人[58~60]直接假定两个粗颗粒碰撞时,每个粗颗粒中的所有真实颗粒都发生相同的碰撞,但其粗粒化比率仅为3(一个粗颗粒代表27个实际颗粒),远不能满足工程计算需求。Lu等[61]考虑颗粒聚团的实际结构,利用EMMS模型获得相关结构参数确定粗粒化模型中的颗粒作用力,加大粗粒化比率,并且借助大规模并行计算将粗粒化处理的颗粒轨道模型应用于实际工程计算中。

7.3.3 数值求解

颗粒轨道模型模拟求解算法主要包括三部分:流体相的求解、颗粒相的求解和相间耦合的求解。

7.3.3.1 流体相的求解

流体运动通过有限体积方法求解其连续性方程和动量方程获得,在流场网格控制体上差分建立包含速度、压力等变量的线性方程组,迭代法获得近似解。对于不可压缩流体,一般采用压力耦合的SIMPLE[62,63]、PISO[64]及投影算法[65]等修正速度场,其基本计算步骤可分解为:

① 预估速度场(可采用上个时间步长的速度场);
② 计算得到拟速度;
③ 计算近似压力场;
④ 计算近似速度场;
⑤ 求解压力场校正值修正速度场;
⑥ 重复步骤②~⑤,迭代收敛到误差限。

7.3.3.2 颗粒相的求解

颗粒相运动的求解过程主要分为两个步骤:①颗粒自由运动的路径积分;②颗粒受其他颗粒及流体相间作用力的计算。颗粒自由运动过程指应用牛顿运动定律更新每个颗粒的位置和速度等。颗粒受到其他颗粒的作用力计算是颗粒相求解的关键步骤,其中每个颗粒均需与其他颗粒进行碰撞判断及相应的作用计算。在包含 N 个颗粒的体系中,完成颗粒两两之间计算需要耗费 $O(N^2)$ 资源,在一般 N 较大的实际体系中,直接进行两两计算并不现实。考虑到颗粒间的相互作用只发生在颗粒与它临近可能接触的颗粒之间,即颗粒间的碰撞是近程相关的,此时可以应用元胞列表-邻居列表预存候选颗粒对的方式来节省计算需求,获得 $O(N)$ 的计算速度,使颗粒轨道模型计算实用化。颗粒相的求解算法与分子动力学模拟相似,详细内容请参考文献[66]。

7.3.3.3 相间耦合的求解

在颗粒轨道模型中,流体相计算需要流体网格内的空隙率和相间作用源项等信息,需要将颗粒信息从拉格朗日点映射到欧拉场;而颗粒相计算需要流体压力梯度及当地流速等信息,则需要将流体相物理量从欧拉场插值到拉格朗日点。

最为简单的相间信息耦合计算方式为中心点法。如图 21-7-7 所示,中心点法直接根据颗粒的质心位置计算颗粒所属网格,该方式计算简单直接,速度快,适用范围广,但计算误差较大且容易造成大的空隙率波动或者非物理值。

线性插值法是实现相间耦合计算的一种可靠高效的方式。如图 21-7-8 所示,颗粒信息到流场的归属份额及流场信息到颗粒位置的插值均可通过双(三)线性插值方式[56]获得:

$$S_{ijk} = S_{x,i} S_{y,j} S_{z,k} \tag{21-7-38}$$

$$S_{x,i} = \frac{x_{i+1} - x_p}{x_{i+1} - x_i} \tag{21-7-39}$$

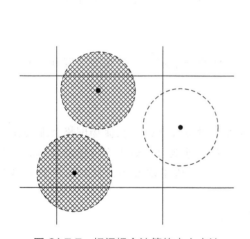

图 21-7-7 相间耦合计算的中心点法

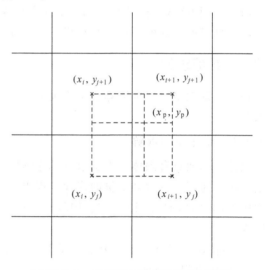

图 21-7-8 相间耦合计算的线性插值法

权重统计法[67]是另外一种相间耦合计算方式。如图 21-7-9 所示,权重统计法根据颗粒的质心位置严格计算颗粒在每个相关网格中的份额。对于简单球体颗粒及规则流体网格,二维空间中一个颗粒最多被分配到 4 个流体网格中,而三维空间最多可分配到 8 个流体网格。在非规则网格中直接计算颗粒在每个网格中的份额非常困难,此时需要借助标记点方式[68]辅助获得各份额的近似值。

相间耦合计算较为通用的实现方式为权函数法[69],各颗粒在所属网格中的份额由权函数确定,网格中心点的颗粒性质由各颗粒份额加权平均得到:

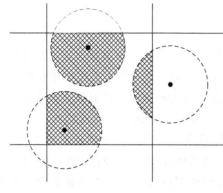

图 21-7-9 相间耦合计算的权重统计法

$$\varepsilon_s = \frac{\sum_i W(r_i) V_i}{\Delta V \sum_i W(r_i)} \tag{21-7-40}$$

$$\boldsymbol{S}_{\mathrm{p}} = \frac{\sum_{i} W(r_{i}) \boldsymbol{f}_{\mathrm{g},i}}{\Delta V \sum_{i} W(r_{i})} \quad (21\text{-}7\text{-}41)$$

可以通过不同的权函数获得不同的插值精度，适应各种要求。规则流体网格通常可应用一次型的权函数（与线性插值方式相同）：

$$W(\boldsymbol{r}) = \left(1 - \frac{r_x}{l_x}\right)\left(1 - \frac{r_y}{l_y}\right)\left(1 - \frac{r_z}{l_z}\right) \quad (21\text{-}7\text{-}42)$$

不规则网格需要采取精度较高的高阶权函数：

$$W(r,h) = \begin{cases} \left[1 - \left(\frac{r}{h}\right)^{2}\right]^{4} & r < h \\ 0 & r \geqslant h \end{cases} \quad (21\text{-}7\text{-}43)$$

或者采取连续的 Gauss 形式的权函数：

$$W(r,h) = \alpha_{\mathrm{d}} e^{-(r/h)^{2}} \quad (21\text{-}7\text{-}44)$$

7.3.4 实现及应用

受制于计算规模，大部分研究者将颗粒轨道模型用于多相流动的机理研究和小规模尝试，此类研究一般基于自编代码或在商业软件的少量用户自定义接口。最早实现颗粒轨道模型模拟的 Tsuji 等[55]及颗粒轨道模型方面有系统研究的 Kuipers 研究组 Van der Hoef 等[70]和余艾冰研究组 Feng 等[71]均开发了自编程序。ANSYS 公司的 Fluent 软件内置 DDPM (dense discrete phase model，一种简化的颗粒轨道模型) 用于欧拉-拉格朗日方法的模拟[72]，也有研究者[73,74]利用软件的用户自定义函数功能，实现自编 DEM 代码与 Fluent 软件的流体求解结合完成颗粒轨道模型的模拟。近年来，也有众多研究者[68,69,75,76]借助开源计算流体力学软件（如 MFIX、OpenFoam 等）的高自由度来完成颗粒轨道模型的程序开发和模拟。另外，基于多相物质点（MP-PIC）粗粒化处理颗粒间的相互作用，Snider 等人[77]开发了一款颗粒轨道模型商业软件 Barracuda (http://cpfd-software.com/)，在工业反应器的流态化模拟中获得广泛应用。颗粒轨道模型可以方便地耦合传质[78]、传热[78,79]及反应过程[80,81]相关模型，完成实际复杂多相流态化过程的模拟。随着计算能力的提升，颗粒轨道模型正逐步应用于工业反应器的流态化模拟。Jajcevic 等人[82]结合基于 GPU（一种加速三维和二维图形绘制的专用微处理器）的高性能自编 DEM 代码与商业化 CFD 软件 AVL-Fire (https://www.avl.com/fire2)，完成了对工业流化床的颗粒轨道全尺寸模拟。模拟使用 2500 多万个固体颗粒，考察了 2.5m 高具有多个喷嘴的反应器内喷动流化情况，获得了丰富的气固运动结构，模拟结果符合实验。模拟的时间步长为 10^{-5}s，需要耗费近 5d 模拟可推进 1s 体系演化过程。中国科学院的卢利强等人[61,83]采用粗颗粒模型简化颗粒处理，实现颗粒轨道模型对工业尺寸流化床反应器的全回路模拟。模拟的全回路系统为位于中国科学院过程工程研究所的虚拟过程工程平台，其主体高 6m。模拟中以 300 万个粗颗粒代替回路中 400 多亿个的固体颗粒（总重 30kg），研究颗粒在回路各部分的运动状况以及浓度分布、停留时间分布等，获得与实验较为一致的结果。

7.4 直接模拟

为了探索颗粒流体界面流动、传递和反应的详细信息，更加精确地刻画两相相互作用的本构关系，必须对颗粒周围的流场进行详细的描述，并通过对颗粒表面受到的流体应力进行积分，严格计算相间作用，因此需要发展一种更为微观的方法——颗粒解析的直接数值模拟（direct numerical simulations，DNS）。与单相湍流的直接数值模拟相类似，颗粒解析的DNS中流体相的控制方程直接采用数值计算求解，无任何湍流模型，将颗粒周围流场的计算网格尺寸缩小到颗粒尺度以下进行计算，能够分辨包含Kolmogorov耗散尺度以内的所有的空间尺度，颗粒的受力通过对其表面的黏性力与压力进行积分获得，不引入经验模型的数值计算方法。直接数值模拟被认为是最准确的计算方法，是探测气固两相流动的一种有力工具。根据流体相的求解方式不同，颗粒流体系统的DNS又可以分成三类[84]（图21-7-10）：一是基于传统Navier-Stokes（N-S）方程的DNS方法；二是基于格子的DNS方法；三是基于粒子的DNS方法。

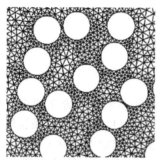
(a) 基于传统N-S方程的DNS方法

(b) 基于格子的DNS方法

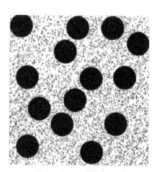
(c) 基于粒子的DNS方法

图 21-7-10　颗粒流体系统的直接数值模拟[84]

7.4.1　基于传统 N-S 方程的 DNS 方法

传统的DNS方法在求解流体时还是采用传统的有限差分或者有限体积，但是由于流场中有固体颗粒，因此要求解含有大量运动边界的流场。经过长期的发展，出现了很多种具体的解决方案，主要有任意拉格朗日-欧拉法（arbitrary Lagrangian-Eulerian technique，ALE）[85,86]、界面跟踪法（front-tracking）[87]、界面捕捉法（front capturing）[88]、水平集法（level set）[89]、约束差值剖面法（constrained interpolation profile，CIP）[90,91]、虚拟区域法（fictitious domain）[92]等。这些方法各有特点，应用领域也不尽相同。ALE采用非结构化网格，用网格的边界来近似地描述颗粒的表面。此方法能够很好地保持颗粒-流体界面，适应不同大小的网格。使用ALE方法，Hu 等[85,93]模拟了大量二维和三维颗粒在牛顿流体中的运动。Johnson 和 Tezduyar[94,95]也进行了类似的模拟计算。然而由于非结构网格的使用，加之网格重生成等技术，使得处理过程比较复杂。为了避免网格重构这一复杂过程，人们希望在固定的网格上实现对流态化系统的模拟，因此这一方向受到了比较多的关注。界面跟踪法与界面捕捉法是这一领域比较早的代表，前者对每一相都建立一套方程，并在流场规则网格上使用标记点来描述相界面变化，后者则采用某种标记点的分布来确定相界面。值得注意的是虚拟区域法，它在模拟规模上领先于其他传统DNS方法。它将原来固体颗粒占据的空间也填充上流体，使得原来不规则的流场区域规则化，由于这部分区域本来并不存在，因此得名。虚拟区域的添加，必然使其不再等价于原流场，为了解决这个问题，在实际处理中采用Lagrange乘子对颗粒内部的流体进行处理，也就是对这部分流体施加一个虚拟的力，使其与所在的颗粒一起作刚性运动。采用虚拟区域法，Glowinski 等人实现了 1024 个颗粒的准三维模拟和 6400 个颗粒的二维模拟[96]。

7.4.2 基于格子的 DNS 方法

格子玻尔兹曼方法（lattice Boltzmann method，LBM）[97]是一种不同于传统数值方法的流体力学计算和建模方法，具有计算高效性、良好的并行性和鲁棒性，自提出之日起就受到广泛关注。LBM 方法从微观粒子尺度进行分析，首先建立离散的速度模型，然后在满足质量、动量和能量守恒的条件下，得到粒子分布函数，最终通过对粒子分布函数的统计，获得压力、流速等宏观物理量。在处理流固两相流系统问题时，根据颗粒的处理方式，可以分为点源颗粒方法和有限体积方法。前者将颗粒处理成质点，颗粒与流体之间的相互作用通过一些经验表达式描述，因此精度上有些影响；后者考虑了颗粒的大小和形状，可以考察颗粒周围的流场细节，是真正意义上的直接数值模拟。本文重点介绍有限体积方法，对于点源颗粒方法，请参阅有关文献。

Ladd[98,99]率先提出了基于有限体积颗粒的 LBM 方法来处理颗粒流体系统。Ladd 方法通过修正的反弹边界保证运动边界上的无滑移条件，通过动量交换计算流体和固体颗粒之间的作用力，成功地模拟了液固悬浮。但 Ladd 方法中，固体颗粒内部被流体粒子占据，要求固体与流体密度比大于 1。针对这一情况，Aidun 等[100,101]提出不使用颗粒内部流体的方法，能够处理固体密度小于流体密度的问题。Qi[102]在 Ladd 方法的基础上继续改进，在颗粒内部仍然充满流体，提出了满足局部质量守恒的方法，并利用该方法模拟了多颗粒沉降问题，计算了柱状颗粒的三维平移和转动，结果与实验吻合得很好。以上方法都以 Ladd 方法为基础，而 Ladd 方法对颗粒边界的处理都是用离散边界近似，模拟边界与实际的物理边界不重合，本身就存在一定的误差。为了解决这一问题，不少学者提出了改进方法，大部分是将处理曲面边界的方法比如曲面边界插值[103]、FH（Filippova-Hanel）方法[104]、MLS（Mei-Luo-Shyy）方法[105]等引入流固两相流中。这些处理方法虽然提高了边界处理的精确性，但在计算效率上却付出了巨大的代价，只能处理颗粒数目比较少的体系。Feng 和 Michaelides[106]抛弃了固定颗粒边界的想法，把颗粒的边界当作可变形的，结合浸入边界法（immersed boundary method，IBM）[107]，提供了一种新的处理运动流固边界的方法。这种方法避开了颗粒边界无法精确描述的困难，但涉及颗粒表面刚性系数的选择，目前还没有合理的规则，有很大的随意性。Noble 和 Torczynski[108]提出了浸入运动边界法（immersed moving boundary method，IMBM）来处理流固耦合。它通过在 LBM 演化方程中加入附加碰撞项来处理流固耦合，实现了对固体颗粒边界相对准确的描述，同时沿用了 LBM 的计算体系，保留了原算法的优点。Cook 等[109]利用上述方法模拟了颗粒间相互作用占主导的颗粒流体系统，颗粒与颗粒的作用采用离散单元法（discrete element method，DEM）[110]处理。Feng 等[111]在此基础上，引入大涡模拟（large eddy simulation，LES），成功地对大量颗粒的高雷诺数颗粒流体系统进行了模拟。Wang 等[112]发展了一种基于粒子-格子耦合方法的颗粒流体系统 DNS 方法，将颗粒流体密度比从 2.5 提高到了 1500，成功复现了散式流态化和聚式流态化的典型现象。在此基础上，周国峰等[113]成功复现了二维、三维 Drafting-Kissing-Tumbling（DKT）过程，即两个圆形颗粒在充满流体的竖直通道中自由沉降的过程，验证了该算法的有效性。Xiong 等[114]借鉴基于粒子-格子耦合方法的颗粒流体系统 DNS 方法的思想，简化 DEM 代替硬球算法，利用中国科学院过程工程研究所研制的千万亿次超级计算系统 Mole-8.5，使用 672 个 GPU 进行了大规模并行计算，实现了全球最大规模颗粒流体系统 DNS，其中二维模拟包含 1166400 个颗粒，三维模拟包含 129024 个颗粒，首次到达尺度无关规模的直接模拟结果，能在传统计算网格上得到真正有意义的直接模拟统计结果，为更高尺度的离散颗粒模拟和双流体模型提供本构关系及微观信息，显示了基于格子的 DNS 方法在模拟颗粒流体系统方面具有巨大的优势和潜力。

7.4.3 基于粒子的 DNS 方法

粒子化方法的思想由来已久，它在考察颗粒离散的同时，对网格中的流体也进行粒子化，即流体粒子。粒子方法的计算量通常比较大，这也是初期发展受限的主要原因。近些年来，计算机技术的发展，使得粒子方法有了坚实的硬件基础，出现了多种粒子化方法，如光滑粒子动力学（smoothed particle hydrodynamics，SPH）[115,116] 方法、拟颗粒模型（pseudo-particle modeling，PPM）[117~119]、宏观拟颗粒模型（macro-scale pseudo particle）[120,121]。与此同时，传统的分子动力学模拟[122~124]作为最底层的模拟手段，也开始涉及流态化模拟领域。这些方法的出现，很好地解决了传统的连续介质方法受困于复杂边界、多相介质和大变形等问题的局面。

SPH 方法最初是为了解决天体物理中非对称的三维问题而被提出的，后被引入多相流体力学领域。其基本思路是将连续的流体（或固体）抽象成相互作用的质点组，各个质点上包含质量、速度等信息，通过求解质点组的动力学方程得到每个质点的运动轨迹，从而获得整个体系的演化过程。SPH 主要应用于颗粒流体密度差相对较小的液固系统，而且与传统的 CFD 方法相比并没有明显的精度优势。

为了从微观层次描述流动特征，同时降低其模拟两相流时的计算规模，Ge 和 Li[117] 基于分子运动论思想，提出了拟颗粒模型。模型中将流体离散为拟颗粒，每个拟颗粒携带质量、半径、位置和速度等信息。拟颗粒模型突出的特点是简化了粒子间作用，但保留了相邻粒子的确定性关系。拟颗粒模型的建立基于分子动力学，但比分子动力学更加宏观，因而它可以从微观上探索力学机理，又可以描述宏观的流态化现象。在拟颗粒模型的基础上，结合 SPH 中流体微元间作用，Ge 等[120]又提出了宏观拟颗粒模型（MaPPM），比拟颗粒模型更为宏观，为大规模流态化模拟提供了有利的工具。

7.4.4 颗粒间碰撞处理

模拟中遇到的另一个问题就是如何处理颗粒之间的相互作用。目前在颗粒流体系统的 DNS 中颗粒之间的作用常常被忽略或被简单处理。然而，大多数体系中颗粒间的相互作用至关重要，需要准确、高效地对其进行描述。在颗粒流体系统模拟中，颗粒间相互作用的处理方法大概分为软球模型和硬球模型两类。离散单元法（DEM）是一种典型的基于软球碰撞模型的计算方法[110]。该方法适用于研究准静力和动力条件下的节理系统或块体集合体的力学问题，它考虑了法向和切向接触力、滑动摩擦力和滚动摩擦力的影响，从而成为较完善地描述颗粒运动的模型。软球模型含有弹性、阻尼以及滑移的力学机制，采用时间驱动算法，以相同的时间步长推进，缺点是涉及耗时的积分运算，其间引入的数值误差可能引起计算失稳。硬球模型认为颗粒间的作用是瞬时的二体碰撞，根据动量守恒定理确定碰撞后的状态。硬球模型通常采用事件驱动算法，时间步长不固定，并且每一步都要更新事件列表，并行性差；此外，在处理颗粒数密度或体积分数较大的系统时，容易发生碰撞坍塌。Hopkins

等[125]结合硬球模型和软球模型各自的优点，提出了时间驱动的硬球算法。Ge 和 Li[117]通过对分子层次以上流体本征结构和尺度的分析，在尽可能保留对流动起主要作用的分子属性的同时，尽可能简化计算，提出了拟颗粒模型，固体颗粒和表征流体的拟颗粒都处理为以时间驱动演化的可重叠硬球，成功复现了鼓泡和节涌等典型的流态化现象[117~119,126]。

7.5 工业应用与模拟放大

在颗粒流体系统的数值模拟中，根据对颗粒和流体描述详细程度的不同，主要可分为三类模型：双流体模型（又称为连续介质模型），颗粒轨道模型和直接数值模型。其中，连续介质模型是工业应用最为广泛的模型，基于该方法的软件开发也相对成熟。颗粒轨道模型的计算量相对较大，但近年来，随着粗粒化和 MP-PIC 等方法的出现以及在 GPU 协助计算下，其模拟速度大幅提升。而直接数值模拟仍受限于计算量的问题，目前几乎无工业应用的相关报道，下面将针对上述前两类方法的工业应用做一介绍。

7.5.1 连续介质方法的工业应用

连续介质方法主要应用于石油化工、煤化工等反应器层次的模拟，其模拟结果可用于优化反应器内构件设计、出入口几何结构、操作参数以及故障诊断等。

7.5.1.1 优化操作参数

流场分布与反应行为密切相关，优化操作参数，如气速、藏料量、操作压力等，对提升反应效率起着重要的作用。以 MIP（maximizing iso-paraffins）反应器为例[41]，图 21-7-11 是在给定操作气速情况下得到的一条操作流域线。从图中可看到，藏料量较低时，系统处于稀相输送状态，循环量随着存料量的增加而增加。当存料量继续增加至一定值时，此时再继续增加存料量，出口循环量始终保持恒定，图 21-7-11(a) 中显示为一水平段，文献中称为噎塞。当存料量进一步增加，循环量又开始随着存料量的增加而增加时，系统处于全浓状态。图 21-7-11(b) 是对应的轴向浓度分布。由于噎塞现象与团聚物结构的形成相关，因此在模拟时需要考虑介尺度结构对流动行为的影响，比如在本算例中，在双流体模型中耦合 EMMS 曳力模型。

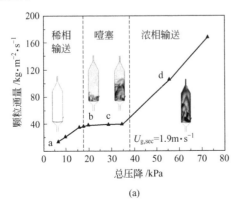
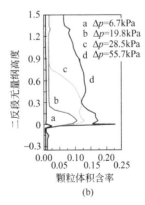

图 21-7-11 在给定操作气速下操作流域线

(a) 表观速度 1.9m·s^{-1} 下，颗粒通量与总压降的关系；
(b) 对应 (a) 4 个操作点的截面时均浓度的轴向分布（0 表示分布板的位置）

7.5.1.2 优化反应器几何结构

分布板结构的优劣与流化质量密切相关。连续介质模拟可以揭示反应器内的流动状况，从而获知流化情况并诊断死区的位置，为实际操作提供可靠指导。

图 21-7-12 显示了二维 MIP 反应器中不同分布板结构对催化剂浓度分布的影响[127]。此三种分布板具有相同开孔率，但开孔方向及分布板结构却不同。通过统计反应区的催化剂浓度发现，下沉式分布板的二反段浓度最高，锥形分布板的二反段浓度次之，弧形分布板的二反段浓度最低。模拟还可以得到反应器内的气体和颗粒速度分布情况以及各种流场信息随时间的演化过程，从中可直接观察颗粒堆积情况及形成死区情况。此外，对于同一类型的分布器，开孔率、环数布置等因素的改变都会影响颗粒分布均匀性和能量损耗，刘雅宁等通过连续介质方法模拟考察了工业再生器中的环形分布板环数和开孔率对混合性能的影响[128]。

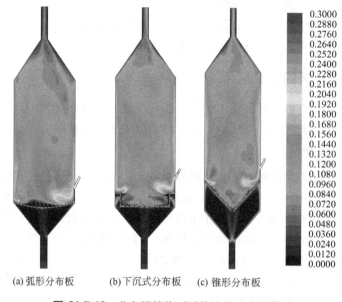

(a) 弧形分布板　　(b) 下沉式分布板　　(c) 锥形分布板

图 21-7-12　分布板结构对时均浓度分布的影响

7.5.1.3 工业反应器的热态模拟

在连续介质流动模型的基础上引入组分输运方程以及能量守恒方程，就能求解得到反应器内的流场、温度以及反应组分的分布。

以 MTO 工业反应器模拟为例[129]，该反应器总高约 40m，反应器直径约 10m，三维构体采用约 60 万非结构化网格，利用 ANSYS®15 进行求解计算。该反应器操作在湍动床状态，由于湍动床中的流动结构更接近于鼓泡状态，在模型中采用 EMMS/bubbling 曳力模型代替软件中已有的曳力模型。反应动力学模型采用七集总模型[130]。图 21-7-13 是模拟得到的乙烯质量分数在全床中的分

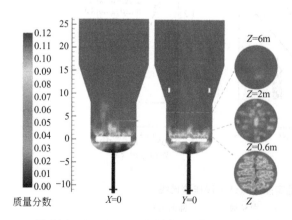

图 21-7-13　MTO 工业反应器乙烯浓度分布

布。从图 21-7-13 中可看到，乙烯浓度只在分布板附近区域呈现不均匀分布，意味着 MTO 反应几乎在分布板附近完成。若能进一步改进分布板结构设计以及附近区域的操作布局，将有助于提高反应产率。由于该 MTO 反应器内温度分布均匀，因此在计算中采用等温模拟，能量方程不参与计算。

工业锅炉和 FCC 反应器中具有一定的温差，此时需要启动能量方程且要选择合适的气固传热模型以及气固动量传递模型，结合反应动力学模型，才能预测合适的温度分布和产物分布[131~133]。以 150MWe 的工业锅炉为例[133]，该锅炉为 36.5m 高，燃烧室截面为 7.220m×15.320m，设有底部主风口和侧面多个二次风口，燃烧室各面墙采用膜式水冷壁放热。采用 Fluent®6.3.16 进行计算，网格总量约 50 万。在反应模拟中，忽略挥发分和燃烧耗氧计算，只考虑 $C+O_2 \longrightarrow CO_2$ 的反应，并假设反应放热均匀分布在气相和固相中，且通过底部壁面均匀放热。图 21-7-14 是模拟得到的煤灰颗粒瞬时浓度分布以及 CO_2 的时均浓度分布图，与实际情况较为符合。由于计算量的限制，工业反应器的模拟需要采用粗网格计算。在计算中考虑介尺度结构的影响是改进工业反应器粗网格模拟的有效手段[131,134~138]，此外，有些模拟工作中还考虑了宽粒径分布的影响，比如采用多个固相的方式或者结合 PBM 模型[138~140]。

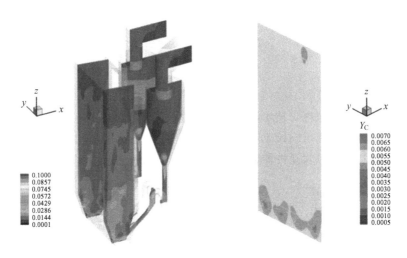

图 21-7-14　工业锅炉内固体颗粒瞬时浓度分布以及 CO_2 时均浓度

7.5.2　颗粒轨道方法的工业应用

相比连续介质方法，颗粒轨道方法的工业应用相对较少。

此外，在颗粒处理中忽略颗粒间碰撞，用经验关联式代替颗粒间的作用可大大降低计算量，如多相物质点法（multi-phase particle in cell，MP-PIC）和 DDPM（dense discete phase model）。Barracuda 是基于 MP-PIC 的商业软件，ANSYS 已包含 DDPM 模块，因此近年来，基于上述两种拉格朗日方法的工业反应器的模拟也逐渐兴起[142~144]，如 Adamczyk 等[142]采用 DDPM 模拟了工业循环流化床锅炉，并与燃烧反应相结合，考察了几何结构模型、操作条件等对温度、压力分布等的影响。Zhou 等[144]采用 DDPM 考察了不同操作参数以及几何形状对工业水力旋流器分离效率的影响。图 21-7-15 显示了两种不同尺寸的颗粒在旋流器中的分布情况，可看到大颗粒倾向于集中在旋流器壁面和底部，而小颗粒更

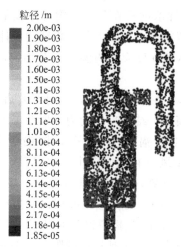

图 21-7-15 工业水力旋流器中某两种颗粒的分布情况

容易被分离。相比连续介质方法，颗粒轨道模型在处理这种带有宽颗粒分布的情况时更具优势。在曳力模型的选择上，在模拟非均匀结构明显的流化床体系时，颗粒轨道模型也仍然需要考虑介尺度结构的影响以提高模拟精度[145,146]。

7.6 虚拟流态化

虚拟过程工程（virtual process engineering，VPE）将计算机模拟与实时在线数据相结合，使工程师能够利用虚拟现实技术对工业过程进行高精度实时模拟，并与实验结果进行在线比较，同时对相关结果进行三维动态显示。VPE 是流态化模拟的新模式，它的实现有赖于物理模型的精度和计算机软硬件能力的进一步提高，一般需要采用兼顾计算精度与效率的多尺度模拟技术。

7.6.1 宏观与稳态模型

在实际的工业设计过程中，为了兼顾计算效率和计算速度，物理和数学模型总是越简单越好。由于工业过程大多操作在相应的定态以实现装置运行和产品质量的稳定，因此基于稳态的宏尺度流态化模型对气固反应器的设计和放大具有重要的参考和指导意义。以工业过程实时模拟为特征的虚拟过程工程作为未来化学工程学科发展的重要方向也要求在介尺度或微尺度非稳态动态模拟的过程中充分利用宏尺度稳态流动信息，以大幅提高非稳态数值模拟的精度和效率。

气固两相流是一个典型的具有多尺度结构的复杂系统，随操作条件的变化会呈现鼓泡、湍动、快速流化和稀相输送等不同的被称为流域的状态，且在快速流化区域一般呈现上稀下浓的轴向 S 形分布以及中间稀边壁浓的径向环核结构。为了对这种复杂流动现象进行描述，一些基于总体物料和能量守恒的经验或半经验关联宏尺度流态化模型被建立。最初的两相流动模型是首先将气固流化床的复杂流动概括为分别主要由流化颗粒和气泡组成的稠密乳化相及稀相，然后通过分析气泡相与乳化相之间的气体和固体交换规律建立了气泡模型[147,148]。所谓的环核结构模型是利用最小压降原理分析流化床中环核形成的原因，近似地描述了径向环核非均匀结构分布[149]。这些早期的模型都没有充分考虑气固两相流动中的局部非均匀结构，而实际上作为从基本单元相互作用形成复杂气固反应器整体行为与功能的关键环节，局部非均匀结构（颗粒团聚物或气泡）对整个系统的定量描述和定向调控都具有重要意义。

在考虑气固系统中的多尺度相互作用并建立介尺度稳定性条件的基础上，能量最小多尺度（EMMS）模型准确预测了气固系统中诸如局部非均匀结构、流域转变以及分岔等本征流动特征，因此在宏观与稳态计算中能发挥重要作用。但该模型在用于径向动力学计算时，则遇到收敛困难的问题，只能根据已知的空隙率和流体速度的实验值计算颗粒速度的径向非均匀分布[150~152]。运用扩散理论并根据团聚物与其周围颗粒存在的浓度梯度建立起来的团聚物扩散模型描述了流化床中的轴向非均匀分布，但该模型中的主要参数仍需要用实验值进行拟合确定[153]。

基于 EMMS 理论框架，并通过引入稀密两相颗粒加速度建立起来的 EMMS 轴向模型在无需引入团聚物尺寸相关经验关联式的情况下就可进行数值求解，实现了对循环流化床（CFB）提升管中轴向 S 形非均匀分布的理论预测[154]。EMMS 轴向模型主要由截面稀密相力平衡方程、截面压降平衡方程、截面气固相连续性方程以及截面高度方程组成：

$$C_{Df,z} \frac{1-\varepsilon_{f,z}}{d_p} \rho_g U_{sf,z}^2 + \frac{f_z}{1-f_z} C_{Di,z} \frac{1}{d_{cl,z}} \rho_g U_{si,z}^2 - C_{Dc,z} \frac{1-\varepsilon_{c,z}}{d_p} \rho_g U_{sc,z}^2 = 0 \tag{21-7-45}$$

$$\frac{3}{4} C_{Dc,z} \rho_g U_{sc,z}^2 + \frac{3}{4} C_{Di,z} \frac{f_z}{d_{cl,z}} \rho_g U_{si,z}^2 - f_z(1-\varepsilon_{c,z})(\rho_p - \rho_g)(g + a_{c,z}) = 0 \tag{21-7-46}$$

$$\frac{3}{4} C_{Df,z} \frac{(1-f_z)(1-\varepsilon_{f,z})}{d_p} \rho_g U_{sf,z}^2 - (1-f_z)(1-\varepsilon_{f,z})(\rho_p - \rho_g)(g + a_{f,z}) = 0 \tag{21-7-47}$$

$$U_g - f_z U_{c,z} - (1-f_z)U_{f,z} = 0 \tag{21-7-48}$$

$$U_p - f_z U_{pc,z} - (1-f_z)U_{pf,z} = 0 \tag{21-7-49}$$

$$\Delta H \approx \left(\frac{1}{1-\varepsilon_z} + \frac{1}{1-\varepsilon_{z-1}}\right)\left(\frac{U_{pc,z}}{1-\varepsilon_{c,z}} - \frac{U_{pc,z-1}}{1-\varepsilon_{c,z-1}}\right)\frac{U_p}{a_{c,z} + a_{c,z-1}} \tag{21-7-50}$$

稳定的截面分布要求截面悬浮输送能耗最小。

$$N_{st,z} = \frac{\rho_p - \rho_g}{\rho_p} \frac{1}{1-\varepsilon_z} \left\{ \begin{array}{l} [(1-f_z)(1-\varepsilon_{f,z})(g+a_{f,z}) + f_z(1-\varepsilon_{c,z})(g+a_{c,z})]U_g \\ +[(1-\varepsilon_{f,z})(g+a_{f,z}) - (1-\varepsilon_{c,z})(g+a_{c,z})]f_z^2(1-f_z)U_{f,z} \end{array} \right\} \to \min \tag{21-7-51}$$

而稳定的轴向分布则由全局悬浮输送能耗最小确定。

$$\overline{N}_{st,z} = \frac{\int_0^H (1-\varepsilon_z) N_{st,z} dz}{\int_0^H (1-\varepsilon_z) dz} \to \min \tag{21-7-52}$$

只要给定流化床的气固表观速度（U_g 和 U_p）以及床层总压降（Δp_r），如图 21-7-16 所示，通过优化截面团聚物体积数密度就可以对 EMMS 轴向模型进行数值求解，从而计算 CFB 操作在噎塞（choking）状态下的轴向 S 形非均匀分布。

在认识到气固流动中同一截面高度任意径向位置处轴向压降梯度相等以及局部团聚物演化动态平衡的基础上，最初的 EMMS 径向模型得以进一步改进，而且在模型方程中明确考

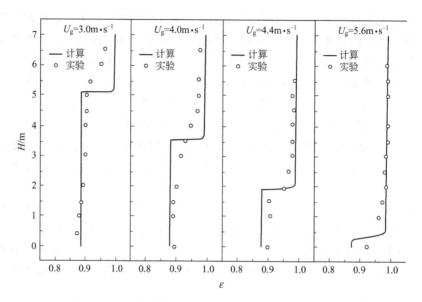

图 21-7-16 循环流化床提升管中轴向非均匀分布计算

虑了壁面摩擦的影响[155]。改进的 EMMS 径向模型可以通过函数逼近的方法实现,无需实验数据辅助的模型数值求解,从而对循环流化床提升管中的径向环核结构进行数学预测。改进模型的主要控制方程包括局部轴向压降梯度方程、局部稀密相力平衡方程、局部相间压降平衡方程、局部和截面气固相空隙率连续性方程以及局部团聚动态演化方程:

$$\tau_r - \frac{r}{R}\tau_w - \frac{r}{2}(\bar{\varepsilon}_r - \varepsilon)(\rho_p - \rho_g)g = 0 \qquad (21\text{-}7\text{-}53)$$

$$\frac{3}{4}C_{Dc,r}\frac{f_r(1-\varepsilon_{c,r})}{d_p}\rho_g U_{sc,r}^2 + \frac{3}{4}C_{Di,r}\frac{f_r}{d_{cl,r}}\rho_g U_{si,r}^2 - f_r(1-\varepsilon_{c,r})(\rho_p - \rho_g)(g + a_{c,r}) - F_{\tau,r} = 0 \qquad (21\text{-}7\text{-}54)$$

$$\frac{3}{4}C_{Df,r}\frac{(1-f_r)(1-\varepsilon_{f,r})}{d_p}\rho_g U_{sf,r}^2 - (1-f_r)(1-\varepsilon_{f,r})(\rho_p - \rho_g)(g + a_{f,r}) = 0 \qquad (21\text{-}7\text{-}55)$$

$$C_{Df,r}\frac{1-\varepsilon_{f,r}}{d_p}\rho_g U_{sf,r}^2 + \frac{f_r}{1-f_r}C_{Di,r}\frac{1}{d_{cl,r}}\rho_g U_{si,r}^2 - C_{Dc,r}\frac{1-\varepsilon_{c,r}}{d_p}\rho_g U_{sc,r}^2 = 0 \qquad (21\text{-}7\text{-}56)$$

$$U_{g,r} - f_r U_{c,r} - (1-f_r)U_{f,r} = 0 \qquad (21\text{-}7\text{-}57)$$

$$U_{p,r} - f_r U_{pc,r} - (1-f_r)U_{pf,r} = 0 \qquad (21\text{-}7\text{-}58)$$

$$\varepsilon_r - f_r \varepsilon_{c,r} - (1-f_r)\varepsilon_{f,r} = 0 \qquad (21\text{-}7\text{-}59)$$

$$U_g - \frac{2}{R^2}\int_0^R U_{g,r} r \, dr = 0 \qquad (21\text{-}7\text{-}60)$$

$$U_p - \frac{2}{R^2}\int_0^R U_{p,r} r \, dr = 0 \qquad (21\text{-}7\text{-}61)$$

$$\varepsilon - \frac{2}{R^2}\int_0^R \varepsilon_r r \, dr = 0 \qquad (21\text{-}7\text{-}62)$$

$$(u_{pf} - u_{pc})(1-\varepsilon_f) - 4\omega u'_{pc}(1-\varepsilon_c) = 0 \qquad (21\text{-}7\text{-}63)$$

其中，$F_{\tau,r} = [(r+\Delta r)\tau_{r+\Delta r} - r\tau_r]/(r\Delta r)$ 与颗粒相的剪切力有关，u'_{pc} 是密相颗粒的脉动速度。同样的道理，气固两相的局部非均匀结构和径向非均匀分布分别由局部和截面悬浮输送能耗最小确定。

$$N_{st,r} = \frac{\rho_p - \rho_g}{\rho_p} \frac{1}{1-\varepsilon_r}$$

$$\left\{ \begin{array}{l} \left[(1-f_r)(1-\varepsilon_{f,r})(g+a_{f,r}) + f_r(1-\varepsilon_{c,r})(g+a_{c,r}) + \dfrac{F_{\tau,r}}{\rho_p - \rho_g}\right]U_{g,r} + \\ \left[(1-\varepsilon_{f,r})(g+a_{f,r}) - (1-\varepsilon_{c,r})(g+a_{c,r}) - \dfrac{F_{\tau,r}}{f_r(\rho_p - \rho_g)}\right]f_r^2(1-f_r)U_{f,r} \end{array} \right\} \to \min$$

(21-7-64)

$$\overline{N}_{st,r} = \frac{2}{R^2(1-\varepsilon)} \int_0^R N_{st,r}(1-\varepsilon_r)r\,dr \to \min \quad (21\text{-}7\text{-}65)$$

鉴于颗粒相的加速度对径向非均匀分布的影响有限，因此在模型的求解过程中暂不考虑稀密相加速度。只要给定气固表观速度（U_g 和 U_p），并利用轴向 EMMS 模型计算出截面空隙率[155]，通过多项式函数逼近的方法就能对改进的 EMMS 径向模型进行数值求解。在实际模拟计算过程中，可以利用 EMMS 轴-径向模型进行耦合计算。如图 21-7-17 所示，在给定循环流化床系统操作气速和固体存料量（U_g 和 I_m）的情况下，首先通过全系统压降和存料量平衡以及 EMMS 轴向模型确定提升管中的表观颗粒速度（U_p）及相应的空隙率轴向分布，然后将计算得到的轴向空隙率分布作为 EMMS 径向模型的输入条件，计算给定气体速度下任意床高处的空隙率和颗粒速度等流动参数的径向非均匀分布。

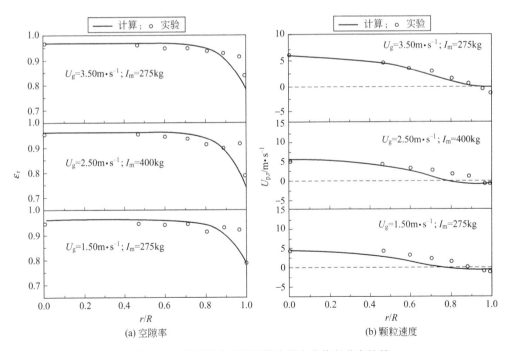

图 21-7-17 循环流化床提升管中径向非均匀分布计算

在气固鼓泡流态化区域，气泡的形成和演化代替循环流化床中颗粒团聚物的聚并和破碎，成为系统的主要非均匀结构动态演化特征。因此，根据 EMMS 理论并引入气泡的尺寸和速度经验关联式后,一个基于气泡的 EMMS 鼓泡模型被建立,以对气固鼓泡流态化的稳态动力学进行描述[28]。气泡与颗粒团聚物不同,它在生成和长大过程中需要克服周围稠密乳化相的压应力做功,因此在 EMMS 鼓泡模型的稳定性条件中必须考虑气泡在形成和长大过程中对稀密两相间能耗的影响,从而实现无需气泡经验关联式的气固 EMMS 鼓泡理论模型的数值求解[156]。假定气泡中不含颗粒,EMMS 鼓泡理论模型主要由稀密相力平衡方程和气固相连续性方程组成。

$$\frac{3}{4}C_{Di}\frac{\rho_e}{d_b}f_b U_{si}^2 - f_b(\rho_e - \rho_g)g = 0 \quad (21\text{-}7\text{-}66)$$

$$\frac{3}{4}C_{De}\frac{\rho_g}{d_p}(1-f_b)(1-\varepsilon_e)U_{se}^2 + \frac{3}{4}C_{Di}\frac{\rho_e}{d_b}f_b U_{si}^2 - (1-f_b)(1-\varepsilon_e)(\rho_p-\rho_g)g = 0 \quad (21\text{-}7\text{-}67)$$

$$U_g - U_{ge}(1-f_b) - U_b f_b = 0 \quad (21\text{-}7\text{-}68)$$

$$U_p - U_{pe}(1-f_b) = 0 \quad (21\text{-}7\text{-}69)$$

稳定的气固鼓泡系统要求稀密相间切应力损耗和压应力损耗的总相间能耗最小。

$$N_{st} = \frac{\rho_p - \rho_g}{\rho_p} \times \frac{1-2f_b}{1-f_b}gU_{ge} + \frac{\rho_p - \rho_g}{\rho_p} \times \frac{f_b^2}{1-f_b}gU_b + \frac{3}{4}\frac{f_b}{H_s(1-\varepsilon_s)}Kgd_b U_g \to \min \quad (21\text{-}7\text{-}70)$$

只要给定系统的表观气固速度(U_g 和 U_p,其中 U_p 可为零),如图 21-7-18 所示,利用简单的二维优化就可以对 EMMS 鼓泡理论模型进行数值求解,从而对不同颗粒的气固鼓泡床的稳态动力学特性进行数学预测。

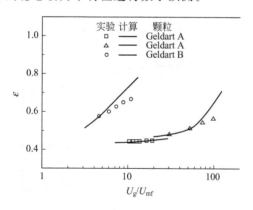

图 21-7-18 气固鼓泡床稳态动力学计算

与气固循环流化床类似,气固下行床中也存在颗粒团聚现象。因此,将气固并/逆流下行床进行多尺度分解,并建立稀密相质量和动量守恒方程,然后根据气固两相流竞争性协调原理,确定气固下行床轴向不同发展阶段的截面稳定性条件,最终可建立 EMMS 并/逆流下行床理论模型[157]。与 EMMS 轴向模型的数值求解类似,通过用局部稳定性条件来优化团聚物体积数密度的方法确定团聚物特征尺寸,不需要引入团聚物经验关联式,就可对并/逆流下行床轴向模型进行数值求解,从而对并/逆流下行床轴向宏观流体动力学特征进行稳态模拟。

EMMS 理论在二维空间以及不同流域和下行床中的扩展,为复杂气固系统的全回路稳态模拟提供了可能[158]。以一个典型的 CFB 系统为例,如图 21-7-19 所示,其全循环稳态建模过程可以遵循下述步骤:①根据反应器的几何构型和操作参数的不同将 CFB 系统分解成提升管、下降管、旋风分离器和返料阀等子反应单元;②用 EMMS 或其扩展模型对各子反应单元进行动力学模拟,例如提升管中的轴、径向非均匀分布可用 EMMS 轴、径向模型描述,返料阀中的气固流动可用气固 EMMS 鼓泡模型来进行计算;③根据全系统的压降和固体存料量平衡来试差计算确定各子反应单元的气固速度以及最后的全系统稳态分布。

7.6.2 多尺度耦合模拟

随着计算流体动力学模拟越来越成为化学工程师们研究开发新型反应器的重要手段，以快速、准确和实时模拟为特征的虚拟过程工程（VPE）技术已经成为化学工程学科发展的前沿。虚拟过程工程的实现有赖于"先全局分布、后局部模拟、再细节演化"的 EMMS 多尺度计算模式。该模式保持了问题、模型、软件和硬件结构与逻辑的一致性，从而可以建立更精确、快速和高效的模拟方法。

如图 21-7-20 所示，EMMS 多尺度计算模式的具体实现方式如下[159]：首先利用宏尺度稳态模型计算给定气固物性和操作参数（U_g 和 G_s）下反应器中的空隙率[155]等流动参数分布，确定其初始状态；然后利用 EMMS 理论进一步计算受介尺度稳定性条件约束的所有局部非均匀结构参数，以作为后续全局或局部演化计算的初场，并对后续非稳态模拟中的均匀相间曳力进行

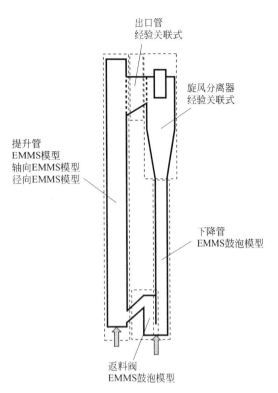

图 21-7-19　基于 EMMS 的循环流化床系统全循环稳态模拟

修正；最后利用连续、离散或二者耦合的方法，并结合各种初始和边界条件对整个反应器或某些感兴趣的局部区域细节进行动态演化模拟。由此可见，宏尺度流动信息在 EMMS 多尺度计算过程中被充分利用，这样既能解决大规模并行计算中负载不均衡的问题，又可以减小从初始状态到统计稳态的演化时间，从而在不损失计算精度的情况下大幅提高多尺度模拟的效率。

图 21-7-21 综合对比了不同曳力和不同初场下将宏尺度稳态模拟与网格尺度非稳态连续模拟相耦合的计算结果，其中右侧为计算的时间平均轴向空隙率分布[160]。从图 21-7-21 中可以看出，对于基于网格均匀假设的 Ergun/Wen&Yu 关系式，计算得到的轴向空隙率较均匀，上稀下浓现象不明显。而采用考虑非均匀结构的 EMMS 曳力后，计算结果显示了较明显的上稀下浓的宏尺度现象，轴向空隙率分布也与实验值较接近。图左边部分为两个工况的固相出口通量的瞬时监测值，从中可以看出采用宏尺度 EMMS 模型计算初场后，固相出口通量到达统计稳态所需要的时间显著缩短，且时间平均固相通量与实验值更为接近。

7.6.3 基于虚拟过程的流态化模拟放大

基于复杂气固系统全循环稳态动力学实时模拟方法，中国科学院过程工程研究所开发了名为虚拟流态化（virtual fluidization）的复杂气固系统全循环稳态模拟软件包（Ver1.0），为气固工艺设计和放大提供定量参考[161]。

该软件提供了诸如圆管、方管、渐扩管、渐缩管、旋风分离器、非机械返料阀、闸板阀、多孔板等子反应单元及相应的动力学计算代码。用户只需要使用向导模式就可按步骤根

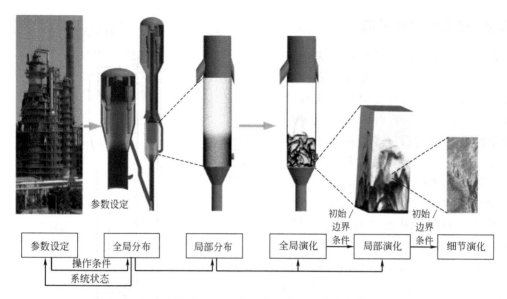

图 21-7-20 EMMS 多尺度计算模式的实现

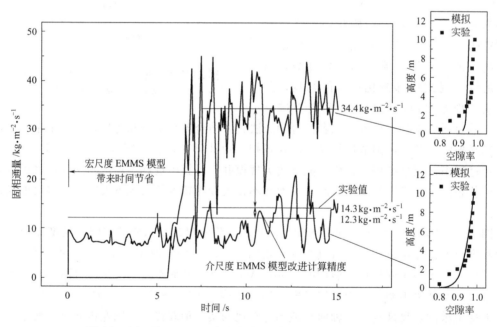

图 21-7-21 基于 EMMS 初场的气固流化床 CFD 模拟加速效应

据软件提供的各种简单构型子反应单元像搭积木似地构建如图 21-7-22 所示的任意复杂气固反应工艺系统，然后采用表单形式输入各子反应单元以及全系统的特征尺寸、物料物性、操作参数等全循环稳态计算所需要的各种数据和初始条件，就可启动并实时监控上述全系统稳态计算过程直到收敛。

该软件还具有灵活的数据输入、输出和分析功能，可以根据用户的需要以 Excel 格式按要求输出气固物性数据、各动力学或其导出参数的中间以及最后计算结果数据，以便查阅。软件也可以按如图 21-7-23 所示的 xy 图形式显示空隙率或颗粒浓度，气体和固体真实速度或表观速度，以及压力等参数在各子反应单元中的轴、径向空间分布，并导出相应的 JPG

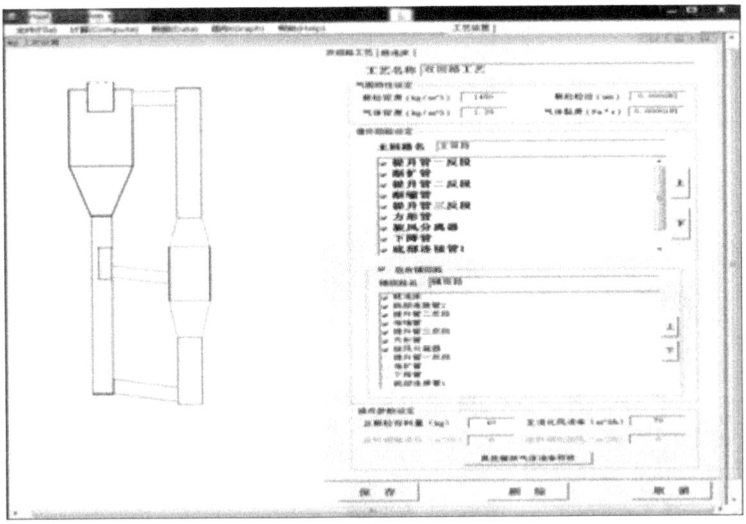

图 21-7-22 复杂气固系统全循环稳态模拟软件包物理和数学建模界面示意

或 TIF 等主流格式图形。为了进一步适应工艺系统复杂性和用户需求多样性的需要，该软件包还将在子反应单元的种类及其稳态动力学建模方面进行扩展，并逐步改进和完善计算数据的分析与处理功能。

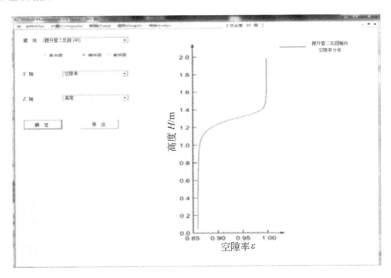

图 21-7-23 复杂气固系统全循环稳态模拟软件包数据及图形输出界面

在虚拟流态化模拟软件包开发的基础上，将 EMMS 多尺度耦合模拟方法与实验在线测量和显示系统相结合，如图 21-7-24 所示，世界上首个虚拟过程工程平台（VPE1.0）在中国科学院过程工程研究所建立[162]。

如图 21-7-25 所示，虚拟过程工程平台（VPE1.0）主要包括三个部分：实验和测量子系统、系统控制和数据获取子系统以及高性能模拟子系统。此外，该平台还有一个大型的显示阵列，对实验和计算结果进行在线显示和比较。实验和测量子系统是一个大约 6m 高的循环流化床以及相应的床层压降和颗粒浓度测量传感器。测量信号一路用于数字显示，另一路传输给系统控制和数据获取子系统以供存储和历史分析。系统控制和数据获取子系统又包括

图 21-7-24 虚拟过程工程平台（VPE1.0）

数据获取装置监控模块、系统控制模块和数据管理模块三个部分，主要用于对 VPE 平台的数据处理、系统控制以及用户交互等各个方面进行配置、监视和控制等。高性能模拟子系统是一个计算峰值达双精度 1000 万亿次的 CPU/GPU 并行异构超级计算系统。利用该系统可以对复杂气固系统的全局分布进行实时计算。但由于通用的并行离散模拟软件还不够完善，前述 EMMS 多尺度计算模式暂时还不能在该系统上完全实现。因此，一种部分实现 EMMS 多尺度计算模式的策略在 VPE1.0 平台中被采用，即先利用复杂气固系统全循环稳态模拟方法对气固系统的全局动力学进行稳态计算，然后将其作为后续非稳态 CFD 数值模拟的初场以提高计算精度和效率。

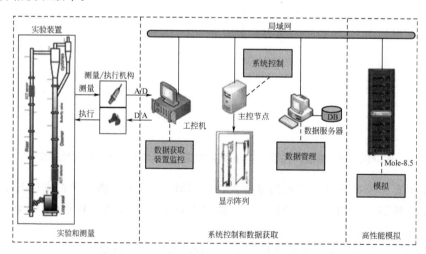

图 21-7-25 虚拟过程工程平台的组成及相互关系

虚拟过程工程平台不仅可以为工业过程的设计和开发提供基础数据并建立指导原则，而且也可作为新员工培训的有效工具。在虚拟过程工程平台 VPE1.0 系统中，模拟 1min 的实际物理过程大约需要 1 周的时间。将来，随着通用并行离散模拟软件和多尺度并行计算硬件平台的逐步发展和完善，对复杂化工过程进行实时全系统模拟将成为可能。从长远来看，虚拟过程工程将可以处理各种不同的工业过程，仅通过一台计算机就能够在几天内对工艺过程进行设计、放大和优化，从而为化工工艺的开发带来革命性变革，实现所谓的过程工程虚拟现实（virtual reality）。

参考文献

[1] ANSYS I. ANSYS Fluent Theory Guide（release 15.0）. http://www.ansys.com，2013.

[2] LLC C S. Barracuda User Manual. http://cpfd-software.com/，2015.

[3] COMSOL I. Comsol Multiphysics User Guide. http://www.comsol.com，2015.

[4] Syamlal M，Rogers W，O'Brien T J. MFIX Documentation: Theory Guide. https://mfix.netl.doe.gov/，1993.

[5] OpenFoam. The Open Source CFD Toolbox，User Guide（Version v1606+）. http://www.openfoam.com/documentation/，2016.

[6] Gidaspow D. Multiphase flow and fluidization: continuum and kinetic theory descriptions. New York: Academic Press，1994.

[7] 王军武. 非均匀气固两相流的连续介质模拟——基于EMMS模型的亚格子模型. 北京: 中国科学院过程工程研究所，2007: 105.

[8] Gidaspow D，Ettehadieh B. AIChE J，1983，22（2）: 193-201.

[9] Gidaspow D，Shih Y T，Bouillard J，et al. AIChE J，1989，35（5）: 714-724.

[10] Sun B，Gidaspow D. Ind Eng Chem Res，1999，38（3）: 787-792.

[11] Gidaspow D. Appl Mech Rev，1986. 39: 1-23.

[12] 郭慕孙，李洪钟. 流态化手册. 北京: 化学工业出版社，2007.

[13] Ergun S. Chem Eng Prog，1952，48: 89-94.

[14] Wen C Y，Yu Y H. Chem Eng Symp Series，1966，62: 100-111.

[15] Agrawal K，Loezos P N，Syamlal M，et al. J Fluid Mech，2001，445: 151-185.

[16] Andrews IV A T. Filtered models for gas-particle flow hydrodynamics. Princeton University，2007.

[17] Holloway W，Sundaresan S. Chem Eng Sci，2012，82: 132-143.

[18] Igci Y，Andrews A T，Sundaresan S，et al. AIChE J，2008，54（6）: 1431-1448.

[19] Igci Y，Pannala S，Benyahia S，et al. Ind Eng Chem Res，2012，51（4）: 2094-2103.

[20] Milioli C C，Milioli F E，Holloway W，et al. AIChE J，2013，59（9）: 3265-3275.

[21] Ozarkar S S，Yan X，Wang S，et al. Powder Technology，2015，284: 159-169.

[22] Yang N，Wang W，Ge W，et al. Chem Eng J，2003. 96（1-3）: 71-80.

[23] Yang N，Wang W，Ge W，et al. Ind Eng Chem Res，2004，43（18）: 5548-5561.

[24] Wang W，Li J. Chem Eng Sci，2007，62（1-2）: 208-231.

[25] Lu B，Wang W，Li J. Chem Eng Sci，2011，66（20）: 4624-4635.

[26] Hong K，Shi Z，Ullah A，et al. Powder Technology，2014，266: 424-432.

[27] Hong K，et al. Chem Eng Sci，2012，75（0）: 376-389.

[28] Shi Z，Wang W，Li J. Chem Eng Sci，2011，66（22）: 5541-5555.

[29] Wang J，Ge W，Li J. Chem Eng Sci，2008，63（6）: 1553-1571.

[30] Chen C，Li F，Qi H. Chem Eng Sci，2012，69（1）: 659-668.

[31] Qi H，Li F，Xi B，et al. Chem Eng Sci，2007，62（6）: 1670-1681.

[32] Wang S，Zhao G，Liu G，et al. Powder Technology，2014，254（0）: 214-227.

[33] Wang S，Liu G，Lu H，et al. Powder Technology，2012，225: 176-189.

[34] Wang S，Lu H，Hao Z，et al. Chem Eng Sci，2014，116: 773-780.

[35] Wang X，Jiang F，Lei J，et al. Appl Thermal Eng，2011，31（14-15）: 2254-2261.

[36] Nikolopoulos A，Atsonios K，Nikolopoulos N，et al. Chem Eng Sci，2010，65（13）: 4089-4099.

[37] Nikolopoulos A, Papafotiou D, Nikolopoulos N, et al. Chem Eng Sci, 2010, 65(13): 4080-4088.
[38] Shah M T, Utikar R P, Tade M O, et al. Chem Eng J, 2011, 168(2): 812-821.
[39] Shah M T, Utikar R P, Tade M O, et al. Chem Eng Sci, 2011, 66(14): 3291-3300.
[40] Lu B, Wang W, Li J. Chem Eng Sci, 2009, 64(15): 3437-3447.
[41] Lu B, Wang W, Li J, et al. Chem Eng Sci, 2007, 62: 5487-5494.
[42] Xie N, Battaglia F, Pannala S. Powder Technology, 2008, 182(1): 1-13.
[43] Cammarata L, Lettieri Pm Micale G D M, et al. Intern J Chem Reactor Eng, 2003, 1(A48): 1-14.
[44] Andrews IV A T, Loezos P N, Sundaresan S. Ind Eng Chem Res, 2005, 44(16): 6022-6037.
[45] Benyahia S, Syamlal M, O'Brien T J. Powder Technology, 2005, 156(2-3): 62-72.
[46] Jiradilok V, et al. Chem Eng Sci, 2006, 61(17): 5544-5559.
[47] Almuttahar A, Taghipour F. Powder Technology, 2008, 185(1): 11-23.
[48] 李静海,欧阳洁,高士秋. 颗粒流体复杂系统的多尺度模拟. 北京: 科学出版社, 2005.
[49] Wen C Y, Yu Y H. Chem Eng Prog Symp Ser, 1966. 62: 100-111.
[50] Ergun S. Chem Eng Prog, 1952. 48: 89-94.
[51] Gibilaro L G, Difelice R, Waldram S P, et al. Chem Eng Sci, 1985. 40(10): 1817-1823.
[52] Syamlal M. The particle-particle drag term in a multiparticle model of fluidization. Springfield: National Technical Information Service, 1987.
[53] Wang W, Li J. Chem Eng Sci, 2007, 62(1-2): 208-231.
[54] Hoomans B P B, Kuipers J A M, Briels W J, et al. Chem Eng Sci, 1996, 51(1): 99-118.
[55] Tsuji Y, Kawaguchi T, Tanaka T. Powder Technology, 1993. 77(1): 79-87.
[56] Snider D M. J Comput Phys, 2001, 170(2): 523-549.
[57] Snider D, Banerjee S. Powder Technology, 2010, 199(1): 100-106.
[58] Sakai M, Takahashi H, Pain C C, et al. Adv Powder Technol, 2012, 23(5): 673-681.
[59] Sakai M, Koshizuka S. Chem Eng Sci, 2009, 64(3): 533-539.
[60] Sakai M, Abe M, Shigeto Y, et al. Chem Eng J, 2014. 244: 33-43.
[61] Lu L, Xu J, Ge W, et al. Chem Eng Sci, 2014, 120: 67-87.
[62] Patankar S V, Spalding D B. Intern J Heat Mass Transf, 1972, 15(10): 1787-1806.
[63] Patankar S V. Numerical heat transfer and fluid flow. New York: McGraw-Hill, 1980.
[64] Issa R I. J Comput Phys, 1986, 62(1): 40-65.
[65] Kim J, Moin P. J Comput Phys, 1985, 59(2): 308-323.
[66] Rapaport D C. The art of molecular dynamics simulation. Cambridge: Cambridge University Press, 2004.
[67] Freireich B, Kodam M, Wassgren C. AIChE J, 2010, 56(12): 3036-3048.
[68] Goniva C, Kloss C, Deen N G, et al. Particuology, 2012, 10(5): 582-591.
[69] Xiao H, Sun J. Commun Comput Phys, 2011, 9(2): 297-323.
[70] Van der Hoef M, Annaland M S, Deen N G, et al. Ann Rev Fluid Mech, 2008, 40: 47-70.
[71] Feng Y, et al. AIChE J, 2004, 50(8): 1713-1728.
[72] Pirker S, et al. Powder Technology, 2010, 204(2): 203-213.
[73] Chu K, Yu A. Powder Technology, 2008, 179(3): 104-114.
[74] Liu D, Bu C, Chen X. Comput Chem Eng, 2013. 58: 260-268.
[75] Darabi P, Pougatch K, Salcudean M, et al. Powder Technology, 2011, 214(3): 365-374.
[76] Garg R, Galvin J, Li T, et al. Powder Technology, 2012, 220: 122-137.
[77] Snider D M. Powder Technology, 2007, 176(1): 36-46.
[78] Bluhm-Drenhaus T, Simsek E, Wirtz S, et al. Chem Eng Sci, 2010, 65(9): 2821-2834.
[79] Li J, Mason D J, Mujumdar A S. Drying Technol, 2003, 21(9): 1839-1866.
[80] Zhuang Y, Chen X, Luo Z, et al. Comput Chem Eng, 2014, 60: 1-16.
[81] Wu C, Cheng Y, Ding Y, et al. Chem Eng Sci, 2010, 65(1): 542-549.
[82] Jajcevic D, Siegmann E, Radeke C, et al. Chem Eng Sci, 2013, 98: 298-310.
[83] 卢利强. 气固流态化的多尺度离散模拟. 北京: 中国科学院大学, 2015.
[84] 魏民. 散式和聚式流态化的直接数值模拟——EMMS 模型稳定性条件的验证. 北京: 中国科学院过程工程研究所, 2012.

[85] Hu H H, Joseph D D, Crochet M J. Theor Comput Fluid Dynamics, 1992, 3(5): 285-306.
[86] Hu H H, Patankar N A, Zhu M Y. J Comput Phys, 2001, 169(2): 427-462.
[87] Glimm J, et al. J Comput Phys, 2001, 169(2): 652-677.
[88] Hirt C W, Nichols B D. J Comput Phys, 1981, 39(1): 201-225.
[89] Osher S, Sethian J A. J Comput Phys, 1988, 79(1): 12-49.
[90] Takewaki H, Nishiguchi A, Yabe T. J Comput Phys, 1985, 61(2): 261-268.
[91] Yabe T, Xiao F, Utsumi T. J Comput Phys, 2001, 169(2): 556-593.
[92] Glowinski R, et al. Int J Multiphase Flow, 1999, 25(5): 755-794.
[93] Hu H H. Int J Multiphase Flow, 1996, 22(2): 335-352.
[94] Johnson A, Tezduyar T. Comput Methods Appl Mech Eng, 1996, 134(3-4): 351-373.
[95] Johnson A, Tezduyar T. Computer Methods Appl Mech Eng, 1997, 145(3-4): 301-321.
[96] Glowinski R, Pan T W, Hesla T I, et al. J Comput Phys, 2001, 169(2): 363-426.
[97] McNamara G R, Zanetti G. Phys Rev Lett, 1988, 61(20): 2332-2335.
[98] Ladd A. J Fluid Mech, 1994, 271: 285-309.
[99] Ladd A. J Fluid Mech, 1994, 271: 311-339.
[100] Aidun C K, Lu Y. J Statistical Phys, 1995, 81(1): 49-61.
[101] Aidun C K, Lu Y, Ding E J. J Fluid Mech, 1998, 373: 287-311.
[102] Qi D. J Fluid Mech, 1999, 385: 41-62.
[103] Bouzidi M H, Firdaouss M, Lallemand P. Physics of Fluids, 2001, 13(11): 3452-3459.
[104] Filippova O, Hänel D. J Comput Phys, 1998, 147(1): 219-228.
[105] Mei R, Luo L S, Shyy W. J Comput Phys, 1999, 155(2): 307-330.
[106] Feng Z-G, Michaelides E E. J Comput Phys, 2004, 195(2): 602-628.
[107] Peskin C S. J Comput Phys, 1977, 25(3): 220-252.
[108] Noble D R, Torczynski J R. Intern J Modern Phys, 1998, 9(8): 1189-1201.
[109] Cook B, Noble D, Williams J. Eng Comput, 2004, 21(2): 151-168.
[110] Cundall P, Strack O. A discrete numerical model for granular assemblies. London: Dames Moore, 1979.
[111] Feng Y, Han K, Owen D. Int J for Numerical Methods Eng, 2007, 72(9): 1111-1134.
[112] Wang L, Zhou G, Wang X, et al. Particuology, 2010, 8(4): 379-382.
[113] 周国峰, 王利民, 王小伟, 等. 科学通报, 2011, 56(16): 1246-1256.
[114] Xiong Q, Li B, Zhou G, et al. Chem Eng Sci, 2012, 71: 422-430.
[115] Monaghan J. Ann Rev Astronomy Astrophysics, 1992, 30: 543-574.
[116] Gingold R A, Monaghan J J. Monthly Notices Roy Astronomical Soc, 1977, 181(3): 375-389.
[117] Ge W, Li J. Pseudo-particle approach to hydrodynamics of gas-solid two-phase flow//Wauk M K, Li J. Proceedings of the 5th International Conference on circulating fluidized bed. Beijing: Science Press, 1996: 260-265.
[118] Ge W, Li J. Chem Eng Sci, 2003, 58: 1565-1585.
[119] Ge W, Zhang J Y, Li T H, et al. Chinese Sci Bull, 2003, 48(7): 634-636.
[120] Ge W, Li J. Chinese Sci Bull, 2001, 46: 1503-1507.
[121] Ma J, Ge W, Wang X, et al. Chem Eng Sci, 2006, 61(21): 7096-7106.
[122] Alder B J, Wainwright T E. J Chem Phys, 1957, 27(5): 1208-1209.
[123] Rapaport D C. Phys Rev A, 1987, 36: 3288-3299.
[124] Meiburg E. Phys Fluids, 1986, 29(10): 3107-3113.
[125] Hopkins M A, Louge M Y. Phys Fluids A, 1991, 3(1): 47-57.
[126] 葛蔚, 李静海. 科学通报, 1997, 42(19): 2081.
[127] Li J, Ge W, Wang W, et al. From Multiscale Modeling to Meso-Science. Amsterdam: Springer, 2013.
[128] 刘雅宁, 鲁波娜, 卢利强, 等. 化工学报, 2015, 66(8): 2911-2919.
[129] Lu B, Luo H, Li H, et al. Chem Eng Sci, 2016, 143: 341-350.
[130] Ying L, Yuan X, Ye M, et al. Chem Eng Res Des, 2015, 100: 179-191.
[131] 鲁波娜, 程从礼, 鲁维民, 等. 化工学报, 2013, 64(6): 1983-1992.
[132] Shu Z, Wang J, Zgou Q, et al. Powder Technology, 2015, 281: 34-48.

[133] Zhang N, Lu B, Wang W, et al. Chem Eng J, 2010, 162(2): 821-828.
[134] 罗浩. 甲醇制烯烃（MTO/MTP）反应器多尺度CFD模拟. 北京：中国科学院大学, 2016.
[135] 石站胜. 基于气泡的EMMS模型及其在煤气化CFD模拟中的应用. 北京：中国科学院研究生院, 2011.
[136] Shah S, Myohanen K, Kallio S, et al. Particuology, 2015, 18: 66-75.
[137] Chang J, Zhao J, Zhang K, et al. Powder Technology, 2016, 304: 134-142.
[138] Lu B, Zhang N, Wang W, et al. AIChE J, 2013, 59(4): 1108-1117.
[139] Schneiderbauer S, Puttinger S, Pirker S, et al. Chem Eng J, 2015, 264: 99-112.
[140] Akbari V, Borhani T N G, Aramesh R, et al. Comput Chem Eng, 2015, 82: 344-361.
[141] Lu L, Xu J, Ge W, et al. Chem Eng Sci, 2016, 155: 314-337.
[142] Adamczyk W P, Kozolub P, Klimanek A, et al. Appl Thermal Eng, 2015, 87: 127-136.
[143] Adamczyk W P, Wecel G, Klajny M, et al. Particuology, 2014, 16: 29-40.
[144] Zhou Q, Wang C, Wang H, et al. Int J Mineral Proc, 2016, 151: 40-50.
[145] Li F, Song F, Benyahia S, et al. Chem Eng Sci, 2012, 82: 104-113.
[146] Lanza A, Islam M A, De Lasa H. Comput Chem Eng, 2016, 90: 79-93.
[147] Toomey R, Johnstone H. Chem Eng Prog, 1952. 48(5): 220-226.
[148] 国井大藏, 列文斯比尔. 流态化工程. 华东石油学院, 等译. 北京：化学工业出版社, 1977.
[149] Ishii H, Nakajima T, Horio M. J Chem Eng Japan, 1989, 22(5): 484-490.
[150] Li J. Multi-scale modeling and method of energy-minimization in gas-solid two-phase flow. Institute of Chemical & Metallurgy, Chinese Academy of Sciences, 1987.
[151] Li J, Tung Y, Kwauk M. Axial voidage profiles of fast fluidized beds in different operating regions. Circulating fluidized bed technology Ⅱ, 1988: 193-203.
[152] Li J, Kwauk M. Particle-fluid two-phase flow: the energy-minimization multi-scale method. Beijing: Metallurgical Industry Press, 1994.
[153] Li Y, Kwauk M. The dynamics of fast fluidization, in Fluidization, Amsterdam: Springer, 1980: 537-544.
[154] Hu S, Liu X, Li J. Chem Eng Sci, 2013, 96: 165-173.
[155] Hu S, et al. Chem Eng J, 2017, 307: 326-338.
[156] Liu X, et al. Ind Eng Chem Res, 2014, 53(7): 2800-2810.
[157] Zhang Z, et al. Particuology, 2016, 29(6): 110-119.
[158] Liu X, Hu S, Jiang Y, et al. Chem Eng J, 2015, 278: 492-503.
[159] Ge W, Wang W, Yang N, et al. Chem Eng Sci, 2011, 66(19): 4426-4458.
[160] Liu Y, Chen J, Ge W, et al. Powder Technol, 2011, 212(1): 289-295.
[161] 刘新华, 胡善伟, 李静海. 虚拟流态化模拟计算软件（Virtual Fluidization）：2015SRBJ0279. 2015.
[162] Liu X, Guo L, Xia Z, et al. Chem Eng Prog, 2012, 108(7): 28-33.

符号说明

$\overline{N}_{st}$	截面平均悬浮输送能耗，$m^2 \cdot s^{-3}$	
ΔH	相邻截面之间的距离，m	
Δp_r	提升管两端总压降，Pa	
a	加速度，$m \cdot s^{-2}$	
C_D	有效曳力系数	
C_{D0}	单球标准曳力系数	
d	直径，m	
f	体积分数（密相）	
g	重力加速度，$m \cdot s^{-2}$	
G_s	颗粒循环量，$kg \cdot m^{-2} \cdot s^{-1}$	
H	高度，m	
I_m	颗粒存料量，kg	

K	常数
N_{st}	悬浮输送能耗，$m^2 \cdot s^{-3}$
r，R	半径，m
U	表观速度，$m \cdot s^{-1}$
u	真实速度，$m \cdot s^{-1}$
u'	脉动速度，$m \cdot s^{-1}$

希腊字母

$\bar{\varepsilon}_r$	0 到 r 之间的平均空隙率
ε	空隙率
ρ	密度，$kg \cdot m^{-3}$
τ	界面剪切力，$N \cdot m^{-2}$
ω	常数

下标

b	气泡
c	密相
cl	团聚物
e	乳化相
f	稀相
g	气体
i	相间
mf	起始流态化
p	颗粒
r	径向位置
s	滑移或颗粒床
w	壁面
z	轴向位置

8

流态化技术的工业应用

流态化技术已在许多物理和化学工业过程得到广泛的应用,无论是催化反应,还是非催化反应,无论是吸热过程,还是放热过程,都可采用流态化技术来强化相际间的接触和传递,改进工艺技术指标,提高生产效率,从而获得明显的经济效益。以下简要地介绍流态化技术在矿物加工、石油炼制与化工、煤化工、材料工业、生物医药等重要工业过程的应用。

8.1 矿物加工

8.1.1 硫铁矿氧化焙烧

硫铁矿的氧化焙烧将金属硫化物转化为金属氧化物和 SO_2 气体,SO_2 烟气经净化、催化转化为 SO_3 用于制造硫酸。根据氧化程度的不同,氧化产物主要分为 Fe_2O_3 和 Fe_3O_4,哪一种氧化产物占主导,则取决于焙烧目的和反应条件[1]。1950 年,德国 BASF 公司与 Lurgi 公司合作开发了硫铁矿流态化焙烧炉[2]。1952 年,美国的 Dorr-Oliver 公司也开发了硫铁矿流态化焙烧炉[3]。1956 年,我国南京永利化工厂(现南化公司)首次将机械多膛炉改为流态化焙烧炉,规模达到 250 t·d^{-1},生产强度提高了 5 倍以上[4]。

流态化焙烧炉分为上部扩大型和直筒型两类,分别以 Lurgi 炉和 Dorr 炉为代表。我国的硫铁矿焙烧炉属于上部扩大型。上部扩大型焙烧炉(图 21-8-1),即炉膛上部显著扩大,能减少炉气夹带尘量,适用于对破碎块矿乃至浮选矿的焙烧。

与传统机械炉相比较,流态化焙烧炉具有结构简单、焙烧效率高、生产强度大等优势,很快取代了机械焙烧炉,极大促进了硫酸工业的现代化和大型化。

某些多金属硫化矿除主要硫化铁外,还含有具有回收价值的铜、锌、钴等有色金属硫化物,可以在同一流化床中,采用适当的选择性硫酸化焙烧条件(如温度、炉气中 O_2 浓度等),在对硫化铁进行氧化焙烧的同时,对有价金属硫化物进行硫酸化焙烧,使之生成碱式硫酸盐($nMO·SO_3$),然后用稀酸浸取,将有价金属以硫酸盐形态与氧化铁矿渣分离。

截至 2015 年[5],我国硫酸年总产量超过 9673 万吨,其中硫铁矿制酸产量 2062 万吨,占硫酸总产量的 21.3%。据

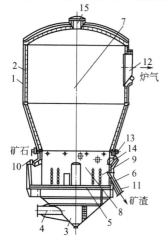

图 21-8-1 焙烧炉结构[2]

1—保温砖内衬;2—耐火砖内衬;
3—风室;4—空气进口管;
5—空气分布板;6—风帽;
7—上部自由空域;8—流化段;
9—冷却管束;10—加料口;
11—矿渣溢流管;12—炉气出口;
13—二次空气进口;14—点火口;
15—安全口

统计[6]，2011年，我国硫铁矿制酸企业达到250余家，而产能低于100kt·a^{-1}的中小企业有200多家，产量占硫铁矿制酸总产量的45%[7]。然而，大规模、大型化硫铁矿制酸装置已成为发展趋势。1985年，我国硫铁矿制酸单系列最大规模仅为120kt·a^{-1}；截至2010年年底，建成9套单系列最大规模产能为400kt·a^{-1}（世界最大规模）的装置、18套200kt·a^{-1}规模装置。其中，硫铁矿制酸最大规模沸腾炉面积为60m^{2}焙烧炉（贵州宏福，容积约2500m^3），面积超过40m^{2}的沸腾炉国内已有5套以上[8]。目前，大型硫铁矿制酸装置均设置废热锅炉，回收硫铁矿沸腾焙烧高温废热产生的蒸汽，采用高品位硫铁矿和富氧燃烧技术，提高炉气中SO_2含量，减少炉气排放带来的热损失[9]。近年来，低温废热回收技术日益受到重视，由南京海陆科技开发并承建的我国第一套200kt·a^{-1}硫铁矿制酸低温热回收装置于2016年3月在湖北鄂中化工有限公司顺利投产[10,11]。该装置为新建装置，低温热回收系统替代传统一吸循环系统，目前低温热回收系统产汽量大于13t·h^{-1}，1t酸产汽大于0.5t[11]。

8.1.2 锌精矿氧化焙烧

锌主要以硫化物的形态存在于自然界，锌的主要矿物是闪锌矿，最常见的是铅锌硫化矿，除含锌、铅外，一般还含有铜、镉、砷、贵金属和稀有金属[12,13]。锌精矿焙烧的目的是将锌精矿中的ZnS氧化成ZnO，同时将铅、镉、砷等杂质氧化成为易挥发的化合物，以便让其与ZnO分离。

锌精矿在氧化焙烧条件下（>850℃），硫化锌焙烧发生的重要反应如下[14]：

$$ZnS + 1.5O_2 \longrightarrow ZnO + SO_2 + 443.558 kJ \qquad (21\text{-}8\text{-}1)$$

$$ZnS + 2O_2 = ZnSO_4 + 774.767 kJ \qquad (21\text{-}8\text{-}2)$$

ZnS氧化的动力学分析表明，提高焙烧温度、增大气流速度与氧的浓度，提高精矿的磨细程度，都有利于ZnS氧化反应的加速进行，可以提高设备的生产效率。氧化焙烧反应可以自热进行并可进行余热利用。

目前，硫化锌精矿流态化焙烧已完全取代其他焙烧方式，但火法炼锌和湿法炼锌的锌精矿焙烧工艺存在较大差异。火法炼锌的焙烧是纯粹的氧化焙烧；湿法炼锌进行的也是氧化焙烧，但焙烧时要保留少量的硫酸盐，以补偿电解过程中损失的硫酸[15]。焙烧过程中还产生含SO_2浓度比较高的烟气，可以送往硫酸厂生产硫酸[16]。焙烧产物的质量很大程度上取决于焙烧温度。生产实践中为了产出高ZnO含量的焙砂，主要措施是提高焙烧温度。许多湿法炼锌厂已将锌精矿沸腾焙烧温度从850℃提高到950℃以上，有的甚至达到1150℃，以保证硫酸盐的彻底分解。高的焙烧温度可以最大限度地使精矿中所含的杂质如铅、镉等进入烟尘，有利于提高蒸馏锌的质量和铅、镉等金属的综合回收。

锌精矿流态化焙烧炉的床横断面形状可分为圆形和矩形两种，圆形流态化焙烧炉按炉膛形状又可分为道尔炉（Dorr）和上部扩大型鲁奇炉（Lurgi）两种。国外广泛采用鲁奇式沸腾炉，国内早期沸腾炉较多采用带有前室的道尔炉。生产实践表明，在进行氧化焙烧时，由于前室空气过剩系数较主床小，而且温度也较低，有利于硫化铅和硫化镉的直接挥发，从工艺上看是有利的[17]。但是也存在着致命的缺点：前室易堵塞，严重时需停炉清理，目前已很少采用[18]。由于上部扩大型炉膛能降低炉内向上的气流速度、减少烟尘率和改善烟尘质量，目前国内一些大型冶炼厂，如株洲冶炼厂、西北铅锌冶炼厂在锌精矿沸腾焙烧工艺中采用了大型的鲁奇式沸腾炉，床截面积达109m^2[8,14,19]。

近年来，随着环保要求日益严格，有必要加强对硫化锌精矿焙烧时含砷、汞烟气的治理[20]。尤其是当砷、汞同时存在时，会使处理难度加大。必须根据地域条件，结合考虑副产品的销路，开展对硫化钠洗涤法，硫化钠沉淀法或砷、汞分离等方法进行试验研究工作。

8.1.3 铁矿还原焙烧

铁矿还原是制取金属铁的基本方法，主要包括铁矿磁化焙烧（部分还原）制取人造磁铁矿和铁矿直接还原（完全还原）制备金属铁。

8.1.3.1 铁矿磁化焙烧

磁化焙烧是在一定温度条件下用氢气、一氧化碳等还原性气体或煤粉等固体还原剂，将非磁性贫铁矿石如 Fe_2O_3、$FeCO_3$ 等，转化为具有磁性的铁矿物 Fe_3O_4，然后用磁选机对细磨的焙砂进行磁选，使铁矿物与脉石分离，从而得到高品位的铁精矿，用于高炉炼铁原料[21]。

铁矿石还原焙烧过程的最终产物，并非是磁性 Fe_3O_4，因为 Fe_3O_4 还会进一步还原成非磁性的 FeO，这是磁化焙烧过程所不希望的，必须加以控制。在实际磁化焙烧过程中，既要将 Fe_2O_3 最大限度地转化为磁性 Fe_3O_4，同时又要避免过度还原成非磁性的 FeO。但由于磁化焙烧过程的工艺条件，如矿石粒度大小、焙烧炉温度场均匀性、物料流型偏离活塞流的程度等不同，都会不同程度地存在 Fe_2O_3 转化不完全，俗称欠烧，或过量转化为 FeO，俗称过烧，两者均能导致磁选分离效率的下降，降低铁回收率。

目前，国内有中国科学院过程工程研究所、长沙矿冶研究院、武汉理工大学、北京科技大学、浙江大学、陕西科技大学等从事流态化磁化焙烧研发工作，并有两条磁化焙烧工艺路线进行了中试或产业化示范。一是闪速磁化焙烧工艺[22~24]，采用输送床结合多级旋风分离器组合而成的反应装置，在 800℃ 左右的高温、CO 含量小于 15% 的弱还原气氛下，将弱磁性的铁氧化物快速（100s）还原为强磁性的四氧化三铁。河南灵宝建立了 5 万吨·年$^{-1}$ 的闪速磁化焙烧示范工程，用于处理黄金冶炼含铁尾渣。二是低温流态化磁化焙烧工艺，通过过程强化将磁化焙烧温度降至 450~500℃，完成了单台 10 万吨·年$^{-1}$ 产业化示范工程。该示范工程自 2012 年 12 月实现了连续稳定运行。运行结果表明[25]，采用云南东川包子铺选矿厂铁品位 33% 左右的褐铁矿，经该生产线磁化焙烧-磁选后，精矿铁品位提高到 57% 以上，铁回收率达到 93%~95%，尾矿铁品位可降至 8% 以下，取得了非常好的焙烧选矿指标。

8.1.3.2 铁矿直接还原

铁矿直接还原是非高炉炼铁法，通常指用合成气、天然气或煤，在低于铁矿石熔点温度下，还原为金属产品的过程。目前，铁矿直接还原以竖炉还原法居多，但是竖炉要求块矿或球团矿，粉矿需经造球才能入炉。与竖炉还原法相比，流态化直接还原法最突出的特点是直接还原粉矿，不需矿石的造球、烧结过程，具有明显的优势和潜力，已成为钢铁工业发展的前沿技术和必然趋势。

基于改善能源利用、生产效率和成本的要求，发展了多种流态化还原新工艺，如 FIOR 技术的改进型 FINMET，快速流化床还原的 Circored 和 Circofer，以及生成碳化铁稳定产品的 Carbide 和发展中的 FINEX 工艺等。表 21-8-1 列出了几种工业规模和发展中的流态化还原工艺。

（1）FIOR 法 Mckee 公司在委内瑞拉建设一套年产 40 万吨还原铁的 FIOR（fluidized iron ore reduction）工艺装置，其工艺流程图见图 21-8-2。

表 21-8-1　典型流态化直接还原炼铁工艺[26,27]

工艺名称	所在地	规模/t·a^{-1}	投产时间
FIOR	委内瑞拉 Matanzas	400000	1976 年
Carbide	特立尼达和多巴哥	300000	1995 年
	美国, Texas	600000	1998 年
Circored	特立尼达和多巴哥	500000	1999 年
FINMET	澳大利亚	2200000	1999 年
	委内瑞拉	2500000	2000 年
FINEX	韩国	1500000	2000 年

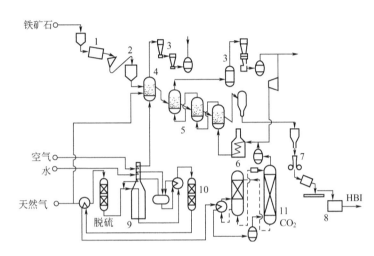

图 21-8-2　FIOR 法的工艺流程[28]

1—干燥机；2—受料斗；3—洗涤塔；4—预热器；5—还原器；6—气体加热器；
7—压块机；8—冷却机；9—重整炉；10—CO 转换炉；11—CO_2 吸收塔

干燥的矿粉（粒度小于 5mm）依次经过第一个流化床反应器预热至 760℃ 后在三个流化床反应器进行还原反应，反应温度范围为 690～780℃。温度超过 800℃，易发生黏结失流，为防止黏结，在入口氢气流中添加 MgO 等进入反应器。还原铁粉由压块给料筒送入对辊机，热压成块，再经冷却钝化产生一层氧化膜，产品金属化率达 92%，作为商品出售，用于电炉炼钢。

(2) FINMET 法　FINMET 工艺由奥钢联 (VAI) 和 FIOR 委内瑞拉公司联合开发，是 FIOR 技术的改进工艺，以降低能耗和成本，已在澳大利亚和委内瑞拉建厂，两家厂总生产能力超过 400 万吨·年$^{-1}$[29]。

FINMET 法的特点是能直接使用廉价的细矿粉，不需筛分，原料粒度范围宽，扩大了原料来源，因产品质量和成本的优势，日益受到关注。工艺流程见图 21-8-3，粒度小于 12mm 粉料经干燥、加热至 100℃，依次通过 4 个串联的流态化反应器，与还原气逆流接触，反应器内温度，从 550℃ 依次增加到 780～800℃。天然气和水蒸气重整转化的新鲜气与反应后经洗涤的循环气混合后，进一步加热至 850℃ 进入流化床，床内压力为 1.1～1.3MPa。还原铁粉金属化率达 93%，含 C 量为 0.5%～3%，送至压块机，采用热压制成块铁 (HBI)，HBI 密度大于 5g·cm^{-3}，坚固致密，减少产品氧化[30]。

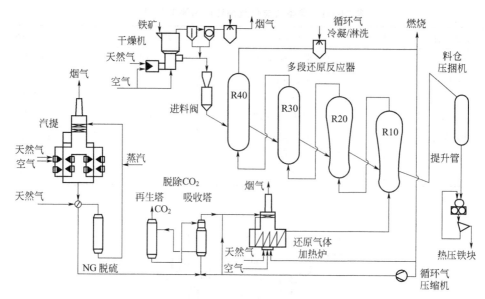

图 21-8-3　FINMET 法工艺流程[29]

(3) Circored 法　Circored 法是德国 Lurgi 公司开发的流态化还原新工艺，基于细粉快速流态化还原法，20 世纪 70 年代用于熔融态还原 EIRED 法中的预还原。90 年代开始通过中试，2000 年建成 50 万吨·年$^{-1}$ 的工业规模厂[31]。

Circored 过程的特点是采用快速流化床（CFB）和鼓泡流化床（FB）两级 H_2 还原，工艺流程见图 21-8-4。细矿经快速床干燥、预热处理后，进入快速流化床预还原，温度为 630～650℃以防止黏结，鼓泡床还原温度＞680℃，操作压力为 0.4MPa，还原铁粉，经热压成块或粉料直接炼钢。原料含铁大于 67%，平均粒度为 350μm，还原氢气由天然气转化造气。

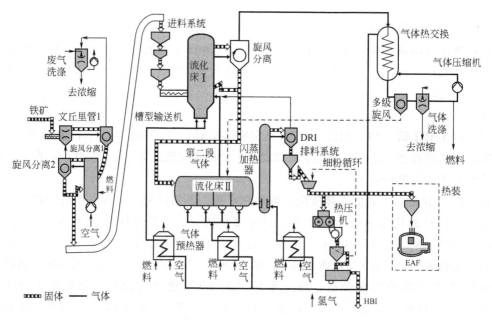

图 21-8-4　Circored 法工艺流程[31]

(4) Circofer 法 鲁奇公司开发的 Circofer 法与 Circored 法相似，反应器均采用快速床和鼓泡流态化床的两段还原。与 Circored 法不同的是，Circofer 法以煤为主要能源，快速床配有煤部分氧化的一个外加热器，在提供热量的同时，产生的碳可防止反应过程中的黏结。快速床温度达 950℃，金属化率达 80%，鼓泡床温度达 850℃，金属化率为 93% 以上。排料冷却温度至低于铁的居里点（769℃），再进行热磁分离，工艺流程见图 21-8-5。

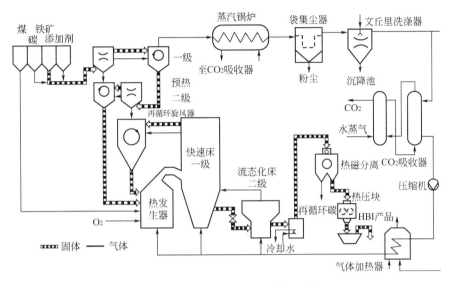

图 21-8-5 Circofer 法工艺流程[32]

(5) FINEX 法 韩国浦项（POSCO）钢厂已建成 150 万吨·年$^{-1}$ 的 FINEX 工艺装置（图 21-8-6），显示了其以煤代替焦炭炼铁的诸多优点，用一系列鼓泡流化床替代 COREX 工艺的竖炉，四级鼓泡流化床的温度为 400～800℃，直接还原铁金属化率为 85%～90%，是具有竞争力的炼铁新工艺[27,29]。

以上几种流态化还原炼铁工艺过程列于表 21-8-2 中。

表 21-8-2 工业规模流态化气体炼铁[26,27,29]

项目	FINEX 法	Circored 法	FINMET 法	FIOR 法
原矿粒度/mm	—	0.35	0.01～12	0.04～12
Fe 含量/%	—	67	67	65
还原反应器	鼓泡床 4 个串联	快速床预还原 鼓泡床终还原	鼓泡床 4 个串联	鼓泡床 4 个串联
还原温度/℃	400～800	630～650/850～900	550～800	690～780
压力/MPa	0.4	0.3	1.1～1.3	1.115
表观气速/m·s^{-1}	0.7～1.2	4～6/0.5～0.6	0.8～1.4	—
还原剂	煤制天然气	天然气	天然气	天然气
成分/%	H_2/CO	工业氢气	H_2/CO	H_2/CO 9～10
利用转化率	气体循环	2/3 新鲜气	部分循环	部分循环
产品形式	DRI	HBI	HBI	HBI
金属化率/%	85～90	93～95	92～95	92～93
生产规模/万吨·年$^{-1}$	150～200	50	200	40

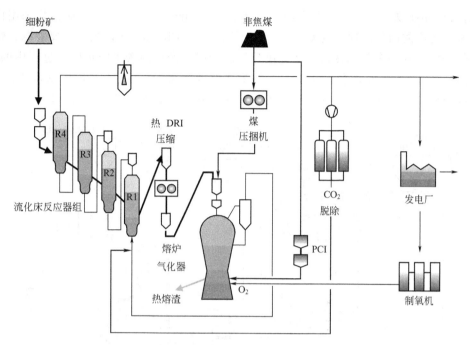

图 21-8-6 FINEX 工艺流程图[33]

8.1.4 钛铁矿焙烧

钛铁矿（FeTiO₃）是生产钛白粉的重要原料，90％以上的钛铁矿用于生产钛白粉。钛白粉生产工艺技术主要有硫酸法、氯化法和盐酸法，其中硫酸法和氯化法已实现工业化生产。钛铁矿精矿虽结构致密，但酸溶性好，是硫酸法钛白生产的优质原料，但硫酸法钛白工艺的三废问题较为严重。氯化法作为目前世界上较为先进的钛白生产技术，具有流程短、产能大、成本低、产品质量好、环境污染小等优点，是钛白生产技术的发展方向。

氯化法对富钛料的要求非常苛刻：高 TiO_2 品位（90％以上）、低 $MgO+CaO$ 含量（<1.0％）、合适的粒度大小（>100μm）[34~37]。然而，我国虽然是世界上钛资源最丰富的国家，但大都以中低品位（TiO_2 品位 45％~47％）的形式存在，而且钙、镁含量也较高。通常采用盐酸浸出法除去镁、钙、铁等杂质，使其成为适合于沸腾法的人造金红石[38]。

我国 20 世纪 80 年代采用盐酸法建成了选冶联合加压盐酸浸出法和预氧化流态化常压盐酸浸出法两条半工业试验线。选冶联合加压盐酸浸出法通过加压浸出继以磁选，虽然可以获得 TiO_2 含量为 92％~94％的人造金红石，但物料粉化严重，后在改进自贡法工业试验中，虽粉化率降低至 14％，但仍无法满足要求[39]。预氧化流态化常压盐酸浸出法虽然解决了浸出过程中的粉化问题，使产品粒度基本保持了原矿粒度，但存在浸出时间较长、杂质去除能力欠佳、产品品位较低（TiO_2 含量为 87％~90％）、产品质量不稳定等问题，难以适应后续氯化工艺[40,41]。中科院过程工程研究所（中科院过程所）和攀枝花研究院（攀研院）合作建立了 $5kt·a^{-1}$ 高品质富钛料中试线，中科院过程所通过对攀枝花钛铁矿在流态化氧化、还原焙烧过程进行了系统研究，获得了氧化、还原焙烧过程物相和微观结构变化及其对后续酸浸过程的影响规律，提出了中低温氧化-低温弱还原预处理新工艺[42~45]，该工艺能使颗粒内部生成 TiO_2 网络，能极大地降低产品粉化率和提高钛铁矿盐酸浸出速率，满足后期沸腾氯化法对原料粒度的要求，成功打通了钛铁矿盐酸浸出法制备人造金红石的生产技术路线，为后续的工业装置开发奠定了基础。

8.2 无机化工产品生产

8.2.1 氯化法钛白

氯化法钛白生产主要包括氯化、$TiCl_4$ 精制、氧化及后处理四个工序[46]。其中，氯化和 $TiCl_4$ 精制两个工序可统称为 $TiCl_4$ 生产。高钛渣和人造金红石作为氯化法生产钛白粉的原料，首先将它们进行氯化焙烧，再精制得到高纯的 $TiCl_4$，继而高温氧化，得到性能优良的钛白粉。

工业上，人造金红石或高钛渣的氯化采用掺碳还原氯化，由于碳和氧的参与，该过程是个强放热过程，可以实现热量自给，即为自热过程，可省去供热系统。国外普遍采用氯化法生产钛白粉，国际上氯化法钛白粉生产企业的经济规模均在 $6 \times 10^4 t \cdot a^{-1}$ 以上。杜邦掌握着最先进的氯化法钛白生产技术，2002 年生产能力为 108.5 万吨·年$^{-1}$（单线生产能力为 15 万吨·年$^{-1}$），占世界钛白总生产能力的 22.6%[47]。近年来，国际知名钛白粉生产企业使用氯化法生产的钛白粉比例持续升高。

制备 $TiCl_4$ 的方法有流态化氯化、熔盐氯化和竖炉氯化三种方式。流态化氯化是采用细颗粒富钛料和碳还原剂，在高温、氯气流作用下呈流态化状态，进行氯化反应制取 $TiCl_4$ 的方法，也称沸腾氯化，具有加速气固相间传质和传热过程、强化生产的特点。图 21-8-7 和图 21-8-8 分别为典型的沸腾氯化工艺流程典型的流态化氯化炉装置结构[48]。熔盐氯化是将磨细的高钛渣或金红石和石油焦悬浮在熔盐（主要由 KCl、NaCl、$MgCl_2$ 和 $CaCl_2$ 组成）介质中，通入氯气氯化制取 $TiCl_4$ 的方法。竖炉氯化则是将富钛料和石油焦磨细，加黏结剂混匀制团并经焦化，置于竖炉中通入氯气氯化制取 $TiCl_4$ 的方法。现有 $TiCl_4$ 生产的氯化方法主要是流态化氯化（美国、日本），其次是熔盐氯化，竖炉氯化已基本被淘汰。我国兼有流

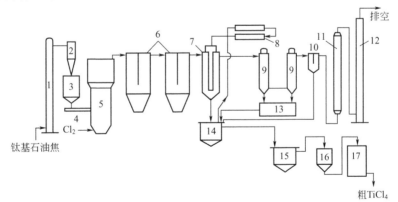

图 21-8-7　典型的沸腾氯化工艺流程

1—竖井粉碎机；2—旋风收尘器；3—混合料仓；4—螺旋加料机；5—沸腾氯化炉；6—收尘器；
7—淋洗塔；8—$TiCl_4$ 冷却器；9—冷凝器；10—折流板槽；11—尾气吸收塔；12—烟囱；
13—$TiCl_4$ 中间储槽；14—循环泵槽；15—沉降槽；16—过滤器；17—粗 $TiCl_4$ 储槽

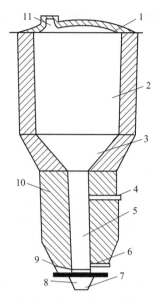

图 21-8-8 流态化氯化炉装置结构

1—炉盖；2—扩大段；3—过渡段；
4—加料口；5—反应段；6—排渣口；
7—氯气进口；8—气室；9—气体分布板；
10—炉壁；11—TiCl$_4$ 混合气体出口

态化氯化和熔盐氯化两种方法。

国内攀钢集团锦州钛业公司基于我国高钛渣中高钙镁的资源特点[26]，于20世纪90年代初通过引进熔盐氯化技术并消化创新，将熔盐氯化技术与气相氧化技术对接，并于1994年建成了生产1.5万吨·年$^{-1}$熔盐氯化工艺装置，形成了独特的氯化法钛白粉生产工艺[49]。2013年建成我国首条3万吨·年$^{-1}$沸腾氯化钛白粉生产线，并成功运行72h，共生产钛白粉220t，各工序工艺技术参数稳定、产品质量合格[50]。但要真正实现氯化法技术的大型化，还必须攻克大型沸腾氯化这一技术难关。此外，云南冶金集团新立有色金属公司通过引进德国钛康公司技术，建设了直径为6m的快速上排渣沸腾氯化炉，可实现6万吨·年$^{-1}$高档金红石型钛白粉生产能力[41,51]。

8.2.2 氢氧化铝焙烧制氧化铝

氢氧化铝焙烧是生产氧化铝的重要工序，无论是采用拜尔法还是烧结法生产氧化铝，提高焙烧产能及降低热耗一直是焙烧过程追求的方向。氢氧化铝焙烧装置有回转窑和沸腾炉两种。与传统回转窑焙烧比较，沸腾炉焙烧具有床内温度均匀、产品纯度高、焙烧能耗可节省约50%等

优点，在世界上得到广泛的应用。流态化焙烧主要有德国鲁奇公司的循环流化床焙烧[52]、美国铝业公司的闪速焙烧[53]和丹麦史密斯公司的气相悬浮焙烧[54]三种方式，分别见图21-8-9～图21-8-11。

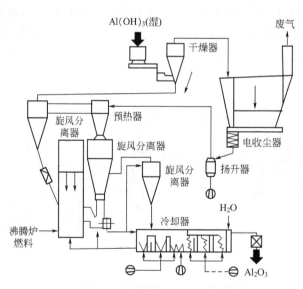

图 21-8-9 鲁奇公司的循环流化床焙烧工艺流程

自20世纪80年代中期开始，我国新建的氧化铝厂都相继引进国外先进的流态化焙烧炉代替回转窑用来焙烧氧化铝。长城铝业公司氧化铝厂于1992年引进了丹麦史密斯公司的气

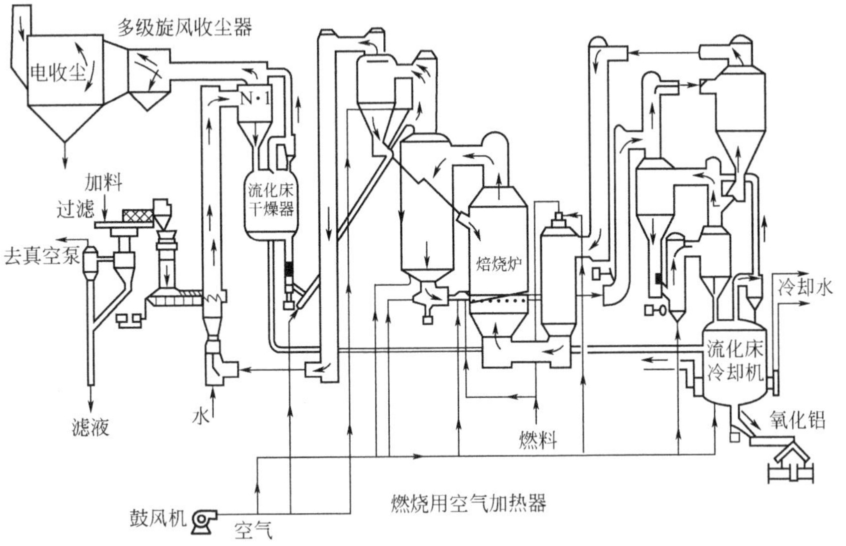

图 21-8-10 美国铝业公司的闪速焙烧工艺流程

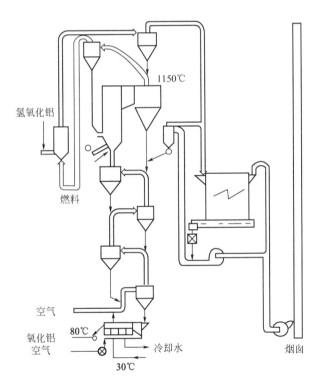

图 21-8-11 丹麦史密斯公司的气相悬浮焙烧工艺流程

相悬浮焙烧技术[55]，随后山东铝业公司引进了德国鲁奇公司的循环流化床焙烧技术[56]，中铝山西分公司引进了闪速焙烧技术，形成了全面取代回转窑的局面。目前。这些装置已全部投入使用，充分显示其生产能力大、能耗低、产品质量好的优势，已成为我国氧化铝工业发展的趋势。

8.3 化石能源利用

8.3.1 煤的流化床燃烧

煤的流化床燃烧技术是气固流态化技术一个非常典型的应用。20世纪60年代以后,英国、美国和中国等国家都进行了煤的流化床燃烧技术的研究开发,并先后投运了各自的流化床燃烧锅炉。由于流化床燃烧技术可以燃用各种燃料尤其是劣质燃料,加之其具有低污染物排放特性,所以在随后的几十年得到了迅速的发展。20世纪60~70年代,煤的鼓泡流化床燃烧技术得到了快速发展和应用,世界各国都先后投运了很多燃煤鼓泡流化床锅炉(图21-8-12)[57~64]。国际上投运的最大容量等级燃煤鼓泡流化床锅炉是1995年投运的日本竹原火电厂2号机组350MWe大型流化床锅炉,锅炉的容量为1115t·h^{-1},蒸汽压力为17.3MPa,蒸汽温度为571℃[58~60]。目前,我国有2000多台燃煤流化床锅炉或燃烧炉在运行,并成功投运了130t·h^{-1}等级的燃煤鼓泡流化床锅炉[57~64],主要应用于包括劣质烟煤、煤矸石、石煤、造气炉渣、煤泥以及油页岩等在内的劣质燃料的燃烧利用。但大部分锅炉的容量主要集中在35t·h^{-1}以下,图21-8-13是典型的35t·h^{-1}燃煤鼓泡流化床锅炉结构图[65]。

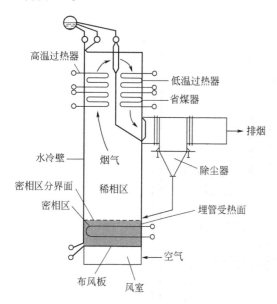

图 21-8-12 典型鼓泡流化床燃烧装置

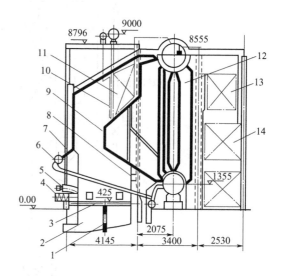

图 21-8-13 35t·h^{-1}鼓泡流化床锅炉[65](单位:mm)
1—冷渣管;2—风室;3—布风板;4—螺旋给煤机;
5—点火油枪;6—沉浸管;7—上升管;8—溢流口;
9—后水冷壁;10—高温过热器;11—低温过热器;
12—对流管束;13—省煤器;14—空气预热器

由于鼓泡流化床技术存在着埋管受热面磨损、燃烧效率偏低、结构庞大等问题,在20世纪70年代末,旨在解决鼓泡流化床燃烧技术存在问题的循环流化床燃烧技术开始得到应用,并得到快速发展。由于燃煤循环流化床具有燃料适应性广、燃烧效率高、受热面磨损小、氮氧化物排放低以及炉内石灰石脱硫效率高等优势,目前在燃煤利用方面,鼓泡流化床技术已基本被更具优势的循环流化床燃烧技术所替代[58]。

国际上第一台商业循环流化床锅炉由芬兰的 Ahlstrom 公司开发，并于 1979 年在芬兰 Pihlava 投运。1982 年，由 Lurgi 公司开发的用于燃烧洗煤厂废料的一台 84MWe CFB 锅炉在德国的 Leunen 投运（图 21-8-14）[58]。1985 年 9 月，世界上第一台 96MWe 再热式 CFB 锅炉在德国杜伊斯堡城市电厂投运并获得了成功。随后的二三十年来，燃煤循环流化床燃烧技术得到了快速发展，成为仅次于煤粉燃烧锅炉的燃煤锅炉型式，在全世界有数千台的应用。经过多年来的发展和整合，目前国内外著名的燃煤循环床锅炉的生产制造商有 Foster Wheeler（FW）&Ahlstrom 公司、ALSTOM 公司（图 21-8-15）（该板块已被 GE 公司收购）、东方锅炉股份有限公司、哈尔滨锅炉厂股份公司以及上海锅炉厂股份有限公司等。

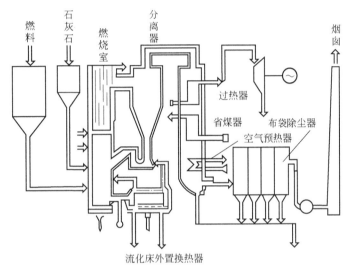

图 21-8-14　Lurgi 型循环流化床锅炉[58]

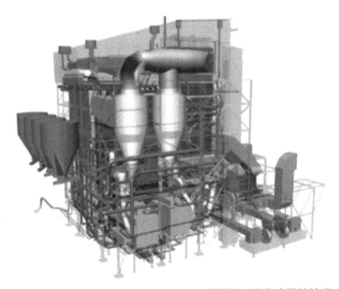

图 21-8-15　ALSTOM 公司 300MWe 燃煤循环流化床锅炉技术

近年来，国外燃煤循环流化床锅炉技术快速地实现了向大型化和高参数方向的发展。300MWe 级燃煤循环流化床锅炉已经得到大规模推广应用，燃煤大型超临界循环流化床锅炉目前也已经逐渐得到推广应用[66~69]。Foster Wheeler & Ahlstrom 公司已于 2009 年在波兰 Lagisza 投运了世界上第一台超临界循环流化床锅炉（图 21-8-16），该锅炉所输出发电容量是 460MWe，过热蒸汽压力为 28.2MPa，主蒸汽温度为 563℃[70]。2013 年由东方锅炉股份有限公司等单位研制的 600MWe 燃煤超临界循环流化床锅炉在四川白马成功投运（图 21-8-17），该锅炉主蒸汽压力为 25.4MPa，主蒸汽温度为 571℃。2015 年，东方锅炉股份有限公司、上海锅炉厂股份有限公司各自成功投运了 350MWe 燃煤超临界循环流化床锅炉。同时，660MWe 等级的燃煤超超临界循环流化床锅炉已在研制阶段，预期不久将实现工业应用。

图 21-8-16　460MWe 燃煤超临界循环流化床锅炉

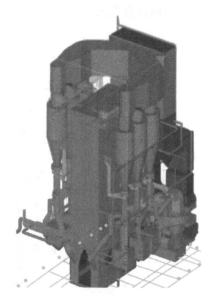

图 21-8-17　600MWe 燃煤超临界循环流化床锅炉

流化床燃烧技术另外一个发展分支为压力流化床燃烧技术（图 21-8-18）。与常压流化床相比，它的流化床床层高度可达 4m 左右，从而增加燃料颗粒和脱硫剂的停留时间，同时炉内气体停留时间也大大延长，所以具有更高的燃烧效率和脱硫效率，同时可以实现燃气-蒸汽联合循环以提高发电效率。自 20 世纪 60 年代末以来，国际上许多国家如英国、美国、荷兰、中国等先后开展压力流化床燃烧技术的研究与开发，目前，已经有多台商业规模的电站投入运行。2000 年日本 Karita 投运的一台由 ABB 公司开发的 P800 超临界 360MWe 发电机组是世界上最大的燃煤增压鼓泡流化床（PFBC）机组（图 21-8-18），其燃烧系统压力为 1.6MPa，机组发电效率达到 42%。但由于运行难度大、烟气除尘困难以及效率进一步提高受限制等因素，近年来发展缓慢[71]。

8.3.2　煤的流化床气化

大型煤气化技术是煤炭清洁高效转化的核心技术，是发展煤基化学品合成（氨、甲醇、乙酸、烯烃等）、液体燃料合成（二甲醚、汽油、柴油等）、先进的 IGCC 发电系统、多联产系统、制氢、合成气制甲烷、燃料电池、直接还原炼铁等过程工业的基础，是这些行业的公共技术、关键技术和龙头技术（图 21-8-19）。

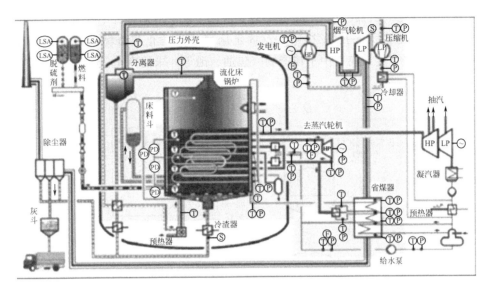

图 21-8-18　燃煤压力流化床燃烧锅炉及发电系统

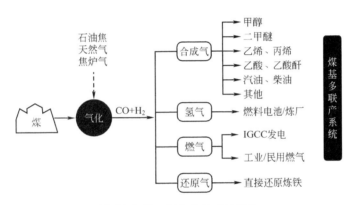

图 21-8-19　煤气化技术的地位

已工业化的煤气化技术可分为 3 类，即以 Lurgi 技术为代表的固定床气化技术[72]，以 HTW 技术为代表的流化床气化技术[73~85]和以 Texaco、Shell、多喷嘴对置气化技术为代表的气流床气化技术[86~94]。图 21-8-20 列出了煤气化技术的发展过程。

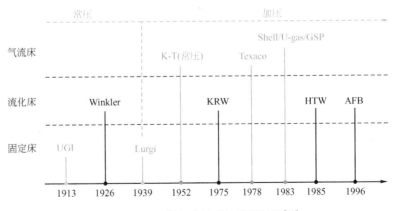

图 21-8-20　煤气化技术的发展过程[95]

固定床加压气化（Lurgi炉，1939年）较早应用于工业应用，并不断改进技术，至今仍为全球煤炭气化的主要代表技术之一[96]。固定床气化为防止灰渣黏结，其床内温度较低（如图21-8-21所示），导致煤气中干馏产物（焦油、酚等）未能完全气化，降低了煤炭的转化效率。

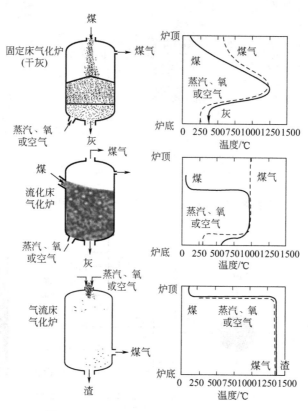

图 21-8-21　不同气化炉床内温度分布[95]

煤的流化床气化炉最早由德国科学家Winkler（温克勒）发明（1926年），称为Winkler气化炉（图21-8-22）。流化床气化炉用煤粒度小，气化强度大，达到固定床的2~3倍。加压流化床（HTW，1985年）气化炉（直径为2.7m），气化能力达$720t \cdot d^{-1}$。流化床气化炉的特点是操作温度适中、氧耗低、结构简单、投资低、操作费用低，特别适应高灰含量、高灰熔点煤的气化。但常规的流化床气化炉为防止炉内结渣，保持正常流态化，操作温度不超过1000℃（图21-8-21）[97~100]。为提高流化床气化炉的操作温度，开发了灰熔聚流化床气化炉（图21-8-23），其技术核心是在流化床底部设置了特殊结构的射流-分离结构，从而形成了局部高温区（1100~1300℃），使灰中低熔点共熔物（常为Fe、Si、Al化合物）在灰粒表面生成液膜，使灰粒互相黏结、团聚、长大，使灰粒从流化床中选择性排出，增加了流化床中炭浓度，阻止了灰熔聚区外灰的无序烧结，保证了正常的床层在较高温度（1050~1100℃）的流态化。正是这一全床温度的适度提高，使灰熔聚流化床可适用于多种煤的气化。代表性的灰熔聚气化炉型有U-gas[101]、KRW[102]和中国科学院山西煤化所灰熔聚气化炉（AFB）[103]三种，KRW炉已在联合循环发电系统示范，AFB的常压工业示范完成后已开始在我国应用，AFB的加压中试和产业化开发也正在积极进行中。

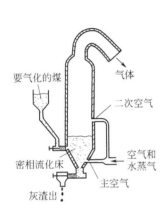

图 21-8-22　温克勒气化炉

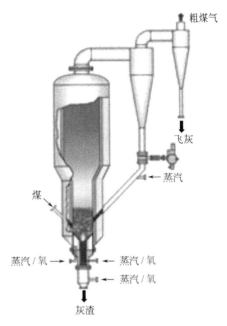

图 21-8-23　灰熔聚气化炉[81]

8.3.3　煤液化技术

煤液化制油有两种技术路线：一种是煤直接液化，即在高温高压和催化剂存在下直接加氢液化合成油；另一种是煤首先气化为合成气，然后再在催化剂作用下经 Fischer-Tropsch（F-T）合成催化反应转化为油品，称为煤间接液化。

8.3.3.1　流态化 F-T 合成

自 1923 年德国 F. Fischer 和 H. Tropsch 发现了煤间接液化（F-T 合成）路线以来，F-T 合成技术已有近百年的历史。1936 年，F-T 合成技术在德国首先实现工业化，1944 年德国 F-T 油产量达到 57 万吨；南非自 20 世纪 50 年代以来实现了 F-T 合成的大规模工业应用，年产 500 万吨油品和 260 万吨化学品[104~106]，至今 F-T 合成油工业处于领先地位，拥有成熟的浆态床和固定流化床工艺。近几年，我国 3 套 16 万吨·年$^{-1}$ 的 F-T 装置实现了满（或超）负荷运行。

煤间接液化工艺按 F-T 合成的反应温度可分为低温煤间接液化工艺和高温煤间接液化工艺，通常将反应温度低于 280℃的称为低温煤间接液化工艺[107]，高于 300℃的称为高温煤间接液化工艺[108]。低温煤间接液化采用固定床或浆态床反应器[109~111]；高温煤间接液化采用流化床（循环流化床、固定流化床）反应器[112~114]。

(1) 循环流化床反应器　循环流化床反应器（又称 Synthol 反应器）在 Sasol-Ⅰ厂中使用，该反应器自 1948 年由美国 Kelloge 公司设计开发成功，已成功运行 30 年。Sasol-Ⅱ厂对其进行了多次改进，使用高压差和大直径反应器，提高了生产能力[115]。图 21-8-24 为循环流化床反应器结构示意图[116]。相对于列管式反应器，循环流化床反应器具有热效率高、产能大、催化剂可在线装卸、及时再生、装置运转周期长等优点。但该反应器的催化剂循环量大、损耗高，后被 Sasol 公司用称为 SAS 的固定流化床反应器成功取代[117]。

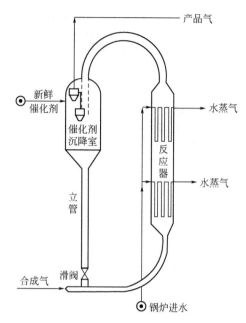
图 21-8-24　循环流化床反应器结构示意图[116]

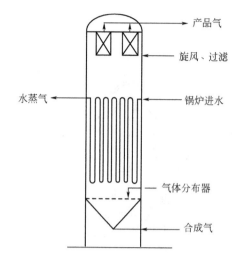
图 21-8-25　固定流化床反应器结构示意图[116]

（2）固定流化床反应器　SAS 工艺采用固定流化床反应器（SAS 反应器），SAS 反应器床层内设有垂直管束水冷换热装置（图 21-8-25），反应温度为 340℃、反应压力为 2.5MPa，将催化剂全部置于反应器内，并维持一定料位高度，以保持足够的反应接触时间，其上方提供了足够的自由空间以分离出大部分催化剂，剩余的催化剂则通过反应器顶部的旋风分离器或多孔金属过滤器分离并返回床层。由于催化剂被控制在反应器内，因而取消了催化剂回收系统，除节省投资外，冷却更加有效，提高了热效率。其工艺特点为[117,118]：①造价低，只有原来 Synthol 工艺流化床反应器的一半；②较高的热效率；③催化剂床层压降低；④床层等温；⑤操作和维修费用低；⑥油选择性高，CO 转化率高；⑦易于大型化。

8.3.3.2　煤直接液化

德国 F.Bergius 于 1913 年获得了煤直接液化制油专利，并因此于 1931 年获得了诺贝尔化学奖，1944 年德国煤直接液化油的年产量达到 423 万吨[105]。第二次世界大战以后，特别是 20 世纪 50 年代，石油的大规模发现和廉价石油的开采，使煤液化产品失去了竞争力，煤直接液化技术也停止了发展。直到 70 年代的两次全球性石油危机，促使发达国家（美国、日本、德国、苏联）加强了煤直接液化技术的研发，形成了多种工艺。表 21-8-3 列出了这一期间主要煤直接液化工艺技术的开发情况[105,119~122]。其中，氢煤（H-Coal）工艺、催化两段液化（CTSL）工艺、液体溶剂萃取液化（LSE）工艺、HTI 工艺和中国神华液化工艺采用了沸腾床加氢反应器。

表 21-8-3　主要煤直接液化工艺技术[105,119~122]

国家	工艺	规模/t·d^{-1}	运行时间	反应器类型
美国	SRC-Ⅰ	6	1974 年	—
	SRC-Ⅰ/Ⅱ	50/25	1974~1981 年	—
	EDS	250	1979~1983 年	管式
	H-Coal	200	1979~1982 年	沸腾床
	CTSL	2	1985~1992 年	沸腾床
	HTI	3	1990s	沸腾床

续表

国家	工艺	规模/t·d^{-1}	运行时间	反应器类型
德国	IGOR+	200	1981～1987 年	固定床
	PYROSOL	6	1977～1988 年	逆流接触
日本	BCL	50	1986～1990 年	浆态床
	NEDOL	150	1996～1998 年	固定床
英国	LSE	2.5	1988～1992 年	沸腾床
苏联	CT-5	7	1986～1990 年	—
中国	神华	6	2002 年	沸腾床
	神华	3000	2004 年	沸腾床

(1) H-Coal 工艺[121～124] H-Coal 工艺是 1963 年美国 Hydrocarbon Research Inc.（HRI）基于其重油提质加工工艺 H-Oil 开发的，1965 年在 11.3kg·d^{-1} 的连续装置上进行了实验室规模的研究，1966 年开始了 3t·d^{-1} 的装置运转，1974 年开始设计 600t·d^{-1} 的工业性试验装置，1979～1982 年进行了运转。H-Coal 工艺的核心是煤在 425～455℃、20.0MPa 压力下催化加氢。H-Coal 工艺的特点有：①采用氧化铝负载的镍-钼或钴-钼催化剂；②采用沸腾床反应器加氢（图 21-8-26），反应器底部安装煤浆循环泵，增加液、固反应物的扰动；③重质液化油品不经加氢直接用作煤浆制备的循环溶剂。

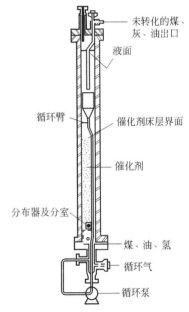

图 21-8-26 煤加氢三相沸腾床反应器

(2) CTSL 工艺[121～123,125] CTSL 工艺是在 H-Coal 单段液化工艺的基础上研制而成的。在美国 Wilsonville 的中试厂，该液化工艺被持续研究了近 15 年，于 1992 年停止生产。CTSL 液化工艺集中了 20 世纪 80 年代和 90 年代美国能源部资助的许多液化工艺的基础组成部分，特别是采用两个沸腾床反应直接串联，都装有高活性 Ni-Mo/Al$_2$O$_3$ 加氢催化剂；两个反应器操作都在 17MPa，但第一个反应器温度较低，为 400～410℃，第二个反应器温度较高，为 430～440℃。

(3) HTI 工艺[122,126] HTI 工艺是 CTSL 两段催化液化工艺的改进型，采用两个沸腾床反应器和一个在线油品加氢反应器，以及 HTI 拥有的专利铁基催化剂。主要改进的是：①在 CTSL 的高温分离器顶部和低温分离器之间增加了在线加氢反应器；②把高温分离器底部的重质产物的一部分作为循环溶剂；③把高温分离器底部的重质产物的另一部分进行溶剂萃取，最大限度地减少残渣中的油分；④不对循环溶剂加氢。操作条件是：第一段沸腾床反应器温度为 400～420℃，第二段沸腾床反应器温度为 420～440℃，反应压力相同，均是 17MPa。产品油收率得到提高和油品质量大大改善。

(4) LSE 工艺[123] 液体溶剂萃取液化工艺是由英国煤炭公司于 1973～1995 年期间研究开发的，此工艺起源于用煤的萃取物制备石墨电极。1986～1991 年，北威尔士的 Ayr 角建成了一座 2.5t·d^{-1} 的小规模试验厂，进而完成了 65t·d^{-1} 的示范厂概念设计。

文献认为 LSE 工艺是两段液化工艺。煤与循环溶剂和不饱和溶剂配成煤浆（浓度 32%），预热后进入连续搅拌釜式反应器进行非催化萃取溶解反应，操作条件为 410～440℃，1～2MPa，萃取产物经过滤器分离残渣后进入沸腾床加氢反应器，操作条件为 20MPa，400～440℃，空速 0.5～1.0h^{-1}，催化剂为石油炼制催化剂。

(5) 神华液化工艺[105,106,127,128]　　基于中国在煤炭液化方面的研究成果，神华集团在 HTI 工艺的基础上形成了神华工艺，流程见图 21-8-27。此工艺的开发主要经历了 BSU 规模和 PDU 规模两个阶段：BSU 规模为 0.12t·d^{-1}，10 次、共约 5000h 的实验，验证了工艺可行性、可靠性和重复性；2004 年 9 月建成了 6t·d^{-1} 的 PDU 规模装置，用于验证工艺整体的安全性、稳定性。2013 年我国神华集团的 100 万吨·年$^{-1}$ 煤直接液化油生产线达到了设计运行天数[105]。

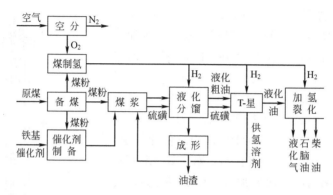

图 21-8-27　神华煤直接液化工艺流程示意图

神华工艺采用两段液化工艺，反应温度 455℃、压力 19MPa，采用合成超细铁基催化剂。神华工艺的特点是在两段液化反应器之间增加了一个分离器，将无需进一步加氢的轻质产物（包括水）分离出来，以提高第二段反应器的加氢效率，循环溶剂在线加氢，采用超细铁基催化剂。

8.4　石油炼制与化工

8.4.1　流化催化裂化

流化催化裂化（FCC）是重油转化为高辛烷值汽油、柴油、液化气的核心工艺，自 1942 年催化裂化在石油工业上获得巨大成功以来，它已发展成为炼油厂中的核心加工工艺，是重油轻质化的主要手段之一。流化催化裂化是流态化技术成功应用的典范。FCC 反应器从早期的单段密相床反应器发展到两段提升管反应器，使加工能力大大增强；FCC 再生器从密相鼓泡床再生发展到湍流床再生和快速床再生（烧焦罐再生），再发展到两段逆流再生，使烧炭强度大幅度提高，同时降低再生烟气 NO$_x$ 浓度[129~131]。图 21-8-28 为几种典型的 FCC 工艺装置图[132]。

国内流化催化裂化工艺自 1965 年建立第一个 FCC 工业装置以来，经历了起步（1965～1970 年）、跟踪（1971～1985 年）和自主创新（1986 年）三个阶段[133~135]。目前有 150 多

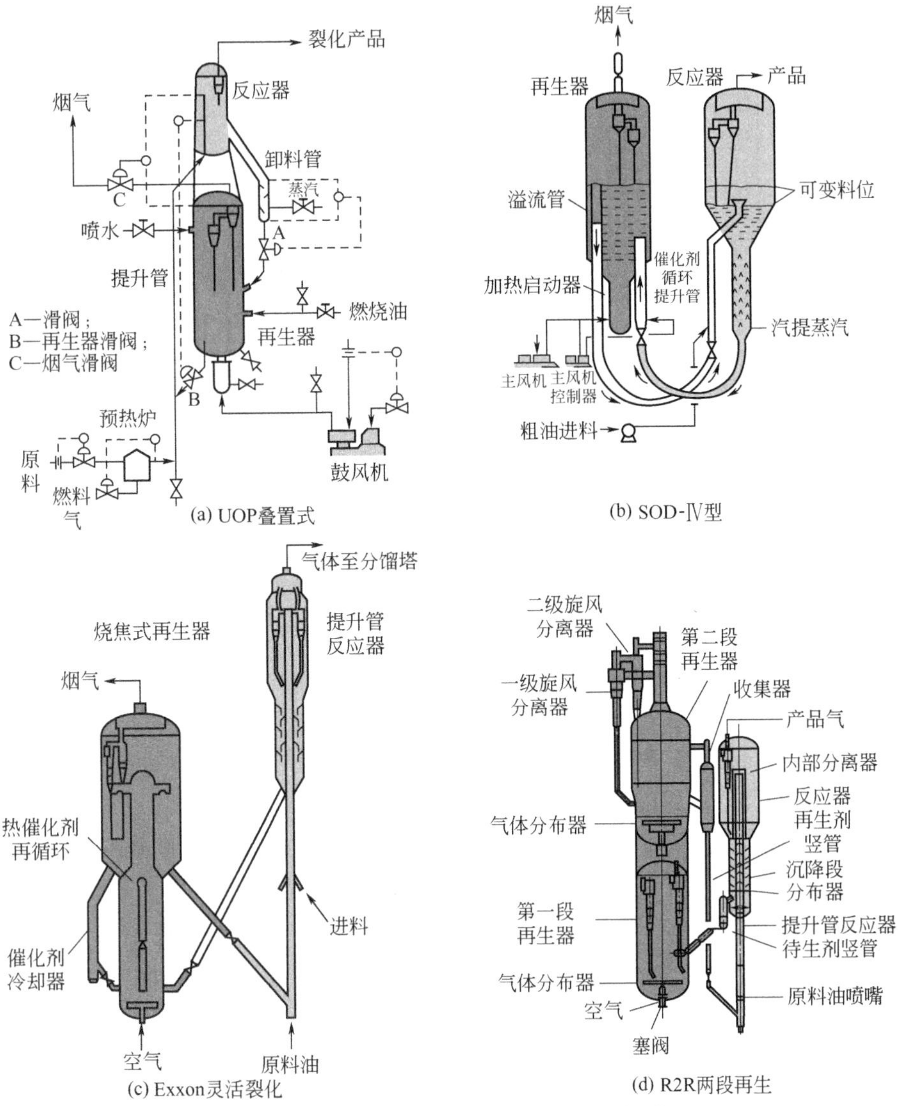

图 21-8-28 典型的 FCC 工艺装置图[135]

套不同类型的催化裂化装置建成投产，处理量已接近 150Mt·a^{-1}，占原油加工的比重高达 30% 以上。FCC 装置规模已经从 60 万吨·年$^{-1}$ 发展到如今的近 400 万吨·年$^{-1}$[135]。

自 2000 年以来，国内涌现出一批具有针对性的催化裂化新技术，如多产异构烷烃的 MIP 技术[136]、多产丙烯的两段提升管催化裂化工艺[137]和灵活多效催化裂化 FDFCC 工艺[138,139]等。近年来，中国石化石油化工科学研究院针对劣质原料油的特点，为了降低干气和焦炭产率，提出了多产轻质油的 FGO 选择性加氢处理工艺与选择性催化裂化（又称缓和催化裂化）工艺集成技术（integration of FCC gas oil hydrotreating and highly selective catalytic cracking for maximizing liquid yield，IHCC）的构思[140]。图 21-8-29 为 IHCC 工艺技术的基本流程，其主要思路是对重质原料油不再追求重油单程转化率最高，而是控制催化裂化单程转化率在合理的范围，使干气和焦炭选择性最佳，未转化重油经加氢处理工艺后再采取适当的催化裂化技术加工，从而使高价值产品收率最大化[135,140]。工业运行结果表明，与传统的 FCC 和 MIP 工艺比较，液相产品可提高 6~10 百分点[135,141,142]。中国石油大学

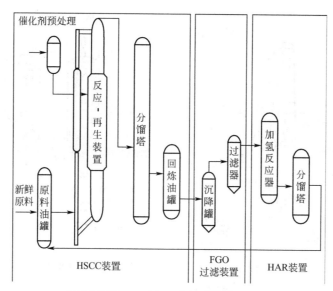

图 21-8-29 IHCC 工艺技术的基本流程

提出了新型多区协控重油催化裂化技术 MZCC[143～145]，包括：
① 进料区的油剂高效接触——高能量强返混；
② 反应区的反应有序进行——平流推进；
③ 出口区的油剂超快分离；
④ 汽提区的重组分再反应——化学汽提。

该技术已成功应用于中海沥青 35 万吨催化裂化装置上，总液收率提高 3.2%，汽油中烯烃含量降低 3/5～2/3，硫含量降低 1/5 左右[146]。

中国石油大学同时提出了重油分级分区催化裂化技术[147～153]（图 21-8-30）。中试试验结果表明，与传统催化裂化掺炼技术相比，焦化蜡油催化裂化分区技术在达到相同转化率的情况下，轻质油收率提高 5 个百分点；重油分级分区催化裂化技术使转化率提高 7.25%，轻质油收率提高 6.39%，干气和焦炭总选择性降低 1.18%。

8.4.2 萘氧化制苯酐

流化床催化氧化萘制苯酐是我国流态化技术应用于催化反应最早的一个生产过程。沈阳化工研究院改造了苏联设计的 3m 直径的流化床反应器，使其生产能力提高了 4 倍以上，达到 8000 t·a^{-1}，该反应器为挡板流化床结构，如图 21-8-31 所示[154]。我国苯酐总产量的 80% 是由这种反应器生产的，最大反应装置的反应器直径为 3.6m。清华大学化工系研制了塔形内构件，在沙市树脂厂进行了 $\phi=2000$mm 和 $\phi=3000$mm 的工业试验，苯酐收率达到 83%～85%，较挡板床提高约 3%，生产能力提高了 80%～100%[155]。

8.4.3 丁烯氧化脱氢制丁二烯

丁烯氧化脱氢制丁二烯可采用固定床和流化床生产，随着新型细粒催化剂的不断出现，流化床反应器由挡板流化床向湍流床过渡。工业生产装置反应器直径为 2.4m，生产能力约 1 万吨·年$^{-1}$。后来又开发了快速流化床（图 21-8-32），由于催化剂、床型和操作制度的改进，工艺指标有明显提高。

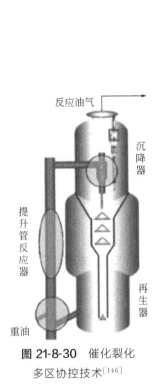

图 21-8-30 催化裂化多区协控技术[146]

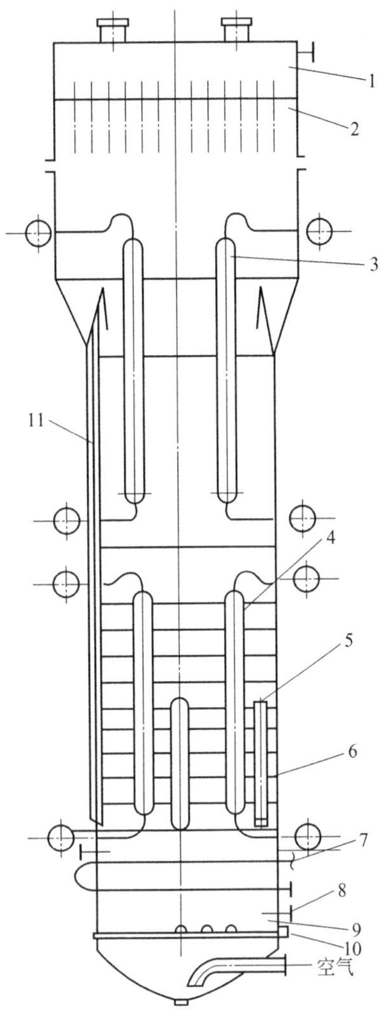

图 21-8-31 萘氧化制苯酐的流化床反应器

1—壳体；2—过滤管；3—中部冷却器；4—废热锅炉；
5—内循环管；6—挡板；7—热循环管；8—萘喷嘴；
9—锥帽；10—分布板；11—外循环管

8.4.4 丙烯氨氧化制丙烯腈

在催化剂存在条件下，丙烯与氨和氧反应生成丙烯腈。反应器为自由湍流床，直径为 2.8～5m，年生产能力（2～5）万吨。为限制气体返混，联合化学反应工程研究所浙江分所设计了横向内构件二次分布风提升催化剂的 UL 型氨氧化反应器，见图 21-8-33[157]。这种反应器可限制气体返混，同时可使催化剂在高氧区和低氧区之间循环，从而提高反应收率和选择性。清华大学化工系开发了脊形内构件流化床，在大庆石化总厂进行了 $\phi=600$mm 和 $\phi=2000$mm 的中间试验和工业试验，单程收率分别为 76.1% 和 72.5%[158]。

8.4.5 乙烯氧氯化制二氯乙烯

在铜催化剂和空气存在条件下，乙烯与氯化氢发生氧氯化反应，生成二氯乙烷，二氯乙烷可在管式炉中裂解为二氯乙烯，二氯乙烯可作为生产聚氯乙烯的原料。反应器为内置冷却水管的流化床，如图 21-8-34 所示[159]。

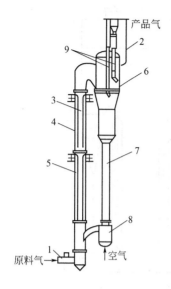
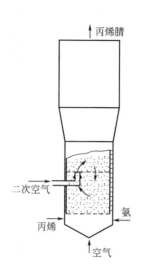
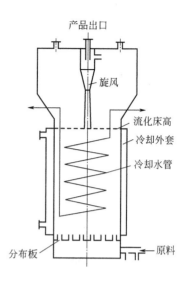

图 21-8-32 快速流化床反应器结构简图[156]

1—原料气入口；2—产品气出口；3—快速流化床反应器；4,5—冷却系统；6—沉降分离器；7—下料管；8—进料阀；9—旋风分离器料腿

图 21-8-33 UL 型氨氧化反应器[157]

图 21-8-34 乙烯氧氯化反应器示意图[159]

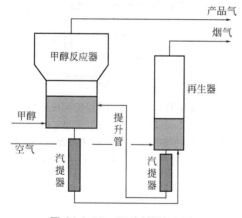

图 21-8-35 甲醇制烯烃反应装置示意图[160]

8.4.6 甲醇制烯烃

在 ZSM-5 和 SAPO-34 等催化剂存在条件下，甲醇催化转化为乙烯、丙烯等低碳烯烃。由中科院大连化学物理研究所主导建立的 $1.8Mt \cdot a^{-1}$ 大型工业 DMTO 装置中，反应和再生方式均采用密相流化反应方式，其工艺流程如图 21-8-35 所示，通过催化剂的循环实现催化剂连续反应和再生，工业装置稳定运行时甲醇转化率接近 100%，乙烯和丙烯总选择性为 80%[160]。

8.5 包覆和制粒

流态化颗粒包覆技术是流态化技术、喷雾技术和干燥技术的有机结合，集喷雾、混合、包覆、干燥等过程于一体，具有传热-传质效率高、颗粒包覆均匀、可连续操作等优点，现已广泛应用于生物医药、食品加工、催化剂和结构材料制备、军事等领域[161~168]。

在制药工业中，最常用的流化床包覆设备是底喷式（Wurster）流化装置[169]，其结构如图 21-8-36 所示。该装置为一个底部装有喷嘴的流化床，其喷嘴位于气体分布板的中心，分布板常为非均匀开孔，中心部分开孔率较大，内部设有导流筒。在运行过程中，颗粒主要从床中心上升而从周边下落，形成类似喷动床的规则循环，在颗粒包覆改性过程中具有独特的优势。流化气的引入使环隙区颗粒处于流化状态，克服了传统喷动床环隙区气固接触效率低、高床层喷动不稳定等不利于包覆的因素。同时，流化气的引入还提高了环隙区的传热-传质效率，基本消除了环隙区底部死区，黏性颗粒的团聚等影响包覆改性效果的因素。导向管的引入抑制了颗粒在喷射区与环隙区之间的交互流动，使颗粒流动更加规律。在导向管的底部区域颗粒与气体高速混合，进一步提高了传质-传热效率，抑制了颗粒团聚[170]。这些结构与操作特点使得导向管喷动流化床技术在缓控肥、缓释药物、饲料等大颗粒的包覆与造粒方面均得到成功应用[171]。

常见可用于流化床包覆的材料见表 21-8-4。早期的包覆液溶剂常为有机物，考虑到环境污染和安全问题，选择水作为溶剂成为颗粒包覆的发展趋势。

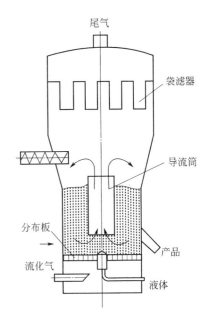

图 21-8-36 底喷式流化床造粒/包衣结构图[169]

表 21-8-4 常用流化床包覆材料[169]

成膜质	类型	被包覆基体
乙基纤维素	有机溶液	药物
糖类	水溶液	药物
聚乙烯醇	水溶液	药物
树胶	水溶液	药物
动物胶	水溶液	药物
聚乙二醇	水溶液	药物
羟丙基/甲基纤维素	水/醇溶液	药物
壳聚糖	水溶液	药物
甲醛	液体	尿素
磷酸盐	水溶液	尿素
低密度聚乙烯	甲苯溶液	尿素
硫黄	熔融液	尿素
醇酸	水/醇溶液	金属
酚醛树脂	粉末	金属
改性环氧树脂	粉末	金属

流化床包覆所能处理的颗粒大小不低于 $100\mu m$，较小的颗粒易发生黏结团聚，从而导致颗粒包覆不均，严重时甚至会导致死床[172]。为了克服以上缺点，实现超细颗粒的包覆，研究者将超临界流体快速膨胀技术（rapid expansion of supercritical fluid solutions，RESS）应用于流化床包覆超细颗粒[173,174]，该法用超临界流体萃取溶质并通过微细喷嘴快速膨胀

到装有超细颗粒的流化床中,膨胀射流时所产生的微核在颗粒表面均匀沉积,在超细颗粒表面形成薄层包覆。Tsutsumi 等[174]较早提出了利用 RESS 技术包覆微纳米粉体,指出超临界流体具有气相的高扩散系数和液相的强溶解能力的特点,流体快速膨胀后的溶剂与微纳米溶质微粒易快速彻底分离,颗粒中无溶剂残留,是绿色工艺过程,同时包覆过程中颗粒不会产生团聚,在低温下也可以进行包覆,适当降低溶质浓度可得到均匀的包覆膜。在流化床中利用两股膨胀气流撞击的方式实现了平均粒度为 $1\mu m$ 的 SiO_2 颗粒表面包覆纳米膜,但纳米级颗粒的包覆技术还有待进一步发展。

近年来,原子层沉积法 ALD(atomic layer deposition)引入流化床颗粒包覆工艺[174~179]。与传统的化学气相沉积(CVD)法需要同时通入两种气体进行沉积反应相比较,ALD 法则是在颗粒流化床内轮流通入不同反应气体进行反应,比如要沉积 TiO_2,CVD 法要同时通入 $TiCl_4$ 和水蒸气,反应产生 TiO_2 沉积于颗粒表面,而 ALD 法则采用轮流通入 $TiCl_4$ 和水蒸气,前驱体在颗粒表面反应沉积。ALD 法可以将沉积膜控制在原子级别,得到几纳米的无机膜,且包覆膜十分规整。以 ALD 法对颗粒进行包覆,可以在不改变颗粒基本性质的情况下对其改性,这为流化床包覆超细颗粒开辟了新的途径[177]。

参考文献

[1] Wang T, Zhang H, Liu Q, et al. Ind Eng Chem Res, 2011, 50(24): 14168-14174.
[2] Hester A S, Johannsen A, Danz W. Ind Eng Chem, 1958, 50: 1500.
[3] Thompson R B. Chem Eng Progr, 1953, 49: 253.
[4] 南京化学工业公司氮肥厂. 沸腾炉焙烧. 北京: 石油化学工业出版社, 1978.
[5] 李崇, 廖康程. 硫酸工业, 2016, (2): 1-4.
[6] 纪罗军. 硫酸工业, 2011, (4): 20-25.
[7] 齐焉, 武雪梅. 硫酸工业, 2010, (5): 5-12.
[8] 盛叶彬. 化工技术经济, 2005, 23(2): 41-44.
[9] 徐光泽. 硫酸工业, 2006, (5): 12-15.
[10] 俞向东. 硫酸工业, 2014, (6): 5-6.
[11] 南京海陆科技有限公司. 硫酸工业, 2016, (2): 55.
[12] 王学谦, 马懿星, 施勇, 等. 化工学报, 2014, 65: 3661-3668.
[13] 魏昶, 李存兄. 锌提取冶金学. 北京: 冶金工业出版社, 2013.
[14] 许良, 陈向强. 中国有色冶金, 2014, (6): 28-31.
[15] 林德生. 硫酸工业, 2011, (2): 43-47.
[16] 李若贵. 中国有色冶金, 2010, (6): 13-20.
[17] 401厂. 1964全国流态化会议报告选集. 北京: 科学出版社, 1964.
[18] 何超坤. 硫酸工业, 1993, (6): 19-21.
[19] 左小红. 湖南有色金属, 2001, 17(4): 21-23.
[20] 李旭光, 谭永仁, 梁铎强, 等. 有色金属: 冶炼部分, 2012, (1): 13-15.
[21] Kwauk M. Scientia Sinica, 1979, 22(11): 1265-1291.
[22] 余永富. 矿冶工程, 2006, 26(1): 21-25.
[23] 任亚峰, 余永富. 金属矿山, 2005, (11): 20-23.
[24] 余永富, 张汉泉, 祁超英, 等. CN, 200510019917.7. 2005-11-29.
[25] 朱庆山, 李洪钟. 化工学报, 2014, 65: 2437-2442.
[26] 郭慕孙, 李洪钟. 流态化手册: 第3篇, 流态化应用过程. 北京: 化学工业出版社, 2007: 1112-1133.
[27] Jeong S J. Int J Precision Eng Manufacturing-Green Technol, 2015, 2(1): 85-93.

[28] Kirk-Othmer Encyclopedia of Chemical Technology, 1995, (14): 860-872.
[29] Schenk J L. Particuology, 2011, 9(1): 14-23.
[30] Deimek G. 钢铁, 2000, 35(12): 13-15.
[31] Elmquist S A, Weber P, Eichberger H. Stahl Eisen, 2002, 122(2): 59-64.
[32] Von Bitter R W, Husain R, Weber P, et al. Stahl Eisen, 2002, 122(2): 9-16.
[33] Schenk J L. FINEX®: From fine iron ore to hot metal//Proceedings of the innovations in iron making session of 2006 international symposium (Paper 9.1). Linz, Austria: 2006.
[34] 邓捷. 河南化工, 2011, 28: 10-15.
[35] 熊雪良, 杨智, 欧阳红勇, 等. 中国有色金属学报, 2010, 20(S1): s981-s985.
[36] 叶恩东, 程晓哲, 缪辉俊, 等. 钢铁钒钛, 2015, 36(1): 7-15.
[37] 汪镜亮. 钢铁钒钛, 1995, 16(3): 18-27.
[38] 林凡, 杨剑, 陈奎, 等. 钢铁钒钛, 2016, 37(1): 7-11.
[39] Mahmoud M, Afifi A. Hydrometallurgy, 2004, 73(1): 99-109.
[40] 谢刚, 俞小花, 李永刚. 有色金属矿物及其冶炼方法. 北京: 科学出版社, 2011: 315.
[41] 郑子恩, 赵婷, 袁仕华. 稀有金属与硬质合金, 2012, 40(4): 35-39.
[42] Zhang J B, Zhu Q S, Xie Z H, et al. Metallurgical and Materials Transactions B, 2013, 44: 897-905.
[43] Zhang J B, Zhang G Y, Zhu Q S, et al. Metallurgical and Materials Transactions B, 2014, 45: 914.
[44] Zhu Q S, Zhang J B, Li H Z. Particuology, 2014, 14: 83-90.
[45] Li L, Zhang J B, Zhu Q S. Dalton Trans, 2016, 45: 2888-2896.
[46] 吴优. 钢铁钒钛, 2016, 37(2): 92-96.
[47] 刘文向. 氯碱工业, 2004, 8: 1-5.
[48] 莫畏, 邓国珠, 罗方承. 钛合金. 第2版. 北京: 冶金工业出版社, 2007.
[49] 孙元智, 张清. 钛工业进展, 2001, (3): 6-10.
[50] 首条沸腾氯化法钛白生产线试产. 江苏氯碱, 2013, (6): 32-33.
[51] 宋松松, 等. 中国粉体工业, 2013, (3): 59-60.
[52] 王文光. 轻金属, 1996, (1): 14-20.
[53] Sucech S W. Alpha alumina production in a steam-fluidized reactor. US, 4585645. 1986.
[54] 关琦. 世界有色金属, 2000, (8): 29-30.
[55] 桂康, 江新民, 都百顺, 等. 有色冶金节能, 2001, (5): 40-44.
[56] 高贵超. 山东冶金, 1998, 20(4): 35-38.
[57] 岑可法, 倪明江, 骆仲泱, 等. 循环流化床锅炉理论设计和运行. 北京: 中国电力出版社, 1998.
[58] 徐旭常, 周力行. 燃烧技术手册. 北京: 化学工业出版社, 2008.
[59] 程钧培. 中国电气工程大典: 第4卷. 北京: 中国电力出版社, 2009.
[60] 刘德昌. 流化床燃烧技术的工业应用. 北京: 中国电力出版社, 1999.
[61] Basu P, Fraser S A. Circulating Fluidized Bed Boilers design and operation. Boston: Butterworth-Heinemann, 1991.
[62] Grace J R, Avidan A A, Knowlton T M. Circulating Fluidized Beds. London: Blackie Academic & Professional, 1997.
[63] 冯俊凯, 岳光溪, 吕俊复. 循环流化床燃烧锅炉. 北京: 中国电力出版社, 2003.
[64] 章明耀. 增压流化床联合循环发电技术. 南京: 东南大学出版社, 1998: 333-335.
[65] 赵伟杰, 王勤辉. 循环流化床锅炉控制系统的设计和应用. 北京: 中国电力出版社, 2009.
[66] 郭慕孙, 李洪钟. 流态化手册. 北京: 化学工业出版社, 2007.
[67] 孙献斌, 黄中. 大型循环流化床锅炉技术与工程应用. 北京: 中国电力出版社, 2009.
[68] 蒋敏华, 肖平. 大型循环流化床锅炉技术. 北京: 中国电力出版社, 2009.
[69] Bo Leckner. Development of Fluidized Bed Conversion of Solid Fuels-History and Future.//Dorota Bankiewicz, Mia Mäkinen, Patrik Yrjas. Proceedings of 22nd International Conference on Fluidized Bed Conversion. Turku, Finland: 2015.
[70] Yue Guangxi. The formation of the CFB Design Theory and its Practice in China//Dorota Bankiewicz, Mia Mäkinen, Patrik Yrjas. Proceedings of 22nd International Conference on Fluidized Bed Conversion. Turku, Finland: 2015.
[71] Arto Hotta. Foster Wheeler's Solutions for Large Scale CFB Boiler Technology: Feature and Operational Performance of Lagisza 460 MWe CFB boiler//Yue Guangxi, Hai Zhang, Changsui Zhao, et al. Proceedings of 20nd Interna-

tional Conference on Fluidized Bed Combustion, 2009: 59-70.
[72] Higman C, Tam S. Chem Rev, 2013, 114: 1673-1708.
[73] Adlhoch W. Hochtemperatur-Winkler Verfahren (HTW)//Schmalfeld J. Die Veredlung und Umwandlung von Kohle: Technologien und Projekte 1970 bis 2000 in Deutschland. Germany: DGMK, 2008: 409-446.
[74] 房倚天, 王洋, 马小云, 等. 煤化工, 2007, (1): 11-15.
[75] Khadilkar A, Rozelle P L, Pisupati S V. Powder Technol, 2014, 264: 216-228.
[76] Southern Company Services Inc. Power Systems Development Facility: Final Report; U. S. DOE Cooperative Agreement DEFC21-90MC25140, Wilsonville, AL, April 2009.
[77] Pinkston T. Update on the Kemper County IGCC Project//Presented at the Gasification Technologies Conference, Washington, DC, Oct 28-31, 2012.
[78] Duan F, Jin B, Huang Y J, et al. Energy Fuels, 2010, 24: 3150.
[79] Ju F D, Chen H P, Yang H P, et al. Fuel Process Technol, 2010, 91: 818.
[80] Thompson C. Cleanly Unlocking the Value of Low Rank Coal//Presented at the Gasification Technologies Conference, Washington, DC, Nov 2, 2010.
[81] Liu Z Y, Fang Y T, Deng S P, et al. Energy Fuels, 2012, 26: 1237.
[82] Li F H, Huang J J, Fang Y T. Energy Fuels, 2011, 25: 273-280.
[83] Corella J, Toledo J M, Molina G. Ind Eng Chem Res, 2007, 46: 6831.
[84] Zhang J W, Wang Y, Dong L, et al. Energy Fuels, 2010, 24: 6223.
[85] Wang Y, Dong W, Dong L, et al. Energy Fuels, 2010, 24: 2985.
[86] Bi D P, Guan Q L, Xuan W W. Fuel, 2015, 155: 155-163.
[87] Zheng L, Furinsky E. Energy Conversion and Management, 2005, 46: 1767-1779.
[88] Lee H H, Lee J C, Joo Y J. Applied Energy, 2014, 131: 425-440.
[89] Gazzani M, Manzolini G, Macchi E. Fuel, 2013, 104: 822-837.
[90] Nathen S V, Kirkpatrick R D, Young B R. Energy Fuels, 2008, 22(4): 2687-2692.
[91] Guo X L, Dai Z H, Gong X, et al. Fuel Processing Technology, 2007, 88: 451-459.
[92] Guo Q H, Gong Y, Xu J L, et al. Powder Technology, 2014, 254: 125-130.
[93] Li W F, Yao T L, Wang F C. AIChE J, 2010, 56: 2513.
[94] Li W F, Yao T L, Liu H F, et al. AIChE J, 2011, 57: 1434.
[95] 王洋, 房倚天, 黄戒介. 东莞理工学院学报, 2006, 13(4): 93-100.
[96] Minchener A J. Fuel, 2005, 84: 2222-2235.
[97] Datta S, Sarkar P, Chavan P D, et al. Appl Therm Eng, 2015, 86: 222-228.
[98] Lu T, Li K, Zhang R, et al. Fuel Process Technol, 2015, 134: 414-423.
[99] Serrano D, Sanchez-Delgado S, Sobrino C, et al. Fuel Process Technol, 2015, 131: 338-347.
[100] Krishnamoorthy V, Pisupati S V. Energies, 2015, 8: 10430-10463.
[101] Patel G. Int J Energy Res, 1980, 4(2): 149-165.
[102] Schwartz C W, Rath L K, Freier M D. Chem Eng Prog, 1984, 78(4): 55-63.
[103] Huang J J, Fang Y T, Chen H S, et al. Energy Fuels, 2003, 17(6): 1474-1479.
[104] Liu Z Y, Shi S D, Li Y W. Chem Eng Sci, 2010, 65: 12-17.
[105] 刘振宇. 化工进展, 2010, 29(2): 193-197.
[106] 高晋生, 张德祥. 煤液化技术. 北京: 化学工业出版社, 2005.
[107] Espinoza R L, Steynberg A P, Jager B. Applied Catalysis A: General, 1999, 186: 13-26.
[108] Steynberg A P, Espinoza R L, Jager B, et al. Applied Catalysis A: General, 1999, 186: 41-54.
[109] 吴春来. 煤化工, 2003, (2): 3-6.
[110] Gidaspown D, He Y T, Chandra V. Chem Eng Sci, 2015, 134: 784-799.
[111] Saeidi S, Nikoo M K, Mirvakili A, et al. Rev Chem Eng, 2015, 31(3): 209-238.
[112] Vogel A P, van Dyk B, Saib A M. Catalysis Today, 2016, 259: 323-330.
[113] Kang S H, Bae J W, Cheon J Y, et al. Applied Catalysis B: Environmental, 2011, 103(1-2): 169-180.
[114] Wang T F, Wang J F, Jin Y. Ind Eng Chem Res, 2007, 46: 5824-5847.
[115] 徐谦, 左承基. 能源技术, 2008, 29(4): 212-216.

[116] Jager B, Dry M E, Shingles T, et al. Catalysis Letters, 1990, 7: 293-302.
[117] Duvenhage D J, Shingles T. Catalysis Today, 2002, 71: 301-305.
[118] Dry M E. Catalysis Today, 2002, 71: 227-241.
[119] 曹征彦. 中国洁净煤技术. 北京: 中国物资出版社, 1998: 419-440.
[120] 李军. 煤直接液化残渣的特性和转化研究. 太原: 中国科学院山西煤炭化学研究所, 2009.
[121] Dadyburjor D, Liu Z Y. Coal liquefaction//Hoboken Kirk-Othmer Encyclopedia of Chemical Technology: vol 6. fifth. Wiley: New Jersey, 2004: 832-869.
[122] 舒歌平, 史士东, 李克健. 煤炭液化技术. 北京: 煤炭工业出版社, 2003.
[123] Department of Trade and Industry. Technology Status Report- Coal liquefaction. 1999.
[124] Vasalos I A, Bild E M, Evans T D, et al. Study of ebullated bed fluid dynamics for H-Coal, Technical Report, 1980.
[125] 马治邦. 煤化工, 1990, 53(4): 12-16.
[126] Comolli A G, Lee T L K, Popper G A, et al. Fuel Processing Technology, 1999, 59: 207-215.
[127] 张玉卓. 煤炭科学技术, 2006, 34(1): 19-22.
[128] Wang Qingming, Sun Shusheng. Coal Chemical Industry, 2006, (3): 6.
[129] Squires A M, Kwauk M, Avidan A A. Science, 1985, 230: 1329-1337.
[130] 陈俊武, 曹汉昌. 催化裂化工艺与工程. 第3版. 北京: 中国石化出版社, 2015.
[131] 李军, 罗国华, 魏飞. 化工学报, 2014, 65(7): 2426-2436.
[132] Pinheiro C I C, Fernandes J L, Domingues L, et al. Ind Eng Chem Res, 2012, 51: 1-29.
[133] 陈俊武. 石油学报. 石油加工, 2004, 20(5): 1-5.
[134] 汤红年. 炼油技术与工程, 2015, 45(6): 33-39.
[135] 许友好. 中国科学: 化学, 2014, 44(1): 12-24.
[136] 许友好, 张久顺, 龙军. 石油炼制与化工, 2001, 32(8): 1-5.
[137] 杨朝合, 山红红, 张建芳. 炼油技术与工程, 2005, 35(3): 25-33.
[138] Wang L Y, Yang B L, Wang G L, et al. Oil & Gas Journal, 2003, 101(6): 52-58.
[139] 王梦瑶, 周嘉文, 任天华, 等. 化工进展, 2015, 34(6): 1619-1624.
[140] 许友好, 戴立顺, 龙军, 等. 石油炼制与化工, 2011, 42: 7-12.
[141] 许友好, 刘涛, 王毅, 等. 石油炼制与化工, 2016, 47(7): 1-8.
[142] 陶炎. 中国石油和化工, 2016, (1): 43.
[143] 高金森, 徐春明, 卢春喜. 炼油技术与工程, 2006, 36(12): 1-6.
[144] Wang G, Wen Y, Gao J, et al. Energy&Fuels, 2012, 26(6): 3728-3738.
[145] Wang G, Li Z, Li Y, et al. Energy&Fuels, 2013, 27(3): 1555-1563.
[146] 高金森, 王刚, 卢春喜, 等. 中国石油大学学报: 自然科学版, 2013, 37(5): 181-185.
[147] Li Z, Gao J, Wang G, et al. Ind Eng Chem Res, 2011, 50(15): 9415-9424.
[148] Li Z, Wang G, Shi Q, et al. Ind Eng Chem Res, 2011, 50(7): 4123-4132.
[149] Li Z, Wang G, Liu Y, et al. Energy Fuels, 2012, 26(4): 2281-2291.
[150] Wang G, Li Z, Liu Y, et al. Ind Eng Chem Res, 2012, 51(5): 2247-2256.
[151] Wang G, Liu Y, Wang X, et al. Energy Fuels, 2009, 23(4): 1942-1949.
[152] Gao H, Wang G, Wang H, et al. Energy Fuels, 2012, 26(3): 1870-1879.
[153] Gao H, Wang G, Li R, et al. Energy Fuels, 2012, 26(3): 1880-1891.
[154] 张秀兰, 等. 第六届全国流态化会议论文集, 1993: 595.
[155] 清华大学化工系, 天津油漆厂. 石油化工, 1979, 8(2): 98.
[156] 张瑞英, 刘健生, 杨贵林. 第六届全国流态化会议论文集, 1993: 601.
[157] 陈秉辉, 等. 第六届全国流态化会议论文集, 1993: 612.
[158] 金涌, 俞芷青, 张礼, 等. 石油化工, 1986, 15(5): 269.
[159] Brit Chem Eng, 1969, 14(5): 608.
[160] 刘中民, 刘昱, 叶茂, 等. 炼油工程与技术, 2014, 44: 1-6.
[161] 谢恒来, 吴曼, 赵军, 等. 化工学报, 2015, 66: 1185-1193.
[162] Guo Q J, Hu X D, Liu Y Z, et al. Powder Technology, 2015, 275: 60-68.
[163] Chen Y, Yang J, Dave R N, et al. Powder Technology, 2009, 191(1): 206-217.

[164] 刘马林, 刘兵, 邵友林, 等. 核动力工程, 2012, 33: 79-86.
[165] 薛永萍, 艾常春, 汤璐, 等. 材料科学与工艺, 2016, 24: 75-79.
[166] 郭磊, 高晗, 张宗良, 等. 钢铁, 2015, 50: 15-20.
[167] 朱以华, 李春忠, 吴秋芳, 等. 高等学校化学学报, 1999, 20: 119-122.
[168] 华彬, 李春忠, 韩今依, 等. 化工学报, 1994, 45: 723-728.
[169] 郭慕孙, 李洪钟. 流态化手册: 第3篇, 流态化应用过程. 北京: 化学工业出版社, 2007: 992.
[170] Xu J, Tang J, Wei W, et al. Canadian Journal of Chemical Engineering, 2009, 87(2): 274-278.
[171] Shao Y, Liu X, Zhong W, et al. Int J Chem Reactor Eng, 2013, 11(1): 243-258.
[172] 王亭杰, 堤敦司, 金涌. 化工进展, 2000, (4): 42-47.
[173] 王亭杰, 堤司敦, 金涌. 化工学报, 2001, 52(1): 50-55.
[174] Tsutsumi A, Nakamoto S, Mineo T. Powder Technology, 1995, 85(2): 275-278.
[175] Tsutsumi A, Ikada M. Powder Technology, 2003, 138: 211-215.
[176] Wang T J, Tsutsumi A. Powder Technology, 2001, 118: 229-235.
[177] Wank J R, George S M, Weimer A W. Powder Technology, 2004, 142(1): 59-69.
[178] Ferguson J D, Weimer A W. Thin Solid Films, 2000, 371: 95-104.
[179] Ferguson J D, Yoder A R. Appl Surf Sci, 2004, 226: 393-404.

本卷索引

A

Archimedes 数 …………………………… 21-119
A 型沸石分子筛 ……………………………… 18-6

B

B.E.T 扩展方程 ……………………………… 18-30
Biot 数 ……………………………… 21-93，21-119
百叶窗 ……………………………………… 16-43
板框式过滤装置 ……………………………… 19-30
板式膜 ……………………………………… 19-104
包覆 ………………………………………… 21-232
薄膜式填料 …………………………………… 16-44
饱和度 ……………………………………… 16-5
饱和湿度 …………………………………… 16-5
饱和状态 …………………………………… 16-7
保证率 ……………………………………… 16-50
比表面积 ……………………………… 18-20，20-42
比电阻 ……………………………………… 20-72
比容 ………………………………………… 16-6
边界层 ……………………………………… 15-216
变浓度吸附 ………………………………… 18-3
变温吸附 …………………………………… 18-2
变压吸附 ……………………………… 18-3，18-125
变真空吸附 ………………………………… 18-134
表观传热系数 ……………………………… 21-80
表观颗粒密度 ……………………………… 20-40
表观平衡常数 ……………………………… 15-207
表观重度 …………………………………… 18-20
表面化学 …………………………………… 18-27
表面扩散 ……………………………… 18-48，18-50
表面性质设计 ……………………………… 21-160
丙烯氨氧化 ………………………………… 21-231
丙烯腈 ……………………………………… 21-231
并联扩散 …………………………………… 18-51
并流逆重力向上流动 ………………………… 21-26
玻璃膜 ……………………………………… 19-21
不可逆平衡 ………………………………… 18-67
不可逆热力学模型 …………………………… 19-2
布朗扩散 …………………………………… 20-60

C

C_8 芳烃分离 ……………………………… 18-157
C_4 烃类分离 ……………………………… 18-157
残余吸附量 ………………………………… 18-124
槽式配水装置 ……………………………… 16-48
超临界流体萃取 …………………………… 15-176
超滤膜 ……………………………… 19-18，19-46
超细粉体 …………………………………… 20-148
沉淀法 ……………………………………… 20-155
传递单元高度 ……………………………… 16-31
传递单元数 ………………………………… 16-31
传递函数法 ………………………………… 18-59
传热 ………………………………………… 21-75
传热面积 …………………………………… 21-99
传热膜系数 …………………………… 16-11，21-99
传热速率 …………………………………… 21-118
传热系数 ……………………………… 20-67，21-78
传质区 ……………………………………… 18-65
传质速率 ……………………………… 16-11，18-43
传质速率的测定 …………………………… 18-55
传质速率方程 ……………………………… 18-72
传质推动力 ………………………………… 18-44
传质系数 … 15-68，15-216，16-11，20-72，21-83
床层的膨胀 ………………………………… 21-8
床层高度 …………………………………… 21-101
床层压降 …………………………………… 18-60
床高 ………………………………………… 21-154
床截面积 …………………………………… 21-154
床型强化 …………………………………… 21-169
磁场强化 …………………………………… 21-160
磁导率 ……………………………………… 20-89
磁树脂连续离子交换流化床 ………………… 18-226
刺激-应答法 ………………………………… 18-57
粗粒化模型 ………………………………… 21-187
催化反应 …………………………………… 21-124
催化膜反应器 ……………………………… 19-116
萃合常数 …………………………………… 15-5
萃取 ………………………………………… 15-2
萃取剂 ……………………………………… 15-6
萃取率 ……………………………………… 15-6
萃取设备 …………………………………… 15-137
萃取塔 ……………………………………… 15-141
萃取柱 ……………………………………… 15-120

错流萃取 …………………………………… 15-94

D

Darcy 定律 …………………………………… 20-108
DIH 方程 …………………………………… 18-37
大孔扩散 …………………………………… 18-49
大孔吸附树脂 …………………………………… 18-175
带式干燥器 …………………………………… 17-43
单液滴 …………………………………… 15-77
单组分吸附相平衡 …………………………………… 18-28
当量交换 …………………………………… 18-168
等离子体 …………………………………… 20-150
等离子体聚合 …………………………………… 19-16
等温线形状 …………………………………… 18-27
点滴薄膜填料 …………………………………… 16-45
点滴式填料 …………………………………… 16-44
电导率 …………………………………… 20-89
电渗析 …………………………………… 19-92
电泳 …………………………………… 20-77
碟管式膜组件 …………………………………… 19-39
丁二烯 …………………………………… 21-230
丁烯氧化脱氢 …………………………………… 21-230
动力形成膜 …………………………………… 19-16
洞道式干燥器 …………………………………… 17-41
堆积颗粒密度 …………………………………… 20-40
堆积重度 …………………………………… 18-20
对二甲苯 PX 分离 …………………………………… 18-158
多尺度模拟 …………………………………… 21-177
多级段吸附 …………………………………… 18-62
多级孔分子筛 …………………………………… 18-9
多孔模型 …………………………………… 19-105
多组分吸附相平衡 …………………………………… 18-30
惰性膜反应器 …………………………………… 19-115

E

EMMS 模型 …………………………………… 21-182
Everett 方程 …………………………………… 18-41
二次推动力 …………………………………… 18-44
二氯乙烯 …………………………………… 21-231

F

Freundlich 吸附等温线方程 …………………………………… 18-29
反渗透 …………………………………… 19-49
反渗透膜 …………………………………… 19-18
反向胶团萃取 …………………………………… 15-179
反应平衡常数 …………………………………… 15-207
返流模型 …………………………………… 15-120

范德华力 …………………………………… 20-55
放大效应 …………………………………… 21-157
非催化气固反应 …………………………………… 21-123
分布板开孔率 …………………………………… 21-129
分布板压降 …………………………………… 21-127
分级 …………………………………… 21-60
分级指数 …………………………………… 21-65
分离系数 …………………………………… 15-5, 19-19
分离因数 …………………………………… 18-67
分馏萃取 …………………………………… 15-102
分配比 …………………………………… 15-5
分配常数 …………………………………… 15-5
分数维模型 …………………………………… 15-225
分形 …………………………………… 20-23
分子筛 …………………………………… 18-4
风筒式冷却塔 …………………………………… 16-42
负荷曲线 …………………………………… 18-64
复合床固定床离子交换器 …………………………………… 18-218
复杂组分吸附 …………………………………… 18-89
富勒烯 …………………………………… 18-15

G

Galileo 数 …………………………………… 21-119
Guerin-Domine 循环 …………………………………… 18-125
干球温度 …………………………………… 16-10
干湿式冷却 …………………………………… 16-40
干式冷却塔 …………………………………… 16-40
干燥 …………………………………… 17-1
干燥动力学 …………………………………… 17-22
干燥曲线 …………………………………… 17-22
干燥速率曲线 …………………………………… 17-22
工业色谱 …………………………………… 18-143
工业色谱操作方法 …………………………………… 18-145
固定床 …………………………………… 18-109, 18-213
固定床层渗滤浸取器 …………………………………… 15-230
固定床的再生 …………………………………… 18-214
固定床吸附 …………………………………… 18-63
固桥力 …………………………………… 20-129
固态粒子烧结法 …………………………………… 19-22
固-液浸取 …………………………………… 15-195
管道式浸取器 …………………………………… 15-246
管式膜 …………………………………… 19-31
管式配水装置 …………………………………… 16-47
光散射 …………………………………… 20-82
光泳 …………………………………… 20-83

硅胶	18-4	界面现象	15-69
过程强化	21-157	金属间化合物	20-162
		金属膜	19-21

H

		金属有机骨架材料	18-17
Henry 定律	18-28	浸取反应器的设计	15-250
焓差法	16-52	浸取过程表面化学	15-225
焓-湿图	16-14	浸取过程动力学	15-216
合成沸石分子筛	18-4	浸取过程热力学	15-203
荷电膜	19-19	浸取级数及工艺计算	15-254
横流式冷却塔	16-59	浸取器	15-230
横向构件	21-134	浸取溶剂	15-250
红外线干燥器	17-188	浸取速度控制步骤	15-224
滑移	21-209	浸取温度	15-250
混合	21-60	晶体颗粒扩散系数	18-52
混合澄清器	15-138	晶体内的扩散	18-50
混合池模型	18-88	径向扩散	21-69
混合床离子交换	18-216	静电力	20-55
混合指数	21-66	局部平衡理论	18-90
活度系数	15-203	矩量分析解法	18-87
活性炭	18-11	聚合物溶液涂敷	19-16
活性炭纤维	18-12	聚式流态化	21-5

I

		卷式膜	19-104
IAST 模型	18-36	绝热饱和温度	16-10
I-H 图	16-18	绝热吸附	18-97
		绝热吸附分离	18-96

J

K

机械搅拌浸取器	15-236	Knudsen 扩散	18-48
机械通风式冷却塔	16-42	开放式冷却塔	16-42
集水池	16-43	抗剪强度	20-94
加料	21-146	颗粒	20-2
加料器	21-146	颗粒的扬析与夹带	21-20
甲醇制烯烃	21-232	颗粒动力学	20-126
间歇式	18-213	颗粒轨道模型	21-185
间歇式离子交换	18-197	颗粒流	20-122
减湿	16-2	颗粒密度	20-39
桨叶式干燥器	17-176	颗粒群	20-2
交换容量	19-19	颗粒设计	21-157
搅拌槽	18-62	颗粒速度	20-134
节能	17-198	颗粒相内扩散	18-48
截留分子量	19-18	颗粒终端速度	21-11
解吸再生	18-19	可凝蒸气	16-2
介电常数	20-74	空气调湿	16-4
介孔碳	18-11	空位溶液（VSM）理论	18-33
界面剪切力	21-209	空隙度	21-149
界面聚合	19-16		
界面缩聚	19-16		

空隙率 …… 18-20，20-100
孔道结构 …… 18-19
孔间距 …… 21-131
孔径 …… 18-20
孔径分布 …… 18-20
孔容 …… 18-20
孔数 …… 21-131
孔隙率 …… 18-20
快速变压吸附 …… 18-129，18-134
快速流化床 …… 21-169
宽筛分 …… 21-64
扩散模型 …… 15-121
扩散系数 …… 16-86，18-44

L

Langmuir-Freundlich 吸附等温线方程 …… 18-29
Langmuir 方程扩展式 …… 18-30
Langmuir 吸附等温线方程 …… 18-28
Lee 格点溶液模型 …… 18-34
冷幅 …… 16-50
冷凝减湿 …… 16-2
冷凝潜热 …… 16-24
冷却数 …… 16-52
冷却塔 …… 16-39
离散模拟 …… 20-130
离子对色谱 …… 18-145
离子交换等温线 …… 18-181
离子交换过程 …… 18-168
离子交换剂 …… 18-171
离子交换扩散 …… 18-188
离子交换膜 …… 18-227
离子交换膜分离过程和应用 …… 18-228
离子交换平衡 …… 18-181
离子交换色谱 …… 18-144
离子交换色谱分离 …… 18-202
离子交换速率 …… 18-189
离子交换选择性系数 …… 18-183
离子交换循环 …… 18-207
离子交换循环操作 …… 18-169
理化性质 …… 18-5
理想气体 …… 18-35
理想吸附溶液理论 …… 18-32
粒度 …… 21-60
粒径 …… 20-2
粒径分布 …… 20-5

连续介质 …… 20-126
连续介质模型 …… 21-177
连续性方程 …… 18-69
连续性方程数学模型 …… 18-201
帘式膜 …… 19-38
凉水塔 …… 16-39
临界流态化速度 …… 21-7
流动电位 …… 19-19
流化床干燥器 …… 17-71
流化床离子交换器 …… 18-220
流化床逆流操作 …… 18-216
流化床气化 …… 21-222
流化床燃烧技术 …… 21-222
流化催化裂化 …… 21-228
流化造粒 …… 20-143
流体流动方向的选择 …… 18-122
硫铁矿 …… 21-210
露点 …… 16-7
氯化法钛白 …… 21-217
螺旋卷式（简称卷式）膜组件 …… 19-33

M

MBR …… 19-107
MOFs …… 18-17
煤气化 …… 21-223
煤液化技术 …… 21-225
煤直接液化 …… 21-226
密度 …… 21-60
密相 …… 21-209
密相动压气力输送 …… 21-38
密相静压气力输送 …… 21-41
模拟放大 …… 21-177
模拟移动床 …… 18-154
模拟移动床工艺 …… 18-156
模拟移动床色谱的模型 …… 18-165
模拟移动床原理 …… 18-154
膜 …… 19-2
膜电位 …… 19-19
膜电阻 …… 19-19
膜分离过程 …… 19-2
膜结晶 …… 19-130
膜乳化法 …… 20-156
膜吸收 …… 19-131
膜蒸馏 …… 19-128

N

NRTL 方程	15-30
Nusselt 数	21-93，21-119
纳米材料	20-148
纳米碳酸钙	20-165
萘氧化制苯酐	21-230
内部构件	21-133
内构件	21-103
内构件强化	21-167
内过滤器	21-142
内摩擦角	20-103
内旋风分离器	21-143
内压型单管式膜组件	19-31
能量利用率	17-199
拟等温吸附	18-96
逆流萃取	15-97
逆流多级间歇串联浸取器	15-234
逆流式冷却塔	16-52
黏度	21-93
黏附	20-55
黏附力	20-56
黏性颗粒	20-129
凝胶色谱	18-144
浓差极化	19-30，19-55
浓度波	18-98
浓缩倍数	16-49
努塞尔数	20-89
努森数	20-89

P

Prandt 数	21-94，21-119
盘式配水装置	16-49
配水装置	16-43
喷动床	21-46，21-108
喷动床干燥器	17-106
喷雾干燥器	17-117
喷雾塔	16-88
碰撞频率	20-89
皮欧数	20-89
片层分子筛	18-10
平均粒径	20-9
平均压差法	16-52
普兰德数	16-11，20-89

Q

其他类型浸取器	15-246
气固两相流	21-177
气固吸附相平衡	18-27
气力输送	21-31
气流干燥器	17-45
气凝胶	18-16
气泡	21-149，21-209
气泡特性	21-13
气水比	16-53
气体参数	16-26
气体分布器	21-125
气体分离膜	19-19
气体膜分离	19-59
气体提升式浸取器	15-238
气体污染物净化	18-118
气相二氧化硅	20-163
气相法	20-148
气相主体	16-23
气象参数	16-50
强化浸取	15-198
强碱性阴离子交换树脂	18-174
强酸性阳离子交换树脂	18-173
强优惠平衡	18-67
亲和色谱	18-145
氢氧化铝焙烧	21-218
球磨法	20-161
球形度	20-17
群体衡算	15-131

R

Reynolds 数	21-119
热导率	21-92
热力计算	16-52
热力特性	16-52
热量	21-118
热效率	17-200
热压浸取	15-198
热致相分离法	19-14
人工肾	19-98
溶剂萃取	15-2
溶剂回收	18-115
溶剂回收装置	18-117
溶胶凝胶法	20-155
溶胶-凝胶法	19-22
溶液活度	15-203
乳化相	21-209

弱碱性阴离子交换树脂	18-174	双水相萃取	15-180
弱酸性阳离子交换树脂	18-173	双位 Langmuir 吸附等温线方程	18-29

S

Schmidt 数	21-119	双位 Langmuir-Freundlich 吸附等温线方程	18-29
Sherwood 数	21-119	双锥回转真空干燥器	17-181
Skarstrom	18-125	双组分的色谱分离	18-103
Stanton 数	21-119	水处理	18-230
三相流态化	21-50	水冷却	16-2
散料	20-94	水热法	20-152
散式流态化	21-5	水上延伸法	19-16
色谱分离	18-3	水体污染物净化	18-119
色谱柱的理论板数	18-146	瞬间平衡	18-72
筛分法	20-29	四床层变压吸附	18-135

T

筛分效率	20-141	t-H 图	16-14
烧结颗粒	20-129	塔体	16-43
舍伍德数	20-89	钛铁矿焙烧	21-216
设计模型	15-251	炭膜	19-21
射流搅拌浸取器	15-242	碳分子筛	18-13
渗流	20-108	碳基吸附剂	18-11
渗透汽化	19-76	碳纳米管	18-13
渗透汽化（渗透蒸发）膜	19-20	糖类分离	18-157
渗透速率	19-19	陶瓷膜	19-20
渗析	19-91	特殊浸取方式	15-198
生物浸取	15-200	特征解法	18-74
生物质基材料	18-17	天然吸附剂	18-3
声波	20-81	填充率	20-121
声场强化	21-163	填料	16-43
施密特数	16-11, 20-89	铁矿磁化焙烧	21-212
湿比热容	16-6	铁矿直接还原	21-212
湿度	16-5	停留时间分布	21-70
湿度差法	16-52	通风装置	16-43
湿度图	16-14	通风阻力	16-68
湿气体的焓	16-6	同步降压	18-126
湿球温度	16-10	透过曲线	18-64
湿式冷却塔	16-39	透过时间	18-64
石墨烯	18-14	湍动流态化	21-24
时空多尺度	21-177	湍流扩散	20-65
使用寿命	18-23	团聚	20-55
收水器	16-43	团聚物	21-209
数学分析解法	18-74	脱湿干燥	18-109
数值积分解法	18-85		

U

双流体模型	21-178	UNIFAC 方程	15-33
双曲线扩散方程	18-84	UNIQUAC 方程	15-30
双曲线冷却塔	16-42		

W

Wilson 方程	15-28
外取热器	21-97
微波干燥器	17-190
微孔扩散	18-71
微流控技术	20-158
微滤膜	19-18，19-44
位势理论扩展式	18-31
温差	21-98
温度波	18-98
温-湿图	16-14
无机膜	19-20
无机膜材料	19-20
雾化角	16-90
雾化器	17-120

X

X 型和 Y 型沸石分子筛	18-6
吸附等温线的测定	18-36
吸附干燥器的计算	18-114
吸附过程	18-2
吸附剂	18-2
吸附剂的再生	18-121，18-123
吸附减湿	16-2
吸附热	18-38
吸附色谱	18-144
吸附相平衡	18-27
吸附选择性估算	18-36
吸收减湿	16-2
稀相流化床	21-108
稀相气力输送	21-35
相比	15-5
相对湿度	16-5
相互作用力	18-27，18-38
相间传质	15-68
相界面	16-23
相平衡	15-18
相转化法	19-14
厢式干燥器	17-39
卸料	21-146
锌精矿氧化焙烧	21-211
新型无机膜材料	19-21
形状系数	20-15
形状指数	20-15
休止角	20-102

修正的 DO-DO 方程	18-30
虚拟过程工程	21-196
虚拟流态化	21-201
旋涡室特性值	16-90
旋转式配水装置	16-49
选择性	18-23

Y

压汞法	20-47
压降	21-148
压力均衡	18-126
压缩减湿	16-2
氧化焙烧	21-210
氧化铝	18-4
曳力模型	21-182
液滴群	15-79
液-固流态化浸取器	15-244
液固吸附相平衡	18-39
液膜萃取	15-171
液膜扩散	18-71
液桥力	20-129
液相主体	16-23
液-液萃取	15-2
移动床干燥	17-156
移动床离子交换	18-206
移动床离子交换器	18-219
乙烯氧氯化	21-231
优势区图	15-210
有机化工废水	18-231
有效扩散系数	18-44，21-69
有效塔高	16-30
有序中孔分子筛	18-7
雨区	16-43
预处理	15-196
预分布器	21-125
原位聚合	19-16
原子层沉积法	21-234
圆盘干燥器	17-183
运动黏度	20-89，21-93

Z

再生剂的用量	18-208
再生温度的选择	18-121
再生性	18-23
造粒	20-142
增湿	16-2

针头过滤器	19-30	轴向扩散	21-69
真空冷冻干燥器	17-184	逐级萃取	15-91
真空耙式干燥器	17-166	转鼓干燥器	17-167
真密度	20-39	转筒干燥器	17-147
真实重度	18-20	锥形流化床	21-170
振动场	21-165	锥形喷动床	21-172
振动流动干燥器	17-187	自然通风式冷却塔	16-42
振动流化床	21-165	纵向构件	21-135
蒸发损失分数	16-76	总传质系数	18-46
蒸发损失系数	16-76	阻力特性	16-68
正构烷烃分离	18-161	阻力系数	16-68
正渗透	19-125	组分设计	21-159
直接模拟	21-189	组分图	15-210
直接数值模拟	21-177	组合干燥技术	17-194
制粒	21-232	组合模型	15-129
中空纤维膜	19-104	最小流化速度	21-93
重金属工业废水	18-230		